DICTIONNAIRE

DE

PHYSIOLOGIE

PAR

CHARLES RICHET

PROFESSEUR DE PHYSIOLOGIE A LA FACULTÉ DE MÉDECINE DE PARIS

AVEC LA COLLABORATION

DE

MM. E. ABELOUS (Toulouse) — ANDRÉ (Paris) — S. ARLOING (Lyon) — ATHANASIU (Paris)
BEAUREGARD (Paris) — R. DU BOIS-REYMOND (Berlin) — P. BONNIER (Paris) — BOTTAZZI (Florence)
E. BOURQUELOT (Paris) — ANDRÉ BROCA (Paris) — J. CARVALLO (Paris) — CHARRIN (Paris)
A. CHASSEVANT (Paris) — CORIN (Liège) — A. DASTRE (Paris) — R. DUBOIS (Lyon) — W. ENGELMANN (Berlin)
G. FANO (Florence) — X. FRANCOTTE. (Liège) — L. FREDERICQ (Liège) — J. GAD (Leipzig)
GELLÉ (Paris) — E. GLEY (Paris) — L. GUINARD (Lyon) — M. HANRIOT (Paris) — HÉDON (Montpellier)
F. HEIM (Paris) — P. HENRIJEAN (Liège) — J. HÉRICOURT (Paris) — F. HEYMANS (Gand)
H. KRONECKER (Berne) — P. JANET (Paris) — LAHOUSSE (Gand) — LAMBERT (Nancy)
E. LAMBLING (Lille) — P. LANGLOIS (Paris) — L. LAPICQUE (Paris) — CH. LIVON (Marseille) — E. MACÉ (Nancy)
GR. MANCA (Padoue) — MANOUVRIER (Paris) — L. MARILLIER (Paris)
M. MENDELSSOHN (Pétersbourg) — E. MEYER (Nancy) — MISLAWSKI (Kazan) — J.-P. MORAT (Lyon)
A. MOSSO (Turin) — J.-P. NUEL (Liège) — V. PACHON (Bordeaux) — F. PLATEAU (Gand)
G. POUCHET (Paris) — E. RETTERER (Paris) — P. SÉBILEAU (Paris) — C. SCHÉPILOFF (Genève)
J. SOURY (Paris) — W. STIRLING (Manchester) — J. TARCHANOFF (Pétersbourg) — TRIBOULET (Paris)
E. TROUESSART (Paris) — H. DE VARIGNY (Paris) — E. VIDAL (Paris)
G. WEISS (Paris) — E. WERTHEIMER (Lille)

PREMIER FASCICULE DU TOME III

AVEC 23 GRAVURES DANS LE TEXTE

PARIS

ANCIENNE LIBRAIRIE GERMER BAILLIÈRE ET Cie

FÉLIX ALCAN, ÉDITEUR

108, BOULEVARD SAINT-GERMAIN, 108

1898

DICTIONNAIRE

DE

PHYSIOLOGIE

TOME III

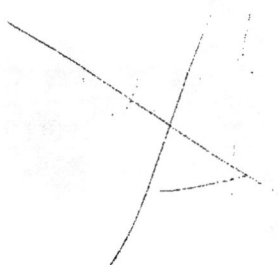

4° T6⁴
2

DICTIONNAIRE

DE

PHYSIOLOGIE

PAR

CHARLES RICHET

PROFESSEUR DE PHYSIOLOGIE A LA FACULTÉ DE MÉDECINE DE PARIS

AVEC LA COLLABORATION

DE

MM. E. ABELOUS (Toulouse) — ANDRÉ (Paris) — S. ARLOING (Lyon) — ATHANASIU (Paris)
BARDIER (Toulouse) — BEAUREGARD (Paris) — R. DU BOIS-REYMOND (Berlin) — G. BONNIER (Paris)
F. BOTTAZZI (Florence) — E. BOURQUELOT (Paris) — ANDRÉ BROCA (Paris)
J. CARVALLO (Paris) — CHARRIN (Paris) — A. CHASSEVANT (Paris) — CORIN (Liège) — A. DASTRE (Paris)
R. DUBOIS (Lyon) — W. ENGELMANN (Berlin) G. FANO (Florence) — X. FRANCOTTE (Liège)
L. FREDERICQ (Liège) — J. GAD (Leipzig) — GELLÉ (Paris) — E. GLEY (Paris) — L. GUINARD (Lyon)
M. HANRIOT (Paris) — HÉDON (Montpellier) — F. HEIM (Paris) — P. HENRIJEAN (Liège)
J. HÉRICOURT (Paris) — F. HEYMANS (Gand) — H. KRONECKER (Berne) — P. JANET (Paris)
LAHOUSSE (Gand) — LAMBERT (Nancy) — E. LAMBLING (Lille) — P. LANGLOIS (Paris) — L. LAPICQUE (Paris)
CH. LIVON (Marseille) — E. MACÉ (Nancy) — GR. MANCA (Padoue) — MANOUVRIER (Paris)
L. MARILLIER (Paris) — M. MENDELSSOHN (Pétersbourg) — E. MEYER (Nancy) — MISLAWSKI (Kazan)
J.-P. MORAT (Lyon) — A. MOSSO (Turin) — J.-P. NUEL (Liège) — F. PLATEAU (Gand)
G. POUCHET (Paris) — E. RETTERER (Paris) — P. SÉBILEAU (Paris) — C. SCHÉPILOFF (Genève)
SOURY (Paris) — W. STIRLING (Manchester) — J. TARCHANOFF (Pétersbourg) — TRIBOULET (Paris)
E. TROUESSART (Paris) — H. DE VARIGNY (Paris) — E. VIDAL (Paris)
G. WEISS (Paris) — E. WERTHEIMER (Lille)

TOME III

C

AVEC 130 GRAVURES DANS LE TEXTE

PARIS

ANCIENNE LIBRAIRIE GERMER BAILLIÈRE ET Cⁱᵉ

FÉLIX ALCAN, ÉDITEUR

108, BOULEVARD SAINT-GERMAIN, 108

—

1898

DICTIONNAIRE

DE

PHYSIOLOGIE

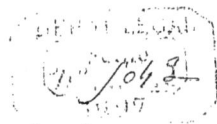

CERVEAU (*Suite*).

§ VIII. — PHYSIOLOGIE GÉNÉRALE DU CERVEAU : EXCITABILITÉ : DYNAMIQUE CÉRÉBRALE : PROCESSUS PSYCHIQUES

Nous allons chercher à établir les propriétés physiologiques de la cellule cérébrale ; ses conditions d'existence ; le rapport qui existe entre l'intensité et l'excitation, autrement dit le degré d'excitabilité du cerveau, soit à l'état normal, soit sous des influences diverses, toxiques, anémiques, asphyxiques, thermiques, etc.

Excitabilité de la substance grise comparée à celle de la substance blanche. — Les physiologistes du milieu de ce siècle, van Deen, Stilling et d'autres, avaient cru voir que la substance grise de la moelle épinière est inexcitable, alors que la substance blanche répond parfaitement à toutes les incitations périphériques. Vulpian (art : **Moelle**, D. D., 1874, viii, (2), 344) se rattache à cette opinion, qui est aussi celle de Brown-Séquard, et il conclut que la substance grise de la moelle n'est excitable que par l'excitant physiologique, c'est-à-dire par l'excitation des nerfs (ou des cordons blancs) qui viennent se terminer dans la moelle épinière.

Mais, d'une part, on peut contester la légitimité de cette conclusion ; car, sur des grenouilles, il est presque impossible d'exciter isolément la substance grise ; d'autre part, chez les mammifères, le traumatisme effroyable, avec hémorrhagies abondantes, que détermine la mise à nu, sur quelque étendue, de l'axe spinal, est une cause suffisante en soi pour détruire toute excitabilité dans ce tissu délicat et fragile. Enfin, et surtout, il est possible que la substance grise de la moelle et celle du cerveau n'aient pas exactement les mêmes propriétés. Donc c'est seulement par l'étude directe, faite sur le cerveau lui-même, qu'on pourra juger de l'excitabilité de la substance cérébrale.

Tous les expérimentateurs, depuis Fritsch et Hitzig, ont facilement constaté que la périphérie du cerveau était excitable, chez les mammifères, que par conséquent, selon toute apparence, comme c'est la substance grise qui est à la périphérie, c'est la substance grise qui répond aux excitations ; mais cette conclusion, si simple qu'elle paraisse, n'est cependant pas tout à fait rigoureuse ; car des fibres blanches viennent s'interposer entre les cellules de l'écorce grise, et on peut admettre que le tissu qui répond alors à l'excitation, c'est le tissu de substance blanche interposée. Telle sont, entre autres, les opinions de E. Dupuy (*Du mode d'act. des courants électr. qui sont suivis de mouvements musculaires lorsqu'on les applique sur les circonvol. cérébr. B. B.*, 1887, 726-728 ; *Des prétendues fonct. motr. de la subst. corticale du cerveau du chien. B. B.*, 1887, 789-791), et de Couty (*Lésions corticales du cerveau. A. d. P.*, 1881, 87). C'est donc seulement par des preuves indirectes qu'on peut établir si la substance grise est excitable.

C'est surtout Fr. Franck qui les a accumulées avec beaucoup de force dans son livre

sur les *Fonctions motrices du cerveau* (1887). Si l'on mesure le retard produit par l'excitation de la zone motrice et qu'on le compare au retard produit par l'excitation de la zone
blanche sous-jacente, on voit que le retard est très grand pour l'excitation de la substance
grise. Soit le retard égal à 100 quand la substance grise est intacte, il n'est plus que de
66 quand elle a été enlevée. Ainsi la minime couche de substance grise, périphérique,
épaisse de un ou deux millimètres seulement, a retardé de 33 p. 100 la réponse motrice.
Bubnoff et Heidenhain (*Ueber Erregungs und Hemmungsvorgänge innerhalb der motorischen
Hirncentren. A. g. P.*, 1881, xxvi) ont même vu le retard tomber de 0″,08 à 0″,035 après
l'ablation de l'écorce. C'est une différence de plus de moitié. Assurément, dans une certaine mesure, ce retard varie avec l'intensité de l'excitation ; mais, d'une manière générale, il ne varie que peu ; et, en tout cas, comme l'excitabilité est bien plus grande, quand
la substance grise est intacte, il est impossible de supposer que la diminution du
retard soit due à une contraction musculaire plus forte, puisque la contraction diminue
quand la substance grise périphérique a été enlevée.

La seconde preuve qu'on peut invoquer en faveur de l'excitabilité de la substance
grise, c'est l'existence de l'épilepsie corticale. Les nombreux tracés graphiques de Fr.
Franck sont à cet égard tout à fait caractéristiques. On voit sur ses figures que le tétanos
provoqué par l'excitation de la substance blanche (tétanos centro-musculaire) ne se prolonge pas au delà du temps même que dure l'excitation, tandis que le tétanos provoqué
par l'excitation de la zone motrice se prolonge pendant très longtemps, avec une période
tonique, très longue, et une période clonique, plus longue encore, alors que depuis longtemps l'excitation électrique a cessé. La seule explication possible de cette réponse prolongée, c'est que la substance grise, après avoir été excitée, continue pendant longtemps
a vibrer, et à donner des incitations aux muscles, tandis que la substance blanche est
privée de cette réaction consécutive.

De nombreux faits cliniques viennent à l'appui de l'hypothèse que la substance grise
est excitable. En effet, la maladie connue sous le nom d'*épilepsie jacksonienne*, caractérisée par des secousses convulsives limitées à un membre, est produite par des lésions
exclusivement corticales, et non par des lésions qui siègent dans la substance blanche
sous-jacente.

La troisième preuve consiste dans la comparaison du degré d'excitation nécessaire
pour exciter la substance grise ou la substance blanche. Chez des chiens légèrement chloralosés, André Broca et moi nous avons vu que des excitations extrêmement faibles
(n° 18 de la bobine) pouvaient encore provoquer une réaction motrice. Il suffisait alors
d'une très faible quantité d'éther ou de chloroforme pour faire tomber énormément cette
excitabilité. Il fallait alors ramener la bobine au n° 5 pour obtenir une réaction : pourtant
il n'y avait pas anesthésie de l'animal, et, à cette faible dose, on ne peut supposer une
intoxication de la substance blanche, car c'est sur la substance grise que porte l'action
des anesthésiques. J'ai même pu directement constater (*Struct. des circonvol. cérébr.
Anat. et physiol.*, 1878, 75) que, chez les chiens profondément chloralisés, la substance
grise est très peu excitable, tandis que la substance blanche garde sa même excitabilité.
Même, chez les chiens chloralisés, l'ablation de la substance grise augmente l'excitabilité
au lieu de la diminuer, ainsi que cela a lieu sur les chiens normaux. Tout se passe comme
si le chloral avait paralysé la substance grise périphérique, qui oppose alors à l'électricité la résistance d'un tissu inerte interposé entre l'excitation et les faisceaux blancs,
lesquels seuls ont gardé leur excitabilité. Cette interprétation, qui avait d'abord paru
très hypothétique à Fr. Franck, a été finalement tout à fait acceptée par lui, après qu'il
l'a confirmée par d'ingénieuses expériences (*loc. cit.*, 116). La suppression des réactions
épileptiformes par la chloralisation s'explique très bien, si l'on admet que le chloral
abolit l'activité de la substance grise, sans modifier notablement celle de la substance
blanche.

Ainsi il semble bien résulter de toutes ces expériences que la substance grise est
excitable. On peut hardiment éliminer l'hypothèse de quelques auteurs, Couty, Dupuy,
Vulpian et Brown-Séquard, que l'excitation électrique se transmet par diffusion, en
suivant, par exemple, le trajet des artères et des vaisseaux, jusqu'aux nerfs de la base
du cerveau, au bulbe et même à la moelle ; car parfois les courants électriques excitateurs des mouvements sont par eux-mêmes si faibles que ces courants diffusés, réduits

peut-être au dixième de leur valeur, et moins encore, ne peuvent évidemment avoir aucune action.

On peut aussi, pour les raisons énumérées plus haut, admettre que, dans le groupe excité, fibres blanches et cellules nerveuses intimement unies, ce sont les cellules nerveuses qui répondent, et non les fibres blanches interposées.

D'ailleurs, mécaniquement, l'écorce blanche est excitable. Luciani (cité par Fr. Franck, loc. cit., 302) a montré qu'en excitant mécaniquement certaines régions de l'écorce, tout à fait superficielles, on provoque des attaques d'épilepsie. Fr. Franck et Pitres ont noté des phénomènes analogues; lorsque l'inflammation a déterminé une congestion et une hypérémie de certaines régions corticales, il suffit de frôler légèrement les parties enflammées avec un morceau d'éponge ou d'amadou pour provoquer un accès convulsif, soit dans les muscles correspondant à la région excitée, soit dans tout le corps (V. aussi Luciani et Tamburini. Centri psico.-mot., 1878, 38 et sq). Il ne faut pas s'étonner que ces excitations mécaniques n'aient qu'un effet passager; car, par sa nature même, la lésion mécanique est destructive, de sorte qu'après plusieurs excitations mécaniques le tissu des circonvolutions ne répond plus; probablement parce qu'il a été détruit par l'excitant lui-même.

Des excitations thermiques ou toxiques on ne connaît rien ou presque rien. Landois (Traité de Physiol., trad. franç., 1893, 771) a constaté cependant des convulsions cloniques succédant à l'excitation des régions motrices corticales par la créatine, la créatinine, et les matières extractives de l'urine.

Gallerani et F. Lussana (Sensibilité de l'écorce cérébrale à l'excitat. chimique. Contribut. à l'étude de la pathogénèse de l'épilepsie et de la chorée. A. i. B., 1891, xv, 396-403) ont essayé aussi l'action directe de la créatine et de la cinchonidine sur le cerveau chez les oiseaux; ils admettent que ces substances appliquées sur les hémisphères cérébraux agissent localement et déterminent des convulsions; la créatine par excitation de l'écorce cérébrale, la cinchonidine par excitation des centres basilaires. L'action de ces substances toxiques et caustiques se manifeste non seulement par des convulsions, mais encore par des phénomènes choréiformes. Enfin ils supposent que l'excitation n'agit pas seulement sur les centres moteurs, mais encore sur les centres sensitifs de l'écorce cérébrale.

Quant à l'excitant physiologique, il n'est pas besoin d'insister sur son extrême efficacité pour mettre en jeu l'excitabilité cérébrale. A ce point de vue, nul appareil dans aucun organisme vivant n'atteint un pareil degré de sensibilité. Des forces extérieures minimes, par exemple un son ou une lumière extrêmement faibles, sont perçues par le cerveau, et par conséquent mettent en jeu l'excitabilité du cerveau. Nous verrons plus loin la relation qui unit l'intensité de l'excitant avec la réponse du cerveau. Constatons ici simplement que le cerveau est extrêmement excitable par toute vibration des nerfs sensibles.

On a supposé que l'excitation des centres nerveux était due à un changement survenu dans la circulation du sang qui irrigue telle ou telle région de l'encéphale. Les expériences anciennes de Kussmaul et Tenner (1857) ont été le point de départ de toute une série d'hypothèses à cet égard. Surtout pour l'attaque d'épilepsie corticale, on a cherché à prouver que le spasme des vaisseaux de telle ou telle région encéphalique était la cause déterminante de toute attaque d'épilepsie; Nothnagel et surtout Brown-Séquard ont défendu cette opinion qu'a encore soutenue tout récemment Fr. Hallager (De la nature de l'épilepsie, 8°, 1897, Paris). Mais elle ne paraît guère défendable, d'abord parce qu'en physiologie générale on sait que l'anémie et la congestion des organes ne sont jamais la cause directe des phénomènes, ni pour les sécrétions, ni pour les mouvements musculaires, et que ce n'est pas l'état des vaso-moteurs qui détermine la sécrétion ou la contraction musculaire, ensuite parce que l'attaque d'épilepsie est soudaine, bien plus rapide que ne pourrait l'être le spasme lent des artérioles, avec leurs fibres lisses; enfin parce que jamais on n'a constaté de visu un appréciable spasme des vaisseaux et des capillaires quand on excite l'écorce grise du cerveau avec de très faibles courants électriques (V. Épilepsie).

Si la théorie de la production d'attaques épileptiques par anémie cérébrale est inacceptable, à plus forte raison peut-on supposer que la mise en jeu de l'excitabilité du cerveau soit la conséquence d'un mécanisme vaso-moteur. Quand l'excitant électrique, ou mieux encore, l'excitant nerveux physiologique est appliqué à la cellule nerveuse, la cellule nerveuse répond, parce que le changement d'état ainsi provoqué est une cause d'excitation, et ce n'est pas parce qu'il y a changement dans la quantité du sang qui l'entoure.

Nous devons donc finalement admettre comme extrêmement probable, sinon comme rigoureusement démontré :

1° La substance grise est plus excitable que la substance blanche.

2° La substance grise est directement excitable, soit par l'électricité, soit par l'excitant physiologique.

Réaction de la substance grise cérébrale à l'excitation. Effets des excitations électriques. — Nous examinerons d'abord l'influence des excitations électriques qui provoquent une réaction motrice.

C'est un sujet qui a été traité par un grand nombre d'auteurs au point de vue de la localisation des réponses motrices; mais, pour ce qui concerne le mode de réaction musculaire à une série d'excitation intermittentes et successives, la question a été assez peu explorée. KRAWZOFF et LANGENDORFF (*Zur electrischen Reizung des Froschgehirns. A. P.*, 1879, 90); BUBNOFF et HEIDENHAIN (*loc. cit.*); H. DE VARIGNY (*Rech. exp. sur l'excitabilité électrique des circonv. cérébr. D. P.*, 1884); NOVI et GRANDIS (*Sul tempo di eccitamento latente per irritazione cerebrale e sulla durata dei reflessi. Riv. sp. di Fren. e di Med. leg.*, 1887, XIII, 15 p.; SCHÄFER (*On the relative length of the period of latency of the ocular muscles, when called into action by electrical excitation of the motor and of the sensory regions of the cerebral cortex. Intern. Monatsch. f. An. u. Physiol.*, 1888, V, 7 p.); M. SCHIFF (*Appendici alle lezioni sul sistema nervoso encefalico*, 1873, 529); EXNER (*Ueber Reflexzeit und Rückenmarcksleitung, A. g. P.*, 1874, VIII, 526); FR. FRANCK et PITRES (*in* FRANCK. *Fonct. motr. du cerveau*, 1887) se sont attachés surtout à mesurer la période latente de l'excitation cérébrale. Tous les chiffres qui se rapportent à la période latente dans ces conditions, si différentes, sont relativement concordants, variant entre 0″,07 (SCHÄFER); 0″,06 (SCHIFF); 0″,045 (FRANCK et PITRES); 0″05 (EXNER); 0″025 (CH. RICHET, sur l'écrevisse); 0″030 (BUBNOFF et HEIDENHAIN); 0″036 (KRAWZOFF et LANGENDORFF, sur la grenouille); 0″04 (de VARIGNY); 0″04 (NOVI et GRANDIS). Bien entendu nous prenons la moyenne des minima, car nous pouvons supposer que, sauf une ou deux rares exceptions, la strychnisation peut être, toute condition pathologique ou toxique retarde la réponse cérébrale au lieu de l'accélérer. La période latente cérébrale est donc voisine de 0″04; et, si l'on admet une durée de 0″02 pour la transmission dans les nerfs et les muscles, on arrive à un chiffre moyen de 0″02, qui très vraisemblablement ne s'éloigne pas beaucoup du temps réel qu'il faut à une cellule cérébrale pour réagir à l'excitation. BUBNOFF et HEIDENHAIN ont étudié les phénomènes de l'inhibition, et constaté l'influence que des excitations sensibles exercent sur la réaction motrice; mais la marche même de l'excitabilité cérébrale n'a pas, ce semble, été par eux méthodiquement étudiée, ce qui tient sans doute au procédé technique employé.

Si en effet on excite le cerveau par des électrodes directement appliquées à la région motrice, on est forcé de les tenir à la main, et elles se déplacent par les mouvements de l'animal. Il faut donc nécessairement les fixer à la paroi cranienne, comme nous l'avons fait, ANDRÉ BROCA et moi, dans des recherches dont les résultats n'ont été que partiellement publiés. Avec quelque habitude, on parvient à mettre les électrodes juste au niveau du gyrus, sans avoir besoin d'enlever la voûte cranienne. Assurément la localisation est moins précise que lorsque on peut appliquer les électrodes sur le gyrus qu'on a sous les yeux; mais cet inconvénient est compensé, et au delà, par la fixité absolue des électrodes, et la facilité de l'expérimentation.

En outre, il n'y a guère que le chloralose, dont j'ai, en 1891, avec HANRIOT, découvert les propriétés remarquables, qui permette de bien faire l'expérience. Les chiens non anesthésiés ont des réactions tumultueuses, qui empêchent, à ce qu'il semble, toute conclusion positive. Les chiens chloralisés, ou éthérisés, ou chloroformés, ont une excitabilité cérébrale tellement diminuée qu'elle ne peut guère être étudiée. Au contraire, les chiens chloralosés répondent très bien aux excitations électriques, et, si la dose de chloralose n'est pas trop forte, l'excitabilité cérébrale est à peine amoindrie.

Antérieurement d'ailleurs, j'avais étudié sur la grenouille et l'écrevisse la réponse du

cerveau aux excitations. (*Des mouvements de la grenouille consécutifs à l'excitat. électrique.*
A. d. P., 1881, VIII, 828-837; *Trav. du Lab. de Physiol.*, I, 1893, 94-108 ; et *Muscles et*
nerfs de l'écrevisse. A. d. P., 1880, 573, et *Trav. du Lab.*I, 1893, 44.)

Le caractère général de toutes les excitations cérébrales est qu'elles semblent avoir
des effets irréguliers, qui contrastent avec la régularité extrême des réponses que donne
le muscle directement excité.

Les premières secousses, — ou plutôt la première secousse, — sont en général très fortes,
et suivies de secousses beaucoup plus faibles. Autrement dit le phénomène de la contraction initiale est très marqué, sans qu'on puisse expliquer le phénomène autrement
que par un rapide épuisement de l'appareil cérébral.

Il faut, d'ailleurs, si l'on ne veut pas avoir les effets d'épilepsie corticale, opérer avec
des excitations électriques peu fréquentes, une ou deux par seconde, ou trois tout au
plus, et ne pas se servir d'excitations maximales, mais bien d'excitations d'intensité
moyenne. Alors on voit les réponses se succéder avec régularité. Pourtant les premières
ne sont pas suivies d'un relâchement complet; il y a comme une contracture après
chaque excitation, qui, peu à peu, par l'épuisement sans doute, disparaît. Au bout d'un
certain temps, il n'y a plus que la réponse motrice simple, sans contracture consécutive.

Si la circulation et la respiration sont intactes, on peut, pendant un temps très long,
une demi-heure, une heure même, poursuivre l'excitation sans voir apparaître les symptômes de fatigue et d'épuisement, et la régularité des contractions est complète.

Prenons, au contraire, des excitations un peu plus fréquentes; nous verrons une
irrégularité dans les réponses motrices qui paraît défier toute analyse méthodique. Le
contraste est saisissant entre la régularité rigoureuse des réponses musculaires à l'excitation directe du muscle, et la variété, en apparence inextricable, des réponses motrices
à l'excitation cérébrale.

Période réfractaire et synchronisation des oscillations nerveuses. — Nous
avons pu nous assurer que cette diversité des secousses musculaires consécutives à l'excitation cérébrale était sous la dépendance d'un phénomène qui jusque-là n'était connu
que pour le muscle cardiaque, à savoir l'existence d'une *phase réfractaire.*

MAREY avait montré, en 1890, que le cœur de la grenouille, à certains moments de la
systole, était inexcitable. Or nos expériences prouvent que l'appareil cérébral, un certain
temps après l'excitation, cesse aussi d'être excitable : il a donc une phase réfractaire,
et même cette phase réfractaire est beaucoup plus prolongée que celle du muscle
cardiaque (ANDRÉ BROCA et CH. RICHET. *Période réfractaire dans les centres nerveux. C. R.*,
1897, CXXIV, 573-577.

Nos premières expériences ont été faites sur un chien choréique, et c'est accidentellement, pour ainsi dire, que nous avons découvert ce phénomène de la phase réfractaire.
Nous avons vu en effet que sur ce chien, immédiatement après qu'il avait donné sa
secousse choréique, le cerveau était devenu inexcitable. Alors que la période qui
sépare deux secousses choréiques est d'une seconde, pendant une demi-seconde environ, le tissu cérébral est réfractaire à l'excitation; puis survient une période de *répa-*
ration qui dure un quart de seconde environ, pendant laquelle le cerveau est de plus
en plus excitable, et enfin une période d'*addition*, pendant laquelle la secousse choréique
vient s'ajouter à la secousse due à l'excitation électrique. Ce fait, constaté d'abord sur
un chien choréique, a été nettement vérifié ensuite sur deux autres chiens atteints
de la même affection.

Mais ce n'est pas seulement sur les chiens atteints de chorée qu'on observe cette
phase réfractaire : nous l'avons constatée aussi sur des chiens normaux, et avec une
netteté parfaite. Pour la mettre en lumière, il nous a suffi de prendre des animaux
quelque peu refroidis (aux environs de 34° à 30°) et légèrement chloralosés. Le chloral-
lose, tout en maintenant l'animal à peu près immobile, n'altère que faiblement l'excitabilité cérébrale, et l'abaissement de la température organique allonge la période
réfractaire. C'est ainsi d'ailleurs que E. GLEY avait pu constater l'existence, dans le
muscle cardiaque, d'une période réfractaire chez les chiens refroidis, alors qu'on ne peut
pas la voir chez les chiens à température normale, probablement parce qu'elle est dans
ce cas de trop courte durée (*Inexcitabilité périodique du cœur des mammifères. A. d.. P.*,
1889, 499; et 1890, 436).

Soit, pour exciter le cerveau, une excitation *a*, et une autre excitation *b*, identique à la première; si l'espace qui sépare *a* et *b* est d'un centième de seconde environ, c'est l'addition qu'on observe; mais si, au contraire, l'intervalle qui sépare *a* et *b* est d'un dixième de seconde environ, *b* tombera dans la phase réfractaire et sera inefficace. Si l'intervalle entre *a* et *b* est de plus d'un dixième de seconde, l'excitation *b* sera suivie d'une secousse; mais cette secousse sera faible, si *b* est proche de *a* : elle sera d'autant plus forte que l'on s'éloigne davantage de la première excitation *a*.

Il s'ensuit que, chez des chiens refroidis, avec des excitations cérébrales ayant un rythme plus fréquent que une ou deux excitations par seconde, on devra observer une

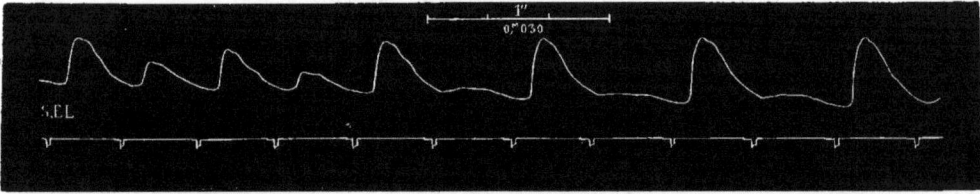

Fig. 1. — Excitations électriques égales et rythmées. Chien à 32°. On voit qu'après une première période de discordance le rythme 1,2 finit par s'établir. Au début la seconde secousse est assez forte, mais elle devient de 2 en 2, de plus en plus faible, et finalement nulle, tandis que les secousses 1, 3, 5, 7, 9, 11 vont en grandissant de plus en plus. C'est l'établissement de la synchronisation. Figure réduite aux deux tiers.

inégalité dans les réponses. Qu'on excite un muscle par des excitations de 3 par seconde, je suppose, le muscle va répondre par des secousses très régulières; mais qu'on excite le cerveau par des excitations rythmées à 3 par seconde, on aura des secousses alternativement grandes et petites; car la seconde excitation tombera précisément sur la période réfractaire. Même, dans certains cas tout à fait particuliers, nous avons pu arriver à un rythme régulier, qui était dans une certaine mesure indépendant du rythme excitateur; soit de 1 sur 2, et plus rarement de 1 sur 3. Certains graphiques nous ont donné pendant un temps très long, durant plusieurs minutes, un rythme absolument régulier de 1 sur 2. C'est là assurément une démonstration irréprochable de l'existence d'une phase réfractaire.

L'excitabilité cérébrale, par suite de ce phénomène, est donc différente de l'excitabilité musculaire; elle a une *période*, et il est impossible, quand on emploie des excitations

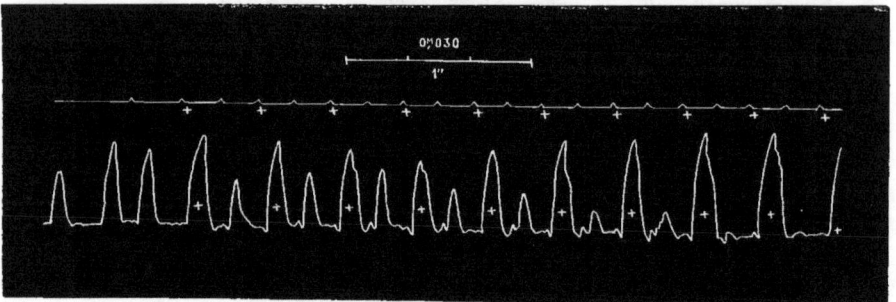

Fig. 2. — Excitations électriques égales et rythmées. Chien à 32°. On voit aussi, comme dans la figure précédente, la synchronisation s'établir : les petites secousses interposées entre les grandes secousses deviennent de plus en plus petites. Figure réduite aux deux tiers.

fréquentes, d'avoir le tracé régulier que donnent les secousses musculaires du muscle directement excité. Les secousses de l'excitation cérébrale sont tantôt fortes, tantôt faibles, parce qu'il y a des excitations qui tombent dans la période réfractaire. Ce sont celles-là qui alors produisent une secousse faible.

En outre, à un certain rythme de l'excitation, le cerveau tend à répondre par un rythme, soit identique, soit différent, mais différent toujours dans un rapport simple de 1 à 2, ou de 1 à 3, ou de 1 à 4. Tout se passe comme s'il faisait effort pour se rythmer et s'accorder avec le rythme des excitations. Au début il y a discordance; puis peu à peu la régularisation se fait; les grandes secousses deviennent de plus en plus grandes; les petites s'affaiblissent pour devenir de plus en plus faibles, et le rythme nouveau s'établit.

Mais à ce rythme relativement simple viennent s'ajouter des rythmes plus longs, dont la détermination exacte est presque impossible à établir. Déjà Mosso avait montré qu'il

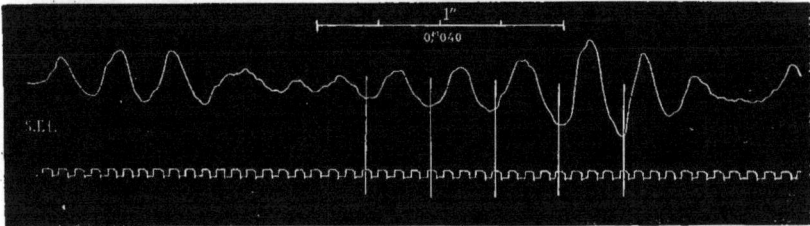

Fig. 3. — Rythme à 1/4 des secousses musculaires après excitation cérébrale par des courants électriques. Période de discordance d'abord, puis établissement de la synchronisation, puis de nouveau discordance.

y avait dans le tissu cérébral des périodes de *conflagration interstitielle*, caractérisées par de subites et partielles élévations de température (*Temperatura del cervello*, 1895). Tanzi a aussi découvert des phénomènes analogues en appréciant les variations thermiques du cerveau par des mensurations thermo-électriques; périodes qu'il appelait périodes d'*oscillation*. De même, nous avons vu que le retour à l'excitabilité normale, après toute cause qui a diminué l'excitabilité cérébrale, se fait par poussées successives, et non régulièrement. Décroissance ou retour de l'excitabilité, ce n'est jamais régulièrement que le phénomène se produit, c'est toujours par des alternatives d'excitabilité plus grande ou d'excitabilité plus faible. Avec des excitations de très faible intensité, on observe pendant une ou deux minutes d'assez notables secousses, puis peu à peu le silence se fait; mais, si l'on continue l'excitation, de nouveau les secousses reparaissent, de plus en plus fortes, pour passer par un maximum et ensuite disparaître graduellement.

Il est probable qu'il s'agit là de phénomènes de catabolisme et d'anabolisme (destruction et réparation), qui sont lents. L'excitation amène le catabolisme de certains éléments nécessaires, puis l'anabolisme ramène le tissu cérébral à son point de départ. Il se passe sans doute dans le cerveau des phénomènes d'anabolisme, grâce

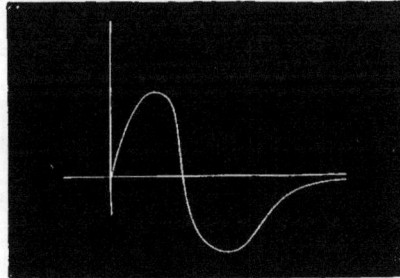

Fig. 4. — Schéma pour montrer la période de la vibration nerveuse. L'amortissement paraît être analogue à celui qu'on obtient avec les signaux bridés de Thomson. La période d'addition est le temps pendant lequel la vibration est au-dessus de la ligne d'équilibre. La période réfractaire, dure tant que la vibration est au-dessous de cette ligne d'équilibre.

auxquels la reconstitution de la matière organique nécessaire à la libération de l'énergie peut s'opérer; et alors l'excitabilité première reparaît complètement.

Mais, quelque nettes que soient ces périodes dans l'excitabilité cérébrale, nous ne croyons pas qu'elles soient suffisantes à expliquer le phénomène de la phase réfractaire. Le fait d'un rythme régulier de 1/2, de 1/3, nécessite une autre hypothèse.

Supposons, en effet, que le retour à l'équilibre, après une excitation, se fasse par une sorte de vibration plus ou moins analogue à celle d'un pendule écarté de sa position primitive : le retour ne pourra s'opérer que par une sorte d'onde d'amortissement, de sorte que, dans la période négative, toute excitation aura forcément un effet nul ou faible. Tel est au moins le sens que nous croyons pouvoir donner à la période réfractaire des centres nerveux.

En effet, quelle que soit la cause qui détermine la rupture d'équilibre d'un corps qui doit revenir à son état primitif, pour qu'il y ait retour à l'équilibre, le mouvement de retour ne peut se faire que par une sorte de vibration pendulaire. Or la mécanique générale enseigne que le retour à l'état initial doit prendre certaines formes bien déterminées, dont la plus favorable (au point de vue de la rapidité du retour) est la forme dont nous donnons ici le schéma graphique. Cette forme ressemble tout à fait au système d'amortissement, imaginé par THOMSON pour le retour à l'équilibre du galvanomètre dans la transmission électrique à travers les câbles télégraphiques sous-marins (fig. 4).

Ces données mécaniques sont indépendantes de la nature de la force ou de la durée de l'oscillation pendulaire. Nous pourrions donc, a priori, supposer que le retour du système nerveux à l'équilibre, après une oscillation, prendrait une forme analogue ; car il n'en est pas de plus avantageuse pour un retour rapide à l'état initial.

Évidemment ces considérations a priori, si elles nous font pressentir la forme même de cette oscillation élémentaire, pendulaire, ne peuvent nous donner aucune indication sur sa rapidité même, durant peut-être un millionième de seconde, ou une seconde ; mais ce que l'expérience nous apprend, c'est que cette période vibratoire dure, chez le chien, à la température normale, environ un dixième de seconde.

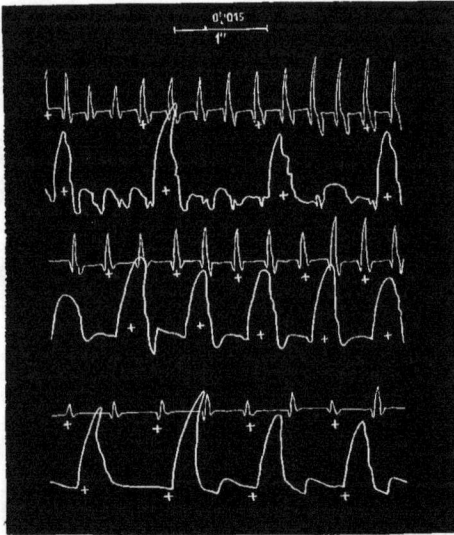

FIG. 5. — Synchronisation des oscillations nerveuses. Les excitations (sur un chien chloralosé) sont les ébranlements de la table. On voit sur les lignes inférieures la réponse à 1/2 ; pour les lignes moyennes à 1/2 aussi, mais avec un rythme un peu plus resserré ; pour les lignes supérieures, les réponses sont à 1/4 ; le rythme des excitations s'étant accéléré. En commençant vers le bas, les lignes 1, 3, 5, indiquent les mouvements musculaires ; les lignes 2, 4, 6 sont l'enregistrement graphique des ébranlements de la table, fortement ébranlée par un marteau.

La courbe de la figure 4 nous donne la représentation schématique du phénomène, et nous trouvons dans les éléments de cette courbe l'explication très satisfaisante des phénomènes de l'addition, et de la phase réfractaire. Soit le système nerveux écarté de son équilibre par une excitation ; pendant la période d'ascension, d'un centième de seconde environ, il est en phase d'addition, pendant la période de descente d'un dixième de seconde, il est en phase réfractaire ; et enfin il revient à son équilibre normal.

Nous proposons d'autant plus volontiers cette hypothèse qu'elle n'est aucunement en contradiction avec l'hypothèse d'une passagère perte d'activité par épuisement. Au contraire, il est assez rationnel d'admettre que, pendant cette phase négative, il y a reconstitution chimique des matériaux nécessaires à la dépense d'énergie que la seconde excitation va provoquer.

Finalement ce phénomène peut être considéré à trois points de vue différents, parfaitement concordants entre eux; au point de vue physiologique, phase d'addition, phase réfractaire, phase de retour; au point de vue chimique, épuisement des réserves d'énergie, puis reconstitution de ces réserves; au point de vue physique, écart de la position d'équilibre, et retour à l'état normal suivant les lois de l'oscillation pendulaire la plus rapide.

Ce ne sont pas seulement les excitations électriques, mais encore les excitations mécaniques et les excitations acoustiques qui peuvent produire l'ondulation nerveuse avec sa période réfractaire. Avec ANDRÉ BROCA, nous avons pu, chez des chiens chloralosés, reproduire, par des succussions de la table sur laquelle repose l'animal, tous les faits caractéristiques indiqués plus haut commé dépendant de l'excitation électrique cérébrale (*Période réfractaire et synchronisation des oscillations nerveuses, C. R.*, 1897, CXXIV, 697-700; et *B. B.*, 1897).

Nous donnons ici des figures qui établissent nettement ce phénomène. Elles fournissent un bon exemple de la synchronisation des oscillations excitatrices avec ses oscillations de réponse, musculaires, réflexes (cérébro- ou médullo-réflexes). Ce phénomène prouve, semble-t-il, en toute évidence, qu'il s'agit bien d'un phénomène physique analogue à une oscillation vibratoire, puisqu'il se fait manifestement une synchronisation entre l'excitant et la réponse.

Ainsi le phénomène de la synchronisation des vibrations cérébrales avec les vibrations électriques excitatrices fait rentrer le système nerveux dans les lois de la dynamique générale. M. CORNU, dans ses belles études sur la synchronisation des oscillants, avait d'ailleurs prévu l'application à la physiologie des données de la mécanique mathématique.

De l'unité psychologique du temps. — Le fait d'une période réfractaire, succédant à chaque excitation, peut donc nous indiquer la durée d'une vibration cérébrale. Mais, pour connaître cette durée, nous avons d'autres phénomènes, qui concordent d'une manière éclatante avec les expériences précédentes.

Nous avons dit que la période réfractaire était d'environ un dixième de seconde. Or il est assez remarquable de voir ce chiffre de dix par seconde coïncider-très bien avec certains phénomènes moteurs et sensitifs.

D'abord, pour les incitations volontaires, rappelons le fait bien connu du son musculaire correspondant par sa tonalité au nombre des excitations électriques qui font contracter le muscle, soit par l'excitation du nerf, soit par l'excitation du muscle lui-même (HELMHOLTZ).

Mais si, au lieu d'agir directement sur le nerf ou sur le muscle, on agit par l'intermédiaire du cerveau, on aura des résultats tout différents.

SCHÄFER (*On the rhythm of muscular responses to volitional impulses in man. J. P.*, VII, 114.) et, indépendamment de lui, KRIES (*Zur Kenntniss der willkürlichen Muskelthätigkeit, A. P.*, 1886,) et plus tard HORSLEY et SCHÄFER (*Experiments on the character of the muscular contractions which are evoked by the excitation of the various parts of the motor tract. J. P.*, VII) ont pu constater que l'excitation volontaire, ou l'excitation électrique de l'encéphale donnaient un rythme de contraction qui ne dépassait pas 14 par seconde; et qui le plus souvent arrivait à 10 par seconde. C'est aussi à ce chiffre de 8 par seconde qu'est arrivé LOVEN, mesurant avec l'électromètre capillaire de LIPPMANN les variations négatives électro-motrices d'un muscle qui est contracté par la volonté.

D'autre part, j'ai montré (CH. RICHET, *Le frisson comme appareil de régulation thermique, Trav. du Lab.*, 1895, III, 17) que le nombre des secousses du frisson par seconde ne dépassait pas 12 ou 13, étant en général de 10 et de 11. HERRINGHAM (*On muscular tremor. J. P.*, 1896, XI, 481) a trouvé un rythme de 9, 10, 11, 12, pour les différents tremblements de cause pathologique. W. GRIFFITHS (*On the rhythm of muscular response to volitional impulses in man. J. P.*, XI, 1888, 38) a trouvé un chiffre notablement plus fort; et, quoiqu'il admette le chiffre moyen de 10 pour les muscles du pouce, de 14 pour le biceps; il a pu trouver des excitations volontaires ayant une fréquence de 21 par seconde dans quelques cas, ce qui nous paraît dû à une vibration pendulaire du muscle, plutôt qu'à une secousse volontaire. B. HAYCRAFT (*Voluntary and reflex muscular contraction. J. P.*, XI, 1890, 366) arrive à cette conclusion que, dans le cas d'excitation de la moelle, le rythme des muscles est identique au rythme de l'excitation, tandis que, si l'excitation porte sur l'appareil cérébral, le rythme musculaire en est indépendant, et qu'on perçoit le son propre du muscle.

En cherchant les divers procédés qui permettent d'obtenir une vibration musculaire très rapide, il m'a paru que le procédé le meilleur était peut-être l'articulation d'une phrase quelconque prononcée avec un maximum de rapidité. On peut admettre évidemment que chaque syllabe articulée représente une certaine contraction musculaire. Dans ces conditions j'ai trouvé que le maximum de vitesse pour une articulation à peine distincte était de 11 ; et encore avec ce chiffre de 11 à la seconde n'est-on pas absolument certain que toutes les syllabes aient été articulées.

Cette expérience en soi n'est pas bien intéressante ; car elle ne fait que confirmer les faits indiqués plus haut, à savoir que les mouvements volontaires ont une vitesse maximum d'environ 10 ou 12 par seconde. Mais en la modifiant légèrement on arrive à avoir la preuve formelle que ce rythme, relativement lent, de la réponse musculaire ne dépend pas du muscle, mais bien du cerveau qui ordonne ce mouvement.

En effet, au lieu d'articuler vocalement des syllabes, supposons que nous nous contentions de les penser ou de les articuler mentalement ; la contraction musculaire dans ce cas ne pourra évidemment jouer aucun rôle, et la rapidité de cette articulation mentale indiquera le rythme cérébral, au lieu d'indiquer le rythme musculaire. Or l'expérience m'a prouvé qu'on arrive exactement au même chiffre par l'articulation mentale que par l'articulation verbale ; par exemple, dans une série de six expériences (prises entre beaucoup d'autres), dont chacune a duré une minute, j'ai trouvé en syllabes pensées par seconde $10,4 — 10,9 — 9,2 — 8,9 — 9,6 — 10,2$; en moyenne très exactement 10 par seconde, avec des écarts relativement faibles. Donc il ne peut y avoir que 10 ou au maximum 11 ou 12 volitions par seconde. ANDRÉ BROCA a fait la même expérience, en pensant une gamme musicale aussi rapidement que possible : il n'a pas pu dépasser le chiffre de 11 par seconde.

Nous arrivons donc à cette conclusion intéressante, et relativement imprévue, que les incitations volontaires cérébrales ne peuvent dépasser le nombre de 12 par seconde ; que par conséquent le minimum de durée d'un acte psychologique est de $0'',09$.

On remarquera combien ce chiffre coïncide avec la durée de la période réfractaire, que nous avons constatée être voisine de $0'',1$, dans les conditions normales.

Ajoutons que la durée de l'équation personnelle est, pour les excitations acoustiques qui comportent les plus rapides réponses, voisines de $0'',14$: ce qui rapproche beaucoup le travail du cerveau du chiffre de $0'',10$; car il doit y avoir une perte de temps très proche de $0'',04$ pour la transmission du mouvement à travers les nerfs et les muscles qui servent à donner la réponse à l'excitation.

La période de fusion des excitations sensitives nous fournit aussi un chiffre de même ordre. En effet, pour les excitations rétiniennes dissociées, la fusion se fait (ou tout au moins le papillotement) quand elles ne sont écartées l'une de l'autre que de $0'',09$. Plus rapprochées, elles se fusionnent complètement ; plus éloignées, elles sont perçues distinctement. .

Il serait assurément désirable qu'on pût faire les mêmes expériences sur la fusion des sensations sonores ou des sensations tactiles ; mais on n'a encore à ce sujet que des données assez imparfaites.

Quoi qu'il en soit, les faits, extrêmement précis, que nous connaissons sur la persistance des excitations rétiniennes, nous autorisent à admettre que l'unité psychologique est la même, ou à peu près la même, pour le mouvement que pour le sentiment, c'est-à-dire de près d'un dixième de seconde.

Ainsi la période réfractaire, la durée minima d'une excitation volontaire dissociée, la durée minima d'une perception sensitive dissociée ; tous ces phénomènes prennent une période de temps à peu près identique, c'est à savoir un dixième de seconde.

Il semble donc que nous ayions le droit de considérer le dixième de seconde comme étant l'unité psychologique du temps pour les phénomènes de conscience ; au point de vue, soit de la volition, soit de la perception, et d'ajouter que ce qui détermine cette durée, c'est précisément la durée de la période réfractaire.

Autrement dit encore, la vibration cérébrale élémentaire est d'une certaine durée, et

cette durée est d'un dixième de seconde environ, de sorte qu'il ne peut y avoir dissociation pour un fait cérébral quelconque discontinu (excitation musculaire encéphalique,
— volition — perception, sensation) que si les intervalles qui séparent les réactions élémentaires sont distants au moins d'un dixième de seconde. S'ils sont plus rapprochés,
les faits discontinus deviennent continus.

Des variations de l'excitabilité cérébrale. — Ainsi que tous les phénomènes
physiologiques, l'excitabilité cérébrale est fonction de la température et de la tension de
l'oxygène. Elle dépend aussi de la qualité du sang qui circule dans l'encéphale.

Mais nous ne pouvons étudier ici dans tout leur détail ces modalités diverses. Pour
ce qui est des phénomènes intellectuels, nous renvoyons à l'art. **Délire**, où seront traités
les troubles intellectuels que provoquent : 1° les variations dans la quantité d'oxygène du
sang (délire asphyxique); 2° L'introduction dans le sang de substances toxiques (délires
toxiques); 3° La température de l'organisme (délire thermique).

Nous insisterons ici seulement sur quelques faits fondamentaux et très généraux.

La substance grise de l'encéphale qui préside aux phénomènes psychiques est assurément, de tous les tissus de l'organisme, celui qui est le plus exigeant au point de vue
de la présence de l'oxygène.

Un grand nombre d'expériences et de faits le prouvent. ASTLEY COOPER, en 1837, a
montré qu'en empêchant par la ligature des deux vertébrales et des deux carotides
l'abord du sang artériel dans l'encéphale, on y suspendait complètement la vie. En faisant la respiration artificielle, on permet au tronc de l'animal de vivre ; mais la tête
reste morte. Depuis cette époque, déjà lointaine, un grand nombre de physiologistes ont
répété l'expérience, en la variant de diverses manières. Citons entre autres VULPIAN
(*Production expérimentale de l'anémie cérébrale*, in *Leç. sur les vaso-moteurs*, 1875, 11, 117);
COUTY (*Sur le cerveau moteur. A. d. P.*, 1884, (3), III, 53); LOYE (*La mort par la décapitation*, Paris, 1888, 8°, 38), et FR. FRANCK (*Fonctions motrices du cerveau*, 1887, 350).
Voyez pour la bibliographie plus détaillée LOYE, et les articles **Anémie** (*D. Ph.*, I, 494),
et **Cerveau** (*Circulation cérébrale. D. Ph.*, II, 774-778). Si les résultats obtenus ne sont pas
tout à fait concordants, cela tient sans doute à ce que l'anémie n'a pas été réalisée
de la même manière, et avec la même rigueur, par tous les physiologistes qui ont fait
cette expérience. Ainsi COUTY, après avoir lié les carotides et les vertébrales, crut voir
que, sur le cerveau, devenu tout à fait exsangue, l'excitabilité, loin d'avoir diminué, avait au contraire notablement augmenté. VULPIAN croyait d'abord que l'anémie
du cerveau, produite par injection de poudre de lycopode de manière à supprimer
brusquement la circulation dans les divers territoires vasculaires de l'écorce cérébrale,
a besoin de durer sept à huit minutes pour que toute excitabilité ait disparu : mais,
revenant plus tard sur ce phénomène (*Rech. exp. concernant : 1° les attaques épileptiformes provoquées par l'électrisation excito-motrice du cerveau proprement dit ; 2° la durée
de l'excitabilité motrice du cerveau proprement dit après la mort. C. R.*, 1885, c, 1201; et
*Rech. relatives à la durée de l'excitabilité des régions excito-motrices du cerveau proprement
dit après la mort. C. R.*, 1885, CI, 212), il dit au contraire que les mouvements produits
dans le côté opposé du corps disparaissent, moins d'une minute après le dernier mouvement du cœur; ajoutant que les contractions qu'on observe dans le membre du même
côté et surtout dans les masséters ou les muscles du cou sont dues à des diffusions (dont
la cause est purement physique) de l'excitant aux nerfs et aux muscles voisins.

Nous avons cherché, ANDRÉ BROCA et moi, à répéter cette expérience de l'anémie cérébrale, en nous mettant dans des conditions telles que l'anémie fût absolue, et nous avons
observé, comme VULPIAN, que, malgré la mort de l'animal, l'excitation électrique cérébrale pouvait encore pendant longtemps provoquer des mouvements dans les muscles
du cou et de la face du même côté. Mais il n'en est pas moins vrai que très rapidement,
c'est-à-dire une demi-minute au plus après l'anémie, les centres cérébraux moteurs
deviennent à peu près complètement inexcitables, si du moins on prend pour témoignage de leur excitabilité la réponse des muscles du train postérieur et du côté opposé
du corps.

Nous déterminions l'anémie tantôt par l'excitation des deux bouts périphériques du
pneumogastrique, tantôt par la ligature (ou la compression avec une pince) du tronc
brachio-céphalique droit et de la carotide primitive gauche. Au bout de 15 secondes

environ, les secousses motrices ont diminué d'intensité de près de moitié, et, au bout de 30 secondes, elles sont devenues à peine perceptibles.

Les grandes hémorrhagies, d'après Eckhardt (et surtout Orchansky. Voy. **Anémie**), abolissent l'excitabilité corticale, tout en laissant intacte et parfois même en exagérant l'activité réflexe des centres médullaires.

L'asphyxie produit aussi les mêmes effets, mais avec plus de lenteur; car alors la suppression de l'oxygène n'est pas soudaine, mais graduelle. Sur des chiens (à 35° environ et chloralosés) dont la trachée était liée, nous avons vu disparaître les phénomènes de l'excitabilité corticale en trois ou quatre minutes environ. Le retour de la respiration ramenait rapidement à la vie le cerveau asphyxié, et devenu par le fait de l'asphyxie absolument inexcitable. Fr. Franck (loc. cit., 356) a constaté que pendant la dernière période de l'asphyxie l'épilepsie corticale ne peut plus se produire.

Quant aux phénomènes psychiques que produisent l'anémie ou l'asphyxie, je renverrai aux articles **Anémie, Asphyxie, Délire.**

On peut donc, dans l'ensemble, conclure que l'excitabilité du système nerveux cortical a besoin pour s'exercer de sang oxygéné, et que la cellule nerveuse meurt lorsque ce sang oxygéné lui fait défaut.

Bien entendu cette loi n'est applicable qu'aux animaux homéothermes, et encore aux animaux homéothermes à température normale. Chez les lapins refroidis, la circulation cérébrale peut être arrêtée pendant plusieurs minutes sans que l'excitabilité cérébrale ait disparu. Chez les grenouilles, on peut remplacer le sang par une solution salée, sans que les phénomènes cérébraux soient pour cela immédiatement abolis.

En somme, dans la hiérarchie des tissus, le cerveau des animaux homéothermes a le premier rang; c'est lui qui a le plus besoin de sang oxygéné, c'est lui qui meurt le premier si le cœur s'arrête.

En outre, dans le cerveau même il y a plusieurs éléments : la mémoire, la conscience et l'intelligence, qui siègent dans la substance grise, meurent d'abord; puis disparaît l'excitabilité à l'électricité; puis probablement la capacité de conduire les excitations, la conductibilité, qui réside à la fois dans la substance grise et la substance blanche.

C'est là une dissociation fonctionnelle; il serait intéressant de faire une dissociation anatomo-physiologique; mais l'établissement méthodique de l'ordre dans lequel, par l'anémie, meurent les différentes parties de l'encéphale (corps opto-striés, protubérance, cervelet) ne peut être indiqué, dans l'état actuel de nos connaissances.

Influence des substances toxiques. — L'introduction de substances toxiques dans la circulation modifie énormément l'excitabilité cérébrale. Mais, d'autre part, en toute expérimentation physiologique, il est presque impossible pour plusieurs raisons — et la raison d'humanité n'est pas la moindre — de ne pas anesthésier plus ou moins les chiens sur lesquels on fait des excitations cérébrales. Cette anesthésie trouble gravement l'expérience; en effet, il m'a semblé que, même lorsque l'anesthésie chloroformique ou éthérique paraissait dissipée, tous les effets du chloroforme ou de l'éther n'avaient pas disparu. Ainsi, lorsqu'on étudie l'excitabilité des chiens chloroformés, même après qu'ils n'ont pas reçu de chloroforme depuis une heure ou deux, n'agit-on pas sur des chiens complètement normaux; et il faut tenir compte de cette intoxication antérieure.

En employant le chloralose on a cet avantage d'atteindre moins puissamment la cellule nerveuse cérébrale; mais, malgré cela, le chloralose diminue aussi l'activité des éléments nerveux.

Ces réserves admises, on peut expérimentalement constater certains phénomènes dus à l'intoxication cérébrale (Voir pour les détails : **Anesthésiques, Délire, Chloralose, Chloroforme, Morphine**, etc.).

Tout d'abord on peut classer les substances qui agissent sur l'encéphale en substances stimulantes et substances paralysantes ou déprimantes. Remarquons pourtant que le plus souvent les substances déprimantes, au début de leur action, exercent des effets de stimulation, de sorte que les effets d'excitation ou de dépression sont proportionnels à la dose.

En principe les poisons convulsifs devraient être tous des poisons stimulants, puisque aussi bien la convulsion est toujours le résultat d'une excitabilité nerveuse exagérée :

cocaïne, strychnine, atropine, absinthe, thébaïne, picrotoxine, etc. (ALBERTONI, LUCIANI et TAMBURINI, DANILLO. *Contribut. à la physiologie path. de la région corticale du cerveau et de la moelle dans l'empoisonnement par l'alcool éthylique et l'essence d'absinthe*, A. d. P., 1882, (2), 10, 388 et 539; COUTY. *Sur le cerveau moteur. A. d. P.; 1884, (3), III, 46).* Mais, de fait, l'expérience prouve que l'excitabilité proprement dite n'augmente pas. COUTY a constaté pour la strychnine qu'il fallait, afin de provoquer un mouvement réactionnel, un courant électrique un peu plus fort chez un animal légèrement strychnisé que chez un animal normal. LUCIANI et TAMBURINI, et FR. FRANCK et PITRES ont constaté que la strychnine augmente l'étendue de la zone excitable et la rapidité des réponses motrices, sans cependant faire varier le minimum de l'excitation. DANILLO a vu que l'essence d'absinthe, malgré son pouvoir convulsivant, diminue toujours, même à faible dose, l'excitabilité. D'un autre côté l'alcool exagère peut-être quelque peu l'excitabilité, ainsi que le café (COUTY, *loc. cit.*, 65). Mais il ne faut pas comparer l'intoxication aiguë et l'intoxication chronique qui détermine assurément des modifications histologiques, et par conséquent des perversions fonctionnelles de l'excitabilité nerveuse. Le chloralose paraît, à faible dose, augmenter l'excitabilité, mais, comme pour la strychnine, ce n'est peut-être qu'une apparence. En effet, le seuil de l'excitation n'est pas modifié, et, par suite de l'hyperexcitabilité de la moelle, qui est aussi marquée que dans la strychnisation, les légères excitations provoquent une secousse réactionnelle plus générale et plus intense que chez l'animal non intoxiqué.

On voit que l'augmentation d'excitabilité par les substances toxiques est douteuse, au moins pour ce qui concerne le seuil de l'excitation. Il faut toutefois faire une exception pour la morphine, qui, ainsi que l'ont montré d'abord BUBNOFF et HEIDENHAIN, exagère énormément l'aptitude du cerveau à répondre aux incitations.

La morphine provoque enfin, comme nous l'avons nettement constaté, après BUBNOFF et HEIDENHAIN, une sorte de contracture consécutive à chaque excitation. Dans ce cas la secousse musculaire, au lieu d'être simple et brève, et suivie d'un relâchement plus ou moins complet, est suivie d'une sorte de contracture qui se prolonge parfois pendant trois, quatre, dix secondes, et même davantage. Il semble qu'elle ait pour effet de prolonger énormément la réponse du cerveau à l'excitation électrique très brève. La longue durée de toute réponse cérébrale, déjà très nette sur des chiens non morphinisés, est développée d'une manière très remarquable par la morphine.

Il est probable, en somme, que le cerveau, à l'état normal, en dehors de toute action toxique, est dans un *optimum* d'excitabilité. Un poison, quel qu'il soit, doit avoir pour effet de diminuer notre sensibilité cérébrale : les réponses d'un cerveau normal sont toujours plus puissantes, plus rapides, et le seuil de l'excitation semble être minimum, lorsqu'il n'y a pas d'intoxication. En étudiant l'action des divers poisons sur le temps perdu cérébral, on a vu qu'il n'y avait presque jamais de diminution de ce temps perdu, même lorsque l'on s'imagine avoir donné une réponse plus brève; par exemple au début d'une légère ivresse alcoolique.

Quant aux poisons déprimants, ils sont très nombreux; c'est surtout le chloral, le chloroforme, l'éther, les alcools, les essences, le bromure de potassium, toutes substances qui exercent des effets puissants sur l'activité du cerveau.

Dans l'étude de ces poisons déprimants, on peut presque dissocier les effets psychiques, les effets moteurs et les effets sensitifs. Les effets psychiques sont produits par des doses très faibles; assez faibles pour que nul autre effet, probablement, ne soit appréciable. Une dose très légère d'absinthe, en ingestion stomacale, provoque une si imperceptible ivresse, que ce n'est pas même de l'ivresse; tout au plus y a t-il une altération des fonctions intellectuelles suffisante pour affirmer que le poison a produit quelque action. Quant aux effets moteurs, caractérisés par un changement dans l'excitabilité cérébrale, ils surviennent bien avant l'anesthésie. C'est même un phénomène assez paradoxal que de voir des chiens (dont l'écorce grise est presque inexcitable) qui sont encore très sensibles à la douleur. Cette inexcitabilité des éléments moteurs coïncidant avec une excitabilité persistante des éléments sensitifs s'observe d'ailleurs aussi pour la substance grise de la moelle, et j'ai souvent vu des chiens au début de la chloralisation, qui présentaient une paraplégie manifeste, et avaient conservé presque intacte, parfois même exagérée, leur sensibilité.

La période de retour après la chloroformisation, ou la chloralisation, est probablement très longue, et je pense que le rétablissement du *statu quo ante* ne se fait qu'au bout de plusieurs heures. Malheureusement les données précises font à ce sujet presque complètement défaut. Il est bon toutefois de noter la persistance de l'inexcitabilité cérébrale après une intoxication, car on serait tenté de croire *a priori* que les effets de l'éther ou du chloroforme se dissipent rapidement, ce qui est une erreur manifeste. Rien d'ailleurs ne prouve mieux les longs effets de l'anesthésie chloroformique que l'étude des troubles prolongés de la nutrition, consécutifs aux inhalations de chloroforme ou d'éther. Même après vingt-quatre heures, il y a encore des perversions nutritives, bien étudiées par VIDAL, dans mon laboratoire (*D. P.*,). Si les fonctions chimiques sont ainsi troublées, il est probable que les fonctions cérébrales le sont davantage encore.

(Pour les effets différents du chloral, de l'éther, du chloroforme, du chloralose, de l'absinthe, de la morphine, voir **Anesthésiques**, et ces divers mots.)

Pour être complet nous devrions étudier ici les effets psychologiques que produisent les substances toxiques ; mais nous y reviendrons à l'article **Délire**. Mentionnons seulement ces deux lois fondamentales.

1° *A mesure que l'intelligence est plus développée, les effets des poisons psychiques sont plus manifestes, et sont provoqués par une dose plus faible.*

Ainsi la cocaïne, qui, à faible dose, est surtout un poison psychique, est toxique principalement pour l'homme. Un de mes élèves, DELBOSC (*Étude. exp. et clinique sur la cocaïne, Trav. du Lab.*, 1893, II, 537) a montré que, plus le volume du cerveau était considérable par rapport aux poids général du corps, plus la cocaïne était toxique, et il a dressé le tableau suivant :

	POIDS DU CERVEAU rapporté au kil. d'animal.	DOSE convulsive par kil.
	Grammes.	Grammes.
Lapin	4	0,18
Cobaye.	7	0,07
Pigeon.	8	0,06
Chien.	9	0,02
Singe	18	0,012
Homme	36	0,003

Le hachich, l'atropine sont aussi, à ce point de vue, comparables à la cocaïne. Tous ces poisons intellectuels sont toxiques surtout pour l'homme ; et, à mesure qu'on descend dans la série animale, ils deviennent de moins en moins offensifs.

2° *Les poisons exercent presque tous une action élective sur les centres nerveux encéphaliques.* — Il n'y a d'exception que pour les substances, qui, comme l'oxyde de carbone, forment une combinaison définie avec les globules du sang, ou qui, comme le curare, agissant sur les terminaisons motrices des nerfs dans les muscles.

Presque tous les poisons intoxiquent le système nerveux psychique, et, de fait, l'ivresse et le délire font rarement défaut dans une intoxication tant soit peu intense. Le vertige, la déséquilibration ; puis l'excitation cérébrale, l'amnésie ; puis enfin le coma, la stupeur et l'insensibilité s'observent à la suite de l'ingestion de presque tous les poisons. C'est là une règle générale dont on ne saurait exagérer l'importance.

Influence des excitations antérieures sur l'excitabilité cérébrale. — FR. FRANCK et PITRES ont remarqué que des excitations légères, presque inefficaces, parvenaient, si elles étaient répétées, à augmenter énormément l'excitabilité cérébrale. Tout se passe comme si l'excitation électrique était devenue un stimulant même de l'activité corticale. Cette observation est tout à fait exacte, et nous avons eu, A. BROCA et moi, l'occasion de la constater maintes fois.

Soit, par exemple, un animal répondant à une excitation électrique faible (n° 15 de la bobine d'induction par exemple) par une contraction très faible, presque inappréciable, et ne répondant pas du tout au courant 15,5. Si on l'électrise pendant deux ou trois ou quatre minutes avec ce courant faible, on verra peu à peu les secousses devenir de plus en plus amples. Si alors on l'électrise avec le courant 15,5 ; et, même avec le courant 16, on aura encore des contractions assez considérables.

L'explication de ce phénomène n'est pas très simple.

D'abord on note quelque chose d'analogue dans les muscles. Dans certains cas, des excitations prolongées, au lieu de diminuer, font croître l'excitabilité. De sorte que ce n'est peut-être pas un phénomène dépendant uniquement du système nerveux. S'agit-il, comme on pourrait le croire, d'une conduction qui serait devenue, par l'accoutumance, plus facile aux incitations cérébrales. S. Exner (*Zur Kenntniss der Wechselwirkung der Erreg. in centralen Nervensyst.*, *A. g. P.*, xxviii, 487) suppose qu'il en est ainsi; car, ayant d'abord déterminé des réflexes dans les muscles de telle ou telle région, il voit les excitations cérébrales électriques qui étaient primitivement inefficaces, devenir efficaces, après que les muscles ont été préalablemsnt stimulés par l'excitant électrique.

On peut à coup sûr se servir d'un mot pour indiquer le phénomène et dire que les excitations électriques sont *dynamogéniques :* de même que certaines excitations sont *inhibitoires.* Brown-Séquard, en diverses publications, que nous n'avons pas à mentionner ici, ne donnait pas d'autre explication. Mais il nous paraît que les mots de dynamogénie et d'inhibition ne suffisent pas : ce ne sont que des expressions masquant assez mal notre ignorance. Peut-être vaut-il mieux dire que certaines stimulations cérébrales provoquent des phénomènes d'anabolisme (c'est-à-dire de reconstitution de matières nutritives) dans les cellules cérébrales. Mais c'est encore, il faut bien l'avouer, une assez médiocre explication.

Quoi qu'il en soit de toute hypothèse, on voit très nettement, par le fait des excitations cérébrales successives, d'abord croître l'excitabilité; puis, la fatigue survenant, l'excitabilité se met à décroître. Comme des phénomènes analogues se passent dans le muscle, il est assez légitime de supposer que c'est un phénomène très général, dû à l'influence de l'excitation sur l'accumulation (anabolisme) de réserves d'énergie, ce qui accroît l'excitabilité, ou sur la dépense de ces mêmes réserves (catabolisme), ce qui diminue l'excitabilité.

Influence de l'inflammation. — L'influence de l'inflammation est assez mal connue. Pourtant il est évident que les traumatismes du cerveau, accompagnés d'encéphalite, exagèrent l'excitabilité cérébrale. Mais toute détermination précise fait à peu près défaut.

D'ailleurs il est presque impossible de dissocier la part des cellules nerveuses et la part des fibres conductrices. On sait, depuis Flourens, que les nerfs (comme les tendons), lorsqu'ils s'enflamment, deviennent hyperexcitables. On doit supposer que la substance blanche de l'encéphale se comporte de même. Les contractures, l'épilepsie jacksonienne et les autres phénomènes d'excitation qui surviennent dans les maladies de l'encéphale prouvent que l'excitabilité est alors très augmentée.

Le cerveau, qui, à l'état normal, est à peu près insensible, devient, s'il est enflammé, douloureux au contact. Il est difficile de provoquer des secousses musculaires réactionnelles par l'excitation mécanique du cerveau intact; mais sur le cerveau enflammé les légers contacts déterminent des réponses musculaires. C'est un fait que tous les expérimentateurs ont constaté, quoiqu'ils n'en aient pas pu, ce semble, donner encore de démonstration méthodique.

Influence de la température. — Ainsi que tous les appareils de l'organisme, l'appareil cérébral subit l'influence des variations thermiques.

Si la température du cerveau s'élève, des phénomènes psychiques variés s'observent, conjointement avec les troubles de la circulation, de la respiration et de la nutrition. On sait que le coup de chaleur ou insolation produit souvent du délire, et il existe dans la science quelques cas de délire permanent à la suite d'insolation. — J'ai eu personnellement l'occasion d'observer un cas de ce genre; un accès de manie aiguë, qui dura près de six mois, fut déterminé chez une jeune fille, par une insolation (Voyez aussi Dony. *Folie consécutive à l'insolation, D. P.*, 1884. — Weber, *Vesania hervorgerufen durch Hirncongestion in Folge von Sonnenstich unter Mitwirkung deprimirender Gemüthsaffecte. Zeitsch. d. d. Chirurgie*, 1853, vii 349-354). Quelquefois des paralysies et d'autres phénomènes nerveux sont aussi la conséquence de l'hyperthermie. (Voyez plus loin à **Chaleur,** *Effets physiologiques.*)

Le délire des fébricitants ne peut pas toujours être attribué à l'hyperthermie; car la même cause qui trouble la régulation thermique par altération du bulbe peut bien aussi pervertir les fonctions intellectuelles. On remarquera pourtant que, chez l'enfant surtout, mais aussi chez l'adulte, dès que la température s'élève au-dessus de 40°, il y a une agitation intellectuelle, qui se traduit tantôt par un vrai délire, tantôt par une plus grande rapidité dans l'idéation, dans les mouvements, dans la parole notamment. Le vulgaire a consacré cette vérité en disant que le langage est devenu *fébrile ;* la voix est brève, saccadée ; il y a certainement plus de promptitude et de fantaisie dans les conceptions. En un mot les processus psychiques sont devenus, par l'élévation thermique, plus actifs, plus rapides et plus désordonnés. On dit souvent, quand il s'agit d'exprimer une grande activité psychique, qu'on a parlé, écrit, pensé, dans la *fièvre* de l'inspiration.

Je dois constater cependant que sur les animaux artificiellement échauffés on ne constate jamais rien d'analogue au délire ou à l'abolition des fonctions intellectuelles. Mais l'intelligence des animaux est plus simple que l'intelligence humaine, à tel point qu'on ne peut pas toujours conclure de l'une à l'autre, et d'ailleurs, chez les animaux échauffés, les phénomènes circulatoires, respiratoires, chimiques, dominent la scène de manière à masquer complètement les autres réactions.

Inversement le froid paralyse l'activité intellectuelle. Quand le froid extérieur est très vif, s'accompagnant probablement d'une légère hypothermie organique, la pensée devient lente, traînante. C'est à peine même si on a encore la force de penser. Un sommeil pesant envahit les hommes surpris par le froid. Nansen racontait récemment, que, dans son hivernage près du pôle, par une température moyenne de — 40°, lui et son compagnon dormaient vingt-deux heures sur vingt-quatre.

Peut être y a-t-il quelque rapport entre la variation diurne de notre température et notre activité psychique. Le matin, au sortir du sommeil, quand notre température est de 36°,5 environ, l'esprit est certainement moins actif qu'au milieu de la journée, quand notre température atteint 37°,5. Il me semble que chacun pourra constater sur soi-même la réalité de ce contraste.

C'est surtout sur les animaux à sang froid que les variations déterminées dans l'activité psychique par les influences thermiques, sont manifestes. Des grenouilles aux environs de 0° sont engourdies et inertes, tandis qu'à 30° elles sont d'une agilité et d'une mobilité extrêmes ; et il en est de même pour les reptiles, les poissons, les insectes, les mollusques. Chez les animaux hibernants, quand la température s'abaisse, nous voyons que, pendant l'hibernation, il y a sommeil profond, et toute activité psychique est abolie.

En somme, ces faits démontrent que la fonction intellectuelle marche parallèlement avec les fonctions chimiques de l'organisme. Tout se passe comme si l'intelligence était sous la dépendance des phénomènes chimiques, puisqu'elle n'a lieu que dans les limites où s'opèrent les transformations chimiques, c'est-à-dire de 0° à 43°. Au-dessous de 0° toute intelligence disparaît ; au-dessus de 43°, il en est de même, et de 0° à 40°, dans toute la série animale, presque sans aucune exception (les exceptions n'étant d'ailleurs que des nuances) l'activité intellectuelle, comme les phénomènes chimiques, est d'autant plus grande que la température organique est plus haute.

L'étude de la durée de la période réfractaire m'a permis, dans une série de recherches faites avec André Broca, de mieux déterminer cette influence de la température.

Si en effet on donne au cerveau une série d'excitations égales entre elles (que ce soient des excitations électriques, ou des excitations mécaniques, chocs de la table sur laquelle repose un animal chloralosé), on voit qu'il se fait des réponses musculaires parfaitement égales. Mais, si on rapproche ces excitations, les secousses seront inégales ; ce qu'on ne peut expliquer qu'en admettant une période consécutive à l'excitation première, pendant laquelle le cerveau a une excitabilité diminuée. La durée de cette excitabilité diminuée mesure la période réfractaire ; par conséquent, en donnant des excitations de fréquence croissante, et en saisissant le moment précis où les réponses musculaires commencent à devenir inégales, on peut déterminer la durée de la période réfractaire, ou plutôt le moment où elle a cessé, ou, mieux encore, le moment où le système nerveux, écarté brusquement de sa position d'équilibre, est revenu à son équilibre normal.

Cette mensuration nous a donné les résultats suivants, très concordants, chez divers chiens :

TEMPÉRATURE.	FIN DE LA PÉRIODE RÉFRACTAIRE.
Degrés.	Secondes.
43	0,10
42	0,10
40	0,11
39	0,12
37	0,16
35	0,18
34	0,30
32	0,50
30	0,65
29	0,70

La figure ci-jointe (5) indique la courbe de ce phénomène; on voit qu'au voisinage de la température normale de chien (39°,5) la variation est assez faible; mais qu'il y a entre 35° et 34° un point critique. Jusqu'à 35°, la durée de la période n'a pas beaucoup changé; mais, à partir de 34°,5, elle se modifie énormément.

Résumé général sur la dynamique cérébrale. — Il faut de tous ces faits tirer une conclusion générale théorique, encore qu'elle soit forcément hypothétique; mais les hypothèses, si on a le courage de ne les considérer que comme des hypothèses, ont, outre leur intérêt au point de vue mnémotéchnique, le grand avantage d'ouvrir les horizons scientifiques et d'engager à des expériences nouvelles.

Le processus cérébral est soumis aux conditions générales des tissus vivants; c'est-à-dire qu'il est essentiellement un phénomène d'ordre chimique, ce qui signifie qu'il est fonction de l'état chimique cellulaire et de la température organique.

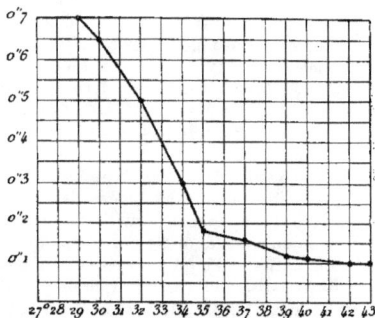

Fig. 6. — Variations de la période réfractaire avec la température.

Sur la ligne de *xx* sont marquées les températures. Sur la ligne de *yy* les temps en dixième de secondes.

C'est sans doute un phénomène plus ou moins analogue à une explosion (combustion de substances oxydables). Cette explosion, pour se produire, nécessite un certain temps, et l'ondulation qui se produit ne s'éteint pas immédiatement. En étudiant cette ondulation on voit qu'elle est soumise aux lois générales de la dynamique et aux conditions de synchronisation des appareils oscillants.

La durée totale de cette ondulation et le retour du système à l'équilibre mesurent le temps nécessaire à la discontinuité d'un phénomène cérébral quelconque, qu'il s'agisse d'un mouvement volontaire, ou d'un phénomène de sensibilité ou d'intelligence.

§ II. — **Vitesse des processus psychiques.** — Les faits que nous allons examiner, relatifs à la mesure des phénomènes psychiques, vont nous donner la confirmation de ces lois générales, confirmation d'autant plus précieuse que les méthodes sont absolument différentes.

L'étude des processus psychiques est en réalité la psychologie tout entière. Mais, pour ne pas dépasser le cadre — déjà trop vaste et tendant malgré nous à s'agrandir — de cet article, il n'est pas possible d'entrer ici dans l'histoire de la psychologie physiologique ou de la psycho-physique : nous nous bornerons donc à mentionner les principaux résultats des recherches faites sur la vitesse des phénomènes psychiques. Nous résumerons ces travaux en étudiant plus spécialement le côté physiologique du problème. La bibliographie que nous donnons un peu plus loin suffira amplement à ceux qui voudront l'envisager avec plus de détails.

Historique. — Ce sont les astronomes qui tout d'abord ont porté leur attention sur ce phénomène remarquable. Maskelyne, en 1795, mais surtout Bessel, en 1819 (voyez, pour l'historique, Sanford, 1888) observèrent que le passage d'une étoile au méridien n'est pas déterminé, au point de vue de sa durée, de la même manière par tous les observateurs. Chaque astronome commet en plus ou en moins une erreur, qui est son *équation personnelle*. A la suite des premiers travaux de BESSEL et d'ARGELANDER, d'autres mesures furent prises, entre autres par KAYSER, à l'observatoire de Leyde; par HIRSCH et PLANTAMOUR, à Genève, et surtout par C. WOLFF, à Paris (1866). Les travaux de WOLFF (1863-1866) établissent nettement la question. Il fit usage de passages d'étoile artificiels pour déterminer la mesure de l'équation personnelle, autrement dit du retard entre le moment vrai du passage de l'étoile, et le moment où l'observateur note ce passage. Il y ajouta beaucoup de remarques instructives sur lesquelles nous aurons l'occasion de revenir.

Mais l'étude de ce retard, d'origine cérébrale, faite jusqu'alors par les astronomes, devait être reprise par les physiologistes. DONDERS, en 1868, publia un travail mémorable, où l'histoire des processus psychiques, plus complexes que la simple notation d'un phénomène visuel, était résolument abordée. A partir de ce moment, la technique fait de grands progrès. Les mémoires d'EXNER (1873), de KRIES et AUERBACH (1879), précédent les travaux des psychologistes allemands de l'école de W. WUNDT. Par WUNDT et par ses élèves les conditions dans lesquelles se fait la réponse à une excitation donnée sont examinées sous toutes leurs faces multiples : les jeunes psychologues américains ont, dans les six dernières années (1890-1896), perfectionné et précisé encore les méthodes de WUNDT.

A vrai dire, quelque minutieuses et précises que soient toutes ces recherches, elles n'ont pas donné grand essor à la psychologie. Mais la science ne consiste pas seulement dans les vastes et hardies généralisations; elle comporte aussi les patientes études qui approfondissent un phénomène dans ses détails. C'est à ce point de vue qu'il faut se placer pour juger tout le méritoire labeur accompli par les physiologistes psychologues dans l'étude de la durée des phénomènes intellectuels. Après l'œuvre fondamentale de DONDERS, il semble qu'il n'y avait plus qu'à glaner, et, de fait, dans les travaux de WUNDT et de ses disciples (parmi lesquels il faut compter en première ligne les psychologues américains) il n'y a guère eu que des faits de détail et d'importance secondaire. On peut dire que la *psychométrie* (c'est le mot par lequel se désigne l'étude de ces phénomènes) n'a pas tenu, malgré le réel intérêt qu'elle offre encore, toutes les promesses qu'elle présentait au début.

Technique et instrumentation. — La technique instrumentale est très compliquée. Mais peut-être les récents expérimentateurs ont-ils un peu trop exagéré la complication des appareils nécessaires. WUNDT (1886) décrit avec beaucoup de détails le chronoscope de HIPP, d'abord employé par HIRSCH, et qui paraît donner des résultats fort précis. Pourtant, des appareils chronoscopiques plus simples peuvent être employés, ce semble, avec avantage. BLOCH (1883), dans des expériences que nous avons faites ensemble au laboratoire de MAREY, s'est contenté du signal de M. DEPREZ, comme indicateur à la fois du moment de l'excitation et du moment de la réponse; et ce simple dispositif est d'une précision suffisante; car les conditions physiologiques de l'expérience introduisent des variations beaucoup plus grandes que la minime erreur due au signal magnétique : d'ailleurs les retards dus à l'inertie de l'appareil sont identiques dans les deux mouvements du signal, de sorte qu'on n'a pas à en tenir compte. D'ARSONVAL a construit un appareil simple et ingénieux qui permet de faire immédiatement la lecture en demi-millièmes de seconde (1886).

Chaque expérimentateur, en somme, a employé des appareils tant soit peu différents, et, d'une manière générale, ils semblent tous bien suffisants. Le point sur lequel il faut assurément porter toute son ingéniosité expérimentale, c'est la manière de faire la réponse. On a pu prouver, en effet, que les mouvements de réponse doivent, pour être comparables, se faire toujours de la même façon, et que la position de la main qui répond n'est nullement indifférente. C'est cela qui doit surtout attirer l'attention et les soins de l'expérimentateur. JASTROW a indiqué une méthode intéressante qui permet d'apprécier, presque sans appareil, la durée des phénomènes psychiques (1886).

Quant aux dispositifs spéciaux employés dans chaque expérience pour déterminer le moment précis de l'excitation acoustique, tactile ou optique, ils varient presque à l'infini, et il est inutile d'essayer de les exposer ici.

De la durée de réaction d'une excitation simple. — Le cas le plus simple qui puisse se présenter est le cas d'une réponse à une excitation unique, déterminée à l'avance : c'est cette durée élémentaire que la plupart des physiologistes ont étudiée ; et c'est en effet la notion fondamentale.

Nous résumerons dans le tableau suivant les résultats principaux obtenus. On verra que les effets sont différents, suivant que l'excitation est optique, acoustique ou tactile.

Les chiffres de ce tableau et des tableaux suivants représentent des millièmes de seconde. Nous les désignerons par le signe adopté actuellement ; σ.

Excitations.

NOMS DES AUTEURS.	OPTIQUES.	ACOUSTIQUES.	TACTILES.
Beaunis.	((230))	159	((106))
Wundt	222	167	((201))
Hankel	206	151	155
Hirsch.	200	149	182
Wittich.	194	((182))	130
Kries.	193	((120))	117
Auerbach.	191	122	146
Donders.	188	180	154
Wilner.	169	149	141
Buccola.	164	125	141
Exner.	((150))	136	127
Moyenne[1]. . .	196,7	148,7	143,7

Les chiffres qui résultent de ces expériences représentent la moyenne de près de 50 000 observations : ils ont donc une grande valeur, en tant que moyenne, et il est douteux qu'ils se puissent modifier par des expériences ultérieures, d'autant plus que les méthodes ont été assez différentes, et que l'élimination du maximum et du minimum observés dans chaque série écarte vraisemblablement les chiffres faussés par quelque erreur expérimentale.

On peut donc considérer comme acquis que les excitations sensorielles provoquent une réponse motrice qui nécessite, en millièmes de seconde, en chiffres ronds :

Pour la vue. 195
Pour l'ouïe 150
Pour le toucher. . . . 145

L'écart entre les maxima et les minima est toutefois assez considérable ; de 80 σ pour la vue, de 62 pour l'ouïe, de 95 pour le toucher.

A la rigueur on pourrait soutenir que le chiffre vrai doit être le chiffre le plus faible, puisque aussi bien la réponse à une réaction est d'autant plus exacte qu'elle est plus rapide. Beaunis a trouvé 106, pour la réaction au toucher. Dolley et Cattell (1884) ont même trouvé, pour une réaction tactile (impression tactile se faisant sur la joue), le chiffre très faible de 103. Swift (1892) a trouvé pour une réaction acoustique 102 ; c'est là, à notre connaissance, le chiffre (moyen) le plus faible qui ait été obtenu. On peut donc dire que, pour les excitations tactiles et acoustiques, la durée de la réaction tend au minimum de 100, soit au dixième de seconde. Il n'en reste pas moins vrai que, d'une manière générale, chez des individus normaux, la réaction au toucher et à l'ouïe est voisine de 150 ; le chiffre de 100 étant dû, soit à une erreur expérimentale, soit, ce qui est plus probable, à l'influence de l'habitude et de l'exercice qui activent notablement, comme on le verra plus loin, la rapidité des réponses.

D'ailleurs, ces chiffres de 195, 150, 145, ne sont que des moyennes, l'état *statique*, pour ainsi dire du phénomène. De nombreuses conditions interviennent pour le modifier.

Analyse de la réaction simple. — Le phénomène de la réaction volontaire à une excitation comprend les actes suivants.

A.   Excitation du nerf sensible à la périphérie.
AB. Transmission de la sensibilité aux centres.

1. Ces moyennes sont construites en éliminant le nombre maximum et le nombre minimum de chaque série.

BCD. Réaction des centres et impulsion motrice.
DE. Transmission des centres moteurs du cerveau aux centres moteurs de la moelle.
EF. Transmission dans les nerfs moteurs jusqu'au muscle.
F.   Temps perdu dans le muscle.
G.   Temps perdu dans les appareils inscripteurs.

Ces divers éléments n'ont pas même valeur, et la physiologie expérimentale permet d'en connaître quelques-uns ; par conséquent de dissocier dans le chiffre global de 150 σ les différents éléments qui le constituent.

Éliminons d'abord G, puisque, aussi bien, si l'on se place dans de bonnes conditions expérimentales, on peut le rendre à peu près nul. CATTELL, dans les nombreuses expériences qu'il a faites, prétend que la durée de G n'est que de 1 tout au plus.

Le temps perdu F du muscle est évalué à 10. Mais probablement ce chiffre est-il un peu fort. Maintenons-le toutefois, et donnons à E, transmission dans les nerfs moteurs, une vitesse de 30 mètres par seconde, soit pour $0^m,60$, longueur moyenne du bras, environ 20. La longueur des conductions nerveuses du cerveau à la moelle est de $0^m,20$: si nous supposons une vitesse de 30 mètres par seconde, nous prenons un chiffre probablement trop fort ; mais, les chiffres précédents étant un peu trop faibles, selon toute apparence il y a compensation : de sorte que la durée du trajet qui sépare l'impulsion motrice cérébrale de la réponse marquée au signal peut être, avec une assez grande certitude, évaluée à 40.

La durée A est difficile à évaluer. Il est probable qu'elle diffère suivant les diverses sensations, comme nous devons le supposer d'après l'extraordinaire lenteur de la réponse à une excitation optique comparée à la rapidité de la réponse à une excitation acoustique. S'il s'agit du son, ou du toucher, nous pouvons supposer que l'ébranlement de la périphérie nerveuse est presque instantané. Encore convient-il de faire remarquer que, dans le cas d'une excitation tactile, par exemple l'excitation de la main, il y a une transmission nerveuse aux centres qui doit exiger à peu près la même durée que la transmission centrifuge, de sorte que finalement la période A et la période B peuvent être approximativement évaluées à 30. A étant très long pour la vue, et AB court, tandis que, pour les excitations tactiles, A est probablement très court et, B très long.

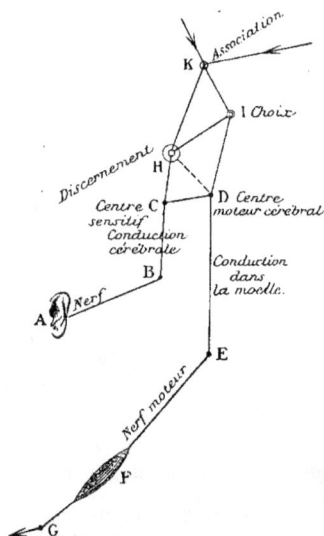

FIG. 7. — Schéma des processus psychiques dans les réactions motrices simples ou compliquées.

D'ailleurs la relativement longue durée de la perception optique s'explique par l'inertie de la rétine. Les phénomènes rétiniens sont très probablement d'ordre chimique (décomposition du pourpre rétinien) à la périphérie ; et par conséquent exigeant une période de temps appréciable pour la perception. On sait, par les expériences de FICK, de BRÜCKE, de KUNKEL et d'EXNER, que le maximum de la perception visuelle a lieu après un certain temps ; qu'il faut, par exemple, d'après KUNKEL, 57 pour le rouge, 92 pour le bleu, et 133 pour le vert ; de sorte qu'une intensité lumineuse, même très forte, ne produit pas de sensation maximum immédiate : j'ai pu d'autre part montrer, avec A. BREGUET, que des lumières très courtes et suffisamment faibles n'étaient pas perçues ; tous faits démontrant bien que la perception de la lumière exige, probablement à cause du temps qu'il faut pour l'ébranlement de la rétine, un temps plus grand que les autres perceptions sensitives.

Tout compte fait, nous trouvons un chiffre total de 70 pour les conductions et transmissions nerveuses. autrement dit pour les phénomènes physiologiques propres, tandis que les phénomènes psycho-physiologiques, perception, aperception, volition, comprendront 80. En chiffres ronds, vu l'incertitude de toutes ces données, nous pouvons admettre :

1° La réponse à une excitation dure 150.

2° Ce temps se partage en deux parties égales; un élément physiologique dont la durée est de 75, et un élément psychologique dont la durée est aussi de 75.

EXNER (1879) était arrivé, par des considérations analogues, au chiffre de 83. Il me paraît que ses raisonnements à cet égard sont fort justes, et je ne comprends pas bien pourquoi WUNDT (1886, 254) se refuse à les admettre; car, s'ils ne donnent pas une valeur absolue (ce qui est évident), ils donnent au moins une valeur approximative suffisante.

Ce temps de 75, qui mesure la vitesse des processus psychiques proprement dits, doit être rapproché de la durée des phénomènes réflexes et de la période latente cérébrale.

Cette période latente cérébrale a été mesurée par divers auteurs. SCHIFF, EXNER, KRAWZOFF et LANGENDORFF, BUBNOFF et HEIDENHAIN, DE VARIGNY, ainsi que nous l'avons indiqué plus haut (voy. p. 13). En prenant la moyenne de tous les chiffres, on obtient environ 50, ce qui, déduction faite du temps de transmission dans la moelle, dans les nerfs moteurs et dans les muscles, fournit pour le temps perdu dans la substance nerveuse 25 environ.

Puisque le temps perdu total est de 150; la transmission centripète et centrifuge de 75; le temps perdu dans la substance nerveuse 25, il s'ensuit que l'opération psycho-physiologique (transformation d'un sentiment en une volition) prend un temps de 50 environ. Comme ce chiffre résulte de calculs fort hypothétiques et qu'il n'est pas donné directement par l'expérience, on ne doit l'accepter qu'avec réserves; il est toutefois fort probable que l'erreur que nous commettons n'est pas grave, et que l'opération psychologique pure prend un temps très voisin d'un demi-dixième de seconde.

Durée de la réaction pour les excitations gustatives et olfactives. — Le temps de la réaction est manifestement plus grand pour des excitations sensorielles autres que l'audition ou le toucher.

VINTSCHGAU et HÖNIGSCHMIED (1875) ont trouvé les chiffres suivants pour deux personnes différentes, dont la sensibilité gustative à diverses substances était explorée à la pointe de la langue.

	A	B
Chlorure de sodium.	156	597
Sucre.	164	752
Acide phosphorique.	167	—
Sulfate de quinine.	235	993

Il y avait donc de notables divergences entre le temps de réaction de deux observateurs.

A la base de la langue la durée était la même sensiblement; et, alors que le contact était perçu au bout de 141; la saveur du sucre exigeait 550; celle de la quinine 502; celle du chlorure de sodium 540. WITTICH et GRUENHAGEN avaient d'ailleurs auparavant fait d'autres expériences par une méthode un peu différente. Ils provoquaient par un courant électrique une sensation d'acidité sur la langue, et le temps de la réaction déterminait le moment où la sensation acide était perçue. Ils ont trouvé ainsi 167, nombre qui concorde très bien avec les minima trouvés par VINTSCHGAU.

Les expériences de BUCCOLA, BEAUNIS, MOLDENHAUER, PASSY, sur la durée exigée pour les sensations olfactives, montrent que le temps de réaction est considérable.

Voici la moyenne des expériences de BUCCOLA (1883).

Eau de Telsina.	537
Essence de girofle.	456
Éther acétique.	278

Le minimum dans ces expériences a été de 166, et le maximum de 865.

MOLDENHAUER (1883) a trouvé :

Essence de romarin.	265
— de menthe.	271
— de bergamote.	285
— de pin.	267
Camphre.	321
Musc.	319

Les chiffres donnés par BEAUNIS sont notablement plus considérables (378 avec l'ammoniaque; 502 avec le camphre; 563 avec le chloroforme; 670 avec le phénol). La durée moyenne semblant, d'après ses recherches, voisine de 500. Le minimum observé une fois a été 330 (pour l'ammoniaque).

Mais ces expériences, si intéressantes qu'elles soient au point de vue de la psycho-physique des sensations, ne peuvent servir à déterminer la vitesse des processus nerveux, puisque probablement la longueur totale de ce temps perdu réactionnel dépend du temps qu'il a fallu à l'excitant pour exciter les terminaisons nerveuses périphériques. Même, quand il s'agit de la rétine, on peut supposer qu'il a fallu un temps perdu considérable pour la mise en jeu par la lumière des éléments rétiniens, puisque, en excitant la rétine par l'électricité, EXNER a trouvé un chiffre bien plus faible qu'en l'excitant par la lumière (150 au lieu de 190), chiffre se rapprochant de la durée de réaction des excitations acoustiques ou tactiles. Si donc, avec la vue, la gustation et l'olfaction, les perceptions sont très ralenties, c'est qu'un retard considérable s'est produit dans l'ébranlement des éléments nerveux de la périphérie, ce qui n'infirme en rien notre chiffre précédent de 50 pour la durée psychologique de la réaction même.

Des différences individuelles dans le temps de réaction. — En étudiant les notations du passage d'un astre au méridien, les astronomes avaient nettement constaté que chaque expérimentateur a un temps de réaction qui lui est personnel, pour ainsi dire, et que l'erreur moyenne commise par lui est à peu près toujours la même. Aussi ont-ils nommé *équation personnelle* cette erreur moyenne particulière à chaque observateur. Nous citerons, entre autres, les observations faites au *Coast Survey* (SANFORD, 1888, 20).

L'erreur moyenne de DONKIN était de	±	62
— — de HENRY —	±	112
— — de ELLIS —	±	69
— — d'autres observateurs était de	±	89

A l'observatoire de Leyde, pendant huit ans, de 1851 à 1859, il y eut une erreur personnelle moyenne, variant avec chaque observateur :

GUSIEW.	57
BRONWER	93
KAM.	83
KAISER	88

Les physiologistes ont aussi constaté le même fait. Dans des expériences faites par FRIEDRICH, TISCHER et WUNDT (WUNDT, 1886, 278), les temps de réaction furent les suivants :

F.	133
T.	182
W	211

DOLLEY et CATTELL (1894), à la suite de près de 24 000 expériences, ont trouvé pour D 149 et pour C 113. Tous les chiffres des auteurs qui se sont occupés de la question montrent bien qu'il peut y avoir une différence personnelle considérable dans la réaction de deux individus. Cette différence personnelle, les conditions physiologiques restant les mêmes, peut aller jusqu'à 50, 60, et même 100. Bien entendu il faut supposer des individus normaux, de même culture intellectuelle, de même âge à peu près; car les variations individuelles sont plus grandes encore, si l'on prend des individus placés dans des conditions physiques ou psychiques très dissemblables.

Il y a là un fait sur lequel on ne saurait trop insister. Quand il s'agit des propriétés physiologiques de tel ou tel organe, les différences individuelles sont assez peu marquées. Par exemple les proportions numériques des globules du sang, ou des gaz du sang, ou de la quantité d'urée et de chlorures dans l'urine, ou même de la vitesse dans la contraction musculaire, ou même encore de la vitesse dans la transmission nerveuse, toutes ces valeurs sont peu variables d'un individu à l'autre, et, à peu de chose près, on retrouve les mêmes chiffres. Mais, pour les processus psychiques, les divergences sont énormes : elles atteignent près de 100 p. 100 de la valeur totale.

Cela nous amène à concevoir les phénomènes psycho-physiologiques comme extrêmement différenciés; probablement ce sont les phénomènes les plus différenciés des organismes vivants. Les êtres simples sont tous identiques; les êtres complexes sont au contraire très différents, et l'appareil cérébral, étant le rouage le plus complexe de l'être vivant, est aussi le plus dissemblable. De là ces nombreuses divergences.

Déjà, quand il ne s'agit que de la réaction simple, les temps sont très variables. A plus forte raison, quand la réaction se complique. Plus la réponse est difficile, c'est-à-dire moins elle est automatique, plus on constate de variations individuelles. Finalement, si l'on arrive à un phénomène psychique quelque peu compliqué (opérations arithmétiques un peu longues) les différences individuelles dans la rapidité de cet acte intellectuel deviennent immenses, et les variations sont parfois dix fois plus grandes que la mesure même du phénomène. L'habitude, l'exercice, et peut-être même la structure propre de l'appareil nerveux, expliquent ces différences.

On peut présenter ce fait sous une autre forme encore en disant que l'intelligence est, de toutes les fonctions de l'organisme, celle où les différences individuelles acquièrent un maximum de différenciation.

Influence de l'intensité de la sensation sur la durée. — Tous les observateurs ont constaté que la réponse était, en général, d'autant plus rapide que l'excitation était plus intense.

Comme excitation auditive, Wundt (1886, 274) a eu : pour un son modéré, 189; et pour un son énergique 158.

Exner, en faisant varier l'étendue de l'étincelle électrique (stimulant lumineux), a eu des réponses d'autant plus rapides que l'étincelle était plus longue.

LONGUEUR DE L'ÉTINCELLE en millimètres.	DURÉE de la réaction.	ERREUR moyenne.
0,5	158	± 12,5
1	150	12,2
2	148	8,4
3	148	5,6
5	138	9,7
7	123	0,4

On produit des bruits d'autant plus forts que la hauteur à laquelle tombe une boule est plus grande. Wundt a alors obtenu :

CHUTE en millimètres.	DURÉE de la réaction.	ERREUR moyenne.
1	217	± 22
4	146	27
8	132	11,4
16	135	27,3

Buccola (1883, 182) a trouvé les moyennes suivantes pour l'excitation électrique de la sensibilité cutanée comme réaction au bruit.

EXCITATION.	MOYENNE.	MAXIMA.	MINIMA.
Faible.	150	182	124
Moyenne.	132	157	118
Forte.	121	139	106

Berger a constaté aussi le même phénomène pour les excitations lumineuses : de même Martius (1891) et d'autres psychologues.

Dolley et Cattell ont excité la sensibilité tactile en employant des pressions de trois intensités différentes; poids de 15 grammes, de 30 grammes, de 60 grammes. De 15 grammes à 30 grammes, le temps diminue très peu, de 1,3; il diminue très peu aussi pour des poids de 30 grammes à 60 grammes, soit de 1,7.

C'est surtout lorsqu'on arrive au seuil de l'excitation que l'intensité de l'excitant joue un rôle prépondérant : car il y a alors un moment d'hésitation entre le percevoir et le non-percevoir, et ce moment d'hésitation peut atteindre près de 200. Wundt a constaté en effet, dans ces conditions :

Son.	337
Lumière	331
Toucher	327

Les excitations très fortes, presque douloureuses, survenant soudainement, ne sont pas perçues plus rapidement que des excitations fortes, et même il semble qu'elles déterminent une sorte de surprise, presque d'effroi, qui tend à ralentir plutôt qu'à accélérer la réaction.

Somme toute une excitation forte provoque une réponse plus rapide qu'une excitation faible. Or, dans la transmission nerveuse, si la vitesse augmente quelque peu avec l'intensité du stimulus, ce n'est pas dans de telles proportions. Il n'est cependant pas déraisonnable d'admettre que la vitesse de la réponse de la matière nerveuse dépend dans une certaine mesure de l'intensité du stimulus. Nous connaissons trop peu encore les conditions de la vibration des centres nerveux pour admettre que la rapidité en est constante. Il paraît au contraire plus vraisemblable que cette ondulation est d'autant plus rapide qu'elle est plus intense. Aussi ne puis-je guère comprendre comment Wundt dit que la seule manière d'expliquer ce phénomène est de supposer une innervation préparatoire, analogue à un phénomène d'attention. C'est assurément une hypothèse bien compliquée, et il me paraît beaucoup plus rationnel d'admettre, presque sans aucune hypothèse, que la vitesse des processus nerveux, croissant avec l'intensité du stimulus, est variable avec leur intensité même, par le fait d'une vibration plus rapide de la matière nerveuse à laquelle les fonctions psychiques sont dévolues.

La qualité du stimulant joue aussi un certain rôle. D'après Kunkel, à égalité d'intensité lumineuse, la couleur rouge est plus longue à percevoir. Les parties périphériques de la rétine ont une réaction plus longue que les parties centrales (Charpentier, 1882).

C'est surtout pour les excitations tactiles que le lieu et la nature de l'excitation modifient la durée de la réaction. Bloch (1883) a fait à ce sujet de très nombreuses et très méthodiques expériences. Il a vu que, si l'on excite les régions peu habituées au toucher, comme l'épaule par exemple, on détermine une réponse plus longue que si la main est excitée. Pourtant, de la main à l'épaule, il y a une certaine longueur de nerf; et un temps appréciable est sans doute nécessaire pour la transmission à travers cette longueur des tubes nerveux; mais ce temps, si considérable qu'il soit, est moindre encore que le temps perdu, soit dans les terminaisons nerveuses cutanées, quelque peu différentes à l'épaule et à la main, soit surtout dans les appareils cérébraux récepteurs, différents en l'un et l'autre cas, et probablement fonctionnant plus rapidement, à cause de l'habitude, s'il s'agit des centres sensitifs de la main que s'il s'agit des centres sensitifs de l'épaule. Les plus récents observateurs ont confirmé le fait, et noté qu'il y a toujours avantage, pour obtenir des réponses rapides, à faire donner le signal par la main qui a reçu l'excitation. Cependant, pour les excitations tactiles de la figure (front, joue, langue), la réponse paraît moins rapide que par l'excitation de la main (Voir pour plus de détails, Hall et Kries, 1879; Kries et Auerbach, 1879; Vintschgau, 1880; Buccola, 1883, 242).

Influence de l'habitude, de l'exercice, de l'attention. — Ces diverses influences ont été étudiées avec beaucoup de soin par les expérimentateurs contemporains. Nous ne pouvons mentionner toutes leurs expériences; mais nous indiquerons les principales, en nous attachant aux conclusions qu'on en peut tirer au point de vue de la dynamique des centres nerveux.

L'influence de l'exercice et de l'habitude n'est pas douteuse. A mesure qu'on s'exerce, le temps de la réaction se raccourcit davantage. Les astronomes avaient très bien noté ce phénomène. WOLFF, au bout de trois mois d'études, constata que son équation personnelle avait diminué de 300 à 110, et les autres savants ont fait des remarques analogues.

Si l'on étudie sur quelqu'un d'inexpérimenté, on le voit tout d'abord répondre irrégulièrement et lentement; puis peu à peu, par le fait de l'exercice, la réponse devient de plus en plus précise et rapide. EXNER cite le fait assez extraordinaire d'un retard (chez un vieillard) de 995, retard qui, par l'exercice, est descendu à 186. OBERSTEINER a vu que, chez les personnes incultes, la réponse est notablement plus lente que chez les personnes cultivées. Mais, en somme, bien vite cette influence de l'exercice disparaît, et la durée qu'il faut considérer comme normale, c'est celle qui est obtenue après un suffisant exercice : alors elle devient constante et ne change plus.

Les effets de l'attention sont très remarquables, et ils ont été récemment étudiés avec prédilection par les psychologues.

Citons, à ce propos, le tableau des expériences d'ANGELL et MOORE (1896). On y verra, en même temps que l'influence individuelle, les effets de l'habitude. Les trois observateurs sont A., M., J.; et on a noté les réponses faites dans le premier quart, et celles faites dans le dernier quart de la série des expériences.

		A.		M.		J.	
		Premier quart.	Dernier quart.	Premier quart.	Dernier quart.	Premier quart.	Dernier quart.
Excitation acoustique.	Mouvement de la main	149	127	178	134	169	159
	Mouvement du pied	159	150	145	134	204	196
	Mouvement des lèvres. . . .	125	116	112	106	157	146
Excitation visuelle.	Mouvement de la main	193	150	176	130	193	165
	Mouvement du pied	170	151	153	148	199	175
	Mouvement des lèvres. . . .	133	127	136	133	166	165
MOYENNE.		155	137	150	131	181	168
MOYENNE. . . .		146		140		175	

Cette expérience, très complète, est bien intéressante à divers points de vue : on y voit d'abord que, sur ces trois observateurs, chacun a sa moyenne personnelle, individuelle. Sur 12 séries, J a répondu une seule fois plus vite que l'un ou l'autre des deux autres observateurs. Sur 12 séries, 4 fois M a répondu plus lentement que A; et 8 fois plus vite.

On voit surtout l'influence de l'habitude. Du premier quart au dernier quart A a diminué son temps psychique de 18; M, de 19; J, de 13; soit en chiffres ronds, pour les uns et les autres, de 10 p. 100.

On notera aussi que la réponse par le pied est à peine plus lente que la réponse par la main, étant retardée seulement, en moyenne, de 5; tandis que la réponse par les lèvres est notablement plus rapide que la réponse par la main, plus rapide de 27.

La distraction, comme l'habitude, modifie la vitesse de la réaction, et la diminue beaucoup.

Prenons d'abord le cas le plus simple, et supposons que la réaction soit gênée par une excitation continue simultanée; par exemple que, le signal étant donné par le bruit d'un marteau sur une cloche, il y ait pendant tout le temps de l'expérience un bruit concomitant, assez fort pour gêner la réaction de l'expérimentateur. Ainsi que le bon sens le fait prévoir, ce bruit concomitant va notablement ralentir le moment de la réponse.

Voici les expériences de WUNDT à ce sujet.

Son modéré.

	MOYENNE.
Sans bruit simultané.	189
Avec bruit simultané.	313

Son fort.

Sans bruit simultané.	158
Avec bruit simultané.	203

Étincelles électriques (réponse visuelle).

Sans bruit simultané.	222
Avec bruit simultané.	300

Buccola (1883, 158) a constaté aussi le même phénomène. Tantôt l'individu en expérience faisait attention aux conditions de l'expérience; tantôt, au contraire, il lisait, et était interrompu dans sa lecture par le signal.

	EXCITATION optique.	EXCITATION tactile.
Sans lecture.	170	144
Avec lecture.	277	237

La discussion des effets de l'attention a amené un des élèves de Wundt, M. Lange (1888), à distinguer deux types de réaction, la réaction du type sensitif et la réaction du type moteur. En effet, quand le signal est donné, l'expérimentateur peut porter son attention, soit sur la sensation qu'il reçoit, soit sur la réponse qu'il doit donner. Il peut donc y avoir, soit des types tout à fait sensitifs, soit des types tout à fait musculaires, selon qu'on concentre son attention sur la sensibilité ou sur le mouvement. Or il s'est trouvé que le temps perdu du type moteur est notablement plus court que le temps du type sensitif. Dans ses expériences, Lange a trouvé 124 pour la réaction à type moteur, avec une erreur moyenne très faible, et 230 pour le type sensitif avec des erreurs moyennes considérables.

Cette même différence a été retrouvée aussi par Angell et Addison Moore (1896). Nous avons vu plus haut que la moyenne des réactions motrices chez A avait été de 146; la moyenne de ses réactions (type sensitif) a été de 175; chez M, les réactions motrices ont été de 140, les réactions (type sensitif) ont été de 147; chez J, les réactions motrices ont été de 175, les réactions sensitives ont été de 187.

L'explication de cette différence semble avoir été nettement formulée par William James (1890). Pour lui la réaction dite motrice n'est pas une vraie réaction psychique : c'est une réaction réflexe cérébrale; c'est-à-dire que les processus vraiment psychiques, la perception et la volition, sont réduits à leur minimum, ou peut mieux dire n'existent plus. L'attention expectante a fait disparaître pour ainsi dire la volition; et elle a réduit à leur plus grande brièveté les durées de transmission dans les centres nerveux. Au contraire, s'il s'agit du type vraiment sensitif, chaque excitation provoque une perception qui nécessite un certain effort d'attention et de volonté pour se traduire par un mouvement de réaction.

On peut donc supposer que, dans la réaction motrice, les phénomènes psychiques proprement dits, perception et volition, ont à peu près disparu; et que la mesure du temps de la réaction est, dans ces conditions, la mesure d'un réflexe psychique, non d'une volition. De fait, chez les moteurs, les temps de la perception et de la volition semblent se confondre, et le patient n'a pas conscience d'un phénomène double, mais d'un phénomène simple, simultané.

Il n'en reste pas moins établi que la durée d'un réflexe cérébral est plus grande que la durée d'un réflexe médullaire, puisque l'étude des actes réflexes, faite sur le réflexe rotulien, a donné des chiffres plus faibles que 150. Tschiriew (1879) avait trouvé 34; Gowers (1879) a trouvé au contraire 90 et 150. Mais Brissaud (1880), reprenant de nouveau cette mensuration par des appareils précis, a trouvé 48 et 52, soit en moyenne 50 chez des sujets sains : et il semble bien, ainsi que d'autres expérimentateurs l'ont aussi constaté, que ce soit là la durée du phénomène rotulien. Il s'ensuit que la réponse cérébrale des individus à type moteur — que l'on peut à la rigueur assimiler à un réflexe — est plus longue, de 80 environ, que la réponse médullaire.

A vrai dire l'expression : *réflexe cérébral,* ou *automatisme* cérébral, ne me paraît pas devoir éclaircir beaucoup le phénomène ; car nos actes sont tous plus ou moins des actes automatiques ; et, si l'on voulait ne considérer comme psychiques que les réponses dues à une mûre et réfléchie délibération, on restreindrait énormément le domaine des faits intellectuels.

Je tendrais donc à considérer la réponse du sensitif, comme étant de même nature que la réponse du moteur, avec cette différence cependant que par l'attention, comme par l'habitude et par l'exercice, on peut énormément accroître la vitesse des processus nerveux. C'est là un fait bien remarquable, sur lequel on ne saurait trop insister. Tout se passe comme si la transmission à travers les conducteurs nerveux pouvait se modifier, c'est-à-dire s'accélérer, soit par le fait d'une transmission répétée (comme dans le cas de l'exercice et de l'habitude), soit par le fait de l'attention, qui forcerait l'incitation nerveuse à suivre une voie bien régulière, marquée à l'avance, sans se laisser égarer dans d'autres voies moins directes. Wundt appelle cette influence de l'attention l'*innervation préparatoire ;* mais il ne paraît pas que ce terme éclaircisse beaucoup l'obscurité du fait lui-même.

L'attention crée donc une sorte d'excitabilité plus grande des centres nerveux. Tokarsky (1896), en forçant l'expérimentateur à répondre non plus à la première, mais à la seconde excitation, est arrivé, paraît-il, à diminuer énormément la durée de la réaction, puisqu'elle s'est abaissée à 10 et même 5. (?) Mais, avant de conclure, il conviendrait peut-être d'attendre l'exposé plus détaillé de ses expériences ; car, dans la communication faite au Congrès de psychologie de Munich, il n'en a donné qu'un aperçu très sommaire.

En tout cas, quand le signal est inattendu, autrement dit quand il est irrégulier, la réponse est bien plus lente que quand le signal est régulier, espacé par des intervalles égaux. La variation moyenne devient très grande quand l'alternance est irrégulière. Voici à ce propos les chiffres de Wundt :

Alternance régulière.

	MOYENNE.	VARIATION moyenne.
Son fort.	116	10
Son faible.	127	12

Alternance irrégulière.

Son fort.	189	38
Son faible.	298	76

Plus l'impression est inattendue, plus le temps perdu est considérable, et l'observateur constate sur lui-même qu'il réagit très tardivement ; car il est assez remarquable de voir avec quelle précision on juge la qualité de la réponse qu'on a faite. A peu d'exceptions près, on est capable de dire si on a répondu vite ou lentement.

Quand l'alternance est régulière et rapide, on arrive à avoir des réponses extrêmement rapides, si rapides même que quelquefois la réponse devance l'excitation ; cela permet de conclure que ce mode d'expérimentation ne peut servir à mesurer le temps de réaction ; car, dans ce cas, on répond non au signal, mais à un certain rythme, auquel on conforme sa réaction motrice, et cela avec tant d'exactitude qu'on arrive à ne se tromper que de quelques unités, tantôt en plus, tantôt en moins.

Quoi qu'il en soit, il est évident que l'attention expectante, par un mécanisme que nous nous expliquons mal, accélère beaucoup la vitesse des processus psychiques. C'est un fait de connaissance vulgaire ; mais il était assurément intéressant d'en faire la constatation scientifique, encore que toute bonne explication soit impossible.

Il m'a semblé, d'ailleurs, que c'était là un phénomène général au système nerveux, et qu'une série d'actions réflexes successives étaient de rapidité différente ; les premières étant toujours moins rapides que les dernières.

Influence de l'intelligence, de l'âge, du sexe, de la race. — Il a été remarqué

que les personnes habituées aux travaux de l'esprit ont en général une réponse un peu
plus rapide que les individus sans culture intellectuelle. Mais la différence est assez
médiocre et ne dépasse pas les limites des variations individuelles, dont la détermination est impossible, variations assez étendues, comme nous l'avons vu plus haut.

L'âge, d'après les expériences de HERZEN, exerce une influence considérable. Chez
des enfants âgés de cinq à dix ans, la durée moyenne de la réaction a été de 532.
BUCCOLA (152) a trouvé 376, chez un enfant de six ans, très intelligent.

Le sexe ne paraît pas exercer de notable influence.

Quant à la race, nous avons à mentionner presque uniquement, outre une observation
de BUCCOLA, un important travail de MEADE BACHE. En comparant les temps de réaction
chez des blancs, des Indiens et des nègres, il a trouvé les moyennes suivantes (10 observations sur 12 personnes).

	EXCITATION ACOUSTIQUE.		EXCITATION OPTIQUE.		EXCITATION TACTILE.	
	Moyenne.	Moyenne des variations.	Moyenne.	Moyenne des variations.	Moyenne.	Moyenne des variations.
Blancs.	146,9	12	164,7	9,7	136,3	10,6
Indiens	116,3	7,7	135,7	6,1	114,5	4,4
Nègres.	130	9,3	152,9	8,7	122,9	7,3

MEADE BACHE pense que cette rapidité extrême des processus psychiques chez les
hommes de couleur, et spécialement chez les Peaux Rouges, tient au développement de
leur sensibilité. Ils sont plus automatiques et moins intellectuels que les blancs. Un de
ses sujets, un jeune Indien pur sang, âgé seulement de 14 ans, montrait une singulière
rapidité, assurément faite pour surprendre. La moyenne de ses réponses au bruit était
de 70 seulement (avec une erreur moyenne de 6,2); à l'excitation visuelle, de 119 (avec
une erreur moyenne de 4,8), et au toucher, de 94 (avec une erreur moyenne de 5,3).
Il compare cette extrême vitesse à l'extrême lenteur d'un jeune garçon de 15 ans, de race
blanche, qui avait : au bruit, 234; à la vue, 201; au toucher, 229; avec des erreurs
moyennes de 17, 12, et 15.

Influence des diverses intoxications sur la réaction psychique. — A priori
on est tenté d'admettre que nous sommes, à l'état normal, dans une condition optimum,
telle que toute modification de notre état ne peut que diminuer notre sensibilité, ou
ralentir l'activité de nos mouvements : de fait, la plupart des intoxications ont pour
résultat commun un notable allongement de la réaction. Cependant, dans quelques cas
exceptionnels, de faibles doses d'une substance toxique abrègent certainement la vitesse
des processus psychiques.

WARREN (1887), ainsi que KRÄPELIN, ont cru voir que de faibles doses d'alcool accé-
léraient un peu la réponse. Leurs expériences, faites avec de l'alcool absolu, ne sont peut-
être pas rigoureusement comparables à celles dans lesquelles le sujet en observation
prenait du vin; car on ne peut assimiler, pour les effets psychiques, une demi-bouteille
de vin de Champagne (à 12 p. 100 d'alcool) avec 500 grammes d'une solution d'alcool
absolu à 12 p. 100. DIETL et VINTSCHGAU (1878) ont trouvé assez constamment pour de
faibles doses de champagne un léger raccourcissement de la période, ce qui, comme
ils le disent avec raison (383), concorde bien avec la notion vulgaire qu'on a de l'effet
stimulant, et en somme favorable à l'activité psychique, qu'exercent de petites quantités
de vin. Plus encore que le vin, le café abrège la vitesse de la réponse, et cela d'une
manière durable. Dans un cas, VINTSCHGAU a vu, par l'effet du café, sa réaction descendre
de 173 à 138. Au contraire, la morphine la ralentit notablement, comme aussi les autres
substances hypnotiques ou anesthésiques. CERVELLO et COPPOLA (1884) ont eu des résultats
très nets avec la paraldéhyde et le chloral : 3 grammes de paraldéhyde ont fait tomber
la réaction acoustique de 124 à 146, et de 122 à 137. 1 gramme de paraldéhyde l'a fait
tomber de 120 à 132. Pour la réaction visuelle, elle est tombée, avec 3 grammes, de 156

à 171, et de 172 à 192; avec 2 grammes, de 146 à 175. Le chloral a eu des effets plus nets encore; pour 1 gramme de chloral, le temps de réaction visuelle a crû de 141 à 174, et le temps de la réaction acoustique de 165 à 197.

On trouvera de plus amples détails sur ces influences des substances toxiques dans les travaux consciencieux de KRÄPELIN (1892).

Influence de l'état mental et des maladies cérébrales. — Des expériences nombreuses ont été faites, en particulier par BUCCOLA, et elles ont établi que l'état normal est un état optimum.

Avec les expériences qu'il rapporte je puis construire les moyennes suivantes :

	acoustiques.	visuelles.	tactiles.	électriques. faibles. m. fortes.
Idiots	629	»	»	729 430 373
Imbéciles.	396	»	»	729 430 373
Déments. . . . . . :	189	228	311	253
Mélancoliques	194	318	264	»
Excitation maniaque	156	221	212	»

Dans l'épilepsie le retard n'est pas très considérable. J'ai eu, il y a longtemps, l'occasion d'étudier les réactions psychiques chez les ataxiques; elles sont énormément retardées, mais ce retard semble dû à l'altération des nerfs périphériques qui conduisent alors lentement les excitations, plutôt qu'à une différence dans les phénomènes psychiques proprement dits. W. JAMES n'a pas vu de changements notables déterminés par l'état d'hypnose sur la réaction psychique.

Chez un homme atteint de *paramyoclonus*, du service de MARIE, malgré l'altération profonde de la fonction musculaire, je n'ai pas trouvé de ralentissement notable de la période de réaction.

FÉRÉ (1889) a noté chez des épileptiques un temps de réaction deux à trois fois plus grand que chez des individus normaux. BINET (1889), chez les hystériques hémianesthésiques, a constaté ce fait intéressant que la réaction faite avec la main insensible, prise comme organe de mouvement, était plus lente que la réaction faite avec la main sensible (350 au lieu de 160; variation moyenne, de 73 au lieu de 18).

Vitesse du temps de discernement. — Jusqu'ici nous n'avons étudié que le phénomène simple, c'est-à-dire la réaction à une excitation unique et constante. Mais il faut compliquer un peu le problème, et DONDERS, qui a le premier admirablement compris la portée de tous ces phénomènes, a institué, dès 1868, des expériences dans ce sens. Elles ont été reprises par WUNDT, KRIES et AUERBACH, et les psychologues américains contemporains.

Supposons que l'expérimentateur, au lieu de répondre dès qu'il a perçu une sensation, ne réponde que s'il a fait la distinction entre telle ou telle sensation. Soit A le temps de la réaction simple, il est clair que le discernement, autrement dit la connaissance, la perception plus ou moins exacte de l'excitation, prendra un temps un peu plus long : A + B; B pouvant d'ailleurs être très petit. Nous appellerons le temps B temps de discernement.

Si, en outre, l'expérimentateur peut choisir entre deux modes de réaction, par exemple, réaction par la main droite à un signal S, et réaction par la main gauche à un signal S'; non seulement il y aura un temps de discernement entre les signaux S et S'; mais encore un choix à faire entre deux réactions. Le temps total sera alors A (réaction simple), + B (discernement entre les signaux S et S'), + C (choix entre deux modes de réponse).

Dans ses expériences, DONDERS n'avait pas dissocié ces deux phénomènes bien différents, le discernement entre deux signaux, et le choix entre deux réponses possibles. WUNDT a eu le mérite de bien faire cette distinction, et de montrer que A+B+C est une opération plus compliquée que A + B; car elle implique une détermination volontaire qui peut varier, autrement dit un choix à faire entre deux mouvements.

Pour ce qui est du temps de discernement, voici comment WUNDT a procédé. Il a choisi les perceptions optiques; et le sujet réagissait quand il avait distingué sur fond noir un cercle blanc, ou sur fond blanc un cercle noir.

Il a eu ainsi les chiffres suivants :

OBSERVATEURS.	RÉACTION simple.	RÉACTION avec discernement.	VARIATION moyenne.	TEMPS de discernement.
	A.	A + B.		A — B.
F.	133	183	26	50
T.	182	229	27	47
W.	211	291	43	79
MOYENNE	175	234	32	59

Les chiffres de la dernière colonne sont bien intéressants; car ils indiquent précisément la valeur de B, soit le temps du discernement. Ainsi, le temps de la réaction simple A étant 175, le temps de la réaction avec discernement A + B étant 234, il est clair que le temps de discernement B = 59.

Nous arrivons donc par cette méthode à déterminer l'acte psychique le plus élémentaire qui se puisse concevoir, dégagé de tout élément physiologique, c'est-à-dire de toute conduction nerveuse, ou de l'excitation des appareils périphériques.

Il est intéressant de rapprocher ce chiffre du chiffre de 50, que nous avions regardé comme exprimant la durée de l'élément psychique dans la réponse simple. Nous arrivons donc, en dernière analyse, à un chiffre moyen de 0″,05 environ pour la durée de l'acte psychique le plus simple.

Remarquons aussi que cette durée est précisément celle de la secousse musculaire simple et rapide. Et il importe de le constater, puisque cela nous mène à une sorte de comparaison, toujours très fructueuse, entre les phénomènes de la vibration cérébrale et les phénomènes de la contraction musculaire. Assurément l'identité n'est pas absolue; mais ces mesures permettent de penser que, par rapport au temps, les deux phénomènes se produisent dans le même ordre de grandeur.

L'expérience doit se compliquer encore; c'est-à-dire qu'on peut avoir à distinguer non plus entre deux objets, mais entre quatre objets; alors le temps de discernement s'allonge.

Dans des expériences de WUNDT, ce temps de discernement multiple (quatre distinctions à faire) a été de 121, dans une série, et de 158 dans une autre, soit de 139 en moyenne. On ne peut malheureusement en conclure que le discernement simple sera de $\frac{139}{4}$, ni même de $\frac{139}{3}$; car le phénomène est assurément plus complexe.

Vitesse du temps de choix. — Puisque le temps de discernement et le temps de la réaction simple sont connus, nous pourrons déterminer le temps de choix, c'est-à-dire le temps nécessaire pour une volition réfléchie, dans laquelle le sujet pourra faire le choix de l'organe destiné à enregistrer le mouvement.

Voici le tableau donné par WUNDT :

	DISCERNEMENT.	DISCERNEMENT et choix.	TEMPS du choix.
	A + B	A + B + C	C — (A + B)
M. F.	185	368	183
E. T.	240	424	184
W. W.	303	455	152
	243	416	173

Ainsi le choix d'un mouvement est un phénomène très long : on conçoit sans peine qu'il est très variable suivant les observateurs et qu'il se modifie beaucoup par l'exercice.

Il ne faut donc pas s'étonner de trouver les chiffres des autres observateurs notablement différents de ceux qu'a donnés WUNDT; car, si déjà pour la réaction simple il y a des différences appréciables tenant et à la personnalité des expérimentateurs et à la méthode expérimentale employée, à plus forte raison, quand les réactions se compliquent, la méthode et la personnalité exercent-elles une influence de plus en plus grande.

Pour le temps de discernement et de choix, DONDERS a trouvé 75; chiffre beaucoup plus faible que celui de Wundt; mais la méthode n'était pas la même, et par conséquent on ne peut guère comparer les deux chiffres. Kries et Auerbach ont pris pour apprécier le discernement la localisation des sensations tactiles, ce qui est une variété de discernement, et ils ont trouvé des chiffres extrêmement faibles. Nous renvoyons aux ouvrages de Buccola et de Wundt pour la discussion de leurs résultats.

Avec trois intensités lumineuses $a = 1$; $b = 25$; $c = 300$ environ. Cattell (1885) a trouvé

	a.	b.	c.
Temps de réaction	288	213	189
Temps de perception (discernement). . .	107	97	67
Temps de volonté (choix).	49	43	65

d'où il conclut que le temps de réaction et le temps de discernement varient beaucoup avec l'intensité, allant en croissant à mesure que l'intensité décroît; mais que le temps de choix ne varie pas ou varie à peine quand l'intensité change.

Vitesse du temps d'association. — On peut rendre encore plus compliqué le problème, et toujours l'aborder par les méthodes physiologiques, au point de vue de la durée des phénomènes cérébraux. Il s'agit de savoir quel est le minimum de durée de la plus simple association d'idées. On a ainsi épuisé la série des éléments simples qui composent l'intelligence; la réaction psychique; la perception (ou discernement); la volonté (ou choix), et l'association.

Or l'association nécessite un très long temps comparativement aux autres actions psychiques. Wundt a trouvé le chiffre moyen de 750, déduction faite du temps de discernement et de choix. Mais ce chiffre moyen n'offre aucune réalité; car certaines associations ont été très rapides (341); d'autres au contraire étaient très longues (1190), presque quatre fois plus longues. Nous vérifions ici encore ce que nous avons eu si souvent l'occasion d'établir, qu'à mesure qu'on complique les phénomènes psychiques, les différences individuelles, de même que les variations moyennes chez le même individu, s'accentuent énormément.

On peut étudier par les mêmes méthodes les différents genres d'association (soit purement vocaux (comme *thé, théorie, ridicule*), soit du concret au concret (comme *chien, loup, bois, forêt*), soit du concret à l'abstrait (comme *chien, animal; or, métal*). Mais une étude même sommaire de ce phénomène nous ferait sortir du domaine de la physiologie pour entrer dans des détails psychologiques que nous ne pouvons aborder ici.

Les chiffres que Wundt a donnés n'ont d'ailleurs pas été confirmés par d'autres auteurs, Cattell (1888), observant sur deux personnes, a trouvé en moyenne 420 et 436 pour le temps d'association. Tschich (1885) a vu chez certains malades maniaques le temps d'association devenir très faible : 280 et 230. Marie Walitzky (1889), dans un grand nombre d'expériences (18 000), a expérimenté chez des personnes malades et des personnes saines. Chez les individus normaux, la réaction à un mot était de 300 en moyenne; et la réaction totale, avec association, était d'environ 970; ce qui permet d'évaluer à 670 le temps d'association. Elle a pu remarquer que, chez certains malades, le temps d'association a été extrêmement court.

L'habitude est évidemment la condition qui doit exercer le plus d'influence sur le temps d'association. Cattell a noté à ce propos que la rapidité avec laquelle nous lisons — la lecture est évidemment l'association d'une forme avec une idée — est fonction de l'habitude, et il en a donné un exemple très frappant, par comparaison avec la lecture à haute voix d'un texte en différentes langues. Il a trouvé ainsi le temps employé par lui pour lire :

138.	un mot anglais.
167.	— français.
250.	— allemand.
327.	— italien.
434.	— latin.
484.	— grec.

Mais la lecture à haute voix complique un peu le phénomène. J'ai cherché à savoir le temps qu'il me fallait pour lire mentalement (sans d'ailleurs chercher à comprendre le sens de ce que je lisais) une page de français, d'anglais ou d'allemand, composée avec le même caractère typographique (dans le journal *Cosmopolis* par exemple); cette page comprend 42 lignes, avec 50 lettres à la ligne. Le temps employé a été :

				MOYENNE.
Page française	0'44"	0'45"	0'51"	0'47"
— anglaise	1'22"	1'24"	1'24"	1'23"
— allemande	1'33"	1'31"	1'25"	1'30"

La rapidité de l'association a donc été très différente, probablement en relation avec l'habitude différente que j'ai de ces trois langues.

Il est clair, en effet, que, lorsqu'on lit un ouvrage, on devine plutôt qu'on ne lit la suite du mot. La rapidité avec laquelle le signe écrit va se traduire en une sonorité vocale (même si la lecture est mentale) est évidemment fonction de notre habitude de telle ou telle langue. Dans l'expérience que je viens de citer, j'ai pu lire, en une seconde :

44 lettres de langue française.
25   —   anglaise.
23   —   allemande.

ce qui fait par groupe de 3 lettres (ce qui est le nombre de lettres que nous pouvons lire sans aucun mouvement oculaire) :

14 groupes en français.
8   —   anglais.
7   —   allemand.

Or, en admettant le nombre de 11 mouvements des yeux par seconde, on voit qu'en lisant du français, je devinais une partie de la fin des mots, au lieu de les lire, tandis qu'en lisant de l'anglais ou de l'allemand je ne pouvais même pas lire 11 groupes de 3 lettres par seconde.

Une autre méthode intéressante, pour mesurer les temps d'association, a été employée par TRAUTSCHOLDT (1883), puis surtout VINTSCHGAU (1885); c'est la mesure du temps nécessité par une opération arithmétique simple. Le temps de la réaction simple a été éliminé en mesurant le temps que nécessite la simple répétition du chiffre. Soit par exemple le chiffre 7 prononcé; il fallait répondre par 7. C'est la répétition sans multiplication. Mais, si l'on convenait de multiplier par 3, je suppose, le chiffre prononcé, le temps devenait plus considérable. Soit A le temps de répétition; B le temps avec multiplication; le temps nécessité par la multiplication était évidemment B — A. Ce temps de multiplication est évidemment un temps d'association extrêmement simple. Il a été, pour trois observateurs (800 observations), de 96, 82, 87; et, par une autre méthode, de 49, 51, 98; en moyenne de 77.

Ce chiffre est assez intéressant à rapprocher des autres chiffres précédemment indiqués pour le temps de réaction simple, le temps de discernement, le temps de choix, qui sont les uns et les autres voisins de 70.

Toutefois il convient de noter que TRAUTSCHOLDT avait obtenu des chiffres bien supérieurs à ceux de VINTSCHGAU; mais les méthodes ne sont pas comparables.

De la perception des minima de temps. — S'il est vrai que la perception exige un temps appréciable, on peut supposer qu'une seconde perception ne peut se produire que lorsque la première a déjà disparu. Autrement dit, en nous fondant sur ce que nous avons démontré précédemment par rapport à la période réfractaire, l'excitation qui survient pendant la période réfractaire doit être sans effet, et on ne devrait pouvoir percevoir, si la durée d'une impression sensible est de 100 par exemple, que dix excitations en une seconde.

Cette proposition est incontestable, à condition qu'on admette la nécessité pour les excitations d'être discontinues. De fait, nous percevons très bien la distinction entre une excitation unique, et deux excitations voisines très rapprochées, assez rapprochées pour qu'il n'y ait pas discontinuité complète, assez éloignées pour que nous comprenions que l'excitation n'est pas unique. En effet, EXNER (1873) a vu qu'on pouvait distinguer deux sensations, même lorsqu'elles n'étaient séparées que d'un intervalle de 16'.

Il a donné les chiffres suivants indiquant les plus petits intervalles de temps perceptibles :

L'appréciation des temps entièrement courts ne comporte aucune mesure; nous pouvons seulement dire que des deux sensations non simultanées il y en a une qui retarde un peu sur l'autre; et nous pouvons distinguer celle qui retarde quand il y a un intervalle (minimum) de 16.

Dans d'autres conditions, EXNER a constaté qu'il percevait une différence entre un son unique et un son double, lorsque celui-ci était produit par deux sons éloignés seulement de $0''00205$.

En tout cas cette perception d'un si petit intervalle n'implique nullement la discontinuité de la sensation. Il est clair que le son a, et le son $a + b$, lorsque l'intervalle entre a et b est de $0''002$, ne sont pas tout à fait identiques, encore que la sensation soit continue. Mais il est probable que par l'attention nous pouvons percevoir cette différence entre le son a et le son $a + b$, et conséquemment en conclure qu'il y a dans le son $a + b$ deux sons très voisins. L'œil a une perception moins délicate, et il ne distingue que des intervalles de 4,4 (EXNER), de 4,7 (MACH).

La discontinuité complète de la sensation nécessite un intervalle d'au moins $0''1$, comme on le sait par quantité d'expériences, mais ce n'est pas le même phénomène que la conscience établit entre une sensation absolument continue et une sensation continue avec renforcements. Il résulte des recherches de MACH et d'EXNER que, si les sons sont distants de $0''002$, nous percevons une sensation continue, mais avec renforcements, de même que si des éclats lumineux sont distants de $0''004$, nous percevons une sensation continue, mais avec renforcements (papillotement), ce qui permet à l'intelligence de conclure que l'excitation est alors discontinue, et d'apprécier plus ou moins l'intervalle qui sépare ces excitations discontinues.

Résumé général. — On voit par cet exposé sommaire que nous pouvons, par l'ana-

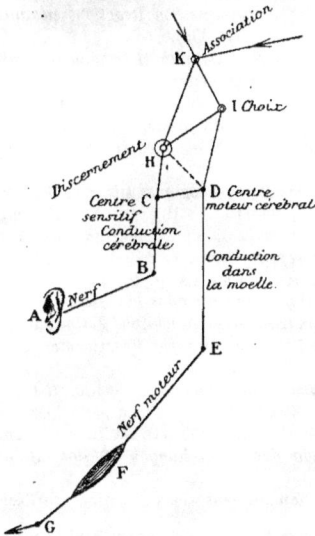

FIG. 8.

ABCDEFG. Schéma d'une réaction psychique simple (acoustique).

A. Excitation de la membrane de Corti. 1
AB. Transmission dans le nerf de la VIIIᵉ paire . . . 1
BC. Conduction de l'excitation dans le cerveau 10
CD. Transmission au centre moteur cérébral. 70
DE. Transmission du cerveau à la moelle et de la moelle au nerf. 20
EF. Transmission dans le nerf moteur 20
F. Réaction du muscle. 10
G. Temps perdu dans les appareils enregistreurs. . . 7

TOTAL. 140

La durée totale est égale à 140 environ.

ABCHDEFG. Réaction psychique avec discernement (210). La durée de l'acte CHD est égale à 70 environ.

ABCHIDEFG. Réaction psychique avec discernement et choix (310). La durée de l'acte I est égale à 100 environ.

ABCHKIDEFG. Réaction psychique avec discernement, association et choix (390). La durée de l'acte K le plus simple est égale à 80 environ.

lyse physiologique, dissocier quelques-uns des phénomènes les plus simples qui constituent l'intelligence et la fonction des cellules nerveuses psychiques.

Le schéma ci-contre permettra de saisir l'ensemble de ces réactions psychiques.

3

Les opérations psychiques, en les dégageant des phénomènes physiologiques (transmission dans la moelle, les nerfs et les muscles), se composent donc :

Temps de réaction cérébrale. 70
Temps de discernement. 70
Temps de choix. 100
Temps d'association. 80

En somme, à cause de l'incertitude relative de ces chiffres, les résultats paraîtront bien concordants, et nous pouvons en conclure que la fonction du cerveau psychique a une période de 0″08 environ, ce qui concorde très bien avec la durée de la contraction musculaire simple, d'une part, et d'autre part, avec la durée de la période réfractaire, et d'autre part encore, avec le nombre maximum des mouvements volontaires et des perceptions sensitives [1].

Assurément, avec les progrès des méthodes, on poussera la précision plus loin, mais les chiffres qu'on obtiendra seront, à n'en pas douter, du même ordre de grandeur. 12 réactions volontaires par seconde, — 12 perceptions sensitives, — durée d'un phénomène psychique quelconque, 0″08.

Bibliographie. — 1866. — WOLF (C.). *Rech. sur l'équation personnelle dans les observations de passage; sa détermination absolue; ses lois, son origine* (Ann. de l'Observat. de Paris. Mém., VIII, 153).

1868. — DONDERS (F.). *Die Schnelligkeit psychischer Processe* (Arch. f. A. und Physiol., 657-681).

1869. HIRSCH. *Chronoskopische Versuche über die Geschwindigkeit der verschiedenen Sinneseindrücke und der Nervenleitung* (Moleschott's Unters., IX, 183).

1873. — EXNER (S.). *Experimentelle Untersuchung der einfachsten psychischen Processe* (A. g. P., VII, 601-660).

1875. — VINTSCHGAU et HONIGSCHMIED. *Versuche über die Reactionszeit einer Geschmacksempfindung* (A. g. P., X, 1-29; XII, 87-108; XIV, 529-555).

1877. — KRIES et AUERBACH. *Die Zeitdauer einfachster psychischer Processe* (A. P., 357).

1878. — VINTSCHGAU et DIETL. *Das Verhalten der physiologischen Reactionszeit unter dem Einfluss von Morphium, Caffè und Wein* (A. g. P., XVI, 316-375).

1879. — EXNER (E.). *Das zeitliche Verhalten psychischer Impulse* (Hermann's Handb. der Physiol., II, 252-283. Avec la bibliogr. des travaux antérieurs). — GALTON (FR.). *Psychometric experiments* (Brain, II, 149-162). — GOWERS. *A study of the so-called tendon reflex Phenomena* (Lancet, (1), 156). — HALL et KRIES. *Ueber die Abhängigkeit der Reactionszeiten vom Ort des Reizes* (A. f. An. u. Phys. Suppl., 1-10). — OBERSTEINER. *Experim. Researches on attention* (Brain, 439-453).

1880. — BRISSAUD (E.). *Rech. anatomo-pathologiques et physiologiques sur la contracture permanente des hémiplégiques*, Paris. Delahaye, 8°, 83-110. — HERZEN (A.). *Il tempo fisiologico in rapporto coll'età* (Arch. per l'Antropol. e la Etnol. comparato, IX, 3). — WALLER (A.). *On muscular spasm, known as tendon reflex* (Brain, X, 179-191). — VINTSCHGAU. *Die physiologische Reactionszeit und der Ortsinn der Haut* (A. g. P., XXII, 87).

1882. — CHARPENTIER. *Sur la durée de la perception lumineuse dans la vision directe et la vision indirecte* (C. R., 1882, XCV, 96). — KRAEPELIN (E.). *Ueber psychische Zeitmessungen* (Schmidt's Jahrb., CXCVI, 205-213). — MOLDENHAUER. *Ueber die einfache Reactionszeit einer Geruchsempfindung* (Phil. Stud., I, 603).

1883. — BUCCOLA (G.). *La Legge del tempo nei fenomeni del pensiero. Saggio di Psicologia sperimentale*, Milano, Dumolard, 8°, 632 p. — KRAEPELIN (E.). *Die neueste Literatur auf dem Gebiete der psychischen Zeitmessungen* (Biol. Centr., III, 53-63). — TRAUTSCHOLDT. *Experimentelle Untersuchungen über die Association der Vorstellungen* (Philos. Stud., I, 213).

1884. — BEAUNIS (H.). *Rech. sur le temps de réaction des sensations olfactives* (in Rech.

---

1. Nous nous bornerons donc à ces notions élémentaires : car, si nous avions voulu pousser l'étude plus avant, c'eût été non plus faire la physiologie générale du cerveau, mais entreprendre la psychologie toute entière : la mémoire, la localisation, l'association, l'imagination. Tous ces phénomènes ont été étudiés par les méthodes physiologiques ; mais nous ne pouvons entrer dans l'exposé de ces recherches, très nombreuses déjà, et d'une interprétation fort délicate.

exp. sur les conditions de l'activité cérébrale. Paris, J.-B. Baillière, 8°, 49-80). — BLOCH (A.-M.) *Expér. sur la vitesse relative des transmissions visuelles, auditives et tactiles* (*Jour. de l'An. et de la Physiologie*, XXI, 1, 38). — BOGREN et WILHARD. *Ueber den kleinsten subjectiven merkbaren Unterschied zwischen Reactionszeiten* (*Phys. Labor. d. Carolin. Instit. Stockholm*). — BUCCOLA (G.) et BORDONI UFFREDUZZI. *Sul tempo di percezione dei colori.* (*Riv. di filosof. scientifica*, IV, fasc. 1). — CERVELLO (V.) et COPPOLA (FR.). *Ricerche sulla durata degli atti psichici elementari sotto l'influenza delle sostanze ipnotiche* (*Paraldeide e Cloralio*) (*Riv. di fil. cientifica*, IV, 168, 195). — TIGERSTEDT (R.). *Ueber den kleinsten subjectiven merkbaren Unterschied zwischen Reactionszeiten* (*Physiol. Labor. d. Carl. Inst. Stockholm*, 8°, 31 p.). — TIGERSTEDT et BERGGVIST. *Zur Methodik der Apperceptionsversuche* (Z. B., XX, 135-139). — DE VARIGNY (H.). *Rech. expér. sur l'excitabilité électrique des circonvolutions cérébrales et sur la période d'excitat. latente du cerveau.* Paris, 8°, Alcan, 138 p.

1885. — BEAUNIS. *Influence de la durée de l'expectation sur le temps de réaction des sensations visuelles* (*Bull. de la Soc. de psychologie physiologique. Rev. philosoph.*, XX, 330-332). — CATTELL (J.) MCK. *The inertia of the eye and the brain* (*Brain*, VIII, 295-312). — CATTELL (J.) MCK. *Ueber die Zeit der Erkennung und Benennung von Schriftzeichen, Bildern und Farben* (*Philos. Stud.*, II, 635-650, et *Mind*, 1886, XI, 63-65). — CATTELL (J.) MCK. *The influence of the intensity of the Stimulus on the Length of the Reaction time* (*Brain*, VIII, 512). — GUICCIARDI et CIONINI. *Ricerche psicometriche sulla repetizione* (*Riv. sp. di fren.*, XI, 404-433). — TAMBRONI (R.) et ALGERI (G.). *Il tempo del processo psichico nell' estesiometria tattile negli alienati* (*Riv. sp. di Fren.*, XI, 381-403). — TISCH (W.). *Le temps de l'aperception des représentations simples et composées : recherches d'après la méthode de complication* (*Anal. Rev. phil.*, XX, 447-448). — VINTSCHGAU (M.). *Die physiologische Zeit einer Kopfmultiplication von zwei einzifferigen Zahlen* (A. g. P., XXXVII, 127-202).

1886. — D'ARSONVAL. *Chronomètre à embrayage magnétique pour la mesure directe des phénomènes de courte durée (de une seconde à 1/500° de seconde)* (B. B., 235-236). — BERGER (O.). *Influence de la force de l'excitation sur la durée des phénomènes psychiques simples, en particulier sur les excitations lumineuses* (*Rev. philosoph.*, XXII, 106,108). — CATTELL (J.) MCK. *Psychometrische Untersuch.* (*Mind*, XI, 220-242; 377-392; 524-538; XII, 68-74). — CATTELL (J.) MCK. *The time taken up by cerebral operations* (*Mind*, XI, 220-282). — JASTROW (J.). *An easy method of measuring the time of mental processe* (*Science*, VIII, 237-241). — SERGI (G.). *Ricerche di psicologia sperimentale* (*Riv. sp. di Fren.*, XII). — WUNDT (W.). *Éléments de psychologie physiologique* (trad. franç.), chap. XVI. *Aperception et cours des représentations*, II, 247-329.

1887. — GOLDSCHEIDER (A.). *Ueber die Reactionszeit der Temperaturempfindungen* A. P., 468-472). — JAMES (WILLIAM). *Reaction time in the Hypnotic Trance* (*Proc. Am. Soc. for psych. Research*, I, n° 3, déc.).

1888. — TRICKE (K.). *Ueber psychische Zeitmessung* (*Biol. Centr.*, VIII, 673-690). — LANGE (L.). *Neue Experimente über den Vorgang der einfachen Reaction auf Sinneseindrücke* (*Phil. Stud.*, IV, 479-511). — RÉMOND (A.). *Rech. exp. sur la durée des actes psychiques les plus simples et sur la vitesse des courants nerveux à l'état pathologique.* 8°, Paris, Doin, 135 p. — SANFORD (E.-C.). *Personal equation* (*Am. Journ. of Psychology*, II, 1, 38; 270-298; 404-430). Bibliographie complète des travaux antérieurs. — WARREN (J.). *The effect of pure Alcohol on the Reaction time, with a Description of a New Chronoscope* (J. P., VIII, 6).

1889. — BINET (A.). *Recherches sur les mouvements volontaires dans l'anesthésie hystérique* (*Rev. philosoph.*, XXVIII, 481-587). — FÉRÉ (CH.). *L'énergie et la vitesse des mouvements volontaires* (*Rev. philosoph.*, XXVIII, 37-68). — LANDERER (J.-J.). *Sur l'équation personnelle* (C. R., CVIII, 219). — PETERSON (FR.). *A contribution to the study of muscular Tremor* (*Journ. nerv. and mental diseases. Am. journ. of Psych.*, II, 484). — WALITZKY (M.). *Contribution à l'étude des mensurations psychométriques chez les aliénés* (*Rev. philosoph.*, XXVIII, 583-595).

1890. — FÉRÉ (CH.). *Note sur le temps d'association, sur les conditions qui le font varier et sur quelques conséquences de ses variations* (B. B., 173). — JAMES (WILLIAM). *The principles of psychology*, I, 85-97. — JASTROW (J.). *The time relations of mental phenomena* (*Science*, N. Y., XVI, 99). — SULLY (J.). *The psycho-physical process in attention* (*Brain*, XIII, 145).

1891. — BARTENSTEIN (J.). Zur Kenntniss der Reactionszeiten (Allg. Zeitsch. f. Psych., XLVII, 21). — MARTIUS (G.). Ueber den Einfluss der Intensität der Reize auf die Reactionszeit der Klänge (Phil. Stud., VII, 469). — STROOBANT. Rech. exp. sur l'équation personnelle dans les observations de passage (C. R., CXIII, 457).

1892. — GONNESSIAT (F.). Recherches sur l'équation personnelle dans l'observation astronomique du passage. Paris, Masson, 8°, 168 p. — KRÄPELIN (E.). Ueber die Beeinflussung einfacher psychischer Vorgänge durch einige Arzneimittel, Iéna, 252 p. An. C. P., 1893, VII, 93. — SWIFT (EDG.-J.). Disturbance of the Attention during simple mental processes (Amer. Journ. of Psych., V, 1-20).

1893. — BECHTEREW (W.). Ueber die Geschwindigkeitsveränderungen der psychischen Processe zu verschiedenen Tageszeiten (Neurol. Centr., XII, 290). — BLISS (Q.-R.). Investigations in reaction time and attention (Studies from the Yale psycholog. Laboratory, 1). — MAC KEEN CATTELL. Errors of observation in Psychology (Americ. Journ. of Psychology, V, 285-293). — HIGIER (H.). Ueber die Geschwindigkeitsänderungen der psychischen Processe zu verschiedenen Tageszeiten (Neurol. Centralb., XII, 470).

1894. — BLISS (C.). Recherches sur les temps de réaction et d'attention (Année psycholog., I, 434-456). — CATTELL. Aufmerksamkeit und Reaction (Phil. Studien, VIII, 402-406). — DOLLEY (CH.) et CATTELL (J.-M.-K.). Reaction time and the velocity of the nervous impulse (Psycholog. Review, I, 159-168). — MÜNSTERBERG. Studies from the Harvard psychological Laboratory (Psycholog. Review, I, 34-60; 441-495). — TITCHENER. Zur Chronometrie des Erkennungsactes (Phil. Studien, VIII, 138-144). — WITMER. Mesure des temps de réaction chez des personnes de toute classe (Année psycholog., I, 454-463).

1895. — MEAD BACHE (R.). Reaction time with Reference to race (Psych. Review, II, 475-483). — MARK BALDWIN et SHAW. Types of reaction (Psych. Review, II, 259-273). — BETTMANN (S.). Ueber die Beeinflüssung einfacher psychischer Vorgänge durch körperliche und geistige Arbeit (Kraepelin's Psychol. Arbeiten, I, 152-208). — COLLS (P.-C.). On a modification of W. G. Smith's Reaction Time Apparatus. — SCRIPTURE. Thinking, Feeling, Doing (Année psycholog., II, 770-773). — GRIFFING (HAROLD). Experiments on dermal sensations (The psychol. Review, II, 125-130). — GUTBERLET (C.). Ueber Messbarkeit psychischer Acte (Philos. Jahrb., VIII, 20-29). — PASSY (P.). Revue générale sur les sensations olfactives Année psycholog., II, 401-406). — PATRIZZI. Le graphique psychométrique de l'attention (A. i. B., XXII, 189-196). — TITCHENER (E.-B.). Simple Reactions (Mind, IV, 74-81). — The Type Theory of the Simple Reaction (Ibid., IV, 506-514). — VAN BIERVLIET (J.-J.). Ueber den Einfluss der Geschwindigkeit des Pulses auf die Zeitdauer der Reactionszeit bei Licht und Tasteindrücken (Phil. Stud., XI, 125-134).

1896. — ANGELL (J.), ROWLAND et ADDISON (W.) MOORE. Reaction time : a study in attention and habit (The psych. Review, III, 245-258). — FLOURNOY (TH.). Observations sur quelques types de réaction simple (Soc. de phys. et d'hist. natur. de Genève, 8°, 42 p.). — PATRIZZI (M.-L.). L'equazione personale studiata in rapporto colla curva pletismografica cerebrale (III Congr. f. Psychol., Munich, 247). — RŒMER (C.). Beitrag zur Bestimmung zusammengesetzter Reactionszeiten (Kraepelin's Psychol. Arb., 566). — TOKARSKY (A.). La plus courte durée de la réaction simple (III Congr. f. Psychol., Munich, 172, 174).

1897. — MEYER (E.). A Study of certain Methods of distracting the Attention (Am. Journ. of Psych., VIII, 404-414). — PILLSBURY (W.). A study in apperception (Ibid., 315-394).

CHARLES RICHET.

§ IX. — TEMPÉRATURE DU CERVEAU. PHÉNOMÈNES CHIMIQUES. ÉLECTRIQUES ET THERMIQUES

1. **Température du cerveau.** — A. Expériences sur la température cranienne. — La température du cerveau a préoccupé beaucoup de physiologistes et depuis longtemps, mais il faut dire qu'elle a aussi donné naissance à beaucoup d'hypothèses erronées, et même de résultats, en apparence exacts, mais en réalité inacceptables.

En effet, il faut résolument laisser de côté toutes les mensurations thermométriques prises sur la peau du crâne intact. Les variations de la circulation de la peau péri-cranienne n'ont rien à faire avec la température cérébrale. Pourtant on a été jusqu'à

CERVEAU.

chercher la délimitation des centres moteurs d'après l'échauffement plus ou moins grand de telle région cranienne. Quand on songe à la difficulté de mesurer correctement une température périphérique, on est étonné de cette supposition extraordinaire qu'on peut connaître les centres moteurs, à travers les méninges, le liquide céphalo-rachidien, le crâne et ses sinus et son diploé, le cuir chevelu, etc., en constatant une augmentation de la température de ces régions. Les résultats indiqués par R. W. Amidon (1880) peuvent donc être décidément regardés comme erronés, ainsi que tous ceux des auteurs qui, avant lui, ont essayé de connaître à travers le crâne la température cérébrale (Broca, Lombard, P. Bert. Hammond). Fr. Franck, dans des expériences directes et tout à fait probantes, a d'ailleurs montré (1880) qu'il faut que la température du cerveau monte de 3° environ pour qu'on constate dans la région cutanée céphalique une augmentation seulement de 0°,1.

B. Expériences de Schiff. — Les célèbres expériences de Schiff (1869) sont au contraire tout à fait irréprochables à ce point de vue; car il déterminait les variations de la température, non plus en prenant la température périphérique, mais en mesurant par des aiguilles thermo-électriques les variations thermiques de la substance cérébrale même.

Dans ses belles recherches, Schiff ne s'est pas proposé de connaître la température absolue du cerveau; mais seulement la différence de température des deux hémisphères. Supposons que les deux aiguilles thermo-électriques aient été enfoncées chacune dans un hémisphère, et qu'un seul de ces hémisphères soit excité, on pourra en conclure. d'après le sens et l'amplitude de la déviation galvanométrique, qu'il s'est produit une différenciation thermique de telle ou telle grandeur dans les deux hémisphères cérébraux.

Évidemment il y a dans la technique de cette mesure galvanométrique de grandes difficultés; mais elles peuvent être évitées à force de patience et de soins; et il n'est pas douteux que, dans les expériences de Schiff, ces causes d'erreur aient été évitées. Il n'en reste pas moins une cause d'erreur, inhérente à la méthode même, à savoir la possibilité d'une variation thermique, non à une élévation même de la température propre du cerveau, mais à des différences dans la quantité de sang qui circule dans telle ou telle région encéphalique. Comme le sang n'est pas à la même température que le cerveau lui-même, une irrigation sanguine plus ou moins abondante, et inégalement répartie, pourra modifier les indications du galvanomètre.

Nous verrons comment Schiff a répondu à cette objection. Tout d'abord établissons le fait que l'excitation de la sensibilité d'un hémisphère l'échauffe.

Si, sur un animal éthérisé, ou narcotisé, ou curarisé de manière à être immobile, on vient à exciter un point quelconque de la périphérie, on voit aussitôt se produire une déviation qui (non dans la totalité, mais dans la majorité des cas) paraît indiquer que le cerveau du côté opposé au côté excité (c'est-à-dire, à cause de l'entrecasement au bulbe des fibres sensitives correspondant à l'irritation sensible) s'est échauffé. Si on compare la région antérieure à la région moyenne du même hémisphère, on voit que la région moyenne s'échauffe plus que la région antérieure. La région moyenne s'échauffe aussi plus que la région postérieure. Il est à noter que ce résultat intéressant avait été obtenu en 1869 avant qu'eussent été découvertes les propriétés sensitives et motrices des régions moyennes de l'encéphale.

Ces faits semblent donc prouver que toute excitation nerveuse qui parvient à l'encéphale change quelque peu la répartition de la chaleur dans le cerveau. Schiff a cherché à prouver que cette altération thermique ne dépend pas de la circulation. En effet, même quand le cœur est arrêté, il y avait survie des phénomènes thermiques, survie prolongée, puisqu'elle durait parfois jusqu'à douze minutes après la mort. Une excitation sensible provoquait encore, douze minutes après l'arrêt du cœur, une déviation du miroir; par conséquent les variations de la température du cerveau succédant à une excitation des nerfs sensibles ne dépendent pas des troubles circulatoires.

Schiff a aussi essayé de mettre à demeure pendant plusieurs jours des aiguilles thermo-électriques dans le cerveau des chiens. L'animal, épuisé par la plaie suppurante du cerveau, restait à peu près immobile; mais la moindre excitation sensible (de l'odorat, de l'ouïe ou de la vue) provoquait aussitôt des déviations du galvanomètre.

Sur des poulets les résultats ont été peut-être plus nets encore. En faisant passer devant leurs yeux des bandes de papier coloré, on voyait dévier l'aiguille, ce qui prouvait évidemment l'existence de variations thermiques dans l'encéphale. A diverses reprises, Schiff s'assurait que ces variations n'étaient pas de cause mécanique et que les mouvements communiqués à l'animal n'étaient pas la cause de ces écarts thermiques. « J'ai beaucoup varié, dit-il en terminant, les moyens pour agir sur le moral de mes poulets : c'était tantôt en leur faisant entendre des sons aigus ou effrayants, tels que coups de sifflet, aboiements de chien, miaulements de chat, imités à côté d'eux; tantôt en agissant sur leur vision, soit avec ma main étendue rapidement vers leurs yeux, soit avec un parapluie s'ouvrant à l'improviste, ou bien encore en faisant passer devant eux des chiens et des chats; parfois j'excitais leur gourmandise en leur jetant toutes sortes d'aliments, graines. Toutes ces excitations avaient pour résultat une forte déviation, jusqu'à 18 degrés, au commencement, et des déviations rapidement décroissantes, à mesure que l'on répétait l'excitation. Le minimum de déviation une fois atteint, il se maintenait constant... très souvent le hasard me fournissait l'occasion d'observer au galvanomètre l'effet d'une émotion survenue accidentellement chez l'animal, à la suite d'un bruit imprévu. Ainsi le cri d'un autre animal, l'entrée dans le laboratoire de personnes étrangères, le bruit d'un corps tombant à terre, constituaient autant de causes capables d'influencer le moral du poulet, et de faire dévier le miroir, alors même qu'aucun mouvement visible à l'extérieur ne trahissait l'agitation interne de l'animal, plongé en apparence dans une apathie complète. »

Comme preuve convaincante que la circulation, soit locale par troubles vaso-moteurs, soit générale par des phénomènes cardiaques, n'est pas la cause de ces phénomènes, Schiff a pris de jeunes animaux décapités, et pendant 52 minutes (maximum), après la décapitation, il a encore observé des déviations galvanométriques dues à un changement dans la température du cerveau, après excitation des nerfs sensibles de la peau de la face.

Ces belles expériences, confirmées récemment par un élève de Schiff, Dorta (1889), prouvent donc d'une manière indiscutable que la vibration des nerfs sensibles provoque dans l'encéphale des phénomènes thermiques, et par conséquent sans doute de nature chimique, qui ne sont pas dus à des variations dans l'irrigation sanguine. Mais, si on veut les approfondir, on ne trouve pas qu'elles démontrent en toute rigueur qu'un phénomène de conscience coïncide avec le phénomène physico-chimique, révélé par la déviation galvano-métrique. Il est, en effet, bien difficile d'admettre que la conscience persiste dix minutes après l'arrêt du cœur, ou, même chez les jeunes animaux, 52 minutes après la décapitation. Et puis, même après la dixième ou la centième excitation, la conscience est presque autant émue qu'après la première, et cependant la dixième, et, à plus forte raison, la centième excitation n'exercent plus aucune influence thermique appréciable.

D'ailleurs, dans beaucoup de cas, l'irritation sensible portait également sur les appareils sensibles de droite et de gauche. Jamais il n'a pu être établi avec une netteté parfaite que le stimulus du côté droit provoquait constamment l'échauffement du cerveau gauche, et vice versâ. Au contraire, Schiff semble conclure que les incitations sensibles parviennent aux deux hémisphères, qui s'échauffent inégalement, et irrégulièrement. Cela entraîne quelque incertitude, et cela ne prouve en toute rigueur qu'un seul phénomène, très important il est vrai, à savoir que chaque sensation s'accompagne d'un trouble dans l'équilibre thermique des diverses parties de l'encéphale.

Enfin, n'omettons pas de faire remarquer que, dans les conditions des chiens opérés depuis plusieurs jours, l'encéphalite et la suppuration pourraient modifier notablement les résultats, et que d'ailleurs Schiff n'a pas conclu à un chiffre positif quelconque, ni traduit en valeurs thermométriques les valeurs de sa graduation galvano-thermique. Aussi bien les expériences de Conso (1881), tout en confirmant le fait d'une variation thermique à la suite d'excitations sensitives, semblent-elles prouver que le résultat de ces excitations est plutôt de l'hypothermie que de l'échauffement.

Tanzi a fait, en partie seul, en partie avec Musso, des expériences (1888) tant sur des chiens que sur des singes (2); et il tend à admettre que le travail cérébral, déterminé par les émotions ou les sensations, par exemple, est accompagné, indépendamment de toute modification circulatoire, de certaines oscillations thermiques; oscillations qui révèleraient un processus chimique double dans la substance nerveuse : processus de désintégration (explosion) suivi d'un processus de régénération ou de réparation, de sorte qu'on ne peut parler, d'après TANZI, de refroidissement ou de réchauffement du cerveau, mais seulement d'oscillations thermiques ; car les phénomènes exothermiques de désintégration sont promptement suivis de phénomènes endothermiques de réparation qui leur sont parallèles, et ont même valeur, quoique se faisant dans un sens diamétralement contraire.

Ces intéressants résultats ont cependant besoin d'être confirmés ; car, en pareille matière, la technique est tout, et les appareils de TANZI ne sont peut-être pas assez délicats pour permettre une conclusion ferme. Il est même possible qu'en l'état actuel de la science, la thermométrie galvanométrique ne soit pas suffisamment précise pour qu'on puisse affirmer l'existence de ces variations oscillatoires, indépendantes de tout phénomène autre que les processus chimiques du tissu cérébral. On sait que, même avec le muscle, il y a encore quelque incertitude dans la détermination exacte des variations musculaires thermiques.

C. Expériences de Mosso. — Afin d'éviter les difficultés inhérentes à toute mensuration thermo-électrique, A. Mosso a essayé de mesurer la température du cerveau à l'aide du thermomètre à mercure (1894). Il se servait d'excellents thermomètres de BAUDIN, à petit réservoir, gradués en cinquantièmes de degré, mais munis d'une colonne assez étroite pour permettre la lecture du centième de degré.

En opérant ainsi, A. Mosso pensait, non sans quelque raison, obtenir des résultats plus nets qu'avec la mesure thermo-électrique. La sensibilité est moindre assurément, mais parfois l'excès de sensibilité, comme lorsqu'on emploie certaines piles thermoélectriques, peut être nuisible. En tout cas il s'est assuré que l'introduction d'un très fin thermomètre dans la masse cérébrale ne fait pas de traumatisme sérieux.

A. Mosso s'est surtout attaché à constater les variations relatives de la température générale du corps mesurée dans le rectum, et de la température du cerveau. En général la température du rectum est plus élevée de quelques dizièmes de degré. Mais, si l'on fait alors subir au cerveau une excitation électrique, on voit s'élever la température du cerveau, tandis que celle du rectum ne monte pas ou monte beaucoup moins, même s'il y a immobilité presque complète. Ainsi, dans l'exp. 6 (16), le cerveau est plus froid que le rectum de $0^\circ,64$; mais, après une excitation électrique très modérée de l'encéphale, le cerveau et le rectum prennent à peu près la même température.

L'irritation mécanique produit aussi un réchauffement cérébral. Si, au lieu de comparer la température du cerveau à celle du rectum, on la compare à celle du sang, mesurée dans la carotide, on voit que le plus souvent le rectum est plus chaud que le cerveau, et le cerveau plus chaud que le sang carotidien : cependant, parfois, il y a inversion, et le cerveau est plus froid que le sang, ce qui tient évidemment à l'irradiation de calorique par le crâne. Les excitations électriques, mécaniques et chimiques, comme par exemple, les inhalations de chloroforme (voir fig. 46), font monter la température cérébrale plus que celle du sang et du rectum.

Toutes ces expériences prouvent qu'il y a une certaine indépendance entre la température du cerveau et celle des autres organes. Ces hyperthermies cérébrales localisées s'observent quand le cerveau est excité ; mais aussi, fait fort remarquable, on les voit survenir sans cause apparente, alors que rien n'indique une modification quelconque de l'activité psychique ou motrice du cerveau. C'est ce que Mosso appelle les *conflagrations organiques*, ou phénomènes de métabolisme, indépendants de toute modification dans l'irrigation sanguine, et même de toute activité spécifique de leur fonction. Il est même à remarquer que la douleur, qui met en jeu d'une manière si puissante l'activité psychique, ne produit pas de très importantes modifications dans la température cérébrale. La température s'élève alors quelque peu, mais moins que dans certains cas où il n'y a aucun phénomène apparent de conscience, de volonté motrice ou de perception sensitive.

Dans le sommeil, par des expériences faites sur l'homme, Mosso avait déjà constaté que la circulation cérébrale se modifie par le fait d'excitations périphériques, même lorsqu'il n'y a pas de réveil. De même il se fait aussi, dans le sommeil, sans qu'il y ait réveil, des échauffements du cerveau liés à certaines excitations sensibles de la périphérie.

Sur une marmotte en hibernation, on voit très nettement le réchauffement cérébral produit par l'excitation ; et l'expérience, dans ce cas, est particulièrement probante ; car, chez les animaux en hibernation, le cerveau est beaucoup plus chaud que le rectum et que le sang, et, dans l'expérience rapportée par Mosso (fig. 49, 187), la température ambiante était plus élevée que la température du cerveau, de sorte qu'on ne peut invoquer alors un réchauffement passif du cerveau, c'est-à-dire une diminution de l'irradiation périphérique.

La conclusion générale du travail de Mosso est que les phénomènes chimiques qui produisent l'hyperthermie cérébrale sont liés à des excitations périphériques, mais qu'ils sont indépendants, dans une large mesure, de l'irrigation sanguine plus ou moins abondante. Quoiqu'ils soient produits par l'excitation périphérique, celle-ci n'est cependant pas toujours nécessaire, et des conflagrations organiques amenant de la chaleur peuvent se manifester, même quand l'excitation périphérique est absente. Ce n'est pas d'ailleurs lorsque l'excitation périphérique est très intense que s'observe le maximum de l'élévation thermique.

On peut donc dire que Mosso confirme dans leurs lignes générales les conclusions que SCHIFF, vingt-cinq années auparavant, avait données. L'excitation sensible d'un nerf, quand elle parvient au cerveau, y provoque un phénomène thermique (c'est-à-dire de cause chimique) indépendant de la circulation. Mais Mosso y a ajouté ce fait important que, même en l'absence de tout élément excitatoire appréciable, il se passe dans le cerveau des phénomènes chimiques, dégageant de la chaleur, par périodes irrégulières, et ne répondant à aucun phénomène psychique spécial de sensibilité, de mouvement ou de conscience.

Relations des phénomènes physico-chimiques du travail cérébral avec les phénomènes de conscience. — Quelle est exactement la nature et la cause de cette hyperthermie ? nous ne pouvons le savoir ; mais il n'en reste pas moins acquis que les phénomènes de conscience coïncident avec certains phénomènes chimiques. Entre le fait psychique et le fait physique, il y a une relation qui ne peut être niée.

L'avenir nous apprendra peut-être quelles sont les conditions de cette relation. Le grand problème de la conservation de l'énergie se pose là dans toute sa rigueur, et, sans nous dissimuler que de longtemps peut-être il ne pourra être résolu, nous ne pouvons nous dispenser d'en indiquer les termes.

Déjà LAVOISIER, en 1789, a écrit ce passage célèbre, presque prophétique : « Ce genre d'observations (rapports de la chaleur produite avec le travail musculaire) conduit à comparer des emplois de forces entre lesquelles il semblerait n'exister aucun rapport. On peut connaître, par exemple, à combien de livres en poids répondent les efforts d'un homme qui récite un discours, d'un musicien qui joue d'un instrument. On pourrait même évaluer ce qu'il y a de mécanique dans le travail du philosophe qui réfléchit, de l'homme de lettres qui écrit, du musicien qui compose. Ces effets, considérés comme purement moraux, ont quelque chose de physique et de matériel. Ce n'est pas sans quelque justesse que la langue française a confondu sous la dénomination commune de *travail* les efforts de l'esprit comme ceux du corps. »

J'ai donc pu, en m'appuyant de l'autorité de LAVOISIER, soutenir contre A. GAUTIER (1886) que le travail psychique est sans doute une des formes de l'énergie, ainsi que le travail mécanique ; car toutes les expériences semblent bien prouver qu'à une certaine quantité de travail psychique répond une certaine quantité d'énergie chimique dégagée, comme le démontrent les accroissements des combustions chimiques et le dégagement de chaleur. A GAUTIER avait cru trouver, dans ce fait, que le cerveau s'échauffe par le travail intellectuel, la preuve que la pensée ne correspond pas à une dépense d'énergie. Mais cet argument ne me semble pas très démonstratif ; car le muscle qui produit du travail mécanique s'échauffe toujours quand il travaille, quoique une certaine quantité de l'énergie chimique soit certainement employée à produire du travail mécanique et non de la chaleur. Si donc on raisonnait pour le muscle comme A. GAUTIER raisonne pour le cerveau, on pourrrait dire : le muscle s'échauffe, donc il ne produit pas de travail ; ce qui serait une erreur manifeste.

Il me paraît donc qu'on peut admettre, sinon comme démontré, du moins comme assez probable, que le travail psychologique, qui est accompagné d'un dégagement de chaleur, consomme une certaine quantité d'énergie, mais que les réactions chimiques qui nécessitent cette libération d'énergie dépassent le but (comme pour le travail musculaire) et que le surplus d'énergie dégagée apparaît sous la forme de chaleur. Les expériences de Mosso tendent à confirmer cette manière de voir, puisqu'elles nous montrent que la température du cerveau, après des excitations intenses de la sensibilité, ne s'élève pas autant que dans d'autres périodes où la conscience est inactive, comme si cet état de conscience stimulée était par lui-même cause d'une certaine absorption de chaleur.

Cette discussion, relative à l'origine même de la force psychique, a été suivie de communications intéressantes de A. Herzen, G. Pouchet et C. Golgi (1887), auxquelles nous renvoyons le lecteur. D'une manière générale, il paraît bien que la transformation des forces physico-chimiques en forces psychiques, telles que la pensée, n'est rien moins qu'absurde, et qu'on peut parfaitement admettre, conformément à la conception profonde de Lavoisier, que les lois de la conservation de l'énergie s'appliquent aux phénomènes de l'âme comme aux phénomènes du corps. En tout cas, le seul moyen d'éclaircir cette obscure question, c'est l'expérimentation, et on peut espérer qu'avec le progrès de la technique physiologique, on pourra approcher de la solution plus que cela n'a été encore fait jusqu'ici.

II. **Composition chimique du cerveau.** — L'étude de la composition chimique du cerveau a été faite par beaucoup de chimistes; elle est loin cependant d'être connue, et il y a de nombreuses incertitudes tenant à la difficulté même du sujet.

Pendant la vie, la réaction du cerveau est alcaline ou neutre; mais, après la mort, elle devient rapidement acide. Cependant, si on porte brusquement la masse cérébrale à 100°, la réaction reste alcaline (Henninger, 1880). Il s'agit donc probablement d'une fermentation acide se produisant après la mort, dans le cerveau comme dans le muscle; peut-être y a-t-il alors production d'acide lactique. D'ailleurs, à un autre point de vue, il y a quelque analogie à établir entre le muscle et le cerveau. Nysten avait noté que, comme le muscle, le cerveau se rigidifie après la mort. Le phénomène est sans doute dû à la coagulation spontanée d'un albuminoïde.

La chaleur, les acides, le bichromate de potasse, ont, comme on sait, la propriété de durcir le cerveau. En plongeant le cerveau dans de l'acide nitrique dilué au cinquième, on peut le rendre extrêmement dur, et on finit, en renouvelant le liquide dans lequel baigne le cerveau, par transformer son tissu en une masse très dure, de consistance élastique, presque cartilagineuse. La forme des circonvolutions n'est pas altérée; et, en le desséchant avec précautions, on obtient une masse qui a gardé la forme du cerveau, et qu'on peut conserver indéfiniment à l'état sec.

Comme le cerveau contient des albuminoïdes phosphorés, ses cendres sont très acides, avec un excès d'acide phosphorique.

Les matières minérales sont, d'après Geoghegan (1877), de 3 à 7 pour 1 000 parties.

		Moyenne.
Cl.	0,43 à 1,32	0,85
PO^4.	0,956 à 2,016	1,98
CO^3.	0,244 à 0,796	0,52
SO^4.	0,102 à 0,220	0,16
$Fe^2 PO^{4,2}$	0,01 à 0,098	0,03
Ca	0,005 à 0,022	0,015
Mg	0,016 à 0,072	0,043
K.	0,38 à 1,778	1,18
Na	0,45 à 1,114	0,78
		5^{gr}.380

On remarquera la prédominance des sels de potassium sur ceux de sodium. En cela le cerveau ressemble aux muscles et aux globules rouges qui contiennent plutôt du phosphate de potassium que du chlorure de sodium.

Voici, d'après Baumstark (1885) d'une part, et Petrowski (1873) de l'autre, les proportions d'eau pour 1 000 de la substance blanche et de la substance grise.

	BAUMSTARK.	PETROWSKI.	Moyenne.
Substance blanche.	69,5	68,35	69
Substance grise.	77,0	81,60	80,0

La substance blanche est donc plus riche en matières solides, en général solubles dans l'éther, que la substance grise.

La composition totale est la suivante, d'après BAUMSTARK :

	SUBSTANCE BLANCHE.	SUBSTANCE GRISE.
Eau.	695,33	769,97
Protagon.	25,11	10,80
Albumine et gélatine.	50,02	60,79
Cholestérine libre.	18,10	6,30
Chlolestérine combinée.	26,96	17,51
Nucléine.	2,94	1,99
Neurokératine.	18,93	10,43
Substances minérales.	5,23	5,62

D'après PETROWSKY les chiffres sont un peu différents :

	SUBSTANCE BLANCHE.	SUBSTANCE GRISE.
Eau.	683,5	816
Albumine et gélatine.	78,3	102
Lécithine	31,0	35,6
Cholestérine et graisses.	164,3	34,5
Cérébrine	30,2	9,2
Matières extractives insolubles dans l'éther.	11	12
Sels minéraux.	1,90	2,56

Mais on ne peut guère les comparer; car les procédés de dosage sont différents, et la nomenclature des éléments constitutifs n'est pas la même.

Chez les jeunes animaux, la proportion d'eau est plus grande que chez l'adulte. D'après WEISBACH (cité par HAMMARSTEN, 1896), il y a, chez le fœtus, environ 900 parties d'eau pour 1 000, alors que chez l'adulte cette proportion est environ de 700 p. 1 000 seulement. Il paraîtrait, d'après SCHLOXBERGER, que chez le fœtus il n'y a pas de différence dans la teneur en eau des deux substances grise et blanche.

Voici, d'après l'âge et le sexe, les analyses de WEISBACH.

Proportions d'eau dans le cerveau.

	DE 20 A 30 ANS.		DE 30 A 50 ANS.		DE 50 A 70 ANS.		DE 70 A 94 ANS.	
	Hommes.	Femmes.	Hommes.	Femmes.	Hommes.	Femmes.	Hommes.	Femmes.
Substance blanche	695,6	682,9	683,1	703,1	701,9	689,6	726,1	722,0
Substance grise.	833,6	826,2	836,1	830,6	838,0	838,4	847,8	839,5
Circonvolutions.	784,7	792,0	795,9	772,9	796,1	796,9	802,3	801,7
Cervelet.	788,3	794,9	778,7	789,0	787,9	784,5	803,4	797,9
Protubérance.	734,6	740,3	725,5	722,0	720,1	714,0	727,4	724,4
Moelle allongée.	744,3	740,7	732,5	729,8	732,4	730,6	736,2	733,7

HALLIBURTON (1894) a trouvé les chiffres suivants comme proportion d'eau chez divers animaux, pour la substance grise et la substance blanche :

	SUBSTANCE grise.	SUBSTANCE blanche.	MOELLE ÉPINIÈRE dorsale.
Singe.	828,35	714,3	669,2
Chien.	821,02	702,6	682,8
Chat	823,11	691,6	638,2
Homme.	831,4	687,6	712,1

La comparaison des diverses parties du système nerveux, chez deux singes, un chien, cinq chats, trois hommes, lui a donné, en eau, pour 1 000 parties :

Substance grise	834,67
Substance blanche.	699,12
Cervelet.	798,09
Moelle épinière totale	716,41
Nerf sciatique.	613,16

Ainsi, finalement, on peut admettre que la teneur en eau est d'environ 800 pour la substance grise et 700 pour la substance blanche, en chiffres ronds.

I. Novı (1890) a fait des expériences intéressantes pour modifier les proportions relatives des sels de potassium et de sodium dans le cerveau. Il injectait à des chiens une solution de chlorure de sodium à 10 p. 100, de manière à concentrer le sang. L'examen de la composition chimique du cerveau montre qu'il y a déshydratation de la substance cérébrale, qui perd à peu près 6 p. 100 de l'eau qu'elle contenait. En effet, il doit se faire un courant exosmotique du cerveau vers le sang, par suite de la plus grande concentration du liquide sanguin. En injectant par le bout périphérique de la carotide de cette même solution 2 centimètres cubes (par kilo d'animal), on fait perdre au cerveau une quantité d'eau égale à peu près à 1,25 p. 100 de sa quantité normale. Avec plusieurs injectins consécutives, on peut arriver à lui faire perdre jusqu'à 5 p. 100.

Ce qui est aussi bien remarquable, c'est qu'il se fait une sorte d'échange entre les sels de potasse et les sels de soude. La somme du sodium et du potassium se maintient presque inaltérée; mais le sodium augmente et le potassium diminue. Le sodium augmente de 0,09 à 0,22, et le potassium diminue de 0,39 à 0,25.

Il y aurait, sans doute, quelque intérêt à observer de près les modifications fonctionnelles que la déshydratation ou le remplacement du potassium par le sodium font subir à la vie du système nerveux.

Le cerveau se compose essentiellement de deux éléments de la famille des albuminoïdes : les matières albuminoïdes proprement dites, et une substance albuminoïde spéciale, contenant du phosphore qui est le protagon.

Les substances albuminoïdes ont été surtout étudiées par HALLIBURTON (1894).

HALLIBURTON a constaté d'abord qu'il n'y a ni fibrine, ni peptone, ni myosine, ni albumine. Par des coagulations fractionnées, il a pu extraire trois albuminoïdes : 1° la protéine qu'il appelle *neuroglobuline α*, coagulable à 47°; c'est un corps qui ne contient pas de phosphore, non précipitable par l'acide acétique, mais précipitant par une solution diluée de sulfate de magnésium. Il paraît un des éléments essentiels de toute cellule nerveuse; 2° une *nucléo-albumine*, coagulable à 56°-60°, qui contient 0,5 pour 100 de phosphore, et qui, en présence de pepsine acide, donne un résidu insoluble de nucléine. Elle produit des coagulations sanguines quand on l'injecte dans le système circulatoire du lapin; 3° une globuline, ou *neuroglobine β*, sans phosphore, coagulable seulement à 74°, et ne se précipitant en totalité que par des solutions concentrées de sulfate de magnésium.

A côté de cette nucléo-albumine, il y a une substance que KUHNE et CHITTENDEN ont appelée la *neurokératine*. Elle se caractérise par une insolubilité presque complète dans tous les réactifs. Pour la préparer on fait digérer la masse cérébrale avec de la trypsine pendant plusieurs jours : le liquide est filtré, et le résidu est épuisé par l'éther, l'alcool et le chloroforme. La partie insoluble, macérée avec de la soude au centième, demeure inattaquée en grande partie et c'est ce résidu que KUHNE et CHITTENDEN appellent neurokératine. L'analyse montre qu'elle ne contient pas de phosphore. Sa composition centésimale est en moyenne :

C.	57,27
H.	7,54
N.	12,90
S.	2,24
O.	20,03

Ils admettent que la neurokératine se rencontre surtout dans la substance blanche, et qu'elle constitue 30 p. 100 des matières cérébrales insolubles dans l'alcool.

JAKSCH (1876) a trouvé plus de nucléine dans la substance grise que dans la substance blanche.

Un des éléments principaux de la composition chimique du cerveau, c'est le *protagon*, substance mal définie; car d'une part il est probable qu'il y a plusieurs protagons, et d'autre part il n'est pas même certain que le protagon existe tout formé dans le cerveau.

Le protagon, découvert par LIEBREICH, est une substance azotée et phosphorée, soluble dans l'alcool chaud, ne contenant que des traces de soufre, probablement des impuretés (RUPPEL). Il se dépose de la solution alcoolique chaude sous forme d'aiguilles cristallines. Par l'ébullition avec la baryte, il donne de la lécithine et une matière particulière, la cérébrine. On peut donc le considérer comme une combinaison de lécithine et de cérébrine. Il est d'ailleurs probable qu'il y a de la lécithine libre dans la masse cérébrale. D'après Gad et Heymans, la myéline serait surtout constituée par de la lécithine. En chauffant le protagon avec la baryte on obtient des acides gras, de l'acide phosphoglycérique et de la névrine. D'après Gamgee et Blankenhorn, la composition du protagon serait :

$$
\begin{array}{ll}
\text{C} & 66,39 \\
\text{H} & 10,69 \\
\text{N} & 2,39 \\
\text{P} & 1,07 \\
\text{O} & 19,46 \\
\end{array}
$$

La *cérébrine*, décrite d'abord par W. Müller, est une substance azotée, non phosphorée. D'après Parcus, on la prépare en faisant bouillir la masse cérébrale avec de l'eau de baryte. Le précipité, bien lavé à l'eau bouillante, est repris par de l'alcool bouillant, et la cérébrine se dépose de la solution alcoolique. Par des cristallisations et des dissolutions convenables on peut en séparer trois corps : la *cérébrine* ($C^{70}H^{140}Az^2O^{13}$) (?) proprement dite, insoluble dans l'eau, l'éther et l'alcool froid, soluble seulement dans l'alcool bouillant, se colorant en rouge par l'acide sulfurique : l'*homocérébrine* ($C^{70}H^{138}Az^2$ O^{12}) (?) qui se gonfle, sans se dissoudre, dans l'eau bouillante. Comme la cérébrine elle donne, par l'ébullition avec les acides minéraux, comme produits principaux un sucre qui serait la *galactose*, d'après Thierfelder : et l'*encéphaline*, qui est probablement un produit de décomposition et qui, par l'action de l'eau bouillante, se transforme en un empois qui persiste à froid.

Ces corps, très voisins les uns des autres et très difficiles à étudier, sont probablement les mêmes que ceux que Thudichum a décrits sous les noms de *kérasine* (homocérébrine) et de *phrénosine* (cérébrine). Kossel et Freitag ont isolé aussi ces trois *cérébrosides*, pour nous servir du terme de Thudichum. Avec ces observateurs on peut appeler cérébrosides les corps non phosphorés, mais azotés, qui dérivent du dédoublement de matières phosphorées et azotées. Dans le pus on trouve deux cérébrosides, pyosine et pyogénine, provenant du dédoublement d'une substance analogue au protagon.

Il y a encore dans le cerveau de la cholestérine, surtout dans la substance blanche, qui est peut-être à la fois à l'état de liberté et à l'état de combinaison peu stable; de la neuridine ($C^5H^{14}Az^2$), découverte par Brieger dans les produits de putréfaction, et des matières extractives : créatine, insite, acide lactique, acide urique, jécorine, d'après Baldi; et, dans certaines conditions pathologiques, de la leucine et de l'urée.

Phénomènes chimiques de la vie du cerveau. — Les faits relatifs à la constitution chimique du cerveau ne nous apportent que peu d'éclaircissement sur les fonctions chimiques de cet organe. C'est un des points les plus obscurs de la physiologie.

Il me paraît qu'il faut laisser de côté toutes les analyses d'urine dans lesquelles on a cru constater quelque augmentation dans la quantité d'urée par le travail intellectuel (Hammond 1856, Byasson, Gamgee et Paton, 1871). En effet, la différence constatée est assez faible. L'écart de 10 grammes trouvé par Hammond est sans doute exagéré. Cazeneuve (cité par Lépine 1886) n'a pas trouvé de différence appréciable, et d'autre part les variations dans la production d'urée dépendent de tant de conditions qu'on ne peut guère conclure. Le travail intellectuel, par cela seul qu'il agit sur le pouls et la température, peut sans doute déterminer une production d'urée plus abondante; de sorte que le résultat peut fort bien être dû à une excitation nerveuse agissant sur les combustions organiques générales; en tout état de cause, il sera toujours presque impossible de conclure à une combustion plus active des éléments du système nerveux lui-même.

Pour l'élimination plus abondante de phosphates, le problème semble plus intéressant, et, en apparence au moins, approcher davantage d'une solution précise. Notons cependant que le poids total d'acide phosphorique du cerveau chez l'homme peut être évalué à $2^{gr},5$, quantité négligeable, par rapport à la proportion de l'acide phosphorique contenu dans le système osseux, à peu près 1000 grammes en chiffres ronds.

Le travail le plus complet sur la question est évidemment dû à Mairet (1884), qui en a fait le sujet d'une monographie remarquable. Résumant les travaux de Beaunis, de Mendel, de Lombroso, et les siens propres, il arrive aux conclusions suivantes.

1° L'acide phosphorique est intimement lié à la nutrition et au fonctionnement du cerveau. Le cerveau, en fonctionnant, absorbe de l'acide phosphorique uni aux alcalis et rend de l'acide phosphorique uni aux terres.

2° Le travail intellectuel retentit sur la nutrition générale qu'il ralentit.

3° Le travail intellectuel modifie l'élimination de l'acide phosphorique par les urines; il diminue le chiffre de l'acide phosphorique uni aux alcalis et augmente le chiffre de l'acide phosphorique uni aux terres. (Cependant, ce qui atténue quelque peu la force des arguments de Mairet, le travail intellectuel, même d'après ses recherches, diminue en général le chiffre total de l'acide phosphorique éliminé par les urines.)

4° Dans la manie aiguë, avec agitation, la dénutrition est activée, et le chiffre de l'acide phosphorique augmente, tandis qu'il diminue dans les formes dépressives, dans la lypémanie, et surtout dans l'idiotie et la démence.

5° Dans l'attaque épileptique, sont augmentées l'élimination de l'azote et celle de l'acide phosphorique, tandis que, en dehors des attaques, l'élimination n'est pas modifiée.

On voit que ces recherches de Mairet ne comportent pas de conclusion absolument ferme, pour ce qui est des échanges qui se passent, sous l'influence d'états psychiques divers, dans l'intimité de la substance cérébrale; car on doit admettre qu'une partie (sinon la totalité) de cet acide phosphorique, émis en plus ou moins grande quantité, est liée à l'état de la dénutrition générale, plus qu'à celle du cerveau en particulier. Si la dénutrition des os était aussi active que celle du cerveau, pour 2 grammes d'acide phosphorique qui se trouve dans l'urine, il y en aurait de par les os élimination de 1^{gr},996, et seulement 0^{gr},004 de par le cerveau, quantité tout à fait négligeable, puisqu'il suffirait de 4 centimètres cubes d'urine en plus ou en moins pour déterminer des changements du simple au double dans la quantité émise.

Évidemment l'augmentation de l'acide phosphorique éliminé par le travail intellectuel, ou dans l'attaque épileptique, est probable; mais, si elle est prouvée, grâce aux travaux de Beaunis (1884) et de Mairet (1884), elle ne me paraît pas démontrer qu'elle est due à la combustion plus active des substances phosphorées qui forment la constitution chimique du cerveau.

Lépine (1880), réunissant tous les documents relatifs à ce sujet, conclut à peu près dans ce sens; il constate que, dans les maladies cérébrales, l'élimination phosphorique est augmentée, mais il estime qu'on ne peut attribuer au cerveau seul cet accroissement dans la combustion du phosphore.

On sait d'ailleurs que chez les animaux (ou les hommes) soumis à l'inanition, le cerveau ne perd presque pas de son poids, de sorte que la dénutrition phosphorique est certainement très faible (à moins qu'on ne suppose une reconstitution parallèle à la dénutrition).

L'ensemble de ces raisons nous fait pencher à croire que l'augmentation (certainement constatée) de l'acide phosphorique par le travail intellectuel, ou celle de l'urée (qui est douteuse) ne peuvent pas être mises avec certitude sur le compte de la combustion des matières phosphorées cérébrales, mais plutôt sur le compte d'une nutrition générale plus active. Même en admettant qu'il s'agit d'une combustion intra-cérébrale plus active, le taux de cette combustion nous est certainement inconnu.

On ne peut assurément, pour juger la question, invoquer les expériences dans lesquelles on compare le métabolisme chez des animaux normaux et des animaux intacts. Belmondo (1896), réunissant tous les documents antérieurs relatifs à la question, et y ajoutant d'importantes expériences personnelles, a trouvé que les pigeons excérébrés et à jeun perdaient beaucoup moins de leur poids, et brûlaient moins d'azote que des pigeons normaux, placés dans des conditions identiques (0,0244 de Az par kilo et par heure chez les pigeons normaux; et 0,0114 par kilo et par heure chez les pigeons excérébrés). Mais on ne peut rien en conclure quant à la consommation même du tissu cérébral : il s'agit de l'influence du cerveau sur les échanges des tissus, ce qui est bien différent.

Si pauvres que soient les données relatives à l'acide phosphorique et à l'urée, elles sont très abondantes encore relativement aux transformations d'autres substances. Il n'y a guère à citer qu'un travail de A. Flint (1864), qui aurait constaté plus de choles-térine dans le sang veineux cérébral que dans le sang carotidien (1gr,545 par litre, au lieu de 0gr,967) ou même que dans le sang veineux général (1,028).

Ce résultat remarquable, que les auteurs subséquents n'ont pas confirmé, peut-être parce qu'ils n'ont pas cherché à le vérifier, mériterait assurément de nouvelles investi-gations. Il semble même que le seul procédé méthodiquement applicable à cette étude des phénomènes chimiques intimes de la vie du cerveau soit la comparaison du sang jugulaire et du sang carotidien. C'est une recherche évidemment très rationnelle, mais qui comporte de grandes difficultés.

Reste à savoir si les substances hypnotiques agissent chimiquement, comme cela est très probable, sur la substance nerveuse, et comment elles agissent.

R. Dubois a émis, il y a longtemps, l'ingénieuse hypothèse que le chloroforme agissait comme déshydratant, et qu'il déterminait une exosmose aqueuse des cellules nerveuses. J'ai fait aussi la remarque que les substances hypnotiques sont insolubles dans l'eau, et aptes à dissoudre les graisses (comme l'éther, le chloroforme). Binz (1881) a montré que la morphine altère assez notablement dans sa structure la cellule nerveuse ; de sorte que c'est peut-être là l'explication histo-morphologique de son action stimulante, puis dépressive, des fonctions psychiques.

Les alternatives de repos et de veille s'expliqueraient-elles par une action chimique ? Preyer a essayé de le soutenir, en attribuant à l'acide lactique formé pendant la veille par l'activité musculaire une puissance hypnogène ; mais il reconnaît lui-même que souvent l'acide lactique est inefficace à produire le sommeil. On a dit aussi que les urines sécrétées pendant la veille ont un poison qui stimule, tandis que les urines sécrétées pendant le sommeil ont un poison qui paralyse (Bouchard).

Mais tous ces faits ne sont guère positifs : on ne peut en conclure rien de formel, et tout, ou presque tout, reste à faire en ce sujet.

Phénomènes électriques de l'activité cérébrale. — Les premières recherches sur ce sujet sont dues à R. Caton (1875). Il a montré qu'il existe à l'état normal un courant électrique qui va de la surface grise du cerveau (positive) à la partie blanche, sectionnée, ou dans laquelle on a plongé l'aiguille du galvanomètre (négative). Aux points où l'élec-trisation provoque des mouvements de la tête et du cou, Caton a vu que la surface grise du cerveau, positive dans le repos, devenait, par rapport à la substance blanche, négative après les excitations sensitives, en particulier après l'excitation de la rétine. Le courant change de sens, et il se développe une variation négative, absolument comme dans le nerf qui est excité, et dans le muscle qui se contracte.

Plus tard, Beck (1890) a confirmé ces recherches : il a vu aussi un courant négatif se produire par des excitations visuelles. Surtout il a observé ce fait important qu'il y a dans les variations du courant électromoteur propre de la masse cérébrale une sorte de rythme régulier qui ne dépend ni du cœur, ni de la respiration, ni des mouvements volontaires (puisqu'on l'observe chez les animaux curarisés). Le chloroforme les suspend, et aussi l'excitation des nerfs de sensibilité générale. Ces résultats avaient été vus anté-rieurement par Fleischl-Marxow (1890), mais non publiés.

Il faut rapprocher ces faits des expériences faites par Gotch et Horsley sur la moelle épinière (1888). Ces expérimentateurs ont mesuré les variations du courant électrique propre de la moelle, lorsque l'écorce cérébrale est excitée, et qu'il y a une attaque d'épi-lepsie corticale. Dans ces conditions, avec l'électromètre de Lippmann, on voit les décharges toniques, puis cloniques, des muscles, se traduire par des courants électro-moteurs négatifs correspondants.

Il y a donc lieu de penser que des phénomènes électriques accompagnent les phéno-mènes d'innervation centrale, comme ils font pour les phénomènes d'innervation péri-phérique. Il est douteux qu'on puisse, par la mesure de ces variations électriques, loca-liser les fonctions cérébrales, mais il est difficile de révoquer en doute leur existence. Chaque excitation nerveuse est assurément accompagnée d'un phénomène chimique (et par conséquent thermique et électrique) dont probablement elle dépend.

Ainsi le problème est nettement posé ; mais il n'est pas près de sa solution. La relation qui unit l'âme à la matière est certaine ; mais les modalités nous sont encore profondé-ment inconnues.

Bibliographie. — 1864. — FLINT (A.). *Rech. exp. sur une nouvelle fonction excrémentitielle du foie, qui consiste en la sépar. de la cholestérine du sang, en son élimination du corps sous forme de stercorine (la séroline de BOUDET).* (An. Journ. de l'An. et de la Phys. Paris, I, 565-572).

1867. — DESPREZ (G.). *Essai sur la composition chimique du cerveau.* D. Paris. — BYASSON (H.). *Essai sur la relation qui existe à l'état physiol. entre l'activité cérébr. et la composition des urines* (Journ, de l'An. et de la Phys. Paris, VII. — SCHIFF (M.). *Rech. sur l'échauffement des nerfs et des centres nerveux à la suite des irritat. sensorielles et sensitives* (A. d. P., 1869, II. 157 et 330; 1870, III, 5-25; 198-214; 322-333; 451-462. V. aussi Rec. des mém. physiol. Lausanne, 1896, III, *Activité nerveuse et calorification*, 25-85).

1873. — PETROWSKY D. . *Zusammensetzung der grauen und der weissen Substanz des Gehirns* (A. g. P., VII, 367-370).

1874. — THUDICHUM (J.-L.-W.). *Researches on the chemical const. of the Brain* (Rep. med. off. Priv. Council. Lond., III. 113-247, et 1876, VIII, 117-150).

1875. — CATON R. . *De l'excitabilité de la substance grise du cerveau* (Brit. med. Journ.. (2), 278; et *Die Ströme der Centralnervensystems.* C. P., 1890. IV, 784-785).

1876. — V. JAKSCH. *Ueber das Vorkommen von Nuclein im Menschengehirn* (A. g. P., XIII, 469-473).

1877. — GEOGHEGAN. *Ueber die anorganischen Gehirnsalze, nebst einer Bestimmung des Nucleins im Gehirn* (J. p. C., I. 330-338).

1879. — GEOGHEGAN (E.). *Ueber die Constitution des Cerebrins* (J. p. C., III, 332-338). — GAMGEE (A.) et BLANKENHORN (E.). *On protagon* (J. P., II, 113-131).

1880. — AMIDON (R.-W.). *The effect of willed muscular movements on the temperature of the head; new study of cerebral cortical localization* (Arch. of Medic., N.-Y.. avril 1880. tir. à p., N.-Y, 57 p.). — FRANCK (FR.). *Sur la transmission à la surface externe de la peau du crâne des variations de la température des couches superficielles du cerveau* (B. B., XXXII. 217-224). — HENNINGER (A.). Art. *Cérébrale* (Substance) D. W. Suppl., I, 438-439. — LÉPINE (R.). *Sur l'excrétion de l'acide phosphorique dans ses rapports avec divers états pathologiques du syst. nerv. central* (Revue mensuelle, 1883).

1881. — BINZ (C.). *Aphorismen und Versuche über schlafmachende Stoffe* (A. P. P., XIII, 156-168). — CORSO. *L'aumento e la diminuzione del calore nel cervello per il lavoro intellettuale.* Firenze.

1883. — EDES (R.-T.). *Excretion of the phosphites and phosphoric acid as connected with mental labor* (Journ. nerv. and ment. Dis.. N. Y., X. 488-492).

1884. — BEAUNIS H. . *Rech. exp. sur les conditions de l'activité cérébrale et sur la physiologie des nerfs.* Paris, J.-B. Baillière, 8°. Mém. 1 (Rech. sur l'infl. de l'activité cérébrale, sur la sécrétion urinaire et spéc. sur l'éliminat. de l'acide phosphorique, 1-47). — MAIRET (A.). *Rech. sur l'élimination de l'acide phosphorique chez l'homme sain, l'aliéné. l'épileptique et l'hystérique.* Paris, Masson. 4°, 220 p. Avec toute la bibliographie antérieure.

1885. — BAUMSTARK. *Ueber eine neue Methode, das Gehirn chemisch zu forschen, und deren bisherige Ergebnisse* (Z. p. C., IX, 145-210).

1886. — GAUTIER A. . *La pensée n'est pas une forme de l'énergie; c'est la perception des états intérieurs et de leurs relations* (Rev. scient., Paris, XII. 11 et 18 déc. 1886: et 1er janv. 1887). — LEREBOULLET (A.) et MÉNARD. Art. **Urines** du Dict. encycl. de DECHAMBRE, (5), 4. — RICHET (CH.). *Le travail psychique et la force chimique* (Rev. scient., Paris, XII. 788). — *La pensée et le travail chimique* (Ibid., XIII, 83).

1887. — GOLGI (C.). *Lettre à C. Lombroso, à propos de la nature de la pensée* (Arch. d. psich., sc. pen. ed Ant. crim. Torino, VIII, 206). Cette lettre est reproduite par SOURY J. . *Les fonct. du cerveau, doctrines de l'École de Strasbourg et de l'École italienne.* Paris, 1891, 375. — HERZEN (A.). *L'activité musculaire et l'équivalence des forces* (Rev. scient., Paris. XIII, 237). — POUCHET (G.). *Remarques anatomiques à l'occasion de la nature de la pensée* (Rev. scient., Paris, XIII. 5 févr.).

1888. — GOTCH F.) et HORSLEY (V.). *Observat. upon the Electromotive changes in the mammalian cord, following electrical excitation of the cortex cerebri* (Proc. of the Roy. Soc. Lond., XLV, 18-26, 1 pl.). — TANZI E. . *Ricerche termo-elettriche sulla corteccia cerebrale in relazione con gli stati emotivi* (Riv. sperim. di freniatria e di med. legale. Reggio, XIV, 234-269).

1889. — Dorta. *Étude critique et expérimentale sur la température cérébrale* (Diss. Genève). — Thierfelder. *Gehirnzucker* (Z. p. C., xiv).

1890. — Beck (A.). *Die Ströme der Nervencentren* (C. P., iv, 572-573). — *Die Bestimmung der Localisation der Gehirn und Rückenmarcksfunctionen vermittelst der elektrischen Erscheinungen* (Ibid., iv, 473-476). — Fleischl Marxow (E.). *Mittheilung betreffend die Physiologie der Hirnrinde* (C. P., iv, 537-540). — Kühne et Chittenden. *Ueber das Neurokeratin* (Z. B., xxvi, 291-324). — Novi (I.). *Infl. du chlorure de sodium sur la compos. chim. du cerveau* (A. i. B., xv, 203).

1892. — Féré (Ch.) et Herbert (L.). *Note sur l'inversion de la formule des phosphates éliminés par l'urine dans l'apathie épileptique et dans le petit mal* (R. B., 260 et 329). — Ruppel (W. G.). *Zur Kenntniss des Protagons* (Z. B., xxxi, 86-100).

1893. — Halliburton. *The proteids of nervous tissues* (J. P., xv, 90). — Kossel et Freytag. *Ueber einige Bestandttheile des Nervenmarks und ihre Verbreitung in den Geweben des Thierörkpers* (Z. p. C., xvii, 431-436). — Plügge. *Beitrag zur Kenntniss des Cerebrins* (Arch. d. Pharm., ccxxxi, 10).

1894. — Mosso (A.). *La temperatura del cervello. Studi Termometrici.* Milano, Trèves, 8°, 196 p., 49 pl., 5 tabl. graph.).

1895. — Hammarsten (O.). *Lehrb. der phys. Chemie*, 3° éd. Wiesb., xii, 348-355.

1896. — Belmondo (E.). *Contributo critico e sperimentale allo studio dei rapporti tra le funzioni cerebrali e il ricambio* (Riv. sper. di fren. e med. leg., xxii, 657-748).

1897. — Gautier (A.). *Les manifestations de la vie dérivent-elles toutes de forces matérielles?* 8°, Paris, 29 p. — Soury (J.). *La thermométrie cérébrale* (Rev. philosoph., xlii, 388-409).

CH. R.

§ IX. — RÉSUMÉ GÉNÉRAL

On doit maintenant, après les nombreux faits de détail, qui ont été mentionnés au cours de cet article, essayer de présenter d'une manière précise, si possible, et générale, la fonction du cerveau.

Caractère psychologique de la fonction cérébrale. — Les autres appareils organiques, foie, cœur, ovaires, muscles, ont des fonctions qui sont matérielles, et réductibles à des phénomènes extérieurs, chimiques ou dynamiques, ou morphologiques. Mais le cerveau a une fonction qui n'existe certainement dans aucun de ces tissus; il a la conscience et l'intelligence. Cette conscience, cette intelligence créent un fossé profond entre la physiologie du cerveau et celle des autres organes, si bien que la connaissance de l'âme, du *moi*, fait l'objet de toute une science qu'on a souvent cherché à séparer de la physiologie proprement dite, la psychologie. En réalité, malgré tous les efforts des psychologues, la psychologie se confond avec la physiologie du cerveau, encore que les méthodes de la psychologie diffèrent à maints égards des méthodes de la physiologie.

A vrai dire, quoique le cerveau soit le siège et l'organisme de la conscience, il possède, au même titre que les autres appareils, des fonctions physiologiques simples.

Nous devons donc distinguer dans le cerveau, une fonction psychique proprement dite qui est la conscience, ou connaissance du moi, et une fonction exclusivement physiologique, par laquelle, comme les autres organes, il peut produire des phénomènes chimiques ou dynamiques.

Cette distinction s'impose; car d'autres parties du système nerveux sont dotées de fonctions dites physiologiques, qui s'accompagnent de phénomènes chimiques et dynamiques, et ils ne produisent pas de phénomènes de conscience.

Relations des phénomènes psychiques avec la morphologie des cellules nerveuses. — Les beaux travaux des histologistes et des anatomistes contemporains, parmi lesquels il faut citer surtout C. Golgi et Ramon y Cajal, ne peuvent malheureusement pas être, croyons-nous, de grande utilité pour l'explication des phénomènes psychologiques. Ce n'est pas de là que nous viendra la lumière.

Même ce fait, si important, que les protoplasmes de la cellule nerveuse sont doués de mouvements propres, et peuvent émettre à distance des prolongements adventices de manière à entrer en rapport avec telles ou telles autres cellules nerveuses, si bien établi qu'il paraisse, ne jette pas beaucoup de clarté sur la nature des phénomènes cérébraux. En effet, nous savions déjà, à n'en pas douter, même avant que les propriétés du neurone fussent connues, que les cellules nerveuses avaient la propriété de se mettre en rapport l'une à l'autre, et de dissoudre cette union passagère.

Aussi ne parlerons-nous pas des travaux histologiques ou anatomiques relatifs à la structure des cellules nerveuses ou à la disposition des fibres cérébrales. Car ces belles découvertes micrographiques prouvent une fois de plus ce que CLAUDE BERNARD aimait tant à répéter, qu'il y a presque toujours impossibilité de conclure d'un fait anatomique à une conséquence physiologique.

Action réflexe cérébrale, ou réflexe psychique. — La moelle épinière, ou, plus simplement encore, les ganglions des insectes ou des mollusques sont appareils de transmission à peine modifiés. Une excitation fait vibrer le nerf, et la vibration se propage dans toute l'étendue de la fibre nerveuse. Si des cellules sont placées sur le trajet de cette fibre vibrante, elles seront, elles aussi, ébranlées; et il suffira alors qu'elles soient en rapport avec d'autres fibres nerveuses reliées à des appareils moteurs, périphériques, pour que cette vibration centripète se transforme en une vibration centrifuge : c'est là l'action réflexe qu'on peut ramener sans difficulté à une translation de la vibration nerveuse d'un point quelconque de la périphérie (pôle sensitif) à un autre point de la périphérie (pôle moteur).

Ce phénomène, si important qu'il soit, est réductible aux phénomènes physico-chimiques ordinaires. L'onde vibratoire se transmet de proche en proche (quelle que soit sa nature, chimique, ou électrique, ou de forme inconnue); et l'intensité de l'excitation provoque, toutes conditions égales d'ailleurs, une réponse qui lui est proportionnelle (en rapport simple ou complexe). Nul phénomène psychique ou de conscience ne vient se surajouter à la réaction des cellules et fibres nerveuses.

Même certaines actions réflexes, qui paraissent compliquées, peuvent se ramener, en dernière analyse, à cette vibration élémentaire; car la complexité des relations cellulaires peut être fort grande, sans que le caractère essentiel du phénomène soit modifié. Par exemple, il peut se faire que, suivant l'intensité de l'excitant, il y ait réaction d'une seule cellule A, ou de deux cellules A et B, ou de trois cellules, A, B, C, etc., de sorte que, selon son intensité, l'excitation déterminera une réponse, soit localisée, soit généralisée. Par suite de l'adaptation organique, ces réponses seront plus ou moins appropriées à la nature même de l'excitation.

Pourtant, si complexe qu'elles soient, ces réponses seront toujours fatales, et elles ne varieront guère d'un individu à l'autre. Les relations cellulaires, qui déterminent la modalité de la réponse, sont stables, définies; et on peut, d'après la forme de l'intensité de l'excitant, prévoir avec certitude quelle sera la réponse. En outre, nul phénomène d'ordre psychique ne viendra se superposer au phénomène physiologique simple qui constitue l'acte réflexe.

Influence des excitations antérieures ou de la mémoire sur les phénomènes cérébraux. — Nous pouvons aller plus loin encore. Supposons que le groupement cellulaire soit plus compliqué que dans la moelle, et que chaque excitation ait laissé un vestige, et pour ainsi dire un *souvenir* de son passage; il est possible qu'une excitation réveille des groupes cellulaires que les excitations précédentes ont modifiés. Tout de suite alors la réponse ne sera plus la même; car ces cellules modifiées vont constituer de nouveaux appareils qui auront une manière de réagir différente chez l'individu modifié et chez l'individu normal.

C'est là un fait spécial à l'élément nerveux, qui est la *mémoire*. La cellule A, qui a été excitée par une excitation antérieure, ne sera plus la cellule A; ce sera la cellule A', cellule devenue un peu différente de ce qu'elle était, si bien que la réaction α de la cellule A ne sera plus α; mais bien α', quelque peu différent de α.

Et c'est à coup sûr une des caractéristiques de l'organe cérébral.

Toute excitation cellulaire a laissé une trace durable de son passage; de sorte que l'état actuel est la conséquence des états antérieurs.

Le muscle M, après maintes excitations et contractions, reviendra exactement à son état primitif : il y aura retour presque parfait à la constitution organique normale;

restitutio ad integrum, comme on disait jadis. Mais la cellule cérébrale nerveuse A, après excitation, ne sera plus jamais A : ce sera A'; et, après chaque excitation, elle sera modifiée, devenant tour à tour A', A'', A''', etc.; de sorte que les réactions consécutives, identiques pour le muscle qui est M, et sera toujours M, seront très variées pour la cellule cérébrale qui sera successivement A', A'', A'''. Un individu aura donc des réactions différentes aujourd'hui des réactions qu'il avait hier : et chaque individu aura des réactions spéciales, qui feront de lui un être différent des autres; et diffé rent de lui-même aux époques variées de son existence.

Essentiellement il réagira toujours d'après les lois des actions réflexes, mais ces actions réflexes, modifiées par la mémoire, seront devenues prodigieusement complexes et variables. Ce seront les réflexes *psychiques*.

Tout ébranlement qui vient atteindre le cerveau ou la moelle provoque une réaction, c'est-à-dire un mouvement, mouvement de défense ou d'attraction. En effet, tous les mouvements de l'être sont des mouvements d'appétition ou de répulsion, et on ne peut en imaginer d'autres.

Mais l'acte réflexe médullaire et l'axe réflexe cérébral ont des caractères différents. L'acte réflexe simple est une réponse immédiate, et fatale, exactement conforme à la quantité et à la qualité de l'excitation. On peut, d'après l'organisation de tel ou tel animal, prévoir la réponse médullaire; car elle est d'une fatalité inexorable, tandis que l'acte réflexe cérébral est irrégulier, au moins en apparence, fantasque, dép endant de la constitution personnelle de tel ou tel individu et de son état momentané. Tout acte cérébral intellectuel offre une variété qui défie l'analyse, et il ne peut jamais être rigoureusement prévu (Voir CH. RICHET. *Des réflexes psychiques*, Rev. *philo soph.*, 1888 ; 225-237; 387-422; 508-528).

Toutefois la réponse cérébrale se fait exactement suivant les mêmes lois essentielles que la réponse médullaire.

Si l'acte cérébral est plus compliqué, c'est qu'un élément nouveau est venu s'ajouter. La moelle n'a pas d'autre réponse à faire que celle qui dépend de sa constitution anatomique. Les excitations précédentes n'ont influé sur elle que dans une faible mesure, pour modifier son excitabilité, par l'épuisement ou par l'hyperesthésie ; tandis que dans le cerveau il s'est fait, depuis la naissance de l'être, à chaque minute, de profondes modifications absolument individuelles et contingentes; grâce à l'emmagasinement de toutes les excitations antérieures qui toutes ont laissé une trace.

S'il fallait donc d'un mot définir la nature du cerveau, je dirais que c'est un appareil de *mémoire*. Tout ce qui l'a fait vibrer, ne fût-ce qu'une seule fois, a laissé une impression qui ne s'efface pas. Excitations optiques, acoustiques, tactiles, tout demeure fixé dans le cerveau, quelle que soit la cellule où l'impression a laissé sa trace, et tout peut reparaître, à un moment donné, quand l'excitation actuelle, grâce à l'association des idées, vient réveiller ce souvenir des excitations anciennes.

De là la diversité de la réponse. D'abord parce que les souvenirs de tel ou tel individu ne peuvent jamais être identiques, ensuite parce que les associations se font d'une manière absolument différente.

Pour peu qu'on réfléchisse à la loi mathématique qui gouverne les arrangements, on verra que cette différenciation va croissant avec une prodigieuse rapidité $(m +1) (m + 2) (m + 3)..... (m + n)$, de sorte que pour n idées ou souvenirs directement associés, nous aurons un nombre d'arrangements qui, par son immensité, confond toute appréciation.

Le cerveau peut assurément se comparer à la moelle; mais c'est une moelle pourvue de mémoire, une moelle ayant gardé le souvenir de toutes les excitations précédentes, capable par conséquent de réagir avec une diversité extrême. Or cette diversité constitue l'individualité; car tous ces souvenirs anciens, qui diffèrent chez chaque individu, et qui sont différemment évoqués par l'image actuelle, vont modifier la nature de la réponse.

On comprend alors pourquoi le cerveau, à mesure que l'être devient de plus en plus parfait, devient de plus en plus volumineux. C'est pour avoir des cellules où vont s'amasser des souvenirs de plus en plus nombreux, aptes alors à modifier et diversifier de plus en plus sa réponse motrice. Le réflexe, au lieu d'être simple et fatal, devient psychique, compliqué, varié presque à l'infini.

Sous une autre forme encore nous pouvons dire que *le cerveau est l'organe du passé, et la moelle l'organe du présent*. La moelle ne connaît que l'excitation présente ; elle ne répond qu'à ce qui l'irrite activement au moment même, tandis que le cerveau conforme sa réponse non seulement à l'excitation actuelle, mais encore à toutes les excitations d'autrefois, qui sont encore présentes, grâce à la mémoire. L'expérience du passé ne sert de rien à la moelle, elle n'en tire aucun profit, alors que le cerveau profite de tout ce que lui ont appris les incitations anciennes.

Nous définirons donc le cerveau : *l'organe de la mémoire*, c'est-à-dire l'organe qui peut modifier sa réponse d'après les enseignements du passé.

On peut, pour rendre compte de cette fonction essentielle de l'organe cérébral, trouver d'excellentes comparaisons et des analogies ingénieuses : mais la meilleure de toutes ces métaphores est probablement la comparaison avec la photographie. Une impression lumineuse, lorsqu'elle touche des sels d'argent, y laisse une trace indélébile, encore que parfois elle ne soit appréciable à l'œil qu'après une autre réaction chimique révélatrice : de même une excitation sensible va provoquer une réaction chimique qui modifiera la cellule d'une manière en apparence imperceptible, mais suffisante pour se manifester lorsqu'une nouvelle action, révélatrice, va frapper cette cellule. Ainsi, dans nos cellules cérébrales s'accumulent les impressions du passé, comme des clichés photographiques superposés, rangés en bon ordre, et prêts à se développer quand ils seront évoqués par une excitation nouvelle. Alors ces clichés anciens, qui sont les souvenirs et les images, reparaissent et modifient la réponse à l'excitation périphérique. Il n'y a plus de réponse fatale, mais une réponse variable, impossible à prévoir, puisqu'il faudrait, pour la deviner, connaître toute l'histoire de l'individu, et établir la forme, la nature, la quantité des excitations qu'il a subies depuis son enfance, et qui toutes ont laissé des traces en lui.

Aussi la diversité des actes accomplis par le cerveau est-elle prodigieuse, et nous devons être étonnés moins de leurs différenciations, suivant les individus divers, que de leurs analogies.

Quand il s'agit de phénomènes extérieurs simples, l'identité est très grande ; et à ce point de vue l'homme n'est guère plus varié que les êtres inférieurs. Qu'on fasse du bruit auprès d'une rivière où nagent des poissons, tous vont se sauver, et les poissons de même espèce réagiront tous de la même manière, à quelques nuances près. Que, dans une salle de théâtre par exemple, où une foule est rassemblée, un coup de fusil soit tiré à l'improviste, la réaction des personnes qui sont là ne sera guère différente. Les uns fermeront les yeux ; les autres se boucheront les oreilles ; quelques-uns pousseront un cri ; d'autres pâliront ; d'autres resteront immobiles ; mais, en fin de compte, la diversité ne sera pas grande, et la réponse des individus divers qui composent cette foule sera à peu près identique. Malgré les souvenirs accumulés, et les variétés, que nous appelons variétés individuelles et variétés de caractères, tout se bornera à quelques combinaisons motrices très peu différentes.

Mais, s'il s'agit d'un fait plus compliqué, d'une excitation qui réveille des souvenirs plus complexes, alors les réponses deviendront très variées, et elles pourront se diversifier bien davantage. Un coup de fusil brusquement tiré éveille des sentiments simples, presque identiques, tandis qu'une phrase de comédie ou de drame va éveiller des images bien plus complexes. Et pourtant, là aussi, malgré bien des motifs de différenciation, les réactions ne varient relativement que fort peu. Quand une pièce est jouée cinquante ou cent fois de suite, les mêmes mouvements se produisent dans la foule, chaque soir, à l'heure dite, quand est prononcé tel mot tragique ou telle phrase comique.

Nous avons donc, dans une certaine mesure, le droit d'appeler *réflexes* ces phénomènes, et nous pouvons même, ce qui est fort important, les concevoir sans faire intervenir l'élément conscience ou connaissance du moi. Il suffit, pour les admettre, de supposer que l'excitation sensible, au lieu d'aller tout droit au groupe cellulaire simple qui fatalement transforme cette excitation en une incitation centrifuge simple, va mettre en branle l'amas de cellules nerveuses où les excitations anciennes se sont accumulées. Ces cellules nerveuses innombrables, modifiées, et ayant, de par les excitations précédentes, acquis une sorte d'individualité, vont réagir à leur tour, transformer, modifier cette excitation, et la résoudre en un mouvement (ou en une inhibition).

La complexité de l'être dépend donc du nombre des cellules nerveuses encéphaliques

Chez les êtres simples, dont le cerveau est nul ou rudimentaire, ces réactions sont fatales ; car les excitations antérieures n'ont pas pu s'accumuler et préparer des réactions différenciées. Mais, à mesure que l'on monte dans la série des êtres, le cerveau grossit : la couche corticale de substance grise apparaît, nids de cellules où se déposent les souvenirs ; cette couche grise, de plus en plus vaste, se replie sur elle-même, pour pouvoir trouver place dans la boîte cranienne.

Le cerveau est donc l'organe de la mémoire, comme nous l'avons déjà dit plus haut, et comme nous le répéterons encore ; et cette mémoire est fonction du nombre des cellules cérébrales aptes à recueillir les incitations antérieures.

Même les progrès de l'histologie moderne ont permis d'établir un fait imprévu : c'est que les relations cellulaires ne sont pas invariables et immobiles. Elles se font par des prolongements adventices, consécutifs à une excitation, et dont la forme et les dimensions dépendent de l'excitation elle-même. Si une excitation centripète parvient au cerveau, elle va mettre en jeu l'activité d'un certain nombre de cellules, lesquelles, à leur tour, vont en exciter d'autres par leurs prolongements, et ainsi de suite, si bien que toutes les cellules nerveuses de l'écorce cérébrale vont être mises en branle par cette excitation unique, et que la réponse finale sera la résultante de tout cet ébranlement cérébral, très compliqué.

Il en résulte un fait d'une importance extrême, c'est que la réponse n'est pas proportionnelle à l'excitation. Quand il s'agit d'une réponse réflexe de la moelle à une excitation sensible des nerfs, la réponse est toujours dans un rapport simple avec l'excitation. Soient des excitations a, $2a$, $3a$, $4a$; les réponses seront b, $2b$, $3b$, $4b$: mais le cerveau ne répondra pas avec cette fatalité inexorable : car l'excitabilité des cellules cérébrales très nombreuses qui interviennent dans la réponse, dépendra de leur constitution même, c'est-à-dire des excitations précédemment subies. Aussi, suivant l'individu excité, la provocation a pourra-t-elle amener une réponse $100\,b$ ou $10\,b$, ou $\dfrac{b}{100}$, sans qu'on puisse prévoir à l'avance quelle sera l'intensité de cette réponse : car elle est fonction des souvenirs accumulés, et des relations précédemment établies entre les cellules.

Mécanisme explosif des phénomènes intellectuels. — Il peut se faire alors qu'une excitation en apparence très faible produira une réponse énorme, et hors de proportion avec la faiblesse de l'excitation. Le cerveau est une prodigieuse réserve d'énergie, qui peut, à un moment donné, se dégager tout entière, même lorsque l'étincelle qui va provoquer ce dégagement est toute petite. Qu'un général dise à son aide de camp : *Partez !* En elle-même cette excitation acoustique est très faible, presque insignifiante : pourtant elle va provoquer une réponse démesurée, sans rapport énergétique avec la faiblesse de l'excitant. L'officier va monter à cheval, prendre son épée, ses pistolets, galoper pendant plusieurs kilomètres, à travers tous les obstacles, et la réserve d'énergie accumulée dans l'appareil cérébral va soudain se dégager avec une extrême vigueur.

De même une petite étincelle électrique, si elle enflamme une grande masse de poudre, sera capable de faire sauter en l'air toute une ville.

Au fond toute action cellulaire peut être comparée à un phénomène explosif ; car la réaction de la cellule dépasse de beaucoup la force excitatrice. Chaque cellule contient une grande provision d'énergie qui se libère subitement, au moment de l'excitation. Une fibre musculaire, quand elle est stimulée par une force a, est capable de développer une énergie de $100\,a$; car l'excitation a mis en jeu les forces chimiques latentes, provision d'énergie accumulée dans la cellule, tout à fait comme les corps explosifs ont en eux une source d'énergie latente énorme qui n'attend que l'occasion, c'est-à-dire l'excitation, pour se dégager.

Dans le système nerveux, cette puissance intérieure, cette énergie latente ne sont peut-être pas beaucoup plus intenses que dans le muscle ou les autres organismes cellulaires ; mais l'effet est beaucoup plus considérable, grâce aux relations protoplasmiques des différentes cellules nerveuses ; de sorte que l'excitation a développant dans une cellule l'énergie $100\,a$ ne s'arrêtera pas là, comme dans le muscle ; mais elle gagnera de proche en proche les autres cellules, et, à supposer que 1000 cellules soient excitées, il s'ensuivra une énergie développée par a de mille fois $100\,a$.

Cette puissance explosive de l'appareil cérébral nerveux, jointe à l'extrême excitabilité des appareils nerveux périphériques sensibles, fait que l'organisme tout entier est un appareil d'une sensibilité extraordinaire, capable de vibrer, dans toutes ses parties, avec une prodigieuse intensité.

C'est ce que l'on peut exprimer sous la forme suivante en disant que, grâce à l'acte réflexe, *une cellule retentit sur toutes les autres et toutes les autres retentissent sur elle.*

Cette proposition doit même s'étendre aux actions cérébrales : seulement, par suite de la *mémoire* des cellules nerveuses cérébrales, ce retentissement cellulaire n'est pas seulement dans le présent; il s'étend encore au passé. Grâce au cerveau, *une cellule retentit indéfiniment sur toutes les autres; et toutes les autres retentissent indéfiniment sur elle.*

C'est cette union du passé au présent, et cette solidarité entre les diverses parties constituantes qui caractérisent *l'être*, et l'individu.

Les actions cérébrales peuvent donc, en dernière analyse, se ramener à des actions réflexes; mais à des actions réflexes que compliquent étrangement deux phénomènes : d'une part, la mémoire des cellules nerveuses; d'autre part, la contingence de leurs relations réciproques. Ces deux phénomènes pouvant sans doute se ramener à un phénomène unique, à savoir l'influence des faits antérieurs sur l'état actuel. Pour connaître la réponse de la moelle d'une grenouille à une excitation, il n'est pas besoin de connaître le passé de cette grenouille : mais, pour savoir la réponse psychologique d'un individu humain à une excitation, il faudrait connaître tout son passé, et savoir, dans leur détail, toutes les excitations qui se sont accumulées dans la masse de ses cellules.

Localisation des excitations centrifuges. — Il semble, au premier abord, que cette organisation de l'encéphale qui vibre à chaque excitation dans sa totalité soit en contradiction avec la localisation fonctionnelle, si bien mise en lumière par les physiologistes contemporains. Mais il n'en est rien. Au contraire, il est facile de prouver que cette excitation, d'abord diffuse, va se concentrer, se localiser dans certains points.

Supposons en effet chez un individu x une excitation visuelle quelconque α; elle va exciter un certain groupe de cellules, en relation avec les nerfs optiques; et ces cellules excitées vont communiquer leur ébranlement à des groupes cellulaires divers : A, B, C, D, E, F, etc. Mais l'excitation α modifiée par les centres de perception visuelle ne trouvera pas partout un accueil favorable; et de ces groupes excités A, B, C, D, E, F, un seul va être stimulé d'une manière efficace; car les états antérieurs exerçant leur influence auront rendu, chez l'individu x, A, B, C, E, F inexcitables à l'excitation α, tandis que D sera devenu excitable. Chez un autre individu y, ce sera C qui sera excitable, et ainsi de suite, de sorte que le groupe cellulaire D chez x va réagir, et une réponse motrice va être effectuée, qui sera différente de la réponse motrice provoquée par le groupe cellulaire C de l'individu y.

Mais ce n'est là encore qu'un premier relai. Par les faisceaux d'association, ces réponses vont se communiquer à un autre groupe de cellules, chargées spécialement d'élaborer le mouvement : ce seront les centres psycho-moteurs de tels ou tels mouvements, qui, par leur excitation, vont transmettre la réponse aux fibres centrifuges du cerveau et exciter la moelle, et tel ou tel groupe de nerfs moteurs.

Ainsi le schéma du cerveau peut être représenté de la manière suivante : tous les nerfs sensitifs ou sensoriels de la périphérie du corps

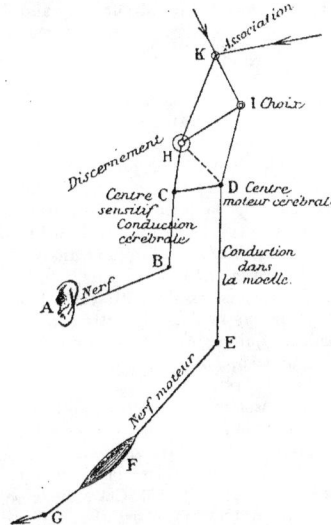

Fig. 9.

sont représentés par des groupes cellulaires distribués à la périphérie de l'encéphale. C'est le système de projection de la sensibilité. La vibration d'un de ces groupes A, consécutive à une excitation, va ébranler tout l'ensemble de l'écorce cérébrale (B); et, suivant la réaction de ces éléments innombrables, dont les relations et la disposition sont variables, et dépendantes des faits antérieurs, il y aura finalement une résultante, réponse C qui se traduira par l'excitation d'un groupe cérébral, spécialement affecté au mouvement (D). L'excitation du centre (dit psycho-moteur) D va se communiquer à travers les ganglions cérébraux et le cervelet et la protubérance, jusqu'à la moelle (E). Alors le centre moteur médullaire E va exciter les nerfs qui partent de lui, et provoquer le mouvement définitif.

Une action cérébrale est donc une action réflexe, mais une action réflexe compliquée par la mémoire.

Phénomènes psychologiques. Conscience. — Jusqu'ici nous avons supposé que tous ces phénomènes étaient de purs mécanismes; et en effet, quand nous nous sommes servis du mot mémoire, nous n'avons pas voulu dire qu'il s'agissait d'une mémoire consciente, mais d'une mémoire inconsciente, analogue à la mémoire d'un cliché photographique qui garde, sans en rien savoir, la trace de l'impression lumineuse qui l'a frappé.

On conçoit donc que tous ces phénomènes successifs : excitation des centres de projection à la périphérie corticale, modification d'icelle par les cellules nerveuses diffuses, transmission aux centres psycho-moteurs et à la moelle, puissent se produire par des mécanismes simples, sans aucune complication de conscience. Notre système psychique pourrait être un mécanisme inintelligent et inconscient.

Mais de fait il n'est pas tel; et la conscience apparaît, phénomène unique dans l'univers accessible à notre connaissance.

Nous ne pouvons dire où elle commence dans la série des êtres. Nous ne pouvons que très timidement faire des analogies entre la conscience des animaux et celle de l'homme. Nous savons seulement que la conscience, c'est-à-dire l'affirmation du moi, avec sensibilité à la douleur, et émotions attractives ou répulsives, existe chez l'homme; et nous supposons que, chez les animaux qui nous ressemblent, elle existe aussi. Nous devons, par analogie, admettre que le chien a une conscience, ainsi que le singe, l'éléphant, le chat, le cheval. Mais, quand il s'agit de la conscience du lapin et du canard, à plus forte raison de celle de la tortue et de la grenouille, nous commençons à hésiter. Que sera-ce quand il s'agira de la conscience d'un hanneton, ou d'une araignée, ou d'une méduse, ou d'un microbe? Il est passablement absurde de supposer qu'un microbe a la conscience de l'être. Aussi toute démarcation entre l'être sans conscience, comme le microbe, et l'être avec conscience, comme l'homme, est-elle probablement impossible. L'état de conscience des animaux est un des grands mystères de la nature, qu'il nous sera probablement toujours interdit de pénétrer.

Laissons cela; puisque aussi bien il s'agit surtout de la conscience humaine. Celle-là, nous pouvons la connaître, non par des phénomènes extérieurs comme les faits des autres sciences, mais par les données du sens intime. Essayons de voir ce qui, dans le mécanisme intellectuel réflexe analysé plus haut, est inconscient, et ce qui ne l'est pas.

D'abord le phénomène sensitif est conscient. Quand un nerf de sensibilité (générale ou spéciale) est excité, cette excitation va ébranler la conscience. Or il est rationnel de supposer que le siège de cette conscience est dans le groupe cellulaire de la périphérie corticale qui représente la projection du système. Ainsi, dans le schéma donné plus haut, le groupe dit de projection A est un groupe de conscience.

Mais l'ébranlement total du cerveau, à la suite de cette excitation sensible, cesse d'être conscient; ou plutôt il ne l'est que par intervalles, par bouffées, pour ainsi dire. Tout le travail vibratoire consécutif à l'excitation est soustrait plus ou moins à notre connaissance; de sorte que nous ne venons guère à connaître que la résultante de cet ébranlement, c'est-à-dire la réponse C, qui est en quelque sorte la décision prise par le système cérébral total B. Cette décision soustraite à notre conscience, déterminée par les relations mutuelles des cellules, et leurs souvenirs antérieurs, c'est ce que nous appelons vulgairement la *volonté;* et les causes qui la déterminent ne sont que très imparfaitement soumises à la conscience.

Ainsi, dans le cycle de l'acte réflexe psychique, A, stimulation sensible; B, vibration du cerveau; C, résultante de cette vibration totale; D, impulsion motrice cérébrale; E, impulsion motrice médullaire; nous n'avons conscience pleine et entière que de la stimulation sensible A, de la résultante C et de l'impulsion motrice cérébrale D; les autres éléments nous échappent en partie ou en totalité. Nous n'assistons que d'une manière fragmentaire au travail interne qui ébranle tout notre organisme, et nous ne connaissons exactement que l'excitation sensitive qui arrive au cerveau, et l'excitation motrice qui en part. Aussi le domaine de l'inconscient, bien mis en lumière par les psychologues contemporains, doit-il être considéré comme extrêmement vaste.

Qualité des phénomènes cérébraux. — Nous pouvons donc envisager tout acte cérébral à deux points de vue, au point de vue physiologique, c'est-à-dire comme élaboration d'un réflexe compliqué, et au point de vue psychologique, c'est-à-dire comme phénomène de conscience.

Si l'on a eu la patience de suivre les détails donnés plus haut, on a pu voir que le fait de conscience ne semble pas modifier fondamentalement l'acte cérébral. Une excitation périphérique transmise au centre et faisant vibrer la totalité de l'appareil cérébral intellectuel peut être consciente ou inconsciente; il ne paraît pas que cela modifie beaucoup sa nature. Il en est de même pour les réflexes médullaires plus faciles à analyser. Ainsi, qu'un objet extérieur vienne à exciter le larynx, aussitôt la toux surviendra; cette toux sera consciente; mais ce n'en est pas moins un acte réflexe, et sur un animal privé d'hémisphères cérébraux, l'excitation du nerf laryngé supérieur provoquera la toux comme chez l'animal intact. Le fait d'être conscient ou inconscient n'empêchera pas le phénomène d'être réflexe.

Nous pouvons prendre de même certains actes psychiques élémentaires. Qu'on approche brusquement un objet de nos yeux, il y aura un mouvement de recul de la tête, et un clignement de l'œil : c'est là une action réflexe, parfaitement consciente; mais ni la volonté ni la conscience n'interviennent pour la modifier. Au phénomène physiologique de l'acte réflexe vient se surajouter, se superposer le phénomène psychologique de la conscience : conscience de l'excitation extérieure qui frappe nos sens; conscience de l'effort musculaire que nous faisons avec nos yeux et avec notre tête pour échapper au danger qui nous menace.

A mesure qu'on avance dans la série des actes psychiques, ils apparaissent de plus en plus compliqués; mais, finalement, ils peuvent tous se résoudre en un phénomène d'élaboration motrice, accompagné de conscience. Cette élaboration motrice, c'est le phénomène physiologique : ébranlement des cellules, modification de l'excitation (renforcement ou atténuation) par les cellules cérébrales où se sont déposés les souvenirs; associations d'idées : création de relations nouvelles; tous phénomènes intellectuels en apparence, mais purement mécaniques, au même titre que le jeu d'un automate qui joue sur un clavier des airs très compliqués.

Ce qui distingue cependant le cerveau d'une part et l'automate, de l'autre, c'est que l'automate accomplit ses mouvements sans conscience, tandis que le cerveau exécute sa fonction en ayant quelque connaissance du mécanisme qui l'anime : voilà le côté psychologique du phénomène. C'est en cela que l'acte cérébral est vraiment unique et sans analogue dans l'univers. Le mouvement psychique qu'exécute le cerveau se comprend lui-même, alors que les autres mouvements, grands ou petits, de la nature, ne se connaissent ni ne se comprennent. Ce sont des forces aveugles, alors que le cerveau est une force qui se connaît.

Le phénomène psychologique de conscience est même tellement extraordinaire qu'on peut se demander s'il est soumis aux mêmes lois que la matière inerte, à savoir à la loi de la conservation de l'énergie. Y a-t-il une équivalence dynamique ou chimique des phénomènes de conscience, comme il y a une équivalence dynamique et chimique du travail musculaire? cela est fort douteux; et on conçoit que, dans l'état actuel de nos connaissances, il soit impossible de répondre.

Mais ce que nous pouvons considérer comme très probable, c'est que le phénomène physiologique, c'est-à-dire l'élaboration intellectuelle, la transformation de l'excitation en un acte, s'accompagne de transformations chimiques moléculaires qui ont évidemment une équivalence dynamique. La nécessité absolue d'oxygène en est la preuve indiscutable. Dès que le sang oxygéné ne circule plus dans le cerveau, tout phénomène intellectuel disparaît; l'acte réflexe médullaire lui-même, malgré sa simplicité et son caractère élémentaire, a besoin de sang et d'oxygène. A plus forte raison, l'acte réflexe cérébral, qui est de même nature, encore qu'il soit d'une bien supérieure complexité. De sorte qu'on peut parler de l'équivalence énergétique du travail cérébral, quoique l'équivalence énergétique de la conscience de ce travail cérébral soit bien hypothétique encore.

A vrai dire, comme les faits de conscience dépendent étroitement des faits physiologiques cérébraux, puisqu'ils en sont la conséquence directe, il s'ensuit que la conscience est soumise aux mêmes lois que les cellules cérébrales, qui sont rendues inactives par les poisons, l'absence d'oxygène et de circulation, les modifications de température, les altérations mécaniques, etc.

Ainsi la physiologie générale du cerveau peut être traitée comme un chapitre de la physiologie générale : c'est la vie de la cellule nerveuse; mais nous avons pour nous éclairer un élément qui manque à l'étude des autres appareils organiques, l'élément de la conscience. Les lois dites psycho-physiques ne sont en somme que des lois physiologiques, et le rapport entre la sensation et l'intensité de l'excitation est abordable par l'expérimentation directe. De même encore la durée des actes psychiques est tout à fait de même ordre que la durée des actes réflexes, et c'est même par des méthodes très analogues qu'on peut étudier l'une et l'autre.

L'intelligence et le cerveau dans la série des êtres. — Revenons à l'être simple, et voyons par quels perfectionnements successifs il parvient, dans l'évolution, à devenir l'être intelligent et conscient qui est l'homme.

D'abord, aux premiers échelons de la vie, l'être réagit aux excitations de la périphérie par la simple irritabilité cellulaire : une excitation mécanique, physique, chimique, provoque immédiatement une réponse réactionnelle, fatale et simple.

Puis le système nerveux apparaît; appareil plus irritable que les autres; et alors c'est par son intermédiaire que les muscles et les glandes réagissent aux excitants extérieurs. C'est l'acte réflexe, simple, réponse fatale et simple, comme la réponse réactionnelle directe des muscles et des glandes.

Peu à peu la moelle et la chaîne ganglionnaire sont surmontées d'un groupe cellulaire à relations complexes, rudiment de l'encéphale; et l'excitant, au lieu de provoquer une réponse simple, provoque une réponse complexe. Ces amas cellulaires, identiques chez les individus de même espèce, sont encore dépourvus de mémoire et de conscience. Ce n'est plus tout à fait l'acte réflexe, car la complication est déjà grande; mais ce n'est pas encore l'acte cérébral, car il n'y a pas de variations individuelles, ni d'acquisition par la mémoire : c'est l'acte instinctif qu'on peut regarder comme un acte réflexe très compliqué. Pourtant, quoique il n'y ait pas encore de phénomène de mémoire et de conscience, il y a déjà accumulation d'énergie dans les cellules nerveuses, car la disproportion est extrême entre l'excitant et la réponse. L'appareil cérébral, d'où se dégagent les instincts, est déjà une énorme réserve de force; et une très faible excitation suffit à provoquer des actions motrices prolongées et compliquées. C'est déjà un mécanisme explosif; mais c'est encore un mécanisme relativement simple, puisqu'il ne comporte ni conscience, ni mémoire.

Il est à noter que ces actes instinctifs n'exigent pas une grande masse de cellules nerveuses. Les instincts merveilleux des petites fourmis sont exécutés par un nombre relativement très petit de cellules.

Un progrès considérable s'opère, lorsque à ces cellules cérébrales de l'instinct viennent s'ajouter les cellules cérébrales de la mémoire. Alors les excitations, au lieu d'être fugaces et transitoires, laissent une trace de leur passage; si bien que, par le passé qui vient s'accumuler dans le cerveau, le présent se trouve modifié.

Alors le mouvement produit prend le caractère intellectuel, différent du caractère réflexe simple ou du caractère instinctif. La réponse à l'excitant est variable d'un individu à l'autre, car les cellules douées de mémoire ont été, dans la vie de l'individu, impressionnées de telle ou telle manière; elle est plus lente, car la vibration de cet appareil cellulaire intellectuel superposé à l'appareil cellulaire réflexe exige un temps appréciable; elle est hors de proportion avec l'intensité de l'excitation, car les réactions intérieures des cellules les unes avec les autres ont le pouvoir d'amplifier démesurément les excitations faibles; elle peut durer très longtemps, car l'appareil encéphalique est capable de vibrer d'une manière prolongée à l'excitation initiale.

Il peut même se faire que l'excitation soit tellement faible et tellement ancienne qu'elle passe inaperçue, de sorte que la réponse à l'excitation semble n'être pas une réponse à une excitation; mais bien un phénomène spontané. Toutefois, ce n'est là qu'une apparence, et au fond le mécanisme intellectuel répond aux mêmes lois fondamentales que l'acte réflexe élémentaire; c'est toujours un phénomène d'irritabilité cellulaire provoquée par une action extérieure.

D'abord les cellules de la mémoire sont peu nombreuses, et les variétés entre individus sont faibles; mais peu à peu ces cellules augmentent de nombre et d'importance. La prépondérance du cerveau s'accentue de plus en plus; l'acte cérébral individuel prend le pas sur l'acte réflexe ou l'acte instinctif, et l'être intelligent apparaît, d'autant plus intelligent, que son cerveau est plus volumineux, plus riche en cellules à mémoire.

Le dernier terme de cette évolution graduelle, c'est l'homme, qui est vraiment le chef-d'œuvre des choses à nous connues; puisque, dans l'immense univers, rien n'est comparable à la complexité miraculeuse, inextricable et harmonique à la fois, de son intelligence.

Et non seulement ce travail cérébral est d'une infinie complexité; mais il a encore cet unique privilège d'être conscient de lui-même, de pouvoir se connaître et s'observer : c'est un mécanisme merveilleux, dans le sens que notre grand Descartes attachait à ce mot; mais c'est un mécanisme doué de conscience.

Réserve prodigieuse d'énergie; accumulation des excitations passées; conscience de son mécanisme : tel paraît être le caractère de l'acte cérébral.

C'est, en apparence au moins, pour aboutir à ce résultat qu'ont vécu des milliards de milliards de milliards d'êtres. Le cerveau de l'homme est le terme le plus parfait de l'évolution des choses et des êtres que nous puissions connaître.

CHARLES RICHET.

CERVELET. — Résumé Anatomique. —

Le cervelet est une partie volumineuse de l'axe cérébro-spinal qui est situé dans les fosses occipitales inférieures et occupe les parties postérieure et inférieure du cerveau. Sa face supérieure est séparée des lobes occipitaux du cerveau par la tente du cervelet; sa face postérieure est séparée de la protubérance et du bulbe rachidien par le quatrième ventricule. Il est relié à l'encéphale et à la moelle par des faisceaux blancs désignés sous le nom de pédoncules cérébelleux, qui sont au nombre de six, trois de chaque côté.

Le cervelet existe non seulement chez les mammifères, mais aussi chez les oiseaux, chez les reptiles et chez les poissons. Chez ces derniers, il présente une importance anatomique assez grande; il est relativement petit chez les reptiles. Chez les oiseaux, les hémisphères manquent presque totalement et le cervelet en est presque réduit au lobe médian (le vermis). Les lobes latéraux commencent à paraître chez les crocodiliens et prennent de plus en plus d'ampleur à mesure que l'on remonte dans l'échelle animale, chez les mammifères, par exemple. Mais ce n'est que chez les primates que le cervelet atteint son plus grand et plus parfait développement.

Le cervelet est plus volumineux chez l'homme que chez les animaux, et relativement plus gros chez le nouveau-né humain que chez l'adulte. Il paraît être également plus volumineux chez la femme que chez l'homme, eu égard au cerveau (Cuvier et Gall). Le poids moyen du cervelet est d'environ 120-150 grammes. Le poids du cervelet égalant le dixième du poids de l'encéphale chez l'adulte n'égalerait que le huitième du même poids chez le nouveau-né.

Le cervelet a la forme d'un cœur de carte à jouer, dont l'échancrure serait tournée en arrière. Il est formé d'un lobe médian (vermis) et de deux lobes latéraux (hémisphères cérébelleux). On lui décrit une circonférence et deux faces : faces supérieure et inférieure. La face supérieure est entièrement recouverte par le cerveau, elle l'est moins chez les singes inférieurs et chez quelques idiots. Elle présente une saillie antéro-postérieure : c'est le vermis supérieur, qui occupe la région moyenne et va rejoindre en bas le vermis inférieur, dont il est séparé par la valvule de Vieussens. Le vermis supérieur présente un grand nombre d'anneaux séparés par des sillons transverses qui divisent le vermis en plusieurs lobules, dont les principales, regardées d'avant en arrière, portent les noms suivants : 1° la lingula; c'est une petite circonvolution d'une forme assez constante qui se continue avec la valvule de Vieussens entre les deux pédoncules cérébelleux supérieurs; 2° le *lobule central* placé derrière la lingula; 3° l'*éminence (monticulus)* du vermis supérieur, la partie la plus saillante du vermis constituant en avant le *culmen;* 4° le *bourgeon terminal (folium cacuminis)*, limité en arrière par le grand sillon circonférentiel.

Sur les hémisphères supérieurs du cervelet, sillonnés par de nombreuses rainures curvilignes, on voit d'avant en arrière et de chaque côté : 1° les *lobules* de la lingula; 2° les *ailes* du lobule central; 3° les *lobes quadriangulaires* ou les lobes supérieurs antérieurs; 4° les *lobes semi-lunaires* ou les lobes supérieurs postérieurs.

La *face inférieure* offre la même division que la face supérieure, dont elle est séparée par le grand sillon horizontal. Sur la ligne médiane on voit une saillie allongée, semblable à celle de la partie supérieure, c'est le *vermis inférieur;* de chaque côté se dessinent les circonvolutions des lobules plus ou moins étroites et concentriques. On décrit au vermis inférieur les lobules suivants, vus d'avant en arrière : 1° *le nodule;* il forme avec la lingula le sommet de la voûte du quatrième ventricule; 2° l'*uvule*, ou la *luette* de MALACARNE, ou bien l'*éminence mamillaire* de VICQ D'AZYR ; elle fait saillie dans le quatrième ventricule et présente à ses bords latéraux deux replis désignés sous le nom de *valvules* de TARIN (*velum medullare*); 3° la *pyramide du vermis* (de MALACARNE); 4° le *tubercule postérieur* ou *valvulaire.*

La face inférieure des hémisphères présente des lobules secondaires suivants : 1° le *lobule du pneumogastrique* ou *flocculus;* il est situé au-dessus et en avant des racines des nerfs pneumogastriques et dans le voisinage immédiat du nerf acoustique. La valvule de TARIN le relie au nodule; 2° l'*amygdale*, lobule tonsillaire ou lobule du bulbe rachidien; il recouvre la valvule de TARIN, est relié à l'uvule par une commissure blanche et pénètre dans le trou occipital de chaque côté du bulbe; 3° les *lobules cunéiformes*, ou *lobules digastriques* de REIL, se réunissent avec la pyramide du vermis par une lame de substance blanche; 4° le *lobule grêle*, ou *lobule semi-lunaire inférieur*, limite en arrière la face inférieure du cervelet. De cette façon la paroi supérieure du quatrième ventricule est constituée dans sa partie antérieure par les pédoncules cérébelleux supérieurs, la valvule de VIEUSSENS et une petite portion de la lingula, dans sa partie inférieure par le nodule, l'insula, les valvules de TARIN, les commissures entre l'insula et l'amygdale et une petite partie de la pyramide du vermis. Tout ceci dénote un rapport intime entre le cervelet et le quatrième ventricule, et ce rapport anatomique n'est pas sans avoir une certaine importance physiologique.

La *circonférence du cervelet* présente sur ses parties latérales un grand sillon : *le sillon circonférentiel*, qui divise le cervelet en partie supérieure et partie inférieure; la dernière est plus grande que la première et la déborde en arrière. C'est à ce grand sillon qu'aboutissent les sillons secondaires qui parcourent toute la surface du cervelet et la divisent en *lobules*, en *lames* et en *lamelles*. La disposition des lobules présente de nombreuses variétés selon les individus. Chez les différents sujets on rencontre des variétés non seulement dans la disposition des lobules, mais aussi dans leur grandeur et même dans leur nombre. Ainsi on trouve parfois chez l'homme un *lobule accessoire, lobule auriculaire*, qui est très développé chez les marsupiaux, les rongeurs et les carnassiers. Mais c'est surtout le rapport du vermis aux hémisphères qui varie aussi bien au point de vue de l'étendue qu'au point de vue de la masse. Chez l'homme les hémisphères sont de beaucoup les plus développés, mais déjà chez le singe le vermis commence à proéminer en avant et en arrière, et, plus nous descendons dans l'échelle des vertébrés, plus les hémisphères diminuent, jusqu'à devenir tout à fait rudimentaires, tandis que le vermis représente parfois le cervelet tout entier. Chez certains oiseaux, dont le cervelet est constitué par une circonvolution allongée d'avant en arrière avec des petits sillons transversaux très nombreux; sur les côtés on remarque des plis rudimentaires qui correspondent aux hémisphères cérébelleux chez les mammifères.

Le cervelet reçoit son *sang artériel* par l'intermédiaire de trois artères cérébelleuses (artère cérébelleuse supérieure, art. cérébelleuse inférieure antérieure et inférieure postérieure), qui prennent naissance dans les artères vertébrales et dans le tronc basilaire. Ces artères pénètrent dans l'épaisseur de l'organe et se ramifient entre ses lames. Les *veines* se rendent à la surface du cervelet et constituent deux veines médianes ou vermiennes et quatre veines latérales ou hémisphériques; les unes se jettent dans l'artère cérébrale interne, d'autres se rendent directement aux sinus transverse ou pétreux. Dans la substance grise on rencontre des artères et des veines pénétrantes à direction perpendiculaire à la surface et un réseau capillaire à mailles étroites; les cellules de PURKINJE seraient entourées d'artérioles et de veinules assez développées (OBERSTEINER). D'après RANVIER, un seul réseau capillaire assez serré alimente les trois couches de l'écorce cérébelleuse.

En ce qui concerne la *constitution intérieure* du cervelet, on distingue dans cet organe, comme dans le cerveau tout entier, les substances blanche et grise; cette dernière recouvre de toutes parts la première. La substance blanche du cervelet contient au centre de chacune de ses moitiés quatre ganglions nerveux. La substance grise est plissée sur elle-même et constitue ainsi des lobules, des lames et des lamelles ou circonvolutions. On compte 600 à 800 plis élémentaires dans le cervelet tout entier. Chaque lamelle mesure en moyenne 3 millimètres en longueur sur 2 millimètres de largeur au point le plus large.

Quant à la structure histologique du cervelet, nous ne pouvons entrer dans les détails nombreux qu'elle comporte. On peut cependant résumer de la manière suivante les faits nouvellement étudiés.

Les données anatomiques établissent que le cervelet est un organe autonome, surajouté à l'axe cérébro-spinal, un organe appendiculaire et non intermédiaire, c'est-à-dire qu'il n'est pas complètement intercalé entre le cervelet et la moelle épinière. Par l'intermédiaire des fibres centripètes et centrifuges, il est uni directement ou indirectement à la totalité de l'axe cérébro-spinal; mais, à ce qu'il paraît, il ne reçoit aucune fibre nerveuse de la peau, des muqueuses, des muscles ou des viscères. Seulement une partie de ses fibres subissent une semi-décussation, de sorte que chaque moitié du cervelet est en connexion avec les deux moitiés du corps, mais principalement avec la moitié homolatérale. Les fibres qui unissent le cervelet au cerveau (voies centripètes) paraissent être croisées, tandis que les fibres médullaires (voies centrifuges) seraient surtout homolatérales. Le cervelet possède comme le cerveau des *fibres d'association* et des *fibres de projection*. Les premières sont intra-corticales, celles qui relient les cellules de PURKINJE entre elles et parcourent toute l'épaisseur de l'écorce cérébelleuse; il y en a aussi d'extra-corticales qui ont été décrites sous le nom de fibres arquées, des fibres en guirlande de STIRLING. Les *fibres de projection* constituent toute la masse de fibres centripètes et centrifuges qui relient le cervelet à l'axe cérébro-spinal.

Historique et Aperçu général sur les fonctions du cervelet. — Il n'est pas peut-être de question, en physiologie, qui ait été l'objet d'autant de controverses et d'hypothèses que la physiologie du cervelet. Si on parcourt l'histoire de cette question, on voit que différents observateurs et expérimentateurs attribuaient à cet organe des fonctions diverses, souvent opposées l'une à l'autre; d'autres le considéraient même comme masse sans importance.

C'est avec WILLIS que commence la physiologie du cervelet comme organe autonome. Il croyait que le nerf pneumogastrique prenait naissance dans le cervelet, et que ce dernier, par ce fait même, devait être le centre de la vie organique et des mouvements involontaires. POURFOUR DUPETIT considère le cervelet comme siège de la sensibilité générale (*sensorium commune*). Pour GALL, c'est le centre génésique de l'instinct de l'amour et de la propagation; comme nous le verrons plus loin, cette hypothèse ne concorde nullement avec les faits acquis par l'observation et par la méthode expérimentale. ROLANDO a conclu de ses expériences que le cervelet est la source de tous les mouvements; il pense que le cervelet élabore une force nerveuse qui agit à la façon d'une pile voltaïque, se répand dans tout l'appareil locomoteur et produit les mouvements musculaires.

Les travaux de FLOURENS marquent dans l'histoire de la physiologie expérimentale du cervelet. On peut dire que FLOURENS a été le premier qui ait soumis l'étude des fonctions du cervelet à une épreuve expérimentale des plus rigoureuses, et il a conclu de ses recherches que le cervelet est le centre de coordination des mouvements d'ensemble en mouvements réglés et déterminés, comme le vol, la marche, la station. Contrairement à l'opinion de ROLANDO, d'après laquelle le cervelet serait un moteur électrique, FLOURENS considère cet organe comme un centre *régulateur* de mouvement. Chez les animaux auxquels il a enlevé le cervelet, « la volition, les sensations, les perceptions persistaient : la possibilité d'exécuter *des mouvements d'ensemble* persistait aussi; mais la *coordination* de ces mouvements en mouvements de locomotion réglés et déterminés était perdue ». Les mouvements d'ensemble naissent, d'après lui, dans la moelle épinière; mais c'est dans le cervelet que ces mouvements sont coordonnés en mouvements de locomotion.

MAGENDIE ne partage pas tout à fait les idées de FLOURENS, et émet une hypothèse qui doit être considérée comme le germe de la théorie future, qui fait du cervelet un organe d'équilibration. BOUILLAUD rejette l'idée de GALL et ne voit dans le cervelet que l'organe coordinateur et régulateur des mouvements de locomotion. ANDRAL et LONGET n'adoptent qu'avec une certaine réserve la théorie de FLOURENS, tandis que BROWN-SÉQUARD se prononce catégoriquement contre cette théorie et attribue les phénomènes observés par FLOURENS non pas à la destruction du cervelet, mais à l'effet irritatif des parties environnantes, notamment des pédoncules cérébelleux. SCHIFF explique l'ataxie cérébelleuse par une fixation défectueuse de la colonne vertébrale due à une faiblesse, à une atonie des muscles fixateurs. R. WAGNER, tout en se déclarant partisan des idées de FLOURENS, trouve celles de SCHIFF également plausibles et croit avec BUDGE à l'action inhibitrice du cervelet; c'est en exerçant cette action sur l'activité cérébro-spinale que le cervelet est un organe coordinateur; la suppression de cette action serait toujours la cause d'une incoordination motrice. LUSSANA place dans le cervelet le siège du sens musculaire, dont la privation provoquerait l'ataxie cérébelleuse.

Les travaux de LEVEN, OLLIVIER, ainsi que ceux de LUYS, s'écartent un peu de la théorie de FLOURENS; ils admettent bien l'incoordination motrice produite par l'ablation du cervelet, mais ils insistent surtout sur l'affaiblissement musculaire général, sur une asthénie musculaire comme effet immédiat de la destruction de cet organe. VULPIAN, malgré les travaux de ses prédécesseurs, pense que le problème relatif à la nature des fonctions du cervelet est loin d'être encore définitivement résolu. Tout en admettant l'exactitude des faits observés par FLOURENS, il ne croit pas prouvé que la coordination se fasse exclusivement dans le cervelet; c'est dans les différentes parties de l'axe cérébro-spinal, dans la moelle épinière, la moelle allongée et la protubérance que les mouvements partiels qui concourent à la locomotion s'enchaînent, se combinent, se coordonnent et se lient en mouvements d'ensemble.

WEIR MITCHELL revient de nouveau, dans ses recherches, sur la question de l'affaiblissement musculaire produit par une lésion du cervelet, et il considère cet organe comme une source d'énergie pour les centres médullaires, qui président aux mouvements volontaires. WEIR MITCHELL est le premier qui s'est prononcé catégoriquement contre l'idée généralement admise de l'inexcitabilité de la substance grise du cervelet; mais c'est surtout NOTHNAGEL et FERRIER qui ont fait des recherches importantes sur cette question. NOTHNAGEL a trouvé dans ses expériences la substance grise cérébelleuse excitable dans toute son étendue, aussi bien dans les hémisphères que dans le vermis. Il croit que l'incoordination motrice est l'effet de la lésion de la partie profonde du vermis, auquel il attribue des fonctions différentes de celles des hémisphères cérébelleux. Quelle que soit la valeur réelle des conclusions tirées de ses expériences, il n'est pas moins vrai que c'est avec les travaux de WEIR MITCHELL et NOTHNAGEL que l'idée de l'excitabilité du cervelet commence de plus en plus à se faire place en physiologie. Mais, tandis que WEIR MITCHELL se servait des irritations chimiques et NOTHNAGEL des irritations mécaniques sous forme de piqûres très fines, FERRIER a appliqué au cervelet des irritants électriques, qui entre ses mains déjà de si beaux résultats pour l'écorce cérébrale. Ses expériences, quoique peu constantes et assez variables, présentent un très haut intérêt pour la physiologie du cervelet.

FERRIER a constaté que l'irritation d'un côté du cervelet produit des mouvements dans les muscles du côté homolatéral, ainsi que dans les muscles homonymes des deux globes oculaires; cette dernière réaction paraît être très variable suivant l'endroit de l'écorce cérébelleuse que l'on soumet à l'action du courant électrique. Mais, d'une manière générale, toute action du courant induit, porté sur l'écorce du cervelet, se manifeste par des mouvements associés des yeux, de la tête et des extrémités inférieures; parfois on observe également des mouvements du nez et des oreilles, ainsi que des contractions musculaires. Jamais l'excitation électrique n'a influencé la fonction génésique. En se basant sur ses nombreuses expériences (faites par la méthode d'irritation ou par celle de l'extirpation), FERRIER arrive à la conclusion que le cervelet est le centre de l'équilibre, de l'orientation du corps dans l'espace, et non pas celui de la coordination motrice dans le sens de FLOURENS. Après une lésion du cervelet, l'animal peut, par sa volonté, coordonner ses contractions musculaires et les associer en mouvements d'ensemble adaptés à un but déterminé, mais ces mouvements ne peuvent plus être mis d'accord avec la position du corps dans l'espace; l'animal perd son équilibre. Ceci arrive non seulement à la suite des lésions irritatives, mais aussi à la suite des lésions destructives, lorsque celles-ci sont asymétriques, c'est-à-dire atteignant un côté de l'organe.

STEFANI, dans son travail sur la physiologie du cervelet, fait également de cet organe le siège de l'équilibre dans le sens de FERRIER. Il considère également l'ataxie produite par l'ablation du cervelet comme un acte compensateur que l'animal exécute pour rétablir son équilibre troublé.

LUCIANI a publié, à partir de 1882, une série de mémoires réunis en un volume très documenté sur la physiologie du cervelet. C'est certainement le travail le plus considérable et le plus complet parmi tous ceux qui ont été publiés sur cette question.

Qu'on accepte ou non les idées de LUCIANI, il faut reconnaître à ce physiologiste le mérite d'avoir étudié la question à fond. Sans parler de théories spéculatives comme celle de GALL, que LUCIANI rejette a priori, il combat également les idées de FLOURENS et la théorie de MAGENDIE et de FERRIER : il n'admet ni les conclusions de VULPIAN et SCHIFF ni celles de NOTHNAGEL. Muni d'un grand nombre de documents expérimentaux, il reprend la théorie de ROLANDO dans un sens plus conforme aux données actuelles de la science. Le cervelet, pour LUCIANI, augmente l'énergie potentielle des muscles, leur tonicité. Ce n'est plus une pile voltaïque, comme pour ROLANDO, c'est un accumulateur d'énergie potentielle, que chaque moitié du cervelet répartit dans les muscles de deux moitiés du corps. L'animal, auquel on a enlevé le cervelet, présente un certain désordre des mouvements (ataxie cérébelleuse) qui tient à un défaut d'énergie, de force et de tonicité musculaire; les contractions musculaires manquent de mesure, de fermeté et de fusion complète, et deviennent discontinues. C'est l'asthénie musculaire, qui est la cause non seulement de l'astasie de ces animaux, mais aussi de l'ataxie cérébelleuse. Cette dernière résulte de deux ordres de phénomènes distincts : phénomènes de déficit et phénomènes de compensation. L'asthénie musculaire constitue le principal phénomène de déficit; la compensation se produit par l'influx nerveux qui part du cerveau pour compenser l'absence du cervelet et se manifeste par des mouvements insolites et non coordonnés. Du reste, l'asthénie n'est pas le seul facteur de l'ataxie cérébelleuse qui se compose des trois éléments suivants : l'asthénie, l'ataxie et l'astasie. En somme, d'après LUCIANI, le cervelet augmente non seulement l'énergie potentielle des muscles, mais aussi leur tonicité, et il favorise la fusion des secousses musculaires.

Nous reviendrons plus loin sur cet intéressant travail, dont les conclusions téméraires dépassent peut-être tant soit peu les faits expérimentaux, très riches d'ailleurs. Il est hors de doute que les premières recherches de LUCIANI ont eu le grand mérite de remettre la question des fonctions du cervelet à l'ordre du jour; elles ont provoqué de la part des physiologistes un grand nombre de travaux, dans lesquels la théorie de l'asthénie et de la coordination motrice cérébelleuse a été fortement discutée. Citons les recherches et les travaux de BIANCHI, SCHIFF, LUSSANA, PUGLIATI, BORGHERINI, STEFANI, et arrêtons-nous aux critiques de LABORDE, qui, en se basant sur ses expériences personnelles, contredit dans tous les points la théorie de LUCIANI. Pour LABORDE les troubles de motilité produits par l'ablation du cervelet ne sont pas, comme le prétend le physiologiste italien, un simple désordre des mouvements dû à un défaut de force, d'énergie et de tonicité, c'est une véritable incoordination motrice, une ataxie, très prononcée au début, mais pouvant s'atténuer à la longue, sans jamais disparaître totalement. LABORDE rejette complètement la théorie de l'asthénie. Qu'il y ait, dit-il, à la suite de l'opération radicale d'ablation de l'organe, un certain degré d'affaiblissement général, cela n'est pas contestable. Mais il est facile de s'assurer qu'à moins de complications opératoires, excédant les limites des parties proprement cérébelleuses, de retentissement ou d'extension de la lésion immédiate ou des altérations consécutives à des régions organiques voisines, il ne se manifeste pas de phénomènes paralytiques proprement dits : la contractilité de la fibre musculaire est parfaitement conservée, ainsi que permet de le constater la faradisation, de même que la force musculaire. Et cependant ce même animal, aussitôt qu'il est placé sur ses pattes, ne peut s'y tenir en équilibre et est fatalement entraîné dans une incoordination motrice plus ou moins absolue. LABORDE conclut en dernière analyse que les effets réels des expériences de LUCIANI consistent essentiellement dans les troubles moteurs caractérisés par l'incoordination et la déséquilibration, c'est-à-dire dans les faits fondamentaux signalés par FLOURENS à la suite de lésions expérimentales cérébelleuses.

BECHTEREW a publié sur l'anatomie et la physiologie du cervelet une série de recherches, dont les conclusions parlent en faveur de la théorie qui place dans le cervelet la fonction de l'équilibre. C'est la reprise de la théorie MAGENDIE-FERRIER, à laquelle BECHTEREW donne une interprétation spéciale conforme à ses recherches personnelles, aussi intéressantes que hardies dans leur exécution et dans les conclusions qu'il en déduit. Pour cet auteur, le cervelet n'est pas seul à régler la fonction d'équilibre qui, par l'intermédiaire des voies afférentes, transmettent leurs impulsions centripètes au cervelet; ce dernier, comme organe central, émet à son tour des impulsions centrifuges et provoque par voie réflexe des contractions musculaires, dont le but est de rétablir l'équilibre troublé. Les désordres moteurs qui surviennent à la suite de la destruction d'un de ces organes périphériques sont une conséquence directe d'une désharmonie dans les impulsions, qui sont transmises de la périphérie au cervelet par l'intermédiaire des voies spéciales. A. THOMAS (1897) se rallie à cette opinion.

GOWERS a essayé de déduire des connexions du cervelet ses fonctions; il lui attribue également la faculté coordinatrice des mouvements; mais il l'interprète différemment. C'est le lobe moyen qui serait par l'intermédiaire de l'hémisphère cérébelleux le centre régulateur des mouvements musculaires pour l'entretien de l'équilibre. Les impulsions centripètes sont transmises aux cellules cérébelleuses, et de là aux cellules motrices du cerveau; c'est par cette voie que la représentation de la position du corps dans l'espace est transmise au cerveau, mais elle est réglée par le lobe cérébelleux moyen. Le cervelet exercerait en général une action inhibitrice sur les cellules cérébrales. Cette manière de voir est fortement combattue par BECHTEREW, qui ne la trouve pas conforme aux données anatomiques et expérimentales, plus ou moins établies dans la science.

RUSSELL admet que le cervelet renforce l'activité cérébrale, tandis qu'il exerce sur la moelle une action modératrice. Après l'enlèvement du cervelet, l'écorce cérébrale devient moins excitable; mais les réflexes sont exagérés, et l'on constate une rigidité des membres.

Si nous citons encore, à titre de renseignement historique, le livre purement spéculatif de GOUZER et le travail bibliographique de COURMONT, qui fait du cervelet un centre de sensibilité psychique, des sentiments et de l'émotivité, nous aurons dit à peu près tout ce que nous savons sur l'histoire des recherches faites sur la fonction du cervelet.

On voit, d'après ce court aperçu historique, que la physiologie est loin d'avoir dit son dernier mot sur les fonctions du cervelet. Cette question, sur la divergence d'opinions et des résultats, semble être encore une des plus controversées de la physiologie des centres nerveux. Cependant, en l'examinant de près, on est forcé d'admettre que toutes ces opinions sont peut-être plus contradictoires en apparence qu'en réalité. Un fait fondamental domine l'histoire de la physiologie du cervelet : c'est que cet organe exerce une influence sur le système musculaire, sur la locomotion, quelle que soit la manière différente dont on interprète cette action. La divergence d'opinions sur ce sujet tient aussi bien aux difficultés techniques de l'expérimentation qu'à celles de l'observation des phénomènes provoqués. Le cervelet se trouve en relations si étroites de contiguïté ou de continuité avec des parties importantes de l'axe cérébro-spinal, qu'il est parfois presque impossible de faire la part des phénomènes qui relèvent du cervelet lui-même ou des organes de voisinage. Dans la physiologie expérimentale des centres nerveux et particulièrement du cervelet, il est extrêmement difficile de juger si un phénomène provoqué par une lésion destructive de cet organe en est l'effet immédiat ou bien s'il résulte tout simplement de l'action irritative que la lésion opératoire exerce sur les parties environnantes. L'ablation du cervelet est sans doute une expérimentation des plus difficiles et des plus complexes, qui comporte une grande habileté opératoire; aussi souvent produit-elle des lésions dans les parties voisines et provoque-t-elle des phénomènes qu'il n'est pas toujours aisé de rapporter à leur véritable cause. De là des causes d'erreur très nombreuses qui empêchent d'apprécier avec netteté les fonctions propres du cervelet, ce qui explique la grande variété d'attributions fonctionnelles qui ont été accordées à cet organe par différents auteurs; il n'est guère de fonctions nerveuses dont on ne l'ait fait le siège.

Grâce aux travaux modernes, dont les recherches de FLOURENS furent le point de départ, nous pouvons cependant, dans l'état actuel de la science, nous rendre compte jusqu'à un certain point des fonctions propres du cervelet et tracer, quoique en traits généraux, la physiologie de cet organe. Certes, le cervelet est loin de nous avoir livré tous ses mystères; néanmoins l'étude de ses fonctions représente déjà un chapitre important de la physiologie des centres nerveux.

Dans l'exposé qui va suivre nous parlerons des faits qui nous paraissent être plus ou moins bien établis dans la science et que nous avons pu nous-même soumettre, au moins en partie, à une épreuve expérimentale.

Pour l'étude des fonctions du cervelet, on se sert de deux procédés expérimentaux, dont on fait habituellement usage dans la physiologie des centres nerveux : 1° le procédé d'irritation (mécanique ou électrique); 2° le procédé de destruction. Par le premier procédé on provoque des phénomènes d'irritation, par le second on obtient des phénomènes de déficit.

Phénomènes d'irritation. — L'électrisation du cervelet par le courant faradique produit d'une manière constante des mouvements dans les globes oculaires. FERRIER, qui a étudié cette question à fond chez le singe, le chien, le chat, le lapin, a observé, à la suite de la faradisation du cervelet, des mouvements des yeux dans des directions différentes, suivant l'endroit où l'on appliquait les électrodes. Dans un certain nombre d'expériences instituées sur des chiens et des lapins avec des intensités *minima* du courant électrique, nous n'avons pas pu retrouver la localisation de FERRIER. Le cervelet représente une masse relativement trop petite pour qu'il soit possible d'éviter rigoureusement les dérivations du courant électrique, qui déjà, pour des intensités moyennes, peut agir sur des parties plus ou moins éloignées, sans que l'on puisse rattacher le phénomène obtenu à l'endroit irrité. Aussi, sans chercher trop à localiser la direction des mouvements des yeux dans les différentes parties du cervelet, faudrait-il tout simplement se borner à admettre ce fait général que l'irritation faradique du cervelet, limitée à un des lobes latéraux, produit une déviation des yeux du côté irrité, contrairement à ce que l'on voit à la suite de l'irritation de l'écorce cérébrale. Dans ce dernier cas, la déviation des yeux a lieu du côté opposé à l'irritation. Souvent les globes oculaires présentent des mouvements oscillatoires (*nystagmus*).

Outre ces mouvements des yeux, on observe en même temps des mouvements de la tête et des membres du côté homolatéral. Les mouvements des membres présentent un caractère brusque et spasmodique; lorsque l'excitation est forte, l'animal tombe et roule autour de son axe longitudinal. Chez le chien et le lapin, on constate aussi des mouvements, quoique peu prononcés, des narines et des oreilles.

FERRIER a constaté une contraction des pupilles plus marquée du côté irrité; il a même vu la pupille du côté irrité rester contractée, après que l'irritation électrique avait cessé depuis quelque temps. Dans nos expériences faites avec des irritations *minima*, nous n'avons pas toujours constaté la contraction pupillaire, que nous considérons comme un phénomène peu constant dans l'irritation électrique du cervelet. Il est vrai que l'excitabilité du cervelet, d'après l'avis de FERRIER, si compétent dans la question, est sujette à des variations considérables, ce qui peut conduire à des résultats en apparence contradictoires. Chez le chien et le lapin on constate aussi des mouvements, quoique peu prononcés, des narines et des oreilles, mais jamais on n'observe, à la suite de l'irritation électrique du cervelet, ni vomissement, ni excitation des organes génitaux.

Chez les pigeons l'irritation électrique du cervelet ne provoque pas de mouvements des globes oculaires; on constate seulement du côté irrité des mouvements de la tête, de l'aile et de la patte. Chez le poisson (la carpe), d'après FERRIER, il survient, à la suite de l'électrisation du cervelet, une saillie des globes oculaires et des mouvements de la queue du côté irrité; en même temps les nageoires s'étalent.

Les phénomènes consécutifs à l'irritation électrique du cervelet chez les animaux, et particulièrement chez les mammifères, doivent être rapprochés des faits observés chez l'homme lorsqu'un courant galvanique traverse la tête à la région cérébelleuse dans une direction transversale. On éprouve alors une sensation de vertige, pendant lequel les objets extérieurs semblent se mouvoir dans la direction du courant, tandis que la tête et même le corps tournent et s'affaissent vers l'anode ; c'est aussi vers le pôle positif que l'on voit se diriger les globes oculaires, qui souvent se mettent à osciller (*nystagmus*). Il faut admettre que les phénomènes moteurs observés sur le passage d'un courant galvanique à travers la tête, vers la région cérébelleuse résultent d'une irritation électrique du cervelet. Cette irritation provient presque exclusivement de l'anode au moment de la fermeture du circuit ; c'est aussi du côté de l'anode, c'est-à-dire du côté irrité, que les phénomènes moteurs ont lieu.

De ce qui précède on peut conclure qu'il existe un certain rapport fonctionnel entre le cervelet et les mouvements de la tête, des yeux et des extrémités. Nous verrons plus loin quelle est la nature de ce rapport et à quel degré les données obtenues par le procédé d'irritation peuvent servir à déterminer le rôle fonctionnel du cervelet.

Phénomènes de déficience. — Ces phénomènes sont provoqués par le procédé de destruction et sont d'observation délicate, vu la grande difficulté avec laquelle des lésions destructives peuvent être produites sans porter atteinte aux parties voisines. Néanmoins, grâce à des précautions minutieuses, on est parvenu non seulement à produire des lésions assez étendues du cervelet, mais même à effectuer l'ablation totale de l'organe sans léser les parties contiguës. Plusieurs expérimentateurs ont même réussi à conserver l'animal après l'opération pendant un temps assez long. Parmi les différents animaux sur lesquels la destruction partielle ou totale du cervelet était pratiquée, les oiseaux (pigeon, poule, coq) se prêtent le plus facilement à ce genre d'opération. C'est sur eux que FLOURENS a réalisé ses premières expériences, dont les résultats, quoique différemment interprétés, ont été confirmés successivement, et avec un degré d'uniformité remarquable, par la plupart des expérimentateurs. Ces résultats, qui établissent le rôle du cervelet dans la locomotion, peuvent être considérés comme la base de la physiologie du cervelet.

Si l'on enlève par couches successives le cervelet sur un pigeon ou sur une poule, on constate qu'à mesure que les couches sont enlevées de la surface vers la profondeur, l'équilibre de l'animal se trouble, la démarche devient chancelante et incertaine. Lorsqu'on enlève le cervelet tout entier, l'animal ne peut plus se tenir sur ses pattes, tous ses mouvements deviennent désordonnés, il ne peut ni marcher ni voler ; tous les efforts qu'il fait pour soutenir l'équilibre de son corps et pour coordonner les mouvements de ses membres, n'aboutissent qu'à une désharmonie, une incohérence motrice complète, sans arriver à produire un mouvement déterminé.

Il est cependant facile de s'assurer que l'animal a conservé le sens de la vue, de l'ouïe et du tact ; il voit, il entend et il sent ; sa volonté ne paraît pas non plus être atteinte, mais les impulsions volontaires ne s'harmonisent pas avec les mouvements : ceux-ci ne sont pas coordonnés ni adaptés au but voulu, il n'y a ni stabilité, ni déambulation réglée : la déséquilibration motrice est complète. Ces symptômes, qui présentent le résultat fondamental et constant de l'ablation ou de la destruction partielle, mais assez étendue, du cervelet, peuvent s'améliorer sensiblement ; et, si l'animal survit un certain temps à l'opération, il peut parvenir à équilibrer plus ou moins ses mouvements. Les oiseaux survivent parfois assez longtemps à l'opération. Ainsi FLOURENS a conservé un coq huit mois ; un poussin de LUSSANA a survécu cinq ans à la destruction de deux tiers du cervelet. LABORDE rapporte l'histoire d'un coq et d'une poule qui ont survécu plus de deux ans à l'ablation complète du cervelet.

Mais c'est surtout chez les mammifères que les phénomènes de déséquilibration motrice provenant de l'ablation du cervelet prennent un relief particulier. Déjà une lésion partielle plus ou moins étendue provoque certains désordres de l'équilibre que MAGENDIE fut le premier à observer et que FERRIER a étudiés avec grand soin. La division complète du cervelet sur la ligne médiane dans le sens antéro-postérieur ne produit que des troubles légers de l'équilibre : de même, lorsque les lésions sont situées symétriquement de deux côtés. Tandis que les lésions asymétriques ou faites d'un côté seulement troublent l'équilibre d'une façon manifeste et dans des sens différents selon le siège de la lésion. La blessure de la partie antérieure du lobe moyen provoque des culbutes en avant, celle de la partie postérieure de ce même lobe produit des culbutes en arrière ; dans ce dernier cas, la tête est également tirée en arrière par une contraction tonique assez prononcée.

La marche devient difficile ; l'animal trébuche, tombe soit sur sa face, soit sur le dos, et fait parfois des essais inutiles pour se dresser debout. Les lésions des lobes latéraux du cervelet produisent des phénomènes analogues à ceux que l'on observe à la suite d'une blessure des pédoncules cérébelleux et surtout des pédoncules moyens. La lésion superficielle ne provoque pas de phénomènes évidents : c'est la lésion profonde des lobes latéraux qui produit des troubles manifestes d'équilibre ; ceux-ci se compliquent toujours par des phénomènes liés à la lésion pédonculaire, et il est alors difficile de rapporter les troubles observés à leur véritable cause. MAGENDIE a constaté le premier que la section du pédoncule moyen faisait tourner les animaux autour de leur axe du côté lésé. Ce fait a été confirmé par d'autres physiologistes ; et, bien que LONGET et LUSSANA aient vu l'animal tourner du côté opposé à la lésion, les expériences de presque tous les expérimentateurs semblent faire admettre que la rotation se fait le plus habituellement du côté lésé, surtout si la blessure porte sur la partie postérieure du pédoncule. On observe des phénomènes analogues à la suite d'une lésion assez étendue du lobe latéral du cervelet (HITZIG) ; la rotation se fait toujours du côté où est la lésion. D'après FERRIER — et nos propres expériences concordent en ceci avec les recherches de cet auteur, — les résultats obtenus dans les lésions du lobe latéral du cervelet dépendent de l'étendue de la lésion. Si la blessure n'est pas grande et plus ou moins limitée, le trouble de l'équilibre peut ne pas être suffisant pour provoquer la rotation ; l'animal accuse alors une tendance à tomber du côté opposé. On observe aussi, à la suite d'une lésion d'un lobe cérébelleux, des déviations temporaires ou permanentes des yeux avec du nystagmus (oscillation latérale des yeux), faits déjà constatés par MAGENDIE pour les lésions des pédoncules cérébelleux moyens. On peut dire, d'une manière générale, que tous les phénomènes provenant d'une lésion d'un lobe cérébelleux sont d'autant plus marqués que la blessure se rapproche davantage des racines des pédoncules cérébelleux.

Pour ce qui concerne l'*ablation totale* du cervelet, il faut, avant tout, dans ce genre d'expériences, faire la part des phénomènes immédiatement consécutifs à l'opération. Dans cette première période expérimentale les symptômes observés ne dépendent pas tous des phénomènes de déficit proprement dits ; ce sont les phénomènes *irritatifs* de LUCIANI, ou *dynamiques* de FERRIER (*opisthotonus*, rotation du côté lésé, strabisme, *nystagmus*). Certains symptômes seulement constituent les vrais phénomènes de déficit et deviennent évidents à une échéance un peu éloignée de l'opération, et à mesure que les phénomènes irritatifs disparaissent.

Depuis FLOURENS, tous les expérimentateurs, quelle que soit l'interprétation qu'ils ont donnée de leurs expériences, ont constaté le même phénomène fondamental consécutif à l'ablation du cervelet : désordre moteur, impossibilité de coordonner et d'équilibrer les mouvements. Après l'ablation du cervelet l'animal s'affaisse sur ses jambes ; il ne peut pas marcher, il se traîne sur le sol ; et, s'il arrive à faire quelques pas, il les exécute en chancelant, il titube et tombe à la moindre occasion. Son équilibre manque de stabilité, et l'animal cherche à élargir sa base de sustentation en écartant ses pattes.

LUCIANI ayant pu, grâce à des procédés opératoires perfectionnés et à des précautions très minutieuses, conserver longtemps les animaux privés du cervelet, a étudié avec beaucoup de soins et d'une manière très détaillée les phénomènes consécutifs à l'ablation de cet organe. Il distingue trois périodes successives dans les résultats de cette opération. Les phénomènes de la *première période* seraient tout simplement des suites immédiates de l'opération et du traumatisme qui en résulte ; on constate, dans cette période, de l'incoordination motrice, un certain degré de contracture du train antérieur et de la nuque et la paralysie du train postérieur. Pendant la *deuxième période*, qui commence après la cicatrisation définitive de la plaie, l'incoordination motrice diminue sensiblement ; l'animal se maintient mieux sur ses pattes, quoique les mouvements continuent à être désordonnés. Dans cette phase le trouble moteur ne dépend pas d'une incoordination motrice, mais il est dû à un manque de fermeté, de fusion, de mesure et d'énergie des contractions musculaires. Il en résulte un désordre dans les mouvements que LUCIANI désigne sous le nom d'ataxie cérébelleuse. La *troisième* période, qui commence environ vers le sixième mois après l'opération, est caractérisée par un état de dénutrition générale qui mène à la mort. LUCIANI insiste particulièrement sur le défaut d'énergie des mouvements volontaires, sur la dénutrition, l'absence de tonicité des muscles et sur un affaiblissement de la force musculaire (asthénie), comme causes déterminantes de l'ataxie cérébelleuse. Le défaut d'énergie du système moteur, l'asthénie, est une conséquence directe de la perte des fonctions du cervelet à la suite de son ablation et ne doit pas être confondue avec la paralysie; il ne s'agit pas ici des phénomènes paralytiques, mais des phénomènes asthéniques, comme résultat de la suppression de l'innervation cérébelleuse. Nous avons déjà dit que la théorie de LUCIANI est contredite par quelques auteurs, notamment par FERRIER et LABORDE.

La déséquilibration provenant de la destruction du cervelet peut s'améliorer sensiblement avec le temps, et l'animal, s'il survit longtemps à l'opération, peut retrouver son équilibre normal et coordonner ses mouvements adaptés à ce but. Il est probable que l'écorce cérébrale supplée à la fonction du cervelet en arrivant graduellement à compenser les troubles de l'innervation cérébelleuse. Plusieurs auteurs ont, du reste, noté les rapports réciproques qui existent, au point de vue anatomo-physiologique, entre le cerveau et le cervelet. BIANCHI a même constaté, dans les cas de destruction du cervelet, un très grand développement des hémisphères cérébraux et surtout du gyrus sygmoïde.

A part l'observation de LUCIANI, qui a vu dans la huitième période vers la fin de la vie de l'animal plusieurs symptômes d'une dénutrition générale, on peut dire que le cervelet n'influence pas directement les fonctions de la vie végétative. Il ne faut pas oublier que l'opération de l'ablation du cervelet peut et même doit retentir sur les parties voisines, dont quelques-unes sont en rapport direct avec les fonctions de la vie végétative par l'intermédiaire des nerfs qui prennent origine dans cette région.

Autres fonctions hypothétiques du cervelet. — Il y a eu un temps où l'on croyait que le cervelet était un des principaux foyers de la sensibilité générale, le siège du *sensorium commune*. Maintenant, tous les expérimentateurs sont d'accord pour reconnaître que cet organe est étranger à la vie psychique, aux phénomènes sensitifs proprement dits. VULPIAN a vu dans ses expériences sur le cervelet que dans un très petit nombre de cas seulement la sensibilité générale offrait une apparente exagération; aussi pense-t-il qu'il s'agissait là simplement d'une irritation de voisinage des parties qui servent à la transmission des impressions. Les nouvelles données anatomiques semblent parler en faveur d'un certain rapport qui existerait entre le cervelet et les organes des sens (vue, ouïe). Cette manière de voir trouve sa confirmation dans les expériences physiologiques et dans l'observation clinique. On trouve souvent dans les lésions du cervelet des troubles de la vue et de l'ouïe.

Jamais on n'a constaté de troubles de l'intelligence. Un animal privé de son cervelet diffère entièrement d'un animal auquel on a enlevé les hémisphères cérébraux. Ce dernier est absolument incapable de toute activité consciente, ne manifeste ni désir, ni sentiment, ni volonté, tandis qu'un animal auquel on a enlevé le cervelet garde son activité spontanée; l'intelligence demeure intacte. L'animal privé de son cervelet n'est pas plongé dans la stupeur complète, comme après l'ablation du cerveau : il est encore capable d'activité volontaire. Il paraît voir, entendre et sentir, c'est-à-dire il peut percevoir les sensations provoquées par des agents extérieurs. Il est vrai que les désordres moteurs peuvent masquer les changements subtils (s'il y en a eu) survenus dans l'état psychique de l'animal. Dans l'incapacité de produire un acte de volition, d'exécuter un mouvement volontaire, il n'est pas facile de déterminer avec précision la part qui revient à l'affaiblissement du pouvoir de coordonner les mouvements et la part qui pourrait revenir au trouble de la vie consciente. C'est là peut-être la cause de la divergence d'opinions entre les physiologistes, dont les uns refusent au cervelet toute fonction psychique, d'autres (et c'est la bien grande minorité) la soupçonnent, et, sans la connaître exactement, inclinent à l'admettre. La physiologie expérimentale ne permet jusqu'à présent de localiser dans le cervelet aucune fonction mentale, de sorte que cet organe, d'après l'opinion de FERRIER, doit être exclu de la sphère de l'âme proprement dite, en tant que signifiant le domaine de l'activité consciente. C'était aussi l'avis de FLOURENS, qui disait que l'on ne pense pas plus par le cervelet que par le diaphragme, par la moelle allongée que par l'épigastre. Cette opinion du célèbre physiologiste, à l'heure actuelle, n'est guère trop absolue ; car rien ne prouve qu'il existe un rapport direct entre la pensée et le cervelet. D'autre part, le cervelet, qui présente une grande homologie de structure avec le cerveau, étant par ses connexions avec ce dernier un endroit de passage très important pour des voies de transmissions centripète et centrifuge, pourrait bien jouer un certain rôle, quoique secondaire et indirect, dans la vie psychique, dont l'intégrité dépend du fonctionnement parfait du système nerveux tout entier.

Les données de la physiologie expérimentale sont tellement en désaccord avec l'hypothèse de GALL — qui fait du cervelet l'organe de l'instinct génésique et de la reproduction, de l'appétit sexuel et de l'amour, — qu'il serait peut-être inutile d'en parler ici, si on ne remarquait pas récemment une certaine tendance à faire revivre cette hypothèse sous une forme plus moderne; du reste elle mérite peut-être une mention, ne fût-ce qu'à titre historique. Disons tout de suite que ni l'irritation du cervelet, ni la destruction de cet organe ne démontrent ses relations avec le sens génésique. Quand on irrite le cervelet avec des courants d'intensité moyenne, qui ne dérivent pas dans le voisinage, on n'observe rien du côté des parties génitales ; c'est seulement après des irritations avec des courants maxima que l'on constate parfois une érection, qu'il faut attribuer plutôt à une action à distance sur le centre génito-urinaire, dont la localisation dans la moelle est bien connue depuis les recherches de BUDGE. Les expériences avec destruction du cervelet ne parlent pas non plus en faveur de l'hypothèse de GALL. Un coq auquel FLOURENS a enlevé la moitié du cervelet a gardé intact son instinct génésique. LABORDE a conservé pendant deux ans un coq qui, malgré la destruction complète du cervelet, essayait de cocher une poule également privée de son cervelet. Il n'y parvenait pas à cause de la perte de l'équilibre et de l'incoordination des mouvements; c'est pour la même raison que la poule ne pouvait se prêter à la fonction avec l'assurance et le maintien normaux. Dans la seconde année, lorsque les phénomènes de l'incoordination se sont améliorés, le coq et la poule sont parvenus, non sans de nombreux tâtonnements, à accomplir la copulation. D'autre part LEURET a prouvé que la castration ne fait pas diminuer le cervelet. Chez les batraciens anoures (batraciens sans queue, grenouille, crapaud, etc.), qui possèdent un cervelet très rudimentaire, dont l'existence est même niée par plusieurs anatomistes, le sens génésique est très développé ; ils se livrent à la copulation avec une ardeur érotique incomparable, jusqu'à devenir insensibles et étrangers à la douleur physique la plus vive. Voilà des données qui parlent éloquemment contre l'hypothèse qui fait du cervelet l'organe du sens génital, de l'amour et de la passion érotique. Nous verrons plus loin que les faits cliniques ne parlent pas non plus en faveur de cette hypothèse, qui n'a aucune raison d'être et ne doit être mentionnée qu'à titre de renseignement historique, de peu d'importance du reste.

Pédoncules cérébelleux. — Avant de passer à l'analyse de faits cliniques qui servent de base à la physiologie du cervelet chez l'homme, nous dirons encore quelques mots sur les fonctions des pédoncules cérébelleux, qui constituent anatomiquement et physiologiquement une partie intégrante du cervelet. C'est par l'intermédiaire de ses expansions pédonculaires que le cervelet propage son action et entre en combinaison avec d'autres parties de l'axe cérébro-spinal.

Nous avons dit déjà plus haut, à propos du pédoncule moyen, combien les fonctions de ce dernier, mises en évidence par une lésion expérimentale, peuvent être attribuées aux fonctions des lobes cérébelleux, et réciproquement. Les fibres pédonculaires se mêlent très intimement avec les fibres cérébelleuses, et il est difficile de déterminer avec précision la part qui revient à chaque catégorie des fibres dans les phénomènes produits par l'expérience. Ici également joue un grand rôle le voisinage des pédoncules avec des parties importantes de l'isthme et du bulbe; il est souvent difficile de léser les pédoncules sans intéresser en même temps les parties voisines et masquer ainsi les symptômes fondamentaux par des phénomènes d'emprunt.

Tous les expérimentateurs s'accordent à voir dans les lésions irritatives ou destructives des pédoncules un certain genre des troubles moteurs caractérisés par une déséquilibration, qui entraîne irrésistiblement le corps de l'animal dans un sens ou dans un autre. Ce sont des mouvements, dits *forcés* ou *irrésistibles*, qui sont la conséquence d'une lésion pédonculaire.

La section, ou simplement une lésion sous forme de piqûre, des *pédoncules supérieurs* produit une courbure de la colonne vertébrale en arc du côté lésé, et une série de mouvements qui entraînent l'animal à tourner autour d'un rayon, comme dans un manège, habituellement du côté où est la lésion. C'est le vrai *mouvement de manège* que l'on observe dans ce cas. On sait que le même phénomène se produit aussi à la suite d'une lésion des pédoncules cérébraux, dont les fibres, au niveau de leur étage supérieur, se mêlent intimement avec les fibres venant des pédoncules cérébelleux. Mais c'est à ces dernières qu'il faut très probablement attribuer la rotation de l'animal en mouvement de manège, lorsque la lésion est portée sur les expansions cérébelleuses.

La lésion du *pédoncule cérébelleux moyen* fait tourner l'animal sur lui-même en un mouvement rapide, giratoire, autour de l'axe longitudinal du corps. Ce roulement se prolonge assez longtemps, et il ne cesse que lorsque l'animal a rencontré un obstacle qui le retient, ou bien lorsque ses forces ont faibli considérablement. La rotation a lieu habituellement du côté de la lésion, c'est-à-dire de gauche à droite, si cette dernière est à gauche. Quelques expérimentateurs ont vu la giration se produire dans le sens opposé, ce qui dépend de la localisation de la lésion. L'animal tourne du côté lésé, si la blessure porte sur la partie postérieure du pédoncule (MAGENDIE) : il tourne dans le sens opposé si la lésion atteint ses parties antérieures (LONGET, SCHIFF). Les mouvements de tout le corps s'accompagnent d'une déviation dans le même sens des globes oculaires, et parfois on constate du *nystagmus*. Ici aussi il ne faut pas oublier que tous ces mouvements rotatoires s'observent également dans les lésions de la protubérance, dont les fibres transversales viennent en partie du pédoncule cérébelleux moyen. La lésion de ce dernier peut produire aussi des phénomènes d'emprunt qui relèvent de l'implication de la petite racine du trijumeau et même du facial inférieur.

Les lésions des *pédoncules inférieurs* produisent des symptômes analogues à ceux qui ont lieu à la suite d'une lésion du bulbe à la région des corps restiformes, lesquels ne sont au fond que les prolongements des pédoncules inférieurs. On observe ici également des phénomènes de déséquilibration qui consistent en mouvements en cercle. Le corps et la tête s'incurvent d'une façon irrésistible en arc de cercle du côté lésé, l'animal perd son équilibre stable, et, entraîné à se mouvoir irrésistiblement, il tombe tantôt sur la face, tantôt sur le train postérieur, avec un certain mouvement de recul. Les phénomènes sensitifs douloureux qui sont provoqués par des lésions du pédoncule inférieur doivent être probablement rapportés à la grosse racine du nerf trijumeau qui se trouve dans le voisinage, et peut être facilement lésée.

Physiologie pathologique. — Dans les sciences physiologiques, et spécialement dans l'étude des centres nerveux, il faut toujours chercher dans les faits pathologiques la confirmation des données expérimentales. Ceci devient nécessaire surtout dans les cas où toute vivisection devient impossible ou bien est de nature tellement complexe qu'il est impossible de limiter l'opération et de rapporter les phénomènes observés à leur véritable cause. Or le processus morbide non seulement réalise très avantageusement les bonnes conditions d'une expérience physiologique, mais souvent il la dépasse en précision; car, mieux que le scalpel de l'expérimentateur, il limite le processus destructif, il élimine la fonction d'une partie ou de tout un organe dégénéré, et il met en évidence la fonction voisine. Ces règles générales s'appliquent également aux phénomènes pathologiques observés dans le cervelet malade, quoique, en ce qui concerne cet organe, il ne soit pas toujours facile de localiser exactement l'étendue de l'influence des conditions morbides. Les lésions du cervelet, telles que les tumeurs, les hémorrhagies, peuvent impliquer les parties voisines et produire ainsi des phénomènes qui appartiendraient plutôt aux altérations organiques de voisinage, et non pas à l'influence fonctionnelle propre du cervelet. D'autre part, l'évolution lente du processus morbide, comme dans les cas des tumeurs cérébelleuses, peut donner des résultats absolument négatifs, vu que la substance cérébelleuse, tant qu'elle n'a pas subi une désorganisation profonde, s'habitue à la présence et à l'action du produit pathologique. Parfois la marche de la maladie est tellement chronique que, dans les cas où l'on a affaire à des symptômes de déficit, les phénomènes de compensation ou de suppléance ont le temps de se produire.

C'est sans doute grâce à cette dernière circonstance qu'un clinicien aussi habile qu'ANDRAL, sur 93 cas de maladies du cervelet réunis par lui, n'en a trouvé qu'un seul, dans lequel la lésion fût accompagnée de l'incoordination des mouvements.

NOTHNAGEL pense que, dans les cas où des lésions du cervelet ne donnent lieu à aucun symptôme, c'est toujours (au moins dans la majorité des cas) l'hémisphère cérébelleux qui est atteint; la lésion du vermis, si elle est de nature destructive, produit toujours l'incoordination, l'ataxie cérébelleuse. Dans les cas où la lésion du vermis ne fut accompagnée d'aucun désordre moteur (GINTRAC, GRIBHON, RAYMOND, BECKER et d'autres) il s'agissait, d'après NOTHNAGEL, non pas d'une destruction, ni même d'une véritable compression de l'organe, mais d'un simple écartement des éléments cérébelleux par une tumeur à accroissement graduel. D'autre part, WETZEL et BRUNS cherchent à expliquer le déséquilibre moteur résultant d'une lésion de la partie postérieure du vermis par la compression des parties contiguës et sous-jacentes de la moelle allongée, et PUTMAN a publié un cas intéressant dans lequel une tumeur du cervelet n'a produit qu'une atrophie des nerfs optiques sans aucun trouble moteur. La statistique de LUSSANA, qui s'est livré à une étude approfondie sur ce sujet, est plus favorable à la théorie qui établit un rapport entre le cervelet et la coordination des mouvements. Cet auteur a trouvé, sur 167 cas de lésion cérébelleuse notée, 134 fois une incoordination motrice. Quelle que soit la localisation de la lésion qui produit le désordre des mouvements — et c'est là où le désaccord règne — il n'est pas douteux que les troubles moteurs, l'ataxie cérébelleuse, constituent le symptôme principal et le plus fréquent qui accompagne la lésion pathologique du cervelet. En ceci les données cliniques s'accordent complètement avec les résultats de la physiologie expérimentale.

Abstraction faite des symptômes franchement paralytiques dus à la compression ou à la propagation de la lésion destructive sur les organes voisins, on constate dans presque toutes les affections du cervelet des troubles de l'équilibre très prononcés, qui se produisent aussi bien dans la marche que dans la station debout, et même lorsque le malade cherche à quitter la position horizontale, c'est-à-dire lorsqu'il se lève après avoir été couché. La marche ressemble aux trébuchements d'un homme ivre. Les malades marchent les jambes écartées pour affermir leur base de distension en lui donnant plus de surface, et de reprendre ainsi un équilibre qu'ils sont sur le point de perdre sans cesse. Le malade balance le corps tantôt à droite, tantôt à gauche; tantôt il accuse une tendance à tomber en arrière; on a même constaté une propulsion rétrograde (LEBER, MARIE), mais plus souvent il a une tendance à tomber en avant; il fait des lacets, il titube et fait des zigzags comme un ivrogne. Ces malades ne peuvent pas se tenir sur un pied; aussi, pendant la marche, au moment où le corps ne pose que sur un pied, font-ils une sorte de mouvement de rotation sur la jambe qui pose à terre retrouvant de cette façon l'équilibre qu'ils allaient perdre; en un mot les malades marchent « du bassin ». Ceci prouve qu'il s'agit ici surtout d'une perte d'équilibre et non pas, suivant la juste remarque de BRISSAUD, de « ce luxe de mouvements absurdes » qui caractérisent l'ataxie. La direction générale est correcte, mais s'écarte de la ligne droite à chaque instant, sans secours et sans raideur.

À mesure que la maladie avance, le trouble d'équilibre s'accentue de plus en plus, et le malade, non seulement garde une attitude ébrieuse dans sa démarche, mais il ne peut plus rester debout, même avec un point d'appui; la titubation augmente, et, lorsqu'elle arrive à la limite des oscillations compatibles avec l'équilibre du corps, le malade tombe. Lorsque le pédoncule cérébelleux moyen est intéressé, la chute a lieu toujours du même côté, et la projection du corps se fait dans un sens déterminé. La fermeture des yeux n'exagère pas ces troubles moteurs, et, contrairement à ce qui se passe dans l'ataxie, le malade conserve la notion de position de ses membres; le sens musculaire est conservé, également la sensibilité au tact, à la douleur et à la chaleur. Jamais ces troubles moteurs ne se produisent dans le décubitus dorsal. La position debout est une condition absolument nécessaire pour que la titubation se produise. Lorsque le malade est couché, on constate seulement une certaine incertitude des mouvements des jambes.

Ces troubles moteurs ne se manifestent pas au même degré dans toutes les maladies du cervelet, et leur intensité dépend beaucoup de la localisation et de l'extension de la lésion cérébelleuse. Un beau spécimen de la démarche cérébelleuse des individus atteints d'hérédo-ataxie cérébelleuse, est offerte par une malade décrite tout récemment et dont la nature n'est pas encore suffisamment étudiée (MARIE, LONDE).

Les lésions pathologiques du cervelet s'accompagnent rarement de troubles moteurs dans les membres supérieurs; ces derniers sont peu intéressés, et, s'ils sont atteints, ils présentent certaines oscillations avec un peu de tremblement intentionnel qui ne se révèle souvent qu'à la fin du mouvement volontaire. La tête et le tronc présentent souvent aussi des oscillations; mais il est possible, au moins quand il y a tumeurs, que ces phénomènes soient dus à une compression de la moelle allongée, là où prennent naissance plusieurs nerfs craniens.

Parfois les malades atteints d'une lésion cérébelleuse éprouvent une grande faiblesse, une asthénie musculaire, quoiqu'on ne puisse pas objectivement constater une diminution de la force musculaire. Ces malades titubent parce qu'ils se sentent faibles, et LUCIANI, qui explique l'ataxie par l'asthénie, compare cette déséquilibration à celle des convalescents qui font leurs premiers pas. L'asthénie est un symptôme assez fréquent, quoiqu'il soit loin d'être constant, chez les cérébelleux, et plusieurs observateurs n'ont pas constaté que la diminution de la force musculaire était nulle ou minime. Il serait en tout cas difficile d'attribuer exclusivement à cette cause l'instabilité et le déséquilibre moteur. Parfois la faiblesse éprouvée par le malade peut dépendre d'une espèce de parésie musculaire, qui provient probablement de la compression des voies motrices voisines et non pas de la lésion cérébelleuse.

A côté de la titubation il faut citer le *vertige* comme symptôme assez fréquent qui accompagne les maladies du cervelet; il manque cependant assez souvent. Aussi faut-il pas voir entre ces deux symptômes une relation de cause à effet. La titubation peut exister sans le vertige, et réciproquement. Les sensations éprouvées par le malade sont très variables; tantôt les objets extérieurs lui semblent osciller et tourner autour de lui, tantôt c'est son corps qui lui paraît tourner dans toutes les directions ou dans une direction déterminée. Le vertige se produit surtout dans la station debout et dans la marche; parfois il est assez accusé, même dans la position assise ou dans le décubitus dorsal, et il s'exagère à chaque changement de position.

L'intelligence reste en général intacte dans les maladies du cervelet; ce n'est qu'avec le progrès de l'état morbide et avec l'augmentation de la tension intra-cranienne et des troubles circulatoires du cerveau que l'état mental change.

On n'a pas observé en clinique des troubles trophiques comme symptôme d'une affection cérébelleuse.

Parmi les autres symptômes, que l'on rencontre dans les lésions du cervelet, les troubles de la fonction visuelle (nystagmus, amblyopie, amaurose, névrorétinite, troubles pupillaires) sont très fréquents, d'après LUYS dans 50 p. 100 des affections du cervelet, mais ils ne sont pas considérés par la majorité des cliniciens comme un symptôme purement cérébelleux : c'est plutôt un phénomène de voisinage dû à la compression des tubercules quadrijumeaux.

C'est aussi aux phénomènes dus à la compression ou à l'envahissement des régions voisines que l'on rattache tous les autres symptômes, de nature paralytique ou irritative, qui accompagnent une affection du cervelet. Les troubles moteurs et le vertige sont les seuls symptômes qui dépendent directement de la lésion cérébelleuse; tous les autres symptômes sont des symptômes de voisinage qui relèvent de l'implication des corps quadrijumeaux, de la protubérance, de la moelle allongée et des nerfs craniens.

Telles sont aussi les conclusions d'un excellent travail d'ensemble, à la fois bibliographique, expérimental, et anatomo-pathologique, que ANDRÉ THOMAS vient de faire paraître sur le cervelet (*Diss. in.* Paris, 1897). « Le cervelet, dit-il en terminant, doit être considéré comme un organe se développant parallèlement aux voies de la sensibilité, avec lesquelles il entre en effet en rapport, chez l'adulte, par plus d'un faisceau : il enregistre des excitations périphériques et les impressions centrales, et réagit aux unes et aux autres; il n'est pas le siège d'un sens particulier; mais le siège d'une réaction particulière mise en jeu par diverses excitations : cette excitation s'applique au maintien de l'équilibre dans les diverses formes d'attitudes ou de mouvements réflexes, automatiques, volontaires. »

En somme, l'examen attentif des symptômes des lésions pathologiques du cervelet fournit des données qui concordent assez bien avec celles de la physiologie expérimentale. Chez l'homme malade ou chez l'animal opéré, on constate toujours, à la suite de la lésion du cervelet, le même symptôme fondamental qui se traduit par *le trouble de l'équilibre locomoteur*.

Bibliographie. — **Anatomie.** — Consultez les livres suivants ou donnant la bibliographie complète pour l'Anatomie. — Obersteiner. *Anatomie des centres nerveux*, 1893. — Edinger. *Uber den Bau der nervösen Centralorgane*, 1896. — Schwalbe. *Lehrbuch der Neurologie.* — Bechterew. *Die Leitungsbahnen im Gehirn und Rückenmark.* Leipzig, 1894, et nouvelle édition de 1896 (en russe), entièrement revue et augmentée.

Physiologie. — Pourfour du Petit. *Nouv. syst. du cerveau.* Paris, 1766. — Pinel Grandchamps. *Recherches sur les fonctions du système nerveux*, 1823. — Fodéra. *Recherches expérimentales sur le système nerveux* (Journal de physiol. expérim., 1823, III. — Magendie. *Précis élémentaire de physiologie.* Paris, 1825. — *Fonctions du système nerveux*, II. Paris, 1839. — Bouillaud (F.). *Recherches expérim. tendant à prouver que le cervelet préside aux actes de la station et de la progression et non à l'instinct de la propagation* (Arch. générales de médecine, XV, 1827). — Rolando. *Osservazioni sul cerveletto.* Torino, 1828, 2e éd. — Pétrequin. *Sur quelques points de la physiologie du cervelet* (Gaz. méd., 1836). — Budge. *Unters. über das Nervensystem.* Frankfurt, 1841. — Flourens. *Recherches expérimentales sur les propriétés et les fonctions du système nerveux chez les animaux vertébrés.* Paris, 1842. — Longet. *Anatomie et physiologie du syst. nerveux de l'homme et des animaux vertébrés.* Paris, 1842, I. — Wagner (R.). *Neurologische Untersuchungen* (Gött Anzeiger). 1853-1855. — Renzi (P.). *Reflessioni e sperimenti per servire di materiale alla fisiologia del cervelletto* (Gaz. med. di Lomb., 1857-1858). — Schiff (M.). *Lehrbuch der Muskel und Nervenphysiologie*, 1858. — *Ueb. die Funktionen des Kleinhirns* (A. y. P., XXXII, 472). — Brown-Séquard. *Lectures on the central nervous system*, 1860. — Gratiolet et Leven. *Rotation sur l'axe* (C. R., 1860). — Dalton (C.). *On the cerebellum, as the centre of coordination of the voluntary movements* (Am. Journ. of med. sc., 1861, 83). — Leven et Ollivier (A.). *Recherches sur la physiologie et pathologie du cervelet* (Arch. générales de méd., 1862-63, 513). — Leven. *Recherches sur la physiologie et la pathologie du cervelet* (B. B., 1864). — Luys (J.). *Sur les phénomènes de l'innervation cérébelleuse* (Journ. de l'anat., 1863). — *Études sur l'anatomie, la physiologie et la pathologie du cervelet* (Arch. gén. de méd., 1864). — Lussana (Ph.). *Leçons sur les fonctions du cervelet* (Journ. de physiologie, V, 418). — Vulpian (A.). *Leçons sur la physiologie générale et comparée du système nerveux.* Paris, 1866, 603. — Weir-Mitchell (S.). *Researches on the physiology of the cerebellum* (Americ. Journ. of the med. sc., 1869). — Laborde et Mathias Duval. *Effets de l'enlèvement du cervelet* (B. B., 1875). — Nothnagel. *Zur Physiologie des Cerebellum* (C. W., 1876, 387). — Stefani (A.). *Contribuzione alla Fisiologia del cerveletto.* Ferrara, 1877. — Ferrier (D.). *Les fonctions du cerveau*, trad. de l'anglais, 1876-78, 138-198. — Eckhardt. *Physiologie d. Nervensystems in Herrman's Handbuch der Physiologie.* Lepzig, 1879, II. — Baginsky (B.). *Ueb. die Funktionen des Kleinhirns* (Biol. Cbl., II, 725). — Bianchi (L.). *Contribuzione sperim. alle compensazione funzion. cortic. del cervello* (Riv. di Frenatria, VIII, 129). — Steiner (F.). *Die Functionen des Centralnervensystems und ihre Phylogenese* (Braunschweig, 1885-88, Ire et IIe partie, 44 et 52). — Bechterew (W.). *Ueb. die Verbindung der sogen. peripheren Gleichgewichtsorgane mit dem Kleinhirn* (A. g. P., 1884). — *Zur Frage ub. die Funktion des Kleinhirns* (Neurol. Cbl., 1890). — Gowers (W. R.). *Die Funktion des Kleinhirns* (Neurol. Cbl., 1890, 194). — Borgherini. *Contributo alla fisiopatologia del cerveletto* (Riv. di Fren., 1888). — Borgherini et Gallerani (G.). *Contribuzione allo studio dell' attivita funzionale del cerveletto* (Ibid., 1891). — Gouzer (J.). *Le problème de la vie et les fonctions du cervelet.* Paris, 1889. — Laborde. *Les fonctions du cervelet* (B. B., 1890). — Luciani (L.). *Il cerveletto. Nuovi studi di Fisiologia normale e pathologica.* Firenze, 1891. Ce travail important contient une revue analytique et historique de la physiologie du cervelet, ainsi que l'exposé complet des nombreuses recherches de Luciani sur ce sujet. — *De l'influence qu'exercent les mutilations cérébelleuses sur l'excitabilité de l'écorce cérébrale et sur les réflexes spinaux* (Arch. ital. de Biol., 1894). — *Les récentes recherches sur la physiologie du cervelet; rectifications et répliques* (Arch. ital. de Biol., 1895). — Courmont (F.). *Le cervelet et ses fonctions.* 1 vol. Paris, 1891 (avec une bibliographie très complète). — William O'Kronh. *Atrophy of the cerebellum* (Journ. of nerv. and ment. dis.,

1892). — Risien Russel (J.-S.). *Experimental investigations into the functions of the cerebel
lum* (*Brit. med. Journ.*, 1893, 680; *Proc. Royal Soc.*, 1893 et *Philosoph. Trans.*, 1894,
819). — *Phenomens resulting from interruption of afferent and efferent tracts of the cerebellum* (*Proc. Royal Soc.*, 1896). — Ferrier (D.) et Turner (W.). *A record of experiments
illustrative of the symptomatology and degenerations fallowing lesions of the cerebellum
and its peduncles and related structures in Monkeys* (*Proc. of the Royal Society*, IV. London). — Ferrier. *Recent work on the cerebellum and its relations : with remarks on the central connexions, and trophic influence of the fifts nerve* (*Brain*, 1894).

Pathologie. — Consultez les ouvrages suivants qui donnent toute la Bibliographie des
travaux sur la pathologie et la physiologie pathologique du cervelet, parus jusqu'en ce
dernier temps. — Nothnagel (J.). *Topische Diagnostica der Gehirnkrankheiten*, 1879. —
Brissaud. *Maladies de l'encéphale*, in *Traité de médecine de* Charcot, Bouchard *et* Brissaud, vi. — Oppenheim (H.). *Geschwülste des Gehirns*, in *Spec. Patholog. and Therapie de*
Nothnagel (H.). ii, 1896. — Londe (P.). *Hérédo-ataxie cérébelleuse*. Paris, 1895.

M. MENDELSSOHN.

CÉRYLIQUE (Alcool). — Voyez Cérotine.

CESALPINO (Andréa), 1519-1603. Césalpin, né à Arezzo, en Toscane,
est connu surtout par ses essais de classification des plantes et par la connaissance qu'il
a eue de la circulation.

Passionnément attaché à Aristote, il se sépare du maître lorsqu'il s'agit de décrire la
circulation pulmonaire. Après M. Servet et R. Colombo, mais longtemps avant Harvey,
il expose, en termes fort clairs, la circulation du sang du cœur droit au cœur gauche
(*Quaestiones peripateticae*, éd. de 1593, 125 B.). Il emploie le premier le mot de circulation,
et voici les termes dont il se sert. « *Pulmo ex dextro cordis ventriculo fervidum hauriens
sanguinem, eumque per anastomosim arteriae venali reddens quae in sinistrum cordis tendit...
solo tactu temperat. Huic sanguinis circulationi ex dextro cordis ventriculo per pulmones in
sinistrum ejusdem ventriculum optime respondent ea quae ex dissectione apparent.* »
Ces expressions sont parfaitement précises et ne comportent aucune ambiguïté. On y
voit manifestement indiqué le rôle réfrigérateur de l'air (fait confirmé en partie par la
science contemporaine).

Il est vrai qu'un peu plus loin il corrige ce que sa proposition peut avoir de trop
absolu. Ce serait exagérer, dit-il, que de croire que tout le sang du ventricule droit passe
par le poumon, cet organe léger, qui ne peut avoir besoin pour se nourrir d'une si grande
quantité de sang, et il adopte l'opinion (absurde) de Galien et d'Aristote, qu'il y a une
perforation de la cloison interventriculaire, qui permet au sang des deux ventricules de
se mélanger : (*sanguis*) *partim per medium septum, partim per medios pulmones refrigera-
tionis gratiâ ex dextro in sinistrum transmittitur. Interim autem pulmo abunde nutriri
potest : totum autem eum sanguinem absumere quem recipit egreditur fine rationis; non
enim rara esset ejus substantia et levis, ut videtur, si tantam alimenti vim in sui naturam con-
verteret.* »

Malgré ces réticences, il est certain que Césalpin a connu la circulation pulmonaire,
et il est bien probable que, s'il l'a connue, c'est grâce à Servet, dont la doctrine, reprise
par Colombo, était, à l'époque où écrivait Césalpin, admise par les principaux anatomistes, encore qu'elle ne fût pas encore franchement classique.

Flourens, dans son *Histoire de la découverte de la circulation du sang* (Paris, 1857),
montre par quelques citations que Césalpin a aussi compris la circulation générale, non
pas assurément avec la précision que lui a donnée Harvey, mais de manière pourtant à
ne pas laisser place au doute... *Videmus alimentum per venas duci ad cor,... et, adeptâ
inibi ultimâ perfectione, per arterias in universum corpus distribui* (*De plantis*, 1583, 3).
Ailleurs il remarque que, si l'on fait la compression du bras pour la saignée; la veine se
gonfle au-dessous de la ligature ; c'est le contraire qu'on devrait observer si le mouvement du sang partait du cœur pour aller aux extrémités des membres... *Debuisset autem
opposito modo contingere, si motus sanguinis et spiritus a visceribus* (c'est-à-dire du cœur)
fit in totum corpus (*Quaest. med.*, 1593, 234, A). Il est vrai que plus loin il se contredit

quelque peu, en admettant que ce passage des artères aux veines ne se fait que pendant le sommeil, et en disant que ce flux des artères aux veines est surtout un flux de chaleur. *Transit in somno calor ex arteriis in venas per osculorum communionem quem Anastomosin vocant, et inde ad cor.* Il faudra le génie de HARVEY pour dissiper toutes ces obscurités. Notons enfin un autre passage qui montre à quel point il connaissait bien ce rôle des valvules sigmoïdes de l'aorte et de l'artère pulmonaire : *sciendum est cordis meatus ita a natura paratos esse, ut ex vena cava intromissio fiat in cordis ventriculum dextrum, unde patet exitus in pulmonem; ex pulmone praeterea alium ingressum esse in cordis ventriculum sinistrum, ex quo tandem patet exitus in arteriam aortam, membranis quibusdam ad ostia vasorum appositis, ut impediant retrocessum.*

Il semble que l'existence des valvules empêchant le retour du sang en arrière eût dû faire admettre à CÉSALPIN, dans toute sa rigueur, la circulation générale. Pourtant il ne l'a pas fait. Quoi qu'en dise FLOURENS, sur la grande circulation ses idées étaient confuses et très imparfaites. Parce que cette conclusion nous paraît s'imposer, il ne s'ensuit pas que CÉSALPIN ait su la déduire.

Malgré ces réserves, il est certain que, de tous ceux qui ont précédé HARVEY, CÉSALPIN est celui qui a le plus approché de la vérité. Le seul mot de *circulation* proposé par lui, et plusieurs fois répété, suffirait à établir ses droits à une des premières places dans l'histoire de cette grande découverte.

Ses travaux sur la botanique sont aussi fort remarquables. Il compare l'œuf à la graine et il essaye d'établir une classification naturelle. Il a donc cette double gloire d'avoir devancé LINNÉ et d'avoir devancé HARVEY.

De plantis libri XVI, Florence, 1583, 4°. — *Artis medicæ libri* VII, *de morbis ventris*, Rome, 1603, 455 p., 12°. — *Quæstionum peripateticarum lib.* V. *Dæmonum investigatio peripatetica* (2 éd.). *Quæstionum medicarum libr.* II. *De medicament. Facultatibus lib.* II. Venise, Juntes, 8°, 1593, 292 p. — *De metallicis libr.* III. Rome, 1596, 4°. — *Catoptron, sive speculum artis medicæ Hippocraticum, spectandos, dignoscendos curandosque universos, tum particulares totius corporis humani morbos.* Rome, 1601, 12°. — *Appendix ad libros de plantis et quæstiones peripateticas*, Rome, 1603, 4°. — *Praxis universæ artis medicæ.* Trévise, 1606, 4°.

CH. R.

CÉSIUM (Cs = 133). — Métal alcalin, dont le spectre est caractérisé principalement par deux raies bleues. On en trouve des traces dans quantité d'eaux minérales. Par ses propriétés chimiques générales, il ressemble au rubidium, dont on ne le sépare que difficilement.

Peu d'expériences ont été faites avec le césium. J'ai montré d'abord (1882) qu'il semble, par sa toxicité, étudiée sur le cœur de la grenouille, deux fois plus toxique que le rubidium. Pourtant cette différence disparaît si on la rapporte non plus au poids absolu mais au poids moléculaire de sel. En comparant les quantités absolues de métal toxique et les toxicités moléculaires, nous avons les rapports suivants, exprimant la quantité de métal (par litre) nécessaire pour paralyser à 4 gouttes le cœur de la grenouille.

	Toxicité absolue.	Toxicité moléculaire.
Césium.	100	0,74
Rubidium.	43	0,51
Lithium.	27	3,9
Potassium.	26	0,67
Ammonium.	25	1,4

Il serait donc, par molécule, d'une toxicité voisine du potassium et du rubidium, mais plus forte que celle de l'ammoniaque et surtout du lithium.

BRUNTON et CASH (1883) l'ont trouvé moins actif (à poids égal) que le potassium et le rubidium, agissant peu sur les nerfs moteurs et les muscles. HARNACH et DIETRICH (1885) ont étudié avec beaucoup de soin son action sur le muscle de la grenouille. Elle est assurément faible : et il semble être moins toxique que le lithium, le sodium, le potassium, le rubidium, rangés en ordre de toxicité décroissante. SIDNEY RINGER (1884) a fait circuler du sang chargé de sels de divers métaux à travers un cœur de grenouille ; et il a cru constater que le rubidium ressemblait beaucoup par ses effets au potassium, tandis que le césium se rapprochait du baryum et du strontium. Il diffère du potassium parce qu'il produit une sorte de tétanos cardiaque, et qu'il ne modifie pas l'excitabilité électrique du cœur. Le seul point par lequel il se rapproche du césium, c'est par l'antagonisme qui semble exister entre les sels de potassium et de césium d'une part, et, d'autre part, les sels de calcium. S. Botkine, au contraire, pense que le césium a un effet très analogue au rubidium, mais qu'il en faut une dose double pour produire le même effet, ce qui leur donne une toxicité moléculaire à peu près égale. Binet (1892) n'a pas étudié le césium.

Schaefer, expérimentant sur lui-même, à la dose de 0,18 à 0,4, aurait eu de bons effets dans le traitement des palpitations cardiaques.

Assurément l'étude minutieuse et comparative des métaux alcalins conduirait peut-être à une loi générale, qu'on a vainement tenté jusqu'ici d'établir. Il semble cependant qu'on puisse admettre que, à poids moléculaire égal, les trois métaux : césium, rubidium et potassium, sont également actifs; tandis que le lithium et le sodium sont manifestement moins toxiques.

Bibliographie. — 1882. — Richet (Ch.). *Action physiol. des métaux alcalins* (A. de P. x, 145 et 366; et *Trav. du Lab.*, Paris, 1893, ii, 428).

1883. — Brunton (T. L.) et Cash (Th.). *Contrib. to our Knowledge of the Connexion between Chemical constitution, Physiol. action, and Antagonism* (Proc. of the Roy. Soc. London, n° 226, 21 juin, 5 p.).

1884. — Sydney Ringer. *An investigation regarding the action of rubidium and caesium salts compared with the action of potassium salts on the ventricle of the frog's heart* (J. P., x, 370-379, 3 fig.).

1885. — Botkin (S.). *Beziehung der physiologischen Wirkung der Alkalimetalle zu ihren chemischen Eigenschaften*. (Centr. f. med. Wiss., xxiii, 849-852). — Harnack (E.) et Dietrich (E.). *Uber die Einwirkung des Rubidium und Caesiumchlorids auf den quergestreiften Muskel des Frosches* (A. P. P., xix, 153-184).

1892. — Binet (P.). *Rech. compar. sur l'action physiolog. des métaux alcalins et alcalino-terreux* (Rev. méd. de la Suisse Romande, août et sept., tir. à p., 55 p.).

1894. — Schaefer (T. W.). *The therapeutic use of the salts of cesium and rubidium* (Med. News, Philad., lxiv, 268).

CH. R.

CÉTACÉS[1].

— Les cétacés sont des animaux carnivores[2] qui, avec une organisation générale très semblable à celle des mammifères terrestres, vivent cependant dans l'eau d'une manière continue. De là, un certain nombre de problèmes qui se posent, sur le mode de fonctionnement des organes dans ces conditions. Nous examinerons les deux ou trois points principaux qui ont attiré l'attention des physiologistes, à savoir : 1° la respiration et la résistance à l'asphyxie par submersion; 2° les organes des sens; 3° la progression dans l'eau.

1. Les cétacés comprennent deux groupes : les *Cétodontes*, pourvus de dents, comme les dauphins, les marsouins, le cachalot, etc.; et les *Mysticètes* sans dents et avec des fanons, comme la baleine, la balénoptère ou rorqual, etc.

2. Les cétacés se nourrissent exclusivement de proies vivantes. Ils ne s'attaquent d'ailleurs qu'à des animaux de très petite taille (mollusques, petits poissons, crustacés, etc.), et ce n'est pas sans étonnement par exemple que Pouchet constata que la grande Baleine bleue (Balænopt. Sibbaldii) qui mesure jusqu'à 33 mètres de longueur, se nourrit à peu près exclusivement de petites crevettes qu'elle avale par bancs entiers. Le cachalot, de son côté, se nourrit de céphalopodes, souvent de grande taille, mais qu'il déchire avec les dents de sa mâchoire inférieure, avant de les avaler. Il y a lieu de noter, en effet, que les cétacés, malgré leurs dimensions considérables, sont incapables d'avaler des proies volumineuses; l'étroitesse de leur gosier s'y oppose; et cette étroitesse résulte d'une disposition anatomique spéciale entraînée par la nécessité de soustraire les poissons à l'afflux de l'eau pendant que l'animal plonge. A cet effet, le larynx se développe en un long tube qui traverse l'arrière-gorge et pénètre dans les arrière-narines où il se trouve retenu énergiquement engagé par un puissant sphincter qui embrasse son extrémité. Dans ces conditions le larynx constitue au milieu de l'arrière-gorge un large pilier qui obstrue le passage vers l'œsophage, ne laissant libres que deux voies latérales relativement réduites.

1° **Respiration et résistance à l'asphyxie.** — Les cétacés, ayant des poumons comme les mammifères terrestres, sont obligés de venir à la surface de l'eau pour respirer l'air en nature; après avoir fait provision d'air, ils rentrent dans le milieu liquide, et plongent à des profondeurs plus ou moins considérables suivant les espèces[1].

Ils restent ainsi un temps variable sous l'eau, parfois, au dire de SCORESBY, observateur digne de foi, jusqu'à trente minutes, en tous cas de dix à quinze minutes en moyenne[2].

Quand ils reviennent à la surface, ils n'y restent ordinairement que fort peu, soit le temps nécessaire à quelques inspirations[3].

Les cétacés sont donc d'excellents plongeurs, admirablement adaptés à la vie aquatique, et l'on s'est demandé comment ils arrivent à rester un aussi long temps sous l'eau sans renouveler leur provision d'air.

On chercha tout d'abord l'explication du phénomène dans certaines particularités que présente leur appareil circulatoire, particularités *anatomiques* qui semblent bien avoir les caractères d'adaptation à la vie aquatique, car on les retrouve pour la plupart chez les autres mammifères aquatiques, tels que le phoque, la loutre, le castor, l'hippopotame, etc. Je veux parler, d'une part, de la dilatation de la veine cave inférieure en un large sinus, en arrière du diaphragme, et de sinus également importants formés aux dépens des veines sus-hépatiques à l'intérieur du foie ; d'autre part, de plexus artériels et veineux considérables[4].

« En favorisant le retour du sang veineux jusqu'au cœur, dit BRESCHET, et en facilitant son passage à travers les cavités de ce viscère, on ferait parvenir dans tous les tissus un sang qui les jetterait dans la torpeur. A *priori*, on devrait penser que chez les animaux à poumons, qui plongent dans l'eau et qui y séjournent quelque temps, il existe des réservoirs pour retenir ce sang veineux loin du cœur, afin qu'il *ne soit pas distribué aux tissus par les mêmes voies que celles qui portent le sang artériel.* » On remarquera que BRESCHET admet ainsi un ralentissement du cours du sang qui n'est distribué que lentement et qui ne revient plus au cœur pendant tout le temps que l'animal plonge. Il lui faut supposer alors « l'existence de diverticules pour ce sang artériel afin de le rendre plus tard à la circulation générale, lors des intermittences de l'exercice de l'hématose dans les poumons ». Et c'est ainsi, en effet, que BRESCHET explique le rôle des plexus artériels; il ne recule même pas devant cette explication que le sang artériel, violemment chassé dans le grand plexus thoracique, s'accumule dans ce réservoir pour revenir peu à peu dans l'aorte, quand l'animal plonge, et être distribué aux organes. Bien que TURNER ait accepté cette manière de voir, je ne pense pas qu'il y a lieu de suivre les anatomistes dans cette voie, et d'admettre le retour du sang artériel sur lui-même; je préfère celles des conclusions de TURNER qui tendent à considérer les fines subdivisions des plexus comme distribuant et égalisant la force du courant sanguin avant qu'il se répande vers les organes délicats, tels que la moelle et l'encéphale, devenant en somme les équivalents téléologiques des artères de la pie-mère de l'homme, du cercle de WILLIS, etc. Le rôle de ces plexus se réduirait donc à un ralentissement de la circulation pouvant prévenir

1. Les balénoptères et les cétodontes, en particulier le cachalot, paraissent plonger à de grandes profondeurs; les vraies baleines ou *baleines franches* se tiendraient plus près de la surface de l'eau. En tous cas, les premières coulent à fond quand elles sont mortes (*Baleines foncières* des pêcheurs), tandis que les dernières flottent à la surface.

2. Certaines espèces, comme le cachalot, qui se nourrissent de proies vivant dans les grands fonds, sont nécessairement d'excellents plongeurs.

3. SCORESBY rapporte que la baleine ne reste en général à la surface de la mer que 2 minutes environ, pendant lesquelles elle fait de 8 à 9 inspirations; puis elle plonge et reste sous l'eau de 5 à 10 minutes ou davantage; 13 à 20 minutes lorsqu'elle est occupée à chasser sa proie. Quand une baleine a été frappée par le harpon, elle plonge pendant environ 30 minutes, et SCORESBY en a même vu ne revenir à la surface qu'après 56 minutes.

4. Parmi les plexus artériels les plus constants, sont : 1° un plexus épais formant un énorme coussin sur lequel repose l'encéphale ; 2° un plexus thoracique considérable, surtout chez les cétodontes, placé sur le trajet des artères intercostales; 3° un plexus abdominal en relation avec les organes génito-urinaires. Les plexus veineux sont encore plus nombreux. En collaboration avec BOULART, j'ai même montré que chez certains mysticètes il existe un système porte rénal rappelant celui qu'on observe chez les poissons.

l'asphyxie par congestion, comme le disait Gratiolet. Pour Gratiolet, en effet, chez les animaux plongeurs (il avait spécialement étudié l'hippopotame), sinus et plexus tendent à ralentir le cours du sang et à en détourner au moins une part du circuit général; dans les grands réservoirs (sinus), le sang peut ainsi s'accumuler peu à peu. « Or, plus la quantité du sang qui parcourt le cercle de la circulation pulmonaire sera petite, plus son mouvement se ralentira, moins elle sera viciée par l'exhalation de l'acide carbonique; *la flamme se fait donc plus petite, si je puis dire ainsi, pour vivre plus longtemps dans une atmosphère limitée.* » Je cite cette dernière phrase, car elle résume bien la pensée des physiologistes qui ont cherché dans les faits d'ordre purement anatomique l'explication de la propriété qu'ont certains mammifères de plonger en restant sous l'eau fort longtemps. Je me reprocherais également de ne pas rappeler une autre vue générale bien intéressante, émise aussi par Gratiolet, à savoir que « tous ces faits sont une confirmation de cette idée instinctivement acceptée dès l'enfance de la physiologie, que les mammifères plongeurs acquièrent cette faculté en détournant de leurs poumons la plus grande partie de leur sang, se faisant ainsi, par instants et par une suite d'artifices très simples, semblables, à certains égards, aux reptiles, chez lesquels la circulation pulmonaire n'est qu'une dérivation partielle de la respiration générale ». Une pareille conclusion n'est pas pour déplaire aux zoologistes, nombreux aujourd'hui, qui s'efforcent d'établir la parenté directe des mammifères et des reptiles.

Bien que séduisante, la théorie de Gratiolet n'est, comme le dit P. Bert, que le résultat du groupement habile de certaines déductions anatomiques et ce physiologiste estime qu'il faut se défier de ces déductions. Il montre expérimentalement, en effet, que chez les animaux plongeurs (le canard est pris comme sujet d'expériences), « aucun mécanisme anatomique ne rend compte de la résistance à l'asphyxie par submersion... mais que la raison de cette différence réside dans la quantité énorme de sang que contiennent les vaisseaux des animaux plongeurs, sang qui constitue alors un réservoir d'oxygène beaucoup plus considérable ». Je n'ai pas besoin, ici, d'insister sur l'expérience devenue classique qui conduisit P. Bert à cette conclusion. Le fait est que, pour lui, c'est à la grande quantité du sang contenu dans les tissus des animaux plongeurs (bien qu'on n'ait point fait de pesées exactes, tous les observateurs s'accordant, en effet, à reconnaître que chez les cétacés il y a une surabondance de sang vraiment considérable) qu'est « due pour la grande part » leur résistance à l'asphyxie. « Sans doute, ajoute-t-il, les dispositions anatomiques (dont il a été question) doivent jouer un rôle dans l'explication de cette faculté remarquable; il faut en dire autant de la puissance du diaphragme, de l'existence des sphincters nasaux qui permettent de maintenir l'air sans effort. Mais ce rôle est secondaire...; la raison principale est plus intime; elle touche de plus près aux conditions essentielles de l'être que ne le font ces simples mécanismes anatomiques. »

La théorie de P. Bert fut admise jusqu'à ces derniers temps. Mais, dans le courant de l'année 1894, Ch. Richet, ayant repris l'étude de cette question, fit valoir tout d'abord qu'il n'est pas possible d'adopter comme cause de la résistance à l'asphyxie la grande masse du sang, car le calcul démontre que la quantité d'oxygène dissous dans la totalité du sang d'un canard ne peut suffire à entretenir ses combustions pendant plus de trois minutes, alors que les expériences de submersion montrent que l'animal peut résister huit, onze et même seize minutes. D'autre part, Ch. Richet prouva expérimentalement qu'en privant les canards de la plus grande partie de leur sang, leur résistance n'est pas sensiblement diminuée. Ch. Richet fit alors observer que dans l'asphyxie, lorsque les respirations spontanées ont cessé, le cœur ralentit énormément ses battements, ralentissement dû à l'action du pneumogastrique (Dastre), et il démontra que la section de ces nerfs ralentit considérablement le temps d'asphyxie; *l'appareil modérateur du cœur apparaît nettement*, dit-il, *comme un appareil de défense contre l'asphyxie.* » L'action de l'atropine, en empêchant le ralentissement du cœur, donne les mêmes résultats, vérification ingénieuse de ses premières expériences que Ch. Richet fit plus tard. L'auteur n'a point envisagé l'application de ses observations nouvelles au cas spécial des cétacés; il nous a cependant paru bon de rappeler ici ses expériences; car elles démontrent que, sans qu'il soit nécessaire d'invoquer une structure anatomique spéciale, nous nous trouvons ramenés à l'idée soutenue par les anatomistes, d'un ralentissement dans les combustions, ménageant la réserve d'oxygène emmagasinée dans les poumons; c'est l'application d'un fait général au cas particulier des animaux plongeurs. Nous sera-t-il permis d'ajouter qu'une autre cause intervient peut-être aussi chez les cétacés qui plongent à de si grandes profondeurs et qui se trouvent ainsi soumis à des pressions parfois très élevées ? P. Bert a noté de très nombreuses observations sur les ouvriers travaillant à de hautes pressions (tubistes, ouvriers des cloches à plongeurs) qui établissent dans ces conditions une diminution constante des battements du cœur. Il se peut que chez les cétacés l'influence de la haute pression extérieure vienne s'ajouter à l'action physiologique de l'appareil modérateur du cœur.

A propos des conclusions de Ch. Richet, Malassez s'est demandé si l'on ne pourrait envisager un autre côté de la question susceptible également d'expliquer la résistance à l'asphyxie des animaux plongeurs. Ceux-ci n'auraient-ils pas la faculté d'emmagasiner dans leurs voies respiratoires une plus grande quantité d'air et de pouvoir entretenir un plus long temps l'oxygénation de leur sang sans respirer. Malassez invoquait à l'appui de sa thèse l'expérience journalière des baigneurs, qui font une inspiration d'autant plus profonde qu'ils se proposent de plonger plus longtemps.

Jolyet et Viallanes ont précisément étudié expérimentalement ce point particulier sur un dauphin long de 2m,40, qu'ils avaient pu apprivoiser et conserver dans un bassin de la station marine d'Arcachon. De leurs expériences il résulte que le dauphin respire lentement et profondément ; ils concluent que « le mode spécial de la respiration des souffleurs, en même temps que le grand volume de l'air expiré et inspiré à chaque mouvement respiratoire, constitue la condition respiratoire fondamentale de l'adaptation des cétacés à la vie aquatique ; il produit le maximum de renouvellement de l'air dans les poumons et son utilisation aussi complète que possible pour l'hématose ». Il y a cependant lieu de faire observer que le volume d'air expiré ou aspiré par le sujet en expérience n'est que de 4 litres d'après les expérimentateurs, ce qui n'est pas beaucoup pour un animal qui pèse 156 kilos. Aussi nous paraît-il nécessaire de faire quelques réserves avant d'admettre que le volume d'air absorbé constitue la *condition respiratoire fondamentale de l'adaptation des cétacés à la vie aquatique*. Il paraît beaucoup plus probable qu'aucune des causes invoquées par les divers physiologistes n'est absolument fondamentale, mais qu'elles s'accumulent pour donner aux cétacés une grande résistance à l'asphyxie. Parmi ces causes cependant il en est, à notre avis, qui paraissent plus particulièrement déterminantes, et au premier rang semble se placer le *ralentissement de la circulation*, tant par l'effet modérateur des pneumogastriques sur le cœur que par le mode de structure propre de l'appareil circulatoire. Pour ce qui est de la quantité du sang et de la quantité de l'air aspiré, dans leurs rapports avec la résistance à l'asphyxie, il faudrait pour déterminer leur valeur réelle des pesées multipliées sur des individus et des espèces variées, ce qui n'a point été fait. J'en dirai autant d'un autre facteur dont il n'a pas encore été question et qui n'est peut-être pas sans importance, je veux parler de la capacité du sang pour l'absorption de l'oxygène. P. Bert a démontré que cette capacité varie énormément avec les espèces ; et qu'elle est plus grande en particulier, chez le marsouin, que chez les mammifères terrestres ; or, s'il était vrai que le sang des animaux plongeurs et des cétacés en particulier possédât cette capacité d'absorption à un haut degré, on pourrait s'expliquer que le ralentissement de la circulation pût se faire chez eux sans arrêter les combustions ; ainsi on comprendrait que les cétacés entretiennent la température de leur corps à 37°, c'est-à-dire que leurs combustions ne paraissent pas diminuer malgré le ralentissement de leur circulation. « Il est des individus, dit P. Bert (*Leçons sur la Respiration*) qui, étant plus saturés déjà, pourront beaucoup mieux que d'autres supporter un certain ralentissement respiratoire sans que la proportion de l'oxygène de leur sang s'abaisse à un chiffre trop bas. » N'est-ce point le cas des cétacés ? C'est un point à établir en étudiant les propriétés du sang d'un certain nombre d'espèces.

A propos du mécanisme de la respiration il me reste encore à dire deux mots au sujet d'un phénomène qui accompagne l'expiration et qui a frappé tous les observateurs. De tous temps, en effet, on a figuré et décrit les baleines et les dauphins comme lançant des colonnes d'eau à une grande hauteur par leurs évents, avec un bruit comparé, chez les grandes espèces, à un coup de canon.

Est-ce en réalité de l'air ou de l'eau qui sort de ces évents ? Pour les anciens anatomistes (Lacépède et autres), c'est de l'eau, et celle-ci provient de la bouche où elle a pénétré en même temps que les animaux dont les cétacés font leur nourriture. Il est inutile d'insister pour montrer que cette opinion ne peut se soutenir, puisqu'il n'existe pas de communication entre la bouche et les fosses nasales.

On a pensé alors que ces gerbes lancées avec force ne sont autre chose que la vapeur d'eau provenant de la respiration et se condensant en gouttelettes fines en arrivant dans l'air. C'est l'opinion couramment acceptée aujourd'hui, et la force avec laquelle ce jet de vapeur est lancé s'explique par la puissance des muscles expirateurs et la remarquable élasticité des poumons (Jolyet). Toutefois, il se peut que des petites quantités d'eau soient projetées également en poussière, en même temps que la vapeur d'eau venant des poumons. Van Beneden, en particulier, pense que les sacs des évents des cétodontes et une poche laryngée que possèdent les mysticètes sont des réservoirs où se recueille l'eau qui pénètre par les évents pendant la submersion, et que cette eau est entraînée, à l'expiration, par le courant de vapeur d'eau agissant comme une trompe aspirante. Cette explication paraît peu probable, car il semble prouvé que la fermeture des conduits respiratoires, sous l'eau, est hermétique, sans quoi l'approche des cétacés de la surface de l'eau s'annoncerait par un dégagement de bulles d'air, et cela n'a jamais été observé. Nous pensons plutôt que les réservoirs en question renferment de l'air. Si l'on veut que les jets sortant des évents soient, pour une part, formés d'eau de mer, je pense qu'on a plus de chance d'être dans le vrai en admettant que l'expiration très violente qui se fait, les évents étant à fleur d'eau, agit par aspiration sur la même couche d'eau voisine et l'entraîne en la pulvérisant avec le courant d'air expiré des poumons. Quoi qu'il en soit, ce qui est certain, c'est que la pulvérisation d'eau des jets qui décèlent au loin la présence des cétacés ne provient pas de la cavité buccale. Elle vient des poumons (pulvérisation d'eau par l'air expiré) lorsque l'expiration se fait, les évents hors de l'eau ; elle vient de l'eau de mer lorsque l'expiration se fait sous une mince couche d'eau.

Organes des sens. — Les organes des sens, chez les cétacés, paraissent en général assez mal développés, et on est fort peu renseigné sur le fonctionnement de ceux que l'on a pu étudier.

Œil. — Après avoir rappelé la petitesse extrême de l'œil des cachalots, Pouchet s'exprime ainsi : « La vision (des cétacés) soulève un problème assez délicat que la physiologie ne semble pas avoir encore abordé. Une cornée convexe, comme celle de l'homme, est la condition essentielle de la vue dans l'air atmosphérique; c'est, au contraire, la disposition la plus défectueuse pour l'œil quand il est sous l'eau. Aussi la cornée est-elle à peu près plate chez les poissons. Cependant, les phoques, les otaries, les marsouins et les dauphins, dans une certaine mesure, ont l'œil bombé; ils doivent, par suite, y voir très mal quand ils plongent ». On ne sait rien de plus, sauf que les observateurs, en effet, considèrent les cétacés comme peu favorisés sous ce rapport. Les grands plongeurs, comme les cachalots, ont d'ailleurs les yeux fort petits, au point que les pêcheurs des Açores les considèrent comme aveugles; ce qui est certain, c'est que les cachalots sont souvent aveugles par suite d'accidents portant sur leurs yeux.

Oreille. — Il n'y a pas de pavillon et le conduit auditif externe est excessivement réduit en diamètre. Par contre, la bulle osseuse (plancher de l'oreille moyenne) est très dilatée et fort épaisse; de plus, sa cavité est en communication, chez les dauphins comme chez les cachalots et les baleines, avec de larges sinus aériens développés dans le voisinage et parcourus par des réseaux capillaires fort riches.

Le conduit auditif externe ne pouvant manifestement conduire les vibrations sonores, les anciens auteurs (Pallas, Carus, etc.) avaient pensé que celles-ci pouvaient être conduites par l'intermédiaire de la trompe d'Eustache. Rapp a réfuté cette opinion en montrant que la structure anatomique de la trompe ne permet pas de soutenir cette thèse. Il pense que « la surface entière du corps doit recevoir les vibrations sonores et les conduire à l'oreille interne par l'intermédiaire des os. Les sinus remarquables qui agrandissent la cavité tympanique paraissent être disposés, ajoute-t-il, comme des membranes tendues destinées à recevoir une grande partie des vibrations par l'intermédiaire des os et à les conduire jusqu'au labyrinthe. »

Mes études sur l'oreille des cétacés m'ont conduit à admettre également que l'oreille interne des cétacés ne reçoit probablement que des vibrations solidiennes transmises soit par les os du crâne, soit par la chaîne solide que forme le tympan très épais et intimement uni aux osselets plus ou moins soudés entre eux ou aux parois de la bulle. Mais j'interprète tout autrement que Rapp le rôle des sinus aériens en communication avec la caisse auditive. Je crois avoir anatomiquement démontré et je suis, sous ce rapport, complètement d'accord avec Gellé, que, d'une manière générale, les cavités annexes de l'oreille moyenne, chez les animaux où elles existent, ne fonctionnent nullement comme résonnateurs. Dans le cas particulier des cétacés, où ces cavités, très vastes, sont occupées par de volumineux plexus veineux et artériels je pense qu'on peut leur attribuer un rôle très important dans le maintien de l'équilibre entre la pression extérieure et la tension de l'air renfermé dans la bulle auditive (caisse ou cavité de l'oreille moyenne).

Il faut tenir compte, en effet, de ce que l'animal, en plongeant profondément, soumet l'air renfermé dans cette bulle à des variations considérables de pression, précisément alors que la trompe d'Eustache ne peut fonctionner, puisque l'animal est plongé dans l'eau. Or, sous l'influence des fortes pressions, il est évident que les sinus, dont les parois sont en grande partie membraneuses, tendent à se vider de l'air qui les remplit, en même temps que les plexus se vident de leur sang qui est refoulé vers les parties plus centrales du corps. L'air des sinus passe dans la bulle dont les parois osseuses sont rigides; cet air ainsi accumulé dans la bulle y fait équilibre à la pression extérieure.

Lorsque, au contraire, le cétacé remontant vers la surface, la pression extérieure diminue, le sang afflue dans les plexus que contiennent les sinus aériens; les parois de ces sinus se trouvent ainsi écartées et leur cavité s'ouvre à l'expansion de l'air renfermé dans la bulle osseuse, d'où rétablissement de l'équilibre de pression à la surface du tympan.

Une autre particularité anatomique caractéristique de l'oreille des cétacés n'a pas encore reçu d'explication, à ma connaissance. Le limaçon est, toutes proportions gardées, très volumineux, tandis que les canaux semi-circulaires sont excessivement réduits. Ceux d'un dauphin de 3 à 4 mètres de long sont plus petits que ceux d'un mouton, et ceux d'un rorqual (*Balænoptera musculus*) de 18 mètres de long, sont à peine aussi grands que les canaux demi-circulaires du même mouton. Si, à la vérité, le limaçon fonctionne comme appareil de réception et d'analyse des sons musicaux, il y aurait lieu de penser que les cétacés ont l'ouïe très fine; or il paraît que, d'après le récit des pêcheurs et de Scoresby en particulier, ce sont des animaux dont la faculté auditive paraît assez obscure. D'autre part, si les canaux demi-circulaires sont les organes en relation avec l'équilibre du corps dans l'espace, la remarquable réduction de ces organes semblerait indiquer que l'équilibre des cétacés est fort précaire, ce qui ne cadre guère avec les faits, car tout le monde sait avec quelle facilité, quelle élégance et quelle remarquable adresse ces animaux évoluent dans l'eau.

Ce sont donc là, dans la physiologie des organes des sens des cétacés, des points tout à faits obscurs. Peut-être cependant, à leur propos, serait-ce le moment de rappeler les considérations auxquelles Pouchet a été conduit en constatant le volume étrangement petit de la moelle du cachalot par rapport au volume relativement grand de son encéphale. « Cette différence, dit Pouchet, suppose chez certains éléments anatomiques, dont la taille ni le nombre ne grandissent proportionnellement au volume de l'espèce, une somme variable d'énergie pour répondre aux mêmes besoins. A ce point de vue, les cellules nerveuses et leurs conducteurs constituent une catégorie tout à fait spéciale d'éléments anatomiques. »

On pourrait peut-être faire valoir aussi, au sujet du peu de développement des canaux demi-circulaires, que les cétacés, en raison de leur poids spécifique, sont en équilibre, physiquement, dans le milieu liquide; aussi leurs membres sont-ils fort réduits en raison même de la nature de ce milieu, et ils n'ont dès lors que peu d'efforts à faire pour conserver leur état d'équilibre.

Organes de l'olfaction. — Chez les dauphins et autres cétodontes, il n'existe pas de lobes olfactifs; ceux des Mysticètes (baleines, etc.) sont proportionnellement peu développés et la face inférieure du lobe frontal présente une large surface lisse (*désert olfactif*) qui avait conduit P. Broca à placer les cétacés dans son groupe des *Anosmatiques*. Cependant ces animaux ne paraissent pas insensibles aux odeurs, et il paraît bien démontré que les dauphins qui suivent les navires y sont le plus souvent attirés par l'odeur des débris variés qui peuvent être jetés du bord à la mer. De même qu'on sait qu'au voisinage des chantiers dans les pêcheries, les cétacés disparaissent chassés par l'odeur du sang qui se répand dans l'eau. Pour expliquer ces faits, RAPP a émis cette idée que le nerf olfactif peut être remplacé par les branches nasales du trijumeau. En tous cas, nous ne possédons encore aucune preuve anatomique pouvant appuyer cette manière de voir.

Progression dans l'eau. — Nous n'avons point l'intention d'entrer dans les considérations sur le mécanisme de la progression des cétacés dans l'eau ; ce qu'on sait d'une façon générale, c'est que leurs membres antérieurs (nageoires pectorales) leur servent seulement à maintenir leur équilibre ou à virer, et que la progression proprement dite se fait au moyen de la puissante nageoire caudale. Mais je veux dire deux mots d'une intéressante observation de DELAGE, qui l'a conduit à des déductions que je vais rapidement résumer et qui tend à expliquer le rôle des plis profonds que présente la peau des Balénoptères et des Mégaptères sous la gorge et sous le ventre. — Les baleines dites *foncières* (celles qui coulent à fond lorsqu'elles sont mortes) sont pourvues, dans toute leur étendue, d'un peaucier très développé, dont la disposition infère à penser que par la contraction de ses fibres il doit produire un rétrécissement marqué des cavités thoracique et abdominale. Or il semble qu'un tel appareil peut rendre un grand service aux cétacés. En effet, quand ces animaux viennent de faire à la surface de l'eau une profonde inspiration, leurs poumons sont dilatés, et ils se trouvent dans d'excellentes conditions, non pour plonger, mais pour flotter. Cependant leur provision d'air étant faite, leur tendance est non point de flotter, mais de s'enfoncer dans l'eau. On comprend que cette manœuvre leur deviendra plus facile, si le peaucier venant à se contracter comprimait, dans une mesure même faible, l'air renfermé dans les poumons, de manière à diminuer le volume du corps et à lui permettre de couler aisément. Pour remonter, l'animal n'aurait qu'à faire cesser la contraction de son peaucier. « L'existence des plis de la face ventrale du corps (chez les Balénoptères dont il est ici question) est tout à fait en rapport avec ces alternatives de distension et de resserrement. » Il y a lieu toutefois de faire observer que chez le cachalot, cétacé qui plonge incontestablement à de très grandes profondeurs, les plis de la peau n'existent pas. Il a la gorge et le ventre aussi lisses que la gorge et le ventre d'une baleine fraîche.

Ajoutons, enfin, comme l'a fait observer POUCHET, que les cétacés impriment à leurs corps un mouvement de rotation sur leur axe[1], et la question se pose de savoir si le sens de ce mouvement est en rapport avec le *pleuronectisme* ou asymétrie que présentent à un degré variable tous les cétacés.

Bibliographie. — On trouvera dans : BOUVIER, *les Cétacés souffleurs.* Thèse de l'École de Pharmacie de Paris, 1889, avec index bibliographique bien complet. — GRATIOLET. *Recherches sur l'Anatomie de l'hippopotame,* publiées par les soins du Dr ALIX. Paris 1867. — P. BERT. *Leçons sur la physiologie de la respiration,* 1870. — *La pression barométrique,* 1878. — VAN BENEDEN. *Une page de l'histoire d'une baleine,* 1882. Bruxelles (Discours prononcé à la séance publique de la classe des sciences). — YVES DELAGE. *Histoire du Balænoptera musculus échoué sur la plage de Langrune,* 1886. — G. POUCHET. *Sur la moelle épinière du cachalot* (B. B., 10 janv. 1891, (9), III). — JOLYET. *Recherches sur la respiration des cétacés* (B. B., 17 juin 1893, (9), V). — CH. RICHET. *Le ralentissement du cœur dans l'asphyxie, envisagé comme procédé de défense* ; et *la Résistance des canards à l'asphyxie* (B. B., 17 mars 1894, 243 et 244, I). — *Influence de l'atropine sur la durée de l'asphyxie chez les canards* (Ibid., 15 déc. 1894, (10), I). — MALASSEZ. *Sur la résistance du canard et des animaux plongeurs à l'asphyxie par submersion* (Ibid., 8 déc. 1894). — H. BEAUREGARD. *Recherches sur l'appareil auditif chez les mammifères* (Journ. de l'Anat. et de la physiol., mars-avril 1893, juillet août 1894).

CÉTINE, ou Blanc de baleine. — Mélange d'éthers cétyliques, où paraît prédominer le palmitate. On y trouve, comme acides gras, les acides cétylique, myristique, palmitique, coccinique et cétine. L'alcool cétylique, ou éthal, prend naissance par la saponification de la cétine (CHEVREUL, 1823. — D. W., I, 810).

1. Chez un hyperoodon venu à la côte près de Dunkerque et portant un harpon avec 20 mètres de ligne environ, cette ligne était enroulée autour du corps de l'animal.

CÉTRARINE ou Acide cétrarique.

CÉTRARINE ou **Acide cétrarique.** — Principe amer contenu dans la *Cetraria islandica* ou lichen d'Islande (*D, W.*, 809). C'est un corps cristallisant en aiguilles blanches, solubles dans l'alcool bouillant, très amères. Fortunatow (*Ann. de Merck*, 1890, 22) a vu que l'injection intraveineuse, à la dose de 0,02 ou 0.04 par kilo, augmentait les sécrétions de suc pancréatique et de salive, et surtout la sécrétion biliaire. D'après Kobert et Ramm elle agirait comme stimulant des mouvements péristaltiques intestinaux, et, à dose plus forte, en provoquant des convulsions (*Ann. de Merck*, 1891, 29).

CÉVADILLE. — Des graines de la cévadille, Merck a extrait deux alcaloïdes cristallisables : la *Sabadine* ($C^{29}H^{51}AzO^8$) et la *Sabadinine* ($C^{27}H^{45}AzO^8$) qui paraissent avoir des propriétés physiologiques voisines de celles de la vératrine. Wright et Luff (*Journ. Chem. Soc.*, 1878, xxxiii, 338) appellent véradine la vératrine de Merck. Par l'ébullition avec la soude alcoolique on obtient une nouvelle base, la *cévine* (*Ann. de Merck.*, 1891, 3-7 et *D. W. Suppl.*, i, 447). Les propriétés physiologiques de ces diverses bases sont peu connues.

CHAIRAMINE ($C^{22}H^{26}Az^2O^4$). — Alcaloïde extrait de l'écorce de *Remijia purdiena.* On y trouve aussi la chairamidine ($C^{22}H^{26}Az^2O^4$). isomère : les bases sont accompagnées de cinchonine et de cinchonamine. Enfin il y a encore deux autres bases qui lui sont isomères : la conchairamidine et la conchairamine (*D. W.*, 2e *Suppl.*, 1034 et 1367).

CHALEUR[1].

CHAPITRE PREMIER
Production de chaleur par les êtres vivants.

§ I. **Historique.** — LAVOISIER. La partie historique de la chaleur animale se résume en un nom : Lavoisier. C'est Lavoisier qui a découvert tout ce qu'il y avait d'essentiel, ne laissant à ses successeurs que des faits de détail à établir. Avant lui on ne soupçonnait rien : il a tout expliqué.

Pour prouver cette assertion, qu'il nous suffise de mentionner les opinions, non pas d'Aristote, et d'Hippocrate, et de Galien, qui plaçaient dans le foie ou le cœur l'origine de la chaleur; mais celles de quelques auteurs du xviiie siècle. Un auteur anglais, Georges Martine (1751), très expert en physique et en médecine, s'exprime ainsi en 1751, sur la chaleur animale : « Théorème : *La chaleur animale est produite par le frottement des globules du sang dans les vaisseaux capillaires.*

« Cette proposition est un corollaire qui suit naturellement des quatre lemmes précédents. Car il est évident que la chaleur animale doit être l'effet, ou du frottement des fluides sur les solides, ou celui des solides entre eux, ou enfin d'un mouvement intestin. Par le *lemme* I, elle ne peut pas être produite par le frottement des fluides sur les solides. Par le *lemme* II, elle ne peut être l'effet d'aucun mouvement intestin du sang, et par le *lemme* III, elle n'est produite en aucune manière par le frottement des solides entre eux, excepté seulement celui des globules dans les vaisseaux capillaires. Par le *lemme* IV, les quantités de ce frottement sont proportionnelles aux degrés de la chaleur engendrée. Ce frottement des globules dans les vaisseaux capillaires doit donc être regardé comme la seule cause de la chaleur animale; C. Q. F. D. »

Haller (1760) réunit toutes les opinions relatives à la production de la chaleur animale. Il parle de l'hypothèse d'une action électrique; de l'hypothèse d'une chaleur innée dépendant du cœur, du sang ou des poumons; de la fermentation du sang, et pour conclure il dit que certainement la chaleur première réside dans le cœur : *De cordis primo insito calore nulla dubitatio superest.*

Ailleurs, pour résumer cette discussion et donner son opinion personnelle, il avance que c'est le mouvement du sang qui, très probablement, produit de la chaleur; quoique le sang s'échauffe plus que l'eau et qu'il ne puisse pas dépasser une certaine température : *Hactenus certe maxime probabile videtur, utique a motu sanguinem incalescere, etsi nondum constat, quare magis quam aqua, et quare non super certum gradum incalescere possit* (307).

1. Voir à la fin de l'article **Chaleur**, le sommaire des chapitres.

Voici enfin comment s'exprime Bordenave, dans son classique traité de physiologie, en 1778, alors que déjà Lavoisier avait fait ses premières expériences :

« La cause la plus ordinaire de la chaleur dans les animaux dépend de l'action du cœur et des artères, et du frottement que leurs extrémités capillaires produisent sur les globules du sang... La chaleur augmente par l'action des vaisseaux, et elle diminue où le froid succède, cette action étant diminuée ou anéantie. La chaleur naturelle augmente proportionnellement à l'action des artères capillaires sur les globules du sang : on ne peut douter que ces globules ne contribuent par leur résistance à la chaleur, puisqu'ils sont élastiques, et que le sang contient beaucoup d'air; ainsi l'action des artères sur le sang et la réaction du sang sur les artères sont des causes de cette chaleur. »

Toutes ces opinions sont enfantines, et il ne reste rien à en retenir.

Avec Lavoisier nous entrons de plain-pied dans l'ère moderne (1777) (Voir Édit. de 1862. *Mém. sur la combustion en général*, 225-233).

Il s'exprime ainsi en 1777 : « L'air pur, en passant par le poumon, éprouve donc une décomposition analogue à celle qui a lieu dans la combustion du charbon; or, dans la combustion du charbon, il y a dégagement de matière du feu; donc il doit y avoir également dégagement de matière du feu dans le poumon dans l'intervalle de l'inspiration à l'expiration; et c'est cette matière du feu sans doute qui, se distribuant avec le sang dans toute l'économie animale, y entretient une chaleur constante de 32 degrés et demi environ, au thermomètre de M. Réaumur. Il n'y a d'animaux chauds dans la nature que ceux qui respirent habituellement, et cette chaleur est d'autant plus grande que la respiration est plus fréquente, c'est-à-dire qu'il y a une relation constante entre la chaleur de l'animal et la quantité d'air entrée ou au moins convertie en air fixe dans ses poumons. »

Dans un travail qui avait paru l'année précédente, Priestley ne dit rien de semblable (1777), son mémoire est du mois de janvier 1776, et il est consacré principalement à confirmer l'opinion émise par Cigna en 1773, parfaitement exacte d'ailleurs, que le sang rougit quand il est exposé à l'air; mais il n'en déduit rien quant à la cause de la chaleur.

Ainsi c'est Lavoisier qui le premier a établi que la chaleur des animaux était la conséquence d'un phénomène analogue à la combustion du charbon.

A vrai dire, en 1777, il n'avait donné aucune démonstration; et ce n'est que plus tard, en 1780, dans son magnifique mémoire sur la chaleur, fait en collaboration avec Laplace, qu'il donnera avec détails la véritable théorie de la chaleur animale, exactement celle que nous adoptons aujourd'hui.

Mais, entre ces deux dates, 1777 et 1780, vient se placer l'important ouvrage de Crawford (1779), remarquable à divers titres.

D'abord Crawford essaye de mesurer la chaleur dégagée par un animal, placé dans un manchon d'eau. Il n'a obtenu ainsi que des résultats numériques disparates; et ses considérations sur la chaleur spécifique différentielle du sang veineux et du sang artériel l'écartent de la solution du problème. Il s'attache à des idées telles que le phlogistique, et la chaleur absolue, etc.

Toutefois il a clairement vu, comme Lavoisier l'avait d'ailleurs indiqué en 1777, que la chaleur produite par les animaux est un phénomène d'ordre chimique. *Animal heat seems to depend upon a process similar to a chemical elective attraction.* Surtout il a le premier construit un calorimètre, et cherché par cette expérience mémorable à évaluer la quantité de chaleur produite par les animaux.

Avec Lavoisier, tout change. Les expériences sont précises, formelles, irréprochables. Une merveilleuse sagacité lui fait remplacer les théories anciennes, ineptes, par des théories nouvelles, et en des termes si clairs qu'ils semblent écrits aujourd'hui.

Il place un cochon d'Inde dans un calorimètre à glace, mesure la quantité de glace fondue dans l'appareil, mesure la quantité d'air crayeux qui se dégage, la quantité d'air vital consommé, compare ces deux quantités à la chaleur dégagée, assimile le phénomène à la combustion du carbone, et il en déduit que la respiration et la combustion sont des phénomènes de même ordre.

« On peut regarder la chaleur qui se dégage dans le changement de l'air pur en air fixe, par la respiration, comme la cause principale de la conservation de la chaleur animale[1]... La respiration est donc une combustion, à la vérité, fort lente, mais d'ailleurs parfaitement semblable à celle du charbon; elle se fait dans l'intérieur des poumons, sans dégager de lumière sensible... La chaleur développée dans cette combustion se communique au sang qui traverse les poumons, et, de là, se répand dans tout le système animal. Ainsi l'air que nous respirons sert à deux objets également nécessaires à notre conservation; il enlève au sang la base de l'air fixe, dont la surabondance serait très nuisible; et la chaleur que cette combinaison dépose dans les poumons répare la perte continuelle de chaleur que nous éprouvons de la part de l'atmosphère et des corps environnants... *La conservation de la chaleur animale est due, au moins en grande partie, à la chaleur que produit la combinaison de l'air pur respiré par les animaux, avec la base de l'air fixe que le sang lui fournit.* »

Dans les deux mémoires publiés avec Séguin[2] il précise encore davantage, si bien que nous y trouvons formellement indiquées les trois lois suivantes, dominatrices :

1° L'air de l'atmosphère fournit l'oxygène et la chaleur; le sang fournit le combustible, et les aliments restituent au sang ce qu'il perd par la respiration; 2° Le mouvement et le travail du muscle produisent beaucoup d'acide carbonique; 3° La transpiration règle la quantité de chaleur perdue.

Et ainsi sont nettement établis les rapports qui existent entre la respiration, la transpiration, la digestion, la chaleur animale et le *travail*.

Ainsi Lavoisier, le premier, a vu et montré dans les phénomènes vitaux des phénomènes physico-chimiques: de là est venue en physiologie la possibilité de l'expérimentation, avec ses procédés précis, l'emploi des mesures et du calcul. Les mémorables expériences de Lavoisier ouvrent une ère nouvelle. C'est la méthode physiologique, c'est la physiologie même qui en est sortie.

Et que Lavoisier ait eu pleine conscience de toute la portée de son œuvre, cela ne paraît pas douteux. Qu'on lise ces quelques lignes : « Ce genre d'observations conduit à comparer des emplois de forces entre lesquelles il semblerait n'exister aucun rapport. On peut connaître, par exemple, à combien de livres, en poids, répondent les efforts d'un homme qui récite un discours, d'un musicien qui joue d'un instrument. On pourrait même évaluer ce qu'il y a de mécanique dans le travail du philosophe qui réfléchit, de l'homme de lettres qui écrit, du musicien qui compose. Ces effets, considérés comme purement moraux, ont quelque chose de physique et de matériel. Ce n'est pas sans quelque justesse que la langue française a confondu sous la dénomination commune de *travail* les efforts de l'esprit comme ceux du corps. »

Que d'autres citations nous pourrions faire encore, en comparant les idées de Haller, qui résume la science de son temps, à celle de Lavoisier! Il n'y a presque rien à changer aux phrases de Lavoisier, tandis que, dans les phrases de Haller, il faudrait tout transformer pour faire rentrer ses opinions dans le cadre des connaissances actuelles.

1. Remarquons que jamais Lavoisier n'a dit d'une manière formelle que la combustion était dans le poumon. Il ne s'est pas prononcé: « Aucune expérience, dit-il dans son mémoire de 1789 (*Œuvres complètes*, 102, II), ne prononce d'une manière décisive que le gaz acide carbonique qui se dégage pendant l'expiration se soit formé immédiatement dans le poumon ou dans le cours de la circulation. » Avec une sagacité merveilleuse, il élude la difficulté et réserve la question. Toute la discussion, si intéressante, qui est venue plus tard, avec Lagrange, Spallanzani, W. Edwards, Magnus, etc., est exposée dans le livre de Gavarret et dans celui de H. Milne-Edwards.

2. *Premier mémoire sur la respiration des animaux* (*Mémoires de l'Académie des sciences*, année 1789, 185; *Œuvres complètes*, II, 688). — *Premier mémoire sur la transpiration des animaux*, par Séguin et Lavoisier (*Mémoires de l'Acad. des sciences*, 14 avril 1790, 77; *Œuvres complètes*, II, 704). — Le second mémoire sur la transpiration des animaux ne se trouve pas dans les *Œuvres complètes*. Il a été cependant rédigé tout entier de la main de Lavoisier, ainsi que l'a constaté E. Grimaux (*Comm. orale*), et il a paru dans le *Traité élém. de chimie* de Lavoisier, Paris, 1801, II, 234 à 253. Nous y trouvons le passage suivant: « Depuis l'insecte qui échappe à notre vue et que nous n'apercevons qu'à l'aide du microscope jusqu'au plus grand des quadrupèdes, l'éléphant, tout respire dans la nature animée; la faculté de respirer est répandue sur toute la surface des êtres vivants qui existent, où vraisemblablement une chaîne non interrompue, depuis l'insecte qui ne respire que par la peau jusqu'aux grands quadrupèdes et aux oiseaux qui respirent principalement par le poumon. Ce n'est point au soleil qu'a été allumé le flambeau de Prométhée; mais c'est à l'air qui environne les animaux et qu'ils décomposent que les êtres vivants ravivent continuellement le feu qui sert d'aliment à la vie. »

Voyons d'abord le style de LAVOISIER : « Il résulte des expériences auxquelles M. SÉGUIN est soumis, qu'un homme à jeun, dans un état de repos et dans une température de 26°, le thermomètre à mercure divisé en quatre-vingts parties, consomme par heure 1 210 pouces d'air vital; que cette consommation augmente par le froid, et que le même homme, également à jeun et en repos, mais dans une température de 12° seulement, consomme, par heure, 1 344 pouces d'air vital.

« Pendant la digestion, cette consommation s'élève à 1 800 ou 1 900 pouces.

« Le mouvement et l'exercice augmentent considérablement toutes ces proportions. M. SÉGUIN étant à jeun et ayant élevé pendant un quart d'heure un poids de 15 livres à une hauteur de 613 pieds, sa consommation d'air, pendant ce temps, a été de 800 pouces, c'est-à-dire de 3 200 pouces par heure.

« Enfin, le même exercice fait pendant la digestion a porté à 4 600 pouces par heure la quantité d'air vital consommé. Les efforts que M. SÉGUIN avait faits dans cet intervalle équivalaient à l'élévation d'un poids de 15 livres à une hauteur de 650 pieds pendant un quart d'heure.

« ... C'est une chose vraiment admirable que ce résultat de forces continuellement variables et continuellement en équilibre, qui s'observent à chaque instant dans l'économie animale et qui permettent à l'individu de se prêter à toutes les circonstances où le hasard le place... Se trouve-t-il dans un climat froid ? D'un côté, l'air étant plus dense, il s'en décompose une plus grande quantité dans le poumon ; plus de calorique se dégage et va réparer la perte qu'occasionne le refroidissement extérieur. D'un autre côté, la transpiration diminue ; il se fait moins d'évaporation, donc moins de refroidissement. Le même individu passe-t-il dans une température beaucoup plus chaude ? l'air est plus raréfié, il ne s'en décompose plus une aussi grande quantité : moins de calorique se dégage dans le poumon ; une transpiration abondante qui s'établit enlève tout l'excédent de calorique que fournit la respiration, et c'est ainsi que s'établit cette température à peu près constante de 32° *(thermomètre de Réaumur)*, que plusieurs quadrupèdes, et l'homme, en particulier, conservent dans quelque circonstance qu'ils se trouvent. »

Et voici ce que dit HALLER :

« La respiration est une force adjuvante de la circulation. Elle comprime le sang qui est dans l'abdomen, le chasse des viscères et renvoie plus rapidement le sang au cœur... Quant à l'air, il perd dans le poumon sa nature élastique et se transforme en eau et en vapeur ; des vésicules pulmonaires, il passe dans le sang, de manière que le sang contienne de l'air, un des aliments du sang, comme disait HIPPOCRATE. Les parties les plus solides de l'animal contiennent de l'air et, en se putréfiant, rendent de l'air, de sorte que l'air est une façon de ciment, qui réunit entre elles les diverses particules terrestres du corps... Mais le principal usage de la respiration, c'est la voix. Bien souvent j'ai médité sur la fonction respiratoire, et je suis toujours revenu à cette opinion que, si l'animal respire, c'est pour pouvoir émettre des sons. »

Ne voit-on pas qu'il y a entre ces deux langages deux époques scientifiques aussi différentes qu'entre PARACELSE et HARVEY ?

Aussi ne puis-je comprendre que l'influence de LAVOISIER sur la physiologie n'ait pas été universellement reconnue. PREYER (1886) s'exprime ainsi : « La plus grande découverte qui ait été faite en chimie, celle de l'oxygène, par PRIESTLEY (1774) et LAVOISIER, n'eut aucunement pour effet de donner immédiatement un nouvel essor à l'investigation physiologique, quoique, par cette découverte, les grandes lignes d'une *théorie de la respiration*, telle que l'avait déjà créée MAYOW cent ans auparavant, eussent été de nouveau révélées au monde par LAVOISIER (1777). » Il nous semble que c'est étrangement diminuer le rôle de LAVOISIER que de lui attribuer seulement la gloire d'avoir donné la théorie de la respiration. De vrai, c'est bien plus encore. Il a donné la théorie chimique de la vie.

Successeurs de Lavoisier. — La théorie de la chaleur animale a donc été tout entière établie par LAVOISIER. Toutefois de nombreux faits de détail, que nous aurons l'occasion de signaler dans le cours de cet article, ont été découverts pendant le siècle laborieux qui a suivi.

Nous résumerons ainsi les principaux faits essentiels :

1° GAVARRET et H. ROGER (1842) ont pris des mensurations thermométriques exactes, et ils ont prouvé que *la fièvre est accompagnée d'élévation thermique.*

Cette hyperthermie de la fièvre a été surtout étudiée avec une admirable patience par WUNDERLICH, et, après lui, d'innombrables médecins ont pu prouver que le principal phénomène de la fièvre, fournissant quantité d'indications précieuses et imprévues, c'est l'augmentation de la température du corps.

2° *La consommation d'oxygène, et la production d'acide carbonique peuvent rendre compte de la production totale de chaleur par l'organisme* (DULONG et DESPREZ). De même aussi la consommation des aliments (BOUSSINGAULT). Ce sont des méthodes calorimétriques indirectes, qui, de concert avec les méthodes calorimétriques directes, donnent le vrai chiffre de la calorification animale.

L'étude thermochimique des substances alimentaires, étant donné le principe, découvert par BERTHELOT, que la quantité de chaleur dégagée dans les phénomènes chimiques ne dépend que de l'état initial et de l'état final, permet de connaître, par l'étude de l'alimentation, la calorimétrie totale.

3° Cette consommation d'oxygène se produit dans les capillaires (MAGNUS, W. EDWARDS). Par conséquent le sang veineux du cœur est plus chaud que le sang artériel (CLAUDE BERNARD).

4° Une certaine quantité de la chaleur produite par les combustions chimiques intramusculaires sert à fournir l'énergie mécanique extérieure que l'être développe (J. BÉCLARD).

5° Le système nerveux est l'appareil régulateur de la chaleur animale (HELMHOLTZ, LUDWIG, CLAUDE BERNARD, etc.).

§ **II. Température des êtres vivants.** — Nous ne donnerons pas ici de renseignements techniques relatifs au *thermomètre* et à la *thermométrie*. On les trouvera à ces deux articles. Mais nous devons toutefois indiquer les températures constatées chez les êtres vivants.

Nous distinguerons les animaux à sang chaud, et les animaux à sang froid. Cette distinction, quelque ancienne qu'elle soit, est assurément excellente, à la condition qu'on ne la prenne pas dans son acception la plus rigoureuse.

En effet les animaux à sang chaud peuvent être refroidis et n'avoir plus que 25° ou même 20°, et inversement les animaux à sang froid peuvent être portés à une température de 38°. J'ai fait vivre des tortues, pendant plusieurs jours, à une température de 39°. P. GIBIER (1882) a fait vivre longtemps des grenouilles au-dessus de 33°, soit de 33° à 37° : parfois les reptiles et les insectes peuvent atteindre des températures de 40°.

Il faut donc employer une expression un peu différente, et dire qu'il y a des êtres à température invariable (animaux à sang chaud) ou *homéothermes*, suivant l'expression de BERGMANN, et des êtres à température variable (à sang froid) ou *poikilothermes*. Mais l'usage n'a pas adopté ces deux expressions, surtout celle de poikilothermes.

Il convient enfin de remarquer que cette classification n'est pas absolue et qu'il y a des transitions entre les uns et les autres de ces êtres.

En effet, ce qui distingue les animaux à sang chaud, c'est qu'ils peuvent, lorsque le milieu ambiant s'abaisse, augmenter la production de chaleur, et maintenir leur température à un niveau constant. Les mammifères et les oiseaux sont dans ce cas, et vainement la température extérieure diminue ; la température organique reste constante ; car les combustions s'accroissent à mesure que diminue la température du milieu.

Mais il y a des exceptions à cette loi, parmi les mammifères et les oiseaux ; ce son les animaux (mammifères et oiseaux) nouveau-nés et les hibernants.

Les uns et les autres sont incapables de se maintenir à leur température normale, quand le milieu extérieur s'abaisse notablement. Ils se comportent alors autrement que les animaux à sang froid ; les uns s'engourdissent (animaux hibernants) ; les autres meurent (nouveau-nés).

J'ai donc pu proposer la classification suivante, qui représente les variations thermométriques de divers animaux.

ANIMAUX QUI ONT UNE TEMPÉRATURE INVARIABLE.

Mammifère et oiseaux adultes	à 42° environ	Oiseaux.
	à 39° environ	Mammifères.
	à 37° environ	Homme.

ANIMAUX QUI ONT UNE TEMPÉRATURE VARIABLE.

α. Qui meurent quand leur température est infé-
rieure à 20°. . . . . } Mammifères et oiseaux nouveau-nés.

β. Qui s'engourdissent quand leur température est
inférieure à 20°. . . . . } Hibernants.

γ. Qui sont encore actifs quand leur température
est inférieure à 20° . . . . } Reptiles, batraciens, poissons, mollusques,
insectes, etc.

A. Température des oiseaux. — Ce sont ceux dont la température est le plus élevée. Nous pouvons la connaître avec précision, grâce aux travaux de Martins (1858) et de Chossat.

Sur les canards domestiques, Martins a trouvé (CX observations) une température moyenne de 42° 07. Sur d'autres palmipèdes lamellirostres, du genre *Anas*, il a trouvé (CLXXIX observations) une température moyenne de 42°,3; ce qui donne une moyenne générale de 42°,2, avec un maximum de 43°,45 et un minimum de 40°,8.

J. Davy, Brown-Séquard (1858), Eydoux et Souleyet ont pris la température des palmipèdes plongeurs (IX observations) et ont trouvé 40°,6; sur les palmipèdes longipennes (LXIX observations), ils ont trouvé 40°,6. Il y a donc une différence de 1°,6 entre la température des longipennes et des lamellirostres.

Chez les gallinacés, 22 observations (V faisans, Ch. Richet; XVII poules, Mantegazza, Demarquay, Duméril, J. Davy, Prévost et Dumas) fournissent une moyenne de 42°,5.

Chez les pigeons, 600 observations de Chossat donnent une moyenne de 41°,9 : à midi, 42°,22; à minuit, 41°,48. 14 autres observations ont donné 42°. Corin et Van Beneden (1886) ont trouvé sur X pigeons une température moyenne de 41°,2; chiffre un peu faible, si on les compare aux chiffres de Chossat, qui sont si nombreux. Ils admettent d'ailleurs une variation diurne considérable de 2°,2 sur un même animal dans la journée; le maximum a été 43°6 et le minimum de 39°.

Zander a pris la température de XXXI pigeons normaux. La moyenne brute est de 41°,8, mais, en éliminant un chiffre de 38°,7, évidemment accidentel, et un autre de 39°,4, qui est aussi trop faible, on trouve une moyenne de 42° qui concorde très bien avec les chiffres de Chossat. Le maximum a été 44°.

En résumé, nous trouvons les chiffres suivants, probablement définitifs.

	Degrés.
Canards et palmipèdes lamellirostres	42,2
Palmipèdes longipennes.	40,6
Gallinacés.	42,5
Pigeons.	42,0
MOYENNE GÉNÉRALE. . .	42,0

C'est aussi autour de ce chiffre 42° que vont osciller les chiffres épars relatifs à la température de quelques autres oiseaux.

	OBSERVATIONS.	DEGRÉS.	
Moineau	1	42,1	Davy.
Grive	1	42,7	Id.
Alouette.	1	41,5	Despretz.
Gélinotte.	5	42,8 (moyenne)	Black.
Corbeau.	2	42,8	Despretz, Ch. Richet.
Corneille.	1	41,2	Id.
Héron	1	41,9	Prévost et Dumas.
Perroquet	1	41,1	Davy.
Choucas	1	42,1	Id.
Chat-huant.	1	41,0	Despretz.
Tiercelet	1	41,5	Id.
Lagopèdes	3	43,0 (moyenne)	Black.
Perdrix	1	42,0	Ch. Richet.
Gypaète	1	41,0	Pallas.
Orfraie.	1	40,2	Id.
Autour.	1	43,1	Id.

OBSERVATIONS.	DEGRÉS.		
Faucon	1	40,5	DAVY.
Bouvreuil	1	42,0	PALLAS.
Moineau	1	41,9	DESPRETZ.
Moineau	1	41° à 44,5	W. MILNE-EDWARDS.
Dindon	1	42,7	DAVY.
Paon	1	40,5 à 43,0	Id.
Pintade	1	43,0	Id.

Sur des moineaux, d'après W. EDWARDS, la température était en hiver de 40°,8, et en été de 43°,77. Donc, pour les oiseaux, comme nous le verrons pour les mammifères, la température extérieure n'est pas sans quelque influence.

Ainsi il est vraisemblable qu'à l'état normal la température des oiseaux dépasse toujours 40° et qu'elle n'est jamais supérieure à 44°. Les oiseaux ont donc une température notablement supérieure à celle des mammifères.

La cause de cette température plus haute est-elle due à une production plus grande d'énergies chimiques calorifiques, ou à une moindre radiation thermique ? Il n'y a que les expériences de calorimétrie qui pourraient nous l'apprendre : et nous discuterons plus loin cette importante question.

B. **Température des mammifères.** — Nous avons des données nombreuses sur la température des mammifères, notamment des mammifères domestiques.

α. **Chiens.** — J'ai réuni 176 mesures thermométriques, dont 81 me sont personnelles; 17 sont dues à SENATOR (1874), 16 à PIOGEY (1882), 11 à LOMBARD, les autres à différents auteurs. La moyenne de ces 176 mesures est 39°,28; avec un maximum de 40°,6, sur un chien vigoureux qui se débattait pendant qu'on l'avait attaché sur la table d'expérience; et le minimum 38° sur un très vieux chien, bien portant d'ailleurs.

ANREP (1880), en suivant un chien pendant deux mois et en prenant 135 observations de température, est arrivé à une moyenne de 39°,14. Les maxima ont été 39°,8 (une fois) et 39°,4 (une fois) ; les chiffres obtenus le plus souvent ont été 39°,3, 39°,2, 39°,1, 39° et 38°,9. Chez un autre chien, d'après 77 observations, la moyenne a été 38°,8, le minimum 38°,5, et le maximum 39°,6 (une fois) ; jamais on n'a trouvé 39°,5, ni 39°,4, ni 39°,3, mais 39°,2. Il est vrai que ces deux chiens étaient soumis à un empoisonnement chronique par l'atropine. Peut-être y avait-il là quelque cause tendant à abaisser légèrement la température.

DUJARDIN-BEAUMETZ et AUDIGÉ (1879) ont recueilli 244 températures de chiens. La moyenne de ces observations fournit le chiffre de 38°,99 (on peut dire 39), qui concorde assez bien avec le chiffre que nous donnons, quoique un peu plus faible. Sur ces 244 observations, quatre fois seulement la température a dépassé 40° (40°,5 ; 40°,5; 40°,4; 40°,2). Une seule fois, elle a été inférieure à 38° (37°,9).

EDELBERG (1880) cite 32 observations de BILLROTH qui a trouvé en moyenne 39°,4 avec des oscillations entre 38°,2 et 40°,15. Il cite aussi 190 observations de SIEDAMGOTSKY, prises sur 17 chiens, qui lui ont donné un chiffre moyen manifestement erroné de 38°,3, lequel s'écarte trop des données des autres auteurs pour que nous puissions en tenir compte.

La moyenne générale de ces 700 observations est de 39°,2, chiffre qui peut être admis comme la température normale des chiens.

Mais bien des causes peuvent faire varier ce chiffre.

D'abord il y a le mouvement : et il faut avoir toujours présent à l'esprit ce fait, qu'un assez léger effort musculaire suffit pour faire monter la température de quelques dixièmes de degré. En prenant la température rectale d'un chien qui se débat sur la table où il est attaché, on voit monter rapidement la colonne mercurielle du thermomètre.

Il est donc presque impossible de prendre la température *absolument véridique* d'un chien, puisque toujours l'introduction du thermomètre, ou le musellement de l'animal, vont quelque peu modifier sa température. Peu importe d'ailleurs, puisqu'il ne s'agit que de quelques dixièmes de degré.

U. MOSSO (1886) pense que l'état psychique, en dehors de toute contraction musculaire, élève énormément la température. En effet, selon lui, une grenouille curarisée a une température plus élevée quand on lui donne de la strychnine, quoique la strychnine, chez un animal curarisé, ne puisse plus provoquer aucune contraction ni convulsion. Cette élévation ne peut donc être qu'une conséquence de l'excitation du système nerveux. De même, chez des chiens à peu près également immobiles, on verrait la température monter de 1° à 0°,5 sous l'influence de l'émotion, par exemple la frayeur que leur cause un coup de fusil soudain. La vue d'un lapin a fait monter la température, dans un cas, de 38°,8 à 39°,7.

Mais je dois avouer que ces remarques de U. Mosso ne sont pas convaincantes, et, si on les étudie avec soin, on verra qu'il s'agit évidemment d'efforts musculaires plutôt que de phénomènes psychiques.

L'inanition abaisse quelque peu la température des chiens. Après un jeûne de cinq jours, en juillet, j'ai vu la température d'une chienne baisser de 39°,5 à 38°,3, et sur un autre chien, après sept jours de jeûne, de 39°,4 à 38°,8. BIDDER et SCHMIDT ont trouvé chez le chat 38°,6 au quinzième jour de jeûne, 38°,3 au seizième jour; 37°,6 au dix-septième jour; 35°,8 au dix-huitième, et enfin, au dix-neuvième jour, qui fut le jour de la mort, 33°. CHOSSAT, dans ses belles recherches classiques, admet que la température (chez les pigeons) ne baisse que de 0°,2 par jour. Mais, chez le chien et le chat, il faut admettre une diminution quotidienne un peu moindre.

Il m'a semblé, sans que j'aie pu réunir assez de documents pour porter un jugement définitif, que les vieux chiens ont une température un peu plus basse, toutes choses égales d'ailleurs, que les jeunes chiens. Surtout la nature du tégument m'a paru exercer quelque influence. Les chiens à poil ras ont une température un peu plus basse que les chiens à long poil (caniches, griffons, épagneuls). Les petits chiens ont peut-être aussi une température un peu moindre que les gros, de quelques dixièmes de degré près.

En tout cas on ne commettra aucune erreur en prenant 39°,2 comme température moyenne du chien, avec des oscillations normales de 38°,2 à 40°,2.

β. **Lapins.** — En réunissant 232 observations, nous avons trouvé une moyenne de 39°,55, avec un maximum de 40°,8 et un minimum de 38°,3.

La moyenne est donc un peu plus élevée que pour le chien.

Cette moyenne est soumise à des variations importantes, et nous pouvons assez bien connaître les causes qui la modifient.

C'est d'abord la température extérieure. Pour trente températures d'été chez le lapin, j'ai trouvé un chiffre moyen de 40°.

En changeant la nature de la fourrure, c'est-à-dire en rasant des lapins, on peut facilement constater l'influence du pelage. Dans une série de 23 expériences, j'ai trouvé pour des lapins à fourrure normale une température moyenne de 39°,70, et, pour des lapins rasés, 39°,10; soit un excès notable de 0°,60 en faveur des lapins pourvus de leur toison épaisse.

Il est à remarquer que, pour suffire à cette déperdition plus active de calorique, les jeunes lapins rasés ont besoin d'une alimentation plus abondante. Or, malgré cette consommation plus grande d'aliments, ils diminuent de poids, au lieu d'augmenter comme font les lapins intacts.

A ce propos, il n'est pas inutile d'indiquer combien peut être importante l'influence du climat sur le pelage des divers animaux. BRACE a rapporté des faits intéressants dans une communication à la Société d'agriculture de Lyon (1882). Tous les animaux perdent leur pelage au moment de l'été. Quand l'hiver arrive, ils reprennent un poil long et touffu. La toison du renne, très épaisse en hiver, tombe en été; un voyageur, CH. RABOT, affirme que la peau du renne est la meilleure fourrure contre le froid.

Les mérinos, transportés dans les régions tropicales, perdent leur toison et se couvrent de poils rares, brillants, adhérents à la peau, et qui les rendent semblables à des chèvres. Les moutons des pays chauds, ceux qui viennent du Congo, du Soudan, de l'Arabie, de Tripoli, des Indes orientales, ne portent pas de laine et sont couverts de poils rudes et secs, comme ceux des chiens courants. Parmi les animaux des pays tropicaux, il n'y a guère que le tapir de Bolivie qui ait des poils. L'éléphant, le rhinocéros, l'hippopotame, le buffle ont la peau nue. Les chameaux prennent en hiver de longs poils qui tombent en été. Or il y a des espèces de chameaux et de dromadaires qui vivent à l'état sauvage dans les montagnes du Thibet, et même dans les plaines sibériennes, où le froid est parfois extrême, et où la neige reste sur le sol une grande partie de l'année. Ceux-là sont pourvus de poils abondants. Il en est de même du lama et de la vigogne qui habitent les régions froides des Cordillères.

Il est donc permis de conclure qu'un caractère tout extérieur, comme la fourrure, peut exercer une action considérable sur l'état physiologique des animaux. L'influence peut être grande d'une élévation de température organique d'un degré seulement sur la nutrition et sur les fonctions vitales essentielles. Or c'est ce que fait assurément le plus ou moins d'épaisseur de la toison.

Ainsi, à propos de la température du lapin, se vérifie ce que nous disions à propos de la température du chien, à savoir que ce que l'on appelle *température constante* n'est pas réellement un phénomène constant, mais bien un phénomène qui varie avec les conditions dont il dépend. Ces variations, il est vrai, ne s'exercent que dans des limites assez étroites.

γ. **Cobayes.** — En réunissant 119 observations sur le cobaye, nous avons trouvé une moyenne de 39°,2, avec un minimum de 37°,8 et un maximum de 40°,5.

Ce chiffre est très différent de la moyenne trouvée par COLASANTI qui admet un chiffre de 37°1, évidemment dû à une mensuration défectueuse (1877). RUMPF et FINKLER (1882) ont montré que la température des cobayes devait être prise assez profondément dans le rectum.

δ. **Moutons.** — D'après RAILLET (*Mém. de l'Acad. de Toulouse*, 1883, 101), sur 35 observations, la moyenne a été de 39°,52. METSCHNIKOFF a donné aussi 60 températures de moutons. Le matin à dix heures, la température moyenne a été de 39°,68, avec un maximum de 40°,1 et un minimum de 39°,3. Le soir, à six heures, la moyenne a été de 39°,9 avec un maximum de 40°,5 et un minimum de 39°,2 (en août). Sur dix moutons, G. CAPPELLETTI a trouvé 39°,37 (1882).

Admettons donc un chiffre moyen de 39°,6.

ε. **Porc.** — D'après des expériences de GLEY et RONDEAU, j'ai donné le chiffre de 39°,7 moyenne de 13 observations. La température, il est vrai, était prise dans le sang (jet de sang des carotides coupées). A. KOCH, cité par TEREG (1892), donne des chiffres de 38°,5 à 40°. Nous admettrons donc le chiffre de 39°,7.

η. **Chat.** — La température du chat se rapproche de celle du chien. EDELBERG (1880) a trouvé dans 8 observations une moyenne de 39°; ce qui concorde avec 38°,8, moyenne de 5 autres observations de DAVY, DUMAS, DESPRETZ. A vrai dire, les chats sont assez peu dociles pour qu'il soit très difficile, pour ne pas dire impossible, de prendre la température rectale d'un chat, si on ne l'a pas chloroformé, ou au moins attaché. Ce qui dans l'un et l'autre cas, modifie notablement les conditions de l'expérience.

θ. **Bœuf.** — Sur le bœuf COLIN a trouvé dans le cœur droit (16 observations) une température moyenne de 39°,7, avec un maximum de 40°,7 et un minimum de 37°,7. ROBERTSON (cité par TEREG, 1892) a trouvé pour le veau le chiffre moyen de 38°,9. ARLOING fournit quatre chiffres dont la moyenne est 39°,55. Sensiblement la moyenne générale est 39°,5.

ι. **Cheval.** — D'après 54 observations de COLIN, la température, prise dans le cœur droit, a été de 37°,4. Sur 24 chevaux convalescents de la fièvre typhoïde, PALAT a trouvé 37°,8 (cité par SERVOLES, 1882). STRECKER, cité par TEREG (1892), sur 150 chevaux de cavalerie, a trouvé une moyenne de 37°,9, avec une oscillation quotidienne tout à fait négligeable. FÖHRINGER (cité par TEREG) a trouvé sur 100 chevaux de cavalerie, 37°,9 à l'étable; 37°,4 au bivouac. Le maximum dans ces divers cas a été de 38°,6, et le minimum de 37°.

La moyenne de ces 328 observations est de 37°,71; chiffre qu'a trouvé aussi récemment TANGL (1893) dans deux observations.

Les ânes ont sans doute la même température que les chevaux.

Températures d'autres mammifères. — Voici, résumées en un tableau, les températures de divers autres mammifères : c'est plutôt par curiosité que comme documents très authentiques que nous les donnons ici.

	OBSERVATIONS.	MOYENNE. Degrés.	D'APRÈS
Renard	14	39,2	PARRY.
Chèvre	6	39,3	DAVY, PRÉVOST et DUMAS, CH. RICHET.
Rat	2	38,4	DAVY, GLEY et RONDEAU.
Souris	1	38,0	ADAMKIEWICZ.

OBSERVATIONS.		MOYENNE.	D'APRÈS
Lièvre.	7	39,7	DAVY, PARRY, CH. RICHET.
Écureuil.	2	38,8	DAVY, CH. RICHET.
Élan	1	39,4	DAVY.
Chacal	1	38,3	DAVY.
Hérisson	1	35,5	KREHL.
Tigre	1	37,2	DAVY.
Panthère	1	38,9	DAVY.
Ichneumon . . .	1	39,4	DAVY.
Loup	1	40,5	PARRY.
Coati	1	38,8	CH. RICHET.
Lapin de garenne.	4	40,3	CH. RICHET.
Lamantin	1	40,0	MARTINS.
Baleine	1	38,8	SCORESBY.
Marsouin	2	36,6	DAVY, BROUSSONNET.

Nous empruntons ces chiffres à nos observations personnelles, à GAVARRET (1855) et au traité classique de H. MILNE-EDWARDS.

En voit qu'ils oscillent autour du chiffre de 39°; car il y a quelque raison de douter que DAVY ait pris correctement la température du tigre.

x. **Monotrèmes.** — Les monotrèmes constituent une exception remarquable. Alors que tous les mammifères ont une température supérieure à 37°, ils semblent avoir une température inférieure à 30°. Cela a été constaté d'abord par MIKLOUKO MACLAY (1883), puis vérifié de nouveau par R. SEMON dans un travail intéressant (1895).

Nous donnons ici la liste complète de ces onze observations.

	TEMPÉRATURE du cloaque.	TEMPÉRATURE péritonéale.	TEMPÉRATURE extérieure.
	Degrés.	Degrés.	Degrés.
Echidna aculeata, var. typ.	26,5	29,0	21,5
—	29,5	31,5	22,0
—	30,5	»	18,0
—	31,5	»	18,0
— jeune.	31,0	»	24,0
— jeune.	34,2	»	22,5
—	34,0	36,0	31,5
—	28,3	30,0	»
—	»	26,9	20,0
Ornithorhynchus paradoxus	24,4	»	20,0
—	25,2	25,2	23,0

Ainsi la moyenne de ces 11 observations nous donne une température cloacale inférieure à 30°; alors que cependant la température extérieure dépassait 20°.

Il y a là une exception intéressante dans le groupe des animaux homéothermes, et il semble que, par leurs fonctions physiologiques, comme par leur constitution morphologique, les monotrèmes fassent la transition entre les vertébrés supérieurs et les vertébrés inférieurs. A ce sujet, il y aurait là, assurément, d'intéressantes expériences à faire. Rappelons qu'à ce propos QUINTON (1896) a émis des idées ingénieuses, bien qu'extrêmement hypothétiques, sur la relation de la température des êtres et leur développement phylogénique.

λ. **Singes.** — En laissant de côté deux observations très défectueuses de DAVY et de PRÉVOST et DUMAS, nous avons quelques mensurations thermométriques de COUTY, de E. ARUCH (1888), de LEFÈVRE (1894) et de moi, inédites.

La moyenne de ces 25 observations, dont 17 sont dues à ARUCH, 5 à COUTY, 2 à moi, et 1 à LEFÈVRE, donne 38°,3, avec un maximum de 39° (cercopithèques) et un minimum de 37°,2 (cercopithèques). La moyenne des chiffres de ARUCH est 38°,3, celle de COUTY est 38°,1. Sur deux *Macacus sinicus* j'ai eu 38°,3 et 38°,4.

Résumé. — Nous pouvons donc, en résumé, dresser le tableau suivant, qui, à quelques nuances près, peut être considéré comme à peu près définitif.

	Degrés.
Porcs	39,7
Moutons	39,6
Bœufs	39,5
Lapins	39,5
Chiens	39,2
Cobayes	39,2
Singes	38,3
Chevaux	37,7
Monotrèmes	36,0

Température de l'homme. — La température de l'homme est variable, plus encore peut-être que celle des animaux, de sorte que, suivant l'heure de la journée à laquelle les observations seront prises, cette température va être différente. Donc il faudrait, pour bien faire, donner non la moyenne totale, mais la moyenne des maxima et des minima.

Toutefois le chiffre moyen, tel que veulent le donner divers auteurs, est important à connaître. C'est un point fixe, une sorte d'axe autour duquel viennent osciller les variations physiologiques.

Dans une série de nombreuses expériences JÜRGENSEN avait donné un chiffre résultant de 11 000 observations thermométriques; mais il a lui-même reconnu (1873) son erreur. Le chiffre moyen 37°,87, qu'il avait obtenu, était trop élevé de 0°,7; de sorte que c'est 37°,17 qu'il faut adopter pour moyenne générale. Dans une autre série d'expériences, il a trouvé pour la moyenne diurne 37°,34 ; pour la moyenne nocturne 36°,91. Les maxima et minima absolus, dans l'état de santé et de repos, ont été 36°,2 et 37°,7.

JAGER (1881), prenant la température sur onze personnes normales, a trouvé un chiffre moyen de 37°,13, qui concorde bien avec le chiffre 37°,17, de JÜRGENSEN.

OERTMANN a trouvé sur lui-même 37°,19 (température de l'urine).

Un observateur attentif m'a donné la relation de cent vingt-trois mesures prises sur lui-même (température axillaire); la moyenne générale a été de 37°,05 (moyenne diurne 37°,25: moyenne nocturne 36°,85), température maximum 37°,90, température minimum 36°,90.

WUNDERLICH admet pour la température rectale une moyenne de 37°,35.

En prenant avec GLEY et RONDEAU la température de l'urine, nous avons trouvé sur nous-même un maximum de 37°,35 (4 heures) et un minimum (9 heures du soir) de 36°,4. MANTEGAZZA a trouvé pour la température de l'urine, sur 241 observations, le chiffre moyen de 37°,2.

On peut donc, sans faire de plus amples recherches, admettre pour la température moyenne, soit rectale, soit de l'urine, le chiffre de 37°,15. Mais ce n'est pas cette mesure qui est intéressante. Ce qui importe, c'est de connaître les minima et les maxima, et les périodes ou variations quotidiennes.

Variation quotidienne de la température de l'homme. — Les maxima, à condition qu'on tienne compte des accidents fébriles possibles, ou d'un travail musculaire tant soit peu exagéré, n'atteignent presque jamais 38°. Le chiffre de 37°,7 est assez communément observé. Mais 37°,8, et surtout 37°,9 deviennent tout à fait rares. Enfin 38° est déjà une température, soit légèrement fébrile, soit très passagère, due à un exercice musculaire quelconque.

En revanche, les maxima peuvent descendre très bas, même sans autre cause appréciable que le sommeil et le repos. BILLET, cité par LORAIN (1877), a trouvé 36°,1. E. GLEY, ayant pris sa température rectale, à trois heures du matin avec un excellent thermomètre gradué en cinquantièmes de degré, a trouvé une fois 35°,65. FOREL (1874) a trouvé 36°,44. WILLIAM OGLE, 36°,1. BÄRENSPRUNG, 36°,3. LADAME (1866) a trouvé une fois sur lui-même 35°,6, après une transpiration abondante.

Le chiffre moyen des minima paraît donc être voisin de 36°,3; comme le chiffre moyen des maxima voisin de 37°,8, et la moyenne des moyennes paraît être pour les températures centrales voisine de 37°,15. On ne fera à coup sûr qu'une très faible erreur en adoptant ce chiffre.

L'écart maximum est donc en général de 1°,5; quoique dans certaines conditions il puisse atteindre 2°. Mais le plus souvent l'écart n'est que de 1°, et la température de l'homme oscille entre 36°,5 et 37°,5.

La figure suivante, résultant de la fusion des divers chiffres obtenus par les nombreux observateurs mentionnés plus haut, indique les périodes nyctémérales de cette variation. Le maximum a lieu vers trois heures et demie de l'après-midi. A partir de ce moment la température varie constamment jusqu'à trois heures et demie du matin. Alors elle se relève avec la même régularité qu'elle s'était abaissée, passant ainsi de 36°,45 à 37°,35 dans le cours des vingt-quatre heures. Si les chiffres sont un peu plus bas que ceux que nous indiquions précédemment, c'est que nous avons tenu compte, dans la construction de cette courbe, des températures axillaires.

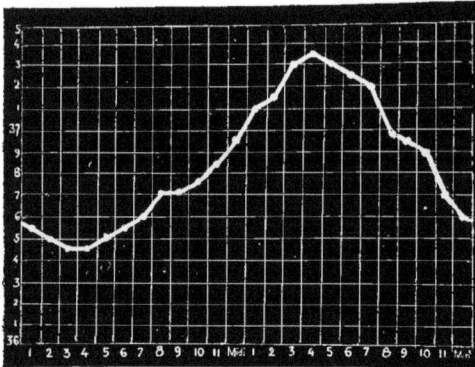

Fig. 10. — Courbe thermique moyenne quotidienne de l'homme.
Cette courbe est la résultante de nombreuses mensurations; elle représente la moyenne (plutôt rectale qu'axillaire). C'est un type qu'on peut adopter comme très général. Maximum, 37°,35 à 4 heures du soir; minimum, 36°,45 à 4 heures du matin. Écart moyen 0°,9.

Pourquoi cette variation diurne?

Remarquons d'abord qu'elle n'est pas spéciale à l'homme. Elle se constate chez les animaux. Martins l'a observée chez les canards ; Chossat, chez les pigeons, ainsi que Corin et Van Beneden. Liska a trouvé chez les chevaux les variations suivantes:

	5 H. MATIN.		1 H. P. M.		7 H. P. M.	
	min.	max.	min.	max.	min.	max.
Quatre chevaux de trois ans	37°,7	38°,0	37°,8	38°,1	37°,7	38°,2
Trois poulains de six mois. . . .	38°,2	38°,4	38°,3	38°,6	38,°3	38°,6

Pourtant il faut bien reconnaître que la variation diurne est probablement moins marquée chez les animaux que chez l'homme où elle acquiert une grande intensité.

Il y a là un problème bien intéressant et difficile à résoudre. Nous voyons tout de suite que ce n'est pas l'alimentation, puisque le repas du soir (6 ou 7 ou 8 heures du soir) n'empêche pas la température de tomber, quoi qu'en ait dit Maurel (1884).

L'expérience suivante démontre le fait de la manière la plus rigoureuse; elle est due à Jürgensen, qui a fait jeûner pendant vingt-huit heures un de ses sujets en expérience et a pu, au bout de ce long jeûne, constater à peu près les mêmes températures que dans les conditions ordinaires, c'est-à-dire la courbe ascendante normale de la journée, avec un maximum de 37°,4 à 7 heures du soir. Le lendemain, après cinquante heures de diète, la température de la journée s'est élevée à 37°,6.

Ce n'est pas non plus évidemment la température extérieure; car le milieu thermique change constamment et irrégulièrement dans les conditions très diverses de vie que nous menons.

Est-ce l'activité musculaire? Certes, le mouvement n'est pas sans influence. D'après Debczynski (cité par Rosenthal, 1879), le travail de nuit produirait une sorte d'inversion de la courbe, chez les boulangers par exemple.

Mais à cette observation, qui aurait sans doute besoin d'être répétée dans de nouvelles conditions, on peut faire quelques objections. U. Mosso (1888) a essayé sur lui-même d'intervertir la variation nyctémérale, en travaillant la nuit et en dormant le jour; il n'est arrivé qu'à bouleverser le rythme régulier, à produire une sorte d'élévation anormale le matin, sans abaisser la température de la journée. De plus, si réellement il s'agissait d'activité musculaire, comment expliquer qu'à neuf heures du matin, par exemple, alors que l'activité musculaire est tout aussi grande qu'à trois heures de l'après-midi, il y ait une différence en moins de 0°,6. Est-ce que le travail musculaire cesse à 4 heures? Et ne reste-t-on pas actif parfois jusqu'à 10 heures du soir?

Il me paraît nécessaire d'introduire un élément particulier. Ce n'est pas tant la production de chaleur qui change que le niveau auquel le système nerveux maintient l'équilibre de l'organisme. Le matin (4 heures), notre organisme se règle à 36°,5. Le soir (4 heures), notre organisme se règle à 37°,5. Suivant l'heure, ce niveau régulateur se modifie, et alors il faut chercher la cause de cette modification non pas tant dans les conditions thermogènes (alimentation, travail musculaire) que dans les conditions de régulation. Ainsi il me paraît bien évident que le système nerveux traverse, dans le cours d'une période de vingt-quatre heures, des phases d'excitation et de dépression, qui se traduisent par un niveau variable de régulation thermique.

De même qu'il y a une période de veille et une période de sommeil pour l'activité musculaire et la vie psychique, de même il y a pour la vie organique une période de veille et une période de sommeil qui ne coïncident pas exactement avec la veille et le sommeil des activités psychique et musculaire, encore que ces deux éléments exercent une notable influence sur l'activité organique.

Il existe, pour ainsi dire, une sorte de fièvre normale, qui commence le matin et qui finit le soir, et qui se traduit par une élévation thermique d'un degré environ. On pourrait aussi bien dire qu'il existe une sorte d'hypothermie normale, qui commence le soir et qui finit le matin.

Le rythme de cette oscillation quotidienne est d'une constance remarquable. Quelles que soient les latitudes, les températures extérieures, les habitudes d'alimentation, ce rythme est le même : il dépend probablement du système nerveux de l'homme, qui ne peut être constamment, dans une période de vingt-quatre heures, également surexcité, et qui doit se reposer après avoir été actif pendant quelques heures.

On comprend facilement que le milieu de la journée, trois ou quatre heures de l'après-midi, soit le moment de ce maximum d'activité nerveuse; car c'est alors que toutes les excitations, comme la lumière, le bruit, l'activité psychique, l'activité physique, sont à leur maximum. Alors le système nerveux, ainsi surexcité, produit son maximum de chaleur. Mais cet effort l'a épuisé. Aussi, à partir de ce moment, la production calorique va-t-elle en diminuant.

A vrai dire, c'est dans la régulation thermique, qui s'opère à un niveau variable, plutôt que dans la production plus ou moins grande de chaleur, que consiste cette variable excitabilité du système nerveux.

Influence de l'alimentation. — On peut admettre qu'elle est faible. Car la variation diurne de la température chez l'homme ne suit nullement l'ingestion alimentaire plus ou moins abondante. Le repas de 7 heures, souvent plus copieux que celui de midi, n'empêche pas la température de descendre régulièrement à partir de 3 h. 30, et de 4 heures. De même l'absence d'un repas à midi n'empêche pas la température de monter.

Mais la thermométrie et la production de chaleur ne sont pas absolument parallèles. Après le repas, il se fait assurément, comme L. Fredericq et d'autres physiologistes l'ont constaté, des combustions chimiques actives; mais la radiation augmente en proportion, de sorte que le niveau thermique reste le même. Au fond il importe assez peu qu'il y ait des combustions plus ou moins actives, puisque le défaut ou l'excès de ces combustions sont corrigés par le défaut ou l'excès de dépense. Après le repas, il y a, comme le dit Fredericq un gaspillage de carbone et de chaleur, sans que le niveau thermique soit par cela même modifié.

Chez les individus en état de jeûne, même après un très long jeûne, la température ne se modifie qu'à peine. Le tableau dressé par L. Luciani (fig. 1 a, p. 30, 1889) montre qu'au trentième jour de son jeûne Succi avait les mêmes variations nyctémérales qu'à l'état normal (entre 36°,5 et 37). Sur Merlatti, d'après Monin et Maréchal (1888), il a été constaté que le quarante-troisième jour du jeûne la température était de 36°,8 : le minimum atteint a été 36°,5.

Chossat, dans ses expériences sur le pigeon, n'a trouvé, dans les cinq premiers jours de jeûne, qu'une différence (moyenne) assez faible, soit de 0°,10 en moins par vingt-quatre heures pour les pigeons en abstinence; et Martins a trouvé pour les canards 0°,13.

Chez deux oies, Bardier, dans des expériences inédites faites à mon laboratoire, a trouvé, après douze jours de jeûne, une température de 40°, et une autre de 39°,75. Le dix-septième jour de jeûne, alors que ces deux oies, antérieurement très grasses, n'étaient pas fort malades, elles avaient perdu 35 p. 100 de leur poids, et la température était de 39°,1 et de 39°,2.

Il semble que l'influence de l'abstinence s'exerce surtout les premiers jours, ou même le premier jour, pour abaisser la température. En effet, d'après Martins, quatre canards bien nourris avaient 42°,20. Cette température a été modifiée de la manière suivante par l'abstinence.

	Degrés.
24 heures d'abstinence	41,84
48 — —	41,80
72 — —	41,91
90 — —	41,94
120 — —	41,62

Ainsi la température, après la chute un peu brusque du premier jour, se met à baisser faiblement et régulièrement, pour alors prendre un niveau qui restera à peine variable tout le temps du jeûne, jusqu'au moment fatal où, les ressources de l'organisme étant épuisées, la descente se fait rapidement. Mais cette rapide descente est le prélude de la mort, et on ne peut plus alors, par quelque alimentation que ce soit, réparer les forces de l'organisme qui va fatalement périr (Chossat).

On peut d'ailleurs se demander pourquoi l'homme et les animaux se comportent différemment. Chez les animaux, la chute de la température du premier jour est suivie, les jours suivants, d'un chute très lente, mais régulière; tandis que chez l'homme, après une chute notable le premier jour (0°,57, d'après Jürgensen), le niveau ne se déplace plus, comme on le voit, d'après les mensurations prises chez Merlatti, Tanner, Succi, Cetti. Peut-être les animaux, avec leur température de 39° ou de 42°, peuvent-ils perdre plus que l'homme, qui, ayant normalement 37°, ne dépasserait que de 1°, à 1°,5 environ les limites thermiques compatibles avec la vie.

Comparaison des températures périphériques avec les températures centrales. — La mesure de la température axillaire est sujette à de réels inconvénients, et elle a beaucoup moins de précision que la mesure de la température rectale.

En prenant la moyenne admise par quantité d'auteurs, Wunderlich, Redard, Bärensprung, Alvarenga (200 observations, en Portugal), Peradon, van Duyn (288 observations sur des idiots), Chisholm (67 observations), Billroth (200 observations), Lichtenfels, Fröhlich (161 observations), Davy, Billet, Epeky, j'ai pu établir un chiffre moyen de 36°,99, ou pour mieux dire 37°, chiffre qui est inférieur de 0°,25 au chiffre de la température rectale indiqué plus haut.

Mais cette comparaison est moins utile que la comparaison faite directement sur le même individu entre les deux températures rectale et axillaire, et nous avons à ce sujet quelques déterminations précises, même en laissant de côté les comparaisons faites chez les fébricitants; car, pour bien des raisons, les observations des médecins, prises sur des malades, ne peuvent guère nous servir pour la connaissance de la température normale.

Oertmann a trouvé, entre les températures rectale et axillaire, une moyenne de 0°,25 en faveur de la température rectale. Lorain, en huit jours de mensurations, a constaté une différence moyenne de 0°,74. Gassot (1873) a trouvé 0°,70; Redard 0°,40, et Forel, dans 15 observations, 0°,52. On doit donc admettre une différence moyenne de 0°,50 entre la température centrale et la température axillaire.

Mais les conditions extérieures doivent modifier assurément ce rapport. Il est possible que, dans les climats chauds, les différences entre les températures de l'aisselle et du rectum soient tout à fait minimes; Moty (1878) a constaté à Biskra, par des températures moyennes extérieures de 32° et 35°, que le thermomètre indiquait le même chiffre pour la main et par l'aisselle.

Il ne faut mentionner que pour mémoire les mesures de température buccale. Malgré les patientes recherches de Marcet, Forel, Vernet, Bouvier, Gassot, il semble

bien que la température buccale ne donne que des résultats insuffisants. Tantôt elle
est égale à celle du rectum, tantôt à celle de l'aisselle ; et on doit probablement rejeter
ce procédé de mensuration.

Quand la température de l'aisselle est bien prise, c'est-à-dire quand les parois de
l'aisselle enveloppent complètement le thermomètre exactement appliqué contre elles,
on ne peut dire qu'il s'agisse vraiment d'une température périphérique. C'est franchement une température centrale. Il y aurait pourtant quelque intérêt à connaître exactement les températures périphériques, c'est-à-dire celles des organes exposés à l'air.
Mais de grandes difficultés techniques s'opposent à cette mensuration, et il ne faut pas,
ce semble, considérer comme très valables les observations de LEBLOND, qui admet
32°,2 et 33°,2, pour la main, ou celles de COUTY, ou celles de ROMER. Il faudrait, pour
connaître la température périphérique vraie, employer un autre procédé de mensuration que le thermomètre appliqué sur la peau. On voit tout de suite que l'étude de la
température périphérique vraie se confond avec la calorimétrie. D'ailleurs nous y reviendrons quand nous traiterons de la topographie thermique.

Influence de l'âge. — La température du fœtus n'est pas tout à fait la même que celle
de la mère : elle est un peu plus élevée, de 2 ou 3 dixièmes de plus, que celle de l'utérus. H. ROGER a le premier constaté le fait. BÄRENSPRUNG a établi que la température du
fœtus, et par conséquent celle de l'enfant immédiatement nouveau-né, est supérieure à
celle de la mère, en moyenne de 0°,04. Sur 37 nouveau-nés, la température rectale était
de 37°,81. SCHAFFER, WURSTER, LÉPINE, cités par LORAIN (1877), ont confirmé l'opinion de
H. ROGER et de BÄRENSPRUNG. Le fait n'est point surprenant. Tous les tissus vivants, par
suite des combustions organiques interstitielles dont ils sont le siège, produisent de la
chaleur ; s'il n'y a pas de cause de refroidissement, ils ont une température supérieure à
celle du milieu environnant. Ainsi le fœtus, inclus dans les membranes, dans les liquides
de l'utérus, dont la température, à l'état normal, est d'environ 37°,5, peut parfaitement
avoir 2 dixièmes de degré en plus, légère augmentation due à sa combustion interstitielle propre. Il y a là un phénomène analogue à ce que j'ai vu chez des tortues placées
dans une étuve à 37° ; la tortue arrive d'abord à prendre la température de l'étuve, puis
elle élève cette même température de quelques dixièmes, ajoutant à la chaleur du
milieu dans lequel elle se trouve un peu de sa chaleur propre. De même le fœtus est
enfermé dans l'utérus, enceinte à chaleur constante, dont il prend la température, mais
à laquelle il ajoute quelque peu de sa chaleur propre.

La température de l'enfant a été prise au moment même de la naissance, et suivie à
partir de ce moment. C'est à H. ROGER qu'on doit les plus intéressantes observations
sur cette question. Au moment de la naissance, la température axillaire de l'enfant est
plus élevée que celle de la mère. Ainsi H. ROGER a constaté :

TEMPÉRATURE AXILLAIRE.	
de l'enfant.	de la mère.
37°,75	36°,75
36°,75	36°,25

ANDRAL a confirmé ce fait. Il a trouvé, au moment de la naissance, la première minute, 38° (moyenne de 6 observations) ; une demi-heure après, 37°,6 (moyenne de 6 observations) ; environ 10 heures après, 37°,05 (moyenne de 5 observations).

Conformément à ce qu'avait pensé H. ROGER, ANDRAL a prouvé que la cause de cette
élévation de la température du nouveau-né est que la température du fœtus, nécessairement en équilibre avec celle de l'utérus maternel, s'augmente de la chaleur résultant des combustions propres à l'organisme fœtal même. C'est ce que l'expérience a d'ailleurs démontré.

	TEMPÉRATURE	
	de l'utérus.	de l'enfant.
1er cas.	38°,7	38°,3
2e —	38°,5	38°,4
3e —	38°,3	38°,1
4e —	37°,9	36°,7

On arriverait donc aux chiffres suivants pour la température du nouveau-né :

	Degrés.
D'après ROGER	37,75 (aisselle)
— ANDRAL	38,9
— BARENSPRUNG.	37,81
— WÜRSTER.	37,41
MOYENNE : 37°,75, ou, pour simplifier, 37°,8	

Mais après la naissance, il se produit un autre phénomène, c'est le refroidissement rapide de l'enfant. Nous verrons plus loin que cette inaptitude du nouveau-né à maintenir sa température paraît être générale à tous les homéothermes, et elle autorise à faire du nouveau-né, au point de vue physiologique, un être spécial, à demi homéotherme, à demi poikilotherme.

En somme, quelques jours après la naissance, la température de l'enfant est à peu près la même que celle de l'adulte, après avoir été primitivement un peu plus élevée.

La température des vieillards ne diffère pas sensiblement de celle de l'adulte. CHARCOT admet qu'elle est de 37°,2 à 37°,5 dans le rectum. Chez une centenaire, bien portante, il a trouvé 37°,1 dans l'aisselle et 38°,0 dans le rectum (?).

Sur trois vieillards, âgés de 80, de 76 et de 75 ans, MOSSÉ et DUCAMP ont trouvé dans 150 observations une différence moyenne de 0°,45 entre la température axillaire et la température rectale : mais leurs chiffres sont faibles, 36°,32, dans l'aisselle le matin ; 36°,46 le soir ; 36°,80 dans le rectum le matin, et 36°,95 le soir. HELYVACK (1891) a trouvé aussi que la température des gens très âgés était inférieure de quelques dixièmes de degré, à la température des individus d'âge moyen.

DAVY, cité par LONGET, a trouvé chez des vieillards de 87 à 95 ans, 36°,84 ; et à Ceylan, chez un vieillard âgé de 100 ans (?), 35° (?).

Influence du sexe. — L'influence du sexe sur la température paraît être à peu près nulle. H. ROGER a trouvé sur 10 garçons une température moyenne de 37°,107, tandis qu'il a trouvé sur 14 filles une moyenne de 37°,191 ; la différence serait donc de 0°,084. On peut objecter qu'à cet âge les caractéristiques sexuelles sont encore peu marquées. Mais chez l'adulte il ne semble pas qu'on ait constaté de différences bien nettes selon le sexe.

D'après WUNDERLICH, la menstruation élève de quelques dixièmes de degré (0°,3) la température et ainsi paraît déterminer une sorte d'état fébrile. C'est aussi ce que RIEHL a constaté, surtout pour la période prémenstruelle.

L'observation des animaux, relativement à cette influence supposée du sexe, donne des résultats négatifs. Chez les chiens et les lapins, autant que nous pouvons en juger, d'après le relevé des températures que nous avons prises, et, quoique nous n'ayons pas fait de recherches spéciales sur ce point, le sexe n'influe pas sur la température. — Toutefois MARTINS a trouvé pour 50 canards une température moyenne de 41°,95 et pour 60 canes une moyenne de 42°,264, supérieure par conséquent à celle des mâles de 0°,349. La différence est assez notable.

Influence de la race. — On peut résumer les études faites à ce sujet en disant que l'influence de la race est à peu près nulle. Une différence pourtant a été constatée entre les températures des nègres, indiens, malais, d'une part, et celle des Européens de l'autre ; mais il paraît à peu près certain aujourd'hui que ces différences, ne dépassant pas d'ailleurs 0°,5, tiennent au climat, et non à la variation ethnologique. CHRISHOLM et CHALMERS ont soutenu que la température dans les pays chauds était la même chez les Indiens et les Anglais. LIVINGSTONE avait dit la même chose pour les nègres, et FURNELL, médecin de l'hôpital de Madras, partage l'opinion de CHRISHOLM et de CHALMERS. Il est vrai que DAVY, qui fut un des premiers à s'occuper de cette intéressante question, avait dit que la température varie avec la race, augmentant de quelques dixièmes de degré, au fur et à mesure qu'il s'agit d'une race humaine plus tropicale.

JOUSSET (1881), résumant tous les travaux de ses prédécesseurs, a vu que, dans les races africaines (15 nègres sénégambiens, 10 nègres du Congo, 14 nègres et mulâtres de la Martinique), la température axillaire moyenne oscille entre 37°,70 et 37°,80, pouvant aller au delà de 38° et descendre à 27°,4. Dans les races asiatiques (52 Hindous, 15 Cochinchinois, 10 Chinois), il a trouvé une moyenne oscillant entre 37°,60 et 37°,90, pouvant aller jusqu'à 38°,50 et descendre à 37°,20. Ils semblent donc se comporter à peu près comme les Africains. Bien entendu, JOUSSET a fait ses observations à divers moments de la journée et à diverses saisons; de sorte qu'il est en droit de conclure, ce semble, que la température des hommes des races tropicales, à quelque moment du jour et de l'année qu'on la prenne, est un peu plus élevée que celle de l'homme des régions tempérées.

Mais cette proposition n'est plus vraie si l'on prend la température de l'Européen aux tropiques; car alors les chiffres ressemblent singulièrement à ceux des Indiens ou des nègres, comme l'indique le tableau suivant, dû à JOUSSET.

HOMMES DE RACE TROPICALE

	Degrés.
Hindous.	37,85
Cochinchinois	37,60
Chinois	37,85
Nègres du Sénégal.	37,70
— du Congo	37,80
— des Antilles.	37,80

EUROPÉENS

	Degrés.
Marins observés au Sénégal	37,75
— aux Antilles.	37,70
Soldats observés	37,75
Fonctionnaires à Chandernagor.	38,16

C'est du reste à ce résultat qu'arrive MAUREL. La moyenne obtenue sur l'Européen vivant dans les pays chauds est alors 37°,50 (MAUREL l'établit en réunissant des chiffres pris à la Guyane et aux Antilles), et non plus 37°. Or MAUREL trouve sur des Hindous une moyenne de 37°,44, alors que les observations qu'il faisait en même temps sur l'Européen lui donnent une moyenne de 37°,30, soit seulement une différence de 0°,14 en faveur des Hindous. Sur 10 mulâtres ou nègres, qu'il a observés pendant huit jours, matin et soir, il a trouvé une moyenne de 37°,44, tandis que des Européens, dans des conditions identiques, lui ont fourni une moyenne de 37°,66 : c'est une différence de 0°,22 à l'avantage des derniers. D'ailleurs DAVY avait déjà vu à Ceylan, sur des nègres, la température extérieure étant de 24° à 25°, que les températures axillaire et buccale étaient de 37°,15 à 37°,22, tandis que celles d'Européens étudiés en même temps allaient à 37°,33.

En somme, de ces mesures, on ne peut guère conclure qu'une chose : c'est que la température des hommes de différentes races, à supposer que tous soient placés dans les mêmes conditions de milieu, est sensiblement la même.

De récents travaux, ceux de GLOGNER (1891) et de EIJKMAN (1893) ont confirmé cette non-influence de la race, en même temps qu'ils ont établi que le climat tropical exerce une légère action sur la température, surtout, comme le fait remarquer GLOGNER, sur la empérature du matin qui, avant dix heures, atteint son maximum, alors que dans les climats tempérés le maximum n'est atteint qu'au milieu de la journée.

Influence du climat et de la température extérieure. — Ce que nous venons de dire suffit pour prouver que l'élévation de la température extérieure augmente de quelques dixièmes de degré la température de notre corps.

Malheureusement presque toutes ces mesures portent sur la température buccale, difficile à prendre, et très variable.

Au contraire, la température du rectum semble varier beaucoup moins que les températures superficielles. EYDOUX et SOULEYET n'ont trouvé que 1° de différence pour 40° dans la température extérieure soit au cap Horn, 0°, et près du Gange, à Calcutta, + 40°. BROWN-SÉQUARD, prenant la température buccale, pour une différence extérieure de 23°, a trouvé une différence physiologique de 1°,25.

J. DAVY, en 1811, dans un voyage qu'il fit d'Angleterre à Ceylan, note une élévation progressive de la température chez les hommes de l'équipage, à mesure que l'on appro-

chait des régions chaudes. La différence entre la température humaine à Londres et la température humaine à Ceylan a été alors de 1°,93 en moyenne. Dans d'autres observations prises sur lui-même, il a constaté que, pour une différence dans la température extérieure de 12°,3, la buccale augmente de 0°,9. RAYNAUD a observé une variation de 0°,43 dans la température buccale pour une variation extérieure de 18°. Antérieurement, EYDOUX et SOULEYET, dans un voyage à Rio-Janeiro, observant la température rectale sur dix personnes différentes, étaient arrivés à un résultat analogue. BROWN-SÉQUARD, prenant, comme DAVY, la température buccale, dans le cours d'un voyage aux Antilles, a relevé sur huit personnes de dix-sept à quarante-cinq ans les chiffres suivants :

	TEMPÉRATURE extérieure.	Moyenne.
En France, au Havre.	8°	36°,62
8 jours après le départ.	25°	37°,42
17 jours après, sous l'Équateur	29°	37°,50
6 semaines après.	29°	37°,23

MANTEGAZZA, prenant la température de l'urine pendant une traversée de l'Atlantique confirme encore ces recherches. Le minimum, dans ses 241 observations, a été de 36°,4 en février, et le maximum, de 37°,95 en juillet, cette différence de 1°,55 correspondant à une différence dans le milieu extérieur de 28°,5.

JOUSSET (1884) a vu la température (axillaire?) augmenter de 1°,7, quand le milieu ambiant, à la traversée de l'isthme de Suez, avait crû de 20 à 33°. Au milieu de la mer Rouge, au moment d'une tempête de sable, par une atmosphère embrasée, la température de la main était presque à 39°; celle de la bouche, primitivement de 37°,5, s'était élevée à 39°,2. Le même observateur a trouvé sur cinq Européens vivant à Chandernagor une moyenne de 38°,16, par une température extérieure très élevée et fort sèche. En résumé, pour JOUSSET, dont les mesures ont porté sur cent dix sujets, la moyenne de la température dans les régions chaudes oscille entre 37°,6 et 38°,2, alors que la moyenne dans les pays tempérés est comprise entre 36°,6 et 37°,4. — Comme contre-épreuve, sur cinq sujets qui avaient à la Martinique une moyenne de 37°,92 pendant la saison chaude et de 37°,88 pendant la saison fraîche, JOUSSET a vu la température descendre à 37°,80, quand ils quittèrent les régions chaudes pour revenir en Europe; lorsque la température extérieure ne fut plus que de 17°, leur température axillaire tomba à 37°,21.

Nous devons cependant citer des observations qui contredisent quelque peu les précédentes. BOILEAU dit qu'aux tropiques la moyenne de la température axillaire est entre 36°,67 et 37°,29, c'est-à-dire la même qu'en Europe. MAUREL (1884) rapporte un certain nombre d'observations faites à la Guyane et à la Guadeloupe, qui lui ont donné, comme moyenne de la température axillaire, 37°,384. Et, à l'appui, il cite GUÉGUEN, qui a aussi trouvé à la Guadeloupe la moyenne 37°,3. Par conséquent la température de l'Européen dans les pays tropicaux ne serait supérieure à la moyenne observée dans les pays tempérés que de quelques dixièmes.

D'après LÖW (1878), en Californie, par une température extérieure énormément élevée (47°,5), l'élévation de la température du corps était de 0°,5 à 0°,6 au-dessus de la normale; pour la faire monter de 1°,2, il fallait un exercice musculaire un peu prolongé.

Ainsi l'influence du milieu sur la température est très réelle, surtout quand il s'agit de la température buccale ou axillaire. Combien de médecins, d'ailleurs, même en Europe, ont pu la constater! Les médecins norvégiens ne donnent-ils pas comme moyenne normale le chiffre de 36°,4, tandis que les médecins italiens donnent 37°,3? ALVARENGA n'a-t-il pas trouvé au Portugal une moyenne plus élevée de quelques dixièmes (37°,22 sous l'aisselle) que celle des médecins anglais ou allemands? Que si l'on compare ce chiffre de 37°,22 à celui qu'a obtenu COMPTON en Écosse, c'est-à-dire dans un pays froid et humide, on constatera presque 1° de différence.

DAVY a vu, par un froid très vif, sa température s'abaisser à 35°,9. STAPFF a vu par un froid de — 5° sa température buccale à 34°,17; dix minutes après, dans une chambre assez chaude, elle s'était élevée à 36°,22.

FOREL, ayant déterminé sa température normale (rectale) moyenne T aux différentes saisons de l'année, a cherché à savoir quelle était la différence de cette température moyenne T avec telle ou telle température spéciale à divers moments de l'année. Soit t la température observée,

$$t - T = t'$$

t' représentera la différence entre telle ou telle température spéciale et la température moyenne. Il a trouvé alors que, de septembre à mars, $t' = -0°,12$, tandis qu'en juillet et août $t' = +0°,5$. Il y a donc d'après Forel, une très légère augmentation avec la température extérieure.

Gresswell a pris sur divers passagers et sur lui-même, durant un voyage fait autour du monde, sur un navire à voiles, de très nombreuses températures (buccales). Il a constaté, d'abord que la courbe quotidienne thermique est, à toutes les latitudes et par tous les climats, à peu près la même ; cependant, dans les climats chauds, l'élévation thermique diurne commence de meilleure heure et dure un peu plus longtemps que dans les climats froids. Il a trouvé aussi, comme Stapff, que, par un froid vif, la température buccale peut descendre à 34°,7.

Il est clair d'ailleurs, *a priori*, que la température extérieure modifie notre température propre, puisqu'elle peut, lorsqu'elle est trop longtemps très chaude ou très froide, nous faire périr de chaleur ou de froid. Mais nous ne faisons allusion ici qu'aux températures assez modérées pour que l'homme puisse y vivre. Il est établi par les preuves que nous venons de donner, qu'il peut vivre en bonne santé avec quelques dixièmes de degré en plus ou en moins. La régulation se fait à un niveau quelque peu différent, en plus ou en moins, du niveau normal ; mais elle se fait tout de même, et l'organisme peut vivre, sans inconvénients apparents, pendant un temps assez prolongé, à cette température organique qui diffère un peu de la température dite normale.

Influence des bains. — Nous devons ici joindre à cette influence de la température extérieure l'influence des bains et des douches ; mais dans ce cas la soustraction de chaleur est telle que l'on ne peut guère assimiler ce qui se produit alors à la déperdition de la chaleur ayant lieu en milieu atmosphérique très froid.

Malheureusement cette étude a été faite surtout à l'aide de mensurations de températures périphériques, ce qui enlève quelque valeur aux recherches de Delmas (1883), Aubert (1883), Bottey (1888), Roland (1894) ; et c'est au point de vue médical plutôt qu'au point de vue physiologique que la question a été traitée.

Cependant Aubert, en mesurant la température rectale, a trouvé que des bains d'une demi-heure, dans l'eau de mer, abaissaient la température de 0°,3 ; et que des bains d'une heure l'abaissaient de 0°,6. Delmas, en observant la température périphérique, a constaté pendant la réaction qui suit la douche ou le bain froid un abaissement qui va quelquefois jusqu'à 1° ; ce qui tient, selon toute vraisemblance, au refoulement du sang périphérique dans les parties centrales. L'anémie cutanée entraînerait alors une diminution de la température périphérique.

D'après Bottey, la douche abaisse moins que le bain : et il donne les chiffres suivants (p. 22). Pour une immersion de 3 à 10°, l'abaissement (température buccale) est de 0°,40 ; et, pour une douche de même durée à même température, de 0°24. Ces chiffres ne changent guère si l'immersion ou la douche durent une minute au lieu de durer trois secondes. Or, d'après les recherches d'Aubert, si le bain froid dure plus de 15 minutes, il survient un réel abaissement thermique proportionnel à la durée. On doit donc considérer cette limite de 15 minutes comme indiquant le maximum du temps pendant lequel la régulation thermique peut rester efficace.

J. Lefèvre (1895) a mesuré, pour des études calorimétriques sur lesquelles nous reviendrons, la température d'individus placés dans un bain très froid. L'eau était au début à 7°,4. La température axillaire du patient était au début de 37°,7. Elle s'est élevée assez rapidement, malgré la basse température du bain, à 37°,9 (à la onzième minute). Vingt minutes après l'immersion elle était encore de 37°,7. A partir de ce moment, elle a baissé assez vite, pour n'être plus, au bout d'une heure d'immersion, que de 36°.

Influence de l'activité musculaire. — Nous aurons plus loin l'occasion de voir l'influence prépondérante des muscles sur la production de chaleur. Actuellement il suffira d'établir comment un travail musculaire, même assez modéré, peut modifier la température de l'homme.

Davy, qui a très bien observé les effets de l'exercice musculaire, a vu sa propre température, après divers efforts (moyenne de 18 expériences), atteindre 37°,25, alors qu'à l'état normal elle était de 36°,6, et que, pendant une promenade en voiture, sans que l'air fût bien froid, elle descendait à 36°,1. D'après Jürgensen, la contraction musculaire élève d'abord la température, puis celle-ci reste constante tout le temps que dure le travail; il a vu, par exemple, la température s'élever d'abord de 1°,2, puis rester à ce chiffre. Un coureur, cité par Wunderlich, a présenté une température de 39°,5. Une marche rapide d'une demi-heure suffit pour produire une augmentation de 0°,5, d'après Obernier. Davy avait déjà noté que la température buccale, étant de 36°,7 avant la marche, montait à 37°,7 après la marche, soit de 1° par l'influence de l'exercice. Bouvier a constaté une augmentation de la température axillaire de 1°,1 en cinquante minutes après une forte marche. Forel a constaté que la marche peut élever la température de près de 2°. Gresswell a noté que, par une température extérieure de 27°,5 (à l'ombre), un enfant de douze ans, ayant travaillé quelques minutes, avait une température de 37°,8, c'est-à-dire environ 0°,5 de plus que la température normale. On doit aussi à Vernet (1885) des expériences très précises; car il mesurait simultanément les températures rectale, buccale et urinaire, et le froid était assez vif. Après avoir scié du bois, pendant 2 heures 1/2, il a trouvé sur lui-même :

TEMPÉRATURE extérieure.	TEMPÉRATURE rectale.	TEMPÉRATURE urinaire.	TEMPÉRATURE buccale.
	degrés.	degrés.	degrés.
+ 1°	38,60	38,45	38,10
— 2°	38,60	38,20	
— 4°	38,40	38,08	
+ 4°	38,35	38,30	38,30
+ 5°	38,50	38,22	38,13

De même, dans les courses à travers la neige, il a trouvé des températures de 38°,94, 38°,80 et 38°,50 (pour le rectum). Ces chiffres sont à rapprocher de ceux que Forel (1874) et Marcet (1885) ont obtenus dans des ascensions alpestres, avec un maximum de 39°,13 (Forel) et 39°,00 (Marcet); soit pendant l'ascension, soit pendant la descente.

Ainsi, même par une température extérieure très basse, l'exercice musculaire suffit à élever notablement la température organique. A la vérité, ainsi que l'a bien montré Vernet, au bout de vingt minutes de repos environ, cette petite hyperthermie s'est dissipée, et la température est revenue à la normale.

Dans l'insolation, les accidents observés ne sont pas dus seulement à la chaleur solaire, mais aussi à la fatigue, à la combustion musculaire exagérée. Les individus au repos ne sont jamais frappés de coups de chaleur. On n'en observe guère que sur les soldats en marche; avec la même température extérieure, s'il n'y a pas marche forcée, on ne constatera pas d'hyperthermies. On peut donc attribuer en partie ces accidents à l'exagération de la combustion musculaire.

Nous citerons encore une expérience dont le résultat est des plus nets. Si l'on attache un chien sur la table d'expériences et qu'il se débatte avec violence, on voit sa température monter très vite; de 39°,2 à 40°,5 et même 41°. C'est un phénomène auquel nous assistons, pour ainsi dire, chaque jour dans nos laboratoires. Au contraire, chez les lapins, qui restent immobiles quand on les attache, la température baisse rapidement, de 39°,7 à 38°,5 par exemple. Ainsi la même cause, l'immobilisation d'un animal, peut produire des effets inverses, selon qu'il s'agit d'un chien qui se débat ou d'un lapin qui reste immobile.

Sur les oiseaux on voit très bien l'influence du travail musculaire sur la production de chaleur; et on peut facilement faire l'expérience sur les pigeons. Pour les forcer à faire un travail énergique, je leur attachais aux pattes un poids de 30 grammes (pigeons de 300 grammes environ). En quelques minutes la température de l'animal s'élève beaucoup. Un pigeon à 42°,2 a eu très rapidement 43°,1. Un autre ayant d'abord 42°,05 a eu en quelques minutes 42°,8; un troisième, au bout de plusieurs envolées successives, a eu finalement 43°,7, ce qui a déterminé de la polypnée thermique. Si, dans des ascensions de montagnes, LORTET et MARCET ont cru constater que le fait de l'ascension abaissait la température, c'est qu'ils ont pris la température buccale, qui ne renseigne que d'une manière imparfaite. VERNET d'une part, et FOREL de l'autre (1885), ont parfaitement établi que l'ascension d'une montagne dans la neige, malgré le froid, s'accompagne d'élévation thermique de l'organisme, à condition qu'on ne s'adresse pas pour faire la mesure aux températures périphériques.

Ce n'est pas à dire que dans certaines conditions de voyage alpestre, l'anoxhémie, la fatigue, le froid, l'inanition, ne puissent abaisser la température centrale. Mais ce sont là des conditions spéciales, exceptionnelles, presque pathologiques, et on peut dire qu'en général l'ascension d'une montagne augmente notre température.

Nous discuterons d'ailleurs plus loin l'intéressante question du rapport entre le travail ascensionnel et la chaleur dégagée.

ZUBER a constaté sur lui-même qu'une marche forcée d'une demi-heure, au grand soleil, terminée par une course d'une dizaine de minutes, faisait varier la température de l'aisselle de 37° à 38°,6. En piochant activement la terre pendant une heure, la température monta un jour à 39°,2. STAPFF a constaté des faits analogues, et on pourrait multiplier à cet égard les indications bibliographiques.

Il n'est pas besoin d'un exercice violent, d'un effort musculaire prolongé pour élever la température d'un ou deux dixièmes de degré. Il suffit d'un léger effort, d'un travail musculaire normal, qui durera quelques minutes à peine, et l'effet thermique sera obtenu. Au haut d'un escalier qu'on vient de monter, même sans hâte, on a une température un peu plus élevée que tout à l'heure, quand on n'avait pas encore fait l'ascension.

Souvent, pour des expériences délicates de thermométrie, j'ai tenu pendant plusieurs heures des chiens attachés, ayant dans le rectum un thermomètre très sensible, gradué en cinquantièmes de degré. En général, si le chien reste immobile, la température ne varie pas, et reste pendant des heures entières presque fixe. Mais si, à tel ou tel moment de l'expérience, le chien se débat, s'agite, ne fût-ce que pendant un quart de minute, ne fût-ce que pour un seul effort, cela suffit pour voir deux, trois, cinq cinquantièmes de degré d'ascension. Ensuite la température, après avoir monté, rien qu'en une minute, de cinq cinquantièmes, revient à la température primitive en dix minutes environ, jusqu'à ce qu'un nouvel effort de l'animal détermine une nouvelle ascension du mercure.

Pour l'homme, il en est assurément de même. Instinctivement, c'est par l'exercice de la contraction musculaire que nous réglons notre chaleur. Quand on a froid, on marche vite pour se réchauffer, et, quand on a trop chaud, on reste immobile. En dehors de ces actions que nous effectuons involontairement, par instinct, sans y penser et sans le savoir, nous augmentons et diminuons notre température, selon la nécessité du moment, par le plus ou moins d'exercice.

U. Mosso (1885), après avoir constaté que sa température, après une marche violente (100 kilomètres en deux jours), s'était élevée à 38°, en moyenne, avec un maximum de 38°,8 à 6 heures, pense que c'est plutôt l'activité nerveuse que l'exercice musculaire proprement dit qui avait modifié sa température. Ce serait, d'après lui, plutôt un trouble de la régulation thermique dû aux substances toxiques que produit la contraction musculaire qu'un excès dans la production calorifique et une imperfection de la régulation. Il est possible qu'il y ait quelque part de vérité dans cette ingénieuse interprétation, surtout s'il s'agit d'une longue marche ayant produit des phénomènes de fatigue, — on sait que la fatigue et le surmenage amènent un véritable état fébrile; — mais, dans le travail musculaire modéré, on ne voit rien d'analogue, et presque tout de suite la température retourne à son niveau, c'est-à-dire qu'au bout d'un quart d'heure, et souvent moins encore, elle redevient normale.

En effet, si parfait que soit notre appareil de régulation thermique, il ne peut être instantané, de sorte qu'au bout de cinq minutes de travail, il ne peut y avoir exactement maintien de la température normale. Il faut un certain temps pour que l'équilibre s'établisse, et, même alors, il est parfaitement admissible qu'une légère imperfection de régulation, ou plutôt un *retard constant*, nous empêche, tant que le travail musculaire continue, de revenir à la température normale. Il faut attendre, pour retrouver le niveau ordinaire, que le repos complet soit obtenu.

Influence psychique. — J. Davy a vu qu'après des efforts d'attention soutenue, et durant deux à cinq heures, la température axillaire s'élève un peu. Ainsi la température, étant d'abord de 36°,62, est arrivée, après un effort intellectuel, à 36°,67 ; l'augmentation est d'un demi-dixième de degré, d'après une moyenne de 18 expériences. Il trouva encore qu'après avoir prononcé un discours sa température s'était élevée à 37°,94, chiffre qui dépasse tout à fait la normale. — Il est vrai que cette expérience n'est pas absolument probante ; car les fonctions musculaires sont intéressées, autant que les fonctions intellectuelles, dans l'exercice de la parole. Donc dans ce cas l'influence du travail psychique proprement dite n'est pas seule en jeu.

Speck (1882) a pris aussi quelques observations pour juger du rôle thermique de l'activité intellectuelle. Il a constaté que la température axillaire s'élève, par le fait du travail psychique, de quelques dixièmes de degrés, par exemple :

De 35°,70 à 35°,80, c'est-à-dire de. . . . .   0°,1
35°,70 à 35°,80   —   . . . . .   0°,1
35°,80 à 36°   —   . . . . .   0°,2

Rumpf (1883) a vu que chez lui et chez un autre expérimentateur la température, pendant le travail intellectuel, monte quelquefois jusqu'à 37°,7 ; ce chiffre a été atteint de neuf heures à minuit, ce qui est un chiffre exceptionnel.

E. Gley a pris sa température rectale au moyen d'un thermomètre que nous avons spécialement fait construire à cet effet. C'est un thermomètre à mercure, dont la cuvette est assez grosse et dont la tige offre deux coudes ; du second coude s'élève une branche montant assez haut, et à l'extrémité de laquelle se trouve la graduation qui va de 35° à 42°. Une fois l'instrument introduit dans le rectum — la direction du premier coude rend très aisée cette introduction, — on peut faire soi-même les lectures sans déplacer aucunement le thermomètre. Chaque degré est divisé en 25 centièmes. E. Gley, après avoir expérimenté dans des conditions bien déterminées et en variant ses expériences a pu conclure que, dans l'espace d'une heure, la production de la chaleur due au travail intellectuel proprement dit est représentée par un dixième de degré.

U. Mosso a aussi constaté des faits analogues sur les chiens ; mais les raisons qu'il invoque à l'appui de son opinion ne me paraissent pas très probantes. En effet, chez les animaux, tout mouvement psychique émotionnel est accompagné nécessairement d'une certaine agitation musculaire, assez forte assurément pour expliquer l'hyperthermie observée. Mosso dit qu'en montrant un lapin à un chien de chasse, il voit une ascension thermique d'un degré pour la température rectale du chien. Mais il est probable que ce chien ne restait pas immobile.

En tout cas, sur l'homme, on ne peut trouver la même explication ; et il paraît bien prouvé par les observations de Davy, Rumpf, Stapf, E. Gley, mentionnées plus haut, qu'une légère ascension thermique accompagne le travail intellectuel.

Quant à la cause même de ce phénomène, il est bien difficile d'admettre une consommation d'oxygène plus active par le fait du travail psychique. Il faut supposer plutôt une excitation nerveuse des centres régulateurs, qui alors règlent le niveau thermique à un étiage un peu supérieur au niveau normal.

On rapprochera cette élévation d'origine psychique de la température générale, des élévations localisées dans le cerveau, constatées jadis par Schiff, puis étudiées par Dorta (1890), et surtout par A. Mosso dans un excellent ouvrage (1894). (D. Ph., Température du cerveau, iii, 12).

Quant à l'influence des maladies et des poisons sur la température, comme les faits notés ne seront plus spéciaux à l'homme, nous les placerons à la fin de notre étude sur la thermométrie.

Résumé. Température normale de l'homme. — De l'ensemble des données exposées résultent essentiellement quelques faits simples que nous résumerons en propositions.

1° La température rectale de l'homme sain varie entre 36°,4 et 37°,6 : en moyenne 37,2. Elle est inférieure de 2° environ à la température de la plupart des mammifères, et de 5° à la température des oiseaux.

2° L'alimentation, l'âge,le sexe, la race ne la modifient pas sensiblement.

3° Les températures périphériques (axillaire et buccale) sont inférieures d'environ 0°,3 à 0°,5 aux températures centrales (rectum et urine).

4° Les climats chauds ou froids agissent surtout sur les températures périphériques, qu'ils peuvent modifier de 1° environ. Mais ils n'agissent sur la température rectale que très peu, en l'abaissant ou l'élevant de 0°,2 à 0°,3 seulement.

5° Le travail musculaire élève la température notablement; mais cette élévation est passagère, et le retour à la normale survient un quart d'heure et une demi-heure après que le travail a cessé.

6° Il y a une oscillation quotidienne de 1° environ, explicable en partie seulement par l'activité psychique et l'activité musculaire, et due surtout aux variations de tonicité du système nerveux régulateur de la chaleur.

Température des nouveau-nés. — W. EDWARDS (1824) a bien établi, un des premiers, pensons-nous, que les jeunes animaux, au moment de la naissance, comme s'ils étaient incapables de maintenir leur température au niveau normal, se refroidissent très vite. Quatre petits chiens nés depuis vingt-quatre heures ont été exposés à une température extérieure de 13° : et ils ont baissé rapidement, de 16°, en quatre heures et demie ; puis de 6° en huit heures et demie. Alors ils étaient devenus extrêmement faibles; on put pourtant les réchauffer et les ranimer, si bien qu'au bout de quinze minutes ils avaient déjà regagné 6°. Au bout de quatre heures quinze minutes, ils étaient revenus à leur température primitive.

Six petits chats âgés de vingt-quatre heures ont baissé (en moyenne) en trois heures et demie de 17°. Des petits lapins âgés de quelques heures ont baissé de 20° en deux heures, la température extérieure étant de 14°.

J'ai pris un petit lapin, né depuis vingt-quatre heures, dont la température était de 34°,5. Il y avait pourtant dix minutes seulement qu'on l'avait enlevé de son nid, où il avait sans doute 39° à peu près, de sorte qu'il avait perdu très vite 4° ou 5°.

A 2 h. 5, sa température est de . . . . . 34°,5
A 2 h. 35,   —   —   . . . . . 20°,5
A 2 h. 55,   —   —   . . . . . 18°,1

La température extérieure n'était cependant pas très basse; à 14°. Ainsi, en moins d'une heure, l'animal nouveau-né a baissé de près de 20°, tendant à se rapprocher de la température du milieu ambiant, tout comme une tortue sortie de l'étuve chaude se refroidit très vite à l'air froid.

L'abaissement qu'on constate pour les lapins nouveau-nés enlevés de leur nid va toujours en diminuant après la naissance; si bien qu'au onzième jour on peut les séparer de la mère sans faire baisser leur température.

Les oiseaux qui naissent les yeux fermés et sans plumes se comportent de même. Six petits moineaux âgés de huit jours ont baissé de 36° à 18° par une température extérieure de 17°.

D'autres expériences, portant sur de jeunes geais, martinets, merles, cobayes, ont confirmé ce fait très important que l'animal nouveau-né est impuissant à faire assez de chaleur pour vivre s'il ne reçoit pas le secours d'une chaleur extérieure. De fait, dans l'ordre de chose naturel, c'est la mère qui continue à *couver*, et à échauffer ses petits quand ils sont nés ou éclos.

Chez le nouveau-né humain, cette même impuissance à faire une chaleur suffisante se constate très nettement, et c'est une donnée hygiénique bien importante à retenir. H. ROGER a montré qu'au bout de trois ou quatre minutes la température du nouveau-né, qui était de 37°,6, descend à 36°, et même à 35°,25.

Après trois ou quatre heures, même quand on enveloppe bien l'enfant, pour l'empêcher, autant que possible, de se refroidir, elle se maintient à ce chiffre de 35° environ; quelquefois, malgré toutes les précautions, on trouve 34°. Ainsi, pendant les vingt-quatre premières heures qui suivent la naissance, la température baisse très rapidement. Cette descente brusque a pour causes, selon toute vraisemblance, non seulement le refroidissement périphérique, mais encore l'impuissance du système nerveux à provoquer des échanges chimiques interstitiels assez actifs. Dès le lendemain, la température revient à la normale, et, à partir de ce moment, elle ne se modifiera plus guère jusqu'à la mort.

Cette question de la température de l'enfant nouveau-né a été bien traitée par beaucoup de médecins, notamment par Mignot, Schultze, qui a pris 4 470 mensurations thermométriques, et surtout A. Raudnitz (1887) dont le mémoire contient toutes les indications bibliographiques nécessaires (Voir aussi H. Vierordt, 1893). Raudnitz a constaté qu'immédiatement après la naissance la température s'abaisse beaucoup (à 34°,7 dans un cas) ; mais qu'au bout de quelques heures elle revient à la température normale, bien avant vingt-quatre heures, contrairement à ce qu'avait jadis dit H. Roger. Raudnitz a essayé aussi de déterminer la cause qui empêche les enfants de conserver leur température normale sans le secours d'une chaleur extérieure adjuvante, et, après une intéressante discussion, il admet que ce n'est ni la plus grande conductibilité de la peau ni la minime étendue de la surface qui peuvent être invoquées. Il faudrait attribuer cette instabilité de la chaleur à une insuffisance du pouvoir régulateur.

Par conséquent le nouveau-né se trouve donc intermédiaire entre l'animal à sang chaud et l'animal à sang froid, au point de vue thermique. C'est là une constatation très importante au point de vue de la physiologie générale, et qui concorde très bien avec ce que nous savons de toute la physiologie du nouveau-né (longue persistance des réflexes après l'anémie, — absence des centres psychomoteurs, — petite quantité de sang, — résistance à l'asphyxie et aux intoxications, etc.).

Il y a donc lieu, dans une classification méthode que des êtres vivants, de faire, ainsi que nous l'avons essayé au début de cet article, une place à part aux nouveau-nés des mammifères et des oiseaux.

Température des hibernants. — Tout en renvoyant pour de plus amples détails à l'article **Hibernation**, quelques chiffres doivent être donnés sur la température des hibernants (hérisson, chauve-souris, écureuil, tenrec, mulot, lérot, hamster, marmotte, ours ? hirondelles ?)

Ce qui caractérise ce groupe non homogène d'êtres vivants, c'est que, pour une certaine température extérieure moyenne, ils ont sensiblement la chaleur des mammifères, encore que peut-être un peu plus basse. J'ai trouvé en été 38°,8 chez un écureuil. Mangili a trouvé 36°,3 chez une marmotte par une température extérieure de 22° ; Saissy (1808) a trouvé 38°, chez une marmotte, à 22° de température extérieure ; Valentin (1857) dit avoir souvent rencontré des températures de 40° et de 41°, encore qu'il ne fournisse pas les résultats de ses observations ; Berger a trouvé 37°,23, dans le rectum, chez sept marmottes éveillées.

Assurément la détermination exacte de la température organique chez des hibernants lorsqu'ils sont éveillés, c'est-à-dire lorsque la température ambiante n'est pas basse, exigerait de nouvelles recherches ; car les chiffres très bas que donne Saissy, 38° chez le hérisson, 30° chez la chauve-souris, méritent peu de confiance, comme le fait remarquer Valentin avec raison. Pallas dit que les rongeurs hibernants ont le sang de 3° moins chaud que le sang des rongeurs non hibernants. Mais il n'est pas certain que ses mensurations thermométriques aient été bien faites. Malgré tout l'intérêt de l'histoire physiologique de l'hibernation, il est à remarquer que le nombre des faits positifs bien démontrés est assez peu considérable, et qu'il y a encore beaucoup de légendes à ce propos, même dans les ouvrages de physiologie.

Si la température extérieure s'abaisse, la température du corps de l'animal s'abaisse aussi, et simultanément toutes les fonctions organiques et animales se ralentissent. C'est l'état dit *de sommeil*, pendant lequel les échanges chimiques sont affaiblis.

En général, il faut que la température extérieure tombe aux environs de 5°, 6°, 7°, 8°, environ, pour que l'engourdissement se produise (Saissy). Alors très vite l'animal se refroidit, et sa température devient à peu près égale à celle du milieu ambiant. Il est à noter qu'un froid très vif, au-dessous de 0, amène le réveil : il suffit même pour le réveil que le milieu ambiant prenne une température voisine de 0° et un peu inférieure. On ne peut s'empêcher de voir là une sorte d'admirable adaptation aux nécessités physiologiques, puisque une température de 0°, si elle se prolongeait, et si l'animal ne s'éveillait pas de son sommeil, entraînerait nécessairement sa mort.

Quoi qu'il en soit, quand le milieu thermique est bas, la température de l'animal s'abaisse aussi, et peut descendre presque à 5°,6, et même, paraît-il, à 4°.

Les températures de 8°, 9°, 10°, 11° sont très fréquentes, tandis qu'il est assez rare de constater des températures organiques inférieures à 8°.

Valentin a recherché quel était le degré d'élévation thermique du corps de l'animal au-dessus du degré d'élévation du milieu ambiant, et il donne les chiffres suivants pour la marmotte et le hérisson.

	DIFFÉRENCE entre la température rectale de l'animal et le milieu ambiant.
MARMOTTES	
État de veille	29°,00
État intermédiaire.	18°,75
Sommeil léger.	6°,33
Sommeil profond.	1°,60
HÉRISSON	
État de veille.	32°,00
État intermédiaire	11°,7
Sommeil léger.	2°,3

Prunelle, cité par Valentin (1857), a trouvé dans le sommeil de la marmotte une différence de 5°,72 en moyenne. Donc, tout en faisant très peu de chaleur, les animaux hibernants en font cependant assez encore pour se maintenir à un niveau thermique supérieur à celui du milieu ambiant.

Quand l'animal s'éveille, et contracte ses muscles, soit parce que le milieu ambiant se réchauffe, soit parce qu'une excitation nerveuse quelconque le fait passer de l'état de sommeil à l'état de veille — et je laisse ici de côté les théories qui ont été avancées par Horvath (1877), par Quincke (1882) et par R. Dubois (1894) — il lui faut un certain temps pour revenir à sa température normale, 5 à 6 heures d'après Quincke, et 3 heures d'après Horvath. Ce qu'il y a de remarquable, quoique la détermination en ait été faite d'une manière bien incomplète, c'est que les différentes parties du corps n'ont pas la même rapidité dans l'ascension thermique; les parties antérieures, la tête, l'œsophage et les membres thoraciques sont notablement plus chauds que les membres pelviens et le rectum, de sorte que la température buccale peut dans certains cas dépasser de 13° la température rectale. Il est permis de supposer qu'il y a là dans les régions irriguées par l'aorte abdominale une déficience circulatoire quelconque.

Température des animaux à sang froid. — Pour la température comme pour beaucoup de fonctions physiologiques, il n'y a aucune corrélation à établir entre la classification anatomique et la classification zoologique. Au point de vue zoologique, les reptiles et les oiseaux se ressemblent; mais leur physiologie est tout à fait distincte. Les uns, comme les reptiles, ont des combustions très lentes; les autres, comme les oiseaux, ont des combustions très actives; et cependant l'anatomie, la morphologie, la paléontologie, nous enseignent que ces deux classes sont très voisines.

On ferait de graves erreurs en suivant les analogies anatomiques pour faire des classes physiologiques. Ainsi, chez les poissons, qui constituent pour le zoologiste une classe si homogène, la vitalité des tissus est tantôt des plus persistantes, tantôt, au contraire, d'une extrême fragilité. Un squale privé de cœur a encore des mouvements réflexes quatre ou cinq heures durant, tandis que, chez un goujon, ou une sardine, ou un hareng, par exemple, il suffit de deux ou trois minutes, quelquefois moins encore, pour que tout phénomène réflexe soit aboli.

L'ensemble des animaux à sang froid constitue pour l'anatomiste un groupe tout à fait hétérogène, tandis que, pour le physiologiste, un même lien réunit ces différents êtres, c'est l'inaptitude à conserver une température constante, plus élevée ou plus basse que le milieu extérieur.

Mise en équilibre de la température de l'animal en sang-froid avec la température du milieu ambiant. — Les animaux à sang froid ont une température en général à peu près égale à celle du milieu ambiant. On trouvera dans divers auteurs, en particulier dans Gavarret (1857), le tableau des différences constatées entre la température de l'animal et celle de son milieu : ces différences peuvent atteindre chez les reptiles 2°, et 3°, en moyenne.

Mais ou n'a peut-être pas tenu compte suffisamment des variations thermiques, relativement rapides, du milieu ambiant. J'ai montré que, si l'on prend la température d'une tortue, cette température dépend de la température non seulement du milieu actuel, mais encore du milieu dans lequel se trouvait précédemment l'animal, de sorte que, si le milieu ambiant se refroidit, l'animal a une température supérieure ; si le milieu ambiant se réchauffe, l'animal a une température inférieure. Il faut près de trois heures pour qu'une tortue, passant d'un milieu de 15° à un milieu de 35°, se réchauffe ; et, inversement, si elle passe d'un milieu de 35° à un milieu de 15°, il faut à peu près le même temps, pour qu'elle se refroidisse, quoique le refroidissement soit un peu plus rapide que le réchauffement.

Dans l'intervalle d'une heure, la température extérieure varie de plus d'un degré ; souvent même les différences sont plus accentuées encore. Or les animaux à sang froid sont toujours en retard sur la température ambiante. Pour être au même niveau que la température extérieure, il leur faut un temps appréciable ; de sorte que, dans la journée, leur température est un peu plus basse que la température extérieure, tandis que dans la nuit elle est plus élevée. Ils sont, à dix heures du matin, plus froids que le milieu ambiant, tandis que le soir ils sont notablement plus chauds.

Si l'on traçait, pour les différentes heures du jour, les deux courbes simultanées de la température de l'animal à sang froid et de celle du milieu extérieur, on verrait qu'elles sont parallèles, mais avec des oscillations assez amples pour la température extérieure, un peu moins grandes pour l'animal, qui les suit de loin, à distance, avec un certain retard, et sans atteindre les minima ou les maxima. Voici un exemple qui nous montrera qu'il en est à peu près ainsi :

	TEMPÉRATURE extérieure.	TEMPÉRATURE d'une tortue.
	Degrés	Degrés
Midi.	13,0	13,4 / 13,1
4 heures, soir	17,0	14,3 / 14,6
9 heures	18,5	15,0
11 heures	19,5	18,2
1 heure, matin.	20,5	18,8
8 heures.	16,3	16,3
9 heures.	16,3	16,9
11 heures.	16,3	17,5
1 heure, soir	17,1	18,1

Il ne suffit donc pas de mesurer la température extérieure à tel moment donné : il faut encore savoir si elle est en voie de décroissance ou d'augmentation. Si elle augmente, l'animal est plus froid ; si elle baisse, l'animal est plus chaud.

Cette remarque est surtout applicable aux animaux aériens ; car, chez les êtres aquatiques, la température du milieu est en général assez stable, et les variations thermiques se font peu sentir. Il en existe cependant d'assez notables sur les rivages marins, — or c'est là surtout que vivent les animaux. — J'ai constaté, au bord de la Méditerranée, par une température aérienne de 23°, la température de la mer au rivage étant de 22°,8, que certaines criques superficielles et flaques d'eau avaient 25°, 26°, et même 24°,5 ; dans un cas même 29°,2. Les êtres innombrables, qui vivent dans ces flaques d'eaux, sont donc exposés à subir des variations importantes de température.

A Roscoff, j'ai observé en 1883, au mois d'août, des variations analogues ; la température de la mer était de 15° environ, tandis que, dans les flaques exposées au soleil, il y avait des températures de 27°,1 (maximum observé). Dans cette flaque vivaient des pagures, des crabes, des gastéropodes, des actinies. A la pleine mer, toutes ces flaques se refroidissent. Cela fait donc en douze heures une oscillation, double et en sens inverse, de 12°.

A vrai dire les oscillations ne sont pas immédiates. Quand l'eau de la mer revient avec la marée dans les flaques, elle n'est pas froide. C'est de l'eau qui a balayé la superficie des flaques échauffées et du sable exposé au soleil, et elle est d'abord à 22°, et cela pendant assez longtemps. Ce n'est que peu à peu, quand la marée est dans son plein, que la température est de 15°. De même les flaques d'eau exposées au soleil ne peuvent s'échauffer que peu à peu. Il faut remarquer aussi que le sable sous-jacent aux flaques d'eau est plus froid que l'eau, de 2° ou même de 3°, et que les crabes et les mollusques s'y enfoncent, à mesure que l'eau s'échauffe. On sait d'ailleurs que les températures dépassant 25° sont funestes à la vie des animaux marins (FRENZEL, 1885).

Évidemment les variations thermiques considérables du milieu marin n'ont lieu que sur les plages qui découvrent au loin comme Roscoff, et elles ne sont pas aussi marquées en hiver qu'en été. Il n'en est pas moins vrai que la marée exerce toujours plus ou moins son influence sur la température des eaux du rivage.

Ainsi la température du milieu qui entoure les animaux à sang froid, maritimes ou terrestres, subit des oscillations considérables; il faut admettre que l'animal les subit aussi, mais que ses oscillations thermiques sont notablement moindres que celles du milieu ambiant.

Température des Reptiles, des Batraciens, des Poissons. — Maintenant laissons cette influence, si prépondérante qu'elle nous paraisse, du réchauffement ou du refroidissement de l'atmosphère, et supposons que les mesures ont été prises sur des animaux qui, depuis un temps suffisant, ont séjourné dans un milieu à température constante.

Dans l'ouvrage de GAVARRET, que j'ai si souvent l'occasion de citer, on trouve de nombreuses mensurations, indiquant, tantôt, et le plus souvent, l'excès de la température de l'animal sur le milieu; tantôt l'égalité avec le milieu; tantôt la supériorité de la température du milieu sur celle de l'animal.

Chez les reptiles, il semble qu'il y ait presque constamment un notable excès de la température de l'animal : CZERMAK a trouvé un excès de 7° à 8° chez un lézard; HUNTER a trouvé dans l'anus d'une vipère une température de 20°, alors que la température extérieure était de 14°,5. D'autres observations analogues ont été faites par divers savants. On peut conclure que les reptiles produisent une quantité de chaleur appréciable.

J'ai eu l'occasion de mesurer la température d'un crocodile, assez malade il est vrai. La température extérieure étant de 21°, sa température rectale était de 22°,8, soit un excès de près de 2°, d'autant plus remarquable que l'observation a été faite vers une heure, alors que la température du milieu était évidemment à son maximum.

J'ai sur la température des tortues un bien plus grand nombre d'expériences. Quand on prend la température de plusieurs tortues placées dans les mêmes conditions atmosphériques, on constate qu'à très peu de chose près, chez les divers individus, la température est invariable. Ainsi, le 28 février, la température de trois tortues est de 12°; 11°,5; 11°,5. Ces trois tortues, étant mises dans une étuve, ont, le lendemain : 36°, 36°, 36°,4. Et le surlendemain, 37°,2; 36°,5; 36°,5. Deux jours après : 37°; 37°,2; 37°. Dans d'autres expériences, j'ai trouvé, pour deux tortues, d'abord 13°,9 et 13°,9; puis 15°,8 et 15°,7; le lendemain, dans l'étuve, 30°,7 et 30°,8; le surlendemain, 31°,4 et 31°,4.

Ces faits semblent bien montrer qu'il n'y a pas chez ces reptiles de très grandes variétés individuelles dans la production de chaleur. Les différentes tortues, dans le même milieu, se comportent toutes à peu près de la même manière, et qui en a examiné une en a examiné cent. En les plaçant dans des milieux tout à fait invariables, on peut très bien se rendre compte de la quantité de chaleur qu'elles produisent. L'expérience est surtout probante, quand on compare des tortues vivantes à des tortues mortes placées dans le même milieu. Alors, très régulièrement, on voit qu'une tortue morte prend la température du milieu, tandis qu'une tortue vivante prend aussi la température du milieu, mais en lui surajoutant, pour ainsi dire, la petite quantité de chaleur qu'elle produit.

Ainsi, dans une étuve réglée exactement à 38°,6, trois tortues avaient été mises la veille; deux d'entre elles vivantes, et la troisième morte. Les deux tortues vivantes ont deux températures égales : 39°,3 et 39°,3; tandis que la tortue morte n'a que 38°,4. Comme un corps inerte, elle a pris la température de l'étuve, un peu inférieur, il est vrai; ce qui est dû à l'évaporation des parties aqueuses. Au contraire, les tortues vivantes ont ajouté à la température du milieu une certaine quantité de chaleur produite par elles.

Dans une autre expérience tout à fait analogue, la même étuve étant réglée à 38°,6, la tortue vivante avait 39°,6, et la tortue morte 38°,4.

Enfin, dans une troisième expérience, une tortue morte (tuée par le sublimé) est mise dans l'étuve avec une tortue vivante. Au bout de trois heures la tortue vivante est à 31°,4, la tortue morte à 30°,6.

Trois tortues, deux vivantes, l'autre morte, restent dans le laboratoire, dont la température s'échauffe graduellement de 13° à 16°,7; à six heures du soir les deux tortues vivantes ont 15°,7 et 15°,8, tandis que la tortue morte est à 15°,4.

Dans d'autres expériences encore le résultat a été le même. On a successivement

	Degrés.	Degrés.	Degrés.
Tortue vivante.	13,9	14,8	31,4
Tortue vivante.	13,9		
Tortue morte.	13,6	14,9	30,6

Ainsi, pour la comparaison entre les températures des tortues mortes et celles des tortues vivantes nous trouvons en résumé :

TEMPÉRATURE extérieure.	TORTUE morte.	TORTUE vivante.	Excès des tortues vivantes.
Degrés.	Degrés.	Degrés.	Degrés.
38,6	38,4	39,3	0,9
	38,4	39,3	0,9
38,6	38,4	39,6	1,2
	30,6	31,4	0,8
	15,4	15,7	0,3
	15,4	15,8	0,4
	13,9	13,6	— 0,3
	14,9	14,8	— 0,1
	30,6	31,4	0,8

Ces expériences démontrent rigoureusement ce fait qu'une tortue, quoique produisant peu de chaleur, produit cependant de la chaleur en quantité appréciable.

Quelquefois pourtant la production de chaleur peut être extrêmement considérable. Par exemple, chez les boas, pendant l'incubation de leurs œufs, on a observé au Muséum que la température de l'animal pouvait atteindre, au point où il recouvrait ses œufs, une température de 41°,5 dans une chambre n'ayant que 20° (VALENCIENNES).

Chez les batraciens, dont la peau est nue : une évaporation active a lieu constamment à leur surface cutanée, évaporation qui est par elle-même cause de refroidissement. Aussi, d'une manière générale, peut-on dire que la température des batraciens s'élève, moins que celle des reptiles, au-dessus du milieu ambiant.

Souvent j'ai placé des grenouilles dans la chambre à 37°, et j'ai constaté combien peu elles se réchauffent. En outre, elles produisent vraiment bien peu de chaleur, même lorsqu'on les réunit en grand nombre. Je n'ai trouvé aucune différence appréciable entre la température de deux vases; l'un contenant une demi-douzaine de grenouilles, l'autre ne contenant que de l'eau. P. REGNARD (1895), par des mesures thermo-galvaniques très délicates, n'a pas pu constater une différence entre la température d'un poisson et celle de l'eau dans laquelle il vivait.

Cependant quelques observations de CZERMAK, de HUNTER, de DUTROCHET, semblent indiquer une certaine élévation de température au-dessus du milieu ambiant. Il faut reconnaître qu'elle est très faible, et qu'elle a moins d'importance que chez les reptiles. HUNTER l'estime à 2°,8; mais ce chiffre est certainement exagéré. DUTROCHET donne 0°,4 et 0°,2. DUMÉRIL indique les chiffres de 0°,7 et 0°,3, comme représentant l'excès de la température des grenouilles sur le milieu ambiant. Mais il est bien difficile de faire part de l'évaporation cutanée d'une part, et d'autre part des oscillations du milieu ambiant.

Chez les poissons, qui vivent dans de l'eau dont la température est invariable, il y a aussi un léger excès de la température, ainsi que cela résulte de beaucoup d'observations. Davy a constaté ce fait remarquable que, sur une bonite, la température de l'eau étant de 27°,2, le thermomètre enfoncé dans l'épaisseur des muscles donnait une température de 37°,2(?). Chez des pélamydes, la température de l'eau étant de 16°,6, la température du poisson était, dans l'abdomen, de 22°,8, et, dans les masses musculaires, de 23°,9. Davy a constaté 25° sur un requin, la température de l'eau étant de 23°,7.

Il semble donc résulter de ces faits que c'est dans les muscles que se développe le plus de chaleur.

Mentionnons aussi une expérience curieuse de Hunter, qui plaça une carpe dans de la glace, et qui eut beaucoup de peine à congeler l'eau qui entourait la carpe, comme si l'animal produisait assez de chaleur pour empêcher la congélation.

En résumé, nous dirons que, comme les reptiles, les poissons produisent de la chaleur. Peut-être même, s'ils n'étaient pas dans un milieu liquide bon conducteur, qui leur enlève incessamment la chaleur produite, trouverait-on un excédent plus considérable encore qu'on l'a trouvé chez les reptiles. Pour cela l'expérience devrait être faite sur de gros poissons, qui perdent proportionnellement bien moins de chaleur que les petits.

B. Baculo (1895), cherchant, sur de gros poissons (*Scyllium* et *Scorpœna*), à constater s'il y avait ou non par eux production de chaleur, est arrivé à un résultat négatif.

Température des Invertébrés. — Pour ce qui est des invertébrés, de nombreuses observations ont été prises.

Valentin a cru démontrer qu'il y a une manière de hiérarchie pour la puissance des animaux à faire de la chaleur, et que les différents êtres suivent une sorte de série physiologique, plus ou moins parallèle à la série zoologique. Si les reptiles ont un degré ou deux au-dessus du milieu, les invertébrés ont toujours beaucoup moins, et l'on trouve que la chaleur propre de l'animal, c'est-à-dire l'excès de sa température, sur le milieu constant resté fixe, varie ainsi chez les divers invertébrés.

	Degrés.
Polypes.	0,21
Méduses	0,27
Échinodermes.	0,40
Mollusques.	0,46
Céphalopodes.	0,57
Crustacés.	0,60

Ce résultat est intéressant, quoique les chiffres ainsi groupés soient un peu artificiellement disposés. Il est curieux de voir pareille relation entre la hiérarchie zoologique et l'activité physiologique des tissus. Les animaux dont les systèmes nerveux et musculaires sont bien développés, comme crustacés et céphalopodes, produisent bien plus de chaleur que ceux dont les tissus sont à peine différenciés, comme polypes et méduses, et dont le système nerveux est rudimentaire.

Les insectes, qui sont assurément d'une organisation très élevée dans la série des êtres, produisent aussi beaucoup de chaleur, comme l'a très bien montré M. Girard (1869); mais il n'y a pas chez eux de circulation sanguine régulière et active, qui brasse le sang et rend uniforme la température du corps. Aussi les élévations thermiques, dues à la combustion de telle ou telle partie du corps, restent-elles localisées aux points où s'est faite la production de chaleur. Or c'est au thorax que se fait le maximum de chaleur, à l'endroit précisément où vont s'attacher les muscles voiliers, qui, par leur contraction, doivent dégager beaucoup de chaleur.

M. Girard, par des expériences très bien instituées, a montré que la chaleur thoracique est quelquefois considérable chez les insectes de haut vol. Chez les bourdons et les sphinx, en quelques minutes, sous l'influence du vol, la chaleur du thorax s'élève de 6°,8, et même de 10°. Chez les insectes à vol moyen, la différence entre la température du thorax et celle de l'abdomen n'est que de 3° à 4°. Elle est plus faible encore, et même nulle chez les insectes qui ne volent pas.

Cette température élevée des insectes est d'autant plus étonnante que le corps de ces animaux est très petit, par conséquent, soumis à un refroidissement énergique, la radiation étant relativement d'autant plus grande que le corps de l'animal est plus petit.

Cette intensité des phénomènes chimiques chez les insectes s'accorde du reste très bien avec les belles expériences de REGNAULT et REISET, qui ont trouvé que les insectes consommaient, proportionnellement à leur poids, autant d'oxygène que les animaux supérieurs.

On a essayé aussi de mesurer la température de l'œuf pendant l'incubation. Comme il se passe dans l'œuf des phénomènes chimiques relativement assez intenses, il est probable qu'il y a simultanément dégagement d'une certaine quantité de chaleur, de sorte qu'un œuf de poulet stérile ou un œuf fécondé ne doivent pas, quoique étant soumis à une même température extérieure, se comporter exactement de même; l'œuf où est un fœtus vivant doit être plus chaud que l'autre; mais, à part une expérience de HUNTER, qui semble confirmer cette différence, je ne sache pas qu'il y ait d'observations précises sur ce point.

Température des végétaux. — Comme pour les animaux, la température des végétaux est fonction de trois variables; 1° la température ambiante; 2° l'évaporation d'eau; 3° les phénomènes chimiques interstitiels.

De fait, le plus souvent l'évaporation d'eau et les combustions chimiques ont assez peu d'intensité pour que les végétaux demeurent à peu près au même niveau thermique que le milieu ambiant. Il va de soi que, si l'évaporation et la transpiration sont deux phénomènes distincts au point de vue de leur mécanisme physiologique, au point de vue des effets thermiques le résultat est le même.

C'est surtout DUTROCHET, qui, à l'aide d'appareils thermo-électriques, a bien déterminé cette double influence de la vaporisation d'eau et de la combustion interstitielle. En supprimant l'évaporation, il a vu que constamment le végétal avait une température supérieure à celle du milieu. Il a fait aussi une expérience tout à fait analogue à celle que nous relations plus haut à propos des tortues mortes et vivantes. Prenant deux tiges du même végétal, après avoir chauffé l'une à 50°, ce qui détruit sa vitalité, il constata que la tige morte était constamment d'une température légèrement inférieure à celle de la tige vivante.

Toutefois les arbres et les plantes ont une évaporation assez active et des activités chimiques assez faibles pour qu'il y ait le plus souvent, comme l'a constaté SCHUBLER (cité par GAVARRET), un léger excès en faveur de l'air extérieur. Mais dans certains cas spéciaux la température peut s'accroître beaucoup.

Dans les tiges vivantes il semble, comme l'a vu DUTROCHET, que le dégagement de chaleur se fasse par paroxysmes quotidiens qui atteignent leur maximum aux environs de midi, pour décroître le reste de la journée et disparaître dans la nuit, afin de recommencer le lendemain. Cet excès de température a varié entre 0°,09 (*Lactuca sativa*) et 0°,34 (*Euphorbia lathyris*). Le phénomène est très intense chez les labiées qui, même pendant la nuit, ont encore un excédent thermique notable. DUTROCHET a constaté aussi sur les feuilles des excédents thermiques de 0°,03 (*Sempervium tectorum*) et 0°,25 (*Sedum cotyledon*). D'après DETMER (1890), les feuilles des crassulacées sont chaudes au toucher. Sur un cactus (*Echinopsis multiplex*), la température s'est élevée de 23°, à 40°, 5, et un autre jour à 45°,5, le milieu extérieur étant à 24°,5.

C'est surtout lorsque les phénomènes chimiques ont une grande intensité que la température des plantes s'élève, pendant la floraison, par exemple, et pendant la germination. Dans la floraison des *Cucurbita pepo*, TH. DE SAUSSURE a vu la température des fleurs mâles s'élever à 0°,5 de plus que le milieu ambiant, et les fleurs femelles de 0°,33. Sur l'*Arum maculatum* DUTROCHET a constaté un excès allant à 10°,40, au moment de l'épanouissement de la spathe. HUBER a constaté que l'*Arum cordifolium* acquiert une température supérieure de 25° à celle du milieu ambiant. VAN BECK et BERGOMA ont vu la température du spadice de *Colocasia odora* atteindre un maximum de 22°. GAVARRET, à qui j'emprunte ces citations, ajoute que ces élévations thermiques considérables sont vraiment quotidiennes paroxystiques, et surviennent périodiquement à de certaines heures de la journée.

P. BERT a trouvé une différence entre la température de la tige de la sensitive et des renflements où paraît siéger la cause du mouvement.

L'étude des températures dans les arbres a été reprise avec beaucoup de soin par W. LOUGUININE (1896). Il a constaté un excédent notable de la température de ces arbres sur celle du milieu ambiant. Mais ce qu'il a surtout essayé d'établir, c'est que des différences parfois considérables peuvent être constatées entre deux sortes d'arbres, pins et bouleaux, ce qui tiendrait à une différence dans la disposition des racines. Le pin avec sa racine plongeant profondément prend la température des parties inférieures du sol, tandis que le bouleau, avec ses racines qui sont superficielles, prend la température des couches les plus superficielles du sol. Dans un cas, la température du sapin a dépassé de 6°,9 celle du bouleau.

Dans la germination, la température s'élève constamment. GOEPPERT a vu que, dans un amas de blé et d'avoine en germination, le thermomètre s'était élevé en treize jours de 1°,26 à 18°,75 au-dessus du milieu ambiant. D'après DETMER on peut montrer facilement que des plantes en germination (*Pisum triticum*) dégagent de la chaleur : en plaçant un thermomètre au milieu d'un amas en germination, on trouve un excédent de 2° sur le milieu ambiant. BONNIER (1880) a fait d'intéressantes expériences sur la quantité de chaleur dégagée par les processus chimiques de la germination, et il a placé dans un calorimètre des graines en germination de ricin, de lupin, de bois et de blé. Il a constaté que le nombre de calories dégagées par minute par kilogramme de graines, nombre qui varie dans les grandes proportions de 0 à 120, va d'abord en augmentant, passe par un maximum différent pour chaque espèce de graines, puis diminue peu à peu.

Plus tard G. BONNIER (1893), ne se contentant pas de prendre la température des plantes, a fait des mesures calorimétriques, pour la technique desquelles nous renvoyons à son mémoire. 1 kilo de grains de pois en germination a donné par minute 59, 62 et 57 microcalories; soit 60 en moyenne, ce qui fait par heure le chiffre considérable de 3 cal. 600, nombre qui se rapproche singulièrement de la quantité de chaleur dégagée par les animaux homéothermes. Des grains de blé ont donné trois fois moins de chaleur en germant.

Comme nous n'aurons pas à revenir sur la calorimétrie des végétaux, disons tout de suite que le chiffre obtenu est probablement encore au-dessous de la réalité (pour exprimer les combustions et les hydratations thermogènes). Car, parallèlement à ces processus qui font de la chaleur, il y a sans doute dans la plante même, quand elle germe, des phénomènes de réduction qui absorbent une certaine quantité de chaleur, de sorte qu'on ne peut constater qu'une différence. Il en est d'ailleurs tout à fait de même pour la calorimétrie des animaux. Nous ne constatons que la résultante finale, d'un conflit entre la chaleur dégagée et la chaleur absorbée par les réactions chimiques.

Enfin, entre autres détails, BONNIER a pu constater ce fait important, facile d'ailleurs à prévoir, qui relie la calorimétrie des végétaux à celle des animaux à sang froid, que, plus la température du milieu est élevée, plus la quantité de calories produites est considérable.

Les fermentations bactériennes dégagent aussi de notables quantités de chaleur : c'est un fait constaté de tout temps que la cuve où se produit la fermentation alcoolique est à une température plus élevée que le milieu atmosphérique. La fermentation acétique dégage aussi beaucoup de chaleur. Pourtant les chiffres positifs font défaut. DETMER dit seulement que, dans un ballon PASTEUR où fermente la levure, il y a une élévation de température de 1° à 2°. COHN a constaté ce fait remarquable (1890), que des graines d'orge, en germant, peuvent s'élever jusqu'à une température de 64°,5, ce qui tue les plantes. Or cette hyperthermie serait due à l'*Aspergillus fumigatus*, dont l'optimum de végétation est précisément voisin de 64°. Si par une solution de sulfate de cuivre on empêche le développement de l'*Aspergillus* sans nuire à la germination de l'orge, la température ne monte qu'à 40°. COHN explique cette production abondante de chaleur par les dédoublements et hydratations de l'amidon de la graine. Il a constaté en outre expérimentalement que le foin fraîchement coupé, arrosé avec du fumier, fermente, en dégageant beaucoup de chaleur; fait bien connu empiriquement, et il explique les combustions spontanées qu'on observe parfois sur la paille et le foin qui fermentent par la production de carbures d'hydrogène, capables de s'enflammer à l'air, tant la chaleur dégagée par la fermentation est considérable.

Pourtant, malgré ces diverses données, il n'existe encore que peu de documents sur la thermométrie ou la calorimétrie des liquides en voie de fermentation.

Température des animaux après la mort. — C'est Busch, en 1819 (cité par
Niderkorn, 1872), qui aurait le premier observé une certaine élévation thermique après
la mort. Beaucoup de constatations analogues ont été faites depuis lors par des physiologistes et surtout des médecins pour établir ce fait important.

Wunderlich, ayant constaté une température de 44°,75, pendant la vie, sur un tétanique, a vu, après la mort, cette température s'élever à 45°,37. Une heure et demie après
la mort, la température était encore à 44°,9. Le même auteur, dans une méningite tuberculeuse, alors qu'au moment de la mort la température était de 43°,78, a trouvé sur le
cadavre, trois quarts d'heure après, une température de 44°,16. Tourdes a constaté, au
mois de février 1870, c'est-à-dire par une température assez basse, dans un cas de méningite tuberculeuse, les chiffres suivants :

Degrés.		
40,8	12 minutes après la mort.	
41,0	15	—
41,4	20	—
41,6	35	—
41,1	70	—

Parinaud a vu, dans une série d'attaques épileptiformes, 42°,2, deux heures avant
la mort ; 43°,3, un quart d'heure après. Landouzy a vu, dans un cas de rage, la température, qui était de 43° au moment de la mort, s'élever à 43°,2 vingt minutes après,
pour être encore à 43° cinquante minutes après la mort.

Guillemot rapporte de nombreuses observations où l'ascension thermique, tout au
moins la persistance d'une température organique élevée, prolongée longtemps après que
la vie a cessé, sont des plus nettes.

Dans les précieuses observations de Niderkorn on retrouve le même phénomène.

Il est donc évident que, dans un certain nombre de cas, la température s'élève après
la mort — et nous en donnerons tout à l'heure la démonstration expérimentale. — Il
nous reste à savoir dans quels cas se produit cette hyperthermie *post mortem*, et quelle
est la durée du refroidissement normal du cadavre.

Pour Guillemot, qui a étudié spécialement la question, la durée du refroidissement
est évaluée à 30 heures environ pour une température extérieure de 20°, à 44 heures
pour une température de 10° ; à 50 heures pour une température de 5°. Taylor et Wilck
admettent une moyenne de 23 heures, avec un minimum de 16 et un maximum de
38 heures.

De là peut se déduire une moyenne générale. Si nous supposons une température
extérieure voisine de 18°, une température organique voisine de 38°, la durée sera de
24 heures pour le refroidissement total, et le refroidissement du cadavre humain sera
en moyenne de 0°,8 par heure.

Peu d'expériences ont été faites sur le refroidissement du cadavre des animaux. Je
noterai seulement le fait suivant que j'ai pu observer. Sur un chien de 15 kilogrammes,
après injection de vératrine et respiration artificielle, la température monte à 44°,5,
prise dans le foie à 7 h. 5, au moment de la mort. A 8 heures, elle est encore de 44°,45.
Le lendemain, à deux heures, elle est de 21°,7, alors que la température de l'eau d'un
flacon bouché, pris comme témoin, est de 10°. A 6 h. 10, la température du foie est
encore de 17°, tandis que celle de l'eau est de 10°. Cela fait un refroidissement de 1°,2
par heure. Il est vrai que la température initiale était très forte, et la température extérieure assez basse.

Voici, d'après Liska (cité par Tereg, 1892, 154), les ascensions thermiques *post mortem*
de deux chevaux : l'un (A) mort de rage, l'autre (B) mort de tétanos traumatique.

	Degrés. A	Degrés. B
5 minutes avant la mort	42,9	39,4
5 minutes après la mort	43,0	39,0
10 — —	43,8	39,2
15 — —	43,9	39,5
20 — —	44,0	39,8

		Degrés.	Degrés.
		A	**B**
25 minutes après la mort		44,1	40,0
30 — —		44,0	40,2
35 — —		44,1	40,2
40 — —		43,8	40,0
45 — —		43,0	39,8
50 — —		42,0	39,6
55 — —		42,0	39,5
60 — —		42,0	39,3

Il y a dans le refroidissement total du cadavre une première période, qui est de deux heures à peu près, et pendant laquelle il y a état stationnaire ou très faible descente. Une seconde période, plus longue, vient ensuite, où la vitesse du refroidissement est grande, et se fait conformément à la loi de NEWTON, d'autant plus rapide que la différence est plus considérable entre la température organique et le milieu ambiant.

Ainsi les cadavres, en se refroidissant, semblent se comporter, quelques heures après la mort, absolument comme les corps inorganiques, alors qu'au contraire, dans les premiers temps qui suivent la mort, les cellules étant vivantes encore, il y a continuation de la production de chaleur.

Quant aux cas dans lesquels on observe le plus nettement l'hyperthermie après la mort, c'est dans les fièvres infectieuses, dans les traumatismes du bulbe ou du cerveau. En un mot, c'est toutes les fois qu'il y a une excitation exagérée du système nerveux. L'excitation nerveuse continue et persiste, même quand la circulation a pris fin.

Quincke et Brieger ont noté que c'est surtout dans les cas de fièvres infectieuses, avec des hyperthermies de 42°, que s'observe cette élévation anormale après la mort. Au contraire, comme l'ont indiqué Niderkorn et Guillemot, dans les maladies chroniques lentes, dans les morts par épuisement, la température s'abaisse régulièrement dès que la vie a cessé.

Ainsi donc, il existe un contraste frappant entre ces deux sortes de mort, celles qui prennent l'individu en voie d'excitation nerveuse, et celles qui le prennent en voie de dépression. La mort ne change pas immédiatement l'état d'activité ou de paralysie des cellules qui a précédé la mort; de sorte que soit l'excitation, soit la dépression, continuent après que la circulation ne se fait plus.

L'expérimentation physiologique confirme ces observations médicales. On peut facilement déterminer des cas d'ascension thermique après la mort. Il faut pour cela exciter violemment le système nerveux : alors l'excitation semble se prolonger. Même quand le cœur ne bat plus, les phénomènes chimiques continuent à s'exercer dans l'intérieur des tissus de manière à dégager de la chaleur.

J'ai fait quelques expériences sur le refroidissement cadavérique dans les différents genres de mort, et j'ai essayé, sur des lapins, de comparer aussi le refroidissement des cadavres à celui des animaux empoisonnés par une substance toxique qui abaisse la température avant d'entraîner la mort. J'ai ainsi trouvé que le genre de mort exerce une influence très appréciable. Un lapin empoisonné par certains poisons se refroidit pendant longtemps avant de mourir; de sorte qu'il se comporte, au point de vue de la chaleur, à peu près comme un cadavre. Il produit si peu d'actions chimiques que le milieu extérieur le refroidit très vite. La circulation même, qui détermine une régularisation relative de la température interne et de la température périphérique, contribue encore à accélérer le refroidissement.

Nous retrouvons, pour les lapins, ce que nous venons de voir pour les cadavres humains. Un animal frappé en pleine vie continue à produire des actions chimiques. Mais, si l'on empoisonne son système nerveux, les actions chimiques s'arrêtent, tout autant, sinon plus, que quand on fait cesser la circulation. On ne peut pas dire que l'animal soit mort; car le cœur bat encore; la respiration amène de l'oxygène dans le sang; mais les actions chimiques, par suite de l'empoisonnement du système nerveux central, n'en sont pas moins arrêtées. Au contraire, sur un animal mort par écrasement du bulbe, le cœur ne bat plus, l'oxygène ne pénètre plus dans le sang; mais les cellules ont encore conservé toute leur intégrité vitale, et, si le système nerveux ne peut plus alors, étant détruit, stimuler les cellules organiques, au moins faut-il attendre que ces cellules soient mortes, ce qui exige un certain temps pour qu'elles cessent de produire la chaleur.

Dans un cas, deux lapins sont tués, l'un par le chloroforme, l'autre par l'écrasement du bulbe. Quoique le lapin au bulbe écrasé eût été tué instantanément, la température resta stationnaire pendant douze minutes, tandis que le lapin chloroformé, vivant encore, eut un abaissement thermique de 1°,4 en quinze minutes.

Un lapin chloroformé et un lapin strychnisé, dont la température initiale était de 39°,15, avaient au bout de 2 h. 40′ tous deux une température de 26°,5. Cependant le lapin chloroformé vivait encore, tandis que le lapin strychnisé était mort depuis 2 h. 32′.

En comparant un lapin tué par une injection péritonéale de sublimé, et un lapin tué par écrasement bulbaire, j'ai vu le lapin au bulbe écrasé perdre 1° en vingt et une minutes, tandis que le lapin à l'injection mercurielle avait perdu dans le même temps 2°.

D'ailleurs on a fait des observations thermométriques directes sur les muscles au moment où apparaît la rigidité cadavérique. Fick et Dybkowski ont vu sur des muscles de grenouille la température monter au moment de la rigidification de 0°,07; et sur des muscles de lapins de 0°,23.

La conclusion générale de ces faits est que les cellules, après la mort de l'individu, continuent à vivre, pendant un certain temps, même sans circulation et sans oxygénation. De même que les cellules de la levure, sans oxygène et sans circulation, produisent des actions chimiques qui dégagent de la chaleur, de même les cellules d'un organisme animal continuent à faire les actions chimiques qu'elles faisaient pendant la vie; elles ne meurent que peu à peu; et, avant de mourir, elles ont effectué leurs actions chimiques coutumières, et par conséquent dégagé de la chaleur.

Température dans les intoxications. — Nous n'entrerons pas dans le détail des variations thermiques qu'entraînent les diverses intoxications; car elles peuvent toutes se résumer en une proposition unique. Les substances toxiques agissent sur la température en l'élevant ou en l'abaissant, selon l'influence stimulante ou déprimante qu'elles exercent sur le système nerveux (et, médiatement, sur le système musculaire). La netteté des variations thermiques dues aux intoxications est telle que l'on peut, par la seule inspection thermométrique, juger de l'état du système nerveux, surtout quand il s'agit d'une intoxication un peu lente; car certains poisons foudroyants ne permettent pas à une variation thermique importante de se manifester. Il est clair, en effet, que, par exemple, l'injection de quelques gouttes de chloroforme dans la veine de l'oreille d'un lapin va le tuer instantanément, sans qu'on ait eu le temps de voir changer la température.

Mais, pour les intoxications durant un quart d'heure, une demi-heure ou davantage, le thermomètre indique rigoureusement l'état du système nerveux : s'il y a ascension, il y a stimulation; s'il y a abaissement, il y a dépression. Si la température est stationnaire, c'est que l'intoxication (du système nerveux) n'est pas très profonde.

En principe, assurément, on ne peut pas affirmer que les variations thermométriques et les variations calorimétriques soient parallèles, et on peut concevoir que, dans certains cas, les courbes des deux phénomènes soient dissociées; mais, de fait, le plus souvent elles vont de pair, de sorte qu'une élévation thermométrique indique, presque toujours, une augmentation de la radiation calorique. Ce n'est pas très rigoureux; mais c'est tellement fréquent, tellement général, qu'on peut dire, presque à coup sûr, quand on voit monter le thermomètre, que la production de calorique augmente simultanément.

De fait, dans presque toutes les intoxications, si la température se modifie, c'est que la production de chaleur change parallèlement. Les poisons hypothermisants sont ceux qui diminuent la radiation calorique, tandis que les poisons hyperthermisants amènent une radiation calorique considérable.

A faible dose, quand ils ne produisent ni convulsions, ni paralysies, ni troubles respiratoires, les poisons ont des effets thermiques peu accentués. Il en est tout autrement quand l'intoxication est profonde.

Avec les poisons convulsifs l'ascension thermométrique est rapide et immédiate. Si la dose n'est pas suffisante pour amener la mort par asphyxie, ou si l'on remédie à l'asphyxie par la respiration artificielle, on voit le thermomètre monter à des hauteurs invraisemblables. J'ai observé, sur un chien empoisonné avec la vératrine, une température de 43°,6 (*sic*); et communément le thermomètre accuse 44°, ou 44°,5 au moment de la mort, déterminée selon toute apparence plus par l'hyperthermie que par l'action directe du poison. Avec la strychnine, la cocaïne, l'ammoniaque, le phénol, j'ai noté les mêmes effets.

J'ai fait, avec P. LANGLOIS, beaucoup d'expériences pour étudier les effets de la cocaïne sur la température, ce qui est facile; car la cocaïne produit le mouvement avec les degrés les plus divers, depuis la simple agitation jusqu'aux plus violentes convulsions. En enregistrant simultanément les mouvements de l'animal et la température, j'ai observé constamment un parallélisme presque absolu. Toutes les fois que l'animal s'agite et fait des mouvements, sa température augmente; toutes les fois qu'il est tranquille, sa température baisse.

J'ai essayé alors de vérifier une des assertions de U. Mosso, que la température, même chez un chien curarisé, monte dès qu'on lui donne de la cocaïne. Comme, par suite de sa curarisation, il ne peut plus se mouvoir, il s'ensuivrait que l'ascension thermique serait indépendante des mouvements. Mais je n'ai pas pu constater le fait que U. Mosso avait annoncé; et, quand le chien était complètement curarisé, ni la strychnine ni la cocaïne n'ont pu faire monter sa température. Je ne sais si la cause de mon insuccès est due à une trop forte dose de curare. Mais, d'un autre côté, si la dose de curare est trop faible pour rendre l'animal absolument immobile, comment être assuré qu'il ne s'agit pas là de mouvements fibrillaires déterminant l'ascension thermique précisément par les combustions musculaires?

Il est à noter que les convulsions toniques ne font pas monter la température. Il semble que les convulsions toniques, dans lesquelles les muscles sont raides comme des barres de fer, devraient faire monter très vite le thermomètre. Il n'en est rien; la colonne thermométrique, qui avait monté tant que les mouvements désordonnés de l'animal avaient lieu, cesse de s'élever et parfois même redescend, dès que les convulsions toniques remplacent l'agi-

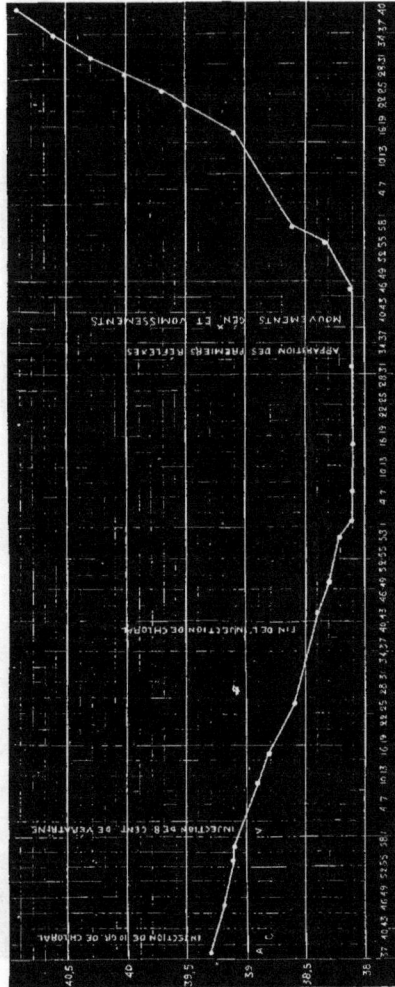

FIG. 11. — Action de la vératrine et du chloral.

En bas les temps marqués de 3 minutes en 3 minutes. Sur l'animal chloralisé l'injection de vératrine est sans effet; mais, à mesure que les effets du chloral se dissipent, la température, stationnaire d'abord, monte rapidement au moment où commencent les convulsions.

L'injection de chloral fait baisser la température.

tation. Au contraire, les convulsions cloniques se caractérisent aussitôt par une ascension thermométrique extrêmement rapide. Dans certains cas, nous avons vu monter le thermomètre avec une rapidité de 0°,2 par minute, ce qui équivaut à une ascension de 6° en une demi-heure; en une demi-heure la température mortelle est atteinte.

La température marche absolument de pair avec les contractions musculaires, et en

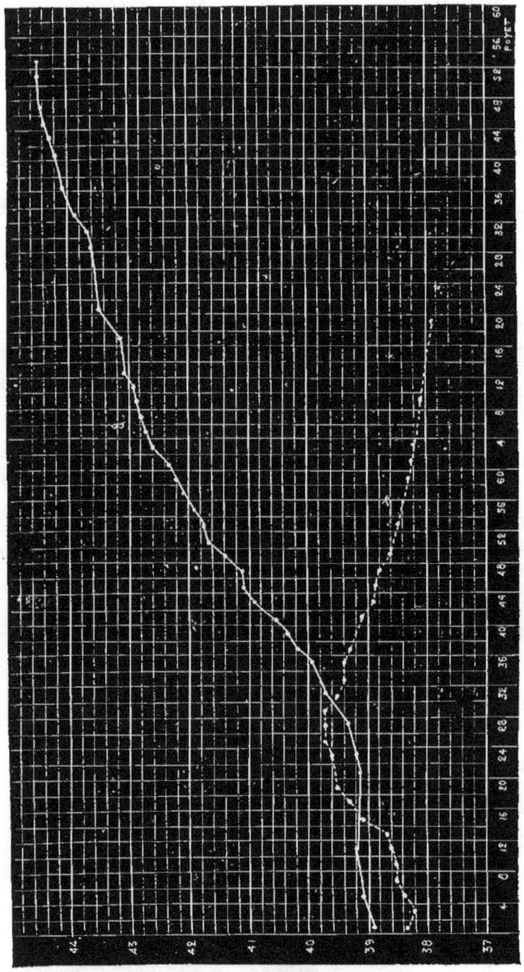

Fig. 12. — Effets thermiques des convulsions. (Vératrine.)

En bas les temps marqués toutes les deux minutes.
Deux chiens vératrinisés (Respiration artificielle).
Trait plein, dose de 0,05 qui provoque des convulsions.
Trait pointillé, dose de 0,30 qui provoque au début quelques convulsions, puis bientôt détermine l'épuisement général et l'état paralytique.
La température suit fidèlement la marche des contractions musculaires.

effet, si l'on fait sur le cerveau, au voisinage des corps striés, des lésions qui empêchent les convulsions cocaïniques de se produire, on empêche par cela même l'ascension du thermomètre, et l'animal, malgré des doses très élevées de cocaïne, ne s'échauffe pas.

De même un animal chloralisé, à qui on injecte de la vératrine ou de la cocaïne, n'a pas de convulsions musculaires, et il ne s'échauffe pas.

Si l'on fait, avant l'injection de vératrine, la chloralisation complète du chien en expérience, on ne voit plus de convulsions, de vomissements, de salivation, de défécation, de dyspnée; tous les symptômes ordinaires de l'intoxication vératrique manquent sur l'animal chloralisé, si bien qu'il ne semble pas avoir subi d'empoisonnement. Mais que le chloral se dissipe, et les phénomènes propres à la vératrine reparaîtront avec la vie de la moelle que le chloral avait engourdie. Ce seront des syncopes, des vomissements, des troubles respiratoires et de l'abaissement thermique, si la dose de vératrine est faible; tandis que, si la dose est forte, et qu'on pratique la respiration artificielle, on verra apparaître de violentes convulsions qui font aussitôt monter la température.

Ce qui prouve bien encore que les effets thermiques marchent de pair avec l'état du système musculaire, c'est que, suivant la nature des phénomènes d'intoxication qui varient avec la dose, les phénomènes thermiques sont variables.

A dose faible, la vératrine abaisse la température. Les médecins l'emploient quelquefois comme médicament antithermique, et les défervescences qu'elle amène sont des plus significatives. Ainsi, à dose faible, quand elle agit sur le bulbe, elle abaisse la température, tandis qu'à dose forte, quand elle agit sur la moelle et qu'elle produit des convulsions, elle élève la température.

Si la dose est plus forte encore que la dose convulsive, on verra, comme je l'ai vu pour la strychnine, comme RONDEAU et moi l'avons constaté en injectant 30 centigrammes de vératrine, la température baisser; dans ce cas, la moelle a cessé d'agir : elle se comporte comme la moelle d'un animal profondément chloralisé. En outre, les nerfs n'agissent plus alors sur les muscles; ce qui rapproche cette intoxication de l'empoisonnement par le curare. Alors l'absence de convulsions, de contractions musculaires et de tonicité des muscles fait que les actions chimiques interstitielles sont réduites à leur minimum. Dans un cas typique nous avons suivant la dose vu la température s'élever d'abord, avec les premières convulsions, de 38°,2 à 39°,7 ; puis, la dose étant assez forte pour paralyser à la fois la moelle et les extrémités terminales, les convulsions ont cessé, et la température est descendue en quinze minutes de 39°,7 à 37°,8.

Ainsi la vératrine donne les trois périodes thermiques suivantes, bien accentuées, à condition qu'on pratique vigoureusement la respiration artificielle :

1° Effets bulbaires dépresseurs. Refroidissement.
2° Effets médullaires et convulsifs. Énorme hyperthermie.
3° Effets médullaires paralytiques. Refroidissement.

De même que la vératrine, la digitaline, à dose modérée, abaisse la température des organismes malades : c'est un antithermique excellent; à l'état normal, elle est aussi hypothermique quand elle est administrée à un individu sain. MÉGEVAND, dans une série de bonnes expériences faites sur lui-même, a vu sa température s'abaisser de 37°,3 à 35°,8 sous l'influence de doses quotidiennes modérées de digitale. Sur un chien empoisonné chroniquement par le même observateur, la température est descendue, au bout d'un mois, de 38°,9 à 36°,7 ; et la descente a été graduelle.

Degrés.	Degrés.	Degrés.
38,9	37,8	37,5
38,5	37,7	37,3
38,4	37,7	37,2
38,4	37,5	37,1
38,4	37,7	37,2
38,1	37,5	Etc.

Mais, en donnant une dose plus forte, les convulsions sont survenues, suivies de mort, et la température s'est élevée à 40°,2.

Ainsi, à dose faible, les alcaloïdes tels que la vératrine, la digitaline, la morphine, l'atropine et l'ammoniaque, abaissent la température ; car ils agissent sur le bulbe en le déprimant, et par conséquent en diminuant son activité qui s'exerce sur les actions chimiques interstitielles.

Il est à noter que de très petites doses ont un effet assez différent, et on constate augmentation plutôt que diminution thermométrique. C'est que la période dépressive bulbaire est précédée d'une courte période d'excitation bulbaire. Avec un gramme d'extrait de digitale, DUMÉRIL, DEMARQUAY et LECOINTE ont vu la température s'élever de

1° à 2°, tandis qu'à dose triple la température s'est abaissée de 1°,7. On a fait la même observation pour les sels ammoniacaux, l'alcool, l'atropine, l'hyoscyamine.

Donc de très petites doses élèvent la température (excitation du bulbe thermique); des doses modérées l'abaissent (paralysie du bulbe thermique); des doses plus fortes l'élèvent énormément (effets convulsifs dus à la moelle épinière excitée); des doses plus fortes encore l'abaissent définitivement (effets paralytiques dus à la moelle épinière paralysée).

Ces quatre périodes thermiques sont tout à fait régulières, et on les observerait, je pense, avec presque toutes les substances toxiques convulsives.

Quant aux substances non convulsivantes qui provoquent la dépression du système nerveux et l'anesthésie, elles sont franchement hypothermisantes. Avec le chloral, le chloroforme, l'éther, l'alcool, l'abaissement thermique débute dès que la période d'excitation a pris fin ; aux premiers moments de l'empoisonnement, il y a une agitation qui s'accompagne d'une faible ascension thermométrique, mais bientôt l'anesthésie survient, avec le repos musculaire; et alors l'abaissement thermique arrive, car les muscles, source essentiellement efficace de notre production calorique, ne sont plus actifs. On peut obtenir chez des animaux intoxiqués par le chloral ou par l'alcool, et exposés au froid, des hypothermies allant jusqu'à 22° ou 23°, et, en les exposant au froid, ils meurent de froid, plus encore que des effets toxiques, de même que nous avons vu tout à l'heure les animaux convulsés par la cocaïne et la vératrine mourir de chaleur plutôt que des effets immédiats de l'intoxication.

Les substances qui, sans être franchement anesthésiques, dépriment le système nerveux, agissent de la même manière que les anesthésiques. Ainsi les sels métalliques, mercure, argent, platine, etc.; les alcaloïdes, comme l'aconitine; les métalloïdes, comme le phosphore et l'arsenic, toutes substances détruisant plus ou moins rapidement l'excitabilité des centres nerveux, sont des poisons hypothermisants.

Il est à remarquer que les poisons du sang, comme l'oxyde de carbone, ne troublent pas beaucoup la température; car, s'il y a assez d'oxygène dans le sang pour suffire à la vie cellulaire, cette vie continue sans que le taux des échanges ait beaucoup diminué. De même l'asphyxie et l'inanition ne modifient que très peu la température; sauf s'il s'agit d'une asphyxie très lente, progressive, ou d'une inanition, très lente aussi. Alors le système nerveux qui commande les échanges est profondément altéré, et cette altération se réflète sur les échanges, et conséquemment sur la température organique. C'est une preuve de plus à l'appui de ce que nous avons déjà maintes fois affirmé, que la vie des cellules se fait dans la cellule même, malgré l'insuffisance de l'hématose et de la circulation. Cette vie cellulaire n'est influencée dans sa puissance chimique que par le système nerveux. Aussi, tant que le système nerveux est intact, la température n'est-elle que légèrement modifiée.

On peut donc résumer l'action des poisons sur la température en ces deux propositions :

1° La température suit une marche presque toujours parallèle à la production de chaleur.

2° La température et la production de chaleur ne se modifient guère tant que le système nerveux n'est pas altéré; la dépression du système nerveux diminue les échanges et la température; l'excitation du système nerveux les augmente, et c'est par l'intermédiaire du système musculaire qu'agit principalement le système nerveux sur la température.

De la température dans les maladies. — Nous ne traiterons cette vaste question qu'au point de vue exclusivement physiologique; on trouvera d'ailleurs les détails de l'hyperthermie fébrile étudiés à l'article **Fièvre.**

De fait, ce qui caractérise la fièvre, c'est moins la production exagérée de chaleur qu'un défaut de régulation dans le système nerveux central.

Si en effet, anticipant sur ce que nous disons plus loin à propos de la production de chaleur, nous admettons que par le travail musculaire la production calorique monte de 1 à 4; nous voyons que, malgré cette exagération énorme de l'activité chimique interstitielle, la température reste à peu près stationnaire. La régulation intervient qui rétablit l'équilibre, de sorte que c'est à peine si, quand la production croît de 1 à 4, la température monte de 37° à 38°. Encore cette ascension thermique est-elle essentiellement passagère. Or dans la fièvre la production calorique augmente quelque peu, mais, autant que le peuvent établir les données encore imparfaites qu'on a jusqu'ici recueillies, l'accroissement de production thermique n'est guère que dans la proportion de 1 à 1,25; et cependant la température croît de 37° à 40°, et souvent davantage.

Il est donc évident qu'une surproduction ne suffit pas à expliquer l'hyperthermie fébrile; il faut y ajouter un élément nouveau, c'est un défaut de régulation thermique, ou mieux une régulation thermique s'opérant à un niveau différent du niveau normal:

Prenons trois individus ayant, l'un, 39°; l'autre, 41°; l'autre, 37°. On ne peut pas dire que les deux individus fébricitants n'aient plus de pouvoir régulateur; au contraire, la marche de la température est chez eux tout aussi régulière que chez l'individu normal; et rien ne pourra modifier cette température des uns et des autres. Qu'on les mette tous trois au froid : ils conserveront tous trois leur même température de 39°, de 41° et de 37°. Qu'on les mette au chaud, il en sera de même, et les deux fébricitants garderont à quelques dixièmes ou centièmes de degré leur température de 39° et de 41°, tandis que l'individu normal gardera sa température de 37°.

Ce fait, de constatation banale, établit donc deux points importants : d'abord qu'il y a une régulation thermique chez les fébricitants, ensuite que cette régulation thermique se fait à un niveau différent de la régulation qui s'exerce chez les individus normaux. Il faut donc résolument abandonner ces deux hypothèses qu'on a si souvent proposées pour expliquer l'état fébrile : l'hypothèse d'une rétention de la chaleur organique, ou l'hypothèse d'une production de chaleur exagérée. *Elles sont évidemment erronées l'une et l'autre*; car la chaleur organique n'est pas retenue, puisque au contraire la radiation calorique est exagérée; et, d'autre part, la production exagérée de calorique n'explique rien; car, même avec une production quatre fois plus forte, la température de l'individu normal ne se modifie pas.

La fièvre peut donc être définie : *un trouble de la régulation thermique.*

Quant à la cause même de la fièvre, sans avoir à m'étendre ici sur la discussion des nombreuses hypothèses qui ont été émises, il semble à peu près prouvé qu'elle est due à une intoxication; mais cette intoxication diffère profondément de toutes celles que nous avons étudiées tout à l'heure en faisant l'histoire sommaire des poisons qui modifient la température. Au lieu d'avoir affaire à des poisons alcaloïdiques ou minéraux, ce sont des poisons bactériens (peut-être animaux, dus à la réaction de l'organisme aux infections bactériennes); et ces poisons bactériens sont sécrétés d'une manière constante; ils s'accumulent dans le sang, et ne sont que difficilement éliminés. Il est même assez rare qu'on puisse par des ptomaïnes bactériennes amener la fièvre : ce qui la provoque le plus sûrement, c'est l'infection bactérienne elle-même qui agit par les poisons qu'elle sécrète, d'une manière continue, au fur et à mesure de l'élimination.

Ces poisons d'origine bactérienne (ou auto-organique; car la question n'est pas résolue encore, et peut-être y a-t-il de notables différences entre les diverses affections fébriles) ont une propriété caractéristique, c'est de troubler la fonction thermo-régulatrice du système nerveux; et il semble que ce soit vraiment là l'origine de la fièvre.

Ainsi s'explique, paraît-il, le cycle nycthéméral des fièvres. De même que chez l'individu normal, et souvent avec une intensité plus grande, il y a chez le fébricitant une exacerbation vespérale et une rémission matinale. Tous les tracés thermométriques pris par les médecins en font foi.

Ce qui démontre bien que certains troubles du système nerveux peuvent amener la fièvre, par perversion de la régulation thermique, c'est l'expérience physiologique directe, dans laquelle un traumatisme du système nerveux produit de l'hyperthermie. C'est là une expérience que j'ai faite en mars 1884, que I. Ott a faite presque simultanément, le 1er avril 1884, sans connaître mes recherches et que Aronssohn et Sachs ont reprise en décembre 1884. Je n'en parle ici que pour mémoire; car j'y reviendrai quand je parlerai de la régulation thermique. Il me suffit en ce moment de la mentionner pour établir ce rôle régulateur du système nerveux. S'il est traumatisé (dans de certaines conditions) ou empoisonné par certains produits bactériens, il est perverti dans sa fonction thermo-régulatrice, et l'organisme, au lieu de se maintenir à 37°, se maintient à 39° ou 40°, ou même à des niveaux plus élevés encore.

Donc, si nous analysons les cas de fièvre observés chez les animaux et l'homme, nous pouvons adopter la classification suivante, en laissant de côté, bien entendu, les élévations énormes de température dues aux insolations, aux coups de chaleur, aux marches forcées, etc. :

1° Affections convulsives;

2° Maladies infectieuses;

3° Affections non convulsives du système nerveux.

Il est clair que nous ne mentionnons pas les températures douteuses, relevées généralement chez des hystériques habiles à la fraude (Voy. **Thermométrie**).

Nous commencerons par donner un tableau des cas, relevés par nous depuis plusieurs années, où la température chez l'homme a atteint et dépassé 42°.

Ce tableau est plus complet, croyons-nous, que tous les tableaux publiés jusqu'à ce jour sur les hyperthermies observées chez l'homme. Plusieurs faits importants s'en dégagent. C'est d'abord qu'en soi, une température de 42°, quand elle n'est pas trop prolongée, n'est pas absolument et nécessairement fatale. Ne voyons-nous pas, en effet, dans des cas probablement authentiques, que le thermomètre a pu monter à 44°, voire même à 45° et à 46°, sans entraîner la mort du malade ?

En second lieu apparaît l'augmentation notable, constatée dans un bon nombre de cas, de la température après la mort.

Enfin nous voyons que l'hyperthermie relève de trois facteurs principaux :

1° Les convulsions musculaires;

2° Les lésions du système nerveux par des intoxications microbiennes;

3° Les lésions du système nerveux, par traumatisme, tumeurs ou néoplasmes, ou même par une perversion dynamique de nature inconnue, telle que l'hystérie.

Mais de ce triple groupe nous pourrons éliminer probablement les convulsions musculaires; car jamais elles ne peuvent beaucoup dépasser en intensité tels ou tels exercices musculaires répétés que font des ouvriers vigoureux; exercices qui sont insuffisants à faire monter la température au delà de 1° ou 1°,5 tout au plus, et encore pendant un court espace de temps.

Ainsi la fièvre nous apparaît, en fin de compte, comme relevant toujours d'une seule et unique cause : la perversion de la régulation thermique; car la production exagérée de chaleur, si exagérée qu'on la suppose, ne peut à elle seule, dans les conditions de température ambiante ordinaire, amener de l'hyperthermie.

Remarquons à quel point est exquise la sensibilité de cet appareil régulateur. Une suppuration minuscule, quelques gouttes de pus au bout du doigt, font monter notre température de 3°, tandis qu'un individu, s'il est parfaitement normal, pourra supporter toute une journée la chaleur excessive d'un climat tropical, sans que sa température se modifie même d'un demi-degré. Le contraste est saisissant, il prouve journellement que, dans le cas de suppuration, par exemple, le système régulateur est perverti.

Il est important de remarquer aussi que le trouble de la fonction régulatrice est bien plus intense chez l'homme que chez les animaux. La cause en est, paraît-il, assez simple. A une température de 42°, environ, chez les mammifères du moins, toutes les activités organiques sont troublées, exagérées, ou supprimées. De là l'impossibilité de prolonger l'existence à des niveaux supérieurs à 42°, température limite qui semble être à peu près la même pour les mammifères et l'homme. Ainsi la zone maniable s'étend chez les animaux de 39°,5 à 42°, tandis qu'elle s'étend chez l'homme de 37° à 42°.

Certes les mammifères sont capables de processus fébriles. Les moutons, les chevaux, les lapins ont de la fièvre, eux aussi, mais jamais leur température ne peut monter de 4°, ce qui est très commun dans les fièvres de l'homme. Ayant observé beaucoup de lapins fébricitants, soumis à des injections et infections microbiennes diverses, je n'ai jamais constaté une température supérieure à 41°,9; ce qui répond en élévation au-dessus de la normale à 2°,5 ; soit chez l'homme à 39°,5, température qui s'observe dans la fièvre même la plus légère. KAEHL, dans ses nombreuses observations sur la fièvre des animaux, semble avoir noté comme maximum, sur un lapin, 41°,5. Dans les innom-

TEMPÉRATURE.	OBSERVATIONS.	AUTEURS.	TERMINAISON.
Degrés.	**Maladies convulsives.**		
42,8	Tétanos, et, après la mort, 44°,6. .	Wunderlich (1870, 193).	Mort.
44,75	— et, après la mort, 45°,7. .	— —	—
44,4	— après la mort	Leyden et Traube (cités par Wunderlich, 1870, 193).	—
42,8	— —	Schmitt, Sem. Médicale, Paris, 1891, XI, 213.	—
43,75	— —	W. Edwards, 1824, 490.	—
43,10	— —	Quincke, cité par Dieudé, D. P., 1873.	—
42,25	Alcoolisme. Delirium tremens. . . .	Wunderlich (1870), 132.	—
42,4	— —	Magnan, B. B., 1873, 69.	—
43	— —		—
42	— . . .	Niderkorn (1872, obs. 360).	—
42,2	Urémie convulsive, et 43°,4, deux heures après la mort.	— (ibid., obs. 509).	—
42,2	Épilepsie, et, après la mort, 43°,3. .	Parinaud, A. d. P., 1877, 65.	—
42	Hémorrh. cérébr. att. épileptiformes.	Bourneville, D. P., 1870, obs. III.	—
42,1	— imméd. apr. la mort·	— Obs. XI.	—
42,5	— — —	Joffroy, cité par Bourneville, loc. cit., 72.	—
42,4	— — —	Michaud, ibid.	—
42,5	Attaques épileptiformes.	Bourneville, loc. cit., 97.	—
42,6	—	— ibid., 85.	—
42,6	—	Hutin, D. P., 29.·	—
42,4	Tuberculose de la protubérance. . .	Bourneville et Ischwall. Progrès médical, 20 août 1887.	—
43,1	Éclampsie.	Bourneville, cité par Ducastel, Th. d'agr., Paris, 27.	—
43,6	Syphilis cérébrale (?)	Paget, Lancet, 4 juill., 1883, 4.	Guérison.
43	Hystéro-épilepsie	Miersejewski, cité par Lombroso, Arch. per l'Ant. crim., 1890, 363.	Guérison.
	Maladies infectieuses.		
42	Fièvre (?).	Wunderlich (1870), 132.	Mort.
42	— (?).	— —	—
42	F. typh. et 42°,8 deux heures après la mort.	Niderkorn (1872), obs. 351.	Mort.
42	— —	Alvarenga, 251.	Guérison.
42	— —	Niderkorn, obs. 443.	Mort.
42,25	— —	Wunderlich, 132.	— ·
42,30	— et 43°,6 au moment de la mort.	Laboulbène, in Decaux, D. P., 1870, 32.	—
42,50	— —	Peter, cité par Rousseau. D. P. 1883, 14.	—
42,53	— et 42°,8 au moment de la mort.	Wipham, Brit. med. Journ., 1881, (2), 990.	—
43	— et 42°,8 une heure et demie après la mort.	Niderkorn, 42.	—
43,2	— —	— obs. 506.	—
44	— —		—
42	— (3 cas).	Thierfelder, Arch. der physiol. Heilkunde. 1835, 181.	—
42,1	—	Thoma, Arch. der phys. Heilkunde, 1864, 339.	Guérison.
42	Méningite puerpérale.	Lorain (1875), 244.	Mort.

TEMPÉRATURE.	OBSERVATIONS.	AUTEURS.	TERMINAISON.
Degrés.			
42,2	Arthrite purul. puerpér. (dix minutes après la mort. Avant la mort 41°,9).	LORAIN (1875), 332.	Mort.
42,8	Péritonite puerpérale	— 225.	—
43,2	Arthrite purulente puerpérale . . .	— 301.	—
42	Fièvre puerpérale.	QUINQUAUD, cité par DECAUX, D.P. 34.	—
43,2	Phlegmatia alba dolens	NIDERKORN, obs. 361.	—
43,75	Fièvre puerpérale.	WUNDERLICH, 132.	—
43	—	SKINNER, Progrès médical, 1887, 269.	— (?)
42	Scarlatine.	NIDERKORN, obs. 494.	Mort.
42,3	—	BOUVERET, Rev. de médecine, Paris, 1892, 287.	Guérison.
43	— deux heures et demie après la mort.	NIDERKORN, 42.	Mort.
44 (?)	— —	ALVARENGA, 251.	Guérison.
43	— au moment de la mort. .	GUILLEMOT, 1878, 24.	Mort.
44	— avec rhumat. articul. . .	NIDERKORN, obs. 373.	Mort.
45	— —	CURRIE, cité par SEGUIN, 62.	—
43,6	— — . . .	VICENTE et BLOCH, Rev. des malad. de l'enfance, 1885, 453.	Guérison.
43,7	— — . . .	LIEBERMEISTER, D. Arch. f. klin. Med. 1865, I, 323.	Mort.
42,8	Variole.	LÉO, cité par JACCOUD, Traité de pathologie, II, 721.	—
42,8	—	WUNDERLICH, fig. 25.	—
43,75	— avant la mort, et 44°,5 après la mort.	SIMON, cité par WUNDERLICH, 313.	—
44	Varioloïde.	NIDERKORN, D. P. 1875, 42. Obs. 175.	—
44,2	Variole.	— — . Obs. 404.	—
42	Pyémie.	WUNDERLICH, [fig. 47.	—
42,2	Traumatisme (?), deux heures après la mort.	NIDERKORN, obs. 468.	—
42,4	Septicémie; traumatisme du poumon et du rein.	MAUNOURY, D. P. 1877, obs., 6, tracé 3, 47.	—
42,4	Pyémie et délirium tremens. . . .	NIDERKORN, Loc. cit. Obs. 460.	—
43,4	Septicémie opératoire.	TERRIER, Rev. de Chirurgie., IX, 1889, 818.	—
42,2	Périostite et pyémie.	WEBER, Arch. f. klin. Chir. V, 1864, 287.	Guérison.
42	Érysipèle chez un enfant. . . .	TROUSSEAU, cité par SAUTAREL A. D. P. 1869, p. 44.	Mort.
42	— de la face.	HIRTZ, art. CHALEUR, VI, 811.	Guérison.
42	— de la face. —	—	Mort.
42,4	— de la face.	NIDERKORN, Obs. 392.	—
42,1	Choléra, au moment de la mort. .	DOYÈRE, cité par ALVARENGA, loc. cit., 254.	—
42,4	— — . .	GUTERBOCK, cité par WUNDERLICH, 375.	—
42,5	— — . .	STRAUSS, Progrès médical, novembre 1884.	—
42,5	Fièvre jaune.	NÆGELI, cité par JACCOUD, Traité de pathologie, II, 671.	—
42,9	—	BERGUEN, cité par JACCOUD, Traité de pathologie, II, 671.	—
42,1	—	PRIMET, D. P., 1879, 21.	—
42,2	—	De SA (1889), 210	—
42,6	—	— — 210	—
44,8	—	— — 211	—
44,8	—	— — 212	—

TEMPÉRATURE.	OBSERVATIONS.	AUTEURS.	TERMINAISON.
Degrés.			
42,8	Rage.	LANDOUZY, cité par BROUARDEL, D. D., art. RAGE, 214.	Mort.
43	— et vingt minutes après la mort 43°,2.	LANDOUZY, cité par BROUARDEL, D. D.. art. RAGE, 214.	—
43	Rage	JOFFROY, cité par BROUARDEL, D. D., art. RAGE, 214.	Mort.
42,5	Fièvre méditerranéenne (?	D. BRUCE, Ann. de l'Institut Pasteur, 1893, 297.	—
42,5	—	D. BRUCE, Ann. de l'Institut Pasteur, 1893, 297.	—
42,5	—	D. BRUCE, Ann. de l'Institut Pasteur, 1893, 297.	—
44,2	—	D. BRUCE, Ann. de l'Institut Pasteur. 1893, 297.	—
42	Fièvre intermittente.	GAVARRET, Rech. sur la tempér. du corps humain, Paris, 1843, 17.	Guérison.
42,2	— (2 cas)	MADER, cité par SEGUIN, Medical Thermometry, 64.	—
42,4	—	HIRTZ, Dict. de méd. et de chir. prat., art. CHALEUR, fig. 12, 724.	—
42,6	—	GRIESINGER, cité par JACCOUD, Traité de pathologie, II, 571.	Mort.
43,3	—	MADER, cité par SEGUIN, Medical Thermometry, 64.	Guérison.
44	—	HIRTZ, Dict. de méd. et de chir. prat., VI, 811.	—
44	—	ALVARENGA, La chaleur animale, trad. française, 251.	—
42	—	BASSET, cité par MASEL. D. P. 1885, 49.	—
43	—		—
42	—	COLLIN, D. P. 1883, 40.	Mort.
42	— (10 cas)	RIESS, cité par NAUNYN, 1884.	Guérison.
42	— (2 cas)	PASTAU —	—
42,1	—	— —	—
42,2	—	— —	—
42,3	—	— —	—
42,4	—	— —	—
42,5	—	— —	—
42,6	—	— —	—
42,3	— (2 cas)	OBERMEIER —	—
42	— (11 cas)	— —	—
44,6	—	RIESS — 57.	—
46	— (pendant 8')	BASSANOVITZ — 57.	—
44,4	—	STEPHEN MACKENSIE. Brit. Med. Journ. 1892, (1), 326.	—
46	— (myélite ?)	DIEZ OBELAR, Sem. médicale, 1892, 139.	—
46	—	CAPPARELLI, cité par CH. RICHET, 1894.	—
44,8	—	WHITNEY (1889), 391.	—
		— —	—
42,6	Rhumatisme traité par les affusions d'eau froide après cette hyper- thermie.	WOOD, Fever, etc., Philad., 1880. 11.	Guérison.
42,5 à 42,8	7 cas de rhumatisme articulaire aigu.	Committee of the clinic Society. Lancet, juin 1882, 929.	1 g. 6 m.
42,8 à 43,4	8 cas — —	Committee of the clinic Society, Lancet, juin 1882, 929.	1 g. 7 m.
43,4 à 43,9	1 cas — —	Committee of the clinic Society. Lancet, juin 1882, 929.	Guérison.

TEMPÉRATURE.	OBSERVATIONS.	AUTEURS.	TERMINAISON.
Degrés.			
43,9 à 44,4	3 cas de rhumatisme articulaire aigu.	*Committee of the clinic Society. Lancet*, juin 1882, 929.	Mort.
43,3	Rhumatisme (?)	Wilson Fox, cité par Seguin. *Medical Thermometry*, 64.	Guérison.
43	— articulaire aigu, au moment de la mort. . .	— *British med. Journ.*, (2), 1885, 220.	Mort.
44,1	— articulaire aigu. . . .	Macnab, cité par Cl. Bernard. *Leç. sur la chaleur anim.*, 428.	—
42,7	— —	—	—
42,9	— —	Mckenow. *Lancet*, 1891, (2), 584	—
43,5	— —	Sinclair. *Lancet*, 1886, (1), 155.	—
44,6	— cérébral	Liouville, cité par Dupré, *D. P.*, 1885, 23.	—
43,5	— articulaire (2 cas). . .	Ord et Ankle, *Brit. med. Journ.*, 1885, (1), 697.	Guérison.
42,2	— —	—	—
42	Pneumonie.	Wunderlich. *Wärme in Krankheiten*, 132.	Mort.
42	Pneumonie	Niderkorn. *Loc. cit.* Obs. 443.	—
42	Pleurésie.	— *Loc. cit.* Obs. 459.	—
42	Tuberculose.	— *Loc. cit.* Obs. 444.	—
42	. . . .	— *Loc. cit.* Obs. 470.	—
42	Phlegmon gangréneux diabétique .	A. Richet. Obs. inédite.	—
42,3	Tuberculose pulmonaire	J. Héricourt. Obs. inédite.	Survie.
42,2	Ictère grave.	Mossé. *D. P.*, 1879. Obs. VI.	Mort.
42,2	Pneumonie rhumatismale	Sainsbury. *Lancet*, (1), 1890, 1174.	Guérison.
42,5	Cancer de la poitrine (?) avant la mort, et après la mort 42°,65. . .	Bush, cité par Guillemot. *Thèse inaugurale*, 1877, 18.	—
42,6	Pneumonie	Niderkorn. *Loc. cit.* Obs. 478.	—
43,6	Affection cardiaque (?).	Niderkorn. *Loc. cit.* Obs. 465.	—

Affections non convulsives du système nerveux central [1].

42	Méningite cérébro-spinale	Wunderlich, fig. 59.	Mort.
42	Hémorrhagie cérébrale	Niderkorn. Obs. 489.	—
42	Méningite.	— Obs. 415.	—
42	Méningite tuberculeuse (adulte). . .	— Obs. 499.	—
42	Tumeur occipito-pariétale	Beach, cité par A. Broca et Maubrac (1896).	—
42,1	Angiome du cerveau.	Pollosson, cité par A. Broca et Maubrac (1896).	—
42,4	Hémorrhagie cérébrale	Niderkorn. Obs. 396.	—
42,6	Periostite infectieuse purulente et myélite.	Liouville. *Thèse d'agrégation de* Dujardin-Beaumetz, 1872, 69.	—
43,2	Hémorrhagie cérébrale	Niderkorn. *Loc. cit.* Obs. 400.	—
43,75	Ramollissement cérébral.	Wunderlich. 132.	—
43,78	Méningite cérébro-spinale, au moment de la mort, et 44°,16 après la mort.	Simon, cité par Wunderlich, 313.	—

1. Il est bien entendu que nous ne rapportons pas les faits douteux qui ont été signalés. Outre celui de Tealk (50°), celui de Mahomed (57°), cités par moi (1889), la *Médecine moderne* a publié, avec toutes réserves d'ailleurs, un cas de 77°2, et un autre de 65° (1895, p. 415). Le plus extraordinaire de tous les cas d'hyperthermie est assurément celui qui a été observé par Gailbraith (1891), professeur de clinique chirurgicale à l'*Omaha Medical College*. Une femme atteinte de péritonite, avec laparotomie et kyste fœtal (?) eut une température qui, avec divers thermomètres, soigneusement construits et vérifiés à cet effet, eut à divers moments, à la langue, au rectum, sous l'aisselle, des températures de 62°,7 *(sic)*, de 55°,6, de 58°,3, et enfin de 66°,1, température que Gailbraith a pu constater une fois. Il nous paraît bien difficile, malgré les témoignages des nombreux médecins qui ont vu cette malade, Duckworth, Hoover, Peabody, avec Gailbraith, de considérer ce cas comme authentique.

TEMPÉRATURE.	OBSERVATIONS.	AUTEURS.	TERMINAISON.
Degrés.			
42.8	Tumeur du cerveau	LADAME.	Mort.
42.6	Encéphalite traumatique	—	
43.4	Méningo-myélite	RORIE. *Journ. of mental science.* xxxv. 1889, 206.	—
44.9	Ictère hystérique	LORENTZEN (1889).	Guérison.
44	Hystérie	CLEMOW, cité par GILLES DE LA TOURETTE. *De l'hystérie,* 1895, I, 536.	—
45	—	R. VISIOLI. — — 545.	—
43.6	—	SCIAMANNA. — 544.	—
45	—	C. LOMBROSO. — — 536.	—
42.5	—	DRUMMOND. *Brit. med. Journ..* 1888. 2', 1397.	—
43.9	Fracture de la colonne vertébrale cervicale (observation prise en 1837 .	BRODIE. LORAIN, 1877, I, 499.	—
42.2	Fracture de la 6ᵉ cervicale cinquante heures après l'accident)	BILLROTH.	—
44	Fracture de la 12ᵉ dorsale et delirium tremens.	SIMON. —	—
43.8	Fracture de la 6ᵉ cervicale dix-neuf heures après le traumatisme . . .	FRERICHS. —	—
42.9	Fracture de la colonne vertébrale .	FISCHER, cité par ROSENTHAL, IV. 436.	—
42.9	— —	WEBER. —	—
42.9	— — —	QUINCKE. —	—
43.4	Fracture de la 7ᵉ cervicale dix heures après le traumatisme'.	NIEDEN. *C. W.,* 1879. 508.	—

brables observations de fièvres infectieuses chez les mammifères, très rarement on a pu noter des températures supérieures à 42°.

Même par l'injection de liquides putrides, c'est l'hypothermie qu'on observe, plus souvent ou au moins aussi souvent que l'hyperthermie.

Quant à la fièvre chez les oiseaux et chez les animaux à sang froid, on ne possède que peu de données à cet égard. D'après LASSAR, il ne semble pas que la température soit notablement modifiée. DIEM cité par KREHL, 1895 aurait pu élever à 44°.3 la température d'un poulet tuberculeux par injection de tuberculine; mais le plus souvent les variations thermiques fébriles des oiseaux sont nulles.

Des hypothermies. — Ce que nous avons dit des hyperthermies fébriles nous permettra de connaître mieux la cause des hypothermies.

La fièvre est due, avons-nous dit, à un trouble de la régulation thermique; mais l'hypothermie relève d'une autre cause, c'est-à-dire l'impuissance de l'organisme à faire de la chaleur, de sorte que nous ne pouvons pas établir de parallélisme entre la fièvre et l'hypothermie. La fièvre est le résultat d'une production exagérée de chaleur, mais qui coïncide toujours avec une perversion de l'appareil régulateur, tandis que, pour expliquer l'hypothermie, l'affaiblissement de la production de calorique suffit. Autrement dit encore, l'excès de chaleur produite ne suffit pas à faire monter notre température; il faut supposer que le niveau régulateur est troublé, tandis que la diminution de la production calorique suffit pour faire baisser notre température, même si l'appareil régulateur est intact.

De là l'explication très simple des hyperthermies observées dans les maladies. Toutes lésions, destructions, altérations du système nerveux qui amènent de la paralysie musculaire, l'inanition lente, l'asphyxie lente, les intoxications lentes, toutes ces causes très diverses retentissent sur la température organique par le même mécanisme : un affaiblissement dans l'activité chimique cellulaire.

Je donne ici dans un tableau l'indication des cas où la température organique. observée chez l'homme, a été inférieure à 32°.

TEMPÉRATURE.	OBSERVATIONS.	AUTEURS.	TERMINAISON.
Degrés.			
31,9	Méningite tuberculeuse	GNANDIGNER. *Centralblatt für med.*	Mort.
29,4	— —	*Wiss.*, 1880, p. 912.	
28,6	— —	—	—
31	— —	JANSEN, 1894, 254.	—
29,5	Démence et idiotie	BURCKHARDT, cité par HUTINEL. *Thèse*	—
28	—	*d'agrégation*, 106.	
25	—	— 106.	—
23,7	—	LŒWENHARDT. Id., 106.	—
30	Hydrocéphalie	GREENHOW. Id., 107.	—
31,8	Fracture de la colonne vertébrale .	REYNOLD. Id., 112.	—
30	— —	TEALE. Id., 112.	—
27	— —	NIEDEN. Id., 113.	—
30	Hystérie	JANSSEN, 1894, 255.	—
30,7	Paralysie générale.	JANSSEN. 1894, 260.	—
22,6	—	REINHARD, cité par JANSSEN, 1894, 256.	—
22,5	Coma diabétique (enfant).	—	—
31,4	Empoisonnement alcoolique aigu. .	JANSSEN, 1894, 262.	—
32	Hémorrhagie cérébrale	— 260.	—
30,3	Hémorrhagie bulbaire.	— 254.	—
23	Myélite syphilitique.	— 255.	—
32	Atrepsie et broncho-pneumonie des		
	enfants.	MIGNOT. Id., 50.	—
31	—	Id., 50.	—
28	—	Id., 64.	—
31	Cyanose congénitale	BOURNEVILLE et D'OLIER. Id., 64.	—
30	—	Id., 64.	—
27,9	—	Id., 54.	—
30,1	Cancer de l'œsophage.	SCHNEIDER. Id., 38.	—
24	Inanition.	DESBARREAUX. Id., 33.	—
31,5	Urémie.	BOURNEVILLE. Id., 80.	—
30,3	—	Id., 80.	—
30,1	—	Id., 80.	—
30	—	NETTER. Id., 85.	—
30,7	— (cancer utérin)	CH. RICHET. *Recherches sur la sen-*	—
		sibilité, 1877, 286.	
32	Urémie. Pyélonéphrite.	JANSSEN, 1894, 265.	—
28	Empoisonnement par le phosphore.	MAREAU. D. P., 1881, 64.	—

A ces causes, il faut, dit-on, en ajouter une autre, c'est l'insuffisance du tégument extérieur à protéger l'organisme contre le froid. Peut-être est-ce là la raison qui fait que, dans le sclérème des enfants nouveau-nés, la température baisse énormément pour atteindre jusqu'à 19°. Les cas en sont très nombreux, et je ne crois pas nécessaire de les mentionner ici. Mais je ne puis croire que l'excès de radiation périphérique suffise pour expliquer l'hypothermie; car alors, soit par des vêtements convenables, soit par une température extérieure élevée, on pourrait remédier à l'abaissement thermique; de sorte que l'épuisement des centres nerveux, et conséquemment la non-production de chaleur, est plus importante que l'imperfection du tégument cutané, pour expliquer que le thermomètre tombe aussi bas.

Les hémorragies font aussi baisser la température; mais rarement l'abaissement est aussi considérable que dans les intoxications graves, ou à la période finale de l'inanition. Ici encore, c'est l'épuisement du système nerveux qui domine la scène; de sorte que, dans l'asphyxie lente, dans l'inanition, dans l'hémorragie, toujours l'hypothermie est due à l'épuisement du système nerveux.

D'après Billroth, la perte de sang fait tomber la température de 0°,1 à 1°,3 ; Marshall-Hall a vu la température d'un chien descendre, après une forte hémorragie, de 37°,5 à 29°,45. Chez un autre chien, après une hémorragie, la température est tombée à 31°,65. Kirmisson rapporte que, sur deux chiens ayant été amputés de la cuisse, l'un avec hémorragie, l'autre sans hémorragie, la température chez ce dernier monta de 38°,9 à 39°,5, tandis que, chez le premier, qui avait perdu 350 grammes de sang, il y eut un abaissement de 2°, de 38°,4 à 36°,4.

Résumé. Conclusions. — De tous ces faits relatifs à la thermométrie, faits qu'il a été nécessaire d'exposer avec quelques détails, se détachent nettement quelques lois dominatrices.

D'abord, c'est que la température des êtres vivants est toujours (sauf les exceptions apparentes facilement explicables) supérieure à celle du milieu ambiant ; car ils accomplissent des actions chimiques, qui dégagent une certaine somme de chaleur.

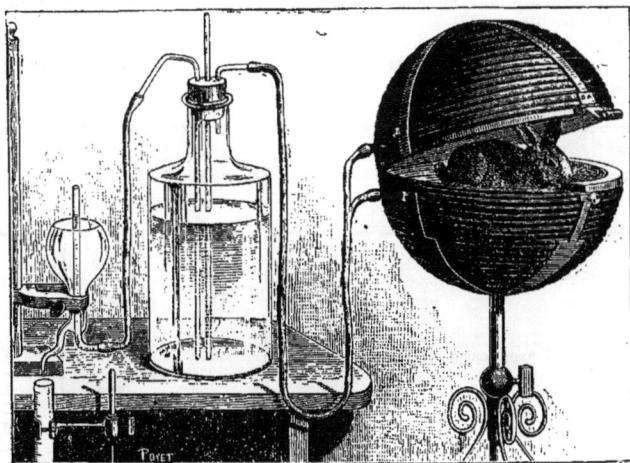

Fig. 13. — Calorimètre à siphon.

Il existe deux groupes d'êtres vivants, les uns ont un système régulateur, lequel permet à l'organisme de se maintenir à un niveau thermique déterminé ; les autres subissent docilement les variations du milieu ambiant ; car le système nerveux régulateur leur fait défaut. Quelquefois ils produisent beaucoup de chaleur, comme certains ferments par exemple, et l'excès de chaleur peut alors être considérable ; mais cet excès est dû simplement à la différence entre la chaleur dégagée par les actions chimiques et la radiation périphérique, sans qu'il y ait aucune régulation.

Chez les êtres homéothermes, autrement dit dotés d'un pouvoir régulateur, la température est constante, et remarquablement constante ; les variations périodiques régulières ne sont qu'une forme même de cette constance thermique. Mais toutes les émotions du système nerveux retentissent sur elle, soit par un changement dans la chaleur produite, soit par un changement dans la chaleur rayonnée, soit par une perversion du niveau régulateur.

Calorimétrie directe. — La fonction thermométrique ne nous donne qu'un des éléments du problème. Or, par la calorimétrie, nous pouvons arriver à savoir, non plus le niveau thermique de l'animal vivant, mais la quantité de chaleur dégagée.

Évidemment on peut opérer par deux méthodes différentes, soit en mesurant directement le rayonnement, soit en appréciant indirectement la quantité de chaleur dégagée par la mesure des combustions chimiques effectuées.

Nous nous occuperons d'abord de la calorimétrie directe.

Divers appareils ont été imaginés : ils sont maintenant fort nombreux, quoique, à vrai dire, aucun d'eux ne soit encore absolument satisfaisant. La critique de la technique expérimentale ayant été faite à l'article **Calorimétrie**, nous n'y reviendrons pas. Rappelons seulement que le premier calorimètre a été construit par Lavoisier, que Crawford, presque en même temps que Lavoisier, avait construit un calorimètre à eau ; et que, quelques années plus tard, Dulong d'une part et Despretz de l'autre, firent quelques expériences calorimétriques. Quoique dus à des méthodes assez imparfaites, les chiffres obtenus ne sont pas très différents de ceux que nous admettons aujourd'hui.

Il est juste d'ailleurs de dire que, malgré l'imperfection de nos appareils actuels, les chiffres trouvés ne sont pas très divergents, et qu'on peut les regarder comme représentant, en moyenne, la réalité des calories dégagées.

Je donnerai d'abord un tableau représentant d'après divers auteurs la quantité de calories dégagées (mesurées directement) et j'éliminerai les expériences dans lesquelles le poids de l'animal ne se trouve pas indiqué ; car évidemment la mesure calorimétrique est alors insuffisante.

Ce sont évidemment des chiffres bruts ; mais, comme ils sont nombreux, résultant de diverses expériences et de méthodes très différentes, leur importance ne laisse pas que d'être assez grande [1].

NOMBRE D'EXPÉRIENCES.	ANIMAL.	POIDS DE L'ANIMAL en grammes.	CALORIES PAR HEURE et par kil.	AUTEURS.
	Chien.	11 000	3 180	Ch. R.
	—	11 000	3 570	—
	—	7 960	2 544	—
	—	7 520	2 240	S.
	—	7 500	2 930	—
Moyenne de LIII expériences. . .	—	7 500	3 275	W.
	—	7 365	2 075	S.
	—	6 170	3 220	—
	—	6 000	2 700	—
	—	5 400	2 800	R.
	—	5 400	2 760	—
	—	5 390	2 180	S.
	—	5 383	2 340	—
	—	5 355	2 020	—
	—	5 345	3 530	—
	—	5 320	2 440	—
	—	5 230	2 070	—
	Lapins.	3 720	2 600	Ch. R.
	—	3 720	2 000	—
	—	3 470	3 500	—
	—	3 440	3 750	—
	Oie.	3 335	3 970	—
	—	3 310	3 320	—
	—	3 270	3 570	—
	—	3 160	3 490	—
	Chat.	3 135	3 300	—
VII expériences	Lapins.	3 100	3 320	—
VI expériences.	—	2 900	3 570	—
	—	2 850	5 100	Sigalas.
VIII expériences	—	2 810	3 800	—
	—	2 800	4 900	—
	Chien.	2 720	4 100	

1. Les noms d'auteurs sont abrégés : Quinquaud (1887), Q. — Ch. Richet (1893). Ch. R. — Rosenthal (1889), R. — H. Wood (1880), W. — Sigalas (1889), Sg. — Senator (1880), S. — Butte et Deharbe (1894), B. D. — Sapalski et Klebs, S.K.

NOMBRE D'EXPÉRIENCES.	ANIMAL.	POIDS DE L'ANIMAL en grammes.	CALORIES PAR HEURE et par kil.	AUTEURS.
X expériences	Lapins.	2 700	3 600	Ch. R.
XII expériences	—	2 500	3 820	—
V expériences	Canard.	2 500	6 100	Sigalas.
	—	2 500	5 400	—
	Chat.	2 500	3 900	—
	Lapin.	2 500	4 900	—
	—	2 420	3 500	—
	—	2 300	3 820	Ch. R.
X expériences	Poule.	2 300	5 200	Sigalas.
V expériences	Lapins.	2 100	4 730	Ch. R.
	—	1 700	2 625	R.
	Canard.	1 700	5 395	Ch. R.
	—	1 700	5 312	—
	Chien.	1 650	5 810	—
	Canard.	1 630	6 225	—
	Poule.	1 550	2 405	—
	Lapin.	1 550	3 625	W.
	—	1 470	5 730	Ch. R.
	Canard.	1 375	5 810	—
	—	1 350	4 730	—
	Lapin.	1 300	3 625	W.
	—	1 100	7 100	B. D.
	—	1 100	6 320	—
	Cobaye.	780	6 600	Ch. R.
	—	756	5 800	—
	Lapin.	720	4 315	—
	Cobaye.	650	6 400	S. K.
	Cobaye.	645	7 000	Ch. R.
	Chien.	640	5 975	—
	—	640	7 300	S. K.
	Cobaye.	600	6 400	—
	—	540	6 400	—
	—	530	6 000	Ch. R.
	Lapin.	520	4 830	—
	Cobaye.	510	7 400	—
	Lapin.	440	6 150	—
	—	380	6 150	—
	—	380	7 220	—
	Cobaye.	375	6 300	Sigalas.
	Pigeon.	370	9 175	Ch. R.
	—	350	9 600	Sigalas.
	—	320	10 125	Ch. R.
	—	320	11 290	—
	Cobaye.	250	8 000	Q.
	Lapin.	230	6 800	Ch. R.
	—	220	10 375	—
	—	220	8 300	—
	Cobaye.	180	7 000	Q.
	—	160	10 000	—
	—	130	12 800	Ch. R.
	—	145	13 300	—
	—	140	11 100	—
	Moineaux.	20	34 690	—
	—	20	35 690	—
	—	20	37 930	—

En prenant ces chiffres bruts, et en essayant tout de suite d'en dégager quelques conclusions, nous voyons que la moyenne est en chiffres ronds, pour les animaux pesant plus de 5 kilos :

De 5 à 11 kilogr.	2 690
De 2 à 3 —	3 100
De 1 à 2 —	5 000
De 500 grammes à 1 kilogr. .	6 000
De 140 à 440 grammes. . . .	9 000
De 20 grammes	36 000

Nous pouvons déjà en déduire ce premier fait, que la quantité de chaleur dégagée n'est pas proportionnelle du poids. Cette proportionnalité, c'est celle de la surface, et j'ai pu établir (en 1884) par des expériences directes que cette quantité de chaleur est exactement proportionnelle à la surface.

Influence de la surface sur la quantité de chaleur dégagée. — Les expériences de REGNAULT et REISET avaient bien montré que les gros animaux consommaient par rapport à leur poids bien moins d'oxygène que les petits, BERGMANN avait aussi, en 1848, dans un mémoire intéressant, traité théoriquement l'influence de la surface, et RAMEAUX (1857) avait émis des idées intéressantes sur ce point. Mais le rôle exact de la surface, en tant que condition déterminant la quantité de chaleur rayonnée, n'avait jamais été indiqué par les expérimentations directes avant mes recherches de 1884 sur la calorimétrie[1].

Depuis lors, de nombreux travaux, en particulier ceux de RUBNER, ont confirmé ce fait fondamental, et bien montré que l'intensité des échanges et la radiation calorique sont *proportionnelles* exactement *à la surface cutanée*, et non au *volume* du corps.

Supposons, en effet, qu'il s'agisse d'un corps inerte; sa radiation sera, conformément à la loi de NEWTON, égale à la différence des deux températures, multipliée par sa surface S $(t-t')$. En supposant $t-t'$ constant, ou peu variable, il s'ensuit que la radiation calorique est proportionnelle à la surface. Or j'ai pu prouver que les chiffres calorimétriques expérimentalement obtenus sont tels que l'unité de surface dégage toujours à peu près la même quantité de calories.

La difficulté est d'abord de connaître la surface exacte du poids du corps d'un animal. Nous adopterons la formule, empirique, de MEEH, acceptée par RUBNER, à savoir

$$S = K\sqrt{P^{\frac{2}{3}}}$$

(K, d'après MEEH, égale 11,16 pour les lapins).

Le fait était d'ailleurs évident *a priori*, puisque les surfaces croissent comme les carrés, tandis que les poids (c'est-à-dire les volumes) croissent comme les cubes.

Cela posé, voyons jusqu'à quel point les quantités de chaleur sont proportionnelles à la surface de l'animal; car il est évident tout de suite qu'elles ne sont pas proportionnelles au poids.

Prenons d'abord les chiffres bruts indiqués plus haut.

1. Peu de temps avant mes premières recherches, RÜBNER (1883) avait donné des chiffres très démonstratifs, encore qu'il ait employé la calorimétrie indirecte pour connaître la quantité de chaleur produite. Il arrive aux données suivantes pour sept chiens différents :

POIDS	SURFACE en cmq.	CALORIES en 24 h. par surface cmq.	CALORIES en 24 h. par kilog.
31,20	10 750	1 036	35,68
24,00	8 805	1 112	40,91
19,80	7 500	1 207	45,87
18,20	7 662	1 097	46,20
9,61	5 286	1 183	65,16
6,50	3 724	1 153	66,07
3,19	4223	1 212	88,07

POIDS DE L'ANIMAL en grammes.	$12 \times \sqrt{P^{\frac{2}{3}}}$ EN décim. carrés.	POUR 1 KILOGR. quelle surface?	POIDS DE L'ANIMAL en grammes.	$12 \times \sqrt{P^{\frac{2}{3}}}$ EN décim. carrés.	POUR 1 KILOGR. quelle surface?
500 000	440	8,8	2 100	19,7	94
100 000	265	26,5	2 000	19,05	96
60 000	175	29	1 800	17,7	99
40 000	131	33	1 600	16,45	103
36 000	122	34	1 400	15	107
28 000	103	36,5	1 200	13,55	113
20 000	82	41	1 000	12	120
16 000	71	44	900	11,15	124
12 000	58,5	48,5	800	10,3	129
10 000	51,5	51,5	700	9,5	135
8 000	44,5	55,5	600	8,6	143
7 000	41	59	500	7,55	151
6 000	37	61,5	400	6,45	161
5 000	32	62	300	5,35	176
4 000	28,5	71	200	4,13	206
3 500	26	74	100	2,58	258
3 100	25,4	79	80	2,15	270
2 900	24,4	83	60	1,85	308
2 700	23,4	87	40	1,41	330
2 500	22,1	89	20	0,94	470
2 300	20,95	91			

ANIMAUX pesant en moyenne.	CALORIES par kil. en moyenne.	CALORIES par unité de surface (déc. qu.)
7 500	2 690	471
1 500	5 000	473
750	6 000	473
290	9 000	504
20	36 000	770

Il s'ensuit que cette loi, quoique rigoureusement vraie pour les chiffres moyens, ne s'applique pas aux chiffres extrêmes, ce qui se conçoit sans peine; car la formule qui nous a servi (K = 12) n'est peut-être pas exacte pour les oiseaux (lesquels plus que les mammifères) ont servi en général aux déterminations calorimétriques portant sur des animaux de poids inférieur à 500 grammes, de sorte que dans la formule.

$$K\sqrt{P^{\frac{2}{3}}}$$

K peut être très différent chez les oiseaux et chez les lapins. Il faut ajouter aussi les différences de tégument et de motilité qui expliquent parfaitement que, même par unité de surface, les petits oiseaux dégagent plus de chaleur que les mammifères.

NOMBRE D'ANIMAUX. (LAPINS)	POIDS MOYEN.	CALORIES TOTALES.	CALORIES PAR KIL.	CALORIES PAR DÉC. QU.
VI	320	2 410	7 530	440
V	1 300	6 858	5 276	479
V	2 100	9 940	4 730	505
X	2 300	9 165	3 985	437
XII	2 500	9 550	3 820	432
IV	2 700	9 855	3 650	421
VI	2 900	10 353	3 570	424
VII	3 100	10 292	3 320	405
IV	3 600	10 692	2 970	399

Mais, sur les mammifères, surtout quand il s'agit d'expériences faites par la même méthode, les résultats sont absolument concordants.

Ainsi, en mesurant la chaleur dégagée par des lapins de poids variant entre 2 000 et 3 200 grammes, j'ai trouvé les chiffres ci-dessus.

On voit donc que, chez les lapins tout au moins, assez régulièrement, la quantité de chaleur est en rapport avec la surface, avec cette particularité que, chez les petits animaux, il y a un léger excès de chaleur par unité de surface, si on compare cette chaleur à la quantité de chaleur dégagée par les grands animaux.

Mais, si l'on prend des animaux d'espèces différentes, on voit que la quantité de chaleur, tout en étant dans une large mesure influencée par la taille, est déterminée aussi par d'autres facteurs.

		CALORIES totales.	CALORIES par kil.	CALORIES par déc. carré.
IV. Oies	3 250 grammes.	11 638	3 587	445

Ce chiffre est un peu plus fort que le chiffre obtenu par des lapins d'égal poids. De même, dans les expériences de SIGALAS et les miennes, nous trouvons :

		CALORIES totales.	CALORIES par kil.	CALORIES par déc. carré.
VI. Canards et poules. . . .	1 550 grammes.	7 441	4 978	461

Ce chiffre est bien analogue au chiffre trouvé pour des lapins de même poids par unité de surface, soit 479.

Pour les pigeons :

		CALORIES totales.	CALORIES par kil.	CALORIES par déc. carré.
IV. Pigeons	340 grammes.	3 415	10 043	588

Ici le chiffre est manifestement plus fort que pour les lapins de poids analogue, mais les expériences ne sont peut-être pas suffisamment nombreuses pour permettre une conclusion.

D'ailleurs, dans d'intéressantes expériences, SIGALAS a montré aussi bien par la mesure calorimétrique directe que par des mesures indirectes (dosage du CO^2 et de l'O consommé) que, à poids égal, les oiseaux ont des échanges un peu plus actifs que les mammifères d'égal poids, et qu'ils dégagent un peu plus de chaleur.

Enfin pour les chiens nous avons :

	MOYENNE de poids.	CALORIES totales.	CALORIES par kil.	CALORIES par déc. carré.
XV. Chiens de 7 960 à 5 250 [1] . .	6 190	16 348	2 640	441

De sorte que le chiffre moyen de calories par décimètre carré résultant de ces diverses expériences semble voisin de 430, c'est-à-dire oscillant entre 399 (minimum) et 505 (maximum). Les expériences sur les pigeons et les petits oiseaux (moineaux) étant évidemment peu comparables.

DESPLATS (1886), opérant avec un calorimètre de petites dimensions, a trouvé en moyenne :

		CALORIES par kil. et par heure.
IX expériences. . .	Rats de 125 grammes.	11 830
VI — . . .	Cobayes de 92 grammes.	14 000
VII — . . .	Moineaux et verdiers de 25 grammes.	35 000

Chiffres qui sont en assez bon accord avec la théorie, puisqu'ils donnent pour unité de surface :

	CALORIES par déc. carré.
Rats de 125 grammes.	354
Cobayes de 92 grammes	370
Moineaux de 25 grammes.	353

1. En ne donnant aux expériences de WOOD que la valeur d'une unité.

Les quantités de O^2 consommé et de CO^2 produit étaient aussi corrélatives ; car les rats produisaient exactement 3 grammes par kilo de CO^2; les cobayes $3^{gr},2$, et les moineaux $11^{gr},2$.

Sur l'homme à ma connaissance les premières expériences de calorimétrie directe totale qui aient été faites sont celles que j'ai entreprises, avec le calorimètre à siphon,

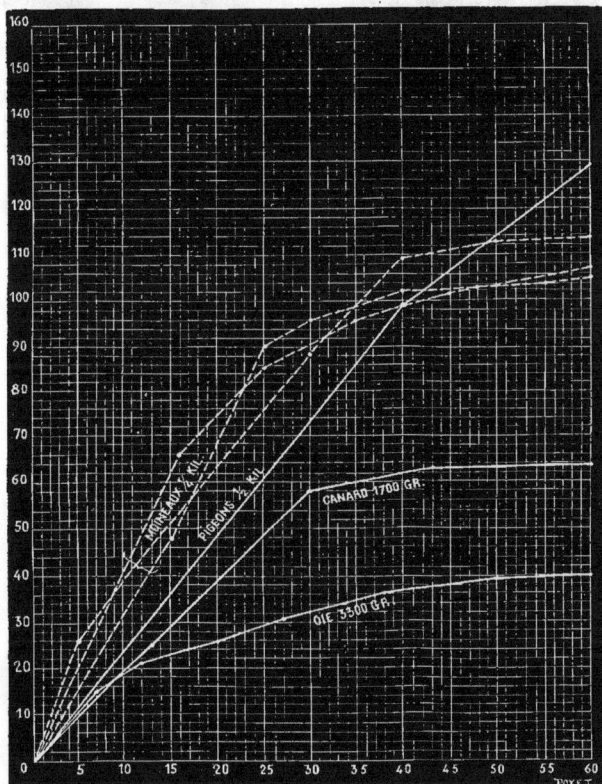

Fig. 14. — Chaleur dégagée par des oiseaux de taille différente.
En bas les minutes. Les chiffres de l'ordonnée verticale indiquent les centimètres cubes d'eau écoulée du calorimètre. $1^{cc} = 33$ calories.
Les courbes se rapportent à 1 kilogramme d'animal pour l'oie et le canard; 500 grammes pour les pigeons 250 grammes pour les moineaux. Les pigeons pesaient 325 grammes en moyenne : et les moineaux 20 grammes. On voit que la production de chaleur est fonction de la taille. puisque 250 grammes de moineaux produisent 2,5 fois plus de chaleur qu'un kilogramme d'oie, etc.

chez des enfants ; et celles de P. Langlois, faites de la même manière, et consignées dans un travail important (1887). Je ne parle pas des expériences de calorimétrie partielle, qui peuvent donner des renseignements fort utiles au point de vue de la comparaison de deux états différents, mais qui, pour un chiffre calorimétrique total, sont insuffisantes.

Dans 17 expériences sévèrement contrôlées, Langlois a trouvé pour des enfants de 7 kilogrammes un chiffre moyen de 4 050 calories par kilo et par heure, soit, 28 350 calories totales, et par décimètre carré le chiffre très fort de 691 calories.

Mais il faut remarquer que les enfants mis ainsi dans le calorimètre étaient sans vêtements, de sorte qu'on ne peut pas comparer leur production calorique à celle d'enfants habillés. RUMPEL (1889) et RUBNER ont bien fait remarquer que le vêtement diminuait le rayonnement calorique dans d'assez fortes proportions, selon la nature même du vêtement ; diminution qui a été presque à 47 p. 100 dans un cas. Il est très

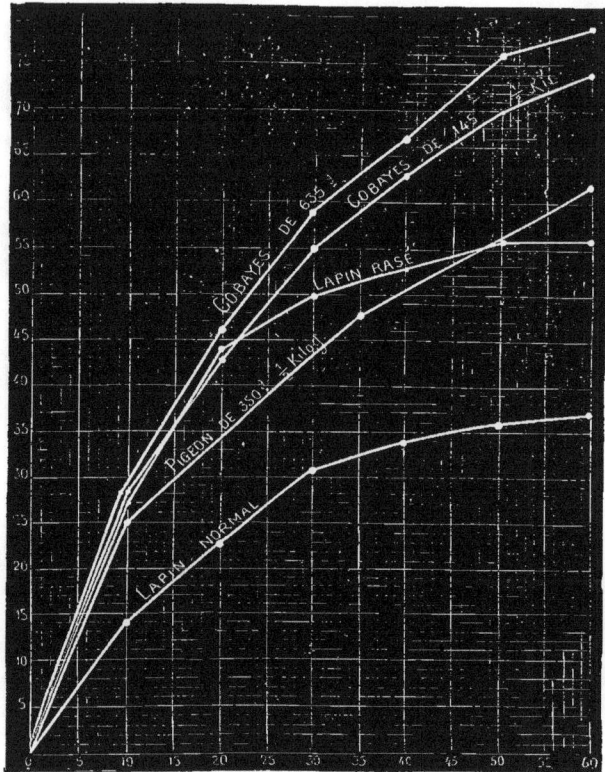

FIG. 15. — Influence de la taille sur la production de chaleur.
Mêmes indications que pour la figure précédente.
Les courbes se rapportent à 1 kilogramme d'animal, pour les lapins et les gros cobayes : à 500 grammes d'animal pour les pigeons et les petits cobayes.
Lapin rasé (moyenne de 3 expériences).
Lapin normal (moyenne de 6 expériences).
Pigeons de 350 grammes (moyenne de 4 expériences).
Cobayes de 635 grammes (moyenne de 4 expériences).
Cobayes de 148 grammes (moyenne de 3 expériences).

difficile par conséquent d'établir une comparaison entre des enfants nus, et des animaux revêtus d'une fourrure.

D'intéressantes études ont été faites au point de vue de l'influence du vêtement sur la radiation calorique. Mais ce sont là surtout des questions d'hygiène plus que de physiologie. Rappelons seulement l'expérience de MASSI, qui concorde bien avec celle de RUMPEL et de RUBNER, à savoir qu'un homme nu a un rayonnement double d'un homme vêtu. FREDERICQ, dans ses expériences, a bien trouvé une augmentation des combustions respiratoires, selon qu'il était nu ou habillé, mais l'augmentation était loin d'atteindre 50 p. 100 (10 à 20 p. 100).

D'Arsonval (1894), avec son ingénieux anémo-calorimètre, a trouvé sur lui-même, à une température de 18°, des chiffres qui varient énormément suivant les conditions, en particulier avec le vêtement, qui est une condition de première importance pour modifier la déperdition calorimétrique.

	POIDS de 74 kil. Calories.
A jeun, debout et nu.	124,4
A jeun, debout et habillé.	79,2
Une heure après déjeuner, debout et habillé. .	91,2
Une heure après déjeuner, assis et habillé . .	69,6
Après un bain à 28°.	48

Avec ce même appareil, Bergonié et Sigalas (1896) ont trouvé pour un individu de 72^{kil},750 les chiffres suivants :

Degrés.	CALORIES par heure.
12	69,5
12,6.	71,5
13,5.	68,5
13,6.	67,5
14	68,5
15,5	36,5
15,5	57

Chez un autre individu, de 70 kilos, les chiffres ont été un peu variables.

11,8	57,7
13,6	80
13,6	81
14,4	77,5
15,6	68,5
15,4	63,5
15,4	63,5

Ils en concluent que chaque sujet semble avoir son coefficient calorimétrique propre, et que, entre 11°,8 et 15°,6, tout au moins, les quantités de chaleur dégagées augmentent à mesure que la température extérieure diminue.

Lichatschew (1893), en combinant les méthodes calorimétriques directes et indirectes, a trouvé pour l'homme (par kilogramme en 24 heures), de 33 072 à 38 723 calories. L'élimination d'eau étant de 13^{gr},27 à 16^{gr},18; de CO^2 de 12,22 à 14,21 ; et l'absorption de O, de 11,28 à 13,62; l'excrétion d'urée allant de 0,44 à 0,62.

On observait d'après lui une variation périodique, tout à fait conforme à la variation périodique thermométrique, de sorte que pendant la nuit les échanges et la production de calorique diminuent, pour augmenter pendant le jour. Le sommeil serait sans influence.

Rubner a trouvé que les animaux, avec leur fourrure, sont comme l'homme habillé. Et de fait l'expérience directe montre que des lapins rasés dégagent plus de chaleur que des lapins pourvus de leur toison normale. Dans cinq expériences faites sur des lapins de même poids, j'ai vu que, si l'on représente par 100 la quantité de chaleur d'un lapin normal, celle d'un lapin rasé est de 160. Rubner (1894), chez des chiens rasés, a trouvé que la consommation de graisse, la température extérieure étant à 20°, était de 166, en supposant égale à 100 la quantité de graisse consommée par des chiens ayant leur pelage normal. Laulanié (1892) a répété aussi ces expériences sur les lapins rasés, et il a constaté que la production de calorique croissait dans la proportion de 100 à 151, aux premiers jours de la tonte, et seulement à 139, un peu plus tard, alors que l'accoutumance (et peut-être la croissance du poil coupé) commençait à s'établir. Il a vu aussi ce fait nouveau que chez les lapins rasés la consommation de chaleur croissait moins vite que les échanges interstitiels; autrement dit que, chez eux, le rendement thermique du carbone brûlé et surtout de l'oxygène consommé était moindre que chez les lapins normaux.

On peut donc dire que la production de chaleur n'est pas seulement fonction de la *surface*, mais encore de la *nature de la surface*, ce qui était d'ailleurs évident *a priori*, et que, pour comparer la calorimétrie de l'homme à celle des animaux, il faut prendre l'homme avec ses vêtements qui remplacent la fourrure dont sont pourvus sans exception tous les animaux.

Une autre conséquence curieuse de la tonte des animaux, c'est que les animaux rasés consomment beaucoup plus d'aliments que les autres, et, cependant, ils n'augmentent pas de poids. Malgré la suralimentation, leur poids reste stationnaire, ce qui s'explique facilement si l'on admet que les aliments alors sont ingérés en proportion suffisante pour produire un excès de chaleur nécessaire à l'excès de radiation calorique et au maintien de la température au niveau normal. Encore, le plus souvent, le niveau thermométrique normal n'est-il pas atteint, si bien qu'au lieu de 39°,6 les lapins rasés n'ont que 39°,1.

Si l'on enduit la peau d'un vernis, on note une déperdition considérable de chaleur, et, comme l'ont constaté divers auteurs, on voit les animaux se refroidir assez vite pour que la mort soit au moins partiellement attribuable au froid.

Un lapin, ayant une température de 39°,6, est recouvert, à neuf heures, d'huile de lin. A deux heures sa température est à 36°,8. Malgré cet abaissement notable, il donne alors 4570 calories. Le lendemain matin sa température est de 22°,8; il est mourant, et la rigidité cadavérique survient presque immédiatement.

Les lapins huilés diminuent rapidement de poids. Ainsi, pour en citer un exemple tout à fait remarquable, un lapin, huilé le 8 décembre et pesant alors $3^{kgr},270$, pesait le 9 décembre $2^{kgr},640$; ce qui fait une diminution de poids de 620 grammes, c'est-à-dire de 19 p. 100 en vingt-quatre heures. Malgré cela, la quantité de chaleur produite a été considérable, soit de 5560 calories par kil., chiffre tout à fait anormal pour un lapin pesant plus de 3 kilogrammes. Dans une autre expérience, la perte en calories a été de 4900 calories pour un lapin incomplètement enduit d'huile; et, dans une autre, de 4650 calories par kilo.

Des faits analogues ont été vus par Rumpel dans des expériences de calorimétrie partielle.

Dans cinq expériences concordantes, j'ai trouvé que les lapins blancs ont dégagé notablement moins de chaleur que les lapins gris ou les lapins noirs (un quart en moins). Ce qui, du reste, pouvait être prévu *a priori*, car les objets blancs rayonnent moins que les objets noirs.

On a aussi remarqué que dans les pays froids le pelage des animaux est blanc, tandis qu'il est noir et coloré dans les pays chauds. Le soleil, qui tend à développer le pigment, tend en même temps à faciliter le rayonnement calorique.

Influence du système nerveux pour la régulation de la radiation calorique proportionnelle à la taille. — On comprend bien que ces phénomènes de radiation soient réglés par des lois physiques immuables, étendue de la surface, nature de la surface, coloration de la surface. Mais, ce qui est peut-être plus difficile à saisir, c'est l'adaptation du système nerveux à ces conditions. N'est-ce pas un fait extraordinaire que de voir les combustions chimiques se modifier dans le rapport de 1 à 25, selon l'espèce animale? Le bœuf produit (par kilogramme et par heure) $0^{gr},50$ de CO^2 : le petit moineau produit (par kilogramme et par heure) $12^{gr},5$; et cependant les tissus du bœuf et du moineau sont presque identiques.

Cette proportionnalité des combustions avec la surface est vraie non seulement chez les animaux d'espèces différentes, mais encore chez ceux de même espèce. Si les gros et les petits chiens ont, les uns et les autres, une température identique, c'est qu'ils produisent, par kilogramme, des actions chimiques très différentes; car le refroidissement par kilogramme est très différent chez les gros et les petits. De fait j'ai montré que les chiens produisent de l'acide carbonique en proportion inverse de leur taille, et j'ai pu dresser le tableau suivant (1893) :

POIDS DU CHIEN.	CO² PAR KIL. et par heure.	CO² PAR DÉC. CARRÉ et par heure.
Kilogs.		
26	0,925	0,250
24	0,940	0,244
20	0,970	0,236
16	1,200	0,270
14	1,045	0,228
12	1,120	0,229
10	1,200	0,233
8	1,300	0,233
6	1,400	0,227
5	1,550	0,242
4	1,750	0,245

Ainsi, très régulièrement, on voit que les chiens de taille différente produisent, par unité de poids, des actions chimiques d'intensité différente.

Par la calorimétrie indirecte RUBNER a montré le même phénomène. Des chiens d'inégale taille ont dégagé des quantités de chaleur proportionnelles non à leur poids, mais à leur surface.

POIDS.	SURFACE en cent. carrés.	SURFACE PAR KIL. en cent. carrés.	CALORIES produites par heure par mill. carré.
31,20	10,750	344	4,60
24	8,805	366	4,65
19,80	7,500	379	4,95
18,20	7,662 (?)	421	4,65
9,61	5,286	550	4,67
6,50	3,724	573	4,96
3,19	2,423	760	4,98

A priori on pouvait concevoir que cette activité chimique proportionnelle à la surface était réglée par le système nerveux; mais il était cependant indispensable d'en donner la démonstration directe. Or j'ai pu faire cette démonstration en paralysant le système nerveux régulateur par le chloral, et en étudiant à la fois la température de l'animal et l'intensité des échanges respiratoires.

Mes expériences ont porté sur dix-huit chiens de taille différente (maximum 35 kilogrammes, minimum 4kil,2), et les résultats ont été les suivants:

		CO² PAR KIL. et par heure.
III.	Chiens de 28k,5 (moy.). . . .	0,530
V.	— de 13 kilogs (moy.). .	0,597
VI.	— de 7k,75 (moy.). . . .	0,643
IV.	— de 4k,5 (moy.)	0,609

En étudiant ces chiffres, on voit que la quantité de carbone brûlé ne varie plus avec la taille, comme chez les chiens normaux. Certes il y a encore des combustions, mais ces combustions sont devenues les mêmes, quel que soit le poids de l'animal, par l'unité de poids, tandis que précédemment elles étaient les mêmes par l'unité de surface.

De là cette conclusion que, si les animaux normaux brûlent du carbone proportionnellement à leur surface, c'est qu'ils ont un système nerveux régulateur qui établit cette relation. Quand par un anesthésique le système régulateur est paralysé, nulle relation n'existe plus entre la surface et les combustions respiratoires.

Un petit chien de 4 kilogrammes diminue ses combustions dans la proportion de 18 à 6, quand il est chloralisé; tandis qu'un gros chien de 28 kilogrammes ne diminue ses combustions, quand il est chloralisé, que dans la proportion de 9 à 5,5; soit de 30 p. 100, alors que le petit chien chloralisé les diminue de 70 p. 100.

Il doit s'ensuivre ceci, c'est que, en chloralisant par la même quantité (proportionnelle) de chloral un gros et un petit chien, le gros chien se refroidira beaucoup moins vite que le petit. Or c'est ce qu'on peut facilement observer. Dans un cas, en quatre heures un chien terrier de 6kil,7, chloralisé, est tombé à 28°,5, tandis qu'un gros chien de $23^{kil},3$, chloralisé en même temps par la même quantité proportionnelle de chloral, avait encore 35°,65,

Il y a d'ailleurs une expérience bien intéressante qui établit que l'augmentation des combustions par le froid est due au système nerveux. C'est la comparaison des quantités d'oxygène consommé par les tissus séparés du corps, et par conséquent soustraits au système nerveux. P. REGNARD (1879), prenant du sang, constate que le sang (1 kilo) consomme en oxygène (en une heure) :

Degrés.	Centimètres cubes.
0.	3
15.	10
20.	18
25.	40
30.	37
35.	48
40.	48
45.	46
50.	40
65.	0

De même le muscle produit en CO_2 (par kilog. et par heure) :

Degrés.	centimètres cubes.
0.	12,4
10.	40
20.	56
25.	129
30.	204
35.	294
42.	237
45.	136

E. MEYER (1886), répétant cette expérience, a trouvé pour le muscle, en production de CO_2 par kilogramme et par heure :

Degrés.	centimètres cubes.
25.	115
30.	164
35.	220
36.	234
38.	230
40.	215
50.	93

Si donc l'animal homéotherme vivant réagit d'une manière inverse, c'est qu'il a un appareil nerveux qui va précisément à l'encontre de cette influence du froid, et qui, accélérant les combustions organiques, maintient les tissus, malgré les variations du milieu, à une température constante.

Influence de la température extérieure sur la radiation calorique. — La quantité de chaleur dégagée est aussi fonction de la température extérieure. La loi de NEWTON établit que le refroidissement par rayonnement d'un corps est proportionnel à égalité de surface à l'excès de la température de ce corps sur celle du milieu ambiant.

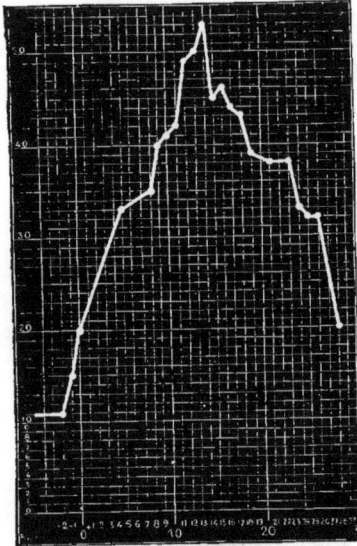

FIG. 16. — Variations de la radiation calorique avec la température extérieure.
En bas les températures extérieures, marquées en degrés.
Sur l'ordonnée verticale les centimètres cubes d'eau écoulée du calorimètre ($1^{cc} = 83$ calories) pour 1 kilogramme de lapin en une heure.
Moyenne de nombreuses expériences.
On voit qu'il y a un optimum pour la radiation calorique, aux environs de 14°.

Mais les homéothermes ne se conforment pas à la loi de NEWTON. S'il en était ainsi, on verrait la radiation de calorique aller régulièrement en croissant à mesure que la température s'abaisse. Or il n'en n'est point ainsi, et on peut par des expériences multiples montrer qu'il y a un certain *optimum* de température, au-dessous et au-dessus duquel le rayonnement va en diminuant. C'est un fait que d'ARSONVAL a le premier énoncé, et que j'ai pu vérifier et compléter par de très nombreuses expériences. J'ai même pu, au moins chez le lapin, établir la courbe qui montre l'influence de la température extérieure sur le rayonnement.

TEMPÉRATURE extérieure. — Degrés.	CALORIES par heure et par kil.	TEMPÉRATURE extérieure. — Degrés.	CALORIES par heure et par kil.
— 2	910	15	3,735
— 1	1,250	16	3,830
0	1,660	17	3,650
+ 5	2,740	18	3,570
8	2,900	19	3,240
9	3,320	21	3,150
10	3,400	23	3,150
11	3,490	24	2,740
12	4,060	25	2,650
13	4,150	26	2,650
14	4,400	28	1,660

De ces moyennes — qui ne sont évidemment pas parfaites, car l'influence du poids des lapins joue un rôle considérable, et nous n'en avons pas tenu compte dans cette série — on peut cependant dégager une loi bien précise, que le graphique de la figure 16 démontre avec netteté : c'est que la production de chaleur varie énormément avec la température extérieure, et d'une manière toute différente de la loi de NEWTON.

Si les animaux (à température constante) se comportaient comme les objets inertes, ils rayonneraient d'autant plus que la température extérieure est plus basse. Mais il n'en est pas ainsi : quand il fait froid, ils diminuent leur rayonnement en rétrécissant leurs vaso-moteurs, de sorte que, quand la température monte de — 2° à + 14°, le rayonnement va aussi en augmentant. Il y a donc une température qui correspond à une radiation maxima de calorique ; elle est comprise entre 12°, 13° et 14° ; et, à partir de ce point, elle va graduellement en diminuant, conformément à la loi de NEWTON, à mesure que la température extérieure s'élève. Ces variations dans leur ensemble sont bien considérables, puisqu'elles vont presque de 1 à 3.

Ainsi, pour des températures extérieures de 12°, 13° et 14°, des lapins de 2^{kil},300 dégagent environ 4 100 calories, alors qu'à des températures supérieures à 25° ils ne dégagent que 1 660 calories.

D'autres animaux que les lapins ont aussi une production de calorique variant avec la température extérieure. Voici, à cet effet, les chiffres relatifs aux cobayes :

Pour des cobayes pesant entre 125 et 150 grammes, nous avons les quatre chiffres suivants :

DEGRÉS.	CALORIES par kil.
9	10,040
11	12,780
12	12,800
24	7,800

Pour des cobayes pesant de 500 à 1 000 grammes, nous avons :

DEGRÉS.	CALORIES par kil.
— 1	3,230
11	6,600
24	5,238

Chez les enfants, cette même loi se vérifie de la manière la plus formelle. En les plaçant dans un vaste calorimètre construit à cet effet, j'ai obtenu les chiffres suivants, pour des poids d'enfants compris entre 6 et 9 kilogrammes :

TEMPÉRATURE extérieure. DEGRÉS.				CALORIES par kil.
18	Moyenne de 2 expériences. . . .			4,532
19	—	3	—	4,484
20	—	2	—	4,218
21	—	1	—	3,762
22	—	4	—	4,090
23	—	8	—	3,135
24	—	2	—	2,689
25	—	1	—	2,622

On voit l'influence considérable de la température extérieure sur la production de chaleur. De 18° à 25°, le rayonnement calorique augmente de près du double.

Ainsi, pour les enfants, comme pour les lapins et les cobayes, la production de chaleur est fonction de la température extérieure. Il est même probable, d'après les chiffres donnés ci-dessus, que l'*optimum* de la radiation calorique des enfants est plus près de 18° que de 14°.

SIGALAS a confirmé ce fait important. En prenant la calorimétrie d'un lapin à diverses températures extérieures, il a obtenu les chiffres suivants :

TEMPÉRATURE extérieure. Degrés.	CALORIES par K. H.	OXYGÈNE ABSORBÉ par K. H. Centimètres cubes.
20	3,500	0,600
18	3,750	0,601
16	4,700	0,660
15	4,900	0,706
13	3,990	(?)
11,5	3,550	0,721
9,	3,160	0,730
7,	2,900	0,740

Ce qui semblerait prouver que chez tous les animaux il n'en est pas de même, c'est que chez un canard la radiation calorique a crû régulièrement jusqu'à 7° avec l'abaissement de la température extérieure.

TEMPÉRATURE extérieure. Degrés.	CALORIES par K. H.	OXYGÈNE ABSORBÉ par K. H. Centimètres cubes.
21,5	5,200	910
20	5,700	998
18	6,200	?
15	6,300	?
7	7,400	1,375

Si donc on se contentait de ces données on pourrait en conclure que les animaux ne se conforment pas à la loi de NEWTON; mais cette affirmation serait évidemment absurde, car les lois de la physique et de la chimie s'appliquent rigoureusement aux êtres vivants aussi bien qu'aux substances inertes. Il n'est pas besoin cependant d'invoquer une dérogation à la loi de NEWTON, car ce qui est la température de l'animal, au point de vue du rayonnement au dehors, n'est pas sa température interne, mais bien sa température périphérique. C'est celle-là seule qui compte.

Or que se passe-t-il lorsque la température extérieure s'abaisse? Une constriction vaso-motrice énergique survient, qui anémie la superficie cutanée et abaisse beaucoup la température de la peau, de sorte que ce n'est plus un animal à 39° qui rayonne, mais un animal à 30°, peut-être 20°; puisque ce qui détermine son rayonnement, ce n'est pas sa température viscérale, qui reste stationnaire, mais sa température cutanée qui varie avec le milieu extérieur. BERGONIÉ et SIGALAS ont bien montré qu'il n'y avait là qu'un désaccord apparent avec la loi de NEWTON.

Mais une plus grande difficulté gît dans ce fait que les combustions respiratoires vont en croissant avec l'abaissement de température, et cela de 15° à 0°; aussi bien que de 25° à 15°. Si un lapin consomme plus d'oxygène à 0° qu'à 15°, on ne conçoit pas comment alors sa radiation calorique diminue, à moins de supposer, ce qui est difficile, quoique non impossible à admettre, que cette fixation d'oxygène ne serve pas immédiatement à produire de la chaleur, mais que ce gaz s'accumule dans les tissus sous forme de combinaisons qui plus tard vont dégager par une combustion plus complète toute l'énergie calorifique qu'il recélait. C'est là, il faut l'avouer, une hypothèse fort peu vraisemblable.

D'autre part, la diminution du rayonnement calorique avec la diminution de la température ambiante est bien difficile à mettre en doute; mes expériences, puis celles de P. Langlois et de Sigalas, l'ont assez positivement établi pour que je considère le fait comme acquis, même après les expériences d'Ansiaux (1890) qui est arrivé, sur les cobayes, à des résultats un peu différents, trouvant un minimum de radiation calorique pour le cobaye vers 24° ou 25° de température extérieure. C'est donc un point litigieux et délicat qui exige de nouvelles recherches : car il n'y a pas concordance entre ces deux phénomènes qui devraient être absolument parallèles, la consommation d'oxygène et le rayonnement de calorique à l'extérieur.

L'action des phénomènes vaso-moteurs sur la radiation calorique est bien démontrée par diverses expériences, entre autres un fait observé par P. Langlois sur les cobayes dont la moelle a été sectionnée (1894). La température de l'animal baissait beaucoup et en même temps la radiation calorique était devenue exagérée, croissant, chez quelques cobayes, de 7° à 11°, alors que la température tombait de 39° à 34° en moyenne. L'explication en est assez simple; car on conçoit que la dilatation paralytique des vaso-constricteurs a entraîné une hyperémie périphérique, laquelle a amené et le refroidissement de l'animal, et une radiation calorique plus forte.

Nous reviendrons d'ailleurs sur ces phénomènes vaso-moteurs, quand nous traiterons de la régulation de la chaleur par le système nerveux.

Calorimétrie indirecte. — La calorimétrie indirecte a eu pour initiateur Boussingault. De fait, le principe n'en a été scientifiquement établi que beaucoup plus tard, après que Berthelot a établi les lois fondamentales de la thermochimie.

Le principe essentiel de la méthode est le suivant.

Les quantités de chaleur dégagées par la combustion ou la transformation d'une substance chimique sont indépendantes des phases par où cette substance a passé, et elles sont liées seulement à l'état final comparé à l'état initial de ce corps.

Or, comme les substances non azotées (hydrates de carbone et graisses) sont transformées en acide carbonique et vapeur d'eau; comme les substances azotées sont transformées en urée, il suffira de connaître la chaleur de combustion du sucre et des graisses pour savoir quelle est dans l'économie animale la chaleur dégagée par le sucre et les graisses; et, comme nous connaissons la chaleur de combustion des matières albuminoïdes et la chaleur de combustion de l'urée, nous aurons la chaleur de transformation des matières azotées de l'organisme en urée.

Soit h la chaleur de combustion des hydrates de carbone, g celle des graisses, a celle des matières azotées, u celle de l'urée; avec des quantités respectives ingérées quotidiennement p p' p'', nous aurons comme chaleur dégagée : $p \times h + p' \times g + p''$ $(a-u)$.

Bien entendu cette détermination n'est exacte que si l'organisme est en état d'équilibre parfait, c'est-à-dire s'il n'augmente ni ne diminue de poids, autrement dit s'il ne fixe dans les tissus ni carbone ni azote.

Nous pouvons donc évaluer la quantité de chaleur dégagée en étudiant les combustions soit par les *ingesta*, soit par les *excreta*. En réalité ces deux méthodes se complètent l'un par l'autre. Nous proposons d'appeler l'une *calorimétrie indirecte alimentaire*; l'autre, *calorimétrie indirecte respiratoire*.

Calorimétrie indirecte alimentaire. — De nombreuses déterminations ont été faites par divers auteurs, pour connaître exactement la valeur thermodynamique des aliments (Danilewsky, Stohmann, Rechenberg, Rubner, Berthelot et André, 1891). Nous avons déjà mentionné quelques-uns de ces chiffres à propos des aliments (V. Aliments, D. Ph., I, 334 et suiv.). Il importe d'y revenir.

Chaleur de combustion des aliments (pour 1 gramme de substance).

	CALORIES
Cellulose (BERTHELOT et VIEILLE). . . .	4 209
Amidon —	4 228
Inuline —	4 187
Dextrine —	4 180
Lactose —	3 777
Saccharose —	3 962
Maltose (hydrate) RECHENBERG.	3 932
Glycose (BERTHELOT et VIEILLE). . . . :	3 762
Graisse de porc (STOHMANN). . . . . :	9 380
Graisse de mouton —	9 406
Huile d'olive —	9 328
Beurre —	9 192

Pour les matières albuminoïdes nous ne ferons pas le même calcul ; car l'albumine en brûlant ne donne pas seulement de l'acide carbonique et de l'eau, mais encore de l'urée, dont la chaleur de combustion n'est nullement négligeable. De sorte que nous devons, au point de vue qui nous occupe ici, donner à la fois la chaleur de combustion totale et la chaleur de transformation en urée $(a - u)$, puisque c'est sous la forme de CO^2, H^2O, et urée, que brûlent dans l'organisme les matières azotées.

D'après BERTHELOT et ANDRÉ, ces quantités sont les suivantes, pour 1 gramme de substance.

	CHALEUR de combustion totale.	CHALEUR de transformation en urée.
	Calories.	Calories.
Albumine	5 690	4 857
Fibrine du sang	5 532	4 586
Chair musculaire (sèche et dégraissée). . .	5 731	4 749
Hémoglobine (cheval).	5 915	4 964
Caséine du lait.	5 629	4 799
Osséine	5 414	4 544
Chondrine.	5 346	4 606
Vitelline.	5 784	4 954
Fibrine végétale.	5 836	4 986
Gluten brut	5 995	5 245
Jaune d'œuf (mélange de vitelline et de matières grasses).	8 124	7 704

Mais, en fait, dans l'évaluation de la valeur thermodynamique d'aliments, il n'est pas possible d'introduire la même précision que dans les données thermochimiques : car une partie notable des aliments, quoique comptant dans l'alimentation, ne doit pas compter dans la nutrition. En effet, tous les aliments ne sont pas digérés, et une partie, passant dans les matières fécales, est soustraite à l'action des sucs digestifs. La quantité qui échappe ainsi est très variable : RUBNER, qui l'a étudiée avec soin dans un grand nombre de conditions alimentaires différentes, n'a pas pu donner un chiffre général. Mais, dans la pratique, en diminuant de 5 p. 100 la quantité des aliments introduits, et en supposant que sur 100 parties d'aliments nous n'en assimilons que 95, nous ne serons pas loin de la vérité.

Voici d'ailleurs, pour préciser, les chiffres qu'il donne (1879, 192) :

ALIMENTATION EN	PERTE DE CARBONE par les fèces p. 100.
Pain blanc	0,8
Riz.	0,9
Macaroni	1,2
Graisses.	6,2
Maïs.	3,2
Pommes de terre	7,6
Pain noir	10,9
Carottes.	18,2

ALIMENTATION EN	PERTE D'AZOTE par les fèc. s p. 100.
Viande	2,5
Œufs	2,6
Lait et fromage (moyenne). . . .	3,6
Lait (moyenne)	8
Légumineux.	10,5
Macaroni	11,2
Pain blanc (moyenne)	22,2
Riz.	23,1
Pain noir.	32
Pommes de terre.	32,2
Carottes.	39

Il s'ensuit que, si nous prenons la moyenne de la chaleur de combustion des sucres, nous trouvons 4 000 calories : ce qui, en supposant un déficit de 5 p. 100, nous donnera un chiffre moyen de 3 800 calories par gramme; et pour les graisses 9 350 calories, ce qui, avec 5 p. 100 de déficit, nous donnera 8 880 calories; et pour les matières azotées 4 900 calories, ce qui nous donnera finalement 4 650 calories. Nous devrons donc adopter pour les aliments les chiffres suivants :

	CALORIES.
Aliments sucrés.	3 800
Aliments azotés.	4 650
Aliments gras.	8 880

Ces chiffres sont un peu plus faibles que ceux qu'on admet en général, mais il paraît indispensable de faire entrer en ligne de compte la proportion moyenne des aliments non assimilés.

On pourrait d'ailleurs prendre rigoureusement la chaleur de combustion des aliments ingérés, sans déduction aucune, à condition de tenir compte de l'analyse des fèces. Mais c'est là une opération chimique assez compliquée et qu'on fait rarement; d'autant plus que l'erreur commise n'est pas très grande, si on admet que 5 p. 100 des matières alimentaires ne sont ni absorbées ni assimilées.

Appliquant ces données au chiffre moyen de la consommation d'un Parisien adulte, tel qu'il résulte des chiffres donnés par moi à l'art. **Aliment**, nous pouvons construire la production calorimétrique moyenne d'un Parisien adulte :

Matières azotées.	124 grammes.
Hydrates de carbone. . .	494 —
Graisses.	80 —

ce qui donne 3 165 calories.

Ce chiffre concorde avec celui qu'on a donné dans diverses recherches plus précises où la ration était exactement mesurée, et l'équilibre obtenu.

	CALORIES.
Ouvrier de VOIT et PETTENKOFFER. . .	3 054
HIRSCHFELD.	3 318
Sujet de LAPICQUE et MARETTE.	3 027
RUBNER.	3 094
Moyenne. . . .	3 123

On voit que la concordance est parfaite. Mais, s'il s'agit de Japonais, ou d'Abyssins, ou de Malais, comme ceux qu'ont observés LAPICQUE, KUMAGAWA, et EIJKMANN, les chiffres sont différents.

	CALORIES.
Abyssin (LAPICQUE)	2 000
Malais —	2 072
Européens de Batavia.	2 470
Soldat japonais (MORI).	2 579
Étudiant japonais (TSUBRI et MURATO).	2 335
Kumagawa.	2 478

ALBERTONI et NOVI (1894), étudiant avec beaucoup de soin la nourriture des paysans italiens, ont constaté que, pour des raisons d'ordre social sur lesquelles nous n'avons pas à insister, les paysans consomment plus d'aliments en été qu'en hiver, contrairement à ce qui, au point de vue physiologique, devrait avoir lieu. On peut établir ainsi la valeur calorimétrique de ces aliments :

	POIDS	SURFACE.	CALORIES PAR KILOGRAMME.		CALORIES PAR SURFACE.	
			Hiver.	Été.	Hiver.	Été.
	Kilogs.					
Homme....	68,1	1 932,3	Travail. 40,0 Repos. 39,2	56,0 46,2	1 410 1 381	1 979 1 504
Femme....	50,6	1 066,8	Travail. 45,8 Repos. 44,6	57,8 42,8	2 175 2 116	2 745 2 031
Enfant....	34,8	0 504,6	Travail. 41,7 Repos. 58,2	56,8 37,6	2 874 4 018	3 949 2 519

En admettant une moyenne générale d'hiver et été, de repos et de travail, nous avons une ration quotidienne moyenne pour l'homme adulte de 3 060 calories; qui concorde très bien avec le chiffre de 3 165 calories, trouvé pour le Parisien adulte qui travaille peut-être davantage, est moins sobre, plus riche, et exposé à un climat plus froid.

Je renvoie d'ailleurs pour plus de détails à l'art. **Aliment** dans lequel j'ai montré que cette quantité de chaleur rapportée à l'unité de surface restait à peu près la même, chez ces divers individus, soit sensiblement 1,5 calories par mètre carré et par vingt-quatre heures (Voy. le tableau de la page 249).

En prenant les rations alimentaires consacrées par l'usage, nous trouvons des chiffres à peu près analogues. On pourra calculer la valeur des calories d'après le régime alimentaire. Chez les soldats français (de cavalerie), d'après J. B. Dumas, la ration est de 154 grammes de matières azotées sèches, et 746 grammes d'hydrates de carbone, ce qui correspond à 3 547 calories; chiffre fort, mais qui s'applique à des hommes en général de grande taille. Les ouvriers de la marine de l'État consomment, d'après Gasparin, 750 grammes de pain, 250 grammes de viande, 90 grammes de fromage, 120 grammes de haricots et 60 grammes de riz, ce qui représente 152 grammes de matière azotée, 484 grammes d'hydrates de carbone et 46 grammes de graisse; par conséquent environ 2955 calories.

On ne sera donc pas loin de la vérité en admettant pour la production moyenne de l'adulte, travaillant, un chiffre de 3.000 calories par vingt-quatre heures, chiffre que modifieront les innombrables variations individuelles ou accidentelles.

Les résultats obtenus sur les animaux sont en accord avec les données fournies par l'observation humaine.

Sur les grands mammifères on peut bien calculer, d'après la quantité de fourrage, les quantités de chaleur produites; en tenant compte des proportions de l'aliment qui n'ont pas été résorbées ou assimilées. Voici un tableau emprunté à J. Tereg (1892):

	CALORIES PAR KILOG. et par heure.	PARTAGE DE L'ÉNERGIE CALORIFIQUE (supposée = 100) entre les divers aliments.		
		Azotés.	Gras.	Hyd. de carb.
Bœuf à l'état de jeûne........	1,63	25,5	74,5	»
Bœuf état normal...........	1,55	8,0	4,0	88,0
Bœuf travail moyen.........	2,32	11,0	6,0	83,0
Bœuf travail fort...........	2.86	14,3	7,2	78,5
Cheval travail modéré........	2,04	12,5	8,0	79,5
Cheval travail moyen........	2,46	12,5	10,0	77,5
Cheval travail fort.........	3,10	15,6	10,6	71,0
Cheval travail moyen (818,233 kilm.).	2,05	10,5	24,5	65,0
Cheval travail fort (1 608,201 kilm.)..	2,34	11,0	23,0	66,0
Mouton...............	2,10	11,1	4,4	84,5
Porc................	2,91	11,7	8,3	80,3

Les tableaux de Wolff (1888) fournissent tous les chiffres nécessaires pour faire le calcul des matières alibiles contenues dans tel ou tel fourrage, et d'autre part de son coefficient de digestibilité.

Il y a donc entre les aliments divers qui produisent des quantités de chaleur différente, une relation calorifique qu'on peut établir d'après leur composition chimique; cette relation est inutile à établir pour les substances chimiques, de composition déterminée : mais il nous paraît intéressant de la donner pour les aliments usuels. C'est ce que Rubner a appelé l'isodynamie des aliments.

	VALEUR EN CALORIES pour 1 000 gr.	VALEUR EN DONNANT à 1000 grammes de viande la puissance thermogène de 100.
Viande (bœuf demi-gras). . . .	1 420	100
Pain.	2 534	178
Œuf.	1 660	117
Fromage (Gruyère).	3 919	275
Riz	3 493	246
Légumes secs (haricots)	3 541	249
Lait.	970	68
Pommes de terre.	934	65
Fruits frais (pommes).	737	51

Il s'ensuit qu'en attribuant à l'homme adulte (travaillant modérément) une ration qui contient 3 100 calories, il lui faudra en poids les quantités suivantes d'aliments, avec la supposition qu'il ne fera usage que d'un aliment unique.

	GRAMMES.
Fromage.	791
Légumes secs	875
Riz.	887
Pain.	1 223
Œuf (environ 36 œufs) . .	1 868
Viande.	2 183
Lait.	3 195
Pommes de terre. . . .	3 317
Pommes.	4 206

A vrai dire la calorimétrie directe est plus précise; surtout cette calorimétrie indirecte alimentaire a besoin d'être complétée par l'étude des échanges interstitiels. En effet ces données, si intéressantes et positives qu'elles soient, ne fournissent pas un moyen irréprochable de mesurer la chaleur dégagée, et cela pour plusieurs raisons qu'il nous suffira d'énumérer.

1° La proportion des aliments ingérés et des aliments assimilés est très variable; et en évaluant à 5 p. 100 la perte par la non-assimilation, nous ne prenons qu'une moyenne, variable avec chaque aliment, par conséquent assez peu exacte.

2° Une partie de la chaleur dégagée par la combustion des aliments se transforme en travail, de sorte que nous ne pouvons guère comparer la chaleur d'un individu au repos, et celle d'un individu qui travaille. Nous reviendrons plus loin sur cette importante relation.

3° Ce qu'il importe de connaître, c'est moins la chaleur totale dégagée que les variations de cette chaleur, suivant la température ambiante, l'état du système nerveux, etc.

4° Nous avons supposé que les matières azotées se transforment totalement en urée; mais, si l'on admet cette proposition dans toute sa rigueur, on commet une véritable erreur. En effet, une partie de ces substances se transforment en acide urique, en créatinine, en matières extractives azotées, de sorte que sur 100 parties d'azote, il n'y en a que 80 (en chiffres ronds) qui sont éliminées à l'état d'urée, et cette différence n'est pas négligeable.

En effet, la chaleur de combustion n'est pas la même pour ces divers corps; et, si on la rapporte à 1 gramme de substance, on trouve :

	CALORIES.
Urée.	2 465
Acide urique.	2 621
Acide hippurique.	5 642
Glycocolle.	3 053
Asparagine.	3 428

5° Nous avons enfin admis que l'équilibre était parfait; par conséquent il faudrait ne pas tenir compte des cas particuliers, les plus nombreux peut-être, où il y a, soit fixation de substances et engraissement ou croissance, soit dénutrition.

Malgré ces restrictions, la mesure de la chaleur par la connaissance de la quantité des aliments fournit des indications extrêmement utiles, qui concordent bien avec ce que la calorimétrie directe nous enseigne.

Pour bien montrer à quel point cette méthode de la calorimétrie indirecte est fructueuse, nous prendrons quelques exemples.

Voici d'abord un cas où la calorimétrie indirecte ne paraît pas à première vue devoir rationnellement s'appliquer : les enfants qui sont en voie de croissance.

Dans un intéressant tableau VIERORDT (1893, 279) indique les quantités de lait prises journellement pendant 189 jours (27 semaines) par 3 enfants, d'après AHLFELD, HÄHNER et E. PFEIFFER. Ces enfants, de poids moyen de $3^k,6$, ont cru en 27 semaines de $4^k,300$, soit en moyenne de 233 grammes par jour. Leur poids (moyen) au milieu de la quatorzième semaine était de 6 kilogrammes.

En admettant pour le lait de femme la proportion moyenne (KÖNIG) de 21 grammes de caséine, 40 grammes de beurre, 27 grammes de lactose par litre, et en sachant que les enfants ont par jour en moyenne ingéré 925 grammes de lait, on voit que l'ingestion quotidienne était de 19 grammes de caséine, 37 grammes de beurre et 53 grammes de lactose. Mais de ces chiffres il faut déduire 5 p. 100 (d'après CAMERER, 5,5 p. 100 en moyenne) de lait non digéré et passant dans les fèces, ce qui réduit les chiffres à 18 grammes caséine, 50 grammes sucre, 35 grammes beurre; et en outre les quantités fixées pour la croissance, que nous fixerons quelque peu arbitrairement à 75 p. 100 d'eau et 25 p. 100 de parties solides, soit en proportions égales 8 p. 100 de sucre, 8 p. 100 de beurre et 8 p. 100 de caséine, ce qui fait pour 234 grammes de fixés par jour $1^{gr},972$ de matériaux solides, soit 2 grammes en chiffres ronds : alors la combustion portera sur 16 grammes de caséine, 48 de sucre, et 32 grammes de graisse. La production calorimétrique totale quotidienne sera de $569^{cal},6$, ce qui par kilogramme et par heure fournit 3 953 calories, chiffre étonnamment voisin du chiffre moyen trouvé par LANGLOIS et par moi dans la calorimétrie directe sur des enfants (sans vêtements) et de même poids, 4 050 calories.

J'ai pu déterminer le chiffre calorimétrique extrêmement faible auquel arrivent certaines malades hystériques qui ont une anorexie complète, et qui alors se nourrissent avec des quantités tout à fait faibles d'aliments (1896). Ces femmes ou jeunes filles se contentaient pour vivre de pain, de lait et d'un peu de viande. Je me contenterai — sans indiquer les précautions prises pour éviter les diverses causes d'erreurs — de citer un fait.

M..., du 7 janvier 1896 au 11 février 1896, a une diminution de poids insignifiante . Elle passe de $45^k,700$ à $44^k,925$, soit — 775 grammes.

Dans ces trente-cinq jours elle a consommé 5 360 grammes de pain, 9 860 grammes de lait et 4 630 grammes de café (sans sucre); négligeons le café qui ne contient que des matières alimentaires peu abondantes et la perte de poids : ces deux valeurs étant sans doute compensées par l'assimilation incomplète des substances ingérées.

Ces substances sont alors (en prenant la moyenne des analyses classiques):

Amidon.	2923,75
Graisses du pain	29,24
— du lait. . . .	364,82 } 394,06
Sucre du lait.	481,34
Gluten.	380,56
Caséine.	345,10

Ces chiffres nous fournissent une moyenne de $0^{cal},5193$ par kilo et par heure; chiffre des plus faibles.

Dans un autre cas très semblable, j'ai trouvé un chiffre encore plus faible de $0^{cal},375$ par kilo et par heure.

Un chien de 35 kilos, d'après Voit (*Eiweissumsatz bei Ernährung mit einem Fleisch. Z. B.*, III, 1-85), en 49 jours perdit 2 kilos; il prenait par jour 1 500 grammes de viande, et il a rendu en tout 470 grammes de matières solides dans ses excréments; ce qui représente en chiffres ronds 10 grammes par jour. En prenant pour la composition de la viande le chiffre moyen, soit 21 grammes de matière azotée, on voit que l'ingestion quotidienne était de 315 grammes de matière azotée dont à déduire 10 grammes perdus par les fèces, soit 305 grammes. A ce chiffre il faut ajouter la combustion de 2 kilos de son corps, soit 40 grammes par jour, avec sensiblement 10 grammes de matières azotées, ce qui ramène le chiffre de la combustion quotidienne à 315 grammes. Or un gramme de matière azotée (transformée en urée) produit 4,85 soit 1 $525^{cal},75$; soit par kilo et par heure $1^{cal},869$: chiffre qui concorde assez bien avec ce qu'indiquait la calorimétrie directe ($2^{cal},640$ chez des chiens de 6 kilos), encore que la proportionnalité par l'unité de surface ne soit pas très concordante (343 au lieu de 441).

De très intéressantes recherches ont été faites aussi par Pflüger (1892) sur la nutrition des chiens à l'aide de viande (de bœuf) sans le secours d'autres matières alimentaires. D'abord il admet, d'après les chiffres de Stohmann et de Rubner, très concordants, qu'un gramme de viande sèche et dégraissée répond à une production de 5 341^{cal}. Mais ce chiffre répond à la combustion complète de la matière azotée et non à sa transformation en urée, de sorte qu'il faut prendre plutôt le chiffre de Berthelot et André, 4 837. Encore faut-il réduire ce chiffre, puisque, Berthelot et André ayant trouvé 5 690 pour l'albumine, le rapport doit être le même entre 5 340 et 5 690 qu'entre x et 4 837; soit 4 561 calories.

Pflüger admet alors, à la suite de considérations pour le détail desquelles nous renvoyons à son mémoire, que son chien de 28,48 consomme 62,4 d'azote, qu'il en épargne quotidiennement $1^{gr},68$, qu'il y en a dans les fèces 3,40; que par conséquent l'utilisation réelle de l'azote ingéré porte sur $57^{gr},32$ par jour; ce qui fait $122^{gr},8$ d'urée et par conséquent une production calorique de 1 577 calories; soit 2 305 pour un chien de $28^k,5$ par kilo et par heure; en comparant ce chiffre aux chiffres fournis par d'autres méthodes calorimétriques, nous trouvons :

	PAR KIL. et par heure. Calories.
Chiens de 6 kil. Senator, Wood, etc. (calorimétrie directe)....	2 640
Chien de 28 kil. Pflüger (calorimétrie indirecte).........	2 305
Chien de 35 kil. Voit (calorimétrie indirecte)...........	1 869
Enfants de 6 kil. (calorimétrie indirecte).............	3 955

Je crois utile d'indiquer ici les données numériques que Pflüger a reproduites à la fin de son remarquable mémoire. Elles pourront servir pour des recherches du même ordre. Il est à noter que, au lieu de déterminer, comme l'ont fait Berthelot et André, la valeur thermique de l'albumine transformée en urée, il adopte (ainsi que Rubner) la correction suivante. Soit A la valeur thermique de l'albumine; comburée complètement; il mesure la valeur thermique B de l'urine, et la valeur thermique C des fèces; et alors la chaleur réellement produite est A — B — C.

	CALORIES.	
1 gramme de viande déséchée et maigre......	5 341	Stohmann et Langbein.
	5 345	Rubner.
Moyenne...	5 343	
100 grammes de viande.........	15,49 d'azote	Stohmann et Langbein.
	15.40 —	Rubner.
Moyenne...	15,44	
1 gramme d'azote de la viande.......	34,59	
1 — — de l'urine........	7,45	
1 — — des fèces.......	28.2	

Les autres chiffres sont conformes à ceux que nous avons cités plus haut.

Calorimétrie indirecte respiratoire. — Une autre méthode de calorimétrie indirecte nous est donnée par l'étude des combustions respiratoires. Mais alors le calcul doit être fait un peu différemment.

En effet, au lieu de mesurer les quantités ingérées de carbone, et d'hydrogène, et d'azote sous la forme alimentaire, on mesure seulement les quantités de CO_2 produit, d'O consommé et d'urée excrétée.

J'opposerai cette calorimétrie à l'autre en disant qu'il y a une calorimétrie *alimentaire*, et qu'il y a une calorimétrie *respiratoire*. Si la consommation d'oxygène ne portait que sur la combustion des graisses et des hydrates de carbone, le calcul thermochimique serait facile à faire. Suppposons, en effet, la combustion simultanée d'une quantité x de graisses et d'une quantité y de sucre. J'admettrai, pour simplifier, que tous les hydrates de carbone brûlés sont du glycose $C_6H_{12}O_6$, et que toutes les graisses brûlées sont un mélange, molécule à molécule, de trioléine, de tripalmitine et de tristéarine

$$C_{51}H_{98}O_6, \quad C_{37}H_{110}O_6, \quad C_{57}H_{104}O_6.$$

Il s'agira de connaître, l'expérience directe ayant donné les quantités respectives d'oxygène absorbé et d'acide carbonique produit, les proportions de glycose et de graisses.

La combustion de la graisse se fera suivant la formule :

$$O_{468} + C_{165}H_{312}O_{18} = (CO_2)_{165} + (H_2O)_{156}$$

Autrement dit, 2 580 grammes de graisses consommeront 7 488 grammes d'oxygène pour donner 7 260 grammes de CO_2 et 2 808 grammes de H_2O.

Il y a donc, combinée à l'hydrogène, une certaine quantité d'oxygène qu'on ne retrouvera pas dans le CO_2 excrété, et c'est précisément cette quantité de O non fixée sur le carbone, quantité par conséquent fixée sur l'hydrogène, qui va nous donner la mesure de la quantité de graisse brûlée. Il sera ensuite très facile de calculer la quantité de sucre consommé.

Donnons d'abord quelques indications numériques qui faciliteront les calculs.

	CALORIES totales en 24 heures.	CALORIES par kil.	MICROCALORIES par kil. et par heure.
Individu en repos	2 592	37,1	1 546
Le même en travail.	3 478	49,7	2 070
Le même après jeûne de 24 heures .	2 418	34,5	1 437
Succi. État de jeûne	1 700	34	1 417
Succi. État de digestion	2 418	48,2	»
Succi. État de travail énergique . . .	3 340	66,8	»
Succi, 10ᵉ jour de jeûne	1 553	28,2	1 175
Succi, 20ᵉ jour	1 488	27	1 125
Succi, 29ᵉ jour	1 422	25,8	1 075

D'après HIRN, un homme de 64 kilos produit par jour 3504 calories étant au repos; soit 2.281 microcalories par kilogramme et par heure. D'après BARRAL, un homme de 47,5 brûle par jour 2964 calories, soit par kilogramme et par heure 2.600 microcalories.

D'après les expériences de LAVOISIER, calculées par GAVARRET, un homme de 60 kilos fournit par jour 3 297 calories, soit par kilo et par heure 2.290 microcalories.

Mais ce sont des chiffres probablement trop forts ou plutôt s'appliquant à des individus qui travaillent. En effet, HELMHOLTZ admet 2 732 calories pour un homme de 82 kilos, soit 1.386 microcalories par kil. heure. Les divergences prouvent qu'il est impossible de préciser; car l'état de travail modifie dans une proportion qui peut aller du simple au double la quantité de chaleur dégagée.

Prenons comme exemple un des ouvriers de VOIT (cité par VIERORDT, 1893, 270-271). A l'état de repos il rendait 912 grammes de CO_2, 17ᵍʳ,35 d'azote et absorbait 709 grammes de O_2. Avec ces données on peut calculer le nombre de calories produites[1].

_____

[1]. D'après VOIT, il avait besoin, pour se nourrir, d'absorber 173 grammes de graisses et 352 d'hydrates de carbone.

En effet, $17^{gr},35$ d'Az répondent à $37^{gr},18$ d'urée, soit 520 calories; avec absorption de 158 grammes d'O et production de 177 grammes de CO_2. Restent donc pour les hydrates de carbone et les graisses 735 grammes de CO_2 et 55 de O, ce qui fait 17 grammes d'oxygène pour la combustion de l'hydrogène des graisses, c'est-à-dire $19^{gr},9$ de graisses, avec production de 56 grammes de CO_2. Restent 464 grammes de sucre. Ce qui nous donne une production totale de 2425 calories.

Chez ce même individu, donnant un travail énergique, il y a eu :

$$
\begin{array}{ll}
\text{Azote} . . . & 19,49 \\
O_2 . . . . . & 1006,1 \\
CO_2 . . . . & 1133
\end{array}
$$

Ce qui correspond à $118^{gr},8$ d'albumine, 168 grammes de graisse et à 314 grammes de sucre[1].

La production calorimétrique totale est alors de 3320 calories.

Cette évaluation calorimétrique me paraît préférable à celle qu'on emploie parfois, qui consiste à tenir compte, dans la ration alimentaire et dans les produits respiratoires, de la quantité d'eau ingérée pour en déduire la combustion de l'hydrogène, car l'évaluation de l'eau perdue par la transpiration cutanée est très difficile à établir, et les moindres erreurs, au point de vue calorimétrique, deviennent très graves.

Pourtant cette méthode comporte des causes d'erreurs, qu'il faut bien connaître. D'abord la transformation de l'azote en urée est loin d'être totale. Il existe au moins un quart de l'azote des matières azotées qui ne devient pas de l'urée, et qui est éliminé soit par l'urine (acide urique, créatinine, acide hippurique, xanthine, matières extractives), soit par les matières fécales, soit par la sueur, soit peut-être, quoique dans une très faible proportion, à l'état de gaz par les poumons. Or les quantités de chaleur dégagée sont loin d'être les mêmes selon qu'il se produit de l'urée, de l'acide urique, de l'acide hippurique ou du glycocolle.

De même les quantités d'oxygène absorbé et de CO_2 produit ne sont pas identiques. Il s'ensuit quelque incertitude dans les résultats numériques.

Pour les graisses nous avons supposé un mélange (à parties égales) de tristéarine, de trioléine et de tripalmitine; mais de fait ce n'est pas dans ces proportions que la graisse de l'organisme est constituée encore moins lorsqu'il vient s'y ajouter les graisses très variées de l'alimentation. Il y a là une cause d'erreur encore; mais elle est très faible et presque négligeable.

A vrai dire il y a une cause d'erreur plus grave; c'est que nous n'introduisons pas dans nos calculs thermochimiques les corps éliminés par les matières fécales, azotés ou non azotés, qui dérivent des aliments, et qui ont probablement subi des transformations chimiques qui ont dégagé de la chaleur; transformations consistant en hydratations successives, et par conséquent n'entrant pas dans nos calculs, puisque les proportions d'oxygène consommé et de CO_2 produit ne se trouvent pas modifiées.

Par exemple l'amidon dégage par gramme 4123 calories, tandis que le glycose ne dégage que 3692. Or, dans l'organisme, il y a une première action qui est l'hydratation du glycose, laquelle dégage de la chaleur en quantité non négligeable, de sorte que c'est non le glycose qu'il faut prendre pour type, mais l'amidon, car la plupart des hydrates de carbone sont ingérés à l'état d'amidon.

Donc, dans les calculs indiqués plus haut (chez l'ouvrier de PETTENKOFER et VOIT), il faudra prendre pour la chaleur des sucres dégagée, non la chaleur du glycose, mais celle de l'amidon, 4,1 au lieu de 3,7 : ce qui nous donnera pour le repos, 2392 calories et pour le travail 3478 calories. C'est une correction qu'on fait toujours (RÜBNER); et elle est en somme facile à faire, mais il y a sans doute d'autres hydratations, inconnues encore, que nous ne pouvons apprécier, puisque nous ne tenons compte dans les excréta que du CO_2 de la respiration, et de l'azote de l'urine (évaluée en urée) et que les produits intermédiaires nous échappent.

De même, nous n'avons pas supposé de réactions endothermiques; or il en existe assurément. Il n'y a pas lieu d'en tenir compte si elles se traduisent par une fixation de CO_2, puisqu'alors l'état final intervient; et que nous retrouverons à un moment donné le CO_2, ainsi fixé temporairement; mais, quand il s'agit de déshydratations ou d'hydratations, nous sommes absolument désarmés pour en faire la mesure thermochimique ; car les variations de l'eau dans l'organisme sont trop difficiles à évaluer avec précision pour nous permettre une conclusion.

Nous pouvons appliquer ces données aux chiffres relatifs aux combustions réparatoires et aux excrétions dans le jeûne.

J'ai trouvé chez l'homme à l'état de jeûne : 0,492 de CO^2 par kilogramme et par heure, soit 590 grammes en vingt-quatre heures, avec un quotient respiratoire de 0,78, ce qui correspond à une absorption de 459 grammes d'oxygène. Le poids d'urée était de 30 grammes, ce qui représente une consommation en albumine de 85,5 avec 143 grammes de CO^2 et de 127 grammes de O. Restent 332 grammes de O et 447 grammes de CO^2. Soit sensiblement $8^{gr},20$ de graisse et 288 grammes de sucre, ce qui nous donne en calories, en chiffres ronds, 1,700 calories.

C'est au même chiffre qu'on arrive pour le jeûne beaucoup plus complet de CETTI, et de SUCCI sur lequel SENATOR, d'une part, et, d'autre part, LUCIANI (1889) ont fait de si belles expériences. D'après SENATOR le nombre de calories était de 1850 au premier jour, et au cinquième jour de 1600 calories. LUCIANI évalue à 1553 les calories au dixième jour de jeûne, chez SUCCI, à 1488 au vingtième jour, et à 1422 au vingt-neuvième jour.

L'étude des échanges conduit même à un résultat très net, c'est que, pour produire cette chaleur, ce sont les graisses seules qui ont brûlé, et qu'il n'y avait plus d'hydrates de carbone dans l'organisme.

Le CO^2 excrété était de 430 grammes et le O^2 absorbé de 460 grammes, avec une excrétion d'urée répondant à $4^{gr},385$ par jour, soit 18 grammes d'O et 22 grammes de CO^2. Il reste pour les graisses et hydrates de carbone 442 grammes de O, et 408 grammes de CO^2, soit 145 grammes de O, pour l'hydrogène des graisses ; ce qui représente 169 grammes de graisses. Mais ce chiffre est trop fort, puisque cela donnerait un chiffre de CO^2 supérieur au chiffre trouvé, et il faut admettre $143^{gr},8$ de graisse, en calculant d'après la quantité de CO^2 dégagé plutôt que d'après l'O absorbé.

Dans une autre observation de PETTENKOFFER et VOIT, nous avons, après un jeûne de vingt-quatre heures, 23 grammes d'urée, 738 grammes de CO^2 et absorption de 780 grammes de O^2, ce qui nous donne, d'après les calculs établis plus haut, $65^{gr},5$ d'albumine, avec une consommation nulle d'hydrates de carbone, avec oxydation de 223 grammes de graisses. Soit une production en calories de 2418 calories, chiffre plus fort que les précédents, mais se rapportant à un individu de 71 kilos (tandis que les chiffres antérieurs se rapportaient à des individus de 50 kilos et à jeun depuis plusieurs jours). Mon expérience relatée plus haut sur SAUVAGE montre que par kilo la production calorimétrique est identique, $34^{cal},5$, pour le patient de PETTENKOFFER et VOIT, et 34 calories pour le patient de HANRIOT et moi.

Ce même individu (de P. et V.), en état de bonne alimentation, avait 40 grammes d'urée ; 911 de CO^2 et 920 de O^2, ce qui représente 114 grammes d'albumine et 560 calories pour l'albumine et 260 grammes de graisse, soit 3004 calories.

S... avec la même excrétion d'urée fournissait, lorsque l'alimentation était abondante, $0^{gr},569$ de CO^2 par kilogramme et par heure, soit 683 grammes de CO^2 avec un quotient respiratoire de $0^{gr},84$, soit 577 de O^2, avec 30 grammes d'urée (moyennes). Restent 540 grammes de CO^2 et 450 grammes de O^2. Ce qui fait 68 grammes de graisses et 240 grammes de sucre, ce qui nous donne une production totale de 2043 calories.

Si on prend les expériences dans lesquelles S... avait travaillé, nous avons un chiffre naturellement bien plus fort, soit 1074 de CO^2 et 618 grammes de O^2, ce qui fait 219 grammes de graisse et 210 grammes de sucre, soit une production totale de 3340 calories.

Réunissant ces données de la production calorimétrique mesurée par la calorimétrie indirecte respiratoire, nous avons :

1 gramme d'oxygène répond à 0,34455 de graisse (combustion totale).
1 — — — à 1,1685 — (combustion de l'hydrogène des graisses).
1 — — — à 0,9663 de CO^2 (par la combustion des graisses).
1 — — — à 0,9375 de sucre (combustion totale).
1 — — — à 1,3750 de CO^2 (combustion du sucre).
1 — de CO^2 — à 0,7273 de O (contenu dans sa molécule).
1 — — — à 0,3334 de graisse (brûlée totalement).

1 gramme de CO^2 répond à 0,6818 de sucre (brûlée totalement).
1 — de graisse — à 2,900 d'O absorbé.
1 — — — à 2,814 de CO^2 produit.
1 — de sucre — à 1,067 d'O absorbé.
1 — — — à 1,467 de CO^2 produit.

Cela posé, prenons un exemple théorique : un animal qui brûle en vingt-quatre heures 38 grammes d'oxygène et qui produit 44 grammes de CO^2; comment évaluer la proportion de graisse et d'hydrates de carbone brûlés, en supposant qu'il n'a pas brûlé de matière azotée?

44 grammes de CO^2 contiennent 32 grammes de O. Donc 6 grammes de O ont servi à la combustion de l'hydrogène des graisses, soit 7^{gr},011 de graisses; ce qui répond à 19,729 de CO^2; il reste donc 24,721 de CO^2; dus à la combustion des hydrates de carbone, ce qui correspond à 16^{gr},855 de sucre.

Nous aurons donc finalement, dans le cas pris comme schéma :

O absorbé	38 grammes.
CO^2 produit	44 —
Graisses brûlées	7,011
Sucre brûlé	16,855
Calories par combustion de la graisse	63,384
Calories par combustion du glycose	62,363
TOTAL DES CALORIES . . .	125,747

Ce sont là des données très positives et très simples; mais, de fait, elle sont rendues plus compliquées par la combustion de matières azotées. Alors nous avons dans l'équation une inconnue nouvelle qui ne peut être dégagée que par la connaissance de l'azote éliminé à l'état d'urée.

Supposons pour simplifier que toutes les matières azotées sont éliminées à l'état d'urée.

Si pour 1 gramme de carbone contenu dans la molécule albuminoïde nous avons une chaleur dégagée de 10,991 (BERTHELOT et ANDRÉ), dans le cas de combustion complète, d'après ces mêmes auteurs, si la combustion est incomplète, c'est-à-dire s'il y a formation d'urée nous aurons pour 1 gramme de carbone 9,381.

Soit la formule de SCHUTZENBERGER pour la matière albuminoïde égale à $C^{240}H^{387}N^{65}S^3O^{75}$, on peut admettre la réaction suivante dans l'organisme, quand la combustion produit de l'urée; réaction schématique assurément, mais plus proche de la réalité que toute autre.

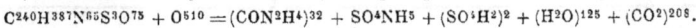

$$C^{240}H^{387}N^{65}S^3O^{75} + O^{510} = (CON^2H^4)^{32} + SO^4NH^5 + (SO^4H^2)^2 + (H^2O)^{125} + (CO^2)^{208}.$$

ce qui, en poids donne

5473 grammes d'albumine + 8160 grammes d'oxygène donnent 1920 grammes d'urée.

—	—	—	—	—	115	—	de sulfate ac. d'NH^4
—	—	—	—	—	196	—	de SO^4H^2
—	—	—	—	—	2250	—	d'eau
—	—	—	—	—	9152	—	de CO^2

Il s'ensuit que

1° 1 gramme d'albumine donne.			0,3508 d'urée.	
—	—			1,6667 de CO^2.
—	—	absorbe.		1,4910 de O.
—	—	dégage		49 370 calories.
2° 1 gramme du carbone de l'albumine donne. . .			0,6665 d'urée.	
—	—	—	. . .	3,167 de CO^2.
—	—	—	. . .	2,833 de O.
—	—	—	. . .	9 381 calories.
3° 1 gramme d'urée répond à			2,851 d'albumine.	
—	—	. . . .		4,766 de CO^2.
—	—	. . . .		4,250 de O.
—	—	. . . .		13 976 calories.

On pourrait multiplier ces exemples, mais il faut savoir se limiter.

En outre, nous avons par ces chiffres une intéressante confirmation de ce que la calorimétrie directe d'une part, et d'autre part la calorimétrie indirecte alimentaire nous avaient appris : c'est que chez l'homme adulte la production calorimétrique oscille (pour

24 heures) entre les chiffres extrêmes de 1400 et de 4000 calories; 1400 calories pour un état d'inanition absolu; 4000 calories pour un travail violent. En supposant que dans le cours d'une journée de 24 heures l'homme passe par les phases de sommeil (8 heures) d'activité mécanique (8 heures) et de repos à l'état de veille (8 heures) et en admettant, 2090 calories, 2500 calories et 3500 calories pour ces trois états, on retombe dans ce chiffre de 2750 calories qui doit être, à quelques nuances près, regardé comme une bonne moyenne pour l'homme; soit 1900 microcalories par kilo et par heure.

D'ailleurs, pour l'étude plus détaillée de ces phénomènes d'assimilation et de nutrition, je renverrai à l'article **Nutrition** et à **Aliments**, où la question a été traitée dans son ensemble.

Chez les animaux les méthodes de calorimétrie respiratoire indirecte sont plus difficiles à appliquer, d'abord parce que chez les herbivores le partage entre l'azote éliminé à l'état d'urée et l'azote éliminé à l'état d'acide hippurique n'est fait que rarement, ensuite parce que le dosage de l'urine quotidiennement éliminée présente diverses difficultés techniques sur lesquelles nous n'avons pas à insister ici.

En tout cas, les exemples que nous avons donnés plus haut suffisent pour montrer le principe de la méthode : quand nous étudierons les rapports de la chaleur produite avec le travail musculaire, nous aurons à revenir encore sur ces évaluations calorimétriques, faites par l'analyse des échanges respiratoires.

IV. Topographie thermique. — Avant d'étudier la régulation de la chaleur, il nous faut savoir exactement quelle est la répartition de la température dans les diverses régions de l'organisme.

C'est là une question dans l'ensemble fort bien connue depuis les expériences de Claude Bernard 1876), celles de Heidenhain et Körner, de Riegel et autres physiologistes.

Un des points principaux de cette étude est la température comparée du cœur droit et du cœur gauche. Or, sur ce point, il ne semble pas y avoir de doute. Si nous laissons de côté les observations, probablement défectueuses, quant à la méthode, de Colin, de Jacobson et des plus anciens auteurs, il reste les expériences bien précises de Heidenhain et Körner et de Claude Bernard.

Or elles ont prouvé que le cœur droit est toujours en léger excès de température sur le cœur gauche. Cette différence a été en moyenne de 0°,1 à 0°,3, et, dans quelques cas, elle a été de 0°,5, ou 0°,6.

Voici, en résumé, les chiffres d'une expérience :

NOMBRE de MENSURATIONS.		TEMPÉRATURE du VENTRICULE DROIT.	TEMPÉRATURE du VENTRICULE GAUCHE.	DIFFÉRENCE du CŒUR DROIT.
		Degrés.	Degrés.	Degrés.
V	Air à 17°	38,30	38,10	+ 0,20
VII	Air chaud humide.	38,43	38,28	0,15
XII	Air à 17°	38,40	38,22	0,18
VIII	Air chaud humide.	38,38	38,18	0,20

Dans un cas d'ectopie du cœur sur un jeune veau, Hering a constaté 39°,37 pour le ventricule droit, et 38°,75 pour le ventricule gauche. Avec des aiguilles thermo-électriques Cl. Bernard a trouvé un excès de 0°,232 pour le ventricule droit.

Si nous cherchons les causes qui déterminent les variations de la température des deux cœurs, nous ne sommes point embarrassés pour donner l'explication de l'excès du cœur gauche. En effet, il y a, dans le passage du sang à travers, les poumons des causes de réchauffement et de refroidissement.

Réchauffement : 1° Contractions du cœur.
2° Combinaisons de l'oxygène avec l'hémoglobine.
Refroidissement : 3° Échauffement de l'air intra-pulmonaire.
4° Perte de CO² par exhalation pulmonaire.
5° Vaporisation d'une certaine quantité d'eau.

En appréciant une à une ces diverses causes, nous voyons :

1° La contraction du cœur gauche, quoique notablement plus énergique que celle du cœur droit, ne peut cependant à la masse totale du sang (180 grammes par systole chez l'homme, soit 11 litres par minute) donner un excès thermique appréciable.

2° La combinaison de l'oxygène avec l'hémoglobine dégage assurément de la chaleur. J'avais constaté, il y a longtemps, sans faire de mesures précises, dans des expériences inédites, entreprises avec J. Ogier, que l'oxygène, en passant dans une solution d'hémoglobine réduite, dégage une certaine quantité de chaleur, moindre que par le passage d'oxyde de carbone dans la même solution. Récemment Berthelot a fait cette mesure avec sa précision habituelle, et il a trouvé que 32 grammes d'oxygène produisent par combinaison avec l'hémoglobine $15^{cal},19$. Si l'on admet que la quantité d'oxygène absorbée par l'homme est de 750 grammes, cela fait, comme on voit, une quantité considérable : 355 calories par 24 heures.

3° L'échauffement de l'air intrapulmonaire n'est pas négligeable. En supposant que l'air inspiré est à 12°, que l'air expiré est à 36°, c'est donc une différence de 24° portant sur un volume énorme, environ 15 000 litres par 24 heures. Mais vu la chaleur spécifique extrêmement faible des gaz, ce n'est en tout que 110 calories en chiffres ronds.

4° La volatilisation de CO^2 qui passe de l'état liquide à l'état gazeux. Le chiffre est considérable, du même ordre que le précédent. Soit la chaleur de volatilisation de CO^2 pour 44 grammes, égale, à 6,11 ; nous voyons que pour 880 grammes de CO^2, chiffre à peu près indiquant la moyenne de l'excrétion de vingt-quatre heures, cela fait 120 calories en chiffres ronds.

5° La vaporisation de l'eau est la principale cause de la perte de chaleur dans le poumon. Si l'on admet (Vierordt, 1893, 179) comme moyenne 440 grammes d'eau éliminée par jour, on voit que finalement c'est 236 calories de perte.

En faisant la somme algébrique de ces valeurs, nous voyons que le refroidissement par le poumon est probablement voisin de 110 calories.

Échauffement par l'oxygène.	+ 355 calories.	
Refroidissement par le CO^3 exhalé . . .		— 120 calories.
Échauffement de l'air.		— 110 —
Volatilisation d'eau.		— 236 —
		466 —
Différence. . .	— 111 calories.	

Ajoutons que l'eau exhalée par l'expiration n'est pas due seulement à l'eau des alvéoles pulmonaires, autrement dit à l'eau qui transsude des capillaires pulmonaires, mais aussi, et pour une certaine part, à la transsudation des muqueuses nasale, buccale, laryngienne et bronchique.

D'un autre côté, en attribuant à la perte d'eau par le poumon le chiffre de 440 grammes, nous sommes probablement un peu au-dessous de la vérité, car, dans certains cas, ainsi que nous le verrons plus loin, lorsqu'il s'agit de faire une réfrigération énergique, l'évaporation d'eau est bien autrement intense.

Pour les autres régions du corps la topographie thermique, dans son ensemble, est moins difficile à établir.

En effet, nous pouvons admettre comme démontré que, dans les conditions normales, la température de l'animal ne varie pas, par conséquent que les causes de réchauffement et de refroidissement se compensent. Il y a donc dans le bilan de la chaleur animale une recette et une dépense qui doivent se compenser exactement. Or la recette, ce sont les combustions intra-organiques ; la dépense, c'est le rayonnement périphérique.

Par conséquent, dans une artère superficielle, le sang qui arrive aux membres et à la peau est plus chaud que le sang veineux qui en revient. Soit T la température du sang artériel ; T' celle du sang veineux, le sang en passant par les capillaires aura gagné une certaine quantité de chaleur par les combustions interstitielles θ, mais il aura perdu une certaine quantité θ' par le rayonnement périphérique ; par conséquent si θ' > θ, la température du sang veineux superficiel sera plus basse que celle du sang artériel.

Inversement, dans les vaisseaux profonds, le sang de l'artère qui est à la même température T, gagnera une certaine quantité de chaleur, mais il ne perdra pas de chaleur par rayonnement périphérique, puisqu'il s'agit d'organes viscéraux (estomac, intestins, reins, foie, cerveau, etc.) et la température T sera toujours inférieure à T', précisément d'une quantité égale à la différence entre T et T'. C'est grâce à cette égalité que la température se maintient constamment au même niveau,

Si l'on considère l'appareil pulmonaire comme étant un organe périphérique avec radiation à l'extérieur, on voit que cette proposition est très générale, et que le sang s'échauffe dans les viscères d'une quantité précisément égale à la quantité de chaleur qu'il perd dans les membres.

Sous une autre forme encore nous pouvons dire : le sang, à partir du moment où il sort du ventricule droit, se refroidit dans le poumon, revient au cœur pour se diviser là en deux portions : l'une qui se refroidit plus qu'elle ne s'échauffe, c'est le sang superficiel ; l'autre qui s'échauffe sans se refroidir, c'est le sang viscéral ; et ces deux courants, se mélangeant dans le ventricule droit, ont après leur mélange une température identique à celle qu'ils avaient au départ.

Cette conception théorique, d'une extrême simplicité, est confirmée d'une manière frappante par l'expérience et l'observation.

En effet, le sang viscéral est surtout représenté par le sang qui vient dans les veines sus-hépatiques et qui débouche dans la veine cave. Non seulement le sang des veines sus-hépatiques n'a pas subi le refroidissement extérieur, mais encore il provient d'organes glandulaires (reins, intestins et surtout foie) où les phénomènes chimiques sont d'une activité extrême. Au sortir du foie le sang, d'après CL. BERNARD, a parfois 1° de plus que le sang artériel.

En revanche, dans les artères périphériques, le sang est toujours plus chaud que dans les veines, et cette différence est quelquefois de 1°.

En plaçant des instruments thermométriques délicats, ou des sondes thermo-électriques, dans l'oreillette, on assiste parfois au conflit des deux courants de températures différentes. G. LIEBIG a constaté ces oscillations de la température de l'oreillette droite, coïncidant avec les phases respiratoires qui modifient le rapport du flux veineux viscéral et du flux veineux cutané. Ces oscillations sont, d'après G. LIEBIG, de 0°,07 à 0°,10 ; et régulièrement la température s'élève à la fin de l'expiration pour atteindre son minimum à la fin de l'inspiration.

D'après BERGER (cité par LANDOIS), sur un mouton, voici quelles ont été les températures des divers organes.

	DEGRÉS.
Tissu cellulaire. . . .	37,35
Cerveau	40,25
Foie.	41,25
Poumons.	41,40
Rectum.	40,67
Cœur droit.	41,40
Cœur gauche.	40,90

Quant aux variations de la température des organes, dépendant de la circulation plus ou moins active ou des échanges chimiques plus ou moins intenses, nous n'avons pas à la traiter ici. C'est aux articles **Cerveau, Foie, ou Reins** qu'on trouvera les variations thermiques que les activités circulatoire ou glandulaire variables font subir aux organes.

Il est inutile d'insister sur ces faits, non plus que sur le détail de nombreuses expériences entreprises pour prouver que le sang veineux rénal est plus chaud (de 0°,25) que le sang de l'artère ; que le sang veineux des muscles qui travaillent est plus chaud que le sang veineux des muscles en repos. Nulle difficulté à comprendre de pareils phénomènes qu'on explique très bien par la différence entre la recette et la dépense.

Chaleur spécifique et conductibilité. — Ce sont deux questions assez étroitement liées à l'histoire de la topographie thermique.

J. ROSENTHAL (1878) a trouvé pour les divers tissus une chaleur spécifique :

Os compacts.	0,3
Os spongieux.	0,71
Tissu graisseux.	0,712
Muscles striés.	0,825
Sang défibriné	0,927

On peut donc admettre avec LIEBERMEISTER pour le corps tout entier une chaleur spécifique de 0,83.

Quant à la conductibilité thermique, elle a été déterminée par GREISS, puis par

LANDOIS (1893). C'est dans le sens des fibres d'un tissu que la conductibilité est la plus grande. Le sang est extrêmement conductible, tandis que la peau ne l'est presque pas. De là résulte ce fait intéressant que, lorsque la peau exposée au froid s'anémie, elle devient de moins en moins conductible, et par conséquent offre une résistance de plus en plus grande aux déperditions de calorique.

Des températures périphériques. — La mesure précise d'une température périphérique est très difficile, pour ne pas dire impossible. De deux choses l'une, ou on mettra le thermomètre en contact avec le tissu périphérique sans permettre à l'air d'y atteindre, et alors on n'aura pas une vraie température périphérique : ce sera une température centrale, puisqu'il n'y aura plus de rayonnement : ou bien on laissera le tissu en rapport avec l'air extérieur, et alors le thermomètre ne pourra donner que des indications très approximatives, puisque, par une partie de sa surface, il se mettra en équilibre avec la température de l'air.

Ainsi la température de l'aisselle, qu'on indique souvent comme étant une température périphérique, n'est pas une température vraiment périphérique ; car le creux de l'aisselle, lorsque le thermomètre y est exactement appliqué, représente une cavité close, interne.

Quoi qu'il en soit, et ces réserves admises, voici quelques chiffres empruntés en majeure partie à VIERORDT (1893) :

D'après RÖMER, voici, à divers moments de la journée, la température comparée du creux de la main et du rectum par une température extérieure de 18° environ.

	CREUX de la main.	RECTUM.		CREUX de la main.	RECTUM.
Minuit	35,7	36,8	Midi	34,2	37,37
1.	35,5	36,78	1.	35,5	37,46
2.	35,2	36,73	2.	34,5	37,43
3.	34,7	36,65	3.	33,5	37,42
4.	35	36,58	4.	33,9	37,45
5.	35	36,41	5.	33,2	37,44
6.	33,3	36,45	6.	34,2	37,46
7.	32,8	36,9	7.	35,6	37,5
8.	32,9	37,16	8.	36	37,39
9.	32,5	37,24	9.	35,9	37,2
10	32,5	37,26	10	35,8	37,01
11	33,6	37,42	11	35,7	36,96

J. WOLF a vu que cette température de la main se modifie par l'élévation des bras et diminue alors, par suite évidemment de l'anémie relative que produit l'élévation. Cette diminution serait de 0°,9 en 30 minutes ; et, d'après RÖMER, de 4°,6 en 35 minutes. Le degré même de cette diminution est assurément très variable, suivant les individus et les conditions expérimentales. ADAE a vu que la compression des bras aboutit au même résultat, et atteint 2°,5 en une demi-heure.

G. N. STEWART (1891) a trouvé pour la température des parties les mesures suivantes :

	TEMPÉRATURE DE LA PEAU.	TEMPÉRATURE EXTÉRIEURE.	EXCÈS SUR LA TEMPÉRATURE EXTÉRIEURE.
	Degrés.	Degrés.	Degrés.
Surface antérieure de l'avant-bras gauche.	34,4	17,6	16,8
Surface postérieure de l'avant-bras gauche.	34,0	17,6	16,4
Au niveau de l'appendice xiphoïde.	34,7	17,5	17,2
Région sternale	33,2	17,6	15,6
Région de la joue	23,7	17,6	6,1
Région de la jambe au-dessous du tibia.	31,9	17,5	14,4
Paume de la main.	31,0	18,16	12,8
Plante du pied gauche	30,61	18,11	12,5

Il a remarqué que cette radiation était très variable, après immersion dans l'eau, ou après vernissage : il en conclut d'ailleurs que la mort des animaux par le vernissage est due, sans aucun doute, à l'impossibilité de modifier la radiation calorique.

Quant aux différences entre l'aisselle et le rectum, nous renvoyons à ce que nous avons dit plus haut et, prenant la moyenne des nombreuses observations faites par les médecins, nous admettons une différence d'environ un demi-degré.

Faisons remarquer cependant que, si la température centrale, c'est-à-dire celle du rectum, est à peu près invariable, quelles que soient les conditions extérieures, la température de l'aisselle est extrêmement variable (moins que celle de la paume de la main, mais très variable encore). Si le milieu extérieur est chaud, si la circulation cutanée est active, la peau est aussi chaude que le rectum : si, au contraire, la température extérieure est basse, la peau s'anémie et devient très froide. Les influences vasomotrices ou circulatoires modifient à chaque instant la température cutanée ; elles sont sans grande influence sur la température centrale.

D'une manière générale, la température cutanée, d'après KUNKEL, qui a pris des mesures thermo-électriques méthodiques (1888), oscille autour de 34°, ou plutôt de 34°,3, soit 3° de moins que la température rectale. Le sang qui revient de ces tissus à 34°, compense par son abaissement thermique les effets de la combustion viscérale, qui n'a pas de cause de refroidissement.

La peau qui recouvre les muscles, par suite de la chaleur que dégagent toujours les muscles, est toujours un peu plus chaude que la peau qui recouvre les os, les tendons et les articulations. La contraction musculaire élève de 0°,6 cette température de la peau susjacente (KUNKEL). L'excitation électrique, après un court abaissement (0°,1 à 0°,5), peut élever de 4°,25 et même de 4°,4, la température cutanée, peut-être par contraction musculaire, peut-être aussi par la congestion vasomotrice qui suit la constriction (ZIEMSSEN).

D'après KUNKEL, on a la sensation de froid quand la température de la peau tombe au-dessous de 30°. Dans certains cas de froid assez vif, 5°, avec l'exposition à un vent violent, la température de la figure est tombée à 26°,7, et celle du dos de la main à 24°,7. Il admet pourtant comme conclusion générale, que, malgré les grandes variations du milieu extérieur capable d'affecter la circulation cutanée, *la température de la peau est très sensiblement constante*. Il est vrai d'ajouter que ses recherches portent surtout sur la même personne; or je serais tenté de croire qu'il y a pour ces températures périphériques de grandes variations individuelles.

V. Régulation de la chaleur par le système nerveux. — A. Rôle des divers tissus et spécialement des muscles dans la production de la chaleur. — Puisque la chaleur produite par les tissus est la conséquence de l'action chimique, il s'ensuit qu'on pourra établir la quotité de chaleur dégagée par ces divers tissus, en mesurant leur activité chimique proportionnelle. L'expérience *in vivo* est impossible à faire ; mais on peut avoir des notions approximatives sur l'énergie de leurs fonctions chimiques en appréciant *in vitro* la quantité d'oxygène consommé (ou de CO_2 produit) par des tissus extraits de l'organisme.

Il faut admettre, en effet, qu'ils n'ont pas, par ce fait même de la cessation de la circulation, perdu leur activité de combustion, et qu'ils continuent, pendant un certain temps après la mort de l'individu, à poursuivre leurs opérations chimiques.

C'est SPALLANZANI qui, le premier, a essayé de voir quelles quantités d'oxygène absorbent les divers tissus d'un mammifère (cité par BERT, 1870). Il trouva ainsi que le cerveau absorbe 18cc,8 d'oxygène, tandis que la graisse n'absorbe que 6 cc., et les tendons 8 cc. P. BERT (1870) et P. REGNARD, reprenant et développant ces expériences, ont trouvé les valeurs suivantes, représentant la quantité de CO_2 produit par kilogramme et par heure :

PROPORTION P. 100.

100	Muscles	568
77	Cerveau	438
32	Reins.	256
	Rate	175 } Ensemble. . . 195
	Testicule	275
30	Sang.	175
20	Graisse.	113
17	Os	81

Telle est à peu près l'activité chimique comparée des divers tissus. Voyons maintenant la proportion pondérale de ces tissus dans le corps de l'homme pris comme exemple. Nous emprunterons ces chiffres à VIERORDT (1893, 29) qui les a calculés avec soin,
en les rapportant à un homme de 58^{kil},8.

	POIDS ABSOLU.	POIDS P. 100.
Muscles.	28,7	43,4
Peau et graisse	11,8	17,77
Squelette	11,5	17,48
Foie	1,82	2,75
Cerveau	1,43	2,16
Estomac et intestins.	1,360	2,06
Poumons	0,995	1,50
Reins	0,306	0,46
Cœur.	0,300	0,46
Rate	0,16	0,25
Glandes salivaires.	0,076	0,12
Testicules.	0,049	0,08
Moelle	0,039	0,06
Pancréas	0,098	0,15
Perte par le sang, évaporation, etc.	7,409	11,57

Ces chiffres admis, la production sera la suivante (en admettant que le sang représente les 7^{kil},400 de perte) :

Muscles	43,4 × 100 = 4340
Peau et graisse	17,8 × 20 = 356
Squelette	17,5 × 17 = 298
Poumons, foie et viscères	4,9 × 32 = 157
Sang	11,6 × 30 = 348
Cerveau.	2,22 × 77 = 154
Cœur et intestins, muscles à fibres lisses	1,67 × 100 = 167
	5 820

Soit 5 820 la quantité d'actions chimiques totales, les divers tissus y seront pour les
proportions suivantes :

Muscles	74,2
Peau et graisse	6,2
Sang.	6,1
Squelette.	5,1
Cœurs et muscles lisses.	3,0
Viscères	2,8
Cerveau	2,6

Autrement dit, les muscles contribuent pour les trois quarts à l'activité chimique (et
par conséquent à la production de chaleur) de l'organisme.

Cependant, même en admettant que les muscles produisent les trois quarts de la chaleur de l'organisme, nous ne leur attribuons pas la quantité véritable qu'ils sont capables
de produire. En effet, la contraction musculaire peut augmenter énormément la production tant de chaleur que de combustions chimiques. D'après PETTENKOFFER et VOIT, le CO_2
expiré, qui était de 695 grammes pendant le repos, a été de 1 187 grammes pendant le
travail musculaire, et, dans une autre expérience, de 1285 grammes. D'après MEADE
SMITH, un homme adulte produit par minute :

Dormant	0,32 de CO_2
Assis	0,65 —
Marchant	1,15 —
Marchant plus vite	1,65 —

ZUNTZ (1890) a constaté que l'oxygène absorbé augmentait dans la proportion de 263 centimètres cubes (repos) à 1 253 centimètres cubes (ascension d'une montagne). Les
abeilles en mouvement fournissent, d'après NEWPORT et DUTROCHET, 27 fois plus de CO_2
que pendant le repos. Mais le résultat est dans ce cas moins net; car l'élévation de
température du milieu ambiant joue aussi un rôle, et on ne doit tenir compte que des
expériences faites sur des êtres homéothermes. Chez le chien, j'ai vu, avec HANRIOT, que
le travail musculaire fait croître le CO_2 dans la proportion de 1 à 4. Cet accroissement de

1 à 4 a été encore retrouvé par Grandis (1889) qui, faisant travailler des chiens dans une roue, mesurait leurs échanges respiratoires pendant ce dur travail. Il a trouvé par kilogramme et par heure 0,883 pendant le repos, et 3^{gr},350 pendant l'activité musculaire. Smith (1860), suivant le volume d'air introduit dans le poumon pendant le repos et le travail, a trouvé 1 pendant le repos complet (individu couché), 2 pendant une promenade à pas lents (2 kilomètres par heure), 4 en faisant 5 kilomètres et portant 30 kilogrammes, 7 en courant à raison de 12 kilomètres à l'heure.

On peut donc admettre en chiffres moyens que le travail musculaire fait croître la combustion organique de 1 à 4 ; par conséquent, dans le bilan précédent, au lieu de supposer la production musculaire égale à 100, nous pouvons l'admettre pendant le travail égale à 400 ; et alors la somme des actions chimiques deviendra :

$$
\begin{array}{lr}
\text{Muscles } 43,4 \times 400. \ . \ . \ . \ . & 17\,360 \\
\text{Autres organes.} \ . \ . \ . \ . \ . \ . & \underline{1\,480} \\
& 18\,840
\end{array}
$$

ce qui fait que dans l'activité musculaire la quantité de production thermique s'élève pour l'ensemble des muscles de l'organisme à 92 p. 100, ou, en chiffres ronds, 90 p. 100.

Nous pouvons donc formuler cette double loi très importante :

A l'état de repos les muscles de la vie organique contribuent pour 75 p. 100 à la production de chaleur. Pendant la contraction musculaire, les muscles contribuent pour 90 p. 100 à la production de chaleur.

Or, les muscles étant soumis directement à l'action du système nerveux, la conséquence immédiate de ces deux lois, c'est que le système nerveux régit la production de chaleur, et cela par l'intermédiaire surtout du système musculaire.

S'il en est ainsi, il est clair que les muscles sont le principal appareil régulateur de la chaleur. Les faits qu'on peut invoquer à cet égard sont innombrables ; et nous allons rapidement les énumérer.

Influence de l'activité des muscles sur la production de chaleur. — Si d'abord, sans faire de mesures chimiques ou thermométriques, on compare la manière d'être des petits animaux et celle des gros animaux, de même espèce ou d'espèces différentes, on voit que les petits animaux sont toujours en activité, tandis que les gros sont plus lents.

Les petits oiseaux (moineaux, fauvettes, etc.) sont constamment en mouvement, à voleter çà et là, à sautiller de branche en branche, tandis que les gros oiseaux sont immobiles. Que l'on compare, par exemple, dans la cage d'une ménagerie, où sont des flamants et des grues, et de petites bécassines, à côté les unes des autres, on verra toujours que ce sont les plus petits qui sont les plus remuants. De même quand des moineaux sont entrés dans la cage d'un condor, ou d'un aigle, l'impassibilité du gros oiseau fait un contraste amusant avec l'agitation incessante des petits.

Pour les mammifères et pour les chiens l'observation est identique : les petits chiens sont remuants, et s'agitent sans cesse, tandis que les gros chiens restent indolemment couchés dans leur niche.

Peut-être aussi chez l'homme en est-il de même. Les individus petits et maigres sont alertes et agiles, tandis que les individus gros et gras ont quelque penchant à diminuer leur travail musculaire.

Ces différences s'expliquent bien si l'on admet — ce qui est évident — que la quantité de chaleur perdue est proportionnelle à la surface, et que, par conséquent, plus l'animal est petit, plus il perd de chaleur par l'unité de poids. Or ce qui fait cette différence dans la production thermique, c'est en majeure partie, sinon en totalité, l'activité du système musculaire. J'ai indiqué plus haut que, chez les animaux chloralisés, et par conséquent immobiles, la déperdition ne se modifie pas ; les gros animaux ne diminuent que lentement de température, tandis que les petits se refroidissent rapidement.

On peut présenter ces faits sous une autre forme encore en disant que les petits animaux ne peuvent se maintenir à leur équilibre thermique, soit le plus souvent à 20° ou 30° au-dessus du milieu ambiant, que grâce à du mouvement. Si par une température extérieure basse on condamne un lapin à l'immobilité, il finit par mourir de froid, et, de fait, sur les lapins qu'on attache, dans nos laboratoires, on voit en une demi-heure la température baisser parfois de 2° ou 3°. Tout le monde sait que le meilleur moyen de se réchauffer est de faire de l'exercice : quand on se livre à un exercice musculaire violent, on n'a guère besoin d'être couvert. Le patin, la bicyclette, la course, le canotage sont des *sports* auxquels on peut se livrer sans pardessus, même par un froid très vif. Si on venait avec les mêmes vêtements à s'endormir, par la même température, on risquerait fort de mourir de froid. Il faut pour le sommeil et l'immobilité des vêtements bien plus chauds que pour l'exercice musculaire.

Si le mouvement musculaire volontaire, ou instinctif, ne suffit pas à produire le réchauffement, alors intervient une fonction réflexe, le frisson, qui, déterminant une combustion musculaire énergique, élève la température. Nous étudierons plus loin les conditions de cette régulation. Disons ici seulement que ce sont encore les muscles qui élèvent la température.

On peut faire encore des expériences très simples et très instructives pour démontrer le rôle prépondérant des muscles dans la calorification.

La principale consiste à exciter électriquement les muscles, et à voir ce que deviennent alors la température et la production de chaleur.

LEYDEN, le premier, avait fait deux expériences pour montrer qu'un courant électrique qui tétanise l'animal, détermine de l'hyperthermie et la mort par cette hyperthermie. Cette contraction générale par excitation de tous les muscles du corps, je l'ai appelée *tétanos électrique*.

J'ai pu ainsi constater sur le chien des élévations de température considérables. Sur le lapin l'ascension thermique est passagère, et les énormes hyperthermies, telles qu'on en voit sur le chien, ne peuvent être constatées.

Voici, pour préciser ces idées, une expérience qu'on peut prendre comme type (exp. faite sur un chien) :

TEMPÉRATURE.

degrés.

1 heure 50 minutes	39,8	Début de l'électrisation.
1 — 52 —	40	
1 — 53 —	40,6	
1 — 55 —	41,0	Nombre des respirations par minute, 60.
1 — 58 —	41,1	
2 — » —	41,3	
2 — 01 —	41,4	
2 — 02 —	41,6	
2 — 04 —	42,0	
2 — 05 —	42,1	
2 — 08 —	42,4	Nombre des respirations par minute, 70.
2 — 09 —	42,6	
2 — 10 —	42,7	
2 — 11 —	42,8	
2 — 12 —	43	
2 — 14 —	43,1	
2 — 16 —	43,2	
2 — 18 —	43,4	
2 — 19 —	43,5	Nombre des respirations par minute, 240.

Voici d'ailleurs un graphique qui indique très nettement cette rapide ascension thermique sous l'influence des contractions musculaires que provoque l'électricité.

ROSENTHAL a objecté à ces expériences que ce n'est pas seulement la contraction musculaire qui fait monter la température ; mais encore le rétrécissement des capillaires de la périphérie, rétrécissement qui donne lieu à une moindre déperdition de chaleur, et, par conséquent, à une augmentation de la chaleur propre. Mais cette objection n'est vraiment pas très puissante, car une moindre déperdition, par un effet vaso-moteur, ne pourrait évidemment pas déterminer ces énormes ascensions de tempéra-ture, de 3°,5, en une demi-heure.

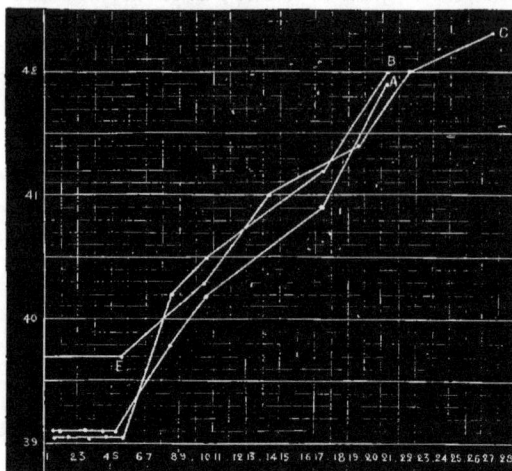

Fig. 18. — Tétanos électrique.
A l'ordonnée horizontale les minutes. A l'ordonnée verticale les températures.
Trois chiens différents électrisés de la même manière par le même courant électrique.
A. Chien à jeun depuis 48 heures.
B. Chien en pleine digestion fortement électrisé la veille.
C. Chien en pleine digestion non électrisé la veille.
On voit que la courbe d'ascension est la même, malgré l'état de diges-tion, de jeûne et de fatigue différent chez ces trois chiens.
L'électrisation commence en E.

En outre, les chiens ainsi électrisés et échauffés par leur propre contrac-tion, au lieu d'avoir la peau froide, comme ce serait le cas, si réellement la déperdition par la péri-phérie était moindre, ont la peau brûlante; leur haleine est ardente; leur respiration, précipitée; ils perdent, et par la peau, et par les poumons, une très grande quantité de chaleur. Donc, c'est bien à la con-traction musculaire qu'est due l'élévation thermique; et au grand dégagement d'énergies chimiques libé-rées par le fait de la con-traction musculaire.

D'ailleurs, en calculant la production de CO_2 excé-dente, due à la tétanisa-tion électrique, on voit nettement que l'augmen-tation thermique est pa-rallèle à une production d'échanges chimiques plus actifs. Hanriot et moi nous avons vu très nettement ce phénomène en mesurant simultanément le CO_2 pro-duit et l'augmentation de température sur des chiens électrisés (1888, *b*). Nous avons supposé que le CO_2 dégagé répondait à une combustion de glycose, et nous avons obtenu chez nos chiens électrisés la production des quantités de calories suivantes :

Expérience I.	118,2	
— II	32,6	
— III.	37,0	
— IV.	83,9	
— V	78,6	
— VI.	53,8	
— VII	59,5	Moyenne. . . 66,2

Mais, si nous avions calculé la production de calories uniquement par l'échauffement de l'animal, nous aurions eu :

Expérience I.	68,6	
— II.	24,5	
— III	21,7	
— IV	53,0	
— V.	52,6	
— VI.	26,9	
— VII.	42,7	Moyenne. . . 41,7

Cela nous permet de conclure la perte de calories due au rayonnement, soit :

Expérience I. 49,6
— II. 8,1
— III 16,3
— IV 30,9
— V. 26
— VI 26,9
— VII. 16,8   Moyenne. . . 24,5

Ce qui nous permet de conclure que, dans le tétanos électrique, l'échauffement du corps absorbe 63 p. 100 de la chaleur dégagée, et que le rayonnement calorique en consomme 37 p. 100.

Nous aurons plus loin l'occasion de montrer à quel point l'étude du tétanos électrique peut être utile pour faire connaître la nature des substances chimiques qui brûlent pendant la contraction musculaire. Mentionnons seulement d'autres faits qui prouvent l'influence absolument prépondérante du muscle dans la production de la chaleur.

Les substances toxiques qui provoquent des convulsions amènent de l'hyperthermie par le mécanisme même de la convulsion. Inversement les substances anesthésiantes sont hypothermisantes, parce qu'elles entraînent l'immobilité et la perte de tonicité des muscles. Un animal chloroformé profondément a le sang rouge, même le sang veineux, avec un excès d'oxygène dans le sang, car il n'y a plus cette contraction musculaire insensible (tonicité des auteurs modernes) qui, même à l'état de repos, représente les 75/100 de la chaleur produite dans l'organisme. Claude Bernard a bien montré que, si l'on coupe le nerf moteur d'un muscle, la consommation d'oxygène diminue, et que le sang veineux n'est plus si noir que lorsque le nerf est intact. Zuntz, en employant la méthode des circulations artificielles, a trouvé :

Avant la section du nerf.

O consommé 13,2
CO^2 produit 14,4

Après la section du nerf.

O consommé. 10,45
CO^2 produit. 10,10

Par là s'explique le rôle du système nerveux sur les muscles, même quand il n'y a pas de contractions : la tonicité suffit pour créer un état musculaire qui n'est ni le relâchement complet ni la contraction. Les expériences de Claude Bernard et celles de Czzelkoff le prouvent nettement.

	O.	CO^2.
Sang artériel.	7,31	0,81
Sang veineux (repos).	5,00	2,50
Contraction.	4,28	4,20
Section du nerf	7,20	0,50
Sang artériel.	17,30	24,50
Sang veineux (repos	7,5	31,60
Contraction.	1,3	34,90

Aussi les sections de la moelle abaissent-elles la production de chaleur ; car elles diminuent (à un moindre degré cependant que les anesthésiques) la tonicité des muscles.

On aurait pu supposer que l'hypothermie qui accompagne les sections de la moelle est due à une dilatation paralytique des vaso-constricteurs cutanés, et en effet, comme Langlois l'a montré, il se fait au début une déperdition exagérée de calorique ; mais l'explication ne suffit pas pour rendre compte de la diminution considérable des échanges chimiques interstitiels, diminution qui suffit pour expliquer l'hypothermie. Je ne citerai qu'une expérience à l'appui.

Une chienne de 6 400 grammes, ayant produit par heure et par kilogramme 2^{gr},39 de CO^2, subit à 3 heures la section de la moelle qui est complètement coupée entre la cinquième et la sixième cervicale. De 3 heures à 4^h,20, sa température descend de

38° à 31°,6, et l'acide carbonique produit tombe de $2^{gr},36$ à $0^{gr},45$ par kilogramme et par heure, c'est-à-dire qu'il diminue des cinq sixièmes.

On pourrait multiplier les faits analogues tout à fait démonstratifs pour établir cette énorme influence du système musculaire sur les combustions chimiques de l'organisme, et par conséquent sur la production de chaleur.

Assurément les muscles, complètement relâchés et privés de leur tonicité dès que la moelle a été coupée, ont subi une diminution notable dans leur activité chimique et par conséquent calorifique; mais il faut remarquer qu'avant l'expérience, c'est-à-dire avant la section de la moelle, l'animal ne se débattait pas. Il était presque immobile, se refroidissant même par le fait de son immobilité, de sorte que l'hypothermie qui a suivi la lésion médullaire n'est pas seulement due à l'inactivité des muscles, mais à quelque chose de plus, à un phénomène qui doit se manifester autant dans les muscles que dans les autres tissus, à savoir une inertie chimique spéciale qui fait qu'un muscle relâché, mais encore soumis à l'influence du système nerveux, a une activité chimique bien plus grande qu'un muscle pareillement relâché, et dans un même état physique apparent, mais soustrait complètement à l'excitation dite tonique du système nerveux.

Nous avons vu qu'inversement on peut faire augmenter les combustions chimiques par l'électrisation.

L'influence prépondérante de la contraction des muscles sur la température générale fournit donc la clef de la cause qui détermine, avec telle ou telle substance, une ascension ou un abaissement de température.

Nous pouvons, a priori, admettre que certaines substances relâchent les muscles, que d'autres substances les font se contracter fortement. Il s'ensuit que, dans les empoisonnements, quand les muscles sont relâchés, il y a abaissement de température; et élévation thermique, quand ils sont contracturés. C'est là une loi très simple et qu'il est facile de retenir.

Toutefois il faut qu'on ait bien présent à l'esprit ce fait que les poisons musculaires, proprement dits, sont extrêmement rares, si tant est qu'il en existe. En outre, un poison musculaire n'agit pas pour provoquer la contraction d'un muscle, mais bien son relâchement.

Donc les poisons qui seuls sont aptes à faire contracter l'ensemble des muscles, ce sont les poisons du système nerveux dits tétanisants ou convulsivants; et alors nous avons cette double loi, qui est presque sans exception. *Les poisons du système nerveux, quand ils sont convulsivants, élèvent la température; quand ils sont paralysants, abaissent la température.*

Phénomènes chimiques et calorifiques de la contraction musculaire. — Sans entrer dans tous les détails de cet important problème, qui sera traité à l'article Muscle, nous devons cependant donner, en les résumant, quelques-uns des faits essentiels.

Tout d'abord, lorsqu'on parle des phénomènes chimiques ou thermiques de la contraction musculaire, il faut concevoir le muscle comme vivant de sa vie cellulaire propre, indépendamment du sang qui l'irrigue.

Chez des chiens épuisés par une hémorrhagie abondante, le tétanos électrique produit la même hyperthermie, et aussi vite que chez des chiens normaux. De même la privation d'aliments n'entraine aucun changement dans les phénomènes thermo-musculaires; c'est donc bien dans le tissu musculaire lui-même que se passent les actions chimiques: Sur des muscles de grenouille non irrigués par du sang on voit encore l'excitation électrique déterminer de la chaleur et des combustions chimiques plus actives, ainsi que les phénomènes de fatigue et de réparation, la réparation étant alors due à l'action de l'oxygène de l'air qui s'infiltre dans les tissus exsangues, et probablement détruit les substances toxiques, épuisantes, que la contraction a produites. Le cœur de la grenouille continue à battre quand on fait passer à travers ces cavités du sérum artificiel, etc.

Ce que nous disons des muscles s'applique évidemment à tous les tissus: c'est une loi générale de la physiologie que les opérations chimiques se font dans le protoplasma vivant et non dans le sang irrigateur. Le sang est un milieu intérieur; et il ne se passe probablement que peu de phénomènes chimiques dans le sang même. L'épithélium glandulaire et la fibre musculaire vivent et se nourrissent dans le sang; mais c'est leur substance même qu'ils brûlent dans leur combustion propre. Aussi la quantité plus ou moins abondante de sang ne modifie-t-elle que dans une très faible mesure le taux des échanges chimiques et par conséquent de la production de chaleur.

La nature de la combustion chimique qui se produit pendant la contraction musculaire a été étudiée par un grand nombre d'auteurs (Voy. Ch. Richet, *Physiologie des muscles et des nerfs*, 1882, 311-350).

Je me contenterai d'indiquer les faits principaux, en insistant seulement sur les expériences récentes, qui me paraissent décisives, de Chauveau et Kaufmann.

Helmholtz avait montré que les matières extractives, solubles dans l'alcool, augmentent dans le muscle qui travaille, et que les matières albuminoïdes ont diminué. Si l'on suppose les matières extractives égales à 100 dans le muscle au repos, elles deviennent égales à 133 dans le muscle qui a travaillé. Il se fait aussi de l'acide lactique; et l'acidité augmente, ou plutôt l'alcalinité du tissu musculaire diminue. Pourtant toutes ces données ont été contestées. Astachewsky, puis Warren, ont vu que si, en effet, l'alcalinité diminue, ce n'est pas parce que l'acide lactique est formé en plus grande quantité, c'est parce qu'il se produit de l'acide carbonique; car l'acide lactique est moins abondant dans le muscle tétanisé que dans le muscle au repos.

Quant à la diminution des matières azotées du muscle, elle est révoquée en doute par Hermann, Nawrocki, Voit, Heidenhain.

On a d'autant plus le droit de douter de la destruction des matières azotées que, si l'on fait le bilan de l'organisme en travail et de l'organisme en repos, on ne trouve pas que le travail ait produit une excrétion d'urée plus abondante.

De très nombreuses déterminations prouvent bien que la destruction des matières azotées est plus ou moins indépendante du travail musculaire. Citons seulement cette expérience, faite sur l'homme, de Pettenkoffer et Voit.

A jeun.

	DURÉE DE 24 HEURES.
Repos	26,8
Repos	26,3
Travail	25,0

Alimentation moyenne.

Repos	37,2
Repos	35,4
Repos	37,2
Travail	36,3
Travail	37,3

D'autre part, il n'est pas douteux qu'une alimentation exclusivement azotée peut entretenir la vie des animaux et par conséquent suffire aussi aux échanges chimiques que nécessite la contraction musculaire. Mais il ne semble pas qu'il y ait là contradiction. En effet, les matières azotées de l'organisme peuvent fournir, par des dédoublements divers, soit des hydrates de carbone, soit de la graisse. Des animaux nourris exclusivement de matières azotées engraissent, si cette alimentation azotée est suffisamment abondante. De même leur foie est chargé de glycogène, comme aussi leurs muscles. On peut donc soutenir, ainsi que l'a fait Pflüger, que la matière azotée fournit à la combustion musculaire; mais c'est indirectement et non pas directement. C'est peut-être seulement après s'être transformée en glycogène ou en graisse que l'albumine donne du travail musculaire. Probablement elle ne donne pas de travail en tant qu'albumine, mais bien après son évolution en substances plus combustibles (1891).

Pflüger n'a pas de peine à montrer que, dans une alimentation d'où les graisses et les sucres sont rigoureusement éliminés, la consommation des matières azotées croît par le travail musculaire, comme aussi par les causes qui exigent un supplément de calorification. Un travail de 109,608 kilogrammètres exigeait une alimentation supplémentaire de 496 grammes de viande (13gr,98 d'azote); et un abaissement de température de 18° exigeait un supplément de nourriture plus considérable encore. Mais cette belle expérience ne prouve pas que, dans la contraction musculaire, ce soit la matière azotée qui brûle, puisqu'il ne peut pas être prouvé qu'elle n'a pas subi au préalable une transformation en glycogène. Si l'équilibre organique, représenté par la teneur du foie et des muscles en glycogène, est maintenu — et il faut qu'il le soit pour que la santé de l'animal reste intacte, — il s'ensuit que la consommation du glycogène des muscles, du sang, et du foie doit être, en proportion de son usure, réparée par une formation correspondante aux dépens de la matière azotée.

De même, on ne peut invoquer les expériences dans lesquelles, après ablation du foie, il y a encore persistance du travail musculaire; car, même chez les oies qui survivent plusieurs heures à l'ablation totale du foie, il y a encore beaucoup d'hydrates de carbone dans le sang et dans les muscles.

De fait, en pareil sujet, l'expérience directe peut seule être invoquée, à savoir le fait bien rigoureusement établi, que la consommation azotée (représentée par l'urée excrétée) ne change pas par le travail musculaire, et surtout, ce qui est plus précis encore, par la comparaison du sang artériel et du sang veineux musculaires au point de vue de leur richesse en glycose et en glycogène.

C'est ce qui a été entrepris par CHAUVEAU et KAUFFMANN (1891), et il semble bien que les résultats obtenus soient de nature à enlever tous les doutes, tant le fait expérimental est décisif : l'expérience a été faite sur de grands animaux, sur le cheval, ce qui permet de prendre des quantités relativement considérables de sang, provenant d'un unique organe.

D'abord, en comparant le sang de deux organes différents : le muscle, d'une part; la glande salivaire, de l'autre, on voit que la combustion est bien plus active dans le muscle. En prenant comme mesure de la combustion les quantités d'oxygène absorbé et d'acide carbonique produit (différence entre le sang artériel et le sang veineux), voici la moyenne de deux dosages (pour 100cc) :

	OXYGÈNE ABSORBÉ.	CO² PRODUIT.
Sang veineux musculaire	9,6	10,95
Sang veineux glandulaire	2,13	1,36

Ainsi les combustions glandulaires sont cinq fois moins actives que les combustions musculaires.

Les dosages de glycose ont donné les chiffres suivants (pour 1 000 grammes) :

Sang musculaire.

	ARTÈRE.	VEINE.	DIFFÉRENCE.
Moyenne de VI expériences	0,892	0,767	0,125

Sang glandulaire.

	ARTÈRE.	VEINE.	DIFFÉRENCE.
Moyenne de VII expériences	0,800	0,778	0,022

Ainsi la différence dans l'activité des combustions, cinq fois moins actives dans la glande que dans le muscle, est parallèle à une diminution du glycose du sang, qui diminue en proportion cinq fois plus grande dans le muscle que dans la glande.

Si l'on compare le muscle en repos au muscle en activité (masséter des chevaux à qui on fait mâcher de l'avoine), on a des résultats tout aussi nets. Cependant la proportion centésimale des gaz dans le sang n'est pas notablement modifiée; mais la quantité de sang irrigateur est devenue tout à fait différente. Dans le muscle au repos, si la quantité de sang qui circule égale 1, cette quantité devient 3 dans le muscle qui travaille, de sorte que, pour exprimer le volume total des gaz produits ou absorbés, il faut faire entrer en ligne de compte cette irrigation trois fois plus rapide.

Nous avons alors :

	O ABSORBÉ.	CO² PRODUIT.
Muscle au repos	7.8	13,2
—	11,4	8,7
MOYENNE	9,6	10,95
Muscle en activité	13,15	10,05
—	13,65	10,20
—	13,80	8,7
MOYENNE	13,5	9,65

Mais ces deux derniers chiffres doivent être multipliés par 3, puisque l'irrigation sanguine est 3 fois plus active, et que l'oxygène absorbé devient alors 40,5 et le CO^2 produit 28,95.

Par conséquent, en chiffres ronds, la consommation d'oxygène et la production de CO^2 triplent par le seul fait du travail musculaire. On se souvient que nous avons admis une augmentation analogue, de 1 à 4, pour l'accroissement des combustions chimiques par le fait d'un travail énergique.

La consommation de glycose suit une marche absolument parallèle.

GLYCOSE DISPARU DANS LE SANG DES CAPILLAIRES P. 1000 GRAMMES.

Muscle en repos	0,154
— —	0,039
— —	0,170
MOYENNE. . .	0,121
Muscle en travail	0,174
— —	0,041
— —	0,193
MOYENNE. . .	0,136 × 3 = 0,408

Le chiffre 0,136 doit être multiplié par 3 à cause du volume de sang, trois fois plus grand; c'est donc une combustion de 0,408 de glycose. Ainsi le glycose disparaît 3,5 fois plus vite dans le muscle qui se contracte que dans le muscle en repos : c'était bien la conclusion de nos recherches sur les échanges chimiques respiratoires, c'était aussi celle de tous les autres observateurs, GRANDIS, SMITH, LASSAIGNE, qui ont comparé les combustions générales pendant le travail et pendant le repos. Mais ici l'expérience est plus précise, portant sur un muscle isolé, et sur le sang afférent comparé au sang efférent.

Mais ce n'est pas seulement le glycose du sang qui brûle, c'est aussi le glycogène intra-musculaire. Il est même probable que le glycose ne brûle pas directement, mais qu'il sert à régénérer le glycogène musculaire au fur et à mesure de sa destruction par la combustion. En tout cas, les muscles tétanisés, comme on le sait depuis longtemps (NASSE, 1896; WEISS, 1871; RANKE, KÜLZ, etc.), ne contiennent que peu de glycogène. CHAUVEAU et KAUFMANN ont repris cette mesure et l'ont vérifiée. Ils admettent, en outre, que par le fait du travail musculaire la production de glycose par le foie est augmentée; car, malgré le travail qui consomme du glycose, le sang en contient toujours la même quantité, sinon davantage.

Récemment encore, revenant sur ce point, CHAUVEAU (1896) montrait que l'azote de l'urine n'est modifié en aucune manière par le fait du repos ou du travail; il faut donc, d'après lui, admettre cette donnée fondamentale comme rigoureusement démontrée, que les muscles ne puisent par leur énergie dans la combustion des albuminoïdes, mais uniquement dans les hydrates de carbone.

De sorte que, finalement, nous pouvons conclure, de l'ensemble de ces recherches, que la substance qui brûle dans le muscle en contraction, c'est probablement le sucre (ou le glycogène), en tout cas un hydrate de carbone; que le foie en déverse constamment dans le sang des quantités suffisantes pour satisfaire aux besoins de la contraction musculaire (et par conséquent de la chaleur); que, dans l'alimentation azotée, c'est encore le sucre qui brûle, probablement parce que l'albumine a pu être transformée en glycogène et en sucre.

Peut-être serait-il permis de généraliser et de considérer les matières azotées et les matières grasses comme devant se transformer en sucre pour être brûlées; c'est là une assertion quelque peu opposée aux idées émises par PFLÜGER, et qu'il ne nous appartient pas ici de discuter; car nous n'avons à nous occuper que de la production de chaleur dans le muscle; et il est certain en tout état de cause que si, dans les muscles, il y a d'autres combustions que celle du glycose (et du glycogène), c'est elle qui est la plus importante, et qui domine la scène.

Certes, c'est une théorie d'attente, autrement dit une hypothèse, que la théorie d'après laquelle ce qui brûle dans le muscle et ce qui y produit de la chaleur, c'est le sucre; mais, en tout cas, cette théorie me paraît, à l'heure actuelle, plus solidement assise que la théorie d'après laquelle la source de la force musculaire (et par conséquent de la chaleur) réside dans les matières azotées du muscle ou du sang.

§ V. Régulation de la chaleur. — 1. Du système régulateur de la chaleur en général. — Pour que l'organisme vivant se maintienne en équilibre thermique, et, pour que, malgré les variations du milieu extérieur, il exécute dans un milieu intérieur parfaitement homogène et d'équilibre constant ses opérations normales, il faut nécessairement une régulation, et une régulation rapide.

Cette régulation suppose trois termes : un appareil sensible qui avertit le centre des variations du milieu ambiant; un appareil central qui collige ces impressions périphériques et les transmet à un troisième appareil moteur, qui accélère ou diminue la déperdition, qui accélère ou diminue la calorification.

Le système nerveux réflexe est le triple appareil qui satisfait à ces exigences : car dans tout phénomène réflexe il y a un nerf centripète, un centre transformateur et un nerf centrifuge. Grâce aux nerfs sensitifs de la peau, tout changement de température devient une excitation (consciente ou inconsciente), qui va aux centres et les sollicite à réagir dans tel ou tel sens. Cette sensibilité cutanée fait qu'un échauffement partiel ou un refroidissement partiel généralisent leurs effets. Une cellule retentit sur toutes les autres, et toutes les autres retentissent sur elle.

Si l'on trempe la main dans l'eau glacée, ce contact avec le froid provoquera aussitôt des réflexes de toutes sortes, mais principalement des réflexes thermiques; c'est-à-dire que la radiation totale d'une part, et la calorification totale de l'autre, vont se trouver modifiées par ce refroidissement d'une partie de la peau.

On peut dire que nulle excitation de la peau ne passe inaperçue. Chaque fois que la température extérieure est modifiée, par l'intermédiaire des nerfs sensitifs, cette modification est perçue dans les centres et va changer la radiation et la calorification. Ainsi l'équilibre tend toujours à s'établir par cette régulation perpétuelle, automatique, inconsciente, efficace, qui proportionne les recettes aux dépenses, et maintient la balance entre la production et la déperdition.

C'est toujours par un double mécanisme que s'établit la régulation; quelquefois, quand les variations extérieures sont très faibles, il suffit d'une légère variation dans la circulation cutanée : mais, quand les variations extérieures sont intenses, la modification de la circulation cutanée (autrement dit du rayonnement à l'extérieur) ne suffit pas. La consommation des tissus et spécialement des muscles devient plus active, si c'est contre le froid qu'il faut réagir; si c'est contre la chaleur, d'autres mécanismes interviennent, l'évaporation d'eau à la surface de la peau ou à la surface du poumon.

Ainsi la première régulation, celle qui suffit dans la plupart des cas, est une action réflexe vaso-motrice; la seconde régulation est une action réflexe musculaire (s'il s'agit de faire de la chaleur ou une élimination réflexe d'eau qui s'évapore), (s'il s'agit de faire du froid). Par exemple, le frisson est un réflexe thermique musculaire qui produit de la chaleur; la polypnée ou la sueur sont des exhalations d'eau qui se vaporise et produit du froid. Le frisson et la polypnée sont alors réflexes, déterminés par l'excitation des nerfs cutanés.

Mais il peut se faire que ni la première régulation réflexe, ni la deuxième régulation réflexe ne suffisent. Alors, la protection étant inefficace, le sang s'échauffe ou se refroidit. Contre ces perversions thermiques centrales l'organisme n'est pas dépourvu de défense; car une troisième régulation apparaît, c'est la régulation d'origine centrale.

Or les procédés que la nature emploie pour produire le réchauffement ou le refroidissement ne sont pas infiniment variés; ce ne peut être que par des changements dans la radiation périphérique, c'est-à-dire dans la circulation cutanée ou dans la contraction musculaire (tonicité exagérée des muscles, frisson), ou dans l'évaporation d'eau (polypnée, sueur). Il s'ensuit que l'anémie ou l'hyperémie de la peau, la tonicité des muscles, l'activité des glandes, le frisson, la polypnée, la sueur, sont provoqués tantôt par des réflexes, tantôt par des modifications mêmes du tissu nerveux central.

Chaque appareil régulateur fonctionne donc de deux manières, tantôt, et le plus souvent, par voie réflexe, tantôt, quand la protection réflexe a été insuffisante, par voie centrale. Nous distinguerons alors un frisson réflexe et un frisson central; une polypnée réflexe et une polypnée centrale; une anémie cutanée réflexe, et une anémie cutanée centrale.

Ce double mécanisme était d'autant plus nécessaire que, dans certains cas, le trouble apporté à l'organisme est de cause non périphérique, mais centrale, et que par conséquent les appareils réflexes de la périphérie sont impuissants à en avertir les centres. Par exemple, quand un animal est échauffé par sa propre contraction musculaire, le milieu extérieur n'ayant pas changé, ce ne sont pas les nerfs de la peau qui peuvent l'avertir de l'hyperthermie qu'il subit.

Mais, en général, les appareils centraux de régulation sont beaucoup moins sensibles que les appareils réflexes. Un courant d'air froid fait frissonner (frisson réflexe), alors que la température organique doit s'abaisser de 3° ou 4° pour que le frisson de cause centrale se manifeste. La polypnée de cause réflexe chez le chien apparaît dès que la température extérieure s'élève, et alors que la température même du chien ne s'est pas accrue de 0°,5 ; tandis qu'il faut au moins 2° d'élévation thermique pour qu'on voie apparaître la polypnée de cause centrale. La défense de l'organisme contre le chaud ou le froid se fait le plus souvent, presque toujours, par la voie des réflexes, et ce n'est guère que dans les conditions expérimentales que les défenses de cause centrale ont l'occasion d'intervenir.

Si nous considérons la régulation thermique à un autre point de vue, nous pouvons envisager séparément la défense contre le froid et la défense contre le chaud.

La défense contre le froid se fait :

1° par une diminution de la radiation périphérique : constriction des petites artères ;

2° par une augmentation de la tonicité musculaire et des combustions glandulaires ;

3° par le frisson.

La défense contre le chaud se fait :

1° par la dilatation des vaisseaux cutanés ;

2° par l'évaporation d'eau.

Enfin nous terminerons l'étude de la régulation en indiquant les troubles qu'elle peut subir, par le fait des intoxications (fièvre) et des traumatismes du système nerveux central.

2. Régulation par l'appareil vaso-moteur cutané. — Presque toujours cette régulation se fait par voie réflexe, et, en effet, toute excitation cutanée va retentir sur les centres nerveux et modifier la circulation soit générale, soit locale.

Brown-Séquard et Tholozan ont montré qu'en trempant une main dans l'eau froide, non seulement (par voie réflexe et peut-être aussi en partie par une action directe sur les vaisseaux) la main trempée dans la glace s'anémie ; mais encore la main du côté opposé s'anémie aussi. J'ai fait la même observation sur moi-même, en constatant un spasme vaso-moteur réflexe dans la peau des deux mains alors qu'une seule main était exposée au froid. Les nombreuses expériences faites en prenant le pouls total de la main ou d'un membre montrent qu'il suffit d'une excitation réfrigérante en un point quelconque du corps pour que la main ou le membre rétrécissent leurs vaisseaux. Le volume diminue aussitôt par constriction des artérioles. Fr. Franck (1876) en a donné d'excellents exemples. Cette influence du froid se ferait sentir, d'après lui, même sur la forme de la courbe sphygmographique de l'artère radiale. Il suffit d'un temps très court pour déterminer ce spasme réflexe, et une seconde de contact avec un morceau de glace amène, au bout de trois ou quatre secondes, le spasme réflexe constricteur.

On comprend bien la signification de cette expérience au point de vue de la régulation thermique. Le froid extérieur resserre les vaisseaux, parce que, plus les vaisseaux sont resserrés, moins il y a de sang circulant à la périphérie, partant moins le sang se refroidit.

La simple observation de nous-mêmes, en été et en hiver, prouve bien à quel point notre circulation cutanée dépend de la température extérieure. S'il fait froid, les mains sont pâles, exsangues ; on ne voit pas les veines, qui sont affaissées ; la peau est froide, et la circulation réduite à un minimum d'activité. Au contraire, si la température extérieure est élevée, les mains sont colorées, la peau est rosée, les veines sont volumineuses, la circulation est devenue très active.

Autrement dit, le froid ralentit et diminue la circulation cutanée (et par conséquent la radiation calorique). Le chaud amplifie et accélère la circulation cutanée (et par conséquent la radiation calorique).

Les observations calorimétriques sur ce point sont parfaitement concordantes. Que l'on place un animal à une température extérieure basse, il rayonnera beaucoup moins que si on l'expose à une température élevée. J'ai montré qu'il y a une température *optimum* pour la radiation calorique, voisine de 14° pour les lapins. Comme les actions chimiques vont en croissant à mesure que la température extérieure s'abaisse, il faut donc nécessairement qu'il y ait une radiation de moins en moins forte, réglée par la constriction des vaso-moteurs cutanés. Il y a là une contradiction sur laquelle nous avons appelé plus haut l'attention, lorsque nous traitions de la calorimétrie directe. On ne peut pas résoudre la difficulté en supposant que la rétention de la chaleur et la production de la chaleur suivent deux courbes différentes : puisque l'animal ne se refroidit ni ne s'échauffe, il faut évidemment que le rayonnement et la production suivent deux courbes exactement parallèles.

En somme, c'est le tégument qui, dans la plus grande partie des cas, règle la déperdition calorique. De là la nécessité d'une intégrité tégumentaire irréprochable. Les oiseaux et les petits animaux prennent le plus grand soin de leur vêtement de poils et de plumes : car, dès que les plumes sont mouillées ou salies, elles ne peuvent plus protéger efficacement. Si l'on enduit de vernis la peau d'un lapin, par exemple, on voit rapidement la température s'abaisser, de manière à atteindre en quelques heures 30°, et même des chiffres inférieurs : peut-être parce qu'il y a défaut de ce réflexe protecteur dû à l'excitation des nerfs cutanés, sensibles, peut-être parce que la peau devient alors un bon conducteur, et ne peut plus garantir du froid. On a observé, en effet, que les animaux vernissés meurent rapidement, mais que le moment de la mort est ralenti si on les place dans l'étuve. Les effets du vernissage sont probablement assez compliqués, et on ne peut les expliquer uniquement par un refroidissement plus intense; mais il n'en est pas moins certain que le refroidissement joue un rôle prépondérant.

Des faits de cet ordre ont été très soigneusement étudiés par E. Wertheimer (1894) qui en a donné de bons graphiques. Il a très bien distingué le ralentissement de la circulation cutanée et l'activité de la circulation des membres. Les viscères et la peau s'anémient par le froid (contraction réflexe vaso-motrice); mais les muscles ont une circulation alors bien plus active, comme l'indique le débit de l'écoulement veineux qui augmente énormément, cependant que la peau reste presque exsangue.

Tout indiscutable que soit cet effet réflexe de l'aspersion froide de la peau sur l'élévation de la pression artérielle, on peut se demander si c'est le refroidissement de la peau qui agit, ou bien une excitation cutanée forte. *A priori* on pouvait déjà concevoir que ce n'est pas le refroidissement même qui agit, mais bien l'excitation de la sensibilité périphérique; toutefois l'expérience directe devait être faite. A. Stefani (1895) a montré que, si la peau et les organes d'un membre sont refroidis par un courant froid circulant à l'intérieur du membre, cela n'exerce pas d'influence appréciable sur la pression, tandis que l'application d'un corps froid à la périphérie exerce une action manifeste et élève la pression. Mais je ne crois pas que, comme le conclut Stefani, cette expérience prouve que la température extérieure ne modifie pas la pression; car c'est tout autre chose que d'agir par voie réflexe ou par le changement thermométrique même des parties sensibles, au moyen d'un courant sanguin qui les traverse.

Je noterai à ce propos qu'étudiant l'influence des injections d'eau chaude sur le rythme du cœur, Stefani a constaté qu'elles ont pour effet de ralentir le rythme cardiaque, par l'intermédiaire du cœur. C'est une réaction de défense, analogue à celle que j'ai étudiée dans l'asphyxie (Voy. **Asphyxie**). Les effets de l'échauffement du bulbe sur la pression artérielle ont été beaucoup moins nets que les effets sur le rythme du cœur.

On a étudié les effets des douches et des bains froids sur la circulation cutanée. Mais les données précises font encore défaut, malgré les nombreuses publications faites à cet égard. Sans doute, parce que les expériences de calorimétrie totale n'ont pas été entreprises méthodiquement chez l'homme. Si un individu trempé dans un bain froid ne perd pas en quelques minutes beaucoup de chaleur, c'est assurément parce que ses vaisseaux se rétrécissent au maximum; et que la circulation de la peau devient très réduite. Le jet froid d'une douche fait contracter immédiatement tous les vaisseaux, ce qui diminue le rayonnement et la déperdition dans une proportion considérable.

Remarquons à ce propos que les animaux à sang chaud, qui sont forcés de vivre dans un milieu bon conducteur, comme l'eau, qui est à une température généralement basse, sont protégés soit par une peau mauvaise conductrice, munie d'une couche épaisse de graisse très peu conductrice (comme les cétacés, par exemple), soit par une peau garnie de poils épais que l'eau ne mouille pas (loutres, castors, ours blancs) ou de plumes enduites de matières grasses qui empêchent le contact direct de l'eau (canards, eiders, etc.). Enfin les mammifères qui vivent dans l'eau glacée des mers polaires (cétacés, phoques) sont généralement de très grande taille, avec des formes sphériques assez régulières, double condition qui rend la surface minimum relativement à l'unité de volume.

Chez les mammifères et oiseaux aquatiques, les actions réflexes cutanées sont assurément peu importantes; car la température du milieu change à peine. Pourtant chez eux la peau joue un rôle protecteur essentiel; mais c'est seulement par sa constitution anatomique, sans l'intervention d'un mécanisme régulateur réflexe. On peut supposer que la régulation réflexe par la peau a son maximum de puissance chez les animaux à peau nue, comme l'homme par exemple, puisque, par sa structure anatomique, la peau est très peu puissante chez l'homme à protéger efficacement contre le froid.

Finalement nous sommes amenés à considérer le tégument cutané comme l'agent essentiel de la régulation thermique. D'abord, par sa constitution anatomique, avec les poils ou les plumes non mouillables, difficilement traversés par le froid, ou avec la couche de tissu adipeux sous-jacent, ou avec une épaisse couche épithéliale, le tégument est toujours un très mauvais conducteur, qui permet à l'être de bien résister au froid du dehors. Ensuite, grâce à ses propriétés physiologiques, il est sensible aux moindres variations thermiques du milieu ambiant, et il peut alors transmettre aux centres des incitations d'ordre réflexe qui modifient sa circulation et par conséquent son rayonnement.

Le plus souvent la peau est absolument suffisante, avec ses défenses passives ou actives, pour régler la température, mais il y a des cas où sa protection est inefficace : dans ce cas d'autres mécanismes régulateurs doivent intervenir.

Les excitations thermiques sont évidemment les plus efficaces pour provoquer ces réflexes régulateurs; mais les excitants mécaniques et électriques de la peau modifient aussi la température centrale. HEIDENHAIN (1870) a constaté que des excitations électriques de la peau (ou mécaniques) amènent aussitôt une accélération de la circulation (générale et cutanée), et par suite un léger refroidissement, puisque la quantité de sang qui circule à la périphérie devient plus considérable : et il en a donné une élégante démonstration en mettant l'animal dans des bains de températures variables. Si le bain est froid, chaque excitation électrique abaisse beaucoup la température centrale; si le bain est à la température du corps, ces excitations sont sans effet; enfin, si le bain est plus chaud que le corps, chaque excitation amène un léger réchauffement.

Quant à l'influence des nerfs sur la température locale des parties, depuis la célèbre expérience de CLAUDE BERNARD sur le grand sympathique, elle n'est pas douteuse.

On peut toutefois hésiter sur le mécanisme même de cette action. En effet, les nerfs agissent sur la circulation locale d'une part, et d'autre part sur les échanges chimiques; quand les nerfs sont paralysés, la circulation devient plus active, et la peau prend la température du sang : c'est-à-dire qu'elle s'échauffe. Si les échanges chimiques sont plus actifs, elle s'échauffe aussi. Dans l'inflammation, il y a une congestion cutanée due probablement à ces deux causes réunies, circulation plus intense, échanges chimiques plus actifs.

Ce qu'on appelle l'inflammation d'une région, c'est-à-dire la congestion vasculaire active, avec hyperthermie locale, est un phénomène probablement lié à plusieurs causes, à des échanges chimiques (localisés) plus actifs, et à une paralysie des vaso-constricteurs; deux conditions tendant à augmenter la chaleur locale de telle ou telle partie.

Nous n'avons pas à entrer dans le mécanisme de ces faits pathologiques, étudiés par beaucoup de médecins, pour la phtisie (MONDON, D. P., 1884), pour la colique hépatique (DUBRAC, D. P., 1886), pour la pleurésie (DUBREUIL, D. P., 1876), etc. Notons seulement que, dans quelques cas vraiment physiologiques, la température cutanée s'élève avec l'activité des organes sous-jacents. CHATELET (D. P., 1884) a montré que l'établissement de la sécrétion lactée après l'accouchement détermine dans le sein une élévation thermique de 2 et même 3°. KUNKEL a vu que, si le muscle se contracte, la peau qui le recouvre élève sa température de 0,5 à 1°,5.

Ainsi, outre la régulation de la température générale, les nerfs règlent aussi la température de chaque partie. De même qu'il y a une circulation générale (réglée par le système nerveux) et une circulation locale (réglée aussi par le système nerveux vaso-moteur) qui en est dans une certaine mesure indépendante, de même il y a une température générale et une température locale, réglées toutes deux par le système nerveux. (Voir pour plus de détail **Vaso-moteurs**.)

3. Régulation par les appareils musculaires et les autres organes producteurs de chaleur. — Ainsi que nous l'avons dit souvent, l'être homéotherme, vivant à une température généralement supérieure au milieu ambiant, a besoin surtout de réagir contre le froid; de sorte que la défense contre le froid devait être bien plus puissante que la défense contre le chaud.

La défense contre le froid est assurée de deux manières : tantôt par la diminution de la radiation périphérique (régulation cutanée); tantôt par l'augmentation des combustions thermogènes.

L'augmentation des combustions suit une marche parallèle à la diminution de la circulation cutanée. Par exemple, sous l'influence d'une douche froide, en même temps que la circulation de la peau se réduit à un minimum, l'absorption d'oxygène augmente, ainsi que la production de CO^2, ce qui indique des échanges plus actifs.

Des expériences nombreuses ont été faites pour établir que les combustions croissent à mesure que la température extérieure s'abaisse. Je n'en citerai que quelques exemples tout à fait classiques.

Sur les cobayes, en réunissant les expériences (moyennes) de COLASANTI et de DITTMAR FINKLER, nous trouvons :

TEMPÉRATURE EXTÉRIEURE	OXYGÈNE PAR HEURE et kilogramme d'animal.
Degrés.	Centimètres cubes.
3,64	1836,8
7,3	1496,6
7,8	1634,4
16,9	1086,8
21,3	1134,3
26,2	1118,5

D'après CH. TH. DE BAVIÈRE, sur un chat, nous avons :

TEMPÉRATURE EXTÉRIEURE.	CO^2 EXHALÉ EN 6 HEURES en gramme.
Degrés.	
De — 5,5 à — 3	20,4
De + 2 à + 2,4	18,5
De + 3,7 à 14,1	18,5
De + 14,6 à 19,8	15,7
De + 21,1 à 27,8	14,1
De + 29,6 à 30,8	12,6

D'après PETTENKOFFER et VOIT, sur un homme à jeun pesant 71 kilos :

TEMPÉRATURE EXTÉRIEURE.	CO^2 EN GRAMMES pendant 6 heures.	AZOTE DE l'urine en grammes. en 6 heures.
Degrés.		
4,4	210	4,23
6,5	206	4,05
9,0	192	4,20
14,3	155	3,81
16,2	158,3	4,00
23,7	164,8	3,40
24,2	166,5	3,34
26,7	170,0	3,97
30	170,6	3,97

FREDERICQ (1882), dans des expériences faites sur lui-même, a constaté que, suivant qu'il était nu ou habillé, c'est-à-dire bien ou mal protégé contre le froid, la quantité d'oxygène absorbé se modifiait beaucoup, et cela surtout s'il était à jeun.

TEMPÉRATURE EXTÉRIEURE. —	OXYGÈNE EN CENTIMÈTRES CUBES en 15 minutes.		
Degrés	Nu.	Habillé.	
14,0	5,574	4,45	à jeun.
15,5	5,238	4,4	—
15,5	5,371	4,2	—
15,8	6,244	⎫	
13	6,341	⎬ 5,99	en digestion.
13,5	6,142	⎭	
15,8	6,007	5,5	
11,9	6,447	5,5	
11	6,494	5,1	
13	5,774	4,9	
15	5,476	4,9	

PAGE (1879), sur le chien, est arrivé à des résultats analogues. De 20° à 25° l'excrétion de CO_2 augmente. Elle augmente aussi de 25° à 30°.

Avec HANRIOT nous avons vu qu'un bain à 30° faisait croître chez l'homme la production de CO_2. Quand le bain était à 36°,7, l'excrétion de CO_2 répondait à $0^{gr},609$ (par kil. et par heure); et à $0^{gr},842$, quand le bain était à 30°.

Étudiant l'influence des bains froids sur la production thermique, J. LEFÈVRE (1894) appelle Q la puissance thermogénétique de l'unité de poids et q la chaleur cédée par la surface de cette unité, c sa chaleur spécifique et t l'abaissement positif, négatif ou nul, de sa température par minute. Il écrit alors la relation suivante :

$$Q = q - ct,$$

ce qui veut dire qu'à l'état d'équilibre ct étant nul, la chaleur du refroidissement est égale à la chaleur de production. Mais, si l'on abaisse beaucoup le milieu ambiant (dans l'eau froide), par exemple, ct n'est pas nul, et la température s'abaisse, quoique Q aille en grandissant. Cette valeur Q représente ce qu'il appelle la puissance thermogénétique. Chez le singe cette puissance varie à peine avec l'abaissement du milieu, tandis que chez l'homme elle est considérable, capable d'augmenter par l'entraînement.

Si l'on place un individu dans un bain froid, on voit sa température s'abaisser vite d'abord, puis de moins en moins. En indiquant minute par minute le nombre de calories perdues, J. LEFÈVRE a trouvé les chiffres suivants :

QUANTITÉ DE CALORIES PERDUES DANS UN BAIN A 10° (HOMME DE 30 ANS, DE 65 KIL.)

1/2 minute.		35
1 —		70
1'30''		82
2 minutes		93,5
3 —		112
4 —		123
5 —		134
6 —		145
7 —		156

On peut admettre qu'à ce moment le régime régulier est atteint, et qu'il y a une perte de 11 calories par minute.

Les quantités de chaleur débitées par l'organisme en une minute pendant l'état variable à diverses températures ont été :

TEMPÉRATURE DU BAIN. — Degrés.	QUANTITÉ DE CALORIES perdues par minute.
5	17
11	10,5
17	7
22	4
26,5	2
31	0,5

La faible descente de la température centrale prouve la puissance énorme de résistance (par une production de chaleur plus forte) aux abaissements de température.

Ce sont là des expériences fort intéressantes, auxquelles nous pourrions ajouter les belles observations de PICTET sur les animaux soumis à un froid intense. Nous-mêmes, nous avons vu des chiens plongés dans de l'eau glacée et garder trois quarts d'heure la même température. Mais, quelque intéressantes que soient ces expériences, elles s'éloignent de la calorimétrie normale; il y a en effet de tels changements dans le milieu ambiant, qu'on ne peut comparer alors la radiation calorique avec celle qui se fait à l'état normal.

En même temps que la production de chaleur augmente dans le bain froid, les échanges chimiques vont aussi en augmentant (SIGALAS, 1894). Il y a aussi simultanément une diminution notable dans la quantité d'urine excrétée, quoique la pression artérielle ait subi une élévation appréciable (DELEZENNE, 1894). Cela concorde bien avec le fait établi par WERTHEIMER (1894), que la réfrigération de la peau entraîne l'élévation de la pression artérielle, mais en même temps le rétrécissement des vaisseaux du rein.

Cette augmentation des combustions par le froid est due au frisson et à la tonicité accrue des muscles. Je le montrerai plus loin. Mais il faut dire qu'en étudiant l'influence du froid sur les échanges LŒWY (1889) avait mentionné l'influence qu'exerce le frisson sur le réchauffement. Il n'a pas, comme j'ai pu le faire plus tard, distingué le frisson réflexe et le frisson central. Il pense que cette influence du frisson (production de chaleur augmentée) est moindre que la diminution de la radiation, et il suppose que le frisson, à lui tout seul, ne constitue pas un appareil de régulation suffisant. Dans 23 expériences, en effet, faites sur l'homme à différentes températures extérieures, les combustions respiratoires ne se modifièrent pas par le froid, dans onze cas. Sur ces onze cas, six fois la température baissa, cinq fois elle resta stationnaire ou monta légèrement. Lœwy pense avec raison que, dans ces cinq cas, la régulation a dû se faire exclusivement par les changements de la radiation cutanée. Dans huit cas il y a eu augmentation de la production thermique. Dans ces cas il y eut quelquefois du frisson; mais ce frisson ne suffit pas pour régler la température, et Lœwy pense que la peau a joué toujours le principal rôle. Le quotient respiratoire ne s'est pas modifié.

En prenant seulement les chiffres de la consommation d'oxygène, et en supposant le nombre des expériences (26) égal à 100, on voit qu'il y a eu par le refroidissement :

Diminution dans la consommation d'O. 16,3
État stationnaire. 36,3
Augmentation. 47,3

Ainsi la régulation se fait surtout, d'après Lœwy, par les changements de radiation de la peau. Mais il est clair que, dans les cas extrêmes, cette régulation est insuffisante. ADAMKIEWICZ (1876), par des procédés qui ne sont pas bien rigoureux et pour le détail desquels je renvoie au mémoire original, croit démontrer que, si la radiation normale est de 100, elle ne peut dépasser 122, ni tomber au-dessous de 66,6 : ce qui répondrait, dit-il, à des différences dans la température extérieure de 11°,6.

Il nous paraît donc bien établi que les échanges croissent avec l'abaissement de la température extérieure, de sorte que, pour remédier au froid, l'animal met en jeu un double appareil régulateur : d'une part le rétrécissement des vaso-moteurs cutanés, ce qui amoindrit sa déperdition; d'autre part la consommation chimique plus active, ce qui augmente la thermogenèse.

Cette augmentation porte évidemment sur les muscles et les autres tissus: mais il est un cas où se peut voir nettement l'influence de la température extérieure sur l'action des muscles, c'est dans le frisson.

4. Du frisson thermique. — J'ai pu, dans une étude d'ensemble sur le frisson, montrer que le frisson est un appareil de régulation thermique relevant de deux causes : une cause réflexe et une cause centrale (1895). J'ai montré, en effet, qu'il y a trois sortes de frisson : le frisson *psychique*, le frisson *toxique*, qui est, par exemple, celui de la fièvre, et le frisson *thermique* dû à une réaction contre le milieu extérieur (Voy. Frisson).

Ce frisson thermique est réflexe quand la température de l'organisme ne change pas : alors ce sont les nerfs de la peau, qui, étant excités, vont stimuler les centres médullaires ou bulbaires, et une convulsion spasmodique généralisée interviendra, qui secouera tout le corps. Essentiellement ces secousses convulsives du frisson sont des contractions musculaires thermogènes. Une douche froide nous fait frissonner, alors que la température centrale n'est pas modifiée : elle paraît plutôt s'élever sous la douche, pendant quelques secondes, d'un ou deux dixièmes de degré.

Le frisson de cause centrale est assez facile à observer. La méthode qui m'a semblé la meilleure est celle qui consiste à analyser ce qui se passe chez les animaux chloralisés ou chloralosés. Leur température tombe alors, pendant le sommeil, à 32° ou 30°. Mais, à mesure que le réveil se fait, les effets de l'intoxication chloralique se dissipent, et la température se relève ; relèvement de température toujours accompagné d'un tremblement général ou frisson convulsif, qui produit le réchauffement.

Voici comment, en effet, constamment les choses se passent. La température baisse régulièrement, puis de petites convulsions (léger frisson qui commence) apparaissent, et la descente thermométrique est moins rapide. Puis, les convulsions devenant plus fortes, la température reste stationnaire, et pour qu'elle se relève décidément, il faut que le frisson soit très intense. Tous les physiologistes ont en effet pu constater la manière dont se réveillent en hiver les chiens (ou les chats, ou les lapins) chloralisés ou chloroformés. Ils sont insensibles ou à peine sensibles, étendus par terre, respirant régulièrement et profondément ; mais chaque inspiration est accompagnée d'un tremblement général, spasmodique, qui est le frisson ; cette contraction totale de tous les muscles, c'est le procédé de régulation que l'organisme emploie pour faire de la chaleur.

Si la moelle est intoxiquée, soit par de fortes doses de chloroforme ou de chloral, soit par le sang noir asphyxique, alors le frisson ne se produit plus. On arrête les tremblements convulsifs du frisson en fermant la trachée : l'état asphyxique du sang empêche le frisson de se produire. Il est même à noter que cette intoxication des centres nerveux dure assez longtemps, et que, dans le cas d'une asphyxie poussée très loin, quand l'animal se rétablit, il met très longtemps à revenir au *statu quo ante*, restant ainsi sans frissonner pendant un quart d'heure, ou même une demi-heure. Puis, peu à peu, la réparation des centres nerveux intoxiqués par le sang asphyxique se faisant graduellement, ces centres nerveux redeviennent aptes à donner le frisson, qui reparaît, et l'animal se réchauffe.

En dosant les produits de combustion respiratoire pendant le frisson, j'ai obtenu, chez les chiens choralisés, les chiffres suivants :

CHIENS NORMAUX.	CHIENS CHLORALISÉS et ne frissonnant pas.	CHIENS CHLORALISÉS et frissonnant.
100	27	38

qui indiquent les proportions relatives de CO^2 expiré, en faisant égale à 100 la production de CO^2 chez des chiens normaux de même taille.

Il paraît donc bien prouvé que le frisson est un appareil de régulation qui peut fonctionner par un double mode : par le mode réflexe d'abord, puis par le mode central, si le mode réflexe a été insuffisant à réchauffer l'organisme.

Les tissus autres que les muscles participent sans doute à cette production de chaleur ; mais on sait peu de chose sur les actions chimiques qu'ils produisent. Il est bien probable que le foie, sous l'influence des excitations nerveuses, dégage une plus grande quantité de réactions chimiques exothermiques, mais nous sommes sur ce point réduits à des conjectures. Cependant A. Broca et moi, dans des expériences qui sont en cours d'exécution, nous avons cru voir, quelques minutes après la mort, que les excitations électriques du foie dégagent une chaleur notable, facile à apprécier par la mesure thermo-électrique de la température.

5. Régulation de la température par évaporation d'eau. Transpiration cutanée. — L'organisme des êtres vivants a besoin aussi de se prémunir contre l'élévation de la température extérieure. Ce résultat est partiellement obtenu par la diminution croissante des combustions, et, d'autre part, par la dilatation des vaisseaux de la périphérie. Ce sont là moyens efficaces tant que le niveau de la température extérieure ne s'élève pas au-dessus de la température du corps ; mais, si ce milieu ambiant dépasse notre température propre, la congestion cutanée a pour effet d'échauffer au lieu de refroidir le corps, et la non-production de combustion chimique ne peut plus suffire à empêcher la température de monter.

Donc il y a nécessité de produire du froid, et cette production de froid ne peut s'opérer que par le même mécanisme essentiel ; l'évaporation d'eau. Les voies que la nature a employées chez les êtres sont diverses pour arriver à ce même résultat ; mais essentiellement le phénomène est identique : c'est la volatilisation d'une certaine quantité d'eau. On sait que, pour passer de l'état liquide à l'état gazeux, 1 gramme d'eau absorbe 536 calories. Chaque gramme d'eau qui se volatilisera refroidira donc l'animal de 536 calories.

C'est un procédé rapide et économique de refroidissement, et c'est celui-là que la nature a employé.

Que ce refroidissement par évaporation se fasse par la surface cutanée ou par la surface pulmonaire, le résultat final sera le même. Les animaux qui ont une peau nue peuvent se refroidir par la peau, tandis que les animaux dont la toison est épaisse ne peuvent guère sécréter de sueur, et ils sont forcés de se refroidir par un autre mécanisme qui est la respiration.

Examinons d'abord le refroidissement par la transpiration cutanée. Il n'est pas douteux qu'il y ait une transpiration cutanée de cause centrale. Fr. Franck (1884) l'a constatée dans le chat (exploration des pulpes digitales) en échauffant directement le sang carotidien. Mais le plus souvent, c'est par voie réflexe qu'elle se produit.

Les physiologistes anglais de la fin du dernier siècle, Blagden, Fordyce, etc., ont fait à cet égard plusieurs expériences très instructives. Si l'on place dans une étuve sèche à 60° un individu bien portant, il pourra y rester plus d'une heure sans être trop incommodé. Certes ce séjour sera pénible ; mais, il sera possible. On peut même rester quelques instants dans une étuve à 140°, si l'étuve est sèche. Au contraire, dans une étuve humide, et à plus forte raison, dans un bain, un séjour même de quelques minutes est impossible, si la température de l'étuve ou du bain dépasse 44°. Bonnal dit qu'il a pu séjourner 15 minutes dans un bain à 46°. Probablement il n'aurait pu prolonger ce bain, et il est regrettable que nous n'ayons pas sur ce fait exceptionnel des documents plus précis : car il faudrait savoir quelle était la température de Bonnal à sa sortie d'un bain aussi chaud.

Si l'étuve sèche n'est pas dangereuse, alors que l'étuve humide, à une température bien inférieure, est promptement mortelle, cela tient précisément à l'évaporation par la peau. Dès que la température extérieure s'élève, aussitôt les glandes de la peau se mettent à fonctionner énergiquement. La sueur ruisselle sur le corps, et, comme la température du milieu ambiant est très élevée, l'évaporation survient presque aussitôt, amenant alors simultanément autant de froid qu'il y a eu d'eau évaporée.

Ce mécanisme a lieu par voie réflexe avec une précision admirable, sans l'intervention de la conscience ou de l'effort. Souvent j'ai observé ce phénomène sur moi-même, lorsque j'entrais dans mon étuve chauffée à 40°. Quand j'étais dehors, je ne transpirais nullement ; mais, dès que j'étais entré dans l'étuve, avant même que je fusse incommodé par la chaleur, je voyais perler sur la peau, à l'avant-bras, à la poitrine, de petites gouttes de sueur, d'une finesse extrême, qui disparaissaient en quelques secondes à peine, s'évaporant aussitôt dans l'air sec et chaud de l'étuve.

C'est donc là essentiellement un phénomène réflexe. Les expériences de Luchsinger, de Vulpian, d'Adamkiewicz ont bien établi l'action des nerfs et des centres nerveux sur les glandes sudoripares. Elles sont, comme les glandes salivaires, absolument soumises à l'influence du système nerveux.

Nous pouvons ainsi nous faire une idée du rôle de la sueur. C'est un liquide qui, au point de vue excrémentitiel proprement dit, est fort peu intéressant. Les quantités d'urée et de sels organiques ou inorganiques qu'il contient sont minimes et ne jouent guère de rôle dans la désassimilation des tissus. La sueur ne contient que la minime quantité de 6 grammes de substances solides par litre. Son rôle chimique est nul. Mais son rôle physique est très important. Elle est, avant toutes choses, appareil de régulation thermique. Elle sert à produire du froid. Réduite au minimum, tant que la température extérieure est basse, elle devient extrêmement abondante, dès que la température extérieure s'élève.

De là une différence fondamentale entre les climats chauds humides et non humides. Par un climat sec on supporte une température très élevée, qui deviendrait intolérable, si l'air était chargé d'humidité.

Chez l'homme la respiration cutanée joue le principal rôle de défense contre la chaleur extérieure. Chez le cheval, elle est très importante aussi, et chez l'âne, et probablement chez le singe. Mais, chez les autres mammifères, il est assez difficile de voir, sous l'influence de la chaleur, une transpiration cutanée abondante ; et, chez les oiseaux, je ne sache pas qu'on ait observé production de sueur.

Ce sont là des données classiques, connues depuis fort longtemps. On trouvera dans l'intéressant article de Fr. Franck sur la sueur (*D. D.*, 3, xiii, 1884, 96-112) des renseignements bibliographiques très complets à ce sujet. C'est B. Franklin, qui, le premier, avait bien établi le rôle réfrigérant de l'évaporation cutanée ; les moissonneurs de Pensylvanie supportent, dit-il, l'action d'un soleil ardent, à la condition de suer abondamment, de boire beaucoup pour entretenir la sueur, et de s'éventer de manière à activer l'évaporation. Enfin, ce serait J. Currie (1797, *Medical Reports on the effects of water cold and warm*) qui aurait le premier prononcé le mot de régulation. La perspiration, dit-il, a le rôle principal dans la régulation de la chaleur (*in regulating the animal heat*). Enfin il ne faut pas oublier que, quelques années après les expériences de Blagden, Fordyce et Changeux, Lavoisier résumait admirablement, avec cette précision qui caractérise son œuvre, le rôle de la transpiration. « La machine animale est gouvernée par trois facteurs principaux : la respiration, qui consomme de l'hydrogène et du carbone et qui produit du calorique ; *la transpiration, qui augmente ou diminue suivant qu'il est nécessaire d'emporter plus ou moins de calorique;* la digestion, qui rend au sang ce qu'il perd par la respiration et la transpiration. »

D'ailleurs, pour juger de l'importance, au point de vue calorimétrique, de cette transpiration cutanée, il me suffira d'indiquer les expériences de Weyrich (cité par Fr. Franck, 62) qui a mesuré la quantité de sueur excrétée dans diverses conditions.

	QUANTITÉ DE SUEUR par heure en gr. (moyenne).	NOMBRE DE CALORIES répondant à l'évaporation de la sueur.
Mouvements modérés dans l'appartement	7,6	4 065
Mouvements violents dans l'appartement.	7,6	4 065
Mouvements modérés au soleil.	21,8	11 728
Mouvements violents au soleil.	28,3	15 225

On voit qu'en admettant une production moyenne, par les combustions chimiques, de 120 calories par heure, la transpiration cutanée peut, suivant les conditions, en enlever 1 30 ou 1 8. Une étude ultérieure nous fera mieux connaître les conditions de l'évaporation d'eau totale (par le poumon et par la peau).

Pour finir avec l'histoire de l'évaporation cutanée dans la thermogénèse, rappelons que c'est grâce à cette évaporation que les animaux à sang froid et à peau nue peuvent présenter des températures inférieures au milieu ambiant, comme W. Edwards l'a constaté sur les batraciens. Il n'y a pas, à proprement parler, chez ces êtres, de régulation de la température, puisque l'appareil régulateur manque ; mais les conditions physiques de la vie font que la température de l'animal reste inférieure à celle du milieu ambiant, et d'autant plus inférieure que la température est plus haute. Ainsi s'explique la vie de certains reptiles et de certains batraciens, dans l'air sec, à des températures très élevées.

6. Régulation de la température par la respiration. — Dès qu'on a su que la respiration entraîne l'évaporation d'une certaine quantité d'eau à la surface pulmonaire, on en a conclu que la respiration amène un certain degré de refroidissement du sang. S'il fallait remonter aux auteurs anciens, on trouverait déjà, dans Hippocrate, cette notion que la respiration refroidit le sang. Changeux, cité par Fredericq (1882), a insisté aussi sur ce fait.

En 1867, Ackermann étudia de nouveau, assez sommairement, ce phénomène ; il montra que la respiration s'accélère dès que la température extérieure s'élève, et que, sans doute, cette accélération est accompagnée de refroidissement pulmonaire. Puis d'autres observateurs, Goldstein, Fick, Gad, Mertchinsky, de 1871 à 1881, firent une expérience importante. Ils chauffèrent le sang carotidien d'un chien, et établirent que cette élévation de la température centrale accélère la respiration et produit ce qu'ils appelèrent la *dyspnée* thermique, *probablement* pour diminuer la température du sang.

Mais leurs expériences, tout en étant positives et indiscutables, étaient sujettes à une interprétation erronée. SIHLER n'eut pas de peine à montrer que l'élévation de la température extérieure suffit pour accélérer la respiration, même sans que la température du corps s'élève; par conséquent, il supposa que la dyspnée observée par GOLDSTEIN, FICK, etc., était un phénomène de semi-asphyxie, et FREDERICQ, en 1882, dans son beau mémoire sur la régulation de la chaleur, semble se rattacher à cette opinion, puisqu'il dit : « C'est la température interne du sang, et non le degré de chaleur de la peau qui sert de régulateur aux pertes de chaleur par la surface pulmonaire... C'est la composition chimique du sang qui agit sur les centres respiratoires comme excitant. »

Le fait de la dyspnée thermique était donc connu; mais son mécanisme et ses effets étaient absolument ignorés. On croyait que c'était une véritable dyspnée, une demi-asphyxie; et on ne l'avait pas rattachée à la régulation normale de la température organique.

Voici d'ailleurs, à l'appui, en quels termes s'exprimait, en 1882, ROSENTHAL, dans HERMANN's *Handb. der Physiologie*, 397. « On peut se demander si ce pouvoir régulateur de la respiration (d'après ACKERMANN et RIEGEL qui avaient vu la température s'abaisser par le fait d'une respiration artificielle rapide) peut exercer une action efficace; d'autant plus que la perte de calorique par les poumons ne représente qu'une partie de la perte totale de chaleur; et qu'elle n'est pas en état d'empêcher la température de monter ou de s'abaisser, puisque la température monte quand l'air ambiant est chaud, même lorsqu'on respire de l'air froid. Sans nier complètement toute influence régulatrice, je crois qu'il faut assigner une autre cause téléologique à cette dyspnée thermique, et chercher ailleurs. Quand le corps s'échauffe, il consomme plus d'oxygène, et l'augmentation de la respiration a précisément pour effet de suffire à cette dépense croissante d'oxygène. »

J'ai pu, deux ans après, en 1884, par une série d'expériences, établir successivement les quatre points suivants :

1° Il y a une *polypnée* (et non dyspnée, car la respiration est extrêmement facile et non laborieuse) thermique qui sert à la réfrigération de l'animal par l'évaporation pulmonaire.

2° Cette polypnée peut être de cause réflexe (élévation de température du milieu ambiant) ou de cause centrale. Chez le chien, elle survient quand la température de l'organisme, très exactement, atteint 41°,7.

3° Elle ne peut se produire que si les besoins chimiques de l'organisme (en oxygène) sont satisfaits. Il faut qu'il y ait apnée, pour que la polypnée apparaisse; fait qui est en complète contradiction avec les observations de SIHLER, de ROSENTHAL et des autres physiologistes.

4° Elle est empêchée par les obstacles mécaniques, même très faibles, opposés à la respiration.

Il m'est donc permis de dire que c'est seulement à partir de ce moment (1884) qu'a été vraiment comprise cette fonction spéciale, thermo-polypnéique, du bulbe rachidien : car des observations éparses et contestées ne peuvent se substituer à un ensemble, tout à fait cohérent, d'un grand phénomène physiologique nettement démontré dans tous ses détails. Cette fonction de la polypnée thermique (réflexe et centrale) est depuis mes expériences de 1884 universellement adoptée, et il faut l'exposer ici.

7. De la polypnée thermique réflexe. — Le plus souvent la polypnée est réflexe; car le chien, mis au soleil et se mettant à haleter, ne s'échauffe pas. Parfois même la température a légèrement baissé, comme si la régulation par production de froid avait dépassé le but et produit plus de froid qu'il n'était nécessaire. Donc c'est bien un phénomène réflexe, puisque la température centrale ne s'est pas modifiée.

Si nous cherchons la voie de ce réflexe, nous constatons tout de suite que les pneumogastriques n'y sont pour rien. GOLDSTEIN et SIHLER avaient déjà constaté que la *dyspnée* thermique n'est pas modifiée par la section des vagues. Sous l'influence d'une température ambiante élevée, les chiens à pneumogastriques coupés se mettent à respirer rapidement, et la polypnée s'établit, absolument comme dans les cas où les deux nerfs vagues sont intacts. Aussi, quand on met dans l'étuve ou quand on expose au soleil des chiens dont les nerfs pneumogastriques ont été coupés, ne s'échauffent-ils pas plus que des chiens normaux. Leur respiration devient peu à peu fréquente, atteint le même rythme polypnéique de 200 et 300 respirations par minute, si bien qu'il serait impossible, en voyant leur rythme respiratoire, de supposer que leurs nerfs vagues ont été sectionnés.

Entre autres exemples, je citerai un petit chien dont les nerfs vagues avaient été coupés trois jours auparavant, et qui respirait, d'une respiration très laborieuse et convulsive, très lente aussi, n'étant que de 5 par minute. Mis dans l'étuve pendant plusieurs heures, il avait, au sortir de l'étuve, la même température qu'à l'entrée — 39°,1, et il respirait très régulièrement, et très rapidement : 120 fois par minute.

Le phénomène est tellement net que, même à l'ombre, si la température extérieure est tant soit peu élevée, par exemple au-dessus de 28°, on ne voit pas l'énorme ralentissement respiratoire qui suit en général la section des nerfs vagues, ou plutôt il y a dans le rythme des intermittences de ralentissement extrême et de respiration fréquente, telles que les animaux aux nerfs vagues coupés gardent leur température normale, comme font les animaux sains.

Ainsi la polypnée réflexe est déterminée par l'excitation de nerfs autres que les nerfs vagues. Il est vraisemblable que ces nerfs excitateurs de la polypnée sont les nerfs cutanés, en comprenant parmi eux le nerf de la cinquième paire, qui aurait peut-être plus d'efficacité que les autres, comme il semble résulter de quelques expériences de SIHLER.

L'apparition de ce réflexe n'est pas immédiate. Il exige une durée appréciable. Quoique l'excitation thermique soit instantanée, un chien mis au soleil ne sera pas immédiatement polypnéique. Il lui faudra un certain temps, 2, 4 ou 10 minutes, pour devenir haletant; son échauffement n'est certes pas produit par une augmentation de sa température organique; car, en quelques minutes, la température ne se sera pas élevée d'une manière sensible. La lenteur dans la production de ce réflexe est due peut-être à ce que la peau, avec ses nerfs délicats, doit être échauffée elle-même, ce qui ne se produit pas immédiatement.

8. Polypnée thermique centrale. — Si, au lieu de mettre un chien au soleil, nous l'échauffons par la tétanisation générale du corps, il est clair que nous ne pourrons plus parler d'excitation réflexe, puisque la température extérieure n'a pas varié. Nous ne pourrons non plus invoquer l'électricité même comme cause de polypnée, puisque cette polypnée est bien plus forte quelques minutes après l'électrisation que pendant l'électrisation même. C'est donc bien une polypnée centrale, puisque la seule cause qu'on puisse invoquer pour expliquer la fréquence de la respiration, c'est la température plus élevée des centres nerveux.

Rien n'est plus intéressant que de suivre la marche parallèle de ces deux phénomènes, chaleur et rythme respiratoire, chez des chiens tétanisés par des courants électriques forts. La respiration peu à peu s'accélère; en même temps la température monte, et le *fastigium* pour l'une et l'autre est bientôt atteint.

Je pourrais multiplier les exemples de cette polypnée thermique centrale, survenant sans excitation réflexe, par le seul fait que s'est élevée la température du sang qui irrigue le système nerveux. Elle est très facile à observer et à constater. Tous les chiens échauffés la présentent, que les nerfs vagues aient été coupés ou non, ce qui prouve bien que, pour la polypnée centrale, comme pour la polypnée réflexe, les pneumogastriques ne jouent aucun rôle.

On peut faire l'expérience encore d'une manière tout aussi instructive, en donnant des substances toxiques qui produisent des convulsions, de manière à échauffer rapidement l'animal par l'exagération de ses combustions musculaires. Les sels ammoniacaux, et surtout la cocaïne, s'adaptent très bien à cette expérience. On voit alors, à mesure que la température de l'animal s'élève, le nombre des respirations croître lentement; ce qui est facile à expliquer par une augmentation croissante des combustions respiratoires, nécessitant une ventilation de plus en plus active. Chez les animaux à sang froid, et chez l'homme, qui n'a pas de fonction polypnéo-thermique, on voit aussi graduellement la respiration s'accélérer à mesure que croît la température organique; mais, ce qui indique bien que la polypnée thermique est une fonction spéciale, *sui generis*, surajoutée à la fonction respiratoire normale, c'est que, tout à coup, quand la température du corps s'est élevée à un certain niveau, 41°,7, — très exactement 41°,7, presque sans exception, —

on voit la fréquence quintupler, et le nombre des respirations passer, après quelques courts essais plus ou moins infructueux, subitement de 80 à 400 respirations par seconde, avec un mécanisme respiratoire tout différent du mécanisme normal.

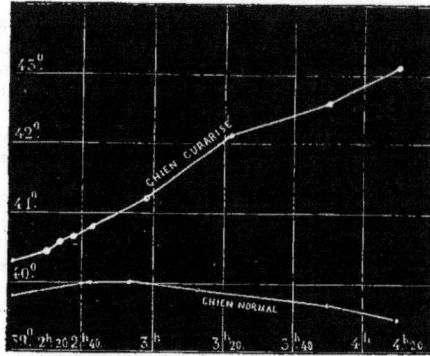

Fig. 19. — Échauffement d'un chien curarisé et d'un chien normal.

Les deux chiens sont exposés au soleil. Le chien curarisé (avec une respiration artificielle à rythme invariable) s'échauffe, tandis que le chien intact ne s'échauffe pas, et même se refroidit quelque peu, par suite d'un excès de l'action hypothermisante de la polypnée.

La gueule est ouverte, la langue tirée en avant : et, pour que cette polypnée s'observe, il faut que la langue soit tirée en avant, ou que la trachéotomie ait été faite ; car le plus léger obstacle aux mouvements respiratoires empêche les mouvements polypnéiques de s'exécuter.

Sur les chiens chloralisés l'expérience a. un intérêt particulier ; car le chloral, qui abolit la polypnée réflexe, n'abolit pas la polypnée centrale. Si l'on met un chien chloralisé dans l'étuve ou au soleil, il ne se comportera pas comme un chien normal, qui très rapidement est pris de polypnée. Le chien chloralisé conserve son rythme d'abord presque sans modification. Aussi, comme la cause de chaleur persiste, l'animal s'échauffe-t-il ; et le phénomène est très saisissant, si l'on met à côté de lui un chien normal, qui, dès le début, est pris d'une vigoureuse polypnée et alors ne s'échauffe pas.

Voici d'ailleurs, entre autres, une expérience qui le prouve. Un chien profondément chloralisé est mis dans l'étuve avec la trachée ouverte.

TEMPÉRATURE. Degrés.	RESPIRATIONS.	TEMPÉRATURES Degrés.	RESPIRATIONS.
39,55	17	40,8	37
39,8	16	41,0	53
39,9	22	41,2	77
40,0	23	41,5	93
40,1	27	41,7	232
40,2	25	41,8	256
40,4	28	41,9	416
40,6	33	42,0	404

Il y a donc, dans la polypnée centrale, deux étapes. En premier lieu, se produit le graduel accroissement du rythme, en même temps que l'élévation de la température du sang. Puis, tout d'un coup, le rythme devient cinq à six fois plus rapide, très régulier, caractérisé par des respirations superficielles. C'est là, à mon sens, la véritable polypnée thermique, celle qui semble indiquer une fonction autre que la fonction chimique respiratoire.

Il est vraisemblable que la polypnée graduelle, qui suit les phases de la température ascendante, existe chez tous les animaux, quels qu'ils soient, qui ont un bulbe rachidien. Chez l'homme, le rythme respiratoire est un peu accéléré dans les fièvres. Surtout chez les enfants, on suit bien la proportionnalité des deux phénomènes, à ce point que les médecins expérimentés se guident, pour juger de l'intensité de la fièvre, sur le nombre des respirations plus que sur le nombre des pulsations

Chez les animaux à sang froid le nombre des respirations suit une marche à peu près parallèle à l'augmentation de la température.

Mais, chez les animaux qui ne transpirent pas, apparaît un phénomène spécial, une respiration de forme différente. C'est un mécanisme surajouté qui fait défaut chez un grand nombre d'êtres. Voilà la polypnée thermique proprement dite. Elle est, dans les conditions normales de la vie des animaux, uniquement réflexe. Mais si, pour une cause ou pour une autre, la température a continué à croître, alors, à cette polypnée réflexe vient s'ajouter la polypnée centrale, qui se manifeste quand la température monte à 41°,5 ou 42°. Peut-être serait-il bon d'appeler la première *polypnée centrale organique* (celle qui paraît être constante chez tous les animaux à sang chaud) et, la seconde, *polypnée centrale fonctionnelle*, caractérisée par un rythme spécial, et liée spécialement à la réfrigération de quelques animaux.

Cette polypnée thermique, survenant chez l'animal échauffé, est une fonction si impérieuse qu'elle fait cesser toute autre action nerveuse. Les chiens polypnéiques n'ont plus d'autre souci que de respirer rapidement, et ils ne s'arrêtent quelques secondes dans leur rythme respiratoire précipité que pour faire de temps à autre un mouvement de déglutition. Alors, pour un temps très court, probablement par suite d'une inhibition du centre respirateur par l'activité du centre de la déglutition, la respiration s'arrête; puis elle reprend avec la même fréquence que tout à l'heure quand la déglutition a cessé.

Il s'agit de prouver maintenant que, contrairement à l'opinion d'auteurs qui avaient écrit avant moi sur la dyspnée thermique, la fréquence de la respiration n'est pas déterminée par un besoin d'oxygène. Or, non seulement elle n'est pas déterminée par le besoin d'oxygène, mais encore elle n'a lieu que si le sang est saturé d'oxygène.

A priori on pouvait concevoir qu'il devait en être ainsi; car un chien qui respire la gueule ouverte 400 fois par minute a son sang assurément saturé d'oxygène; mais voici l'expérience directe qu'on peut faire.

Soit un chien échauffé, respirant [300 fois par minute. Il est trachéotomisé, et un robinet, comme dans l'expérience de BICHAT, est adapté à sa trachée. Si alors, un milieu de sa polypnée, on ferme brus-

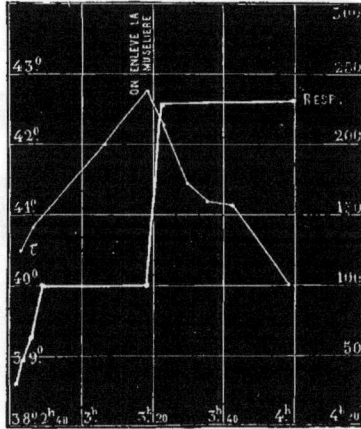

FIG. 20. — Polypnée thermique.

Chien exposé au soleil.
À l'ordonnée verticale, à droite les respirations (nombre par minute). Le trait fort indique le nombre de respirations. Le trait léger la courbe de la température.
Ou voit que, tant que l'animal a une muselière, sa respiration ne peut dépasser 100, et que sa température s'élève. Mais, dès qu'on ôte la muselière, la respiration monte à 240, et aussitôt la température baisse.

quement le robinet de manière à oblitérer complètement le passage de l'air dans les poumons, on n'arrêtera pas par cela même le rythme respiratoire. La polypnée continuera pendant une demi-minute ou une minute, et cependant cette respiration est absolument inefficace au point de vue des échanges chimiques, puisque l'oblitération de la trachée est complète. Donc l'animal avait en réserve dans son sang des quantités d'oxygène suffisantes pour satisfaire pendant une minute aux échanges de ses divers tissus. Si l'on avait fait la même expérience sur un chien normal, on aurait vu immédiatement, ou au bout d'une demi-minute tout au plus, la respiration prendre le rythme et la forme des respirations asphyxiques.

Mais, dans la polypnée thermique, quand la trachée est oblitérée, on ne voit pas le moindre phénomène asphyxique pendant la première minute. Il faut deux, trois ou même quatre minutes pour que la respiration lente de l'asphyxie survienne. Donc l'animal était en état d'apnée, puisque l'oblitération de la trachée n'a amené de phénomènes asphyxiques qu'au bout d'un très long temps.

Une autre conséquence intéressante de cette simple expérience, c'est qu'elle prouve que, dans le cas de la polypnée thermique, ce n'est plus l'état chimique du sang qui provoque les mouvements respiratoires. Comme le sang est saturé de gaz oxygène, il y a donc une autre cause à l'excitation du bulbe que les alternatives de richesse ou de pauvreté en oxygène. Il s'agit donc bien là d'une nouvelle fonction du bulbe : c'est la fonction de *réfrigération*, mise en jeu soit par la température même du bulbe, soit par les excitations cutanées, incitatrices des réflexes.

On peut facilement prouver que cette polypnée n'a lieu que si l'animal est en état d'apnée, et que, quand on l'empêche d'être apnéique, on l'empêche, par cela même, d'être polypnéique.

En effet, si on vient à maintenir la trachée oblitérée, au bout de deux ou trois minutes la polypnée s'arrêtera ; et le rythme respiratoire redeviendra le rythme asphyxique. Il est évident que l'arrêt de la polypnée n'est pas d'ordre physique, puisque la chute du rythme eût été instantanée, mais d'ordre chimique, puisqu'elle survient graduellement, à mesure que s'épuise la réserve d'oxygène accumulé dans le sang.

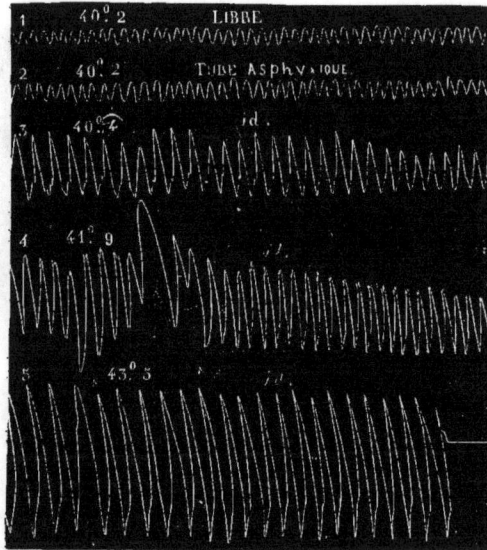

Fig. 21. — Influence de l'asphyxie sur la polypnée.

Chien échauffé, mis au soleil, trachéotomisé. Ligne 1, il respire par la trachée ouverte. Entre la ligne 1 et la ligne 2, on a adapté à la canule un long tube en caoutchouc (tube asphyxique). Le rythme change (par suite de l'état de semi-asphyxie) et devient successivement plus lent, et plus ample (rythme asphyxique), quoique la température aille en croissant et même en croissant assez vite ; car il ne peut y avoir de polypnée pour amener le refroidissement.

On peut aussi, pour démontrer cette nécessité de l'apnée, faire respirer le chien dans un milieu confiné. Pour cela, on peut se servir d'une disposition des plus simples qui consiste à adapter à la trachée un long et large tube de caoutchouc. L'air vicié est, à chaque expiration, rejeté dans le tube sans pouvoir être en totalité expulsé du tube ; de sorte qu'une partie de cet air expiré pénètre de nouveau dans la poitrine à chaque inspiration. Donc, au lieu de respirer de l'air pur, normal, le chien respire de l'air qui a été partiellement respiré, et qui contient moins d'oxygène et plus d'acide carbonique que l'air ordinaire.

Ainsi, si nous faisons respirer simultanément deux chiens ; l'un, A, muni d'une canule trachéale largement ouverte ; l'autre, B, muni d'une canule trachéale, à laquelle est adapté un long et large tube en caoutchouc, le chien B ne pourra respirer que de l'air confiné, tandis que le chien A respirera de l'air pur.

Or, le chien qui respire de l'air pur devient bientôt polypnéique, s'il est mis au soleil, tandis que le chien au long tube ne peut pas devenir polypnéique. Sa respiration ne pourra dépasser le rythme de 100 ou 150 respirations — tantôt plus, tantôt moins, selon la longueur du tube, — mais en tout cas, il n'aura pas le rythme accéléré, de 300 à 400 respirations par minute, rythme qui caractérise la respiration des chiens polypnéiques respirant librement.

Au point de vue de la température, cela entraîne cette conséquence immédiate qu'un chien qui respire à travers un long tube est en état de semi-asphyxie ; il ne devient jamais polypnéique, et il meurt si on le met au soleil, avec des hyperthermies de 42° ou 43°, ou

44°, tandis que des chiens respirant librement ne meurent jamais de chaleur; car ils se refroidissent par leur respiration fréquente. Le chien dont la trachée est muni d'un large tube de caoutchouc ne peut pas faire du froid, tandis que le chien qui respire librement se refroidit, aussi bien et même mieux qu'un chien normal. Pour empêcher un chien tra-chéotomisé et mis au soleil de faire du froid de manière à conserver sa température nor-male, il suffit d'adapter à sa trachée un tube de caoutchouc assez long pour que l'air qu'il prend à chaque respiration soit de l'air confiné et non de l'air normal. Alors la polypnée devient impossible.

De même, en introduisant devant la trachée ouverte de l'animal en pleine polypnée de l'acide carbonique, on voit la respiration changer subitement de type, et devenir lente

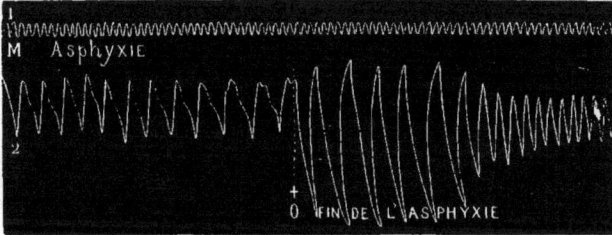

Fig. 22. — Influence de l'asphyxie sur la polypnée.

Chien trachéotomisé, à 42°, et polypnéique. En M, on oblitère la trachée, la respiration continue d'abord, mais peu à peu à l'état d'apnée succède l'état d'asphyxie, et le rythme prend le type asphyxique (ligne 2). Alors, en O, on libère la trachée; l'asphyxie cesse et est remplacée par le même rythme polyp-néique qu'on voit graduellement reparaître à droite de la figure.

et asphyxique. L'expérience réussit, même quand les pneumogastriques ont été coupés, de sorte qu'on ne peut attribuer cet arrêt de la polypnée à un phénomène réflexe. C'est un bon exemple d'une influence purement chimique (gaz carbonique qui se dissout dans le sang) agissant sur les centres nerveux polypnéiques pour les arrêter.

Pour que la polypnée puisse avoir lieu, il faut que la respiration se fasse librement. ¡Le moindre obstacle mécanique l'arrête, entre autres la muselière : un chien muselé ne peut avoir de polypnée. Par là on peut faire l'expérience intéressante suivante, très élémen-taire, et cependant très instructive. Mettre deux chiens, dont l'un est muselé, dans l'étuve chaude (ou au soleil); le chien muselé meurt d'hyperthermie en une demi-heure et par-fois moins encore. L'autre vit parfaitement.

Je citerai quelques faits. Un chien, dont la température était de 38°,5, séjourna dans l'étuve 14 heures. Au sortir de l'étuve, sa température était de 38°,8. Le même chien,

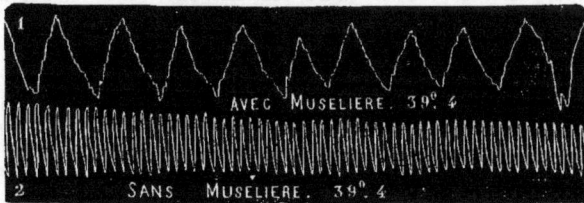

Fig. 23. — Polypnée thermique réflexe.

Polypnée thermique réflexe d'un chien placé dans l'étuve. Il ne peut avoir de polypnée que s'il est sans muselière.

dans la même étuve également chauffée, fut placé muselé. Sa température à l'entrée était de 38°,9. A la sortie, elle était de 43°,5, et il n'y était resté que trois quarts d'heure. Un autre chien est mis non muselé dans l'étuve avec une température initiale de 38°,35;

il y reste 3 heures. Au sortir de l'étuve, il a 38°,40. Il a donc absolument la même température qu'à l'entrée. Ce même chien est mis, dans la même étuve, muselé. En une heure, sa température est de 43°,9. Puis, l'ayant refroidi, je le mets de nouveau, non muselé, dans la même étuve. Sa température ne s'élève pas.

Deux chiens sont mis au soleil dans une cour où la température à l'ombre est de 31°. Le chien muselé, au bout de 1 heure 40 minutes, a une température qui monte de 39°,3 à 44°,5 ; le chien non muselé, qui avait au début 39°, est à ce moment à 40°,55. Il est extrêmement anhélant, mais point du tout malade, tandis que le chien muselé est mourant, avec des hémorragies intestinales, de la paraplégie et des vomissements sanguinolents.

Ainsi, quand la chaleur est extrême, les chiens muselés ne peuvent pas conserver leur température normale ; tandis que les chiens non muselés en sont à peine incommodés. C'est une expérience des plus nettes, et on est assuré de la réussir toutes les fois qu'on voudra la faire.

9. **Valeur calorimétrique de l'évaporation d'eau par la polypnée.** — Comme la quantité d'eau évaporée indique la quantité de chaleur perdue, il est intéressant de faire cette mesure, et j'ai pu proposer un moyen très simple d'apprécier approximativement la quantité d'eau perdue et par conséquent la chaleur absorbée par l'évaporation d'eau.

En effet, le rapport en poids de l'oxygène absorbé et du CO_2 produit est très voisin de 1. Si le quotient respiratoire est 0,7, ce qui est le cas chez les animaux carnivores et chez tous les animaux à l'état de jeûne, le quotient respiratoire est exactement de 0,7 ; et, par l'échange gazeux respiratoire, le poids de l'animal ne se modifie pas, puisque les densités respectives de l'oxygène et de CO_2 sont sensiblement 1,4 et 2.

Il s'ensuit que chez les animaux ayant une transpiration cutanée à peu près nulle, les changements de poids subis par eux sur la balance (et qui sont toujours des diminutions) indiquent assez exactement la quantité d'eau perdue par la respiration pulmonaire.

On observe très facilement les variations de la perte de l'animal en eau sous l'influence des conditions physiologiques diverses. C'est ainsi que l'on peut constater une loi très simple, presque évidente *a priori : l'exhalation d'eau est proportionnelle à l'activité respiratoire*, toutes conditions égales, d'ailleurs, dans l'état hygrométrique de l'air ambiant.

Je dis qu'on pouvait, *a priori*, supposer l'existence de cette loi. En effet, les quantités d'oxygène à absorber ou d'acide carbonique à exhaler ne sont pas indéfinies. Elles ont une limite : les quantités d'oxygène fixées par les tissus ou d'acide carbonique produites par eux. Par conséquent, si l'on respire fréquemment, on ne peut modifier les quantités d'oxygène consommé ou d'acide carbonique exhalé, puisque, une fois que le sang a été bien saturé d'oxygène et bien dépouillé d'acide carbonique, les limites maxima ont été atteintes. Nous avons, dans nos recherches avec M. HANRIOT, constaté directement que, pour l'acide carbonique, en particulier, cette limite est bientôt rencontrée, et qu'une respiration très fréquente ne donne une excrétion exagérée d'acide carbonique que dans les premières minutes. Au bout de trois à quatre minutes, quelle que soit l'activité de la polypnée volontaire, le taux normal d'excrétion n'est plus modifié.

Au contraire, pour l'eau, l'exhalation n'a, pour ainsi dire, pas de limites ; il y a toujours en effet assez d'eau dans le sang pour que l'air qui est dans le poumon soit exhalé saturé de vapeur d'eau. Donc, plus on respire fréquemment, ou mieux, plus les volumes d'air circulant dans le poumon sont considérables dans le même temps, plus il y a d'eau évaporée, toutes conditions égales, d'ailleurs, quant à l'état hygrométrique de l'air.

Voici quelques chiffres indiquant la perte d'eau (évaluée par la perte de poids) par kilo et par heure. Un canard perd par heure en moyenne 3^{gr},6 ; étant agité, il perd 5^{gr},2 ; étant à peu près immobile, dans le jour, 3^{gr},2, et pendant la nuit, 1^{gr},6. Un lapin perd en moyenne 1^{gr},75 ; agité, 3^{gr},5, immobile, 1^{gr},5. Un pigeon, qui perd en moyenne 6 grammes, perd 12 grammes quand il est remuant et agité ; mais, pendant la nuit, alors qu'il est tout à fait immobile, il ne perd que 3 grammes.

Un chien, pesant 2^{gr},500, perd en moyenne 1^{gr},75 ; mais, étant remuant et agité, 2^{gr},3 ; tandis que, couché et dormant, 1^{gr},4.

On remarquera que la perte d'eau, et par conséquent le refroidissement, est plus considérable chez les petits animaux que chez les gros. Il en est du refroidissement pulmonaire comme du rayonnement cutané, et cela pour les mêmes raisons (surface pulmonaire plus étendue par rapport à l'unité de poids). Les petits animaux se refroidissent bien plus que les gros. Ils doivent donc produire par unité de poids d'autant plus de chaleur avec des combustions d'autant plus actives que leur poids est plus petit.

Si l'on met sur la balance un chien qui a de la polypnée, on le voit perdre de son poids dans des proportions presque invraisemblables. Dans un cas, il y a eu perte, par heure et par kilogramme, de 11 grammes, pour un chien de petite taille que j'avais exposé à un soleil très vif. Or la vaporisation de ces 11 grammes d'eau représente précisément en calories — soit 6 000 calories environ —. trois fois la quantité de chaleur qu'un chien produit normalement.

Donc, si un chien produit 3 000 calories, il peut, en respirant très rapidement, perdre 6 000 calories, ce qui lui permet de résister à des causes très actives d'échauffement. En somme, il peut produire deux fois plus de froid qu'il ne produit normalement de chaleur.

Il est important de constater la synergie remarquable qu'on n'avait pas, je crois, signalée encore, qui existe entre la ventilation pulmonaire et le travail musculaire. Chaque contraction musculaire a un effet chimique et un effet thermique. L'effet chimique est la consommation d'oxygène et la production de CO^2; l'effet thermique est la production de chaleur. Or c'est la même fonction — la ventilation pulmonaire — qui va rétablir l'équilibre troublé, au point de vue chimique comme au point de vue physique : puisque chaque respiration vient corriger les effets de la traction du muscle. Elle apporte de l'oxygène, enlève de l'acide carbonique et entraîne un certain refroidissement, par vaporisation d'eau.

On peut bien voir sur soi-même le rapport qui unit les contractions musculaires et le rythme respiratoire. Si l'on inscrit avec un pneumographe sa propre respiration, on voit que toujours, dans le repos et l'immobilité, la respiration est très régulière. Mais, que l'on vienne à faire un effort, si léger qu'il soit, par exemple à parler ou à se lever, ou, à plus forte raison, à soulever un poids, alors aussitôt le rythme respiratoire s'accélère, ou plutôt les inspirations deviennent plus amples, de sorte que la circulation de l'air dans les poumons a notablement augmenté.

En mesurant pendant un certain travail les quantités d'air inspiré, on trouve une relation très étroite entre le travail exécuté et les volumes d'air inspiré. C'est ce que nous avons fait avec M. HANRIOT en mesurant par des compteurs à gaz très précis les volumes de l'air inspiré. L'individu qui était soumis à ces expériences devait faire tourner une roue, et simultanément nous mesurions les quantités d'air qu'il respirait. Il se trouva alors que les volumes d'air inspiré allaient en croissant au fur et à mesure que le nombre des tours de roue effectués était plus grand. La ventilation normale étant par minutes de $10^{lit},70$, en lui faisant tourner la roue deux fois, la ventilation devenait 11,4 : elle devenait 18,6 quand il faisait tourner la roue trente-deux fois.

Pour bien apprécier le phénomène, il ne faut pas tenir compte seulement de la minute pendant laquelle se fait le travail, mais encore des minutes consécutives.

NOMBRE TOTAL de tours de roue.	VENTILATION EN LITRES D'AIR PAR MINUTE.				
	1re min.	2e min.	3e min.	4e min.	5e min.
2.	11,4	11,4			
4.	12,3	12,3	10,0		
8.	13,1	11,4	10,8	11,3	
16.	14,1	12,0	12,4	11,4	
32.	17,8	17,7	14,7	12,1	11,7
32.	18,6	18,3	14,1	13,1	11,9

En calculant l'excédent de ces ventilations sur la ventilation normale et en le rapportant aux nombres de tours de roue effectués, on verra que la proportionnalité est rigoureuse. En effet, pour chaque tour de roue, on a comme excédent — en litres d'air — de la ventilation pendant le travail sur la ventilation normale, les chiffres respectifs suivants, aussi satisfaisants qu'on peut l'espérer en une expérience de ce genre :

0,70   0,65   0,44   0,47   0,62   0,60

Ainsi, que l'on fasse 2, ou 10, ou 30 tours de roue, on fait circuler dans le poumon 2, ou 10, ou 30 fois environ $0^{lit},600$ d'air en plus.

Il convenait d'insister sur ce phénomène; car il montre à quel point est précise la régulation des échanges par le système nerveux. Chaque tour de roue répond à une certaine quantité d'oxygène absorbé et de CO_2 produit, et la ventilation pulmonaire plus active rétablit l'équilibre.

Mais il se produit en même temps un excès de chaleur : alors le même mécanisme élimine, par évaporation d'eau, cette chaleur produite en excès.

Sur les êtres ayant une transpiration cutanée, en même temps qu'une transpiration pulmonaire, la balance peut aussi servir à apprécier la quantité d'eau évaporée (et par conséquent la chaleur absorbée). Ainsi, pour l'homme on peut apprécier avec une balance suffisamment sensible la perte d'eau dans les conditions physiologiques diverses. Comme le quotient respiratoire chez l'homme est voisin de 0,80 plus que de 0,70, l'erreur qu'on fera tendra à évaluer la perte d'eau un peu au-dessous du chiffre réel. Mais cette erreur n'est pas considérable. En effet, soit la quantité de CO_2 excrétée par un homme adulte de 660 grammes en 24 heures; si le quotient respiratoire est de 0,8, la quantité de O absorbé est 580 grammes, alors qu'elle est de 660 grammes, si le quotient respiratoire est 0,7. L'erreur est donc de 80 grammes en 24 heures, soit par heure de 4 grammes au maximum, ce qui est à peu près négligeable.

J'ai fait sur ce point quelques expériences : elles ne fournissent pas, bien entendu, des mensurations précises sur la perte d'eau; mais elles donnent des renseignements très utiles, car la différence entre ces chiffres et la perte absolue d'eau est, pour les raisons données plus haut, sans doute assez faible. Voici quelques chiffres, indiquant quelle est, par une température moyenne extérieure de 15°, la perte de poids subie par des adultes bien portants.

PERTE EN EAU PAR 10 KILOGRAMMES ET PAR HEURE

GRAMMES.

E.	9,2	Moyenne. . .	10,7
E.	12,2		
R.	8,6		
R.	8,9		
R.	8,0	Moyenne. . .	9,3
R.	11,6		
R.	9,4		
J.	10,5		
J.	10,2	Moyenne. . .	9,8
J.	8,5		
J.	10,0		
C.	5,8	Moyenne. . .	6,1
C.	6,4		
L.	9,1	— . . .	9,1
A.	5,7	Moyenne. . .	9,2
A.	12,		
F.	11,2	— . . .	11,2
		Moyenne générale. . .	9,35

Si l'on admet que le chiffre doit être un peu majoré, pour les raisons données plus haut, on voit que la perte d'eau par l'évaporation tant cutanée que pulmonaire est chez l'homme adulte, dans la journée, voisine de 10 grammes pour 10 kilos; soit de 1 gramme par kilo et par heure, avec une perte calorique de 575 microcalories. Si la production de calories est de 1600 par kilo et par heure, on voit que le tiers de la chaleur produite est compensé comme refroidissement par une évaporation d'eau.

Notons que ces chiffres se rapportent à la période d'activité maximum de la journée, et que dans la nuit ils sont probablement diminués au moins de la moitié.

Si, au lieu d'être en repos, l'individu se livre à un travail musculaire, alors la perte par évaporation d'eau est considérable :

PERTE D'EAU
par 10 kil. et par heure.

E.	18	
E.	18	
L.	14,8	
F.	110,9	(course très rapide)

Dans ce dernier cas, on voit que la perte de chaleur a dû atteindre 6 000 calories par kilo et par heure, et par conséquent dépasser notablement la production normale de chaleur.

Chez une femme hystérique, ayant une alimentation très restreinte, j'ai pu constater, avec P. Janet, que la perte de chaleur par évaporation était réduite à un taux extrêmement faible, si faible que, dans quelques cas, il y a eu une très légère augmentation de poids, qu'on peut expliquer par une absorption d'oxygène plus forte que l'exhalation du CO^2 correspondant.

Dans VI expériences, en effet, nous avons trouvé (pour 10 kilos et par heure) :

PERTE PAR 10 KILOGRAMMES ET PAR HEURE

3.07	+ 0.37
1,56	4,15
+ 2.14	5,50

Ce qui donne une perte moyenne par 10 kilos et par heure de 2,49, soit seulement le quart de la perte survenant chez les individus normaux.

Il est probable qu'il y a dans cette évaporation d'eau de grandes différences individuelles, corrélatives sans doute à une alimentation différente. Il y aurait là une étude intéressante à entreprendre qui donnerait sans doute quelques résultats imprévus.

10. Conclusions générales sur la régulation thermique. — Ces faits divers et multiples sont liés entre eux par un lien étroit facile à saisir. Il faut cependant les résumer pour les bien faire comprendre.

La température d'un animal à sang chaud peut se régler de diverses manières, et cela d'abord grâce au système nerveux qui détermine une intensité plus ou moins grande des combustions (musculaires surtout), de sorte que la chaleur varie selon que le système nerveux commande des phénomènes chimiques plus ou moins actifs.

Mais, en même temps que la production de chaleur varie, la radiation calorique peut varier aussi, et le plus souvent les deux procédés sont employés concurremment : de sorte que la *dépense* est variable comme la *recette*.

Si l'animal tend à se refroidir, pour compenser ce refroidissement, il augmente sa recette et diminue sa dépense. Inversement, s'il tend à s'échauffer, il diminue sa recette et augmente sa dépense. Grâce à cette double compensation, à la fois réflexe et centrale, l'équilibre est toujours maintenu.

Cette dépense de calorique varie suivant deux modes très différents : α. la radiation cutanée ; β. l'évaporation d'eau, cutanée ou pulmonaire.

La radiation cutanée, fonction des vaso-moteurs et de la circulation de la peau, est tantôt forte, tantôt faible, suivant que l'afflux du sang à la périphérie est augmenté ou diminué. Par la constriction des vaisseaux de la peau, la radiation cutanée atteint un certain minimum; mais, même quand il s'agit d'atteindre le maximum, il peut se faire que ce maximum soit inefficace, à cause de l'élévation thermique du milieu ambiant, et alors un procédé spécial de réfrigération est nécessaire; c'est l'évaporation d'eau qui permet à un animal de vivre même longtemps dans un milieu (sec) plus chaud que lui.

En même temps qu'un appareil vaso-moteur qui règle la circulation cutanée d'après les excitations thermiques du milieu ambiant, il existe dans le bulbe un appareil spécial de régulation, qui a pour mission de refroidir l'animal. Cet appareil de réfrigération diffère chez les animaux qui ont de la sueur et les animaux qui n'en ont pas. Ceux qui sont capables de sueur perdent de l'eau par la peau; ceux qui n'ont pas de sueur perdent de l'eau par les poumons. Mais le principe physique de ce refroidissement est toujours le même : c'est le passage à l'état gazeux d'une certaine quantité d'eau liquide, changement d'état qui absorbe la chaleur.

Par conséquent, les mouvements respiratoires, outre la fonction chimique de l'échange gazeux, ont dans certains cas une autre fonction, à savoir le refroidissement par exhalation de vapeur d'eau. Chez l'homme, dont la peau est apte à la sudation, il n'y a pas d'appareil analogue; mais, chez le chien, cet appareil de réfrigération par une respiration fréquente existe et fonctionne avec une régularité parfaite.

Ainsi la respiration a une double fonction. D'une part, elle satisfait aux besoins chimiques de l'organisme, c'est-à-dire qu'elle donne de l'oxygène et qu'elle enlève de l'acide carbonique; et d'autre part elle produit du froid quand la nécessité, c'est-à-dire un milieu extérieur trop chaud, l'exige.

Or, pour produire du froid, il faut une ventilation beaucoup plus active que pour satisfaire aux nécessités des échanges gazeux. Par conséquent, depuis longtemps, la respiration chimique est satisfaite, alors que la respiration destinée au refroidissement est en pleine activité. Un chien polypnéique n'a pas besoin de respirer, dans le sens *chimique* du mot. Son sang est saturé d'oxygène et dépourvu d'acide carbonique. Il respire pour se refroidir; mais ce besoin *physique* n'est pas moins impérieux que l'autre.

Il semble aussi qu'il y ait une sorte de contradiction entre ces deux types de respiration. Quand le sang n'est pas saturé d'oxygène ou quand l'acide carbonique est en excès, nulle polypnée possible : la respiration fréquente, qui sert à la réfrigération, ne peut s'établir que si les échanges gazeux respiratoires ont été complètement accomplis[1].

11. Rôle des centres nerveux dans la régulation de la chaleur. — Toutes les expériences mentionnées plus haut établissent que la régulation se fait par le système nerveux. Par conséquent, quand le système nerveux est lésé, la régulation n'a plus lieu. *A priori* cela pourrait être admis; mais ce que l'expérience seule pouvait établir, c'est si la lésion amène une diminution ou une augmentation dans la température et la quantité de chaleur produite.

On comprend bien tout d'abord qu'une lésion profonde du système nerveux diminue les échanges et la température. Ainsi, quand la moelle est coupée, comme l'enseigne une expérience classique de CLAUDE BERNARD, la température s'abaisse, ce que la paralysie des muscles (diminution de la thermogénèse) et la paralysie des vaso-moteurs (augmentation de la déperdition) expliquent d'une manière tout à fait rationnelle.

Ce qui était moins facile de prévoir, c'est que la lésion de certaines parties du système nerveux peut avoir un effet stimulateur, et faire monter la température, en même temps que les combustions organiques.

Le fait a été établi pour la moelle allongée par B. BRODIE, en 1837, d'après des observations prises sur l'homme; et après lui de nombreux physiologistes ont constaté que des lésions du mésocéphale modifiaient la température et la thermogénèse. Ce que BRODIE avait vu pour la moelle, je l'ai pu montrer pour l'encéphale (31 mars 1884) presque en même temps que I. OTT (avril 1884); et depuis lors de nombreux observateurs ont vérifié ce fait. On trouvera dans le mémoire que j'ai publié à ce sujet (1885) les indications bibliographiques relatives à la fonction thermique du mésocéphale, étudiée par B. BRODIE, d'abord, puis BILLROTH, WEBER, FISCHER, QUINCKE et NIEDEN, FRERICHS, BRÜCK et GÜNTER (1870), TSCHESCHICHIN (1866), FREDERICQ, LEWITSKY (1869), SCHREIBER (1874), KÜSSNER (1867), PEYRANI (1881), H. WOOD (1880), NAUNYN et QUINCKE. On trouvera un bon exposé des expériences antérieures à 1870 dans le mémoire de POCHON (1870). Quant aux expériences faites sur les lobes cérébraux, outre celles de ARONSOHN etSACHS (octobre 1884), il faut citer celles de GIRARD (1886 et 1888), I. OTT (1890), U. MOSSO (1890), GUYON (1894).

12. Influence de la moelle épinière sur la régulation. — L'observation fondamentale de B. BRODIE est la suivante. Après une fracture de la colonne vertébrale et une lésion de la moelle cervicale, la température monta à 43°,9. BILLROTH vit une température de 42°,2 après fracture de la sixième vertèbre cervicale. SIMON vit dans un cas analogue la température s'élever à 44°. FRERICHS, après une fracture des cinquième et sixième vertèbres cervicales, vit 43°,8. FISCHER a vu dans un cas de lésion de la moelle cervicale la température monter à 42°,9, alors que, dans deux autres cas, elle descendit à 34° et 30°,2. BREADBURG (*Brit. med. Journ.*, 1885, II, 66) a vu dans un cas de paraplégie cervicale des oscillations remarquables de la température qui variait entre 35° et 42°. Les expériences des physiologistes sont venues longtemps après les observations médicales.

Si, au lieu de détruire la moelle, ce qui amène l'hypothermie, on fait une piqûre, ou un traumatisme, alors la température monte quelquefois. FISCHER a vu la piqûre de la

---

1. Une expérience récente de CAPPARELLI (1897), que je reçois au moment où cette feuille va être tirée, semble prouver que l'oxygène empêche la polypnée de se produire. Mais je ne crois pas que cette expérience puisse prouver, contrairement à tout ce que j'ai dit plus haut, que la polypnée thermique est une sorte d'asphyxie.

moelle cervicale augmenter la température de 1°,7 : NAUNYN et QUINCKE ont fait aussi des expériences très démonstratives : je citerai entre autres le fait suivant. A un chien, dont la température est de 40°, on fait l'écrasement de la moelle cervicale; sa température monte en cinq heures à 41°,7; le lendemain elle est de 42°,3.

Cette hypothermie s'explique fort bien, si l'on admet que, suivant la nature de la lésion, il peut y avoir excitation ou dépression thermogénétique. S'il y a destruction médullaire, la température s'abaisse; s'il y a stimulation, il y a au contraire hyperthermie.

Les expériences portant sur le mésocéphale n'ont donné que des résultats assez discordants. L'observation isolée de TSCHESCHICHIN, qui vit la température monter après section de la moelle allongée, ne prouve guère, comme il le pense, qu'il y a des centres modérateurs dans le cerveau : car l'hyperthermie de 3°,2, présentée par le lapin sur lequel il avait coupé le pont de VAROLE, s'explique peut-être par les convulsions qu'il eut alors. LEWITSKY a noté, au contraire, dans cette expérience, toujours de l'hypothermie. BRUCK et GUNTER, sur 23 expériences, ont eu 11 fois un résultat positif, et 12 fois un résultat négatif. SCHREIBER n'a pu constater d'hyperthermie que s'il empêchait l'animal de se refroidir. Il l'enveloppait d'ouate ou de flanelle, et voyait la température monter de 2°. Il admet que la déperdition et la production de chaleur augmentent l'une et l'autre, mais que la déperdition est probablement, après lésion du pont de VAROLE et de la moelle allongée, plus augmentée que la thermogénèse.

13. Rôle de l'encéphale dans la circulation thermique. — Sur le cerveau, pendant quelque temps, on n'arriva qu'à des résultats très contradictoires.

EULENBURG et LANDOIS, étudiant les effets des lésions des circonvolutions, ont vu des troubles vaso-moteurs survenir, qui modifiaient la circulation, et par conséquent la température périphérique; mais ils n'ont pas cherché à étudier les perversions de la température centrale. PEYRANI a vu aussi monter la température périphérique de 3°,2 (chez un veau) après ablation de la couche optique, et sur deux chiens, de 4°,6, après lésions des couches optiques.

Les expériences nombreuses et importantes de H. WOOD portent sur la température centrale, et c'est sur les chiens qu'il a expérimenté. D'abord il a vérifié ce que les autres physiologistes avaient déjà noté, à savoir que les lésions de la protubérance produisent une hyperthermie presque constante. Quant au cerveau, il n'a pu conclure que ceci, c'est que la température se trouve modifiée. Sur 26 expériences, il a trouvé 11 fois une diminution de chaleur, et 15 fois de l'hyperthermie, ce qui semble bien interdire une conclusion formelle. Voici d'ailleurs comment il conclut : le seul centre nerveux qu'on puisse trouver capable d'agir sur la production de chaleur, sans modifier la circulation générale, c'est-à-dire les vaso-moteurs, est situé dans le pont de VAROLE ou près du pont de VAROLE, et, quoiqu'il puisse être un centre vaso-moteur, il est plus probable que c'est un appareil inhibiteur de la chaleur, de nature quelconque, qui agit sur des centres en rapport avec lui, situés dans la moelle épinière.

En somme, on n'avait pu prouver que le traumatisme ou l'excitation du cerveau déterminent régulièrement une ascension de la température.

J'ai pu faire cette démonstration par une expérience très simple (1884), que I. OTT fit en même temps que moi en Amérique (la publication de mon mémoire n'est antérieure que de deux jours à celle de son travail); et c'est seulement six mois après que ARONSOHN et SACHS, ignorant mes expériences et celles de I. OTT, ont publié leur notice à ce sujet. Plus tard, ils ont, en termes très courtois, reconnu expressément tous nos droits à la priorité de cette expérience.

Si l'on prend un lapin bien portant et bien nourri, ayant une température normale moyenne de 39°,6, et qu'on enfonce dans la région antérieure du cerveau une aiguille mince ou un stylet, on verra la température monter rapidement. Dans les cas heureux, l'ascension thermique peut être de 2° en moins d'une heure. Cependant rien ne paraît changé aux allures de l'animal. Il n'a ni contractures ni paralysies. Il marche, court, mange, regarde, entend, comme avant la piqûre cérébrale. Chez lui, le seul phénomène appréciable, c'est l'hyperthermie.

Pour faire la piqûre on trace une ligne idéale qui, partant du tiers antérieur de l'orbite, va au même point de l'orbite du côté opposé. Sur cette ligne, à égale distance de la ligne médiane inter-hémisphérique et de l'orbite, on fait la piqûre en enfonçant tout droit le stylet.

Voici, pour servir d'exemple, une expérience qui a bien réussi :

	DEGRÉS.	
3 heures.	39,5	Piqûre du cerveau droit.
5 — 45 minutes.	40,4	
Le lendemain :		
2 heures.	39,2	L'animal est remis tout à fait. On fait une nouvelle piqûre au même point.
3 — 15 minutes.	42.8	
4 — 15 —	42,2	
5 — 50 —	42,5	L'animal mange, marche, ne présente aucun phénomène pathologique appréciable. Il meurt dans la nuit.

Il arrive souvent, mais non constamment, que cette hyperthermie coïncide avec une exagération de l'excitabilité cérébrale. La piqûre du cerveau a produit des phénomènes de *dynamogénie*, dans le sens que BROWN-SÉQUARD a donné à ce mot, et il y a une excitabilité psychique exagérée coïncidant avec l'exagération des phénomènes thermochimiques.

On voit alors les lapins piqués devenir très excitables. Au lieu d'être paresseux et traînants, comme les lapins de *choux*, ils font des sauts, des courses précipitées au moindre bruit, et portent les oreilles dressées en avant comme des lièvres.

Tous les auteurs ont cherché, ainsi que je l'avais fait, à localiser les points de l'encéphale dont la piqûre est apte à déterminer cette hyperthermie. ARONSOHN et SACHS ont essayé de localiser la région hyperthermisante dans les parties antérieures des corps striés ; et c'est aussi à une opinion analogue que semblent se rattacher GIRARD et OTT, mais avec d'importantes restrictions.

En effet, GIRARD, qui a fait de très nombreuses et très méthodiques expériences, résume ainsi son travail (1888, 326) : « Le résultat le plus incontestable est qu'il n'est pas permis d'admettre l'existence, dans l'encéphale des animaux à température constante, d'un centre thermique unique. »

HALE WHITE (1890 et 1891), dans des expériences nombreuses faites sur le lapin, croit pouvoir dire qu'il n'y a vraiment d'hyperthermie que s'il y a lésion des corps striés : les couches optiques ont aussi quelquefois une action, mais ce sont surtout les corps striés dont la piqûre est efficace pour élever le niveau thermique de l'animal. D'après lui, ni le cervelet ni la substance blanche qui entoure les corps striés n'ont d'action ; les lésions des circonvolutions antérieures ou postérieures sont presque sans action, et enfin les lésions des pédoncules cérébraux déterminent une rapide ascension de la température.

On peut assurément admettre le bien fondé de ces diverses observations ; mais, même d'après le protocole des expériences de H. WHITE, on voit bien que les traumatismes des circonvolutions troublent notablement la régulation thermique, et quelquefois la font monter beaucoup : dans un cas il a observé 41°,3. Malgré quelques réserves, HALE WHITE incline à croire que le corps strié est vraiment l'organe thermogénétique des animaux à sang chaud.

En introduisant dans le cerveau des solutions caustiques, VERGEZ HONTA (1886) ne semble pas être arrivé à des résultats bien nets. Il a vu cette injection faite à un chien suivie une fois d'une hyperthermie très forte (41°). Mais les complications septicémiques n'étaient pas éliminées.

Quant à I. OTT, après avoir d'abord admis qu'il y a quatre centres thermiques cérébraux (l'un en avant et au-dessous du corps strié ; le second à la convexité du noyau caudé ; le troisième dans la lame cornée ; le quatrième à la partie antérieure et interne de la couche optique), il tend maintenant à en admettre un plus grand nombre encore ; outre ces quatre centres ganglionnaires du cerveau, il y en aurait deux autres dans la périphérie corticale : l'un au niveau de la scissure de ROLANDO ; l'autre au niveau de la scissure de SYLVIUS.

Il semble cependant que la multiplication même de ces centres exclut, dans une certaine mesure, leur localisation. S'il y a dans l'encéphale d'un lapin six régions (soi douze, puisqu'elles sont symétriques) qui peuvent amener l'hyperthermie, cela revient presque à dire que toutes les parties de l'encéphale, étant lésées, peuvent amener de l'hyperthermie. En somme, on est revenu à l'opinion que j'avais émise dans mon premier travail, opinion qu'ARONSOHN et SACHS, avaient infirmée, à savoir que, même sans lésion des corps striés et des couches optiques, on peut encore provoquer l'hyperthermie. J'avais dit que toute localisation méthodique me paraissait impossible; et je ne crois pas que la question ait avancé beaucoup; car la localisation [des six centres thermotaxiques admis par I. OTT est quelque peu fragile.

Récemment OTT a fait une autre expérience intéressante, quoique ses conclusions soient assez hypothétiques. En lésant sur des lapins et des chats la partie moyenne du troisième ventricule (*into the tissues between the corpora striata and the optic thalami*), on ne peut plus provoquer la polypnée thermique et par conséquent le centre polypnéique serait là. De, même, en excitant cette région par l'électricité, on obtiendrait de la polypnée.

Aussi OTT est-il amené à penser que la polypnée est déterminée par l'excitation de ce centre (non par l'excitation du bulbe) et que le centre polypnéique est aussi un centre thermotaxique, ainsi du reste que tous les centres vaso-moteurs, sudorifiques, etc. Mais, sans paraître trop sceptique, je trouve peu rigoureuses les preuves qu'il allègue pour admettre un centre thermotaxique distinct à droite et à gauche, selon qu'il s'agit de production de chaleur ou de radiation calorique.

Mentionnons encore d'autres faits importants dans cette histoire des centres thermiques du système nerveux central.

C'est d'abord l'état des combustions chimiques et le rayonnement calorique.

Sans qu'il y ait de polypnée proprement dite, il y a toujours une respiration un peu plus fréquente qu'à l'état normal. C'est ce qui explique que, chez les lapins piqués, malgré une production plus active de CO_2, il n'y a pas accumulation de CO_2 dans le sang, mais, au contraire, une légère diminution dans la teneur du sang en gaz carbonique (WITKOWSKI, 1891).

Si l'on fait comparativement la calorimétrie des lapins normaux et des lapins piqués, on voit que la production de chaleur est plus grande pour les lapins piqués. Dans 43 expériences, relativement assez concordantes, j'ai trouvé, en faisant la quantité de chaleur du lapin normal égale à 100, 124 pour les lapins piqués, soit une augmentation dans la radiation de chaleur de 25 p. 100.

Il est intéressant de constater que, par une tout autre méthode — calorimétrie indirecte par dosage des échanges respiratoires, — ARONSOHN et SACHS ont vu cette même augmentation de 25 p. 100 dans les échanges chimiques.

Lorsque le fait fut bien constaté, je l'ai alors interprété dans un sens qui me paraît maintenant erroné. Tous les auteurs ont accepté cette interprétation; mais elle me paraît, après mûre réflexion, tout à fait défectueuse.

Du moment que les échanges chimiques croissent par la piqûre du cerveau, il était naturel de supposer que cette exagération des phénomènes de combustion suffit à expliquer l'hyperthermie. Mais cette explication, pour simple qu'elle soit, ne me paraît pas acceptable; car, dans bien des cas, les combustions croissent en plus grandes proportions encore, sans que cependant la température soit modifiée.

La question est plus importante qu'elle ne le paraît au premier abord; car, au fond, c'est toute la théorie de la fièvre qui est en jeu. Dans la fièvre, il y a assurément hyperthermie, thermogénèse exagérée avec radiation calorique plus intense; mais ces combustions plus fortes, qui, même dans les cas de fièvre intense, ne dépassent pas 50 p. 100 des combustions normales, ne peuvent arriver à atteindre les énormes thermogénèses que provoque un travail musculaire intense; soit plus de 200 p. 100 de la production normale. Cependant, dans un travail musculaire énergique, la température centrale monte à peine, et elle revient bien vite au niveau normal.

Il y a donc, soit chez les animaux dont le cerveau a été piqué, soit chez les animaux ou les hommes fébricitants, quelque chose de plus qu'une production plus intense d'actions chimiques, c'est à savoir un trouble dans la régulation thermique; car, si la régulation thermique était intacte, ce n'est pas une augmentation de 25 p. 100 dans les combustions qui pourrait modifier même d'un demi-degré la température centrale.

Nous arrivons donc finalement à dire, pour expliquer l'hyperthermie des animaux dont le cerveau a été piqué; que, sous l'influence d'un traumatisme, l'appareil régulateur du niveau thermique se trouve troublé. Et alors se présentent deux hypothèses entre lesquelles il est assez difficile de décider; ou bien il y a des centres régulateurs dans l'encéphale que la piqûre vient surexciter, en stimulant leur fonction; ou bien ces piqûres encéphaliques agissent, par une voie en quelque sorte réflexe, sur les centres thermiques régulateurs placés dans la protubérance et dans le bulbe.

Vu les nombreuses régions de l'encéphale dont la piqûre produit de l'hyperthermie, cette dernière hypothèse me paraîtrait franchement préférable, si, d'un autre côté, il n'était à peu près impossible de déterminer par traumatisme de la moelle dorsale ou d'un nerf sensible quelconque la plus légère hyperthermie réflexe.

Il y a cependant une belle expérience de G. Lorin et A. van Beneden (1886) qui me paraît prouver que ce n'est pas dans les corps striés que réside l'appareil régulateur de la température; car, si l'on enlève les deux hémisphères cérébraux d'un pigeon, il conservera toute sa régulation thermique inaltérée. La courbe nyctémérale chez des pigeons excérébrés est la même que chez des pigeons normaux; et la calorimétrie directe donne des chiffres aussi voisins que possible pour les pigeons sains et les pigeons sans cerveau : 6 calories chez les pigeons sans hémisphères (par kilo et par heure); 5 calories chez les pigeons normaux.

Tout compte fait, il me paraît que l'on peut résumer ainsi les conclusions à déduire de ces diverses expériences :

1° Les lésions des hémisphères déterminent par stimulation du mésocéphale des troubles dans la régulation thermique.

2° Le corps strié paraît apte plus que les autres parties de l'encéphale à déterminer l'hyperthermie réflexe.

3° Quoique l'hyperthermie coïncide avec une thermogénèse plus active, la thermogénèse ne suffit pas à expliquer l'hyperthermie, et il faut admettre un trouble dans la régulation thermique plutôt que dans la production de chaleur.

4° La régulation de la chaleur chez les animaux privés d'encéphale prouve que les centres régulateurs de la chaleur n'existent pas dans l'encéphale, mais dans le mésocéphale.

Des expériences ingénieuses ont été faites afin de savoir jusqu'à quel point ces *fièvres nerveuses* peuvent être justiciables des agents hypothermisants, antipyrétiques, qui abaissent d'une manière si puissante la température des fébricitants.

H. Girard, Sawadowski, U. Mosso, Wittkowski, I. Ott, ont fait des expériences dans ce sens, et elles paraissent assez contradictoires, ce qui n'est guère surprenant en un sujet hérissé de tant de difficultés (Voy. Ott, 1888). Cependant, d'une manière générale, on peut dire que l'hyperthermie est sinon arrêtée totalement, du moins notablement diminuée quand une certaine dose d'antipyrine a été administrée à l'animal. D'après Sawadowski, quand les corps striés ont été sectionnés, l'antipyrine ne détermine plus d'hypothermie. D'autre part, les phénomènes d'hyperthermie fébrile dus à l'injection de substances putrides pyrétogènes font, après l'emploi de l'antipyrine, complètement défaut. Dans le laboratoire de Ott, E. W. Ewans et H. A. Hare, ayant montré que la fièvre (toxique) était diminuée par l'antipyrine, Ott a établi que la fièvre par lésion cérébrale (chez le chat) l'acétophénétidine et l'antithermine diminuent la température, et abaissent aussi bien le taux de la chaleur produite que le taux de la chaleur rayonnée.

D'ailleurs, pour ce point spécial de l'action des antipyrétiques, nous renvoyons à l'article Fièvre.

La plupart des expériences que nous venons de mentionner ont été faites sur des lapins; mais on peut les faire aussi sur le chien. J'ai montré que l'on peut sur des chiens attachés, alors même qu'ils ne font presque aucun mouvement, voir monter de 0°,5, ou même de 0°,75, la température rectale, si l'on cautérise superficiellement les hémisphères cérébraux. Sur le cheval, F. Tangl (1895) a vu la température monter dans un cas à 40°,8, et, dans un autre, à 40°,4, après une piqûre qui avait atteint la partie antérieure des couches optiques, tandis que, dans deux cas où les couches optiques avaient été ménagées, il ne se produisit pas d'hyperthermie. Les chirurgiens ont réuni un certain nombre de cas dans lesquels un traumatisme cérébral a produit de l'hyperthermie, en dehors de toute complication septique, ou de tout phénomène convulsif. On trouvera ces cas bien exposés dans l'ouvrage de Aug. Broca et P. Maubrac (1896). Battle, le premier en 1890, a signalé cette hyperthermie traumatique cérébrale. J. F. Guyon a rapporté l'histoire d'une malade qui a eu 40°,2 et qui guérit. A. Broca a vu, dans un cas de fracture du crâne avec épanchement comprimant la région temporo-occipitale, la température monter de 3° en quelques heures. Dans un autre cas, la température axillaire monta à 42°, six heures et demie après fracture du crâne. Le même auteur cite encore divers cas intéressants de tumeurs du cerveau ayant déterminé de l'hyperthermie : 42°,1, après ablation d'un angiome du cerveau (Pollosson) ; 41°,8, dans un cas de kyste hydatique (Chisolm) ; 41°,9, dans un cas de tumeur de la base (Jaboulay) ; 42°, dans le cas d'une tumeur occipito-pariétale (Beach).

Ces énormes hyperthermies semblent prouver que le rôle thermogénétique du cerveau est au moins aussi marqué chez l'homme que chez les animaux.

D'ailleurs, des observations médicales, sur lesquelles les physiologistes n'avaient peut-être pas suffisamment porté leur attention, ont montré dans des cas d'hémorragie ou de ramollissement aigu, même sans convulsions, une hyperthermie considérable, entre autres 42°,5, trois jours après une attaque hémorragique (dans le corps strié) (Hutin, 1877, 29). On pourrait en citer bien d'autres (Voyez Bourneville, 1870, et le tableau des hyperthermies que nous donnons plus haut).

VI. Bilan de la production et de la radiation de chaleur. — Nous pouvons maintenant nous faire une idée très nette du bilan de l'organisme en gain ou en perte de chaleur.

Prenons pour type l'homme adulte, moyen, de 65 kilos, convenablement nourri, en état d'équilibre de nutrition et faisant un travail quotidien de 150 000 kilogrammètres.

Nous avons, de par sa ration alimentaire, une production de 3 000 calories : naturellement, comme sa température reste constante, la déperdition est égale. Il s'agit de savoir comment ces calories vont se répartir, comme production et comme radiation.

Il est évident que les chiffres ne peuvent être que très approximatifs ; car l'état de repos ou de travail, de sommeil ou de veille, de température extérieure basse ou élevée, d'alimentation exagérée ou insuffisante, modifient les données dans des proportions vraiment formidables.

Toutefois on peut, semble-t-il, établir le bilan suivant, en chiffres ronds, tel qu'il résulte à peu près des constatations numériques détaillées dans les chapitres qui précèdent.

Production de chaleur.

	GRAMMES.	CALORIES.
Albuminoïdes	130	630
Graisses	50	470
Sucres	500	2 000
		3 100

Perte de chaleur.

	CALORIES.
Travail mécanique (150 000 kilogrammètres)	350
Échauffement des boissons et aliments (2 litres de 15° à 35°)	50
Échauffement de l'air inspiré	100
Dissociation du CO^2	100
Évaporation d'eau par la peau	250
Évaporation d'eau par le poumon	350
Radiation cutanée	1 900
	3 100

Chez les individus fournissant peu de travail, les chiffres doivent être diminués d'un tiers au moins, peut-être même de moitié. C'est le cas des femmes, des enfants, des vieillards, des malades et des individus occupés à des professions sédentaires.

VII. Résumé général sur la chaleur animale. — Nous pouvons maintenant nous faire quelque idée générale de cette grande fonction thermogénétique des êtres vivants.

Rappelons-nous d'abord que le phénomène essentiel de la vie, c'est une série de réactions chimiques s'effectuant dans des appareils cellulaires. Autant que nous pouvons le savoir, la vie est un fait d'ordre chimique. C'est la grande conception de LAVOISIER, et c'est encore là la base de notre science physiologique.

Donc les êtres vivants, effectuant des réactions chimiques, ne peuvent pas être indifférents, au point de vue thermique. Or ces réactions peuvent être endothermiques, accompagnées d'absorption de chaleur, exothermiques (accompagnées de dégagement de chaleur); ou encore à la fois endo- et exothermiques, dans des proportions variables.

Il n'y a que ces trois hypothèses de possibles; car l'égalité parfaite entre les combinaisons exo- et endothermiques ne peut pas exister : il faut donc toujours qu'il y ait, en fin de compte, soit dégagement, soit absorption de chaleur.

Or, quoique il y ait, à n'en pas douter, des êtres à réactions endothermiques, comme les plantes qui fixent du carbone (aux dépens de l'acide carbonique), et qui font entrer l'azote libre dans des combinaisons compliquées, nos appareils de mesure ne permettent pas de déterminer les quantités de chaleur absorbées, et nous ne connaissons guère que les résultats des réactions exothermiques.

Il faut même admettre comme extrêmement probable, que, chez les animaux il y a, ainsi que chez les plantes, des réactions endothermiques; mais elles sont masquées par des réactions exothermiques plus fortes; et nous ne pouvons connaître que l'état final des phénomènes chimiques intra-organiques, qui, chez les animaux, se traduit toujours par une combustion ou une hydratation, c'est-à-dire, en somme, un phénomène exothermique.

La raison d'être de cette différence est facile à comprendre.

Les plantes n'ont pas de mouvements à effectuer. Fixées au sol, elles n'ont pas besoin d'énergie; exposées aux rayons du soleil, elles peuvent leur emprunter des quantités de chaleur suffisantes pour les réactions endothermiques qu'elles ont à effectuer.

Mais les animaux semblent avoir une mission différente. Ils ont à se mouvoir, à produire de l'énergie; et, pour que cette énergie soit disponible, il faut qu'ils aient, accumulées quelque part dans leurs cellules, des réserves chimiques qui leur permettront, à un moment donné, de dépenser cette énergie sous la forme de mouvement.

Seulement, cette production de mouvement ne peut se faire sans qu'il y ait simultanément, avec le travail mécanique extérieur, dégagement de chaleur, de sorte que la même réaction chimique, nécessairement exothermique, qui libère de l'énergie mécanique, va dégager en même temps une certaine quantité de chaleur.

Ces réserves d'énergie, l'animal les puise dans ses aliments, aliments empruntés, soit au règne végétal, qui a accumulé, grâce à la chaleur solaire, du carbone, de l'hydrogène et de l'azote, sous la forme de combinaisons chimiques, soit aux tissus des autres animaux, plus ou moins analogues à ses propres tissus.

A vrai dire, ce qui brûle, ce n'est pas l'aliment, c'est le protoplasma cellulaire : l'aliment ne sert qu'à la nutrition et à la réparation de la cellule; mais, du moment qu'il y a, dans l'organisme normal, *restitutio ad integrum* après chaque combustion, il importe peu, au point de vue thermochimique, que ce soit l'aliment qui brûle ou le protoplasma cellulaire.

Donc le dégagement de chaleur est une condition du mouvement; et par conséquent la production de chaleur est liée à la vie des animaux. On aurait pu concevoir chez les animaux des réactions endothermiques plus intenses que les réactions exothermiques qui accompagnent le mouvement; mais, de fait, il n'en est pas ainsi, et l'absorption de chaleur, s'il y en a, est toujours masquée par une production de chaleur plus forte.

On peut donc, ce semble, établir entre les êtres vivants cette première classification :

A. Êtres chez qui prédominent les actions chimiques endothermiques (végétaux fixant du carbone, de l'hydrogène et de l'azote).

B. Êtres chez qui prédominent les actions chimiques exothermiques (végétaux inférieurs, doués de mouvements, et animaux qui brûlent ou hydratent des combinaisons de carbone, d'hydrogène et d'azote).

Ces êtres à réactions exothermiques peuvent se grouper en deux classes très différentes. Les uns ont une température fixe, et par conséquent un appareil régulateur de la chaleur; les autres ont une température variable qui obéit aux oscillations thermiques du milieu ambiant.

Le fait d'une température invariable constitue un progrès considérable dans l'évolution : en effet les conditions de la vie deviennent chez les êtres homéothermes sensiblement indépendantes du milieu thermique ambiant. Or cette dépendance du milieu thermique est une condition manifeste d'infériorité. S'il est vrai que la finalité des êtres soit le mouvement, le mouvement chez les animaux non homéothermes doit varier avec la température extérieure; à 0°, les muscles d'un reptile, d'un mollusque, d'un poisson même, ne se contractent plus que lentement, paresseusement.

C'est une infériorité notoire que de dépendre du milieu ambiant, et de perdre l'agilité, la rapidité et la force, à mesure que la température extérieure décroît. On peut donc considérer l'existence d'un appareil thermique régulateur comme un des plus essentiels progrès dans la hiérarchie des êtres vivants.

Et cela est d'autant plus vrai que cet appareil thermique régulateur maintient la température des homéothermes à un niveau bien plus élevé que le milieu ambiant; ce qui entraîne toute une série de conséquences extrêmement importantes.

En effet, le mouvement, la sensibilité, et peut-être même la pensée et la perception, sont phénomènes liés à des actions chimiques. Par conséquent, comme toutes les actions chimiques, ils sont d'autant plus intenses (dans une certaine limite, tout au moins) qu'ils se font à une température plus élevée. Donc la perfection du mouvement, de la sensibilité et de la pensée est liée sans doute à une certaine élévation thermique, nécessaire pour déterminer des actions chimiques rapides et complètes.

En outre, par une sorte de cycle admirable, cette même intensité dans la réaction chimique entraîne une plus active production de chaleur. Il y a une sorte de régulation automatique qui assure la rapidité et la précision du mouvement (liées à une haute température) par ce mouvement lui-même, qui élève la température.

D'ailleurs, la transition entre les êtres homéothermes et les autres n'est pas brusque. Les oiseaux et les mammifères nouveau-nés, qui n'ont pas besoin, dans l'utérus maternel, ou dans l'œuf, de conformer leur température au milieu ambiant, invariable, n'ont de pouvoir régulateur que plus tard. Au début de leur existence, abandonnés à eux-mêmes, ils ne peuvent faire assez de chaleur pour se maintenir à la température nécessaire. Les hibernants ne peuvent, par les basses températures de l'hiver, se maintenir au-dessus du milieu ambiant, et ils se refroidissent, cessant d'être ainsi, pendant la période hibernale, des animaux homéothermes. Les monotrèmes, probablement aussi homéothermes, ont une température bien plus basse que les mammifères et les oiseaux.

On peut donc, en conservant la classification donnée plus haut, établir finalement les groupes suivants :

A. Êtres à prédominance endothermique.

B. Êtres à prédominance exothermique.

    1. faiblement exothermique (sans pouvoir régulateur).

    2. fortement exothermique (avec pouvoir régulateur).

Assurément la vie des êtres très fortement exothermiques est plus fragile, plus exposée à des offenses de toutes sortes, que la vie des êtres à sang froid. Les tissus sont plus avides d'oxygène et de matériaux de réparation, partant sujets à périr plus facilement, il faut peut-être mille fois plus de temps pour asphyxier le système nerveux d'une grenouille que pour asphyxier celui d'un moineau. Mais la robustesse et la perfection d'un appareil sont des qualités contradictoires, et nous devons peut-être considérer comme les plus merveilleux organes ceux qui, par leur complication progressive, sont devenus accessibles aux plus légères causes de perturbation.

Quant à la conservation de la force et de l'énergie dans la nature, elle nous apparaît très nette.

La chaleur solaire va produire chez la plante des réactions qui permettront à l'organisme végétal de fixer du carbone sur de l'eau (sucre, cellulose, gomme); et même de réduire cette nouvelle combinaison, de manière à produire des corps très combustibles, composés de carbone et d'hydrogène, avec une petite quantité d'oxygène (graisses, essences), et même des corps sans oxygène, de fixer aussi de l'azote sur l'hydrogène et sur le carbone, de manière à former des combinaisons azotées, combustibles, elles aussi.

Cette énergie accumulée dans les plantes, d'autres végétaux inférieurs (putréfaction et fermentation) la libèrent en dégageant de la chaleur. Mais ce sont surtout les animaux qui, en ingérant avec leurs aliments cette énergie accumulée, vont la restituer sous la forme de chaleur et de mouvement.

Or on peut concevoir que la fin suprême de la vie à la surface terrestre est de fournir un maximum de mouvement. Si la nature a un but (et pourquoi non?) voilà son but. Faire du mouvement — et le mouvement n'est possible que s'il y a production de chaleur — telle est probablement la fin suprême des êtres vivants, et c'est afin d'en faire le plus possible, pour l'individu comme pour l'espèce, que la lutte pour la vie s'organise.

Cette lutte pour la vie ne porte pas sur le besoin d'oxygène; il y en a dans notre petite atmosphère terrestre des quantités telles qu'il suffit à tous : elle ne porte pas non plus sur l'hydrogène, qui n'est qu'accessoirement un combustible; elle porte seulement sur l'azote et le carbone, dont les combinaisons (avec l'hydrogène et l'oxygène) sont nécessaires pour dégager par la combustion de la force et de la chaleur.

Pour le carbone les quantités disponibles ne sont pas indéfinies. Si nous éliminons les réserves amassées dans les entrailles de la terre sous forme de houille, et qui ne sont pas utilisables directement par les animaux ou les plantes; si nous éliminons aussi le carbone combiné dans les roches au calcium et à l'oxygène, si nous ne tenons pas compte des cent millions de tonnes de carbone, contenus dans l'air (sous forme de CO^2), il ne reste plus que le carbone contenu dans les tissus des animaux et des végétaux vivant à la surface du globe; c'est-à-dire, autant qu'on peut se permettre de pareils calculs, à peu près 500 millions de tonnes.

Voilà toute la quantité de carbone disponible. Et, quant à la quantité d'azote disponible, elle est peut-être dix fois plus petite, puisque l'azote de l'air ne peut pas être fixé par les animaux, et il ne l'est que difficilement par quelques végétaux.

Alors la lutte pour la vie nous apparaît comme une vaste *lutte pour le carbone et pour l'azote;* car le carbone et l'azote peuvent seuls fournir de la chaleur et du mouvement; et la production de mouvement est la finalité dernière vers laquelle tendent tous les êtres vivants.

Bibliographie. — 1751. — Martine (G.). *Dissertations sur la chaleur, avec des observations nouvelles sur la construction et la comparaison des thermomètres.* Trad. de l'anglais par M***, docteur en médecine, 12°. Paris, Hérissant.

1760. — Haller (A.). *Elementa physiologiæ.* Lausanne, 4°, II, liv. VI, § 8 à § 14, 286-307.

1775. — Cigna. *Miscellanea Taurinensia*, v, *De respiratione*, 125.

1777. — Priestley (J.). *Expériences et observations sur différentes espèces d'air.* Trad. par Gibelin, 12°, III vol. Paris, Lyon, tome II, 3e partie, sect. XII. *Observations sur la respiration et sur l'usage du sang.*

1778. — Bordenave. *Essai sur la physiologie ou physique du corps humain.* 8°, Paris, Clousier, 3e édit., I, 165.

1779. — Crawford (A.). *Experiments and observations on animal heat and the inflammation of combustible bodies, being an attempt to resolve these phenomena into a general law of nature.* 8°, London, Murray and Sewell.

1808. — Saissy (J.-A.). *Rech. exp. anatomiques, chimiques, etc., sur la physique des animaux mammifères hybernans, notamment les marmottes, les loirs, etc.* 8°, Paris, Nicolle, 98 p.

1824. — Edwards (W.-F.). *De l'influence des agents physiques sur la vie.* Paris, Crochard, 8°, 654 p.

1827. — Pastré. *Exposé succinct des opinions émises jusqu'ici sur la cause de l'engourdissement périodique qu'éprouvent les animaux appelés hibernans (Mém. de la Soc. Linnéenne.* Paris, VI, 121-138).

1839. — La Corbière. *Traité du froid; de son action et de son emploi, intus et extra, en hyg., en médec. et en chirurgie.* 8°, Paris, Cousin, 719 p.

1845. — Davy (J.). *On the temperature of man (Phil. Transact.*, 319-333).

1848. — Bergmann (C.). *Ueber die Verhältnisse der Wärme-ökonomie der Thiere (Extr. des Göttinger Studien)*, 8°, Göttingen, Vandenhoek, 116 p.

1850. — DAVY (J.). *On the temperature of man within the tropics* (*Phil. Transact.* Lond., 437-466).

1851. — MIGNOT (A.-R.). *Rech. sur les phénom. normaux et morbides de la circulation de la caloricité et de la respiration chez les nouveau-nés ; des soins que réclame leur éducat.* (D. P., 8°, 60 p.).

1853. — DUMÉRIL (A.), DEMARQUAY et LECOINTE. *Des modificat. de la temp. animale sous l'infl. des médicaments ; rech. exp. suivies d'applicat. à la path. et à la thérap.* 8°, Paris, Labé, 173 p.

1855. — GAVARRET (J.). *De la chaleur produite par les êtres vivants.* 12°, Paris, V. Masson, 560 p.

1857. — VALENTIN (G.). *Beitr. zur Kenntniss des Winterschlafes der Murmelthiere ;* *Moleschott's Unters.* II, 222-246, III, 195 ; IV, 58 ; V, 11, 259 ; VII. 39 ; VIII, 121 ; IX, 129, 227, 632 ; X, 265, 326, 390.

1858. — BROWN-SÉQUARD. *Note sur la basse température de quelques palmipèdes longipennes* (*Journ. de la phys. de l'homme et des animaux.* Paris, I, 42). — MARTINS (CH.). *Mém. sur la températ. des oiseaux palmipèdes du nord de l'Europe* (*Journ. de la physiol. de l'homme et des animaux.* Paris, I, 10).

1862. — LAVOISIER. *Œuvres complètes.* 4°, Impr. impériale, Paris, II. — MANTEGAZZA (P.). *Note sur la température des urines à différentes heures et dans différents climats* (C. R., LV, 241).

1866. — LADAME (P.). *Le thermomètre au lit du malade. Rech. physiol. et path. sur la températ. de l'homme* (*Bull. de la Soc. des sciences naturelles de Neuchâtel*, 3 mai 1866, 78 p.). — TSCHESCHICHIN (J.). *Zur Lehre von der thierischen Wärme* (A. P., 131).

1867. — ACKERMANN. *Die Wärmeregulation im höheren thierischen Organismus* (*Arch. f. klin. Med.* Leipzig, II, 359-363). — DUPUY (P.). *Transformat. des forces ; chaleur et mouvem. muscul. Unité des phén. naturels* (Extr. de la *Gaz. médic.* Paris). 8°, Delahaye. Paris, XLIX, et 19 p. — LADAME. *Des causes de l'élévation de la température du corps après la mort* (*Bull. de la Soc. des sc. nat. de Neuchâtel*, VIII, 81-92).

1869. — GIRARD (M.). *Études sur la chaleur libre dégagée par les animaux invertébrés.* Thèses de la Fac. des sciences. Paris, n° 311, Masson. — LEWISKY (P.). *Ueber den Einfluss der schwefelsauren Chinins auf die Temperatur und Blutcirculation* (A. A. P., XLVII, 352).

1870. — BERT (P.). *Leçons sur la physiologie comparée de la respiration.* 8°, Paris, J.-B. Baillière, 588 p. — BOURNEVILLE (M.). *Études de thermométric clinique dans l'hémorr. cérébrale et dans quelques autres maladies de l'encéphale* (D. P., 4°, 111 p.). — BRÜCK (L.) et GÜNTER (A.). *Versuche ueber den Einfluss der Verletzung gewisser Hirntheile auf die Temperatur des Thierkörpers* (A. g. P., III, 578). — POCHOY (J.). *Rech. exp. sur les centres de température* (D. P., 8°, 58 p.). — WUNDERLICH (C.-A.). *Das Verhalten der Eigenwärme in Krankheiten*, 2° édit. 8°, Leipzig, Wigand, 423 p.

1872. — NIDERKORN. *Sur la rigidité cadavérique* (D. P.).

1873. — GASSOT. *Des températures locales dans l'économie* (D. P.). — JURGENSEN. *Die Körperwärme des gesunden Menschen.* 8°, Leipzig, Vogel, 60 p.

1874. — POREL (A.). *Expériences sur la température du corps humain dans l'acte de l'ascension sur les montagnes.* Genève, Georg, 8°, 116 p. — SENATOR (H.). *Neue Unters. ueber die Wärmebildung und den Stoffwechsel* (A. P., 18-36). — SCHREIBER (J.). *Ueber den Einfluss des Gehirns auf die Körpertemperatur* (A. g. P., VIII, 576).

1875. — HORWATH (A.). *Beitrag zur Lehre über den Winterschlaf.* (*Verh. d. phys. med. Ges.* Würtzburg, XII, 139-198 ; XIII, 60-124).

1876. — ADAMKIEWICZ (A.). *Mechanische Principien der Homöothermie bei höheren Thieren und des Newton'sche Gesetz bei der Wärmeabgabe derselben* (A. P., 248-300). — EULENBURG et LANDOIS. *Note sur l'action calorifique de certaines région du cerveau. Appareils vasomoteurs situés à la surface hémisphérique* (C. R., CXLII, 564). — FRANÇOIS-FRANCK (A.). *Du volume des organes dans ses rapports avec la circulation du sang* (*Trav. du Labor. de M. Marey*, II, 39-47). — SEGUIN (E.). *Medical thermometry and human Temperat.* 8°, New-York, W. Wood, 446 p. — TORIO (A.). *Etude comparat. de températ. centrale et périphérique dans la pleurésie et la pneumonie* (D. P., Davy, 38 p.).

1877. — COLASANTI (G.). *Ueber den Einfluss der umgebenden Temperatur auf den Stoffwechsel der Warmblüter* (A. g. P., XIV, 921). — HORWATH (A.). *Ueber die Respiration der Win-

terschläfer, als Beitrag zur Lehre von der thierischen Wärme (Verh. d. phys. med. Ges. Würtzburg, xiv, 58-120). — Hutin (C.). *De la température dans l'hémorr. cérébr. et le ramollissement (D. P.,* 39 p.). — Lorain (P.). *Études de médec. clin. La températ. du corps humain et ses variat. dans les diverses maladies.* 2 vol., 8°, Paris, J.-B. Baillière, 611 et 706 p.

1878. — Boileau (J.-P.). *The temperature of the human body (Lancet,* London, (1), n° 12). — Delmas Saint-Hilaire (E.). *Ét. statist. et clin. du service hydrothér. de l'hôpital Saint-André, de Bordeaux, précédée de rech. nouv. sur l'action de la chaleur et du froid sur l'organisme (D. P.,* 244 p.). — Guillemot. *Le refroidissement cadavérique (D. P.).* — Löw (O.). *Ueber das Verhalten des Körpers in einem sehr heissen Klima (Jb. P.,* 272-273). — Moty. *Notes sur les températures comparées de l'aisselle et de la main (B. B.,* (6), v, 171-173).

1879. — Dujardin-Beaumetz et Audigé. *Rech. exp. sur la puissance toxique des alcools.* 8°, Paris, Doin, 306 p. — Hirn (G.-A.). *Réflexions critiques sur les expériences concernant la chaleur humaine (C. R.,* lxxxix, 687-691; 833-835). — Meeh (K.). *Oberflächenmessungen des menschlichen Körpers (Z. B.,* xv, 425-458). — Page (F.-J.-M.). *Some Experiments into the influence of the surrounding Temperature on the discharge of carbonic Acid in the Dog (J. P.,* ii, 228-235). — Quincke et Brieger. *Ueber postmortale Temperaturen (D. Arch. f. klin. Med.,* xxiv, 282-290).

1880. — Anrep (B.). *Ueber chronische Atropinvergiftung (A. g. P.,* xxi, 185-212). — Bonnier (G.). *Sur la quantité de chaleur dégagée par les végétaux pendant la germination (Bull. de la Soc. Bot.,* 14 mai). — Burman (W.). *On the rate of cooling of the human body after Death. (R. S. M.,* xvi, 474). — Couty. *Rech. sur la température périphérique et quel-ques-unes de ses variations (A. d. P.,* 1880, 226). — Dumouly (M.). *Rech. clin. et expérim. sur l'action hypothermique de l'alcool (D. P.,* Parent, 108 p.). — Edelberg (M.). *Ein Beitrag sur Lehre von der Thrombosis und vom Fieber (A. P. P.,* xii, 291). — Edgren (J.-G.). *Bidrag till Läran om Temperaturförhaallandene e periferiska organ (Contribution à la con-naissance des variations de températ. des organes périphér.) (An. Jb. P.,* ix, 94-97). — Hunkiarbegendan. *Des températ. locales (D. P.,* 8°, 92 p.). — Menville (E.). *Ét. sur les variat. de la températ. sous l'influence de l'acide phénique (D. P.,* 8°, 50 p.). — Wood (H.-C.). *Fever, a study in morbid and normal physiology.* 4°, Washington, Smiths. Institut, 258 p.

1881. — Hogyes (A.). *Remerk. über die methode der Mastdarmtemperatur Bestimmung bei Thieren und über einige mit dreien in Zusammenhang stehende Fragen (A. P. P.,* xiii, 354-378; xiv, 113-138). — Jäger (H.). *Ueber die Körperwärme des gesunden Menschen (D. Arch. f. klin. Med.,* xxix, 516-536). — Parizot (C.). *Essai sur les temp. locales dans les affections chirurgicales (D. P.,* Parent, 82 p.). — Vincent (H.-M.). *Influence de la tempéra-ture de la mère sur la vie du fœtus (D. P.,* Davy, 64 p.).

1882. — Borai (A.). *Der Einfluss des Centralnervensystems auf die Wärmeregulirung des Thierkörpers (An. Jb. P.,* xii, 75-77). — Finkler (D.). *Ueber das Fieber; experiment. Untersuch. (A. g. P.,* xxix, 89). — Fredericq (L.). *Sur la régulation de la température chez les animaux à sang chaud (Arch. de biolog.* Gand, Leipzig et Paris, 1882, iii, 687-804). — Gibier (P.). *De la possibilité de faire contracter le charbon aux animaux à sang froid en élevant leur température (B. B.,* (7), iv, 481-483). — Quincke (J.). *Ueber die Wärmeregu-lation beim Murmelthier (A. P. P.,* xv, 1-21). — Rosenthal (I.). *Die Physiologie der Thie-rische Wärme (Hermann's Handb. der Physiol.,* iv, 2° part., 289-452).

1883. — Aubert. *De l'influence des bains de mer sur la température du corps (R. S. M.,* xxi, 510-511). — Cappelletti (G.). *La vaccinazione carbonchiosa nell' Umbria.* Foligno. — Doné (E.). *Rech. exp. sur l'infl. de la températ. des femelles en gestat. sur la vitalité du fœtus et la marche de la grossesse (D. P.,* 40 p.). — Fredericq (L.). *Sur la régulat. de la températ. chez les animaux à sang chaud (Arch. de Biol.* Liège, iii, 687-804). — Kusnezow (A.-Ch.). *Unters. über den Wärmeverlust durch die Haut des Menschen im gesunden und kranken Zustande (An. Jb. P.,* xii, 75). — Miklouko Maclay. *Temperature of the body of Echidna Hystrix (Proceed. Linn. Soc. New South Wales.* Sydney, viii, 425); — *Of Orni-thorhynchus paradoxus (Ibid.,* ix, 1204). — Rübner (M.). *Ueber den Einfluss der Körper-grösse auf Stoff und Kraftwechsel (Z. B.,* xix, 535-562). — Senator (H.). *Ueber einige Wirk. der Erwärmung auf den Kreislauf, die Athmung und Harnabsonderung (A. P. Suppl.,* 187-211).

1884. — CHATELET (E.). *Études sur la température locale du sein après l'accouchement* (D. P. Rougier, 4°, 61 p.). — FRANÇOIS-FRANCK (A.). *Sueur, Physiologie (D. D.*, (3), XIII, 51-172). — GRESSWELL. *Report on some organic phenomena... observed during a voyage round the world in a sailing ship (Brit. med. Journ.*, (2), 164-170). — JOUSSET (A.). *Traité de l'acclimatement et de l'acclimatat.* 8°, Paris, Doin, 454 p. — MAUREL. *De l'influence des climats et de la race sur la températ. de l'homme (Bull. de la Soc. d'anthrop.* Paris, VII, (3), 380). — MAUREL. *Expér. sur les variations nyctémérales de la température normale (B. B.*, (8), I, 588). — NAUNYN (V.). *Fieber und Kaltwasserbehandlung (A. P. P.*, XVIII, 49-128). — MONDON (P.-M.).*Températures locales et phthisie pulmonaire (D.* Paris, Le Mans, A. Drouin, 73 p.). — OTT (J.). *The relation of the nervous system to the temperature of the body (Journ. of nerv. and mental diseases*, XI, 2 avril 1884). — RICHET (CH.). *La température des mammifères et des oiseaux (Rev. Scient.* Paris, (3), XXXIV, 298-310). — RICHET (CH.). *De l'influence des lésions du cerveau sur la température (C. R.*, XCVIII, 827-829). — RICHET (CH.). *De l'influence de la chaleur sur la respiration, et de la dyspnée thermique (C. R.*, XCIX, 279-282). — ROUSSEL (H.). *Températ. élevées et températ. simulées (D. P.*, 71 p.). — RUMPF (TH.). *Unters. über die Wärmeregulat. in der Narkose und im Schlaf.* (A. g. P., XXXIII, 1-70).

1885. — ARONSOHN (E.) et SACHS (J.). *Die Beziehungen des Gehirns zur Körperwärme und zum Fieber (A. g. P.*, XXXVII, 232-301 et 625-626). — D'ARSONVAL. *Calorimètre enregistreur applicable à l'homme (C. R. C.*, 1400-1404). — BONNAL. *Rech. expér. sur la temp. qu'on obs. chez la femme au moment de l'accouchem. et sur celle de l'enfant au moment de la naissance. Comparais. de ces deux températ. entre elles (C. R.*, CI, 861-863.) — CHRISTIANI. *Ueber Wärmecentren im Gehirne (A. P.*, 572). — DANILEWSKY (B.). *Ueber die Kraftvorräthe der Nahrungsstoffe (A. g. P.*, XXXVI, 230-252). — FOREL (A.). *La température animale pendant l'ascension (Rev. Scientif.*, (2), 155-156). — FRENZEL (J.). *Temperaturmaxima für Seethiere (A. g. P.*, XXXVI, 458-467). — FREDERICQ (L.). *Nervensystem und Wärmeproduktion* (A. g. P., XXXVIII, 291-293). — ISTAMANNOFF (S.-S.). *Ueber die wechselseitige Beziehung zwischen den Temperaturschwankungen im äusseren Gehörgange und dem Blutkreislaufe im Gehirn (A. g. P.*, XXXVIII, 113-120). — MARAGLIANO (E.). *Ueber die Physiopathologie des Fiebers und die Lehre der Antipyrese (C. W.*, 817-820). — MARCET. *Sur la température du corps pendant l'acte de l'ascension (Arch. des sc. phys. et nat.* Genève, XIV, 523-548). — OTT (I.). *Ein Wärmecentrum im Cerebrum (C. W.*, 755). — RAUDNITZ. *Ueber das thermische Centrum der Grosshirnrinde* (A. P., 347-349). — REDARD (P.). *Traité de thermométrie médic. comprenant les abaissements de température, algidité centrale et la thermométrie locale.* 8°, Paris, J.-B. Baillière, 736 p. — RICHET (CH.). *Infl. du syst. nerveux sur la calorification* (C. R., C, 1021-1024). — *Observat. calorimétr. sur les enfants (Ibid.*, 1602-1605). — *Rech. de calorimétrie (A. d. P.*, 237-291 ; 450-497). — DE ROBERT DE LATOUR. *De la chaleur animale. Élém. et mécanisme. Destinat. physiolog. et rôle pathol. Déduct. thér. et applicat. pratiques.* 8°, Paris, J.-B. Baillière, 554 p. — RUBNER (M.). *Calorimetr. Untersuch.* (Z. B., XXI, 250-334 ; 337-410). — VERNET (H.). *Étude sur l'organisme humain soumis à un travail musculaire (Arch. des sc. phys. et nat.* Genève, XIV, 110-159).

1886. — ARNHEIM (F.-K.). *Die Perspiration der Haut und die Ausgabe der Wärme bei theilweiser Befirnissung der Haut gesunder Menschen (An. Jb. P.*, 357). — D'ARSONVAL. *Rech. de calorimétrie (Journ. de l'Anat. et de la Physiol.* Paris, 113-161). — BRUNTON (T.-L.) et CASH (TH.-J.). *Temperaturverniedrigende Wirk. des Morphins auf Tauben (C. W.*, 241-242, et Beitr. zur Physiol. zu C. Ludwig's Geburstage, 149-163). — CHAUVEAU (A.) et KAUFMANN. *La glycose, le glycogène, la glycogénie en rapport avec la product. de la chal. et du trav. mécan. dans l'économie animale (C. R.*, CIII, 974-980; 1057-1064; 1153-1159). — CORIN (G.) et BENEDEN (A. VAN). *Rech. sur la régulat. de la températ. chez les pigeons privés d'hémisph. cérébr. (Arch. de biol.* Liège, VII, 265-276). — DESPLATS (M. V.). *Nouv. méth. dir. pour l'étude de la chal. animale (Journ. de l'Anat. et de la Physiol.* Paris, 213-223). — GIRARD (H.). *Contribut. à l'étude de l'influence du cerveau sur la chaleur animale et sur la fièvre (A. d. P.*, (3), VIII, 281-299). — KUNKEL. *Ueber die Temper. der menschlichen Haut. (Sitzber. d. phys. med. Ges. zu Wurtzburg*, 79-83). — MOSSÉ et DUCAMP. *La température normale des vieillards* (R. S. M., XXIX, 21-22). — MOSSO (U.). *Infl. du syst. nerv. sur la tempér. animale (A. i. B.*, VII, 306-339). — PAILHAS (B.). *Les élévations de la températ. périodique à long intervalle, à l'état normal et dans les maladies.* — PALMER (E.). *Ueber den Einfl. verschiedener Eingriffe und pharm. Agentien auf die Körpertemper. von Kaninchen und Hunden (Diss. in. Strasbourg,*

68 p.). — Schwart (E.). *Beitr. zur Physiol. und Pathol. der peripheren Körpertemperat. des Menschen* (D. Arch. f. klin. Med., xxxviii, 313-388). — Vergez Honta (A.). *Rech. sur l'hyperthermic d'origine cérébrale* ((D. P., 72 p.).

1887. — Boll (Fr.). *Ueber den Einfl. der Temperatur auf den Leitungswiederstand und die Polarisat. thierischer Theile* (Diss. in. Königsberg. Leupold, 32 p.). — Clemow (A.-H.). *Case of hysterical hyperpercxia* (Med. Press and Circular. Lond., xliv, 518). — Girard (H.). *De l'act. de l'antipyrine sur l'un des centres therm. encéphal.* (Rev. méd. de la Suisse rom. Genève, 15 nov., n° 11, 12 p.). — Masje (A.). *Unters. über die Wärmestrahlung des menschlichen Körpers* (A. A. P., cvii, 17-71; 267-290). — Mosso (U.). *Rech. sur l'inversion des oscillations diurnes de la température chez l'homme normal* (A. i. B., viii, 177-185). — Raudnitz (R.-W.). *Die Wärmeregelung beim Neugeborenen* (Z. B., vi, 423-552). Bibliographie excellente de tous les travaux antérieurs à ce sujet.

1888. — D'Arsonval (A.). *Nouv. Rech. de calorimétrie animale* (B. B., (8), v, 404-407). — Aruch (E.). *La temper. della scimia.* (Clinica veterin. Milano, (2), i, n° 6, 7 p.). — Bottey (F.). *Et. physiol. et thérapeut. sur l'action et la réact. en hydrothérapie.* 8°. Paris, Levé, 56 p. — Chauveau (A.). *Du travail physiolog. et de son équivalence* (Rev. Sc., Paris. — Dobroklonski (V.). *Innervation des ventricules du cœur dans leurs relations avec la température* (Vrasch. Pétersb., 158-194). — Dubois (R.). *Contribut. à l'étude de la températ. centr. chez divers mammifères; influence du pelage sur la températ. et sur l'alimentat.; observat. d'un lapin domestique atteint d'alopécie congénitale* (Journ. de méd. vétérin. et zootechn. Lyon, (3), xiii, 449-451). — Eccles (A.-S.). *The internal and external temperature of the human body as modified by muscle kneading with sphygmographic and sphygmomanometric records* (Brit. med. Journ. Lond., (2), 1211-1214). — Girard (H.). *Deuxième contribution à l'étude de l'influence du cerveau sur la chaleur animale et sur la fièvre* (A. de P., (4), i, 312-330). — Hanriot (M.) et Richet (Ch.). *Des phénomènes chimiques de la respiration dans le tétanos électrique* (B. B., (8), v, 75-81). — Kunkel (A.-J.). *Ueber die Temperat. der menschlichen Haut.* (Z. B., xxv, 55-91). — Le Roy de Langevinière (H.). *Des temp. morb. de l'estomac et de leur interprét. clinique* (D. P. Paris, Jouve, 107 p.). — Maragliano (E.). *Les phénomènes vasculaires de la fièvre* (A. i. B., xi, 195-204). — Monin (E.) et Maréchal (E.). *Stefano Merlatti; histoire d'un jeûne célèbre.* Paris, Marpon et Flammarion, s. d., 12°, 255 p. — Ott (I.). *The heat centres of the cortex cerebri and pons Varolii* (Journ. of nerv. and ment. diseases. New-York, xiii, 85-104). — *The antipyretics : Acetophenetidin and Antithermin.* (Journ. of nerv. and mental diseases, Oct., 1888. Reprints, 11 p.). — *Heat centres in man* (Journ. of nerv. and mental diseases, xv, 551-554). — Porter (W.-H.). *The etiol. and pathol. of increased bodily heat in relation to disease and the use of antipyretics* (Med. Rec. New York, xxxiv, 85-89). — Rosenthal (C.). *Calorimetr. Untersuch. über die Wärmeproduktion und Wärmeabgabe des Armes an Gesunden und Kranken* (A. P., 1-58). — Rosenthal (I.). *Calorimetrische Untersuchungen an Säugethieren* (Sitzb. d. k. p. Ak. d. Wiss. Berlin. 13 déc., 11 p.). — Rubner (M.). *Ein Calorimeter für physiologische und hygienische Zwecke* (Z. B., vii, 400-426). — Rumpel. *Ueber den Werth der Bekleidung und ihre Rolle bei der Wärmeregulation* (Arch. f. Hyg., ix, 51-97). — Sawadowski (J.). *Zur Frage über die Localisat. der wärmeregulirenden Centren im Gehirn und über die Wirkung des Antipyrins auf den Tierkörper* (C. W., xxvi, 143, 161, 178). — Wolff (E.). *Alimentation des animaux domestiques* (trad. franç. par Damreaux. Paris, Masson, 12°, 307 p.). — Wurster (C.). *Temperaturverhältnisse der Haut* (C. P., ii, 4-8).

1889. — Arcangeli (C.). *Sullo sviluppo di calore dovuto alla respirat. nei ricettacoli dei funghi* (Nuov. Giorn. bot. ital., xxi, 3, 465). — Berthelot (M.). *Sur la chaleur animale; chaleur dégagée par l'act. de l'oxyg. sur le sang* (C. R., cix, 776-781; et 1890, Ann. de chim. et de phys. Paris, (6), xx, 177-202). — Bouchard (Ch.). *Act. des inject. intravein. d'urine sur la calorificat.* (A. d. P., (5), i, 286). — Charrin (A.). *Sur les élevat. thermiques d'origine cellulaire* (A. d. P., (5), i, 683-690). — Cohn (F.). *Ueber thermogene Wirk. von Pilzen.* (Cohn's Beitr. z. Biol. d. Pflanzen, 10, 2). — Gläser (J.-A.). *Zwei ungewöhnliche Temperaturcurven* (D. med. Woch., Leipzig, xv, 921-925). — Habib Goraieb (A.). *Contribut. à l'étude de la pathogénie des maladies et valeur du froid comme élément pathogéne* (D. P., 40 p., n° 384). — Lœwy (A.). *Ueber die Wärmeregulation des Menschen* (A. g. P., xlv, 625). — Lœwy (A.). *Ueber den Einfl. der Abkühlung auf den Gaswechsel des Menschen. Ein Beitr. zur Lehre von der Wärmeregulation* (A. g. P., xlvi, 189-244). — Lorentsen (C.). *Eine Tem-*

peratursteigerung bis 44°,9 mit Ausgang in Genesung (Ctrbl. f. klin. Med. Leipzig, x, 569-572). — Luciani (L.). Fisiologia del digiuno, studi sull' uomo. Firenze, Le Monnier, 8°, 158 p. — Maurel (E.). Rech. exp. sur les causes de l'exagérat. vespérale de la températ. normale. Paris, Doin, 8°, 36 p. — Moriggia (A.). L'hyperthermie, les fibres musculaires et les fibres nerveuses (A. i. B., xi, 379-389). — Noiszewski (K.). Topothermaesthaesiometer (Gaz. lek. Warszawia, (2), ix, 204). — Ott (I.). Heat centres in man. Brain, 433. — Human calorimetry (N. York med. Journ., xlix, 342-345). — Quincke (H.). Ueber Temperatur und Wärmeausgleich. im Magen (A. P. P., xxv, 375). — Reichert (E.-T.). The action of cocaine on animal heat functions (An. C. P., iii, 226-228). — Heat phenomena in normal animals. (Univ. med. Mag. Philad., ii, 173, 225, 345). — Richet (Ch.). La chaleur animale. Paris, Alcan, 8°, 307 p. — Rosenthal (I.). Calorimetrische Untersuchungen (A. P., 1-53). — Rottenbiller. Temperaturbeobachtungen bei Paralytikern (Centralbl. f. Nervenheilk., xii, 1 et 2). — Rumpel. Ueber den Werth der Bekleidung und ihre Rolle bei der Wärmeregulation (Arch. f. Hyg., ix, 51-97). — Russell (H.-L.). Observat. on the temperat. of trees (Botan. Gaz., xiv, 216). — De Sa (H.). Quatro casos de temperatura exaggerada; sua interpretaçao clinica (Brasil med. Rio de Jan., iv, 210-213).

1890. — D'Arsonval. Rech. de calorimétrie animale (A. d. P., (5), ii, 610-621; 781-789). — Barr (A.-D.). Relation of sleep to temperature (Med. Rec., New-York, xxxviii, 664). — Carter (W.-A.). A study of heat production and heat dissipation in the normal and febrile states (J. Nerv. and Ment. Diseases. New York, xvii, 782-788). — Cohn (F.). Ueber Wärmeerzeugung durch Schimmelpilze und Bakterien... Ueber thermogene Wirkung von Pilzen (An. in Jahresber. üb. Gährungsorganismen. Braunschweig, i, 40-41). — Dorta (T.). Ét. crit. et expérim. sur la température cérébrale à la suite d'excitat. sensitives et sensorielles (An. R. S. M., xxxv, 22-23). — Durrbeck (J.). Die Wärmeprodukt. des Kaninchens bei verschiedenen Umgebungstemperat. (Sitzb. d. phys. med. Soc. zu Erlangen. München, fasc. 21, 17-61). — Hale White. The effect upon the bodily temperature of lesions of the corpus striatum and optic thalamus (J. P., xi, 1-24). — Henrijean. Calorimétrie animale (An. Soc. méd. chir. de Liège, xxix, 345-351). — Mosso (U.). La doctrine de la fièvre et les centres thermiques cérébraux. Etude sur l'action des antipyrétiques (A. i. B., xiii, 451-483). — La doctrine de la fièvre et les centres thermiques cérébraux. Ét. sur l'act. des antipyrétiques (A. i. B., xiii, 451). — Papadopoulos (M.-P.). Rech. sur le trait. de la pneumonie par la chaleur élevée (Rev. gén. de clin. et de thér. Paris, tir. à p., 8 p.). — Rolleston (H.-D.). On the conditions of temperat. in nerves during activity, and during the process of dying (J. P., xi, 208 225). — Sigalas (C.). Rech. exp. de calorimétrie animale. Mesure de la radiation calorique et des combust. respirat. Paris, Doin, 8°, 75 p. — Sternberg (H.). Ueber abnorme niedrige Temperat. beim Menschen und deren Beziehungen zum Centralnervensystems (Diss. Freiburg, 32 p.). — Vanderlinden. Sur les fonct. therm. de l'aliment. (Arch. méd., belges. Bruxelles, 1890, (3), xxxvii, 73-87). — Winternitz. Ueber Wärmeregulation und Fiebergenese (Deutsche med. Zeit. Berlin, xi, 415-417). — Zuntz (N.). Ueber die Einwirkung der Muskelthätigkeit auf den Stoffverbrauch des Menschen (A. P., 367-376).

1891. — Adami (J.-G.). Heatcentres in the nervous system (Lancet, 14 mars). — Ansiaux (Q.). De l'influence de la température extér. sur la product. de chaleur chez les animaux à sang chaud (Arch. de Biol. Gand, xi, 1-17). — Austin (J.-A.). Unilateral temperatures (Lancet. London, (2), 927). — Baculo (B.). Centri termici e centri vasomotori in ordine alla termodinamica regolarizzatrice in conditioni normali e patologiche, 2° éd. Napoli, Q. Salvati, 8°, 94 p. — Berthelot (M.). (b) Chaleur dégagée par l'action de l'oxygène sur le sang (Ann. de chim. et de phys. Paris, (6), xx, 177-202). — Berthelot (M.) et André (Q.). Chaleur de combustion des principes composés azotés contenus dans les êtres vivants, et son rôle dans la product. de la chaleur (Ann. de chim. et de phys. Paris, xxii, 25-52). — Binet (P.). Sur une substance thermogène de l'urine (C. R., cxiii, 207-210). — Coen (F.). Ueber Wärmeerzeugung durch Schimmelpilze und Bacterien (Naturw. Rundsch., vi, (25), 320). — Van Dyke (F.-W.). A case of unusually high temperature in a child; diseases of children and the plague of old women (Med. Rec. New York, xxxix, 553). — Galbrailh (W.-J.). A remarkable case of extraordinary high temperature. (J. am. Med. Assoc. Chicago, xvi, 407-409). — Glogner (M.). Beiträge zu den Abweichungen vom Physiologischen bei den in den Tropen lebenden Europäern (C. P., iv, 102). — Jones. A case of wonderful temperature (Memph. med. Monthly, xi, 253-259). — High temperature, 150°, F., xi, 445-149). —

KELYNACK (T.-N.). *A note on the normal temperat. of old age* (*Med. Chron.* Manchester, xv, 289-291). — LANGLOIS (P.). *Des variat. de la radiat. calor. consécutives aux traumatismes de la moelle épinière* (B. B., 798-801). — METCHNIKOFF (O.). *Contribut. à l'étude de la vaccinat. charbonneuse* (*Ann. de l'Institut Pasteur*, v, 156). — RICHARDIÈRE et THÉRÈSE. *L'hyperthermie dans l'urémie* (*Rev. de méd.* Paris, xi, 991). — ROSENTHAL (I.). *Versuche uber Wärmeproduktion bei Säugethieren* (*Biol. Centralbl.* Erlangen, xi, 488-498). — RO- SENTHAL (J.). *Die Wärmeproduktion im Fieber* (*Biol. Centralbl.*, xi, 566). — RUBNER (M.). *Calorimetr. Methodik* (*Beitr. zur Physiol.* Marburg, 33-68, 2 pl.). — SEEGEN (J.). *Die Kraft- quelle für die Arbeitsleistung des Thierkörpers* (A. g. P., 4, 319-329). — STEWART (G.-N.). *On the conditions which affect the loss of heat by radiation from the animal body. Studies from the physiol. Lab. of Owen College.* Manchester, i, 102-123 (*An. in C. P.*, 1892, v, 275- 279). — *Note on some applicat. in physiol. of the resistance method of measuring tempe- rat. with special reference to the question of heat product. in mammalian nerves during excitation* (J. P., xii, 409-425). — HALE WHITE. *On the position and value of those lesions of the brain which cause a rise of temperature* (J. P., xii, 232-271). — WHITE (W.-H.) et WASHBOURN (J.-W.). *On the relation of the temperat. of the brain to that of the rectum in the rabbit, both normally and after destruct. of the cerebral cortex* (J. P., xii, 271-277). — WILDEMAN (E.). *Rech. au sujet de l'influence de la températ. sur la marche, la durée et la fréqu. de la karyokinèse dans le règne végétal* (*Ann. Soc. belge de microsc.* Bruxelles, xv, 5-58). — WITTKOWSKY (G.). *Ueber die Zusammensetzung der Blutgase des Kaninchens bei der Temperaturerhöhung durch den Wärmestich* (A. P. P., xxviii, 281).

1892. — COBB (J.-P.). *A case with a temperat. of 110,8°* (*Clinique, Chicago*, xiii, 61-63). — DOYON. *Act. de l'encéph. sur la températ. et la product. de chaleur* (*Prov. méd.*, Lyon, vi, 222). — GUYON (J.-F.). *Contribution à l'étude de l'hyperthermie centrale consécutive aux lésions de l'axe cérébro-spinal, en particulier du cerveau* (D. Paris, Steinheil, 8°, 171 p.). — KIFFER. *Infl. de quelques prod. de sécrét. sur la calorificat.* (*Rev. de méd.* Paris, xi, 188- 230). — LECERCLE (L.). *Variat. de tempér. sous l'infl. de l'immobilisat. et de l'électricité; modificat. dans la composit. de l'urine sous l'act. des courants électr.* (*N. Montpellier médi- cal*, i, 863-878). — MEYER (E.). *Sur les rapports de la capacité respiratoire avec la tempé- rature animale* (B. B., 784-786). — PASCHELES (W.). *Ueber den Einfl. der Temperaturände- rung auf die Thätigkeit des Froschherzens* (*Zeitsch. f. Heilk.* Berlin, xiii, 187-198). — PFLÜGER (E.). *Ueber Fleisch und Festmästung* (A. g. P., lii, 1-78). — RUBNER (M.). *Schwan- kungen der Luftfeuchtigkeit bei hohen Lufttemperat. in ihrem Einfl. auf den thier. Organ.* (*Arch. f. Hyg.* München et Leipzig, xvi, 101-104). — TEREG (J.). *Thierische Wärme in Ver- gleichende Physiologie der Haussäugethiere*, par ELLENBERGER, ii, 1-157). — WHITE (W.-H.). *A method of obtaining the specific heat certain living warm blooded animals* (J. P., xiii, 789-797).

1893. — BONNIER (G.). *Rech. sur la chaleur végétale* (*Ann. des sc. nat.* (Bot.), (7), viii, 33 p.). — DUBOIS (R.).*Infl. du syst. nerv. centr. sur le mécan. de la calorificat. chez les mammifères hibernants* (B. B., (9), v, 156. — *Sur la physiol. compar. de la thermogenèse* (B. B., (9), v, 182). — *Sur le réchauffement automatique de la marmotte, dans ses rapports avec le tonus musculaire* (B. B., 210-211). — *Influence du foie sur le réchauff. automat. de la marmotte* (Ibid., 235-236). — *Infl. comparée de la section de la moelle et de sa destruct. sur la calorificat. chez le lapin* (B. B., 209-210). — EIJKMAN (C.). *Beitrag zur Kenntniss des Tropenbewohner. Ueber den Eiweissbedarf der Tropenbewohner nebst Bemerkungen ueber den. Einfluss des Tropenklima auf den Gesammtstoffwechsel und die Wärmeproduktion* (*Arch. f. path. Anat.*, cxxxi, 147-180; cxxxiii, 105-146). — GRIJNS (G.). *Die Temperat. des in die Niere einströmenden Blutes und des aus ihr abfliessenden Harnes* (A. P., 78-101). — JOLYET (F.) et SIGALAS (C.). *Chaleur développée par la coagulat. du sang* (B. B., 993-994). — LANDOIS (L.). *Traité de physiologie humaine*, trad. franç., 371-406. — LANGLOIS (P.). *Contribut. à l'étude de la calorimétrie chez l'homme* (*Trav. du Lab. de* CH. RICHET, i, 279- 352). — LECERCLE. *Modificat. du pouvoir émissif de la peau sous l'influence du souffle élec- trique* (C. R., cxvii, 1102-1105). — LICHATSCHEW. *Die Wärmebildung des gesunden Mens- chen bei relative Ruhe* (*An. in Jb. P.*, (2), ii, 99). — MEYER (E.) et BIARNÈS. *Rapports entre la capacité respiratoire, les gaz du sang et la température* (A. de P., (5), v, 740-750). — MORAT (J.-P.). *L'inhibit. dans ses rapports avec la températ. des organes* (A. de P., 285- 296). — *Y a-t-il des nerfs frigorifiques?* (Ibid., 518-525.) — OTT (I.). *Thermotaxis in birds*

(J. nerv. and mental diseases. New-York, xx, 1-6). — The relat. of the nerv. syst. to heat product. (J. nerv. and ment. diseases. New-York, xx, 773-778). — PAL (J.). Ueber den Einfl. der Temperat. auf die Erregbark. des Darmes (Wien. klin. Woch., vi, 23). — PATRIZZI (L.). L'act. de la chaleur et du froid sur la fatigue des muscles chez l'homme (A. i. B., xix, 105-114). — PEMBREY (M.-S.). On the reaction times of mammals to changes in the temperature of their surroundings (J. P., xv, 401-420). — REICHERT (E.-T.). Thermogenetic centres, with special reference to automatic centres (Univ. med. Magaz. Philadelphia, v, 406-420). — RICHET (CH.). De l'influence du chloral sur les actions chimiques respiratoires chez le chien (Trav. du Lab., i, 548-559). — Une nouvelle fonct. du bulbe rachidien. Régulat. de la températ. par la respirat. (Trav. du Lab. de CH. RICHET, Paris, i, 431-469). — Durée des phénomènes réflexes dans l'anémie chez les animaux à sang froid (Ibid., 139-142). — Rech. de calorimétrie (Trav. du Lab. de CH. RICHET. Paris, i, 147-256). — Le frisson comme appareil de régulation thermique (A. de P., 312-326. Trav. du Laborat. de physiol., 1893, iii, 1-22). — ROGER. Infl. des inject. intra-veineuses de sang artériel sur la températ. (B. B., 923-924). — RUBNER (M.). Die Quelle der thierischen Wärme (Z. B., xii, 73-142). — VIERORDT (H.). Anatomische, physiolog. und physikalische Daten und Tabellen. 8°. Iéna, Fischer, 2e édit., 238-250. — WERTHEIMER (E.). De l'influence des excitations thermiques de la peau sur la circulation du rein (B. B., 1024-1025). — WHITE (W.-H.). A method for obtaining the specific heat of certain living warm blooded animals (J. P., xiii, 789-797).

1894. — ALBERTONI (P.) et NOVI (I.). Ueber die Nahrungs und Stoffwechselbilanz des italienischen Bauers (A. g. P., lvi, 213-246). — ANGELESCO. Étude de la températ. pendant l'éthérisation (B. B., (10), i, 786-788). — D'ARSONVAL. L'anémocalorimètre ou nouvelle méthode de calorimétrie hum. norm. et patholog. (A. de P., (5), vi, 360-370). — Perfectionnements nouveaux apportés à la calorimétrie animale ; thermom. différent. enregistreur (B. B., (9), vi, 135-137). — D'ARSONVAL et CHARRIN (A.). Variat. de la thermogénèse sous l'infl. des sécrétions cellul. (A. P., (5), vi, 683-686). — BAYLISS (W.-M.) et HILL (S.). On the formation of heat in the salivary glands (J. P., xvi, 351-359). — BUTTE et DEHARBE. Mesure de la chaleur produite par un animal (B. B., (10), i, 649-651 ; 694-695). — BROWN (J.-J.-Q.). On the changes in circulation produced by rise of temperature (Edimb. Hosp. Rep., ii, 62-71). — CADIOT et ROGER. Act. du sang veineux sur la tempér. anim. (A. d. P., (5), vi, 440-445). — CHARRIN (A.) et CARNOT (P.). Action de la bile et de l'urine sur la thermogénèse (A. P., (5), vi, 879-886). — DANA (C.-L.). Apoplexy in its relation to the temperat. of the body with a considerat. of the question of heat centres (Am. Journ. med. sciences. Philadelphie, cvii, 652-663). — DELEZENNE (C.). Effets de la réfrigération de la peau sur la sécrétion urinaire (B. B., 1894, 46-47). — DUBOIS (R.). Infl. du syst. nerv. abdom. et des muscles thoraciques sur le réchauffement de la marmotte (B. B., (10), i, 172-174). — Sur l'influence du syst. nerv. abdominal et des muscles thoraciques sur le réchauffem. de la marmotte (B. B., (10), 172-175). — Sur le mécanisme de la thermogénèse, et principalement sur le rôle de la veine porte. Transformat. du chien en animal à sang froid (B. B., (10), i, 36-38). — Transformat. du chien en animal à sang froid (B. B., (10), i, 37). — Sur le frisson musculaire chez l'hibernant qui se réchauffe automatiquement (B. B., (9), vi, 115-117). — FRENKEL (H.). Sur quelques causes d'erreur dans l'étude des effets thermiques immédiats des substances toxiques (B. B., (10), i, 737-739). — GUINARD (L.) et GELEY. Régulation de la thermogénèse par l'action cutanée de certains alcaloïdes (C. R., cxviii, 1437-1439). — HALDANE (J.-S.). An improved form of animal calorimeter (J. P., xvi, 123-139). — JANSSEN (V.). Ueber subnormale Körpertemperaturen (Deutsches Arch. f. klin. Med. Leipzig, liii, 247-264). — LEFÈVRE (J.). Quantité de chaleur perdue par l'organisme dans un bain froid (B. B., (10), i, 450-452). — Note sur les variat. éprouvées par la temp. int. lorsque le corps est soumis à l'action du froid (B. B., (10), i, 516-519). — LEFÈVRE (T.). Puissance et résistance de la thermogénèse chez le singe comparées à celles de l'homme (B. B., (10), i, 724-726). — LUI (A.). Act. locale de la températ. sur les vaisseaux sanguins (A. i. B., xxi, 416-418). — MOSSO (A.). La temperatura del cervello. 8°, Milano, Treves, 197 p., 49 fig., 5 pl.) — OTT (I.). Temperat. and polypnæa (Univ. med. Magas. Philadelphia, vi, 417-434). — RICHET (CH.). Températures maxima observées sur l'homme (B. B., xlvi, 416-417). — ROGER (H.). Act. des extraits de muscles, du sang artériel et de l'urine sur la températ. (A. de P., (5), vi, 246-256). — ROLAND. Du mécanisme de l'action de l'eau froide en hydro-

thérapie (Journ. de méd. et de chir. prat., Paris, 25 mars, 35 p.). — ROSENTHAL (I.). *Calorimétrie physiologique (A. i. B.*, XXI, 423-433). — *Calorimetrische Untersuch. Nachträge zur Theorie der Calorimeter (A. P.*, 223-282, 2 pl.). — RUBNER (M.). *Einfl. der Haarbedeckung auf Stoffverbrauch und Wärmebildung (Arch. f. Hyg.* München et Leipzig, XX, 365-371). — RUBNER (M.) et CRAMER (E.). *Ueber den Einfl. der Sonnenstrahlung auf Stoffzersetzung, Wärmebildung und Wasserdampfabgabe bei Thieren (Arch. f. Hyg.*, München et Leipzig, XX, 345-364). — RUBNER (M.). *Ueber die Sonnenstrahlung (Arch. f. Hyg.*, München et Leipzig, XX, 309-312). — SEMON (R.). *Notizen über die Körpertemperatur der niedersten Säugethiere (Monotremen) (A. g. P.*, LVIII, 229-232). — SIGALAS. *Infl. des bains froids sur la temp. centr. et sur les combustions respirat. (B. B.*, (10), I, 44-45). — WERTHEIMER (E.). *Infl. de la réfrigérat. de la peau sur la circulation du rein (A. d. P.*, 308-321)... *et des membres (Ibid.*, 724-738). — WINTERNITZ (R.). *Vergleichende Versuche über Abkühlung und Firnissung (A. P. P.*, XXXIII, 286-304).

1895. — ARLOING (S.) et LAULANIÉ (F.). *Introd. à l'étude des troubles de la températ. des combustions respirat. et de la thermogénèse sous l'infl. des toxines bactériennes (A. d. P.*, (5), VII, 675-687). — BACULO (B.). *Essais expérim. tendant à rechercher l'existence de centres thermiques chez quelques poikilothermes (A. i. B.*, XXII, p. XCVII-XCIX) *(Congr. inter. de Rome).* — BERGONZINI. *Sur la manière d'évaluer la quantité de chaleur émise par une région du corps (A. i. B.*, XXII, p. LIV *(XIe Congrès de médecine. Rome, 1894).* — COURMONT (J.) et DOYON (M.). *De la marche de la températ. et de la vaso-dilatat. dans l'intoxicat. diphthér. expériment. (A. d. P.*, (5), VII, 252-260). — EIJKMAN. *Vergleichende Untersuch. über die physikalische Wärmeregulirung bei dem europäischen und dem malaischen Tropenbewohner (A. A. P.*, 1895, CXL, 125-157). — FRÖHLICH (H.). *Ueber die Regulirung der menschlichen Eigenwärme (Prag. med. Woch.*, XX, 325-335; 344-355). — KREHL (L.). *Versuche über die Erzeugung von Fieber bei Thieren (A. P. P.*, XXXV, 222-268). — LANGLOIS (P.). *Radiat. calorique après traumatisme de la moelle épinière (Trav. du lab. de CH. RICHET*, III, 415-425). — LANGLOIS (P.) et RICHET (CH.). *De l'infl. de la températ. int. sur les convulsions (Trav. du lab. de CH. RICHET.* Paris, III, 23-39). — LAULANIÉ. *Nouv. rech. sur les variat. corrélat. de l'intensité de la thermogénèse et des éch. respirat. (C. R.*, CXX, 455-458). — LEFÈVRE (J.). *Puissance et résistance thermogénétique de l'organisme humain dans un bain de une heure à la température de 7° (B. B.*, 559-563). — *Nouvelle méthode de calorimétrie animale. Premières recherches sur les lois de la thermogénèse dans les courants d'air (A. de P.*, 443-454). — LIKHATSCHEFF (A.). *Sur la calorification en rapport avec l'échange des gaz chez l'homme en état de repos relatif. Données expérim. obtenues à l'aide d'un calorimètre à eau et de l'analyse des gaz de la respiration d'après la méthode de PACHOUTINE (A. i. B.*, XXII, p. XLVIII) *(Congr. intern. de Rome).* — MISSALE. *Sulle variazioni di temperatura e sulla media normale (Riforma med.* Napoli, XI, 711, 724, 735). — MUTTALL (H.-F.). *Ueber den Einfluss von Schwankungen in relativen Feuchtigkeit der Luft auf die Wasserdampfe der Haut (Arch. f. Hyg.* München et Leipz., I, 184). — ŒHL (E.). *Nouv. expér. touchant l'infl. de la chaleur sur la vélocité de transmiss. du mouvement nerveux chez l'homme (A. i. B.*, XXIV, 231-236). — PEMBREY (M.-S.), GORDON (M.-H.) et WARREN (R.). *On the response of the Chick, before and after hatching to changes of external températ. (J. P.*, XVII, 331-349). — PEMBREY (M.-S.). *The effects of variations in external températ. upon the output of carbonic acid and the températ. of young animals (J. P.*, XVIII, 363-379). — PEMBREY (M.-S.) et HALE WHITE (W.). *Heat regulat. in hybernating animals (J. P.*, XVIII, p. XXXV-XXXVIII). — REGNARD (P.). *Sur la température des animaux immergés dans l'eau (B. B.*, XLVII, 651-652). — RICHET (CH.). *Le frisson comme appareil de régulat. therm. (Trav. du Lab. de CH. RICHET.* Paris, III, 1-22). — RUBNER (M.). *Thermische Studien über die Bekleidung des Menschen (Arch. f. Hyg.*, München et Leipz., XXIII, 13). — STEFANI (A.). *Sur l'action vaso-motrice réflexe de la température (A. i. B.*, 414-424). — *De l'action de la température sur les centres bulbaires du cœur et des vaisseaux (A. i. B.*, 424-437). — TANGL (F.). *Zur Kenntniss der Wärmecentren beim Pferde (A. g. P.*, LXI, 359-563). — VERNON (H.-M.). *The relation of the respirat. exchange of coldblooded animals to températ. (J. P.*, XVII, 277-293, 3 pl.). — WAYMOUTH REID. (E.). *Note on the question of heat produkt. in glands upon Excitation of their Nerves (J. P.*, XVIII, p. XXX-XXXIII).

1896. — BERGONIÉ. *Nouvelles mesures calorimétriques sur l'homme (Médec. mod.*

Paris, VII, 236). — BERGONIÉ (J.) et SIGALAS (C.). Sur l'action des courants de haute
, tension et de grande fréquence (B. B., 99-103). — BROCA (A.) et MAUBRAC (P.). Traité
de chirurgie cérébrale. 1 vol. 8°. Paris, Masson, 163 et 393. — CHAUVEAU (A.). Le travail
musculaire n'emprunte rien de l'énergie qu'il dépense aux matières albuminoïdes des
humeurs et des éléments anatomiques de l'organisme (C. R., CXII, 429-433). — DUTTO (M.).
Influenza della musica sulla termogenesi animale (A. d. R. Acc. dei Lincei. Roma, 228-
233). — EYKMAN (C.). Ueber den Gaswechsel der Tropenbewohner, speciell mit Bezug auf
die Frage von der chemischer Wärmeregulirung (A. g. P., LXIV, 57-78). — KAUFMANN. La
nutrition et la thermogénèse comparées pendant le jeûne chez les animaux normaux et
diabétiques (B. B., III, (10), 256-259). — Méthode pour servir à l'étude des transformations
chimiques intra-organiques et de la chaleur dégagée par l'homme ou l'animal (B. B., III, (10),
201-203; A. d. P., VIII, (5), 329-340). — KNAUTHE. Maximaltemperaturen für Fische (C. P.,
IX, 706-707 et Biol. Centr., XV, 752). — LAULANIÉ. Essai de calorimétrie animale. Sur un
calorimètre anémothermique (B. B., III. (10), 5-8). — LEFÈVRE (J.). Résist. de l'organisme
humain aux réfrigérations de longue durée ; trois heures dans l'eau à 25° (B. B., III. (10),
564-567). — Consid. gén. sur la calorimétrie par les bains. Et. exp. sur l'homogénéité de
températ. et sur le refroidissement d'une grande masse liquide (A. d. P., VIII, (5), 32-46;
436-445). — LONGUININE (W.). Sur la marche comparative des températures dans le bouleau,
le sapin et le pin (Arch. des sc. phys. et natur. Genève, (4), I, 9-33, 1 pl.). — OTT (I.).
Effect of section of the vagi upon temperature, heat production and heat dissipation (Med.
Bull. Phila., XVIII, 329). — QUINTON. Les températures animales dans les problèmes de
l'évolution (C. R., CXXII, 850-853). — RUBNER (M.). Zur Bilanz unserer Wärmeökonomie
(Arch. f. Hyg., XXVII, 69). — STRANER et KUTHY. Ueber Alkalinität des Blutes und Acidität
des Harnes bei thermischen Einwirkungen (C. f. d. med. Wiss., XXXIV, 66-72). — ZUNTZ.
Ueber die Wärmeregulirung bei Muskelarbeit (Berl. klin. Woch., XXXIII, 709).

1897. — AMITIN (Sarab). Ueber den Tonus der Blutgefässe bei Einwirkung der Wärme
und der Kälte (Z. B., XVII, 13-42). — CAPPARELLI (A.). Ricerche sulla ipertermia negli ani-
mali (Atti d. Acc. Gioenia di Sc. Nat. in Catania, X, (4), 15 p.). — CHAUVEAU (A.). Critique
des expériences de HIRN sur la thermodynamique et le travail chez les êtres vivants. Comment elles auraient dû être instituées pour aboutir à des conclusions exactes sur la valeur
de l'énergie que ce travail musculaire prend ou donne aux muscles, suivant qu'il est positif
ou négatif (A. de P., IX, 229-539). — DUTTO (U.). Quelques recherches calorimétriques sur
une marmotte (A. i. B., XXVII, 210-220). — GRIMM (H.) et BULTZINGSTOWEN (C.). Ueber das
Wärmeleitungsvermögen der zur Militärkleidung dienenden Stoffe (Arch. f. Hyg., XXVII,
105). — HERZ (M.) et HIEBEL (TH.). Ueber Thermopalpation (Wien. med. Presse, 200). —
LEFÈVRE (J.). Rech. calorim. sur les mammifères. Lois génér. de la réfrigération par l'eau
(A. de P., IX, 317-333). — Variations du pouvoir réfrigérant de l'eau en fonction de la
température et du temps. Étude sur l'homme (A. de P., IX, 7-21). — PEMBREY. On the deep
and surface temperature of the human body after traumatic section of the spinal cord (J. P.,
XXI, n°s 213, p. XIII). — SEEGEN (J.). Die Kraftquelle für die Arbeitsbeistung der Thierkörpers (Wien. klin. Woch., X, 305-309).

CHARLES RICHET.

CHAPITRE II

Biologie générale. — Répartition de la chaleur solaire.

Par suite des conditions astronomiques qui président à la vie de notre planète, la
chaleur solaire se partage d'une façon inégale sur les différents points de sa surface.
En premier lieu, le soleil ne se trouve pas constamment à la même distance de la terre,
à cause de l'ellipticité de l'orbite terrestre. Il en est plus rapproché au solstice d'hiver
qu'au solstice d'été, ce qui fait une différence d'environ 1/10 dans la chaleur totale
que nous recevons à ces deux moments de l'année.

En second lieu, les différences existant entre les quatre cadrans de l'écliptique font
qu'il n'y a pas d'égalité entre les quatre saisons de l'année, comme ce serait, si l'orbite
terrestre était régulièrement circulaire. Il arrive donc nécessairement que la portion
qui correspond à notre saison froide est plus petite que celle qui correspond à la saison

chaude, et la somme des durées du printemps et de l'été est plus longue que la somme des durées de l'hiver et de l'automne. Aussi la quantité totale de chaleur qui tombe annuellement sur l'hémisphère nord dépasse-t-elle de beaucoup celle de l'hémisphère sud. L'expérience démontre en effet que celui-ci est plus froid.

Une nouvelle inégalité tient à l'inclinaison de l'axe terrestre sur l'écliptique, laquelle introduit dans la vie de la terre les différences qui constituent les jours et les nuits, les saisons et les années. Enfin, sous le rapport du gain calorifique, les points qui sont près de l'Équateur se trouvent bien plus favorisés que ceux qui s'approchent du pôle. On voit que ces différences répondent au degré d'inclinaison du rayonnement solaire et qu'elles suivent exactement les indications de la loi de LAMBERT.

Température du sol. — L'échauffement de la surface terrestre obéit directement à l'influence de la radiation solaire. Cependant le globe terrestre possède une chaleur propre, qui fait que sa température s'élève, au fur et à mesure que l'on s'enfonce dans ses profondeurs. Mais la température du sol est en quelque sorte indépendante de cette chaleur centrale, et on peut affirmer qu'elle suit manifestement les variations de la radiation solaire.

C'est donc grâce à l'insolation journalière que les couches superficielles de l'écorce terrestre s'échauffent, jusqu'à une profondeur variable, suivant la nature du sol, la durée et l'intensité de l'insolation. La nuit venue, le rayonnement calorifique de la terre vers l'espace commence, et l'onde de chaleur remonte à la surface en rétrogradant sur le même chemin. Comme elle ne marche pas trop vite, la profondeur par elle atteinte n'est pas considérable, de telle sorte que l'on peut admettre qu'au delà d'une limite donnée la température du sol reste constante. Telle est, en général, la marche de ce phénomène lorsque la durée de l'insolation est égale à celle du refroidissement. Mais les choses ne se passent pas toujours ainsi. Pendant l'été, les nuits sont plus courtes que les jours, et l'onde de chaleur qui s'enfonce dans le sol n'a pas le temps d'en sortir complètement. Il reste alors un léger excédent de chaleur qui, réuni à la chaleur du lendemain, continue à marcher vers les profondeurs du sol. Cette *onde estivale* de la chaleur est à son tour contrebalancée par *une onde hivernale* de froid, qui, pour les mêmes raisons que tout à l'heure, s'arrêtera à une certaine profondeur. Il y a donc une seconde couche dans le sol qui, ne ressentant plus les effets de la radiation solaire, gardera sa température constante. Cette couche est naturellement plus profonde que la première à cause de la plus longue durée de la période de pénétration de la chaleur, mais sa profondeur varie avec les différences de température de l'hiver et de l'été et avec la plus ou moins grande conductibilité du sol. C'est ainsi qu'à Édimbourg on la trouve à 32 mètres dans le grès houiller bon conducteur et à 24 mètres dans le sable. A Paris, elle est à 23 mètres dans le calcaire grossier. Un thermomètre placé à 27m,60 dans les caves de l'Observatoire depuis 1784 y marque constamment la température de 11°,8.

D'une manière générale, la profondeur à laquelle s'arrête l'influence de la radiation solaire est proportionnelle pour un même lieu à la racine carrée de la période considérée (19 fois plus petite pour les variations diurnes que pour les variations annuelles) et pour un lieu différent elle est d'autant plus grande qu'on s'éloigne d'avantage de l'Équateur.

En France, la limite des variations diurnes se trouve d'ordinaire à 1 mètre de profondeur, tandis qu'en Allemagne elle est à 6 ou 8 décimètres. Quant à la couche annuelle, elle est à 2 ou 3 mètres à l'Équateur, à 20 ou 30 mètres en France et à 6 ou 10 mètres en Allemagne. L'on remarquera qu'entre cette couche invariable à laquelle viennent mourir les ondes estivales et hivernales de la surface et celle-ci, il y a toujours plusieurs ondes en chemin qui font subir des oscillations périodiques à la température des couches superficielles du sol. Toutefois, la moyenne annuelle d'un lieu, observée à une même profondeur, quelle qu'elle soit, reste à peu près constante. De plus elle coïncide sensiblement avec celle qu'on constate dans l'air, relation qui permet de savoir la valeur de cette dernière, sans besoin d'y faire des mesures thermométriques. C'est là une méthode prompte et sûre, dont les météorologistes ont tiré parti pour déterminer les températures moyennes de différents lieux habités.

On voit donc, par tout ce qui précède, que, si la température des couches superficielles du sol est soumise aux variations périodiques de la radiation solaire, celle que pré-

sentent les couches plus profondes en est indépendante. C'est à partir de cette zone
limite où finit l'influence du rayonnement solaire que l'on commence à s'apercevoir
des effets de la chaleur centrale de la terre. Celle-ci ne peut guère nous intéresser, car
la vie animale et végétale n'atteignent jamais des profondeurs si considérables.

C'est donc la chaleur solaire que nous utilisons à la surface de la terre. Une partie
sert à construire les tissus animaux et végétaux et s'y immobilise temporairement. Une
autre partie sert à former de la vapeur d'eau et se retrouve lors de la condensation de
celle-ci. Enfin, une troisième se traduit par une élévation de la température et est destinée à partir vers l'espace par rayonnement. Comme le dit Duclaux, « la terre est un
réservoir de la chaleur du jour pour la nuit et de la chaleur de l'été pour l'hiver ».. Elle
ne conserve rien de ce qu'on y verse pour l'alimenter, mais elle en régularise le débit.

Comme il n'y a pas un rapport constant entre la durée et l'intensité de l'insolation et
la durée et l'intensité du rayonnement du sol vers l'espace, pour les différents points de
la surface terrestre, la température de ceux-ci doit nécessairement varier. Les gains et
les pertes de chaleur n'étant pas proportionnels pour l'Équateur et pour les pôles, on
voit la température moyenne de ces deux extrêmes terrestres présenter des différences
considérables. En général la température du sol diminue à mesure qu'on s'éloigne
de l'Équateur. Mais cette diminution offre des irrégularités nombreuses, tenant surtout à l'influence de l'altitude. De deux lieux situés à la même latitude, celui qui se
trouvera le plus près du niveau de la mer jouira d'une température moyenne beaucoup
plus élevée. La température décroît en effet en raison directe de l'altitude. Mais ces
deux causes de variations s'influencent l'une et l'autre, de sorte que, si l'on veut se
rendre compte du rôle que chacune d'elles joue dans la répartition de la température
terrestre, il faut les séparer à l'aide du calcul. C'est ce que les météorologistes ont
été obligés de faire, depuis longtemps, lorsqu'ils ont essayé de tracer la marche de
la température à la surface de la planète.

Pour le moment, il est important de remarquer que la latitude modifie la température, principalement en vertu de la loi de Lambert. L'inclinaison avec laquelle les rayons
du soleil frappent un point quelconque de la surface de notre globe est d'autant plus
grande qu'il se trouve plus loin de l'Équateur. Or nous savons que l'intensité de la radiation solaire est inversement proportionnelle à la grandeur de cette inclinaison. En ce
qui concerne l'altitude, son influence s'explique, surtout, par le fait que le rayonnement
du sol vers l'espace est plus facile dans les hautes régions. En premier lieu, l'épaisseur
atmosphérique que les rayons provenant du sol doivent traverser diminue à mesure que
l'on s'élève, et, en second lieu, l'air de ces régions devient moins dense et plus pur, toutes
conditions qui favorisent la radiation de la chaleur. Enfin, Saigey admet, comme une des
causes du refroidissement des montagnes, l'évaporation abondante qui se fait à leur
surface. A ce point de vue, nous dirons que *la limite des neiges perpétuelles* dépend d'une
foule de circonstances. En dehors de la latitude, elle varie avec les vents régnants, l'orientation des montagnes, la forme des massifs, les différences des températures extrêmes,
et la proximité d'autres pics neigeux. En Amérique, la limite des neiges se trouve
sous l'Équateur à 4 800 mètres; elle s'abaisse quand on marche vers le tropique septentrional, tandis qu'elle s'élève en marchant vers le sud. Dans l'Asie, sur le versant mé-
ridional de l'Himalaya, la limite des neiges est, d'après Web, à 3 956 mètres et, sur le
versant septentrional, à 5 067 mètres. Cette différence dépend du plateau thibétain dont
la hauteur moyenne au-dessus de la mer paraît être de 3 500 mètres. Sous l'Équateur on
n'a observé les neiges perpétuelles qu'en Amérique; les îles qu'il coupe ne présentent pas
de hautes montagnes, et en Afrique, où il y a de hautes montagnes, on ne signale pas
l'existence des neiges perpétuelles. Du moins la hauteur des plateaux et l'accumulation
des sables doivent en rendre la limite très élevée.

Température des eaux. — Les grandes masses d'eau qui forment l'Océan s'échauffent
sous l'influence de diverses causes.

Lorsque les rayons de soleil arrivent à la surface de l'eau, une partie se réfléchit
vers l'espace et une autre partie la pénètre dans toutes les directions. De cette dernière
fraction de chaleur la plus grande partie est retenue par les couches superficielles de
l'eau, et le reste, tout à fait insignifiant, continue sa marche vers les profondeurs, n'occa-
sionnant plus d'absorption bien appréciable. Les physiciens qui ont étudié ce phéno-

mène ont bien vu que sur 100 parties de chaleur envoyée sur une masse d'eau distillée, le premier millimètre absorbe 94 p. 100, alors que les autres couches de ce liquide n'empruntent rien aux 6 p. 100 de chaleur restante.

P. Regnard a répété ces expériences pour l'eau de la mer, et il arrive aux mêmes résultats. Si on appelle 100 la quantité de chaleur qui a traversé le premier décimètre d'eau, on voit que 70 subsistent après le deuxième, 55 après le troisième, 50 après le quatrième, 45,5 après le cinquième, 43 après le sixième, 41 après le septième, 40 après le huitième, 39 après le neuvième, 38,5 après un mètre, et finalement la perte de chaleur devient nulle.

De tout ceci résulte que la température de l'eau de la mer diminue en général de la surface au fond, d'abord assez rapidement, et ensuite très lentement, jusqu'à une certaine profondeur qui commence, selon les localités, de 700 à 1 100 mètres, et où règne une température constante (+ 4). A partir de cette zone limite, à laquelle l'action solaire n'atteint pas, la température s'abaisse encore plus lentement, sous l'influence des courants polaires.

La température de la surface des mers est soumise aux mêmes oscillations que la température du sol, l'une et l'autre se trouvant en rapport avec la durée et l'intensité du rayonnement solaire. C'est ainsi qu'elle va en diminuant de l'Équateur aux pôles, d'abord très faiblement (entre les Tropiques), puis avec beaucoup plus d'intensité à mesure qu'on se rapproche des régions polaires.

La température superficielle des mers dépend aussi de l'influence des courants chauds ou froids, du régime des vents, de la chute des pluies et de la communication plus ou moins large avec les mers glaciales. Tout le monde sait qu'une mer est d'autant plus froide qu'elle communique plus librement avec les océans polaires. L'hémisphère nord a des mers plus chaudes que l'hémisphère sud, parce que celles-ci ne communiquent avec la calotte polaire que par le détroit de Bering, l'espace compris entre l'Écosse et la Norwège ayant un seuil sous-marin véritable. Par contre, au sud, la mer Glaciale est largement ouverte, non seulement du côté du Pacifique, mais aussi de celui de l'Atlantique.

Il serait trop long de rendre ici compte de toutes les observations faites à la surface des mers. Citons seulement les plus importantes.

La température moyenne la plus élevée qu'on ait jamais constatée se trouve dans l'Amérique du Sud à Cayenne, et dans l'Afrique à Cap-Coast-Castle. Elle y est de 28°.

L'Atlantique nord a une température moyenne à sa surface de 20°,7 et l'Atlantique sud de 17°,5.

Le Pacifique n'est pas si bien connu, mais il est moins chaud dans le nord que l'Atlantique et moins froid aussi que lui dans le sud.

Dans les mers glaciales la température peut tomber à — 3°,5, température de congélation de l'eau salée. Elle peut aller, comme cela se voit dans la mer Rouge, à + 32°; il y a donc une différence de 36° approximativement entre les points extrêmes.

Quant à la température des profondeurs marines, elle a été, pendant longtemps, considérée comme constante. On croyait en effet que l'eau de mer avait son maximum de densité à + 4° et on se fondait sur cela pour dire que l'eau la plus lourde tombant naturellement dans les fonds, ceux-ci devaient être à + 4°. Il n'en est rien : la densité maxima de l'eau marine se trouve au-dessous de 4° et elle varie avec son degré de concentration saline, à tel point qu'elle peut tomber à — 3°.

Boguslawski a formulé les lois qui règlent la distribution de la température au fond de la mer. De celles-ci se dégage que sous les zones tempérées, aussi bien que sous les zones tropicales, la température est généralement comprise, au delà d'une profondeur de 3 300 mètres, entre 0° et + 2°. Dans les régions polaires elle descend jusqu'à — 2°,5. Cet abaissement n'est pas en rapport avec les variations de température de la surface. sinon qu'il est la conséquence directe d'une circulation qui se fait des pôles à l'Équateur à partir d'une profondeur de 3 300 mètres. Plus la communication avec les mers polaires est considérable, plus la température du fond est basse. Dans le Pacifique et l'océan Indien, à latitude et à profondeur égales, la température est inférieure à celle de l'Atlantique, en communication moins libre avec le pôle nord.

Dans les mers isolées et profondes comme la Méditerranée, la température demeure invariable à partir d'une certaine profondeur. Elle est d'ordinaire égale à la température la plus basse de l'hiver.

Les eaux de rivière présentent des oscillations thermiques si considérables qu'il est impossible de leur reconnaître aucune loi.

Quant aux eaux des lacs, elles se conduisent au point de vue de la température comme les eaux de la mer. Avec cette différence qu'ici le maximum de densité se trouve à 4°, et que le fond est toujours à cette température constante.

Disons pour terminer qu'à côté de ces lacs où la température subit les mêmes modifications que l'eau de la mer, il en est d'autres, alimentés par des eaux thermales, dont la température peut atteindre le chiffre énorme de 100°. A l'île Dominique, par exemple, il existe un lac au centre duquel se trouve un geyser d'eau bouillante dont la température est aux environs de 90°.

Ce qu'il y a vraiment de surprenant, c'est que certains êtres puissent vivre et se développer dans des milieux thermiques semblables. Nous aurons l'occasion de revenir sur cet intéressant point.

Température de l'air. — La masse de gaz qui enveloppe notre planète ne s'échauffe que très faiblement sous l'influence directe du rayonnement solaire. Un tiers seulement de la chaleur que le soleil nous envoie s'arrête dans son passage à travers l'atmosphère. Mais cette fraction ne sert pas exclusivement à faire monter la température de l'air : elle se traduit aussi par divers phénomènes cosmiques.

C'est surtout par son contact avec le sol que l'air acquiert la température qui lui est propre. Le mécanisme de cet échauffement est extrêmement compliqué. Tout d'abord, ce sont les couches inférieures de l'atmosphère qui prennent par conductibilité la chaleur emmagasinée à la surface terrestre. Puis, lorsqu'elles sont chaudes, devenant plus légères, elles remontent vers les régions plus hautes et sont remplacées par d'autres, dont la température leur est certainement inférieure. Par ce brassage continuel, les différentes couches de l'air finissent par avoir, dans de certaines limites, une température à peu près uniforme.

D'autre part ces mouvements ne sont pas seuls à maintenir l'agitation constante qui règne dans l'atmosphère. Il est d'autres courants plus grands et plus répandus qui apportent avec eux la chaleur ou le froid des régions par lesquelles ils passent, venant ainsi troubler l'équilibre thermique de l'air. En général, la température d'un point quelconque de l'atmosphère se trouve subordonnée aux conditions thermiques de l'ensemble. De telle sorte que, là où il se produit un changement thermique, on voit aboutir des courants plus chauds ou plus froids qui tendent à rétablir l'équilibre perdu. C'est pourquoi il est extrêmement difficile de préciser la température de l'air, et cet élément perd beaucoup de son importance climatologique.

Cela dit, voyons maintenant la manière dont on doit mesurer la température de l'air.

Tout d'abord nous ferons remarquer qu'un thermomètre exposé à l'air libre est influencé par diverses causes qui rendent ses indications incertaines. Aussi, lorsqu'on veut obtenir des résultats comparables, faut-il commencer par éliminer ces influences.

Le thermomètre doit être suspendu à deux mètres environ au-dessus du sol, dans un endroit où l'air circule librement et où le rayonnement du soleil ne se fasse pas sentir. Il est clair que, si l'on place l'instrument sous l'action directe des rayons solaires, ou dans le voisinage du sol, ses indications seront dépourvues de valeur. D'autre part, l'air est un réservoir de chaleur très médiocre qui ne fournit que fort lentement la chaleur qu'il possède au thermomètre. Par suite de cette mauvaise conductibilité, le thermomètre est toujours en retard dans ses indications. Lorsque l'air est plus chaud que lui, il marque une température trop basse, et, *vice versa*, lorsque l'air est plus froid, sa température est de beaucoup plus forte. A ces causes d'erreur vient se joindre le pouvoir émissif du thermomètre, lequel varie avec l'état de sa surface et sa propre température.

Tous ces inconvénients ne sont pas faciles à combattre. De sorte que le thermomètre ne donne la température de l'air qu'avec une approximation assez lointaine.

Néanmoins, s'il est vrai qu'une lecture thermométrique isolée ne donne qu'une notion imparfaite de la température de l'air, il n'en est pas de même lorsqu'on fait plusieurs observations et qu'on établit la moyenne de celles-ci. Par cette méthode on arrive à des résultats qui ont une tout autre signification.

On voit ainsi que la température de l'air varie pour un même lieu suivant les jours, les mois et les saisons de l'année, et qu'elle varie pour des lieux différents avec le degré de latitude et d'altitude.

Si l'on observe le thermomètre pendant les vingt-quatre heures du jour en un lieu donné, à des instants assez rapprochés pour que les changements soient peu étendus pendant les intervalles, et si l'on divise la somme des degrés constatés par le nombre d'observations, on a la température *moyenne du jour*. On peut encore autrement prendre la moyenne entre le maximum et le minimum thermique d'une journée qui, comme HUMBOLDT l'a démontré, coïncide assez exactement avec la moyenne du jour. En divisant la somme de ces moyennes par le nombre des jours du mois, on obtient *la moyenne mensuelle*, et la somme de celles-ci divisée par 12 donne *la moyenne annuelle*.

La marche de la température de l'air pendant le jour solaire est représentée par une courbe qui suit assez nettement les changements de distance du soleil au-dessus ou au-dessous de l'horizon. Nous avons dit qu'au fur et à mesure que le soleil s'écarte du méridien, l'épaisseur atmosphérique que traversent les rayons devient de plus en plus forte. Or, si l'on se débarrasse de l'influence des saisons et d'autres variations accidentelles, en prenant la moyenne de toutes les heures du jour, on trouve que le *maximum thermique* d'une journée a lieu aux environs de 2 heures de l'après-midi, et que le *minimum* se présente le plus souvent une demi-heure avant le lever du soleil.

D'après les observations faites par BOUVARD à l'Observatoire de Paris pendant seize ans, de 1816 à 1831, le minimum moyen de cette ville serait égal à 7°,13, et se produirait à 4 heures du matin, tandis que le maximum moyen serait de 14°,47 et aurait lieu à 2 heures du soir.

Voici en effet quelle est la valeur des moyennes mensuelles à Paris, toujours d'après les indications de BOUVARD :

MOIS.	MAXIMA.	MINIMA.	MOYENNE.
	Degrés.	Degrés.	Degrés.
Janvier.	4,0	0,1	2,0
Février.	6,8	1,2	4,0
Mars.	10,5	3,5	7,0
Avril.	15,2	6,1	10,7
Mai	18,6	9,4	14,0
Juin	21,8	12,1	17,0
Juillet	23,4	13,9	18,7
Août.	23,0	13,7	18,2
Septembre	20,1	11,4	15,8
Octobre	15,2	7,8	11,5
Novembre.	9,4	4,5	7,0
Décembre.	5,8	2,0	3,9

En examinant de près ces chiffres, on voit qu'à Paris les mois les plus chauds sont juillet et août, et le plus froid le mois de janvier. Le minimum thermique annuel se présente vers le 15 de ce dernier mois, tandis que le maximum coïncide avec le 26 juillet. La différence entre le maximum et le minimum est plus grande dans les mois chauds que dans les mois froids, ce qui s'explique d'ailleurs par le fait que le rayonnement de la terre vers l'espace pendant la nuit est d'autant plus intense que la température du jour a été plus élevée.

On peut très bien, en rassemblant ces différentes données, construire la courbe de la température annuelle et voir que la température moyenne croît de janvier à juillet, pour décroître à partir de ce dernier mois. Cette courbe paraît être sensiblement la même dans toute l'étendue de l'hémisphère nord. Cela résulte des nombreuses observations faites à des endroits très éloignés les uns des autres : en Laponie, au golfe Persique et en Amérique aussi. Les changements chronologiques qui surviennent dans la durée relative des jours et des nuits et dans la hauteur du soleil au-dessus de l'horizon, par suite de l'inclinaison de l'axe de la terre sur le plan de l'écliptique, font que la température moyenne de l'année suit toujours une marche régulière.

A côté des oscillations périodiques que la température de l'air subit en un même lieu au cours de l'année, il en est d'autres, tenant à des causes accidentelles, qui ne sont pas toujours faciles à déterminer. Les pluies, d'une part, et les vents d'autre part, peuvent changer la physionomie habituelle des saisons dans un même lieu et y faire varier la moyenne thermique d'une année à l'autre. D'ailleurs la constance de ces moyennes est très discutable. Certains météorologistes prétendent que le climat se modifie très lentement et qu'il finit par ne plus être ce qu'il fut dans le passé. On ne connaît pas les causes qui produisent ces variations à longue échéance, mais il n'en est pas moins vrai que leur existence est indéniable. L'époque glaciaire est là pour nous démontrer que le climat des diverses régions de la terre n'est pas maintenant ce qu'il fut aux époques préhistoriques.

Sous ce rapport, il est intéressant de comparer la courbe de la température moyenne de l'année à Paris, obtenue par Renou, en calculant sur 130 ans d'observations, avec celle qui nous est donnée par Bouvard, qui est faite seulement avec 16 ans d'observations. Alors que dans la courbe de Renou le jour le plus chaud est le 18 juillet et le plus froid le 10 janvier, dans celle de Bouvard le maximum thermique coïncide avec le 26 juillet et le minimum avec le 15 janvier. En revanche, la moyenne annuelle reste à peu près invariable ; mais ceci ne veut pas dire qu'en prenant des périodes encore plus éloignées les résultats seraient toujours comparables.

Quoi qu'il en soit, nous voyons que la température de l'air dans un même lieu est soumise à des variations, les unes périodiques, les autres accidentelles, dont l'ensemble constitue le caractère climatologique d'un pays.

Influences de la latitude et de l'altitude. — La température de l'air dans les différents points d'un même méridien diminue à mesure qu'on s'éloigne de l'Équateur. Cette diminution n'est cependant pas régulière ; car, si l'on fait passer une courbe par tous les lieux qui possèdent la même moyenne, au lieu d'obtenir une courbe parallèle à l'Équateur, on obtient une ligne sinueuse. Cela tient à l'influence de l'altitude et aux conditions météorologiques spéciales à chaque pays. Mais, en dehors de ces oscillations particulières, la variation thermique suivant la latitude est constante du pôle à l'Équateur. Elle se trouve en rapport intime avec la variation thermique du sol, qui, à son tour, est sous la dépendance de la loi de Lambert. Ces deux variations se commandent entre elles, et les deux marchent en général ensemble.

La température de l'air varie aussi avec l'altitude. D'après les observations faites sur les grandes hauteurs, elle décroît au fur et à mesure que l'on s'élève au-dessus du niveau de la mer. Les aéronautes aussi ont confirmé à plusieurs reprises l'existence de cette variation. Gay-Lussac, en 1804, partit de Paris à la température de 28°, et trouva — 7°,5 à la hauteur d'environ 7 000 mètres.

Les irrégularités de la température suivant la hauteur disparaissent dans une moyenne de mesures quotidiennes et longuement prolongées. On voit alors que le décroissement est d'un degré pour environ 180 mètres de hauteur verticale. Ce chiffre varie évidemment, suivant l'heure du jour, la saison et la latitude de l'endroit dans lequel se fait l'observation. L'étude de ces variations nous entraînerait trop loin, et nous nous contentons de les signaler.

La loi de l'abaissement thermique, que nous venons d'énoncer, n'est sans doute pas la même à toutes les hauteurs. A partir de 3000 mètres, il n'y a plus de proportionnalité entre la température et l'altitude. Des expériences en cours d'exécution, de Hermite et Besançon en France et d'autres savants à l'étranger, éclaireront peut-être cette question. Quant à présent, tout ce que nous savons, c'est que l'*Aérophile*, lancé par Hermite le 18 février 1897, qui a atteint l'altitude énorme de 15 500 mètres, a marqué — 60° de température, à une pression de 102 millimètres de mercure. Mais, à ces énormes altitudes, comme aux grandes profondeurs terrestres, il n'y a pas de vie. C'est seulement à la surface du sol ou des mers, à des températures variables, ou bien dans les grandes profondeurs marines, à des températures voisines de 4°, que la vie se manifeste.

                                                    J. CARVALLO.

CHAPITRE III

Action de la chaleur sur les êtres vivants.

La chaleur comme condition physique du milieu vital. — Parmi les conditions physiques du milieu où les êtres naissent et se développent, la chaleur est sans doute une des plus importantes. L'animal ou la plante qui ne reçoit plus la somme de chaleur qui lui est nécessaire tombe tout d'abord en vie latente et finit même par succomber si l'absence de chaleur dure trop longtemps. Cela s'accorde parfaitement avec notre conception du mécanisme général de la vie. LAVOISIER nous a appris que les phénomènes qu'accomplissent les êtres vivants ont tous une origine chimique. Or nous savons que toute réaction chimique demande une certaine quantité de chaleur pour pouvoir se produire. Des corps qui jouissent d'une grande affinité peuvent rester inactifs en présence l'un de l'autre si la température ambiante est trop basse. En mélangeant l'hydrogène et l'oxygène, on voit que ces éléments sont incapables de se combiner à la température normale, quelle que soit la durée de leur contact. Pour que l'union ait lieu, il faut qu'une certaine énergie y intervienne en réalisant un travail que BERTHELOT appelle le *travail préliminaire*. Ce travail peut être fourni par une source dynamique de nature diverse : chaleur, électricité, etc., mais il est indispensable. On peut le calculer en multipliant la température à laquelle la réaction se produit par la chaleur spécifique des corps qui se sont unis. Pour le cas qui nous occupe, le travail est représenté par l'équivalent dynamique de $3^{cal.},15$.

Cette influence que la chaleur exerce sur les transformations chimiques des corps se retrouve constamment dans les phénomènes qui constituent la vie. Elle s'explique par ce fait que l'énergie calorifique est directement transformable en énergie chimique et *vice versâ*. De sorte que tout accroissement de la température d'un corps entraîne une augmentation dans l'intensité de ses propriétés chimiques.

La biologie nous offre de nombreux exemples venant à l'appui de cette loi.

Chacun sait que la consommation de l'oxygène, et par conséquent la production de l'acide carbonique, chez les différentes espèces d'animaux, devient de plus en plus considérable à mesure que leur température s'élève. Un mammifère consomme, par kilogramme de son poids, dix à vingt fois plus d'oxygène qu'un animal à sang froid, et un oiseau en demande plus qu'un mammifère. PFLÜGER et AUBERT ont démontré que les grenouilles peuvent vivre pendant plusieurs jours dans une atmosphère inerte, à condition que leur température soit suffisamment basse pour que la nutrition se trouve réduite au minimum. Par contre, ces mêmes organismes font une dépense énorme d'oxygène, lorsqu'on les place à des températures voisines de celles que possèdent les animaux à sang chaud.

En somme l'activité d'un être est fonction de sa température.

On pourra cependant objecter que le *zéro chimique* est bien plus bas que le *zéro vital*. Mais c'est probablement parce que les phénomènes vitaux appartiennent à un ordre dynamique plus élevé que la plupart des réactions chimiques élémentaires. Nous voyons, par exemple, que les actions fermentatives, qui sont pour ainsi dire les plus simples de l'organisme, présentent leur maximum d'intensité à une température qui oscille entre 37° et 45° et deviennent nulles ou presque nulles à la température de 0°. La manière dont la vie se développe dans la planète atteste bien cette influence que la température exerce sur les êtres vivants. Les pays du globe où la chaleur fait défaut languissent dans un état de morne désolation. Les voyageurs n'y rencontrent que des amas de neiges et de glaces, et çà et là quelques végétaux inférieurs. Alors que la flore du pôle compte tout au plus une dizaine de plantes, la flore des régions tropicales est d'une richesse prodigieuse.

Limites de température compatibles avec l'existence. — Malgré les innombrables recherches faites dans le but de déterminer les limites de température compatibles avec la vie, nous sommes encore loin d'être définitivement fixés. A l'époque où FLOURENS (1846) présenta à l'Académie des sciences de Paris des *conferves* recueillies par DESCLAIZEAUX et BUNSEN, qui végétaient dans la source thermale de Gröf (Islande) à une température de

98°, personne ne voulut croire à l'exactitude de cette observation. Peu après cependant, en 1858, deux célèbres expérimentateurs, Ehrenberg d'une part, et Cohn d'autre part, firent des constatations semblables. Le premier communiqua à l'Académie de Berlin que plusieurs sources de Casamicciola à Ischia, dont la température était de 63° à 68°, possédaient une végétation fort remarquable. Cohn trouva que les sources de Carlsbad, malgré leur température assez élevée (55°), contiennent de nombreuses espèces d'algues. Mais alors parurent les recherches de Schultze, démontrant que le protoplasma de certains protozoaires se coagule vers 42° ou 43°, et que les cellules végétales subissent la même modification à une température voisine de 46° ou 47° : alors on considéra cette dernière limite comme absolument mortelle pour la vie des espèces. Quelques années plus tard la question fut de nouveau agitée par Brigham, Brewer et d'autres expérimentateurs. D'après eux, certaines espèces de plantes, les oscillariées par exemple, peuvent vivre et se reproduire à des températures supérieures à 90°.

Hoppe-Seyler, profitant de son voyage au sud de l'Italie en 1873, s'attacha à l'étude de la végétation dans les sources chaudes de Sicile, et conclut de ses patientes recherches que la végétation thermale ne dépasse jamais, ainsi que Cohn l'avait vu, la limite de 53°. Il proteste contre les citations exagérées, dues sans doute au manque de rigueur dans les mesures thermométriques, et finit en affirmant que, d'après sa constitution chimique, le protoplasma ne peut supporter des températures supérieures à celles qui produisent la coagulation de l'albumine.

Ce court historique était nécessaire pour mettre bien en évidence les incertitudes qui règnent dans la science à cet égard.

Toutefois la solution de ce problème deviendrait peut-être plus facile, si les expérimentateurs voulaient se mettre d'accord sur ce qu'il faut entendre par limite de résistance des organismes aux variations de la température ambiante. Est-ce le degré où la mort définitive se produit, ou celui où les fonctions vitales cessent temporairement? Dans le premier cas, il n'y aurait rien de surprenant à ce que certains organismes puissent endurer des températures colossales et reprendre le cours de leur vie aussitôt qu'ils reviennent à l'état normal. Les microbes nous en offrent l'exemple tous les jours. On peut soumettre des cultures à la température de 100° et 120°, sans que pour cela elles deviennent tout à fait stériles. Assurément, les êtres placés dans ces conditions ont été le siège de modifications profondes; mais celles-ci n'ont pas été suffisantes à provoquer leur mort.

Par contre, si l'on prend pour limite de résistance l'arrêt temporaire des fonctions, alors cette limite doit être beaucoup plus basse. Ainsi, par exemple, la bactéridie charbonneuse, dont les spores ne sont pas détruits à une température de 100°, devient inoffensive entre 44° et 45°. C'est même à cette propriété que les oiseaux, dont la température est très élevée, doivent leur frappante immunité contre cette maladie.

On doit en outre tenir compte, dans la détermination de la limite de résistance, de deux facteurs qui offrent une importance considérable. C'est d'abord la durée de l'action calorifique, puis la brusquerie du changement.

Il est évident que la bactérie qui supporte, à un moment donné, la température de 100°, ne tarde pas à mourir si on la maintient pendant plusieurs heures à cette même température. On peut être encore sûr de sa mort si on la soumet à des oscillations thermiques moins fortes, mais plus rapides. Tyndall a fondé sa méthode de stérilisation à basses températures sur cette propriété, que présentent les micro-organismes, de succomber aux brusques changements de la température ambiante. On sait d'ailleurs que ces êtres s'habituent très facilement aux variations du milieu extérieur. Döllinger a pu, en élevant leur température graduellement (4 ans et 4 mois), faire vivre à 70° des flagellées qui vivaient normalement à 15°. Van Tieghem a fait des expériences semblables.

Tous ces faits prouvent, contrairement aux assertions trop affirmatives de Hoppe-Seyler, que le protoplasma peut, dans des conditions données, s'accommoder des températures supérieures à 53°. Cette limite est, en effet, absolument fausse, même si on la prend comme le point extrême où la régularité des fonctions vitales cesse. Voici du reste un tableau, que nous empruntons à H. de Varigny, et qui démontre que les êtres peuvent parfois vivre et se reproduire à des températures bien plus hautes que celles indiquées par Hoppe-Seyler :

ÉTRES.	TEMPÉRATURES.	OBSERVATEURS.
	degrés.	
Micrococcus (sp?	74	Van Thiegem (cultures).
Bacille de la terre	68	Globig cultures.
Tetramitus et Monas.	70	Döllinger cultures.
Leptothrix.	75	Hooker.
Conferves	45	De Laurés et Becquerel.
Mollusques divers	34	Fischer.
Insectes et Crustacés.	42	Hunter.
Sulfuraires (Luchon).	70	Ch. Richet.

Cette diversité de résistance des cellules animales et végétales, vis-à-vis de la température extérieure, prouve que l'uniformité du protoplasma est une conception purement théorique que l'expérience contredit à chaque instant.

Cependant, en ce qui concerne les hautes températures immédiatement mortelles, il nous est possible d'affirmer qu'au delà de 120° la matière organisée perd ses propriétés physico-chimiques et se trouve dans l'impossibilité de revenir à la vie.

Pour les basses températures, la limite de résistance des organismes est plus difficile à préciser.

Il résulte de quelques expériences que certaines diatomées peuvent vivre et se reproduire à la température de l'eau glacée. Dans les régions polaires, on trouve quelques espèces d'algues qui végètent dans l'eau marine à une température inférieure à — 2°. On conçoit cependant qu'à partir de cette limite la congélation du protoplasma ne doit pas mettre longtemps à se produire. Dès lors on a peine à comprendre comment, dans des conditions semblables, la vie peut encore continuer. Toutefois, les expériences de Raoul Pictet montrent que, si les fonctions vitales cessent à des températures inférieures à 0°, l'arrêt n'est nullement définitif, car les êtres, ainsi congelés, reviennent à l'état normal aussitôt qu'ils reprennent leur température. Nous aurons l'occasion de nous occuper plus loin de l'interprétation que méritent ces recherches.

Pour le moment, nous nous contenterons d'indiquer les limites de résistance de différents organismes contre le refroidissement intense, d'après les observations faites par ce même auteur :

ÉTRES.	LIMITES. DE RÉSISTANCE.	LIMITES MORTELLES.
Chien	— 92° 40 minutes.	Mort après 2 heures.
Poisson rouge, tanche	— 8° à — 15°	— 20°
Batraciens.	— 28°	— 30° à — 35°
Ophidiens	— 25°	— 30°
Scolopendre.	— 40° à — 50°	— 90°
Escargots	— 110° à — 120°	
Œufs d'oiseaux.		— 2° à — 5°
— de grenouille.	— 60°	
— de fourmis		0° à — 5°
— de ver-à-soie	— 40°	
Infusoires.	— 60°	— 150°
Protozoaires, microbes et diatomées.	— 200°	
Cils vibratils de la grenouille	— 90°	

Parallèle entre les effets produits par la chaleur sur les corps brutes et sur les corps vivants. — La vitesse de refroidissement ou d'échauffement d'un corps dépend, en premier lieu, de la différence entre sa température et celle du milieu ambiant, et en second lieu du pouvoir absorbant ou émissif dont il jouit. Ces dernières propriétés s'équivalent pour chaque substance; mais elles varient d'un corps à l'autre suivant leur constitution moléculaire et l'état physique de leur 'surface. On sait, en outre, que la température est un état dynamique particulier de la matière qui offre comme caractéristique essentielle sa tendance à l'équilibre.

En présence des variations de la température extérieure, deux cas peuvent se présenter :

1° Les oscillations thermiques extérieures sont compatibles avec la vie;

2° Elles dépassent la limite de la résistance organique.

Et, puisqu'il faudrait autant que possible éliminer certaines différences générales, tenant à la diversité de composition de chaque corps et à l'état de sa surface, nous prendrons deux organismes : l'un vivant, l'autre mort, dont les conditions physiques seront à peu près semblables, et nous considérerons ce dernier comme étant à l'abri de la putréfaction et en parfaite stabilité chimique, c'est-à-dire, comme s'il était un corps brut.

1er Cas. — Supposons que ces deux organismes, ayant tous deux la même température, deux grenouilles, par exemple, que l'on vient de retirer d'un bain d'eau à la température de + 2°, sont tout à coup transportés dans une enceinte à la température de + 33°. L'une et l'autre subiront les effets de la chaleur, mais chacune d'elles va se comporter à sa manière. Alors que la grenouille morte restera immobile dans l'endroit où elle a été placée, absorbant la chaleur que le milieu rayonne, avec une intensité proportionnellement décroissante à mesure que les différences de température entre son corps et l'air de l'enceinte deviennent moindres, la grenouille vivante présentera de nombreux phénomènes par suite de l'excès de chaleur, et la courbe de son échauffement n'aura pas du tout la même apparence. Dans le premier cas, la chaleur agit sur la surface de l'animal mort et de là elle se propage de proche en proche au travers des différents tissus, suivant le principe du *rayonnement particulaire* formulé par LAPLACE. Tout d'abord, c'est la peau qui se met en équilibre de température avec le milieu ambiant, puis viennent les muscles superficiels, et en dernier lieu les organes les plus profonds. Finalement, au bout d'un temps variable, mais qui est toujours en rapport avec la loi de NEWTON, la température de l'animal devient uniforme et égale à celle de l'air extérieur. Si nous supposons que, dans ce cas, l'équilibre thermique a mis une demi-heure à se produire, et que, dans les premières six minutes, le gain calorifique de l'animal a été de 16°, dans les secondes six minutes, il sera seulement de 8°; dans les troisièmes, de 4°; dans les quatrièmes, de 2°; et dans les cinquièmes, de 1°. La marche de la température aura donc suivi une progression géométrique décroissante ayant pour premier terme 16 et pour raison 1/2. Ce sont là, bien entendu, des chiffres arbitraires, destinés seulement à expliquer le sens de la loi de NEWTON.

Chez l'animal vivant, la courbe de l'échauffement n'est pas du tout la même. Il ressent tout de suite les effets de la chaleur, et devient le siège de modifications profondes qui troublent fatalement la marche de l'accroissement thermique. Tout d'abord les impressions périphériques que provoquent chez lui les différences de la température ambiante produisent des phénomènes réflexes dont la conséquence immédiate est une exaltation de ses propriétés chimiques. Il en résulte alors un dégagement de chaleur interne qui vient s'additionner à la chaleur qu'il prend du dehors; et sa température monte plus vite que ne monte celle du milieu ambiant. Puis, à mesure que sa peau s'échauffe, la circulation entraîne le gain calorifique vers les parties centrales de l'organisme, de sorte que sa température monte d'une façon graduelle et uniforme. En même temps que l'animal s'échauffe, les combustions interstitielles de ses tissus augmentent, et avec elles la production de la chaleur interne. Si l'on associe ces trois éléments, qui, quoique différents, marchent constamment ensemble, on a une courbe dans laquelle l'accroissement thermique ne suit plus une progression géométrique, mais présente des oscillations remarquables.

Quant aux organismes homéothermes, pour des différences de température compatibles avec l'existence, ils gardent constante la température de leur milieu intérieur. La marche de leur température reste invariablement la même pendant le temps que dure l'expérience.

Ainsi donc, pour des variations thermiques comprises entre + 2° et + 33°, l'animal mort atteint l'équilibre thermique en suivant la loi de Newton, l'animal hétérotherme l'atteint et même le dépasse, sans garder une semblable proportionnalité, et enfin la température de l'animal homéotherme ne subit aucune modification appréciable.

Les phénomènes suivent une marche inverse, mais parallèle, lorsque au lieu de considérer l'échauffement on envisage le refroidissement.

2º *Cas*. — S'il s'agit de températures trop élevées, le corps de l'animal mort continuera toujours à s'échauffer en suivant la même loi. Mais, au delà d'une certaine limite, les éléments anatomiques qui le forment subiront des modifications physiques qui changeront le pouvoir conducteur des tissus et seront une cause de variation constante pour la vitesse de l'échauffement. Dès lors toute proportionnalité aura disparu, bien que le corps finisse tôt ou tard par se mettre en équilibre de température avec le milieu extérieur. Dans le cas où cette température atteint les limites de la combustion, le corps brûle, et bientôt il se trouve réduit à l'état de cendres.

L'animal à température, variable, lui aussi, passe par des phénomènes semblables. Après une courte période dans laquelle les fonctions s'exaltent, au point d'atteindre l'*ultra maximum*, sa vie s'éteint définitivement.

En ce qui concerne l'animal homéotherme, le système de régulation finit par ne plus lui suffire. Sa température monte, en effet, au bout de quelques instants, et, si l'excès de chaleur persiste, il ne met pas longtemps à succomber. On remarquera cependant que, dans la courte phase qui précède la mort de cet être, l'accroissement de sa température n'est pas en rapport avec la loi de Newton. Ceci s'explique par l'intervention de phénomènes chimiques dont les tissus sont le théâtre constant, et qui sont une source de chaleur indépendante de la chaleur extérieure. Après la mort, les conditions de l'être étant les mêmes que pour le premier cas, nous n'avons plus à nous en occuper.

Dans les très basses températures, la marche de ces trois organismes suit à peu près un ordre inverse, mais parallèle. Avant que la congélation ait lieu, les tissus de l'animal à température constante et ceux de l'animal à température variable continueront à dégager de la chaleur, s'opposant ainsi à la régularité du décroissement thermique chez ces derniers êtres. Puis tous les trois présenteront les mêmes conditions, et leurs pertes calorifiques seront de plus en plus décroissantes, jusqu'au moment où apparaîtra l'équilibre thermique.

Les modifications thermiques ne sont pas les seules que la chaleur produise en agissant sur les corps. Elle y donne aussi lieu à des phénomènes mécaniques que la physique étudie sous le nom de *travail intérieur* et *travail extérieur*. Sous ce rapport les êtres vivants présentent aussi quelques différences avec les corps bruts. En dehors de celles qui tiennent à la diversité de composition des tissus animaux et végétaux et des corps inertes de la nature, qui font que le coëfficient de dilatation de chacun d'entre eux n'est pas comparable, il y en a d'autres plus marquées se rapportant à l'aptitude que possèdent les organismes de transformer l'énergie calorifique en énergie vitale, et *vice versâ*. C'est là, il est vrai, une question qui se prête aujourd'hui à des discussions nombreuses. En tout cas, on est forcé d'admettre que cette transformation existe, bien que nous ne puissions pas préciser les termes de son évolution énergétique. L'animal, comme la plante, ne crée ni ne détruit rien, et il emprunte tout au monde extérieur.

La chaleur et les organimes élémentaires. — On sait que la cellule représente l'unité morpho-physiologique de la vie. Elle est en effet l'expression la plus simple des organismes compliqués, dont elle possède les fonctions les plus générales, c'est-à-dire les premières que l'examen révèle dans l'évolution de la matière organisée. Ainsi donc, en voyant la manière dont la cellule supporte les différences de la température extérieure, nous serons en mesure de mieux interpréter les modalités du phénomène chez les êtres les plus perfectionnés.

La cellule est contractile et irritable. Dans ce sens elle réagit contre les variations thermiques de son milieu en exécutant des mouvements divers. Le *minimum* et le *maximum* de cette activité se trouvent en général entre 0º et 40º. Il existe en plus une température *optimum* qui est la plus favorable à la motilité de cet élément. Les belles expériences de Naegeli sont tout à fait démonstratives à cet égard. L'auteur allemand a vu, en suivant au microscope les mouvements des cellules du *Nitella syncarpa*, que ces éléments se déplacent plus ou moins vite dans la préparation, selon que la température à laquelle ils se trouvent soumis est plus ou moins forte. C'est ainsi qu'à 0° ils font un chemin de 0^mm,4 en 60″ et qu'à 5° ils parcourent la même distance en 24″; à 10° en 8″; à 20° en 6″ à 31° en 1″,5 et finalement à 37° ils ne mettent que 0″,6. Il a constaté, en outre, que lorsqu'on arrive à un certain degré, les mouvements de ces cellules s'arrêtent tout à coup et leur protoplasma devient rigide. C'est là la limite que les Allemands appellent le *Wärmestarre* ou *Wärmetetanus* du protoplasma, par opposition au *Kältestarre* ou rigidité frigorifique. Le froid semble agir sur la motilité protoplasmique en sens inverse, Kühne a remarqué que les amibes deviennent tout à fait immobiles à une température voisine de 0°.

La cellule est encore le siège de phénomènes chimiques importants. Elle absorbe l'oxygène, élimine l'acide carbonique, retient les substances assimilables et en expulse celles qui ne lui sont pas nécessaires. Ces diverses manifestations sont aussi sous la dépendance de la température.

Si l'on chauffe graduellement une solution de glucose en cours de fermentation, l'on voit que la production d'acide carbonique augmente parallèlement avec la température et qu'elle atteint son maximum vers la limite de 30° à 35°. Cette limite d'exaltation fonctionnelle varie pour chaque espèce d'organisme; mais elle ne fait jamais défaut. On la désigne sous le nom d'*optimum vital*, et elle a comme caractère distinctif d'être tout près de la limite mortelle.

Max Verworn a représenté schématiquement la marche des phénomènes chimiques dans le protoplasma, en fonction de la température, par une courbe qui montre clairement la place qu'occupent dans l'échelle thermométrique le *zéro vital*, le *minimum d'activité*, le *point optimum* et la *limite mortelle*.

C'est grâce aux recherches de Schultze, de Naegeli et de Kühne que nous sommes aujourd'hui bien fixés sur les degrés de température où apparaissent les modifications dont nous venons de parler. Voici quelques chiffres qui indiquent la valeur du *maximum* et de l'*ultra maximum* thermiques pour les différentes espèces de cellules.

	MAXIMUM.	ULTRA-MAXIMUM.
	degrés C.	degrés C.
Didymia serpula.	30	35
Aethalium septicum.	39	40
Actinosphaera bicornis.	38	43
Urtica urens.	44	47-48
Miliola.	38	43-48
Tradescantia virginica	46	47-48
Valisneria spiralis	40	47-48
Nitella syncarpa.	40	47-48
Chora flexilis.	34	45

La cellule se reproduit, mais elle demande pour cela une somme de chaleur favorable, en dehors de laquelle sa reproduction devient impossible, ou du moins difficile. Pasteur a vu qu'à une température inférieure à + 16° ou supérieure à + 44°, le microbe du charbon change son mode de reproduction : au lieu de former les spores qui lui donnent naissance, il se reproduit alors par simple scissiparité. D'après quelques expérimentateurs il arriverait même à perdre les caractères morphologiques et fonctionnels de son espèce. Cette forme nouvelle de la reproduction devient parfois héréditaire, et Pasteur a pu, par cette méthode, obtenir une espèce différente de la bactéridie charbonneuse, dont il a su tirer le plus grand profit. Ces faits démontrent à quel point l'influence du milieu se fait sentir sur les organismes élémentaires. Ces êtres, qui en quelques jours donnent plus de générations que les plantes et les animaux supérieurs n'en fournissent en des centaines de siècles, se prêtent à merveille à l'étude de l'éternel problème de l'évolution.

Finalement la cellule succombe lorsque la température dépasse les limites entre lesquelles sa vie se manifestait d'ordinaire. Il y a cependant une distinction à faire entre la mort par la chaleur et la mort par le froid. Dans les hautes températures, le protoplasma subit une modification profonde et durable dans ses éléments constitutifs, lesquels se coagulent pour la plupart, n'ayant plus aucune des propriétés vitales. C'est ici qu'apparaît le *Wärmestarre*, ou rigidité calorifique, dont le mécanisme de production a été bien étudié par toute une série d'expérimentateurs, et en particulier par Schultze.

Quel que soit le degré de température où cette modification se présente, les albumines du protoplasma finissent toujours par se coaguler, et dès lors, la structure de l'être étant totalement changée, les fonctions physiologiques ne peuvent plus s'accomplir.

Par contre, dans les basses températures, le protoplasma des organismes élémentaires ne meurt jamais. Il y a bien un point où ses mouvements et ses fonctions cessent; mais on ne trouve pas la limite qui le tue définitivement. Une ancienne expérience de Kühne démontre avec toute précision le fait que nous venons d'énoncer. Si l'on laisse le *Tradescantia virginica* pendant plusieurs heures à la température de — 14°, on voit que ses mouvements actifs disparaissent, mais qu'ils réapparaissent de nouveau lorsqu'il revient à la température normale. La congélation des organismes dans l'eau entraîne la mort de ceux-ci quand ils sont enfermés dans des vases clos, attendu que la congélation, dans ces conditions les soumet à une pression considérable. On sait, en effet, que, pour une pression d'une atmosphère, on peut abaisser la température de l'eau de 0°,0075 au-dessous de 0° sans qu'elle se congèle. — Or, dans ces conditions, Madeur a démontré que les oscillaires, les crustacés, etc., qui ont résisté à une température de — 15° sont morts à — 6° ayant subi une pression de presque 1000 atmosphères. Autrement le froid est impuissant par lui-même à produire la mort des êtres monocellulaires. Hofmeister est arrivé aux mêmes résultats que Kühne, et les intéressantes recherches de Pictet sont venues confirmer leurs conclusions. Cet expérimentateur a pu, par l'évaporation de différents gaz liquéfiés, spécialement par des mélanges d'acide carbonique et d'acide sulfureux, soumettre plusieurs espèces de micro-organismes à la température de — 200°. A son grand étonnement, ces êtres, graduellement chauffés, ont repris le cours de leur vie comme si rien ne s'était passé. Il interprète ainsi ces résultats : « Nous avons démontré, dit-il, qu'aux basses températures, voisines de — 100°, tous les phénomènes chimiques, sans aucune exception, sont anéantis et ne peuvent plus se produire. Donc, les actions chimiques, *qui par principe même et définition* doivent se manifester dans la profondeur des tissus pour que nous puissions y reconnaître la présence de la vie, *sont supprimées ipso facto* à — 200°, dans tous les germes, spores, graines, etc., etc. Nous nous trouvons ainsi au moment où l'on réchauffe ces organismes refroidis à — 200°, dans d'excellentes conditions, pour caractériser un des côtés principaux de la vie, à savoir, si elle prend naissance spontanément dans un organisme mort préexistant. Si la vie, semblable au feu des Vestales, devait disparaître à jamais de l'organisme que l'on l'aurait laissé s'éteindre, ces germes, une fois morts (et ils sont à — 200°), devraient rester morts! Au contraire, ils *vivent*, ils se développent comme si ce refroidissement n'avait pas eu lieu. Donc la vie est une manifestation des lois de la nature au même titre que la *gravitation* et la *pesanteur*. Elle ne meurt jamais, elle ne meurt jamais, elle demande pour se manifester l'*organisation préexistante*. Celle-ci obtenue, *chauffez, mettez l'eau, la lumière*, etc., et de même qu'une machine à vapeur dans ces conditions se met à fonctionner, le germe vivra et se développera. »

Ainsi donc le protoplasma des organismes élémentaires supporte sans danger les plus basses températures. Mais il faut admettre qu'au delà de la congélation ses fonctions n'existent plus. Nous prendrons donc ce point comme la limite négative de l'existence, c'est-à-dire comme le *zéro vital*.

Les organismes supérieurs en présence des variations de la température extérieure. — Lorsqu'on considère l'action de la chaleur sur les organismes supérieurs, on ne peut oublier que les tissus dont ils sont formés ne sont qu'un agrégat d'éléments anatomiques, constituant par leur ensemble une véritable colonie cellulaire. Dans ces conditions on comprend que les différences de la température extérieure doivent d'abord agir sur les cellules ou les tissus pour retentir ensuite sur l'individu tout entier. Bien plus, en supposant que chaque cellule possède une unité de résistance thermique variable, et que la cellule nerveuse meurt avant les cellules musculaire, glandulaire, osseuse, etc., supposition, que, d'ailleurs, l'expérience vérifie, on conçoit que la mort de l'être précède toujours la mort des éléments qui le forment. L'harmonie fonctionnelle est, en effet, une condition indispensable dans le mécanisme physiologique des êtres compliqués. Chez eux, le moindre arrêt, la plus légère perturbation locale dans la vie d'un ou plusieurs groupes de cellules, peut très bien suffire à entraîner la mort de l'ensemble.

En vertu de cette solidarité organique qui est d'autant plus marquée que l'être appartient à un ordre plus élevé, le *zéro vital* se déplace constamment dans l'échelle zoologique et varie pour les différentes espèces. Alors que les animaux à température constante succombent en général quand leur température interne descend au-dessous de + 20°, les animaux à température variable vivent fort bien dans les limites comprises entre cette température et 0°. Ils supportent même, comme PICTET l'a démontré, des abaissements thermiques plus considérables. Cela ne pouvait être autrement en raison des différences physiologiques que comportent ces deux classes des êtres. Les organismes homéothermes déploient dans leur fonctionnement le maximum d'activité physiologique qu'il nous est donné de concevoir. La nature les a doués à cet effet d'un appareil régulateur qui les maintient à une température constante. Cette température, qui oscille entre 36° et 42°, coïncide justement avec la limite dans laquelle l'expérimentation découvre l'optimum fonctionnel de la vie. Par contre, les organismes hétérothermes, chez lesquels les besoins de l'organisation sont faibles et les activités chimiques médiocres, suivent docilement les variations de la température extérieure et s'accommodent sans danger aux oscillations fonctionnelles que la chaleur leur impose.

Ces courtes considérations nous démontrent la nécessité où nous sommes d'envisager l'influence de la chaleur d'abord sur les éléments anatomiques et leurs fonctions, puis sur l'organisme dans sa totalité.

Avant d'entrer dans cette étude, nous voudrions cependant dire quelques mots sur ce qu'on doit entendre par les expressions *chaud* et *froid*, et sur la véritable signification physiologique de ces deux termes.

Pour les besoins de la pratique, les physiciens ont divisé la chaleur : celle qui est au-dessus du point de fusion de la glace et celle qui est au-dessous, en prenant ce point comme le zéro du thermomètre. La première s'indique par le signe + et la seconde par le signe —. Toutes deux nous montrent qu'on peut donner à un corps de la chaleur en plus ou en moins de celle de la fusion de la glace. Mais si pour le signe + on ne trouve pas de limites, puisque la chaleur n'est que la force vive de l'atome Σ (mv^2), celle-ci peut, tout au moins en théorie, s'agrandir jusqu'à l'infini. Il n'en est pas de même pour le signe —. On ne peut pas enlever à un corps plus de chaleur qu'il n'en possède, car Σ (mv^2) devient négative. Il y a donc une limite inférieure, et on considère — 273° comme le zéro absolu.

En physiologie cette division physique de la chaleur ne peut pas nous suffire. Nous ne pouvons pas prendre le zéro du thermomètre comme limite et appeler chaleur toute température qui est au-dessus, et froid celle qui est au-dessous. Le point zéro en physiologie, c'est-à-dire le point où, pour l'animal, la chaleur finit et le froid commence, est extrêmement variable, non seulement pour les différentes espèces, mais aussi pour les divers individus. On peut appeler *chaud* ou *froid* toute température qui s'éloigne en + ou en — de la normale thermique. Or nous savons que la normale thermique de l'organisme est formée de deux facteurs essentiels :

1° La température du milieu intérieur, plus ou moins constante ;

2° La température de la surface extérieure, accommodée pour un milieu ambiant quelconque.

On peut donc avoir chaud ou froid quand la température interne monte ou descend au delà de la normale, ou simplement quand on se trouve dans un milieu ambiant qui donne ou enlève plus de chaleur à notre surface externe que celle que nous recevons, ou, que nous rayonnons d'habitude. Un exemple suffira pour démontrer l'importance de cette accommodation. Les puits et les caves ont une température qui varie très peu ; cependant, en entrant dans ces endroits, nous éprouvons dans l'été une sensation de froid, et dans l'hiver une sensation de chaud. Ceci s'explique par le fait que la peau se trouve accommodée pour un milieu qui est plus chaud (été) ou plus froid (hiver) que celui de ces endroits. Le capitaine Ross raconte que lui et ses compagnons de route se trouvaient fort bien à une température de — 26°, après avoir passé quelque temps dans des régions qui avaient — 47°. La variabilité du point zéro est tout aussi grande si l'on se rapporte à la température interne des animaux à équilibre thermique constant. Il est évident qu'un oiseau aura froid quand sa température descendra à + 39°, alors que l'homme ou un animal dont le milieu interne se trouve à + 37°, ressentiront les effets de la chaleur à cette même température.

Le zéro physiologique est en outre fonction de la sensibilité cutanée. Or lès auteurs ne sont pas d'accord, lorsqu'il s'agit de le préciser. Tandis que FECHNER le place à une température de 17°,6 pour l'homme, SENATOR croit qu'il coïncide avec une température de 27° ou 28°. D'après NOTHNAGEL et EULENBURG, la zone neutrale de la température extérieure oscillerait entre 27° et 33°. Nous croyons ces chiffres un peu trop forts.

Il résulte de tout ceci que le chaud et le froid doivent être envisagés comme étant des phénomènes purement sensationnels que provoquent en nous les différences de la température ambiante, ou les oscillations thermiques de notre propre milieu. Nous renvoyons à l'article **Sens thermique** pour ce qui concerne l'étude détaillée de ces deux phénomènes.

Action de la chaleur sur les grandes fonctions organiques. — En faisant l'analyse de l'influence que la chaleur exerce sur les diverses fonctions de l'organisme, nous nous proposons de rendre plus facile, dans une certaine mesure, l'interprétation des phénomènes que les êtres présentent selon les variations de la température extérieure. Nous pourrons, en même temps, nous convaincre que la limite de résistance de chaque cellule à la chaleur n'est pas la même, et que cette limite, quoique relativement faible, est toujours beaucoup plus forte que celle de l'organisme tout entier. Cette notion à elle seule offre, à notre avis, une importance considérable. Elle démontre que la chaleur, et peut-être les autres agents physiques, sont incapables de déterminer la mort de l'organisme par les modifications directes qu'ils provoquent.

I. Circulation. — Cœur. — La fièvre est un trouble trop complexe pour bien apprécier l'action de la chaleur sur le rythme cardiaque, car, si l'élévation thermique en est un élément très important, il n'est pas le seul. Aussi toutes les expériences faites en élevant la température de l'organisme pour voir l'effet que cette élévation produit sur la fonction du cœur, n'ont-elles qu'une valeur très restreinte. Il est impossible de se rendre compte exactement des variations fonctionnelles que le cœur subit sous l'influence de la chaleur, sinon en le soumettant directement à la température que l'on désire expérimenter.

Nous commencerons par mentionner les recherches de CYON, qui a pu, grâce au système de circulation artificielle conçu par LUDWIG et ses élèves, isoler le cœur des animaux à sang froid et le soumettre à l'action des diverses températures. Il a vu, le premier, que le nombre et la force des battements cardiaques étaient, dans une limite donnée, en rapport direct avec la température. En procédant assez lentement, il est arrivé à maintenir en fonction le cœur de la grenouille à des températures inférieures à 0°. Il donne, comme limites des basses températures, un chiffre qui oscille entre 0° et — 4°, et pour les hautes températures + 40°. Au delà de ces extrêmes, le cœur se congèle ou entre en rigidité suivant les cas, et dès lors il ne répond plus aux excitations extérieures.

BOWDITCH, LUCIANI et ARISTOW ont presque totalement confirmé ces recherches. Toutefois le dernier de ces expérimentateurs trouve que la limite donnée par CYON pour la mort du cœur par la chaleur est très variable pour chaque individu, et que dans certains cas, elle peut être plus considérable. C'est surtout une question de durée, point sur lequel CYON semble ne pas avoir insisté. ARISTOW a cherché à déterminer la vitesse de la disparition définitive des mouvements cardiaques en plongeant cet organe dans un bain d'eau salée à des températures supérieures à 40°, et en voyant ensuite s'il répondait aux excitations électriques, une fois replacé dans les conditions normales. Ses résultats ont été les suivants :

TEMPÉRATURE	TEMPS D'ARRÊT DÉFINITIF du cœur
degrés.	secondes.
65.	10
63.	5
63.	15
63.	20
50.	60
50.	60
50.	90
50.	180
45.	180
40.	300
40.	360

On voit que la limite de la résistance décroît proportionnellement avec l'intensité de l'action thermique. Il est probable que les conditions différentes dans lesquelles ces deux physiologistes agissaient sont pour quelque chose dans la divergence de leurs résultats. En effet, alors que CYON pratiquait une circulation artificielle dans le cœur, ARISTOW plaçait cet organe dans un bain à la température voulue. Or il est certain que, dans les expériences de CYON, la fibre cardiaque prenait tout de suite la température du liquide qui baigne le myocarde. Il n'est pas de même dans les expériences d'ARISTOW. Ici la chaleur ambiante devait traverser le péricarde viscéral, puis le muscle cardiaque dans toute son épaisseur pour chauffer totalement le cœur. Étant donnée la mauvaise conductibilité calorifique de ces tissus, on peut s'expliquer la résistance thermique plus grande que ARISTOW trouve pour le cœur de la grenouille.

Dans des recherches récentes, ATHANASIU et CARVALLO sont arrivés, par des injections très chaudes faites dans le système veineux, à porter le cœur de la tortue à 50°,4 et 50°,98 pendant 19 secondes, à 48°,6 pendant 24 secondes, sans tuer le cœur. Il se produit alors une forte accélération du rythme cardiaque qui précède et accompagne cette élévation thermique. Ainsi le cœur de la tortue a donné 40 pulsations en 20″ (soit 120 à la minute), alors qu'à l'état normal il n'avait que 27 par minute. Cette accélération dure relativement peu, puis le cœur s'arrête complètement. Mais il reprend, et au bout de quelques minutes il arrive presque à son état normal, en gardant toutefois un rythme un peu plus accéléré, dû probablement à l'échauffement de l'animal.

Mais le cœur ne se comporte pas tout à fait de même lorsqu'il s'agit des animaux homéothermes.

CL. BERNARD nous avait appris que, quand on élève la température d'un animal à température constante de cinq ou six degrés au-dessus de la normale, le cœur s'accélère tout d'abord, et finalement succombe, entrant vite en rigidité. Suivant lui, la mort arriverait même par suite de cette rigidité prématurée de la fibre cardiaque, qui fait que cet organe s'arrête définitivement dans les limites comprises entre 43° et 45° pour les mammifères et entre 45 et 48° pour les oiseaux.

Ces résultats, nous l'avons déjà dit, laissent beaucoup à désirer en ce qui concerne la détermination exacte de la résistance cardiaque chez les animaux homéothermes, et l'expérience est venue nous démontrer plus tard qu'ils s'éloignent de la vérité.

C'est un physiologiste américain, NEWELL MARTIN, qui réussit, en 1883, à faire, pour l'étude expérimentale de l'action de la température sur le cœur des mammifères, ce que CYON et d'autres expérimentateurs avient déjà fait pour le cœur des animaux à température variable.

Il vit alors que le cœur du chien, isolé des autres organes, excepté du poumon, pouvait vivre trois et quatre heures sous l'influence d'une circulation artificielle, et qu'il supportait sans peine des températures oscillant entre 16°,5 et 44°. L'optimum fonctionnel de cet organe, c'est-à-dire le degré de température qui coïncidait avec le maximum des pulsations, était pour les divers individus entre 40°,6 et 43°,3. Les variations de température du liquide circulant s'accusaient toujours par un changement dans le rythme cardiaque. Celui-ci devient plus rapide pour toute élévation de température, et *vice versa*, de sorte que l'on peut dire qu'il est fonction de la température, Les limites mortelles se trouvent en général vers 45° pour la chaleur, et vers + 16° pour le froid. Nonobstant, dans une observation, il a vu le cœur supporter la température de 48°.

LANGENDORFF et NAWROCKI de leur côté sont arrivés, par une méthode semblable, à étudier les effets des oscillations thermiques sur le cœur des mammifères (chat et lapin). Ils font cependant leurs expériences sur le cœur totalement séparé du corps et ne le maintiennent pas, ainsi que faisait NEWELL MARTIN, dans une chambre à température constante, mais simplement dans un vase en rapport avec l'air extérieur. La diversité des résultats obtenus tient peut-être simplement à ces différences de dispositions. LANGENDORFF pense que les condition dynamiques de la circulation sont défectueuses dans l'appareil de NEWELL MARTIN. Voici quelles sont ses conclusions :

1° La fréquence des battements cardiaques croit avec la température jusqu'à une limite qui varie entre 44° et 46°, suivant les conditions de l'échauffement. En élevant sans interruption la température du cœur, on trouve que sa fréquence devient stationnaire entre 40° et 46°, et qu'ensuite, elle diminue jusqu'à la mort. Par contre si, arrivé à ce point, on s'arrête pour revenir en arrière, et recommencer l'échauffement, la fréquence monte de nouveau et elle dépasse la limite indiquée. De 276 battements par minute que le cœur donnait dans une expérience à la température de 45°,8, après une pause de quelques minutes, il en donna 300 à la même température, et 100 à 46°,5.

Pour les basses températures, ils ont vu le cœur battre à +7° en donnant une pulsation toutes les 100 secondes.

2° L'optimum fonctionnel du cœur se trouve entre 43° et 46°; mais il y a deux optima : un qui se présente tout d'abord dans le voisinage de 44°, lorsqu'on échauffe sans s'arrêter, et un autre bien plus haut, aux environs de 46°, pendant quelques instants.

3° Les limites extrêmes de la température, au delà desquelles le cœur s'arrête définitivement, oscillent, pour le froid, entre + 6° et + 7°, et pour la chaleur entre + 45° et + 47. Dans un cas très extraordinaire, ils ont pu enregistrer quelques pulsations d'un cœur dont la température était montée à + 49°.

On voit donc qu'il y a quelques différences entre les résultats obtenus par N. MARTIN et ceux obtenus par LANGENDORFF et NAWROCKI. Ces auteurs ne procédaient pas dans leurs expériences d'une façon absolument identique. Tous prenaient la température dans le ventricule cardiaque, mais, alors que NEWELL MARTIN maintenait le cœur dans une chambre chauffée à une température constante, LANGENDORFF et NAWROCKI laissaient cet organe en contact avec l'air extérieur et par là exposé aux causes de refroidissement. On peut donc se demander si la température de la fibre cardiaque était la même dans l'un et dans l'autre cas, lorsque le cœur venait à s'arrêter.

ATHANASIU et CARVALLO ont pu, en injectant par la veine jugulaire externe du chien 50 centimètres cubes d'eau à la température de 92°, surprendre dans le ventricule droit, à l'aide de soudures thermo-électriques très sensibles, une température de 55 à 60°. — L'animal ne présenta à la suite de cette injection qu'une légère accélération dans le rythme cardiaque, avec quelques phénomènes dyspnéiques qui disparurent au bout de courts instants. Une ou deux heures après l'expérience, l'animal était tout à fait remis.

Dans le ventricule gauche, l'injection d'eau chaude par une des veines pulmonaires peut comme dans le ventricule droit, produire une forte élévation de température que le cœur supporte tout aussi bien.

Sang. — Le sang des animaux qui ont subi les effets de l'échauffement ou du refroidissement local ou général présente des modifications importantes, tant au point de vue physique qu'au point de vue chimique et structural. Ces modifications sont, pour un grand nombre d'auteurs, la cause de la mort des animaux chauffés et refroidis. Elles méritent donc que nous leur apportions toute notre attention.

Les recherches de KLEBS (1863), BEALE (1864), ROLLETT (1864), et particulièrement celles de SCHULTZE (1865), ont bien déterminé la limite de résistance des éléments morphologiques du sang aux diverses températures.

KLEBS, tout d'abord, avait déjà observé que les globules rouges du sang de l'homme, sous l'influence des hautes températures, dans la fièvre et d'autres maladies, changeaient de forme, devenant, d'ellipsoïdaux qu'ils étaient, irréguliers et crénelés. BEALE, un an après, trouva que la limite mortelle pour les hématies des mammifères ne dépassait guère la température de 52°. D'après ROLLETT, les globules rouges vivent bien entre 40° et 45°. En refroidissant le sang, cet auteur a vu que ces éléments résistent à la température de 4°-5°, mais qu'ils meurent dans la congélation en abandonnant leur hémoglobine.

C'est à SCHULTZE que nous devons nos connaissances les plus précises sur cet intéressant point. Il nous a indiqué tout d'abord les limites extrêmes compatibles avec l'intégrité structurale des éléments morphologiques du sang ; puis il nous a montré les diverses phases par lesquelles passent ces éléments dans leur désagrégation anatomique. Nous savons, grâce à lui, que les leucocytes meurent définitivement entre + 45° et 50° et que les hématies ne sont pas totalement détruites entre + 50° et + 60°.

Ces recherches de SCHULTZE ont été faites sur le sang de l'homme et des mammifères, et aussi sur le sang de la grenouille. Il a vu ainsi qu'il fallait s'attendre à ce que les éléments morphologiques du sang de ce dernier animal offrissent une résistance moindre que ceux des animaux à température constante pour les hautes températures. La limite mortelle ne dépasse jamais + 42°, et varie entre ce chiffre et + 38°. D'autre part, ils supportent mieux l'action du froid, et nous n'ignorons pas que le sang d'une grenouille congelée reprend ses conditions physiologiques sitôt que l'animal revient à la température normale.

Maurel, qui a étudié aussi l'action de la chaleur sur les leucocytes, résume ainsi les résultats de ses recherches : une température de 44 à 45° tue les leucocytes de l'homme en quelques minutes; entre 43 et 44°, ces éléments ne vivent qu'une heure; enfin, à une température de 42 à 43°, ils peuvent vivre pendant trois heures avec toute leur activité.

Nous ferons remarquer à ce propos que, dans nos expériences sur le sang de peptone, nous avons presque toujours trouvé comme limite mortelle pour les éléments figurés, hématies et leucocytes, une température qui ne dépasse guère + 50°. Malgré la vitalité manifeste dont jouissent ces éléments dans le sang de peptone, ils succombent en général à une température bien inférieure à celle que donne Schultze comme limite maxima. Déjà vers 50° on commence à percevoir, surnageant dans le plasma, des cristaux d'hémoglobine qui ne tardent pas à devenir nombreux. Celle-ci se réduit peu à peu, et le sang offre, au bout d'une à deux heures, un aspect noirâtre et gélatineux.

L'étude du sang chez les animaux qui ont succombé aux variations de la température extérieure nous fournit aussi des renseignements très utiles.

En ce qui concerne les altérations anatomiques qui surviennent dans ce liquide, soit à la suite de brûlures, soit par cause de congélations locales ou générales, il existe un nombre considérable de travaux.

Wertheim (1868) et Ponfick (1876, 1879, 1883) furent les premiers à signaler les altérations des globules rouges dans le sang des individus brûlés. Lesser, en 1880-1881, fit des constatations semblables, mais il attribue la mort des animaux à la perte des propriétés fonctionnelles des globules sanguins, et non pas à leur destruction. A l'appui de sa théorie il cherche à établir une certaine analogie entre les accidents auxquels donne lieu la mort par brûlures et les troubles qui se produisent dans l'empoisonnement par quelques substances, comme l'acide pyrogallique, qui diminuent ou arrêtent la *puissance vitale* des globules rouges.

Eberth et Schimmelbusch (1888), dans leur étude sur la thrombose, croient aussi à l'existence de ces altérations. Leurs recherches cependant n'ont pas une grande valeur, étant donné qu'ils agissent sur la paroi des vaisseaux en y provoquant des lésions profondes, lesquelles entraînent indirectement l'arrêt et la mort des éléments figurés.

Hock, dans un travail récent (1893), insiste sur l'importance des modifications globulaires, chez les individus qui meurent par brûlures. Il a observé que les hématies y présentent des formes irrégulières en voie de segmentation, et que les leucocytes, surtout les basophiles, deviennent en général fort nombreux. D'après lui, l'hyperleucocytose n'atteint jamais le degré indiqué par Wertheim où le nombre des globules blancs était égal à celui des globules rouges.

Finalement Friedlander, dans une communication au dernier congrès allemand de médecine interne (Wiesbaden, 1897), fait remarquer que les actions thermiques modifient le sang de la manière suivante. La chaleur augmente le nombre des globules rouges et blancs, mais les leucocytes sont plus abondants que les érythrocytes. D'ailleurs le rapport numérique de ces éléments dans le sang qui sort des gros vaisseaux varie avec l'état de dilatation ou de contraction des capillaires. Si les capillaires sont dilatés, les érythrocytes diminuent dans les gros vaisseaux, et inversement. Il y a donc une véritable modification dans la distribution des éléments sanguins, mais non dans le sang lui-même.

Ces dernières années, Welti d'abord (1889-1890) et Salvioli ensuite (1891), ont fait des recherches très intéressantes dans le but de démontrer le rôle que les *plaquettes* du sang jouent dans les accidents qui succèdent aux applications calorifiques.

Le premier de ces auteurs soutient que les causes de la mort résident dans l'accumulation des plaquettes dans le sang, lorsqu'elles forment des embolies nombreuses qui vont s'arrêter dans les différents viscères de l'organisme. Si l'on examine le sang d'un animal avant et après l'application calorifique, on trouve, après l'action hyperthermisante, une augmentation considérable dans le nombre des plaquettes, fait qui explique, d'après cet auteur, l'origine et la formation des embolies.

Pour Salvioli, les plaquettes n'augmentent point dans le sang des individus brûlés. Bien au contraire, elles diminuent par suite de leur accumulation dans les endroits soumis à l'action de la chaleur, et c'est d'ici qu'elles partent agglomérées en donnant lieu

à la production d'embolies. Il a pu se [convaincre *de visu* de la marche de ce phénomène, en regardant au microscope les vaisseaux du mésentère étalé dans le porte-objet
de Thomas, et plongé dans l'eau salée à une température variant entre 35° et 65°.

Quant aux effets généraux de la chaleur, qui ne donnent pas lieu à la destruction
directe des tissus, ils sont pour ainsi dire incapables de modifier l'état morphologique
du sang. La raison en est que la mort arrive bien avant que ces altérations aient eu le
temps de se produire. Quelques expérimentateurs cependant, entre autres Vincent (1888),
ont vu que le nombre des globules rouges augmente dans l'hyperthermie, mais ils
pensent que ce phénomène est dû à la concentration énorme du sang par suite de l'évaporation pulmonaire.

Les actions frigorifiques ont des effets un peu différents. Si celles-ci agissent localement d'une façon très intense, ainsi que Pouchet l'a vu, elles peuvent causer la destruction des éléments figurés du sang. Au contraire, dans la mort par refroidissement,
le sang conserve toutes ses propriétés histologiques.

Il n'en est pas de même pour les conditions physiques et chimiques du sang.

Lorsqu'on soumet ce liquide *in vitro* à l'influence d'un échauffement toujours croissant, on voit qu'entre 50° et 60° il commence à perdre sa rutilance, et qu'il devient tout à
fait noir vers la température de 70°. C'est là un fait que Cl. Bernard a constaté pour la
première fois, et qui démontre que l'hémoglobine se décompose, en approchant des
hautes températures de 70°. Ces altérations n'ont pas lieu de se produire lorsque la chaleur agit sur l'organisme tout entier. Dans aucun cas d'hyperthermie pathologique ou
expérimentale, la température ne monte à des limites si considérables.

Toutefois le sang des individus chauffés présente d'autres modifications physiques
qu'il convient de signaler. En premier lieu, sa densité est bien plus forte qu'à l'état normal. Cl. Bernard avait déjà énoncé ce fait, et d'autres expérimentateurs l'ont confirmé
depuis. Tappeiner, de son côté, a fait la même remarque pour le sang des individus brûlés.
Le sang devient, surtout dans les brûlures, moins transparent, à cause de l'hémoglobine
qu'il contient en solution.

En outre, comme le sang est soumis à une certaine pression dans l'appareil circulatoire et que cette pression se modifie consécutivement aux actions calorifiques, les
phénomènes vaso-moteurs que les différences de température provoquent sur les vaisseaux cutanés, et spécialement les modifications fonctionnelles du cœur, expliquent fort
bien les oscillations de la pression sanguine chez les sujets soumis à l'influence de la
chaleur ou du froid. Néanmoins ces premières altérations, que nous pouvons considérer
comme de nature réflexe, font place à des troubles durables qui s'accentuent aux
approches de la mort. Dans l'hyperthermie expérimentale, la pression artérielle persiste
telle qu'elle était au début, et peut même s'élever de quelques millimètres; mais elle
baisse tout à coup, lorsque l'animal commence à agoniser. Dans le refroidissement lent
au contraire, la pression tombe progressivement, et elle devient nulle, quand on approche
de la limite mortelle.

Modifications chimiques du sang. — Dans la mort par la chaleur Cl. Bernard
avait soutenu, et avec lui Mathieu et Urbain (1871-72), que les gaz du sang, ou pour mieux
parler, l'oxygène, se trouvent fortement diminués dans le sang des animaux qui succombent à l'hyperthermie.

Ces travaux soulèvent cependant une objection capitale : c'est que l'analyse a été
faite sur du sang recueilli après la mort. Or le sang perd vite son oxygène après l'arrêt
de la respiration, puisque les combustions organiques continuent, chez les animaux
échauffés, longtemps après la mort.

Vincent a démontré que, contrairement à ce qu'a affirmé Cl. Bernard, le sang
garde, dans l'hyperthermie, les proportions normales d'oxygène. Nous donnons ici
une de ses expériences (gaz pour 100 vol. de sang).

Chien dans l'étuve à 38°.

		ÉTAT NORMAL (T. : 39°)	HYPERTHERMIE (T. : 42°)
Sang veineux	CO_2	37 cc. 5	34 cc. 5
	O	12 cc. 5	10 cc. 5
Sang artériel (carotide)	CO_2	38 cc.	24 cc. 25
	O	17 cc. 5	17 cc. 75

CHALEUR.

Cette expérience semble prouver que la quantité comparative d'oxygène des sangs artériel et veineux, alors que les animaux ont atteint une haute température, est à peu près normale. Mais ce n'est pas tout. LAVERAN et REGNARD ont constaté depuis que, chez les animaux qui ont des accidents graves produits par la chaleur seule ou par la chaleur et l'exercice, non seulement la quantité d'oxygène du sang est normale, mais la proportion d'acide carbonique diminue d'une façon considérable. Ainsi le sang artériel du chien, qui renferme en moyenne 35 à 40 cc. de CO^2, pour 100 cc. de sang, ne contient, d'après les analyses de ces auteurs, que 18^{cc},3 p. 100, lorsque la température de l'animal est à $42°,5$ et 24^{cc},2 p. 100 quand elle est à $43°,5$.

Dans la mort par refroidissement, les gaz du sang suivent les oscillations suivantes, d'après les analyses de MAYER :

TEMPÉRATURE DE L'ANIMAL.	SANG ARTÉRIEL.		
	O.	CO^2.	Az.
	vol. p. 100.	vol. p. 100.	vol. p. 100.
37°	17,7	30,9	1,5
30°	19,9	28,9	1,5
21°	23,1	24,3	1,4

Enfin, par suite du trouble apporté dans les phénomènes chimiques des tissus, par la chute ou l'élévation de la température organique, le sang des animaux placé dans ces conditions peut acquérir des propriétés toxiques. C'est là une question que nous discuterons en détail, lorsque nous parlerons des théories qui interprètent le mécanisme de la mort par les variations de la température.

Vaisseaux. — C'est un fait de connaissance vulgaire que les variations de la température extérieure agissent sur les vaisseaux cutanés en provoquant soit leur dilatation, soit leur constriction. La peau devient rouge et congestionnée sous l'influence du chaud, et son système capillaire se contracte sous l'influence du froid.

L'étude de ces phénomènes de vaso-dilatation et de vaso-constriction déterminés par les oscillations de la température ambiante a été l'objet de nombreuses recherches. H. MILNE-EDWARDS s'exprime ainsi sur la nature de ces phénomènes : « L'action du froid produit un rétrécissement des petites artères; une forte chaleur produit le même effet, tandis qu'une chaleur modérée dilate les vaisseaux. » VULPIAN, dans ses *Leçons sur l'appareil vaso-moteur* (1875), fait remarquer que le froid semble porter son action directe sur la musculature des vaisseaux en y provoquant des contractions très énergiques. FRANÇOIS-FRANCK, en 1875, s'aperçoit aussi que le volume des organes change avec les variations de la température; mais, d'après lui, ces modifications sont plutôt de nature réflexe. GÄRTNER cependant se rapproche de l'opinion de VULPIAN, en admettant que les phénomènes de vaso-dilatation et de vaso-constriction provoqués par le chaud et le froid sont de nature locale et nullement réflexe.

UGOLINO MOSSO, en 1889, reprend l'étude de cette question, et, à l'aide du pléthysmographe de son frère ANGELO MOSSO, réalise une série d'expériences sur l'homme, dont il tire les conclusions suivantes :

1° La dilatation des vaisseaux par l'action locale du chaud et du froid est un phénomène de paralysie; 2° il n'existe point de pouvoir régulateur pour l'action locale du chaud et du froid, puisque les vaisseaux sanguins ne réagissent d'une manière certaine que pour les deux températures extrêmes entre 4°-5°, 33°-40°.

Il soutient, enfin, qu'au delà de ces deux limites les fibres musculaires et les parois des vaisseaux perdent complètement leur tonicité.

Dans la plupart de ses recherches l'auteur a eu la précaution d'inscrire simultanément les variations de volume du bras opposé afin de connaître les phénomènes dus à une action réflexe. Il a fait même des circulations artificielles à travers différents organes séparés du corps. Les résultats ont été toujours comparables. Les vaisseaux sanguins se paralysent lorsque la température ambiante dépasse la température physiologique. Cette

modification survient pour les températures élevées à partir d'une limite qui oscille entre
+ 33° et + 36° ; et, pour les températures basses, au delà de 4° à 6°. Entre ces limites les
vaisseaux de la peau se dilatent ou se contractent, sans aucune proportionnalité, suivant
que la température extérieure monte ou baisse.

Salvioli, au cours de ses recherches sur le mécanisme de la mort par brûlures (1891),
a eu l'occasion d'étudier les changements qui surviennent dans la circulation mésentérique, par suite de l'élévation de la température. Dans le mésentère de la grenouille la
circulation présente des états différents, suivant la température de l'eau dans laquelle cet
organe se trouve plongé. Aux environs de 50°, les veines aussi bien que les artères se
dilatent tout d'abord en masse, et le courant sanguin augmente de rapidité; après quelques minutes les artères se rétrécissent de telle façon que les globules rouges peuvent à
peine y progresser, tandis que les veines se dilatent encore davantage, et arrivent
à occuper une étendue d'un tiers supérieur à la normale. Chez les mammifères ces
modifications de la périphérie des vaisseaux, produites par les hautes températures,
ne se montrent pas avec la même netteté. Salvioli, pour arriver à une grande précision, a constamment mesuré le diamètre des vaisseaux aussi bien avant qu'après l'action de la chaleur.

Ces recherches ont été reprises tout récemment par A. Lui, en 1894, et par Sarah
Amitin, en 1897. Le premier de ces expérimentateurs s'est servi de la méthode des circulations artificielles à une température variant de 30° à 49° et à pression constante. Le
second a eu recours au pléthysmographe de Kronecker, et a étudié plus spécialement
les conditions thermiques dans lesquelles se maintient le tonus des vaisseaux.

A. Lui a vu que tout changement de température du liquide circulant à + 33° donne
lieu d'abord à une dilatation passagère, puis à une constriction durable des vaisseaux.
D'après lui, la chaleur exciterait deux appareils distincts et antagonistes: l'appareil de
constriction et l'appareil de dilatation des vaisseaux, et les effets produits seraient par
conséquent le résultat de ces deux actions contraires. Au commencement ce serait l'action de l'appareil dilatateur qui prédominerait, plus tard ce serait celle de l'appareil
constricteur. En faveur de l'existence de ces deux appareils antagonistes, l'auteur cite une
expérience dans laquelle, en ajoutant de l'atropine au liquide circulant, l'action constrictrice de la chaleur fut beaucoup plus manifeste.

Finalement Sarah Amitin a pu, en maintenant à une température constante l'eau du
pléthysmographe dans les limites comprises entre 33° et 43°, démontrer que les vaisseaux
gardent intact à cette température leur pouvoir de répondre aux excitations réflexes,
périphériques ou autres. Contrairement à ce que soutenait Mosso, à ces températures,
les vaisseaux de la peau ne sont nullement paralysés. Dans ces conditions, le volume du
bras reste sensiblement le même, ou du moins il subit des oscillations insignifiantes.
Par des températures inférieures, de + 31° à + 12°, limite inférieure où l'expérimentateur
s'est arrêté, le volume du bras diminue d'autant plus que l'abaissement de température
est plus considérable. Toutefois, entre + 12° et 18°, l'état de constriction des vaisseaux
semble rester le même. Le volume du bras opposé n'est pas influencé par les impressions
calorifiques réflexes, mais il est cependant très sensible aux impressions frigorifiques.
Entre ces deux limites, son volume reste à peu près constant.

On voit donc que la question n'est pas encore tranchée. De tant de recherches, un
fait net se dégage cependant, que d'ailleurs l'observation simple avait remarqué: c'est
que le froid et la chaleur, jusqu'à une certaine limite d'intensité et de durée, provoquent :
le premier la contraction des vaisseaux, et la seconde leur dilatation.

Quant aux modifications qui surviennent dans le fonctionnement des centres et des
nerfs vaso-moteurs à la suite des variations de la température, nous les étudierons au
chapitre **Système nerveux**.

Respiration. — Les nombreux phénomènes qui constituent la fonction respiratoire
se trouvent, ainsi qu'il fallait s'y attendre, profondément modifiés, par suite des variations de la température extérieure.

Phénomènes mécaniques. — En ce qui concerne les phénomènes mécaniques,
nous savons que le rythme respiratoire change lorsque la chaleur ou le froid viennent
à agir sur l'organisme.

Ackermann, Goldstein (1872), Mertschinsky (1881) et Gad ont attribué cette modification du rythme respiratoire à l'élévation de la température du sang et à l'échauffement consécutif des centres respiratoires. SIBLER, au contraire, explique ce phénomène par l'excitation des nerfs périphériques, et le croit de nature réflexe. En 1884, CH. RICHET démontre par une série d'expériences que cette dypsnée peut être d'origine centrale ou réflexe, suivant les conditions dans lesquelles l'animal se trouve, et il établit la nature de ce phénomène en montrant que cette *dyspnée*, ou mieux *polypnée* thermique, est un procédé de régulation de la température et de la résistance à la chaleur.

D'autres expérimentateurs, particulièrement VINCENT (1888), ont en outre étudié la marche que suit la respiration dans la mort par hyperthermie. Ils ont constaté qu'à partir du moment où la polypnée atteint son maximum, la courbe de la respiration, loin de continuer à s'élever comme celle de la température, s'abaisse peu à peu avec la même régularité qu'elle offrait dans son ascension, comme par une sorte d'épuisement lent, et reprend son caractère primitif. Enfin, il arrive une période dans laquelle on voit survenir de véritables syncopes respiratoires, qui peuvent durer huit, dix et trente secondes, et la respiration s'arrêter complètement, d'ordinaire avant le cœur.

Sous l'influence du froid, le rythme et la fréquence des mouvements respiratoires suivent une marche inverse. Si au début du refroidissement la respiration s'accélère et que les mouvements thoraciques deviennent plus amples, cette phase ne dure que quelques instants, et elle est vite remplacée par d'autres phénomènes ayant précisément un caractère opposé.

La respiration se ralentit considérablement au fur et à mesure que la température de l'animal descend. Sa fréquence tombe de 20 ou 30 par minute, ce qui est le chiffre normal chez le chien, à 2 et à 3 lorsque la température de cet animal est aux environs de 24° (ANSIAUX, 1889-1890).

Le type des mouvements respiratoires présente aussi quelques particularités intéressantes. Après un certain degré de refroidissement, l'expiration active se fait plus rapidement; mais l'inspiration plus lentement qu'à l'état normal. Il y a de plus, entre l'inspiration et l'expiration, des pauses qui durent parfois plusieurs minutes, sans que l'animal en soit beaucoup incommodé. Il oublie de respirer, suivant l'heureuse expression d'A. Mosso. En général, ces pauses apparaissent une demi-heure après le commencement de la réfrigération, lorsque la température de l'animal approche de la limite de 26°. Elles ne semblent pas beaucoup influencées par la respiration artificielle, fait qui prouve qu'elles ne sont pas des manifestations asphyxiques. Finalement, la respiration s'arrête tout à fait, et cet arrêt survient plusieurs minutes après la cessation des battements cardiaques, comme ANSIAUX l'a démontré.

Phénomènes chimiques. — L'étude des modifications qui surviennent dans les phénomènes chimiques de la respiration sous l'influence de la température a eu son point de départ dans les belles et classiques recherches de REGNAULT et REISET sur la respiration de diverses classes d'animaux. En 1843, ces auteurs montrèrent, d'une façon indiscutable, que, lorsque la température d'un animal à sang froid varie, ses échanges augmentent ou diminuent d'intensité en suivant un rapport direct avec la température. Pour ne citer qu'une de leurs expériences, nous donnons ici celle qui fut faite sur des lézards soumis à des températures différentes, dont les résultats confirment pleinement le fait énoncé tout à l'heure.

NOMBRE D'EXPÉRIENCES.	TEMPÉRATURE DE L'ANIMAL.	OXYGÈNE CONSOMMÉ par heure et par kilo.
	Degrés.	Grammes.
I. Trois lézards pesant 68gr.5	7.3	0,0246
II. Deux lézards pesant 42 grammes. . .	11.8	0,0646
III. Trois lézards pesant 62 grammes. . .	23,4	0,1916

On voit par cette expérience que l'absorption de l'oxygène augmente avec la température. Il en est de même pour la production de l'acide carbonique.

Postérieurement, MARCHAND et MOLESCHOTT (1857) retrouvèrent chez la grenouille l'existence de la même loi. Ces dernières recherches manquaient cependant de base expérimentale sérieuse; elles furent très vivement attaquées par PFLÜGER, qui, en reprenant l'étude de cette question, réalisa une des œuvres des plus admirables de la physiologie contemporaine. C'est lui et ses élèves qui ont parfaitement démontré la différence qui sépare à ce point de vue les animaux homéothermes et hétérothermes. Ils ont prouvé que, tandis que les premiers de ces animaux règlent l'activité de leurs fonctions chimiques en raison inverse de la température extérieure, les seconds suivent fidèlement les oscillations que leur impose la température ambiante. On peut, ainsi que l'ont fait PFLÜGER et AUBERT, maintenir en vie une grenouille privée d'oxygène, pendant deux jours, simplement en abaissant beaucoup sa température. Et cependant ce même animal succombe en quelques minutes par manque d'oxygène lorsque sa température dépasse 30°.

Depuis lors, nombre d'expérimentateurs ont confirmé les résultats de PFLÜGER. En 1894-1895, VERNON a montré quelques particularités intéressantes sur ce sujet en ce qui concerne les animaux hétérothermes. On sait que HUGO SCHULTZ (1876-1877) avait remarqué que la grenouille présentait une activité chimique toujours croissante pour une élévation de température comprise entre 0° et 30°, mais que cette variation était à peine sensible entre 6° et 14°. L'auteur attribuait cette inégalité plutôt à une erreur expérimentale qu'à une exception à la loi fondamentale formulée par PFLÜGER. VERNON insiste sur la constance de ce fait, qu'il dit avoir observé dans presque toutes ses expériences. Voici ses conclusions :

La production de l'acide carbonique, chez la grenouille intacte, varie peu pour des accroissements graduels de la température entre 2° et 17°,5. A partir de ce point, elle augmente proportionnellement avec la température. Dans le refroidissement, la production carbonique reste constante entre 17° et 12°,5 ou 10°, et, alors, elle décroît d'une façon uniforme avec la température. Chez les grenouilles curarisées, les échanges sont proportionnels à la température, et, lorsque les changements thermiques s'opèrent avec grande rapidité, la courbe de l'intensité des échanges respiratoires concorde tout à fait avec celle des variations de la température. Tout récemment (1897), ce même auteur démontre encore que la période de l'échauffement ou du refroidissement, pendant laquelle l'élimination de CO^2 reste constante chez les animaux poïkilothermes, n'est pas au même niveau thermique pour les différentes espèces. Il trouve en outre que cette période peut être déplacée ou supprimée, en pratiquant aux animaux diverses lésions nerveuses ou en les soumettant à des intoxications différentes.

Ainsi donc, pour les animaux à température variable, le métabolisme chimique des tissus est fonction de la température. C'est seulement quand l'élévation thermique atteint la limite mortelle qu'on voit l'intensité de ces phénomènes s'affaiblir presque instantanément.

Pour les animaux homéothermes, les choses se passent autrement. Lorsque les variations thermiques extérieures ne sont pas suffisamment intenses pour troubler le mécanisme régulateur, les échanges augmentent ou diminuent d'intensité en suivant une marche inverse à celle de la température extérieure. Sous l'action du froid, leurs activités chimiques s'exagèrent, et, sous l'influence du chaud, elles diminuent d'intensité. PFLÜGER et SPECK ont bien montré que ces modifications se produisent par l'intermédiaire du système nerveux. En effet, les homéothermes anesthésiés se comportent à ce point de vue comme les poïkilothermes. Dans cet état, ils consomment d'autant plus d'oxygène et éliminent d'autant plus d'acide carbonique que la température externe est plus élevée et vice versâ.

Voyons maintenant ce que deviennent les échanges dans ces organismes lorsqu'ils perdent leur équilibre thermique, c'est-à-dire lorsque leur température monte ou descend au delà de la normale, par suite des variations du milieu extérieur.

Tous les expérimentateurs qui se sont occupés de l'étude de la fièvre ont vu que la consommation de l'oxygène et la production de l'acide carbonique augmentent considérablement chez les animaux fébricitants. FRAENKEL et LEYDEN ont démontré, en injectant du pus dans les veines d'un animal, que la fièvre septique s'accompagne d'une augmentation de CO^2 proportionnelle à la température, et qu'en moyenne cette augmentation est de 50 p. 100. LIEBERMEISTER et SENATOR sont arrivés aux mêmes résultats, en mesurant les échanges respiratoires des malades atteints de fièvre. On pourrait cependant objecter à ces expériences qu'elles ont été faites sur des individus soumis à l'influence de divers éléments pathologiques, autres que l'élévation de la température. Mais les recherches postérieures de COLASANTI et PFLÜGER ont prouvé que cette objection n'a aucune raison d'être. Voici, en effet, quelle a été la consommation de l'oxygène et l'élimination de l'acide carbonique par heure et par kilogramme chez des cobayes normaux et chez des cobayes fébricitants, soumis par COLASANTI à l'influence de l'hyperthermie expérimentale.

	OXYGÈNE CONSOMMÉ par kilo et par heure.	ACIDE CARBONIQUE produit par kilo et par heure.	QUOTIENT RESPIRATOIRE.	TEMPÉRATURE DE L'ANIMAL (rectum).
				Degrés.
État normal	948,17	872,06	0,92	37,1
État fébrile peu intense.	1138,87	949,50	0,83	38,3
État fébrile très manifeste. . . .	1242,60	1201,59	0,96	39,7

On voit donc que l'activité des échanges respiratoires augmente en raison directe de l'élévation de température que l'animal subit. Un seul auteur conteste ces résultats. C'est LITTEN; qui, en chauffant des cochons d'Inde dans des vases clos à double paroi et munis d'ouvertures latérales, trouve, en analysant les gaz de la respiration, une diminution de l'excrétion carbonique. Mais ses expériences sont critiquables, attendu que cet auteur soumettait ses animaux à un jeûne prolongé, de 50 *heures* presque, et que, dans de pareilles conditions, les processus chimiques des tissus sont considérablement affaiblis.

Du reste VINCENT a démontré ultérieurement que l'augmentation des échanges respiratoires est constante chez les animaux soumis à l'hyperthermie. Il a vu que l'absorption de l'oxygène croît progressivement à mesure que la température de l'animal placé dans une étuve à 37° commence à s'élever. Le maximum de cette absorption correspond, d'après lui, à une hyperthermie voisine de 44°. A ce moment l'amplitude des mouvements respiratoires est maximum, quoique la respiration soit moins fréquente; mais, au delà de cette limite, la consommation de l'oxygène baisse rapidement jusqu'à la mort. Pour QUINQUAUD, dont le procédé expérimental a été un peu différent de celui de VINCENT (car il enfermait ses animaux dans des étuves d'air sec à la température de 80° et 85°, ou bien il les plongeait dans des bains à 45°), l'activité des combustions respiratoires n'est pas tout à fait proportionnelle à l'accroissement de la température, et le maximum de cette activité correspond à une température bien plus basse que celle indiquée par VINCENT; elle est, d'après ses expériences, aux environs de 42°. Nous ne craignons pas d'affirmer, étant donné la manière de procéder de chacun de ces deux expérimentateurs, que les résultats obtenus par VINCENT se rapprochent plus de la vérité. Les températures employées par QUINQUAUD étaient beaucoup trop fortes, et on comprend que dans ces conditions les animaux n'aient pas le temps de réagir aussi bien que lorsque leur température s'élève graduellement.

En résumé, chez les animaux à température constante, les échanges respiratoires diminuent lorsque la température extérieure s'élève, tant que ces animaux conservent le pouvoir régulateur; puis les activités chimiques augmentent à mesure que leur température centrale monte. Finalement, aux approches de la mort par hyperthermie, on voit que les combustions respiratoires diminuent d'intensité et qu'elles s'arrêtent définitivement.

Aux basses températures, les phénomènes chimiques de la respiration se conduisent d'une façon inverse. Tout d'abord ils augmentent d'intensité, et ceci d'une manière d'autant plus marquée que la baisse de la température extérieure est plus considérable. RAOULT PICTET a vu un chien soumis à un abaissement thermique du milieu ambiant, inférieur à — 100°, conserver pendant une heure sa température centrale à 37°. Donc l'accroissement des combustions a dû être considérable pour pouvoir faire face à une déperdition calorifique de cet ordre. Malheureusement cette régulation ne dure pas longtemps, et bientôt l'organisme commence à se refroidir en perdant peu à peu son activité chimique. Les auteurs ne sont pas d'accord sur la limite thermique où apparaissent ces modifications. Pour WILHELM VELTEN, les échanges diminuent sensiblement d'intensité sitôt que la température de l'organisme descend de quelques degrés. Voici le protocole d'une de ses expériences tout à fait démonstrative.

NUMÉRO D'EXPÉRIENCES.	OXYGÈNE CONSOMMÉ par kilo et par heure.	TEMPÉRATURE MOYENNE de l'animal.	DURÉE DE L'EXPÉRIENCE en minutes.	ACIDE CARBONIQUE produit par kilo et par heure.
		Degrés.	Minutes.	
1.	510,53	38,3	20	486,77
2.	545,75	38,5	20	524,51
3.	425,84	33,1	20	428,38
4.	271,79	29,3	20	296,37
5.	227,38	25,5	25	269,99
6.	220,84	24,5	20	160,32
7.	190,64	24,5	30	193,15

Pour QUINQUAUD, au contraire, dans tous les cas où la température centrale ne descend pas au-dessous de 28° à 32° pour les mammifères, le refroidissement augmente l'absorption de l'oxygène et la production de l'acide carbonique, et cette augmentation peut atteindre le double ou le triple de la quantité physiologique à un moment où la température des animaux est inférieure à la normale. Comment pouvoir concilier cette diversité de résultats? Les deux expérimentateurs ont eu recours à la méthode du bain froid dans toutes leurs expériences. Ils ont opéré sur la même classe d'animaux; mais, tandis que le premier avait soin de les curariser, le second les attachait solidement, croyant que c'est assez pour les maintenir dans l'immobilité absolue. Mais cela ne suffit pas, de sorte qu'il est presque sûr que, dans les expériences de QUINQUAUD, l'activité musculaire des animaux fut excitée par le refroidissement, et donnait lieu à une augmentation des échanges.

La preuve de cette augmentation nous est fournie par les expériences de MAYER. Cet auteur a vu que l'intensité des combustions respiratoires chez les mammifères refroidis diffère suivant que l'animal a son système nerveux moteur intact ou paralysé par le curare. Dans le premier cas, les combustions augmentent avec l'abaissement de la température, jusqu'au moment où la chaleur de l'animal oscille aux environs de 25°. Dans le second cas, les combustions augmentent et diminuent avec la température, comme dans le muscle détaché du corps.

Ainsi donc, à l'état normal, les animaux luttent contre le refroidissement, à des températures supérieures à 30°. Puis, en dépassant cette limite, leurs échanges diminuent d'intensité proportionnellement avec la température, pour devenir nuls aux approches de la mort. Toutefois l'analyse des gaz du sang des animaux morts par réfrigération démontre qu'ils ne succombent pas aux progrès de l'asphyxie.

Si, à l'aide de la respiration artificielle et de l'échauffement lent et progressif, on fait revenir ces animaux à la température normale, les échanges suivent un ordre inverse, quoique ne gardant plus la même proportionnalité que dans le refroidissement.

Nutrition. — Métabolisme des matières azotées. — Les variations du métabolisme chimique des matériaux azotés de l'organisme ont été beaucoup étudiées, sous l'influence des variations thermiques, spécialement dans la fièvre. LIEBERMEISTER et SENATOR ont trouvé que l'excrétion azotée augmente chez les individus fébricitants et que cette augmentation peut, dans certains cas, devenir considérable. On pourrait cependant, à notre point de vue, ne pas tenir compte de ces observations, attendu qu'elles ont été faites sur des individus malades, souffrant d'autres troubles que l'élévation de la température, troubles qui peuvent directement ou indirectement modifier la vie des éléments cellulaires. Dans ce sens, les expériences de BARTELS (1864) sont, à notre avis, les premières qui furent bien conduites. Cet auteur trouva une légère augmentation de l'excrétion azotée sur un homme qu'il avait enfermé dans une étuve à 53° jusqu'à ce que sa température fût montée à 41°,6. Malheureusement il ne tint pas compte du genre d'alimentation auquel se trouvait soumis l'homme en question, et, par ce seul oubli, son expérience perd toute sa valeur. NAUNYN, en 1869 et 1870, expérimenta sur un jeune chien auquel il donnait tous les jours la même quantité de viande. Cet animal, enfermé dans une étuve d'air chaud pendant deux heures, présentait une élévation de température de 38°,8 à 41°,5, et le chiffre d'azote dans l'urine totale de ce jour était de 9,76 au lieu de 6,7 les autres jours. SCHLEICH, en 1875, a fait des expériences du même ordre sur l'homme, et il a constaté ainsi qu'à la suite de l'hyperthermie provoquée par un bain chaud (38°-42°,5), la proportion d'azote dans l'urine augmenta par rapport à l'état normal.

KOSTJURIN (1880) croit également à l'augmentation de l'excrétion azotée chez les individus dont la température s'élève de quelques degrés. Il a vu, par exemple, sur les hommes soumis à une diète absolue, que l'azote urinaire atteignait un chiffre bien plus fort quatre heures après un bain chaud que quatre heures avant.

Voici les résultats de ses analyses :

	Grammes.
4 heures avant le bain.	3,36
4 heures après le bain.	5,82
1 jour avant le bain.	13,21
1 jour après le bain.	13,38
2 jours après le bain.	15,86

FREY et HEILIGENTHAL, deux médecins de Baden-Baden, ont pu faire des recherches nombreuses chez les individus qui séjournent dans cette station balnéaire. Leurs conclusions semblent plutôt contraires aux faits que nous venons d'énoncer. On jugera, d'après les chiffres suivants, quelle a été la variation azotée, évaluée en grammes d'urée, dans les vingt-quatre heures, pour des individus soumis au même régime alimentaire à l'état normal et après les bains chauds :

JOURS.	EXCRÉTION. azotée.	
1 normal.	46,40	
2 normal.	44,10	Moyenne : 45,47
3 normal.	45,90	
4 bains	39,90	
5 bains	48,30	Moyenne : 45,85
6 bains	49,35	

On voit dans ce tableau que le premier jour l'action de la chaleur a provoqué une diminution du taux azoté, tandis que le second et le troisième jours elle a donné lieu à une augmentation assez forte. Nonobstant, les moyennes sont sensiblement égales, et comme les auteurs le font remarquer, l'élévation thermique change plutôt la marche de l'excrétion azotée que son importance réelle.

Les expériences de KOCH (1883) plaident en faveur de ces derniers résultats. D'après lui les animaux dont la température s'élève, par suite de l'immersion dans un bain chaud, n'offrent pas une excrétion plus abondante d'azote. Pourvu que l'alimentation soit toujours identique et que les animaux ne soient pas soumis à d'autre cause de perturbation que l'influence de la chaleur, le chiffre d'azote reste à peu près le même qu'à l'état normal, ou bien il diminue dans de faibles proportions. SIMANOWSKY (1885) a fait, sous la direction de VOIT et de RUBNER, des recherches sur ce point, qui confirment les résultats obtenus par KOCH. Il a dosé l'azote dans l'urine, dans les fèces et dans la respiration des animaux normaux et des animaux soumis à l'hyperthermie expérimentale, en établissant ainsi le bilan nutritif dans ces deux sortes de conditions. Les chiffres obtenus ont été toujours comparables et dans aucun cas l'élévation thermique n'a provoqué la moindre augmentation dans l'azote éliminé. Il conclut que, dans la fièvre expérimentale, les cellules et les tissus n'effectuent pas de transformations azotées plus intenses que celles qui s'opèrent à l'état normal. Peut-être les phénomènes d'oxydation ne sont-ils pas assez avancés pour déterminer l'oxydation totale et complète des produits dérivés de l'hydratation de la molécule albumineuse. Le fait est que les urines des fébricitants contiennent en plus grande abondance l'acide urique, la créatine, la créatinine et les autres substances qui proviennent de la nutrition des tissus.

L'évolution de l'azote dans l'organisme refroidi nous est encore moins connue. La plupart des expérimentateurs ont porté leur attention sur les phénomènes chimiques de la respiration élémentaire, et ils ont laissé de côté les modifications qui se produisent dans l'azote absorbé ou éliminé.

Métabolisme des hydrates de carbone et des autres substances. — La fonction glycogénique a été assez bien étudiée chez les animaux chauffés et refroidis, d'abord par Cl. Bernard (1855) puis par Külz (1880) et Quinquaud (1887). Le premier de ces physiologistes avait observé, chez les animaux refroidis, qu'à mesure que leur température baisse, le sucre diminue dans le foie, à tel point que vers 18° ou 20° on ne trouve plus de trace de glycogène dans cet organe. Il a fait remarquer que l'action du froid doit durer un certain temps, pour que la disparition du glycogène se produise complètement. Chez les cobayes qu'il refroidissait en les entourant de glace, il n'y avait pas de glycogène, une heure ou deux heures après le refroidissement. Ces expériences ont été répétées par Külz sur le lapin avec les mêmes résultats. Quinquaud a mieux précisé la marche de la glycogénèse dans l'échauffement et dans le refroidissement en mesurant les quantités de glucose que contient le sang des animaux chauffés ou refroidis aux divers moments de leurs variations calorifiques. Il conclut de ses expériences que, sous l'influence des bains froids, la quantité de glucose contenue dans le foie devient plus considérable et produit la glycosurie chez le lapin. Telle est la règle lorsque les animaux sont refroidis assez rapidement; mais, dans le cas où la réfrigération est lente, 8 à 10 heures, on voit que le sucre commence à disparaître dans le sang et dans le foie.

Sous l'influence des bains chauds, le glucose augmente aussi dans le sang, mais c'est seulement lorsque l'hyperthermie marche avec rapidité; dans le cas contraire le glucose du sang diminue. Disons encore que les animaux soumis à un échauffement artificiel intense présentent parfois des lésions de dégénérescence graisseuse dans les divers viscères. La graisse semble se former dans ces conditions aux dépens des albuminoïdes. (Liebermeister, Litten, etc.)

Koch a voulu se renseigner sur les modifications que subissent les substances minérales les plus importantes de l'organisme sous l'influence de l'hyperthermie. A cet effet, il a dosé le soufre, le chlore et le phosphore dans l'urine des animaux soumis à l'action de la chaleur avant et après la fièvre expérimentale. Il a trouvé dans beaucoup d'analyses des chiffres tout à fait comparables. On peut donc affirmer que l'élévation de température ne hâte pas la décomposition minérale des éléments organiques. En est-il de même pour le refroidissement? Nous n'en savons rien.

En résumé, parmi les principes qui entretiennent la vie des éléments cellulaires, — albumine, glycogène et substances minérales, — la première et les dernières semblent ne pas subir de modifications appréciables dans leur évolution chimique pour des températures compatibles avec la vie des organismes. Au contraire, le glycogène augmente ou disparaît avec les variations thermiques que l'animal subit, sans qu'on puisse préciser le mécanisme qui exagère ou arrête sa production.

Digestion. — Les variations de la température extérieure influencent les fonctions de l'appareil digestif de diverses manières. Elles peuvent augmenter ou diminuer l'intensité des phénomènes chimiques, troubler le mécanisme des actes sécrétoires, exciter les fonctions motrices de l'estomac et de l'intestin, apaiser ou exagérer les sensations internes qui nous indiquent le besoin de prendre des aliments solides ou liquides.

Les solutions de ptyaline deviennent tout à fait inactives à la température de 70°. Il en est de même pour les solutions de pepsine stomacale et de trypsine pancréatique. Toutefois ces substances supportent à l'état sec des températures considérables sans se détruire. Huffner a chauffé le ferment pancréatique à 100°, et il a vu qu'il conservait toutes ses propriétés. Schmidt et Salkowski ont fait de même pour la pepsine qui a pu résister pendant des heures à la température de 150° en gardant son activité primitive. Des faits semblables ont été observés par Camus et Gley pour le *lab ferment*.

Les très basses températures modifient aussi la constitution chimique de ces ferments en les rendant inactifs. Contejean prétend que la pepsine se détruit par congélation, et d'Arsonval soutient que le ferment inversif perd définitivement son activité au delà de — 90°.

Nous avons dit que la température la plus favorable à l'activité de ces ferments est la température du corps; mais cela n'est pas vrai pour tous. Ainsi la pepsine des animaux à sang chaud se montre plus active entre 40° et 50° (WITTICH); la lipase pancréatique entre 50° et 60° (HANRIOT et CAMUS). Néanmoins, d'ordinaire, les ferments digestifs agissent le plus rapidement à la température comprise entre 36° et 40°; au-dessus 'ou au-dessous de cette limite, leurs actions chimiques se trouvent fortement gênées. On sait que les solutions de pepsine transforment lentement les albuminoïdes à la température ambiante, et qu'elles perdent tout à fait leur pouvoir peptonisant vers 10°. Ce fait est d'autant plus curieux que, chez les animaux hétérothermes, ces mêmes principes se montrent particulièrement actifs. MUNISIER et FICK ont trouvé que le suc préparé avec la muqueuse gastrique de la grenouille, du brochet et de la truite, dissout rapidement l'albumine coagulée à 0°. HOPPE-SEYLER a confirmé ces résultats, en ajoutant que l'optimum fonctionnel de ces sucs digestifs se trouve aux environs de 20°. FICK et HOPPE-SEYLER ont tiré de ces faits la conclusion que les ferments digestifs des animaux à sang froid sont d'une nature chimique différente de ceux des animaux à sang chaud.

Ainsi les phénomènes chimiques de la digestion peuvent être directement influencés par les oscillations thermiques auxquelles les animaux sont exposés. Par exemple, l'animal homéotherme, dont la température baisse à 23°, devient incapable de digérer les matières azotées qui se trouvent dans son estomac, et la digestion de celles-ci s'interrompt dans le cas où elle serait commencée. Par la même raison, le processus chimique de la digestion chez les animaux poïkilothermes est profondément troublé lorsque leur température monte au delà de 30°.

Ces modifications ne sont pas les seules que la chaleur ou le froid provoquent sur les fonctions de l'appareil digestif. Les phénomènes de sécrétion sont aussi influencés. Il n'est pas d'auteur, ayant étudié l'hyperthermie expérimentale, qui ne parle de la salivation abondante que présentent les animaux en expérience. Cette salivation semble cependant obéir aux excitations réflexes; car, à mesure que la température de l'animal s'élève, on voit la muqueuse bucale devenir sèche et rouge, et l'écoulement de la salive s'arrêter tout à fait. On sait, du reste, que la fièvre s'accompagne d'une sensation de sécheresse et d'ardeur à l'arrière-bouche qui détermine le plus souvent une soif inextinguible. Toute la question est de savoir si l'élévation thermique peut par elle seule arrêter ou diminuer les phénomènes de sécrétion dans les autres parties de l'appareil digestif. Plusieurs observations cliniques tendent à le faire croire.

Nous savons, en effet, que le liquide de sécrétion stomacale change souvent de composition chimique dans les diverses maladies. La littérature médicale nous montre des cas de fièvre typhoïde ou autres, dans lesquels on a pu constater une diminution considérable de l'acidité du suc gastrique. On n'a jamais vu cependant que la pepsine fasse défaut dans n'importe quelle maladie. Toutefois les individus fébricitants présentent une inappétence absolue, et ont les signes d'un véritable catarrhe stomacal. Dans la fièvre, les digestions sont laborieuses, et pénibles, et le suc gastrique offre parfois une acidité insignifiante.

Les fonctions sécrétoires de l'intestin subissent des modifications importantes, sous l'influence des changements thermiques. La diarrhée paraît obéir, dans beaucoup de cas, au trouble réflexe apporté dans la circulation de l'intestin par les impressions périphériques brusques du chaud ou du froid. En outre, l'intestin est soumis, en sa qualité d'organe éliminateur, aux variations fonctionnelles que la peau éprouve par les différences de la température extérieure. De sorte que, lorsque la sécrétion sudorale s'interrompt par suite d'un froid intense, on voit l'intestin redoubler son activité fonctionnelle, afin de débarrasser le sang des produits qui s'y sont accumulés par suite de l'arrêt de la sueur.

CALLIBURCÈS (1857), dans ses études sur l'influence du calorique sur la motilité des tissus contractiles en général, avait remarqué, chez la grenouille, que les intestins sortis de la cavité abdominale devenaient le siège de mouvements péristaltiques beaucoup plus intenses, quand on les exposait à la température des animaux homéothermes. Il se convainquit que cette augmentation de mouvements ne tenait pas à l'influence de la circulation modifiée par la chaleur ni à celle du système nerveux cérébro-spinal, en incisant une anse intestinale qu'il privait ainsi de ses relations anatomiques. Depuis, il constata les mêmes phénomènes sur l'appareil digestif des animaux homéothermes, et il détermina la limite de température qui fait reparaître les mouvements intestinaux, lors-

qu'ils ont récemment disparu. Cette limite oscille entre 19° et 25°, pour les différents individus; entre 35° et 50° les mouvements cessent après être devenus extrêmement faibles.
Postérieurement, tous les expérimentateurs ont pu s'apercevoir du fait signalé par
CALLIBURCÈS, qui démontre l'importance de la température, comme agent d'excitation.
HORWATH, en 1873, a vu que les mouvements spontanés ou provoqués de l'intestin, sorti
de la cavité abdominale, et placé dans un bain de solution physiologique, sont d'autant
plus forts que la température du liquide est plus élevée, entre + 19° et 41°. Au delà de
ces limites, les mouvements de l'intestin cessent complètement. LÜDERITZ, en 1889, conteste en partie ces résultats. Cet auteur trouve, en refroidissant totalement les animaux,
que les mouvements spontanés de l'intestin sont encore visibles à + 7°,6 et qu'on peut
les faire naître par excitation locale de l'intestin à une température voisine de 0°. A ce
moment ils n'apparaissent qu'au bout de 45 à 60 secondes, après l'excitation.

Nous savons enfin que la chaleur et le froid contribuent, par une voie indirecte, c'està-dire en ralentissant ou en activant les échanges des tissus, à modifier l'intensité de
nos sensations alimentaires.

Ces effets sont généralement opposés pour la chaleur et pour le froid. La chaleur
diminue la faim et augmente la soif. Le froid, au contraire, excite le besoin d'aliments
solides et diminue la nécessité d'aliments liquides. Cela se comprend; dans les hautes
températures les pertes de liquide atteignent un chiffre énorme, tandis que les combustions respiratoires et le métabolisme chimique des tissus s'affaiblissent considérablement. Au contraire, dans les basses températures, les pertes par évaporation sont pour
ainsi dire nulles, mais les combustions augmentent par rapport à l'état normal, afin de
maintenir l'équilibre thermique de l'animal. Les centres nerveux traduisent ces modifications, engendrées par les variations du milieu, en nous donnant des sensations appropriées
aux besoins de l'organisme. Toutefois, lorsque la température du corps dépasse certaines
limites, on voit ces sensations disparaître peu à peu et s'éteindre définitivement. Il serait
intéressant de déterminer à quel degré de chaleur la faim et la soif s'abolissent. Tout
ce que nous savons à cet égard, c'est que, dans la fièvre, la faim disparaît avant la soif,
mais que celle-ci s'éteint à son tour, lorsque la température de l'animal s'approche des
limites incompatibles avec les phénomènes de conscience. En tout cas, il est certain que
la moindre élévation de la température du sang arrête la sensation alimentaire, au
moment même où les dépenses organiques atteignent leur maximum, tandis que la soif
persiste beaucoup plus longtemps.

Dans le refroidissement la marche de ces sensations n'a pas été étudiée. Néanmoins, on
peut affirmer que dans l'anesthésie profonde qui envahit l'organisme refroidi, ces deux
sensations, de même que celles que nous étudierons tout à l'heure, disparaissent tout à fait.

Sécrétions. — L'influence de la température sur les phénomènes de sécrétion est
indiscutable. On sait que les oscillations thermiques extérieures agissent sur la périphérie
cutanée en donnant lieu à des modifications circulatoires directes ou réflexes, qui
troublent le mécanisme de la sécrétion sudorale. La chaleur produit sur la peau une
vaso-dilatation généralisée qui s'accompagne d'une sueur abondante. Aussitôt que la
température extérieure monte au delà de 25°, on voit la surface cutanée se
couvrir de nombreuses gouttes de sueur qui s'évaporent avec rapidité en contribuant
ainsi à la régulation de la température du corps. MEISSNER, en 1853, avait cherché s'il
n'existe pas un rapport déterminé entre l'élévation de la température du corps et l'abondance de la sécrétion cutanée. Il conclut de ses expériences que ce rapport existe,
mais qu'il n'est pas constant. PUDZINORWITSCH fit les mêmes remarques sur les individus
fébricitants. Dans certains cas, la température centrale peut atteindre un niveau très
haut, alors que la sécrétion sudorale est pour ainsi dire nulle.

Beaucoup d'expérimentateurs se sont depuis lors occupés de l'étude de la sueur, et à
ce propos ils ont eu recours à l'action de la chaleur, pour obtenir une sécrétion abondante.
D'après les anciennes recherches de WEYRICH (1862), la température extérieure qui
semble être le plus favorable à l'activité des glandes sudoripares est celle qui oscille aux
environs de 37°,5, c'est-à-dire la température normale de l'homme. Ces recherches ont
été reprises par REINHARD (1869), RÖHRIG (1872) et ERISMANN (1875). Le dernier de ces
auteurs a vu que la sécrétion sudorale devient plus abondante pour tout accroissement
de température, mais qu'il n'y a pas une proportionnalité déterminée entre ces deux

phénomènes. La température dont il se servait dans ces expériences oscillait entre 10° et 25°. Schierbeck, en 1893, a étudié l'influence des températures variant entre 29° et 39° sur les fonctions de la peau, en mesurant les quantités de CO_2 et d'eau éliminées par la peau nue et par la peau couverte. Il trouva que l'élimination carbonique reste stationnaire entre 29° et 35°, mais qu'à partir de cette dernière limite elle augmente proportionnellement avec la température. Si c'est 8 grammes de CO_2 que l'homme élimine par la peau dans les 24 heures, à la température de 29°-33°, il en expulse 28 grammes à 38°. Par contre, la quantité de sueur augmente de plus en plus, au fur et à mesure que la température s'élève : alors qu'à 29° elle était de 332^{gr},3 dans les 24 heures, pour la peau nue, elle est de 3,811^{gr},3 à 38°,4. Quoi qu'il en soit, il est un fait certain, c'est que la chaleur active les fonctions de la peau, tandis que le froid les diminue ou les arrête presque. Tout le monde connaît cette modification particulière que les basses températures provoquent dans la surface cutanée et que l'on désigne sous le nom caractéristique de *chair de poule*. Cette modification se produit par la contraction des muscles redresseurs des poils qui compriment dans cet acte les glandes sébacées (Hesse) et les vaisseaux cutanés. Ceux-ci se rétrécissent au plus haut degré, ainsi que nous l'avons déjà dit; la peau et les éléments glandulaires qu'elle contient se trouvent alors presque totalement privés de l'irrigation sanguine. Dans ces conditions, leur travail ne peut pas être bien utile. D'autre part, quelques auteurs prétendent que les impressions thermiques activent ou arrêtent la sécrétion sudorale, par un mécanisme réflexe dont les voies de conduction se trouvent formées par les nerfs sudoraux. Peu importe. La question est que l'activité fonctionnelle de la peau change dans une limite donnée en rapport direct avec la température.

La sécrétion rénale, au contraire, est soumise à des variations inverses. Cette notion de l'antagonisme fonctionnel existant entre la peau et le rein a été pendant longtemps admise dans la science, mais elle n'a pas reçu la confirmation expérimentale nécessaire, jusqu'aux expériences de C. Müller, (1873) faites sous la direction de Cl. Bernard. Cet auteur a démontré que le débit de la sécrétion urinaire diminue à la suite des excitations calorifiques et qu'il augmente sous l'influence des excitations frigorifiques. Delezenne (1894) a contesté ces résultats, mais il est à son tour contredit par Lambert, qui, dans un travail tout récent (1897), affirme que la suractivité de la sécrétion urinaire se produit toujours, quoique la réfrigération de la peau soit assez prolongée.

Dans l'hyperthermie expérimentale, de même que dans les brûlures, la sécrétion rénale diminue considérablement. Sur ce point tous les auteurs semblent être d'accord. Voici du reste comment à cet égard s'exprime Vincent. « Dans toutes nos expériences, nous avons vu l'hyperthermie s'accompagner d'une diminution considérable de la sécrétion urinaire. L'urine n'est pas, comme dans la fièvre, rouge et concentrée, et, si l'on prend soin de la recueillir complètement, on voit que, lorsque la température devient élevée, il y a anurie à peu près complète, et qu'à l'autopsie la vessie est presque toujours vide et rétractée. »

Système musculaire. — Après que Cl. Bernard eût démontré que le muscle perd ses propriétés vitales avant le nerf, sous l'influence de la chaleur, nombre d'auteurs se sont adonnés à l'étude de cette question.

Kühne, tout d'abord, avait vu que la fibre musculaire devient rigide lorsque sa température dépasse un certain degré. Ce phénomène tenait, suivant lui, à la précipitation d'une substance albuminoïde qui se trouve en solution dans le plasma musculaire, et à laquelle il donna le nom de *myosine*. Le point de coagulation de cette substance n'est pas le même pour les muscles des différents animaux. Il est plus élevé pour les muscles des oiseaux, que pour les muscles des mammifères; pour les muscles des mammifères que pour ceux des animaux à sang froid. Nous verrons cependant plus tard l'interprétation que méritent ces recherches.

En même temps que Kühne étudiait les modifications chimiques qui surviennent dans le muscle sous l'action de la chaleur, Calliburcès, élève de Cl. Bernard, détermina le rôle joué par les changements de la température dans l'excitation des organes contractiles de la vie végétative. Il établit même une division des tissus en s'appuyant sur cette propriété, qu'il considérait comme fondamentale, de répondre ou de ne pas répondre aux excitations calorifiques.

En réalité, ce sont Helmholtz (1860) et surtout Marey (1868) qui, à l'aide de la méthode graphique, étudièrent, les premiers, les effets de la chaleur sur la contraction musculaire. Le dernier de ces expérimentateurs trouva, en appliquant au gastrocnémien de la grenouille une chaleur d'intensité croissante, deux phases successives d'accroissement et de diminution de la contraction musculaire. Tout d'abord, la descente des secousses s'abrège rapidement, et l'on voit, malgré l'imbrication des graphiques, la ligne de descente d'une secousse couper celle de la secousse qui la précède. Ce phénomène se produit si la température du muscle ne dépasse pas 30° à 35°; mais, dans le cas où on le chauffe davantage, on voit bientôt décroître l'amplitude des mouvements musculaires. Le muscle ne revient plus à sa longueur normale; à chaque secousse nouvelle, il semble garder une partie de son raccourcissement. La période ascendante des secousses est toujours d'une grande brièveté, mais la période de descente est incomplète, de telle sorte que, d'instant en instant, la ligne tracée parallèlement à l'abscisse pendant le repos du muscle s'élève davantage. Marey a de plus étudié l'influence du froid sur les caractères de la secousse musculaire. Il a trouvé que celle-ci s'allonge extraordinairement, comme elle s'allonge par la fatigue ou par la ligature de l'artère qui nourrit le muscle en contraction. Il attribue ces modifications au ralentissement de la circulation dans le muscle par suite de la constriction que le froid provoque dans les petits vaisseaux. Fick a vu aussi en chauffant les muscles de grenouilles, curarisés et isolés du corps, que la durée d'une secousse diminue quand la température augmente, tandis que la hauteur augmente. Il a constaté depuis (1885-89) que la production de chaleur dans le muscle qui se contracte est proportionnelle à la température extérieure. Le rapport de la chaleur de la contraction iso-métrique et de la contraction isotonique, $\frac{Wm}{Wt}$, est, à la température de 27°, en moyenne de 1,1, tandis qu'il est de 2,7 à 10°. D'autres auteurs ont depuis développé cette intéressante question, spécialement Schenck (1894).

Schmulewitsch (1868-69) démontre qu'à une certaine température, variant avec l'individu, mais qui oscille pour le gastrocnémien de la grenouille entre 37° et 41°,5, le muscle perd toute irritabilité, et que cette propriété reparaît de nouveau, lorsqu'on le refroidit. Il fit en outre cette remarque fondamentale, que l'échauffement, en augmentant la hauteur, augmente le travail produit par une secousse, mais que la somme des travaux qu'on peut obtenir d'un muscle est plus grande à une température basse qu'à une température élevée. Boudet de Paris constata depuis (1878-79) que, tandis que le refroidissement augmente, la longueur des muscles et rend leur élasticité moins parfaite, l'échauffement les raccourcit et exagère leur élasticité. Toutefois, à un certain degré de chaleur, qui coïncide avec la rigidité, le muscle se laisse distendre plus facilement et perd toute son élasticité. Rouget, d'autre part, soutient que la contraction thermique maxima et la rigidité sont deux manifestations qui se produisent presque au même degré de l'échauffement et qui ont probablement la même nature.

Edwards, dans un travail très complet (1887), a repris l'étude de cette question, en cherchant à déterminer plusieurs points intéressants, dont nous donnons ici le résumé. Il a opéré sur les muscles de la grenouille en les plaçant dans des conditions diverses : sans circulation et avec circulation, sans nerfs et avec nerfs, et il a cherché la limite où apparaissent les manifestations suivantes : contraction maxima, contraction tétanique, perte de l'irritabilité, rigidité thermique, et temps que celle-ci met à se développer. Les résultats sont un peu différents suivant les conditions de l'expérience, mais en moyenne la contraction maxima se produit vers 36°,5; le tétanos, aux environs de 37,5; la perte de l'irritabilité, à 38°, et la rigidité, à 39° ou 40°.

Mayer (1886-1887) a porté son attention sur les effets produits par le froid sur les muscles des animaux à température constante. Il constate, de même que Marey l'avait déjà fait pour les muscles de la grenouille, que la contraction s'allonge considérablement, et que la période d'excitation latente est plus longue qu'à l'état normal. Chez le chien, de 4 à 5 centièmes de seconde qu'elle durait à la température de 38°,5, elle devient de 7 centièmes à la température de 31°, de 8 à 29°, de 9 à 27° et de 11 à 24°.

Finalement les recherches de Gad et Heymans nous ont appris quelques particularités remarquables concernant la hauteur des secousses des muscles de la grenouille dans sa relation avec les changements de la température. Ces auteurs ont observé que la hauteur présente un minimum à 19°, et deux maxima, l'un à 0° et l'autre à 30°. Ce second maximum ne se produit que si les variations de température sont rapides, et dans l'échauffement lent la hauteur diminue toujours de 8° à 38°. Le premier maximum à 0° est constant, quelles que soient les conditions du refroidissement. Ces faits s'appliquent aussi aux muscles de la pince de l'écrevisse.

GAD et HEYMANS admettent que la grandeur de la secousse est le résultat de deux processus chimiques opposés, dont l'un produit le raccourcissement, l'autre le relâchement du muscle, et que, la température agissant différemment sur ces deux processus, la hauteur varierait dans un sens ou dans l'autre, selon le processus chimique prédominant.

Nous ne saurions finir cette étude sans parler des résultats obtenus à cet égard par MARIETTE POMPILIAN, dans son long et important travail sur « la *contraction musculaire et les transformations de l'énergie* », fait au laboratoire de CH. RICHET (1897). Les voici : 1° Chez le cobaye, pour des températures comprises entre 23° et 40°, on voit la hauteur des secousses diminuer de même que la durée. En même temps, la forme de la secousse change, et, entre 38 et 40°, elle présente un plateau ; 2° pour des excitations tétanisantes d'égale durée, le tétanos se maintient plus longtemps à une grande hauteur, à une température basse qu'à une température haute. En ce qui concerne les muscles de grenouille M. POMPILIAN a constaté les mêmes phénomènes observés par GAD et HEYMANS.

Ces derniers résultats nous mettent en présence d'une contradiction apparente. Les combustions sont moins vives à basse température qu'à haute température, et cependant la hauteur de la secousse est plus considérable, l'excitation électrique étant la même. GAD et HEYMANS ont essayé d'expliquer ce fait par l'existence de deux processus également actifs, l'un produisant la contraction, l'autre le relâchement du muscle. L'état de contraction dépendrait de la prédominance de l'un sur l'autre, et le rapport des deux phénomènes varierait avec la température. C'est là une hypothèse peu satisfaisante pour l'esprit, et, malgré les efforts de GAD et de l'école de FICK pour faire cadrer avec elle les faits de la contraction musculaire, elle n'a pas, croyons-nous, réuni beaucoup d'adhérents parmi les physiologistes. Mais on peut voir facilement qu'il est inutile de chercher des hypothèses aussi spéciales pour montrer que les faits peuvent se coordonner.

La hauteur de la contraction musculaire dépend de plusieurs facteurs. La vitesse des réactions chimiques en est un, mais ce n'est pas le seul. Le temps pendant lequel dure la réaction en est un autre. Nous pouvons donc avoir une hauteur de secousse plus grande avec une puissance [1] aussi un peu moindre, c'est-à-dire avec une vitesse de réaction chimique moindre, si le temps pendant lequel dure le phénomène est assez grand.

Nous pouvons comparer le muscle à 0° à une machine dont la puissance serait, par exemple de 1 cheval, le même muscle à 20° ayant une puissance de deux chevaux. Mais la première machine n'est susceptible que de faire un tour par seconde, la seconde en faisant 10. Supposons que par un système convenable de bielles et de manivelles, les deux machines élèvent un poids qu'elles laissent ensuite retomber quand il est arrivé en haut de sa course. La montée pour la machine de 1 cheval dure une demi-seconde, pendant laquelle elle pourra développer 37,5 kilogrammètres. Et en une seconde elle ne pourra développer, sous la forme que nous considérons, que 37,5 kilogrammètres. Elle pourrait donc élever $37^{kil},5$ à 1 mètre à chaque tour. La machine de 2 chevaux à 10 tours ne peut développer à chaque demi-tour où elle élève son poids que 7,5 kilogrammètres. Donc elle élèvera le même poids de 37,5 à $0^m,20$ à chaque tour. Mais pendant une seconde cet acte pourra se répéter 10 fois et le travail produit sera alors de 75 kilogrammètres par seconde, c'est-à-dire le double juste de ce que peut donner la machine deux fois moins puissante. Soit maintenant le muscle à 30° représenté par une machine de 3 chevaux tournant à 12 tours par seconde. En 1/2 tour, elle pourra développer $9^{kil},4$, et élever le poids de $37^{kil},5$ à $0^m,25$. La hauteur ici a crû en même temps que la puissance. On voit donc que, suivant les vitesses de variations des deux fonctions qui représentent d'une part les changements de puissance, de l'autre les changements de durée

---

1. Nous appelons *puissance* le rapport du travail produit au temps mis à le produire. En mécanique, l'unité de travail est le kilogrammètre ; l'unité de puissance est le cheval-vapeur c'est-à-dire la puissance qui produit 75 kilogrammètres par seconde.

avec sa température, on peut comprendre soit un accroissement, soit une décroissance de la hauteur des secousses.

En ce qui concerne les muscles à fibres lisses, nous savons que leur tonicité est en rapport étroit avec les oscillations de la température. Toutefois, tandis que, chez les animaux à température constante, ces muscles se contractent dans l'échauffement et se relâchent dans le refroidissement, chez les animaux à température variable, ils subissent des modifications inverses (Samkowy, Gruenhagen, Bernstein). Ce sont là, il est vrai, des différences très relatives, car les uns et les autres se comportent de la même façon arrivés à une certaine limite thermique (Horwath).

Voyons maintenant comment les températures extrêmes agissent sur la fibre musculaire, au moment où elles provoquent sa mort, ou, ce qui revient au même, déterminons le mécanisme de la rigidité thermique et frigorifique.

On sait que Pickford et Kühne donnèrent le nom de *Wärmestarre* à la modification particulière qui survient dans le muscle, sous l'influence de la chaleur. Ils désignèrent comme limite thermique de cette modification, pour les muscles de la grenouille, la température de 45° à laquelle la musculine se coagule complètement. Mais L. Hermann considère le *Wärmestarre* ou rigidité thermique, comme un changement survenu dans les propriétés physiologiques du muscle, en vertu duquel celui-ci ne répond plus à aucune excitation. Le *Kältestarre* ou rigidité par le froid se produit aux basses températures et a comme caractère essentiel de déterminer l'allongement du muscle.

Si l'on plonge un muscle de grenouille dans un bain d'eau salée dont la température monte graduellement, on voit qu'il se contracte lorsque la température atteint 28°, et qu'il ne revient plus à sa longueur primitive, pourvu que la température reste constante. Lorsqu'on le refroidit, il s'allonge de nouveau, et l'allongement est proportionnel à l'intensité du refroidissement jusqu'à la congélation. Ces phénomènes, constatés par Schmulewitsch et Samkowy, ont été confirmées par Gotschlich.

Si maintenant, au lieu de refroidir le muscle, on le chauffe de nouveau, on constate, à mesure que la température monte, que sa longueur reste invariable, mais qu'un raccourcissement se produit de nouveau vers 35°. Si à ce moment on le refroidit, sa longueur devient peu à peu ce qu'elle était, et le muscle reprend ses propriétés fonctionnelles. Gotschlich a vu plus tard que ces modifications ne sont pas constantes et qu'elles varient avec la marche de l'échauffement. Dans le cas où celui-ci se fait rapidement, le muscle subit un troisième raccourcissement, qui est maximum, entre 45° et 50°. A partir de cette limite on peut le considérer comme mort. Toutefois, si, entre 50° et 60°, la longueur du muscle ne varie presque pas, entre 60° et 70°, il y a une nouvelle contraction tenant à la coagulation des albumines du muscle. Brodie et Richardson (1897) soutiennent cependant que, quand on échauffe un muscle de 0° à 30°, il s'allonge et devient plus extensible. Ces modifications seraient de nature physique et se produiraient également dans le muscle mort et dans le muscle vivant. Quant à la contraction thermique, elle apparaîtrait vers 34°, et entre 47° et 56° le muscle se raccourcirait de nouveau par suite de la coagulation des protéides qui le composent. L'interprétation de ces phénomènes est encore en litige. Engelmann, le partisan de la doctrine de la transformation de l'énergie calorifique en énergie musculaire, voit dans les premières manifestations de la rigidité thermique une preuve de cette transformation. Hermann, au contraire, pense que ces phénomènes peuvent très bien tenir aux modifications chimiques qui se passent dans le milieu interne du muscle. Quant à l'interprétation de Kühne, elle est complètement abandonnée. La myosine ne se coagule pas dans le muscle à la température où la rigidité apparaît. D'ailleurs, le terme de rigidité n'est pas également compris par tous les auteurs, et il se prête à des confusions importantes. Gotschlich et Gruenhagen ont proposé le nom de *contracture thermique*, qui est mieux en rapport avec les conditions physiologiques qui caractérisent cet état du muscle. La rigidité correspondrait alors aux modifications durables qui se produisent dans la fibre musculaire entre 50° et 60°. Au-dessus de ces températures la plupart des albumines du muscle se coagulent, et la fibre ne garde plus aucun caractère histologique.

Quant à la rigidité frigorifique du muscle, elle semble dépendre de la congélation du plasma musculaire. Elle se différencie de la rigidité thermique, d'abord parce qu'elle produit l'allongement du muscle, et ensuite parce qu'elle ne touche pas profondément les propriétés fonctionnelles du muscle, du moins chez les hétérothermes.

Système nerveux périphérique. — En faisant l'analyse de l'action de la chaleur sur les différents systèmes de l'économie animale, Cl. Bernard rapporte deux expériences qui démontrent que les nerfs moteurs et sensitifs ne sont pas altérés au moment où la destruction des muscles est évidente :

1° « On prend un membre postérieur de grenouille, on détache le muscle soléaire que l'on maintient soulevé à l'aide d'une pince qui saisit le tendon d'Achille. On plonge tout le membre dans un bain d'huile à 43°, excepté le muscle soléaire qui reste hors l'influence de la chaleur. Au bout de quelques minutes, on retire le membre du bain, et l'on constate que le nerf sciatique, qui était submergé dans l'huile chaude, fait contracter le muscle soléaire maintenu hors du bain, mais qu'il n'agit nullement sur les muscles qui ont été plongés dans l'huile chaude. Ces mêmes muscles sont d'ailleurs rigides et insensibles aux excitations directes; de sorte qu'il est clair, dans cette expérience, que la même chaleur qui a tué le muscle n'a pas tué le nerf moteur. »

Quelques lignes plus loin, il ajoute : « Il résulte de ce qui précède que le nerf moteur résiste plus à la chaleur que le muscle; mais en est-il de même du nerf sensitif, et, dans le cas d'anesthésie par la chaleur, pouvons-nous admettre que le nerf sensitif est atteint indépendamment du nerf moteur, comme cela a lieu pour les autres agents anesthésiques? Je vous ai promis une expérience décisive à ce sujet. Voici en quoi elle consiste.

2° « Sur une grenouille, j'ai coupé la moelle épinière entre les deux bras, afin d'empêcher les mouvements volontaires. Alors j'ai plongé une jambe de l'animal dans l'eau chaude à + 36°. L'immersion dure environ cinq minutes. La patte étant retirée de l'eau, on la pince, et elle ne donne aucun signe de sensibilité. Pour avoir un réactif plus certain, je prépare de l'eau acidulée, dans laquelle je plonge alternativement les deux pattes, et je constate très nettement que cette eau acidulée fait retirer la patte normale, tandis qu'elle n'agit pas sur celle qui a été chauffée. Toutefois, dans cette dernière, l'action de la chaleur n'a pas été portée jusqu'à abolir les propriétés des muscles et des nerfs moteurs. Car il se manifeste dans ce membre des mouvements réflexes, par l'excitation de l'eau acidulée portée sur l'autre patte. »

Ces simples expériences du grand physiologiste français démontrent avec toute certitude les diversités de résistance thermique des éléments nerveux et musculaires. D'autres, avant lui, avaient remarqué l'action excitante que la chaleur exerce sur les nerfs (Valentin, Eckhard, Schiff), mais ces études n'apportèrent aucune notion nouvelle sur les modifications fonctionnelles qui se passent dans le système nerveux sous l'influence de la chaleur.

C'est Afanasieff (1865) qui commença cette étude expérimentale, en se servant du nerf sciatique de la grenouille qu'il maintenait dans un bain d'huile à la température voulue. Il trouva ainsi qu'une température de 8° ne détruit pas complètement l'irritabilité des nerfs moteurs, mais qu'elle la diminue très fortement. Le maximum de température pour lequel l'irritabilité disparait ne fut pas exactement déterminé par Afanasieff, étant donné qu'il varie beaucoup, pour chaque individu et surtout avec la durée de l'immersion du nerf dans l'huile chaude. Néanmoins, il a vu que lorsque le nerf avait subi l'action d'une température de 65°, celui-ci ne récupérait plus son irritabilité, même en le refroidissant. Entre 50° et 60° l'irritabilité nerveuse change rapidement; tout d'abord elle augmente, puis elle diminue pour disparaître définitivement. Finalement cet auteur a pu maintenir pendant 24 heures un nerf moteur à la température de 44° sans qu'il perde son irritabilité. Albertoni et Stefani placent les limites de l'irritabilité pour les nerfs de la grenouille entre 0° et 50°. Bernstein, de son côté, prétend que la conductibilité des nerfs moteurs chez la grenouille est extrêmement rapide à la température de 50°. Edwards, au contraire, soutient qu'entre 45° et 48° les nerfs de la grenouille perdent toute irritabilité, mais qu'il est possible de faire renaître celle-ci en abaissant la température. Avec une excitation maxima, on peut encore avoir une réponse à une température de 53°; mais ce fait est contesté par Howel, Budget et Leonard, ainsi que nous le verrons tout à l'heure.

Grützner (1878), qui a fait de nombreuses expériences sur le nerf sciatique du chien, trouve que la conductibilité est totalement suspendue dans les fibres motrices de ce nerf à une température de 6°. Quant aux fibres sensitives, leur conductibilité devenait nulle à la température de 10°, pour des excitations modérées, et à 1° ou 2° pour des excitations fortes. Les fibres inhibitrices, celle du pneumogastrique entre autres, ne conduisent plus à 6°. Ces derniers faits ont été vérifiés plus tard par François-Franck.

Morriggia (1889) affirme que la sensibilité persiste chez les grenouilles strychnisées, maintenues dans un bain d'eau à la température de 45° pendant 5'. Dans l'huile, la sensibilité est encore manifeste entre 47° et 48° durant 8'. L'auteur croit qu'il y a une différence entre l'eau et l'huile au point de vue de leur action thermique sur les tissus.

Les fibres motrices des nerfs lombaires du même animal, exposées à nu dans un bain d'eau à la température de 46°-47° pendant 5', provoquent, d'après le même auteur, lorsqu'on les excite, de légers mouvements; dans l'huile, pendant 8', elles sont encore excitables à la température de 49°, et parfois plus. Cet auteur conclut en affirmant que l'hyperthermie mortelle pour les fibres nerveuses ne produit pas chez elles d'altérations observables au microscope, même en la poussant un peu au delà de 50°.

Sobieranski (1890) a trouvé que l'excitabilité des nerfs de la grenouille diminue dans le refroidissement et augmente dans l'échauffement jusqu'à une certaine limite. Entre 40° et 41° l'échauffement du nerf détermine le tétanos du muscle. Vers 0° l'irritabilité est complètement disparue.

Titus Verwej (1893) a constaté, en excitant une portion de nerf, longue de 3 centimètres, chauffée à + 25°, et refroidie à — 2°, et en maintenant le reste du nerf à une température constante, que la forme de la secousse musculaire obtenue par l'excitation est absolument la même dans les deux cas. L'étude de la variation électrique négative lui fait voir qu'il n'y a pas des différences dans la marche du phénomène, quand on échauffe ou quand on refroidit la partie excitée du nerf, mais que ces différences existent quand on échauffe ou quand on refroidit la partie du nerf en rapport avec le galvanomètre.

Ces données, un peu éparses et indécises, ont été corrigées et additionnées de faits intéressants par Howell, Budget et Leonard, qui, dans un travail fort remarquable (1894), viennent de faire l'étude de l'influence des variations thermiques sur le fonctionnement des diverses classes de nerfs. Ces recherches ont porté sur les nerfs de la grenouille et des mammifères, spécialement du chat, du chien et du lapin. Nous nous bornerons à signaler les résultats les plus importants obtenus par ces expérimentateurs.

Fibres motrices. — Dans le sciatique de la grenouille toute conductibilité est suspendue entre 41° et 44°, mais le nerf peut recouvrer cette propriété si on le refroidit, à condition que l'élévation thermique n'ait pas duré trop longtemps. A la température de 1° la conduction se réalise encore. Chez les chats, ce même nerf ne conduit plus les excitations entre 3° et 5°, et les fibres qui président aux mouvements des orteils se paralysent avant celles qui commandent le mouvement de flexion du pied.

Fibres inhibitrices du cœur. — Les fibres inhibitrices du cœur du chien et du lapin se comportent différemment. Alors que chez ce dernier animal un refroidissement de 18° à 20° suffit parfois pour arrêter les actions inhibitrices cardiaques qui succèdent à l'excitation du pneumogastrique, chez le chien, ce nerf conserve toutes ses propriétés fonctionnelles à la température de 10°; et il faut que la température tombe au moins à 3°, pour que les effets de l'excitation ne se fassent pas sentir. De plus on remarque que, tandis que le pneumogastrique du lapin refroidi reprend très difficilement son excitabilité, ou ne la reprend pas du tout une fois revenu à la température normale, le pneumogastrique du chien récupère tous ses attributs physiologiques, aussitôt qu'on commence à le réchauffer.

Fibres vaso-motrices. — L'action de la chaleur sur ces fibres a été étudiée spécialement sur le nerf sciatique et sur la seconde et la troisième paires lombaires du chat, en mesurant les changements de volume survenus dans le membre postérieur d'un animal enfermé dans un pléthysmographe. Entre 2° et 3° la conductibilité est totalement suspendue dans les vaso-moteurs du sciatique. Les fibres vaso-constrictrices semblent plus résistantes à l'action du froid que les fibres vaso-dilatatrices. Il en est de même pour la chaleur. Une température de 54°, pendant dix minutes, amène la disparition complète de l'excitabilité dans les nerfs vaso-moteurs. Les *fibres sudorales* conduisent, quoique mal, l'excitation à la température de 3° et perdent leur irritabilité entre 43° et 45°. Les auteurs font remarquer que ces derniers chiffres n'ont qu'une valeur très approximative, à cause de la difficulté qu'offre l'expérimentation avec ce genre de fibres. Les *filets afférents du nerf vague*, ou fibres respiratoires, ne provoquent, lorsqu'on les excite, aucun effet sur la respiration à la température de 6° ou 5° chez le chat.

La conductibilité de ces fibres présente une résistance différente chez le chat et chez le lapin. Elle est plus durable chez le dernier que chez le premier, contrairement à ce qui se passe pour les fibres inhibitrices du cœur. L'excitation des *fibres afférentes des centres vaso-moteurs* (nerf sciatique) ne produit pas la chute caractéristique de la pression sanguine entre 0° et 1° chez le lapin et chez le chat. Finalement, lorsqu'on refroidit le sympathique cervical à la température de 1°, son excitation ne s'accompagne plus d'aucun changement dans le diamètre de la pupille; mais il devient de nouveau actif à une température voisine de 38°.

Oehl (1894 et 1895) a entrepris quelques recherches pour voir les effets que déterminent les variations de la température sur la vitesse de transmission de l'impression sensitive chez l'homme. Pour cela il plongeait un des membres de l'individu en expérience dans un bain dont la température oscillait entre 0° et 4° pour le bain froid, et entre 44° et 48° pour le bain chaud. La durée de l'immersion était approximativement de dix minutes. Il a vu, d'accord avec ce qui avait été observé par Helmholtz et Baxt pour le nerf moteur : 1° que l'échauffement du membre excité détermine une abréviation très variable, mais constante, du temps total digital. Tandis que la vitesse normale moyenne est de 36,6 mètres à la seconde, elle s'élève au contraire à 111 mètres dans l'échauffement; 2° que le refroidissement du membre excité produit un allongement variable, mais constant, du temps digital.

Helmholtz et Baxt (1876), en appliquant la méthode graphique au thénar, évaluent à en moyenne 33 mètres, la vitesse de transmission des nerfs moteurs chez l'homme avec augmentation, jusqu'au triple, suivant l'échauffement plus ou moins étendu du membre. Il virent en outre avec la même méthode un retard considérable de la transmission, s'ils refroidissaient les nerfs moteurs de la grenouille. Ils concluent alors que l'activité nerveuse est fonction de la température pour une limite donnée.

Système nerveux central. — Les actions réflexes se modifient par les changements brusques de la température extérieure. Cl. Bernard a démontré que les grenouilles échauffées ou refroidies, après avoir passé par une phase d'excitation, deviennent insensibles et meurent. Dans les recherches de Valentin (1854), une grenouille transportée tout à coup de la température normale dans un bain à 25° faisait des mouvements nombreux, et se défendait contre l'excès de la température. Lautembach (1882) a fait un grand nombre d'expériences dans le laboratoire de Schiff, pour mieux préciser les conditions thermiques extérieures qui exaltent ou diminuent le pouvoir réflexe de la grenouille. Il a vu, en plongeant successivement les membres postérieurs de cet animal dans de l'eau à différentes températures, que les réflexes commencent à paraître à partir d'une température qui coïncide assez exactement avec 31°, et qu'ils sont d'autant plus intenses que l'élévation thermique est plus forte. D'autre part, nous avons vu ce que pense Mosigia à propos de la disparition de la sensibilité chez la grenouille à de différentes températures. Il est évident que l'intensité des actions réflexes varie non seulement avec la hauteur de la température, mais aussi avec la brusquerie du changement. Tout le monde connaît cette belle expérience de Pflüger, qui démontre qu'on peut cuire littéralement une grenouille, en chauffant lentement l'eau dans laquelle elle vit, sans que cette élévation de température provoque chez elle aucun mouvement.

Chez l'animal qui succombe au refroidissement, ou qui meurt par hyperthermie, on voit les phénomènes réflexes s'exalter tout d'abord, puis disparaître graduellement. Toutefois, d'après Lévy-Dorn (1895), les excitations réflexes, psychiques ou autres, déterminent une sécrétion sudorale abondante, chez les chats refroidis à 22°-28°, fait qui prouve que les centres de la sueur ne sont pas encore paralysés.

Une ancienne expérience de Brown-Séquard et Tholozan (1854) démontre que l'action du froid sur la peau provoque par voie réflexe une constriction de tous les vaisseaux cutanés. Cette expérience consiste à introduire une des mains dans l'eau froide, tandis qu'on prend avec l'autre la boule d'un thermomètre. Aussitôt que l'immersion a lieu, on voit la température de la main qui est au dehors descendre de quelques degrés, phénomène que Brown-Séquard explique par la vaso-constriction. Vulpian n'a pu obtenir les mêmes résultats en répétant cette expérience. Schuller et Wertheimer soutiennent que cette vaso-constriction est générale, et que les organes centraux diminuent de volume par suite de la réfrigération périphérique. Stefani (1895) prétend cependant que les phénomènes réflexes qui surviennent dans l'appareil vaso-moteur ne sont pas uniquement provoqués par le froid, car il les a produits également avec des applications chaudes; mais qu'ils tiennent aux impressions douloureuses de la peau, comme il est facile de le démontrer. Quelle que soit l'origine de ces manifestations, le fait important est qu'elles existent, et que la chaleur, de même que le froid, donne lieu par voie réflexe à des modifications circulatoires évidentes, qui jouent un rôle de premier ordre dans la régulation de la chaleur animale (Fredericq).

L'influence de la température sur le système nerveux central nous est fort peu connue. Ceci s'explique par la difficulté que l'on trouve à faire agir localement sur la moelle ou sur le cerveau les variations de la température, sans placer ces organes dans des conditions anormales, qui peuvent, par elles-mêmes, provoquer des troubles considérables.

Les médecins ont souvent l'occasion de constater que les maladies fébriles s'accompagnent de désordres extrêmes dans l'innervation, et, dans beaucoup de cas, ils prétendent que la mort survient par suite des lésions du système nerveux central. Déjerine a décrit tout récemment des modifications structurales importantes dans la moelle des individus qui ont succombé à une fièvre intense. Vincent et Golscheider avaient aussi observé des lésions nerveuses diverses chez les animaux morts par hyperthermie. Rien ne dit cependant que ces lésions ne dépendent que de l'élévation de la température.

Toutefois, il est un fait certain, c'est que l'activité cérébrale et médullaire subit des modifications importantes lorsque la température du corps monte ou baisse. D'après ce que l'on observe chez l'homme et chez les animaux échauffés ou refroidis, la suppression fonctionnelle des différentes parties du système nerveux central suit en terme général l'ordre suivant : 1° facultés intellectuelles ; 2° mouvements volontaires ; 3° sensibilité; 4° motilité; 5° innervation de la vie végétative. Au cours de ces phénomènes on constate aussi des variations importantes dans l'excitabilité de la cellule nerveuse. Ch. Richet et André Broca ont montré (1897) que le phénomène essentiel qui suit une excitation nerveuse brusque, c'est-à-dire l'ondulation élémentaire du champ de force nerveuse, a une durée qui est la fonction de la température. Cette ondulation nerveuse se révèle essentiellement à nous par l'existence d'une période réfractaire à l'excitation. Celle-ci reste aux environs de 0″,1 pour des variations de 3° à 4°; de part et d'autre de la température normale. Au-dessous de cette limite, sa durée croît rapidement pour atteindre 0″,7 aux environs de 30° (Voir l'art. **Cerveau** pour plus de détails).

D'autres expérimentateurs ont cherché à étudier l'influence directe de la température sur la moelle et sur le cerveau. Disons tout de suite que la plupart de ces recherches sont très critiquables.

Nous rappellerons seulement à titre historique les expériences faites en 1867, par Richardson qui, à l'aide de pulvérisations éthérées, prétendait connaître les effets du refroidissement sur la moelle et sur le cerveau.

Goldstein, Mertschinsky, Arnheim entourent les carotides avec des tubes métalliques dans lesquels ils font circuler de l'eau à la température de 70° à 100°, dans le but de chauffer le cerveau ou le bulbe d'un animal. A ces températures l'endothélium vasculaire est assurément détruit. Il peut donc se former des embolies qui donnent lieu à des accidents graves.

D'autres auteurs ont fait des circulations d'eau chaude autour de la tête afin d'étudier les effets de la température sur le cerveau. Cette méthode nous semble encore plus défectueuse que la précédente par des raisons du même ordre. Nous croyons que les troubles observés par ces auteurs ne tiennent pas à l'échauffement du cerveau, mais à des actions réflexes ou à des embolies qui se forment lorsque la température du liquide dépasse 50° (Klebs, Welti et Salvioli).

Fredericq, en 1883, et Stefani, en 1895, ont eu recours à la méthode des irrigations directes pour échauffer ou refroidir la moelle allongée. La température du liquide employé oscillait dans les expériences de Stefani entre 20°-25° et 44°-50°.

D'après cet auteur, les irrigations chaudes de la moelle allongée, les nerfs vagues étant intacts, furent toujours suivies d'une notable diminution de la fréquence de battements cardiaques et d'une légère augmentation de la pression sanguine. A l'opposé des irrigations chaudes, les irrigations froides de la moelle, nerfs vagues intacts, déterminèrent une augmentation des battements cardiaques, mais la pression sanguine augmenta ou diminua irrégulièrement. Il conclut que l'élévation de la température de la moelle allongée augmente le tonus du centre bulbaire inhibiteur du cœur, et que ce tonus est diminué par l'abaissement de la température.

L. Fredericq a vu d'autre part, chez les animaux à bulbe refroidi par l'application modérée de la glace, que la respiration se ralentit, mais qu'elle ne s'arrête pas complètement; car, si on soumet le bulbe aux rayons du soleil ou du thermo-cautère, on voit la respiration reprendre de nouveau.

Ces expériences, surtout les premières, méritent d'être analysées. Stefani, en voulant se mettre en garde contre les objections que sa manière d'opérer pouvait soulever, écrit que les phénomènes constatés par lui ne sont pas dépendants des actions réflexes, car ils diffèrent beaucoup de ceux qu'on obtient en excitant les nerfs ou les organes des sens. Il dit, en outre, que, lorsqu'il faisait les irrigations, sans ouvrir la membrane occipitale, ces phénomènes apparaissaient plus lentement, mais qu'ils devenaient à un certain moment très nets. En parcourant les protocoles des expériences de Stefani, nous trouvons que les premiers effets de l'irrigation sur le bulbe se montrent pour ainsi dire presque instantanément (dans quelques cas en 8″ ou 10″). On pourrait donc se demander si l'échauffement des centres bulbaires a vraiment le temps de se produire avec des températures de 45° à 50° à si brève échéance. C'est une question que l'on est en droit de se poser. En attendant que des mensurations thermiques directes nous démontrent l'existence de ce fait, nous continuerons à croire que les phénomènes observés par Stefani sont de nature réflexe ou autre.

Une autre méthode, qui offre aussi des inconvénients, mais qui permet sans doute d'étudier les effets immédiats de la température sur les éléments des centres nerveux, c'est l'injection de liquides à température variable dans le système artériel, carotides ou vertébrales. Stefani a injecté de l'eau à 45 et 48° par le bout périphérique de la carotide, mais les résultats n'ont pas dû être excellents, car il ne vante pas cette méthode. Knoll (1896) a fait des injections glacées dans le même but.

Fonctions de reproduction. — La chaleur est une condition indispensable à l'accomplissement des actes reproductifs. Chez les animaux homéothermes, la fécondation n'a lieu qu'à une température voisine de la température du corps. On sait, d'autre part, que, chez les ovipares à température variable, l'époque de la ponte coïncide avec les saisons de l'année où la température est la plus favorable. L'homme et le reste des mammifères donnent naissance au germe reproducteur dans des conditions thermiques qui sont pour ainsi dire constantes.

Le spermatozoïde présente son maximum d'activité à une température qui oscille entre 35° et 40°. En haut ou en bas de cette limite, ses mouvements cessent complètement, et il devient incapable de féconder l'ovule. Une température de 55° tue définitivement le spermatozoïde, de même que les températures basses.

L'ovule fécondé exige une somme de chaleur favorable pour pouvoir grandir et se développer. Chez les mammifères, il trouve les conditions thermiques qui lui sont nécessaires dans le milieu intérieur de ces organismes. Dans ce sens la matrice est une couveuse idéale, car elle apporte de la chaleur à l'être qui vient de se former, en même temps qu'elle lui procure les aliments dont il a besoin.

L'évolution de l'œuf de la poule commence à une température de 29° à 30°, et s'arrête à 45° (Prévost et Dumas). Ces deux auteurs disent qu'entre ces deux limites se trouve la température optimum de l'incubation. D'après Dareste, qui a fait de ces recherches nombreuses sur ce sujet, la température maxima ne dépasse jamais 43°, et l'évolution normale de l'œuf se réalise entre 35° et 39°. Hors de ces limites, l'évolution aboutit presque fatalement à la formation d'anomalies et de monstruosités, ou bien elle n'a pas lieu. La constatation de ces faits, indiqués déjà, quoique vaguement, par Prévost et Dumas, a été d'une grande utilité pour la tératologie expérimentale. Lorsque l'œuf est soumis à des températures comprises entre 30° et 34°, son évolution se fait avec une grande lenteur. Il lui faut alors sept ou huit jours pour atteindre le stade de développement qu'on observe dans l'évolution normale après trois jours.

D'ordinaire il s'arrête à la phase allantoïdienne sans pouvoir aller plus loin. C'est précisément le contraire qui se passe lorsque l'incubation a lieu à des températures supérieures à 39°. DARESTE a vu que l'embryon atteint dans ces conditions la phase de développement que l'on observe trois jours après l'incubation normale. Il y a donc un retard ou une accélération dans les phénomènes évolutifs, suivant que la température est faible ou forte. C'est la même loi que nous avons retrouvée partout dans les phénomènes de la vie. Cette loi, esquissée par RÉAUMUR et BONNET, a été développée plus tard dans tous ses détails par DARESTE.

Tout récemment S. KAESTNER (1895) s'est attaché à déterminer le temps que dure l'arrêt produit dans le développement de l'œuf de la poule par les basses températures aux divers moments de l'incubation. Le maximum de cet arrêt (*Kälteruhe der Entwickelung*) se présente le premier jour de l'incubation, qu'il s'agisse d'une température de 21° de 10° ou de 5°.

Ce que nous venons de dire pour l'œuf de la poule se passe aussi pour les œufs des autres animaux. Seulement les températures minima et maxima qui servent au développement de chaque être et à la durée de l'incubation, varient pour chaque espèce biologique. Ainsi les œufs de la *Rana fusca* peuvent se développer à la température de 0° (HERTWIG et SCHULTZE). Il en est de même pour les températures mortelles ou destructives de l'œuf. Ces différences doivent tenir à la diversité de composition chimique de chaque être. On sait en effet que la composition chimique des œufs des différents oiseaux change d'une espèce à l'autre, et que l'ovo-albumine n'offre pas partout les mêmes caractères.

L'influence de la température sur la vie embryonnaire des mammifères nous est un peu connue depuis les travaux de MAX. RUNGE (1871). Cet auteur a prouvé en effet que, si l'on soumet à l'hyperthermie expérimentale des animaux en état de gestation avancée, la mort du fœtus précède en général la mort de la mère. Lorsque la température de l'animal arrive à 42°, on peut être sûr que le fœtus est mort, ou que sa vie est gravement menacée. La durée du surchauffage a une influence considérable sur la vitalité du fœtus, à tel point qu'il meurt presque toujours, si l'on maintient pendant une heure la température de la mère aux environs de 41°. Dans tous les cas où la température ne surpassa pas cette limite, il a pu trouver les fœtus encore vivants. Ces expériences ont été reprises par DORÉ et DOLÉRIS (1884) qui ont beaucoup critiqué la méthode employée par l'auteur allemand, surtout en ce qui concerne la température excessive à laquelle il soumettait ses animaux. Ils concluent : 1° « que les températures élevées obtenues par les surchauffages brusques et prolongés sont rapidement mortelles et tuent la mère et le fœtus ; 2° qu'une température de 41°,5 à 42° ne détermine chez les animaux aucun phénomène morbide grave, et n'entraîne jamais la mort du fœtus ; 3° qu'une température de 43° obtenue par un surchauffage lent, progressif et maintenu pendant peu de temps, de façon à ce qu'elle ne puisse pas s'élever davantage, n'entraîne pas non plus des résultats fâcheux au double point de vue de la marche de la gestation et de la vitalité du fœtus ; 4° que l'hyperthermie seule est insuffisante pour provoquer l'avortement ou la parturition prématurée, puisque en aucun cas, que les mères aient succombé à l'action de la chaleur ou qu'elles y aient résisté, ils n'ont vu des accidents se produire ; 5° enfin, qu'il existe de grandes différences individuelles chez les animaux de la même espèce, tant au point de vue de la température normale qui peut varier d'un degré au plus, qu'au point de vue de la rapidité de l'échauffement et des degrés de l'hyperthermie acquis dans un même temps à une même température donnée. »

Ce sont là les seuls faits expérimentaux qui existent, à notre connaissance, sur cette intéressante question.

La fréquence de l'avortement dans les maladies aiguës a conduit les médecins à étudier l'influence directe de la température sur la contractilité de l'utérus. RUNGE encore a été le premier à entreprendre ce travail, en s'appuyant sur les anciennes expériences de CALLIBURCÈS, démontrant le rôle excitant de la chaleur sur la contraction des fibres lisses de l'utérus. Il a vu, en injectant de l'eau à 50°, soit dans la cavité péritonéale, soit dans le vagin des lapines à terme, que l'utérus présentait des contractions violentes, et que l'énergie de ces contractions était proportionnelle à l'élévation de la température. Au-dessous de 40°, les contractions deviennent faibles et finissent par s'arrêter ; au-dessus de 55°, l'utérus se contracte vivement, et il entre en rigidité vers 65°. L'injection de l'eau glacée dans l'abdomen provoque les mêmes phénomènes moteurs dans l'utérus, mais ils disparaissent rapidement.

Finalement les variations de température agissent directement sur l'embryon et sur le fœtus à terme, en donnant lieu à des modifications fonctionnelles très importantes.

HARVEY avait vu que, lorsqu'on ouvre un œuf, après trois jours d'incubation, les battements du cœur, d'abord fréquents, se ralentissent, puis s'arrêtent, mais qu'ils reparaissent après un certain temps d'arrêt, quand on touche cet organe avec de l'eau tiède, ayant à peu près la température de la poule. Cette propriété fonctionnelle du cœur de l'embryon a été observée depuis par nombre d'expérimentateurs, spécialement par HALLER et SPALLANZANI. Récemment DARESTE, WERNICKE, GERLACH et KOCH ont déterminé les conditions qui président au développement de ce phénomène. Selon DARESTE, les battements cardiaques ne s'arrêtent pas au moment où l'œuf est retiré de la couveuse, mais ils persistent pendant un certain temps avant de s'arrêter complètement. L'arrêt définitif ne se produit jamais subitement. Il est toujours précédé par la diminution de la fréquence cardiaque et de la force des battements. Ce qui s'explique par ce fait que le refroidissement de l'œuf se fait d'une façon lente. Le nombre des battements cardiaques, qui, dans les conditions normales, est, suivant WERNICKE, de 90 à 176, tombe en quelques minutes à 8, 6, 4 et 2. La reprise des battements a lieu quand on touche le cœur avec l'eau chaude ou quand on élève la température totale de l'œuf. Mais cette réapparition des mouvements cardiaques se réalise différemment suivant les conditions où l'abaissement thermique s'est produit. A la température de 20°, l'arrêt du cœur avec reprise des mouvements sous l'influence de l'eau chaude n'a lieu qu'au bout de sept jours; à 15°, au sixième jour; à 8 et 10° au deuxième jour; à 1 et 2°, quatre heures après la sortie de la couveuse.

Dans une expérience, DARESTE a soumis pendant dix-huit heures des œufs à la température de 1° et 2°; le cœur s'était arrêté, mais ces œufs reprenaient leur évolution lorsqu'on les replaçait dans les couveuses.

On voit donc, par ces faits, l'énorme résistance dont le cœur de l'embryon de poulet est doué pour les changements de la température. Quelque chose de semblable se passe pour le cœur des nouveau-nés. Ces êtres se refroidissent rapidement après leur naissance, ainsi que l'avait bien remarqué WILLIAM EDWARDS. Dès lors, ils rentrent dans une période d'anesthésie, durant laquelle on constate l'arrêt presque complet du cœur. Si à ce moment on les réchauffe lentement (HORWATH), ils reviennent peu à peu à la vie et leur cœur se remet à battre, avec d'autant plus de force que l'élévation de la température extérieure est plus considérable. Ils se conduisent, en somme, à ce point de vue, comme à d'autres, de même que les animaux à sang froid. Leur manque de système nerveux régulateur les place dans les plus mauvaises conditions pour se défendre contre l'excès ou le défaut de la température ambiante.

Hautes températures. Leurs effets sur l'organisme. — Les premières recherches faites dans le but de connaître les effets produits par l'élévation de la température extérieure sur les êtres vivants sont d'une époque relativement récente. Au xviii° siècle, BOERHAVE, le précurseur de LAVOISIER, inspira au physicien hollandais FAHRENHEIT quelques expériences afin d'étudier l'action de l'air chaud sur l'organisme. Ils virent alors que les animaux respirant dans l'air à la température de 146° F. = 63° C. périssent rapidement. On savait cependant que l'homme et les animaux pouvaient vivre dans des endroits où la température était supérieure à la leur. BLAGDEN et FORDYCE avaient pu supporter pendant quelques instants une température voisine de 100° sans ressentir de troubles graves.

La question restait indécise, lorsque, au commencement de ce siècle, BERGER et DELAROCHE entreprirent une série d'expériences sur ce sujet, dont les résultats les amenèrent à formuler les conclusions suivantes :

1° Tous les animaux ont la faculté de résister à la chaleur pendant un certain temps; mais cette résistance n'est pas la même pour les diverses espèces.

2° Les animaux de petite masse succombent après un laps de temps assez court à une chaleur de 45° à 50°.

3° La gravité des symptômes est d'autant plus grande, et la mort d'autant plus rapide que la chaleur est plus considérable.

Quelque temps après, les recherches de CL. BERNARD donnèrent une confirmation absolue aux résultats obtenus par BERGER et DELAROCHE. Elles précisèrent en outre les limites de résistance à la chaleur des différentes espèces organiques.

Pour le moment retenons ceci : que chaque espèce, animale ou végétale, présente une zone de résistance thermique variable, dont l'étendue diminue avec le degré de sa spécialisation et qu'autant elle est réduite pour les êtres perfectionnés, autant elle est grande pour les organismes élémentaires.

Cela posé, nous ne tiendrons pas compte maintenant de ces différences spécifiques et nous prendrons l'être, quelle que soit l'espèce à laquelle il appartienne, au moment où il est vaincu, c'est-à-dire lorsque sa température dépasse la limite thermique de sa résistance.

La chaleur peut agir sur les corps vivants de deux manières :

1° Par action générale;

2° Par action locale.

Ces actions peuvent être, en outre, brusques ou lentes, intenses ou faibles, suivant les différences de la température extérieure et les conditions dans lesquelles l'animal se trouve.

Effets généraux de la chaleur. — Considérons d'abord l'échauffement général à marche lente, c'est-à-dire le cas d'un animal qui est transporté dans un milieu où la température extérieure dépasse de quelques degrés seulement sa propre température.

D'abord il n'éprouve aucun trouble manifeste, pendant une période assez brève, que VINCENT appelle la *phase de début ou d'indifférence*. Cette phase est d'autant plus longue que la différence de la température ambiante est moins considérable et que la masse de l'animal est plus grande. Chez le chien, cette période d'indifférence dure une heure environ, pour une température de + 37°.

Après cette phase, la température de l'animal commence à monter d'une façon régulière, et tout de suite il devient le siège d'une série de phénomènes d'excitation. Au premier abord l'animal s'agite et se défend contre l'excès de chaleur en exécutant de nombreux mouvements. Puis sa respiration s'accélère de plus en plus, et son rythme offre le type que CH. RICHET a décrit sous le nom de « *polypnée thermique* ». Le pouls suit une marche à peu près parallèle à celle de la respiration, et la pression sanguine se maintient presque au même niveau ou bien subit une augmentation insignifiante. En même temps, la peau et les muqueuses sont fortement congestionnées, et la salive coule en abondance de la bouche constamment ouverte. L'animal offre pendant toute cette période un surcroît d'activité fonctionnelle qui se manifeste par une grande absorption d'oxygène et une élimination plus abondante d'acide carbonique. Tous ces troubles ne font que s'accentuer au fur et à mesure que la température du corps s'élève. Pourtant enfin il arrive un moment où la respiration et le cœur se ralentissent progressivement, et l'animal entre alors dans un coma profond, devenant insensible aux excitations extérieures. Pendant cette phase, il présente par intervalle des spasmes tétaniques généralisés, des convulsions et des contractures locales, que CL. BERNARD signala pour la première fois. Finalement il succombe en arrêt de la respiration (JOLYET), adoptant les attitudes les plus bizarres, dans lesquelles il reste comme fixé, par suite de la prompte apparition de la rigidité musculaire.

La limite atteinte par la température organique, au moment où la mort se produit, varie non seulement pour les différentes espèces, mais aussi pour chaque individu. En parcourant les catalogues d'expérience de VALLIN et VINCENT, qui ont opéré tous les deux avec des températures qui se rapprochent le plus des conditions de l'échauffement lent, nous trouvons que les mammifères (chien et lapin) meurent en général entre 43° et 45°. Dans certains cas, ils peuvent même périr auparavant, ce qui prouve que la moyenne thermique, considérée comme mortelle par CL. BERNARD, n'est certainement pas constante.

A l'autopsie, les animaux qui meurent dans ces conditions ne présentent pas des lésions qui expliquent le mécanisme de la mort. Quelques congestions diffuses se localisent spécialement dans le système nerveux central; des ecchymoses peu accentuées dans les poumons et les séreuses. Cœur excitable pendant quelques instants après la mort, puis dur et rigide, de préférence le ventricule gauche. Sang noir, mais sans altérations morphologiques. Le reste des organes se trouve pour ainsi dire à l'état normal. Le seul phénomène cadavérique qui marche avec une rapidité extraordinaire, c'est la rigidité des membres et des autres parties musculaires de l'organisme. En résumé, dans l'échauffement lent et progressif, la mort des organismes se produit fatalement, mais l'autopsie nous apprend peu de chose sur le mécanisme de cette mort, qui semble ne pas dépendre d'une lésion anatomique visible à l'œil ou au microscope.

Voyons maintenant comment les organismes se comportent dans l'échauffement brusque et intense, c'est-à-dire sous l'influence des très fortes températures.

Les phénomènes sont un peu différents, suivant que l'être est placé dans un milieu bon conducteur qui lui cède tout de suite l'excès de chaleur, comme, par exemple, l'eau, ou bien dans un milieu comme l'air, qui met longtemps à communiquer sa propre température.

Dans le premier cas, toute la périphérie de l'animal, jusqu'à une couche plus ou moins profonde, d'après l'importance de la température extérieure et la conductibilité de ses propres tissus, subit les actions destructives de la chaleur, dont les conséquences immédiates sont une série de lésions que le médecin étudie sous le nom de *brûlures*. L'animal dans ces conditions peut mourir bien avant que sa température centrale monte à la limite mortelle. Il serait donc absurde d'attribuer sa mort au fait de l'élévation thermique, qui, nous le répétons, n'existe pas pour ainsi dire. On peut plonger un cobaye dans l'eau bouillante pendant 10 secondes, après l'avoir bien rasé, sans que sa température s'élève de plus d'un degré. Toutefois l'animal succombe aux brûlures de sa peau, ou ce qui revient au même, à la désorganisation de ses tissus superficiels. Nous verrons tout à l'heure pourquoi. Donc dans l'étude de l'action des hautes températures sur l'organisme il importe de distinguer l'action différente des différents milieux. Une température qui est mortelle dans l'eau ne l'est pas dans l'air durant le même temps. La première porte tout de suite son action sur l'organisme, la seconde agit plus lentement et même elle n'agit pas du tout, à cause de certaines conditions physiques qui s'opposent à son action. Nous avons déjà parlé du cas de BLAGDEN et de FORDYCE, qui ont pu résister pendant quelques secondes à des températures supérieures à 100° dans des étuves renfermant un air sec. Ce fait est devenu aujourd'hui d'une observation banale. Nombre d'ouvriers accomplissent journellement des actes semblables, sans penser même à la possibilité de la mort. Par contre, personne n'oserait essayer, même à titre d'expérience, d'entrer dans un bain à la température de 60°.

Ainsi donc l'organisme placé dans un milieu liquide à une température dépassant de beaucoup la sienne succombe à la destruction de ses éléments anatomiques et non pas à l'échauffement de son sang.

Il n'en est pas de même si l'animal se trouve dans un milieu gazeux tel que l'air. Ici l'élévation de température provoque des phénomènes d'évaporation intense qui s'opposent dans une certaine mesure aux effets mêmes de la chaleur. On sait, par exemple, qu'on peut respirer de l'air à 200° sans qu'il se produise de brûlures appréciables dans la muqueuse respiratoire. U. Mosso a bien démontré que cet air se refroidit dans son passage à travers l'appareil respiratoire, et qu'en arrivant dans les poumons sa température ne dépasse guère d'un degré la température de ces organes. C'est l'évaporation abondante qu'il provoque sur la muqueuse respiratoire qui est la cause principale de son refroidissement très rapide. Chez l'homme, ces phénomènes d'évaporation prennent des proportions considérables à cause de l'abondance de la sécrétion sudorale. Chez d'autres animaux, les éléments qui recouvrent leur surface les protègent, grâce à leur faible conductibilité calorifique, contre l'élévation de la température extérieure. De telle sorte qu'on peut dire qu'un organisme qui est placé dans une étuve d'air sec à la température de 100°, périt bien avant que l'excès de chaleur donne lieu à la brûlure de sa surface. Cela résulte au moins des expériences faites par CL. BERNARD avec des animaux différents qu'il soumettait aux plus hautes températures. Dans aucun cas il ne parle de la production de ces lésions qui seraient de règle si l'animal était plongé dans un liquide possédant le même degré de chaleur.

Quoi qu'il en soit, l'échauffement dans ces conditions se produit bien plus rapidement, et les animaux succombent dans un délai plus bref que lorsqu'ils sont soumis à des températures moins considérables.

La marche des phénomènes dans l'échauffement brusque n'offre rien de caractéristique. Aux modifications respiratoires et circulatoires succèdent les troubles d'excitation motrice, qui sont bien plus accentués, et finalement survient le coma mortel, suivi d'une rigidité générale et immédiate. La température de l'animal au moment de la mort est de 45° à 46° pour les mammifères, de 48° à 50° pour les oiseaux, et de 38° à 40° pour les animaux à température variable. D'une manière générale, la mort de l'être est d'autant plus rapide que sa masse est moins considérable.

Effets locaux de la chaleur. — Il importe de remarquer tout d'abord que les actions locales de la chaleur sont impuissantes par elles-mêmes à déterminer l'échauffement général du corps. Si la température extérieure ne dépasse pas la limite comprise entre 40° et 45°, son action locale est nulle ou insignifiante. L'examen le plus attentif ne découvre pas, dans la partie du corps exposée à cette température, des lésions appréciables, si ce n'est quelques troubles circulatoires qui disparaissent aussitôt que l'application calorifique cesse.

Mais là où la température est plus élevée, elle amène des brûlures de l'organisme et entraîne, dans le cas où son action persiste, la mort de l'animal sans que sa température générale augmente de plus de deux degrés.

VALLIN (1871) fut un des premiers à étudier les effets produits par la chaleur au point de vue de son action locale sur l'organisme. Il a vu que des animaux auxquels on chauffait la tête, au moyen d'une circulation chaude à une température dépassant 60°, succombaient assez vite avec des phénomènes d'excitation nerveuse et musculaire suivis d'une prostration profonde. KLEBS (1879) est arrivé aux mêmes résultats en plongeant les oreilles du lapin dans un bain à une température de 50° à 60°. Nombre d'auteurs ont répété ces recherches, dans le but d'étudier le mécanisme de la mort par brûlures. WELTI et SALVIOLI (1893) ont tout récemment fait une série d'expériences, qui démontrent que la mort des animaux dont les extrémités sont plongées dans de l'eau entre 50°, à 60° meurent au bout d'une heure, avant que leur température centrale monte de plus d'un degré. Voici un tableau que nous empruntons au dernier de ces auteurs qui rapporte le détail d'une expérience faite sur un jeune chien, auquel on échauffait les pattes de derrière.

HEURES	TEMPÉRATURE DE L'EAU.	NOMBRE de respirations.	TEMPÉRATURE RECTALE.	PRESSION SANGUINE.	OBSERVATIONS.
4,0	32°	23	39,0	14,0	
4,48	36°	22	39,0	12,0	Dès que la température de l'eau atteint 42°, l'animal devient agité.
5,0	51°	20	40,0	9,3	Mouvements respiratoires très profonds, début de l'état comateux.
5,12	50°	37	40,0	9,3	
5,13	50°	38	40,0	6,0	Respiration irrégulière.
5,19	50°	32	39,8	6,0	Sommeil profond.
5,37	48°	20	39,0	5,0	L'animal meurt presque aussitôt.

Les troubles qui succèdent aux actions calorifiques locales sont très nombreux. Le premier effet produit par le contact d'un corps chaud sur la surface cutanée est une accélération brusque des mouvements respiratoires, lesquels perdent en général beaucoup de leur amplitude. En même temps, le pouls s'accélère, et la pression sanguine monte de quelques centimètres, comme STEFANI l'a démontré. Ces modifications tiennent d'une part à la vaso-constriction cutanée et d'autre part aux actions réflexes que provoque la sensation très vive de la douleur. Elles disparaissent au bout de quelques instants pour faire place à des phénomènes qui offrent un caractère inverse. La courbe de la pression sanguine baisse progressivement avec de grandes oscillations; le pouls présente une tendance à se ralentir et à se renforcer; quant aux mouvements respiratoires, leur fréquence augmente de plus en plus, et ils deviennent irréguliers. Enfin, si l'action de la chaleur continue, l'animal commence à s'agiter, sa respiration devient saccadée, il a des crampes et des convulsions violentes, et en dernier lieu il succombe une ou deux heures après l'application calorifique. Tous ces troubles changent souvent d'aspect, suivant les conditions où la brûlure se produit.

Dans les expériences de Welti et de Salvioli, la marche des symptômes est la même. Les animaux présentent à l'autopsie des lésions emboliques nombreuses. Les poumons sont très congestionnés, et à leur surface apparaissent des foyers hémorrhagiques (infarctus) ayant la forme d'une pyramide à base tournée vers la périphérie et à pointe dirigée vers le centre. Ces lésions se retrouvent partout dans l'organisme; dans le cerveau, dans le rein, dans le foie, dans la rate et dans le tube digestif. Klebs et Silbermann les attribuent à la destruction des éléments du sang, spécialement des globules rouges. Pour Welti et Salvioli, elles sont dues plutôt à l'accumulation des hématoblastes. Ils ont pu s'en convaincre en examinant au microscope les caillots retirés des vaisseaux, dans lesquels ils ont trouvé un nombre considérable de plaquettes emprisonnées dans des filaments de fibrine.

Coup de chaleur. — Sous le nom de *coup de chaleur, asphyxie solaire, heat apoplexy, sunstroke, heatstroke, Sonnenschlag, Hitzschlag, coup de soleil, insolation, colpo di calore*, etc., les médecins ont décrit une série d'accidents qui frappent parfois l'homme, sous l'influence de la chaleur extérieure.

Nous empruntons à J. Héricourt, qui a pu observer dans l'armée ces accidents dus à la chaleur, la description de leurs formes symptomatiques essentielles.

« Il convient tout d'abord, dit-il, de mettre à part le *coup de soleil :* il y aurait avantage à ce que cette expression cessât de faire double emploi avec le terme d'insolation, et fût rigoureusement réservée, conformément d'ailleurs à l'usage général, pour désigner la légère brûlure, l'érythème cutané fugace qui résulte de l'action vive des rayons solaires directs sur une peau sensible et inaccoutumée à leur contact. Cet érythème peut ne s'accompagner d'aucun trouble général, et c'est le cas le plus fréquent, tandis que les désordres les plus grands de l'insolation se produisent le plus souvent sans qu'on trouve la moindre trace de brûlure solaire.

« Le coup de soleil étant ainsi mis de côté, l'accident, dont les médecins militaires sont le plus souvent les témoins dans nos régions tempérées, est sans contredit celui qui se présente dans les conditions suivantes. Par une température qui peut ne pas être élevée, et parfois oscille autour de 25°, le ciel étant plutôt nuageux que lumineux, le temps orageux, et l'air chargé de poussières vers la fin des manœuvres prolongées et particulièrement des longues marches, on voit les côtés de la route se garnir d'hommes qui déclarent ne plus pouvoir avancer; leur visage est congestionné et baigné de sueur, ils accusent une soif vive, et se plaignent d'éprouver une douleur constrictive à l'épigastre, des vertiges, des éblouissements, de la céphalalgie; il n'y a pas d'envie d'uriner. En donnant les premiers soins à ces malades, le médecin constate que leur connaissance est abolie à des degrés différents, depuis le simple éblouissement fugace jusqu'au coma complet; mais toujours la face est violacée, turgescente, la peau humide et parfois visqueuse, la respiration lente, le pouls faible et irrégulier, les pupilles dilatées; parfois on remarque un peu d'écume à la bouche. Disons tout de suite que la mort qui peut survenir si le coma persiste, surtout en l'absence de secours, est rarement la conséquence de cette atteinte. »

L'auteur continue : « Tout autres, et plus rares aussi sont les accidents qu'on peut observer chez nous par les fortes températures, alors que le thermomètre à l'ombre marque 30°-36°, et que l'atmosphère est limpide, lumineuse, l'espace vivement ensoleillé. Dans ces conditions, et généralement avant même qu'on puisse en rien mettre la fatigue en cause, on peut remarquer que des hommes, qui tout à l'heure étaient vultueux et suaient abondamment, s'assèchent et pâlissent. Si l'on vient à les interroger à ce moment, ils se plaignent d'une vive anxiété précordiale et accusent de fréquentes envies d'uriner : un court repos à l'ombre peut dissiper ce qui n'est encore qu'un malaise. Mais, si l'action au soleil persiste, alors survient un accablement pénible, la face prend une teinte livide, la peau devient brûlante, les pupilles se contractent, la vue se trouble, et, la tête en avant, l'homme s'abat brusquement au milieu de la route; quand l'atteinte est grave, la mort arrive peu de minutes après quelques secousses convulsives; dans les cas moins sévères, le retour à la connaissance est généralement précédé de vomissements de matières bilieuses. Cet accident, dans la production duquel la chaleur joue incontestablement un rôle bien plus important que dans celui décrit plus haut, est aussi d'une autre gravité et entraîne fréquemment la mort; dans les instants qui la précèdent, on a pu constater des températures axillaires de 42° à 44°. En France et en Algérie, on ne l'observe guère que par les journées claires; mais plus au sud et dans les milieux où une température très élevée peut exister indépendamment de toute radiation solaire directe, comme dans les chaufferies de bateaux à vapeur, on voit les mêmes effets se produire à l'ombre par des temps couverts, sous la tente ou dans des chambres.

« Voici maintenant un troisième groupe d'accidents, dans lesquels la localisation des troubles est fortement accentuée.

« C'est dans la zone torride, au large de l'Océan, comme sur les hauts plateaux, qu'on assiste surtout à ces troubles qui étonnèrent les premiers observateurs et qui ont été décrits sous les noms de *ragle*, de *calenture*, d'*hallucinations du désert*. Ce qui les caractérise, c'est un délire, délire variable d'ailleurs, mais dont la tendance au suicide est une forme fréquente. Ils ont pour conditions une température certainement élevée, mais qui peut osciller entre des limites assez larges, et surtout l'exposition plus ou moins prolongée à la radiation directe du soleil. »

Ce court aperçu symptomatologique démontre les différences qui séparent, au point de vue de leur mécanisme pathogénique, les diverses formes du coup de chaleur. Le manque d'espace ne nous permet pas de développer ici les nombreuses théories relatives à l'interprétation de ces phénomènes. Nous aurons, du reste, l'occasion d'y revenir plus oportunément lorsque nous étudierons le mécanisme de la mort par la chaleur. En attendant, il importe de remarquer que la majorité de ces troubles apparait dans des conditions tellement variables (marches forcées, privations d'aliments solides ou liquides, émotions, etc., etc.), qu'il serait absurde de vouloir les classer dans le même tableau pathologique. D'ordinaire, les effets spécifiques de la chaleur se trouvent fréquemment masqués par d'autres phénomènes ayant une origine diverse.

Quant aux températures maxima observées sur l'homme, on en trouvera les principaux exemples plus haut, à l'article **Chaleur**.

Basses températures. Leurs effets sur l'organisme. — Le froid, de même que la chaleur, peut agir sur l'organisme, localement ou généralement, d'une manière lente ou rapide, suivant les différences de la température extérieure.

Dans le refroidissement général à marche lente, l'être vivant semble voué à une sorte d'anesthésie profonde qui s'accentue de plus en plus, au fur et à mesure que sa température baisse. Ses fonctions diminuent peu à peu d'intensité et s'éteignent graduellement en suivant l'ordre que leur assigne leur importance hiérarchique. Tout d'abord c'est le système nerveux central et spécialement le cerveau qui disparaissent les premiers de la scène de la vie. Chez le lapin, lorsque la température descend aux environs de 17°, il n'y a plus de mouvements volontaires (Ch. Richet et Rondeau). La conscience fait la première défaut. Puis ce sont les actions réflexes et la sensibilité qui disparaissent à leur tour. En attendant, la respiration et le cœur se ralentissent considérablement, et les phénomènes chimiques des tissus se réduisent au minimum d'activité. Finalement les manifestations vitales cessent complètement, lorsque la température de l'organisme dépasse une limite donnée, limite qui varie beaucoup pour les différentes espèces.

Nous devons, sous ce rapport, faire une distinction importante entre les animaux à température variable et les animaux à température constante. Les premiers ressentent les effets du refroidissement et supportent même la congélation, sans que, pour cela, leur vie soit un seul instant menacée. Les seconds, au contraire, meurent définitivement, sitôt que leur température descend au delà d'une certaine limite. Le chien, par exemple, succombe aux environs de 20°, le lapin à 14°; l'homme a pu, dans un cas signalé par Reinke, descendre à 24° sans mourir. Ces chiffres n'ont pas une valeur absolue, mais on peut dire que, plus la moyenne thermique de l'être est élevée, plus sa résistance au refroidissement est moindre. Toutefois Walter est arrivé à faire revivre des lapins dont la température était descendue à + 9°, et Horwath a vu de jeunes animaux qui n'avaient plus que 5°; ils revenaient à la vie au moyen d'un échauffement lent et progressif associé à la respiration artificielle.

En ce qui concerne les animaux hibernants, tout le monde sait que leur endurance pour le froid est énorme. Il y a cependant une limite qu'on ne peut pas dépasser sans compromettre sérieusement la vie de ces organismes. Ainsi, par exemple, une marmotte engourdie se réveille pour lutter contre le péril qui la menace, aussitôt que la température extérieure s'approche de 0°.

Le refroidissement lent a été souvent observé chez l'homme. Les individus tombent tout d'abord dans un état de prostration extrême, puis dans un sommeil profond dont il n'est pas facile de les tirer. Les membres s'engourdissent et deviennent rigides, la sensibilité est presque nulle, la peau de la face est livide et congestionnée, et la respiration et le cœur sont très ralentis. Si à ce moment on réchauffe l'individu, il peut encore revenir à la vie ; mais, si l'action du froid continue, tous les soins sont inutiles, et dès lors il peut être considéré comme perdu. La tendance à l'immobilité et au sommeil est, dans la lutte contre le froid, particulièrement dangereuse. A ce propos, voici comment Solender s'exprimait en encourageant les compagnons de route du capitaine Cook. « Quiconque s'assied, quiconque s'endort, ne se réveille plus. » Malheureusement les forces manquent pour s'opposer à ce sentiment de paresse, et bientôt l'individu supplie qu'on le laisse tranquillement dormir. C'est ce qui arriva à Solender, quelques instants après son conseil, malgré tous ses efforts de volonté. Cet état est le résultat de la fatigue, ou pour mieux dire de l'anesthésie du système nerveux central, qui succède au refroidissement du sang.

Le refroidissement brusque et intense se produit toutes les fois que l'être vivant est transporté dans un milieu où la température diffère trop en moins de la sienne.

L'expérimentation sur ce point de la science a été pendant longtemps impossible, à cause de la difficulté qu'on avait à produire des abaissements thermiques assez considérables.

C'est grâce aux travaux de Cailletet et Raoul Pictet qu'on a pu étudier l'influence qu'exercent les grands froids sur les fonctions de l'organisme.

Pendant ce refroidissement les troubles se succèdent avec une rapidité extrême. R. Pictet a vu qu'un chien introduit dans un puits frigorifique à — 92° a résisté 1 h. 40′ en conservant sa température interne à + 37°. Puis, tout à coup, sa respiration s'est ralentie, son pouls est devenu fuyant, et sa température s'est abaissée à 23°. A ce moment on retire l'animal qui avait perdu connaissance, et tous les soins pour le rappeler à la vie furent inutiles. L'extrémité de ses pattes était déjà gelée.

On voit donc que les animaux à sang chaud se défendent admirablement contre des abaissements thermiques de cet ordre, et qu'ils succombent bien avant que leurs organes périphériques aient eu le temps de se geler. La limite mortelle de la température interne est, dans ces conditions, à peu près semblable à celle que nous avons indiquée pour le refroidissement lent. Quant aux animaux hétérothermes, ils ne meurent jamais. Pourvu qu'on les réchauffe graduellement, on voit que leur vie commence de nouveau à se manifester à mesure que leurs organes se dégèlent (Pictet).

Chez l'homme l'étude du refroidissement intense est encore moins avancée. Il n'existe guère que quelques observations faites dans les expéditions polaires ou dans les hivers très rigoureux des climats froids.

Desgenettes décrit de cette façon la mort des hommes qui succombent au refroidissement brusque :

« Nous avons vu des hommes marchant avec toute l'énergie musculaire, la mieux prononcée et la mieux soutenue, se plaindre tout à coup qu'un voile couvrait incessamment leurs yeux ; ces organes, un moment hagards, devenaient immobiles ; tous les muscles du cou et plus particulièrement les sterno-mastoïdiens se raidissaient et fixaient peu à peu la tête à droite ou à gauche ; la raideur gagnait le tronc ; les membres abdominaux fléchissaient alors, et ces hommes tombaient à terre, offrant tous les symptômes de la catalepsie ou de l'épilepsie. »

Virey, racontant la retraite de Russie, fait des malheureux congelés un tableau un peu différent :

« D'autres, foudroyés d'une atteinte soudaine, le regard fixe et sombre, s'agitent comme pris de frayeur, poussent un cri et tombent rigides et glacés. »

Tout ce que nous venons de dire se rapporte à l'action du froid sur l'organisme tout entier.

Nonobstant, dans beaucoup de cas, le froid peut agir sur une région isolée de la périphérie organique en donnant lieu à des congélations partielles. Ces lésions se produisent de préférence dans les parties du corps où la circulation est le moins active (doigts, orteils, nez, oreilles). Les tissus qui n'ont pas encore perdu leur vitalité reviennent en général à l'état normal quand le dégel se fait d'une façon lente; les expériences de Richardson tendent à prouver l'exactitude de cette conclusion. Au contraire, quand le réchauffement des organes gelés se fait brusquement, non seulement la vie de ces régions est compromise, mais aussi celle de l'organisme tout entier. Nous devons cependant dire que la durée de la congélation est un facteur dont il faut tenir compte lorsqu'il s'agit de pronostiquer le sort ultérieur de ces lésions. Il est connu que les individus qui ont subi de pareils accidents perdent parfois le nez ou les oreilles, malgré toutes les précautions prises pour ramener à la vie les parties congelées. La circulation même des tissus profonds se charge d'opérer cette séparation avant qu'on ait le temps d'intervenir.

Kriege, Alonzo et Utchinsky ont décrit des lésions durables dans les tissus soumis à la congélation. Les fibres nerveuses dégénèrent, et la myéline perd ses caractères histologiques. Pouchet, d'autre part, avait déjà remarqué que les éléments figurés du sang, spécialement les globules rouges, se détruisent dans les régions congelées, en mettant en liberté l'hémoglobine qu'ils contiennent. C'est même à ces altérations sanguines qu'il faut attribuer la mort des individus frappés par la congélation; car, en dehors de certains cas, où la température du corps descend au delà de la limite compatible avec la vie, en général elle se maintient aux environs de la normale, et l'abaissement thermique ne peut, dans ces conditions, expliquer le mécanisme de la mort.

Mécanisme de la mort par la chaleur. — Cette étude analytique des modifications que la chaleur provoque sur les différents tissus et fonctions de l'organisme, nous sera maintenant d'un grand secours dans l'interprétation du mécanisme de la mort par hyperthermie. La chaleur fait succomber les êtres de deux manières : 1° par action générale, et 2° par action locale. Ces deux procédés ont chacun un mécanisme de production distinct et méritent en réalité qu'on les envisage séparément.

a) **Mort par hyperthermie.** — L'ensemble des symptômes que présentent les individus soumis à l'action générale de la chaleur n'offre rien de caractéristique et ne peut en aucune manière nous renseigner sur la véritable cause de la mort. Ni les troubles nerveux, ni les désordres cardiaques et respiratoires, ni toutes les autres manifestations morbides dont s'accompagne l'élévation de la température interne, ne nous donnent une idée assez nette sur les lésions qui peuvent provoquer la mort des individus échauffés. Il en est de même pour les indications fournies par l'autopsie : les organes et les tissus ont gardé leurs propriétés histologiques normales, comme si rien ne s'était passé.

Malgré cette grande obscurité qui entoure le mécanisme de la mort par la chaleur, on verra que les hypothèses ne font pas défaut. Nous n'avons pas la prétention de les passer en revue; car ce serait plutôt encombrant qu'utile. Notre rôle se limitera simplement à faire une critique d'ensemble en groupant les diverses théories autour des éléments principaux qui leur servent de base. Nous formerons ainsi quatre groupes, dans lesquels il est possible de comprendre toutes les interprétations émises, pour expliquer le mécanisme de la mort par hyperthermie.

1° Théories musculaires (mort par altération des muscles);

2° Théories sanguines (mort par altération du sang);

3° Théories nerveuses (mort par altération du système nerveux);

4° Théories de l'intoxication (mort par formation de substances toxiques).

1° **Théories musculaires.** — Dans ce groupe se rangent toutes les opinions qui prétendent que les muscles perdent leurs propriétés vitales par les hautes températures de l'hyperthermie, devenant ainsi incapables de remplir leurs fonctions et entraînant par cela même la mort de l'individu. Ces théories cherchent leur appui expérimental, d'une part dans les expériences de Kühne, et d'autre part dans celles de Cl. Bernard. Le premier de ces auteurs avait vu que le suc extrait des muscles sous pression se coagulait à des températures qui coïncidaient assez exactement avec les températures mortelles indiquées par Cl. Bernard pour les différentes espèces d'animaux. Ainsi le suc provenant des muscles de grenouille précipitait de 37° à 40°, celui des mammifères à 45°, et celui des oiseaux à 50°. Il conclut alors que la mort par la chaleur se produisait à la suite de la rigidité musculaire, et que cette rigidité tenait exclusivement à l'élévation de la température. Cette interprétation serait aujourd'hui insoutenable. Nous savons que le phénomène observé par KÜHNE n'est qu'une simple modification chimique qui s'opère dans le plasma musculaire après la mort et qui a beaucoup de points de ressemblance avec la formation de la fibrine. Les travaux de HALLIBURTON nous ont montré que, lorsqu'on extrait le plasma musculaire à de basses températures, on peut assister à toute une série de modifications qui se passent dans sa constitution chimique, aussitôt qu'il est soumis aux influences extérieures différentes de celles de son milieu normal. Il s'y forme tout de suite un caillot, qui n'est autre chose que la *myosine*, et il reste un liquide clair, qui offre les caractères d'un véritable sérum. D'après ce même auteur, la myosine ne préexisterait pas dans le plasma musculaire, mais elle prendrait naissance par l'union du *myosinogène* avec le *myosino-ferment*. Quant au point de coagulation de cette albumine, il est invariablement à 56°, de même que pour le fibrinogène et la fibrine. Il y a encore une autre substance, le *paramyosinogène*, qui se coagule à des températures plus basses, 45° pour les muscles de la grenouille, et 51° pour ceux des oiseaux, mais celle-ci n'a rien à voir avec la myosine. L'exposé de ces faits démontre que le phénomène constaté par KÜHNE est loin d'avoir la valeur que cet auteur lui accordait dans l'interprétation de la rigidité thermique. D'ailleurs nous avons vu que la fibre musculaire conserve ses propriétés fonctionnelles au delà de la limite de température à laquelle les organismes succombent sous l'influence de la chaleur.

Ces courtes considérations nous dispenseront de nous étendre autrement sur les critiques du même ordre que soulève l'opinion soutenue par CL. BERNARD. On sait que ce physiologiste attribuait la mort des animaux, dans l'hyperthermie, à la rigidité prématurée du muscle cardiaque, et spécialement du ventricule gauche. JOLYET a prouvé depuis qu'il n'en est rien. La respiration s'arrête avant le cœur, et celui-ci reste encore excitable pendant quelques instants après la mort. Mais ce n'est pas tout : les expériences de MARTIN et LANGENDORFF mettent bien en relief l'erreur de l'interprétation de CL. BERNARD. Ils ont montré que le cœur, séparé du corps, supporte sans danger les températures mortelles pour l'organisme (45°-46°) et que sa résistance est telle, dans certains cas, qu'il peut battre, à 48° et 49°. ATHANASIU et CARVALLO de leur côté, ont constaté, à maintes reprises, que le cœur des animaux homéothermes, spécialement des mammifères, peut endurer dans les cavités ventriculaires des températures voisines de 55°-60° pour un temps qui varie entre 1″-2″. Quant au cœur des animaux hétérothermes, nous avons vu celui de la tortue garder pendant 19″ une température de 50°-51° et pendant 24″ une température de 47°-48°, sans mourir. Chez ces animaux, le cœur étant dépourvu des vaisseaux, la température du ventricule est à peu de chose près celle de la fibre musculaire du myocarde même, car le sang chemine parmi les colonnes charnues du myocarde comme dans une éponge. Tout cela prouve que le muscle cardiaque ne succombe pas à l'excès de chaleur dans l'hyperthermie.

D'autres auteurs (MATHIEU et URBAIN) ont pensé que la rigidité musculaire frappait d'abord les muscles respiratoires, et que les animaux mouraient par asphyxie. Cette seconde proposition, nous la discuterons tout à l'heure; quant à la première, elle manque de fondement et on peut la considérer comme inacceptable.

2° Théories sanguines. — Les modifications qui surviennent dans le sang des animaux surchauffés ont été fréquemment mises en cause pour expliquer le mécanisme de la mort par la chaleur.

CROSSAT croyait que la déperdition abondante d'eau qui se fait par la sudation et par l'évaporation pulmonaire suffisait à provoquer la mort des individus échauffés. Cet auteur faisait remarquer que la diminution de poids des animaux soumis à l'échauffement était considérable, et que, dans certains cas, elle atteignait le chiffre de 16 à 19 grammes, chez les lapins morts par exposition au soleil. Les expériences de MAGENDIE et CL. BERNARD donnèrent un démenti formel à cette hypothèse. Elles prouvèrent que l'injection d'une certaine quantité d'eau dans le système veineux des animaux en hyperthermie n'augmente en rien la limite de leur résistance. De plus, CL. BERNARD a démontré que la chaleur sèche tue plus lentement que la chaleur humide. La mort n'est donc pas le résultat de la déshydratation du sang et des tissus.

On a alors essayé d'interpréter les accidents mortels de la chaleur en les attribuant aux altérations morphologiques du sang. Certains auteurs ont porté leur attention sur les hématies, d'autres sur les leucocytes. MAASS a prétendu que dans le coup de chaleur l'appauvrissement rapide du sang en eau donne lieu à une destruction massive de globules rouges. Dans un cas signalé par BEMBERGER, on ne comptait plus qu'un globule rouge pour quatre-vingts leucocytes. L'individu présentait une hémoglobinurie intense, et les tubuli des reins étaient gorgés d'hémoglobine. Nous avons déjà parlé des expériences de FRIEDLANDER, qui prouvent le changement qui s'opère dans les rapports numériques des hématies et leucocytes à la suite des actions thermiques générales : c'est bien, à vrai dire, la seule modification sanguine qui soit en réalité constante, car toutes les autres manquent le plus souvent ou apparaissent sous l'influence de causes qui ne sont pas faciles à déterminer. On peut sans crainte affirmer que telle température, qui est mortelle pour l'animal, n'est pas mortelle pour ses globules. C'est du moins ce que les travaux de SCHULTZE nous ont appris. Dans ces dernières années, A. MAUREL a soutenu la thèse que les leucocytes meurent définitivement vers 44°, et que l'homme ne survit pas à la destruction de ces éléments par la chaleur. Cette affirmation a besoin de preuves plus convaincantes que celle que nous fournit cet expérimentateur. En effet l'observation clinique nous rapporte des cas où la température s'est élevée à des limites plus hautes que 44°, sans produire la mort de l'individu. Ces faits démontrent que les éléments sanguins conservent leur vitalité intacte au moment où l'organisme périt par l'excès de chaleur.

D'autres physiologistes ont incriminé les modifications chimiques du sang, comme étant la cause réelle de la mort par hyperthermie.

Pour MATHIEU et URBAIN, le sang des animaux surchauffés est un sang axphyxique. C'est là un fait qu'ils ont constaté à maintes reprises et qui s'accorde avec les résultats obtenus par CL. BERNARD. Nous avons vu cependant que ces auteurs ont pratiqué l'analyse des gaz du sang sur des animaux mourants ou qui venaient de succomber. Dans ces conditions, comme le fait judicieusement observer VINCENT, il était impossible d'obtenir d'autres résultats. Mais, si l'analyse est faite à un autre moment de l'hyperthermie on retrouve les mêmes chiffres qu'à l'état normal. Suivant LAVERAN et REGNARD, le sang de ces animaux serait, au lieu d'un sang asphyxique, un sang très pauvre en acide carbonique.

EULENBOURG et VOHL ont émis une théorie qui n'a aucune portée scientifique. Ils soutiennent que les gaz du sang se dilatent à mesure que la température s'élève et que cette dilatation, qui est sensiblement de 0,242 volume 0/0 par chaque degré, produit la mort par des embolies. Nous ferons simplement remarquer que les gaz du sang sont à l'état de combinaison, et que les différences de température qui provoquent la mort ne peuvent pas les dégager des combinaisons qui les contiennent. D'autre part, les embolies dont les auteurs allemands parlent n'ont jamais été observées.

WEICKARD a prétendu que la mort survient dans l'hyperthermie par la coagulation du sang dans les vaisseaux. Il s'appuyait, pour faire cette affirmation, sur les résultats obtenus par lui en chauffant le sang *in vitro*. Mais le sang des animaux surchauffés offre plutôt quelque retard à la coagulation, et les éléments figurés qui fournissent le ferment fibrine ne sont pas détruits à la température à laquelle les animaux meurent.

De tout ceci résulte que ni les changements survenus dans les propriétés physiques du sang, ni ses altérations morphologiques, ni les variations chimiques de son milieu, ne suffisent pour expliquer la mort des individus échauffés.

3° **Théories nerveuses**. — C'est en partant des expériences de HARLESS que certains auteurs ont cru pouvoir soutenir que la mort succédait à l'arrêt fonctionnel du système nerveux, spécialement de celui de la vie végétative. HARLESS avait constaté, en chauffant les nerfs, hors de l'organisme, que ces éléments perdaient assez vite leur propriétés vitales, et que, sous l'influence de la chaleur, ils subissaient des modifications histologiques profondes. Mais il employait des températures beaucoup plus fortes que celles qui produisent la mort dans l'hyperthermie. D'ailleurs CL. BERNARD a prouvé que le muscle meurt avant le nerf. Il n'y a donc aucune raison pour attribuer à la perte de la conductibilité ou de l'irritabilité nerveuse la cause de la mort par la chaleur.

ARISTOW a prétendu que la mort se produit par l'arrêt du cœur, ainsi que le pensait

Cl. Bernard, mais que cet arrêt est dû non à la coagulation de la fibre musculaire, mais à la paralysie qui frappe les centres ganglionnaires. Nous savons à quoi nous en tenir sur cette hypothèse, ayant montré plus haut que la résistance thermique du cœur dépasse de quelques degrés la résistance totale de l'organisme.

Laveran et Regnard, en reprenant l'étude pathogénique du coup de chaleur, arrivent par élimination à accepter la théorie nerveuse comme la seule capable d'interpréter le mécanisme de la mort par hyperthermie. Ils ont répété l'expérience classique de Cl. Bernard pour démontrer comment la grenouille que l'on échauffe graduellement perd sa sensibilité bien avant qu'elle ne devienne rigide. De là ils concluent que la chaleur agit sur le système nerveux comme un agent anesthésique; tout d'abord, elle exalte ses fonctions; puis elle les anihile complètement. La théorie est séduisante. Mais, bien qu'on soit forcé d'admettre que grand nombre des manifestations de la vie cérébrale disparaissent par suite de l'accroissement de la température, on ne saurait pas en faire de même en ce qui concerne les autres fonctions du système nerveux central et périphérique, surtout si l'on pense que les éléments nerveux qui président au fonctionnement des appareils organiques jouissent d'une résistance considérable. Et, d'autre part, rien ne dit que les troubles nerveux que l'on constate chez les individus morts par hyperthermie soient sous la dépendance directe de l'élévation de la température. Nous citerons, à ce propos, les intéressantes recherches de Goldscheider et Flateau (1897), qui démontrent que la chaleur n'agit pas par elle-même en provoquant certaines lésions histologiques dans le système nerveux central des animaux morts par hyperthermie. Dans une première série d'expériences, ces auteurs ont examiné très attentivement la moelle des animaux sacrifiés à différents degrés de l'échauffement, afin de se rendre compte de la limite à laquelle les cellules nerveuses commencent à perdre leurs caractères morphologiques. Ils ont vu que, tant que la température de l'animal restait aux environs de 41°,5, la moelle ne présentait pas de modifications histologiques appréciables. Par contre, si l'élévation thermique dépasse 43°, les lésions de la moelle deviennent très nombreuses, et elles se localisent spécialement sur toute l'étendue de l'axe gris. La durée de l'hyperthermie est aussi un facteur très important dans la production de ces lésions, de telle sorte que, lorsqu'on maintient les animaux pendant deux ou trois heures à la température de 41°,7 à 42°, ils offrent à l'autopsie le même genre d'altérations. D'un autre côté, Goldscheider et Flateau ont voulu voir ce qui se passerait dans la moelle des animaux décapités lorsqu'on les chaufferait dans les mêmes conditions, c'est-à-dire en les enfermant dans un thermostat à la température de 43°, jusqu'à ce que leur température monte au delà de la limite où apparaissent les lésions décrites. Pour cela ils commencent par guillotiner l'animal en prenant soigneusement sa température dans le rectum, puis ils mettent à nu la moelle cervicale et laissent la portion lombaire enfermée dans le canal vertébral. Alors, l'animal est transporté dans l'étuve, où bientôt sa température rectale atteint 44°,6. A ce moment, les deux portions médullaires sont retirées du corps et traitées de la même façon, pour en faire l'étude histologique. L'examen le plus consciencieux n'y révèle rien de remarquable, fait qui prouve que les altérations que l'on constate chez les animaux morts par échauffement ne sont pas le résultat de l'action directe de la chaleur, mais bien la conséquence du trouble apporté dans les phénomènes vitaux par l'accroissement de la température organique. Quant au fait de savoir si ces altérations sont une cause suffisante de mort, nous croyons qu'il faudra encore attendre avant de pouvoir se prononcer.

Quoi qu'il en soit, nous voyons que les modifications des cellules nerveuses sont loin d'être l'élément primordial dans la mort par hyperthermie; on peut en dire autant des autres lésions invoquées par Liebermeister, Iwaschkewitsch, Bamber, Legge et Litten, lésions qui en général se produisent à longue échéance. Elles ne peuvent, ni les unes ni les autres, expliquer dans aucun cas la mort rapide par la chaleur.

4° **Théories de l'intoxication.** — Obermeier croyait que la mort dans le coup de chaleur se produisait à la suite de l'accumulation de l'urée dans le sang. Il trouvait que cette substance augmentait dans le sang des animaux surchauffés d'une façon remarquable. D'après ses analyses, la moyenne était de 10 p. 100, ce qui est en réalité un chiffre énorme. Vallin d'abord, et Vincent ensuite, ont contesté ces résultats, dont l'erreur peut très bien tenir aux procédés d'analyse employés par l'auteur allemand. D'autre part, le fait de l'accumulation de l'urée dans le sang et dans les tissus ne suffit pas pour expliquer la mort des individus échauffés. Nous savons que cette substance est fort peu toxique, et qu'elle s'élimine rapidement par les reins en activant la fonction sécrétoire de ces organes. Ce sont là des manifestations qui ne s'observent jamais dans la mort par hyperthermie, laquelle se caractérise plutôt par une anurie très marquée.

L'opinion d'OBERNEIER, quoique fausse, a eu cependant le mérite d'ouvrir une nouvelle voie à ce genre d'interprétations. STILLETEN transfusa le sang d'un chat qui venait de mourir par hyperthermie à un chat normal, mais l'expérience ne réussit pas. DORÉ et DOLÉRIS pensèrent aussi que l'intoxication jouait un rôle prépondérant dans la mort par hyperthermie, mais ils n'ont fait aucune expérience venant à l'appui de leur opinion. C'est surtout VINCENT, qui en 1887, a bien fait l'étude de cette question, cherchant à démontrer, par des expériences variées et bien conduites, la toxicité du sang et des organes des animaux soumis à l'hyperthermie. Il a constaté que, lorsqu'on injecte l'extrait aqueux de ces organes, spécialement ceux du système nerveux central, à des animaux normaux, les animaux injectés ainsi ne tardent pas à succomber en présentant les symptômes caractéristiques de la mort par l'hyperthermie. De plus, si on transfuse le sang des animaux échauffés à d'autres animaux normaux, on obtient aussi les mêmes résultats. Nous ferons cependant remarquer que cette dernière expérience n'a pas réussi entre les mains de LAVERAN et REGNARD.

Il est possible que les produits toxiques fabriqués par les tissus sous l'influence de l'hyperthermie jouissent d'une faible stabilité, et qu'ils se détruisent avec la même rapidité qu'ils se forment. Cette question doit être reprise, pour pouvoir être jugée définitivement. Toutefois, en tenant compte de ce qui se passe dans les fonctions organiques, sitôt que la température centrale monte, tout porte à croire que la mort par hyperthermie se produit par intoxication.

Mort par brûlure. — On peut dire qu'il n'y a pas un seul élément organique qui n'ait pas été mis en cause pour expliquer la mort rapide qui succède aux brûlures très étendues. Toutefois, ici comme dans la mort par hyperthermie, les opinions les plus importantes semblent se partager entre le système nerveux, le sang et les phénomènes d'intoxication.

DUPUYTREN fut un des premiers qui considéra la douleur vive qui accompagne l'action locale de la chaleur, comme une cause possible de la mort immédiate des individus brûlés. D'autres, après lui, ont aussi remarqué l'état de prostration dans lequel tombent les malades, et ils ont vaguement énoncé l'hypothèse d'un choc, que le chirurgien anglais WILLIAM JORDAN décrivit un peu plus tard.

Mais les expériences qui ont donné corps à cette doctrine proviennent de SONNENBURG. Il a montré que, si l'on chauffe avec un fer incandescent les pattes postérieures d'une grenouille, on constate aussitôt que le cœur s'accélère et que la tonicité vasculaire s'abaisse à un tel point que la circulation s'arrête, presque complètement. Ces troubles ne se produisent pas, si l'on a d'abord sectionné les nerfs de la région brûlée ou mieux encore la moelle épinière. C'est en somme une simple application de ce fait qu'on connaissait déjà, l'influence des excitations réflexes sur le cœur et sur les vaisseaux. Le chirurgien allemand sut cependant en tirer le plus grand parti, et pendant longtemps sa théorie régna en maîtresse dans la science.

Il nous semble inutile d'insister outre mesure sur la valeur pathogénique de cette théorie, étant donné qu'à l'heure actuelle nous savons qu'aucune excitation réflexe, malgré son intensité, n'est capable de produire par elle-même l'arrêt définitif du cœur, et par conséquent la mort de l'individu. D'ailleurs SALVIOLI a montré que, si l'on chauffe la patte d'un animal (chien ou lapin) en laissant intactes ses relations nerveuses, mais en y supprimant toute circulation par une forte ligature, l'animal supporte mieux la brûlure que dans les conditions normales. De là il conclut que le rôle joué par le système nerveux et par l'abaissement de la pression sanguine, qui est sous sa dépendance, est un rôle accessoire et secondaire dans les phénomènes consécutifs à l'action de la brûlure.

Il faut donc chercher ailleurs que dans le système nerveux la cause de cette mort. C'est alors que WERTHEIM et PONFICK, puis LESSER et d'autres expérimentateurs, se guidant sur les travaux de Schultze, dont nous nous sommes déjà occupé, ont soutenu que la mort par brûlures dépend des altérations du sang. Pour les premiers, les globules rouges des individus brûlés sont détruits en grande partie. Ils subissent une sorte de désagrégation et se résolvent en d'innombrables particules colorées, en mettant en liberté leur hémoglobine. Celle-ci circule librement dans le sang et donne lieu à des lésions rénales très importantes. Pour Lesser, au contraire, les altérations anatomiques des globules rouges ne suffisent pas pour entraîner la mort des individus brûlés. Il croit plutôt à une perte de la capacité vitale des hématies ou, ce qui revient au même, à une diminution de la capacité respiratoire du sang. A l'appui de ces explications, Lesser rapporte plusieurs faits cliniques et expérimentaux, dont le plus important est celui-ci. Lorsqu'on transfuse à un animal normal le sang d'un autre qui a été brûlé, ou simplement le sang chauffé hors du corps, l'animal supporte la transfusion sans présenter de troubles manifestes, pourvu que l'opération se réalise avec une certaine lenteur. Par contre, si l'animal est saigné auparavant, il succombe à la transfusion du même sang avec tous les symptômes d'une véritable asphyxie. Hock insiste dans un travail récent sur la constance de ces phénomènes. Mais il faut se rappeler que Hoppe-Seyler a démontré qu'on peut vivre avec 30 p. 100 seulement de la proportion normale de ses globules rouges et que, même dans le cas de brûlures très étendues, le chiffre de destruction des hématies est loin d'atteindre des proportions si considérables. Aussi Klebs, Welti et Salvioli considèrent-ils les modifications morphologiques et fonctionnelles du sang comme moins importantes, et pensent-ils qu'il se forme plutôt des thromboses qui sont la cause de la mort. Klebs invoque, comme substratum du thrombus, les globules rouges altérés et détruits; Welti affirme que ce sont les hématoblastes en excès qui donnent lieu à ces thromboses; Salvioli, enfin, croit que les plaquettes s'accumulent dans les régions brûlées, et que de là elles partent, agglomérées, pour provoquer les phénomènes thrombosiques dans les diverses régions de l'arbre circulatoire. Le fait est que, lorsqu'on plonge les oreilles ou les pattes d'un animal dans un bain à la température de 60°, l'animal périt au bout d'une heure, et à l'autopsie il offre des lésions emboliques très manifestes.

Nous ne parlerons que très brièvement des théories d'après lesquelles la mort des individus brûlés se produit par des phénomènes d'intoxication. Le rôle varié que la peau joue dans les diverses fonctions de la vie, a fait que nombre d'expérimentateurs ont essayé d'attribuer l'origine des accidents mortels à la suppression des fonctions de la surface cutanée, rapprochant ainsi le mécanisme de la mort par brûlures de celui qui détermine la mort par le vernissage. Nous ne pouvons pas développer ici toutes les interprétations que comporte cette suppression brusque de l'activité fonctionnelle de la peau. En tout cas, on peut affirmer que ni la déperdition calorifique, ni le manque des impressions réflexes, ni la diminution des échanges respiratoires ne suffisent pour expliquer ces morts rapides qui frappent parfois les individus brûlés. Seule, peut-être, l'intoxication pourrait, dans certains cas, provoquer cette issue fatale. Mais nous ferons remarquer cependant que l'importance de la peau comme organe d'élimination est plutôt d'un ordre secondaire. La sueur est trop peu toxique pour permettre cette interprétation. D'ailleurs le litre de sueur que l'homme excrète approximativement dans les 24 heures, par la respiration cutanée, est largement compensé par les reins et par les poumons quand ces organes ont leur fonctionnement normal. Senator en a fourni la preuve par des expériences directes sur l'homme en recouvrant la peau de certains malades d'une couche de goudron qu'il a laissée en place jusqu'à dix jours. Pendant cette période, les individus ainsi traités n'ont pas présenté le moindre trouble fonctionnel. Du reste, le vernissage tue plus lentement que les brûlures étendues. On est donc forcé de n'admettre qu'avec réserve les opinions de Billroth, Laskewitch, Edenhuisen, Mendel et d'autres, qui pensent que la suppression des fonctions éliminatoires de la peau fait succomber les individus brûlés.

Dans ces dernières années, les partisans de la théorie de la mort par intoxication ont fait subir une sorte de revirement à cette doctrine qui semble s'accommoder plus qu'aucune autre aux idées courantes sur le mécanisme général de la maladie. Suivant eux, le poison qui provoque la mort des individus brûlés n'est pas un poison normal retenu par l'organisme, mais une substance nouvelle qui se forme sous l'influence de la brûlure, par suite de la destruction des tissus.

Catiano, un des premiers, prétend que l'acide formique de la sueur est progressivement neutralisé par l'ammoniaque en formant un sel, le formiate d'ammonium, qui est facilement décomposable par l'action de la chaleur et en donnant de l'acide cyanhydrique. Cet acide serait d'après lui l'agent de l'intoxication, comme il est facile de le reconnaître par les symptômes que présentent les individus brûlés. Toutefois, la recherche de cet acide dans le sang a constamment échoué.

De son côté, Reiss a vu, en mesurant la toxicité de l'urine des brûlés, qu'elle est considérablement augmentée et que les animaux injectés avec cette urine succombent rapidement avec les symptômes caractéristiques des brûlures très étendues. D'autre part, il obtient les mêmes phénomènes en injectant des substances azotées qui avaient été soumises auparavant *in vitro* à l'action d'une chaleur forte. Il conclut de ses expériences que, sous l'influence des brûlures, et par le fait de la combustion des tissus, il se forme des substances analogues à celles que produit la combustion de la matière albuminoïde. Ces substances se retrouvent dans l'urine à laquelle elles communiquent un pouvoir toxique spécial, et doivent être considérées comme appartenant au groupe pyridique, en raison de leurs propriétés chimiques et de leur point de fusion qui est à peu près de 240°.

Finalement Kianicine, en analysant le sang et les organes des animaux brûlés, a pu en extraire par le procédé de Brieger une ptomaïne qui offre l'aspect d'une substance amorphe, jaunâtre, d'une odeur âcre et désagréable, facilement soluble dans l'eau et dans l'alcool, insoluble dans l'éther, peu soluble dans le chloroforme et la benzine, et qui se rapproche par ses propriétés chimiques de la peptotoxine isolée par Brieger dans les liquides de digestion gastrique. Cette substance, injectée aux animaux, porte surtout son action sur le cerveau et sur le bulbe; elle donne lieu à une somnolence et à une torpeur marquées et provoque le ralentissement de la respiration et du cœur en arrêtant cet organe en diastole. Ce poison ne se trouve pas dans le sang, ni dans les organes des individus normaux. Il n'est pas le résultat des manipulations chimiques qu'on fait subir aux éléments organiques. Il n'est pas non plus un produit de l'infection septique des tissus mortifiés.

Tel est, en résumé, l'ensemble de nos connaissances sur le mécanisme de la mort par brûlure. Comme on voit, il est assez difficile de se prononcer en faveur de l'une ou de l'autre de ces diverses interprétations, d'autant plus que la marche des accidents varie suivant les conditions dans lesquelles la brûlure se produit. Si la lésion est profonde et étendue et si elle tue rapidement, nous ne voyons pas d'inconvénient à accepter les altérations décrites dans le sang comme la cause directe et immédiate de la mort. D'autre part, si la brûlure est peu considérable et si elle tue à longue échéance, on peut admettre que les individus succombent par une sorte d'intoxication, quelle qu'en soit l'origine, infection septique ou destruction des tissus.

Mécanisme de la mort par le froid. — Les basses températures déterminent la mort de l'organisme par action locale ou générale, de même que la chaleur. Dans le premier cas, les animaux succombent à la destruction locale des tissus, par suite de la congélation des éléments cellulaires. Dans le second cas, au contraire, la mort succède au refroidissement général de l'organisme, et toutes les fonctions de l'être semblent plus ou moins atteintes.

Mort par refroidissement. — L'asphyxie serait, à croire le plus grand nombre d'auteurs, l'élément essentiel dans la mort des animaux refroidis. Tourdes et Boyer, W. Edwards, et Brown-Séquard, parlent à chaque instant dans leurs travaux de l'*asphyxie par le froid*, comme si elle était en réalité une entité morbide indiscutable. Il est vrai que la plupart de ces physiologistes n'ont pas fait d'expériences bien détaillées afin de se rendre compte du mécanisme de la mort dans ces conditions. Cl. Bernard lui-même, qui pensait que la mort pouvait se produire par le fait d'une anémie cérébrale consécutive à la paralysie des vaisseaux cutanés, se contenta d'émettre cette hypothèse, sans chercher à la démontrer autrement. Horwath, en poursuivant cette idée, est allé jusqu'à prétendre que le sang s'accumulait dans la cavité abdominale à cause de la paralysie qui frappe les vaisseaux intestinaux. D'après lui, la distribution inégale du sang, chez les animaux refroidis, serait une cause de mort évidente.

Toutefois, ces deux sortes d'opinions semblent aujourd'hui inacceptables. Quinquaud a démontré que les gaz du sang, chez les animaux refroidis, se trouvent dans les proportions normales, et que, dans beaucoup de cas, ce sang présente tous les caractères d'un sang très artérialisé, c'est-à-dire très riche en oxygène et très pauvre en acide carbonique. D'autre part, Ansiaux a constaté que le cœur s'arrête avant que la respiration ait complètement cessé. C'est le contraire de ce qui se passe dans la mort par hyperthermie. L'asphyxie ne joue donc aucun rôle dans la|mort des animaux refroidis.

Ansiaux conclut de ses recherches que le froid tue les organismes supérieurs par l'arrêt du cœur, et que cet arrêt donne lieu à l'anémie cérébrale, signalée par Cl. Bernard; malheureusement, cette hypothèse se trouve contredite par les faits suivants : 1° le cœur peut vivre hors de l'organisme à des températures mortelles pour l'individu (6 à 7°) (Langendorff) ; 2° le retour aux conditions normales des individus refroidis n'est pas toujours possible, même lorsque le cœur est encore en pleine activité ; 3° l'organisme qui succombe par refroidissement offre des manifestations évidentes d'un désordre profond et général.

Déjà Cl. Bernard avait pressenti la nature du refroidissement, en disant que le froid transforme les animaux à sang chaud en animaux à sang froid. Il avait remarqué cette espèce d'épuisement lent qui frappe toutes les fonctions de l'organisme et qui est seulement comparable à celui que provoquent les anesthésiques. Cette théorie, qui est encore aujourd'hui celle qui compte le plus grand nombre de partisans, n'est pas non plus satisfaisante. Comment prétendre, en effet, que le froid est un poison de l'organisme, alors que nous savons que les êtres élémentaires résistent aux plus basses températures sans que leur vie soit un seul instant menacée. S'il en était ainsi, le froid, de même que les substances anesthésiques, devrait agir sur la matière vivante, en déterminant fatalement sa mort. Il y aurait, si l'on veut, des différences de doses, mais, en dernière analyse, le microbe comme le protozoaire, l'animal poïkilotherme comme l'homéotherme, succomberait à une certaine limite, en présentant toujours les mêmes phénomènes. Or l'expérience prouve que, tandis que les animaux supérieurs meurent par refroidissement, les êtres moins perfectionnés, y compris les animaux à sang froid, supportent les effets même de la congélation. En présence de ces résultats, on ne peut pas dire que le froid est doué de propriétés toxiques directes. Cette notion est assurément fausse et demande à être abandonnée. Il faut une autre interprétation, qui, tout en tenant compte du caractère commun que présentent les phénomènes provoqués par le froid sur les êtres élémentaires et sur les organismes perfectionnés, puisse expliquer les différences qui séparent, au point de vue de leur résistance au refroidissement, ces deux classes d'êtres.

Nous avons déjà dit que, lorsque la température d'un organisme descend au-dessous d'une certaine limite, son activité fonctionnelle diminue tout d'abord ; puis, si le refroidissement continue, elle s'éteint définitivement. C'est là un phénomène qui s'observe d'une façon régulière et constante, dans toute l'étendue de l'échelle biologique, quel que soit le degré de spécialisation de l'être soumis à l'influence du refroidissement. Si l'on y aperçoit quelques différences, c'est plutôt dans la grandeur des limites thermiques où apparaissent ces modifications, que dans la marche et dans le caractère des phénomènes constatés. La chaleur est donc une condition indispensable à l'accomplissement des actes chimiques réalisés par les êtres vivants. Sans elle, la vie cesse de se manifester, et les organismes succombent faute de l'énergie qui leur est nécessaire. Or, si, à l'origine de l'organisation, les basses températures peuvent suspendre les phénomènes chimiques de la vie pour un temps illimité, sans toucher la constitution moléculaire du protoplasma, il n'en est pas de même lorsqu'il s'agit des organismes perfectionnés. Chez ces derniers êtres le moindre arrêt, la plus légère perturbation, locale ou générale, retentissent sur la vie de l'ensemble, et troublent l'harmonie physiologique qui doit exister parmi les divers organes et fonctions. De sorte que, tout en admettant que chaque cellule possède une unité de résistance thermique variable, et supérieure à celle de l'organisme tout entier, on conçoit que la mort se produise à des températures assez élevées (+ 20°, mammifères), par le seul fait que le froid interrompt la solidarité fonctionnelle existant entre les divers éléments qui forment l'individu. Il se passe alors toute une série de modifications chimiques dans le milieu intérieur de ces êtres, qui placent leurs différentes cellules dans l'impossibilité de revenir à la vie, malgré le retour aux conditions ther-

miques normales. Autrement, il serait incompréhensible qu'une température de + 20°
fût mortelle pour un animal à sang chaud. Cet abaissement thermique ne peut provoquer dans le protoplasma de modifications physiques directes, mais y donne alors lieu à
des troubles chimiques indirects, qui sont, à notre avis, la cause essentielle de la mort
par refroidissement.

Nous pouvons donc nous représenter les organismes supérieurs (animaux à température constante) comme des appareils réglés pour produire l'*optimum de l'énergie vitale*.
Pour cela, ils disposent d'une somme de chaleur qui est la plus favorable à l'accomplissement de leurs divers actes. En dehors de cette limite, que nous appellerons la *limite
vitale de la chaleur*, toute oscillation thermique, qu'elle soit positive ou négative, devient
tout d'abord une cause de maladie, puis un élément de mort certaine. Ces êtres meurent
dans le refroidissement comme ils mouraient|dans l'échauffement, c'est-à-dire par suite
du trouble apporté dans les phénomènes chimiques de la vie par les variations de la
température ambiante.

Mort par congélation. — Lorsque nous nous sommes occupé de l'action du froid sur
le protoplasma, nous avons dit que la congélation est insuffisante à provoquer par elle-
même la mort des organismes élémentaires. Les anciennes expériences de Kühne et de
Hofmeister, et celles plus récentes de Raoul Pictet, ne laissent pas sur ce point l'ombre
d'un doute. Ces auteurs ont observé que certains végétaux microscopiques, voire certains
protozoaires, peuvent être gelés et dégelés, tout en conservant leurs propriétés vitales. On
est donc forcé d'admettre que le protoplasma de ces organismes ne subit pas, par le fait
de la congélation, des modifications profondes ; car, si quelque changement survenait dans
l'état physique du protoplasma, il ne serait pas durable et l'être reviendrait facilement
à la vie normale, dès que la congélation aurait cessé. Pour les animaux hétérothermes,
les choses se passent d'une façon semblable. Les tissus d'une grenouille congelée
reprennent leur activité fonctionnelle, quand ils reviennent à la température normale,
pourvu que le réchauffement se réalise d'une façon lente. Tous ces faits contredisent l'existence d'un trouble moléculaire dans le protoplasma de ces organismes quand ils sont
soumis à la congélation. Cependant, d'après Kochs, ce trouble existe, et il serait dû à la
cristallisation des substances albuminoïdes et des sels minéraux, qui se trouvent en solution
dans le protoplasma. D'après lui, la congélation serait toujours mortelle pour ces organismes et leur résistance contre le froid serait d'autant plus grande qu'ils contiendraient
plus d'albumine. Toutefois cet auteur n'explique pas d'une façon satisfaisante l'énorme
résistance des êtres monocellulaires aux très basses températures. En ce qui concerne
le protoplasma des cellules qui composent les organismes supérieurs, les travaux de
Schultze, de Pouchet, de Kriege, d'Utschinsky, d'Alonzo et d'autres savants, nous ont
montré les altérations qui surviennent dans les différentes cellules, à la suite de la
congélation. Les éléments figurés du sang, spécialement les hématies, subissent une
sorte de désagrégation moléculaire et ne tardent guère à mettre en liberté l'hémoglobine. Les fibres nerveuses et musculaires dégénèrent rapidement, en perdant leurs caractères morphologiques. Les épithéliums muqueux, glandulaires et cutanés éprouvent
la même transformation. Toutes les cellules souffrent plus ou moins de cette privation temporaire de la vie, et, en général, le retour aux conditions normales devien
pour ainsi dire impossible. Il y a donc des différences très nettes, à cet égard, entre les
cellules des organismes supérieurs et les cellules des organismes élémentaires. Toute
la question est de savoir si ces différences tiennent à la diversité de leur constitution
physique ou du caractère physiologique de chacune d'entre elles. D'après les expériences de Kochs, on peut supposer que les différences qui les séparent, au point de
vue de leur résistance à la congélation, sont de nature plutôt chimique que physique.
Théoriquement, il semble possible que les protoplasmas cellulaires supportent les changements d'état produits par la congélation, quelle que soit la délicatesse de leur structure,
sans s'en ressentir outre mesure. Ce qu'il est plus difficile de concevoir, c'est que les
cellules d'un animal à sang chaud, dont les besoins chimiques sont incessants, puissent
garder leur vitalité intacte, lorsqu'elles sont privées des éléments nutritifs et quand elles
se trouvent dans l'impossibilité d'éliminer les produits toxiques qui résultent de leur
activité chimique normale ou anormale. Or ce sont là les modifications principales que
le froid produit en agissant localement sur une région quelconque de l'organisme. A

la vaso-dilatation primitive succède un ralentissement considérable de la circulation, puis un arrêt définitif de celle-ci. Dans ces conditions, la nutrition des tissus se réalise mal ou ne se réalise pas du tout; et, si cet état dure, on voit les cellules et les autres éléments organiques dégénérer, et finalement tomber dans la nécrose.

Ainsi s'explique le mécanisme de la mort des organes congelés chez les animaux supérieurs. On voit, en effet, sous l'influence du froid, apparaître des lésions importantes avant même que la congélation n'ait lieu. Lorsque celle-ci se produit, les tissus sont déjà fort malades, et ils sont même en train de succomber. A ce moment, la congélation ne fait qu'achever l'œuvre de destruction commencée par le refroidissement, en dérangeant l'état moléculaire du protoplasma malade. Dès lors, la circulation se charge de détacher les parties gelées, qui ne sont plus qu'un corps étranger en contact avec les autres tissus vivants de l'organisme. C'est ainsi que meurent par le froid les cellules des organismes supérieurs. Elles succombent au désordre chimique de leur vie, et non pas aux modifications physiques directes provoquées par le refroidissement. Chez les êtres inférieurs, la faible intensité du travail cellulaire et l'insignifiance des besoins font qu'ils peuvent s'accommoder aux variations fonctionnelles que la chaleur leur impose et que leurs cellules résistent aux dangers de la congélation.

La nécrose qui frappe les éléments anatomiques des organismes supérieurs, quand ils ont subi l'influence de la congélation, peut, dans certains cas, entraîner la mort de l'individu. On comprend, en effet, que les détritus accumulés dans une région quelconque de l'organisme, provenant de la fonte et de la destruction des tissus congelés, puissent, à un moment donné, être transportés par la circulation, allant produire des embolies mortelles. Il résulte des expériences de Pouchet que ces lésions emboliques se forment aux dépens des produits de la désorganisation des éléments figurés du sang, spécialement des globules rouges. Le sang des animaux qui succombent par congélation présente des altérations histologiques remarquables, et dans son plasma on voit surnager de nombreux cristaux d'hémoglobine. D'autre part, les vaisseaux artériels et veineux offrent aussi des lésions importantes. L'endothélium vasculaire dégénère, et, autour des ces foyers de dégénérescence, s'amassent les éléments du sang qui sont le point de départ de la formation de thrombus. La mort peut arriver aussi, par suite des hémorrhagies abondantes qui apparaissent lorsque les tissus congelés se détachent des parties profondes. Dans l'un comme dans l'autre cas, la mort locale précède, et provoque la mort de l'ensemble.

Bibliographie. — I. Températures compatibles avec la vie. — Darwin. Œuvres complètes, traduction française. — Edwards (W.). De l'influence des agents physiques sur la vie. Paris, 8°, 1824.

1839. — Tripier. Observat. sur les sources thermales de Hammam Meskoutin (C. R., IX). — Cumberland. Sur des poissons trouvés dans une eau thermale, Poorée, au Bengale (Bibl. univ. Genève, XX).

1846. — Flourens met sous les yeux de l'Académie des conferves recueillies en Islande par M. Descloizeaux, qui les a trouvées végétant dans la source thermale de Gröf à une température de 98° (C. R., XXIII, 434).

1858. — Ehremberg. (Monatsberichte d. Acad. d. Wiss. zu Berlin, 473.)

1863. — Schultze (M.). Das Protoplasma der Rhizopoden und der Pflanzzellen. Leipzig.

1867. — Wimann (J.). Observations and Experiments on living organisms in heated water (American Journ. of science, (2), XLIV, 152).

1870. — Cohn (J.). Beiträge zur Physiologie der Pflanzen. Breslau, 1870-77.

1873. — Hofmeister (W.). Die Lehre von der Pflanzzellen, 33.

1874. — Bastian-Charlton. Evolution and the origin of life. London, 164.

1875. — Hoppe-Seyler. Ueber die obere Temperaturgrenze des Lebens (A. g. P., XI, 113-121).

1884. — Bordier. Géographie médicale. Paris,

1885. — Richet (Ch.). De quelques températures élevées auxquelles peuvent vivre des animaux marins (Arch. de zool. expérimentale, n° 1). — Frenzel (J.). Temperaturmaxima für Seethiere (A. g. P., 438-466).

1887. — Graber (W.). Thermische Experimente auf der Kuchen Schobe (Periplaneta orientalis) (A. g. P., XLI, 240-256). — De Varigny (H.). Ueber die Wirk. der Temperaturerhöhungen auf einige Crustaceen (C. P., I, 173-175).

1888. — Thomson. *Synthetic summary of the influence of the environnement upon the organisms (Proceedings of Royal Society.* Edimburgh, 1-9).

1889. — Schneltzer. *Sur la résistance des végétaux à des causes qui altèrent l'état normal de la vie (Arch. des sciences physiques et naturelles,* xxi, 240). — Bordier. *Pathologie comparée.* Paris, 1889. — Pflüger (W.). *Die allgemeinen Lebenserscheinungen.* Bonn, 1889. — Kochs (W.). *Kann die Kontinuität der Lebensvorgänge zeitweilig völlig unterbrochen werden?* (*Biol. Centr.*, 1890, n° 22).

1891. — Simroth. *Die Enststehung der Landthiere.* Leipzig. Avec une bonne bibliographie. — Kochs (W.). *Ueber die Ursachen der Schädigung der Fischbestände im strengen Winter (Biol. Centr.*, xi, 499-508). — Le même. *Ueber die Vorgänge beim Einfrieren und Austrocknen von Thieren und Pflanzensamen (Biol. Centr.*, xii, n°s 11 et 12).

1893. — De Varigny (H.). *Les températ. extrêmes dans la vie des espèces animales et végétales (Revue scient.* Paris, li, 641-651). — Pictet (R.). *La vie et les basses températ.* (*Rev. scient.* Paris, lii, 577-583).

1894. — Cuénot (L.). *L'influence du milieu sur les animaux.* Paris, Masson.

1895. — Knauthe (K.). *Maximaltemperaturen bei welchen Fische am Leben bleiben (Biol. Centralbl.*, xv, 752). — Davenport (C.-B.) et Castle (W.-E.). *On the acclimatation of organisms to high temperatures (Arch. f. Entwickelung mechanik,* ii, 227-249).

II. La chaleur et les organismes élémentaires. — 1837. — Dutrochet et Becquerel. *Observation sur le Chara flexilis (C. R.,* v, 775).

1860. — Naegeli. *Die Bewegung im Pflanzenreiche (Beiträge zur wiss. Botanik, Heft 2).*

1863. — Schultze (M.). *Das Protoplasma der Rhizopoden und der Pflanzzellen,* Leipzig.

1864. — Sachs. *Flora,* 71. — Kühne (W.). *Untersuchungen über das Protoplasma und die Contractilität.* Leipzig.

1874. — Rossbach. *Die rhythmischen Bewegungserscheinungen der einfachsten Organismen und ihr Verhalten gegen physikalische Agentien und Arzneimittel,* 1871 (*In Arbeiten d. zool. Inst. zu Würzburg*).

1876. — Velten. *Einwirkung der Temperatur auf die Protoplasmabewegungen (Flora).*

1878. — Strasburger. *Wirkung des Lichts und der Wärme auf die Schwärmsporen.* Iéna. — Engelmann. *Physiologie der Protoplasma und Flimmerbewegung (In Hermann's Handbuch der Physiologie,* i, 1879).

1881. — Koch (R.). *Ueber Desinfection (Mittheil. aus. d. kais. Gesundheitsamte,* i, 234).

1882. — Lebedef. *Contribution à l'étude de l'action de la chaleur sur les organismes inférieurs (A. d. P.,* ix, 175).

1884. — Pictet (R.) et Yung (E.). *Act. du froid sur les microbes (C. R.,* xcviii, 747-749).

1889. — Madeuf (F.). *De l'action du froid avec ou sans pression sur les êtres inférieurs* (*D. P.*, 38 p., 244).

1885. — Wolff (M.). *Ueber die Desinfection durch Temperaturerhöhung (A. A. P.,* ii, 81-148).

1893. — Pictet (R.). *De l'emploi méthodique des basses températures en biologie (Arch. d. sc. phys. et nat.* Genève, xxx, 293-314).

1894. — Hertwig (O.). *La cellule et les tissus,* traduit de l'allemand par Ch. Julin, Paris.

1895. — Verworn (M.). *Allgemeine Physiologie.* Iéna. — Henneguy. *La cellule.* Paris.

1897. — Le Dantec. *La matière vivante.* Paris.

III. Action de la chaleur sur les grandes fonctions organiques. — Respiration. — 1849. — Regnault et Reiset. *Recherches chimiques sur la respiration des animaux de diverses classes.* Paris.

1857. — Moleschott (J.). *Ueber den Einfluss der Wärme auf die Kohlensäureausscheidung der Frösche (Untersuchungen zur Naturlehre,* ii, 315.)

1869. — Senator. *Beitrage zur Lehre von der Eigenwärme und der Fieber (A. A. P.,* 112). — Le même (*A. P.*, 1874). — Le même (*A. g. P.*, 1876-77, xiv, 448-462).

1871. — Bernard (Cl.). *Influence de la chaleur sur les animaux (Revue scient.,* 132 et 182). — Goldstein. *Ueber Wärmedyspnoe (Inaug. Abhandlung.* Würzburg).

1877. — Hugo Schultz. *Ueber den Einfluss der Temperatur auf die Respiration der Kaltblüter (A. g. P.,* xiv, 73-78). — Colasanti (G.). *Ueber den Einfluss der umgebenden Temperatur auf den Stoffwechsel der Warmblüter (A. g. P.,* xiv, 92-125). — Le même. *Ein*

Beitrag zur Fieberlehre (A. g. P., xiv, 125-128). — PFLÜGER. *Antwort auf die berichtigenden Bemerkung des Hrn. professor Senator* (A. g. P., xiv, 450-457).

1879. — PFLÜGER. *Ueber Wärme und Oxydation der lebendigen Materie* (A. g. P., xviii, 247). — SIELER (C.). *On the so-called heat-dyspnæa* (Johns Hopkins Univ. Stud. Biol. Balt., 1880, i, 57-67).

1880. — VELTEN (W.). *Ueber Oxydation im Warmblüter subnormalen Temperaturen* (A. g. P., xxi, 361-398). — LITTEN. *Ueber die Einwirkung erhöhter Temper. auf die Organismen* (A. A. P., lxx, s. 10). — VOIT (C.). *Ueber die Wirkung der Temperatur der umgebenden Luft auf die Zersetzungen in Organismus der Warmblüter* (Z. B., 14-57). — KARL (TH.). *Ueber den Einfluss der Temperatur der umgebenden Luft auf die Kohlensäure ausscheidung und die Sauerstoffaufnahme bei der Katze* (Z. B., 14-51). — PAGE (F.-J.). *Some experiments as to the influence of the surrounding Temperature on the discharge of carbonic acid in the dog* (J. P., 228-235).

1881. — GAD (J.). *Ueber Wärme Dyspnœ* (Sitz. d. wiss. Gesellsch. zu Würzburg, 82-86).

1882. — MERTSCHINSKY. *Beitrag zur Wärme Dyspnœ* (C. W., n° 52).

1884. — RICHET (CH.). *De l'influence de 'la chaleur sur la respiration et de la dyspnée thermique* (C. R., lxxxix, 279-282).

1886. — MEYER (M.-J.-E.). *Rech. exp. sur la réfrigération des mammifères*. Lille, Bigot, 4°, 95 p.

1887-88. — VINCENT. *Recherches expérimentales sur l'hyperthermie* (Thèse de Bordeaux). — RICHET (CH.). *Des conditions de la polypnée thermique* (C. R., cv, 313-316).

1889. — ANSIAUX (Q.). *La mort par le refroidissement; contribution à l'étude de la respiration et de la circulation* (Bull. Ac. roy. des sc. de Belgique. Bruxelles, (3), xvii, 555-602).

1894. — VERNON (H.-M.). *The relation of the respiratory exchanges of cold-blooded animals to temperature* (J. P., xvii, 277). — ARNHEIM. *Beiträge zur Theorie der Athmung* (A. P., 1-51). — PEMBREY (M.-S.). *On the reaction time of mammals to changes in the temperature of their surroundings* (J. P., xv, 401-449).

1897. — VERNON (H.-M.). *The relation of the respiratory exchange of coldblooded animals to temperature* (J. P., xxi, 443-496). — JOHANSON (J.-E.). *Ueber den Einfluss der Temperatur und der Umgebung auf die Kohlensäurabgabe des menschlichen Körpers* (Skand. Arch., vi, Hft. 2-4, 123). — Voyez aussi sur ce sujet la bibliographie de **Chaleur** plus haut.

IV. Circulation. — H. MILNE-EDWARDS. *Anatomie et physio'ogie comparées*. Paris.

1858. — BENCE (J.) et DICKINSON. *Recherches sur l'effet produit sur la circulation par l'application prolongée de l'eau froide à la surface du corps de l'homme* (A. d. P., 62-89).

1860. — SCHELSKE. *Ueber die Veränderungen der Erregbarkeit durch die Wärme*. Heidelberg.

1863. — KLEBS. *Die Formveränderungen der rothen Blutkörperchen bei Säugethieren* (C. W., Berlin, n° 54).

1864. — ROLLETT. *Versuche und Beobachtungen am Blute* (Sitz. d. Ak. in Wien. 46). — SCHULTZE (MAX). *Ein heizbarer Objecttisch und seine Verwendung bei Untersuchungen des Blutes* (Arch. f. Mikrosk. Anat., i, 1-43).

1866. — CYON (C.). *Ueber den Einfluss der Temperaturänderungen auf Zahl, Dauer und Stärke der Herzschläge* (Berichte. d. königl. sächs. Gesells. d. Wiss. math. phys. Cl., 256-306). — LIEBERMEISTER (C.). *Ueber die Wirkungen der febrilen Temperatursteigerung* (Deustches Arch. f. klinische Medicin, i, 465).

1869. — ECHKARDT. *Einfluss der Temperaturerhöhung auf die Herzbewegung* (Schmidt's Jahrb., clxxxvi.)

1872. — BOWDITCH. *Ueber d. Eigenthümlichkeiten d. Reizbarkeit welche die Muskelfasern des Herzens zeigen* (Arbeiten aus d. Physiol. Anstalt. zu Leipz.). — MANASSEIN. *Ueber die Dimensionen der rothen Blutkörperchen unter verschiedenen Einflüssen*. Tubingen. — KRONECKER (H.). *Das karakteristiche Merkmal der Herzmuskelbewegung* (Beitrag. z. Anat. und Physiol., 180. Leipzig). — MATHIEU et URBAIN. *Les gaz du sang* (A. d. P., 461).

1873. — LUCIANI. *Eine periodische Function des isolirten Herzschlages* (Arbeit. aus d. physiol. Anstalt zu Leipz.).

1874. — MOSSO (A.). *Von einigen neuen Eigenschaften der Gefässwand* (Arbeiten aus der Physiol. Anstalt zu Leipzig).

1875. — Huizinga. *Untersuchungen über die Innervation der Gefässe in der Schvimmhaut des Frosches* (A. g. P., xi, 207-222). — Vulpian. *Leçons sur l'appareil vaso-moteur*, i, 38).

1876. — François-Franck. *Du volume des organes dans ses rapports avec la circulation sanguine* (*Travaux du Laboratoire de* Marey, 39). — Schmidt (A.). *Bemerkung zu Gautier's Fibringerinnungsversuch* (C. W., n° 29, 510-511).

1879. — Aristow. *Einfluss plötzlicher Temperaturwechsels auf das Herz und Wirkung der Temperatur überhaupt die Einstellung der Herzcontractionen* (A. P., 198-208).

1880. — Brasse (L.). *Influence de la temperature sur la valeur de la tension de dissociation de l'oxyhémoglobine* (B. B., 20 juillet).

1883. — Martin (N.). *The direct influence of gradual variations of temperature upon the rate of beat of the dog's heart* (Philos. Transact. Roy. Soc. Part. II, 663).

1884. — Gärtner. *Ueber die Contraction der Blutgefässe unter dem Einfluss erhöhter Temperatur* (Medic. Jahrbücher d. Ges. d. Aertze in Wien, 43-48).

1887. — Waler et Reid. *On the action of the excised mammalian heart* (Philosoph. Transact., clxxviii, 215-256).

1889. — Moriggia (A.). *La fréquence cardiaque chez les animaux à sang froid* (A. i. B., vol. xi, 42). — Newell, Martin et Applegarth (E.-C.). *On the temperature limits of the vitality of the mammalian heart* (Stud. from the Biol. Labor. of the Hopkins University, vol. iv, 275). — Lauder-Brunton. *Influence of temperature on the pulsations of the mammalian heart and on the action of the vagus* (Bartholomew's Hospital Reports, vii). — Mosso (U.). *L'action du froid et du chaud sur les vaisseaux sanguins* (A. i. B., 346). — Döhring (W.). *Ueber den lokalen Einfluss der Kälte und Wärme auf Haut und Schleimhäute* (Inaug. Dissertation. Könisberg). — Maurel. *Explication du danger des hautes températures fébriles* (Ass. franç. pour l'avancement des sciences, i, 277-280).

1893. — Piotrowsky. *Zur Frage die Einwirkung der Temperatur auf die Gefasswände* (C. W., vii, 225-227). — Gruenhagen (A.). *Ueber die Einwirkung der Temperatur auf die Gefässwände* (C. P., vi, 829-832).

1894. — Brown (J.). *On the changes in the circulation produced by rise of temperature* (Edinburgh Hosp. Rep., ii, 62-71). — Lui (A.). *Action locale de la température sur les vaisseaux sanguins* (A. i. B., 416). — Schweinburg et Pollak. *Wirkung kälter und wärmer Sitzbäder auf den Puls und Blutdruck* (Blätter f. klin. Hydroth., ii, 2).

1895. — Langendorff (O.). *Untersuchungen am überlebenden Säugethierherzen* (I Abhandlung) (A. g. P., lxi, 291). — Newell Martin (H.). *On the temperature limits of the vitality of the mammalian heart* (Physiol. Papers. Baltimore, 97-107). — Stefani. *Sur l'action vaso-motrice réflexe de la température* (A. i. B., xxiv, 414).

1896. — Knoll (Ph.). *Zur Lehre von den Wirkungen der Abkühlung des Warmblüterorganismus* (A. P. P.). — Ettore Balle. *Ueber den Einfluss lokaler und allgemeiner Erwärmung und Abkühlung der Haut auf das Mensch* (Flammentachogramm) (Dissert. Bern.).

1897. — Amitin (Sarah). *Ueber den Tonus der Blutgefässe bei Einwirkung der Wärme und der Kälte* (Z. B.). — Langendorff (O.) und Nawrocki (Cz.). *Ueber den Einfluss von Wärme und Kälte auf das Herz der warmblütigen Thiere* (A. g. P., lxvi, 355-401). — Athanasiu et Carvallo. *L'action des hautes températures sur le cœur de la tortue* (B. B., iv, (10), 706-708). — Athanasiu (J.) et Carvallo (J.). *La résistance des animaux homéothermes aux injections très chaudes intra-veineuses* (B. B., iv, (10), 590-592). — Athanasiu (J.) et Carvallo (J.). *L'action des hautes températures sur le cœur in vivo* (A. d. P., 789-802).

V. Digestion. — 1857. — Calliburcès. *Influence du calorique sur les mouvements péristaltiques du tube digestif* (C. R., xlv, 1095).

1873. — Horwath. *Ueber die Physiologie der Darmbewegung* (Centralb. f. d. med. Wiss., 597). — Fick et Murisier. *Ueber das Magenferment kaltblütiger Thiere* (Verhandl. d. phys. med. Gesellsch. zu Würzburg., 4, 120-121).

1877. — Hoppe-Seyler. *Ueber Unterschiede im chemischen Bau und der Verdauung höherer und niederer Thiere* (A. g. P., xiv, 395-400).

1879. — Kjeldahl (J.). *Untersuchungen über Zuckerbildende-Fermente* (Maly's Jahresberichte für Thierchemie, 381-383).

1880. — Salkowski (E.). *Ueber die Wirksamkeit erhitzter Fermente, den Begriff des Peptons und die Hemialbumose Kühne's* (A. A. P., lxxxi, 552-567).

1886. — Cahn (A.) et Mering (J.). *Die Saüren des gesunden und kranken Magens* (*Deutsch. Archiv f. klin. Med.*, xxxix, 233).

1888. — Minkowski (O.). *Ueber die Gährungen im Magen* (*Mittheilungen aus der med. Klinik zu Königsberg.* Leipz., 148-173).

1889. — Lüderitz (C.). [*Experimentelle Untersuchungen über das Verhalten der Darmbewegungen bei herabgesetzter Körpertemperatur.* (*A. A. P.*, cxvi, 49-64. Avec une bonne bibliographie.

1892. — D'Arsonval. *Act. physiol. de très basses températ.* (B. B., (9), iv, 808). — Contejean (Ch.). *Contribution à l'étude de la physiologie de l'estomac* (Thèse de Paris, 17).

1894. — Pictet (R.). *De l'influence du rayonnement à basses températures sur les phénomènes de la digestion* (C. R., cxix, 1016-1019).

1897. — Camus et Hanriot. *Sur le dosage de la lipase* (B. B., 10e s., iv, 124-125). — Camus et Gley. *Influence de la température et de la dilution sur l'activité de la présure* (A. d. P., 810-814). — Schneider (H.). *Untersuchungen über die Salzsäuresecretion, etc.* (A. A. P., cxlviii, 1-36 et 243-285. (Ce travail contient une littérature complète sur le suc gastrique dans les maladies).

VI. Sécrétions. — 1859. — Meissner. *De sudoris secretione.* Lipsiæ.

1862. — Weyrich. *Die unmerkliche Wasserausdünstung der Haut.* Leipzig).

1869. — Reinhard (C.). *Beobachtungen über die Abgabe von Kohlensäure und Wasserdunst durch die Perspiration cutanea* (Z. B., v, 28-60).

1871. — Pudzinowitsch. *Zur Hautperspiration bei Fieberkranken* (C. W., xiv, 211-212).

1872. — Röhrig. *Deutsch. Klinik*, nos 23, 24 et 25.

1873. — Müller (K.). *Ueber den Einfluss der Hautthätigkeit auf die Harnabsonderungen* (A. P. P., i, 429-442).

1875. — Érissmann (F.). *Zur Physiologie der Wasserverdunstung von der Haut.* (Z. B., xi, 1-79).

1893. — Schierbeck. *Die Kohlensäure und Wasserausscheidung der Haut bei Temperaturen zwischen 30° und 39°* (A. P., 116-124). — Chabrié (C.) et Dissard (A.). *La réaction urinaire chez les animaux soumis aux basses températ.* (B. B., (9), v, 897-899). — Delezenne (C.). *De l'influence de la réfrigération de la peau sur la sécrétion urinaire* (A. d. P., 1894, vi, 446-453).

1897. — Lambert (M.). *De l'influence du froid sur la sécrétion urinaire* (A. d. P., ix, (5), 129-135).

VII. Nutrition. — 1869. — Naunyn. *Ueber das Verhalten der Harnstoffausscheidung beim Fieber* (Berliner Klinische Wochenschr., no 4).

1870. — Naunyn (B.). *Beiträge zur Fieberlehre* (A. P., 159-179).

1875. — Schleich. *Ueber das Verhalten der Harnstoffproduction bei künstlicher Steigerung der Körpertemperatur.* (Diss. inaug. Tübingen). — Le même (A. P. P., iv, 82.

1879. — Bauer (J.) et Künstle (G.). *Ueber den Einfluss antipyretischer Mittel auf die Eiweisszersetzung bei Fiebernden* (Deutsch. Archiv f. klin. Med., xxiv, 53-71).

1880. — Külz (C.). *Ueber den Einfluss der Abkühlung auf den Glycogengehalt der Leber* (A. g. P., xxiv, 46-48).

1881. — Frey (A.) et Heiligenthal (F.). *Die heissen Luft und Dampfbäder in Baden-Baden. Experimentelle Studie über ihre Wirkung und Anwendung.* Leipz., 8°.

1883. — Koch (C.-F.-A.). *Ueber die Ausscheidung des Harnstoffs und der anorganischen Salze mit dem Harn unter dem Einfluss künstlich erhöhter Temperatur* (Z. B., 447-468).

1885. — Simanowski (N.-P.). *Untersuch. über den thierisch. Stoffwechs. unter dem Einfl. einer künstlich erhöhten Körpertemperatur* (Z. B., xxi, 1-24).

1887. — Quinquaud (C.-E.). *De l'infl. du froid et de la chaleur sur les phénom. chim. de la respir. et de la nutrit. élément.* (J. de l'An. et de la Phys. Paris, xxiii, 327-399).

VIII. Système musculaire. — 1811. — Nysten. *Recherches de physiologie et de chimie pathologique.* Paris, 396.

1842. — Brücke. *Ueber die Ursache der Todtenstarre* (Müller's Archiv, 178).

1850. — Helmholtz (H.). *Messungen über den zeitlichen Verlauf der Zuckung animalischer Muskeln und die Fortpflanzungsgeschwindigkeit der Reizung in den Nerven* (A. P., 276-364).

1851. — Pickford. *Untersuchungen über die Wirkung der Wärme und Kälte Zeitschr. f. rat. Med.*, i, 335).

1857. — Bernard (Cl.). *Leçons sur les substances toxiques.* Paris, 128. — Le même (*Revue scientifique*, 1871, 117 et 132).

1859. — Du Bois Reymond. *De fibræ muscularis reactione, ut chemicis visa est acida* (*Monatsberichte der Berliner Akademie*, 228). — Kühne. *Untersuchungen über Bewegungen und Veränderungen der contractilen Substanzen* (A. P., 788).

1860. — Du Bois Reymond. *Untersuchungen über thierische Electricität.* Berlin, ii, Abth. i, 31.

1863. — Fick. *Vergleich. Phys. d. irritablen Substanzen*, 51.

1864. — Beale (L.-S.). *On contractility, as distinguished from purely vital movements* (*Quart. Journ. of microscop. science*, xiii, 182-188).

1867. — Fick. *Untersuchungen über Muskeln.* Basel. — Schmulewitsch. *Zu Muskelphysik* (C. W., 21).

1868. — Marey. *Du mouvement dans les fonctions de la vie.* Paris. — Le même (*Journ. de l'Anat. et de la Physiol.*, v, 27). — Le même (C. R., lxviii, 936). — Schmulewitsch. *Étude sur la physiologie et la physique des muscles* (C. W., 1870, 609).

1871. — Fick (A.). *Ueber die Aenderung der Elasticität des Muskels während der Zuckung* (A. g. P., iv, 301-315). — Hermann (L.). *Versuche über den Einfluss der Temperatur auf den Nerven und Muskelstrom* (A. g. P., iv, s. 163).

1873. — Horwath. *Ueber das Verhalten des Frosches und deren Muskeln gegenüber der Kälte* (*Verhandl. der Phys. Med. Gesellsch. zu Würzburg*, iv, 12-33).

1874. — Wundt. *Die Lehre von der Muskelbewegung. I Theil.* Berlin.

1875. — Samkowy. *Ueber den Einfluss verschiedener Temperatur-grade auf die physiologischen Eigenschaften der Nerven in Muskeln.* Berlin. — Adamkiewitsch. *Der Wärmeleitung des Muskels* (A. P., 233-264). — Schur. *Ueber den Einfluss des Lichtes, der Wärme, und einiger anderer Agentien auf die Weite der Pupille* (Zeitsch. f. rat. Med., xxxii, 373).

1876. — Samkowy. *Ueber den Einfluss der Temperatur auf den Dehnungszustand quergestreifter und glatter Muskulatur verschiedener Thierklassen* (A. g. P., ix, 399). — Steiner. *Untersuchungen über den Einfluss der Temperatur auf den Muskelstrom* (A. P., 382).

1878. — Marey. *La méthode graphique.* Paris, 520.

1880. — Boudet. *De l'élasticité musculaire* (D. P.).

1882. — Fick. *Mechanische Arbeit und Warmeentwickelung*, etc. Würzburg. — Pfalz. *Ueber das Verhalten glatter Muskeln verschiedene Thiere gegen Temperatur Differenzen und electrische Reizung* (D. Leipzig). — Richet (Ch.). *Physiologie des nerfs et des muscles.* Paris.

1884. — Biedermann (W.). *Beiträge zur allgemeinen Nerven und Muskel-physiologie* (Sitz. d. Wiener Ak., lxxxix, III Abth. 19-55). — Fick. *Myothermische Fragen und Versuche* (*Würzburger Abhandlungen*, xviii, 301). — Kühe. *Ueber den Einfluss der Wärme und Kälte auf verschiedenen irritable Gewebe warm und kaltblütiger Thiere* (D. Berne). — Brunton (L.) et Cash (Th.). *Influence of heat and cold upon muscles poisoned by veratrin* (J. P., i, 1).

1885. — Biedermann (W.). *Beiträge zur allgemeinen Nerven-und Muskel-physiologie* (Sitz. d. Wiener Ak., xciii, 29-96). — Fick. *Mechanische Untersuchungen der Wärmestarre des Muskels* (Verh. d. Phys. Med. Gesellch. zu Würzburg, xix, 1). — Rubner. *Versuche über den Einfluss der Temperatur auf die Respiration des ruhenden Muskels* (A. P., 38 et 66). — Tiegerstedt. *Untersuchungen über die Latenzdauer der Muskelzuckung in ihrer Abhängigkeit von verschiedenen Variabeln* (A. P., 253).

1886, — Biedermann (W.). *Beiträge zur allgemeinen Nerven und Muskel-physiologie* (Sitz. d. Wiener Akad., xciii, 56-98).

1887. — Edwards. *The influence of warmth upon the irritability of frog's muscle and nerve* (Studien from the Biological Laboratory. John's Hopkins University, Baltimore, vol. IV, 19).

1888. — Stokvis. *Over ders inrlaed von einige Stoffen mit de digitalis greep up het geisoberde Kikoorschhard bi versacillenden temperaturen* (Feest bundel van het Donders Jubileum). — Jeo. *On the normal duration and significance of the latent period of excitation in muscle contraction* (J. P., ix, 423).

1890. — Bernstein. (*Untersuchungen aus d. physiol. Inst. d. Universität Halle*, II Heft, 160). — Gad (J.) et Heymans (F.). *Ueber den Einfluss der Temperatur auf die Leitungsfähigkeit der Muskelsubstanz* (Arch. f. Physiol. (Phys. Abth.), 59-115).

1892. — Schenck. *Beiträge zur Kenntniss vom Einfluss der Temperatur auf die Thätig-*

keit des Muskels (*Arch. f. g. Physiol.*, LV, 456). — PATRIZI. *Oscillations quotidiennes du travail musculaire en rapport avec la température du corps* (*A. i. B.*, 134).

1893. — GRUENHAGEN (A.). *Ueber die Wärmecontractur der Muskeln* (*Arch. f. g. Physiol.*, LV, 372). — GOTSCHLICH (E.). *Ueber den Einfluss der Wärme auf Länge und Dehnbarkeit des elastischen Gewebes und des quergestreiften Muskels* (*Arch. f. g. Physiol.*, LV, 124). — PATRIZI. *L'action de la chaleur et du froid sur la fatigue du muscle* (*A. i. B.*, 105).

1894. — GOTSCHLICH (E.). *Bemerkungen zu einer Angabe von Engelmann betreffen den Einfluss der Wärme auf den todtenstarre Muskel* (*A. g. P.*, LV, 339-344). — GERLACH (E.). *Zur Kenntniss der Muskelstarre* (*A. g. P.*, LV, 481-487). — RÖHMANN (F.). *Kritisches und Experimentelles zur Frage nach der Säurebildung im Muskel bei der Todtenstarre* (*A. g. P.*, LV, 589-606). — ENGELMANN (TH.-W.). *Ueber den Ursprung der Muskelkraft* (*A. g. P.*, LIV, 124).

1895. — BIEDERMANN. *Electrophysiologie.* Iena, 82). — MALMSTRÖM. *Ueber den Einfluss der Temperatur auf die Elasticität des ruhendes Muskels* (*Skand. Archiv*, VI, 230). — TISSOT. *Études des phénomènes de survie dans les muscles après la mort générale* (*D. P.*, 148).

1897. — BRODIE et RICHARDSON. *The change in length of striated muscle under varying loads brought about by the influence of heat* (*J. P.*, XXI, 353). — SCHULTZ. *Ueber den Einfluss der Temperatur auf die Leitungsfähigkeit der länggestreiften Muskeln der Wirbelthiere* (*A. P.*, 1). — BIERNATH. *Ueber die Irisbewegung einiger Kalt und Wärmblüter bei Erwärmung und Abkühlung* (*Diss.* Leipzig). — POMPILIANI (M.). *La contraction musculaire et les transformations de l'énergie* (*D. D.* Paris, 99-128). Avec une bibliographie excellente.

IX. Système nerveux. — 1850. — HARLESS (E.). *Ueber den Einfluss der Temperaturen und ihrer Schwankungen auf die motorischen Nerven* (*Zeitschr. f. rat. Med.*, VIII, 122-183). — SCHIFF. *Lehrbuch der Physiologie.* Berlin. — BROWN-SÉQUARD et THOLOZAN. *Recherches sur quelques-uns des effets du froid sur l'homme* (*A. d. P.*, 1, 497-502).

1860. — SCHELSKE. *Ueber die Veränderungen der Erregbarkeit der Nerven durch die Wärme* (*Habilitationschrift.* Heidelberg).

1863. — AFANASIEFF (N.). *Untersuchungen über den Einfluss der Wärme und der Kälte auf die Reizbarkeit der motorischen Froschnerven* (*A. P.*, 691-702).

1867. — RICHARDSON (B.-W.). *On the influence of extreme cold on nervous function* (*Med. Times and Gaz.* Lond., 1, 489, 517, 543). — RICHARDSON. *Infl. du froid extrême sur les fonctions du système nerveux* (*Gaz. hebdom.*, n° 24, 29).

1870. — HELMHOLTZ et BAXT. (*Monastbericht. der Berlin. Akad.* 184).

1873. — FOSTER (M.). *On the effects of gradual rise of temperature on reflex actions in the frog* (*Journ. of Anat. and Phys.*, VIII, 45-53). — CYON (E.). *Ueber den Einfluss der Temperaturänderungen auf die centralen Enden der Herznerven* (*A. g. P.*, VIII, 340-347). — TROITZKY (A.). *Ueber die Bestimmungen der Fortpflanzungsgeschwindigkeit der Reizung in Froschnerven bei verschiedenen Temperaturgraden, etc.* (*A. g. P.*, VIII, 399-600).

1877. — BERNSTEIN (J.). *Versuche zur Innervation der Blutgefässe* (*A. g. P.*, XV, 575-603).

1878. — GRÜTZNER (C.). *Ueber verschiedene Arten der Nervenerregung* (*A. g. P.*, XVII, 215-254).

1880. — FRIEDMANN (S.). *Ueber Einwirkung thermische Reize auf die Sensibilität beider Körperhälften* (*Budartz.* Wien., I, 7). — LAUTENBACH (B.-F.). *The physiological action of Heat.* (*J. P.*, I, 1-14 et II, 302-323).

1883. — FRANÇOIS-FRANCK. *Notes sur quelques résultats de réfrigération* (*B. B.*, 168). — FREDERICQ (L.). *Exp. sur l'innervat. resp. Excitat. du pneumog. chez les animaux à bulbe refroidi* (*A. P.* Supl. Bd., 51-69).

1887. — EDWARDS (CH.). *The influence of warmth upon the irritability of frog's muscle and nerve* (*John's Hopkins University Biol. Laboratory*, 19-35).

1889. — ALONZO. *Sulle alterazione delle fibre nervose in seguito al congelamento dei tissuti soprastanti* (*Arch. p. le scienze mediche*, XIII). — MORIGGIA (A.). *L'hyperthermie, les fibres musculaires et les fibres nerveuses* (*A. i. B.*, XI, 379).

1890. — SOMERANSKI. *Die Aenderung in die Eigenschaften der Muskelnerven mit dem Wärmgrad.* (*A. P.*, 244-255).

1893. — TITUS VERWEJ. *Ueber die Thätigkeitsvorgänge ungleich temperirter motorischer Organe* (*A. P.*, 504-522).

1894. — HOWEL (W.-H.). *The effect of stimulation and of changes in temperature upon the irritability and conductivity of nerve-fibres* (J. P., xvi, 298-318). — !Arnheim. *Beiträge zur Theorie der Athmung* (A. P., 1-51).

1895. — Stefani. *De l'action de la température sur les centres bulbaires du cœur et des vaisseaux* (A. i. B., xxiv, 424). — Levy-Dorn (M.). *Beitrag zur Lehre von der Wirkung verschiedener Temper. auf die Schweissabsonderung, insbesondere deren Centren* (A. P., 198-200).

1897. — Goldscheider et Flateau. *Beiträge zur Pathologie der Nervenzelle* (*Fortschritte der Medicin*, xv, 241-251). — Broca (A.) et Richet (Ch.). *Vitesse des réflexes chez le chien et ses variations avec la température organique* (B. B., 10° s., iv, 441-443). — Les mêmes. *Période réfractaire dans les centres nerveux* (A. d. P., 864-880).

X. Fonctions de reproduction. — Harvey. *Exercitationes de generatione animalium.* — Réaumur. *Art de faire éclore* (*Dict. class. d'hist. nat.*, vol. I, 195). — Dumas. *Article « Œuf »* du *Dictionnaire class. d'hist. nat.*, vol. XII, 121.

1857. — Callilurcès. *Recherches expérimentales sur l'influence du calorique sur les mouvements péristaltiques du tube digestif et sur les contractions de l'utérus* (C. R., 1095).

1858. — Spiegelberg (S.). *Experimentellen Untersuchungen über die Nervencentra und die Bewegungen des Uterus* (Zeitschr. f. rat. Med., 51).

1864. — Kehren. *Beiträge zur vergleichenden und experimentellen Geburtskunde*, I Heft. Giessen, 18 et 37.

1865. — Oberner. *Experimentelle Untersuchungen über die Nerven des Uterus.* Bonn, s. 25. — *Der Hitzschlag.* Bonn, 1867.

1869. — Reimann. *Untersuchungen über Nerven und andere Reize, durch welche Uteruscontractionen hervorgerufen werden*, Diss. St-Pétersbourg. — Edwards (Milne-). *Notes sur quelques recherches relatives à l'influence du froid sur la mortalité des animaux nouveau-nés* (C. R., lxviii, 50-52). — Kaminsky. *Auf eine auffallenden Heftigkeit der Kindebewegungen als Kennzeichen des bevorstehenden Todes des Frucht während Krankheit der Mutter* (Lehre der Geburtshülfe von G. W. Stein, ii, s. 460). — Winckel. *Pathologie der Geburt*, 196).

1870. — Breslau. *Experimentelle Untersuchungen über das Fortleben des Fötus nach dem Todes der Mutter* (Monatschr, xiv, 81). — Hausmann. *Beiträge zur Geburtshülfe und Gynäkologie*, iii, 311.

1872. — Oser et Schlesinger. *Experimentelle Untersuchung über Uterusbewegungen.* (Med. Jahrb. von Stricker, 62).

1875. — Brunkuber. *Ueber Entbindung verstorbenen Schwangerer mittels des Kaiserschnitts* (Diss. Inaug. München, 19). — Colasanti. *Einfluss der Kälte auf die Entwickelungsfähigkeit des Huhnereies.* (Arch. f. Anat. u. Physiol. u. wiss. Med.).

1876. — Bernard (Cl.). *Leçons sur la chaleur animale.* Paris, 368. — Zuntz (U.). *Ueber die Respiration des Saügethier-Fœtus* (A. g. P., 1876-77, xiv, 605-628).

1877. — Spiegelberg. *Lehrbuch der Geburtshülfe.* — Hoffmann et Basch. *Untersuchungen über die Innervation des Uterus und seiner Gefässe* (Med. Jahrb., iv). — Pflüger (C.). *Die Lebenszähigkeit des menschlichen Fœtus* (A. g. P., 1876-77, xiv, 628-630). — Runge (Max). *Untersuchungen über dem Einfluss der gesteigerten mütterlichen Temperatur in der Schwangerschaft auf das Leben der Frucht* (Arch. f. Gynœkologie, xii, 16-38).

1878. — Runge (M.). *Die Wirkung höher und niedriger Temperaturen auf den Uterus des Kaninchens und des Menschen* (Arch. f. Gynäkologie, xiii, 123-149).

1882. — Gerlach et Koch. *Ueber die Production von Zwergbildungen im Hühnerei auf experimentellem Wege* (Biol. Centr., ii). — Gerlach. *Die Entstehungsweise der embryonalen Doppelmissbeldungen bei den höheren Wirbelthieren* (Diss. Erlangen).

1883. — Doleris et Doré. *Influence de l'hyperthermie sur les femelles en gestation* (Soc. de Biol., 21 juillet. — Les mêmes (Arch. de Tocol., 1884).

1885. — Runge (M.). *Kritisches und Experimentelles zur Lehre von der Gefährlichkeit des Fiebers in der Schwangerschaft und im Wochenbett* (Arch. f. Gynäkologie, xxv, 1-13).

1886. — Preyer. *Specielle Physiologie des Embryos.* Berlin. — Gerlach. *Ueber die Lebenszähigkeit des embryonalen Herzens von Wärmblütern* (Sitz. d. phys. med. Societät zu Erlangen, xviii, 84).

1889. — Stein (L.). *Contribut. à l'ét. de l'influence des hautes températ. dans quelques maladies aiguës sur la grossesse et l'état puerpéral* (D. D., 109 p.).

1891. — Dareste (C.). *Production des monstruosités.* Paris, Reinwald.

1894. — HERTWIG (O). *Ueber den Einfluss äusserer Bedingungen auf die Entwickelung des Froscheies* (*Sitz. Ber. d. Kgl. preuss. Ak. d. Wiss.*).

1895. — SCHULTZE (O.). *Ueber die Einwirkung niederer Temperatur auf die Entwickelung des Frosches* (*Anat. Anz.*, x). — KÄSTNER (S.). *Ueber künstliche Kälteruhe von Huhnereiern im Verlauf der Bebrutung* (A. P., 319-338).

XI. Le coup de chaleur [1]. — 1884. — BORÉLY (G.-CH.). *Quelques considérat. sur le coup de chaleur* (D. D., 36 p.).

1885. — HÉRICOURT (J.). *Étude critique sur les accidents causés par la chaleur.* Paris.

1886. — FAYER (J.). *On sunstroke* (*Congr. period. intern. des sc. médic. de 1884.* Copenhague, *Section de médec. milit.*, 8-16). — MÜLLER (F.). *Sonnenstich.* (*Militarärzt.* Wien, xx, 173, 177, 186). — CHASTANG (L.-E.-J.). *Du coup de chaleur aux pays chauds envisagé au point de vue de sa pathogénie* (D. Bordeaux, 52 p., n° 35). — CUVIER (G.). *Le coup de chaleur, l'insolation et la mort par la chaleur; différ. des accidents et de la pathogénie de la mort* (D. Bordeaux, 52 p., n° 61).

1887. — ANDERSON (J.). *Heatstroke* (*Lancet.* Lond., (2), 856). — *On heatstroke in India* (*Trans. intern. med. Congr.* Washington, II, 107-113). — MASON (E.-G.). *A report of four cases of sunstroke* (*Gaillards med. Journ.* New York, XLV, 539-542). — PORTER (W.-T.). *A clinical analysis of eleven cases of thermic fever* (*St-Louis med. and surg. Journ.*, LII, 214-224). — RYAN (M.-R.). *A brief survey of the effects of high temperature on the body with special reference to the nature, prevention and treatment of heatstroke* (*Army med. Dep. Rep.*, XXVII, 396-411). — MAC DONNELL (R.-L.). *A fatal case of sunstroke* (*Canada med. and surg. Journ.* Montréal, XVI, 23). — WAUGH (W.-F.). *A case of thermic fever* (*Philad. med. Times*, XVIII, 696). — WHITE (W.-R.). *Five cases of sunstroke treated at the Rhode Island Hospital* (*Trans. Rhode Isl. med. Soc.* Providence, '1888, III, 456-459). — KATSENBACH (W.-H.). *A report of two cases of heatstroke* (*N. York med. Journ.*, XLVI, 623-625). — HUNTER (G.-D.). *Note on heat and heatstroke at Assouan in the summer of 1886* (*Brit. med. Journ.* Lond., (2), 65). — HARRHY (W.-R.). *A case of extraordinary elevat. of temperat.* (*South African med. Journ. East.* London, III, 42). — DRURY. *Etiol. of sunstroke* (*Cincinnati Lancet Clinic*, XIX, 377-381).

1888. — TUTTLE (F.-A.). *Vision permanently affected by sunstroke* (*Med. Rec.* New York, XXXIII, 664). — SPALDING (J.-A.). *Is vision ever permanently affected by sunstroke?* (*Med. Rec.* New York, XXXIII, 464-466). — SHAH (C.). *An interesting case of insolation in the Jhang jail.* (*Ind. med. Gaz.* Calcutta, XXIII, 369). — SOLTMANN. *Insolation; Sonnenstich.* (*Bresl. aerztlich. Zeitsch.*, x, 51). — PRAT (S.). *Observ. d'un coup de soleil électrique à bord du «Japon»* (*Arch. de méd. nav.* Paris, I, 463-467). — PACKARD (F.-A.). *Report of thirty one cases of heat fever treated at the Pennsylvania Hospital during the summer of 1887* (*Am. Journ. med. science.* Philadelph., XCV, 554-557). — MARKHAM (H.-C.). *Victims of the recent blizzards in the Northwest asphyxiated before freezing* (J. Am. med. Ass. Chicago, X, 218). — MACDONALD (W.-G.). *A case of thermic fever* (*Albany med. Ann.*, IX, 171). — JONES (C.-H.). *Cases illustrating the produkt. of high temperat. in various anomalous conditions* (*Practit.* Lond., XL, 33-41). — HODGDON (A.-L.). *A case of insolation in a four year old child, followed by recovery* (*Maryl. med. Journ.* Baltimore, XX. 125). — GÉRAUD (L.). *La saignée dans le coup de chaleur* (*Arch. de méd. et pharm. milit.* Paris, XII, 23-51). — FORBES (H.-F.). *The treatment of hyperpyrexial sunstroke by the cold bath* (*Austral. med. Gaz.* Sydney, VIII, 210). — DALTON (H.-C.). *Sunstroke; chronic cerebral meningitis; recovery* (*St-Louis Conc. med.*, XIX, 21). — *Sunstroke followed by cerebral meningitis and œdema of the pia mater; death; autopsy* (*Ibid.*, 22). — COUTEAUD (P.). *Des coups de chaleur paroxystiques* (*Arch. de méd. nav.* Paris, XLIX, 211-223). — ALLEMAN (L.-A.-W.). *The papillitis of sunstroke* (*N. York med. Journ.*, XLVII, 489-491).

1889. — WHITNEY. *Case of remarkably high temperature* (*Brokl. med. Journ.*, III, 391). — WITTWER (H.-R.). *A case of insolation* (*N. Am. Pract.* Chicago, I, 234). — GOYENS. *Quelques mots sur un cas d'insolation* (*Ann. Soc. de méd. d'Anvers*, LI, 179-188). — CARPENTER (J.-G.). *Sunstroke with report of a case* (*Am. pract. and news.* Louisville, VIII, 4-7). — BREITUNG (M.). *Kritische Studien zur Pathologie und Therapie von Sonnenstich und*

---

1. Pour les travaux antérieurs à 1884, voyez *Index Catalogue* : Art. HEAT.

Hitzschlag (*D. Med. Zeit.* Berlin, x, 525, 537, 743). — BAKER (A.-R.). *Impaired vision as the result of sunstroke* (*J. Am. med. Ass.* Chicago, XIII, 802-804).

1890. — PETELLA (G.). *Insolazione e colpo di calore* (*Giorn. med. d. r. esercito.* Roma, XXXVIII, 673-977. — MC VICAR (J.). *Severe case of sunstroke, with recovery* (*New Real. med. Journal.* Dunedin, IV, 175-177). — HAUBOLD (H.-A.). *Phlebotomy as one of the means in the treatment of insolation with a report of five cases* (*Med. Rec.* New York, XXXXIII, 490). — DERCUM (F.-X.). *Two cases representing sunstroke sequelae of unusual character* (*Univ. Med. Magaz.* Philad., III, 160-163). — CRAMER (A.). *Faserschwund nach Insolation* (*Centr. f. allg. Path. und path. Anat.* Iéna, I, 185-194).

1891. — ILLOWAY (H.). *Heatstroke* (*thermic fever*) *in infants* (*Cincinn. med. News*, XX, 146-150; 577-588). — ELLIS (R.). *Insolation; immediate treatment necessary* (*N. York med. Journ.*, LIV, 288). — COLLINS (M.-J.). *Case of sunstroke* (*Australas. med. Gaz.* Sidney, XI, 209). — BARLOW (C.). *Remote effects of sunstroke* (*Cincinn. Lancet Clinic*, XXVI, 691-693).

1892. — COPLIN (W.) et SOMMER (H.). *The effects of heat as manifested in workmen of sugar refineries* (*Med. News.* Philad., LXI, 262-267). — WILLIAMS (E.-C.). *Heat apoplexy; hyperpyrexia; death.* (*Brit. med. Journ.* London, II, 681). — STOWELL (E.-C.). *Two cases of sunstroke* (*Bost. med. and surg. Journ.*, CXXVII, 452-454). — SARTORIUS (E.). *Mittheil. eines Falles von statischem Hitzschlag* (*Munch. med. Woch.*, XXXIX, 670). — FINLEY. *Sunstroke treated by cold bath followed by temporary Mania* (*Montreal med. Journ.*, XXI, 112).

1893. — ROSSBACH. *Beitr. zur Aetiologie des Hitzschlages* (*D. milit. aerzl. Zeitsch.*, Berlin, XXII, 309). — SAGUET (C.). *Étude sur les accid. d'origine thermique, l'insolation, le coup de chaleur et la thermohéliosie* (*D. P.*, 90 p.). — SOMERVILLE (W.-Q.). *Insolation* (*Med. Rec.*, New York, XLIV, 74-77). — ROBERTSON (D.). *A case of heat apoplexy with high temperat.* 109° F. *resulting in recovery* (*Med. Reporter.* Calcutta, II, 79). — OSTERMANN. *Hitzschlag, verbunden mit Kinnbackenkrampf* (*Berl. thierärzl. Woch.*, 547). — KŒRFER. *Der Hitzschlag und seine Behandlung vermittels der Chloroformnarkose* (*D. med. Woch.* Leipz. et Berlin, XIX, 670-673). — HIRSCHFELD (E.). *Ueber Hitzschlag* (*D. med. Woch.* Leipzig et Berlin, XIX, 668, 700, 726). — HEISLER (J.-C.). *Thermic fever, with an unusual sequela; multiple neuritis* (*Univers. Med. Magaz.* Philadelphia, V, 545-547). — GANNETT (W.-W.). *Cases of heatstroke observed in the summer of 1892* (*Bost. med. and surg. Journ.*, CXXVIII, 381-385). — FREELAND (E.-H.). *Hyperpyrexia due to sun's rays* (*Brit. med. Journ.* London, II, 579). — DITTRICH (P.). *Ueber Hitzschlag mit tödtlichem Ausgang.* (*Zeitsch. f. Heilk.* Berlin, XIV, 279-302). — M'CLEARY (S.). *Some observat. on insolation deduced from the study of thirty cases* (*Trans. med. Soc. W. Virg. Wheeling,* 1011-1017).

1894. — BÄHR (F.). *Ein Beitrag zur Lehre vom Sonnenstich* (*Med. chir. Centralbl.* Wien, XXIX, 411, 422). — SICCOCK (A.). *Heatstroke; sunstroke; with hyperpyrexia, temperat.* 109°8 F.; *recovery* (*Ind. med. Gaz.* Calcutta, XXIX, 338). — COLIN (G.). *Sur le coup de chaleur* (*Bull. de l'Ac. de méd.*, 1895, XXXIII, 28, 328, 168). — KELSCH. *A propos du coup de chaleur* (*Bull. de l'Ac. de méd.*, 1895, XXXIII, 168).

1896. — ATKEY (P.-J.). *Case of severe Heat-stroke; Recovery* (*Lancet*, (1), 923).

XII. Mort par hyperthermie[1]. — BOERHAAVE. *Elementa Chemiae,* I, 148. — DELAROCHE. *Expériences sur les effets qu'une forte chaleur produit dans l'économie animale* (Thèse de Paris, 1806).

1808. — BLAGDEN. *Exper. and observ. in a heated room.* London.

1846. — CHEDESSAC. *De l'influence de la température sur l'économie animale* (Th. Paris).

1850. — MAGENDIE. *Leçons sur la chaleur animale* (*Union médicale*, 183).

1862. — FLANDIN. *De la chaleur et du froid; explication physique de certains phénomènes physiologiques* (*Bull. Soc. d'Anthrop.* Paris, III, 597-604).

1863. — WEIKARD. *Versuche uber das Maximum der Wärme in Krankheiten* (*Arch. d. Heilkunde*, 193).

1867. — OBERNIER. *Der Hitzschlag.* Bonn.

1868. — EULEMBURG et VOHL. *Die Blutgase in ihrer physikalischen und physiologischen Bedeutung, etc.* (*A. P. P.*, 161). — CHOSSAT. *De la déshydratation des tissus* (*A. d. P.*).

1870. — BRUCK et GÜNTHER. *Versuche über den Einfluss der Verletzung gewisser Hirn-*

---

1. Nous ne donnons ici que les travaux qui se rattachent à ce sujet et qui ne sont pas indiqués précédemment.

theile auf die Temperatur (A. g. P.). — VALLIN. *Recherches expérimentales sur les accidents produits par la chaleur* (*Arch. de méd.*, xv, 129). — LE MÊME (*Arch. de méd.*, 1871, 727). — LE MÊME (*Arch. de méd.*, 1872, 75). — WUNDERLICH. *Des températures dans les maladies.* Paris. — FINKLER (D.). *Beiträge zur Lehre von der Anpassung der Wärmeproduction an den Wärmeverlust bei Warmblutern* (A. g. P., xv, 603-633).

1874. — SPECK (C.). *Tod durch mässig erhöhte Temperatur* (*Vierteljahrschr. f. gerich. Med.* Berlin, xxi, 249-256).

1875. — DUCASTEL. *Des températures elevées dans les maladies* (Th. d'agrég. Paris). — ARNDT. *Zur Pathol. des Hitzschlages* (A. A. P., LXIV).

1876. — BERNARD (CL.). *Leç. sur la chal. animale, sur les effets de la chaleur et sur la fièvre*, 8°, Paris, J.-B. Baillière, 471 p. — LE MÊME (*Revue scientifique*, 1871, 118 et 132). — BERT (P.). *L'influence de la chaleur sur les animaux inférieurs* (B. B., iii, 168-169).

1879. — BONNAL. *De la chaleur animale. Étude histor. et crit. État actuel de la question* (*Rev. mens. de médec. et de chir.* Paris, 245-261).

1880. — ZUBER. *Note sur le coup de chaleur* (*Union médicale*, déc.). — JOLYET et LAFFONT. (*Travaux du Laboratoire de médecine expérimentale*, 1880-81, 29).

1883. — FRANCK (F.). *De l'hyperthermie en général et de la fièvre typhoïde en particulier* (*Gaz. hebd. d. méd. et chirurg.*).

1885. — COLEMAN (J.-J.) et MCK. KENDRICK (J.-Q.). *An account of some recents experiments on the effects of very low temperatures on the putrefaction process and on some vital phenomena* (*Journ. of Anat. and Physiol.*, xix, 335-345).

1887. — BONNAL. *Du mécan. de la mort sous l'influence de la chaleur* (C. R., cv, 82-85). — HILLER. *Le coup de chaleur frappant les troupes en marche.* Bruxelles. — BONNAL. *Du mécanisme de la mort sous l'influence de la chaleur* (*Nice médical*, xii, 17-21). — VINCENT. *Recherches expérimentales sur l'hyperthermie* (D. Bordeaux, 1887-88). — BRUNTON (L.) et CASH (J.-F.). *Ueber den Einfluss der Thierart und der Temperatur auf die Wirkung des Opiums und des Morphiums* (*Beitrag z. Physiol. C. Ludwig*, 149-163, Leipzig).

1891. — MORIGGIA (A.). *Quelques expér. sur les tétards et les grenouilles* (A. i. B., xiv, 142-148).

1893. — SAINT-HILAIRE. *Infl. de la températ. organ. sur l'act. de quelques substances toxiques* (*Trav. du Lab. de* CH. RICHET. Paris, i, 390-430). — RALLIÈRE. *Rech. expér. sur la mort par hyperthermie et sur l'act. combinée du chloral et de la chaleur* (*Trav. du Lab. de* CH. RICHET. Paris, i, 353-389).

1894. — RICHET (CH.). *Températures maxima observées chez l'homme* (B. B., 416-417). — LAVERAN et REGNARD (P.). *Rech. exp. sur la pathogénie du coup de chal.* (*Bull. de l'Acad. de méd.*, xxxii, 501-514).

1895. — BIENFAIT (A.). *Une température anormale* (*Gaz. méd. de Liège*, viii, 76).

XIII. Mort par brûlures. — 1868. — WERTHEIM. *Ueber die Veränderungen des Blutes bei Verbrennungen* (*Wiener med. Presse*, iii, 309-310).

1873. — MENDEL. *Des causes de la mort à la suite de brûlures étendues de la peau* (*Vierteljahrsschr. f. ger. u. off. Med.*, nouv. sér., xiii, n° 7). (Analysé in *Annales d'hygiène publique et de médecine légale*, xxxix, (2), 232-234).

1877. — SONNEMBURG. *Die Ursachen des rasch eintretenden Todes nach Verbrennungen; eine experimentelle Studie* (*Deutsche Zeitschr. f. Chirurg.*, ix, 138-159).

1880. — LESSER. *Ueber die Todesursachen nach Verbrennungen* (A. A. P., LXXXI, 189-192). — SONNEMBURG (E.). *Die Todesursachen nach Verbrennungen* (A. A. P., LXXX, 381-384). — LESSER. *Entgegung an Herrn* PONFICK *über die Todesursachen nach Verbrennungen* (C. W., xviii, 225-227).

1881. — TAPPEINER. *Ueber Veränderungen des Blutes und der Muskeln nach ausgedehnten Hautverbrennungen* (C. W., xix, 385-388).

1882. — CATIANO. *Ueber die Störungen nach ausgedehnten Hautverbrennungen* (A. A. P., LXXVII, 278).

1883. — PONFICK. *Ueber plötzliche Todesfälle nach Verbrennungen* (*Berlin. klin. Wochenschr.*, 1876-1879-1883).

1887. — FISCHER. *Lehrbuch der allgemeinen Chirurgie.* Stuttgard.

1888. — EBERTH et SCHIMMELBUSCH. *Die Thrombose.* Stuttgard.

1890. — WELTI. *Ueber Todesursachen nach Hautverbrennungen* (*Zeigler's Beiträge*, iv,

520). — Le même (Centr. f. Allg. Path. u. Path. Anat.). — Le même (Correspondenz-Blatt. f. schweizer. Aertze, 1889).

1891. — Salvioli (J.). Ueber die Todesursachen nach Verbrennung (A. A. P., cxxv, 364-397).

1893. — Reiss (W.). Beitrag zur Pathogenese der Verbrennung (Arch. f. Dermatologie und Syphilis, xxv, 141-154). — Hock (A.). Ueber Pathogenese des Verbrennungsmethodes (Wiener med. Woch., n° 17, 736-741). — Kijanitzin (J.). Zur Frage nach der Ursache des Todes bei ausgedehnten Hautverbrennungen (A. A. P., 131, 436-468). — (Ibid.) De la cause de la mort à la suite des brûlures étendues de la peau (Arch. de méd. expér. et anat. pathol., vi, 731-768).

1895. — Boyer (J.) et Guinard (L.). Des brûlures. Études et recherches expérimentales (Travail du laboratoire de M. le professeur Arloing. Paris).

XIV. Mort par le froid. — Bernard (Cl.). 1° La chaleur animale; 2° Les liquides de l'organisme; 3° Revue des cours scientif. 1871; 4° Du refroidiss. (d'après Rosenthal). (Ibid., 1873); 5° (Leçons de physiologie expérim., 1854). — Billroth. Handbuch der allgemeinen und speciellen Chirurg., i, 1 (Not. Bibliogr.). — Laveran. « Froid » (Dict. Dechambre). — Becquerel. Traité élémentaire d'hygiène, 167 (Note bibliogr.). — Eulenburg. Real-Encycloped. (Article Erfrierung).

1811. — Pingault (D.). Les animaux gelés sont-ils susceptibles d'être rappelés à la vie ? Diss. 4°. Paris.

1816. — Virey. Froid (Dict. d. sc. méd. Paris, xvii, 41-76).

1842. — Magendie. Leçons sur les phénomènes physiques de la vie, iii. — Le même. Influence du refroidissement sur les animaux (Union méd., 1830, 88).

1847. — Aubas de Monfaucon (E.). Relation de l'expédition du Djebel-Boutaleb (janvier 1846). Congélation.

1851. — Bourbeau. Effets du froid sur l'économie animale (D. P.).

1857. — Hoppe. Ueber den Einfluss des Wärmeverlustes auf Eigentemperatur Warmblütiger Thiere (A. A. P., xi, 453).

1859. — Bertulus. De l'influence du froid sur l'organisme. Diss. Montpellier.

1860. — Krajewski. Des effets d'un grand froid sur l'économie animale (Gazette des hôpitaux, 559).

1865. — Walther (A.). Studien im Gebiete der Thermophysiologie (A. P., 25-51).

1866. — Walther. Die Gesetzen der Abkühlung (Centralbl. f. med. Wiss., n° 17, 257). — Pouchet. Recherches expérim. sur la congélation des animaux (Journ. de l'Anat. et Physiolog.).

1867. — Richardson (B.-W.). On some effects of extreme cold on organic function (Medical Times and Gazette) (Anal. Gazette méd. Paris, 1868, 657).

1868. — Weir Mitchell. Froid (A. d. P., 477).

1866, 1868. — Crechio (D.). Della morte per fredo. (Morgagni et Ann. d'hygiène, xxix, 436).

1868. — Beck. Ueber den Einfluss der Kälte (Deutsch. Klinik., n. 6-8, An. Schmidts' Jahrbücher, cxl, 93-98). — Höche. Der Tod durch Erfrieren und seine Erkenntnisse (Vierteljahrschr. f. gericht. u. offentl. Med., ix, 44).

1870. — Wertheim. Ueber Erfrierung (Wiener med. Woch., n° 19-23).

1871. — Laborde. Signes de la mort (Gaz. hebdom., 605-623). — Richardson (B.-W.). Sur la mort par submersion et par le froid (Med. Times and Gazette).

1873. — Cohnheim. Neue Untersuchungen über die Entzündung. Berlin.

1876. — Gavarret (J.). Congélation (Physique) (Dict. encycl. sc. méd. Paris).

1877. — Lacassagne. De la mort par la chaleur et par le froid extérieurs (Tribune méd. Paris, x, 196, 208, 238, 261). — Soulier (D.). De la mort par le froid extér. au point de vue médico-légal (D. P., 56 p.). — Dejean (M.). Du froid considéré comme modificateur biologique. 4° D. Montpellier. — Afanasieff. Ueber Erkältung (C. W., 628).

1878-79. — Berlioz. Observation de congélation; paralysie (J. Soc. méd. et pharm. de l'Isère, Grenoble, iii, 121-123).

1879. — Landowski (E.). Le froid, son influence sur l'organisme (Alger méd., vii, 14, 38, 80, 133).

1879-1880. — Delmas. Expériences sur l'action physiologique du froid et de la chaleur sur l'organisme (Ann. Soc. d'hydrologie méd. Paris, xxv, 429-443).

1880. — Fremmert (H.). Beiträge zur Lehre von den Congelationen; Ein Bericht über

ca 500 *Fälle von partieller Erfrierung* (*Arch. f. klin. Chir.* Berlin, xxv, 1-48). — Parrot (M.).
Du coup de froid (*Progrès méd.* Paris, viii, 201). — Gariel (C.-M.). *Froid* (*Physique*) (*Dict.
encycl. sc. méd.* Paris, 4, s., vi, 121-131). — Dumontpallier. *Sur le refroidissement du
corps humain* (*Bull. Acad. méd.* Paris, 2e s., ix, 187).

1883. — Couty et Guimaraes. *Influence du froid prolongé* (B. B., 480). — Bert (P.).
Quelques phénomènes du refroidissement (B. B., 99, ii, 1876). — Gendre. *Ueber d. Einfluss
der Temperatur auf einige thierisch-electrische Erscheinungen* (A. g. P., xxxiv).

1887. — Fick. *Ueber Erkältung* (*Habilitationsrede.* Zurich). — Catut (L.). *Les froids
polaires et leurs effets sur l'organisme* (D. P., 54 p., no 5). — Boll. *Ueber den Einfluss der
Temperat. auf den Leitungswiderstand und die Polarisation thierischen Theile* (*Dissert.
Konigsb.* 1887 An. Jhresb. P.). — Quinquaud (C.-E.). *De l'act. du froid sur l'organ. animal
vivant* (C. R., civ, 1542-1544).

1889. — Madeuf (Fr.). *De l'action du froid avec ou sans pression sur les êtres inférieurs*
(D. P., 38 p., no 244). — Kriege. *Ueber hyaline Veränderungen der Haut durch Erfrierun-
gen* (A. A. P., cxvi). — Féré (Ch.). *Notes sur quelques effets du froid sur l'homme* (B. B.,
(9), i, 472-475).

1890. — Ansiaux (G.). *La mort par le refroidissement. Contribut. à l'ét. de la respiration et de la circulation* (*Trav. du Lab. de L. Frédéricq.* Liège, iii, 25-60) (Index biblio-
graph.).

1891. — Colin (Q.). *De l'action des froids excessifs sur les animaux* (C. R., cxii,
397-399).

1893. — Uschinsky (U.). *Ueber die Wirkung der Kälte auf verschiedene Gewebe* (*Ziegler's
Beitr. zur path. Anat.*, xii, 115-121).

1894. — Lefèvre (J.). *Étude sur la résistance de l'organisme au froid; action de l'eau
froide sur la thermogénèse* (B. B., (10), i, 372-374). — Winternitz. *Vergleichenden Versuche
über Abkühlung und Firnissung* (A. P. P., 1893-1894, xxxiii).

1895. — Regnard (P.). *Action des très basses températures sur les animaux aquatiques*
(B. B., xlvii, 652-653). — Kochs (W.). *Kann ein zu einem Eisklumpen gefrorenes Thiere
wieder lebendig werden?* (*Biol. Centr.*, xv, 372-377).

J. ATHANASIU et **J. CARVALLO.**

CHAMPIGNONS. —

SOMMAIRE. — § I. Nutrition. — § II. Respiration. — § III. Influence des agents physiques sur
le développement, la reproduction et la vie des Champignons. — § IV. Bibliographie.

§ I. — **Nutrition**. — A. *Relations du champignon avec le substratum alimentaire* : a, Mycélium ;
b, suçoirs. — B. *Composition chimique des champignons* : a, Matières inorganiques ; b, Matières
organiques : 1, hydrates de carbone et matières sucrées ; 2, alcools ; 3, acides ; 4, matières
grasses ; 5, huiles essentielles ; 6, résines ; 7, matières colorantes ; 8, chromogènes ; 9, alcalis ;
10, matières albuminoïdes ; 11, ferments solubles. — C. *Assimilation* : a, aliments ; b, relations
des substances entrant dans la composition des champignons avec les substances alimentaires ;
c, origine, formation et disparition des matières sucrées ; d, secrétion et excrétion.

§ I. Nutrition. — A. Relations du champignon avec le substratum alimen taire. — Mycélium, suçoirs.

— Les champignons se distinguent de tous les autres végé-
taux en ce qu'ils ne renferment pas de chlorophylle. Ils sont donc dans l'impossibilité
d'assimiler directement le carbone de l'acide carbonique de l'air. Le carbone leur est
pourtant aussi nécessaire qu'aux plantes vertes, puisqu'il entre dans la composition de
leur membrane cellulaire et de nombreux corps qui sont contenus dans la cellule
elle-même. Ils se le procurent en absorbant les composés carbonés complexes formés
aux dépens de l'acide carbonique par les organismes verts. Ces composés, ils les puisent
soit dans les débris des animaux et végétaux morts, soit dans les tissus des animaux
et végétaux vivants.

Dans le premier cas, c'est-à-dire lorsqu'ils naissent et se développent sur des êtres
organisés morts ou sur des substances qui en proviennent, on dit les champignons
saprophytes. Ils amènent plus ou moins rapidement la désagrégation des corps qui les
nourrissent. C'est ainsi que le Champignon des caves, le *Merulius lacrymans* (Wulf.) détruit
les poutres dans les bâtiments humides. Il peut même s'attaquer à la boiserie sèche :

en effet, lorsqu'il se développe sur un substratum placé dans une salle humide, une cave par exemple, il émet des cordons, qui s'allongent peu à peu et gagnent, en suivant les interstices de la maçonnerie, des pièces de bois placées dans des endroits secs ; là, par l'intermédiaire de ces cordons, il attire, de la cave, autant d'eau qu'il est nécessaire pour humecter le bois sec et le rendre ainsi accessible à la destruction. Dans les espaces fermés, quant il ne peut pas céder son eau à du bois, il l'élimine sous forme de gouttelettes, de larmes, d'où son nom de *M. lacrymans* (1).

Dans le second cas, les champignons sont *parasites*, et, comme tels, ils peuvent être plus ou moins nuisibles : tantôt amenant la mort de leur hôte, ainsi que le fait le *Phytophthora infestans* Casp. qui tue la pomme de terre ; tantôt ne produisant que des accidents sans grande importance, comme lorsque l'*Æcidium elatinum* alb. et schw. détermine, sur les branches du sapin, des tumeurs provenant du développement exagéré du bois et de l'écorce.

La façon dont le champignon se met en contact avec le substratum varie avec l'espèce considérée. Le cas le plus simple nous est fourni par ces espèces qui vivent dans les liquides, comme le *Sterygmatocystis niger* V. Tgh. qui se développe dans des jus de fruits acides, ou encore dans le liquide artificiel imaginé par Raulin. La spore, en germant, émet un filament (filament mycélien, mycélium) qui se ramifie en donnant une membrane qui recouvre la surface du liquide, et se trouve, par conséquent, plongée en partie dans celui-ci. Les filaments mycéliens peuvent ainsi puiser, par endosmose, les aliments en solution dans le liquide nutritif.

Mais, s'il s'agit d'un champignon vivant sur un végétal, il est nécessaire que les filaments mycéliens aillent chercher leur nourriture à l'intérieur des tissus du végétal.

Tantôt le champignon étend d'abord ses filaments sur l'épiderme de la plante nourricière ; tantôt le filament issu de la spore s'introduit par l'ostiole des stomates et gagne, en se ramifiant, les espaces intercellulaires ; tantôt, enfin, ce filament perce directement la paroi des cellules épidermiques.

Dans tous les cas, les filaments mycéliens produisent de petits rameaux latéraux qui pénètrent dans les cellules voisines et se modifient en donnant naissance à des organes d'aspiration analogues à ceux des plantes parasites supérieures et qu'on appelle *suçoirs*.

Les suçoirs les plus petits et les plus simples nous sont offerts par le champignon qui provoque ce qu'on appelle la *rouille des crucifères*, le *Cystopus candidus* Lév. Ils ont la forme de petites boules sphériques finement et courtement pédicellées.

Dans l'*Erysiphe Tuckeri* Berk. (oïdium), dont le mycélium étend ses filaments sur les feuilles de la vigne, ceux-ci se renflent irrégulièrement à certains points et envoient, de ces points dans les cellules épidermiques, de petits rameaux qui se gonflent en prenant la forme d'ampoules allongées relativement grosses.

Dans l'*Æcidium Ficariae* Pers. qu'on rencontre fréquemment au printemps sur les feuilles de ficaire, le suçoir est composé d'un filament noueux et très irrégulièrement ramifié.

Ce qui frappe dans les relations du champignon parasite avec la plante nourricière, c'est la faculté que possède l'extrémité si fine et si délicate du filament mycélien de traverser des membranes cellulaires aussi épaisses et résistantes que celles, par exemple, de l'épiderme des feuilles et des tiges. Cette faculté ne peut évidemment s'expliquer que par l'hypothèse d'un ferment soluble ou enzyme, particulier à chaque espèce de champignon, ferment qui, formé dans le protoplasma, s'échappe à l'extrémité du filament et vient dissoudre la partie de la membrane sur laquelle cette extrémité est appliquée.

Depuis longtemps déjà on a cherché, par des expériences de laboratoire, à justifier cette hypothèse ; mais, jusqu'ici, on ne peut guère mentionner, comme ayant quelque rapport avec cette question, que les observations de De Bary et de Marshall Ward, qui ont tout au moins établi que certains champignons élaborent des ferments capables de dissoudre la cellulose (*ferments cyto-hydrolytiques*, *cytases*).

Les observations de De Bary (2) sont relatives à deux pezizes du groupe des *Sclerotinia* : les *Scl. sclerotiorum* Lib. et *trifoliorum* Eriksson. Lorsqu'on cultive ces espèces sur la pulpe de carotte ou de navet, on voit les tissus se ramollir, le mycélium détruisant les parois des cellules de la moelle et de l'écorce. Si l'on exprime la pulpe, on obtient un suc possédant la propriété de dissoudre la cellulose. Des portions de tissus plongées dans ce suc sont désagrégées en quelques heures, les parois cellulaires se gonflant et la lamelle médiane étant dissoute. Le liquide obtenu par expression des sclérotes en voie de germination est encore plus actif. Il paraît évident que l'on a bien affaire ici à un ferment soluble; car, dans tous les cas, le suc perd ses propriétés à l'ébullition.

Les observations de MARSHALL WARD (3) se rapportent à une espèce de *Botrytis* qui détermine une maladie particulière du lis. Les filaments mycéliens de ce *Botrytis* pénètrent à l'intérieur des tissus du *Lilium candidum* et y croissent librement en sécrétant un liquide visqueux qui attaque les parois cellulaires. On peut cultiver cette mucédinée dans des liquides artificiels et obtenir de grandes qualités de mycélium. Si l'on en fait une macération aqueuse et si, dans cette macération, on plonge des coupes minces de parenchyme, on voit la cellulose se gonfler et finalement se dissoudre. Comme le liquide provenant des sclérotes de pezizes dont il a été question plus haut, cette macération perd ses propriétés quand on la porte à l'ébullition. Il s'agit donc bien là encore d'un ferment cyto-hydrolytique.

Outre ces enzymes, les champignons en élaborent encore d'autres qui leur servent à rendre assimilables les matériaux qu'ils puisent dans le substratum ou qu'ils accumulent sous forme d'aliments de réserve; nous les étudierons plus loin comme substances organiques entrant dans la composition de ces végétaux.

B. **Composition chimique des champignons.** — **I. Matières inorganiques.** — Les champignons, comme les autres végétaux, sont constitués par des substances inorganiques et organiques. Jusqu'ici on a pu caractériser, comme entrant dans la composition des premières, les corps simples suivants :

Métalloïdes : chlore, soufre, phosphore et silicium.

Métaux : potassium, sodium, lithium, calcium, magnésium, aluminium, manganèse, fer et cuivre (FRITSCH).

Il est certain que ces treize éléments minéraux ne sont pas les seuls que renferment les champignons, puisqu'on en a trouvé beaucoup d'autres dans les végétaux supérieurs dont ils se nourrissent. En tout cas, le zinc étant un élément utile (sous forme de sulfate) dans le liquide nutritif de RAULIN, sur lequel poussent un certain nombre de moisissures, il est évident qu'on doit le retrouver dans ces moisissures, au moins quand elles se sont développées sur ce liquide.

Ces éléments se trouvent, dans les champignons, à l'état de combinaison, et dans des proportions déterminées suivant les espèces.

Mais, avant de passer à l'étude de cette question, il nous faut dire quelques mots des proportions d'eau que renferment les champignons frais, et de résidu fixe qu'ils fournissent à l'incinération.

La proportion d'eau contenue dans les champignons varie non seulement suivant les espèces, mais encore, pour une même espèce, suivant l'état hygrométrique de l'atmosphère. Ainsi, pendant les mois de juin et de juillet 1886, mois qui ont été relativement secs, le *Lactarius piperatus* (Scop.) m'a donné en moyenne 13,2 p. 100 de matière sèche (eau = 86,8 p. 100), tandis que la même espèce récoltée en août 1888 (été très humide) n'en a fourni que 10 p. 100 (eau = 90 p. 100) (4). Comme me l'a fort bien indiqué BOUDIER (5), cette variabilité doit être attribuée à la constitution histologique du champignon, qui, en fait une sorte d'éponge capable d'absorber l'eau qui tombe ou qui se trouve dans l'air à l'état de brouillard.

Quoi qu'il en soit, voici deux tableaux réunissant les analyses qui ont été faites sur ce sujet par V. LŒSECKE (6) et par MARGEWICZ (7). V. LŒSECKE a opéré sur les champignons entiers, tandis que MARGEWICZ a traité à part le pied et le chapeau de chacune des espèces qu'il a étudiées.

Proportion d'eau contenue dans les Champignons (V. LOESECKE).

	p. 100.		p. 100.
Lepiota procera Scop.	84,00	*Boletus granulatus* L.	88,50
— *excoriata* SCHAEFF.	91,25	— *bovinus* L.	91,34
Armillaria mellea FL. DAN.	86,00	— *elegans* SCHUM.	91,10
Pleurotus ulmarius BULL.	84,67	— *luteus* L.	92,25
Clitopilus prunulus Scop.	89,25	*Fistulina hepatica* (HUDS.)	85,00
Pholiota mutabilis SCHAEFF.	92,88	*Polyporus ovinus* (SCHAEFF.)	94,00
— *caperata* PERS.	90,67	*Clav. Botrytis* PERS.	89,35
Marasmius oreades (BOLT.)	94,75	*Lycoperdon Bovista* L.	86,92

Proportion d'eau contenue dans le pied et le chapeau des Champignons (MARGEWICZ).

Armillaria mellea FL. DAN.	Pied. . .	92,53	*Cantharellus cibarius* FR.	Pied. . .	88,23
	Chapeau.	92,80		Chapeau.	88,95
Tricholoma Russula SCHAEFF.	Pied. . .	91,10	*Boletus edulis* BULL.	Pied. . .	87,02
	Chapeau.	89,36		Chapeau.	86,17
Lactarius controversus PERS.	Pied. . .	91,10	— *scaber* BULL.	Pied. . .	86,69
	Chapeau.	91,54		Chapeau.	84,03
Lactarius torminosus (SCHAEFF.)	Pied. . .	90,29	— *aurantiacus* SCHAEFF.	Pied. . .	87,52
	Chapeau.	89,83		Chapeau.	88,18
Lactarius piperatus (SCOP.)	Pied. . .	91,18	*Boletus luteus* L.	Pied. . .	91,07
	Chapeau.	90,17		Chapeau.	91,59
Lactarius deliciosus (L.)	Pied. . .	90,17	*Boletus subtomentosus* L.	Pied. . .	89,83
	Chapeau.	89,99		Chapeau.	88,32

Comme on le voit d'après ces tableaux, la proportion d'eau qui, dans quelques cas, atteint presque 93 p. 100, descend dans d'autres à 84 p. 100; par conséquent la proportion de matières sèches varie de 7 à 16 p. 100. Si, d'autre part, on compare le pied au chapeau, il semble, en s'en rapportant aux chiffres de MARGEWICZ, que le chapeau soit habituellement plus pauvre en eau que le pied; mais, en raison de ce que j'ai fait observer plus haut, je ne crois pas que l'on puisse formuler de conclusion ferme à cet égard; la pluie, la rosée, l'exposition, l'humidité ou la sécheresse du terrain devant faire varier la proportion d'eau dans les individus d'une même espèce, ainsi que dans les différentes parties d'un seul individu.

De ces mêmes considérations il résulte que, dans la détermination des cendres, il faut rapporter le poids de celles-ci au champignon desséché et non au champignon frais. C'est ce qui a été fait dans les analyses qui sont rassemblées dans les tableaux suivants, analyses dues, pour le premier tableau, à V. LŒSECKE (6), O. KOHLRAUSCH (8), O. SIEGEL (9), J. SCHMIEDER (10), STROHMER (11), J. SCHLOSSBERGER et O. DOEPPING (12), et, pour le second, à MARGEWICZ.

Proportion de cendres fournies par les Champignons entiers
(Rapportée à la matière sèche).

	P. 100.		P. 100.
Amanita muscaria	9,00	*Boletus luteus*	6,39
Lepiota procera	7,00	— *edulis*	6,22
— *excoriata*	4,34	*Polyporus ovinus*	2,33
Armillaria mellea	7.50	— *fomentarius*	3,00
Tricholoma Russula	9,05	— *officinalis*	1,08
Pleurotus ulmarius	12,65	*Dædalea quercina*	3,10
Clitopilus prunulus	15,00	*Clavaria Botrytis*	6,23
Pholiota mutabilis	6,46	— *flava*	9,75
— *caperata*	6,02	*Merulius lacrymans* . . . . . 6,33 à	9,66
Psalliota campestris	5,30	*Lycoperdon Bovista*	9,18
Cantharellus cibarius	8,19	— *echinatum*	5,20
Lactarius deliciosus	6,90	*Morchella esculenta*	9,74
Marasmius oreades	10,57	— *conica*	8,97
Gomphidius glutinosus	4,80	*Helvella esculenta*	9,03
Boletus granulatus	6,42	*Tuber cibarium*	9,73
— *bovinus*	6,00	*Aspergillus glaucus*	0,70
— *elegans*	6,00	*Claviceps purpurea* . . . . . 3,00 à	4,00

Proportion de cendres fournies par le pied et le chapeau des Champignons
(Rapportée à la matière sèche).

Armillaria mellea	Pied. . .	8,81	*Cantharellus cibarius* . . .	Pied. . .	8,43
	Chapeau.	10,92		Chapeau.	9,93
Trich. Russula	Pied. . .	8,48	*Boletus edulis*	Pied. . .	6,67
	Chapeau.	8,76		Chapeau.	8,10
Lactarius controversus . .	Pied. . .	5,91	— *scaber*	Pied. . .	7,20
	Chapeau.	9,24		Chapeau.	9,14
— *torminosus* . . .	Pied. . .	6,43	— *auriantiacus* . . .	Pied. . .	7,47
	Chapeau.	7,37		Chapeau.	9,79
— *piperatus* . . .	Pied. . .	5,27	— *luteus*	Pied. . .	7,46
	Chapeau.	7,13		Chapeau.	10,47
— *deliciosus* . . .	Pied. . .	7,12	— *subtomentosus* . .	Pied. . .	5,83
	Chapeau.	8,14		Chapeau.	8,58

Ces chiffres nous montrent que la proportion de cendres fournies par les champignons varie dans des limites assez étendues suivant l'espèce. Ainsi, en s'en tenant aux grands champignons, nous voyons cette proportion atteindre 15 p. 100 pour le *Cl. prunulus* et descendre à 1,08 p. 100 pour le *Pol. officinalis*. Elle doit même varier suivant les terrains ; car, en comparant les chiffres qui, dans les deux tableaux, se rapportent aux mêmes espèces, on reconnaît que ceux du second tableau sont plus élevés que ceux du premier. On remarquera enfin que, dans toutes les espèces analysées par MARGEWICZ, le chapeau fournit plus de cendres que le pied.

MARGEWICZ ne s'est pas contenté d'ailleurs de comparer, en ce qui concerne les cendres, le pied au chapeau ; il a effectué, à part, l'incinération de l'hyménophore (ensemble formé par les tubes) et du reste du chapeau pour trois espèces appartenant au genre *Boletus*, genre dans lequel l'hyménophore est séparable. Le tableau suivant résume les résultats de ses recherches :

p. 100.

Boletus edulis.	Partie supérieure du chapeau. . .	9,29
	Hyménophore.	8.45
— *scaber*.	Partie supérieure du chapeau. . .	7,97
	Hyménophore.	8,75
— *aurantiacus*.	Partie supérieure du chapeau. . .	9,23
	Hyménophore.	10,11

Mais, comme j'aurai l'occasion de le montrer plus loin à propos des matières sucrées, il est probable que les chiffres de MARGEWICZ ne se rapportent pas à des champignons fraîchement cueillis, de telle sorte qu'ils ne disent rien sur la composition des parties de ces végétaux en pleine vitalité.

Les faits que nous venons de résumer nous permettent maintenant d'étudier les variations pondérales des éléments suivant les espèces. Rien ne peut en donner une meilleure idée que le tableau suivant, dans lequel se trouvent inscrits les résultats des analyses des cendres de sept espèces différentes (6, p. 117).

	POTASSE p. 100.	SOUDE p. 100.	CHAUX p. 100.	MAGNÉSIE p. 100.	OXYDE DE FER p. 100.	ACIDE PHOSPHORIQUE p. 100.	ACIDE SULFURIQUE p. 100.	ACIDE SILICIQUE p. 100.	CHLORE p. 100.
Psalliota campestris L. . . .	50,71	1.69	0,75	0,53	1,16	15,43	24,29	1,42	4,58
Boletus?	55,58	2,53	3.47	2.34	1,06	23,29	10,69	»	2,02
Polyporus officinalis FR. .	24,80	2,81	2,27	9,69	»	24,56	2,53	2,33	4,33
Helvella esculenta PERS. . .	50,40	2,40	0,78	4,27	1,00	39,10	1,58	2,09	0,76
Morchella esculenta PERS. .	49,51	0,34	1,59	1,90	1,86	39,03	2,89	0,87	0,89
— *conica* PERS. . . .	46,11	0,36	1.73	4,34	0,46	37,18	8,35	0,09	1,77
Tuber cibarium SIBTH. . . .	54,21	1.61	4.05	2.34	0.51	32,96	1,17	1,14	»

Ce qui frappe le plus dans ces résultats, c'est la quantité énorme de potasse et d'acide phosphorique que renferment les champignons analysés. D'autres analyses ont été faites spécialement en ce qui concerne ces deux composés, et l'on a retrouvé dans tous les cas des proportions aussi élevées, comme on peut s'en rendre compte ci-dessous.

	POTASSE p. 100.	ACIDE PHOSPHORIQUE p. 100.		POTASSE p. 100.	ACIDE PHOSPHORIQUE p. 100.
Lactarius piperatus (SCOP. . .	57,57	30.40	*Levure de bière haute*.	39,80	53.90
Cantharellus cibarius FR. . .	48,75	31,32	— — *basse*. .	28,30	59,40
Boletus edulis BULL.	50,95	20,12	*Levure de bière blanche*. . . .	35,20	54,70
Peziza sclerotiorum	25,87	48,67	*Claviceps purpurea* TUL . . .	30,00	45,00
Morchella esculenta PERS. . .	50,04	37,75			

On remarquera, en outre, combien varient les proportions de magnésie, d'acide sulfurique, d'acide silicique et de chaux. Ainsi les cendres du *Polyporus officinalis* renferment, d'après SCHMIEDER, 9,69 p, 100 de magnésie, tandis que celles du *Psalliota campestris* n'en renferment, d'après KOHLRAUSCH, que 0,53; les cendres de ce dernier champignon renferment 24,29 p. 100 d'acide sulfurique, alors qu'on n'en a trouvé que 1,17 p. 100 dans celles de la truffe ; enfin, des cendres {du *Morchella conica,* on n'a retiré que 0,09 p. 100 d'acide silicique, tandis que celles de l'*Helvella esculenta* en ont donné 2,09 p. 100, et c'est le contraire pour la chaux.

Resterait à savoir dans quelles espèces de combinaisons les éléments qui ont été signalés ci-dessus sont engagés dans le champignon lui-même. C'est là un point sur lequel il n'a pas été fait jusqu'ici beaucoup de recherches directes. On peut admettre que les métaux sont en partie à l'état de sels organiques; dans l'incinération, il se produit en effet, comme avec les végétaux supérieurs, des carbonates alcalins et alcalino-terreux, dont l'acide carbonique provient de la calcination des acides organiques. Mais ils sont, certainement aussi, à l'état de phosphates, de {silicates, de sulfates et de chlorures. Le chlorure de potassium, en particulier, en raison de ces caractères microscopiques très nets, a été plusieurs fois reconnu dans des extraits de divers champignons (5 et 13). J'ai pu mettre son existence en évidence dans 22 espèces appartenant soit aux Basidiomycètes, soit aux Ascomycètes (14). J'ai même réussi à le séparer, à l'état de pureté, de l'extrait d'*Amanita phalloides* FR. qui m'en a fourni la proportion considérable de 5 grammes pour un kilogramme du champignon frais. Sont surtout riches en chlorure de potassium les espèces appartenant aux genres *Amanita* et *Elaphomyces,* le *Boletus cyanescens* BULL., etc. Les espèces des genres *Lactarius, Russula* et *Cortinarius,* du moins celles que j'ai examinées, n'en contiennent pas ou, plutôt, n'en contiennent pas suffisamment pour qu'on puisse le voir cristalliser dans l'extrait de ces champignons.

De cet ensemble de faits, il ressort que beaucoup d'espèces de champignons ont des exigences minérales qui leur sont particulières, et c'est ce qui explique, par exemple, que, parmi celles qui se nourrissent de matières organiques mélangées au sol, il y en ait qui se trouvent exclusivement sur les terrains calcaires, tandis que d'autres ne se rencontrent que sur des terrains siliceux.

II. Matières organiques. — Les principes immédiats organiques contenus dans les champignons sont probablement aussi variés que ceux des autres végétaux; et si le nombre de ceux qu'on a isolés n'est pas encore très élevé, cela tient uniquement au peu de recherches dont ils ont été l'objet jusqu'ici. Déjà on a pu constater qu'il y a parmi eux des représentants de toutes les fonctions de la chimie organique : alcools, phénols, acides, éthers, hydrates de carbone, aldéhydes, amides. Les plus importants sont les hydrates de carbone ; ce sont ceux que nous allons examiner en premier lieu, en commençant par les plus complexes, ceux qui sont insolubles dans l'eau. Comme l'étude de ces derniers ne peut être séparée de celle de la membrane cellulaire, nous {intitulerons le premier paragraphe : *Membrane cellulaire des champignons.*

1. Hydrates de carbone-sucres. — *Membrane cellulaire des champignons.* — La membrane cellulaire des champignons constitue une partie très importante de la masse du végétal. Il suffira, pour s'en convaincre, de jeter un coup d'œil sur le tableau suivant, dans lequel les chiffres représentent, d'après MARGEWICZ, la proportion de membrane cellulaire rapportée à 100 de matière sèche. Ils paraissent avoir été {obtenus en retranchant, du poids du champignon desséché, le poids des matières albuminoïdes (calculé d'après la quantité d'azote), des matières grasses, des matières minérales et des matières sucrées et extractives. Ces chiffres ne nous fournissent donc que des données relatives.

Membrane cellulaire des Champignons (MARGEWICZ).

Armillaria mellea . . .	{ Pied. . .	44,07	*Cantharellus cibarius* . .	{ Pied. . .	38,94
	{ Chapeau .	37,58		{ Chapeau .	35,93
Tricholoma Russula . . .	{ Pied. . .	39,27	*Boletus edulis*	{ Pied. . .	40,41
	{ Chapeau .	33,71		{ Chapeau .	22,54
Lactarius controversus. .	{ Pied. . .	31,32	— *scaber.*	{ Pied. . .	42,33
	{ Chapeau .	23,17		{ Chapeau .	20,56

Lactarius torminosus.	Pied. . .	35,26	*Boletus aurantiacus* . . .	Pied. . .	30,56
	Chapeau.	28,93		Chapeau.	26,85
— *piperatus* . . .	Pied. . .	38,86	— *luteus.*	Pied. . .	35,99
	Chapeau.	30,30		Chapeau.	21,05
— *deliciosus* . . .	Pied. . .	31,43	— *subtomentosus* . .	Pied. . .	41,23
	Chapeau.	27,42		Chapeau.	28,29

Boletus edulis.	Partie supérieure du chapeau. . .	30,92
	Hyménophore.	19,41
— *scaber.*	Partie supérieure du chapeau. . .	30,98
	Hyménophore.	22,89
— *aurantiacus.*	Partie supérieure du chapeau. . .	33,72
	Hyménophore.	17,50

On voit que, dans le pied, la proportion est plus élevée que dans le chapeau, et qu'elle est plus faible dans l'hyménophore que dans la partie supérieure du chapeau. Cette particularité s'explique très bien par la fonction mécanique du pied qui exige, pour les tissus de celui-ci, un développement plus puissant de la membrane cellulaire.

Mais quelle est la nature de cette membrane cellulaire? C'est là une question qui est loin d'être encore résolue, malgré les recherches multipliées dont elle a été l'objet.

Autrefois, alors qu'on pensait que la membrane cellulaire des végétaux se composait d'un seul principe immédiat, il y avait deux opinions en présence (15). Pour les uns, comme PAYEN, FROMBERG, LEFORT, GOBLEY, etc., la membrane cellulaire des champignons était identique à celle des végétaux supérieurs et uniquement composée de cellulose; pour les autres, comme BRACONNOT, FRÉMY, DE BARY, BOUDIER, elle constituait un principe particulier qui a été appelé *fungine, métacellulose, fungocellulose.* Les premiers s'appuyaient sur l'analyse élémentaire, qui donnait les mêmes résultats avec les deux produits; les seconds faisaient remarquer que, tandis que la cellulose des végétaux supérieurs est soluble dans le réactif de SCHWEIZER (oxyde de cuivre ammoniacal), tandis qu'elle bleuit par l'iode après avoir été humectée avec l'acide sulfurique concentré, la prétendue cellulose des grands champignons ne se dissout pas dans le réactif de SCHWEIZER et ne bleuit pas par l'iode après avoir été trempée dans l'acide sulfurique concentré.

Aujourd'hui que l'on sait que la membrane cellulaire des végétaux n'est pas constituée par un seul, mais par plusieurs principes immédiats, ces discussions n'ont plus de signification. Il ne s'agit plus que d'établir quels sont les principes et en particulier les hydrates de carbone que l'on a caractérisés, jusqu'ici, comme faisant partie de la membrane cellulaire des champignons.

Rappelons d'abord que ces principes n'ont pas été isolés : ils ont été caractérisés par l'espèce de glucose qu'ils donnent, lorsqu'on les hydrate en les traitant par les acides minéraux étendus bouillants.

Supposons, pour fixer les idées, qu'une membrane ait donné ainsi du dextrose et du mannose; on en a conclu que cette membrane renfermait les hydrates de carbone anhydrides de ces deux sucres. A ces deux anhydrides, on donne respectivement le nom de *dextrane* et de *mannane,* de même qu'on appellerait *xylane,* par exemple, un hydrate de carbone fournissant du xylose à l'hydrolyse.

Comme d'ailleurs, dans les principes qui constituent la membrane, il y en a qui, tout en étant insolubles dans l'eau, sont pourtant solubles dans les véhicules qui ont servi aux divers expérimentateurs à la purifier, il s'ensuit que les résultats des analyses doivent être différents suivant le mode de purification employé. Aussi sommes-nous obligé, dans ce qui suit, d'insister un peu sur les détails opératoires.

La membrane cellulaire des grands champignons peut être séparée en deux parties : une partie soluble dans les lessives alcalines étendues et une partie insoluble. La partie soluble a été étudiée pour certaines espèces par VOSWINKEL (16) et par moi-même (14).

Dans mes expériences qui ont porté sur le *Lactarius piperatus* SCOP., le champignon a été épuisé successivement par l'eau, l'alcool, l'ammoniaque étendue et l'acide chlorhydrique étendu. Par un lavage complet, à l'eau distillée, on a éliminé l'acide employé en dernier lieu. Le tissu, ainsi débarrassé de tous les matériaux solubles dans ces divers liquides, a été mis à macérer dans la lessive de soude à 5 p. 100. Après quarante-huit heures de contact, le liquide a été retiré par expression, puis acidulé par l'acide chlorhydrique et additionné d'alcool.

On a obtenu, de cette façon, un précipité blanc, volumineux qui, après lavage complet à l'alcool, a été desséché sous une cloche à acide sulfurique.

Durant la dessiccation, il s'est aggloméré en une masse dure, légèrement brune, réductible en une poudre grisâtre, incomplètement soluble dans l'eau, même bouillante. Des essais d'hydrolyse avec l'acide sulfurique auxquels on l'a soumise, il ressort que cette matière était composée de *dextrane*, de *mannane* et vraisemblablement d'une très faible quantité de *xylane*. En opérant de la même façon, Voswinkel a pu constater que la partie de la membrane soluble dans la lessive de soude étendue renfermait de la xylane dans les champignons suivants : *Cantharellus cibarius, Hydnum repandum, Clavaria flava* et *Botrytis, Psalliota campestris, Boletus edulis* et *granulatus* et de la mannane dans l'*ergot de seigle* (17).

Guichard (18) s'est contenté de traiter le tissu de quelques champignons par l'acide chlorhydrique étendu bouillant et d'essayer sur la solution obtenue, dans les conditions connues, l'action de l'acétate de phénylhydrazine. Avec les *Boletus scaber* et *radicans, Hygrophorus eburneus, Russula violacea*, il a obtenu ainsi, *à froid*, un précipité d'hydrazone, ce qui est caractéristique de la présence du mannose dans la liqueur. Le tissu de ces champignons renferme donc de la mannane.

Dans ses recherches, Is. Dreyfuss (19) a opéré comme il suit : Le champignon, divisé était épuisé à chaud, d'abord, successivement par l'eau, l'alcool, l'éther, l'acide chlorhydrique dilué à 2 p. 100 et la lessive de soude diluée à 2 p. 100. Le résidu était ensuite chauffé au bain d'huile à 180° avec de la potasse concentrée, de façon à détruire toutes les substances organiques autres que la cellulose. Après refroidissement on acidulait avec de l'acide sulfurique dilué, et on jetait sur un filtre d'amiante. Le produit lavé, desséché à 105°, était enfin humecté avec de l'acide sulfurique concentré et additionné après quelque temps de 20 parties d'eau, de façon que le liquide renfermât 5 p. 100 d'acide environ. En soumettant à l'ébullition (une à deux heures), on déterminait l'hydrolyse de la matière.

Avec une espèce de *Polyporus* indéterminée, Dreyfuss a obtenu ainsi un produit presque entièrement soluble dans l'oxyde de cuivre ammoniacal, donnant, avec l'acide sulfurique concentré et l'iode, une coloration violette pâle et fournissant à l'hydrolyse du dextrose et un pentose indéterminé, ce qui conduit à supposer, dans ce produit, l'existence de la dextrane et d'une pentane (peut-être xylane). Notons, en passant, que le produit en question présentait, sauf en ce qui concerne la coloration avec l'iode, les propriétés que l'on attribue à la cellulose.

Avec le *Psalliota campestris*, il n'a obtenu, par l'hydrolyse, que du dextrose. Il en a été de même avec l'*Aspergillus glaucus?*

Winterstein (20) a opéré encore autrement que les expérimentateurs dont il vient d'être question. Après avoir éliminé les produits solubles dans l'éther, l'alcool à 80°-90°, l'alcool à 60°, l'eau, la lessive de soude à 1 p. 100 à 1 1/2 et 2 p. 100, l'acide chlorhydrique très dilué et froid et l'acide sulfurique à 2 1/2 p. 100 porté à 100°; après avoir enfin enlevé par lavage à l'eau, l'alcool et l'éther, les dernières traces d'acide, il a délayé le résidu dans de l'acide chlorhydrique à 1,05 de densité, de façon à faire une bouillie épaisse, puis ajouté, au mélange, assez de chlorate de potasse pour qu'il en restât une partie non dissoute. Au bout de vingt-quatre heures de macération, la matière non attaquée était lavée avec de l'eau, puis mise à digérer à 60° pendant une demi-heure avec de l'ammoniaque étendue (50 centimètres cubes d'AzH³ concentré pour 1 litre), et, en dernier lieu, débarrassée de l'ammoniaque par lavage à l'eau froide (Procédé W. Hoffmeister).

Les produits ainsi obtenus étaient blancs ou à peine colorés; ils se dissolvaient à peine dans l'oxyde de cuivre ammoniacal et ne bleuissaient pas par l'acide sulfurique et l'iode, sauf ceux qui provenaient du *Polyporus officinalis* et du *Psalliota campestris*.

Malgré les traitements énergiques auxquels ils avaient été soumis, ces produits renfermaient encore de l'azote, ainsi que l'indique le tableau suivant :

	AZOTE P. 100.		AZOTE P. 100
Psalliota campestris.	3,58	*Polyporus officinalis*.	0,70
Lactarius?.	6,89	*Botrytis?*.	3,90
Cantharellus cibarius.	2,97	*Penicillium glaucum*.	3,30
Boletus edulis.	3,33	*Morchella esculenta*.	2,46

Cet azote n'était même pas éliminé en soumettant les produits à l'action de la potasse dans les conditions indiquées par DREYFUSS.

En raison de ces faits, et aussi parce qu'il se forme du chlorhydrate de glucosamine et de l'acide acétique lorsqu'on hydrolyse ces produits par l'acide chlorhydrique, l'auteur est d'avis que la membrane des champignons renferme un composé analogue, sinon identique à la chitine. C'est à ce composé que E. GILSON (24), qui a fait des observations analogues à celles qui précèdent, donne le nom de *mycosine* et attribue la formule $C^{14}H^{26}Az^2O^{10}$.

On a pu juger, par ce qui précède, des difficultés que présente la question de la composition de la membrane cellulaire des champignons. Cette question est rendue plus complexe encore par les différences que l'on rencontre à ce sujet d'un champignon à un autre.

Ainsi, d'une façon générale, les champignons ne renferment pas d'amidon ou de substances que leurs propriétés physiques rapprocheraient de l'amidon. Il existe cependant un certain nombre d'espèces dont quelques parties de tissus ou quelques organes sont colorés en bleu directement par l'iode, comme le fait l'amidon ordinaire. C'est ce que l'on voit, par exemple, chez beaucoup d'*Ascobolus*, de *Peziza*, de *Sordaria*, où l'extrémité de l'asque et, quelquefois même, l'enveloppe entière de cet organe possèdent cette propriété. C'est ce que l'on a constaté encore chez quelques *Hyménomycètes* : *Mycena tenerrima* BERK (22), *Boletus pachypus* FR. (23), *Hydnum Erinaceus* BULL. et *coralloides* SCOP. (24), où le tissu tout entier, sauf dans l'hyménium et la partie sous-hyméniale, est coloré par l'iode. Il a été établi que dans les *Rosellinia Desmazieri* BERK., *Aquila* FR., *Thelena* FR., et probablement dans les autres *Ascomycètes*, où le phénomène a été remarqué, c'est une couche d'épaississement de la paroi, localisée à l'extrémité de l'axe, qui possède les propriétés d'une matière amyloïde (25). De même, pour le *Ptychogaster albus* CDA., ce sont des excroissances fixées à la face interne de la paroi cellulaire (26). Chez les Hyménomycètes cités plus haut, la membrane cellulaire est uniformément colorée en bleu ; mais si on traite le champignon par l'eau bouillante, on enlève la matière amyloïde et l'on obtient ainsi un liquide qui présente les propriétés d'une solution très étendue d'amidon soluble.

Dans l'ergot de seigle, contrairement à ce que nous venons de voir, la matière amyloïde est à l'état de granulations à l'intérieur des cellules (27). Ces granulations se forment pendant la germination de l'ergot au moment de la digestion des réserves. Elles n'ont pas de rapport avec la membrane.

Il faut rapporter encore à la membrane cellulaire des champignons ces deux matières que BOUDIER (5) a désignées sous les noms de *viscosine* et de *mycétide*. Lorsqu'on traite certaines espèces, *Boletus edulis, scaber, luteus*, etc., par l'eau bouillante, on obtient un liquide qui, additionné d'un volume d'alcool, précipite une substance donnant avec l'eau une solution visqueuse : c'est la *viscosine* de BOUDIER. Elle fait partie de la membrane cellulaire et est surtout abondante dans le tissu épidermique du chapeau. C'est par elle que le chapeau devient visqueux en temps de pluie. Quant à la *mycétide*, on l'obtient en évaporant le liquide débarrassé de *viscosine* en consistance de sirop clair et en précipitant par 6 à 8 volumes d'alcool. Ces deux produits sont certainement des hydrates de carbone analogues aux mucilages.

Glycogène. — Le *glycogène* a été signalé pour la première fois dans un champignon, l'*Aethalium septicum* FR., en 1868, par KÜHNE. Bien antérieurement, dès 1851, TULASNE avait observé que le contenu des asques des truffes se colore, à certains moments de la végétation, en brun rouge foncé sous l'influence de l'iode. LÉO ERRERA (28) a montré que cette coloration, que l'on observe dans nombre d'autres ascomycètes, devait être attribuée au glycogène. En effet, la coloration disparaît dès qu'en chauffant, on atteint la température de 50 à 60°, et reparaît par refroidissement lorsque, comme dans le *Peziza vesiculosa* BULL., l'hydrate de carbone est en proportion notable. LÉO ERRERA, en s'appuyant sur cette réaction et sur d'autres, a pu s'assurer qu'il existait du glycogène dans la plupart des champignons, aussi bien dans les organes de végétation que dans ceux de fructification.

Ainsi, il l'a signalé dans trente et une espèces de *Basidiomycètes* (29), parmi lesquelles on peut citer l'*Amanita phalloides*, les *Clitocybe nebularis* et *laccata*, le *Stropharia squa-*

mosa, le *Coprinus comatus*, les *Boletus edulis* et *chrysenteron*, l'*Hydnum imbricatum*, le *Lycoperdon gemmatum*, le *Phallus impudicus*, etc. Il ne l'a pas trouvé dans sept espèces : *Mycena galericulata*, *Polyporus fumosus*, *Stereum hirsutum*, *Clavaria rugosa* et *stricta*, *Scleroderma vulgare* et *Rhizopogon luteolus*.

Le glycogène se rencontre surtout dans le champignon jeune. Il est toujours plus abondant dans le stipe et même dans la partie voisine du sol. Le fait est surtout remarquable pour les *Am. phalloides*, *Copr. comatus*, *Bol. edulis* dont les pieds sont renflés à la base lorsque le champignon est jeune. C'est dans ce renflement que paraît localisé le glycogène. J'ajouterai que, si l'on s'en rapporte simplement à la réaction de l'iode, il en est de même pour les *Boletus felleus*, *scaber* et *Satanas*, dont le tissu de la base du stipe est assez fortement coloré en brun par l'iode (23).

Il semble donc que le glycogène est formé dans le stipe au moyen des aliments puisés dans le sol. Il disparaît du reste presque totalement dans cet organe, au cours du développement et on ne le retrouve plus, quand le champignon est déjà vieux, que dans l'hyménium. Plus tard, à la maturité, il n'existe plus dans l'hyménium lui-même.

« De la base des champignons, le glycogène pourra être transporté partout où il est utile, c'est-à-dire partout où il y a croissance de tissus, formation d'organes reproducteurs, etc. De plus, le glycogène, en véritable substance plastique, disparaît ordinairement des tissus à mesure que leur croissance s'achève et que les spores approchent de la maturité. » (Léo ERERRA.)

Myco-inuline. — Le corps désigné sous ce nom est encore un hydrate de carbone voisin des dextrines. Retiré en 1825 des spores de plusieurs *Elaphomyces* mal déterminés (surtout *El. granulatus* Fr. probablement) par BILTZ (30), il a été étudié d'un peu plus près par H. LUDWIG et A. BUSSE en 1869 (31). C'est une substance finement granuleuse, blanche, sans saveur ni odeur, soluble dans 240 parties d'eau froide et dans 3 parties d'eau bouillante. Elle se sépare peu à peu, par refroidissement et à la façon de l'inuline, de sa solution chaude. Traitée à l'ébullition par l'acide sulfurique dilué, elle se transforme en sucre réducteur. D'après LUDWIG et BUSSE, sa composition centésimale répondrait à la formule $C^{12}H^{22}O^{11} + H^2O$; elle est dextrogyre et possèderait un pouvoir rotatoire égal à $+ 315°$ pour αj. Il est probable que cet hydrate de carbone joue, dans les *Elaphomyces*, un rôle d'aliment de réserve analogue au rôle que jouent l'inuline et l'amidon dans les végétaux supérieurs.

Tréhalose ($C^{12}H^{22}O^{11} + H^2O$). — Le *tréhalose* est un sucre isomère du sucre de canne. Comme on le verra plus loin, son rôle physiologique est des plus importants. Il a été retiré, en premier lieu, de l'ergot de seigle par MITSCHERLICH en 1857 et appelé *mycose* par ce chimiste (32). Mais comme il venait d'être décrit par BERTHELOT (33), qui l'avait extrait d'une sorte de manne (*Tréhala*), sous le nom de *tréhalose*, ce dernier nom a la priorité.

Le *tréhalose* a été retrouvé ensuite par BOUDIER en 1866 dans le *Boletus edulis* (5), puis en 1873-74 par MÜNTZ (34) dans quelques autres espèces, parmi lesquelles je citerai : *Mucor mucedo* L., *Æthalium septicum* Fr., *Amanita muscaria* L., *Pleurotus Eryngii* D. C., *Lactarius viridis* Fr. Mais, jusqu'à l'époque où j'ai commencé à publier mes recherches sur ce sujet, c'est-à-dire jusqu'en 1889, bien qu'on eût analysé déjà une soixantaine d'espèces, on ne l'avait rencontré que dans douze espèces seulement. Aussi supposait-on que ce sucre ne se trouvait qu'exceptionnellement dans les champignons. Sa présence y est, au contraire à peu près générale, puisque j'ai pu le retirer à l'état cristallisé de 142 espèces parmi les 212 espèces que j'ai examinées (35).

Si les expérimentateurs qui m'ont précédé dans cette voie n'ont abouti le plus souvent qu'à des résultats négatifs, cela tient à ce qu'ils ont opéré sur des champignons vieux ou récoltés depuis longtemps. Le *tréhalose*, en effet, disparaît le plus souvent en totalité pendant la maturation, la conservation des échantillons frais et la dessication à basse température, en sorte qu'il faut, pour le rechercher, traiter les champignons sitôt après la récolte.

Les lactaires poivrés jeunes et frais, par exemple, renferment du tréhalose qui disparaît au bout de quelques heures de conservation à la température du laboratoire, pour faire place à de la mannite (36 et 37). Par là s'expliquent les résultats des recherches de tant de chimistes qui n'ont jamais trouvé que de la mannite dans ce champignon.

Dans le tableau suivant se trouvent rassemblées les [principales espèces de champignons dans lesquelles j'ai trouvé du tréhalose. En regard du nom de chaque espèce, on a inscrit la proportion de ce sucre par kilogramme de champignon frais.

Tréhalose dans les Champignons jeunes et frais (EM. BOURQUELOT).

NOMS DES ESPÈCES	PROPORTION de tréhalose par kil. de ch. frais.	NOMS DES ESPÈCES	PROPORTION de tréhalose par kil. de ch. frais.
Polyporus frondosus (FL. DAN.)	4,40	Bolbitius hydrophilus (BULL.)	6,30
— squamosus (HUDS.)	3,00	Coprinus micaceus (BULL.)	9,30
Boletus scaber BULL.	4,00	— atramentarius (BULL.)	3,50
— versipellis FR.	4,10	Hypholoma appendiculatum BULL.	4,80
— auriantiacus BULL.	7,20	— fasciculare (HUDS.)	4,10
— edulis BULL.	2,70	— capnoides FR.	2,09
— appendiculatus SCHAEFF.	7,50	— sublateritium FR.	4,20
Panus stipticus (BULL.)	1,60	Flammula gummosa LASCH.	3,2
— torulosus (PERS.)	4,00	— alnicola FR.	4,80
Lentinus cochleatus (PERS.)	12,00	Hebeloma elatum BATSCH.	2,80
— tigrinus (BULL.)	2,80	— crustuluniforme BULL.	3,45
Marasmius oreades (BOLT.)	3,50	— sinapizans BULL.	6,10
Lactarius piperatus (SCOP.)	10,00	Pholiota spectablilis FR.	6,90
Paxillus atrotomentosus (BATSCH.)	2,00	— squarrosa MULL.	3,40
Gomphidius viscidus (L.)	2,00	— destruens BLONDEAU.	2,20
Cortinarius castaneus (BULL.)	16,00	— radicosa BULL.	7,80
— imbutus FR.	8,50	— caperata PERS.	3,10
— psammocephalus (BULL.)	9,50	Claudopus variabilis PERS.	8,45
— sciophyllus FR.	5,80	Volvaria bombycina SCHAEFF.	5,40
— brunneus (PERS.)	3,40	Pleurotus geogenius D. C.	3,00
— hinnuleus (Sow.)	12,50	— dryinus PERS.	2,20
— armillatus FR.	7,50	Mycena polygramma BULL.	3,70
— evernius FR.	6,50	Collybia longipes BULL.	5,15
— impennis FR.	5,50	Clitocybe proxima BOUD.	3,60
— torvus FR.	5,30	— cyathiformis BULL.	2,70
— cinnamomeus (L.)	5,60	— geotropa BULL.	3,50
— sublanatus (Sow.)	9,20	— nebularis BATSCH.	5,90
— albo-violaceus (PERS.)	6,00	Tricholoma saponaceum FR.	2.20
— cristallinus FR.	6,00	— cinerascens BULL.	10,60
— fulmineus FR.	6,50	— rutilans SCHAEFF.	7,50
— fulgens (ALB. et SCHW.)	13,20	— Russula SCHAEFF.	6,30
— purpurascens FR.	8,70	Amanita strobiliformis VITT.	5,30
— calochrous (PERS.)	14,20	— aspera FR.	2,50
— glaucopus (SCHAEFF.)	7,90	— muscaria L.	5,00
— cyanopus (SECRET.)	5,75	Lycoperdon piriforme SCHAEFF.	7,50
— varius (SCHAEFF.)	7,10	Claviceps purpurea TUL. (sec)	10,20
— argutus FR.	10,60	Coryne sarcoides JACQ.	3,00

Dans toutes les espèces citées ci-dessus et dans un certain nombre d'autres, prises aussi à l'état frais et relativement jeune, le tréhalose était la seule matière sucrée cristallisable. Dans d'autres, au contraire, comme on le verra plus loin, ce tréhalose était accompagné de mannite; dans d'autres enfin, il n'y avait que de la mannite.

En comparant toutes ces données, j'ai pu constater que la nature de ces sucres concordait dans une certaine mesure avec les affinités botaniques. Ainsi toutes les espèces examinées appartenant aux genres *Polyporus*, *Panus*, *Lentinus*, *Coprinus*, *Hypholoma*, *Flammula*, *Hebeloma*, *Pholiota* ne renfermaient à l'état jeune que du tréhalose; sur 37 *Cortinarius*, 36 ne contenaient que du tréhalose. Pour d'autres genres, *Russula*, *Lepiota*, *Psalliota*, les espèces ne contenaient au contraire que de la mannite.

Le tréhalose ne se trouve pas en proportions égales dans les diverses parties du champignon (38). A cet égard, des cèpes comestibles (*Boletus edulis*) adultes, analysés deux à trois heures après la récolte, ont donné les résultats suivants :

	TRÉHALOSE PAR KIL.
Pied	24gr,50
Chapeau	13gr,80
Hyménophore (tubes)	0gr,00

Il suit de là que le pied est évidemment l'organe dans lequel s'accumule le tréhalose, qui servira plus tard à la formation des spores. Il y a là un fait comparable à celui qu'a déjà signalé ERRERA pour le glycogène. MARGEWICZ a fait sur le *Boletus edulis* des recherches analogues à celle que je viens d'exposer; mais, comme il n'a réussi à séparer que de la mannite, il faut en conclure qu'il a traité ce champignon après conservation prolongée dans le laboratoire ou après l'avoir fait dessécher lentement à basse température. Ses expériences se trouvent par là, sur ce point, sans valeur physiologique.

Glucose. — On a signalé, depuis longtemps déjà, dans les champignons, la présence d'un sucre réducteur et fermentescible en présence de la levure de bière. Ce sucre est vraisemblablement dans la plupart des cas, sinon dans tous, le *glucose ordinaire* ou *dextrose.* Du moins en est-il ainsi pour le sucre réducteur des *Lactarius piperatus* et *turpis*, dont j'ai déterminé la nature (35) en recourant à la méthode de recherches due à EM. FISCHER. Pour ces deux champignons, en effet, les seuls du reste que j'ai examinés à cet égard, le sucre réducteur donne avec la phénylhydrazine une *osazone* possédant toutes les propriétés de la dextrosazone.

Les proportions de ce sucre varient d'ailleurs suivant l'âge des champignons ou le mode de conservation de ces végétaux. Ici encore, les analyses n'ont de valeur physiologique qu'autant qu'elles ont été effectuées sur des échantillons frais, récoltés récemment; car le sucre augmente rapidement en quantité pendant la dessiccation ou la conservation, ainsi qu'on peut s'en rendre compte en examinant le tableau suivant :

		RÉDUCTION.		RÉDUCTION.
Lactarius vellereus.	frais,	presque nulle.	desséché.	très nette.
— *turpis*	—	—	—	—
— *controversus.*	—	—	—	—
— *torminosus*	--	—.	—	—
Boletus aurantiacus	—	nulle.	—	—
Paxillus atrotomentosus	—	0gr,33 par kil.	—	10gr,50 par kil.
Scleroderma verrucosum.	—	0	—	1gr,10 par kil.

En ce qui concerne les variations dépendant de l'âge, on peut dire que la plupart des champignons jeunes ne renferment pas ou renferment seulement des traces de glucose. Ce sucre n'apparaît en quantité notable que lorsque commence la formation des spores.

Presque tous les *Cortinarius*, l'*Hypholoma claeodes*, l'*Hebeloma sinapizans*, le *Claudopus variabilis*, le *Mycena polygramma*, le *Clitocybe geotropa*, le *Tricholoma sulfureum*, etc., ne réduisent pas la liqueur cupro-potassique, lorsqu'ils sont jeunes et frais.

Des recherches particulières ont été faites pour quelques espèces, c'est-à-dire que, dans ces espèces, le sucre réducteur a été dosé *comme glucose* à l'état jeune et à l'état adulte; les résultats sont résumés dans le tableau ci-dessous (35) :

	GLUCOSE PAR KIL. Grammes.		GLUCOSE PAR KIL. Grammes.
Boletus edulis BULL. jeune	0,26	adulte ou avancé.	0,75
Russula Queletii FR. jeune	0,50	—	1,70
Hypholoma fasciculare (HUDS) jeune.	0,63	—	2,40
Pholiota adiposa FR. jeune.	0,00	—	0,18
— *radicosa* BULL. jeune.	0,25	—	0,38
Collybia butyracea BULL. jeune.	0,41	—	0,78
Amanita muscaria L. jeune.	0,00	—	abondant.

Ces faits montrent bien que le glucose apparaît dans le champignon durant une période assez avancée de la végétation.

Enfin, si l'on compare la teneur en glucose des diverses parties d'un champignon, on rencontre des différences notables :

	PAR KIL.		PAR KIL.
Boletus aurantiacus (BULL.). Pied	0gr,31	*B. edulis* (L.). Pied	0gr,77
— — Chapeau	0gr,37	— Chapeau	0gr,74
— — Hyménophore.	0gr,00	— Hyménophore.	0gr,00

Mannite ($C^6H^7O^6$). — On peut dire qu'il existe de la mannite dans presque tous les champignons avancés. Chez un certain nombre d'espèces la mannite existe également dans le champignon jeune, par exemple chez la plupart des *Lactarius*, les *Russula*, les *Psalliota*, les *Lepiota*, les *Elaphomyces*. Dans certaines espèces on trouve à la fois, dès qu'elles commencent à pousser, du tréhalose et de la mannite. Dans d'autres, qui ne contenaient d'abord que du tréhalose, on voit apparaître la mannite quand le champignon approche de la maturité; mais jamais le tréhalose ne succède à la mannite. On a réuni, dans les tableaux suivants, des exemples de ces divers cas.

TABLEAU n° 1 (Em. Bourquelot).

Champignons jeunes et frais. Mannite et tréhalose existant en même temps.

Boletus variegatus Swartz.　　　　　　　　*Hygrophorus olivaceo-albus* Fr.
— *appendiculatus* Schaeff.　　　　*Clitocybe nebularis* Batsch.
— *badius* Fr.　　　　　　　　　　　— *geotropa* Bull.
Panus stipticus Fr.　　　　　　　　　　　　*Collybia maculata* Alb. et Schwein.
Cortinarius elatior Fr.　　　　　　　　　　— *confluens* Pers.
Hygrophorus hypothejus Fr.

TABLEAU n° 2 (Em. Bourquelot).

Champignons jeunes et frais : la mannite existe seule.

	MANNITE par kil.		MANNITE par kil.
Russula ochroleuca Pers.	18,00	*Lactarius velutinus* Bert.	9,10
— *Queletii* Fr.	19,75	— *blennius* Fr.	1,40
— *fellea* Fr.	14,20	— *controversus* Pers.	5,90
— *foetens* Pers.	10,50	— *turpis* (Weinm.)	7,80
— *cyanoxantha* (Schaeff.)	14,10	— *torminosus* (Schaeff.)	5,90
— *lepida* Fr.	26,70	*Psalliota silvicola* Vittad.	7,75
— *virescens* (Schaeff.)	18,90	— *arvensis* Schaeff	4,30
— *delica* (Vaill.)	13,30	*Lepiota Friesii* Lasch.	7,70
Russula adusta (Pers.)	23,30	— *rhacodes* Vittad.	6,00
— *nigricans* (Bull.)	16,50	— *excoriata* Schaeff.	9,40
Lactarius rufus (Scop.)	8,30	— *procera* Scop.	7,70
— *vietus* Fr.	13,70	*Elaphomyces Leveillei* Tul.	15,20
— *quietus* Fr.	7,40	— *variegatus* Vitt.	11,30
— *vellereus* Fr.	12,00	— *asperulus* Vitt.	12,50

TABLEAU n° 3 (Em. Bourquelot).

Champignons frais. Le tréhalose existe seul d'abord, puis s'accompagne de mannite.

Boletus aurantiacus Bull.　　　　　　　　*Cortinarius brunneus* (Pers.).
— *bovinus* L.　　　　　　　　　　　　　*Pholiota radicosa* Bull.
Lactarius piperatus (Scop.).　　　　　　　*Collybia fusipes* Bull.

Deux observations sont à faire relativement aux tableaux n°ˢ 2 et 3. En premier lieu, je ferai remarquer que les six espèces portées au tableau n° 3 sont les seules que j'ai examinées à l'état jeune et à l'état adulte (sauf le *Boletus edulis* qui, à l'état frais, m'a toujours donné du tréhalose seulement). Il est donc probable que le fait qu'il représente se reproduit pour d'autres espèces. D'autre part, il n'est guère possible d'affirmer, lorsqu'on expérimente sur un lot de champignons, quels que soient les soins qu'on apporte à le constituer, que tous les individus sont jeunes, la question de taille n'ayant pas de signification absolue. Par conséquent, parmi les espèces citées au tableau n° 2, il en est peut-être qui, à l'état jeune, ne renferment que du tréhalose. Mais ces questions sont secondaires, et ce qu'il faut retenir ici, c'est que la mannite n'apparaît jamais antérieurement au tréhalose; autrement dit, nous ne rencontrons pas de champignons renfermant d'abord de la mannite, puis de la mannite et du tréhalose. Ce fait aura son importance quand nous discuterons la question des hydrates de carbone au point de vue physiologique.

Enfin, la mannite, de même que le tréhalose et le glucose, paraît se localiser dans les organes végétatifs du champignon (38).

			MANNITE PAR KIL.
Boletus aurantiacus Bull.	adulte.	Pied.	6ᵍʳ,29
—	—	Chapeau.	3ᵍʳ,97
—	—	Hyménophore.	0ᵍʳ,00

Volémite ($C^7H^{16}O^7$). — La volémite est une matière sucrée analogue à la mannite. Je l'ai retirée du *Lactarius volemus* Fr. et ne l'ai retrouvée jusqu'ici dans aucune autre espèce de champignon (35 et 39). C'est une substance se présentant sous la forme de fines aiguilles blanches rassemblées en grains à peine gros comme la tête d'une épingle et très fragiles. Au contraire de la mannite, qui est sans action appréciable sur le plan de la lumière polarisée, la volémite est dextrogyre (α D $= + 1°,94$). D'après Em. Fischer (40), la volémite est une heptite et on peut, par oxydation, la transformer en un sucre correspondant, la *volémose*, $C^7H^{14}O^7$. La volémite serait donc un isomère de la perséite. Nul doute qu'elle ne se produise de la même façon que la mannite, peut-être par réduction, dans le végétal, du volémose.

2. Alcools. — Les substances de nature alcoolique, retirées des champignons, sont à l'heure actuelle au nombre de trois, si l'on ne tient pas compte de la glycérine qui entre dans la composition des corps gras dont nous parlons plus loin.

Agaricol ($C^{10}H^{16}O$). — Le composé désigné sous ce nom par Schmieder (10) cristallise en aiguilles blanches et fond à 223°. Il a été retiré du *Polyporus officinalis*. Il est soluble dans l'éther de pétrole.

Alcool céthylique ou éthalique ($C^{16}H^{54}O$). — Cet alcool, qui entre dans la composition du blanc de baleine, a aussi été retiré du *Pol. officinalis* par Schmieder. Pas plus que l'agaricol, il n'a été retrouvé dans d'autres champignons.

Ergostérines. — Depuis longtemps on sait qu'il existe dans les champignons des corps analogues à la cholestérine; on les avait même considérés comme identiques à cette dernière. Mais au fur et à mesure qu'on les a étudiés avec plus de soin, on s'est aperçu que, s'ils ont quelque rapport avec la cholestérine animale, ils s'en distinguent cependant par différentes propriétés.

Ainsi, Reinke et Rodewald ont retiré, en 1881 (41), de l'*Aethalium septicum*, une substance très voisine de la cholestérine, mais fondant à 134° et ayant, comme pouvoir rotatoire — 28° pour α D, alors que la cholestérine animale fond à 145° et a, comme pouvoir rotatoire : α D $= - 38°$. Ils ont appelé cette cholestérine particulière *paracholestérine*. Plus tard, en 1889, Tanret (42) a repris l'étude de la prétendue cholestérine de l'ergot de seigle et constaté qu'il s'agit là encore d'un composé différent de la cholestérine animale. Ce composé, en effet, qui cristallise en paillettes nacrées, fond à 134° et son pouvoir rotatoire en solution chloroformique est, pour α D, égal à — 114°. Sa composition élémentaire et celle de quelques-uns de ses dérivés conduisent à la formule $C^{26}H^{40}O$. Enfin, il se distingue encore de la cholestérine animale par la façon dont il se comporte quand on le traite à froid par l'acide sulfurique concentré. Tanret a appelé son produit *ergostérine*.

Tout récemment, E. Gérard (43) a retiré du *Lactarius piperatus* et du *Penicillium glaucum* une substance cristallisée que ses propriétés permettent de considérer comme identique à l'ergostérine.

Le même observateur a repris l'étude de la paracholestérine de l'*Aethalium*, et celle de la levure de bière (44). Il a constaté que ces cholestérines se rapprochent davantage de l'ergostérine que de la cholestérine proprement dite. On peut donc, avec lui, considérer les cholestérines des champignons comme rentrant dans un groupe particulier, le groupe des *ergostérines*.

3. Acides. — *Acides gras.* — Nous n'avons en vue ici que les acides gras libres ou à l'état de combinaisons salines.

L'acide *formique* a été signalé dans l'ergot de seigle par Mannassewitz et dans le *Polysaccum pisocarpium* Fr. par Fritsch (45).

L'acide *acétique* a été trouvé par Braconnot, sous forme de sel de potasse, dans le *Boletus viscidus*, les *Hydnum repandum* et *hybridum* et le *Cantharellus cibarius*.

L'acide *propionique*, d'après Bornträger, existerait dans l'*Amanita muscaria*, et l'acide *butyrique*, d'après Fritsch, dans le *Cantharellus cibarius*.

A ces acides qui sont volatils, il faut ajouter l'acide *stéarique*, que Gérard (46) a trouvé à l'état libre dans la graisse du *Lactarius piperatus* et un acide particulier que Thörner (47) a retiré du *Russula integra*, acide cristallisant en aiguilles blanches, fusibles à 69°, auquel il attribue la formule $C^{15}H^{30}O^2$.

Enfin, signalons encore deux acides qui, bien que n'appartenant pas à la série grasse, sont presque toujours rapprochés des acides de cette série. C'est, d'une part, l'acide *oléique* que GÉRARD a trouvé à l'état de liberté dans les graisses du *Lactarius velutinus* et du *Lactarius piperatus*, et, d'autre part, un acide de formule $C^{18}H^{34}O^3$ que SCHMIEDER a retiré du *Polyporus officinalis*, acide qui serait peut-être identique à l'acide ricinolique.

Autres acides. — L'acide *oxalique* existe dans nombre de champignons, tantôt probablement sous la forme de sel acide de potasse, comme on peut le penser pour le *Clavaria flava* analysé par BOLLEY, mais souvent aussi sous forme de cristaux ou de concrétions d'oxalate de chaux : par exemple dans beaucoup de Basidiomycètes, dans les fruits de *Penicillium* d'après BREFELD, dans le *Sclerotinia sclerotiorum* d'après DE BARY, dans les *Chaetomium* d'après ZOPF et aussi dans les *Mucor*. D'après SCHMIEDER, il existerait sous forme de sel de fer dans le *Polyporus officinalis* (10).

L'acide *lactique* aurait été trouvé par SCHOONBRODT dans l'ergot de seigle; mais on peut se demander s'il ne s'est pas produit sous l'influence d'une fermentation lactique du produit.

L'acide *fumarique* est assez fréquent dans les champignons. BOLLEY (48) et DESSAIGNES (40) ont établi que l'acide signalé autrefois par BRACONNOT, dans un certain nombre d'espèces sous le nom d'acide *bolétique*, n'était pas autre chose que l'acide fumarique. Jusqu'ici cet acide a été signalé dans :

Hydnum repandum L.	par BRACONNOT.
— *hybridum* BULL.	— —
Polyporus squamosus HUDS.	— —
— *dryadeus* PERS.	— —
Lenzites betulina L.	— RIEGEL (31).
Cantharellus cibarius FR.	— BRACONNOT.
Lactarius piperatus (SCOP.)	— BOLLEY.
— *torminosus* (SCHAEFF.)	— DESSAIGNES.
Psalliota campestris L.	— GOBLEY (53) et LEFORT (52).
Am. muscaria L.	— DESSAIGNES.
Bulgaria inquinans FR.	— BRACONNOT.
Helvella esculenta PERS.	— SCHRADER.
Tuber cibarium SIBTH.	— RIEGEL (40).

L'acide *malique*, qui ne diffère de l'acide fumarique $(C^4H^4O^4)$ que par une molécule d'eau en plus $(C^4H^6O^5 = C^4H^4O^4 + H^2O)$, a été signalé également dans quelques champignons. L'acide que désignait BRACONNOT sous le nom d'acide *fongique* était de l'acide malique impur (DESSAIGNES). Voici les noms des principales espèces dans lesquelles on a démontré l'existence de l'acide malique :

Polyporus officinalis FR.	par BLEY et SCHMIEDER (10).
— *dryadeus* (PERS.)	— DESSAIGNES (49).
Boletus edulis BULL.	— BOUDIER 5.
Lenzites betulina (L.	— RIEGEL (31).
Cantharellus cibarius FR.	— FRITSCH (45.
Psalliota campestris L.	— LEFORT (52).
Amanita phalloides FR.	— BOUDIER 5.
— *muscaria* L.	— — (5).
Tuber cibarium SIBTH.	— RIEGEL (50) et LEFORT (54).

L'acide malique est tantôt à l'état libre, comme dans le *Cantharellus cibarius*, le *Boletus edulis* et l'*Amanita muscaria*, tantôt à l'état de malate de chaux, comme dans l'*Amanita phalloides* et l'*Amanita muscaria*, tantôt encore à l'état de malate de potasse ou de magnésie.

L'acide *citrique* a été trouvé par DESSAIGNES (49) dans le *Polyporus dryadeus*, par LEFORT (51) dans la truffe, par BOUDIER (5) dans l'*Amanita phalloides*, le *Psalliota campestris* et le *Boletus edulis*. Il est tantôt libre, tantôt combiné.

L'acide *succinique* a été signalé dans le *Polyporus officinalis* par SCHMIEDER et l'acide *tartrique* dans le *Cantharellus cibarius* par FRITSCH (43).

L'acide *cyanhydrique* se trouve, d'après VON LOESECKE (55), dans le *Marasmius oreades*.

A ces acides bien caractérisés, il faut joindre d'autres produits dont les fonctions chimiques ne sont pas encore complètement établies, mais qui se rapprochent pourtant des vrais acides. Ce sont :

L'acide *helvellique*, retiré par BÖHM et KÜLZ (56) de l'*Helvella esculenta* PERS. Pour l'obtenir on traite à plusieurs reprises le champignon frais par l'alcool absolu. On élimine l'alcool en chauffant à 60° et on agite le résidu avec de l'éther qui dissout l'acide; l'extrait éthéré est repris par l'eau chaude. L'acide helvellique ainsi obtenu constitue un liquide sirupeux, jaune clair, transparent, possédant une forte réaction acide. Sa composition, déterminée par l'analyse du sel de baryte, répond à la formule brute $C^{12}H^{20}O^7$. L'acide helvellique serait l'agent toxique de l'*Helvella esculenta* qui est pourtant consommé en grande quantité. S'il ne produit que très rarement des accidents, cela tiendrait à ce que l'acide en question est entraîné par les lavages auxquels on soumet le champignon avant de le faire cuire, et aussi à ce qu'il se décompose spontanément par dessiccation ou décoction dans l'eau.

L'acide *agaricique* de Fleury (voyez ce mot) qui est le principe actif du *Polyporus officinalis* Vill.

L'acide *ergotinique* de Zweifel (57) (Syn : *Acide ergotique* de Wenzel, *Acide sclérotinique* de Dragendorff et Podwyssotzei à l'état impur) qui ne paraît pas être un corps bien défini. Il existe dans l'ergot de seigle d'où on le retire par le procédé suivant :

On fait digérer dans de l'eau à 80°, pendant douze heures, l'ergot préalablement épuisé par un mélange à parties égales d'alcool et d'éther. On précipite le liquide par l'acétate de plomb; on filtre et on ajoute au filtrat de l'acétate de plomb ammoniacal. Il se fait un précipité qui renferme l'acide ergotinique à l'état d'ergotinate de plomb. On le lave à l'alcool pour enlever l'excès d'AzH³, on le délaie dans un peu d'eau et on le décompose par l'hydrogène sulfuré. On filtre, on évapore dans le vide à la température ordinaire jusqu'à consistance sirupeuse, et on précipite par un grand excès d'alcool absolu. Le précipité est lavé à l'alcool éthéré et desséché dans le vide sur l'acide sulfurique. Ainsi préparé, l'acide ergotinique est une poudre blanche, jaunâtre, très hygroscopique donnant avec l'eau des solutions acides. Ces solutions précipitent par l'eau de baryte et l'eau de chaux. Cet acide renferme C,H,O et Az. Ce serait un glucoside, acide; car, sous l'influence des acides minéraux étendus, il se dédouble à l'ébullition en une base organique et en sucre réducteur. C'est un poison narcotique.

L'acide *sphacélinique* (58) (syn. Résine d'ergot), sorte de résine blanche, acide, insoluble dans l'eau et les acides dilués, soluble dans l'alcool. Pour le préparer, on traite la poudre d'ergot déshuilée par de l'acool à 95° renfermant une petite proportion de soude caustique. On distille l'acool après avoir acidulé avec de l'acide citrique : on additionne le résidu d'eau et on filtre. Sur le filtre se trouve l'acide impur que l'on purifie en s'appuyant sur ce que les sels alcalins sont insolubles dans un mélange d'acool et d'éther (59).

L'acide sphacélinique serait un composé très toxique auquel il faudrait rapporter certaines des propriétés toxiques de l'ergot.

4. **Matières grasses.** — Les champignons renferment, probablement tous, des matières grasses, lesquelles sont le plus souvent liquides à la température ordinaire. Dans le tableau suivant se trouvent réunies les recherches de Margewicz sur ce sujet. Les chiffres se rapportent à 100 parties de *matière sèche* :

Matières grasses contenues dans les Champignons (d'après Margewicz).

Armillaria mellea.	Pied	4.62	*Cantharellus cibarius*	Pied	4,72
	Chapeau	4,92		Chapeau	7,13
Tricholoma Russula	Pied	4,20	*Boletus edulis.*	Pied	4,41
	Chapeau	5,65		Chapeau	6.20
Lactarius controversus.	Pied	3.81	— *scaber.*	Pied	3.51
	Chapeau	6.17		Chapeau	5.90
— *torminosus*	Pied	4,02	— *aurantiacus*	Pied	6.32
	Chapeau	5,34		Chapeau	7.73
— *piperatus*	Pied	4,01	— *luteus.*	Pied	3.80
	Chapeau	6.91		Chapeau	6.42
— *deliciosus*	Pied	5,74	— *subtomentosus*	Pied	2.36
	Chapeau	7,37		Chapeau	5.82

Boletus edulis.	Partie supérieure du chapeau	5,82
	Hyménophore	7,97
— *scaber.*	Partie supérieure du chapeau	4,07
	Hyménophore	5,81
— *aurantiacus.*	Partie supérieure du chapeau	4.79
	Hyménophore	8,53

On voit que la proportion de matières grasses contenues dans les champignons à chapeau varie de 4 à 8 p. 100 en chiffres ronds. Cette proportion est plus élevée dans le chapeau que dans le pied, et plus encore dans l'hyménophore que dans le reste du chapeau.

L'ergot de seigle desséché en renfermerait en moyenne 30 p. 100, et le *Polyporus officinalis* desséché de 4 à 6 p. 100.

On n'a étudié jusqu'ici qu'un petit nombre de ces matières grasses. HERMANN (60) a constaté que celle de l'ergot renfermait les glycérides des acides palmitique et oléique. ALFR. MJÖEN (61), d'autre part, conclut de ses recherches que ceux-ci sont accompagnés du glycéride d'un oxacide gras à poids moléculaire plus élevé que celui de l'acide oléique. Toutefois cet acide n'a pas été isolé.

FRITSCH a analysé celle du *Polysaccum pisocarpium* FR. et n'en a retiré, en fait d'acides gras fixes, que de l'acide oléique; mais il en a retiré également de l'acide formique, de l'acide acétique et de l'acide butyrique (45).

Au cours de mes recherches sur les matières sucrées chez les lactaires (35), j'ai eu l'occasion d'extraire les matières grasses des *Lactarius velutinus* BERT. et *piperatus* SCOP. La première de ces espèces m'en a donné, pour 4k,275 de champignon sec, 270 grammes, ce qui représente 6,3 p. 100 et la seconde, 203 grammes pour 3k,425, soit 5,9 p. 100, Ces graisses avaient été obtenues par épuisement des champignons à l'aide d'alcool à 85°, distillation, évaporation, reprise du résidu par l'éther et évaporation de la solution éthérée.

Elles étaient souillées de substances étrangères. GÉRARD les a purifiées et étudiées (46). La purification, qui a été faite à l'aide de l'éther de pétrole, a réduit le premier échantillon à 202 grammes, et le second à 162 grammes : ce qui correspond à 4,7 p. 100 dans les deux cas.

Ces graisses renfermaient des acides libres et des acides combinés. Dans celle du *Lactarius velutinus*, GÉRARD n'a trouvé qu'un seul acide libre, l'acide oléique, tandis que dans celle du *Lact. piperatus*, il a trouvé, en outre, un peu d'acide stéarique libre. Dans les deux graisses, les acides combinés à la glycérine étaient : les acides formique, acétique, butyrique, oléique et stéarique. Des recherches particulières lui ont permis d'établir, d'autre part, que la proportion d'acide oléique était bien supérieure à celle de l'acide stéarique; c'est ainsi que, pour 100 grammes de graisse de *Lactarius velutinus*, il a trouvé 70gr,49 d'acide oléique et 4gr,76 d'acide stéarique.

5. Huiles essentielles. — Il n'est pas douteux qu'il existe, dans certains champignons, des huiles essentielles analogues à celles qu'on rencontre si fréquemment dans les plantes phanérogames. Mais, actuellement, nos connaissances sur ce point sont restreintes aux notions qui nous sont fournies par le sens de l'odorat; aucune de ces substances n'a été isolée et étudiée chimiquement (62).

On sait, depuis longtemps, que, parmi les Agaricinés, l'*Hygrophorus agathosmus* exhale une odeur d'eau de laurier cerise; le *Clitocybe odora*, une odeur rappelant celle du mélilot; les *Marasmius alliaceus, prasiosmus* et *scorodoncus* une odeur d'ail; certains *Hebeloma*, une odeur de radis, etc., etc.

Dans les autres familles, signalons : l'*Hydnum suaveolens* et le *Lactarius subumbonatus* qui présentent, surtout pendant leur dessiccation, une odeur d'âche ou de fenouil; le *Trametes suaveolens* qui exhale une odeur se rapprochant de celle de l'anis; le *Melanogaster variegatus* qui répand une odeur musquée.

ZOPF (6) a retiré, à l'aide de l'alcool, du *Corticium violaceo-lividum* SOMMF., espèce qui croît sur les souches d'osier, une substance verdâtre, à odeur très marquée de choux cuit, qui s'est évaporée spontanément en totalité.

6. Résines. — Les résines sont des substances organiques ternaires, composées de carbone, d'hydrogène et d'oxygène. Elles sont insolubles dans l'eau; elles brûlent avec une flamme fuligineuse. Elles présentent des caractères d'acide et forment, avec les alcalis, des sels que l'on désigne sous le nom de *résinates;* ces sels sont solubles dans l'eau et donnent des solutions qui moussent par agitation, comme les savons.

La production de résines est assez fréquente chez les champignons, et il existe des Polypores qui renferment jusqu'à 70 p. 100 de leur poids sec de résines.

Il est possible que les résines soient des produits de désorganisation des membranes des cellules; mais nous ne connaissons rien de précis sur ce point.

L'un des champignons qui renferme le plus de matières résineuses est le *Polyporus officinalis* VILL. (*Agaric blanc des pharmacies*). Cette espèce, en raison de son emploi fréquent en thérapeutique, a été l'objet de nombreuses analyses.

Parmi les chimistes qui l'ont étudiée, nous citerons : HARZ (63), FLEURY (64), MASING (65), JAHNS (66) et SCHMIEDER (10).

Ces auteurs n'en ont pas retiré moins de 5 résines différentes, savoir :

1° Une *résine brun rouge* à laquelle SCHMIEDER attribue la formule $C^{15}H^{24}O^4$.

2° Une *résine jaunâtre* dont la composition répondrait, d'après le même chimiste, à la formule $C^{17}H^{28}O^3$.

Ces deux premières résines constituent l'ancienne *résine rouge* des auteurs, dite *résine α;* à elles deux, elles constituent 35 à 40 p. 100 du champignon desséché. Elles sont solubles dans l'alcool absolu et, lorsqu'on traite le champignon par ce liquide bouillant et qu'on laisse refroidir, elles restent en solution.

3° L'*acide agaricique* de FLEURY, désigné autrefois sous le nom de *résine blanche* ou *résine β*. Le polypore en renferme environ 16 p. 100 (voir sa composition à l'article **Ac. agaricique**).

4° La *résine A* de JAHNS, appelée aussi *résine γ*, dont la composition répond à la formule $C^{14}H^{22}O^3$. Elle est cristallisée en aiguilles blanches, s'électrisant par le frottement. Elle est insoluble dans l'eau, presque insoluble dans l'alcool froid et difficilement soluble dans l'alcool bouillant. Elle n'est pas précipitée de sa solution alcoolique par addition de potasse, ce qui la distingue de l'acide agaricique et permet de la séparer. Elle fond à 270°.

5° La *résine B* de JAHNS, ou résine δ, $C^{12}H^{22}O^4$. Cette résine fond à 110°. Elle est amorphe et présente les caractères d'un acide. Elle forme avec les bases des combinaisons salines amorphes.

D'après BACHMANN (67), le *Lenzites sepiaria* (WULF.) renferme une résine acide. On l'obtient en traitant, par l'alcool, le champignon divisé et préalablement épuisé par l'eau. Cette résine est insoluble dans le benzol, le sulfure de carbone, le carbonate de soude; elle se dissout facilement dans le chloroforme, l'éther et les alcalis dilués; difficilement dans l'alcool froid. Le perchlorure de fer colore sa solution dans l'éther en brun olivâtre jusqu'au vert. Lorsqu'on ajoute un acide à sa solution dans les alcalis, il se précipite des flocons bruns.

Cette résine contribue pour une large part à la coloration brune du champignon.

ZOPF a retiré du *Trametes cinnabarina* une résine de couleur jaune tirant sur le brun. Cette résine se trouve dans le chapeau à côté d'une matière colorante jaune cristallisable. Elle est soluble dans l'alcool. Elle est sécrétée par les hyphes du chapeau.

Le même botaniste a désigné, sous le nom de *gutte de champignon* (Pilzgutti) (68), une belle résine acide jaune qu'il a retirée du *Polyporus hispidus* BULL., champignon assez commun sur les noyers, les pommiers, etc. Cette résine se rapproche par ses propriétés chimiques et optiques de la matière jaune de la gomme gutte retirée de diverses espèces de *Garcinia*, et, comme elle, peut être utilisée dans l'aquarelle. Pour la préparer, on épuise le polypore par l'alcool absolu, on distille et on lave le résidu avec de l'eau froide et chaude qui enlèvent une matière jaune verdâtre. La résine ainsi obtenue est soluble dans l'alcool éthylique, l'alcool méthylique, l'éther et donne, avec ces dissolvants, des liquides fortement colorés en jaune. Elle est plus difficilement soluble dans le benzol et l'essence de térébenthine. Elle se dissout dans l'acide sulfurique concentré en donnant une solution colorée en brun rouge ; par addition de beaucoup d'eau, la résine se précipite de nouveau sous forme de flocons jaunes. Elle se dissout aussi dans les alcalis dilués en donnant un liquide jaune rougeâtre. Elle forme avec les bases des sels de couleur jaune ou brun jaune; les sels alcalins, seuls, sont solubles dans l'eau.

D'après ZOPF, la coloration jaune orangé du chapeau et du stipe du *Pholiota spectabilis*, la coloration jaune pâle des lamelles et de la chair du même champignon, ainsi que la coloration jaune d'ocre de ses spores seraient dues à une résine acide.

On obtient cette résine en traitant le champignon frais par l'alcool, évaporant et épuisant le résidu par l'eau qui enlève une matière colorante jaune verdâtre. On reprend ensuite par l'alcool ou par l'éther.

Cette résine est solide; elle est très soluble dans l'alcool éthylique et l'alcool méthylique, moins soluble dans l'éther et le chloroforme et insoluble dans l'éther de pétrole, le benzol et le sulfure de carbone. L'acide sulfurique et l'acide azotique concentrés la dissolvent en donnant un liquide qui est brun rouge avec le premier et brun jaune avec le second.

D'ailleurs la résine n'est pas détruite, car, en ajoutant beaucoup d'eau à la solution acide, elle se précipite sans transformation et on peut l'enlever avec l'éther.

D'après Boudier (5), le suc de certains lactaires : L. controversus, turpis renferme des substances résineuses émulsionnées; mais ces substances n'ont pas été étudiées.

7. Matières colorantes. — Les matières colorantes particulières aux champignons doivent être très nombreuses. On sait en effet que toutes les espèces de certaines familles (Urédinés, Ustilaginés, Gastéromycètes, Pyrénomycètes) sont colorées. On ne trouve guère d'espèces, entièrement blanches, et restant telles, que dans les Hyménomycètes et les Hyphomycètes; encore sont-elles relativement en petit nombre.

Malgré cela, nos connaissances sur ce groupe de composés sont fort limitées. On a, il est vrai, signalé des séries diverses de matières colorantes; mais c'est à peine si la composition chimique de quelques-unes d'entre elles a pu être établie, ce qui tient évidemment aux difficultés que présente leur préparation à l'état de pureté.

Tantôt ces matières font partie du contenu cellulaire; tantôt elles imprègnent la membrane de la cellule; tantôt encore elles se présentent comme une excrétion des cellules. On peut dire d'ailleurs que leur rôle physiologique est à peu près inconnu; mais on a des raisons de supposer que beaucoup d'entre elles résultent de l'action des ferments oxydants des champignons sur des composés phénoliques. Parmi ces matières colorantes, il en est qui sont combinées à des corps gras et qui présentent, au microscope, l'apparence optique de ces derniers. On leur a donné à cause de cela le nom de *lipochromes* (69). On les désigne aussi quelquefois sous le nom de *lutéines*, en raison de ce fait qu'elles sont jaunes, orangées ou rouges.

Ce sont ces matières colorantes que nous étudierons en premier lieu :

Lipochromes ou lutéines.— Les lipochromes, qui sont composées de carbone, d'hydrogène et d'oxygène, peuvent être isolées par saponification à chaud avec la soude en solution aqueuse ou alcoolique. Elles sont solubles dans l'alcool, l'éther, l'éther de pétrole, le chloroforme, le benzol et le sulfure de carbone. Elles sont insolubles dans l'eau. Elles possèdent une puissance colorante considérable. A l'état sec, elles donnent, avec les acides sulfurique et azotique concentrés, une coloration bleue. Elles sont sensibles à l'action de la lumière qui détermine leur oxydation en présence de l'oxygène de l'air et les décolore.

La réaction produite par l'acide sulfurique peut être utilisée comme réaction microchimique.

D'après Zopf (70), les lipochromes donneraient avec cet acide, sous le microscope, des cristaux d'un bleu intense.

Certaines lipochromes des champignons ont entre elles et avec les lipochromes des fleurs des ressemblances frappantes, en ce qui concerne l'apparence de leur spectre qui présente 2 bandes d'absorption, l'une vers F, l'autre entre F et G.

Les lipochromes font partie du contenu cellulaire et se présentent sous forme de gouttes huileuses plus ou moins grosses.

Jusqu'ici on n'en a trouvé que dans les Urédinés, les Trémellinés et quelques Ascomycètes.

Ces lipochromes peuvent être préparées par le procédé suivant :

On divise convenablement le champignon ou les parties du champignon qui en renferment, et on épuise par l'éther ou l'alcool bouillant. On saponifie l'extrait avec de la lessive de soude. On ajoute au liquide une solution concentrée de chlorure de sodium pour amener la séparation du savon; on maintient à l'ébullition, et la matière colorante apparaît sous forme de flocons que l'on sépare par filtration. On lave soigneusement, on fait sécher à l'air et on traite par l'éther de pétrole qui dissout la lipochrome. Après évaporation du dissolvant, celle-ci reste sous forme d'une masse demi-solide, ayant l'apparence d'une huile ou d'une résine qui se colore en bleu sous l'influence de l'acide sulfurique concentré.

Voici quelques-unes des espèces dont on a retiré ainsi des lipochromes.

Urédinés. D'après E. Bachmann (07).

Uromyces Alchemillæ (Pers.). — *Alchemilla vulgaris* (forme *Uredo*).
Puccinia coronata Corda. — *Rhamnus cathartica* (forme *Æcidium*).
Triphragmium Ulmariæ (Schum.). — *Spiraea ulmaria* (forme *Uredo*).
Gymnosporangium juniperinum (L.). — *Sorbus Aucuparia* (forme *Æcidium*).
Melampsora Salicis Capreæ (Pers.). — *Salix Caprea* (forme *Uredo*).

Les lipochromes de ces cinq dernières espèces présentent des propriétés tout à fait semblables, surtout en ce qui concerne leur spectre qui offre deux bandes d'absorption dans les mêmes régions.

Trémellinés. D'après Zopf (6).

Dacrymyces stillatus Nees.
Calocera viscosa (Pers.).

Ascomycètes.

Pyrénomycètes. *Nectria cinnabarina* (Tode). D'après Bachmann.
Polystigma rubrum (Pers.). D'après Zopf.
— *ochraceum* (Wahlenb.). —
Discomycètes. *Peziza bicolor* Bull.. D'après Bachmann.
— *scutellata* L. —
— *aurantia* Œd. D'après Sorby (71).
Spathularia flavida D. C. D'après Zopf.
Leotia lubrica Pers. —

Enfin, il est vraisemblable, comme le pense Zopf, que divers Ascobolés décrits par Boudier (72) renferment des lipochromes. Cela paraît du moins résulter des détails que donne et figure ce dernier en ce qui concerne la couleur du contenu, soit des paraphyses, soit d'autres parties des champignons suivants.

Saccobolus Kerverni Boud. . . . . . . Réceptacle et paraphyses.
Ascophanus subfuscus Boud. . . . . . —
— *Coemansii* Boud. . . . . . —
— *aurora* Boud. . . . . . . —
— *carneus* Boud. . . . . . . —
— *pilosus* Boud. . . . . . . —

A propos de cette dernière espèce, Boudier, parlant des paraphyses, les dit « *intus granulis oleosis luteo-aurantiacis repletæ* ».

Matières colorantes diverses. — Les autres matières colorantes sont de natures variées. Certaines d'entre elles ont des caractères d'acide comme l'acide polyporique de Stahlschmidt; d'autres ont été rangées parmi les quinones, comme celle que Thörner a retirée d'un *Paxillus* : d'autres paraissent être des produits d'oxydation de certains phénols; la plupart sont trop peu connues pour qu'on puisse se prononcer sur leur fonction chimique. Voyons d'abord celles qui sont acides.

Acide théléphorique Zopf (73). — Matière colorante rouge existant dans la membrane de diverses espèces appartenant au genre *Thelephora*, en particulier des *T. crustacea* Schum., *laciniata* Pers., *terrestris* Ehrd., *intybacea* Pers., *palmata* (Scop.), *coralloides* Fr., *caryophyllea* (Schaeff.). Il y en aurait aussi dans les *Hydnum ferrugineum* et *repandum*. On l'obtient par épuisement du champignon desséché à l'aide d'alcool froid ou chaud. La solution présente déjà une couleur rouge vineuse (tirant vers le jaune dans quelques espèces). On évapore et on traite le résidu successivement par l'éther, le chloroforme, l'alcool méthylique, l'eau froide et chaude. On obtient ainsi un produit coloré en bleu plus ou moins foncé qui donne, par refroidissement de ses solutions dans l'alcool bouillant, de très petits cristaux bleu indigo. Ces cristaux sont insolubles dans l'eau, l'éther, le chloroforme, l'éther de pétrole, l'alcool méthylique, le sulfure de carbone et le benzol. Ils se dissolvent dans l'alcool froid, et surtout dans l'alcool chaud en donnant une solution rouge vineuse. Les acides chlorhydrique et sulfurique concentrés ne dissolvent pas et ne décolorent pas cette matière. L'acide acétique, l'acide azotique la dissolvent au contraire en donnant, le premier, une solution rouge, et le second une solution jaune. Les alcalis ne la dissolvent pas.

L'acide téléphorique est surtout caractérisé par les réactions que donne sa solution alcoolique concentrée. Celle-ci devient bleu par addition d'ammoniaque, et redevient rouge par addition d'acide. Si, au lieu d'ammoniaque, on ajoute de la potasse ou de la soude, le liquide, qui devient d'abord bleu, passe rapidement au vert, puis au jaune. Les acides sulfurique, chlorhydrique, acétique ajoutés à la solution alcoolique primitive, n'amènent aucun changement de couleur, tandis que l'acide azotique la décolore.

Avec l'eau de chaux la solution devient d'un beau bleu : après quoi il se forme un précipité bleu foncé, qui, après lavage et dessiccation, devient d'un gris violacé. L'acétate de plomb donne un précipité bleu magnifique; le bichlorure de mercure un précipité violet; le perchlorure de fer un précipité bleu qui devient vert olive.

La solution alcoolique est décolorée lorsqu'on la chauffe avec de la poudre de zinc, ou lorsqu'on l'additionne d'acide sulfureux.

L'acide téléphorique donne des sels avec les terres alcalines et les oxydes métalliques. On les obtient, par exemple, en ajoutant à la solution alcoolique, additionnée d'ammoniaque, un sel alcalino-terreux ou métallique. Les précipités qui se forment dans ces conditions présentent des colorations caractéristiques.

Acide polyporique ($C^9H^7O^8$). — Cette matière colorante a été retirée par STAHLSCHMIDT (74) d'un polypore récolté sur chêne dont la détermination, malheureusement, n'a pas été faite. D'après l'auteur, FUCKEL l'aurait rapproché du *Polyporus purpurascens*. Or, le seul champignon auquel on ait donné ce nom, le *P. purpurascens* PERS., est un *Merulius*, le *M. papyrinus* (BULL.). Ce *Merulius* est constitué par une lame mince, étalée, blanche, avec des nervures de couleur incarnat, tandis que le polypore de STAHLSCHMIDT était, à son dire, de couleur jaune d'ocre au brun jaune.

Il est infiniment plus probable, comme le pense BOUDIER, qu'il s'agissait de l'espèce de polypore désignée par FRIES sous le nom de *Polyporus nidulans* (*suberosus* BULL., *rutilans* PERS.). En tout cas, HARLAY, un de mes élèves, a récemment analysé ce *P. nidulans*, et il en a retiré, à l'état cristallisé, l'acide polyporique de STAHLSCHMIDT (75).

Pour le préparer, on fait macérer le champignon dans l'ammoniaque diluée. On obtient une solution violette foncé, à laquelle on ajoute un petit excès d'acide chlorhydrique qui qui précipite la matière colorante sous forme de flocons jaune d'ocre que l'on sépare par filtration et qu'on lave. On les dissout alors à l'aide de lessive de potasse diluée, puis on ajoute de la potasse concentrée en excès et on abandonne le tout au repos pendant quelques heures. Le sel de potasse de l'acide polyporique, insoluble dans la lessive de potasse, se sépare complètement sous forme d'une poudre cristalline de couleur pourpre. On décante, on jette sur un filtre d'amiante et on lave le produit d'abord avec une solution de potasse de 1,06 à 1,10 de densité, puis avec de l'alcool à 70°. On dissout dans l'eau bouillante; on fait passer, dans la solution refroidie, un courant d'acide carbonique pour transformer l'alcali libre qui peut encore rester en carbonate, et on évapore à cristallisation. On met en liberté l'acide polyporique en ajoutant, au sel de potasse, de l'acide chlorhydrique dilué, après quoi on le fait sécher d'abord à une température peu élevée, puis à 120°.

L'acide polyporique est insoluble dans l'eau, l'éther, le benzol, le sulfure de carbone, l'acide acétique; il est très difficilement soluble dans le chloroforme, l'alcool amylique et l'alcool à 95° bouillant. Par refroidissement de la solution alcoolique, on l'obtient sous forme de petits cristaux lamelleux rhombiques, de la couleur de la gomme laque, qui, à l'état sec, présentent l'éclat du bronze.

L'acide polyporique cristallise sans eau de cristallisation; il peut être chauffé jusqu'à 200 à 220° sans perdre de son poids. Il fond un peu au-dessus de 300° en un liquide foncé et se sublime en se décomposant partiellement et en donnant de fines lamelles. Pendant la sublimation, il se développe une odeur de feuilles sèches de chêne chauffées, mêlée à une odeur d'essence d'amande amère. L'acide polyporique forme, avec les bases, des sels parfaitement caractérisés. STAHLSCHMIDT a obtenu, à l'état cristallisé, les sels de potasse, de soude, d'ammoniaque, de baryte, de strontiane, de chaux, de magnésie et toute une série de sels métalliques à l'état amorphe, ainsi que les éthers méthylique et éthylique à l'état cristallisé. Tous ces composés sont colorés. Les sels alcalins sont solubles dans l'eau et donnent des solutions qui rappellent, par leur teinte, les solutions de permanganate de potasse. Les sels terreux sont très peu solubles dans l'eau et le sel de magnésie est si insoluble que le polyporate d'ammoniaque pourrait, d'après l'auteur, être employé pour doser la magnésie.

Chauffé avec de la poudre de zinc, il donne du benzol, ce qui laisse supposer qu'il appartient aux composés aromatiques.

Il faut rapprocher de l'acide polyporique le pigment brun que Harlay a retiré récemment de la cuticule du *Lactarius turpis*, pigment qui est évidemment de nature acide (75).

Pour le préparer, on fait macérer pendant douze à vingt-quatre heures la cuticule de ce champignon dans de l'ammoniaque diluée à 1/10. On exprime, on filtre et on ajoute un léger excès d'acide chlorhydrique; le pigment se précipite sous forme de flocons brun-chocolat. On lave par décantation, on recueille sur un filtre et on fait sécher.

Le produit est amorphe, peu soluble dans l'alcool froid, plus soluble dans l'alcool chaud d'où il se sépare en partie par refroidissement à l'état amorphe.

Il se dissout dans les liquides alcalins (potasse, soude, ammoniaque), avec coloration violet sombre. Il présente donc, comme on voit, une certaine ressemblance avec l'acide polyporique; mais il en diffère par diverses réactions parmi lesquelles nous citerons la suivante :

Si l'on ajoute du sous-acétate de plomb à la solution ammoniacale d'acide polyporique il se fait un abondant précipité vert foncé, se séparant lentement du liquide; tandis que, avec la solution ammoniacale du pigment du *Lactarius turpis*, on obtient un précipité violet se rassemblant rapidement au fond du vase.

Acide luridique. Böhm (76). — Cet acide a été retiré par Böhm du *Boletus luridus* Schaeff. Pour l'obtenir on épuise le champignon sec d'abord par l'éther, puis par l'alcool. On distille les solutions obtenues, on sépare les matières résineuses et on traite les eaux-mères par l'acétate de plomb. On dessèche le précipité, on l'épuise par l'alcool pour enlever les matières résineuses qui l'imprègnent et on le décompose par un acide qui met l'acide luridique en liberté. On peut ensuite enlever celui-ci par l'éther, dans lequel il est soluble.

L'acide luridique cristallise, de sa solution dans l'éther, en aiguilles prismatiques dont la couleur rappelle celle du rouge de Bordeaux, c'est-à-dire la couleur du pied et de la surface inférieure du champignon frais. Une solution aqueuse diluée d'acide luridique est jaune paille. L'addition ménagée de carbonate de soude la rend vert émeraude, puis bleu indigo. Si on neutralise ensuite avec de l'acide sulfurique, elle devient rouge pourpre. Les alcalis caustiques décomposent rapidement la matière colorante. Avec la teinture d'iode, la solution aqueuse devient bleu foncé; avec l'acide nitrique, rouge cerise.

L'acide luridique est un corps faiblement acide; ses solutions aqueuses rougissent en effet le papier bleu de tournesol.

Acide inolomique. — Matière colorante *rouge jaunâtre*, retirée du *Cortinarius Bulliardi* (Pers.), dont le stipe est, comme on sait, d'un beau rouge couleur de feu (ce champignon appartient à la section des *Inoloma*).

Pour l'obtenir, on épuise le champignon frais par l'alcool absolu ; on distille la solution alcoolique et on évapore à sec. On traite le résidu par l'eau qui dissout l'acide et laisse une matière grasse colorée en rouge jaunâtre. On évapore la solution aqueuse et on épuise le nouveau résidu par l'alcool méthylique chaud. En ajoutant, à la solution, de l'acide sulfurique concentré, on précipite la matière colorante acide sous forme d'une masse cristalline rouge. On la sépare par filtration après avoir ajouté de l'eau et on la purifie par cristallisation dans l'alcool.

L'acide inolomique se présente sous la forme de très petits cristaux rouges, insolubles dans l'eau; peu solubles dans l'alcool éthylique, l'éther, le chloroforme; plus solubles dans l'alcool méthylique et l'acide acétique cristallisable.

Les acides minéraux concentrés précipitent l'acide inolomique, sous forme d'une masse rouge cinabre, de sa solution alcoolique. Le perchlorure de fer colore cette même solution en brun olive. Avec le chlorure de chaux, elle devient rouge, puis violette, et, finalement, se décolore. L'acide inolomique donne des sels diversement colorés avec les oxydes.

Acide panthérinique. Böhm (76). — Matière colorante acide retirée de l'*Amanita pantherina* D. C. C'est à elle que l'on rapporte la coloration brunâtre du chapeau. Elle se présente sous forme de cristaux brun jaune, facilement solubles dans l'eau et l'alcool, difficilement solubles dans l'éther et le chloroforme.

Sa solution aqueuse est colorée en vert foncé par le perchlorure de fer, en rouge clair par l'ammoniaque. Après neutralisation par la soude, elle donne un précipité noir caséeux avec le perchlorure de fer et une coloration vert émeraude foncé avec l'acétate de cuivre.

Acide rhizopogonique. ($C^{20}H^{26}O^3$) Oudemans (77). — Matière colorante rouge retirée d'un champignon gastéromycète, le *Rhizopogon rubescens* Tul. (?) par A. Hartsen et étudiée par C. Oudemans.

Pour le préparer, on déshydrate le champignon divisé par macération dans l'alcool; on exprime, on fait macérer 48 heures dans l'éther, on sépare la solution éthérée, on distille l'éther et la matière cristallise dans le résidu alcoolique. Aiguilles rouges, fusibles à 127°, insolubles dans l'eau, très facilement solubles dans l'éther, le chloroforme, le sulfure de carbone et la ligroïne.

Cet acide se dissout dans les alcalis en donnant une solution colorée en violet intense. Les sels alcalins formés sont décomposés par l'eau lorsqu'on chauffe.

Acide xylérythrinique. — Pigment *rouge* retiré d'une pézize, le *P. sanguinea* Pers. — Il est en abondance dans les cellules du mycélium et du fruit. Il a été étudié par Schröter (78) et surtout par Bachmann (67).

Ce pigment est soluble dans l'éther, l'alcool, l'hydrate de chloral, le chloroforme, les alcalis et l'eau de baryte. Lorsqu'on ajoute une goutte d'ammoniaque à une solution alcoolique concentrée de ce pigment, celle-ci prend une belle couleur vert foncé; si l'on en ajoute davantage, la solution devient vert olive, puis brun jaune. L'acétate de plomb précipite complètement la matière colorante de ses solutions alcalines (ne renfermant pas d'excès d'alcali) sous forme d'un précipité jaune pâle que décomposent l'acide acétique et l'acide sulfurique avec mise en liberté de la susdite matière.

Acide xylochlorique. Bley (79). — Pigment *vert* étudié par Bley et par Fondos (80). Se trouve dans la membrane des filaments mycéliens du *Peziza aeruginosa*, ainsi que dans le vieux bois habité par ce champignon. Dans les forêts humides on rencontre fréquemment des débris de bois et des morceaux de branches colorés en vert comme s'ils avaient été passés à la peinture; cette coloration est due à l'acide xylochlorique.

D'après Fondos, le pigment s'obtient sous forme d'une substance amorphe, solide, vert foncé, tirant un peu sur le bleu et présentant un éclat cuivrique.

Il est insoluble dans l'eau, l'éther, le sulfure de carbone, la benzine; à peine soluble dans l'alcool, soluble dans le chloroforme et l'acide acétique. Il n'est pas sensiblement décomposé par les acides minéraux; l'acide sulfurique et l'acide azotique le dissolvent en donnant une solution verte. Si l'on ajoute de l'eau à cette solution, la matière colorante se précipite. Si l'on ajoute de l'ammoniaque à la solution dans le chloroforme, le pigment se sépare du dissolvant, et il se forme une combinaison ammoniacale jaune verdâtre insoluble dans l'eau et le chloroforme. Mêmes résultats avec la soude, la chaux et le sous-acétate de plomb.

Prillieux (81) a examiné au spectroscope la solution chloroformique préparée en traitant le bois atteint de pourriture verte par le chloroforme, et observé que le spectre obtenu à l'aide de cette solution présente trois bandes d'absorption : une dans le rouge, une dans l'orange et une troisième occupant tout le jaune.

On peut rapprocher des matières colorantes que nous venons de passer en revue, lesquelles présentent assez manifestement les caractères d'un acide, diverses autres substances moins étudiées encore que les précédentes et qui, soit par leur réaction, soit par la façon dont elles se comportent avec les alcalis, paraissent cependant posséder encore quelques propriétés d'acides.

C'est d'abord la *xylindéine*, matière colorante verte qui, d'après Rommier (82), se trouve, comme l'acide xylochlorique, dans le bois atteint de la pourriture verte. La xylindéine est une substance solide, amorphe, qui, à l'état humide, se dissout très facilement dans l'eau en donnant une solution colorée en vert bleu. La plupart des acides (non l'acide acétique) la précipitent.

Elle n'est pas soluble dans l'alcool absolu, l'éther, l'alcool méthylique, le sulfure de carbone, la benzine; avec la chaux et la magnésie, la xylindéine forme une laque verte insoluble dans l'eau, l'alcool, etc. Elle est décolorée à la façon de l'indigo, lorsqu'on la chauffe en solution dans l'alcool à 55 p. 100, avec de la potasse et du glucose.

Rommier obtient la xylindéine en traitant le bois séché et pulvérisé par une solution alcaline au centième et en précipitant ensuite par un acide.

Liebermann (83), qui a repris, en 1874, l'étude du bois atteint de pourriture verte serait tenté de croire que les deux produits que nous venons de décrire avec des noms différents (xylindéine et acide xylochlorique) sont des mélanges. En tout cas, il a réussi à obtenir à l'état cristallisé, en se servant de phénol comme dissolvant, une substance verte, rappelant l'indigo sublimé par son aspect, et insoluble dans la plupart des dissolvants. Le corps de Liebermann ne renfermait que 1 p. 100 d'azote, tandis que celui de Rommier en renfermait presque 3 p. 100.

On doit considérer aussi comme de la nature des acides, la matière colorante violette qui existe dans la paroi des cellules corticales de l'ergot de seigle. Cette matière a été désignée sous le nom de *scléréry thrine* (84). Elle a été retrouvée dans l'ergot du *Molinia cærulea* (*Clariceps microcephala* Wallr.) par Hartwich (85). Elle existe dans la membrane à l'état de sel de chaux. Ce qui le prouve, c'est que si on traite l'ergot, directement par l'éther, celui-ci reste incolore, tandis que si on emploie de l'éther additionné d'un peu d'acide sulfurique ou tartrique, la scléréry thrine étant mise en liberté et étant soluble dans l'éther, on obtient un liquide coloré en violet. Dragendorff l'a préparée à l'état cristallisé. Elle forme avec les alcalis et l'ammoniaque des sels solubles dans l'eau et donnant des solutions présentant la teinte de la murexide. Ces solutions, agitées avec l'éther, n'abandonnent rien à celui-ci. Si, à une solution alcoolique de scléréry thrine, on ajoute de l'eau de chaux ou de baryte, il se fait un précipité bleu violacé. Introduite dans l'organisme, la scléréry thrine passe sans modification; du moins, l'urine des lapins injectés se colore en rouge.

Ajoutons que Dragendorff et Podwyssotzki ont retiré de l'ergot d'autres matières colorantes, parmi lesquelles, une substance rouge violacé, *voisine* de la précédente, qui a été appelée *scléroïodine*.

Quinons. — Thörner a retiré (86) du *Paxillus atrotomentosus* (Batsch) une matière cristallisée en lamelles d'un brun foncé, à éclat métallique, qu'il a caractérisée comme étant un *dioxyquinon*.

Pour l'obtenir, on traite par l'éther le champignon desséché et divisé, puis on distille l'éther. On obtient ainsi une masse cristalline brillante que l'on purifie par décoction avec un alcali qui dissout le composé en laissant les impuretés. Celles-ci sont enlevées par l'éther. La solution alcaline est alors acidulée par l'acide chlorhydrique qui met la matière colorante en liberté. On purifie celle-ci par cristallisation dans l'alcool bouillant ou mieux dans l'acide acétique bouillant.

Cette matière est insoluble dans l'eau, la ligroïne, le benzol, le chloroforme et le sulfure de carbone; elle se dissout assez difficilement dans l'alcool bouillant ainsi que dans l'acide acétique également bouillant. Ces solutions sont d'un rouge vineux.

Elle se dissout dans les alcalis en donnant une solution de couleur jaune verdâtre sale, d'où les acides la précipitent sous forme d'une masse amorphe. Lorsqu'on ajoute, à la solution alcoolique, une très faible quantité d'ammoniaque, le liquide, qui était rouge, devient violet et, par évaporation lente, il se produit de petites aiguilles vertes. Ce nouveau corps est une combinaison ammoniacale soluble dans l'eau en donnant une solution violette.

Cette dernière solution additionnée de solutions de sels métalliques divers donne des précipités de couleurs variées. Ainsi le perchlorure de fer donne un précipité noir floconneux; le bichlorure de mercure, un précipité d'un beau vert foncé, etc.

Thörner a essayé, sur la matière colorante, les oxydants et les réducteurs. Il a préparé avec elle un éther acétique et un éther benzoïque, et, de ses recherches, il conclut que cette matière est vraisemblablement un *méthyldioxynaphtoquinon* ayant pour formule.

$$C^{10} H^3 \diagdown \begin{matrix} CH^3 \\ O^2 \\ (OH)^2 \end{matrix}$$

D'après BACHMANN, cette matière colorante se trouve sous forme de lamelles microscopiques foncées dans les poils qui recouvrent le stype du champignon, et dans la membrane du chapeau. Dans les interstices du tissu du champignon, se rencontrent des cristaux incolores qui pourraient bien être l'hydroquinon correspondant au quinon décrit plus haut.

Outre les matières colorantes qui viennent d'être passées en revue, il existe encore un assez grand nombre de pigments dont les uns n'ont été étudiés jusqu'ici que très incomplètement et dont les autres n'ont pas été étudiés du tout. Parmi les premiers nous citerons les suivants, classés d'après leur coloration :

1. Pigment *jaune* du *Boletus scaber (aurantiacus* BULL ?), retiré du chapeau de cette espèce et étudié par BACHMANN. Il est soluble dans l'eau et l'alcool étendu.

2. Matière colorante *jaune rouge* des *Hygrophorus conicus* (Scop.), *puniceus* Fr., *coccineus* (SCHAEFF), qui, suivant sa concentration, donne au chapeau de ces champignons des colorations variant du jaune au rouge écarlate. Elle est soluble dans l'eau. Elle a été étudiée par BACHMANN.

3. Matière colorante *rouge* du *Cortinarius armillatus*. — Se trouve sous forme de cristaux couleur cinabre dans l'anneau et les taches du chapeau. Elle est soluble dans l'eau alcaline en donnant une solution rouge violacé, qui ne tarde pas à passer au jaune foncé. D'après BACHMANN, cette matière serait vraisemblablement un dérivé de l'anthracène.

4. Pigment *rouge* des russules. — Existe dans la paroi cellulaire de la membrane du chapeau de diverses espèces de russules [(*R. integra* (L.), *emetica* FR., *alutacea* PERS., *aurata* (WITH.)]. Il a été étudié en premier lieu par SCHRÖTER (87), puis par A. WEISS (88) et enfin par BACHMANN (67). Il est soluble dans l'eau.

La *Rubérine* de PHIPSON (89), retirée du *R. rubra* (D.C.), est peut-être identique à ce pigment.

5. Pigment *rouge* des *Gomphidius viscidus* (L.) et *glutinosus* (SCHAEFF). Étudié par BACHMANN. Il est insoluble dans l'eau, mais soluble dans l'alcool, le benzol, le chloroforme et l'éther. Il serait, d'après BACHMANN, le produit d'oxydation d'un pigment jaune existant primitivement dans ces deux espèces.

6. Pigment *rouge* de l'*Amanita muscaria* L. — Se trouve dans l'épiderme du chapeau. Est soluble dans l'eau et dans l'alcool. Sa solution présente une fluorescence verte intense. A. B. GRIFFITS a retiré, du même champignon, un pigment rouge soluble dans le chloroforme et l'éther (90) auquel il attribue la formule $C^{10} H^{18} O^6$ et qu'il désigne sous le nom d'*amanitine*.

7. Pigment *rouge* du *Nectria cinnabarina* (TODE) (Hypocréacées). — Matière colorante résineuse qui donne au champignon sa couleur (périthèce et conidiophore). A été isolée et étudiée par BACHMANN. Pour la préparer on pulvérise le champignon desséché et on épuise la poudre par le sulfure de carbone. La solution est bleu rougeâtre. Le résidu de l'évaporation, qui a la consistance d'un onguent, est soluble dans l'alcool froid, plus soluble encore dans l'alcool chaud, dans l'éther, le benzol, le chloroforme ; il bleuit par addition d'acide sulfurique concentré. Ce pigment est saponifiable par la méthode de HANSEN et précipitable, alors, par addition de chlorure de sodium sous forme d'un savon jaune rouge se rassemblant en flocons. Il se rapprocherait donc des lipochromes.

8. *Mycoporphyrine* de REINKE (91). — Se retire des sclérotes morts et des portefruits du *Penicilliopsis clavariaeformis* SOLMS, que l'on épuise par l'alcool. La solution alcoolique est rouge pourpre et présente à la lumière incidente une belle fluorescence orangée. Par évaporation, on obtient des cristaux prismatiques rouges. Par ses propriétés optiques, la mycoporphyrine se rapproche de certains produits de dédoublement

de la chlorophylle, produits que l'on obtient en traitant celle-ci à haute température, notamment de l'acide *dichromatique* de Hoppe-Seyler.

9. *Bulgariine* de Zopf (92), pigment rouge cristallisable retiré du *Bulgaria inquinans* (Pers.).

10. Pigment *rouge* du *Peziza echinospora* Karsten, soluble dans l'eau à laquelle il donne une coloration rouge vineuse foncée.

11. Pigments *rouges* des Urédinés. — Ces pigments accompagnent les lipochromes dont il a été question plus haut dans les spores de l'*Uredo aecidioides* D. C., ainsi que dans le *Phragmidium violaceum* (Schultz). En mettant les spores dans la glycérine, on voit se former des aiguilles ou des prismes de matière colorante dans le contenu de ces spores (D'après J. Muller, cité par Zopf).

12. Pigment *vert-de-gris* du *Leotia lubrica* Pers. — Ce pigment accompagne la lipochrome étudiée plus haut et produit, mélangé à cette lipochrome et à une troisième matière colorante brun jaune de nature résineuse, la couleur vert jaunâtre de l'hyménium et du stype de cette espèce. Il est soluble dans l'alcool étendu et dans l'eau. Il cristallise en fines aiguilles microscopiques qui se réunissent en formant des amas de couleur vert-de-gris.

13. Matières colorantes *violettes* du *Cortinarius violaceus* (L.) et du *Clitocybe laccata* Scop. — Elles sont solubles dans l'eau, mais sont très peu stables.

14. Matière colorante *violette* du *Lactarius deliciosus* (L.). On l'obtient mélangée à une matière colorante jaune en traitant le champignon frais et découpé par l'alcool méthylique. Elle a été étudiée par Bachmann.

8. Chromogènes. — On sait que lorsqu'on coupe, ou lorsqu'on brise certains champignons à l'air, on voit la tranche ou la cassure se colorer en bleu, rouge, noir, suivant les espèces. Le phénomène est bien connu pour certains bolets. Avec le *B. cyanescens* (Bull.), il se produit une coloration bleue presque instantanée; il en est de même avec le *B. luridus* Schaeff. Avec le *B. pachypus* Fr., le *B. calopus* Fr., etc., la coloration est également bleue, mais se produit plus lentement.

Avec les *Psalliota* on observe d'autres colorations. Ainsi, lorsqu'on coupe le *Ps. campestris* L., on voit la chair prendre une teinte rosée. Avec le *Ps. flavescens* Rose, c'est une coloration jaune qui se produit instantanément, tandis que la tranche d'un *Ps. Bernardii* Quél., très blanche d'abord, devient pourpre, puis brunâtre.

Le *Russula nigricans* (Bull.) est encore un exemple remarquable de ces colorations à l'air. Lorsque ce champignon est jeune, sa chair est blanche; mais dès que, par une section, on met celle-ci au contact de l'air, on la voit devenir rouge, puis noire. D'ailleurs ce noircissement se produit aussi peu à peu dans le champignon resté en place, et c'est ce qui lui a valu son nom.

Le lait de certains lactaires se colore également dès qu'il est exposé à l'air (par exemple, par suite d'une section du champignon). Ainsi le lait des *Lactarius scrobiculatus* (Scop.), *theiogalus* (Bull.), devient jaune; celui du *L. fuliginosus* Fr. devient rouge rosé; celui des *L. uvidus* Fr. et *flavidus* Boud. devient d'un beau violet. Ces phénomènes, très communs chez les champignons, supposent l'existence, dans ceux qui les présentent, de composés particuliers susceptibles de se modifier, en se colorant, au contact de l'air. Ces substances peuvent être désignées, en attendant qu'elles aient été isolées et étudiées, sous le nom de *substances chromogènes* ou simplement de *chromogènes*.

Comme on le verra plus loin, la coloration de ces chromogènes résulte d'une oxydation. Ce sont les chromogènes oxydés qui représentent la matière colorante, et l'oxydation se produit en présence de l'air, quelquefois spontanément, mais le plus souvent sous l'action d'un ferment soluble particulier (ferment oxydant) qui accompagne le chromogène dans le végétal.

Il résulte de là que la préparation d'un chromogène présente certaines difficultés qui tiennent à ce qu'il s'altère, dès qu'il se trouve en présence de l'air.

Nous avons cependant réussi, G. Bertrand et moi, à obtenir l'un de ces chromogènes, celui du *R. nigricans*, à l'état cristallisé (93) en opérant ainsi qu'il suit : On découpe la russule jeune dans l'alcool à 95° bouillant et on maintient l'ébullition pendant un quart d'heure à vingt minutes. Ce premier traitement a seulement pour but de détruire le ferment soluble oxydant, car le chromogène de la russule n'est pas soluble dans l'alcool.

On enlève la plus grande partie de l'alcool d'abord par décantation, puis par expression. Cela fait, on traite le résidu par deux ou trois fois son poids d'eau bouillante : on soumet rapidement à la presse et on filtre chaud. Par refroidissement le chromogène cristallise.

Examiné au microscope, il se présente sous la forme d'aiguilles microscopiques réunies en sphères, ou groupées en double éventail. Il n'est pas soluble dans l'alcool et il est peu soluble dans l'eau froide. On reviendra plus loin, lorsque nous étudierons les ferments solubles contenus dans les champignons, sur ce chromogène et sur la manière de reproduire avec lui les successions de teintes rouge et noire signalées ci-dessus. Ajoutons que G. Bertrand (94), ayant soumis ce chromogène à l'analyse, a pu établir son identité avec la *tyrosine*.

Outre ces colorations qui se produisent à l'air, on en a remarqué d'autres qui se manifestent seulement après la mort du champignon. Bachmann et Zopf ont signalé celle qui se produit lorsqu'on plonge les *Gomphidius viscidus* et *glutinosus* dans l'alcool absolu : la couleur jaune du stipe passe au rouge framboise ou au rouge brun. Le pigment jaune se transforme en une résine rouge brunâtre. Le *Cort. cinnamomeus*, abandonné à lui-même, devient rouge brun et même brun pourpre, de jaune qu'il était. Ces transformations reposent vraisemblablement, comme le pense Zopf, sur ce que certaines matières oxydantes entrent en activité dès après la mort du végétal, car la matière colorante jaune peut être transformée en un corps résineux, rouge brun, sous l'influence de composés oxydants, comme l'acide azotique. On aurait donc encore là des chromogènes se changeant, par oxydation, en substances présentant des teintes nouvelles.

Enfin c'est un fait bien connu chez les champignons, que les cellules qui passent à l'état de repos prennent des teintes foncées à la maturité. On en trouve des exemples très nets dans les spores des Ustilaginés, les zygospores des Mucorinés, etc. Or les pigments qui produisent ces teintes sont insolubles ou presque insolubles dans les dissolvants ordinaires ; tandis que, dans les stades qui précèdent la maturité, on extrait le plus souvent sans difficulté, de ces mêmes cellules, des substances de couleur plus claire (jaunes, rouges ou d'un vert bleu). On peut évidemment encore ranger provisoirement ces matières de couleur claire, qui prennent peu à peu des teintes foncées, parmi les chromogènes. Nous ignorons d'ailleurs à quoi il faut rapporter ces changements de teinte.

9. Alcalis. — S'il est une question intéressante, parmi celles qui se rapportent à la composition des champignons, c'est la question des alcaloïdes ou plutôt des *matières toxiques* élaborées par ces végétaux. Bien qu'il n'existe qu'un petit nombre d'espèces de champignons véritablement toxiques, ces espèces sont si souvent confondues avec des espèces comestibles qu'il n'est pas d'année où les journaux ne signalent plusieurs cas d'empoisonnement, malheureusement trop souvent suivis de mort (93). Aussi a-t-on fréquemment cherché à isoler les principes auxquels on pût attribuer ces empoisonnements. Jusqu'ici cependant la toxicologie des champignons n'a pas fait de grands progrès. On a bien isolé quelques matières de nature alcaloïdique ; mais les propriétés physiologiques de ces matières ne rendent pas compte des phénomènes morbides qui ont été observés.

Choline (névrine, sincaline, bilineurine). — Ce corps, qui existe en nombre de matières animales et végétales, en particulier dans la bile, est un alcali alcool. C'est l'*hydrate de triméthyléthoxylium*, et sa formule est $\left.\begin{array}{c} CH^3,^3 \\ C^2H^4 - OH \end{array}\right\rangle Az - OH$ ou $C^5H^{15}AzO^2$.

La choline a été trouvée par Harnack dans l'*Amanita muscaria* (96) ; par Böhm dans le *Boletus luridus* et l'*Amanita pantherina* (0,1 p. 100 du champignon sec) (76) ; par Böhm et Külz dans l'*Helvella esculenta* (36) et enfin, par L. Brieger (97) dans l'ergot de seigle.

La choline et ses sels ne sont pas très toxiques.

Muscarine. — Cet alcali a pour formule $C^5H^{15}AzO^3$; c'est un produit d'oxydation de la choline conformément à l'équation suivante : $C^5H^{15}AzO^2 + O = C^5H^{15}AzO^3$. On comprend donc que la muscarine puisse accompagner la choline là où on rencontre cette dernière.

La muscarine a été trouvée, en effet, dans l'*Amanita muscaria* par Schmiedeberg et Koppe (98). Ce composé est un alcali énergique, cristallisable, très déliquescent, soluble dans l'alcool. Traité par la potasse, il se décompose en donnant de la triméthylamine.

La muscarine est extrêmement toxique. A la dose de $0^{gr},003$ à $0^{gr}.005$, elle peut déjà provoquer chez l'homme de graves accidents. Au point de vue physiologique, elle présenterait, par quelques-unes de ses propriétés, une certaine ressemblance avec la pilocarpine. L'atropine est à quelques égards un contre-poison de la muscarine.

D'après Böhm, la toxicité du *Boletus luridus* et celle de l'*Amanita pantherina* seraient dues aussi à la muscarine. De ces deux espèces, la seconde est la plus riche en alcaloïde. La proportion de muscarine paraît varier, du reste, dans ces différents champignons, suivant les conditions climatologiques et le terrain. On s'expliquerait par là que le *Boletus luridus* ait pu être vendu sur certains marchés sans qu'il en soit survenu d'accident.

D'après Kobert, il y aurait également de la muscarine et de la choline dans le *Russula emetica* Fr. Enfin, il est probable que le principe retiré par Boudier de l'*Amanita bulbosa* Bull. (*citrina* Schaef.), et désigné par lui sous le nom de *bulbosine*, principe que ce savant n'a pu obtenir qu'à l'état sirupeux, était aussi de la muscarine souillée par quelques impuretés. En tout cas, la bulbosine de Boudier était insoluble dans l'éther et le chloroforme, comme la muscarine pure (3, p. 32).

Méthylamine et triméthylamine. — Les deux alcalis dont nous venons de parler donnent, sous l'influence de la potasse, de la méthylamine et de la triméthylamine. Il n'est donc pas étonnant qu'on ait rencontré ces deux derniers composés dans des champignons renfermant l'un des deux premiers. C'est ainsi que Ludwig a signalé la méthylamine et Walz la triméthylamine dans l'ergot de seigle.

Schmieder (10) a trouvé de petites quantités de méthylamine dans le *Pol. officinalis* et, d'après Zopf, il y en aurait également dans les spores du *Tilletia Caries* et du *Bovista plumbea*. Il en a été signalé aussi dans l'*Ustilago Maydis*. On doit se demander pourtant si la triméthylamine, dans quelques cas, ne proviendrait pas de la décomposition, par putréfaction, de quelque matière azotée particulière aux champignons examinés.

Ergotinine de Tanret (99). — Il paraît bien établi aujourd'hui que les corps désignés sous les noms d'*ergotine* (Wenzell), d'*ecboline* (Wenzell), de *picrosclérotine* (Dragendorff), de *cornutine* (Kobert) ne sont pas des principes immédiats, mais des mélanges. Seule l'ergotinine de Tanret est une espèce chimique. C'est, en même temps, le seul principe thérapeutique actuellement connu de l'ergot de seigle et, si les corps dont il vient d'être question présentent quelque activité physiologique, c'est parce qu'ils renferment de l'ergotinine.

Celle-ci se présente sous forme de fines aiguilles microscopiques, incolores, mais se colorant rapidement à la lumière, fusibles vers 205° en brunissant. Elle est fortement dextrogyre : en solution à 1 p. 200 dans l'alcool à 95°; elle donne $\alpha D = + 333°$. Elle est insoluble dans l'eau, soluble dans deux cents parties d'alcool à 95° froid, très soluble dans le chloroforme ; insoluble dans l'éther de pétrole. L'ergotinine pure est sans action sur le tournesol ; c'est une base faible qui se combine aux acides en formant des sels à réaction acide et facilement décomposables par l'eau.

L'ergot du *Molinia cnerulea* renferme également de l'ergotinine (85).

L'ergotinine a pour formule $C^{35}H^{40}Az^4O^6$.

Vernine. — Schulze et Bosshard (100) ont désigné sous ce nom une substance azotée qu'ils ont retirée de plusieurs plantes de la famille des légumineuses et qu'ils ont retrouvée dans l'ergot de seigle.

La vernine se présente en cristaux prismatiques soyeux, très difficilement solubles dans l'eau froide, plus solubles dans l'eau bouillante, insolubles dans l'alcool. La vernine est facilement soluble dans l'ammoniaque étendue ainsi que dans les acides chlorhydrique et azotique étendus. Chauffée avec l'acide chlorhydrique, la vernine donne naissance à une substance très probablement identique avec la guanine. On attribue à la vernine la formule $C^{16}H^{20}Az^8O^8 + 3\ H^2O$.

Ustilagine. — Alcaloïde retiré par Rademaker et Fischer (101) des spores de l'*Ustilago Maydis* DC. C'est un corps soluble dans l'eau, l'alcool et l'éther, présentant une saveur amère, susceptible de donner des sels cristalisables et solubles dans l'eau. La solution de ces sels précipite par l'iodormercurate de potassium. L'ustilagine se dissout dans l'acide sulfurique concentré en donnant une coloration foncée qui, peu à peu, passe au vert.

Agarithrine. — Phipson (89) a désigné sous ce nom une substance retirée du *Russula rubra* DC. Pour l'obtenir on fait macérer le champignon frais dans l'acide chlorhydrique à 8 p. 100 pendant quarante-huit heures; on filtre, on ajoute de la soude étendue en léger excès et on agite avec l'éther. Par évaporation de la solution éthérée, on obtient une masse blanc jaunâtre, soluble dans l'éther ou l'alcool, soluble aussi, mais lentement, dans l'acide chlorhydrique froid et présentant une saveur amère puis brûlante. Lorsqu'on traite cette substance par le chlorure de chaux, elle se change en une matière colorante rouge, peut-être identique à la *rubérine* de PHIPSON.

Tyrosine. — Ce corps dont il a déjà été question comme chromogène du *Russula nigricans* a été trouvé par BOURQUELOT et HARLAY dans les espèces suivantes : *Russula adusta* (PERS.), *Boletus aurantiacus* BULL., *scaber* BULL. et *tessellatus* GILLET (102).

Lécithines. — Les lécithines sont des corps très complexes formés par association des composés suivants: glycérine, divers acides gras (stéarique, palmitique, oléique), acide phosphorique et choline. Ainsi, par exemple, la lécithine stéarique est un éther fourni par la *choline* et l'acide *glycéridistéarino-phosphorique.*

Ces corps sont à la fois alcalis et acides, et peuvent se combiner aux bases et aux acides. C'est en raison de leur caractère basique que nous les avons mis à la suite des alcalis.

Les lécithines, généralement confondues avec les matières grasses, sont très difficiles à obtenir à l'état de pureté ; elles se décomposent le plus souvent dans les traitements qu'on fait subir aux tissus qui les renferment. Pour affirmer leur présence on s'appuie sur ce que l'acide phosphorique fait partie de leur composition, et que les combinaisons minérales de cet acide sont insolubles dans l'éther, tandis que les lécithines sont solubles dans ce véhicule. Si donc, dans l'extrait éthéré d'un champignon, on trouve de l'acide phosphorique, on est fondé à penser que ce champignon renferme de la lécithine.

C'est ainsi que FRITSCH (45) a conclu à la présence de la lécithine dans le *Boletus edulis* BULL., le *Canth. cibarius* FR. et le *Polysaccum Pisocarpium.*

Gérard (46) a également trouvé de la lécithine, en suivant le même procédé, dans le *Lact. velutinus* BERT. et dans le *Lact. piperatus* (SCOP.) La proportion de lécithine, dans la graisse de ce dernier champignon, devait être assez élevée, car GÉRARD y a trouvé 1,725 p. 100 d'acide phosphorique.

ALEX. LIETZ (103) est allé plus loin : il a cherché à établir la proportion de lécithine contenue dans un certain nombre d'espèces de champignons. Pour cela, il a dosé l'acide phosphorique des substances du champignon solubles dans l'éther de pétrole, l'éther et l'acool absolu, puis il a multiplié les chiffres obtenus par le multiplicateur 11,36 calculé sur la formule de la lécithine $C^{44}H^{90}AzPhO^9$. Voici, rassemblés dans le tableau suivant, les résultats des recherches de cet auteur (Les chiffres sont rapportés à 100 de champignon desséché à 110°) :

LÉCITHINE.		LÉCITHINE.	
p. 100.		p. 100.	
Polyp. betulinus FR.	0,162	*R. rubra.*	0,579
— *igniarius.*	0,080	*Psall. campestris* (sauvage)	0,935
— *fomentarius*	0,054	— (cultivé).	0,432
— *officinalis.*	traces.	— *vaporaria*	0,377
Aur. sambucina MART.	0,106	*Arm. bulbigera.*	0,163
Boletus scaber.	0,491	*Am. muscaria.*	1,403
— *edulis.*	0,589	*Lyc. cœlatum.*	0,410
Canth. cibarius.	1,335	*Morch. esculenta* PERS.	1,641
Lact. vellereus FR.	0,786	*Clav. purpurea* TUL.	1,742
— *rufus.*	1,399	*Elaph. granulatus.*	0,161
— *deliciosus.*	1,388	*Choiromyces maeandriformis* WITT.	0,381

Enfin, HOPPE-SEYLER a trouvé de la lécithine dans la levure de bière (104).

10. Matières albuminoïdes. — Les champignons sont riches en matières azotées; parmi celles-ci, les plus intéressantes, et en même temps les plus abondantes, sont les matières albuminoïdes, dont la proportion a été déterminée pour un certain nombre de grandes espèces et en particulier pour les espèces comestibles.

VON LOESECKE donne les chiffres suivants pour 16 espèces. Ces chiffres représentent le poids de matières albuminoïdes contenues dans 100 grammes de champignon *sec* (35).

Clavaria Botrytis	12,32	*Pholiota mutabilis*	19,73
Fistulina hepatica	10,60	— *caperata*	20,53
Polyporus ovinus	13,34	*Clitopilus prunulus*	38,32
Boletus granulatus	14,02	*Pleurotus ulmarius*	26,26
— *bovinus*	17,24	*Lepiota procera*	29,08
— *elegans*	21,21	— *excoriata*	30,79
— *luteus*	22,24	*Armillaria mellea*	16,26
Marasmius oreades	35,57	*Lycoperdon Bovista*	50,64

Les chiffres suivants sont dus à Kohlrausch et à Siegel (8 et 9).

Clavaria flava	24,43 (K.)	*Morchella esculenta*	33,90 (K.)
Boletus edulis	22,82 (K.)	— *conica*	36,25 (S.)
Cantharellus cibarius	23,43 (K.)	*Helvella esculenta*	26,31 (S.)
Psalliota campestris	20,63 (S.)	*Tuber cibarium*	36,32 (K.)

Margewicz (7), de son côté, a dosé comparativement les matières albuminoïdes contenues dans le pied et le chapeau de plusieurs champignons, et il a trouvé les proportions suivantes (pour 100 parties de substance sèche) :

Boletus scaber	Pied... 29,87 Chapeau. 44,99	*Lactarius controversus*	Pied... 37,47 Chapeau. 39,49
— *edulis*	Pied... 30,73 Chapeau. 43,90	— *torminosus*	Pied... 35,71 Chapeau. 39,14
— *luteus*	Pied... 32,57 Chapeau. 40,74	— *piperatus*	Pied... 26,37 Chapeau. 32,21
— *subtomentosus*	Pied... 35,38 Chapeau. 39,85	— *deliciosus*	Pied... 34,28 Chapeau. 38,12
Cantharellus cibarius	Pied... 28,35 Chapeau. 27,27	*Armillaria mellea*	Pied... 26,91 Chapeau. 28,16

On voit que le chapeau est, d'une façon générale, plus riche en matières albuminoïdes que le pied. Le fait est surtout remarquable chez les *Bolets*; dans tous les cas, il s'explique par la grande activité vitale des organes qui produisent les spores, organes dont les cellules sont remplies de protoplasma. Aussi devait-on s'attendre à trouver l'hyménophore (ensemble des tubes chez les *Bolets*) plus riche encore que la substance du chapeau. C'est ce qui ressort en effet des résultats consignés dans le tableau suivant (Margewicz).

Boletus scaber Bull.	Partie supérieure du chapeau...	40,89
	Hyménophore	46,98
— *edulis* Bull.	Partie supérieure du chapeau...	36,91
	Hyménophore	48,74
— *aurantiacus* Schaeff.	Partie supérieure du chapeau...	38,27
	Hyménophore	45,18

Les recherches de Th. Mörner (105), bien qu'effectuées dans un but particulier, celui de déterminer la valeur nutritive des principaux champignons comestibles, présentent cependant un grand intérêt physiologique, puisqu'elles nous montrent que ces matières albuminoïdes, dosées ci-dessus en bloc, sont constituées par plusieurs principes azotés doués de propriétés différentes. Pour en comprendre la portée, il est nécessaire de dire un mot du mode opératoire adopté par ce chimiste.

Le champignon est d'abord desséché complètement à 100°, puis réduit en poudre. Sur un échantillon de cette poudre on dose l'azote total par la méthode de Kjeldahl. On en pèse d'autre part deux grammes. On dilue ces deux grammes dans un ballon avec 50 centimètres cubes d'alcool à 80° et on porte à l'ébullition pendant quelques minutes, puis on maintient à la température de 60° pendant plusieurs heures. Dans cette première opération les matières albuminoïdes se sont coagulées et sont devenues insolubles dans l'eau froide, tandis que les autres principes azotés solubles dans l'alcool sont entrés en solution dans ce véhicule. On jette le mélange sur un filtre, et on lave la poudre qui reste sur ce filtre avec de l'eau froide, de façon à en enlever tout ce qui est soluble dans ces conditions. On réunit les liquides aqueux au liquide alcoolique, on évapore et dans le résidu, on dose l'azote par la méthode de KJELDAHL.

L'azote total, d'une part, et, d'autre part, l'azote des matières solubles, après coagulation, dans l'alcool et dans l'eau, ayant été ainsi déterminés directement, l'azote des matières albuminoïdes se calcule par différence. Pour savoir à combien de matières albuminoïdes se rapporte cet azote, il suffit de multiplier le chiffre trouvé par 6,25, multiplicateur adopté. — MÖRNER ne s'en est pas tenu à cette seule détermination ; il a cherché à établir, dans d'autres expériences, la proportion d'azote se rapportant à l'albumine digestible. Pour cela, la poudre de champignon, délayée dans l'eau, fut chauffée quelques minutes à l'ébullition, puis, après refroidissement, traitée successivement par du suc gastrique et du suc pancréatique, sucs préparés artificiellement. L'azote fut ensuite dosé dans la partie restant insoluble après chacune de ces opérations. En tenant compte de l'azote renfermé dans les sucs digestifs employés, et des chiffres trouvés dans les premières opérations, il était facile de connaître les proportions d'azote cherché, et, finalement, l'azote se rapportant à la matière albuminoïde non digérée.

Les résultats des recherches de MÖRNER, en ce qui concerne les matières albuminoïdes, sont rassemblés dans le tableau suivant. Les matières albuminoïdes ont été calculées en partant de l'azote à l'aide du multiplicateur 6,25.

Il convient de faire remarquer, enfin, que les champignons analysés par MÖRNER avaient été préalablement débarrassés des parties considérées comme non comestibles (tubes pour *Bolets*, aiguilles pour *hydnes* et lamelles pour *Agarics*). Les résultats de son travail ne sont donc pas entièrement comparables à ceux des auteurs dont nous avons parlé précédemment.

	MATIÈRES ALBUMINOIDES.		
	TOTALES.	NON DIGESTIBLES.	DIGESTIBLES par les deux sucs.
Lepiota procera SCOP. (chapeau	26,7	8,0	18,7
Psalliota campestris L. (chapeau	29,7	7,4	22,3
— (pied).	24,8	6,8	18,0
Lactarius deliciosus L	15,2	6,5	8,7
— *torminosus* (SCHAEFF)	12,5	6,3	6,2
Cantharellus cibarius. FR.	14,3	9,3	5,0
Boletus edulis BULL.. chapeau	17,2	4,0	13,2
— (pied).	15,5	4,3	11,2
— *scaber* FR. (chapeau)	15,8	5,3	10,5
— pied	10,1	3,8	6,3
— *luteus* L.	11,1	6,8	4,3
Polyporus ovinus SCHAEFF)..	8,3	5,2	3,1
Hydnum imbricatum. L.	10,3	5,0	5,3
— *repandum* L.	17,0	9,6	7,4
Sparassis crispa (WULF	5,8	2,5	3,1
Morchella esculenta L.	25,4	11,8	13,6
Lycoperdon bovista L.	35,9	16,7	19,2

Des chiffres relatifs à la digestion des albuminoïdes de ces champignons par chacun des deux sucs digestifs — chiffres que nous ne donnons pas ici, — il ressort que, après l'action du suc gastrique, le suc pancréatique ne digère plus qu'une quantité très faible de matière.

Remarquons enfin que les chiffres de la première colonne du tableau de MÖRNER sont en général beaucoup plus faibles que ceux qui ont été publiés sur ce sujet par les autres auteurs.

Peu de champignons inférieurs ont été étudiés au point de vue de leur teneur en matières protéiques. SIEBER (106) en a trouvé dans l'*Aspergillus glaucus*, pris à l'état sec, 28, 9 p. 100 et NÄGELI (107) 50 p. 100 dans une levure basse. Ces chiffres ont été calculés d'après la teneur en azote de la matière préalablement épuisée par l'alcool et l'éther.

Comme matières albuminoïdes particulières, on n'a guère signalé jusqu'ici que la *mucorine*, la *nucléine* et la *phalline*.

Mucorine. — VAN TIEGHEM a donné ce nom à des cristaux octaédriques qui ont été rencontrés, d'abord par KLEIN (108) dans les *Pilobolus*, puis, par lui, dans un grand nombre d'autres Mucorinées (109) : *Phycomyces nitens, Rhizopus nigricans, Sporodinia grandis,* etc.

Cette mucorine serait, d'après V. TIEGHEM, un produit d'excrétion de la nature des matières albuminoïdes.

Nucléine. — Il est vraisemblable que la nucléine existe dans le noyau de toutes les cellules des champignons. Sa présence a été signalée par HOPPE-SEYLER dans la levure (104). Le fait a été confirmé par plusieurs chimistes, en particulier par STUTZER (110), qui en a trouvé également dans des moisissures dont il ne donne pas le nom.

Phalline. — KOBERT a appelé ainsi une *toxalbumine* contenue dans l'*Amanita phalloides* FR. C'est une substance extrêmement toxique, qui tue les chats et les chiens à la dose de un demi-milligramme par kilogramme d'animal. Les symptômes de l'empoisonnement qu'elle détermine ont beaucoup de ressemblance avec ceux de l'ictère grave et de l'empoisonnement par le phosphore. Il n'est pas absolument certain qu'elle soit de nature albuminoïde, car la cuisson des champignons qui en renferment n'enlève pas à ceux-ci leurs propriétés toxiques.

Parmi les produits qui peuvent provenir de la décomposition des albuminoïdes et qu'on a rencontrés dans les champignons, citons la *xanthine*, l'*hypoxanthine* et la *guanine*, que KOSSEL a trouvées dans la levure et qu'il a obtenues, d'autre part, par décomposition de la nucléine au moyen des acides dilués bouillants (111), l'*adénine* que KOSSEL a retirée également de la levure et qui est aussi un produit de décomposition de la nucléine (112).

Enfin on a signalé encore la *leucine* dans l'ergot de seigle (BUCHEIM) et dans la levure de bière (NAGELI). Peut-être, d'ailleurs, l'a-t-on trouvée à la suite d'un processus de putréfaction ?

11. Ferments solubles ou enzymes.

— Ces singuliers composés, qui jouent un rôle si important dans la nutrition chez les animaux et chez les végétaux supérieurs, existent aussi dans les champignons. On les considère généralement comme des matières albuminoïdes, et c'est pour cela que nous les étudions à la suite de ces dernières. Mais il faut se rappeler que cette manière de voir n'est justifiée complètement ni par leur composition chimique, ni par la façon dont ils se comportent en présence des réactifs des albuminoïdes.

Nous retrouvons, chez les champignons, presque tous les enzymes connus : ceux des hydrates de carbones (saccharoses et hydrates de carbone plus condensés), ceux des glucosides, ceux des matières protéiques, ceux des graisses. Enfin les champignons, du moins un grand nombre d'entre eux, sont riches en substances oxydantes (enzymes oxydants).

Enzymes des saccharoses. — Nous désignons ainsi ces enzymes qui possèdent la propriété d'hydrolyser les sucres isomères du sucre de canne, c'est-à-dire les sucres dont la formule est $C^{12}H^{22}O^{11}$. La réaction est la suivante. : $C^{12}H^{22}O^{11} + H^2O = C^6H^{12}O^6 + C^6H^{12}O^6$.

L'un des plus anciennement connus est l'*invertine*, qui dédouble le sucre de canne en glucose et en lévulose.

Parmi les champignons producteurs d'invertine, il faut citer, en premier lieu, la plupart des levures : *Saccharomyces cerevisiæ* MEYEN et toutes ses variétés, *Saccharomyces ellipsoideus* REESS, *exiguus* REES, *Pastorianus* REESS, *Marxianus* HANSEN. Il est cependant des levures qui ne produisent pas d'invertine. Ce sont le *Saccharomyces apiculatus* REESS, (113) pour lequel on a créé le genre *Carpozyma* (ENGEL), le *Saccharomyces membranaefaciens* HANS. d'après HANSEN, le *Saccharomyces octosporus* BEYERK. (114). Ces levures sont d'ailleurs incapables de faire fermenter le sucre de canne.

Un grand nombre de moisissures produisent également de l'invertine. Citons : *Aspergillus niger* V. Tgh. (115), *Penicillium glaucum* LINK, *Penicillium Duclauxi* DELACR. (116), *Mucorracemosus*, etc. Ces moisissures peuvent se développer dans des milieux dont le seul aliment carboné est le sucre de canne. D'autres moisissures ne sécrètent pas d'invertine et le sucre de canne n'est pas un aliment pour elles. Telles sont les moisissures suivantes : *Mucor Mucedo, circinelloides, spinosus* v. TGH., *erectus* BAINIER, *stonolifer ;* ou encore *Mycoderma cerevisiæ* DESM., *Monilia candida* BON.

On n'a presque rien publié jusqu'ici sur la production de l'invertine par les grands champignons. De Bary l'a rencontrée dans une Pezize, le *Sclerotinia sclerotiorum Lib.* (2). Il n'en existe pas dans le suc du *Polyporus sulfureus* Bull. (117).

J'ai désigné sous le nom de *maltase* un enzyme qui dédouble le maltose en deux molécules de glucose. La levure ordinaire en produit (118), ce qui lui permet de faire fermenter la maltose; mais certaines levures, comme le *Saccharomyces Marxianus* (114) ou le *Saccharomyces exiguus*, n'en sécrètent pas et ne font pas fermenter ces saccharoses.

J'ai établi en 1883 que l'*Aspergillus niger* et le *Penicillium glaucum* produisent de la maltase et peuvent ainsi utiliser le maltose qui est un excellent aliment pour ces moisissures (119).

La maltase n'a été signalée que dans un grand champignon, le *Polyporus sulfureus* (117); le seul d'ailleurs dans lequel on l'ait recherchée jusqu'ici.

Un troisième ferment des saccharoses est celui que j'ai désigné sous le nom de *tréhalase* et que j'ai découvert d'abord dans l'*Aspergillus niger* (120). Je l'ai retrouvé ultérieurement dans le *Penicillium glaucum* (121), dans le *Volvaria speciosa* Fr., dans le *Polyporus sulfureus* (117), le *Morchella esculenta* et le *Peziza acetabulum*. Ce ferment dédouble le tréhalose en deux molécules de glucose; il est probable qu'il existe dans la plupart des champignons.

Le quatrième ferment des saccharoses, la *lactase*, qui dédouble le lactose en galactose et en glucose, n'a été trouvé jusqu'ici, d'une façon certaine, que dans une levure capable de déterminer la fermentation alcoolique du sucre de lait (122).

Enzymes des trisaccharides ($C^{18}H^{32}O^{16}$). — On a signalé le dédoublement du raffinose par les enzymes de la levure et de l'*Aspergillus niger* (123), et celui du mélézitose par les mêmes enzymes de l'*Aspergillus* (124).

Enzymes de l'amidon et de l'inuline. — Le premier de ces enzymes, la *diastase*, qui dédouble l'amidon en dextrine et en maltose paraît exister chez beaucoup d'espèces de champignons. Certaines moisissures en produisent et, par conséquent, peuvent vivre sur les substratums renfermant des matières amylacées, ce sont : l'*Aspergillus niger* et le *Penicillium glaucum* (125), l'*Aspergillus Orizæ* Cohn (126) auxquels il faut joindre, sans doute, les moisissures utilisées à Java pour préparer, à l'aide de la farine de riz, une boisson fermentée qui porte le nom d'*Arrak* : *Chlamydomucor Oryzæ*, *Rhizopus Oryzæ*.

Kosmann a signalé la présence de la diastase dans quelques Basidiomycètes, *Tricholoma Columbetta* Fr., *Boletus variegatus* Swartz? *Polyporus imberbis* (Bull)? (127); Herissey et moi, nous en avons trouvé dans le *Polyporus sulfureus* (117).

L'enzyme de l'inuline, l'*inulase*, dédouble l'inuline du topinambour et tous les corps analogues en lévulose; j'ai établi en 1893 (128) que l'*Aspergillus niger* et le *Penicillium glaucum*, qui se développent rapidement sur des liquides nutritifs contenant de l'inuline, sécrètent de l'inulase, et, depuis, j'ai constaté que le *Polyporus sulfureus* n'en produit pas.

Enzymes cyto-hydrolytiques ou cytases. — Ces enzymes possèdent la propriété de dissoudre et de rendre assimilables les matières cellulosiques constituant les membranes cellulaires des végétaux. On a déjà vu, à propos des relations des champignons parasites avec leurs hôtes, le rôle que jouent ces enzymes qui permettent aux premiers de pénétrer dans les tissus des seconds. Nous avons exposé à cette occasion les quelques données que nous avons sur ce sujet.

Enzymes des glucosides. — Le seul de ces enzymes qui ait été trouvé jusqu'ici dans les champignons est l'*émulsine* (129), qui possède la propriété de dédoubler un certain nombre de glucosides (amygdaline, salicine, coniférine, etc.) avec formation constante de glucose. J'ai constaté qu'on le rencontrait surtout dans les champignons parasites des arbres ou vivant sur le bois, comme on peut s'en convaincre à l'examen du tableau suivant, dans lequel sont énumérées les principales espèces que j'ai trouvées riches en émulsine (130).

NOMS DES ESPÈCES.	HABITAT.
Auricularia sambucina Martius	Sureau.
Trametes gibbosa (Pers.).	Vieux troncs de peuplier.
Polyporus applanatus (Pers.).	Troncs de peuplier et de saule.
— *biennis* (Bull.).	Souches enterrées.
— *incanus* Quélet	Troncs de peuplier.
— *frondosus* (Fl. dan.)	Parasite au pied des chênes.

NOMS DES ESPÈCES.	HABITAT.
Polyporus squamosus (Huds.)	Parasite du noyer.
— *betulinus* (Bull.)	— du bouleau.
— *sulfureus* (Bull.)	Parasite de la plupart des arbres
Fistulina hepatica (Huds.)	Parasite du chêne.
Lentinus tigrinus (Bull.)	Souches de peuplier et de chêne.
Lactarius controversus Pers.	Au pied des peupliers.
Psalliota silvicola Witt.	A terre dans les bois.
Pholiota aegerita Fr.	Parasite du peuplier.
Claudopus variabilis Pers.	Troncs morts.
Pleurotus ulmarius Bull.	Parasite de l'orme.
Collybia velutipes Curt.	Sur troncs d'orme.
Armillaria mellea Flor. dan.	Parasite et saprophyte.
Xylaria polymorpha (Pers.)	Vieux troncs d'arbres.

Dans les espèces suivantes, au contraire, je n'ai pu déceler la présence de l'enzyme.

NOMS DES ESPÈCES.	HABITAT.
Lactarius vellereus Fr.	A terre.
Russula cyanoxantha (Schaeff.)	—
— *delica* (Vaill.)	—
Nyctalis asterophora Fr.	Parasite de Russules.
Amanita vaginata Bull.	A terre.
Scleroderma verrucosum (Bull.)	Terrains sablonneux.
Aleuria vesiculosa (Bull.)	Fumiers, jardins.
Peziza aurantia (Fl. dan.)	Terre humide.
Tuber aestivum Vitt.	?

Parmi les arbres cités plus haut, les peupliers et les saules renferment de la salicine et de la populine; les pins, de la coniférine. D'autres arbres également attaqués par les champignons renferment d'autres glucosides. Il semble, d'après cela, que, grâce à l'émulsine qu'ils sécrètent, tous les champignons parasites de ces arbres peuvent en utiliser les glucosides, ou tout au moins le glucose qu'ils donnent sous l'influence du ferment.

On trouve également de l'émulsine dans l'*Aspergillus niger* (121) et le *Penicillium glaucum* (131). L'émulsine de l'*Aspergillus niger* a été essayée sur un grand nombre de glucosides (132) et sur le sucre de lait qui, d'après Fischer, serait dédoublé par l'émulsine des amandes. Il a été constaté que si elle se comporte le plus souvent comme cette dernière, elle possède cependant des propriétés qui lui sont particulières. C'est ainsi qu'elle hydrolyse la phloridzine et la populine, ce que ne fait pas l'émulsine des amandes. C'est ainsi encore qu'elle n'agit pas sur le sucre de lait. Enfin quelques glucosides, qui sont très rapidement hydrolysés par elle, le sont au contraire très lentement par l'autre émulsine (133).

Enzymes protéohydrolytiques. — Ce sont les enzymes qui transforment les matières albuminoïdes en peptones. Jusqu'ici on n'a pas signalé de champignons possédant la propriété de peptoniser l'albumine de l'œuf ou la fibrine; mais on en connaît quelques-uns qui liquéfient la gélatine lorsqu'on les ensemence sur des milieux solidifiés par introduction de cette substance. Il est vraisemblable que cette liquéfaction est due à l'action d'un enzyme analogue à la trypsine. Citons le *Penicillium glaucum*, l'*Aspergillus niger* (134), plusieurs espèces de *Mucor*, le *Botytis cinerea*, le *Coprinus stercorarius* (Bull.) et, d'après Hansen (135), le *Sacch. membranæfaciens.*

Enzymes liquéfiant la chitine. — On sait qu'il existe certains champignons qui vivent en parasites sur les insectes et les vers, ou qui se développent en saprophytes sur ces animaux après leur mort. Les filaments mycéliens de ces champignons sécrètent une substance (probablement un enzyme) qui dissout la membrane chitineuse de l'hôte et leur permet de pénétrer à l'intérieur. Il en est ainsi pour l'*Empusa Muscæ* Cohn, parasite de la mouche domestique (136); pour diverses espèces de *Cordiceps* : *Cordiceps entomorrhiza* (Dicks.) qui se développe sur les larves d'insectes après leur mort; *Cordiceps cinerea* (Tul.), parasite des larves de *Carabus*; *Cordiceps militaris* (L.), etc.

Il est, d'autre part, vraisemblable que les *Onygena*, petits champignons périsporiacés, qui se développent sur les plumes, les sabots des ruminants et des chevaux, et dont les filaments mycéliens pénètrent la substance cornée et la détruisent, sécrètent un enzyme analogue à celui qui dissout la chitine.

Lipases. — J'ai appelé ainsi les enzymes qui saponifient les matières grasses (137).

Beaucoup de champignons sont capables d'utiliser, comme aliments, les graisses des animaux et des végétaux et il ne paraît guère douteux que ces champignons ne se servent pour cela de ferments qu'ils élaborent. Tels sont, l'*Empusa radicans* qui, d'après BREFELD, consomme les matières grasses de la chenille du papillon du choux; l'*Arthrobotrys oligospora* FRES., qui, d'après ZOPF (138), pénètre dans le corps des anguillules, détermine la dégénérescence graisseuse des matières qu'il renferme et les utilise alors comme aliments. Ajoutons que, tout récemment, GÉRARD a constaté la présence d'une lipase dans le *Penicillium glaucum* (139).

Enzymes oxydants. — Les enzymes dont il a été question jusqu'ici déterminent des dédoublements avec fixation d'eau. Il existe chez les champignons, comme d'ailleurs chez tous les êtres vivants, des substances organiques susceptibles de fixer l'oxygène de l'air sur divers composés. Ces substances oxydantes, signalées dès 1855 par SCHOENBEIN et étudiées à diverses reprises par ce chimiste (140), possèdent certaines propriétés qui permettent de les classer parmi les ferments solubles, ou tout au moins de les rapprocher de ces derniers. Ainsi, comme les ferments hydratants, les ferments ou enzymes oxydants perdent leur activité lorsqu'on porte leur solution aqueuse à l'ébullition; comme eux aussi, ils sont retenus en partie par les filtres en terre poreuse (141).

Les enzymes oxydants colorent presque instantanément en bleu la teinture de résine de gaïac, ce qui permet de les découvrir là où ils existent. C'est d'ailleurs en nous appuyant sur cette réaction que G. BERTRAND et moi nous avons pu établir la présence d'un enzyme oxydant dans un grand nombre d'espèces de champignons (142). (Pour la liste des espèces énumérées, se reporter au mémoire original.)

De nos recherches, il ressort : 1° qu'il existe une certaine relation entre la présence et l'absence de cet enzyme et les affinités botaniques; 2° que, chez nombre d'espèces, l'enzyme est localisé dans certaines régions.

Ainsi, de tous les genres, celui qui nous a paru le plus riche en espèces renfermant un enzyme oxydant est le genre *Russula*. Peut-être même toutes les Russules en contiennent-elles, car nous en avons trouvé dans la totalité des espèces que nous avons examinées, dont le nombre s'élève à 19.

Dans les espèces du genre *Lactarius*, si voisin du genre *Russula*, la présence d'un ferment oxydant est presque ausssi générale que dans celles de ce dernier. Sur 20 espèces examinées, deux seulement ont donné des résultats négatifs : le *Lactarius mitissimus* FR. et *subdulcis* (BULL.) C'est parmi les Russules et les Lactaires qu'on rencontre d'ailleurs les espèces dont le ferment est le plus actif.

Sur 5 espèces appartenant au sous-genre *Psallota*, seul, le *Psallota comtula* FR. s'est montré sans action sous la teinture de gaïac. Au contraire, sur 12 espèces du genre *Cortinarius*, une seule, le *Cortinarius multiformis* FR., s'est montrée active, et encore, à un faible degré.

Dans certains cas, la présence d'un ferment oxydant coïncide avec l'existence de principes odorants; ainsi en est-il pour le *Clitocybe odora* BULL. (odeur de coumarine) et l'*Inocybe piriodora* PERS. (odeur de poire). Dans d'autres, elle coïncide avec l'existence de principes colorables à l'air. Il a déjà été parlé de ces champignons à propos des *chromogènes* (voir plus haut). C'est grâce à l'oxydation déterminée sous l'influence de l'enzyme que les principes en question se colorent.

La localisation du ferment varie suivant les espèces. Dans les Russules en général, lames, chapeau, pied, toutes les parties du champignon, en un mot, colorent en bleu la teinture de gaïac. Mais parfois les lames chez les agaricinés, les tubes chez les bolets ne déterminent pas la réaction, tandis qu'elle se produit nettement avec les autres parties du champignon. Chez les *Amanita strangulata* FR. et *vaginata* BULL., qui constituent, dans le sous-genre *Amanita*, une section caractérisée par l'absence d'anneau, la section des *Vaginaria* FORQ., il n'y a d'enzyme oxydant que dans la portion centrale (médullaire) du pied; de même, chez les *Lactarius piperatus* (SCOP), *controversus* PERS., ainsi que chez d'autres Lactaires, la coloration bleue par la teinture de gaïac se produit surtout dans les tissus internes du pied à l'exclusion de la région corticale.

Enfin, il arrive quelquefois qu'une espèce ne renferme pas de ferment oxydant lorsqu'elle est jeune et en renferme dans une période plus avancée. C'est ce qui a lieu pour l'*Hydnum repandum* L. et l'*Hypholoma lacrymabundum* Fr.

A l'origine de nos recherches, nous avions pensé, G. [Bertrand et moi (143), qu'il n'existait qu'un seul enzyme oxydant chez tous les végétaux, puisque, partout, la substance oxydante présentait cette propriété, que nous croyions spécifique, de bleuir la teinture de résine de gaïac. Mais nous n'avons pas tardé à reconnaître que l'enzyme oxydant des russules, ou tout au moins de certaines russules, devait posséder des caractères spéciaux, puisqu'il oxydait le chromogène du *Russula nigricans*, c'est-à-dire la tyrosine, ce que ne peut faire, par exemple, l'enzyme oxydant de l'arbre à laque appelé *accase* par Bertrand.

Et cela est vrai, non seulement pour l'enzyme oxydant de quelques russules, mais encore pour celui d'un grand nombre d'autres champignons, puisque, dans des recherches particulières, j'ai constaté, pour presque toutes les espèces essayées qui renfermaient un enzyme oxydant, que celui-ci pouvait oxyder la tyrosine en présence de l'air en donnant une coloration rouge passant peu à peu au noir (144). Il semble donc qu'on puisse considérer l'enzyme oxydant des champignons, en général, comme une espèce distincte de l'enzyme oxydant connu antérieurement.

Si, d'ailleurs, on compare ses propriétés avec celles qui ont été données par Schoenbein pour les substances oxydantes des phanérogames, on constate encore quelques différences (141).

Ainsi, les substances oxydantes des synanthérées, par exemple, sont beaucoup plus sensibles à l'action de la lumière. Une macération de pissenlit qui, lorsqu'elle vient d'être préparée, possède des propriétés oxydantes très actives, les perd complètement par une exposition de 10 minutes à la lumière directe du soleil, tandis qu'une macération de *Russula delica*, champignon très riche en enzyme oxydant, peut être exposée au soleil pendant huit heures, et même davantage, sans qu'elle paraisse perdre de son activité.

Ainsi encore, les substances oxydantes des synanthérées sont beaucoup plus sensibles à l'action paralysante de l'acide cyanhydrique que l'enzyme oxydant des champignons. Une seule goutte d'acide cyanhydrique étendu à 1,5 p. 100, ajoutée à 2 centimètres cubes de macération de laitue à 1 p. 5, suffit pour enlever à cette macération son pouvoir de colorer la teinture de résine de gaïac, tandis qu'il faut en ajouter 2 centimètres cubes à un même volume de macération de *Russula delica* à 1 p. 5 pour produire le même résultat, et 3 gouttes pour l'empêcher d'agir sur la tyrosine.

Par contre, tous ces enzymes paraissent agir à peu près de même sur l'empois d'amidon ioduré et acidulé qu'ils colorent lentement en rouge violacé.

L'enzyme oxydant des champignons n'agit pas seulement sur la teinture de gaïac, il peut exercer son action oxydante sur un grand nombre de composés définis. Citons surtout — car on trouve là vraiment la caractéristique de cet enzyme — les phénols et leurs dérivés. Tous les phénols à fonction simple que j'ai soumis à l'action de la solution d'enzyme oxydant obtenue avec le *Russula delica* — que ces phénols soient monoatomiques, diatomiques ou triatomiques, quel que soit l'arrangement des atomes qui constituent leur molécule, sont oxydés par cette solution. A la vérité l'oxydation peut être favorisée, pour certains phénols, par l'addition de minimes proportions d'un carbonate alcalin (145 et 146), mais cette addition n'est pas toujours nécessaire.

L'oxydation se manifeste soit par des précipités blancs (thymol, napthol β), soit par des colorations du liquide accompagnées souvent par des précipités colorés (Phénol, coloration noire; orthocrésol, coloration brune et précipité; métacrésol, précipité blanc rosé; paracrésol, coloration vert foncé; naphtol, coloration violette, puis bleue; xylénols, colorations roses diverses; résorcine, coloration rouge; orcine, coloration jaune rouge, etc.) (147).

En second lieu, viennent les phénols à fonction mixte (148), comme l'eugénol, la saligénine, puis les amines aromatiques (149). La plupart de ces corps s'oxydent en donnant des produits colorés, dont quelques-uns rappellent par leur teinte les plus belles matières colorantes artificielles. Il semble d'ailleurs que beaucoup de principes immédiats des champignons sont des composés phénoliques; il n'est donc pas improbable qu'un jour ou l'autre on arrive à montrer que les couleurs si variées de ces végétaux résultent de l'action oxydante de l'enzyme oxydant sur les composés phénoliques en question (150).

C. Assimilation. — En commençant cet article, nous avons montré à l'aide de quels organes et par quels mécanismes les champignons entrent en relation avec le substratum alimentaire sur lequel il se développent et dont ils tirent leur nourriture. Nous avons étudié ensuite la composition chimique des champignons développés, en tant que cette composition nous est connue.

Nous devons nous demander maintenant quelles sont les substances que les champignons empruntent au substratum et comment ils les modifient pour en faire les composés dont sont formés ou que contiennent leurs tissus. Ces questions examinées, il nous faudra rechercher comment ils modifient à nouveau certains de ces composés pour les faire servir soit à la formation des spores, soit à celle des sclérotes, organes remplis de matières de réserve dont la fonction est de continuer la vie de l'espèce après une période plus ou moins longue de repos.

Lorsque nous aurons joint à cela l'étude des sécrétions chez les champignons, nous aurons passé en revue l'ensemble des phénomènes représentant l'*Assimilation* chez ces végétaux.

Examinons d'abord quelles sont les substances simples et composées, minérales et organiques dont le champignon a besoin pour se développer. Ces substances peuvent être rangées sous la rubrique « *aliments* ».

Aliments. — Déjà nous avons vu que treize éléments ont été signalés jusqu'ici comme entrant dans les composés inorganiques des champignons. Mais ce serait une erreur de croire que les éléments nécessaires au développement d'un végétal soient ceux que révèle l'analyse. Un corps simple peut être absorbé par une plante sans lui être utile.

Il y aurait du reste à distinguer entre les éléments véritablement nécessaires, sans lesquels toute vie est impossible, et ceux qui sont simplement utiles, c'est-à-dire dont la présence favorise le développement. La question est bien délicate ; elle n'a guère été abordée expérimentalement que pour quelques moisissures.

Les premières recherches sur ce point sont dues à PASTEUR et RAULIN (151). RAULIN, élève de PASTEUR, a publié en 1870 (152), sur les conditions de développement de l'*Aspergillus niger*, un travail fort intéressant duquel on peut tirer cette première conclusion, que l'*Aspergillus niger* a besoin, pour se développer, de trouver dans le milieu de culture les éléments suivants : *Phosphore, soufre, potassium* et *magnésium*. RAULIN a constaté, en outre, que la présence de petites quantités de silicium, de fer et de zinc favorise plus ou moins la végétation de cette moisissure. On remarquera que le calcium et le chlore, nécessaires aux plantes vertes, ne sont pas indiqués comme indispensables, ni même comme utiles à l'*Aspergillus*.

D'après NAEGELI, le potassium peut être remplacé par le rubidium et le cœsium, dans la culture du *Penicillium glaucum*. D'après WINOGRADSKI (153), il en est autrement pour le *Mycoderma vini* : le potassium peut être remplacé par le rubidium, mais non par le cœsium.

D'après NAEGELI, le magnésium et le calcium peuvent se remplacer l'un l'autre dans l'alimentation du *Penicillium glaucum* et ils peuvent être remplacés par le baryum et le strontium ; tandis que, d'après WINOGRADSKI, le magnésium est nécessaire au développement du *Mycoderma vini*.

MOLICH a repris récemment ces recherches (154) en s'astreignant à employer de l'eau et des sels chimiquement purs. Il considère que le fer est absolument nécessaire à l'alimentation des champignons inférieurs. Il ne peut être remplacé par le manganèse, le cobalt ou le nickel. Il a, de plus, constaté que, sans magnésium, la germination n'a pas lieu et que cet élément, contrairement à l'opinion de NAEGELI, ne peut être remplacé par le calcium, le strontium, le baryum, non plus que par le zinc, le beryllium ou le cadmium. Le calcium n'est pas nécessaire aux champignons inférieurs, ainsi que cela ressortait déjà des recherches de RAULIN.

Comme source de soufre, peuvent servir les sulfates, les sulfites, les hyposulfites et probablement aussi les composés sulfurés; mais non l'urée sulfurée et le sulfocyanate d'ammoniaque (NAEGELI). Les matières albuminoïdes peuvent également fournir du soufre aux champignons. Le soufre est d'ailleurs indispensable à la formation des matières albuminoïdes de ces derniers.

Les moisissures peuvent utiliser le potassium qui leur est présenté sous la forme d'un des sels suivants : orthophosphate dipotassique (K^2HPO^4), phosphate acide de potasse (KH^2PO^4), sulfate de potasse et nitrate de potasse.

Les éléments organiques sont : le carbone, l'azote, l'hydrogène et l'oxygène. Il est surtout intéressant de savoir d'où peuvent provenir les deux premiers.

Étant donné la diversité des matières organiques qui servent d'aliments aux champignons, il est évident que la source du carbone peut être extrêmement variée. On peut même dire que presque tous les composés carbonés, pourvu qu'ils ne soient pas trop toxiques sont susceptibles de fournir du carbone aux champignons. Au surplus, tel composé qui n'est pas utilisable par une espèce l'est par d'autres.

NAEGELI cite, parmi les combinaisons dont les champignons ne peuvent assimiler le carbone, les carbonates, les cyanures, l'urée, l'acide formique, l'acide oxalique et les oxamides. Cependant DIAKONOW (135) a constaté que le *Penicillium glaucum* pouvait tirer son carbone de l'acide formique et de l'urée.

Il y a d'ailleurs de grandes différences entre le pouvoir nutritif des substances carbonées utilisées comme sources de carbone.

NAEGELI, qui a beaucoup étudié cette question, a rangé ces substances dans l'ordre suivant qui, naturellement, n'a qu'une valeur relative :

1° Les sucres :

2° Mannite, glycérine ; leucine et composés carbonés voisins ;

3° Acides tartrique, citrique, succinique : asparagine et composés carbonés voisins :

4° Acide acétique, alcool éthylique, acide quinique ;

5° Acides benzoïque et salicylique : propylamine ;

6° Méthylamine et phénols.

Les sucres sont, de beaucoup, les meilleures sources de carbone.

En ce qui concerne l'azote, RAULIN a remarqué, dans ses cultures artificielles de l'*Aspergillus*, que le nitrate d'ammoniaque, le nitrate de potasse et le tartrate d'ammoniaque s'équivalent à peu de chose près comme sources d'azote, ce qui laisse supposer que celui-ci peut-être tiré par le champignon, indifféremment, de l'acide azotique et de l'ammoniaque. Et, en effet, comme on s'en est assuré depuis, tartrate, lactate, acétate, succinate, salicylate, phosphate et chlorhydrate d'ammoniaque d'une part, azotate d'autre part sont utilisables à cet égard. Il en est de même des composés organiques amidés ou basiques, tels que acétamide et oxamide, chlorhydrates de méthylamine, d'éthylamine, de triméthylamine et de propylamine, asparagine et leucine.

Mais de tous les corps azotés, les meilleurs, comme source d'azote, sont les matières albuminoïdes solubles et les peptones.

Jusque dans ces derniers temps, on pensait que les champignons étaient incapables d'assimiler l'azote libre de l'air. PURIEVITSCH a publié récemment (136) des expériences dont les résultats sont contraires à cette manière de voir. Ces expériences ont été faites avec deux moisissures cultivées sur milieux artificiels ; les *Aspergillus niger* et *Penicillium glaucum*. Les liquides de culture consistaient en une solution aqueuse renfermant pour cent centimètres cubes : phosphate de potasse KH^2PhO^4 (0^{gr},4), chlorure de calcium (0^{gr},4), sulfate de magnésie (0^{gr},2) acide tartrique (3 gr.) et des quantités variables de sucre de canne.

A la vérité, en l'absence complète de composé azoté dans le milieu nutritif, les moisissures ne se sont pas développées, et il a fallu l'additionner de petites quantités de nitrate d'ammoniaque. Mais la quantité d'azote absorbé au cours du développement a toujours été trouvée supérieure à celle qu'on avait introduite dans le liquide de culture. Il y avait donc eu assimilation d'une certaine proportion de l'azote libre.

PURIEVITSCH a constaté, en outre, que la proportion d'azote libre assimilé augmentait avec la quantité de sucre ajouté au liquide nutritif. Ce fait rappelle ce qui a été observé par WINOGRADSKY avec les bactéries.

Les composés cyaniques, les corps nitrés comme l'acide picrique, l'acide nitrobenzoïque ne paraissent pas pouvoir servir de sources d'azote.

Il n'est pas nécessaire qu'une substance organique soit soluble dans l'eau, pour pouvoir être utilisée comme aliment par les champignons, puisque, comme on l'a vu plus haut, ceux-ci élaborent des enzymes susceptibles de dédoubler certaines d'entre elles en produits solubles. Il faut donc ajouter, aux composés cités ci-dessus comme sources de carbone, tous les hydrates de cet élément, comme la cellulose que dissout la cytase et l'amidon que saccharifie la diastase. Il faut y ajouter aussi les graisses qui sont saponifiées par la lipase. Les glucosides eux-mêmes, qui peuvent être dédoublés sous l'influence de l'émulsine qu'on trouve dans tant d'espèces de champignons, doivent être aussi considérés comme sources de carbone, en raison des produits résultant de l'action de ferment, produits parmi lesquels se trouvent toujours du glucose.

Nous venons de voir quels sont les éléments nécessaires au développement des champignons et de quels composés minéraux ou organiques ils tirent ces éléments.

On est allé plus loin, on a cherché à établir, du moins pour quelques moisissures — celles qui peuvent être cultivées — dans quelles proportions et à quelles concentrations doivent se trouver les composés alimentaires pour que le développement de ces végétaux se fasse régulièrement et rapidement. Nous ne pouvons ici que donner une idée de la question. Le lecteur trouvera des renseignements complémentaires dans la thèse de Raulin, ainsi que dans les mémoires de Nœgeli et de Ad. Mayer.

Raulin donne la formule d'un liquide particulièrement propre à la culture de l'*Aspergillus niger*, puisque, avec ce liquide, dans des conditions convenables de température, on obtient en 3 jours des récoltes de cet *Aspergillus*. Cette formule est la suivante :

Eau.	1500
Sucre candi.	70
Acide tartrique	4
Nitrate d'ammoniaque	4
Phosphate d'ammoniaque. . . .	0,60
Carbonate de potasse.	0,60
Carbonate de magnésie	0,40
Sulfate d'ammoniaque	0,25
— de zinc.	0,07
— de fer.	0,07
Silicate de potasse.	0,07

On remarquera que les sels qui entrent dans la composition de ce liquide — même ceux qui sont nécessaires — sont dans des proportions très faibles relativement à celle de l'hydrate de carbone. Ce dernier est à 4,66 p. 100, alors que le nitrate d'ammoniaque n'est qu'à 0,266 p. 100. Quant aux substances qui n'interviennent que comme agents utiles, mais non indispensables, on les emploie à des doses tout à fait minimes. Ainsi le sulfate de zinc et le silicate de potasse sont à une dose qui n'est pas le millième de celle de sucre. A plus fortes doses, ces substances deviennent nuisibles.

Les hydrates de carbone peuvent d'ailleurs être en proportions plus élevées encore que celle qui est indiquée dans la formule ci-dessus, sans que la récolte en souffre. Ainsi, d'après Raulin, c'est seulement lorsque la proportion de sucre de canne dépasse 11,9 p. 100 que le poids de cette récolte diminue.

La question de réaction des milieux de culture présente aussi un certain intérêt. Lorsqu'il s'agit de moisissures communes, il vaut toujours mieux que ces milieux soient acides, parce qu'alors ils ne conviennent pas au développement des bactéries, qui, sans cela, envahiraient le liquide. Mais il semble qu'il existe beaucoup de champignons, surtout parmi les Basidiomycètes, qui préfèrent un milieu neutre ou alcalin.

Relations des substances entrant dans la composition des champignons avec les substances alimentaires. — On a remarqué depuis longtemps que la proportion de diverses substances entrant dans la composition des végétaux dépendait, dans une certaine mesure, de la nature et de la proportion des aliments offerts à ces végétaux. Le fait est bien connu, par exemple, pour le sucre dans la betterave. Chez les champignons, la question posée, il y a quelques années seulement, n'a été abordée que pour un petit nombre de substances.

1. *Hydrate de carbone.* — La substance constituant la membrane cellulaire existe évidemment dès que le filament germinatif apparaît. C'est donc par cette substance que l'on devrait commencer cette étude; mais nous ne savons rien sur l'origine des hydrates de carbone insolubles, et, parmi ceux qui sont solubles, un seul, le *glycogène*, a été étudié au point de vue des substances alimentaires qui permettent ou favorisent sa formation, et cela chez une levure haute par Em. LAURENT (157).

D'après cet observateur, les peptones, parmi les matières albuminoïdes; l'amygdaline, la salicine, l'arbutine, la coniférine, l'esculine, le glycogène, la dextrine, le maltose, le saccharose, le galactose, le dextrose, le saccharate de chaux, la mannite, la glycérine, parmi les substances carbonées, sont propres à la production du glycogène par la levure.

2. *Acide oxalique et oxalate d'ammoniaque.* — On sait que, dans les laboratoires, on prépare l'acide oxalique par oxydation des hydrates de carbones et des composés carbonés voisins. Il est probable que l'acide oxalique des végétaux et spécialement des champignons a aussi pour origine une oxydation de diverses substances; mais le mécanisme de cette oxydation nous est encore inconnu.

D'après DE BARY, le *Peziza sclerotiorum* peut produire de l'acide oxalique avec le dextrose. ZOPF (158), qui a effectué une série de recherches sur ce sujet avec le *Saccharomyces Hansenii*, organisme qui ne provoque pas la fermentation alcoolique, a constaté qu'il pouvait élaborer de l'acide oxalique avec les hydrates de carbone du groupe glucose (galactose, dextrose), avec ceux du groupe saccharose (sucre de canne, lactose, maltose), avec ceux du groupe des dextrines et même avec certains alcools polyatomiques (dulcite, mannite, glycérine).

C. WEHMER (159) a cultivé l'*Aspergillus niger* sur un liquide renfermant, outre les sels ordinaires, des peptones. Il a trouvé qu'une partie importante des peptones passe à l'état d'oxalate d'ammoniaque. L'ammoniaque apparaît d'abord comme un produit de décomposition des peptones, puis l'acide oxalique se forme pour neutraliser l'alcali. On peut empêcher la production de l'acide oxalique en ajoutant soit de l'acide phosphorique, soit des phosphates acides.

Dans les expériences de WEHMER, plus de la moitié de l'azote des peptones s'est ainsi transformée en oxalate d'ammoniaque. Il s'en fait moins, si l'on ajoute du sucre au milieu nutritif, et pas du tout si la culture a lieu dans un milieu ne renfermant que du sucre comme substance organique carbonée.

D'après Em. MARCHAL (160), il se forme également de l'ammoniaque avec l'azote organique combiné lorsqu'on cultive les moisissures sur une solution d'albumine de l'œuf, additionnée d'un peu de sulfate de fer. Par contre, il ne se forme pas d'acide azotique.

D'après le même observateur, certaines moisissures, notamment l'*Aspergillus terricola* (nov. sp.), joueraient un rôle important dans la transformation de l'azote organique du sol en ammoniaque.

3. *Matières grasses.* — NÆGELI, le premier, a cherché à établir quelles sont les substances à l'aide desquelles les champignons peuvent former des matières grasses (161). Ses expériences se rapportent seulement aux levures et aux moisissures.

D'après ce savant, les composés suivants sont propres à la formation des graisses par les champignons.

1. *Composés azotés :* albuminates (spécialement peptones), asparagine, leucine, sels ammoniacaux, azotates.
2. *Composés carbonés :* surtout les hydrates de carbone (sucres); alcools polyatomiques (mannite, glycérine), acides gras (ac. acétique), ac. tartrique, etc.

D'après les observations de ZOPF sur l'*Arthrobotrys oligospora*, la graisse animale peut aussi servir directement pour la formation des graisses. Cette moisissure pénètre dans les tissus des anguillules, y détermine la dégénérescence graisseuse, ce qui amène la formation de grosses masses de graisse. Elle absorbe ensuite, peu à peu, cette graisse et l'utilise à la formation dans les cellules, spécialement dans les spores durables, de grosses gouttes de graisse.

D'après NÆGELI, la formation des graisses est en rapport avec la respiration. Elle ne se produit qu'en présence de l'oxygène, et elle est surtout active dans les parties du champignon croissant à la surface du substratum, c'est-à-dire en contact direct avec l'atmosphère.

Origine, formation et disparition des matières sucrées. — Nous avons vu que les champignons renferment trois matières sucrées principales : le tréhalose, le glucose et la mannite. On peut dire qu'en thèse générale aucun de ces sucres n'existe dans les champignons tout à fait jeunes; ce n'est qu'à une époque plus ou moins avancée de leur développement qu'on les voit faire leur apparition. J'ai recherché cette époque, surtout pour le premier de ces sucres, dans quatre espèces différentes : le *Sclerotinia tuberosa* (Hedw), le *Phallus impudicus* Linn., le *Boletus Satanas* Lenz. et l'*Aspergillus niger* V. Tiegh. (162). Grâce à un procédé particulier, j'ai pu déceler le tréhalose même lorsqu'il n'existait qu'à l'état de traces (163).

Le *Sclerotinia tuberosa* ou pezize tubéreuse est un champignon parasite de l'anémone sylvie. Les filaments mycéliens pénètrent à l'intérieur des rhyzômes de l'anémone, y puisent de la nourriture et y produisent en automne une sorte de tubercule-noirâtre (sclérote) dont la grosseur varie depuis celle d'une lentille jusqu'à celle d'un haricot. Au printemps, ce sclérote souterrain donne naissance à une ou plusieurs petites pezizes aux dépens des matériaux nutritifs emmagasinés dans le sclérote.

L'analyse a porté sur les sclérotes récoltés en hiver, sur les sclérotes en voie de fructification et sur les pezizes issues de ces sclérotes. Les résultats sont résumés dans le tableau suivant :

	TRÉHALOSE par kil.	MANNITE par kil.	GLUCOSE par kil.
Sclérotes d'hiver.	0	4gr,3	0
Sclérotes en fructification.	2gr,6	8gr,0	traces
Pezizes	traces	7gr,9	0

Le *Phallus* se présente, tout d'abord, sous la forme d'un petit tubercule souterrain produit par le mycélium. Ce tubercule s'accroît peu à peu, sort de terre et finit par atteindre la grosseur d'un œuf de poule. Il se compose alors d'une enveloppe épaisse (volve) recouvrant le fruit proprement dit (sporophore). Il peut rester ainsi quelque temps sans subir de changements apparents; mais, si les conditions d'humidité sont favorables, le fruit, dont le pied s'allonge, perce la volve et atteint en quelques heures une longueur de 20 à 30 centimètres. L'allongement se fait évidemment aux dépens des matériaux nutritifs accumulés dans le tubercule, car il se produit encore si on emporte ce dernier, et si on le maintient dans une atmosphère humide, par exemple, en le mettant dans un pot sur de la mousse imbibée d'eau.

Cette dernière particularité m'a permis d'analyser le *Phallus* à diverses périodes de son développement. Les résultats de ces analyses sont consignés dans le tableau suivant :

	TRÉHALOSE par kil.	MANNITE par kil.	GLUCOSE par kil.
Phallus jeune (avant déchirement de la valve	traces	0.6	0,4
— avancé (6 à 8 heures après déchirement . . .	2.3	1,1	9,8
— 28 à 36 heures après déchirement .	1.3	1.2	9,6
— très âgé (après disparition des spores	0	2.1	7,7

Le développement du *Boletus Satanas* se distingue nettement, du moins en apparence, du développement des deux espèces dont il vient d'être question. En effet, dans la pezize tubéreuse, la végétation est interrompue plusieurs mois entre le moment où le sclérote est constitué et celui où l'on voit apparaître les protubérances qui, en s'accroissant, donneront naissance aux fruits; dans le *Phallus*, la végétation se poursuit, à proprement parler, sans interruption depuis la naissance du petit tubercule mycélien, jusqu'à la maturité du fruit; mais le déchirement de la volve et l'élongation rapide du stipe qui se produit aussitôt marquent, en quelque sorte, une nouvelle période végétative; dans le *Boletus Satanas*, non seulement la végétation est continue, mais le champignon grossit et arrive peu à peu à maturité sans que l'on aperçoive des changements brusques dans ses caractères extérieurs.

L'analyse révèle cependant, en ce qui concerne les sucres, des faits analogues à ceux qui ont été observés chez la pezize et le *Phallus*.

	TRÉHALOSE par kil.	MANNITE par kil.	GLUCOSE par kil.
B. Satanas très jeune.	0	0	0
— adulte.	2,8	2,6	0,83

Enfin, pour compléter ces recherches, je les ai répétées sur l'*Aspergillus niger*, moisissure dont l'expérimentateur peut suivre le développement depuis la germination de la spore jusqu'à la maturité, puisqu'elle peut être cultivée en grand sur un liquide artificiel, le liquide de RAULIN.

J'ai analysé : 1° des cultures âgées de 48 heures (le thalle est encore blanc); 2° des cultures de 68 heures (le thalle est couvert de fructifications noires); 3° des cultures de 96 heures (la moisissure est arrivée à maturité) et ces analyses ont donné les résultats suivants :

	TRÉHALOSE PAR KIL.	MANNITE PAR KIL.
Culture de 48 heures.	0	6,6
— 68 —	4,4	9,1
— 96 —	0	10,5

De toutes ces expériences, il ressort que le tréhalose est formé aux dépens d'une matière élaborée préalablement et emmagasinée dans les tissus, probablement un hydrate de carbone analogue à l'amidon, et qu'il n'apparaît que dans la période où le champignon commence à produire ses spores.

Il ressort également de ces expériences et d'autres, assez nombreuses, que je ne puis rapporter ici (33), que le glucose apparaît à peu près en même temps que le tréhalose, souvent même postérieurement à celui-ci. Il semble, en réalité, que le glucose, au moins pour la plus grande partie, provienne d'un dédoublement du tréhalose. C'est ce qui doit être en effet, puisque les champignons, comme on l'a vu, élaborent un ferment soluble, la *tréhalase*, capable de dédoubler le tréhalose en deux molécules de glucose.

J'ai d'ailleurs constaté chez l'*Aspergillus niger* que ce ferment, ainsi que la diastase, se forment au cours de la végétation et n'existent pas dans la spore (134).

Reste la mannite. Bien que, dans certaines espèces de champignons renfermant de la mannite, on n'ait pu déceler la présence de tréhalose ou de glucose, il paraît assez vraisemblable que le plus souvent cette matière sucrée dérive du tréhalose ou mieux du glucose qui sert d'intermédiaire.

Tout au moins existe-t-il plusieurs observations favorables à cette manière de voir. Ainsi, dans beaucoup d'espèces, le tréhalose apparaît d'abord, puis plus tard la mannite. C'est ce qu'avait déjà observé MÜNTZ (164); c'est ce que j'ai constaté à mon tour, chez les *B. aurantiacus*, *scaber* et *bovinus*, le *Pholiota radicosa*, le *Clitocybe nebularis*, le *Collybia fusipes*, etc.

Parfois même le tréhalose disparaît en totalité, et il ne reste plus que de la mannite (*Phol. radicosa*). L'observation est d'ailleurs facile à répéter. Si, par exemple, comme je l'ai fait pour le *L. piperatus* (165), on conserve, dans le laboratoire, certains champignons ne renfermant au moment de la récolte que du tréhalose, on constate qu'au bout d'un certain temps, variable avec la température, le tréhalose a disparu et se trouve remplacé par de la mannite, et cela presque poids pour poids.

Dans les laboratoires, on passe du glucose à la mannite à l'aide de l'hydrogène naissant. La réaction est la suivante : $C^6H^{12}O^6 + H^2 = C^6H^{14}O^6$. Cette réaction répond à un phénomène de réduction et l'on doit supposer que, dans les champignons, le passage du glucose à la mannite se fait aussi sous l'influence de phénomènes de réduction.

Quoi qu'il en soit, le tréhalose est une véritable matière de réserve, non assimilable directement, mais le devenant sous l'influence de la tréhalase qui le change en glucose. Ce dédoublement se fait pendant la maturation des spores et le tréhalose ne tarde pas à disparaître complètement.

Le glucose formé n'atteignant jamais que des proportions très faibles, sauf dans le *Phallus*, il faut admettre qu'il est consommé au fur et à mesure de sa production, soit qu'il donne de la mannite par réduction, soit qu'il soit brûlé par la respiration, soit enfin qu'il serve à la formation des matériaux carbonés qui entrent dans la composition des spores ou des sclérotes.

La mannite paraît être la matière sucrée la plus résistante, mais il a été constaté pourtant qu'elle diminue en proportion pendant la maturation du champignon. Elle doit donc être utilisée aussi à cette période de la végétation, sans qu'on sache exactement comment se produit cette utilisation.

Sécrétion et excrétion. — 1. *Eau*. — Chez beaucoup de champignons, à certaines périodes de la végétation, on voit se former, à la surface de certains organes, des gouttelettes de liquide. Ces gouttelettes sont quelquefois si nombreuses que ces organes en sont couverts. C'est ce qu'on peut observer, par exemple, sur le porte-sporange de divers *Pilobolus* (*Pilobolus Kleimi* V. Tiegh.). Parmi les champignons chez lesquels une telle expulsion de liquide a été signalée, citons l'*Hypholoma lacrymabundum* et le *Lactarius zonarius* jeune (lames), le *Polyporus fomentarius* (surface hyméniale dans le jeune âge), le *P. dryadeus* et plusieurs autres polypores, le *Merulius lacrymans*, etc.

Ces liquides ne sont pas de l'eau pure. D'après Boudier (166), « ils sont colorés, tantôt parce que le suc de champignons est lui-même coloré, tantôt parce qu'ils entraînent accidentellement les spores. Les gouttelettes sont toujours acides et se distinguent par là de celles de rosée. »

Les gouttelettes qui se forment sur les sclérotes du *Peziza sclerotiorum* renferment de l'oxalate de potasse.

On a cherché à expliquer cette expulsion de liquides aqueux; mais jusqu'ici on n'en a pas donné d'explication satisfaisante.

Sulfure de carbone. — D'après F. Went (167), le *Schizophyllum lobatum* Bref, champignon très commun à Java sur les tiges mortes de bambou et de canne à sucre, excrète du sulfure de carbone; ce composé apparaît, sous forme de gouttes, à l'extrémité de courts rameaux latéraux qui se développent sur le mycélium. Went n'a pu d'ailleurs établir quel peut être le principe sulfuré qui donne naissance à ce sulfure de carbone.

Oxalates. — L'excrétion d'oxalate de chaux et d'oxalate de potasse a lieu fréquemment chez les champignons frais. Ainsi, chez certaines espèces de *Mucor*, le sporange s'entoure d'une incrustation d'oxalate de chaux. Chez beaucoup d'Ascomycètes et de Basidiomycètes, le mycélium et quelquefois le fruit se recouvrent également d'oxalate de chaux.

D'après De Bary, le mycélium et le sclérote du *Sclerotinia sclerotiorum* excrètent de l'oxalate de potasse.

Ammoniaque. — Dans son traité de physiologie expérimentale, Sachs fait remarquer incidemment que les champignons, en pleine période d'accroissement, paraissent exhaler de l'ammoniaque, puisque, si on en approche une baguette de verre trempée dans de l'acide chlorhydrique, on voit se former des fumées blanches.

A la suite de cette remarque, Borzcow (168) a étudié la question sur diverses espèces de champignons et, de ses observations, il conclut que l'excrétion d'ammoniaque libre est un phénomène général chez ces végétaux et qu'elle constitue une fonction nécessaire de leurs tissus.

Mais Borzcow ne paraît pas s'être mis en garde contre l'envahissement des champignons par les bactéries, dont certaines espèces déterminent la putréfaction, en sorte que ses expériences sont sujettes à caution. Et de fait W. Wolf et R. Zimmermann, qui ont fait ultérieurement des recherches très soignées sur le même sujet (169), n'ont pas observé le moindre dégagement d'ammoniaque. Les excrétions alcalines volatiles qui se produisent après arrêt de la végétation ne renferment pas d'ammoniaque libre, mais de la triméthylamine et d'autres produits.

Sucre. — On sait que, peu après l'envahissement de l'ovaire du seigle par l'ergot (*Clav. purpurea*), cet ovaire ne tarde pas à être remplacé par le thalle mou et blanc du champignon. A la surface de ce thalle irrégulièrement sillonné, naissent sur de courts bâtonnets, des conidies. Ces conidies se trouvent plongées dans un liquide mucilagineux et sucré que l'on doit considérer comme sécrété par le champignon.

Résines. — Certains polypores, en particulier, les *P. officinalis* Vill., *australis* Fr., *resinosus* Schrad., *lucidus* (Leyss.), sécrètent des résines. Quelquefois, celles-ci sont si abondantes qu'elles recouvrent la surface du champignon d'un vernis. Nous en avons parlé à propos de la composition des champignons, nous n'y reviendrons pas.

Matières azotées. — La sécrétion de matières azotées, albumine, peptones est bien connue

chez la levure. On sait en effet que, pendant la fermentation alcoolique, le moût se charge
de substances albuminoïdes, à ce point qu'on peut les précipiter, au moins partiellement,
par l'alcool. D'après Naegeli et O. Löw, cette excrétion d'albumine est influencée par la
réaction du liquide ambiant. Ainsi elle se produit toujours pendant la fermentation d'un
jus sucré, si celui-ci est neutre, faiblement alcalin ou faiblement acide. En liquide alcalin, elle a lieu également en l'absence de toute fermentation, tandis qu'on ne l'observe pas lorsque le liquide est fortement acide, même si ce liquide est sucré et en fermentation.

Outre les matières albuminoïdes proprement dites, la levure vivante sécrète des peptones. Elle le fait en l'absence de toute fermentation, si le liquide ambiant est neutre,
faiblement ou fortement acide; elle le fait également en milieu fortement acide, même
lorsqu'il y a fermentation.

Cette sécrétion de matières azotées est favorisée par la présence de substances diverses
dans le liquide ambiant, à ce point qu'elle devient tout à fait anormale. Dumas (170), le
premier, a remarqué qu'en plaçant la levure dans une solution de tartrate neutre de
potasse, ou lui communique une sorte d'albuminurie. Il se produit un courant exosmotique considérable, et l'eau de levure coagule par la chaleur comme le fait une solution
d'albumine. Le même phénomène se produit, d'après mes propres observations (118),
lorsqu'on délaie la levure dans de l'eau saturée de chloroforme.

Ces faits ont conduit Gaillon et Dubourg à essayer l'action osmotique de divers sels
et de plusieurs liquides organiques sur la levure en suspension dans l'eau (171). Les
résultats de leurs recherches méritent d'être signalés :

Si l'on délaie de la levure dans l'eau et si on filtre au bout d'un certain temps, on
obtient un liquide qui ne renferme que de petites quantités de matières azotées; il ne
coagule pas par la chaleur et ne donne qu'un faible précipité lorsqu'on l'additionne de
beaucoup d'alcool.

Mais, si l'on emploie, au lieu d'eau, des solutions salines concentrées, le liquide
ambiant s'enrichit en substances albuminoïdes qui, suivant les sels employés, sont complètement incoagulables ou partiellement coagulables par la chaleur et les acides.

Ainsi, avec le phosphate de soude, l'acétate de potasse et l'oxalate neutre de
potasse, le liquide se charge de matières albuminoïdes coagulables et non coagulables;
tandis qu'avec le chlorure de calcium, l'iodure de potassium, l'émétique, les sulfates de
soude et de magnésie, il se charge de matières albuminoïdes non coagulables seulement.

Si la levure séparée par filtration est délayée dans l'eau distillée, celle-ci peut encore
se charger de matières albuminoïdes, mais qui peuvent différer de celles qui ont été
sécrétées dans le premier cas. — Ainsi la levure qui a été en contact avec le phosphate
de soude, l'acétate de potasse, l'oxalate neutre de potasse, les sulfates de soude et de
magnésie cède à la fois des matières albuminoïdes coagulables et des matières albuminoïdes non coagulables; celle qui a été en contact avec le chlorure de calcium, l'iodure
de potassium et l'émétique ne cède jamais que des matières albuminoïdes non coagulables.

§ II. — **Respiration.** — A. *Respiration normale.* — B. *Respiration intramoléculaire;*
C. *Fermentation.* — D. *Production de chaleur et de lumière, phosphorescence.*

II. Respiration. — Dans des conditions normales, la respiration se traduit chez les
champignons, comme chez les autres êtres vivants, par une absorption d'oxygène et un
dégagement d'acide carbonique. Si l'on a cru, d'après d'anciennes expériences, à la production simultanée d'hydrogène, cela tient, comme l'a démontré Muntz (172), à ce que ces
expériences ont été faites sur des champignons placés dans des conditions qui ne sont
pas celles dans lesquelles ils vivent naturellement. Nous reviendrons d'ailleurs sur ce
point après avoir étudié la *respiration normale*.

A. Respiration normale. — Comme on vient de le dire, la respiration normale consiste
dans une absorption d'oxygène et une exhalation d'acide carbonique; mais on comprend
que les échanges respiratoires doivent varier en intensité suivant les espèces.

Bonnier et Mangin (173) ont étudié ces variations sur neuf espèces placées dans les conditions d'expérience aussi identiques que possible, et ils ont constaté qu'en ce qui concerne leur action respiratoire, ces espèces se succèdent dans l'ordre suivant :

> *Phycomyces nitens* Kunze.
> *Rhizopus nigricans* Ehr.
> *Collybia velutipes* Curt.
> *Pleurotus conchatus* Bull.
> *Psalliota campestris* L.
> *Trametes suaveolens* Fr.
> *Polyporus versicolor* Fr.
> *Dædalea quercina* (L.).
> *Exidia glandulosa* (Bull.).

Il n'y a là qu'une simple indication montrant que, pour un même poids, le *Phycomyces nitens* respire plus, pendant le même temps et dans les mêmes conditions, que le *Psalliota campestris*, celui-ci plus que le *Polyporus versicolor*, et ce dernier plus que l'*Exidia glandulosa*. On comprend en effet qu'il est bien difficile de comparer rigoureusement des espèces différentes, puisque, comme les mêmes auteurs l'ont d'autre part observé, l'intensité de la respiration varie beaucoup avec l'âge et même d'un individu à un autre individu de la même espèce.

La comparaison du rapport $\frac{CO^2}{O}$ fournit des indications plus précises. Ce rapport a été étudié également par Bonnier et Mangin, sur les sept espèces suivantes.

ESPÈCES ÉTUDIÉES.	VALEUR DE $\frac{CO^2}{O}$.
Thelephora tremelloides D. C.	0,5 à 0,6
Psalliota campestris L.	0,54 à 0,59
Collybia velutipes Curt.	Environ : 0,6
Exidia glandulosa (Bull.).	« 0,7
Polyporus versicolor Fr.	0,56 à 0,75
Dædalea quercina (L.).	0,7 à 0,8
Phycomyces nitens Kunze..	Environ : 1

Sauf pour le *Phycomyces nitens*, le rapport du volume de l'acide carbonique dégagé au volume de l'oxygène absorbé a toujours été trouvé plus petit que l'unité.

On est donc en droit d'en conclure qu'*il y a oxydation du tissu des champignons par le fait de la respiration*, puisque la quantité d'oxygène absorbé se trouve être supérieure à celle que renferme l'acide carbonique émis. Déjà Grischow (174), en 1819, avait fait cette observation.

Outre les variations de la respiration dont nous venons de parler, il en est d'autres plus importantes qui sont dues à l'action des agents extérieurs : chaleur, lumière, état hygrométrique de l'air.

Ainsi le dégagement d'acide carbonique s'accroît régulièrement avec la température, comme cela ressort des chiffres suivants dus, ainsi que tous ceux qui sont relatifs à la respiration normale des champignons, à Bonnier et Mangin. Ces chiffres correspondent à des expériences ayant duré une heure.

	Température.	CO^2 r. 100 DÉGAGÉ EN 1 HEURE.
1° *Polyporus versicolor*	10°	1,87
	15	3,73
	25	6,22
	35	9,58
2° *Collybia velutipes*	11	1,69
	19	2,74
	27	4,47
	34	5,97
3° *Dædalea quercina*	35	2,00
	41	2,80
	54	5,20

L'absorption d'oxygène suit la même marche que le dégagement d'acide carbonique,

		Température.	O P. 100 ABSORBÉ en 1 heure.
1° *Collybia velutipes*	. . . . .	11°	2,80
		19	4,60
		27	7,50
		34	9,80

et si l'on compare ces derniers chiffres avec ceux qui représentent, pour la même espèce, l'acide carbonique dégagé, on voit que le rapport $\frac{CO^2}{O}$ reste constant et inférieur à l'unité, puisqu'il a été, à toutes les températures, de 0,6.

Les résultats obtenus par BONNIER et MANGIN, en faisant varier les conditions d'éclairement, ne sont pas moins intéressants. Sur ce point, leurs expériences comparées ont été faites à la même température, au même état hygrométrique (air saturé), à la même pression initiale (pression atmosphérique) et pendant le même temps. Ces expériences ont toujours été faites sur les mêmes champignons. Enfin, on croisait les expériences, c'est-à-dire qu'en exposait alternativement les mêmes individus de la même espèce à l'obscurité et à la lumière diffuse, les autres conditions restant invariables.

Voici, comme exemples, quelques-unes des observations de ces expérimentateurs sur le champignon de couche (*Psalliota campestris*); d'abord en ce qui concerne le dégagement de CO^2 :

DURÉE DE L'EXPÉRIENCE.	CONDITIONS D'ÉCLAIREMENT.	TEMPÉRATURE.	CO^2 P. 100 DÉGAGÉ.
		Degrés.	
0 h. 33	Lumière.	17	0,50
0 h. 33	Obscurité.	18	0,70
1 h.	Lumière.	18	7,30
1 h.	Obscurité.	18	9,70
1 h.	Lumière.	18	8,20
1 h.	Obscurité.	18	9,10

puis en ce qui concerne à la fois le dégagement de CO^2 et l'absorption d'oxygène :

DURÉE DE L'EXPÉRIENCE.	CONDITIONS D'ÉCLAIREMENT.	TEMPÉRATURE.	CO^2 P. 100 DÉGAGÉ.	OXYGÈNE ABSORBÉ.
		Degrés.		
3 h.	Lumière.	16	2,10	4,00
3 h.	Obscurité.	16	2,80	4,80
3 h.	Obscurité.	16	2,30	4,40

De ces observations et de beaucoup d'autres qu'on trouvera dans le mémoire original, on peut tirer les deux conclusions suivantes :

1° Le dégagement d'acide carbonique est moins grand, toute autre condition égale d'ailleurs, à la lumière qu'à l'obscurité.

2° L'absoption d'oxygène est moins grande, toute autre condition égale d'ailleurs, à la lumière qu'à l'obscurité.

D'ou il suit que : *La lumière diffuse diminue l'intensité de la respiration des champignons.*

Quant au rapport $\frac{CO^2}{O}$, comme on peut s'en assurer en étudiant le second des deux tableaux ci-dessus, il ne semble pas modifié d'un' manière importante par l'influence de la lumière.

L'action des diverses radiations sur la respiration des champignons est elle-même variable suivant les radiations. On peut dire, d'une façon générale, que les rayons lumineux les moins réfrangibles retardent les phénomènes respiratoires des champignons par rapport aux rayons lumineux les plus réfrangibles. C'est ainsi que la quantité d'acide carbonique dégagé est plus grande dans la lumière bleue ou verte que dans la lumière jaune ou rouge.

Enfin l'intensité de la respiration des champignons augmente avec l'état hygrométrique de l'air.

B. **Respiration intramoléculaire.** — Lorsqu'on enlève l'oxygène aux champignons vivants; par exemple, lorsqu'on les plonge dans une atmosphère d'hydrogène ou d'azote, ou lorsqu'on les met dans un espace vide d'air, ces champignons n'en continuent pas moins, et cela pendant longtemps, à exhaler de l'acide carbonique. Dans ces nouvelles conditions, il ne peut plus être question de respiration normale; mais il n'y a pas d'inconvénients à désigner, avec PFLÜGER, le phénomène sous le nom de *respiration intramoléculaire*, expression qui donne à entendre que l'acide carbonique qui se dégage provient du dédoublement des molécules de substances contenues dans les cellules.

Outre l'acide carbonique, on voit se former durant cette respiration intramoléculaire divers autres produits : de petites quantités d'alcool vraisemblablement avec tous les champignons, de l'hydrogène avec ceux qui renferment de la mannite, et, souvent aussi, des quantités extrêmement minimes d'acides organiques et de composés aromatiques.

En général, la proportion d'acide carbonique exhalé dans la respiration intramoléculaire est bien plus faible que dans la respiration normale. C'est ce qui ressort, en particulier, des recherches de WILSON (175), qui a étudié la question sur trois espèces de grands champignons et sur la levure.

I. *Lactarius piperatus* (SCOP) (jeunes chapeaux). Volume : 250 cent. cubes. Acide carbonique dégagé :
— dans l'air   en 1 heure 1/2   59 milligr. 0
— dans l'hydrogène   —   17 milligr. 5

II. *Cantharellus cibarius* FR. (jeunes chapeaux). Volume : 180 cent. cubes. Acide carbonique dégagé :
— dans l'air   en 1 heure   16 milligr. 2
— dans l'hydrogène   —   10 milligr. 8

III. *Hydnum repandum* L. (jeunes chapeaux). Volume : 200 cent. cubes. Acide carbonique dégagé :
III. *Hydnum repandum* dans l'air   en 1 heure 3/4   17 milligr. 9
— dans l'hydrogène   —   5 milligr. 0

IV. *Levure de bière*, débarrassée de toute substance fermentescible :
— dans l'air   { 1 en 1/2 heure   45 milligr. 3
   2   —   27 milligr. 2
   3   —   25 milligr. 4 }
— dans l'hydrogène   { 1 en 1/2 heure   8 milligr. 6
   2   —   7 milligr. 6 }

DIAKONOW (176) est arrivé à des résultats semblables avec le *Penicillium glaucum*. Cependant il a constaté que la nature des substances fournies comme aliments à la moisissure influait sur le dégagement d'acide carbonique dans la respiration intramoléculaire. C'est ainsi qu'une culture de *Penicillium glaucum*, nourrie avec un mélange d'acide quinique et de peptone, culture respirant activement dans l'air, cesse de produire de l'acide carbonique dès qu'on enlève l'oxygène.

Il en va de même avec le *Rhizopus nigricans* EHR. et l'*Aspergillus niger*, lorsqu'on les nourrit avec ces mêmes aliments. DIAKONOW a également observé que l'intensité de la respiration intra-moléculaire s'accroît, ainsi que celle de la respiration normale chez le *Penicillium glaucum*, lorsque le milieu de culture sur lequel on cultive cette moisissure renferme, au lieu de sucre seulement, du sucre et de la peptone.

Penicillium glaucum cultivé en milieu sucré. T. 15° C.
— 1 dans l'air   en 1 heure. — Dégagement de 8 milligr. 4 de CO^2.
— 2   —   —   —   8 milligr. 8
— 3 dans l'hydrogène   —   —   2 milligr. 2
Penicillium glaucum cultivé en milieu sucré et peptonisé. T. 15° C.
— 1 dans l'air   en 1 heure. — Dégagement de 24 milligr. 8 de CO^2.
— 2 dans l'hydrogène   —   —   6 milligr. 4   —

La réaction de la solution nutritive influe elle-même sur l'intensité de la respiration intra-moléculaire du *Penicillium*, en ce sens que cette intensité diminue à mesure que s'accroît l'acidité, tandis que la respiration normale paraît à peine influencée.

Penicillium glaucum cultivé en milieu sucré et peptonisé. T. 25° C.
 Acide tartrique : 0,2 p. 100.
 1 dans l'air en 1 heure. — Dégagement de 43 milligr. 4 de CO^2.
 2 dans l'hydrogène — — 13 milligr. 0
Penicillium glaucum cultivé en milieu sucré et peptonisé. T. 25° C.
 Acide tartrique : 12 p. 100.
 1 dans l'air en 1 heure. — Dégagement de 38 milligr. 6 de CO^2.
 2 dans l'hydrogène — — 4 milligr. 0 —

C. Fermentation. — La respiration intra-moléculaire des champignons nous conduit à l'étude de la fermentation alcoolique, qui n'est en somme que l'exagération de cette fonction chez certaines espèces de champignons et en particulier chez les levures. Mais la question est d'une telle importance qu'il y a lieu de la traiter dans un article particulier (voir le mot **Fermentation**).

D. Production de chaleur et de lumière. — Lorsque les champignons respirent normalement, ils doivent produire de la chaleur; ils doivent en produire encore dans la respiration intra-moléculaire; mais en moindre quantité, puisque, comme on l'a vu, ils exhalent beaucoup moins d'acide carbonique. Mais, jusqu'ici, il n'a pas été fait de recherches spéciales sur ce dégagement de chaleur. Par contre, on s'est occupé de la propriété que possèdent certains champignons d'être lumineux dans l'obscurité. Ces champignons sont dits phosphorescents. Les espèces connues actuellement comme phosphorescentes sont, pour la plupart, des espèces des climats chauds; elles appartiennent, presque toutes, à la grande famille des Agaricinés, et principalement au sous-genre *Pleurotus*. Nous citerons les suivantes en indiquant les noms des observateurs qui ont remarqué la phosphorescence.

Corticium cæruleum (Schrad.); espèce indigène croissant sur bois pourrissant. Fries.
Polyporus Emerici Berck.; Australie. Berkeley.
— *annosus* Fr.; sur les pièces de bois. Worthington Smith.
Pleurotus olearius D. C.; espèce croissant sur les oliviers et sur divers autres arbres du sud de l'Europe. Batarra, Tulasne, Fabre.
— *phosphoreus* Berk.; Australie, sur des ruines d'arbres. Gunning.
— *Gardneri* Berk.; sur les feuilles mortes, Australie et Brésil. Gardner, Berkeley.
— *illuminans* Mull. et Berk; sur le bois mort en Australie.
— *fucifer* B. et C. (Porte-flambeau); Amérique du Nord.
— *Lampas* Berk; Australie. Berkeley.
— *noctilucens* Lév.; sur des troncs d'arbres à Manille. Gaudichaud.
— *Prometheus* Berk et C.; sur le bois mort à Hong-Kong.
— *candescens* Mull. et Berk.; sur le bois mort en Australie.
— *igneus* Rumph.; à Amboise. Rumphius.
Collybia longipes Bull.; espèce indigène croissant sur les racines profondes. Rumphius.
— *tuberosa* Bull.; espèce indigène croissant sur les champignons pourris et secs (*Lactarius, Russula, Hydnum*). F. Ludwig.
— *cirrhata* Pers.; espèce indigène croissant aussi sur les débris de champignons (*Armillaria mellea*, etc.). F. Ludwig.
Armillaria mellea Flora dan.; espèce indigène croissant sur les souches dans les bois, et vivant en parasite sur divers arbres. C'est le mycélium fortement développé de cette espèce qui forme ce que les anciens auteurs appelaient *Rhizomorpha subcorticalis* ou *Rhizomorpha subterranea*. Nees, Nöggerath et Bischoff, J. Schmitz, Tulasne, Ludwig, Brefeld.
Xylaria hypoxylon (L.); Ascomycète croissant sur les vieilles souches. Ludwig.
— *polymorpha* (Pers.); croissant aussi sur les vieilles souches. Crié (177).

Chez certaines espèces les organes végétatifs seuls peuvent devenir lumineux; chez d'autres ce sont les organes de la fructification.

L'*Armillaria mellea* rentre dans le premier cas : ce sont les productions mycéliennes en forme de cordon ou de membrane, et, en particulier, les extrémités végétatives et les parties qui sont le siège de nouvelles formations, qui présentent la phosphorescence (Jos. Schmitz, F. Ludwig) (178).

Il en est de même pour le *Xylaria hypoxylon*, dont les filaments mycéliens seuls sont phosphorescents (178). Jamais le phénomène n'a été observé sur les organes fructifères. Ajoutons, en passant, que la phosphorescence présentée quelquefois par le bois pourrissant est due à ces filaments. Il en est encore de même pour les *Collybia* à sclérotes, c'est-à-dire pour les *Collybia tuberosa* et *cirrhata*. Ce sont les sclérotes qui répandent de la lumière pendant leur développement (179).

Chez la plupart des autres champignons cités plus haut, ce sont, au contraire, les organes fructifères qui deviennent phosphorescents. Ce phénomène est surtout remarquable, avec le *Pleurotus olearius*. D'après Tulasne (180), « la totalité de la substance du champignon participe très souvent, sinon toujours à la faculté de briller dans l'obscurité ». Les lamelles, le stipe, des fragments de tige ou de chapeau ont été vus phosphorescents par ce savant.

Quant à l'intensité de la lumière émise, elle varie suivant les espèces, suivant les individus d'une même espèce, et même suivant les parties d'un même individu. Gardner et Gunning rapportent qu'ils ont rencontré un *Pl. phosphoreus* suffisamment lumineux pour permettre de lire des caractères manuscrits, et Worthington Smith (181) parle d'échantillons de *Polyporus annosus*, qu'il a rencontrés sur des pièces de bois dans les houillères de Cardif, qui étaient si lumineux, qu'on pouvait les voir dans l'obscurité à vingt mètres de distance.

La lumière que répandent les champignons phosphorescents n'a pas la même composition chez toutes les espèces : elle est tantôt verdâtre ou jaune verdâtre, tantôt bleuâtre, tantôt blanche avec un léger reflet verdâtre. Ludwig (182) a fait l'étude spectroscopique de celles que donnent l'*Armillaria mellea*, le *Xylaria Hypoxylon* et le *Collybia tuberosa*, et constaté des différences dans le spectre.

Seuls, les organes vivants peuvent être lumineux; le phénomène n'a jamais été observé après la mort. Une certaine énergie vitale est même nécessaire; c'est ainsi que les organes à l'état de repos ne sont jamais phosphorescents. Brefeld (183) a fait à ce sujet des observations concluantes : il a constaté, en étudiant le phénomène sur les cordons mycéliens de l'*Armillaria mellea* que, seules, les parties les plus jeunes, les parties blanches et molles, présentent la phosphorescence, tandis que les parties dures et brunes, c'est-à-dire celles qui sont déjà à l'état de repos, l'ont perdue.

La phosphorescence dépend aussi de la température.

Ludwig (179) a constaté, pour l'*Armillaria mellea*, qu'elle ne se produisait pas au-dessous de 4-5° C., ni au-dessus de 50° C., la température la plus favorable étant 25 à 30° C. D'après Fabre (184), il faut au moins 8 à 10° pour que le *Pleurotus olearius* acquière son maximum d'éclat. En deçà de + 2° et au delà de 50°, la phosphorescence cesse parce que la vie cesse elle-même.

La phosphorescence se produit indifféremment, du moins pour les cordons mycéliens de l'*Armillaria*, que le champignon se soit développé à l'obscurité ou à la lumière. D'après Fabre, le *Pleurotus* de l'olivier est phosphorescent aussi bien pendant le jour que pendant la nuit et l'exposition à la lumière solaire est sans influence sensible sur le phénomène.

L'état hygrométrique de l'air n'influe pas sur la phosphorescence; mais on comprend que la dessiccation de l'organe lumineux la détruise, puisque la mort s'en suit.

Une des conditions les plus importantes de la production de lumière est la présence d'oxygène dans le milieu ambiant. Fabre (184) a constaté, en effet, pour le *Pleurotus olearius*, que la phosphorescence s'éteint dans le vide et dans les gaz irrespirables (hydrogène, acide carbonique, chlore). Il a constaté aussi que la phosphorescence est la même dans l'eau aérée qu'à l'air libre, mais qu'elle n'a pas lieu dans l'eau privée d'air par l'ébullition. D'après le même auteur la phosphorescence ne serait pas activée par l'oxygène pur. D'autres expérimentateurs ont pourtant observé le contraire (Bischoff, d'après Zopf).

Quoi qu'il en soit, la nécessité de la présence de l'oxygène montre bien que la phosphorescence est en rapport avec la respiration. Et, de fait, Fabre a observé que le *Pleurotus olearius* expire proportionnellement plus d'acide carbonique quand il est lumineux que quand il est obscur. C'est ainsi que, dans une de ses expériences portant sur un chapeau de cette espèce, il a constaté que, dans l'espace de 36 heures, à la température de 12° C., 10 gr. de substance lumineuse avaient exhalé 44 centimètres cubes d'acide carbonique, tandis que 10 grammes de substance non lumineuse n'en avait exhalé, dans les mêmes conditions, que 28 centimètres cubes 8.

FABRE a observé également que les facteurs qui influent sur la respiration influent dans le même sens sur la phosphorescence. Il en est ainsi pour l'abaissement de température et la diminution de l'oxygène dans l'air ambiant. Cependant il faut bien admettre que la phosphorescence n'est pas exclusivement déterminée par la respiration, sans quoi on ne s'expliquerait pas qu'elle ne se produise pas chez d'autres espèces chez lesquelles les phénomènes de respiration sont aussi énergiques et même quelquefois plus énergiques. Il est probable que la production de lumière tient à la présence dans le champignon, de substances oxydables particulières. Ce qui tend à le faire croire, c'est que certaines aldéhydes, en s'oxydant lentement au contact de l'oxygène et d'un alcali, présentaient la phosphorescence déjà à la température de 10° (185).

§ III. — Influence des agents physiques sur le développement, la reproduction et la vie des champignons. — A. *Lumière.* — B. *Électricité.* — C. *Chaleur.*

Influence des agents physiques sur le développement, la reproduction et la vie des champignons. — La lumière, l'électricité et la chaleur ne sont pas les seuls agents qui peuvent influer sur les phénomènes généraux de la vie des champignons. D'autres agents, tels que les acides, les alcalis, les sels, les poisons exercent aussi une action bonne ou mauvaise, suivant leur nature et leur concentration. Mais ces derniers, que l'on peut réunir sous la rubrique « agents chimiques », n'interviennent pas dans la végétation ordinaire, de sorte qu'ils nous paraissent devoir être laissés de côté. Les documents qui les concernent trouveront plus naturellement leur place dans l'article consacré à chacun d'eux.

A. **Lumière.** — Nous avons à étudier l'influence de la lumière sur la germination des spores et le développement du mycélium, sur la fructification et finalement sur la végétation du champignon en général.

On sait peu de chose relativement à l'action de la lumière sur la germination des spores et la formation du mycélium.

Pour beaucoup de champignons, l'absence de lumière n'a pas d'influence nuisible. Il est bien connu que beaucoup de moisissures et même de champignons à chapeau poussent un abondant mycélium à l'obscurité. Il en est ainsi pour ceux qui se développent dans les caves sur les vieux tonneaux, les poutres, les cloisons. Il en est de même également pour les champignons qui croissent à l'intérieur des troncs d'arbres, pour les moisissures qui végètent à l'intérieur des fruits (*Rhizopus nigricans* dans les noix), pour les truffes, les *Elaphomyces* et un certain nombre de gastéromycètes dont toute la vie est souterraine.

KNY (186) a constaté, chez la levure de bière, que la multiplication des cellules se produit avec la même rapidité à une lumière modérée qu'à l'obscurité. Cependant, d'après W. LOHMANN (187), qui a étudié l'influence de la lumière électrique et de la lumière solaire sur le développement des *Saccharomyces cerevisiæ* et *Pastorianus*, non seulement une lumière vive, mais encore une lumière diffuse retarderaient cette multiplication. D'autre part, DE BARY (188), pour le *Peronospora macrospora*, et WETTSTEIN (189), pour le *Rhodomyces Kochii*, ont observé que la germination des spores avait lieu plus rapidement à l'obscurité qu'à la lumière.

L'action de la lumière sur les organes de la fructification a été un peu mieux étudiée.

La lumière n'a pas grande influence sur la formation des conidies et des zygospores. Cependant KLEIN (190) a constaté, pour le *Botrytis cinerea* (confirmant une observation antérieure de RINDFLEISCH), que la formation des conidies n'a lieu que pendant la nuit.

Par contre, d'après BREFELD (191) la formation des sporanges du *Pilobolus microsporus* est liée à la présence de la lumière. A l'obscurité, les porte-sporanges avortent sans produire de sporange.

Le développement du fruit de certains Basidiomycètes et particulièrement de certains champignons à chapeau, dépend aussi de la lumière. Il ressort des observations de BREFELD (192) sur le *Coprinus stercorarius*, que le chapeau de cette espèce, qui se forme en un court temps et arrive rapidement à maturité à la lumière, languit à l'obscurité, tandis que le stipe s'allonge beaucoup et reste grêle. Il en est de même pour le *C. ephemerus*, dont le chapeau avorte même le plus souvent à l'obscurité.

Chez les Gastéromycètes souterrains, les fruits se développent à l'obscurité; cependant le *Sphaerobolus stellatus* TODE ne développe son fruit qu'à la lumière (193).

En ce qui concerne les Ascomycètes, WINTER (194) a observé que les fruits des sclérotes du *Peziza Fuckeliana* cessent de se développer à l'obscurité. ZOPF a constaté des faits analogues chez le *Peziza Batschiana* : si les sclérotes sont placés à la surface de la terre, c'est-à-dire exposés directement à la lumière, il se forme des fruits sans pédicelle, tandis que, si les sclérotes sont enfouis dans le sol, les fruits sont plus ou moins longuement pédicellés, ne se formant d'ailleurs que hors du sol. Il en est de même pour le *Peziza tuberosa* et probablement pour beaucoup d'autres pezizes.

On a aussi fait quelques recherches pour connaître l'influence respective des divers rayons lumineux. BREFELD (191) a montré, pour les sporanges du *Pilobolus microsporus* et le fruit du *Claviceps stercorarius*, que ce sont uniquement les rayons les plus réfrangibles du spectre qui favorisent le développement (par exemple la lumière bleue, comme on peut l'obtenir à l'aide d'une solution d'oxyde de cuivre dans l'ammoniaque), tandis que, dans les rayons les moins réfrangibles (lumière jaune), les choses se passent comme à l'obscurité.

D'après KLEIN, l'inverse se passerait pour la forme conidienne du *Peziza Fuckeliana* (*Botrytis cinerea*), en ce sens que la moitié jaune rouge du spectre favorise la formation des spores, tandis que la partie violet bleu l'arrête. Cependant COSTANTIN (195), qui a étudié la question avec des cultures sur pomme de terre et sur gélatine, a toujours vu les appareils conidiens se produire également bien sous l'action des différents rayons de la région lumineuse ou de l'infra-rouge. Il a d'ailleurs fait les mêmes observations sur l'*Amblyosporium umbellatum* CARZ., espèce que l'on rencontre fréquemment à l'automne sur le *Lactarius piperatus*. KRAUS (196) a trouvé, de son côté, que le développement des fruits du *Claviceps microcephala* a lieu aussi bien dans la lumière bleue que dans la lumière jaune.

La lumière exerce encore quelquefois une certaine action sur la direction de l'axe du champignon. Ainsi, lorsque celui-ci est éclairé d'un seul côté, on le voit souvent tourner son axe vers la source de lumière (héliotropisme positif). Il semble que tous les porte-fruits (l'expression étant employée dans le sens le plus large) qui ont besoin de lumière pour se développer, sont héliotropiques positivement. On pourrait en citer de nombreux exemples. L'un des plus connus est le *Mucor Mucedo*. On sait que, pour obtenir une culture de cette moisissure, il suffit d'étaler du crottin de cheval dans un cristallisoir et de placer celui-ci dans un cristallisoir un peu plus grand, de verser de l'eau dans l'espace compris entre les deux et de recouvrir le tout avec une lame de verre. Les spores du *Mucor* que renferme toujours le crottin ne tardent pas à germer dans cette atmosphère humide, et, bientôt, il se forme de longs filaments terminés par un sporange unique. Si la culture est placée à une certaine distance de la fenêtre par où vient la lumière, on voit tous les filaments se pencher dans la direction de cette lumière. Il en est de même pour le *Pilobolus cristallinus* qui se développe presque toujours dans le même milieu, mais un peu plus tard que le *Mucor*, pour le *Phycomyces nitens* (197) et le *Pilobolus microsporus* (191, p. 77).

Électricité. — L'influence de l'électricité sur le développement et la vie des champignons n'a presque pas été étudiée jusqu'ici. Les levures seules, en raison sans doute de leur importance industrielle, ont attiré l'attention à cet égard. Il suffira d'ailleurs de reproduire les conclusions d'un travail de REGNARD sur ce sujet, ces conclusions résumant à peu près tout ce que nous savons (198). Comme DUMAS l'avait déjà observé, le passage des étincelles d'induction est sans influence sur la marche de la fermentation alcoolique. Mais, si l'on envoie sur de la levure humide, pendant cinq minutes, des décharges d'une

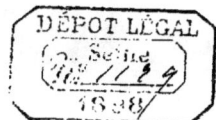

grande bobine donnant des étincelles de 50 centimètres de long, on constate que la fermentation provoquée par cette levure est ralentie.

Si, enfin, on fait passer un courant fourni par 10 éléments de Bunsen dans de l'eau tenant en suspension de la levure, celle-ci est tuée.

Chaleur. — En ce qui concerne les températures basses, on s'est borné jusqu'ici presque exclusivement à étudier leur action sur les levures.

Schumacher (199), P. Bert (200) ont constaté que l'on pouvait exposer à un froid de — 113° C, de la levure humide sans la tuer.

Pictet et Yung (201) ont maintenu de la levure (*S. cerevisiae*) d'abord à la température de — 70° pendant cent huit heures, puis à celle de — 130° pendant vingt heures; les cellules ne présentaient au microscope aucune altération apparente.

D'après Zopf (6), les cellules végétales et les spores du *Saccharomyces Hansenii* Z. peuvent supporter un froid de — 83° pendant plusieurs heures sans perdre leur activité vitale. Il en est de même des conidies brunes de l'*Hormodendron cladosporioides* Fres.

Il est vraisemblable, cependant, que les spores qui ne possèdent pas de membrane protectrice, comme celles des Chytridiacés, des Péronosporés, etc., sont tuées lorsqu'elles se trouvent exposées à une température un peu inférieure à 0°. En tout cas, si certaines espèces vivaces de grands champignons ligneux, comme beaucoup de polypores, peuvent supporter sans dommage les grands froids de l'hiver, c'est un fait bien connu que les espèces charnues, comme les agarics, gèlent à quelques degrés au-dessous de 0.

S'il est intéressant de connaître l'influence du froid sur la vie des champignons, il est non moins intéressant de savoir : 1° quelle est la température la plus basse à laquelle les spores de champignons peuvent germer (*température minimale*); 2° quelle est la température à laquelle les champignons se développent le plus rapidement (*température optimale*), et 3° quelle est la température à laquelle ils cessent de se développer (*température maximale*). Ces températures varient naturellement suivant les espèces; elles varient même, comme l'a constaté Thiele (202), avec la composition du milieu de culture, lorsqu'il s'agit de moisissures.

Berlèze (203) rapporte qu'il a recueilli, sur des feuilles de chou, des spécimens de *Dendryphium rhopaloides* en pleine végétation alors que la température était à peine au-dessous de 0. Voici d'ailleurs les températures minimales de quelques espèces avec les noms des auteurs qui les ont déterminées.

Penicillium glaucum (conidies).	1°,5 à 2° C	D'après Wiesner (204).
Rhodomyces Kochii (conidies).	2° à 4°	— Wettstein (189 .
Botrytis cinerea (conidies).	1° à 6°	— Hoffmann (205).
Ustilago Carbo (spores)	0°,5 à 1°	— —
— *destruens* (spores)	6°	— —
Cystopus candidus (conidies).	5°	— De Bary.

D'après Thiele (202), les spores de *Penicillium glaucum* germent encore à 1°, 5 dans un milieu renfermant soit du glucose, soit de la glycérine, soit du formiate de soude. Dans les mêmes conditions, les spores d'*Aspergillus niger* ne germent qu'à une température un peu plus élevée, et même seulement vers 10° sur le formiate.

Ces températures sont relativement basses; mais il est probable qu'il y a nombre d'espèces pour lesquelles elles sont plus hautes. C'est ainsi, en tout cas, que, d'après Brefeld, elles s'élèvent à 35°-40° pour certaines espèces de *Pilobolus* et d'*Ascobolus*.

Voici un second tableau donnant quelques températures optimales. Le lecteur devra se reporter aux mémoires originaux pour savoir dans quelles conditions elles ont été observées.

Penicillium glaucum.	22° C	D'après Wiesner.
Rhodomyces Kochii	20° à 40°	— Wettstein.
Aspergillus glaucus	13°	— John Olsen (206).
— *flavus* Bref	36°-38°	— —
— *fumigatus* Fres	38°-40°	— —
— *clavatus* Desm.	20°-30°	— —
— *subfuscus* J. Obs.	35°-38°	— John Olsen 206 .

Aspergillus repens	10°-15°	D'après SIEBENMANN (207).
— *niger*.	34°-35°	— RAULIN (132).
— *fumigatus*.	37°-40°	— LICHTEIM (208).
— *albus*.	15°-25°	-- SIEBENMANN (207).
— *ochraceus*.	15°-25°	— —

En ce qui concerne les températures maximales, c'est-à-dire ces températures auxquelles les champignons cessent de se développer sans pourtant mourir, elles n'ont guère été étudiées que pour le *Penicillium glaucum* (40°-43° d'après WIESNER), le *Rhodomyces Kochii* (50° d'après WETTSTEIN) et l'*Aspergillus fumigatus* (52° d'après FRÄNKEL)(209). Ajoutons que cette température varie avec l'alimentation. C'est ainsi que, d'après THIELE, le *P. glaucum* qui se développe parfaitement à 35°-36° sur glycérine ou formiate de soude, ne se développe pas à cette même température dans une solution de glucose à 4 p. 100.

Enfin nous possédons quelques données sur les températures de destruction des spores. Ces températures sont plus élevées en milieu sec qu'en milieu humide. Les spores sont-elles en suspension dans l'eau ou dans une atmosphère saturée de vapeur, une température de 100°, soutenue quelques minutes, suffit, en général, à les détruire. Pour beaucoup de spores mêmes, il suffit dans ces conditions d'une température beaucoup plus basse.

Les spores d'*Ustilago Carbo*, et d'*Ust. destruens* résistent, d'après HOFMANN, à une température de 104°-128° en milieu sec, tandis que, dans l'eau, les premières sont détruites entre 58 et 62°, et les secondes entre 74° et 78°. De même, d'après SCHINDLER, (210) les spores de *Tilletia Caries*, qui perdent déjà leur faculté germinative dans l'eau à 30°, ne sont tuées, en milieu sec, qu'à la température de 95°.

Bibliographie[1]. — **1.** HARTIG (R.). *Traité des maladies des arbres* (traduction de J. GERSCHEL et HENRY (E.), Paris, 1891, 210). — **2.** DE BARY. *Ueber einige Sclerotinien und Sclerotienkrankheiten* (Bot. Z., 1886, nos 22-27). — **3.** MARSHALL WARD. *A lily disease* (Annals of Botany, II, 2, 319, 1888).

4. BOURQUELOT (Ém.). *Les hydrates de carbone chez les champignons* (B. S. Myc., V, 1889, 143). — **5.** BOUDIER (Em.). *Des champignons au point de vue de leurs caractères usuels, chimiques et toxicologiques* (Paris, 1866, 37). — **6.** ZOPF (W.). *Die Pilze* (Breslau, 1890, 119). — **7.** D'après *Justs Jahresbericht* pour 1885, 85. — **8.** KOHLRAUSCH (O.). *Dissertation über einige essbare Pilze und ihren Nahrungswerth* (Göttingen, 1887). — **9.** SIEGEL (O.). *Dissertation über einige essbare Pilze* (Göttingen, 1870). — **10.** SCHMIEDER J. *Ueber Bestandtheile des Polyporus officinalis Fr.* (Arch. Pharm., [3], XXIV, 1886, 641). — **11.** STROHMER. *Beitrag zur Kenntniss der essbaren Schwämme* (Chem. Centralbl., 1887, 165). — **12.** SCHLOSSBERGER (J.) et DŒPPING. *Chemische Beiträge zur Kenntniss der Schwämme* (Lieb. Ann., LII, 1844, 106). — **13.** RENÉ FERRY (Revue mycologique, no 47, juillet 1890). — **14.** BOURQUELOT (Em.). *Présence du chlorure de potassium dans quelques espèces de champignons* (B. S. Myc., X, 1894, 88). — **15.** BOURQUELOT (Em.). *Les hydrates de carbone non sucrés chez les champignons* (B. S. Myc., X, 1894, 133) (Donne la bibliographie du sujet). — **16.** VOSWINKEL. *Ueber das Vorkommen von Xylose lieferndem Gummi* (Ph. Centr., XII, 1891, 505). — **17.** *Ueber die Gegenwart von Mannan in Secale cornutum* (Ph. Centr., XI, 1891, 531). — **18.** GUICHARD (P.). *Contribution à l'analyse des champignons* (B. S. Myc., XI, 1893, 88). — **19.** DREYFUSS (Is.). *Ueber das Vorkommen von Cellulose in Bacillen, Schimmel und anderen Pilzen* (Z. P. C., XVIII, 1893, 358). — **20.** WINTERSTEIN (E.). *Zur Kenntniss der in*

---

1.   ABRÉVIATIONS DES INDICATIONS BIBLIOGRAPHIQUES

Annalen der Chemie und Pharmacie.	*Lieb. Ann.*
Annales des sciences naturelles.	*Ann. Sc. N.*
Archiv der Pharmacie	*Arch. Pharm.*
Berichte der deutschen chemischen Gesellschaft	*D. Ch. G.*
Berichte der d. botan. Gesellschaft	*D. Bot. G.*
Botanische Zeitung.	*Bot. Z.*
Bulletin de la Société botanique de France.	*B. S. Bot.*
Bulletin de la Société mycologique de France.	*B. S. Myc.*
Comptes rendus des séances de la Société de biologie.	*C. R. S. Biol.*
Journal de l'Anatomie et de la Physiologie.	*J. An. Ph.*
Journal de Pharmacie et de Chimie.	*J. Pharm.*
Journal für praktische Chemie.	*J. Pr. Ch.*
Pharmaceutische Centralhalle.	*Ph. Centr.*

Pour les autres abréviations, voir le tableau inscrit en tête du tome I.

den Membranen der Pilze enthaltenen Bestandtheile (Z. P. C., xix, 1894, 521). — **21.** Gillson (E.). *Recherches chimiques sur la membrane cellulaire des champignons (la Cellule,* xi, 1894, 1er fascicule). — **22.** Rolland (L.). *La coloration en bleu développée par l'iode sur divers champignons et notamment sur un agaric (B. S. Myc.,* iii, 1887, 134). — **23.** Bourquelot (Em.). *Présence d'une matière amyloïde dans un champignon de la famille des Polyporés, le Boletus pachypus Fr. (B. S. Myc.,* vii, 1891, 155). (Donne la bibliographie du sujet.) — **24.** Harlay (V.). *Sur quelques propriétés de la matière amyloïde des* Hydnum Erinaceus *et* coralloides *(B. S. Myc.,* xi, 1895, 141). — **25.** De Seynes (J.). *Sur l'apparence amyloïde de la cellulose chez les champignons (C. R.,* 21 avril 1879). — **26.** *Observations sur le Peziza* phlebophora *Berk. et le Ptychogaster albus* C^{da} *(B. S. Bot.,* xxv, 12 avril 1878). — **27.** Belzung (E.-F.). *Recherches sur l'ergot de seigle,* Paris, 1889, 22. — **28.** Errera Léo. *L'épiplasme des Ascomycètes et le glycogène des végétaux,* Bruxelles, 1882. — **29.** *Sur le glycogène chez les Basidiomycètes (Mémoires de l'Académie royale de Belgique,* xxxvii, 1885). — **30.** Biltz (H.). *Chemische Untersuchung der Hirschbrunst (Trommsdorff's Journal,* xi, 2e partie, 3, 1825). — **31.** Ludwig (H.) et Busse (A.). *Ueber einige Bestandtheile der Hirschtrüffel (Arch. Ph.,* clxxxix, 24, 1869). — **32.** Mitscherlich. *Ueber die Mycose, den Zucker des Mutterkorns (Monatsbericht der könig. Akad. zu Berlin,* 2 novembre 1857). — **33.** Berthelot (M.). *Recherches sur les corps analogues au sucre de canne (C. R. S. Biol.,* août 1857). — **34.** Müntz. *Sur la matière sucrée contenue dans les champignons (C. R.,* lxxvi, 649, 1873 et lxxiv, 1182, 1874). — **35.** Bourquelot (Em.). *Sur les matières sucrées des champignons (C. R.,* 18 mars 1889); *les matières sucrées :* 1° *chez les Lactaires (B. S. Myc.,* v, 132, 1889), contient la bibliographie du sujet; 2° *chez les Bolets (B. S. Myc.,* vi, 150, 1890); 3° *chez les espèces du genre* Agaricus L. *(même recueil,* vi, 185, 1890; vii, 185 et 222, 1891; ix, 56, 1893); 4° *chez les autres Agaricinés (*vii, 50, 227 et 228, 1891; viii, 203, 1892; ix, 51, 1893); 5° *chez les Gastéromycètes (*viii, 31); 6° *chez les Hydnes et les Clavaires (*vii, 231); 7° *chez les Ascomycètes (*vii, 121; viii, 196); 8° *chez les Polyporés (*viii, 201). — **36.** Bourquelot (Em.). *Sur la présence et la disparition du tréhalose dans les Champignons (C. R. S. Biol.,* séance du 11 oct. 1890). — **37.** *Sur la nature et les proportions des matières sucrées contenues dans les champignons à différents âges (J. Pharm.,* [5], xxii, 497, 1890). — **38.** *Sur la répartition des matières sucrées dans le cèpe comestible et le cèpe orangé (B. S. Myc.,* viii, 13, 1892). — **39.** *Sur la volémite, nouvelle matière sucrée (J. Pharm.,* [6], ii, 385, 1895). — **40.** Fischer (Em.). *Ueber der Volemit, einen neuen Heptit (D. Ch. G.,* xxviii, 1895, 1973). — **41.** Reinke et Rodewald. *Ueber Paracholesterine aus Æthalium* septicum *(Lieb. Annal.,* ccvii, 229, 1881). — **42.** Tanret (C.). *Sur un nouveau principe immédiat de l'ergot de seigle, l'ergostérine (J. Pharm.,* [3], xix, 225). — **43.** Gérard (E.). *Cholestérines des champignons (B. S. Myc.,* viii, 1892, 169). — **44.** *Sur les cholestérines des Cryptogames (C. R.,* 18 novembre 1895). — **45.** Fritsch (K.). *Beiträge zur chemischen Kenntniss einiger Basidiomyceten (Arch. Pharm.,* [3], xxvii, 1889, 193), — **46.** Gérard (E.). *Recherches sur quelques corps gras d'origine végétale* (Thèse inaugurale, Paris, 1891, 56 et 64). — **47.** Thörner (W.). *Ueber eine neue, im* Agaricus integer *vorkommende organische Saüre (D. Ch. G.,* xii, 1879, 1635). — **48.** Bolley (P.). *Beiträge zur Kenntniss der in den Schwämmen enthaltenen Saüren (Lieb. Ann.,* lxxxvi, 44, 1853). — **49.** Dessaignes (V.). *Notes sur les acides contenus dans quelques champignons (A. C.,* [3], lxxxix, 160, 1854). — **50.** Riegel (E.). *Beiträge z. chem. Kenntn. der Familie der Schwämme (Jahrb. f. prakt. Pharm.,* vii, 223, 1843). — **51.** *Weiterer Beitrag zur... etc. (Jahrb. f. prakt. Pharm.,* xii, 168, 1846). — **52.** Lefort (J.). *Études chimiques du champignon comestible (C. R.,* séance du 21 janv. 1856). — **53.** Gobley. *Recherches chimiques sur les champignons vénéneux (J. Pharm.,* [3], xxix, 81, 1856). — **54.** Lefort (J.). *Analyse chimique de la truffe comestible (J. Pharm.,* [3], xxxi, 440, 1857). — **55.** Lœseke (A. v.). *Beiträge zur Kenntniss essbarer Pilze (Arch. Pharm.,* [3], ix, 133, 1876). — **56.** Böhm (R.) et Külz. *Ueber den giftigen Bestandtheil der essbaren Morchel «* Helvella esculenta *» (A. P. P.,* xix, 403, 1885). — **57.** Zweifel. *Ueber das* Secale cornutum *(A. P. P.,* iv, 407, 1875). — **58.** Kobert. *Ueber die Bestandtheile und Wirkungen des Mutterkorns (A. P. P.,* xviii, 316, 1884). — **59.** Bombelan (d'après Kobert). — **60.** Herrmann. *Beiträge zur chemischen Kenntniss des Mutterkorns (Vierteljahrschr. f. prakt. Pharm.,* xviii, 481, 1869). — **61.** Mjöen (Alfr.). *Zur Kenntniss des im* Secale cornutum *enthaltenen fetten Œles (Arch. Pharm.,* [3], xxxiv, 278, 1896). — **62.** Quélet (L.). *Note sur l'odeur et la saveur des champignons (B. S. Myc.,* ii, 82, 1886).

— **63.** HARZ. *Beitrag zur Kenntniss des* Polyporus officinalis (*Rostoker Dissertation*, 1868). — **64.** FLEURY (G.). *Recherches sur l'Agaric blanc* (J. *Pharm.*, [4], xi, 202, 1870 et xxi, 279, 1875). — **65.** MASING (EM.). *Das Harz des Lärschenschwamms* (*Arch. Pharm.*, [3], vi, 111, 1875). — **66.** JAHNS (E.). *Zur Kenntniss der Agaricinsaüre* (*Arch. Pharm.*, [3], xxi, 260, 1883). — **67.** BACHMANN (E.). *Spectroscop. Untersuchungen von Pilzfarbstoffen* (*Plauen*, 1886). — **68.** ZOPF (W.). *Ueber das Vorkommen eines dem Gummiguttgelb ähnlichen Stoffes im Pilzreich* (*Bot. Z.*, xLVII, 54, 1889). — **69.** KRUKENBERG (W.). *Grundzüge einer vergleichenden Physiologie der Farbstoffe und der Farben* (Heidelberg, 1884, 86). — **70.** ZOPF (W.). *Ueber das mikr. Verh. von Fettfarbstoffen*, etc. (*Zeitschrift f. wissensch. Mikroscopie*, vi, 172, 1889). — **71.** SORBY. *On comparative vegetable Chromatologie* (*Proc. of the Royal Soc. of* [London, xxi, 457, 1873). — **72.** BOUDIER (EM.). *Mémoire sur les Ascobolés* (*Ann. des sciences naturelles*, [5], Botanique, x, 1869). — **73.** ZOPF (W.). *Ueber Telephoren-Farbstoffe* (B. Z., xLVII, 69, 1889). — **74.** STAHLSCHMIDT. *Ueber eine neue, in der Natur vorkommende organische Saüre* (*Lieb. Ann.*, cLXXXVII, 177, 1877). — **75.** HARLAY (V.). *Sur une réaction colorée de la cuticule du* Lactarius turpis (B. S. *Myc.*, xii, 156, 1896). — **76.** BÖHM (R.). *Beitr. z. Kennt. d. Hutpilzen in ch. und tox. Beziehung* (A. P. P., xix, 61, 1885). — **77.** OUDEMANS (C.). *Sur l'acide rhizopogonique* (*Recueil des travaux chimiques des Pays-Bas*, ii, 155, 1883). — **78.** SCHRÖTER. *Ueber einige durch Bacterien gebildete Pigmente* (*Beitr. zur Biol. d. Pfl.*, i, 117, 1872). — **79.** BLEY (L.). *Chemische Untersuchung eines eigenthumlichen grünen Farbstoffs in abgestorbem Holze* (*Arch. Pharm.*, cxLIV, 129, 1858). — **80.** FORDOS. *Recherches sur la coloration en vert du bois mort; nouvelle matière colorante* (C. R., LVII, 50, 1863). — **81.** PRILLIEUX. *Sur la coloration en vert du bois mort* (B. S. *Bot.*, xxiv, 169, 1877). — **82.** ROMMIER (A.). *Sur une nouvelle matière colorante appelée Xylindéine et extraite de certains bois morts* (C. R., LXVI, 108, 1868). — **83.** LIEDERMANN (C,). *Ueber Xylindeïn.* (D. Ch. G., vii, 1102, 1874). — **84.** DRAGENDORFF et PODWYSSOTZKI. *Ueber die wirksamen und einige andere Bestandtheile des Mutterkornes* (A. P. P., vi, 174, 1877). — **85.** HARTWICH (C.). *Ueber das Mutterkorn von* Molinia caerulea (*Wochenschr. f. Chem und Pharm.*, 1895, 13; traduit dans *Bull. de la Soc. myc. de France*, xi, 139, 1895). — **86.** THÖRNER (W.). *Ueber in einer Agaricus-Art vorkommenden chinonenartigen Körper* (D. Ch. G., xi, 533, 1878). — *Ueber den in* Ag. atrotomentosus *vorkommenden chinonartigen Körper* (D. ch. G., xii, 1630, 1879). — **87.** SCHRÖTER. *Ueber einige durch Bacterien gebildete Pigmente* (*Beitr. zur Biol. d. Pfl.*, ii, 116). — **88.** WEISS (A.). *Ueber die Fluorescenz der Pilzfarbstoffe* (*Sitz. d. Wiener Akad.*, xci, 446, 1885). — **89.** PHIPSON. *On the coulouring matter* (rubérine) *and the Alkaloid contained in* Agaricus ruber (*Chem. News*, xLVI, 199, 1882). — **90.** GRIFFITHS (A. B.). *Sur la composition du pigment rouge de l'Amanita muscaria* (C. R., cxxii, 1342, 1896). — **91.** REINKE. *Die Farbstoff der* Penicilliopsis clavariæformis *Solms* (*Annales du jardin botanique de Buitenzorg*, vi, 73, 1886). — **92.** ZOPF (W.). *Zur Kenntniss den Färbungserscheinungen niederer Organismen* (*Mitth. aus d. krypt. Lab. d. Univ. Halle*, Heft, 2, 3, 1892). — **93.** BOURQUELOT (EM.) et BERTRAND (G.). *Sur la coloration des tissus et du suc de certains champignons au contact de l'air* (B. S. *Myc.*, xi, p. xxxix, 1895 et xii, 27, 1896). — **94.** BERTRAND (G.). *Sur une nouvelle oxydase ou ferment soluble oxydant, d'origine végétale.* (B. S. Ch., [3], xv, 793, 1896). — **95.** BOURQUELOT (EM.). *Sur un empoisonnement par les champignons survenu à Jurançon le 16 septembre 1892* (B. S. *Myc.*, viii, 162, 1892). — **96.** HARNACK. *Untersuch. über Fliegenpilz-Alkaloide* (A. P. P., iv, 168, 1875). — **97.** BRIEGER (L.). *Die Quelle des Trimethylamins im Mutterkorn* (Z. P. C., xi, 184, 1886). — **98.** SCHMIEDEBERG et KOPPE. *Muscarin, das Alkaloid des Fliegenschwamm* (*Vierteljahrsch. f. Pharm.*, xix, 276, 1870. Résumé d'un mémoire publié à Leipsig en 1869). — **99.** TANRET. *Sur la présence d'un nouvel alcaloïde, l'ergotinine, dans le seigle ergoté* (C. R., LXXXI, 896, 1875, et LXXXVI, 888, 1878). — **100.** SCHULZE (E.) et BOSSHARD (E.). *Ueber Vernin* (Z. p. C., x, 80, 1887). — **101.** RADEMAKER et FISCHER. *Ueber Ustilagin und die andere Bestandtheile von* Ustilago Maydis *d'après Chem. Centralbl.*, 1257, 1887). — **102.** BOURQUELOT (EM.) et HARLAY (V.). *Recherches et présence de la tyrosine dans quelques champignons* (B. S. *Myc.*, xii, 153, 1896). — **103.** LIETZ (AL.). *Ueber die Vertheilung des Phosphors in einzelnen Pilzen*, etc. (*Inaug. Dissertation*, Jurjew, 1893). — **104.** HOPPE-SEYLER (F.). *Ueber Lecithin und Nuclein in der Bierhefe* (Z. p. C., ii, 427, 1879). — **105.** MÖRNER (TH.). *Beiträge zur Kenntniss des Nährwerthes einigen essbaren Pilze* (Z. p. C., x, 503, 1886). — **106.** SIEBER. *Beiträge zur Kenntniss der chemischen Zusammensetzung der Schimmelpilze*

(*J. pr. Ch.*,[2], XXIII, 412, 1881). — **107.** Nägeli (*Sitzungsber. d. Münchener Akad.*, 1878). — **108.** Klein. *Zur Kenntniss des* Pilobolus (*Jahrb. f. wissensch. Botanik*, VIII, 337, 1872). — **109.** Van Tieghem. *Nouvelles recherches sur les Mucorinées* (*Ann. sc. n.*, [6], I, 24, 1873). — **110.** Stutzer. *Ueber das Vorkommen von Nuclein in den Schimmelpilzen und in der Hefe* (*Z. p. C.*, VI, 572, 1882). — **111.** Kossel (A.). *Ueber Xanthin und Hypoxanthin* (*Z. p. C.*, VI, 422, 1882), et *Zur Chemie des Zellkerns* (*Z. p. C.*, VII, 7, 1883). — **112.** *Weitere Beiträge zur Chemie des Zellkerns* (*Z. p. C.*, X, 248, 1886). — **113.** Author (C.). *Ueber den Saccharomyces apiculatus* (*Z. p. C.*, XII, 558, 1888). — **114.** Fischer (Em.) et Lindner (P.). *Ueber die Enzyme von* Schizo-Saccharomyces octosporus *und* S. Marxianus (*D. Ch. G.*, XXVIII, 984, 1895). — **115.** Gayon (U.). *Sur l'inversion et sur la fermentation alcoolique du sucre de canne par les moisissures* (*C. R.*, LXXXVI, 52, 1878). — **116.** Bourquelot (Em.) et Graziani. *Sur quelques points relatifs à la physiologie du* Penicillium Duclauxi *Delacr.* (*C. R. S. Biol.*, [9], III, 853, 1891). — **117.** Bourquelot (Em.) et Hérissey (H.). *Les ferments solubles du* Polyporus sulfureus (*B. S. Myc.*, XI, 235, 1895). — **118.** Bourquelot (Em.). *Recherches sur les propriétés physiologiques du maltose* (*J. An. Ph.*, 1886, 162). — **119.** *Recherches sur les propriétés physiologiques du maltose* (*C. R.*, X, 248, 1886). — **120.** *Sur un ferment soluble nouveau dédoublant le tréhalose en glucose* (*C. R.*, 17 avril 1893). — **121.** *Remarques sur les ferments solubles sécrétés par l'* « Aspergillus niger V. Tghm. *et le* Penicillium glaucum Link » (*C. R. S. Biol.*, 17 juin 1893). — **122.** Fischer (Em.). *Einfluss der Configuration auf die Wirkung der Enzyme* (*D. Ch. G.*, XXVII, 3481, 1894). — **123.** Bourquelot (Em.). *Sur l'hydrolyse du raffinose par les ferments solubles* (*J. Pharm.*, [6], III, 390, 1896). — **124.** Bourquelot (Em.) et Hérissey (H.). *Sur l'hydrolyse du mélézitose* (*J. Pharm.*, [6], IV, 385, 1896). — **125.** Duclaux. (*Chimie biologique*, Paris, 1883, 142 et 195.) — **126.** Atkinson. *Memoirs of the science department*, Tokio Daigaku, 1881). — **127.** Kosmann (C.). *Recherches chimiques sur les ferments contenus dans les végétaux* (*B. S. C.*, [2], XXVII, 251, 1877). — **128.** Bourquelot (Em.). *Inulase et fermentation alcoolique indirecte de l'inuline* (*C. R. S. Biol.*, 1893, 481). — **129.** *Présence d'un ferment analogue à l'émulsine dans les champignons* (*C. R.*, 11 septembre 1893). — **130.** *Présence d'un ferment analogue à l'émulsine dans les champignons* (*B. S. Myc.*, X, 49, 1894). — **131.** Gérard (E.). *Présence, dans le* Penicillium glaucum, *d'un ferment agissant comme l'émulsine* (*C. R. S. Biol.*, 17 juin 1893). — **132.** Bourquelot (Em.) et Hérissey (H.). *Action de l'émulsine de l'*Aspergillus niger *sur quelques glucosides* (*B. S. Myc.*, XI, 199, 1895). — **133.** Hérissey (H.). *Étude comparée de l'émulsine des amandes et de l'émulsine de l'*Aspergillus niger (*C. R. S. Biol.*, 1896, 640). — **134.** Bourquelot (Em.): *Les ferments solubles de l'*Aspergillus niger (*B. S. Myc.*, IX, 1893, 230). — **135.** Hansen (Chr.). *Rech. sur la physiologie et la morphol. des ferments alcooliques* (*Travaux du Labor. de Carlsberg*, résumé français, II, 1888, 147). — **136.** Brefeld (O.). *Untersuchungen über die Entwickelung von* Empusa. Halle, 1871. — **137.** Bourquelot (Em.). *Les ferments solubles (diastases-enzymes)*, Paris, 1896. — **138.** Zopf (W.). *Zur Kenntniss der Infectionskrankheiten niederer Thiere und Pflanzen* (*Nova acta*, LII, 18). — **139.** Gérard (E.). *Sur une lipase végétale extraite du* Penicillium glaucum (*B. S. Myc.*, XVIII, 182, 1897). — **140.** Schönbein. *Ueber die Selbstbläuung einiger Pilze und das Vorkommen von Sauerstofferregern und Sauerstoffträgern in der Pflanzenwelt* (*Verhandl. d. Naturf. Gesells. in Basel*, 1856, 339). — *Ueber die Anwesenheit beweglich-thätigen Sauerstoffs in organischen Materien* (*J. Pr. Ch.*, CII, 155, 1867). — *Ueber das Vorkommen des thätigen Sauerstoffs in organischen Materien* (Même recueil, CV, 198, 1868). — **141.** Bourquelot (Em.). *Nouvelles recherches sur les ferments oxydants des champignons* (*J. Pharm.*, [6], IV, 145, 1896). — **142.** Bourquelot (Em.) et Bertrand (G.). *Les ferments oxydants dans les champignons* (*B. S. Myc.*, XII, 18, 1896). — **143.** *La laccase dans les champignons* (*C. R. S. Biol.*, [10], II, 579, 1895). — **144.** Bourquelot (Em.). *Les ferments oxydants dans les champignons* (*C. R. S. Biol.*, [10], III, 811, 1896). — **145.** *Influence de la réaction du milieu sur l'activité du ferment oxydant des champignons* (*C. R. S. Biol.*, [10], III, 825, 1896, et *C. R.*, séance du 20 juillet 1896). — **146.** *Des composés oxydés par le ferment oxydant des champignons* (*C. R.*, séance du 27 juillet 1896). — **147.** *De l'action du ferment oxydant des champignons sur les phénols proprements dits* (*J. Pharm.*, [6], IV, 241, 1896). — **148.** *Son action sur quelques dérivés éthérés des phénols* (*J. Pharm.*, [6], IV, 440, 1896). — **149.** *Son action sur les amines aromatiques* (*J. Pharm.*, [6], V, 8, 1897). — **150.** *Mécanisme de la coloration du chapeau des champignons* (*B. S. Myc.*, XIII, 65, 1897). — **151.** Raulin (J.). *Études chimiques sur la végétation* *des Mucédinées* (*C. R.*, LVII, 228, 1863). — **152.** *Études chimiques sur la végétation* (Thèse pour le doctorat ès sciences physiques, Paris, 1870). — **153.** WINOGRADSKI. *Ueber die Wirkung äussere Einflüsse auf die Entwickelung von Mycoderma vini* (*Bot. Centralblatt*, xx, 165, 1884). — **154.** MOLISCH. *Die mineralische Nährung niederer Pilze* (d'après un résumé publié dans *Ph. Centr.*, XXXVII, 101, 1896). — **155.** DIAKONOW. *Organische Substanz als Nährsubstanz* (*D. bot. G.*, v, 380, 1887). — **156.** PURIEVITSCH (K.). *Ueber die Stickstoffassimilation bei den Schimmelpilzen* (*D. bot. G.*, XIII, 1895, 342). — **157.** LAURENT (EM.). *Recherches physiologiques sur les levures* (*Ann. de la Soc. belge de microscopie*, XIV, 31-120, 1888). — **158.** ZOPF (W.). *Oxalsäuregahrung bei einem typischen Saccharomyceten* (*D. bot. G.*, 94, 1889). — **159.** WEHMER (C.). *Studie über den Einfluss von Eiweisssubstanzen auf die Excrete der Pilze* (d'après *Just's Jahresbericht*, 1892, 192). — **160.** MARCHAL (EM.). *De l'action des moisissures sur l'albumine* (*Bull. de la Soc. belge de microscopie*, XIX, 65, 1893). — **161.** NÄGELI. *Ueber die Fettbildung bei niederen Pilzen* (*Unters. über niedere Pilze*, Munich, 1882). — **162.** BOURQUELOT (EM.). *Sur l'époque de l'apparition du tréhalose dans les champignons* (*B. S. myc.*, IX, 11, 1893). — **163.** *Sur un artifice facilitant la recherche du tréhalose dans les champignons* (*B. S. Myc.*, VII, 208, 1891). — **164.** MÜNTZ (A.). *Recherches sur les fonctions des champignons* (*A. C.*, [5], VIII, 56, 1876). — **165.** BOURQUELOT (EM.). *Sur la présence et la disparition du tréhalose dans l'agaric poivré* (*B. S. Myc.*, VII, 5, 1891). — **166.** BOUDIER (EM.). *De l'effet pernicieux des champignons sur les arbres et les bois* (*Bull. de la Soc. d'horticulture de Senlis*, 1887). — **167.** WENT (F.). *Die Schwefelkohlenstoffbindung durch Schizophyllum lobatum* (*D. Bot. G.*, 1896, 158). — **168.** BORZCOW. *Zur Frage über die Ausscheidung des freien Ammoniaks bei den Pilzen* (*Mél. biol.* — *Bull. de l'Acad. imp. de St-Pétersbourg*, XIV, 1, 1868, d'après ZOPF.) — **169.** WOLF et ZIMMERMANN. *Beiträge zur Chemie und Physiologie der Pilze* (*Bot. Z.*, XXIX, 280, 1871). — **170.** DUMAS. *Recherches sur la fermentation alcoolique* (*A. C. P.*, [5], III, 57, 1874). — **171.** GUYON (U.) et DUBOURG (E.). *Sur la sécrétion anormale des matières azotées des levures et des moisissures* (*C. R.*, CII, 978, 1886).

172. MÜNTZ (A.). *Recherches sur les fonctions des champignons* (*A. C.*, [5], VIII, 67, 1876). — **173.** BONNIER (G.) et MANGIN (L.). *Recherches sur la respiration et la transpiration des champignons* (*Ann. S. n.*, [6], XVII, 210, 1884). — **174.** GRISCHOW. *Physikalisch-chem. Untersuchungen über die Athmung der Gewächse*, 169, Leipzig, 1819). — **175.** PFEFFER. *Ueber intramoleculare Atmung* (*Unters. aus. d. bot. Int. zu Tübingen*, I, 653). — **176.** DIAKONOW. *Intramoleculare Athmung und Gährtthätigkheit der Schimmelpilze* (*D. Bot. G.*, IV, 2, 1886). — **177.** CRIÉ (L.). *Sur quelques nouveaux cas de phosphorescence dans les végétaux* (*C. R.*, XCIII, 853, 1881). — **178.** LUDWIG (F.). *Ueber die Phosphorescenz der Pilze und der Holzes* (*Dissertation*, 1874). — **179.** *Agaricus cirrhatus* Pers., *ein neuer phosphorescirender Pilz*, Hedwigia, 1885, 230). — **180.** TULASNE (L.-R.). *Sur la phosphorescence spontanée de l'Agaricus olearius D. C.*, *du Rhizomorpha subterranea Pers. et des feuilles mortes du chêne* (*Ann. Sc. N.*, [3], IX, 338, 1848). — **181.** COOKE (C.) et BERKELEY (J.). *Les champignons*, Paris, 1875, 101). — **182.** LUDWIG (F.). *Spectroskopische Untersuchung photogener Pilze* (*Zeitschr. f. wissensch. Mikroskopie*, I, 181, 1884). — **183.** BREFELD (O.). *Schimmelpilze*, III, 170. — **184.** FABRE. *Recherches sur la cause de la phosphorescence de l'Agaric de l'olivier* (*Ann. Sc. N.*, [4], IV, 179, 1855). — **185.** RADZISZCOWSKI. *Das Leuchten von Pflanzen und Thieren* (*Bot. Centralblatt*, VII, 325, 1881; original dans *Kosmos*, 1880).

186. KNY. *Beziehungen des Lichtes zur Zelltheilung bei* Saccharomyces cerevisiæ (*D. Bot. G.*, 1884, 129). — **187.** LOHMANN (W.). *Ueber den Einfluss des intensivem Lichtes auf die Zellteilung bei* Saccharomyces cerevisiæ *und anderen Hefen* (*Inaug. Diss.* Rostock, 1896). — **188.** DE BARY. *Développement des champignons parasites* (*Ann. Sc. N.*, [4], XX, 39, 1863. — **189.** WETTSTEIN. *Unters. über einen neuen pfl. Parasiten des menschl. Körpers* (*Sitzungsb. d. Wiener Ak.*, XLI, 1885, 39). — **190.** KLEIN. *Ueber die Ursachen der ausschliesslich nächtlichen Sporenbildung von Botrytis cinerea* (*Bot. Z.*, XLIII, 1885, 6). — **191.** BREFELD (O.). *Schimmelpilze*, IV, 76. — **192.** *Schimmelpilze*, IV, 87. — **193.** *Unters. aus dem Gesammtg. d. Mycologie*, Heft VIII, 287. — **194.** WINTER. *Heliotropismus bei Peziza Fuckeliana* (*Bot. Z.*, 1874, p. 1). — **195.** COSTANTIN (J.). *Notes sur la culture de quelques champignons* (*B. S. Myc.*, V, 112, 1889). — **196.** KRAUS. *Versuche mit Pflanzen im farbigen Licht* (*Bot. Z.*, 1876, 500). — **197.** CARNOY (*Bull. de la Société royale de botanique de Belgique*, IX, 1890). — **198.** REGNARD (P.). *Influence des divers agents physiques sur la fermentation alcoolique* (*C. R. S. Biol.*, [8], III, 197, 1886). — **199.** SCHUMACHER (EM.). *Beitr. z. Morph. und Biol. der*

Hefe (*Sitz. der Wiener Akad.*, LXX, 157, 1874). — 200. BERT (P.). D'après ZOPF. — 201. PICTET et YUNG. D'après ZOPF. — 202. THIELE (R.). *Die Temperaturgrenzen der Schimmelpilze in verschiedenen Nährlösungen (Inaug. Diss.* Leipsig, 1896). — 203. BERLESE (A.-N.). *Sur le développement de quelques champignons nouveaux ou critiques (B. S. Myc.*, VIII, 94, 1892). — 204. WIESNER (*Sitzungsb. d. Wiener Akad.*, LXVIII, 1, 5, 1875). — 205. HOFFMANN (H.). *Untersuch. über die Keimung der Pilzsporen (Jahrb. f. wissenschaftl. Botanik*, II, 267, 1860). — 206. OLSEN (JOHAN) (D'après *Just's Jahresb*, 475, 1886). — 207. SIEBENMANN. *Die Fadenpilze* Aspergillus, etc. (Wiesbaden, 1883, 24). — 208. LICHTEIM. *Ueber pathogene Schimmelpilze (Berl. klin. Wochenschr.*, 10, 1882). — 209. FRANKEL (A.). (*Deutsch. med. Wochensch.*, 546, 1885, d'après ZOPF). — 210. SCHINDLER. *Ueber den Einfluss versch. Temperaturen auf die Keimfähigkeit der Steinbrandsporen (Forschr. auf dem Geb. der Agriculturphysik*, III, 1880, d'après ZOPF.   )

EMILE BOURQUELOT.

CHANOROLÉIQUE (Acide) $(C^{18}H^{32}O^2)$. — Acide oléique spécial que renferme l'huile de graines de chénevis (*D. W.*, (2), 1055).

CHAT. —

SOMMAIRE. — CHAPITRE Ier. — **Zoologie.** — 1. **Classification des Felidæ.** — 2. **Le chat domestique; Origine et Races.** — CHAPITRE II. — **Physiologie du chat.** — 1. **Contention.** — 2. **Sang et circulation.** — 3. **Respiration.** — 4. **Digestion.** — 5. **Chaleur animale.** — 6. **Nutrition.** — 7. **Sécrétion urinaire.** — 8. **Mouvements.** — 9. **Système nerveux.** a) *Centres nerveux. Conformation extérieure de l'encéphale.* — b) *Poids du système nerveux central.* — c) *Localisations psycho-motrices.* — d) *Système nerveux périphérique.* — e) *Grand sympathique.* — f) *Appareil auditif.* — g) *Appareil visuel.* — h) *Influence du système nerveux sur la sécrétion de la sueur*. — 10. **Reproduction.**

CHAPITRE PREMIER
Zoologie.

Le chat est le représentant d'un genre bien délimité dans la famille des *Felinæ*, genre que LINNÉ[1] a décrit sous le nom de *Felis*. — Les *Felidæ* ont été divisées en quatre familles : les trois premières (*Cryptoproctinæ, Nimravinæ, Machacrodinæ*) sont toutes éteintes ; la quatrième (*Felinæ*) est représentée à l'époque actuelle par sept genres : *Cynailurus, Uncia, Neofelis, Catolynæ, Ailurina, Felis* et *Lynchus*.

1. Classification des Felidæ [1].

FELIDÆ.	1° Plantigrades, 5 doigts partout; 36-32 dents. Cryptoproctinæ . . .			Cryptoprocta. Prém. $\frac{4}{4}$). Ailurictis . . .		Fossiles.
	2° Digitigrades. 5 doigts en avant. 4 doigts en arrière.	32-30 dents; canines très développées en forme de sabre ou de poignard	Nimravinæ		9 genres tous fossiles.	
			Machacrodinæ . . .		3 genres tous fossiles.	
		30-28 dents. Felinæ . .	Ongles non rétractiles; pupille ronde; orbite ouverte en arrière; Prémol. $\frac{2}{2}$			Cynailurus.
			Ongles rétractiles.	Pupille ronde.	Prémol. $\frac{2}{2}$	Uncia.
					Prémol. $\frac{1}{2}$	Neofelis.
				Pupille verticale.	Orbite fermé en arrière . . . Prémol. $\frac{2}{2}$	Catolynæ. Ailurina.
					Orbite ouvert en arrière. Prém. $\frac{2}{2}$ Felis. Prém. $\frac{1}{2}$ Lynchus.	

1. TROUESSART (Art. « Chat », *Grande Encyclopédie*).

Genre Felis. — Les principaux caractères de ce genre sont : la tête et le museau arrondis ; le nez terminé par un mufle assez petit ; la langue couverte des papilles cornées ; pupille verticale[1] ; prémolaires $\frac{2}{2}$; corps revêtu d'une fourrure très belle ; ongles rétractiles. Leur régime est par excellence carnassier, ce qui a contribué à développer leurs sens, la vigueur et l'agilité.

Le genre Felis contient les espèces suivantes : lion, tigre, couguar, pouma, jaguar, panthère, léopard, serval (chat tigre), arimou (panthère noire de Java), tigre à queue de renard, once, ocelot, guépard et chat proprement dit.

Il résulte des recherches de FILHOL[2] que la famille des *Felidæ* a eu comme représentant le plus direct dans l'époque tertiaire, le genre *Proailurus*, qui à son tour n'était qu'un dérivé de *Mustela*, par la simplification du système dentaire. — Le *Proailurus* était plantigrade et avait les machoires plus allongées que celles du chat actuel ; il vivait dans l'éocène supérieur et le miocène. — Le genre *Pseudælurus* (Gervais) diffère du genre précédent par l'absence de la tuberculeuse inférieure et par la diminution du nombre des tubercules aux restantes. — A la même époque on trouve encore les genres *Pogonodon* (COPE), *Hoplophoneus* (COPE). — Les véritables chats (*Felinæ*) font leur apparition dans le miocène, et, à cette époque, ils sont représentés en Europe par les espèces suivantes : *Felis ogygia, Felis attica, Felis antideluviana.* — Dans le pliocène on trouve les espèces : *Felis brevirostris, Felis issiodorensis, Felis turnauensis.* — Dans le quaternaire on trouve : *Felis Catus, Felis Caffra, Felis Serval.*

Il y a trois espèces principales dans le groupe des chats proprement dits : *Felis manul* (MANUL), *Felis maniculata* (chat ganté), *Felis Catus* (chat ordinaire).

2° Le chat domestique. — Origine. — Races. — Une question, qui se pose préalablement, est celle-ci : le chat qui vit dans nos habitations est-il un animal domestique ? A ce propos, voici qu'elle est l'opinion de GAYOT[3] : « Les carnivores, moins peut-être que le chien, n'ont pas accepté le joug de la domesticité ; ils en sont restés à l'apprivoisement. Ainsi le chat nous est nécessaire pour nous garantir contre la multiplication indéfinie de plusieurs rongeurs qui se font, malgré nous, nos hôtes incommodes, comme l'ichneumon et la mangouste des Indes sont nécessaires dans d'autres climats pour délivrer les habitations des reptiles qui viennent y faire élection de domicile. Cependant la soumission de ces animaux n'est pas entière. Nul animal de proie n'abdique sa liberté absolue. Celui-ci conserve toujours le désir de la reprendre ou les moyens de la reconquérir dans l'*état* de nature. Il possède des armes, l'instinct de la chasse, l'énergie de la domination et de la destruction. Rongeant ses fers avec un impérissable regret, il frémit à l'aspect du maître et n'accepte qu'en grondant la pâture de sa main. »

Cependant, si l'on se tient au sens propre du mot, le chat est plus qu'apprivoisé, puisqu'il se reproduit dans nos maisons, en transmettant à ses petits le peu de soumission qu'il a subi. Mais il est moins que domestique, si par état domestique nous comprenons, non seulement la vie dans l'entourage de l'homme, mais encore la complète subordination à sa domination et à ses services. Le peu d'obéissance qu'il nous prête prouve que, malgré le temps assez long depuis qu'il se trouve dans notre société, il a gardé ses velléités d'indépendance qu'il met à son profit assez souvent. L'intelligence et la ruse ne lui font nullement défaut, et, s'il aime notre société, c'est qu'il trouve chez nous plus facilement sa nourriture.

Les Hébreux ne connaissaient probablement pas le chat, car la Bible ne parle nulle part de cet animal. Tout semble prouver que c'est dans l'Égypte et surtout dans les pays du Nil supérieur, que le chat s'est approché de l'homme. Ce chat appartient à l'espèce : *Felis maniculata* (chat ganté) et, d'après VIRCHOW et NEHRING[4], il faut remonter au temps de la XIIᵉ dynastie (3000 ans avant notre ère) pour trouver l'origine

1. JOHNSON, P. (*Zool. Soc. Lond.*, 1894, 481) par l'examen des yeux de 180 chats domestiques et des différents félidæ du Jardin zoologique de Londres, à l'état normal ou après l'instillation d'atropine ou de cocaïne, arrive à la conclusion que la forme naturelle de la pupille est circulaire.

2. Cité par TROUESSART, *loc. cit.*

3. LAROUSSE, *Grand dictionnaire Universel du XIX siècle* (Domestication).

4. Cités par CORNEVIN (*Zootechnie des petits mammifères*, 1897).

de ce rapprochement. Les monuments de l'Égypte antique prouvent que le chat était considéré par les Égyptiens comme un animal sacré. Le chat représentait le dieu de la musique ; la chatte, la déesse de l'amour. Hérodote[1] (430 ans avant J.-C.) mentionne dans sa description le chat, qu'il appelle *Aioluros* et qui était utilisé pour détruire les petits rongeurs nuisibles (souris, rats, etc.). Les Romains l'adoptèrent vers le IVe siècle de notre ère. Ils le désignent sous le nom de *Catus*, d'où est dérivé κατος dans le langage byzantin. C'est seulement vers le Xe siècle que le chat s'est répandu dans l'Europe occidentale et cela tient probablement à ce qu'on ne connaissait pas encore dans ces régions la souris, le rat, etc. Ces petits rongeurs ont été apportés par les invasions barbares qui venaient de l'Asie, et alors l'extension du chat dans toute l'Europe s'est accompli relativement en très peu de temps. Mais la question est de savoir si ce chat de l'Europe provient exclusivement du chat ganté (*Felis maniculata*), ainsi que plusieurs naturalistes sont inclinés à le croire. Il est très probable que les Grecs et les Romains ont apporté de l'Égypte leurs chats et d'après Pictet le mot *Catus* même est d'origine africaine. En poursuivant l'évolution de ce mot, on trouve, en effet, qu'il y a une grande ressemblance entre *Catus* et *Kato* (syriaque) et *Kith* (arabe). Il est probable toutefois que le chat ganté n'est pas la souche unique de tous les chats apprivoisés de l'Europe. En effet, comme le fait remarquer Cornevin, les données paléontologiques prouvent qu'à cette époque il existait dans l'Europe occidentale un très grand nombre de représentants du chat commun, qui vivaient à l'état sauvage. On ne peut pas exclure l'intervention de ce chat autochtone sauvage dans la production du chat apprivoisé, et les nombreuses affinités qu'on observe entre le chat de nos maisons et celui qui vit encore à l'état sauvage dans l'Europe, viennent corroborer cette opinion.

Quant au chat manul (*Felis Manul*), il n'est pour rien dans la production du chat européen, étant donnée la sévérité avec laquelle cette espèce garde son aire géographique (Tartarie, Mongolie). Et puis il y a une grande différence de taille entre ces deux espèces, car le chat manul est plus grand qu'un renard.

Races. — Nous suivons, dans l'étude des races du chat, la classification de Cornevin[2]. La queue étant considérée comme caractère principal, les oreilles et la fourrure comme caractères secondaires, on peut trouver dans l'espèce du chat domestique les races suivantes :

I. Races à queue normale.

1. *Races à oreilles petites et dressées.*

a) *Race commune.* — Oreilles assez petites, velues à l'extérieur ; à peu près nues à l'intérieur. Queue longue et effilée. Poils courts. — Poids moyen = 4^{kgr} ; poids de la peau $0^{kgr},580$; poids du cerveau = $0^{kgr},32$.

b) *Race nègre ou de Gambie.* Peau noire, ridée ; fourrure courte, grise bleuâtre, oreilles un peu nues.

c) *Race de Chartreux.* Pelage long et laineux, de couleur bleuâtre, foncée uniforme.

d) *Race d'Angora.* Poils longs fins, très fourrés, particulièrement au cou, au ventre et à la queue. — Lèvres et dessous des pieds rosés.

2. *Race à oreilles tombantes.*

Race chinoise. Oreilles pendantes à la façon de celles du blaireau.

II. Races à queue courte.

a) *Race malaise* (de Siam). Queue de longueur moindre que celle du chat européen, parfois déjetée de côté ou tordue sur elle-même. Quelquefois la queue porte une nodosité à son extrémité ; oreilles, masque et partie inférieure des membres, noirs.

III. Races anoures.

Race de l'île du Man. — Queue indiquée par un simple moignon. Pelage uniformément noir.

1. Cité par Percheron (*Le chat*, 1885).
2. *Loc. cit.*

CHAPITRE II

Physiologie du chat.

Nous avons cherché à réunir dans cette sommaire description les données spéciales à la physiologie du chat. Il y a certainement un grand rapprochement entre la physiologie du chat et celle de tous les carnassiers en général, mais c'est plutôt par déduction que cette ressemblance est établie, car les expériences faites sur le chat lui-même ne sont pas très nombreuses.

1° **Contention du chat.** — Parmi tous les animaux qui fréquentent les laboratoires de physiologie, le chat est le plus difficile à manier. Les dents et les griffes, qu'il met en usage avec tant d'adresse, inspirent toujours de la réserve aux personnes qui veulent le saisir. Il est donc extrêmement difficile de l'attacher sur une table avant qu'il soit anesthésié.

L'anesthésie du chat est encore une opération délicate, et le nombre des substances qu'on peut employer à cet effet est relativement restreint. La morphine, qui rend 'de grands services pour le chien surtout, est loin de produire sur le chat les mêmes phénomènes de somnolence et de dépression dans les fonctions des centres nerveux. GUINARD (C. R., CXI, 981-983) a démontré, qu'à partir des plus faibles doses ($0^{gr},0004$ jusqu'à $0^{gr},09$ par kilo, dose mortelle) la morphine ne produit jamais sur le chat la stupeur morphinique. Au contraire, elle est toujours un excitant et un convulsivant énergique pour cet animal. Cependant GUINARD a observé que, même sous l'influence de cette superexcitabilité des centres nerveux, le chat s'endort beaucoup plus facilement par les anesthésiques.

Parmi les anesthésiques proprement dits, les substances volatiles (le chloroforme et l'éther) sont les plus employables. Un mélange de ces deux corps est encore mieux supporté par le chat, qui est très sensible aux vapeurs du chloroforme pur. Le brométhyle a donné de bons résultats à LEVI-DORN[1] après les essais faits par LOCHERS[2].

FIG. 25.

Le procédé de l'anesthésie avec toutes ces substances est très simple. On met l'animal sous une cloche en verre assez spacieuse pour garantir un accès d'air suffisant et on introduit une éponge ou un tampon de coton imbibé avec l'anesthésique.

Le chloral en injection intra-péritonéale (procédé de CH. RICHET) peut être employé à la dose de $0^{gr},10$ à $0^{gr},13$ par kilogramme[3].

Le chloralose produit l'effet hypnotique à la dose de $0^{gr},02$ par kilo (dans l'appareil digestif). La mort arrive toujours avec $0^{gr},1$ par kilo. Le chat est beaucoup plus sensible que le chien au chloral et au chloralose (CH. RICHET).

Comme moyen mécanique de contention on emploie généralement les planches en usage pour le lapin. La fixation de la tête se fait à l'aide d'un mors spécial (fig. 25) construit par CH. VERDIN. A défaut d'un pareil instrument on peut museler et fixer la tête du chat au moyen de cordes qui prennent leur point d'appui sur un bâillon placé en arrière des canines à cause de la brièveté de son museau.

2° **Sang et circulation.** — Poids spécifique du sang $= 1054$. *Alcalinité du sang*, (100^{cc}), exprimée en mg. de NaOH $= 138^{mg},98$ (DROUIN[4]). — *Globules rouges*[5], diamètre $= 6\mu,5$ (moyen), $7\mu,5$ (les plus grands), $4\mu,6$ (les plus petits). Nombre des *globules rouges* $= 9\,900\,000$.

Globules blancs. Nombre $= 7\,200$.

1. LEVI-DORN, *Die Katze, C. P.*, IX, 97-102.
2. LOCHERS, *Einfluss der Bromäthyl auf Athmung und Kreissauf. Inaug. Dissert.* Berlin, 1890.
3. HANRIOT et CH. RICHET, *Les chloraloses (Arch. de Pharmacodynamie*, 1897, III, 191-211.)
4. LIVON, *Manuel de vivisections.*
4. DROUIN, *Hémoalcalimétrie, D. P.*, 1892.
5. HAYEM, *Le sang*, 172.

Composition du sang total [1].

	POUR 1000 PARTIES de sang.
Eau.	810,020
Globules.	113,392
Albumine	64,460
Fibrine.	2,418
Graisses.	2,700
Phosphates alcalins	0,607
Sulfate de soude.	0,201
Carbonates alcalins	0,919
Chlorure de sodium	5,274
Oxyde de Fer	0,516
Chaux	0,136
Acide phosphorique	0,263
Acide sulfurique.	0,022

Gaz du sang (PFLÜGER).

	SANG ARTÉRIEL.
Gaz total	43,2 p. 100
Oxygène.	13,1 —
CO_2.	28,8 —
Az.	1,3 —

Quantité de sang. — 1/10 à 1/20 du poids du corps (HERING, HEISSLER [2]); 1/13, 3 (BROZEIT); 1/28 (COLIN); 6,56 pour 100 parties du poids du corps (WELCKER); 4,7 p. 100 (RANKE); 8,4 à 9,6 p. 100 (STEINBERG); 5,9 p. 100 (JOLYET et LAFFONT). La quantité du sang contenue dans les poumons est en terme moyen = 9,32 p. 100 de la masse sanguine totale (MENICANTI [3]).

Circulation. Le poids du cœur est en terme moyen 1/207 du poids du corps (COLIN). — Fréquence du cœur = 120-140 par minute.

Pression artérielle = 150ᵐᵐ, Hg. dans la carotide (VOLKMAN). I. *Pression dans l'artère pulmonaire* = 17ᵐᵐ,6 Hg., dans les veines pulmonaires = 10 ᵐᵐ Hg (BEUTNER [4]).

Sérum. — *Acidité* exprimée en mg. NaoH = 0ᵐᵍ,312 NaoH pour 1/2 cc. sérum. Pour 1 gramme de résidu sec = 7ᵐᵍ,406 (DROUIN).

Durée de la circulation = 7″,61 (VIERORDT et HERING [5]).

3° **Respiration.** — La surface respiratoire du poumon a été évaluée par ZUNTZ à 12ᵐᵍ.

Fréquence respiratoire = 20-30 respirations par minute.

Échanges respiratoires. — Le tableau suivant donne la quantité de CO_2, par rapport à l'unité de poids et à l'unité de surface [6].

POIDS des CHATS.	SURFACE.	CO_2 PAR KILOGR. et par heure.	CO_2 TOTAL.	CO_2 PAR C. M. ☐	NOM DES AUTEURS.
gr.		gr.	gr.	gr.	
2 700	2,160	1.080	2,825	0,00132	THÉODORE DE BAVIÈRE.
2 000	1,780	1,287	2,580	0,00146	BIDDER et SCHMIDT.
1 530	1,500	1,646	2,518	0,00168	CH. RICHET.

Le quotient respiratoire moyen est 0,77 (CARL THÉODOR [7]).

4° **Digestion.** — *Dents* [8]. — Les dents de la première dentition apparaissent entre la

1. NASSE, cité par COLIN. *Physiologie*, vol. II, 621.
2. *Physiologie d'*ELLENBERGER, vol. I, 214.
3. MENICANTI, *Z. B.*, 1894, XXX, 439-446.
4. *Physiologie d'*ELLENBERGER, vol. I, 269.
5. Cité par ROLLETT (*H. H.*, vol. IV, 272).
6. CH. RICHET. De la mesure des combustions respiratoires chez les mammifères. *Trav. du labor.*, vol. I, 568.
7. *Physiologie d'*ELLENBERGER, vol. I, 682.
8. CORNEVIN et LESBRE. *Traité de l'âge des animaux domestiques*, 1894.

deuxième et la troisième semaine après la naissance. La précarnassière et la tuberculeuse de la machoire supérieure sont en retard de plusieurs semaines sur les autres dents de lait, de sorte que la première dentition n'est achevée que vers un mois et demi. Elle dure jusqu'aux 7e et 8e mois (Rousseau[1]). Alors commence leur chute, d'après l'ordre de l'apparition. A l'état adulte, le chat présente la formule dentaire suivante :

$$\text{inc } \frac{3}{3}, \text{ can } \frac{1}{1}, \text{ p. m. } \frac{3}{2}, \text{ a. m. } \frac{1}{1} \left(\frac{2 \text{ pc. } 1c. 1t.}{2 \text{ pc. } 1c.} \right) = 30.$$

Préhension des liquides. — Le chat prend les substances liquides en les léchant pour ainsi dire. Il trempe la langue dans le liquide, et une fois mouillée, il la retire vite dans la bouche.

Glandes salivaires. — La figure 26 montre la disposition des glandes salivaires chez le chat. La glande sous-linguale, qui n'est pas sur la figure, existe chez le chat.

Poids des glandes salivaires. — Colin a trouvé, sur un chat, le poids de la parotide = 6 grammes; celui de la sous-maxillaire = 4 grammes.

Digestion gastrique. — Capacité moyenne de l'estomac = 300 — 320cc.

Le chat est un très bon sujet pour l'extirpation complète de l'estomac, opération que Carvallo et Pachon[2] ont réalisée avec succès. Cette facilité résulte de l'insertion de l'œsophage sur l'estomac, insertion qui, se faisant un peu plus en arrière des piliers du diaphragme, permet de resséquer complètement le cardia : il reste assez d'œsophage pour suturer le duodénum. A cela il faut ajouter que l'œsophage est fixé, dans son passage entre les piliers du diaphragme, par un

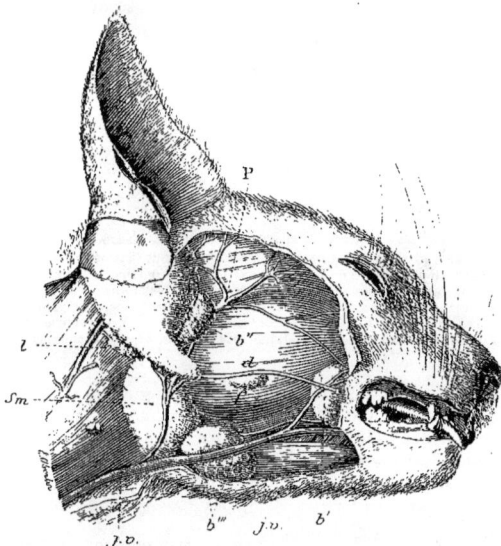

Fig. 26. — Les glandes salivaires (Mivart G.).

b', glande buccale. — b'', glande accessoire antérieure de la parotide. — b''', glande accessoire de la sous-maxillaire. — d', Canal de Sténon. — f', glande faciale. — jc, veine jugulaire externe. — l, glande accessoire postérieure de la parotide. — n. nerf facial. — sm. glande sous-maxillaire.

tissu conjonctif très lâche. On peut alors, par des tractions modérées, mettre l'estomac entier hors de la plaie abdominale.

Le suc gastrique dont l'étude spéciale a été faite par Riasantsew[3] ne diffère presque pas de celui du chien.

Durée de la digestion gastrique. — La viande met, en terme moyen, dix heures pour être complètement digérée[4].

Digestion intestinale. — La capacité moyenne de l'intestin grêle = 0l,114; gros intestin

1. Rousseau. *Anatomie comparée du système dentaire chez l'homme et chez les principaux animaux.* Paris, 1839.
2. Carvallo et Pachon, De l'extirpation totale de l'estomac (une observation chez le chat). *A. d. P.*, 1893, 349-355.
3. Riasantsew, *Arch. d. sc. biol. St-Pétersb.*, 1894, iii, 216-225.
4. Ellenberger, *Physiologie.* vol. i. 830.

= 0¹,154 (Colin). — Les plaques de Peyer sont au nombre de 5 (Chauveau et Arloing). La longueur de l'intestin par rapport à celle du corps est : 4 : 1.

Bile. — Le *canal cholédoque* débouche dans le duodénum, à 3 ou 4 centimètres du pylore. La quantité de bile par kilogramme du poids du corps et pour vingt-quatre heures = 14ᵍʳ,5, avec un résidu sec de 0ᵍʳ,816 (Bidder et Schmidt). La pression dans le canal cholédoque = 12 à 20ᵐᵐ Hg (Kowalewsky[1]).

Pancréas. — Le suc pancréatique du chat arrive dans l'intestin par deux canaux ainsi qu'on peut le voir sur la figure 27. L'un débouche avec le canal cholédoque, l'autre un peu plus bas. On sait que c'était l'ignorance de cette disposition anatomique qui donnait aux adversaires de Cl. Bernard des arguments pour diminuer le rôle du suc pancréatique dans la digestion des graisses. Lenz, Frerichs, etc., croyaient qu'après la ligature du canal

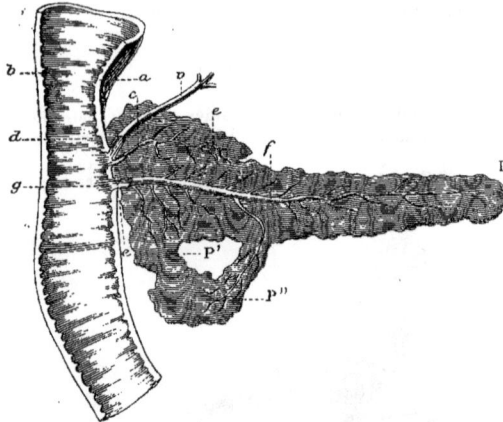

Fig. 27. — *Pancréas et duodénum du chat* (Cl. Bernard)[2].
a, pylore; *b*, glandes de Brunner vues sur la coupe de l'intestin; *c*, conduit pancréatique supérieur s'ouvrant avec le canal biliaire; *d*, membrane muqueuse du duodénum sur laquelle on voit les saillies formées par les glandes de Brunner; *e*, branche descendante du conduit pancréatique supérieur; *f*, conduit pancréatique inférieur; *g*, ouverture dans l'intestin du conduit pancréatique inférieur; P, P', P'', pancréas; *v*, canal cholédoque.

pancréatique chez le chat la digestion des graisses n'était pas troublée. Mais Cl. Bernard leur démontra que cette ligature empêchait seulement une partie du suc pancréatique d'arriver dans l'intestin, car l'autre canal restait ouvert. Généralement le canal qui débouche avec le conduit biliaire est plus gros. Quelquefois il est plus petit, ce qui est le cas dans la figure 27.

Chyle.

Composition chimique (Nassé).

	POUR 1000 PARTIES de chyle.
Eau	905,70
Albumine.	50,20
Graisse	32,70
Sels.	8,39
Substance extract.	11,40

5° **Chaleur animale.** — *Température du corps* = 38°,3 à 38°,9 (Davy)[3].

Calorimétrie. — La quantité de chaleur en calorie-gramme-degré, que le chat produit est:

PAR KILOGR. DU POIDS du corps.	PAR CM. ☐ DE LA SURFACE du corps,
4 500 cal.	11,4 cal.

(Ch. Richet[4]).

1. Kowalewsky, *A. g. P.*, viii, 11-12.
2. Cl. Bernard, *Physiologie expérimentale*, vol. II, 342, fig. 46.
3. *Physiologie d'Ellenberger*, vol. ii, 81.
4. Ch. Richet, Calorimétrie. *Trav. du labor.*, 1893, i, 197.

6° **Nutrition**. — *Inanition*. La durée moyenne de l'inanition chez le chat est de vingt jours (Colin[1], Bidder et Schmidt[2], Redi[3]),

La perte du poids pour 100, subie par les différents organes à la fin de l'inanition est (Voit) :

	p. 100.
Graisse	97,0
Sang	27,0
Rate	66,7
Pancréas	50,0
Foie	53,7
Cœur	32,0
Muscles	30,5
Reins	25,9
Os	13,9
Centres nerveux	9,2

Ration d'entretien (Voit[4]).

Il faut, en terme moyen, $9^{gr},39$ albumine et $5^{gr},45$ graisse ou hydrate de carbone pour 1 kilogramme du poids du corps chez le chat.

Le *bilan* nutritif pour 1 kilo de chat et en 24 heures est le suivant, d'après Bidder et Schmidt (*Physiologie* de Bernstein, 275).

1 KILOGR. DE CHAT EN 24 HEURES.		H_2O.	C.	H.	Az.	O.	SELS.	S.
Recette.								
1) Viande	$44^{gr},118$	32,957	6,209	0,851	1,390	2,184	0,441	0,086
2) Eau	$27^{gr},207$	27,207						
3) Oxygène	$18^{gr},632$					18,632		
Total	$89^{gr},957$	60,164	6,209	0,851	1,390	20,816	0,441	0.086
Dépense.								
1) Urine . . . $53^{gr},350$ { Urée	2,958	49,877	0,592	0,197	1,380	0,853	0,409	0,042
Sels	0,409							
SO^3	0,106							
2) Fèces	$0^{gr},912$	0,718	0,075	0,010	0,002	0,031	0,032	0,044
3) CO^2 expiré	$20^{gr},332$		5,542			14,780		
4) Eau par la peau et par le poumon.	$15^{gr},363$	9,369		0,644		5,152		
5) Azote perdu	$0^{gr},008$				0,008			
Total	$89^{gr},957$	60,164	6,200	0,851	1,390	20,816	0,441	0,086

Proportion des organes rapportée à 1 kilo de poids vif (SCHMIDT, C., VOIT et FALCK)[5]

Appareil de mouvement	613,64
— d'assimilation	142,57
— circulation	53,81
— sensoriel	21,11
— urinaire	10,08
— respiratoire	9,43
— sexuel	0,81
Téguments	131,60
Glandes vasculaires sanguines	2,75

1. *Traité de physiologie comparée*, ii, 607, (2ᵉ éd.), 1873.
2. Cité par Voit, *H. H.*, vi, 89.
3. Cité par Haller, *Elem. physiol.*, vi, 170.
4. Voit, *H. H.*, vol, vi, 86.
5. Cité par Beaunis, *Traité de physiol.*, vol. ii, 235.

7° Sécrétion urinaire. — La quantité moyenne d'urine est de $0^{lit},2$ à $0^{lit},3$ pour 24 heures (Tereg). Nous donnons, d'après Burgarsky[1], la composition de l'urine de chat (Poids = 3 à 4 kilos) qui recevait chaque jour 200-300 grammes de viande :

Quantité d'urine pour 24 heures . . . . 148 cc. avec le poids spécifique : 1,0325.
Substances solides pour 100 cc. d'urine. 14,84
    —   organiques. 13,14
Sels minéraux. 1,10

L'azote total = 5,38; l'azote de l'urée = 4,3; AzH^3 = 0,2405; Cl = 0,0513; S = 0,4361; Ph = 0,5262.

8° Mouvements. — *Muscle.* — La quantité de glycogène trouvé dans les muscles du chat est de $0^{gr},33$ à $0^{gr},62$ pour 100 grammes de muscle (Tissot[2]).

La *rigidité cadavérique* met en moyenne 2 h. 40 après la mort, pour se produire. Elle dure de 9 à 11 jours (Tissot).

Les *allures* du chat (pas, trop, galop) s'exécutent de la même manière que les allures des quadrupèdes en général. Le chat peut encore, de même que tous les félins, faire de grands bonds pour saisir sa proie ou pour se sauver d'une attaque. Le développement des coussinets adipeux plantaires fait que leur marche est extrêmement silencieuse. Grâce à la conformation de ses extrémités digitales, les griffes ne s'usent pas pendant la marche et constituent une puissante arme de défense. En effet, comme la figure 28 le montre, la troisième phalange (unguéale) est maintenue inclinée sur la deuxième par un ligament très élastique et reste caché dans un infundibulum que la peau lui forme. La contraction du muscle long fléchisseur fait basculer par l'intermédiaire de son tendon (b) la phalange unguéale, et la griffe devient apparente.

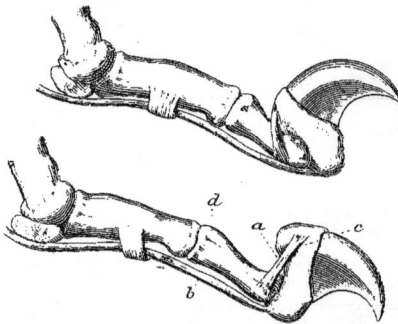

Fig. 28. — *Rétraction et propulsion des griffes* (Mivart G., *The Cat*, 103, Fig. 63.)
a, ligament qui relie la phalange unguéale avec la deuxième phalange. — *b*, tendon du muscle long fléchisseur. — *c*, phalange unguéale. — *d*, deuxième phalange.

Le chat a, plus que tout autre animal, la propriété de retomber sur ses pattes quand il est lâché dans l'air. Marey[3] a démontré, au moyen de la chronophotographie, que l'animal ne prend aucun point d'appui sur la main de l'opérateur et encore moins sur l'air, ainsi qu'on l'a soutenu. Mais l'inertie de son propre corps suffit pour que le train antérieur d'abord prenne point d'appui sur le train postérieur pour se retourner, et à son tour celui-ci prend son point d'appui sur le train antérieur pour compléter le mouvement.

Voix. — Le cri habituel du chat est connu sous le nom de *miaulement*. Mais il peut modeler sa voix pour exprimer ses différents sentiments. Ainsi, quand il est content, il fait entendre un son particulier analogue à celui d'un rouet et qu'on appelle *ronron*. Au contraire, la colère se manifeste par une sorte de *sifflement*.

L'abbé Galiani[4] a observé que le miaulement qu'on entend généralement pendant les amours du chat n'est que l'appel des absents. Un cri très fort désigne la douleur. Un autre semblable à celui du chien qui menace se fait entendre surtout quand le chat est maître de sa proie.

1. *Közlemenyek az összehasonlito élét-es Kortan Köreböl.* Budapest, 1894, Jahrg. i, 33 (Analysé dans *Jahresberichte über die Fortschritte der Thier-Chemie de* Mally, 1894).
2. Tissot, *Étude des phénomènes de survie dans les muscles après la mort générale* (Thèse de la Faculté des sciences, Paris, 1895).
3. Marey, Des mouvements que certains animaux exécutent pour retomber sur leurs pieds lorsqu'ils sont précipités d'un lieu élevé. *C. R.*, cxix, 714-717.
4. Cité par Landrin, *le Chat*, 1894.

9° **Système nerveux.** — *a*) Centres nerveux. Conformation extérieure de l'encéphale. — Le cerveau du chat diffère de celui du chien par son aspect ovoïde et plus aplati. Les lobes olfactifs sont plus petits; le sillon crucial est porté tout à fait en avant près de l'extrémité antérieure des hémisphères.

La clarté des figures 29 et 30, que nous avons empruntées à l'excellent traité de WILDER

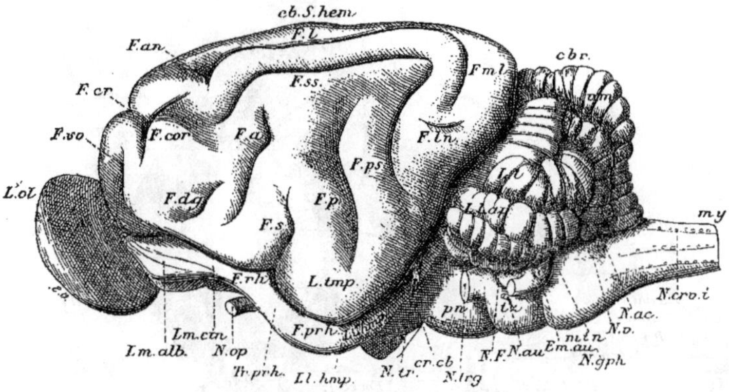

Fig. 29.

Face externe de l'hémisphère gauche (D'après WILDER et GAGE).

L.ol, Lobes olfactifs. *Fso*, Scissure sus-orbitaire (Sc. frontale supérieure). — *F.cr*, Scissure cruciforme (sillon crucial). — *F.an*, sillon en anse. — *F.cor*, scissure coronaire. — *F.a*, scissure ecto-sylvienne antérieure. — *F.dg*, scissure diagonale. — *F.l*, scissure latérale. — *F.ss*, scissure supra-sylvienne. — *F.p*, scissure ecto-sylvienne postérieure. — *F.s*, scissure sylvienne. — *L.tmp*, lobe temporal. — *F.rh*, scissure rhinale. — *Lm. cin*, limes cinerea (portion grise de la bandelette olfactive). — *Lm. alb*, limes alba (portion blanche de la bandelette olfactive). — *N.op*, nerf optique. — *Tr.prh*, tractus postrhinalis. — *F.urh*, scissure rhinale postérieure. — *Ll.hmp*, lobe de l'hippocampe. — *N.tr*, nerf pathétique (trochlearis). — *F.ps*, scissure supra-sylvienne postérieure. — *F.ln*, scissure lunaire. — *F.ml*, scissure médio-latérale. — *Cr.cb*, pédoncule cérébral. — *Pn*, protubérance annulaire. — *N.trg*, nerf trijumeau. — *N.F*, nerf facial. — *N.au*, nerf acoustique. — *Tz*, Trapez. — *mtn*, métencephalon (medulla) — *Em.au*, tubercule auditif. — *N.gph*, nerf glosso-pharyngien. — *N.v*, nerf vague. — *N.ac*, nerf accessoire (spinal). — *N.C.V.I*, premier nerf cervical. — *my*, moelle épinière. — *Cbr*, cervelet. — *vm*, vermis. — *L.l*, lobule latéral (semi-lunaire). — *Ll.ap*, Lobule appendiculaire.

et GAGE[1], nous dispense de toute description, pour ce qui concerne l'aspect extérieur de l'encéphale.

La *glande pituitaire*. Marinesco[2] a trouvé que le chat est un bon sujet pour les opérations praticables sur la glande pituitaire. Cet auteur découvre la glande par la voie buccale. On perfore la voûte du palais à l'aide du thermocautère et on cherche avec le doigt indicateur les deux apophyses ptérygoïdes. Celles-ci étant trouvées, on applique au milieu de l'espace qu'elles limitent une couronne de trépan de 5 mm. de diamètre. Faisant sauter la rondelle osseuse, on découvre la glande pituitaire.

b) **Poids du système nerveux central** (COLIN)[3]. — L'encéphale et ses différentes parties se trouvent dans les proportions suivantes par rapport au poids du corps :

1. WILDER, B. G. and GAGE, S. H., *Anatomical Technology as applied to the domestic Cat.* — New-York and Chicago, 1882, A. S. Barnes.
2. MARINESCO (G.). De la destruction de la glande pituitaire chez le chat (*B. B.*, 1892, 509-510).
3. *Physiologie comparée*, vol. 1, 304.

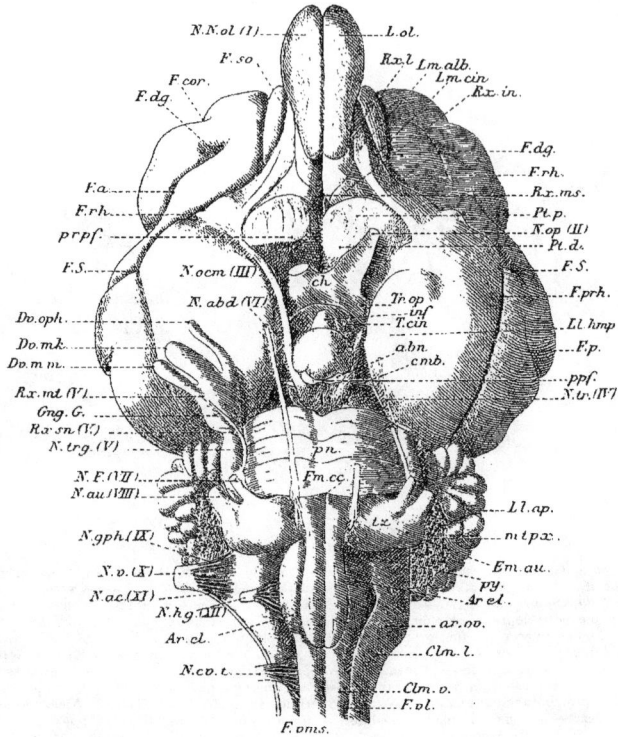

FIG. 30.

Base de l'encéphale et aspect ventral du cerveau (D'après WILDER et GAGE).

L.ol, lobes olfactifs. — *N.N.ol* (I), Origine du nerf olfactif. — *F.so*, scissure sus-orbitaire (sc. frontale supérieure). — *F.cor*, scissure coronaire. — *F.dg*, scissure diagonale. — *F.a*, scissure ectosylvienne antérieure. — *F.rh*, scissure rhinale. — *prpf*, espace perforé antérieur. — *F.s*, scissure de Sylvius. — *N.ocm* (III), nerf oculo-moteur commun. — *N.abd* (VI), nerf moteur oculaire externe. — *Dv.oph*, branche ophtalmique du trijumeau. — *Dv.mk*, branche maxillaire supérieure du trijumeau. — *Dv.m.m*, branche maxillaire inférieure du trijumeau. — *Rx.mt* (V), racine motrice du trijumeau. — *Gng.G*, ganglion de Gasser. — *Rx.sn* (V), Racine sensitive du trijumeau. — *N.trg* (V), nerf trijumeau. — *N.F.* (VII), nerf facial. — *N.au* (VIII), nerf acoustique. — *Ngph* (IX), nerf glosso-pharyngien. — *Nv* (X), nerf vague. — *N.ac* (XI), nerf spinal. — *N.hg* (XII), nerf hypoglosse. — *Ar.el*, surface elliptique. — *N.cv.t*, premier nerf cervical. — *F.rl*, sillon collatéral antérieur. — *Clm,l*, la colonne latérale. — *Clm.v*, colonne ventrale. — *ar.ov*, surface ovale (tubercule de Rolando). — *Ar.el*, surface elliptique. — *py*, pyramide du bulbe. — *tz*, corps trapézoïde. — *Em.au*, tubercule auditif. — *mtpx*, Metaplexus (plexus choroïdeus). — *Ll.ap*, Lobule appendiculaire (cervelet). — *Fm.cc*, trou borgne antérieur. — *pn*, protubérance annulaire. — *ppf*, espace perforé postérieur. — *N.tr* (IV), nerf pathétique (trochlearis). — *Cmb*, tractus pédonculaire transverse. — *abn*, tubercule mamillaire. — *inf*, infundibulum. — *T.cin*, tuber cinereum. — *Tr.op*, bandelette optique. — *Ll.hmp*, lobule de l'hippocampe. — *Ch*. chiasma. — *Pr.d*, portio depressa (de l'espace perforé antérieur). — *N.op*. nerf optique. — *Pt.p*, portio proeminens (de l'espace perforé antérieur). — *Rx.ms*, branche interne de la bandelette olfactive. — *Rx.in*, branche olfactive intermédiaire. — *Rxl*, branche externe de la bandelette olfactive.

Moyenne de 5 déterminations.

	kgr.
Poids du chat.	2,994
— du cerveau	0,022,10
— du cervelet	0,003,60
— du mésocéphale et du bulbe	0,002,30
— total de l'encéphale.	0,028,00
— de la moelle épinière.	0,008,20
— de l'axe cérébro-spinal.	0,036,30
Rapport du cerveau au cervelet	:: 6,13 : 1
— de l'encéphale à la moelle	:: 3,41 : 1
— de au corps	:: 1 : 106,92
— de la moelle au corps	:: 1 : 365,12
— de l'axe cérébro-spinal au corps	:: 1 : 82,48

Pour chaque kilogramme du poids du corps, le chat possède 11gr,37 d'encéphale.

c) **Localisations psycho-motrices.** — Les centres corticaux des mouvements des membres et des différentes parties de la tête (œil, oreille, langue, commissures buccales) ont été

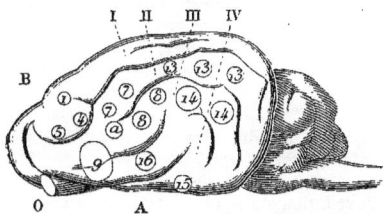

FIG. 31. — *Centres psycho-moteurs. Hémisphère gauche* (FERRIER. D.[1]).

1, mouvement en avant du membre postérieur du côté opposé; 4. rétraction et adduction de la patte de devant du côté opposé; 5. élévation de l'épaule avec flexion de l'avant-bras et de la patte; 6. mouvement de préhension de la patte avec sortie des griffes; 7. élévation de la commissure buccale et de la joue, avec fermeture de l'œil; 8, rétraction avec faible élévation de la commissure buccale et abduction et inclinaison en avant de l'oreille; 9, ouverture de la bouche et mouvements de la langue; 13. mouvement du globe oculaire du côté opposé; 14. redressement de l'oreille, mouvement de la tête et de l'œil du côté opposé: 15. élévation de la lèvre et sautillement du naseau du même côté; divergence des lèvres.

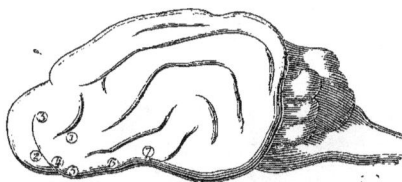

FIG. 32. — *Centres cérébraux des mouvements des cordes vocales* (RUSSELL. R.[2]).

Hémisphère cérébral gauche. — 1. centre adducteur; 2, centre abducteur; 3. accélération; 4, effet adducteur clonique; 5. arrêt en adduction; 6. arrêt en abduction; 7. augmentation de l'intensité et accélération.

bien délimités par FERRIER (fig. 31). MANN[3] a trouvé que les centres cortico-moteurs des différentes parties du corps sont répartis dans les quatre circonvolutions, comme il suit :

1° *Dans la circonvolution marginale :* mouvements du cou, du tronc, des membres et de la queue.

2° *Dans la circonvolution latérale :* mouvements de la bouche, fermeture des yeux, mouvement de la marche.

3° *Dans la circonvolution suprasylvienne :* mouvements de l'oreille.

4° *Dans la circonvolution sylvienne :* mouvements des mâchoires, mouvements de la langue et de déglutition.

RUSSELL (L. (fig. 32) a circonscrit les centres des différents mouvements des cordes vocales. d) **Système nerveux périphérique.** — *Nerf oculo-moteur commun. Nombre des fibres* (SCHILER[4]). — Chez le chat nouveau-né la moyenne du nombre de ces fibres = 2942.

1. *Vorlesungen über Hirnlocalisation.* Leipz. und Wien. 1892.
2. *On the influence of the cerebral cortex on the larynx* Philos. Trans. Roy. Soc. Lond. 1896, vol. 187, 59-81).
3. MANN (G.). *On the homoplasty of the brain of rodents, insectivores, and carnivores* (Journ. of Anat. and Physiol.. xxx, 1895).
4. SCHILER. *Sur le nombre et le calibre des fibres nerveuses du nerf oculo-moteur commun chez le chat nouveau-né et chez le chat adulte* ;C. R., cix, 530-532).

Chez le chat âgé de 4 semaines (de la même portée) = 2961.

Chez le chat âgé de 16 semaines = 3032.

Chat âgé de 1 an (femelle) = 3046.

Chat âgé de 1 an et demi (mâle) = 3035.

Le *ganglion otique* (Schiff[1]) peut être facilement découvert chez les jeunes chats. On commence par mettre à nu la surface inférieure de la caisse du tympan. On cherche l'artère méningée moyenne en suivant le sillon situé entre la caisse du tympan et la base du crâne. On évite le plus possible la lésion de cette artère, et on cherche à trouver la troisième branche du trijumeau à sa sortie par le trou ovale. Le ganglion otique se trouve un peu au-dessous et en dehors de ce point. Il a la grosseur d'une graine de pavot ou d'une tête d'épingle : il est d'une coloration rosâtre.

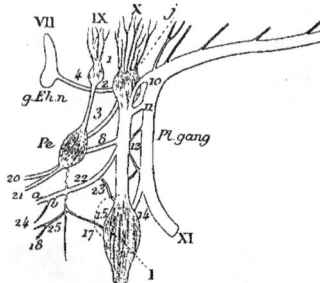

Fig. 33. — *Rapports entre le nerf vague, le spinal, le glosso-pharyngien et le facial* (Stowell. T. B[2].).

Pl. Gang. — Plexus gangliforme ; XI, spinal ; X, vague ; IX, glosso-pharyngien ; VII, facial ; 1, filament accessoire du glosso-pharyngien ; 2, Rm, auricularis ; 3, anastomose entre le ganglion jugulaire (*y*) et le ganglion pétreux (Pe) ; 4, filament entre l'origine du IX paire et du rameau auriculaire (2) ; 8, anastomose entre le ganglion pétreux et le ganglion jugulaire ; 10, ram. du spinal (accessoire) au vague ; 11, deuxième branche entre X et XI paire ; 12, filament anastomotique entre X et XI paire ; 14, Ram. entre XI (spinal) et le ganglion inférieur (plexiform.) ; 16, Ram. pharyngien donné par le ganglion pétreux et le glosso-pharyngien ; 17, filament anastomotique entre 16 et gangl. plexiforme (1) ; 18, filament entre 16 et plexus pharyngien ; 20, branche supérieure du IX ; 21, branche inférieure du IX ; 22, nerf pharyngien ; 23, filament entre 22 et ganglion plexiforme (1).

Le nerf pneumogastrique. — A sa sortie du crâne, et dans le trou jugulaire même, le pneumogastrique est entouré d'un vrai plexus formé par les fibres qu'il reçoit des facial, glosso-pharyngien et spinal. Stowell (fig. 33) a très bien mis en évidence ces relations du nerf vague. Dans la *région cervicale*, le pneumogastrique descend à côté du sympathique, et le tissu conjonctif qui les unit est très peu abondant, de sorte que la séparation de ces deux nerfs est très facile. Le nerf dépresseur (fig. 34 et 35) est isolé comme chez le lapin.

François Franck[3] a démontré que, sur le chat, l'excitation du bout central du pneumogastrique au-dessous de l'origine du laryngé supérieur, produit des phénomènes vaso-dilatateurs semblables à ceux obtenus par l'excitation du dépresseur. Ce phénomène, contraire de celui qui s'observe sur le chien ou sur le lapin, n'a plus lieu si l'on porte l'excitant sur le pneumogastrique au-dessus de l'origine du laryngé supérieur, ou si l'on excite en même temps ce dernier nerf. Alors une vaso-constriction a lieu.

Les nerfs musculaires. — Les fibres *centripètes*, à myéline, comprises dans les nerfs musculaires du squelette, occupent, en moyenne, 49 p. 100 du nombre total des fibres à myéline. Cette proportion peut être quelquefois plus petite que le tiers, quelquefois un peu plus forte que la moitié (Sherrington[4]). Le diamètre de ces fibres varie entre 1 μ 8 à 18 μ — 22 μ. Elles sont plus grosses dans les nerfs musculaires que dans les nerfs cutanés ; plus grosses dans les racines postérieures que dans le nerf mixte (p. e. 24 μ dans la racine, 15 μ dans le nerf). Mais elles sont en général plus fines que les fibres centrifuges à myéline (Sherrington).

Les fibres sans myéline (de Remak) contenues dans les nerfs digitaux (plantaire ou dorsal) forment des faisceaux de 15 μ à 25 μ.

Le plexus brachial est formé par les quatre dernières paires cervicales et la première dorsale. Les ramifications terminales des nerfs radial, médian et cubital présentent

1. Cité par Livon. *Manuel de vivisections.*

2. *The Vagus nerve in the Cat* (Proceed. of the amer. Philos. Soc.. 1881, xix, 123-138, fig. 6).

3. François-Franck. *Réflexes vaso-dilatateurs du bout central du pneumo-gastrique chez le chat* (Trav. du laboratoire de physiologie (Marey, 1878, iv, 340-351).

4. Sherrington (C.-S.). *On the anatomical constitution of nerves of skeletal muscles. With remarks on recurrent fibres in the ventral spinal nerve-root* (J.-P., 1894-95, xvii, 211-258).

quelques dispositions particulières que ARLOING et TRIPIER [1] ont très bien décrites. Ainsi le nerf *radial* donne deux branches : une branche interne qui descend sur le bord interne du métacarpe et après avoir donné un filet à la face dorsale du pouce forme le nerf collatéral dorsal interne de l'index ; la branche externe passe à la face antérieure du carpe et dans l'origine du troisième l'espace interosseux, elle se partage en trois rameaux métacarpiens. Le rameau externe s'anastomose avec la branche dorsale du cubital. Le nerf *médian* se partage au-dessous de l'arcade carpienne en trois branches : 1° une interne, destinée au rudiment du pouce et au bord palmaire interne de l'index ; 2° une moyenne descend dans le troisième espace interosseux, fournit un

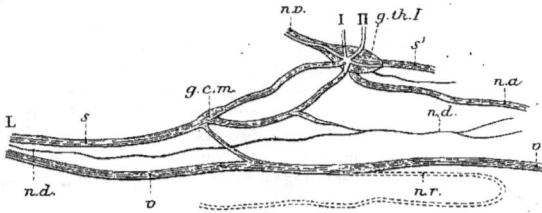

FIG. 31. — *Plexus cardiaque et le ganglion premier thoracique du chat*
(d'après BÖHM) [2].

L, côté gauche ; R, côté droit ; *v*, nerf vague ; *n.r.* nerf récurrent ; *n.d.* nerf dépresseur ; *s*, sympathique cervical ; *s'*, sympathique thoracique ; S'', deuxième branche du sympathique entre le ganglion cervical moyen et le ganglion I thoracique ; *g.c.m.*, ganglion cervical moyen ; *g. th.* I, ganglion premier I, branche commune entre le ganglion cervical moyen et le nerf vague ; 2, branche commune entre le ganglion thoracique et le nerf vague ; *n.a*, nerfs accélérateurs du cœur ; *n.v*, nerf vertébral ; I, II. *Rami communicantes* du I et II, nerfs thoraciques.

filet au gros bourrelet de la patte et se divise pour former les collatéraux palmaires, externe de l'index, interne du médius ; 3° La branche externe donne les collatéraux palmaires : externe du médius et interne de l'annulaire. Le nerf *cubital* se divise en deux branches. La branche dorsale qui donne deux filets : l'un forme le collatéral dorsal externe du petit doigt ; l'autre gagne l'espace interosseux, reçoit un rameau du radial et donne finalement les collatéraux dorsaux interne du petit doigt, externe de l'annulaire. La branche palmaire ne s'étend pas à tous les doigts comme chez le chien.

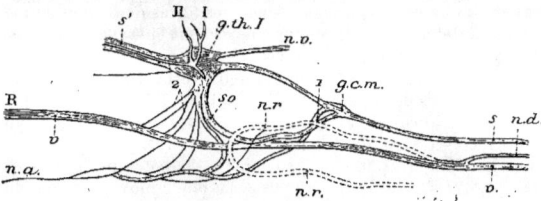

FIG. 35. — *Plexus cardiaque et ganglion premier thoracique.*

En passant en dedans de l'os piriforme, elle se divise en plusieurs filets, dont quelques-uns vont aux muscles du petit doigt et du pouce ; un autre forme le nerf collatéral palmaire externe du petit doigt et enfin le plus long donne le filet du gros bourrelet de la patte et les collatéraux palmaire interne du petit doigt et externe de l'annulaire.

c) **Grand sympathique.** — Chez le chat, il existe, assez souvent, sur le trajet du sympathique cervical, dans le voisinage de l'artère thyroïde, un petit ganglion, que LANGLEY [3] a décrit pour la première fois, sous le nom de *ganglion cervical accessoire*.

Les *nerfs pilo-moteurs.* — Les fibres nerveuses pilo-motrices sortent de la moelle par les racines antérieures, à partir de la 3e ou 4e dorsale, jusqu'à la 3e lombaire. Ces fibres s'engagent par les *rami communicanti*, dans la chaîne sympathique. Celles qui sortent de la 3e jusqu'à la 7e paire dorsale montent dans le sympathique cervical et se mettent en rapport avec les cellules du ganglion cervical supérieur. Ces fibres se rendent

---

1. ARLOING et TRIPIER. *Recherches sur la sensibilité des téguments et des nerfs de la main* (*A. d. P.*, 1869).
2. *Physiologie d'*ELLENBERGER, vol. I, 303, fig. 33.
3. LANGLEY (J.-N.). *On an accessory cervical ganglion in the Cat, and notes on the Rami of the superior cervical ganglion* (*J. P.*, 1893, XIV).

dans les muscles redresseurs des poils, de la région dorsale du cou et ceux de l'espace triangulaire, compris entre l'œil et l'oreille. Les fibres pilo-motrices, qui sortent de la 7e paire dorsale, jusqu'à la 3e lombaire inclusivement, se rendent dans les muscles redresseurs des poils du dos et de la région dorsale de la queue (LANGLEY et SHERRINGTON[1]).

Le *nerf hypogastrique* est constitué en majeure partie par des fibres sans myéline (de REMAK). Les fibres à myéline sont au nombre de 350 à 900 dans chaque nerf hypogastrique. Leur nombre, dans les deux hypogastriques varie entre 950 à 1650. Le diamètre de fibres à myéline les plus nombreuses est de 1 μ 3 à 2 μ. Celles dont le diamètre est de 3 μ à 4 μ sont peu nombreuses (70 à peu près). On trouve aussi des fibres à myéline de 5 μ (une à six seulement). Celles de 8 μ manquent complètement ou on en trouve jusqu'à deux. Le nombre des fibres à myéline est généralement plus grand dans l'hypogastrique droit que dans le gauche. Les fibres centripètes se trouvent en plus petit nombre que les centrifuges. Leur rapport est généralement 1 : 10 (LANGLEY et ANDERSON[2]).

L'*innervation des viscères pelviens*. — La vessie reçoit les nerfs des 3e, 4e et 5e paires lombaires, et des 2e, 3e et 4e sacrées (LANGLEY et ANDERSON[3]).

Les *organes génitaux internes* sont innervés par les 2e, 3e, 4e et 5e paires lombaires.

Les *organes génitaux externes* reçoivent des fibres nerveuses de la 13e paire thoracique et 1re lombaire (qui se rendent dans les artères génitales). Les 2e, 3e et 4e paires lombaires ont une action manifeste sur la contraction des muscles striés, des organes génitaux externes.

f) **Appareil auditif.** — L'oreille interne du chat présente les particularités suivantes[4] : le *limaçon* possède trois spires; dans les canaux semi-circulaires on remarque que la crête acoustique des ampoules antérieure et postérieure est divisée en deux : les cellules de *Deiters* (cellules de soutènement) sont disposées en trois rangées. — La membrane et la papille acoustique basilaire présentent une longueur $=$ 23mm,5; le canal cochléaire $=$ 25 millimètres; le nombre de dents auditives $=$ 2 430; le nombre des trous de *habenula perforata* $=$ 2 730; les piliers internes $=$ 4 700; les piliers externes $=$ 3 300; les cellules ciliées internes $=$ 2 600; les cellules ciliées externes $=$ 9 900; les fibres de la membrane basilaire $=$ 15 700. — Pour plus de détails nous renvoyons à l'excellent ouvrage de RETZIUS.

g) **Appareil visuel.** — La *cavité orbitaire* présente les diamètres moyens suivants : (d'après KOSCHEL[5]) le diamètre transversal $=$ 24mm,4; le diamètre vertical $=$ 27mm,9; l'axe de l'orbite $=$ 30mm. La distance entre les deux axes orbitaires $=$ 17mm,7. Les axes des deux cavités orbitaires se rencontrent sous un angle de 49°,5; les axes des deux yeux sous un angle de 77°. L'axe de l'œil forme avec l'axe de l'orbite un angle de 13°.

Le *globe oculaire* présente les diamètres moyens suivants : diamètre horizontal $=$ 20mm,1, diamètre vertical $=$ 20mm,2; axe de l'œil $=$ 21mm,3. Le poids moyen de l'œil du chat est par rapport au poids du corps $=$ 1/267. Le volume du globe oculaire est en moyenne de 4cc,9 et par rapport au poids du corps $=$ 1 : 336,7 (EMMERT[6]). Les volumes occupés par les différentes parties du globe oculaire sont : le *cristallin* $=$ 0cc,5; la *chambre antérieure de l'œil* $=$ 0cc,6; le *corps vitreux* $=$ 2cc,8; les enveloppes du globe oculaire $=$ 1cc.

La *cornée*. — Le rayon du méridien horizontal de la cornée $=$ 9mm,5 à 11mm,8; le rayon du méridien vertical $=$ 9mm,2.

Le *cristallin*. — Le poids du cristallin est par rapport au poids de l'œil $=$ 1 : 7,4. La distance de la surface antérieure du cristallin à la cornée $=$ 4mm,5; de la surface postérieure du cristallin à la cornée $=$ 12mm,3, et de la surface postérieure du cristallin à la rétine $=$ 7mm,5.

h) **Influence du système nerveux sur la sécrétion de la sueur.** — Le chat est un

1. LANGLEY (J.-N.) et SHERRINGTON. C. S., *On pilo-motor nerves* (J. P., 1891, XII, 278-291).
2. LANGLEY et ANDERSON. *The constituents of the hypogastric nerves* (J. P., 1894-95, XVII, 177-191).
3. LANGLEY et ANDERSON. *The innervation of the pelvic and adjoining viscera* J. P., 1895-96, XIX, 71-139).
4. RETZIUS. *Das Gehörorgan der Wirbelthiere*, Stockholm.
5. KOSCHEL. *Zeitsch. für vergleichende Augenheilkunde*, 1882-83, I et II, 53-79).
6. EMMERT. *Zeitsch. für vergleichende Augenheilk.*, 1886, 40.

bon sujet pour cette étude, et Luchsinger[1] a trouvé que les centres sudoraux médullaires sont placés entre la neuvième et la treizième vertèbre dorsale pour les membres postérieurs; dans la région cervicale pour les membres antérieurs. Les fibres sorties de ces centres quittent la moelle par les racines antérieures de la 4e à la 10e dorsale, et de la 1re à la 3e lombaire. La disposition de ces dernières fibres varie généralement avec celle du plexus lombo-sacral (Langley).

Le sciatique, le médian et le cubital contiennent les fibres sudoripares.

10° Reproduction. — *Organes génitaux du mâle.* — Les *testicules* du chat sont situés dans la région périnéale et présentent une forme arrondie. Le muscle *cremaster* manque chez le chat.

Le *pénis* est court et dirigé en arrière; pendant l'érection il prend la direction sousventrale. Le *gland* est conique et présente un petit os pénien incomplet. Le tégument qui recouvre cette partie du pénis est hérissé de petites papilles, un peu rudes, dirigées vers la base, et susceptibles de se redresser pendant l'érection.

Organes génitaux de la femelle. — L'utérus présente deux longues cornes et un corps relativement très court. La chatte possède un petit os clitoridien.

Les *mamelles* sont au nombre de huit, divisées en : inguinales, abdominales et pectorales.

Le *lait.*

Cendres du lait.

POUR 100 DE CENDRE :

K^2O	10,11
Na^2O.	8,28
CaO.	34,11
MgO.	1,52
Fe^2O^3	0,24
Ph^3O^5	40,23
Cl	7,12

Durée de la gestation. — 55-56 jours. — La chatte met bas deux fois par an, et le nombre des petits de chaque portée est de trois à six. Le placenta est zonaire comme chez la chienne.

La *maturité* du chat est à 18 mois, mais il peut s'accoupler à 12 mois.

La *durée de la vie* chez le chat est en moyenne de 9 à 10 ans.

I. ATHANASIU.

CHATOUILLEMENT.
— Le chatouillement est une sensation particulière assez difficile à définir. Elle comporte en tout cas un élément particulier, c'est-à-dire, comme le prurit, l'impérieux désir du contact pour soustraire la partie excitée à l'excitation anormale. On dit, sans aucune preuve sérieuse à l'appui, qu'un chatouillement prolongé a pu amener la mort (*D. D.* Art. « *Chatouillement* »), mais il semble que ce soit une légende. Il n'y a entre le prurit et le chatouillement qu'une différence, c'est que le chatouillement est déterminé par le contact d'un corps étranger, tandis que le prurit est de cause interne, ou provoqué par des lésions organiques. Le chatouillement semble avoir une cause biologique, la nécessité de soustraire la peau et la muqueuse au contact des parasites, des mouches par exemple ou des insectes. — Les mouvements défensifs, presque convulsifs, que provoque le chatouillement sont exagérés par les prédispositions psychiques. Avec quelque effort de volonté on peut se rendre presque insensible au chatouillement. Chez les enfants, par exemple, l'attente du chatouillement provoque le chatouillement lui-même. Il n'y a donc pas lieu de faire de la sensibilité au chatouillement une sensibilité spéciale. Tout au plus peut-on la rattacher à la sensation de démangeaison ou de prurit (V. Prurit), qui semble avoir des caractères qui la différencient nettement des autres modes de la sensibilité tactile.

Ce qui démontre bien l'influence prédominante de l'élément psychique, c'est qu'on ne peut pas se chatouiller soi-même. Il faut prendre un corps étranger; par exemple, on peut se chatouiller l'entrée des fosses nasales avec une plume; mais avec les doigts cela est impossible, comme si la double sensation se contrariait elle-même.

1. Luchsinger. *Die Schweissfasern der Vorderpfote der Katze* (A. g. P., 1878, xvi, 545-547).

Les parties les plus sensibles au chatouillement sont les parties les plus riches en nerfs tactiles; la plante des pieds, la paume des mains, l'orifice des muqueuses labiale et nasale; le conduit auditif externe.

CHAUVEAU (A.), physiologiste français, professeur au Muséum d'Histoire naturelle, à Paris.

Les travaux de A. Chauveau portent sur l'anatomie, la pathologie et l'hygiène vétérinaires, l'helminthologie, le mécanisme des virus et des infections, la prophylaxie de la peste bovine et de la tuberculose, les fermentations putrides et septicémiques, etc. Ses recherches sur la nature et l'atténuation des virus, la vaccine, le sang de rate, sont mémorables. Nous ne les mentionnerons pas ici, ne pouvant indiquer que les travaux relatifs à la physiologie expérimentale.

1. **Cœur et circulation. Respiration.** — *Physiologie du cœur (Gaz. méd. de Lyon*, 1855, 301). — *Nouv. rech. exp. sur les mouvements et les bruits normaux du cœur envisagés au point de vue de la physiologie médicale (Gaz. méd. de Paris*, 1856, XI, 365, 406, 457 et *C. R.*, XLI, 423). — *Sur la théorie des pulsations du cœur (C. R.*, 1857, XLV, 371). — *Sur le jeu des valvules auriculo-ventriculaires (Journ. de la phys. de l'h. et des anim.*, Paris, 1860, III, 161). — *Détermination graphique des rapports du choc du cœur avec les mouvements des oreillettes et des ventricules obtenue à l'aide d'un appareil enregistreur* (en coll. avec J. Marey) (*C. R.*, 1861, LIII, 622; 1862, LIV, 32, et *Mém. de la Soc. de Biol.*, 1861, (3), III. 3). — *De la force déployée par la contraction des différentes cavités du cœur* (en coll. avec J. Marey) (*Gaz. méd de Paris*, 1863, 169). — *Appareils et expér. cardiographiques. Démonstration nouvelle du mécanisme des mouvements du cœur par l'emploi des instruments enregistreurs à indications continues* (en coll. avec J. Marey) (*Mém. de l'Ac. de médecine*, 1863, XXV, 268-319). — *Sur la méthode chronostylographique et ses applicat. à l'étude de la transmission des ondes dans les tuyaux (C. R.*, 1894, CXVIII, 115-121). — *Inscription électrique des mouvements des valvules sigmoïdes déterminant l'ouverture et l'occlusion de l'orifice aortique (Ibid.*, 1894, CXVIII, 686-690). — *Résultats concernant la vitesse de la circulation artérielle, d'après les indications d'un nouvel hémodromomètre (C.'R.,'*1860, LI, 948). — *Vitesse de la circulation dans les artères du cheval, d'après les indications d'un nouvel hémodromomètre* (en coll. avec Bertolus et Laroyenne) (*Journ. de la physiol. de l'h. et des animaux*, Paris, 1860, III, 695). — *Mécanisme et théorie génér. des murmures vasculaires ou bruits de souffle, d'après l'expérimentation (C. R.*, 1858, XLVI, 839). — *Sur le mécanisme des bruits de souffle vasculaires (Journ. de la phys. de l'h. et des animaux*, Paris, 1860, III, 163). — *Contribution à l'étude du mécanisme des bruits respiratoires normaux et anormaux* (en coll. avec M. Bondet) (*Rev. de méd.*, Paris, 1877, I, 161), — *De la dissociation du rythme auriculaire et du rythme ventriculaire (Rev. de méd.*, Paris, 1885, V, 161). — *Nouveau stéthoscope à transmission aérienne (B. B.*, 1896, 410-414). — *Du lieu de production et du mécanisme des souffles entendus' dans les tuyaux qui sont le siège d'un écoulement d'air (C. R.*, 1894, CXIX, 20-26). — *Sur le mécanisme des souffles engendrés par l'écoulement de l'air dans les tuyaux. Détermination du moment où un écoulement aphone, transformé instantanément en écoulement soufflant devient sonore dans les différents points du tuyau où s'opère l'écoulement (Ibid.*, 196-200). — *Conditions propres à faire varier la production et la perception des souffles dans les tuyaux qui sont le siège d'un écoulement d'air (Ibid.*, 309-314). — *Remarques à propos d'un régulateur graphique (B. B.*, 1895, 322).

2. **Physiologie de la moelle, des nerfs et du système nerveux.** — *De la moelle épinière considérée comme voie de transmission des impressions sensitives (C. R.*, 1857, XLIV, 986). — *Rech. exp. sur la moelle épinière (C. R.*, 1857, XLV, 346, et *Un. méd.*, Paris, 1857, 250, 253, 269, 279, 436). — *Sur les convulsions des muscles de la vie animale et sur les signes de sensibilité produits sur le cheval par l'excitat. mécanique localisée de la surface de la moelle épinière (C. R.*, 1861, LII, 209). — *De l'excitabilité de la moelle épinière et particulièrement des convulsions et de la douleur produites par la mise en jeu de cette excitabilité (Journ. de la physiol. de l'h. et des anim.*, Paris, 1861, IV, 29, 338). — *Déterminat. du mode d'action de la moelle épinière dans la production des mouvements de l'iris dus à l'excitat. de la région cilio-spinale (C. R.*, 1861, LIII, 581, et *Journ. de la physiol. de l'h. et des anim.*, Paris, 1861, IV, 370). — *Rech. physiol. sur l'origine apparente et sur l'origine réelle des nerfs moteurs

craniens (*C. R.*, 1862, LIV, 1152, et *Journ. de la phys. de l'h. et des anim.,* Paris, 1862, V, 272). — *Du nerf pneumogastrique considéré comme agent excitateur et comme agent coordinateur des contractions œsophagiennes dans l'acte de la déglutition* (*C. R.*, 1862, LIV, 664, et *Journ. de la physiol. de l'h. et des anim.*, Paris, 1862, V, 190 et 323). — *Procédés et appareils pour l'étude de la vitesse des propagations des excitations dans les différentes catégories de nerfs moteurs dans les mammifères* (*C. R.*, 1878, LXXXVII, 95). — *Vitesse de propagat. des excitat. dans les nerfs mot. des muscles de la vie animale, chez les animaux mammifères* (*C. R.*, 1878, LXXXVII, 138). — *Vit. de propagat. des excitat. dans les nerfs moteurs des muscles rouges de faisceaux striés, soustraits à l'empire de la volonté* (*C. R.*, 1878, LXXXVI, 238). — *Théorie des effets physiol. produits par l'électricité transmise dans l'organ. animal à l'état de courant instantané et à l'état de courant continu* (*Journ. de la physiol. de l'h. et des anim.*, Paris, 1859 et 1860, II, III). — *Comparaison des excitat. unipolaires de même signe, positif ou négatif. Influence de l'accroissement du courant de la pile sur la valeur de ces excitations* (*C. R.*, 1875, LXXXI, 824). — *De l'excitat. électr. unipolaire des nerfs. Compar. de l'activité des deux pôles pendant le passage des courants de pile* (*C. R.*, 1875, LXXXI, 779). — *De la contraction produite par la rupture du courant de la pile dans le cas d'excitat. unipolaire des nerfs* (*C. R.*, 1865, LXXXI, 1038). — *Étude comparée des flux électriques dits instantanés et du courant continu dans le cas d'excitation unipolaire* (*C. R.*, 1875, LXXXI, 1193). — *Des conditions physiolog. qui influent sur les caract. de l'excit. unipolaire des nerfs, pendant et après le passage du courant de pile* (*C. R.*, 1876, LXXXII, 73). — *Sur le mécanisme des mouvements de l'iris* (*Journ. de l'anat. et de la phys.*, 1888, XXIV, 193). — *Sur le circuit nerveux sensitivo-moteur des muscles* (*Mém. de la Soc. de Biol.*, 1891, 155-193). — *Sur les sensations chromatiques excitées dans l'un des deux yeux par la lumière colorée qui éclaire la rétine de l'autre œil* (*C. R.*, 1891, CXIII, 394-398). — *Sur la théorie de l'antagonisme des champs visuels* (*C. R.*, 1891, CXIII, 439-442). — *Instrumentat. pour l'exécution des diverses expériences relatives à l'étude du contraste binoculaire* (*C. R.*, 1891, CXIII, 442). — *Sur la fusion des sensations chromatiques perçues isolément par chacun des deux yeux* (*C. R.*, 1891, CXIII). — *De l'énervation partielle des muscles. Modificat. qu'elle apporte dans les caractères de la contraction totale : corollaires relatifs au mode de distribut. des nerfs muscul. et à l'étendue du champ d'activité des plaques motrices terminales* (*A. d. P.*, 1889, 124-140). — *Sur l'existence de centres nerveux distincts pour la perception des couleurs fondam. du spectre* (*C. R.*, 1892, CXV, 908-914).

Nutrition. Contraction musculaire. Chaleur animale. — *Rech. nouvelles sur la fonction glycogénique* (*C. R.*, 1856, XLII, 1008). — *Se forme-t-il du sucre dans l'intestin des animaux nourris exclusivement à la viande?* (*Monit. des hôpit.*, oct. 1856). — *Format. physiolog. du sucre dans l'économie animale* (*Bull. de l'Ac. de méd.*, Paris, 1857). — *La substance qui, dans le sang des animaux soumis à l'abstinence, réduit l'oxyde de cuivre du réactif cupropotassique est un sucre fermentescible* (*Un. méd.*, Paris, 1857, 366). — *La glycose, le glycogène, la glycogénie, en rapport avec la product. de la chaleur et du trav. mécanique dans l'économie animale*. I. *Calorificat. dans les organes en repos* (*C. R.*, 1886, CIII, 974-980). II. *Calorificat. dans les organes en travail* (*C. R.*, 1886, CIII, 1057-1064). III. *Ébauche d'une déterm. absolue de la proportion dans laquelle la combustion de la glycose concourt à ces phénomènes* (*C. R.*, 1886, CIII, 1153-1159). — *Nouveaux documents sur les relations qui existent entre le trav. chim. et le trav. mécanique du tissu musculaire. De la quantité de chaleur produite par les muscles qui fonctionnent utilement dans les condit. physiolog. de l'état normal* (en coll. avec KAUFMANN) (*C. R.*, 1887, CV, 296-301). — *Du coefficient de la quantité de travail mécan prod. par les muscles qui fonctionnent utilement dans les condit. physiolog. de l'état normal* (en coll. avec KAUFMANN) (*C. R.*, 1887, CV, 328-336). — *De l'activité nutritive et respirat. des muscles qui fonctionnent physiologiquement sans produire de travail mécanique* (*C. R.*, 1887, CIV, 1763-1769) (en coll. avec KAUFMANN). — *Expér. pour la détermination du coefficient de l'activité nutritive et respirat. des muscles en repos et en travail* (*C. R.*, 1887, CIV, 1126-1132) (en coll. avec KAUFMANN). — *Conséqu. physiolog. de la déterminat. de l'activité spécifique des échanges ou du coeff. de l'act. nutritive et respirat. dans les muscles en repos et en travail* (en coll. avec KAUFMANN) (*C. R.*, 1887, CIV, 1352-1359). — *Méth. pour la déterminat. de l'activité spécif. des échanges intramusculaires ou du coefficient de l'activité nutritive et respiratoire des muscles en repos et en travail* (*C. R.*, 1887, CIV, 1409-1414). — *L'élasticité active du muscle et l'énergie consacrée à sa création dans le cas de contraction statique et de contrac-*

tion dynamique (C. R., 1890, cxi, 19-26; 89-95). — *Particip. des plaques motrices terminales des nerfs musculaires à la dépense d'énergie qu'entraîne la contraction. Influence exercée sur l'échauff. du muscle par la nature et le nombre des changements d'état qu'elles excitent dans le faisceau contractile* (C. R., 1890, cxi, 146-152). — *Le travail musculaire et l'énergie qu'il représente* (1 vol. in-8, Paris, Asselin, 1891). — *Les lois de l'échauffement produit par la contract. muscul. d'après les expér. sur les muscles isolés. Perturbat. que l'allongement de ces muscles, sous l'infl. d'un accroissement de la fatigue ou de la charge, introduit dans les phénom. thermiques normaux de la contraction* (A. d. P., 1891, 20-40). — *Sur la pathogénie du diabète. Rôle de la dépense et de la product. de la glycose dans les déviat. de la fonction glycémique* (C. R., 1893, cxvi, 226-231, et *Mém. d. la Soc. de Biol.*, 1893, 17-27). — *La dépense glycosique entraînée par le mouvement nutritif, dans les cas d'hyperglycémie et d'hypoglycémie provoquées expérimentalement. Conséqu. relatives à la cause imméd. du diabète et des autres déviat. de la fonction glycémique* (C. R., 1893, cxvi, 297-303). — *Le pancréas et les centres nerveux régulateurs de la fonction glycémique* (Mém. de la Soc. de Biol., 1893, 29-54). I (C. R., 1893, cxvi, 463-469). II. *Expér. concourant à démontrer le rôle respectif de chacun de ces agents dans la formation de la glycose par le foie* (C. R., 1893, cxvi, 551-557). — *Démonstrat. expérimentales empruntées à la comparaison des effets de l'ablat. du pancréas avec ceux de la section bulbaire* (C. R., 1893, cxvi, 613-619). — *Comparaison de l'échauffement qu'éprouvent les muscles dans le cas de travail positif et de travail négatif* (C. R., 1895, cxxi, 26-30). — *Comparaison de l'énergie mise en œuvre par les muscles dans les cas de travail positif et de travail négatif correspondant* (C. R., 1895, cxxi, 21-27). — *Le travail musculaire n'emprunte rien de l'énergie qu'il dépense aux matières albuminoïdes des humeurs et des éléments anatomiques de l'organisme* (C. R., 1896, cxxii, 429-435). — *Sur la nature du processus chimique qui préside à la transformation du potentiel auquel les muscles empruntent l'énergie nécessaire à leur mise en travail* (C. R., 1896, cxxii, 1303-1309). — *La destination immédiate des aliments gras, d'après la détermination, par les échanges respiratoires, de la nature du potentiel directement utilisé dans le travail musculaire chez l'homme en digestion d'une ration de graisse* (avec Tissot et de Varigny) (C. R., 1896, cxxii, 1169-1172). — *Le travail musculaire emprunte-t-il directement de l'énergie aux albuminoïdes des aliments?* (C. R., 1896, cxxii, 504-511) (avec Contejean). — *La dépense énergétique respectivement engagée dans le travail positif et le travail négatif des muscles, d'après les éch. respirat. Applicat. à la vérificat. expérimentale de la loi de l'équivalence dans les transformat. de la force chez les êtres organisés. Exposition des principes de la méthode qui a servi à cette vérification* (C. R., 1896, cxxii, 58-64). — *La loi de l'équivalence dans les transformat. de la force chez les animaux, vérificat. expérim. par la méthode de comparaison de la dépense énergique, évaluée d'après les éch. respirat. qui est respectivement engagée dans le travail positif et le travail négatif qu'exécutent les muscles* (Ibid., 113-120). — *Sur la transformation de la graisse en hydrate de carbone dans l'organisme des animaux non alimentés* (C. R., 1896, cxxii, 1098-1103). — *Source et nature du potentiel directement utilisé dans le travail musculaire, d'après les échanges respiratoires, chez l'homme en état d'abstinence* (C. R., 1896, cxxii, 1163-1169). — *Les échanges respiratoires dans le cas de contractions musculaires provoquées électriquement chez les animaux en état d'abstinence, ou nourris avec une ration riche en hydrates de carbone; corollaires relatifs à la détermination du potentiel directement consacré au travail physiologique des muscles* (C. R., 1896, cxxii, 1244-1250) (avec Laulanié). — *Rapports de la dépense énergétique du muscle avec le degré de raccourcissement qu'il affecte en travaillant, d'après les échanges respiratoires. La dépense est d'autant plus faible, pour un même travail accompli, que le muscle est plus près de sa longueur maxima quand il se raccourcit pour travailler* (C. R., cxxiii, 1896, 151-155). — *Ce qu'il faut penser de la prétendue dissipation stérile de l'énergie dans l'exécution du travail musculaire, d'après les faits qui commandent la distinction entre l'énergie consacrée au soulèvement même des charges et celle qui est dépensée pour leur soutien pendant le soulèvement. Extension des applications de la loi de l'équivalence énergétique en biologie* (Ibid., 283-289). — *L'énergie dépensée par le muscle en contraction statique, pour le soutien d'une charge, d'après les échanges respiratoires* (Ibid., 1236-1241) (en collab. avec Tissot). — *Effets de la variation combinée des deux facteurs de la dépense énergétique du muscle sur la valeur des échanges respiratoires, témoins de cette dépense, dans le cas de contraction statique* (C. R., cxxiv, 1897, 16-20). — *Du travail mécanique de cause purement extérieure exécuté automatiquement, sans dépense supplémen-*

taire d'énergie intérieure, par des muscles en état de contraction statique. Le travail positif diminue et le travail négatif augmente l'échauffement musculaire résultant de cette dépense intérieure (C. R., CXXIV, 596-600). — Critique des expériences de HORN sur la thermodynamique et le travail chez les êtres vivants. Comment elles auraient dû être constituées pour aboutir à des conclusions exactes sur la valeur de l'énergie que le travail mécanique prend ou donne aux muscles, suivant qu'il est positif ou négatif (A. d. P., 1897, 229-238). — Méthode nouvelle pour s'assurer si, dans les milieux vivants, comme dans le monde inanimé, le travail positif prend de l'énergie au moteur et si le travail négatif lui en donne. Ibid., 261-276.

CHAUVE-SOURIS. — Les chauves-souris sont, parmi les Vertébrés autres
que les oiseaux, les seuls qui possèdent la faculté de voler. En effet, les poissons dits volants ne font que sauter hors de l'eau en se soutenant sur leurs nageoires étendues en guise de parachutes. Les chauves-souris, au contraire, ont un vol long et soutenu, comme celui des oiseaux, mais l'appareil qui constitue la *voile* de l'aile est différent; un examen attentif montre que cet appareil est inférieur à celui des oiseaux. Chez ceux-ci, la division de cette voile en lames minces, à la fois légères, solides et flexibles (les *pennes*), la faculté d'étendre ou de replier ces lames en obtenant par le jeu des muscles les mouvements d'un éventail joints à ceux d'une persienne, font de cet appareil un véritable idéal, qui est loin d'être atteint par la membrane, tendue comme une voile de navire, qui constitue l'aile des Chiroptères. En outre les mammifères ne possèdent pas les sacs aériens qui allègent l'oiseau en permettant au fluide ambiant de pénétrer jusque dans les viscères, jusqu'à l'extrémité des os des membres et jusque dans la tige des plumes. Quoi qu'il en soit, ne pouvant imiter l'aile de l'oiseau, c'est l'aile de la chauve-souris que l'homme a cherché à réaliser dans la plupart des essais *d'aviation* tentés jusqu'à ce jour. A ce point de vue, la conformation de l'aile du Chiroptère nous intéresse à plus d'un titre, et l'on peut regretter qu'elle n'ait pas été l'objet d'un plus grand nombre de travaux portant sur les formes très variées que l'on rencontre dans cet ordre. On y trouve, en effet, comme chez les oiseaux, des types bons voiliers, à ailes longues et pointues, et d'autres, mauvais voiliers, à ailes courtes et larges.

AMANS (1885), qui, après SCHÖBL (1870), a étudié l'organe du vol chez les Chiroptères, constate l'élasticité de la membrane de l'aile qu'il compare à du caoutchouc, et confirme la présence d'un muscle *tenseur* qui doit jouer un rôle important en modifiant la forme et la résistance de la membrane. Ce muscle, élastique et contractile *(dorso-occipital* de CUVIER, *sterno-radial* de MAISONNEUVE), n'est pas apparemment le seul, et l'étude minutieuse des tendons des doigts montrera vraisemblablement que l'animal peut réduire ou augmenter sa voilure par la simple flexion de certaines phalanges. C'est là un point important; car on sait combien le vol des chauves-souris est gêné par le vent, bien qu'il soit certain que l'absence des insectes dans l'air est la véritable cause du repos auquel ces animaux se condamnent dès que le vent souffle un peu violemment. AMANS, qui s'occupe surtout de l'aile des Invertébrés, arrive à cette conclusion que l'appareil du vol chez les Chiroptères forme la transition entre l'aile des Insectes et l'aile des Oiseaux, et que, chez ceux-ci comme chez les Chauves-souris, l'organe est, *grosso modo*, une aile d'insecte portée à l'extrémité d'un bras articulé.

La puissance de l'aile des Chauves-souris réside surtout dans le développement des muscles de l'épaule et du bras qui s'attachent à un sternum caréné comme celui des Oiseaux. Les Chiroptères peuvent, comme ces derniers, rester au vol pendant des heures et accomplir de longs voyages. Le fait a été constaté sur les Roussettes (*Pteropus medius, Cynonycteris amplexicaudata*), qui ne sont pourtant pas des mieux doués sous le rapport de l'aile. On a constaté que cette dernière espèce pouvait faire, en une seule nuit, jusqu'à dix-huit lieues à l'aller et autant au retour d'une seule traite, pour se procurer les fruits dont elle se nourrit (DOBSON, 1878; TROUESSART, 1879). C'est ce qui explique la distribution géographique de ces animaux, qui sont les seuls mammifères indigènes de la Nouvelle-Zélande et des archipels les plus éloignés de la Polynésie où ils n'ont pu parvenir qu'en volant par-dessus les mers.

Les *migrations* des Chiroptères ont longtemps été niées à tort par la plupart des naturalistes. Cependant, dès le siècle dernier, SPALLANZANI (d'après SENEBIER, 1807) affirmait que « la plupart des chauves-souris d'Italie sont des animaux de passage ». BLASIUS et KOLENATI (1857) réunirent aussi des faits à l'appui de cette opinion, en étudiant les espèces de Suisse et d'Allemagne. Plus récemment MERRIAM (1886) a démontré le fait sur plusieurs espèces de l'Amérique du Nord.

Organes des sens. — A l'exception de la vue, on peut dire que tous les organes des sens sont très développés chez les chauves-souris : mais ce qui frappe le plus chez ces animaux, c'est le développement exceptionnel que prend la peau, c'est-à-dire l'organe du *toucher* (membrane de l'aile, conque auditive, feuilles nasales, glandes, sébacées, etc.).

Vue. — Les yeux sont très petits comme chez les animaux qui vivent sous terre (Taupe Rat-Taupe, etc.), ce qui s'explique par l'habitat des Chauves-souris dans des cavernes ou des trous d'arbres obscurs d'où elles ne sortent que la nuit pour se livrer à la chasse des insectes. Les Roussettes frugivores, qui sont plus rarement cavernicoles, ont des yeux normalement développés. Les expériences célèbres de SPALLANZANI (1794) ont montré que le sens de la vue n'était pas indispensable à ces animaux et pouvait être suppléé par les autres sens. Après avoir crevé les yeux à des Chauves-souris insectivores de notre pays, SPALLANZANI lâcha ces animaux dans une vaste chambre remplie à dessein d'obstacles variés (branches d'arbre, fils tendus, filet à large maille, etc). Les Chauves-souris volèrent au milieu de ces obstacles, en les évitant avec autant d'aisance que si elles n'avaient pas été aveugles, elles surent s'échapper par des fenêtres laissées ouvertes, sans aller se jeter contre les vitres de celles qui étaient fermées ; dans une caverne elles surent trouver sans hésitation les trous et les fissures qui pouvaient leur servir de refuge. Pour savoir quel était le sens qui suppléait celui de la vue, SPALLANZANI chercha à priver successivement ses chauves-souris aveugles du sens de l'ouïe, puis de ceux de l'odorat, du goût et du toucher ; mais, trop pressé de conclure, d'après cette première série d'expériences encore incomplètes, il émit l'hypothèse *qu'il devait exister chez les chauves-souris un sixième sens encore inconnu*. La fausseté de cette hypothèse fut relevée par G. CUVIER (1795), qui, sans avoir répété les expériences de SPALLANZANI, fit remarquer que le sens du toucher donne des perceptions plus variées qu'on ne le suppose généralement : la température de l'air, ses mouvements, sa résistance peuvent être ainsi appréciés. Il suffit pour cela qu'une surface libre assez étendue et dénuée de téguments durs : or la membrane de l'aile, à la fois dénuée de poils et bien fournie de nerfs, réalise cette condition. Les chiroptères ont donc un tact plus parfait, mais non un sixième sens.

Peu après, JURINE, de Genève (1798), reprit méthodiquement les expériences de SPALLANZANI et arriva à un résultat plus précis. Il constata, comme celui-ci, combien les Chauves-souris étaient peu gênées par la privation de la vue : mais, ayant rempli leur conduit auditif externe d'une colle de farine, il vit que ces animaux, précédemment si agiles, étaient devenus incapables de se diriger, et il en conclut que c'était le sens de l'ouïe qui supplée ici le sens de la vue. C'est ce que reconnut bientôt après SPALLANZANI lui-même : « Cet animal (la chauve-souris), dit-il, n'est point pourvu d'un sixième sens... Le tact, quelque exquis qu'on le suppose, ne pourra l'avertir du voisinage souvent éloigné d'un plafond, d'une muraille, d'une fenêtre... Quelques essais avaient également fait exclure le sens de l'ouïe ; mais des expériences plus exactes ont démontré (à JURINE, de Genève), que l'ouïe remplace véritablement chez la chauve-souris l'organe de la vue... » (SPALLANZANI *in* SENEBIER, 1800.)

Ouïe. — L'organe de l'ouïe est en effet très développé chez la plupart des Chiroptères : il suffit de rappeler ici la dimension énorme de la conque auditive chez l'oreillard (*Plecotus auritus*) et plusieurs autres espèces où cet organe atteint la longueur du corps de l'animal. L'*oreillon* (tragus), lame mince et rigide qui se dresse au milieu de cette conque, est évidemment un organe sensible à toutes les vibrations de l'air, une sorte de diapason, qui reproduit et amplifie les ondulations sonores. Mais l'oreille interne n'est pas moins remarquable par son développement, comme le prouve le renflement des bulles auditives, très notable surtout chez les *Rhinolophidés* qui sont précisément dépourvus d'oreillon, et qui ont pourtant l'ouïe très sensible. On sait que les Chauves-souris perçoivent, à une grande distance, des bruits qui échappent complètement à notre oreille : par exemple la stridulation aiguë produite par les vibrations de l'aile de très petits insectes. L'étude de l'oreille interne des Chauves-souris est encore à faire. Pendant plusieurs années, l'Académie des sciences a mis ce sujet au concours pour l'un de ses prix : il ne semble pas que cette recherche ait tenté les naturalistes, et, dans tous les cas, le prix n'a pas été décerné. Il serait cependant très intéressant de reprendre les expériences de Spallanzani et de Jurine, vieilles d'un siècle, en les entourant de tous les perfectionnements que comporte l'expérimentation moderne, et de s'assurer si réellement, comme le dit Spallanzani (1800), la Chauve-souris est un *animal qui voit par l'oreille.*

Odorat. — L'odorat n'est pas moins développé que l'ouïe chez les Chauves-souris, comme l'indique la présence de feuilles nasales et de replis anfractueux qui projettent, en quelque sorte au dehors, la membrane olfactive et sont accompagnées de glandes nombreuses et volumineuses. Ces replis sont des organes de tact analogues aux *vibrisses* ou moustaches des Chats et des Rongeurs, mais beaucoup plus délicats (Redtel, 1873, Dobson, 1878), et qui sont continuellement lubréfiés par les glandes sébacées qui les entourent. Ils sont innervés par la branche maxillaire supérieure du nerf de la cinquième paire qui est très développée, ainsi que la branche nasale, tandis que les branches palpébrale et labiale sont très grêles; la branche ophtalmique envoie également un gros nerf à la feuille nasale. Il est évident que les replis de cette feuille peuvent transmettre aux nerfs l'impression des vibrations aériennes produites par l'approche des objets. notamment par le mouvement d'un insecte au vol. On peut se demander si l'odeur très forte répandue par tout le corps des Chauves-souris et particulièrement par les glandes de la face ne joue pas un certain rôle dans la capture des insectes en *stupéfiant* ceux-ci au moment où le Chiroptère s'élance sur eux la gueule ouverte?

Goût. — Le goût doit être, chez les Chiroptères, en rapport avec l'odorat. Des expériences précises sont à faire à cet égard : tout ce que l'on peut dire, c'est que la voracité de ces animaux est extrême (V. Tuckermann, 1888).

Toucher. — Quoi qu'en ait dit Spallanzani, et comme Cuvier l'a fait remarquer avec raison, le sens du toucher est très développé chez les Chauves-souris. Ce sens réside spécialement dans la membrane de l'aile et dans celle de la conque auditive (Schöbl, 1871). Celle-ci est pourvue, aussi bien que l'aile, de petites glandes saillantes et de soies en forme de vibrisses qui sont des organes de tact. La quantité de glandes cutanées odoriférantes et de poches que l'on trouve sur tous les points du corps chez les Chiroptères est véritablement surprenante. Ces glandes peuvent être frontales (*Phyllorhina*), gulaires ou situées au cou (*Taphozous, Cheiromeles, Molossus,* etc.), à l'épaule (*Epomophorus*), à la poitrine (*Ametrida*), au pubis ou à l'anus (*Rhinolophus, Megaderma, Noctilio*), enfin aux ailes (*Saccopteryx*). Les vastes sacs alaires que l'on trouve dans ce dernier genre ont été pris autrefois pour des sacs aériens dilatables : ce sont en réalité des glandes sébacées qui ne sont bien développées que chez le mâle. On doit considérer toutes ces glandes comme des organes sexuels secondaires, destinés à faciliter la réunion des sexes dans les cavernes obscures où vivent les Chauves-souris insectivores. Chez les grandes Roussettes qui ne fréquentent pas les cavernes, l'odeur de ces glandes est un moyen de protection, aussi les glandes sont-elles également développées dans les deux sexes.

Système digestif. — Dentition. — Le jeune Chiroptère naît avec ses dents de lait déjà bien développées, et la forme de ces dents, recourbées en hameçon, lui permet de s'attacher solidement aux mamelles de sa mère. Le canal alimentaire est en rapport avec le régime, plus compliqué chez les Roussettes frugivores, plus court et plus simple chez les Chauves-souris insectivores, mais il est surtout remarquable par sa brièveté dans le genre *Desmodus* qui se nourrit presque exclusivement du sang des vertébrés. Chez cet animal, l'œsophage est d'une étroitesse extrême et l'estomac se distingue à peine du reste de l'intestin; le cardia et le pylore se touchent, le grand cul-de-sac formant une sorte de cœcum. Les genres *Desmodus* et *Diphylla*, qui habitent l'Amérique méridionale, sont les seuls dont l'organisation soit en rapport avec les mœurs sanguinaires que l'on prête communément aux « Vampires ». Le véritable *Vampirus* est, en réalité, presque exclusivement frugivore, comme l'indique sa dentition.

Hibernation. — Les Chauves-souris insectivores des pays tempérés qui n'émigrent pas s'engourdissent en hiver dans les cavernes à la manière de certains Rongeurs (Loir, Marmotte), mais leur sommeil n'est jamais aussi profond. Il est souvent interrompu par des périodes d'activité, et il n'est pas rare de voir des Chauves-souris se livrer à la chasse des insectes en plein hiver (décembre-janvier), dès que la température se radoucit assez pour que ces insectes eux-mêmes sortent de leur retraite. Spallanzani (Senebier, 1807), avait déjà fait des recherches à ce sujet. Il dit que la température du corps des Chauves-souris en été est en moyenne de 31° (ce qui est peu, comparé à la température des oiseaux qui atteint 42° et plus). Cette température diminue, en suivant les oscillations de la température de l'air, mais elle reste toujours supérieure à cette dernière. Une Chauve-souris peut tomber en léthargie par le fait de passer, étant éveillée, d'une température froide à une température chaude, ce qui semble paradoxal, et réciproquement, s'éveiller en passant d'une température chaude à une température froide. Mais ceci semble un moyen de protection instinctif, puisque l'animal doit se réveiller pour chercher un refuge dans un lieu mieux abrité, lorsque, pendant un hiver rigoureux, la gelée pénètre dans l'endroit où il s'est tout d'abord engourdi. Lorsque les Chauves-souris sont complètement léthargiques, elles respirent à peine et n'absorbent presque plus d'oxygène. — DELSAUX (1887), a constaté que les Chauves-souris engourdies pendant l'hiver sont peu sensibles à la lumière et au bruit, mais très sensibles aux excitations mécaniques : elles se réveillent quand on les touche sans précautions. Pendant le sommeil hibernal, la respiration semble tout à fait suspendue : on ne perçoit aucun mouvement respiratoire. Le moindre attouchement suffit pour provoquer ces mouvements respiratoires, et si on renouvelle les attouchements, l'animal se réveille complètement. Ce réveil s'accompagne d'une élévation de température notable : ainsi, chez l'Oreillard, l'air ambiant étant à 6°,5, on constate immédiatement sur l'animal réveillé une température de 7°. Malgré le sommeil, l'animal est sensible à la raréfaction de l'air : il tombe d'abord à demi asphyxié, puis se réveille. Sur la Chauve-souris *en état d'hibernation* un abaissement de température a pour effet de *diminuer* le chiffre d'anhydride carbonique contenu dans le sang. Le Chiroptère hibernant se comporte donc comme un animal à sang froid. On sait que chez les animaux à sang chaud l'abaissement de température exagère au contraire l'intensité des échanges respiratoires. Ces recherches de DELSAUX peuvent servir à expliquer les observations anciennement faites par SPALLANZANI et que nous avons rapportées ci-dessus.

Reproduction. — On sait, depuis les recherches de VAN BENEDEN (1875), confirmées par celles d'EIMER (1879), de BENECKE et de FRIES (1879), que l'accouplement des Chauves-souris d'Europe a lieu à l'automne, avant le sommeil hibernal et que la femelle conserve sa provision de sperme pendant toute la période hibernale. VAN BENEDEN crut que l'œuf, après avoir été fécondé, subissait, comme BISCHOFF l'a montré sur le chevreuil, un long repos, pour se développer seulement au printemps. EIMER, au contraire, puis BENECKE et FRIES, constatèrent que la fécondation n'a lieu qu'au sortir du sommeil hibernal. Malgré les suppositions contraires de A. ROBIN (1885), basées sur l'examen d'animaux trop jeunes pour être considérés comme adultes, les recherches récentes de ROLLINAT et TROUESSART (1895), de MATHIAS DUVAL (1895), ont mis hors de doute l'exactitude des observations d'EIMER, de BENECKE et de FRIES. Il n'y a pas de nouvel accouplement au printemps, bien que les organes des mâles soient encore pleins de spermatozoïdes : mais la fécondation a lieu seulement à cette époque, et toutes les femelles dont le vagin renferme du sperme ont conservé ce liquide fécondant depuis l'automne précédent (ROLLINAT et TROUESSART, 1895, 1896).

La présence d'un *bouchon vaginal*, semblable à celui des Rongeurs, semble en rapport avec la nécessité de conserver intacte jusqu'au printemps cette provision de sperme.

Quoi qu'en ait dit CARL VOGT (1881), il est certain que ce bouchon n'existe pas chez les femelles vierges ; car il est fourni par le mâle, et l'on y constate facilement la présence des spermatozoïdes, soit dans le noyau central, soit dans la masse périphérique (ROLLINAT et TROUESSART). La coagulation et le durcissement de ce noyau paraissent dus à l'action du liquide prostatique découvert par CAMUS et GLEY (1896) dans les vésicules séminales et qui est un véritable ferment désigné ultérieurement par GLEY (1897) sous le nom de *Vésiculase*. On retrouve d'ailleurs, sous une autre forme, la substance de ce bouchon dans l'urèthre des mâles qui ne s'en sont pas encore débarrassés : il présente alors la forme d'un clou allongé, moulé sur les parois de l'urèthre, mais n'atteignant jamais le degré de dureté et de transparence qu'il acquiert dans le vagin de la femelle. Chez celle-ci, il présente une forme ovoïde et le volume d'un pépin de mandarine transparent comme de la gomme arabique ou du verre, avec un noyau central opaque et blanchâtre.

Chez le mâle, la sécrétion de sperme est tellement surabondante que ce liquide reflue des vésicules séminales dans la vessie, où il forme un dépôt stratifié dans la partie déclive de l'organe, c'est-à-dire dans le fond, puisque l'animal est suspendu par les pieds. Ce dépôt ne se mélange pas à l'urine et remplit quelquefois entièrement ce réservoir : les spermatozoïdes y conservent des mouvements très actifs. Cependant cette énorme réserve de liquide spermatique reste inutilisée, au moins au point de vue de la fécondation ; car les jeunes femelles qui n'ont pas reçu leur provision de sperme à l'automne restent vierges et doivent attendre l'automne suivant pour être fécondées. D'ailleurs, dès que la glande génitale est en fonction, c'est-à-dire dès le mois de septembre, on trouve chez les mâles du sperme dans la vessie : cette particularité n'est donc pas spéciale à la période d'hibernation (ROLLINAT et TROUESSART, 1895-1896).

D'après MATHIAS DUVAL (1895) la fécondation a lieu en mars-avril. Un des ovaires laisse échapper l'ovule qui est aussitôt fécondé par les spermatozoïdes emmagasinés depuis l'automne et l'ovule fécondé vient se fixer toujours dans la corne droite de l'utérus, car d'ordinaire il n'y a qu'un seul petit. En même temps, le bouchon vaginal est expulsé, non sans occasionner une légère déchirure à la vulve qui est souvent sanguinolente. La mise-bas a lieu en mai-juin, de telle sorte que la gestation est en moyenne de deux mois, variable, d'ailleurs, suivant les espèces. La présentation par les extrémités inférieures (genou) est la règle, contrairement à ce qui se passe chez les autres mammifères. Il est probable que cette présentation est nécessitée par la conformation du membre antérieur et surtout la longueur de l'avant-bras (radius), qui en se défléchissant serait un obstacle insurmontable à l'accouchement, si la présentation avait lieu par la tête.

Bibliographie. — 1794. — SPALLANZANI. *Lettere sopra il sospetto di un nuovo senso nei Pipistrelli.* — SENEBIER (Analyse du mémoire précédent) (*Journal de Physique*, XLIV, 318).

1795. — CUVIER (G.). *Conjectures sur le sixième sens qu'on a cru remarquer chez les Chauves-souris* (*Mag. Encycl. de Millin*, VI, 297).

1798. — SPALLANZANI. *Observations on the organ of Vision in Bats* (*Philos. Mag.*, I, 134). — JURINE. *Experiments on Bats deprived of sight* (*Phil. Mag.*, I, 136). — PESCHIER. *Extrait des expériences de Jurine* (*Journ. de Phys.*, XLVI, 145).

1800. — SENEBIER. *Œuvres* de SPALLANZANI traduites par S., sous le titre : « *Expériences*, etc. », Paris, an VIII (1800), six vol. in-8 (voyez V, 89-91, § 18. et non 19, comme il est indiqué par erreur dans l'index en tête du volume).

1807. — SENEBIER. *Rapports de l'air avec les êtres organisés tirés des journaux de Spallanzani.* 3 vol., Genève (Voy. II, 68-180, *Sur la respiration des Chauves-souris, etc.*).

1844. — QUEKETT. *Observations on the structure of Bat's Hair* (Trans. Microsc. Soc., I, 58).

1870. — SCHÖBL. *Die Flughaut der Fledermäuse* (Archiv f. Mikros. Anat., V).

1871. — SCHÖBL (même sujet) (Schultze's Archiv, VII, 1-31).

1873. — REDTEL. *Structure des feuilles nasales* (Zeits. wiss. Zool., 254).

1875. — VAN BENEDEN. *Sur la maturation de l'œuf des mammifères* (Bull. Acad. Roy. Belg., XI).

1879. — EIMER (même sujet) (Jahresber. Ver. Vaterl. Naturk. Wurtemb., 35, Jahrg., 50. — Zool. Anz., II, 425). — BENECKE (Zool. Anz., II, 304). — FRIES (Zool. Anz., II, 335). — DOBSON. *Catalogue of Chiroptera* (Introduction), 1879. — TROUESSART. *La distribution géographique des Chiroptères* (Annales des Sc. nat., Zool., VIII).

1881. — A. ROBIN. *Sur l'époque de l'accouplement des Chauves-souris* (Bull. Soc. Philomath., 26 mars). — C. VOGT. *Recherches sur l'embryogénie des Chauves-souris* (Assoc. franç. pour l'avanc. des Sciences. Compte Rendu de la session d'Alger, 655). — A. ROBIN. *Recherches anatomiques sur les mammifères de l'ordre des Chiroptères* (Ann. Sc. nat., Zool., Art. 2).

1885. — AMANS. *Sur l'aile des Chiroptères comparée à celle des insectes* (Ann. Sc. nat.).

1886. — MERRIAM. *Do any of our N.-Amer. Bats migrate? Evidence in the affirmative* (Proc. Amer. Assoc., XXXI, 269). — MONTICELLI. *Sulle glandole facciale dei Chirotterie* (Rivist. Ital. Sci. nat., II, part. 1).

1887. — DELSAUX. *Sur la respiration des Chauves-souris pendant leur sommeil hivernal* (Arch. Biol., VII, 205).

1888. — TUCKERMANN. *Obs. on the gustat. organs of the Bat* (Journ. mrph., II, 1-6).

1889. — H. ALLEN. *On the Wing-membranes...* (Proc. Ac. Philad., 313).

1895. — ROLLINAT ET TROUESSART. *Sur la reproduction des Chiroptères* (Comptes Rendus Soc. Biol., 53). — LES MÊMES. *Deuxième note sur la reproduction des Chiroptères* (Comptes

Rendus Soc. Biol., 534). — MATHIAS-DUVAL. *Études sur l'embryologie des Chiroptères* (*Journ. Anat. et Phys.*, XXXI, 38-80).

1896-1897. — ROLLINAT et TROUESSART. *Sur la reproduction des Chauves-souris* (*Mémoires de la Société zoologique de France*).

E. TROUESSART.

CHÉIROPTÈRES. — Voyez Chauve-souris.

CHÉLÉRYTHRINE. — Voyez Chélidonine.

CHÉLIDONINE. — Les effets physiologiques de la chélidonine ont été étudiés avec soin par H. MEYER (*Ueb. d. Wirk. einiger Papaveraccenalkaloïde. A. P. P.*, 1892, XXIX, 306-439). Il distingue dans la chélidonine cinq alcaloïdes : la chélidonine ($C^{20}H^{19}NO^5$) ; l'α homochélidonine ($C^{22}H^{21}NO^3$) ; la β homochélidonine ($C^{21}H^{21}NO^5$) ; et la sanguinarine ($C^{20}H^{15}NO^4$). La chélidonine agirait à la manière de la morphine ; mais à dose plus faible, et sans amener l'excitabilité réflexe et les vomissements de la morphine. A la faible dose de 0,0025, elle diminue la fréquence des battements du cœur chez la grenouille, et arrête complètement le cœur à la dose de 0,02. La β homochélidonine est plutôt convulsivante, tandis que l'α homochélidonine provoque, comme la chélidonine, de l'analgésie, de la stupeur, de la paralysie des terminaisons motrices et du cœur. La chélérythrine, qu'on trouve associée à la sanguinarine dans les racines de sanguinaire ($C^{21}H^{17}NO^4$), produit une paralysie générale des terminaisons motrices, tandis que la sanguinarine a au début une action convulsivante.

CHÉLIDONIQUE (Acide) ($C^7H^4O^6$). — Corps extrait de la grande chélidoine. CLAIREN a fait la synthèse de ce corps en faisant réagir l'acétone sur l'éthylate de sodium et l'éther oxalique. PERATONER et STRASSERI ont aussi fait par d'autres procédés cette même synthèse (*D. W.*, (2), 1057).

CHÉLONIENS. — Voyez Reptiles.

CHEVAL. — Un titre aussi laconique que celui-là, dans un dictionnaire de physiologie, appelle quelques mots d'explication. Il ne s'agit pas, semble-t-il à l'auteur, de résumer toute la physiologie à propos du cheval, mais bien de rappeler aux physiologistes qui n'ont pas l'habitude d'observer ou d'expérimenter sur cet animal, les caractéristiques zoologiques et physiologiques du cheval, la manière de l'utiliser, les particularités spéciales de ses fonctions, les recherches et les conquêtes scientifiques qu'il a facilitées, grâce à sa taille ou à quelques-unes de ses dispositions anatomiques.

L'article comprendra donc des notions qui ne se lieront pas très bien les unes aux autres. Toutefois nous nous efforcerons d'atténuer cet inévitable défaut dans la mesure du possible.

SOMMAIRE. — A. *Caractéristiques zoologiques.* — B. *Caractéristiques physiologiques générales.* — 1, régime. — 2, température ; 3, pouls ; 4, respiration ; 5, reproduction ; 6, développement et croissance ; 7, sang ; 8, lymphe ; 9, urine ; 10, sueur. — C. *Utilisation du cheval dans les laboratoires de physiologie.* — 1, contention du cheval debout ; 2, contention du cheval couché ; 3, appareils spéciaux pour maintenir le cheval dans certaines attitudes ; 4, usage des anesthésiques ; 5, immobilisation par la section du bulbe : respiration artificielle. — D. *Particularités offertes par les fonctions chez le cheval.* 1, alimentation ; 2, rations : *a*, ration de travail ; *b*, ration d'entretien ; *c*, ration de transport ; *d*, composition immédiate et élémentaire des rations ; *e*, relation nutritive ; *f*, relation adipo-protéique ; *g*, digestibilité ; *h*, valeur calorimétrique de la ration ; *i*, qualité d'une bonne ration ; *j*, substitution ; 3, aliments exceptionnels ; 4, préhension des aliments ; 5, mastication buccale ; 6, insalivation ; 7, déglutition et vomissement ; 8, digestion gastrique : *a*, rapidité ; *b*, rôle du pylore ; *c*, influence de la mastication ; *d*, efficacité du suc gastrique ; *e*, récolte du suc gastrique ; *f*, état du contenu de l'estomac aux diverses phases de la digestion gastrique ; 9, digestion intestinale : *a*, digestion dans l'intestin grêle ; *b*, digestion dans le gros intestin ; *c*, répartition des matières alimentaires dans le tube digestif ; durée de la digestion intestinale ; *d*, gaz de l'appareil digestif du cheval ; *e*, phénomènes de putréfaction

trot, il a trouvé 1gr,60 d'albumine. La proportion varie, d'ailleurs, suivant que le liquide a été sécrété au commencement ou à la fin d'une suée. Lorsqu'on a fait suer un cheval plusieurs fois de suite, la quantité d'albumine diminue.

De même que dans l'urine, à côté des substances révélées par l'analyse, la sueur contient des corps indéterminés jouissant d'une grande toxicité, surtout lorsque la sueur a été sécrétée au cours d'un exercice violent.

Je sais que la toxicité de la sueur d'un sujet bien portant n'est guère admise aujourd'hui. Il est temps de réformer cette manière de voir. J'ai principalement étudié la sueur de l'homme. Pourtant, j'ai pu me convaincre, dans quelques expériences, de la grande toxicité de la sueur du cheval. Injectée dans les veines du chien à la dose de 1 centimètre cube par kilogramme de poids vif, elle produit en peu de temps des frissons, puis des tremblements, des vomissements, de la tristesse et une sorte d'hébétude comateuse; la température passe de 38°,5 à 40° et 40°,5; injectée à la dose de 2 centimètres cubes par kilogramme, elle produit les mêmes troubles, mais avec plus d'intensité. Les animaux qui reçoivent des doses si minimes de poison reviennent peu à peu à l'état normal dans la journée du lendemain. Si l'on injecte 10 à 15 centimètres cubes par kilogramme de poids vif, on peut parfois entraîner la mort en 24 à 48 heures.

C. — Utilisation du cheval dans les laboratoires de physiologie.

Les expérimentateurs qui n'ont pas l'habitude de se servir du cheval verront, de prime abord, de très grandes difficultés à contenir un animal de cette taille et de cette force musculaire, et se figureront volontiers que la moindre vivisection entraîne l'emploi préalable de moyens coercitifs puissants et difficiles à appliquer.

Pourtant, dans la pratique, le cheval est plus facile à maintenir, toute proportion gardée, que le chien et le chat, pourvu que l'on s'adresse non à des sujets nervososanguins, très vigoureux, d'une sensibilité exquise, mais à des individus un peu lymphatiques, dont la sensibilité est quelque peu émoussée par l'âge ou les fatigues.

1° **Contention du cheval debout.** — Ces sujets étonnent par le calme avec lequel ils supportent les vivisections, debout, sans autre moyen de contention qu'une main ferme appliquée sur la muserole du licol, ou un simple tord-nez passé autour de la lèvre supérieure, pourvu que le scalpel ou le bistouri soit manié avec dextérité par un opérateur connaissant bien l'anatomie topographique et sachant éviter à propos les branches nerveuses sensitives dont la section n'est pas obligatoire.

On redoutera que, dans ses déplacements, l'animal ne glisse sur les dalles ou le ciment des laboratoires et ne fasse des chutes, car ces chutes sont dangereuses pour les aides et l'opérateur, autant que pour le sujet. On s'efforcera donc d'éviter les glissades, soit en disposant de la paille sous les pieds du cheval, soit en opérant, si possible, dans une cour, communiquant avec le laboratoire, où il trouvera le sol naturel.

Le cheval étant maintenu dans cette attitude, on peut pratiquer presque toutes les vivisections classiques sur le cou et la tête : trachéotomie, dénudation de la jugulaire et de la carotide pour l'étude de la pression et de la vitesse du sang dans ces vaisseaux ou de la vitesse de la circulation, pour l'introduction de sondes cardiographiques dans le cœur droit et le cœur gauche; la dénudation et l'isolement du pneumogastrique et du cordon cervical du sympathique; la dénudation des rameaux superficiels du facial et de la cinquième paire; la fistule du canal de STÉNON; des vivisections diverses et imprévues sur la cavité thoracique et l'abdomen.

Si l'on place des entraves aux membres postérieurs, on opérera sans danger sur les voies génito-urinaires et la région périnéale.

Quand on pratique des explorations ou des opérations légères sur le sujet debout, on obtient souvent l'immobilité désirable en faisant soulever par un aide l'un des membres du cheval, de façon à réduire l'appui à trois points.

Il n'entre pas dans notre programme de décrire le manuel à suivre pour pratiquer sur le cheval les vivisections sus-indiquées ou celles qui seront citées ultérieurement. Pour celles qui se rapprochent des opérations réglées de la chirurgie vétérinaire, le physiologiste trouvera dans quelques ouvrages spéciaux des notions d'anatomie topographique et des indications précises sur le manuel opératoire.

Le *Précis de chirurgie vétérinaire* de Peuch et Toussaint, les *Exercices de chirurgie hippique* par Cadiot, et le *Traité de thérapeutique chirurgicale* de Cadiot et Almy, parmi les ouvrages français, lui fourniront des renseignements précieux (Voyez l'*Index bibliographique*). Pour les vivisections qui ne sont pas prévues par les chirurgiens, l'expérimentateur établira le manuel à suivre, en s'inspirant des connaissances qu'il puisera dans les traités et les atlas d'anatomie comparée ou les livres sur l'anatomie du cheval (Voyez l'Index bibliographique).

On maintient et on contient parfois le cheval en station debout par des moyens spéciaux dont on parlera un peu plus loin.

2° **Contention du cheval couché.** — Pour le moment, disons que certaines expériences et certaines vivisections doivent être et ne peuvent être tentées que sur le cheval couché.

On peut coucher le cheval sur un lit de paille ou sur un matelas enveloppé de cuir ou de toile cirée si l'on veut opérer aseptiquement. Pour placer l'animal dans cette altitude, il faut suivre le manuel exposé dans les ouvrages de chirurgie vétérinaire. Nous ne le décrirons pas. Nous nous contenterons de faire observer que, pour contenir un cheval couché, il faut placer à la tête un aide sûr et vigoureux qui maintiendra le cou dans l'extension et consacrera ses efforts à empêcher cette région de quitter le sol ou la surface du lit, car tant que la tête est maintenue dans cette position, l'animal est incapable de se relever.

Sur le cheval couché, on peut pratiquer des vivisections sur le thorax et l'abdomen, la dénudation des vaisseaux et des nerfs des extrémités, la section de la moelle au collet du bulbe et la respiration artificielle, des vivisections délicates sur les nerfs profonds du cou et de la tête, sur la glande sous-maxillaire, sur son canal et ses nerfs, sur les circonvolutions du cerveau, etc, etc.

Mais, si le sujet est étendu sur le sol, l'expérimentateur et ses aides opéreront dans une position gênante. On travaille plus aisément si le cheval est couché sur une table de dissection. Dans les laboratoires de physiologie des Écoles vétérinaires françaises, on couche fréquemment les chevaux ou les animaux de grande taille sur des tables d'une hauteur convenable. L'opération est tellement simple et donne de si grandes commodités, que nous croyons devoir la faire connaître aux expérimentateurs qui l'ignoreraient ou n'oseraient y recourir, supposant qu'elle est environnée de sérieuses difficultés.

Le cheval est amené parallèlement au bord de la table, aussi près que possible de celle-ci, mais sans l'effleurer, car le plus léger contact incite l'animal à l'éviter et par suite à s'éloigner.

Le membre postérieur opposé au bord de la table est engagé dans un nœud coulant qui l'enlace à la hauteur de la cuisse. L'anse est faite à l'extrémité d'une corde assez longue pour passer sur les reins de l'animal et être saisie par un ou deux aides placés de l'autre côté de la table. Le membre antérieur correspondant est engagé de la même manière dans un second nœud coulant qui se prolonge à la surface de l'épaule et s'infléchit sur le garrot. L'extrémité libre de cette corde est confiée également à une ou deux personnes. Un aide vigoureux placé près de la tête et légèrement en arrière de l'animal, saisit la muserole du licol de la main droite, et l'oreille de la main gauche en contournant la nuque. Un dernier aide, placé à l'extrémité opposée dans une position symétrique, saisit les crins de la queue (Voy. fig. 38). Au signal convenu, tous les aides associent leurs efforts de manière à faire basculer l'animal contre le bord de la table et à l'étendre à la surface de celle-ci.

Toutes les précautions doivent être prises pour réussir du premier coup. En cas d'insuccès, il faut s'attendre à plus de résistance de la part du sujet.

Aussitôt que l'animal est couché, les personnes à qui l'on avait confié les cordes enlaçant les membres et dont le rôle est momentanément terminé, doivent immédiatement assister les aides placés à la tête et à la croupe, si le besoin s'en fait sentir; car, si le sujet est énergique, il peut redresser l'encolure ou ramener un membre postérieur sous la croupe, préliminaire d'un redressement complet. Il faut donc lutter énergiquement contre les efforts de l'animal pour le maintenir étroitement en rapport avec la table vers les deux extrémités du corps. Au bout de quelques instants, las de se débattre en vain, le cheval tombe dans un calme relatif. On en profite pour faire descendre les cordes le long des membres, saisir dans les nœuds coulants les paturons antérieurs, d'une part, les paturons postérieurs, de l'autre, entre-croiser les cordes et les nouer de façon à maintenir les quatre membres solidement rapprochés les uns des autres. Cette opération achevée, on ne redoute plus de voir l'animal se dresser sur la

Fig. 38. — Préparatifs et disposition des aides pour coucher un cheval sur une table.

table; néanmoins, il ne faut jamais abandonner la tête ni même la croupe, car des mouvements inattendus et quelque peu violents pourraient faire glisser l'animal, et on le verrait choir sur le sol, les membres liés, comme un paquet.

3° **Appareils spéciaux pour maintenir le cheval dans certaines attitudes.** — Nous avons laissé pressentir antérieurement qu'il pourrait être nécessaire de recourir à des appareils ou à des machines spéciales pour contenir le cheval debout. Cette précaution compliquée est indiquée surtout lorsqu'on redoute qu'une manipulation ou une excitation particulière n'entraine la chute brusque de l'animal sur le sol ou des mouvements désordonnés capables de compromettre la sécurité des aides et l'intégrité des instruments. Par exemple, lorsqu'on est exposé à laisser entrer de l'air dans les veines ou dans l'artère carotide en plaçant des tubes sur le trajet de ces vaisseaux, ou à déterminer une syncope par certaines excitations nerveuses. Elle est également indiquée, quand on opère sur un sujet irritable à l'excès. Mais il ne faut pas céler que l'on n'obtient pas toujours, dans ce cas, le résultat cherché. L'animal irritable et entêté s'abandonne souvent sur les sangles de suspension et prend une attitude telle que l'on doit immédiatement le mettre en liberté sous peine de le voir s'asphyxier. D'autres fois, bien qu'il lui soit impossible de se déplacer en totalité, il se livre, aux moindres contacts, à des mouvements partiels qui empêchent l'expérimentateur d'opérer avec le soin et le calme que nécessitent des vivisections délicates.

Pour certains chevaux, les appareils les mieux conçus sont sans utilité. Lorsque la malechance met un sujet de cette nature entre les mains du physiologiste, il est plus sage et plus simple de remettre l'expérience projetée à meilleure occasion.

Nous allons faire connaître les appareils qui, à notre avis, peuvent rendre des services, en évitant tout au moins la chute inopinée du sujet sur le sol et en préservant les aides et les instruments.

a. Chauveau a fait disposer dans son ancien laboratoire de l'École vétérinaire de Lyon l'appareil à suspension dont la figure est ci-jointe.

Il a pour base une poutrelle en double fer à T, disposée horizontalement à 2ᵐ,60 au-dessus du sol. D'une part, la poutrelle est fixée dans la muraille; de l'autre, sur une colonne en fer intercalée dans une balustrade derrière laquelle sont protégés les appareils enregistreurs. Sur elle, courent deux poulies réunies par une chape commune, renversée, terminée par un fort crochet. L'espèce de chariot formé par les poulies et leur chape peut être entraîné en deux sens opposés à l'aide de cordes qui suivent la poutrelle et se réfléchissent verticalement de haut en bas, sur des poulies spéciales, vers ses deux extrémités. Des anneaux ou des ressorts permettent d'attacher les cordes dans des situations fixes.

Au chariot se trouve suspendue une paire de moufles.

Le cheval est amené au-dessous de la poutrelle ; on lui adapte une sellette rattachée, en avant, à la têtière d'un fort licol ; en arrière, à une solide croupière ; on lui passe une sous-ventrière dont les sangles, s'élevant sur les faces latérales du tronc, vont s'accrocher aux moufles. Pour éviter qu'il lance les membres antérieurs ou postérieurs, on place un entravon à chacun d'eux et on les réunit par une chaîne qui les rend solidaires les uns des autres, de sorte que le sujet conserve sa base de sustentation sans pouvoir la modifier au risque de perdre sa stabilité.

Si le sujet est calme, on lui fait à peine sentir la sous-ventrière ; s'il s'agite, on tire sur les moufles et on le soulève légèrement de façon à l'empêcher de prendre un solide point d'appui sur le sol.

Assez souvent, il suffit de ces quelques précautions pour réduire un sujet au calme. Mais, s'il est entêté et résolu à se défendre, il s'abandonne sur la sous-ventrière, fléchit

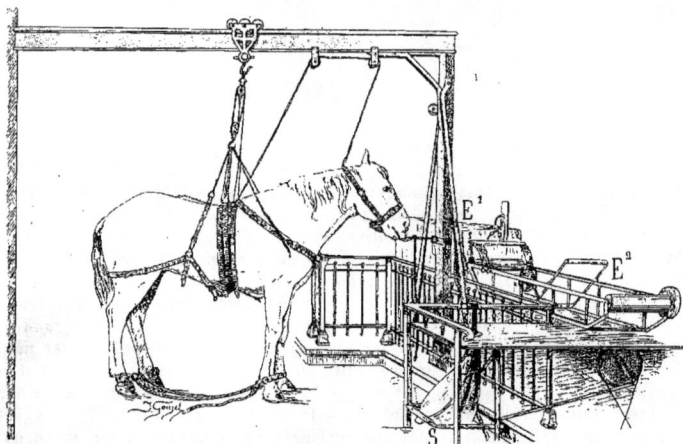

Fig. 39. — *Appareil de M. Chauveau, en usage au Laboratoire de physiologie de l'École nationale vétérinaire de Lyon, pour maintenir les chevaux debout au cours de certaines expériences.*

En face de l'animal et sur un plan plus élevé, protégés par une forte balustrade en fer se trouvent : E¹, enregistreur universel à deux cylindres de M. CHAUVEAU (abrité sous une cage vitrée) ; E², enregistreur universel à bande sans fin de M. CHAUVEAU ; S, soufflerie de M. CHAUVEAU pour entretenir artificiellement la respiration sur de petits, moyens et grands animaux.

les membres, se pend en quelque sorte au licol, si bien qu'il faut se hâter d'allonger la corde des moufles, sous peine de voir le sujet s'asphyxier.

En résumé, si le sujet est d'un caractère doux, peu irritable, l'appareil procure à l'expérimentateur et à ses aides une grande sécurité qui les met à l'abri d'accidents imprévus ou des inconvénients des mouvements de défense ; si, au contraire, le sujet est irritable et violent, l'usage de l'appareil peut être abandonné ; il ne fait que l'irriter davantage ou le pousser à prendre des attitudes insoutenables. Aussi, la plupart des bonnes visisections sur le cheval se font-elles sans qu'on ait recours aux moyens de suspension. L'appareil ne sert que dans des cas exceptionnels.

Lorsque nous avons fait ces déclarations à des physiologistes qui n'avaient pas l'habitude de travailler sur de grands animaux, nous leur avons toujours causé une vive surprise. Pourtant, elles ne sont pas exagérées.

b. Un appareil de contention qui jouit actuellement d'une assez grande faveur est le travail-bascule de VINSOT, vétérinaire à Chartres (Eure-et-Loir).

Il se compose de deux parties essentielles : 1° le travail proprement dit, destiné à l'immobilisation du cheval en position debout ; 2° la bascule destinée à l'immobilisation du cheval en position couchée.

Le travail représente une sorte de grande cage. Il a pour base quatre poteaux en fer à T reliés deux à deux inférieurement par une forte semelle en fer plat; en haut, ils convergent l'un vers l'autre et sont boulonnés solidement sur un faîte horizontal qui maintient tout le bâtis. Deux barres horizontales et parallèles, fortes et cylindriques, situées à un mètre du sol environ, relient les poteaux antérieurs aux poteaux postérieurs. L'une d'elles, articulée par charnière, à une extrémité, peut être écartée pour admettre le sujet dans l'appareil; replacée dans sa position fixe, elle concourt à emprisonner le tronc de l'animal dans un rectangle métallique dont les grands côtés sont plus ou moins tangents à ses plans latéraux; quand l'animal est engagé dans le travail, on dispose sous son ventre une large sangle qui sert à le soutenir, grâce à l'action de deux treuils dont les chaînes sont fixées aux extrémités de la sangle.

On achève d'immobiliser le sujet, en tendant à l'aide d'un troisième treuil une chaîne

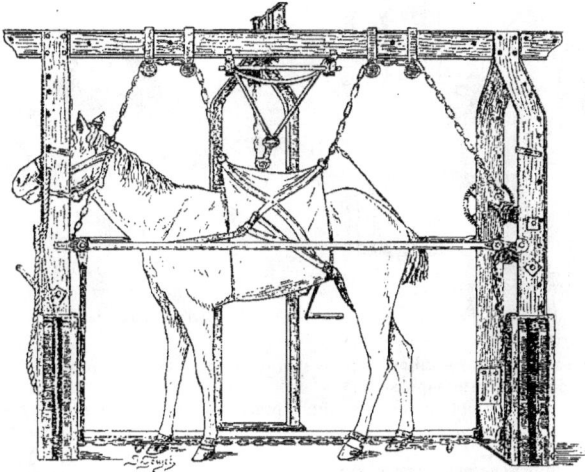

Fig. 40. — Cheval fixé en station debout dans le travail-bascule de Vinsor.

en fer qui traîne sur le sol dans l'axe de l'appareil, à laquelle des entravons fixés à chaque membre sont rattachés par des porte-mousquetons.

La tête est fixée aux deux montants antérieurs par des cordages ou des longes faisant partie d'un licol de force.

Bref, l'animal est immobilisé autant que possible par la combinaison heureuse de deux systèmes tenseurs, l'un agissant de bas en haut sur le tronc, l'autre de haut en bas sur les quatre membres simultanément.

Le travail Vinsor, dont nous venons de donner une idée, a l'avantage d'être relativement plus simple et moins encombrant que le travail ordinaire.

L'appareil de Vinsor a reçu le nom de Travail-bascule, parce que ce travail tel que nous l'avons décrit peut s'incliner, en tournant autour de deux gonds très solides, de manière à prendre une position horizontale et même oblique de haut en bas. Ce déplacement est imprimé au travail, qu'il soit vide ou qu'il renferme un animal, par un organe annexe appelé bascule.

Pour soutenir le cheval pendant le mouvement de bascule du travail, on adapte à la barre horizontale jetée d'un montant antérieur au montant postérieur correspondant, à mi-hauteur du tronc, deux coussins reliés entre eux au moyen de bandes ferrées. Au fur et à mesure que le travail s'incline, l'animal repose de plus en plus sur ces coussins.

A un moment donné, l'animal est donc couché horizontalement, comme s'il reposait sur une vaste table ajourée. L'opérateur peut s'approcher de tous les points du tronc et même s'engager entre les membres, s'il en est besoin, pour prendre la position la plus convenable à la vivisection qu'il veut pratiquer (voy. fig. 41).

Dans ces conditions, le travail-bascule Vinsot offre l'avantage de réduire au minimum

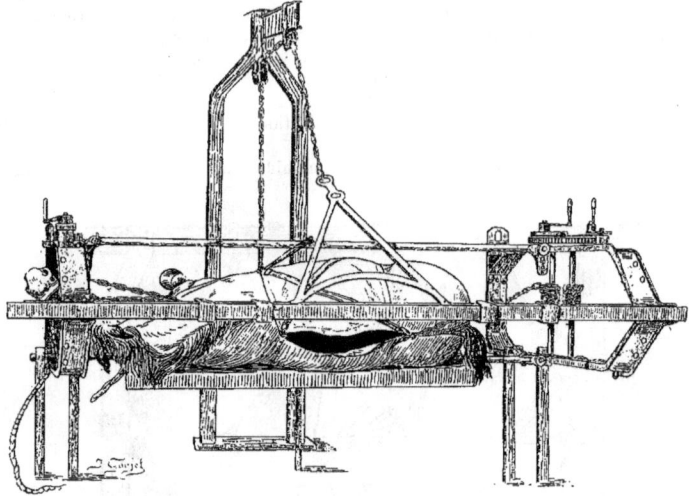

Fig. 41. — Cheval maintenu en position couchée dans le Travail-bascule de Vinsot.

le contact avec des objets souillés de poussière ou de germes et de supprimer les lits de paille qui rendent l'asepsie impossible.

A défaut d'une description complète, nous présentons des figures qui permettront de saisir les dispositions principales du Travail-bascule. Ajoutons qu'aujourd'hui l'inventeur a relevé les gonds autour desquels l'appareil tourne pendant le mouvement de bascule; de sorte que l'animal couché est maintenu à une hauteur plus convenable pour l'opérateur.

c. Daviau, de Marseille, forma et réalisa le projet de coucher le cheval sans lui imprimer de secousses violentes et, par conséquent, sans l'exposer à des fractures ou à des luxations redoutables.

Fig. 42. — Cheval fixé sur l'appareil Daviau. L'aide se dispose à effectuer le mouvement de bascule pour placer l'animal dans la position couchée.

Sa machine consiste en un grand plateau de chêne que l'on peut tenir verticalement ou faire basculer de manière à le transformer en une vaste table horizontale.

Le plateau étant vertical, on en approche le cheval autant que possible, comme on le rapprocherait d'une muraille. Par un système de licol, de sangles et d'entraves, on le fixe contre ce plateau. Cela étant, un aide s'empare d'une manivelle et actionne une vis sans fin qui, peu à peu, fait basculer la table et l'animal, jusqu'à ce qu'ils aient pris une position horizontale. Des accessoires donnent la possibilité de modifier l'attitude de telle ou telle partie du corps, dans le but de faciliter les opérations.

L'appareil Daviau a ses partisans et ses détracteurs. Pour notre compte, nous préférerions l'appareil Vinsot avec lequel on procède avec plus de rapidité, malgré une certaine indocilité du sujet.

Trapp, vétérinaire à Strasbourg, vient de faire connaître un appareil du même genre, mais plus simple.

d. De même que l'on peut se servir d'une simple table de dissection pour coucher un cheval et le maintenir en position horizontale, de même on peut l'utiliser pour fixer un animal sur le dos, les quatre membres en l'air, position indispensable lorsqu'on veut ouvrir l'abdomen sur la ligne blanche ou opérer sur les régions inguinales.

Dans ce cas, l'animal est fixé comme on le voit sur la figure 43. Les barres auxquelles sont attachés les membres doivent dépasser la face inférieure de la table et recevoir, en

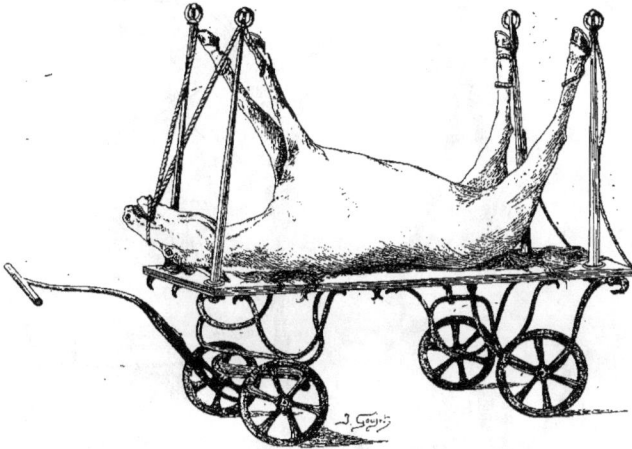

Fig. 43. — Cheval maintenu renversé sur une simple table de dissection.

ce point, des clavettes à ressorts qui les empêcheront de sortir de leur douille pendant les mouvements de défense du cheval.

e. Si l'on avait à pratiquer une vivisection dans la cavité buccale ou à recueillir des liquides versés sur les parois de cette cavité, il faudrait maintenir la bouche ouverte à l'aide du *speculum oris* désigné communément sous le nom de *pas d'âne*.

Le *speculum oris* a la forme d'une lyre, entre les branches de laquelle sont jetées deux barres transversales, l'une fixe, l'autre mobile. Celle-ci est écartée de la première à l'aide d'une vis. L'écartement des deux barres transversales entraîne l'ouverture de la bouche.

Cet instrument présente plusieurs inconvénients; il est d'un maniement difficile; il blesse les gencives et brise parfois les dents. Aussi sommes-nous heureux de signaler le dispositif imaginé par Roussy.

Ce nouvel appareil, appelé par son inventeur *mors ouvre-bouche*, est offert sous deux modèles principaux dans lesquels sont introduits tous les perfectionnements actuellement réalisés.

L'un, représenté figure 44, est plus spécialement réservé pour les usages du laboratoire.

L'autre, représenté figure 45, est très portatif et plus spécialement destiné à être emporté, *dans sa poche*, par le médecin vétérinaire en tournée médicale.

1° Le premier se compose de deux organes principaux, deux leviers en forme d'U

(*1* et *2*, A. fig. 44), qui sont articulés commme les branches d'un compas, en *3* et *3'*, ainsi que le montre clairement le dessin C.

De la branche droite du levier supérieur (*1*) se détache un large tenon denté ayant la forme d'un demi-disque (*9*, A et C) qui pénètre, à frottements doux, dans une chape (*4''* dessin C) taillée sur l'extrémité de la branche droite du levier inférieur (*2*).

Cette branche inférieure droite (*2*) porte, horizontalement placée, une *clef spéciale* (*10*) dont l'extrémité droite est munie d'une manivelle (*11*). L'extrémité gauche de cette clef présente un trou presque carré dans lequel peut s'engager, à frottements doux, l'une quelconque des dents du tenon *9*).

La simple inspection de ces différents organes permet d'en comprendre facilement le

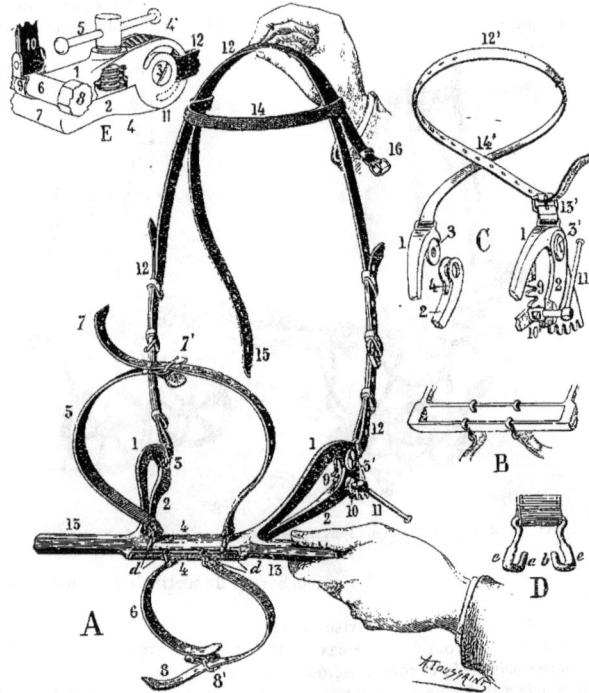

FIG. 41. — Mors ouvre-bouche à poignées de Roussy (Modèle de laboratoire).

fonctionnement. En effet, quand on appuie de haut en bas, sur la manivelle (*11*) placée dans la position indiquée sur les dessins A et C, le côté supérieur du trou carré de la clef dans lequel se trouve engagée la dent vient presser sur cette dent qu'il abaisse, en même temps que se dégage le côté inférieur opposé. En continuant à faire exécuter, à la manivelle, le mouvement de rotation commencé, le côté inférieur du trou décrit un demi-cercle et vient se placer sur la dent supérieure, pendant que le côté supérieur reste appliqué sur la dent qu'il a abaissée et qu'il devient inférieur, à son tour. Si l'on continue toujours à faire tourner la manivelle dans le même sens, ce qui vient de se passer pour la dent considérée se passera pour toutes celles qui sont placées au-dessus, et les deux leviers (*1* et *2*) seront de plus en plus *rapprochés*. Si, au contraire, on fait tourner la manivelle dans le sens *opposé*, c'est l'inverse qui se produira pour chaque dent et les deux leviers seront de plus en plus *écartés*. La clef agit comme un levier dans ces différents mouvements.

Cette clef forme aussi un organe d'arrêt. Il est évident, en effet, que, quel que soit le sens de sa rotation, lorsque les deux côtés, supérieur et inférieur, du trou carré se trouvent respectivement engagés au-dessus et au-dessous d'une dent, ainsi que le représente le dessin C, ils constituent deux arrêts très solides qui empêchent les deux leviers de se rapprocher ou de s'écarter l'un de l'autre et qui les immobilisent dans les positions où les a laissés la cessation de la rotation de la manivelle. Ces deux leviers ne peuvent être mis en mouvement, dans ces conditions, que par la main de l'opérateur.

Ce petit système mécanique, extrêmement simple et fort commode, peut suffire, je crois, dans tous les cas où l'on veut écarter ou rapprocher et maintenir écartés ou rapprochés les maxillaires d'un animal quelconque. Cependant, si, dans certains cas où l'on aurait à écarter les maxillaires d'un animal plus puissant que le cheval, ce petit système semblait devoir être insuffisant, on pourrait le remplacer par le système un peu moins simple, mais commode, représenté en E, que Roussy a introduit dans la plupart de ses premiers appareils et qui fonctionne parfaitement.

Dans ce dernier système, la clef est remplacée, comme on voit, par une vis sans fin (*4*) verticalement placée dans la branche droite du levier supérieur. La vis sans fin est, en effet, beaucoup plus puissante que la clef, mais elle ne permet pas d'ouvrir la bouche aussi rapidement que la clef. D'autre part, il est moins commode de faire mouvoir la manivelle dans un plan horizontal que dans un plan vertical, sur le côté de l'appareil, ainsi que le représentent les dessins A et C¹.

Les bases (*4*, A) des deux leviers en forme d'U représentent les deux moitiés, deux barettes, dont la juxtaposition constitue le mors proprement dit. Elles sont creuses, demi rondes et légèrement aplaties, comme l'indique le dessin A *4*, et le dessin B.

L'extrémité postérieure de chacune des deux branches du levier supérieur porte une sorte de boucle sur laquelle est attachée une bride ordinaire de cheval (*12*, dessin A) qui permet d'assujettir très solidement l'appareil sur la tête de l'animal. Les principales courroies sont suffisamment longues et l'on peut allonger ou raccourcir la bride, à volonté, suivant les besoins, de façon à l'adapter toujours aux dimensions de sa tête.

On peut aussi employer avec avantage, dans les cas où il n'est pas nécessaire de fixer *très solidement* l'appareil, une simple courroie qui fera le tour de la nuque, soit directement, soit en se croisant sur elle-même, devant la gorge, comme il est indiqué en C.

Chacune des barrettes (*4*, A) qui constituent le mors porte deux petites glissières (*d*, A) qui se meuvent, à frottement doux, sur toute leur longueur. Ces glissières ont la forme d'un double crochet, comme le représente le dessin D qui glisse sur les bords de la barrette creuse, comme on la voit en B.

Une courroie est cousue sur chaque glissière. Chaque barrette porte ainsi deux courroies. L'une de ces deux courroies est percée de trous nombreux et rapprochés. L'autre, porte une boucle armée d'un ardillon.

Le mors étant introduit dans la bouche de l'animal, et la bride solidement bouclée sur la tête, on comprend sans peine combien il est facile d'enserrer très étroitement chaque maxillaire, quelle que soit sa grosseur, et de l'immobiliser, aussi solidement que possible, sur la barrette correspondante.

Deux poignées octogonales (*13*, A) qui se détachent de la région où se fait l'union de la barrette avec chacune des branches du levier supérieur, poignées dont *8*, E, représente la section, permettent de tenir l'animal très solidement, pendant l'examen de sa bouche ou l'opération qu'on y pratique, soit avec les deux mains d'un aide ou de l'examinateur, soit en fixant ces deux poignées sur un dispositif spécial qui fait partie d'un autre appareil (travail ou table), destiné à immobiliser ou à maintenir, plus ou moins étroitement, tout le corps de l'animal.

1. La puissance et la solidité de ce système mécanique a poussé Roussy à l'adopter définitivement dans les constructions perfectionnées qu'il a encore réalisées depuis la rédaction du présent travail et dont le dessin E' ne donne qu'un aperçu insuffisant. Pour avoir plus de détails sur ces récents perfectionnements, consulter le travail de l'auteur, actuellement sous presse : *Travaux de Laboratoire*, t. 1. *Nouveau matériel de laboratoire à l'usage des physiologistes expérimentateurs, vétérinaires, anatomistes,* etc.

2º La construction de ce modèle est, au fond, la même que celle du modèle précédent. Comme ce dernier, le nouveau mors est caractérisé par la combinaison de deux leviers en forme d'U, articulés par leurs extrémités libres (3 A). Il s'en distingue par les différences énumérées ci-après :

1º Le volume très réduit de l'appareil n'atteint pas le double de celui indiqué par le dessin A. Son poids ne dépasse pas 1 000 grammes. Cet appareil est donc très portatif. Il peut être emporté dans la poche sans causer aucune gêne.

2º Le tenon denté se détache, ainsi que le montre le dessin C, qui représente, en gran-

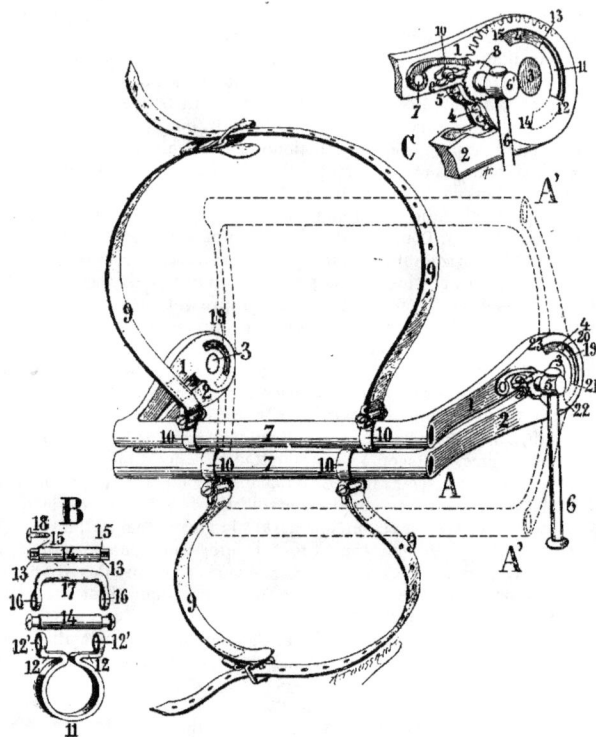

Fig. 45. — Mors ouvre-bouche sans poignées de Roussy (Modèle de poche).

deur naturelle, l'extrémité droite de l'appareil complet figuré en A, de la branche droite (2) du levier inférieur. Sa forme est celle d'un disque complet et régulier, denté sur la moitié de sa circonférence (4, C), articulé et complètement caché dans la chape taillée sur l'extrémité du levier supérieur (1).

3º L'écartement ou le rapprochement des deux leviers (1 et 2) sont obtenus, soit au moyen d'une clef semblable à celle représentée en 10 (C, fig. 44), soit au moyen d'une vis sans fin (4, E, fig. 44), soit, enfin, comme dans le modèle de la figure 10, au moyen d'un pignon denté (5, C) auquel Roussy donne la préférence, dont l'axe est solidement emprisonné entre les deux joues de la chape et qui s'engrène sur le tenon (4).

4º L'écartement des deux leviers (1-2) est déterminé, non par la rotation de la manivelle de *droite à gauche*, ainsi que dans le modèle précédent, mais par la rotation de *gauche à droite*, mouvement plus naturel et plus commode pour l'opérateur qui se sert habituellement de sa main droite pour exécuter ce travail.

5° Un cliquet-ressort (*10*, C) engrené sur un rocher (*8*) fixé sur l'axe du pignon (*5*) empêche le rapprochement des deux leviers préalablement écartés (*1-2*) et, quelle que soit la presion exercée sur les barrettes (*7*, A), les maintient dans la position où les a laissés la cessation du mouvement de rotation de la manivelle.

Un petit levier à oreilles (*9*, C) dont l'axe traverse la branche (*1*) permet de soulever très facilement le cliquet, de le tenir éloigné des dents du rocher et de rapprocher d'un seul coup, les deux leviers (*1* et *2*).

6° Une fenêtre (*11*, C ou *19*, A) percée dans le tenon et les deux joues de la chape, derrière l'articulation (*3*), permet d'attacher l'appareil à la bride ordinaire du cheval ou à la simple courroie au moyen desquelles on l'assujettit sur la tête de l'animal.

La fenêtre pratiquée dans le tenon denté (*4*) et dont une partie est indiquée en pointillé s'étend de la ligne *13* à la ligne *14*. Les deux fenêtres identiques et symétriques pratiquées dans les deux joues de la chape s'étendent, dans le sens opposé à celui de la précédente, de la ligne *12* à la ligne *15*.

Grâce à cette construction fort simple, la position des points d'attache de l'appareil à la bride reste la même. Elle est invariable, quelle que soit l'étendue des mouvements exécutés par les leviers, et l'appareil n'en reste que mieux appliqué sur la tête de l'animal.

7° Les deux barrettes (*7*, A) rondes et creuses sont séparables ou non, à volonté, des deux branches gauches (*1-2*) des deux leviers. Leur forme ronde et parfaitement polie permet de les placer dans la position A′ et d'écarter ainsi, largement, les deux maxillaires qui y sont attachées, sans avoir à craindre qu'elles ne blessent la partie de la muqueuse sur laquelle s'accomplit leur rotation pendant cet écartement. Du reste, pour mieux protéger encore cette muqueuse, on peut, si on le désire, les coiffer très facilement d'un morceau de tube de caoutchouc, en les séparant momentanément des branches gauches des deux leviers que l'on remet en place, ensuite, très rapidement et très solidement.

8° Les glissières (*10*, A) sur lesquelles sont cousues les courroies (*9*) sont composées de quatre petites pièces représentées, en grandeur naturelle, par la figure B. L'anneau incomplet (*11*) dont les extrémités (*12*) plusieurs fois recourbées et percées de trous (*12′*) représente la glissière proprement dite. Il se place sur la barrette (*7*, A) par le simple écartement de ses extrémités. Ensuite, les extrémités de la pièce (*14*) préalablement logées jusqu'à leur épaulement (*15*), dans les trous (*16*), de la pièce (*17*), sur laquelle est cousue la courroie (*9*, A), sont placées dans les trous (*12′*) de l'anneau (*11*). Une vis (*18*), enfoncée dans chaque extrémité (*13*) de la pièce (*14*) ainsi placée, maintient solidement unies les trois pièces. Roussy a encore simplifié cet organe, en lui donnant la construction indiquée en *9*, E, fig. 44.

9° Enfin les deux branches, droites et gauches des leviers (*1* et *2*) de l'appareil assujetti sur la tête de l'animal et largement ouvert, ainsi que l'indique le dessin en pointillé A′ peuvent remplacer les deux poignées (*13*, A, fig. 44). Il suffit, en effet, de les saisir solidement avec les deux mains pour maintenir l'animal.

Disons, en terminant, que Roussy a encore construit, d'après les mêmes principes mécaniques, des appareils à peu près semblables pour chiens, lapins, cobayes, etc.

4° **Usage des anesthésiques.** — Dans la contention du cheval, l'expérimentateur peut encore recourir aux anesthésiques.

L'anesthésie est moins usitée dans les vivisections sur les grands animaux que dans l'expérimentation sur les sujets des petites espèces, parce que l'on est réellement embarrassé lorsque ces animaux sortent de l'état de sommeil. Ils cherchent alors à se relever et, trahis par l'insuffisance de leur contraction musculaire, ils retombent lourdement sur le sol, risquent de se blesser gravement, de blesser les aides ou de briser les appareils ou les instruments du laboratoire. Pour éviter ces nombreux inconvénients, on est obligé de maintenir les sujets couchés jusqu'à ce qu'ils aient repris la possession de leurs mouvements; cela ne laisse pas d'être très gênant.

Si les sujets doivent être sacrifiés, l'expérience terminée, en plein sommeil anesthésique, ces inconvénients sont supprimés, et l'anesthésie peut être d'un précieux secours.

Nous connaissons des expériences impliquant des vivisections délicates ou une grande immobilité des sujets pour lesquelles on a fait usage des anesthésiques : telles sont les expériences de Chauveau sur la vitesse de propagation des excitations dans les nerfs des mammifères, celles de Dastre et Morat sur les nerfs vaso-moteurs des segments inférieurs des membres chez les animaux solipèdes.

Lorsqu'on a recours aux anesthésiques, il ne faut pas oublier de limiter leur action au strict nécessaire ; car, à un degré avancé, l'anesthésie atteint gravement l'excitabilité des nerfs et peut compromettre le succès d'une expérience.

Nous-même avons utilisé le cheval dans une étude comparative des principaux anesthésiques où nous cherchions à saisir quelques différences entre le chloroforme, l'éther et le chloral, en nous appuyant sur les modifications qu'ils impriment à la circulation (voy. Index Bibliographique). Au cours de ces études, nous nous sommes convaincu que le chloral était certainement le meilleur des anesthésiques pour immobiliser le cheval dans une expérience de laboratoire.

On l'injecte dans les veines en solution à $\frac{1}{5}$.

L'animal étant couché sur une table ou sur un lit de paille, l'opérateur découvre une veine superficielle, la veine faciale ou la veine digitale antérieure ou postérieure au point où elle s'infléchit sur la face externe de l'articulation métacarpo ou métatarso-phalangienne, introduit et fixe, dans ce vaisseau, une canule prolongée par un tube de caoutchouc fermé à son extrémité libre ; la canule et le tube ont été préalablement remplis d'eau pure, afin d'en chasser l'air entièrement. Il plonge dans le tube de caoutchouc la canule piquante qui termine une seringue de 30 à 40 centimètres cubes. Puis, pousse la solution de chloral dans le vaisseau, d'abord avec lenteur, pour éviter l'arrêt réflexe de la respiration ou du cœur, ensuite avec plus de rapidité. Si l'on procède, au début, avec beaucoup de ménagements, on peut amener l'anesthésie confirmée en évitant la phase d'excitation. Pendant que l'on injecte la première dose de chloral, on ne perdra pas de vue le flanc ou la paroi thoracique. Si les mouvements respiratoires venaient à s'arrêter, on suspendrait l'injection jusqu'à la réapparition de ceux-ci, et on la reprendrait encore avec plus de ménagements.

La quantité de chloral nécessaire pour obtenir l'anesthésie du cheval est environ de 10 grammes par 100 kilogrammes de poids vif. Toutefois, on aurait tort de s'en rapporter rigoureusement à cette indication qui est parfois excessive. Lorsqu'on se rapproche de cette dose, il est prudent d'interroger la sensibilité du sujet et de voir si elle n'est pas assez affaiblie pour permettre de commencer la vivisection. On est d'ailleurs averti de l'apparition prochaine de l'anesthésie par de bruyantes contractions intestinales.

Le chloral entraîne une vaso-dilatation énorme ; de sorte que les plaies faites par instruments tranchants, sous son influence, saignent abondamment au point de gêner les vivisections. On pare à cet inconvénient en employant le thermo-cautère dans la mesure du possible. Pour mener à bien une vivisection délicate, il nous est arrivé de la pratiquer sans anesthésie. Le chloral était injecté ensuite pour produire le calme et l'immobilité nécessaires à l'achèvement de l'expérience.

Il est très facile de prolonger l'anesthésie par l'injection de faibles doses de solution.

On a reproché au chloral de produire des accidents inflammatoires sérieux, si, par mégarde, il fait irruption dans le tissu conjonctif sous-cutané. Ces accidents, singulièrement atténués d'ailleurs par l'usage de solutions étendues à $\frac{1}{5}$, ne sont pas de nature à inquiéter l'expérimentateur.

L'éther a été souvent employé pour produire l'anesthésie du cheval. J'ai formulé autrefois les indications de l'éther et du chloroforme. Mais d'une manière générale, l'éther est mieux supporté que le chloroforme lorsqu'il existe des contre-indications à l'anesthésie. L. Guinard s'est servi de l'éther sur des chevaux atteints d'emphysème, de pleurésie ou de péricardite, sans être troublé par des accidents que le chloroforme n'aurait pas manqué de produire. Conséquemment, si l'on ne chloralise pas, il sera bon de recourir à l'éthérisation.

On fait inhaler l'éther répandu sur une éponge, du coton ou une compresse, avec certains ménagements, d'abord, pour éviter les arrêts réflexes du cœur. Il est inutile de se servir d'appareils spéciaux. On suspend les inhalations quand le réflexe conjonctival est sur le point de disparaître.

La quantité d'éther nécessaire à produire l'anesthésie du cheval est considérable ; mais elle est fort variable (300 à 500 grammes), attendu que la quantité de vapeur réellement introduite dans les *infundibula* du poumon est subordonnée à des influences impossibles à régler.

On reproche à l'éther de produire rarement et difficilement une anesthésie complète, et d'entraîner la dilatation des petits vaisseaux.

J'ai endormi des chevaux en injectant dans les veines 110 centimètres cubes d'éther en suspension dans un très grand volume d'eau. On obtient assez promptement le sommeil ; mais il faut diluer très fortement l'éther, sinon l'excitation qui précède est d'une grande violence.

A propos du *chloroforme*, les chirurgiens vétérinaires se partagent en deux camps comme les chirurgiens de l'homme : celui des partisans et celui des adversaires. Il me paraît indiscutable que le chloroforme amène l'anesthésie plus promptement et plus complètement que l'éther, qu'il expose moins à l'hémorragie. Mais il me paraît non moins bien démontré qu'il expose plus que l'éther à des surprises désagréables.

Le chloroforme s'administre comme l'éther. La quantité moyenne nécessaire pour endormir un cheval est de 100 à 110 grammes.

J'ai pratiqué aussi des injections de chloroforme dans le sang, l'anesthésique étant mélangé à l'eau dans la proportion de $\frac{1}{10}$. L'excitation n'est pas plus violente qu'après les injections d'éther. On obtient un sommeil profond avec 10 centimètres cubes de chloroforme.

Plusieurs procédés d'anesthésie mixte furent préconisés par des chirurgiens vétérinaires.

A l'exemple de Cl. Bernard, on a préludé à l'administration du chloral, du chloroforme ou de l'éther par une injection sous-cutanée de morphine ; à l'exemple de Dastre et Morat, par une injection de morphine et d'atropine. La morphine abrège la période d'excitation, l'atropine écarte les dangers de syncope cardiaque. Enfin, à l'exemple de Forné, on a fait précéder l'inhalation de l'éther ou du chloroforme d'un lavement au chloral, ou bien, comme Cadéac et Malet, on a associé la morphine au chloral.

Ces derniers auteurs injectent un gramme de chlorhydrate de morphine sous la peau et, un peu plus tard, 100 à 120 grammes de chloral dans le rectum.

Desoubry, s'inspirant du procédé de Dastre et Morat, injecte dans le tissu conjonctif du cheval, trente minutes avant les inhalations de chloroforme, 10 centigrammes de chlorydrate de morphine et 5 milligrammes d'atropine en solution dans 10 centimètres cubes d'eau.

La dose de morphine adoptée par Desoubry est très inférieure à la dose préconisée par Dastre et Morat pour le chien, par Cadéac et Malet pour le cheval. Elle est en rapport avec la sensibilité des herbivores à l'action excitante de la morphine, sensibilité bien établie par les travaux de Kaufmann et de L. Guinard. Si la morphine n'est pas administrée avec modération, l'excitation morphinique survit à l'effet des anesthésiques, de sorte qu'au réveil le sujet est en proie à une agitation dangereuse.

5° **Immobilisation par la section du bulbe ; respiration artificielle.** — Dans les circonstances où ces opérations sont nécessaires, on les pratique de la même manière que sur les petits animaux, mais avec des moyens mécaniques plus puissants.

Chauveau et Faivre (1855), n'ayant aucune machine à leur disposition, procédèrent comme il est dit ci-dessous, lorsqu'ils étudièrent *de visu* le jeu du cœur sur le cheval dont la poitrine était fenêtrée en face du péricarde : L'animal étant debout, on lui fait une trachéotomie et on fixe dans le conduit aérien un bouchon de liège traversé par une forte canule en fer-blanc. On le couche ensuite sur une table en le faisant reposer sur le côté droit. A l'aide d'un myélotome ou d'un scalpel à lame forte et large, on pratique la section de la moelle entre l'axis et l'atlas, et non entre l'atlas et l'occipital, afin d'éviter les hémorragies intra-craniennes. Puis on s'empresse d'adapter à la canule de la trachée un tube de caoutchouc qui la relie à la douille d'un fort soufflet. Sur le trajet de ce tube est intercalée une boîte à plafond oblique percée (voy. fig. 48) d'un trou circulaire sous lequel vient s'appliquer, poussée par le courant d'air du soufflet, une lame pleine (S) oscillant par son bord supérieur autour d'une charnière. Un aide commence aussitôt la respiration artificielle en ayant soin de se rapprocher autant que possible du rythme de la fonction naturelle. L'air, puisé au dehors par le soufflet, est poussé contre la lame oscillante sus-indiquée, la soulève et l'applique au plafond de la boîte, de sorte qu'il est obligé de s'engager dans le poumon. Quand les branches du soufflet sont écartées, la lame oscillante retombe et dégage l'orifice percé dans le plafond de la boîte ; l'air chassé par l'élasticité pulmonaire s'échappe au dehors au lieu de revenir dans la cavité du soufflet, si bien qu'à chaque coup de soufflet on offre un air nouveau aux besoins de l'hématose.

Ce procédé présente des inconvénients : il exige plusieurs aides pouvant se remplacer successivement quand l'un d'eux est fatigué ; le rythme est généralement modifié lorsqu'un aide est remplacé par un autre ; si le rythme est trop précipité, l'air qui a déjà servi à la respiration n'a pas le temps de s'échapper, il est réinsufflé au grand détriment de l'hématose ; enfin le volume d'air injecté à chaque coup de soufflet risque de manquer d'uniformité ; s'il est trop grand, il peut déterminer l'emphysème interlobulaire et gêner gravement les échanges gazeux.

Il y a donc plus d'un avantage à substituer à la main de l'homme un moteur mécanique.

Chauveau a fait établir, dans son ancien laboratoire de l'École vétérinaire de Lyon, le soufflet que l'on aperçoit sur la fig. 46.

Le soufflet est du format d'un grand soufflet de boucher dont les manches ont été raccourcis. Il est fixé verticalement, la douille en l'air, à l'extrémité d'une grande table sur laquelle sont disposés les appareils enregistreurs (voy. fig. 46). Le mouvement d'écartement est communiqué à la branche mobile par une bielle actionnée elle-même par une poulie reliée à un arbre de couche régnant au-dessous de la table.

La douille du soufflet est surmontée d'un tube coudé à angle droit, mobile dans tous les sens, permettant de diriger l'air partout, sans infliger de torsion au tube de caoutchouc vers son point de départ.

Le nombre des coups de soufflet peut être changé grâce à deux cônes convenablement calculés, fixés, l'un sur l'arbre de couche, l'autre à la poulie qui actionne la bielle. On règle le volume d'air débité à chaque coup de soufflet en faisant varier le point d'attache de la bielle par rapport au centre de la poulie motrice.

Avec ce grand soufflet, grâce à ces deux agencements, on peut pratiquer la respiration artificielle sur des animaux de taille très différente. Cependant il est difficile de le faire servir à de très petits animaux comme le lapin. En outre, on ne peut guère modifier le débit sans suspendre la respiration, et, si la poulie s'est arrêtée au point mort on a de la peine à faire varier le point d'attache de la bielle ; de là, des pertes de temps qui peuvent compromettre la vie du sujet.

Connaissant ces défauts, et ayant eu l'occasion de créer un outillage pour les études graphiques au Laboratoire de médecine expérimentale et comparée de l'Université de Lyon, j'ai fait construire par la maison Piguet et Cie, de cette ville, une soufflerie dont je vais donner une description sommaire.

L'appareil a pour base un châssis en fer formant les armatures d'un meuble en bois, dans lequel sont cachés un grand et un petit soufflets et leurs organes moteurs.

Les soufflets sont en cuir, de forme cylindrique. Ils mesurent : le grand 200 millimètres, le petit 100 millimètres de diamètre. L'un et l'autre sont fixés, à leur partie inférieure, sur un bâti en fonte formant socle et portant aussi les boîtes d'aspiration et de refoulement de chacun d'eux. A leur partie supérieure, ils sont fixés chacun à un tampon ou armature. Ces tampons tiennent eux-mêmes à un palonnier sur lequel est attachée la biellette de commande ou de suspension des soufflets. Le palonnier est muni de deux oreilles qui, au moyen de deux tringles disposées à cet effet, guident les soufflets dans leur mouvement vertical d'aspiration et de refoulement.

On fait varier la course des soufflets au moyen d'un levier horizontal aux extrémités duquel sont fixés : d'un côté, la biellette de suspension des soufflets, de l'autre une bielle verticale commandant le mouvement. Dans l'axe du levier horizontal, peut coulisser, à la volonté de l'opérateur et sur une longueur de 120 millimètres, un petit coussi-

net en bronze articulé sur un grand levier mobile. Ce coussinet constitue le centre d'oscil-
ation du levier horizontal ; sa position étant variable à volonté, on modifie, en le déplaçant,
le rapport des courses extrêmes des soufflets, et par suite le volume d'air chassé de ces
Instruments.

Le déplacement du coussinet est obtenu *sans arrêter le jeu des soufflets*, avantage
que j'avais fait pressentir antérieurement, au moyen d'une vis sans fin commandée pas
un volant à main qui, seul de tous les organes de la soufflerie, vient se montrer au-dessus du meuble en bois. La course des soufflets varie entre 20 millimètres et 240 millimètres. Les volumes d'air maxima chassés réellement à chaque coup sont de 5 décimètres

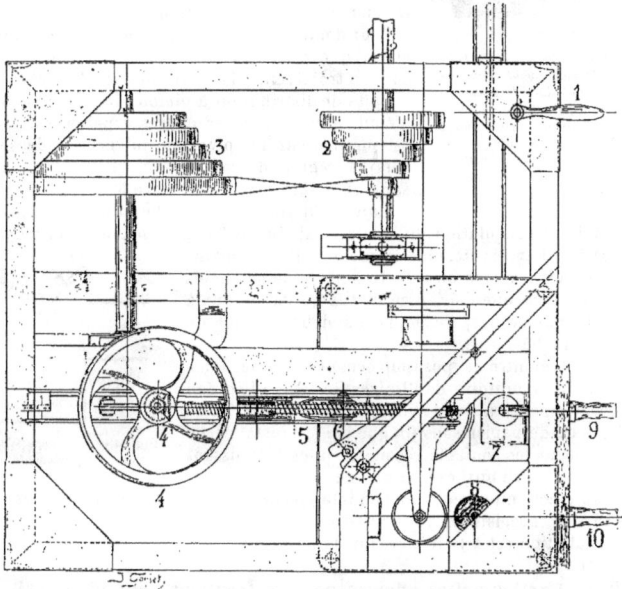

Fig. 46.'— *Projection horizontale de la soufflerie de* M. Arloing *installée dans le Laboratoire de Médecine expérimentale et comparée de la Faculté de médecine de l'Université de Lyon* (débarrassée de la caisse en bois
qui l'abrite).

1, manipulateur pour mettre la soufflerie en jeu ; 2, 3, poulies à gradins conjugués par une courroie permettant de faire varier le nombre des coups de soufflet : 4, roue destinée à actionner le pignon 4' ; 5,
vis sans fin actionnée par le pignon 4' ; 6, curseur donnant attache au levier qui fait varier la longueur
de la bielle et consécutivement l'amplitude des coups de soufflet ; 7, 8, base des soufflets ; 9 et 10, tuyères
des soufflets.

par le grand soufflet, destiné à la respiration du cheval, et de 0^{d3},600 par le petit soufflet destiné à la respiration artificielle des petites espèces.

Le nombre de coups de soufflet par minute varie dans les limites suivantes : 12,6-
21,5-32-50-75. Le changement est obtenu par le mécanisme ci-après : La bielle verticale
commandant le mouvement est actionnée, à son extrémité inférieure, par un tourteau
monté sur un petit arbre horizontal qui porte également un cône à 5 gradins. Ce dernier
reçoit son mouvement d'un autre cône ayant aussi 5 gradins, calé sur l'arbre de couche
du laboratoire qui tourne constamment à la vitesse de 75 tours par minute. De sorte que
si la courroie est placée sur le plus petit gradin du cône de la transmission qui mesure
65 millimètres de diamètre et sur le gradin correspondant du cône récepteur qui a
385 millimètres de diamètre, celui-ci fera $\frac{75 \times 65}{385} = 12,6$ tours par minute, nombre des
tours du tourteau et nombre des coups des deux soufflets. Pour chacun des autres gra-

dins dont les diamètres sont : d'une, part, 100-135-180-225 millimètres; de l'autre, 350-315-270-225 millimètres, on obtient successivement 21,5 coups de soufflets, 32-50-75.

On peut donc obtenir toutes les variations nécessaires à l'expérimentation. On peut surtout obtenir très aisément des modifications du volume d'air injecté dans le poumon, au cours de l'expérience, et selon les besoins. Opère-t-on, par exemple, dans la cavité thoracique et se trouve-t-on gêné par la dilatation du poumon, il est possible de réduire considérablement cette dernière, graduellement, sans suspendre entièrement la respiration et de revenir rapidement à l'insufflation primitive.

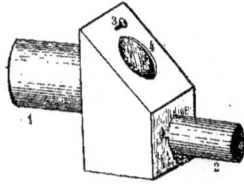

FIG. 47. — Vue extérieure de la boîte régulatrice du mouvement et du volume de l'air lancé dans les poumons.
1, tube adducteur; 2, tube-abducteur; 3, valve oscillante; 4, orifice percé dans le plafond de la boîte; 3, vis réglant la fermeture de l'orifice; 4, Les flèches indiquent la marche de l'air vers les poumons.

Pour donner à l'air une direction absolument régulière autant que pour le répartir convenablement, j'ai placé sur son trajet, entre la douille des soufflets et la trachée, la boîte de distribution à plafond incliné dont CHAUVEAU s'était servi dans ses premières expériences. Cette boîte est montée sur un pivot qui lui permet de se diriger vers la région du laboratoire où se trouve le sujet, sans qu'il soit besoin de tordre le tube de caoutchouc.

Enfin, j'ai transformé cette boîte en un instrument supplémentaire de régulation du volume d'air insufflé dans le poumon, au moyen d'une petite vis (3) dont l'extrémité, plus ou moins saillante, maintient l'orifice percé au plafond de la boîte plus ou moins entr'ouvert. De sorte que l'air, jugé inutile ou dangereux à l'entretien de l'hématose, s'échappe au dehors avant de parvenir à la trachée.

La figure 49 montre la position occupée par la soufflerie, dans mon laboratoire de l'Université, entre le grand enregistreur ¡CHAUVEAU à deux cylindres et le grand enregistreur à bande de papier sans fin que j'ai fait installer. Le meuble qui cache les soufflets reçoit les piles fournissant l'électricité nécessaire aux excitations nerveuses ou mus-

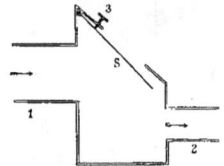

FIG. 48. — Coupe de la boîte précédente.

culaires et au fonctionnement d'un pendule électrique qui permet d'inscrire les divisions du temps sur un enregistreur ou sur l'autre.

Cette installation est à la fois commode et élégante.

D. — Particularités offertes par les fonctions chez le cheval.

Si l'on se livre à une revision des fonctions, on rencontre çà et là des particularités que nous tenons à signaler. Pour le fond des questions, c'est-à-dire pour la partie commune à la plupart des animaux, on aura recours aux articles spéciaux de ce Dictionnaire. Par exemple, nous allons traiter de l'alimentation; pour toutes les généralités relatives à l'aliment et aux rations, le lecteur voudra bien se reporter à l'article « Aliments », tome I, p. 294.

1° Alimentation. — A la suite de BOUSSINGAULT, dont les études sur l'alimentation rationnelle du bétail remontent à 1837, un certain nombre d'expérimentateurs se sont occupés d'une façon scientifique de l'alimentation des animaux; mais le plus grand nombre des recherches s'appliquaient aux animaux producteurs de viande, de graisse ou de lait. Le cheval n'avait pas fixé l'attention d'une manière spéciale. Ainsi, BOUSSINGAULT (1839) a fait une expérience sur le cheval pour savoir si les herbivores empruntaient de l'azote à l'atmosphère. VALENTIN (1845) a fait aussi une expérience pour chercher ce que devenait l'eau, la substance sèche et les cendres de l'aliment en traversant l'organisme du cheval.

En 1840, 1844 et 1845, J.-B. BOUSSINGAULT a jeté les bases scientifiques des substitutions dans la ration du cheval, d'abord à l'occasion d'une pénurie de fourrages, ensuite à l'instigation de la commission d'hygiène hippique qui se demandait si l'on pouvait, sans inconvénient, remplacer le foin des prairies naturelles par le foin des prairies artificielles, dans l'alimentation des chevaux de l'armée.

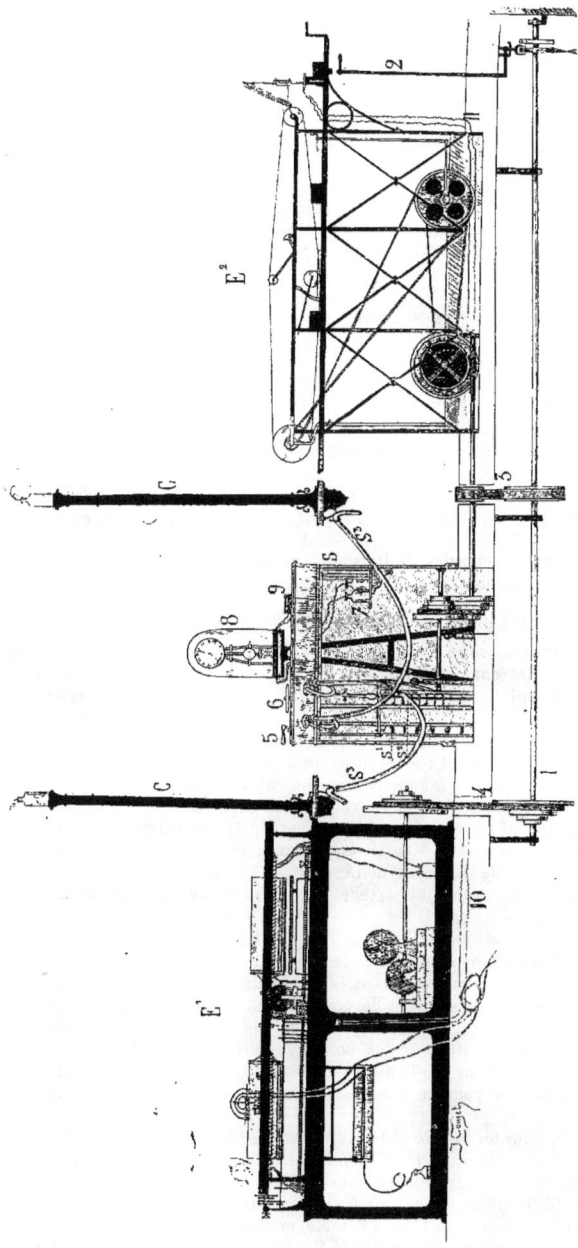

Fig. 9. Disposition générale des appareils enregistreurs dans le Laboratoire de Médecine expérimentale et comparée de la Faculté de médecine de l'Université de Lyon.

o1, arbre de conche situé sous le plancher du Laboratoire actionné par un moteur à gaz placé dans le sous-sol; 2, levier d'embrayage en saillie dans le laboratoire; 3, courroie transmettant le mouvement de l'arbre de conche à la soufflerie et à l'enregistreur E²; 4, courroie transmettant le mouvement de l'arbre de conche à l'enregistreur E¹; E¹, enregistreur universel à deux cylindres de CHAUVEAU; E², enregistreur à papier sans fin de CHAUVEAU, modifié par ARLOING; S, caisse en bois abritant la soufflerie de ARLOING; S¹, soufflet vertical pour entretenir la respiration artificielle sur de moyens et petits animaux; S², soufflet vertical à l'usage des grands animaux; S³ S⁴, tubes souples pour porter l'air dans la trachée des animaux; 5, levier d'embrayage pour mettre les soufflets en jeu; 6, roue pour faire varier l'amplitude des coups de soufflets; 7, pile; 8, pendule électrique; 9, commutateur pour actionner sur chaque enregistreur, à l'aide des conducteurs 10 et 11, des signaux électriques indicateurs du temps divisé en secondes, demi-secondes et deux secondes; C, C, colonnes supportant des réservoirs de sels de soude à hauteur convenable pour charger les manomètres inscripteurs et les sphygmoscopes.

BAUDEMENT entreprit à l'Institut agronomique de Versailles, en 1851, une longue série d'observations dans le but de déterminer les variations possibles dans le poids des chevaux soumis à la même alimentation et à un travail léger, suivant l'âge, le sexe, la taille et le poids vif.

Profitant de remarques faites antérieurement par BOUSSINGAULT sur l'utilité d'étendre les observations à un bon nombre de sujets à la fois, afin de noyer dans une moyenne les variations extérieures offertes temporairement par certains d'entre eux, il expérimenta sur un lot de 48 chevaux et deux lots de 60 chevaux empruntés aux régiments de cavalerie de la garnison de Versailles et prolongea ses observations pendant trois mois.

Le résultat final démontra pour chaque lot un gain léger. L'auteur en conclut que la ration distribuée à ces chevaux était une ration d'entretien, le travail imposé à ces animaux étant négligeable. Cette ration comprenait :

5 kilos de foin ;

5 kilos de paille ;

4^{kil},2 d'avoine, pour les chevaux de la cavalerie de réserve ;

4 kilos de foin ;

5 kilos de paille ;

3^{kil},4 d'avoine, pour les chevaux de la cavalerie de ligne.

Il ressortit des observations de BAUDEMENT deux faits importants, savoir : qu'il n'existe pas de rapport rigoureusement constant entre la taille et le poids d'un cheval ; que les chevaux les plus pesants, les plus grands et les plus jeunes sont ceux qui utilisent le mieux les éléments nutritifs de la ration.

C'est en Allemagne que furent commencés les travaux sur la digestibilité des divers principes immédiats (1860) par HENNEBERG et STOHMANN. Ils furent continués par une série d'expérimentateurs.

V. HOFMEISTER, à l'École Vétérinaire de Dresde, sous la direction de HAUBNER, s'appliqua, en 1864 et 1865, à déterminer la digestibilité de la cellulose chez le cheval. Ses recherches nous apprirent que le cheval digère $\frac{1}{5}$ environ de la cellulose contenue dans ses aliments et se montre, sous ce rapport, très inférieur aux ruminants. Elles l'amenèrent, en outre, à cette conclusion, subversive eu égard aux idées classiques de cette époque, que le foin seul est insuffisant pour assurer une bonne alimentation du cheval.

Les différences entre les résultats obtenus par HENNEBERG et STOHMANN sur les ruminants et par HOFMEISTER sur le cheval montrèrent qu'il est impossible d'étendre à tous les herbivores les résultats obtenus sur une espèce. En conséquence, si l'on veut établir les règles scientifiques de l'alimentation du cheval, il faut expérimenter sur cet animal. C'est dans cet esprit que furent poursuivies, à partir de 1876, les recherches de E. WOLFF, W. FUNKE, G. KREUZHAGE, O. KELLNER, MEHLIS en Allemagne, celles de A. MÜNTZ et GIRARD, A. MUNTZ et LAVALARD, de GRANDEAU et LECLERC, en France.

Les travaux de WOLFF et de ses collaborateurs furent exécutés à la station agronomique de Hohenheim, près de Stuttgart. Ils s'étendirent à plusieurs espèces animales ; mais, en ce qui regarde le cheval, ils eurent pour objet : 1° la détermination du coefficient de digestibilité des principes immédiats des fourrages, au travail et au repos ; 2° celle du rôle des éléments des fourrages dans la production de la force musculaire.

Les expériences nécessaires à la solution de ces problèmes portèrent sur un cheval, d'une grande docilité, placé dans des conditions excellentes pour recueillir toutes ses déjections, soit au repos dans une stalle ad hoc, soit au travail.

Pour mesurer le travail accompli par l'animal, dans certains essais, on l'attelait à un manège dynamométrique où l'on pouvait, à volonté, modifier la résistance de quantités connues.

Les dosages ont porté, pour les ingesta et les déjections solides, sur l'eau, la substance sèche, les cendres brutes et pures, la protéine, la graisse et la cellulose brutes, les matières extractives non azotées ; dans l'urine, sur l'azote et l'urée.

Les recherches exécutées à Hohenheim, par leur importance, leur durée, le soin avec lequel elles ont été menées, constituent un véritable monument scientifique que l'on devra consulter dans les publications originales, si l'on s'intéresse particulièrement aux questions d'alimentation. Il nous est impossible de les analyser convenablement ici sans dépasser les bornes de cet article. Contentons-nous de signaler les résultats de nature à exciter davantage la curiosité.

Wolff et ses élèves ont observé : 1º que, dans l'alimentation exclusive par le foin, les coefficients de digestibilité varient peu, quel que soit le poids de la ration journalière prise par le cheval au repos; 2º que, dans l'alimentation par des rations complexes, le coefficient de digestibilité des fourrages composants est indépendant de la quantité de chacun d'entre eux dans les rations ; 3º que la digestibilité des fourrages reste à peu près identique chez le cheval au repos et chez le cheval au travail; 4º que le cheval utilise moins bien que les ruminants les fourrages bruts, non concentrés, tels que le foin et la paille.

Une partie des expériences d'Hohenheim avait pour but de résoudre le problème alors très controversé des *sources du travail musculaire*. Le cheval puise-t-il dans les matières azotées ou dans les matières non azotées de sa ration? n'emprunte-t-il pas aux albuminoïdes de ses organes? La solution présentée par Wolff et Kellner montra nettement le rôle des aliments non azotés. Dans le cas d'alimentation suffisante, pendant que le travail du cheval croît comme 1; 2; 3, la dépense d'albumine augmente seulement comme 1 ; 1,10; 1,17; de sorte qu'au point de vue de la production de la force, la dépense supplémentaire d'albumine est presque insignifiante. Dans le cas d'alimentation insuffisante ou de travail excessif, cette disproportion conserve à peu près toute son importance. Il est donc évident que les sources principales du travail musculaire résident dans la partie non azotée de l'aliment.

Sur la seconde question ces auteurs disent, d'une part, que l'introduction d'une quantité très considérable d'albumine par les aliments ne peut empêcher la destruction de l'albumine des organes, si toutes les matières nutritives de la ration ne suffisent pas à produire la force dépensée; d'autre part, qu'il est simplement possible ou probable que l'organisme réclame, pendant le travail, une plus grande quantité d'albumine en circulation que pendant le repos.

L'influence du travail sur la digestibilité, sur l'utilisation de tel ou tel groupe de matière nutritive et, conséquemment, sur la fixation et la composition de la ration, n'était pas entièrement élucidée par les savants allemands. En outre, leurs expériences n'avaient pas été faites dans les conditions qui se rapprochent de celles où sont placés les chevaux des industries de transport; de plus, elles s'étaient écartées des règles jugées très importantes par J.-B. Boussingault et par Baudement ; elles avaient porté sur un seul sujet.

Aussi, deux des principales compagnies de transport de Paris, la Compagnie générale des Omnibus et la Compagnie générale des Voitures, confièrent-elles à des savants le soin de poursuivre de nouvelles expériences dans des conditions meilleures, afin de les éclairer sur des questions économiques, pour elles, de premier ordre. Müntz et A. Ch. Girard furent choisis par la Compagnie générale des Omnibus; Grandeau et Leclerc, par la Compagnie générale des Voitures.

Müntz et Girard, avec le concours de Lavalard, administrateur de la Compagnie, se placent autant que possible dans les conditions de la pratique industrielle. Ils opèrent sur des lots d'animaux employés à un travail ordinaire, en partant des rations moyennes établies par la compagnie. Ils étudient la composition immédiate et élémentaire des fourrages consommés, constatent l'utilisation des aliments par le poids des animaux pris à divers moments de l'expérience, sans s'occuper des excréments solides ou liquides. Le travail mécanique exécuté par les animaux est quelquefois évalué, mais d'une manière approximative.

Au contraire, Grandeau et Leclerc s'efforcent de se placer comme à Hohenheim dans les conditions d'une expérience de laboratoire : tous les ingesta et excreta sont soigneusement pesés et analysés, le travail mécanique évalué rigoureusement à l'aide d'un travail dynamométrique analogue à celui de Wolff. Toutefois, pour échapper aux reproches de vouloir se cantonner exclusivement sur le terrain scientifique, ils ajoutent à leurs expériences de laboratoire une série dans laquelle les chevaux exécutaient du travail, attelés à leurs voitures habituelles.

Sous une forme plus ou moins différente, les deux compagnies posaient le même problème : déterminer la ration d'entretien et la ration de travail la plus économique pour leur nombreuse cavalerie.

La solution de ce problème embrasse l'étude des besoins de l'organisme au repos et au travail, celle de la digestibilité des aliments, de leur valeur nutritive, et l'étude des règles de la substitution. Elle ne peut être fournie sans tenir compte de certaines influences extérieures, comme la température et l'humidité de l'air.

2° *Rations*. — On sait ce que l'on entend par *ration d'entretien* et *ration de production* ou *de travail*, pour le cheval. Les expérimentateurs français désignés ci-dessus admettent un troisième genre de ration, la *ration de transport*, répondant à la dépense de force imposée au cheval pour transporter son propre poids. Souvent, la ration de transport est confondue avec la ration d'entretien.

L'empirisme seul a servi de guide pendant longtemps dans la fixation des rations. On disait alors qu'un cheval devait être trop nourri pour être bien nourri. On conçoit qu'un tel raisonnement soit préjudiciable aux intérêts économiques d'une grande industrie ou d'une vaste administration. Les efforts ont donc tendu vers une détermination plus exacte des besoins de l'organisme du cheval dans les situations diverses où on l'entretient.

J.-B. Boussingault avait établi la ration en prenant pour type un bon foin de prairies naturelles : 1 700 à 1 900 grammes de ce foin suffisent à l'entretien de 100 kilogrammes de poids vif, parce qu'ils peuvent céder les quantités d'azote et de carbone nécessaires à 100 kilogrammes de tissus vivants.

Wolff avait fixé les rations de la manière suivante, pour un cheval pesant 500 kilos :

10^{kil},3 de foin de prairies naturelles, correspondant à 4 200 grammes de substance nutritive [1] contenant 500 grammes de protéine répondant à 80 grammes d'azote, pour la ration d'entretien ; 12 kilos de foin, correspondant à 4 868 grammes de substance nutritive, contenant 579 grammes de protéine répondant à 92 grammes d'azote, pour la ration de production. Si l'animal doit fournir un travail plus énergique, Wolff conseille d'ajouter 1 kilo d'un aliment plus concentré, l'avoine par exemple, répondant à 608 grammes de substance nutritive.

Le foin présente sa matière nutritive associée à un trop grand volume de *caput mortuum* pour servir exclusivement à l'alimentation d'un cheval de travail. Dans la pratique, on remplace depuis longtemps une partie du foin par de l'avoine. On ajoute une certaine quantité de paille destinée à être mangée ou à servir de litière.

On a cru que le cheval n'est réellement bien nourri que par l'association de ces trois denrées ; ainsi les chevaux des armées européennes sont nourris de cette manière.

Voici quelques exemples des rations usitées actuellement pour l'artillerie et la cavalerie légère :

	ARTILLERIE.			CAVALERIE LÉGÈRE.		
	FOIN.	PAILLE.	AVOINE.	FOIN.	PAILLE.	AVOINE.
	kil.	kil.	kil.	kil.	kil.	kil.
France	2,5	3,5	5	2,5	3,5	4
Allemagne	2,5	3,5	4,5	2,5	3,5	4,5
Russie	4,1	1,250	4,250	4,100	1,250	4,250

Mais plusieurs grandes administrations n'ayant pas hésité à composer des rations moins coûteuses, en remplaçant une certaine quantité d'avoine par du maïs et des féveroles, sans dommage pour leur cavalerie, il fut démontré que l'avoine n'était pas indispensable à l'entretien du cheval.

Pour fixer les rations, les expérimentateurs sont partis le plus souvent de la ration de production ou de travail, parce que cette dernière était déterminée d'avance par une longue pratique.

1. Zuntz et Hagemann limitent la ration d'entretien pour un cheval de 500 kilogrammes à 4 105^{gr},3 de substance nutritive.

a) *Ration de travail.* — Cette ration est celle qui, par son poids et sa composition, permet aux animaux d'accomplir leur tâche journalière sans que leur statique nutritive ait à souffrir.

GRANDEAU et LECLERC avaient composé la ration journalière de travail de la façon suivante, pour les chevaux mis en expérience dont le poids moyen oscillait entre 400 et 430 kilogrammes :

Foin.	1 568	grammes.
Paille d'avoine	848	—
Avoine.	2 952	—
Féverole	632	—
Maïs	2 180	—
Tourteaux de maïs	432	—
TOTAL . . .	8 612	répartis entre 4 repas.

C'est-à-dire, qu'ils s'éloignaient fort peu des règles tracées par WOLFF, qui demandait que la moitié environ de la partie réellement nutritive de la ration consistât en foin de prairies naturelles et l'autre moitié en aliments concentrés, principalement en avoine.

Si, au lieu de travailler au manège dynamométrique, les chevaux travaillent sur la voie publique, GRANDEAU et LECLERC accordent une majoration de 20 p. 100, ce qui porte le poids total de la ration de travail, non compris la litière, à 10^{kil},334.

Les chevaux de la Compagnie générale des Voitures sortent un jour sur deux, parcourent 62^{km},261 en moyenne, les jours de sortie, et accomplissent un travail de 1 600 000 à 1 700 000 kilogrammètres.

Dans les expériences de MÜNTZ et LAVALARD, le poids de la ration de travail a varié de 18 à 19 kilogrammes, suivant les lots, pour des chevaux pesant en moyenne 550 kilogrammes. La plus forte ration comprenait :

Foin	4 700	grammes.
Paille.	4 980	—
Avoine . . .	4 850	—
Maïs	3 063	—
Féverole. . . .	963	—
Son	519	—
TOTAL . . .	19 073	grammes.

Ce total comprend la paille de la litière à laquelle le cheval fait toujours quelques emprunts dans ses heures de repos.

Chaque cheval soumis à l'expérience parcourait en moyenne 17^{kil},023 par jour et déployait un travail de 356,903 kilogrammètres et un effort de traction compris entre 9 et 11 kilogrammes par tonne.

b) *Ration d'entretien.* — La *ration d'entretien* a été fixée par GRANDEAU et LECLERC aux $\frac{3}{5}$, par MÜNTZ et LAVALARD aux $\frac{5}{12}$ de la ration moyenne de travail.

Lorsque les chevaux observés par ces derniers recevaient les $\frac{4}{12}$ de la ration de travail, ils maigrissaient; au contraire, ils augmentaient légèrement de poids quand ils recevaient les $\frac{6}{12}$; s'ils consommaient les $\frac{5}{12}$, ils s'entretenaient sans perte ni gain.

En conséquence, la ration d'entretien comprendra :

D'APRÈS GRANDEAU ET LECLERC		D'APRÈS MÜNTZ ET LAVALARD	
	Grammes.		Grammes.
Foin	1 044	Foin	1 250
Paille d'avoine. . . .	561	Paille d'avoine. . . .	2 500
Avoine	1 968	Avoine	1 250
Féverole.	420	Féverole.	625
Maïs	1 452	Maïs.	1 875
Tourteaux de maïs. . .	288		
Poids total . . .	5 736	Poids total . . .	7 500

Il ne faut pas oublier que les chevaux de GRANDEAU et LECLERC pesaient 100 kilogrammes de moins que ceux de MÜNTZ et LAVALARD.

c) *Ration de transport.* — Les expérimentateurs sus-nommés sont arrivés à des déterminations à peu près identiques.

D'après GRANDEAU et LECLERC, la ration de transport serait égale aux $\frac{11}{10}$ de la ration d'entretien, soit un peu plus des $\frac{7}{10}$ de la ration de travail.

Pour MÜNTZ et LAVALARD, elle serait un peu supérieure aux $\frac{8}{12}$ de la ration de travail. En convertissant ces fractions au même dénominateur, on arrive sensiblement à des quantités semblables.

d) *Composition immédiate et élémentaire des rations du cheval.* — Les chiffres que nous donnerons seront regardés comme des moyennes, car la composition des denrées formant l'alimentation du cheval varient notablement suivant leur provenance.

Si l'on consulte les analyses de GRANDEAU et LECLERC, de MÜNTZ et GIRARD, on s'aperçoit que les principes immédiats les plus importants, comme les plus accessoires, de l'aliment existent en proportions variables dans des foins, des pailles, des avoines et des maïs de provenances diverses.

Toute expérience rigoureuse sur l'alimentation du cheval sera donc précédée d'une analyse des matières qui devront être consommées au cours de l'expérience. On risquerait fort de tirer des conclusions inexactes si l'on se basait sur une analyse, même fort bien faite, de fourrage quelconque.

Dans les expériences de la Compagnie des Voitures, les rations présentaient les compositions immédiates suivantes :

Composition des rations.

	EAU.	CENDRES.	GLUCOSE.	CELLULOSE.	AMIDON.	GRAISSE.	MATIÈRE AZOTÉE.	INDÉTER-MINÉES.
	gr.	gr.	gr.	gr.	gr.	gr.	gr.	gr.
Ration d'entretien.								
Foin.	142,92	74,64	7,41	222,79	203,79	16,39	87,59	288,47
Paille.	86,23	23,24	2,82	151,97	118,93	9,08	19,74	152,00
Avoine.	295,79	70,25	26,46	162,16	923,98	75,96	169,64	249,76
Féverole	47,67	14,28	9,37	23,31	185,35	6,30	125,79	7,93
Maïs.	208,36	25,26	23,09	26,13	931,46	26,13	136,34	75,23
Tourteau	38,09	7,55	1,38	12,09	153,96	21,74	49,65	3,54
TOTAUX . . .	819,06	215,22	64,53	598,42	2 517,49	155,60	588,75	776,93
Ration de travail.								
Foin.	224,46	114,15	15,68	328,81	322,22	22,42	129,51	410,75
Paille.	135,38	35,19	3,90	239,14	160,10	10,52	22,56	241,21
Avoine.	443,68	105,38	30,70	243,24	1 385,96	113,93	254,46	374,63
Féverole	71,73	21,49	14,09	35,07	278,90	9,48	189,28	11,96
Maïs.	312,83	37,93	34,66	39,24	1 398,47	39,24	204,70	112,93
Tourteau	57,13	11,32	2,07	18,14	230,95	32,62	74,47	5,30
TOTAUX . . .	1245,21	325,46	101,10	903,64	3 776,60	228,23	874,98	1 156,78
Ration de transport.								
Foin.	164,34	83,57	11,48	240,73	235,91	16,42	94,82	300,73
Paille.	98,98	25,73	2,85	174,84	117,06	7,69	16,49	176,36
Avoine	325,25	77,25	22,50	178,31	1 016,00	83,53	186,54	274,62
Féverole	52,66	15,77	10,33	25,75	204,76	6,96	138,97	8,78
Maïs.	229,60	27,84	25,44	25,80	1 026,40	28,80	150,24	82,88
Tourteau	41,79	8,28	1,52	13,97	168,93	23,86	54,48	3,87
TOTAUX . . .	912,62	238,44	74,14	661,70	2 769,06	167,26	644,54	847,24

La composition élémentaire correspondante est indiquée dans le tableau ci-dessous :

Composition élémentaire des rations.

	SUBSTANCE ORGANIQUE.	CARBONE.	HYDROGÈNE.	AZOTE.	OXYGÈNE.
		Ration d'entretien.			
	gr.	gr.	gr.	gr.	gr.
Foin	826,440	392,691	45,272	14,012	374,465
Paille.	454,530	221,097	26,540	3,158	203,735
Avoine	1 601,960	770,126	99,120	27,157	705,548
Féverole	358,050	167,825	22,156	20,131	147,938
Maïs	1 218,380	561,515	70,508	21,824	564,533
Tourteau	212,360	117,353	14,890	7,946	102,171
Totaux. . .	4 701,720	2 230,607	278,495	94,228	2 098,390
		Ration de travail.			
Foin	1 229,390	607,380	69,092	20,731	532,187
Paille.	677,430	329,969	40,049	3,606	303,806
Avoine	2 402,940	1 155,189	148,694	40,735	1 058,322
Féverole.	538,780	252,537	33,339	30,292	222,612
Maïs	1 829,240	843,042	105,858	32,765	847,575
Tourteau	363,550	176,034	22,336	11,919	153,261
Totaux. . .	7 041,330	3 364,151	419,368	140,048	3 117,763
		Ration de transport.			
Foin	900,090	444,689	50,585	15,178	389,638
Paille.	495,290	241,251	29,281	2,636	222,122
Avoine	1 761,500	846,824	109,002	29,861	775,813
Féverole.	395,570	185,411	24,478	22,239	163,442
Maïs	1 342,560	618,746	77,694	24,018	622,072
Tourteau	265,930	128,766	16,339	8,718	112,107
Totaux. . .	5 160,940	2 465,687	307,379	102,680	2 285,194

Nous indiquerons plus simplement la composition des rations consommées dans les expériences faites à la Compagnie générale des Omnibus.

GRAISSE.	CELLULOSE BRUTE.	AMIDON ET ANALOGUES.	SUBSTANCE AZOTÉE.	SUBSTANCES INDÉTERMINÉES.
		Ration d'entretien.		
gr.	gr.	gr.	gr.	gr.
228,8	1 517,9	2 568,6	628,0	4 159,2
		Ration de travail.		
548,4	3 642,9	6 164,4	1 507,2	2 781,6
		Ration de transport.		
365,6	2 428,6	4 109,6	1 204,8	1 854,4

Le poids des animaux étant connu, on peut calculer aisément la quantité de matière azotée, de substance hydrocarbonée et de graisse, présentée sous la forme de foin, de paille, d'avoine et de maïs, nécessaire aux besoins d'un kilogramme de poids vif d'un cheval au repos, d'un cheval qui transporte simplement sa propre masse, d'un cheval qui travaille.

Dans les expériences sur la ration de travail exécutées à la Compagnie des Omnibus, la ration comprenait par kilogramme de poids vif :

Cheval A. Substances azotées. . . . . 2^{gr},91
Extractif non azoté . . . . 17^{gr},48
Graisse. . . . . 0^{gr},82

Cheval B. Substances azotées. . . . . 2^{gr},83
Extractif non azoté . . . . 16^{gr},79
Graisse. . . . . 0^{gr},86

Le cheval A pesait 557, le cheval B, 552 kilogrammes.

ZUNTZ et HAGEMANN ont fixé la ration d'entretien, pour un cheval de 500 kilogrammes, à 6338^{gr},4 de substance sèche, comprenant :

PROTÉINE.	GRAISSE.	CENDRES.	CELLULOSE BRUTE ou ligneux.	MATIÈRE azotée.
560^{gr},6	224^{gr},8	276^{gr},4	1382^{gr},3	3894^{gr},1

La quantité d'aliments distribuée aux chevaux augmente lorsque le poids vif diminue (SANSON). Cela ressort manifestement des expériences de GRANDEAU et LECLERC. En fixant exclusivement notre attention sur les grains, nous voyons que ces auteurs en distribuaient 16 grammes par kilogramme de poids vif à des chevaux de 530 kilogrammes; 17 grammes à des chevaux de 430 kilogrammes, et 18 à 19 grammes à des sujets de 200 kilogrammes.

MÜNTZ et CREVAT pensent qu'il serait plus rationnel de proportionner les aliments à la surface du corps, qu'au poids vif; mais il faut reconnaître qu'il est très difficile d'évaluer cette surface avec quelque exactitude.

e) *Relation nutritive.* — Si l'on compare la quantité des principes immédiats hydrocarbonés et des principes azotés qui figurent dans les analyses précédentes, on s'aperçoit que les premiers sont en quantité six à sept fois plus grande que les seconds. Les rapports $\frac{1}{6}$ à $\frac{1}{7}$ représentent ce que l'on appelle la relation nutritive. Ils doivent être respectés, sous peine d'exposer le cheval à un chimisme vital considérable qui absorbera une partie de l'énergie au détriment du travail extérieur.

La relation nutritive avait été fixée autrefois à environ $\frac{1}{5}$. Les expériences les plus récentes et les mieux faites l'ont élevée à $\frac{1}{6}$ et au delà.

f) *Relation adipo-protéique.* — On appelle ainsi le rapport des matières grasses aux substances azotées de la ration. Sans être aussi importante que la précédente, elle a cependant un certain intérêt, car on a observé que la présence d'une quantité convenable de graisse facilitait la digestibilité des principes azotés et hydro-carbonés. On estime qu'elle doit osciller entre $\frac{1}{2,5}$ et $\frac{1}{3,3}$. C'est-à-dire que la graisse doit représenter un peu plus de la moitié ou du tiers de la substance azotée.

g) *Digestibilité.* — L'aliment véritable n'étant pas ce que l'animal ingère, mais bien ce qu'il digère, il est capital de savoir la quantité de principes immédiats empruntée par le cheval à sa ration.

Les travaux de GRANDEAU et LECLERC fournissent les éléments nécessaires à la détermination du coefficient de digestibilité totale et des coefficients de digestibilité partiels, c'est-à-dire des divers principes essentiels de la ration, puisque ces expérimentateurs ont fait l'analyse des aliments et des excréments.

On trouvera les éléments et la solution du problème de la digestibilité chez le cheval au repos et chez le cheval soumis au travail dans les deux tableaux ci-après :

Ration d'entretien.

	SUBSTANCES SÈCHES.	CENDRES.	SUBSTANCES ORGANIQUES.	GLUCOSE.	CELLULOSE.	AMIDON.	GRAISSE.	MATIÈRE AZOTÉE.	INDÉTERMINÉE.	AZOTE.
Ingéré. . .	4914,10	215,6	4698,50	65,28	599,23	2517,03	154,64	587,10	775,16	93,697
Fèces . . .	1475,41	190,6	1284,81	»	313,68	384,37	67,87	147,45	371,44	23,392
Digéré. . .	3438,69	25,0	3413,69	65,28	285,6	2132,6	86,77	439,6	403,72	70,37
Coefficients.	69,97	11,59	72,65	100	47,65	81,73	56,11	74,88	52,08	74,88

Ration de travail.

	SUBSTANCE SÈCHE	CENDRES.	SUBSTANCES ORGANIQUES.	GLUCOSE.	CELLULOSE.	AMIDON.	GRAISSE.	MATIÈRE AZOTÉE.	INDÉTERMINÉES.	AZOTE.
	gr.	gr.	gr.	gr.	gr.	gr.	gr.	gr.	gr.	gr.
Ingéré	7303,81	328,19	6975,62	96,61	892,81	3736,62	224,99	860,52	1160,18	137,729
Fèces.	2187,23	263,34	1923,89	»	475,50	546,81	85,30	226,25	590,02	36,199
Digéré.	5116,58	54,85	5051,73	96,61	417,34	3189,81	139,69	634,27	570,16	101,530
Coefficients. . . .	70,05	17,65	72,41	100	46,74	85,36	62,08	73,70	49,14	73,700

Ces tableaux démontrent :

1° Que le cheval retient environ les $\frac{70}{100}$ des aliments qui traversent son tube digestif;

2° Que le coefficient de digestibilité totale reste sensiblement le même pendant le repos et pendant le travail[1];

3° que 46 à 47 p. 100 de la cellulose, réputée autrefois indigeste, disparaissent à l'absorption ;

4° Que sous l'influence du travail, la digestibilité des matières minérales, de l'amidon, de la graisse, est notablement accrue ;

5° Que l'accroissement de la digestibilité de ces matières est presque contre-balancée par une diminution sur la digestibilité de la cellulose, des matières azotées et des substances indéterminées.

Il ne faut pas oublier que les coefficients de digestibilité subissent des changements suivant la nature et l'état de la gangue qui enferme les principes alibiles, suivant l'âge du sujet, l'activité des organes digestifs, l'intégrité de l'appareil masticateur.

Par exemple, ZUNTZ et HAGEMANN donnent des chiffres d'où résulte que le coefficient de digestibilité totale est inférieur à $\frac{60}{100}$. Voici ces chiffres :

	SUBSTANCE SÈCHE.	PROTÉINE.	GRAISSE.	CENDRES.	CELLULOSE BRUTE et ligneux.	MATIÈRES AZOTÉES.
Ingéré	6338,1	560,6	224,8	276,5	1382,3	3891,1
Fèces	2542,7	163,8	107,8	200,9	930,2	1139,6
Digéré	3795,7	396,3	117,0	75,6	451,7	2754,5
Coefficients. . . .	58,30	70,78	52,04	27,34	32,68	70,73

1. On a vu quelquefois le coefficient de digestibilité baisser sous l'influence du travail au trot.

La partie digérée contient : 1721^{gr},9 de carbone, 234^{gr},8 d'hydrogène, 63^{gr},5 d'azote et 1699^{gr},9 d'oxygène.

Tous les solipèdes ne jouissent pas du même pouvoir digestif. Sanson et Duclert ont noté que l'âne et le mulet, mieux que le cheval, digèrent la protéine.

Voici quelques chiffres :

Digestibilité totale.

Cheval . . . . . . 61　p. 100
Mulet. . . . . . . 67　p. 100

Digestibilité de la protéine

Cheval . . . . . . 71,7 p. 100
Mulet. . . . . . . 78,8 p. 100

Si l'on rapproche le tableau des coefficients de digestibilité, des tableaux de la composition immédiate et élémentaire des aliments et des fèces, on déduit aisément la quantité des principes immédiats, de carbone et d'azote, nécessaires au dégagement des énergies de toutes sortes dépensées par le cheval, par périodes de 24 heures.

On acquiert aussi la certitude que les hydro-carbonés forment la partie de la ration la plus propre à la production du travail. En effet, quand les animaux sont soumis au manège dynamométrique ou attelés à un omnibus ou à une voiture, ils consomment une plus grande quantité d'hydrocarbonés et de graisses et une quantité légèrement plus petite de matière azotée. Or, comme ces chevaux s'entretiennent sans perte ni gain, tout en suffisant au travail qui leur est imposé, ils n'empruntent pas aux albuminoïdes de leurs organes. C'est donc bien à l'aide des substances non azotées qu'ils dégagent l'énergie représentée dans leur travail extérieur.

D'après Wolff et Eisenlohr, la digestibilité est peu modifiée par le sel marin, si l'alimentation a, par elle-même, une saveur suffisante.

h) *Valeur calorimétrique de la ration.* — En partant des données diverses présentées dans ce paragraphe, on calcule que des chevaux analogues à ceux de la Compagnie des Omnibus, nourris et travaillant de la même manière, doués d'un pouvoir digestif capable de fournir les coefficients de digestibilité portés sur le tableau précédent, dégageront 36 362^{cal},6 de leur ration de travail, et 15 151 calories seulement de leur ration d'entretien.

En effet, ces chevaux reçoivent : 548^{gr},4 de graisse dont le coefficient de digestibilité est de 0,62 ; 6 164^{gr},4 d'amidon et analogues dont la digestibilité est de 0,85 ; 1507^{gr},2 de substance azotée dont le coefficient est 0,73 ; enfin 2 781^{gr},6 de substances indéterminées dont le coefficient est 0,49.

Tout calcul effectué, ces chevaux empruntent à leur ration :

339 grammes de graisse,
1 099　—　de protéine,
7 001　—　d'hydrocarbonés.

Multipliant ces nombres par les coefficients thermo-chimiques de Rubner, on obtient :

Graisse . . . . : 339 × 9,3 = 3 152^{cal},7
Protéine . . . . 1 099 × 4,1 = 4 505^{cal},9
Hydro-carbonés . . . . 7 001 × 4,1 = 28 704^{cal},0
Total . . . 36 362^{cal},6

Au repos, la ration n'étant plus que les $\frac{5}{12}$ de la ration de travail, le nombre des calories tombe à 15 151.

La critique des travaux précédemment exposés, ceux de Hohenheim, et du laboratoire de la Compagnie des petites Voitures notamment, peut être faite en partant de la consommation de l'oxygène dans les conditions similaires. Cette étude a été entreprise par Hagemann, qui s'est servi pour cela des résultats obtenus à Berlin, sur le cheval, par Zuntz et Lehmann. Elle a conduit à peu près aux mêmes conclusions. On se rend compte des faibles différences existant entre les résultats par quelques dissemblances entre les chevaux soumis aux expériences : ici, le cheval était d'un tempérament plus nerveux, là, d'un tempérament plus lymphatique ; ici, le cheval était mené à une allure plus vive, là, à une allure plus mesurée; ici, il recevait une alimentation délicate, là, une alimentation plus grossière.

i) *Qualités d'une bonne ration.* — Une bonne ration doit associer les éléments essentiels à un certain volume de matières peu ou pas nutritives, de manière à soutenir convenablement les viscères digestifs, à exciter suffisamment la contractibilité des plans charnus et la sécrétion des glandes annexées à la muqueuse. Les aliments riches ou concentrés veulent donc être mélangés à une proportion convenable de substances fibreuses.

Les aliments concentrés sont surtout contre-indiqués lorsque les chevaux ont reçu, antérieurement et durant une longue période, des substances grossières qui ont distendu la cavité digestive.

Il faut, en outre, que la ration soit complexe et variée. L'avoine, si recherchée par le cheval dans les conditions ordinaires, lui cause de la répugnance et le jette dans un état plus ou moins voisin de l'inanition, si on la lui donne avec continuité, à l'exclusion de tout autre denrée alimentaire, surtout à l'exclusion de tout fourrage. Dans les derniers mois du siège de Paris, en 1871, quand les provisions de foin et de paille furent épuisées, les chevaux de l'artillerie et des éclaireurs, nourris avec de l'avoine seulement, tombèrent rapidement dans un grand état de misère physiologique.

La qualité d'une ration dépend encore du service auquel le cheval est destiné par sa race et sa conformation.

Pour le cheval de selle, de race fine et distinguée, la ration sera allégée autant que possible en fourrages proprement dits, renforcée en grain, surtout en avoine qui apporte dans ses enveloppes une substance excitante très favorable au dégagement de la force motrice chez cet animal (SANSON).

Pour le cheval employé au charroi de nos villes, sur un pavé plus ou moins glissant et inégal, exposé à des heurts, des arrêts et des efforts brusques, l'avoine doit aussi entrer pour une large part dans la ration. SANSON estime qu'elle doit figurer à raison de 1 kilogramme par heure de travail. Mais, comme l'amidon revient à un prix trop élevé quand on l'emprunte entièrement à l'avoine, on abandonne une partie de la substance excitante et on fournit l'amidon nécessaire en s'adressant au maïs.

C'est aussi dans le but de trouver une matière azotée à meilleur marché, qu'on remplace une partie de l'avoine par une quantité déterminée de féverole.

Pour le cheval qui travaille au trot, la ration d'entretien et de transport doit être complétée par des aliments concentrés. Déjà GASPARIN, puis MOREAU-CHASLON, HERVÉ-MANGON, SANSON, RAILLET ont calculé le supplément de protéine qu'il faut introduire dans l'organisme, pour un effet utile de 1 000 kilogrammètres au pas et au trot. Ce supplément est de 1gr,200 à 1gr,540 pour le travail au trot, environ le double du supplément qui convient pour le travail au pas.

La ration doit être enrichie toutes les fois que les chevaux, quel que soit le travail qui leur est imposé, éprouvent une plus grande fatigue résultant de la mauvaise saison, des défectuosités des routes et chemins, d'une prolongation du service, de l'obligation d'une allure plus rapide, de la suppression d'un renfort, etc., etc., sinon les animaux dépérissent graduellement et se montrent plus sensibles aux causes de maladies.

Inversement, si les chevaux séjournent à l'écurie plus que d'ordinaire, par suite de la présence de jours de fête, d'un chômage ou d'une diminution de trafic, il faut retrancher une partie de la ration, en prenant sur les denrées les plus alibiles, autrement on s'expose à voir survenir la pléthore avec toutes ses fâcheuses conséquences.

Si les animaux sont laissés en repos pour cause de convalescence, il est bien de leur distribuer une ration qui tienne le milieu entre la ration d'entretien et celle de travail, attendu qu'ils ont à réparer quelques pertes subies par l'organisme, du fait de l'inappétence, de la diète ou de la fièvre qui accompagnaient la maladie dont ils ont souffert.

Les chevaux de grande taille, mis en traitement dans les infirmeries de l'École Vétérinaire de Lyon, reçoivent :

Foin	5 000 grammes.
Paille	6 000 —
Avoine	2 500 —
Farine	500 —
Son	500 —
TOTAL	14 500 grammes.

Si l'on retranche 4 kilogrammes de paille qui passent à la litière, il reste 10 500 grammes, c'est-à-dire une ration surpassant de 2 792 grammes la ration d'entretien calculée à la Compagnie des Omnibus de Paris, pour des chevaux de 550 kilogrammes.

j) *Substitution.* — Bien nourrir le cheval, pour en obtenir du travail, et le nourrir à bon marché, tel est le but vers lequel on doit tendre pour faire de cet animal un auxiliaire aussi économique que possible.

La ration classique (foin, avoine, son et paille) n'est pas la moins chère. L'amidon et l'azote donnés sous forme d'avoine reviennent à un prix trop élevé. Les grandes administrations se sont efforcées de les trouver à meilleur marché. Elle se sont adressées au maïs pour l'amidon, aux féveroles pour l'azote.

La substitution s'effectue en tenant compte de la composition immédiate des denrées, de leur degré de digestibilité et de la relation nutritive.

Wolff dit avoir obtenu plus de travail, en remplaçant la moitié de la ration d'avoine par une quantité égale de maïs.

Müntz et Lavalard ont expérimenté sur quatre lots d'animaux, pendant 7 mois, des rations différemment composées avec ou sans maïs, avec ou sans féverole, comme denrées complémentaires.

Ils ont observé que les substitutions qu'ils avaient faites étaient sans préjudice pour la santé des chevaux et la production du travail. Les sujets nourris avec la ration la plus azotée sont ceux qui perdirent de leur poids la proportion la plus grande au cours de l'expérience.

Nous donnons ci-après la composition et la digestibilité des principales denrées entrant dans l'alimentation, pour servir de base à quelques substitutions.

DENRÉES.	MATIÈRES AZOTÉES.	MATIÈRES HYDROCARBONÉES.	GRAISSE.	COEFFICIENTS ET DIGESTIBILITÉ.	RELATION NUTRITIVE.
Foin de pré	5.4	41.0	1,0	0,62	1/8
Trèfle (sec)	7,0	38,1	1,2	0,57	1/6
Luzerne (sèche) . .	9,4	28.3	1,0	0,56	1/2,3
Paille de blé	0,8	35.6	0,4	0,39	1/4.8
Paille d'avoine . . .	1,4	40,1	0,7	0,49	1/3
Avoine	8,0	44,7	4,3	0,49	1/5,8
Orge	8,5	56,6	2,3	0,43	1/7,3
Féverole.	22,0	50,0	1,4	0,47	1/2,4
Maïs.	8.0	63,1	4,0	0,89	1/9,1

On peut augmenter le coefficient de digestibilité totale d'une denrée par diverses opérations, notamment le hachage des fourrages fibreux, l'aplatissement ou le concassage des grains. La pratique a démontré que ces opérations ne doivent pas être poussées trop loin, sinon elles sont plus nuisibles qu'utiles, soit que les chevaux laissent perdre une certaine quantité de fines particules, soit que la mastication devienne insuffisante.

On est tenté parfois de donner des fourrages verts aux chevaux. La substitution est bonne lorsque les animaux ne fournissent pas un travail pénible et surtout un travail à une allure vive, car les fourrages verts doivent être servis en quantité beaucoup plus considérable que les fourrages secs, en raison de la forte proportion d'eau qu'ils contiennent.

Voici, d'après Pabst, un tableau d'équivalence qui permettra de déterminer le poids d'aliments verts que l'on devra donner en remplacement d'aliments secs. La valeur nutritive est rapportée à celle du foin sec des prairies naturelles :

```
400 à 500 kilos d'herbes des prés équivalent à 100 kilos de foin.
300 à 333   —   de seigle vert          —       100       —
400 à 450   —   de luzerne verte       - -      100       —
400 à 450   —   de trèfle en fleurs     —       100       —
```

275 à 300 kilos de maïs . . . . . équivalent à 100 kilos de foin.
275 à 300   —   de betterave. . .   —   100   —
250 à 260   —   de carotte. . . .   —   100   —
180 à 200   —   de pommes de terre   —   100   —

Dans la substitution d'un aliment à un autre, il faut tenir compte de sa digestibilité et de la dépense d'énergie qu'il imposera à l'organisme pour ses transformations successives jusqu'à sa complète utilisation.

3° **Aliments exceptionnels**. — On a songé à utiliser les aliments d'origine animale pour la nourriture du cheval, imitant en cela la pratique ancienne et actuelle de certains peuples asiatiques. LAQUERRIÈRE, vétérinaire militaire, a entretenu plusieurs chevaux avec la chair d'animaux de la même espèce pendant le blocus de Metz, en 1870. Il leur distribuait 3 kilos de viande par jour. COLIN a montré que, si la chair séjourne assez longtemps dans l'estomac du cheval, elle y est parfaitement digérée.

On peut suppléer à la progression rapide des aliments à travers le réservoir gastrique, en donnant la chair divisée en parcelles très petites. Dans ces conditions, chaque fragment sera sûrement digéré.

MÜNTZ, le premier, a réalisé l'idée d'alimenter des chevaux avec des débris animaux de peu de valeur. Avec le concours de LAVALARD, il a nourri des chevaux de la Compagnie générale des Omnibus avec des pains ou des biscuits grossiers, dans lesquels il entrait du sang frais, des farines ou de l'avoine et du maïs concassés. Ces pains étaient cuits au four ou simplement desséchés à l'étuve.

CHARDIN, vétérinaire militaire, ajoute du levain au sang et à la farine, de manière à réaliser une véritable panification en présence d'une substance animale, d'après le procédé proposé pour la nourriture de l'homme par SCHEURER-KESTNER.

REGNARD, puis CORNEVIN, ont tenté d'utiliser le sang ou la chair conservée par dessiccation. CORNEVIN a proposé de pulvériser $\frac{2}{100}$ de coumarine à raison de 4 kilos de viande ou de sang, dans le but de prévenir la décomposition et de donner à ces débris animaux une odeur rappelant celle du foin fraîchement coupé.

Il est toujours bon d'habituer graduellement les chevaux à accepter ce genre d'alimentation. L'habitude étant contractée, si l'on veut en tirer parti d'une façon sérieuse, il faudra suivre les précautions suivantes indiquées par CORNEVIN :

1° Donner ces substances après cuisson ou dessiccation;

2° Les incorporer dans des pains ou biscuits, ou bien les mélanger à des grains concassés ou à des farines grossières;

3° Ne les donner qu'en petite quantité;

4° Ne les distribuer qu'à la fin du repas, après d'autres aliments non concentrés, pour qu'ils ne soient pas chassés prématurément de l'estomac par ceux-ci;

5° Peut-être serait-il préférable de constituer entièrement un repas avec eux;

6° Ne pas faire boire les chevaux immédiatement après leur ingestion;

7° Les distribuer à l'état sec, jamais après les avoir délayées avec de l'eau.

Dans l'Europe méridionale et dans le nord de l'Afrique, les chevaux sont assez friands du fruit du Caroubier. A l'état de maturité, ce fruit est d'une saveur agréable et atteint le maximum de ses qualités nutritives. C'est un aliment assez pauvre en azote (6,50 p. 100). On fera donc bien de l'associer à une substance capable de corriger ce défaut.

4° **Préhension des aliments**. — La préhension des *solides* se fait exclusivement à l'aide des lèvres et des dents incisives; la langue n'intervient que pour recevoir les aliments dans l'intérieur de la bouche et les faire passer sous les molaires. Les voiles labiaux, bien détachés, minces, très sensibles et très mobiles, rassemblent les brins d'herbe ou les grains à proximité des incisives. Chez le bœuf, le rôle appartient à la langue qui est très protractile et garnie sur sa face supérieure de papilles cornées à sommet incliné en arrière. Si on renverse les lèvres du cheval et si on les fixe dans cette position à la muserole du licol, l'animal est incapable de s'emparer efficacement du foin ou de l'avoine. Mis en face du râtelier, il saisit une pincée de fourrage avec les incisives; mais aussitôt qu'il entr'ouvre la bouche, pour permettre à la langue de la faire parvenir plus profondément, cette pincée tombe dans la mangeoire ou sur le sol. L'animal déplace ainsi toute sa ration, sans pouvoir en mâcher la moindre parcelle. Souvent, il en témoigne de l'impatience. Si on lui présente de l'avoine, il engage les arcades incisives dans le grain, écarte les dents pour saisir cet aliment généralement désiré; mais, convaincu de son impuissance à s'en saisir, il reste fréquemment la tête immobile, butée contre le fond de la mangeoire, le regard triste et plein de déconvenue.

L'intégrité de la sensibilité et du mouvement des lèvres est donc chose nécessaire à l'exercice régulier de la préhension des aliments solides chez le cheval. Si une lésion du facial entraîne la paralysie des lèvres, le sujet est obligé à des manœuvres particulières pour s'emparer de ses aliments. Dans le cas où la paralysie a frappé la lèvre supérieure, il cherche à remédier à la flaccidité de cet organe en l'appuyant contre la paroi postérieure de la mangeoire, et il amène les substances alimentaires dans la bouche par l'action exclusive de la lèvre inférieure. Dans le cas contraire, il appuie la lèvre inférieure contre la paroi antérieure de la mangeoire, et il fait entrer les fourrages ou les grains dans la bouche par l'action de la lèvre supérieure. Si la paralysie était étendue aux deux voiles labiaux, l'alimentation naturelle de l'animal serait impossible; elle deviendrait entièrement artificielle et réclamerait l'intervention de la main de l'homme.

La préhension des *boissons* se fait par pompement. La langue joue dans la bouche à la façon d'un piston dans un corps de pompe. Mais, pour que ce jeu réussisse à faire monter l'eau dans la cavité buccale, il faut absolument que l'air extérieur ne vienne pas satisfaire au vide qui tend à s'établir par la rétraction de la langue. Par conséquent, la fente labiale doit être exactement fermée au-dessus de la surface de l'eau, ce qui implique l'intégrité parfaite du bord et des commissures des lèvres, de la contractilité de l'orbiculaire, et la séparation complète de la bouche et des cavités nasales. Celle-ci est obtenue grâce à l'intégrité anatomique de la voûte palatine, anatomique et physiologique du voile du palais.

Si l'air entrait dans la bouche par suite d'une malformation accidentelle ou congénitale de la commissure des lèvres ou de la voûte palatine, il nuirait à l'ascension des boissons et peut-être l'empêcherait entièrement.

L'animal cherche à corriger cette gêne en plongeant l'extrémité de la tête dans l'eau jusqu'au-dessus des naseaux; mais, menacé d'asphyxie, il ne tarde pas à retirer la tête du liquide pour respirer. La préhension des boissons est donc fréquemment interrompue et dure forcément plus longtemps qu'à l'état normal.

L'homme peut venir directement en aide au sujet, en fermant les naseaux ou en pinçant les commissures des lèvres avec les doigts.

Poncet a démontré que toute l'action se passe dans la cavité buccale sans le concours de l'aspiration thoracique. Un cheval respirant par une large trachéotomie, et dont le segment supérieur de la trachée ainsi que les naseaux étaient tamponnés, buvait aussi facilement qu'un cheval intact.

5° **Mastication buccale.** — Elle est beaucoup plus complète chez le cheval que chez les Carnassiers et les Ruminants. Les substances fibreuses et les grains sont broyés entre les tables striées des dents molaires par l'association des mouvements de rapprochement, de diduction latérale, de propulsion et de rétropulsion de la mâchoire inférieure que permet la disposition de l'articulation temporo-maxillaire.

Elle s'exécute suivant le type unilatéral habituel aux herbivores, à l'exception des Caméliens; c'est-à-dire qu'après avoir porté la mâchoire inférieure plusieurs fois du même côté, consécutivement, le sujet la dévie plusieurs fois du côté opposé, et ainsi de suite.

Un animal jeune, en bonne santé, dont la dentition est excellente, met en moyenne 30 secondes pour mâcher 30 grammes de foin sec et y consacre environ 35 coups de dents.

Si l'animal est vieux, si les molaires sont usées et surtout irrégulièrement usées, il mâche moins bien et plus lentement. Fréquemment, sur ces vieux sujets atones, des aliments s'accumulent et fermentent entre les molaires et la face interne des joues.

Nous avons enregistré les mouvements de la mastication, en conjuguant un tambour à levier à une sorte de pneumographe enroulé autour de la tête, vers la partie moyenne des masséters, et fixé çà et là par des points de suture passant à travers la peau. Pour recueillir le caractère de l'unilatéralité, nous avons placé deux tambours à bouton tangentiellement aux régions massétérines droite et gauche. Ces tambours couraient sur une tige de laiton fixée transversalement sur la table de l'os frontal à l'aide d'une vis tire-fond.

6º **Insalivation**. — L'appareil salivaire du cheval est relativement considérable. G. COLIN attribue aux trois paires de glandes principales un poids total de 509 grammes formé de la manière suivante : 400 grammes par les parotides; 86 grammes par les sous-maxillaires; 23 grammes par les sublinguales. A ces trois paires de glandes, il convient d'ajouter les glandes molaires, les glandules linguales, staphylines et labiales. Les glandules staphylines forment une couche épaisse sous la muqueuse de la face antérieure du voile du palais.

Le canal excréteur de la *parotide* s'engage d'abord dans l'espace intra-maxillaire, s'infléchit de dedans en dehors sur la scissure maxillaire et s'élève de bas en haut, puis légèrement d'arrière en avant, à la surface du maxillo-labial et du buccinateur, près du bord antérieur du masséter, et enfin s'ouvre dans la bouche, en face de la troisième dent molaire supérieure.

Au niveau de la scissure maxillaire ou dans son trajet facial, le canal de STÉNON est

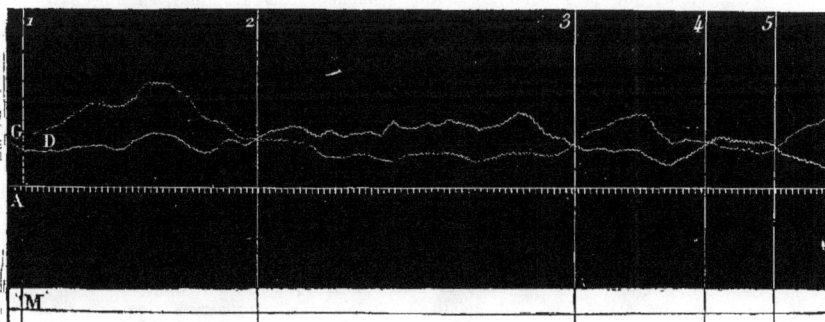

FIG. 50. — *Pressions manométriques dans les canaux de STÉNON du cheval pendant l'écoulement de la salive sous l'influence de la mastication* (Communiqué par M. KAUFMANN).

A, ligne d'abscisse avec indication des secondes (le zéro du manomètre est en M); D. tracé du manomètre fixé latéralement sur le canal de STÉNON du côté droit; G, tracé du manomètre fixé latéralement sur le canal de Sténon du côté gauche; de 1 à 2, l'animal mâche à gauche; de 2 à 3, l'animal mâche à droite; de 3 à 4, l'animal mâche à gauche; de 4 à 5, l'animal mâche de nouveau à droite.

facile à découvrir. (Voy. fig. 68). En raison de ses dimensions, on y introduit aisément des canules permettant de recueillir la salive sécrétée.

Il est curieux de voir combien le cheval est indifférent aux vivisections pratiquées sur le canal de STÉNON. On peut donc regarder les résultats des expériences comme l'expression aussi exacte que possible du fonctionnement normal.

On a adapté au canal de STÉNON du cheval des sortes de compte-gouttes enregistreurs, des manomètres simples ou inscripteurs. KAUFMANN a recueilli des tracés de la pression sous laquelle circule la salive dans les deux canaux, aux différentes phases de la sécrétion.

Nous donnons ici un spécimen des tracés obtenus par KAUFMANN. Chaque coup de dent se traduit par une oscillation de la courbe. En outre, les tracés se croisent successivement chaque fois que l'animal change le côté sous lequel il accomplit la mastication.

Sauf l'allongement du canal de WARTHON résultant de celui de la face, la glande sous-maxillaire du cheval et son conduit excréteur sont disposés comme les mêmes organes chez le chien; néanmoins, ils sont plus difficiles à atteindre.

La sublinguale est allongée sous la muqueuse qui tapisse la partie antérieure du plancher de la bouche, à droite et à gauche de la langue. Son extrémité antérieure confine à la surface génienne. Malgré un volume assez important, elle n'a pas de canal excréteur total; elle verse ses produits dans la bouche par 15 à 20 petits canaux de RIVINUS.

Nous saisissons cette occasion pour rappeler que la sublinguale du bœuf possède, en outre, un canal isolable susceptible de recevoir un fin trocart; on trouve ce conduit au-dessous du canal de WARTHON. Il a permis à COLIN de déterminer exactement les caractères de l'insalivation et de la salive sublinguales.

La *sécrétion de la parotide* du cheval offre quelques caractères spéciaux. Ainsi, elle est intermittente; elle n'est jamais provoquée par la vue ou la saveur d'un aliment, même d'un aliment de choix; au contraire, elle est toujours éveillée par les mouvements de mastication. Il semble donc que l'excitation d'où procède la sécrétion parotidienne soit conduite aux centres par les nerfs sensitifs des muscles masticateurs. Elle est déversée sur la glande par une courte branche sous-parotidienne du facial, étudiée par CL. BERNARD.

L'influence de la mastication sur le réflexe sécrétoire est encore démontrée par ce fait que la quantité de salive sécrétée est alternativement plus grande du côté sous lequel l'animal broie ses aliments. Voici, à ce propos, quelques chiffres empruntés à COLIN : la parotide droite d'un cheval mâchant à droite fournit 910 grammes de salive, tandis que la gauche en donne seulement 200 grammes, en un quart d'heure; la parotide gauche d'un cheval mâchant à gauche fournit 620 grammes de salive, alors que la droite n'en sécrète que 270 grammes dans le même temps. Le graphique des pressions manométriques ci-dessus (fig. 50) est aussi très instructif sous ce rapport.

On saisit fort bien sur le cheval l'importance de la salive parotidienne dans la mastication. Si la salive d'une glande s'écoule hors de la bouche, la mastication s'accomplit à peu près exclusivement du côté où le canal excréteur est intact; et, si l'on a pratiqué deux fistules, l'animal éprouve une telle difficulté à mâcher, qu'il ne tarde pas à refuser les aliments qu'on lui présente.

Il n'y a aucune particularité importante à signaler sur la *sécrétion* des autres glandes, non plus que sur les caractères physiques des différentes salives.

La *quantité* de produit sécrété pour chaque paire de glandes n'est pas proportionnelle aux poids des organes. Par exemple, les sous-maxillaires sécrètent vingt fois moins de salive que les parotides, bien qu'elles soient seulement quatre à cinq fois plus petites.

Pour déterminer la quantité de salive mixte sécrétée par le cheval pendant la mastication d'un repas, COLIN a recueilli les bols insalivés, au travers d'une large fistule œsophagienne, et a comparé leur poids à celui des aliments avant la mastication. Il a vu qu'un animal de taille moyenne, mangeant du foin sec, fournit environ 6 litres de salive par heure. LASSAIGNE a observé que le fourrage sec s'imbibe de quatre fois, l'avoine de une fois, la farine de deux fois, le fourrage vert d'une demi-fois son poids.

En conséquence, un cheval recevant une ration journalière de 5 kilos de foin, 2 kilos et demi de paille, 2 kilos d'avoine et 1 kilo de farine, fournira 34 litres de salive mixte pour les besoins de la mastication. La salive sécrétée pendant la période d'abstinence s'élevant à 2 litres environ, cet animal sécrétera donc 36 litres de salive par vingt-quatre heures.

La *salive parotidienne* a pour densité moyenne 1,0045 (LASSAIGNE), 1,0045 à 1,0075 (ELLENBERGER). Si l'animal est privé de boissons depuis douze heures, la densité s'élève à 1,0074; peu de temps après l'ingestion des boissons, elle tombe à 1,005 (LEHMANN). Elle est dépourvue de la propriété saccharifiante, quand elle est fraîche et intacte.

BÉCHAMP y a reconnu la sialozymase et une sorte d'albumine possédant un pouvoir rotatoire plus considérable que les substances organiques contenues dans la salive parotidienne de l'homme.

On sait depuis longtemps que la salive parotidienne du cheval se trouble au contact de l'air par la formation de flocons de carbonate de chaux ou de matière animale. Les flocons de carbonate de chaux sont dus au départ d'une certaine quantité d'acide carbonique (ELLENBERGER et HOFMEISTER) et non à l'action de l'acide carbonique de l'air (LEHMANN). On les produit rapidement par l'action de la chaleur. Dans la salive aseptique et à température moyenne, ils n'apparaissent qu'au huitième jour.

Les auteurs lui ont attribué les compositions suivantes :

LASSAIGNE.

Eau.	992,00
Mucus et albumine.	2,00
Carbonates alcalins.	1,08
Chlorures alcalins.	4,92
Phosphates alcalins et phosphate de chaux.	traces

ELLENBERGER et HOFMEISTER.

Eau.	991,613	993,11
Matières sèches.	8,387	6,89
Matières sèches. { Organiques.		2,42
{ Inorganiques.		5,958
Inorganiques. { Chlorure de sodium.		2,364
{ Carbonates alcalins.		1,775
{ Sulfates et phosphates.		0,441
{ Carbonates de magnésie et de chaux.		1,378

Organiques. { Ptyaline.	4,442 (SIMON).
{ Caséine.	5,442 (SIMON).
{ Albumine.	0,178 (SIMON).
{ —	1,562 à 1,920 (ELLENBERGER et HOFMEISTER).
{ Graisse.	0,120 (SIMON).
{ —	0,017 (ELLENBERGER et HOFMEISTER).

La salive mixte, dont l'alcalinité varie entre 0,098 et 0,313 p. 100, renferme des traces de sulfocyanure de potassium et une diastase saccharifiante.

Le poids spécifique de la *salive sous-maxillaire* est 1,003 à 1,0035 (ELLENBERGER et HOFMEISTER). La composition chimique est indiquée ci-dessous :

GURLT.

Eau.	96,383
Matières sèches.	3,617
Matières sèches { inorganiques.	
{ organiques.	

ELLENBERGER et HOFMEISTER.

Eau.	992,5
Matières sèches.	7,5
2,575, dont 1,038 de chlorures.	—
4,925	—

La salive sous-maxillaire ou les extraits de la glande fournis par un organe au repos depuis quelque temps sont doués d'une plus grande activité que les mêmes liquides fournis par une glande fatiguée par un repas.

D'après ELLENBERGER et HOFMEISTER, ce liquide renferme :

Eau.	989,154
Matières sèches.	10,846
Matières sèches { inorganiques.	8,197
{ organiques.	2,649

Dans 100 parties de substances inorganiques, on trouve :

Chlorure de sodium.	91,32
Carbonate de chaux et de magnésie.	4
Carbonates alcalins.	0,85
Acide phosphorique.	1
Sulfates alcalins.	2,75

Sous l'influence de la pilocarpine, la quantité de substances sèches diminue presque de moitié.

Pour l'action du système nerveux sur la glande sous-maxillaire, et pour la déglutition, voir plus loin page 415.

7° **Vomissement.** — Autant le vomissement est fréquent et facile chez le chien, autant il est exceptionnel et difficile chez le cheval. On l'observe chez cet animal dans quelques cas très graves d'indigestion avec surcharge alimentaire entraînant la distension extrême et la paralysie de la tunique charnue de l'estomac. On était allé jusqu'à dire qu'il était toujours accompagné de la déchirure de cet organe. Mais, comme on a vu des chevaux ayant vomi revenir à la santé, il n'est pas douteux qu'il puisse se produire sans être accompagné, précédé ou suivi de la rupture de l'estomac.

On s'est fort préoccupé depuis longtemps de trouver les causes de la difficulté du vomissement chez les solipèdes. Lors de la création des Écoles vétérinaires, les dissertations annuelles portèrent souvent sur ce point.

Ces causes furent d'abord exclusivement rattachées à des dispositions anatomiques illusoires. LAMORIER crut voir à la terminaison de l'œsophage une valvule qui s'opposerait au trajet rétrograde des aliments. BERTIN imagina une insertion oblique de l'œsophage rappelant la terminaison des uretères dans la vessie à laquelle viendrait s'ajouter la résistance des fibres musculaires œsophagiennes disposées en façon de sphincter cardiaque. BOURGELAT trouve l'obstacle au vomissement dans la difficulté que devait rencontrer la mince tunique charnue du cul-de-sac droit de l'estomac à effacer les plis de la muqueuse situés à la terminaison de l'œsophage. GIRARD reprit pour son compte les arguments de LAMORIER et de BERTIN en insistant particulièrement sur la disposition en cravates suisses des faisceaux charnus appartenant à l'estomac, lesquels viennent augmenter encore les résistances qui s'opposent à la dilatation du cardia.

La valvule de LAMORIER, l'insertion oblique affirmée par BERTIN et GIRARD sont des chimères; mais le rôle attribué par BERTIN, BOURGELAT et GIRARD aux fibres musculaires œsophagiennes et péri-cardiaques mérite, au contraire, de fixer l'attention.

Avec FLOURENS, on discute sur une autre cause d'ordre physiologique. Dans les espèces où le vomissement est facile, il est toujours précédé de la *nausée*, sensation interne pénible qui, assez énergique, met en jeu par voie réflexe les agents mécaniques du vomissement. On s'est alors demandé si le cheval était capable de ressentir ce phénomène précurseur de la réjection convulsive des aliments, car, dans la négative, on se serait expliqué l'absence du vomissement. FLOURENS et COLIN se sont aperçus que le cheval était peu sensible à l'action nauséeuse des substances dites émétiques ou vomitives. Cependant, l'introduction du sulfate de cuivre, du sulfate de zinc dans les veines et, ajouterons-nous, l'excitation du bout supérieur des nerfs vagues avec des courants induits font apparaître la nausée.

Par conséquent, la rareté du vomissement chez le cheval ne tient pas à l'inaptitude des solipèdes à ressentir le phénomène de la nausée; néanmoins, on la comprend, puisqu'il faut des influences nauséeuses exceptionnellement énergiques pour entraîner ce phénomène.

Parmi les influences naturelles qui suffisent à ce rôle, la distension excessive de l'estomac par surcharge alimentaire se place au premier rang. Elle équivaut à une vive irritation des pneumogastriques.

Les études faites sur le vomissement du chien par MAGENDIE ont démontré que la réjection convulsive des aliments est presque entièrement sous l'empire de la contraction des muscles expirateurs. TANTINI et SCHIFF ont établi que l'estomac se borne à mieux adapter l'orifice cardiaque au passage des matières. Mais, chez cet animal, l'orifice cardiaque, disposé en entonnoir, est organiquement dilaté. Si, chez le cheval, en proie à la nausée, les aliments ne s'échappent pas de l'estomac ou ne sortent qu'en très petite quantité, c'est que vraisemblablement la contraction des muscles expirateurs ne parvient pas à dilater le cardia et à le transformer momentanément en un conduit infundibuliforme.

Il est bon de rappeler que l'œsophage du cheval s'ouvre par un orifice fort étroit dans le cul-de-sac gauche de l'estomac. A l'état normal, on éprouve quelque peine à y introduire le petit doigt. La tunique musculaire du conduit, au lieu d'être rouge et mince jusqu'à son union avec celle du réservoir gastrique, est constituée par un mélange de fibres striées et de fibres lisses et s'épaissit de plus en plus au fur et à mesure qu'elle se porte en arrière. On devine, par le toucher, qu'elle enserre étroitement la lumière de l'œsophage.

A cette ceinture musculeuse complète, il convient d'ajouter deux volumineux faisceaux de fibres lisses, dépendances de la tunique charnue de l'estomac, qui embrassent le cardia en se portant de gauche à droite, de façon à s'entre-croiser au niveau de la petite courbure, à la manière d'une cravate suisse.

La tonicité de ce double appareil musculeux suffit à maintenir le cardia fermé, en dépit des pressions qui peuvent s'exercer sur les parois du viscère, d'autant plus que, selon la remarque faite par F. LECOQ, cette pression au niveau de l'étroit orifice du cardia n'est qu'une très minime partie de celle qui s'exerce sur la surface totale de l'estomac.

Les expériences de COLIN ont mis hors de doute l'influence empêchante de cette musculature. Après avoir déterminé la réplétion de l'estomac, en ajoutant aux aliments de l'eau et de l'air, il a comprimé le viscère entre ses mains pour remplacer l'action mécanique des efforts de vomissement. La compression ne chassait aucune parcelle d'aliments à travers le cardia, si ce dernier était intact ou si l'expérimentateur se contentait de diviser avec le scalpel les faisceaux des cravates suisses. Au contraire, elle était efficace si, après avoir incisé les cravates suisses, l'expérimentateur divisait longitudinalement la tunique charnue de la partie terminale de l'œsophage.

Nous pouvons en inférer que, si la nausée coïncidait avec la perte de la tonicité dans la tunique charnue de l'estomac et de la dernière portion de l'œsophage, les efforts de vomissement parviendraient à agrandir modérément le cardia et à chasser des aliments dans le conduit œsophagien.

Pareille coïncidence se présente dans les cas que nous avons déjà signalés, c'est-à-dire dans les cas d'indigestion accompagnée d'une extrême distension de l'estomac, entraînant temporairement la paralysie de la membrane charnue.

Au surplus, tous les vétérinaires qui ont eu l'occasion d'examiner l'état de l'estomac en pratiquant l'autopsie de chevaux ayant succombé peu de temps après avoir vomi, ont signalé la béance relative et la flaccidité du cardia et de la terminaison de l'œsophage.

Étant données les influences qui préparent les conditions les plus favorables au vomissement, on comprend qu'elles puissent amener simultanément la déchirure des tuniques stomacales.

On s'est demandé si la réjection des aliments précédait, accompagnait ou suivait la déchirure.

Le vomissement est possible à partir du moment où la distension a causé la paralysie de la musculature. Colin pense qu'il n'est plus possible, dès que la déchirure s'est produite; car, dit-il, après la déchirure, les aliments soumis à la presse abdominale doivent se répandre dans le péritoine plutôt que s'engager dans l'œsophage où ils rencontrent plus de résistance.

Si l'on dépouille avec soin les observations publiées par certains vétérinaires et notamment par Caussé père, on reste convaincu que des vomituritions peuvent encore se produire après la déchirure de l'estomac. D'ailleurs, tous les viscères de l'abdomen étant pressés les uns contre les autres, la déchirure est probablement obstruée par les organes voisins; en outre, comprimés en présence de deux orifices, il n'y a pas de raison pour que les aliments prennent l'un plutôt que l'autre, si les résistances qu'ils rencontrent à ces orifices ne sont pas trop inégales. Pour nous, le vomissement peut suivre la déchirure, mais nous n'oserions pas assurer qu'il se produira dans tous les cas indistinctement; il faut compter avec l'étendue de la déchirure, sa situation, ses rapports avec les organes voisins, l'état de flaccidité du cardia, etc., c'est-à-dire avec les influences capables de modifier l'état des pressions au niveau de l'ouverture accidentelle et des orifices naturels de l'estomac.

Les aliments expulsés par le vomissement ne le sont jamais qu'en petite quantité. Parvenus dans l'arrière-bouche, ils glissent sur la face postérieure du voile du palais et s'échappent constamment par les cavités nasales. Sur un cheval qui a vomi, la face interne et les ailes des naseaux sont toujours souillées par des matières fourragères.

Quelques rares sujets présentent en permanence les conditions anatomiques réclamées par le vomissement. Par suite d'une malformation congénitale ou d'un accident, la tunique charnue de l'œsophage, près de l'estomac, et celle du cardia lui-même sont divisées longitudinalement; la muqueuse forme alors à travers cette fissure anormale une saillie connue sur le nom de jabot œsophagien. Chez ces animaux le cardia est naturellement plus large et plus relâché qu'à l'état normal. Il sera donc assez facilement franchi quand la nausée déterminera des efforts de vomissement.

Si la déchirure se limite à l'œsophage, les aliments enfermés dans le jabot seront expulsés toutes les fois que le sujet développera des efforts quelconques, pourvu qu'ils soient violents. Dans le cas de jabot, le vomissement n'entraîne donc pas de pronostic sombre.

Dans les cas de vomissement ordinaire, si l'indigestion n'a pas entraîné la déchirure de l'estomac, les malades, quoique sérieusement atteints, peuvent se rétablir.

Après cela, il est inutile d'ajouter qu'il ne faut pas songer à se servir de la médication vomitive sur le cheval.

8° **Digestion gastrique.** — La digestion gastrique du cheval présente des caractères spéciaux qu'elle tire de l'exiguïté relative de l'estomac et de la surface réellement digestive de ce viscère. En effet, la capacité de l'estomac du cheval ne dépasse guère en moyenne quinze à seize litres, et la muqueuse à épithélium endodermique, pourvue de glandes à pepsine, ne tapisse que la moitié droite de l'organe.

Pour ELLENBERGER et HOFMEISTER, la pepsine est formée par les cellules des glandes nommées glandes lab ou glandes du fond (*fundusdrüsen*), c'est-à-dire par les glandes du *Curvus major*, d'après le processus bien décrit par HEIDENHAIN. Les mêmes régions produisent aussi l'acide chlorhydrique. Le cul-de-sac gauche est protégé par une muqueuse offrant les caractères de la muqueuse œsophagienne.

a) *Rapidité.* — Si l'on compare l'exiguïté de l'estomac au volume de la ration, on est enclin à admettre que les aliments doivent en quelque sorte traverser l'estomac plutôt qu'y séjourner comme chez l'homme et les carnassiers.

L'observation attentive a démontré qu'il en était ainsi. G. COLIN a constaté que pendant la durée même du repas, la moitié environ des fourrages déglutis est chassée dans l'intestin. En sacrifiant un cheval au moment où il finit de mâcher 2500 grammes de foin sec, c'est-à-dire deux heures après le début du repas, on trouve seulement 1000 grammes de fourrages dans l'estomac.

Les aliments qui n'ont pas encore franchi le pylore, quand arrive la fin du repas, subissent plus longtemps l'action du suc gastrique. Ainsi, au bout de trois heures, on trouve encore 750 grammes de foin sec dans l'estomac, et cette quantité met environ deux à trois heures pour passer entièrement dans l'intestin. ELLENBERGER a constaté que lorsqu'un nouveau repas va commencer, il subsisterait encore dans l'estomac quelques aliments du repas précédent, quand même l'intervalle qui séparerait les repas serait de vingt-quatre heures. Chez des sujets préalablement soumis au jeûne, l'estomac mettrait encore plus de temps pour se vider entièrement.

G. COLIN a remarqué que la division préalable du foin par les machines à hacher n'exerçait aucune influence sur le séjour des aliments dans l'estomac. Au contraire, l'ingestion des boissons, à la fin du repas, précipite le passage des aliments à travers le pylore par simple entraînement. D'ailleurs, on sait que les boissons ne font que parcourir l'intérieur de l'estomac. En dix minutes, elles arrivent de la bouche au cœcum. L'intestin grêle, mesurant en moyenne 22 mètres de longueur, on juge de la rapidité avec laquelle les boissons traversent l'estomac qu'elles trouvent déjà encombré d'aliments solides.

L'action entraînante des liquides à la fin du repas s'exerce d'autant plus facilement que les aliments sont divisés en parcelles plus petites. Elle portera donc rapidement dans l'intestin l'avoine grossièrement mâchée et en rendra la digestion moins parfaite. Aussi est-il d'une saine pratique de donner les grains, aliments riches et coûteux, lorsque les animaux ont ingéré leur ration de foin ou de paille et leurs boissons.

G. COLIN a étudié la digestion gastrique de l'avoine dans le cas où cet aliment forme tout le repas et n'a pas relevé de différences très notables. Pendant la mastication, une partie de l'avoine passe dans l'intestin ; après le repas, le reliquat met deux, trois ou quatre heures pour franchir graduellement le pylore. Mais l'avoine provoque la sécrétion d'une quantité plus abondante de salive et de suc gastrique que le foin, même le meilleur ; de sorte qu'après un repas d'avoine le contenu de l'estomac est particulièrement liquide.

Lorsque l'animal a ingéré plusieurs aliments dont les caractères physiques diffèrent les uns des autres, ils passent dans l'intestin, non dans l'ordre de leur ingestion, mais mélangés ensemble proportionnellement à la part qu'ils ont prise à la composition du repas. Si, en outre, l'animal a ingéré des boissons, les divers aliments se mélangent plus intimement et sortent sous forme d'une bouillie hétérogène.

b) *Rôle du pylore.* — La rapidité avec laquelle une partie des aliments passent dans l'intestin, après avoir subi à peine l'influence du suc gastrique et de la contraction de la tunique charnue, fait supposer qu'ils se présentent au pylore à peu près tels qu'ils sont déglutis. Cependant, comme ils sont admis à franchir cet orifice, on peut en inférer que la sensibilité et la contractilité réflexe du pylore ne sont pas exactement les mêmes dans toutes les espèces.

Chez la plupart des animaux, ces deux propriétés retiennent emprisonnés dans l'estomac, sauf exception, les aliments qui n'ont pas acquis une fluidité presque complète. Chez le cheval, elles laissent passer des corps solides assez volumineux. Tiedmann et Gmelin ont trouvé dans l'intestin de cet animal des cailloux de quartz ingérés une heure ou une heure et demie auparavant. G. Colin a vu passer à travers le pylore, après un bref séjour dans l'estomac, des boules de marbre, des sphères métalliques, des osselets arrondis, des sachets de fécule, etc. Cependant, des corps par trop volumineux ou très irréguliers séjournent presque indéfiniment dans l'estomac, ou, au moins, jusqu'à ce qu'ils se soient ramollis au point que leur nouvelle consistance atténue les inconvénients qui dérivent de leur volume ou des inégalités de leur surface.

c) *Influence de la mastication.* — Étant données la rapidité avec laquelle les aliments quittent l'estomac, la nature de ceux-ci, l'étroitesse de la surface peptogène, on est porté à concevoir des craintes sur l'efficacité de la digestion gastrique. Ces causes d'insuffisance sont heureusement contrebalancées par une excellente mastication. Mais pour peu que celle-ci devienne trop rapide ou bien imparfaite, par suite de quelques défectuosités des dents, comme il en survient si souvent sur les vieux sujets, des grains d'avoine échappent à la digestion en notable proportion et se montrent capables de germer dans les excréments ou le sol.

D'ailleurs, le coefficient de digestibilité total ne dépasse guère 70 p. 100 chez le cheval. S'il n'est pas plus élevé, il faut en accuser la nature des aliments et aussi les caractères spéciaux de la digestion gastrique.

d) *Efficacité du suc gastrique.* — Si l'on fait avaler au cheval de petits cubes de viande crue, on les retrouve vingt-quatre heures après dans les diverses portions du gros intestin, avec leur forme naturelle; leur surface est verdâtre, légèrement pulpeuse; leur centre offre la structure et l'aspect primitifs; à peine ont-il perdu $\frac{1}{3}$ de leur poids; plus tard ils sont rejetés avec les fèces à peu près sous le même état.

Alors on s'est demandé si le suc gastrique du cheval était capable de préparer ou d'effectuer la digestion de la viande à l'instar de celui des carnassiers et des omnivores.

A première vue, rien ne justifie une différence importante. Effectivement, l'estomac du cheval renferme les éléments essentiels de tout suc gastrique : la pepsine et l'acide chlorhydrique. L'acide, il faut bien le dire, existe en quantité un peu moins considérable que dans le suc des carnassiers.

Voici d'ailleurs une analyse que nous empruntons à l'ouvrage d'Ellenberger :

Eau.	982,8
Matières organiques.	9,8
Matières inorganiques.	7,4
Acide chlorhydrique.	3,3
	1001,3

Tiedmann et Gmelin y ont aussi rencontré une certaine quantité d'acide acétique et d'acide butyrique, Ellenberger et Hofmeister, de l'acide lactique, dont on connaît la provenance aujourd'hui. Ces acides accidentels n'affaiblissent pas l'action du suc gastrique.

Donc, si la chair sort à peu près intacte de l'estomac, c'est parce qu'elle séjourne trop peu de temps en présence du suc gastrique. G. Colin en a fourni la preuve. Il a fait avaler au cheval des grenouilles vivantes, des moules; ces animaux, retenus prisonniers dans l'estomac par suite de l'extension des membres pour les premiers, des valves pour les seconds, étaient fort bien digérés en quinze à trente-six heures. Il a maintenu dans l'estomac de petits poissons introduits à la faveur d'une fistule : au bout de douze heures, la chair de ces animaux était diffluente et les pièces du squelette se séparaient au moindre contact.

Par conséquent, le suc gastrique du cheval jouit des propriétés de celui des carnassiers. S'il plaisait, pour une raison déterminée, d'administrer de la viande à un solipède, on parviendrait à lui en faire digérer une assez forte proportion, à la condition de la lui donner réduite en poudre ou en bouillie.

e) *Récolte du suc gastrique.* — L'estomac est relégué profondément dans la région diaphragmatique, séparé de la paroi abdominale inférieure par les énormes courbures sus-sternale et diaphragmatique du côlon. Il est donc inutile de songer à pratiquer des fistules gastriques sur le cheval.

On peut obtenir du suc gastrique, à l'exemple de TIEDMANN et GMELIN, en sacrifiant un cheval à qui on a fait avaler quelque temps auparavant des corps insolubles, ou bien, et pour éviter l'arrivée d'une trop grande quantité de salive, dans l'estomac duquel on a poussé de petits cailloux siliceux à travers une fistule œsophagienne. L'animal étant sacrifié, l'abdomen est ouvert, l'estomac est lié à ses deux orifices, enlevé, et ponctionné au-dessus d'un récipient. Le liquide muqueux et spumeux que l'on recueille est ensuite jeté sur un filtre.

Ce procédé a le double inconvénient de donner un suc impur et d'obliger à sacrifier un animal pour un seul échantillon de liquide.

f) *État du contenu de l'estomac aux diverses phases de la digestion gastrique.* — ELLEN-BERGER et HOFMEISTER ont beaucoup étudié les phénomènes chimiques de la digestion gastrique chez le cheval. D'après ces auteurs, dans l'alimentation avec l'avoine, le contenu stomacal renferme 60 à 70 p. 100 d'eau; dans l'alimentation avec le foin, 75 p. 100. Immédiatement après le repas, la réaction acide est à son minimum; mais elle existe dans tous les points de l'estomac, même à gauche. Au début de la digestion, on trouve de l'acide lactique; plus tard, l'acidité augmente et elle est due à des acides minéraux. Toujours on rencontre dans le contenu stomacal un ferment protéolytique, un ferment amylolytique, un ferment lactique et un lab.

Suivant la nature des aliments, la proportion des acides se modifie. Avec un mélange de paille hachée et d'avoine, on a trouvé :

Acide chlorhydrique.	0,0163 p. 100	en tout 0,045 p. 100.
Acide lactique.	0,0287 p. 100	

avec de l'avoine :

Acide chlorhydrique	0,049 p. 100	en tout 0,11 p. 100.
Acide lactique	0,061 p. 100	

avec du foin :

Acide chlorhydrique	0,002 p. 100	en tout 0,182 p. 100.
Acide lactique.	0,179 p. 100	

Dans son ensemble, la partie liquide du contenu stomacal varie suivant l'alimentation, ainsi qu'on le voit dans le tableau ci-dessous :

ALIMENTS.	EAU.	MATIÈRES ORGANIQUES.	MATIÈRES INORGANIQUES.
Avoine et paille hachée.	843,4	69,9	86,7
Avoine.	925,0	40,0	35,0
Foin.	972,6	20,2	7,2
	987,0	5,1	7,9

L'amidon continue à se transformer dans l'estomac surtout pendant les premières heures. Ainsi, avec un repas d'avoine, le contenu accuse au début 4 à 5 grammes de sucre; au cours de la digestion, il en renferme 30 à 35 grammes; vers la fin, la quantité de sucre diminue d'une manière relative et d'une manière absolue. Avec un repas de foin, la proportion de sucre passe de 0,26 p. 100 à 0,56 p. 100. Les physiologistes qui prétendent que la saccharification commencée sous l'action de la salive est immédiatement arrêtée dans l'estomac se sont donc trompés.

L'albumine végétale finit par être énergiquement attaquée dans l'estomac. Avec un repas d'avoine, on peut trouver 40 grammes de peptone en partant de 5 grammes au début de la digestion.

Si l'on examine le contenu de l'estomac 2 ou 3 heures après le repas, on trouve relativement beaucoup de sucre et peu de peptone; douze à quatorze heures plus tard, c'est l'inverse : on trouve 50 p. 100 d'albumine transformée et seulement 32 p. 100 d'hy-drates de carbone. De sorte que l'on peut distinguer deux phases dans la digestion gastrique du cheval : la première est caractérisée par la transformation des amylacés, la seconde par celle des protéines.

TAPPEINER, HOFMEISTER s'entendent pour reconnaître que la digestion de la cellulose ne s'accomplit pas dans l'estomac. Pourtant le *Bacillus amylobacter* doit séjourner un certain temps dans ce viscère.

9º **Digestion intestinale.** — Beaucoup de particularités de la digestion intestinale du cheval ont été difficilement connues, en raison de la masse énorme des intestins, de la situation profonde des glandes annexes et des obstacles qui s'opposent à la pratique des laparotomies.

La capacité totale de l'intestin est en moyenne de 210 litres et le développement de la muqueuse égal à 12 mètres carrés.

L'*intestin grêle*, à lui seul, mesure 22 mètres de longueur et 62 litres de capacité. Le *duodénum*, dont la longueur équivaut à la largeur de la région lombaire, marche de droite à gauche suivant la disposition générale à tous les mammifères. Quant au *jéjunum*, au lieu de loger ses nombreuses circonvolutions dans le cadre formé par les trois portions du colon et le bord de la région pubienne, comme chez l'homme, il occupe le flanc gauche et les espaces libres entre les replis du gros intestin. Il est constamment éloigné de la paroi abdominale inférieure par les différentes portions du colon replié. L'*iléon*, long de 1 mètre environ, marche de gauche à droite pour rejoindre le *cœcum*.

Ce dernier viscère, d'une capacité de 30 à 35 litres, revêt la forme d'un sac conique étendu obliquement et parallèlement à l'hypochondre droit. Son extrémité supérieure, renflée et courbée en crosse, adhère à la face inférieure du rein droit. Elle présente, dans sa concavité, les orifices qui font communiquer le cœcum avec le colon et avec l'intestin grêle ; le premier de ces orifices occupe un plan plus élevé que le second.

Le *côlon* se divise en deux parties : le côlon replié et le côlon flottant. Celui-là représente le côlon de l'homme, celui-ci l'S iliaque.

Le *côlon replié* est volumineux, bosselé, de sorte que les portions répondant au côlon ascendant et au côlon descendant de l'homme, viennent au contact sur la ligne médiane. Quant à celle qui les réunit, l'analogue du côlon transverse, elle est réfléchie de haut en bas et d'avant en arrière, et remonte au-dessous des deux portions précédentes reposant sur la paroi abdominale inférieure, jusqu'à l'entrée du bassin.

Le *côlon flottant*, ainsi nommé parce qu'il forme des circonvolutions mobiles au bord d'un méso, continué en arrière par le méso-rectum, est un tube régulier, bosselé, de 3 mètres de longueur environ, qui mêle ses anses à celles de l'intestin grêle, dans un espace limité en avant par les organes de la région diaphragmatique, à droite et en bas par le cœcum et le côlon replié, en haut, par la région sous-lombaire, à gauche par l'hypochondre et le flanc gauche.

Le *foie* est presque symétriquement disposé à la face postérieure du diaphragme, refoulé contre cet organe par l'estomac, lequel est pressé lui même par les énormes courbures antérieures du colon replié. Son appareil excréteur n'a pas de vésicule. Le canal cholédoque gagne le duodénum en se maintenant à peu près sur la ligne médiane, si bien qu'il est inabordable en procédant des hypochondres. Quand on veut l'atteindre par une incision faite sur la ligne blanche, il faut retirer et soutenir hors de l'abdomen l'énorme masse des courbures sus-sternale et diaphragmatique du côlon replié.

Le *pancréas* est appliqué transversalement à la région sous-lombaire. Une partie de sa face inférieure adhère directement, par du tissu conjonctif lâche, à la crosse du cœcum. Il ne s'engage pas, pour ainsi dire, dans le repli duodénal. Son canal excréteur principal, ou canal de WIRSUNG, s'abouche dans l'intestin, presque au sortir de la glande, au même point que le canal cholédoque, c'est-à-dire dans l'ampoule de VATER. Il possède un canal excréteur azygos qui s'ouvre dans l'intestin en face de la susdite ampoule.

Cette disposition rend donc l'expérimentation sur le pancréas extrêmement laborieuse.

Si l'on tient compte, en outre, du poids considérable de la masse intestinale qui la rend difficile à manier, de l'obligation de faire de très grandes incisions à la paroi pour plonger le regard ou la main dans une région quelconque de l'abdomen, attendu que le gros intestin doit toujours être retiré plus ou moins de la cavité, de la nécessité de faire ensuite des sutures compliquées avec des liens très solides, de l'indocilité des sujets et des efforts qu'il faut développer pour les maintenir dans une position convenable, on comprendra sans peine que peu de physiologistes se soient livrés à la vivisection dans le but de faire une étude complète de la digestion intestinale chez le cheval.

G. COLIN, ELLENBERGER et HOFMEISTER, TAPPEINER, FRICK sont les expérimentateurs qui nous ont fourni le plus de renseignements précis sur cette question. On doit leur savoir gré de la ténacité et de l'habileté qu'ils ont déployées.

a) *Digestion dans l'intestin grêle.* — Les phénomènes mécaniques et physico-chimiques qui s'accomplissent dans l'intestin grêle n'offrent à peu près rien de spécial. Les transformations y sont très actives.

On se bornera donc à donner des indications sur la sécrétion des glandes annexées à l'intestin grêle et particulièrement sur les moyens d'étude.

1° On a vu plus haut les raisons anatomiques pour lesquelles la *sécrétion de la bile* ne peut être connue qu'à l'aide des fistules du canal cholédoque et pour lesquelles ces fistules sont très difficiles à pratiquer.

G. COLIN a adopté le manuel opératoire suivant : « Lorsque le cheval est couché sur le dos et que les quatre membres sont solidement fixés en l'air, on fait sur la ligne blanche une incision allant de l'appendice xyphoïde du sternum jusqu'à 30 ou 35 centimètres en avant du pubis. Cette incision achevée, un aide repousse en arrière et en dehors de la cavité abdominale la partie antérieure du côlon replié, et la maintient dans cette situation; puis l'opérateur pénètre jusqu'à la scissure postérieure du foie, isole le canal hépatique, le plus souvent gonflé, l'incise légèrement, aussi près que possible de l'intestin, y engage une sonde et l'y fixe au moyen d'une ligature. La sonde, munie d'un léger bourrelet, doit avoir un diamètre de 8 à 10 millimètres et une longueur de 50 centimètres; elle doit offrir assez de résistance pour ne pas s'affaisser sous la pression des viscères et assez de flexibilité pour suivre le foie et la concavité du diaphragme. Une fois fixée, on remet le gros intestin en place, et l'on ferme la plaie du ventre par une forte suture à points très rapprochés, au moyen du ruban de fil; puis on relève l'animal. »

La bile s'écoule par l'extrémité libre de la sonde et en plus grande quantité dès que l'animal est debout. On peut la recueillir dans une ampoule de caoutchouc fixée à la sonde et suspendue au tronc du sujet.

G. COLIN a encore obtenu la bile du cheval, mais cette fois mélangée au suc des glandes de BRUNNER en oblitérant les canaux du pancréas, et en liant le duodénum à ses deux extrémités, après en avoir chassé le contenu dans le jéjunum. En une heure et demie, dit-il, le duodénum est distendu par les produits de la sécrétion biliaire.

Par le procédé des fistules, COLIN a pesé la quantité de bile sécrétée par périodes de 30 minutes, de la première à la douzième, puis de la 24e à la 36e heure après l'opération. Il a observé la continuité de la sécrétion et son ralentissement en dehors de la période digestive. Ainsi, un animal opéré en pleine digestion a fourni, par heure, 260 grammes de bile en moyenne, pendant les sept heures qui suivirent l'établissement de la fistule; le lendemain, le cheval étant à jeun, cette quantité est descendue à 110 grammes. Un cheval de taille moyenne fournit environ 6 litres de bile par 24 heures.

Étant données la continuité de la sécrétion et l'absence de vésicule biliaire, COLIN admet que l'excrétion de la bile est également continue. Cela n'est pas démontré. Aucune expérience n'a encore été tentée pour résoudre cette question comme on l'a fait sur le chien (voyez, par exemple, les travaux de DOYON). Il paraît probable que la bile peut être retenue pendant quelque temps dans l'ensemble des canaux biliaires, d'abord parce que le tissu musculaire est répandu dans l'appareil biliaire et jusqu'à sa terminaison, ensuite parce qu'on trouve parfois le canal cholédoque distendu par la bile; enfin, parce que, à l'ouverture de l'intestin grêle d'un cheval préalablement soumis à l'abstinence, on voit la muqueuse teintée çà et là par des jets de bile que la contraction péristaltique a transportés vers le cœcum au fur et à mesure de leur éjection.

LEURET et LASSAIGNE ont remarqué que l'excrétion est favorisée par les mouvements respiratoires.

La *bile* du cheval est d'une couleur vert brun; elle est très fluide; sa densité est 1,005 d'après LASSAIGNE. N'ayant pu obtenir de la bile pure, ELLENBERGER et HOFMEISTER ont étudié deux extraits du foie. Ils y auraient trouvé, en petite quantité, un ferment amylolytique et un ferment de la graisse.

2° Le court aperçu anatomique précédemment donné laisse pressentir que la *sécrétion pancréatique* est très difficile à étudier. Cependant Leuret et Lassaigne, G. Colin ont réussi à établir une fistule sur le cheval. Pour cela, le cheval étant fixé sur le dos, on ouvre largement le ventre comme on l'a dit plus haut pour la sécrétion biliaire, on amène une partie du colon hors de la cavité abdominale, on incise le duodénum sur une longueur de trois à quatre travers de doigt, puis on engage et on fixe une sonde à bourrelet dans le canal; on remet l'intestin en place et on suture très solidement les lèvres de la plaie extérieure.

G. Colin a encore employé le procédé suivant : ligature du canal cholédoque, expulsion par pressions ménagées des matières contenues dans le duodénum, oblitération de cet intestin à ses deux extrémités à l'aide de liens assez larges. Au bout d'une heure, le duodénum renferme de 600 à 1 000 grammes d'un mélange de suc pancréatique et du suc des glandes de Brunner.

Leuret et Lassaigne ont étudié le suc pancréatique du cheval obtenu dans la demi-heure qui suivit la vivisection. La composition chimique était la suivante :

Eau	99,1
Matière animale soluble dans l'alcool . . .	⎫
— — dans l'eau	⎪
Albumine	⎬ 0,9
Mucus	⎪
Soude libre	⎪
Chlorure de sodium	⎪
— de potassium	⎭
Phosphate de chaux	

La détermination de la matière animale n'a pas été faite par ces auteurs.

Ellenberger et Hofmeister ont trouvé dans le suc pancréatique du cheval 98 p. 100 d'eau, 0,80 à 1 p. 100 de matières organiques et 0,80 à 1 p. 100 de matières inorganiques parmi lesquelles des chlorures de potassium et de sodium. Quant aux matières organiques, elles comprennent les trois ferments classiques et, de plus, disent ces derniers physiologistes, un lab-ferment et des traces de ferment lactique.

3° Les *glandes de Brunner* sont très développées dans le duodénum du cheval. Leur suc a été obtenu par Colin, sur l'animal en pleine digestion, en liant les voies biliaires et pancréatiques, le pylore, et en purgeant minutieusement le duodénum de son contenu par des pressions ménagées et méthodiques et en l'isolant par une ligature appliquée vers les limites supérieures du jéjunum. L'intestin étant remis en place et la plaie abdominale suturée, au bout d'une heure, le duodénum renfermait environ 80 grammes d'un liquide visqueux, d'une saveur salée, alcalin, non coagulable par la chaleur, d'une densité de 1 008 à 1 150. L'analyse faite par Lassaigne a donné les résultats suivants :

Eau	98,47
Mucus	0,95
Chlorure de sodium	⎫ 0,48
Carbonate de soude	⎬
Sous-phosphate de chaux	0,10

4° Le *suc entérique* ou produit des glandes de Lieberkühn a été obtenu par Colin, l'aide d'un procédé analogue appliqué sur la partie moyenne de l'intestin grêle. L'expérimentateur attirait une anse intestinale à travers une plaie faite dans le flanc gauche, appliquait sur elle un petit compresseur formé de deux lames métalliques doublées de velours, susceptibles d'être rapprochées par l'action de deux vis, débarrassait ensuite l'intestin de son contenu par des pressions méthodiques sur une longueur de 1ᵐ,50 à 2 mètres, appliquait à ce niveau un deuxième compresseur, et replaçait le viscère dans la cavité abdominale. Une demi-heure plus tard, il sacrifiait le sujet par effusion de sang, enlevait l'anse intestinale sus-indiquée et en recueillait le contenu évalué à 80 ou 120 grammes de suc entérique.

Filtré, ce suc est clair, d'une teinte jaunâtre, d'une saveur légèrement salée, d'une densité de 1,010. Il possède une réaction alcaline et renferme, d'après Lassaigne :

Eau.	98,1
Albumine.	0,45
Chlorure sodique et potassique.	} 1,45
Phosphate et carbonate sodique.	

Je ne sache pas que l'on ait pratiqué sur le cheval le procédé de Thiry pour isoler une portion de l'intestin grêle et la transformer en un cul-de-sac ouvert à l'extérieur, tout en maintenant la circulation des matières alimentaires dans le tube digestif.

Ellenberger et Hofmeister ont fait agir le suc intestinal sur l'amidon, les graisses et l'albumine. Il résulte de ces essais que le suc saccharifie l'amidon cuit, émulsionne les graisses sans les dédoubler, mais ne transforme pas l'albumine. Contrairement à ces auteurs, Frick prétend que le suc intestinal du cheval ne possède pas de propriétés digestives en général et saccharifiantes en particulier.

Au point de vue des ferments digestifs, Ellenberger et Hofmeister n'ont pas trouvé de différence entre l'adulte et le nouveau-né.

b) *Digestion dans le gros intestin.* — Les phénomènes mécaniques, dans le cœcum, donnent lieu à une remarque curieuse. En effet, le cœcum a la forme d'un sac conique, bosselé transversalement, courbé en crosse vers sa base. Dans la concavité de la crosse, on trouve d'abord la terminaison de l'intestin grêle garnie par la valvule de Bauhin, puis, à un niveau supérieur, l'origine du côlon replié ; de sorte que les matières alimentaires doivent s'élever contre l'action de la pesanteur pour s'engager dans le côlon.

Tiedemann et Gmelin, Schultz, Eberle, Mayer ont regardé le cœcum du cheval comme une sorte de second estomac à contenu acide ; G. Colin, Ellenberger et Hofmeister ont toujours trouvé, dans le cœcum, une réaction alcaline, à l'état normal. Le liquide sé-crété par les glandes de Lieberkühn cœcales jouit des propriétés du suc entérique cité plus haut, si bien que les modifications qui se passent dans l'énorme réservoir que nous étudions sont purement et simplement la continuation de celles qui se passent dans l'intestin grêle mais affaiblies. Le contenu du cœcum est riche en organismes infé-rieurs. Soit par la présence, soit par le séjour prolongé des aliments dans l'organe (24 heures pour certaines parties) et l'action du suc cœcal, on voit disparaître dans le cœcum 15 à 24 p. 100 de matières albuminoïdes, et une portion de la cellulose. La digestion d'une autre portion de cette substance se continue dans le côlon replié (Tappeiner, Hofmeister). On ne refusera pas au cœcum des solipèdes le rôle de réservoir pour les boissons, attendu que celles-ci s'y rendent très rapidement après leur ingestion ; pour être ensuite absorbées peu à peu ; néanmoins, les matières sont encore fortement délayées lorsqu'elles s'engagent dans le côlon.

Le *côlon replié*, d'une capacité moyenne de 80 à 100 litres, offre une large surface à l'absorption des boissons et des substances alimentaires dissoutes. Dans deux de ses por-tions sur quatre, le contenu chemine à l'encontre de l'action de la pesanteur.

Cet intestin est plissé transversalement dans la plus grande partie de sa longueur. Les aliments se tassent quelquefois dans les grosses bosselures déterminées par les plis transversaux, et y forment des pelotes stercorales capables d'obstruer les régions les plus rétrécies. De véritables calculs intestinaux (bézoards) se présentent aussi accidentelle-ment dans le côlon replié.

Dans le *côlon flottant*, les matières alimentaires épuisées de la plus grande partie de l'eau et des substances dissoutes se moulent peu à peu en crottins, dans des bosselures régulièrement distribuées sur la longueur du conduit et prennent ainsi les caractères des excréments. Ce n'est qu'un organe de résorption.

c) *Répartition des matières alimentaires dans le tube digestif. Durée de la digestion intes-tinale.* — Chez un cheval de grande taille, en bonne santé, soumis à une alimentation normale, Colin a trouvé 59kil,700 de matières dans l'estomac et l'intestin. Ces matières étaient réparties de la manière suivante : 5 kilos dans l'estomac, 7kil,500 dans l'intestin grêle, 11 kilos dans le cœcum, 36kil,200 dans les deux portions du côlon.

Le même auteur a vu les corps solides indigestes qu'il faisait avaler à des chevaux être rejetés avec les matières fécales de 22 à 30 heures après leur ingestion.

ELLENBERGER affirme que les substances alimentaires mettent parfois trois à quatre jours pour parcourir le tube digestif.

Nous donnerons une idée de l'activité des divers segments du tube digestif, en reproduisant un tableau d'ELLENBERGER et HOFMEISTER, où sont indiquées les portions non digérées des substances albuminoïdes et hydrocarbonées dans chaque compartiment.

ORGANES.	MATIÈRES ALBUMINOÏDES.			MATIÈRES HYDROCARBONÉES.		
	Cheval n° 1. p. 100.	Cheval n° 2. p. 100.	Cheval n° 3. p. 100.	Cheval n° 1. p. 100.	Cheval n° 2. p. 100.	Cheval n° 3. p. 100.
Estomac.	34,0	25,0	51,0	63,0	59,6	76,0
Duodénum.	24,0	23,0	52,0	59,3	38,0	47,0
Cœcum	16,4	12,2	13,0	25,7	22,6	24,0
Côlon.	15,6	11,8	13,0	24,4	22,0	30,0
Rectum.	15,6	7,3	7,8	22,7	24,0	24,6

Voici, des mêmes auteurs, un autre tableau indiquant les proportions de peptone présentes dans les susdits compartiments :

ORGANES.	PEPTONE.		
	Cheval n° 1. p. 100.	Cheval n° 2. p 100.	Cheval n° 3. p. 100.
Estomac.	0,850	0.870	0,50
Duodénum.	0,110	0,320	0,23
Cœcum	0,077	0,052	0,10
Côlon.	»	»	»
Rectum	»	»	»

d) *Gaz de l'appareil digestif du cheval.* — Chez l'animal nourri avec du foin, il se forme une quantité assez considérable de gaz dans l'estomac.

TAPPEINER leur a trouvé la composition suivante :

Acide carbonique	75.80
Oxygène	0,23
Hydrogène	14,56
Azote.	9.99
	99,98

Les gaz qui se forment dans l'intestin du cheval avec une alimentation par le foin des prairies ressemblent à ceux de la panse des ruminants.

Ils renferment, d'après le physiologiste précité, de l'acide carbonique, de l'hydrogène sulfuré, de l'oxygène, de l'hydrogène, de l'hydrogène carboné ou gaz des marais et peu d'azote.

Lorsque l'alimentation comprend du foin et des grains, les gaz ont sensiblement la même composition.

e) *Des phénomènes de putréfaction dans l'intestin du cheval.* — TAPPEINER a constaté la putréfaction de l'albumine dès le commencement de l'intestin du cheval. Il se produit des phénols sur tout le parcours du tube digestif, de l'indol dans l'intestin grêle et le cœcum, du scatol dans le côlon. Il se forme plus d'indol dans l'intestin du cheval, plus de scatol dans celui du bœuf.

Les phénols s'éliminent par l'urine. TAPPEINER pense que presque tous les phénols de l'urine sont dus à des phénomènes intestinaux.

MÜNK avait déjà étudié l'élimination des phénols par l'excrétion urinaire. On avait supposé que chez les chevaux atteints de coliques, la mort survenait par intoxication, suite d'une production exagérée de phénol dans l'intestin. Munk a montré que la quantité maximum de phénol éliminée par un cheval atteint de coliques atteint seulement la moitié de la quantité éliminée par un cheval normal soumis à l'alimentation par le foin. C'est même dans les cas mortels, où la réaction du contenu de l'intestin et surtout du cœcum et de l'urine devient acide, que l'on trouve le moins de phénol dans le tube digestif Donc la mort n'est pas due à l'empoisonnement par le phénol. Si l'on nourrit des chevaux avec du seigle, qui renferme autant d'hydrate de carbone que d'albumine, on provoque, dit cet auteur, comme chez les sujets atteints de coliques, une élimination moindre de phénol et, simultanément, une formation exagérée d'acide dans l'intestin, notamment le cœcum, et l'excrétion d'une urine acide.

10° **Abstinence.** — La durée moyenne de l'abstinence chez le cheval est de douze jours. Mais, si on laisse de l'eau à la disposition de l'animal, elle peut aller jusqu'à vingt jours (Commission d'hygiène hippique), vingt-sept jours (Gurlt), et même trente jours (Colin). Le cheval maigre ne survit que cinq à dix jours, en moyenne, à la privation complète d'aliments ; le cheval gras et bien musclé, trois, quatre et cinq semaines.

Nous avons vu précédemment, à l'occasion du sang, les modifications que subit la glycose pendant la durée de l'abstinence.

A l'autopsie d'un cheval mort d'inanition, après une abstinence de douze jours, on a encore trouvé : 3 litres de liquide dans l'estomac, 2 litres et demi dans l'intestin grêle, 15 litres dans le cœcum tenant en suspension quelques parcelles alimentaires, 20 litres dans le côlon.

On dit couramment que les animaux inanitiés perdent $\frac{4}{10}$ $\frac{5}{10}$ de leur poids primitif.

Il est très rare que le cheval subisse une perte si considérable.

11° **Absorption.** — A propos d'absorption, le cheval offre une particularité curieuse : son estomac, à l'état normal, n'absorbe que fort peu ; on a même dit qu'il n'absorbe pas. H. Bouley et Colin en ont donné maintes preuves. Leurs expériences consistaient à injecter des poisons dans l'estomac et de les y retenir soit par la ligature du pylore, soit par la paralysie de la musculeuse (section des deux nerfs pneumogastriques). Si la ligature du pylore est suffisante pour empêcher le contenu de l'estomac de fluer vers l'intestin ; si, en outre, elle n'a pas été serrée au point de déchirer la muqueuse et d'amener les poisons en rapport avec le tissu conjonctif sous-muqueux, les effets des poisons ne se manifestent pas. De plus, avec les substances emprisonnées dans l'estomac, non dénaturées par leur contact avec les sucs de l'organe, H. Bouley et Colin empoisonnaient facilement des animaux de petite taille.

Ces expérimentateurs injectèrent dans les mêmes conditions du cyanoferrure de potassium, dont ils recherchaient ensuite la présence dans le sérum du sang porte, du sang de la circulation générale et dans l'urine. Les résultats furent identiques.

Cependant, dans un cas où l'estomac fut paralysé par la double section du vague, l'injection de 32 grammes d'extrait alcoolique de noix vomique fut suivie de quelques secousses musculaires dans la journée.

Cette expérience tempéra les conclusions de Bouley et Colin qui finalement prirent la forme suivante : « L'absorption est à peu près insensible dans l'estomac du cheval. »

Pratiquement, on ne peut rien objecter à cette conclusion. Théoriquement, elle soulève des critiques. En réalité, l'estomac du cheval absorbe proportionnellement à l'étendue de sa surface absorbante, laquelle est très petite relativement à la masse du sang et à la taille de l'animal ; de sorte que le poison absorbé par l'estomac peut difficilement s'accumuler dans le milieu intérieur en quantité capable de déterminer les troubles qui sont l'apanage de la substance toxique. Ne pas oublier, en effet, que la capacité de l'estomac du cheval est de 15 litres, en moyenne, que la moitié seulement de sa surface intérieure est apte aux phénomènes de l'absorption, que le poids moyen de l'animal est de 450 à 500 kilos, et que la masse sanguine est de 25 à 27 litres. On juge, par là, de la minime quantité de poison contenue dans l'unité de volume ou l'unité de poids du sang, à un moment donné, si l'on songe, en outre, que des agents d'élimination ou de destruction exercent leur influence parallèlement à l'absorption.

12° **Circulation et élimination des substances minérales de l'aliment.** — Wolff, Sie-

GLIEN, KREUTZAGE et MEHLIS se sont enquis du devenir dans l'organisme du cheval des substances minérales ingérées avec l'aliment. Leur attention s'est fixée particulièrement sur les deux véhicules principaux des substances éliminées : l'urine et les fèces.

Si le cheval est nourri avec du foin, l'urine contient, sous forme de carbonate, les 3/5 de la quantité totale de la chaux enfermée dans l'aliment; quelquefois il y a plus de 100 grammes de chaux dans l'urine d'une journée. Sous ce rapport, le cheval se sépare nettement des ruminants. Elle contient aussi le 1/3, au plus les 2/5 de la magnésie présente dans l'alimentation.

Les 30/100 des alcalis, 5/100 du chlore, presque tout l'acide phosphorique et l'acide silicique, ainsi qu'une certaine quantité d'acide sulfurique, sont éliminés avec les fèces ; 95/100 du chlore filtrent par les voies urinaires.

La quantité journalière d'urine monte, d'une part, avec le contenu de l'aliment en azote digestible, et, d'autre part, avec la quantité de sels minéraux qui sort avec ce liquide. Des changements apportés dans les aliments concentrés n'entraînent pas de grandes variations. Cependant, si l'on nourrit complètement un cheval avec du foin de prairie, on voit diminuer les alcalis, l'acide sulfurique et les terres alcalines dans les fèces. Si on le nourrit avec du trèfle, la quantité d'alcalis et surtout la quantité de chaux augmentent dans les fèces.

ELLENBERGER croit s'être assuré qu'une petite quantité des chlorures est éliminée avec la salive.

13° Phénomènes mécaniques de la Respiration. — Ils n'offrent pas beaucoup de particularités importantes propres au cheval.

a) *Nombre des mouvements respiratoires.* — Nous croyons devoir indiquer l'influence des différentes allures sur le nombre des mouvements respiratoires observée par COLIN.

Tel cheval qui respirait 10 fois, par minute au repos, respirait 28 fois, après avoir fait quelques centaines de mètres au pas, 52 fois après cinq minutes de trot, 60 à 65 fois après cinq minutes de galop.

L'effort de traction exerce aussi une grande influence. Un cheval traînant une voiture vide sur un sol horizontal respirait 86 fois par minute; s'il traînait la même voiture chargée, le nombre des respirations s'élevait à 100 et 110.

L'accélération n'augmente pas proportionnellement à la durée du travail. Ainsi, un cheval qui respirait 70 à 80 fois par minute après avoir parcouru 3 à 4 kilomètres, respirait seulement 3 à 4 fois de plus après avoir parcouru 6 kilomètres.

MANOTZKOW a consigné simultanément les modifications imprimées par l'exercice au nombre des respirations et des pulsations et à la température.

Deux chevaux font une course de 12 kilomètres, puis se reposent pendant 45 minutes. Ils présentent alors les modifications exprimées dans le tableau ci-dessous :

NUMÉROS DES CHEVAUX.	TEMPÉRATURE.	PULSATIONS.	RESPIRATIONS.
Avant l'exercice.			
1	37°,5	40	12
2	37°,8	48	12
Après la course.			
1	41°	132	102
2	40°,1	132	102
Après 45 minutes de repos.			
1	38°,4	66	60
2	38°,2	54	60

Si l'allure est rapide et la température extérieure élevée, la température moyenne du cheval peut monter de 3°,5, le pouls tripler et la respiration quadrupler de nombre.

b) *Mouvements des naseaux; importance de la contractilité des muscles moteurs de ces orifices.* — Les naseaux se dilatent par action réflexe à chaque inspiration. La contractilité des muscles producteurs de cette dilatation est presque indispensable à l'exercice de la respiration chez le cheval. Cl. Bernard a montré que leur paralysie par section bilatérale du facial expose à l'asphyxie par obstacle mécanique à l'introduction de l'air dans les cavités nasales. La paralysie entraînait l'inertie des ailes des naseaux, celles-ci s'affaissaient spontanément et tendaient à s'accoler au moment où la dilatation de la poitrine détermine un appel d'air. La tendance à l'accolement est d'autant plus grande que le besoin de respirer devient plus impérieux ; de sorte que la paralysie qui cause simplement des vibrations exagérées des ailes des naseaux, quand l'animal est au repos, entraîne du cornage lorsque le sujet est mis en marche, et une imminence d'asphyxie si l'exercice est quelque peu violent. Cl. Bernard a vu se produire l'asphyxie véritable.

Dans les espèces où les narines sont rigides, la section des faciaux ne produit pas ces désordres.

c) *Trouble des phénomènes mécaniques de la respiration.* — Nous avons défini plus haut la *pousse* ; entrons maintenant dans quelques détails sur son mécanisme. Laulanié a montré que le phénomène est dû au relâchement brusque du diaphragme (*Revue vétérinaire*, vii). A l'instant précis ou l'inspiration prend fin, ce muscle, qui à l'état normal reste actif pendant toute la durée de l'expiration et se porte lentement à sa position de repos, devient tout à coup inerte et cède brusquement à la poussée exercée par la masse des viscères et des parois de l'abdomen. De là, ce soulèvement brusque du ventre et du flanc qui marque le début de l'expiration et semble introduire deux temps distincts dans la production de ce mouvement. Ce n'est qu'une apparence. Les muscles abdominaux empruntent quelquefois le mode d'action du diaphragme. Dans certains cas de pousse ils interviennent activement pour produire l'expiration qui cesse d'être un phénomène passif. Mais parvenus au terme de leur contraction, ils se relâchent brusquement et s'affaissent sous le poids de la masse abdominale en produisant un soubresaut inverse du premier. Il y a donc deux formes de soubresauts : le soubresaut d'inspiration ou *diaphragmatique*, et le soubresaut d'expiration ou *abdominal*. Ils ont lieu, le premier à la fin de l'inspiration et le second à la fin de l'expiration. Ils expriment tous deux l'abdication soudaine, le relâchement brusque des muscles qui viennent d'agir et qui semblent épuisés pour un effort exceptionnel.

Le soubresaut, et notamment le premier, qui est infiniment plus fréquent, accompagne toutes les formes de la dyspnée, y compris la dyspnée d'origine mécanique. Il suffit de tamponner les fosses nasales d'un cheval pour faire apparaître le soubresaut.

d) *Le cheval peut-il respirer par la bouche ?* — La longueur du voile du palais, qui lui permet de reposer largement sur la base de la langue, s'oppose au libre exercice de la respiration buccale. En fait, le cheval dont l'entrée des naseaux est obstruée accidentellement ou artificiellement peut s'asphyxier sans que l'on remarque une tendance à l'établissement de la respiration buccale. Aussi croit-on généralement que la respiration est impossible si les voies nasales ne sont pas libres. Théoriquement, la respiration buccale ne pourrait s'exercer plus ou moins efficacement que si le voile du palais présentait une brièveté anormale, ou si l'animal parvenait, grâce à une gymnastique particulière, à maintenir le voile staphylin à demi-soulevé, comme il l'est une certaine phase de la déglutition. Étant donné les réflexes qui lient entre eux les mouvements de la langue, du larynx, du pharynx et du voile du palais, créant ailleurs, dès que l'isthme du gosier se dilate, des obstacles à la circulation de l'air à travers la bouche et le larynx, on conçoit que la respiration buccale soit entourée de difficultés énormes qui nécessitent beaucoup d'efforts pour être surmontées.

Mais ces difficultés peuvent être vaincues par des sujets vigoureux. Ainsi, L. Guinard a eu l'occasion d'observer plusieurs chevaux qui pouvaient respirer par la bouche.

Cet expérimentateur fait observer que la respiration buccale s'établit seulement lorsque le besoin de respirer devient absolument impérieux et non pas immédiatement après l'oblitération des naseaux. Dans ce cas, le voile du palais se soulève légèrement et vibre dans le courant d'air, la base de la langue se déprime, le larynx s'élève en masse et son orifice supérieur se rapproche de l'isthme du gosier.

Guinard a pris des graphiques des mouvements du voile, de la pression dans la trachée et des mouvements du thorax. Ils ont confirmé le mécanisme sus-indiqué. Le nombre des respirations s'élève de 12-13 à 40-48 par minute. De plus, pendant la respiration buccale, on observe une pause entre l'inspiration et l'expiration (*respiration énitante*); l'inspiration est deux fois plus lente que l'expiration.

La respiration buccale paraît fatiguer beaucoup les animaux; elle ne peut être conservée longtemps par certains sujets qui, alors, présentent alternativement la respiration buccale et des efforts dyspnéiques.

Guinard estime que tous les chevaux peuvent respirer par la bouche, plus ou moins difficilement. Cela n'empêche pas la respiration buccale d'être un mode anormal et pénible exigeant l'intervention de toutes les puissances respiratoires, qui ne sauraient suffire aux besoins d'une allure vive ou d'efforts énergiques et que certains sujets malades ou débiles ne pourraient soutenir un certain temps.

e) *Des relations entre les mouvements respiratoires et les déplacements de l'air dans la trachée.* — Dans ses recherches sur la rumination, Toussaint a enregistré le mouvement de l'air dans la trachée du bœuf, à l'aide d'un instrument figuré ci-contre, inspiré par l'hémodromographe de Chauveau. Cet instrument a pour base un tube à trachéotomie de Degive, légèrement modifié par Peuch, dont l'entrée est fermée par une lame de caoutchouc. Dans une étroite fente de celle-ci est engagé un levier, terminé d'une part par une large palette qui vient se placer dans le courant d'air de la trachée, mis en rapport de l'autre avec un réservoir à air semblable à celui de l'hémodromographe. (Voir fig. 51.) Ce réservoir se conjugue à un tambour à levier.

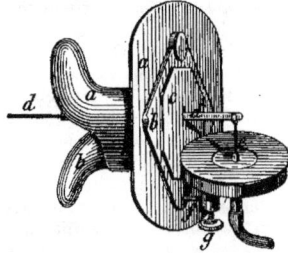

Fig. 51. — *Aérodromographe de* Toussaint.

a, a, l'une des pièces du tube à trachéotomie; *b, b,* l'autre pièce du tube à trachéotomie; *c,* lame de caoutchouc percée d'une fente verticale et formant l'entrée du tube à trachéotomie; *d, d,* levier sur lequel agit l'air mis en mouvement dans la trachée; *e,* point d'union dudit levier avec un réservoir à air; *f* et *g,* tige et vis de pression avec lesquels on peut fixer le réservoir à air dans des positions variées.

Quand l'air descend dans la trachée, le levier, entraîné de haut en bas, détermine l'agrandissement du réservoir et la chute du graphique; lorsque l'air est chassé au dehors, dans l'expiration, le réservoir est comprimé et le graphique s'élève. Les moindres déplacements de l'air, dans un sens ou dans l'autre, se traduisent donc sur le graphique.

Cet *aérodromographe* s'applique fort bien sur le cheval. On peut enregistrer simultanément, outre le déplacement de l'air dans la trachée, les modifications de la pression dans cet organe, et les mouvements du thorax ou de l'abdomen.

En examinant les trois tracés obtenus de cette manière, on est frappé de voir : 1° que la courbe de la pression n'est pas parallèle à la courbe des mouvements respiratoires, que les *maxima* et les *minima* s'établissent rapidement au début des mouvements d'ex-

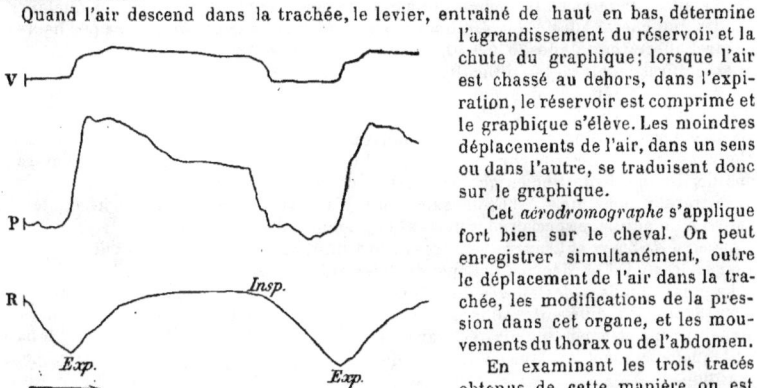

Fig. 52. — *Graphiques montrant les relations du mouvement de l'air dans la trachée avec les changements de pression dans cet organe et les mouvements respiratoires du thorax.*
V, graphique du mouvement de l'air obtenu avec l'aérodromographe de Toussaint; P, graphique des changements de pression dans la trachée; R, tracé pneumographique; *Exp.,* *Insp.,* expiration; *Insp.,* *Exp.* inspiration.

piration et d'inspiration; 2° que la courbe de la vitesse rappelle celle de la pression. On note cependant, entre la courbe de la vitesse et celle de la pression, une différence, savoir : que la courbe de la pression s'abaisse graduellement dans la seconde moitié du mouvement d'expiration, tandis que celle de la vitesse n'accuse que peu ou pas de déplacement dans la colonne d'air.

14° **Phénomènes physiques et chimiques de la respiration.** — Ces phénomènes ne peuvent pas différer, au fond, chez le cheval ou chez un mammifère quelconque. On ne produira donc ici qu'un ensemble de renseignements sur les quantités d'air utilisées par cheval et sur les volumes d'acide carbonique exhalés.

a) *Volume d'air mis en circulation dans l'appareil respiratoire du cheval.* — Par des essais spirométriques, on évalue à 3 litres et demi le volume d'air rejeté du poumon du cheval à chaque expiration. Ces essais spirométriques ne peuvent guère se poursuivre longtemps et dans les conditions variées où le cheval est entretenu. Aussi le volume d'air utilisé dans ces conditions a-t-il été déterminé, le plus souvent, par un procédé indirect consistant à doser l'acide carbonique produit en un temps donné et à calculer ensuite le volume d'air qui a dû traverser le poumon dans le même temps. Boussingault, Lassaigne nous ont fourni sur ce point des indications intéressantes. Des évaluations directes sont préférables. Aussi donnerons-nous bientôt une idée des efforts tentés dans cette voie par Zuntz et Lehmann, de Berlin, d'autant plus qu'ils fournissent des indications sur les changements apportés à la ventilation pulmonaire du cheval par le travail aux deux allures principales, le pas et le trot, sur un plan horizontal et à la montée.

b) *Modifications imprimées à l'air inspiré.* — *Consommation d'oxygène.* — *Production d'acide carbonique.* — Boussingault a fixé à 4250 litres la quantité d'oxygène consommée par le cheval, en vingt-quatre heures, correspondant à 21 mètres cubes un quart d'air atmosphérique, et à 0gr,553 par kilogramme de poids vif et par heure. Lassaigne a trouvé 5272lit,8 par vingt-quatre heures pour un cheval et 8321 litres par un autre. Ignorant le poids des animaux, nous ne pouvons pas indiquer le coefficient de consommation.

Un cheval observé par Lassaigne exhalait 219lit,72 d'acide carbonique par heure; un autre, 335 litres à la température de + 15°. Boussingault a vu un cheval pesant 500 kilos émettre 292lit,49 d'acide carbonique par heure.

Lassaigne a étudié l'influence de l'exercice sur la production de l'acide carbonique. Il a vu tel cheval qui exhalait 172lit,66 d'acide carbonique en une heure, en rejeter 376lit,9 après l'exercice; tel autre, qui émettait 346lit,33 au repos, en produire 381lit,44 après l'exercice. Le même auteur a, de plus, étudié l'influence de quelques maladies : un cheval affecté d'hydrothorax exhalait 94lit,44 d'acide carbonique par heure, un autre, affecté de tétanos, 570lit,40, un cheval morveux, 281lit,32.

Ces chiffres, malgré les difficultés surmontées pour les obtenir, ne sont que des données éparses répondant à des conditions assez médiocrement définies. Zuntz et Lehmann ont cherché à combler les lacunes. Leur objectif principal, il faut bien le dire, était de déterminer l'influence du travail musculaire sur les échanges gazeux. Pour ces recherches, ils ont choisi le cheval, car, animal de travail par excellence, il est, en outre, d'une docilité qui le destine en quelque sorte à ce genre d'expériences.

Les travaux poursuivis à l'École supérieure d'agriculture de Berlin ont nécessité la création d'un outillage spécial dont nous allons donner une idée sommaire.

Appareil de Zuntz et Lehmann. — Il serait fort difficile de recueillir les gaz de la respiration si le cheval se déplaçait. Cependant les auteurs se proposaient de les mesurer, sur l'animal soumis à des allures différentes. Ils ont tourné la difficulté en faisant travailler l'animal à différentes allures sans qu'il eût à se déplacer. Pour cela, le cheval marche sur un plancher mobile, en gardant une position fixe dans l'espace. La vitesse avec laquelle se meut le plancher règle l'allure que le cheval doit prendre pour garder sa position.

L'animal est enfermé dans un haut travail divisé à mi-hauteur par un plancher formé d'une sorte de chaîne sans fin. L'étage inférieur est occupé par les arbres et poulies nécessaires au déplacement du plancher. Ce dernier « est mis en mouvement à l'aide d'une poulie mue par une petite machine à vapeur; le cheval marche alors à la vitesse avec laquelle se déplace le plancher, sans accomplir d'autre travail. Tout se passe comme s'il se déplaçait librement sur le plancher immobile. Veut-on que le chemin soit ascendant, on règle l'inclinaison du plancher en le faisant pivoter autour d'un axe à l'aide d'un engrenage à crémaillère. L'inclinaison peut varier entre + 20° et 10° par rapport à l'horizontale. Si le cheval doit tirer une charge, il est attelé à un trait par l'intermédiaire duquel il agit sur un dynamomètre construit sur le modèle du dynamomètre de Wolff. »

Dans cette espèce de *trépigneuse*, « le travail mécanique est égal à la charge multipliée par le chemin parcouru. Il faut évaluer ces deux facteurs dans chaque cas particulier. Quand le plan est incliné, le cheval produit un travail mécanique en élevant à une certaine hauteur son propre poids ou son propre poids augmenté d'une charge placée sur le dos. On obtient le travail mécanique en multipliant le poids total de l'animal chargé ou non chargé par la hauteur verticale d'ascension. La bascule donne le poids ; le chemin parcouru multiplié par le cosinus de l'angle d'inclinaison du plan donne la hauteur d'ascension. A chaque expérience, on mesure cet angle. Le chemin parcouru se déduit de la longueur correspondant à un tour de la poulie multipliée par le nombre de tours de cette poulie. Cette longueur déterminée une fois pour toutes égale 264^{mm},3. On lit sur un compteur de tours appliqué à l'axe le nombre des rotations. On possède alors tous les éléments nécessaires au calcul du travail d'ascension. »

« Quand le cheval est attelé au trait relié au dynamomètre, il exerce une traction égale au poids placé sur le plateau de celui-ci, augmentée d'une constante déterminée une fois pour toutes et qui correspond à la traction exercée par le dynamomètre non chargé. Le chemin parcouru se mesure comme il a été dit. Le travail de traction = chemin parcouru × (charge + constante). »

« Si le cheval, tout en étant attelé au trait, se meut sur le chemin montant, il produit, outre le travail de traction, un travail d'ascension. On sait mesurer chacun d'eux ; leur somme fournit le travail mécanique total[1]. »

Les gaz exhalés par l'animal sont recueillis à l'aide d'un masque ou muselière enfermant l'extrémité inférieure de la tête ou bien au moyen d'une canule fixée dans la trachée après une trachéotomie. La canule est préférable ; elle est fixée dans la trachée grâce à une garniture en caoutchouc que l'on gonfle ensuite par injection d'air.

Les expériences sont faites avec un animal accoutumé à l'appareil, sur lequel les bords de l'orifice trachéal, en grande partie cicatrisés, supportent le contact de la canule sans qu'il en résulte de souffrance.

De la canule ou du masque, les gaz sont conduits dans un gazomètre qui en indique le volume total.

Voici quelques chiffres publiés par les expérimentateurs de Berlin :

	DURÉE DES ESSAIS.	VENTILATION PULMONAIRE par minute.	TRAVAIL TOTAL.
	minutes.	litres.	kilogr.
Pendant le repos.	24	27,2	»
Pendant que l'animal mange.	204	35,3	»
Pendant le travail.	20	354,1	4 860
Pendant la période qui suit immédiatement le travail.	20	61,6	»
Pendant le travail.	20	441,3	5 465
Période qui suit immédiatement le travail.	20	93,8	»
Pendant le repos.	79	35,2	»

Ce tableau permet de se rendre compte de l'influence du travail sur la ventilation pulmonaire. La mastication des aliments et la sécrétion qui l'accompagne suffisent déjà à élever cette ventilation. Quant à l'influence du travail, elle est d'autant plus grande que le nombre de kilogrammètres accompli est plus considérable.

Les auteurs ont observé des variations fort étendues de la ventilation pulmonaire (22 à 135 litres par minute) chez l'animal au repos, parce qu'il peut être en proie à des causes d'inquiétude. Ils ont remarqué que, dans les essais avec le masque, l'air dépensé (69 litres) était plus considérable que dans les essais avec la canule trachéale (44 litres). Aussi estiment-ils que la ventilation naturelle doit être supérieure à 44 litres par minute. Ils ont noté, de plus, que, durant le travail, la ventilation se règle de telle sorte que la

1. MALLÈVRE, *Bulletin du Ministère de l'Agriculture*, 1892.

quantité d'acide carbonique contenue dans l'air expiré, loin d'augmenter comme il paraît juste de le supposer, est plutôt inférieure à ce qu'elle est pendant le repos.

Pour doser l'oxygène absorbé et l'acide carbonique exhalé, ZUNTZ et LEHMANN soumettent à l'analyse eudiométrique une fraction de l'air expiré. Cette fraction est empruntée au courant qui se dirige vers le gazomètre, à l'aide de deux petites pompes à mercure mues alternativement par l'axe du gazomètre. L'emprunt est donc proportionnel au volume du gaz rejeté à chaque mouvement d'expiration; il assure à la masse gazeuse soumise à l'analyse une composition se rapprochant autant que possible de la composition moyenne totale. La lecture des volumes du gaz dans les eudiomètres est faite à une température constante, grâce à l'immersion de ces derniers dans de grandes cuves en verre à faces parallèles, remplies d'eau.

Sur un cheval, au repos, respirant avec le masque, à la température de $+20°,10$, on a trouvé les chiffres suivants, par kilogramme de poids vif et par minute :

O ABSORBÉ.	CO_2 PRODUIT.	QUOTIENT RESPIRATOIRE.
$4^{cc},255$	$3^{cc},838$	0,901

Sur un autre cheval, au repos, respirant avec la canule trachéale, à la température de $+15°,75$, ces chiffres étaient :

O ABSORBÉ.	CO_2 PRODUIT.	QUOTIENT RESPIRATOIRE.
$3^{cc},486$	$3^{cc},178$	0,912

Pour un cheval au repos, respirant à la température de $+12°$, les moyennes étaient :

O ABSORBÉ.	CO_2 PRODUIT.	QUOTIENT RESPIRATOIRE.
$3^{cc},582$	$3^{cc},264$	0,913

Dans les expériences de ZUNTZ et LEHMANN, la quantité d'oxygène absorbé est devenue pendant :

	CENT. CUBES.
Le travail au pas sans traction ni charge.	12,247
Le travail au trot —	23,134
Le travail au pas sur pente faible.	20,939
Le travail au pas sur pente plus forte.	26,313
Le travail au pas avec traction.	22,9
Le travail au pas avec traction, chemin montant. . . .	30,7

On trouvera un complément des expériences de ces deux auteurs dans une autre partie de cet article, lorsqu'il sera question des recherches sur la production du travail musculaire.

HAGEMAN a également abordé ce sujet seul ou en collaboration avec ZUNTZ et LEHMANN. Il estime qu'au repos, un cheval de taille moyenne consomme 40 litres d'air par minute, que pendant le travail, il en consomme de 4 à 10 fois plus. Normalement le quotient respiratoire est 0,90 à 0,95; après le travail, il peut s'élever à l'unité et même la dépasser.

A la température de 12°, 1 kilogramme de cheval au repos a besoin de 4 centimètres cubes d'oxygène par minute. Dans une journée, un cheval pesant 450 kilogrammes consommera donc 2 592 litres d'oxygène. Pour mâcher une ration composée de $4^{kil},5$ d'avoine, $1^{kil},75$ de paille hachée et $2^{kil},5$ de foin, il consomme 147 litres de plus; ce qui porte la consommation quotidienne à 2 739 litres.

Pendant la marche, à l'allure du pas, le cheval de cavalerie dépense $7^{cc},4305$ de plus qu'au repos; au trot, par kilogramme de poids vif et par mètre de chemin parcouru, deux chevaux ont consommé, l'un $101^{mmc},4$, l'autre $113^{mmc},3$ d'oxygène. On peut dire que la consommation moyenne est de $107^{mmc},22$ par kilogramme de poids vif et par mètre de chemin parcouru au trot, ce qui fait $48^{cc},25$ pour un cheval de 450 kilogrammes.

Une charge de 80 à 110 kilogrammes élève la consommation d'oxygène de 4 à 9 p. 100.

15° **Locomotion.** — Le cheval offre le type de la locomotion quadrupédale. Celle-ci a été l'objet d'études attentives par des procédés variés. Le résumé de nos connaissances sur ce point sera exposé à l'article **Locomotion.**

16° **Circulation cardiaque.** — Ici, il sera question seulement des propriétés du muscle cardiaque; on lira dans la troisième partie la circulation cardiaque proprement dite.

On sait que Marey a constaté que le muscle cardiaque de la grenouille ne répond pas aux excitations uniques d'une certaine valeur minima pendant la phase systolique (*période réfractaire*). Laulanié a vu que le muscle cardiaque du cheval n'est excitable que pendant le moment très court qui sépare la fin de la systole ventriculaire de la clôture des valvules sigmoïdes, c'est-à-dire pendant le relâchement. Dans cette courte phase, son excitabilité est régulièrement croissante. Laulanié estime que cette particularité singulière suggère l'hypothèse que les variations de l'excitabilité du cœur sont liées aux variations de la pression intra-cardiaque, hypothèse qui appelle de nouvelles recherches.

17° **Circulation veineuse.** — Tous les problèmes soulevés par l'étude de la circulation veineuse générale sont d'un abord facile sur le cheval, à raison de la longueur, du volume et de la position de la jugulaire. Ce vaisseau admet aisément un hémodromographe, des manomètres divers. Il est possible de le ponctionner à travers la peau et d'y introduire directement des trocarts ou des canules, soit pour retirer du sang, soit pour établir une communication avec tel ou tel instrument; il a donc rendu, grâce à sa position et à son volume, de grands services aux physiologistes.

Le tension dans le segment périphérique de la jugulaire liée à sa partie moyenne peut équivaloir à une colonne sanguine haute de 80 à 85 centimètres (Haller). Si l'on fait mâcher l'animal pendant 1/4 ou 1/3 de minute, elle s'élève à 150, 160 et même 175 centimètres (Colin).

On sait que l'action aspirante du thorax, à tout instant et surtout au moment des inspirations, peut déterminer l'introduction d'une certaine quantité d'air dans les veines appartenant à la zone périthoracique à travers une ouverture faite à leur paroi. Sur le cheval, l'action aspirante peut s'exercer loin de la poitrine. Par exemple, Brogniez, de Bruxelles, et Loiset, de Lille, ont observé l'introduction de l'air dans le système veineux à la suite de la section transversale des veines de la région coccygienne, soit immédiatement après le traumatisme, soit au bout de deux à trois jours. Plusieurs fois, l'accident a été mortel. C'est au moment où les muscles constricteurs de l'abdomen se relâchent brusquement après une contraction violente et soutenue que l'air est appelé dans les veines de la queue.

Le pouls veineux se constate fort bien sur la veine jugulaire du cheval maintenu couché et vivement excité par des mouvements de défense. Outre les reflux synchrones avec la systole des oreillettes, on en voit d'autres synchrones avec les expirations.

La circulation de la veine porte offre certaines particularités propres au cheval. On admet généralement qu'elle s'accomplit dans tous les sens, vu l'absence de valvules. Or, le système porte n'est pas dépourvu de ces replis. Haller en a signalé dans les branches de la mésaraïque et dans la veine splénique; Bourgelat, dans les principales branches de la veine porte; Colin, dans les veines gastriques, cœcales, coliques et même dans la veine petite mésaraïque.

Cl. Bernard a décrit de larges anastomoses entre la veine porte et la veine cave, à travers le foie. Chauveau ne croit pas à l'existence de ces communications chez l'adulte. En effet, si l'on injecte dans la veine porte du suif coloré avec une matière qui ne soit pas très finement porphyrisée, il arrive toujours incolore ou très peu coloré dans la veine-cave, preuve qu'il a dû traverser un réseau capillaire. C'est aussi l'opinion de Colin. Mais cet auteur reconnaît qu'une partie du sang amené au foie par la veine porte gagne la veine asternale droite, grâce à un ou plusieurs vaisseaux contenus dans l'épaisseur du ligament du lobe droit.

18° **Détermination des points excitables du manteau de l'hémisphère des animaux solipèdes.** — Après la découverte, par Fristch et Hitzig, de l'excitabilité électrique de quelques points des circonvolutions du chien, découverte confirmée par plusieurs physiologistes et étendue à un certain nombre d'espèces animales, notamment par Ferrier, nous avons cru qu'il était de notre devoir d'élargir le cadre des connaissances acquises en cherchant des points excitables à la surface du cerveau des solipèdes. C'est ce que nous avons fait en 1878.

Les sujets, couchés et fixés sur une table, recevaient du chloral en injections intraveineuses. Dès que la sensibilité était abolie, on découvrait le pariétal et la partie supérieure du frontal, en enlevant la peau du front et une portion plus ou moins étendue du muscle temporal. On arrêtait les hémorragies en appliquant des ligatures et à l'aide du cautère. On attaquait ensuite la boîte osseuse avec le trépan ou avec un bon ciseau à bois (on doit donner la préférence à ce dernier) et on oblitérait les sinus veineux ouverts pendant l'opération avec de petits tampons de cire à modeler.

En prenant son temps, en donnant au besoin de nouvelles doses de chloral, on pratiquait une brèche à la boîte cranienne, au niveau des points que l'on voulait explorer, dans des conditions excellentes pour faire ensuite des excitations électriques. Comme excitants, nous avons employé les courants induits fournis par une bobine à glissière.

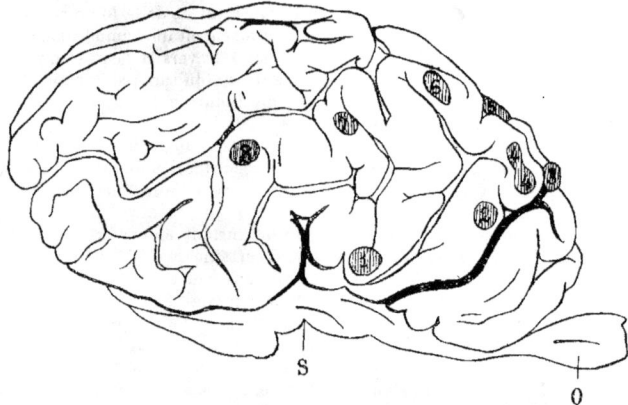

FIG. 53 — *Face latérale du cerveau des solipèdes.*

1. — Origine de la portion frontale de la première circonvolution (LEURET). — Partie inférieure de l'ondulation antisylvienne de la circonvolution sylvienne ; 2, — 3. — 4, — 5, — 6, — 7, — 8, — (Voyez ci-dessous les explications correspondantes). — 0, Lobe olfactif ; 5, Vallée de *Sylvius.*

1. — Origine de la portion frontale de la première circonvolution (LEURET). — Partie inférieure de l'ondulation antisylvienne de la circonvolution sylvienne (BROCA).

2. — Région supérieure de la branche antérieure de la première circonvolution (LEURET). — Partie supérieure de la circonvolution pariétale post-rolandique (BROCA).

3. — Région la plus antérieure du pli externe de la circonvolution orbitaire (LEURET). — Région la plus antérieure du pli externe ou pré-rolandique du lobe frontal (BROCA).

4. — Partie antérieure de la portion frontale de la première circonvolution (LEURET). — Union de la circonvolution post-rolandique avec la circonvolution sylvienne (BROCA).

5. — Union de la partie verticale et de la partie horizontale de la circonvolution orbitaire (LEURET); du lobe frontal (BROCA).

6. — En avant de la fusion frontale des première et deuxième circonvolutions longitudinales (LEURET); vers le point d'union de la circonvolution sylvienne avec la deuxième circonvolution pariétale (BROCA).

7. — Union de la portion frontale et de la portion pariétale de la deuxième circonvolution (LEURET); ondulation moyenne de la deuxième circonvolution pariétale (BROCA).

8. — Vers la soudure de la portion pariétale des première et deuxième circonvolutions (LEURET). — Deuxième circonvolution pariétale au-dessus et un peu en arrière de l'extrémité de la scissure sylvienne (BROCA).

Nous commencions par chercher l'intensité minima pour produire une excitation, et nous l'augmentions ensuite graduellement, selon les besoins. Elle était toujours suffisante pour déterminer une vive sensation de picotement sur la langue. Bien que nous n'eussions jamais gradué rigoureusement nos courants, on ne saurait nous objecter leur extension à des points éloignés de ceux que nous voulions exciter, attendu qu'un déplacement des électrodes de 2 à 3 millimètres entraînait la cessation immédiate des mouvements engendrés par l'excitation.

Les courants étaient appliqués sur les circonvolutions avec des électrodes métalliques, très fines et très rapprochées; jamais ils n'ont déterminé la moindre désorganisation des tissus. Les circonvolutions soumises aux excitations offraient simplement *in loco* de petites hypérémies. Après la mort de l'animal et l'ablation de l'encéphale, ces hypérémies permettaient de reconnaître les zones électrisées.

Nous avons indiqué ,sur la figure 53 les points .dont l'excitation a entraîné des réactions motrices. Le texte suivant fait connaître la position de ces points et les réactions produites par leur excitation.

Mouvements des membres. — En excitant la région 1 avec les courants faibles, les quatre membres sont ramenés sous le tronc. Le mouvement est plus prononcé dans le membre postérieur du côté opposé à l'excitation. Il est probablement aussi plus énergique dans le membre antérieur; mais les déplacements de ce membre sont empêchés par la pression qu'exerce sur lui le poids du thorax. Le membre antérieur libre est ramené en arrière, en masse, par la contraction du grand dorsal et du pectoral; lorsqu'on emploie des courants forts, il y a, de plus, flexion du métacarpe.

Élévation et déduction de la mâchoire inférieure. — On excite la zone 2 du côté droit; rapprochement des mâchoires accompagné d'un mouvement de diduction qui entraîne le maxillaire inférieur à gauche. On entend le bruit que cause le frottement des dents inférieures contre les supérieures. La main, appliquée sur les joues, sent manifestement la contraction des deux masséters.

Mouvements des naseaux et de la lèvre supérieure. — Quand on excite la surface 3, les commissures inférieures des naseaux se rapprochent l'une de l'autre. Le bout du nez s'allonge; la lèvre supérieure se rétrécit. Ces mouvements sont produits en grande partie par la contraction des mitoyens supérieurs ou portion antérieure des muscles petits sus-maxillo-naseaux.

Mouvements de la langue et de la joue. — La zone elliptique 4 est allongée d'avant en arrière, décrit une courbe à concavité postérieure, à la surface des circonvolutions sus-indiquées. Pendant qu'on l'excite, la langue est retirée dans la bouche; la joue du côté opposé se contracte. Quand on cesse l'excitation, la langue revient entre les incisives; excite-t-on de nouveau, elle disparaît aussitôt dans la cavité buccale.

Écartement des mâchoires, flexion et inclinaison du cou. — En excitant la région 5, avec des courants faibles, la mâchoire inférieure s'éloigne de la supérieure. Les muscles digastriques se contractent; la contraction est plus énergique dans le muscle du côté opposé. Après chaque excitation, la mâchoire inférieure revient brusquement au contact de la supérieure et les incisives font entendre un petit bruit de claquement. Avec des courants forts, le sterno-maxillaire du côté opposé et même les muscles inclinateurs du cou se contractent et font exécuter à la tige cervicale un mouvement de torsion.

Mouvement de clignement dans l'œil opposé. — L'œil opposé se ferme incomplètement quand on électrise la zone 6; le mouvement est produit tout entier par le muscle orbiculaire des paupières.

Occlusion de la fente palpébrale. — Par des courants faibles appliqués sur la région, l'œil du côté opposé se ferme; la peau se ride au-dessous de la paupière inférieure.

Par des courants forts, les mouvements se propagent à l'œil du côté correspondant.

Élévation de la paupière supérieure; adduction de l'oreille. — Quand on excite la zone 8 avec des courants d'une intensité moyenne, l'œil du côté opposé s'ouvre largement surtout par l'élévation de la paupière supérieure. Le pavillon de l'oreille est tiré en arrière et dans l'adduction. Des courants plus forts produisent des mouvements moins prononcés, mais semblables, dans l'œil et l'oreille du côté excité.

Telles sont les zones excitables que nous avons toujours retrouvées sur l'hémisphère des Solipèdes. Nous indiquerons maintenant quelques points dont l'excitation a provoqué des phénomènes que nous n'avons pu reproduire jusqu'à présent.

L'excitation d'une zone de la deuxième circonvolution pariétale entraîne l'adduction de l'oreille. Sur un sujet, nous avons excité un point du lobe frontal (Broca) ou du lobe orbitaire (Leuret) qui provoquait le mouvement d'abduction. Sur le même sujet, en excitant fortement la partie postérieure des première et deuxième circonvolutions pariétales (Broca), nous avons provoqué des convulsions toniques: flexions des membres, inclinaison du rachis à gauche, tronc courbé en arc, reposant sur la table par la tête et la croupe. En transportant les excitateurs sur la région postérieure des troisième et quatrième circonvolutions pariétales (Broca), les convulsions sont devenues cloniques et s'accompagnaient de violents frémissements dans le tronc et les membres.

Dans le cours de nos expériences, nous fûmes très étonné de ne pouvoir exciter la circonvolution (gyrus sygmoïde) qui entoure l'extrémité externe de l'incisure fronto-pariétale (BROCA) ou sillon crucial (LEURET), circonvolution qui, sur plusieurs animaux, apparaît à la surface de l'hémisphère de la manière la plus évidente.

Croyant que l'excitation de cette zone produirait des mouvements dans les membres, c'est sur cette zone qu'ont porté nos premières investigations. A notre grand étonnement, les excitations de cette région n'entraînaient pas de mouvements réactionnels. On remarquera que la seule zone qui, jusqu'à présent, ait provoqué des mouvements dans les membres est située sur la face latérale et inférieure du cerveau, à l'opposé du gyrus sygmoïde.

MUNK a provoqué la cécité psychique, sur le cheval, en pratiquant l'ablation de l'écorce sur 20 millimètres de diamètre et 2 millimètres d'épaisseur au niveau supérieur du lobe occipital. Dans un autre cas, il a provoqué des troubles moteurs dans le membre antérieur par la lésion d'une partie du lobe du cortex. Dans les deux cas, il existait des troubles moteurs dans le côté opposé de la face.

Nous estimons que ces recherches ne constituent qu'une ébauche de la question et qu'elles devront être continuées et complétées.

19° **Persistance de l'excitabilité dans le bout périphérique des nerfs après la section.** — LONGET avait fixé à quatre jours la persistance de l'excitabilité dans le bout périphérique des nerfs. Ce délai est de règle dans les nerfs du chien. Il a été trouvé plus court par RANVIER sur le lapin, le cochon d'Inde et le rat. Au contraire, chez le cheval, il est beaucoup plus long. PAUL MAGNIEN (1866) a trouvé plusieurs fois l'excitabilité encore présente dans le bout périphérique du facial des solipèdes huit jours après la section. Nous avons fait des constatations analogues avec LÉON TRIPIER, même après le délai de dix jours. Au bout de huit jours, l'altération n'est pas plus avancée dans les nerfs du cheval qu'au bout de quatre jours dans les nerfs du chien.

Sur les branches terminales du facial d'un âne, nous avons observé des traces d'excitabilité trente et un jours après la section.

Dix-sept jours après la section du pneumogastrique, nous avons arrêté le cœur en galvanisant le bout périphérique.

Ces exemples de persistance sont particuliers à quelque sujets, car, dans d'autres cas, nous n'avons pas modifié le cœur en agissant sur le bout périphérique du vague sept jours après la section.

D'une manière générale, l'excitabilité persiste donc beaucoup plus longtemps dans le bout périphérique des nerfs chez le cheval, après la section, que chez les petits mammifères; elle nous a paru persister un peu plus dans les nerfs craniens que dans les nerfs spinaux.

20° **Centres de température.** — Sur le cheval, un centre thermique existerait, d'après TANGL, au niveau de la partie antérieure du *thalamus opticus*. La piqûre de ce centre détermine une élévation passagère de la température.

21° **Vernissage de la peau.** — Les expériences de FOURCAULT ont été répétées sur le cheval par H. BOULEY. Un sujet, préalablement rasé, enduit de goudron, meurt le neuvième ou le dixième jour; enduit de colle-forte, puis d'une couche de goudron, il peut succomber vers la neuvième heure. On a prétendu qu'il suffisait d'enduire $\frac{1}{8}$ à $\frac{1}{4}$ de la surface de la peau pour entraîner des conséquences funestes. ELLENBERGER n'a pu vérifier cette dernière assertion. Il aurait même constaté que des chevaux, tondus depuis quelques jours et habitués à cet état, supportent bien le vernissage partiel de la peau. Le cheval est donc plus sensible que le chien aux effets des enduits imperméables.

E. Recherches et conquêtes scientifiques facilitées par l'usage du cheval.

« Souvent, a dit CL. BERNARD, la solution d'un problème physiologique ou pathologique résulte uniquement d'un choix plus convenable du sujet de l'expérience, qui rend le résultat plus clair ou plus probant. »

Les investigations faites sur le cheval ont démontré maintes fois la justesse des paroles du législateur de la physiologie expérimentale.

Nous allons rappeler brièvement les notions que nous devons à l'expérimentation sur le cheval ou qui furent définitivement acquises grâce au choix d'un animal ayant la taille, le tempérament ou l'organisation du cheval.

La fonction dont l'étude a peut-être le plus largement bénéficié de l'introduction du cheval dans les laboratoires de physiologie est bien la circulation du sang. Aussi est-ce par elle que nous commencerons cette revue.

1° **Circulation du sang.** — a) *Cardioscopie.* — Voir battre le cœur, le toucher, l'ausculter directement, tel devait être l'idéal des expérimentateurs. Pour l'atteindre, il n'y avait qu'un moyen à employer : ouvrir la poitrine et le péricarde d'un animal vivant.

On l'essaya d'abord, et la chose est facile, sur les reptiles (grenouille, tortue) ou sur les poissons (anguille). Mais les mouvements du cœur de ces animaux sont trop rapides, l'organe lui-même trop peu développé pour que l'on puisse bien saisir ces mouvements et leurs conséquences.

Ce n'est pas avec beaucoup plus de profit que certains physiologistes se sont adressés aux oiseaux ; disposition, volume de l'organe, rapidité de ses mouvements, telles sont les raisons qui rendent le cœur des oiseaux peu propre à une analyse minutieuse de ses actes.

Il fallait recourir aux mammifères ; mais l'ouverture de la poitrine chez ces animaux est suivie d'accidents très sérieux ; le poumon s'affaisse sous la pression de l'atmosphère ; l'asphyxie se produit rapidement ; les douleurs sont excessives ; l'économie est si vivement ébranlée que la mort en est une conséquence presque immédiate.

Les physiologistes atténuèrent ces inconvénients en éteignant la sensibilité et en entretenant artificiellement la respiration, à l'aide de l'insufflation pulmonaire. Des médecins, réunis en comité à Londres, à Dublin, à Philadelphie, procédèrent ainsi : ils commençaient par anéantir la sensibilité par l'assommement, ou bien par l'administration du Worara, puis ils pratiquaient l'insufflation artificielle du poumon.

Cependant, tous les expérimentateurs s'accordaient à signaler la précipitation des battements comme une difficulté sérieuse à l'observation. En outre, l'assommement, ou l'administration d'un poison stupéfiant entraînait des troubles prononcés dans l'innervation, troubles qui ne tardaient pas à se faire sentir sur le jeu du cœur. Il importait d'éviter ces écueils. Chauveau et Faivre, profitant des enseignements tirés des travaux des comités étrangers, y réussirent par un choix mieux entendu des sujets et par des modifications dans le procédé opératoire. Au lieu de s'adresser à des mammifères jeunes ou de petite taille chez lesquels les battements du cœur sont précipités, ils choisirent les chevaux adultes ou âgés, dont le cœur ne bat que 30, 35 ou 40 fois par minute, et se trouve tout à fait à la portée des yeux et de la main de l'expérimentateur, après la fenestration de la poitrine, en raison même de l'aplatissement latéral de cette dernière.

Au lieu de pratiquer la paralysie par l'assommement ou le Worara, ils pratiquèrent la section de la moelle en arrière du bulbe, procédé que Legallois avait employé dans ses études sur les respirations artificielles.

Nous avons indiqué précédemment (voir page 411) la technique suivie par Chauveau et J. Faivre pour entretenir artificiellement la respiration du cheval après la section de la moelle épinière. Il suffira donc ici de parler de leur procédé pour ouvrir la poitrine.

L'animal étant couché sur le côté droit et l'insufflation pulmonaire mise en train, on porte le membre antérieur gauche en avant, on incise la peau et les muscles sous-jacents, de manière à faire un lambeau à peu près carré, de 25 à 30 centimètres de côté, attaché par son bord antérieur à la peau et aux muscles de l'épaule. A l'aide de deux traits de scie passant l'un par les articulations chondro-costales, l'autre par le milieu de la paroi thoracique, on résèque les trois ou quatre côtes qui répondent au cœur. On arrête l'hémorragie venant des vaisseaux intercostaux avec des ligatures ou le fer rouge. On étanche le sang répandu dans la plèvre.

Durant cette partie de l'opération, il faut diminuer légèrement le volume d'air injecté dans les *infundibula*, afin d'éloigner un peu le poumon des instruments et des extrémités des côtes et d'éviter de l'exposer à des blessures.

Enfin, on ouvre le péricarde ; on en écarte les deux lambeaux, et le cœur apparaît par toute sa face gauche ; on voit même très bien l'origine des vaisseaux artériels. L'expérimentateur peut alors l'explorer, à l'extérieur et à l'intérieur, soit directement avec le doigt, soit avec des sondes, tubes, etc. Bien appliqué, le procédé de Chauveau et

FAIVRE donne des résultats extrêmement satisfaisants. Quand on pratique la section de la moelle et la respiration artificielle sur le cheval, on est toujours étonné des signes de volonté et de reflectivité donnés par la tête. Ainsi, l'animal exécute non seulement la déglutition, le clignement, la dilatation des naseaux à chaque insufflation, mais il peut encore mâcher, remuer les yeux, les lèvres, les oreilles.

Si l'insufflation est bien conduite, l'animal peut être maintenu dans cet état pendant vingt-quatre heures. Il meurt parce que, malgré tout le soin que l'on déploie, l'hématose se fait imparfaitement et, en outre, parce que la chaleur que l'on soustrait à l'animal ne lui est pas restituée par le mouvement nutritif. Il faut ajouter que le contact de l'air avec le cœur, les manipulations dont il est l'objet, troublent notablement son jeu. Dans tous les cas, le temps pendant lequel il fonctionne avec régularité est très suffisant pour l'étude. Il nous est arrivé de faire constater les mouvements de diastole et de systole, ainsi que le jeu des valvules auriculo-ventriculaires, à plus de soixante auditeurs qui venaient successivement introduire un doigt dans l'oreillette et le ventricule droits.

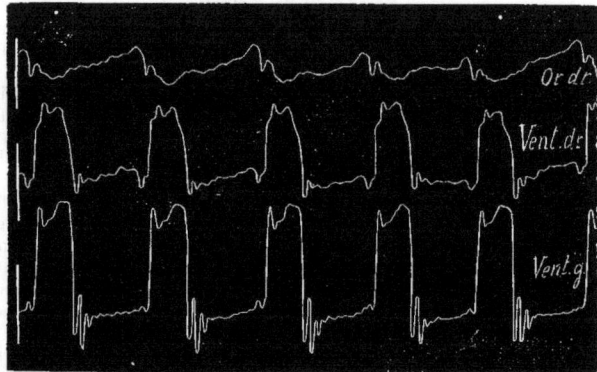

FIG. 54. — Dessin intracardiaque du ventricule gauche, du ventricule droit et de l'oreillette droite.

Voyons maintenant les résultats les plus importants obtenus par l'examen et le toucher directs du cœur sur le cheval, combiné à l'auscultation.

Avec CHAUVEAU et FAIVRE, disons qu'on ne peut se défendre d'un sentiment de surprise quand on perçoit avec la main la flaccidité et la dureté alternatives que présentent les cavités ventriculaires, coïncidant avec la diastole et la systole. Il faut avoir tenu une masse ventriculaire de cheval entre les mains pour comprendre la force et la brusquerie avec lesquelles le sang est chassé dans les artères.

CHAUVEAU et FAIVRE ont constaté : 1° que la systole des oreillettes commence par les auricules pour se propager à la partie moyenne de ces cavités, tandis qu'elle paraît s'établir simultanément dans tous les points des ventricules ; 2° que les auricules s'éloignent l'une de l'autre pendant la systole, de manière à découvrir davantage l'origine de l'artère pulmonaire ; 3° que pendant la systole, la base de la masse ventriculaire se rapproche de la pointe, que celle-ci reste en contact avec le sternum et se borne à subir un léger mouvement de torsion autour de l'axe de l'organe qui la porte d'arrière en avant et de gauche à droite ; 4° que le raccourcissement des ventricules leur donne une forme plus ou moins globuleuse, se combinant avec un rétrécissement de la moitié inférieure et vraisemblablement une dilatation au niveau de la base ; 5° que les actes d'une révolution cardiaque chez le cheval peuvent être enfermés dans une mesure à quatre temps de la manière ci-dessus, tandis que chez le chien, l'homme, ils se rangent dans une mesure à trois temps.

Il résulte de la notation précédente : que la systole de l'oreillette n'occupe pas tout le premier temps de chaque mesure et qu'elle cesse avant le commencement de la systole ventriculaire; que le repos de l'organe occupe un temps égal à celui des deux systoles. Ces faits ne concordaient pas avec les idées émises à cette époque, admettant une succession immédiate de la systole ventriculaire à la systole auriculaire, accordant plus d'importance à la contraction du ventricule et une durée moins longue à la diastole générale.

L'opinion de CHAUVEAU et FAIVRE sur ce point a été corroborée ultérieurement par la cardiographie.

Ces expérimentateurs ont constaté de visu la production du pouls veineux d'origine centrale, lorsque l'asphyxie de leurs chevaux était imminente et que les oreillettes étaient distendues et gonflées par l'accumulation du sang.

Une des constatations les plus importantes faites par CHAUVEAU et FAIVRE se rapporte au mécanisme de l'occlusion des orifices auriculo-ventriculaires au moment de la systole des ventricules. Toutes les idées émises sur la fermeture de ces orifices basées sur de simples hypothèses ou la simple connaissance des dispositions anatomiques doivent disparaître devant le résultat de l'exploration directe, telle qu'on la pratique sur le cheval. Grâce aux dimensions de l'oreillette et à la faible tension qui règne dans le cœur droit, on peut inciser la pointe de l'auricule et engager l'index jusque dans l'axe de l'orifice auriculo-ventriculaire. A chaque systole, on sent que le doigt est doucement et circulairement pressé par les plis de la valvule tricuspide. Si l'on retire le doigt pour le disposer horizontalement au-dessus de l'orifice, à chaque systole, on sent que la pulpe est frappée par la face supérieure des plis de la valvule qui s'enflent au-dessus du ventricule comme des voiles gonflées par le vent, de manière à former un dôme multiconvexe du côté de l'oreillette, une voûte multiconcave du côté du ventricule.

Tout cela est si nettement perçu, qu'on acquiert de ce phénomène une connaissance aussi certaine que si on l'avait observé de visu.

Les plis des valvules auriculo-ventriculaires sont donc soulevés par le sang et s'adossent les uns aux autres dans des orifices dont le diamètre se rétrécit peut-être légèrement au moment de la systole des ventricules. Les cordages qui les rattachent aux piliers du cœur les empêchent de se renverser dans la cavité des oreillettes.

A l'heure actuelle, quelques rares personnes se refusent encore à accepter le mécanisme de la séparation de l'oreillette et du ventricule, tel qu'il a été décrit par CHAUVEAU et FAIVRE. Par exemple, G. PALADINO, qui a fait de très remarquables travaux sur le développement du cœur et la répartition des fibres musculaires dans le myocarde et les valvules, n'accepterait pas dans toute sa simplicité le mécanisme précité. Pour lui, la clôture des orifices auriculo-ventriculaires dépendrait de trois facteurs : 1° de la propagation de la contraction des oreillettes à la portion la plus épaisse des valvules, par les fibres longitudinales et circulaires qui, des parois des oreillettes, descendent dans la base des valvules; cette contraction peut soulever un peu les plis valvulaires dans le plan des orifices auriculo-ventriculaires; 2° du soulèvement de la portion mince des valvules qui nage, pour ainsi dire, sur le liquide sanguin remplissant le ventricule; cette action est complétée par le reflux du sang projeté par la systole de l'oreillette contre le fond du ventricule, reflux qui a pour effet de tendre les valvules au niveau de l'orifice quand cesse la systole de l'oreillette; 3° de la contraction des fibres valvulaires qui procèdent du ventricule, laquelle accompagne le début de la systole ventriculaire; elle tend énergiquement le plis des valvules dans l'orifice auriculo-ventriculaire légèrement rétréci. D'après PALADINO, les deux premiers facteurs suffiraient à soulever les valvules et à clore les orifices. Sous leur influence, la clôture s'opérerait juste avant la systole ventriculaire. Le troisième facteur a pour résultat de tendre les valvules déployées à la façon d'une voile latine, et de les tendre dans des directions opposées parce que les valvules sont tirées par leurs petits tendons et par les fibres musculaires qui se jettent du ventricule à leur face inférieure. Ainsi tendues, les valvules sont plus aptes à vibrer sous le choc du sang au début de la systole.

Nous nous permettrons de recommander à PALADINO et aux autres dissidents de pratiquer l'exploration digitale de l'intérieur du cœur du cheval; ils se retireront avec d'autres idées.

Cette exploration nous paraissant capitale, nous donnerons quelques indications sur la manière de la pratiquer. Le cœur étant à nu, on entame avec des ciseaux bien tranchants l'extrémité libre de l'auricule droite. L'incision faite de cette manière est à cheval, en quelque sorte, sur le sommet de l'auricule; elle mesure environ 1 centimètre à 1 centimètre et demi de longueur sur la face externe et sur la face interne. Le sang s'échappe de l'orifice, surtout au moment de la systole. On se hâte alors d'y engager l'index de la main droite, en forçant un peu, si l'orifice n'avait pas reçu dès le principe des dimensions suffisantes.

L'élasticité du tissu musculaire applique exactement les bords de l'orifice à la surface du doigt explorateur; l'hémorragie est conjurée, et l'on peut se livrer tranquillement, sans précipitation aucune, à l'exploration de l'orifice et des valvules.

L'exploration peut être pratiquée par une série de personnes. Il suffit de prendre les précautions suivantes : Avec le pouce, l'index et le médius de la main gauche, on entoure l'extrémité de l'auricule et l'index qui s'y trouve engagé. On retire ce doigt graduellement, pendant qu'on augmente la pression avec ceux de la main gauche ; de manière qu'à l'instant même où l'index droit est entièrement dégagé, la plaie de l'auricule soit fermée par la main gauche. On évite ainsi des fuites de sang qui gênent plus l'observateur que l'animal. Cela fait, le nouvel explorateur s'avance; on lui prend la main droite et on guide son index vers le sommet de l'auricule; pendant qu'il cherche à l'introduire dans l'oreillette, on diminue la pression circulaire exercée avec les doigts de la main gauche; il réussit ainsi à s'engager dans le cœur, tout en laissant subsister l'étanchéité de la plaie. La seconde personne procède de la même manière vis-à-vis de la troisième, et ainsi de suite.

Dès leurs premières expériences sur le cœur du cheval, CHAUVEAU et FAIVRE ont observé que la base des ventricules se rapproche de la pointe à chaque systole. L'abaissement est à son maximum au bord antérieur répondant à la partie moyenne du ventricule droit, où il atteint parfois 4 centimètres; il va en diminuant d'avant en arrière et devient à peu près nul au bord postérieur du cœur répondant à la partie moyenne du ventricule gauche. Beaucoup plus tard (1883), CHAUVEAU a constaté que cet abaissement brusque et rythmique avait pour conséquence l'agrandissement de l'oreillette, surtout de l'oreillette droite. Mettant l'intérieur de la jugulaire en rapport avec un réservoir de liquide, à l'aide d'un tube de verre infléchi en bas, il a vu le liquide s'élever dans ce tube rythmiquement à chaque systole ventriculaire. Le sang des veines est donc aspiré vers l'oreillette. Mais cette aspiration n'est pas le résultat de l'activité des parois de l'organe. Ce fait a été consigné dans la thèse de LEFÈVRE (Lyon, 1884) et confirmé par la méthode graphique.

On peut également sentir sur le cheval, par l'exploration digitale, le jeu des valvules sigmoïdes sur lequel, d'ailleurs, il n'a jamais existé de contestations. La pression n'étant point très forte à l'intérieur de l'artère pulmonaire, il est permis à l'expérimentateur de faire une incision dans les parois de ce vaisseau, qui s'offre au premier plan après l'ouverture du péricarde, d'introduire ensuite l'index de la main droite dans l'axe du conduit, jusqu'à l'origine même de l'artère pulmonaire. Il sent alors alternativement : le sang courir le long de son doigt ou les valvules l'enserrer doucement. Retirant ensuite le doigt, il explore la face supérieure des valvules quand elles s'abaissent et la suit dans son redressement lorsque le flot sanguin est chassé hors du ventricule droit.

L'exploration des valvules sigmoïdes doit être pratiquée après celle de la valvule tricuspide, car il n'est pas facile de fermer l'orifice ouvert dans l'artère lorsque l'examen est terminé, tandis qu'il est aisé de placer une ligature modérément serrée à l'extrémité de l'auricule, si la région n'a pas été trop détériorée par le doigt des expérimentateurs.

Si nous nous reportons à l'époque où CHAUVEAU et FAIVRE entreprenaient leurs expériences sur le cheval, à l'Ecole Vétérinaire de Lyon (1855), un désaccord complet régnait entre médecins et physiologistes sur la coïncidence des bruits normaux du cœur avec les actes de la révolution cardiaque. BEAU, qui jouissait alors d'une grande autorité dans le milieu médical, regardait le premier bruit comme isochrone avec la systole des oreillettes, et le second, avec la diastole de ces cavités. La lenteur avec laquelle bat le cœur du cheval, la possibilité de combiner l'auscultation avec l'exploration manuelle du cœur ou l'exploration des valvules auriculo-ventriculaires ont permis aux expérimentateurs lyonnais de constater avec la plus grande netteté que le *premier bruit est synchrone avec la systole ventriculaire, le second avec le moment où les ventricules passent de la systole à la diastole*, opinion déjà soutenue par le Comité des physiologistes de Dublin. Ils eurent la satisfaction de convertir à leur manière de voir les adeptes les plus fervents que BEAU comptait parmi les médecins de Lyon.

A la même époque, on s'évertuait à étayer de preuves nombreuses l'opinion de ROUANET sur le mécanisme des bruits normaux du cœur. On connaît les causes multiples invoquées avant ROUANET, et depuis par certains auteurs, pour expliquer la production de ces bruits. ROUANET en donnait, au contraire, une genèse extrêmement simple : *le deuxième bruit est exclusivement produit par le claquement des valvules sigmoïdes, sous le choc en retour du sang contenu dans les artères; le premier bruit reconnaît pour cause essentielle le redressement et la tension des valvules auriculo-ventriculaires, par la projection du sang des ventricules.*

Grâce à l'expérimentation sur le cheval, CHAUVEAU et FAIVRE ont apporté un contingent de preuves à l'appui de l'explication de ROUANET.

Par exemple, en pinçant les deux troncs artériels au-dessus du cœur, immédiatement après la systole ventriculaire, on est souvent assez heureux pour supprimer le choc en retour du sang et conséquemment le second bruit. Mieux vaut agir seulement sur l'artère pulmonaire, et, dans ce cas, le second bruit est conservé à l'origine de l'aorte, tandis qu'il est supprimé au niveau de l'infundibulum.

On atteint le même but sans interrompre la circulation. Pour cela, on introduit dans les troncs artériels un trocart dont la gaine recèle, près de son extrémité inférieure, de petites lames élastiques enroulées en spire. Quand on est à la hauteur des valvules sigmoïdes, on profite du moment où elles sont relevées, ce dont on juge par le toucher ou par un regard jeté sur le ventricule, pour chasser hors de la gaine, à l'aide de la tige du trocart, les lames métalliques sus-indiquées. En se déroulant tout à coup, ces dernières appliquent les valvules contre les parois artérielles et suppriment le second bruit.

On peut encore engager de fines érignes pointues au niveau des sinus de VALSALVA, saisir avec elles un à deux replis sigmoïdiens, les attirer et les maintenir contre les parois de l'artère pulmonaire.

Passant à la vérification de l'hypothèse de ROUANET en ce qui concerne la production du premier bruit, CHAUVEAU et FAIVRE ont établi qu'en supprimant la tension des valvules auriculo-ventriculaires, on fait disparaître le premier bruit *ipso facto.* Or ils ont supprimé cette tension en allant couper les cordages tendineux qui rattachent les valvules aux piliers avec un bistouri courbe à pointe mousse, plongé dans les auricules et dirigé de haut en bas jusqu'à la hauteur des cordages. Ils l'ont encore supprimée en portant, à travers un orifice fait à l'auricule, soit un tube de fer-blanc, soit un tube formé de tours rapprochés d'un gros fil de fer dans l'orifice auriculo-ventriculaire. Les plis des valvules s'appliquent alors à la surface de ces tubes sans subir de tension, laissant subsister une large communication entre l'oreillette et le ventricule.

Le premier bruit, dans les deux sortes d'expériences, est remplacé par un souffle plus ou moins intense que l'on perçoit fort bien, en apposant le stéthoscope sur les gros vaisseaux de la base du cœur. Enfin, ils ont vérifié *de tactu* le succès de leurs tentatives pour diviser les cordages tendineux des valvules, en introduisant le doigt dans l'auricule. Ils sentirent quelques plis des valvules flotter dans l'orifice auriculo-ventriculaire ou même se renverser dans l'oreillette, entraînés par le reflux du sang.

A la même époque, la détermination précise du moment où se produit le choc précardial et de la cause du choc soulevait des controverses.

CHAUVEAU et FAIVRE constatèrent nettement sur le cœur du cheval mis à nu l'isochronisme du premier bruit et de la systole ventriculaire. Comme il avait été reconnu déjà que le premier bruit est synchrone avec le choc précordial, ils conclurent à l'isochronisme de la pulsation cardiaque et de la systole ventriculaire.

Admettant cet isochronisme, ils devaient repousser l'opinion de BEAU attribuant le choc à la projection du sang contre le fond des ventricules par la systole des oreillettes. Ils repoussèrent également l'explication de SÉNAC, de HUNTER, de J. BÉCLARD, etc., basée sur un prétendu redressement de la courbure des artères aorte et pulmonaire, celle de BORELLI, BÉRARD, PARCHAPPE, etc., invoquant un raccourcissement plus considérable des fibres unitives de la face antérieure du cœur, celle de HOPE, FATOU, HIFFELSHEIM, appelant à son aide un mouvement de recul dans une direction opposée aux orifices de sortie du sang, lorsqu'il est chassé par la systole ventriculaire, tout simplement parce qu'il ne leur fut pas donné d'observer le redressement des gros troncs artériels, ni une contraction de la face antérieure capable de relever la pointe du cœur, ni recul notable de cette pointe. Au surplus, si le recul ou le redressement de la courbure des grosses artères étaient la cause essentielle du choc, celui-ci devrait être perçu chez le cheval, au niveau du poitrail ou de l'appendice xyphoïde, tandis qu'il l'est au maximum sur les faces latérales de la poitrine.

La cause du choc s'exerce donc dans le sens transversal et non dans le sens antéropostérieur.

Après s'être rendu compte du changement brusque de forme et de consistance de la masse ventriculaire au moment de la systole, CHAUVEAU et FAIVRE attribuèrent le choc à cette transformation instantanée qui ne peut effectivement se produire sans que le cœur presse davantage contre la paroi costale qu'il ne quitte jamais, en raison du vide régnant dans la cavité thoracique.

L'explication des physiologistes lyonnais avait l'avantage de s'appliquer à toutes les espèces animales, quelle que soit la forme de leur poitrine. La possibilité de s'adapter à toutes les espèces est la première et l'indispensable qualité des explications de cette nature. En conséquence, celle de CHAUVEAU et FAIVRE avait les plus grandes chances d'être vraie et adoptée par tout le monde.

b) *Cardiographie.* — La cardioscopie, pratiquée sur le cheval, avait donc eu de sérieux avantages. CHAUVEAU et FAIVRE répétèrent leurs expériences à l'École Vétérinaire d'Alfort devant RAYER et CL. BERNARD désignés par l'Académie des sciences, et devant plusieurs membres de l'Académie de médecine qui, pour la plupart. se rangèrent à leur manière de voir. Cependant BEAU continuait à soutenir que le choc précordial était dû à la projection du sang contre le fond des ventricules par la systole des oreillettes. En face de l'insistance d'un clinicien réputé, plus d'un médecin hésitait à abandonner la thèse de BEAU. La tribune de l'Académie de médecine retentissait alors de discussions fameuses sur ce point capital dans la recherche et l'interprétation des troubles de la circulation. CHAUVEAU et MAREY entreprirent de faire cesser le conflit en démontrant l'isochronisme du choc et de la systole ventriculaire, à l'aide de la méthode graphique, dans des conditions qui ne laisseraient plus de place au doute. Ils résolurent d'aller recueillir la systole à l'intérieur même des cavités du cœur renfermé dans une poitrine intacte et la pulsation cardiaque dans l'épaisseur de la paroi thoracique, en se servant d'explorateurs élastiques soutendus par de l'air et conjugués à l'extérieur avec d'autres ampoules capables d'imprimer, aux moindres changements de volume, un déplacement considérable à des leviers inscripteurs.

Ce n'était pas la première fois que l'on cherchait à traduire extérieurement certains actes de la circulation cardiaque. Ainsi, la cardiopuncture avait permis d'enregistrer les mouvements de locomotion que le cœur exécute à chaque révolution, et UPHAM, de Boston, opérant sur GROUX, atteint de fissure congénitale du sternum, avait appliqué sur les régions répondant au ventricule et à l'oreillette des explorateurs qui fermaient un courant électrique au moment des systoles et actionnaient de la sorte des sonnettes de timbre différent. Mais c'était la première fois que les actes de la circulation cardiaque allaient être traduits extérieurement par des signes durables, et non éphémères, dont l'interprétation se poursuivrait à tête reposée.

La réalisation du projet de CHAUVEAU et MAREY exigeait un animal de grande taille dont les gros vaisseaux du cou, donnant accès aux cavités du cœur, pourraient admettre des ampoules exploratrices d'un certain volume, un animal dont l'état psychique promettait, la vivisection terminée et les explorateurs mis en place, le calme conciliable avec le fonctionnement normal du cœur,

Le cheval seul, parmi les animaux domestiques, réunissait les conditions sus-indiquées. L'encolure est longue, dégagée; conséquemment sa base est très accessible à l'opérateur, sur l'animal debout; de plus, la disposition de la jugulaire et de la carotide est telle, au bas du cou, qu'une simple incision permet de les découvrir et de les isoler d'une façon suffisante.

En outre, les sujets, âgés bien que vigoureux, choisis pour ce genre d'expérience, restent d'ordinaire indifférents aux manipulations et explorations dont ils sont l'objet; de sorte que leur cœur reprend vite son rythme habituel, que ces animaux peuvent marcher, trotter, boire et manger après l'introduction des ampoules dans les cavités cardiaques, spectacle toujours surprenant pour les personnes qui y assistent une première fois.

CHAUVEAU et MAREY donnèrent aux ampoules exploratrices une forme, une résistance et une monture qui permissent l'introduction dans les cavités du cœur. Les petits appareils résultant de ces dispositions s'appelèrent *Sondes cardiographiques*.

Sondes cardiographiques. — La jugulaire donnant un accès facile dans l'oreillette et le ventricule droits, avec une sonde *ad hoc*, il est possible de recueillir séparément les changements de pression dont l'oreillette et le ventricule sont le théâtre. Aussi la sonde destinée au cœur droit est-elle double et porte-t-elle deux ampoules isolées et écartées l'une de l'autre de 40 à 50 millimètres, distance qui sépare la partie moyenne de l'oreillette du tiers inférieur du ventricule (voy. fig. 55).

Les ampoules sont formées par un tube de caoutchouc à paroi très mince, tendu modérément sur une charpente métallique. Celle-ci a pour base deux boutons hémisphériques de laiton de 8 à 10 millimètres de diamètre, réunis et maintenus à 30 millimètres l'un de l'autre par quatre fines tiges d'acier implantées sur leurs bords ; de sorte que, dans son ensemble, elle représente une cavité olivaire percée de quatre longues fenêtres dans lesquelles la membrane de caoutchouc enveloppante peut s'enfoncer plus ou moins.

La charpente métallique de l'ampoule ventriculaire porte à l'une de ses extrémité une courte tubulure ; celle de l'ampoule auriculaire est traversée de part en part, en son milieu, par un tube de laiton, et porte, de plus, à son extrémité supérieure une tubulaire analogue à celle de l'ampoule ventriculaire.

Un tube de gomme flexible rattache l'ampoule ventriculaire à l'ampoule auriculaire. De celle-ci partent deux tubes indépendants protégés pas une grosse sonde en gomme. Ces tubes aboutissent chacun à une tubulure spéciale fixée sur l'armature métallique qui termine la partie extérieure de la sonde. La longueur totale de l'appareil est de 650 à 670 millimètres. Bien qu'elles soient placées dans le prolongement l'une de l'autre, les deux ampoules restent donc absolument indépendantes.

FIG. 55. — *Sondes cardiographiques.*

A, sonde cardiographique pour le cœur droit ; elle porte deux ampoules ; B sonde cardiographique pour le cœur gauche ; elle porte une seule ampoule destinée au ventriceul.

Le fragment de sonde qui réunit les deux ampoules, la sonde en gomme qui protège les longs tubes spéciaux à chaque ampoule doivent être assez résistants pour ne pas s'aplatir sous la pression des doigts, assez souples pour se prêter aux inflexions des voies conduisant jusqu'au ventricule.

Sur un cheval dont la poitrine est intacte, les artères offrent l'unique passage pour arriver dans le cœur gauche, et ce passage conduit exclusivement au ventricule. Conséquemment, la sonde destinée au cœur gauche portera une seule ampoule construite sur le type de l'ampoule ventriculaire droite, en différant seulement par un diamètre un peu plus petit et une longueur plus grande.

L'ampoule devant subir l'effort de l'expérimentateur pour parcourir la partie inférieure de la carotide et pénétrer dans le ventricule, elle est surmontée d'un tube creux, en laiton, peu flexible, avec lequel elle fait un angle de 135°-143° environ. Près de l'extrémité libre du tube, est soudée perpendiculairement, et dans le plan de l'ampoule, une petite tige métallique de 30 millimètres de longueur qui permet aux doigts de saisir et de manier la sonde avec plus de facilité et de connaître, à tout instant, la direction de l'ampoule exploratrice.

CHAUVEAU et MAREY ont recueilli le choc, tantôt avec une ampoule analogue à celle qu'on introduit dans le ventricule, sauf qu'elle est dépourvue d'arêtes métalliques et que l'écartement des bases hémisphériques est maintenu par un tube central, tantôt avec une ampoule spéciale formée d'un doigt de gant en caoutchouc mince tendu sur une carcasse métallique. Celle-ci a pour base un tube de laiton prolongé par une lame pleine en acier de 30 millimètres de long sur 10 de large. Au bout du tube et en face du point d'implantation de la lame sus-indiquée, est soudée une lame courbée, faisant ressort, dont l'extrémité libre glisse sur la lame pleine chaque fois que le ressort est déprimé dans sa partie convexe. Cette ampoule a la forme d'un coin et s'engage plus aisément que l'autre entre les muscles intercostaux.

Il va sans dire qu'on peut recueillir le choc d'une façon moins immédiate, en appliquant un cardiographe à bouton à la surface de la poitrine.

Introduction des sondes cardiographiques et de l'explorateur du choc. — Les explorateurs étant connus, nous allons indiquer la manière de les mettre en place. Dans tous les cas, on opère sur le cheval debout.

Pour placer la sonde cardiographique droite, on découvre et on isole entièrement la veine jugulaire à la base du cou, d'un côté ou de l'autre. On lie le vaisseau vers l'angle supérieur de la plaie ; on lie aussi les branches collatérales qui débouchent au-dessous de la ligature. Un aide comprime la veine vers l'angle inférieur de la plaie ; l'opérateur pratique alors dans la paroi du vaisseau une incision longue de $0^m,03$ par laquelle il introduit l'ampoule ventriculaire préalablement mouillée, afin qu'elle soit plus glissante. Pendant l'introduction, il faut constamment embrasser le vaisseau avec trois doigts, de manière à appliquer exactement les parois sur l'instrument, sinon on s'expose à laisser entrer de l'air dans le système veineux. L'opérateur, face à l'animal, doit maintenir la sonde dans la direction du cœur. Pour cela, il fait reposer l'extrémité supérieure de la sonde sur son épaule droite. Peu à peu, sous l'influence de manœuvres tentées avec précaution, l'extrémité inférieure de la sonde passe de la jugulaire dans la veine cave antérieure ; de là, dans l'oreillette et enfin dans le ventricule où l'ampoule est entraînée par son propre poids. Quand on suppose que la sonde est à peu près en place, on substitue à la pression des doigts sur la partie inférieure de la jugulaire une ligature modérément serrée.

Devenu libre, l'opérateur examine s'il n'y a pas lieu de rectifier la position des ampoules. En effet, il peut arriver que les ampoules ne soient pas assez engagées dans le cœur, ou, au contraire, qu'elles soient toutes deux dans le ventricule. On s'aperçoit de ces positions défectueuses par le jeu des tambours à levier que l'on réunit aux tubulures de la sonde. Si la sonde n'est pas assez enfoncée, les leviers des deux tambours exécutent de minimes déplacements ; si elle l'est trop, les déplacements des deux leviers sont synchrones et de même importance. Suivant le cas, on agit sur la sonde avec précaution, tout en regardant l'extrémité des leviers ; dès que les déplacements de ceux-là deviennent alternatifs et que les mouvements d'un levier sont plus brusques et plus amples que ceux de l'autre, on cesse les manœuvres ; les ampoules sont régulièrement placées. Elles occupent alors la place représentée sur la figure ci-jointe (fig. 56).

L'introduction de la sonde cardiographique gauche est beaucoup plus laborieuse. On ouvre l'artère carotide comme on ouvre la veine jugulaire, en ayant soin, toutefois, de pratiquer l'incision des parois aussi bas que possible, là où l'artère rampe encore sur la face inférieure de la trachée. A ce niveau, en raison de la direction de la carotide, on engage plus aisément la sonde dans le vaisseau.

Dans ce premier temps de l'introduction, l'ampoule est placée horizontalement, la tige de la sonde dirigée en bas. L'opérateur embrasse l'ampoule et les parois du vaisseau avec un soin méticuleux, pour éviter l'irruption violente du sang hors de la carotide. Poussant peu à peu sur la tige métallique, il engage l'ampoule jusque dans l'artère aorte antérieure ; en relevant l'extrémité libre de la sonde, il la fait descendre dans l'aorte primitive. Parvenu à ce point de ses opérations, il peut faire lier les parois de la carotide sur la tige de la sonde ; sa main gauche devient libre et, n'ayant plus à se défendre contre l'hémorragie, il s'occupe d'engager définitivement l'ampoule dans le ventricule gauche. D'ordinaire, l'ampoule vient buter contre les valvules sigmoïdes ; l'expérimentateur la retire, l'engage de nouveau, en coordonnant ses tentatives avec les pulsations de l'artère. Après quelques tentatives infructueuses, il finit par trouver les valvules relevées, au moment où il presse sur la sonde ; la sonde descend et l'ampoule vient prendre sa place dans le ventricule.

Dans cette partie de l'opération, on ne saurait trop recommander la patience ; il faut

« sentir » le jeu des valvules transmis aux doigts de la main droite par la tige de la sonde, et « deviner » en quelque sorte l'instant précis où les sigmoïdes sont soulevées. Des manœuvres intempestives aboutissent à la rupture d'un ou deux des replis sigmoïdiens et troublent irrémédiablement la circulation du sang.

Pour placer l'explorateur du choc précordial, on fait une petite incision verticale en arrière et un peu au-dessus du coude gauche ; elle intéresse la peau, le muscle sous-cutané, le grand dentelé et l'intercostal externe ; on introduit alors le doigt dans la plaie et on décolle les deux muscles intercostaux ; on crée ainsi une petite poche dans laquelle on enfonce l'ampoule et où on la maintient à l'aide d'un point de suture.

L'opération que nous venons de décrire est très douloureuse ; aussi, lorsqu'on veut faire une expérience cardiographique complète, est-il préférable de commencer par elle et de finir par l'introduction des sondes intra-cardiaques.

Nous ne dirons rien des tambours à levier et du cylindre enregistreur qui aujourd'hui n'ont rien de spécial à la cardiographie.

En terminant cette partie technique de notre description, nous ajouterons que pour prendre de bons tracés cardiographiques, il est indispensable que l'extrémité de tous les leviers inscripteurs se trouve placée rigoureusement sur une même ordonnée, de manière que les phénomènes synchrones soient exactement superposés.

Synchronisme de la contraction ventriculaire et de la pulsation cardiaque. — Il a été dit précédemment que la cardiographie avait été imaginée dans l'intention de chercher si le choc précordial est isochrone avec la systole auriculaire ou avec la systole ventriculaire. Les tracés ont démon-

FIG. 56. — Schéma montrant, grâce à une fenestration de la poitrine et du cœur, la position de la sonde cardiographique droite.

tré l'isochronisme du choc et de la systole du ventricule. En effet, si l'on compare les tracés des cavités du cœur à ceux du choc, on s'aperçoit que l'accident le plus important du tracé du choc coïncide avec la systole des ventricules et non avec celle des oreillettes.

On vérifie cette assertion sur le tracé reproduit ci-contre (fig. 57). Le tracé du choc se dispose au-dessous du tracé des ventricules et rappelle, sauf une moindre amplitude, le graphique du ventricule. La ressemblance est parfaite au début et à la fin du graphique.

Si, dans la partie moyenne, le levier qui répond au ventricule reste soulevé pendant que celui de la pulsation commence à descendre, il faut en chercher la cause dans la contraction ventriculaire, sous l'influence de laquelle le cœur se vide de son contenu et presse de moins en moins contre la paroi thoracique.

La pulsation cardiaque reproduit extérieurement les changements de pression intra-cardiaques. — Les bons tracés de pulsation recueillis par CHAUVEAU et MAREY avec une ampoule située entre les muscles intercostaux comparés aux tracés intra-ventriculaires ont permis de saisir ces relations qui cessent à chaque systole, en un point que nous avons indiqué plus haut.

Cette ressemblance, corroborée d'ailleurs par les graphiques pris par FRANÇOIS-FRANCK sur une femme atteinte d'ectopie du cœur, a fait pressentir tout le parti que l'on pouvait tirer d'excellents tracés de la pulsation cardiaque. Malheureusement, quand ils sont recueillis à la surface de la poitrine, avec des explorateurs ordinaires, ces tracés sont fortement déformés et compliqués par les mouvements respiratoires.

Vérification du rythme des actes de la révolution cardiaque. — CHAUVEAU et FAIVRE avaient noté que la systole du ventricule ne suit pas immédiatement celle de l'oreillette, que celle-ci est fugitive, tandis que l'autre dure beaucoup plus longtemps. La vérification de ces assertions peut se faire sur les tracés cardiographiques (fig. 57). La vitesse de déplacement du cylindre enregistreur étant connue, il est facile de calculer la durée des différents actes d'une révolution cardiaque.

Divisant la révolution cardiaque en centièmes, CHAUVEAU et MAREY ont observé que la

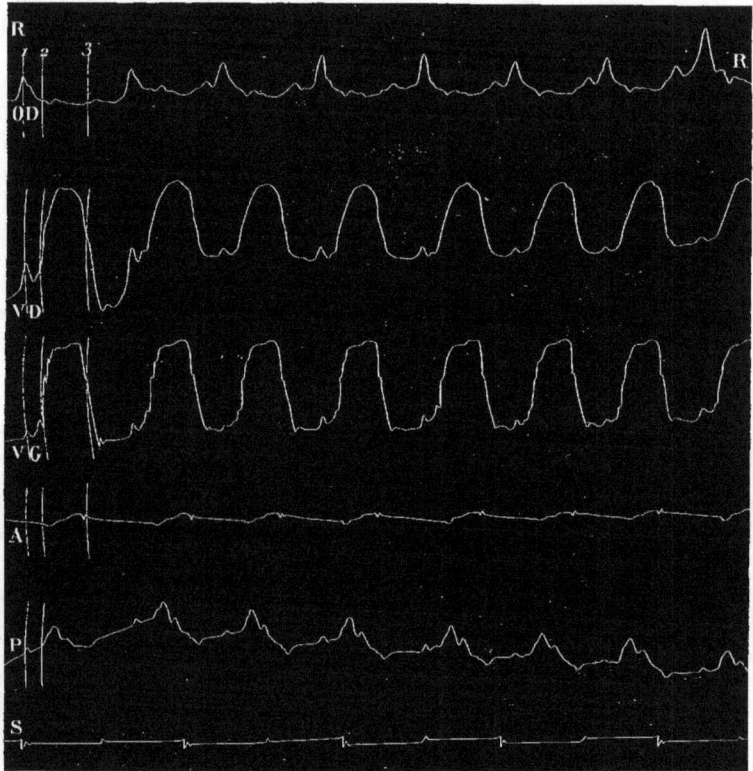

FIG. 57 — *Rapports des mouvements cardiaques appréciés d'après ⁸⁄₉ pressions intra-auriculaire et intra-ventriculaire, soit entre eux, soit avec les pulsations cardiaque et aortique* (Collection de M. CHAUVEAU).

OD, oreillette droite; VD, ventricule droit: VG, ventricule gauche; A, aorte; P, pulsation cardiaque extérieure; S, signal électrique donnant le temps divisé en secondes; R, R, repères naturels.

1, Sommet de la pulsation auriculaire; 2, début de la pulsation ventriculaire; 3, claquement des sigmoïdes placés au début de la diastole ventriculaire.

NOTA. — *Les repères surajoutés sont exactement superposés dans les cinq graphiques.*

systole auriculaire occupe 0,10, que l'intervalle qui sépare la systole de l'oreillette de celle du ventricule équivaut aussi à 0,10; que la systole du ventricule occupe 0,30, et la diastole générale 0,50.

Ces déterminations précises ont encore l'intérêt de nous montrer que les parois du cœur sont plus longtemps au repos qu'en activité, surtout les parois des oreillettes.

Chez les espèces dont la révolution cardiaque s'enferme dans une mesure à trois temps, la durée de la diastole générale équivaut seulement aux 25/100 de celle de la révolution totale. Quant à la durée des premiers actes, elle est égale à celle que nous indiquons précédemment.

Les actes sont simultanés dans le cœur droit et dans le cœur gauche. — Les tracés cardiographiques (fig. 57) ont confirmé cette simultanéité. Mais ils ont démontré aussi qu», dans des cas exceptionnels, sur des cœurs sains, la systole du ventricule gauche retardait légèrement sur celle du ventricule droit.

Des caractères de la systole dans les deux cœurs. — Mesurés par l'amplitude de l'accident positif présystolique visible sur le graphique des deux ventricules, la force et la durée de la systole de l'oreillette sont sensiblement identiques à droite et à gauche.

On savait que la contraction du ventricule gauche est plus puissante que celle du cœur droit; la cardiographie a ajouté une notion nouvelle, savoir, que le resserrement du ventricule droit atteint rapidement son maximum, tandis que celui du ventricule gauche s'accentue de plus en plus et graduellement jusqu'à l'arrivée de la diastole (voir fig. 57 et les différents tracés cardiographiques reproduits dans cet article).

Démonstration du jeu des valvules auriculo-ventriculaires et sigmoïdes. — Nous avons fait connaître, à propos de cardioscopie, l'opinion de CHAUVEAU et FAIVRE sur l'occlusion des orifices auriculo-ventriculaires. La cardiographie en a montré le bien-fondé.

Si l'on retire la sonde cardiographique droite, au cours d'une expérience, de manière à placer l'ampoule ventriculaire au niveau même de l'orifice auriculo-ventriculaire, le tracé du ventricule se modifie brusquement. En remplacement du plateau et de la chute diastolique caractérisant ce

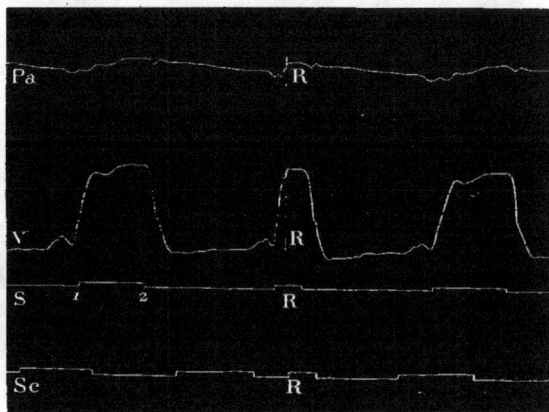

Fig. 58. — *Inscription électrique des mouvements des valvules si que les déterminant l'ouverture et l'occlusion de l'orifice aortique.* Communiqué par M. CHAUVEAU.
Sc, Abscisse et temps divisé en demi-seconde; V. pression intra-ventriculaire (cœur gauche); Pa, pulsation intra-aortique; S. signal électrique indiquant l'ouverture 1 et la fermeture 2 de l'orifice aortique; R, R. R, R. repères.

tracé, on voit une série décroissante d'oscillations rapides. L'examen du nouveau tracé fait naître, dans l'esprit, la certitude : 1° que l'ampoule occupait un espace qui ne s'est pas agrandi comme le voudrait l'opinion des physiologistes admettant la fermeture de l'orifice par une traction des piliers sur les plis de la valvule tricuspide; 2° que la valvule est venue embrasser l'ampoule et l'actionner par une suite de mouvements vibratoires.

Quant à l'abaissement brusque des valvules sigmoïdes au début de la diastole des ventricules, CHAUVEAU et MAREY en ont vu l'indice dans un ressaut qui ne manque presque jamais sur la partie descendante de la courbe ventriculaire (Voyez fig. 57).

Des doutes ayant été émis en Allemagne sur le synchronisme de l'abaissement des valvules sigmoïdes et, par suite, sur la place du second bruit normal du cœur, CHAUVEAU a profité des facilités que présente l'expérimentation chez le cheval pour étayer ses anciennes assertions sur de nouvelles preuves (1894). Il a entrepris d'inscrire le moment où les valvules sigmoïdes aortiques s'ouvrent et se ferment, simultanément avec les pressions intraventriculaire et aortique. Pour cela, il a fait construire une sonde métallique à double courant, munie de deux ampoules indépendantes, destinées : l'une à rester dans l'aorte, l'autre à se loger dans le ventricule. Le tube qui rattache ces deux ampoules forme un étranglement engagé dans l'orifice aortique sur lequel s'appliquent les valvules sigmoïdes chaque fois qu'elles s'abaissent. Sur cet étranglement est disposé un contact électrique, qui s'établit ou se rompt par le jeu d'une fine lame élastique qu'actionne la pression des valvules. Le circuit est formé par l'armature métallique de la sonde et par un fil isolé inclus dans la cavité interne de celle-ci; il actionne extérieurement un signal électrique.

Avec cet appareil, on peut recueillir : 1° le graphique des systoles et diastoles du ventricule; 2° le graphique de la pulsation aortique; 3° le graphique des mouvements des valvules sygmoïdes (voy. fig. 58).

L'étude de ces graphiques démontre que l'ouverture de l'orifice aortique coïncide avec un point élevé de la partie ascendante du tracé ventriculaire, la fermeture, avec le début de la brusque descente diastolique; elle montre, en outre, que les systoles inca-

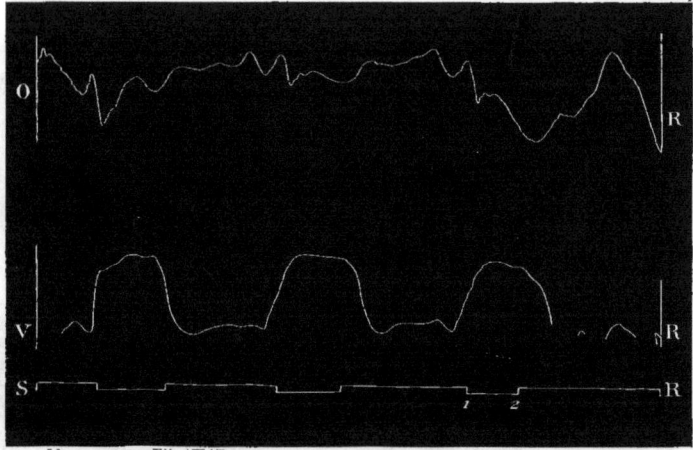

FIG. 59. — *Inscription électrique des mouvements de la valvule tricuspide déterminant la fermeture et l'ouverture de l'orifice auriculo-ventriculaire droit* (tiré de la collection de M. CHAUVEAU).
V, Pression intra-ventriculaire (cœur droit); O, pression intra-auriculaire; S, signal électrique indiquant la fermeture 1 et l'ouverture 2 de l'orifice auriculo-ventriculaire droit.

pables de modifier la pression aortique ne soulèvent pas les valvules sigmoïdes. CHAUVEAU en conclut, plus fermement que jamais : que *les valvules sigmoïdes se relèvent et l'orifice aortique s'ouvre, non pas au moment où débute la contraction ventriculaire, mais quand cette contraction a atteint la force nécessaire pour communiquer au sang intra-cardiaque une pression supérieure à celle du sang intra-aortique; que les valvules sigmoïdes s'abaissent et l'orifice aortique se ferme au moment même où s'opère le relâchement ventriculaire.*

Le ressaut que l'on constate sur la partie descendante d'un tracé ventriculaire est bien la conséquence de la fermeture des valvules sigmoïdes : toutefois il se montre légèrement en retard sur l'instant précis de l'occlusion de l'orifice artériel.

Une sonde cardiographique analogue a été construite sur les indications de CHAUVEAU pour enregistrer le moment précise du soulèvement et de l'abaissement des plis de la valvule tricuspide.

Avec elle, on a obtenu le très beau graphique (fig. 59), où les déplacements du signal électriques S sont en sens inverse de ceux du signal qui inscrit le jeu des sigmoïdes dans la figure précédente.

Des pressions régnant à l'intérieur du cœur. — Avant les expériences de CHAUVEAU et MAREY sur le cheval, nous ne possédions sur l'état des pressions à l'intérieur du cœur que des connaissances incomplètes, et quelques-unes fort exagérées.

Chauveau et Marey ont fait de leurs sondes cardiographiques des sortes de manomètres à l'aide desquels ils ont pris d'abord une idée des pressions qui règnent dans le cœur aux diverses phases d'une révolution cardiaque, et mesuré ensuite ces pressions.

Que l'on introduise les sondes dans le cœur du cheval après les avoir reliées préalablement avec les tambours à levier et s'être assuré que le système retient l'air très exactement ; dès qu'elles sont en place, on s'aperçoit : 1° que le levier qui répond à l'oreillette droite accomplit ses oscillations au-dessous de la ligne du zéro et ne la franchit que très rarement et au moment où la systole est à son maximum ; 2° que les leviers correspondant aux ventricules accomplissent la plus grande partie de leurs oscillations au-dessous de la ligne du zéro, mais s'élèvent constamment au-dessus lorsqu'ils écrivent le tiers ou le quart supérieur des systoles (voy. fig. 60).

Marey a construit une ampoule ventriculaire qui est actionnée seulement par les pressions négatives. C'est une ampoule métallique de forme olivaire, criblée de trous très étroits et coiffée d'une membrane de caoutchouc mince. Les pressions positives ne peuvent qu'appliquer plus exactement la membrane sur l'ampoule métallique ; de sorte qu'au moment où ces pressions s'exercent, le tambour à levier trace une ligne horizontale. Dès que la pression devient négative, la membrane quitte

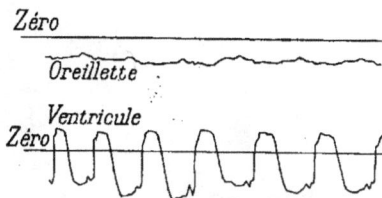

Fig. 60. — *Tracés de l'oreillette et du ventricule droite montrant les rapports des courbes avec la pression zéro.* La plume de l'ampoule auriculaire se meut constamment au-dessous du zéro ; celle de l'ampoule ventriculaire dépasse le zéro vers la fin des systoles.

la surface métallique, et le tambour à levier correspondant trace au-dessous du zéro des courbes plus ou moins amples et plus ou moins complexes. Les systoles du ventricule enregistrées avec cette ampoule sont amputées de leur sommet.

Chauveau et Marey voulurent donner une idée concrète des pressions positives. Pour cela, les sondes cardiographiques retirées du cœur étaient immergées dans un vase clos, plein d'eau chauffée à 38° sur laquelle on peut exercer une pression à l'aide d'un piston ou d'un réservoir qu'on élève à volonté ; la pression est mesurée par un manomètre implanté à travers le bouchon du vase. Comprimant l'eau jusqu'à ce que les différents leviers aient atteint les hauteurs auxquelles ils s'étaient élevés dans la première partie de l'expérience, ils lisaient les déplacements de la colonne de mercure correspondante à l'ascension de chaque levier.

Ils obtinrent comme valeur moyenne des pressions maxima, les nombres suivants :

	m.
Ventricule droit.	0,0025
Ventricule droit.	0,0240
Ventricule gauche.	0,1280

Ils ont trouvé sur quelques chevaux des chiffres fort différents de ceux-là. Par exemple, sur l'un de ces animaux, la pression maximum mesurait 30 millimètres dans le ventricule droit et 93 millimètres dans le ventricule gauche.

La pression maximum dans l'oreillette est donc très faible, comparativement à celle qui prend naissance dans les ventricules. Nous le faisons remarquer pour rendre plus invraisemblable encore la théorie de Beau sur la cause de la pulsation cardiaque.

De la position des bruits normaux dans une révolution cardiaque. — On a vu plus haut comment Chauveau et Faivre avaient combiné la cardioscopie à l'auscultation sur le cheval pour déterminer le synchronisme des bruits normaux du cœur avec certains actes de la révolution cardiaque. En combinant la cardiographie à l'auscultation et en inscrivant avec un signal électrique, au-dessous d'un cardiogramme, l'instant où l'on perçoit les bruits, grâce à la durée de la systole et à la lenteur du rythme chez le cheval, François-Franck a obtenu des indications précises sur la position du premier et du second bruit. Le signal du premier bruit est inscrit peu après le début de la systole ; celui du second bruit coïncide avec le début de la diastole du ventricule. Les deux bruits sont donc groupés autour de la systole ventriculaire. L'inscription électrique du jeu des valvules par Chauveau a corroboré ces faits en leur donnant encore plus de précision.

De l'agrandissement de l'oreillette sous l'influence de la contraction du ventricule. — On a déjà dit (page 422) que Chauveau avait observé ce fait tant dans l'oreillette droite que dans la gauche. Des graphiques recueillis par ce physiologiste et publiés dans la thèse de Lefèvre l'ont rendu absolument indéniable. Sur un cheval dont la poitrine est ouverte, on introduit dans le cœur droit la sonde cardiographique ordinaire en passant par la jugulaire ; une sonde analogue est introduite dans le cœur gauche en passant par le sommet de l'auricule correspondante. On obtient de la sorte un tracé de l'oreillette et du ventricule droit et un tracé de l'oreillette et du ventricule gauche (fig. 61). Sur les

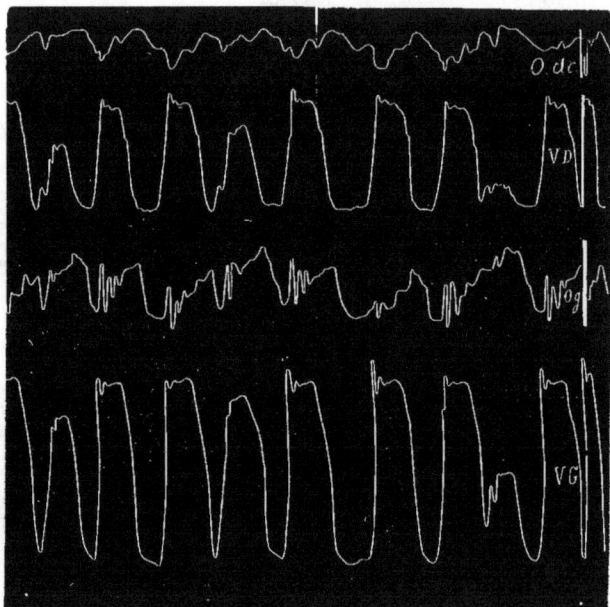

Fig. 61 — *Tracés cardiographiques montrant l'influence de la systole du ventricule sur l'agrandissement de la cavité des oreillettes.*

od c, tracé de l'oreillette droite ; VD, tracé du ventricule droit ; og, tracé de l'oreillette gauche ; VG, tracé du ventricule gauche.

tracés de l'oreillette, on constate une chute brusque du levier coïncidant avec le début des systoles ventriculaires.

Détermination du retard de la pulsation artérielle sur la systole du ventricule. — Elle ne peut être rigoureuse qu'à la condition de reposer sur des graphiques recueillis en portant les explorateurs dans le cœur même et dans les artères. C'est sur le cheval que l'expérience est possible et qu'elle donne des résultats méritant toute confiance.

Du mécanisme des bruits de souffle intra-cardiaques. — Chauveau et Faivre ont déterminé expérimentalement, en agissant sur le cœur du cheval mis à nu, les bruits de souffle systolique et diastolique et ont fixé le mécanisme de leur production.

Ils ont rendu la valvule tricuspide insuffisante par deux moyens : 1° en coupant les cordages tendineux à l'aide d'un bistouri courbe et mousse introduit par l'auricule droite ; 2° en engageant par la même auricule et en maintenant dans l'orifice auriculo-ventriculaire un tube de laiton ou de fer-blanc de 0m,020 à 0m,025 de diamètre. Dans les deux cas, le sang reflue dans l'oreillette et engendre un bruit de souffle coïncidant avec la systole du ventricule et se superposant au premier bruit.

Cette double expérience établit à la fois la cause du premier bruit normal (tension des valvules auriculo-ventriculaires) et celle du bruit de soufile systolique.

Ils ont rendu les valvules sigmoïdes pulmonaires insuffisantes, en les maintenant relevées à l'aide de petits ressorts circulaires ou de fines érignes pointues, et ont provoqué *ipso facto* un bruit de souffle diastolique se superposant au second bruit normal. Du même coup se trouve démontré le mécanisme du second bruit normal et du souffle diastolique.

Ultérieurement, CHAUVEAU a déterminé des souffles par insuffisance aortique sur le cheval debout, à poitrine intacte. Il s'est servi d'une tige pleine, métallique, terminée par un gros bouton olivaire rappelant la disposition de la sonde cardiographique gauche. Cette tige était introduite par la carotide jusqu'à l'origine de l'aorte et poussée brusquement dans le ventricule, lorsqu'on sentait que les valvules étaient abaissées, de façon à en rompre ou à en perforer un pli.

La tige métallique étant retirée, l'oreille appliquée sur la poitrine percevait immédiatement un très beau souffle diastolique.

Plus tard, il a opéré dans des conditions qui lui permirent de faire et défaire une insuffisance aortique et d'étudier les effets de l'insuffisance sur le tracé du ventricule gauche. Il employa une sonde cardiographique gauche dont la tige était entourée immédiatement au-dessus de l'ampoule de trois lames métalliques qui tendaient à s'écarter par leur propre élasticité (fig. 62). Ces lames pouvaient être maintenues étroitement appliquées contre le tube de la sonde par un cylindre métallique engaînant. La sonde était mise en place, les ressorts abaissés ; l'expérimentateur faisait glisser ensuite le tube engaînant de bas en haut et donnait ainsi toute liberté aux ressorts qui, s'écartant, appliquaient les plis de la valvule sigmoïde contre les parois de l'aorte. Après avoir constaté *de auditu* l'existence d'un souffle aortique et *de visu* son influence sur le tracé intra-ventriculaire, il faisait glisser le tube engaînant de haut en bas et rétablissait aussitôt l'état normal.

L'usage de cette sonde permet de faire de véritables expériences de cours.

FIG. 62. — *Sonde cardiographique gauche munie du dispositif nécessaire pour produire des insuffisances aortiques.* Les lames élastiques découvertes par le retrait du tube engaînant sont écartées comme au moment où elles produisent l'insuffisance lorsque la sonde est en place.

Sous l'influence de l'insuffisance, le tracé cardiographique se modifie dans sa portion diastolique : la pression s'élève rapidement dans le ventricule, de sorte que la courbe de la systole part d'un point beaucoup plus haut que dans l'état normal.

c) *Troubles imprimés au jeu du cœur par l'excitation ou la section des nerfs pneumogastriques.* — L'étude en est singulièrement facilitée par l'expérimentation sur le cheval, avec tracés des pressions intracardiaques.

Nous ne parlerons pas du phénomène d'accélération qui suit la section des nerfs pneumogastriques, ni du phénomène de ralentissement ou d'arrêt pur et simple du cœur par l'excitation des vagues, parce qu'on peut les observer aussi bien sur d'autres animaux. Nous n'insisterons pas non plus sur la différence qui existe habituellement entre le vague droit et le vague gauche envisagés comme nerfs modérateurs du cœur, bien que nous l'ayons constatée les premiers sur le cheval avec LÉON TRIPIER ; nous nous bornerons à reproduire des tracés montrant admirablement cette différence. Notre intention est d'insister sur les changements apportés au rythme de la révolution cardiaque par la section et les excitations, car on ne les saisit bien que sur des tracés cardiographiques.

Par exemple, pendant l'accélération consécutive à la section des nerfs vagues, la pause n'est guère plus longue que la systole ventriculaire ; de sorte que la révolution cardiaque pourrait être enfermée dans une mesure à trois temps, comme celle de l'homme. Quand l'accélération est à son maximum, le raccourcissement porte en outre sur la durée de la systole ventriculaire. Cependant, si l'on compare la systole à la pause, sous le rapport de la modification qu'elles ont subie, à la systole et à la pause normales, on constate que la durée de la systole est relativement plus longue et celle de la pause relativement plus courte qu'à l'état normal. Dans une expérience où nous divisions la résolu-

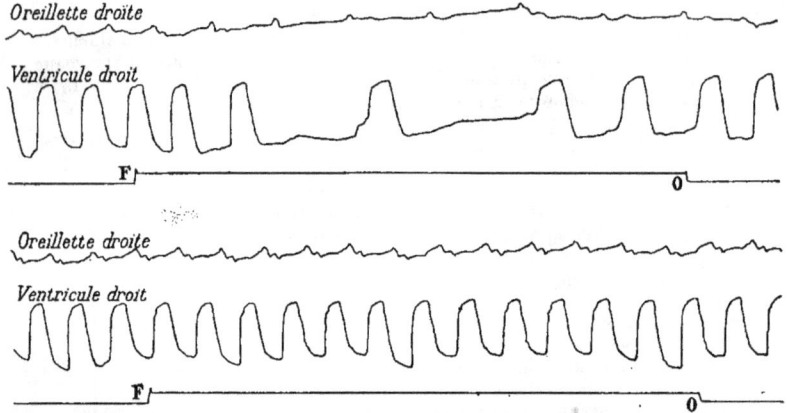

Oreillette droite

Ventricule droit

F

O

Oreillette droite

Ventricule droit

F

O

Fɪɢ. 63. — *Tracés intracardiaques montrant la différence existant entre les deux nerfs vagues comme agents modérateurs du cœur.*

Dans le groupe supérieur, on voit l'influence de l'excitation du vague droit de F en O; dans le groupe inférieur, l'influence de l'excitation du vague gauche par le même courant. Ici, l'effet modérateur est à peu près nul.

tion cardiaque en 84 parties égales, la durée de la systole et de la pause s'exprimait de la manière suivante dans les deux conditions indiquées ci-dessus :

$$
\text{Systole ventriculaire.} \begin{cases} \text{avant la section des nerfs.} \quad \dfrac{21}{84} \\[2ex] \text{après la section des nerfs.} \quad \dfrac{24}{84} \end{cases}
$$

$$
\text{Pause} \begin{cases} \text{avant la section des nerfs.} \quad \dfrac{62}{84} \\[2ex] \text{après la section des nerfs} \quad \dfrac{59}{84} \end{cases}
$$

En conséquence, pendant l'accélération du cœur, le second bruit est relativement plus éloigné du premier bruit qui précède et plus rapproché du premier bruit subséquent (Arloing, *Archives de physiologie*, 1894).

Dans le ralentissement déterminé par l'excitation du bout périphérique des vagues, l'allongement porte sur tous ou quelques-uns des actes de la révolution cardiaque suivant l'intensité de l'excitation. Par les excitations légères, l'allongement porte sur la pause ou diastole générale. Si les excitations sont un peu plus vives, la durée de la pause est encore plus grande. Par les excitations énergiques, l'allongement porte en même temps sur la pause et la systole ventriculaire. Nous avons constaté aussi un léger allongement de la décontraction de l'oreillette.

Dans des cas exceptionnels, que Chauveau a observés également de son côté, nous avons vu la systole auriculaire s'éloigner à ce point de la systole ventriculaire consécutive qu'elle semble plutôt post-systolique que pré-systolique. Ce trouble du rythme se constate seulement sur les tracés cardiographiques. Toutefois, si les conditions favorables à la production du pouls veineux existaient simultanément, elles permettraient de le diagnostiquer, attendu que, dans ce cas, le pouls veineux est très éloigné du premier bruit.

Nous avons observé ce changement de rythme après la section des vagues. Chauveau l'a constaté dans un cas d'insuffisance aortique expérimentale. Cette diversité prouve que la cause véritable n'en est pas connue.

Les excitations du pneumogastrique modifient non seulement la durée mais encore la force et la forme de la systole ventriculaire, modifications qui ne peuvent absolument se voir que sur des tracés cardiographiques. Par exemple, sous l'influence d'une constriction énergique du pneumogastrique, j'ai vu le ventricule se resserrer mollement et longuement sur l'ampoule exploratrice (systole avortée). Sous l'influence d'excitations électriques plus ou moins vives du bout périphérique des vagues, nous avons observé des troubles analogues, soit pendant le ralentissement du début, soit pendant la reprise des systoles. Lorsqu'on insiste longtemps sur l'excitation du nerf, on rencontre souvent des systoles avortées pendant la reprise des battements, en série ou intercalées entre des systoles complètes.

Nous arrivons maintenant à d'autres troubles dont la preuve indiscutable serait bien difficile à fournir sans le secours de la cardiographie; nous voulons parler de la dissociation fonctionnelle de l'oreillette et du ventricule correspondants et de celle des deux ventricules.

La résistance de l'oreillette est plus grande que celle du ventricule dans la mort. Elle

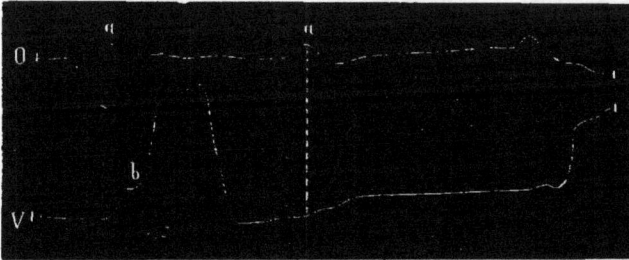

Fig. 64 — *Tracé cardiographique montrant la dissociation fonctionnelle de l'oreillette et du ventricule correspondants.*

O, oreillette ; a, a, systole de l'oreillette : V, ventricule droit ; b, systole du ventricule ; la 2ᵉ systole auriculaire n'a pas entraîné la systole du ventricule.

se manifeste aussi pendant la vie aux influences suspensives. Il en résulte que certaines excitations du pneumogastrique produisent un ralentissement plus marqué du ventricule ; de sorte qu'une ou deux systoles auriculaires ne sont pas suivies de la contraction des ventricules (CHAUVEAU, ARLOING).

L'association fonctionnelle des ventricules est assurément l'une des plus constantes qu'on puisse imaginer dans l'économie. Pourtant, elle n'est pas indissoluble.

Nous avons vu un jour la systole faire défaut dans le ventricule droit pendant une excitation forte et prolongée du pneumogastrique droit (bout périphérique).

Sur les graphiques de la figure 65, on constate les différentes phases du trouble cardiaque causé par l'excitation du nerf vague.

Dans la troisième phase, certaines systoles (a, a, a a) du ventricule gauche restent isolées et n'en provoquent pas dans le ventricule droit. Plus loin, en 6, on s'aperçoit qu'une forte systole du ventricule droit coïncide avec une systole avortée du ventricule gauche.

Nous ne nous chargerions pas de reproduire ce trouble à volonté. Les conditions n'en sont pas toutes déterminées. Mais il suffit qu'on l'ait produit une fois pour admettre qu'il pourra se présenter en clinique un jour ou l'autre (ARLOING, *Arch. de physiologie*, 1894).

Puisque nous sommes sur le chapitre des faits exceptionnels relevés sur le cœur du cheval, nous tenons à signaler la tétanisation du cœur en place dans la cavité thoracique sous l'influence d'une excitation mécanique du nerf vague.

Les physiologistes ayant fait de la cardiographie sur le cheval ont pu observer la juxtaposition précipitée de deux ou trois systoles avortées à une systole normale, sous

l'influence de l'irritation des vagues déterminée par leur section. Il est plus rare de
voir l'oreillette ou le ventricule se maintenir resserré à l'état moyen ou au maximum de
sa contraction pendant la durée de trois à quatre systoles. Nous avons observé cette par-

FIG. 65. — Tracés cardiographiques du ventricule droit et du ventricule gauche, pendant une excitation prolongée du nerf pneumogastrique droit, montrant que des systoles faibles du ventricule gauche peuvent manquer dans le ventricule droit.

Les trois parties du tracé se suivaient consécutivement; VG, tracés du ventricule gauche; VD, tracés du ventricule droit; a,a,a,a, systoles faibles du ventricule gauche manquant dans le ventricule droit; b, systole avortée dans le ventricule gauche coïncidant avec une systole assez forte du ventricule droit.

ticularité sur le cheval pendant la constriction d'un pneumogastrique dans une anse de
fil ou pendant la galvanisation du bout périphérique.
La figure 66 montre une de ces particularités survenues au moment où l'on nouait
une anse de fil autour de l'un des nerfs pneumogastriques.

Sur un sujet qui présentait, il est vrai, des traces d'ancienne myocardite, nous avons recueilli le tracé ci-joint (fig. 67) pendant un léger tiraillement du pneumogastrique

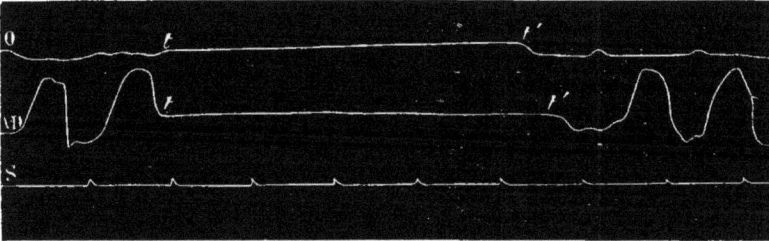

FIG. 66. — *Modification de la systole dans le cœur droit du cheval pendant la constriction de l'un des nerfs pneumogastriques.*
s, ligne d'abcisse et des secondes ; VD, tracé cardiographique du ventricule droit ; o, tracé cardiographique de l'oreillette droite ; de *t* à *t'*, arrêt spontané du cœur avant le relâchement complet de ses parois ; en *t'*, relâchement complet.

gauche. Parvenu à la fin d'une systole, le ventricule droit reste presque uniformément contracté durant sept secondes. Au début, le tracé offre des ondulations comme on en aperçoit sur le graphique fourni par un muscle sur le point d'entrer en tétanos ; plus loin, le tracé est net, sans ondulation. Le levier du cardiographe retombe brusquement, et le tétanos cesse, dès que l'on comprime le nerf dans une ligature jetée autour de lui. Rien de semblable n'a été obtenu quand on a agi sur le vague droit (ARLOING, *Arch. de physiol.*, 1893).

Que s'est-il passé dans cette expérience? Est-ce à un acte réflexe, est-ce à l'excitation d'un faisceau direct du pneumogastrique anormalement excitable qu'il faut attribuer le tétanos du cœur? Est-ce à l'hyperexcitabilité du muscle cardiaque? Il nous est impossible de répondre à ces questions.

e) *Circulation artérielle.* — L'étude de la circulation artérielle a largement bénéficié de l'usage du cheval.

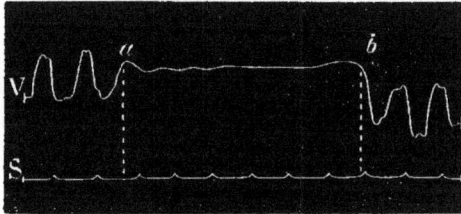

FIG. 67. — *Tétanos du ventricule droit pendant un léger tiraillement du vague gauche.*
s, ligne d'abcisse et des secondes ; v, tracé cardiographique du ventricule droit ; de *a* en *b*, on exerce de légers tiraillements sur le vague gauche, pendant que l'on se prépare à le lier ; en *b*, on étreint le nerf dans la ligature.

Cet animal offre à l'expérimentateur une carotide primitive longue et ample, superficielle, que l'on peut découvrir aisément, dans une grande étendue, sur les sujets maigres.

Nous donnerons une figure de cette disposition, merveilleuse pour le physiologiste, qui a hâté singulièrement les progrès de l'hémodromographie.

Dans le tiers supérieur et le tiers inférieur du cou, la carotide, rampant sur le plan latéral de la trachée, est en rapport en dehors avec la veine jugulaire externe la seule d'ailleurs qui existe chez les solipèdes. Dans le tiers moyen, elle en est séparée par le muscle omoplat-hyoïdien (voy. fig. 68).

En conséquence, on choisit les deux premières régions et de préférence le tiers inférieur du cou, pour découvrir la carotide lorsqu'on n'a pas besoin d'isoler ce vaisseau sur une grande longueur. Il suffit d'inciser la peau et le mince muscle peaucier cervical, d'un seul coup de bistouri, le long du bord postérieur de la jugulaire, visible à travers le tégument, de faire ériger ce vaisseau en avant, pour tomber sur la gaine celluleuse de la carotide. Parfois, on ne rencontre aucune veinule collatérale. Dans ce cas, l'incision reste d'une propreté parfaite. On voit battre le vaisseau dans une masse conjonctive d'une blancheur immaculée. D'autres fois, on tombe sur quelques veinules. Il faut les lier avant de pénétrer plus profondément, afin de ne pas être gêné par le sang et de pouvoir séparer sans difficulté l'artère des nerfs satellites, pneumogastrique et sympathique en arrière, récurrent, en avant.

Si l'on a besoin d'une longue portion de vaisseau, on utilise toujours le tiers inférieur et on prolonge l'incision sur le tiers moyen en divisant une partie du muscle omoplat-hyoïdien. Dans ce cas, il est impossible d'éviter l'hémorragie.

On n'oubliera pas que l'artère carotide, sur le cheval, entretient une large communication avec l'artère opposée par la branche transversale qui unit les carotides internes à travers le sinus caverneux, et avec l'artère vertébrale par l'anastomose de cette dernière avec l'artère atloïdo-musculaire, branche de la carotide externe.

Lorsqu'on a lié la carotide, on constate donc sur le bout céphalique une tension et des pulsations assez fortes; si le pouls disparaissait, il reparaîtrait avec une grande amplitude au bout d'une dizaine de minutes.

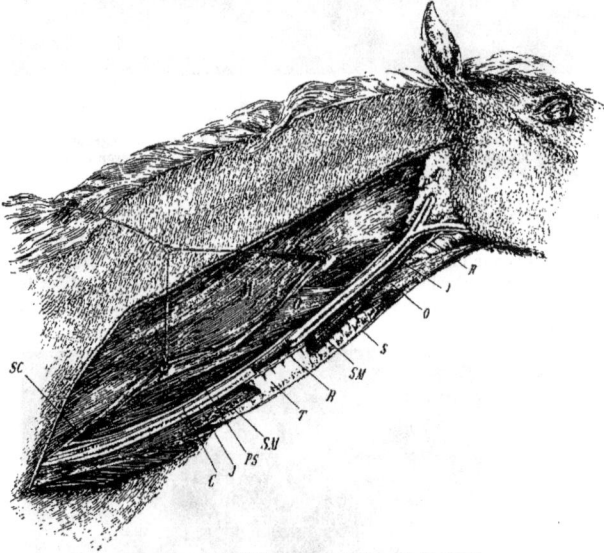

FIG. 68. — *Gouttière de la jugulaire chez le cheval.*

M, muscle mastoïdo-huméral dont le bord est soulevé par une érigne double; SM, SM, muscle sterno-maxillaire (portion du sterno-cléido-mastoïdien), dont un segment moyen a été enlevé; O, O, muscle omoplathyoïdien séparant deux étages dans le tiers supérieur de la gouttière de la jugulaire; Sc, muscle scalène; S, muscle sterno-hyoïdien; P, glande salivaire parotide; T, Trachée; JJ, veine jugulaire; Ce, artère carotide; PS, cordon commun au nerf pneumogastrique et au filet cervical du grand sympathique; en bas du cou, ce dernier s'isole du pneumogastrique et se porte en haut et en arrière; R, R, nerf récurrent.

Le physiologiste trouve d'énormes avantages à étudier la circulation artérielle sur la carotide du cheval. Ce vaisseau est isolable sur une grande longueur; en raison de son diamètre, on peut y introduire de larges canules ou des tubes en T que la coagulation du sang obstrue avec lenteur; enfin, grâce au calme de l'animal, on recueille, dans des conditions aussi physiologiques que possible, de bons tracés de tension ou de vitesse. Je glisserai sur les tracés de la tension envisagée isolément parce qu'on en prend aussi de très bons sur des espèces de plus petite taille. J'insisterai au contraire sur les tracés de vitesse ou sur ces derniers combinés avec des tracés de tension, parce qu'il n'y a guère que l'expérimentation sur le cheval qui nous livre de bons hémodromogrammes. Dans les laboratoires où l'on n'a pas l'habitude de se servir du cheval, on sent tellement les difficultés de l'hémodromographie qu'on s'efforce de déclarer que les tracés de tension peuvent suppléer à ceux de la vitesse. C'est là une assertion exagérée, comme nous le montrerons plus loin.

d) *Hémodromographie.* — Elle s'est développée surtout dans les laboratoires des

Écoles vétérinaires et particulièrement dans ceux de l'École de Lyon, où Chauveau a créé et fait fonctionner plusieurs hémodromographes.

Dès 1858, Chauveau imaginait un *hémodromomètre à cadran* composé d'un tube en laiton capable d'être fixé sur la continuité de l'artère carotide, percé d'une petite fenêtre rectangulaire fermée par une membrane de caoutchouc à travers laquelle était implantée une aiguille métallique que le courant sanguin entraînait plus ou moins, et dont les déviations angulaires étaient lues sur un rapporteur soudé au tube de laiton.

Il fit à l'aide de cet instrument, au fond très sensible, des expériences en collaboration avec Bertolus et Laroyenne.

En 1860, il transforma cet hémodromomètre en *hémodromographe*. Il atteignit ce but en allongeant la partie extérieure du levier métallique et en la terminant par une plume qui inscrivait sa course sur une bande de papier déroulée à son contact par un mouvement d'horlogerie dont la monture se fixait temporairement au tube hémodromographique.

Il ne tarda pas à éprouver le besoin de recueillir des indications sur la tension du sang dans l'artère, en même temps que des renseignements sur la vitesse. Pour le satisfaire, il adapta au tube hémodromographique, au niveau même du levier inscripteur, une tubulure qui reçut un sphygmoscope à doigt de gant. Ce dernier actionnait un tambour à levier maintenu en rapport avec le petit enregistreur de l'hémodromographe par un dispositif *ad hoc*.

L'hémodromographe, premier modèle, ne manquait pas de sensibilité. Chauveau et Lortet ont obtenu avec lui des tracés fort intéressants. Toutefois, il présentait un très sérieux inconvénient. Déjà, pour adapter le tube hémodromographique sur la carotide sans laisser subsister à son intérieur la plus petite bulle d'air, sous peine de faire des embolies gazeuses dans l'encéphale, on essuyait de graves difficultés. Mais, le tube étant heureusement mis en place, d'autres ennuis attendaient l'expérimentateur. Le petit enregistreur chargé de dérouler du papier au-dessous des leviers inscripteurs était accroché au tube hémodromographique et maintenu par un aide, à hauteur et dans une position convenables. Si l'animal venait à déplacer son encolure, l'aide devait suivre immédiatement tous les mouvements, sous peine de détruire les relations du tube avec l'artère ou de voir les plumes affecter des positions défectueuses. Parfois une expérience bien commencée était brusquement et irrémédiablement interrompue.

En outre, l'enregistreur était très réduit; il s'opposait à des expériences de longue durée et ne permettait pas d'étudier les variations de la vitesse conjointement avec d'autres fonctions.

Pour remédier à ces inconvénients, Chauveau convertit son hémodromographe à inscription directe en un hémodromographe à transmission. L'enregistreur devint complètement indépendant du tube hémodromographique et de l'animal. Ce peut être un enregistreur quelconque, celui qui sert à tous les travaux graphiques du laboratoire. La carotide ne supporte plus

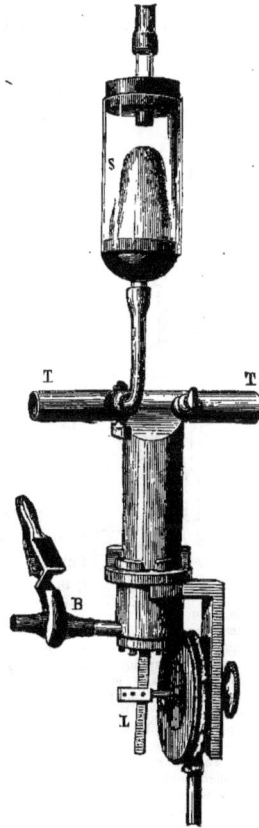

Fig. 69. — *Vue générale de l'hémodromographe de* Chauveau.

T,T,Tube hémodromographique pourvu de deux tubulures latérales dont une a reçu le sphygmoscope de Chauveau S; L, levier hémodromographique dont l'extrémité libre peut presser plus ou moins sur le réservoir à air qui est articulé avec lui; R, tube de caoutchouc par lequel on remplit l'hémodromographe d'une solution anticoagulante; il est ici aplati par la pression d'une pince à artère; m, bord de la lame de caoutchouc fermant la branche horizontale du tube hémodromographique; elle est percée d'une étroite fente dans laquelle passe le levier L.

que la partie exploratrice. Quant à la plume, elle est transformée en un levier à bras très inégaux (L), dont l'externe vient presser plus ou moins, suivant le degré de sa déviation, sur la paroi élastique d'un réservoir d'air mis en communication avec un tambour à levier par un tube de caoutchouc dont la longueur peut varier à volonté. Grâce à l'indépendance de l'enregistreur, à la flexibilité des intermédiaires, l'aide est dispensé d'une mission difficile, pénible, et l'animal peut exécuter quelques déplacements sans compromettre l'expérience. Enfin, le volume de l'enregistreur permet d'inscrire à côté du tracé hémodromographique la tension sphygmoscopique, la tension manométrique, la respiration, le choc précordial, le temps, c'est-à-dire des éléments d'appréciation aussi variés qu'importants.

CHAUVEAU a modifié le tube hémodromographique de manière à en faciliter le placement, à diminuer les chances d'introduction de l'air dans la carotide, à retarder la coagulation du sang, et à rendre possible le nettoyage sur place en cas de coagulation.

Nous ne donnerons pas ici une description minutieuse de l'appareil, on la trouvera à l'article hémodromographie ou circulation artérielle ; cependant, nous tenons à indiquer le principe et les avantages des changements apportés au modèle représenté dans les figures 69 et 70.

Pour donner au levier L toute la force capable de presser efficacement sur le réservoir à air constituant l'ampoule initiale du système de transmission, il fallait que le bras de la puissance eût une grande longueur. CHAUVEAU a réalisé cette condition en éloignant le plus possible le point d'appui et le centre d'oscillation du levier de sa palette terminale ; il a donc porté la lame de caoutchouc (m), faisant office de charnière, à l'extrémité d'un gros tube fixé perpendiculairement sur le tube hémodromographique et communiquant avec lui par un orifice long et étroit. Ce gros tube, que l'on remplit de carbonate de soude, présente encore l'avantage de tenir en réserve une grande quantité de solution anti-coagulante. Pour ne pas être obligé d'abandonner une expérience aux premiers caillots qui encombreraient le tube hémodromographique, CHAUVEAU a fait construire le gros tube en deux pièces ; la pièce terminale portant la lance de caoutchouc, faisant office d'opercule, s'enlève et s'adapte facilement à la pièce fixe par une articulation en baïonnette. En l'enlevant, on peut retirer les caillots, laver l'intérieur du tube avec un pinceau et le préparer pour une nouvelle observation.

Nous ajouterons simplement quelques indications pour placer l'hémodromographe.

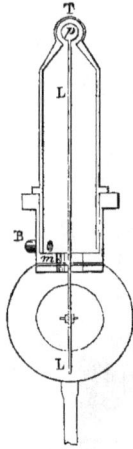

FIG. 70. — Coupe schématique passant par le milieu du tube hémodromographique.

T, Coupe du tube hémodromographique proprement dit ; L, levier hémodromographique terminé, en dedans par la palette p occupant une partie de la lumière du tube hémodromographique, articulé, en dehors, avec une pièce qui repose sur le réservoir à air que l'on voit en projection horizontale ; m, lame de caoutchouc servant d'obturateur et admettant dans une étroite fonte le levier hémodromographique ; B, tubulure par laquelle on remplit l'hémodromographe d'une solution anticoagulante ; on en voit l'orifice interne.

La carotide est découverte et isolée sur une grande longueur dans la région moyenne de l'encolure. Le segment découvert est isolé aux deux extrémités par des pinces à ressorts, et incisé sur une longueur de 8 centimètres environ. Le tube hémodromographique est engagé dans l'artère aux deux extrémités de l'incision. On l'y fixe par deux fortes anses de fil. Ensuite, on remplit le tube d'une solution de carbonate de soude à la densité de 1040, en ayant soin de chasser bien exactement tout l'air qu'il contenait, et, pour cela, on ouvre la tubulure destinée à recevoir le sphygmoscope. Nous répétons que cette partie de l'opération est extrêmement délicate. Si elle n'a pas été bien faite, au moment où on établit la circulation à travers le tube, le sang entraîne l'air restant dans les capillaires du cerveau ; immédiatement éclatent des accidents très redoutables pour la vie du sujet, la sécurité de l'expérimentateur, de ses aides et de ses instruments. Aussi, pour limiter à l'animal les conséquences de ce contre-temps, est-il prudent de placer le cheval dans un appareil à suspension avant d'appliquer le tube hémodromographique.

Nous recommanderons aussi de bien nettoyer et de bien polir au papier à l'émeri l'intérieur du tube, avant de s'en servir, pour éviter les coagulations hâtives.

Quand toutes les précautions ont été bien observées, quand l'opérateur a respecté autant que possible la tunique interne de l'artère vers les extrémités du tube, on peut recueillir sans encombre des tracés pendant une heure, et souvent davantage.

L'hémodromographe à transmission de CHAUVEAU est donc devenu un instrument très pratique.

Conséquemment, ce n'est pas par nécessité que ce physiologiste a étudié les variations de la vitesse à l'aide de *deux manomètres inscripteurs* montés sur un support unique et conjugués à deux piézomètres fixés sur la carotide du cheval.

On sait que la différence de pression existant entre deux points voisins d'une artère s'accroît quand la vitesse du courant sanguin augmente, diminue quand la vitesse se ralentit. Donc, si les deux manomètres écrivent près l'un de l'autre et sont montés de telle sorte que leurs plumes oscillent en sens inverse, les tracés de pression s'écarteront ou

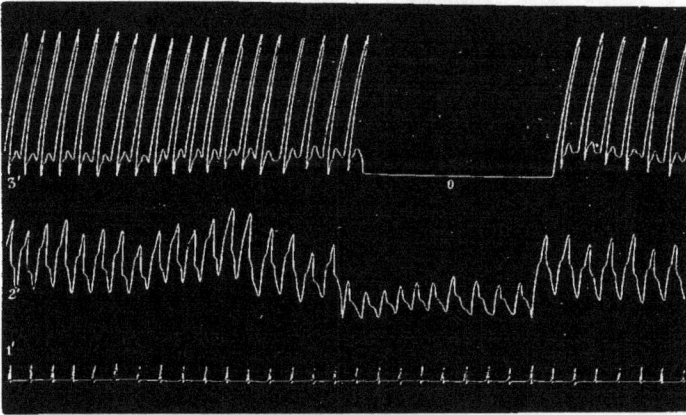

FIG. 71. — *Spécimen d'un tracé hémodromographique recueilli sur un cylindre enfumé tournant avec une vitesse moyenne.*

A, ligne d'abscisse et secondes ; B, pression et pouls dans l'artère carotide obtenus à l'aide d'un sphygmoscope ; V, vitesse dans l'artère carotide ; la ligne est hérissée par les pulsations de vitesse ; O, zéro de la vitesse.

se rapprocheront, suivant que la vitesse du sang augmentera ou diminuera dans la carotide.

Nous possédons au laboratoire de physiologie de l'École Vétérinaire de Lyon de bons tracés pris par CHAUVEAU avec cet appareil.

L'hémodromographe peut servir d'hémodromomètre. Pour cela, il suffit de le graduer, c'est-à-dire de le soumettre à un courant d'eau auquel on imprime des vitesses variables, mais connues. On prépare ainsi une échelle à laquelle on compare les déplacements du levier hémodromographique.

Le but essentiel de l'hémodromographie est surtout d'inscrire les variations que subit la vitesse du sang dans les artères au cours d'une expérience et dans des conditions déterminées. On les apprécie en déterminant la position des minima et des maxima des pulsations de vitesse relativement au zéro, ou bien en mesurant l'aire de la surface irrégulière et dentelée à son bord supérieur comprise entre le graphique et la ligne du zéro prolongée horizontalement au-dessous de ce dernier. On les apprécie encore en découpant délicatement les bandes de papier délimitées par les lignes sus-indiquées et en pesant des longueurs égales prélevées dans les points du tracé où l'on pressent l'existence d'une modification de la vitesse.

On appelle zéro la ligne écrite par le levier hémodromographique, lorsque le cours du sang est suspendu dans l'artère envisagée. Pour l'obtenir, on aplatit entièrement la carotide entre le pouce et l'index au-dessus et au-dessous du tube hémodromographique. Lorsqu'on recueille un long tracé de vitesse, il est très important de prendre le zéro de temps en temps pour faciliter l'appréciation des changements éprouvés par le cours du sang.

Résumons les principaux résultats obtenus par l'emploi de l'hémodromographe.

Rapports de la pulsation de vitesse à la pulsation de pression. — A un simple coup d'œil jeté sur des tracés de vitesse et de pression pris simultanément en un même point de l'artère carotide, on croirait que les déplacements du levier de l'hémodromographe et du sphygmoscope sont synchrones. Pourtant, il n'en est rien. Sauf le cas où le tube de l'hémo-

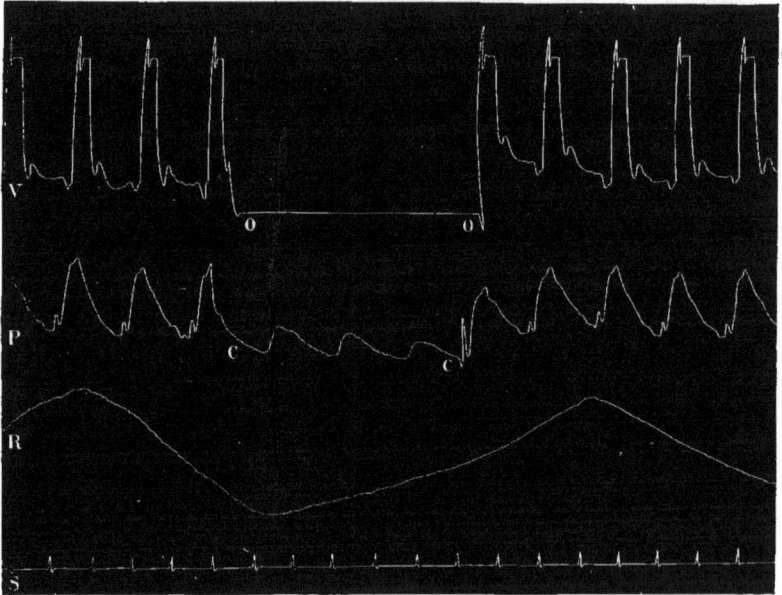

Fig. 72. — *Spécimen d'un tracé de vitesse associé à un tracé de pression artérielle et de respiration* (la vitesse de déroulement du papier est plus grande que dans la figure précédente).

S, abscisse portant les indications du temps divisé en secondes; R, respiration recueillie avec le pneumographe ordinaire; P, pression dans l'artère carotide recueillie avec un sphygmoscope au niveau de l'hémodromographe; V, tracé hémodromographique; OO, ligne du zéro servant d'abscisse pour la courbe de la vitesse déterminée par l'aplatissement de l'artère entre le cœur et l'hémodromographe; cc, état de la pression et des pulsations dans la carotide au moment où le cours du sang est suspendu.

dromographe est encombré de caillots sanguins, la palette hémodromographique et l'ampoule élastique du sphygmoscope obéissent à deux forces différentes et indépendantes l'une de l'autre. Si l'on compare attentivement les tracés (voir fig. 72), on s'assure que les deux pulsations n'ont ni la même amplitude, ni la même forme; la portion descendante des courbes présente surtout des différences marquées; enfin les *maxima* des pulsations de vitesse sont en retard sur ceux des pulsations de pression; au contraire, les *minima* sont en avance.

Le dicrotisme n'est pas dû au mouvement rétrograde du sang. — On sait que le dicrotisme a été attribué au mouvement rétrograde du sang. Les tracés simultanés de vitesse et de pression recueillis par CHAUVEAU et LORTET avaient déjà montré que le dicrotisme d'une pulsation de pression ne coïncide pas avec un mouvement rétrograde du levier hémodromographique. La question a été reprise par TOUSSAINT. Les nombreux graphiques qu'il a recueillis ont constamment démontré que le dicrotisme, résultat d'une ondulation de pression, coïncide avec une onde centrifuge de vitesse.

Vitesse constante et vitesse systolique. Influences modificatrices. — Les tracés hémodromographiques montrent qu'à la vitesse constante du sang dans les artères s'ajoutent des impulsions de vitesse synchrones avec les systoles des ventricules. Ces deux éléments de la vitesse ne subissent pas nécessairement de la même manière les influences capables d'imprimer quelque changement à la circulation.

Par exemple, CHAUVEAU et ses collaborateurs ont constaté qu'une blessure pratiquée à une artère détermine en amont une augmentation de la vitesse constante et, au contraire, une diminution des impulsions systoliques; qu'un obstacle au cours du sang diminue simultanément la vitesse constante et la vitesse systolique; que la diminution du courant sanguin dans une des branches fournies par une artère provoque aussitôt un renforcement des deux éléments de la vitesse dans les autres branches; l'accélération du cœur accroît la vitesse constante; l'accroissement de l'impulsion cardiaque renforce la pulsation de vitesse sans modifier la vitesse constante; la contraction musculaire au début, la sécrétion des glandes déterminent une augmentation de l'élément constant, en entraînant un écoulement sanguin plus abondant à travers les capillaires; enfin, et d'une manière générale, tout changement du réseau capillaire implique une modification dans la vitesse; la dilatation des capillaires augmente surtout la vitesse constante et aussi la vitesse systolique; la constriction produit des phénomènes inverses; si la constriction est trop forte, elle peut même éteindre les pulsations de vitesse (DASTRE et MORAT).

Rapports entre la vitesse et la pression du sang dans les artères. — On admet, en thèse générale, que les rapports sont inverses entre la vitesse et la pression, et on donne à ces rapports une telle fixité que l'on croit couramment pouvoir se renseigner sur l'état de la vitesse par un tracé de la pression. Les expériences hémodromographiques faites par CHAUVEAU et LORTET ont établi que cette règle générale subit au moins une exception. Pendant la mastication du cheval, ils ont vu la vitesse et la pression s'élever simultanément dans la carotide; l'augmentation porte à la fois sur la pression et la vitesse constantes, sur les pulsations de vitesse et de pression.

Cette exception est due à une influence nerveuse agissant à la périphérie (dilatation des capillaires et accroissement du débit) et au centre (accélération du cœur et augmentation de la force de ses systoles).

KAUFMANN a poursuivi l'étude du fait contenu dans cette exception, en la limitant exactement aux vaisseaux des muscles. Il a profité de la disposition de l'artère maxillo-musculaire du cheval et de sa veine satellite, pour examiner les modifications de la circulation dans les muscles en activité physiologique.

Il a vu que le fonctionnement rythmé physiologique du muscle masséter est accompagné d'une suractivité circulatoire considérable, conséquence de la dilatation des capillaires et de l'accélération du cœur; que la vaso-dilatation intra-musculaire s'établit au moment précis où les muscles entrent en fonction, se maintient pendant la durée du travail et disparaît ensuite graduellement après le repos, et a pour conséquence la chute de la pression dans l'artère, la surélévation dans la veine correspondante. A chaque contraction, le sang musculaire est exprimé pour ainsi dire dans la veine, de là apparition d'un pouls d'origine périphérique et d'une augmentation de la tension veineuse pouvant lui permettre d'égaler ou de surpasser la tension artérielle. Pendant la contraction, le muscle pâlit; il se congestionne pendant le relâchement intercalé entre deux contractions. Donc, si la pression s'élève au-dessus de la normale dans la carotide du cheval pendant le travail de la mastication, il faut attribuer cette modification non à une influence périphérique, mais à l'accroissement du jeu du cœur.

KAUFMANN a voulu savoir si, dans d'autres actes locomoteurs, l'action cardiaque est suffisante pour compenser l'effet vaso-dilatateur et maintenir la pression normale. Pour cela, il s'est adressé au cheval; il a recueilli la pression dans la carotide pendant que le sujet, placé sur une trépigneuse, exécutait l'allure du pas sans modifier ses rapports avec l'appareil enregistreur. A cette allure, il n'a jamais vu l'accélération cardiaque compenser la chute de pression résultant de la vaso-dilatation musculaire. A un exercice plus violent, les systoles cardiaques sont menacées de rester insuffisantes pour alimenter convenablement le système artériel surdilaté, malgré leur fréquence extrême. Enfin, si la circulation devient très abondante dans les muscles en activité, il y a économie par vaso-constriction dans les muscles qui sont relativement au repos.

De la circulation dans les artères coronaires. — Une des plus audacieuses applications de l'hémodromographe a été tentée et réussie par CHAUVEAU sur les artères coronaires. Les résultats ont été consignés dans la thèse de REBATEL (Paris, 1872). On se rappelle que l'on s'est demandé si le sang pénétrait dans les artères coronaires pendant la systole ou pendant la diastole du cœur, ou bien pendant que les valvules sigmoïdes sont relevées ou abaissées. L'hémodromographe combiné au sphygmoscope a démontré que le sang s'introduit dans le tronc et les branches des coronaires au moment de la systole, car le sphygmoscope accuse à cet instant une pulsation de pression synchrone avec la pulsation de l'aorte, mais circule dans le réseau capillaire du myocarde pendant la diastole seulement, car la pulsation de vitesse succède à la pulsation de pression et alterne avec elle.

La constatation faite par CHAUVEAU et LORTET apporte avec elle un double enseignement très précieux. Elle nous prouve : 1° qu'il ne suffit pas d'interroger la pression artérielle pour savoir ce que devient la vitesse ; 2° que les tracés simultanés de vitesse et de pression permettent seuls d'affirmer où siège la cause modificatrice de la vitesse : à la périphérie, si les tracés se modifient en sens inverse ; à la fois au centre et à la périphérie, si les tracés s'élèvent parallèlement ; au centre, si l'augmentation porte seulement sur la vitesse systolique.

Quant à la particularité fort curieuse offerte par la circulation dans les coronaires, elle n'aurait pas été connue sans l'application de l'hémodromographe et du sphygmoscope faite par CHAUVEAU et REBATEL.

De notre côté, nous avons montré, en 1889, que l'hémodromographie était seule apte

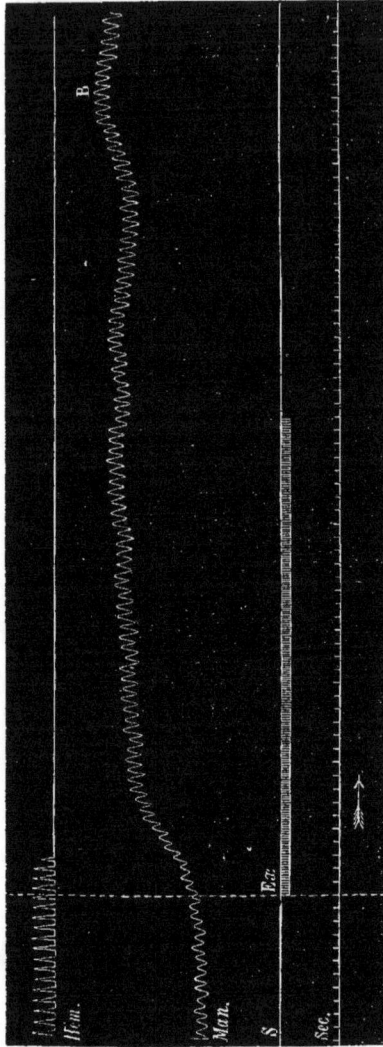

FIG. 73 — *Graphiques montrant les relations existant entre les modifications de la vitesse et de la pression dans la carotide, sous l'influence de l'excitation du bout céphalique du sympathique cervical.*

sc, ligne d'abcisse et des secondes ; *s*, signal électrique, indiquant en *Ex* le début de l'excitation du sympathique par des courants induits tétanisants ; *Man*, pression dans la carotide fournie par un manomètre inscripteur ; *Hém*, tracé hémodromographique ou de la vitesse dans la carotide ; à partir de la ligne verticale *Ex*, modification de vitesse et de la pression ; l'augmentation de la pression atteint son maximum en B.

à nous renseigner exactement sur la durée des phénomènes vaso-moteurs. En prenant au même point, sur la carotide des solipèdes, des graphiques de la vitesse et de la pression, pour rendre évidents les phénomènes vaso-moteurs déterminés par l'excitation du bout céphalique du grand sympathique cervical, nous avons remarqué que l'augmentation subie par la pression se soutient moins longtemps que la diminution de la vitesse. Ainsi, dans un cas, après une excitation qui avait duré 24 secondes, on pouvait croire, consultant purement et simplement le tracé de la pression, que le resserrement des capillaires commençait à diminuer au bout de 14 secondes; cependant, il n'en était rien, car le tracé de la vitesse démontrait que la constriction ne s'était pas encore modifiée 32 secondes après le début de l'excitation. Ces particularités se constatent très bien sur les deux figures ci-contre 73 et 74.

Cette discordance est due, selon nous, aux anastomoses situées en amont du point exploré, lesquelles permettent à une partie du sang qui ne trouve pas d'écoulement vers la périphérie de se déverser dans des artères collatérales.

En conséquence, le tracé hémodromographique est l'*ultima ratio* pour déterminer sûrement le facteur ou les facteurs des modifications survenues dans la circulation artérielle. Nous en avons tiré un parti avantageux dans un travail où nous avons cherché à faire saisir les différences qui existent entre les effets vasculaires des principaux anesthésiques (1879).

Au surplus, l'importance de l'hémodromographie est affirmée en ces termes par un maître éminent de la physiologie française : « Il est à désirer que les physiologistes *qui peuvent expérimenter sur les grands animaux* contrôlent, par l'inscription simultanée de la pression et de la vitesse du sang, certaines expériences dans lesquelles on a signalé des changements de la pression artérielle, sous l'action de tel ou tel nerf et dans lesquelles, sur la simple indication fournie par le manomètre, on s'est cru autorisé à admettre que l'action nerveuse avait réagi, soit sur le cœur, soit sur les nerfs vaso-moteurs » (MAREY, *Circulation du sang*, 1881, 330).

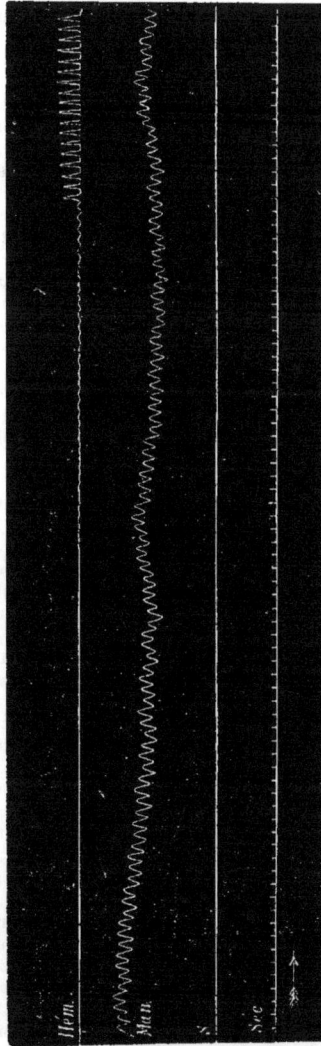

Fig. 74. — *Suite des graphiques de la figure précédente.*

La pression s'abaisse, et néanmoins le tracé hémodromographique accuse un resserrement très considérable des capillaires. Ces derniers s'ouvrent peu à peu et les pulsations de vitesse renaissent graduellement dans la moitié droite du tracé *Hém.*

Application de l'hémodromographe à l'étude des modifications de la circulation sous l'influence de la saignée. — C'est précisément parce que l'hémodromographie est cette *ultima ratio* que le cheval convient admirablement pour étudier les modifications de la circulation sous l'influence de la saignée. Nous avons fait un travail sur ce sujet, en 1881,

446 CHEVAL.

où sont indiquées les variations de la pression artérielle, de la fréquence, de la forme et de la force du pouls et de la vitesse du cours du sang. Nous avons vu que le système artériel ne se désemplit pas, sous l'influence des saignées, avec la simplicité que présenterait un système élastique distendu. La chute de pression n'est pas exactement proportionnelle à la quantité de sang évacué; il faut extraire un tiers environ de la masse sanguine pour perdre 1/5 à 1/6 de la pression initiale et normale.

L'évacuation du sang agit sur les nerfs de l'appareil circulatoire et provoque, par leur intermédiaire, des réactions variées frappant sur la pression, le pouls et la vitesse. Ainsi, tout en baissant, la pression subit des oscillations remarquables. La fréquence du pouls, qui devient plus grande au début de la saignée, passe au-dessous de la normale puis s'élève de nouveau et avec une grande intensité quand la pression artérielle n'est plus que 1/5 de la pression initiale. La force du pouls diminue pendant les phases d'accélération du cœur, augmente pendant les phases de ralentissement. Lorsque la saignée a déterminé une chute considérable de la pression, la pulsation prend la forme, sauf l'amplitude, qu'elle revêt dans l'insuffisance et le rétrécissement aortique.

Les réactions les plus remarquables portent sur la vitesse. Les saignées petites et moyennes provoquent la dilatation des capillaires et augmentent l'irrigation des tissus. Les saignées abondantes, dépassant 1/3 de la masse sanguine, entraînent insensiblement une diminution de l'irrigation des tissus et une réaction des capillaires sur le cœur, tantôt dans un sens, tantôt dans l'autre, parce que ces petits vaisseaux se resserrent et se dilatent d'une manière désordonnée.

Usage de l'hémodromographe pour évaluer la force impulsive résultant de l'élasticité des gros troncs artériels. — Les troncs artériels emmagasinent sous forme de tension élastique une force impulsive qui s'excerce constamment sur le sang, et principalement entre deux systoles ventriculaires. Nous avons songé à utiliser l'hémodromographe (1882) pour obtenir une idée de l'action qu'elle peut exercer sur le cours du sang. Supposons un hémodromographe placé sur la carotide du cheval; si l'on arrête brusquement le cœur par une excitation convenable du pneumogastrique, l'artère se vide et la plume de l'hémodromographe descend lentement au niveau du zéro. On trouve une différence de 7 à 9 secondes entre l'arrêt du cœur et la suppression définitive du courant sanguin dans l'artère. La tension élastique des artères est donc plus que suffisante pour assurer la circulation entre deux systoles et retarde, dans la syncope, le moment où va cesser l'irrigation des centres nerveux.

f) *Sphygmographie.* — Sous ce titre, je veux parler des pulsations recueillies à l'aide du sphygmoscope mis en rapport avec l'intérieur même des artères ou à l'aide d'une ampoule plongeant dans le sang de l'aorte.

Le cheval se prête très bien à l'étude des changements subis par la force et la forme du pouls, à l'étude du retard du pouls sur la systole ventriculaire suivant la distance qui sépare le cœur de l'artère explorée. Il se prête à l'étude expérimentale de l'insuffisance aortique et de l'influence exercée par cette lésion sur la pulsation. CHAUVEAU et MAREY ont recueilli sur ce point des documents très importants.

ANGERSTEIN a construit un sphygmographe pour le cheval. MARTIN en a imaginé un autre pour recueillir le pouls de l'aorte abdominale, avec lequel il a constaté que ce pouls est remarquable par un fort dicrotisme. ELLINGER a publié une étude particulière du pouls du cheval.

g) *Vitesse de la circulation générale.* — C'est sur le cheval qu'ont été faites, en 1827, par HERING, professeur à l'École vétérinaire de Stuttgard, les premières expériences pour déterminer la durée d'une révolution sanguine. Les travaux de HERING furent publiés à plusieurs reprises, de 1827 à 1853. HERING injectait dans une jugulaire 30 grammes d'eau chargée de 1/8 de cyano-ferrure de potassium; il recueillait des échantillons de sang dans la jugulaire du côté opposé et cherchait le prussiate de potasse dans le sérum de ces échantillons à l'aide d'un persel de fer. Il évalua à 30 secondes la durée de la circulation, de jugulaire à jugulaire; rigoureusement 27"3.

Le cheval convient fort bien à ces expériences à cause du volume de la jugulaire et aussi à cause de la masse considérable du sang. Les échantillons retirés pour les besoins de l'expérience modifient peu cette masse; par suite, leur prélèvement ne change pas les caractères de la circulation. En outre, vu cette masse, le prussiate de fer est tout à fait inoffensif pour l'animal.

2° Étude des nerfs vaso-moteurs. — L'organisme du cheval fut le théâtre de phénomènes qui préparèrent la découverte des nerfs vaso-moteurs.

a) *Dans le sympathique cervical.* — Dupuy, d'Alfort, ayant procédé accidentellement à l'ablation du ganglion cervical supérieur du grand sympathique, au cours d'une opération faite sur le cheval dans la région sous-parotidienne, observa, en 1816, outre les troubles pupillaires et l'injection de la conjonctive signalés par Pourfour du Petit après la section du cordon cervical du sympathique sur le chien, l'élévation de la température et l'apparition de la sueur dans la moitié correspondante de la tête et du cou. Il parla de ces troubles en 1816, dans le journal de Corvisart et, en 1817, dans un travail particulier ayant pour titre : *De l'affection tuberculeuse.* On sait comment ces faits furent analysés, en 1852, par Cl. Bernard, A. Waller et Brown-Séquard, et comment Cl. Bernard démontra que le filet cervical du sympathique est un nerf vaso-constricteur pour la région cervico-faciale.

Le cheval convient admirablement pour voir l'ensemble des troubles que peut produire la section du sympathique cervical, d'abord parce que le filet sympathique s'isole aisément du pneumogastrique dans le tiers inférieur de l'encolure, ensuite, parce que, chez cet animal, les modifications de la sécrétion sudorale s'ajoutent aux troubles circulatoires et thermiques. Cl. Bernard, Vulpian et plusieurs autres physiologistes ont profité de la disposition anatomique qui permet de sectionner et d'exciter le sympathique sans toucher au nerf vague.

Ce n'est pas tout. Il ne faut pas oublier que les vaisseaux de la tête sont alimentés par une artère qui, chez le cheval, admet à son intérieur des tubes hémodromographiques d'un volume qui garantit le succès de recherches sur la vitesse du cours du sang ; qu'à ces tubes hémodromographiques on peut greffer un sphygmoscope ; de sorte qu'il est possible d'enregistrer, d'une façon continue, les effets de la section et de l'excitation du sympathique cervical sur la pression et la vitesse du sang dans la carotide.

Autrement dit, grâce au cheval, on se trouve en possession des éléments nécessaires à l'étude précise et détaillée de l'action vaso-motrice du sympathique cervical.

La démonstration de la propriété vaso-constrictive du sympathique sur le cheval, à l'aide des tracés simultanés de pression et de vitesse, a été rendue classique à l'École Vétérinaire de Lyon par Chauveau.

Chauveau a profité des heureuses dispositions anatomiques offertes par le cheval pour savoir si la direction d'un courant continu entraînait quelque différence dans les effets de l'excitation du sympathique. Le courant continu ascendant et descendant détermine la constriction des vaisseaux de la tête, l'augmentation de la pression et la diminution de la vitesse dans la carotide ; toutefois, le courant descendant exerce une influence moins énergique que l'autre (1878).

Dastre et Morat ont utilisé le cheval ou l'âne dans leurs importantes recherches sur le système vaso-moteur. En premier lieu, pour étudier l'action du sympathique cervical, en second lieu, pour débrouiller nos connaissances sur les propriétés vaso-motrices du nerf sciatique. Cette partie de leurs recherches a été exécutée à Lyon, dans le laboratoire de physiologie de l'École Vétérinaire.

Ces expérimentateurs ont étudié les modifications apportées à la vitesse par la section et l'excitation du sympathique cervical, en appliquant l'hémodromographe sur la carotide ; les modifications de la pression, en adaptant des sphygmoscopes sur l'artère et sur la veine faciales. Il est à peu près indifférent de placer ces sphygmoscopes sur la continuité des vaisseaux ou sur le bout central ou sur le bout périphérique, en raison des nombreuses et importantes anastomoses qui font communiquer les artères ou les veines dans les régions céphalique et faciale. Cependant, il faut choisir un segment de veine à peu près dépourvu de valvules, ou bien, si ces valvules existent, il faut les détruire avec un stylet mousse avant de placer le sphygmoscope. La poche élastique du sphygmoscope destiné à l'exploration de la veine devra présenter une grande minceur, et conséquemment une grande sensibilité.

L'application simultanée d'un sphygmoscope en amont et en aval d'un même réseau capillaire a été préconisée par Dastre et Morat pour distinguer les modifications circulatoires dont la cause est centrale, de celles dont la cause est périphérique. En effet, « toute modification de cause centrale ou cardiaque se traduit par des changements de même sens dans les deux vaisseaux; toute modification périphérique du réseau capillaire interposé entre eux se traduit, au contraire, par des changements en sens inverse ».

La méthode graphique et les grands enregistreurs de Chauveau n'ont laissé échapper aucune particularité des phénomènes. Aussi ont-ils vu, de plus que leurs prédécesseurs : 1° que la constriction et la section du sympathique cervical déterminent un resserrement brusque et passager des petits vaisseaux traduit sur les tracés par une élévation temporaire de la pression dans la veine et dans l'artère; 2° que le resserrement des vaisseaux dû à l'excitation du sympathique est toujours suivi d'une dilatation plus grande que celle qui est déterminée par la section du sympathique; 3° que ce phénomène de *surdilatation* est de longue durée.

b) *Dans le sciatique.* — C'est principalement dans l'étude des propriétés vaso-motrices du sciatique que les solipèdes ont rendu de signalés services à Dastre et Morat. Quand ils entreprirent leurs travaux, en 1878, les physiologistes professaient, sur ce sujet, des idées diverses : les uns regardaient le sciatique comme vaso-dilatateur, les autres en faisaient à la fois un dilatateur et un constricteur, qualités qu'il manifestait suivant son état, suivant la nature du stimulant mis en jeu, suivant la température de la région à laquelle il vient se terminer. La nature du stimulant et les moyens d'observation avaient effectivement varié.

Vu les difficultés d'interroger directement les vaisseaux, on avait jugé des modifications vaso-motrices par l'aspect des téguments, par la température de la surface des membres, par l'écoulement sanguin consécutif à des incisions faites à la peau. Dastre et Morat ont pensé qu'il fallait expérimenter dans des conditions permettant : 1° de constater directement l'état de dilatation ou de resserrement des vaisseaux, ainsi que l'effet primitif de l'excitation du nerf sur l'état de ces vaisseaux; 2° de n'agir que sur des fibres centrifuges destinées aux vaisseaux, à l'exclusion de celles qui se rendent à des masses musculaires.

Les solipèdes seuls offraient ces conditions. En effet, à partir du tendon d'Achille, la terminaison du sciatique ne contient plus de fibres motrices proprement dites, car on peut négliger les quelques faisceaux qui représentent les muscles lombricaux et interosseux, d'ailleurs invisibles sur plusieurs sujets. Quant aux artères et aux veines digitales, elles sont assez développées pour recevoir des sphygmoscopes et fournir de bons tracés de pressions.

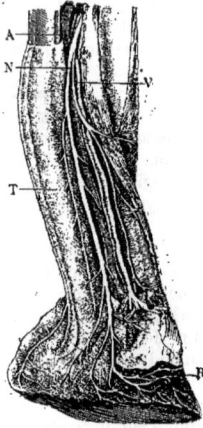

Fig. 75. — *Vue latérale de la région digitée du cheval avec les vaisseaux et les nerfs.*

T, tendons des muscles fléchisseurs des phalanges enveloppés d'une gaine aponévrotique; *A*, artère digitale; *v*, veine digitale; *N*, nerf digité avec ses trois branches digitales; *R*, terminaison de la branche digitale moyenne dans le tissu onycophore couvrant la troisième phalange.

Pris au niveau du bord interne du tendon d'Achille, le sciatique du cheval représente le sciatique poplité interne ou le tibial postérieur de l'homme. Il se bifurque à la hauteur de la gaine tarsienne, fournit les deux *nerfs plantaires* qui accompagnent de haut en bas le tendon du perforant et se jettant une anastomose. Parvenus à l'articulation métatarso-phalangienne, ces nerfs se continuent par *trois branches digitales* dont la principale est accolée au bord postérieur de l'artère collatérale du doigt. C'est le tronc commun d'où procèdent les nerfs plantaires qui fut excité par Dastre et Morat. L'expérimentateur pourrait descendre du sciatique aux nerfs plantaires et même à l'une ou à l'autre des branches digitales. Pour le guider, nous donnons une figure de ces nerfs dans la région digitée (fig. 75).

Dans les expériences de Dastre et Morat, les vaisseaux étaient découverts au point où ils s'infléchissent sur la face latérale de l'articulation métatarso-phalangienne. L'opération est quelque peu gênée par l'hémorragie, parce que l'instrument attaque un bon nombre de très petites branches, mais elle n'offre pas de difficultés sérieuses, attendu que ces vaisseaux sont sous-cutanés. Il faut en découvrir une certaine longueur pour permettre de placer le sphygmoscope et faire les ligatures nécessaires.

Sur *l'artère digitale*, le sphygmoscope peut s'adapter au bout central et au bout périphérique. Dans l'une ou l'autre position, il sera placé latéralement à une branche artérielle importante. On s'en convaincra en jetant les yeux sur la figure demi-schématique ci-jointe (fig. 76). En effet, les deux artères digitales se confondent au-dessus de l'articulation métatarso-phalangienne sur l'extrémité de l'artère pédieuse métatarsienne qui leur donne naissance; au-dessous de l'articulation, elles communiquent entre elles par des cercles artériels superposés, embrassant circulairement la première et la deuxième phalange, et par une anastomose en arcade dans l'épaisseur de la troisième phalange. Nous passons sur d'autres anastomoses moins importantes.

Sur la *veine digitale*, on place le sphygmoscope de la même manière et pour les mêmes raisons, la disposition des veines reproduisant celle des artères.

Dastre et Morat se sont aperçus que l'immobilisation de l'animal par une dose modérée de chloral ne modifiait pas les résultats essentiels de l'excitation des nerfs plantaires; aussi se sont-ils assurés les avantages de l'anesthésie, malgré l'inconvénient qu'elle présente de faire saigner abondamment la plaie. On atténue les désagréments de l'hémorragie en administrant le chloral lorsque la vivisection est achevée et que les sphygmoscopes sont mis en place.

Les effets de la section et de l'excitation du sciatique, au-dessous des branches musculaires, se sont montrés semblables à ceux de la section et de l'excitation du sympathique cervical : la section a pour effet durable la dilatation des petits vaisseaux; l'excitation produit le resserrement immédiat et passager, et, consécutivement, une dilatation plus ou moins persistante. Aussi ces expérimentateurs conclurent-ils au rôle constricteur du sciatique.

Hâtons-nous toutefois d'ajouter qu'ils ne repoussèrent pas l'hypothèse de l'existence de fibres dilatatrices à côté des fibres constrictives dans le sciatique et dans le sympathique cervical. Ils entreprirent même immédiatement des expériences dans le but d'en juger la valeur. Nous n'avons pas à insister sur elles, puisqu'elles ont été poursuivies sur de petits animaux. Nous nous bornerons à dire qu'elles donnèrent un résultat positif. Le membre inférieur reçoit des fibres dilatatrices qui procèdent du segment dorso-lombaire du grand sympathique; la région cervico-faciale en reçoit du sympathique thoracique au-dessous de la troisième racine dorsale.

Nous remémorerons à l'appui de l'opinion de Dastre et Morat sur l'origine des filets dilatateurs des membres antérieurs, du cou et de la tête, une observation de Colin, datant de 1877. Ce physiologiste a fait l'autopsie d'un cheval qui présentait une tuméfaction non douloureuse, mais chaude, de l'épaule et de l'avant-bras, et une dilatation des réseaux sanguins sous-cutanés. L'animal portait une tumeur mélanique collée au corps des premières vertèbres dorsales et comprimant fortement le cordon sous-costal du sympathique.

c) *Influence du vague sur les phénomènes vaso-moteurs dans la région céphalique.* — Colin a remarqué « que la section du pneumogastrique, faite avec précaution pour éviter la lésion du filet cervical du sympathique, produit souvent chez le cheval une élévation sensible de la température, dans la moitié correspondante du cou et de la tête ». Cette remarque attribuerait implicitement des propriétés vaso-mo-

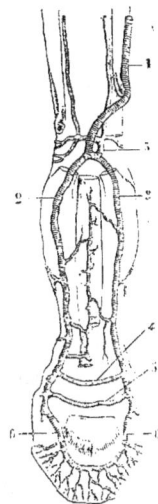

Fig. 76. — *Artère de la région digitée du cheval, membre postérieur.*

1, artère pédieuse métatarsienne; 2, 2. artères digitales; 3, tronc commun des artérioles qui vont s'anastomoser avec les rameaux descendants de la pédieuse perforante; 4 et 5, branches des artères digitales établissant des communications entre elles en entourant la région phalangienne; 6, 6, artères unguéales plantaires anastomosées entre elles dans un canal en arcade creusé dans l'épaisseur de la troisième phalange; de nombreuses branches émises par cette arcade deviennent superficielles au bord inférieur de la phalangette.

trices au pneumogastrique du cheval. Cependant, Colin fait ses réserves, car il écrit aussitôt : « Mais elle (l'élévation de température) peut tenir à quelque froissement ou traction exercée sur le filet cervical lui-même pendant l'opération. » (*Traité de Physiologie*, 1886, I, 238.)

Nous avons observé, en 1882, à l'aide de l'hémodromographe, une modification des effets vaso-constricteurs du sympathique cervical par la section du pneumogastrique chez les solipèdes, où ces deux nerfs sont isolables. La constriction des petits vaisseaux, par l'excitation du sympathique, est moins énergique et moins persistante en présence du pneumogastrique intact qu'après la section de ce nerf. Nous avons conclu à l'existence de fibres antagonistes dans le tronc cervical du pneumogastrique et nous avons pensé qu'il faudrait tenir compte de ce fait dans l'appréciation des actions vaso-motrices provoquées par l'excitation du cordon nerveux où sont confondus le sympathique cervical et le vague. (*Soc. de Biologie*, février 1882.)

d) *Propriétés vaso-motrices du nerf spinal*. — Nous avons étudié sur le cheval les propriétés vaso-motrices du nerf spinal, propriétés que l'histologie et la clinique permettaient d'admettre dans la branche interne, que les relations de la colonne grêle de Stilling avec les noyaux du spinal médullaire autorisaient à supposer dans la branche externe. Nous avons tenté de vérifier cette dernière supposition. La branche externe du spinal fournit un rameau au long muscle sterno-maxillaire du cheval. Nous avons coupé cette branche d'un côté et l'avons laissée subsister du côté opposé. Dans ces conditions, des soudures thermo-électriques plongées au sein des sterno-maxillaires ont accusé une élévation de température dans la profondeur du muscle énervé. L'échauffement s'établit immédiatement et graduellement; une heure après la section du nerf, il est très prononcé.

3° **Circulation veineuse.** — Nous avons déjà dit que la disposition et le volume de la veine jugulaire favorisaient singulièrement les études sur la circulation veineuse. François-Franck a profité de ces dispositions pour se renseigner, surtout à l'aide de l'hémodromographie, sur plusieurs questions importantes. Ses recherches ont été faites à l'École Vétérinaire de Lyon.

Ce physiologiste a étudié d'abord la variation de la vitesse du courant veineux jugulaire dans ses rapports avec le jeu du cœur et les mouvements respiratoires. Il a constaté un renforcement saccadé au moment de la diastole de l'oreillette et de la systole ventriculaire et un renforcement au moment de l'inspiration, d'où il a tiré deux conséquences pour l'interprétation de la fonction des oreillettes et des renforcements des souffles continus, déjà établis par Chauveau et Potain.

Il a également étudié les variations de la vitesse liées à l'exercice de la mastication et aux excitations psychiques causées par la vue des aliments. A chaque mouvement de mastication, on observe un flot veineux correspondant. La simple vue des aliments cause, chez le cheval, une vaso-dilatation céphalique, avec un énorme renforcement de la vitesse constante du sang dans les veines.

Passant à une autre région, François-Franck a remarqué que l'augmentation de volume des réseaux artériels dans la cavité du sabot exprime en quelque sorte le sang veineux de l'organe.

4° **Circulation lymphatique.** — Laulanié s'est servi du cheval pour déterminer la condition du passage des globules rouges du sang dans la circulation lymphatique. Le stase du sang dans les capillaires veineux en est la condition exclusive; mais celle-ci peut être réalisée de plusieurs manières. L'auteur en a fourni la démonstration sur le cheval en établissant une fistule sur l'un des vaisseaux lymphatiques satellites de la carotide, qui lui permettait de recueillir de la lymphe à tout moment. Après la ligature de la jugulaire, les globules rouges apparaissent dans la lymphe qui s'écoule par la fistule. Rares d'abord, ils augmentent progressivement de nombre jusqu'à la douzième heure, à peu près, où ils deviennent aussi nombreux que les leucocytes. Sous l'influence des causes qui exagèrent la circulation sanguine, comme la mastication, ils font irruption d'une manière soudaine et pénètrent en abondance dans la lymphe. La section ou l'excitation du filet cervical du grand sympathique sont sans influence sur les résultats. La section de ce nerf n'est d'ailleurs pas nécessaire à la production de l'œdème qui, chez le cheval, résulte toujours de la simple ligature de la jugulaire. Le passage des globules rouges des vaisseaux sanguins dans les vaisseaux lymphatiques à la suite de l'oblitération des veines collatérales soulève la question toujours pendante de l'origine réelle des vaisseaux lymphatiques et contribuera peut être à éclairer sa solution.

5° **Pathogénie des bruits de souffle.** — Nous avons cité précédemment les expériences instituées sur le cheval par Chauveau et Faivre, et par Chauveau pour démontrer la cause des bruits de souffle cardiaques appelés souffles systoliques et diastoliques. Ce dernier a égalemement institué sur le même animal, grâce au diamètre des vaisseaux du cou, des expériences d'une haute valeur pour établir la cause ou le mécanisme des souffles en général dans l'appareil circulatoire, et avec Bondet, grâce aux dimensions des organes, des expériences pour élucider le mécanisme des bruits normaux et pathologiques dans l'appareil respiratoire.

a) *Dans l'appareil circulatoire.* — On avait placé successivement la cause essentielle des souffles : 1° dans le frottement des fluides contre les parois des cavités ou canaux (Laënnec, Martin-Solon, Gendrin, Beau, etc.); 2° dans la vibration des parois, au moment de leur déplissement (Marshall Hall); 3° dans les vibrations des fluides en mouvement (Williams, Skoda, etc.).

En 1858, Chauveau publiait déjà une critique expérimentale de ces trois hypothèses. A cette époque, il avait cherché à réaliser, sur les vaisseaux du cheval, les conditions nécessaires à la production des souffles en introduisant un minimum d'éléments artificiels. Dans tous les cas, c'est le sang en nature, lancé par l'action physiologique du cœur, qui circule dans les canaux explorés par Chauveau et non un liquide étranger mis en mouvement par une force et avec une vitesse quelconque.

Il démontra rapidement que le frottement des fluides en mouvement et que le déplissement des parois des vaisseaux doivent être abandonnés en tant que causes essentielles des bruits de souffle.

Il lie une branche terminale d'une artère et oblige ainsi le sang à passer en plus grande quantité dans une branche collatérale; il adapte un long tube de verre étroit sur le trajet d'une artère de plus gros calibre; il rend la face interne de ce tube inégale et rugueuse; il ne parvient jamais à produire un souffle.

Quant à la vibration des parois par déplissement, invoquée pour expliquer les murmures chez les anémiques, elle doit être repoussée pour la raison capitale que, sur le vivant, les parois des artères et des veines ne sont jamais plissées. Elle ne le sont même pas sur le cadavre. C'est par une fausse interprétation qu'on a attribué au déplissement le souffle qui prend naissance à la sortie d'une canule fixée sur la fémorale, lorsqu'on pousse dans ce vaisseau une matière à injection.

Chauveau s'est donc rattaché, avec un grand nombre d'auteurs, à la théorie qui voit l'origine des souffles dans les vibrations des fluides en mouvement.

Préoccupés de la genèse des souffles dits inorganiques, la plupart des esprits mirent soigneusement de côté la participation des parois à l'ébranlement des fluides en mouvement et virent la cause des vibrations soit dans une augmentation de la fluidité du sang, soit dans une augmentation de la vitesse avec laquelle le liquide nutritif se déplace dans les vaisseaux.

On sait, en effet, que les liquides visqueux vibrent difficilement. Par conséquent, disait-on, tant que le sang gardera sa densité normale, pas de souffle; dès que son plasma perdra de sa densité (Bouillaud) et qu'en outre il perdra des globules (Andral), ses molécules entreront en vibration.

L'augmentation de la vitesse a paru un facteur très important, parce que les souffles augmentent d'intensité pendant les palpitations des anémiques.

L'expérimentation, entre les mains de Chauveau, Potain, Parrot et Bergeon, n'a pas confirmé ces deux opinions, mais leur a démontré *que les fluides en mouvement entrent en vibration quand ils s'engagent dans une dilatation située sur le trajet qu'ils parcourent,* explication déjà émise par Corrigan, en 1830, et acceptée par T. Weber, Donders, Heynsius.

Donc la présence d'une dilatation *absolue* ou *relative*, symétrique ou asymétrique, sur les voies parcourues par le sang, telle est, pour Chauveau, la *condition capitale et essentielle à la production d'un bruit de souffle.* Les expériences de Chauveau sur le cheval dans le but de démontrer l'importance de cette condition sont, à notre avis, les plus complètes qu'on ait entreprises. Elles ont rigoureusement établi : 1° que sur une lon gue portion de l'artère carotide, la circulation est silencieuse si le calibre du vaisseau est intact; 2° qu'une constriction circulaire ou un aplatissement de l'artère engendrent aussitôt un souffle; 3° que l'intercalation sur le trajet des vaisseaux de renflements divers fait naître immédiatement un souffle ; 4° que le souffle prend naissance au point où le fluide passe du rétrécissement dans la portion dilatée.

A la condition essentielle indiquée ci-dessus, Chauveau en ajoute deux qu'il regarde comme très importantes. Pour obtenir un beau souffle, il faut encore : 1° que la différence entre le rétrécissement et la dilatation soit assez grande et en faveur de la partie dilatée; 2° que le sang pénètre dans la dilatation sous une certaine pression, que l'auteur évalue à 5 centimètres de mercure au minimum, c'est-à-dire que la différence entre les maxima et les minima de pression dans la partie dilatée soit de 5 centimètres de mercure.

La remarque relative à l'influence de la pression est très intéressante, car elle peut nous expliquer l'absence de souffle en aval d'une altération organique, capable de faire vibrer le sang, et l'intermittence des souffles, malgré la persistance des conditions anatomiques nécessaires.

Les expériences faites sur la carotide ont été répétées sur la veine jugulaire du cheval et ont donné des résultats identiques.

A la sortie du rétrécissement il se forme une veine fluide dont les vibrations se transmettent aux parois et, de proche en proche, jusqu'à l'oreille de l'explorateur; de sorte que toutes les influences qui favorisent ou entravent la formation de veines fluides vibrantes renforcent ou atténuent les souffles. Ainsi l'augmentation de la pression en amont, la diminution en aval du rétrécissement favorisent la production de la veine fluide vibrante; l'augmentation de la fluidité et de la vitesse de déplacement du sang détermine un renforcement des vibrations; la flaccidité et l'élasticité des parois de la dilatation sont également des causes adjuvantes.

Marey s'éloigne, sur ce point, de l'opinion de son ancien collaborateur. Pour lui, l'existence d'un changement de calibre du vaisseau et le passage du sang d'une partie étroite dans une plus large « n'est qu'une cause indirecte du bruit de souffle; il n'agit, pour le produire, qu'en créant un brusque changement de pression, et un rapide courant sanguin, à l'endroit où le changement a lieu ». Autrement dit, « le bruit de souffle est la conséquence nécessaire du brusque changement de pression dans le tube où il se produit ».

La condition fondamentale de la genèse d'un souffle pour Chauveau devient donc condition accessoire pour Marey.

Le différend peut être tranché par l'expérimentation. Qu'à l'exemple de Chauveau on compare l'état des pressions latérales dans un tube d'un diamètre uniforme et dans un tube alternativement rétréci et dilaté où l'on fait circuler de l'air ou de l'eau, on s'aperçoit que les pressions décroissent régulièrement et proportionnellement à l'éloignement de l'orifice d'entrée, sur le premier tube, qu'elles décroissent irrégulièrement sur le second. La circulation est aphone dans le tube uniforme, elle engendre des souffles à l'origine de chaque dilatation sur le tube à sections différentes. Or c'est précisément aux points où se produisent les souffles que le changement de pression et de vitesse est minime, tandis qu'à l'entrée des portions rétrécies où la circulation est aphone on observe une diminution de la pression bien plus grande et une augmentation très notable de la vitesse.

Partant de conditions essentielles et accessoires indiquées par Chauveau, à la suite de ses expériences sur le cheval, confirmées par des expériences sur un schéma, on s'explique fort bien tous les souffles organiques, ceux que l'on peut percevoir au niveau du cœur, sur les artères et sur les veines. Sur ce terrain, Chauveau a introduit la conciliation; aujourd'hui, il n'y a presque plus de dissidents. Mais la même unanimité ne règne pas sur la pathogénie des souffles dits inorganiques ou anémiques.

Chauveau n'hésite pas à la subordonner aux mêmes lois. Les souffles anémiques ont pour cause essentielle un changement de diamètre des vaisseaux déterminé par la pression du stéthoscope ou par des dispositions anatomiques normales. Incapable de déterminer des souffles sur des individus bien portants, il devient suffisant chez les anémiques, parce qu'il est secondé par des influences secondaires qui ont ici plus de puissance qu'à l'ordinaire.

b) *Dans l'appareil respiratoire.* — Les expériences de Bondet et Chauveau sur le mécanisme des bruits respiratoires furent publiées, la première fois, en 1864, époque à laquelle
régnait encore une grande obscurité sur cette question. Elles démontrèrent que les conditions nécessaires à la production des souffles sont ici les mêmes que dans l'appareil
circulatoire. Quand l'air en mouvement passe d'un canal rétréci dans une portion
dilatée, il est le siège de veines fluides vibrantes qui ébranlent les parois et transmettent des vibrations jusqu'à la surface des régions répondant aux organes de la respiration. Pendant l'inspiration, un bruit de souffle prend naissance à l'entrée et à la sortie
des cavités nasales, au-dessous de la glotte et au niveau des *infundibula* pulmonaires
plus larges que les bronchioles qui y conduisent l'air. Pendant l'expiration, ils forment
des vibrations supra-laryngiennes et des vibrations aux deux extrémités des cavités
nasales.

Bondet et Chauveau ont coupé transversalement la trachée et supprimé le passage de
l'air à travers le larynx ; *ipso facto*, ils ont supprimé le souffle laryngien, que l'on perçoit d'ordinaire sur la longueur de la trachée, et conservé le murmure respiratoire perceptible par l'auscultation de la poitrine. En pratiquant la section des pneumogastriques,
ils ont déterminé un affaiblissement considérable du murmure respiratoire, parce que,
en supprimant la tonicité de la couche musculaire des bronchioles, ils ont diminué la
différence qui existe normalement entre le diamètre de ces conduits et celui des *infundibula*.

La section des nerfs récurrents, entraînant un rétrécissement de la glotte et une inertie plus grande des aryténoïdes et des cordes vocales, augmente aussitôt l'intensité du
bruit expiratoire laryngien, mais laisse intact le bruit pulmonaire. Si, à cette double section, ils ajoutent celle des pneumogastriques, le bruit pulmonaire cesse immédiatement
d'être perceptible.

Isolés en principe, ces bruits normaux se confondent plus ou moins chez les différents
sujets, augmentant ou diminuant d'intensité suivant le degré des rétrécissements, la
vitesse de l'air, les différentes conditions de transmissibilité, sans jamais varier dans
leur essence.

Les bruits laryngiens ne dépassent pas la région trachéale ; ils s'anéantissent dans la
masse poreuse et élastique que représentent les lobes pulmonaires sains. Au contraire, ils
sont transmis jusqu'à la paroi thoracique si un lobe ou une portion d'un lobe pulmonaire
sont changés en une masse compacte par l'inflammation. Bondet et Chauveau ont eu l'occasion de prouver expérimentalement, en 1862, que le souffle tubaire double que l'on
perçoit en face de la région enflammée du poumon n'est pas autre chose que le double
souffle laryngien conduit jusqu'à l'oreille par le tissu pulmonaire hépatisé. Par une large
ouverture faite à la trachée sur un cheval atteint de pneumonie, ils ont détourné du
larynx le courant d'air de l'inspiration ; du même coup, ils ont supprimé le souffle tubaire
de l'inspiration ; quant au souffle tubaire expiratoire, il avait simplement diminué d'intensité parce qu'une partie de l'air expiré traversait encore la glotte. En fermant la
plaie trachéale, ils rétablissaient le double souffle.

A une certaine phase de leurs observations, les bronches de la région hépatisée étant
encombrées de sang et de mucosités, le souffle tubaire avait à peu près disparu. Ces expérimentateurs en concluent que la conduction des souffles laryngiens s'opérait plus facilement par l'intermédiaire de l'air que par les parois de la trachée et des bronches.

Dans des recherches poursuivies sur des schémas, en 1894, Chauveau a observé que
les souffles des veines fluides gazeuses peuvent se propager à de très grandes distances,
à *l'intérieur* des tuyaux, et aussi se transmettre de *l'intérieur à l'extérieur*, c'est-à-dire
aux parois des tuyaux, si ces parois sont molles et élastiques. Ce dernier mode de transmission est impossible, si les parois sont formées d'une matière dure et rigide.

Les propositions de Chauveau et Bondet servent actuellement de base à l'auscultation
des voies respiratoires. Elles ont été fort appréciées, à l'étranger, comme on peut s'en
assurer en lisant le livre de Paul Niemeyer sur la percussion et l'auscultation.

6° **Étude sur le mécanisme de la déglutition.** — En 1874 et 1875, nous avons profité de la taille et de la tranquillité du cheval pour appliquer la méthode graphique à
l'étude du mécanisme de la déglutition. Grâce à la dimension des premières voies digestives et respiratoires, nous avons pu y introduire des ampoules exploratrices sans les

obstruer et, par suite, sans empêcher l'exécution des mouvements de déglutition. L'ensemble de nos recherches a été exposé dans un mémoire publié en 1877 dans les *Annales des Sciences naturelles*.

Nous fûmes conduit à simplifier la description de la déglutition et à ne plus reconnaître que deux temps : un temps bucco-pharyngien et un temps œsophagien. Nous fûmes conduit aussi à repousser la distinction classique établie d'après l'état physique des substances dégluties et à reconnaître que l'état physique n'est pas la cause capitale de la modification subie par la déglutition; le mécanisme se modifie suivant que les déglutitions sont isolées les unes des autres ou, au contraire, associées en série. Naturellement, pour être associées, il faut que les déglutitions s'exercent sur des liquides.

Dans le premier temps, nous avons particulièrement étudié le réflexe respiratoire

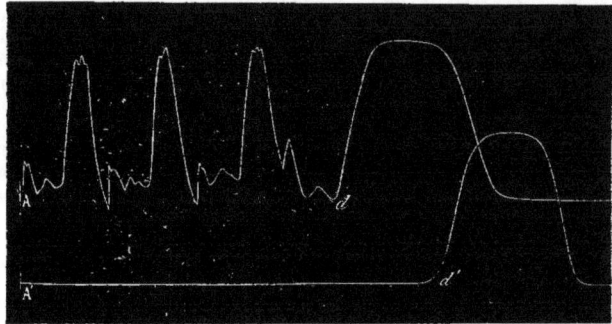

Fig. 77. — *Graphiques recueillis dans l'œsophage du cheval pendant et immédiatement après des déglutitions associées.*

A, tracé d'une ampoule située dans la portion de l'œsophage parcourue par les boissons ingérées par déglutition associées ; A' tracé d'une ampoule située dans l'œsophage au-dessous d'une large plaie œsophagienne, par conséquent dans la portion parcourue par les boissons. Sur le tracé A, de A à *d*, accidents dus uniquement au passage des ondées et non à la contraction de l'œsophage ; il ne sont pas suivis de changements analogues sur le tracé A'. En *d*, contraction de l'œsophage, coïncidant avec une déglutition isolée et se propageant péristaltiquement (*d'*) à la partie inférieure du conduit.

accompagnant toute déglutition et montré qu'il intervient au début de l'acte pour favoriser la dilatation du fond de l'arrière-bouche, la raréfaction de l'air du pharynx et l'occlusion de la glotte, car, au moment où commence l'aspiration thoracique, par recul du diaphragme, le larynx n'est pas encore fermé.

Le graphique des ampoules placées dans l'appareil naso-pharyngien nous a convaincu que les aliments passent de la bouche à l'entrée de l'œsophage sous des influences mécaniques et physiques.

Nous avons observé que les contractions du pharynx sont à leur maximum, quand les bols déglutis sont ou très petits ou très volumineux, et que le pharynx subit une série de relâchements et de contractions autour d'un état de raccourcissement moyen pendant les déglutitions associées.

La partie la plus importante de notre étude se rattache à la déglutition œsophagienne. En effet, nos expériences nous ont permis d'affirmer un fait que personne n'avait encore signalé. Nous voulons parler de la transformation profonde de l'œsophage pendant les déglutitions associées, premier exemple signalé, croyons-nous, de l'inhibition brusque et temporaire de la tonicité d'un conduit musculaire.

La contraction péristaltique de la tunique musculeuse de l'œsophage entraîne le bol alimentaire pendant les déglutitions isolées. Elle se déplace de haut en bas, à raison de $0^m,200$ par seconde dans la partie rouge du conduit, de $0^m,050$ par seconde dans la partie blanche. Le bol alimentaire traverse donc l'œsophage du cheval en dix secondes environ.

Aussitôt que surgissent les déglutitions associées, la contraction de la tunique musculaire est suspendue. L'œsophage se transforme brusquement en un conduit élastique où les gorgées de liquide progressent avec une grande rapidité sous l'influence du pharynx agissant comme un vigoureux injecteur. Dès que les déglutitions associées font place à des déglutitions isolées, les contractions péristaltiques de l'œsophage reparaissent (voyez fig. 77).

Les déglutitions associées engendrent donc un phénomène inhibiteur qui supprime temporairement jusqu'à la tonicité de la musculature de l'œsophage, car nous nous sommes aperçu que la portion thoracique du conduit obéit à la rétractilité pulmonaire et se laisse dilater durant le passage des boissons.

Quelques années plus tard (1884), Kronecker et Meltzer ont observé également l'inertie de l'œsophage sur d'autres animaux, pendant les déglutitions rapprochées; ils ont vu dans l'excitation répétée du glosso-pharyngien une cause d'inhibition des centres réflexes qui provoquent la contraction péristaltique du conduit.

7° Étude sur les agents de l'absorption. — Aucun animal ne se prête si bien que le cheval à la détermination du rôle des vaisseaux lymphatiques dans l'introduction *in corpore* des solutions *confiées* au tissu conjonctif. En effet, cet animal présente, accolés à la carotide, des lymphatiques assez volumineux pour être isolés et recevoir à leur intérieur de petites canules en verre ou en métal. Pour découvrir ces lymphatiques, il faut inciser la gaine celluleuse de la carotide en évitant de la maculer de sang. Si l'opération est faite avec autant d'habileté que de propreté, on voit ramper sur la carotide un ou deux lymphatiques, légèrement flexueux, de couleur citrine. La circulation devient plus active, à leur intérieur, sous l'influence de la mastication. En faisant mâcher l'animal, on verra donc mieux les lymphatiques, on y introduira plus facilement des canules et on obtiendra une plus grande quantité de lymphe pour les recherches imposées par ce genre d'étude.

Colin a opéré de cette manière pour déterminer la rapidité de l'absorption dans le tissu sous-cutané de la joue. Il injecta dans cette région 100 grammes d'eau tenant en solution 3gr,5 de ferrocyanure de potassium; au bout de 9 minutes, ce sel parut dans la lymphe vers le tiers inférieur du cou; il y était contenu au maximum, au bout d'une demi-heure, s'y maintint dans la même proportion durant une heure, puis diminua d'une manière insensible. Dans une autre expérience, la solution fut poussée sous la joue et dans la parotide, et le sujet mâcha du foin; au bout de 7 minutes, le ferrocyanure se montra dans la lymphe. La réaction caractéristique de la présence de ce sel se présenta au maximum après 15 minutes; à la fin de la troisième heure, elle était devenue insensible.

8° Recherches expérimentales sur le travail musculaire. — Nous avons déjà indiqué brièvement (page 412), à propos de la respiration du cheval, les expériences faites par Zuntz et Lehmann sur les combustions pendant le repos et pendant le travail. Nous avons fait ressortir l'avantage considérable que ces physiologistes ont trouvé à se servir du cheval pour leurs recherches. Enfin, nous avons exposé, d'une manière sommaire, leurs procédés techniques.

a) *Travaux de Zuntz et* Lehmann. — Nous résumerons ici le parti que ces physiologistes ont tiré de leurs expériences pour la solution du grave problème de la source du travail musculaire.

Zuntz et Lehmann ont déterminé les échanges nutritifs sur deux chevaux (dont un était trachéotomisé) au repos, à l'allure du pas et du trot, se déplaçant simplement sans traction ni charge, ou bien en exécutant un travail de traction, sur un chemin horizontal ou sur un chemin montant plus ou moins rapidement. Ils ont distingué la dépense d'entretien, la dépense correspondant au déplacement du corps, et celle qui répond réellement à la production du travail.

La moyenne des échanges gazeux, dans leurs principales expériences, est indiquée dans les deux tableaux suivants, ainsi que la condition introduite dans les épreuves.

1. — Expériences sur le déplacement sans traction ni charge

	DÉSIGNATION.	ALLURE.	NOMBRE D'EXPÉRIENCES.	POIDS VIF.	TROUVÉ DIRECTEMENT.					APRÈS SOUSTRACTION de la valeur au repos. O absorbé.	
					PAR MINUTE.			PAR MÈTRE de chemin parcouru.			
					O absorbé.	Chemin parcouru.	Travail d'ascension.	O absorbé.	Travail d'ascension.	par minute.	par mètre de chemin.
				kilogr.	c.c.	mètres.	kgm.	m.m.c.	grm.	c.c.	m.m.c.
Expériences sur chemin presque horizontal, c'est-à-dire avec travail d'ascension minimum, sans charge ni travail de traction . .	a	Pas.	4	443,45	12,2476	87,375	0,439	14,096	5,029	8,6655	99,85
	b	Trot.	5	445,2	23,1542	139,06	0,6706	168,332	4,812	19,572	142,014
Expériences dans les mêmes conditions, mais sur chemin montant. Pente faible.	c	Pas.	8	434,02	20,9395	84,95	7,025	245,77	83,17	17,3575	204,775
Pente plus forte.	d	Pas.	5	438,34	26,3137	79,32	11,543	331,48	145,742	22,7316	285,892
Moyenne de c + d . .	»		13	435,7	23,006	82,785	8,7627	279,503	107,236	19,424	235,974

2. — Expériences sur le travail de traction sans charge à l'allure du pas.

	DÉSIGNATION.	NOMBRE DES EXPÉRIENCES.	POIDS VIF.	TROUVÉ DIRECTEMENT.									APRÈS SOUSTRACTION de la valeur au repos. O absorbé	
				PAR MINUTE.					PAR MÈTRE de chemin parcouru.					
				O absorbé.	Chemin parcouru.	Travail d'ascension.	Travail de traction.	Somme du travail.	O absorbé.	Travail d'ascension.	Travail de traction.	Travail total.	par minute.	par mètre de chemin.
				cc.	mèt.	kgm.	kgm.	kgm.	m.m.c.	grm.	grm.	grm.	c.c.	m.m.c.
Chemin presque horizontal.	a	3	412	22,9	63	0,22	9,57	9,79	364	3,53	152,28	155,81	19,4	307,340
Chemin montant.	b	9	428	30,7	60	2,99	8,77	11,76	515	49,953	147,711	197,664	27,1	455,444

Il résulte de ces tableaux que « *différentes sortes de travail exigent une dépense différente de la part de l'organisme pour la production de l'unité de travail mécanique* ». Par exemple, pour produire 1 grammètre de travail de traction sur un chemin montant de 5 p. 100 environ, la dépense dépasse de 45 p. 100 celle qu'entraîne la même traction sur un chemin horizontal. Un cheval immobile qui reçoit sur le dos 80 kilogrammes ne dépense pas plus que s'il n'était pas chargé. Si l'animal ainsi chargé se déplace sur un chemin horizontal, l'augmentation de dépense provient plus de la gêne causée par la charge que du poids même de cette charge.

Zuntz et Lehmann ont observé qu'au bout d'un certain temps d'activité musculaire, le cheval travaille plus économiquement ; c'est-à-dire que, si l'on divise la durée du travail en deux périodes, les échanges gazeux sont moins élevés dans la seconde période que dans la première. Ainsi donc, la qualité et l'intensité du travail entraînent des différences sensibles. Il faut ajouter que toute l'organisation d'un animal, la manière dont il se comporte individuellement et à certains moments, son mode d'alimentation, etc., introduisent de grosses variantes dans le mode d'utilisation économique de ses forces pour l'exécution d'un même travail. Somme toute, Zuntz et Lehmann ne trouvent pas de relation absolue et constante entre la consommation nutritive et la production du travail.

Ces deux expérimentateurs ont contrôlé pour ainsi dire leurs résultats en les comparant à ceux que fournirait la méthode indirecte de Boussingault pour l'établissement du bilan des échanges nutritifs. Après avoir fixé la ration nécessaire à entretenir leur sujet d'expérience sans perte ni gain, ils ont calculé que l'exhalation d'acide carbonique devait être de 5 lit. 7149 par kilogramme et par jour. Calculée d'après leur procédé, sur l'animal au repos, cette exhalation serait seulement de 5 lit. 3107. La différence s'expliquerait, d'après eux, par la perte d'acide carbonique au niveau de la surface cutanée et de la muqueuse intestinale, par des variations résultant du travail digestif et de la tranquillité ou de l'agitation plus ou moins grandes que les animaux présentent pendant le séjour à l'écurie.

On voit, par la concordance des résultats, que le procédé de Zuntz et Lehmann a été appliqué d'une façon remarquable.

Hagemann s'est servi des résultats obtenus à Berlin pour faire la critique raisonnée des expériences de Wolff et de ses collaborateurs sur l'alimentation du cheval et celle de la ration du cheval de cavalerie légère dans l'armée allemande. Le critique est arrivé à des conclusions fort intéressantes.

Katzenstein a mis des hommes en expérience sur l'appareil de Zuntz et Lehmann. Dans le travail d'ascension, le cheval a consommé 1cc,360 et 1cc,521 d'oxygène pour produire 1 kilogrammètre. L'homme, dans les mêmes conditions, a dépensé 1cc,5036 et 1cc,1877. La dépense a donc été sensiblement la même pour l'homme et le cheval. Mais il en est autrement quand le travail se borne au déplacement du corps; dans ce cas, le cheval dépense moins (0cc,0808 — 0cc,0678) que l'homme (0cc,1682 — 0cc,0885). Zuntz estime que l'homme non entraîné dépense proportionnellement davantage, à cause de la liberté des membres thoraciques.

b) *Travaux de Chauveau et Kaufmann.* — Au lieu de juger des phénomènes qui se passent dans le muscle en travail par les modifications imprimées aux gaz de la respiration, Chauveau a tenu à puiser les éléments du problème au siège même ou aussi près que possible du siège du phénomène. Avec le concours de Kaufmann, il a poursuivi des recherches qui ne pouvaient être faites que sur le cheval.

En premier lieu, ils ont cherché le rapport de la glycose et du glycogène avec la production du travail physiologique. Ce programme impliquait l'étude des modifications des gaz et du glycose du sang à sa sortie du muscle et de celles du glycogène du muscle envisagé. Les études de cette nature n'étaient praticables que sur un animal offrant, à portée de l'expérimentateur, une artère et une veine exclusivement musculaires, et capables, par leur volume, de recevoir les canules nécessaires à la récolte du sang, pendant que s'accomplissent régulièrement la circulation et la contraction.

Leur attention s'est fixée sur les vaisseaux du muscle masséter. Il est facile de faire entrer ce muscle en activité et au repos; il suffit d'offrir de l'avoine à l'animal ou de la lui retirer. En outre ce muscle possède une artère et une veine réunissant les conditions rêvées par l'expérimentateur.

L'artère est la *maxillo-musculaire* qui ne semble pas avoir de représentant chez l'homme. Elle émerge de la carotide externe, descend derrière le bord postérieur du maxillaire, couverte par la parotide, où elle se divise en deux branches : l'une profonde, qui se rend dans le ptérygoïdien interne après avoir fourni quelques ramuscules aux organes environnants; l'autre superficielle, contournant le bord postérieur du maxillaire, en se dégageant de dessous la parotide, au-dessus de l'insertion au maxillaire du sterno-mastoïdien, *pour se plonger dans le masséter et s'épuiser au sein de ce muscle* (voy. fig. 78).

C'est sur cette branche massétérine et sur sa veine collatérale que Chauveau et Kaufmann ont recueilli les échantillons de sang nécessaires à leurs travaux.

Nous ajouterons que le masséter du cheval est assez volumineux pour qu'on puisse se permettre d'en prélever un morceau pour y doser la graisse, le glycogène et le glycose, avant et après le travail de ce muscle, de manière à se procurer des renseignements aussi comparables que possible.

Voici le résultat d'une expérience où il est tenu compte de l'activité de l'irrigation sanguine dans le muscle :

		DANS 100 CC. DE SANG.			
		Volume total. cc.	CO². cc.	O. cc.	Az. cc.	Différence. cc.
	Sang artériel. . .	63,9	45,3	16,5	2,1	
	Sang veineux. . .	70,5	58,5	8.7	3,3	
Muscle en repos. . .	O absorbé.					7,8
	CO² produit.					13,2
	Activité relative des combustions d'après la totalisation de O et CO² multipliés par le coefficient de l'irrigation sanguine.					21,0 × 1 = 21,0
	Sang artériel. .	72,9	54,30	16,50	2,1	
	Sang veineux. .	71,0	64.35	3,35	3,3	
Muscle en travail.. .	O absorbé.					13,15
	CO² produit.					10,05
	Activité relative des combustions.					23,20×3=69,6

De l'ensemble d'une série d'expériences, ils ont déduit le rapport suivant mesurant l'activité des combustions :

$$\frac{\text{Repos}}{\text{Travail}} = \frac{20,40}{69,55}$$

Cherchant ensuite la quantité de glycose qui, dans un temps donné, disparaît du sang pendant son passage à travers le masséter, CHAUVEAU et KAUFMANN trouvent qu'elle équivaut à :

0gr,121 pendant l'état de repos.
0gr,408 pendant l'état d'activité.

Après avoir obtenu, sans mélange, la valeur des combustions dans le muscle au repos et en activité et la preuve que le travail musculaire consomme une plus grande quantité du glycose apporté avec le sang artériel, CHAUVEAU et KAUFMANN ont examiné les modifications subies par le glycogène du muscle: Une certaine quantité de glycogène disparaît pendant le travail musculaire, comme le prouvent les chiffres suivants, résultant de l'analyse de deux fragments musculaires enlevés sur le même animal, l'un au masséter gauche, au repos depuis longtemps, l'autre au masséter droit, après une demi-heure de mastication :

1° Dans le muscle au repos. . . . . . 1gr,774 p. 1000
  Dans le muscle après le travail . . . . 1gr,396 —
2° Dans le muscle au repos . . . . 0gr,484 —
  Dans le muscle après le travail . . . . 0gr,314 —

Cette seconde analyse a été faite sur des muscles provenant d'un cheval très émacié.

De la comparaison de l'oxygène absorbé avec le sucre du sang et le glycogène musculaire qui disparaissent pendant le travail, CHAUVEAU et KAUFMANN concluent que tout le sucre qui disparaît du sang pendant la traversée du muscle n'est pas immédiatement brûlé, qu'une partie se fixe dans le muscle à l'état de glycogène et qu'une portion du glycogène préexistant se transforme en sucre, lequel s'associe à celui de la circulation générale. Bref, c'est toujours sous la forme de glycose que les substances hydro-carbonées sont définitivement brûlées au sein du muscle.

En second lieu, CHAUVEAU et KAUFMANN se préoccupèrent des relations entre le travail chimique et le travail physiologique des muscles, problème complexe dont la solution dépend : 1° de la quantité de sang qui traverse un muscle dans l'unité de temps pour alimenter sa nutrition; 2° du poids d'oxygène qu'absorbe ce muscle et du poids de l'acide carbonique qu'il excrète dans le même temps; 3° du poids des substances qui fournissent le carbone contenu dans l'acide carbonique.

Toutes ces déterminations ont été faites sur le muscle *releveur de la lèvre supérieure* du cheval. Ce muscle, dont le poids varie de 18 à 25 grammes, est sous-cutané, couché un peu obliquement sur l'os sus-nasal; il peut entrer en activité ou à l'état de repos à la volonté de l'expérimentateur, puisque sa fonction est liée étroitement à la mastication ; il est pourvu d'une veine unique, superficielle, qui permet de recueillir tout le sang qui l'a traversé (voy. 2, fig. 78).

Il sera donc loisible à l'expérimentateur de recueillir tout le sang qui sor du muscle,

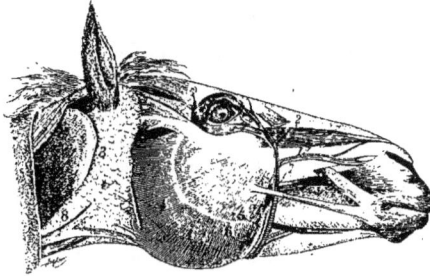

Fig. 78. — *Face latérale de la tête du cheval.*

1, muscle masséter ; 2, muscle releveur de la lèvre supérieure ; 3, glande parotide ; 4, artère maxillo-musculaire ; 5, canal de STENON ; 6, veine faciale dont on voit les branches afférentes coronaires supérieure et inférieure, ainsi que les branches qui sortent du muscle releveur de la lèvre supérieure et de la région palpébrale ; 7, artère faciale dont on voit les branches satellites de celles de la veine précitée ; 8, veine jugulaire.

de le peser, de l'analyser, de le comparer au sang qui entre dans l'organe et de rapporter les résultats obtenus au poids du muscle.

En suivant cette technique, les physiologistes lyonnais ont déterminé les coefficients ci-après :

	MUSCLE en repos.	MUSCLE en travail.
	gr.	gr.
Coefficient de l'irrigation sanguine moyenne.	0,14200000	0,95200000
Coefficient de l'absorption de l'oxygène.	0,00000419	0,00014899
Coefficient de l'excrétion de l'acide carbonique.	0,00000518	0,00023709
Coefficient de l'absorption de la glycose.	0,00003976	0,00012852

CHAUVEAU et KAUFMANN étudièrent ensuite les relations qui existent entre le travail chimique et le travail physiologique du tissu musculaire, en utilisant encore le *releveur de la lèvre supérieure*, attendu que ce muscle permet d'expérimenter dans des conditions simples, précises et quasi normales.

Les deux muscles releveurs du cheval se contractent synergiquement pendant la préhension des aliments et la mastication. Mais si on coupe le tendon de l'un d'eux, celui-ci se raccourcira sans produire de travail mécanique. Si on se livre sur les deux muscles, après cette ténotomie, aux déterminations indiquées au paragraphe précédent, on pourra connaître l'influence de la suppression du travail extérieur du muscle sur le travail chimique intérieur. Or, cette influence a paru fort minime. Le coefficient de l'activité circulatoire et respiratoire reste à peu près le même dans les deux muscles. Le muscle à tendon coupé présente simplement un léger surcroît d'échauffement.

CHAUVEAU appliqua les soudures thermo-électriques à la détermination de la quantité de chaleur produite dans le muscle paralysé, dans le muscle travaillant à vide et dans le muscle accomplissant un travail utile.

L'énervation d'un des muscles ne modifie pas sensiblement la température respective des deux muscles pendant l'état de repos ; il n'en va plus de même lorsque l'animal mange : le muscle qui fonctionne devient plus chaud que le muscle paralysé. Dans le muscle qui travaille à vide l'échauffement (0°,47) est plus considérable que dans le muscle qui travaille utilement (0°,42). La différence 0°,05 équivaut à 0^{cal},000034. Donc le travail mécanique n'absorbe qu'une faible partie de l'énergie mise en jeu au moment où le muscle fonctionne.

Éprouvant le désir de comparer le coefficient de la chaleur absorbée par la contraction musculaire avec celui du travail mécanique effectué par la contraction, CHAUVEAU a fait une détermination directe de ce travail en se servant du muscle *releveur de la lèvre supérieure du cheval*. Pour cela, il a adapté un mince tube de caoutchouc de 3 millimètres de diamètre et de 3 centimètres de longueur à la place d'une partie excisée du tendon. L'élasticité de ce ressort est telle qu'elle ne nuit pas à la contraction régulière du muscle. Les deux extémités du tube de caoutchouc sont reliées par des fils fins et souples à deux tambours transmetteurs que l'animal porte sur les os nasaux, grâce à un dispositif *ad hoc*. Les tambours transmetteurs sont conjugués à deux tambours inscripteurs qui écrivent sur un cylindre enfumé tous les mouvements imprimés au ressort par les muscles en activité.

Ce dynamographe d'un genre particulier donne des indications graphiques que l'on transforme en indications absolues par une opération spéciale.

Nous donnerons le résultat complet d'une expérience faite dans ces conditions :

Poids du muscle. . . . . 13 grammes.
Quantité moyenne du sang qui le traversait en une minute. { Repos. . . 1^{gr},84 / Activité. . 7^{gr},80
Quantité d'oxygène cédé au muscle par 100 grammes de sang. { Repos. . . 0,00407 / Activité. . 0,01264
Nombre de contractions par minute. 134
Poids moyen que chaque contraction était capable de soulever. . . . . 77 grammes.
Hauteur moyenne de soulèvement. . . . . 1^{mm},625
Travail en grammètres. . . { Par contraction musculaire. . . . . . . 1,251 / Évaluation totale pour 1 minute 167,667

D'où l'on tire pour 1 gramme de muscle et 1 minute de temps :

	REPOS.	ACTIVITÉ.
1° Coefficient de l'irrigation sanguine.	0^{gr},141	0^{gr},600
2° Coefficient de l'absorption de l'oxygène.	0^{gr},00000573	0^{gr},00007584
3° Coefficient du travail mécanique.	»	13 grammes.
4° Le même en équivalence calorique	»	0^{cal},000031

Il est donc possible de mesurer approximativement, sur le releveur de la lèvre du cheval, le travail mécanique accompli normalement par le tissu musculaire aussi bien que l'équivalence calorique de ce travail. La valeur du travail peut varier; « mais à égalité de conditions, cette valeur est la même chez les divers sujets ». Mesurée par le dynamomètre ou par la méthode auto-calorimétrique, la quantité de chaleur ou d'énergie absorbée par le travail est sensiblement la même.

Telles sont les conclusions de CHAUVEAU et KAUFMANN sur ce point. Si elles ne résolvent pas toutes les questions pendantes sur la source du travail musculaire, elles apportent, grâce aux conditions offertes par le cheval, des éléments d'une grande importance. Nous n'avons pas à présenter nous-même une vue synthétique, attendu que le travail musculaire sera l'objet d'un article spécial où toutes les expériences seront exposées avec les détails qu'elles comportent.

9° **Contributions à l'étude de la physiologie du système nerveux.** — L'expérimentation sur le cheval a permis d'élucider ou d'entrevoir plusieurs problèmes relatifs aux fonctions du système nerveux.

a) *Démonstration expérimentale des nerfs sensitifs des muscles soumis à la volonté.* — L'existence des nerfs sensitifs des muscles est admise. Mais pour en donner la preuve expérimentale, il fallait trouver un muscle dont les fibres nerveuses motrices et les fibres sensitives groupées en deux faisceaux indépendants pussent être coupées ou excitées séparément. Le cheval possède ce muscle, le *sterno-maxillaire* ou *sterno-mastoïdien*.

Le sterno-maxillaire se compose d'un corps charnu très long procédant de l'appendice trachélien du sternum, s'élevant obliquement sur la face antérieure, puis sur la face latérale de la trachée, formant le bord antérieur de la gouttière de la veine jugulaire, terminé par un tendon aplati s'insérant sur le bord refoulé du maxillaire, tendon pro-

CHEVAL.

461

longé en arrière par une mince aponévrose qui s'engage sous la parotide pour gagner l'apophyse mastoïde et la crête mastoïdienne (voy. fig. 78).

Son nerf procède de haut en bas et pénètre dans son épaisseur à une très petite distance au-dessous du tendon. Si l'on remonte vers son origine, on le voit se bifurquer : un rameau, le plus volumineux, rejoint la branche externe du spinal; l'autre procède de la branche inférieure de la deuxième paire cervicale.

Pour découvrir ces deux rameaux, il faut faire une incision au bord de l'aile de l'atlas, au-dessous du tendon du splénius, passer sous la parotide, et remonter autant que possible sous l'apophyse transverse de la seconde vertèbre cervicale.

Chauveau a montré expérimentalement que le premier est un nerf moteur, le second, un nerf sensitif. L'excitation du premier ou l'excitation du bout périphérique, après l'avoir coupé transversalement, produit la contraction du sterno-maxillaire sans éveiller de douleur. L'excitation du bout périphérique du second n'agit pas sur le muscle, tandis que celle du bout central détermine sa contraction par voie réflexe. Après la section de ce nerf, le pincement du tronc entier, près de son immergence dans le muscle, ne détermine plus de réaction douloureuse.

b) *Influence des nerfs sensitifs sur la contraction volontaire et la nutrition des muscles.* — L'occasion était excellente pour examiner l'influence du nerf sensitif musculaire sur la contraction physiologique et la nutrition du muscle.

Chauveau n'a pu saisir de trouble manifeste de la contraction volontaire après la section de la branche sensitive. Et sur deux sujets abattus, l'un six semaines, l'autre sept semaines après la section de ce nerf, il n'a pas vu d'altérations évidentes du muscle sterno-maxillaire, alors que des altérations n'étaient pas douteuses quarante-sept jours après la section de la branche motrice seule. Cependant Chauveau n'osa affirmer la parfaite innocuité de la section du rameau sensitif, attendu que les sujets sur lesquels il a expérimenté étaient âgés et qu'il ne les a pas conservés très longtemps après l'énervation. Nous avons tenu à nous mettre dans des conditions meilleures. Une fois, nous avons coupé le rameau sensitif du sterno-maxillaire, d'un côté, sur un jeune poulain que nous avons gardé quatre mois. Pendant ce laps de temps, le muscle a toujours paru se contracter régulièrement et n'a pas présenté de différence appréciable lorsqu'on l'a comparé au muscle opposé, au moment de l'autopsie.

En conséquence, si des altérations surviennent dans les muscles après la section exclusive de leurs filets nerveux sensitifs, elles sont extrêmement lentes à se développer.

Telle ne serait pas l'opinion de Müller en ce qui regarde l'état des muscles laryngiens après la section du nerf laryngé supérieur. Chauveau, Müller ont montré que le laryngé supérieur fournit un filet au muscle crico-thyroïdien. Müller fait de ce rameau un nerf exclusivement sensitif et il admet qu'après sa section tous les muscles laryngiens du même côté s'atrophient. Conséquemment, le nerf laryngé serait un nerf trophique pour les muscles du larynx. Cette opinion serait corroborée par des expériences de Exner, Latschenberger, Schindelka et Struska. Pour Exner, la section du laryngé supérieur plongerait le larynx dans le repos par suppression de la sensibilité. Pixeler aurait trouvé dans les muscles, du côté de la section du nerf sensitif, des lésions différentes de celles qui existent du côté, où l'on a coupé le nerf moteur. Breisacher et Götzlaff n'ont pas confirmé ces résultats.

Münk a fait une critique de ces diverses opinions. Il craint que les premiers auteurs aient observé un cheval présentant une atrophie unilatérale des muscles du larynx, comme on la voit chez les sujets atteints de cornage. Pour lui, le cheval ne fait pas exception à la règle générale; la section du laryngé supérieur produit l'atrophie du crico-thyroïdien seulement, celle du récurrent, l'atrophie des autres muscles du larynx.

c) *Démonstration expérimentale des nerfs sensitifs des muscles striés soustraits à la volonté.* — Elle peut être fournie sur le cheval, grâce à la disposition des nerfs de la portion cervicale de l'œsophage.

Chez l'homme et le lapin, les nerfs moteurs et sensitifs de cette portion du conduit sont mélangés dans le tronc du récurrent et sont distribués à l'œsophage de bas en haut pendant le trajet du récurrent vers le larynx. Chez le chien, les deux sortes de nerfs sont également mélangés dans un tronc commun émanant du nerf pharyngien, mais ils sont distribués de haut en bas. Au contraire, chez les Solipèdes, les filets moteurs et les filets sensitifs sont séparés : les premiers, procédant du nerf pharyngien et du laryngé externe, se distribuent de haut en bas à la musculeuse; on les trouve tous réunis dans un rameau incrusté, pour ainsi dire, sur les côtés de l'origine de l'œsophage ; les seconds sont émis de bas en haut, par l'intermédiaire du récurrent. CHAUVEAU, agissant sur chacun d'eux séparément, a montré, depuis 1862, leur participation aux mouvements coordonnés de l'œsophage.

La section des nerfs moteurs paralyse absolument la membrane charnue de l'œsophage. La section des nerfs sensitifs entraîne la paralysie passagère et irrégulière, parfois une incoordination du mouvement péristaltique s'opposant à l'accomplissement régulier de la déglutition.

L'excitation électrique des nerfs moteurs intacts et de leur bout périphérique, après la section, produit la tétanisation de l'œsophage. Celle des nerfs sensitifs intacts ou de leur bout central, après la section, produit le même résultat, mais avec un léger retard.

Ici, l'influence du nerf sensitif sur la contraction physiologique est manifeste. La disposition anatomique existant sur le cheval a donc permis de faire une démonstration très importante.

On sait cependant que les nerfs sensitifs de l'œsophage ne sont pas le point de départ des excitations qui règlent la propagation du mouvement péristaltique. Effectivement, ce mouvement s'accomplit à la suite d'une déglutition pharyngienne, malgré la section transversale de l'œsophage à son origine, et la sortie du bol alimentaire au niveau de la section si les nerfs moteurs sont conservés.

CHAUVEAU a observé que l'énervation motrice unilatérale ne trouble pas la fonction de l'œsophage. L'énervation sensitive unilatérale est parfois tout aussi inoffensive. Mais ARLOING et TRIPIER ont vu, sept fois sur douze, la section unilatérale du pneumogastrique suivie d'un trouble de la déglutition et de l'obstruction de l'œsophage par des aliments. Il faut admettre que sur certains animaux la distribution des fibres sensitives est asymétrique, de sorte que la section d'un seul vague en détruit la plus grande partie.

d) *Démonstration de l'aptitude des nerfs sensitivo-moteurs des muscles de la vie animale à provoquer des mouvements coordonnés sans le concours des centres psycho-physiologiques.* — Cette démonstration difficile à donner sur les mammifères, CHAUVEAU l'a fournie deux fois par des expériences faites sur le cheval. Un animal a la moelle épinière divisée transversalement entre l'occipital et l'atlas ; sa respiration est et ne peut être entretenue que par une soufflerie. Si, sur cet animal, on excite les branches perforantes intercostales par un choc, un pincement ou des courants électriques, on voit se produire des inspirations réflexes capables d'entretenir la respiration. Au début de l'expérience, quand le pouvoir réflexe de la moelle n'est pas affaibli, la plus petite excitation des nerfs perforants provoque l'inspiration. Si l'on excite la peau des membres postérieurs, l'animal ne réagit pas par un mouvement quelconque ; le réflexe est coordonné, et se manifeste habituellement par le mouvement de défense connue sous le nom de ruade.

e) *Hypothèse du circuit sensitivo-moteur.* — Les expériences sommairement rapportées ci-dessus ont engagé CHAUVEAU à se rallier à la conception de CH. BELL sur l'existence d'un circuit nerveux sensitivo-moteur. Le muscle serait tangent au circuit. Une excitation tombant sur la région médullaire, intermédiaire aux deux portions du circuit, ferait naître une onde propulsive dans la direction du nerf moteur et une onde rétropulsive dans la direction du nerf sensitif qui, toutes deux, arriveront au muscle par des chemins différents. Si l'on agit sur les deux portions du circuit aussi près que possible de leur terminaison, muscle ou moelle, on entraîne une contraction. Tandis que, si l'on excite le bout périphérique de la portion centripète et le bout central de la portion centrifuge on n'en produit pas. Conséquemment, des deux ondes, la propulsive se propage beaucoup mieux que l'autre ; la rétropulsive n'interviendrait que dans le mécanisme des mouvements physiologiques coordonnés provoqués par les excitations naturelles.

f) *Démonstration physiologique du mode de distribution des plaques motrices terminales dans les fibres d'un muscle long à faisceaux parallèles.* — Les fibres des très longs muscles des mammifères sont-elles innervées comme les faisceaux primitifs des muscles des petits animaux, c'est-à-dire reçoivent-elles une seule terminaison nerveuse doublée quelquefois par une arborisation supplémentaire dans le voisinage même de la plaque terminale essentielle? Cette question est impossible à résoudre par les procédés de l'histologie. Chauveau en a demandé la solution à la physiologie.

Le long muscle sterno-maxillaire du cheval, dont on a déjà parlé, convient à cette étude. Il reçoit un seul nerf, rameau détaché du spinal, pénétrant près de son extrémité supérieure et descendant dans son épaisseur jusqu'au voisinage du sternum. Les branches de ce nerf sont descendantes, sauf la première ou les deux premières qui affectent une direction récurrente. En pratiquant une section au-dessous de l'origine de ces dernières, on énerve le muscle, sauf l'extrémité supérieure.

Cela étant fait, si l'on excite le tronc du nerf avant sa pénétration dans le muscle, on s'aperçoit que la partie supérieure du sterno-maxillaire entre seule en contraction; les parties moyenne et inférieure s'allongent sous l'influence de la traction qui procède de la partie supérieure.

La conclusion se dégage aisément de l'expérience. Les ramuscules abandonnés par les nerfs intra-musculaires se distribuent à des parties différentes des mêmes faisceaux par conséquent, les plaques motrices terminales sont multiples. Faut-il en inférer que les faisceaux sont formés de plusieurs fibres situées dans le prolongement les unes des autres? Non, bien que cette constitution soit fort probable.

g) *Étude sur la vitesse de propagation des excitations dans les nerfs moteurs et vaso-moteurs des mammifères.* — Les mémorables expériences de Helmholtz sur la vitesse

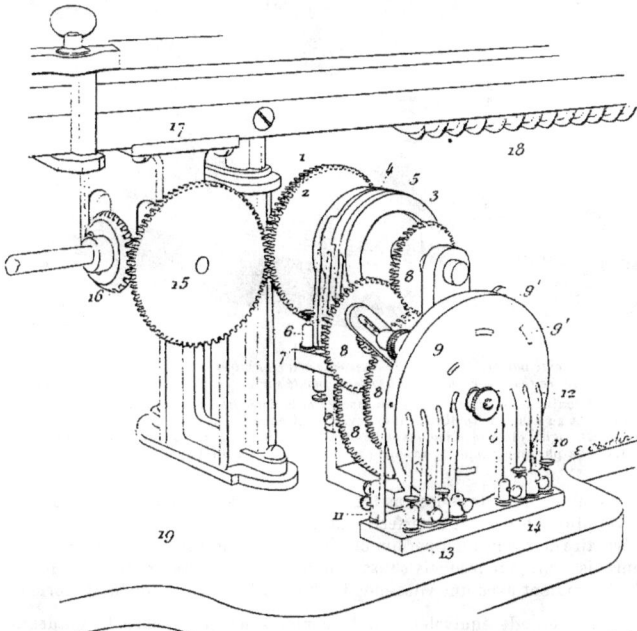

Fig. 79. — *Distributeur automatique d'excitations électriques créé par M. Chauveau pour ses recherches sur la vitesse de propagation des excitations dans les nerfs.*

1 et 2, roues dentées motrices: 3, cylindre d'ébonite avec rhéotome 4 et séparateur de courants induits 5 ; 6. l'une des bornes du rhéotome: 7, l'une des bornes du séparateur; 8. 8. système de roues dentées transmettant le mouvement au distributeur: 9. distributeur d'excitations: 9' 9', contacts établissant la distribution: 10. l'une des bornes du courant induit; 11. l'autre borne du courant induit: 12, Ressorts prenant le courant par frottement avec les contacts; 13. groupe d'électrodes positives; 14, groupe d'électrodes négatives.

de propagation des excitations dans les nerfs moteurs ont été faites sur un animal à sang froid et sur des nerfs détachés du corps, privés, par suite, de circulation sanguine.

Elles furent tentées sur les nerfs de l'homme par Helmholtz, Marey, Baxt, Burdon-San-derson, Waller, Bernstein; mais les excitations n'ont jamais été appliquées directement sur les cordons nerveux. On ignorait donc, en ce qui regarde les mammifères, le résultat qu'aurait fournis l'excitation immédiate du nerf.

En 1878, Chauveau a entrepris d'étudier ce sujet, en agissant directement sur des nerfs d'une grande longueur, maintenus en place, en rapport avec tous leurs vaisseaux sanguins à la température normale du milieu intérieur, excepté au niveau des points d'application des excitateurs aussi circonscrits que possible. Il s'est proposé d'examiner le phénomène dans les diverses catégories de nerfs moteurs : nerfs moteurs des muscles striés de la vie animale; nerfs moteurs des muscles striés soustraits à l'influence de la volonté ; nerfs moteurs des muscles lisses des organes splanchniques; nerfs vaso-moteurs.

Le cheval lui a fourni la possibilité de remplir ce programme dans des conditions aussi

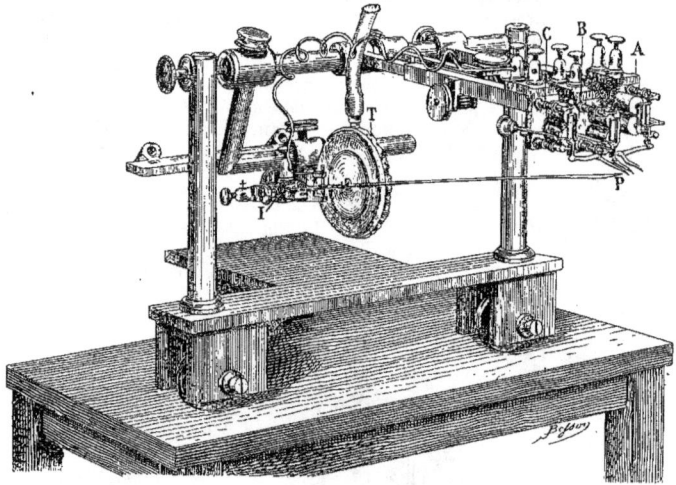

Fig. 80. — *Dispositif adopté par M. Chauveau dans ses études sur la vitesse de propagation des excitations dans les nerfs pour inscrire tous les éléments du problème, monté sur un chariot de l'enregistreur universel.*

T, tambour à levier conjugué avec le myographe inscrivant la contraction du muscle; I, interrupteur élec-trique fonctionnant au début du soulèvement du levier P et actionnant, à ce moment, le signal électrique enregistreur C; B, signal électrique indiquant l'excitation du nerf; A, troisième signal électrique chrono-graphique actionné par un courant interrompu par les vibrations d'un diapason.

bonnes que possible, dans tous les cas très supérieures à celles qu'avaient réalisées ses devanciers. De plus, un outillage perfectionné dont il venait de doter son laboratoire de l'École Vétérinaire de Lyon, lui a permis de recueillir des graphiques incomparables. Les cylindres enregistreurs sur lesquels s'inscrivaient les contractions, les excitations et le temps perdu, tournaient avec une vitesse de $1^m,20$ à 2 mètres par seconde; de sorte que des durées de $\frac{1}{2400}$ de seconde équivalent sur le papier à des longueurs de un demi-milli-mètre au moins et peuvent être ainsi rigoureusement déterminées. Le temps était inscrit au moyen d'un diapason donnant 600 vibrations simples par seconde.

Les excitations étaient pratiquées par la méthode unipolaire, la seule qui permette de bien les localiser en des points déterminés, avec des courants induits gradués de manière à obtenir une contraction à son maximum d'amplitude.

Pour obtenir des contractions uniformes, et bien comparables, l'auteur visait à exciter le nerf en des points différents avec une très grande rapidité : dans ce but, il avait dis-posé autant de fils excitateurs que de points à exciter. Ces fils étaient reliés au pôle négatif de l'appareil d'induction par l'intermédiaire d'un instrument spécial (distributeur automatique) qui, à chaque tour du cylindre enregistreur, faisait passer le courant dans un point différent du nerf (voy. fig. 80).

Ledit cylindre enregistreur déterminait à un moment donné l'ouverture du circuit inducteur, et ce moment était inscrit sur le papier par un signal électro-magnétique.

Les secousses résultant des excitations étaient recueillies par un explorateur, de forme variable suivant les cas particuliers, et enregistrées par un myographe à transmission. Le tambour à levier récepteur était complété par un interrupteur électrique permettant d'inscrire les moindres soulèvements du levier. Cet organe nouveau indiquait le point précis où le myographe commençait à inscrire la courbe de la secousse, point difficile à déterminer exactement lorsque les tracés sont allongés par le déplacement rapide du cylindre enregistreur.

Si nous ajoutons que les appareils inscripteurs, tambour à levier myographique, signal électrique myographique, signal électrique du rhéotome, signal électrique du diapason, disposés comme sur la figure ci-jointe, étaient entraînés par un chariot parallèlement à la génératrice du cylindre enregistreur, on concevra que les graphiques obtenus par CHAUVEAU étaient hélicoïdaux indiscontinus, que les résultats des excitations et les indications qui s'y rapportent étaient régulièrement superposés quand, après le fixage, la feuille de papier était séparée du cylindre et déroulée.

α. La vitesse dans les *nerfs moteurs des muscles de la vie animale* a été déterminée d'abord sur les nerfs du larynx qui présentent une longueur égale à plus de deux fois celle de l'encolure, puisque, après avoir suivi le pneumogastrique jusqu'à l'entrée de la poitrine, ces nerfs sont ramenés au larynx par le récurrent. Une seule plaie pratiquée en haut du cou permet de placer des excitateurs sur deux points éloignés de 1m,30 l'un de l'autre. La contraction de la glotte était recueillie par une ampoule ovoïde en membrane de caoutchouc introduite dans le larynx à l'aide d'une incision sous-cricoïdale. Pour faire supporter

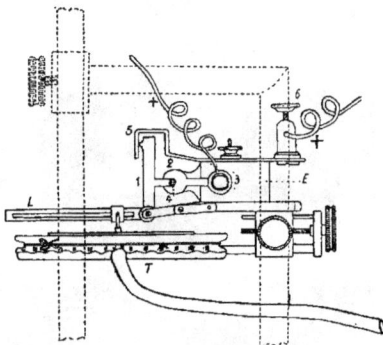

FIG. 81. — *Détails de l'interrupteur électrique de M. CHAUVEAU annexé au tambour myographique pour l'étude de la vitesse de propagation des excitations dans les nerfs.*

T, tambour; L, levier dudit; E, plaque isolante en ébonite; 1, pièce en platine qui oscille en arrière quand le levier se soulève; 3, borne par laquelle arrive le courant; les rapports sont constamment entretenus entre cette borne et la pièce 1, par une goutte de mercure contenue dans le godet en platine 2. dans laquelle se meut librement une pointe de platine 4; 5. enclume en platine en rapport avec la borne 6. d'où part le fil conducteur du courant. Quand le myographe est au repos, la pièce 1 presse contre l'enclume 5 et le courant est fermé. Dès que le levier myographique se soulève, le contact est rompu entre 1 et 5, et le signal électrique enregistre cette rupture.

cette ampoule, on coupait la moelle ou on pratiquait l'anesthésie par le chloral.

La vitesse a été déterminée ensuite sur le nerf facial. On enregistrait la contraction du muscle releveur de la lèvre supérieure en se servant d'un myographe à transmission rattaché au tendon du muscle. Nous donnons un spécimen des expériences faites sur ces deux nerfs.

Voici les éléments de cette expérience et les résultats obtenus :

Longueur du nerf compris entre les deux premiers points excités. . 0m,370
— — le 2e et le 3e point excité. 0m,805
— — le 3e et le 4e point excité. 0m,355
Longueur totale des trois sections. 1m,530

La première excitation avait à parcourir un trajet quasi nul. Aussi le temps compris entre le moment de l'excitation et celui de l'apparition de la contraction, soit $\frac{46}{1200}$ de seconde, représente-t-il surtout le temps perdu du nerf et du muscle.

La deuxième excitation avait à parcourir, en plus, un trajet de 37 centimètres qui était accompli en $\frac{12}{12}$ de seconde, d'où vitesse de propagation égale à 37 mètres par seconde.

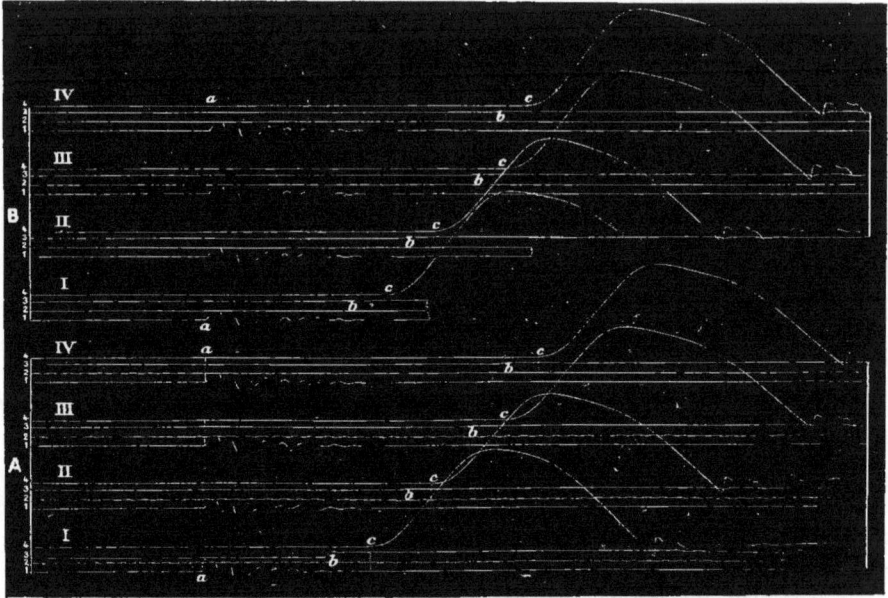

Fig. 82. — *Exemple d'une expérience pour l'étude de la vitesse de transmission des excitations dans les nerfs moteurs à long trajet* (nerf vague gauche du cheval) (communiqué par M. CHAUVEAU).

Portion d'une feuille de graphiques réduite aux 2/3 comprenant deux groupes d'excitation identiques A et B. I, l'excitation porte sur le récurrent près du point où il aborde le larynx ; II, l'excitation porte sur le récurrent en bas du cou ; III, l'excitation porte sur le tronc du vague au bas du cou ; IV, l'excitation porte sur le tronc du vague au niveau du larynx.

1, tracé du signal électrique, indication du moment de l'excitation ; 2, tracé du signal électrique indicateur du temps, signal actionné par un diapason à 300 vibrations doubles facilement divisibles en 4 parties chacune, ce qui permet d'apprécier des durées de $\frac{1}{1200}$ de seconde ; 3, tracé du signal électrique indicateur du début des contractions, signal tellement sensible qu'il obéissait avant que l'œil ne pût saisir le moindre soulèvement du levier du myographe par lequel ce signal était actionné ; 4, tracé du style inscripteur de la courbe de la contraction. Dans le cas particulier, le ressort antagoniste qui maintenait le levier du myographe dans sa position fixe manquait de sensibilité; aussi la courbe de ce levier ne présente-t-elle aucune trace de soulèvement appréciable à l'œil, au moment où le signal électrique ci-dessus est déjà actionné par ce levier.

$a, \ldots a$, moments des excitations occupant tous le même point sur une des génératrices du cylindre ; $b, \ldots b$, début des contractions indiqué par le signal électrique ; $c, \ldots c$, courbe myographique.

Nota. — Dans le groupe A, les vibrations du style du chronographe s'atténuent considérablement après la 4ᵉ excitation. De plus, l'indication électrique du début de la contraction n'est bien marquée que dans le graphique de la première excitation. Toutefois, sur l'original, toutes les indications étaient assez nettes pour qu'on ait pu en tirer des mesures d'une grande précision. Dans le groupe B, les vibrations du style du chronographe se sont éteintes complètement, et le signal électrique actionné par le début des contractions ne donne plus que deux indications à peine perceptibles : enfin les contractions ne sont pas aussi régulièrement égales que dans le groupe A. Aussi n'y a-t-il aucun renseignement précis à demander aux graphiques de ce groupe B. On en a supprimé (à l'encre de Chine) les parties qui s'enchevêtraient avec les graphiques du groupe A pour dégager ces derniers.

La troisième excitation avait à parcourir un trajet de 117 centimètres qui était accompli en $\frac{28}{1200}$ de seconde, vitesse de propagation $= 50^m,14$ par seconde.

La quatrième excitation avait à parcourir un trajet de 153 centimètres qui était accompli en $\frac{35}{1200}$ de seconde; d'où vitesse de transmission $= 52^m,46$ par seconde.

Dans d'autres expériences, CHAUVEAU a trouvé une vitesse de 68 mètres par seconde dans la première portion du pneumogastrique, $66^m,5$ dans la portion moyenne formée par le pneumogastrique et le récurrent, 51 mètres dans la partie supérieure du récurrent. Dans la partie moyenne du pneumogastrique où la vitesse est beaucoup plus uniforme, CHAUVEAU l'a trouvée généralement de 65 mètres par seconde. La vigueur, l'excitabilité des sujets, l'anesthésie prolongée apportent des modifications importantes : ainsi, suivant ces conditions, la vitesse varie de 75 à 40 mètres par seconde.

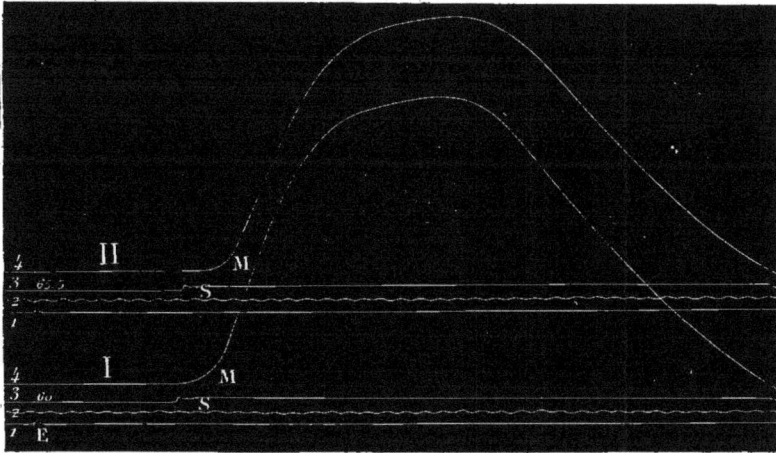

FIG. 83. — *Exemple d'une expérience pour l'étude de la vitesse de propagation des excitations dans les nerfs moteurs à court trajet (facial du cheval) (communiqué par M. CHAUVEAU).*

I, résultat de l'excitation du point le plus rapproché du muscle; II, résultat de l'excitation du point le plus éloigné du muscle.

1, signal électrique indiquant le moment de l'excitation E; 2, vibrations du diapason; 3, signal électrique indiquant le début de la contraction du muscle; 4, courbe myographique provoquée par l'excitation du nerf; la contraction devient apparente en M.

Des expériences faites sur le pneumogastrique et le facial, CHAUVEAU conclut que la vitesse de propagation varie dans les différents points d'un même nerf. Les excitations cheminent d'autant moins vite qu'elles se rapprochent davantage de la terminaison du nerf. Dans les expériences faites *post-mortem*, cette loi était renversée. La conductibilité est donc moindre dans la partie terminale du nerf.

Dans tous les cas, la vitesse de translation des excitations chez les mammifères est deux fois et demie plus grande que chez les grenouilles (25 à 27 mètres) et deux fois plus grande qu'elle ne serait chez l'homme d'après les excitations médiates de HELMHOLTZ (33 mètres) ou de SCHELSKE et MAREY (30 mètres).

5. La vitesse de propagation dans *les nerfs des muscles soustraits à l'influence de la volonté* a été étudiée sur les nerfs de la portion cervicale de l'œsophage (muscle à fibres striées, involontaire) et de la portion thoracique (muscle à fibres lisses). Dans ces expériences, l'excitation était appliquée sur un seul point du tronc du vague au-dessus de

l'origine du nerf pharyngien d'où procède le rameau moteur de la portion cervicale de l'œsophage; la contraction subséquente était recueillie sur deux points inégalement distants de l'extrémité supérieure de l'œsophage à l'aide de pinces myographiques. Afin que la région explorée ne subisse pas d'ébranlement résultant de la contraction du pharynx ou de la partie préterminale de l'œsophage, elle était isolée par deux sections transversales. La vitesse de rotation du cylindre enregistreur ne dépassait pas 40 à 50 centimètres par seconde.

L'auteur a trouvé une vitesse de 8^m,16 par seconde dans les nerfs œsophagiens cervicaux, alors qu'elle était de 66^m,66 dans les nerfs du larynx sur le même animal. En conséquence, dans les nerfs moteurs des muscles à fibres striées soustraits à la volonté, la vitesse de translation des excitations est huit fois moindre que dans les nerfs moteurs des muscles de la vie animale.

Les expériences faites sur la partie blanche de l'œsophage n'ont pas fourni de résultats assez nets pour en déduire des chiffres précis. Pourtant, elles permettent d'affirmer que la conduction dans les nerfs qui se rendent à cette région est plus lente que dans les nerfs de la partie rouge.

γ. La vitesse de propagation dans les *nerfs vaso-moteurs* fut étudiée sur le long cordon cervical du grand sympathique et appréciée par des tracés hémodromographiques pris dans la carotide. L'excitation du sympathique cervical détermine le resserrement des artérioles; il en résulte un ralentissement du courant sanguin dans l'artère carotide qui se traduit immédiatement sur les tracés hémodromographiques. En excitant près de la tête et loin de la tête, on note une différence dans le temps perdu précédant le ralentissement de la circulation. Cette différence permet de calculer la vitesse de transmission dans la portion du sympathique comprise entre les deux points excités. Chauveau a trouvé dans une expérience une vitesse de 0^m,40 par seconde; dans une autre, une vitesse de 0^m,26. La vitesse de conduction dans les nerfs vaso-moteurs est donc 165 fois moins rapide que dans les nerfs du larynx.

h) *Étude sur la composition du tronc du nerf pneumogastrique.* — Schiff a montré qu'on pouvait faire l'analyse physiologique d'un nerf complexe en suivant attentivement la perte de l'excitabilité par l'étude des troubles infligés à la fonction des muscles qui reçoivent ses branches terminales. Par ce procédé, cet éminent expérimentateur a démontré la présence, chez le chien, dans la partie cervicale du pneumogastrique, de fibres accélératrices cardiaques associées à des fibres modératrices.

Nous avons poursuivi l'analyse du nerf vague, par cette méthode, en utilisant les Solipèdes. Chez eux on peut déjà mettre de côté le cordon cervical du grand sympathique, ce qui simplifie l'observation.

Comme Schiff, nous avons vu que les fibres modératrices cardiaques perdent les premières l'excitabilité dans le bout périphérique, sept à huit jours après la section. Mais les fibres dont l'excitabilité subsiste encore ne sont pas toutes accélératrices. Treize jours après la section, les fibres motrices du larynx et de la portion thoracique de l'œsophage sont encore nettement excitables. Enfin, cinquante-neuf jours après la section, l'excitation du bout périphérique, avec des courants forts, a déterminé une légère élévation de la pression, le ralentissement, l'allongement des pulsations et leur fusion comme celle des secousses dans un muscle sous l'influence de courants induits assez rapprochés pour devenir tétanisants. Ces phénomènes se sont produits pendant et après les excitations.

En conséquence, l'analyse physiologique permet de reconnaître quatre sortes de fibres dans le tronc du pneumogastrique, en dehors des fibres vaso-motrices, savoir : fibres modératrices cardiaques, fibres accélératrices cardiaques, fibres motrices pour le larynx et pour l'œsophage, fibres remplissant problablement le rôle de nerf moteur ordinaire pour le myocarde.

i) *Études sur l'axe cérébro-spinal.* — Comme on le verra, les travaux entrepris sur le cheval pour débrouiller la physiologie de l'axe nerveux central sont de plusieurs sortes.

Excitabilité de la moelle épinière. — A l'époque où l'on demandait à peu près exclusivement à l'expérimentation des renseignements sur la physiologie de la moelle épinière, Chauveau s'est servi avantageusement du cheval, parce que cet animal se prête merveilleusement, par le gros volume de sa moelle, à la localisation des excitations comparatives sur les divers faisceaux de l'organe. Les résultats qu'il a obtenus ont contribué largement, avec les travaux de FLOURENS, MAGENDIE, LONGET, CL. BERNARD, BROWN-SÉQUARD, SCHIFF, etc., à fixer la science sur l'action de la moelle épinière.

CHAUVEAU a excité la surface et la profondeur de la moelle avec des excitants mécaniques et des excitations électriques, la moelle étant isolée de l'encéphale ou en relation naturelle avec cet organe.

Les effets de l'électrisation ne peuvent guère se circonscrire que sur une moelle du volume de celle du cheval. Aussi les expériences faites avec ce moyen d'excitation présentent-elles un vif intérêt.

Le travail de CHAUVEAU (1861) sur l'excitabilité de la moelle épinière est très riche en détails et mérite d'être lu attentivement. Nous nous bornerons à en reproduire les principales conclusions :

« Les cordons antéro-latéraux sont tout à fait inexcitables, aussi bien à leur surface que dans leurs parties profondes, blanches ou grises.

« Les cordons postérieurs sont inexcitables dans leurs couches profondes, mais ils sont très excitables à leur surface, et plus particulièrement à leur bord externe, vers la ligne d'émergence des racines sensitives.

« Leur excitation engendre exactement les mêmes phénomènes que celle de ces racines sensitives, c'est-à-dire de la douleur et des convulsions réflexes plus ou moins généralisées si la moelle communique avec l'encéphale, des convulsions réflexes seulement si la moelle est séparée des organes cérébraux.

« Ces convulsions réflexes sont les seuls phénomènes de motricité que l'on développe par l'excitation de la moelle épinière, cet organe étant inapte à provoquer directement des mouvements dans les muscles, à la manière des racines motrices.

« L'excitation qui engendre ces convulsions ne se comporte pas, au point de vue de la conduction, comme celle qui, appliquée aux racines spinales motrices, détermine des contractions musculaires locales : dans les nerfs moteurs, l'excitation suit toujours une direction unique, la direction centrifuge, pour gagner les muscles ; dans la moelle, l'irritation se propage toujours dans les deux sens, c'est-à-dire de haut en bas et de bas en haut, et fait ainsi contracter les muscles aussi bien au-dessus qu'au-dessous du point où elle s'exerce.

« Ainsi, il n'est pas exact de reconnaître dans la moelle : une partie antérieure, motrice, à conduction centrifuge comme les racines antérieures, et une partie postérieure, sensitive, à conduction centripète comme les racines postérieures. L'assimilation qui a été faite, sous ce rapport, entre les deux ordres de faisceaux de la moelle, n'est donc pas justifiée.

« En résumé, les parties insensibles de la moelle n'excitent jamais de contraction musculaire quand on les irrite, ce qui arrive toujours, aussi bien au-dessus qu'au-dessous du point irrité, lorsque l'excitation agit sur les parties sensibles ; et cette propriété de provoquer, par les irritations, des phénomènes de sensibilité et de motricité, à la fois, réside dans un même point de la moelle épinière, la surface des cordons postérieurs : la distinction dans le cordon médullaire du siège propre du mouvement et du siège propre de la sensibilité ne peut donc être faite dans le sens communément pris par les physiologistes ; elle est impossible, au moins, au point de vue des phénomènes produits par la mise en jeu de l'excitabilité. »

Origine apparente et origine réelle des nerfs moteurs craniens. — CHAUVEAU a tenté de résoudre physiologiquement ce problème qui, au premier abord, semble du domaine de l'anatomie. Le cheval, grâce au volume relatif de son bulbe, a servi les desseins de l'expérimentateur.

Si l'excitabilité des éléments sensitifs disparaît rapidement après l'arrêt de la circulation, celle des nerfs moteurs se conserve assez longtemps pour permettre de la trouver presque intacte après l'ablation rapide de la voûte cranienne avec un trait de scie et l'ablation, à l'aide du scapel, des portions du cervelet et du cerveau qui cachent les points sur lesquels on veut appliquer les fines électrodes d'un appareil d'induction.

En disposant la tête d'une manière convenable, suivant les besoins, CHAUVEAU a excité : 1° la partie libre des racines nerveuses à l'intérieur du crâne ; 2° le bulbe au voisinage de l'origine apparente de ces racines; 3° la partie intra-bulbaire de ces dernières ; 4° le noyau ou l'origine réelle des nerfs crâniens.

La première des opérations avait pour but de bien établir l'action de telles ou telles racines motrices.

Ces expériences ont montré très nettement que, si la partie libre des racines est excitable, leur origine apparente, c'est-à-dire la surface du bulbe au voisinage des racines ne l'est pas. Elles ont montré que cette différence se poursuit dans l'épaisseur du bulbe; que les cellules qui forment l'origine réelle des nerfs sont excitables et que leur excitation produit d'aussi belles contractions que l'excitation de la partie libre des racines; que l'effet de cette excitation est unilatéral et direct, hormis le cas où l'excitation est pratiquée sur la ligne médiane. Dans ces conditions, l'effet est bilatéral.

L'excitabilité des noyaux moteurs du bulbe étant incontestable, Chauveau en infère que les noyaux des nerfs rachidiens doivent jouir de la même propriété, bien que l'on eût proclamé, à cette époque, la complète inexcitabilité de la substance grise.

10° Travaux sur les nerfs glandulaires. — A notre connaissance, ces travaux ont porté sur l'innervation des glandes salivaires et des glandes sudoripares, lacrymales et sébacées.

a) *Nerfs des glandes salivaires.* — La découverte du nerf moteur ou excito-sécrétoire de la glande parotide a été fort laborieuse. Pour s'en convaincre, il suffit de lire certains chapitres de l'œuvre de Cl. Bernard. Ce nerf procède de la 5e paire. Chez le chien, il est enfermé dans des branches très fines et très courtes de l'auriculo-temporal. Il faut soulever la parotide pour le mettre à nu. Sur le cheval, Colin a vu que l'excitation des ramuscules du trijumeau mélangés à ceux du facial, à la surface du canal de Sténon, fait entrer la parotide en activité. On peut donc provoquer la sécrétion de cette glande sans se livrer à des délabrements aussi grands que sur un petit animal. Un filet sous-parotidien, dérivant en apparence du facial, jouit de la même propriété.

Si la corde du tympan est difficile à découvrir chez les Solipèdes, et s'il est difficile, conséquemment, de suractiver la sécrétion de la glande sous-maxillaire artificiellement, il est facile, en revanche, d'observer au microscope l'influence de l'activité glandulaire sur l'état anatomique de l'épithélium de la glande.

Dans les acini fixés par l'osmium et l'alcool, après coloration par l'éosine hématoxylique, on distingue avec une netteté remarquable la calotte de Giannuzzi et les cellules mucipares. Nous avons profité de ce caractère pour étudier, avec notre collègue, le professeur Renaut, le rôle, alors controversé (1879), des cellules de Giannuzzi.

Nous avons réglé un procédé pour découvrir et isoler la corde du tympan, et nous avons excité celle-ci jusqu'à épuisement de la sécrétion. Par les examens histologiques subséquents, nous avons corroboré les conclusions déjà présentées par Heidenhain, Ranvier, savoir : que les cellules muqueuses de la sous-maxillaire ne se détruisent pas en fonctionnant; que ces cellules, en redevenant granuleuses, à la fin de la sécrétion, gardent leurs caractères propres; que les cellules du croissant de Giannuzzi, analogues aux cellules granuleuses des glandes à ferment, ne sont pas les formes embryonnaires des cellules mucipares.

L'étude des nerfs glandulaires dans les glandes salivaires du cheval a permis à G. Paladino de voir la terminaison directe des fibres nerveuses dans les cellules glandulaires et la présence de plexus ganglionnaires intra-glandulaires variés dans la sous-maxillaire. Appréciant mieux alors les données expérimentales sur les sécrétions après la résection des nerfs extrinsèques, il fut conduit à admettre un certain automatisme glandulaire.

b) *Nerfs des glandes sudoripares, lacrymales et sébacées.* — C'est chez le cheval que l'influence du sympathique cervical sur la *sécrétion sudoripare* s'observe le mieux. La vieille observation de Dupuy a été maintes fois répétée. Deux heures après la section du sympathique, la peau de la tempe, de la base de l'oreille, se couvre de sueur et les poils se mettent en mèches. Le lendemain, l'hypersécrétion a disparu, mais les poils sont encore accolés irrégulièrement, traces révélatrices de son ancienne existence. Restait l'interprétation de ces phénomènes. La sécrétion sudorale, dans ce cas, serait-elle déterminée par l'irritation traumatique de fibres excito-sécrétoires ou par la destruction de fibres modératrices, ou simplement par la vaso-dilatation ?

Vulpian, avec Bochefontaine et Raymond, crut d'abord à la destruction de fibres modératrices : mais bientôt, en présence de la variabilité des résultats consécutifs à l'excitation du bout céphalique du sympathique, il se rattacha à l'influence vaso-dilatatrice.

Luchsinger, en prenant la précaution d'opérer sur des chevaux anesthésiés par le chloroforme ou le chloral, s'aperçut que l'excitation du bout céphalique du sympathique provoque immédiatement la sécrétion sudorale.

Le filet sympathique cervical transporte donc des fibres excito-sudorales vers la région temporo-faciale.

Mais ne renfermerait-il pas aussi des fibres fréno-sudorales ? Il était permis de le supposer, vu les résultats variables des expériences de Vulpian. Nous avons cherché, de notre côté, l'existence des deux sortes de fibres. Vingt-quatre heures après la section du sympathique, lorsque les phénomènes hypersécrétoires immédiats ont disparu, nous avons excité le bout céphalique du nerf ; nous n'avons pas déterminé sur-le-champ une hypersécrétion visible, mais, trente minutes après l'excitation et pendant une heure, nous trouvions l'oreille du côté correspondant plus moite que celle du côté opposé, preuve de l'existence de fibres excito-sudorales. Deux jours après la section, nous administrons de la pilocarpine. Au bout de quinze minutes la sudation apparaît à la base de l'oreille, du côté de la section, puis elle se montre des deux côtés, mais plus abondante du côté énervé ; enfin, plus tard, quand la sudation diminue, elle persiste le plus longtemps du côté de la section.

Il semble bien, dans ce cas, que la section ait eu pour conséquence de faire disparaître une influence antagoniste de la pilocarpine, preuve que le sympathique contient des fibres modératrices.

De nos expériences, nous avons cru pouvoir déduire que les fibres fréno-sudorales sont destinées surtout à la peau de la base de la conque, les fibres excito-sudorales se rendant principalement aux deux tiers supérieurs de cette région.

Les nerfs sudoraux de la tête suivent donc vraisemblablement plusieurs voies de distribution. Vulpian a trouvé très manifestement des fibres sudorales, excitatrices et frénatrices, dans les branches du facial chez le cheval.

On constate aussi l'hypersécrétion de la *glande lacrymale* après la section unilatérale du sympathique.

La même question se pose au sujet de ce trouble, qu'à propos de l'hypersécrétion sudorale. Nos propres expériences nous font croire qu'il tient à la paralysie de fibres nerveuses modératrices. En effet, si l'on injecte de la pilocarpine dans le tissu conjonctif d'un Solipède ayant subi la section du sympathique cervical depuis un, deux, trois, quatre et vingt jours, le larmoiement s'établit dans les deux yeux, mais beaucoup plus abondant du côté où la continuité du sympathique a été détruite.

Les effets de la pilocarpine, dans ces conditions, semblent bien démontrer que les nerfs excito-sécrétoires subsistent encore des deux côtés et que des fibres frénatrices ont été supprimées du côté où le sympathique a été sectionné.

La pathologie a entrevu des rapports entre les nerfs et la *sécrétion sébacée* sur lesquels la physiologie n'avait pas dit un mot avant nos expériences publiées en 1891. Nous avons observé que la section du sympathique cervical, chez les Solipèdes, fait sourdre à la face interne de la conque de l'oreille, dans la zone glabre, une quantité considérable de produits sébacés. En effet, le lendemain de l'opération, la peau de cette région est parsemée de gouttelettes blanches, opaques, onctueuses au toucher, répondant chacune à l'orifice des follicules sébacés. Si on les enlève, elles réapparaissent plus petites le lendemain. Enfin, enlevées de nouveau, elles ne se reforment plus d'une façon sensible.

En résumé, l'hypersécrétion sébacée devient manifeste 5 à 6 heures après la section du sympathique cervical ; elle atteint son maximum vers la quinzième heure ; elle continue, tout en s'affaiblissant, pendant 48 à 64 heures au moins.

Comment le sympathique agit-il sur la sécrétion sébacée ? Ce problème est difficile à résoudre à cause du caractère même de la fonction sébacée ; celle-ci est lente, et il est impossible de la provoquer ou de l'arrêter ostensiblement par l'excitation passagère des nerfs. Nous nous sommes cependant efforcé de l'élucider un peu. Les expériences variées, auxquelles nous nous sommes livré, nous font admettre que l'hypersécrétion n'est pas sous la dépendance de modifications vaso-motrices, et que le cordon cervical du sympathique renferme quelques fibres excito-secrétoires pour les glandes sébacées, et aussi quelques fibres frénatrices.

En somme, le cheval se prête mieux que d'autres animaux à un certain nombre de recherches délicates sur les nerfs glandulaires.

11° Genèse des productions cornées. — Si l'on parcourt les auteurs, on s'aperçoit de quelque indécision sur le rôle du derme sous-unguéal dans la genèse de l'ongle. Si l'on veut bien comprendre la nature de l'ongle de l'homme, le disposition et le rôle des tissus sous-jacents, il faut étudier les parties correspondantes chez le cheval où elles se présentent avec un développement qui rend l'observation facile et fructueuse. Par un examen comparatif, on est bien vite convaincu que le derme sous-unguéal comprend un tissu *onycogène* et un tissu *onycophore*. Partout où les productions cornées prennent naissance, chez l'homme, le derme est dépourvu de papilles. De sorte que le tissu onycogène comprend : 1° toute la partie cachée sous la lunule de l'ongle (matrice de l'ongle proprement dite) prolongée latéralement par deux pointes qui descendent dans les gouttières unguéales; 2° le repli appelé sous-unguéal par la plupart des auteurs d'où procède la lamelle cornée qui recouvre, en s'amincissant peu à peu, la base de l'ongle (manteau de quelques auteurs), lamelle que nous avons désignée sous le nom de *périonyx*, par analogie avec le périople du sabot du cheval.

A l'état physiologique, le lit de l'ongle avec ses crêtes longitudinales, parallèles, est un simple tissu *onycophore*. Il est le siège d'une prolifération épithéliale qui assure tout à la fois l'adhérence et le glissement de l'ongle au fur et à mesure de sa croissance. Si le tissu onycophore est mis violemment à découvert, par arrachement ou chute de l'ongle, la prolifération cellulaire dont sa surface est le siège aboutit rapidement à la formation d'une couche cornée, plus ou moins rugueuse et cassante, qui protège le derme, définitivement si le tissu onycogène a été détruit, provisoirement si ce dernier a été respecté. Dans ce cas, en effet, un ongle vrai réapparaît au niveau de la lunule, s'allonge graduellement, pendant que disparaît peu à peu la couche cornée provisoire émanant des cellules du lit de l'ongle.

Nous avons développé les notions ci-dessus dans notre thèse d'agrégation (*Poils et ongles*, 1880). Elles résultent, nous le répétons, d'une comparaison attentive des phénomènes qui se passent dans les régions analogues de l'homme et du cheval.

12° Genèse des globules rouges. — PALADINO estime que c'est faute d'avoir étudié ce sujet chez les Solipèdes, qu'on a limité la source des globules rouges du sang à la moelle des os et à la rate, et, quant au mode de développement, qu'on l'a confiné à la kariokynèse des jeunes hématies sans se demander d'où proviennent ces dernières. Les observations de cet auteur sur la lymphe et les ganglions lymphatiques du cheval l'ont mis en situation de pouvoir démontrer que le corpuscule rouge du sang, autant pendant la vie fœtale que dans la vie extra-utérine, naît par métamorphose d'une partie des lymphocytes nommés érytroblastes dans la lymphe en mouvement, dans le sang ou dans les ganglions lymphatiques. Ainsi, les ganglions sont donc à la fois la source des lymphocytes et celle des globules rouges par l'intermédiaire des précédents.

13° Des phénomènes d'évolution dans les glandes génitales. — Bien que ces phénomènes soient recherchés et étudiés par les procédés des histologistes, nous croyons néanmoins qu'ils ont une place désignée dans un article de physiologie.

a. *Ovaire.* — On se rangeait volontiers à la doctrine de WALDEYER admettant dans l'ovaire de tous les mammifères, durant toute la période de la fécondité, un parenchyme privilégié, immuable, contenant sous l'albuginée une zone de follicules primordiaux. PALADINO entreprit l'étude de l'ovaire de la jument sous l'influence de cette doctrine et parvint à des conclusions différentes. Pour cet auteur, le parenchyme ovarien est constamment le siège d'un double mouvement de destruction et de régénération variable suivant que l'espèce est plus ou moins prolifique et que les individus sont dans un état de santé plus ou moins satisfaisant. Ce double travail n'est pas uniformément réparti dans tous les points de l'organe. Le type de structure est le type tubulaire, et les tubes ovariques sont des formations primaires et non secondaires. L'œuf et l'épithélium de la granuleuse ont une genèse commune. Le corps jaune a une signification élevée, parce qu'il prépare la déchirure des follicules et ensuite leur cicatrisation.

A la suite des recherches de PALADINO, WALDEYER s'est rangé à la doctrine de la destruction et de la rénovation continues dans le parenchyme ovarien des mammifères, à l'exception peut-être de la femme.

b. *Testicule.* — Dans toutes les espèces, la spermatogénèse comprend deux périodes : une période de prolifération (formation des spermatoblastes et une période de différenciation (évolution des spermatoblastes). La prolifération qui emplit la première période emprunterait, d'après les travaux les plus récents, les procédés soit de la scissiparité, soit de la gemmiparité, selon les espèces animales, et s'effectuerait, dans le premier cas, par endogénèse; dans le second, par exogénèse. La théorie de l'exogénèse ou par gemmiparité est née de la découverte des cellules ramifiées due à SERTOLI. Dans ce cas, la spermatogénèse tout entière, avec ses deux périodes, serait entièrement contenue dans l'évolution des cellules de SERTOLI qui, issues par un bourgeon de l'épithélium basal, donneraient à leur tour, par bourgeonnement, les spermatoblastes qu'on y voit attachés et qui évoluent à la surface. Chez le cheval, la spermatogénèse s'effectue par exogénèse comme chez le rat; mais les observations de LAULANIÉ ne sont pas d'accord avec l'interprétation courante. Selon cet auteur, la prolifération qui remplit la première phase du processus a lieu par scissiparité et procède des cellules libres (ovules mâles de ROBIN). Les spermatoblastes qui, en dérivent sont recueillis, englobés par les cellules de SERTOLI, et ils parcourent à la surface et au sommet de ces éléments toutes les phases de leur évolution. Les cellules de SERTOLI ne sont que des instruments contingents de soutien ou de direction, et le mot exogénèse ne saurait être conservé qu'à la condition de lui faire exprimer seulement cette intervention purement mécanique des cellules de SERTOLI.

Bibliographie. — LAMORIER. *Mémoire où l'on donne les raisons pourquoi les chevaux ne vomissent point* (*Histoire de l'Acad. des sciences*, 1733). — BERTIN. *Sur la structure de l'estomac du cheval et sur les causes qui empêchent cet animal de vomir* (*Histoire de l'Acad. des sciences*, 1746). — BOURGELAT. *Précis anatomique du corps du cheval*, II. — FLOURENS. *Note sur le vomissement du cheval* (*Ann. des sciences nat.*, 1844). — RENAULT (*Bulletin de l'Acad. de méd.*, 1845, IX, 153-154). — TIEDMANN et GMELIN. *Recherches sur la digestion.* — BROGNIEZ (*Traité de chirurgie vétérinaire*, 1845, 360). — LOISET. *Bronchorrhée asphyxiante* (*Journal des vétérinaires du Midi*, 1845, 49). — CHAUVEAU et J. FAIVRE. *Nouvelles recherches expérimentales sur les mouvements du cœur.* Mémoire complet (*Gazette médicale de Paris*, 1856). — CHAUVEAU. *Nouvelles recherches sur la fonction glycogénique* (*Comptes rendus de l'Académie des sciences*, 1856, XLII, 1008). — CHAUVEAU et FAIVRE. *Sur la théorie des pulsations du cœur* (*Ibid.*, 1857, XLV, 371, et *Moniteur des hôpitaux*). — CHAUVEAU. *Mécanisme et théorie générale des murmures vasculaires ou bruits de souffle, d'après l'expérimentation* (*Comptes rendus de l'Académie des sciences*, 1858, XLVI, 839); — *Des bruits de souffle dans les anémies* (*Ibid.*, 1858, XLVI, 933); — *Études pratiques sur les murmures vasculaires ou bruits de souffle et sur leur valeur séméiologique* (*Gazette médicale de Paris*, 1858); — *Le mécanisme des murmures vasculaires ou bruits de souffle, expliqué par la théorie de la veine fluide. Nouvelles expériences confirmatives* (*Gazette médicale de Lyon*, 1858, 297); — *Expériences physiques propres à expliquer le mécanisme des murmures ou bruits de souffle* (*Académie de médecine*, 1858); — *Sur le mécanisme des bruits de souffle vasculaires* (*Journal de la physiologie de l'homme et des animaux*, 1860, III, 163). — CHAUVEAU et J. FAIVRE. *Sur le jeu des valvules auriculo-ventriculaires* (*Ibid.*, 1860, III, 164). — CHAUVEAU. *Résultats concernant la vitesse de la circulation artérielle, d'après les indications d'un nouvel hémodromomètre* (*Comptes rendus de l'Académie des sciences*, 1860, LI, 948). — CHAUVEAU, BERTOLUS et LAROYENNE. *Vitesse de la circulation dans les artères du cheval, d'après les indications d'un nouvel hémodromomètre* (*Journal de la physiol. de l'h. et des animaux*, 1860, III, 695). — LORTET. *Recherches sur la vitesse du cours du sang dans les artères du cheval, au moyen du nouvel hémodromographe de CHAUVEAU* (*Annales des sciences nat.; Zoologie*, 1860, (5), VII). — CHAUVEAU et MAREY. *Détermination graphique des rapports du choc du cœur avec les mouvements des oreillettes et des ventricules, obtenue à l'aide d'un appareil enregistreur* (*Comptes rendus de l'Académie des sciences*, 1861, 622); — *Mémoire complet* (*Gazette médicale de*

Paris, 1861, et *Mémoires de la Société de Biologie*, (3), III, 3). — CHAUVEAU. *Mémoires sur la physiologie de la moelle épinière (Journal de la physiologie de l'homme et des animaux,* janvier et juillet 1861). — CHAUVEAU et MAREY. *Second mémoire sur la détermination graphique des rapports du choc du cœur avec les mouvements des oreillettes et des ventricules (Comptes rendus de l'Académie des sciences,* 1862, LIV, 32); — *De la force déployée par la contraction des différentes cavités du cœur.* Communiqué à la Société de Biologie en décembre 1862 *(Gazette médicale de Paris,* 1863, 169). — CHAUVEAU. *Recherches physiologiques sur l'origine apparente et sur l'origine réelle des nerfs moteurs craniens, détermination de cette dernière;* in Journal de la physiologie de l'homme et des animaux, avril 1862; — *Du nerf pneumogastrique considéré comme agent excitateur,* etc. *(Ibid.,* juillet 1862). — CHAUVEAU et MAREY. *Tableau sommaire des appareils et expériences cardiographiques.* Feuille in-plano, avec figures, 1863; — *Appareils et expériences cardiographiques; démonstration nouvelle du mécanisme des mouvements du cœur par l'emploi des instruments enregistreurs à indications continues (Mémoires de l'Académie de médecine,* 1863, XXV, 268-319). — CL. BERNARD. *Introduction à l'étude de la médecine expérimentale,* Paris, 1865. — PALADINO. *Lezioni di istologia e fisiologia generale,* 2e édit., Napoli, 1871; — *Della terminazione dei nervi nelle cellule ghiandulari e dell'esistenza dei ganglei non ancora descritti nella ghiandola e nel plesso sottomusculare,* Napoli, 1872; — *Contribuzione all'anatomia, istologia e fisiologia del cuore,* Napoli, 1876. — ARLOING et LÉON TRIPIER. *Contribution à la physiologie des nerfs vagues (Archives de physiologie normale et pathologique,* 1872). — ARLOING. *Application de la méthode graphique à l'étude de quelques points de la déglutition (Comptes rendus de l'Acad. des sciences de Paris,* 1874-1875); — Mémoire complet, G. Masson, 1877. — ARLOING et LÉON TRIPIER. *Étude comparative de l'action physiologique des deux nerfs pneumogastriques sur les mouvements de l'œsophage et de l'estomac (Société de Biologie,* 1876). — ARLOING. *Note sur l'alimentation des animaux herbivores (Journal d'agriculture de Toulouse,* 1876). — CHAUVEAU et BONDET. *Contribution à l'étude du mécanisme des bruits respiratoires normaux et anormaux (Revue de médecine,* 1877, I, 161). — WOLFF, FUNK, KREUZHAGE, KELLNER. In *Landwirthschaftliche Jahrbücher,* de 1877 à 1881. — MUNTZ. *Recherches sur l'alimentation et sur la production du travail;* in Annales de l'Institut national agronomique, 1877-1881. — ARLOING. *Détermination des points excitables du manteau de l'hémisphère des animaux solipèdes; application à la topographie cérébrale (Association française pour l'avancement des sciences,* Paris, 1878). — CHAUVEAU. *Procédés et appareils pour l'étude de la vitesse de propagation des excitations dans les différentes catégories de nerfs moteurs chez les mammifères (Comptes rendus de l'Académie des sciences,* 1878, LXXXVII, 95, 138, 238, et *Gazette hebdomadaire de médecine et de chirurgie,* 1878); — *Vitesse de propagation des excitations dans les nerfs moteurs des muscles de la vie animale, chez les animaux mammifères (Comptes rendus de l'Académie des sciences,* 1878, LXXXVII, 95-138-238); — *Vitesse de propagation des excitations dans les nerfs moteurs des muscles rouges, à faisceaux striés, soustraits à l'influence de la volonté (Ibid.,* 1878, LXXXVII, 138-238, et *Gazette hebdomadaire de médecine et de chirurgie,* 1878). — LAULANIÉ. *De la nature et du mécanisme du soubresaut dans la pousse (Revue vétérinaire,* VIII, Toulouse). — ARLOING et RENAUT. *Note sur l'état des cellules glandulaires de la sous-maxillaire après l'excitation de la corde du tympan chez les solipèdes (Comptes rendus de l'Acad. des sciences,* 1879). — VULPIAN. *Sur l'origine des fibres nerveuses excito-sudorales de la face* (en commun avec RAYMOND) *(Ibid.,* LXXXIX, 1879). — ARLOING. *Recherches expérimentales comparatives sur l'action du chloral, du chloroforme et de l'éther, avec applications pratiques,* G. Masson, Paris, 1879; — *Poils et ongles, leurs organes producteurs,* Paris, 1880. — LAULANIÉ. *Sur le passage des globules rouges du sang dans la circulation lymphatique (Comptes rendus de l'Acad. des Sciences,* 1880). — *Modifications de la circulation sous l'influence de la saignée (Revue de médecine,* Paris, 1881). — GRANDEAU et LECLERC. *Études expérimentales sur l'alimentation du cheval de trait,* Paris, 1882. — ARLOING. *Modifications des effets vaso-constricteurs du sympathique cervical produites par la section du pneumogastrique chez les animaux où ces deux nerfs sont isolables (Société de Biologie,* 1882); — *Sur un procédé général pour évaluer la force mécanique de l'élasticité des gros troncs artériels (Ibid.,* 1882). — MAGNE et BAILLET *(Traité d'agriculture pratique et d'hygiène vétérinaire générale,* III, Paris, 1883). — LAULANIÉ. *Sur les excitations artificielles du cœur des mammifères (Ann. de l'Acad. des sciences de Toulouse,* 1883). — ELLENBERGER et HOFMEISTER. *Der Darmsaft des Pferdes (Berlin. Archiv.,* 1884, 427); *Die Darm verdauung des Pferdes. (Berl. Archiv.*, 1884, 328). — Tappeiner. *Untersuchungen über die Eiwessifäulniss im Darmcanale der Pflanzenfresser (Z. B.*, 1884, 215). — A. Lefèvre. *De l'aspiration propre du cœur (Thèses de Lyon,* 1884). — Laulanié. *De la spermatogénèse chez le cheval (Bull. de la Soc. d'histoire nat. de Toulouse,* 1884). — Laulanié. *De l'unité du processus de la spermatogénèse chez les mammifères (Comptes rendus de l'Acad. des sc.,* 1885). — G. Colin. *Traité de physiologie comparée des animaux domestiques,* 3° édition, Paris, 1886. — Wolff. *Grundlagen für die rationelle Fütterung des Pferdes,* 1886. — Paladino. *Ulteriori ricerche sulla distruzione e rinnovamento continuo del parenchima ovarico nei mammiferi,* Napoli, 1887. — Peuch et Toussaint *(Précis de chirurgie vétérinaire,* 2° édition, i, Paris, 1887). — Laulanié. *Effets des excitations artificielles du cœur chez les mammifères (Mém. Soc. de Biologie,* 1886, 29). — Eber. *Ueber die Consistenz des normalen Pferdeharns (Berl. Arch.,* 1887, 146). — Ellenberger et Hofmeister. *Ueber die Verdauung und die Verdauungssäfte der neugeborenen Pferdes (Sächs. Bericht,* xi, 128). — Goldschmidt. *Die Resorption im Pferdemagen (Sächs. Bericht,* xi, 421). — Ellenberger et Hofmeister. *Ein Beitrag zur Lehre von der Speichelsecretion (Archiv f. Anat. und Physiol.,* 1887.) — Lavalard. *Le cheval dans ses rapports avec l'économie rurale et les industries de transport,* i, Paris, 1888. — Saint-Cyr et Violet. *Traité d'obstétrique vétérinaire,* Paris, 1888. — Schindelka. *Hämometrische Untersuchungen an gesunden und kranken Pferden (Oest. Zeitschr. für wissensch. Veterinärk.,* 1888, ii, 120). — Zuntz. *Ueber die Einrichtungen, welche die Athembewegungen den wechselnden Bedürfnissen des Organismus anpassen (Deutsche Zeitschr. f. Thiermed.,* 223, 1888). — Leclerc. *Sur la sécrétion cutanée d'albumine chez le cheval (Ann. de méd. vétér. belges,* 1888, 447). — Smith. *The action of pilocarpin upon horses; the chemical composition of the sweat of the horse (The veter. Jour.,* 1889, xxvi). — Martin. *Anwendung der Sphygmographen beim Pferde (Schw. Archiv,* 1889, 275). — Angerstein. *Die Sphygmographie und die normale Pulscurve (Berl. Archiv,* 1889, 440). — Zuntz, Lehmann et Hagemann. *Untersuchungen über den Stoffwechsel des Pferdes bei Ruhe und Arbeit (Landw. Jahrbücher,* 1889, 3). — Hagemann. *Arbeitsleistung und Stoffverbrauch des thierischen Organismus (Milit. vet. Zeitsch.,* 1889, 145). — Manotzkow. *Einfluss der Bewegung auf Temperatur, Puls und Athmung der Thiere (Mittheil. der Kasauer vet. Inst.,* 1889). — Exner. *Ein physiologisches Paradoxon, betreffend die Innervation der Kehlkopfs (Oest. Zeitschr.,* 1889, 3, 257). — Kaufmann. *Nouveau procédé d'inscription de la sécrétion parotidienne du cheval (Soc. de Biologie,* 1888). — Arloing. *Expériences démontrant l'existence de fibres fréno-sécrétoires dans le cordon cervical du grand sympathique (Comptes rendus de l'Académie des sciences,* Paris, 1889); *Note sur les rapports de la pression à la vitesse du sang dans les artères pour servir à l'étude des phénomènes vaso-moteurs (Archives de physiologie normale et pathologique,* 1889, 115). — Paladino. *Des premiers rapports entre l'embryon et l'utérus chez quelques mammifères (Archiv. italiennes de Biologie,* 1889). — Chauveau et Arloing *(Traité d'anatomie comparée des animaux domestiques,* Paris, 1890). — W. Ellenberger. *Vergleichende Physiologie der Haussäugethiere,* i et ii, Berlin, 1890. — Kaufmann. *Recherches expérimentales sur la circulation dans les muscles en activité physiologique (A. d. P.,* 1892, 279-294); — *Influence des mouvements musculaires physiologiques sur la circulation artérielle et cardiaque (Ibid.,* 1892, 495-499). — Sussdorf. *Lehrbuch der vergleichenden Anatomie der Haustiere,* Stuttgart, 1893. — Ludwig-Franck. *Handbuch der Anatomie der Haustiere,* Stuttgart, 1897. — W. Ellenberger et H. Baum. *Topographische Anatomie des Pferdes,* Berlin, 1893. — Arloing. *Nouvelle contribution à l'étude de la partie cervicale du grand sympathique envisagé comme nerf sécrétoire chez les animaux solipèdes (Archives de physiologie normale et pathologique,* avril 1891). — Cornevin. *Traité de zootechnie générale,* Paris, 1891. — Chauveau. *Sur le circuit nerveux sensitivo-moteur des muscles (Mémoires de la société de Biologie,* novembre 1891). — Munk (Hermann). *Ueber den N. Laryngeus superior des Pferdes (Verhandlungen der physiologischen Gesellschaft zu Berlin,* 20 novembre 1891). — J. Munk. *Physiologie des Menschen und der Säugethiere,* Berlin, 1892. — Cornevin. *Des résidus industriels dans l'alimentation du bétail,* Paris, 1892. — Mallèvre. *Considérations spéciales relatives à la théorie de l'alimentation et particulièrement à la production du travail musculaire et du travail mécanique (Bulletin du ministère de l'Agriculture,* Paris, 1892). — Arloing. *De la possibilité de mettre le cœur en tétanos par des excitations de son système nerveux extrinsèque et d'amener la dissociation fonctionnelle des deux ventricules (Congrès international de physiologie,* Liège, 1892). — L. Guinard. *Note sur la toxicité des urines normales*

de l'homme et des mammifères domestiques; B. B., 1893, 493. — WENDELSTADT et BLEIBTREU.
Eiweissgehalt der rothen Blutkörperchen (Pflüger's Archiv, 1892, LII, 323-357). — NOCARD.
Sur les variations de la température chez le cheval (Bullet. de la Soc. centrale, de méd.
vétér., Paris, 1893). — POTAPENKO. *Beiträge zur Frage uber die normale Temperatur bei*
Pferden (Petersburger Arch. f. Veterinärwissenschaften, 1893, I, 1-10). — ARLOING. *Téta-*
nos du myocarde chez les mammifères par excitation du pneumogastrique (Archives de phy-
siologie normale et pathologique, 1893); — *Modifications rares ou peu connues de la*
contraction des cavités du cœur sous l'influence de la section et des excitations des nerfs
pneumogastriques (Ibid., 1894, 163-172). — BOUCHER. *Hygiène des animaux domestiques*
(Encyclopédie Cadéac, Paris, 1894). — LESBRE. *Études hippométriques (Annales de la Société*
d'agriculture et des sc. industrielles de Lyon, 1894). — CHAUVEAU. *Inscription électrique*
des mouvements des valvules sigmoïdes déterminant l'ouverture et l'occlusion de l'orifice
aortique (Comptes rendus de l'Acad. des sc., CXVIII, 1894). — ELLENBERGER. *Vergleichend physio-*
logische Untersuchungen über die normale Pulsfrequenz der Haussäugethiere (Berl. Archiv,
XXI, 18). — FISCHER. *Blutuntersuchungen bei Pferden (Berl. th. Wochenschr.*, 1894, n° 23).
— WISSINGER. *Der Urin der Pferdes im gesunden Zustande (Közl. az. összehasoul. elet-ès*
Kórtan Köréböl. 1864). — TANGL. *Zur Kenntniss der Wärmecentren beim Pferde (Deutsche*
Zeitschr. f. Thiermed., XXI, 456). — ZIMMERMANN et SAL. *Die Veränderungen der Tempera-*
tur, die Puls-und Athemfrequenz bei gesunden und dämpfigen Pferden Während der Arbeit
(Deutsche Zeitschr. f. Thiermedicin, XXI, 317). — CADIOT. *Exercices de chirurgie hippique*,
Paris, 1895. — CADIOT et ALMY. *Traité de thérapeutique chirurgicale des animaux domes-*
tiques, Paris, 1895. — ARLOING. *Persistance de l'excitabilité dans le bout périphérique des*
nerfs après la section; application à l'analyse du pneumogastrique (Congrès international
de physiologie, Berne, 1895); — Mémoire complet (*Archives de physiol.*, 1896, 75-
90). — DESOUBRY. *Les anesthésiques en chirurgie vétérinaire*, Asselin et Houzeau. Paris,
1896. — GRANDEAU, BALLAVAY et ALEKAN. *Études expérimentales sur l'alimentation du*
cheval de trait (Annales de la science agronomique, 1896, II). — ELLENBERGER. *Ein Beitrag,*
zur Frage der Ausscheidung von Salzen durch die Speicheldrüsen (Arch. f. Thierheilk.,
XXII, 79). — ARMAND GAUTIER. *Leçons de chimie biologique* (en colloboration avec ARTHUS).
Paris, 1897). — REGNARD et SCHLŒSING fils. *L'argon et l'azote dans le sang (Comptes rendus*
de l'Acad. des sciences, février 1897). — PORCHER et MASSELIN. *De l'urine du cheval (Bulletin*
de la Soc. centrale de méd. vétérinaire, 1897).

ARLOING.

CHIEN. —

SOMMAIRE. — CHAPITRE I. — Zoologie. — § 1. Caractères zoologiques. — § 2. Paléontologie. — § 3. Domestication. — § 4. Classifications et Races. — § 5. Age du chien. —
CHAPITRE II. — Physiologie du chien. — § I. Contention du chien. — §. II Lymphe
et circulation lymphatique. — § III. Sang et circulation sanguine. — § IV. Respiration. —
§ V. Chaleur animale. — § VI. Digestion. — § VII. Sécrétions : urine; lait; sueur;
glandes à sécrétion interne. — § VIII. Nutrition. — § IX. Reproduction. — § X. Mouvements. — § XI. Innervation.

Parmi les animaux destinés aux expériences de physiologie, le chien, comme le
lapin, le cobaye et la grenouille, doit être placé en première ligne. — Et même c'est le
chien qui, plus que tout autre animal peut être, a servi à résoudre les principaux problèmes de la physiologie. Ce serait donc faire presque toute la physiologie que de décrire,
avec tous les détails, chaque fonction, pour l'étude de laquelle le chien a été employé
comme sujet d'expérience. Or ce n'est pas là notre but. Nous avons cherché, autant que
cela nous a été possible, à réunir dans cet article tout ce qui est spécial au chien. Et encore
avons-nous été forcés, pour la partie anatomique, de ne donner qu'une très sommaire
description des différents organes et régions qui intéressent de plus près le physiologiste. De même pour la partie zoologique. Quant à la physiologie, nous nous
sommes bornés à décrire à chaque fonction les points qui appartiennent spécialement
au chien.

CHAPITRE PREMIER
Zoologie.

§ 1. **Caractères zoologiques.** — Le chien fait partie de l'ordre des *Carnivores*, genre *Canis* (LINNÉ). Ce genre est devenu le type de la famille *Canidæ* (Is. GEOFROY-SAINT-HILAIRE), appartenant au groupe *Arctoidea* (LYDEKKER) ou *Hypomycteri* (COPE).

Les caractères principaux du genre *Canis* sont les suivants : membres plus ou moins élevés, digitigrades (à l'époque actuelle); 5 doigts en avant, 4 en arrière; ongles émoussés, non rétractiles. Les dents sont au nombre de 42 avec la formule dentaire :

$$\text{i. } \frac{3}{3}, \text{ c. } \frac{1}{1}, \text{ p. m. } \frac{4}{4}, \text{ m. } \frac{2}{3} \times 2 = 42.$$

ou

$$\text{i. } \frac{3}{3}, \text{ c. } \frac{1}{1}, \text{ p. m. } \frac{3}{4}, \text{ Carn. } \frac{1}{1}, \text{ m. } \frac{2}{2} \times 2 = 42.$$

Les incisives présentent ordinairement la forme de trèfle; les canines sont pointues, grandes et fortes. La première tuberculeuse (vraie molaire) supérieure est transversale; l'inférieure est allongée dans le sens de la mâchoire. La deuxième tuberculeuse est plus petite et rudimentaire, surtout à la mâchoire inférieure. Cette dentition, intermédiaire entre celle des chats et des ours, indique le régime du genre *Canis*, qui est moins carnivore que celui des chats et moins omnivore que celui des ours.

La forme de leur corps les fait très aptes pour la course. Le sens de l'odorat est très développé. La pupille est ronde chez le chien, ovale ou linéaire chez les renards. La voix est très variée ; le chien domestique aboie, quand il est attaqué ou quand il poursuit une proie. L'aboiement ou jappement (signe de joie et de satisfaction) est plus court et plus clair. Les espèces sauvages n'aboient pas.

La famille des *Canidæ* (Is. GEOFROY-SAINT-HILAIRE) a été divisée en plusieurs sous-familles et genres.

Pour GRAY il y a, dans la famille des *Canidæ* :

1re SECTION : Lupinæ.

a) La sous-famille : *Lycaonina.*

1er Genre : *Lycaon* (une espèce en Afrique : *Lycaon venaticus*).

b) La sous-famille : *Canina.*

2e Genre : *Icticyon* (une espèce au Brésil : *Icticyon venaticus*).
3e Genre : *Cuon* (4 espèces en Asie : *C. primævus, C. dukhunensis, C. Alpinus, C. sumatrensis*).
4e Genre : *Lupus* (6 espèces : *L. vulgaris, L. chauco, L. occidentalis, L. anthus, L. aureus, L. pallipes*).
5e Genre : *Simena* (une espèce : *S. Simensis*).
6e Genre : *Chrysocyon* (2 espèces : *Chr. jubatus, Chr. latrans*).
7e Genre : *Canis* (4 espèces : *C. familiaris, C. ceylanicus, C. tetradactyla, C. Dingo*).
8e Genre : *Lycalopex* (2 espèces : *Lyc. Vetulus* et *L. fulvicaudus*).
9e Genre : *Pseudalopex* (4 espèces : *Ps. azara, Ps. griseus, Ps. megalanicus* et *Ps. gracilis*).
10e Genre ; *Thous* (2 espèces : *Th. Cancrivorus,* et *Th. fulvipes*).

2e SECTION : Vulpinæ.

c) La sous-famille : *Vulpina.*

11e Genre : *Vulpes* (17 espèces : *V. Vulgaris, V. nilotica, V. adusta, V. Variegata, V. mesomelas, V. flavescens, V. montana, V. Griffithsii, V. ferrilatus, V. leucopus, V. Japonicus, V. bengalensis, V. pusilla, V. Karagan, V. Corsac, V. pensylvanica* et *V. Velox*).
12e Genre : *Fennecus* (4 espèces : *F. dorsalis, F. Zaarensis, F. pallidus* et *F. Caama*).
13e Genre : *Leucocyon* (une espèce : *L. lagopus*).
14e Genre : *Urocyon* (2 espèces : *U. Virginianus, U. littoralis*).
15e Genre : *Nyctereutes* (une espèce : *N. Procyonoïde*).
16e Genre : *Megalotis* (une espèce : *M. Lalandei*).

Pour TROUESSART (*La grande Encyclopédie. Carnassiers, chien*) la famille des *Canidæ* comprend trois sous-familles :

1. *Amphycyoninæ* ayant vécu à l'époque tertiaire et qui avait les membres plantigrades et 44 dents.

2. *Otocyoninæ*, représentée dans la faune actuelle par le seul genre : *Otocyon* (Desmarest) ou *Megalotis* (Bennet) avec une espèce unique : *Otocyon Megalotis* (48 dents comme les plantigrades, dont il diffère par le fait qu'il est digitigrade).

3. *Caninæ*, qui comprend les genres :

    a) *Lycaon* (Cynhyène) qui a 4 doigts à tous les pieds; il a l'aspect d'un chien ou plutôt d'un loup et le pelage d'une hyène.

    b) Le genre *Chien* proprement dit, subdivisé en plusieurs sous-genres :

        I. Le sous-genre *Cuon*; il a 40 dents et ressemble plus au chien qu'au chacal.

        II. Le sous-genre *Lupus* ou chien proprement dit (*Canis lupus*, étant le type de ce genre).

        III. Le sous-genre *Lupulus* (chacal).

        IV. Le sous-genre *Chrysocyon* qui comprend : *Canis jubatus, C. latrans, C. antarcticus* et *C. megallanicus*.

        V. Le sous-genre *Thous* (*Canis Cancrivorus* de Desmarest); il a 44 dents.

        VI. Le sous-genre *Nyctereutes* (Temminck).

    c) Le genre *Icticyon*; 38 ou 40 dents chez l'adulte; 5 doigts en avant, 4 en arrière.

    d) Les *Renards*, qui comprennent 4 sous-genres :

        I. Le sous-genre *Vulpes;* II, l. s.-g. *Leucocyon;* III, l. s.-g. *Fennecus;* IV. l. s.-g. *Urocyon;* ils ont 42 dents.

Huxley a divisé les *Canidés* en 3 groupes :

1. *Otocyon* qui se rapprocherait du type ancestral; dents élevées et oreilles de grandes dimensions.

2. *Alopecoïde;* tête relativement plate, sans dépression marquée entre le crâne et la face; pupille souvent à fente verticale.

3. *Thooïde* (la partie cranienne de la tête plus ou moins bombée, séparée de la face par une dépression; pupille circulaire).

§ 2. **Paléontologie.** — Les *Canidés* et les *Arctoïdés* paraissent avoir une origine commune. Dans les couches tertiaires, la sous-famille *Caninæ* est représentée par plusieurs genres et sous-genres. Dans l'*éocène* tous les types paraissent appartenir au *Renard;* dans le *miocène*, on connaît *Canis* (*Vulpes*) *palustris*, et *C. Velus, C. Cuspigerus, C. Gracilis, C. Angustidens.*

Dans le *pliocène*, les types de chien sont plus nombreux et se rapprochent plus des types actuels. On trouve *Canis borbonicus, C. megamastoïdes;* dans l'Europe centrale et méridionale on trouve : *Canis Alpinus, C. Falconeri, C. Etruscus*, etc.; dans l'Inde, *Canis Cautleyi;* dans l'Amérique du nord, *Canis Saevus, C. Haydeni, C. Wheerterianus;* dans le quaternaire d'Europe on trouve dans les cavernes d'Angleterre une espèce qui représente le *Lycaon* d'Afrique. Dans les cavernes du sud de la France on trouve *Cuon Europeus, C. Edwardsianus*, et *C.* (*Lycorus*) *Nemesianus* (Bourguignat), qui représente le Cuon Asiatique. Les véritables chiens sont représentés par : *Lupus Speleus, L. Susii, L. Isatis* (*Lycaon lagopus*) qui s'est avancé en Suisse et en Allemagne pendant la période glaciaire. Dans les couches quaternaires du Brésil et de la Plata, on trouve des représentants de plusieurs espèces de chien, vivantes encore. A la même époque, on trouve en Europe des débris de chiens domestiques : (*Canis familiaris fossilis* (Pictet), *Canis familiaris palustris*, (Rutimeyer). Le chien de l'âge de pierre est de petite taille; celui de l'âge de bronze est plus grand et il descendrait du *Canis pallipes*, de l'Inde, amené en Europe par les migrations humaines venant de l'Asie. Le chien de l'âge de fer est plus grand, et on peut le considérer comme dérivé du *Canis lupus*. Telle est l'opinion de Trouessart. Pour ce naturaliste, et pour d'autres (Penaut, Pallas, Guldenstoed, etc.), le chien dérive du loup et du chacal et non pas du renard ou des chiens sauvages d'Asie qui diffèrent par leur dentition et par l'ensemble de leurs caractères. En effet, la ressemblance entre le chien domestique (chien des Esquimaux, chien de berger de l'Europe centrale) et le loup est assez grande pour qu'on puisse supposer que le premier dérive du second. Le chien des Hindous ressemble aussi beaucoup au loup de cette région (*C. pallipes*); le dingo d'Australie n'est, d'après Nehring, qu'une espèce de loup. Il résulte pour Trouessart, que les loups du nord (*C. lupus, C. occidentalis, C. pallipes*) ont donné naissance aux grandes races des chiens, alors que les chacals (*C. aureus, C. latrans, C. Cancrivorus*) aux petites races. Cornevin soutient aussi que le chien, le loup et le chacal appartiennent à la même espèce physiologique et ne se différencient que morphologiquement. La *maladie du jeune âge* leur est aussi commune.

Cette opinion n'est pas partagée par tous les naturalistes. Pour BOURGUIGNAT (MÉGNIN, *le Chien*) le chien provient de *Canis ferus*, animal sauvage appartenant aux plus anciennes époques préhistoriques et que l'homme a domestiqué. GIEBEL (BREHM, *les Mammifères*), en mettant en évidence, par une analyse minutieuse, les caractères différentiels extérieurs ou intérieurs entre le chien et le loup ou le chacal, arrive à d'autres conclusions. La fécondité entre ces différentes espèces ne peut pas autoriser la déduction que l'une dérive des autres, puisque leurs métis non seulement sont peu féconds, mais sont les mêmes depuis les temps les plus anciens. Il faut encore ajouter que les différences sont beaucoup plus grandes entre les nombreuses races de chiens, qu'entre les diverses espèces : canine, lupine ou vulpine. « Par quel procédé, dit cet auteur, a-t-il été possible de modifier assez la tête du loup pour faire une tête de lévrier ou de bouledogue, ses pattes pour faire les pattes raccourcies et tordues du basset, pour réduire sa taille à des dimensions liliputiennes? Ces différences sont trop grandes pour qu'on puisse faire descendre toutes les races de chiens d'une même souche. » Il faut donc admettre, conclut GIEBEL, que les différentes sortes de chiens sont des espèces bien nettes et originairement distinctes. DARWIN admettait la pluralité des origines du chien. C'est encore à cette opinion que se rattache REUL (*les Races de Chien*, Bruxelles, 1891-1894).

§ 3. **Domestication**. — BOURGUIGNAT (*loc. cit.*) résume ainsi les recherches paléontologiques sur le chien dans les quatre phases de la période quaternaire :

1° Dans la phase *éozoïque*, on ne trouve pas la moindre trace de l'existence humaine.

2° Dans la phase *dizoïque*, il y a quelques indices que l'homme existait : les ossements du *Canis*, trouvés à côté de ceux de l'homme, sont presque tous percés, ce qui prouve qu'il chassait le chien encore sauvage ;

3° Dans la phase *trizoïque*, l'existence de l'homme est bien marquée sur tous les points du globe; c'est dans cette phase qu'a dû commencer la domestication du chien (*Canis ferus*, d'après BOURGUIGNAT).

4° La phase actuelle ou *Ontozoïque*.

On admet (CORNEVIN, *Zootechnie générale*, 1821, 87) que les peuples de l'Europe septentrionale ont domestiqué un gros chien (robenhausien) alors que les *Égyptiens* ou peut être les *Assyriens*, ont domestiqué le chien caberu (*Canis simensis*), qu'on regarde comme la forme sauvage du lévrier.

Il est donc probable que parmi tous les animaux domestiques, le chien a été le premier que l'homme se soit approprié. Quand il était chasseur, il n'a pas tardé à reconnaître les services que cet animal pouvait lui rendre à la chasse. Quand l'homme est devenu pasteur, il l'a employé pour garder ses troupeaux, et enfin, quand il a bâti des maisons, il a su faire du chien un excellent gardien.

§ 4. **Classification. — Races.** — La grande variabilité morphologique que l'espèce canine présente a constitué toujours d'assez grandes difficultés pour une classification des différentes races.

Ainsi CUVIER, en se basant sur la forme du crâne et la longueur des mâchoires, a proposé la classification suivante :

1. Mâtins.	Chiens sauvages.
	Chiens domestiques.
	Chiens de garde.
2. Épagneuls.	— aimant l'eau.
	— d'arrêt.
	— courant.
3. Dogues.	

HAMILTON SMITH divise les chiens en 6 groupes : *lévriers, mâtins, chiens lachnés, chiens de chasse, chiens mêlés et les dogues (mastifs)*. — STONEHENGE, BREHM, etc., ont divisé les chiens d'après leurs aptitudes plutôt que d'après leur conformation. Il n'y avait donc pas une classification véritablement scientifique jusqu'à celle donnée par CORNEVIN (*Zootechnie spéciale. Les petits mammifères de la basse-cour et de la maison*, 1 vol. 8°, 1897). En prenant comme point de repère principal les proportions du corps[1], Cornevin range toutes les races canines dans les quatre groupes suivants :

1. *Mésomorphes*, dont le rapport dans leurs parties constituantes garde le type moyen.
2. *Dolichomorphes*, dont le corps est étiré.
3. *Brachymorphes*, avec une disposition contraire.
4. *Anacholymorphes* (Bassettes), caractérisés par la disproportionnalité entre les membres et le tronc.

Ces groupes sont subdivisés, d'après les indications données par les oreilles (dressées, demi-pendantes ou entièrement pendantes). Les subcatégorisations sont basées sur les caractères fournis par les phanères (poils courts, ras, longs, doux, durs, ondulés, frisés, etc.). C'est cette classification que nous allons suivre.

Nous ne pouvons donner ici que la nomenclature des différentes races et variétés des chiens avec une sommaire indication de leurs principaux caractères, en renvoyant pour plus de détail aux excellents ouvrages de Cornevin, Reul, etc.

I. — Races mésomorphes.

SECTION I. — **R. M. à oreilles dressées**, divisée en deux groupes :

A. Races à poils longs réunis en mèches qui comprend :

a) *Races des régions boréales* (C. Borealis). Caractères : oreilles petites, dressées ; tête allongée relativement au tronc qui est assez large ; queue très touffue et recourbée à son tiers terminal ; fourrure particulièrement fournie au cou et à la culotte avec sous-poils laineux ; Taille 0,65 (Race du *Kamchatka*. R. *Groenlandaise*, R. *Laponaise*, R. *Sibérienne*).

b) *Races de berger* (C. Pecuarius). Caractères : oreilles droites et écartées par suite de la largeur du front ; pelage long, laineux, parfois réuni en mèches feutrées, habituellement gris-noirâtre ou ardoisé foncé. Sourcils forts ; queue très garnie, longue, traînante, incurvée à son tiers terminal. Poids vif : 21-29 kilos. ; poids du cerveau : 90 grammes (Race *Briarde*, R. *Bob-Tail*, R. *Allemande*, R. *Belge*).

B. Races à poils longs ne se réunissant pas en mèches.

a) *Races de Dingo* (C. Alopecoïdes). Caractères : Morphologie générale et pelage rappelant le renard, mais taille supérieure. Oreilles petites et dressées ; face pointue ; yeux obliques ; queue touffue et pendante. Taille : 0m,55. Ce chien n'est pas domestiqué (R. D. *fauve*, R. D. *noire*).

b) *Races de Spitz* (C. Cyrturus). Caractères : Face alopécoïde ; tête à poils ras. Oreilles petites, dressées, à ouverture dirigée en avant, garnies de poils courts. Le reste du corps, à l'exception de l'extrémité inférieure des membres, est recouvert de poils longs, droits formant crinière et plastron en avant et culotte aux cuisses ; queue abondamment velue, enroulée, parfois rabattue sur la croupe et le rein (R. *Poméranienne*, R. *Schipperke*, R. *Chowchow*, R. *naine*, R. *soyeuse*, R. *de Mackensie*).

C. Races à poils durs.

a) *Race Fuégienne* (C. Miser). Caractères : Angle cranio-facial peu marqué, mâchoire inférieure un peu plus courte que la supérieure ; oreilles droites, pointues, ouvertes en avant. Fourrure formée de poils, les uns longs, raides et durs, les autres plus courts formant duvet. Pieds palmés ; queue touffue, demi-tombante. Poids vif : 20-36 kilogrammes. Taille : 0,32-0,50 mètres.

b) *Races de bouviers* (C. Genuinus). Caractères : Oreilles dressées ; tête à poils ras. Face assez allongée ; pas de moustaches ; profil droit, corps couvert de poils droits rudes au toucher et semblables à ceux du loup ; membres robustes. Queue touffue, pendante, à pointe relevée. Taille : 0m,53-0m,64 ; poids vif : 21-31 kilogrammes (R. *Beauceronne*, R. *Allemande*, R. *Belge*).

c) *Races des Douars* (C. Thoodes). Caractères : Quelque ressemblance avec le chacal ;

1. Baron (*Coordonnées ethniques*, Dickirch, 1895, 12) a pris les proportions du corps comme caractère principal dans les classifications ethnologiques. Dechambre (*Mémoires de la Société Zoologique de France*, 1894, VII, 231), a appliqué les mêmes principes à la classification des races canines.

oreilles petites; pelage habituellement jaunâtre ou fauve, quelquefois blanc crème. Taille : 0m,50. (R. des Bongos).

D. Races à poils ras.

a) Race d'Oosterhout. (C. Brachyotis). Caractères : Poils ras; oreilles remarquablement droites et pointues; face triangulaire effilée; queue portée presque horizontalement, légèrement relevée à la pointe.

b) Race de Pariah (C. Pariah). Caractères : Oreilles dressées seulement à partir du cinquième mois après la naissance, pendantes chez les jeunes. Tête allongée et assez fine. Poils ras; queue portée comme chez les chiens d'arrêt. Morphologie générale éveillant l'idée d'un lévrier mâtiné. Taille : 0m,50.

c) Race de Phu-Quoc (C. Pliciceps). Caractères : Peau du front plissée; oreilles dressées, terminées en pointe obtuse avec conque ouverte en avant. Dolichoprosopie. Poils ras; queue plutôt courte que de longueur moyenne, dont les poils sont à peine plus longs que ceux du reste du corps, portée légèrement tombante avec la partie terminale recourbée. Ligne dorsale à poils rebroussés.

d) Race Congolaise (C. Africanus). Caractères : Taille du renard ou un peu supérieure; museau pointu; oreilles demi-longues, dressées et larges; yeux petits; poils presque ras sur le corps, demi-longs à la queue qui est couverte. Corps un peu haut sur pattes; apparence générale svelte. (R. de Niam-Niam).

SECTION II. — Races canines mésomorphes à oreilles demi-tombantes.

A. Races à poils longs et doux.

a) Races à fourrure (C. Pellitus). Caractères : oreilles demi-dressées, dont la partie rabattue est dirigée en avant, en partie cachée par les poils du front et bordées elles-mêmes de longs poils. Pelage en mèches ondulées; tête moustachue; yeux ombragés par les sourcils. Membres garnis de longs poils jusqu'à la naissance des ongles. Queue demi-traînante, relevée à son tiers terminal, très poilue (R. Mandehoue, R. du Pamir, R. d'Ottcharka).

b) Race du Collie (C. Colley). Caractères : Dolichoprosopie; profil à peu près droit; oreilles petites, se dressant à moitié et se dirigeant en avant quand l'attention du chien est éveillée, couchées en arrière et noyées dans les poils pendant le repos complet. Queue touffue et très relevée. Pelage principal long et droit, sous poil touffu et duveteux. Jabot très touffu au poitrail avec tache blanche, sorte de crinière étalée à la partie supérieure du cou. Taille moyenne : 0m,53-0m.38. (R. C. proprement dit, R. C. barbu).

c) Race Levantine (de Constantinople). Oreilles demi-dressées, érigées quand l'animal est attentif; poils demi-longs, sans ondulations : nez effilé.

d) Race des Abruzzes (C. Lycoïdes). Caractères : Tête rappelant celle du loup par sa conformation générale; nez effilé; oreilles demi-dressées, non frangées. Fourrure assez longue, douce, formant collerette à la jonction du cou et de la tête, d'un blanc pur ou semé de quelques taches chamois ou tan à la tête et aux côtés, parfois blanche mélangée de fauve. Taille : 0m,60.

e) Race du Terrier nain à poils longs (C. Dolichotricus). Taille minuscule : 15-18 centimètres. Toutes les parties sont cachées par un abondant manteau de poils longs, souples, pendants de chaque côté, ni frisés, ni ondulés, ni réunis en mèches (R. Yorkshire-Terrier).

B. Races à poils durs.

a) Race de Terrier à poils durs (C. Pholeter. Caractères : Tête bien proportionnée; angle cranio-facial assez prononcé; dépression en dessous de chaque œil. Oreilles demi-tombantes, petites et sans franges de poils. Poil dur, raide, serré, sans boucles ni frisure. (R. Irish-Terrier, R. Wels, R. Airedale).

C. Races à poils ras.

a) Races modifiée des Alans ou Danoise (C. Alanorum). Poils très courts; oreilles petites demi-pendantes; tête intermédiaire par sa forme et ses proportions entre celles du lévrier et du mâtin. Crâne plat. Angle cranio-facial peu prononcé; nez large, à truffe, de coloration en rapport avec la robe. Œil arrondi. Lèvres et babines relativement minces et non pendantes. Queue forte et longue. Poids vif : 30-50 kilogrammes. Poids du cerveau : 78-100 grammes (*R. d'Ulm, R. Bleue, R. Arlequine, R. Dalmate*).

b) *Race du Bull-Terrier* (*C. Brachypholeter*). Type mésomorphe; tête plate, large entre les oreilles et rétrécie au museau; angle fronto-nasal peu prononcé, Mâchoires égales; joues non pendantes. Queue attachée bas, forte à la naissance, fine à l'extrémité, jamais recourbée sur le dos. R. *Toy-(bull-terrier)*.

c) *Race du Terrier proprement dit ou Ratier à poils ras* (*C. Muricidus*). Crâne relativement large; angle cranio-facial assez marqué; face petite proportionnellement à la partie cranienne; oreilles demi-repliées; poils ras, serrés. Queue effilée. Taille et poids au-dessous de la moyenne : 0m,40. Poids vif : 10 kilogrammes; poids du cerveau : 75 grammes (*R. Black and Tan, R. White, R. Fox-terrier, R. Toy-terrier*).

SECTION III. — **Races canines mésomorphes à oreilles tombantes.**

Sous-section I. — *R. M. à petites oreilles tombantes.*

A. **Races à poils longs.**

a) *Grosse race de Montagne* (*C. Montivagus*) nommée encore : Race de Thibet, des Alpes, de Saint Bernard, des Pyrénées, etc. *Caractères* : stature la plus élevée de l'espèce canine. Tête forte; oreilles attachées en haut et en arrière, d'un développement plutôt petit que moyen proportionnellement à la taille; un peu relevées à la naissance, puis pendantes et plaquées. Pelage abondant, long et relativement doux. Queue bien fournie. Pieds larges. Taille : 0m,60-1m,10. Poids vif : 50 kilogrammes. Poids du cerveau : 96 grammes. (*R. Thibétaine, R. Saint-Bernard, R. Léonberg, R. Pyrénéenne*.)

b) *Race de Terre-Neuve* (*C. Terræ-Novæ*). *Caractères* : pieds larges avec palmature interdigitale s'avançant au moins jusqu'à la deuxième phalange; poils onctueux; robe invariablement noire ou noire et blanche. Taille : 0m,62-0m,85. Poids vif : 30-48 kilogrammes; poids du cerveau : 90-100 grammes. (*R. Indigène, R. Européenne, R. Landseer*.)

c) *Race de Retriever* (*C. Aquatilis*). *Caractères* : tête un peu arrondie, face assez large; oreilles relativement petites, bordées de long poils qui les font paraître plus développées qu'elles le sont réellement. Bonne taille et bonne musculature. Pelage long, ondulé ou crêpu selon les variétés, sauf à la tête et à la face antérieure des membres où il est ras. Taille : 0m,64. (*R. Ondulée, R. Frisée, R. du Norfolk*.)

d) *Race de Tsin ou Chin* (*C. Catiformis*). *Caractères* : Nanisme; tête arrondie, féline, à face courte et écrasée, à front bombé. Oreilles petites, droites ou tombantes, non plaquées mais écartées des faces latérales de la tête et frangées de longs poils frisés. Poils soyeux et bouclés sur le reste du corps. Cette race se caractérise encore par la présence d'une tuberculeuse seulement à la mâchoire supérieure, une carnassière et deux prémolaires, et en bas une carnassière et deux prémolaires $\left(\frac{1.2.1.}{2.1.}\right)$.

B. **Races à poils durs.**

a) *Race de Cévenole* (*C. Cebennensis*) *Caractères* : Morphologie du pyrénéen avec 0m10 de taille en moins. Pelage à poils durs, uniformément fauve foncé. (*R. Louvat-hongrois*.)

Sous-Section II. — *R. M. à oreilles bien développées.*

A. **Races à poils longs et doux.**

a) *Race Épagneule* (*C. Callitrichus*). *Caractères* : tête bien proportionnée avec front recouvert de poils fins et courts. Oreilles attachées un peu bas, bordées de poils ondulés. Queue courte, garnie à sa face inférieure de longs poils. Pelage bien fourni, doux, ondulé, particulièrement long en avant du cou, du poitrail et à la partie postérieure des membres. Taille moyenne : 0m,60. Poids du cerveau : 85 grammes. (*R. de Pont-Audemer, R. Laverack-Setter, R. Gordon-Setter, R. Irish-Setter, R. Norfolk-Spaniel et R. Cooker*.)

b) *Race du Barbet* (*C. Mystax*). *Caractères* : Tête arrondie; front bombé; angle nasofacial bien prononcé; face un peu courte, garnie de moustaches très fournies; yeux couverts de longs sourcils qui les cachent en partie; oreilles moyennes, plates, très velues; corps revêtu de longs poils frisés s'agglomérant en mèches et en cordelettes. Taille moyenne : 0m,49-0m,53.

c) *Race des Bichons* (*C. Melitacus*). *Caractères* : nanisme; tête ronde, courte, couverte dans toutes ses parties de poils longs et doux; oreilles tombantes; queue recourbée au-dessus du dos; poils d'une longueur de 0ᵐ,20, fins, soyeux, non frisés ou crêpus. Taille : 0ᵐ,20-0ᵐ,24. Poids vif : 2 kilogr. 2 1/2 kilogr. (R. *Maltaise, R. Havanaise, R. Péruvienne, R. des Baléares, R. de Bologne.*)

d) Race du Griffon à longs poils (C. Bouletii.). Morphologie générale du griffon ordinaire, avec quelque chose de plus lourd. Pelage semi-soyeux, un peu terne, ondulé ou lisse, jamais frisé, de couleur feuille morte ou marron, avec ou sans tache blanche, mais jamais de noir. Taille moyenne : 0ᵐ,54-0ᵐ,58.

B. Races à poils durs.

a) Race des Griffons (C. Hirsutus). Caractères : tête assez forte, large dans ses parties crânienne et faciale, avec protubérance occipitale très marquée, couverte de poils rudes; sourcils très garnis et fortes moustaches. Oreilles de dimensions moyennes, attachées plus haut que dans l'épagneul ou le braque. Tronc recouvert de poils assez longs, grossiers, durs et raides. Les membres en portent de plus courts. Poids vif : 22 kilogrammes; Poids du cerveau : 88 grammes. (R. *Spinone, R. Fauve de Bretagne, R. Bressane, R. de Cherville, R. Kortbals, R. Vendéenne* et R. *Vendéenne-Nivernaise.*)

b) Race du petit Griffon (C. Hirsutus minor) (R. *Griffon sans queue, R. Affenpintscher, R. Smoushondje, R. Bruxelloise*).

c) Race de Bedlington-Terrier (C. Procomatus). Caractères : Tête à occiput proéminent garnie d'un toupet; oreilles de dimensions moyennes, implantées en avant, tombantes et appliquées contre les joues, bordées de poils soyeux. Poils durs, touffus, isolés et ne formant pas mèches.

C. Races à poils ras.

a) Race du braque (C. Bracca). Caractères : Tête un peu plate; sillon sus-nasal bien marqué. Oreilles tombantes sans exagération de développement, assez ¦épaisses; lèvres un peu pendantes; poils ras, fins à la tête, aux oreilles et à la face antérieure de l'avant-bras; plus longs et plus rudes sur la queue. Taille moyenne : 0ᵐ,45-0ᵐ, 65. Poids vif : 22 kilogrammes. Poids du cerveau : 88 grammes (R. *Charles X, R. Ariégeoise, R. d'Auvergne, R. sans queue* ou *Bourbon, R. Saint-Germain, R. Dupuy, R. Epagneule, R. Pointer, R. Allemande, R. d'Aschieri*).

Sous-Section III. — R. M. à oreilles tombantes et de dimension au-dessus de la moyenne.

A. Races à poils longs.

a) Race d'Epagneul d'eau (C. Callitrichus aquaticus). Caractères : Corps entièrement couvert de poils crépus, à l'exception de la face qui est à poils ras. Front portant un toupet de mèches cordées arrivant à 0ᵐ,10 de longueur et retombant à droite et à gauche. Oreilles très longues, garnies de poils cordés et pouvant mesurer 0ᵐ,45 sans les poils et 0ᵐ,69 avec eux. Queue grosse à la base et finissant en dard, couverte de poils ras, sauf à une dizaine de centimètres à la naissance où se trouvent quelques mèches qui progressivement arrivent à la longueur du poil du tronc. Taille moyenne : 0ᵐ,50-0ᵐ,55. (R. *Irish-Water-Spaniel, R. English-Water-Spaniel*).

b) Race d'épagneul naine (C. Callitrichus minor). Caractères : Tête courte et arrondie dont la partie cranienne semi-globuleuse est forte, développée, proportionnellement à la partie faciale qui est courte. Angle cranio-facial très prononcé. Nez retroussé; yeux très grands et très écartés. Formule dentaire inférieure à la norme de l'espèce canine. Oreilles très développées et bien frangées. Poils abondamment fournis, longs et soyeux. Queue formant fort panache. Taille moyenne : 0ᵐ,23. Poids vif : 2ᵏᵍʳ,5; poids du cerveau : 10 grammes (R. *King's Charles, R. Blenheim, R. Tricolore, R. Ruby-Spaniel*).

c) Race Caniche (C. Oulotrichus). Caractères : Pelage doux, frisé, laineux ou en cordelettes; oreilles très longues, attachées bas, plaquées. Tête assez forte à front large et à angle cranio-facial moyennement marqué. Taille : 0ᵐ,50; poids vif : 22 kilogrammes; poids du cerveau : 70 grammes (R. *Laineuse, R. Cordée, R. naine, R. Bolonaise*).

B. Races à longues oreilles et à poils durs.

a) Race grise de Saint-Louis (C. Ludovici . C'est une race qui s'éteint (R. *Griffon-Vendéen, R. Otterhound*).

C. Races à longues oreilles et à poils ras.

a) Race de Saint-Hubert (C. Sanguinarius). Caractères : Oxycéphalie; plis profonds au front et à la face; oreilles attachées bas et excessivement longues, lourdes, flasques et plissées; paupière inférieure tombante et mettant à jour la muqueuse oculaire; lèvres épaisses et pendantes; fanon au poitrail; bourrelet sur le cou. Taille : 0ᵐ,64-0ᵐ,68 (R. *Bloodhound*, R. *Schweizhound*).

b) Race de Saint-Hubert transformée (C. Subsanguinarius). Tête longue assez pointue; nez très large; paupière inférieure tombante et laissant voir le rose de la muqueuse; oreilles fines, papillotées. Taille : 0ᵐ,66-0ᵐ,76 (R. *Gasconne*, R. *Saintongeoise*, R. de *Virelade*, R. *Poitevine*).

c) Race de Staghound (C. Acceptorius). Caractères : Forte encolure; tronc et membres robustes; poitrail large; front et face non plissées; nez large; joues un peu pendantes. Oreilles longues.

d) Race de Foxhound (C. Vulpicidus). Caractères : Tête relativement fine et allongée; nez resserré; lèvres fines; oreilles implantées haut, plates, larges; cou allongé et sans fanon, pied petit et rond; poils assez grossier. Taille : 0ᵐ,55 (R. *Chiens bâtards*, R. *Anglo-français*, R. *Anglo-gascons*, R. *Anglo-Poitevins*, R. *Anglo-Normands*, R. *Anglo-Saintongeoise*).

e) Race de porcelaine (C. Porcellanicus). Caractères : Tête fine sans plis; oreilles très développées; nez suffisamment large; queue fine; peau peu épaisse, très souple, garnie de poils ras et fins. Taille : 0ᵐ,48, 0ᵐ,60 (R. *Briquet*, R. *Harrier*, R. *Ariégeoise*).

f) Race des Beagles (C. Stentor). Caractères : Tête arrondie, face courte et large; oreilles tombant en avant; œil gros et roux; corps très bien proportionné, quoique la taille soit la plus petite du groupe des chiens courants (R. *Beagle Elisabeth*).

II. — Races canines dolichomorphes.

SECTION I. — Races canines dolichomorphes à oreilles dressées.

a) Race Dole (Colsun) *(C. Dukhunensis).*

b) Race Cabéru (C. Simensis). Sont à l'état sauvage.

c) Race Lévrier du Kordofan (C. Tachypus primigenus). Caractères : Tête très allongée; oreilles dressées, assez longues et pointues; pelage un peu rude, plutôt demi-long que ras sur la partie supérieure du cou, du dos et la face inférieure de la queue. Taille : 0ᵐ,68.

d) Race de Charnique (C. Controversus). Caractères : Tête longue, moins fine que celle des autres lévriers; oreilles droites, pointues, attachées haut; jarret très bas; poil dur, plus long sur la partie inférieure du corps qu'ailleurs. Couleur fauve-rouge plus claire sous le ventre et au poitrail où l'on tolère une tache blanche. Taille : 0ᵐ,60.

SECTION II. — R. d. à oreilles semi-tombantes.

A. Races avec poils longs.

a) Race de Barsoï (C. Eutachypus), syn. lévrier russe à long poil. Caractères : Tête sèche allongée; protubérance occipitale accentuée; front étroit s'abaissant peu à peu vers le museau qui est effilé, sec et très légèrement courbé vers l'extrémité. Oreilles attachées très haut, petites et droites chez les jeunes, semi-tombantes chez les adultes. Tête, oreilles, pieds et gorge couverts d'un poil ras, extrêmement fin et soyeux; reste du corps garni d'un pelage long, ondulé, doux, bouclé sur le dos, le cou et les hanches. Parties postérieures des jambes, des hanches et queue couvertes d'un poil encore plus long et plus ondulé. Dessous des pieds garni de poils comme chez le lièvre. Taille : 0ᵐ,72 à 0ᵐ,82.

B. Races avec des poils durs.

a) Race de Tartarie (C. Tachypus hirsutus).

b) Race de Deerhound (C. Tachypus Subhirs,) ou lévrier d'Écosse. Caractères : Tête longue à face triangulaire, recouverte de poils rudes, formant d'épais sourcils et des moustaches fournies. Oreilles implantées haut, semi-tombantes en arrière, toujours foncées ou même noires. Pelage dur, rugueux, sauf sur les oreilles où il est court. Taille : 0ᵐ,72 (R. *d'Irlande*).

C. Races à poils ras.

a) Race du Sloughi (C. Suluk) ou lévrier arabe. *Caractères :* Dolichocéphalie générale: dolichoprosopie très accentuée: oreilles petites, semi-tombantes en arrière. Bonne taille, paraissant supérieure à ce qu'elle est en réalité par suite du peu de développement du ventre. Queue longue et fine. Taille : $0^m,75$ (*R. Russe, R. Persane, R. Grecque, R. Greghound*).

D. Races à peau nue (*C. Nudus*). *Caractères :* Peau d'un noir sale, ardoisée ou grise par endroits avec plaques de couleur rose luisantes et grasses. Pas de poils, sauf au bout de la queue, au sommet de la tête et autour de la bouche. Œil un peu bridé, comme mongoloïde. Formule dentaire incomplète; pas de fleur de lis sur les incisives.

$$\text{i. } \frac{1\text{-}2}{0\text{-}0}, \text{ can. } \frac{0\text{-}0}{1\text{-}0}, \text{ mol. } \frac{3\text{-}3}{3\text{-}3} = 16 \text{ dents (MAGITOT).}$$

$$\text{i. } \frac{1\text{-}2}{0\text{-}0}, \text{ can. } \frac{0\text{-}0}{1\text{-}0}, \text{ mol. } \frac{0\text{-}0}{0\text{-}0} = 4 \text{ dents (MAGITOT).}$$

$$\text{i. } \frac{3\text{-}3}{4\text{-}4}, \text{ can. } \frac{0\text{-}0}{0\text{-}0}, \text{ mol. } \frac{2\text{-}2}{2\text{-}2} = 22 \text{ dents (WAUNGH).}$$

(*R. Levrette d'Afrique, R. Levron chinois, Chien sud-américain ou mexicain.*)

SECTION III. — R. d. à oreilles tombantes.

A. Races à poils longs.

a) Race du lévrier circassien (C. Tachypus auritus). Oreilles tombantes, couvertes de poils longs et doux, frangés comme chez l'épagneul. Œil rond, poils demi-longs, doux, formant franges en arrière des avant-bras et des cuisses. Queue garnie de poils semblables et recourbée en haut.

III. — Races canines brachymorphes.

SECTION I. — R. B. à oreilles semi-tombantes.

A. Races à orthognatisme.

a) Race du Mastiff (C. Molossus) ou dogue anglais. *Caractères :* Corps massif, large, profond, long et bien charpenté, supporté par des membres musculeux. La largeur de la tête est à la longueur comme 2 : 3. Face courte, large au-dessous des yeux ; museau carré formant un angle droit avec le chanfrein ; mâchoire inférieure éloignée du bout du nez et large jusqu'à l'extrémité. Poitrine profonde, large entre les épaules, à côtes arquées (*R. dogue de Bordeaux*). Taille : $0^m,66\text{-}0^m,70$. Poids vif : 50-55 kilogr.

b) Race du carlin (C. Molossus minor). Caractères : Petite taille ; tête ronde, front plissé, chanfrein très court et large ; mâchoires égales à peu près quoique courtes ; mauvaise dentition ; masque noir ; poils ras ; forme trapue.

B. Races à prognatisme.

a) Races des bouledogues (C. Laniarius). Prognatisme mandibulaire ; tête très grosse, ronde, à front divisé par un sillon médian et dont la peau est plissée. Face courte, large, plissée en travers, terminée par un nez relevé, quelquefois divisé. Masseters énormes. Joues et lèvres épaisses et pendantes ; oreilles implantées très haut, petites, demi-repliées. Poil ras et tassé. Dents implantées irrégulièrement. Femelle moins typique que le mâle (*R. Espagnole, R. Anglaise*).

IV. — Races canines anacholymorphes (Bassettes).

SECTION I. — Races Bassettes à oreilles droites.

a) Race du Scotch-Terrier ou *Terrier Écossais (C. Micropholeter).* Disproportion entre la longueur du tronc et celle des membres bien qu'il n'y ait pas exagération dans la première. Tête allongée, à front légèrement bombé ; angle fronto-nasal peu accusé ; oreilles petites, droites ou courbées à la pointe. Membres très courts à forte ossature ; parfois les antérieurs sont torses. Poil très dur et très épais. Taille : $0^m,24$. Poids vif : 8 kilogr.

SECTION II. — Races Bassettes à oreilles tombantes de moyennes dimensions.

a) Race du Skye-Terrier (C. Anacholus). Corps très long, supporté par des pattes très courtes. Tête assez grosse, dont la véritable forme est masquée par la longueur des poils. Deux sortes de poils, les uns longs, droits et durs se séparant sur la ligne médiane du corps, forment couverture, les autres plus courts et laineux forment le sous-poil. Taille : 0m,23. Poids vif : 7 kilogr. (*R. Presly-Skye*).

b) Race du Dandie Dinmont (C. Dandie). Caractères : Longueur du corps à la taille : 2,7 : 1. Tête relativement forte à front bombé; oreilles minces, tombantes, larges à la base et pointues à l'extrémité; attachées en bas et en arrière. Deux sortes de poils comme sur le skye-terrier. Queue relativement courte. Taille : 0m,26.

c) Race du Basset-Griffon (C. Vertagus hirsutus). La longueur du corps à la taille : 2,2 : 1. La morphologie générale de la tête et du tronc est celle des griffons vendéens. Jambes courtes et droites. Poils durs, fins en dessous. Taille : 0m,37. Poids vif : 13 kilogr.

d) Race du chien de loutre (C. Lutricidus).

SECTION III. — Races Bassettes à oreilles pendantes.

A. Races à poils longs et doux.

a) Race d'Épagneul Basset (C. Callitrichus Vertagus) qui comprend : R. *Clumber-Spaniel,* R. *Sussex-Spaniel* et *Blakfield-Spaniel.*

B. Races à poils ras.

a) Race du basset proprement dit (C. Vertagus) ou Briquet-basset. *Caractères :* La longueur du corps à la taille : 2,9 : 1. Tête à front bombé, à face assez longue, coiffée d'oreilles attachées bas, bien développées et tombantes. Poils ras. Queue fine, portée en cierge. Voix sonore (*R. Basset à jambes torses, R. Basset à jambes droites, R. Dachshund* et *R. Basset anglais*).

§ 5. **Age du chien.** — Les dents fournissent les meilleurs indices pour connaître l'âge du chien. A la naissance l'arcade incisive est absolument lisse, et les fentes palpébrales ne sont encore que dessinées. C'est vers les 10e ou 12e jours que les paupières supérieure et inférieure s'ouvrent. Pendant une semaine ou 10 jours le jeune chien fait son éducation visuelle.

L'éruption des dents se fait dans l'ordre suivant, d'après Moussu (*Rec. méd. vét.,* 1890, xlvii, 552-555) :

Canines ou crochets	vers le 21e jour.
Coins	— le 25e —
Mitoyennes	— le 28e —
Pinces	— le 30e —

Donc, après un mois, l'éruption des incisives de lait est complète. L'arcade incisive est ronde vers la 6e semaine. A partir de cette époque la connaissance de l'âge est basée sur l'usure des incisives jusqu'à leur remplacement; ainsi vers le 2e mois les pinces inférieures commencent à se raser, et à 2 mois 1/2 elles le sont totalement. Les deux supérieures s'usent beaucoup moins, se déchaussent et deviennent colletées. En même temps un écartement se produit entre les pinces inférieures, qui s'étend à la mâchoire supérieure aussi.

A 3-3 1/2 mois on voit l'usure et l'écartement des mitoyennes. A 4 mois les coins sont usés, quand commence l'éruption des dents de remplacement.

La première dentition du chien a pour formule :

$$\text{inc. } \frac{3}{3}, \text{ can. } \frac{1}{1} \text{ m. } \frac{4}{4} = 32.$$

La première molaire aux 2 mâchoires ne traverse pas la gencive avant 4 mois et n'est pas remplacée. Nous donnons dans le tableau suivant l'éruption des dents du chien de la 1re et de la 2e dentition, d'après Cornevin et Lesbre (*Traité de l'âge des animaux domestiques,* 1 vol. 8°, Paris, Baillière, 1893) :

	PINCES.		MITOYENNES.		COINS.		CANINES.	
1ᵉ DENTITION.	Supér.	Infér.	Supér.	Infér.	Supér.	Infér.	Supér.	Infér.
	3 sem.	3-4 sem.	3 sem.	3-4 sem.	3 sem.	3-4 sem.	3 semaines.	
2ᵉ DENTITION.	4-5 mois.		4-5 mois.		4-5 mois.		3 mois.	5-5 1/2 mois.

	PM. 1.	PM. 2.	PM. 3.	PM. 4.		AM. 1.	AM. 2.		AM. 3.
1ᵉ DENTITION.				Supér.	Infér.		Supér.	Infér.	
	4 mois.	4-5 sem.	3-4 sem.	4 sem.	3 sem.				
2ᵉ DENTITION.	6 mois.	6 mois.	5-5 1/2 mois.	6 mois.	4 mois.	5-6 mois.	4 1/2-5 mois.		6-7 mois.

L'usure et le nivellement des incisives remplaçantes se font dans l'ordre chronologique suivant :

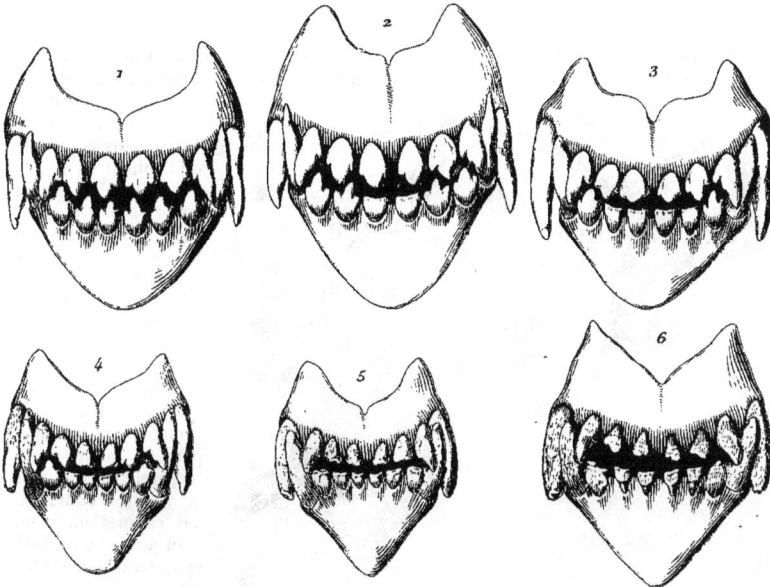

FIG. 84. — *Age du chien d'après l'usure des dents incisives* (CORNEVIN et LESBRE).

A 1 *an*, les dents sont très blanches et n'ont éprouvé aucune usure (fig. 1, 1).

A 15 *mois*, les pinces inférieures sont entamées.

A 18 *mois*, les pinces inférieures nivellent et les mitoyennes inférieures sont entamées (fig. 1, 2).

De 2 *ans* 1/2 à 3 *ans*, les mitoyennes inférieures nivellent, les pinces supérieures sont entamées ; les dents ont perdu leur fraîcheur et leur couleur blanche (fig. 1, 3).

De 3 *ans* 1/2 à 4 *ans*, les pinces supérieures nivellent et les dents commencent à jaunir. (fig. 1, 4).

De 4 à 5 *ans*, les mitoyennes supérieures nivellent (fig. 1, 5). Passé 5 ans, l'examen des incisives ne donne d'autre indice que leur usure croissante et leur raccourcissement progressif (fig. 1, 6). Si les crochets de 2 mâchoires et les coins des mâchoires supérieures sont intactes, l'animal n'a pas dépassé 6 ans.

Les vieux chiens grisonnent autour du nez, des yeux, sur le front ; les lèvres ferment mal la bouche ; les yeux sont caves, souvent chassieux, et plus ou moins opaques. La peau se dégarnit de poils et se couvre de callosités dans les points sur lesquels l'animal repose.

La longévité moyenne du chien est de 10 à 12 ans. Les chiens de petite taille peuvent vivre jusqu'à 15 ou 20 ans.

Composition centésimale de l'émail dentaire (*Chimie de* HOPPE-SEYLER).

Substances inorganiques	100
Substances organiques	»
Phosphate de calcium.	89.44
Carbonate —	5.39
Chlorure —	0.80
Phosphate de magnésium.	4.96

CHAPITRE II
Physiologie du chien.

§ I. — Contention du chien.

1° Moyens contentifs mécaniques. — *Le musellement.* — Le procédé le plus simple et le plus facile est celui de CL. BERNARD (*Physiologie opératoire* 107), qui consiste à faire

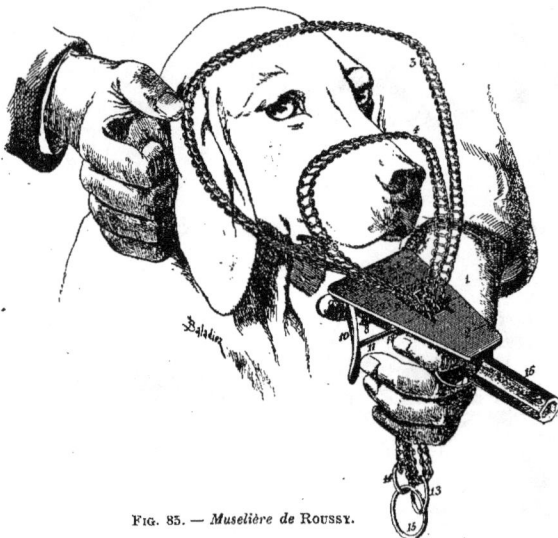

FIG. 85. — *Muselière de* ROUSSY.

passer un ruban de fil ou même une petite corde dans la gueule de l'animal en arrière des canines ; on fait un nœud simple au-dessous du maxillaire inférieur, puis on entoure le museau une ou deux fois et on revient de nouveau sous la mâchoire inférieure pour faire un nœud double bien serré. Les deux chefs de la corde sont ramenés sur la nuque pour les lier derrière les oreilles. On peut même placer en arrière des canines un morceau de fer ou de bois et serrer fortement les mâchoires contre le bâillon au moyen d'une corde.

ROUSSY (*B.B.*, 1894) a inventé une muselière immobilisatrice métallique universelle qui peut rendre de grands services. Elle se compose (fig. 85) 1° d'*un plateau* triangulaire (2) sur lequel doit s'appliquer fortement le maxillaire inférieur et qui alors doit soutenir la tête entière; 2° *un trou carré* (5) comprenant toute l'épaisseur du

plateau percé en
son milieu, contient
deux poulies à 4 gor-
ges (6, 6), tournant
horizontalement en-
tre deux épaule-
ments placés sur la
face inférieure du
plateau; 3° deux
chaînes VAUCANSON
(3, 4) de longueurs
inégales et fermées
sur elles-mêmes,
glissent sur leur
champ, dans les
gorges des poulies

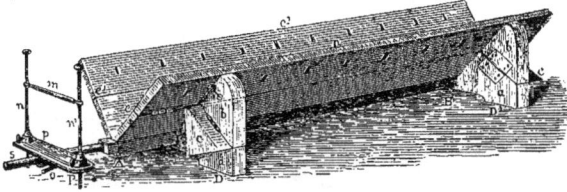

FIG. 86. — *Gouttière brisée de* CL. BERNARD.

C et C', ailes brisées. — E et E', charnières pour permettre la mobilité de la partie
supérieure des ailes. — D, support composé de plusieurs pièces (*a,b,c.*), pour
soutenir les ailes brisées dans les différentes positions latérales.
A la gouttière se trouve adapté un mors destiné à fixer la tête de l'animal. —
M, branche horizontale du mors. — *n* et *n'*, branches verticales. — P, pièce
métallique pouvant pivoter à droite ou bien à gauche sur l'axe longitudinal S.

mobiles entre lesquelles elles s'entre-croisent toujours. L'entre-croisement se fait exactement dans le plan horizontal, passant par les axes des deux poulies, condition capitale sans laquelle l'appareil ne pourrait fonctionner. Chaque chaîne porte un anneau (13, 14) de grandeur différente, correspondant à leur

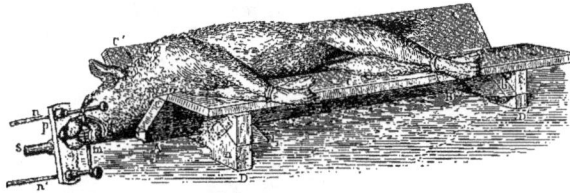

FIG. 87. — *Chien attaché dans la gouttière brisée. La tête est fixée au moyen du mors décrit à la figure 88.*

dimension, et les deux anneaux sont reliés par un 3° anneau (15) plus grand; 4° *un levier* (10) placé sur la face externe de l'épaulement inférieur droit, se meut horizontalement. Sur le milieu de la face longitudinale interne de ce levier se trouve une pointe assez longue (11) mobile sur son point d'attache, destinée à traverser pendant l'abaissement du levier en leur entre-croisement les quatres chaînes ainsi que les deux épaulements de la face inférieure du plateau. Le mouvement horizontal du levier est limité de telle façon que l'extrémité libre de la pointe ne puisse jamais sortir du trou (12) où elle reste toujours cachée. La stabilité de cette position est assurée par un petit ressort plat placé sous la tête du levier; 5° *deux arrêts* (7, 8), placés l'un en arrière, l'autre en avant du plateau, sont destinés à tenir solidement et commodément l'appareil en main; 6° enfin *un prolongement octogonal* (16) qui se détache du sommet du plateau triangulaire est destiné à être fixé par une vis à pression dans une douille qui fait partie d'un appareil d'immobi-

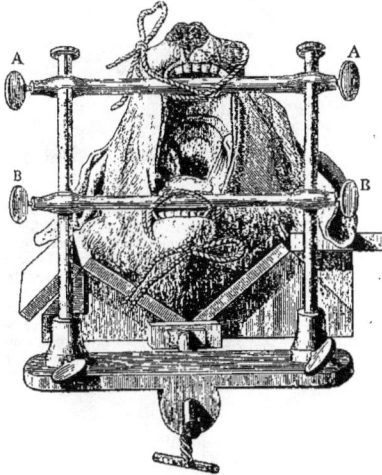

FIG. 88.

lisation sur lequel se trouve tout le corps de l'animal. La fig. 88 montre en même temps le mode d'emploi.

Nous ne pouvons pas insister sur les différentes espèces de muselières dont on fait usage pour les chiens dans la rue et qui peuvent aussi être employées dans les laboratoires.

La contention proprement dite se fait au moyen de divers appareils dont les plus en usage sont les suivants :

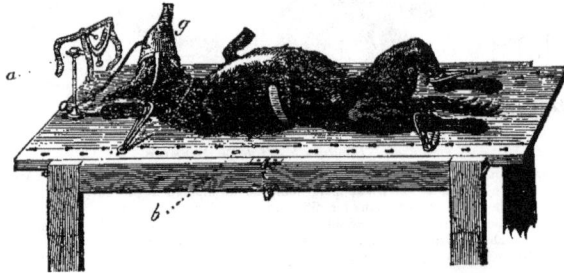

FIG. 89. — *Table de* JOLYET.

La gouttière brisée de CL. BERNARD (fig. 86, A. *Leçons de physiologie opératoire*, 133). Elle a les ailes divisées en deux, de manière à pouvoir se rabattre de côté, c'est-à dire en dehors, et à donner ainsi une gouttière plus ou moins profonde, ce qui permet de maintenir l'animal dans toutes les positions possibles. La figure 87 montre le chien, couché sur le côté, ainsi que la fixation de la tête. Pour ouvrir la bouche du chien on peut employer le mors de CL. BERNARD dont la manière de se servir est indiquée par la figure 88.

La table de JOLYET (fig. 89) peut avantageusement remplacer la gouttière de

FIG. 90. — *Table et mors de* MALASSEZ.

T, table sur laquelle est placé le chien. — H et H', crochets servant à fixer les cordes tenant les pattes. — I et I', vis à tête de violon servant à fixer les crochets à l'écartement voulu. — F et F', glissière fenêtrée dans laquelle passe le support A — E, socle fenêtré du support A s'allongeant à volonté au moyen d'un tirage à coulisse et se fixant au point voulu avec la vis à oreilles G. — A, support maintenant le mors à la hauteur que l'on désire. — B, étau servant à fixer la tige K au moyen de la vis C, l'étau est fixé sur le support A par la vis C. — K, tige à glissière recevant le mors. — N, crochet occipital.
Le mors est formé d'un anneau facial divisé en 2 parties; la partie supérieure est reliée par une crémaillère verticale placée sur le côté, à la partie inférieure, qui fait corps avec la pièce qui glisse sur la tige K. — La crémaillère est munie d'un pignon L poussé par un ressort contre un cran d'arrêt et sert à maintenir solidement la partie supérieure de l'anneau à la partie inférieure et à varier l'écartement des machoires.

CL. BERNARD, par la facilité des moyens d'attache ainsi que par la mobilité de la table. Elle possède aussi un mors (a) : pour immobiliser d'avantage le corps de l'animal, REGNARD a ajouté encore une fourche (b).

La table de MALASSEZ (fig. 90) est creuse et couverte de zinc, ce qui permet une désinfection facile. Le mors n'est qu'une modification de celui que MALASSEZ a inventé pour le lapin et qui rend de grands services.

Le mors de Roussy (fig. 91), par l'ingéniosité de sa construction, peut fixer solidement la tête et permet d'ouvrir la gueule de l'animal avec une très grande facilité et
même par une seule personne. Il se compose de 4 branches en équerre (1, 2, 3, 4) articulées par leurs extrémités postérieures (13). Les 2 branches 1 et 4 s'écartent sous l'action
de deux ressorts plats (12) des deux branches (2 et 3) qui constituent le véritable mors.
Ces deux dernières branches (2 et 3), portent chacune deux vis courbes dirigées en sens
opposé (14 et 16) et traversant respectivement les deux branches 1 et 4 qui glissent
sur elles avec un léger ou même nul frottement. Les portions des quatre branches
comprises entre les
quatre vis courbes
sont conformées de
façon à s'appliquer
aussi exactement
que possible sur les
deux maxillaires en
épousant leurs for-
mes. Pour mieux at-
teindre ce résultat,
les deux portions du
milieu sont taillées
en triangle (8, 9) qui
s'enfonce entre les
dents. Le point 5
doit s'appliquer sur
la face supérieure
du maxillaire supé-
rieur, au-dessous
des yeux, le 6 sur la
voûte palatine; le
7 dans l'angle du
maxillaire inférieur
par la bouche; le 10
dans le même angle
par dessous ce
maxillaire; le 11 sur

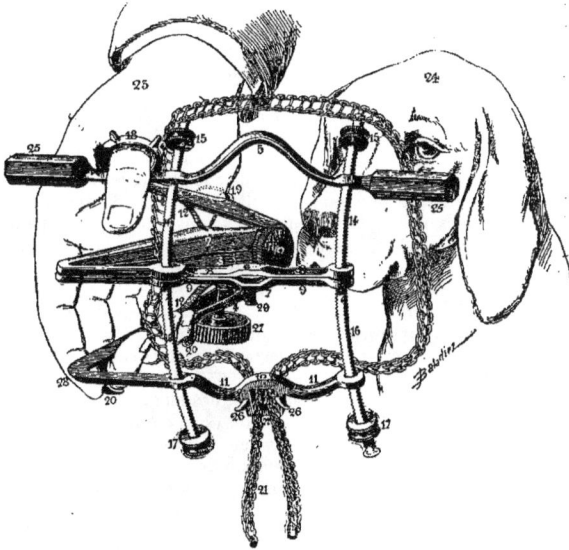

Fig. 91. — Le mors de Roussy.

chacun des deux bords inférieurs de ce maxillaire. Quatre écrous (15, 17) sont destinés à
rapprocher les deux branches 1 et 2, ainsi que les deux branches 3 et 4.
Une chaîne Vaucanson (21) destinée à s'appliquer sur l'occipital, au-dessous de sa
protubérance, traverse le trou 22 et peut ensuite être fixée très solidement sur les crochets 26, lorsqu'elle a été complètement tirée et étroitement appliquée sur l'occipital.
Une vis sans fin, traversant la branche 4 et prisonnière dans la branche 3, engrenée
sur un secteur denté (29) qui se détache de la branche 2 et traverse une fente de la
branche 3, permet d'écarter, très facilement, grâce à la tête fortement molletée (27) qui
termine la vis sans fin, les deux branches 2, 3, partant, les branches 1 et 4 qui les
suivent naturellement.
Quatre arrêts (20, 19 et 18) permettent de tenir l'appareil solidement d'une seule main.
2° **Moyens contentifs physiologiques.** — On peut les diviser en 3 classes : *hypnotiques,*
anesthésiques et *curarisants.*
Les hypnotiques. — On emploie surtout les alcaloïdes de *l'opium*, et, parmi ceux-ci, la
morphine occupe la première ligne. Le tissu cellulaire sous-cutané, le péritoine ou le
système veineux, sont les voies les plus commodes pour l'introduction de cette substance
dans l'organisme.
La *dose* de morphine varie entre 0gr,005-0gr,03 par kilogramme d'animal. Toutefois,
quand le chien doit être conservé en vie, il sera bon de ne pas dépasser la dose de 1 centigramme par kilogramme (L. Fredericq, *Manipulations de physiologie*, 19).
Le *chloral* peut être administré dans la cavité péritonéale (Ch. Richet) avec les doses
suivantes : 0gr,35 par kilogramme (0gr,30 pour les jeunes chiens, 0gr,40 pour les vieux);

dans le système veineux (Oré) on peut donner 0gr,12 par kilogramme (Livon, *Manuel de Vivisect.* 42). La dose *toxique* de chloral dans le péritoine : 0gr,60 (Ch. Richet).

Le *chloralose* (Ch. Richet et Hanriot, *Travaux du laboratoire*, 1895, III, 77-103). La dose hypnotisante par la voie veineuse est comprise entre 0gr,2 et 0gr,06 (en moyenne 0gr,12) par kilogramme d'animal. Toutefois, pour avoir une immobilisation complète, Ch. Richet recommande la dose de 0gr,12 par kilogramme. La dose toxique dans les veines est de 0gr,15, et dans l'estomac 0gr,60 par kilogramme.

Parmi les principaux avantages que cette substance présente sur les autres hypnotiques ou anesthésiques, nous signalons : 1) conservation de la pression sanguine et des réflexes organiques; 2) action nocive sur le cœur presque nulle. Dans le laboratoire de Ch. Richet, où l'usage de cette substance est journalier, on n'a jamais eu aucun accident (arrêt de la respiration, ou arrêt du cœur) comme cela arrive avec le chloral ou avec le chloroforme.

Les anesthésiques. — Parmi ces substances, c'est toujours le *chloroforme* qui est le plus employé pour l'anesthésie du chien. Pour l'administration du chloroforme, de l'éther ou d'autres anesthésiques volatils, on emploie des muselières, dont la plus en usage est celle de Cl. Bernard. Elle a la forme de cône tronqué dont l'extrémité de cette muselière reçoit une petite boîte grillée dans laquelle on place une éponge imbibée de chloroforme. Il est donc très facile, en introduisant ou en enlevant cette petite boîte, de commencer ou d'interrompre à volonté l'administration de l'anesthésique. Sur ce principe, Cl. Bernard même, et, après lui, P. Bert, Gréhant, etc., ont modifié la forme de cette muselière.

Avec le chloroforme seul, il faut 8 à 15 minutes pour anesthésier le chien (Livon) et on doit toujours avoir présent à l'esprit la précaution de ne pas commencer par de fortes doses de chloroforme qui peuvent facilement tuer le cœur (Ch. Richet). Administré, après une injection de morphine (0gr,005 à 0gr,03 par kilogramme), le chloroforme agit beaucoup plus vite et les accidents sont beaucoup moins à craindre (Cl. Bernard). L'association de la *spartéine* (Langlois et Maurange) ou de l'*oxyspartéine* (Hurtule) à la dose de 0gr,06 pour un chien de taille moyenne, donne de très bons résultats, grâce à l'action tonique que ces substances exercent sur le cœur.

L'éther est assez rarement employé pour l'anesthésie du chien; s'il est associé à parties égales au chloroforme, il rend ce dernier plus maniable.

Le curare comme moyen de contention. — Le curare de bonne qualité peut être donné à la dose de 0gr,002 par kilogramme de chien, sans toucher les muscles de la respiration (Cl. Bernard). La complexité de ce produit fait que parfois cette dose même paralyse les muscles respiratoires, et alors la respiration artificielle est indispensable.

§ II. — Lymphe et circulation lymphatique.

a) **Lymphe.** — *Coloration* pâle, à peine citrine (Colin, *Physiologie comparée*, II, 152 et suiv.). *Réaction alcaline; densité :* 1,017 — 1,023 (Munk, *Lehrbuch der Physiologie*, 191).

Nombre des globules lymphatiques, très variable d'après la région d'où la lymphe vient; dans les lymphatiques de la région lombaire on a trouvé 8150 par millimètre cube (Colin). Pour Ritter, 8 200 par millimètre cube.

Quantité de lymphe. Pour Colin la marche de l'écoulement de lymphe par le canal thoracique d'un chien de 36 kilog. a été assez variable (voir le tableau ci-joint).

HEURE DE L'EXPÉRIENCE	QUANTITÉ DE LYMPHE recueillie par heure.
	gr.
1.	130
2.	105
3.	66
4.	170
5.	68
6.	57

Cette quantité varie d'après l'état d'inanition ou de digestion; le chyle entre pour moitié dans la masse de liquide mixte recueillie pendant la digestion (Colin). L'activité musculaire contribue aussi à augmenter la quantité de lymphe.

Quantité de lymphe par rapport au poids du corps (COLIN).

POIDS DU CHIEN.	QUANTITÉ DE LYMPHE par heure.	QUANTITÉ POUR 24 HEURES.	RAPPORT ENTRE LA QUANTITÉ de 24 heures et le poids du corps.	QUANTITÉ VERSÉE EN 24 HEURES par kilog. du poids du corps.
Kilog.				
6,800	17	408	:: 16,6 : 1	60,00
17,000	100	2,400	:: 7,0 : 1	141,17
20,000	120	2,880	:: 6,9 : 1	144,00
21,885	26	624	:: 35,0 : 1	28,51
39,160	90	2,160	:: 18,0 : 1	55,15

Composition chimique de la lymphe d'après les différents auteurs.

QUANTITÉ DES SUBSTANCES pour 1000 parties de lymphe	CHEVREUL.	NASSE.			HAMMARSTEN.	COLIN.	WURTZ.
		INANI- TION.	ALIM. viande.	ALIM. végétale.			
Eau	926,40	954,68	953,70	958,20	»	»	»
Fibrine	4,20	0,591	0,716	0,455	»	»	»
Alb. et mat. extract.	61,00	45,82	43,30	41,70	»	»	»
			Chlorure de sodium.				
Sels	8,40	6,72	6,59	6,77	»	»	»
Glycose	»	»	»	»	»	1er,160	»
Urée	»	»	»	»	»	»	0,016
Oxygène	»	»	»	»	0,05	»	»
CO^2	»	»	»	»	42,66	»	»
Az	»	»	»	»	1,39	»	»

b) **Circulation lymphatique.** — Le *canal thoracique* prend naissance par une dilatation située entre les piliers du diaphragme (*réservoir de* PECQUET ou *citerne du chyle*) et se porte dans la direction orale : il est situé du côté dorsal et à droite de l'aorte, jusqu'à la hauteur de la quatrième côte. Là il se recourbe du côté ventral, croise les artères sous-clavière et vertébrale gauches et débouche soit dans la veine sous-clavière gauche, soit dans le confluent de cette veine avec la jugulaire externe du même côté ainsi que le montre la figure 92, que nous devons à l'obligeance de M. POMPILIAN. Quelquefois il débouche dans le tronc de la jugulaire externe même. La terminaison du canal thoracique dans le système veineux offre les aspects les plus variés. La disposition la plus simple que nous ayons pu trouver est celle indiquée dans la fig. 92, où le canal thoracique se réunit avec les lymphatiques du cou et des membres antérieurs, forme une ampoule et débouche à la face postérieure du confluent de la veine sous clavière et des jugulaires gauches. Assez souvent il débouche au milieu d'une arcade lymphatique étendue entre la veine sous-clavière gauche et le tronc brachio-céphalique veineux, disposition observée par BILSIUS et par HOCHE (*Thèse de Nancy*, 1896). Dans son trajet, ainsi qu'à son embouchure, le canal thoracique peut présenter des bifurcations et des anastomoses très variées (RUDDECK, SWAMMERDAM, STÉNON). Les principaux points de repère pour découvrir le canal thoracique près de son embouchure sont : la jugulaire externe, la veine sous-clavière et l'artère omo-cervicale.

La *pression* du courant lymphatique dans le canal thoracique est de 8 à 10 millimètres d'une solution de soude (1,08 densité) d'après LUDWIG et NOLL. — La *vitesse* de l'écoulement par le canal thoracique est de 2 à 3 centimètres cubes par minute (HEIDENHAIN).

2° **Le chyle.** — *Coloration :* blanc laiteux. — *Odeur :* du chien. — *Densité :* 1021-1022 (MARCET).

Éléments figurés : Leucocytes de dimensions variables; le nombre varie entre 3-12 000 par millimètre cube (COLIN). Les plaquettes de BIZZOZERO sont peu nombreuses. Les globules de graisse sont très abondants.

Coagulation : dix minutes après sa sortie des vaisseaux.

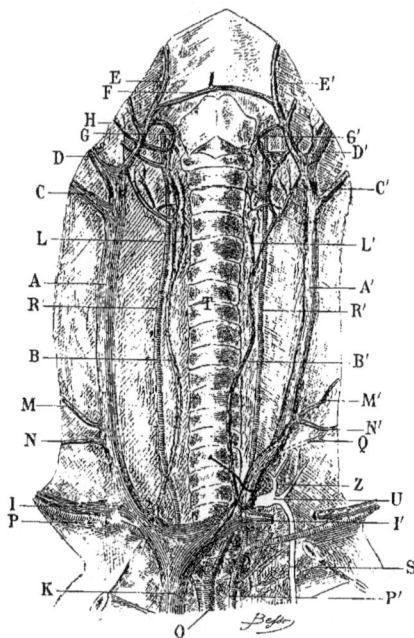

FIG. 92. — *Les vaisseaux du cou et le canal thoracique* (demi-schéma).

A, A', veine jugulaire externe. — B, B', veine jugulaire interne. — C, C', veine maxillaire interne. — D, D', veine maxillaire externe. — E E', veine sous-linguale. — F, anastomose entre les sous-linguales. — G, G', anastomose entre les sous-linguales et la cérébrale inférieure. — H, H', veine cérébrale inférieure. — I, I', veine sous-clavière. — K, veine cave supérieure. — L, L', veine thyroïdienne. — M, M', veine transverse de l'omoplate. — N, N', veine cervicale descendante. — O, tronc artériel innominé (brachio-céphalique). — P, P', Artère sous clavière. — Q, artère omo-cervicale. — R, R', artère carotide primitive. — S, canal thoracique. — T, trachée. — U, confluent lymphatique. — Z, lymphatiques du cou.

Composition chimique.

QUANTITÉ DES SUBSTANCES pour 1 000 parties de chyle.	WURTZ	HOPPE-SEYLER	
Eau.	909,33		906,77
Fibrine	1,77		1,11
Albumines et congénères	65,72	Albumine	21,05
Graisse	22,37	Graisses, cholestérine et lécithine.	64,86
Urée	0,18	Autres matières organiques	2,34
		Sels minéraux	7,92

La quantité du chyle, d'après BIDDER et SCHMIDT (ELLENBERGER, *Vergleichende Physiologie der Haussäugethiere*, I, 875), représente 1/4 à 1/6 du poids du corps; d'après LUDWIG et KRAUSSE, 1/4 à 1/5.

Proportion de graisse dans le chyle suivant les différents moments
de la digestion, d'après ZAWILSKI.

N° D'ORDRE des	EXPÉRIENCES.	TEMPS ÉCOULÉ DEPUIS L'INGESTION DE LA GRAISSE.	QUANTITÉ DE GRAISSE versée par minute dans le canal thoracique en miligr.	PROPORTION DE GRAISSE POUR 100 de chyle.
		De 1 h. 58 m. à 2 h. 58 m.	33	8,1 p. 100
		— 1 h. 58 m. à 3 h. 58 m.	55	8,2 —
I		— 1 h. 58 m. à 4 h. 18 m.	72	11,5 —
II		— 4 h. 6 m. à 5 h. 20 m.	24	6,6 —
III		— 4 h. 45 m. à 5 h. 47 m.	16	3,7 —
IV		— 7 h. 43 m. à 8 h. 22 m.	47	6,9 —
		— 9 h. 43 m. à 10 h. 38 m.	101	9,1 —
		— 11 h. 56 m. à 12 h. 38 m.	85	14,6 —
V		— 9 h. 50 m. à 10 h. 15 m.	101	10,1 —
		— 9 h. 50 m. à 10 h. 45 m.	96	11,4 —
		— 9 h. 50 m. à 11 h. 22 m.	75	11,0 —
		— 9 h. 50 m. à 12 h. 15 m.	60	12,0 —
VI		— 18 h. 38 m. à 19 h. 10 m.	90	11,5 —
		— 18 h. 38 m. à 19 h. 42 m.	70	9,0 —
		— 18 h. 38 m. à 20 h. 42 m.	36	8,6 —
		— 18 h. 38 m. à 21 h. 44 m.	34	8,4 —
VII		— 26 h. 45 m. à 27 h. 30 m.	3	0,46 —
		— 26 h. 45 m. à 28 h. 20 m.	2	0,44 —
		— 26 h. 45 m. à 29 h. 10 m.	1	0,29 —
		— 26 h. 45 m. à 30 h. 10 m.	0,1	0,25 —

§ III. — Sang et circulation sanguine.

1. Sang. — α) Caractères physiques, coagulabilité et quantité du sang. — β) Constitution morphologique du sang. — γ) Composition du sang total. — δ) Sérum du sang. — ε) Déperditions sanguines et transfusion du sang. — 2. Circulation. — α) Cœur (poids, capacité des ventricules, position du cœur et nerfs cardiaques). — β) Circulation cardiaque. — γ) Artères et circulation artérielle. — δ) Capillaires et circulation capillaire. — ε) Veines et circulation veineuse. — ζ) Circulation de la veine porte. Analyse du sang de la veine porte et des veines sus-hépatiques. — η) Durée totale de la circulation. — 3. Influence de la respiration sur la circulation.

Le sang. — Le poids spécifique du sang du chien normal et avec une alimentation copieuse est en moyenne de : 1017, 97; dans l'abstinence complète il est 1050,80 (POPEL, Arch. sc. biol. St. Pétersb., 1896, IV, 334).

L'odeur 'halitus sanguinis' est caractéristique à l'espèce.

L'alcalinité du sang total = 152^{mmgr},67 NaOH pour 100 centimètres cubes de sang (DROUIN, l'hémoalcalimétrie. D. P., 1892. Alcalinité du plasma = 233^{cc},31 d'une solution 1/25 N d'acide tartrique. pour saturer 100 centimètres cubes de sang (BOTTAZZI et DUCESCHI, A. i. B., 1896, XXVI, 167).

La coagulabilité, en moyenne, se fait entre 2'-5'. Pour empêcher la coagulation par les injections intraveineuses de propeptone, on peut employer cette substance dans des quantités variables entre 0^{gr} 02 et 1 gramme par kilogramme d'animal. Les chiens à jeun depuis cinq à six jours sont très sensibles à l'action de la propeptone. On peut dans ces conditions suspendre la coagulabilité de leur sang avec 0^{gr},02 ou 0^{gr},03 de peptone de WITTE par kilogramme, comme ATHANASIU et CARVALLO ont eu l'occasion de le démontrer (A. d. P., 1896, n° 4). Pour les chiens en digestion, il faut des quantités beaucoup plus grandes, et quelquefois ils peuvent présenter une certaine immunité (FANO). En général, quand le jeûne n'est pas plus long que vingt-quatre heures, il est nécessaire de donner 0^{gr},3 à 0^{gr},5 de peptone (FANO, GROSJEAN, etc.) ou même un gramme par kilog. pour empêcher la coagulation (CONTEJEAN). Avec l'extrait des sangsues, il faut de 2 à 8 têtes de sangsues par kilogr. de chiens, pour rendre le sang incoagulable (LEDOUX, Arch. de

Biologie, 1805). Pour ce qui concerne le mécanisme anti-coagulant de ces substances, nous renvoyons à l'article **Coagulation**.

Quantité du sang. — *La quantité du sang* pour 100 parties du corps est la suivante, d'après les différents auteurs (MENICANTI, *Z. B.*, 1894, XXX, 439).

WELCKER.	PANUM.	HEIDENHAIN.	RANKE.	SPIEGELBERG ET GSCHEIDLEN.	STEINBERG.	JOLYET ET LAFONT.
6,56	7,9	7,42 (6,6-8,1)	6,7 (6,4-7,0)	7,87 (7,13-8,92)	8,0-8,9	6,8-8,2

La quantité de sang contenue dans les poumons est en moyenne 6,92 p. 100 de la masse sanguine totale (MENICANTI).

β) **Constitution morphologique du sang.** — Les éléments figurés (globules rouges, leucocytes, plaquettes de BIZZOZERO, hématoblastes d'HAYEM, etc.) occupent, d'après HOPPE SEYLER :

Dans le sang artériel. . . . . . . 383 parties p. 1000
　—　　　—　　veineux. . . . . . 357　—　　　—

BUGARSKY et TANGL (*C. P.*, 1897, XI, 297-300) en mesurant la conductibilité électrique du plasma pur (oxalaté ou peptonique) et du sang total, ont pu déduire le volume occupé par les éléments figurés. Les chiffres que ces auteurs donnent pour le chien sont trop écartés de ceux du cheval et du chat. Il est probable que cela tient à l'emploi de la peptone en injection intra-veineuse. Nous savons en effet que le sang peptonique est plus concentré que le sang normal (ATHANASIU et CARVALLO, *B. B.*, 1896, 769-771).

Hématies. — Diamètre : $0^{mm},0073$ $(0^{mm},007-0^{mm},009$, HAYEM). Leur résistance maximum dans les solutions salines oscille entre 0,75 et 0,60 de NaCl p. 100 (Mosso).

Nombre des globules rouges : 6 650 000 par millimètre cube, d'après les moyennes données par HAYEM (*Le sang*, 172). Les écarts sont compris entre 4 119 900 et 8 977 200 (OTTO, *A. g. P.*, XXXVI, 12-72).

Nombre des hématoblastes : 267 000 par millimètre cube (HAYEM).

Les globules blancs. — Diamètre 6 μ. — 9 μ (HAYEM).

Nombre : 10 000 par millimètre cube (HAYEM). La proportion des leucocytes dans le sang carotidien du chien par rapport aux hématies est de 1/485 (1/300-1/800), d'après HÉRICOURT et CH. RICHET (*B. B.*, 1893, XLV, 187).

Composition des globules rouges.

a) *Globules rouges humides*, d'après C. SCHMIDT.

Eau. . . . . 569,30 p. 1000
Matières solides . . . . 430,70　—

Hémoglobine, albuminoïdes. . . . . 412,51　—
Cholestérine. . . . . 1,26　—
Lécithine. . . . . 7,47　—
Matières extractives . . . . 2,97　—
Sels organiques . . . . 6,49　—

b) *Globules rouges à l'état sec*, d'après JÜDELL et HOPPE-SEYLER (*Traité de chimie*, 401).

Hémoglobine. . . . . 865,0　p. 100
Albuminoïdes et nucléines. . . . . . 125,5　—
Lécithine. . . . . ⎰
Cholestérine. . . . . ⎱ 5,9　—
Autres matières organiques. . . . . 3,6　—

Composition chimique du sang.

Hémoglobine. — Cristallise facilement en prismes orthorombiques à quatre [pans basés ou à facettes pyramidées (fig. 93). Elle est soluble dans l'eau chaude (50°) jusqu'à 2 p. 100. La quantité d'hémoglobine sèche pour 1 000 parties de sang, est de 130-138 (A. GAUTIER), 97,7 (G. MÜLLER).

La quantité d'hémoglobine dans le sang total a été trouvée par PREYER (pour 100 parties de sang) :

Fig. 93.

DOSAGE PAR LE FER.	PROCÉDÉ COLORIMÉTRIQUE.	PROCÉDÉ SPECTRO-PHOTOMÉTRIQUE
13,8	13,8	13,13

HÉNOCQUE (*B. B.*, 1885, 181) trouve 14-14,5 d'hémoglobine, pour 100 parties de sang. Pour OTTO la quantité d'hémoglobine oscille entre 12,27 et 15,98 pour 100 parties de sang.

Composition chimique de l'hémoglobine cristallisée à l'état sec (pour 100 parties d'hémoglobine).

	A. JAQUET.	C. SCHMIDT.	HOPPE-SEYLER.
C.	54,57	54,15	53,85
H.	7,22	7,18	7,32
Az.	16,38	16,33	16,17
O.	20,93	21,24	21,84
S.	0,568	0,67	0,39
Fe.	0,336	0,43	0,43

Le rapport $\dfrac{S}{Fe}$ dans l'hémoglobine du chien $= \dfrac{1}{2,85}$ (JAQUET, *Z. P. C*, XII, 285-288).

La quantité de fibrine que le sang peut donner par la coagulation est de $0^{gr},2$ p. 100 (DELAFOND), $0^{gr},1$ à $0^{gr},5$ p. 100 (MAYER). La quantité totale de fibrine oscille autour du chiffre 87 mmg. par kilog. du poids du corps (DASTRE, *A. d. P.*, 1893, 327). La quantité de fibrinogène contenu dans le sang artériel, varie entre 1 à 2 pour 1 000 (DASTRE).

γ) **Composition du sang total pour 1 000 parties de sang.**

D'après HOLBECK (*Chimie biologique* de A. GAUTIER, 374).

1° *Globules humides*	**357,0**
Eau	203,3
Hémoglobine, globulines, sels minéraux	153,8
2° *Plasma*	**643,0**
Eau	587,0
Fibrine, albumine, matières extractives, sels	56,0

Le sucre varie dans le sang, d'une part, d'après les différents endroits de l'organisme, d'autre part d'après le régime. Le tableau suivant donne, d'après SEEGEN, les proportions de sucre dans le sang de la veine porte, des veines sus-hépatiques et de l'artère carotide, selon diverses conditions alimentaires :

Proportions du sucre dans le sang.

	VEINE-PORTE p. 100.	VEINES HÉPATIQUES p. 100.	ARTÈRE CAROTIDE p. 100.	MOYENNE DE
Inanition.	0,117	0,260	0,157	8 expériences
Amidon.	0,144	0,261	0,150	9 —
Sucre de canne.	0,186	0,263	0,165	6 —
Dextrine.	0,256	0,320	0,176	4 —
Viande.	0,141	0,281	0,155	8 —
Graisse.	0,114	0,217	0,127	8 —

L'urée pour 100 parties de sang, d'après les différents auteurs :

Urée du sang.

PICARD.	POISEUILLE ET GOBLEY.	WURTZ.	TRESKIN.	MUNK.	PEKELHARING.	P. PICARD.	KAUFMANN.
0,036	0,02	0,0192	0,011-0,058	0,0238-0,0533	0,014-0,085	0,139-0,149	0,029

D'après Schöndorff (*A. g. P.*, 1896, LXIII, 192-202) la quantité d'urée dans le sang total serait : 0,0505 à 0,1125 p. 100.

Les gaz du sang, d'après Sczelkow, Sestchenow et Schöffer se trouve dans les proportions suivantes chez le chien (A. Gautier, *Chimie biol.*, 415) :

Gaz du sang.

	SANG ARTÉRIEL.			SANG VEINEUX		
	MAXIMUM.	MINIMUM.	MOYENNE.	MAXIMUM.	MINIMUM.	MOYENNE.
	cc.	cc.	cc.	cc.	cc.	cc.
O.	14,5	9,4	11,2	9,0	1,1	4,0
CO_2.	24,0	15,0	19,7	20,1	20,1	25,5
Az.	3,8	0,7	1,2	0,7	0,7	1,1

Les conditions qui font varier la proportion des gaz du sang sont trop nombreuses pour qu'on puisse établir des moyennes plus ou moins constantes. Nous donnons ici, d'après Hoppe-Seyler, les écarts notables qu'on peut constater suivant les cas, dans le sang artériel ou dans le sang veineux du chien :

Variations des gaz du sang.

	SANG							
	ARTÉRIEL.	VEINEUX.	ARTÉRIEL.	VEINEUX.	ARTÉRIEL.	VEINEUX.	ARTÉRIEL.	VEINEUX.
C.	15,0	5,5	21,4	10,8	22,8	9,9	18,5	7,8
CO_2.	43,1	46,5	37,3	45,1	32,3	41,6	38,5	47,8
A.	5,5	4,0	1,2	1,2	2,2	1,8	2,3	1,8

Les sels dans les cendres du sang :

Pour 100 parties de sel (Hoppe-Seyler) :

Potasse	3,96
Soude	43,40
Chaux	1,29
Magnésie.	0,68
Oxyde de Fer	8,64
Chlore.	32,47
Acide sulfurique	4,13
Acide phosphorique.	12.74

δ) **Sérum du sang.** — *Couleur* faiblement verdâtre. *Alcalinité* du sérum $= 0^{mgr},254$ de NaOH pour 1/2 cent. cube; $6^{mgr},281$ de NaOH pour 1 gramme de résidu sec. *Acidité* du sérum $= 0^{mgr},317$ de NaOH pour 1/2 cent. cube; $7^{mgr},602$ NaOH pour 1 gramme de résidu sec. (Drouin.)

Composition chimique pour 100 parties de sérum.

Eau.   91-93

	D'après		
	SALVIOLI.	FREDERICQ.	HAMMARSTEN.
Albumine totale .	5,82	6,4	»

Albumine. . . .	3,77	3,5	Rapport: $\dfrac{\text{Alb.}}{\text{Glob.}} = 1.8$
Globuline	2,05	2,9	
Créatine. . . .	0.03 — 0,07 (Voir).		

Sels inorganiques solubles, d'après Sertoli.

Na^2SO^4	0,0325
NaCl	0,5915
Na^2HPO^4	0.0072
Na^2CO^3	0,0303

Gaz pour 100 parties de sérum.

OXYGÈNE ET AZOTE après le vide.	CO² après le vide.	CO² PAR UN ACIDE après le vide.	CO² TOTAL.	AUTEURS.
c. c.	c. c.	c. c.	c. c.	
0,82	7.8	17,9	25,6	Schöffer.
1,10	12,2	12,8	24,9	
25,4		2,8	28,2	Pflüger.
20,1		5,3	25,4	

Le sucre dans le sérum, d'après Mering (A. P., 1878, 379).

Sucre du sérum.

	RÉGIME.	SUCRE POUR 100 PARTIES de sérum. (sang de la carotide)
		Grammes.
1	Amidon et sucre.	0,125
2	—	0,235
3	Pain.	0,130
4	Viande.	0,115
5	—	0,212
6	Diète de 44 heures.	0.150
7	— 48 —	0.145
8	— 3 jours.	0,133

L'urée est en moyenne de 0,01982 pour 100 parties de sérum (Schöndorff, A. y. P., 1893, LXIII, 192-202).

Le pouvoir rotatoire des albuminoïdes du sérum :

$$\text{Albumine. . . . } \alpha (D) = - 44°$$
$$\text{Paraglobuline . } \alpha (D) = - 47,8 \quad (\text{Fredericq}).$$

Le point de coagulation des albuminoïdes du sérum :

$$
\begin{aligned}
&\text{Fibrinogène . . . .} && 56° \\
&\text{Sérum globuline . . . . .} && 75° \\
&\text{Sérum albumine } \alpha \text{ . . . .} && 73° \\
&\text{—　　　— } \beta \text{ . . . .} && 78° \\
&\text{—　　　— } \gamma \text{ . . . .} && 84° \quad (\text{Halliburton}, \textit{Chemical Physiology and}
\end{aligned}
$$
$$\textit{Pathology}).$$

$\varepsilon)$ **Les déperditions sanguines et la transfusion du sang.** — Le chien supporte une hémorrhagie de 1/30 à 1/40 du poids de son corps; une perte de sang de 1/20 à 1/15 du poids du corps est immédiatement mortelle (Fredericq). La pression artérielle se rétablit très vite après une saignée (Fredericq). Buntzen (*Lehrbuch der Physiologie* de Munk, 1897, 25) a trouvé que la régénération du sang se fait assez lentement. Il faut trente-quatre jours, après une saignée de 1/7 de la masse totale du sang, pour que les globules rouges arrivent à leur chiffre primitif.

Le sang des différentes espèces (lapin, mouton) ne peut être transfusé au chien qu'en très petites quantités, car les globules rouges de ces animaux se détruisent rapidement dans le sang du chien, ce qui peut facilement le tuer par des coagulations intravasculaires. Le sang du cheval est beaucoup moins offensif pour le chien. Les globules du chien sont plus résistants, cependant ce fait ne rend pas plus facile la transfusion du sang du chien au lapin, car les globules de celui-ci se détruisent très vite, surtout s'ils sont influencés par une masse trop grande de sang du chien.

2° **Circulation.** — α) **Le cœur.** — Le *poids* du cœur représente de 1/76 à 1/173 du poids du corps, ou de 5gr,90 à 13gr,05 par kilog. du poids du corps (Colin).

La *capacité* des ventricules, déterminée par Colin pour les chiens de différentes tailles est :

Capacité des ventricules.

	POIDS.	VENTRICULE DROIT.	VENTRICULE GAUCHE.
	kilogr.	cc.	cc.
Chien	5	9	7
Epagneul	8,300	14	9
Lévrier	10,300	16	16
Chien de chasse	14,400	31	20
Chien loup	17	42	35
Chien	18	50	42
Chien griffon	18,500	73	55

Position du cœur (fig. 94). — Le cœur est dirigé du côté ventral et caudal. La base est tournée du côté oral et dorsal; la pointe arrondie est dirigée du côté ventral et surtout du côté caudal. La base s'étend entre le troisième espace intercostal et la septième côte; la pointe se trouve au niveau de la septième ou de la huitième côte suivant la position du diaphragme, déterminée par la respiration; elle se place à gauche de la ligne médiane et un peu en dehors du sternum. Du côté caudal, elle touche le diaphragme. Dans l'expiration forcée, elle arrive jusqu'au sixième espace intercostal; dans l'inspiration ordinaire jusqu'au septième cartilage costal et dans l'inspiration forcée jusqu'au huitième cartilage costal.

Le *liquide séreux péricardique* est ordinairement en petite quantité (une cuillerée à café).

Nerfs du cœur. — 1° *Le pneumogastrique* prend naissance par plusieurs filets radiculaires du sillon collatéral du bulbe rachidien. Dans son passage à travers le trou jugulaire, il se renfle en un *ganglion jugulaire*, avec lequel s'unit le spinal accessoire (fig. 95, G. J). Après la sortie du crâne le vague présente un autre *ganglion fusiforme* (plexiforme) qui peut atteindre sur les grands chiens jusqu'à 1 centimètre de longueur. De la partie postérieure ou du milieu de ce ganglion se détache le nerf *laryngé, supérieur*. Le tronc du pneumogastrique qui sort du ganglion plexiforme s'unit un peu en arrière de ce ganglion avec le sympathique cervical qui sort du ganglion cervical supérieur. Les 2 nerfs, enveloppés d'une gaine fibreuse commune, constituent le *vago-sympathique*, qui se place à la face dorsale de l'artère carotide et descend jusqu'à la base du cou où il gagne le ganglion cervical moyen (M. S. G.).

2° *Branches du laryngé supérieur.* — Le laryngé supérieur (SL, fig. 95) se divise en 2 branches sur le bord antérieur du cartilage thyroïde : une antérieure, l'autre postérieure. Celle-ci s'anastomose avec la branche dorsale du récurrent (C, fig. 95). Elle est très souvent confondue avec ce nerf, quoique quelquefois elle descende séparément jusque dans le plexus cardiaque.

3° *Branches du récurrent.* — Le récurrent (R. L, fig. 95) ne prend pas naissance dans

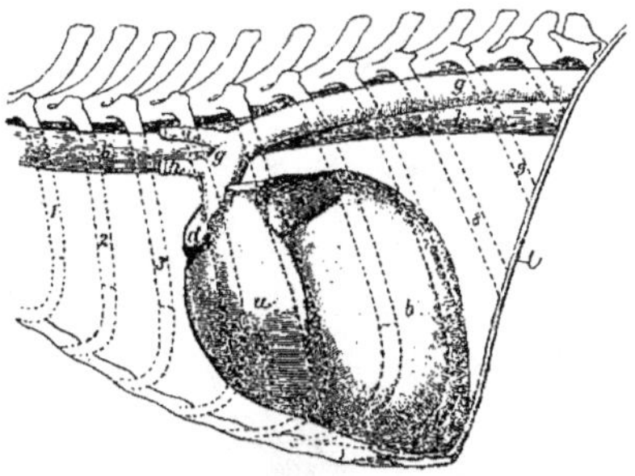

FIG. 94. — *Cœur dans sa position naturelle.*

a, ventricule droit ; *b,* ventricule gauche ; *c,* oreillette gauche ; *d,* oreillette droite ; *e,* sillon longitudinal (interventriculaire) gauche ; *f.* artère pulmonaire ; *g,* aorte ; *h,* tronc artériel innominé ; *i,* artère sous-clavière gauche ; *k,* œsophage ; *l,* diaphragme (coupé). Les chiffres 1, 2, 3, 8 et 9 indiquent les côtes correspondantes, de la première à la neuvième. (ELLENBERGER et BAUM.)

le même endroit du pneumogastrique des deux côtés ; à droite il se détache près du ganglion sympathique moyen ; à gauche il se sépare plus bas près de l'arc aortique. Le récurrent donne des fibres pour le plexus cardiaque (C. R. L.) qui sont plus nombreuses du côté gauche.

4° *Branches du sympathique.* — On ne trouve sur le trajet du sympathique cervical que 2 ganglions (*gangl. cervical supérieur*, S. S. G, fig. 95, *et inférieur*, M. S. G., fig. 95) ; celui-ci est au point de vue morphologique le ganglion cervical moyen, par le fait que l'inférieur serait confondu avec le premier thoracique pour constituer le *ganglion stellatum* (G. St., fig. 95) (d'après LIM-BOON-KENG, J. P., 1893, XIV, 467-482). Le ganglion cervical supérieur envoie des fibres au cœur par deux voies : *a*) par la forte branche qui se détache de ce ganglion et qui s'accole au pneumogastrique pour former le *vago-sympathique* ; *b*) par une branche plus petite (C. br., fig. 95), (exclusivement cardiaque d'après LIM-BOON-KENG), et qui, après avoir croisé le laryngé supérieur, se place à côté du récurrent, avec lequel elle pénètre dans le thorax, où elle croise ce nerf aussi et se jette dans le plexus cardiaque.

5) La branche inférieure de l'anneau de VIEUSSENS donne généralement un faisceau pour le plexus cardiaque, plus constant du côté droit.

Le plexus cardiaque, ainsi constitué, se sépare en deux faisceaux principaux avant d'aborder le cœur : *a*) le plexus cardiaque superficiel, formé par le vago-sympathique gauche ; *b*) le plexus cardiaque dorsal, formé par le vago-sympathique droit et gauche. Le premier se distribue sur la face ventrale de l'aorte et sur la partie antérieure de l'oreillette droite; le second forme : 1) le *plexus central* qui se distribue sur la face dorsale de l'artère pulmonaire, sur l'oreillette gauche et sur les deux ventricules; 2) le *plexus dorsal* auriculaire, qui se répand plutôt sur l'oreillette gauche entre les veines pulmonaires. Il existe encore un *plexus coronaire gauche* formé par le plexus superficiel et par le plexus dorsal; le *droit* est formé exclusivement par le plexus central.

β) **Circulation cardiaque.** — *Fréquence des battements du cœur :* 90 à 100 par minute, avec un minimum de 70 et un maximum de 120.

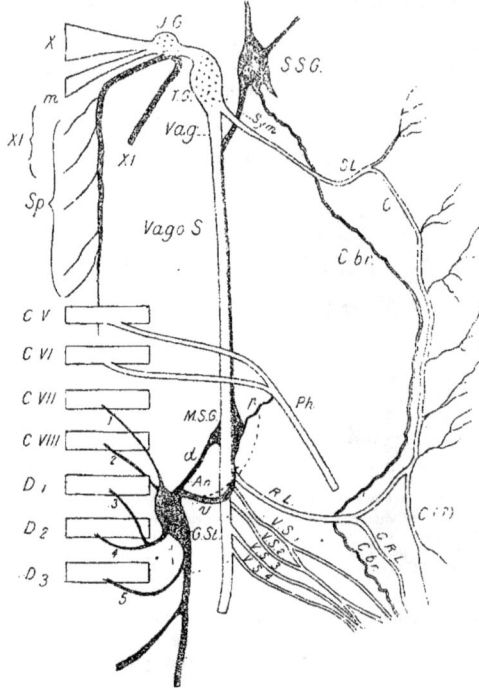

Fig. 95. — *Le nerf vague et le sympathique du côté droit.* (d'après LIM-BOON-KENG).

An., anneau de Vieussens. — C., branche communicante du nerf laryngé inférieur. — C (?), continuation probable de C. — C. br., branche cardiaque du ganglion cervical supérieur. — C, R, L., branche cardiaque du nerf récurrent. — Cv, Cvi, Cvii, Cviii, nerfs cervicaux. — D, D₂ D₃. nerfs dorsaux. — d , portion dorsale de l'anneau de Vieussens. — G. st. ganglion stellatum (premier thoracique). — J. G. ganglion jugulaire. — M, S, G, ganglion cervical moyen. — m, portion bulbaire du xi nerf cranien (spinal). — Ph, nerf phrénique, — p. branche communicante du nerf phrénique. — R, L, nerf récurrent. — S, L, nerf laryngé supérieur. — Sp. portion spinale du xi nerf cranien (spinal accessoire). — T, G, ganglion plexiforme. — V, S₁, V, S₂, V, S₂ V, S₄ branches cardiaques du vago-sympathique. — v. portion ventrale de l'anneau de Vieussens. — x. nerf vague ; — xi spinal accessoire. — 1,2,3,4'5, racines du ganglion stellatum. — S, S, G, ganglion cervical supérieur.

Le retard essentiel du ventricule (CHAUVEAU et MAREY) est de '04.

La pression dans le péricarde a toujours été trouvée négative : de — 3 m. m. à — 5 m. m. Hg (ADAMKIEWICZ et JACOBSON, C. W., 1873, 483).

Pression du sang dans les deux ventricules

	I	II	III
Ventricule droit	61,8	60,8	34,8 m. m. Hg.
— gauche	135	112,2	114,2 —

(GOLTZ et GAULE, *A. g. P.*, 1878, XVII.)

Pression post-systolique :

Ventricule droit	— 17,2 m. m. Hg.		
— gauche	— 52	—	quand la respiration est normale.
— —	— 25	—	quand l'influence de la respiration est supprimée.

(GOLTZ et GAULE.)

La *quantité* du sang que le ventricule gauche envoie dans l'artère aorte à chaque systole est $= \frac{1}{400}$ à $\frac{1}{300}$ du poids du corps (VOLKMANN).

Le *travail du cœur*, en appliquant la formule de MAYER : $m (h + v)$, est de 40 à 5 000 kilogrammètres pour vingt-quatre heures ; (m représente la quantité du sang à chaque systole, h la pression et v la vitesse).

γ) **Artères et circulation artérielle.** — Les artères principales, les plus accessibles sur le chien, sont :

Les carotides primitives, qui naissent isolément du tronc brachio-céphalique et se dirigent vers la tête, celle du côté gauche près de l'œsophage, celle du côté droit près de la trachée. Elles sont accompagnées, sur tout le trajet cervical, des nerfs vago-sympathiques. La distribution des différents rameaux de l'artère carotide primitive est celle de tous les mammifères. Rappelons seulement les larges anastomoses de l'artère occipitale (branche de la carotide primitive) avec l'artère vertébrale, dont on connaît le rôle de suppléance dans la circulation cérébrale, quand les deux carotides primitives sont liées.

L'artère vertébrale, branche de la sous-clavière (quelquefois du tronc costo-cervical), quitte la cavité thoracique en longeant le muscle long du cou. Elle se place à la face ventrale de l'apophyse transverse de la septième vertèbre cervicale, sous le muscle scalène, et pénètre dans le canal des apophyses transverses par le trou transversaire de la sixième vertèbre cervicale. Dans les expériences sur la circulation de l'encéphale, il est nécessaire d'avoir cette artère sous la main. On peut facilement la mettre à nu dans l'espace compris entre la première côte et le trou transversaire de la sixième vertèbre cervicale. Les gros chiens se prêtent mieux à cette opération ; car il faut éviter autant que possible l'ouverture de la plèvre.

Les artères fémorales (crurales) continuation des iliaques externes, branches terminales de l'aorte abdominale, sont faciles à trouver dans le pli de l'aine, où elles sont placées dans la fosse pectinée, formée par les muscles couturier et premier adducteur. L'artère fémorale est accompagnée en dedans par la veine crurale, en dehors par le nerf crural, et ce paquet vasculo-nerveux est couvert par une forte aponévrose.

Les artères humérales (brachiales), continuation des artères axillaires, se trouvent, accompagnées des nerfs médian et musculo-cutané, de la veine humérale, à la face interne du vaste interne et le bord interne du biceps.

Pression artérielle.

CAROTIDE.		FÉMORALE.
141-179 m. m. Hg. (POISEUILLE).		
143-172 — (VOLKMANN).		165 m. m. Hg.
130-140 — (JOLYET).		
140-160 — (FREDERICQ).		
130-190 — (LUDWIG).		

Dans l'artère pulmonaire, la pression $= 29^{mm},6$ Hg. (BEUTNER, *H. H.*, IV, 272), ou 20-25 millim. Hg. d'après BRADFORD et DEAN (*J. P.*, 1894, XVI, 34-96).

Vitesse du sang dans les artères en millimètres, par seconde.

CAROTIDE.	AORTE.
243-520 (DOGIEL).	
273-357 (VOLKMANN).	305-368 (VOLKMANN).
261- (VIERORDT).	

δ) **Capillaires et circulation capillaire.** — Le *diamètre* des vaisseaux capillaires est de $0^{mm},006$ à $0^{mm},025$. La *vitesse* du sang dans les capillaires est en moyenne de $0^{mm},8$. Elle est par rapport à celle de l'aorte comme 1 : 500 (VOLKMANN).

ε) **Veines et circulation veineuse.** — Nous ne pouvons pas donner la description détaillée de tout le système veineux du chien. Nous décrirons sommairement les veines les plus employées par le physiologiste. Elles sont :

La veine jugulaire externe (fig. 92, A, A′) prend son origine sur le bord aboral de la glande sous-maxillaire par la réunion des veines maxillaire interne (C, C′) et maxillaire externe (D, D′). Le tronc maxillaire externe reçoit la veine faciale commune qui résulte de la réunion des veines faciales, superficielle et profonde. Avant de se réunir avec la maxillaire interne, la veine maxillaire externe reçoit le tronc de la veine linguale et de la sous-linguale (E, E′). Une forte anastomose existe entre les deux sous-linguales, qui passe à la face antérieure du corps de l'hyoïde (F). Une autre anastomose (G, G′) s'observe un peu plus bas entre ce tronc veineux des linguales et des sous-linguales de chaque côté avec la veine cérébrale inférieure (H, H′) qui se continue sous le nom de jugulaire interne (B, B′). Les jugulaires externes reçoivent encore sur leur trajet des petites branches dont les principales sont la veine transverse de l'omoplate et la veine cervicale descendante. Elles se réunissent sur le bord antérieur des premières côtes avec les veines sous-clavières et les jugulaires internes, et le tronc commun (K) constitue la veine cave supérieure.

La veine jugulaire interne, continuation de la veine cérébrale inférieure, reçoit, en dehors de l'anastomose (G, G′) donnée par le tronc des linguales et des sous-linguales, la veine occipitale, veine thyroïdienne supérieure (L, L′), trachéale, œsophagienne, etc. Elle accompagne l'artère carotide jusqu'au milieu du cou, où elle s'écarte un peu, et chemine à côté de la trachée jusqu'au niveau de la première côte, où elle se réunit avec la jugulaire externe.

La veine fémorale (crurale), formée par la réunion des veines superficielles et profonde, accompagne l'artère fémorale sur le côté interne du tendon du petit psoas et la face interne du psoas iliaque. Les veines superficielles sont : *la grande veine saphène* qui naît de l'arcade plantaire veineuse, se trouve à la face interne de la jambe jusque vers le tiers distal du fémur où elle se jette dans la fémorale. *La petite veine saphène* provient des veines cutanées de la face plantaire des orteils et du métatarse, ainsi que des tubercules plantaires; elle monte en dehors dans l'espace entre le tendon d'Achille et le tibia, reçoit près de l'articulation tibio-astragalienne la branche anastomotique de l'arcade plantaire, puis vers le côté distal du milieu du tibia, le tronc commun des veines digitales communes dorsales et encore plus loin, une branche venant de la face interne de l'articulation tibio-astragalienne, qui contourne en dehors le tendon d'Achille. Vers le milieu du tibia la petite veine saphène se dirige en dehors, sur la face externe du muscle jumeau externe, et longe ce dernier tout près de la ligne médiane plantaire, vers le tronc, puis s'engage vers la limite distale du tiers proximal du tibia entre le biceps crural (en dehors) et le demi-tendineux (en dedans), et se tenant près du bord aboral des gastrocnémiens jusqu'auprès du fémur, pour se jeter enfin dans la veine fémorale. La petite veine saphène est assez souvent employée pour la pratique des injections intraveineuses. *Les veines profondes* recueillent le sang de la région desservie par l'artère fémorale, dont les branches sont accompagnées par des veines qui portent le même nom.

Pression dans le bout périphérique de la jugulaire : 10 à 20 mm. Hg. (POISEUILLE); 2 à 16 mm. Hg. (LUDWIG). Dans le bout périphérique de la crurale : 11 à 27 mm. Hg. (LUDWIG).

Vitesse du sang dans la veine jugulaire. = 200 mm. (VOLKMANN, CYON).

Les parois de la veine jugulaire supportent une pression de 5 atmosphères (HALES).

ζ) **Circulation de la veine porte.** — *Pression* : 7—20 mm. Hg (ROSAPELLY). — *Vitesse* : 30 mm. (VOLKMANN).

La quantité du sang qui traverse la veine porte est de 500 grammes environ par minute pour un chien de 20 kilogrammes (FLÜGGE).

Les parois de la veine porte résistent à une pression de 6 atmosphères (WINTRINGHAM).

Dans *les veines sus-hépatiques* la vitesse est de 15 mm. (WOLKMANN).

Analyse du sang de la veine porte et des veines sus-hépatiques (DROSDOFF, Z. p. C., 1877-8 I):

	VEINE PORTE.	VEINES HÉPATIQUES.
	p. 100	p. 100
Eau.	725,80	743,39
Substances solides.	274,20	256,61
Hémoglob. Subst. albumin. Sels solubles .	251,75	237,88
Cholestérine.	2,59	2,73
Lécithine.	2,45	2,96
Graisse.	5,75	0,97
Extrait alcoolique.	1,27	1,36
— aqueux	5,05	5,68
Sels inorganiques.	5,38	5,07
Sulfate de potassium.	0,38	0,13
KCl.	0,17	0,61
NaCl	2,75	2,84
Phosphate de soude.	0,63	0,55
Carbonate de soude.	0,53	0,46

τ_i) **Durée totale de la circulation.** — Vierordt a mesuré la durée de la circulation d'une jugulaire à l'autre, et d'une jugulaire à la veine crurale : ses résultats sont compris dans le tableau suivant :

	D'UNE JUGULAIRE À L'AUTRE.	D'UNE JUGULAIRE À LA VEINE CRURALE.
	Secondes.	Secondes.
1.	18,92	21,76
2.	17,98	20,43
3.	14,95	16,65
4.	13,46	13,46
MOYENNE. . . .	16,32	18,08

Pour Jolyet (*Traité de Physiol.*, 1894, 348), la durée de la petite circulation est de 6″, et la durée totale de la circulation est de 24″. Il faut 40″ pour que tout le sang passe par le cœur (Munk, *Lehrbuch der Physiologie*, 1897, 59).

3° Influence de la respiration sur la circulation. — Chez le chien la pression sanguine dans les artères augmente pendant l'inspiration et diminue pendant l'expiration, contrairement à ce qui s'observe chez les autres animaux (fig. 96. L. Frédéricq *Arch. de Biologie*, 1882, III). Plusieurs physiologistes ont essayé de donner l'explication de ce phénomène. Ainsi Einbrodt (*Sitz. Wien. Akad.*, 1860, XL) faisait intervenir deux causes principales :

1° L'augmentation du nombre des pulsations cardiaques;

2° L'accélération de la circulation intrathoracique pendant l'inspiration.

C'était la deuxième de ces deux causes que Einbrodt considérait comme principale, car il croyait que le débit du cœur droit augmente pendant l'inspiration et diminue pendant l'expiration. Les changements de débit se transmettent jusqu'au cœur gauche et retentissent ainsi sur la pression artérielle. Funke et Latschenberger expliquaient l'élévation de la pression pendant l'inspiration par l'obstacle que le sang rencontre dans les capillaires pulmonaires pendant cette phase, comme cela arrive quand le poumon est soumis à une insufflation artificielle.

Mais d'autres physiologistes (Heger, Spehl, D'Arsonval, Mosso, etc.) ont démontré que cette comparaison entre l'inspiration normale et l'insufflation artificielle du poumon ne peut pas avoir lieu, attendu que la circulation pulmonaire non seulement n'est pas empêchée pendant l'inspiration, mais au contraire elle est favorisée.

MAREY, C. GAUTHIER, DUPUY, LUCIANI, SCHWEINBURG, etc. ont cherché à expliquer l'élévation inspiratoire de la pression artérielle par l'afflux vers le thorax, du sang contenu dans les grosses veines de la cavité abdominale à la suite de la compression que le diaphragme exerce sur les viscères abdominaux pendant l'inspiration.

FREDERICQ (Arch. de Biologie, 1882, III, 55-100) démontra par une analyse minutieuse le rôle des différents facteurs qui contribuent à faire monter ou diminuer la pression artérielle pendant l'inspiration. Ces facteurs sont :

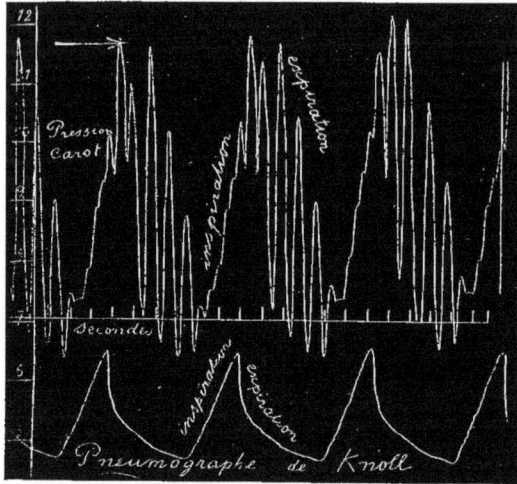

FIG. 96. — Tracé de la pression artérielle chez le chien, pris au moyen du kymographion de LUDWIG et montrant les oscillations respiratoires de cette pression (L. FREDERICQ).

A. L'action mécanique de l'aspiration thoracique sur les gros vaisseaux artériels. — Les viscères thoraciques se trouvent dans un milieu dont la pression est négative, et ce vide thoracique s'exagère pendant l'inspiration. Mais ce phénomène ne peut pas expliquer les oscillations de la pression artérielle ; car les variations du vide thoracique sont insignifiantes (quelques millimètres de Hg.) à côté des changements dans la pression artérielle (parfois 0^m,10 Hg.).

B. Influences vaso-motrices. — Périodes de TRAUBE-HERING. TRAUBE (Med. Centralbl., 1865) constata sur le chien curarisé, et dont les vago-sympathiques sont coupés, que, si on supprime la respiration artificielle, on observe encore dans la pression sanguine des oscillations périodiques. HERING (Sitzungsb. d. Wiener. Akad., 1869, XL) croyait que ces oscillations correspondent aux mouvements respiratoires que l'animal exécuterait s'il n'était pas paralysé. Mais il n'a pas pu démontrer à quelle phase de la respiration correspond l'élévation ou l'abaissement de la pression, attendu qu'il expérimentait sur des animaux curarisés. FREDERICQ, en employant l'anesthésie (chloroforme-morphine), est arrivé à bien préciser la relation entre les courbes de TRAUBE-HERING et les mouvements respiratoires. Sur un chien ainsi anesthésié, on ouvre largement la poitrine après avoir lié la trachée à un soufflet; on coupe les phréniques et on ouvre aussi la cavité abdominale. Dans ces conditions, si on fait une ventilation pulmonaire même modérée, l'animal ne tarde pas à être mis en état d'apnée. Alors on voit qu'à chaque inspiration correspond une hausse de la pression artérielle, due naturellement à l'obstacle de la circulation pulmonaire. Si alors on suspend la respiration artificielle, la réserve d'oxygène est vite dépensée. La veinosité du sang commence à exciter le centre vaso-moteur, la pression de la carotide augmente, les petits vaisseaux se contractent, comme on peut le voir sur le mésentère. En même temps les centres respiratoires entrent en action, et le chien commence à respirer; à chaque inspiration les moignons des côtes se soulèvent et s'écartent. Ces mouvements n'ont aucune influence sur le poumon ni sur le cœur, ni sur la circulation de la poitrine ou de l'abdomen, ces deux cavités étant largement ouvertes. Dans ces conditions on voit les courbes de TRAUBE-HERING apparaître, et il est facile de constater que chaque *inspiration* est accompagnée d'une *baisse de la pression* et inverse-ment d'une élévation de qression dans *l'expiration*.

C) Changements respiratoires du rythme cardiaque. — Chez le chien le cœur s'accélère pendant l'inspiration, et Fredericq a trouvé assez souvent que le chiffre des pulsations était le double de celui de l'expiration. Ce physiologiste explique l'inégalité dans le rythme cardiaque par l'influence que le centre respiratoire exerce sur le centre modérateur du cœur. Il restait à savoir si c'était un réflexe, ainsi que Hering le croyait, réflexe qui aurait alors comme point de départ l'excitation des fibres intra-pulmonaires du pneumogastrique. Mais l'expérience précédente de Fredericq est assez démonstrative pour éloigner toute inter-vention réflexe. En effet, un chien dont la poitrine est largement ouverte, quand l'état apnéique est passé, commence à respirer spontanément, mais tout à fait inefficace ; on voit alors une accélération du cœur pendant l'inspiration, et un ralentissement pendant l'expiration. Les poumons étant affaissés, ils ne peuvent pas être le point de départ d'une action réflexe. Par conséquent cette association entre le centre respiratoire et le centre modérateur du cœur se fait en vertu d'un mécanisme automatique (Fredericq). Wer-theimer et Meyer (*A. d. P.*, 1889, 24) ont démontré, par une autre voie, l'origine centrale de l'accélération cardiaque pendant l'inspiration. En supprimant la respiration du tronc par la section sous-bulbaire de la moelle (les pneumogastriques étant intacts), on inscrit les mouvements respiratoires de la tête et la pression artérielle. La respiration artificielle étant suspendue de temps en temps, on voit alors qu'à chaque mouvement d'ouverture de la gueule correspond une accélération des pulsations cardiaques.

Cette accélération des pulsations cardiaques pendant l'inspiration intervient acti-vement pour faire monter la pression artérielle pendant cette phase respiratoire. La démonstration de cette intervention a été donnée aussi par Fredericq, qui, en suppri-mant l'action du pneumogastrique sur le cœur seulement (atropine), a vu que la pression ne *s'élève plus pendant l'inspiration*, mais qu'elle suit les oscillations respiratoires comme chez le lapin (diminution pendant l'inspiration, augmentation pendant l'expiration). La *fièvre* ou les *hémorragies abondantes* agissent de la même manière sur le rythme cardiaque et sur la pression sanguine ; mais leur action porte sur le centre modérateur du pneumogastrique (spinal).

D. Les changements respiratoires de la circulation pulmonaire. — Le vide thoracique exagéré pendant l'inspiration favorise l'afflux sanguin des grosses veines, voisines de la poitrine ; cet afflux est encore aidé par la compression que les viscères abdominaux exercent sur le diaphragme. Ces causes tendent à faire monter la pression dans l'aorte, seulement elles ne peuvent faire sentir immédiatement leurs effets. Il faut un temps notable pour que le sang aspiré pendant l'inspiration traverse le poumon avant d'arriver au cœur gauche. Quand la respiration est plus ou moins accélérée (pneumogastriques intacts), c'est l'expiration suivante qui profite de cet afflux exagéré du sang pendant l'inspiration. Au contraire, quand la respiration est lente (pneumogastriques coupés ou animaux atropi-nisés, fébricitants), la pression baissera au commencement de l'inspiration, mais elle ne tardera pas à remonter.

L'expiration étant plus longue que l'inspiration, on observe d'abord une élévation passagère, suivie bientôt d'une chute de la pression.

De toutes ces études, Fredericq conclut :

Les facteurs qui font varier la pression pendant la durée d'une inspiration peuvent se classer de la façon suivante :

I. *Facteurs qui font baisser la pression pendant l'inspiration, à valeur négative par conséquent* (—).
    A. Action mécanique de l'aspiration thoracique. . . . . — A
    B. Périodes de Traube-Hering. . . . . — B
II. *Facteurs qui font d'abord baisser, puis remonter la pression, valeur* (—) *puis* . . (+).
    C. Changements dans la circulation thoracique et pulmonaire. . . . . ± C
III. *Facteurs qui font monter la pression pendant l'inspiration, à valeur.* . . . . (+)
    D. Compression des viscères abdominaux pendant l'inspiration. . . . . + D
    F. Accélération des pulsations cardiaques. . . . . + F

                                       Somme. . . . . + S

Donc chez le chien intact la valeur de S est positive à cause de la valeur élevée de + F. — Supprimez F par l'atropine, la fièvre, la saignée, etc., on a :

$$- A - B \pm C + D = - S.$$

Si les mouvements respiratoires sont très lents, C acquerra une valeur positive suffisante pour que

$$- A - B + C + D = 0.$$

Après la section des pneumogastriques, les valeurs C et D s'accroissent assez pour que

$$- A - B + C + D = + S.$$

Aducco (*A. i. B.*, 1894, XXI, 412-415) a constaté que l'accélération inspiratrice du cœur est beaucoup plus marquée chez les chiens à jeun. En outre, si l'on prolonge l'abstinence, cette accélération envahit une partie de la courbe expiratoire, et la survie de l'animal n'est plus possible quand cette période arrive.

§ IV. — Respiration.

1° *L'appareil respiratoire.* — 2° *Mécanique respiratoire.* — 3° *Les échanges respiratoires.* — 4° *Respiration cutanée.* — 5° *Respiration des tissus.*

1° **L'appareil respiratoire** du chien, avec quelques particularités, est celui de tous les mammifères. Les cavités nasales, dont les dimensions varient pour les différentes races, contiennent 2 cornets. Les sinus sont au nombre de deux (frontal et maxillaire) de chaque côté.

La cavité thoracique est limitée en haut par 13 vertèbres dorsales, latéralement par 13 côtes (9 sternales, 4 asternales) et en bas par le sternum. Le sternum est formé de 8 pièces cylindriques un peu aplaties latéralement *sternebres.*

Les poumons sont très lobulés; le poumon gauche a 2 ou 3 lobes, et le poumon droit 4 grands lobes superposés qui portent souvent des lobules secondaires plus petits. Le poids des poumons représente de la 60e à la 90e partie du poids total du corps.

La surface pulmonaire serait de 50 mètres carrés (ZUNTZ), pour les chiens de taille moyenne.

SCHMIDT (*Chimie Physiol.* de GORUP-BESANEZ, 233) a analysé les matières minérales contenues dans les poumons :

	P. 100 DU TOTAL des matières minérales.		P. 100 DU TOTAL des matières minérales.
Chlorure sodique.	8,5	Magnésie.	1,0
Potasse.	3,9	Oxyde de fer.	2,9
Soude	12,3	Acide phosphorique. . . .	51,5
Chaux	4,9	Sable.	14,3

2. Mécanique respiratoire.

Nombre des mouvements respiratoires.

Chien adulte.	22-24 par minute	(CH. RICHET).
— —	15-18 —	(REGNARD, DELAFOND).
— jeune.	18-20 —	—

Inspiration. — Pression dans la trachée : — 1 mm. Hg. (KRAMER, *Physiolog.* d'ELLENBERGER, I, 629).

Expiration. — Pression dans la trachée : + 2 à + 3 mm. Hg. (KRAMER, *loc. cit*.)

La durée de l'inspiration, sur le chien anesthésié (chloroforme) égale celle de l'expiration + la pause (SUSSDORF, *Physiologie d'*ELLENBERGER, I, 625).

LANGLOIS et CH. RICHET (*A. d. P.*, 1891, 1-19) ont mesuré la pression maximum que le chien peut vaincre pendant la respiration. — Les chiens ne peuvent franchir une colonne d'eau supérieure à 0m,70; avec une pression de 0m,70 à 0m,40, la respiration ne peut pas se prolonger longtemps; au-dessous de 0m,40, le chien peut respirer longtemps et régulièrement.

2° **Les échanges respiratoires.** — Nous ne pouvons pas faire ici la description détaillée de tous les procédés qui peuvent servir pour mesurer les échanges respiratoires du chien. Ces procédés sont en général ceux qu'on emploie pour tous les animaux, et les difficultés qu'on rencontre pour fixer *l'état normal* du sujet en expérience ne sont pas moindres quand il s'agit du chien. En effet, on sait que les échanges chimiques de la respiration sont subordonnés à la température ambiante, à l'alimentation, à l'état du système musculaire, à l'état psychique, etc. On conçoit que l'expérimentateur peut bien préciser l'influence des premiers de ces facteurs (température ambiante, alimentation, état du système musculaire), mais il n'est pas de même pour l'état psychique. Il est évident que les résultats obtenus sur un chien peureux et qui s'agite continuellement ne sont pas comparables à ceux qu'on obtient sur un autre qui reste tranquille. Donc *l'état normal* du chien, en ce qui concerne ses échanges respiratoires, sera une moyenne, qu'on doit chercher parmi un grand nombre d'expériences, ainsi que Ch. Richet l'a fait. (*Travaux du laboratoire*, 1893, i, 532-560, avec la bibliographie de la question.)

Les chiffres donnés par les différents auteurs, avant les expériences de Ch. Richet, non seulement sont très peu nombreux, mais présentent des écarts considérables. Ainsi Regnault et Reiset ont trouvé pour le chien (poids : 6 kilogrammes) $1^{gr},260$ CO^2 par kilogramme et par heure (minimum $0^{gr},896$, à l'état de jeûne, maximum $1^{gr},736$, avec une alimentation féculente). Le quotient respiratoire moyen est de $0^{gr},75$.

Pettenkoffer et Voit ont trouvé pour un chien de 33 kilogr. CO^2 : $0^{gr},668$ par kilogramme et par heure, avec un quotient respiratoire moyen de 0,91.

Les chiffres donnés par Bauer et Boeck présentent des écarts trop grands pour qu'on puisse établir une moyenne. Ceux donnés par Senator, Leyden et Fränkel, Wood, etc., vont du simple au double et même au sextuple (Wood).

Gréhant et Quinquaud donnent les moyennes suivantes :

		POIDS.		PAR KIL. ET PAR HEURE.
		kil.		grammes.
Chien.		18,300	CO^2	1,230
—		16,000	—	1,329
—		11,000	—	1,841
—		6,000	—	1,829

Bohr trouve :

Chien.		31,500	CO^2	0,321
—		28,600	—	1,251
—		13,500	—	1,209

Nous résumons dans le tableau suivant les résultats des nombreuses expériences que Ch. Richet a faites sur le chimisme respiratoire du chien, par la méthode des trois compteurs à gaz (Ch. Richet et Hanriot).

Production de CO^2.

POIDS MOYEN DES CHIENS en kilogrammes.	MOYENNE DE CO^2 EN GRAMMES PAR KIL. et par heure.
kil.	grammes.
25,5	1,086
13,5	1,111
11,5	1,212
9,0	1,377
6,5	1,489
5,0	1,554
3,1	1,777
2,35	2,057

Le quotient respiratoire est presque le même pour les chiens de différentes tailles, comme il résulte de 26 expériences de Ch. Richet :

QUOTIENT RESPIRATOIRE
moyen

8 chiens de 10 à 28 kil.	0,74
3 — de 6 à 10 —.	0,74
13 — de 2 à 5 —.	0,75

La ventilation par kilogramme et par heure, d'après ce même physiologiste, est :

VENTILATION.

2 chiens de 21 à 28 kil.	21 litres
9 — de 11 à 14 —.	28 —
3 — de 6 à 9 —.	44 —

On voit d'après ces différents chiffres que la quantité de CO_2 produite par kilogramme et par heure est inversement proportionnelle au poids de l'animal, mais elle très exactement proportionnelle à la surface du corps. Ainsi, en appliquant la formule de MEEH : $S = K \sqrt[3]{p^2}$, CH. RICHET trouve les quantités suivantes de CO_2 par centimètre carré de surface :

Production de CO_2 par unité de surface.

POIDS DES CHIENS EN KILOGRAMMES.	SURFACE EN CENTIMÈTRES CARRÉS.	CO_2 PRODUIT PAR CENTIMÈTRE CARRÉ en grammes.	MOYENNE DE CO_2 PRODUIT PAR centimètre carré.
24,0	9,296	0,00265	
13,5	6,272	0,00260	
11,5	5,656	0,00281	0,00270
9,0	4,816	0,00281	
6,5	3,920	0,00269	
5,0	3,282	0,00257	
3,1	2,341	0,00271	0,00269
2,3	1,926	0,00270	

L'air résiduel contient 3,5 p. 100 de CO_2 et 3,6 p. 100 de O, d'après WOLFFBERG et NUSBAUM (*Lehrbuch der Physiologie* de BERNSTEIN. p. 136).

3° **Respiration cutanée.** — REGNAULT et REISET ont trouvé pour un chien de 7^{kil},159 que le CO_2 éliminé en 24 heures par le poumon et par la peau est : 120 grammes; par la peau seulement cette quantité est de 0^{gr},458. Par conséquent, le CO_2 exhalé par la peau représente 1/262 de la totalité de ce gaz produit en 24 heures. Si nous comparons ce chiffre avec ceux obtenus sur le lapin (1/72) et sur la poule (1/94), nous voyons tout de suite l'infériorité très grande que le chien présente à ce point de vue.

Pour la durée de l'asphyxie, nous renvoyons à l'article **Asphyxie.**

4° **Respiration des tissus** (P. BERT, *Leç. sur la Respiration*).

TISSUS.	OXYGÈNE ABSORBÉ.	CO_2 EXHALÉ.	TEMPÉRATURE EXTERNE.
	c. c.	c. c.	degrés.
100 gr. Muscle	50,8	56,8	10
— Cerveau.	45,8	42,8	—
— Reins.	37,0	15,6	—
— Rate	27,3	15,4	—
— Testicule	18,3	27,5	—
— Os brisé avec la moelle.	17,2	8,1	—
100 gr. Muscle.	53,0	39,8	17
— Reins.	24,8	34,2	—
— Rate	13,9	26,6	—
— Os brisés avec la moelle.	10,6	12,6	—
60 gr. Cœur	21,6	24,4	10
— Foie	9,4	12,07	—

§ V. — Chaleur animale.

1. Topographie thermique. — 2. Calorimétrie. — 3. Régulation thermique.

1° Topographie thermique. — La *température interne* prise dans le rectum est, en terme moyen, 39°,25 (Ch. Richet).

Température externe dans les différentes régions du corps :

	DEGRÉS.			DEGRÉS.	
Aisselle.	37,7	} Colin.	Espace interdigit. antérieur.	34,2	} Colin.
Aine.	37,2		— postérieur.	23,7	
Côtes.	34,2		Dessous du pied.	21,2	

2° Calorimétrie. — Nous avons réuni dans le tableau suivant les chiffres donnés par les différents expérimentateurs, relativement à la quantité de chaleur que le chien produit par kilogr. et par heure, évaluée en *calorie-gramme-degré* :

POIDS DES CHIENS EN KILOGR.	TEMPÉRATURE EXTÉRIEURE.	CALORIE-GRAMME-DEGRÉ.	NOM DE L'AUTEUR.
	degrés.		
11 000	12	3 569	
10 000	12	3 569	
7 960	9	2 544	Ch. Richet.
1 650	22	5 810	
0 643	14	5 976	
0 640	13	7 300	
6 500	—	2 800	Rubner.
3 000	—	3 700	
6 000	—	2 700	
7 520	—	2 240	
5 383	—	2 340	
5 248	—	2 073	
7 365	—	2 075	
5 345	—	3 531	Senator.
6 170	—	3 220	
7 500	—	2 930	
5 390	—	2 180	
5 320	—	2 440	
5 355	—	2 020	
Les jeunes chiens (45 jours) 1 040	—	7 310	
30 —) 1 150	—	6 110	Senator.
60 —) 1 302	—	5 900	

Le nombre de calorie-gramme-degré par unité de poids et par unité de surface (Ch. Richet) :

	RAYON.	POIDS EN KILOGR.	SURFACE EN centim. car.	CALORIES.		
				TOTAL.	PAR UNITÉ de poids (kil.)	PAR UNITÉ de surface (centim. car.)
Chien.	13,2	10,000	2 195	32,000	3,200	14,5
—	7,3	1,650	671	9,570	5,800	14,3

3° Régulation thermique. — Quand la température du milieu ambiant ne dépasse pas 30° et celle du milieu interne 39°,25, le chien respire 24-30 fois par minute; mais si la tem-

pérature interne s'élève, sa respiration devient presque subitement 10-12 fois plus fréquente, et il respire alors jusqu'à 350, et même, comme CH. RICHET l'a constaté une fois,
400 fois par minute. Les nombreuses expériences de CH. RICHET ont établi à 41°,7, température prise dans le rectum, le commencement de la polypnée. Différents physiologistes ont appelé ce phénomène *dyspnée de chaleur*. CH. RICHET (*C. R.*, 1884, 1887, *B. B.*,
1884, 1886, 1887, *Travaux du laboratoire*, 1893, I, 430-469) a prouvé que la respiration
dans ce cas non seulement n'est pas plus difficile, comme semblerait l'indiquer le mot
dyspnée, mais, au contraire, elle est plus facile qu'à l'état normal, ce qui l'a conduit
à donner à cette respiration fréquente le nom de *polypnée*.

Le rôle principal de cette polypnée est de favoriser la déperdition de la chaleur par
l'évaporation d'eau à la surface pulmonaire, toutes les fois que la température de l'organisme a une tendance à monter au-dessus de la normale. En effet, deux sont les voies
principales que l'organisme emploie pour se débarrasser d'un excès de chaleur : la
surface de la peau et la surface pulmonaire. Chez beaucoup d'animaux, l'activité de la
sécrétion sudorale est le moyen de réfrigération le plus intense. Mais le chien, quoique
sa peau soit assez riche en glandes sudoripares, ne sue jamais, et c'est la surface pulmonaire qu'il emploie pour se refroidir. CH. RICHET a démontré que c'est le bulbe rachidien
qui dirige cette fonction et qui commande la polypnée thermique, soit sous l'influence des excitations qui viennent de la périphérie (polypnée réflexe), soit par l'excitation que le sang chaud lui provoque (polypnée centrale). La perte d'eau est assez
considérable, car, dans quelques cas, CH. RICHET a pu l'évaluer à 11 grammes par kilogr.
et par heure; ce qui fait, en admettant le chiffre de 575 calories pour la vaporisation
d'un gramme d'eau, un refroidissement de 6400 calories environ. Cette fréquence respiratoire, quoique très importante pour la régulation thermique chez le chien, s'observe
encore sur d'autres animaux.

La température interne *mortelle* pour le chien, au-dessus de la normale, est de 43°,3
à 43°,8, d'après les différents auteurs (RALLIÈRE, *La mort par l'hyperthermie*, Trav. du
labor. de CH. RICHET, 1893, I, 353-389). — Au-dessous de la normale le chien peut résister
jusqu'à 23° (WALTER, HORVATH).

§ VI. — Digestion.

I. **Organes et sucs digestifs.** — 1. *Glandes salivaires et salive.* — a) *Glandes salivaires* (Parotides, sous-maxillaires, sublinguales et bucales); b) *Composition chimique de la salive* (parotidienne, sous-maxillaire, sublinguale et mixte). — 2. *Estomac et suc gastrique.* — a) *Forme et
situation de l'estomac*; b) *Suc gastrique.* — 3. *Foie et sécrétion biliaire.* — a) *Foie*; b) *Bile.* —
4. *Pancréas et sécrétion pancréatique.* — a) *Pancréas*; b) *Suc pancréatique.* — 5. *Intestin et
sécrétion intestinale.* — a) *Intestin*; b) *Glandes et sucs intestinaux.*

II. **Mécanique et chimie de la digestion.** — 1. *Déglutition.* — 2. *Digestion gastrique.* — a) *Digestibilité gastrique des différents aliments*; b) *Les gaz de l'estomac.* — 3. *Digestion intestinale et
gaz de l'intestin.* — 4. *Digestion totale et absorption des aliments.* — 5. *Les Fèces.*

I. Organes et sucs digestifs. — 1. **Glandes salivaires et salive.** — *a*) **Glandes salivaires.** — Les glandes salivaires du chien, avec quelques différences peu importantes,
sont celles de tous les mammifères.

Composition chimique des glandes salivaires (OIDTMANN).

Eau.	780,30 p. 100.
Matières organiques.	204,56 —
— inorganiques.	15,14 —

Les *Parotides*, formant la moitié, 48 p. 100, du poids total des glandes salivaires (COLIN)
sont proportionnellement peu développées. Le rapport entre le poids des parotides et
celui des sous-maxillaires est : 1 : 1,08 (COLIN).

Canal de STÉNON. — Les conduits excréteurs de la glande parotide se réunissent près
du bord maxillaire de la glande, dans un tronc unique (canal de STÉNON), qui se dirige
directement en avant, en croisant transversalement les fibres du masséter, contre lequel
il est immédiatement appliqué. Il débouche dans la cavité buccale au niveau de la
deuxième molaire. Pour découvrir le canal de STÉNON, on prend comme point de repère

la dépression que l'on rencontre à l'extrémité antérieure de l'arcade zygomatique. C'est au niveau de cette dépression que le canal pénètre dans la bouche (CL. BERNARD, *Leçons de physiologie opératoire*).

On fait une incision perpendiculaire à la direction du conduit et dirigée obliquement de l'angle interne de l'œil vers la partie médiane du maxillaire inférieur. On dissèque avec précaution le tissu fibreux qui forme une gaine commune aux vaisseaux, aux nerfs et au conduit salivaire. On isole les vaisseaux et les nerfs faciaux qui passent sur un plan superficiel, et le conduit apparaît au-dessous. Pour distinguer plus facilement le canal de STÉNON entre les filets du facial qui aboutissent dans cet endroit, LIVON (*Manuel de vivisection*, 64) recommande comme guide l'angle formé par deux faisceaux vasculo-nerveux, dont la bissectrice est le canal parotidien. On peut pratiquer la fistule de ce canal un peu en arrière du point indiqué (CL. BERNARD).

Sous-maxillaire. — 52 p. 100 du poids total des glandes salivaires (COLIN). — *Canal de*

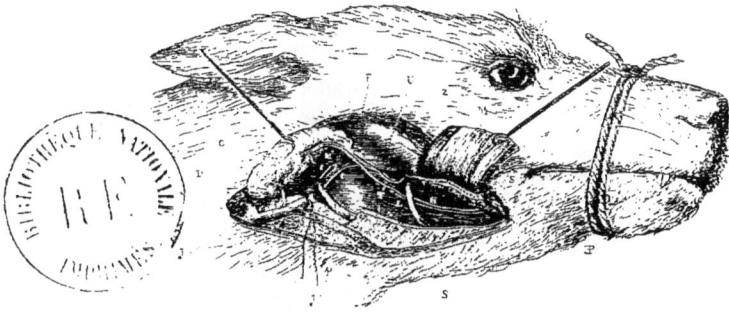

FIG. 97. — Lingual, corde du tympan et hypoglosse dans leurs rapports, avec la glande sous-maxillaire d'après CL. BERNARD.

M. moitié antérieure du muscle digastrique relevée par une érigne. — M. insertion de l'extrémité postérieure du muscle, enlevée pour permettre de voir l'artère carotide t t et les filets sympathiques. — G. glande sous-maxillaire, soulevée par une érigne pour montrer sa face profonde. — H. conduits salivaires des glandes sous-maxillaire et sublinguale. — J. tronc de la veine jugulaire externe. — J. branche postérieure. — J. branche antérieure de la jugulaire. — D. rameau veineux sortant de la glande sous-maxillaire. — F. origine de l'artère inférieure de la glande. — P. nerf hypoglosse. — L. nerf lingual. — T. corde du tympan. — S. S. muscle mylo-hyoïdien, sectionné. — U. masséter, angle de la mâchoire inférieure. — Z. origine du muscle mylo-hyoïdien.

WHARTON. — Il est préférable d'opérer sur de grands chiens. Le *modus operandi*, d'après CL. BERNARD. est le suivant. On fait une incision sur le bord du maxillaire inférieur, dont la portion médiane doit correspondre à peu près au milieu de l'incision. Le muscle digastrique étant découvert, on l'écarte, ou on le coupe, ainsi que le muscle mylo-hyoïdien qui est devenu apparent, et dont la section doit être perpendiculaire à la direction de ses fibres. En écartant les lèvres de cette plaie on aperçoit un paquet, L (fig. 97), formé par l'artère, la veine et le nerf linguaux. Le conduit salivaire sous-maxillaire, ainsi que le sublingual H, accompagne les vaisseaux; on les distingue l'un de l'autre en ce que le sous-maxillaire est un peu plus gros et qu'il est placé en dehors du sublingual; ils passent tous deux au-dessous du nerf lingual.

Cette même plaie peut donc servir pour découvrir le canal sublingual, le nerf lingual (L) ainsi que la corde du tympan (T). Ce nerf se détache du lingual, s'incurve en arrière et se porte vers l'origine du canal de WHARTON. Le lingual, le canal de WHARTON et la corde du tympan forment un triangle (fig. 97), dont le grand côté ou la base interne est représenté par le canal, et le sommet par la réunion du lingual et de la corde.

Glande sublinguale. — La présence de cette glande chez le chien a été contestée par CHAUVEAU et ARLOING; cependant ces auteurs décrivent avec DUVERNOY une glandule accessoire à la sous-maxillaire. Pour CL. BERNARD, ainsi que pour ELLENBERGER et BAUM, cette glande accessoire est la sublinguale. Elle présente la conformation suivante d'après ces deux derniers anatomistes : c'est une glande allongée, divisée en un lobe aboral et en un lobe oral. La portion aborale est la plus volumineuse et se continue avec le bord oral de la sous-maxillaire. Quoique enveloppées par la même capsule conjonctive, ces deux glandes sont complètement indépendantes. Dans quelques cas exceptionnels, on voit un conduit excréteur de la sublinguale se déverser dans le canal de WHARTON. Ordinairement elle possède un conduit excréteur spécial (*canal de* BARTHOLIN) qui reçoit en outre de petits conduits de RIVINUS venant du lobe oral de la glande. Il vient aboutir dans la cavité buccale près du frein de la langue. La portion orale est allongée et étroite, parfois divisée en lobules isolés. Les conduits excréteurs de cette portion de la glande sublinguale sont nombreux; les uns se jettent dans le canal de BARTHOLIN, les autres (8 à 10) traversent directement la muqueuse et viennent déboucher dans la cavité buccale (canaux de RIVINUS).

Les glandes buccales supérieures sont refoulées du côté aboral et dorsal dans l'orbite et portent le nom de *glandes orbitaires*. La glande devient très apparente après l'ablation de la mandibule et de l'arcade zygomatique. Elle est pourvue d'un grand canal excréteur et de 3 à 4 petits conduits (*conduits de* NUCK); ils viennent aboutir dans la cavité génienne au niveau de la dernière molaire.

Les glandes buccales ou géniennes inférieures ne présentent rien de particulier.

Salive.

b) **Composition chimique de la salive.**

Salive parotidienne (d'après les différents auteurs).

	SCHMIDT ET JACUBOWITSCH.	HERTER.		
Eau	995,3	993,849	991,527	991,928
Matières solides.	4.7	6,151	8,473	8,072
— organiques.	1,4	—	1,536	—
— inorganiques. . . .				
KCl	2.1	—	6,251	
NaCl.				
CaCO³	1,2	—	0.688	
CO².			1,818	1,701

Salive sous-maxillaire.

	BIDDER ET SCHMIDT.		HERTER.	
Eau	991.45	996.04	994,4	991.32
Matières solides.	8.55	3,96	5.6	8.68
Substances organiques. . . .	2.89	1.31		
Mucine.	—		0.66	2.60
Sels organiques solubles . . .	4.50	2,43	3,59	5,21
— insolubles. . .	1.16		0,26	1,12
CO² combiné.			0.44	

La salive sous-maxillaire obtenue par l'excitation de la corde du tympan contient 1 à 2 p. 100 matières solides; celle obtenue après l'excitation du sympathique contient 3 à 4 p. 100 (CL. BERNARD).

Salive sublinguale et buccale, obtenue par l'exclusion des parotides et sous-maxillaires (BIDDER et SCHMIDT, *H. H.*, v, 20).

	POUR 1000 PARTIES :
Eau	990,02
Substances solides	9,98
— organiques solubles dans l'alcool. . . .	1,67
— — insolubles —	2,18
— inorganiques (sels).	6,13
Chlorures et phosphates de Na	5,29
— — ferreux	0,82

Salive mixte.

	SCHMIDT.	JACUBOWITSCH.
Eau	989,6	989,63
Matières solides	10,3	—
— organiques	3,58	3,58
— inorganiques . . .	6,79	6,79
Phosphates alcalins	—	0,82
— ferreux	—	0,15
Chlorures alcalins	—	5,82

La quantité de salive mixte sécrétée est de 180 à 120ᶜᶜ par heure (ELLENBERGER, *Physiologie*, I, 511).

Les *cendres*, pour 1000 parties de salive, sont composées, d'après HEXTER :

$K^2 SO^4$	0,209	Na^2CO^3	0,902
KCl	0,940	$CaCO^3$	0,150
NaCl	1,546	$Ca^3(PhO^4)^2$	0,113

Les *gaz* dans la salive sous-maxillaire après la section du lingual (PFLÜGER).

	I cc.	II cc.
CO^2 (par le vide)	19,3	22,5
CO^2 (avec H^3PhO^4).	29,9	42,5
Azote	0,7	0,8
Oxygène	0,4	0,6

2° Estomac et suc gastrique. — *a*) **Forme et situation de l'estomac. —** L'estomac du chien est presque sphérique, cependant il s'étire à droite en forme d'intestin. Il est divisé en une partie dorsale, gauche, sphérique (corps de l'estomac, portion cardiaque, fig. 98) et une partie droite, ventrale, allongée (portion pylorique, antre du pylore). L'œsophage débouche perpendiculairement en s'évasant en entonnoir.

La partie sphérique de l'estomac, modérément remplie, a une direction obliquement dorso-ventrale et se trouve placée dans l'hypochondre gauche près du foie. Elle atteint

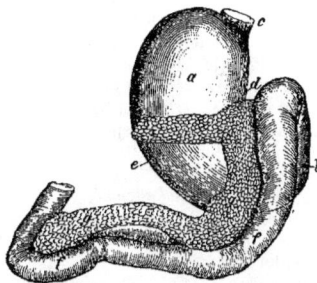

FIG. 98. — *Estomac et Pancréas (enlevés congelés de la cavité abdominale) vus du côté gauche,* d'après ELLENBERGER et BAUM, *Anatomie du chien.*

a. corps de l'estomac; *b*, portion pylorique; *et* embouchure de l'œsophage ; *d*, petite courbure, *e*, grande courbure ; *f*, duodénum ; *g*, pancréas

du côté dorsal les piliers du diaphragme et les vertèbres. Du côté ventral elle approche de la paroi abdominale qu'elle n'atteint qu'à l'état de réplétion complète. L'extrémité dorsale gauche s'étend jusqu'à la 9° ou 10° côte; le reste descend jusqu'à la 13°, et y entre en contact avec l'extrémité diaphragmatique du rein gauche. Dans le reste de son étendue l'estomac est en rapport avec le foie. L'insertion de l'œsophage se trouve au

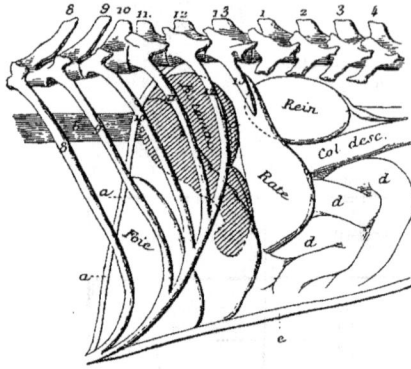

FIG. 99. — *Estomac vide* dans sa position naturelle (vue latérale d'une préparation congelée). D'après ELLENBERGER et BAUM.
Le contour de la partie de l'estomac située sous le foie, ainsi que le contour de la partie du rein située sous la rate sont indiqués par des lignes pointillées. — *a*, diaphragme (coupé ; *b*. œsophage; *c*, insertion du grand épiploon: *d*, circonvolutions ou lacets de l'intestin grêle; *e*, paroi abdominale. — 8 à 13 côtes.

niveau du 9e espace intercostal. La grande courbure est située dans le 12e espace intercostal ; la petite courbure se dirige à droite et du côté ventral à partir de l'insertion de l'œsophage et s'infléchit vers le côté dorsal au niveau de la portion pylorique.

Lorsque l'estomac est vide, la grande courbure est située au niveau du 11e espace intercostal (fig. 98). Lorsqu'il est fortement rempli, elle se place au delà de la 13e côte, à égale distance de celle-ci et de l'angle externe de l'os iliaque (fig. 99). La partie ventrale de l'estomac à l'état de vacuité est isolée de la paroi abdominale par des portions du foie et de l'intestin grêle. Lorsque l'estomac est rempli, elle vient au contact de la paroi abdominale (fig. 100). La face gauche de l'estomac vide n'est en rapport qu'avec le foie et le diaphragme; à l'état de plénitude, au contraire, elle touche la partie costale de toute la paroi abdominale gauche.

La rate est placée près de la grande courbure; elle ne touche l'estomac vide que par son bord oral; à l'état de plénitude, elle est en contact avec lui par une partie de sa face interne.

La capacité moyenne de l'estomac est de 4lit. 33 (minimum : 0lit. 65, et maximum : 8 litres) (COLIN). L'étendue de la surface muqueuse gastrique est en terme moyen de 0m². 12, et le rapport entre cette surface et celle de l'intestin est :: 1 : 3,36 (COLIN). Le poids de l'estomac représente en général 1/10 du poids du corps.

La muqueuse de l'estomac, voisine du cardia, est plus claire, plus mince, moins vascularisée, et contient très peu de glandes. Celle de la partie sphérique (muqueuse à glandes gastriques ou à pepsine) est de couleur rouge ou brunâtre, et disposée en de nombreux plis qui s'effacent facilement. La mu-

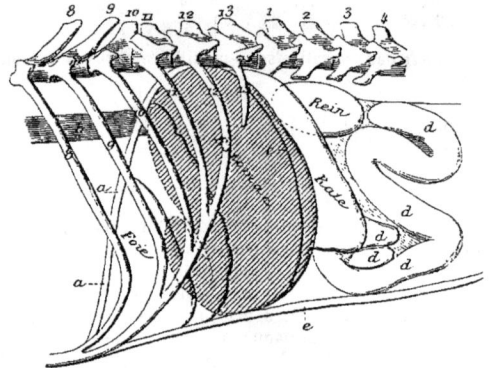

FIG. 100. — *Estomac fortement rempli*, dans sa position naturelle (vue latérale d'une préparation congelée. D'après ELLENBERGER et BAUM.
Le contour de la partie de l'estomac située au-dessous du foie, ainsi que le contour de la partie du rein située sous la rate, sont indiqués par des lignes pointillées. *a*, diaphragme (coupé): *b*. œsophage; *c*, insertion du grand épiploon; *d*, circonvolutions ou lacets de l'intestin grêle; *e*, paroi abdominale. — 8 à 13 côtes.

queuse de la région pylorique (muqueuse à glandes pyloriques ou muqueuses) est de coloration plus claire, grise ou jaune; elle est relativement beaucoup plus mince.

Suc gastrique. — On a divisé l'estomac du chien au point de vue sécrétoire en deux parties : 1° *Le fond* (cul-de-sac), qui sécrète un suc gastrique acide, dont la composition, d'après HEIDENHAIN, est :

HCl.	0,25 p. 100
Parties solides.	0,45 —
Cendres.	0,13 à 0,35 p. 100

2° La *région pylorique*, dont le produit sécrétoire serait alcalin et très riche en pepsine. Cependant CONTEJEAN (*Skand. Arch. f. Physiol.*, 1892) a démontré, au moyen des fistules pyloriques, que le suc de cette région est aussi acide.

Le suc gastrique recueilli par la fistule de l'estomac, après un repas fictif (procédé de PAWLOW: œsophagotomie et ligature de l'œsophage au-dessous) est un liquide tout à fait limpide, dont les caractères physico-chimiques sont les suivants (SCHOUMOW-SIMANOWSKY, *Arch. d. Sciences Biol. St. Pétersb.*, 1893, II, 463) *Réaction* acide : *densité* 1.003 à 1.0059. Il dévie à gauche le plan de la lumière polarisée (0°,70 à 0°,73); il transforme le sucre de canne en sucre de raisin. AzO^3H donne toujours la réaction xanthoprotéique avec le suc frais.

La *quantité* de suc sécrété dans ces conditions est comprise entre 250 grammes jusqu'à 1300 grammes pour 24 heures. D'après MUNK (*Lehrbuch der Physiologie*, 143), les très gros chiens peuvent sécréter 4 à 6 litres de suc gastrique en 24 heures. Il coagule à 58°-60° et par l'alcool, mais, après la coagulation par la chaleur, il se produit encore un coagulum par l'alcool.

Composition du suc gastrique (SCHOUMOW-SIMANOWSKY).

p. 100.

Chlore	0,48900 à 0,62000
Résidu solide	0,42800 — 0,60000
Coagulum par alcool.	0,13800 — 0,18900
— — chaleur.	0,12800 — 0,17800
Précipité à 0°.	0,00320 — 0,01440
PO^4H^3.	0,00360 — 0,00398
Acidité totale	0,46000 — 0,58400

Après l'élimination du précipité obtenu à 0°.

Densité.	1,00409 à 1,00410
Acidité.	0,42000 — 0,48000
Résidu solide	0,41200 — 0,52000
Cendres	0,14000 — 0,16000
Chlore	0,43000 — 0,46500

Après l'élimination du précipité produit par l'alcool.

Acidité.	0,42800 à 0,54000
Résidu solide.	0,22900 — 0,42500
Cendres	0,08500 — 0,15800

Après l'élimination du précipité produit par l'ébullition.

Acidité.	0,43500 à 0,47500
Résidu solide.	0,26800 — 0,42000
Cendres	0,09000 — 0,15000

Composition du suc gastrique pour 1 000 parties (SCHMIDT).

	SUC GASTRIQUE EXEMPT DE SALIVE. Moyenne de 9 analyses.	SUC GASTRIQUE AVEC SALIVE. Moyenne de 3 analyses.
Eau.	973,0	971,2
Matières solides.	27,0	28,8
— organiques.	17,1	17,3
Chlorure sodique	2,5	3,1
— potassique.	1,1	1,1
— calcique	0,6	1,7
— ammonique.	0,5	0,5
Acide chlorhydrique libre.	3,1	2,3
Phosphate de Ca.	1,7	2,3
— Mg.	0,2	0,3
— Fe.	0,1	0,1

Composition de la pepsine (SCHOUMOW-SIMANOWSKY).

	I PRÉPARÉE PAR LE FROID. pour 100	II PRÉPARÉE PAR LE SULFATE d'ammoniaque. pour 100
C	50,71	50,37
H	7,17	6,88
Cl	1,6-1,01	0,89
S	0,98	1,35-1,24
Az	»	14,55-15,00

3° **Foie et sécrétion biliaire.** — a) **Foie.** — Le foie du chien est divisé en six lobes qui ne sont bien distincts qu'à la face viscérale de l'organe ; à la face pariétale on n'en voit que quatre. Leur conformation est la suivante (ELLENBERGER et BAUM, *Anatomie* du chien). Il y a des lobes *principaux*, qui sont au nombre de trois (droit, gauche et moyen). Le *lobe moyen* se subdivise par une incision profonde (fosse longitudinale) en deux lobes secondaires ; à la face viscérale on trouve en outre le lobe de SPIEGEL, dont la portion moyenne surmonte le hile du côté dorsal, près de la veine cave, ou mieux entre celle-ci et la veine porte. Le lobe carré, situé exactement sur la ligne médiane, est le plus étroit.

Canaux excréteurs. — Les canaux hépatiques (3 à 4 ; parfois 6 à 7) s'unissent entre eux ainsi qu'avec le canal cystique. Le *canal cholédoque* provient de la réunion de plusieurs canaux hépatiques et du canal cystique. Il va du hile au duodénum dans lequel il débouche à 3 ou 5 centimètres du pylore. La *vésicule biliaire* est logée au niveau du huitième espace intercostal, dans une fosse spéciale un peu à droite du milieu du foie, et à sa face viscérale. Sa fosse est une dépression formée au dépens du bord droit du lobe carré et du bord gauche du lobe moyen droit, de sorte que la vésicule se trouve entre ces deux lobes. L'extrémité de la vésicule forme un goulot qui se termine par le canal cystique, logé dans le hile du foie.

Le poids du foie. — CH. RICHET (*Travaux du laboratoire*, 1893, II, 280) a démontré que le développement du foie est proportionnel à la surface du corps, et par conséquent son poids suit la même courbe que les échanges chimiques et la radiation calorique.

Le tableau suivant donne le poids du foie par rapport à l'unité de surface et par rapport au poids du corps (Ch. RICHET).

Poids du foie.

POIDS DES CHIENS en kilogr.	SURFACE DU CORPS en décim. carrés.	POIDS ABSOLU DU FOIE en grammes.	PAR DÉCIMÈTRE CARRÉ QUEL POIDS DU FOIE ? en grammes.	LE POIDS DU FOIE REPRÉSENTE du poids du corps.
40	131	836	6,4	1/47
38	127	812	6,3	1/46
36	122	736	6,3	1/47
32	113	688	6,1	1/46
28	103	607	6,0	1/46
24	93	562	6,1	1/43
20	82	512	6,3	1/39
16	71	451	6,4	1/35
14	65	427	6,6	1/32
12	58,5	390	6,6	1/30
10	51,5	336	6,5	1/29
8	44,5	290	6,5	1/27
7	41	266	6,5	1/26
6	37	240	6,5	1/25
5	32	211	8,1	1/23
4	28,5	211	9,1	1/19

Analyse du foie Oidtmann, cité par Gorup-Besanez, *Chimie physiol.*, 217 :

	JEUNE CHIEN.	VIEUX CHIEN.
	p. 191.	p. 193.
Eau.	792,75	632,76
Matières organiques.	198,29	359,85
— inorganiques.	8,96	7,39

b La bile. — *Coloration* jaune claire: *réaction* neutre ou alcaline; pour Dastre elle est acide à la phénol-phtaléine: Jolles [A. g. P.], 1894, LVII] l'a trouvée neutre ou légèrement acide; *densité* 1,014 (bile de fistule), 1,020 bile vésiculaire d'après Dastre.

Quantité. Le tableau suivant donne les chiffres des différents auteurs, pour la quantité de bile sécrétée par kilogramme de chien, en vingt-quatre heures.

Quantité de bile.

EXPÉRIMENTATEURS.	BILE RÉCEMMENT SÉCRÉTÉE	RÉSIDU SEC.
	grammes.	grammes.
Friedländer et Barisch. .	19,9	»
Bidder et Schmidt. . . .	24,5	1.176
Heidenhain.	32,7	1.034
	36,1	1.162
Dastre.	10,0	0,41

La pression du courant biliaire, dans le canal cholédoque, est de 140 à 150 millimètres d'eau Doyon, *Thèse de la Faculté des sciences*, Paris. 1893).

Heidenhain H. H., v, 1, 269] a trouvé les chiffres suivants pour la pression de la bile par rapport à la pression dans la veine mésentérique supérieure :

Pression biliaire.

	PRESSION BILIAIRE.	PRESSION DANS LA VEINE MÉSENTÉRIQUE supérieure.
1	220 millimètres.	90 millimètres.
2	175 —	67 —
3	204 —	30 —
4	110 —	50 —
5	180 —	65 —

Composition chimique de la bile. — La bile fraîche, obtenue par la fistule, contient de 0,54 à 0,41 p. 100 matières solides Hoppe-Seyler, Dastre] : celle de la vésicule biliaire contient 5 à 10 fois plus de substances solides 2,27 à 4,10 p. 100]. Elle ne donne par l'analyse presque pas de glycocholate de sodium.

Nous donnons dans le tableau suivant la composition chimique de la bile, chez le chien, d'après Hoppe-Seyler :

Composition chimique de la bile.

PROPORTION POUR 1000 PARTIES DE BILE :	BILE DE LA VÉSICULE.		BILE RÉCEMMENT SÉCRÉTÉE.	
	1	2	3	4
Eau	977,28	—	994,00	—
Matières solides	22,72	—	5,42	—
Mucine.	0,454	0,245	0,053	0,170
Taurocholates alcalins.	11,939	12,602	3,460	3,402
Cholestérine.	0,449	0,133	0,074	0,049
Lécithine	2,692	0,930	0,118	0,121
Graisse.	2,841	0,083	0,335	0,239
Savons (palmitates et oléates alcalins) . . .	3,155	0,104	0,127	0,110
Autres substances organiques insolubles dans l'alcool	0,973	0,274	0,442	0,543
Substances inorganiques solubles dans l'alcool.	0,199	—	0,408	—
K^2SO^4	0,004	—	0,022	—
Na^2SO^4.	0,050	—	0,046	—
NaCl.	0,015	—	0,185	—
Na^2CO^3	0,005	—	0,056	—
Na^3PO^4	0,080	—	0,039	—
FeHPO⁴.	0,017	—	0,021	—
$CaCO^3$	0,019	—	0,030	—
MgO.	0,009	—	0,009	—

Les gaz de la bile. — D'après Pflüger, pour 1 000 vol. de bile de chien, on trouve les volumes de gaz suivants, ramenés à 0° et 0ᵐ,760 de pression :

vol.

Acide carbonique dégagé par le vide 188,6
—   —   par l'addition d'un acide fort. . . . 546,2
Oxygène 2,62
Azote. 5,24

Le soufre varie très peu dans la bile, par rapport aux différentes conditions d'alimentation, comme Voit (Z. B., 1894, xxx, 537) l'a démontré :

Soufre de la bile.

ALIMENTATION	SOUFRE POUR 100 dans les PARTIES SOLIDES de la bile.	SOUFRE POUR 100 dans les PARTIES CRISTALLISÉES de la bile
I. { Viande.	2,24	4,52
—	2,33	4,01
Pomme de terre . .	1,90	4,25
Gélatine.	2,33	4,50
Graisse.	3,14	4,61
II. Viande	2,68	4,47
III. Pomme de terre. . .	2,63	4,26

La *bilirubine* se trouve dans la bile du chien, en moyenne à la dose de 0ᵍʳ,00825 p. 100 (Jolles, *A. g. P.*, 1894, LVII).

4° **Pancréas et sécrétion pancréatique.** — *a)* **Pancréas.** — Le pancréas du chien, de couleur rouge pâle, long de 20-45 centimètres, est formé de deux lobes (droit et gauche) (fig 98). La partie aborale (queue du pancréas) se trouve près du bord interne du rein gauche ; il est fixé à gauche au muscle psoas et se dirige vers le thorax, passant sur la face viscérale de l'estomac, qu'il recouvre plus ou moins, et duquel il est séparé par l'épiploon. Le pancréas tourne ensuite vers le bord dorsal de la portion pylorique de l'estomac, grimpe sur le foie et se dirige en suivant la petite courbure vers le hile du foie. Le lobe droit (tête du pancréas) se recourbe et se pose sur la face viscérale du foie, sur le diaphragme et sur le bord interne du duodénum, avec lequel il se dirige ensuite vers le bassin, jusqu'à l'endroit où le duodénum se recourbe de nouveau.

Les canaux excréteurs du pancréas débouchent dans le duodénum. Ils sont au nombre de deux : l'un vient du lobe gauche (canal de Wirsung) et débouche avec le canal cholédoque dans le duodénum ; l'autre généralement plus gros, vient du lobe droit et débouche à 3 ou 5 centimètres plus loin. Les deux canaux communiquent entre eux dans l'intérieur de la glande.

Le poids du pancréas représente de 1/245 à 1/673 du poids du corps (Colin).

Composition chimique du pancréas.

(Oidtmann, *loc. cit.*)

	JEUNE CHIEN	CHIEN AGÉ
	p. 1000	p. 1000
Eau	772,10	490,43
Matières organiques.	224,22	498,80
— inorganiques.	3,68	10,77

b) **Suc pancréatique.** — *Densité :* 1,030 (fistule temporaire), 1,010 à 1,011 (fistule permanente). *Coloration,* jaune clair : coagulable par la chaleur. *Quantité :* 2 à 3 grammes par heure (Colin) et en vingt-quatre heures jusqu'à 48 grammes (Frerichs, Colin).

La sécrétion pancréatique suit la marche suivante, pendant la digestion (Heidenhain, *H. H.* v) :

2ᵉ jour après l'établissement de la fistule :

	QUANTITÉ DE SUC en grammes.	SUBSTANCES solides p. 100.
Avant le repas	0,026	1,70
Immédiatement après l'alimentation lactée.	0,152	3,06
— —	0,079	2,54
2 heures, 25′ plus tard	0,032	3,23

3ᵉ jour :

	QUANTITÉ DE SUC en grammes.	SUBSTANCES solides p. 100.
Avant le repas	0,095	1,99
Immédiatement après l'alimentation lactée.	0,124	2,83
— — —	0,348	1,44

La pression du liquide pancréatique dans le canal de Wirsung est : 225 millimètres d'eau (Henri et Wollheim).

L'extrait pancréatique du chien en inanition se montre particulièrement actif vis-à-vis des albuminoïdes (Carvallo et Pachon, *A. d. P.*, 1893).

Composition chimique du suc pancréatique. — Les substances solides varient entre 8 à 10 p. 100 (Cl. Bernard) ; les matières organiques représentent 7,8 à 9,8 p. 100 ; les sels : 0,722 p. 100 (Tiedmann et Gmelin).

D'après Jablonsky (*Arch. sc. biol. St. Péters.*, 1896, iv, (4), 377-392), le suc pancréatique du chien contient :

	GRAMMES p. 100.
Poids total d'Az	1,168
Résidus solides.	10,665
Matières organiques	7,737
Sels inorganiques.	3,167
Albumine précipit. par alcool.	8,599
— — — $C^2H^4O^2$.	8,048

Les cendres de 1 000 parties de liquide pancréatique contiennent (SCHMIDT) :

Cendres du suc pancréatique.

	FISTULE TEMPORAIRE	FISTULE PERMANENTE (3 analyses)
Soude	0,58	3.31
NaCl.	7,35	2,50
KCl	0,2	0,93
Phosphate terreux avec traces de Fe.	0.53	0.08
Na³PO⁴	—	0.01
Chaux et magnésie	0,32	0.01

L'activité des ferments pancréatiques du chien, a été mesurée par HARRIS et GOW (*J. P.*, 1892, XIII, 469), qui l'ont trouvée très marquée par rapport aux autres espèces animales. — FLORESCU (*B. B.*, 1896, III, 10) 890-892) a démontré que le pouvoir zymotique du pancréas du chien sur la gélatine est plus grand que ceux du porc, bœuf et mouton.

5° **Intestin et sécrétion intestinale.** — *a)* **Intestin.** — La longueur moyenne du canal intestinal est de 4 à 5 mètres (ELLENBERGER et BAUM). Le rapport entre la longueur du corps et celle de l'intestin est 1 : 6 (COLIN). Le rapport entre la surface de la peau et la surface gastro-intestinale est 1 : 0,59 (COLIN).

Capacité de l'intestin.

PARTIE DE L'INTESTIN.	MAXIMUM.	MINIMUM.	MOYENNE.
	litres.	litres.	litres.
Intestin grêle.	3,00	0,25	1,62
Cœcum	0,20	0,01	0,09
Colon et rectum. . . .	2,20	0,07	0,91
Capacité totale.	5.40	0,33	2.62

Les glandes de l'intestin. — Les glandes de BRUNNER ne se rencontrent qu'au voisinage du pylore. Les acinis sont tapissés par un épithélium, qui diffère de celui des glandes salivaires muqueuses par un réticulum protoplasmique plus serré et par la présence d'un épaississement cuticulaire, qui limite le bord de la cellule. Les glandes de LIEBERKÜHN sont dépourvues de cellules caliciformes au niveau du fond. Les *plaques de Peyer* apparaissent déjà dans le duodénum, et leur nombre varie entre 15 et 30; en terme moyen 16 à 24.

b) **Sucs intestinaux.** Le suc des glandes de LIEBERKÜHN est un liquide transparent, limpide, un peu jaunâtre ou incolore (VELLA, *Chimie de Hoppe-Seyler*; réaction alcaline; coagulable par la chaleur. *Densité* : 1,0115. *Quantité* pour une surface de 30 centimètres carrés, en moyenne : 4 grammes (THIRY); ou 18 grammes pour une surface de 50 centimètres carrés (VELLA).

Composition chimique (THIRY, *Chim. de* HOPPE-SEYLER, 273).

	p. 100
Eau	975,861
Albuminoïdes.	8,013
Autres matières organiques	7.337
Sels	8,789

II. **Mécanique et chimie de la digestion.** — Le chien, comme tous les carnassiers, prend les aliments solides à l'aide de ses mâchoires et de ses dents. Pour les liquides il emploie aussi la langue qui affecte alors la forme d'une cuiller, dont la concavité regarde en arrière.

La *mastication* chez le chien est relativement très incomplète. Ses mâchoires n'exécutent que deux mouvements : l'écartement et le rapprochement. Le premier mouvement résulte, d'une part de l'abaissement de la mâchoire inférieure par le muscle digastrique, d'autre part de l'élévation du crâne et de la mâchoire supérieure sur l'encolure (COLIN). Le rapprochement se fait principalement par le muscle temporal (crotaphite), qui est très développé, ainsi que par les masséters et les ptérygoïdiens. La mastication, se réduit donc chez le chien à la section, à la dilacération et rarement au broiement des substances alimentaires (ós). Les incisives servent pour la première de ces opérations, les canines pour la deuxième, et les molaires pour la troisième.

1° **Déglutition.** — *Vitesse.* — Une gorgée d'eau met 4 à 6 secondes pour arriver dans l'estomac; les substances molles, 9 secondes, et le bol alimentaire solide, 11 secondes (ELLENBERGER).

2° **Digestion gastrique.** — La *durée* de la digestion stomacale varie selon la nature des différentes substances ingérées. Les liquides restent dans l'estomac du chien un temps plus long que dans celui du cheval ou du porc, et on trouve encore une à deux heures après l'ingestion d'eau des quantités assez grandes de liquide dans l'estomac (ELLENBERGER, *Physiologie*, I).

La viande reste plus longtemps dans l'estomac. Après l'ingestion de cette substance, dont la proportion des matières solides était déterminée (68 grammes), SCHMIDT-MÜLHEIM trouve :

	SUBSTANCES SOLIDES.
	p. 100
1 heure après le repas	74,0
4 heures —	26,4
6 — —	10,4
12 — —	0,1

Après l'ingestion de riz (100 grammes de substances solides) ELLENBERGER trouve dans l'estomac du chien :

	SUBSTANCES SOLIDES.
	p. 100
1 heure après le repas	97,7
2 heures —	94,1
3 — —	64,6
4 — —	25,8
8 — —	0,5
10 — —	0,2

La consistance du contenu stomacal du chien varie d'après la nature des aliments; mais elle dépend plutôt du moment de la digestion. Ainsi ELLENBERGER a constaté que le contenu stomacal (alim. avec du riz) devient de plus en plus fluide au fur et à mesure que la digestion avance. De 77 p. 100 dans la première heure, de la digestion, l'eau monte à 82 p. 100 dans la quatrième heure et à 96,9 p. 100 dans la sixième.

a) **Digestibilité gastrique des différents aliments.** — La digestion gastrique chez le chien, comme chez tous les carnassiers, est très active, et la quantité de viande qu'il peut ingérer en une fois représente parfois jusqu'à un quart du poids de son corps.

La *digestion de la viande* suit la marche suivante d'après SCHMIDT-MÜLHEIM :

1 heure après le repas, on trouve dans l'estomac.			9/10
2 heures — —			5/8
6 — —			1/3
9 — —			1/8
12 — —	la digestion de la viande est finie.		

La disparition des albuminoïdes se fait dans l'ordre suivant (SCHMIDT-MÜLHEIM) :

		p. 100
Après 1 heure de digestion.		9,0
— 2 heures —	. . . .	41,3
— 4 — —	. . . .	52,4
— 6 — —	. . . .	64,3
— 9 — —	. . . .	80,0
— 12 — —	. . . .	99,6

La viande coupée en petites tranches se digère plus vite (COOPER) ; ainsi :

		p. 100
Après 1 heure de digestion on trouve digérée.		10
— 2 heures — —	. . . . .	20
— 3 — — —	. . . . .	98
— 4 — — —	. . . . .	100

Coupée en cubes, la viande met plus longtemps à être digérée, et, après quatre heures de digestion, il n'y a que 36 p. 100 de digérés.

En ce qui concerne la digestibilité de la viande *crue* ou *cuite*, les expériences de BIK-FALVI semblent démontrer que la viande crue se digère plus facilement. COLIN a fait un grand nombre d'expériences pour élucider cette question, et il a constaté que la cuisson plus ou moins complète facilite la désagrégation des faisceaux du muscle et du tendon et, jusqu'à un certain point de vue, leur digestibilité.

Au contraire, pour d'autres tissus (foie, rein, etc.), la cuisson les rend plus durs et par conséquent moins facilement attaquables par le suc gastrique. En somme, si la viande cuite paraît être plus digestible, au point de vue de la nutrition générale du chien, la viande crue lui convient mieux (COLIN).

La *digestion du riz* suit la marche suivante (HOFMEISTER, *Physiologie d'*ELLENBERGER, I) :

		p. 100
1 heure après l'ingestion, ont disparu.		8,4
2 heures — —	. . . . .	25,0
3 — —	. . . . .	50,0
4 — —	. . . . .	82,0
6 — —	. . . . .	91,0
8 — —	. . . . .	99,0
10 — —	. . . . .	100,0

La *graisse* reste longtemps dans l'estomac sans être digérée (FRERICHS, BLONDLOT, etc.). ZAWILSKY, après avoir donné 159 grammes de graisse, trouve dans l'estomac du chien :

		grammes.
Après 4 heures de digestion.		108 1/2
— 5 — —	. . . . .	98,8
— 21 3/4 —	. . . . .	9,7
— 30 — —	. . . . .	0,049

et dans l'intestin on trouve alors de 6 à 10 pour 100 grammes.

Le *lait* se digère très vite. Quatre heures après l'ingestion de 249 grammes de lait, ZAWILSKY trouve dans l'estomac : 13 grammes de coagulum et 15 grammes de liquide.

La digestion gastrique offre chez le chien une importance considérable. Toutefois, parmi les rôles divers que l'estomac joue dans la transformation des aliments ingérés, son rôle mécanique, et spécialement son rôle régulateur de l'alimentation sont, sans aucun doute les plus importants. CZERNY a démontré que la digestion et la nutrition se réalisent d'une manière presque parfaite chez le chien privé d'estomac. CARVALLO et PACHON (*B. B.* 1893, et *A. d. P.*, 1894) ont réussi à pratiquer une gastrectomie plus complète que celle de CZERNY. Ils ont alors observé que, pendant la première période (20 jours), l'animal ne pouvait supporter que les aliments liquides. Puis, peu à peu, il pouvait prendre de la viande, mais il lui manquait presque complètement sa gloutonnerie primitive. Il prenait des aliments par intervalles, en mâchant lentement les morceaux de viande, et se gardant d'avaler plus que son intestin ne pouvait contenir. Autrement il était pris de vomissements. Ce chien supportait encore sans danger l'ingestion de la viande pourrie, ce qui prouve que le rôle antiseptique de l'estomac, quoique réel, n'est pas indispensable.

b) Les gaz de l'estomac. — PLANER a trouvé dans l'estomac d'un chien nourri avec des légumes : oxygène : 0,79 p. 100; azote : 66,39 p. 100; CO^2 : 32,91 p. 100; chez un autre nourri avec de la viande : oxygène : 6,12 p. 100; azote : 68,68 p. 100; CO^2 : 25,2 p. 100.

3° **Digestion intestinale.** — Comme chez tous les carnassiers, la digestion gastrique a chez le chien une importance prépondérante dans l'élaboration des aliments. Une fois le pylore franchi, les aliments parcourent vite le canal intestinal, en cédant, à l'absorption, les parties préparées pour subir ce phénomène. Les gros morceaux de viande peuvent rester dans l'estomac 12 à 16 heures. Une heure après le repas, on trouve seulement des traces d'aliments dans le canal intestinal; six heures après, une faible portion est arrivée déjà dans le côlon, et neuf heures après le repas jusque dans le rectum. La *réaction* du contenu intestinal est acide sur une longueur de 25 centimètres à 35 centimètres au-dessous du pylore (MUNK, *Physiologie*, 1896, 169). Cette acidité semble être due aux acides organiques (acide lactique, acide acétique, etc), car les parois de l'intestin sont alcalines (NENCKI). MOORE et ROCKEWOOD (*J. P.*, 1897, XXI) ont trouvé, sur un chien qui recevait du pain et de l'eau, que le suc intestinal était acide dans le voisinage du pylore (11 centimètres au dessous du pylore) 5 h. 30 après l'ingestion des aliments. Avec de la viande et du lait, cette acidité devient plus manifeste, et on peut encore trouver l'intestin acide jusqu'à 52 centimètres à 102 centimètres au-dessous du pylore.

Les gaz de l'intestin.

(PLANER, *Chimie de* GORRUP-BESANEZ, I, 755.)

ALIMENTATION.	GROS INTESTIN.				INTESTIN GRÊLE.			
	CO^2.	H.	O.	Az.	CO^2.	H.	SH^2.	Az.
Viande (3 heures après le repas).....	40,1	13,9	0,5	45,5	74,2	1,4	0,8	23,6
3 heures après le repas.	—	—	—	—	98,7	—	1,3	—
Pain........	38,8	6,3	0,7	54,2	—	—	—	—
Légumes secs.....	47,3	48,7	—	4,0	65,1	2,9	—	5,9

La digestion intestinale chez le chien a été étudiée par OGATA (*A. P.* 1883), par CARVALLO et PACHON (*B. B.* 1893; *A. d. P.*, 1894) et par FILIPPI et MONARI (*A. i. B.*, 1894). De toutes ces recherches, il résulte que la digestion intestinale chez le chien peut suffire jusqu'à un certain point aux besoins de la nutrition. Le chien, agastre, de CARVALLO et PACHON, qui ingérait par jour 10 grammes d'azote, éliminait par les fèces une moyenne de 0^{gr},95 à 1 gramme, quand la viande de l'alimentation était cuite; de 1^{gr},7 à 1^{gr},8, quand la viande était crue et non hachée, et de 1^{gr},5 à 1^{gr},6, quand la viande était crue et hachée.

4° **Digestion totale et absorption des aliments.** — *La viande* est digérée et absorbée comme il suit (SCHMIDT-MÜHLHEIM) :

	VIANDE DIGÉRÉE.	VIANDE ABSORBÉE.
	p. 100	p. 100
1 heure après le repas.......	14,0	3,9
2 heures —	48,0	36,2
4 — —	57,0	47,4
6 — —	67,8	56,4
9 — —	85,5	75,2
12 — —	96,5	94,8

	RIZ DIGÉRÉ	RIZ ABSORBÉ
	p. 100	p. 100
1 heure après le repas	8,0	07,4
2 heures —	24,0	22,9
3 — —	47,4	43,7
4 · · —	72,0	67,5
5 — —	80,3	—
6 — —	87,8	—
8 — — ·	98,0	98,0
10 — —	98,4	98,3

5º **Les fèces.** — Pendant l'abstinence, la quantité de substances solides dans les fèces du chien varie entre 0^{gr},6 et 4^{gr},8 par jour (Müller, Z. B., xx, 327-377). Quand l'alimentation est composée de viande pure, la quantité des matières fécales journalières est de 27 à 40 grammes, soit de 1/10 à 1/40 du poids de la viande sèche (Bischoff et Voit). Avec le pain, les fèces représentent 1/6 à 1/8 du poids du pain sec. Les excréments du chien sont consistants et de forme cylindrique. Leur coloration varie avec le régime : noires (viande), brunâtres (graisses), bruns-jaunâtres (pain), blanchâtres (os). *L'eau* qui se trouve dans les matières fécales varie entre 55 et 77 p. 100 (63 p. 100 avec la viande, 77 p. 100 avec le pain).

Composition chimique (Bischoff et Voit).

	FÈCES DE VIANDE.	FÈCES DE PAIN.
C.	43,3	47,4
H.	6,47	6,59
Az	6,50	2,92
O.	13,18	36,08
Sels.	30,01	7,02

Les cendres des excréments contiennent (Bischoff et Voit) :

NaCl	0,50- 1,35
KCl.	traces
K^2O	6,00-18,0
Na^2O	5,00- 7,0
CaO	21,00-26,0
FeO	10,50-10,6
P^2O^5	31,00-36,0
SO^3	12,00- 3,2
CO^2	1,05- 5,1
SiO^2	1,44
Sable, impuretés	3,50- 7,5

§ VII. — Sécrétions : urine; sueur; lait et glandes à sécrétion interne.

1. *Rein et sécrétion urinaire.* — α) *Rein ;* β) *Urine ;* γ) *Excrétion urinaire.* — 2. *Mamelle et sécrétion lactée.* — a) *Mamelles ;* b) *Lait.* — 3. *Peau et sécrétions cutanées.* — 4. *Glandes à sécrétion interne.* — α) *Corps thyroïde ;* β) *Thymus ;* γ) *Rate ;* δ) *Capsules surrénales.*

Reins et sécrétion urinaire.

α) **Rein.** — *Le poids des reins* oscille entre 1/40 à 1/185 du poids du corps (Ellenberger et Baum). Manca (*Atti, R. Accad. Sc. Torino*, xxix, 346-356) trouve que, pour 100 parties du poids du corps, les reins représentent 9,52, et pour 100^{cm2} de la surface du corps, 0,93 à 1,42.

Ils sont situés dans la région lombaire, parfois sur le même plan transversal ; cependant le rein droit est ordinairement plus avancé dans la région orale et touche la 12ᵉ côte, tandis que le gauche ne va que jusqu'à la 13ᵉ.

Il n'y a qu'une seule papille très étroite et assez longue, sur laquelle on reconnaît 7 à 9 proéminences en forme de bourrelet (pièces surajoutées d'après Franck) ; ce sont les sommets d'autant de pyramides de Malpighi.

L'artère rénale pénètre dans le rein gauche sous un angle droit, tandis qu'elle entre dans le rein droit sous un angle aigu. Cet angle diminue en raison directe du volume du rein (Rosenstein).

Diamètre des canalicules urinifères dans les différents endroits.
(TEREG, *Physiol. de* ELLENBERGER, I, 264.)

CAPSULE DE MÜLLER et glomérule.	TUBE CONTOURNÉ.	PORTION ÉTROITE de l'anse de HENLE.	PORTION ASCENDANTE de l'anse de HENLE.	TERMINAISON DE LA PORTION ascendante dans la substance corticale.	PIÈCE INTERCALAIRE.	TUBE D'UNION.	TUBE COLLECTEUR 1er droit.
m.m.	m.m.	m.m.	m.m.	m.m.	m.m.	m.m.	m.m.
0,136 0,170	0,046	0,012	0,026	0,017	0,035	0,016	0,034

1. Les Allemands divisent le tube d'union en 2 parties : celle qui est plus près de la branche ascendante de l'anse de HENLE forme la pièce intermédiaire (intercalaire); l'autre, qui débouche dans le tube collecteur, est le tube d'union proprement dit.

Composition chimique des reins (OIDTMANN).

	JEUNE CHIEN.	CHIEN AGÉ.
Eau.	809,30	755,04
Matières organiques.	186,16	232,18
— inorganiques.	4,33	12,78

β) **Urine.** — *Réaction* toujours acide, excepté après une alimentation végétale.

La *coloration* de l'urine tient beaucoup à l'alimentation. Pendant l'abstinence, elle est d'une coloration rouge-jaune, filante comme l'huile concentrée, quoique sa densité ne soit pas plus grande qu'après l'alimentation avec la viande. *La graisse* et *l'amidon* comme aliments produisent une urine foncée; avec la graisse seule, elle est jaune-rougeâtre, fortement acide. La *viande* produit une urine encore plus foncée. Avec *le pain*, la coloration est jaune-rougeâtre, d'un aspect trouble et plus foncée que l'urine sécrétée après l'alimentation avec la viande. La *gélatine* produit une urine jaune, dont les premières portions sont alcalines : c'est à partir de dix heures seulement qu'elle devient acide.

Poids spécifique : 1,016-1,060.

Nous donnons ici la marche de la composition urinaire avec les différents aliments (BISCHOFF et VOIT, *Physiologie* d'ELLENBERGER, I, 401) :

Composition de l'urine.

ALIMENTS EN GRAMMES.	QUANTITÉ D'EAU EN BOISSONS.	QUANTITÉ DE L'URINE en c. c.	QUANTITÉ DE L'URINE en grammes.	POIDS SPÉCIFIQUE.	URÉE EN GRAMMES.	SELS EN GRAMMES.	SO³ H² EN GRAMMES.	JOURS de L'OBSERVATION.
Abstinence.	»	171	179	1 048	16,594	2,55	—	28-30 nov.
450 amidon + 5 sels	322	256	264	1 031	12,176	1,87	0,459	2-3 avril.
340 graisse	176	137	145	1 035	14,308	2,20	0,876	15-16 mars.
433 sucre	200	212	253	1 045	17,114	3,32	»	27-28 —
260 viande + 325 amidon + 5 sels. .	257	232	265	1 049	21,076	5,53	0,791	26-27 —
956 pain.	1 017	899	914	1 029	27,069	13,15	»	17-19 oct.
500 viande + 200 sucre.	348	366	383	1 049	35,560	5,47	»	26-28 juin.
200 gélatine	865	689	713	1 036	65,689	2,06	3,69	4-6 mai.
1 250 viande + 200 graisse. . . .	97	702	740	1 054	80,703	12,21	2,459	12-14 déc.
200 viande + 200 gélatine. . . .	787	1 147	1 182	1 031	90,808	6,40	»	13-15 sept.
2 500 viande.	271	1 799	1 881	1 046	172,711	26,57	»	5-7 déc.

L'urée, comme quantité, varie entre 2,5 et 13,6 p. 100; en moyenne, de 4 à 6 p. 100.

L'acide urique se trouve en petites quantités avec une alimentation de viande; il paraît qu'il fait défaut dans l'urine des chiens nourris avec du pain seulement.

L'acide kinurénique découvert par Liebig ($C^{10}H^7AzO^3 + H^2O$) se trouve en très petite quantité ($0^{gr},2$ à $0^{gr},8$ par jour dans l'urine d'un chien de 34 kilogrammes qui recevait 1 kilogramme de viande et 70 grammes de pain), d'après Kretsky (*Physiologie* de Ellenberger, I, 403).

Jaffe (*Chimie de Gorrup-Besanez*, I, 98) constata dans l'urine du chien une substance qu'il appela *l'acide urocaninique* ($C^6H^6Az^2O^2 + 2H^2O$).

Créatinine : $0^{gr},5$ par jour (Voit). Elle peut atteindre 4 grammes avec une alimentation riche en viande.

Allantoine : $0^{gr},8$ dans quatre jours, avec une alimentation de viande (Salkowski).

Acide hippurique : $0^{gr},087$ à $0^{gr},204$ ou $1/129$ du poids de l'urée pour un chien de 15 à 24 kilogrammes (Tereg).

Ammoniaque : $0^{gr},043$ par kilogramme et par jour pour un chien de 20 à 22 kilogrammes avec une ration alimentaire de 400 grammes viande, plus 50 grammes de lard (Munk, Salkowski). Le rapport entre AzH^3 et l'Az total est de 1 à 15. Dans l'inanition ce rapport est de 1 à 14 (Feder).

Indican : $0^{gr},003$ par jour, avec une alimentation de 150 grammes de gélatine (Salkowski). Cette quantité paraît monter dans l'inanition (4-5 milligrammes après cinq jours d'abstinence). Avec une alimentation de 600 grammes de fibrine, plus 10 grammes d'extrait de viande, la quantité de l'indican : 16-17 milligrammes.

Acide glycuronique : $0^{gr},682$ par jour avec un régime végétal (120 à 150 grammes du pain noir plus 20 grammes de sucre).

Mannite : 3 grammes dans l'urine de quatorze jours avec une alimentation composée du pain de seigle seulement (Jaffé, *Z. p. C.*, VII, (4), 297-305).

Acide oxalique : $11^{milligr},1$ par jour pour un chien de 31 kilogrammes nourri avec la viande; $3^{milligr},4$ avec la viande et la graisse; $3^{milligr},6$ avec la viande et le pain. Les limites extrêmes sont comprises entre $1^{milligr},6$ et $20^{milligr},8$ par jour.

Chlorure de sodium. — D'après Voit, l'urine d'un chien qui reçoit comme aliment 500 grammes viande, plus 200 grammes graisse, contient $0^{gr},28$ de NaCl par jour; avec une alimentation de 2 kilogrammes de viande et 200 grammes de gélatine, le NaCl peut arriver à $1^{gr},12$ par jour; pendant l'inanition on trouve jusqu'à $0^{gr},3$ NaCl par jour.

Soufre. — La quantité absolue de soufre éliminé dans l'urine du chien est subordonnée à l'alimentation. Il n'est pas en totalité oxydé; une grande partie est unie à différentes molécules organiques (indol, scatol, phénol, etc). Abel (*Z. p. C.*, 1895, XX, 1253-279) a trouvé dans l'urine du chien de l'éthyl-sulfide ($C^2H^3)^2S$. Le rapport entre le soufre organique et le soufre oxydé est en moyenne : 1 à 1,21.

Le tableau suivant indique la marche de l'élimination du soufre par l'urine, dans les différentes conditions alimentaires (Tereg, *Physiologie* d'Ellenberger, I, 409).

Élimination du soufre.

ALIMENTATION.	SOUFRE OXYDE (SO^3).	SOUFRE ORGANIQUE.
Inanition	0,54	0,08
Amidon 450 gr.	0,46	0,07
Graisse 340 gr.	0,88	0,04
Viande 150 gr. + sucre 100-330 gr. .	0,74	0,00
Pain 850 gr	0,68	0,93
Gélatine 200 gr.	3,76	0,37
Viande 1 250 gr. + graisse 250 gr.	3,12	1,06
Gélatine 200 gr. + graisse 200 gr. .	3,19	0,31
Viande 2 096	5,81	2,01

Acide phosphorique. — Bischoff a trouvé $2^{gr},532$ de Ph^2O^5 par jour dans l'urine d'un chien dont la ration alimentaire était : 600 grammes viande + 100 grammes graisse. D'après Olsavski (*Orvosi Hetilap.* Budapest, 1891, 404), la quantité d'acide phosphorique éliminée par l'urine, après un fort travail musculaire, est plus petite, qu'à l'état normal.

La chaux (CaO), d'après TEREG et ARNOL, est de 14 p. 100 avec une alimentation de viande et avec le pain 50 p. 100 de la quantité de chaux ingérée avec les aliments.

Le fer varie de 0gr,0031 à 0gr,0036 par jour, avec une alimentation de viande (HAMBURGER).

CO_2 se trouve sous une tension de 9,15 p. 100 d'une atmosphère (STRASBURG).

γ) **Excrétion urinaire.** — *La vessie.* La capacité moyenne de la vessie, sur le cadavre, est de 44cc,7 à 61cc pour 1 kilogramme du poids du corps (ELLENBERGER et BAUM). Sur le chien vivant, la capacité moyenne représente 82,7 p. 100 de la capacité après la mort (FALCK). Les nerfs de la vessie proviennent des 2e, 3e et 4e paire lombaire, 2e et 3e paire sacrale et 1re coccygienne (LANGLEY et ANDERSON, *J. P.*, 1895-96, XIX, 71-139).

L'urèthre commence, chez le mâle, près du col de la vessie; entouré par la *prostate* (portion prostatique), il se porte ensuite horizontalement vers l'arcade pubienne (portion membraneuse) et sort de la cavité abdominale par l'échancrure pubienne. Il décrit ainsi une courbe dont la convexité est tournée vers la queue; il passe entre les branches du corps caverneux du pénis et se place dans le sillon uréthral de ce corps et de l'os pénial. Le canal, très rétréci dans la portion prostatique, s'élargit au maximum dans la portion membraneuse et se rétrécit de nouveau dans la portion caverneuse.

Le corps caverneux de l'urèthre est assez court; il commence par deux bourrelets coniques (bulbe de l'urèthre) à la base de la portion péniale, et se termine dans le tissu spongieux du gland. Il reçoit le sang de l'artère bulbeuse (branche de la honteuse interne).

Chez la femelle, l'urèthre est relativement très long, étendu entre le vagin et la symphyse du bassin; il touche du côté caudal l'arcade pubienne et débouche dans le vestibule du vagin.

La miction. Les chiennes et les jeunes chiens fléchissent les membres et écartent les postérieurs des antérieurs quand ils urinent. Le chien adulte tient une patte de derrière levée tant que dure l'expulsion de l'urine.

2° **Mamelles et sécrétion lactée.** — *a)* **Mamelles.** — Les glandes mammaires chez la chienne s'étendent de la région pubienne sur la paroi ventrale et sur une partie de la paroi thoracique, jusque vers le 3e et même le 4e cartilage costal. Les mamelles forment deux rangées séparées par la ligne médiane; elles sont au nombre de 5 (rarement 4) de chaque côté. Elles sont pourvues d'un court mamelon conique et obtus (4 thoraciques, 4 abdominaux et 2 inguinaux). Les mamelons présentent tout près de leur extrémité libre 5 à 8 orifices (ayant 0mm,2 à 0mm,6 de diamètre, qui sont l'ouverture des petits canaux galactophores.

Les mâles possèdent des tétines rudimentaires.

b) **Le lait.** — *Densité :* 1040 (FILHOL et JOLY), 1034 1 SIMON), 1041 6 (VERNOIS et BECQUEREL). *Réaction acide* avec le régime carnivore ou mixte, *alcaline* avec le régime exclusif végétal.

L'odeur rappelle celle de l'espèce.

Composition chimique du lait.

	ANALYSE de VERNOIS et BECQUEREL.	ANALYSE de SUBBOTIN.
Eau.	772.0	777.6
Matières fixes.	227.9	222,4
Caséine.	116.8	52.0
Albumine.		39.7
Beurre	87.9	104.4
Sucre du lait	15.2	24,9
Sels inorganiques. . . .	7.8	4.4

Composition du lait par rapport au genre d'alimentation
(D'après SUBBOTIN)

PRINCIPES CONSTITUTIFS DU LAIT.	ALIMENT :		
	VIANDE MAIGRE.	POMME DE TERRE.	GRAISSE.
Eau	772,6	829,5	773,7
Matières solides	227,4	170,6	226,3
Caséine	51,0	42,6	59,2
Albumine.	39,7	39,2	42,6
Beurre.	106,4	49,8	101,1
Sucre du lait	24,9	34,2	21,5
Sels et mat. extractives.	4,4	4,8	3,9

Les cendres du lait de chienne contiennent d'après BUNGE (D. Dorpat, 1874) :

	p. 100
K^2O	10.74
Na^2O	6,13
CaO	32,4
MgO	1,49
Fe^2O^3	0,14
P^2O^5	37.49
Cl	12,35

3° La peau et les sécrétions cutanées. — La peau représente 1/15 à 1/8 du poids du corps (COLIN, VOIT).

Les poils offrent de grandes variations dans leur aspect extérieur suivant les races.

Les glandes sudoripares ont la conformation pelotonnée et sont plus nombreuses dans les tubercules dermiques de la plante et des doigts, ainsi qu'à la pointe du nez. Le canal excréteur des glandes sudoripares débouche généralement dans le follicule pileux, un peu plus haut de l'endroit où débouche le canal excréteur de la glande sébacée. — Cette disposition a été observée par CHODAKOWSKI (Dorpat, 1871) et par STIRLING (Journ. of Anat. and. Physiolog., 1876, x, 465-474).

Les glandes sébacées sont relativement assez volumineuses. Elles sont aglomérées dans différents endroits (anus, vulve, prépuce, oreille externe, œil, etc.) où elles forment des organes plus ou moins bien délimités.

Les glandes anales. Il existe sur les bords libres de l'anus, de chaque côté de la ligne médiane horizontale, un sac globuleux ou ovale (bourse anale) dont la grosseur varie, depuis les dimensions d'une noisette jusqu'à celles d'une noix. Son diamètre est de 20 à 25^{mm} (SIEDAMGROTZKY). Les parois des bourses anales contiennent de nombreuses glandes utriculées et ramifiées (SIEDAMGROTZKY). On trouve encore sur le bourrelet annulaire qui entoure l'anus, à côté des glandes sébacées et sudoripares, de fortes glandes acineuses (glandes circum-anales).

Sur la limite entre le rectum et la muqueuse de l'anus existe un anneau de 5^{mm} de diamètre chez les chiens de taille moyenne, qui est muni de glandes en grappes (glandes anales).

Les glandes de MEIBOMIUS et les glandes de MOLL existent chez les chiens.

La glande de HARDER est très développée et couvre presque complètement l'angle aboral de l'œil.

La sueur du chien ne devient jamais apparente, et, même dans les régions très riches en glandes sudoripares (bout du nez, tubercules dermiques de la plante et des doigts,à peine peut-on apercevoir quelquefois de très petites gouttelettes. Le chien, pour ainsi dire, ne sue jamais, et ainsi s'explique le rôle essentiel de sa surface pulmonaire dans la déperdition de l'eau et par conséquent dans la régulation thermique.

Le sébum des bourses anales présente une coloration jaunâtre d'un aspect trouble et visqueux, d'une odeur désagréable due à la présence de *méthylmercaptan* (CH³-SH) (Nexcki et Sieber). La réaction est acide.

Le *cérumen* possède la composition suivante (Pétrequin) :

	p. 100.
Eau	4,9
Graisse	46.9
Substances solubles dans l'alcool	12,4
Substances insolubles dans l'alcool.	7,4
— — l'eau	28,4

4° Glandes à sécrétion interne. — α) **Corps thyroïde.** — Il se compose de deux lobes latéraux réunis par un isthme médian très distinct sur les chiens de grande taille. — Les lobes, un peu étirés et pointus à leurs extrémités, sont situés des deux côtés et parfois un peu à la face dorsale de la trachée. Ils s'étendent du premier au deuxième anneau de la trachée jusqu'au cinquième ou sixième. *Les glandules parathyroïdiennes* existent chez le chien comme chez le lapin, le chat, le bœuf, etc. Leur description a été donnée par Sandström (*Upsala Läkareforenings Förhandlingar*, 1879-1880, xv), par Gley (*B. B.*, 1893, v, 217-218), Moussu (*B. B.*, 1893, v), Vassale (*A. i. B.*, 1895-96), etc. Ces corpuscules se trouvent toujours dans le voisinage des glandes thyroïdes, quoique leurs dispositions puissent varier de plusieurs manières.

Le *poids* des corps thyroïdes est en moyenne 1/2000 du poids du corps (Voit).

Composition chimique du corps thyroïde (Oidtmann).

CHIEN AGÉ.

	p. 1000.
Eau.	686.61
Matières organiques.	302,81
— inorganiques.	10,58

β) **Thymus.** — Il est situé en grande partie dans le thorax, notamment dans la cavité médiastine antérieure, entre les deux poumons sur le sternum. Il forme plutôt un corps unique, aplati, d'aspect glandulaire et d'un gris pâle. Nous donnons ici, d'après Baum (*Die Thymusdruse des Hundes. Deutsch. Zeitschr. für Thier. med. u. vergl. Pathol.*, xvii, 349-354), le développement et les proportions du thymus par rapport au corps.

Développement du thymus.

AGE DU CHIEN.	POIDS		RAPPORT ENTRE LES POIDS du corps et du thymus.	LONGUEUR DU THYMUS.
	DU CORPS.	DU THYMUS.		
	gr.	gr.		centim.
1 jour et demi	490	2	1/245	3,7
9 jours	940	5	1/171	6,25
32 —	1 470	6,5	1/226	5,5
82 —	2 500	3.7	1/700	6,5
4 mois.	3 280	3.5-4	1/800	—
5 mois 20 jours.	5 500	3,25	1/1700	—

On voit par ce tableau que, pendant les premiers huit à quatorze jours après la naissance, le poids du thymus augmente et atteint la proportion de 1/170 du poids du corps. Puis l'atrophie commence, d'abord très rapidement pendant deux ou trois mois après la naissance, ensuite elle devient très lente, de sorte que l'on trouve des restes du thymus chez les chiens âgés de 2 ou 3 ans.

Composition chimique du thymus (OIDTMANN).

	CHIEN de 14 jours.
	p. 1000.
Eau.	807
Matières organiques.	192,7
Sels minéraux.	0,20

γ) **Rate**. — *La rate* a la forme d'une langue ; ses extrémités sont arrondies et ses bords émoussés. Généralement l'extrémité ventrale est plus large que l'extrémité dorsale. Sur sa face viscérale (stomacale), on remarque une crête longitudinale près de laquelle se trouvent les vaisseaux afférents et efférents de cet organe. La rate est située dans l'hypochondre gauche, en dehors de l'épiploon. L'extrémité dorsale atteint le corps des dernières vertèbres dorsales et des premières lombaires, ainsi que le pilier gauche du diaphragme. En rapport de ce côté avec la 13e côte, elle peut arriver jusqu'à la 12e côte, et se trouver alors entre le diaphragme, l'estomac et le rein gauche, et entre ce dernier et la paroi abdominale. L'extrémité ventrale dépasse sensiblement la dernière côte dans la direction du bassin jusqu'au niveau de la deuxième ou de la quatrième vertèbre lombaire ; elle n'atteint jamais la paroi ventrale de l'abdomen. *Le poids* maximum, trouvé par CH. RICHET (*Trav. du Lab.*, 1893, II, 395) a été de 5 grammes de rate par kilogramme du poids du corps, pour un chien de 17 kilogrammes. Le poids minimum a été 1^{gr},3 par kilogramme pour un chien de 11^{kr},5. On peut considérer comme poids moyen de la rate 2^{gr},75 à 2^{gr},8 par kilogramme de chien. ELLENBERGER et BAUM donnent 1/500 à 1/600 du poids du corps.

Composition chimique de la rate (OIDTMANN).

	CHIEN JEUNE.	CHIEN AGÉ.
	p. 1000.	p. 1000.
Eau.	844,61	741,46
Matières organiques	149,42	242,68
— inorganiques.	5,97	15,86

Le résidu sec représente 21,3 p. 100 ; l'azote total représente 13,06 p. 100 (BOTTAZZI, P., *Substances albuminoïdes de la rate*, A. i. B., 1895, XXIV, 453).

δ) **Capsules surrénales**. — Elles ont une forme oblongue un peu aplatie, avec un reflet chatoyant. Du côté gauche la capsule surrénale est généralement à plusieurs centimètres du rein. Du côté droit elle est plus près du bord interne du rein correspondant. P. LANGLOIS (*Capsules surrénales, Thèse Fac. des sciences de Paris*, 1897) a très bien décrit les vaisseaux afférents et efférents de ces organes. Ainsi les artères capsulaires proviennent de trois origines. Une branche de l'artère lombo-abdominale, ou artère diaphragmatique inférieure (ELLENBERGER et BAUM) ; une seconde branche (artère capsulaire moyenne) part de l'aorte à la hauteur de la mésentérique supérieure ; quelquefois même il part deux branches aortiques. Enfin la troisième branche dérive de l'artère rénale. Ces petites artères se subdivisent avant d'arriver à la capsule, qu'elles abordent de tous les côtés, quoique en plus grand nombre, par la face supérieure ou dorsale. Les veines capsulaires (4 ou 5 de chaque côté) débouchent dans la veine pariéto-capsulaire, qui, venant de la paroi abdominale, passe devant la capsule dans une dépression de sa face antérieure et se jette dans la veine rénale (côté droit) ou dans la veine cave (côté gauche). Ces dispositions sont très importantes à connaître quand on se propose d'extirper ces organes. Voici quel est le procédé employé par LANGLOIS. On fait une longue incision au côté latéral de l'abdomen partant de la 12e côte, oblique de haut en bas, d'avant en arrière et qui traverse les trois plans musculaires formés par l'abdominal oblique externe, l'abdominal oblique interne et le transverse de l'abdomen. Le péritoine est incisé sur la sonde, et les intestins, le foie et les reins sont refoulés à l'aide de grands écarteurs en forme d'abaisse-langue, ayant une largeur de 4 à 6 centimètres et une hauteur de 8 à 12 centimètres. On jette deux ligatures sur la veine pariéto-capsulaire : une pariétale, l'autre entre la capsule et la veine cave quand on opère du côté droit, ou entre la capsule et la veine rénale quand on opère du côté gauche. Cela fait, on peut isoler la capsule à l'aide de la sonde cannelée, de ciseaux peu coupants et des doigts.

L'hémorragie est généralement peu abondante ; d'ailleurs, au besoin, on peut employer le thermocautère. On doit toujours commencer par le côté droit, qui est le plus difficile. La capsulectomie double peut être pratiquée en une seule séance, soit à l'aide de deux incisions latérales, soit à l'aide d'une longue incision sur la ligne médiane en recouvrant une partie des viscères dans des linges imbibés constamment d'une solution salée et chaude à 7 p. 1000.

Le *poids* des capsules suit les oscillations suivantes par rapport au poids du corps (LANGLOIS) :

POIDS du corps.	POIDS MOYEN des deux capsules.
kilog.	grammes.
6 à 8	1,60
8 — 10	1,75
10 — 12	1,90
12 — 14	2,20
14 — 16	2,50

On peut considérer ces organes comme représentant 1/5000 à 1/14000 du poids du corps.

L'extirpation double des capsules amène toujours la mort. Il suffit de laisser un *onzième* de leur poids total pour observer la survie. Pour plus de détails, nous renvoyons à l'excellent travail de LANGLOIS.

Composition chimique des glandes surrénales (OIDTMANN).

CHIEN JEUNE.

	p. 1000.
Eau	800,28
Matières organiques	198,82
— inorganiques	0,90

§ VIII. — **Nutrition.**

1. *Régime, Composition chimique du corps du chien, et le poids des organes, par rapport au poids du corps.* — 2. *Inanition.* — α) *Durée de l'inanition.* — β) *Consommation des principes albuminoïdes pendant l'inanition.* — γ) *Élimination des sels minéraux.* — 3. *Alimentation azotée exclusive.* — 4. *Alimentation grasse ou hydrocarbonée exclusive.* — 5. *Alimentation mixte.* — α) *Viande et graisse.* — β) *Viande et hydrates de carbone.* — γ) *Viande, hydrates de carbone et graisses.* — 6. *Ration d'entretien.*

1° **Régime.** — *Composition chimique du corps du chien, et le poids des organes par rapport au poids du corps.* — La conformation de l'appareil digestif du chien, comme chez tous les carnassiers, demande un régime animal. Toutefois la domestication a changé un peu les besoins de sa vie, et aujourd'hui on peut dire que le régime alimentaire du chien est presque celui de l'homme. Il utilise parfaitement les principes albuminoïdes, les graisses et les hydrates de carbone des végétaux. CORNEVIN (*Rev. Scient.*, 1894, 1, 723-724) a observé à plusieurs reprises que le chien cherche assez souvent les aliments d'origine végétale, surtout les fruits (prunes).

La composition chimique du corps de chien, dans son ensemble, est celle de tous les mammifères, avec de faibles différences dans la proportion des éléments (C, H, O, Az, P, Cl, Na, K, Ca, Mg, Fe, Si, Fl) qui rentrent dans sa constitution.

L'eau se trouve dans les proportions suivantes dans les différents organes (VOIT, Z. B. 1894, XXX, 537) :

	PARTIES SOLIDES. p. 100.	EAU. p. 100.
Muscles	22,70	77,30
Cœur	22,71	77,29
Foie	27,55	72,42
Cerveau	17,69	82,31
Moelle épinière	26,15	73,85
Sang	18,11	81,89
Os	55,36	44,64

Le développement des différents organes par rapport au poids du corps varie dans des limites assez étendues. D'après Voit, les muscles représentent 46,4 p. 100 du poids du corps (après l'exclusion des graisses et du contenu intestinal); les os; 18,1 p. 100 et les viscères; 35,5 p. 100. Le tableau suivant donne, d'après Falck, la proportion des différents appareils rapportée à 1 kilogramme du poids vif :

Appareil du mouvement.	538,0
— d'assimilation.	138,5
Téguments.	216,0
Appareil circulatoire	60,0
— sensoriel	23,4
— urinaire	8,8
— respiratoire.	12,3
— sexuel	1,3
Glandes vasculaires sanguines	5,0

Le poids des organes, pris séparément et rapportés au poids du corps, a été déterminé par Colin (*Physiol. comp.* II, 712) et par Voit (*Z. B.* 1894).

Poids des tissus.

	COLIN.				VOIT.
	CHIEN BRAQUE ADULTE Poids = 12 kil 700.		LÉVRIER DE RUSSIE poids = 20 kil 760.		POIDS DU CHIEN = 15 kil 460.
PARTIES DU CORPS.	Poids des parties en kilogr.	Rapport des parties au corps.	Poids des parties en kilogr.	Rapport des parties au corps.	Poids des différentes parties du corps.
Peau	1,525	1 : 8,32	1,350	1 : 15,37	1,693,5
Muscles et annexes.	6,022	1 : 2,10	12,260	1 : 1,69	6,113,1
Os et cartilage frais	1,723	1 : 7,37	2,628	1 : 7,86	2,385,8
— — secs	1,218	1 : 10,42	2,050	1 : 10,12	—
Tissu adipeux	0,785	1 : 16,17	0,340	1 : 61,05	1,495
Encéphale.	0,082	1 : 154,87	0,092	1 : 225,65	0,092 (sans dure-mère).
Moelle épinière	0,017	1 : 745,05	0,027	1 : 768,88	0,022,6
Langue, larynx, trachée, œsophage.	0,162	1 : 78,39	0,218	1 : 95,23	0,207
2 parotides	0,086	1 : 147,67	0,010	1 : 2076,00	0,027,5
2 sous-maxillaires	0,013	1 : 976,92	0,014	1 : 1482,85	0,005,2
Cœur	0,110	1 : 115,45	0,271	1 : 76,60	0,099,9 (sans péricarde).
Poumons	0,310	1 : 40,69	0,371	1 : 55,95	0,123,2
Foie.	0,568	1 : 22,35	0,897	1 : 23,94	0,335,0
Rate	0,040	1 : 317,50	0,177	1 : 117,28	0,021,0
Pancréas	0,050	1 : 254	0,085	1 : 244,23	0,037,7
	(2 reins).		(2 reins).		
Organes génito-urinaires	0,086	1 : 147.67	0,300	1 : 69,2	0,166,4
Estomac	0,124	1 : 102,41	0,133	1 : 156,09	0,188,0
Intestin	0,381	1 : 33,33	0,460	1 : 45,13	0,517,9
Sang	»	»	»	»	0,914,0
Thyroïde	»	»	»	»	0,007,5
Thymus.	»	»	»	»	0,013,1
Gros vaisseaux du thorax. . . .	»	»	»	»	0,025,1
Yeux	»	»	»	»	0,010,0

La *graisse* du chien contient : *palmitine* 44,87 p. 100; *stéarine* 19,23 p. 100; *oléine* 35,90 p. 100 (Subbotin).

Sa *composition centésimale* est (Schultze et Reineke).

	p. 100.
C.	76,66
H.	12,01
O.	11,33

Le point de fusion d'après ces auteurs est 40°. La graisse qui provient d'un chien engraissé rapidement est plus fusible (22°,5, d'après Muntz).

2° **L'inanition.** — α) *Durée de l'inanition.* — La durée de l'abstinence chez le chien est comprise entre 3 et 60 jours (Tereg) comme limites extrêmes. Toutefois les recherches de nombreux expérimentateurs ont établi une moyenne de 33 jours, comme il résulte du tableau suivant (Ch. Richet, *Inanition, Travaux du Laboratoire*, 1893, ii, 286-287, avec la bibliographie complète de la question) :

Durée de l'abstinence.

OBSERVATEURS.	DURÉE DE L'ABSTINENCE mortelle chez le chien.	OBSERVATIONS.
	jours.	
Redi.	34	
—	36	
Gallois	41	Chienne pleine, abandonnée dans une chambre, a mis bas pendant son jeûne et a mangé ses petits.
Du Hamel	42	
Collard de Martigny	36	
—	27	
—	24	Avait subi une opération sur le larynx.
Luciani et Bufalini.	43	Observation très complète.
Hayem.	23	Avec numération des globules.
Posaschny.	30	
Laborde	20	Privé aussi de boisson.
—	39	Non privé de boisson; encore assez bien portant le 30° jour; a survécu.
Carville et Bochefontaine . . .	29	
—	27	
Rabuteau.	29	
—	31	
Falck	61	
Hofmann.	24	Chienne vieille et grasse soumise à l'abstinence des boissons.
—	38	Chien d'un an.
Moyenne. . .	33	

La perte du poids par kilogramme suit la marche suivante :

Perte de poids dans l'abstinence.

OBSERVATEURS.	POIDS INITIAL en kilogrammes.	DURÉE DE L'ABSTINENCE.	PERTE DE POIDS FINAL p. 100.	PERTE DU POIDS par kilogramme et par heure en grammes.
		B jours.		
Falck	21	61	49,0	0,36
Luciani et Bufalini.	17	43	18,0	0,43
Laborde	15,5	39	51,0	0,54
—	15,5	20	48,0	1,00
Carville et Bochefontaine. .	11,0	27	40,0	0,63
—	10,0	29	43,0	0,70
Falck	8,9	24	32,0	0,84

Il résulte de ce tableau que l'abstinence, prolongée jusqu'à la mort, produit une déperdition, dont la moyenne est de 44,7 p. 100 (2/3 à 1/2 pour les chiens adultes, 1/3 du poids du corps pour les jeunes chiens).

β) *La consommation des principes albuminoïdes* pendant l'inanition du chien a été mesurée par FALCK (*H. H.*, VI, 90). Avec les chiffres donnés par ce physiologiste, pour la quantité d'urée éliminée, nous avons construit la courbe suivante :

Excrétion d'urée dans l'inanition.

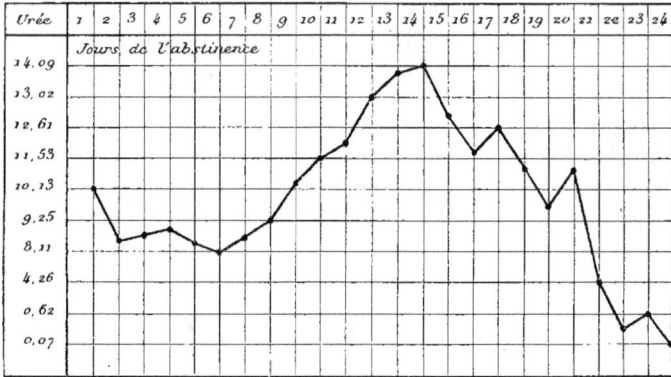

La totalité des échanges pendant l'abstinence a été déterminée par PETTENKOFFER et VOIT (*H. H.*, VI, 85).

Échanges dans l'abstinence.

JOUR DE L'ABSTINENCE.	POIDS DU CORPS en kilogr.	EAU INGÉRÉE.	QUANTITÉ DE L'URINE.	URÉE.	CO²	EAU ÉLIMINÉE PAR LA RESPIRATION.	OXYGÈNE ABSORBÉ.	CONSOMMATION DE VIANDE SÈCHE.	CONSOMMATION DES GRAISSES.
6. . . .	31,210	33	124	12.8	366,3	400,3	358,1	42	107
10. . . .	30,050	125	142	11.4	289,4	350,7	302,0	38	83

γ) *L'élimination des sels minéraux* rendus par l'urine, pendant l'inanition, suit la courbe suivante (VOIT, *H. H.*, VI, 359) :

CHIEN 34 KILOGR.   SELS.
Jours de l'abstinence.

1er 5,54
2e 2,47
3e 2,45
4e 1,79
5e 1,90
6e 1,71
7e 2,10
8e 2,57

Soit une moyenne journalière de $2^{gr},10$, auxquels il faut ajouter $0^{gr},36$ éliminés par les fèces. Ce qui revient, par kilogramme du poids du corps, et pour 24 heures, à $0^{gr},07$.

Dans ces sels le *chlore* se trouve dans des proportions comprises entre $0^{gr},001$ et $10^{gr},017$ par jour (FALCK). Le *soufre* : $0^{gr},03$ par kilogramme.

Le *phosphore* a été trouvé, pour les deux chiens de FALCK, de $0^{gr},0338$ à $0^{gr},1221$ par kilogramme.

La chaux dans l'urine : 0^{gr},0074 et dans les fèces : 0^{gr},14 par kilogramme (Etzinger, *B. H.*, v, 359).

3° **Alimentation azotée exclusive.** — Le chien, comme tous les carnivores, peut vivre seulement avec des albuminoïdes, ainsi que les expériences de Pettenkofer et Voit le démontrent. Ces physiologistes ont pu maintenir un chien de 30 à 35 kilogr. dans le *statu quo* pendant quarante-neuf jours, avec 1500 grammes de viande dégraissée comme alimentation journalière [1]. En se rapportant à l'état d'abstinence, on voit qu'un chien de 30 kilogs use par jour environ 165 grammes de sa propre viande. Si l'on donne alors à ce chien une quantité de viande 3 fois plus grande, l'on est frappé de voir qu'elle ne suffit pas, et l'animal consomme encore 99 grammes de ses propres albumines. Il faut une quantité de viande 10 fois plus grande que celle qui se consomme pendant l'inanition pour que l'équilibre nutritif se maintienne.

Le tableau suivant, donné par Pettenkofer et Voit, montre assez bien la vérité de cette question (Tereg, *Physiologie* d'Ellenberger, I, 83) :

Échanges nutritifs.

PÉRIODES.	VIANDE INGÉRÉE.	MATIÈRES ALBUMINOÏDES disparues, calculées d'après l'azote éliminé.	PERTE OU GAIN de l'économie en matières azotées.	PERTE OU GAIN de l'économie en corps gras.	CO² PRODUIT.	OXYGÈNE ABSORBÉ.	OXYGÈNE NÉCESSAIRE POUR oxyder les matières disparues.	QUOTIENT RESPIRATOIRE.
		gr.	gr.	gr.	gr.	gr.	gr.	
1.	0	163	— 163	— 95	327	330	329	0,72
2.	500	599	— 99	— 47	356	341	332	0,76
3.	1 000	1 079	— 79	— 19	463	453	398	0,74
5.	1 500	1 500	0	+ 4	547	487	477	0,81
6.	1 800	1 757	+ 43	+ 1	656	—	592	—
7.	2 000	2 044	— 44	+ 58	604	517	524	0,84
8.	2 500	2 512	— 12	+ 57	783	—	688	—

La conclusion qui se dégage de ce tableau est très importante au point de vue de l'alimentation du chien. Si on le tient à un régime exclusivement carnivore, il faut forcer la quantité de viande pour que son organisme puisse trouver le carbone nécessaire ; autrement il brûlera son tissu musculaire. L'expérience prouve que le minimum de viande indispensable pour maintenir en état d'équilibre nutritif un chien de 30 kilog. est de 1500 grammes par jour, soit 50 grammes par kilog. d'animal, soit 1/25 à 1/30 du poids du corps (sans tenir compte de l'influence de la taille). Nous voyons encore que, cette quantité dépassée, l'organisme continue à éliminer tout l'Az ingéré, mais il retient une partie de C qu'il emmagasine sous forme de graisse. Si la quantité de viande introduite est insuffisante, une partie des albuminoïdes du corps se détruit pour favoriser le dépôt de la graisse. Ces conclusions de Voit et Pettenkofer ne sont pas admises par Pflüger et ses élèves (*loc. cit.*). La viande peut être remplacée, au point de vue nutritif, par le foie ou le poumon (Bergeat, *Z. B.*, xxiv, 120-140). Les recherches de Pettenkofer et Voit les ont conduits à cette conclusion que, si l'on représente par 100 la quantité d'albumine que le chien à jeun détruit chaque jour de son propre corps, il faut porter à 150 ou à 200 le chiffre minimum d'albumine dans la ration d'entretien. J. Munk (*A. P.*, 1896, 183-185) est arrivé à des résultats différents. Ce physiologiste a vu que l'organisme du chien peut s'habituer à une ration d'albumine moindre que celle détruite pendant l'abstinence, surtout si on l'associe avec la graisse ou les hydrocarbonés. E. Voit (*Z. B.*, 1896, xxxii et xxxiii) a combattu les opinions de Munk. Il trouve que le minimum d'albumine alimentaire suffisant pour conserver l'équilibre azoté du

---

1. Il y a cependant une différence à faire entre la viande et les albuminoïdes purs, comme le fait très bien remarquer Pflüger (*A. g. P.*, 1892, li, et 1897, lxviii, 176-190). La viande est un produit plus complexe.

corps est de 3,9 fois plus grand que la quantité d'albumine détruite pendant l'abstinence. Ce chiffre peut être réduit à 1,5 ou 1,9, si l'on ajoute de la graisse à l'alimentation. Quand on ajoute des féculents le minimum d'albumine peut descendre à 1,08 ou 1,3.

4° **Alimentation grasse ou hydrocarbonée exclusive.** — Les graisses seules, ainsi que les hydrocarbonés (amidon, sucre, etc.) ne peuvent pas entretenir la vie du chien. Avec un pareil régime l'urée diminue de plus en plus, au fur et à mesure que les albuminoïdes du corps sont consommés.

5° **Alimentation mixte.** — α) *Viande et graisse.* — L'addition des graisses à la viande épargne les albuminoïdes.

Ainsi le chien (30 kilog.) de Pettenkofer et Voit, pour se maintenir en équilibre nutritif, avait besoin de 1 500 grammes de viande par jour ; le même résultat peut être obtenu avec une quantité de viande 3 ou 4 fois plus petite, si l'on ajoute de la graisse. Le tableau suivant résume les expériences de Pettenkofer et Voit sur cette question :

Influence des graisses sur l'assimilation de l'azote.

VIANDE INGÉRÉE.	GRAISSE INGÉRÉE.	ALBUMINOIDES DISPARUS.	ALBUMINOIDES gagnés (+) ou perdus (—) par le corps.	GRAISSE DÉTRUITE.	GRAISSE gagnée (+) ou perdue (—) par le corps.
gr.	gr.	gr.		gr.	gr.
400	200	449,7	— 49,7	159,4	+ 40,6
500	100	491,2	+ 8,8	66,0	+ 34,0
500	200	517,4	— 17,4	109,2	+ 90,8
800	350	635,0	+ 165,0	135,7	+ 214,3
1 500	30	1 457,2	42,8	—	+ 32,4
1 500	60	1 500,6	— 0,6	20,6	+ 39,4
1 500	100	1 402,2	+ 97,8	8,8	+ 91,1
1 500	150	1 455,1	+ 41,8	14,3	+ 135,7

Munk (*A. P. P.*, 1880, LXXX, 17) a démontré que la graisse peut être remplacée par une quantité équivalente d'acides gras sans que l'équilibre nutritif soit troublé.

La gélatine ajoutée à la viande épargne cette substance plus que la graisse. Ainsi, dans l'expérience de Voit, un chien, qui, avec 500 grammes de viande et 200 grammes de lard, perdait 136 grammes de son poids, n'en perdait plus que 84 avec un régime de 300 grammes de viande, 200 grammes de lard et 100 grammes de gélatine : il n'en perdait que 32, si l'on ajoutait 200 grammes de gélatine au lieu de 100.

β) *Viande et hydrocarbonés.* — Les hydrates de carbone ajoutés à la viande diminuent beaucoup la consommation de l'albumine, comme il résulte des expériences de Pettenkofer et Voit :

Influence des sucres sur l'assimilation de l'azote.

VIANDE INGÉRÉE.	HYDRATES DE CARBONE ingérés.	ALBUMINE DÉTRUITE.	ALBUMINE DU CORPS.	GRAISSE DÉTRUITE.	GRAISSE DU CORPS.	HYDROCARBONÉS DÉTRUITS.
gr.	gr.	gr.	gr.	gr.	gr.	gr.
400	250	436	— 36	18	— 8	210
400	250	393	+ 7	25	— 25	227
400	400	413	— 13	—	+ 45	344
500	200	568	— 68	—	+ 25	167
500	200	537	— 37	—	+ 16	182
500	200	530	— 30	—	+ 14	167
800	450	608	+ 182	—	+ 69	379
1 500	200	1 475	+ 25	—	+ 47	172
1 800	450	1 469	+ 331	—	+ 122	379
2 500	0	2 512	— 12	—	+ 57	0

γ) *Viande, hydrates de carbone et graisses.* — Quant aux hydrates de carbone associés à la viande et à la graisse, non seulement ils épargnent les albuminoïdes, mais ils diminuent aussi de beaucoup la consommation des corps gras.

6° **Ration d'entretien.** — Les recherches de Voit (*H. H.*, vi, 527) ont donné les chiffres suivants d'albumines, graisses ou hydrates de carbone nécessaires par kilog. du poids du chien, pour maintenir le *statu quo.*

Consommation par kilogramme.

	POIDS DU CORPS.	POUR 1 KIL. DU POIDS DU CORPS.	
		ALBUMINE.	GRAISSE ou hydrate de carbone.
	kil.	gr.	gr.
Chien âgé	42,4	2,60	3,25
—	39	2,82	3,08
Chien jeune et maigre. .	27,6	3,19	4,53
— — . .	4,32	7,63	4,63

§ IX. — Reproduction.

I. **Organes génitaux mâles.** — α) *Testicules;* 6) *Pénis;* γ) *Prostate;* δ) *Sperme;* ε) *Liquide prostatique.* — II. **Organes génitaux femelles.** — α) *Ovaires;* 6) *Utérus;* γ) *Vagin et vulve,* — III. **La puberté.** — IV. **Le coït.** — V. **La fécondation.** — VI. **La gestation.** — VII. **Le placenta.** — VIII. **Le développement de l'embryon et du fœtus.**

1° **Organes génitaux mâles.** — α) *Les testicules* sont placés entre les membres abdominaux, non loin de l'anus. Ils ont une forme ovalaire, arrondie, et sont intimement liés aux *épididymes* qui se trouvent sur leur bord dorsal. Les nerfs du scrotum proviennent des 1re et 3e ou 2e et 4e paire lombaire; les nerfs du crémaster, de la 3e et 4e lombaire (LANGLEY et ANDERSON, *J. P.*, 1895-96, xix, 71-139).

Le *canal déférent* se dirige sur le bord dorsal du testicule, jusqu'à la tête de l'épididyme. Il gagne l'anneau inguinal externe accompagné des vaisseaux, traverse le canal inguinal, l'anneau inguinal interne et arrive dans la cavité abdominale. Il pénètre ensuite dans la cavité pelvienne, croise l'urètre, la veine ombilicale, se dirige sur la paroi dorsale de la vessie dans la direction caudale, et débouche dans l'urèthre près du col de la vessie dans une proéminence ayant l'apparence d'une crête, le *verumontanum* (*colliculus seminalis*). La *vésicule séminale* manque chez le chien.

6) *Le pénis* présente deux corps caverneux ou spongieux qui naissent par deux branches (*crura penis*) sur l'arcade pubienne. Ils se terminent sur l'os du pénis auquel ils s'attachent directement. Ils sont enveloppés d'une tunique albuginée très dure, blanchâtre, et présentent à leur surface inférieure la gouttière uréthrale.

L'os du pénis, qui au point de vue morphologique n'est que le prolongement et le complément du corps caverneux, a la forme d'une sonde à 3 bords. Il atteint chez les grands chiens 8 à 11 cm. de longueur. Du côté oral, tourné vers le gland, l'os pénial devient de plus en plus mou et se transforme en une apophyse terminale, pointue et recourbée, formée de tissu conjonctif dur comme du cartilage. L'os du pénis est entouré par le gland, qui est très long, par le corps et le bulbe caverneux.

Le gland du pénis, mince au milieu, s'épaissit à ses deux extrémités; du côté oral il s'effile et forme une véritable *pointe du pénis*. Le tissu érectile du gland est formé par deux corps érectiles : l'un, *aboral*, de forme sphérique, entoure la moitié correspondante de l'os pénial (bulbe du gland); l'autre, *oral*, cylindrique, est formé d'une trame élastique fibreuse dont les travées sont tapissées d'un endothélium à grosses cellules (FREY); il forme une excroissance aplatie qui entoure l'urèthre, et se termine ensuite vers la pointe du pénis. On rencontre chez le chien deux petits muscles qui procèdent des racines péniennes, se portent en avant et se réunissent par un tendon commun, implanté sur le bord dorsal de la verge; ils paraissent destinés à relever le pénis (ARLOING et CHAUVEAU).

Les *nerfs* vaso-dilatateurs proviennent des deux nerfs de Eckhard surtout du nerf érecteur postérieur. Les nerfs descendants du plexus mésentérique inférieur, de même que les branches afférentes du plexus hypogastrique, donnent aussi des fibres vaso-dilatatrices. Le nerf honteux interne contient des fibres vaso-dilatatrices qui lui sont données par ses anastomoses avec le plexus hypogastrique. Les vaso-constricteurs du pénis sont associés aux vaso-dilatateurs, dans les mêmes cordons. Le sympathique lombaire (filets mésentériques inférieurs), la branche antérieure des nerfs érecteurs (premier nerf érecteur sacré de Eckhard) et le nerf honteux à son origine, contiennent des filets vaso-constricteurs (François-Franck, *A. d. P.*, 1893, ii, 138-153).

γ) *La prostate* a une forme arrondie et présente 2 lobes très peu distincts. Elle entoure le col de la vessie, ainsi que la base de l'urèthre et se trouve sur le bord oral du pubis et parfois plus en avant, dans la direction orale. C'est une glande alvéolaire dont les éléments sécrétoires se trouvent dans les diverticules pariétaux et terminaux des derniers conduits d'excrétion (Regnault, *Journ. de l'Anat. et de la physiol.*, 1892, xxviii, 100). L'épithélium des conduits excréteurs est cylindrique; celui du cul-de-sac est très variable, suivant l'état d'activité ou de repos de l'organe. Ses nombreux canaux excréteurs débouchent en cercle dans l'urèthre autour des orifices des canaux déférents.

Les *glandes de* Cowper manquent chez le chien.

δ) **Sperme.** — La tête des spermatozoïdes se présente sous forme de biseau à extrémité plus ou moins aplatie ou ronde.

Les propriétés du sperme varient d'après l'activité plus ou moins grande de la glande.

ode (*A. g. P.*, 1891, l, 278-292) a trouvé qu'il faut au moins 2 jours, après une éjaculation, pour que le nombre des spermatozoïdes, par millimètre cube, arrive au chiffre primitif. Ainsi un chien donna à une première recherche 65000 spermatozoïdes par millimètre cube, le lendemain il n'en donna que 57000, et le troisième jour, 26 000. Ce chiffre peut tomber à 5 000 à 3 000, et même à 400 si les éjaculations se répètent dans la même journée. Deux jours après on peut trouver jusqu'à 176 000 spermatozoïdes par millimètre cube. La *quantité* du sperme varie aussi de 430 à 1 500 millimètres cubes. La *densité* oscille entre 1 005 et 1021,5.

ε) *Le liquide prostatique* est d'une couleur jaune, blanchâtre ou rougeâtre; réaction alcaline ou neutre; densité 1012. — Il contient des cellules et des noyaux; possède une odeur de sperme et conserve bien les spermatozoïdes. Le liquide prostatique est composé de 2,4 p. 100 de substances solides avec 1 p. 100 albuminoïdes; le reste est formé par des sels (sulfates et phosphates surtout). On trouve assez souvent des concrétions dont la composition est : 15,8 p. 100 substances solides, 8 p. 100 eau, 34 p. 100 phosphates, 37 p. 100 chaux, potassium, sodium, magnésium, etc.

2° **Organes génitaux femelles.** — α) *Les ovaires* ont la forme ovalaire, allongée, et se trouvent situés à la face ventrale des 3e et 4e vertèbres lombaires; le gauche est souvent situé plus en avant, et son extrémité orale s'étend le plus souvent sous la face ventrale du rein gauche, tandis que l'ovaire droit se trouve exactement du côté aboral du rein droit.

Les *trompes de* Fallope ont de 7 à 8 cm. de longueur.

ε) *L'utérus* présente 2 longues cornes, et un corps très court, lui-même séparé en deux par une cloison médiane qui s'étend jusqu'à l'orifice interne, le seul point commun aux deux cornes, de sorte qu'on peut dire que l'utérus de chienne est double. Les cornes se détachent de l'utérus au niveau des 6e et 7e vertèbres lombaires, s'éloignent l'une de l'autre, comme les branches d'une fourche, et cheminent de part et d'autre du rectum, dans la direction dorso-orale, vers les reins. La corne droite est un peu plus longue que la gauche.

γ) *Vagin et vulve.* — Le vagin est relativement long, rétréci vers l'utérus, où il se termine entourant le museau de tanche. Le *vestibule du vagin* (canal uro-génital) est séparé du vagin par un bourrelet transverse, ventral, sur lequel on voit, dans la direction ventrale, un petit orifice, par lequel l'urèthre, muni d'un corps caverneux, débouche dans le vagin. Sur la paroi ventrale, ainsi que sur les parois latérales du vestibule, on trouve des deux côtés un corps érectile très volumineux. Les canaux de Gaertner, ainsi que les glandes de Bartholin, manquent chez la chienne (Chauveau, Arloing, Ellenberger et Baum).

La vulve présente une commissure dorsale arrondie et une commissure ventrale pointue.

qui se prolonge en un appendice triangulaire charnu. Il n'y a que deux grandes lèvres.

Le clitoris, long de 3 à 4 cm. chez les chiennes de taille moyenne, présente un corps pointu (le gland du clitoris) qui fait saillie dans l'intérieur du vestibule près de la commissure ventrale. Au-dessous de celui-ci se trouve le cul-de-sac ou *la fossette du gland du clitoris*.

3° **La puberté** peut être considérée comme survenant entre 1 et 2 ans.

La période du rut dure chez la chienne 8 à 10 jours et réapparaît 4 à 5 mois après l'accouchement.

4° **Le coït**, dans l'espèce canine, dure un temps très long, de un quart d'heure à deux heures. C'est sans doute à cause de l'augmentation exagérée du corps érectile du pénis, qui ne se dégonfle ensuite que très lentement. Le pénis peut se replier sur lui-même, et permet au chien d'opposer sa croupe à celle de la femelle, position qui est maintenue jusqu'à la fin du coït.

La chienne peut avoir deux portées par an, avec un nombre de 4 à 10 petits (LEUCKART).

5° **La fécondation.** — L'ovule a un volume de 150 à 250 μ. (DUVAL, *Journ. de l'anat. et de la physiol.*, 1893, 1894, 1895). La fécondation peut se faire dans l'utérus, mais le plus souvent elle s'accomplit dans les trompes de FALLOPE.

6° **La gestation** dure 58 à 62 jours.

7° **Le placenta** dans l'espèce canine est *zonaire*, c'est-à-dire les villosités produites par la prolifération des cellules ectodermiques dessinent une large ceinture, embrassant l'équateur de l'œuf. (Fig. 101). Ainsi donc les rapports entre l'embryon et l'utérus ne s'établissent qu'au niveau de cette *zone*.

FIG. 101.
L'œuf de 23 jours d'après M. DUVAL (*Journ.de l'anat. et de physiol.*, 1893).

8° **Le développement de l'embryon et du fœtus** se fait avec la vitesse moyenne suivante (GURLT, cité par LEYH, *Anatomie des animaux domestiques*) :

Développement de l'œuf.

PÉRIODES.	DUR DES PÉRIODES.	LONGUEUR DE L'EMBRYON et du fœtus.
		millim.
1ᵉ	semaines.	2
2ᵉ	3 —	4
3ᵉ	4 —	24-27
4ᵉ	5 —	68
5ᵉ	6 —	94
6ᵉ	7-8 —	135
7ᵉ (naissance). . . .	9 —	162-221

§ X. — Mouvements et Attitudes.

1. Le squelette et les muscles. — 2. Travail musculaire et force musculaire absolue. — 3. Décubitus. — 4. Allures. — 5. Voix.

1° **Le squelette** du chien se compose de 228 à 232 os répartis comme il suit : Tête : 26; colonne vertébrale : 46 à 50; thorax : 34 (à part les vertèbres dorsales); deux membres thoraciques : 62; deux membres abdominaux : 56. Il faut encore ajouter les os accessoires : l'hyoïde, l'os pénial; les os sésamoïdes; les osselets aux condyles externes et internes du fémur (crithoïdes externe et interne de STRAUS-DURCKHEIM); les 42 dents et les osselets de l'ouïe. Le poids du squelette constitue, d'après FALCK et SCHURMANN, 8,35 p. 100 (8,8 p. 100 en y comptant les dents) du poids total du corps. Les os et les cartilages frais représenteraient 12 à 13 p. 100; à l'état sec 9 p. 100 (COLIN). Pour VOIT, le poids des os représente 15,5 p. 100 du poids du corps, et, pour P. BERT, les os frais, 22 p. 100.

Les muscles représentent 39,7 p. 100 du poids du corps (VOIT); 46 p. 100 (P. BERT) et 48 à 59 p. 100 (COLIN).

Élasticité et cohésion des muscles (WERTHEIM).

	POIDS SPÉCIFIQUE.	COEFFICIENT D'ÉLASTICITÉ en grammes.	COHÉSION en grammes.
1. Muscle sterno-mastoïdien, immédiatement après la mort .	1 060	1,425	0,124
2. — 5 jours après la mort. . .	1 059	1,234	0,086
3. Tendon, immédiatement après la mort	1 136	»	5,061
4. Tendon, 5 jours après la mort . .	1 132	166-969	6,001

La vitesse de l'onde musculaire serait de 3ᵐ,6; celle de la phase négative de 2 à 6 mètres (BERNSTEIN et STEINER, H. H., I, 57).

Le maximum de survie dans les muscles du chien est de 12 heures (BROWN-SÉQUARD, *Journ. de la physiol.*, 1858). *La rigidité cadavérique* commence 2 à 4 heures après la mort et dure 17 à 23 jours (TISSOT, *Thèse Fac. Sciences*, Paris 1895, 74).

L'extrait des muscles rigides coagule à 49° ou 50° (KÜHNE).

2° Travail musculaire. — ZUNTZ (*Ueber den Stoffverbrauch des Hundes bei Muskelarbeit, A. g. P.*, 1897, LXVIII, 191-211) a trouvé, par la mesure des échanges respiratoires, que le chien consomme pour le transport de la même masse du corps, en plan horizontal, quatre fois plus d'énergie chimique que l'homme ou le cheval.

Force musculaire absolue. — Le chien est capable de soulever avec sa mâchoire inférieure 8 fois et 1/3 son poids (LANDOIS, *Tr. de physiologie*, 586).

3° Le décubitus du chien offre les mêmes aspects que celui de tous les carnassiers.

Dans le *décubitus sternal*, le corps repose horizontalement sur le sternum et la partie inférieure de l'abdomen. Ses membres postérieurs sont fléchis de chaque côté de la croupe; les membres antérieurs au contraire sont portés en avant et étendus parallèlement l'un à l'autre, s'appuyant à terre par leur face postérieure (COLIN). Dans le décubitus *sterno-costal*, le corps repose sur le sternum et l'abdomen, mais penché d'un côté et appuyé en partie sur l'une des faces de la poitrine. La forme la plus habituelle de ce décubitus chez le chien est celle où les membres postérieurs sont repliés sous le corps, et les membres antérieurs étendus horizontalement comme dans le décubitus sternal.

Dans le *décubitus latéral*, le corps repose tout à fait sur un côté de la poitrine du ventre et de la croupe, l'encolure et le tronc appuyés sur le sol. Le chien, ainsi que d'autres carnassiers, peut, tout en étant en décubitus latéral, se ployer en cercle pour dormir. Enfin on peut considérer comme une variété de décubitus celle du chien et du loup assis sur la croupe, la tête et la poitrine relevées et soutenues par les membres antérieurs tout à fait redressés.

4° Les allures du chien sont à peu près les mêmes que celles de tous les quadrupèdes. Rien de particulier sur le *pas*. L'*amble* s'observe quelquefois sur le chien.

Dans le *trot*, le chien tient le corps dans une direction oblique, et les empreintes des membres postérieurs sont en dehors de celles des membres antérieurs. Rien de particulier sur le jeu des membres dans cette allure. Le *galop* du chien diffère de celui du cheval par le fait que le corps du chien se trouve deux fois suspendu dans l'air pendant cette allure : une fois avec les membres distendus en avant et en arrière, une autre fois avec les membres repliés sous l'abdomen.

Nous devons cette remarque à M. MAREY, qui a bien voulu mettre à notre disposition la magnifique collection de chronophotographies que son laboratoire possède.

5° La voix. — Parmi tous les animaux domestiques, le chien est celui qui peut moduler le plus sa voix. En dehors de très nombreuses variations dans le timbre de la voix dépendant de la taille, le chien exprime la plupart de ses sensations par une modulation de la voix, bien caractéristique. Son aboiement vif et persistant à la vue d'une personne ou d'un animal étranger dénote bien sa colère, et c'est un cri tout à fait distinct de l'aboiement (jappement) qu'il pousse quand il voit son maître. Il grogne avec l'intention de se défendre et de mordre l'homme ou l'animal qui veut l'attaquer. Il pousse des cris sous l'impression d'une douleur très vive; il gémit quand il est malade. Enfin son hurlement, signe d'une hyperexcitabilité de son système nerveux, accompagne très souvent la rage, quoiqu'il présente, dans ce cas, un cachet particulier.

§ XI. — Innervation.

I. **Centres nerveux**. — 1. *Moelle épinière*. — 2. *Encéphale*. — a) *Cerveau*; b) *Position du cerveau*; c) *Composition chimique des centres nerveux*. — II. **Localisations cérébrales motrices**. — III. **Système nerveux périphérique**. — 1. *Nerfs craniens*. — 2. *Nerfs rachidiens*. — 3. *Grand sympathique*. — IV. **Organe du goût**. — V. **Vision**.

1° **La moelle épinière** finit dans la région sacrée (*filum terminale* ou cône terminal). Le renflement lombaire ainsi que le renflement cervical sont nettement indiqués, de même que les sillons longitudinaux ou médians) (antérieur et postérieur). Le poids de la moelle sur des chiens de taille moyenne est de 35 grammes (CHAUVEAU et ARLOING). Les racines nerveuses (antérieures et postérieures) sont au nombre de 31 paires (8 cervicales, 13 dorsales, 7 lombaires et 3 sacrées).

Le centre vésical de la moelle se trouve à la hauteur de la 5e vertèbre lombaire (BUDGE, NANROCK).

2° **L'encéphale**. — Le poids absolu de l'encéphale varie entre 54 grammes et 125 grammes (COLIN), et peut aller, comme limite maximum, jusqu'à 180 grammes (CHAUVEAU).

Le rapport entre le poids de l'encéphale et la surface du corps a été déterminé par CH. RICHET, dont les résultats sont compris dans le tableau suivant (*Poids du cerveau, du foie et de la rate. Travaux du Laboratoire*, 1895, III, 159-174).

Poids du cerveau.

POIDS MOYEN DU CHIEN.	POIDS DU CERVEAU[1] par kilogr.	POIDS DU CERVEAU par unité de surface.	POIDS ABSOLU DU CERVEAU.	SURFACE DU CORPS en décimètres carrés.
	grammes.	grammes.	grammes.	
41,0	2,63	0,825	108,5	123,0
35,0	3,05	0,885	106,5	121,0
30,0	3,17	0,870	95,0	109,0
26,0	3,70	0,970	96,0	99,0
23,0	4,00	0,995	91,0	91,5
20,5	4,50	1,090	92,0	84,8
17,0	4,93	1,130	84,0	74,5
14,0	6,11	1,310	83,0	65,0
11,0	6,86	1,360	75,5	55,9
8,4	8,70	1,560	73,0	46,7
7,0	10,00	1,710	70,0	41,0
5,4	12,30	1,900	66,0	34,8
3,92	17,18	2,570	67,0	27,0
1,88	30,00	3,350	57,0	17,2

1. La pesée du cerveau portait sur l'ensemble de l'encéphale dépouillé de la dure-mère.

RUDINGER (*Ueber die Hirne verschiedener Hunde, Sitzungsb. Akadem. München*, 1894, 249-255), ayant déterminé le poids du cerveau sur 11 races de chien, arrive aux mêmes conclusions que CH. RICHET.

LAPICQUE (*B. B.*, 1898, 62) applique aux pesées de CH. RICHET la formule de E. DUBOIS.

Soient E et e, les poids de deux encéphales, P et p, les poids de deux corps ; $\frac{e}{p.x}$ le rapport de l'encéphale au poids, on a par hypothèse :

$$x = \frac{\text{Log E} - \text{Log } e}{\text{Log P} - \text{Log } p}.$$

x devient sur les cerveaux des chiens divers égal à 0,25, soit $\frac{1}{4}$.

L'isthme de l'encéphale présente la conformation générale de celui de tous les mammifères. Cependant, le quatrième ventricule est proportionnellement très large et très profond ; les corps restiformes sont saillants et bien détachés. La protubérance est large, et limitée en arrière par une saillie rubanée (corps trapézoïde) située en dehors des pyramides et qui donne origine à la VIIe et à la VIIIe paire des nerfs craniens et à une racine de la Ve paire.

Les pyramides sont volumineuses, et les olives sont bien marquées.

a) **Le cerveau.** — Le rapport entre le poids du cerveau et celui de la moelle épinière

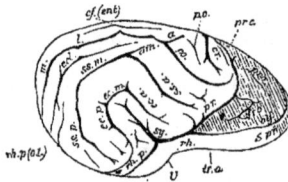

FIG. 102. — *Contour de la face externe du cerveau avec l'indication des scissures. D'après* ELLENBERGER *et* BAUM.

pro., scissure frontale supérieure ; *spr.*, circonvolution subrostrale ; *fro.*, scissure frontale ; *olf.*, scissure olfactive ; *rh.*, scissure rhinale ; *rh. p.*, scissure rhinale postérieure ; *pr,*, scissure présylvienne ; *pr. c.*, scissure précruciforme ; *p. c.*, sillon postcruciforme ; *sy.*, scissure de Sylvius ; *ss. m.*, scissure suprasylvienne moyenne ; *ss. a.*, scissure suprasylvienne antérieure ; *ss. p.*, scissure suprasylvienne postérieure ; *ec. m.*, scissure ectosylvienne moyenne ; *ec.a.*, scissure ectosylvienne antérieure ; *ce. p.*, scissure ectosylvienne postérieure ; *am.*, petit sillon en anse ; *l.*, scissure latérale ; *a.*, sillon en anse ; *co.*, scissure coronaire ; *ecl.*, scissure ecto-latérale ; *m.*, scissure médiolatérale ; *cf.* (*ent.*), scissure entolatérale ; *rh.p*] *.(ol.)*, scissures rhinales postérieure et occipito-temporale. — U, bec de l'hippocampe ; *tr. o.*, lobe olfactif.

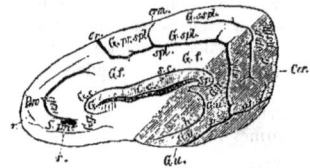

FIG. 103. — *Contour de la face interne du cerveau avec l'indication des circonvolutions et des scissures. D'après* ELLENBERGER *et* BAUM.

Cr., scissure cruciforme ; G. *pr. spl.*, circonvolution présplénienne ; G. *spl.*, circonvolution spléniale ; G. *sspl.*, circonvolution suprasplénienne ; G. *f.*, circonvolution du corps calleux (*gyrus fornicatus*) ; G. *h.*, circonvolution de l'hippocampe ; G. *g.*, circonvolution du genou du corps calleux ; G. *p. spl.*, circonvolution postsplénienne ; G. *c.*, circonvolution du tractus externe ou du cingulum (circonvolution du tractus du corps calleux) ; G. *u.*, circonvolution du bec de l'hippocampe (*gyrus uncinatus*) ; G. *u. p.*, sa portion postérieure ; Pro., circonvolution frontale supérieure ; S. pro., circonvolution subrostrale ; *gen.*, scissure du genou du corps calleux ; *spl.*, scissure spléniale ; *sp. p.*, scissure postsplénienne ; *h.*, scissure de l'hippocampe ; *s. c.*, scissure supracalleuse ; *r.*, scissure rostrale ; *crm.*, petite scissure cruciforme ; G., genou du corps calleux ; Sp., bourrelet du corps calleux ; *cc.*, corps calleux ; Cer., face cérébelleuse du cerveau ; *o. t.*, scissure occipito-temporale.

est de 6,5 à 1 (ELLENBERGER et BAUM) ; entre le cerveau et le cervelet, de 8 à 1 (CHAUVEAU et ARLOING).

La surface cérébrale est parcourue par un nombre assez considérable de scissures, dont la description complète et systématique a été donnée par ELLENBERGER et BAUM (*Anat. du chien*).

Nous indiquerons sommairement ces scissures. On distingue les *scissures limites* suivantes : 1° *la scissure rhinale* (fig. 102, *rh*) (scissure limite du lobe olfactif) ; 2° *la scissure rhinale postérieure* (fig. 102, *rh. p.*) ou *scissure limite du lobe piriforme ; 3° la scissure de l'hippocampe* (fig. 103, *h*).

Les scissures primaires de la surface dorso-latérale sont : *la scissure cruciforme* (fig. 103, 102, *cr*), *la scissure présylvienne* (fig. 102, *pr*) et *la scissure de* SYLVIUS (fig. 102, *sy*).

Les scissures accessoires de la surface dorso-latérale sont : I, *les scissures arquées*, concentriques à la scissure de SYLVIUS, formées chacune par une branche pariétale, une branche temporale et une portion intermédiaire (*première scissure arquée*, fig. 102, *ccm*, *ec. a.*, et *e c p.*, *deuxième scissure arquée*, *ss. m.*, *ss. a.*, et *ss.p.* et *troisième scissure arquée*, fig. 102, *l*); II, *la scissure ectolatérale* (fig. 102, *ecl*); III, *sillon entolatéral* (*c.fent*); IV, *le sillon postcruciforme* (*p.c.*); V, *le sillon précruciforme* (*pr.c*); VI, *la scissure olfactive* (*olf*); VII, *la scissure sus-orbitaire* ou *frontale supérieure* (*pro*), fig. 102.

A la face interne de l hémisphère cérébral on trouve : 1° *la scissure spléniale* (fig.104, *sp.l*); 2° *la scissure sus-spléniale*; 3° *la scissure post-spléniale* (*sp.p.* fig. 103); 4° *la scissure préspléniale* ou *scissure du genou du corps calleux* (*gen.*, fig. 103); 5° *la scissure occipito-temporale* (fig. 103, *o.t*).

Les circonvolutions portent les noms des scissures qui les avoisinent. Ainsi, autour de la scissure de Sylvius, on trouve les quatre circonvolutions suivantes :

1° *Circonvolutions sylviennes antérieure* (*sy.a*) et *postérieure* (*sy.p.*, (fig. 104);

2° *Circonvolutions ectosylviennes antérieure* (*ec.a*), *moyenne* (*ec.m*) et *postérieure* (*ec.p.*, fig. 104);

3° *Circonvolution suprasylvienne divisée :* a) *antérieure* (coronaire) (fig. 104, *c.o.*), b) *moyenne* (*s.s*), c) *postérieure* (fig. 104, *s.s.p.*);

4° *La circonvolution marginale* (fig. 104, *m*) dans laquelle on distingue les sections suivantes : a) *Circonvolution centrale antérieure* (*prérolandique*) (*c.c.a*); b) *Circonvolution centrale postérieure* (*ce.p*) ou *post-rolandique, post-frontale* ou *post-cruciforme;* c) *Circonvolution entolatérale* (fig. 104, *ent.*); d) *Circonvolution supraspléniale* (fig. 103, *G.s.s.pl*); e) *Circonvolution post-spléniale* (fig. 103, *G.p.spl.*); f) *Circonvolution pré-spléniale* (fig. 103, *G.pr.Spl.*); g) *Circonvolution spléniale* (fig. 103, *G.spl.*).

On trouve encore à l'extrémité pariétale et temporale des arcs qui entourent la scissure de Sylvius deux circonvolutions : 1° *Circonvolution composée antérieure* (fig. 104, *cm.a*); 2° *Circonvolution composée postérieure* (fig. 104, *c.m.p*).

Du côté nasal de la scissure cruciforme on trouve : a) *la circonvolution frontale supérieure* ou *prorea* (fig. 104, *Pr*); b) *la circonvolution orbitaire;* c) *la circonvolution subrostrale* (fig. 102, *spr*).

A la face interne de l'hémisphère on distingue encore : 1° *la circonvolution du corps calleux* (fig. 103, *G.f.*), avec les sections suivantes : a) *Circonvolution du tractus externe* (fig. 103, *G.c.*); b) *Circonvolution du genou du corps calleux* (*G.g*; c) *Circonvolution de l'hippocampe* (fig. 103, *G.h.*); d) *Circonvolution du bec de l'hippocampe* (*G.u.*).

Les lobes cérébraux. — On reconnaît aisément sur le cerveau du chien les lobes suivants :

1° *Lobe frontal* séparé : a) du lobe olfactif par la scissure rhinale en dehors et par la scissure du genou du corps calleux en dedans; b) du lobe pariétal par la scissure présylvienne et la scissure cruciforme;

2° *Lobe pariétal*, le plus volumineux de tous, séparé : a) du lobe frontal par la scissure cruciforme et par la scissure présylvienne; b) du lobe temporal par la scissure de Sylvius et par une ligne fictive qui prolonge cette scissure à travers le Ier, le IIe arc, et la section externe du IIIe; c) du côté du lobe olfactif par la scissure spléniale en dedans et par la scissure rhinale en dehors. Du côté dorso-caudal il se continue sans limite avec le lobe occipital;

3° *Lobe temporal*, séparé : a) du lobe du corps calleux en dehors par la scissure rhinale postérieure; b) du lobe pariétal par la scissure de Sylvius et le prolongement fictif; c) du lobe occipital par la portion recourbée de la scissure ectolatérale.

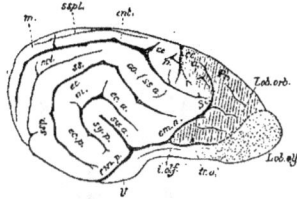

Fig. 104. — *Contour de la face externe du cerveau avec l'indication des circonvolutions. D'après* Ellenberger *et* Baum.

Lob, olf., lobe olfactif: Lob. orb., lobe orbitaire; Pr., circonvolution frontale supérieure; tr. o., bandelette olfactive; U. uncus (apophyse piriforme); ce. a., circonvolution centrale antérieure (prérolandique); ce. p., circonvolution centrale postérieure (postrolandique); co. (ss. a.), circonvolution coronaire (suprasylvienne antérieure; ec. a., circonvolution ectosylvienne antérieure; sy. a., circonvolution sylvienne antérieure; ec. m., circonvolution ectosylvienne moyenne; ent., circonvolution entolatérale; sspl., circonvolution suprasplé-niale; m., circonvolution marginale; ecl., circonvolution ectolatérale; ssp., circonvolution suprasylvienne postérieure; ss., circonvolution suprasylvienne postérieure; sy.p., circonvolution suprasylvienne moyenne; sy.p., circonvolution sylvienne postérieure; i. olf., scissure interolfactive; cm. p., circonvolution composée postérieure; Si., circonvolution sigmoïde; cm. a., circonvolution composée antérieure; ec. p., circonvolution ectosylvienne postérieure.

4° *Le lobe occipital* se continue du côté nasal insensiblement avec le lobe pariétal. Il est limité latéralement par la scissure ectolatérale; du côté caudoventral par la scissure occipito-temporale, et, en dedans, par la scissure spléniale.

5° *Le lobe olfactif et le lobe du corps calleux.* — Cette portion du cerveau située du côté interne, et vers la base du cerveau, est séparée : *a)* du lobe frontal par la scissure du genou du corps calleux; *b)* du lobe pariétal et du lobe occipital par les scissures spléniale et rhinale postérieure; *c)* de la corne d'AMMON par la scissure de l'hippocampe. Le lobe olfactif entoure l'apophyse piriforme de la bandelette optique.

On distingue encore sur la surface cérébrale du chien : 1° *le bulbe olfactif* (fig. 105, *a*), relativement grand chez le chien, recouvre la face nasale et externe du lobe frontal; 2° *la bandelette ou circonvolution olfactive* (fig. 105, *a a'*) prolonge le bulbe olfactif dans la direction caudale et le réunit à la circonvolution du tractus externe (*gyrus cinguli*) à l'espace perforé (fig. 105, 2) et au lobe piriforme (fig. 105, 5). La bandelette se divise en deux branches qui divergent du côté caudal : la branche externe (fig. 105, *a'*) limitée par la scissure rhinale se dirige vers le lobe mamillaire (fig. 105, *s*) et vers l'origine de la fosse de SYLVIUS; la branche interne (fig. 105, *a''*), plus courte, se trouve près de la fente interhémisphérique.

III. *L'espace perforé antérieur ou externe* (triangle olfactif, champ olfactif) (fig. 105, 2) est une masse de substance grise située entre les branches ou racines de la bandelette. Reposant sur le corps strié, l'espace perforé est limité par le nerf optique (fig. 105, *b*) en dedans et vers la queue par le lobe piriforme (fig. 105, 5) du côté caudal;

IV. *Le lobe piriforme ou mamillaire* (uncus, circonvolution ou lobule de l'hippocampe) (fig. 105, 5) est séparé en dehors par la scissure rhinale postérieure; il se prolonge dans la direction dorsocaudale avec la circonvolution de l'hippocampe, et recouvre latéralement une grande partie des pédoncules cérébraux.

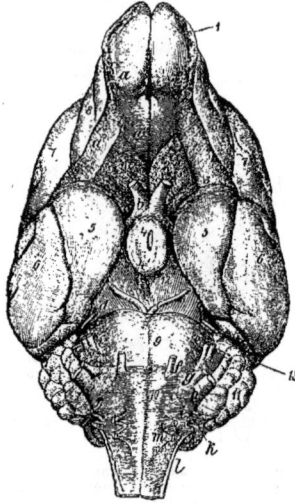

FIG 105. — *Base du cerveau. D'après* ELLEN-BERGER *et* BAUM.

a, bulbe olfactif; *a'*, branche externe et *a''*, branche interne de la bandelette olfactive; *b*, nerf optique; *c*, nerf moteur oculaire commun; *d*, nerf pathétique ou trochléaire; *e*, trijumeau; *f*, moteur oculaire externe; *g*, facial; *h*, auditif; *i*, glosso-pharyngien; *k*, pneumogastrique; *l*, spinal ou accessoire; *m*, hypoglosse. — 1, lobe olfactif; 2, espace perforé antérieur; 3, tractus transverse à l'extrémité orale du lobe piriforme; 4, in; fundibulum; 4' tubercules quadrijumeaux; 5, lobe piriforme ou mamillaire; 6, lob temporal; 7, lobe pariétal; 8, lobe frontal; 9, protubérance annulaire; 10, bulbe rachidien; 11, cervelet; 12, pédoncules cérébraux; 13, lobe occipital.

b) |Position du cerveau. — Les rapports que les différentes parties du cerveau entretiennent avec les os qui constituent la cavité cranienne sont très importants au point de vue des vivisections sur le cerveau. Comme on le voit sur la figure 106 (ELLENBERGER et BAUM, *Anatomie du chien*, 516), le lobe frontal et le commencement du lobe pariétal répondent à l'os frontal (*c*); le lobe pariétal touche l'os pariétal (*b*), et une portion du sphénoïde (*d*); le lobe temporal répond en partie à l'os pariétal (*b*), en partie au temporal (*e*) et, sur une faible étendue, au sphénoïde (*d*). Le lobe occipital est en rapport, en partie avec l'os occipital (*a*), en partie avec le pariétal (*b*). Le *cervelet* est caché dans la plupart des cas sous les hémisphères : du côté aboral il est recouvert par l'os occipital et le temporal. Le *bulbe rachidien* repose sur le basi-occipital.

3° **Composition chimique des centres nerveux.** — La proportion entre la substance grise et blanche est de 56,7 à 43,3 : elle peut arriver jusqu'à l'égalité (BOURGOIN, *Recherches chimiques sur le cerveau*, Paris, 1866; et DESPREZ, *Essai sur la composition chimique du cerveau*, Paris, 1867).

L'extrait éthéré du cerveau représente 15 p. 100 du poids total; celui de la moelle

24 p. 100 (Bibra, cité par Gorup-Besanez, *Chimie*, ii, 201). L'eau est plus abondante dans le cerveau que dans la moelle.

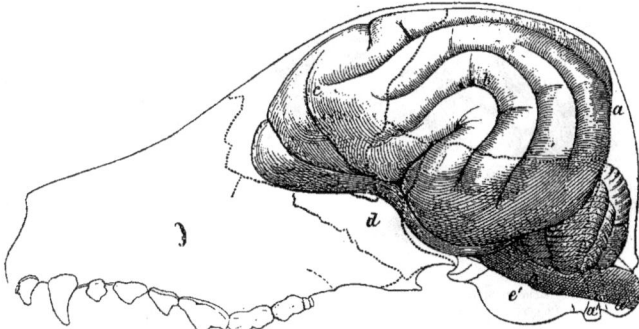

Fig. 106. — *Cerveau dans sa position naturelle.*

Les os de la boîte cranienne sont enlevés; leurs limites primitives sont indiquées par des lignes pointillées. Le dessin est fait d'après une préparation de la tête, congelée, d'un chien âgé de 3 mois (d'après Ellenberger et Baum). *a*, occiput; *a'*, condyle, et *a''*, apophyse styloïde de l'occipital; *b*, os pariétal; *c*, frontal; *d*, sphénoïde; *e*, temporal (portion écailleuse); *e'*, bulle tympanique du temporal.

Voici, d'après Gorup-Besanez (*Chimie physiologique*, ii, 202), les quantités d'eau et d'extractif éthéré de la moelle :

	I	II	III p. 100.
Eau	673	684	681
Extrait éthéré	248	253	243

D'après le même auteur on trouve encore :

	p. 100.
Cérébrine	24,00
Cholestérine	60,26
Corps gras.	15,74

L'urée se trouve entre 1,1 et 1,5 p. 100 (Picard, cité par Ellenberger, *Physiologie*, ii, 670).

Les *albuminoïdes* des centres nerveux ont été déterminés par Halliburton (*J. P.*, 1894, xv, 90-107).

Albuminoïdes du cerveau.

	EAU.	SUBSTANCES SOLIDES.	ALBUMINOIDES POUR 100.			
			TISSU FRAIS.		TISSU SEC.	
			En poids.	Estimation par l'Az.	En poids.	Estimation par l'Az.
Moelle cervicale	71,722	28,378	9,296	9,758	32,793	34,667
— dorsale.	68,285	31,715	9,606	10,276	30,288	32,369
— lombaire	70,147	29,853	10,358	11,036	34,696	36,967
Subst. grise du cerveau.	82,102	17,898	—	9,103	—	50,860
— blanche —	70,258	29,742	—	13,025	—	43,792

La *lécithine* se trouve dans les proportions suivantes (Voir, *Z. B.*, 1894, xxx) :

	ORG. FRAIS. p. 100.	ORG. SECS. p. 100.
Cerveau	4,78	27,02
Moelle épinière.	7,25	27,72

II. **Localisations cérébrales motrices.** — C'est sur le chien que Fritsch et Hitzig (1870) ont démontré l'excitabilité de l'écorce grise du cerveau. Depuis, nombre de physiologistes ont apporté des documents pour la délimitation des différentes zones motrices du cerveau. La figure 107 montre la disposition de ces zones (Ferrier, D., *Vorlesungen über Hirn localisation*, 1892, Leipzig et Vienne).

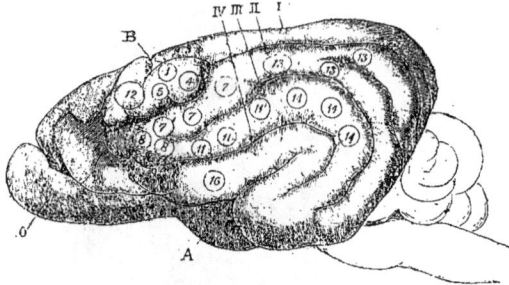

Fig. 107. — *Centres moteurs de l'hémisphère gauche du cerveau. D'après Ferrier.*

A, scissure de Sylvius ; B, sillon crucial ; O, bulbe olfactif ; I, II, III, IV, circonvolutions fondamentales. — 1, la patte de derrière opposée s'avance pour marcher ; 3, mouvements ondulatoire ou latéral de la queue ; 4, rétraction et adduction du membre antérieur opposé ; 5, élévation de l'épaule et extension en avant du membre antérieur opposé ; 7, fermeture de l'œil opposé avec mouvement de l'œil et contraction de la pupille ; 8, rétraction et élévation de l'angle opposé de la bouche ; 9, ouverture de la bouche ; mouvements de sortie et de rentrée de la langue. Action bilatérale. Aboiement parfois ; 11, rétraction de l'angle de la bouche par l'action du peaussier ; 12, ouverture des yeux avec dilatation des pupilles, les yeux et ensuite la tête tournant du côté opposé ; 3, 1, les yeux se dirigent du côté opposé ; 14, l'oreille se dresse ; 16, torsion de la narine du même côté.

III. **Système nerveux périphérique.** — 1° Les nerfs craniens. — 1° *Le nerf olfactif* n'existe pas, à proprement parler, car le bulbe olfactif envoie une série de filets nerveux (filets olfactifs) qui, après avoir traversé les trous de la lame criblée, se distribuent à la paroi latérale et à la cloison du nez, sans se réunir en un nerf unique (Ellenberger et Baum) ;

2° *Le nerf optique* sort par le trou optique et ne présente rien de particulier ;

3° *Le nerf moteur oculaire commun* arrive dans la cavité orbitaire à travers la scissure orbitaire et se distribue à tous les muscles de l'œil, sauf le droit externe et le grand oblique (oblique supérieur) ;

4° *Le nerf pathétique* sort de la cavité cranienne par la fente orbitaire ; il se distribue dans le grand oblique ;

5° *Le nerf trijumeau.* — Du bord oral du *ganglion de* Gasser se détachent : A. *Le nerf ophtalmique*, qui sort de la cavité cranienne par la fente orbitaire supérieure avec le pathétique et le nerf moteur oculaire externe. Dans l'orbite il se divise en deux : *le nerf ethmoïdal* et *le nerf sous-trochléaire* (nasal externe) ; il abandonne encore, avant sa division, *le nerf frontal* et *le long nerf ciliaire*.

C. *Le nerf maxillaire supérieur* s'engage dans le trou rond pour sortir de la cavité cranienne ; il pénètre ensuite par le trou ptérygoïdien dans le canal ptérygoïdien, accompagné de l'artère maxillaire interne, et se dirige vers la fosse sphéno-palatine où il se divise en trois branches : *les deux nerfs sous-orbitaires et le nerf sphéno-palatin*. Le nerf maxillaire supérieur se termine par trois branches : a) *le nerf petit palatin ;* b) *le nerf grand palatin ;* c) *le nerf nasal postérieur.*

B. *Le nerf maxillaire inférieur* sort du crâne par le trou ovale et se divise à la face externe du muscle ptérygoïdien interne en *nerf mandibulaire* et en *nerf lingual. Le ganglion otique* atteint chez les grands chiens les dimensions d'une tête d'épingle : il se trouve tout près de l'endroit où le nerf maxillaire inférieur quitte le trou ovale. Les branches collatérales du nerf maxillaire inférieur sont le nerf temporal profond nerf massétérin, nerf buccinateur, nerf auriculo-temporal et les nerfs ptérygoïdiens.

Chauveau et Arloing (*Anatomie comp.*, 848) décrivent encore une branche qui se détache du nerf maxillaire inférieur presque immédiatement après sa sortie du crâne ; elle descend dans l'espace intra-maxillaire en accompagnant l'artère faciale, et, vers le bord postérieur du muscle mylo-hyoïdien, se partage en deux rameaux : a) l'une s'applique sur le muscle mylo-hyoïdien, b) l'autre s'infléchit de dedans en dehors et de bas en haut, en avant du masséter et s'unit à la branche inférieure du facial. Grâce à cette disposition, chacune des branches du facial est munie d'un rameau sensitif provenant de la Ve paire.

6° *Le nerf moteur-oculaire externe* sort, avec la branche ophtalmique du trijumeau, par la fente orbitaire et se distribue dans le muscle droit externe de l'œil.

7° *Le nerf facial forme le ganglion géniculé* à travers l'aqueduc de FALLOPE et sort du crâne par le trou stylo-mastoïdien. Les branches abandonnées par le facial dans l'aqueduc de FALLOPE sont : *a*) le nerf grand pétreux superficiel; *b*) nerf du muscle de l'étrier; *c*) la corde du tympan. Celle-ci, après être sortie de la cavité du tympan par le trou de GLASER, s'accole au nerf lingual sous le muscle ptérygoïdien externe. La corde du tympan se sépare du lingual, avant que ce nerf croise le canal de WHARTON (fig. 97, T), et se dirige en arrière, vers la glande sous-maxillaire, en formant une courbure à convexité inférieure. Près de sa séparation du lingual, la corde du tympan traverse le ganglion sous-maxillaire.

Les branches terminales du facial sont : *a*) nerf buccal supérieur (bucco-labial supérieur); *b*) nerf buccal inférieur (bucco-labial inférieur); *c*) nerf zygomatico-temporal.

8° *Le nerf auditif* se divise près du trou auditif interne en nerf vestibulaire et nerf cochléaire qui pénètrent dans le labyrinthe par le trou auditif interne.

9° *Le nerf glosso-pharyngien* sort avec le pneumogastrique et le spinal par le trou déchiré postérieur. Il se divise bientôt en une branche linguale et une branche pharyngienne. Il forme le *ganglion pétreux* qui est réuni par de fins filets au ganglion [supérieur du nerf vague.

10° *Le nerf pneumogastrique* (Vague). — Nous avons décrit la portion cervicale du pneumogastrique dans les nerfs du cœur. En dehors des branches déjà décrites (laryngé supérieur, récurrent, filets cardiaques), le pneumogastrique donne encore : *a*) la branche auriculaire; *b*) les branches pharyngiennes supérieure et inférieure; *c*) les branches bronchiales; *d*) les cordons œsophagiens qui, arrivés dans la cavité abdominale, se divisent en une branche ventrale qui constitue le *plexus gastrique* antérieur et en une branche dorsale qui donne le plexus gastrique postérieur. La section des deux nerfs vagues fait tomber le nombre des respirations à 6 ou 7 par minute. La mort arrive au bout de quatre à cinq jours (MUNK. *Lehrbuch der Physiologie*, 474), exceptionnellement au bout de 17 jours.

11° *Le nerf spinal* (accessoire de WILLIS) est formé par deux sortes de racines : *médullaires* qui descendent dans la moelle cervicale jusqu'à la sixième ou septième racine; *bulbaires* qui sont un peu postérieures par rapport au pneumogastrique. Toutes ces racines se réunissent dans un nerf assez gros qui sort de la cavité cranienne par le trou déchiré postérieur.

12° *Le nerf hypoglosse* sort par le trou condylien de l'occipital et donne aussitôt à sa sortie de fins filets anastomotiques au plexus pharyngien, au ganglion cervical supérieur, au ganglion plexiforme et à la branche pharyngienne supérieure du pneumogastrique. Il donne encore une branche descendante qui s'anastomose avec la branche ventrale du premier nerf cervical.

2° **Les nerfs rachidiens** sont au nombre de 31 paires (8 cervicales, 13 dorsales, 7 lombaires et 3 sacrées). La disposition générale de ces nerfs est celle de tous les mammifères. Parmi les nerfs cervicaux nous signalons :

Le grand nerf auriculaire qui émerge de la IIe paire cervicale entre le sterno-mastoïdien et la portion cervicale du sterno-mastoïdien. Il se distribue dans le peaucier et à la peau du pavillon de l'oreille, de la région parotidienne et du côté du cou jusqu'à l'occiput.

Le nerf phrénique prend naissance par une racine venant des 5e, 6e et 7e nerfs cervicaux (ELLENBERGER et BAUM) : des 4e, 5e et 6e nerfs cervicaux (HOGGE, A., *Travaux du Labor. de L. FREDERICQ*, 1891-92. IV, 128).

Le plexus brachial provient de la réunion des branches ventrales de quatre derniers nerfs cervicaux (V, VI, VII, VIII) et de deux premiers dorsaux (ELLENBERGER et BAUM). Le Ve nerf cervical envoie au plexus un mince filet; le VIe forme essentiellement le nerf sous-scapulaire; le VIIe fournit des racines au nerf musculo-cutané, au médian, à l'axillaire : il forme à lui seul un des nerfs sous-scapulaires et un des nerfs thoraciques inférieurs. Le VIIIe nerf cervical forme aussi un nerf sous-scapulaire et un thoracique (postérieur) et fournit des racines au nerf musculo-cutané au radial, à l'axillaire, et au cubital réuni au médian. Le Ier nerf dorsal donne origine aux nerfs thoraciques postérieurs et envoie des racines aux nerfs cubital, médian et radial. Le plus accessible de ces nerfs est le *médian*, qui est satellite de l'artère humérale : on peut le trouver à la partie moyenne du bras.

Les *nerfs dorsaux, lombaires et sacrés* ne présentent rien de particulier. Signalons *le plexus lombaire* formé par les anastomoses des branches ventrales des nerfs lombaires (du Ier au VIe, parfois au VIIe). Le nerf principal de ce plexus est le *fémoral* (crural) provenant des IIIe, IVe et V^e nerfs lombaires (ELLENBERGER et BAUM). Par son rameau antérieur, il accompagne l'artère et la veine crurales. On le trouve facilement dans le pli de l'aine à côté de l'artère crurale.

Le *plexus sacré* forme deux sections : *a)* le plexus sciatique, constitué par les Ve, VIe et VIIe lombaires et par le Ier sacré ; *b)* le plexus pubio-coccygien, qui comprend en outre le IIe nerf sacré.

Le *nerf sciatique* est constitué par la réunion des quatre racines (trois venant des derniers nerfs lombaires, une seule du Ier sacré). Il sort du bassin par l'échancrure sciatique externe et se place sur les muscles jumeaux, sur le tendon du muscle obturateur et sur le carré crural. On le découvre facilement à sa sortie du bassin, sur une ligne qui part de la 3e apophyse spinale du sacrum, pour venir aboutir au milieu de la cavité cotyloïde; on écarte le muscle grand fessier, ainsi que le moyen, et on tombe sur le nerf sciatique.

3° Le grand sympathique. — Nous avons décrit dans les nerfs du cœur la portion cervicale du sympathique, ainsi que *le Ganglion stellatum* (gangl. premier thoracique).

Le *grand nerf splanchnique* se détache du sympathique dans la cavité thoracique au niveau de la treizième côte et passe dans la cavité abdominale.

La *portion abdominale du sympathique* forme les plexus surrénal, cœliaque, mésentérique supérieur, mésentérique inférieur, spermatique et hypogastrique.

4° Organes du goût. — Les *bourgeons gustatifs* se trouvent groupés sur les bourrelets circulaires et aux côtés des papilles caliciformes, aux environs des organes foliés et des papilles fongiformes et sur le palais (sa face orale, son bord libre et sur les piliers antérieurs). On trouve encore des pareils bourgeons sur la surface postérieure (laryngiale) de l'épiglotte (SCHOFIELD, *Journ. of Anat. a. Physiology.*, 1876, x, 475-477). A chaque bourgeon est associé le canal de la glande muqueuse qui se trouve dans son voisinage.

5° Vision. — Le *globe oculaire* est presque parfaitement sphérique. Le rapport de l'axe de l'œil à son diamètre vertical est de 1 à 0,9 ou 1 à 0,95 (KOSCHEL, *Zeitschr. für vergleichende Augenheilkunde*, 1882-83, I et II, 53-79). Le diamètre longitudinal maximum est de 21 à 22 millim.; le diamètre transverse maximum de 20 à 21 millim. (EMMERT, *Zeitschr. für vergleichende Augenheilkunde*, 1886, 49). Le volume du globe oculaire est de 5^{cc},1 en moyenne. Le poids des deux globes oculaires est par rapport au poids du corps comme 1 : 545 jusqu'à 1 : 2374 (KOSCHEL).

La *cornée* du chien a une plus forte courbure que chez la plupart des animaux. Chez les chiens de taille moyenne, le rayon du méridien horizontal de la cornée mesure 9^{mm},3 et celui du fond de l'œil 12^{mm},6 (KOSCHEL). La hauteur de la cornée est en terme moyen 15^{mm},25; le rapport entre la hauteur et la largeur est de 1,0 à 1,07. Le rapport entre la largeur de la cornée et le diamètre horizontal de l'œil est de 1 à 1,3; entre la hauteur et le diamètre vertical le rapport est de 1 à 1,4.

L'*épaisseur* de la cornée est la suivante (ELLENBERGER et BAUM, *Anatom.*) :

	MILLIM.		MILLIM.
Chez les chiens de grande taille, au centre = 0,8 à 1,0 ; à la périphérie = 0,5 à 0,6			
— taille moyenne — = 0,8 — 1,0 — = 0,5 — 0,7			
— petite taille — = 0,6 — 0,8 — = 0,5 — 0,6			

Le *cristallin* est relativement peu bombé. Il est plus fortement convexe en arrière qu'en avant. En effet, le rayon de sa courbure postérieure est de 5^{mm},5; celui de la courbure antérieure est de 6^{mm},2 chez les chiens de taille moyenne. Le poids du cristallin varie entre 1^{gr},07 et 1^{gr},55. Le rapport entre le poids du cristallin et celui de l'œil varie entre 1 : 8 et 1 : 9,3.

L'*axe visuel* forme avec le plan des cavités orbitaires un angle de 56° par le fait de la situation obliquement latérale de deux orbites. En effet, les plans des orbites se rencontrent sous un angle de 84° à 90° (J. Müller). Cet angle, observé sur le caniche et sur le dogue, le terre-neuve et le chien-loup, est de 90° à 100°; sur le carlin, le chien de chasse et le chien de basse-cour, de 100° à 110° (Preusse).

J. ATHANASIU et J. CARVALLO.

CHIMIE. — (Voyez Physiologie.)

CHIRATINE ($C^{26}H^{48}O^{15}$). — Matière amère, résineuse, extraite par Hohn des feuilles de l'*Ophelia chirata* (D. W., (1), 448).

CHITINE. — La chitine constitue la substance organique du dermo-squelette et du squelette interne des animaux articulés. On la prépare en faisant bouillir longtemps des insectes ou des crustacés décalcifiés avec une lessive de soude jusqu'à décoloration. Le résidu, bien lavé à l'eau, est épuisé d'abord par les acides étendus, puis par l'alcool et par l'éther bouillants.

La chitine se dissout dans l'acide sulfurique concentré. Cette solution étendue d'eau et portée à l'ébullition donne du glucose et de l'ammoniaque.

La chitine a été l'objet d'une étude approfondie de Stœdeler. On considère généralement la chitine comme un *glucoside*, et en effet, parmi les produits de décomposition de la chitine sous l'influence de HCl concentré, Ladderhose a trouvé de la *glycosamine*.

Par contre, pour Sundwick, la chitine serait un dérivé amidé d'un hydrate de carbone du type ($C^6H^{10}O^5$). Il est remarquable, en effet, que la chitine résiste si énergiquement à l'action des acides ou des alcalis étendus et bouillants, si elle est un glucoside, car on sait la facilité avec laquelle se dédoublent les glucosides dans ces conditions.

Fondue avec la potasse, ou traitée par SO^4H^2 concentré, la chitine se comporterait, d'après Sundwick, comme un hydrate de carbone. Soumise à l'action de SO^4H^2 et AzO^3H mélangés, elle donne, comme le cellulose, un éther nitrique, qui fait parfois explosion au-dessous de 110 degrés.

Enfin, parmi les produits de dédoublement de la chitine sous l'influence des acides, on pourrait retrouver, sous la forme de glucose, jusqu'à 92 p. 100 du carbone de la chitine.

Sundwick propose pour la chitine la formule suivante :

$$C^{60}H^{100}Az^8O^{36} + nH^2O$$

pouvant varier entre 1 et 4.

Le dédoublement par hydratation serait représenté par les formules suivantes :

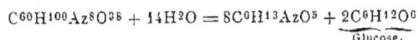

$$C^{60}H^{100}Az^8O^{36} + 14H^2O = 8C^6H^{13}AzO^5 + \underbrace{2C^6H^{12}O^6}_{\text{Glucose.}}$$

Ces deux molécules de glucose donneraient par destruction des acides gras et des produits humiques.

Bibliographie. — V. Lambling, art. « *Chitine* » in D. W., 2° suppl., 2° partie.

J.-E.-A.

CHLORAL. — Aldéhyde trichlorée; hydrure de trichloracétyle (C^2HCl^3O). C'est un liquide incolore, fumant à l'air, gras au toucher; d'odeur éthérée, irritante; caustique; d'une densité de 1,51; que l'on obtient en faisant agir le chlore sur l'aldéhyde, sur l'alcool ou sur les hydrates de carbone.

Ce corps est très avide d'eau; il s'unit directement à elle, en dégageant de la chaleur, pour former l'hydrate de chloral (C^2HCl^3O, H^2O), qui cristallise en prismes rhomboïdaux, blancs, déliquescents.

Seul, l'hydrate de chloral est employé dans les laboratoires et en médecine; il est très soluble dans l'eau, dans l'alcool et dans l'éther, fond à 57° et dégage des vapeurs, même à la température ordinaire.

Un hydrate de chloral de bonne qualité est blanc, onctueux au toucher, répand une odeur aromatique rappelant un peu celle du melon; sa saveur est piquante, un peu amère; il doit se dissoudre complètement dans l'eau, être neutre, ou à peu près, au tournesol, et ne pas précipiter le nitrate d'argent.

Sous l'influence des hydrates et carbonates alcalins, le chloral se dédouble en chloroforme et formiate, suivant la formule :

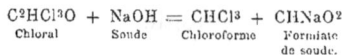

$$C^2HCl^3O + NaOH = CHCl^3 + CHNaO^2$$
$$\text{Chloral} \quad \text{Soude} \quad \text{Chloroforme} \quad \text{Formiate de soude.}$$

A la température ordinaire, cette transformation est difficile à constater; la chaleur la favorise; mais il est important de noter qu'à 38 ou 40° elle est encore assez lente. 147,5 parties de chloral, en poids, donnent, avec 40 parties d'hydrate de soude, 119,5 de chloroforme et 68 de formiate.

En moyenne, 100 parties de chloral donnent 72,20 de chloroforme et 27,80 d'acide formique.

C'est cette réaction essentielle qui est devenue l'origine de l'emploi du chloral en médecine et qui sert de base à la théorie chimique, d'après laquelle ce médicament, introduit dans le sang, amènerait le sommeil par le chloroforme qu'il abandonnerait peu à peu en circulant.

En effet, O. Liebreich, à qui revient l'honneur de l'introduction du chloral en thérapeutique, supposa, a priori, que les alcalis du sang produiraient une réaction identique, et que le chloral, introduit dans les vaisseaux d'un animal, amènerait le sommeil par le chloroforme qu'il dégagerait peu à peu.

Les essais expérimentaux apportèrent une confirmation aux prévisions de Liebreich; les animaux auxquels l'hydrate de chloral fut administré s'endormirent. Aussi le nouvel anesthésique et la théorie de son action furent-ils simultanément annoncés, d'abord à la Société de médecine de Berlin, en juin 1869, puis à l'Institut de France, en août 1869.

Les expériences de Liebreich furent répétées de toutes parts avec un égal succès; les remarquables propriétés hypno-anesthésiques du chloral furent définitivement reconnues, mais tout le monde n'adopta pas les explications de l'initiateur, relativement à l'origine et au mécanisme des effets de ce médicament.

Sur le mode d'action du chloral, il se forma immédiatement deux camps bien tranchés, comprenant : l'un, les partisans du dédoublement en chloroforme et acide formique; l'autre, les partisans de l'individualité propre du chloral, n'admettant pas que ce médicament soit incapable d'agir par lui-même et soit dans l'obligation de fournir du chloroforme pour produire le sommeil.

Le différend n'est pas encore tranché; aussi aurons-nous à revenir sur cette importante question, quand nous aurons traité des principales modifications organiques et fonctionnelles que présentent les sujets chloralisés.

D'ailleurs le pouvoir de provoquer le dédoublement du chloral n'a pas été seulement attribué aux bicarbonates et sels alcalins contenus dans le sang.

D'après les expériences de Guérin (1885), les matières albuminoïdes, elles-mêmes, abstraction faite du milieu alcalin, jouissent aussi de cette propriété de rompre la molécule du chloral et de la dissocier en chloroforme et en acide formique. Les substances albuminoïdes du sang, l'albumine ordinaire, le blanc d'œuf conduisent indistinctement à ce résultat, mais il importe de savoir que les matières albuminoïdes acidifiées sont moins actives que ces mêmes matières à l'état naturel.

Chauffé au bain-marie avec son poids de glucose anhydre, et quelques gouttes d'acide chlorhydrique, le chloral anhydre se transforme en parachloralose et chloralose.

A la suite de concentrations successives et de cristallisations, on parvient facilement à isoler le dernier de ces corps, qui est un hypnotique précieux, dont la préparation et l'étude pharmacodynamique ont été faites par Hanriot et Ch. Richet (V. Chloralose).

Administration et absorption du chloral. — L'hydrate de chloral, étant très soluble dans l'eau, est dans d'excellentes conditions pour diffuser facilement, et passer à l'absorption par toutes les voies; mais il est, de plus, irritant et phlogogène, à telles enseignes qu'on a préconisé son usage comme vésicant (Schulz, Testut, etc.), et c'est là une raison qui nécessite un choix judicieux dans les procédés à employer pour l'administrer à l'homme ou aux animaux.

Les effets hypnotiques, que l'on recherche habituellement en thérapeutique, ne nécessitant pas l'emploi de doses fortes, il est facile de diluer assez le médicament pour lui enlever toute action irritante et le faire absorber, soit par la muqueuse gastro-intestinale, soit par le rectum.

Par contre, expérimentalement ou cliniquement, son introduction par la voie hypodermique est irrationnelle; VULPIAN (1874) a toujours observé des phlegmons gangréneux, des décollements étendus de la peau, chez les chiens qui recevaient une solution de chloral dans le tissu cellulaire. A la vérité, il employait des solutions trop concentrées; mais s'il fallait les diluer, au point de les rendre inoffensives, la quantité de liquide à injecter, pour obtenir les effets voulus, serait vraiment trop considérable et on se butterait à d'autres inconvénients. Lorsqu'il s'agit d'imprégner fortement les animaux, pour arriver à l'anesthésie chloralique, le seul procédé pratique est l'introduction directe dans une veine, en ayant soin encore de se servir d'une solution suffisamment diluée, et de l'injecter avec assez de lenteur pour éviter les actions sur l'endocarde et les syncopes mortelles qui peuvent en être la conséquence.

ORÉ (1872) a été l'initiateur de cette méthode, qu'il a appliquée immédiatement à l'homme, avec une hardiesse un peu excessive; et c'est VULPIAN qui, deux ans après, a rendu son usage courant dans les laboratoires de physiologie.

Parlant d'introduire le chloral dans la veine, une question préjudicielle se pose immédiatement : c'est l'action que peut avoir le médicament sur le sang ou sur ses éléments.

Il est indéniable, quoi qu'en ait dit ORÉ, que mêlé à du sang extrait d'un vaisseau, le chloral le coagule et change sa coloration, qui devient brun grisâtre; les globules sont aussi profondément altérés, ils sont transformés d'abord en corps ratatinés, puis survient la désintégration de leur stroma sous la forme de débris filamenteux (MAYET, 1883 et 1891). On a trouvé aussi qu'un tel sang laissait échapper rapidement, sur le champ du microscope, de nombreux cristaux d'hémoglobine, qui peuvent également se retrouver à l'élimination dans l'urine (FELTZ et RITTER, 1876). Cependant, contrairement à PORTA, DJUBERG prétend que les hématies ne sont pas dissoutes par le chloral.

Quelle qu'en soit la nature exacte, l'action du chloral sur le sang et sur les hématies est certaine; il ne faut pas la perdre de vue, dans la préparation des solutions que l'on destine à l'introduction veineuse.

A cet égard, MAYET a constaté, in vitro, que le chloral au 1/5, titre indiqué par VULPIAN, était encore très nuisible aux globules du sang; qu'il fallait porter la dilution au titre de 1/20, au moins, pour amener simplement un gonflement du stroma. Mais le même auteur ajoute, avec beaucoup de raison suivant nous, que cette action peut être beaucoup moins prononcée dans le sang circulant que dans les préparations in vitro; qu'elle ne doit pas produire la mort des globules touchés les premiers dans la veine, d'abord, à cause de la dilution rapide due à la circulation, ensuite, parce que, dans les vaisseaux, les globules et le sang sont mieux défendus contre la destruction et la coagulation.

En effet, dans les vaisseaux, le sang a des caractères chimiques particuliers, qui proviennent surtout de l'heureuse propriété que possèdent les albuminoïdes de se combiner avec les substances étrangères, pour former des albuminates solubles, qui masquent les actions nuisibles des principes altérants.

Que ce soit cette raison ou une autre, nous avons la conviction que, bien qu'altérant du sang, le chloral est moins dangereux pour ce liquide, en circulation dans les vaisseaux, qu'in vitro; car, au laboratoire, nous avons toujours employé et employons couramment la solution au 1/5, sans avoir jamais observé le moindre accident.

Le point important est de procéder avec beaucoup de lenteur et de n'introduire la solution que très progressivement, en suivant presque pas à pas l'apparition et le déroulement des symptômes qu'elle détermine.

L'introduction du chloral dans la veine, pour obtenir l'anesthésie des animaux (chien, cheval, âne, bœuf, chèvre, mouton), est une méthode de laboratoire fort recommandable, sauf certains inconvénients dont nous parlerons plus loin.

Toujours pour les recherches de physiologie, CH. RICHET (1889) recommande le chloral, qu'il introduit, non plus dans le système veineux, mais dans le péritoine ; l'absorption, dit-il, est rapide, et, en dix minutes, l'anesthésie est complète. On la rend très profonde et très prolongée, en ajoutant du chlorhydrate de morphine au chloral, dans la proportion de 1 gramme de la première, pour 200 grammes du second par litre d'eau (V. **Anesthésie**, *D. Physiol.*, I, 536).

Quant à la dose anesthésiante pour le chien, elle est de 2cc,5 de la solution par kilogramme du poids de l'animal, ce qui représente 5 décigrammes de chloral et 25 dixièmes de milligramme de morphine.

Modifications organiques et fonctionnelles produites par le chloral. — Caractéristique des effets généraux. — Le chloral n'est qu'un hypnotique, a dit CL. BERNARD (1875), et, dans l'analyse des actions pharmacodynamiques de ce médicament, il arrive à trouver des arguments justificatifs de cette manière de voir, qu'il appuie principalement sur ce fait que l'état dans lequel le chloral plonge les animaux n'est qu'un sommeil plus ou moins profond sans anesthésie véritable. GUBLER a défendu la même opinion, et, physiologiquement, distingue nettement les effets du chloral de ceux du chloroforme : les premiers seraient seulement hypnotiques, les seconds anesthésiques. VULPIAN reconnaît au chloral des actions spéciales, mais admet qu'il peut, alternativement et suivant la dose, produire la simple hypnose ou l'anesthésie.

Sans jouer sur les mots, c'est en effet ce qu'il faut admettre ; la caractéristique pharmacodynamique du chloral en fait un médicament à la fois hypnotique et anesthésique ; médicament ayant sa physionomie propre, sa façon d'agir bien spéciale, différente des autres et impossible à confondre avec celle des hypnotiques et anesthésiques des groupes voisins.

Le chloral est un hypnotique, c'est-à-dire qu'à dose modérée, il fait simplement dormir les animaux auxquels on l'administre, sans déterminer la perte de la sensibilité. Il provoque un sommeil plus ou moins profond qui se rapproche beaucoup du sommeil physiologique et est suivi d'un réveil généralement simple, débarrassé des multiples inconvénients et conséquences pénibles qui succèdent à la narcose opiacée, chloroformique ou éthérée. Ce sommeil est bon, calme, aussi réparateur que peut l'être un sommeil artificiellement provoqué par un médicament, et ne s'accompagne pas de l'état d'éréthisme réflexe qui est inhérent, par exemple, à l'action hypnotique de la morphine.

Le chien qui a reçu une injection de 1 à 2 grammes de chloral s'endort paisiblement et sans manifester habituellement d'excitation primitive bien accusée. Si le médicament est introduit dans la veine, il y a parfois, au moment de l'injection, quelques mouvements de défense de très courte durée ; mais si l'administration est faite par une autre voie, l'action hypnotique débute plutôt par une sorte d'ivresse rapidement suivie des effets déprimants et de la narcose. Pendant que l'animal est endormi, on peut remarquer qu'il n'est pas insensible : si on le pince, si on le frappe, il pousse des gémissements, cherche à relever la tête et à sortir de sa torpeur, mais, en aucun cas, on ne le voit présenter l'anesthésie réflexe du sujet morphinisé.

Les lapins paraissent aussi très sensibles à l'action du chloral, et, sous l'influence de ce médicament, s'endorment profondément et toujours sans agitation. On peut d'ailleurs, chez tous les animaux, constater les simples effets hypnotiques précédents, que l'on obtient constamment, avec les doses faibles et modérées, sans influence ébrieuse vraie, sans période d'exaltation primitive, sans hypercinésie accusée et prolongée, comme il est habituel de l'observer avec l'alcool et les anesthésiques, éther et chloroforme.

De ce côté, il n'est pas douteux que le chloral a une physiologie absolument spéciale ; il a une façon de se comporter qui lui est bien particulière et qui ne ressemble en rien à ce que l'on voit avec les anesthésiques proprement dits.

Son pouvoir hypnotique fort remarquable est celui qui, pratiquement, est le plus souvent mis à contribution ; c'est celui qui, de beaucoup, a rendu et rend le plus de service, dans la médecine de l'homme.

Ceci est tellement vrai, que nombre de physiologistes et de thérapeutes ne voient pas ou ne veulent pas voir autre chose, dans le médicament dont nous nous occupons, et le considèrent seulement comme un hypnotique.

Nous nous empressons de répéter que cette manière de voir n'est pas illogique, mais sur le terrain de la pratique seulement, car, si le chloral est administré comme somnifère, il représente aussi un anesthésique vrai; le qualificatif étant pris dans son acception la plus complète. C'est même, pour le physiologiste et l'expérimentateur, la propriété la plus intéressante et la plus fréquemment mise à contribution.

On peut du reste facilement suivre pas à pas les effets du chloral et passer de l'hypnose des doses faibles au sommeil anesthésique des doses élevées, soit en introduisant dans une veine des proportions graduellement croissantes, soit en administrant d'emblée une dose forte, mais alors par le tube digestif ou la voie hypodermique. L'injection immédiate d'une dose forte, dans une veine, détermine primitivement le sommeil anesthésique, et il n'est pas possible alors de suivre la graduation des effets.

Lorsqu'on s'arrange pour que l'imprégnation chloralique se fasse lentement, l'animal, s'il s'agit d'un chien par exemple, présente d'abord de l'inquiétude, de la titubation; ses mouvements sont mal assurés; il a de la peine à se tenir debout, il se couche et, finalement, s'assoupit puis s'endort profondément. Mais, au début, c'est simplement du sommeil; la sensibilité, bien qu'un peu émoussée, n'a pas disparu et il n'y a pas encore de résolution musculaire. Mais, peu à peu, si la dose est suffisante, le sommeil devient très profond, toutes les manifestations conscientes disparaissent; les globes oculaires, fortement convulsés en dedans, sont recouverts et cachés par la troisième paupière; les différents réflexes sensitifs ont disparu; les impressions douloureuses ne sont plus senties; les muscles ont perdu toute résistance et une grande partie de leur tonicité. Il y a par conséquent perte de la sensibilité et résolution musculaire, caractères essentiels d'une *anesthésie vraie.*

Mais cette anesthésie est lourde, profonde, d'apparence comateuse; elle s'accompagne de modifications organiques et fonctionnelles que nous aurons à décrire plus loin, et dont quelques-unes constituent presque des troubles dangereux. L'anesthésie chloralique a une physionomie particulière : elle ne ressemble pas à l'anesthésie par l'éther ou par le chloroforme; elle a des caractères tels qu'il est impossible de confondre un chien chloralisé avec un chien chloroformisé, par exemple.

D'ailleurs, dans la façon même dont se sommeil anesthésique s'annonce, quand on cherche à l'obtenir d'emblée par une injection veineuse, chez le chien, on trouve des particularités différentielles qui séparent encore le chloral des autres médicaments avec lesquels on le compare souvent.

Fixons, par exemple, un chien du poids moyen de 15 à 20 kilos, sur la table à expérience, et, après introduction d'une canule fine de Pravaz dans une veine, la jugulaire ou la fémorale, injectons lentement une solution de chloral au 1/5 dans le sang. Les premiers effets qui apparaissent sont des mâchonnements, des mouvements des mâchoires, avec quelques manifestations d'inquiétude; mais l'animal reste cependant toujours calme, et on peut continuer l'injection, sans provoquer plus d'agitation. Mais bientôt un symptôme significatif, *que nous n'avons jamais vu manquer*, annonce le début de l'action anesthésique et fixe presque la limite de la dose que l'on doit introduire, pour ne pas avoir d'accidents. C'est le réveil du péristaltisme intestinal, réveil qui se traduit par des borborygmes bruyants, que l'on perçoit habituellement à distance et, avec intensité, quand on ausculte l'abdomen. Ces borborygmes se produisent et durent pendant toute la période pré-anesthésique, et sont, nous le répétons, absolument constants. Du reste, souvent, ces mouvements de l'intestin sont suivis d'expulsion de matières et de défécations involontaires. Quand on les perçoit, c'est une indication d'avoir à ralentir l'injection et de modérer la dose de médicament, car on n'est pas loin de la limite convenable pour obtenir une bonne anesthésie.

Il y a, dans ce caractère, un point de ressemblance avec ce que déterminent certains hypnotiques, notamment la morphine, l'apocodéine et l'apomorphine amorphe, quand on les injecte dans une veine. Le réveil du péristaltisme avec bruits intestinaux est alors presque aussi constant.

Reprenant la marche de notre anesthésie, nous constatons qu'après les premières manifestations décrites, l'animal présente des signes non douteux d'une action déprimante nerveuse progressive; souvent, à cette phase, il a quelques mouvements de défense, il s'agite en poussant des cris, mais ça ne dure pas; cette agitation n'affecte d'ailleurs aucun des caractères de la période d'excitation des autres anesthésiques, elle est très loin d'avoir la même violence et la même durée. On peut dire, en somme, que l'anesthésie chloralique apparaît lentement, survient dans le plus grand calme, sans bruit, sans agitation et presque insensiblement.

Dans son début, comme dans sa période d'état, l'anesthésie par le chloral a donc une physionomie qui lui est bien spéciale et qui méritait d'être rappelée immédiatement.

Ayant exposé la caractéristique essentielle des effets généraux du chloral, nous allons, par ordre d'importance, voir comment sont modifiées les principales fonctions, soit pendant l'action hypnotique, soit pendant l'action anesthésique.

Action du chloral sur le système nerveux et les fonctions nerveuses. — Toutes les parties du système nerveux subissent l'influence déprimante du chloral, mais à des degrés divers; c'est ainsi que, de tous les organes, le cerveau est le premier et le plus profondément impressionné, tandis que les éléments périphériques, sensitifs ou moteurs, résistent davantage ou n'éprouvent même parfois que des effets peu appréciables.

L'observation attentive de l'homme chloralisé, au point de vue des modifications cérébrales produites par le médicament, apprend que, dès le début, l'organe de la pensée est atteint; le raisonnement est paresseux, le sujet perd la conscience ou la connaissance de ce qui l'entoure et se sent envahir par un besoin de dormir irrésistible. Il n'y a pas paralysie des centres psycho-sensitifs, mais imprégnation et atténuation de leur activité; les doses fortes, anesthésiques, parviennent seules à supprimer complètement les fonctions du cerveau.

Il est rare, comme nous l'avons déjà dit, de voir des effets déprimants être précédés d'une excitation psychique primitive; tout au plus voit-on quelquefois une sorte d'agitation ébrieuse, qui se dissipe bien vite pour faire place au sommeil. — Cependant, chez certains individus, cette excitation cérébrale peut être plus accusée et rappeler un peu celle de la première période de l'ivresse alcoolique ou de l'anesthésie chloroformique; ceci s'observe particulièrement chez les sujets nerveux, chez les buveurs et dans certaines formes d'aliénation mentale. La résistance aux effets calmants du chloral est alors beaucoup plus grande, et constitue presque un inconvénient, parce qu'on est obligé d'employer des doses plus élevées de médicament.

Quoi qu'il en soit, le chloral a des actions électives certaines sur les cellules nerveuses, ou mieux sur les lieux de contact des prolongements des cellules nerveuses, et c'est peut-être en provoquant la rétraction des ramifications cérébrales du neurone sensitif central (M. DUVAL, LÉPINE, 1895) qu'il produit les premiers effets hypnotiques et le sommeil ci-devant décrits.

Nous ne croyons donc pas utile de rechercher ce qui se passe du côté de la circulation cérébrale, en vue d'arriver à trouver l'explication du sommeil; nous sommes convaincus de l'indépendance qu'il y a entre ces phénomènes et les modifications circulatoires, n'admettant pas que l'un dérive immédiatement des autres.

Par conséquent, toutes les expériences faites en vue de se renseigner sur l'état de la circulation du cerveau, pendant la chloralisation, ne seraient pas à leur place ici et se classeront bien mieux dans le paragraphe où nous traiterons des modifications circulatoires produites par le médicament.

Après le cerveau, le bulbe, comme présidant à certains actes de la vie de relation, puis la moelle épinière sont imprégnés par le chloral; aussi voit-on, après les premiers effets somnifères, s'atténuer et disparaître les différents réflexes ayant leurs centres dans ces organes. L'atténuation ou la disparition du pouvoir réflexe bulbo-médullaire, en quelque sorte proportionnelles à la dose, s'observent chez tous les animaux et sont très rarement précédés d'une hyperexcitabilité primitive.

Cependant, chez la grenouille, avant d'être paralysés, les réflexes seraient plus facilement excitables et, dans certaines conditions, on aurait même vu de véritables phénomènes convulsifs (MAGNAUD). L'hyperexcitabilité réflexe, avec convulsions, a été également observée chez des sujets de l'espèce humaine, mais dans des circonstances où nous avons vu déjà le chloral produire l'excitation cérébrale.

Pendant l'anesthésie chloralique confirmée et complète, tous les réflexes de la vie de relation ont disparu; les auteurs qui disent avoir observé la conservation de leur intégrité ont certainement examiné des sujets insuffisamment imprégnés. On a constaté directement la diminution de l'excitabilité des centres moteurs du tronc (ROKITANSKY, 1874).

Seuls les centres respiratoires et les ganglions automoteurs du cœur résistent long-temps à l'imprégnation, mais ils ne sont pas pour cela idemnes de toute influence mo-dificatrice, comme nous le verrons plus loin.

Bien que certainement influencés aussi, les réflexes qui ont leur domaine dans les voies nerveuses appartenant au système de la vie végétative, conservent, beaucoup mieux et plus longtemps que les autres, leur intégrité et leur activité. C'est ainsi que, chez un chien profondément endormi par le chloral, anesthésié complètement, ne réagissant ni à la douleur ni au contact, en parfaite résolution musculaire, nous avons déterminé des modifications de la pression, de la respiration et du rythme cardiaque, par des exci-tations portées sur le péritoine, par de simples manipulations ou dévidement des anses intestinales, sorties depuis 6 à 10 minutes de l'abdomen (L. GUINARD et TIXIER, 1897). Ceci est d'autant plus intéressant que, dans des expériences déjà anciennes, CARVILLE a con-staté, chez un animal chloralisé, que des excitations vives ou portant directement sur le nerf sciatique ne troublaient en rien ni la pression ni les tracés sphygmographiques. Il est inutile de faire remarquer qu'il n'y a pas de contradiction entre ces résultats et les nôtres, pour la simple raison qu'ils ne sont pas opposables.

L'action modératrice ou paralysante réflexe du chloral en fait un excellent agent à opposer aux poisons végétaux (strychnine, picrotoxine) ou microbiens (tétanotoxine) dont la convulsion et l'hyperexcitabilité réflexe constituent la dominante pharmacodyna-mique ou toxique. Notons enfin, pour en finir avec ce qui se rapporte aux modifications nerveuses, que, d'après RAJEWSKI, les nerfs moteurs ne subissent pas d'action appréciable et conservent leur excitabilité.

Action du chloral sur le cœur et sur la circulation. — A. Modifications cardia-ques. — Malgré un nombre respectable de recherches et de travaux sur les modifications de l'activité du cœur par le chloral, on éprouve quelque embarras à bien fixer les idées et à présenter des opinions indiscutables. Mais il importe d'abord de ne pas confondre les résultats obtenus par l'injection de doses fortes dans les veines, avec ceux qui sont la con-séquence de l'emploi de doses modérées, surtout administrées en dehors de la voie veineuse.

Quand le chloral est injecté dans une veine, le cœur peut s'arrêter brusquement et définitivement; il s'agit là d'actions de contact, retentissant sur les ganglions automoteurs ou transmises aux centres bulbaires, actions que l'on prévient en se servant de solutions convenablement diluées, mais surtout en faisant l'injection avec une sage lenteur. Pour TIZZONI et FOGLIATA (1865), l'arrêt du cœur, à la suite de l'injection veineuse, se ferait en systole tétanique.

Quand le médicament est introduit par la voie stomacale, par le rectum ou par le tissu conjonctif sous-cutané, le cœur, n'est sérieusement influencé que par les doses éle-vées; mais, dans ces cas-là, c'est-à-dire quand la dose est mortelle, l'arrêt cardiaque se fait habituellement en diastole, progressivement ou très brusquement.

D'ailleurs, l'influence que le chloral exerce sur le cœur a fait l'objet de recherches très complètes, de la part de CL. BERNARD, VULPIAN, PREISSENDORFER, FRANÇOIS-FRANCK, ARLOING.

FRANÇOIS-FRANCK et TROQUART ont divisé les modifications cardiaques en *primitives* et *secondaires*. Les premières, variables suivant les doses, la rapidité de l'injection, etc., consistent, par ordre de gravité décroissante, en : 1° arrêt définitif; 2° arrêt momentané; 3° simple ralentissement des pulsations.

Le cœur, ralenti sous l'influence du chloral, se laissse distendre outre mesure entre deux systoles.

Au début, le ventricule se vide complètement; mais il devient bientôt impuissant à envoyer dans le système artériel des ondées sanguines de quelque volume.

Les modifications secondaires ou consécutives sont, le plus rarement, caractérisées par une période de ralentissement suivie d'irrégularités. Chez mammifères, on observe souvent des périodes de systoles avortées, avec grande chute de pression et disparition des pulsations artérielles (TROQUART).

Mais, dans ce qui se rapporte aux faits précédents, il s'agit surtout de troubles produits par des doses toxiques; il nous paraît plus intéressant de nous arrêter aux modifications qui accompagnent une chloralisation régulière.

Ces modifications diverses ont été très complètement étudiées et décrites par notre maître, ARLOING, qui, interprétant les tracés cardiographiques qu'il a pris chez le cheval, a apporté des renseignements : 1° sur l'état de la pression dans l'oreillette et le ventricule ; 2° sur le nombre des systoles ; 3° sur la force des systoles auriculaire et ventriculaire.

ARLOING, dans son travail, nous apprend que, quelques secondes après l'injection de chloral dans la veine d'un cheval, la pression diminue dans l'oreillette et le ventricule droits. Les minima des tracés fournis par ces deux cavités se rapprochent de la ligne d'abscisse.

La chute des tracés devient graduellement de plus en plus considérable, puis elle cesse, et les courbes restent abaissées pendant toute la durée de l'expérience. Immédiatement après l'injection, l'énergie des systoles augmente légèrement dans l'oreillette et le ventricule. Il n'y a pas dans ce fait, comme on le disait, une simple conséquence de la distension du cœur par le sang et de l'application plus exacte de cet organe contre le thorax, mais bien une augmentation réelle de son énergie. Il est vrai, ajoute ARLOING,

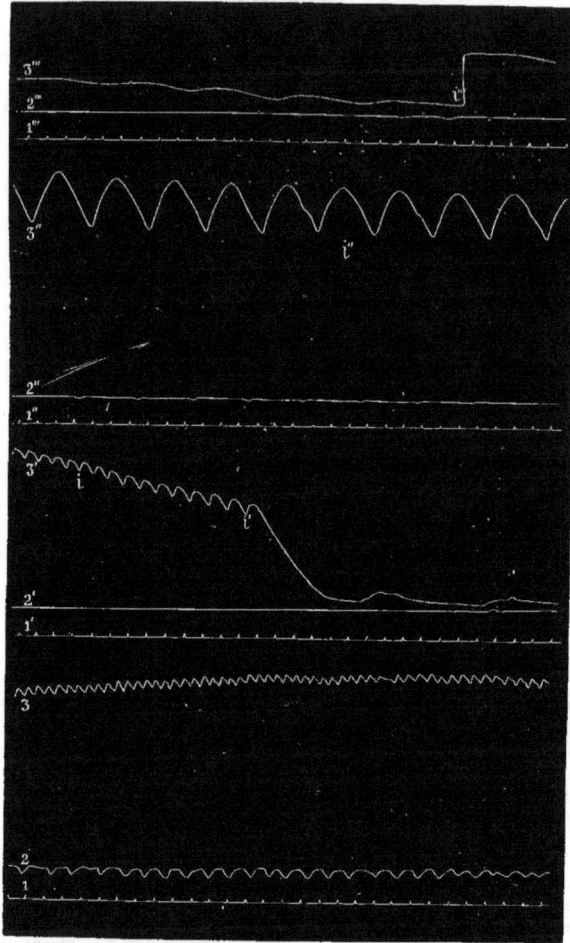

FIG. 108. — Tracés de la respiration et des pulsations carotidiennes dans les dernières phases de l'empoisonnement par le chloral (Chien).

1, ligne d'abcisse marquant les secondes ; 2, mouvements du thorax un instant avant l'arrêt de la respiration ; 3, pulsations carotidiennes ; 1', 2', 3', même signification, à une période plus avancée de l'intoxication ; 1", 2", 3", même signification, période encore plus avancée ; 1''', 2''', 3'''. même signification quelques secondes avant la mort ; i, i', i", i''', injections de doses de chloral.

qu'elle est bientôt remplacée par une diminution ; mais, avant la fin de l'expérience, les courbes systoliques reprennent l'amplitude qu'elles avaient avant l'injection.

Depuis le moment où le chloral est introduit dans le sang, jusqu'à la fin de l'expérience, la systole ventriculaire s'allonge ; la contraction est moins brusque qu'à l'état physiologique ; la fibre musculaire cardiaque semble perdre de son énergie au fur et à mesure qu'elle reste en contact avec le médicament ou ses produits de décomposition. ARLOING a, sur ses tracés, trouvé aussi des renseignements précis sur le nombre des révolutions cardiaques, pendant l'action du chloral. Après un très léger ralentissement, qui suit immédiatement l'injection, le cœur s'accélère et, en moins de 10 minutes, le nombre de ses contractions a plus que doublé. Mais pendant la période d'anesthésie confirmée, le cœur se ralentit graduellement, sans tomber pourtant en-dessous de l'état normal.

ARLOING chez le cheval, TROQUART chez le chien, ont vu le chloral régulariser les battements du cœur, ce qui, pour ARLOING, doit être attribué à une paralysie des nerfs modérateurs ou suspensifs du cœur, particulièrement occasionnée par les formiates alcalins provenant de la décomposition du médicament. Pour les auteurs qui ne croient pas au dédoublement, ces effets sont naturellement attribués au chloral lui-même.

Comme les expérimentateurs n'ont pas toujours été d'accord sur la question de savoir, comment mourrait un animal empoisonné graduellement par le chloral; comme on a discuté sur l'arrêt primitif ou secondaire du cœur dans ces cas-là, il nous a paru intéressant de rappeler encore les travaux de ARLOING, en reproduisant les tracés qui ont éclairé les faits observés par lui.

Quand on injecte lentement des doses successives de chloral, dans la veine d'un chien, jusqu'à ce que mort s'ensuive, le cœur présente d'abord une certaine accoutumance. Lorsqu'on introduit une nouvelle quantité de chloral, il ne s'arrête pas brusquement comme il le fait parfois à la suite des premières doses, mais se ralentit simplement. Il arrive même à présenter une certaine solidarité avec la respiration; la force de ses contractions augmente avec la pression, quand l'amplitude de la respiration s'accroît, diminuant quand l'amplitude de la respiration diminue.

Mais bientôt la respiration et le cœur reprennent leur indépendance; la respiration s'arrête, tandis que le cœur continue à se contracter, en ralentissant de plus en plus ses battements (2' et 3', fig. 108).

Une expérience arrivera heureusement à l'appui :

« Un chien gros et vigoureux a reçu d'abord 5 grammes de chloral, on lui en donne encore 9 grammes jusqu'à l'instant de sa mort. Après la première dose, le cœur battait 186 fois par minute; lorsque la respiration se supprime, le pouls est à 90; ce chiffre passe à 78, puis tout à coup à 18,16 et 6 par minute, avant de s'arrêter définitivement (3' et 3'', fig. 108). Pendant ce grand ralentissement, le cœur peut suppléer au nombre des battements par l'énergie de ses systoles, car on voit la pression antérieure se relever durant cette période, et se maintenir un certain temps au-dessus du chiffre où elle était avant le ralentissement, ainsi qu'on peut le constater en comparant les tracés 3' et 3''; mais, avant la mort, la pression baisse rapidement.

« Dans cette expérience, le cœur a battu plus de huit minutes après la suppression de la respiration. » (ARLOING.)

Il est donc bien évident que, dans l'empoisonnement par le chloral, le cœur survit un certain temps après la suspension de l'activité des centres respiratoires.

D'après les constatations de ARLOING, dans l'intoxication chloralique, le cœur des sujets ne meurt pas, comme dans un grand nombre d'empoisonnements, par des contractions brusques, petites, précipitées, mais par affaiblissement, ralentissement et allongement des systoles.

En résumé, pendant la chloralisation, la pression diminue dans l'oreillette et le ventricule droits. Après la légère augmentation d'énergie et de nombre, qui suit l'injection, les systoles cardiaques ont moins de force, elles s'allongent; la contraction du ventricule est moins brusque, la fibre musculaire semble avoir perdu de son énergie et le cœur est ralenti.

Ce ralentissement paraît être sous la dépendance d'une diminution de l'excitabilité des centres ganglionnaires moteurs, plutôt que de l'excitation du système modérateur; car il s'observe, aussi bien chez les sujets normaux que chez ceux dont on a coupé les vagues ou paralysé les appareils frénateurs, à l'aide de l'atropine. Du reste la résistance de ces centres doit être excessivement réduite, puisqu'une excitation modérée du bout périphérique du vague peut arrêter le cœur d'une façon définitive (VULPIAN, 1878).

Il existe cependant des faits contradictoires, démontrant que chez les grenouilles dont le bulbe est coupé, l'action du cœur se maintient plus longtemps que chez celles dont la moelle est intacte (Labbé), ce qui accorde assurément une certaine importance aux influences du chloral sur les centres modérateurs bulbaires. De son côté, D. Cerna (1891) explique la diminution de fréquence du pouls par une double action : sur le cœur lui-même, d'abord, dont le chloral diminue fortement l'excitabilité, puis en stimulant les centres nerveux inhibitoires du cœur.

B. **Modifications du cours du sang dans les vaisseaux.** — Les expérimentateurs et les observateurs sont unanimes pour reconnaître que, sous l'influence du chloral, la pression sanguine diminue très notablement, au point même d'arriver parfois jusqu'à un degré voisin du zéro.

Les opinions contraires (Bouchut, Anstie et Burdon-Sanderson, Davreux) sont rares et constituent des exceptions, qui ne sauraient avoir de signification qu'en faveur de l'influence variable des doses.

Sous l'influence des doses faibles ou au début de l'action des doses modérées ou fortes, la pression peut être peu modifiée ou légèrement augmentée; mais, dans la chloralisation confirmée, l'hypotension vasculaire est la règle.

C'est l'opinion exprimée dans les travaux de Cl. Bernard, Vulpian, Namias, Cantani, Offret, F.-Franck, Troquart, Arloing, etc.

Arloing, notamment, a étudié ce phénomène de très près, et force nous est de recourir encore aux résultats qu'il a obtenus, pour apporter ici des faits décisifs et bien acquis.

En recueillant la pression latéralement sur le trajet d'un gros vaisseau, la carotide par exemple, on observe, peu de temps après l'injection du chloral, une augmentation de pression, qui dépasse rarement trois à quatre minutes et est suivie d'un abaissement, qui se prolonge jusqu'au réveil.

Les pulsations artérielles sont aussi modifiées; au début, pendant l'élévation de la tension, leur force est accrue, tandis qu'après elle est constamment diminuée. Leur force varie également et, chez les solipèdes, en particulier, pendant la chloralisation avancée, le pouls devient polycrote, ce qui coïncide avec la phase pendant laquelle la pression est très basse.

Arloing croit que les changements de caractères du pouls sont constants, et déclare que si Langlet, Demarquay et Namias ne les ont pas vus, c'est qu'ils n'ont pas employé des moyens assez délicats pour les observer, ou bien qu'ils ne les ont pas étudiés dans une chloralisation très avancée.

Très intéressantes aussi sont les modifications de la vitesse du courant sanguin, telles qu'on peut les étudier à l'aide de l'hémodromographe de Chauveau; elles apportent des éclaircissements précieux à la compréhension de l'ensemble des phénomènes circulatoires qui accompagnent la chloralisation. Arloing les a enregistrées chez le cheval et chez l'âne, et voici ce qu'il a constaté.

Quelques secondes après l'introduction lente du chloral dans une veine, la vitesse systolique et la vitesse diastolique du sang diminuent, et ceci coïncide avec le ralentissement du cœur, l'élévation de la pression artérielle et l'augmentation de la force du pouls. Il est donc certain qu'à cette phase l'écoulement du sang à la périphérie diminue, de telle sorte qu'on peut affirmer que l'élévation de la pression artérielle, au début de la chloralisation lente, provient de deux causes : 1° l'augmentation de l'énergie systolique du cœur et 2° la diminution du débit des artérioles.

Cependant, en continuant l'étude des tracés recueillis pendant l'injection de nouvelles doses de chloral, ou pendant que la première dose produit ses effets, Arloing a noté une légère augmentation de la vitesse diastolique (2' et 2", fig. 109); quant à la vitesse systolique, elle revient peu à peu vers son point de départ, puis le dépasse d'une manière très notable.

Dès que commence la chute de la pression artérielle, la *vitesse* augmente, et ceci persiste pendant toute la durée du sommeil.

Ces renseignements, combinés à l'observation de la forme des pulsations hémodromographiques, amènent à conclure que, pendant la chloralisation confirmée, le sang s'engage et circule dans les vaisseaux avec la plus grande facilité. Mais ces données, quoique très complètes et parlant déjà en faveur d'un relàchement des vaisseaux et de leur dilatation considérable, ne sont pas suffisantes pour répondre à toutes les objections que l'on pourrait faire à cette conclusion vraie. C'est celle à laquelle se sont rattachés cependant la presque universalité des expérimentateurs et des cliniciens; nous la confirmerons

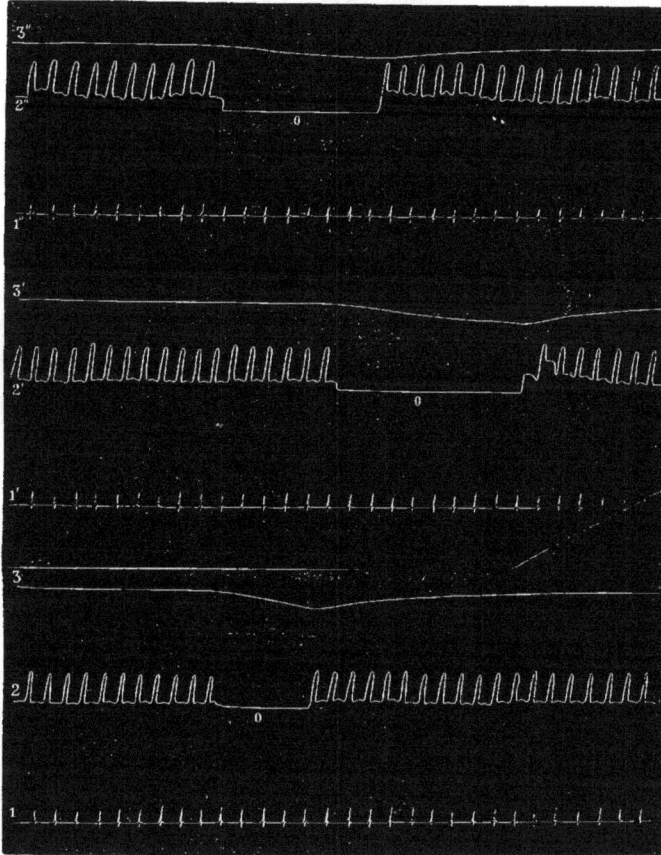

FIG. 109. — *Modification de la vitesse du cours du sang et de la pression dans l'artère carotide pendant la chloralisation* (âne).

1, 1′, 1″, lignes d'abscisse et secondes; 2, 2′, 2″, tracés de vitesse du courant sanguin (la sensibilité de l'hémodromographe était faible); 3, 3′, 3″, tracés de la pression moyenne (sphygmoscope peu sensible) 0, 0, 0, le cours du sang est arrêté dans la carotide, vitesse, 0.
2, 3, vitesse et pression à l'état normal; 2′, 3′. vitesse et pression après l'injection d'une certaine quantité de chloral (la pression diminue; les *minima* de vitesse s'élèvent au-dessus de 0); 2″, 3″,. chloralisation plus avancée; la vitesse constante est encore plus grande, la pression plus faible.

beaucoup mieux en exposant les modifications du cours du sang dans les veines et dans les vaisseaux capillaires.

Si, comme l'a fait ARLOING, on place simultanément un sphygmoscope sur le bout central de l'artère faciale et un autre sur le bout périphérique de la veine de même nom, on peut inscrire les variations de pression qui se produisent dans chaque appareil, après la chloralisation; on constate alors que, tandis que la pression s'abaisse brusquement dans l'artère, elle s'élève, au contraire, notablement dans la veine. Il est même possible, avec un sphygmoscope très sensible, de voir, sur le tracé de la veine, une propagation des pulsations artérielles.

C'est ce que montre très distinctement le tracé de la figure 110. Ces constatations ont une importance capitale, car elles permettent d'affirmer que, pendant le sommeil chloralique profond, les voies d'écoulement périphériques sont dilatées, et renseignent ainsi sur les modifications du cours du sang dans les vaisseaux capillaires.

Par conséquent, pendant qu'au début de la chloralisation la pression artérielle monte et la vitesse de la circulation diminue, les vaisseaux capillaires se contractent, tandis qu'ils sont largement dilatés pendant la phase d'hypotension artérielle avec augmentation de la vitesse du courant sanguin et de la pression veineuse.

Cette action vaso-dilatatrice intense du chloral, qui domine et persiste pendant toute la durée du sommeil qu'il détermine, a pour conséquence des modifications apparentes bien connues ; notamment, la congestion de la peau, des muqueuses et des parenchymes ; la rougeur de la face, les exanthèmes cutanés, etc. Lorsqu'on fait une opération sur un sujet anesthésié par le chloral, on constate que les plaies faites saignent beaucoup ; les hémorragies en nappe sont profuses, l'hémostase est difficile, ce qui constitue certaine-

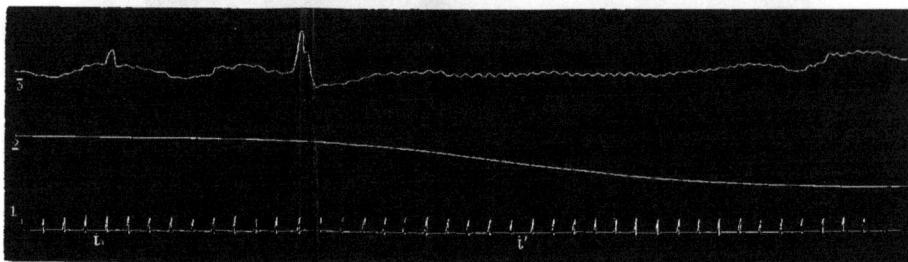

Fig. 110. — *Modifications simultanées de la pression dans les vaisseaux périphériques (artères et veines faciales) sous l'influence d'une injection de chloral* (âne).

1, ligne d'abscisse et secondes ; 2, tracé de la pression dans le bout central de l'artère faciale ; 3, tracé de la pression dans le bout périphérique de la veine faciale ; de *i* à *i'*, durée de l'injection de chloral.

ment un inconvénient assez sérieux, dans la pratique de certaines expériences de physiologie, et doit faire parfois renoncer au chloral.

A un autre point de vue, les modifications vasculaires et circulatoires de la chloralisation ont intéressé les physiologistes et les thérapeutes, et c'est à la recherche des causes immédiates du sommeil qu'ils se sont plus particulièrement attachés, à savoir quel est l'état de la circulation cérébrale pendant la narcose ou l'anesthésie. Or les uns ont prétendu que le chloral provoque le sommeil en anémiant le cerveau (HAMMOND), tandis que d'autres soutiennent, avec plus de raison certainement, que l'hypnose et l'anesthésie chloralique s'accompagnent d'hyperhémie cérébrale (GUBLER, BOUCHUT, LANGLET, LABBÉ, OFFRET, ARLOING, etc.).

Nous avons déjà dit plus haut qu'il n'y a pas lieu de rechercher, dans les modifications cérébrales produites par le chloral, la cause du sommeil qu'il détermine ; les deux ordres de phénomènes sont concomitants, mais indépendants ; l'un n'est pas la conséquence de l'autre.

Le chloral est un congestif, nous l'avons démontré, son action s'accompagne d'une vaso-dilatation générale avec hyperhémie des téguments et des organes parenchymateux ; il est évident que la circulation cérébrale et le cerveau participent à ce mouvement d'ensemble et se congestionnent comme les autres parties et les autres organes.

La question nous paraît donc tranchée.

Cependant, s'il y a lieu d'admettre l'hypervascularisation des organes, par vaso-dilatation, il faut bien se garder de croire à la possibilité de stases sanguines dans les vaisseaux capillaires, au moins dans tous les cas où le médicament est administré à dose thérapeutique.

La stase sanguine ne peut être admise et n'est possible que dans la dernière période de l'empoisonnement chloralique; on en trouve la preuve dans les tracés d'Arloing.

En effet, l'augmentation de la vitesse du sang et l'élévation de la tension dans les veines sont deux phénomènes qui démontrent que, loin de s'accumuler, le sang traverse le réseau capillaire avec une grande facilité, il éprouve même si peu de difficulté à traverser certains systèmes, qu'on peut inscrire la pulsation artérielle dans le bout périphérique des veines.

Résumé. — Au début de la chloralisation, la tension artérielle augmente, la vitesse du sang diminue, le pouls a plus de force, les artérioles sont contractées. Pendant l'hypnose ou l'anesthésie chloralique, au contraire, la pression artérielle baisse, tandis que la pression veineuse s'élève; la vitesse du courant sanguin est généralement accrue, le pouls devient filant, polycrote; les petits vaisseaux périphériques sont relâchés, et tous les organes sont congestionnés. Chez certains animaux chloralisés, cette congestion aurait été assez intense pour déterminer parfois l'augmentation de la tension oculaire et des hémorragies rétiniennes (ULRICH).

Cette dernière série de modifications, de beaucoup la plus importante, résulte probablement d'une paralysie des centres vaso-moteurs et des nerfs vasculaires périphériques; en effet, des excitations périphériques simples ou douloureuses sont de moins en moins perçues et arrivent même à ne plus déterminer le moindre mouvement ascensionnel de la courbe de pression (CYON, ROKITANSKY).

Nous disons le moindre mouvement ascensionnel, car, chez des animaux profondément chloralisés, nous avons vu certaines excitations du péritoine, légèrement irrité par le contact de l'air, déterminer des *réflexes vaso-dilatateurs* d'une grande intensité (L. GUINARD et TIXIER).

Enfin, à l'action déprimante du chloral sur le système nerveux vaso-moteur, on a ajouté, avec moins de raison suivant nous, la paralysie de la tunique musculaire des artérioles (D. CERNA).

Action du chloral sur la respiration et les échanges respiratoires. — Pendant le sommeil chloralique, la mécanique respiratoire est notablement modifiée, chez tous les animaux. Les mouvements sont ralentis, parfois assez superficiels, avec pause en expiration, surtout lorsque le médicament a été donné à dose un peu forte, pour obtenir l'anesthésie profonde; dans ces cas, il y a lieu de s'attendre aussi à quelques irrégularités dans le rythme.

Ce n'est qu'au début de l'action ou à la suite de l'administration de doses faibles, que les mouvements respiratoires s'accélèrent un peu; mais ce n'est pas là l'effet dominant: le ralentissement succède à cette accélération et persiste.

Nous avons déjà vu plus haut qu'après l'injection des doses toxiques l'arrêt de la respiration précède l'arrêt du cœur, particularité vérifiée graphiquement par ARLOING, qui a confirmé ainsi les constatations de LIEBREICH et RICHARDSON.

Quant à l'origine des modifications et troubles mécaniques précédents, il n'y a pas lieu de la rechercher ailleurs que dans le pouvoir déprimant et parésiant du chloral sur les centres nerveux bulbo-médullaires; l'activité de ces centres est fortement atténuée et leur résistance considérablement amoindrie. C'est ce que démontrent les résultats suivants : Les nerfs pneumogastriques ayant été coupés, sur un animal médicamenté, on porte, sur les bouts centraux, une excitation; celle-ci produit alors un arrêt des mouvements respiratoires, qui, dans ce cas, ne se rétablissent plus, comme il est habituel de le voir chez les sujets non chloralisés (VULPIAN).

A ces influences nerveuses, le chloral joindrait-il une paralysie partielle des muscles inspirateurs? (RICHARDSON, KRISHABER, DIEULAFOY.) C'est beaucoup moins probable et, dans tous les cas, assez secondaire.

Mais l'action du chloral est encore plus intéressante à étudier sur les échanges respiratoires, au point de vue même de la question qui nous occupera ensuite, à propos de la calorification, car il s'agit là de la recherche des influences du médicament sur les combustions intérieures.

Dans la thèse d'ARLOING, ce point particulier a été directement abordé, et non seulement nous trouvons des chiffres qui nous renseignent sur l'état des gaz pulmonaires, pendant la chloralisation, mais, parallèlement, sur l'état des gaz du sang.

Et d'abord, dans les expériences qu'il rapporte, Arloing constate nettement qu'après l'usage du chloral la proportion d'acide carbonique diminue et la proportion d'oxygène augmente dans les gaz de l'expiration; de telle sorte que l'animal, qui est sous l'influence de ce médicament, emprunte moins d'oxygène à l'atmosphère et exhale moins d'acide carbonique qu'à l'état normal, quel que soit le nombre des mouvements respiratoires.

Le chiffre absolu d'acide carbonique exhalé diminue : cela est certain; mais il y a aussi une modification notable du rapport $\frac{CO^2}{O}$ qui, pendant la chloralisation, s'élève d'une façon appréciable; de telle sorte que, *par rapport à l'oxygène absorbé*, l'acide carbonique exhalé augmente pendant le sommeil chloralique; on peut donc conclure que la diminution de ce gaz est proportionnellement moins grande que la diminution de l'oxygène absorbé.

L'influence du chloral sur les actions chimiques respiratoires, chez le chien, a été étudiée encore par Ch. Richet, à un point de vue un peu différent, mais non moins intéressant.

Une conclusion essentielle ressort d'abord de ses recherches, c'est que, chez les chiens empoisonnés par le chloral, l'influence du système nerveux régulateur des échanges gazeux étant abolie, ils produisent des quantités d'acide carbonique exactement proportionnelles à leur poids. Chez le chien chloralisé, la taille ne modifie plus, comme chez le chien normal, la production d'acide carbonique par kilogramme. Les gros chiens et les petits chiens produisent, les uns et les autres, à peu près autant.

Sous l'influence du médicament, le système nerveux central est tellement affaibli qu'il ne peut plus lutter contre le froid extérieur. « En fait d'échanges chimiques, il ne reste, dit Ch. Richet, que ceux qui sont indispensables à la vie normale des tissus, et cette activité chimique devient proportionnelle, non plus à la surface, mais au poids même de l'animal, qui produit par kilogramme un minimum d'acide carbonique; à peu près $0^{gr},660$ par kilogramme et par heure. Un gros chien chloralisé ne diminue ses échanges que de 30 p. 100, tandis qu'un petit chien chloralisé diminue ses échanges de 70 p. 100. »

En somme, pendant le sommeil chloralique, l'analyse des gaz de l'expiration accuse une diminution de leur chiffre absolu; il était intéressant de rattacher ces modifications à celles des gaz du sang.

C'est ce qui a été fait par Arloing. Cet expérimentateur a constaté d'abord que, pendant la chloralisation, la quantité d'acide carbonique diminue, tandis que la quantité d'oxygène augmente dans le sang artériel; si parfois on constate une diminution dans le chiffre absolu de l'acide carbonique et de l'oxygène, l'examen du rapport $\frac{CO^2}{O}$ dans les gaz du sang montre qu'il y a toujours, proportionnellement à l'acide carbonique, une accumulation d'oxygène dans le sang artériel.

Cependant, il peut arriver parfois qu'on trouve, dans le sang artériel des animaux chloralisés, une augmentation réelle du chiffre de l'acide carbonique et du chiffre de l'oxygène.

C'est une particularité fort intéressante que nous nous gardons de négliger, car elle paraît différencier, à cet égard, l'état de simple hypnotisme et l'état d'anesthésie.

Le fait est vérifié dans une expérience où, se servant de doses progressivement croissantes, Arloing a vu, chez un chien, le rapport $\frac{CO^2}{O}$ varier avec l'état de l'animal.

Si on l'examine aux différentes phases de la chloralisation, on observe que, pendant l'hypnose, ce rapport grandit : de 2,30, à l'état normal, il devient 2,49; tandis qu'il diminue à partir du moment où s'établit le sommeil anesthésique; de 2,30, à l'état normal, il devient successivement 2,16 et 2,03.

Par conséquent, on arrive à conclure que les doses faibles, simplement hypnotiques, de chloral, produisent une augmentation relative de l'acide carbonique dans le sang artériel, tandis que les doses fortes, anesthésiques, produisent au contraire une diminution de l'acide carbonique et une augmentation de l'oxygène.

Si alors, se limitant aux résultats des doses fortes, on compare les chiffres de l'oxygène, dans les produits de l'expiration et dans les gaz du sang artériel, on est frappé de voir que l'augmentation de l'oxygène, dans le sang artériel des animaux anesthésiés par le chloral, coïncide avec une diminution dans l'absorption de ce gaz au niveau de la surface pulmonaire.

Ces différents résultats ne peuvent dépendre que d'une cause unique : le ralentissement des oxydations dans le réseau capillaire général, la diminution de combustion du carbone; l'économie de l'oxygène, qui est encore assez grande pour augmenter la proportion de ce gaz dans le sang, malgré la diminution de son absorption dans le poumon.

En résumé, pendant la chloralisation, les échanges respiratoires, les oxydations organiques et l'oxygénation du sang sont diminués; et tout ceci coïncide, comme nous allons le voir, avec un abaissement de la température des animaux.

Action du chloral sur la calorification. — On a depuis longtemps constaté que, pendant le sommeil chloralique, la température baisse; elle peut même descendre très bas, lorsque les doses de médicament administrées sont un peu fortes et produisent une anesthésie profonde.

C'est Demarquay, le premier, qui annonçait à l'Académie que le chloral injecté sous la peau, à la dose de 20 centigrammes à 1ᵍʳ,20, détermine chez le lapin un abaissement de température de 0°,5 à 1°. Richardson, Krishaber et Dieulafoy ont vu la température du chien et du lapin, baisser de 2° après l'administration de doses thérapeutiques. Troquart a accusé des différences plus grandes et a noté des chutes de 3 à 4°, chez des chiens qui avaient reçu, en plusieurs fois, jusqu'à 15 grammes de chloral dans les veines.

On a signalé et nous avons vu nous-même, chez le lapin, chez le chien et chez l'âne, des refroidissements plus importants encore et pouvant atteindre 5 à 7° (Guinard), 8 à 9° (Labbé), 10° (Krishaber) et même 11° (Vulpian).

Arloing a fait des observations analogues, mais il les a complétées en indiquant le temps qui s'est écoulé entre l'introduction du chloral et le moment où la température la plus basse était prise.

Voici d'ailleurs le résumé de ses expériences, toutes faites sur le chien :

ABAISSEMENT TOTAL de la température.	AU BOUT DE	MODE D'ADMINISTRATION.	REMARQUES.
degrés.			
2,9	15 minutes.	Injection froide.	Dose anesthésique.
3,8	50 —	Injection tiède.	Presque pas d'excitation.
2,2	45 —	—	Bon sommeil.
3,7	60 —	—	
1,6	60 —	Injection froide.	Expiration plaintive.
3,7	110 —	—	Forte dose de chloral.
2,5	80 —	—	
2,5	130 —	—	Dose faible.
1,5	80 —	—	Expiration plaintive.
1,5	47 —	—	Tremblements musculaires.

Tous les animaux qui figurent sur ce tableau n'avaient reçu, en injection veineuse, que des doses hypnotiques ou anesthésiques : voilà pourquoi on ne voit pas figurer, dans la colonne de l'abaissement total de la température, des chiffres aussi forts que ceux dont il a été plus haut question.

D'ailleurs, quelle que soit leur valeur, ces chiffres sont supérieurs à ceux que l'on obtient pendant l'éthérisation et la chloroformisation; mais à ce propos, Arloing a fait une remarque intéressante : il croit qu'il faut tenir compte du mode d'administration du chloral, avant de conclure qu'il atteint plus gravement la calorification que l'éther et le chloroforme. Pour lui, le fait seul d'introduire dans les vaisseaux une certaine quantité de liquide, suffit pour faire baisser la température; il remarque de plus que chez l'homme, où le chloral est habituellement donné par les voies digestives, l'abaissement de la température n'est pas aussi grand que chez les animaux, où l'on emploie de préférence la voie veineuse.

Il y a certainement, dans cette observation, une très grande part de vérité; mais nous croyons néanmoins que l'action du chloral, sur les centres nerveux thermogénétiques, est plus profonde que celle des autres anesthésiques et que, quelle que soit la voie d'introduction, le chloral est plus hypothermisant que l'éther et le chloroforme.

L'abaissement considérable de la température, après l'absorption du chloral, observé aussi par Lauder-Brunton, constitue pour cet auteur un danger principal puisque, d'après lui, on augmente les chances de résistance des animaux à l'intoxication en leur aidant à lutter contre le refroidissement.

Les causes de l'abaissement de température des sujets chloralisés se trouvent assurément, pour la plus grande part, dans la modération des échanges gazeux respiratoires et dans le ralentissement des combustions intra-organiques; accessoirement aussi, dans une exagération des pertes de calorique par la surface cutanée, conséquence de la forte dilatation du système capillaire général produite par le médicament.

A la suite du travail que nous avons cité plus haut, Ch. Richet arrive à une conclusion qui ne diffère pas de celles que nous venons d'exposer.

En effet, si l'on admet, ce qui est vrai, que la diminution de l'acide carbonique est en grande partie la conséquence de la résolution musculaire, nous n'avons pas de peine à croire que, si le chloral supprime la régulation thermique des organismes homéothermes, c'est parce qu'il supprime les contractions et les mouvements musculaires qui sont le principal appareil de leur régulation thermique.

D'autres causes de refroidissement pourraient être trouvées du côté des modifications ou altérations produites par le chloral sur le sang; Feltz et Ritter (1874), notamment, ont prétendu que la capacité du sang pour l'oxygène pouvait diminuer d'un tiers environ. On a parlé aussi de la déformation des hématies, des changements de couleur de l'hémoglobine (Magnaud), de la coagulation du sérum, etc. (Magnaud, Gubler); mais ces explications, basées sur des faits discutables et à vérifier, n'ont qu'une importance très secondaire.

Action du chloral sur les sécrétions et les organes d'élimination. — En règle assez générale, le chloral exagère les principales sécrétions. Chez les animaux, soit après l'introduction veineuse, soit, et surtout, après une injection hypodermique, on voit la salive, sécrétée en plus grande quantité, couler abondamment. Contrairement à ce qu'on a prétendu, il ne s'agit pas là d'une simple action réflexe, mais d'une action sur les centres nerveux sécrétoires: peut-être d'une action directe d'élimination sur les éléments glandulaires.

La sécrétion urinaire est également augmentée et, sans que la preuve en ait été fournie d'une manière indiscutable, on a prétendu qu'il s'agissait d'un effet congestif rénal.

La quantité d'urine sécrétée change donc; mais les qualités de cette urine sont-elles modifiées? Demarquay, Labbé et Goujon, Personne, disent non; mais tout le monde n'est pas de cette avis. On a signalé son augmentation de densité (Bouchut, Tuke), son hyperacidité; la présence, parmi ses constituants chimiques anormaux, du sucre (Hoffmann), du formiate de soude (Liebreich et Byasson), de l'acide urochloralique (Von Mehring, Musculus, de Mermé, Nothnagel et Rossbach), du chloral non transformé, de l'hémoglobine et des éléments du sang (Feltz et Ritter, Vulpian, Charbonnel-Salle).

Il n'est pas douteux que l'urine des sujets soumis au chloral réduit la liqueur cuproalcaline; mais, en dehors de la présence du sucre, qui a été reconnue fausse, l'existence de l'acide urochloralique suffit à la production de cette réaction chimique.

On n'est pas très bien renseigné sur les causes de l'hémoglobinurie et de l'hématurie, qui ont été vues et succèdent presque toujours à une injection veineuse de doses fortes de chloral, mais l'idée d'une destruction partielle des globules rouges par le médicament est admissible.

Ayant injecté du chloral à hautes doses, dans la cavité péritonéale, V. Grandis (1889) a observé aussi de l'albuminurie et de l'hématurie; il explique ces accidents de la façon suivante : La transformation en acide urochloralique n'ayant pas pu se faire complètement, l'excès du médicament s'élimine en nature par le rein et agit comme irritant sur l'épithélium capsulaire.

Tant qu'on reste dans les limites des doses thérapeutiques, la sécrétion sudorale est fort peu modifiée par le chloral; elle n'est vraiment exagérée que dans les empoisonnements; l'élimination du médicament pouvant se faire par la surface cutanée, devient alors l'origine des éruptions diverses qui ont été signalées et figurent parmi les symptômes toxiques que produit cet agent.

Enfin, à titre de renseignement complémentaire, n'ayant que des applications éloignées à la physiologie proprement dite, nous rappellerons que le chloral est doué de propriétés irritantes locales, voire caustiques, avec lesquelles il faut compter lorsqu'il s'agit de le mettre en contact avec une muqueuse délicate.

Mode d'action du chloral. — Dans tout ce qui précède, nous nous sommes limités, autant que possible, aux seuls faits pouvant intéresser directement la physiologie, car l'étude du chloral, à un point de vue plus général, et surtout en tenant compte de tout ce qui a été écrit sur lui en thérapeutique et en clinique, aurait demandé d'autres développements. Mais c'était, croyons-nous, absolument en dehors du but poursuivi dans ce dictionnaire; aussi avons-nous encadré notre exposé dans des limites restreintes, pour ne pas courir le risque de faire autre chose que de la physiologie.

Mais la question la plus délicate de notre programme n'a pas encore été abordée; elle mérite cependant, parmi les autres, de nous arrêter assez longuement, car, malgré tout ce qui a été fait et dit, sur le mode d'action du chloral, on discute toujours pour savoir si l'on doit lui accorder son autonomie, ou si l'on doit admettre que ce médicament n'agit que comme chloroforme.

Nous croyons avoir lu à peu près tout ce qui a été écrit sur ce sujet; nous avons analysé aussi impartialement que possible les divers documents et arguments apportés pour ou contre la théorie du dédoublement, et nous sommes encore, malgré cela, aussi embarrassés que nos devanciers, pour adopter, nettement et sans arrière pensée, une des grandes explications en présence.

Notre opinion personnelle, d'ailleurs, n'ayant aucun poids dans un débat comme celui-ci, nous ne sommes pas dans l'obligation absolue de l'exprimer; tout au plus serons-nous amenés à indiquer dans quel sens nous conclurions si nous avions à le faire.

On peut fixer à quatre le nombre des théories présentées sur le mode d'action du chloral.

La première, la plus ancienne, a précédé l'emploi de ce corps comme hypno-anesthésique; elle est due à LIEBREICH. — C'est la théorie du dédoublement du chloral en formiate et chloroforme, qui produirait alors l'anesthésie.

La deuxième a été opposée à la précédente; ses partisans soutiennent que le chloral ne se dédouble pas dans l'organisme, et agit, par conséquent, comme chloral, mais non comme chloroforme.

La troisième est de VULPIAN; elle est plus éclectique. — VULPIAN est partisan de l'explication chimique de LIEBREICH, il admet le dédoublement du chloral en formiate et chloroforme, mais il ne croit pas que ce soit par ce mécanisme que se produit l'anesthésie.

La quatrième a fait beaucoup moins de bruit que les deux premières; elle est basée sur une opinion émise par TANRET, d'après laquelle, en se décomposant dans le sang, le chloral pourrait donner de l'oxyde de carbone et de l'acide carbonique.

Nous allons procéder à l'exposé de ces théories, en nous débarrassant d'abord de la dernière, qui n'a que peu d'intérêt.

A. Théorie de TANRET. — Le 14 septembre 1874, TANRET annonce à l'Académie des sciences que le permanganate de potasse (corps oxydant), en solution alcaline, décompose le chloral hydraté en *oxyde de carbone, acide carbonique*, acide formique et chlorure alcalin; c'est ce qui lui donne l'idée d'émettre l'opinion que, dans l'organisme, des phénomènes analogues peuvent se passer. L'hémoglobine oxygénée du globule, en présence du sérum alcalin du sang, ferait subir au chloral des actions oxydantes, aboutissant au résultat énoncé ci-dessus, et produisant, par conséquent, de l'oxyde de carbone et de l'acide carbonique.

Le premier de ces gaz, jouissant de l'activité chimique qu'on lui connaît sur les hématies, les rendrait impropres à leur fonction physiologique et déterminerait une asphyxie passagère, qui deviendrait ainsi l'origine du sommeil chloralique.

Cette théorie, faisant du chloral un poison, n'a en sa faveur que des expériences *in vitro*, qui sont assurément insuffisantes pour lui accorder une valeur quelconque, relativement au mode d'action réel du chloral.

B. Théorie du dédoublement de LIEBREICH. — Dès le début de cet article, nous avons rappelé que, sous l'influence des hydrates et carbonates alcalins, le chloral se dédouble en chloroforme et formiate.

Or nous avons ajouté aussi qu'à la température ordinaire cette transformation est nulle et qu'elle est encore assez lente à 38 ou 40°.

C'est sur elle cependant que se trouve édifiée toute la théorie chimique de LIEBREICH.

En effet, avant toute démonstration, cet auteur a supposé qu'en présence [des carbonates alcalins du sang, le chloral devait se dédoubler, dans le milieu intérieur, en chloroforme et formiate; le premier de ces corps pouvant devenir l'origine d'effets hypnotiques ou anesthésiques.

L'expérience physiologique ayant vérifié cette déduction, la théorie chimique a été consacrée, et on a définitivement admis que le chloral n'est qu'une source de chloroforme, dont tous les effets physiologiques ne doivent être rapportés qu'à ce seul corps.

Les efforts d'un grand nombre d'expérimentateurs et de thérapeutes se sont dépensés en faveur de la démonstration de cette explication, qui, comme nous le verrons, a eu des adversaires redoutables. Pour le moment, nous n'énumérerons que les faits apportés à son avantage.

RICHARDSON d'abord injecte, sous la peau, du chloral et du chloroforme, et obtient des effets qui lui paraissent identiques. Il parvient de plus à percevoir l'odeur du chloroforme, dans les gaz d'expiration d'animaux intoxiqués par des doses élevées de chloral.

Les démonstrations fournies par PERSONNE sont plus directes. Ce chimiste, ayant remarqué que, si l'on ajoute du chloral à un liquide organique alcalin, tel qu'une solution de blanc d'œuf par exemple, la liqueur, portée à 40°, répand l'odeur du chloroforme, pensa que le même phénomène devait avoir lieu dans le sang.

Il introduisit alors une solution d'hydrate de chloral dans du sang de bœuf, distilla le mélange et, en condensant les produits volatilisés, obtint une petite quantité de chloroforme.

Comme, dans cette expérience, la température du mélange a atteint 100°, PERSONNE prévoit l'objection en opérant de la façon suivante.

Il fait traverser le sang additionné de chloral par un courant d'air, destiné à entraîner les vapeurs et gaz volatils qu'il contient, et dirige le tout à travers un tube de porcelaine, chauffé au rouge, puis dans une solution de nitrate d'argent.

Il obtient ainsi un précipité blanc de chlorure d'argent, qui traduit, par conséquent, la présence du chlore, dont l'origine, d'après PERSONNE, ne peut se trouver ailleurs que dans les vapeurs de chloroforme, entraînées et décomposées par la chaleur.

Mais il prévoit encore que l'on peut objecter que le chlore, obtenu dans ces conditions, provient des vapeurs qui seraient fournies par le chloral contenu dans le sang, et il réalise l'essai suivant. Il soumet à l'expérience précédente un litre d'eau distillée, renfermant 1 gramme d'hydrate de chloral; l'opération est conduite pendant quinze à vingt minutes et elle est complètement négative. On ajoute alors une petite quantité de carbonate de soude au liquide de la cornue, et, aussitôt, la présence du chloroforme est accusée par la formation du chlorure d'argent.

« L'alcali ajouté, dit-il, a donc seul transformé le chloral en chloroforme, comme le fait l'alcali du sang. »

Voici, du reste, comment PERSONNE comprend la façon dont le chloral se comporte dans le milieu intérieur. En présence des matières albuminoïdes qu'il rencontre dans l'économie, le chloral produit du chloroforme aux dépens de l'alcali de ces matières; parallèlement, ces dernières, appauvries en sels alcalins, contractent combinaison avec le médicament non détruit, forment ainsi un véritable réservoir de chloroforme, qui ne le cède que peu à peu et successivement, au fur et à mesure du dédoublement qui se continue. Ce serait à cause de cette combinaison qu'on ne pourrait pas retrouver du chloral libre dans le sang.

Il est bon de faire remarquer, immédiatement, que BYASSON a nié la possibilité de cette réaction du chloral sur les albuminoïdes, dans les conditions indiquées par PERSONNE.

ROUSSIN prétend qu'il est impossible que le chloral, ingéré ou absorbé par l'économie, ne se transforme pas assez rapidement en formiate alcalin et en chloroforme.

En 1872, MM. Horand et Peuch présentèrent, à la Société de médecine de Lyon, un mémoire, où se trouvent les expériences faites par eux pour vérifier la théorie du dédoublement et se renseigner sur les transformations subies par le chloral dans le sang.

Ils eurent recours au procédé déjà employé par Personne, et arrivèrent au même résultat que cet auteur. Ils retirèrent, du sang d'un animal chloralisé, des vapeurs qui, décomposées par la chaleur, donnèrent du chlore, et démontrèrent que ce chlore ne provenait pas du chloral.

Pour cela, dans leur appareil, au lieu de sang, ils mirent une solution de chloral, puis, à l'aide d'un aspirateur, ils cherchèrent à soutirer de cette dissolution un produit volatil, pour lui faire traverser le tube chauffé et le diriger ensuite dans un appareil à boule de Liebig, rempli d'une solution de nitrate d'argent. Dans ces conditions, le résultat fut parfaitement négatif; aussi Peuch et Horand conclurent-ils que dans leur premier essai le chlore n'a pu provenir que du chloroforme contenu dans le sang.

Les mêmes auteurs furent plus complets encore et, après avoir confirmé le dédoublement du chloral, ils remarquèrent que ce dédoublement est d'autant plus rapide que l'alcalinité du sang est plus prononcée. La réaction était plus évidente chez le mouton, le cheval et le bœuf, que chez le lapin et le chien.

Enfin, Horand et Peuch s'assurèrent qu'il ne restait plus de chloral en nature, dans le sang où ils avaient trouvé du chloroforme. Pour cela, dès que la réaction qui décelait le chlore fut devenue stationnaire, ils ajoutèrent à ce liquide du carbonate de soude, et, ayant vu que, dans ces nouvelles conditions, le précipité de chlorure d'argent n'augmentait pas, ils conclurent que le chloral se décompose en totalité au contact des alcalis du sang.

Byasson, d'abord, puis Byasson et Follet recherchent et trouvent les vapeurs de chloroforme, dans l'air expiré par les animaux auxquels ils ont administré du chloral. Pour cela, ils recueillent dans un appareil spécial les gaz de la respiration et les dirigent ensuite dans une solution d'azotate d'argent, après leur avoir fait traverser un tube de porcelaine chauffé. Le précipité blanc de chlorure argentique confirme la présence du chlore, et par suite du chloroforme.

Les mêmes auteurs vont plus loin, et, analysant les urines des animaux qui exhalent ainsi du chloroforme, ils y constatent la présence du formiate de soude. Ce n'est pas pour eux une constation dépourvue d'intérêt; car, les premiers, ils admettent que l'acide formique a une action adjuvante certaine dans l'anesthésie chloralique. D'après eux, l'acide formique s'oxyderait au contact de l'oxygène du sang, pour former de l'acide carbonique, devenant ainsi une cause d'asphyxie quand il emprunte trop de comburant.

Byasson et Follet cherchent à confirmer leurs observations, en justifiant l'inactivité du trichloracétate de soude, qui, cependant, donne également du chloroforme dans les liquides alcalins.

Si le trichloracétate de soude, disent-ils, n'a pas des effets aussi prononcés que le chloral; s'il ne détermine qu'un sommeil léger et fugace, c'est qu'en se dédoublant en chloroforme et en acide formique, il ne fournit qu'une petite quantité de ce dernier corps.

Lawrence, Turnbull, Lissonde et Arloing sont encore de ceux qui, après Byasson et Follet, admettent que les formiates alcalins ne sont pas dépourvus d'activité. Personne, au contraire, a soutenu l'inactivité de l'acide formique, même à la dose de plus de 5 grammes.

Porta est partisan du dédoublement, et croit que le chloral agit principalement par le chloroforme qu'il fournit.

Offret retrouve l'odeur du chloroforme dans l'haleine des malades à qui il a administré du chloral.

Lissonde soutient la même opinion, répète avec succès les expériences de Personne, Byasson et Follet, Horand et Peuch, et conclut que « le chloral, introduit dans l'organisme, fournit du chloroforme dont une partie s'échappe par le poumon, l'autre par l'urine, à l'état de chlorure. »

Rabuteau est également partisan du dédoublement du chloral en chloroforme et formiate de soude, au contact des alcalins organiques; mais il complète la théorie en ajoutant que le formiate, en dissolution dans le sang, se transforme à son tour en bicarbonate de soude, régénérant ainsi le sel alcalin employé dans la décomposition du chloral, de telle façon qu'en définitive il n'y a bientôt dans le sang que le chloroforme qui a pris naissance.

Cette explication de RABUTEAU, relativement à la destruction rapide de l'acide formique et à sa transformation en bicarbonate de soude, est confirmée par les recherches de BYASSON et FOLLET, qui n'ont pu trouver cet acide à l'état libre, dans le sang des animaux chloralisés.

Il est évident que ces faits sont contraires à une participation quelconque des formiates à la production des effets observés après l'administration du chloral.

Enfin, en faveur de la théorie du dédoublement, RABUTEAU et NAPIÉRALSKI prétendent que, pendant les grands froids, on ne peut pas anesthésier les grenouilles avec le chloral, parce que les températures basses s'opposent à la décomposition de ce médicament et à la production du chloroforme ; mais ce fait a été contredit par LABBÉ.

Nous arrivons ainsi aux importantes recherches d'ARLOING, recherches qui concluent en faveur du dédoublement du chloral et de l'action combinée du chloroforme et de l'acide formique.

Nous devons au moins en donner un résumé succinct.

Frappé de la divergence des résultats obtenus par les expérimentateurs qui ont voulu résoudre la question par la chimie, ARLOING s'est adressé aux réactifs physiologiques, les animaux et les plantes, et, contrairement à BYASSON, qui n'avait interrogé que des fonctions peu modifiées par les formiates, il a d'abord démontré que ces agents ont une action réelle sur la circulation.

Prenant des tracés sphygmographiques et hémodromographiques, sur les grands animaux, ARLOING a constaté qu'à dose faible le formiate de soude diminue le nombre et la force des contractions cardiaques (à part une courte période initiale pendant laquelle la force du cœur est comme surexcitée par cet agent) et produit un écoulement plus rapide et plus considérable du sang, des artères dans les veines, c'est-à-dire une dilatation du système capillaire ; tandis qu'à dose plus forte le formiate de soude excite les contractions du cœur, de sorte que l'effet vaso-dilatateur qu'il exerce sur la périphérie du système circulatoire est en partie contre-balancé par son influence sur l'organe central.

Dans une série d'expériences sur le chien, notre savant maître s'est complètement renseigné sur les actions cardio-vasculaires et respiratoires du formiate de soude, aux différentes doses, de telle sorte qu'il a pu arriver aux conclusions générales suivantes :

« 1° A faible dose, le formiate de soude ralentit le cœur, détermine la dilatation des capillaires, l'abaissement de la pression artérielle et l'augmentation de la vitesse diastolique ou constante du sang, dans les vaisseaux centrifuges.

« 2° A dose forte, il provoque une accélération du cœur, une diminution de l'énergie des systoles, un abaissement de tension et une augmentation de vitesse dans les artères, moins considérable qu'à dose faible.

« 3° Injecté brusquement et à dose forte dans le cœur, le formiate de soude produit le ralentissement et même l'arrêt de l'organe. Ces troubles se réparent d'autant plus vite que la dose est moins considérable. Si l'animal a déjà reçu une grande quantité de formiate, l'arrêt peut être définitif. Dans ce cas, il survient toujours après l'arrêt de la respiration. »

Il est évident que, dans ces manifestations, on ne retrouve pas les seules actions du chloral, mais il y a pourtant des effets qui sont assez identiques à ceux que produit ce médicament, notamment le ralentissement du cœur, l'abaissement de la pression et l'augmentation de la vitesse, dans les artères, par les doses faibles, etc.

Dans ces premières observations, on pouvait se proposer de rechercher si, dans les effets du formiate de soude, on retrouve certains caractères appartenant au chloral, mais il était plus intéressant de savoir si les modifications circulatoires produites par la chloralisation présentent ou ne présentent pas la résultante des modifications qui appartiennent au chloroforme et au formiate de soude. C'est ce qu'ARLOING a recherché en faisant ce qu'il a appelé la *synthèse* du chloral à l'intérieur des vaisseaux.

La question est assez intéressante pour mériter la reproduction d'une de ces expériences. Elle a été faite sur un cheval, dont on inscrivait la pression et la vitesse du sang dans l'artère carotide, à l'aide de l'hémodromographe de Chauveau. L'appareil étant placé et le tracé normal obtenu (fig. 111; 1, 2, 3, 4), on injecte, en deux fois, 6 centimètres cubes de chloroforme mélangés à 6 volumes d'eau.

« A la suite de la première injection, la pression baisse, la vitesse diastolique aug-

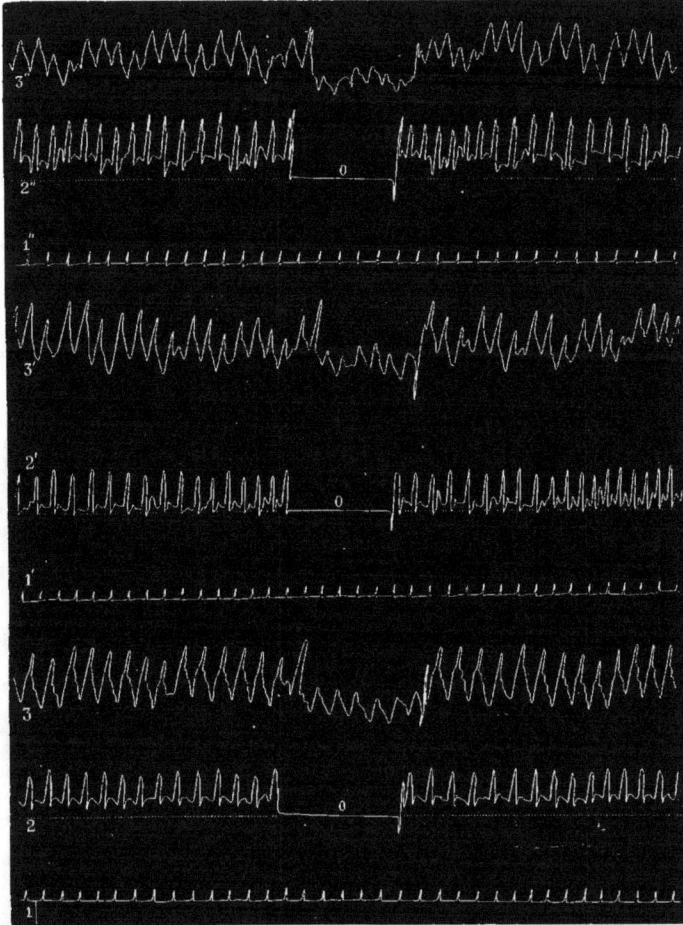

Fig. 111. — *Modifications de la circulation artérielle (pression et vitesse) sous l'influence d'injections successives dans le sang, de chloroforme et de formiate de soude (synthèse du chloral).*

1, 1', 1'', lignes d'abcisse et secondes; 2, 2', 2'', tracés de la vitesse du cours du sang dans la carotide du cheval; 3, 3', 3'', tracés de la pression et des pulsations dans la carotide.
1, 2, 3, état normal; 1', 2', 3', modifications après l'injection du chloroforme; 1'', 2'', 3'', modifications après l'addition du formiate de soude; 0, 0, 0, ligne du zéro vitesse.

mente légèrement. Une minute et demie à deux minutes après la seconde injection, la pression devient plus forte que la pression initiale, les vitesses systolique et diastolique diminuent. On le constate aisément en comparant, sur la figure les tracés 2 et 2' avec la ligne d'abscisse, et les minima des pulsations de vitesse des tracés 3 et 3' avec la ligne de zéro, vitesse prolongée. A ce moment, on pousse 12 grammes de formiate de soude avec lenteur dans la veine digitale. Peu à peu, la pression dans la carotide s'abaisse, et, au bout de dix minutes, elle est descendue au-dessous de la pression normale; la vitesse systolique et surtout la vitesse diastolique se sont accrues; elles sont revenues à leur valeur primitive, puis l'ont dépassée. On injecte encore 8 grammes de formiate de soude; la pression artérielle baisse de plus en plus, tandis que la vitesse augmente proportionnellement, on observe même un dicrotisme de vitesse assez marqué (fig. 111; 3, 3', 3''). — En résumé, les lignes qui représenteraient l'ensemble des modifications de la vitesse et de la pression artérielle se rapprocheraient un instant, puis s'éloigneraient l'une de l'autre sous l'influence du chloroforme, et, enfin, se rapprocheraient de plus en plus après l'introduction du formiate de soude, c'est-à-dire que le formiate de soude est venu imprimer à la circulation, modifiée par le chloroforme, un cachet qui rappelle singulièrement le chloral (ARLOING). »

De ces expériences de synthèse et d'autres essais dans lesquels il a combiné l'action du chloral à celle du formiate de soude, ARLOING conclut qu'il est logique d'admettre que le chloral se dédouble bien en formiate et chloroforme dans le torrent circulatoire.

Mais, à l'appui de cette conclusion, d'autres arguments sont encore trouvés par lui, dans l'action du chloral sur les végétaux, la sensitive en particulier.

Après avoir démontré que cette plante est sensible aux effets anesthésiques du chloroforme, ARLOING constate qu'avec le chloral on n'obtient pas les mouvements et l'inexcitabilité passagère qui caractérisent l'absorption du premier de ces médicaments, mais il complète son observation en prouvant que le fait provient de ce que, dans le tissu de la sensitive, le chloral ne rencontre pas les conditions qui président à la formation du chloroforme.

Enfin, ARLOING, reprenant les hypothèses émises, relativement à la participation effective des formiates dans l'action anesthésique du chloral, arrive à exprimer ainsi sa manière de voir personnelle : « Nous pensons, dit-il, que les formiates alcalins contribuent à l'anesthésie en portant le chloroforme plus rapidement et en plus grande abondance aux centres nerveux et à la terminaison des nerfs sensitifs, grâce à l'action vaso-dilatatrice qu'ils exercent. *Ce qui revient à dire que nous attribuons essentiellement l'anesthésie au chloroforme.* »

D'ailleurs le résultat de l'ensemble des expériences d'ARLOING est contenu tout entier dans les conclusions par lesquelles se termine son étude du mode d'action du chloral.

1º Le chloral se dédouble, dans le torrent circulatoire, en chloroforme et formiate alcalins.

2º Les effets du chloral sur les fonctions autres que la sensibilité ne sont pas semblables à ceux du chloroforme.

3º Les modifications circulatoires que produit le chloral expriment une résultante des modifications propres au chloroforme et au formiate.

4º On peut en dire autant des modifications des principales fonctions : respiration, calorification.

5º Les effets anesthésiques du chloral sont dus entièrement au chloroforme qu'il fournit dans l'organisme.

6º Le formiate alcalin favorise mécaniquement l'anesthésie en facilitant le transport du chloroforme au contact des éléments nerveux.

Nous avons donné quelque développement aux travaux d'ARLOING, parce que, d'abord, parmi les derniers faits sur l'importante question qui nous occupe, ce sont les plus complets et les plus originaux; ensuite parce que nous avons eu la facilité de consulter les nombreux documents graphiques, sur lesquels sont basées les opinions émises dans les conclusions reproduites ci-dessus.

Ces travaux apportent un appui considérable à la théorie du dédoublement, mais nous verrons que, malgré cela, cette théorie compte de nombreux et sérieux adversaires.

Avant de nous occuper de ceux-ci, nous ne pouvons nous dispenser de rappeler les tentatives originales de GABRIEL GUÉRIN, qui, partisan lui aussi du dédoublement, a multiplié les facteurs de ce dernier et a apporté une hypothèse nouvelle sur le mode d'action du chloral.

Il nous est impossible d'entrer dans l'exposé des expériences et analyses chimiques faites par GUÉRIN ; elles conduisent simplement aux résultats suivants.

Les sels alcalins du sang n'ont pas seuls le monopole de décomposer le chloral; les matières albuminoïdes, elles-mêmes, en solutions acides, sont susceptibles de provoquer le dédoublement de ce corps à la température de 40°. A la même température aussi, le phosphate acide de soude jouit de la même propriété, et, par le fait de son action, provoque la formation d'acide formique libre.

Comme corollaire des faits précédents, GUÉRIN signale enfin la perte d'une partie de l'alcalinité du sang, sous l'influence du chloral, et résume l'action de ce médicament sur l'économie.

Cette action serait due à l'influence combinée : 1° du chloroforme produit par les bicarbonates et phosphates alcalins, ainsi que par les matières albuminoïdes du sang ; 2° de la perte d'une partie de l'alcalinité du sang; 3° de la modification particulière (résultant d'un pouvoir coagulant) que subissent les albuminoïdes.

En somme, l'explication de GUÉRIN est assez éclectique : elle admet le dédoublement, dont les causes deviennent triples, mais elle admet aussi que le chloral peut, en partie, agir lui-même.

Nous devons ajouter que ces faits n'ont pas été vérifiés expérimentalement et qu'ils nous paraissent avoir besoin de l'être avant toute explication définitive. Leur sort est du reste en grande partie lié à la doctrine fondamentale de LIEBREICH, dont nous allons maintenant faire connaître les adversaires.

C. Le chloral agirait par lui-même et non comme chloroforme. — Bien qu'apportant des arguments contradictoires peu décisifs, DEMARQUAY a combattu, dès le début, la théorie de LIEBREICH, disant que le chloral s'exhale en nature par la voie pulmonaire, qu'il l'a senti dans l'haleine des animaux, et que, de plus, dans ses effets sur le système nerveux, il ne ressemble en rien au chloroforme.

Opposant la négation aux affirmations contraires, LABBÉ et GOUJON déclarent n'avoir jamais retrouvé l'odeur du chloroforme, ni dans les gaz d'expiration ni dans le sang des animaux chloralisés ; aussi n'admettent-ils pas le dédoublement, qui devrait produire au moins des effets *identiques*, si le chloral n'agissait que comme chloroforme. Or, d'après ces auteurs, cette identité d'action n'existe pas ; elle ne peut pas exister. En effet, il est habituel de voir le chloroforme, lorsqu'il pénètre dans le sang, progressivement et à petite dose, produire d'abord de la stimulation, de l'excitation, de l'insomnie ; c'est précisément ce que devrait réaliser le chloral, si, au lieu d'agir par lui-même, il se décomposait peu à peu pour donner des doses fractionnées de chloroforme, et c'est ce qu'il ne réalise pas.

GUBLER est aussi un de ceux qui se sont signalés comme franchement et absolument convaincus de l'autonomie du chloral ; il a cherché à accumuler tous les arguments possible, contre le dédoublement de ce corps, allant même jusqu'à douter de la réaction admise par LIEBREICH, dans les conditions physiologiques habituelles.

Il insiste sur ce fait qu'à la température ordinaire ou même à la température moyenne du corps, l'action des sels alcalins sur le chloral est très difficile à constater, et que, même à 38 ou 40°, elle est assez lente. Lorsqu'on mêle directement du chloral avec du sang, le mélange arrive à contenir du chloroforme; mais pour cela il faut chauffer pendant plusieurs heures.

A la température ambiante, GUBLER a mis de l'hydrate de chloral en contact avec du sérum sanguin, avec le sang de saignées locales et générales, d'hémoptysies, d'épistaxis, avec les salives et les mucus alcalins ; il en a plongé dans de l'eau de Vichy et même dans la solution alcaline, dite eau de Vichy artificielle des hôpitaux, et il n'a pas vu, même au bout d'une demi-heure et de trois quarts d'heure, apparaître la moindre odeur de chloroforme.

Par conséquent, GUBLER atténue considérablement le pouvoir accordé aux bicarbonates alcalins d'opérer la transformation moléculaire du chloral, et croit la chose surtout difficile aux alcalins du sang qui, étant associés à l'albumine, sont dans un milieu défavorable aux réactions chimiques.

Pour la raison qu'il n'a pas senti l'odeur du chloroforme, mais celle du chloral dans l'haleine des animaux ayant absorbé ce dernier produit, ensuite parce que, physiologiquement, les deux médicaments lui semblent très différents, CL. BERNARD s'est également inscrit contre la théorie du dédoublement, en faveur de laquelle, dit-il, les expériences de PERSONNE ne prouvent rien du tout.

LIÉGEOIS et GIRAUD-TEULON, DIEULAFOY et KRISHABER, FERRAND, GIRALDÈS, GIOVANNI et RANZOLI, LEWISON, HEIDENHAIN, ARNDT, NOTHNAGEL et ROSSBACH, SOULIER, etc., admettent aussi que le chloral agit par lui-même, et non par le chloroforme qu'il pourrait fournir en se décomposant dans le sang.

Contre cette décomposition, NOTHNAGEL et ROSSBACH invoquent des considérations théoriques ainsi que l'expérience.

Ils font d'abord observer qu'il existe toute une série très nombreuse de dérivés du méthane, qui tous ont une action semblable à celle du chloroforme, et pourtant ne se décomposent pas dans l'organisme pour donner naissance à ce produit.

Rien ne démontre positivement, ajoutent-ils, que le chloral subisse dans le milieu intérieur le dédoublement admis par LIEBREICH, car dans le sang, comme dans l'air expiré des animaux chloralisés, la présence du chloroforme lui-même a été impossible à vérifier, bien qu'on se soit servi des réactifs les plus sensibles, employés habituellement pour déceler des traces minimes de ce corps.

En fait, toutes les expériences rapportées plus haut révèlent la présence du *chlore*, mais rien de plus, et, comme on l'a depuis longtemps objecté, ce chlore peut avoir une autre origine que celle qu'on lui accorde pour les besoins de la cause.

On s'est tourné alors du côté des sécrétions éliminatrices et, dans l'urine notamment, on a cherché les produits de décomposition du chloral ou les dérivés de ces produits.

LIEBREICH, PERSONNE, puis BYASSON et d'autres avaient constaté des traces de formiates dans les urines : RABUTEAU, partisan de la transformation rapide des formiates en carbonates, avait prétendu que c'était la raison pour laquelle les urines devenaient alcalines après la chloralisation. Mais à ces observations, non vérifiées d'ailleurs, on n'avait pas ajouté une importance bien grande, relativement aux conclusions favorables à en tirer pour ou contre la doctrine de LIEBREICH.

Il était plus intéressant de voir si, dans les urines, on pourrait retrouver du chloral en nature, et c'est ce que plusieurs auteurs recherchèrent.

En se basant simplement sur ce fait qu'après la chloralisation l'urine réduit la liqueur cupro-alcaline, BOUCHUT croyait à l'élimination du choral en nature, par la voie du rein ; mais sa démonstration était insuffisante et il fut réfuté par PERSONNE.

Il est certain, en effet, que dans ces observations, comme du reste dans tous les travaux entrepris plus tard sur le même sujet, on ne trouve pas la preuve certaine de l'élimination du chloral en nature.

Pourtant, sous la direction et dans le laboratoire d'HERMANN, Mlle THOMASCEWICH entreprit des expériences qui, sans être aussi probantes qu'on pourrait le désirer, relativement à la présence du chloral, démontraient au moins qu'il n'y avait pas de chloroforme dans les urines de plusieurs individus auxquels on avait administré 4 à 6 grammes d'hydrate de chloral.

Les analyses étaient conduites de la façon suivante :

200 cc. d'urine, légèrement acidulée par de l'acide acétique, étaient introduits dans un matras et chauffés, entre 50 et 60°, pendant qu'on les faisait traverser par un courant d'air, qui aboutissait à un récipient contenant de l'alcool froid.

Après une demi-heure de passage, on alcalinisait fortement l'urine, on changeait l'alcool, et on faisait de nouveau passer le courant d'air dans les mêmes conditions que précédemment.

Les deux liqueurs alcooliques étaient ensuite soumises, isolément, à la réaction d'HOFFMANN, et c'est ainsi que, toujours, dans la première partie, traitée comme il vient d'être dit, cette réaction fut négative, tandis qu'elle était constamment positive dans la deuxième.

Par conséquent, après chloralisation, l'urine ne donne une substance isocyanique qu'à l'état alcalin, ce qui, au dire d'HOFFMANN, prouve qu'elle renferme du chloral et non du chloroforme.

Ces faits positifs, défavorables assurément à la théorie du dédoublement, auraient été vérifiés par FELTZ et RITTER, qui, ayant examiné l'urine de plusieurs chiens intoxiqués par le chloral, crurent y trouver ce médicament, associé à du sucre et à une autre substance organique.

Les analyses de von MERING, MUSCULUS et DE MERMÉ ont une importance plus grande; car elles sont empreintes d'une précision qui les rend dangereuses pour la théorie du dédoublement.

Les recherches de ces auteurs portaient sur les urines émises par des malades qui absorbaient 4 à 5 grammes de chloral par jour.

Contrairement à ce qu'a prétendu RABUTEAU, ces urines avaient généralement une réaction acide très prononcée; elles réduisaient la liqueur cupro-alcaline, et, examinées au polarimètre, montraient une rotation à gauche, d'autant plus accusée que la dose de chloral était plus forte.

L'attention une fois attirée par ces particularités, MUSCULUS et DE MERMÉ procédèrent à une série d'analyses qui aboutirent à l'isolement d'un composé nouveau, auquel ils donnèrent le nom d'*acide uro-chloralique*, et qui, pour eux, devait être du chloral combiné avec une substance organique.

L'étude de ce composé chloralé a été reprise plus tard par von MERING, qui est arrivé à cette conclusion que l'acide uro-chloralique n'est pas du chloral combiné avec un produit organique quelconque, mais une combinaison d'acide glycuronique et d'alcool éthylique trichloré, ainsi que l'indique son dédoublement d'après l'équation :

$$C^8H^{11}Cl^3O^7 + H^2O = C^2H^3Cl^3O + C^6H^{10}O^7$$

Acide urochloralique. Eau   Alcool éthylique   Acide
           trichloré   glycuronique

Combiné à la potasse, cet acide se présente sous l'aspect d'une poudre blanche et, isolé à l'état de pureté, il cristallise en aiguilles soyeuses, groupées en étoiles. Il est monobasique; soluble dans l'eau, l'alcool, l'éther et précipitable par l'acétate basique de plomb.

En résumé, le chloral ne subirait pas dans le milieu intérieur la transformation chimique annoncée par LIEBREICH et admise par tous les partisans de son dédoublement ; la majeure partie de la dose absorbée se retrouverait dans l'urine sous forme d'un acide, l'acide urochloralique, qui est lévogyre et réduit la liqueur cupro-potassique. A la suite de l'injection de 5 grammes de chloral on trouve 10 grammes d'acide uro-chloralique par litre d'urine.

Quant au chloral en nature, la réaction d'isocyanure de phényle ne permet d'en déceler qu'une *très faible* quantité.

Les analyses de KÜLZ ont confirmé celles de von MERING et MUSCULUS, et démontré qu'avec le chloroforme on n'obtient pas les mêmes résultats qu'avec le chloral.

KÜLZ a constaté néanmoins que l'urine des sujets chloroformisés, contient, comme après la chloralisation, une substance lévogyre qui disparaît après l'action de l'acétate de plomb, et qui, isolée par l'hydrogène sulfuré et l'acide chlorhydrique, dévie à droite la lumière polarisée (acide glycuronique).

Cependant l'analyse minutieuse, faite par le même auteur, des urines de chien soumis pendant cinq heures à l'action du chloroforme, n'a jamais donné l'acide uro-chloralique de von MERING et MUSCULUS.

KÜLZ déclare cependant incontestable et absolument certaine la présence de l'acide uro-chloralique dans les urines des sujets chloralisés; aussi conclut-il que le chloral n'agit pas par le chloroforme qu'il donnerait en se dédoublant dans le sang. Il ajoute de plus que l'alcool éthylique trichloré, un des produits de dédoublement de l'acide uro-chloralique, étant hypnotique, il n'y a rien d'extraordinaire à ce que la molécule d'hydrate de chloral jouisse de la même propriété et soit hypnotique par elle-même.

Voilà certes des analyses chimiques bien précises, bien rigoureuses et bien complètes; or, comme le dit justement le professeur SOULIER, à moins d'admettre que Von MERING, MUSCULUS, DE MERMÉ et KÜLZ se sont grossièrement trompés, on est dans l'obligation de reconnaître qu'elles portent un coup sérieux à la théorie du dédoublement.

Mais ce n'est pas encore tout. Dans la façon même dont peut se faire le dédoublement et dans sa marche, il y a des points faibles, des défauts de cuirasse nombreux.

Et d'abord LIEBREICH, qui accorde aux sels alcalins du sang le pouvoir de transformer le chloral en formiate et chloroforme, avoue lui-même que la quantité d'alcali contenue dans le sang est *insuffisante* pour transformer en chloroforme tout le chloral absorbé. Il apporte cependant un correctif immédiat à cette observation, en disant que, dans le sang circulant, l'alcali se renouvelle toujours à mesure qu'il est consommé. Le dédoublement du chloral se ferait donc lentement, progressivement; à chaque instant une minime quantité de chloroforme serait dégagée, qui irait se fixer aussitôt sur les ganglions cérébraux et sur ceux de la moelle épinière et du cœur.

Mais quelle est donc, approximativement, la valeur de cette *minime quantité* de chloroforme? Richardson, un des adeptes de Liebreich, semble avoir fourni la réponse, puisqu'il admet qu'il ne peut se former par heure que 25 à 30 centigrammes de chloroforme au dépens de 35 à 40 centigrammes de chloral; soit 0,005 milligrammes de chloroforme par minute. C'est peu, par rapport aux effets presque soudains que l'on obtient avec le chloral, moins de 6 minutes après le début de son introduction dans une veine.

D'autre part, comment se fait le renouvellement des sels alcalins? Rabuteau prétendait que, par la combustion immédiate du formiate, le carbonate de soude était régénéré et se trouvait prêt à participer à de nouvelles réactions; mais alors que devient le rôle physiologique attribué aussi au formiate lui-même par un grand nombre d'auteurs?

Revenons aux doses de chloral employées et à celles de chloroforme formées dans le sang pendant un temps déterminé; car il y a là d'intéressantes observations à faire.

Labbé a déjà fait remarquer qu'il est difficile de comprendre l'action rapide du chloral, qui, à la dose de un gramme, peut faire dormir après 15 minutes, alors que la proportion de chloroforme qui dérive de cette quantité n'est pas supérieure à $0^{gr},76$; nous ajouterons qu'il est bien plus difficile encore de comprendre ces résultats, si l'on tient compte des calculs de Richardson, qui établissent que, pendant ces 15 minutes, 0,075 milligrammes de chloroforme seulement ont pu se former.

Il est à présumer, en outre, que cette proportion très faible de chloroforme n'est pas toute active, puisqu'une partie doit probablement s'éliminer assez vite par le poumon, et on se demande alors ce qu'il reste du médicament pour produire le sommeil!

Arloing a répondu à cette objection en s'appuyant sur des essais faits par lui, chez les grands solipèdes, et voici ce qu'il dit.

« La quantité de chloroforme nécessaire pour endormir un animal est toujours inférieure à celle que fournirait une dose anesthésique de chloral. Ainsi, avec $5^{gr},57$ à $6^{gr},5$ de chloroforme très étendus, injectés graduellement et lentement dans les veines, nous avons endormi admirablement de grands solipèdes; pour obtenir le même degré d'insensibilité avec le chloral, nous étions obligé d'en injecter 30 à 40 grammes.

« Or l'hydrate de chloral donnant 72,2 p. 100 de chloroforme, en présence des alcalis, la quantité nécessaire pour endormir un cheval en fournira 22 à 30 grammes, c'est-à-dire environ cinq fois plus qu'il n'en faut à l'état libre pour obtenir le même résultat. En tenant compte de la lenteur avec laquelle se fera le dédoublement, on voit que le sang renfermera, pendant un laps de temps cinq à six fois plus long que le sommeil chloroformique, une dose de chloroforme à l'état naissant suffisante pour entretenir l'anesthésie. »

Évidemment le raisonnement est serré de très près, mais le calcul n'envisage que le médicament, et ne s'occupe pas de la quantité d'alcali qui est nécessaire à la réaction.

Il ne faut pas oublier pourtant, et nous insistons là-dessus, que, même en faveur du chloral, le sang ne doit pas se désalcaliniser, et qu'en somme, pour subir la décomposition en formiate et chloroforme, *un gramme de chloral a besoin de 0,271 d'hydrate de soude*, ou bien, si cette soude est prise à l'état de bicarbonate, de 0,307 de ce sel.

Or, d'après les analyses chimiques de Schmidt, Hoppe-Seyler, Bunge, on peut calculer que, dans le sang d'un homme de 65 kilogrammes, il y a $4^{gr},605$ de soude; dans le sang d'un cheval de 300 kilogrammes, $33^{gr},28$ de soude; mais il s'agit là de soude, et non de bicarbonate, et il est certain que, si l'on veut se préoccuper des seules combinaisons de cette soude qui sont en mesure de servir au dédoublement du chloral, on est convaincu que Liebreich avait grandement raison de reconnaître que la quantité d'alcali contenue dans le sang ne peut suffire à transformer en chloroforme tout le chloral absorbé.

On n'est pas étonné non plus de la limitation établie par Richardson, qui fixe à 25 ou 30 centigrammes seulement la quantité de chloroforme qui peut se dégager, en une heure, dans le sang d'un sujet chloralisé.

Cette limite est imposée par la fixité et la faiblesse de la proportion de sels alcalins utilisables dans le dédoublement; elle est logique et devrait fatalement conduire à la conclusion suivante :

« Les quantités de sels alcalins du sang étant fixes, les effets du chloral, *quelle que soit la dose absorbée*, ne peuvent varier beaucoup, et, à part leur durée, ont une intensité limitée par le poids d'alcali qui peut transformer le médicament. »

Mais ce n'est pas ce que l'on observe ; les effets du chloral sont parfaitement et directement en rapport avec les doses absorbées; on a bien le sommeil léger et l'hypnose simple avec les doses faibles ; le sommeil lourd, profond et l'anesthésie complète avec les doses fortes, le coma et la suspension de toute manifestation vitale avec les doses très fortes.

Avec 1 à 2 grammes on calme et endort un chien de poids moyen ; avec 4 à 5 grammes on l'anesthésie; avec 10 à 12 grammes on le tue; *indépendamment du facteur temps*, qui pour chaque résultat est toujours assez court.

Or ce chien, de poids moyen, 15 à 20 kilogrammes par exemple, contient moins de 1 gramme de sels alcalins dans son sang! Le chloral paraît bien être le facteur unique des actions différentes que nous venons d'énumérer.

Enfin, il est un dernier argument, qui a, tour à tour, servi aux défenseurs du dédoublement et à ses adversaires : c'est celui que l'on a tiré de la nature même des effets de l'agent dont nous nous occupons. Pour LIEBREICH et plusieurs de ses adeptes, le chloral agit comme chloroforme et il y a *identité* complète entre les effets de ces deux médicaments.

Cette identité est partiellement admise par ARLOING, au moins dans les modifications qui portent sur les fonctions du système nerveux.

D'autres auteurs, au contraire, n'admettent pas la transformation du chloral en chloroforme, pour des raisons absolument inverses et parce que les effets de chaque médicament sont pour eux différents. Le chloroforme, disent-ils, est un *anesthésique*, tandis que le chloral est un *hypnotique*. (DEMARQUAY, GUBLER, CL. BERNARD, BYASSON, etc.) Les uns et les autres nous paraissent avoir tort, tout en s'appuyant cependant sur des faits en partie exacts. Et d'abord, les propriétés anesthésiques du chloral n'étant pas discutables, c'est un argument qui ne vaut rien, pour séparer ses effets de ceux du chloroforme et nier un dédoublement. Mais il est non moins certain aussi qu'il n'y a pas identité entre les actions des deux agents.

Dans les conclusions qu'il tire de ses propres recherches, ARLOING dit : « Si les effets anesthésiques du chloral sont dus entièrement au chloroforme qu'il fournit, les modifications qu'il produit sur la circulation, la respiration, la calorification et les fonctions autres que la sensibilité ne sont pas semblables à celles du chloroforme.

D'après cela, et de l'aveu même de l'un des partisans les plus autorisés du dédoublement, il ne paraît y avoir qu'un point de commun entre les deux agents: c'est leur action sur le système nerveux; c'est l'anesthésie qu'ils produisent l'un et l'autre et que l'un tiendrait de l'autre. Mais est-ce un argument suffisant? Est-ce que tous les corps capables de produire l'insensibilité et la résolution musculaire passent par l'intermédiaire chloroforme? Personne ne le pense. — L'anesthésie est une manifestation pharmacodynamique qui appartient à tout un groupe important de substances chimiques; il n'y a donc rien d'irrationnel à l'accorder au chloral. D'ailleurs, à part les différences constatées sur les autres fonctions, et qu'on pourrait justifier par l'action du formiate, l'anesthésie du chloral est-elle si comparable à celle du chloroforme? Assurément non, et il suffit de relire attentivement la description, que nous avons donnée plus haut, des effets du chloral sur le système nerveux et de l'anesthésie qu'il détermine, pour être convaincu que cette anesthésie a une physionomie particulière, qu'elle ne ressemble pas à celle de l'éther et du chloroforme, et qu'il n'y a pas de confusion possible entre le sommeil d'un animal chloralisé et le sommeil d'un animal chloroformisé. Il y a certainement plus de rapport entre les actions nerveuses de l'éther et du chloroforme, qu'il n'y en a entre les actions du chloroforme et celles du chloral.

C'est surtout dans les effets des petites doses que les différences s'accusent. Dans ces conditions, le chloroforme est excitant, tandis que le chloral provoque toujours le calme et le sommeil.

Le chloral, à dose convenable, peut être un *hypnotique*, dans l'acception complète du mot, tandis que le chloroforme est surtout un *anesthésique*.

Il y aurait ainsi, dans ce parallèle différentiel, une source d'argumentation précieuse, qui fatalement tournerait au plus grand profit des adversaires de la théorie du chloral agissant comme chloroforme; et assurément le formiate à lui tout seul ne pourrait pas arriver à donner la justification de toutes les différences importantes, qui ressortiraient d'une comparaison poussée très loin entre les effets de l'hydrate de chloral et ceux du chloroforme.

Ne trouvons-nous pas également un argument en faveur des propriétés calmantes particulières que beaucoup attribuent, en toute propriété, à la molécule chloral, dans l'existence des chloraloses? C'est par la simple action du sucre anhydre sur le chloral anhydre, que Ch. Richet et Hanriot ont préparé ce corps nouveau, dont les propriétés hypnotiques, fort remarquables et très spéciales, se manifestent, chez les animaux et chez l'homme, sans qu'il y ait lieu de rechercher une transformation quelconque en chloroforme.

En résumé, puisque nous avons été amené à exprimer notre sentiment au sujet du mode d'action du chloral, nous conclurons en disant qu'il paraît logique d'accorder à ce médicament une autonomie réelle.

La plupart des actions pharmacodynamiques qu'il détermine sont la conséquence de ses effets propres sur le système nerveux; le sommeil, hypnotique ou anesthésique, qui suit son absorption à dose modérée ou forte, est le résultante des affinités électives qu'il a pour les centres cérébraux et sensitivo-moteurs de la moelle et du bulbe.

Nous n'irons pas cependant jusqu'à prétendre qu'au contact des alcalins du sang, il ne subit pas la moindre modification chimique; à cet égard, l'écclétisme de Vulpian nous paraît assez juste, et nous admettons très volontiers que, dans le sang, une partie de la dose de chloral absorbée peut se décomposer en donnant du chloroforme et du formiate de soude.

C'est un dédoublement possible, mais qui doit se faire lentement et dans des limites très restreintes. Il est corrélatif des grandes modifications fonctionnelles que produit le médicament, mais il ne joue pas le rôle essentiel; car, comme le disait Vulpian, il ne permet pas d'expliquer l'anesthésie, pour ainsi dire foudroyante, que l'on détermine par les injections intra-veineuses de chloral.

Enfin, en terminant, nous tenons essentiellement à bien faire remarquer que l'interprétation que nous adoptons et qui découle de la discussion des expériences et des faits, ne change rien à la valeur réelle de ceux-ci; leur importance ainsi que leur portée scientifique ne sont pas en jeu et restent absolument intactes. Pour eux, des coïncidences probables restent à démontrer.

Le chloral au laboratoire de physiologie. — Nous avons déjà dit qu'en clinique le chloral était surtout considéré et utilisé comme hypnotique; mais, au laboratoire, il peut rendre d'autres services.

Pour un grand nombre de vivisections ou d'expériences que l'atténuation ou la perte de la sensibilité réflexe ne risque pas de troubler, ses remarquables propriétés anesthésiques peuvent être avantageusement mises à profit.

C'est chez les animaux des grandes espèces, surtout, qu'il est particulièrement recommandable, à cause de la facilité avec laquelle il peut être injecté dans une veine, et du sommeil calme, profond et prolongé, qu'il détermine rapidement et sans grande agitation préalable.

Le cheval, l'âne, le bœuf, la chèvre, le mouton sont parfaitement immobilisés et insensibilisés par le chloral; en prenant des précautions plus minutieuses encore, on peut même s'en servir chez le chien, dans un grand nombre de circonstances.

Le seul inconvénient à reprocher au chloral, et dans certains cas il a quelque valeur, c'est la propriété qu'il a de produire une vaso-dilatation intense; comme conséquence on a des plaies qui saignent abondamment, des hémorragies en nappes difficiles à combattre, et fort gênantes si l'opération que l'on a à faire est un peu délicate.

L'administration du chloral, nous l'avons dit plus haut, se fait plus aisément dans les veines; en ayant soin de pousser l'injection avec une sage lenteur, on a généralement peu de chose à craindre, et, pour notre part, nous n'avons jamais eu d'accident, dans ces conditions.

La solution recommandée et que nous employons couramment est au cinquième; quand il s'agit du chien, on pourrait la diluer au dixième; mais, pour les grands animaux, la quantité de véhicule à introduire dans le vaisseau serait trop grande, et il n'y a pas de danger à s'adresser à la solution forte.

Les doses varient naturellement beaucoup, suivant la taille et le poids des animaux, En moyenne, pour obtenir une bonne anesthésie, elles peuvent être ainsi fixées :

Cheval	50 à 100 grammes.
Ane	30 à 60 —
Bœuf	50 à 100 —
Chèvre	10 à 20 —
Chien	2, 4 à 5 —

Mais, comme nous l'avons recommandé, en poussant l'injection lentement, et en suivant bien les progrès et la marche de l'anesthésie, on arrive facilement à juger du moment où la dose suffisante a été introduite dans la veine.

On peut, avantageusement, associer la morphine au chloral, surtout lorsqu'on ne veut pas s'adresser à la voie veineuse; chez les animaux des grandes espèces, il n'y a cependant aucun avantage à agir ainsi, et, pour les recherches de laboratoire, nous persistons à employer et à recommander l'introduction dans la veine, toutes les fois qu'on désire obtenir une anesthésie chloralique.

Chez les chiens, il n'en est pas de même, et c'est avec profit qu'on peut associer la morphine au chloral, lorsque l'administration doit se faire par la voie hypodermique ou mieux par la voie péritonéale, suivant la méthode recommandée par CH. RICHET, et dont nous avons plus haut (voir p. 555) indiqué les détails.

En somme, on a pu voir que, sous beaucoup de rapports, l'hydrate de chloral est un agent qui non seulement peut intéresser le physiologiste, mais devenir pour lui un moyen d'étude et un auxiliaire précieux.

Bibliographie[1]. — Le chloral ayant été étudié très souvent et ayant fait l'objet d'articles généraux assez nombreux, nous pouvons réduire considérablement nos indications bibliographiques, en renvoyant nos lecteurs aux sources qu'on ne manque jamais de consulter.

Nous les prions donc de se reporter aux ouvrages suivants. C'est l'énumération des principaux travaux que nous avons consultés pour la rédaction de notre article.

Dictionnaire des Sciences médicales, Art. « *Chloral* », 1874. — *Dictionnaire de médecine et de chirurgie pratiques*, Art. « *Chloral* », XL (supplément), 124. — *Revue des Sciences médicales*, XV, Paris, 1880. *Étude sur le chloral* de G. DECAISNE, 330-743 (article important). — *Revue des Sciences médicales*, XVII, Paris, 1881. Revue par DASTRE, 767 (article important). — *Index Catalogue*, Art. « *Chloral* ». — *Dictionnaire de Thérapeutique*, I, 1883, Art. « *Chloral* ». — *Dictionnaire de Physiologie*, I, fasc. 2, 1895, Art. « *Anesthésie de* CH. RICHET. — PERSONNE (C. R., 1869, 980). — NAPIERALSKI. *Du Chloral au point de vue chimique, physiologique et thérapeutique* (D. P., 1870). — RABUTEAU. *Gazette hebdomadaire de médecine et de chirurgie*, 1871, 767. — HORAND et PEUCH. *Du Chloral, recherches sur ses antidotes* (Société de médecine de Lyon, 1872). — BYASSON et FOLLET (C. R., 1872). — FELTZ et RITTER. *De l'action du Chloral sur le sang* (C. R., 3 août 1874). — BYASSON. *De l'action du Chloral sur l'albumine* (C. R., 1874, 649). — PERSONNE. *Du Chloral et de ses combinaisons avec les matières albuminoïdes* (C. R., 1874, 129). — LISSONDE. *Du Chloral hydraté; étude chimique, physiologique et thérapeutique* (D. P., 1874 . — ORÉ. *La neutralisation de l'acidité du Chloral, par le carbonate de soude, retarde la coagulation, en conservant les propriétés physiologiques* (C. R., 1874, LXXIX, 1416 et LXXX, 199). — ROKITANSKI. *De l'influence du Chloral sur l'excitabilité du système nerveux* Stricker's Jahrbücher, 1874, 294). — TANRET. *Sur un cas de décomposition du Chloral hydraté* (C. R., 14 sept. 1874 . — TIZZONI et FOGLIATA. *Dell'*

1. Nos recherches bibliographiques ont été faites avec la collaboration de M. BRIAU.

anestesia per le injezioni intravenose di cloralio (Rivista clinica di Bologna, 1875). — BERNARD (CL.). *Leçons sur les anesthésiques et l'asphyxie.* Paris, 1875, 507. — VON MERING. *Sur le sort des hydrates de chloral et de butyl-chloral dans l'organisme (Bulletin de la Société chimique*, 1875, XXXIII, 583). — MUSCULUS et DE MERMÉ. *Sur un nouveau corps que l'on trouve dans l'urine après l'ingestion d'hydrate de Chloral (C. R.*, LXXX, 1875, 958). — TROCQUART. *Contribution à l'étude de l'action physiologique du Chloral sur la circulation et la respiration. Recherches critiques et expérimentales (D. P.*, 1877). — ORÉ. *Le Chloral et la médication intraveineuse; étude de physiologie expérimentale, application à la thérapeutique et à la toxicologie.* 1 vol. Paris, 1877. — VULPIAN. *Sur l'action qu'exercent les anesthésiques (éther, chloroforme, chloral) sur les centres respiratoires et les ganglions cardiaques (C. R.*, 27 mai 1878). — ALBERTATTI et MOSSO. *Osservazioni sui movimenti del cervello di un idioto-epileptico.* Torino, 1878. — BROWN (M.-L.). *De l'hydrate de Chloral (Boston med. and surg. Journ.*, 25 avril 1878). — CHARBONNEL-SALLE (L.). *Recherches expérimentales sur l'hématurie consécutive aux injections intraveineuees de chloral.* Paris, 1878. — ARLOING. *Recherches expérimentales comparatives sur l'action du Chloral, du Chloroforme et de l'Éther* (Thèse de Lyon, 1879). — GUBLER. *Leçons de Thérapeutique.* Paris, Delahaye, 1880, 188. — CHOQUET. *Emploi du Chloral comme anesthésique chirurgical (D.*P., 1880, 135). — RABUTEAU. *Traité élémentaire de Thérapeutique.* Paris, Delahaye et Lecrosnier, 1884, 632. — FIUMI et FAVRAT. *Influence du Chloral sur la digestion (A. i. B.*, 1884, VI, 412). — KULZ (Z. B., 1884, XX). — GUÉRIN. *Contribution à l'étude du mode d'action du Chloral* (Thèse de Lyon, 1885). — GUBLER et LABBÉ. *Commentaires thérapeutiques du Codex.* Paris, Baillière, 1885, 613. — GRÉHANT et QUINQUAUD. *Les formiates dans l'organisme (A. P.*, 1887, 197). — LANGLOIS et CH. RICHET. *Influence du Chloral sur la force des centres nerveux respiratoires (B. B.*, 1888, 779). — CRAMER (A.). *De l'action du Chloral sur les digestions artificielles (Berlin. klin. Woch.*, n° 34, 1888). — RICHET (CH.). *Nouveau procédé d'anesthésie pour les animaux (B. B.*, 21 décembre 1889). — NOTHNAGEL et ROSSBACH. *Nouveaux éléments de matière médicale et de thérapeutique.* Paris, J.-B. Baillère et fils, 1889, 394. — MAYET. *De l'action des sels neutres et du Chloral sur les globules du sang (Congrès de l'Ass. fr. pour. av. sci. — Sem. Méd.*, 1890, 294). — HAYEM. *Leçons de Thérapeutique*, 2° s. Paris, Masson, 1890, 478. — DASTRE. *Les anesthésiques. Physiologie et applications chirurgicales.* Paris, Masson, 1890, 179). — MAYET. *Des injections intra-veineuses employées dans un but thérapeutique (Société nationale de médecine de Lyon*, 1891). — SOULIER. *Traité de Thérapeutique.* Paris, F. Savy, 1891, 709. — AUVARD et CAUBET. *Anesthésie chirurgicale.* Rueff, 1892, 25. — CADÉAC et MALET. *De l'anesthésie combinée du Chloral, en lavement, et de la morphine, en injection sous-cutanée (Lyon médical*, 14 févr. 1892). — KAUFMANN. *Traité de Thérapeutique.* Paris, Asselin et Houzeau, 1892, 207. — CERNA. *Action du Chloral sur la circulation (University med. Magaz.*, 1892, 38). — SCHMIEDEBERG. *Eléments de pharmacodynamie.* Liège, 1893, 23). — RICHET (CH.). *De l'influence du chloral sur les actions chimiques respiratoires chez le chien (Travaux du laboratoire de* CH. RICHET, I, Paris, Alcan, 1893, 548). — RALLIÈRE. *Recherches expérimentales sur la mort par hyperthermie et sur l'action combinée du chloral et de la chaleur (Travaux du laboratoire de* CH. RICHET, I, Paris, Alcan, 1893, 353). — TERRIER et PÉRAIRE. *Petit Manuel d'anesthésie chirurgicale.* Alcan, 1894, 181. — MANQUAT. *Traité élémentaire de thérapeutique.* Paris, J.-B. Baillière et fils, 1895, II, 375. — GUINARD (L.) et TIXIER (L.). *Troubles fonctionnels réflexes d'origine péritonéale, observés pendant l'éviscération d'animaux profondément anesthésiés (C. R.*, 2 août 1897). — TIXIER (L.). *Du shock abdominal. Étude clinique et expérimentale* (Thèse de Lyon, 1897, 274). — HANRIOT et RICHET (CH.). *Les chloraloses (Arch. de pharmacodynamie*, 1896, III, fasc. 3 et 4, 191). — LABOUSSE. *Influence de l'hydrate de butyl-chloral sur la pression sanguine (Arch. de pharmacodynamie*, 1894, I, 209-243). — SPALLITTA et CONSIGLIO. *L'action de quelques substances sur les vaisseaux (A. i. B.*, 1897, XXVIII, 262-268).

L. GUINARD.

CHLORALAMIDE ($C^3H^4Cl^3AzO^2$).

— La chloralamide, ou chloralformiamide a été découverte en 1889 par MERING qui en a étudié les propriétés physiologiques. On la prépare en mélangeant le chloral anhydre et la formiamide

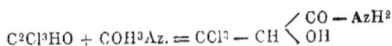

$$C^2Cl^3HO + COH^3Az. = CCl^3 - CH \begin{cases} CO - AzH^2 \\ OH \end{cases}$$

On obtient alors par refroidissement des cristaux blancs, d'odeur aromatique, qui fondent et se dédoublent à 115°. D'après Bosc, il faudrait 30 grammes d'eau pour dissoudre 1 gramme de chloralamide. La chloralamide est plus soluble dans l'eau acidulée, très soluble dans l'alcool, et insoluble dans l'éther. En présence d'une solution alcaline faible, elle se dédouble en donnant de l'ammoniaque et du chloral.

Expériences sur les animaux. — Kny, cité par Lépine, a étudié l'action de la chloralamide sur les grenouilles et les lapins. Pour amener la torpeur et la diminution des réflexes chez les grenouilles, il faut une injection de $0^{gr},025$, soit à peu près $0^{gr},5$ par kilo. Une dose de $1^{gr},50$ à 2 grammes en ingestion stomacale chez les lapins, les endort en vingt à vingt-cinq minutes. Douze heures plus tard, les animaux sont revenus à leur état normal.

D'après Kny, l'abaissement de la pression artérielle serait insignifiant : ce que confirment Halasz, Mering et Zuntz; et ces auteurs opposent cette stabilité de la pression artérielle au notable abaissement que produit constamment le chloral. Cependant, d'après Langgaard, Peabody et Robinson (cités par Bosc), un effet constant de la chloralamide serait d'abaisser la pression. Langgaard a insisté sur la tachycardie, due probablement à cette diminution de la pression artérielle, et sur un certain degré de polypnée.

Bosc a constaté aussi chez le chien, après des doses en ingestion stomacale de $0^{gr},15$ et $0^{gr},27$ par kilo, de la tachycardie, et un abaissement dans la pression artérielle. La dose toxique, déterminant la mort, lui a paru être de $1^{gr},30$ par kilo. A 1 gramme (toujours en ingestion stomacale), l'état de l'animal est assez grave; mais il peut se rétablir après avoir présenté au début des phénomènes d'excitation, et des symptômes presque convulsifs. Bosc, ayant constaté que le chloral (en ingestion stomacale) est toxique à la dose de 1 gramme par kilo, et rapprochant les symptômes de l'intoxication par la chloralamide des symptômes de l'intoxication par le chloral, en conclut que la chloralamide agit par le chloral qu'elle contient, dans le rapport de 3 à 4 grammes.

Il paraît en effet bien probable, vu la facilité de la décomposition de la chloralamide dans les milieux alcalins, qu'elle se décompose dans le sang en chloral et formiamide; mais il ne s'ensuit pas que les effets du chloral ingéré ou de la chloralamide ingérée soient tout à fait identiques; car la décomposition est sans doute assez lente, et comme successive, ce qui permet une action progressive de la substance, agissant par la quantité de chloral qu'elle contient.

G. Houdaille (1893), en étudiant dans mon laboratoire les effets de la chloralamide sur les poissons (tanches) vivant dans de l'eau contenant des quantités variables de cette substance, a constaté que la chloralamide n'est pas du tout toxique, quand elle est en proportion de $0^{gr},03$ p. 100. A la dose de $1^{gr},50$, la mort est rapide, en moins d'une heure. A $0^{gr},40$ les poissons ne peuvent pas vivre plus de vingt-quatre heures. D'autre part les tanches meurent en dix ou douze heures quand l'eau où elles vivent contient plus de $0^{gr},15$ de chloral. En somme, c'est une substance qui paraît deux fois et demie moins toxique que le chloral. On peut donc supposer que, tant que la chloralamide n'est pas dans le sang, elle agit autrement que le chloral, et qu'elle est beaucoup moins toxique que ne serait la quantité de chloral contenue dans sa molécule.

Effets hypnotiques et thérapeutiques sur l'homme. — Les médecins qui ont étudié la chloralamide ont vu que ses effets ressemblaient beaucoup à celui du chloral. Bosc, qui en a fait l'étude méthodique dans le service de Mairet, admet que 4 grammes de chloralamide agissent comme 3 grammes de chloral, ce qui le confirme dans l'opinion, émise par lui à la suite d'expériences sur les animaux, que la chloralamide agit par le chloral qu'elle contient.

Comme le chloral, la chloralamide au début de son action produit du délire, de l'agitation; même ces effets hypnotiques seraient, d'après Alt, assez infidèles (12 insuccès sur 41 malades). Des accidents assez graves sont parfois la conséquence de son ingestion, et Bosc, résumant son opinion sur la valeur thérapeutique de cette substance, s'exprime ainsi. « *La chloralamide est un mauvais chloral qui ne doit pas trouver d'emploi thérapeutique.* » En effet, puisqu'elle se dédouble en chloral et formiamide, il est possible que la formiamide et l'ammoniaque du dédoublement de la formiamide exercent quelque action nocive sur l'organisme.

Manchot (1894), qui a étudié chez les malades de l'hospice d'aliénés de Hambourg les effets de la chloralamide ingérée pendant plusieurs jours, a vu que cette substance produit une glycosurie transitoire. Sur 76 malades ayant pris 6 grammes de chloralamide, la glycosurie s'est montrée six fois (soit 8 p. 100); sur 135 malades ayant pris 9 grammes de chloralamide, la glycosurie survint quarante cinq fois (soit 33 p. 100); sur 2 malades ayant pris 12 grammes, la glycosurie se montra deux fois (soit 100 p. 100); mais, d'après Manchot lui-même, il est probable que c'est par le chloral contenu dans la chloralamide que cette glycosurie s'est produite. D'après une observation faite sur un individu qui avait voulu se suicider et qui avait pris 20 à 24 grammes de chloral, le chloral produit, à dose forte, la glycosurie; et, sur des animaux, Manchot a constaté de la glycosurie après injection de chloral, comme de chloralamide, à dose narcotique. Il s'est assuré, en faisant alcooliquement fermenter l'urine émise, qu'il s'agissait d'une glycosurie véritable, et non d'élimination d'acide chloralurique ou de substances analogues. Il ne semble pas toutefois qu'on ait le droit d'établir une différence, à ce point de vue, entre le chloral et la chloralamide; car, malgré l'opinion d'Eckhardt, il n'est pas encore bien prouvé que l'usage continu de chloral à forte dose ne provoque pas de la glycosurie.

En somme, on peut conclure de tous ces faits que la chloralamide est inférieure au chloral, et que, sauf de très rares exceptions, on ne devra pas dépasser la dose de 5 à 6 grammes par vingt-quatre heures.

Bibliographie. — Bosc (F. J.). *Effets physiologiques et thérapeutiques de la chloralamide* (*Comparaison avec le chloral et le sulfonal*) (*Montpellier médical*, 1890, xv, 534-565; 1891, xvi, 31-84-122-165). — Browning (C. C.). *Some of the uses of chloralamid* (*Journ. Am. med. Assoc.*, 1894, xxiii, 632-634). — Egbert (J. H.). *Indications for the administration of chloralamid* (*Notes on new remedies*, New-York, 1893, vi, 1). — Friis (A.). *Om Kloralamid* (*Hosp. Div. Kjobenh.*, 1891, ix, 277-287). — Gordon (J.). *A contribution to the study of chloralamid* (*Brit. med. Journ.*, 1891, (1), 1060-1063). — Houdaille (G.). *Les nouveaux hypnotiques* (*Th. in.*, Paris, 1893, J. B. Baillière, 136-144). — Kny (E.). *Chloralformiamid, ein neues Schlafmittel* (*Ther. Monatshefte*, août 1889, 343). — Lackersteen (M. H.). *A large dose of chloralamid* (*Med. News*, 1893, lxiii, 616). — Lépine (R.). *Revue des progrès effectués pendant l'année 1889* (*Thérap. médicale*). *Les nouveaux hypnotiques* (*Sem. médic.*, 1890, x, 33-34). Bibliogr. complète jusqu'en 1889. — Levinstein. *Zur Pathologie der acuten Morphium und acuten Chloralvergiftungen* (*Berl. klin. Woch.*, 1876, n° 27). — Manchot (C.). *Ueber Melliturie nach Chloralamid* (*A. A. P.*, 1894, cxxxvi, 368-398). Bonne bibliographie. — Marandon de Montyel (E.). *Sur l'action thérapeutique et physiologique de la chloralamide chez les aliénés* (*Ann. de psych. et d'hypnot.*, 1891, 47-80-148-182). — Mering et Zuntz. *Ueber die Wirkung des Chloralamids auf Kreislauf und Circulation* (*Ther. Monatsh.*, déc. 1889). — Piccinino (F.). *Il cloralamide* (*Ann. di nevrol.*, 1892, 33-64). — Strauss (A.). *Ueber das hypnoticum Chloralamid* (*Barmen*, 1890, L. Langewiesch, 37 p. in-8, Diss.). — Sympson (E.-M.). *Clinical notes on chloralamide* (*Practitioner*, 1891, xlvii, 274-278). — Wood (J.). *Chloralamide; its action bared on a study of 280 Cases* (*Brookl. med. Journ.*, 1892, vi, 224-223).

CH. RICHET.

CHLORAL-AMMONIUM ($Cl^3 - C \begin{smallmatrix} \diagup OH \\ - H \\ \diagdown AzH^2 \end{smallmatrix}$). — Combinaison instable

de chloral anhydre et d'ammoniaque. Elle forme des cristaux fusibles à 62°; mais elle se dissout assez vite dans l'eau en chloroforme et formiate d'ammonium. On l'a recommandée comme hypnotique, mais il est probable que son action est identique à celle du chloral. (Nesbitt, *Therap. gaz.*, 1888, 88.)

CHLORALIMIDE ($CCl^3 - CH = AzH$). — Substance cristallisable, fusible à

168°, insoluble dans l'eau, qu'on obtient en traitant l'hydrate de chloral par l'acétate d'ammoniaque. Elle se dédouble dans les liqueurs alcalines en chloroforme et ammoniaque. Il est probable que, comme le chloral ammonium, elle n'agit que sur la molécule de chloral qu'elle contient. (Choay, *Répert. de Pharmacie*, 1890, 108.)

CHLORALOSE. — I. Les chloraloses au point de vue chimique. —

Le chloral anhydre s'unit avec le glucose en donnant deux composés bien cristalisés, formés d'après l'équation :

$$C^6H^{12}O^6 + C^2HCl^3O = H^2O + C^8H^{11}Cl^3O^6.$$

Ces corps ont été obtenus en 1889 par Heffter[1] qui, sans les dénommer, a décrit sommairement quelques-unes de leurs propriétés. Hanriot et Ch. Richet[2] ont repris cette étude, et montré qu'il s'agissait là d'une réaction générale, applicable à tous les sucres; ils ont de plus établi la constitution de ces composés, et précisé leurs relations avec l'acide urochloralique. Enfin ils ont fait l'histoire pharmacodynamique et thérapeutique des chloraloses.

Enfin, récemment, Meunier[3] a obtenu des combinaisons d'une molécule de glucose avec deux de chloral, en opérant en présence d'acide sulfurique concentré.

Glucochloraloses. — *Préparation.* — On chauffe au bain-marie un mélange de 1 kilogramme de glucose anhydre avec 1 kilogramme de chloral également anhydre et quelques gouttes d'acide chlorhydrique. Une réaction très vive se déclare en même temps que la masse brunit.

Le produit de la réaction est une masse vitreuse, très soluble dans l'eau, l'alcool et l'éther; elle ne renferme donc pas les chloraloses tout formés. On la fait bouillir avec de l'eau pendant environ deux heures, de façon à chasser l'excès de chloral, puis on concentre la solution qui laisse déposer une masse cristalline, formée surtout de *parachloralose*. Les eaux mères, concentrées à leur tour, laissent déposer le *chloralose*. Le rendement est environ 11 p. 100 du poids de chloral employé.

Chloralose. — Le chloralose, purifié par plusieurs cristallisations dans l'eau ou l'éther, se présente en grandes aiguilles anhydres, fusibles à 187°, assez solubles dans l'eau, l'alcool et l'éther, surtout à chaud, peu solubles dans le chloroforme, presque insolubles dans le pétrole :

100 parties d'eau	en dissolvent à 15°	0,864
— d'alcool	— 21°	0,559
— de chloroforme	— 21°	0,0673

Les alcalis l'altèrent rapidement à chaud, tandis que les acides étendus sont à peu près sans action. L'acide sulfurique concentré à 200 grammes par litre le dédouble par une ébullition prolongée.

Il ne réduit pas immédiatement la liqueur de Fehling; mais, comme celle-ci est alcaline, le chloralose est bientôt décomposé, et ses produits de dédoublement sont réducteurs. De même le nitrate d'argent ammoniacal est réduit au bout de quelques minutes d'ébullition, tandis qu'en liqueur acide il n'y a pas trace de réduction. Le chloralose se dissout aisément dans la potasse concentrée, mais en est précipité par addition d'une grande quantité d'eau ou d'un acide.

Les acides concentrés ou les chlorures d'acides le convertissent en éthers : l'*acétylchloralose* $C^8H^7Cl^3O^6(C^2H^3O)^4$ s'obtient en chauffant à 100° une solution de chloralose dans le chlorure d'acétyle, et ajoutant un fragment de chlorure de zinc. Il forme des cristaux fusibles à 145°, insolubles dans l'eau, très solubles dans l'alcool, l'éther et l'acétone.

Le *benzoylchloralose* $C^8H^7Cl^3O^3(C^7H^5O)^4$ se précipite quand on chauffe une solution potassique de chloralose avec du chlorure de benzoyle. La masse pâteuse ainsi obtenue se dépose de sa solution chloroformique en prismes groupés en étoiles fusibles à 138°, très solubles dans l'alcool et l'éther, peu solubles dans le chloroforme froid et le pétrole. Cette réaction, facile à effectuer avec une solution étendue de chloralose, permet de le caractériser aisément.

Enfin, avec l'acide sulfurique concentré, on obtient un éther disulfurique $C^8H^9Cl^3O^6(SO^3H)^2$ peu stable, mais dont le sel sodique cristallise bien.

L'oxydation du chloralose par le permanganate de potassium le convertit en un acide, l'*acide chloralique*, $C^7H^9Cl^3O^6$.

$$C^8H^{11}Cl^3O^6 + 3O = CO^2 + H^2O + C^7H^9Cl^3O^6$$

cristallisé en grandes aiguilles fusibles à 212°, assez soluble dans l'eau et l'éther, très

1. Heffter. *Deutsche Chem. Gesellsch.*, xxii, 1050.
2. Hanriot et Ch. Richet. *Comptes rendus de l'Académie des sciences*, cxiv, 63; cxvii, 734. — Petit et Polonowsky. *Bull. Soc. chim.*, xi, 125. — Hanriot et Ch. Richet. *Bull. Soc. chim.*, xi, 303. — Hanriot. *Comptes rendus.* cxx, 153; cxxii, 1127.
3. Meunier. *Bull. Soc. chim.*, 1896, xv, 631.

soluble dans l'alcool. Son sel sodique est très soluble dans l'eau et précipite la plupart des solutions métalliques.

Parachloralose. — Nous avons dit plus haut que le chloralose était accompagné d'un isomère, le β-*parachloralose* qui en différerait par une solubilité beaucoup moindre. On le purifie par cristallisations dans l'alcool bouillant : le parachloralose se dépose le premier, tandis que le chloralose reste dans les eaux mères.

Ce corps se dépose en lamelles brillantes, fusibles à 227°, sublimables et pouvant même être distillées dans le vide. Il est presque insoluble dans l'eau et fort peu soluble dans les autres dissolvants; ainsi 100 parties d'alcool à 93° en dissolvent à 20° : 0,6688.

Ses propriétés chimiques sont absolument analogues à celles du chloralose; aussi nous contenterons-nous de rappeler les constantes des dérivés qui lui correspondent, leurs propriétés et leurs modes de préparation étant analogues à celles décrites pour le chloralose.

L'*acétyl* β *chloralose* $C^8H^7Cl^3O^6(C^2H^3O)^4$ forme de longues aiguilles fusibles à 106°, bouillant sans décomposition vers 250° sous une pression de 25 mm.

Le *benzoyl* β *chloralose* est une masse gélatineuse très soluble dans l'acétone et le chloroforme, peu soluble dans l'alcool.

L'*acide* β *chloralose disulfurique* $C^8H^7Cl^3O^6$ $(SO^3H)^2$ donne un sel de sodium cristallisé en aiguilles assez solubles dans l'eau, moins solubles dans l'alcool bouillant.

L'*acide parachloralique* $C^7H^9Cl^3O^6$, $2H^2O$, obtenu dans l'oxydation du chloralose, forme de gros cristaux fusibles à 202°, s'efflorissant facilement à l'air, assez solubles dans l'eau chaude et dans l'éther.

Quand on le traite par le chlorure d'acétyle, il ne forme pas d'éther, mais se convertit en un *anhydride* $C^7H^7Cl^3O^5$, fusible à 186°.

Galactochloralose. — Le galactose s'unit au chloral dans les même conditions que le glucose, mais avec beaucoup plus de facilité. Il se produit également deux isomères; mais un seul a pu être obtenu à l'état de pureté. C'est la variété la moins soluble, que nous désignerons par analogie par la lettre β.

Le β-*galactochloralose* forme des lamelles argentées fusibles à 202°, se sublimant mal, mais ressemblant énormément au parachloralose. Il répond de même à la formule $C^8H^{11}Cl^3O^6$, est presque insoluble dans l'éther, assez soluble dans l'alcool et l'alcool méthylique. Un litre d'eau à 17° en dissout $2^{gr},83$.

L'*acétylgalactochloralose* $C^8H^8Cl^3O^6(C^2H^3O)^4$ forme de petits cristaux fusibles à 125°, très solubles dans l'alcool et le chloroforme, presque insolubles dans l'éther.

Le *benzoylgalactochloralose* $C^8H^8Cl^3O^6(C^7H^5O)^3$ forme de longues aiguilles fusibles à 141°, peu solubles dans l'éther, très solubles dans l'alcool et l'alcool méthylique. L'oxydation le transforme en acide *arabinochloralique* $C^7H^9Cl^3O^6$, fusible à 307°.

Lévulochloralose. — Le lévulose, bien que de nature chimique différente du glucose, se combine comme lui avec le chloral; toutefois la préparation est beaucoup plus délicate, et les rendements toujours médiocres. Voici comment il convient d'opérer : On chauffe au bain-marie à 80° pendant deux heures 100 grammes de lévulose cristallisé et 100 grammes de chloral anhydre additionné de 5 gouttes d'acide chlorhydrique fumant. La masse brune obtenue est dissoute dans trois litres d'eau, puis concentrée dans le vide jusqu'à 500 centimètres cubes. On répète trois ou quatre fois cette opération en ayant soin à chaque fois de filtrer pour séparer les résines insolubles. On épuise alors par l'éther tant que celui-ci enlève quelque chose; puis on concentre le liquide aqueux dans le vide, on l'amorce avec quelques cristaux provenant d'une opération antérieure. Le lendemain le tout se prend en une bouillie cristalline que l'on essore à la trompe et que l'on purifie par cristallisations dans l'eau.

Le *lévulochloralose* $C^8H^{11}Cl^3O^6$ forme de longues aiguilles fusibles à 228°, assez solubles dans l'eau froide, très solubles dans l'eau bouillante et l'alcool; c'est le plus soluble des chloraloses. On n'a pu trouver qu'un isomère; toutefois, à cause du pouvoir hypnotique considérable des eaux-mères incristallisables, il est possible qu'il s'y rencontre un isomère plus soluble qui n'a pu encore être retiré pur.

L'*acétyl-lévulochloralose* $C^8H^7Cl^3O^6(C^2H^3O)^4$ forme de beaux prismes fusibles à 154°, peu solubles dans l'eau, très solubles dans les divers dissolvants organiques.

Chloraloses des sucres en C^5. — *Arabinochloraloses.* — Les sucres en $C^5H^{10}O^5$, l'arabinose et le xylose, sont également susceptibles de s'unir avec le chloral dans les mêmes conditions que le glucose et les produits formés ont des propriétés analogues.

La réaction du chloral sur l'arabinose se fait avec la plus grande facilité et avec des rendements excellents ; elle constitue le meilleur moyen de caractériser l'arabinose : on chauffe au bain-marie dans un tube à essai le sucre proposé avec du chloral légèrement chlorhydrique ; puis, au bout de 10 minutes, on fait bouillir avec de l'eau le produit de la réaction pendant un quart d'heure environ ; le β-arabinochloralose cristallise par refroidissement et peut être caractérisé par son point de fusion. On peut ainsi reconnaître quelques centigrammes d'arabinose, même mélangé avec d'autres sucres. Dans cette réaction, il se forme deux isomères de solubilité bien différente.

Le β-arabinochloralose $C^7H^9Cl^3O^5$, qui est le moins soluble, se dépose de sa solution alcoolique en lamelles nacrées absolument semblables à celles du galactochloral, fondant à 183°, se sublimant à cette température. Il distille sous pression réduite. Son pouvoir rotatoire est $\alpha_D = -23°2$. Il est assez peu soluble dans l'eau et le chloroforme froids, plus soluble à chaud, soluble dans l'alcool, l'éther et la benzine. Ses réactions générales sont celles du glucochloral ; toutefois, avec l'orcine chlorhydrique, il donne une coloration bleue, tandis que les corps précédemment décrits donnaient une coloration rouge.

L'acétyl β-arabinochloralose $C^7H^6Cl^3O^5(C^2H^3O)^3$ forme de beaux cristaux fusibles à 92°. Le benzoyl-arabinochloralose $C^7H^7Cl^3O^5(C^2H^3O)^2$ cristallise en prismes fusibles à 138°.

L'oxydation par le permanganate de potassium convertit en acide β-arabinochloralique fusible à 307°.

$$C^7H^9Cl^3O^5 + O^2 = H^2O + C^7H^7Cl^3O^6.$$

Cet acide est identique avec celui que l'on obtient dans une réaction bien différente, par oxydation du β-galactochloral.

Les eaux-mères du β-arabinochloralose laissent déposer un isomère plus soluble, qui, purifié par de nombreuses cristallisations, fond à 124°. C'est l'α-arabinochloralose, facilement soluble dans l'eau. Son dérivé acétylé cristallise mal ; le dérivé benzoylé forme des prismes fusibles à 133°.

Xylochloralose. — Le xylose se combine également avec le chloral, mais plus difficilement, et les rendements sont toujours très faibles. On n'a pu isoler qu'un seul isomère, qui est certainement le dérivé β. Il donne en effet par oxydation le même acide chloralique que le β chloralose.

Le β-xylochloralose a le même aspect que les autres chloraloses. Il fond à 132° et se volatilise déjà à cette température. Un litre d'eau en dissout $10^{gr},943$ à 14°,6. Son pouvoir rotatoire $\alpha_D = -13°,6$. Avec l'orcine chlorhydrique, il donne une coloration bleue. Le dérivé acétylé cristallise mal, tandis que le benzoyl-xylochloralose forme de petits prismes fusibles à 136°.

Bromaloses. — Le bromal anhydre s'unit difficilement aux sucres et les corps formés perdent aisément de l'acide bromhydrique. On a pu toutefois obtenir des composés cristallisés avec deux sucres, l'arabinose et le galactose, ce qui suffit pour établir la classe des bromaloses, parallèle à celle des chloraloses.

L'arabinobromalose $C^7H^9Br^3O^5$, cristallisé en lamelles fusibles à 210°, est peu soluble dans l'alcool, presque insoluble dans tous les autres dissolvants.

II. Effets physiologiques. — § 1. Glycochloral ou chloralose. — **Effets sur le système nerveux.** — Les effets physiologiques du chloralose diffèrent assez sensiblement de ceux que produit toute autre substance. A certains égards il ressemble au chloral ; à d'autres égards à la strychnine ; mais, s'il y avait quelque analogie à chercher, ce serait avec la morphine qu'il aurait le plus de ressemblance.

On peut résumer l'action du chloralose en disant qu'il engourdit l'action psychique et stimule l'action médullaire.

Il faut distinguer l'effet des doses faibles et l'effet des doses fortes. C'est surtout sur les chiens que nous l'avons étudié, de sorte que la description que nous donnons ici s'applique surtout au chien. L'injection intraveineuse permet d'en bien suivre les phénomènes successifs.

Si la dose est de $0^{gr},04$ par kilogramme, on note une agitation assez extraordinaire. L'animal est comme pris de vertige ; il titube, ne peut plus se tenir debout, pousse des hurlements. La température monte par suite de l'agitation frénétique, et presque convulsive, de tous ses membres. Incoordination, vertige, tremblement, cris, c'est, si l'on peut dire, un véritable état de délire, aussi bien de la moelle que du cerveau.

Il est aussi à noter que ces effets ne se manifestent pas immédiatement, mais bien un peu de temps après l'injection. Quelques minutes se passent entre le moment où la substance a pénétré dans le sang, et le moment où elle a intoxiqué le tissu cérébral; comme si la pénétration du poison dans les centres nerveux n'était pas immédiatement consécutive à la pénétration du poison dans le sang.

Ce qui précède presque tous les symptômes, c'est le défaut d'équilibre. On n'a peut-être pas suffisamment insisté sur ce premier effet de toute intoxication. L'équilibre est une des plus délicates fonctions de l'encéphale, et c'est bien souvent cet équilibre qui est troublé avant qu'on puisse noter d'autres effets.

Déjà, à cette période, on peut cependant constater un autre phénomène, c'est la cécité psychique, fait important qui prouve que la substance cérébrale est profondément atteinte.

Voici comment facilement peut s'étudier la cécité psychique. Que l'on approche brusquement des yeux d'un animal normal un objet quelconque, menaçant ou non, et l'animal répondra à cette excitation psychique par un mouvement de défense, ou plutôt par un clignement des yeux. Pour l'intégrité de ce mouvement il ne suffit pas que la conjonctive et la rétine soient sensibles, et que le facial ait gardé son action sur l'orbiculaire, il faut encore que le système nerveux central soit intact; car cette action réflexe de défense, en laquelle consiste le clignement, est un acte réflexe psychique qui suppose une certaine élaboration cérébrale de l'incitation optique qui a frappé la rétine.

La cécité psychique s'observe aussi à la suite d'ingestion de doses modérées de chloralose par l'estomac, soit environ 0,15 par kilo chez le chien. Les animaux ainsi intoxiqués errent dans le laboratoire, sans s'effrayer des menaces qu'on leur fait. S'ils ne s'effraient pas, c'est qu'ils ne reconnaissent pas les objets qu'on place devant eux; de sorte qu'ils n'ont à témoigner ni appétition ni crainte en présence de telles ou telles choses extérieures. Ils voient, mais ne comprennent pas, et c'est ce double phénomène, contradictoire en apparence, qui caractérise la cécité psychique. Un exemple curieux, tout à fait fortuit, nous en fut donné une fois par un chien qui avait le désir de saillir une chienne qui était là. Il titubait déjà, et ne pouvait plus que très imparfaitement garder son équilibre; mais l'ardeur pour le coït persistait, et il faisait de vains efforts de copulation, d'autant plus inutiles qu'il ne voyait pas la chienne qu'il s'efforçait de saillir, et qu'il n'était plus guidé que par l'odorat.

On peut comparer cette cécité psychique à celle des chiens auxquels a été, par une opération, enlevé le pli courbe des circonvolutions cérébrales de droite et de gauche. Ils peuvent encore se détourner devant les objets, de manière à ne pas se heurter contre eux; mais ils ne les reconnaissent pas; de sorte qu'ils ne distinguent pas entre un lapin, après lequel ils courent guidés par l'odorat, et un bâton qui les menace.

A la dose de 0,04, au lieu d'anesthésie, c'est plutôt de l'hyperesthésie qu'on observe, et les excitations douloureuses provoquent des hurlements lamentables; mais, si l'on continue à faire l'injection, et que la totalité de chloralose injecté atteigne environ 0,07, l'anesthésie paraît complète. Seulement c'est une anesthésie d'une espèce tout à fait spéciale, et telle que nulle autre substance, croyons-nous, ne peut produire les mêmes effets.

Nous pouvons donner quelques autres preuves pour établir que le chloralose agit surtout sur la substance grise des circonvolutions cérébrales.

D'abord, par l'examen direct, si l'on excite l'écorce du cerveau d'un chien chloralosé, on constate que l'excitabilité est moindre qu'à l'état normal. A vrai dire, l'excitation électrique du gyrus sigmoïde provoque encore des mouvements dans le membre du côté opposé; mais on sait que le chloral lui-même n'abolit pas complètement l'excitabilité corticale; seulement elle est bien moindre que chez les chiens non chloralisés, et, si l'on fait l'ablation de la petite couche périphérique de substance grise, on voit que l'excitabilité est plus grande, comme si la substance grise intoxiquée opposait une résistance à l'effet de l'excitation électrique. Avec le chloralose il en est tout à fait comme avec le chloral, et l'excitabilité croît quand la substance grise est enlevée, ce qui est absolument le contraire de ce qui se passe chez les chiens normaux.

Si, en outre, on examine la manière dont marchent les chiens qu'on a chloralosés avec une dose de 0,05 environ, on voit que les attitudes de leurs membres sont tout à fait celles des chiens auxquels le gyrus sigmoïde a été enlevé. Ils marchent sur la face dorsale des pattes, avec des défectuosités dans le sens musculaire et dans la démarche, qui sont, à s'y méprendre, celles des chiens sans gyrus.

Ces faits coïncident bien avec tous ceux que nous venons de rapporter : ils nous donnent donc le droit de conclure que l'intoxication par le chloralose porte surtout sur la partie corticale des hémisphères cérébraux.

D'abord la pression artérielle reste très élevée, et ce n'est pas seulement l'effet de la quantité d'eau injectée ; car on sait que de grandes masses d'eau ne font que relativement peu monter la pression ; mais de plus, même après l'administration du chloralose par l'estomac, il y a encore une pression un peu plus élevée qu'à l'état normal. Communément nous avons vu des chiens chloralosés et anesthésiques donner une pression de $0^m,20$ ou même $0^m,24$ de mercure, ce qui est une pression très forte. On sait que, dans la chloroformisation ou dans la chloralisation, la pression tombe souvent au-dessous de $0^m,10$ ou même $0^m,06$.

Le cœur ne semble aucunement troublé ni dans sa force, ni dans son rythme. Il nous a même paru que l'énergie de ses battements était quelque peu accrue. On peut faire alors nombre d'expériences sur la contractilité cardiaque ; car le cœur des animaux chloralosés est vraiment beaucoup plus résistant que le cœur des chiens normaux.

Cependant les mouvements volontaires ont alors complètement disparu. Si aucune excitation extérieure ne vient réveiller l'animal, il dort profondément ; mais on ne peut pas dire que ce soit d'un sommeil calme. Les mouvements respiratoires sont convulsifs, saccadés et irréguliers ; le moindre bruit, le moindre contact les modifient aussitôt. Au lieu d'être fléchis, les membres ont pris des positions étranges, ils sont à demi cataleptisés, à demi contracturés. Toutefois rien ne peut nous révéler qu'il persiste encore dans l'intelligence de l'animal chloralosé quelque trace de conscience : car, si rien ne le dérange dans son sommeil, il ne fait aucun mouvement, et, si on l'excite, les mouvements ne sont en rien analogues à des mouvements volontaires : ce sont mouvements qui paraissent être des actions réflexes uniquement médullaires.

On ne peut pas prétendre non plus que l'innervation cérébrale motrice ne puisse plus s'exercer ; car les muscles ont gardé toute leur force ; les nerfs agissent parfaitement sur la fibre musculaire, et les violents mouvements de l'animal qui succèdent à une excitation mécanique prouvent d'une manière irréfutable qu'il n'y a aucune paralysie.

De fait, cette abolition totale de la conscience et de la spontanéité coïncide avec une hyperesthésie énorme, et on peut exprimer l'état de l'animal chloralosé, en disant que le cerveau est *engourdi*, et que la moelle est *éveillée ;* non seulement éveillée, mais encore surexcitée.

Seulement il s'est fait une dissociation curieuse dans les fonctions de la sensibilité. La sensibilité à la douleur, quand la dose est suffisante, est tout à fait abolie, et la sensibilité aux excitations mécaniques est extrêmement surexcitée. On peut prendre un nerf, le dilacérer, le déchirer, le cautériser, sans que le plus léger signe de douleur ou de réaction apparaisse ; mais, si l'on vient à donner un petit choc sur la table où l'animal est placé, ou à secouer son corps, très doucement même, c'est assez pour amener un grand mouvement réactionnel, analogue à la secousse d'un animal strychnisé. Sur le cerveau, le chloralose agit comme le chloral ; sur la moelle, il agit comme la strychnine. On sait d'ailleurs, depuis Volkmann, que les excitations douloureuses chez les animaux strychnisés sont moins efficaces pour provoquer des réflexes réactionnels, que les excitations mécaniques et les succussions.

Nous reviendrons plus loin sur l'intérêt de cette dissociation fonctionnelle au point de vue de l'emploi du chloralose dans l'expérimentation physiologique.

La température s'abaisse quelque peu, mais modérément, beaucoup moins qu'avec le chloral. Pour avoir de vraies hypothermies, il faut pousser la chloralosation plus loin, et donner environ 0,15 par kilo.

A la dose de $0^{gr},15$, les symptômes sont les mêmes, à cela près que les mouvements réflexes ont diminué beaucoup d'intensité. Le cœur continue à battre régulièrement et avec force ; mais les respirations se font de plus en plus faibles et irrégulières,

et, si l'on veut prolonger l'expérience, il faut absolument pratiquer la respiration artificielle. Normalement, sans respiration artificielle, le chien, comme d'ailleurs les autres
animaux, meurt toujours par l'asphyxie due à la paralysie de l'innervation respiratoire.
Avant que la mort de l'appareil bulbaire qui préside à la respiration se déclare, on voit
distinctement, ainsi que nous l'avons noté avec PACHON, le phénomène de la respiration
périodique dans toute sa netteté. Une seule inspiration ne suffit pas à oxygéner le sang
et le bulbe, de sorte qu'il faut une série de respirations pour déterminer la saturation
du sang en oxygène, et, quand cet effet est obtenu, les mouvements respiratoires cessent
pour un assez long temps : ils reviennent quand cette provision d'oxygène, acquise par
plusieurs respirations successives, est épuisée.

Si la dose n'a pas dépassé 0,08 ou 0,09, le chien peut survivre sans respiration artificielle. Alors, peu à peu les mouvements respiratoires reprennent de la force, et, comme
il y a toujours un certain degré d'hypothermie, le retour à la sensibilité et à la vie
s'accuse par un frisson thermique très marqué. C'est alors qu'on peut bien observer les
conditions du frisson thermique : chaque inspiration est accompagnée d'un frisson général, d'un tremblement convulsif de tous les muscles qui contribuent efficacement au
réchauffement.

Avec la respiration artificielle les doses de chloralose qu'on peut injecter, sans
amener la mort immédiate du cœur, sont vraiment énormes, et je ne saurais la préciser,
car alors il faut injecter des quantités de liquide assez grandes pour qu'elles deviennent
par elles-mêmes une cause de mort.

Dose mortelle chez les divers animaux. Toxicité comparée. — La dose mortelle sur le
chien en injection intraveineuse, si la respiration artificielle n'est pas faite, est voisine
de 0,12; mais, par ingestion stomacale, les chiffres sont tout différents [1].

Voici un tableau indiquant le résumé de nos expériences :

Chiens.

Ingestion stomacale.

grammes.		grammes.		
0,77	Mort.	0,52	Survie.	
0,67	—	0,50	—	(5 expériences.)
0,66	—	0,48	—	
0,61	Survie.	0,25	—	(3 expériences.)
0,57	—			

Chats.

Ingestion stomacale.

grammes.		grammes.	
1,40	Mort.	0,095	Mort.
0,55	—	0,080	Survie.
0,27	—	0,078	Mort.
0,24	—	0,071	—
0,17	—	0,063	Survie.
0,17	—	0,053	—
0,14	—	0,041	—
0,10	Survie.	0,032	—

Il résulte donc de la comparaison entre le chat et le chien, que la dose mortelle pour
le chien est voisine de 0,6, tandis que chez le chat elle est voisine de 0,06; par conséquent
dix fois plus faible chez le chat que chez le chien.

Est-ce dû à une différence dans la rapidité de l'absorption? Ce n'est pas probable; car,
chez le chien, même par injection intraveineuse, la dose de 0,06 n'est pas mortelle, comme
l'indiquent les chiffres suivants :

Chiens.

Injection intraveineuse.

grammes.			
0,018	Rien d'appréciable.		
0,018	Effets assez faibles.		
0,025	—		
0,025	—		
0,050	Effets hypnotiques et anesthésiques.	Survie.	
0,050	—	—	

1. Tous ces chiffres se rapportent à 1 kilo d'animal.

grammes.

0,030	Effets hypnotiques et anesthésiques.	Survie.
0,050	—	—	—
0,065	—	—	—
0,120	—	—	—
0,150	—	—	Mort.
0,360	—	—	—

Chats.

Injection intrapéritonéale.

grammes.

0,0125	Effets très marqués.
0,0120	—
0,0058	Effets assez marqués.
0,0045	Effets très faibles.

Ainsi la dose active minimum est aussi beaucoup plus faible chez le chat que chez le chien : 0,005 au lieu de 0,02.

Nous avons cherché à voir si pour le chloral on ne constaterait pas une différence analogue entre le chat et le chien. J'avais montré que le chien ne meurt du chloral que quand la dose atteint environ 0,4 ou 0,5 par kilo. Mais, sur le chat, les chiffres sont très différents.

Voici le résultat de quelques expériences :

Chats.

Dose de chloral injectée dans le péritoine.

grammes.

0,15	Mort.
0,15	—
0,135	Survie.
0,11	—
0,10	—

Ainsi le chat est bien plus sensible que le chien, non seulement au chloralose, mais encore au chloroforme.

Sur les oiseaux, voici les chiffres obtenus (pigeons, poules et canards) :

(Les injections intrapéritonéales et les ingestions stomacales n'étant pas sensiblement différentes dans leurs effets immédiats ou éloignés, nous les confondons dans le tableau qui suit.)

Oiseaux.

grammes.

0,005	Rien d'appréciable.	Survie.
0,006	—	—
0,009	—	—
0,011	Quelques effets douteux.	—
0,014	Effets hypnotiques nets.	—
0,015	—	—
0,017	—	—
0,018	—	—
0,019	—	—
0,023	—	—
0,030	Sommeil profond.	—
0,032	—	—
0,033	—	—
0,036	—	—
0,038	—	—
0,042	—	—
0,050 (3 exp.)	—	—
0,053	—	Mort.
0,062	—	—
0,064	—	—
0,066	—	—
0,071	—	Survie.
0,071	—	Mort.
0,080	—	Survie.

grammes.		
0,090	Sommeil profond.	Mort.
0,115	—	Survie. (?)
0,146	—	Mort.
0,190	—	—
0,215	—	—

On peut donc finalement admettre les chiffres suivants pour les chiens, les chats et les oiseaux :

	CHIENS.		CHATS.	OISEAUX.
	Injection veineuse.	Injection stomacale.		
	grammes.	grammes.	grammes.	grammes.
Dose active minim.	0,02	0,15	0,005	0,010
Dose hypnotique. .	0,05	0,25	0,020	0,015
Dose mortelle. . .	0,12	0,60	0,100	0,050

Le chloralose en solution aqueuse à 8 grammes par litre n'est pas très toxique pour les poissons, qui peuvent dans cette solution vivre plus de vingt-quatre heures.

Enfin son action antiseptique est nulle, et il n'entrave pas les fermentations.

Accoutumance, accumulation et élimination. — Sur tous ces points nous n'avons jusqu'à présent pu réunir que des notions assez imparfaites, et comme, à notre connaissance, il n'a paru, depuis notre mémoire, aucun travail physiologique sur le chloralose, nous sommes forcés de nous en tenir à nos expériences.

Il ne semble pas d'abord qu'il y ait accumulation de la substance toxique dans l'organisme. En effet, si l'on donne quotidiennement une dose très forte de chloralose à un animal, cette dose ne deviendra pas à la longue de plus en plus offensive, comme c'eût été le cas, s'il y avait eu accumulation.

La principale expérience à l'appui est celle que nous avons faite pendant deux mois sur une chienne Bull jeune, de 8 kilos. Tous les jours elle recevait dans ses aliments la dose assez forte de 2 grammes de chloralose, ce qui équivalait à 0,25 par kilo. Au bout de ce long temps elle n'était pas malade, et son poids n'avait pas diminué. Donc il ne peut être question d'accumulation.

De même un coq de 1980 grammes prit tous les jours, sauf une interruption accidentelle de trois jours, du 23 janvier au 4 février, la dose de 0^{gr},1 par kilogramme, et il ne fut pas malade.

Une chienne de 11 kilos prit chaque jour pendant 3 jours la forte dose de 5 grammes, soit 0^{gr},46 par kilogramme. Cette dose ne la rendit pas malade.

Il n'y a donc pas accumulation, mais il y a accoutumance. En effet, la chienne Kiki, de 8 kilogrammes, dont nous parlions plus haut, semblait beaucoup moins affectée par le poison que d'autres animaux non habitués. Alors que les autres chiens, empoisonnés par la même dose, restaient couchés, déséquilibrés et immobiles, notre animal pouvait encore errer dans le laboratoire, et se tenir debout. Il semblait que sa moelle eût pris l'habitude *de se passer du cerveau*. Même, si l'on suspendait pendant 2 ou 3 jours l'ingestion de chloralose, les jours suivants, après avoir pris la dose habituelle, elle paraissait vraiment en ressentir les effets avec plus d'intensité.

A tout prendre, l'expérimentation sur les animaux, encore qu'assez imparfaite, parle en faveur d'une accoutumance plutôt que d'une accumulation.

Quant à l'élimination, elle se fait sans aucun doute par l'urine, et problablement assez vite, car chez l'homme le chloralose est manifestement diurétique, et cela peu de temps après l'ingestion ; mais nous n'avons aucune preuve pour établir dans quelles conditions elle s'opère, ni sous quelle forme chimique l'organisme l'élimine.

Chloralose dans l'expérimentation physiologique. — Il nous a paru qu'indépendamment de ses effets thérapeutiques, sur lesquels nous reviendrons bientôt, le chloralose avait de précieux avantages dans les recherches de vivisection. Pour notre part, nous nous décidons difficilement à faire de longues et douloureuses expériences avec le curare ; car le curare, malgré ses grands avantages, a un inconvénient qui nous paraît des plus graves. Nous ne craignons pas de dire que la souffrance des animaux n'est pas un élément négligeable. Or, s'ils sont curarisés, ils souffrent autant que s'ils étaient non intoxiqués. Comment oser exciter un nerf pendant quatre ou cinq heures de suite, alors qu'on sait fort bien que l'animal vivant en supporte consciemment toute la torture. Nous ne pouvons plus nous décider à faire de vivisections que sur des animaux anesthésiés et nous ne craignons pas de recommander cette humanité à nos élèves.

Le chloral, le chloroforme, et, dans une certaine mesure, la morphine à haute dose, ont la propriété d'abolir la douleur; mais la morphine ne peut l'abolir complètement; et quant au chloral et au chloroforme — celui-là si dangereux chez le chien — les réflexes sont paralysés. Or le plus souvent il s'agit d'étudier tel ou tel réflexe sur le cœur, les vaisseaux, la respiration. Le chloralose, qui abolit la sensibilité à la douleur, n'abolit pas les réflexes; par conséquent son usage est nettement indiqué.

Il ne nécessite pas la respiration artificielle comme le curare, il permet donc de conserver les animaux vivants. Il abolit la douleur, et il laisse la pression artérielle très haute, avec l'intégrité de tous les réflexes vaso-moteurs. De fait il n'a qu'un inconvénient, qui vraiment est minime, c'est de nécessiter l'injection d'une grande quantité de liquide; car sa solubilité est faible et on ne peut dépasser 8 grammes par litre. Il faut donc à des chiens de 10 kilogrammes (poids moyen) injecter 100 grammes de liquide. Cet ennui n'est pas bien sérieux, et il est largement compensé par l'innocuité complète de cette injection, qui, malgré la rapidité avec laquelle on la pratiquera, n'entraîne jamais d'accident et peut être faite par les personnes les moins expérimentées. Si l'on ajoute à la solution 7 grammes par litre de chlorure de sodium, on n'altère pas les globules.

Sur les chats que l'on est forcé toujours de chloroformiser, à cause de leurs défenses énergiques, il sera avantageux de donner la substance dans du lait (0,15 de chloralose environ pour un chat de 2 kilos). On pourra, une heure après, les manier sans danger, et on les aura à la fois immobilisés et anesthésiés.

Cependant, pour l'anesthésie opératoire, il nous semble que le chloral associé à la morphine est la méthode de choix, car l'immobilité est plus complète, et, en faisant, comme nous l'avons indiqué, l'injection dans le péritoine, on évite tout traumatisme autre que l'opération elle-même. Mais pour toute étude qui nécessite la conservation des réflexes; en un mot, pour toutes les expériences qu'on faisait jadis avec le curare, le chloralose nous paraît absolument préférable.

Effets du chloralose chez l'homme. — Après avoir constaté les effets du chloralose sur les animaux, nous avons été amenés à l'essayer sur nous-mêmes, et nous avons vite reconnu que son pouvoir hypnotique était remarquable, et cela à des doses bien inférieures aux doses qui paraissent avoir quelque effet sur les animaux. Aussi bien une dose de 0,2 sur un homme de 70 kilos ne représente-t-elle que 0,003, ce qui est bien au-dessous des doses actives minima, même chez les chats, si sensibles cependant.

Le sommeil est complet, et sans rêves. Tout à fait au début, le chloralose paraît, avant de provoquer le sommeil, amener une sorte d'ivresse psychique, plus ou moins analogue à celle de la morphine, du chloral ou même de l'alcool; mais cela est rare, et, le plus souvent, c'est le sommeil qui est le premier symptôme.

E. MARAGLIANO, qui a fait une belle étude thérapeutique du chloralose, a constaté qu'il y a alors une congestion de la face, et une dilatation active de tous les vaso-moteurs céphaliques; mais le phénomène même de cette dilatation paraît être transitoire.

Le réveil est facile, et tout aussi subit qu'a été l'invasion du sommeil. Nul sentiment de pesanteur céphalique, nulle sensation de nausée; l'appétit même semble accru. Ni le cœur, ni l'appareil digestif, ne sont le moins du monde troublés par le chloralose. La pression artérielle est plus élevée, et l'appétit est stimulé. Le seul inconvénient, sauf les très rares accidents dont nous allons parler, c'est un peu de tremblement et d'incertitude musculaire. Encore faut-il s'observer avec beaucoup de soin pour déceler ces légers troubles, qui échappent le plus souvent aux observateurs peu attentifs.

Toutefois le chloralose a un inconvénient réel, que certains médecins, sans grande réflexion, ont exagéré, et cette objection, très peu fondée, leur a suffi pour l'écarter de la thérapeutique. Les soi-disant cas d'empoisonnement qu'on verra cités dans la Bibliographie ci-jointe ne sont autre chose que des inquiétudes, peu justifiées; car, aux doses normales, inférieures à 0gr,50, il est impossible que le chloralose, au moins chez l'adulte, offre le moindre danger.

Nous avons dit, dans l'étude physiologique qui précède, que le chloralose, qui engourdit l'action cérébrale, stimule l'action médullaire, à peu près comme la strychnine. Or, chez quelques individus prédisposés, chez les hystériques par exemple, ou chez ceux qui ont, par erreur, pris une dose trop forte, ce strychnisme est assez intense pour effrayer leur entourage. Il y a un état demi convulsif de tous les membres, de la mâchoire et du cou, strychnisme coïncidant avec le sommeil du malade qui dort, alors qu'autour de lui on est tenté de le croire terriblement agité.

A vrai dire, jamais cet état de strychnisme n'a eu de conséquence grave. Le soi-disant cas de mort dû au chloralose est absolument controuvé. Il s'agissait d'une femme de 67 ans, asystolique pour une très grave maladie du cœur, si grave que la mort n'était plus qu'une question d'heures. Après avoir pris 0,2 de chloralose, dans la nuit elle mourut. On comprend que le chloralose en est absolument innocent. Une des malades de LANDOUZY voulut se tuer avec du chloralose. Elle en absorba 4 grammes, fut assez intoxiquée, il est vrai; mais, quoiqu'elle n'ait pas vomi, et par conséquent rejeté quoi que ce soit de ces 4 grammes, elle ne mourut pas. Même sa vie ne fut jamais en danger; car il n'y eut pas d'albuminurie; et le cœur conserva constamment toute sa force, sans aucune tendance à la syncope. FÉRÉ a donné communément 1 gramme sans accident, et nous avons nous-mêmes pris 0,75 une fois sans éprouver aucun trouble.

Ce qu'on regarde bien à tort comme un danger du chloralose, c'est précisément ce qui en fait le principal avantage, à savoir la conservation de l'activité médullaire. Or, tant que la moelle est active, même si elle est surexcitée, nul vrai danger. La respiration et le cœur ne sont pas atteints, et ce ne sont pas quelques soubresauts dans les muscles, quelques insignifiants frémissements musculaires, qui peuvent à un médecin instruit faire supposer l'imminence d'un danger quelconque.

Ajoutons que ces accidents sont vraiment fort rares, et qu'ils ne surviennent peut-être pas une fois sur mille. Il va de soi que la dose prescrite ne doit pas être trop forte, et que, sauf des cas spéciaux, elle ne doit jamais dépasser 0,50.

Quant aux indications thérapeutiques diverses, nous n'avons pas à les traiter ici; rappelons seulement que, sur l'homme comme les animaux, le chloralose est admirablement supporté par le cœur et par l'estomac, de sorte que, dans les maladies du cœur et dans celles des voies digestives accompagnées d'insomnie, le chloralose est nettement indiqué. Il est, au contraire, contre-indiqué dans les affections spasmodiques et convulsives : dans l'hystérie, il ne doit être prescrit qu'à bon escient. Dans les asiles d'aliénés beaucoup de médecins l'ont prescrit avec de grands avantages.

§ 2. — **Action physiologique de chloraloses divers, différents du chloralose normal.** — Le chloralose étudié jusqu'à présent ici est le chloralose soluble dérivé du glucose. Mais il existe encore, comme nous l'avons vu, d'autres corps homologues.

Le *parachloralose* ou chloralose insoluble est très peu actif. On ne peut que difficilement l'étudier par des injections; car il faudrait, à cause de sa grande insolubilité, beaucoup de liquide; mais pourtant U. Mosso a pu constater que le parachloralose n'était pas complètement inactif.

Pour nous, en faisant ingérer à des chats jusqu'à 2 grammes de parachloralose, nous n'avons pu constater aucun effet appréciable, alors qu'ils sont si sensibles même à une dose dix fois plus faible de chloralose soluble. Nous avons donné à une chienne de 3kil,5 la dose énorme de 10 grammes de parachloralose; elle ne parut pas s'en ressentir. Pendant 15 jours une petite tanche a vécu dans de l'eau contenant un grand excès de parachloralose, assez pour que l'animal, en nageant, déplaçât les cristaux, qu'il agitait autour de lui. Une dose dix fois plus faible de chloralose l'eût fait mourir en moins de 24 heures.

L'arabinose donne deux chloraloses qui sont actifs l'un et l'autre. L'*arabino-chloralose* soluble, à la dose de 0gr,25 par kilo, n'est pas mortel chez le lapin. Il produit un sommeil très calme, avec conservation des réflexes, mais sans état de strychnisme, sans les frissons et contractures que produit le glyco-chloralose, quand il est donné à dose non mortelle. Il est donc permis de supposer qu'il pourrait être employé avec avantage chez l'homme.

Le *para-arabino-chloralose* est aussi soluble que le glyco-chloralose; il produit aussi, comme l'arabino-chloralose, un sommeil très calme sans excitabilité strychniforme, seulement il faut une dose double de la dose du glyco-chloralose, soit 0gr,25, sur le lapin.

Sur le chien, la dose mortelle est supérieure à 0ᵍʳ,5. La pression artérielle est peu modifiée, et les réflexes ne sont pas abolis.

Le *xylo-chloralose*, au contraire, a des propriétés hypnotiques peu marquées. Il est surtout strychnisant, plus même que le glyco-chloralose, et à plus petite dose, sur le lapin et le cobaye.

Le *galacto-chloralose* est peu actif; il faut des doses considérables, 1 gramme par kilo pour obtenir quelque effet appréciable; il paraît d'ailleurs peu hypnotique et peu strychnisant.

· Le *lévulo-chloralose*, dont nous n'avons pu obtenir encore que de petites quantités à l'état de pureté, est aussi actif que le glyco-chloralose, mais le sommeil qu'il provoque paraît être remarquablement calme, et ressemblant tout à fait au sommeil produit par l'arabino-chloralose.

Bibliographie. — 1893. — CAPPELLETI (L.). *Azione fisiologica e terapeutica del cloralosio* (*Mem. Accad. d. sc. med. e nat. di Ferrara*, LXVI, 19-34). — FÉRÉ (CH.). *Du chloralose chez les épileptiques, les hystériques et les choréiques* (*B. B.*, 201-204). — FERRANNINI et CASARETTI. *Sul nuovo ipnotico il cloralosio* (*Rif. medica*, août, nᵒˢ 184-185, et *Terap. clinica*, Pisa, II, 395-419). — GIOVANELLI (G.). *Applicazioni cliniche del cloralosio* (*Gazz. med. di Pavia*, II, 247-254). — GOLDENBERG. *Du chloralose ; son action physiologique et thérapeutique* (*Diss. in.*, Paris). — HANRIOT (M.) et RICHET (CH.). *De l'action physiologique du chloralose avec Notes sur les effets thérapeutiques par L. LANDOUZY, P. MARIE, R. MOUTARD-MARTIN et CH. SÉGARD* (*Mém. de la Soc. de Biol.*, 1-8); (*C. R.*, CXVII, 736); — *Action physiologique du parachloralose* (*B. B.*, 614-615); — *Effets psychiques du chloralose sur les animaux* (*B. B.*, 109-113); — *Effets du chloralose sur les circonvolutions cérébrales* (*A. d. P.*, V, 571-574); — *Action physiologique du parachloralose* (*B. B.*, 614). — HEFFTER (A.). *Ueber Chloralglucose und ihre Wirkung* (*Berl. klin. Woch.*, 475). — HOUDAILLE (G.). *Les nouveaux hypnotiques* (*Diss. in.*, Paris, J. B. Baillière). — LANG (G. H.). *A case of poisoning by chloralose* (*Brit. med. Journal*, II, 233). — LOMBROSO et MARZO (A.). *Studi sperimentali sul cloralosio* (*Giorn. d. R. Acc. di med. di Torino*, 443). — LUIGI D'AMORE. *Sopra un nuovo ipnotico, il chloralosio* (*Studio clinico sperimentale*) *Istituto di Farmacol. sperim. e clinica terapeutica di Napoli* (*Atti d. R. Accad. med. chir. di Napoli*, XLIII, n° 3, 15 p.). — MARAGLIANO (E.). *Cloralosio* (*Gazz. degli Ospedali*, 377; *Cronaca della clinica medica di Genova*, 27 mars; *Boll. d. R. Acc. med. di Genova*, VIII, 45-50). — MORRILL (F. G.). *Further experience in the use of chloralose* (*Boston med. and surg. Journal*, CXXIX, 492). — MORSELLI (E.). *Cloralosio* (*Boll. d. R. Acc. medica di Genova*, VIII, 216). — ROSSI (C.). *Sull' azione ipnotica e terapeutica del cloralosio nelle malattie mentali* (*Riv. sp. di freniatria*, XIX, 197-215).

1894. — MOSSO (U). *Cloralosio e paracloralosio* (*Atti d. XI Cong. med. internaz.*, Roma, III, 139-149). — BARDET (C.). *Discussion à la Société de thérapeutique sur le chloralose* (*Semaine médicale*, 46). — CHAMBARD (E.). *Essai sur l'action physiologique et thérapeutique du chloralose* (*Revue de médecine*, XIV, 306-324, 513-543). — CHMJELEWSKI. *Medicinskoe Oboshrenie*, n° 24. — CHOUPPE. *Propriétés physiologiques et thérapeutiques du chloralose* (*Bull. méd.*, VIII, 85-89). — DELMIO (*Gazette des hôpitaux*, 1208). — FLEMING (C.). *Chloralose* (*Practitioner*, LIII, 8-13). — HANOT (*Sem. méd.*, 185). — HANRIOT (M.) et RICHET (CH.). *Effets hypnotiques de l'arabinochloralose* (*B. B.*, 15 déc.). — L'HOEST (L.). *Le chloralose chez les aliénés* (*Ann. Soc. méd. chir. de Liège*, XXXIII, 290-298). — MOREL LAVALLÉE. *Action du chloralose* (*Bullet. médic.*, 7 févr.). — RICHET (CH.). *Le chloralose et ses propriétés hypnotiques* (*Revue neurologique*, 97-103). — SACAZE (*Sem. méd.*, 410). — TALAMON. *Action du chloralose* (*Médecine moderne*, 120). — TOUVENAINT. *Nouveaux Remèdes*, 220. — WILLIAMS (P. W.). *On chloralose poisoning* (*Practitioner*, LII, 98-100).

1895. — MARANDON DE MONTYEL. *Contribut. à l'étude de l'action sédative du chloralose* (*Rev. de médec.* Paris, XV, 387-411). — HERZEN (V.). *Intoxication par le chloralose* (*Rev. méd. de la Suisse Rom.* Genève, 1895, XV 341. — DELABROSSE. *Intoxication par le chloralose* (*Normandie médicale.* Rouen, X, 312). — THOMAS et WOLF. *Note sur l'emploi du chloralose* (*Rev. méd. de la Suisse Romande.* Genève, 1895, XV, 375-385). — RENDU (H.). *Des accidents produits par le chloralose* (*Bull. et Mém. Soc. d. méd. des hôp. de Paris*, (3), XIII, 222-224). — CARCALLA et SAPPITI. *Le chloralose chez les aliénés* (*A. i. B.*, XXIII, 266). — DUFOUR. *Troubles nerveux alarmants consécutifs à l'administrat. du chloralose* (*Marseille médical*, XXXII, 748-750). — HASCOUEK (*Therapeutische Monatshefte*, 320). — MASSARO et SALEMI. *Le choralose chez les aliénés* (*A. i. B.*, XXIII, 266).

1896. — Schmidt (G. Z.). (*N. York ther. Review*, iv, 16-19). — Tyson (J.). *Clinical note on the action of chloralose* (*Univers. med. Mag.*, Philad., ix, 153-156).

1897. — Hanriot (M.) et Richet (Ch.). *Les chloraloses* (*Arch. de pharmacodynamie*, iii, 191-211).

CHARLES RICHET.

CHLORATES. — Chimie.

Les chlorates sont des sels généralement incolores, très solubles dans l'eau, neutres aux réactifs, cristallisables. Ils se décomposent facilement sous l'influence de la chaleur. Les chlorates alcalins et alcalino-terreux dégagent de l'oxygène et les chlorures restent dans la cornue ; les autres chlorates dégagent un mélange d'oxygène, et de chlore, il reste dans la cornue un oxyde métallique. Tous les chlorates sont des agents énergiques d'oxydation ; mélangés à des matières combustibles, le soufre, le charbon, le sulfure d'antimoine, le sucre, l'amidon, et la plupart des substances organiques, ils détonnent, s'enflamment sous l'influence d'une percussion, ou même d'un simple frottement, ainsi que sous l'action de la chaleur. Ce sont des mélanges très dangereux à manier. Ils entrent dans la composition de certaines poudres dites poudres chloratées.

Les chlorates de potasse et de soude intéressent seuls le médecin et le physiologiste.

Le chlorate de potasse, signalé en 1876 par Berthollet, étudié en 1824 par Gay-Lussac, cristallise anhydre sous formes de lamelles transparentes clinorhombiques.

Le chlorate de potasse est peu soluble dans l'eau froide.

100 parties d'eau dissolvent à :

Degrés.	Parties.		
3	3,3	de chlorate de potasse	
15	6,03	—	—
20	7,2	—	—
40	14,4	—	—
50	18,98	—	—
100	56	—	—

Le chlorate de potasse fond à 400° ; si l'on continue à chauffer, il se décompose d'abord en chlorure, perchlorate et oxygène ; si l'on élève encore la température, le perchlorate se décompose à son tour en chlorure et oxygène. Le chlorate de potasse est décomposé, comme tous les chlorates, par les acides, qui mettent l'acide chlorique en liberté.

L'acide chlorique n'est stable qu'à basse température et en solution étendue.

L'acide chlorhydrique agissant sur les chlorates donne un mélange de chlore et d'acide hypochlorique.

Cette réaction est employée dans les laboratoires pour détruire les matières organiques. Voici comme il convient d'opérer : on délaye les matières à détruire dans de l'acide chlorhydrique concentré, on projette dans le mélange du chlorate de potasse par petits fragments jusqu'à dissolution complète de la substance organique, et décoloration de la liqueur.

On prépare le chlorate de potasse dans les laboratoires en faisant passer un courant de chlore dans une solution de potasse caustique : il se forme ainsi un mélange de chlorure, d'hypochlorite et de chlorate de potasse. Le chlorate se sépare facilement à cause de sa faible solubilité dans l'eau.

Le chlorate de sodium se prépare comme celui de potassium. C'est un sel incolore, qui cristallise anhydre dans le système cubique. Sa solubilité dans l'eau est beaucoup plus considérable que celle du chlorate de potasse.

Degrés.			
0	82	parties de chlorate de soude.	
10	99	—	—
40	122	—	—
100	204	—	—

Il possède toutes les autres propriétés communes aux chlorates.

Les chlorates se distinguent des autres sels en ce qu'ils fusent sur les charbons ardents ;

chauffés dans un tube fermé, ils dégagent de l'oxygène et le résidu de la calcination précipite les sels solubles d'argent à l'état de chlorure.

Physiologie. — C'est surtout le chlorate de potasse dont l'action physiologique a été étudiée; ce sel, découvert en 1786 par BERTHOLLET, est entré dans la thérapeutique depuis 1797; son usage est devenu journalier. On l'a manié d'abord à faibles doses, prudemment; mais bientôt, encouragé par sa prétendue innocuité, on a élevé les doses; c'est alors que toute une série d'accidents souvent mortels a montré le pouvoir toxique des chlorates. Le chlorate de soude, beaucoup moins employé en thérapeutique, a été l'objet de recherches dans les laboratoires pour comparer son action à celle du chlorate de potasse.

Les recherches faites avec l'acide chlorique libre sont peu nombreuses. RABUTEAU a fait avaler à une chienne 1 gramme d'acide chlorique, contenant 0,14 de ClO^3H étendu dans 40 centimètres cubes d'eau. Il a retrouvé du chlorate de soude dans les urines. Cette expérience permet de conclure que l'acide chlorique ne se détruit pas dans l'économie, qu'il se transforme en chlorate et agit de la même façon que ce sel.

Les premiers auteurs qui se sont occupés de l'action physiologique et thérapeutique du chlorate de potasse supposaient que les chlorates se réduisaient dans l'économie et se transformaient en chlorures, cédant leur oxygène aux divers liquides et tissus de l'organisme. Telle était l'opinion émise par FOURCROY; GARNETT calculait même la quantité d'oxygène supplémentaire mise à la disposition de l'organisme par l'absorption d'une certaine dose de chlorate.

O'SHAUGNESSY avait vu rougir le sang de la veine brachiale d'un chien asphyxié, sous l'influence de l'injection d'une solution de chlorate; il prétendait que des animaux intoxiqués par l'acide cyanhydrique et l'hydrogène sulfuré pouvaient être ranimés par l'injection intraveineuse d'une solution de chlorate, se basant sur ce fait qu'une injection de chlorate de potasse faite dans la veine jugulaire d'un chien produisait une augmentation de la tension artérielle, activait la fréquence du pouls et rendait le sang rutilant.

On en était arrivé à considérer la médication chloratée comme un moyen de suroxygéner l'organisme.

En 1824 cependant, WÖHLER a retrouvé du chlorate non décomposé dans l'urine d'un chien qui avait absorbé du chlorate de potasse par voie buccale : il émit quelques doutes sur la décomposition des chlorates au sein de l'organisme. KRAMER, O'SHAUGNESSY ont aussi constaté la présence du chlorate dans l'urine des animaux et des personnes qui avaient absorbé ce sel.

Mais les partisans de la réduction des chlorates dans l'organisme ne furent pas convaincus, et il fallut les expériences précises d'ISAMBERT, de LABORDE, de MILLON en 1857, de RABUTEAU en 1868, pour démontrer que les chlorates s'éliminent sans réduction, non seulement par les urines, mais encore par la plupart des sécrétions.

En 1878, l'étude de l'action réductrice des liquides et tissus de l'organisme vis-à-vis des chlorates est reprise par BINZ, qui admit que la fibrine s'emparait de l'oxygène du chlorate de potasse à la température du sang; que le pouvoir réducteur de la fibrine vis-à-vis des chlorates augmentait lorsqu'elle se décomposait; que le pus et la levure avaient un pouvoir réducteur certain vis-à-vis de ce sel.

VON MERING, qui reprit toutes les expériences de BINZ, les a controuvées. Il a constaté que la fibrine fraîche, même à la température du sang, n'attaquait pas le chlorate de potasse; que le chlorate ne cédait son oxygène que lorsque la fibrine venait à se putréfier.

En 1875, HIRN avait déjà constaté que le chlorate de potasse, broyé avec du sucre et de l'amidon, et abandonné pendant huit heures à la température de 41° avec de la levure de bière, n'apportait aucun trouble à la fermentation.

KOSEGARTEN et WERNICKE avaient aussi constaté que le chlorate de potasse n'entravait en aucune façon l'action de la levure de bière sur le sucre.

VON MERING, dans ses expériences, d'accord avec ces auteurs, et contrairement aux assertions de BINZ, a constaté que la levure de bière fraîche n'avait aucune action sur les chlorates, et que la fermentation alcoolique ne souffrait en aucune façon de sa présence.

La conclusion générale des expériences de von Mering est que ni les matières organiques, ni les matières organisées ne s'emparent de l'oxygène des chlorates tant qu'il n'y a pas de putréfaction.

Absorption et élimination. — Le chlorate de potasse ingéré dans l'estomac s'absorbe avec rapidité; on n'en retrouve aucunes traces dans les matières fécales (Isambert, Rabuteau).

Le chlorate s'élimine rapidement *en nature* par les humeurs de l'organisme, urine, salive, larmes, sueur, bile, lait, mucus nasal (Isambert, Laborde, Millon, Rabuteau).

Le chlorate apparaît dans la salive au bout de cinq minutes, dans l'urine au bout de dix minutes; l'élimination est complète en trente ou quarante heures (Isambert, Millon).

On retrouve quantitativement dans l'ensemble des sécrétions mentionnées ci-dessus de 95 à 99 p. 100 du chlorate administré (Isambert et Hirn, Rabuteau).

Storvis, qui reprit ces recherches en 1886, a vérifié ces faits pour le chlorate de soude. Le chlorate de soude injecté dans les veines à la dose de 1 gramme par kilo est bien supporté par le chien. Ce sel apparaît en nature dans les urines au bout de cinq à dix minutes; son élimination dure quarante-huit heures.

Porak, Fehling ont constaté que le chlorate de potasse diffuse rapidement à travers le placenta et se retrouve dans l'urine du nouveau-né.

Toxicité. — Le chlorate de potasse administré à faible dose n'a presque aucune action sur le tube digestif; on ressent seulement une saveur fade dans la bouche tant que dure l'élimination. Ingéré à plus forte dose, 10 et 20 grammes, il provoque de la salivation, des nausées, du pyrosis, une augmentation de l'appétit (Isambert, Millon, Rabuteau, Laborde, Gamberini).

Le chlorate de potasse n'est pas un purgatif, mais il provoque d'abondantes selles verdâtres; il semble favoriser la sécrétion biliaire.

A fortes doses, son ingestion n'est pas inoffensive. Laborde a constaté qu'à la dose de 5 à 6 grammes, le chlorate de potasse provoque les vomissements chez le chien; Isambert a observé qu'injecté dans le tissu cellulaire sous-cutané il peut provoquer du sphacèle des voies digestives.

Isambert considère ce médicament comme peu toxique, à la condition d'être ingéré par voie stomacale : il fixe à 50 grammes la dose toxique probable pour l'homme.

Administré par doses fractionnées, il n'offre aucun danger; car le sujet se débarrasserait du sel ingéré par ses excrétions naturelles.

Millon et Isambert, expérimentant sur eux-mêmes, ont pris sans inconvénient 20 grammes de chlorate de potasse par jour pendant plusieurs semaines. Socquet a prescrit 30 grammes de chlorate de potasse sans observer aucun effet fâcheux. Germain Sée est allé jusqu'à 45 grammes.

On a cependant signalé un grand nombre d'empoisonnements, souvent mortels, causés par l'ingestion du chlorate de potasse. Fomstain succombe en essayant sur lui-même l'action de ce médicament. En 1855, Lacombe rapporte l'observation d'un malade qui a succombé après avoir absorbé par erreur 50 grammes de chlorate de potasse à la place de sulfate de soude. Chevallier rapporte un cas observé à Tulle d'un homme qui succomba dans d'atroces convulsions après avoir absorbé deux paquets de chlorate de potasse représentant environ 45 grammes. En 1856, Gibert cite une observation prise par Touzelin d'une intoxication mortelle occasionnée par le chlorate de potasse. En 1850, Osborne accuse ce sel de déterminer chez les malades, même à faibles doses ($0^{gr},25$ à $0^{gr},70$) des accidents graves, tels que : de la congestion cérébrale chez les adultes, des convulsions chez les enfants.

C'est surtout à partir de 1878 que se multiplient les intoxications graves causées par le chlorate de potasse, dont l'emploi à l'intérieur avait été préconisé contre la diphtérie.

Weyscheider, en 1880, a pu réunir 31 cas d'intoxications, dont 25 mortels.

Les doses de sel ayant occasionné la mort sont essentiellement variables. Marchand a vu succomber un enfant de trois ans qui avait pris 12 grammes de chlorate de potasse en 36 heures; Brunner, un homme de trente-huit ans, qui avait absorbé 10 grammes de ce sel; Billroth, un homme de soixante-cinq ans auquel on avait simplement pratiqué un lavage vésical avec une solution à 5 p. 100 de chlorate de potasse.

Sans insister d'avantage sur ces accidents toxiques causés par le chlorate de potasse, nous nous contenterons de donner l'indication bibliographique des cas d'intoxications que nous avons pu réunir jusqu'à ce jour :

Intoxications causées par les chlorates.

1855. — LACOMBE (*Journal de chimie médicale*, (4), I, 197).

1856. — GIBERT (*Gazette hebdomadaire*, I, 396).

1878. — KENNEDY, MATISON et MAC FUTYRE (*American Journal of Pharmacy*). — JACOBY (*Gerhard's Handbuch der Kinderkrankheiten*, II, 764).

1879. — MANOUVRIEZ. *Empoisonnement aigu par le chlorate administré par erreur comme purgatif* (*Soc. méd. légale*, 24 nov. et *Ann. hyg. publ. méd. lég.*, (3), III, 543). — MARCHAND (*A. A. P.*, LXXVII, 456).

1880. — BECKER. *Ueber einen unter den Bilde des Icterus gravis verlaufenden Fall von acuter tödlicher wahrscheinlich diphteritischer allgemein Infection* (*Berl. klinische Woch.*, n° 30, 427; n° 31, 443). — BILLROTH (*Wiener med. Blatter*, n° 44). — BRANDSTÄTER (*Deutsch. med. Woch.*, n° 38, n° 40). — BRENNER (*Wiener med. Woch.*, n° 48). — HOFMEIER. *Diphterie oder Kalichloricum Vergiftung* (*Berl. klin. Woch.*, n° 49, 567). — KONRAD KUERSTER. *Diphterie Intoxication oder Vergiftung durch Chlorsaurem kali* (*Berl. klin. Woch.*, n° 40). — MARCHAND (*Deutsch. med. Woch.*, n° 40). — WEGSCHEIDLER (*Deutsch. med. Woch.*, n° 40).

1881. — BROUARDEL et LHÔTE (*Ann. d'hyg. publ. et de méd. lég.*, (3), VI, 232). — LANGER (*Wiener med. Jahrbücher*, 473, 1881). — KUERSTER (*Berl. klin. Woch.*, n° 15, 207; n° 16, 222).

1882. — GESENIUS (*Deutsch. med. Woch.*, n° 38, 512). — LINGEN (*Petersburg med. Woch.*, n° 38). — OTTO (*Petersburg med. Woch.*, n° 27, 235). — RIESS. *Ueber Vergiftung mit chlorsauren Kali* (*Berl. klin. Woch.*, n° 52, 786). — SATLOW (*Jahrbuch. f. Kinderheilkunde*, XVII, 311). — ZILLNER (*Wiener med. Woch.*, n° 45).

1883. — BOHN (*Deutsch. med. Woch.*, n° 33). — BRŒSICKE et SCHADENWALD. *Wieder ein Fall von Kalium Chloricum Vergiftung* (*Berl. Klin. Woch.*, n° 42, 649). — GOLDSCHMIDT (*Breslauer arzliche Zeitschrift*, n° 1, 6).

1884. — LEICHTENSTEIN. *Kalichloricum Vergiftung* (*Deutsch. med. Woch.*, n° 4, n° 20). — NEUSS (*Deutsch. med. Woch.*, 57).

1885. — WILKE et WEINERT. *Zur Casuistik des Vergiftung mit chlorsaurem Kali* (*Berl. klin. Woch.*, n° 16).

1886. — MASCHKA (*Wiener med. Woch.*, n° 15).

1888. — PEABODY. *Two death from poisoning by chlorat of potash with autopsy* (*N. Y. med. Record.*, 57, juillet). — SCUCHARDT. *Absichtliche Vergiftungen beim Menschen mit Kalichloricum* (*Deutsch. med. Woch.*, n° 41, 835).

1890. — LUBARSH. *Lésions dans un cas d'empoisonnement par le chlorate de potasse* (*Corr.-blatt f. Schweiz. Aerzte*, n° 4, 112).

1897. — JACOB (*Berl. klin. Woch.*, n° 27, 580).

Les symptômes de l'empoisonnement sont toujours les mêmes : fortes coliques, convulsions, vomissements, diarrhée.

A l'autopsie on remarque une coloration particulière du sang, qui devient de teinte chocolat; les tissus, les viscères, tels que la rate, le foie, les poumons, le cœur, présentent la même coloration ; le sang est visqueux, demi-liquide, la rate est tuméfiée ; le parenchyme rénal est intact, quoique fréquemment tuméfié, les canalicules urinifères sont fréquemment obstrués par des masses cylindriques composées de pigments.

Action sur l'organisme. — GOSKOM a étudié l'action physiologique du chlorate de soude sur la grenouille, 3 centimètres cubes d'une solution à 1/10 de chlorate de soude en injection sous-cutanée ont déterminé au début une excitation de sa sensibilité réflexe; au bout de quelques temps l'excitation de la sensibilité disparaît, et fait place à la parésie.

L'animal présente comme principal phénomène de petites secousses musculaires débutant par la tête et se propageant aux muscles de la bouche, et enfin aux petits muscles des extrémités postérieures. Si l'on opère avec des solutions plus concentrées, les convulsions apparaissent rapidement. D'après STOKVIS, ces phénomènes ne seraient pas spécifiques au chlorate de soude, et s'observeraient après des injections de chlorure de sodium de même concentration.

Chez les animaux à sang chaud, Podcopaew, Isambert, Hirne, Barbier ont montré que l'injection de chlorate de potasse dans les veines paralyse le cœur.

Podcopaew injecte $1^{gr},75$ de chlorate de potasse en solution au 1/10 dans la veine crurale d'un chien et observe la mort subite de l'animal; un autre chien auquel il injecte 2 grammes de chlorate meurt subitement sans signes prémonitoires. A l'autopsie faite immédiatement, le cœur et les muscles de la cuisse du premier chien réagissent faiblement à l'excitation galvanique; mais toute excitabilité disparaît au bout de 10 minutes; chez le second le cœur ne réagissait plus.

Ces expériences sont en opposition avec celles de Laborde. Cet auteur a pu injecter sans accident de 3 à 5 grammes de chlorate de potasse, en poussant l'injection lentement. D'après lui, 3 grammes de chlorate de potasse injectés dans les veines n'arrêteraient pas fatalement le cœur; ce sel n'aurait sur cet organe que l'action bien connue des sels de potasse, déterminant une excitation cardio-pulmonaire, suivie de sédation. Isambert, en 1874, conclut de ses expériences que le chlorate de potasse injecté dans les veines détermine la mort, à dose assez faible; mort subite par cessation des mouvements cardiaques. Stokvis, en 1886, a étudié comparativement l'action du chlorate de potasse et du chlorate de soude. D'après cet auteur la toxicité ne dépendrait pas de l'acide chlorique, mais de la nature de la base. La toxicité du chlorate de potasse est imputable au potassium; le chlorate de soude ne serait pas plus toxique que le chlorure de sodium. D'après cet auteur l'injection de chlorate de soude dans les veines d'un lapin ne déterminerait qu'un peu d'albuminurie.

Marchand, qui a fait une étude très consciencieuse sur l'action toxique du chlorate de soude, a démontré que, chez le chien, l'administration par la bouche de $0^{gr},8$ de chlorate de soude par kilo d'animal n'est suivie d'aucun accident; qu'une dose de 1 gramme par kilo détermine une intoxication grave; qu'une dose de $1^{gr},20$ par kilo amène la mort en quelques heures. Il est très difficile de déterminer la dose toxique par injection intraveineuse; la rapidité avec laquelle est pratiquée l'injection fait varier dans de grandes limites les symptômes observés. 1 gramme de chlorate de soude par kilo d'animal ne détermine aucun phénomène toxique, si l'injection est poussée lentement en 73 minutes. La même dose injectée en 30 minutes détermine l'apparition de symptômes graves d'intoxication. Injectée en 10 minutes, cette même dose est rapidement mortelle (Marchand). La dose toxique de chlorate de soude déterminée par Marchand serait de $1^{gr},2$ par kilo d'animal. D'après Bouchard et Tapret la dose toxique de chlorate de potasse est de $0^{gr},16$ par kilo d'animal.

Les chlorates sont des poisons du sang, ils détruisent l'oxyhémoglobine qu'ils transforment successivement en méthémoglobine, puis en hématine.

Chevallier avait remarqué, dès 1855, l'action particulière du chlorate de potasse sur le sang. Il a injecté dans l'anse intestinale d'un chien 20 grammes de chlorate de potasse et a vu les veines mésentériques se remplir d'abord d'un sang couleur rouge vif; mais bientôt cette couleur disparut, et le sang qui gorgeait les vaisseaux était devenu brun chocolat.

A l'autopsie, le cœur contenait un caillot brun, les poumons et le foie présentaient une coloration semblable. Chevallier en conclut que le chlorate de potasse, loin d'être un tonique du sang, comme on l'annonçait alors, était plutôt un toxique dangereux.

Tous les auteurs ont depuis lors signalé la coloration particulière du sang et des organes observée aux autopsies des individus intoxiqués par les chlorates.

On a même étudié particulièrement cette transformation du sang, attribuant à la destruction de l'hémoglobine l'action toxique de ces sels (Marchand).

Action sur le sang. — In vitro, Millon avait constaté en 1858 que, lorsqu'on mêle une solution de chlorate de potasse avec du sang extrait de la veine, il devenait rouge rutilant; cette coloration rutilante que prend le sang au contact du chlorate de potasse avait été invoquée par Solari comme preuve de l'action oxydante exercée par ce sel sur le sang. Isambert, en mélangeant à du sang de saignée une solution de chlorate de potasse, a vu la masse devenir brune et a constaté qu'il y avait destruction des globules sanguins. Preyer avait cru voir, au contraire, que le chlorate de potasse était indifférent vis-à-vis du sang. JADERHOLM a constaté que le chlorate de potasse transformait l'oxyhémoglobine du sang en méthémoglobine; l'addition d'oxygène retarderait cette transformation (EDLEFSEN).

VON MERING a étudié spécialement l'action des chlorates sur le sang *in vitro* et a constaté : que le chlorate de potasse ne précipitait pas l'albumine du sérum; que le sérum conservait ses propriétés et sa réaction alcaline après addition de chlorate; que le chlorate de potasse n'entravait pas la coagulation du sang et ne dissolvait pas la fibrine coagulée.

Ajouté *in vitro* au sang veineux, le chlorate de potasse lui communique d'abord une couleur rouge rutilante; la masse devient bientôt brun chocolat par suite de la transformation de l'oxyhémoglobine en méthémoglobine. Pour VON MERING, cette transformation de la matière colorante du sang s'accompagnerait d'une réduction du chlorate en chlorure.

La méthémoglobine se dédouble à son tour en donnant de l'hématine. Finalement le sang se transforme en une masse caoutchoutée noirâtre, soluble dans la lessive de soude et de potasse. La transformation de la matière colorante du sang se fait plus rapidement à chaud qu'à froid et dépend de la quantité de chlorate de potasse ajoutée au sang : 0,2 à 21°; 0,1 à 37° suffisent pour transformer en méthémoglobine, au bout de vingt-quatre heures, la matière colorante de 100 parties de sang. Von MERING a constaté que la transformation de l'oxyhémoglobine en méthémoglobine se fait plus ou moins rapidement suivant l'espèce de chlorate employé. Le chlorate d'ammonium est de beaucoup le plus actif; puis viennent par ordre décroissant les chlorates de magnésium, de calcium, de strontium, de baryum, de sodium, de potassium; ces deux derniers agissent sur la matière colorante du sang avec beaucoup moins d'énergie que les précédents. L'acide chlorique libre décompose presque instantanément l'oxyhémoglobine. L'addition d'un excès d'acide carbonique accélère la décomposition de l'oxyhémoglobine; le phosphate de soude agit de même. L'addition d'un alcali, carbonate de soude, soude caustique, en petite quantité, ralentit au contraire cette transformation.

STOKVIS n'a pu constater la réduction immédiate du chlorate de potasse, quelle que soit la proportion de chlorate ajouté au sang; des dosages qu'il a effectués lui ont montré que, pendant les premières vingt-quatre heures, cette réduction était très faible; pour STOKVIS, le sang ne réduirait les chlorates que pendant sa putréfaction, comme les autres liquides de l'économie.

KIMMYSER, qui a répété les expériences d'EDLEFSEN en faisant passer un courant d'oxygène dans du sang additionné de chlorate, a constaté que la destruction de la matière colorante n'est pas plus rapide dans le sang non aéré que dans le sang oxygéné.

Dans un travail fait en 1890, LIMBECK a étudié avec soin l'action des chlorates sur le sang. Il a constaté qu'additionnés d'une solution isotonique de chlorate de soude les globules sanguins disparaissaient au bout d'un certain temps; tandis qu'avec des solutions, isotoniques ou non, de chlorure de sodium, on n'observe aucune diminution dans le nombre des globules sanguins.

Cette destruction globulaire est plus active dans le sang de chien que dans celui du lapin ou celui de l'homme.

La diminution du nombre des globules rouges n'apparaît qu'après la coloration brun chocolat du sang chloraté. L'action toxique des chlorates sur la matière colorante des globules se produirait avant l'action destructrice des globules.

La destruction de la matière colorante du sang par les chlorates est beaucoup moins rapide que sous l'influence des acides ou des alcalis. LIMBECK a vu disparaître les raies de l'hémoglobine au spectrophotomètre dans l'ordre suivant, après addition au sang d'une solution à 10 p. 100 de soude :

Sang de lapin.	17 minutes.
— d'homme.	1 min. 1/2.
— de chien.	1 min. 1/4.

Après addition d'une solution à 10 p. 100 d'acide acétique :

Sang de lapin.	28 minutes.
— d'homme.	18 —
— de chien.	6 —

Après addition d'une solution à 20 p. 100 de chlorate de potasse :

Sang de lapin	5 h. 50
— d'homme	6 heures.
— de chien	6 h. 15

Les chlorates agissent donc *in vitro* sur le sang en détruisant les globules sanguins et en transformant la matière colorante, *oxyhémoglobine*, d'abord en *méthémoglobine*, puis en *hématine*. Les sangs des différentes espèces animales résistent différemment vis-à-vis du chlorate de soude; la plus ou moins grande résistance des sangs de lapin, d'homme, de chien vis-à-vis des solutions isotoniques de chlorate de soude est de même ordre que la plus ou moins grande résistance de ces globules vis-à-vis des solutions hypo ou hyper-isotoniques de sels indifférents (LIMBECK).

Action des chlorates sur le sang in vivo. — D'après MARCHAND les chlorates agiraient de la même façon sur le sang dans l'organisme vivant, qu'*in vitro*; c'est à la destruction de l'oxyhémoglobine que cet auteur attribue le pouvoir toxique de ces sels. Il a constaté la présence de méthémoglobine dans le sang du chien intoxiqué par le chlorate de soude pendant la vie.

STOKVIS nie le fait. BOCKAÏ n'a jamais pu voir de méthémoglobine dans le sang chez les animaux vivants; CAHN n'a pas pu constater la présence de la méthémoglobine dans le sang circulant du lapin; mais il a observé deux fois chez des chiens l'apparition de la méthémoglobine au moment de la mort.

J'ai entrepris personnellement des expériences pour vérifier ces assertions opposées, et je n'ai jamais pu constater la présence de la méthémoglobine chez les animaux, chiens et lapins, tant que l'animal vivait et que son sang avait encore une réaction alcaline. Aussitôt après la mort, dans un délai qui variait de cinq minutes à quatre ou cinq heures, suivant la dose de chlorate injecté, le sang devenait acide, et alors seulement apparaissait le spectre de la méthémoglobine.

Il n'est cependant pas douteux que le chlorate détruise les globules sanguins. Dans les empoisonnements chroniques, ou même seulement dans les urines de l'hémoglobine et de l'hématine, ainsi que de fortes proportions d'urobiline. Ce fait a été du reste déjà signalé par BRENNER, et MARCHAND insiste dans son travail sur cette destruction. KAST a constaté qu'il y avait une augmentation de chlore dans les urines, augmentation que l'on doit attribuer à la destruction des globules rouges.

L'hémoglobinurie, constante dans l'intoxication lente par les chlorates, détermine des lésions épithéliales des reins. LEBEDEFF a signalé la chute de l'épithélium de la plus grande partie des canaux urinifères, et l'obstruction de ces canaux par des masses hyalines albuminoïdes; AFANASSIEW a observé dans ces canaux la présence de cristaux de bilirubine.

Une autre preuve de la destruction active des globules sanguins, dans l'intoxication par les chlorates, est le gonflement exagéré de la rate qui est tuméfiée et fortement colorée.

Action sur les organes de la circulation. — L'injection intraveineuse de chlorates détermine une accélération marquée des contractions cardiaques. Le pouls est finalement presque deux fois plus fréquent; les contractions cardiaques deviennent plus faibles et discontinues. Puis la mort arrive subitement par arrêt du cœur en diastole. Ces phénomènes s'observent aussi bien avec le chlorate de potasse qu'avec le chlorate de soude, lorsque la dose administrée est mortelle.

On observe encore l'accélération du pouls même lorsque le chlorate de soude est administré par voie stomacale (MARCHAND).

Action sur la respiration. — La respiration s'accélère et devient saccadée, superficielle; l'inspiration est longue, l'expiration brève (MARCHAND).

Action sur le système nerveux. — Nous avons déjà signalé plus haut les phénomènes de tremblements musculaires observés par STOKVIS; ils ont aussi été signalés dans plusieurs observations d'empoisonnement chez l'homme.

Action sur les sécrétions. — L'absorption des chlorates excite les diverses sécrétions, surtout les sécrétions salivaires et urinaires: les chlorates augmentent aussi la sécrétion du suc pancréatique, celle de la bile et celle du mucus laryngo-bronchique.

La sécrétion salivaire et la diurèse sont d'autant plus abondantes que la dose de chlorates ingérés est plus considérable.

En résumé nous voyons que les chlorates sont loin d'être des agents inoffensifs.

Il convient de rapporter au radical acide chlorique l'action toxique de ces sels sur les diverses fonctions de l'économie. Il est difficile d'admettre que, dans les empoisonnements suraigus, le mécanisme de l'intoxication par les chlorates soit celui qu'a invoqué MARCHAND. D'après cet auteur, par suite de la transformation de l'hémoglobine en méthémoglobine, le sang ne suffit plus à l'hématose et l'animal meurt par asphyxie. Les faits observés, arrêt du cœur en diastole, nous invitent à admettre plutôt l'hypothèse d'une action sur les centres nerveux. La masse saline des chlorates agirait dans ce cas en déshydratant les tissus et transformant les tissus de l'organisme en milieux hyperisotoniques.

LIMBECK considère que, dans les cas subaigus, les animaux meurent d'urémie; les reins desquammés par le passage du chlorate n'assurant plus la dépuration de l'organisme.

C'est surtout dans les intoxications lentes et chroniques que s'observe la déglobulisation et la destruction de l'hémoglobine.

Recherche et dosage des chlorates. — Pour caractériser la présence des chlorates dans l'urine et les autres liquides de l'organisme, RABUTEAU et ISAMBERT ont préconisé l'emploi de la réaction décolorante du chlorate sur l'indigo.

On colore par quelques gouttes d'indigo en solution sulfurique l'urine, on acidule par l'acide sulfurique : le chlore mis en liberté décolore l'indigo.

Dans tous les liquides de l'organisme, on rencontre le chlorate mélangé au chlorure. Pour doser le chlorate il convient de précipiter d'abord le chlore des chlorures par le nitrate d'argent.

Le liquide filtré, débarrassé d'argent par l'hydrogène sulfuré, est évaporé, et le résidu, après calcination, redissous dans l'eau, fournit, par le nitrate d'argent, un nouveau précipité de chlorure d'argent correspondant au chlore du chlorate.

Perchlorates. — L'acide perchlorique ClO^4H, découvert en 1815 par le comte de STADION, est un liquide incolore volatil; ce liquide se colore même à l'abri de la lumière et se décompose avec explosion. Les perchlorates sont des sels généralement incolores, très solubles dans l'eau; le perchlorate de potassium est peu soluble, moins que le chlorate. On emploie en chimie la solution du perchlorate de soude, pour caractériser les sels de potasse dans les liqueurs, le perchlorate de potasse formant un précipité, insoluble surtout dans l'alcool.

Les perchlorates de potasse et de soude peuvent s'obtenir en chauffant le chlorate correspondant à une température inférieure à celle de leur décomposition en chlorure et oxygène. Le perchlorate forme le terme de passage de cette décomposition.

Physiologie. — RABUTEAU a employé le perchlorate de potasse comme succédané du sulfate de quinine. 5 grammes de perchlorate de potasse correspondraient à 1 gramme de sulfate de quinine.

KERRY et ROST ont étudié récemment l'action du perchlorate de soude sur l'organisme. Le perchlorate de soude détermine chez les grenouilles un empoisonnement à symptomatologie complexe : on observe au début de l'injection de la raideur et de la contracture musculaire, bientôt suivies de secousses fibrillaires accompagnées d'une agitation des membres, qui quelquefois se propage à tout le corps.

On constate des altérations musculaires avec lésions typiques microscopiques ainsi que du ralentissement et des intermittences cardiaques. Le pouvoir réflexe est exagéré.

L'intoxication par le perchlorate de soude rappelle tantôt (secousses musculaires) l'empoisonnement par la guanidine; tantôt (modes de la courbe des contractions musculaires) l'empoisonnement par la vératrine : tantôt (rigidité musculaire) l'intoxication caféique.

Les symptômes cardiaques semblent être sous la dépendance d'une paralysie des ganglions automoteurs.

Chez le rat, la souris, le cochon d'inde, les secousses musculaires font défaut. Les réflexes sont exagérés, les contractions musculaires déterminent des spasmes temporaires; mais on n'observe pas de véritable strychnisme.

Chez les lapins, les chiens, les pigeons, les phénomènes d'irritation périphérique réapparaissent. Chez le chat surtout, l'injection intraveineuse de perchlorate détermine d'abord une paresse musculaire; puis, au bout de quelques instants, une irritation centrale et périphérique se manifeste sous forme de secousses intenses, de tétanos et de secousses fibrillaires des muscles.

La pression sanguine est modifiée d'une façon sensible.

Le perchlorate s'élimine partiellement, non décomposé, par les reins; on peut en déceler la présence dans les urines.

Bibliographie. — **Chlorates.** — (*D. W.*, *D. D.*, art. « *Chlorate* ».) — Binz. *Ueber Reduction des chlorsauren Kali* (A. P. P., x, 153, 1878). — Arpàd Bókaï. *Existe-t-il de la méthémoglobine dans le sang des animaux vivants empoisonnés par le chlorate de potasse? (Orvos Termeszettu domàny ertesito XII Jahrg. Klausenburg, 1887 et J. b. P., 1887, xvii, 123).* — Brenner. *Ueber die Wirkung des Kalichloricum bei seiner internen Anwendung (Wien. med. Woch., n° 48, 1880).* — Cahn. *Beitrag zur Kenntniss der Chloratwirkung (A. P. P., xxiv, 180).* — Chevallier (*Journ. de chimie médicale, (4), i, 197, 1853*). — Eolefsen. *Ueber die Wirkung von Kalium chloricum (Berl. klin. Woch., n° 44, 686, 1883).* — Falk. *Beitrag zur Kenntniss der Chloratwirkung (A. g. P., xlv, 304).* — Fehling. *Zum Verhalten des chlorsaurem Kali bei seinem Durchtritte durch die Placenta (Arch. f. Gynecologie, xvi, n° 2, 286).* — Gahtgens (*Berl. klin. Woch., n° 51, 891, 1886*). — Hofmeier. *Beitrag zur Kasuistik der Vergiftung mit chlorsauren Kali (Deutsch. med. Woch., n° 38, 1880).* — Isambert. *Nouvelles expériences sur l'action physiologique, toxique et thérapeutique du chlorate de potasse (B. B., 24 oct. 1874).* — Kimmyser. *Verhandl. des III° Congr. für innere Medicin., 1884, 364.* — Laborde. *Étude comparative de l'action physiologique des chlorates de potase et de soude (Bull. thér., lxxxvii, 322).* — Lenhartz. *Experimentelle Beitrag zur Kenntniss der Vergiftung durch chlorsaure Salze (Beitr. z. path. Anat. u. klin. Med., Leipzig, 1887, 156-175).* — Von Limbeck. *Ueber die Art der Giftwirkung der chlorsauren Salze (A. P. P., xxvi, 39, 1889).* — Marchand. *Ueber die Giftwirkung der chlorsauren Salze (A. P. P., xxii, 201; xxiii, 273).* — (A. A. P., lxxvii, 455). — Von Mering. *Ueber die Wirkung von Kalium chloricum (Berl. klin. Woch., n° 44, 686, 1883).* — Podcopaew (*A. A. P., xxxiii, 511, 1865*). — Rabuteau. *Recherches sur l'élimination des chlorates et de l'acide chlorique (B. B., (4), v, 2-30-44, 1868-1869).* — (*Gaz. méd. de Paris, (3), xxiii, 665-717, 1868*). — (*Gaz. hebd. de méd., (2), v, 703-743, 1868*). — (*Union médicale, (3), xii, 150-184-267-325-387-471-628, 1871*). — (*Union médicale, (3), xiii, 443, 1872*). — (B. B., (6), i, 2-95-102, 1874-1875). — (*Gaz. méd. de Paris, (4), iii, 568-598, 1874*). — Seeligmuller. *Kalichloricum in gesättiger Lösung; das specifische Heilmittel bei Diphteritis (Jahrb. f. Kinderheilkunde, xi, 273-287).* — Stokvis. *Die Ursachen der giftigen Wirkung der chlorsauren Salze (A. P. P., xxi, 169, 1886).*

Perchlorates. — Rabuteau (*B. B.*, xxi, 135, 1869). — Kerry et Rost. *Ueber die Wirkung des Natrium Perchlorates (A. P. P., xxxix, 143, 1897).*

ALLYRE CHASSEVANT.

CHLORE (Cl = 35,5). — **Chimie.** — Corps simple, métalloïde, découvert par Scheele, en 1774, qui l'obtint le premier en faisant réagir l'acide *muriatique* (ac. chlorhydrique) sur la *magnésie noire* (bi-oxyde de manganèse). Le chlore est un gaz jaune verdâtre, d'une odeur spéciale, suffocante et irritante; il est environ deux fois plus lourd que l'air, sa densité est de 2,45. Un litre de chlore pèse 3^{gr},17. Il se liquéfie à la pression ordinaire à la température de — 33°,6; d'après Olziewski, il se solidifie à — 102°. Le chlore liquéfié est aujourd'hui d'un usage courant dans l'industrie. Il reste à l'état liquide sous une pression de 3 atmosphères 66 à 0° et de 5 atmosphères 75 à la température moyenne de 15°. Son point critique est à 140°. Le chlore est légèrement soluble dans l'eau : à 0° il s'en dissout 1^{vol},44; à 8°, l'eau se charge de 3 fois son volume de chlore, puis la solubilité diminue à mesure que la température s'élève; à 17°, il ne se dissout plus que 2^{vol},37 de chlore dans un volume d'eau. L'eau saturée de chlore à 8°, refroidie vers 0°, laisse déposer des cristaux d'hydrate de chlore qui ont une composition répondant à la formule Cl,5H^{2}O.

Le chlore est un élément très électro-négatif, doué d'affinités chimiques très énergiques; tantôt il déplace l'oxygène de ses combinaisons, tantôt il est déplacé par lui, suivant les quantités de chaleurs dégagées dans les réactions.

Il se combine directement avec la plupart des corps simples, principalement avec l'hydrogène et les métaux. Ces combinaisons sont accompagnées de dégagements de chaleur et de lumière analogues à ceux qu'on observe dans les combinaisons vives. L'affinité du chlore pour l'hydrogène est si puissante, que le chlore attaque tous les corps hydrogénés pour former de l'acide chlorhydrique en se combinant avec l'hydrogène, et se substituer à l'hydrogène enlevé. C'est par ce mécanisme qu'il détruit les matières organiques ; il exerce cette même action destructive sur les tissus vivants qu'il désorganise.

On prépare le chlore dans les laboratoires en faisant réagir sur le bioxyde de manganèse en grains de l'acide chlorhydrique concentré. La réaction s'effectue d'après l'équation :

$$MnO^2 + 4HCl = MnCl^2 + 2H^2O + Cl^2.$$

Le chlore se combine à l'hydrogène pour donner de l'acide chlorhydrique HCl ; cette combinaison se fait volume à volume directement et avec énergie. Un mélange de chlore et d'hydrogène se combine avec explosion à la température ordinaire sous l'influence d'un rayon lumineux. On ne doit faire ce mélange qu'à l'obscurité (très dangereux.)

Le composé hydrogéné du chlore le plus important est l'acide chlorhydrique.

L'acide chlorhydrique, HCl, est un gaz incolore, d'une saveur acide et d'une odeur forte et piquante ; il se liquéfie sous une pression de 40 atmosphères à 10°.

Le gaz acide chlorhydrique a une grande affinité pour l'eau. Mis en contact avec l'atmosphère humide, il condense la vapeur d'eau et forme des fumées blanchâtres. 1 gramme d'eau absorbe 0gr,875 de gaz acide chlorhydrique à la pression normale de 760 millimètres.

Dans les laboratoires on emploie couramment la dissolution d'acide chlorhydrique dans l'eau. Cette solution aqueuse concentrée est incolore lorsqu'elle est pure : elle répand à l'air des fumées épaisses.

On prépare l'acide chlorhydrique gazeux, dans les laboratoires comme dans l'industrie, en faisant réagir l'acide sulfurique sur le chlorure de sodium.

Le chlore s'unit à un grand nombre de corps simples, métalliques ou non, et à des radicaux complexes pour former des composés connus sous le nom générique de chlorures. Ces chlorures possèdent en général des propriétés physico-chimiques et physiologiques particulières, qu'ils doivent à la nature du métal, métalloïde ou radical auquel le chlore est combiné. L'étude de ces sels doit donc se faire au fur et à mesure que l'on fait l'étude des corps dont ils dérivent.

Le chlore a peu d'affinité pour l'oxygène, il se combine avec cet élément pour donner plusieurs composés, qui tous sont formés avec absorption de chaleur (composés endothermiques) :

L'anhydride hypochloreux Cl²O répondant à l'acide hypochloreux ClOH.
L'anhydride chloreux   Cl²O² répondant à l'acide chloreux   ClO²H.
L'anhydride hypochlorique ClO²   —
                         l'acide chlorique   ClO³H.
                         l'acide perchlorique ClO⁴H.

Nous renverrons le lecteur aux traités de chimie pour l'étude des propriétés de ces corps peu importants.

L'acide hypochloreux donne, en se combinant aux bases alcalines et alcalino-terreuses, des sels fort instables, presque tous solubles : les hypochlorites, décomposables par les acides les moins énergiques, l'acide carbonique lui-même.

L'acide hypochloreux mis en liberté agit comme un mélange de chlore et d'oxygène naissant. C'est à ces produits de décomposition que les hypochlorites doivent leurs propriétés décolorantes et désinfectantes.

On désigne dans l'industrie les solutions d'hypochlorite, de soude et de potasse, sous le nom d'eau de Javel et de Labarraque, et aussi souvent, mais à tort, on les comprend sous le terme générique chlorures décolorants. On ne doit pas confondre les hypochlorites avec les chlorures formés par l'action de l'acide chlorhydrique sur les métaux, dont ils n'ont aucune des propriétés. L'action physiologique des hypochlorites est analogue à celle du chlore, produit par leur décomposition.

L'*acide chlorique* n'est pas important par lui-même, mais ses sels, chlorate de potasse, chlorate de soude, sont très employés en médecine ; l'étude de leur action physiologique a fait l'objet d'un chapitre spécial (Voir **Chlorates**).

Le chlore entre encore dans une foule de composés organiques auxquels il communique des propriétés particulières ; l'importance des actions physiologiques de la plupart d'entre eux et les grandes différences qu'ils présentent les feront étudier séparément. (Voir **Chloral, Chloroforme, Chloralose,** etc.).

Physiologie. — Action du chlore sur l'organisme. — Lorsqu'il agit sur l'enveloppe cutanée, le chlore provoque d'abord une sensation pénible de piqûre, analogue à celle causée par de petits insectes ; puis toute la surface de la peau se recouvre d'une couche de sueur abondante ; une éruption vésiculeuse apparaît bientôt, accompagnée d'une cuisante sensation de brûlure ; la peau se tuméfie et prend une teinte érysipélateuse (WALLACE).

L'action plus prolongée du chlore provoque l'apparition d'escharres molles, diffluentes, de 2 à 4 millimètres de profondeur. L'épithélium, le tissu conjonctif, le tissu musculaire atteint subissent la métamorphose graisseuse, et en même temps il se forme une matière protéique chlorée, soluble dans l'eau, d'autant plus abondante que l'action du chlore est plus prolongée (BRYCK).

Le chlore gazeux affecte péniblement les organes respiratoires, il provoque une dyspnée très prononcée, accompagnée de douleur dans la poitrine et la gorge, une toux plus ou moins violente avec éternuements.

Il survient ensuite du coryza, de l'angine avec hypersécrétion de la muqueuse ; quelquefois de la laryngite, de la bronchite avec expectorations sanguinolentes ; dans certains cas il peut déterminer une pneumonie grave, quelquefois mortelle. Le chlore inhalé pénètre rapidement dans la circulation, il excite l'irritabilité musculaire (HUMBOLDT). On ressent de la fatigue musculaire, des douleurs articulaires accompagnées d'une céphalalgie plus ou moins intense et persistante ; les mouvements d'inspiration et d'expiration sont particulièrement douloureux. Ces symptômes peuvent s'aggraver ; le patient entre dans le collapsus et la mort survient. Les accidents produits par les inhalations de chlore sont fréquents dans des laboratoires de chimie et ne présentent pas en général cette gravité. On arrive du reste à s'accoutumer à la présence d'une certaine proportion de chlore dans l'atmosphère qu'on respire. CHRISTISON a constaté, dans une usine de blanchiement, que certains ouvriers pouvaient travailler impunément sans en être incommodés dans une atmosphère chargée de chlore en proportion telle, que des personnes étrangères à l'établissement étaient suffoquées lorsqu'elles pénétraient dans l'atelier.

Ces ouvriers étaient tous hyperchlorhydriques, atteints de pyrosis, qu'ils combattaient en absorbant de grandes quantités de carbonate de chaux. Ils étaient tous très amaigris. On doit cependant remarquer que ces ouvriers perdent peu de leurs forces et qu'ils peuvent travailler à leur état pendant vingt, trente, quarante ans et atteindre un âge très avancé (RABUTEAU).

Lorsque le chlore pénètre dans l'organisme par les voies respiratoires, il se transforme en général immédiatement en chlorure en agissant sur les corps avec lesquels il se trouve en contact.

On a cependant constaté, lorsqu'on fit l'autopsie du chimiste ROË d'Édimbourg, lequel avait succombé à un empoisonnement accidentel par le chlore, qu'à l'ouverture du crâne une forte odeur de chlore se répandit dans la salle.

Les accidents mortels causés par l'inhalation accidentelle de chlore gazeux sont assez rares. SURY BIENZ, qui en a publié un en 1888, constate que FALCK ne cite que six cas mortels, dont deux célèbres : ceux des chimistes ROË en Écosse et PELLETIER en France qui ont été tués par ce gaz.

Les lésions observées à l'autopsie ne sont pas en général décrites d'une manière satisfaisante : SURY BIENZ a observé de la rougeur de la trachée et des bronches, un œdème pulmonaire considérable. BAUMHAUER a observé chez des animaux empoisonnés expérimentalement par des exhalations de chlore, une inflammation considérable des poumons et une coloration jaune clair des lobes inférieurs, qui étaient parsemés de taches noires et comme desséchés.

Les expériences faites sur les animaux ont montré que la terminaison fatale dans les empoisonnements par le chlore est due à une paralysie du cœur.

D'après Binz le chlore ne serait pas un poison direct du cœur. il tuerait en paralysant les centres respiratoires.

Les expériences faites par cet auteur sur les grenouilles lui ont montré que le chlore agit sur le système nerveux central qu'il paralyse. Cette paralysie serait due à l'arrêt de l'activité du protoplasma des centres nerveux.

Pris à l'intérieur en solution diluée, le chlore semble avoir une certaine action sur les sécrétions. William Wallace a observé une augmentation d'activité de ces fonctions; surtout des sécrétions biliaires, salivaires, urinaires et génitales. Godier, Cottereau n'ont pas observé cette action; ils ont simplement constaté une augmentation de la sécrétion salivaire et de la quantité d'urine.

D'après Hallé l'eau chlorée diluée dans 60 fois son poids d'eau faciliterait la digestion, à la dose de 60 grammes; Nysten considère cet agent comme un astringent qui détermine la constipation et la décoloration des fèces. Orfila a fait ingérer de l'eau chlorée à des animaux qui ont succombé. A l'autopsie de ces animaux il a trouvé la muqueuse stomacale rouge dans toute son étendue, avec de petites ulcérations dans le grand cul-de-sac, lesquelles étaient bordées d'une auréole jaune. Les muqueuses du duodénum et du jéjunum étaient tapissées par une couche jaune assez épaisse.

Les hypochlorites agissent d'une façon analogue à celle du chlore, mais on voit s'ajouter aux destructions dues à l'action du chlore sur les tissus, celles provoquées par les alcalis caustiques.

On a observé plusieurs cas d'empoisonnement par ingestion de solutions d'hypochlorites; empoisonnements volontaires et accidentels. L'ingestion de ces composés détermine une sensation de brûlure et de chaleur dans le pharynx, l'œsophage et l'estomac; les hypochlorites détruisent les organes et déterminent des escharres et perforations. Il se produit en même temps une salivation abondante, des vomissements, de la diarrhée. L'haleine répand l'odeur de chlore. Surviennent ensuite des convulsions, la perte de connaissance. Orfila, qui a étudié l'action physiologique des hypochlorites, a constaté une augmentation considérable des chlorures éliminés dans les urines de chiens auxquels il administrait des hypochlorites.

En solution très diluée, les hypochlorites perdent leurs propriétés toxiques. Kletzinsky a absorbé quotidiennement sans inconvénient 4 grammes d'hypochlorite de soude. Il a simplement constaté une augmentation dans la quantité de chlorures éliminés par les urines, environ de 2 à 3 grammes. Schuchard a constaté que l'administration de 2 grammes d'hypochlorite de chaux en solution n'altère aucunement la santé du lapin.

Le chlore et les hypochlorites sont d'excellents antiseptiques; malheureusement leur odeur et leur action corrosive en limitent beaucoup l'emploi.

Acide chlorhydrique. — L'acide chlorhydrique libre en solution concentrée agit sur l'organisme, ainsi que tous les acides libres, comme un poison corrosif. Absorbé dans le tube digestif, soit par mégarde, soit dans un but de suicide, il détermine des douleurs brûlantes intolérables dans le pharynx et toute la première partie du tube digestif. On voit apparaître rapidement les nausées, puis les vomissements d'abord jaunâtres, puis verdâtres et enfin couleur café : lorsque la muqueuse de l'estomac est corrodée, les vomissements deviennent sanguinolents.

Dans les intoxications aiguës, la déglutition devient difficile, quelquefois impossible par suite de la tuméfaction du pharynx; on observe souvent l'enrouement, la suffocation, et même l'asphyxie peut survenir par suite de la pénétration de l'acide dans les voies aériennes pendant la régurgitation.

Les vomissements se continuent intenses et fréquents, les forces déclinent, le pouls devient fréquent et petit, la peau se recouvre d'une sueur froide et visqueuse, le malade meurt rapidement dans le marasme.

Lorsque l'empoisonnement est subaigu, on voit souvent le patient succomber à une perforation de l'estomac.

Lorsque l'empoisonnement n'est pas mortel, on observe fréquemment des rétrécissements cicatriciels du pylore et de l'œsophage. Letulle et Vaquez ont constaté que l'acide chlorhydrique détermine chez l'homme et les animaux une gastrite suraiguë avec proliférations cellulaires et nécrobiose cellulaire étendue. D'après Leser les lésions produites sur l'organisme ne peuvent être en rien différenciées de celles produites par l'acide sulfurique; les assertions contraires sont erronées.

On ne peut pas non plus chercher à déterminer la cause de l'empoisonnement rétrospectivement, car l'acide chlorhydrique se transforme rapidement en chlorure, et normalement cet acide se trouve dans l'estomac de l'homme et des animaux.

Nous ne parlerons pas ici de l'acide chlorhydrique du suc gastrique; l'étude de cet élément et des nombreuses recherches dont il a été l'objet trouve sa place naturel à l'article **Estomac**.

L'action antiseptique des solutions d'acide chlorhydrique a été l'objet de nombreuses recherches. Glauber, qui découvrit au xviie siècle, l'acide chlorhydrique, a écrit (1659) *la Consolation des navigants*, ouvrage étrange dans lequel il exalte les propriétés préservatrices de l'esprit de sel, contre la putréfaction. Gilbert a constaté qu'une solution aqueuse contenant 0,193 p. 100 d'acide chlorhydrique est mortelle pour le *Bacillus coli commune*, qu'elle tue en un quart d'heure. A la dose de $0^{gr},148$ p. 100 l'acide chlorhydrique tue le bacille d'Escherich en une demi-heure; il le tue en une heure à la dose de $0^{gr},095$; en 24 heures à la dose de $0^{gr},047$.

Dans le bouillon cette action microbicide est beaucoup moins marquée; $0^{gr},240$ p. 100 d'acide chlorhydrique gêne le développement du bacille; $0^{gr},209$ n'entrave en rien la prolifération du *Bacillus coli commune*. D'après Ch. Richet (*B. B.*, 1883, 436) l'urine additionnée de $2^{gr},5$ de HCl par litre ne donne plus, même au bout d'un mois et demi, de fermentation ammoniacale.

Chlore dans l'organisme. — Le chlore se trouve en abondance dans la nature, surtout à l'état de chlorure de sodium et de chlorure de potassium. On le rencontre aussi sous ces deux états dans tous les tissus et liquides de l'organisme. Dans le suc gastrique on l'y trouve à l'état d'acide chlorhydrique libre ou combiné avec des composés organiques sous forme de combinaisons complexes et instables (Voir **Estomac, Digestion**).

Le chlore semble indispensable aux êtres vivants. Beyer, Leydhecker, Nobbe, Siegert et Wagner, Aschoff ont constaté que le chlore est indispensable pour permettre le développement des plantes.

Les plantes privées de chlore restent en arrière, les racines avortent, les bourgeons terminaux se dessèchent.

Bergeret considère aussi cet élément comme indispensable à l'organisme animal, dont on peut modifier la constitution par simple suppression de sel.

La présence de chlorure de sodium est indispensable pour permettre la dissolution de certains principes organiques, surtout albuminoïdes, dans les humeurs; l'addition de chlorure de sodium à l'organisme accroît la proportion de globules du sang, supprime les phénomènes de chlorose (Bergeret), provoque l'expulsion par les reins, les poumons, la peau, des principaux éléments de dystrophie histologique.

D'après Bunge, l'évolution du chlore dans l'organisme est des plus simples. On ne le trouve dans la nature que sous forme de sel, combiné surtout au sodium et au potassium; c'est sous cette forme qu'il entre dans le circuit vital, c'est sous cette forme qu'il en sort, sans avoir pris la moindre part à la formation de substances organiques.

Cette conception un peu simpliste de Bunge demande à être modifiée, car il est difficile de concevoir l'importance du rôle du chlore dans l'organisme, si l'on admet que le chlorure de sodium passe du tube intestinal dans la veine, sans transformation.

Nous devons être tout d'abord frappé de l'ubiquité du chlore dans l'organisme. Nous devons aussi remarquer avec quelle facilité le chlorure de sodium est absorbé par le tube digestif et éliminé par le rein, c'est-à-dire, sa grande diffusibilité qui fait que, si nous additionnons l'alimentation d'une certaine dose de chlorure de sodium, l'élimination chlorée urinaire augmente dans la même proportion. Il faut, d'autre part, constater la fixité absolue dans la teneur en chlore des différents tissus et liquides de l'organisme; et remarquer que le chlorure de sodium n'entre pas dans la composition des éléments histologiques, mais dans celle des liquides parenchymateux des tissus, obtenus par expression ou résultant de la destruction des organes, dans les liquides de l'économie, et dans ceux qui baignent les tissus dentaire, osseux, cartilagineux.

La présence du chlorure de sodium dans ces liquides de l'organisme leur communique une densité moléculaire constante, et assure ainsi la vie des cellules en maintenant l'équilibre isotonique des protoplasmas, malgré les destructions continues des molécules albuminoïdes complexes qui entrent dans leur constitution.

Le chlorure de sodium jouerait le rôle d'un figurant qui tiendrait temporairement la place d'une molécule en régression ou en formation, en assurant l'isotonie de l'organisme (Voir Isotonie).

Son élimination par le rein entraîne toujours une certaine quantité d'eau, ce qui assure la diurèse et l'équilibre hydraulique de l'organisme.

Les chlorures qui sont dans l'organisme, s'y trouvent vraisemblablement à l'état de combinaisons moléculaires avec les albuminoïdes, ce qui empêche leur expulsion à travers le filtre rénal. Du reste ROHMANN, et plus tard A. GAUTIER, ont constaté que la diminution plus ou moins considérable dans la proportion des chlorures excrétés au cours des maladies fébriles aiguës, ne tient pas à une non-absorption, ni à un état de l'organisme, qui le rendrait incapable de l'exécuter; mais vraisemblablement à une modification du processus nutritif amené par la fièvre, qui amène une rétention des chlorures, dont une plus grande partie se trouve combinée avec les produits de désintégration cellulaire.

Au moment de la défervescence, il se produit une décharge brusque de l'organisme, qui se manifeste par une augmentation de la diurèse et de l'élimination chlorée.

Le chlore pénètre dans l'organisme par les voies digestives, soit par l'intermédiaire des aliments, soit directement sous forme de condiment.

Chlore contenu dans 100 parties de cendres d'aliments :

Viande.

	Cl.	
Cheval.	0,882	WEBER.
Vache.	2,844	WEBER.
Bœuf.	4,86	STŒTZEL.
Veau.	6,35	STAFFEL.
Porc.	0,62	ECHEVARIA.
Morue.	9,06	ZEDELER.

Légumes.

Lentilles.	2,57	LEVY.
Petits pois.	2,22	FRESENIUS et WILL.
Pomme de terre.	4,84	WAY.
Carottes.	2,94	WAY et OGSTEN.
Navets.	3,26	WAY et OGSTEN.
Choux.	4,44	STAMMER.
Choux de bruxelles.	4,13	SCHLIENKAMP.
Champignons.	4,58	KOHLRAUSCH.
Asperges.	4,08	SCHIENKAMP.
Laitues.	9,05	GRIEPENKERL.
Concombres.	5,43	RICHARDSON.

Œuf de poule.

Blanc.	25,13	POLECK.
—	28,26	POLECK.
—	18,75	WEBER.
Jaune.	5,47	WEBER.

La teneur en chlore des aliments végétaux est aussi et quelquefois plus considérable que celle des aliments animaux; mais on remarque que ce sont surtout les herbivores et les végétariens qui ont le plus besoin d'ajouter du sel à leurs aliments. Cela tiendrait, d'après BUNGE, à ce que les sels de potasse augmenteraient la désassimilation du chlorure de sodium.

L'absorption du chlore est presque complète dans le tube digestif, la teneur en chlore des excréments est très faible :

CHLORE.

100 parties de cendres contiennent :

EXCRÉMENTS	CHLORE	
Homme	2,59	PORTER.
Homme	0,37	FLEITMANN.
Porc.	0,53	ROGERS.
Vache.	0,13	ROGERS.
Mouton	0,08	ROGERS.
Cheval.	0,018	ROGERS.

L'élimination se fait surtout par les urines. La moyenne du chlore éliminé par kilogramme d'homme est de 0,138 par vingt-quatre heures (KERNER).

La moyenne totale serait de 9^{gr},9 de chlore, soit 16^{gr},5 de chlorure de sodium en vingt-quatre heures (VOGEL).

La quantité de chlore éliminée par la sueur est presque insignifiante. Les analyses de sueur sont en général incomplètes et peu comparables.

La quantité de chlore contenue dans 1000 parties de sueur varierait de 1,44 (ANSELMINO) à 5,33 (FAVRE) p. 1000.

Il nous paraît intéressant de réunir dans un tableau la teneur en chlore des divers tissus et liquides de l'organisme chez différentes espèces animales.

Muscles.

100 PARTIES DESSÉCHÉES	CHLORE	
Homme 30 ans (muscles des membres).	6,18	BIBRA.
Femme 36 ans (pectoraux).	8,06	—
— (cœur)	3,19	—
Enfant d'une semaine.	3,79	—
Bœuf	3,9	—
Chevreau femelle	0,6	—
Renard femelle	0,61	—
Chat mâle.	1,902	—
Poule (muscles pectoraux).	0,83	—
Faucon	4,42	—
Carpe	0,78	—
Perche	0,74	—
Grenouille.	0,66	—

100 parties de cendres contiennent :

ANIMAUX EN TOTALITÉ	CHLORE	
Lapin à la mamelle	4,9	BUNGE.
Chien à la mamelle	7,3	—
Chat à la mamelle.	7,1	—

LIQUIDES ET TISSUS DE L'ÉCONOMIE	CHLORE	
Sang humain	37,19	VERDEIL.
— humain	33,37	HENNEBERG
— de bœuf.	27,99	WEBER.
— —	35,47	VERDEIL.
— —	32,22	
— —	30,71	STOELZEL.
— de veau.	30,11	VERDEIL.
— —	35,71	—
— de mouton.	34,26	—
— —	30,37	—
— de porc	24,78	—
— —	29,70	—
— de chien.	29,91	—
— —	30,58	—
— —	30,20	JARISCH.
— de poule.	23,83	VERDEIL.
Sérum.	43,72	WEBER.
Caillot.	24,23	
Lymphe humaine.	44,58	DŒHNHARDT et HENSEN.
Lait de femme. .	19,06	WILDENSTEIN.
— — . .	20,35	BUNGE.

Lait vache	16,96	HAIDLEN.
— —	14,45	WEBER.
— lapin.	4,94	BÜNGE.
— chien.	7,93	—
— —	13,91	—
— chat	7,12	—
Rate, homme 56 ans	0,54	OIDTMANN.
— femme —	1,31	—
Foie, homme.	2,58	—
— bœuf.	4,86	STOELZEL.
Poumon normal, homme	13,00	SCHMIDT et KUSSMAUL.
— anémié —	16,00	—
— emphysème, homme. . . .	26,46	—
— tuberculose — . . .	18,10	—
— pneumonie — . . .	29,7	—
— chien normal.	8,7	—
Cerveau humain.	2,84	BREAD.
Bile, homme	32,65	JACOBSEN.
— bœuf	13,01	ROSE.
Suc intestinal.	2,11	—
Os, homme adulte.	0,18	ZALESKY.
— bœuf	0,20	—
— cochon d'Inde	0,13	—
— fossile, ours des cavernes. . . .	0,06	A. GAUTIER.
Émail dentaire. Nouveau-né	0,10	HOPPE-SEYLER.
— Jeune porc	0,22	—
— Porc adulte	0,28	—
— Cheval	0,30	—
— Chien.	0,36	—
Cartilages costaux. Enfant, 6 mois .	5,74	BIBRA.
— 3 ans . .	4,30	—
— Femme, 19 ans. .	traces	—
— Femme, 25 ans .	0,78	—
— Homme, 40 ans.	1,17	—
Squames d'ichtyose	54,54	SCHLOSSBERGER.

Recherche et dosage du chlore. — Le chlore se recherche généralement dans les cendres des organes et tissus. Il faut se rappeler que les chlorures sont partiellement volatils au rouge et que les acides fixes chassent l'acide chlorhydrique de ses combinaisons ; même les acides faibles comme la silice et l'acide borique.

Lorsqu'on se propose de rechercher les chlorures, il faut calciner les matières à détruire en ayant soin d'ajouter un excès de carbonate de soude pur. Lorsqu'on aura obtenu le charbon on le lessive avec de l'eau chaude. Les eaux de lavage recueillies et évaporées à siccité laissent un résidu qui contient les chlorures.

Ce résidu est redissous ; on précipite les chlorures à l'état de chlorure d'argent, en liqueur acidulée par l'acide azotique. Le précipité blanc cailleboté de chlorure d'argent est rassemblé sur un filtre, séché, fondu et pesé. Le poids du chlorure d'argent multiplié par 0,24728 donne le poids du chlore.

On peut se proposer de doser le chlore volumétriquement lorsqu'il n'y a que des chlorures dans la solution. On opérera en liqueur neutre, avec une solution titrée d'azotate d'argent. On ajoute comme indicateur quelques gouttes d'une solution de chromate neutre de potasse ; il se fait du chromate d'argent rouge, lorsque tous les chlorures ont été précipités à l'état de chlorure d'argent et qu'on verse un excès d'azotate d'argent dans le milieu.

Bibliographie. — Chlore et hypochlorites. — D. W., chlore ; BLACHE. D. D., IV, 410. — BRYCK. Action locale du chlore et des chlorures (Union méd., 1862, 204, (2), XVI). — KLEIN. Experiment on desinfectory action (Rep. Med. off. local gov., 1883, 111, XIII, Londres). — LE MÊME. On the use of chlorine as an air desinfectant (Rep. med. off. local gov., 1883, 130, XIII, Londres). — KLETZINSKI. Canstatt's Jahresbericht, 1858. — NORTH. The terapy of the chlorites (Tr. N.-York med. Ass., 1886, II, 342-353). — PEUCH. Note sur l'action antivirulente du chlore (Lyon médical, 1879, XXXII, 154). — RABUTEAU. Éléments de toxicologie et de médecine légale, Paris, 1873. — SCHEFFER. Eine Mittheilung über die Desinfection Kraft des

Chlores (*Med. Zeit. Berl.*, 1850, xix, 193). — WILLIAM WALLACE. *Arch. gén. méd.*, v, 118. **Action toxique du chlore et des hypochlorites.** — BAYLON. *Rapport sur un empoisonne ment par le chlore* (*Bull. Soc. Méd. Suisse Romande*, 1876, x, 177). — CAMERON. *Death from inhalation of chlorine gaz.* (*Dublin q. J. Med. sc.*, 1870, xlix, 116). — LAMANA. *Ascite per avenellamento chronico per chloro e sua cura* (*Racoglitore med.*, 1879, (4), xii, 105). — MEISSNER. *Hämoptisie mit nachfolgende acut verlaufender Tuberculose in Folge von Chorinhalation* (*Z. f. med. Chir. u. Geburtsh*, Leipzig, 1862, nouv. sér., i, 347-353). — SURY BIENZ. *Tödtliche Chlorgazvergiftung* (*Viertl. f. gerichtl. Med. und œff. Sanit.*, nouv. sér., xlix, 343, 1888). — TREITEL. *Asthme bronchique consécutif à l'inhalation du chlore* (*Therap. Monatshefte*, avril, 1891.

Acide chlorhydrique. — BEGERLEIN. *Vergiftung durch Salzsaüre* (*Friedreich's bl. f. gericht. Med. Nurnb.*, 1890, xli, 31). — BLOMFIELD. *Case of poisoning by strong hydrochloric acid* (*Med. Times and Gaz.* Lond., 1883, i, 471). — BOURGET. *De l'élimination de HCl dans un cas d'empoisonnement par cet acide* (*Rev. méd. Suisse Romande*, 1889, ix, 210). — *Acide hydrochloric* (I. C., i, 1896). — GILBERT. *Action de l'acide chlorhydrique sur les microbes* (B. B., 10 nov. 1894). — LESSER. *Die anatomische Veränderung des Verdauungskanal durch Aetzgifte* (A. V., lxxxiii, 193). — LETULLE et VAQUEZ. *Empoisonnement par l'acide chlorhydrique* (A. P., 1889, n° 1, 101). — NENCKI et SIMANOWSKI. — *Studien über das Chlor und die Halogen im Thierkörper* (*Arch. des sciences biol. de Saint-Pétersbourg*, iii, 191-211, et A. P. P., xxxiv, 313). — RABUTEAU. *Éléments de toxicologie et de médecine légale*, 724, Paris, 1873.

Chlore dans l'organisme. — ASCHOFF. *Landwirthsch. Jahrbuch*, xix, 113-141. — BUNGE. *Chimie biologique et pathologique*, tr. française, 8° Carré, Paris, 1891. — BERGERET *Journ. Pharm. Ch.*, (4), x, 457. — GORUP BESANEZ. T. *chimie physiologique*, tr. franç., 8°, Dunod, 1888. — GARNIER. *Tissus et organes* (*Enc. chim. de Frémy*, ix, 2° sect., 2° fasc., 2° partie). — LAMBLING. *Aliments* (*Enc. chim. de Frémy*, ix, 2° sect., 2° fasc., 2° partie). — PUGLIESE et COGGI. A. i. B., xxiii, 481. — ROHMANN. *Ueber die Ausscheidung der Chloride im Fieber* (*Z. f. klin. Med.*, 1880).

A. CHASSEVANT.

CHLOROFORME.

CHLOROFORME. — Formène trichloré; éther méthylchlorhydrique bichloré; chlorure de méthyle bichloré (CHCl³). — Découvert par SOUBEYRAN, en France, et LIEBIG, en Allemagne (1831). C'est un liquide incolore, très mobile, d'odeur suave, douce et pénétrante ; de saveur piquante et sucrée. Sa densité est de 1,49. Il bout à 60°8. Il est peu soluble dans l'eau, mais se dissout parfaitement dans l'alcool et dans l'éther. Il dissout l'iode, le brome, le soufre, le phosphore, les corps gras et la plupart des matières organiques, riches en carbone.

Le chloroforme s'enflamme et brûle très difficilement ; avantage qu'on lui reconnaît sur l'éther. Il est décomposé, par la chaleur rouge, en carbone, acide chlorhydrique et chlore. Chauffé avec la potasse, le chloroforme se décompose en formiate de potasse et chlorure de potassium, suivant la formule :

$$CHCl^3 + 4KOH = 3ClK + CHO,OK + 2H^2O$$
chloroforme.   potasse.   chlorure   formiate   eau.
de potassium.   de potasse.

Mais, à froid, l'action de la potasse aqueuse détermine une autre décomposition, beaucoup plus intéressante, car nous y voyons figurer l'*oxyde de carbone* (DESGREZ).

$$CHCl^3 + 2KOH = 2KCl + H^2O + CO + HCl$$
chloroforme.   potasse.   chlorure   eau.   oxyde   acide
de potassium.   de carbone.   chlorhydrique.

Nous reviendrons plus loin sur cette importante réaction.

À l'air et à la lumière, le chloroforme subit quelques décompositions et fournit, notamment, de l'oxychlorure de carbone et de l'acide chlorhydrique ; mais on peut assurer sa conservation par l'addition de quelques gouttes d'éther, d'alcool ou de toluène. ALLAIN propose de saturer le chloroforme de soufre pur, et prétend que, dans ces conditions, il conserve toutes ses propriétés.

Le chloroforme s'obtient en faisant agir, sur l'alcool, du chlorure de chaux, renfermant un excès de chaux. Pour cela, on introduit, dans la cucurbite d'un alambic, le chlorure de chaux et la chaux éteinte délayée dans l'eau. On chauffe jusqu'à 40°, puis on ajoute l'alcool; on ajuste les pièces de l'alambic et on continue de chauffer.

A 80° la réaction commence; on ralentit le feu et on laisse l'opération s'achever.

Le chloroforme passe, par distillation, dans le condenseur, et se rassemble sous l'eau. On le sépare; on l'agite avec de l'acide sulfurique, puis avec de l'eau; on se débarrasse de l'excès de chlore par l'action d'une dissolution faible de carbonate de potasse; enfin, après un contact de vingt-quatre heures avec du chlorure de calcium sec, on rectifie par distillation, en ne prenant que ce qui passe à 60°.

Le chloroforme peut être souillé par de l'acide formique, des composés méthyliques et amyliques, de l'aldéhyde chlorée, de l'alcool, de l'acide chlorhydrique, du chlore, des hydrocarbures; par de l'éther chloroxycarbonique, produit dangereux, pouvant fournir, dans l'organisme, de l'acide chlorhydrique.

A côté des procédés de purification dont nous venons de parler, PICTET en a proposé un autre, qui paraît donner toute garantie. On refroidit le chloroforme à — 80° et on provoque ainsi une congélation partielle; on sépare la masse solidifiée, et, par un refroidissement à — 100°, on fait cristalliser la partie restée liquide. C'est le chloroforme, ainsi cristallisé à très basse température, débarrassé de tout ce qui est resté liquide, qui constitue le produit très pur et inaltérable que recommande PICTET; mais nous devons reconnaître, immédiatement, que, physiologiquement, il paraît avoir les mêmes inconvénients que l'autre.

Nous rappellerons, enfin, qu'on peut obtenir du chloroforme, presque immédiatement pur, par l'action de la lessive de soude à 360 sur l'hydrate de chloral, et qu'un procédé plus récent, consiste à le préparer en faisant agir le chlorure de chaux sur l'acétone.

On peut toujours s'assurer assez facilement des qualités d'un chloroforme et rechercher ses *caractères de pureté*, dont les principaux ont été ainsi formulés par REGNAULT: Évaporé sur un fragment de papier, le chloroforme doit le laisser sec et sans odeur. Il doit bouillir à 60°8, à une pression de 0,760 de Hg.; il doit être neutre au tournesol (absence de HCl, Cl et oxychlorure de carbone).

Par agitation avec de l'eau, il doit rester transparent (absence d'alcool).

Il ne doit pas précipiter l'azotate d'argent, (absence d'HCl et de Cl).

Par agitation avec l'acide sulfurique à 66°, il ne doit pas brunir (absence d'alcools inférieurs et de matières organiques). La potasse ne le colore pas. L'iodure double de potassium et de mercure ne doit pas produire de précipitation (absence de l'aldéhyde).

Il est enfin une réaction très recommandée pour s'assurer de l'absence d'acidité du chloroforme : dans 2 centimètres cubes d'eau, on met deux gouttes d'une dissolution de phtaléine du phénol, dans l'eau saturée de carbonate de soude; d'autre part, on mesure 10 centimètres cubes de chloroforme, que l'on ajoute au mélange précédent. Si le chloroforme est acide, il décolore immédiatement la phtaléine, tandis que, s'il est pur, il n'altère pas le réactif, même après 24 heures de contact (*Annali di Chimica e di Farmacologia*, d'après AUVARD et CAUBET).

Administration et absorption du chloroforme. — Étant connues la volatilité et la diffusibilité des vapeurs de chloroforme, l'administration de cet agent n'est pas également recommandable par toutes les voies. De plus, comme nous le verrons plus loin, le chloroforme est irritant, et c'est une considération dont il faut encore tenir compte dans le choix de ses voies de pénétration.

Expérimentalement, et cela n'a d'intérêt qu'à ce seul titre, on a produit l'anesthésie par l'injection veineuse de solutions fortement diluées de chloroforme dans l'eau (ARLOING); on s'est adressé aussi à la voie hypodermique (NOTHNAGEL, GADING, etc.); enfin, en clinique, le chloroforme a été administré sous la peau et à l'intérieur, pour satisfaire à un certain nombre d'indications.

Le mode d'introduction le plus communément employé consiste à faire inhaler les vapeurs de chloroforme, avec les gaz de la respiration, et à les faire pénétrer dans le sang, à travers la muqueuse respiratoire, suivant le mécanisme physiologique de l'osmose pulmonaire. Au cours de cette administration, il importe de se soumettre à certaines règles et de s'arranger, surtout, pour que l'anesthésique ne pénètre, dans le poumon, qu'avec une *quantité suffisante d'air respirable*, donnant un mélange en rapport avec le principe physiologique de la *tension partielle* de P. BERT. — D'après les calculs et les analyses de cet auteur, on sait en effet que, si, dans 100 litres d'air, il faut faire vaporiser 19 grammes *au moins* de chloroforme, pour avoir un mélange anesthésique, on ne doit pas, pour la même quantité d'air, dépasser 39 grammes du même agent; car, à ce titre, le mélange est toxique.

Il y a donc, suivant l'expression de P. BERT lui-même, une *zone maniable*, nous démontrant que, ce qui importe surtout, ce n'est pas de donner telle ou telle quantité de chloroforme, mais de connaître la quantité d'air dans laquelle cet anesthésique est dilué. La pénétration et l'imprégnation médicamenteuse sont ici complètement réglées sur la composition centésimale du mélange avec l'air.

Ainsi, avec un mélange déterminé, l'organisme absorbe des vapeurs anesthésiques jusqu'à ce que la tension de ces vapeurs, dans le sang, soit égale à leur tension dans le mélange offert à l'individu. A partir de ce moment, les liquides et les tissus sont saturés et ne prennent plus rien au mélange anesthésique.

Si l'on augmente le titre, une nouvelle quantité de chloroforme pénètre dans le sang, jusqu'à saturation nouvelle, correspondant au nouveau titre, et ainsi de suite jusqu'à saturation toxique; mais la mort vient d'autant plus vite que le mélange est plus fort.

Dans ces faits, on trouve la démonstration de la loi des tensions partielles et la preuve que le chloroforme absorbé ne s'accumule pas dans l'organisme.

Le principe des tensions partielles, applicable d'ailleurs aux anesthésiques diffusibles autres que le chloroforme, a non seulement un grand intérêt scientifique, par sa rigueur, mais une utilité incontestable, par les conséquences pratiques qu'il justifie et entraîne.

On y voit l'importance qu'il y a à ne pas administrer le chloroforme d'une façon massive, mais dans des conditions telles que, par sa dilution convenable avec l'air, il soit, autant que possible, dans les limites de la *zone maniable;* ce qui, pratiquement, revient à dire, d'après les termes mêmes de R. DUBOIS, que, pour administrer le chloroforme, il faut employer des méthodes permettant de donner « le plus d'air possible et le moins de chloroforme possible ».

Chez l'homme, le chloroforme s'administre simplement, à l'aide de la compresse et du compte-goutte, suivant des règles que nous n'avons pas à décrire, ou bien à l'aide de petits masques, s'adaptant exactement aux ouvertures bucco-nasales et essentiellement composés d'une charpente en fil de fer qu'on recouvre de flanelle. Les modèles les plus connus sont ceux de GUYON, GALANTE, BUDIN, NICAISE, KIRCHOW, etc. Comme procédé plus simple, RAPHAEL DUBOIS a préconisé deux manchettes empesées, emboîtées télescopiquement, entre lesquelles est tendu, à la façon d'une toile de tamis, un mouchoir en tissu fin, sur lequel on verse les gouttes de chloroforme. Cet auteur a même imaginé un inhalateur compte-gouttes, qui n'est qu'un perfectionnement de son procédé de la manchette.

Pour les animaux à chloroformiser, au laboratoire de physiologie, on a préconisé des masques ou muselières de différents modèles, pourvus d'une ouverture en tube, dans laquelle on engage un corps poreux, imprégné du médicament. Mais, habituellement, on se contente d'imbiber des éponges, des compresses ou des étoupes, et on les place ensuite devant l'ouverture des cavités bucco-nasales des animaux; puis, pour concentrer les vapeurs, on recouvre, l'extrémité de la tête, d'un linge plié en double, avec lequel on forme une sorte de bonnet dans lequel le sujet respire.

Pour économiser la matière, il est préférable de placer le corps poreux, à imprégner de médicament, dans une petite soucoupe, dans laquelle on verse la quantité convenable de chloroforme; c'est cette soucoupe qu'on introduit sous le linge, au moment de l'anesthésie.

Dans tous les cas, il importe de se souvenir de ce que nous disions plus haut et d'éviter que les vapeurs n'arrivent en trop grande quantité dans les voies d'absorption.

Pour cela il faut, *au début*, ne pas réaliser une fermeture trop hermétique et, au besoin, maintenir le linge légèrement soulevé, pour que la pénétration des vapeurs ne se fasse que lentement et progressivement.

On doit encore, dans le cas particulier de l'anesthésie du chien, éviter, le plus possible, l'inhalation par les seules cavités nasales et forcer l'animal à respirer par la bouche, en lui maintenant la gueule ouverte. En agissant autrement, on l'expose à tous les dangers des syncopes réflexes et bulbaires. C'est un fait sur lequel nous avons insisté bien souvent, et que nous tenons pour très vrai.

Les animaux de petite taille, chats, lapins, cobayes, rats, peuvent être chloroformisés en les enfermant simplement sous une cloche de verre, contenant l'éponge imprégnée de médicament. Mais, comme la plupart de ces animaux sont très sensibles aux anesthésiques, surtout au chloroforme, il ne faut pas, pour les sortir de la cloche, attendre qu'ils soient complètement endormis. — Dès qu'on les voit chanceler, c'est le moment de les mettre à l'air, car on risque, en insistant, de les retirer à l'état de cadavre. Si l'anesthésie n'est pas suffisante, ou si l'opération à faire doit avoir une certaine durée, on a toujours la possibilité de l'entretenir, hors de la cloche, par les procédés ordinaires d'inhalation, mais en opérant toujours avec la plus grande modération.

Enfin, si l'on désire profiter des avantages incontestables des mélanges, titrés d'avance, de chloroforme et d'air, on est obligé d'avoir recours aux appareils spéciaux bien connus, mais encore peu employés, construits par DE SAINT-MARTIN (gazomètre double) et par R. DUBOIS (machine à chloroformisation).

Le chloroforme dans le sang. — Nous avons vu, plus haut, que la proportion de chloroforme, qui pénètre dans le sang, est réglée par la composition centésimale du mélange, et que les vapeurs anesthésiques ne s'emmagasinent pas dans le milieu intérieur. GRÉHANT et QUINQUAUD ont fait le dosage de la quantité de chloroforme que contient le sang d'un animal profondément endormi, par inhalation du mélange des vapeurs de 10 grammes dans 100 litres d'air, administré suivant la méthode préconisée par eux.

Dans 96 centimètres cubes de sang, ils ont trouvé $0^{gr},0483$ de chloroforme; soit 1 gramme pour 2 litres, et ce chiffre ayant été, à très peu de chose près, le même dans les divers essais qu'ils ont faits, ces auteurs ont conclu que la proportion anesthésique de chloroforme, pour le sang, est de 1 p. 2 000; mais ils ont vu encore que la dose mortelle est assez voisine de celle-ci.

Le chloroforme en circulation n'est pas en dissolution dans le plasma; POHL a constaté qu'il est combiné aux éléments figurés et fixé, en particulier, sur les globules rouges. Mais cette combinaison est très instable, car le moindre courant d'air déplace le médicament et le fait dégager. Ceci est parfaitement en rapport avec le rôle physiologique des hématies, la facile élimination des anesthésiques diffusibles, et aussi avec le fait bien constaté, que, par agitation avec l'air, le sang chloroformé garde toujours la capacité de fixer les mêmes proportions d'oxygène (CH. RICHET).

Cette observation permet déjà d'admettre que le chloroforme ne doit pas altérer beaucoup les éléments du sang, et c'est une opinion à laquelle nous nous rattachons volontiers, plutôt qu'aux conclusions, un peu exagérées, de SAMSON, VON WITTICH, BÖTTCHER, HERMANN et SCHMIEDEBERG. Il est vrai d'ajouter que la plupart des essais qui ont fait dire que le chloroforme dissolvait les globules, les raccornissait et les rendait impropres à l'hématose, ont été pratiqués *in vitro*, c'est-à-dire dans des conditions qui ne sont pas celles qui se rencontrent dans le milieu intérieur et qui, au point de vue de la résistance même des hématies, sont entièrement différentes.

D'ailleurs, nous nous intéresserons plus particulièrement à cette question, quand nous étudierons les altérations organiques produites par le chloroforme, et nous verrons dans quelles limites le sang peut être modifié, et quelles sont les conséquences de ces modifications.

Quant à la production d'embolies globulaires, signalées par quelques auteurs, C. WITTE notamment, elle peut avoir, si elle existe, une tout autre origine qu'une déformation des globules.

Cependant, à l'examen du sang de sujets chloroformisés, MAUREL a constaté que le nombre des leucocytes diminue très sensiblement, et il donne de ce fait une explication intéressante, en disant que le chloroforme fait prendre, aux globules blancs, la forme sphérique qui permet leur immobilisation dans le réseau capillaire.

Il n'y a rien d'irrationnel à admettre l'action suspensive du médicament, sur les mouvements normaux des leucocytes, qui, momentanément immobilisés et devenus ronds, s'arrêtent dans les capillaires, d'où la production d'une hypoleucémie qui, en fait, est beaucoup plus apparente que réelle.

Mais le chloroforme lui-même, que devient-il? Quelle transformation peut-il subir dans sa traversée organique? ZELLER a parlé, le premier, de son oxydation possible qui aboutirait à la formation d'un composé chloré organique, par combinaison de l'alcool trichlorométhylique avec l'acide glycuronique.

KAST admet aussi cette transformation. Pour lui, la structure chimique du chloroforme et la présence d'un atome d'hydrogène peuvent conduire, par oxydation, à la formation de *l'alcool trichlorométhylique*, composé très instable, qui se combinerait immédiatement avec l'acide *aldéhyde glycuronique,* pour former l'acide *trichlorométhyl-glycuronique.*

VIDAL ne discute pas la possibilité de la formation de l'alcool trichlorométhylique, par oxydation du chloroforme; mais la combinaison équimoléculaire de cet alcool avec l'acide glycuronique lui paraît moins facile à comprendre.

Pour lui, le composé chloré organique, qu'on retrouve dans les urines des sujets chloroformés, pourrait être simplement l'acide *urochloralique*, mais il n'apporte, à l'appui de cette hypothèse, que les recherches qu'il a faites sur le pouvoir réducteur des urines et reconnaît lui-même que la présence directe de cet acide est encore à démontrer, rappelant que KÜLZ n'a pas réussi à en trouver la moindre trace, dans l'urine de chiens anesthésiés par le chloroforme.

C'est donc une question pendante, mais il n'en reste pas moins démontré que le chloroforme doit subir une transformation partielle, mais importante, dans l'organisme.

Une note récente de DESGREZ a apporté un élément nouveau.

Ayant remarqué que le chloroforme se décompose à froid, par l'action de la potasse aqueuse, en chlorure de potassium, acide chlorhydrique, eau et *oxyde de carbone,* cet auteur a pensé que, dans le milieu organique, dont la réaction est alcaline, cette transformation serait peut-être possible. Voyant dans ce fait un moyen d'expliquer certains accidents consécutifs à l'anesthésie, il s'est efforcé de le vérifier.

En collaboration avec NICLOUX, expérimentant sur le chien, et se servant, pour déceler l'oxyde de carbone, du grisoumètre de GRÉHANT, DESGREZ a vu que, dans le sang d'animaux profondément chloroformisés, *pendant plusieurs heures,* il y a en effet de l'oxyde de carbone.

La quantité n'est pas très élevée, $0^{cc},52$ de gaz pour 100 centimètres cubes de sang; mais elle correspond néanmoins à celle qui serait fixée, par le même volume de sang, si le chien avait respiré, pendant une demi-heure, dans une atmosphère contenant 1/10.000 du gaz délétère.

Nous enregistrons le fait avec tout l'intérêt qu'il mérite, mais nous tenons à bien faire remarquer encore qu'il a été observé chez des animaux anesthésiés *pendant plusieurs heures.* Il ne faut donc pas immédiatement en exagérer l'importance, au point de vue des altérations du sang qui peuvent en être la conséquence, non plus qu'au point de vue de la production des accidents qui surviennent parfois dans les chloroformisations ordinaires.

Modifications organiques et fonctionnelles produites par le chloroforme. — Dans l'article Anesthésie, 1, 513, par CH. RICHET, on trouve un exposé très complet des principales modifications fonctionnelles, qui précèdent, accompagnent et suivent le sommeil chloroformique; nous n'avons donc pas à les reprendre ici, et, considérant notre article comme un simple complément du précédent, nous nous en tiendrons à un exposé des seules particularités, pouvant s'appliquer plus spécialement au chloroforme, et qui, intentionnellement, n'ont été que signalées dans l'étude générale des anesthésiques. Nous laisserons de côté ce qui se rapporte à l'action du chloroforme sur le système nerveux, n'ayant rien à ajouter à l'exposé qui en a été fait, et nous nous arrêterons seulement sur les modifications du cœur, de la circulation, de la calorification, des échanges respiratoires et des phénomènes chimiques de l'organisme.

Nous étudierons ensuite quelques accidents consécutifs aux inhalations du chloroforme; l'influence de ce médicament sur la glycogénie et sur les sécrétions; puis, nous terminerons en présentant, sommairement, quelques influences capables d'agir sur ses caractères physiologiques et toxiques.

Action du chloroforme sur le cœur et sur la circulation. — Modifications cardiaques. — Abstraction faite de l'accélération cardiaque primitive, coïncidant avec la période d'excitation, il semble, en général, qu'il y ait peu de changement dans le rythme du cœur (P. Bert, Dastre); cependant, beaucoup d'auteurs parlent d'un ralentissement, pendant la phase d'anesthésie confirmée, tandis qu'il en est qui, au contraire, signalent une accélération, qu'ils expliquent par une paralysie des centres modérateurs.

Par injection très lente de chloroforme dilué, dans une veine, et en se mettant ainsi à l'abri des accidents imputables à l'inhalation, Arloing a étudié directement les modifications du tracé cardiographique, avant et pendant l'anesthésie. Il a vu que, dès les premiers centimètres cubes, la *pression baisse*, dans l'oreillette et le ventricule droit, tandis que la force des systoles augmente légèrement; en même temps, le nombre des battements du cœur s'élève de 42 à 60 par minute. En augmentant la dose, on a vu la pression intra-cardiaque remonter et dépasser même son niveau normal; mais le nombre des révolutions s'est accru aussi, atteignant 156 par minute. Les systoles sont plus énergiques et plus brèves, la force du ventricule atteint un maximum, et, pendant toute la première partie de l'expérience, se maintient au-dessus de ce qu'elle était au début. Peu à peu, le sommeil devenant très profond, tout baisse : la pression intracardiaque, la force des systoles, le nombre des battements, qui tombe à 66; de telle sorte que, *en résumé*, on peut réduire à ceci les modifications cardiaques produites par le chloroforme : 1° au début, accélération des battements, augmentation des pressions intraventriculaire et intra-auriculaire, augmentation de l'énergie et de la brièveté des systoles; 2° pendant la période la plus avancée de l'anesthésie : ralentissement, diminution de pression intra-cardiaque et affaiblissement de la force des systoles.

Mais ce n'est pas là le problème le plus intéressant, et la question qui préoccupe le plus les chirurgiens est celle qui se rapporte aux arrêts, qui peuvent survenir, inopinément, dès le début, ou pendant une chloroformisation.

Ce point particulier a été développé par Ch. Richet, à propos de la recherche des causes de la mort, et nous n'y reviendrons pas; nous ajouterons seulement quelques réflexions, qui nous sont suggérées par les recherches d'Arloing, et par l'expérience personnelle que nous avons acquise, au laboratoire, en chloroformisant les animaux.

Le chloroforme étant introduit directement et brusquement *dans la trachée*, sous forme de vapeurs, Arloing a vu les battements cardiaques se précipiter, et la pression s'élever dans les artères; puis, malgré une accélération croissante du cœur, la pression est retombée, parce que les battements devenaient de plus en plus petits; enfin, tout à coup, le cœur s'est ralenti, il a exécuté encore trois ou quatre systoles lentes, allongées, et *s'est arrêté* tout à fait.

Répétant la même expérience, dans des conditions identiques, chez des chiens *dont les deux pneumogastriques avaient été préalablement coupés*, Arloing a obtenu des troubles qui *présentaient la plus grande analogie* avec les précédents; c'est-à-dire une accélération du cœur, une élévation de la pression artérielle et, enfin, la chute de celle-ci, avec une diminution du nombre des pulsations; *mais le cœur ne s'est pas arrêté*. Aussi, bien que très convaincu, comme Ch. Richet, de l'exagération dans laquelle sont tombés les physiologistes et les chirurgiens relativement à la gravité des arrêts du cœur par action réflexe ou même par action bulbaire, s'exerçant par la voie des pneumogastriques, nous croyons qu'il peut y avoir vraiment, de ce côté, un danger réel.

Évidemment, on a fait jouer aux vagues un rôle actif que, dans les conditions normales, ils n'ont assurément pas. On conçoit difficilement, dans les conditions où on l'admet, que le chloroforme puisse produire cet arrêt définitif du cœur, que l'excitation électrique directe, la plus forte et la plus prolongée, n'a jamais réalisé.

Mais, dans la chloroformisation, un autre facteur s'ajoute, qui peut rendre mortelles des actions d'arrêt, qui ne le sont pas habituellement, c'est l'intoxication de la fibre musculaire du cœur et des ganglions intra-cardiaques.

Cette influence toxique directe et fort importante du chloroforme, sur ces éléments, apparaît nettement dans les expériences d'Arloing. Malgré la vagotomie, l'inhalation trachéale de vapeurs de chloroforme a produit, nous l'avons vu, l'accélération, puis le ralentissement des battements, comme chez les chiens normaux, *mais le cœur ne s'est pas arrêté*.

Nous savons très bien que, même chez des chiens profondément anesthésiés, l'excitation du bout périphérique des pneumogastriques n'entraîne pas la mort; mais nous l'avons vu, cependant, et nous l'avons réalisé, notamment dans les conditions particuliè-rement favorables à une imprégnation toxique, rapide et massive, dont nous parlions plus haut, et qui, en somme, rappellent assez bien les circonstances qui ont accompa-gné certains cas malheureux, où on a enregistré des syncopes mortelles.

Ch. Richet a donc grandement raison, d'accorder une part considérable à l'intoxi-cation même du myocarde, dans ces cas malheureux, car c'est cette intoxication qui rend dangereuses et graves, les influences qui peuvent s'exercer, au début de la chloroformisa-tion, et qui ont pour origine le trijumeau, les nerfs laryngés, un nerf sensible quel-conque (Cl. Bernard, Brown-Séquard, P. Bert, A. Guérin, Laborde, L. Guinard, Lobo, Gaskell, Schore (cité par Gaskell), Newmann, Barlow, etc.), une impression morale trop forte (Vulpian, Terrier et Péraire, etc.) ou même l'action directe de l'anesthé-sique sur les centres bul-baires.

D'ailleurs, la prédisposi-tion physiologique ou patho-logique de certains sujets est à même d'exagérer beaucoup l'importance de ces influences, et d'ajouter encore aux dangers de l'in-toxication. C'est aussi un facteur avec lequel on a tou-jours compté.

Tout autres maintenant sont les accidents cardiaques, qui surviennent pendant le sommeil ou qu'on peut déter-miner par l'administration graduellement toxique du chloroforme.

Là, la part prépondérante appartient à la saturation, à l'empoisonnement vrai, qui, par généralisation de l'im-prégnation aux fonctions de la vie végétative, entraîne la suspension de l'activité des centres, dont on doit par-dessus tout respecter l'inté-grité.

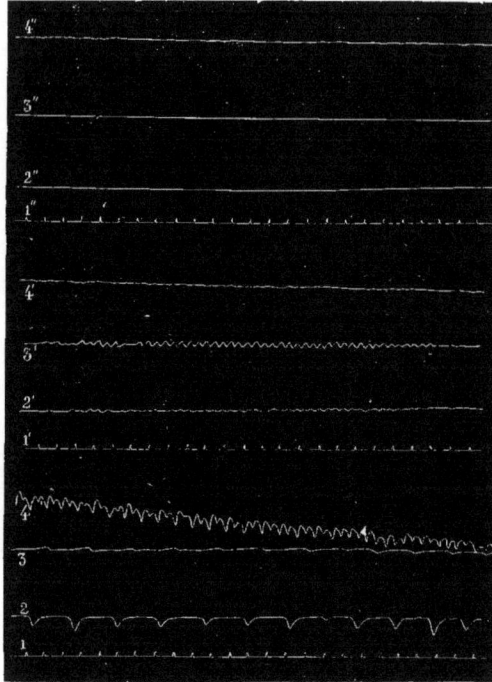

Fig. 112. — Dernières phases de l'intoxication par le chloroforme chez un chien.

1, 1', 1'', Lignes d'abscisse et secondes; 2, 2', 2'', tracés des mouvements du thorax à des périodes de plus en plus avancées de l'intoxication; 3, 3', 3'', tracé des mouvements du flanc, id.; 4, 4', 4'', pressions et pulsations artérielles, à des périodes de plus en plus avancées de l'intoxication.

Dans ces cas, lorsque la mort survient, l'arrêt du cœur est d'abord précédé d'une syncope respiratoire, qui devient alors « le signe redoutable qu'il y a une intoxication profonde; que, par consé-quent, la dose de chloroforme est tout près de la dose qui va tuer le cœur; peut-être même que cette dose est déjà dépassée » (Ch. Richet).

Il faut, en effet, admettre maintenant, qu'à part certaines exceptions, toujours pos-sibles et tenant à des causes variées, la mort, par intoxication chloroformique, est pré-cédée de la paralysie des centres qui commandent les mouvements de la respiration. En citant les nombreuses expériences des auteurs français et étrangers qui ont tranché cette question, longtemps pendante, Ch. Richet, avec tous les physiologistes, admet la syncope respiratoire primitive.

Aussi, aux faits rapportés par lui, n'ajouterons nous que la reproduction d'une expérience graphique d'ARLOING, qui vérifie ce résultat.

Un chien ayant été endormi et étant, depuis longtemps, en état de résolution musculaire, on insiste sur les inhalations de chloroforme, pour amener la mort. Dans ce cas, on observe une accélération toujours croissante du cœur, malgré laquelle la pression artérielle s'abaisse de plus en plus, parce que l'énergie des systoles se modifie dans le même sens (4, fig. 112). Bientôt, les contractions du muscle cardiaque, qui sont du reste à peine sensibles (4′, fig. 112), deviennent plus rares (on les voit passer de 186 à 126, puis à 42 et à 18 par minute); elles sont même séparées les unes des autres par des pauses assez longues (4″, fig. 112); enfin l'organe s'arrête.

La respiration présente d'abord quelques phases d'accélération et d'apnée; vers la fin, elle s'accélère, les mouvements ont très peu d'amplitude (2 et 3, fig. 112); ils acquièrent même sur le tracé la forme de pulsations artérielles précipitées (2 et 3, fig. 112); puis ils disparaissent à peu près complètement. La transformation des mouvements respiratoires coïncide avec le ralentissement du cœur, mais la supression de la respiration (2″ et 3″, fig. 112) précède la mort du cœur de deux minutes environ.

Les recherches d'ARLOING démontraient donc déjà, d'une façon assez évidente, que, dans l'intoxication chloroformique, le cœur meurt le dernier, après s'être considérablement ralenti et affaibli, et que, par conséquent, dans cette intoxication, la mort s'annonce par l'arrêt de la respiration. C'est fort heureux, car, si l'imprégnation n'est pas trop exagérée et si l'on n'a pas dépassé la dose mortelle, pour le cœur, on trouve, dans la pratique de la respiration artificielle et dans les autres manœuvres de rappel des mouvements respiratoires (traction de la langue de LABORDE, flagellation, etc.), un moyen de prévenir la mort et de réussir peut-être à sauver le sujet. Nous disons *peut-être*, car, avec le chloroforme, la dose mortelle pour le cœur est rapidement atteinte, et bien souvent les efforts dépensés pour prévenir la suspension de son activité demeurent absolument impuissants.

Modifications du cours du sang dans les vaisseaux, pendant la chloroformisation. — Classiquement, on admet qu'au début de la chloroformisation, la pression s'élève, pour baisser ensuite, pendant l'anesthésie confirmée, avec diminution du courant sanguin et dilatation périphérique; phénomènes qu'on attribue à l'excitation, puis à la paralysie des vaso-moteurs par le médicament. SCIFF accorde même une certaine importance à l'hypotension vasculaire, à laquelle il attribue les accidents graves de l'anesthésie, et l'arrêt du cœur, à cause de la stagnation du sang dans les capillaires.

ARLOING a fait une étude très complète de ces modifications, dans des conditions qui laissent à ses expériences une valeur probante qui justifie leur citation.

Combinant les résultats du manomètre avec ceux de l'hémodromographe, ARLOING a constaté que les modifications de la pression artérielle diffèrent au début, suivant le mode d'introduction du chloroforme dans le torrent circulatoire.

Quand la pression artérielle baisse, pendant quelques secondes, après l'injection de chloroforme, la vitesse diastolique ou constante augmente légèrement; quand la pression artérielle s'élève d'emblée, la vitesse diastolique diminue; mais, dans les premiers moments de la chloroformisation, quel que soit le mode d'administration, la tension artérielle finit toujours par s'élever au-dessus de la pression normale; on voit alors, dans tous les cas (comparer fig. 113 et 114), la vitesse diastolique devenir plus faible qu'à l'état normal.

Pendant que la vitesse diastolique diminue, la vitesse systolique augmente. Les courbes de vitesse présentent leur amplitude maximum, peu de temps après l'injection de chloroforme, c'est-à-dire au moment où les systoles ventriculaires ont le plus d'énergie (Comparer fig. 113 et 114; 3 et 3′).

Ces phénomènes persistent, tant que la pression artérielle est supérieure à la pression normale. Mais, la chloroformisation devenant de plus en plus profonde et le sommeil étant obtenu, la pression artérielle se met à baisser; alors la vitesse diastolique augmente peu à peu (comparer fig. 114 et 115) au fur et à mesure que l'hypotension s'accuse, mais elle dépasse bien rarement la vitesse initiale; de sorte que la vitesse n'augmente pas proportionnellement à la diminution de la pression artérielle.

Quant à la pression veineuse, elle subit des oscillations qui marchent parallèlement avec celles de la pression artérielle; on observe seulement que la première monte un peu plus tardivement que la seconde et baisse aussi un peu plus tard.

En tirant de ces résultats les enseignemen's qu'ils peuvent fournir, relativement aux

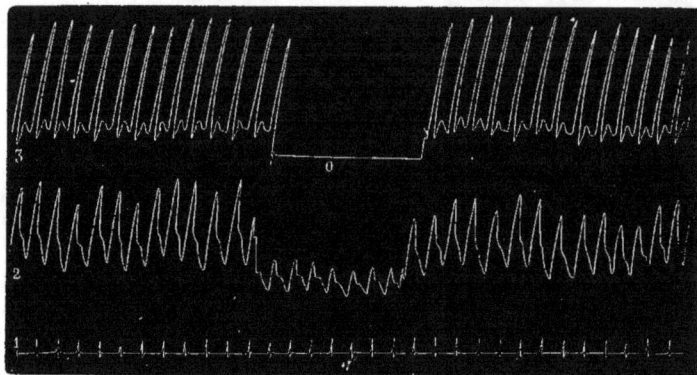

FIG. 113. — *Vitesse du cours du sang et pression dans la carotide du cheval avant la chloroformisation.*
1, Ligne d'abscisse et secondes; 2, Pression et pulsations dans la carotide;
3, tracé de vitesse dans la carotide; 0, le cours du sang est suspendu (zéro de la vitesse).

modifications du cours du sang dans les vaisseaux capillaires, on en déduit, logiquement, qu'au début de l'imprégnation chloroformique la rapidité de la circulation, à la périphérie, diminue rapidement, tandis qu'ultérieurement, quand les effets anesthésiques

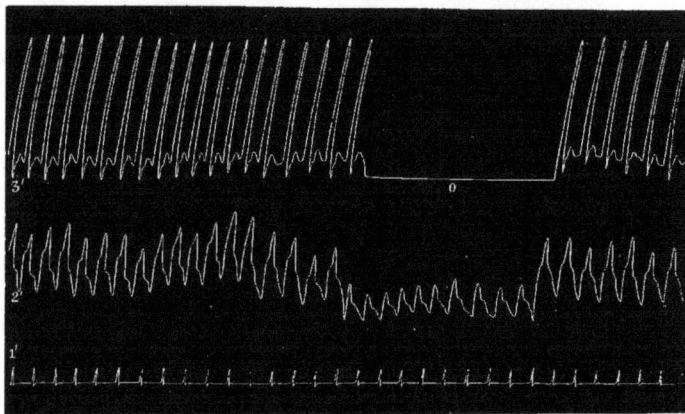

FIG. 114. — *Tracés de la vitesse et de la pression dans la carotide du cheval, au début de la chloroformisation.*
(Suite des précédents.)

1', Ligne d'abscisse et secondes; 2', pression et pulsations (la pression s'est élevée); 3', vitesse (la vitesse constante a diminué; la vitesse systolique s'est accrue); 0, ligne de zéro vitesse, obtenue en aplatissant la carotide au-dessus de l'hémodromographe.

sont dans tout leur développement, l'écoulement du sang, des artérioles dans les veines, devient graduellement plus considérable, bien qu'il atteigne rarement la rapidité qu'il présentait à l'état normal. Il s'ensuit donc, contrairement à l'opinion de SCHIFF, que, pendant l'anesthésie chloroformique, le sang ne *stagne pas dans les capillaires;* cet accident ne peut se produire que si l'on arrive à une période d'intoxication, en exagérant les effets du chloroforme; mais alors la stase du sang à la périphérie n'est pas imputable à la paralysie des petits vaisseaux, mais à l'affaiblissement progressif du cœur.

L'élévation de la pression veineuse, coïncidant avec l'élévation de la pression artérielle et la diminution de la vitesse du cours du sang dans les artères, ne permet pas de conclure à une action vaso-dilatatrice ou à une paralysie des vaso-moteurs.

De telle sorte que, en résumé, le chloroforme, administré avec précaution, produit souvent au début une légère action vaso-dilatatrice et une vive action excito-cardiaque.

La première, fugace, est bientôt remplacée par une action vaso-constrictive; mais celle-ci s'atténue pendant la troisième période de la chloroformisation. Nous nous hâtons d'ajouter que, cependant, même dans la troisième période, l'action vaso-constrictive fait rarement place à un effet inverse, à moins que la dose soit toxique. Alors la disparition graduelle de la constriction des petits vaisseaux entraîne la chute de la tension artérielle.

L'action vaso-constrictive du chloroforme était reconnue par Chassaignac, qui a parlé des effets antihémorragiques de ce médicament, pendant les opérations.

Dans les conditions normales, la baisse de pression artérielle, qui accompagne l'anesthésie par le chloroforme, doit donc être surtout attribuée aux modifications du rythme et de l'impulsion du cœur, plutôt qu'à des modifications vasculaires dilatatrices.

P. Bert a étudié les modifications de la pression, chez des chiens qu'il soumettait à des inhalations de mélanges titrés de chloroforme et d'air à 12 p. 100. En poussant l'anesthésie jusqu'à la phase mortelle, il a enregistré les variations suivantes :

Un animal qui avait 170 millimètres de tension artérielle, avant l'administration du chloroforme, a eu successivement 114 millimètres, au moment de l'insensibilité cornéenne, 92 millimètres après une demi-heure, 76 millimètres après 1 heure, et 64 millimètres après 1 h. 1/2. Quand l'animal est mort, c'est la respiration qui s'est arrêtée la première.

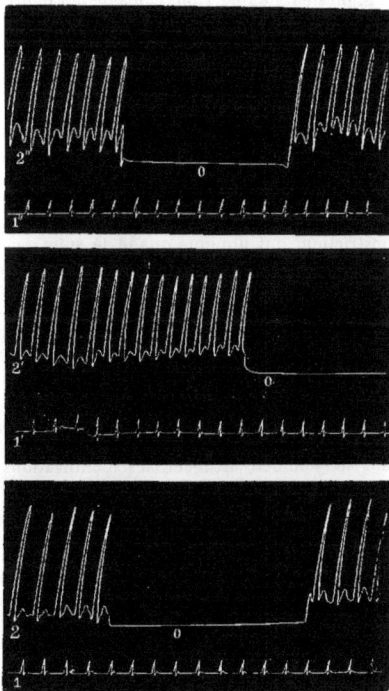

Fig. 115. — *Modifications successives de la vitesse du courant sanguin, dans la chloroformisation confirmée.* (Cheval.)

1, Ligne d'abscisse et secondes; 2, tracés de la vitesse : 0, ligne zéro-vitesse : 1', 2', 3', même signification (tracés recueillis à une période plus avancée de la chloroformisation), la vitesse constante s'élève davantage au-dessus du zéro: 1″, 2″, même signification (période encore plus avancée de la chloroformisation); la vitesse constante s'élève encore plus au-dessus du zéro.

Profitant des données nombreuses qu'il avait obtenues, Arloing est revenu sur l'importante question de l'état de la circulation du cerveau, pendant le sommeil anesthésique.

À une certaine époque, ceci avait ou pouvait avoir quelque importance, pour ceux en particulier qui recherchaient, dans l'anémie ou la congestion du cerveau, les causes provocatrices du sommeil et de la narcose. Actuellement, comme la généralité des physiologistes, nous sommes bien convaincus qu'il ne saurait y avoir une relation quelconque entre les modifications circulatoires, produites par un médicament sur le cerveau, et ses effets narcotiques ou hypnogènes proprements dits. Nos études particulières du morphinisme nous en ont apporté maintes fois la preuve.

Aussi, en parlant ici de l'état de la circulation cérébrale, pendant l'anesthésie chloroformique, nous n'avons nulle intention de revenir sur la recherche des causes du sommeil. Nous ferons de l'exposé de ces modifications circulatoires, un corollaire de l'exposé précédent, corollaire important dans le cas particulier, mais c'est tout.

Si plusieurs auteurs ont constaté le ralentissement de la circulation cérébrale pendant le sommeil chloroformique (DURHAM, SAMSON, ALBERTOTTI et MOSSO), d'autres ont parlé d'anémie primitive, puis d'hypérémie (BEDFORT, BROWN, HAMMOND). Expérimentant sur le lapin, CL. BERNARD a constaté qu'au moment où l'on administre l'anesthésique, le cerveau rougit et se gonfle, et qu'un instant après cet organe devient sensiblement plus pâle qu'à l'état ordinaire.

Or, attirant plus particulièrement l'attention sur les tracés de vitesse, obtenus par ARLOING, nous rappellerons qu'outre les modifications de pression enregistrées ARLOING a vu qu'au début le chloroforme produit une augmentation passagère de la vitesse diastolique et systolique, puis une diminution, qui va s'atténuant peu à peu, au fur et à mesure que le chloroforme s'élimine. Ce qui prouve que l'anesthésique produit une légère vaso-constriction, qui diminue quand le sujet marche vers le réveil, vaso-constriction qui s'associe à un abaissement de la tension artérielle normal.

De ces faits il faut logiquement conclure que, dans le sommeil chloroformique, il y a d'abord une légère et courte hypérémie du cerveau, à laquelle succède une anémie qui dure jusqu'au réveil. Mais ce que produit le chloroforme, sur la circulation cérébrale, nous savons que le chloral ne le produit pas, puisque nous l'avons vu, au contraire, déterminer une anesthésie avec hypérémie. On pourra voir plus loin que l'éther se comporte de même.

Ces états différents de la circulation, en rapport avec un même effet général anesthésique, constituent des arguments qui, ajoutés à beaucoup d'autres, démontrent que, pendant le sommeil artificiel, les modifications de la circulation cérébrale ne sont pas essentielles.

Modifications de la calorification, des échanges respiratoires et des phénomènes chimiques de l'organisme par le chloroforme. — Les modifications du rythme et de l'énergie des mouvements respiratoires, pendant la chloroformisation, ont été présentées par CH. RICHET, à l'article Anesthésie, nous n'y reviendrons pas ; mais nous nous intéresserons aux modifications de la calorification et des échanges intra-organiques, qu'il nous a paru intéressant de comparer entre eux.

Modifications de la température. — Ces modifications ont été étudiées pendant l'anesthésie ou après l'anesthésie. Cette distinction est utile à établir ; car, si on la négligeait, on arriverait à des résultats discordants, qui auraient leur seule cause dans une confusion d'expériences faites dans des conditions différentes.

La plupart des auteurs se sont intéressés aux variations de la température rectale, pendant le sommeil chloroformique ; quelques autres ont étudié les mêmes variations après le réveil, une heure ou plusieurs heures après l'administration du médicament, apportant ainsi des renseignements précieux sur les suite de l'anesthésie.

Dans sa thèse inaugurale, présentée à la Faculté de médecine de Paris (1er juin 1847), DEMARQUAY parle, pour la première fois, des modifications imprimées à la température par l'anesthésie chloroformique. Il reprend cette question, en collaboration avec DUMÉRIL, et constate, chez le chien, des abaissements de température rectale, variant de 0°,33 à 4°, suivant la durée de l'anesthésie.

SCHEINESSON enregistre aussi des refroidissements de 4°, mais ajoute qu'ils proviennent d'une diminution de la thermogénèse plutôt que d'une augmentation du rayonnement cutané.

En se plaçant dans les conditions de l'anesthésie chirurgicale, ARLOING a répété les expériences de DUMÉRIL et DEMARQUAY, et voici le tableau des résultats qu'il a obtenus :

NUMÉROS.	ANIMAUX.	ABAISSEMENT TOTAL de la température.	AU BOUT DE	MODE D'ADMINISTRATION.	REMARQUES.
		degrés.	minutes.		
I	Chien.	1,5	20	Injection.	Excitations, aboiements plaintifs.
II	—	1,3	15	Inhalation.	Sommeil difficile.
III	—	1,1	35		Calme.
IV	—	1,9	47		Excitation assez forte, puis sommeil profond.
V	—	1,2	45		État simplement somnolent.
					Un instant, le chien a failli succomber.

De l'examen des chiffres de ce tableau, on voit d'abord que la cause dominante du refroidissement ne réside pas dans la durée des inhalations (Exp. II et V). Ensuite, la comparaison des expériences IV et V donne une différence de 0°,7, en faveur du sujet de la première. Cependant l'expérience IV n'a duré que deux minutes de plus que l'expérience V.

Mais ARLOING fait remarquer que, dans l'expérience IV, le chien a dormi profondément après une période d'excitation courte, tandis que dans l'expérience V le chien n'a jamais été bien endormi; il n'a été plongé que dans un simple état d'ébriété, durant lequel ses expirations n'ont pas cessé d'être plaintives et bruyantes. D'où ARLOING conclut que, dans la chloroformisation, le facteur dominant du refroidissement réside dans le calme et l'immobilité du sujet; opinion qui sera vérifiée plus loin.

Un an après, KAPPELER publie un travail où il signale un abaissement moyen de 0°,59, dix minutes après le début des inhalations, et, en 1884, RUMPF fait connaître ses expériences chez le cobaye et le lapin. — Ce dernier auteur [injecte le chloroforme dans le tissu conjonctif sous-cutané d'animaux placés dans une atmosphère refroidie, et enregistre une chute thermométrique de 10°, en 1 h. 35, chez un cobaye, et 1°, en 1 heure, chez le lapin. La mesure des échanges respiratoires, qu'il voit baisser de 60 p. 100, lui permet d'expliquer l'hypothermie par une diminution de la thermogénèse.

P. BERT a suivi la marche progressive du refroidissement, pendant l'anesthésie et l'intoxication chloroformique, et il a constaté que la température baissait, en rapport avec la résistance du sujet à la mort. Il a noté, chez les chiens, des abaissements qui ont atteint 37°, 35°, 33°, 30° et même 28°.

Se servant du calorimètre, d'ARSONVAL étudie la question d'une autre façon, et, s'intéressant surtout aux variations apportées au dégagement de chaleur par la chloroformisation, il constate une diminution très importante dans la valeur de la chaleur rayonnée; diminution qu'il fixe à 50 p. 100 environ.

Plus récemment, dans le laboratoire de CH. RICHET, E. VIDAL a poursuivi un très long et très minutieux travail d'analyse sur les modifications des phénomènes chimiques de l'organisme, *consécutives* à l'anesthésie chloroformique. Les résultats qu'il a obtenus, relativement aux modifications de la thermogénèse, sont consignés dans le tableau ci-contre, que nous n'hésitons pas à reproduire, en raison de l'excellence des méthodes expérimentales employées. — L'examen des chiffres de ce tableau montre que la baisse de température du sommeil anesthésique ne persiste pas longtemps, puisque, une heure après une chloroformisation de vingt minutes, la température rectale est remontée à son niveau primitif. Seule, la quantité de chaleur produite et dégagée par rayonnement subit l'influence prolongée du médicament: une heure après, le taux de la chaleur rayonnée a diminué; il est voisin de l'état normal, au bout de quatre heures; il a subi une augmentation, après vingt-quatre heures, pour achever son mouvement de retour au bout de quarante-huit heures.

L'anesthésie chloroformique a donc une influence évidente et prolongée sur la ther-

Chiens. — Inanition. — Anesthésie chloroformique, 20 minutes. — Chaleur rayonnée par kilogramme-heure.

NUMÉROS DES EXPÉRIENCES.	POIDS DES ANIMAUX au début.	AVANT CHCl³.			APRÈS CHCl³.																		
					1 HEURE APRÈS.			4 HEURES APRÈS.			24 HEURES APRÈS.			28 HEURES APRÈS.			48 HEURES APRÈS.						
		T. rectale.	T. extér.	Ca-lories.	T. rectale.	T. extér.	Ca-lories.	T. rectale.	T. extér.	Ca-lories.	T. rectale.	T. extér.	Ca-lories.	T. rectale.	T. extér.	Ca-lories.	T. rectale.	T. extér.	Ca-lories.				
	kil.	degrés.	degrés.	lories.	degrés.	degrés.	lories.	degrés.	degrés.	lories.	degrés.	degrés.	lories.	degrés.	degrés.	lories.	degrés.	degrés.	lories.				
I	9,700	38,1	16,7	3,587	38	16,7	3,107	38,2	16,8	3,369	37,9	15,9	4,221	38	15,7	4,211	38,2	14,8	3,396				
II	7,850	38,2	14,3	4,114	38,2	14,2	2,845	38,3	14,2	3,451	38,2	15,1	5,698	38	15,1	5,595	38	15,3	4,228				
III	8,345	37,7	13	3,544	37,6	13	2,618	37,7	13,5	3,370	38	16	5,212	38	16	5,107	38,2	?	?				
IV	8,610	37,9	13,9	3,812	37,9	13,9	2,543	38	14,5	3,515	38,1	16,3	4,720	38,2	16,5	4,419	38,2	15	3,786				
V	6,272	38,3	12,1	5,124	38,4	12,2	2,619	38,3	12,3	4,637	38,1	14,2	6,215	37,9	14,4	6,318	38,1	14,6	4,993				
VI	8,495	38,4	17,5	4,218	38,4	17,7	2,675	38,3	17,2	4,319	38,2	12,8	5,247	37,9	12,1	5,413	38,1	13,9	4,116				
VII	9,010	38	15,9	3,927	37,9	16,1	2,819	38	15,8	3,100	37,9	17,4	4,830	38	16,9	4,632	37,8	16,5	4,002				
VIII	10,030	37,5	13,7	2,979	37,5	13,9	2,742	37,4	14	3,037	?	15,21	3,611	38,1	15,20	3,112	38	16,7	2,887				

mogénèse, que le thermomètre seul ne pouvait pas déceler, et qui d'ailleurs est parallèle aux modifications imprimées aux échanges chimiques intra-organiques.

Variations des échanges respiratoires pendant l'anesthésie chloroformique. — L'étude des modifications des gaz expirés, sous l'influence du chloroforme, a été faite par Arloing, P. Bert, Rumpf, de Saint-Martin et Palis. — E. Vidal s'est plus particulièrement intéressé aux variations consécutives à la période d'anesthésie proprement dite.

De ses analyses, qui lui ont donné une moyenne de $1^{cc},20$, en moins, d'acide carbonique et $1^{cc},33$, en plus, d'oxygène, dans 100 centimètres cubes de gaz d'expiration, Arloing conclut que le chloroforme, en dehors de la période d'excitation qui suit son administration, détermine la diminution du chiffre d'oxygène absorbé et d'acide carbonique exhalé par la surface pulmonaire. Mais il constate de plus que le rapport $\frac{CO^2}{O}$ s'élevant, la diminution de l'acide carbonique exhalé est proportionnellement moins grande que la diminution de l'oxygène absorbé; à moins que les animaux ne présentent des conditions exceptionnelles : sommeil agité, mouvements respiratoires très lents, petits et superficiels. Dans ces cas le rapport $\frac{CO^2}{O}$ peut diminuer.

Cette réserve est importante, car elle peut expliquer comment, contrairement à Arloing, P. Bert a obtenu un abaissement presque constant de ce rapport $\frac{CO^2}{O}$. D'ailleurs, P. Bert parait avoir fait sa deuxième prise de gaz, à une période moins avancée de l'anesthésie. Quoi qu'il en soit, les résultats généraux, obtenus par ce physiologiste, sont concordants, et démontrent aussi que, pendant l'anesthésie, la consommation d'oxygène et la production d'acide carbonique vont en diminuant progressivement.

De Saint-Martin a comparé la proportion de l'acide carbonique exhalé, pendant le sommeil physiologique et pendant l'anesthésie chloroformique, et il a constaté que dans ce dernier cas, elle tombe au tiers du chiffre qu'elle atteint, pendant le même espace de temps, à l'état normal.

Les recherches de Palis ont porté également sur l'anhydride carbonique exhalé par des chiens; elles ont montré une augmentation de ce gaz, pendant la période d'excitation, suivie de diminution après l'anesthésie. Dans la période consécutive, le chiffre de CO_2 augmente et dépasse le taux normal.

E. Vidal a suivi les variations des combustions respiratoires, après l'anesthésie, et les a étudiées à l'aide de l'appareil de Hanriot et Ch. Richet. Il a vu que la diminution des échanges de la phase de sommeil se continue dans la première période postanesthésique, c'est-à-dire une heure ou une heure et demie après la cessation des inhalations.

Quatre heures après l'anesthésie, le taux des échanges se rapproche très notablement de la valeur normale, sans y arriver cependant. Il continue à monter, et atteint son maximum vingt-quatre ou vingt-huit heures après, dépassant alors de beaucoup sa valeur initiale. Ce n'est que quarante-huit heures après, que le mouvement de descente s'accuse très manifestement.

Modifications imprimées aux gaz du sang. — Nous nous trouvons ici en présence de résultats contradictoires et qui, peut-être, mériteraient d'être vérifiés ou étudiés de nouveau, en indiquant très minutieusement, non seulement les conditions de l'administration du chloroforme et le procédé d'inhalation employé, mais la phase de l'anesthésie, la profondeur de l'imprégnation, la durée du sommeil et surtout le caractère et le rythme des mouvements respiratoires, au moment où l'on fait la prise de sang qui doit être soumis à l'analyse.

Ainsi, en 1870, P. Bert apporte des chiffres qui démontrent que, pendant le sommeil chloroformique, l'oxygène existe en plus grande quantité qu'à l'état normal, dans le sang artériel. Plus tard, en 1885 et 1886, il reprend ses analyses avec la méthode des mélanges titrés, et il constate que, dans le sang artériel toujours, la quantité d'oxygène *diminue* progressivement, tandis que la proportion d'anhydride carbonique s'élève constamment.

Est-ce la seule influence du mode d'administration et de l'inhalation d'un mélange titré, qui peut justifier la différence des résultats obtenus par P. Bert, à 15 ans d'intervalle?

Voici, d'ailleurs, le résultat des dernières analyses faites par cet auteur, chez un chien soumis à l'anesthésie, par un mélange de chloroforme et d'air à 12 p. 100.

AVANT.	APRÈS ANESTHÉSIE.	1 HEURE AVANT LA MORT.	
cc.	cc.	cc.	
O = 22	O = 16,8	O = 14	} Pour 100 volumes de sang artériel.
CO_2 = 31,2	CO_2 = 41,2	CO_2 = 44	

En 1872, Mathieu et Urbain avaient obtenu des résultats semblables et avaient dit que la période d'anesthésie, avec résolution musculaire plus ou moins complète, coïncide toujours avec une diminution de la quantité d'oxygène mise en circulation, tandis que la quantité d'acide carbonique, contenue dans le sang artériel, c'est-à-dire non éliminée, par suite du ralentissement de la respiration, tend à augmenter pendant le sommeil chloroformique.

Tout autres sont les conclusions auxquelles Arloing est arrivé, en analysant les gaz contenus dans le sang artériel, avant et après l'anesthésie déterminée par inhalation simple de vapeurs de chloroforme.

Dans une première expérience, l'anesthésie avait duré 47 minutes et la température du chien avait baissé de 1°9. L'analyse avait donné :

AVANT LE CHLOROFORME.	APRÈS LE CHLOROFORME.
cc.	cc.
$CO^2 = 45,86$	$CO^2 = 45,06$
$O = 23,70$	$O = 25,20$

Dans une autre expérience, après 45 minutes de sommeil, ARLOING a obtenu :

AVANT LE CHLOROFORME.	APRÈS LE CHLOROFORME.
cc.	cc.
$CO^2 = 42,53$	$CO^2 = 40,69$
$O = 20,54$	$O = 21,62$

Obligé de conclure à la diminution de l'anhydride carbonique et à l'augmentation de la quantité d'oxygène, dans le sang artériel, sous l'influence de l'anesthésie chloroformique, ARLOING croit que la cause de la différence, qui met ses résultats en opposition avec ceux des autres physiologistes, doit résider dans la dose de chloroforme absorbée et dans l'intensité de l'imprégnation. Quoi qu'il en soit, après lui, DE SAINT-MARTIN, en 1887, et OLIVIER et GARRETT, en 1893, ont encore apporté des chiffres qui, conformément aux conclusions de P. BERT, démontrent que, durant l'anesthésie chloroformique suffisamment prolongée, le sang s'appauvrit en oxygène et se charge d'une plus grande quantité d'anhydride carbonique. L'avantage, on est forcé de le reconnaître, reste donc, actuellement, à ces dernières conclusions, qui se trouvent appuyées par la généralité des expériences faites, à des époques diverses, par des auteurs différents.

Si nous les admettons comme vraies, — en attendant que d'autres expériences soient faites, — et si nous les comparons aux modifications des échanges gazeux intra-pulmonaires, nous constatons que la diminution de l'anhydride carbonique et l'augmentation d'oxygène (traduisant la diminution d'absorption) dans les gaz d'expiration, coïncident avec une augmentation notable de la proportion de CO^2 et une diminution d'O dans le sang artériel.

Il s'ensuit donc que les modifications des gaz du sang, pendant l'anesthésie, doivent être mises sur le compte de l'insuffisance des échanges intra-pulmonaires, et l'on ne saurait prétendre, malgré l'accumulation de CO^2 signalée dans le sang, à une exagération des combustions, durant le sommeil chloroformique. Du reste, les troubles apportés au rythme et à la valeur des mouvements respiratoires justifient largement l'insuffisance des échanges gazeux et du phénomène d'hématose.

Les faits précédents nous permettent de comprendre, maintenant, le pourquoi de la baisse de la température rectale, qu'on observe toujours pendant la période d'anesthésie confirmée du chloroforme.

Abstraction faite de l'immobilité et de la résolution musculaire complète, qui jouent un rôle incontestable, le grand facteur se trouve dans le ralentissement des oxydations et la diminution des échanges.

Par suite de l'action de l'anesthésique sur le centre de régulation thermique et chimique, l'activité calorifique du sujet n'est plus en rapport avec les causes de refroidissement qui l'entourent. Dans ces conditions, conformément aux expériences de CH. RICHET et de ses élèves, l'activité régulatrice du système nerveux étant abolie par le chloroforme, les combustions deviennent proportionnelles à la masse pondérable du corps et non plus à la surface tégumentaire de l'animal ; de telle sorte que, à égalité d'imprégnation chloroformique, un petit chien, par exemple, se refroidit beaucoup plus vite qu'un gros chien.

Modifications imprimées aux phénomènes chimiques de l'organisme, après la chloroformisation. — En citant, plus haut, les travaux de RUMPF, PALIS et VIDAL, sur les modifications de la température et des échanges pulmonaires, nous avons déjà dit que l'influence du chloroforme sur les phénomènes chimiques de l'organisme n'est pas la même pendant et après l'anesthésie. Nous avons surtout insisté sur les modifications de la phase de sommeil, et nous devons revenir, maintenant, sur celles qui sont consécutives, et qui s'observent peu de temps ou plusieurs heures après le réveil.

Depuis assez longtemps déjà, les physiologistes se sont intéressés à ces questions et ont recherché, par l'analyse des excreta, quelle influence a la chloroformisation, sur l'élimination de l'azote, du chlore, du soufre et du phosphore. Les avis, il faut le reconnaître, sont assez partagés, mais la plupart des auteurs ont apporté des résultats qui démontrent l'influence considérable du chloroforme, sur les échanges organiques.

A part Chagnoleau, qui prétend que le taux d'urée ne change pas, et Kappeler qui l'a vu baisser, Hoffmeïer, P. Bert, Drapier, Strassmann, Salkowski, Heymans et Debück, Vidal ont constaté, soit l'augmentation du taux de l'azote urinaire, soit l'augmentation de la proportion d'urée.

Les analyses de Vidal sont les plus récentes; elles ont été faites chez l'homme, chez le chien et chez le lapin, dans le laboratoire de Ch. Richet, avec une méthode parfaite. L'auteur a calculé l'azote ingéré et l'azote éliminé, opérant sur les urines de 24 heures et comparant celles émises deux jours avant, avec celles qui étaient sécrétées, pendant trois jours, après l'anesthésie. Il a ainsi constaté que l'administration du chloroforme provoque une décharge azotée d'intensité variable, qui peut atteindre le double, et au delà, de l'azote ingéré, et dont le maximum se montre soit le premier, soit, et plutôt, le deuxième jour. L'augmentation de l'azote total, dans l'urine, provient essentiellement d'une exagération de l'élimination de l'acide urique, et de la créatinine; le chiffre d'urée diminue, au contraire, et l'acide hippurique disparaît.

Parallèlement à cette décharge azotée, on constate, encore par l'analyse des urines, une augmentation de l'élimination du chlore (Zeller et Kast), du soufre (Kast et Mester) et du phosphore (Zuelzer, Kast et Mester).

Ces analyses ont été encore complètement reprises par Vidal, qui a vérifié les résultats de ses prédécesseurs et les a complétés, par la recherche minutieuse de la forme sous laquelle se fait la surélimination des produits précédents.

A part les sulfoconjugués, dont l'élimination est variable ou diminue, par rapport au soufre total, il y a augmentation du taux des sulfates et du soufre incomplètement oxydé. Les bases terreuses, chaux et magnésie, le phosphore en combinaison organique, l'acide phosphorique, tous éléments qui paraissent provenir de la désintégration de la substance nerveuse, augmentent notablement, de même que la proportion de chlore total qui comprend non seulement les composés chlorés habituels, mais aussi une combinaison organique, provenant probablement de la décomposition du médicament.

En résumé, de ces analyses, un fait ressort clairement, c'est l'influence considérable du chloroforme sur les échanges chimiques et sur le processus destructeur de certains tissus.

En effet si, avec Vidal, nous cherchons à comprendre la signification générale des résultats précédents, en recherchant l'origine des déchets, dont le taux est notablement accru, nous trouvons d'abord, dans l'augmentation de l'élimination d'azote et du déchet sulfuré total, une preuve de la destruction particulièrement intense de la matière albuminoïde. La surproduction de créatine, notamment, attire tout spécialement l'attention et révèle une action toxique particulière du chloroforme, sur le muscle, dont le myoplasme semble se détruire d'une façon exagérée.

L'élimination des bases terreuses, du phosphore organique et de l'acide phosphorique correspond probablement à l'action élective spéciale du chloroforme pour les centres nerveux, dont il semble provoquer ainsi la désintégration.

Enfin, la diminution du taux d'urée, la surélimination d'acide urique et la disparition des sulfo-conjugués autorisent à admettre une modification particulière de la fonction hépatique.

Ces résultats, il faut bien le remarquer, se rapportent, non pas à la période de sommeil, mais aux modifications qui surviennent dans les heures qui suivent le réveil. Ils nous renseignent sur les influences post-anesthésiques et ne sauraient, en aucune façon, être mis en opposition avec les influences anesthésiques.

En effet, pendant la phase d'anesthésie proprement dite, tous les échanges chimiques et les combustions intra-organiques sont modérés; ainsi que l'analyse des gaz de la respiration et du sang, l'analyse des excreta, pendant cette période, le démontrerait parfaitement. Mais, après le réveil, l'organisme, n'étant plus sous l'influence dépressive immédiate du chloroforme, a un mouvement de retour vers l'état normal; sa température se relève, il produit plus de chaleur et, peu à peu, arrive même à en rayonner davantage qu'avant l'anesthésie. On dirait que, subissant une influence excitante de retour, il est impuissant à maintenir ses échanges chimiques au taux moyen normal et le dépasse, entraîné dans un mouvement de destruction intégrale, qui s'exerce d'autant plus librement que certains organes régulateurs sont troublés dans leur fonctionnement, par suite de l'imprégnation médicamenteuse ou toxique qu'ils ont subie.

Ce mouvement de destruction est évident; mais il est assurément variable, en intensité, suivant les sujets et les conditions dans lesquelles ils se trouvent, du fait de leur état ou du mode d'administration du chloroforme. Cependant on ne doit pas en exagérer l'importance et les conséquences funestes, car la pratique courante de l'anesthésie chloroformique nous apporte, journellement, des arguments qui contribuent pour beaucoup à éclaircir le tableau, en nous montrant que, si le mouvement désorganisateur, imprimé par le chloroforme, existe, il est heureusement passager et ne laisse pas habituellement de traces.

Pourtant, expérimentalement ou à la suite de certaines chloroformisations malheureuses qui ont été suivies de mort, à des époques variables par rapport à l'anesthésie, on a observé des altérations anatomiques diverses, dont quelques-unes confirment les phénomènes précédents.

Enfin, nous compléterons cette étude des influences du chloroforme sur l'organisme, en rappelant que VIDAL a récemment démontré que les inhalations de cet anesthésique diminuent la résistance des animaux aux infections microbiennes. Ainsi, tandis qu'une culture de streptocoque mettait 4 jours, pour tuer des lapins normaux, il ne lui fallait que 38 et 40 heures pour, dans des conditions identiques, faire mourir des animaux de la même espèce, qui avaient été soumis à une anesthésie préalable.

Altérations anatomiques et accidents consécutifs à l'inhalation du chloroforme. — Accidents nerveux. — Après des anesthésies assez longues, variant de une heure à une heure et demie, on a observé parfois des paralysies consécutives (CASSE, BUDINGER, SCHWARTZ, CHIPAULT, REBOUL).

CASSE en a fait connaître les caractères principaux. Sur 37 cas rapportés par lui, ces paralysies ont atteint 24 fois la moitié supérieure du corps, 1 fois seulement les deux membres inférieurs et 2 fois les muscles de la face.

BUDINGER rattache beaucoup de ces paralysies à des causes périphériques et les attribue à des compressions des troncs nerveux, par fausses positions données aux membres, pendant l'opération; cependant, il admet très bien la possibilité de la production de paralysies d'origine centrale, qu'il explique soit par des hémorragies, soit par l'action du médicament sur les éléments nerveux.

Des accidents nerveux, moins graves, ont été observés aussi chez les personnes que leurs professions ou leurs travaux obligent à respirer dans une atmosphère chargée de vapeurs de chloroforme. REGNAULT et VILLEJEAN, puis R. DUBOIS, ont rapporté leur propre observation et signalé les principaux troubles qu'ils ont éprouvés et qui consistent surtout en insomnies, douleurs à formes névralgiques ou rhumatoïdes, dans les lombes et dans la région du genou; sommeil interrompu par de violentes secousses; phénomènes de dépression physique et psychique assez persistants.

Ces accidents nerveux ne semblent pas d'ailleurs bien fréquents, au moins si l'on en juge par la rareté des observateurs qui en parlent par rapport au nombre des personnes qui, journellement, manipulent le chloroforme, pour faire des anesthésies, et vivent dans les salles imprégnées de ses vapeurs. Cependant ils prêtent quelque intérêt aux rares tentatives expérimentales qui ont été faites pour étudier l'intoxication chronique par le chloroforme. Après P. BERT qui, pendant 32 jours, a endormi un chien régulièrement et à la même heure, et n'a pas observé d'accoutumance, quant au temps nécessaire pour obtenir le sommeil, nous avons nous-mêmes étudié l'influence de l'anesthésie chloroformique, pratiquée quotidiennement et dans des conditions identiques, pendant cinquante jours.

Afin d'administrer toujours la même dose de médicament, nous avons employé la machine de R. DUBOIS, arrêtant les inhalations dès que la cornée était insensible et que la résolution musculaire était obtenue.

Comme P. BERT, nous avons vu que le temps nécessaire pour obtenir l'anesthésie n'a pas varié d'une manière appréciable; seule la phase d'excitation est allée progressivement en s'atténuant, de telle sorte que, dans les derniers temps de l'expérience, notre chien s'endormait dans un calme presque complet, et très simplement. Cependant il ne paraissait pas que le sujet éprouvât un plaisir quelconque à être anesthésié ; au contraire, ayant pris l'habitude de venir chaque jour au laboratoire, et sachant probablement ce qui l'attendait, il sortait de sa loge avec peine et résistait autant qu'il le pouvait. Mais, une fois sur la table et le museau dans le masque inhalateur, il ne se défendait pas et s'endormait fort bien.

Notre animal n'est pas mort, et, pendant toute la durée de l'expérience, il n'a pas présenté d'accidents nerveux apparents, ni de paralysie. Le seul phénomène observable, dans l'intervalle des inhalations, et qui d'ailleurs n'a été appréciable qu'après le 16ᵉ ou le 18ᵉ jour, était une mollesse évidente avec somnolence presque continue, sans perte apparente des facultés psychiques. Le chien, très intelligent, nous a toujours parfaitement reconnus, il répondait aux caresses comme primitivement, mais avait moins d'expansion, dans ses manifestations extérieures de contentement.

En revanche, sa nutrition s'est progressivement altérée ; il a maigri beaucoup et a perdu 2 kil,430, sans avoir cependant jamais cessé de manger sa soupe ; il s'alimentait aussi bien qu'avant le commencement de l'expérience.

Lorsqu'on eut cessé les inhalations, l'animal s'est peu à peu rétabli, au moins quant aux manifestations de dépression nerveuse, qui ont presque totalement disparu ; mais il n'a jamais repris son embonpoint primitif.

Notre expérience n'ayant été faite qu'en vue d'une accoutumance possible et de la production des accidents nerveux, nous avons, à notre grand regret, négligé de recueillir et d'examiner les urines.

Altérations musculaires. — Dans le Mémoire de STRASSMANN, sur les causes de la mort tardive par le chloroforme, l'auteur accuse la dégénérescence graisseuse du cœur, qu'il a constatée au microscope, ainsi que NOTHNAGEL, JUNKER, MUNCK, LEYDEN. Pour lui, il s'agit d'une dégénérescence graisseuse vraie et non pas d'une simple infiltration du tissu par des gouttelettes de graisse, transportées et fixées dans l'élément anatomique. C'est également ce qu'a observé FRAENKEL, qui, à la suite d'une autopsie, parle de dégénérescences parenchymateuses graves, en partie graisseuses, du myocarde et de certains muscles ; WINOGRADOFF (cité par SOKOLOFF) ajoute à ces lésions la tuméfaction granuleuse des cellules des ganglions nerveux du cœur.

Ces altérations musculaires sont assurément très en harmonie avec les faits qui ressortent des analyses de VIDAL, notamment avec l'augmentation de la créatinine dans l'urine ; elles montrent ou confirment l'hypothèse de l'action directe du chloroforme sur le tissu musculaire, poussant à la destruction et à l'altération du myoplasme.

D'ailleurs, l'action directe du chloroforme, sur la substance des muscles, a été étudiée directement par RANKE et SENATOR, et, depuis longtemps, il est admis que chez les sujets intoxiqués par des doses fortes de cet anesthésique, la rigidité cadavérique apparaît rapidement.

Altérations du sang. — Nous avons dit plus haut et nous répétons encore qu'il ne faut pas se baser sur les seules expériences faites *in vitro* pour juger des altérations que le chloroforme peut faire subir au sang et aux globules rouges, au cours d'une anesthésie ordinaire.

Il ne faut donc pas exagérer l'importance des actions coagulantes, attribuées à ce médicament, et croire que la diffusion de l'hémoglobine dans le plasma, que provoque *in vitro* l'eau chloroformée, se produise avec la même facilité dans le milieu intérieur.

Cependant, certaines conséquences de l'anesthésie chloroformique, notamment la présence des pigments biliaires dans l'urine, l'urobilinurie, l'hémoglobinurie (BOUCHARD, TÒTH, OSTERTAG, etc. , l'élévation du taux du chlore urinaire, l'augmentation de l'élimination de l'acide urique, ont été invoquées à l'appui d'une destruction des globules rouges.

NOTHNAGEL, P. BERT, DRAPIER, KAST et MESTER, etc., ont trouvé des pigments biliaires dans l'urine de sujets chloroformés. KAPPELER, ZELLER, VIDAL, disent n'en avoir jamais vu : mais, comme des faits positifs ne peuvent perdre leur valeur en présence de faits négatifs, il n'est pas douteux que le chloroforme ait pu produire parfois une résorption des matières colorantes de la bile.

VIDAL a constaté deux fois, de la façon la plus nette, une urobilinurie qui n'existait pas avant l'anesthésie. Il est possible que le chloroforme détermine une destruction partielle des globules rouges et la transformation ultérieure de l'hémoglobine, en hématine, puis en biliburine ; mais, comme le fait observer VIDAL, il y a tout lieu de croire que cette destruction doit s'opérer de préférence dans le foie qui, normalement, possède la faculté de détruire les globules dont les fonctions sont déjà altérées.

C'est en s'appuyant sur la présence des pigments biliaires, qu'il a constatée parfois dans l'urine des sujets chloroformés, que KAST a supposé que l'augmentation du chiffre du chlore urinaire pouvait provenir aussi de la destruction des globules. Mais les deux phénomènes sont ou paraissent être complétement indépendants ; les urines ictériques post-anesthésiques sont rares, et la surélimination du chlore est constante ; on ne peut donc pas, à cet égard, établir un rapprochement entre le chloroforme et certains poisons du sang, dont l'administration est suivie de l'élévation de la proportion de chlore éliminé par le rein.

Nous en revenons donc à ce que nous disions plus haut :

Dans les conditions ordinaires de l'anesthésie, le chloroforme n'altère pas ou n'altère que fort peu les globules et le sang. S'il en affaiblit un peu l'isotonie normale, comme certains essais de VIDAL pourraient le faire admettre, « il faut arriver jusqu'aux limites extrêmes de l'intoxication, pour voir une modification importante se produire, et devenir l'indice d'une atteinte grave à la vitalité des hématies ».

Altérations du foie. — Cette glande importante serait modifiée par le chloroforme ; d'abord dans certaines de ses fonctions physiologiques, touchant au rôle transformateur chimique qu'elle a à remplir ; ensuite dans sa structure histologique.

La surélimination urique et la diminution des sulfo-conjugués seraient la conséquence des premiers effets, habituellement sans conséquences graves.

Quant aux altérations histologiques, elles ont été observées à la suite des inhalations répétées de chloroforme ou après des injections hypodermiques de petites doses, capables cependant de déterminer la mort, après quelques heures.

A l'autopsie du chien que P. BERT avait soumis à des anesthésies régulières, pendant une série de trente-deux jours, on nota la stéatose du foie.

La dégénérescence graisseuse est aussi la lésion hépatique qui a été observée, presque toujours, chez les chiens, les chats, les lapins, les cobayes et les rats, par les divers expérimentateurs qui ont soumis ces animaux à des injections toxiques de chloroforme (UNGAR, JUNKER, STRASSMANN, TÒTH, OSTERTAG, HEYMANS et DEBÜCK, etc.).

Altérations des reins. — L'accident qui a attiré l'attention des chirurgiens et des expérimentateurs, sur la production de lésions rénales par le chloroforme, est l'apparition de l'albumine, dans les urines des individus anesthésiés.

En 1880, sur vingt cas examinés à ce point de vue, KAPPELER a rencontré une fois de l'albumine.

Depuis, beaucoup d'auteurs se sont occupés de ce symptôme, mais tous n'ont pas ajouté une égale importance à sa signification.

Il est utile, en effet, de distinguer les cas dans lesquels l'albuminurie a été observée après une anesthésie chirurgicale, des expériences faites chez les animaux par injections hypodermiques de chloroforme ou inhalations de doses fortes, dont les actions altérantes sur le rein semblent plus certaines.

D'un autre côté, il y a lieu, dans l'anesthésie chirurgicale elle-même, de faire la part de ce qui revient à la chloroformisation et au choc opératoire. TERRIER, PATEIN, VIDAL, notamment, ont attiré l'attention sur cette distinction, et démontré que, si la présence de l'albumine est fréquente, après une chloroformisation suivie d'une opération, elle est plus rare après une anesthésie seulement.

Cependant, il est incontestable que le fait d'anesthésier un homme ou un animal, au chloroforme, peut suffire à provoquer de l'albuminurie ; c'est au moins ce qui ressort des observations de BOUCHARD, GARAÉ, POZZI, TERRIER, PATEIN, KARL LUTZE, FRAENKEL, LUTHER, ISRAEL, RINDSKOPFF, KOUWER, EISENDRATH, etc.

En règle générale, cette albuminurie est légère, transitoire, et n'a pas de conséquences fâcheuses ; parfois elle est plus grave, s'acompagne de cylindrurie et devient l'indice de lésions importantes, avec lesquelles on doit compter, surtout quand il s'agit d'individus dont les reins sont suspects (TERRIER, FRAENKEL, LUTHER, SOKOLOFF, EISENDRATH, WUNDERLICH, ALLESSANDRI, etc.). SOKOLOFF a cherché à bien préciser les conditions dans lesquelles apparaît l'albuminurie, à la suite de l'anesthésie par le chloroforme. Il a d'abord établi qu'elle n'est pas imputable aux agents antiseptiques employés dans les pansements; pas plus qu'au choc opératoire, dans les opérations faites sans administration de chloroforme.

Ceci posé, SOKOLOFF a recherché, par de nombreuses analyses, l'influence de l'anesthésie au chloroforme sur l'apparition de l'albumine dans l'urine.

Or, sur 43 malades n'ayant jamais présenté de l'albuminurie avant l'anesthésie, 42 en montrèrent, à la suite de l'inhalation du chloroforme.

Dans 12 cas, l'albuminurie fut très légère et ne se manifesta que par l'opalescence des urines; dans les 30 autres cas, le dépôt d'albumine était plus ou moins abondant. Enfin, dans le dernier cas, bien qu'il n'y eût pas d'albumine, l'urine contenait de la peptone, ainsi que des globules rouges. La durée de l'albuminurie, dans ces divers cas, n'a pas dépassé, le plus souvent, un à deux jours; parfois elle a atteint, dix et même 19 jours.

La moyenne de 98 p. 100, des cas dans lesquels SOKOLOFF a trouvé de l'albumine, après anesthésie chloroformique, est bien supérieure à celles qui ont été données par les autres auteurs. Il est vrai de dire que ces moyennes ont varié beaucoup et laisseraient supposer que les analyses n'ont pas toutes été faites avec le même soin. Ainsi KOUWER a trouver de l'albumine chez 5 p. 100 des malades; RINDSKOPF, chez 13 p. 100; VIDAL, 22 p. 100; EISENDRATH 32 p. 100 environ.

Quels que soient ces écarts et les causes d'où ils proviennent, un fait reste constant, c'est l'apparition possible de l'albuminurie, après des inhalations anesthésiques de chloroforme. — Expérimentalement, on a pu constater que l'administration répétée de ce médicament et son injection dans le tissu conjonctif sous-cutané sont plus sûrement suivies de ce symptôme.

Les recherches de NOTHNAGEL, UNGAR, JUNKER, BOUCHARD, TÒTH, OSTERTAG, SOKOLOFF, HEYMANS et DEBÖCK, qui ont injecté le chloroforme par la voie hypodermique chez un grand nombre d'animaux, ne laissent aucun doute à cet égard; aussi, devons-nous nous intéresser maintenant aux lésions des reins qui peuvent être provoquées par le chloroforme.

Et d'abord, il ne paraît pas douteux, et personne d'ailleurs ne le discute, que l'albuminurie, dont il vient d'être question, ne soit la conséquence de l'action directe du poison sur le parenchyme rénal. C'est la conclusion à laquelle BOUCHARD est arrivé, après avoir constaté que des injections hypodermiques de chloroforme, faites au lapin, à la dose de 1/2, 3/4 ou 1 centimètre cube, déterminent constamment l'albuminurie et la mort tardive.

Or, au laboratoire comme à la clinique, la nécropsie des sujets intoxiqués par le chloroforme a permis de relever des altérations du tissu rénal, sur lesquelles les auteurs s'accordent assez bien. — Dans la plupart des cas, il s'agit d'une dégénérescence graisseuse plus ou moins grave et complète, suivant la durée de la survie et les conditions de la mort.

SOKOLOFF a fait des expériences sur six chiens et sur six lièvres, auxquels il a fait respirer du chloroforme, sans les soumettre à une opération quelconque. Quatre chiens et cinq lièvres ont présenté de l'albuminurie, après une première anesthésie. Mais, en renouvelant les inhalations, sur les mêmes animaux, cet expérimentateur a déterminé des lésions bien caractérisées du rein.

Ces lésions consistaient en de la tuméfaction trouble de l'épithélium rénal, avec exsudation d'albumine dans les capsules de BOWMANN; desquamation des cellules épithéliales, dégénérescence granuleuse de ces cellules et phénomène de nécrose de quelques-unes d'entre elles; hyperémie vasculaire et petites hémorragies en divers points. La survie des animaux n'ayant pas été assez longue, la dégénérescence graisseuse n'avait pas eu le temps de se compléter.

L'exposé que nous venons de faire des altérations anatomiques diverses, produites par le chloroforme, et des influences de ce médicament sur les échanges chimiques intra-organiques, nous montre qu'il y a en lui un *double poison*.

S'il peut donner la mort, au début ou au cours d'une anesthésie, par action nerveuse et imprégnation suspensive de l'activité des centres respiratoires et cardiaques, suivant le mécanisme indiqué plus haut et à l'article **Anesthésie**, il peut aussi, indépendamment de toute modification nerveuse proprement dite, déterminer la mort par altération des organes essentiels de la vie végétative et modification profonde des processus chimiques, constituant la base de la nutrition.

Fort heureusement, quand le chloroforme est donné en inhalation, pour produire l'anesthésie, il s'absorbe vite et détermine promptement l'imprégnation qui provoque le sommeil, l'insensibilité et la résolution musculaire; puis, son élimination se faisant généralement vite et bien, le réveil survient, et si, le sujet a échappé aux accidents de l'anesthésie proprement dite, tout peut se terminer et se termine aussi simplement que possible.

Cependant nous avons vu que, même dans ces conditions, particulièrement favorables à une action rapide et transitoire, le chloroforme a, sur les échanges intra-organiques une influence considérable, apparente dès le début de la période post-anesthésique et qui persiste encore deux ou trois jours après. Dans certains cas malheureux, des lésions organiques graves ont même été la conséquence de ces effets altérants.

Mais c'est surtout à la suite de l'administration du chloroforme à petites doses, par d'autres voies que le poumon, dans le tissu conjonctif sous-cutané par exemple, que l'influence altérante de ce médicament, sur le processus nutritif, peut le mieux s'observer, et indépendamment même de tout phénomène nerveux appréciable.

Les animaux qui ont été tués tardivement, par l'injection hypodermique de petites doses de chloroforme, dans les conditions où se sont placés les auteurs ci-devant cités, n'ont pas été anesthésiés; ils n'ont pas présenté de modifications nerveuses apparentes, mais seulement les symptômes d'une altération des échanges nutritifs et, à l'autopsie, les lésions de dégénérescence dont nous avons parlé.

Si donc le chloroforme a des affinités électives remarquables pour le système nerveux, qui expliqueraient ses qualités anesthésiques et les accidents mortels qu'il peut produire, il a des influences, non moins certaines, sur les processus chimiques intra-organiques de la nutrition, influences dont l'exagération ou l'aggravation, dans certaines circonstances, constituent une deuxième cause de mort.

Influencés du chloroforme sur la glycogénie animale et sur la glycémie. — Après avoir étudié les conséquences de la chloroformisation, sur les échanges nutritifs, il est intéressant de parler maintenant de l'influence qu'elle peut avoir, sur la production du sucre dans le foie et sur la glycolyse.

Sans interpréter ses expériences comme il aurait dû le faire, Abeles avait constaté que, chez des animaux chloroformisés, la proportion de sucre, contenue dans la veine sus-hépatique, était peu différente de celle qu'on trouvait dans la veine porte; ce qui indiquait une diminution de la production du sucre dans le foie.

Seegen a repris ces expériences d'une façon spéciale et il a, lui aussi, remarqué que, chez les animaux anesthésiés par le chloroforme, la différence de la proportion de sucre, dans le sang qui entre dans le foie et celui qui en sort, est faible et ne dépasse quelquefois pas $0^{gr},02$ à $0^{gr},03$.

Il semble donc que, par suite de l'anesthésie, l'activité de la glycogénie hépatique soit diminuée; mais Seegen ajoute que, dans une même espèce, suivant les individus, il y a parfois des différences importantes dans cette action du chloroforme sur la fonction glycogénique du foie.

C'est ce qui permettrait de comprendre les écarts observés, par les auteurs qui ont recherché l'influence de la chloroformisation sur la proportion du glycogène hépatique. Ainsi d'après Nebelthau, l'action euzoamylique du chloroforme, bien qu'évidente, serait moindre que celle d'autres médicaments analogues, tels que le chloral, le paraldéhyde et le sulfonal, par exemple. Dans des recherches ultérieures, Paton s'est occupé de la même question, et prétend que le chloroforme, soit sur le vivant, soit *in vitro*, accélère la zoamylyse.

Kaufmann envisage la question d'une autre façon, mais il nous sera plus facile d'exposer son opinion et les faits qui l'appuient, lorsque nous parlerons de l'hyperglycémie que produit le chloroforme. Cependant, nous ne pouvons nous empêcher d'avouer, à propos de l'action de cet anesthésique sur la fonction glycogénique du foie, que l'idée d'une augmentation des réserves de l'économie en glycogène, sous son influence, semble très logique et bien en harmonie avec ce que nous savons de l'état des échanges nutritifs pendant la narcose.

Mais il est incontestable, d'autre part, et c'est une vérité connue et admise par tous les physiologistes, que, sous l'influence de l'administration des anesthésiques, il y a augmentation de la proportion de sucre contenue dans le sang.

Les analyses de SEEGEN, faites avant, pendant et à des intervalles divers, peu de temps après la narcose, confirment positivement le fait et démontrent que, à de rares exceptions près, le sang est toujours plus riche en sucre pendant l'anesthésie qu'auparavant. Mais SEEGEN explique le phénomène par le ralentissement des combustions, lequel entrave la décomposition du glucose ; de telle sorte que, pour lui, il y a accumulation et non exagération de la glycoso-formation intra-hépatique.

Ce n'est pas le mécanisme admis par KAUFMANN, qui, se basant sur l'action frénatrice exercée directement sur le foie par la sécrétion interne du pancréas, a envisagé la question à un point de vue nouveau.

Dans une série d'expériences, fort bien conduites d'ailleurs, KAUFMANN a constaté successivement :

1° Qu'après la section de tous les filets nerveux qui, du ganglion solaire, se rendent au foie et au pancréas, le chloroforme n'a plus aucun effet hyperglycémique ;

2° Que ces effets hyperglycémiques, au contraire, se produisent encore, lorsque l'énervation préalable n'intéresse que le foie ou le pancréas isolément, le système nerveux de l'un étant ménagé, lorsque le système nerveux de l'autre est sectionné.

D'où il conclut que l'action créée dans les centres nerveux, sous l'influence des anesthésiques, est transmise simultanément au foie et au pancréas ; le premier recevant une action excitante pour la sécrétion du sucre, le second une action modératrice pour sa sécrétion interne, frénatrice de l'activité glycoso-sécrétoire de la cellule hépatique.

KAUFMANN admet donc une exagération de la glycoso-formation intra-hépatique, sous la double influence d'une *excitation* de la fonction du foie et de la *suspension* de la fonction frénatrice du pancréas.

On arriverait peut-être tout aussi bien à comprendre l'hyperglycémie, que produit le chloroforme, et on la trouverait peut-être plus en harmonie avec les actions euzoamyliques, que beaucoup d'auteurs reconnaissent à ce médicament, en se rattachant à une diminution du pouvoir glycolytique, tel que le comprend LÉPINE, ou à la simple modération des échanges et des combustions organiques, telle qu'elle ressort des faits que nous avons exposés.

Modifications des sécrétions. — Au début de l'anesthésie par le chloroforme, on constate habituellement une hypersécrétion salivaire ; chez le chien, elle ne manque presque jamais. C'est un effet étranger à l'anesthésie proprement dite et qu'il faut rapporter à un phénomène réflexe, ayant pour origine l'action irritante des vapeurs sur les premières voies.

Abstraction faite de ce phénomène de début, la sécrétion salivaire se tarit, en général, pendant le sommeil et pendant la période d'insensibilité ; les excitations réflexes, qui, normalement, la provoquent, n'ont plus aucun effet. — Ce qui se passe du côté de la sécrétion de la salive s'observe dans les autres glandes, pendant l'anesthésie.

Cependant, pour l'urine en particulier, il est assez difficile de poser une règle qui soit l'expression de ce qui se passe dans la généralité des cas, car il y a de nombreuses exceptions. En revanche, on est mieux renseigné sur les modifications des propriétés chimiques et de certains caractères des urines.

Et d'abord, il est démontré que les urines émises, après une anesthésie chloroformique, sont plus acides que normalement (KAST et MESTER, VIDAL), ce qui paraît être assez exactement en rapport avec une augmentation du taux de l'anhydride phosphorique éliminé (VIDAL). De plus, certaines de ces urines peuvent réduire plus ou moins activement la liqueur cupro-alcaline. Ce fait, observé depuis assez longtemps, a conduit plusieurs auteurs à admettre l'existence d'une glycosurie chloroformique, phénomène qui, au premier abord, peut nous paraître d'autant plus logique que l'hyperglycémie, qui accompagne l'anesthésie, servirait à mieux la comprendre.

Mais, de toutes les analyses faites en vue de retrouver le glucose dans les urines, il n'en est pas qui apporte la preuve incontestable de sa présence ; au contraire, des recherches minutieuses, et notamment celles de KAST et de VIDAL, démontrent que le pouvoir réducteur des urines chloroformées doit être attribué à tout autre corps qu'au glucose. VIDAL n'a pu le déceler ni au polarimètre, ni à la réaction de FISCHER, ni par la recherche microscopique des cristaux de phénylglucosazone.

Par contre, comme il semble y avoir des relations assez étroites entre ce pouvoir réducteur et la teneur de l'urine en chlore organique, c'est de ce côté qu'on a définitivement cherché l'explication du phénomène, sans pouvoir dire, cependant, quelle est la formule exacte et la nature chimique du dérivé chloré dont il s'agit.

Enfin, après l'anesthésie chloroformique, la toxicité des urines éliminées augmente d'une façon notable, atteignant parfois le double du degré normal, avant anesthésie. VIDAL, qui s'est occupé de cette modification, dit que l'hypertoxicité paraît être en relation avec l'augmentation des matières extractives et la diminution des sulfo-conjugués ; il met *hypothétiquement* cette dernière sur le compte d'une insuffisance du pouvoir protecteur du foie contre les poisons intestinaux ; cependant il n'est pas exclusif dans cette explication du phénomène important de l'élévation du pouvoir toxique des urines, après anesthésie chloroformique.

Élimination du chloroforme. — La facile volatilité du chloroforme permet son dégagement rapide par le poumon, lorsque le sang le ramène dans cet organe et qu'on a cessé les inhalations.

C'est par cette voie que se fait la plus grande partie de son élimination, et d'autant mieux que les décompositions, qu'il subit dans l'organisme, sont peu importantes et qu'il ne trouve pas, dans les autres voies d'élimination, une porte de sortie plus commode et plus en rapport avec ses propriétés (BINET, 1893).

En effet, son élimination par l'urine, en particulier, au moins à l'état de chloroforme, est encore discutable, si l'on en juge par les analyses faites à diverses époques par des auteurs qui, cependant, employaient des moyens de recherches assez identiques.

Dès 1849, un anonyme anglais dit avoir retrouvé le chloroforme en nature dans l'urine. HEGAR et KALTENBACH arrivent au même résultat et attribuent, à la présence même du médicament, le pouvoir réducteur que possèdent les urines des sujets chloroformisés.

C'est encore la conclusion à laquelle ont été conduits MARCHALS, BAUDRIMONT, RABUTEAU et BOURGOIN, STANBAUER et VOGEL, etc.

TÓTH apporte un élément nouveau ; il dit bien que le chloroforme s'élimine par les poumons et par l'urine, mais il ajoute que si cette urine acquiert un pouvoir réducteur, c'est parce que le médicament y est partiellement transformé en acide formique.

Plus récemment SCALFATI (1896) est revenu sur ces analyses.

En distillant l'urine et ajoutant, au liquide distillé, de la potasse ou de la soude, pour former un chlorure, il est arrivé à conclure que le chloroforme s'élimine en nature par le rein ; que les quantités qu'on en retrouve, dans l'urine des anesthésiés, sont faibles, mais cependant suffisantes pour être dosées.

Mais tout le monde ne partage pas cette opinion. P. BERT, R. DUBOIS, BRÉAUDAT, VIDAL et la plupart des auteurs qui se sont occupés du pouvoir réducteur des urines chloroformées, en l'attribuant soit au glucose, soit à des dérivés du chloroforme, n'admettent pas le passage de ce médicament, en nature, et ne l'ont pas retrouvé dans les urines.

Il est donc assez difficile de conclure ; mais nous nous permettons d'ajouter, cependant, que la comparaison des expériences et des conditions dans lesquelles elles ont été faites, de part et d'autre, semblent, jusqu'à preuve meilleure, donner raison à ceux qui soutiennent que, dans l'urine, on trouve les dérivés ou les produits de la décomposition partielle du chloroforme, mais non le chloroforme à l'état naturel.

Quelques influences capables de modifier les caractères physiologiques et toxiques du chlororoforme. — **A. Qualité et pureté du produit.** — On a souvent cherché à attribuer aux impuretés du chloroforme certaines modifications observées dans ses effets physiologiques et particulièrement les accidents qu'il a provoqués ; mais, comme le fait remarquer DASTRE, et d'après la statistique même de DURET, il ne semble pas qu'il faille exagérer l'importance de ce facteur « car le chloroforme le plus pur est encore capable de produire tous les accidents que l'on attribue à ses impuretés. » — La question a pris un nouvel intérêt lorsqu'on fut en possession du chloroforme, purifié par refroidissement et cristallisation, de R. Pictet. Ce chloroforme, employé dans certains services de chirurgie, a paru supérieur à l'autre et du Bois-Reymond a cherché à établir les propriétés particulières du résidu de la rectification. Il a constaté, par exemple, que ce résidu ralentissait plus que le chloroforme pur le cœur de la grenouille, provoquant même des pauses diastoliques ; chez le lapin, il a vu aussi qu'avec le même produit la respiration s'arrêtait plus vite qu'avec le médicament pur et que les effets vaso-constricteurs étaient plus énergiques.

D'un autre côté, Heymans et Debück, en vue de se renseigner sur les caractères toxiques des différentes variétés de chloroforme, ont injecté, à des animaux, des quantités égales de chloroforme Pictet, de chloroforme Scuering, de chloroforme commercial et de « Chloroformrest ». — Or de cette étude comparative, il résulte que le degré de toxicité de ces divers produits est absolument de même ordre ; les différences observées ont seulement appris que le « Chloroformrest » serait légèrement moins toxique que le chloroforme ordinaire, celui-ci serait légèrement moins toxique que le chloral-chloroforme ou le chloroforme Pictet.

D'ailleurs un chirurgien belge, Rechter, a prétendu que, loin de lui paraître avantageux, le chloroforme Pictet était plus désagréable à employer, parce que, pour produire une anesthésie, on est dans la nécessité d'en administrer une plus grande quantité.

En résumé, tout en évitant le plus possible les chloroformes impurs ou de qualité douteuse, il semble bien que la question du choix d'un produit chimiquement pur n'ait pas l'importance considérable qu'on lui a accordée, et qu'il faille rechercher, ailleurs que dans la qualité, la cause des inconvénients ou accidents imputés au chloroforme.

B. Influence du sujet. — L'espèce animale joue un rôle important. La plupart des animaux employés dans les laboratoires, le chien et le chat notamment, sont particulièrement sensibles aux actions du chloroforme et semblent même avoir, à son égard, une résistance inférieure à celle de l'homme. Les solipèdes et les ruminants le supportent assez bien ; mais, à la suite de son usage, on a observé parfois des accidents consécutifs assez désagréables.

L'influence de l'espèce se traduit aussi par certaines modifications symptomatiques, qui diffèrent de celles que l'on voit chez l'homme, et dont une d'entre elles mérite d'être signalée, car on lui accorde une importance assez grande ; il s'agit de l'état de la pupille. Certains auteurs, notamment Westphal, Dogiel, Budin et Coyne, Schiff, Perrin, Winslow, Storkowski, Schlagen, Augé, etc., ont étudié attentivement les variations pupillaires, qui accompagnent l'anesthésie, et ont trouvé en elles un moyen précieux de se renseigner, sur le degré de l'imprégnation, disant en somme que, dilatée au début, la pupille se resserre et doit rester immobile pendant la narcose. Si on la voit entrer en mouvement et se dilater graduellement, c'est l'annonce du réveil ; sa dilatation brusque serait l'annonce d'une intoxication et d'une mort imminente.

Or ceci peut être exact chez l'homme, mais ne l'est sûrement pas chez les animaux. Chez le chien en particulier, nous avons toujours vu les animaux chloroformisés, dans d'excellentes conditions, avoir la pupille notablement dilatée.

Paul Bert était du reste de cet avis, et avait établi que, dans cette espèce, la dilatation pupillaire est la règle, la contraction l'exception.

Il est un signe oculaire autrement fréquent que, depuis longtemps, nous avons relevé chez le cheval, c'est un pirouettement particulier du globe de l'œil, qui, d'abord accéléré au début de l'anesthésie, se ralentit progressivement, pour cesser complètement, pendant la narcose, et reparaître, avec le réveil.

L'âge du sujet peut influencer sur sa résistance au chloroforme ; mais l'étude de cette particularité aura plus d'intérêt lorsqu'il sera question de l'éther et de ses actions chez les enfants et chez les jeunes animaux.

L'état du sujet et de certains de ses organes peut entraver l'action du chloroforme, comme on le voit chez les alcooliques, par exemple, qui lui opposent généralement une résistance anormale ; dans d'autres circonstances, il peut rendre l'anesthésie dangereuse et prédisposer à des accidents réflexes plus ou moins funestes. Les chirurgiens ont depuis longtemps remarqué que les maladies du poumon, du cœur et des gros vaisseaux, les lésions de l'intestin, plus ou moins accompagnées de collapsus, l'état de shock, etc., constituent des contre-indications à l'administration d'un anesthésique. Nous avons vérifié nous-mêmes ces particularités et constaté, expérimentalement, chez le chien et chez le cheval, que la marche de l'anesthésie est considérablement modifiée, *surtout lorsqu'il s'agit du chloroforme*, par l'existence de lésions pulmonaires, cardiaques et intestinales,

Influences de certaines conditions extérieures; chloroformisation à la lumière artificielle. — Un certain nombre de travaux publiés à l'étranger par PATERSON, STOBWASSER, KUNKEL, AMIDON, EISENLOHR et FERMI, KYLL, ont appris que l'anesthésie peut être dangereuse, lorsqu'on la pratique dans une salle éclairée au gaz, au pétrole, ou chauffée par un foyer de gaz. Les opérés meurent brusquement, avec tous les signes de l'asphyxie. BRÉAUDAT (cité par AUVARD et CAUBET) a recherché les causes de ces accidents et a remarqué qu'en faisant brûler 15 grammes de chloroforme pur, dans un appareil qui permettait de recueillir les produits de combustions, on produit de l'acide chlorhydrique, et une huile âcre et acide, contenant de la benzine perchlorée, du chlorure d'éthylène perchloré, du chlore, mais pas d'acide chloroxycarbonique, comme le prétend LANGENBECK.

Influence de l'association de divers médicaments au chloroforme. — Méthodes mixtes. — Ces associations, dont il a été question déjà à l'article **Anesthésie**, ont pour but d'éviter les dangers du chloroforme, soit en favorisant ses effets, par un *adjuvant anesthésique* administré avec lui (éther ou bromure d'éthyle), soit en préparant, synergiquement, le sujet au sommeil, par une action médicamenteuse hypnotique préalable (injections de morphine, de narcéine ou de codéine), soit enfin, en prévenant plus directement les arrêts du cœur, par l'action de l'atropine (DASTRE et MORAT), de la spartéine ou de l'oxyspartéine (LANGLOIS et MAURANGE).

Nous n'avons pas à revenir sur ces méthodes, et les rappelons simplement, en ajoutant que, dans les actions synergiques qu'on peut attendre d'un médicament nervin, il n'y a pas toujours lieu de rechercher un effet hypnotique pur. Ainsi, la morphine, par exemple, n'est pas un hypnotique pour le chat, elle l'excite au contraire d'une façon remarquable, et proportionnellement à la dose injectée (L. GUINARD); or les chats, préalablement morphinisés, s'endorment beaucoup plus vite, beaucoup plus facilement et avec moins de danger, que les chats auxquels on fait respirer simplement du chloroforme. Malgré, ou plutôt en raison même de l'excitation qu'ils reçoivent de la morphine, leurs centres nerveux sont comme ébranlés et affaiblis, et cèdent, beaucoup plus facilement, à l'action de l'anesthésique.

Dans le même ordre d'idée et de faits, nous avons même constaté qu'en pleine période d'agitation et d'hyperexcitabilité apomorphinique, les chiens sont très rapidement endormis par des inhalations modérées de chloroforme.

En somme, l'étude pharmacodynamique du chloroforme est non seulement intéressante, parce qu'elle nous fait connaître un précieux et parfois dangereux auxiliaire du chirurgien, mais aussi, parce qu'en la poursuivant méthodiquement, le physiologiste, qui souvent étudie les fonctions par les modifications qu'il leur imprime, a toute une série d'enseignements utiles à en tirer.

Bibliographie[1]. — 1847 à 1860. — SIMPSON (J. V.). *On a new anesthetic agent more efficient than sulphuric ether* (*Lancet*, 1847, 349). — CASPER. *Die Nachwirkung des Chloroforms* (*Casper's Wochensch.*, 1850, 50). — CHASSAIGNAC. *Action antihémorrhagique du chloroforme pendant les opérations* (*Monit. des hôpit.*, Paris, 1853, 210). — HARTMANN (F.). *Beitrag zur Litteratur über die Wirk. des Chloroforms*, Giessen, 1855. — LEMEMBRE (L. J.). *Du chloroforme, de ses effets physiologiques*, Paris, 1857. — FAURE. *Le chloroforme et l'asphyxie* (*Arch. gén. de méd.*, Paris, 1858, I, 641 et II, 48); — *Étude du poumon dans le cas de mort par le chloroforme* (*B. B.*, 1859).

1860 à 1870. — SAMSON (A. E.). *On the action of chloroform* (*Proc. Roy. Med. chirurg. Soc. Lond.*, 1861, III, 371). — WESTPHAL. *Ueber ein Pupillenphänomen in der Chloroformnarkose* (*Archiv für pathol. Anat.*, 1863, XXVII, 409). — SAMSON (A. E.). *Chloroform; its action and administration* (Londres, 1863). — DOGIEL (V. J.). *Wirkung des Chloroforms auf den*

---

1. Les travaux ou ouvrages qui figurent dans l'Index bibliographique placé à la suite d'**Anesthésie** et **Anesthésiques** et qui sont cités dans l'article **Chloroforme**, ne sont pas reproduits ici Par conséquent, pour compléter, voir I, 345 de ce Dictionnaire.

Organismus der Thiere im Allgemeinem und besonders auf die Bewegung des Iris (A. Bb., 1866, 231 et 415). — HERMANN L.). *Ueber die Wirkungsweise einer Gruppe von Giften* (*Archiv f. Anat. Physiol. u. wissensch. Medicin*, 1866, 27). — NOTHNAGEL. *Die fettige Degeneration der Organe bei Aether Chloroformvergiftung* (Berlin. klin. Wochens., 1866, 31). — BERNSTEIN (J. *Moleschott's Untersuch. z. Naturlehre d. Mensch.*, 1867, x, 299). — SCHMIEDEBERG (O.). *Wirkung des Chloroforms auf das Blut* (Archiv f. Heilkunde. 1867, VIII, 273). — HÉGAR et KALTENBACH. *Eine eigenthümliche Wirkung des Chloroforms* (Virchow's Archiv, 1869, 59, 437). — SCHEINESSON (Y). *Untersuchungen über d. Einfluss d. Chloroforms auf d. Wärmeverhältniss des thierischen Organismus u. d. Blut-Kreislauf* (Archiv f. Heilkunde, 1869, i, 36).

1870 à 1880. — BERNSTEIN J. . *Ueber die physiologische Wirkung des Chloroforms* (Untersuch. z. Naturl. d. Mensch. und d. Thiere*, Giessen. 1870, 280-300). — BERT (P.). *Leçons sur la physiologie comparée de la respiration*, Paris, Baillière, 1870, 139. — LEWISSON. *Toxikol. Beobacht. an entbluteten Fröschen* (Archiv f. Anat. und Physiol., 1870, 356). — MATHIEU et URBAIN. *Des gaz du sang. Expériences physiologiques sur les circonstances qui en font varier la proportion dans le système artériel* (A. P.. 1871-1872, iv); — *Influence du chloroforme*, 582. — SCHUPPERT. *Chloroformtod* (Deutsche Zeitsch. f. Chirurg., 1873, nᵒˢ 5 et 6). — BERGERON. *Le chloroforme dans la chirurgie des enfants* (D. P., 1874). — BUDIN. *De l'état de la pupille pendant l'anesthésie chirurgicale produite par le chloroforme. Indications pratiques qui peuvent en résulter* (Progrès méd., 1874, 525). — GRÉHANT. *Nouveau mode d'administration du chloroforme dans les expériences physiologiques* (B. B., 5 juillet 1874). — LABBÉ E.). *Chloroforme* (Dict. encyclop. des sci. méd.), Paris, 1874, XVI, 646-688). — SCHIFF. *Della differenze fra l'anestsia prodotta dall' etere e quella prodota dal chloroformio Imparziale*, 1874. — WITTE E.). *Untersuchungen über die Einwirkung des Chloroforms auf die Blutcirculation* (Deutsche Zeitschrift f. Chirurg.. 1874). — ZWEIFEL. *Einfluss der Chloroformnarkose auf den Fœtus* Berlin. klin. Wochens., 1874, 245). — PIETRI. *De l'anesthésie chirurgicale par l'emploi combiné du chloroforme et du chlorhydrate de morphine* D. P., 1875). — SIMONIN. *Recherches. à l'aide du thermomètre, des températures chez l'homme aux diverses périodes de l'éthérisme produit par le chloroforme* Académie de médecine. avril 1875 et Rev. méd. de l'Est. 1876). — BUBRAL F. A.). *Nitrite of Amyl as an antidote to chloroform* (New-York Med. Journ., 1876, 467). — FERRY R. . *Du chloroforme au point de vue de son action physiologique, et du mécanisme de la mort pendant l'anesthésie*, Nancy, 1876. — MOLLOW. *Ueber das Anesthesiren nach der Methode von* CL. BERNARD Arbeit. aus dem pharmac. Laborat. zu Moskau. 1876, 20. — NOEL L.). *Contribution à l'histoire des anesthésiques. Du pouls veineux comme symptôme habituel de l'action physiologique du chloroforme* Acad. roy. de méd. de Belgique. 1876. 785-799. — SCHIFF M.). *Nota sulla pupilla nella narcosi cloroformica* Imparziale, Firenze. 1876. 3031. — WINSLOW W. H. . *Chloroform and the pupil* Philadelphia med. Times, 1876, 270). — WARNER F.). *Loss of associated movements of the eyes under chloroform* Brit. med. Journ. 1877). — SCHLAGER H. . *Die Veränderungen der Pupille in der Chloroformnarkose* Centralbl. f. Chirur. 1877. 385). — MERCIER CH. . *Independent movements of the eyes in coma* Brit. med. Journal. 1877. 292). — FLOCKEN. *Recherches des variations de la température du corps pendant l'anesthésie produite par le chloroforme administré en inhalations.* Strasbourg. 1877. — BESNIER E. . *Des injections sous-cutanées de chloroforme, etc.* Bull. gén. therapeutique. 30 novembre 1877, 433). — ALBERTOTTI et MOSSO. *Osservazioni sui movimenti del cervello di un idiota epileptico*, Torino, 1878. — DUJARDIN-BEAUMETZ. *Injections sous-cutanées de chloroforme* (Gaz. hebdom. de médecine, 1878. nᵒ 21. 335. — DURAN P. . *Des injections hypodermiques de chloroforme* (Thèse de Paris. nᵒ 36, 1878. — FOURNIER H. . *Des effets généraux du chloroforme en injection hypodermique* Ibid., nᵒ 188, 1878. — PERRIN M. . *Quelques remarques au sujet de l'anesthésie par le chloroforme* Bull. Acad. de méd., Paris, 1878, 1240-1246). — FRANÇOIS-FRANCK. *Sur l'action vasculaire comparée des anesthésiques et du nitrite d'amyle* B. B., 3 mai 1879). — REGNAULT J. . *Etudes expérimentales sur le chloroforme anesthésique* Journal de pharmacie et de chimie, 1879 et Archives génér. de méd., mars 1879, 257). — VOGEL (G.). *Beobachtungen über die Veränderungen der menschlichen Pupille während der Chloroformnarkose* Saint-Petersb. med. Wochen., 1879, 113.

1880 à 1885. — HÉNOCQUE A. *Sommeil anesthésique produit par application du chloroforme sur la peau* Gaz. hebt. de méd., Paris, 1880, 755). — MILLS J. . *De la valeur du pouls pendant le Chloroforme* Lancet, 1880. — SCHAFER E. A. . *Atropin as a preventive*

against the cardio-inhibitory effects of chloroform (British med. Journ., Lond., 1880, 620).
— SCHIRMER (K.). *Ein Mittel die Chloroformnarcose abzukurzen* (Centralbl. f. prakt.
Augenk., 1880, IV, 36). — BERT (P.). *Recherches sur les anesthésiques* (B. B., 26 février 1881).
— DASTRE. *Étude critique des travaux récents sur les anesthésiques* (R. S. M., 1881, XVII,
285). — EULENBURG. *Ueber differente Wirkungen der Anaesthetica auf verschiedene Reflex-
phænomene* (Centralbl. f. d. med. Wiss., 1881, 61). — WHARTON-JONES. *Leçons sur les accidents circulatoires qui peuvent résulter de l'administration du chloroforme* (Lancet,
12 mars 1881). — DESTEFANIS. *Des mélanges d'air et de chloroforme propres à l'anesthésie*
(Giorn. della R. Accad. de Torino, août 1882). — FRANÇOIS-FRANCK. *Sur quelques avantages et
quelques inconvénients de l'anesthésie mixte* (B. B., 1882, 283). — LUSSANA. *Sur les causes
de la mort par le chloroforme* (Gaz. med. ital., janvier 1882). — ROSENBAUM (F.). *Untersuch.
ueber den Kohlehydratbestand. des thier. Organismus nach Vergiftungen mit Arsen, Strychnin, Morphin, Phosphor, Chloroform* (A. P. P., 1882, XV, 450). — ZUELZER. *Einwirkung von
Morphium und Chloroform einerseits und von Strychnin andrerseits auf das Ruckenmark*
(Berlin. klin. Wochenschr., 8 mai 1882). — BERT (P.). *Sur l'action des mélanges d'air et de
vapeur de chloroforme et sur un nouveau procédé d'anesthésie* (C. R., 25 juin 1883); — *Sur la
mort par l'action des mélanges d'air et de vapeur de chloroforme* (B. B., 1883, 241); — *Application à l'homme de la méthode d'anesthésie chloroformique par les mélanges titrés* (Ibid.,
1883, 665 et 1884, 7); — *Méthode d'anesthésie prolongée par des mélanges dosés d'air et de
vapeurs de chloroforme* (Ibid., 1883, 409). — DASTRE et MORAT. *Sur un procédé d'anesthésie*
(Ibid., 1883, 242). — DUBOIS (R.). *Influence de l'alcool sur l'action physiologique du chloroforme* (Ibid., 1883, 571). — FRANÇOIS-FRANCK. *Syncope respiratoire dans l'anesthésie par le
chloroforme et la morphine* (Ibid., 1883, 255); — *Disparition des arrêts réflexes du cœur
dans l'anesthésie par le chloroforme et la morphine* (Ibid., 1883). — GRÉHANT et QUINQUAUD.
Procédé d'anesthésie chloroformique (Ibid., 1883, 440). — HOFFMEIER. *Ueber den Einfluss der
Chloroformnarkose auf den Stoffwechsel der ersten Lebenstage* (Berlin. klin. Wochenschr.,
9 avril 1883, n° 15, 230). — JUNKER. *Ueber die fett. Entartung im Folge von Chloroforminha-
lationen* (Inaug. Dissert., Bonn, 1883). — PONCET (A.). *Anesthésie mixte morphine-chloroforme*
(B. B., 1883, 287 et Société des sciences méd. de Lyon, mai 1894). — SAUVE. *Étude de l'action
du chloroforme* (D. P., 1883). — BOUCHARD (CH.). *Étude expérimentale sur la mort qui succède
aux injections sous-cutanées de chloroforme chez les animaux et sur l'albuminurie chloroformique* (Gazette hebdom., 1884, 104). — DUBOIS (R.). *Note sur les modifications des
milieux réfringents de l'œil et de la sécrétion lactée dans l'anesthésie chloroformique prolongée* (B. B., 1884, 45); — *De la déshydratation des tissus par le chloroforme, l'éther et
l'alcool* (Ibid., 1884, 582). — LAMBERT. *Sur un nouveau procédé de chloroformisation par les
solutions titrées* (D. P., 1884). — RICHET (A.). *Sur l'emploi des mélanges titrés des vapeurs
anesthésiques et d'air dans la chloroformisation* (C. R., 28 janvier 1884). — TERRIER. *Note
sur la présence de l'albumine dans les urines émises avant et après l'administration du chloroforme* (Bull. de la Soc. de chirur., 1884, 929; 1885, 221). — ZELLER (A.). *Ueber die Schick-
sale des Iodoforms und Chloroforms im Organismus* (Zeitschrift fur physiologische Chemie,
1884, VIII, 277).

1885 à 1890. — BERT (P.). *Étude analytique de l'anesthésie par les mélanges titrés de
chloroforme et d'air* (B. B., 4 juillet 1885). — CHAGNOLEAU (E. G.). *De la pratique de l'anesthésie par le chloroforme* (Thèse de Bordeaux, 1885). — DUBOIS (R.). *Observation pour servir
à l'histoire de l'intoxication chronique par le chloroforme* (B. B., 1885, 430). — KAPPELER.
Mécanisme de la mort par le chloroforme (Berlin. klin. Wochen., novembre 1885). — CH.
RICHET. *De l'influence de la cocaïne et du chloroforme sur la production de la chaleur* (B. B.,
11 janvier 1885). — D'ARSONVAL. *Les anesthésiques et la thermogénèse* (Ibid., 1886, 274). —
MYLIUS. *Chloride im Harn nach Chloroformfütterungen* (Z. p. C., 1886, XI, 378). — RICHET
(CH.). *De la mémoire* (Revue philosophique, 1886, 561-590). — SABARTH. *Das Chloroform*
(Würzburg, 1886, 192). — ABELES. *Zur Frage der Zuckerbildung in der Leber* (Wiener med.
Jahrbücher, 1887). — DE SAINT-MARTIN (L.). *Influence du sommeil naturel ou provoqué sur
l'activité des combustions respiratoires* (C. R., 1887, CV, 1124). — EMONET. *Comparaison de
l'anesthésie par action combinée de la morphine et du chloroforme et de l'anesthésie chlo-
ralo-chloroformique* (Thèse de Montpellier, 1887). — GRÉHANT. *Sur l'anesthésie des rongeurs
produite par le chloroforme* (B. B., 1887). — NEILSON. *De l'examen de la pupille comme
guide de l'anesthésie chloroformique* (Brit. med. Journ., 1887). — RUMMO et FERRANNINI

(*Riforma medica*, 1887). — SEVERI. *Persistance du chloroforme dans les tissus après la mort* (*Riforma med.*, 30 juin 1887). — TÖTH (L.). *Vers. üb. subcut. Injection des Chloroforms* (*Pest. medic. chirurg. Presse*, 1887, n° 46); et *Centralbl. f. die ges. Medic.*, 1888, n° 23, 421). — BALZER et KLUMPÉE. *Injections hypodermiques de chloroforme* (*Bull. médic.*, 1888, n° 89). — FOKKER. *Influence du chloroforme sur les actions protoplasmiques* (*C. W.*, 1888). — KAST (A.). *Zur Kenntniss der reducirenden Substanzen im menschlichen Harn nach Chloroformnarkose* (*Berlin. klin. Wochens.*, 1888, 377-379); — *Ueber Beziehung der Chlorausscheidung zum Gesammtstoffwechsel* (*Zeitsch. f. Physiol. Chem.*, 1888, XII, 267). — PATEIN (G.). *De l'albuminurie consécutive aux inhalations chloroformiques* (*Thèse de Paris*, 1888). — VULPIAN. *Action des anesthésiques* (publication posthume) (*Bulletin médical*, Paris, 1888, 20). — DASTRE. *Les accidents du chloroforme; leur théorie, leur remède* (*Semaine médicale*, 1889, 317). — KAST (A.). *Ueber Stoffwechselstörungen nach Chloroformnarkose* (*Münch. med. Wochen.*, 1889, 869). — LANGLOIS (P.) et CH. RICHET. *Influence des anesthésiques sur la force des mouvements respiratoires* (*C. R.*, 25 mars 1889). — MICHON (J.). *De l'effet d'une projection d'eau froide sur la région cervicale dans les accidents dus au chloroforme* (*Acad. de médecine de Paris*, 30 juill. 1889). — OSTERTAG (R.). *Die tödtl. Nachwirk. des Chloroforms* (*Virchow's Archiv*, 1889, 118, H 2, 250). — PATERSON. *Danger d'administrer le chloroforme à la lumière du gaz* (*Practitioner*, juin 1889). — REYNIER. *Chloroformisation* (*Société de chirurgie de Paris*, 24 juillet 1889). — SCHWARTZ. *De l'administration du chloroforme; ses accidents, leur traitement* (*Rev. gén. de chirurg.*, 1889). — STOBWASSER. *De la décomposition des vapeurs de chloroforme à la flamme du gaz* (*Berlin. klin. Wochen.*, 1889, 769). — STOMMEL (PH.). *Zur Lehre der fett. Entartung nach Chloroformeinathmungen* (*Inaug. Dissert.*, Bonn, 1889). — TANIGUTI (R.). *Ueber den Einfluss einiger Narcot. auf den Eiweisszerfall* (*Virchow's Archiv*, 1889, 120-121).

1890 à 1897. — BASTIANELLI. *Sulla morte tard. per chlorof.* (*Bull. degli osped. di Roma*, 1890, 3, 322). — FRANÇOIS FRANCK. *Étude sur les principaux accidents de la chloroformisation à l'état normal et pathologique* (*Acad. de méd. de Paris*, 24 juin 1890). — GUÉRIN (A.). *Des dangers de la chloroformisation et des moyens de les prévenir* (*Ibid.*, 15 juillet 1890). — HUNT (A.). *Death under the administration of ether* (*Lancet*, 1890, II, 587). — KUNKEL. *De la décomposition du chloroforme à la lumière artificielle* (*Sitz. der phys. med. Ges. Würzburg*, 1890, 29). — LABORDE. *Causes et mécanisme des accidents dus à la chloroformisation* (*Acad. de médecine de Paris*, 1890, 10 et 17 juin); — *De la syncope expérimentale due à l'action des vapeurs de chloroforme* (*Ibid.*, 27 mai 1890). — LAUDER BRUNTON. *Rapport de la commission chargée par le Nizam de Hyderabad d'étudier l'action du chloroforme* (*Société de médecine d'Angleterre*, 10 février 1890). — ROLLET. *A propos d'un nouveau mode de chloroformisation* (*Lyon méd.*, 3 août 1890). — STACKLER. *Sur l'emploi de l'air légèrement chloroformé* (*Bull. gén. de thér.*, 15 mars 1890). — THIENNE et FISCHER. *Ueber tödtl. Nachw. des Chloroforms* (*Deutsche medic. Zeitung*, 1890, 1111). — AMIDON. *Dangers de l'administration du chloroforme à la lumière du gaz* (*New-York Acad. of med.*, 1891). — BRANDT. *La chloroformisation* (*Centralbl. f. Chir.*, 21 novembre 1891). — DUBOIS (R.)(*Revue générale des sciences*, n° 11, 15 juin 1891). — DU BOIS-REYMOND. *Le chloroforme impur est-il nuisible?* (*Berliner klinische Wochenschrift*, 1891, n° 53, 1226). — GUINARD (L.). *Quelques considérations expérimentales relatives à l'anesthésie du chien et du chat* (*Journ. de l'École vétérinaire de Lyon*, mars 1891). — LEWIS (E.). *Shore remarks on the effect of chloroform on the respiratory centre, the vaso-motor centre, and the heart* (*Brit. med. Journ.*, 1891, II, 1089). — LOBO (D.). *Accident mortel de l'anesthésie chloroformique* (*Bulletin général de thérapeutique*, 1891, CXXI, 218). — POHL (A.). *Ueber Aufnahme und Vertheilung des Chlorof. im thier. Organismus* (*Archiv f. experim. Pathol. und Pharmak.*, 1891, 28, 3 et 4, 239). — RAYNER. *Death under ether* (*Brit. med. Journ.*, 1891, I, 82). — TURNBULL. *Deaths from chloroform and ether since the Hyderabad commission with conclusion* (*Journ. americ. med. Assoc.*, 1891, XVII, 236-245). — MC WHANNELL (L.). *Death under ether* (*Brit. med. Journ.*, 1891, I, 1017). — BRÉAUDAT. *De la chloroformisation à la lumière artificielle du gaz* (cité par AUVARD et CAUBET), 1892, 98. — DU BOIS-REYMOND. *Thierversuchen mit dem Rückstande von der Rectification des Chloroforms durch Kälte* (*Therap. Monatschr.*, 1892, 21). — EISENLOHR et FERMI. *Produits de décomposition du chloroforme quand on pratique l'anesthésie dans un local éclairé par la lumière artificielle* (*Arch. f. Hyg.*, XIII; et *Hyg. Rundsch.*, 1892, II, 331). — LESPIAU. *Du chloroforme dans l'anesthésie chirurgicale et de sa purification* (*Thèse de Toulouse*, 1892). —

Lewin. *Die Nebenwirk. der Arzneimittel* (Berlin, 1892, 65, 70). — Pictet (R.). *Purification du chloroforme par le froid* (C. R., 23 mai 1892, 1245). — Popescu. *Procedeus de chloroformisare in dose mici si continui* (*Thèse de Bucharest*, 1892). — Rechter. *Quelques remarques relatives au nouveau chloroforme Pictet* (*La Presse médicale belge*, 1892, n° 10, 177). — Terrier (F.). *De l'anesthésie par l'emploi successif du bromure d'éthyle et du chloroforme* (*Société de chirurgie*, octobre 1892). — Bréaudat. *Élimination du chloroforme* (Analyse in *Journ. de pharmacie et chimie*, 1893, 194). — Binet (P.). *Recherches sur l'élimination de quelques substances médicamenteuses dans l'air de l'expiration* (*Revue médicale de la Suisse romande*, 1893 et *Travaux du laboratoire de thérapeutique expérimentale de Genève*, année 1893-1894, Genève, Georg et Cie, I, 1). — Féré (Ch.). *Note sur l'influence de l'exposition préalable aux vapeurs de chloroforme sur l'incubation des œufs de poule* (B. B., 1893, 849). — Guérin et Laborde. *Mécanisme physiologique des accidents primitifs (syncope cardiaque et respiratoire) de la chloroformisation* (Acad. de médecine de Paris, 11 juillet 1893). — Hare et Thornton. *De l'influence du chloroforme sur la respiration et la circulation* (Lancet, octobre 1893). — Kœfer. *Ueber Aethernarcose* (Peters. med. Wochensch., 1893, n° 25). — Linah. *Des résultats éloignés de l'administration du chloroforme* (*Congrès de l'Association des chirurgiens du Nord*, in Sem. méd., 1893, 351). — Luthier. *Sur les effets secondaires de la chloroformisation* (Münchener med. Wochenschrift, 1893, n° 1, 7). — Richet (Ch.) et Langlois. *Influence des pressions extérieures sur la ventilation pulmonaire* (Trav. labor., 1893, II, 333-351). — Rindskopf. *Influence de la chloroformisation sur les reins* (Münchener med. Wochens., 1893, n° 10, 205). — X... (cité par Vidal). *Chloroform in the urine* (Lancet, 6 février 1894, 204). — Arloing (S.). *Dangers de l'anesthésie en général et dans le cas spécial de l'étranglement herniaire* (C. R. des séances de la Société des sciences médicales de Lyon, 1894, 69 et 70). — Augagneur. *A propos de l'anesthésie des enfants* (Ibid., 1894, xxxiv, 68). — Briquet. *Un cas de mort par le chloroforme chez un enfant de six mois* (Lyon méd., 1894, 425). — Cathoire (E.-A.). *Dangers de l'anesthésie mixte. Accidents tertiaires après l'éthérisation et la chloroformisation ; injection d'atropo-morphine* (Thèse de Lyon, 1894). — Chalot. *L'éther comme anesthésique de choix et son meilleur mode d'administration* (Revue de chirurg., mai 1894). — Dio-sidon. *Chloroforme et sparteo-morphine ; procédé d'anesthésie mixte* (D. P., 1894). — Dor (H.). *Quelques avantages du chloroforme* (Société des sciences médic. de Lyon, 1894, xxxiv, 76). — Grossmann (O.). *Die Aethernarcose* (Deutsche med. Wochensch., 1894, n°s 3 et 4). — Guinard (L.). *Expériences relatives aux dangers de l'anesthésie par le chloroforme chez les sujets atteints de maladies du cœur ou de l'appareil respiratoire* (Ier Congrès français de médecine interne, octobre 1894, 593) ; — *Recherches expérimentales sur certains accidents de l'anesthésie* (Bull. génér. de thérap., 1894, cxxvii, 349 et 402). — Kaufmann (M.). *Mécanisme de l'hyperglycémie déterminée par la piqûre du 4° ventricule et par les anesthésiques* (B. B., 14 avril 1894, 284). — Kouwer. *Effets de la chloroformisation sur le rein* (Nederl. Tijdschr. v. genecsk., 6 janvier 1894. In Sem. méd., 1894, 244). — Langlois (P.) et Maurange (G.). *De l'injection du sulfate de sparteine avant la chloroformisation* (B. B., 1894, 551). — Lawrie. *De la mort par le chloroforme et des moyens de la prévenir* (Société de méd. et de chirurgie de Londres, 3 juillet 1894, in Sem. méd., 1894, 331). — Lépine (R.). *De l'emploi de l'éther comme agent habituel de l'anesthésie chirurgicale* (Sem. méd., 1894, 301). — Macrel. *Influence du chloroforme sur les leucocytes* (Midi médical, juin 1894). — Mouisset. *Administration du chloroforme aux enfants* (C. R. de la Société médicale de Lyon, 1894, xxxiv, 79). — Pavlow (E.). *Sur l'anesthésie mixte bromethyl-chloroformique* (V° Congres des médecins russes, in Semaine médicale, 1894, 47). — Poncet. *Anesthésie par l'éther* (Société des sciences méd. de Lyon, 1894, xxxiv, 70). — Rockwell. *De l'action de l'électricité sur le pneumogastrique et de sa valeur dans la narcose chloroformique* (Med. Record, 1894). — Sabbatini. *Arrêt du cœur au début de la chloroformisation* (Il Policlinico, 1894). — Segond. *De l'anesthésie par l'emploi successif du bromure d'éthyle et du chloroforme* (Société de chirurgie, Paris, mai 1894). — Sokoloff (J. F.). *Sur l'influence de la chloroformisation sur l'apparition de l'albumine dans l'urine* (Thèse de Saint-Pétersbourg, 1893, traduction de Frenkel, in Province méd., 1894, 323). — Vallas. *Sur un cas de mort par l'éther* (C. R. des séances de la Société des sciences méd. de Lyon, 1894, 60). — Ceccherelli. *Variations de la température pendant l'anesthésie chloroformique* (Policlinico, 1895). — Chinsky. *Recherches expérimentales comparatives sur la mort des animaux à sang froid provoquée par l'inhalation de chloroforme ou d'éther* (D. P., 1895). — Davezac. *De la chloroformisation* (Journ. méd. Bordeaux, juillet 1895). — De Tarchanow.

Action de la chloroformisation sur les grenouilles (B. B., 15 juin 1895). — GUINARD (L.). *Les meilleurs procédés d'anesthésie à employer chez les animaux* (*Journal de l'École vét. de Lyon*, février 1895). — KAUFMANN (M.). *Mode d'action du système nerveux dans la production de l'hyperglycémie* (A. d. P., 1895, 266). — LANGLOIS et MAURANGE. *De l'utilité des injections d'oxyspartéine avant l'anesthésie chloroformique* (C. R., 29 juillet 1895) ; — *Étude expérimentale de l'action de la spartéine et de l'oxyspartéine dans l'anesthésie chloroformique* (A. d. P., 1895, 692). — LEMOINE. *Contribution à l'étude de l'emploi du chloroforme administré à l'intérieur dans les diverses maladies* (D. P., 1895). — NEYRAUD (J.). *Étude comparative sur l'éther et le chloroforme dans l'anesthésie générale* (*Thèse de Lyon*, 1895). — PATON (*Transactions of the royal Society of London*, 1895, cité par LÉPINE, 1896). — SCALFATI (E.). *Recherche et détermination du chloroforme dans les urines* (*Riforma medica*, 1895, 591). — DÉSOUBRY (G.). *Les anesthésiques en chirurgie vétérinaire*, Paris, Asselin et Houzeau, 1896, 33. — EISENDRAHT. *Influence de l'éther et du chloroforme sur les reins* (*Deutsche Zeitsch. f. Chirurg.*, 1896, XI, 5). — LANGLOIS (P.) et MAURANGE (G.). *Contribution à l'étude des anesthésies mixtes : spartéine, morphine et chloroforme* (*Archives de pharmacodynamie*, 1896, II, 209). — LÉPINE (R.). *Récents travaux sur la pathogénie des diabètes* (*Revue de médecine*, 1896) ; — *Influence euzo-amylique de diverses substances*, 867. — NEBELTHAU (*Zeitschrift für Biologie*, 1891, XXVIII, 138, cité par LÉPINE, 1896). — REYNIER. *Des effets de la chloroformisation sur le système nerveux* (*Acad. de méd. de Paris*, 17 nov. 1896). — VIDAL (E.). *Action des inhalations chloroformiques sur l'élimination de l'azote par les urines* (B. B., 1896, 474) ; — *Variations de la toxicité urinaire sous l'influence des inhalations chloroformiques* (B. B., 1896, 1058). — AUGÉ. *De l'observation des réflexes pupillaire et cornéen pendant la chloroformisation* (D. P., 1897). — CASSE. *Des paralysies post-chloroformiques* (*Académie de méd. de Belgique*, 27 février 1897). — DESGREZ. *Sur la décomposition du chloroforme dans l'organisme* (C. R., 15 novembre 1897, CXXV). — FÉRÉ (CH.). *Note sur la suspension de l'évolution de l'embryon de poulet sous l'influence du chloroforme* (B. B., mai 1897, 370). — GUINARD (L.) et TIXIER (L.). *Troubles fonctionnels réflexes observés pendant l'éviscération d'animaux profondément anesthésiés* (C. R., 2 août 1897). — LEGRAIN. *Action de l'éther et du chloroforme sur le rein* (*Annales des maladies des organes génito-urinaires*, 1897). — SCHWARTZ. *Des paralysies post-anesthésiques* (XIe *Congrès français de chirurgie*, 23 octobre 1897). — VIDAL (E.). *Influence des inhalations chloroformiques sur la résistance de l'organisme aux infections* (B. B., 1897, 1067) ; — *Influence de l'anesthésie chloroformique sur les phénomènes chimiques de l'organisme* (D. P., 1897).

L. GUINARD.

CHLOROPHYLLE.

CHLOROPHYLLE. — Parvenue à la fin de la germination, la plante qui a vidé ses cotylédons ou épuisé les réserves de son endosperme commence, à la lumière solaire du moins, une existence nouvelle, en supposant toutefois qu'elle ne continue pas, comme les champignons et certaines plantes parasites, à vivre pendant toute la durée de son existence aux dépens des matières ternaires ou quaternaires formées en dehors d'elle. Dans le cas le plus ordinaire, la plante, après avoir été *parasite* en quelque sorte sur sa graine à laquelle elle a demandé dans le travail chimique de la germination des matériaux qu'elle a transformés pour construire de nouveaux tissus et des réserves de matières ternaires destinées à subvenir à ses combustions respiratoires, la plante, disons-nous, devient capable de décomposer l'acide carbonique contenu dans l'atmosphère et de fixer le carbone. Mais cette décomposition qui aboutit à des phénomènes synthétiques capitaux dans lesquels le carbone avant l'union avec des éléments de l'eau pour constituer vraisemblablement un hydrate de carbone initial destiné à se polymériser très rapidement avec ou sans déshydratation ne peut s'accomplir que grâce à la *matière verte* dont la plante se garnit sitôt qu'elle est, directement ou non, exposée aux radiations lumineuses. Cette matière verte, c'est la *chlorophylle :* elle est la cause effective des travaux synthétiques du végétal, et son étude doit évidemment précéder celle de la fonction d'assimilation à laquelle elle préside. Les éléments de la chlorophylle préexistent chez la plante et se développent à l'obscurité, comme nous le verrons dans la suite ; mais cette chlorophylle embryonnaire ou primitive ne peut remplir son rôle qu'autant que la lumière intervient. Cette apparition de matière verte est d'ailleurs extrêmement rapide ; quelques minutes, quelques secondes même suffisent. Il est cependant difficile de dire si l'assimilation du carbone ne commence qu'au moment précis où apparaît la chlorophylle ou bien si celle-ci n'est qu'un des premiers produits de l'assimilation elle-même, cette assimilation ayant d'abord commencé à se manifester par un acte d'irritation direct de la lumière solaire sur le protoplasma incolore.

Toujours est-il que, sans chlorophylle, il n'y a pas de synthèse organique. Une expérience déjà ancienne de Boussingault fera bien comprendre comment une plante, *destinée à être verte*, mais maintenue à l'obscurité, consomme continuellement ses réserves et perd par conséquent de poids (*Agronomie*, iv, 246). Citons les résultats bruts de cette expérience sans y insister autrement ici, son interprétation devant trouver tout naturellement place à l'article **Germination**. En effet, dit Boussingault, une plante est, en réalité, soumise pendant toute la durée de son existence à deux forces antagonistes tendant, l'une à lui soustraire, l'autre à lui fournir de la matière, et, selon que l'une de ces forces dominera l'autre, le poids de la plante augmentera ou diminuera. Dans une obscurité absolue, la force éliminatrice persiste seule et il est intéressant de suivre, jusqu'à une époque éloignée du début, ce que devient ainsi le végétal qui sort de la graine et dans lequel les feuilles ne fonctionnent jamais comme appareil réducteur. La durée de l'existence du végétal, privé ainsi de lumière, dépend du poids de matière contenue dans la graine. Ainsi :

1° *Dix pois* ont été mis à germer dans une chambre obscure le 5 mars ; le 1er juillet on a mis fin à l'expérience, car un des pois commençait à se flétrir. Or l'analyse montra les rapports suivants entre la graine initiale et la plante finale (4 mois) :

	POIDS TOTAL.	CARBONE.	HYDROGÈNE.	OXYGÈNE.	AZOTE.
	gr.	gr.	gr.	gr.	gr.
Graines	2,237	1,040	0,137	0,897	0,094
Plantes	1,076	0,473	0,065	0,397	0,072
Différence	—1,161	—0,567	—0,072	—0,500	—0,022

Les principes disparus pendant la végétation à l'obscurité s'élèvent à 51,9 p. 100, et cette perte est assez exactement représentée *par du carbone* et *de l'eau*.

2° Le *froment*, en sept semaines, à l'obscurité, a fourni des résultats de même ordre : 100 de graine sont perdu 57 et la perte est également représentée par du carbone et de l'eau.

Mais, là où l'expérience devient intéressante, c'est lorsqu'on compare, pendant le même laps de temps, ce qui se passe chez la plante abandonnée dans l'obscurité absolue et chez celle qui est normalement exposée à la lumière : le *haricot*, en deux mois, a fourni les chiffres suivants :

		POIDS TOTAL.	C.	H.	O.	Az.
		gr.	gr.	gr.	gr.	gr.
Obscurité.	Graines.	0,926	0,4069	0,0563	0,3762	0,0413
	Plantes.	0,566	0,2484	0,0331	0,1981	0,0408
	Différence.	—0,360	—0,1585	—0,0232	—0,1781	—0,0005
Lumière .	Graines.	0,922	0,4051	0,0560	0,3746	0,0410
	Plantes.	1,293	0,5990	0,0760	0,5321	0,0404
	Différence.	+0,371	+0,1939	+0,0200	+0,1575	—0,0006

Ainsi, sous les seules influences de *l'air* et de *l'eau*, dans un sol privé d'engrais, pendant la végétation à la lumière, il y a eu *assimilation de carbone* en même temps que fixation d'hydrogène et d'oxygène dans les rapports qui constituent l'eau. Ce travail synthétique, exécuté par la plante insolée, doit être rapporté à la présence de la chlorophylle dans cette dernière.

Avant de commencer l'étude de la matière verte, insistons sur ce fait que la chlorophylle *vraie*, c'est-à-dire celle qui est en place au sein du protoplasma, est une matière essentiellement *vivante*. On a souvent confondu cette matière vivante avec une matière, cristallisée ou non, extraite par l'action de divers dissolvants neutres des feuilles ou autres organes verts et on a donné le nom de *chlorophylle cristallisée* à cette dernière matière. Or celle-ci, comme nous le verrons, n'est jamais qu'un produit d'altération, d'oxydation le plus souvent, de la matière primitive elle-même. L'identité des spectres d'absorption de ces deux matières, pour la plupart des auteurs du moins, est discutable, et d'ailleurs on conçoit, *a priori*, qu'une substance douée d'un pouvoir réducteur aussi intense que la chlorophylle ne puisse être retirée sans modification sensible du milieu vivant où elle se trouve.

Il convient, pour étudier la nature et le rôle du pigment qui nous occupe, de partager le sujet de la façon suivante, en laissant presque complètement dans l'ombre le côté morphologique de la question dont les relations avec la physiologie nous entraîneraient trop loin.

I. *Apparition et distribution du pigment vert.*
II. *Préparation et propriétés chimiques ; dérivés du pigment.*
III. *Propriétés optiques du pigment.*
IV. *Rôle et propriétés physiologiques du pigment.*

Il existe sur la chlorophylle des mémoires extrêmement nombreux, ainsi qu'un certain nombre de monographies assez complètes. Citons parmi ces dernières celles auxquelles nous avons fait des emprunts :

Die Chemie und Physiologie der Farbstoffe, Kohlehydrate und Proteinsubstanzen, par R. Sachsse; Leipsig, 1877, 1. — *Die qualitative und quantitative Analyse von Pflanzen und Pflanzentheilen*, par Dragendorff; Göttingen 1882, 110. — *Die Pflanzenstoffe* par Husemann et Hilger; Berlin, 1882-1884, 241. — *Die Farbstoffe des Chlorophylls*, von A. Hansen, Darmstadt, 1889. — *La chlorophylle et ses fonctions*, Thèse d'agrégation, par E. Belzung ; Paris, 1889. — *Die Chemie des Chlorophylls*, par L. Marchlewski; Leipsig, 1895. On trouvera dans ce dernier opuscule une bibliographie à peu près complète de la question au point de vue physico-chimique.

I. Apparition et distribution du pigment vert. — Une lumière, même peu énergique, suffit pour faire apparaître la chlorophylle, celle du gaz par exemple; la lumière électrique est très efficace. Nous verrons bientôt que toutes les radiations ne font pas apparaître le pigment, ou du moins que celui-ci apparaît plus rapidement sous l'influence de certaines couleurs spectrales.

Comment cette matière verte est-elle répartie? (Belzung, *loc. cit.*, 8.)

α. D'ordinaire ce pigment vert est localisé dans certaines régions de la cellule et il imprègne des corpuscules de nature albuminoïde nettement différenciés dans le protoplasma, en un mot, des *leucites. Les corps chlorophylliens*, ou *chloroleucites*, ainsi constitués sont alors les seules parties vertes de la cellule; le protoplasma fondamental, dans lequel ils sont toujours situés, reste incolore.

1° Les chloroleucites sont le plus souvent très nombreux dans chaque cellule, particulièrement dans le parenchyme des feuilles et se présentent alors sous la forme de grains arrondis, ovales, polyédriques, nommés *grains de chlorophylle*. Parfois, au contraire, une cellule peut ne contenir qu'un seul et vaste grain de chlorophylle. C'est le cas pour une hépatique, l'*Anthoceros*, dont chaque grain vert entoure complètement le noyau.

2° D'autres fois, chaque cellule ne renferme qu'un seul chloroleucite, ou, tout au moins, un petit nombre, et alors les chloroleucites, très développés, affectent des formes variables, mais autres que celles des grains : c'est ce qui a lieu chez beaucoup d'algues. Ces chloroleucites des algues peuvent aussi se ramifier.

β. En second lieu, au lieu d'être localisée dans les leucites de formes extrêmement variées, comme on vient de le voir, la chlorophylle peut être *diffuse*, c'est-à-dire imprégner tout le protoplasma de la cellule et les substances diverses qu'il contient, par exemple l'amidon, sauf toutefois le noyau. C'est ce qui a lieu notamment dans la plupart des embryons pendant leur période de formation.

La chlorophylle peut donc être localisée, c'est là le cas général; elle est alors fixée sur des leucites le plus souvent arrondis, ovales ou filamenteux, ou bien elle est diffuse et imprègne uniformément le protoplasma des cellules; elle est alors transitoire.

En ce qui concerne l'*origine* et la *multiplication* des grains de chlorophylle :

1° Tantôt ils se multiplient uniquement par division et ceux que contient l'œuf des plantes considérées proviennent de la plante mère (spirogyre). A proprement parler, il n'y a jamais, dans ce cas, naissance de corps chlorophylliens, mais seulement multiplication.

2° Tantôt les grains de chlorophylle naissent par différenciation du protoplasma puis se multiplient par division. Cette naissance a lieu d'abord dans l'œuf ou tout au moins dans les jeunes embryons, puis, à une phase plus avancée du développement, par exemple durant la germination des graines. C'est le cas le plus fréquent.

3° Tantôt les grains de chlorophylle peuvent résulter de la métamorphose de grains d'amidon (ovaire des légumineuses).

4° Enfin, en présence de la lumière, les leucites incolores peuvent se transformer directement en chloroleucites, en formant successivement de la xanthophylle et de la chlorophylle, de même que les xantholeucites des plantes étiolées peuvent verdir en produisant simplement de la chlorophylle (loc. cit., 50). (Voir à ce sujet les nombreux travaux de Sachs, in *Gesammelte Abhandlungen über Pflanzenphysiologie*. Leipsig, 1892; 1er volume, 313 à 417. Haberlandt, *Jahr. agrik. Chem.*, xx, 231 (1877.)

II. Préparation et propriétés chimiques. — Envisageons maintenant l'étude chimique de la chlorophylle pour bien fixer de suite à quelles matières on devra rapporter les propriétés physiques et physiologiques décrites dans la suite.

La chlorophylle est insoluble dans l'eau, elle ne peut être extraite qu'à l'aide de solvants appropriés tels que : alcool, éther, pétrole, sulfure de carbone, chloroforme, benzine. Si l'on évapore une semblable solution, il reste un résidu cireux, vert foncé, non fluorescent, lequel renferme une foule de substances : cires, résines, pigments jaunes, acides organiques, matières minérales, produits d'altération de la chlorophylle et surtout, parmi ceux-ci, de l'*hypochlorine* ou *chlorophyllane*. Tous les efforts des chimistes qui veulent extraire la matière verte directement doivent donc tendre à faire des épuisements courts, à l'abri de l'air et de la lumière, et à employer des solvants qui laissent autant que possible de côté les cires, résines et autres matières étrangères. La moindre trace de réactifs acides ou alcalins altère dans une large mesure, comme nous le verrons plus loin, cette matière verte : les propriétés chimiques et la composition varient, le spectre d'absorption surtout est plus ou moins modifié et dans la largeur et dans l'intensité et dans la position et dans le nombre même de ses bandes. Lorsqu'elle est en solution un peu étendue (dans l'alcool), la chlorophylle brute est d'un beau vert émeraude, elle possède une forte fluorescence rouge. Examinée au spectroscope, elle présente un certain nombre de bandes d'absorption que nous étudierons ultérieurement. Quant à la lumière émise par fluorescence, elle forme une seule et unique bande coïncidant exactement, d'après Hoppe-Seyler, avec la bande I du spectre d'absorption.

Avant d'entrer plus avant dans notre sujet, présentons d'abord un tableau d'ensemble des principaux corps qu'on peut actuellement dériver de la chlorophylle (Marchlewski, loc. cit., 3).

La chlorophylle, *telle qu'elle existe dans les feuilles*, n'a pas encore été préparée, si tant est qu'elle soit isolable. Les travaux les plus récents tendent à montrer, en effet, que la chlorophylle, appelée *cristallisée* par certains auteurs, n'est qu'un dérivé ou un mélange de produits d'altération de la véritable matière verte des feuilles. Hoppe-Seyler a désigné sous le nom de *chlorophyllane* un dérivé de la chlorophylle obtenu en traitant celle-ci en place par des acides faibles, dérivé qui semble identique au produit isolé à la même époque par A. Gautier. Cette chlorophyllane, d'après des remarques déjà anciennes, est dédoublée par les acides énergiques en deux corps, étudiés par Frémy en 1866, la *Phylloxanthine* et le *Phyllocyanine*, corps que Schunck a préparés récemment à l'état de pureté. Ce dernier savant a, de plus, étudié les produits de transformation de la phyllocyanine. Celle-ci, au contact des acides concentrés ou des alcalis, se change en un nouveau corps, la *Phyllotaonine*. D'autre part, la chlorophylle des feuilles, traitée par les alcalis, se change en un nouveau composé l'*Alkachlorophylle;* celui-ci, au contact d'un acide et d'un alcool, fournit un éther de la phyllotaonine. Tous ces produits, que l'on peut dériver les uns des autres, sont donc les différents termes de la destruction de la chlorophylle elle-même ; leurs relations peuvent être mises en évidence au moyen du schéma suivant :

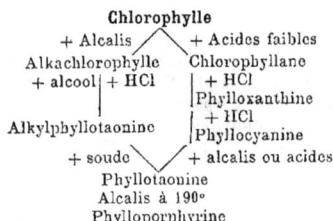

<pre>
                          Chlorophylle
           + Alcalis /   \ + Acides faibles
        Alkachlorophylle   Chlorophyllane
           + alcool | + HCl | + HCl
                    | Phylloxanthine
                    | | + HCl
        Alkylphyllotaonine   Phyllocyanine
           + soude \   / + alcalis ou acides
                     Phyllotaonine
                     Alcalis à 190°
                     Phylloporphyrine
</pre>

(Schunck et Marchlewski. *Lieb. Annal. d. Chem.*, cclxxviii, 329, 1893). Examinons maintenant par ordre chronologique, les divers travaux relatifs à la chimie de la chlorophylle et à celle de ses dérivés.

On doit à SENNEBIER, à la fin du dernier siècle, les premiers travaux relatifs aux altérations que subit la solution alcoolique de la matière verte des feuilles au contact de la lumière. Cet auteur constata que, au bout d'un certain temps, de semblables solutions pâlissaient et il reconnut que cette décoloration n'était pas due à l'action calorifique des rayons lumineux ; il remarque de plus que l'acide sulfurique détruisait la chlorophylle et la changeait en une matière brune ainsi que les alcalis étaient sans action sur elle. SENNEBIER n'est d'ailleurs pas le premier qui ait extrait la matière verte à l'aide de l'alcool : il est déjà fait mention de cette extraction dans les travaux de ROUELLE et de BOERAVE. Cependant SENNEBIER, malgré la découverte qu'il fit de certaines réactions nouvelles, n'avança pas beaucoup la question de la nature chimique du pigment vert, pas plus du reste que PROUST et VAUQUELIN, qui publièrent, quelques années après, des travaux sur ce même sujet. PROUST nommait cette matière : *fécule des plantes vertes.* C'est à PELLETIER et CAVENTOU (*Journ. Pharm.*, III, 486, 1817) qu'on doit les premières tentatives d'isolement de la matière verte. Ces savants traitent par l'alcool, à la température ordinaire, le marc bien exprimé et bien lavé de quelques plantes herbacées. L'évaporation de l'alcool laisse une substance d'un vert foncé et d'apparence résineuse laquelle est entièrement soluble dans l'alcool et l'éther : le chlore la décolore immédiatement. L'acide sulfurique concentré dissout cette matière à froid et sans l'altérer; mais, si on ajoute de l'eau, il se fait un trouble. Néanmoins il en reste encore en solution puisqu'on peut en obtenir par neutralisation au moyen d'un carbonate alcalin. L'acide chlorhydrique l'altère et lui fait prendre une teinte jaunâtre, les solutions alcalines la dissolvent sans altération et, si on fait agir un acide, la matière verte est, en partie, reprécipitée. Le mot de *chlorophylle* date de ces expériences. Quelques années après (1828), MACAIRE PRINCEP (*Ann. Chim. et Phys.*, (2), XXXVIII, 415, 1828; *Mémoire sur la coloration automnale des feuilles*) expliquait par la fixation de l'oxygène et par une sorte d'acidification de la *chromule* (substance particulière que renferment, d'après cet auteur, toutes les parties colorées des végétaux), le changement automnal de la couleur des feuilles.

BERZELIUS (*Ann. d. Pharm.*, XXVII, 296, 1838) insiste sur ce fait, à savoir qu'avant lui les expérimentateurs décrivent la matière verte, les uns comme une graisse verte, les autres comme une cire ou une résine dont la couleur est facilement destructible et qui, saponifiée par les alcalis, devient jaune, mais dont on ne peut de nouveau récupérer la matière verte. BERZELIUS regarde la chlorophylle comme une matière particulière, capable de supporter l'action des alcalis et celle des acides sans se décomposer, et d'entrer ainsi en combinaison, mais qui, à l'instar de plusieurs matières colorantes végétales, est détruite sous l'influence de la lumière, du chlore et de l'oxygène.

BERZELIUS se procurait cette matière de la façon suivante. Des feuilles de *Sorbus aria* sont contusées puis traitées par l'éther. Celui-ci est distillé et le résidu séché est épuisé par l'alcool : on ajoute de l'eau qui précipite la matière verte. Celle-ci est alors mise au contact de potasse concentrée, ce qui fait apparaître une coloration d'un beau vert d'herbe. Après une digestion de deux heures sur l'alcali, on étend d'eau, on fait bouillir, on filtre, on précipite par l'acide acétique et on obtient ainsi une poudre verte. Cette dernière possède les propriétés déjà signalées par les devanciers de BERZELIUS : insolubilité dans l'eau, solubilité dans l'alcool et l'éther, etc. Le premier, BERZELIUS remarqua que si on superpose une couche d'éther à une solution chlorhydrique de chlorophylle, l'éther devient jaune, tandis que la couche inférieure est d'un bleu vert. L'étude de cette réaction, comme nous allons le voir bientôt, a été reprise par FRÉMY. BERZELIUS décrit encore plusieurs modifications de la chlorophylle, mais ces modifications, il ne les obtenait qu'en changeant la méthode de préparation de la matière verte; il n'y avait donc, à proprement parler, que formation de produits d'altération nouveaux. MULDER (*Journ. f. prakt. Chem.*, XXXIII, 479, 1844) isole la chlorophylle en se servant d'un des procédés suivis par BERZELIUS; il précipite, par une addition de marbre, une solution chlorhydrique de chlorophylle. Cette matière a fourni à l'analyse élémentaire les chiffres suivants : C p. 100 = 55 ; H = 4,5; Az = 6,68; O = 33. Persuadé qu'il avait affaire à une matière pure, MULDER proposa la formule suivante C^{18}H^{18}Az^{2}O^5, avec quelques réserves cependant, car cette matière n'avait été analysée qu'une fois. Plusieurs années après, PFLAUNDLER (*Ann. d.*

Chem. u. Pharm., cxv, 37, 1860) publia une analyse dans laquelle l'azote ne figurait pas, mais les cendres de la matière examinée contenaient du fer (Voir encore : Verdeil. *Compt. rend.* xxxiii, 689, 1851; *Recherches sur la matière verte des plantes et la matière rouge du sang.* — Morot. *Ann. scien nat.*, (3), xiii, 160, 1849). Il semble que Trécul ait aperçu, dès 1865 (*Compt. rend.*, lxi, 435), *la chlorophylle cristallisée* dans une préparation microscopique. Les aiguilles cristallines vertes décrites par cet auteur disparaissaient dans l'alcool et dans l'éther.

Un des chimistes qui ont le plus contribué à l'étude de la chlorophylle, Frémy, a mis en lumière certains faits intéressants qui ont servi de point de départ à un grand nombre de recherches ultérieures (*Ann. chim. et phys.*, (4), vii, 78, 1866). Quant on soumet la chlorophylle, ainsi que nous l'avons dit plus haut, à la double action de l'acide chlorhydrique et de l'éther, on dédouble cette matière en un corps jaune, soluble dans l'éther, que l'auteur nomme *phylloxanthine* et en un corps bleu qui reste dissous dans l'acide chlorhydrique et auquel Frémy donne le nom de *phyllocyanine*. Tous les acides, même ceux qui sont peu énergiques, opèrent ce dédoublement de la chlorophylle. Mais, afin de séparer les deux corps susmentionnés, Frémy étudia l'action des bases. Or celles-ci semblent agir sur la chlorophylle de trois façons différentes : 1° Certaines bases terreuses, telles que la magnésie et surtout l'alumine, agitées avec une solution alcoolique de chlorophylle brute, forment de véritables *laques* en se combinant à la matière verte, elles laissent en solution dans l'alcool une matière jaune peu abondante et surtout un corps gras qui accompagne toujours la chlorophylle dans sa solution alcoolique, rendant ainsi la purification de cette matière très difficile. L'alumine peut donc être employée pour purifier la chlorophylle, car la laque qu'elle forme avec la substance verte a peu de stabilité, elle est décomposée par l'alcool bouillant qui dissout alors la chlorophylle débarrassée de corps gras et que l'on peut considérer comme sensiblement pure. 2° Les bases alcalines, telles que la potasse et la soude, bouillies avec des solutions alcooliques de chlorophylle la dédoublent comme le font les acides, mais elles saponifient en même temps les corps gras qui l'accompagnent. On obtient ainsi un liquide savonneux vert dont il est cependant impossible de retirer les principes immédiats [à l'état de pureté. 3° Quand on fait bouillir une solution de chlorophylle avec de l'hydrate de baryte, on la dédouble. La phylloxanthine, qui est un corps neutre, insoluble dans l'eau, se précipite avec un sel de baryte insoluble, lequel contient le second corps dont Frémy change le nom en celui d'*acide phyllocyanique*. Ce savant compare alors la chlorophylle à un corps gras coloré qui éprouverait, sous l'influence des bases énergiques, une sorte de saponification et dont la phylloxanthine, corps neutre jaune, serait la glycérine et l'acide phyllocyanique l'acide gras coloré en vert bleuâtre. Une fois ce dédoublement opéré, Frémy reprend la masse par de l'alcool qui dissout la phylloxanthine, cristallisable par évaporation du solvant. La phyllocyanate de baryte, traité par l'acide sulfurique, donne l'acide phyllocyanique soluble dans l'alcool ou l'éther. Ces deux principes étant isolés, voici les caractères que leur attribue Frémy : La phylloxanthine est neutre, insoluble dans l'eau, soluble dans l'alcool et dans l'éther; elle cristallise parfois en lames jaunes ou en prismes rougeâtres. L'acide phyllocyanique est insoluble dans l'eau, soluble dans l'alcool et l'éther; il communique à ces dissolvant une couleur olivâtre à reflets bronzés ou rouges. Cet acide est soluble dans les acides sulfurique et chlorhydrique en donnant des liqueurs qui, suivant la concentration, sont vertes, rouges ou violacées. Un excès d'eau les décompose et [reprécipite l'acide phyllocyanique. Nous verrons plus loin dans quelles conditions ces deux produits peuvent être obtenus à l'état de pureté. Cette idée de l'union de deux matières constituantes dans la chlorophylle a été émise sous une autre forme un peu plus tard par L. Liebermann (*Sitzungsber. Wiener Akad.*, (2. Abth), lxxii, 599. *Jahresb. der Chemie*, 1876, 872). La chlorophylle des diverses plantes n'offre pas de différences optiques : elle semble consister en une sorte de sel formé par *l'acide chlorophyllique* uni à une substance basique, le *phyllochromogène*. Celui-ci, par oxydation ou réduction, peut prendre des colorations variées et se trouve être ainsi la substance mère de la matière colorante de la fleur. Cette matière basique *offre quelque analogie avec la matière colorante du sang*. (Voir encore à cet égard les travaux de Filhol. *Ann. Chim. et Phys.*, (4), xiv, 332, 1868; *Recherches sur la matière colorante verte des plantes* et C. R., l, 545 et 1182; lxi, 371; lxvi, 1218 et lxxix, 612; — Kraus et Millardet. C. R., lxvi, 505, 1868; *Sur le pigment des Phycochromacées et des Diatomées.* — Müller, *Poggend. Annal.*, cxlii, 615, 1871 *(Das Grün der Blätter).* — Timiriazeff. *Jahresb. agrik. Chemie*, xvi, 221, 1873-74; *Petersbürger Naturforschergesell.*, 1874-1875. — Gerland et Rauwenhoff. *Poggend. Annal.*, cxliii, 231, 1871 ; *Beiträge zur Kenntniss des Chlorophylls und einiger seiner Derivate.* — Askenasy. *Bot. Zeitung*, 1867, 225. *Beiträge zur Kenntniss des Chlorophylls.* — Wolheim. *Ann. agron.*, xiv, 141, 1888, et *Botan. Centralbl.*, xxxii, 310.)

Kraus (*Zur Kenntniss der Chlorophyllfarbstoffe*, Stuttgard, 1872) se contente d'exécuter des observations spectroscopiques sur l'extrait alcoolique de chlorophylle et met en lumière ce fait, soupçonné déjà par quelques-uns de ses devanciers, qu'à côté de la matière verte existe une matière jaune. En effet, indépendamment des bandes d'absorption déjà connues, il existe une bande située à la même place que celle qu'on observe avec la solution jaune provenant de feuilles étiolées. Aussi Kraus pensa-t-il que dans la solution verte de chlorophylle existait une matière jaune qu'il s'efforça de séparer, et cela sans employer de réactifs violents. Il agitait la solution de chlorophylle dans l'alcool aqueux avec de la benzine. Ce dernier solvant prenait la matière verte, la matière jaune restant dans l'alcool. On peut aussi faire usage d'éther de pétrole. Cependant une semblable séparation n'est pas complète, la solution verte benzénique renfermant encore du pigment jaune. La solution alcoolique, qui contient ce que Kraus nomme la *xanthophylle*, est relativement pure ; la solution benzénique qui contient la *cyanophylle* est, au contraire, encore souillée de xanthophylle. La solution jaune fournit trois bandes d'absorption ;dans la partie bleu violet du spectre, le spectre de la cyanophylle possède sept bandes d'absorption et, d'après Kraus lui-même, diffère à peine de celui d'une solution alcoolique ordinaire de chlorophylle. De plus, Kraus montra les différences existant entre les spectres d'une solution alcoolique et celui des feuilles elles-mêmes et étudia les changements spectraux qu'on observe quand on fait usage de divers solvants : des observations ultérieures ont confirmé la justesse de ces vues. Peu après, Pringsheim (*Untersuch. über das Chlorophyll.*, I Abth. Berlin, 1874 ; II Abth. 1875) fit la remarque qu'une solution du pigment jaune, observée sous une épaisseur assez grande, possède les mêmes bandes d'absorption, dans la partie rouge du spectre, que la solution de chlorophylle elle-même : les observations de Kraus auraient donc porté sur des couches trop minces. Le pigment jaune des feuilles, ainsi que celui des fleurs jaunes, semble donc être très voisin de la matière colorante verte elle-même ; il semble qu'on puisse passer graduellement de la matière jaune à la chlorophylle.

Hansen montra plus tard qu'on pouvait expliquer les résultats annoncés par Pringsheim, en admettant que, dans le procédé employé par celui-ci pour obtenir ses solutions, il s'introduisait de petites quantités de matière verte. Hansen, comme nous le verrons bientôt, a décrit une méthode qui permet de débarrasser la solution jaune des moindres traces de matière verte ; dans ce cas, la solution jaune fournit un spectre d'absorption qui ne possède plus de bandes dans la partie rouge. (Voir aussi Timiriazeff, *Jahresb. agrik. Chemie*, xviii, 197, 1895.)

Avant de parler de la préparation et des propriétés d'un dérivé important de la chlorophylle, la *chlorophyllane*, disons que Tschirch, en 1883 (*Ber. deutsch. chem. Gesells.*, xvi, 2731), crut arriver à la solution du problème de la séparation de la chlorophylle à l'état pur en suivant une méthode toute différente de celle de ses devanciers. A cause de l'importance du travail, citons de suite les résultats auxquels Tschirch était arrivé. Ce savant fait remarquer que presque tous ceux qui se sont occupés de préparer la chlorophylle ont admis, sans preuves suffisantes ,que ce principe était relativement stable et que l'action de l'acide chlorhydrique concentré, par exemple, ne l'altérait pas. Une étude des changements que subit le spectre caractéristique des feuilles vivantes et celui des solutions alcooliques de cette matière, sous l'influence de certains agents, a fait voir à Tschirch que ce pigment était éminemment altérable. Un simple traitement par l'alcool l'altère déjà, bien que sa coloration semble ne subir aucune modification. L'étude spectroscopique montre que les chlorophylles extraites, soit au moyen des acides, soit au moyen des solvants neutres (*Chlorophylle cristallisée* de Gautier et Rogalski) ne sont que des produits de *décomposition* du corps primitif. Tschirch fait voir que cette chlorophylle cristallisée que nous venons de mentionner est identique à la *chlorophyllane* de Hoppe-Seyler (voir plus loin). Or la chlorophyllane est un produit d'oxydation de la matière colorante elle-même. Quant aux chlorophylles réputées pures de Berzelius, Mülder, Pflaundler, elles sont probablement identiques à l'acide phyllocyanique de Frémy. Tschirch attire l'attention sur ce fait que la chlorophylle n'est pas seulement altérée par l'action des acides forts et concentrés, mais que l'acide carbonique lui-même la décompose rapidement avec formation de chlorophyllane. Or les plantes renferment toujours dans leurs cellules des composés acides, et l'on conçoit qu'à leur contact la teinture alcoolique se décompose rapidement, ainsi que le montre l'étude spectroscopique. Aussi tous les traitements qu'on exécutera ultérieurement sur cette solution alcoolique, en vue de précipiter ou de séparer le pigment, échoueront forcément, la matière colorante véritable étant déjà transformée par le fait même de sa dissolution dans l'alcool. Actuellement, pensait Tschirch, il n'est possible de regarder comme étant de la chlorophylle *pure* que celle dont le spectre d'absorption se montrera identique à celui des feuilles vivantes en ce qui concerne et la *position* des bandes, et leur *largeur*, et *leur intensité*. Tschirch crut avoir préparé un semblable produit en réduisant la chlorophyllane, obtenue par le procédé de Hoppe-Seyler, au moyen de la poudre de zinc au bain-marie. La solution dans l'alcool de cette dernière matière, d'un vert émeraude, fournit le spectre suivant évalué, d'après l'échelle d'Angström, en longueur d'onde de cent millièmes de millimètre (On a pour la raie D, λ = 58.9) :

BANDES D'ABSORPTION.	I	II	III	IV
Solutions en couches minces, λ	68—63	62—39,5	58,3—55,7	54—52,5
Feuilles vivantes, λ.	70—65	63—61	60—57	55—54

Si l'on tient compte de ce fait que, dans les feuilles vivantes, il y a déplacement de toutes les bandes vers le rouge, les bandes de ces deux spectres coïncident assez exactement. La chlorophylle *pure*, préparée ainsi par Tschirch, se présente sous l'apparence d'un liquide vert très foncé n'ayant pas fourni de cristaux. Ce liquide est soluble dans l'alcool, l'éther, la benzine, il ne se dissout pas dans l'eau. Les acides étendus le changent en chlorophyllane jaune, l'acide chlorhydrique concentré en phyllocyanine bleue. Sa solution alcoolique est bien plus stable à la lumière que la simple teinture alcoolique de chlorophylle. Pour Tschirch, cette matière était identique à la chlorophylle naturelle. Mais, tout récemment, Schunck (*Proc. Roy. Soc.*, xxxix, 360) a fait remarquer que les combinaisons zinciques que contracte la phyllocyanine se comportent au spectroscope comme la chlorophylle elle-même et cet expérimentateur pensa que la chlorophylle *pure* de Tschirch n'était qu'une combinaison de phyllocyanine avec le sel de zinc de quelque acide gras. Tschirch reconnut ultérieurement le bien fondé de cette opinion et remarqua qu'en effet sa chlorophylle pure contenait du zinc (Voir aussi Guignet; *C. R.*, c, 434, 1885. *Extraction de la matière verte des feuilles, combinaisons définies formées par la chlorophylle*).

Étude des dérivés de la chlorophylle. — La matière verte elle-même ne pouvant donc être obtenue jusqu'à présent à l'état de pureté, il convient maintenant de décrire quelques dérivés de cette matière, en commençant par ceux qui semblent, par la nature même des réactifs employés, provenir de la chlorophylle à la suite de transformations simples. Ces produits, qu'on pourrait appeler de transformation ou de dédoublement, cristallisent parfois; leur constitution, actuellement inconnue, éclairera évidemment plus tard celle de la chlorophylle elle-même.

I. Chlorophyllane. — Cette matière prend naissance quand on traite une solution alcoolique de chlorophylle par des acides faibles. La couleur primitive s'altère, sa teinte varie du vert olive au brun et les propriétés optiques ne sont plus les mêmes que celles de la liqueur initiale. C'est à Gautier, à Rogalski et à Hoppe-Seyler qu'on doit en même temps la préparation et l'étude de ce corps. Celui-ci, bien que ne constituant pas probablement une espèce chimique définie, est néanmoins intéressant. Donnons quelques détails sur son histoire. Gautier (*Comptes rendus*, lxxxix, 861, 1879, et *Bull. Soc. chim.*, (2 , xxxii, 499), préoccupé d'obtenir ce qu'il pensait être la chlorophylle pure et cela à l'aide de réactifs neutres et d'éloigner autant que possible les impuretés telles que graisses, résines, corps minéraux qui accompagnent la matière verte dans la feuille, s'arrête au procédé suivant d'extraction. Il pile des feuilles d'épinard ou de cresson et additionne le magma d'un peu de carbonate sodique jusqu'à presque neutralité du jus; il exprime ensuite à la presse. Le marc, délayé dans de l'alcool à 55° C., est comprimé de nouveau. Ainsi épuisée à froid, la matière est ensuite reprise par de l'alcool à 83° C. La chlorophylle se dissout alors ainsi que les graisses, cires et pigments. On filtre la liqueur et on la met en contact avec du noir animal en grains. Au bout de quatre à cinq jours, le noir s'est emparé de la matière colorante verte : la liqueur filtrée est jaune verdâtre ou brunâtre : elle contient toutes les impuretés. On décante, on recueille le noir dans une allonge et on le lave à l'alcool à 85° C. ; ce solvant s'empare d'une matière jaune cristallisable. Sur le noir ainsi privé du corps jaune, on verse de l'éther anhydre ou du pétrole léger. Ces dissolvants prennent la chlorophylle et fournissent une liqueur vert foncé qui, évaporée lentement, dans l'obscurité, abandonne la *chlorophylle cristallisée*. Ce sont des aiguilles aplaties, parfois rayonnantes, molles, d'un vert intense quand la préparation est de date récente. A la lumière diffuse, ces cristaux deviennent jaunâtres, puis, au bout d'un temps assez long, ils se décolorent. GAUTIER n'a pas davantage étudié ce produit. Mais il fait ici un rapprochement qui vaut la peine d'être cité. Il compare la chlorophylle à la bilirubine; comme la bilirubine, en effet, la matière colorante verte se dissout dans l'éther, le chloroforme, la benzine, le sulfure de carbone, le pétrole, et se dépose de sa solution tantôt, à l'état amorphe, tantôt à l'état cristallisé. Le noir animal l'enlève à la plupart de ses dissolvants, mais l'éther la redissout de nouveau. Comme la bilirubine, la chlorophylle joue le rôle d'un acide faible et donne des sels solubles et instables avec les alcalis, insolubles avec les autres bases. Ainsi que les solutions alcalines de chlorophylle, les solutions alcalines de bilirubine s'altèrent et s'oxydent facilement sous l'influence de la lumière. Enfin, comme la bilirubine, la chlorophylle peut s'unir à l'hydrogène naissant. GAUTIER rappelle alors le dédoublement opéré par FRÉMY au contact de l'acide chlorhydrique concentré. La substance bleu verdâtre qui se dissout (acide phyllocyanique de FRÉMY) peut être séparée par saturation de sa solution chlorhydrique : c'est une matière vert olive, soluble dans l'alcool et l'éther, s'unissant aux bases avec lesquelles elle forme des sels alcalins solubles. Elle paraît répondre à la formule $C^{18}H^{22}Az^2O^3$, celle de la bilirubine étant $C^{16}H^{18}Az^2O^3$. Quand on incinère cette chlorophylle cristallisée, elle laisse 1,7 à 1,8 p. 100 de cendres (phosphates, magnésie, chaux, acide sulfurique), mais elle ne contient pas de fer.

Cette comparaison entre le chlorophylle et la matière colorante biliaire avait déjà été indiquée par STOKES (*Proc. Roy. Soc.*, XIII, 144, 1863. *On the supposed identity of biliverdin with chlorophyll with remarkes on the constitution of chlorophyll. — Biliverdin und Chlorophyll; Chem. Centralbl.*, 1865, 64). Nous trouverons plus loin des rapprochements plus nets entre certains produits du dédoublement de la chlorophylle et l'hématoporphyrine dérivée de l'hémoglobine.

A la même époque, HOPPE-SEYLER (*Zeitsch, für physiol. Chemie*, III, 339, 1879; IV, 193, 1880; 5-75, 1881 publiait sur la chlorophyllane des travaux intéressants. Le corps qu'il obtint se trouva être presque identique à celui de GAUTIER. Mais HOPPE-SEYLER alla plus loin et émit, relativement à la constitution de la chlorophyllane, une hypothèse digne d'attirer l'attention des physiologistes.

HOPPE-SEYLER traite d'abord par l'éther les feuilles sur lesquelles il veut opérer, afin de les priver de la cire qui enduit leur surface. La plante mise en œuvre par lui est le *gazon ordinaire*. Ce traitement éthéré une fois achevé, on chauffe la matière avec de l'alcool au bain-marie, on laisse en contact pendant vingt-quatre heures, on chauffe de nouveau et on filtre chaud. Par refroidissement, il se sépare des lamelles cristallines, rouges à la lumière transmise, verdâtres à la lumière incidente, difficilement solubles dans l'alcool et l'éther et probablement identiques avec les cristaux que BOUGAREL avait décrits peu de temps auparavant sous le nom d'*érythrophylle* (*Bull. soc. chim*, (2), XXVII, 442, 481, 1877)[1].

En effet, les cristaux, bien que peu solubles dans l'éther, abandonnent à ce solvant une matière jaune. Une fois que les cristaux ont été séparés par filtration, la solution

___

1. BOUGAREL traitait les feuilles de pêcher et de sycomore par l'éther ou par l'alcool. Il obtenait par évaporation, au bout de quelques jours, sur les parois du vase, des lamelles brillantes offrant le reflet verdâtre de la fuchsine.

alcoolique est évaporée à une douce chaleur dans des capsules de verre, le résidu est traité par l'eau, laquelle dissout des sels et beaucoup de matières sucrées, puis par l'éther. On filtre cette solution éthérée et on l'abandonne à l'évaporation spontanée; toutes ces manipulations sont exécutées dans une pièce obscure. Quand une partie de l'éther est évaporée, on voit sur les parois et le fond du vase des cristaux d'apparence cornée, bruns à la lumière transmise et vert foncé à la lumière réfléchie, puis, lorsque la presque totalité de l'éther est évaporée, il se sépare aussi des gouttelettes huileuses d'un vert foncé. Le précipité est alors lavé à l'alcool froid et ce qui ne s'est pas dissous est traité par l'alcool chaud, puis filtré. Les grains qui se déposent par refroidissement sont séparés, lavés à l'alcool froid, dissous dans l'éther qui les abandonne purs par évaporation. Les solutions alcooliques fournissent par évaporation de nouvelles quantités de cette matière colorante foncée qu'on purifie comme plus haut.

La quantité de cristaux ainsi obtenue n'est pas considérable, une notable proportion de la matière colorante reste dans l'eau mère et ne cristallise pas. La matière qui cristallise reçoit de HOPPE-SEYLER le nom de *chlorophyllane*. Voici les propriétés qui lui sont attribuées. La chlorophyllane se sépare de sa solution éthérée en grains sphériques et en croûtes lorsque cette solution s'évapore à la température ordinaire. Cette cristallisation est complète et ne permet pas de distinguer entre les cristaux de substance étrangère amorphe. Ceux-ci sont d'un vert noir à la lumière incidente, bruns à la lumière transmise, leur consistance est celle de la cire d'abeilles, ils adhèrent au métal ou au verre avec facilité et ne peuvent être enlevés que par dissolution. Insuffisamment séchés, les cristaux fondent aux environs de 100°, bien secs, ils ne fondent pas encore à 110°; une fois qu'ils sont fondus (température indéterminée), on peut les chauffer assez fortement sans qu'ils dégagent de gaz; finalement la masse brûle et laisse un charbon difficilement combustible contenant de la magnésie et de l'*acide phosphorique*.

La chlorophyllane se dissout difficilement dans l'alcool froid, plus facilement à chaud, facilement dans l'éther, le pétrole, la benzine, le chloroforme. Une solution éthérée de faible épaisseur permet de reconnaître au spectroscope l'absorption caractéristique dans le rouge entre B et C lorsque cette solution renferme seulement par litre un milligramme de matière colorante. La solution montre la fluorescence rouge de même que l'extrait alcoolique de plante fraîche, mais HOPPE-SEYLER remarque que cette solution de chlorophyllane se distingue des extraits fraîchement préparés en ce que, à la lumière transmise, elle possède non pas la couleur bleuâtre des solutions naturelles, mais une coloration vert olive moins pure. De plus, les bandes d'absorption de cette solution sont plus foncées et plus larges que celles que fournit la solution faite avec des plantes fraîches. La chlorophyllane n'existe donc pas toute formée dans les plantes, elle prend naissance par suite du traitement précédent; c'est ce que montre l'examen optique superficiel que nous avons mentionné. Voici quelle est la composition centésimale des différentes préparations de chlorophyllane :

	HOPPE-SEYLER.	GAUTIER.	ROGALSKI (*Comp. Rend.*, XC, 881, 1880).	
	p. 100	p. 100	p. 100	p. 100
C.	73,34	73,97	73,20	72,83
H.	9,72	9,80	10,50	10,25
Az.	5,68	4,15	4,14	4,14
O.	9.52	»	»	»
P.	1,38	»	»	»
Mg.	0,34	»	»	»
Cendres.	»	1,75	1,67	1,63

Si l'on compare entre eux ces chiffres, on voit qu'ils sont fort rapprochés et que les diverses matières analysées sont sans doute identiques. HOPPE-SEYLER fait remarquer que le phosphore et le magnésium qu'il a dosés dans les cendres ne proviennent que d'une impureté et qu'ils semblent appartenir à une *lécithine*. Mais, en regardant la chose de plus près, cet auteur constate que l'eau mère séparée des cristaux, eau mère qui aurait dû être riche en lécithine si celle-ci n'eût été qu'une impureté adhérant aux cristaux, était, au contraire, très pauvre en phosphore. Il ne peut donc plus être question d'une impureté de la chlorophyllane et il convient de chercher dans les produits de dédoublement de ce dernier corps, à quel état de combinaison doit se trouver le phosphore.

Action de la potasse sur la chlorophyllane. — Si l'on traite la chlorophyllane par la potasse alcoolique, qu'on distille l'alcool et qu'on reprenne par l'acide chlorhydrique le résidu, on constate qu'il ne s'est formé ni ammoniaque, ni bases volatiles. La chlorophyllane ne semble pas avoir subi d'altération pendant ce traitement, car la masse sirupeuse restée dans la cornue fournit au spectroscope les caractères fondamentaux de la chlorophyllane primitive. Il y a donc lieu de penser que la petite quantité de lécithine mélangée à la chlorophyllane a été enlevée par la potasse alcoolique et que, en faisant passer un courant de gaz carbonique dans cette solution potassique, filtrant la solution chaude puis la laissant refroidir, on pourra obtenir, après concentration suffisante, une chlorophyllane plus pure qu'auparavant. En réalité, on obtient ainsi le sel de potassium d'un acide particulier, l'*acide chlorophyllanique*. Si l'on chauffe vers 200° une solution concentrée de potasse avec de la chlorophyllane, qu'on agite avec de l'éther le résidu traité d'abord par l'eau et fortement alcalin, puisqu'on acidule le tout, on constate que l'éther a abondamment dissous une matière colorante pourpre, tandis que le liquide aqueux contient en dissolution une matière bleu foncé. Il reste à l'état insoluble une petite quantité d'une résine noire. Ce corps qui s'est dissous dans l'éther possède de remarquables propriétés optiques, mais il est très altérable, et déjà, par suite d'une simple évaporation, il abandonne sur les parois du vase une matière colorante violet noir. Ce corps, soluble dans l'éther, à réaction acide, chauffé avec de l'alcool et du carbonate de sodium à sec, puis repris par l'alcool, fournit une solution rouge pourpre fortement fluorescente. Ce sel de sodium est ensuite changé en sel de baryum et celui-ci est décomposé par l'acide sulfurique : on obtient ainsi un acide possédant une double fluorescence que Hoppe-Seyler nomme *acide dichromatique ;* cet acide n'est pas azoté et répond sensiblement à la formule $C^{20} H^{34} O^3$ (Voir plus loin, à propos de la phylloporphyrine, les résultats différents de Schunk et Marchlewski). L'acide dichromatique est décomposé quand on fait agir sur ses sels des acides énergiques et qu'on reprend par l'éther. Une semblable solution, neutralisée avec précaution par de la baryte, fournit un précipité brun floconneux qui se dessèche en une masse brun foncé presque noire avec éclat métallique violet. Cette matière possède une ressemblance remarquable, quant à son spectre d'absorption, avec la matière bien connue sous le nom d'*hématoporphyrine*, laquelle s'obtient en traitant l'hémoglobine par les acides forts. Ce produit de décomposition de la chlorophyllane, Hoppe-Seyler le nomme *phylloporphyrine*. On a donc le schéma suivant qui représente les phases successives de la décomposition de la chlorophyllane :

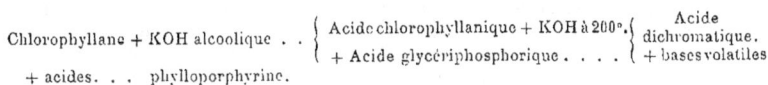

Chlorophyllane + KOH alcoolique . . $\left\{ \begin{array}{l} \text{Acide chlorophyllanique} + \text{KOH à 200°.} \\ \text{+ Acide glycériphosphorique . . . .} \end{array} \right. \left\{ \begin{array}{l} \text{Acide dichromatique.} \\ \text{+ bases volatiles} \end{array} \right.$

+ acides. . . phylloporphyrine.

Pour isoler les produits de la décomposition de la lécithine mélangée ou combinée à la chlorophyllane, on chauffe celle-ci pendant une heure avec de la potasse alcoolique et on précipite par un courant de gaz carbonique l'excès d'alcali. Le précipité qui se forme alors contient le chlorophyllanate de potassium et la matière phosphorée. On dissout dans l'eau froide, on précipite par l'acétate de baryum : la substance phosphorée reste en dissolution sous forme de glycériphosphate de baryum. Un dédoublement opéré par l'acide sulfurique étendu permet d'isoler la glycérine.

La solution alcoolique précédente, débarrassée de carbonate de potassium, d'acide chlorophyllanique et de glycériphosphate, est évaporée ; le résidu qu'elle laisse, fortement acidulé, est repris par l'eau puis agité avec de l'éther. On enlève ce solvant par évaporation, on reprend par l'eau de baryte pour neutraliser exactement l'acide sulfurique, on filtre, on évapore et on reprend par l'alcool absolu. La solution alcoolique traitée par le chlorure de platine fournit un sel double de platine, facilement soluble dans l'eau, lequel, après cristallisation, contient à l'analyse 32,11 p. 100 de platine. En chauffant le chlorhydrate de cette base avec de la potasse, on perçoit nettement l'odeur de triméthylamine. Cette base est donc identique à la *choline* dont le chloroplatinate renferme 31,90 p. 100 de platine.

Étant donné, d'après ce qui précède, cette union intime de l'acide glycériphosphorique avec la chlorophyllane, il est vraisemblable d'admettre que ce n'est pas la chlorophyllane qui est souillée de lécithine, mais que cette chlorophyllane contracte combinaison avec la lécithine, ou, mieux encore, *qu'elle est elle-même une lécithine;* la glycérine se trouvant combinée avec un acide gras et avec l'acide chlorophyllanique. Il conviendrait donc, à cet effet, de rechercher la présence des autres acides dans cette lécithine particulière.

Tel est le procédé employé par HOPPE-SEYLER pour extraire la chlorophyllane et telles sont les vues de cet auteur sur la nature de ce corps. Nous parlerons, en finissant, de certains faits qui confirment les idées du précédent auteur sur le rôle du phosphore dans la constitution de la chlorophylle.

Un grand nombre de travaux ont été exécutés depuis ceux que nous venons de citer en vue de retirer la chlorophylle des feuilles; nous ne pouvons les mentionner tous. A. MEYER (*Bot. Zeitung*, 1882, 533) extrait le pigment vert en chauffant du gazon avec de l'acide acétique glacial puis abandonne le produit à lui-même. Le chlorophyllane qui cristallise peu à peu est purifiée d'après la méthode de HOPPE-SEYLER. TSCHIRCH emploie un procédé analogue. A propos de l'*alkachlorophylle*, nous donnerons un procédé d'extraction particulièr dû à HANSEN. Citons encore un travail de SACHSSE (*Phytochemische Unter-suchungen*, Leipsig, 1880, 1 et *Ber. der Naturforsch. Gesells.*, Leipzig, 1880, 17). Partant de cette idée que la chlorophylle n'est sans doute que *le premier produit de réduction de l'acide carbonique*, SACHSSE émet l'opinion que ce pigment doit se transformer ultérieurement en principes immédiats réputés être, jusqu'à présent, les produits primitifs de la réduction du gaz carbonique, c'est-à-dire en amidon et hydrates de carbone divers. Si, en dépit de cette transformation continue de la chlorophylle, la plante qui assimile ne cesse pas d'être verte, il faut en chercher la cause dans la formation incessante de la chlorophylle par réduction directe de CO^2. SACHSSE s'efforce donc de montrer la transformation de la chlorophylle en hydrates de carbone et, à cet effet, emploie l'action du sodium sur des solutions de chlorophylle purifiées autant que possible. Cette réaction engendre la formation d'un précipité vert. Celui-ci, lavé à la benzine, se présente sous la forme d'une masse vert foncé, savonneuse, soluble dans l'eau et l'alcool. La solution aqueuse de cette matière donne, avec une dissolution d'un sel métallique (sulfate cuivrique, par exemple), un précipité vert foncé. Le liquide qui surnage ce précipité contient une substance amorphe, incolore, dont la composition est très voisine de celle d'un hydrate de carbone. L'action des acides transforme cette dernière substance en un corps possédant les réactions principales d'un sucre du groupe du glucose. D'autre part, si l'on chauffe les solutions aqueuses de la matière colorante avec de l'acide chlorhydrique, il se fait un précipité, mélange de phyllocyanine et d'autres produits de décomposition ; le liquide surnageant, neutralisé, évaporé et épuisé par l'alcool, fournit une matière voisine des sucres, laquelle, chauffée avec de l'acide chlorhydrique, réduit la liqueur de FEHLING. En résumé, les produits de décomposition de la chlorophylle fournissent, d'après SACHSSE, une phyllocyanine qui représente, en quelque sorte, un noyau stable au sein de la molécule chlorophyllienne si altérable, une matière partiellement transformable par les acides en sucre, une substance grasse et une matière colorante jaune sur laquelle nous ne pouvons insister.

Nature et formation de la chlorophyllane. — La formation de la chlorophyllane est accélérée par la présence d'un acide; les solutions de chlorophylle qui sont traitées par des liquides très acides se modifient plus rapidement que celles traitées par des liquides peu acides; il est donc probable que la présence des acides a une influence marquée sur la formation de la chlorophyllane, celle-ci semble du reste prendre naissance par hydrolyse. TSCHIRCH pense que la genèse de cette substance est liée à un processus d'oxydation. En effet, si l'on chauffe une solution alcoolique de chlorophyllane avec de la poudre de zinc, ainsi que nous l'avons dit plus haut, la coloration brun foncé, qui est celle des solutions concentrées de ce corps, devient vert émeraude et le spectre de cette nouvelle solution possède les bandes de la chlorophylle naturelle : nous avons déjà parlé, d'ailleurs, de ce phénomène et exposé les critiques de SCHUNCK à son égard. Notons également que ASKENASY, en faisant agir sur une solution alcoolique de chlorophylle le permanganate de potassium, a obtenu *la chlorophylle modifiée* qui est identique probablement à la chlorophyllane.

Il est néanmoins admis aujourd'hui que la chlorophyllane n'est pas un corps chimiquement défini (SCHUNCK et MARCHLEWSKI).

II. Phylloxanthine. — Nous savons que FRÉMY a préparé cette matière en dédoublant la chlorophylle par les acides. SCHUNCK (*Proc. Roy. Soc.*, L, 306) prend une solution alcoolique de chlorophylle obtenue avec du gazon et aussi concentrée que possible. Après quelques jours, il sépare par filtration quelques matières très colorées qui se sont déposées puis, dans le filtratum, il fait passer un courant de gaz chlorhydrique, lequel détermine la précipitation d'un corps vert, très foncé, presque noir. Ce précipité, recueilli et lavé à l'alcool jusqu'à ce que ce dissolvant passe incolore, contient un mélange de *phylloxanthine* et de *phyllocyanine* souillé de corps gras et de cire. On dissout le tout dans l'éther et on agite cette solution éthérée avec de l'acide chlorhydrique concentré. Il se forme deux couches liquides : la supérieure, éthérée, est jaune verdâtre et contient la phylloxanthine avec un peu de matières grasses ; la couche inférieure, bleu foncé, contient le phyllocyanine. On sépare ces deux couches ; la couche éthérée est de nouveau agitée avec de l'acide chlorhydrique jusqu'à ce que ce dernier réactif ne se colore plus en bleu verdâtre. On évapore ensuite l'éther, on lave le résidu avec de l'eau, on sèche, on dissout dans un peu de chloroforme et on ajoute de l'alcool. Bientôt se sépare la phylloxanthine, les corps gras restant en solution ; cependant cette phylloxanthine renferme encore une petite quantité de graisse. C'est une matière amorphe, vert foncé, soluble dans l'alcool bouillant, dans l'éther, la benzine, le sulfure de carbone et surtout le chloroforme. Ces solutions sont d'un vert brun et possèdent une fluorescence rouge.

III. Phyllocyanine. — La solution chlorhydrique obtenue plus haut est additionnée de beaucoup d'eau. Les flocons bleu foncé qui se précipitent sont recueillis et lavés à l'eau (SCHUNCK. *Proc. Roy. Soc.*, XXXIX, 148). On fait ensuite cristalliser cette matière dans l'acide acétique. La phyllocyanine est un corps bleu foncé, cristallin, insoluble dans l'eau, soluble dans l'éther, la benzine, le chloroforme ; il est partiellement sublimable. Or cette matière a été souvent l'objet d'analyses. MOROT (1859) l'avait regardée comme de la chlorophylle pure, elle contenait, d'après cet hauteur C = 69, 23, H = 6,40, Az = 8,97 p. 100. WOLLHEIM l'a trouvée moins riche en carbone ; TSCHIRCH a donné des chiffres voisins de ceux de MOROT.

La phyllocyanine fournit des produits de décomposition très intéressants, sur lesquels nous ne pouvons nous étendre ici. SCHUNCK a montré que, contrairement à ce qu'on avait avancé, la phyllocyanine doit être considérée *comme une base faible* capable de donner naissance à des sels doubles avec les sels organiques à métaux lourds ; elle se comporte donc un peu comme un alcaloïde. Pour préparer ces sels, SCHUNCK dissout la phyllocyanine dans l'acide acétique glacial et il ajoute à cette liqueur l'oxyde métallique ou son acétate ; s'il s'agit de combiner ce corps à d'autres acides (palmitique, stéarique, tartrique, citrique, phosphorique), on dissout la phyllocyanine dans l'alcool bouillant, on décompose la solution par un excès de l'acide à employer, on ajoute l'oxyde fraîchement préparé dont on veut obtenir le sel double et on chauffe pendant quelques heures. On filtre et on précipite le sel double par l'eau. SCHUNCK a ainsi préparé de l'acétate double de phyllocyanine et de cuivre, du palmitate, du stéarate, etc., ainsi que des sels doubles de fer, zinc et manganèse. L'acétate cuivrique double est un sel bleu vert, l'acide chlorhydrique bouillant ainsi que l'acide sulfhydrique sont sans action sur lui (MARCHLEWSKI, *loc. cit.*, p. 29 et 37).

Transformation de la phylloxanthine en phyllocyanine. — On met de la phylloxanthine en suspension dans l'acide chlorhydrique concentré, on ajoute un peu d'éther et on agite. La solution se colore peu à peu en bleu vert. On agite alors avec un excès d'éther pour enlever la phylloxanthine inattaquée, on verse la solution chlorhydrique dans l'eau et on traite de nouveau par l'éther : celui-ci se charge de la phyllocyanine qui a pris naissance. Cette phyllocyanine possède exactement le même spectre que celle préparée directement (SCHUNCK et MARCHLEWSKI, *Lieb. Ann. d. Chem.*, 1894, CCLXXXIV, 101). La destruction de la chlorophylle sous l'influence des acides se fait donc en deux phases ; dans la première il y a formation de phylloxanthine, dans la seconde formation de phyllocyanine. ASKENASY (*Bot. Zeitung*, 1867, 229) semble avoir décrit il y a longtemps une transformation de ce genre. (Voir aussi : Russell et Lapraik, *Journ. of the chem. Soc.*, 1882, xliv, 334.) Schunck et Marchlewski (*Ber. chem. Gesells*, xxix, 1347, 1896) ont tout récemment combattu les conclusions inverses d'un travail de Tschirch (*Ber. botan. Gesell.*, 1896, 76), lequel prétendait avoir transformé la phyllocyanine en phylloxanthine. (Pour plus de détails consulter encore Schunck et Marchlewski; *Lieb. Ann. d. Chem.*, cclxxxiv, 81 ; cclxxxviii, 209, 1895, *Zur Chemie des Chlorophylls*).

IV. Alkachlorophylle. — La nature des corps qui prennent naissance quand on traite la chlorophylle par les alcalis a été très discutée. Hansen estime que, dans une solution alcoolique de chlorophylle, la matière colorante est combinée aux éthers d'acides gras. Si, en effet, on traite un extrait alcoolique de feuilles par du noir animal, celui-ci s'empare et de la matière colorante et de l'éther d'acide gras. En supposant qu'il n'existât pas de combinaison entre ces deux substances, le noir ne devrait s'emparer que de la matière colorante. Hansen (*loc. cit.*, 41) procède donc *par saponification* et se propose : 1° d'opérer une séparation des éthers gras d'avec les pigments ; 2° d'isoler ensuite les deux pigments que contient la chlorophylle naturelle. Ce travail ayant une certaine importance au point de vue de la nature même de la chlorophylle, donnons ici quelques détails. Voici d'abord sur quelles opérations préliminaires Hansen a basé sa méthode d'extraction.

La solution alcoolique de chlorophylle est saponifiée par la soude caustique; on extrait ensuite du mélange alcalin des savons, et après addition de sel marin, une matière colorante jaune par le pétrole, puis la matière verte par l'éther chargé d'alcool.

Pour préparer la matière colorante, Hansen exclut les feuilles qui peuvent contenir de grandes quantités d'acides, ainsi que celles qui renferment des substances résineuses. L'auteur emploie à cet effet le gazon et principalement les espèces *Lolium perenne* et *Dactylis glomerata* dont les feuilles minces sont bien vertes et possèdent un faible enduit cireux. Avant tout, on chauffe la plante avec de l'eau : il se dissout une matière brune ainsi que des matières extractives. Cette matière brune entrée de la sorte en solution ne contient pas de pigments dérivés de la chlorophylle, ainsi que le montre l'observation spectroscopique. On répète plusieurs fois ce traitement à l'eau, on essore ensuite les feuilles, on les sèche à l'abri de la lumière. Traitées comme il vient d'être dit, celles-ci ne contiennent plus de matières telles que : hydrates de carbone, albuminoïdes, sels. Pour s'en assurer, Hansen fait avec ces feuilles un extrait alcoolique, distille l'alcool, évapore à sec, mêle intimement le résidu avec du sable et épuise par l'éther, puis par l'alcool, puis finalement par l'eau : l'évaporation de ce dernier dissolvant ne donne pas trace de résidu.

L'extraction de la chlorophylle dans la masse épuisée par l'eau se fait au moyen de l'alcool chaud, on laisse refroidir ce solvant afin que la majeure partie des corps gras se dépose. On filtre après refroidissement, on lave à l'alcool froid les matières qui se sont déposées jusqu'à ce que le liquide ne se colore plus. Hansen, après avoir comparé le spectre de la dissolution avec celui des feuilles elles-mêmes, admet que le pigment n'est pas altéré par ce mode d'extraction. Ces deux spectres présentent cependant une légère différence; dans le cas de la solution alcoolique, les bandes d'absorption sont quelque peu repoussées vers la droite. Kraus avait déjà fait la même remarque : il expliquait ce fait en disant que le pigment doit exister dans la feuille dans d'autres rapports moléculaires que dans la solution alcoolique. Diverses observations ont montré que le pigment vert dissous dans des véhicules variés fournit un spectre d'absorption qui présente le même déplacement que dans le cas de l'alcool; des observations de ce genre ont été publiées par Melde (*Poggend. Ann.*, cxxvi, 264, 1865), Stokes (*Poggend. Ann.*, cxxvi, 619), Kundt (*Poggend. Ann. Jubelband*, 615, 1874).

Lorsqu'on décolore par le noir animal cette solution alcoolique de chlorophylle, le noir retient à la fois, comme nous l'avons dit plus haut, la matière colorante et les corps gras, ce qui, d'après Hansen, exclut l'idée d'un simple mélange de ces deux substances. Si l'on chauffe alors le noir avec une solution de soude dans l'alcool, cet alcool s'emparera de nouveau de la matière colorante, en même temps que les corps gras seront saponifiés. Ce traitement alcalin, renouvelé plusieurs fois, fournit une solution vert foncé qui contient : le pigment vert à l'état de composé sodique, le pigment jaune qui l'accompagne inaltéré et enfin des savons. On sature par un courant de gaz carbonique pour

.neutraliser l'excès de soude et on évapore à sec. Ce magma est épuisé par l'éther anhydre; ce solvant se colore faiblement, on le décolore par le noir et on évapore. L'examen des acides gras ainsi enlevés a montré l'existence, à la fois, d'un acide volatil, d'un acide fixe (*acide myristique*) et d'une matière non saponifiable (*alcool supérieur*). Le liquide incolore qui s'est écoulé lorsqu'on a traité par le noir la solution alcoolique primitive de chlorophylle est saponifié de même, saturé de gaz carbonique et évaporé à sec. On épuise à l'éther. La décomposition par l'acide sulfurique des savons qu'a dissous l'éther montre qu'il existe dans ce liquide une substance non saponifiable (*alcool supérieur*), un acide gras volatil et un acide non volatil (*acide laurique*) : tel est le principe de la méthode de HANSEN. Cet auteur opère donc définitivement ainsi. Il saponifie par la soude la solution alcoolique de chlorophylle, enlève la majeure partie de l'alcool par distillation, puis évapore à sec. Les savons dissolvent certaines substances du mélange insoluble dans l'eau seule, le pigment jaune entre autres. Ce pigment jaune ne contracte pas de combinaison avec la soude; on l'enlève simplement par un épuisement à l'éther, la combinaison sodique du pigment vert ne se dissolvant pas dans le réactif, ainsi que la majeure partie des savons. L'éther prend une couleur jaune orangé et abandonne par évaporation le pigment jaune à l'état impur. L'éther laisse donc, sans les avoir dissous, la combinaison sodique du pigment vert, les savons, le carbonate de sodium en excès. Pour enlever les savons, on se sert d'un mélange d'alcool et d'éther à parties égales lequel dissout ceux-ci sans presque toucher au pigment, on achève cette purification en épuisant par l'alcool absolu: ce liquide dissout abondamment les savons restants, mais prend aussi quelque peu de pigment vert. Au début, l'alcool passe avec une couleur vert foncé, mais, à mesure que les savons se dissolvent, la solubilité du pigment dans l'alcool absolu diminue et l'alcool se colore de moins en moins. Le résidu de ce traitement (pigment sodique avec excès de carbonate de sodium) est séché, traité par un mélange d'éther (10 parties) et d'alcool (1 partie) avec addition d'un acide étendu quelconque destiné à détruire la combinaison sodique. Dans ces conditions, le pigment entre en dissolution, on sépare la couche éthérée et on la filtre. Cette solution est d'un beau vert et présente une fluorescence rouge de sang. L'évaporation des solvants suivie d'une redissolution dans le mélange ci-dessus (éthéro-alcoolique) abandonne finalement une masse brillante, vert foncé, cassante. Cette masse est insoluble dans l'eau, la benzine, le sulfure de carbone, difficilement soluble dans l'éther, facilement soluble dans l'alcool. Le pigment vert possède les caractères d'un acide, il s'unit aux bases. Sa solution dans l'alcool se distingue des solutions alcooliques de feuilles par sa grande stabilité vis-à-vis de la lumière solaire. C'est dans l'alcool que le pigment est le plus stable, il l'est moins dans l'éther, dans le chloroforme il se décolore rapidement. Ce pigment renferme de l'azote et du fer; la plupart des auteurs n'ont pu trouver ce métal.

Le pigment jaune dont il a été question plus haut, encore impur, est traité par un mélange froid d'éther et d'éther de pétrole. Ce mélange le dissout très bien alors que les impuretés déjà signalées restent non dissoutes. Ce pigment cristallise par évaporation en cristaux rouge orangé, soit sous forme d'aiguilles, soit sous forme de cristaux en tables rhombiques; il semble être identique au corps impur que BOUGAREL et TSCHIRCH ont décrit sous le nom d'*Erythrophylle*. Ce pigment jaune est sensible à la lumière; au bout de quelques jours il se change, sous l'influence lumineuse, en une substance cristalline incolore, soluble dans l'alcool, laquelle fournit avec l'acide sulfurique concentré la réaction rouge de la cholestérine. L'étude de cette matière jaune est donc encore incomplète et probablement n'est-elle elle-même qu'un mélange. (Pour plus de détails, voir HANSEN, *loc. cit.*, 60.)

SCHUNCK emploie un procédé analogue à celui de HANSEN pour se procurer l'*alkachlorophylle*; il en est de même de TSCHIRCH. SCHUNCK et MARCHLEWSKI (*Lieb.Ann. d. Chem*, CCLXXXIV, 83, 1894), en combinant ces divers procédés et en purifiant la matière finale par l'éther et la ligroïne à l'ébullition, ont préparé un corps, toujours identique à lui-même et qui n'est ni de la chlorophylle pure, ni de la chlorophyllane, mais qui représente un dérivé spécial de transformation auquel les auteurs donnent le nom d'*alkachlorophylle*. Ce corps renferme, en moyenne, pour cent : C = 70; H = 6.52; Az = 11,03. Il ne se dissout ni dans l'eau, ni dans la benzine, ni dans le sulfure de carbone, mais bien dans l'alcool, en fournissant un liquide à fluorescence rouge. Remarquons que CHAUTARD (*C. R.*,

LXXVI, 570) avait montré depuis longtemps que les solutions alcooliques de chlorophylle sont altérées par les alcalis, ce dont on s'assure facilement par l'étude spectroscopique.

V. Phyllotaonine (SCHUNCK et MARCHLEWSKI). — On prépare ainsi ce dérivé. On fait chauffer du gazon avec de l'alcool à 80 p. 100, on filtre chaud. Le précipité qui s'est formé est traité par la soude alcoolique chaude, il se forme une masse insoluble rouge brun qu'on soumet à l'action d'un courant de gaz chlorhydrique : on obtient ainsi l'éther éthylique d'un corps, nommé par SCHUNCK et MARCHLEWSKI, *Phyllotaonine*. Cet éther, saponifié par la soude alcoolique, donne une combinaison sodique d'où l'acide acétique sépare la phyllotaonine. Cette matière fond à 184° environ, elle est insoluble dans l'eau, soluble dans l'alcool, l'éther, le chloroforme. Elle semble avoir pour formule $C^{40}H^{30}Az^6O^5$ (OH). De même que la phyllocyanine, la phyllotaonine donne avec l'acétate de cuivre un sel double.

VI. Phylloporphyrine. — Cette matière prend naissance quand on fond doucement la phyllocyanine avec de la soude caustique; tous les autres dérivés de la chlorophylle peuvent également la fournir. Ce corps est azoté (MARCHLEWSKI, *loc. cit.*, 53). L'étude attentive de cette matière faite par SCHUNCK et MARCHLEWSKI a quelque peu ébranlé les conclusions auxquelles était arrivé HOPPE-SEYLER au sujet de l'acide dichromatique et de ses produits de décomposition. HOPPE-SEYLER, nous l'avons déjà vu, en traitant la chlorophyllane à 260° par les alcalis, a obtenu un acide auquel il donna le nom d'*acide dichromatique*, exempt d'azote d'après lui : SCHUNCK et MARCHLEWSKI ont obtenu, au contraire, dans cette décomposition, *un corps azoté* cristallisant très bien et ressemblant par quelques-unes de ses propriétés à l'acide dichromatique de HOPPE-SEYLER. Le spectre des deux matières présente en effet plusieurs points de ressemblance, mais le corps décrit par SCHUNCK et MARCHLEWSKI n'est pas décomposé par les acides; il contracte avec eux des combinaisons salines à propriétés optiques caractéristiques, combinaisons qui, traitées par les alcalis, régénèrent facilement la substance primitive (*Lieb. Ann. d. Chem.*, CCLXXXIV, 90; *Ber. deuts. chem. Gesells.* XXIX, 1347, 1896).

La phylloporphyrine possède un spectre différent suivant qu'elle est dissoute dans un solvant neutre ou acide; en solution neutre, son spectre ressemble à celui que HOPPE-SEYLER décrit pour l'acide dichromatique. SCHUNCK et MARCHLEWSKI attribuent à la phylloporphyrine la formule $C^{32}H^{34}Az^4O^2$. Le corps désigné par TSCHIRCH sous le nom d'*acide phyllopurpurique* et que cet auteur obtient en chauffant l'alkachlorophylle avec un alcali est un corps impur voisin de la phylloporphyrine. Chose importante, SCHUNCK et MARCHLEWSKI ont montré que le spectre de cette matière et celui de l'hématoporphyrine sont très voisins, ainsi que les formules brutes de ces deux intéressantes substances (*Hématoporphyrine* = $C^{16}H^{18}Az^3O^3$; *Phylloporphyrine* = $C^{16}H^{18}Az^2O$).

TSCHIRCH (*Zur Chemie der Chlorophylls. Ber. deuts. chem. Gesells.* XXIX, 1766, 1896) a rappelé tout récemment que HOPPE-SEYLER et NENCKI regardent la matière colorante du sang et ses dérivés comme possédant le noyau pyrrolique, que SCHUNCK et MARCHLEWSKI font également de la phylloporphyrine un dérivé du pyrrol, d'où un nouveau point de contact entre ces deux pigments. Mais ceux-ci présenteraient encore une autre analogie : la bande d'absorption du sang située dans le violet, d'après SORET, se retrouverait chez les dérivés de la chlorophylle.

On pourra encore consulter relativement aux propriétés de la phylloxanthine et de la phyllocyanine les travaux récents de SCHUNCK et MARCHLEWSKI (*Zur Chemie der Chlorophylls. Ber. deuts. chem. Gesells.*, XXIX, 1347, 1896; *Lieb. Ann. d. Chem.*, CCXC, 306), et ceux de TSCHIRCH (*Zur Chemie des Chlorophylls*, *Ber. deuts. Chem. Gesells.*, XXIX, 1766, 1896). Sur les relations existant entre la matière colorante du sang et celle des feuilles, voir NENCKI : *Ueber die biologischen Beziehungen des Blatt-und des Blutfarbstoffes; Ber. deuts. chem. Gesells.*, XXIX, 2877, 1896).

Après avoir terminé l'étude des dérivés chlorophylliens, il convient d'ajouter que l'idée de la *pluralité des chlorophylles* vient d'être défendue par ÉTARD. Celui-ci s'est proposé d'abord de déterminer la formule et la fonction chimique des corps qui accompagnent la chlorophylle et semblent être les premiers produits dont celle-ci provoque la formation. ÉTARD montre que ces corps appartiennent soit à la série des *carbures*, soit à celle des *alcools* mono- ou plurivalents. L'auteur a eu entre les mains des substances vertes, cristallisées, possédant toutes les propriétés assignées à la chlorophyllane, mais qu'il a toujours été possible de décolorer par le noir animal : elles ne conservaient alors que leur aspect cristallin et leur solubilité primitifs ; ces substances sont celles dont il vient d'être question (carbures, alcools). A l'état impur, ces corps sont assez solidement teints dans leur masse entière par des pigments verts ; ils simulent des espèces chimiques et ne sont probablement autre chose que ce que nous avons étudié plus haut sous le nom de chlorophyllane (Étard ; *Etude chimique des corps chlorophylliens du péricarpe de raisin ; C. R.*, cxiv, 231, 1892 ; *Des principes qui accompagnent la chlorophylle dans les feuilles ; C. R.*, cxiv, 364, 1892 ; *Méthode d'analyse immédiate des extraits chlorophylliens, nature de la chlorophyllane ; C. R.*, cxiv, 1 116, 1892).

Étard montre ensuite qu'il existe *plusieurs chlorophylles distinctes :* il prépare celles-ci en traitant différentes espèces de feuilles sèches par le sulfure de carbone et reprenant ensuite l'extrait sulfocarbonique par l'alcool. La *luzerne* lui a ainsi fourni quatre chlorophylles qu'il a pu différencier les unes des autres. L'une d'elles, la *médicagophylle* α, se dissout dans les alcalis étendus d'où elle est reprécipitée par les acides et le sel marin. Son poids moléculaire est égal à 425, sa formule est $C^{28}H^{45}AzO^4$, elle contient 0,88 p. 100 de cendres. Une autre chlorophylle, la *médicagophylle* β, plus abondante que la première, est soluble dans la potasse d'où elle est reprécipitable par le sel marin. Sa formule est $C^{42}H^{63}AzO^{14}$; elle renferme encore 1,28 p. 100 de cendres. Ces deux matières sont amorphes, molles, douées d'un puissant pouvoir colorant. Étard pense que les matières vertes des feuilles contiennent un noyau très stable sur lequel s'exerce la fonction d'absorption optique ; autour de ce noyau, se fixeraient, selon les besoins de la nutrition, des groupements chimiques différents donnant lieu à des chlorophylles diverses par leur composition, leur poids moléculaire, leur solubilité (*De la présence de plusieurs chlorophylles distinctes dans une même espèce végétale ; C. R.*, cxix, 289, 1894 ; *Pluralité des chlorophylles, deuxième chlorophylle isolée de la luzerne ; C. R.*, cxx, 328, 1895). Il est permis d'ajouter que les deux corps décrits sous le nom de *médicagophylle* α et β, ainsi que tous ceux qui pourraient être isolés dans de semblables conditions et dont les propriétés se rapprochent de celles des colloïdes, ne sont vraisemblablement que des mélanges de plusieurs espèces. On remarquera que la teneur en azote des deux *médicagophylles* (3,05 et 1, 73 p. 100) est beaucoup plus faible que celle du composé que nous avons étudié sous le nom de *chlorophyllane*.

Carotine. — A côté de la chlorophylle, il existe dans toutes les feuilles un pigment rouge dont l'étude approfondie est due à Arnaud (*C. R.*, c, 751, 1885 ; cii, 1119, 1886 ; civ, 1293, 1887 ; cix, 991, 1889). C'est probablement ce pigment que Bougarel a décrit autrefois sous le nom *d'érythrophylle*. Nous allons voir que ce pigment est identique à la caroline de Husemann.

Arnaud prend des feuilles d'épinards *séchées d'abord dans le vide*, les réduit en poudre et les épuise par du pétrole léger à l'aide de macérations successives faites à froid. Arnaud remarque que, dans ces conditions, les matières colorantes jaunes et rouges entrent les premières en solution et que la chlorophylle demeure insoluble, tant que les macérations ne sont pas trop prolongées. On distille le pétrole. Le résidu est un magma cireux, parsemé de petits cristaux brillants d'aspect métallique. Les matières cireuses se dissolvent facilement dans l'éther anhydre, il suffit de traiter par une petite quantité de ce solvant pour isoler ces cristaux. On purifie par de nouvelles cristallisations dans la benzine et on obtient ainsi de petits cristaux aplatis, rhombiques, brillants, à éclat métallique, dichroïques. Ces cristaux sont très solubles dans le chloroforme et dans le sulfure de carbone ; la première solution est *rouge orangé*, la seconde *rouge de sang*. L'acide sulfurique concentré dissout ces cristaux en prenant une couleur bleu violet. Or cette dernière propriété appartient aussi à une matière colorante rouge décrite autrefois par Husemann, sous le nom de *carotine* (Husemann. *Lieb. Ann.*, cxvii, 200, 1861. *Ueber Carotin und Hydrocarotin.* — Zeise. *Journ. f. prakt. Chemie*, xl, 297, 1847. *Einige Bemerkungen über das Carotin*). Aussi Arnaud s'efforça-t-il de comparer ces deux matières colorantes dont l'identité lui parut vraisemblable. Pour obtenir cette caroline en abondance, il opéra ainsi : Les carottes une fois rapées sont soumises à une très forte pression, le suc qui s'en écoule est additionné d'un léger excès d'acétate plombique ; il se forme un précipité qui contient une partie de la matière colorante. On sèche ce précipité et on l'épuise par le sulfure de carbone. Ce même dissolvant sert à épuiser la pulpe qu'on a eu soin de sécher à basse température. La sulfure de carbone se colore en rouge foncé en se saturant de carotine. Par distillation, puis évaporation à l'air libre, on obtient du premier coup la *carotine cristallisée* que l'on fait recristalliser dans la benzine. Arnaud put alors constater la parfaite idendité de la matière rouge orangé extraite des feuilles avec la carotine : même solubilité dans les différents solvants, même forme cristalline, même point de fusion (168°). La carotine ne contient pas d'azote. Husemann avait préparé avec la carotine un dérivé chloré $C^{18}H^{20}Cl^4O$; Arnaud l'a reproduit à l'aide de la matière rouge orangé des épinards. Zeise et Husemann ont donné à la carotine la formule $C^{18}H^{24}O$ (voir encore Reinitzer, *Monatshefte f. Chemie*, VII, 597, 1886; Immendorf, *Jahresb. für agrik. Chemie*, XII, 117, 377, 1890; *Landw. Jahrb.*, XVIII, 506; Hesse, *Lieb. Ann. d. Chem.*, CCLXXI, 229, 1892; *Bemerkungen über Carotin*). Après s'être livré à cet égard à des recherches minutieuses, Arnaud montra que la carotine accompagne la chlorophylle dans presque tous les végétaux et qu'elle existe également dans les fruits. Cette matière est extrêmement oxydable : aussi les auteurs qui ont précédé Arnaud ont-ils fait, comme nous l'avons vu, entrer l'oxygène dans la formule de ce pigment. Cependant, si l'on procède à son analyse, sitôt la préparation achevée, on le trouve exempt d'oxygène; *la carotine est un carbure*, $C^{26}H^{38}$.

Mais voici où devient particulièrement intéressante cette étude de la carotine. Arnaud a constaté que les feuilles de plantes vigoureuses et, par conséquent, souvent les feuilles les plus vertes, fournissaient *la plus forte proportion* de matière rouge cristallisée. Ce fait semble paradoxal au premier abord, car la matière rouge n'est pas directement visible, se trouvant masquée par le pigment vert. Néanmoins la carotine est un produit constant et normal qu'on trouve dans toutes les feuilles. Aussi, pour ne pas interrompre cet aperçu sur la carotine, voyons comment on peut *doser* cette matière dans les feuilles. Le dosage s'effectue colorimétriquement; étant donné l'altérabilité du produit et son faible poids, on ne pouvait songer à l'isoler en nature. Arnaud fonde son procédé sur les remarques suivantes :

1° Les feuilles séchées dans le vide contiennent *inaltérée* la matière colorante rouge cristallisable, ce qui n'a pas lieu quand ces mêmes feuilles sont séchées à l'étuve et en présence de l'air, même à basse température.

2° Le pétrole léger (bouillant au-dessous de 100°) ne dissout pas de chlorophylle, mais dissout la carotine.

3° La carotine se dissout rapidement dans le sulfure de carbone avec une couleur très intense rouge sang, sensible encore à un millionième.

Voici donc comment on procédera : Les feuilles seront séchées dans le vide, puis on en traitera un poids connu (20 grammes par exemple) par un volume déterminé de pétrole léger, soit 1 litre; on laissera macérer pendant dix jours à froid en agitant de temps en temps, on prélèvera alors exactement 100 cc. de la liqueur filtrée, on laissera le dissolvant s'évaporer à l'air et on reprendra le résidu par un peu de sulfure de carbone, de façon à obtenir le volume de 100 cc. qui est le dixième du liquide de macération. Le sulfure de carbone se colore d'autant plus qu'il y a plus de carotine, les autres substances telles que cires, matières grasses, etc., se dissolvent aussi, mais elles n'ont aucune influence sur la coloration, tandis qu'elles rendraient un dosage par pesées impossible. On compare ensuite au colorimètre ces solutions avec des solutions titrées de carotine. Arnaud a ainsi constaté que la carotine se rencontrait dans toutes les plantes et que la quantité de cette matière qui existait dans les feuilles n'était pas négligeable puisqu'elle s'élevait souvent à un millième du poids de la matière sèche; elle varie avec les plantes d'espèces différentes et avec leur âge. L'auteur a étudié ces variations sur deux végétaux : l'*ortie* et le *marronnier;* la quantité *maxima* de carotine se rencontre chez ceux-ci au moment de leur floraison, vers le 2 mai pour l'ortie, vers le 4 juin pour le marronnier. La proportion de cette matière colorante diminue ensuite assez régulièrement jusqu'à la chute des feuilles, sans cependant disparaître complètement. (Voir à ce sujet les remarques de Hansen, *loc. cit.*, 64 et suiv.)

Quand on étudie l'*influence de la lumière* sur la production de la carotine dans la feuille, on trouve que, de même que la chlorophylle, le pigment rouge tend à disparaître dans l'obscurité.

Arnaud fait remarquer que la présence constante dans la feuille d'un carbure d'hydrogène pouvant absorber 24 p. 100 de son poids d'oxygène à l'air, soit deux cents fois son volume, est digne d'intérêt, surtout si l'on considère que, dans la feuille vivante, malgré son oxydabilité, la carotine reste inaltérée. Il est fort probable que cette carotine y subit des alternatives d'oxydation et de réduction de sorte que sa proportion demeure à peu près invariable pour un espace de temps limité. MONTEVERDE (*Ann. agr.*, XVIII, 268, 1892; *Bot. Centralb.*, XLVII, 132) a montré récemment que si l'on épuise par l'alcool le précipité que forme la baryte dans une solution alcoolique de chlorophylle, on obtient une liqueur jaune. Celle-ci renferme deux matières : la carotine qu'on peut enlever par l'éther de pétrole et la xanthophylle qui reste dans l'alcool. La solution de carotine possède les mêmes propriétés optiques et chimiques que celle obtenue avec la carotine extraite soit des carotes, soit des feuilles sèches.

Une application curieuse a été faite des travaux d'ARNAUD par G. VILLE (*C. R.*, CIX, 397, 1889). Celui-ci a cherché à se rendre compte par l'intensité de la coloration des feuilles, ou plutôt par leur teneur en chlorophylle et en carotine, des relations qui existent entre la couleur des plantes et la richesse des terres en agents de fertilité. G. VILLE épuise, comme ARNAUD, les feuilles séchées par le pétrole pour avoir la carotine, puis par l'alcool absolu pour avoir la chlorophylle. Une étude colorimétrique permet de comparer les teintes obtenues pour la carotine dans les divers cas. L'auteur arrive aux conclusions qui suivent : la *suppression de l'azote* porte l'atteinte le plus profonde à la coloration, la *suppression des éléments minéraux* se traduit par une atténuation dans l'intensité de la nuance. Ainsi, si on prend *comme type de coloration* pour la chlorophylle et la carotine les colorations obtenues avec les feuilles qui répondent a un engrais intensif de 100 kilos d'azote et qu'on chiffre cette coloration par 100 pour chacune des deux matières colorantes, on aura ensuite :

	CHLOROPHYLLE	CAROTINE
Engrais complet de 75 kilos.	74	94
Engrais sans azote.	38	57
— sans phosphates	71	80
— sans potasse.	66	72
— sans chaux	72	90
Terre sans aucun engrais	53	71

La coloration des feuilles change donc suivant les conditions où les plantes ont végété.

Revenons maintenant à la chlorophylle pour donner un aperçu *des relations qui existent entre cette matière et la réduction de l'acide carbonique*, d'après les travaux de TIMIRIAZEFF, très dignes d'intérêt (*C. R.*, CII, 686, 1886). Cet auteur, en traitant une solution alcoolique de chlorophylle par l'hydrogène naissant (acide acétique + zinc), obtient un produit de réduction de couleur jaune paille en solution étendue, d'un brun rougeâtre quand la solution est concentrée. Cette substance possède un spectre bien défini, caractérisé surtout *par l'absence* de cette bande I dans le rouge considérée jusqu'ici comme le caractère le plus stable de tous les dérivés de la chlorophylle (Voir plus loin l'*étude optique*). La seconde particularité de ce spectre est un large bande occupant la place de la bande II et des deux intervalles compris entre I et II et entre II et III. Mais la propriété essentielle que possède cette substance c'est de s'oxyder rapidement à l'air en verdissant, c'est-à-dire de régénérer la chlorophylle. TIMIRIAZEFF pense qu'il s'agit ici d'une matière analogue à celle qui doit exister dans les plantes, car ce n'est qu'en s'oxydant aux dépens de l'oxygène de l'air et à la lumière que les plantes étiolées verdissent. L'avidité de cette substance à s'emparer de l'oxygène est considérable : la bande I réapparait bientôt rapidement. L'auteur donne à cette matière qui résulte de la réduction de la chlorophylle le nom de *protophylline*. Les solutions de ce corps ne peuvent être conservées que dans des tubes scellés, leur pouvoir réducteur est tel que si les solutions sont enfermées dans des tubes scellés à la lampe et pleins de gaz carbonique, *elles verdissent à la lumière solaire*, tandis que, dans l'obscurité, rien ne se produit et les solutions gardent indéfiniment leur couleur et leur spectre caractéristique.

Dans ce qui précède nous voyons pour la première fois une solution de chlorophylle *se produire à la lumière* au lieu de se détruire. C'est là l'inverse d'une expérience rappelée par Jodin (*C. R.*, cii, 264, 1886; *Ann. agr.*, xii, 141) à la même époque et dans laquelle ce savant montrait que, en dehors de l'intégrité physiologique, la lumière n'agit plus sur les feuilles que pour détruire le chlorophylle et en provoquer l'oxydation.

Mais cette protophylline existe-t-elle dans le végétal? A ne considérer que son spectre, on serait tenté d'admettre que c'est précisément à sa présence que peut être attribuée la différence entre le spectre de la chlorophylle verte fraîchement extraite et celui de la chlorophylle modifiée par suite d'une oxydation lente. En effet, cette transformation est surtout caractérisée par l'éclaircissement des deux intervalles compris entre les bandes I et II et entre II et III; on peut se rendre compte de cette particularité en admettant la destruction, par suite de l'oxydation, de cette protophylline dont la large bande d'absorption occupe, comme nous venons de le dire, précisément la place de ces deux intervalles. Cette réduction en protophylline ne réussit qu'avec des solutions étendues et en présence d'un acide faible; si on emploie un excès d'acide ou un acide minéral, il y aura réduction et décoloration complètes.

L'hypothèse qui consiste à admettre que cette oxydation se fait aux dépens de l'acide carbonique est la plus plausible, elle n'exclut pas néanmoins la possibilité de l'oxydation par des traces d'oxygène dont il est très difficile de débarrasser le gaz carbonique, traces qui cependant ne peuvent oxyder cette protophylline à l'obscurité, même au bout d'un très long contact, mais qui suffiraient peut-être pour produire cet effet avec le concours de la lumière. Il fallait, de plus, démontrer la présence de la protophylline dans les plantes étiolées. En multipliant les précautions pour maintenir les plantules étiolées à l'obscurité et en opérant, pour l'étude spectroscopique, sur des tubes de $0^m,50$ de longueur à cause des faibles quantités de protophylline contenues dans les plantes et du pouvoir colorant de cette matière de beaucoup inférieur à celui de la chlorophylle, Timiriazeff est parvenu à observer une matière dont la solution présente le spectre de la protophylline sans la moindre trace de la bande I. C'est donc la protophylline qui, en s'oxydant à la lumière, donne naissance à la chlorophylle dans l'organisme vivant : le verdissement des plantes est dû aux rayons absorbés par la protophylline des plantes étiolées, comme la décomposition de l'acide carbonique, ainsi que nous le montrerons plus loin, est due aux rayons absorbés par la chlorophylle des plantes vertes.

III. Propriétés optiques du pigment chlorophyllien. — Brewster (*Edinburgh. Transact.*, 1834, xii, 538); Harting (*Ueber das Absorptionsvermögen des reinen und des unreinen Chlorophylls für die Strahlen der Sonne. Pogg. Annal.*, xcvi, 543 (1855); Melde (*Ueber Absorption des Lichtes bei farbigen Flüssigkeiten. Pogg. Annal.* cxxvi, 264, 1865); Stokes (*Ueber die Unterscheidung organischer Körper durch ihre optischen Eigenschaften. Poggend. Annal.* cxxvi, 619, 1865); Hagenbach (*Untersuchung über die optischen Eigenschaften des Blattgrüns; Poggend. Annal.* cxli, 245, 1870); Lommel (*Ueber das Verhalten des Chlorophylls zum Licht. Poggend. Annal.* cxliii, 568, 1871); Kundt (*Ueber einige Beziehungen zwischen der Dispersion und Absorption des Lichtes; Poggend. Annal.*, Jubelband, 615); Chautard (*Recherches sur le spectre de la chlorophylle. Ann. Chim. et Phys.*, (3), iii, 5, 1874); *Compt. rend.* lxxvi, 1031, 1066, 1273; lxxvii, 596; lxxviii, 414); Gerland (*Ueber die Einwirkung des Lichtes auf das Chlorophyll. Poggend. Annal.*, cxliii, 585, 1871); Wiesner (*Notiz über die Strahlen des Lichtes welche das Xanthophyll der Pflanze zerlegen. Poggend. Annal.* clii, 622, 1874); *Welche Strahlen des Lichtes zerlegen bei Sauertoffzutritt das Chlorophyll? Poggend. Annal.*, clii, 496, 1874); Pringsheim (*Ueber das Absorptionsspectra der Chlorophyllfarbstoffe. Monatsber. Berl. Akad.*, octobre 1874, décembre 1875; *Bot. Zeitung*, 1875, 41); Russell et Lapraik (*A spectroscopic Study of Chlorophyll. Journ. Chem. Society*, 1882, xliv, 334 et *Berichte deuts. chem. Gesells.* xv, 2746); Reinke (*Die optischen Eigenschaften der grünen Gewebe und ihre Beziehung zur Assimilation des Kohlenstoffs. Ber. bot. Gesells.*, 1-395 et *Ann. agron.*, xi, 231, 1885); Wollheim (*Ann. agron.* xiv, 141, 1888; *Botan. Centralb.*, xxxii, 310); Hansen (*loc. cit.*, 74 et suivantes); Stenger (*Sur les raies d'absorption de la chlorophylle. Ann. agronom.*, xiii, 175, 1887; *Bot. Zeitung*, 1887, 120; Sorby (*On comparative vegetable chromatology; Proceedings Roy. Soc.*, xxi, 442, 1873).

La dissolution de chlorophylle dans un solvant approprié, examinée au spectroscope, laisse voir, dans le champ de l'instrument, *plusieurs bandes d'absorption* dont la position, la largeur, l'intensité varient dans des limites assez étendues, suivant la concentration et surtout la réaction acide ou alcaline du milieu (BREWSTER, STOKES, LOMMEL). *Le nombre des bandes décrites est variable avec les auteurs*: on en a d'abord décrit sept, CHAUTARD réduit ces bandes à six, et il fait remarquer qu'il n'existe même que quatre bandes bien visibles: en réalité une solution récente de chlorophylle, dans un milieu non acide, n'en fournit que trois.

Influence de la concentration de la liqueur (CHAUTARD). — Si l'on examine au spectroscope une solution concentrée dans l'alcool et d'épaisseur convenable, on remarque qu'elle ne laisse d'abord passer que le rouge extrême. Si le spectroscope est repéré de façon que la raie D du sodium corresponde à 40° de l'échelle, la raie A à 10° et la raie H à 150°, on observe qu'avec une semblable solution il y a extinction brusque vers 15 ou 16°. Une solution moins concentrée laisse voir le rouge de 10 à 18°, puis vient une bande noire jusqu'à 30° se dégradant insensiblement jusqu'à 35°. L'absorption est si complète que la raie du sodium cesse d'être visible quand on introduit dans la flamme un fil de platine chargé de sel marin. A partir de 35° le vert est très brillant et s'aperçoit jusqu'à 70°, puis tout s'éteint. Une dissolution encore plus étendue montre quatre bandes assez nettes, l'une de 18 à 25°, la seconde de 31 à 36° entre le rouge vif et le rouge orangé, une troisième à la naissance du jaune et du vert, une quatrième dans le vert de 56 à 57°. Au delà de 73°, l'absorption est complète.

Si l'on fait une solution très étendue, la couleur devient uniformément verte, aussi bien par transparence que par réflexion. Quant aux bandes d'absorption, la première se rétrécit en maintenant son centre de 20 à 22°, les autres diminuent, non seulement de largeur, mais aussi de teinte et finissent même par disparaître totalement, *tandis que la première reste très apparente et très noire*. CHAUTARD, auquel on doit à ce sujet de très bonnes observations, fait remarquer de suite qu'au milieu de toutes les variations que nous venons de citer, on comprend combien serait vague et aléatoire le caractère spectroscopique de la chlorophylle si la réunion de ces bandes était nécessaire pour préciser la nature de la substance. Mais la première bande, c'est-à-dire celle qui apparaît au milieu du rouge, suffit à elle seule pour constituer, *pour la chlorophylle pure ou altérée*, un caractère spécifique d'une très grande sensibilité. En effet, en étendant la dissolution, cette bande peut varier de largeur, mais elle possède toujours une teinte foncée à contours nets et ne s'écarte guère de 20 à 22° du micromètre réglé ainsi que nous l'avons vu. Elle apparaît encore alors que les autres bandes se sont évanouies et cela avec les plantes les plus diverses, phanérogames ou cryptogames.

Ainsi donc, pour CHAUTARD, parmi les bandes de la chlorophylle normale, on distingue deux catégories bien nettes : d'abord la raie *spécifique*, permanente et fixe au milieu du rouge, puis les raies *surnuméraires*, c'est-à-dire les cinq autres qui, sauf celle de l'orangé, sont en général très pâles.

Actuellement, voici, exprimée en longueurs d'onde, la valeur des bandes d'absorption de la chlorophylle en solution moyennement concentrée, valeur sur laquelle la plupart des auteurs sont d'accord :

Bande I.	. . . .	de λ 670 à λ 635
— II.	. . . .	— 622 — 594
— III.	. . . .	— 587 — 565
— IV.	. . . .	— 543 — 530

Avec les longueurs d'ondes suivantes répondant aux principales couleurs :

Violet : 423 ; indigo : 449 ; bleu : 475 ; vert : 512 ; jaune : 551 ; rouge : 620 ; raie D : 589.

Les quatre bandes d'absorption proviennent de la chlorophylle elle-même ; KRAUS en a décrit deux autres qu'on n'aperçoit qu'à la lumière solaire. Situées dans la partie la plus réfrangible du spectre, elles proviennent, d'après cet auteur, de la carotine (MARCHLEWSKI, *loc. cit.*, 12. Le spectre de la lumière *fluorescente* consiste en une seule bande située dans la partie la moins réfrangible du spectre ; elle est caractérisée par les valeurs suivantes $\lambda = 680$ à $\lambda = 620$ HAGENBACH-TSCHIRCH. Relativement à l'*intensité* des quatre bandes dont nous venons de donner la valeur en longueurs d'onde, remarquons que la plus foncée est la bande I, puis viennent les bandes II et IV et finalement la bande III PRINGSHEIM. Lorsque les solutions chlorophylliennes sont tout à fait récentes et qu'elles ont été préparées avec une matière première peu riche en acide, la bande III est plus foncée que la bande IV. Schunck a émis l'opinion que cette bande IV ne provient pas de la chlorophylle elle-même, mais de ses produits de décomposition. La chlorophylle ne possèderait donc *que trois bandes d'absorption.*

Étard, dont nous avons esquissé plus haut les idées relativement à la *pluralité des chlorophylles*, opère sur la chlorophylle provenant d'une espèce déterminée. Celle, par exemple, extraite du *Lolium perenne*, qu'il nomme *Loliophylle*, a fourni au spectroscope les résultats suivants sur différentes concentrations. La colonne liquide avait $0^m,15$ de longueur, le dissolvant était le sulfure de carbone. A la concentration de $1/5\,000$, la coloration est telle qu'on ne peut faire de mesures ; à $1/10\,000$, on compte cinq bandes : $\lambda = 729\text{-}635,\ 635\text{-}598,\ 580\text{-}564,\ 559\text{-}549,\ 528\text{-}507$ dont les axes moyens calculés seraient : $682,\ 616,5,\ 572,\ 554,\ 517$. A $1/50\,000$, les ombres 517 et $616,5$ disparaissent; $559\text{-}549$ a pour axe définitif 549 ; $580\text{-}564$ a pour axe 564. A $1/100\,000$, 564 a disparu, mais 549, devenu linéaire, se confirme. A $1/300\,000$, il reste une seule ombre étroite dans tout le spectre au point $\lambda = 681,5$. La bande principale de la chlorophylle de Chautard ne serait pas simple. La large bande $729\text{-}635$ est intacte à $1/10\,000$; aux environs de $1/50\,000$, dans l'intervalle précédemment noir, apparaissent trois bandes dont les axes sont $708,5,\ 681,5,\ 654,5$. Les variations de concentration rendent donc méconnaissables une chlorophylle donnée ; le centre d'une bande un peu large, difficile à apprécier avec certaines concentrations, peut être fixé si on dilue graduellement les solutions. La diversité des chlorophylles se démontre par la longueur d'onde des axes de leurs bandes préexistantes ou provoquées par l'action des réactifs. (*Le spectre des chlorophylles; C. R.,* cxxii, 824, 1896 ; *Dédoublement de la bande fondamentale des chlorophylles; C. R.,* cxxiv, 1331, 1897.)

Modifications produites par la lumière. — Les modifications qui se produisent à la longue dans la chlorophylle et dont l'examen spectral atteste la marche et les progrès peuvent se réaliser d'une façon bien plus rapide et bien autrement énergique sous l'influence de la lumière. Ces altérations se manifestent toujours par une modification des bandes, modification qui porte sur leur position et leur intensité.

Une altération spontanée due, par exemple, à l'effet du temps seulement, produit des modifications de même ordre. Si l'on expose au soleil pendant quelques minutes une solution alcoolique de chlorophylle, la teinture vert foncé ne se laisse traverser d'abord que par le rouge extrême et le vert, bientôt elle devient plus claire, vert olive, puis jaune. Les bandes d'absorption commencent par se dessiner peu à peu : elles finissent par disparaître complètement attestant la destruction de la chlorophylle (Chautard, Gerland, Askenasy, Reinke). Les dissolutions de chlorophylle dans les huiles fixes (de belladone ou de jusquiame des pharmaciens) offrent au contraire un pouvoir de résistance très prononcé. Après plusieurs mois d'exposition au soleil, elles ne présentent qu'une altération insensible de couleurs et de bandes spectrales. On peut, d'après cela, se rendre compte de ce phénomène bien connu que la matière verte de certaines plantes persiste longtemps dans l'arrière saison à cause de la présence de substances grasses et résineuses renfermées à l'intérieur de leurs tissus, ceux-ci étant ainsi soustraits à une combustion trop rapide (Chautard).

L'*état de division* joue également un rôle important. Les feuilles contusées et mises en suspension dans l'eau perdent rapidement leur matière verte à l'air et à la lumière, tandis que, séchées en plein air, soit à l'ombre, soit au soleil, elles peuvent conserver dans leur intérieur une portion de substance verte qui donne aux liqueurs alcooliques l'apparence d'une dissolution de chlorophylle fraîche. Telles sont surtout les feuilles très parenchymateuses sur lesquelles il semble qu'une couche de vernis superficiel garantisse les couches intérieures d'une altération plus profonde. Et même avec les feuilles entièrement jaunes qui jonchent le sol à l'arrière saison on peut constater la bande noire d'absorption dans le rouge. Chautard fait remarquer d'après cela que la chlorophylle semble douée d'une certaine stabilité. Vohl a en effet signalé le fait suivant : des feuilles de marronnier mortes à la suite d'une gelée subite, mais ayant encore conservé leur couleur verte, furent recueillies dans un vase, aspergées d'eau distillée et abandonnées à elles-mêmes. Au bout de dix ans la matière qui avait pris un aspect tourbeux, fut traitée par de l'alcool et donna une liqueur verte. Chautard a lui-même examiné des teintures faites avec des feuilles conservées depuis plus de trente ans et qui toutes ont fourni la bande caractéristique de la chlorophylle.

Actions des rayons de diverses couleurs. — Pour étudier l'effet produit sur la chlorophylle et les modifications que subit son spectre sous l'influence des diverses couleurs, on peut faire usage de deux tubes concentriques, l'intérieur plein de la solution alcoolique de chlorophylle, l'extérieur rempli d'une solution colorée, rouge, jaune, etc. Tous ces appareils sont maintenus au soleil pendant, le même temps et, à divers intervalles, on retire le tube intérieur pour examiner la marche de l'altération du spectre. CHAUTARD trouve que la plus grande énergie paraît résider dans les rayons les plus éclairants. Ainsi, dans le jaune, les modifications spectrales se produisent aussi rapidement que dans la lumière blanche, elles sont plus lentes dans le rouge, plus encore dans le bleu. On constate également ce fait, c'est que les rayons qui ont traversé une couche de chlorophylle n'ont pas d'effet sur les couches suivantes tant que la première n'est pas décolorée.

PRILLIEUX (*C. R.*, LXX, 321, 1870) fait remarquer qu'on attribue souvent, sans preuves suffisantes, à la coloration des rayons ou, en d'autres termes, à leur longueur d'onde, des effets qui ne sont dûs qu'à des différences d'éclat. C'est ainsi qu'on a reconnu aux rayons jaunes et orangés le maximum d'action sans rappeler que ces rayons sont les plus lumineux. On a même été jusqu'à leur attribuer la propriété exclusive de décomposer le gaz carbonique et comme les lumières qu'on emploie dans les expériences ne sont pas monochromes, on a supposé qu'elles n'agissaient qu'en proportion des rayons jaunes et orangés qu'elles contenaient. H. VON MOHL et ensuite NÆGELI ont observé, il y a longtemps, la production de grains d'amidon dans la chlorophylle. SACHS a reconnu que cet amidon ne prend naissance que sous l'influence de la lumière et disparaît dans l'obscurité pour reparaître de nouveau sous l'action lumineuse. FAMINTZIN, étudiant l'influence de la lumière colorée sur la formation de l'amidon, emploie des écrans jaune-orangé de bichromate et bleu de sulfate ammoniacal de cuivre. Il n'a pas songé à faire la part de la différence d'éclat de la lumière qui passe à travers l'écran jaune, et qui est très vive, de celle qui traverse l'écran bleu et qui, au contraire, est très sombre. Sous l'action de la lumière jaune, il a vu l'amidon se produire; sous l'action de la lumière bleue il en s'en faisait pas. Il en conclut que la formation de l'amidon est seulement déterminée par la lumière jaune et que la lumière bleue se comporte comme l'obscurité, c'est-à-dire qu'il ne se forme pas d'amidon.

Pour montrer que, dans cette expérience, la question d'éclat a seule joué un rôle, PRILLEUX emploie un *Spirogyra* qui a perdu dans l'obscurité tout son amidon. Le tube contenant la plante est plongé dans un grand bocal plein de sulfate ammonio-cuivrique; la lumière ainsi employée ne contenait, au spectroscope, que des rayons violets, bleus et quelques rayons verts. L'appareil une fois monté fut exposé à la lumière d'une forte lampe à pétrole concentrée par une grande lentille quand le soleil ne se montrait pas et à la lumière solaire directe quand celle-ci avait lieu. Dans ces conditions, au bout de deux jours, il s'était formé de l'amidon dans les cellules de *Spirogyra*. La lumière la plus réfrangible, si elle est intense, peut donc déterminer la production d'amidon. Nous reviendrons plus tard sur cette question, mais nous avons tenu à citer cette expérience pour montrer exactement la part qui revient à la *coloration* et à *l'éclat* de la lumière.

Modifications du spectre sous l'influence des acides. — Les acides font naître dans les solutions de chlorophylle un certain nombre *de raies surnuméraires accidentelles*, les unes *temporaires*, les autres *permanentes*. On observe bien le phénomène de la façon suivante (CHAUTARD) : On prend des feuilles jeunes d'ortie, on en fait une solution dans l'alcool. La teinture verte résultante donne les quatre bandes de la chlorophylle fraîche, la bande noire spécifique est à 20-24°; on ajoute ensuite une goutte d'acide chlorhydrique : aussitôt la bande spécifique se transporte à gauche, à 15°, en même temps que la limite du rouge se transporte de la même quantité : cette bande, fortement élargie, est, en réalité, composée de deux raies distinctes qu'on peut séparer, soit en étendant légèrement la liqueur avec de l'alcool, soit en diminuant l'épaisseur de la solution. L'une de ces bandes apparaît à 20-22°, c'est la raie spécifique; la seconde, accidentelle, se montre vers 15° (double elle-même quelquefois) précédée et suivie d'une teinte rouge très franche. La génération de cette bande accidentelle offre du reste de nombreuses variétés. Cette impressionnabilité de la solution diminue après quelques jours de préparation; les feuilles anciennes, mais non altérées, se prêtent moins bien que les jeunes aux phénomènes sus-indiqués : la bande d'absorption citée en dernier lieu est donc *accidentelle* et *temporaire*.

Les résultats précédents sont obtenus tout de suite, et cela à cause de l'acidité naturelle de la plante, avec des feuilles d'oseille; mais, ce qu'il y a ici de particulier, c'est que la raie accidentelle, après avoir atteint la même intensité que la bande spécifique, se fonce de plus en plus en même temps que cette dernière s'affaiblit, de sorte qu'au bout de peu de temps celle-ci peut avoir complètement disparu.

Ces raies accidentelles deviennent permanentes si, au lieu de prendre des feuilles jeunes, on prend des feuilles un peu âgées ou séchées rapidement à l'ombre et qu'on les traite par l'acide chlorhydrique. Une des plus caractéristiques est une bande sombre qui s'accentue dans le vert à peu près à la place où se dessinait celle de la chlorophylle normale. Enfin, dans les solutions alcooliques de feuilles desséchées à la lumière ou dans celles de chlorophylle fraîche qui ont subi à la longue une certaine altération, les bandes accidentelles permanentes se présentent immédiatement sans intervention d'acide chlorhydrique.

CHAUTARD a de plus montré que si, au lieu d'employer les acides, on emploie les alcalis, la bande I est constamment dédoublée; en outre, toutes les bandes indistinctement sont déplacées vers le bleu et les bandes moyennes, surtout la troisième, sont devenues beaucoup moins distinctes (WOLLHEIM)[1].

Épaisseur des dissolutions. — A mesure que l'épaisseur de la dissolution ou le nombre des feuilles vertes, si on emploie celles-ci directement, deviennent plus grands, les bandes d'absorption confluent entre elles et finissent par occuper toute l'étendue du spectre visible. Ce résultat est obtenu avec une dissolution de chlorophylle pure de 250 millimètres environ d'épaisseur ou avec sept feuilles superposées. Si, au contraire, l'épaisseur traversée est très faible, si, par exemple, elle n'est que de quelques millimètres, la bande I seule est visible; II, III, IV n'apparaissent nettement qu'avec des épaisseurs moyennes de 50 millimètres de dissolution alcoolique. La bande IV n'apparaît que par l'emploi de plusieurs feuilles superposées[2].

Spectre des feuilles vivantes (LOMMEL). — Si, au lieu d'opérer avec une solution de chlorophylle comme précédemment, on fait passer la radiation solaire au travers d'une feuille vivante, le spectre de la lumière transmise présente, pour le nombre des bandes, tous les caractères d'une solution moyennement concentrée. Les bandes décrites par quelques auteurs, V, VI, VII dans la moitié la plus réfrangible confluent en une seule, tandis que les bandes I à IV restent parfaitement distinctes. Le caractère spécifique du spectre des feuilles, comparé à celui de la dissolution, consiste surtout en ceci que toutes les bandes sont reculées du côté de l'extrémité rouge du spectre. Or on sait, d'après KUNDT, que, pour de nombreux principes colorants, le déplacement vers le rouge est d'autant plus marqué que l'indice de réfraction du dissolvant est plus grand.

Il est donc probable que la chlorophylle, au lieu d'être libre au sein d'une masse albuminoïde, se trouve accompagnée d'une substance à fort pouvoir dispersif. Effectivement, le mélange artificiel de chlorophylle et de gélatine est celui qui produit la plus grande déviation des bandes noires vers le rouge.

Voici maintenant, résumée d'après l'opuscule de MARCHLEWSKI, la nature des spectres d'absorption des différentes matières que nous avons étudiées plus haut au point de vue chimique.

Chlorophyllane. — Sa solution alcoolique est fortement fluorescente et fournit un spectre à cinq bandes. TSCHIRCH le caractérise par les longueurs d'ondes suivantes :

---

1. Il est évident que ces additions d'acides ou d'alcalis ne modifient le spectre d'absorption de la chlorophylle que parce qu'il y a alors formation partielle de produits nouveaux, ainsi que nous allons le voir en étudiant les longueurs d'onde des bandes des principaux dérivés de cette matière.

2. HANSEN (*loc. cit.*, 81 et 83) a montré que la chlorophylle absorbe complètement les rayons ultra-violets et qu'elle laisse, au contraire, passer intégralement les rayons infra-rouges.

I.	entre	λ	680-640
II.	—	—	620-590
III.	—	—	570-560
IVa.	—	—	550-530
IVb.	—	—	513-490

Si l'on appelle *échelle de clarté* l'arrangement des différentes bandes classées par ordre d'obscurité décroissante, c'est-à-dire de façon que la première soit la plus obscure et la dernière la plus transparente, on a, pour la chlorophyllane, I, IV a, IV b. II, III. La bande IV b est caractéristique de la chlorophyllane, car, d'après HAGENBACH, elle manque dans le spectre de la chlorophylle normale. La bande I de la chlorophyllane est d'ailleurs plus étroite que celle de la chlorophylle normale, la bande II est plus sombre qu'avec la chlorophylle normale, elle est limitée plus nettement du côté de la bande I et un peu reculée vers la partie la plus réfrangible du spectre, celle de la chlorophylle est plus près du rouge (620 à 600 . La bande III a une intensité moindre que celle de la chlorophylle inaltérée. La bande IV a est plus foncée et plus large, elle est repoussée vers le rouge. L'observation de ces diverses bandes se fait pour le mieux, en solution benzénique. L'étude du spectre de la chlorophyllane a permis d'éclaircir la nature des substances que certains auteurs nommèrent : *chlorophylle modifiée, chlorophylle acide*. Ces deux matières possèdent, en effet, un spectre presque identique à celui de la chlorophyllane, il en est de même de l'*hypochlorine* de PRINGSHEIM ; TSCHIRCH regarde cette substance comme identique à la chlorophyllane, ainsi qu'aux produits de GAUTIER et ROGALSKI (MARCHLEWSKI, *loc. cit.*, 18).

Phylloxanthine. — En solution éthérée, cette matière montre cinq bandes d'absorption qui, d'après TSCHIRCH, ont les positions suivantes :

	TSCHIRCH		(SCHUNK ET MARCHLEWSKI)	
I.	entre λ 670 jusqu'à λ 633	I.	entre λ 685 à λ 640
II.	— 610 — 590	II.	— 614 — 590
III.	— 570 — 555	III.	— 569 — 553
IV.	— 548 — 530	IV.	— 542 — 513

La cinquième bande commence à λ = 513. Échelle de clarté : I, IV, II, III.

Phyllocyanine. — La solution éthérée de cette matière, colorée en vert, à fluorescence rouge, possède un spectre ayant cinq bandes d'absorption. La bande moyenne est très faible et ne s'observe qu'avec des solutions concentrées. La solution bleu vert dans l'acide chlorhydrique concentré présente un spectre un peu différent. La bande I dans le rouge est plus large, la bande III un peu déplacée vers le rouge ; IV et V sont beaucoup plus faibles.

	SOLUTION ÉTHÉRÉE :		SOLUTION DANS HCl (4 BANDES, D'APRÈS TSCHIRCH) :	
I.	depuis λ 695 jusqu'à λ 642	I.	depuis λ 680 jusqu'à λ 640
II.	— 620 — 600	II.	— 620 — 600
III.	— 572 — 539	III.	— 590 — 565
IV.	— 542 — 525	IV.	— 550 — 520
V.	— 513 — 487		

Si l'on additionne à la solution chlorhydrique d'alcool, le spectre est notablement modifié. TSCHIRCH admet qu'il y a alors *séparation* du produit primitif ; *la phyllocyanine* α serait le corps primitif, la *phyllocyanine* β le corps obtenu par l'alcool (*loc. cit.*, 28).

Ainsi la chlorophylle ne possède que trois bandes d'absorption (SCHUNCK), la phylloxanthine quatre, la phyllocyanine cinq ; il semble donc que, plus la décomposition de la matière verte est profonde, plus le nombre des bandes d'absorption augmente (SCHUNCK).

Alkachlorophylle. — Nous savons déjà qu'on doit à CHAUTARD les premières notions sur l'altération des teintures de chlorophylle sous l'influence des alcalis : la bande spécifique du rouge se partage en deux dans la solution de chlorophylle qu'on traite par les alcalis. D'après HANSEN, la solution éthérée d'alkachlorophylle possède cinq bandes d'absorption.

(SOLUTIONS FAIBLES DANS L'ÉTHER MÊLÉ D'ALCOOL)		(SOLUTIONS CONCENTRÉES)	
Bande I.	λ 680 à λ 627	Bande I.	692 à 627
— II.	— 610 — 597	— II.	627 à 597
— III.	— 587 — 572	— III.	587 à 565
— IV.	— 542 — 530	— IV.	540 à 527
— V.	— 507 — 487	— V.	507 à 487

Le spectre fourni par une solution alcoolique montre six bandes d'absorption, dont la position n'est pas la même que celle des bandes fournies par une solution éthérée (*loc. cit.*, 43).

Phyllotaonine. — Les solutions de phyllotaonine dans l'éther possèdent la même couleur et le même spectre que les solutions de phyllocyanine. Des traces d'acides (sulfurique, chlorhydrique, oxalique, tartrique, acétique) ont une influence marquée sur le changement de position des bandes : la première et la quatrième bandes se dédoublent en deux bandes plus faibles, la troisième disparaît presque. Ce fait est caractéristique de la présence de la phyllotaonine et signifie que cette matière s'unit aux acides en donnant des sels qui n'existent qu'à l'état dissous. Les alcalis régénèrent la phyllotaonine, ce que montre très nettement l'examen spectroscopique. Position des bandes d'une solution éthérée acidulée :

Iα.	depuis λ 723	jusqu'à λ 705		
Iβ.	— 695	— 660		
II.	— 620	— 605		
IVα. . . .	— 543	— 534		
IVβ. . . .	— 528	— 524		
V.	— 507	— 485	(*Loc. cit.*, p. 51.)

Phylloporphyrine. — Cette matière est très intéressante à étudier au spectroscope. En solution éthérée, elle fournit un spectre dans lequel on observe sept bandes d'absorption; en solution alcoolique, on observe un spectre analogue modifié légèrement De plus, les solutions alcooliques de cette substance acidulées par l'acide chlorhydrique et les solutions dans l'acide chlorhydrique concentré présentent des spectres très particuliers. Ceux-ci sont caractérisés par trois bandes. La première est située tout près de D, la troisième près de E; entre ces deux bandes il en existe une peu visible. Il y a identité entre la phylloporphyrine de Hoppe-Seyler et celle de Schunck et Marchlewski; le produit de dédoublement de l'acide dichromatique de Hoppe-Seyler peut être regardé comme une dissolution de phylloporphyrine dans un milieu acide; c'est ce que confirme du reste l'examen spectroscopique.

Destruction de la solution de chlorophylle par la lumière. — Wiesner (*Poggend. Annal.*, CLII, 496, 1874) a étudié l'action des différentes couleurs sur des solutions de chlorophylle en couches d'égale épaisseur et cela en employant des liquides colorés d'égale transparence. Il s'est servi à cet effet d'un liquide blanc trouble (oxalate de calcium en suspension), d'un liquide jaune (bichromate de potassium), d'un liquide vert (solution éthérée de chlorophylle), d'un liquide bleu (sulfate ammonio-cuivrique). Il a observé que, en présence de l'oxygène, la chlorophylle était le plus rapidement détruite dans la solution n° 1 et que cette action diminuait progressivement avec les autres milieux colorés. Cossa (*Jahresb. Agrik. Chemie*, 1874, 168) montra à la même époque qu'après une demi-heure d'éclairage au magnésium, on arrive à ce dilemme : ou bien la chlorophylle par sa propre constitution chimique décompose elle-même l'acide carbonique à la lumière, ou bien elle ne fonctionne qu'à titre de *sensibilisateur*, le véritable agent de ce travail chimique étant le substratum protoplasmique auquel est attachée la matière colorante. Cette dernière manière de voir a été soutenue par Timiriazeff et par Pringsheim. Pour résoudre ce problème, on suivra la décoloration d'une solution de chlorophylle à la lumière, décoloration qu'on pourra considérer comme une oxydation provoquée par la lumière elle-même. Ce phénomène peut, du reste, se produire dans la plante, mais Reinke n'a réussi qu'en faisant agir une lumière extrêmement intense. Remarquons que les auteurs sont loin de s'accorder sur les parties du spectre qui produisent le maximum d'effet de décoloration. On s'est d'abord servi d'écrans colorés et non des couleurs pures du spectre qui sont trop peu lumineuses, écrans dont les propriétés optiques ont été déterminées qualitativement et non quantitativement. De plus, les progrès de la décoloration n'ont été appréciés que superficiellement d'après l'aspect de la solution.

Pour Sachs les rayons jaunes sont plus actifs que les bleus; Gerland trouve que les rayons les plus actifs sont ceux qui sont le]plus complètement absorbés par la chlorophylle; Wiesner place le maximum dans le jaune. Reinke dirige alors ses expériences dans le sens suivant. Il]se sert de sources lumineuses qui renferment des groupes de rayons exactement comparables et d'égale intensité et, en second lieu, il analyse quantitativement, à l'aide du procédé photométrique de Vierordt que nous ne pouvons décrire ici, la chlorophylle détruite par les faisceaux lumineux de colorations différentes Il obtient le premier résultat à l'aide d'un spectre normal et d'un système de sept lentilles laissant passer des faisceaux de lumière quantitativement égaux, la lentille qui reçoit les rayons rouges étant beaucoup plus étroite que celle destinée à recueillir les rayons violets.

Voici ce que l'auteur a observé avec une solution alcoolique de feuilles d'*Helianthus*, pendant une heure :

	QUANTITÉ POUR CENT de matière colorante restée dissoute :	QUANTITÉ détruite.	POUVOIR DESTRUCTEUR des rayons ; 100 étant le maximum.
Obscurité.	100	0	»
Rouge sombre	71	29	39
Rouge.	27	73	100
Orangé.	35	65	89
Jaune	62	38	52
Vert.	74	26	35
Bleu.	65	35	50
Violet.	47	53	72

SOLUTION PLUS DILUÉE; DURÉE DE 30 MINUTES.

Obscurité.	100	0	»
Rouge sombre	75	25	35
Rouge.	30	70	100.
Orangé.	47	53	76
Jaune	62	38	54
Vert.	80	20	30
Bleu.	67	33	47
Violet	50	50	71

Les autres dissolvants de la chlorophylle se comportent à peu près comme l'alcool. Si donc on range les couleurs par *pouvoir décolorant décroissant*, on a l'échelle suivante : rouge, orangé, violet, jaune, bleu, rouge sombre, vert. *Le pouvoir décolorant est manifestement en relation avec le spectre d'absorption de la chlorophylle.*

La chlorophylle sèche, telle qu'on l'obtient par évaporation d'une solution, se décolore encore plus vite que la même substance en solution. Au contraire, la chlorophylle vivante, telle qu'elle est contenue dans la plante, ne se décolore pas dans les rayons lumineux de l'appareil décrit plus haut. Il en est de même lorsque la chlorophylle est tuée par l'ébullition ou par des vapeurs d'éther. Reinke pense que ce fait est dû à ce que, dans la plante, la chlorophylle est liée à la matière albuminoïde ; elle absorbe les vibrations lumineuses, mais elle les transmet en partie au protoplasma, de sorte que l'amplitude de ses vibrations propres n'est jamais telle que la molécule chlorophyllienne puisse devenir la proie de l'affinité de l'oxygène. Il semble donc que la chlorophylle ne joue qu'un *rôle de sensibilisateur* dans la décomposition du gaz carbonique. Cette fonction *sensibilisatrice* de la chlorophylle apparaît nettement dans l'expérience suivante due à Becquerel (*C. R.*, LXXIX, 185, 1874). Cet auteur mélange une solution alcoolique de chlorophylle avec du collodion photographique ; le collodion ne possède alors qu'une légère teinte verdâtre. Or l'action du spectre sur ce mélange donne une image spectrale plus étendue que celle qu'on observe lorsque le collodion n'est pas mélangé de matière colorante. Les premières bandes d'absorption de la chlorophylle semblent correspondre aux bandes actives sur la couche sensible. Il faut supposer, d'après cela, que la matière colorante adhérant au composé sensible, bien qu'en couche très mince, fait corps avec lui et lui transmet les actions exercées par la lumière. Le composé sensible acquiert donc les propriétés absorbantes de la matière fixée sur lui. (Voir encore sur ce sujet : Aske-

NASY. *Ueber die Zerstörung der chlorophyllebende Pflanzen durch das Licht. Jahresb. Agrik. Chemie*, XVIII, 333, 1875. — FAMINTZIN *Ueber die Wirkung der Lichtes auf das Ergrünen der Pflanzen. Jahresb. agrik. Chemie*, XI, 308, 1867-69. *Jahr. f. wissentschaft. Botanik*, VI, 45.)

V. Rôle et propriétés physiologiques du pigment chlorophyllien. — Nous parlerons ici des propriétés physiologiques de la chlorophylle qui se rattachent directement aux phénomènes d'assimilation; d'ailleurs l'article suivant, qui traite *de la fonction chlorophyllienne ou d'assimilation*, complètera sur plusieurs points ce dont il va être question maintenant.

Il convient de se demander tout de suite si la chlorophylle, alors qu'elle est en dehors de la cellule végétale et par conséquent séparée du protoplasma incolore qui lui sert de substratum, est encore capable de décomposer le gaz carbonique. REGNARD (*C. R.*, CI, 1293, 1885, et *Ann. agron.*, XII, 140) fait remarquer avec raison qu'il y a dans cette association du protoplasma avec le pigment quelque chose d'analogue à l'alliance de la globuline incolore et de l'hémoglobine rouge dans le globule sanguin. Dans le globule rouge, l'hémoglobine, substance colorée, possède seule un rôle physiologique dans l'absorption de l'oxygène et son action s'exerce même quand elle est séparée de la globuline. Mais en est-il de même dans la plante; la chlorophylle agit-elle en dehors de tout substratum? La plupart des auteurs prétendent que non, ils estiment que la chlorophylle doit être unie à son substratum, le protoplasma incolore, pour exercer une action réductrice et qu'elle serait inerte sans lui.

Afin d'employer un procédé très sensible, REGNARD fait une solution de bleu Coupier qu'il décolore exactement avec l'hydrosulfite de sodium neutre. La moindre trace d'oxygène ramènera la solution au bleu. Pour essayer la réaction, on prend un vase exactement rempli de cette solution, on y met un fragment de feuille de *Potamogeton* et on expose le tout au soleil. En moins de cinq minutes, le liquide du flacon est redevenu bleu intense. Cela posé, REGNARD se demande : 1° si les grains de chlorophylle ont besoin d'être renfermés dans la cellule végétale pour agir sur CO_2? L'auteur répond non; car si on broie dans un mortier des feuilles tendres de laitue avec de la poudre d'émail de façon à rendre très complète la trituration, puis qu'on ajoute de l'eau et qu'on filtre, on obtient dans le filtratum un liquide verdâtre tenant en suspension de la chlorophylle mais ne renfermant pas une seule cellule intacte. Ce filtratum est divisé en deux : une partie est mise avec le bleu Coupier décoloré, dans un flacon exactement rempli, renversé sur le mercure et exposé au soleil; l'autre partie est mise dans les mêmes conditions à l'obscurité. En deux heures, la chlorophylle insolée a dégagé assez d'oxygène pour communiquer à la solution une couleur bleu intense, tandis qu'au bout de dix jours la solution à l'obscurité n'a pas bleui. Cette expérience montre clairement que les grains de chlorophylle dégagent de l'oxygène aux dépens de l'acide carbonique dissous dans l'eau et fixent le carbone sur eux-mêmes.

2° En pénétrant plus avant dans la question, il faut se demander si la chlorophylle a besoin d'être, même en dehors de la cellule, unie au protoplasma incolore pour décomposer le gaz carbonique. On dissout donc la chlorophylle dans l'éther ou l'alcool et on trempe dans cette solution des lamelles de cellulose pure qu'on dessèche rapidement dans le vide à froid. On constitue ainsi de véritables feuilles vertes artificielles sans cellules ni protoplasma incolore. Ces feuilles artificielles sont mises dans le bleu décoloré, puis exposées au soleil : elles dégagent alors assez d'oxygène pour recolorer le bleu en deux ou trois heures; l'épreuve faite à l'obscurité donne un résultat négatif. Donc la chlorophylle séparée de la cellule et même de son substratum incolore continue à décomposer au soleil le gaz carbonique.

JODIN (*Bull. Soc. chim.*, III, 87, 1865; *C. R.*, CII, 264, 1886, *Ann. Agron.*, XII, 141), à propos du travail de REGNARD, rappelle qu'il a vu la chlorophylle séparée de la cellule, non pas décomposer le gaz carbonique, mais, au contraire, et même sous l'influence de la lumière, fixer de l'oxygène et dégager CO_2. JODIN, en effet, a montré qu'une feuille, privée d'eau par dessiccation, perd la propriété de décomposer le gaz carbonique et que, même si on lui rend de l'eau en la plongeant dans ce liquide on ne lui restitue pas pour cela la propriété de décomposer de nouveau l'acide carbonique. Le séjour d'une feuille dans un gaz inerte tuant la feuille par asphyxie lui enlève aussi la propriété réductrice qu'elle possédait. JODIN ajoute cependant qu'il suffit que dans les feuilles la fonction chlorophyllienne soit seulement affaiblie au-dessous d'une certaine limite pour qu'il devienne impossible d'en constater l'existence, alors même que cette fonction ne serait pas totalement abolie. car on ne peut affirmer la présence de la fonction chlorophyllienne qu'autant que celle-ci est assez puissante pour émettre plus d'oxygène que n'en consomme, dans le même temps, la respiration proprement dite. Il est donc nécessaire de supprimer la respiration de la feuille si on veut constater qu'il ne subsiste plus trace de fonction chlorophyllienne.

A cet effet, Jodix introduit des feuilles de graminées dans des tubes scellés qu'il chauffe au bain-marie de façon à les tuer. Une partie des tubes est conservée à l'obscurité, une autre exposée à la lumière. Le premier lot reste intact, ne change pas de couleur et ne modifie pas le contenu gazeux du récipient, ce lot a donc perdu la faculté de respirer, il peut servir de témoin. L'autre, au contraire. s'est décoloré à la lumière en absorbant en grande partie l'oxygène du tube et en produisant un peu de gaz carbonique : dans le second cas, la lumière n'agit donc plus sur la feuille que pour détruire la chlorophylle et en provoquer l'oxydation.

L'auteur se demande alors comment la chlorophylle, qui est une matière photochimiquement oxydable en dehors de l'état physiologique, peut subir un renversement apparent de fonctions et concourir à un phénomène de réduction tel que la décomposition du gaz carbonique. Jodix associe alors la chlorophylle avec certains principes végétaux, les huiles notamment, afin de rechercher l'influence réciproque que peuvent avoir les unes sur les autres les fonctions chimiques des substances ainsi rapprochées. Cloëz a montré que les huiles siccatives ont la propriété de fixer l'oxygène. Cette oxydation se produit spontanément à l'obscurité bien que la lumière l'accélère et semble modifier le type des produits secondaires qui en dérivent. Or si dans ces huiles, très oxydables à l'obscurité, on incorpore quelques millièmes de chlorophylle. on en modifie sensiblement les propriétés : l'huile deviendra presque inoxydable à l'obscurité et pourra rester de longs mois au contact de l'oxygène sans en fixer une quantité notable ; à la lumière, au contraire. elle retrouve toute son affinité pour l'oxygène, exaltée même, semble-t-il. par la présence de la chlorophylle.

Les idées de Regnard que nous venons d'exposer ont été combattues également par Pringsheim (Ueber die chemische Theorie der Chlorophyllfunction und die neueren Versuche die Kohlensäure ausserhalb der Pflanze durch den Chlorophyllfarbstoff zu zerlegen. Jahresb. Agrik. Chemie, x, 143. 1887 ; Wollny's Forschungen, x, 143). Des bandes de papier non colorées produisent le même effet que dans l'expérience de Regnard. parce que ces bandes apportent toujours avec elles de faibles quantités d'oxygène qui bleuissent la solution.

Effets de la dessiccation sur la chlorophylle. — Ainsi donc, lorsque les feuilles sont desséchées au préalable, l'action chlorophyllienne est anéantie. Boussingault (Agronomie, etc., IV, 317) avait déjà examiné le fait avec attention. Il pensait a priori qu'il pourrait se passer avec les feuilles un phénomène analogue à celui qui se passe avec certains animaux inférieurs qui subissent une dessication absolue sans cependant cesser de vivre puisque leur vie reprend si on leur rend l'eau dont ils ont été privés. Mais l'expérience montra à Boussingault que des feuilles de Laurier restées depuis plus d'un siècle dans un herbier, bien que d'apparence encore verte, ne fonctionnent plus dans de l'eau chargée de gaz carbonique. Une fois desséchées, les feuilles ne reprennent plus leur eau de constitution, soit qu'on les trempe dans ce liquide, soit qu'on les suspende au sein d'une atmosphère chargée de vapeur d'eau : la chlorophylle ne fonctionne plus, sa vie est abolie.

Influence de la radiation sur la production de chlorophylle. — On sait qu'il existe des plantes qui verdissent, même à l'obscurité la plus complète : tel est le cas des graines de certaines conifères. Ces graines, en germant dans l'obscurité, fournissent des plantes dont la coloration verte est identique à celle de plantes semblables venues à la lumière du soleil. Belzung a même observé une faible production de chlorophylle dans l'albumen quand celui-ci germe isolément dans l'obscurité. C'est alors, ajoute cet auteur, essentiellement aux dépens des grains d'amidon transitoires que se constitue le pigment vert. Les fougères se comportent de même. Belzung, loc. cit.. 57).

Kraus (Land. Vers. Stat.. 415, xx. 1877 a fait quelques observations curieuses relatives à la production artificielle de la chlorophylle à l'obscurité. Il cite une expérience remarquable que voici : Si on retourne un gazon, on trouve de jeunes pousses qui, gênées dans leur élongation par la résistance du sol, se courbent, se replient et, dans chacun de ces plis, on reconnaît une légère teinte verte. La difficulté de l'élongation semble donc engendrer la chlorophylle. On sème du maïs, de l'orge, du blé sur un tampon de coton placé dans une éprouvette dont le fond contient un peu d'eau; à deux centimètres au-dessus des graines on fixe un bouchon. Les feuilles touchent bientôt cet obstacle et se plient en zigzags. Au bout de quelques semaines, on trouve les feuilles manifestement verdies dans les angles des plis. Ce verdissement ne dépasse pas une certaine intensité; arrivé à son maximum, il diminue. Kraus fait remarquer qu'il ne suffit pas que la cellule végétale possède les éléments nécessaires à la formation de la chlorophylle, il faut, en outre, que cette circonstance coïncide *avec un optimum d'oxydation*, c'est-à-dire une certaine énergie vitale du protoplasma. En effet, bien des expériences faites comme ci-dessus, mais dans lesquelles la végétation a été moins vigoureuse, n'ont pas donné de bons résultats (Voir aussi Bœhm, *Jahresb. agrik. Chemic*, ix, 151, 1866). Kraus a, de plus, observé la formation de chlorophylle au contact de vapeur d'alcool méthylique. Si, en effet, on verse, au fond d'un verre de l'eau et une trace d'alcool méthylique, ne devant pas dégager la moindre odeur, qu'on mette ensuite au-dessus de ce liquide un tampon de coton sur lequel on place des graines germées de maïs, blé, orge, etc., et qu'on expose le tout dans une obscurité complète, on constate, à mesure que les plantes s'accroissent, qu'elles se colorent nettement en vert, bien que les racines meurent. On peut faire cette expérience sous une autre forme : des graines germées sont mises dans une toile mouillée qu'on expose aux vapeurs d'alcool méthylique très diluées ou bien des graines mises dans un germoir sont arrosées d'alcool méthylique très étendu : les germes grandissent lentement, les feuilles verdissent bien que les racines se mortifient. Ce verdissement est constant, mais il est très lent. Kraus pense que cette genèse de la chlorophylle n'a lieu que parce que l'alcool méthylique, facilement oxydable, passe à l'état d'aldéhyde formique.

Influence de la réfrangibilité des rayons sur la production de chlorophylle. — Ce sujet a été successivement étudié par Daubeny, Gardner, Draper, Guillemin. Ce dernier expérimentateur (*Développement de la matière verte des végétaux et flexion des tiges sous l'influence des rayons ultra-violets du spectre solaire. C. R.*, xlv, 62, 343, 1857) a fait agir sur des plantes étiolées, non seulement les radiations lumineuses proprement dites, mais aussi les radiations infra-rouge et ultra-violettes. Pour étudier les rayons ultra-violets, on fait passer un faisceau de rayons solaires au travers d'un prisme de quartz lequel n'absorbe que très peu les rayons ultra-violets. Des plantes étiolés disposées sur le trajet de ces derniers verdissent, mais l'intensité de la coloration est toujours moindre que dans la partie lumineuse. Pour déterminer quelle est l'action des radiations calorifiques, Guillemin prend un prisme de sel gemme que ces rayons traversent très bien : la chlorophylle apparaît alors chez les plantes placées dans l'infra-rouge. Le verdissement a son maximum dans le jaune, il diminue rapidement vers le rouge extrême et s'étend dans l'infra-rouge jusqu'à une distance égale à celle qui sépare le rouge du jaune.

Pour Bert et Regnard, ce sont les radiations rouges (spectre solaire ou électrique) qui jouent le rôle prépondérant dans la production de la chlorophylle.

Influence de la température. — Sachs (*Ueber den Einfluss der Temperatur auf das Ergrünen der Blätter*, Flora, 1864, 497; *Jahresb. agrik. Chemie*, vii, 118, 1864), Wiesner (*Die Entstehung des Chlorophylls in den Pflanzen. Jahresb. agrik Chemie*, xx, 229, 1877), Bœhm (*Ueber die physiologische Bedingungen der Chlorophyllsbildung. Jahresb. agrik. Chemie*, ix, 151, 1866) ont étudié ce sujet. La plante étiolée est soumise à l'action d'une source constante de radiations, une flamme par exemple, en ayant soin d'amener cette dernière à l'optimum d'intensité. On observe ensuite le verdissement en maintenant la plante, pendant chaque expérience, à une température donnée. On trouve ainsi que la formation de la chlorophylle commence à une certaine température, qu'elle cesse d'avoir lieu à une température plus ou moins élevée et que, entre ces deux limites, existe la température la plus favorable au verdissement.

Wiesner a donné les chiffres suivants :

	LIMITE INFÉRIEURE.	OPTIMUM.	LIMITE SUPÉRIEURE.
	degrés.	degrés.	degrés.
Hordeum vulgare.	4 à 5	30	37 à 38
Zea mays.	10	35	40
Raphanus sativus	10	35	45
Pisum sativum	4 à 5	35	40

HEINRICH (*Ann. agron.*, XXIII, 191, 1897) a donné, pour diverses plantes, des chiffres compris à peu près dans les mêmes limites.

Nature de l'action chlorophyllienne. — PRINGSHEIM (*C. R.*, XC, 161, 1880). *Jahresb., agrik. Chemie*, II, 216, 1879, *Bot. Zeitung*, 1879, 789), en exposant sous le microscope le tissu végétal à la lumière solaire concentrée au moyen d'une forte lentille, a pu suivre facilement ce que devient la matière verte. Ce savant botaniste montre qu'il existe une subtance oléagineuse, cristallisable, qui sert en quelque sorte de substratum aux grains de chlorophylle des plantes vertes. Cette matière, que l'auteur nomme *hypochlorine*, est un énergique dissolvant de la chlorophylle avec laquelle elle peut, du reste, être confondue facilement lorsque, par suite de l'action de dissolvants communs, on l'extrait des grains de chlorophylle qui la contiennent. Voici ce que PRINGSHEIM pense du rôle de cette hypochlorine. Celle-ci, non encore isolée, riche en carbone, a une relation directe avec l'assimilation du carbone. Si on considère de plus la façon dont se forme l'hypochlorine pendant la germination des plantes étiolées, on est conduit à admettre que cette matière est le produit immédiat de la décomposition du gaz carbonique. En effet, de tous les corps carbonés dont la production dans la plante a été attribuée plus ou moins directement à la décomposition de CO_2, l'hypochlorine est le seul que les phanérogames en germant ne peuvent pas former sans l'aide de la lumière. Quant à la chlorophylle elle-même, les recherches de l'auteur tendent à démontrer que ce pigment n'est pas décomposé dans l'acte de l'assimilation du carbone. La chlorophylle donc ne saurait être considérée chimiquement comme la substance mère des corps carbonés des plantes. Dans la cellule vivante, insolée comme il a été dit plus haut, la chlorophylle se décompose bien sous les yeux de l'observateur, mais sa décomposition est *indépendante de l'absorption et de la présence même du gaz carbonique*. Cette décomposition s'effectue évidemment par l'absorption de l'oxygène *dans l'acte de la respiration végétale proprement dite* : or, chez les végétaux comme chez les animaux, la respiration a lieu sans discontinuer. PRINGSHEIM a observé en outre que, dans la cellule vivante verte, l'absorption de l'oxygène augmente avec l'intensité de la lumière et surtout avec l'intensité des rayons chimiques du spectre solaire; mais, la respiration augmentant de plus en plus en pleine lumière, finit, comme on le voit sous le microscope, par devenir nuisible à la plante en brûlant les corps combustibles du contenu de la cellule en et détruisant, en première ligne, l'hypochlorine elle-même qui sert alors d'aliment à la respiration. La lumière intense dont la plante ne peut se passer et qui lui est indispensable à l'assimilation du carbone lui devient donc pernicieuse du moment où, l'intensité lumineuse dépassant certaines limites, l'énergie de l'oxydation devient plus grande que l'énergie de l'assimilation. PRINGSHEIM suppose alors, à la suite de ses observations directes, que c'est la chlorophylle, qui, par ses absorptions lumineuses, contrebalance ces deux fonctions opposées l'une à l'autre dans leurs effets physiologiques. En absorbant de préférence les rayons chimiques de la lumière solaire, le pigment chlorophyllien en diminue l'effet respiratoire et c'est grâce à cet écran protecteur que possède la plante que, même en plein soleil, l'assimilation du carbone surpasse l'oxydation des corps carbonés. Ainsi, contrairement à ce qu'on croyait jusqu'à présent, la chlorophylle *n'aurait pas de relation directe* avec la décomposition du gaz carbonique, elle ne jouerait que le rôle de *régulateur* dans l'acte respiratoire des végétaux. Remarquons encore que la lumière ne détruit pas la chlorophylle dans un milieu privé d'oxygène.

TIMIRIAZEFF a développé des idées analogues : la chlorophylle se conduit *comme un sensibilisateur ;* sous l'influence des rayons qu'elle absorbe, elle éprouve une décomposition et provoque en même temps la décomposition du gaz carbonique (*Chemische und physiologiche Wirkung des Lichts auf das Chlorophyll; Jahresb. agrik. Chemie*, VIII, 22, 1885,

WOLLNY's FORSCHUNGEN. VIII, 392, *Ueber die Menge der vom Chlorophylls geleisteten nützlichen Arbeit*; *Jahresb. agrik. Chemie*, VI, 119, 1883; *Bot. Centralb.* XVII, 101, 366).

Que la matière verte ne joue pas seule un rôle synthétique en décomposant le gaz carbonique ou que même elle ne décompose pas du tout ce gaz et que ce rôle appartienne alors exclusivement à certaines cellules à protoplasma incolore, la chose est possible, mais le rôle *d'écran* que PRINGSHEIM attribue à la chlorophylle n'est admis que par très peu d'observateurs. BOEHM voit, dans les divers mouvements de la chlorophylle, un moyen de protection de la matière verte contre l'action décomposante des rayons lumineux trop intenses. Les grains chlorophylliens s'effacent, en effet, au soleil et, contrairement à ce que dit PRINGSHEIM, enlèvent ainsi au protoplasma l'enduit protecteur dont celui-ci aurait le plus besoin au même moment. STAHL (*Ann. agron.*, VII, 131, 1881) pense que, sans doute, la plante possède dans ces déplacements et changements de forme un régulateur de l'assimilation destiné à empêcher une trop grande accumulation des produits assimilés. — Le protoplasma incolore peut-il décomposer le gaz carbonique omme nous l'avancions tout à l'heure? ENGELMANN (*Ann. agron.*, IX, 78, 1889, *Forschungen der agrik. Physik.*, VI, 305), discutant les théories de PRINGSHEIM, est amené à examiner le plasma incolore à l'aide des bactéries dont les mouvements dévoilent la présence d'une quantité d'oxygène extraordinairement petite. Si le plasma incolore décompose le gaz carbonique, il devra dégager, au moins de temps en temps, de petites quantités d'oxygène qui seront aussitôt mises en évidence par les bactéries. Or toutes les expériences faites, soit avec des poils d'étamines de *Tradescantia*, des poils radicaux d'*Hydrocharis*, des filaments mycéliens de divers champignons, etc., n'ont permis, dans aucun cas, d'observer le dégagement de la moindre trace d'oxygène par le protoplasma incolore, tandis que le plus petit corpuscule de chlorophylle en dégage très visiblement. On peut même faire varier à l'infini l'intensité et la couleur de la lumière ou faire passer la lumière au travers d'une feuille verte ou d'une solution de chlorophylle, les cellules colorées seules et, dans celles-ci, les particules plasmiques colorées seules dégagent de l'oxygène à la lumière. ENGELMANN a vérifié, ainsi que REINKE l'avait déjà établi, que, pour les cellules vertes, les rayons les plus actifs sont situés dans le rouge entre les raies B et C, dans le bleu près de la raie F. *Ce sont précisément ces rayons que la chlorophylle absorbe.* Mais l'auteur s'est demandé, de plus, si la même relation entre l'absorption de la lumière et l'assimilation existe également pour les cellules contenant un plasma *autrement coloré qu'en vert*. Quelques essais exécutés sur des *diatomées* brunes ou des *oscillariées* bleues lui ont fourni des résultats positifs. ENGELMANN a donc examiné des cellules vertes, bleues, brunes, rouges d'algues à la lumière solaire et à celle du gaz. Il a trouvé que l'action des rayons très réfrangibles est beaucoup plus forte au soleil qu'au gaz et que les rayons lumineux agissent d'autant plus fortement sur l'assimilation qu'ils sont plus énergiquement absorbés.

Ces recherches indiquent donc que, dans le règne végétal, il existe, outre la chlorophylle, une série d'autres matières colorantes qui jouent le même rôle dans l'assimilation : ce sont toujours *les rayons complémentaires de la couleur des plantes* dont l'action est la plus prononcée. Il semble que la chlorophylle, caractérisée par la forte bande d'absorption que nous connaissons, coexiste toujours à côté des autres *chromophylles* (c'est le nom que donne ENGELMANN aux matières colorantes assimilatrices autres que la matière verte); il serait donc naturel d'attribuer à cette chlorophylle une fonction fondamentale dans l'assimilation, tandis que les autres matières colorantes ne seraient que des *sensibilisateurs* destinés à absorber, au profit de la chlorophylle, certains rayons lumineux. Mais la chlorophylle se trouve en si petite quantité dans certaines algues, telles que les *Floridées*, que son action est presque nulle : il est donc plus logique d'admettre que toutes les chlorophylles travaillent de la même manière, comme sensibilisateur.

Une conséquence de cette assimilation par les parties colorées autrement qu'en vert est la suivante : dans les eaux de la mer, les algues vertes sont limitées à la surface, tandis que les algues rouges dominent dans les eaux profondes. BERTHOLD a vu que la végétation des récifs ombragés, des grottes, des grandes profondeurs se distingue immédiatement par sa couleur rouge. Mais si, dans ce phénomène, *l'intensité lumineuse* joue un rôle, *la qualité de la lumière* en joue un bien plus grand; cette qualité est, en effet, influencée par l'épaisseur de la couche d'eau que la lumière a déjà traversée. A une faible profondeur, l'eau paraît verte ou vert bleuâtre ; le spectre obtenu avec un rayon solaire qui a traversé un tube de 14 mètres de long, rempli d'eau, ne possède plus de rouge et peu de jaune seulement, le maximum d'intensité lumineuse est dans le vert. Or, comme les rayons rouges sont précisément les plus actifs pour les plantes vertes (voir plus loin l'article Fonction chlorophyllienne), il est clair que, même à une faible profondeur, ces végétaux, moins bien partagés, cèderont la place aux algues rouges pour lesquelles les rayons verts sont les plus efficaces. Les algues rouges l'emportent donc dans ces conditions ainsi que dans les endroits (tels que grottes bleues) où la la lumière n'arrive qu'après avoir traversé une grande épaisseur d'eau.

Les algues jaunes et brunes doivent, par leurs propriétés optiques, se placer entre les algues vertes et les algues rouges, ce qui, en effet, est le cas. Quant aux algues bleu verdâtre, elles vivent à la surface. Mais n'insistons pas davantage sur ces conséquences qui ont été révoquées en doute à la suite de nombreuses observations.

Influence de certains éléments minéraux sur la production de la chlorophylle. — Loew (*Ann. agron.*, xviii, 270, 1892. *Jahresb. agrik. Chemie*, xiv, 184, 1891), ayant cultivé pendant deux mois des algues dans des solutions nourricières, les unes pourvues, les autres dépourvues d'acide phosphorique, avait remarqué que, malgré la présence du fer, les individus privés de cet acide prenaient une coloration jaunâtre alors que les autres étaient vert foncé. Il sembla à Loew d'autant plus naturel d'attribuer cette différence à la présence ou à l'absence d'acide phosphorique que nous savons que Hoppe-Seyler avait trouvé dans les cendres de la chlorophyllane 1,38 p. 100 de phosphore, cet élément entrant peut-être dans la constitution d'une lécithine chez laquelle l'acide chlorophyllianique jouerait le rôle d'un acide gras. Aussi Loew cultiva-t-il des filaments de *Spirogyra*, d'abord dans de l'eau distillée qui ne renfermait que des sels ammoniacaux et au sein de laquelle on faisait passer de temps en temps un courant de gaz carbonique. Les cellules de cette algue s'accrurent énormément, mais la masse totale n'augmenta que d'une manière insignifiante. Il est donc probable que l'allongement des cellules résulte de ce que les divisions cellulaires n'ont pu s'accomplir faute de phosphore. Les choses étant dans cet état, on ajoute 0gr,02 pour mille de sulfate ferreux à la solution nourricière et on divisa la culture en deux lots, dont l'un reçut en outre 0gr,08 pour mille de phosphate disodique. Au bout de cinq jours seulement, les algues qui avaient reçu le phosphate prenaient une coloration vert foncé, tandis que celles qui n'avaient reçu que du fer étaient restées jaunâtres; les divisions cellulaires n'ont pas tardé à reprendre leur cours normal en présence du phosphate. Ainsi se trouve confirmée, dans une certaine mesure, l'idée de Hoppe-Seyler sur la constitution de la chlorophyllane : dans tous les cas, le phosphore semble être indispensable à la formation de la chlorophylle normale. Telle est également la conclusion à laquelle est arrivé récemment J. Stoklasa (*Bull. Soc. chim.*, (3), xvii, 320, 1897).

G. ANDRÉ.

CHLOROPHYLLIENNE (Fonction). — La chlorophylle absorbe,

ainsi que nous l'avons vu, certaines radiations lumineuses : l'énergie qu'elle emmagasine se transforme en un travail chimique, la décomposition de l'acide carbonique. C'est là une *réaction endothermique*. Or Berthelot a fait remarquer (*C. R.*, cxii, 329, 1891) que la plupart des réactions chimiques provoquées par la lumière sont des réactions *exothermiques*, c'est-à-dire dans lesquelles la lumière joue le rôle d'un simple excitateur sans fournir elle-même l'énergie mise en jeu. Ainsi la combinaison du chlore avec l'hydrogène, l'oxydation des sels de protoxyde de fer, celle de l'acide oxalique, toutes réactions provocables par la lumière, sont toutes aussi des réactions exothermiques. Le seul fait qui subsisterait dans cet ordre serait la décomposition du gaz carbonique avec mise à nu d'oxygène par la matière verte des végétaux; mais il n'a jamais été prouvé, ajoute Berthelot, qu'il ne se produit pas en même temps dans l'organisme végétal des réactions complémentaires et simultanées capables de fournir l'énergie indispensable.

Il était utile que cette observation fût mise en évidence dès le début de l'étude du processus assimilateur, étant donné que le mécanisme de celui-ci est très obscur, puisqu'on ne constate, dans l'exercice de ce phénomène, la formation immédiate que de produits complexes, polymérisés, dont les termes primordiaux nous échappent tout à fait. Il est même possible que les hydrates de carbone condensés qui semblent être les premiers corps fournis par la synthèse chlorophyllienne, si on considère la rapidité extrême avec laquelle ils apparaissent dans les grains de chlorophylle, ne proviennent eux-mêmes, comme la chose a été avancée, que de la destruction de matières azotées quaternaires dont la formation aurait précédé la leur.

Quoi qu'il en soit, sitôt que la plante étiolée, qui vivait en parasite sur sa graine et diminuait de poids sec, est mise en contact avec la lumière solaire et même avec certaines lumières artificielles, elle verdit et, dès l'instant qu'elle verdit, elle décompose non seulement le gaz carbonique que ses divers tissus produisent en respirant, mais aussi, et surtout, celui que contient l'atmosphère ambiante. Ainsi se trouve réalisée cette première étape de la synthèse organique : *l'assimilation du carbone.* C'est là un fait capital et indéniable. L'expérience montre, en effet, qu'une plante éclairée par les rayons solaires et à laquelle on ne fournit *que de l'eau* augmente son poids de matière sèche ; elle gagne du carbone. Mais, tandis qu'elle absorbe en quelque sorte le carbone, la plante rejette de l'oxygène gazeux : il existe un rapport entre l'acide carbonique absorbé et l'oxygène émis, rapport qui varie suivant des conditions multiples. D'ailleurs cet oxygène, lorsqu'il n'est pas mis en liberté en totalité à l'état gazeux, c'est-à-dire lorsque son volume n'est pas égal à celui du gaz carbonique absorbé, sert à produire des oxydations qui portent sur certains principes : telle est l'origine des acides végétaux.

Aussi peut-on dire que l'étude des échanges gazeux produits par le phénomène chlorophyllien appelle immédiatement celle d'un phénomène tout opposé dans ses effets physiologiques, phénomène de combustion qui n'est autre que *la respiration :* nous verrons plus loin comment il est possible de séparer les échanges gazeux attribuables à ces deux processus contraires. Le phénomène respiratoire lui-même est singulièrement contrarié chez toutes les plantes et principalement chez celles dont les feuilles possèdent un parenchyme épais par un défaut de relation apparente entre le volume de l'oxygène absorbé et celui de l'acide carbonique rejeté. L'oxygène ne sert parfois que dans une faible mesure à produire des combustions directes, tandis qu'il se fixe, dans des conditions déterminées d'éclairage et de température, sur certains éléments qu'il transforme en acides végétaux, ceux-ci étant ultérieurement décomposés dans des conditions physiques inverses des précédents. L'étude de la formation des acides chez la plante n'est donc qu'un corollaire de celle de la respiration.

On voit combien il est difficile d'interpréter les phénomènes gazeux dont le végétal est le siège et combien il est inexact de vouloir, d'après la seule appréciation des échanges de gaz, mesurer le chimisme intime de la plante.

Bornons-nous actuellement à la seule étude du phénomène assimilateur et constatons qu'on peut le résumer ainsi : Absorption et décomposition du gaz carbonique, dégagement d'oxygène, fixation de carbone sur le végétal.

Mais tout tissu qui vit respire, il puise dans la combustion des hydrocarbonés l'énergie nécessaire à son existence et à son développement. Or ce phénomène respiratoire auquel nous avons déjà fait allusion et que nous étudierons plus tard en détail, est essentiellement un phénomène de désassimilation. On comprend donc bien l'antagonisme profond qui existe entre le phénomène chlorophyllien *assimilateur* et le phénomène respiratoire *destructeur.* C'est fort à tort qu'on a trop souvent employé, à une certaine époque, les mots de *respiration diurne* des végétaux pour traduire l'idée de décomposition du gaz carbonique avec émission d'oxygène par opposition avec *respiration nocturne*, c'est-à-dire absorption d'oxygène et émission de CO^2. Garreau (*Ann. sc. natur.*, (3), xv, 1, 1851), le premier, a fortement insisté sur ces fâcheuses dénominations en montrant la différence essentielle qui existe entre ces deux fonctions. La plante, en effet, respire *même quand elle est éclairée par les rayons solaires ;* mais l'acide carbonique qu'elle émet est transformé ou plutôt décomposé dans ses cellules vertes avant même que de se dégager. On ne constate donc chez cette plante *qu'une résultante* de deux actions opposées lorsqu'on observe l'augmentation de son poids sur l'influence de la lumière solaire, la fonction assimilatrice l'emportant toujours, dans ce cas, sur la fonction éliminatrice.

Cette étude de la fonction chlorophyllienne étant capitale dans l'histoire de la chimie des plantes, divisons de suite le sujet et étudions successivement :

1° *L'historique de la question ;* 2° *Les lois du phénomène et la valeur du rapport qui existe entre le gaz carbonique absorbé et l'oxygène émis;* 3° *La théorie de l'assimilation et les hypothèses qui permettent de se rendre compte de la nature des produits qui se forment à la suite de la fixation du carbone ;* 4° *Les conditions physiologiques dont dépend le phénomène d'assimilation;* 5° *L'influence des conditions physiques (lumineuses et calorifiques) sur ce phénomène.*

I. Historique. — C'est à Bonnet (de Genève) (1754) qu'on doit cette observation fondamentale que, plongées dans l'eau ordinaire, les feuilles vertes dégagent des gaz à la lumière solaire alors que dans une eau soumise au préalable à l'ébullition ces feuilles ne dégagent plus rien, *même si le soleil est ardent.* Mais il semble que ce soit Priestley qui, le premier, ait reconnu *la nature* du gaz qui se dégage dans l'expérience de Bonnet dont il paraît avoir, du reste, méconnu les travaux. Il publia, en 1772, ses *Recherches sur les diverses espèces d'air ;* après s'être occupé des modifications que le séjour des animaux fait subir à l'air ambiant, Priestley se demanda quelle pouvait être l'influence des plantes sur une semblable atmosphère viciée. Il constata, contrairement à ce qu'il avait d'abord pensé, que la plante était capable, par un séjour prolongé dans une semblable atmosphère, de *régénérer* celle-ci et que le nouveau gaz entretenait la respiration animale et laissait brûler une chandelle, alors que les animaux mouraient et la chandelle s'éteignait avant le passage de la plante. Et cependant Priestley ajoute qu'on serait porté à croire que puisque l'air commun est nécessaire à la vie végétale, aussi bien qu'à la vie animale, les plantes et les animaux doivent l'affecter de même. « Le 16 août 1771, dit-il, je mis une plante de menthe dans une quantité d'air où une bougie avait cessé de brûler et je trouvai que le 27 du même mois une autre bougie y pouvait brûler parfaitement bien... je répétai cette expérience jusqu'à huit ou dix fois sans la moindre variation. » Priestley conclut donc que, loin d'affecter l'air de la même manière que les animaux, la plante produit des effets contraires et tend à conserver l'atmosphère *douce* et *salubre.* Il se rendit compte que les plantes, par leur énorme développement à la surface du globe, sont en mesure de contrebalancer l'effet funeste produit sur l'air par les animaux et par la putréfaction animale et végétale. Mais des expériences ultérieures ébranlèrent Priestley dans sa conviction : il observa parfois que plantes et animaux vicient l'air de la même façon; du reste Scheele émit aussi cette opinion à la même époque que, loin de purifier l'atmosphère, les plantes ne faisaient que la souiller comme les animaux. Schelle évidemment ne constatait, dans ce dernier cas, que les résultats du phénomène respiratoire. Toujours est-il que Priestley avait raison dans une certaine mesure, mais il ne put trouver la loi du phénomène. C'est à Ingenhousz qu'on doit, en 1779, l'explication des divergences entre les expériences de Priestley et celles de Scheele. Les plantes, en effet, ne changent l'air atmosphérique en air *déphlogistiqué* (oxygène) *que sous l'influence de la lumière solaire;* à l'obscurité, elles ne dégagent que *de l'air impur,* c'est-à-dire du gaz carbonique. Ingenhousz observa également que les racines, les fleurs, les fruits ne produisent jamais d'air déphlogistiqué, mais seulement de l'air impur, à la lumière comme à l'obscurité. Il regarda comme probable, en 1796, que la source du carbone est l'acide carbonique, mais c'est Sennebier qui mit exactement en évidence la nature du phénomène et fit voir que l'oxygène dégagé au soleil par les parties vertes ne provenait pas des tissus eux-mêmes de la plante, mais bien de l'oxygène contenu dans le gaz carbonique que ces parties vertes absorbaient. Il montra, de plus, que l'oxygène dégagé par la plante en présence de la lumière est le résultat de l'activité même de la feuille et ne provient jamais, comme le croyait Bonnet, de la surface. En effet, ayant analysé l'air qui reste adhérent à la surface des feuilles submergées, il fit voir que la composition de celui-ci est toujours très voisine de celle de l'air atmosphérique ; au contraire, l'air des bulles gazeuses est beaucoup plus pur et beaucoup plus riche.

Travaux de De Saussure. — Profitant en partie des travaux de ses devanciers, De Saussure (*Recherches chimiques sur la végétation,* Paris, 1804) montra que l'acide carbonique, ajouté artificiellement dans de très petites proportions à l'atmosphère des plantes, est utile à leur végétation au soleil (page 33), mais il n'exerce cette action bienfaisante qu'autant que cette atmosphère contient du gaz oxygène libre. De Saussure suspend ensuite à la partie supérieure de récipients contenant des *pois* un peu de chaux éteinte et fait reposer la base de ces cloches sur de l'eau de 'chaux. Dès le second jour, l'atmosphère des plantes exposées au soleil dans cet appareil a diminué de volume; le troisième jour les feuilles inférieures ont commencé à jaunir et, entre le cinquième et le sixième, les tiges étaient mortes ou entièrement défeuillées. L'atmosphère intérieure examinée à ce moment s'est trouvée viciée, elle ne contenait plus que 16 p. 100 d'oxygène. Cette expérience, menée parallèlement avec une autre dans des conditions naturelles, montra que la chaux avait absorbé le gaz carbonique et que l'élaboration de ce gaz était nécessaire à la végétation au soleil (page 35). A l'ombre le résultat fut différent; non seulement les plantes ne moururent pas dans le récipient contenant de la chaux, mais elles y prospérèrent mieux que dans un récipient semblable où cette substance n'avait pas été introduite. De Saussure exécuta ensuite des expériences eudiométriques très précises sur des atmosphères artificiellement pourvues de gaz carbonique et il montra que ce gaz, ajouté en certaines proportions à l'air atmosphérique, favorisait la végétation, mais seulement autant que celle-ci peut opérer la décomposition du gaz acide; les plantes, en décomposant CO^2, s'assimilent une partie de l'oxygène contenu dans le gaz carbonique. De Saussure remarqua, de plus, que toutes les espèces de feuilles n'ont pas, au même degré, la propriété de décomposer CO^2; les plantes grasses, par exemple le *Cactus*, n'en décomposent que le cinquième ou le dixième de ce que décomposent les feuilles ordinaires. L'auteur précité pense que les parties vertes décomposent le gaz carbonique en raison de leur surface et presque pas en raison de leur volume. Les plantes charnues, les tiges, offrant peu de surface, en décomposent, sous le même volume, beaucoup moins.

II. Lois du phénomène et valeur du rapport qui existe entre le gaz carbonique absorbé et l'oxygène émis. — **Expériences de Cloëz et Gratiolet.** — Ces expérimentateurs étudient le dégagement de l'oxygène gazeux que fournissent des tiges de *Potamogeton* exposées au soleil, soit dans de l'eau chargée de gaz carbonique, soit dans une eau naturelle renouvelée constamment. Ils mettent en évidence : 1° l'influence de la lumière et remarquent, en effet, que l'ombre d'un léger nuage passant dans l'atmosphère suffit pour ralentir aussitôt le dégagement gazeux; 2° l'intensité du phénomène est la même à peu près à la lumière jaune et à la lumière blanche; 3° cette intensité varie beaucoup avec la température. Les auteurs constatent, de plus, un dégagement d'azote gazeux qu'ils attribuent à une décomposition de la substance elle-même de la plante (*Ann. chim. et phys.*, (3), xxxii, 41, 1851). Nous allons voir, avec les expériences de Boussingault, que, en réalité, il n'y a pas, dans les conditions normales, de perte d'azote. D'ailleurs, Barthelemy (*De la respiration des plantes aquatiques submergées. Ann. chim. et phys.*, (5), xiii, 240, (1878) a écrit sur les expériences de Cloëz et Gratiolet des critiques fort justes qui trouveront leur place quand nous traiterons de la respiration végétale.

Expériences de Boussingault (1859-61)(*Sur les fonctions des feuilles. Agronomie*, etc., v, 1). — Ce savant, après avoir fait la critique des travaux de De Saussure, Daubeny, Draper sur l'émission du gaz azote pendant la décomposition de l'acide carbonique à la lumière, ainsi que de ceux de Cloëz et Gratiolet, part de ce principe que, pour connaître les relations qui existent entre le végétal et l'atmosphère qui l'entoure, il faut ne rien éliminer en fait de gaz et tout doser : aussi bien les gaz inclus dans le végétal que ceux dissous dans l'eau. Cette méthode seule permettra de déterminer rigoureusement le rapport entre le volume du gaz carbonique décomposé par les feuilles et celui de l'oxygène mis en liberté et montrera, en outre, s'il existe ou non un dégagement d'azote. A cet effet, Boussingault fait usage de trois appareils semblables et fonctionnant simultanément; avec l'appareil n° 1 on extrait l'atmosphère de l'eau employée dans l'expérience; avec le n° 2 on extrait immédiatement l'atmosphère de l'eau et l'atmosphère confinée des feuilles; avec le n° 3 qu'on expose au soleil, on extrait les gaz dégagés par l'action de la lumière mêlés aux atmosphères de l'eau et des feuilles plus ou moins modifiées. L'extraction des gaz se fait par une ébullition dans le vide. L'eau destinée aux expériences ne doit pas être trop chargée d'acide carbonique, car elle changerait trop facilement de composition par suite du dégagement partiel de cet acide; il suffit d'ajouter à de l'eau distillée bien aérée un cinquième ou un sixième de son volume d'eau saturée de CO^2. Les trois ballons sont chargés de cette eau, les feuilles sur lesquelles on opère doivent avoir, autant que possible, des surfaces égales : le poids de l'eau et celui des feuilles seront exactement connus. Nous ne pouvons d'ailleurs entrer ici dans le détail des précautions minutieuses prises par l'auteur et qui assurent à cette expérience une haute précision.

Boussingault a fait sur ce sujet 41 expériences. Sur ces 41 expériences, il en est 15 dans lesquelles le volume de l'oxygène apparu a été un peu plus grand que celui du gaz carbonique disparu; dans les autres, c'est le contraire qui a eu lieu. Cependant, dans 13 cas, il y a égalité de volume. Si l'on considère l'ensemble des résultats comme ayant été fournis par une observation unique, on trouve qu'il y a eu disparition de $1339^{cc},38$ CO^2 et apparition de $1322^{cc},21$ d'oxygène mélangé de $16^{cc},20$ d'azote. Donc 100 volumes de CO^2 ont fourni 98 volumes 75 d'oxygène. Il semble, et c'est ce point que Boussingault visait particulièrement ici, qu'il y ait apparition de gaz azote pendant la décomposition du gaz carbonique par les feuilles. Cette apparition, pour être moins prononcée que ne l'avaient annoncé les précédents expérimentateurs, n'en est pas moins réelle, ce dégagement d'azote ne pouvant être attribué à l'eau ni aux plantes qui en auraient apporté à l'insu de l'opérateur. Mais Boussingault soumit à l'analyse ce prétendu azote, afin de voir si ce gaz ne renfermait pas de gaz combustibles. Or l'analyse montra qu'on avait affaire, non à de l'azote, mais à un mélange de gaz de marais et d'oxyde de carbone[1]. Cependant des expériences ultérieures firent voir que ces gaz combustibles n'étaient pas normaux; on peut en conclure, dans tous les cas, qu'il n'y a pas de dégagement d'azote gazeux dans la décomposition de l'acide carbonique.

Toute plante verte absorbe donc, pendant le jour, un certain volume d'acide carbonique qu'elle décompose en carbone et oxygène ; de plus, elle décompose de même l'acide carbonique qu'elle produit à chaque instant par le fait même de sa respiration. D'autre part, elle dégage de l'oxygène, mais ce gaz qu'elle émet n'est pas celui qui s'est intégralement formé par suite du phénomène chlorophyllien : elle en consomme en effet, à chaque instant, une partie par l'acte respiratoire. Nous venons de voir que Boussingault avait montré qu'il y avait presque égalité entre CO^2 absorbé et l'oxygène émis, contrairement aux expériences de de Saussure dans lesquelles le volume de l'oxygène était inférieur à celui de CO^2, preuve, disait ce dernier, que non seulement le carbone, mais une partie de l'oxygène du gaz carbonique sont retenus par la plante. On comprend facilement, d'après ce qui précède, que le phénomène observé par Boussingault n'est, comme nous l'avons dit au début de cet article, que la *résultante* de la fonction chlorophyllienne et de la respiration proprement dite. Nous y reviendrons.

Boussingault entreprit une nouvelle série d'expériences pour éclaircir le fait suivant : les parties vertes peuvent-elles décomposer l'acide carbonique à la lumière sans le secours de l'oxygène? De Saussure en effet, avait prétendu que cette présence de l'oxygène était nécessaire; il opérait d'ailleurs avec la totalité de la plante. Or comme celle-ci renferme des organes non verts (racines), il y avait lieu de se demander si, la respiration proprement dite ne pouvant s'exercer, il n'était pas nécessaire, avant qu'elle décomposât l'acide carbonique, que la plante pût d'abord respirer. Boussingault, pour simplifier l'étude du phénomène, s'adressa aux feuilles seulement. Il place une feuille dans le gaz carbonique pur et, en prévision d'une décomposition, une feuille semblable dans un mélange d'air et de CO^2 : les deux appareils sont exposés au soleil pendant le même temps. Voici quelques-uns des résultats seulement obtenus par le savant agronome :

		CO^2 disparu.	O apparu.	CO^2 décomposé par déc. carré en 1 heure.
		—	—	—
		cc.	cc.	cc.
Laurier-Cerise.	4 heures, soleil, CO^2 pur. . .	5,2	5,9	0,8
	— CO^2 + air . .	23,2	22,9	4,7
Laurier-Rose. .	4 heures, soleil, CO^2 pur. . .	4,0	4,5	1,0
	— CO^2 + air . .	19,6	19,9	5,5
Chêne.	4 heures, soleil, CO^2 pur. . .	4,9	4,0	0,5
	— CO^2 + air . .	25,0	24,7	2,8

1. Le gaz des marais résultait évidemment d'une fermentation accidentelle et l'oxyde de carbone d'une erreur d'analyse attribuable à l'emploi du pyrogallate de potasse pour absorber l'oxygène.

Si l'on fait la somme du gaz carbonique disparu et de l'oxygène apparu dans les observations où les volumes de ces deux gaz ont été dosés simultanément, on trouve que, pendant l'exposition à la lumière, $232^{cc},1$ de CO^2 ont été remplacés par $232^{cc},8$ d'oxygène (nous n'avons cité qu'un petit nombre d'expériences). Mais, ce qui apparaît clairement dans ces dernières expériences, c'est que les feuilles insolées, contrairement à l'opinion de De Saussure, décomposent le gaz carbonique *même pur*, lentement sans doute, puisque, dans les mêmes conditions, les feuilles mises dans un mélange d'air et de gaz carbonique ont fourni un volume d'oxygène cinq fois plus fort environ. Cependant, ajoute Boussingault en discutant ces expériences, on s'aperçoit qu'elles ne démontrent pas d'une façon irréfutable la non-intervention de l'oxygène. En effet, les feuilles contiennent dans leur parenchyme une atmosphère latente, condensée et se mêlant par l'effet de la diffusion à l'acide carbonique pur confiné dans les appareils; une seule bulle d'oxygène pourrait donc déterminer cette action. Il y a cependant deux objections contre cette hypothèse : la première, c'est que l'oxygène ne paraît pas exercer d'action sensible sur les feuilles tant qu'elles sont exposées à une vive lumière, puisque des feuilles exposées au soleil dans de l'air normal ne modifient pas du tout la composition de cet air au bout de plusieurs heures; en second lieu, les feuilles exposées au soleil décomposent rapidement le gaz carbonique quand ce gaz est mêlé à de l'azote, de l'hydrogène, de l'oxyde de carbone, du gaz des marais, ainsi que l'établissent de nombreux essais de Boussingault. Celui-ci ajoute alors les réflexions suivantes : « Quoique la décomposition de l'acide carbonique soit un phénomène de dissociation, la séparation du carbone et de l'oxygène, on peut y trouver une certaine analogie avec un phénomène tout différent, l'union d'un corps combustible avec l'oxygène à la température ordinaire, la combustion lente du phosphore. Ainsi : 1° le phosphore placé dans l'oxygène pur n'émet pas de lumière, ne brûle pas ou, s'il brûle, ce n'est qu'avec une excessive lenteur; 2° le phosphore placé dans un mélange d'oxygène et d'air atmosphérique brûle en devenant lumineux; 3° le phosphore placé dans l'oxygène, mêlé soit à de l'azote, soit à de l'acide carbonique, brûle en devenant lumineux. L'analogie peut être poussée plus loin. Un cylindre de phosphore ne brûle pas et n'est pas phosphorescent dans le gaz oxygène pur à la pression de $0^m,76$, mais il devient lumineux et brûle aussitôt que cette pression tombe à un ou deux décimètres. Le phosphore, incombustible dans l'oxygène pur maintenu à un certain degré de condensation, est combustible dans le même gaz raréfié. » Boussingault expose au soleil pendant trente minutes, dans du gaz carbonique pur, une petite feuille de laurier-rose; la pression du gaz était de $0^m,17$ de mercure; on a obtenu 1 centimètre cube d'oxygène. Or, à la pression ordinaire de $0^m,760$, une feuille semblable mise dans CO^2 pur n'a pas fourni, dans le même espace de temps, un volume appréciable d'oxygène. Il ne paraît donc pas invraisemblable que la dissociation des éléments du gaz carbonique par les feuilles soit déterminée par les mêmes causes *mécaniques* qui favorisent, à la température ordinaire, l'association d'un combustible et de l'oxygène, à savoir : l'intervention de gaz inertes ayant pour effet d'écarter, dans le premier cas, les atomes de CO^2, dans le second cas les atomes d'oxygène, gaz inertes qui, dans ces deux circonstances, agissent comme une diminution de pression.

Faculté décomposante des feuilles; sa limite. — Il est probable que les parties vertes d'une plante possèdent une limite dans la faculté de décomposer le gaz carbonique : c'est ce qu'a examiné Boussingault. Une feuille de laurier-rose de 89 centimètres carrés, cueillie le matin, a été exposée pendant huit heures au soleil dans une atmosphère d'air et de CO^2. Elle a décomposé, au bout de ce temps, $0^{cc},05$ CO^2 par centimètre carré et par heure, soit $35^{cc},5$ CO^2. Mais une feuille qui, étant fixée à la plante, a fonctionné au soleil toute la journée, est-elle encore douée au même degré de la faculté décomposante qu'elle possédait le matin? Après le coucher du soleil, Boussingault cueille une feuille semblable à celle employée dans l'expérience précédente. Cette feuille est conservée dans l'obscurité, le pétiole dans l'eau, puis, le lendemain, elle est exposée pendant huit heures au soleil. Au bout de ce temps, elle avait décomposé $0^{cc},047$ CO^2 par centimètre carré et par heure, soit, en tout, 33^{cc} CO^2. Cette feuille, bien qu'ayant fonctionné sur l'arbuste toute la journée précédente, n'a donc pas perdu sa faculté décomposante. Mais qu'arrive-t-il si une feuille, détachée de la plante, est conservée un certain temps à l'obscurité? Boussingault constate alors qu'une feuille qui avait passé 1, 2 et même

12 jours dans l'obcurité dans un volume d'air restreint, mais renouvelé, la température s'étant maintenue vers 20 à 25 degrés au mois de juillet, n'avait pas perdu la faculté de décomposer le gaz carbonique. Cette faculté n'était pas même atténuée, puisque cette feuille a décomposé, en une heure et par centimètre carré, $0^{cc}.073$ CO_2. Dans ces expériences les feuilles décomposèrent à peu près la totalité de CO_2 dont leur atmosphère était pourvue, ce qui ne prouve pas que cette faculté n'ait pas subi de ralentissement. Aussi d'autres essais furent-ils faits dans ce sens. Une feuille de *Laurier-Rose* qui, en 9 heures et demie, avait décomposé $33^{cc},9$ CO_2, soit $0^{cc},048$ par centimètre carré et par heure, fut conservée pendant la nuit dans un petit volume d'air puis réexposée au soleil le lendemain pendant 9 heures. Elle ne décomposa plus alors que $0^{cc},023$ CO_2 par centimètre carré et par heure. Dans une autre expérience, conduite comme la précédente, la faculté décomposante était abolie le second jour. Quoi qu'il en soit, si parfois dès le second jour cette faculté n'est pas encore abolie, elle peut être au moins singulièrement retardée.

Pour épuiser ces recherches de BOUSSINGAULT, disons que ce savant examine aussi l'action comparée de la lumière sur les faces opposées d'une feuille placée dans un mélange d'air atmosphérique et de gaz carbonique. Les expériences étaient pratiquées en collant une feuille de papier noir sur la face dont on voulait annuler l'action. Voici le résumé de ces recherches. La face supérieure des feuilles de *Laurier* a décomposé plus d'acide carbonique que la face inférieure ou envers. Au soleil, la plus grande différence a été dans le rapport de 4 à 1, la plus faible de 1,5 à 1. Le rapport moyen serait celui de 102 à 44. A l'ombre, la différence n'a pas dépassé $\frac{2}{1}$. Les feuilles à parenchyme très mince, mais dont l'endroit et l'envers ont des nuances tellement tranchées que l'on peut dire que le limbe n'est coloré en vert que sur sa face supérieure, ont offert des résultats analogues à ceux fournis par les feuilles plus épaisses. Pour certaines feuilles à parenchyme très mince, il n'y a pas eu plus de gaz carbonique réduit par l'endroit de la feuille que par l'envers.

Il ressort de ces faits que, sous l'influence de la lumière, la face supérieure des feuilles agit sur l'acide carbonique avec plus d'énergie que la face inférieure. Comme la face supérieure des feuilles mises en expérience par l'auteur (*Laurier-Rose, Laurier-Cerise, Marronnier, Peuplier blanc, Pêcher*) est à peu près dépourvue de stomates, on pourrait être surpris de cette décomposition s'il n'était établi depuis longtemps que les plantes aquatiques, les *Cactus*, l'épiderme des fruits verts et charnus, bien que dépourvus de ces organes, réduisent néanmoins l'acide carbonique.

Nous reviendrons plus loin sur ce phénomène et nous donnerons sa vraie signification d'après les travaux récents,

Action chlorophyllienne séparée de la respiration. — Les expériences de BOUSSINGAULT ne mettent en lumière que le fait suivant, c'est que, exposées aux rayons solaires, les plantes vertes dégagent de l'oxygène en décomposant l'acide carbonique. Or de SAUSSURE avait montré le premier que la respiration vraie se produit encore au soleil; DUTROCHET, MOHL, et surtout GARREAU ont fait voir postérieurement que, même à la lumière, les plantes vertes respirent. Les expériences de BOUSSINGAULT ne nous montrent pas *dans quelle mesure* la fonction chlorophyllienne l'emporte sur la respiration. Il s'agit donc maintenant d'essayer de faire la part qui revient à la seule fonction chlorophyllienne.

CLAUDE BERNARD (*Leçons sur les phénomènes de la vie communs aux végétaux et aux animaux*, II, 226, 1879) eut l'idée de séparer ces deux actions en faisant usage des anesthésiques; voici comment. Sous une cloche tubulée à sa partie supérieure et remplie d'eau contenant du gaz carbonique à l'état de dissolution, cet auteur place des plantes aquatiques (*Potamogeton, Spirogyra*), puis, toute la cloche étant immergée dans un grand bocal, on coiffe la tubulure avec une éprouvette pleine d'eau destinée à recevoir les gaz que dégageront les plantes. On place au soleil deux cloches ainsi disposées; seulement, dans l'une d'elles, on introduit, à côté des plantes, une éponge imbibée d'un peu de chloroforme. Dans la première cloche, sans chloroforme, il se dégage de l'oxygène presque pur et en assez grande quantité; dans la seconde, munie de l'anesthésique, il ne se dégage que très peu de gaz et celui-ci est de l'acide carbonique. Si après une durée de l'épreuve suffisante pour démontrer que la chlorophylle de la plante est devenue inapte à dégager de l'oxygène, on reprend cette même plante, qu'on la lave à grande eau et qu'on la replace au soleil sous une cloche sans chloroforme, on voit reparaître sa faculté d'exhaler de l'oxygène au soleil, faculté qui avait été momentanément suspendue. On voit donc que, pour une certaine dose, *les anesthésiques suppriment l'action chlorophyllienne sans abolir la respiration;* mais, ainsi que Bonnier et Mangin le font remarquer, il reste à démontrer que cette dernière n'est ni altérée, ni atténuée par les anesthésiques.

En effet, une même plante, pour divers éclairements déterminés, donnera comme résultats de ses échanges gazeux avec l'extérieur : 1° une absorption d'oxygène et un dégagement de CO_2; 2° une absorption d'oxygène et de gaz carbonique; 3° un dégagement d'oxygène et de CO_2; 4° une absorption de gaz carbonique et un dégagement d'oxygène.

Bonnier et Mangin ont séparé ces deux phénomènes, ou, du moins, ont évalué ce qui revenait à la seule action chlorophyllienne par trois procédés qui se contrôlent l'un l'autre et de la façon suivante (*L'action chlorophyllienne séparée de la respiration. C. R.,* c, 1303; 1885; *Ann. sc. natur.,* (7), III, 5; 1886). 1° *Méthode de l'exposition successive à l'obscurité et à la lumière.* —En étudiant les plantes sans chlorophylle, les auteurs précités ont fait voir que *la nature* du phénomène respiratoire n'est pas influencée par l'éclairement, puisque le rapport des gaz échangés reste le même, mais *l'intensité* de ce phénomène, toutes choses égales d'ailleurs, est plus ou moins affaiblie quand on fait passer les plantes d'un milieu obscur dans un milieu éclairé. Étant donné la concordance des résultats obtenus en comparant à l'obscurité le phénomène respiratoire chez les plantes pourvues ou non de chlorophylle, Bonnier et Mangin supposent que l'influence de l'éclairement est la même, *que la chlorophylle soit ou non présente dans les tissus examinés.* On retranchera donc de la totalité des volumes de gaz émis et absorbés par les plantes exposées à la lumière les volumes qu'elles auraient dû émettre par la respiration seule à la lumière.

Les plantes, placées dans un récipient convenable, séjournent d'abord dans l'obscurité, puis le récipient est exposé à la lumière, pendant le même temps et à la même température. On analyse les gaz : 1° après le séjour à l'obscurité; 2° après le séjour à la lumière. Soient (p) le volume de CO_2 dégagé et (q) le volume d'oxygène absorbé à l'obscurité; on a : $\dfrac{p}{q} = r = \dfrac{CO_2}{O}$. Après exposition à la lumière, soient (p') le volume de CO_2 disparu et (q') celui de l'oxygène apparu. Dans cette seconde partie de l'expérience, les feuilles ont décomposé d'abord (x) d'acide carbonique produit par la respiration à la lumière $+ p'$, elles ont dégagé (y) d'oxygène absorbé par la respiration $+ q'$; donc le rapport des volumes de gaz émis et décomposés par l'action chlorophyllienne est exprimé par : $\dfrac{y + q'}{x + p'} = \dfrac{O}{CO_2} = a$; x et y peuvent être calculés approximativement au moyen de la première partie de l'expérience, celle dans laquelle on fait respirer les plantes à l'obscurité en admettant que l'intensité du phénomène respiratoire soit diminuée par la lumière dans des proportions que des expériences antérieures ont fait connaître. Cette première méthode a fourni les résultats suivants : pour le *genêt*, le rapport a du volume de l'oxygène dégagé au volume de gaz carbonique absorbé dans l'action chlorophyllienne seule oscille entre 1,12 et 1,26; le *pin silvestre* a donné, comme limite, dans les mêmes conditions, 1,10 et 1,30; le *fusain du Japon*, 1,10 et 1,25.

2° *Méthode des anesthésiques.* — Nous avons vu que Claude Bernard avait montré que le chloroforme suspend au soleil l'action chlorophyllienne et laisse intacte la fonction respiratoire. Pour utiliser cette remarque importante, il fallait voir si les agents anesthésiques affectent le phénomène respiratoire, soit en l'atténuant seulement, soit en changeant profondément sa nature. Il se pouvait, en effet, que le chloroforme changeât seulement le sens de la résultante lorsque ces deux phénomènes sont superposés, l'anesthésique affectant plus la fonction chlorophyllienne que l'acte respiratoire.

Bonnier et Mangin, pour résoudre cette question, placent dans deux vases de même capacité des fragments égaux et de même poids de plantes en apparence semblables. Dans un des récipients, on introduit quelques gouttes d'éther, l'autre ne renfermant que de l'air ordinaire. Au bout d'un certain temps, on extrait une petite fraction de l'atmosphère de chaque récipient et on fait l'analyse du gaz après avoir absorbé les vapeurs d'éther par l'acide sulfurique. On constate alors que, dans ces conditions, l'intensité des échanges gazeux à l'obscurité est la même et que le rapport $\dfrac{CO_2}{O}$ conserve la même valeur dans l'atmosphère chargée de vapeur d'éther et dans celle sans éther. Voici, par exemple, ce qu'a fourni le *genêt*. 1gr,7 de tiges de cette plante dans 10 cc. d'air, séjournant à l'obscurité pendant deux heures à 17°, a donné :

	SANS ÉTHER.	AVEC ÉTHER.
CO² dégagé	5 cc. 71	5 cc. 58
O absorbé	6 cc. 42	6 cc. 39
	$\dfrac{CO_2}{O} = 0{,}88$	$\dfrac{CO_2}{O} = 0{,}87$

L'intensité reste donc la même et, de plus, la *nature* du phénomène respiratoire n'est pas influencée par l'éther, puisque le rapport des gaz échangés est constant. Donc les aneshétiques, en suspendant l'action chlorophyllienne, ne modifient ni n'atténuent la respiration. — α. *Principe de la séparation par la méthode des anesthésiques.* On peut placer, dans deux récipients de même capacité, des poids égaux de plantes aussi semblable que possible. Dans un des deux récipients on introduit une dose d'éther suffisante pour suspendre la fonction chlorophyllienne sans altérer le coefficient respiratoire, dose étudiée au préalable. On laisse d'abord séjourner la plante à l'obscurité pendant le même temps, on fait alors une prise de gaz et on expose à la fois les deux vases à la lumière diffuse ou à la lumière solaire. Après cette exposition, on fait une nouvelle prise de gaz. La comparaison de l'analyse de l'atmosphère gazeuse faite après le séjour dans l'obscurité seule permet d'abord de s'assurer si les plantes soumises à l'expérimentation sont comparables physiologiquement et de voir si la dose d'anesthésique n'a pas été trop forte. À la fin de l'exposition à la lumière, dans le vase sans éther, l'action chlorophyllienne s'est librement manifestée et on trouve, si l'éclairage est favorable, une diminution notable de CO² et une augmentation de l'oxygène. Dans le vase chargé de vapeurs d'éther, au contraire, l'action chlorophyllienne a été suspendue, les plantes ont continué à respirer et l'analyse permet de constater un gain de CO² et une perte d'oxygène. Le phénomène respiratoire restant le même pour les deux plantes, on voit qu'en comparant l'atmosphère, après l'exposition à la lumière de chaque récipient, la différence (c) entre les quantités de CO² des deux appareils représente l'acide absorbé et la différence (o) entre les quantités d'oxygène représente l'oxygène dégagé ; le rapport des gaz échangés par l'action chlorophyllienne est donc : $\dfrac{o}{c} = a$.

Voici, à cet égard, une expérience faite sur le *houx*. Deux groupes de feuilles de cette plante, du même poids de 1 gramme, sont introduits chacun dans une éprouvette renfermant 19cc. d'air. Une de ces éprouvettes contient un peu d'éther, l'autre de l'air pur. Ces deux éprouvettes séjournent d'abord à l'obscurité à 20° pendant quatre heures ; on fait une prise de gaz, puis on met ces deux éprouvettes pendant quatre heures à la lumière du jour (T = 20° au début, 10° à la fin). On a ainsi trouvé pour le rapport $\dfrac{o}{c}$ les nombres $\dfrac{4{,}13}{3{,}50} = a = 1{,}16$. En opérant de la même manière avec le *genêt*, on a trouvé : $a = 1{,}14$; avec le *fusain*, 1,10. Ces deux derniers rapports sont voisins de ceux obtenus par la première méthode et vérifient la solidité de l'hypothèse de cette première méthode. *Critique de la méthode.* — β. Les résultats fournis par cette seconde méthode peuvent être faussés par certaines causes d'erreur que Bonnier et Mangin ont indiquées. La tension de vapeur du chloroforme ou celle de l'éther sont considérables aux températures auxquelles on opère ; il faut, avant toute analyse, enlever ces vapeurs. Or l'éther seul est facile à enlever par l'acide sulfurique, mais son action anesthésique est moins efficace. Il faut remarquer, de plus, que si l'on introduit des doses croissantes d'éther dans l'atmosphère confinée dans laquelle séjourne la plante et si on mesure la proportion des gaz échangés à l'obscurité et à la lumière, on constate que, pour une certaine dose *minima*, l'intensité du phénomène chlorophyllien commence à diminuer. Si l'on augmente la dose de l'anesthésique, cette diminution devient plus intense et bientôt, pour une proportion déterminée, l'action chlorophyllienne est suspendue. Or toutes ces doses d'éther qui atténuent puis suppriment la fonction assimilatrice ne modifient le phénomène respiratoire *ni dans son essence, ni dans son intensité*. Mais, si l'on augmente encore la proportion des vapeurs éthérées, on obtient une dose *maxima* au delà de laquelle *le phénomène respiratoire est modifié à son tour*, il s'affaiblit peu à peu et la plante meurt asphyxiée. On voit, d'après cela, quelles sont les doses d'éther à introduire pour suspendre l'action chlorophyllienne sans nuire au phénomène respiratoire. Il arrive parfois que la dose d'anesthésique qui provoque la suspension de l'assimilation est peu différente, pour certaines espèces, de celle qui détermine une altération sensible des tissus.

3º *Méthode de la baryte.* — Cette méthode est fondée en partie sur les anciennes expériences de DE SAUSSURE. GARREAU a fait voir également que si on introduit une dissolution de baryte dans un vase contenant un rameau couvert de feuilles et qu'on place cet appareil au soleil, on ne tarde pas à voir la baryte se troubler et laisser déposer une couche de carbonate. Donc, à la lumière comme à l'obscurité, les parties vertes continuent à dégager CO². Voici le dispositif adopté par BONNIER et MANGIN. Deux récipients identiques contiennent chacun des poids égaux de branches feuillées aussi semblables que possible, ils devront recevoir l'éclairage de la même façon.

L'un de ces vases (nº 1) renferme une solution de baryte, l'autre (nº 2) contient un égal volume d'eau pure. On expose ces deux vases à la lumière diffuse ou à la lumière solaire et, quand on juge que la durée de l'expérience a été suffisante, on introduit dans le vase nº 1, au moyen d'un dispositif convenable, quelques gouttes d'acide chlorhydrique additionné de tournesol. Le carbonate de baryum formé se décompose et l'acide carbonique rentre dans l'atmosphère ambiante. On extrait alors une certaine quantité de gaz de l'appareil nº 1 et on fait de même pour le nº 2 qui n'a pas reçu de baryte. Dans le récipient sans baryte, l'action chlorophyllienne s'exerçant librement, la quantité de CO² absorbé sera plus grande que dans le récipient où l'absorption de CO² par les feuilles est contrebalancée par la baryte. Les analyses finales de gaz montreront donc qu'il y a plus d'oxygène dans le récipient sans baryte et moins de gaz carbonique que dans le premier récipient. En outre la différence (*o*) de l'oxygène dans les deux vases représente l'oxygène qui a été dégagé en plus dans le récipient sans baryte, la différence (*c*) d'acide carbonique représente la proportion de ce gaz qui, fixé par la baryte et restitué par l'acide chlorhydrique, a échappé à l'absorption. De sorte que si les deux lots de plantes sont égaux, la fraction $\frac{o}{c}$ donnera la valeur du rapport des gaz échangés *dans l'action chlorophyllienne seule*. Voici un exemple. Deux lots de branches de *fusain* de 21 grammes chacun ont été introduits dans des récipients de 450 centimètres cubes environ, l'un avec baryte et l'autre sans baryte. L'exposition à la lumière a duré 6 h. et demie à une température de 18 à 19 degrés. Les deux prises du gaz ont fourni les chiffres suivants :

	CO² P. 100.	OXYG. P. 100.	AZ. P. 100.
Récipient sans baryte.	0,65	19,89	79,16
— avec baryte.	1,22	19,26	79,52

La différence entre les deux analyses d'oxygène donne 0,63 en faveur du récipient sans baryte, la différence entre les deux analyses de CO² donne 0,57 en faveur du récipient à baryte, donc $\frac{o}{c} = \frac{0,63}{0,57} = 1,10$. En opérant de la même façon avec le *houx*, le *genêt*, le *pin*, on a obtenu les rapports suivants : 1,13; 1,12; 1,22. Ces résultats concordent donc sensiblement avec ceux que les auteurs ont déjà obtenus par les deux premières méthodes.

Telle est donc la tentative faite par BONNIER et MANGIN pour séparer l'action chlorophyllienne de l'acte respiratoire. Mais il est difficile de formuler des conclusions générales quant aux résultats obtenus dans les expériences qui précèdent pour le rapport des gaz échangés par l'action chlorophyllienne comparé à celui de la respiration pendant le même temps. Il y a trop de variables dans la question actuelle, température, intensité lumineuse, etc. Le plus souvent, les échanges de gaz à la lumière sont tels que le volume de l'oxygène dégagé représente, à peu près, celui de CO² absorbé *quand la résultante des échanges gazeux est mesurée directement*. Mais les rapports des gaz échangés dans chacune des fonctions isolées sont différents de l'unité : tandis que l'oxygène absorbé surpasse souvent le gaz carbonique émis dans la respiration seule, au contraire, l'oxygène dégagé surpasse souvent CO^2 absorbé dans l'action chlorophyllienne seule. Il s'établit donc une sorte de compensation entre l'échange des gaz par la respiration. Nous ne pouvons d'ailleurs discuter ici complètement ces résultats avant d'avoir étudié les phénomènes respiratoires et ceux de la formation des acides chez les plantes[1].

Végétation dans des atmosphères riches en acide carbonique. — On peut se demander si, l'atmosphère dans laquelle vivent les plantes étant artificiellement enrichie en gaz carbonique, celles-ci ne présenteraient pas une croissance plus rapide. DE SAUSSURE avait déjà fait cette remarque qu'une plante se développant dans une atmosphère renfermant le douzième de son volume d'acide carbonique s'était accrue plus rapidement que dans l'air normal.

CORENWINDER a signalé, en 1858, des faits du même ordre (*Recherches sur l'assimilation du carbone par les végétaux. Ann. chim. et phys.*, (3), LIV, 321). Mais DEHÉRAIN et MAQUENNE (*Expériences sur la végétation dans des atmosphères riches en acide carbonique. Ann. agron.*, VII, 385; 1881) font remarquer que de telles expériences n'étant que de courte durée donneraient, si on les prolongeait plus longtemps, peut-être un résultat opposé, les matières élaborées pouvant n'être plus utilisées pour la croissance du végétal. Les expériences de BOUSSINGAULT que nous avons déjà citées sont sujettes à cette même critique. DEHÉRAIN et MAQUENNE ont alors exécuté, sur des atmosphères riches en gaz carbonique, une série de recherches qui n'ont pas fourni de résultats dans le sens d'une action favorable à la croissance. Le point le plus important que ces recherches mettent en relief est le suivant : *l'extrême abondance de l'amidon* dans les feuilles de quelques espèces qui avaient vécu au sein d'un excès de gaz carbonique. Ainsi un *Ageratum cæruleum*, maintenu sous cloche dans de l'air renfermant un excès de CO^2, accusait 9,1 p. 100 d'amidon dans sa matière sèche, tandis que la même plante n'en renfermait que 6,8 p. 100 dans les conditions normales. Quand on opère sur une plante comme le *Tabac* qui accumule facilement de l'amidon dans ses feuilles, on en trouve, après végétation dans une atmosphère enrichie en CO^2, une telle quantité qu'il est facile de séparer cet hydrate de carbone par des lavages, ainsi qu'on le fait pour l'extraction de la fécule des pommes de terre.

SCHLŒSING, en 1869 (*C. R.*, LXIX, 353), avait fait des expériences sur la végétation comparée à l'air libre et sous cloche dans le but de reconnaître l'influence qu'exerçait, sur la composition de la plante, son séjour dans une atmosphère complètement saturée de vapeur d'eau que l'auteur supposait devoir retarder l'évaporation. L'air qui traversait les cloches était du reste enrichi de gaz carbonique par un courant de ce gaz. Or DEHÉRAIN et MAQUENNE comparent cette expérience (faite avec le *Tabac*) avec celles qu'ils ont exécutées sur cette même plante : le point important qui se détache de cette comparaison, c'est l'énorme proportion d'amidon qui s'accumule dans les végétaux. Mais, tandis que SCHLŒSING attribue l'abondance de ce principe à l'absence d'évaporation, les deux auteurs précités l'attribuent à l'excès de gaz carbonique existant dans les cloches, puisque des *Tabacs* placés sous cloche, mais dans une atmosphère pauvre en CO^2, n'ont rien présenté de semblable. L'évaporation doit donc, dans ce cas, être laissée de côté.

Ainsi, nous avons constaté, à la suite d'expériences précises, ce fait fondamental de la fonction chlorophyllienne et nous avons vu comment ce phénomène pouvait être étudié indépendamment de la respiration. CORENWINDER, en 1858, a bien résumé l'ensemble du travail chlorphyllien qu'il fit à suite d'époque. Ces propositions n'ayant cessé d'être vraies, nous les transcrivons ici : 1° Les végétaux exposés à l'ombre exhalent presque tous dans leur jeunesse une petite quantité de CO^2. 2° Le plus souvent, dans l'âge adulte, cette exhalation cesse d'avoir lieu. 3° Un certain nombre de végétaux possèdent cependant la propriété d'expirer du gaz carbonique à l'ombre pendant toutes les phases de leur existence. 4° Au soleil, les plantes absorbent et décomposent l'acide carbonique par leurs organes foliaires avec une énorme activité. Cette assimilation se fait aux dépens de l'acide carbonique de l'atmosphère sous l'influence des rayons solaires. 5° La quantité d'acide carbonique décomposé pendant le jour au soleil dans les feuilles

---

1. Ces expériences sont entachées de la même cause d'erreur que celles des mêmes auteurs sur la respiration, puisqu'il n'est pas tenu compte de l'atmosphère intérieure des feuilles. Mais nous discuterons la question quand nous traiterons de la *respiration végétale*.

des plantes est beaucoup plus considérable que celle qui est exhalée par elles pendant la nuit. Le matin, il leur suffit souvent de 30 minutes d'insolation pour se récupérer de ce qu'elles peuvent avoir perdu à l'obscurité. (Voir encore du même auteur : *Ann. chim. et phys.*, (5), xiv, 118 ; 1878 ; *Ann.*, *agron.* ii, 574 ; 1876.)

III. Théorie de l'assimilation chlorophyllienne. — Le fait fondamental qui se dégage de ce qui précède est le suivant : le gaz carbonique est décomposé par les cellules chlorophylliennes éclairées en fournissant un volume d'oxygène sensiblement égal à celui que ce gaz renferme. Il s'agit maintenant d'interpréter ce résultat et de voir ce que devient le carbone ainsi fixé par le végétal. On a d'abord supposé que l'oxyde de carbone, lequel n'est pas décomposé par les feuilles, provenait justement de la décomposition partielle de CO^2 ; mais comme, dans ce cas, le volume d'oxygène mis en liberté ne serait que la moitié que celui que renferme CO^2, il faut admettre que *l'eau se décompose en même temps*, et fournit ainsi le demi-volume d'oxygène manquant pour compléter celui qui existe dans CO^2. Boussingault (*Économie rurale*, i, 82 ; 1851) a insisté sur ce fait et étant donné l'importance que cette idée avait prise à une certaine époque dans l'esprit de beaucoup de physiologistes, citons l'opinion de cet auteur. Dans cette hypothèse, dit Boussingault, pour chaque volume de CO^2 modifié durant la végétation, il se dégagerait un demi-volume de gaz oxygène. L'oxygène qui excéderait ce demi-volume devrait être considéré comme provenant de l'eau décomposée dont l'hydrogène aurait été assimilé par la plante en même temps que l'oxyde de carbone dérivé de CO^2. Peut-être, ajoute Boussingault, trouverons-nous une preuve plus convaincante de la séparation des éléments de l'eau dans l'analyse des végétaux venus dans un sol absolument privé de matières organiques capables de leur communiquer les éléments hydrogénés. En effet, si une plante développée dans de semblables conditions contient de l'hydrogène dans une proportion plus forte que celle qui serait nécessaire pour transformer son oxygène en eau, nous devons en conclure avec quelque certitude que les éléments de l'eau ont été désunis, l'objection tirée de la présence des engrais disparaissant complètement. Boussingault donne, à cet égard, quatre expériences dans lesquelles on trouve les chiffres suivants :

	OXYGÈNE assimilé.	HYDROGÈNE assimilé.	HYDROGÈNE formant H^2O.	H EXCÉDANT.
	gr.	gr.	gr.	gr.
Trèfle	1,226	0,176	0,158	0,023
Trèfle	0,444	0,097	0,055	0,042
Pois	1,237	0,215	0,155	0,060
Froment	0,608	0,078	0,076	0,002

Il semble donc que l'hydrogène puisse être assimilé par la végétation à la suite d'une décomposition de l'eau analogue à celle de CO^2 et produite très probablement par les mêmes causes. Et puisque nous parlons de cette décomposition de l'eau, notons que Schlœsing (*C. R.*, c, 1236, 1885) a fait, il y a un certain nombre d'années, la remarque suivante. Le volume de CO^2 disparu par la fonction chlorophyllienne est égal sensiblement, comme nous l'avons vu, au volume d'oxygène apparu. Que l'oxygène provienne en totalité du gaz carbonique ou par moitié de ce gaz et de l'eau, peu importe ; l'équation brute représentant la fixation du carbone et de l'hydrogène est dans les deux cas : $CO^2 + H^2O = CH^2O + O^2$. L'hydrogène entre dans la plante avec un atome d'oxygène pour former de l'eau. Or le quotient respiratoire $\dfrac{CO^2}{O}$ est au plus égal à l'unité[1] et souvent il lui est même inférieur. Schlœsing ajoute qu'il est difficile de comprendre comment, dans la plante entière, l'hydrogène l'emporte en atomes sur l'oxygène ; il devrait y avoir un excès d'oxygène, puisque $\dfrac{CO^2}{O}$ est parfois plus petit que l'unité. Schlœsing pense que la manière la plus simple d'expliquer l'excès d'hydrogène dans la plante entière est d'admettre que,

---

1. Il y a des restrictions nombreuses à faire à cette assertion ; nous les examinerons à l'article **Respiration**, et nous verrons que, dans bien des cas, le quotient $\dfrac{CO^2}{O}$ est *plus grand* que l'unité. La question que nous soulevons ici incidemment ne peut être éclairée tout à fait que par l'étude des échanges respiratoires, et nous verrons qu'il est inutile d'admettre la décomposition de l'eau.

au cours des réactions internes dont celle-ci est le siège, il se produit quelque corps volatil, plus riche en oxygène qu'en hydrogène, que la plante élimine. Il est raisonnable de penser que ce corps n'est autre que *l'acide carbonique* et que, quand on pourra expérimenter d'une façon continue sur une plante entière dans des conditions normales, on trouvera que CO^2 total exhalé l'emporte, en volume, sur l'oxygène gazeux emprunté à l'air et fixé. Or, et en laissant pour le moment de côté l'étude des phénomènes respiratoires proprement dits qui nous fournira l'explication cherchée, disons que cette élimination de gaz carbonique aux dépens de réactions internes a été mise en lumière par BERTHELOT et ANDRÉ, à la suite d'une étude que ces expérimentateurs ont faite de certains principes contenus dans les végétaux, *principes dédoublables avec production de* CO^2 (*Ann. Chim. et Phys.*, (6), x, 85, 1887). Cet excès d'hydrogène que renferment ainsi les plantes est attribuable aux composés azotés et principalement aux albuminoïdes, cela même indépendamment des matières grasses que les plantes peuvent contenir. En effet, les matières albuminoïdes renferment environ de 3,5 à 4 centièmes d'hydrogène en excès sur la dose susceptible de changer en eau tout l'oxygène de la matière ; or les jeunes plantes contiennent fréquemment, avant leur floraison, 20 à 25 p. 100 d'albuminoïdes, ce qui donne un excès de 0,7 à 1 p. 100 d'hydrogène pour la plante totale. La présence de certains alcaloïdes, tels que la nicotine des feuilles du tabac, tend également à accroître cet excès d'hydrogène. Quand à l'origine de cet excès, il est facile à expliquer toutes les fois que les plantes tirent leur azote, soit des composés amidés, soit des sels ammoniacaux contenus dans le sol ou dans les engrais, soit de l'ammoniaque atmosphérique. Mais si cet azote est tiré des azotates, il est clair que l'oxygène de ceux-ci doit être surtout éliminé sous forme de gaz carbonique. Il n'y a donc pas besoin de supposer que l'eau soit décomposée dans l'acte chlorophyllien pour expliquer l'excès d'hydrogène que renferment les végétaux. DEHÉRAIN fait aussi remarquer, à la suite des expériences qu'il a publiées en collaboration avec MAQUENNE sur la respiration, que, *malgré ce qu'on a enseigné*, il arrive que CO^2 émis *surpasse* l'oxygène absorbé : nous rentrons donc dans le cas précédent ; la plante perd, sous forme de CO^2 une certaine quantité d'oxygène et, par suite, l'hydrogène dosé dans la plante entière présente un excès sur celui qui correspond à l'oxygène total qu'elle renferme. En réalité, la décomposition de l'eau n'a jamais été démontrée.

Mais, quel que soit le point de départ : décomposition de CO^2 en $CH + O$ et décomposition de H^2O en $H^2 + O$, décomposition de l'hydrate carbonique CO^3H^2, en $CH^2O + O^2$, il n'en est pas moins vrai que la cellule à chlorophylle fixe un résidu $(C + H^2O)$. BAEYER (1870) a émis le premier cette idée que c'était précisément *l'aldéhyde méthylique* CH^2O qui était *le premier terme* de l'assimilation végétale (*Bericht. deut. chem. Gesell.*, III, 63). Bien que cette aldéhyde n'ait jamais été trouvée *en nature* dans la cellule verte, cette hypothèse est cependant corroborée par les trois faits suivants : 1° Les plantes, si elles ne renferment pas d'aldéhyde méthylique, renferment au moins deux dérivés voisins, l'un, par réduction, l'alcool méthylique, l'autre, par oxydation, l'acide formique. 2° De nombreuses expériences ont montré que l'on pouvait, par polymérisation de l'aldéhyde méthylique, passer à la production de sucres identiques ou facilement dédoublables en sucres qu'on rencontre normalement chez les végétaux. 3° Il existe dans la plante, non seulement des hydrates de carbone à six atomes de carbone, mais des hydrates à cinq et sept atomes dont la synthèse est facile à comprendre si on suppose que tous ces hydrates proviennent de la condensation graduelle d'une matière ne contenant qu'un seul atome de carbone[1].

---

1. La cellule à chlorophylle est donc un agent puissant de synthèse. Bien que nous ne soyons nullement fixés sur ce point, ainsi qu'il ressort des faits mentionnés dans cet article, on peut admettre que, loin d'aboutir *d'emblée* à la formation des hydrates de carbone les plus complexes que nous connaissons, la condensation de l'aldéhyde formique est graduelle, qu'elle fournit des dioses et des trioses avant d'arriver aux hexoses et aux amidons. Or il semble que ce travail de synthèse ait sa contrepartie dans la façon dont certains microbes aérobies détruisent les sucres. A. PÉRÉ, dans un travail récent, vient de montrer que l'échelle de simplifications successives que ces microbes faisaient subir à la matière sucrée comprenait un sucre à trois atomes de carbone, puis l'aldéhyde formique, puis finalement les termes ultimes de la combustion. L'auteur a vérifié d'une façon exacte la présence de chacun de ces termes. *Mécanisme de la combustion des corps ternaires par un groupe de microbes aérobies.* Ann. Institut Pasteur, x, 117, 1896.

Une des premières hypothèses destinées à expliquer le phénomène chlorophyllien est due à A. GAUTIER (*La Chimie des plantes. Revue scientifique*, 1877). Rappelons-la en deux mots. Un végétal conservé à l'obscurité voit sa matière verte disparaître, mais celle-ci peut facilement reparaître quand le végétal est, de nouveau, exposé aux rayons solaires. Toutefois, dans les cellules végétales étiolées qui doivent verdir, la substance qui peut donner naissance à la chlorophylle existe, car il suffit, d'après SACHS, de traiter celles-ci par l'acide sulfurique pour les voir se recolorer instantanément en vert. De plus, cette chlorophylle verte traitée par l'hydrogène naissant se décolore, mais se recolorera plus tard à l'air à la façon de l'indigo. GAUTIER appelle *chlorophylle blanche* cette modification de la chlorophylle, qui est, soit plus pauvre en oxygène soit, plus riche en hydrogène que la chlorophylle verte. Cette chlorophylle blanche sera donc singulièrement apte à réduire les corps oxygénés. Si on admet que, dans l'acte assimilateur, l'eau soit décomposée, nous aurons :

$$\text{Chlorophylle verte} + H^2O = \text{Chlorophylle blanche } H^2 + O$$

Ainsi produite, la chlorophylle blanche passera, sous l'influence des rayons solaires, son hydrogène aux corps facilement réductibles, tels que CO^2 et redeviendra chlorophylle verte, laquelle redécomposera l'eau, etc. Le végétal trouve à sa portée l'hydrate carbonique plus ou moins dissocié, il le réduit au moyen de la chlorophylle blanche et fournit d'abord de l'acide formique :

$$CO\big\langle{}^{OH}_{OH} + \text{Chlorophylle blanche } H^2 = CH^2O^2 + H^2O + \text{Chlorophylle verte.}$$

D'ailleurs l'acide formique a été trouvé chez beaucoup de plantes. Toutefois, cet acide ne semble pas être un produit *direct* du travail chlorophyllien. On peut même ajouter, conformément à ces hypothèses de GAUTIER, que l'acide formique semble être réduit à son tour de la façon suivante :

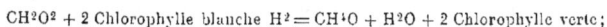

$$CH^2O^2 + 2 \text{ Chlorophylle blanche } H^2 = CH^4O + H^2O + 2 \text{ Chlorophylle verte};$$

puisque MAQUENNE a montré la présence de l'alcool méthylique dans beaucoup de plantes; on pourrait aussi avoir :

$$CH^2O^2 + \text{Chlorophylle blanche } H^2 = CH^2O + H^2O + \text{Chlorophylle verte}$$

ou bien :

$$2\,CH^2O^2 = CO^2 + H^2O + CH^2O.$$

Au moyen de jeux de formules analogues, GAUTIER explique la présence de beaucoup de principes immédiats végétaux tels que acides, tannins, phénols, etc.

Étant donné l'importance qu'il y a à constater l'existence du premier terme de la synthèse chlorophyllienne, un très grand nombre d'auteurs se sont efforcés de montrer la présence, dans les plantes, de liquides réducteurs à fonctions aldéhydiques. Commençons d'abord par les corps très simples que l'on peut facilement mettre en évidence. MAQUENNE (*Présence de l'alcool méthylique dans les produits de la distillation des plantes vertes. Ann. agron.*, XII, 113, 1886) a établi que la distillation d'une plante fraîche avec de l'eau fournit toujours une petite quantité d'alcool méthylique, lequel a été caractérisé par son point d'ébullition et par la nature de quelques-uns de ses dérivés. Ce corps, très simple, peut provenir d'une réduction de l'aldéhyde formique elle-même, et l'on conçoit l'importance de cette découverte s'il est établi *que cet alcool préexiste*. On pourrait, en effet, penser que cet alcool prend naissance au moment de la distillation par l'action de la chaleur sur quelque principe immédiat complexe. MAQUENNE fait remarquer que la réaction pyrogénée qui s'effectue si facilement au rouge et donne naissance à cet alcool peut commencer à une tempéra ture très inférieure, et même à 100°. Mais admettons que cet alcool existe en nature et qu'il soit simplement *entraîné* par la vapeur d'eau au moment de la distillation et rappelons-nous que, par l'assimilation chlorophyllienne, le carbone se trouve en présence des éléments de l'eau pour constituer, temporairement au moins, l'aldéhyde méthylique. On sait que WURTZ a montré, par la découverte de l'*aldol*, que l'aldéhyde ordinaire peut se souder à elle-même et changer sa fonction aldéhydique en une fonction alcool secondaire ; l'aldol lui-même peut se changer en un glycol butylique. WURTZ compare ces trans-formations à celles qui s'accomplissent dans les tissus d'une plante et qui, elles aussi, donnent naissance à des alcools polyatomiques. Ce serait le cas de l'aldéhyde méthylique qui pourrait, par un mécanisme analogue au précédent, se polymériser et donner tous les hydrates de carbone en passant, peut-être, par les aldéhydes glycolique et glycérique. Cette dernière aldéhyde, en s'hydrogénant, donnerait la glycérine si commune dans les végétaux. Telles sont les réflexions que la présence de cet alcool méthylique suggère à MAQUENNE.

Quant à la présence de l'acide formique, elle est facile à constater dans une foule de sucs végétaux par simple distillation avec de l'acide phosphorique.

Venons maintenant à des faits plus hypothétiques. Peut-on, en réalité isoler des feuilles une matière qui posséderait des propriétés aldéhydiques? REINKE (*Theoretisches zur Assimilationsproblem, Jahresb. agrik. Chemie*, v, 178, 1882; *Ann. agron.*, VIII, 452; *Ber. deut. chem. Gesell.*, XIV, 2144; *Ann. agron.*, VIII, 311; 1882; IX, 186; 1883) en soumettant à la distillation le suc exprimé de feuilles de vigne préalablement neutralisé par le carbonate de sodium, a obtenu un liquide qui réduit, à une douce chaleur, la liqueur de FEHLING ou le nitrate d'argent ammoniacal additionné d'un peu de soude. La substance réductrice est très volatile et se trouve dans les premiers centimètres cubes distillés. Le suc de feuilles de *peuplier* ou de *saule* fournit aussi, par distillation, un liquide réducteur; mais, d'après REINKE, cette substance est moins volatile, car toutes les fractions du liquide distillé offrent sensiblement le même pouvoir réducteur; elle se trouve du reste en proportion beaucoup plus forte et le liquide distillé est trouble, tenant en suspension des gouttelettes solubles à chaud. Ces liqueurs réduisent directement le nitrate d'argent non alcalin. De semblables substances ne manqueraient dans aucune plante à chlorophylle, mais n'existeraient pas chez les champignons. REINKE pense que la plus volatile de ces matières serait l'aldéhyde formique elle-même (?) et la moins volatile le trioxyméthylène.

Un des physiologistes qui se sont le plus occupés de l'assimilation du carbone et du mécanisme de ce phénomène, LOEW (*Ann. agron.*, IX, 87; 1883; *Journ. f. prakt. Chemie.*, (2), XXXIII, 221; XXXIV, 51 et *Ann. agron.*, XII, 332; 1886; *Ann. agron.*, XII, 205; *Bot. Centralb.*, XXV, 385; *Ann. agron.*, XIII, 179; 1887; XV, 421; 1889; *Bot. Centralb.*, XXXVII, 416; *Ann. agron.*, XVII, 143, 1891 et *Botan. Centralb.*, XLIV, 315) annonçait, quelques années après, un fait important que l'on peut résumer ainsi. En ce qui concerne les dérivés condensés de l'aldéhyde formique, on ne connaissait guère jusqu'à lui que le *trioxyméthylène* $C^3H^6O^3$ qui se forme spontanément dans les solutions d'aldéhyde formique et le *méthylénitane* $C^6H^{10}O^5$ obtenu par BOUTLEROW en attaquant le corps précédent par l'hydrate de baryum. Le méthylénitane est inactif, il ne fermente pas et possède un faible pouvoir réducteur; ce corps, ainsi que le trioxyméthylène, n'a donc rien de commun avec les matières sucrées. LOEW réussit alors, en perfectionnant la méthode de BOUTLEROW, à préparer une substance qui possède la composition et les principales propriétés des glucoses. Il prépare d'abord de l'aldéhyde méthylique en dirigeant des vapeurs d'alcool méthylique, chargées d'air, sur du cuivre chauffé au rouge. Une solution à 3 p. 100 de cette aldéhyde est ensuite additionnée d'un lait de chaux en excès; on agite fortement et on filtre au bout d'une demi-heure. On abandonne le liquide à lui-même pendant cinq à six jours, l'odeur aldéhydique doit avoir disparu et le liquide doit rapidement réduire la liqueur de FEHLING. On neutralise alors par l'acide oxalique, on filtre, on évapore à sirop, on ajoute de l'alcool fort qui détermine bientôt une cristallisation de formiate de calcium. On répète ce traitement plusieurs fois et on obtient ainsi un sirop incristallisable, de goût très sucré, neutre, dont le pouvoir réducteur est les neuf dixièmes de celui du glucose; sa formule est $C^6H^{12}O^6$. Pour LOEW, c'est un sucre nouveau, le *formose*. Celui-ci, chauffé à 120°, fournit un anhydride. L'acide chlorydrique concentré et chaud donne avec le formose des produits humiques, les alcalis les noircissent. L'hydrogène naissant ne donne avec lui ni dulcite, ni mannite; l'acide nitrique le transforme en acide oxalique et autres acides qui n'ont pas été caractérisés, mais ne fournit pas d'acide mucique; c'est un corps inactif et non fermentescible. Le méthylénitane dérive du formose, car, en chauffant au bain-marie un sirop concentré de formose avec de la baryte, on donne naissance à du méthylénitane accompagné d'acide lactique.

LOEW fait remarquer que, puisque l'on peut passer ainsi de l'aldéhyde formique à un corps réducteur possédant la formule des sucres, pareille chose doit avoir lieu vraisemblablement dans les plantes; mais, étant donné la toxicité des aldéhydes, cette aldéhyde formique doit être utilisée très promptement. LOEW est d'avis qu'il faut considérer dans

les plantes deux espèces de protoplasma différentes : l'une colorée en vert constitue les
grains de chlorophylle et fournit à la plante l'aldéhyde formique, l'autre, incolore, utilise
cette matière en la polymérisant et effectue avec elle la synthèse des hydrates de carbone,
peut-être même celle des matières azotées.

En réalité, FISCHER puis TOLLENS ont montré dans la suite que le formose était un mélange d'au moins deux corps. (Voir encore à ce sujet : LOEW et BOKORNY. *B. Centralb.
f. agrik. Chemie.* XI, 323, *Ann. Agron.* VIII, 473 ; 1882 ; TOLLENS, *Ueber Formaldéhyd oder
Oxymethylen. Ber. deut. chem. Gesell.* XV, 1629, 1882 ; XVI, 919, 1883 ; XIX, 2133, 1886 ; *Ueber
Oxymethylen und Formaldehyd. Land. Vers. Stat.* XXIX, 355, 1883. BOKORNY, *Ernährung
grüner Pflanzen mit Formaldehyd ; Jahresb. agrik. Chemie.* XV, 122, 1892.)

Peu après cette découverte du formose, plusieurs auteurs, WEHMER entre autres (*Ber. deut.
chem. Gesell.*, XX, 2614, 1887 ; *Ann. Agron.*, XIV, 40, 1888), se demandèrent si cette nouvelle
substance était capable de se transformer en amidon dans le corps de la plante vivante.
En effet, fait remarquer ce dernier auteur, les expériences de BOEHM, MEYER, LAURENT
(dont nous parlons plus loin), nous apprennent seulement ceci, c'est que la plante affa-
mée, c'est-à-dire privée de son amidon par un séjour prolongé à l'obscurité, est capable
de refaire cet amidon à l'obscurité quand on la met en contact avec une solution de diverses substances, telles que glucose, lévulose, sucre de canne, etc. ; d'autres matières
telles que galactose, raffinose, inosite, ne fournissent que des résultats négatifs. Aussi
WEHMER se propose-t-il d'opérer avec le formose. Il choisit pour cela les plantes qui,
d'après MEYER, fournissent le plus d'amidon dans des solutions de glucose, sucre de
canne, mannite, glycérine. Ce sont la *Garance*, le *Lilas*, le *Cacalia suaveolens*. L'amidon de
ces plantes ayant disparu à l'obscurité entre six et sept jours, on place les feuilles des
végétaux précités sur des solutions de formose pendant deux jours au moins avant
de les soumettre à l'épreuve de l'iode destinée à montrer s'il s'est formé de l'amidon. Or,
1° les feuilles de ces plantes n'ont pas formé d'amidon même après quatorze jours (solution à 5 p. 100) ; 2° ces mêmes feuilles en avaient formé avec le glucose à 10 p. 100 en
quelques jours ; 3° le *Cacalia* et la *Garance* en ont donné de même avec le sucre de canne à
5 p. 100 ; 4° Ces mêmes plantes n'en ont pas donné, en 14 jours, avec l'érytrite en solution
à 5 p. 100. WEHMER conclut que le formose de LOEW ne se comporte pas comme un
sucre et n'est pas un hydrate de carbone assimilable.

DELÉPINE (*C. R.*, CXXIII, 120, 1896) explique de la façon suivante les dédoublements
successifs de l'aldéhyde méthylique. Il constate qu'en chauffant à 200° le trioxyméthylène avec de l'eau, l'aldéhyde formique qui prend naissance se dédouble avec production
d'acide formique et d'alcool méthylique, mais que, par suite d'une attaque plus profonde,
il se fait également de l'acide carbonique. Si l'on suppose que ces réactions se passent
physiologiquement à la température ordinaire dans le végétal, on concevra pourquoi la
présence de l'aldéhyde méthylique est si difficile à mettre en évidence, ce corps subissant
des transformations multiples. Le dédoublement ci-dessus permet d'expliquer la présence
de l'acide formique et celle de l'alcool méthylique dans la plante, il permet, de plus, de
concevoir l'apport d'un excès d'hydrogène avec élimination des éléments du gaz carbonique, conformément à ce qu'indique l'analyse de tous les végétaux. DELÉPINE donne la
formule suivante du phénomène assimilateur :

$$3(CO^2 + H^2O) + H^2O = 3CH^2O + H^2O + 3O^2 = CO^2 + 2CH^4O + 3O^2,$$

soit :

$$2CO^2 + 4H^2O = 2CH^4O + 3O^2.$$
$$\text{4 vol.} \qquad\qquad\qquad \text{6 vol.}$$

Or cet excès d'oxygène exhalé par rapport à l'acide carbonique absorbé est conforme aux
résultats expérimentaux de BONNIER ET MANGIN.

Remarquons maintenant avec quelle circonspection il faut étudier ces phénomènes d'assimilation étant donné cette observation curieuse de PRINGSHEIM sur *le lieu de
production de l'oxygène* (*Ueber Inanition der grüner Zelle und den Ort ihrer Sauerstoffauf-
gabe. Jahresb. agrik. Chemie*, X, 143, 1887, *et Ann. agron.*, XIV, 41). PRINGSHEIM, par l'observation microscopique directe, constate, entre autres choses, que deux cellules voisines,
en apparence absolument semblables, peuvent se distinguer par des énergies assimilatrices très différentes. La cause de cette différence devrait être recherchée en dehors de

la cellule et serait en relation avec la respiration du protoplasma. Les cellules terminales nues des feuilles de quelques espèces de *Chara* se prêtent bien à ces recherches; elles sont riches en grains chlorophylliens, assimilent activement et montrent très bien les courants protoplasmiques. Quand on abandonne une de ces cellules de *Chara* à l'obscurité, dans un mélange d'hydrogène et de gaz carbonique, le mouvement de circulation du protoplasme se ralentit et même s'arrête. Ce mouvement renaît si l'on fait parvenir de l'oxygène jusqu'à la cellule. Si l'on prend une de ces cellules au sein du mélange d'hydrogène et de gaz carbonique au moment où son protoplasme présente encore quelques mouvements et qu'on l'expose à la lumière, cette cellule, malgré son appareil chlorophyllien intact, malgré la présence du gaz carbonique, est incapable d'assimiler; les bactéries employées comme réactif ne dénotant pas la moindre trace d'oxygène émis. Pringsheim appelle *inanition* cet état particulier de la cellule verte et vivante et cependant privée de la faculté d'assimiler. L'action continue de la lumière (toujours au sein du mélange d'hydrogène et de gaz carbonique) n'empêche pas cet état d'inanition de persister : celui-ci ne cesse et les mouvements protoplasmiques ne reprennent que si l'on fait arriver sur cette cellule de l'oxygène gazeux. Ces faits semblent en contradiction absolue avec ce que nous savons déjà; car, si pendant la décomposition du gaz carbonique il se se forme de l'oxygène libre dans l'intérieur de la cellule, il est impossible que cette même cellule qui dégage de l'oxygène souffre de l'absence de ce gaz *tant qu'elle assimile*. La quantité d'oxygène qu'une plante verte met en liberté pendant l'assimilation dépasse évidemment de beaucoup celle qui est nécessaire à l'entretien de la respiration. L'auteur conclut de cette expérience que l'oxygène libre *ne vient pas de l'intérieur* de la cellule, qu'il ne se forme pas d'oxygène libre pendant l'assimilation du carbone capable de remplacer dans la cellule l'oxygène libre de l'atmosphère. Pringsheim ajoute qu'on est forcé d'admettre que la cellule, en décomposant le gaz carbonique, met en liberté un corps *qui ne dégage d'oxygène libre qu'après sa sortie*, c'est-à-dire à la surface de la cellule. En résumé, le dégagement d'oxygène et la décomposition du gaz carbonique, considérés jusqu'à présent comme les deux manifestations d'un seul et même acte biologique, seraient deux phénomènes séparés, non simultanés, se produisant en des lieux différents : l'un antérieur à l'autre, l'un ayant son siège à l'intérieur et l'autre à la surface de la cellule. On ne peut refuser à cette opinion d'être mieux adaptée au chimisme probable de la plante verte, le dégagement d'oxygène semblant être, dans ce cas, non le résultat d'une brutale décomposition du gaz carbonique, mais celui du dédoublement plus ou moins rapide d'un corps suroxygéné.

Il était indiqué, pour expliquer le phénomène assimilateur, d'essayer comment se comporte l'oxyde de carbone vis-à-vis des plantes. Stutzer, et, même avant lui, bien des expérimentateurs ont montré que l'oxyde de carbone est incapable, soit pur, soit mélangé d'autres gaz (à l'exclusion de CO² bien entendu), de faire prospérer une plante et d'augmenter le poids de sa matière sèche. Tantôt la plante meurt très vite, tantôt elle reste verte un certain temps mais toujours sans augmenter de poids. L'oxyde de carbone mêlé d'air (2 à 3 p. 100) se conduit de même. Il semblait naturel d'essayer, soit à l'état pur, soit mélangé avec de l'air, un mélange d'hydrogène et d'oxyde de carbone, ce mélange étant précisément (à volumes égaux), celui que la plante paraît élaborer par la fonction chlorophyllienne. Mais on n'a obtenu, dans ce cas, aucun résultat relativement à l'accroissement de la plante (*Ueber Wirkungen von Kohlenoxyd auf Planzen*; *Ber. deuts. chem. Gesell*, ix, 1570 ; 1876 ; voir aussi L. Just, *Ueber die Möglichkeit die unter gewöhnlichen Verhältnissen durch grüne beleuchtete Pflanzen verarbeitete Kohlensäure durch Kohlenoxydgaz zu ersetzen. Wollny's Forschungen ;* v, 60; 1882, *Ann. agron.*, viii, 479).

Revenons au premier terme possible de la polymérisation de l'aldéhyde formique. Presque tous les auteurs qui ont étudié cette question regardent l'*amidon* comme étant ce premier terme. La rapidité de son apparition à la lumière, d'après Sachs, sa brusque disparition (au moins partielle) à l'obscurité l'ont fait considérer comme émanant directement du monde inorganique. C'est à cet amidon *primitif*, formé plus ou moins directement, qu'on a donné le nom d'*amidon autochtone*.

On doit à Sachs (*Ueber den Einfluss des Lichts auf die Stärkebildung in den Pflanzen; Jahresb. agrik. Chemie*, vii, 112, 1864) les premières observations positives sur ce sujet. Le savant botaniste constate non seulement la disparition de l'amidon à l'obscurité, mais,

de plus, la métamorphose et la disparition, dans ces conditions, des grains de chlorophylle eux-mêmes. Ces changements ont lieu d'autant plus vite que la température est
plus élevée, une obscurité absolue n'étant d'ailleurs pas indisenspable. Réciproquement, les
grains de chlorophylle qui ont perdu leur amidon à l'obscurité en reforment à la lumière.
Il existe donc, à l'état naturel, un phénomène périodique : pendant le jour il se fait de
l'amidon, pendant la nuit celui-ci disparaît partiellement, une portion étant brûlée par
la respiration, une autre émigrant, probablement sous forme de sucre soluble, lequel sert
à la construction d'organes nouveaux.

Boehm (*Ueber Stärkebildung aus Zucker*; *Jahresb. agrik. Chemie*, vi, 124, 1883 ; *Ann. agron.*
ix, 182) combattit plusieurs fois cette manière de voir en maintenant qu'il peut se former de l'amidon à l'intérieur du grain chlorophyllien aux dépens de matières organiques
immigrées. Ce fait n'a rien qui puisse nous surprendre, car il y a une grande analogie
entre les grains de chlorophylle et les corpuscules amylogènes destinés à fabriquer de
l'amidon dans les organes accumulateurs, à l'aide, bien entendu, de matériaux organiques
élaborés par les organes verts ; la seule différence, c'est que la chlorophylle est verte,
qu'elle s'assimile, ce qui n'exclut en aucune façon qu'il puisse s'y développer de l'amidon,
non autochtone. Boehm montre qu'il est facile de faire développer une grande quantité
d'amidon dans les grains de chlorophylle appartenant à des feuilles maintenues à l'obscurité, si l'on a soin d'enlever tous les bourgeons de la plante à laquelle appartiennent ces
feuilles : c'est ce qui arrive quand on offre à la plante du sucre venant de l'extérieur. On
peut, pour réaliser cette expérience, se servir indifféremment de jeunes haricots dont on
a fait disparaître l'amidon en les maintenant à l'obscurité ou de haricots étiolés par
leur culture à l'obscurité : ces jeunes plantes ou leurs fragments sont couchés sur une
solution de glucose ou de sucre de canne. Déjà au bout de vingt-quatre heures, on peut
constater l'apparition de l'amidon ; tout dépend de la concentration de la solution. Il est
des plantes (*Liliacées*) dont les grains chlorophylliens ne renferment jamais d'amidon ;
placés sur une solution sucrée à 20 p. 100, les *Allium*, les *Asphodelus* ne fabriquent pas
d'amidon, tandis que d'autres liliacées en fabriquent de grandes quantités au bout de
huit à dix jours. Boehm pense donc que la formation du glucose précède celle de l'amidon,
ses expériences lui montrant, de plus, que les racines de certaines plantes peuvent absorber
du sucre pour le céder ensuite aux autres organes.

Boehm avait montré antérieurement que toutes les expériences qui ont pour objectif
la formation de l'amidon comme conséquence immédiate de la décomposition du gaz
carbonique (amidon autochtone) doivent être pratiquées sur des plantes tout à fait
dépourvues d'amidon ou avec des fragments de feuilles désamidonnées par un séjour
prolongé à l'obscurité, car, chez des plantes étiolées ayant perdu leur amidon à l'obscurité, on voit réapparaître de l'amidon dans les grains de chlorophylle quand on réexpose
celles-ci à la lumière solaire dans une atmosphère privée d'acide carbonique ; or, dans
les tiges et dans les côtes des feuilles primordiales, il existait encore, dans ce cas, de
l'amidon n'ayant pas disparu ; Boehm pense que la lumière solaire a pu occasionner un
retour de l'amidon à partir des tiges jusque dans les grains de chlorophylle. L'amidon
qu'on rencontre dans ces grains n'est pas toujours un produit de l'assimilation directe,
mais peut-être un produit de transformation des réserves déjà présentes dans la plante.

Si l'on n'observe pas toujours dans une atmosphère privée de gaz carbonique et sous
l'influence d'un bon éclairage le retour de l'amidon des tiges vers les grains de chlorophylle, c'est que, dans certaines conditions, les tissus perdent la faculté de conduire cet
amidon de la tige vers les feuilles. Au soleil et sous une cloche contenant de la potasse,
il peut y avoir encore assimilation, car une partie du gaz carbonique provenant de la respiration est décomposée (*Ann. agron.*, iii, 145, 1877; *Sitzungsber. d. Akad. Wien.* 1876, 39,
Ueber Stärkebildung in Chlorophyllkörnern, Jahresb. agrik. Chem., xviii, 297, 1875; *Stärkebildung in den Chlorophyllkörnern bei Abschluss des Lichtes, Jahresb. agrik. Chemie*, i, 243,
1878; *Land. Vers. Stat.*, xxiii, 123, 1878). Godléwski (*Abhängigkeit der Stärkebildung im
Chlorophyll von Kohlensäuregehalt der Luft. Jahresb. agrik. Chemie*, xvi, 280, 1873) a insisté,
conformément aux idées de Sachs, sur la nécessité de la présence du gaz carbonique dans
l'atmosphère pour qu'il y ait formation d'amidon. La dissolution de l'amidon se fait à
l'obscurité et *même à la lumière*, mais celui qui prend naissance sous l'influence lumineuse
l'emporte évidemment en quantité sur celui qui disparaît par dissolution. Godlewski com-

bat également la théorie d'après laquelle cet amidon peut prendre naissance par le dédoublement des albuminoïdes (voir plus loin) du grain chlorophyllien. En effet, en l'absence d'acide carbonique, il ne se fait pas d'amidon; celui qui préexistait disparaît.

A. Meyer (*Ueber Bildung von Stärkekörnern in den Laubblättern aus Zuckerarten, Mannit und Glycerin; Jahresb. agrik. Chem.*, ix, 80, 1886; *Ann. agron.* xii, 209) a répété et étendu ces observations de Boehm. Cet auteur se pose les deux questions suivantes : 1° La feuille peut-elle faire de l'amidon indifféremment avec du lévulose, du galactose, du glucose, ou bien ce dernier sucre seul est-il capable d'en fournir? 2° Les feuilles de plantes différentes se comportent-elles de la même manière vis-à-vis de ces hydrates de carbone. A cet effet, et ainsi que l'avait déjà pratiqué Boehm, Meyer fait flotter une feuille privée de son amidon sur une solution nourricière, puis, après quelques jours, il y recherche la présence de cet hydrate de carbone. Pour faire disparaître au préalable l'amidon d'une feuille vivante, l'auteur enveloppe tout un rameau feuillu de papier noir. Tous les jours on enlève à ce rameau une feuille dans laquelle on recherche l'amidon. Lorsque l'essai a été négatif, on attend encore un à deux jours à l'obscurité et on coupe ensuite le rameau. Pour arriver à une certitude encore plus grande, chaque feuille destinée à l'expérience est divisée longitudinalement en deux moitiés, l'une est mise à part, l'autre est examinée par le procédé de Sachs. La moitié mise à part est divisée, s'il y a lieu, en fragment de 4 à 6 centimètres carrés devant servir à l'expérience. On dépose chaque fragment sur la solution nourricière, la face supérieure en-dessous de telle sorte que la face inférieure reste sèche. Le tout est mis dans une cave obscure à 15°. L'auteur obtient les résultats suivants.

	SOLUTIONS À	NOMBRE DE JOURS.	DEXTROSE.	LÉVULOSE.	GALACTOSE.
	p. 100.				
Betterave	10	13	Quantité modérée d'amidon.	Peu.	Peu.
Silene inflata.	10	10	Peu.	Peu.	Beaucoup.
Saponaria officinalis . . .	5	19	Traces.	Très peu.	Modéré.
Frêne à sucre	10	11	Beaucoup.	Peu.	Peu.
Silphium.	10	13	0	Peu.	0
Helianthus.	1	13	0	Peu.	0

Ainsi donc les trois sucres, glucose, galactose, lévulose peuvent être transformés en amidon par les cellules des végétaux supérieurs, le galactose étant le moins approprié à ce but. La plante semble surtout former de l'amidon avec le sucre spécial que ses tissus renferment généralement. Ainsi les *Composees* contiennent de l'inuline donnant du lévulose par inversion : or ces plantes fabriquent de l'amidon avec le lévulose mais pas avec le glucose, ni avec le galactose. La solution d'inosite à 10 p. 100 ne fournit pas non plus d'amidon.

Sucre de canne et congénères. — Les solutions employées par Meyer étaient à 10 p. 100 et la durée de leur contact avec les feuilles de 12 jours. Toutes ces plantes ont fourni de l'amidon avec le sucre de canne. Ce sucre est-il absorbé tel quel ou bien se scinde-t-il en glucose et lévulose? Les feuilles semblent absorber ce sucre en nature, car si on dose de jour en jour les sucres réducteurs formés dans la solution et qu'on les compare aux quantités d'amidon apparues, on trouve que la quantité de glucose formée par interversion est trop faible pour provoquer le développement des quantités d'amidon considérables observées. Le sucre de lait cependant ne fournit pas d'amidon, le maltose en donne de petites quantités dans les feuilles de *betterave* ou de *lilas*, de grandes quantités de celles de *dahlia*. La raffinose a fourni un résultat négatif avec les feuilles de *betterave*.

Alcools polyatomiques. — La mannite existe dans un grand nombre de végétaux appartenant à des familles différentes; l'auteur a fait usage pour ses expériences des feuilles de végétaux appartenant à la famille des *Oléacées*. Toutes les feuilles employées de cette famille ont fourni, sauf le *Forsythia*, de l'amidon dans des solutions de mannite à 10 ou 20 p. 100, tandis que les plantes n'appartenant pas à cette famille n'en ont pas formé dans les mêmes conditions.

La *dulcite*, que l'on rencontre notamment dans les feuilles des genres *Melampyrum*, *Rhinantus*, *Scrofularia*, *Evonymus*, ne provoque la formation d'amidon que chez les feuilles du *fusain*. La solution d'*érythrite* à 10 ou 20 p. 100 a fourni des résultats négatifs; la *gly-cérine* a donné des résultats positifs avec les feuilles de *dahlia* et de *betterave*.

A la même époque, LAURENT (*Ann. agron.*, XIV, 273, 1888), obtenait des résultats ana-logues en offrant aux plantes du saccharose, du glucose et de la glycérine. LAURENT opère, non sur des portions de feuilles, mais sur des tiges étiolées de pommes de terre qui avaient épuisé leurs réserves au point que des coupes faites à différentes hauteurs ne présentaient plus trace d'amidon. Les tiges étaient ensuite plongées par leur base dans la solution nourricière et abandonnées dans un endroit obscur. Dans la *pomme de terre*, sept corps peuvent être transformés en amidon ce sont : la glycérine, le glucose, le lévulose, le galactose, le saccharose, le maltose, le lactose. Ces résultats concordent à peu près avec ceux de MEYER. Il n'est pas exact d'admettre *a priori* que les corps qui ne sont pas utilisés pour la formation de l'amidon soient sans action utile pour l'alimenta-tion des végétaux à chlorophylle, car une substance offerte à la plante peut être utilisée par elle sans provoquer ni son allongement, ni la formation de ses réserves nutritives mais en servant de combustible respiratoire. D'après DUCLAUX, l'alcool, l'acide acétique et même l'acide oxalique sont brûlés par l'*Aspergillus niger*. De semblables aliments ne permettraient guère au végétal d'édifier de la matière vivante, mais ceux-ci, par leur combustion peuvent développer assez d'énergie pour servir à l'entretien d'organes déjà formés (Voir aussi : BOKORNY, *Welche Stoffe können ausser der Kohlensaüre zur Stärkebil-dung in grünen Pflanzen dienen? Land. Vers. Stat.*, XXXVI, 229, 1889).

Ainsi nous voyons qu'une feuille ou qu'une pousse de pomme de terre auxquelles on donne du sucre de canne, du lévulose, du glucose fabriquent de l'amidon à l'obscurité et les auteurs en concluent que la plante est capable de prendre au dehors ces matières organiques toutes faites et de les transformer; alors qu'elle n'a pas les rayons solaires pour lui permettre de faire directement de l'amidon, elle semble vivre en parasite sur une solution nutritive sucrée et transformer ce sucre, par déshydratation, en amidon. Mais avant d'aller plus loin, présentons une observation curieuse de BOEHM faite sur le *Sedum spectabile* (*Stärkebildung in den Blättern von Sedum spectabile; Wollny's Forschungen* XII, 348, 1889). Cette observation met en doute les conclusions que nous venons de tirer sur la transformation des sucres en amidon par la plante. Si on prend, en effet, une feuille privée d'amidon par un séjour à l'obscurité et qu'on y pratique des trous à l'em-porte-pièce puis qu'on la fasse flotter sur de l'eau sucrée, on voit qu'il se forme de l'amidon dans les tissus de la feuille *autour des perforations*. Mais si, au lieu d'eau sucrée, on emploie une solution concentrée de sel marin, le même phénomène se produit et il apparaît encore de l'amidon. Comme ce n'est pas le sel qui a pu en fournir les éléments, ce sel a donc agi *physiquement* et on peut se demander si la solution sucrée elle-même n'a pas agi de même. Il est un fait à remarquer, c'est que la grande majorité des substances solubles ne donne un résultat positif que lorsqu'on les emploie à un assez grand degré de concentration; 10 ou 20 p. 100 pour le sucre. Cette effet commun, dû à des liqueurs concentrées, pourrait donc être rapporté à des phénomènes d'exosmose se produisant dans les tissus végétaux, phénomènes suivis d'une concentration croissante du suc cellu-laire en supposant, bien entendu, que les matériaux nécessaires, le sucre en particulier, se trouvent présents. Ce degré de concentration varie d'ailleurs d'une plante à l'autre. Il est bientôt atteint chez les *spirogyres;* il ne l'est jamais, dans les conditions normales, chez certaines plantes qui ne renferment conséquemment jamais d'amidon quoique le sucre y abonde : tel est le cas des *Liliacées*. Si on donne du sucre à une feuille apparte-nant à un végétal de cette famille et qu'on augmente ainsi artificiellement la concentra-tion du suc cellulaire, on voit alors se former de l'amidon chez une plante qui, nor-malement, n'en renferme jamais.

Trois cas peuvent donc se présenter : ou bien la cellule à laquelle on offre du sucre en absorbe et le transforme en amidon, ou bien la cellule renfermant déjà du sucre de réserve perd de l'eau au contact de l'eau sucrée, son suc cellulaire se concentre assez pour que la transformation du sucre en amidon devienne possible sans qu'il pénètre de sucre dans cette cellule, ou bien, enfin, les deux phénomènes sont concomitants. Mais, pour répondre à ces trois questions, il faudrait d'abord avoir quelques renseignements sur les trois suivants : 1° Le sucre de réserve a-t-il toujours été présent dans les feuilles qu'on a fait flotter sur l'eau sucrée et dans lesquelles il s'est développé de l'amidon? 2° Y a-t-il eu *plasmolyse* et, par conséquent, concentration du suc cellulaire? 3° La matière offerte aux feuilles a-t-elle réellement pénétré dans les cellules? Or LAURENT a vu se former de l'amidon avec une solution de glucose ou de lévulose à 2, 5 p. 100; BOKORNY (*Welche Stoffe*, etc., *Land. Vers. Stat.*, XXXVI, 229, 1889) cite des résultats positifs avec des solutions dont la concentration ne dépassait pas 1 p. 100 et même 1 p. 1000. Il est enfin difficile d'admettre que la très grande quantité d'amidon que la pomme de terre étiolée a formée dans l'expérience de LAURENT provienne en totalité des sucres de réserve. BOKORNY fait remarquer qu'il ne faut pas se hâter d'adopter les vues nouvelles de BOEHM, car si celui-ci a trouvé dans le *Sedum spectatibe* un argument en faveur de ses idées, la plupart des plantes se conduisent tout différemment. Aussi BOKORNY pense-t-il qu'il n'y a pas lieu de changer la signification des anciennes expériences. Cet auteur examine tour à tour les divers hydrates de carbone et se trouve en conformité d'idées avec les savants précités (MEYER, LAURENT).

L'acide tartrique mérite une mention spéciale. Il semble que la plante puisse utiliser *directement* cet acide et fabriquer avec lui de l'amidon et de la matière sèche. STÜTZER (*Beziehungen zwischen der chemischen Constitution gewisser organischer Verbindungen und ihrer physiologischer Bedeutung für die Pflanze; Jahresb. agrik. Chemie*, XX, 201; 1877 et *Land. Vers. Stat.*, XXI, 93, 1878) fait avec du tartrate de chaux et de la solution nutritive de NOBBE une pâte dans laquelle il repique des pieds de *navet*. Le tout est mis sous cloche à l'abri du gaz carbonique et à la lumière; la plante ne tarde pas à prendre un accroissement énorme. Mais il se peut très bien que l'acide tartrique n'ait été pour rien dans le phénomène assimilateur, car cette pâte de tartrate de chaux a pu être la proie des microbes, ceux-ci pouvant être exclus avec le dispositif précédent. Or l'acide tartrique constituant un excellent terrain pour le développement des micro-organismes, ceux-ci ont émis de l'acide carbonique et ce gaz a servi à l'assimilation au contact des rayons solaires.

ACTON (*Proceedings Roy. Soc.*, XLVI, 118; *Ann. agron.*, XVII, 41, 1891) arrive à des conclusions semblables à celles de MEYER et LAURENT : les plantes vertes ne peuvent s'assimiler normalement le carbone que de quelques substances organiques, glucose, saccharose, inuline, etc.; elles ne prennent pas de carbone aux aldéhydes, ni à leurs dérivés. Il arrive qu'un composé peut être une source de carbone quand il est fourni aux feuilles et non quand il est fourni aux racines (amidon soluble par exemple) et *vice versa* (extrait d'humus naturel fourni aux racines). Les plantes vertes qui doivent leur progrès normal au carbone contenu dans le gaz carbonique ont perdu le pouvoir d'employer les composés organiques comme source de carbone. ASSFARL (*Ann. agr.*, XX, 496, 1894; *Bot. Centralb.*, LV, 148) a émis la même opinion. Ses travaux ont surtout porté sur l'assimilation de la glycérine. Lorsque les expériences doivent durer longtemps, la meilleure concentration pour les algues est de 0,2 pour 100 de glycérine. Si on veut faire une expérience de courte durée, il y aura avantage à aller jusqu'à 0,5 p. 100; on ne doit jamais dépasser 1 p. 100 car les solutions plus fortes sont nuisibles. Au-dessous de 1 p. 100 000, la glycérine cesse de produire un effet nutritif appréciable. Des filaments de *spirogyra*, préalablement privés de leur amidon par un séjour prolongé à l'obscurité et plongés ensuite dans une solution de glycérine à 0,2 p. 100, ont fourni de l'amidon au bout de deux heures et demie, mais remarquons que cette transformation de la glycérine en amidon *n'a lieu qu'à la lumière*. On avait naturellement empêché l'assimilation chlorophyllienne en supprimant le gaz carbonique dans le milieu ambiant et en se mettant soigneusement à l'abri de la cause d'erreur pouvant provenir de l'émission du gaz carbonique de la part des bactéries.

On sait l'importance que LIEBIG attribuait à la présence des acides organiques dans les plantes; il les regardait comme étant l'intermédiaire entre le gaz carbonique et les hydrates de carbone, par conséquent comme constituant les premiers produits de la synthèse chlorophyllienne. STÜTZER (*Ueber die Metamorphosen der Gruppen COOH, CHOII, CH³ und CH² in den lebenden Pflanzen. Berichte der deuts. chem. Gesells*, IX, 1395, 1876) croyait qu'il existe une relation entre la formule de constitution des acides et leur pouvoir nutritif. Ainsi l'acide oxalique, employé seul, fait mourir la plante à l'abri du gaz carbonique, même si celle-ci est dans une solution nutritive convenable. Or l'acide oxalique ne renferme que deux groupes (COOH). L'acide tartrique, au contraire, peut nourrir une plante dans l'atmosphère de laquelle il n'y a pas d'acide carbonique; il semble que les deux groupes alcooliques de cet acide (CHOH) puissent servir à construire les matériaux que construit en général le gaz carbonique seul. Même observation pour la glycérine qui peut servir d'aliment. Plus récemment, BRUNNER et CHUARD (*Phytochemische Studien. Ber. deutsch. chem. Gesells.*, XIX, 595, 1886) ont repris cette idée; ils ont montré la présence de certains acides, dans les fruits non mûrs entre autres; ils ont fait voir que, dans ces fruits, contrairement à ce qu'on croyait, l'acidité ne diminue pas toujours alors que le sucre augmente. Ces auteurs, à l'aide de jeux de formules faciles à saisir, passent de l'hydrate carbonique aux acides les plus élevés qu'on rencontre chez le végétal. Ce ne sont cependant là que des hypothèses, étayées sans doute par des expériences précises en ce qui concerne la présence de certains acides, mais qui ne peuvent montrer, malgré tout, *le passage direct* de l'hydrate carbonique au plus simple d'entre eux.

Les expériences les plus intéressantes auraient consisté évidemment à faire fabriquer par les plantes de l'amidon aux dépens de solutions d'aldéhyde formique elle-même. Nous savons déjà que ce corps est vénéneux; BOKORNY ne pense pas que ce fait de la toxicité infirme la théorie de BAEYER, car cette aldéhyde a certainement dans la plante une existence très passagère, sa condensation devant être immédiate. Aussi Lœw et BOKORNY (*loc. cit.*) ont-ils fait des expériences avec le méthylal, qui, s'unissant à l'eau, se dédouble facilement en alcool méthylique et aldéhyde formique : $CH^2(OCH^3)^2 + H^2O = CH^2O + (CH^4O)^2$. BOKORNY (*Studien und Experimente über die chemische Vorg. der Assimilation. Jahresb. agrik. Chemie*, XI, 98, 1888. Ber. botan. Gesell., VI, 116) pense que la plante peut dédoubler le méthylal; il opère d'abord à l'obscurité, mais l'expérience échoue. Il opère alors à la lumière, mais en éliminant l'action directe du gaz carbonique qui constituerait ici une grave cause d'erreur. Des filaments de *Spirogyra*, d'abord privés d'amidon par un séjour dans l'obscurité, ont été lavés à plusieurs reprises avec de l'eau purgée de CO^2, puis déposés dans des verres dans lesquels on versait, soit de l'eau distillée, soit une solution de méthylal à 1 p. 100 ou à 1 p. 1000. Ces verres, bien clos, ont été exposés pendant quatre heures, ou même davantage, à la lumière. On a alors constaté que les algues, au contact de la solution de méthylal, avaient fabriqué de l'amidon, les filaments de contrôle n'en ayant fourni que des traces. Il est évident que le méthylal n'a pas été employé tel quel à la synthèse de l'amidon, il est plus probable que ce corps a été dédoublé en aldéhyde et alcool méthyliques. L'alcool méthylique pouvant être employé lui-même par la plante, il en résulte que l'aldéhyde formique, sitôt absorbée, doit s'être polymérisée. BOKORNY considère cette expérience comme une preuve de la solidité de la théorie de BAEYER (Voir encore à ce sujet : SCHIMPER. *Ueber Bildung und Wanderung der Kohlenhydrate in den Laubblättern, Jahresb. agrik. Chemie*, VIII, 128, 1885; *Ann. agron.*, XII, 127; EBERDT, *Ann. agron.*, XX, 157, 1894, Chem. Centralb., 1892, 320; HUEPPE, *Ann. agron.* XIV, 274, 1888; BACH, *Contribution à l'étude des phénomènes chimiques de l'assimilation de l'acide carbonique par les plantes à chlorophylle. C. R.*, CXVI, 1145, 1893). Ce dernier auteur propose une théorie de la fonction chlorophyllienne dans laquelle il fait intervenir le dédoublement de l'acide percarbonique hypothétique.

Origine albuminoïde de l'amidon. — Il est intéressant de savoir que quelques savants font procéder la formation de l'amidon dans les grains chlorophylliens du dédoublement de la matière albuminoïde. LELSUNG (*La chlorophylle et ses fonctions*. Thèse d'Agrégations, Paris, 1889, 98) remarque que les granules amylacés contenus dans les grains de chlorophylle grandissent en se substituant peu à peu la substance même du grain vert, si bien que lorsque la formation d'amidon cesse de se produire ils occupent la place des corps chlorophylliens dans lesquels ils ont apparu. Ceux-ci se trouvent donc réduits à un substratum très peu apparent, ou bien sont même complètement anéantis. On peut donc admettre que l'amidon inclus dans les corps chlorophylliens résulte simplement du dédoublement des principes albuminoïdes de ces derniers. Ce premier produit de l'assimilation ne serait donc pas un hydrate de carbone, mais de l'albumine qui se dépose, en partie du moins, dans les grains de chlorophylle pour en accroître la masse. Inversement, les grains d'amidon pourront reconstituer les grains de chlorophylle en présence de la lumière et de principes azotés.

Loew (*Ann. agron.*, xvii, 14, 1891 ; *Bot. Centralb.*, xliv, 315) pense que cette formation d'albuminoïdes repose sur un phénomène de condensation ayant lieu aux dépens de l'adéhyde formique et de l'ammoniaque. La première formation consisterait en une union de cette aldéhyde avec l'ammoniaque, de l'eau étant éliminée concurremment : il se ferait de l'aldéhyde aspartique :

$$4CH^2O + AzH^3 = 2H^2O + C^4H^7AzO^2$$

Cette dernière aldéhyde, se polymérisant, puis subissant des influences réductrices au contact du soufre ou de l'hydrogène sulfuré, fournirait de l'albumine :

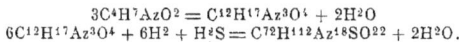

$$3C^4H^7AzO^2 = C^{12}H^{17}Az^3O^4 + 2H^2O$$
$$6C^{12}H^{17}Az^3O^4 + 6H^2 + H^2S = C^{72}H^{112}Az^{18}SO^{22} + 2H^2O.$$

C'est là l'expression de l'albumine la plus simple. Pour Loew, l'aldéhyde formique serait donc le terme initial de la synthèse, non seulement des corps carbonés, mais encore des albuminoïdes. Les vues qui précèdent ont d'autant plus d'importance que le méthylal, ainsi que nous le savons, peut servir à nourrir des champignons et des algues, que l'alcool méthylique, les sels sulfométhyliques, la méthylamine peuvent nourrir des bactéries; de plus, l'asparagine est le produit le plus important qui résulte de la transformation de l'albumine pendant la germination.

Telles sont les idées actuellement reçues sur le rôle de l'aldéhyde formique dans la plante et sur l'origine possible des hydrates de carbone. Nous verrons plus tard quels sont les termes les plus simples de la transformation de ces hydrates de carbone.

IV. Conditions physiologiques dont dépend le phénomène de l'assimilation. — La présence, très répandue, sinon universelle, des grains d'amidon dans la chlorophylle a été découverte par H. von Mohl, mais c'est Sachs qui, le premier (1862), a montré que la production de l'amidon était une fonction des grains de chlorophylle dépendant de la lumière. La chlorophylle crée l'amidon de toutes pièces, puis celui-ci émigre ensuite dans les autres organes. Sachs a mis en évidence par des preuves expérimentales directes : 1° que les plantes qui germent dans l'obscurité se développent jusqu'à ce que l'amidon ait disparu des différents tissus, à l'exception des stomates; 2° que les grains jaunes de chlorophylle étiolée ne contiennent pas trace d'amidon; 3° que des plantes étiolées et entièrement privées d'amidon exposées à la lumière et à une température suffisante commencent à verdir; l'amidon ne fait son apparition que lorsque les grains de chlorophylle sont bien développés et cet hydrate de carbone est d'abord exclusivement limité à ces organes; sa quantité augmente peu à peu. Si les graines germent dans un endroit imparfaitement éclairé, les feuilles verdissent sans doute, mais les grains de chlorophylle ne produisent pas d'amidon. En résumé, d'après Sachs, des plantes qui, en croissant dans l'obscurité, ont épuisé leur provision d'amidon, sont capables d'en produire de nouveau lorsque leur chlorophylle bien verte est exposée assez longtemps à une lumière suffisante; ces conditions de la production de l'amidon sont identiquement les mêmes que celles de l'élimination de l'oxygène, c'est-à-dire de la création de substance organique aux dépens du gaz carbonique. Sachs en conclut que l'amidon est un des premiers produits de l'assimilation chlorophyllienne. Cependant les grains de chlorophylle ne peuvent pas être maintenus trop longtemps dans l'obscurité, car ils se désorganisent et ne sont plus alors capables de produire de l'amidon, si on les réexpose au soleil. Toutes les plantes ne contiennent pas d'amidon dans leur chlorophylle; parfois l'amidon est remplacé par des huiles grasses et il est possible que cette huile soit un produit de transformation de l'amidon préexistant.

Briosi (*Jahresb. agrik. Chemie*, xvi, 279, 1873) croyait avoir démontré que, dans les grains de chlorophylle de *Strelitzia* et de *Musa*, le premier produit de l'assimilation n'est pas de l'amidon mais bien de l'huile. G. Holle (*Die ersten Assimilationsprodukte ölhaltiger Chlorophyllkörner. Jahresb. agrik. Chemie*, xx, 233, 1877), conformément à ces vues, chercha si cette matière grasse disparaissait des grains de chlorophylle du *Strelitzia* à l'obscurité et si elle reparaissait en éclairant de nouveau la plante. Mais, après vingt-quatre heures et même davantage, cette huile persiste encore dans l'obscurité. De plus, si cette huile est un produit direct de l'assimilation, on doit, dans les circonstances où cette assimilation a lieu ordinairement, obtenir un volume d'oxygène plus grand que celui qui répond à la seule décomposition du gaz carbonique, puisque, pour passer des hydrates de carbone aux corps gras, il doit forcément y avoir élimination de CO². Or des expériences volumétriques précises montrèrent qu'il n'en est rien et que le volume d'oxygène dégagé est sensiblement égal à celui de CO² décomposé. Il en résulte que, dans les grains chlorophylliens du *Strelitzia*, se forme d'abord un hydrate de carbone dont la transformation en graisse est évidemment rapide conformément à l'observation; on doit donc trouver, à côté de ces corps gras, un produit fixe plus oxygéné. Holle fait remarquer que, dans les feuilles de *Strelitzia*, l'huile est, en effet, associée aux tannins.

Quelquefois, mais plus rarement, il ne se développe dans la chlorophylle aucun contenu granuleux; la matière verte reste homogène. Il en est ainsi, d'après Boehm, chez les *Liliacées*. Tous les organes verts contiennent alors de grandes quantités de glucose. Si on considère le rôle de l'amidon et celui du glucose chez la plante, il faut supposer que, dans le cas des *Liliacées*, la chlorophylle produit directement du glucose au lieu de produire de l'amidon. Grâce à sa solubilité, ce glucose ne reste pas au contact des grains de chlorophylle, il se répand dans toute la cellule. Cependant l'amidon n'en demeure pas moins le produit *normal* de la chlorophylle dans la plupart des cas.

L'amidon qui, à un moment donné, se rencontre dans les grains de chlorophylle, n'est jamais qu'une faible partie de celui qui y a déjà pris naissance : le reste a été dissous et emporté. Dès que la plante est mise, pour un moment seulement, dans l'obscurité, l'amidon commence à diminuer et continue à diminuer tant que la lumière est insuffisante. Quand les jours sont courts et la lumière faible, cet amidon peut être emporté à mesure qu'il se produit. Mais la connaissance exacte de ces faits appartient plutôt à l'étude de la *migration des matières organiques*.

Ces belles observations de Sacus ont été complétées dans la suite par beaucoup d'expérimentateurs. Boehm, ainsi que nous l'avons dit plus haut, prétend que l'amidon qui apparaît dans les grains de chlorophylle à la lumière solaire n'est pas entièrement dû à la décomposition du gaz carbonique; d'après lui, en effet, une lumière assez intense pour provoquer dans les plantes vertes la décomposition de CO² produit également une migration de l'amidon de la tige dans les grains de chlorophylle.

Mais, étant donnée la circulation gazeuse dont la plante est sans cesse le théâtre, Moll (*Ueber den Ursprung des Kohlenstoffes in den Pflanzen*; *Bied. Centralb.*, vii, 44; *Ann. agron.*, iv, 158, 1878) s'est demandé si l'acide carbonique qui est en contact avec un organe quelconque de la plante, racine, tige, feuille, peut être décomposé par un autre organe adhérant au premier, mais constamment maintenu dans un milieu privé de CO². L'apparition de l'amidon dans les grains chlorophylliens servira ici de *criterium;* les organes mis en expérience seront, au préalable, privés de l'amidon qu'ils pourraient contenir par un séjour suffisamment prolongé à l'obscurité. Pour faire cette expérience, on peut suivre deux voies : 1° mettre la feuille, par exemple, dans un espace fermé ne contenant pas d'acide carbonique, la racine étant au dehors et plongeant dans du terreau riche en humus source de CO²; 2° sachant le temps que met une feuille à former de l'amidon, si elle n'en contient pas au début et si elle est placée à la lumière et dans l'air atmosphérique, on pourra juger d'une accélération dans la fabrication de cet hydrate de carbone en plaçant un organe voisin, mis en relation avec le premier, dans une atmosphère riche en acide carbonique. Si cette formation s'accélère, on sera sûr que les feuilles sont capables de décomposer CO² absorbé par d'autres organes et dirigé vers elles à travers les tissus intermédiaires. Or, voici ce que Moll a observé : 1° Dans aucun cas il n'y eut formation d'amidon dans le tissu de l'organe qui avait séjourné dans un milieu dépourvu de CO². Donc le gaz carbonique qui est surabondamment à la disposition d'une partie quelconque de la plante ne peut favoriser la production d'amidon dans un autre organe de cette même plante. 2° La formation d'amidon dans les tissus d'une feuille exposée à l'air libre n'est pas accélérée quand ces tissus sont en connexion organique avec ceux d'un autre organe placé dans un milieu riche en CO². De plus, Moll émet la même opinion que Boehm et Corenwinder : l'acide carbonique que la plante trouve dans le sol ne peut produire de l'amidon dans les feuilles de cette même plante si ces feuilles séjournent dans un milieu privé de ce gaz. Ajoutons que Boehm (*Ann. agron.*, viii, 306, 1882) a montré que, dans des mélanges gazeux artificiels, les plantes verdissent mais, d'autant moins, que la quantité de gaz carbonique est plus considérable. Lorsqu'elles sont réexposées à l'air, ces plantes verdissent normalement. Mais si, au préalable, elles ont séjourné dans un mélange très chargé de CO_2, elles changent à peine de couleur à l'air. 2 p. 100 de gaz carbonique influent déjà sur la formation de la chlorophylle et 3 p. 100 de ce gaz peuvent parfois entraîner la mort de certaines plantes.

Il y a, à cet égard, des différences individuelles considérables. BOEHM (*Einfluss der Kohlensäure auf das Ergrünen und Wachsen der Pflanzen*; *Jahresb. agrik. Chemie*, XVI, 287, 1873) avait antérieurement montré que dans une atmosphère contenant 2 p. 100 de CO_2 la chlorophylle subissait, chez le *cresson*, un retard dans son apparition; avec 20 p. 100 cette apparition n'a plus lieu; dans une atmosphère à 33 p. 100 de CO_2 le *lin* devient faiblement vert. Cependant GODLEWSKI (*Jahresb. agrik. Chemie*, XVIII, 297, 1875) a signalé ce fait c'est que, dans une atmosphère contenant de 6 à 8 p. 100 de gaz carbonique, la formation de l'amidon est quatre fois plus rapide au soleil que dans l'air ordinaire. Au-dessus de 8 p. 100, cette formation d'amidon se ralentit. L'action favorable d'un excès de gaz carbonique est d'autant plus marquée que l'intensité lumineuse est plus forte.

Apparition et dissolution de l'amidon dans les feuilles. — SACHS (*Zur Kenntniss der Ernährungsthätigkeit der Blätter. Jahresb. agrik. Chemie*, VII, 144, 1884; *Ann. agron.* X, 514), complétant les recherches que nous avons signalées, donne sur ce sujet les détails suivants : ses expériences ont porté sur un très grand nombre d'espèces. Cet auteur propose l'emploi d'un procédé très simple qui permet à l'expérimentateur de se faire rapidement une idée de la *répartition* de l'amidon dans sa *quantité* dans une feuille. On fait bouillir la feuille fraîche avec de l'eau pendant dix minutes, on la transporte dans l'alcool chauffé et ensuite dans de l'eau à laquelle on a ajouté un peu de teinture d'iode. On la laisse dans ce liquide jusqu'à ce qu'il ne se produise plus de changement de couleur et on la place enfin dans une assiette blanche pleine d'eau. Les différentes dégradations de la couleur se distinguent nettement. Si ces feuilles sont privées d'amidon, elles sont jaune pâle, elles présentent une coloration noir mat si elles en renferment une quantité moyenne et enfin elles sont d'un noir métallique si elles sont riches en amidon. SACHS s'est servi de ce procédé dans toutes ses expériences : s'il s'agit, par exemple, de savoir si la quantité d'amidon varie chez une feuille dans des circonstances déterminées, on enlève une des moitiés de la feuille en ménageant la nervure médiane et on soumet la partie enlevée à l'épreuve de l'iode; l'autre moitié reste sur la plante pendant l'expérience pour être examinée plus tard et comparée à la première.

Amidon à différentes heures du jour. — D'après ce que nous a appris SACHS, il faut s'attendre à trouver les feuilles plus pauvres en amidon le matin que le soir. Le savant botaniste montre, que, pour la plupart des espèces, l'amidon disparaît entièrement pendant la nuit. Mais cependant, par des nuits fraîches, il est des espèces qui conservent encore leur amidon, en partie au moins. Les feuilles, vidées pendant la nuit, développent de nouveaux grains d'amidon qui s'accumulent peu à peu si la température est favorable (15 à 20 degrés), le matin ces feuilles sont encore pauvres, dans l'après-midi elles donnent, à l'épreuve de l'iode, une coloration noire et le soir une coloration noire métallique. SACHS fait remarquer que ces fluctuations rapides dans la quantité d'amidon ne s'observent qu'avec des plantes normales et robustes. En effet, des plantes en apparence bien saines peuvent présenter un fait particulier d'inertie par suite d'un arrêt de la fonction assimilatrice des feuilles, celles-ci pouvant conserver pendant plusieurs semaines la même quantité d'amidon. Ainsi des plantes venues en pots peuvent avoir leurs feuilles gorgées d'amidon, même après huit jours d'obscurité consécutifs.

Dissolution de l'amidon à la lumière solaire. — MOHL a montré que l'amidon formé dans les grains de chlorophylle disparaît à la lumière solaire quand on maintient les plantes dans une atmosphère privée d'acide carbonique. Cette dissolution de l'amidon dépend, d'après SACHS, de la température ; plus celle-ci est élevée et plus l'amidon disparaît rapidement. Cet amidon dissous émigre en même temps qu'il s'en produit de nouvelles quantités par suite de l'assimilation du carbone. On peut même constater ce phénomène sur des plantes qui croissent en plein air quand la température ambiante est très élevée. Dans les journées chaudes de l'été, SACHS n'a pas trouvé d'amidon dans des feuilles qui en sont gorgées quand la température est moins élevée.

La quantité d'amidon brûlée par la respiration végétale n'est guère que le douzième de celle que produit l'assimilation. Que devient donc cet amidon solubilisé? Il passe évidemment à l'état de sucre, comme l'ont montré Sachs lui-même et Muller. Cependant quelques faits n'autorisent pas cette manière de voir, car il n'a été trouvé, chez certaines plantes robustes, que des quantités insignifiantes de sucre au moment où l'amidon disparaît. L'énergie de l'assimilation se traduit, d'après Sachs, par les chiffres suivants : 1 mètre carré de feuilles produit, dans l'espace d'une journée favorable, environ vingt-quatre grammes d'amidon auxquels il convient d'ajouter à peu près un gramme qui représente la perte due à la respiration.

Énergie de l'assimilation et facteurs qui l'influencent. — Kreusler (*Ueber eine Methode zur Beobachtung der Assimilation und Athmung der Pflanzen und einige diese Vorgänge beeinflussende Momente. Jahresb. agrik. Chem.*, VIII, 123, 1885; *Land. Vers. Stat.*, XXXII, 403, 1886; *Wollny's Forschungen*, IX, 114; *Ann. agron.*, XII, 482, 1886) enferme les plantes dans un vase clos plein d'air contenant un volume connu de gaz carbonique. Après expérience, le gaz de la cloche est déplacé par de l'air privé d'acide carbonique, puis il passe dans des appareils appropriés dans lesquels il abandonne CO_2 qu'il peut contenir et dont on estime le poids. Quand l'expérience est faite à la lumière, CO_2 trouvé en moins exprime l'énergie de l'assimilation; quand elle est faite dans l'obscurité, l'excès de ce gaz traduit l'énergie respiratoire. Kreusler, pour avoir un éclairage constant, se sert de l'arc voltaïque et interpose, entre la source lumineuse et l'appareil, une cuve remplie d'eau afin d'écarter les rayons calorifiques. Voici les conclusions auxquelles est arrivé l'auteur. Quand on part d'un taux de gaz carbonique très faible, tel que celui qui existe dans l'air atmosphérique et qu'on augmente ce taux peu à peu, on voit l'assimilation augmenter d'abord rapidement, puis plus lentement. Mais, contrairement aux expériences de Boehm que nous avons déjà citées relativement à la nocivité du gaz carbonique au-dessus de 3 p. 100, Kreusler donne, à 25°, les chiffres suivants obtenus sous l'influence d'un arc voltaïque de mille bougies placé à une distance de $0^m,31$ à $0^m,45$, le taux normal de l'acide carbonique tel qu'il existe dans l'air étant supposé égal à l'unité et l'assimilation correspondante étant prise égale à 100.

QUANTITÉ RELATIVE DE CO_2.	ASSIMILATION.	QUANTITÉ RELATIVE DE CO_2.	ASSIMILATION.
1.	100	17.	209
2.	127	35.	237
3,5.	185	220 (c.-à-d. 9 p. 100 environ). . .	230
7.	196		

L'*optimum* du taux de CO_2 semble donc être situé entre 1 et 10 p. 100. La quantité d'eau contenue dans les feuilles est un facteur d'une très grande importance dans l'assimilation. Lorsque le degré d'humidité des feuilles s'abaisse, comme par exemple, à la suite d'une transpiration trop active, l'assimilation peut s'arrêter presque complètement, quelque favorable que soit l'éclairage. Si l'eau revient à la feuille avant que celle-ci ait éprouvé des modifications irréparables, l'assimilation reprend son énergie première. Les plantes assimilent beaucoup moins dans l'air sec que dans l'air humide.

Influence de l'état de développement et de la température sur l'assimilation. — Kreusler (*Beobachtungen über die Kohlensäureaufnahme und Ausgabe der Pflanzen. Jahresb. agrik. Chemie.* x, 143, 1887; *Wollny's Forschungen*, x, 408; *Biederm. Centralb.* XVII, 265; *Ann. agron.* XIV, 89, 523) a étudié l'influence de ces deux facteurs sur des rameaux de *Seringa* à divers états de développement (température de 15 à 25 degrés). Les rameaux étaient pris avant, pendant et après la floraison, et tous cueillis sur le même pied. L'auteur rapporte les nombres qu'il donne à l'unité de surface de feuilles; il obtient les chiffres suivants d'acide carbonique dégagé à l'obscurité ou absorbé à la lumière par un décimètre carré de feuilles exprimés en milligrammes.

		AVANT floraison.	PENDANT.	APRÈS.	RAMEAU STÉRILE garni de vieilles feuilles.
Obscurité	à 25°. . . .	0,52	1,33	1,36	0,97
	à 15°. . . .	0,26	0,59	0,64	0,57
CO_2 pris dans l'air. .	à 25°. . . .	14,65	11,36	8,91	5,88
	à 15°. . . .	11,68	7,56	9,09	10,61
CO_2 total décomposé.	à 25°. . . .	15,17	12,70	10,27	6,85
	à 15°. . . .	11,94	8,15	9,73	11,17

En ce qui concerne la *respiration*, nous voyons tout de suite l'influence de la température, mais nous en parlerons quand nous aborderons l'étude de ce sujet. Relativement à l'assimilation, on remarque : 1° qu'à 25°, le travail assimilateur diminue rapidement avec l'âge de la feuille ; 2° qu'à 15°, il apparaît brusquement un minimum au moment de la floraison et que l'assimilation augmente ensuite progressivement pour atteindre, dans les vieilles feuilles, une énergie à peine inférieure à celle des jeunes. Il résulte, de plus, de ces chiffres que, dans les premiers stades du développement, la température la plus élevée correspond à l'optimum, tandis que plus tard l'optimum de température est placé beaucoup plus bas. L'auteur explique ce phénomène bizarre par la plus ou moins grande quantité d'eau contenue dans les organes, des changements minimes sous ce rapport agissant puissamment sur l'assimilation. Le taux de l'eau contenue dans les feuilles diminue ordinairement avec l'âge, les vieilles feuilles sont donc, en général, moins favorisées sous le rapport de l'énergie assimilatrice. A plus haute température elles perdent plus d'eau, à température plus basse elles assimileront donc mieux. A 25° les vieilles pousses moins gorgées d'eau que les jeunes ne peuvent pas réparer les pertes aussi rapidement que celles-ci, elles assimilent moins. A 15°, les différences sont beaucoup moins marquées, la chaleur a moins d'action.

Influence spéciale de la température sur CO_2 absorbé et émis. — Si on compare les deux fonctions respiratoire et assimilatrice sour le rapport de la température, voici ce qu'on trouve. Kreusler a fait usage à cet effet de la *ronce* qui se recommande par une très grande résistance.

1° Le dégagement de gaz carbonique dans la fonction respiratoire peut être constaté dans des limites de température très écartées. La *ronce*, par exemple, respire dès 0° et jusqu'à 45-50°, températures extrêmes qu'elle puisse supporter. L'intensité de la respiration est surtout régie par la température, à la température la plus élevée compatible avec la vie correspond la respiration la plus active. Aussi si on prend pour abscisses les températures et pour ordonnées les quantités de gaz carbonique, la courbe de la respiration est fortement convexe vers l'axe des x et s'élève rapidement. Quant à l'influence du *stade de développement*, le maximum respiratoire d'un rameau de *Seringa* coïncide avec la floraison et la formation du fruit : ces deux facteurs, température et stade de développement, sont ceux dont l'influence est *maxima* sur la respiration. Celle-ci est peu influencée par l'assimilation, par la quantité d'eau plus ou moins grande offerte à la plante, la quantité de gaz carbonique contenu dans l'air ambiant, la durée de l'expérience.

2° En ce qui concerne l'assimilation, la chaleur exerce sur cette fonction une influence essentielle, mais qui n'est pas telle que ce facteur domine les autres comme dans le cas de la respiration. La décomposition de CO_2 à la lumière est possible, comme l'acte respiratoire, entre des limites de température très éloignées. Le minimum de température paraît, en certains cas, placé plus bas pour l'assimilation que pour la respiration chez la même plante. La courbe qui exprime l'assimilation par rapport à la température est notablement différente de celle de la respiration. Partant des basses températures, elle s'élève rapidement, arrive à son optimum et s'abaisse ensuite rapidement après être restée horizontale pendant quelque temps. On ne peut d'ailleurs mieux préciser la marche de cette courbe ni indiquer surtout plus nettement la position de l'optimum car, dans la même espèce, les relations entre l'assimilation et la température dépendent de l'état de développement des feuilles et de la quantité d'eau que celles-ci contiennent. Si on pose la grandeur de la respiration et celle de l'assimilation observées à la plus basse température égales à l'unité, on aura, pour la feuille de *ronce*, la progression suivante :

TEMPÉRATURE. dégrés	INTENSITÉ respiratoire.	INTENSITÉ assimilatrice.	TEMPÉRATURE. dégrés	INTENSITÉ respiratoire.	INTENSITÉ assimilatrice.
2,3.	1	1	29,3.	8,8	2,4
7,5.	1,8	1,6	32.	11,1	2,4
11,3. . . .	3,0	2,4	37,3.	14,4	2,3
15,8. . . .	4,6	2,8	41,7.	19,1	2,0
20,6. . . .	4,8	2,6	46,6.	26,4	1,3
25.	7,8	2,9			

Remarquons, avec Kreusler, que des organes d'âge différent ne sont pas influencés de la même manière par des différences de température déterminées et que la cause de ces anomalies apparentes réside dans la quantité d'eau contenue dans la feuille.

Kreusler a également cherché à déterminer exactement quelles étaient *les températures extrêmes d'arrêt* des phénomènes respiratoire et assimilateur. Des plantes très variées ont végété dans une atmosphère contenant toujours la même quantité renouvelable de gaz carbonique, soit 3 p. 100 en volumes. Toutes ces plantes (*Ronce, Haricot, Ricin, Laurier-cerise*), maintenues à zéro et même au-dessous de zéro, ont donné lieu à des manifestations très nettes de l'assimilation aussi bien que de la respiration, mesurables par l'absorption ou le dégagement de CO^2. En général, à $0°$ et même parfois à une température plus basse, l'assimilation était *productive*, c'est-à-dire que la quantité de gaz carbonique décomposé dépassait celle qui se dégageait dans un temps égal par la respiration à l'obscurité. Comparée à ce qu'elle est aux températures favorables, l'assimilation est plus énergique à $0°$ qu'on n'aurait osé le prévoir. Chez le *Laurier-cerise*, elle équivaut encore à 8 p. 100 de l'énergie observée à la température optima; chez d'autres plantes, elle est moitié plus faible. A $0°$ et même un peu au-dessous, l'énergie de la respiration du *Laurier cerise* correspond à 17 p. 100, celle du *Ricin* à 10 p. 100 de l'énergie observée à $20°$. (Cette opinion n'est pas celle de la plupart des auteurs.) Kreusler admet que la *cessation absolue* de ces fonctions n'a lieu qu'avec la cessation de la vie elle-même, c'est-à-dire par suite de la congélation du suc cellulaire.

Voici encore quelques données du même auteur relatives *à l'influence de la température sur le phénomène assimilateur* (*Die Assimilation und Athmung der Pflanzen*; *Biederm. Centralbl.* xx, 264, 1891; *Ann. agron.*, xvii, 461). Les plantes ne souffrent pas dans une atmosphère humide à $40°$; dans ces conditions, le *ricin* assimile encore avec la même énergie qu'à $25°$, l'assimilation du *laurier-cerise* est même plus forte à $40°$ qu'à $25°$. A cette température élevée, l'assimilation est encore productive, la décomposition du gaz carbonique dépassant de beaucoup l'émission de ce gaz par suite de la respiration. A une température plus élevée, $45°$ par exemple, on trouve que l'énergie de l'assimilation équivaut à la moitié environ, parfois même aux deux tiers de l'assimilation maxima. Mais si, au lieu de prendre des rameaux frais, on emploie des rameaux déjà affaiblis par les expériences, on n'observe plus d'assimilation à cette température, ou, du moins, on trouve celle-ci inférieure à la respiration : on constatera alors un dégagement de gaz carbonique et une absorption d'oxygène à la lumière. Dans tous les cas, l'assimilation est complètement suspendue à $50°$. Quant à la limite supérieure de la température pour la respiration, elle est placée bien plus haut que pour l'assimilation. Il semble que *l'optimum* de température pour la respiration ne soit, en général, pas inférieur à $15°$. A $60°$ le dégagement de CO^2 s'arrête brusquement, quel que soit le degré d'humidité de l'atmosphère ambiante (voir encore à ce sujet des expériences plus anciennes de Kraus : *Ueber den Einfluss des Lichts und der Wärme auf die Stärkeerzeugung im Chlorophyll. Jahr.f. wissentsch. Botanik*, vii, 209; *Jahresb. agrik. Chemie.* xix, 183, (1870-72), ainsi que les indications nouvelles de Jumelle : *Sur de dégagement d'oxygène par les plantes aux basses températures*; *C. R.*, cxii, 1462 (1891).

Voie par laquelle se font les échanges gazeux dans la feuille. — Chez les végétaux aériens, ces échanges entre les gaz de l'intérieur de la plante et ceux de l'atmosphère qui la baignent peuvent avoir lieu soit par *diffusion* au travers des membranes externes, soit par *passage direct* par les petites ouvertures qui détruisent la continuité de ces membranes. Garreau, en 1850, avait montré que l'émission de CO^2 était absolument *dépendante de la présence des stomates;* en 1867, Boussingault, ainsi que nous l'avons déjà vu, arrive à des conclusions diamétralement opposées. D'après cet éminent agronome, l'absorption se fait surtout *par les surfaces privées de stomates;* nous reviendrons plus loin sur cette assertion. Barthelemy (*Du passage des gaz à travers les membranes colloïdales d'origine végétale. Compt. rend.* lxxvii, 427, 1873 ; *Du rôle des stomates et de la respiration cuticulaire. Compt. rend.* lxxxiv, 663, 1877) trouva que les feuilles étaient traversées par les gaz de l'atmosphère, oxygène, azote, acide carbonique, avec des vitesses comparables à celles que Graham avait indiquées pour le caoutchouc. Cet auteur en concluait, d'accord avec Boussingault, que les stomates ne jouent qu'un rôle secondaire dans la respiration et l'assimilation et que les échanges gazeux se font par *osmose* au travers de la cuticule. Merget (*Sur les fonctions des feuilles dans les phénomènes d'échanges gazeux entre les plantes et l'atmosphère; rôle des stomates. Compt. rend.* lxxxiv, 376, 1877; *Sur les échanges gazeux entre les plantes et l'atmosphère. Compt. rend.* lxxxiv, 957) et Müller (*Unstersuchungen über Diffusion atmosphärischen Gase und die Gasausscheidung unter verschiedenen Bedingungen;*

Jahresb. agrik. Chemie. XVI, 270, 1873) conclurent différemment à la suite de leurs recherches. Plus récemment, MANGIN (*Sur le rôle des stomates dans l'entrée et la sortie des gaz. Compt. rend.* CX, 879, 1887). *Sur la perméabilité de l'épiderme des feuilles pour les gaz. Compt. rend.* CVI, 771, 1888) obtint des résultats analogues à ceux de BARTHÉLEMY, mais trouva, en outre, que les quantités de gaz qui peuvent traverser la cuticule sont insuffisantes pour subvenir aux besoins de la respiration et de l'assimilation : les stomates doivent donc être des voies importantes de passage, surtout pendant l'assimilation. MANGIN, pour rendre les fragments de cuticule plus résistants, les recouvre d'une solution chaude de gélatine glycérinée, substance qui, selon lui, ne présente pas de résistance appréciable au passage des gaz et possède l'avantage de boucher les stomates. Mais on peut objecter à cette façon de procéder que si cette couche de gélatine se laisse si facilement traverser, les gaz passeront bien mieux aux endroits où elle recouvre des ouvertures, telles que les stomates, qu'au travers de la cuticule continue; les chiffres obtenus seront donc trop forts. STAHL (*Einige Versuche über Transpiration und Assimilation; Bot. Zeitung,* 1894 *pag.* 118. *Wollny's Forschungen,* XVIII, 167; *Ann., agron.* XXI, 298, 1895), pour étudier le rôle des stomates pendant l'assimilation, recouvre de cire la face stomatifère d'une feuille afin de boucher ces ouvertures; dans ces conditions, il ne se forme pas d'amidon, donc il n'y a pas d'assimilation. BLACKMANN (*Ann. agron.* XXI, 516, 1893; *Philos. Transac. Roy. Soc.* CLXXXVI, 48, 1895), essaie d'élucider complètement cette question de la manière suivante. A l'aide d'un appareil quelque peu compliqué, il fait passer de l'air d'une façon continue sur des feuilles, puis de là, dans une solution d'eau de baryte qu'on titre à la fin de l'expérience. On peut étudier l'absorption ou le dégagement du gaz

PLANTES.	CO_2 ÉMIS EN 1 HEURE PAR 10 CENT. CARRÉS DE FEUILLES.		RAPPORT DES QUANTITÉS de CO_2 ÉMISES PAR les deux faces.	RAPPORT DU NOMBRE des stomates de la face sup. à celui de la face inf.
	Face supérieure en cent. cubes.	Face intérieure en cent. cubes.		
Laurier - Rose (vieilles feuilles). . . . . . }	0,002	0,078	$\frac{3}{100}$	pas de stomates sur la face supérieure.
Laurier - Rose (jeunes feuilles). . . . . . }	0,001	0,147	$< \frac{1}{100}$	
Laurier - Cerise vieilles feuilles. . . . . . }	0,002	0,076	$\frac{3}{100}$	
Laurier - Cerise (jeunes feuilles). . . . . . }	0,001	0,085	$< \frac{2}{100}$	
Lierre.	0,001	0,075	$< \frac{2}{100}$	
Alisma plantago	0,030	0,025	$\frac{120}{100}$	$\frac{135}{100}$
Iris germanica	0,025	0,023	$\frac{107}{100}$	$\frac{100}{100}$
Ricin	0,015	0.036	$\frac{100}{250}$	$\frac{100}{250}$
Populus nigra	0,010	0,037	$\frac{100}{375}$	$\frac{100}{575}$
Helianthus tuberosus. .	0,023	0,063	$\frac{100}{273}$	$\frac{100}{240}$
Tropoeolum majus. . .	0,024	0,038	$\frac{100}{260}$	$\frac{100}{200}$

carbonique par une feuille entière, par une seule de ses faces ou par ses deux faces séparément mais au même moment. Pour étudier la respiration, on envoie dans les appareils de l'air bien privé de CO_2; pour étudier l'assimilation, on envoie de l'air chargé d'une proportion connue de CO_2. Le tableau ci-dessus, dans lequel on a inscrit seulement les expériences les plus intéressantes de l'auteur précité, donne la quantité de gaz carbonique émis en une heure par 10 centimètres carrés de feuilles et le rapport des quantités fournies par chaque face; il donne également le rapport du nombre de stomates des deux faces.

Ainsi, lorsque la face supérieure ne possède pas de stomates, *n'émet-elle que des traces de gaz carbonique*; pratiquement, les stomates sont donc le seul passage pour la sortie de ce gaz, quel que soit *l'âge* des feuilles et quelle que soit leur *épaisseur*. Remarquons que *l'Alisma plantago* est une des rares plantes dont les feuilles possèdent plus de stomate à la face supérieure qu'à la face inférieure, aussi dégage-t-elle plus de CO_2 par sa face supérieure. L'accord entre la distribution des stomates et les quantités de CO_2 émises est aussi satisfaisant que possible. D'autre part, les observations faites *relativement à l'assimilation* ont permis de constater que le gaz carbonique entrait également dans les feuilles par les stomates. Ainsi, de l'air renfermant 1,6 p.100 de gaz carbonique n'abandonne pas trace de ce gaz en passant sur la face supérieure, dépourvue de stomates, de *l'Ampelopsis Hederacea*, tandis que la face inférieure, présentant beaucoup de stomates, absorbe une quantité de CO_2 correspondant à 0,6 p.100 du volume gazeux. *L'Alisma plantago*, qui possède plus de stomates à la face supérieure qu'à la face inférieure, fournit des nombres qui mènent à la même conclusion. Il résulte donc de ce qui précède que les échanges gazeux sont étroitement liés à la distribution des stomates sur les deux faces des feuilles et que les gaz passent *presque exclusivement* par ces espaces intercellulaires. Si l'on voulait admettre encore que le passage des gaz s'effectuât à travers les cellules de l'épiderme et la cuticule des surfaces portant des stomates et non par ces ou-vertures, il faudrait montrer alors que la cuticule de la surface inférieure est cinquante et même cent fois plus perméable que celle de la face supérieure. MANGIN a fait voir, en effet, que la cuticule de la face inférieure était plus perméable, mais seulement quatre à cinq fois plus que celle de la face supérieure. Ces différences sont donc incapables d'expliquer les écarts observés dans la perméabilité des deux faces. Pour expliquer les contradictions qui existent entre ses expériences et celles de BOUSSINGAULT dans lesquelles ce dernier a vu la face supérieure de la feuille du *laurier rose* décomposer, malgré son manque de stomates, plus de gaz carbonique que la face inférieure, BLACKMANN estime que les résultats obtenus par Boussingault sont dûs à ce que les fortes proportions de gaz carbonique (30 p. 100), dont celui-ci faisait usage dans ses mélanges gazeux, retardaient l'assimilation. GODLEWSKI à montré, en effet, que pour l'assimilation du *laurier rose*, *l'optimum* de concentration d'un mélange de gaz devait être au-dessous de 8 p. 100 en acide carbonique. Il se pourrait que la moindre assimilation par la feuille à stomates ouverts fût due à ce que celle-ci recevait, nonpas moins de CO_2 que celle à stomates fermés, mais davantage et que cet exès entravât la décomposition de ce gaz. Lorsque les stomates sont bouchés artificiellement par de la graisse, CO_2 pénétrerait lentement par la face supérieure sans stomates à travers la cuticule, ce gaz ne se trouverait pas en grand excès dans la feuille et l'assimilation se ferait dans des conditions plus favorables.

Pour vérifier cette manière de voir, BLACKMANN étudie l'assimilation par les feuilles de *laurier-rose* comme l'avait fait BOUSSINGAULT, mais en employant de l'acide carbonique à des concentrations diverses. On place d'abord séparément dans les tubes renfermant de l'air à 26 p. 100 de gaz carbonique deux feuilles bien semblables, l'une ayant sa face supérieure sans stomates, recouverte d'une mince couche de vaseline, l'autre étant normale. Dans ces conditions, l'assimilation a été la même dans les deux cas; la face sans stomates ne joue donc aucun rôle appréciable dans l'assimilation. Dans d'autres expériences, on comparait toujours deux feuilles semblables, l'une normale, l'autre vaselinée sur sa face inférieure portant des stomates; on a ainsi obtenu les résultats suivants :

PROPORTION DE CO_2 DANS LE MÉLANGE.	VOLUME DE CO_2 DÉCOMPOSÉ PAR HEURE ET PAR CENTIM. CARRÉ en centim. cubes.		RAPPORT DES QUANTITÉS DE CO_2 DÉCOMPOSÉ.	
	feuille normale.	feuille vaselinée.	Feuille normale.	Feuille à stomates bouchés.
6.	0,070	0,010	1	0,14
6,3	0,055	0,010	1	0,20
7,5	0,046	0,017	1	0,21
14	0,180	0,048	1	0,27
50	0,043	0,069	1	1,6
35	0,049	0,067	1	1,3
97	0,033	0,060	1	1,8

Donc, tant qu'il y a peu de gaz carbonique dans le mélange gazeux, la feuille à stomates ouverts assimile mieux que la feuille à stomates fermés : la proportion est renversée pour les mélanges riches en CO^2 et on se retrouve alors dans le cas observé par
BOUSSINGAULT. D'ailleurs, en 1894, STAHL avait déjà mis en évidence un fait analogue : pas
d'assimilation dans les parties de feuilles où les stomates étaient bouchés par du beurre
de cacao.

En résumé, ce qui précède nous apprend que, dans les conditions normales, les stomates constituent pratiquement le seul passage pour l'entrée et la sortie du gaz carbonique. Si les stomates sont bouchés, il y a *osmose* appréciable de CO^2 au travers de la
cuticule *pourvu que la tension du gaz soit assez forte*. La proportion du gaz carbonique
dans l'air n'est pas suffisante pour qu'il y ait osmose dans une feuille à stomates fermés :
dans ces conditions, il ne peut y avoir assimilation.

**V. Influence des radiations lumineuses et calorifiques sur le phénomène de
l'assimilation.** — Il nous reste maintenant à étudier l'influence de la lumière et celle
de la chaleur sur la décomposition du gaz carbonique par les parties vertes. Le nombre
des travaux publiés à ce sujet est très considérable, aussi nous bornerons-nous à exposer ceux qui résument le mieux tel ou tel côté de la question.

TIMIRIAZEFF (*Recherches sur la décomposition de l'acide carbonique dans le spectre solaire
par les parties vertes des végétaux; Ann. chim. et phys.*, (5), XII, 355, 1877; *Die Wirk. des
Lichts bei der Assimilation der Kohlensäure durch die Pflanze. Jahresb. agrik. Chemie.* XVIII, 343
1875) a exécuté, relativement à l'influence de la qualité de la lumière, un travail très complet dont voici les principaux éléments. La radiation solaire se manifeste sous le triple
aspect lumineux, calorifique, chimique; on doit donc se demander à laquelle de ces propriétés de la lumière il convient de rapporter un rôle dans la décomposition de CO^2 par
les végétaux. Mais la question, d'après ce que nous savons déjà de l'étude spectroscopique
de la chlorophylle, peut être mise sous la forme suivante : La réduction du gaz carbonique
ne pourrait-elle dépendre de certains rayons spécifiques, des rayons, par exemple, qui
sont absorbés par la chlorophylle? Les rayons qui traversent la feuille sans être absorbés
ne sauraient avoir d'effet, mais, d'autre part, il est bien établi que la présence de la
chlorophylle est une condition indispensable pour que le phénomène de la réduction ait
lieu. Cette fonction chimique de la chlorophylle semble donc en rapport direct avec ses
propriétés optiques, avec son absorption élective de la lumière. TIMIRIAZEFF isole les faisceaux lumineux au moyen de prismes, les résultats sont ainsi strictement comparables,
l'effet produit ne dépendant que de la propriété spécifique des rayons. Or cette méthode
ne conduit à des résultats précis qu'à la condition que le spectre employé soit pur, ce
qui a lieu quand la fente ne dépasse pas une certaine largeur. Mais un spectre perdant
en intensité ce qu'il gagne en pureté, pour disposer d'une lumière suffisamment intense
on est obligé d'opérer dans un spectre de petites dimensions. Donc les parties vertes
exposées aux différents rayons du spectre devront nécessairement présenter une petite
surface, par conséquent les quantités de gaz carbonique décomposées deviendront si
minimes qu'elles échapperont aux moyens ordinaires de l'analyse gazométrique. L'auteur
a éludé cette dernière difficulté en se servant d'une méthode gazométrique très précise
permettant d'estimer de très faibles quantités de gaz : la méthode de DOYÈRE modifiée.

Les tubes gradués dans lesquels se font les mesures ont un diamètre qui n'excède
pas deux ou trois millimètres; en outre, la pipette et la cuve de l'appareil DOYÈRE sont réunies ici en un seul système rigide. On trouvera dans le mémoire de l'auteur, page 352, la
description exacte de l'appareil et celle des manipulations qu'il convient d'exécuter pour
effectuer une mesure. Avec cet appareil de dimensions réduites, il est possible d'évaluer
le millième et même le dix-millième de centimètre cube. Dans les expériences de l'auteur
faites avec une fente de un millimètre, la lumière était réduite à $\frac{1}{6}$ de la lumière solaire
directe.

Dans tout organe vert exposé à la lumière deux phénomènes inverses ont lieu à la
fois, la réduction du gaz carbonique et la formation respiratoire de ce gaz. Quand l'intensité lumineuse atteint un certain minimum, ces deux fonctions peuvent arriver à s'équilibrer, enfin la seconde peut prendre parfois le dessus et masquer les résultats de la
première. Mais la respiration étant en *rapport direct avec la surface* ou plutôt *la masse* de

Morgane, on comprend qu'il vaut mieux, pour obtenir des résultats plus évidents, faire agir une lumière intense sur une petite surface que de placer des surfaces vertes considérables dans un spectre étendu. TIMIRIAZEFF a fait usage de feuilles aussi minces que possible pour répondre à la condition précédente. Il ramenait, de plus, à un minimum les phénomènes de diffusion, de simple absorption du gaz carbonique par les liquides des cellules qui, sans cela, pouvaient intervenir et modifier les résultats. Les feuilles de *bambou* répondent pour le mieux aux conditions précédentes, faible épaisseur, grande uniformité de surface et de teinte, facilité de découpage en fragments de dimension nécessaire. La surface de chacun des fragments était, en général, de 0^{mq}, 10. Ceux-ci étaient introduits dans des éprouvettes dont le diamètre intérieur mesurait de 10 à 12 millimètrest Ces éprouvettes, pleines d'abord de mercure, étaient ensuite remplies par déplacement jusqu'à une ligne marquée sur le verre d'un mélange, préparé à l'avance dans un petit gazomètre, d'air additionné de 5 p. 100 de gaz carbonique. Ce mélange était rigoureusement analysé avant chaque essai. On disposait ensuite un certain nombre d'éprouvettes munies de leur gaz et de fragments de feuilles dans le spectre projeté sur un écran. Pour éviter les effets de diffusion dus à la lumière latérale, on séparait ces éprouvettes par des cloisons de carton noirci, puis on les exposait dans le spectre de la façon suivante : 1° rouge extrême non absorbé par la chlorophylle ; 2° rouge entre B et C, correspondant à la bande d'absorption caractéristique de la chlorophylle ; 3° orangé, dans la partie correspondant à la seconde bande d'absorption ; 4° jaune, correspondant au maximum d'intensité lumineuse ; 5° vert, un peu à gauche de la quatrième bande d'absorption de la chlorophylle.

L'exposition à la lumière du spectre durait environ six heures ; après insolation, on retirait rapidement, au moyen du transvaseur, les gaz des éprouvettes, puis on procédait à l'analyse. On mesurait d'abord le volume du gaz extrait des éprouvettes ; la composition du mélange employé étant déterminée d'avance sur le gaz d'un témoin, on calculait facilement ce que chaque éprouvette contenait de gaz carbonique avant l'insolation. En traitant le gaz retiré des différentes cloches par la potasse caustique au moyen de la pipette spéciale dont l'appareil est muni, on connaissait la quantité de gaz carbonique qui s'y trouvait après l'exposition dans le spectre ; la différence, c'est-à-dire la quantité d'acide disparu ou apparu était donc estimée facilement. De plus, dans les cas où l'analyse n'accusait pas de disparition directe de CO_2 mais, au contraire, faisait constater une apparition de ce gaz, la décomposition pouvait avoir eu lieu, mais elle avait été masquée par la réaction inverse. Il convient donc d'ajouter aux quantités données par l'analyse les quantités d'acide carbonique que la même surface de feuilles aurait produites si ces feuilles avaient été soustraites à l'influence de la lumière. Ce n'est que la somme de ces deux quantités qui fournit la vraie mesure du travail effectué par les radiations. Aussi l'auteur a-t-il déterminé dans plusieurs expériences les quantités de CO_2 imputables à l'acte respiratoire seul, à l'obscurité, par des surfaces de feuilles de même dimension que celles qui étaient exposées à la lumière. Ce chiffre a été ajouté aux quantités de CO_2 dont l'analyse constate la disparition dans un certain nombre d'éprouvettes. On retranche, au contraire, de ce chiffre les quantités d'acide dont l'analyse constate l'apparition dans les autres éprouvettes.

Ainsi qu'on le voit, toutes les précautions ont été prises pour assurer à l'expérience une très grande précision.

Or, si l'on compare la courbe de décomposition de CO_2 dans les diverses éprouvettes avec le spectre d'absorption de la chlorophylle, on arrive à cette conclusion que les rayons efficaces pour déterminer dans la partie gauche du spectre la décomposition du gaz carbonique sont bien les rayons absorbés par la chlorophylle. Dans le *rouge extrême* où l'absorption est presque nulle, la décomposition est *minima*. Dans la région comprise entre les lignes B et C se trouvent les deux maxima, tandis que, dans l'orangé, le jaune et le vert, l'absorption par la chlorophylle diminuant, la décomposition de CO_2 diminue également. Dans la partie la moins réfrangible du spectre, la coïncidence est donc parfaite. Il n'en est pas de même dans la partie la plus réfrangible. Dans celle-ci l'absorption est très vive, tandis que le phénomène de décomposition est très faible de l'avis même de tous les expérimentateurs. TIMIRIAZEFF pense donc qu'il semble parfaitement établi que l'absorption élective de la chlorophylle joue un rôle prépondérant dans le phénomène de décomposition du gaz carbonique et que cette absorption suffit pour expliquer la forme de la courbe dans la partie la moins réfrangible du spectre. Pour cette partie, il existe *un rapport constant* entre l'énergie absorbée et le travail produit.

Quelques années après ce travail, LANGLEY fixait, à l'aide de son *Bolomètre*, la position du maximum d'énergie, dans le spectre normal, dans l'orangé et précisément dans cette partie du spectre qui correspond à la bande caractéristique de la chlorophylle entre B et C. Aussi TIMIRIAZEFF (*La distribution de l'énergie dans le spectre solaire et la chlorophylle*, *Compt. rend.*, XCVI, 375, 1883) se croit-il autorisé à admettre comme démontrée l'existence d'une relation entre l'énergie du rayonnement et l'intensité du phénomène chimique. On arrive à ce curieux résultat que la chlorophylle peut être envisagée comme un absorbant spécialement adapté à l'absorption des rayons solaires possédant le maximum d'énergie. Si l'on examine le rapport quantitatif existant entre la quantité d'énergie solaire absorbée par la chlorophylle d'une feuille et celle emmagasinée par suite du travail chimique produit, on trouve que, la plante étant dans les conditions les plus favorables pour la production du phénomène, jusqu'à 40 p. 100 de l'énergie solaire correspondant au faisceau de lumière absorbée par la bande caractéristique de la chlorophylle se trouvent être transformés en travail chimique (Voir encore, du même auteur : *Welche Strahlen verursa. chen die Kohlensaürezersetzung in der Pflanze? Jahresb. agrik. Chemie.* VI, 119, 1883 ; *Bot. Çentrab.* XVII, 101, 366 ; DETLEFSEN, *die Lichtabsorption in assimilirenden Blättern*, *Wollny's Forschungen.* XII, 125, 1889 ; *Ann. Agron.*, XV, 567).

Influence de l'intensité de la lumière. — FAMINTZIN, un des premiers, a tenté l'étude approfondie de ce sujet (*Die Zersetzung der Kohlensaüre durch die Pflanzen unter dem Einflusse künstlichen Lichtes. Jahresb. agrik. Chemie.* III, 222, 240, 1880 ; *Wollny's Forschungen* IV, 70 ; *Ann. sciences natur.*, (6), X, 63). Cet auteur rappelle que WOLKOFF (*Zur Frage der Assimilation. Jahresb. agrik. Chemie*, XVIII, 345, 1875) admet qu'en dedans de certaines limites, la quantité d'oxygène dégagé est proportionnelle à l'intensité de la lumière. Quant à l'intensité *minima* qui est encore capable de provoquer un dégagement du gaz, nous ne possédons que ce seul fait indiqué par BOUSSINGAULT, à savoir qu'une feuille de *laurierrose* cesse de dégager de l'oxygène aussitôt que le soleil couchant a disparu au-dessous de l'horizon. PRIANISCHNIKOW, ainsi que le rappelle FAMINTZIN, a également essayé de résoudre la question ; il conclut de ses expériences que la décomposition de CO² augmente avec l'intensité lumineuse mais que cependant il doit y avoir un degré d'éclairage au delà duquel la décomposition de ce gaz n'augmente plus. FAMINTZIN s'efforce de prouver qu'il existe bien réellement une intensité lumineuse *optima;* il opère, soit à la lumière solaire, soit à une lumière artificielle. Nous citerons ici quelques-unes des expériences de l'auteur, bien que nous devions revenir plus loin sur cette question de l'influence de l'éclairage artificiel sur la décomposition de CO².

Les expériences au soleil ont été faites, les unes dans un mélange d'air et de gaz carbonique, les autres dans de l'eau chargée de CO². Pour la première série, l'auteur se sert de portions de feuilles de *Chamoedorea elatior* ayant une faible épaisseur et un faible volume. Le volume du mélange gazeux, saturé de vapeur d'eau, était mesuré dans l'appareil Doyère avant et après l'expérience. Deux éprouvettes étaient placées côte à côte au soleil, l'une telle quelle, l'autre enveloppée d'une ou plusieurs feuilles de papier. Pour éviter un trop grand échauffement et pour maintenir les deux éprouvettes à la même température, la lumière devait traverser d'abord une auge à faces parallèles pleine d'eau. Or l'expérience montre que, dans tous les essais ainsi réalisés par un ciel pur, la feuille abritée a dégagé au moins une quantité égale d'oxygène à celle des feuilles directement exposées aux rayons du soleil. BOUSSINGAULT avait observé des phénomènes analogues et FAMINTZIN a retrouvé ce fait chez beaucoup de végétaux. Ceci prouve qu'il existe, pour toute une série de plantes, un optimum d'intensité lumineuse favorable à la décomposition du gaz carbonique. Si cet optimum est dépassé, la plante ne décompose pas plus de CO² qu'auparavant ; dans plusieurs cas, l'énergie de cette fonction peut même s'abaisser.

FAMINTZIN a opéré également avec une flamme de gaz équivalant à 50 bougies. Cette flamme est capable, quand on a soin d'absorber les rayons obscurs, de provoquer une décomposition de CO² intense qui est, par rapport à la décomposition opérée au soleil, comme 1 est à 3 environ. Ce résultat parle évidemment en faveur d'un optimum d'intensité lumineuse, optimum étroitement lié aux changements de place et de forme des grains de chlorophylle. D'ailleurs, dans un mémoire publié à la même époque, Famintzin avait montré qu'à la lumière d'une simple lampe, les plantes les plus diverses, immergées ou vivant dans l'air, étaient capables de dégager de l'oxygène dans un mélange de gaz carbonique et d'hydrogène.

Il est juste d'ajouter que Dehérain et Maquenne (*Sur la décomposition de l'acide carbonique par les feuilles éclairées par des lumières artificielles. Ann. agron.*, v, 401, 1879), avaient déjà mis en évidence, peu de temps auparavant, des phénomènes du même ordre. Ces auteurs, en effet, concluaient de leurs expériences : 1° que les feuilles placées dans des tubes immergés dans de l'eau et maintenues à une faible distance de la source lumineuse décomposent l'acide carbonique quand elles sont exposées à l'action de la *lumière de Drummond;* de plus, qu'elles décomposent encore ce gaz, quoique plus faiblement, lorsqu'elles sont éclairées par la *lampe Bourbouze.* Quand les feuilles sont protégées par une couche d'eau, la décomposition a toujours lieu ; quand elles sont enveloppées de benzine, beaucoup plus diathermane que l'eau, la décomposition est encore sensible sous l'influence de la lumière de Drummond, mais elle ne l'est plus sous l'influence de la lampe Bourbouze et on observe même le phénomène inverse d'absorption de l'oxygène et d'élimination du gaz carbonique. Si on remplace la benzine par le chloroforme, plus diathermane, la lampe de Drummond donnera encore une très faible décomposition, beaucoup moindre qu'avec la benzine ; avec la lampe Bourbouze, le phénomène respiratoire l'emporte sur celui de l'assimilation, l'atmosphère s'appauvrit en oxygène et s'enrichit en acide carbonique. Ces expériences de Dehérain et Maquenne donnent donc un nouvel exemple de l'action très différente qu'exercent sur les végétaux les radiations lumineuses et les radiations obscures : quand les premières dominent, les cellules à chlorophylle décomposent l'acide carbonique (soleil, lumière de Drummond, lampe Bourbouze agissant au travers d'une couche d'eau) ; quand les radiations obscures prennent le dessus, la plante consomme de l'oxygène et rejette CO_2 (comme dans le cas de la lampe Bourbouze agissant au travers d'une couche de benzine ou de chloroforme). Cependant nous savons que, pour obtenir le maximum de décomposition de CO_2 par les feuilles, il faut que celles-ci soient portées à une certaine température, variable d'ailleurs avec les espèces.

Influence des radiations rouges. — On doit à Regnard un intéressant travail à ce sujet. Nous avons vu que Timiriazeff avait montré que des rayons de réfrangibilité différente agissaient directement sur les phénomènes d'accroissement se traduisant par le dégagement d'oxygène. Nous savons aussi que Sachs a fait voir que les rayons qui provoquaient le verdissement de la chlorophylle étaient les rayons rouges, les moins réfrangibles par conséquent, alors que les rayons violets les plus réfrangibles sont actifs surtout dans les phénomènes mécaniques. Regnard (*De l'influence des radiations rouges sur la végétation. Ann. de l'Inst. agron.*, iii, 87, 1880) fait remarquer que ceci semble être en opposition avec ce qu'on enseigne en général, les rayons violets étant regardés comme doués plus spécialement d'activité chimique, et les rouges n'ayant sur les substances sensibles qu'une action presque nulle. Or l'action chimique est toujours rapportée à l'action de telle catégorie de radiations (et ici les radiations violettes) sur les sels d'argent, mais il est possible que sur d'autres substances, sur la chlorophylle par exemple, ce soient les rayons ultra-rouges qui possèdent le maximum d'influence : ce qui serait d'accord avec tout ce que nous avons exposé antérieurement, le maximum du phénomène assimilateur coïncidant, dans le spectre, avec les bandes d'absorption de la chlorophylle, maximum situé dans la région B-C. En outre, Famintzin a montré qu'un phénomène essentiellement d'ordre chimique, celui de la formation de l'amidon, prenait naissance sous l'influence des rayons jaunes et rouges, tandis que ce même amidon se détruit avec énergie dans les rayons violets. Il convient de dire que Sachs avait d'ailleurs appelé, il y a longtemps, l'attention sur le fait suivant (*Ueber die Wirkung farbigen Lichtes auf Pflanzen. Jahresb. agrik. Chemie*, vii, 114, 1864). Si l'on fait usage d'une lumière jaune (lumière ayant traversé une solution de chromate de potassium), et d'une lumière bleue (lumière ayant traversé une solution de sulfate de cuivre ammoniacal), on partage sensiblement en deux le spectre normal. Or, dans ces deux moitiés du spectre, se trouvent des rayons qui provoquent le verdissement des plantes étiolées, mais l'action de la lumière sur le verdissement n'est pas proportionnelle à son action sur le chlorure d'argent. Bien plus, les rayons qui, dans un temps donné, ne

brunissent pas même cette dernière substance, agissent plus fortement sur le verdissement que ceux qui l'attaquent énergiquement. Sous le rapport de la rapidité du dégagement de l'oxygène gazeux, la lumière orangée, dont l'action sur le chlorure d'argent
est très faible pendant le temps de l'expérience, possède une activité presque aussi
grande que celle de la lumière blanche, tandis que la lumière bleue, en dépit de son
action énergique sur le chlorure, agit très peu sur la plante.

Pour résoudre cette question des milieux colorés, Regnard emploie le dispositif
suivant. On place le végétal dans un vase autour duquel on met un liquide coloré qui
absorbe certaines radiations; dans l'espace annulaire on verse le liquide. Mais ces
solutions colorées ne laissent pas passer que de la lumière monochromatique. On peut
également employer deux ballons concentriques soufflés l'un dans l'autre. Regnard,
dans cette série de recherches auxquelles nous faisons allusion, s'était inspiré des expériences de Paul Bert sur le même sujet, expériences dont il convient de dire un mot à
présent avant d'aller plus loin. P. Bert, frappé du peu de végétation que l'on remarque
sous les grands couverts des forêts, se demanda à quelle cause on pouvait attribuer ce
fait. Il supposa que l'arrêt de la végétation était dû à ce que les feuilles nous paraissent
vertes uniquement parce qu'elles rejettent la lumière verte, elles fournissent donc aux
petits végétaux qu'elles recouvrent de la lumière verte seulement. Or cette lumière
leur est inutile puisqu'ils la rejettent aussi; ils sont donc comme s'ils étaient plongés
dans l'obscurité.

Voici, à ce sujet, et pour bien faire saisir ce qui va suivre, comment Bert rapporte
les expériences qu'il exécuta avec la *sensitive* éclairée par des verres de différentes
couleurs, mais non monochromatiques, excepté le verre rouge et le verre vert. Le
12 octobre 1869, Bert (*Influence de la lumière verte sur la sensitive. C. R.*, LXX, 118 1870)
place dans des lanternes à verres colorés cinq sensitives provenant d'un même semis
et sensiblement de même taille. Ces lanternes sont disposées dans une serre chaude.
Après quelques heures, elles ne présentent plus toutes le même aspect, les vertes, jaunes
et rouges (c'est-à-dire celles des lanternes dont les verres sont colorés de cette façon),
ont leurs pétioles dressés et leurs folioles relevées; les bleues et violettes ont les
pétioles presque horizontaux et les folioles étalées. Le 19, les sensitives noires sont
déjà peu sensibles, le 24 elles sont mortes. Le 24, les vertes sont insensibles, le,
28 elles sont mortes également. A ce moment, les plantes des autres lanternes sont
parfaitement vivantes et sensibles, mais on remarque entre elles une grande différence
de développement. Les blanches ont beaucoup poussé, les rouges moins, les jaunes
moins encore, les violettes et les bleues ne semblent pas avoir grandi. Le 28 octobre,
on transporte dans la lanterne verte les sensitives vigoureuses de la lanterne blanche, le
5 novembre elles sont très peu sensibles, le 9 la sensibilité a complètement disparu et
le 14 les plantes sont mortes. Les autres sensitives, violette, bleue, jaune, rouge sont
encore très sensibles. Au commencement de janvier, toutes ces plantes sont encore
vivantes, les rouges et les jaunes ont plus du double de la taille des violettes et des
bleues qui n'ont presque pas grandi. Le 14 janvier, les violettes meurent. Bert insiste
surtout sur ce fait, c'est que les sensitives placées dans la lanterne verte ont perdu leur
sensibilité et sont mortes très rapidement, presque aussi vite que celles placées à l'obscurité. En tenant compte de la petite quantité de lumière jaune que laissait passer le
verre vert, il semble permis de dire que le rayon vert agit comme l'obscurité. Bert
ajoute avec raison que la sensitive ne fait que manifester avec une rapidité et une
intensité particulières une propriété qui appartient à toutes les plantes colorées en vert.

Peu après, Bert (*Influence des diverses couleurs sur la végétation. C. R.*, LXXIII,
1444, 1871; *Sur la région du spectre solaire indispensable à la vie végétale. C. R.*, LXXXVII,
695, 1878) remarque que, si l'on examine une feuille par transparence, elle semble
rouge; donc ce n'est pas de la lumière verte que reçoit un végétal poussant sous un
couvert d'arbres, *c'est de la lumière rouge*. Et cependant la lumière *rouge* provoque
facilement l'apparition de la chlorophylle et, par conséquent, l'assimilation chlorophyllienne.

La cause de ce phénomène doit donc être toute différente. En effet, nous savons, par
l'étude spectroscopique de la chlorophylle, que dans le rouge se trouve une bande d'absorption très intense, ce qui signifie que la plante verte utilise la radiation rouge. Sous

un couvert d'arbres, les feuilles supérieures absorbent cette bande rouge et les radiations
utiles ne peuvent plus parvenir aux végétaux placés en dessous : ceux-ci dépérissent
bientôt et meurent. En somme, les végétaux meurent derrière les verres verts ou derrière
les plantes vertes, non à cause de la grande quantité de rayons verts qu'ils reçoivent
mais à cause de l'absorption d'une petite quantité de rayons rouges qui leur sont nécessaires.

BERT pensa d'abord, en 1869, que puisque les feuilles sous une grande épaisseur
paraissent rouges et qu'ainsi elles ne semblent pas plus utiliser la lumière rouge que la
lumière verte qu'elles rejettent, celles-ci devaient périr également derrière un verre
rouge : à sa grande surprise, il vit que la vie végétale persistait indéfiniment dans ces
conditions. Des plantes éclairées par la lumière diffuse, mais entourées de cuves à glaces
parallèles contenant une solution alcoolique de chlorophylle très fréquemment renouvelée, cessent immédiatement de s'accroître et ne tardent pas à périr. Or cette solution
très faible et sous couche mince n'intercepte guère, dans le spectre, *que la région caractéristique du rouge*. C'est donc là la partie *indispensable* de la lumière blanche, ainsi que l'a
reconnu TIMIRIAZEFF. Mais si cette région du spectre comprise entre les raies B et C est
nécessaire à la vie végétale, on ne peut affirmer qu'elle soit suffisante. Car, derrière les
verres rouges, les plantes vivent très longtemps sans doute, mais elles s'allongent à
l'excès et restent grêles : elles sont, en effet, privées des rayons bleu-violets.

Chaque région du spectre, ainsi que nous l'enseigne la position des bandes d'absorption de la chlorophylle, contient donc des portions qui jouent un rôle actif dans la vie
des plantes. REGNARD (*loc. cit.*), pour faire une démonstration complète de ce qui précède, remarque que, si les plantes privées d'une petite bande rouge meurent rapidement,
il est important de vérifier qu'elles peuvent vivre en n'ayant que cette portion du spectre
à leur disposition. La solution d'iode dans le sulfure de carbone répond à ce *desideratum*.
Elle arrête tous les rayons lumineux, sauf le rouge et sauf la partie même du rouge qui
répond à la première bande d'absorption de la chlorophylle. Aussi cette solution fut-elle
placée dans l'espace annulaire d'un ballon à doubles parois dans lequel poussait du *cresson alénois*. Dans ces conditions le végétal se développa, s'allongea, verdit presqu'aussi
bien qu'un végétal semblable placé dans un double ballon qui recevait la lumière au travers de l'eau pure. Si, parallèlement, on place un ballon ensemencé et entouré d'une
solution alcoolique de chlorophylle, les plantes qu'il contient germent, mais ne tardent pas
à mourir. Donc si la plante reçoit les rayons que la chlorophylle absorbe et utilise sans
doute, elle croît et prospère, si on l'en prive, elle meurt, fût-elle en pleine lumière. Ainsi
se trouve expliquée cette singulière action nocive, non pas de la lumière verte, mais de la
lumière qui a traversé des substances vertes arrêtant les rayons rouges.

FLAMMARION (*C. R.*, CXXI, 957, 1895), plus récemment, en opérant sur la sensitive dans
des serres à verres aussi monochromatiques que possible, a trouvé que les couleurs
suivantes favorisaient, par ordre décroissant, *le développement en hauteur* des plantes :
rouge, vert, blanc, bleu et les suivantes, par ordre décroissant, *la vigueur et l'activité de
la végétation :* rouge, blanc, vert, bleu. On peut utiliser, ainsi que l'a fait ENGELMANN
(*Ueber Sauertoffausscheidung von Pflanzenzellen im Mikrospecktrum; Jahresb. agrik. Chemie*,
V, 177, 1882; *Wollny's Forschungen*, V, 472; *Ann. agron.*, VIII, 463), un spectre solaire microscopique pour étudier l'intensité du dégagement de l'oxygène dans les différentes parties
du spectre, mais comme, dans ces conditions, il serait impossible d'effectuer des mesures
gazeuses, l'auteur, pour déceler la présence de l'oxygène, profite d'un réactif d'une sensibilité extrême qui n'est autre que la bactérie ordinaire de la putréfaction, le *Bacterium
termo*. La pureté du spectre obtenu au microscope à l'aide d'un dispositif spécial par
ENGELMANN est telle qu'avec la lumière solaire même mitigée et une fente de 15 (μ) de
large, on aperçoit nettement quelques centaines de raies de FRAUENHOFER.

On peut étudier avec cet appareil l'influence des couleurs sur le dégagement d'oxygène de deux manières différentes : 1° *Par observation simultanée.* On se sert d'un objet
assez grand, algue filamenteuse, grandes diatomées, qu'on place perpendiculairement aux
raies du spectre. La fente étant d'abord fermée, si on l'ouvre un peu, on voit les mouvements
des bactéries commencer dans le rouge, généralement entre B et C. Si l'on augmente
l'intensité de l'éclairage, on voit le mouvement s'étendre peu à peu des deux côtés de ce
point initial jusqu'au commencement de l'ultra-rouge et jusque dans le violet. Si l'on

opère avec des algues vertes et à la lumière solaire, on observe le minimum dans le vert près de E, et un *second maximum* vers F. Quand le liquide de la préparation est chargé d'une grande quantité de bactéries, on obtient ainsi une sorte de *représentation graphique* du phénomène assimilateur, c'est-à-dire de l'influence de la longueur d'onde sur la décomposition du gaz carbonique. 2° *Par observation successive*. Le même objet est successivement placé dans les différentes parties du spectre et on cherche, chaque fois, l'ouverture *minima* de la fente pour les bactéries se mouvant dans le voisinage de l'objet.

Cette seconde méthode, d'accord avec la première, permet de constater que le commencement de l'ultra-rouge n'agit pas; le dégagement de l'oxygène cesse exactement à la limite des rayons rouges visibles. Quant au second maximum de la raie F qui se manifeste seulement avec les plantes vertes, il est comparable à celui fourni par la première méthode.

On voit que le résultat obtenu avec les bactéries s'écarte sensiblement de celui qu'ont fourni, jusqu'à présent, les méthodes en usage, telles que l'analyse des gaz ou la numération des bulles gazeuses se dégageant de la section d'une tige, procédés qui ont fait attribuer le maximum d'énergie aux rayons jaunes près de la raie D, mais qui n'ont pas permis de mettre en évidence le second maximum. ENGELMANN, dont le travail a prêté à critique comme nous le verrons dans la suite, explique ces différences en disant que, jusqu'à présent, on a été obligé de se servir dans les expériences d'objets *macroscopiques* (feuilles ou plantes entières) dans lesquels la lumière agit sur plusieurs assises chlorophylliennes superposées; l'assise superficielle seule reçoit la lumière blanche, les autres doivent se contenter de la lumière dépouillée de certains rayons par les tissus verts qu'elle a traversés : ce sont précisément les rayons rouges situés entre les raies B et C, c'est-à-dire les plus actifs, ainsi que les rayons bleus voisins de F que la chlorophylle absorbe (Voir encore : ENGELMANN; *Ann. agron*, XIV, 431, 1888. *Bot. Centralblatt*, XXXV, 143).

Expériences de REINKE. — Cet auteur (*Untersuchungen über die Einwirkung des Lichts auf die Sauerstoffausscheidung der Pflanzen. Jahresb. agrik. Chemie*, VI, 126, 1883; *Ann. agronom.*, X, 38, 136, 1884) étudie l'influence de la lumière sur le dégagement d'oxygène par la plante en comptant le nombre de bulles gazeuses dégagées par des tiges sectionnées (plante aquatique exposée au soleil). Pour obtenir des lumières d'intensités différentes, REINKE se sert, ainsi que l'a recommandé MÜLLER, d'une lentille convergente de 67 millimètres de diamètre fixée dans le volet d'une chambre noire et sur laquelle un héliostat projette un faisceau lumineux horizontal. La longueur focale de la lentille étant de 812 millimètres, l'auteur considère comme ayant une intensité égale à l'unité celle de la lumière qu'on recueille à une distance double, c'est-à-dire $1^m,62$ de la lentille, endroit où la section du cône lumineux est égale à la surface de la lentille; cette intensité est évidemment plus faible que celle de la lumière solaire. Un mince rameau d'*Elodea*, plongé dans un vase plein d'eau, est disposé successivement dans les différentes parties du cône de lumière. Le calcul donne pour les intensités lumineuses :

INTENSITÉS.	DISTANCES DU POINT d'observation à la lentille.	INTENSITÉS.	DISTANCES DU POINT d'observation à la lentille.
1	1 624 millimètres.	$\frac{2}{1}$	1 345 millimètres.
$\frac{1}{2}$	2 018 —	$\frac{4}{1}$	1 148 —
$\frac{1}{4}$	2 576 —	$\frac{8}{1}$	1 008 —
$\frac{1}{8}$	3 364 —	$\frac{16}{1}$	916 —
$\frac{1}{10}$	4 470 —		

Voici comment REINKE procède à l'expérience. La plante est d'abord placée dans la lumière d'intensité = 1, on compte les bulles dégagées par minute; on place ensuite la plante dans la lumière d'intensité = $\frac{1}{4}$, on compte encore les bulles gazeuses, etc.,

et cela jusqu'à l'intensité $= \frac{1}{16}$; puis on revient de nouveau aux intensités $\frac{1}{8}\frac{1}{4}$.
Voici les nombres obtenus :

Intensités	1	$\frac{1}{4}$	$\frac{1}{8}$	$\frac{1}{16}$	$\frac{1}{8}$	$\frac{1}{4}$	1	2	4	8
Nombre des bulles dégagées par minute	10	21	9	4	10	20	39	40	39	39

La concordance de ces chiffres pendant la marche ascendante et descendante de l'expérience est très satisfaisante. Le dégagement d'oxygène, très actif à l'intensité lumineuse normale, décroît rapidement à mesure que cette intensité diminue; il atteint de nouveau son maximum à l'intensité $= 1$. Mais au lieu de décroître comme le voulait FAMINTZIN lorsque l'intensité augmente elle se maintient au même point jusqu'à l'intensité $= 8$. Il résulte de ce travail que ce dégagement de l'oxygène par l'*Elodea* commence à une intensité lumineuse moyenne, qu'il s'accroît jusqu'à un maximum qui correspond à peu près à l'intensité normale de la lumière solaire et qu'il se maintient à cette activité jusqu'à la destruction de la chlorophylle.

Cette même méthode de numération des bulles gazeuses sert ensuite à REINKE pour étudier les relations qui existent entre la qualité des différents rayons du spectre et l'assimilation, question déjà soulevée plus haut à propos des recherches de TIMIRIAZEFF. On avait objecté au procédé des bulles gazeuses la composition chimique variable des bulles dégagées, mais, d'après REINKE, cette composition n'a aucune importance en ce sens que le dégagement gazeux se fait sous la poussée d'une pression intérieure qui ne peut être augmentée que par l'oxygène devenu libre à l'intérieur des tissus. Donc, que le gaz dégagé soit de l'oxygène, de l'azote, de l'acide carbonique, qu'il soit même complètement privé d'oxygène, le nombre des bulles qui s'échappent de la section de la tige n'en est pas moins l'expression de l'augmentation de la pression intérieure et doit correspondre, le plus ordinairement, au volume d'oxygène dégagé pendant l'assimilation du carbone. REINKE reçoit sur un prisme un rayon lumineux rendu fixe et horizontal par un héliostat. Le spectre obtenu est dirigé sur un écran formé de deux planchettes verticales qu'on peut rapprocher ou éloigner à volonté de façon à ne laisser passer entre elles que les rayons à utiliser. Ceux-ci sont reçus sur une grande lentille convergente qui donne à quelque distance une image colorée de la fente d'introduction. Pour donner aux images de diverses couleurs une égale intensité lumineuse, on place devant l'écran une échelle des longueurs d'onde adaptées à la dispersion du prisme employé. Dans la partie rouge du spectre, les traits de cette échelle étant beaucoup plus rapprochés que dans la partie violette on voit de suite que, pour obtenir une image violette de même concentration que l'image rouge, il faudra recueillir sur la lentille collectrice une largeur décuple, par exemple, de celle qu'il eût fallu prendre dans le rouge. Quelle que soit la partie du spectre que l'on fasse agir, l'image de la fente ne se déplace pas, la plante demeure immobile.

Ainsi que l'a montré ENGELMANN, le maximum du dégagement d'oxygène coïncide avec le maximum d'absorption de la chlorophylle, et il se trouve dans le rouge au voisinage de la raie B, la courbe descend ensuite rapidement vers l'ultra-rouge, plus lentement vers le violet; mais, contrairement aux expériences de ENGELMANN, REINKE trouve que le second maximum du dégagement de l'oxygène correspondant à la raie d'absorption qui commence au voisinage F et s'étend à droite du spectre, n'existe pas. Il est possible que les appareils de REINKE affaiblissent cette partie du spectre, ce qui expliquerait cette divergence d'opinions. D'autre part, on ne peut guère appliquer aux feuilles d'*Elodea* le reproche énoncé par ENGELMANN relatif à la trop grande épaisseur de l'objet, absorbant certains rayons à la surface et ne laissant pénétrer que des rayons dénaturés. REINKE rappelle à ce sujet que la lumière bleue accélère les mouvements des zoospores et que cette même lumière pourrait bien exercer le même effet sur les bactéries : alors il faudrait rectifier les résultats d'ENGELMANN dans le sens ci-dessus.

PFEFFER (*Die Wirkung der Spectralfarben auf die Kohlensäurezersetzung der Pflanzen*, *Jahresb. agrik. Chemie*, XIII, 178, 1870; XVI, 275, 1873; *Land. Vers. Stat.*, XV, 156; *Poggend. Annal.*, CXLVIII, 36 (1873) s'était déjà servi de cette méthode de numération des bulles gazeuses pour étudier la relation qui existe entre l'absorption des rayons lumineux par la chlorophylle et la valeur de l'assimilation chez ces mêmes rayons. Le maximum de dégagement existe dans le jaune ; si l'on prend ce dégagement égal à 100, on a, pour les différentes couleurs du spectre :

Rouge.	25,4	Bleu.	22,1
Orangé	63	Indigo	13,5
Jaune	100	Violet	7,1
Vert.	37,2		

Bien que ce second maximum du dégagement de l'oxygène dans la partie bleue du spectre ait été nié, l'assimilation chlorophyllienne se produit cependant encore plus loin à droite du spectre. BONNIER et MANGIN (*L'action chlorophyllienne dans l'obscurité ultra-violette. C. R.*, CII, 123, 1886) ont montré que cette assimilation avait encore lieu dans l'obscurité ultra-violette. Ces auteurs font remarquer qu'on ne saurait entrevoir aucune relation entre les propriétés des radiations qui, transmissibles à travers l'œil, impressionnent la rétine et les radiations qui provoquent chez les plantes vertes la fonction chlorophyllienne. Donc, de ce que l'on admet que les radiations qui seules provoquent la fonction chlorophyllienne sont comprises entre les deux radiations de réfrangibilité déterminée qui limitent la partie *visible* du spectre, il ne s'ensuit pas que la partie droite non visible n'exerce pas une influence, puisque, *a priori*, il ne saurait y avoir de relation entre les radiations visibles et les radiations décomposantes. De plus, une des bandes d'absorption de la chlorophylle se trouve précisément coupée par la limite du spectre visible du côté des rayons les plus réfrangibles, de telle sorte qu'une partie seulement de cette bande d'absorption se trouve comprise dans le spectre visible tandis que l'autre partie est située dans l'obscurité au delà des radiations violettes extrêmes. Mais, quand on veut étudier le phénomène chlorophyllien dans cette région du spectre, la plus grande difficulté que l'on rencontre est due à l'acte respiratoire qui se manifeste en même temps que celui de l'assimilation et en masque les effets. Or, comme la respiration est relativement intense sous l'influence de ces radiations très réfrangibles, il se trouve que *la résultante totale* des échanges gazeux est dans un sens opposé à l'échange chlorophyllien. Autrement dit, on ne constate qu'une émission de gaz carbonique.

Voici comment les auteurs précités arrivent à faire la part du phénomène respiratoire. Ils ont montré dans leurs recherches sur la respiration que le rapport entre le volume de CO_2 émis et celui de l'oxygène absorbé est *indépendant de la nature des radiations* que reçoit la plante, l'action chlorophyllienne, au contraire, étant sous l'influence immédiate de ces radiations. Si donc on choisit une plante déterminée à un moment où le rapport $\frac{CO_2}{O}$ est plus petit que 1, ce rapport devra rester invariable quelles que soient les radiations reçues par la plante si, seule, la respiration se manifeste. Mais, dans le cas où l'action chlorophyllienne viendra superposer ses effets à ceux du phénomène respiratoire, le rapport des gaz échangés qui exprime alors la résultante des deux phénomènes, inverses l'un de l'autre, sera modifié. On calcule facilement que, dans ce cas, le rapport doit augmenter quand se manifeste l'action chlorophyllienne. Donc, en mettant des plantes dans l'obscurité infra-rouge extrême (obscurité ordinaire), puis dans l'obscurité ultra-violette, deux choses pourront se produire. Si le rapport reste invariable, c'est que la fonction chlorophyllienne n'existe pas, si le rapport s'élève d'une façon sensible, c'est que les radiations ultra-violettes provoquent la décomposition du gaz carbonique. Le récipient destiné à laisser passer les radiations ultra-violettes est, dans le cas présent, soit du verre violet obscur, tel que celui qui sert dans l'étude de la fluorescence, soit du verre argenté.

RAPPORT DU VOLUME DE CO_2 ÉMIS AU VOLUME DE O ABSORBÉ.

	1° à l'obscurité ordinaire.	2° à l'obscurité ultra-violette.
Picea excelsa.	0,73	1,05
Gendt	0,66	0,84
Pinus sylvestris	0,85	0,99
Erica cinerea.	0,81	0,99
Ilex aquifolium.	0,76	0,96

On voit donc que le rapport augmente toujours d'une façon très notable quand la

plante, plongée d'abord dans l'obscurité ordinaire, est soumise ensuite à l'action des
radiations ultra-violettes. Le phénomène chlorophyllien existe donc dans cette région où il
se trouve masqué par la respiration.

Couleur et assimilation. — ENGELMANN (*Farbe und Assimilation ; Wollny's Forschungen,*
VI, 305, 1883 ; *Ann. agron.,* IX, 78 ; *Die Farben bunter Laubblätter und ihre Bedeutung für die
Zerlegung der Kohlensäure im Licht. Wollny's Forschungen,* X, 405 ; *Ann. agron.,* XIII, 477,
1887) a étudié les relations existant entre la présence de matières colorantes autres que
la chlorophylle et l'assimilation, et cela à l'aide de la méthode des bactéries déjà décrite.
On sait que, dans les mains de cet expérimentateur, cette méthode a permis de montrer,
par sa sensibilité extraordinaire, que, si le protoplasma incolore ne décomposait pas le
gaz carbonique, il pourrait ne pas en être de même avec des protoplasmas diversement
colorés, en rouge par exemple comme chez les *Floridées,* lesquelles ne possèdent pas de
chlorophylle proprement dite. Nous avons déjà parlé de ces faits à propos de la chlorophylle. ENGELMANN est revenu sur ce sujet. Cet auteur se proposant d'étudier la signification, au point de vue de l'assimilation du carbone, que peut avoir la couleur des feuilles
colorées autrement qu'en vert, remarque que, au lieu de chercher le rôle que remplissent
les divers groupes de rayons lumineux par voie directe en faisant l'épreuve pour chaque
couleur séparément (TIMIRIAZEFF), on peut procéder par voie indirecte, par exclusion, en
examinant quels sont les rayons qui peuvent manquer sans que l'assimilation cesse. Or
la lumière qui frappe les organes assimilateurs des végétaux a déjà subi une série
d'absorptions, autrement dit, les grains de chlorophylle reçoivent une lumière qui diffère
de la lumière blanche et qui varie suivant les cas. Si les différences de qualité de la
lumière sont déjà bien sensibles dans l'air suivant l'altitude et la latitude, elles sont
encore bien plus accentuées quand il s'agit de végétaux croissant dans l'eau à des profondeurs variables. Or la méthode des bactéries a permis de constater que, pour chaque
cas particulier, la lumière colorée la plus active au point de vue de la décomposition de
CO² est *complémentaire* de la coloration des plastides chromatophores. Si ces plastides
sont verts, comme dans le cas de la chlorophylle, c'est la lumière rouge qui est la plus
active; quand ils sont rouges, c'est la lumière verte. Il reste évidemment à étudier le cas
où la chlorophylle étant présente dans les feuilles, une matière colorante supplémentaire
est simplement *dissoute* dans le suc cellulaire, cas où les feuilles sont colorées autrement
qu'en vert.

Il y a deux choses à considérer ici : la coloration peut dépendre des grains de chlorophylle eux-mêmes qui, au lieu d'être franchement verts, présentent une nuance variant
du jaune au vert, ou bien la coloration provient de ce qu'une matière soluble s'ajoute à
la chlorophylle (coloration brune, pourpre, violette, etc.). ENGELMANN remarque que, dans
le premier cas, il est difficile de se faire une idée nette du phénomène assimilateur, car
on trouve toujours de la chlorophylle en plus ou moins grande quantité; quant au pigment jaune (xanthophylle) que cet auteur a rencontré dans les parties blanches de certaines feuilles de *sureau,* il semble décomposer le gaz carbonique, mais beaucoup moins
que la chlorophylle elle-même.

En ce qui concerne les feuilles qui doivent leur coloration *à une matière dissoute,* l'auteur a étudié à cet égard environ cinquante espèces. Ces plantes se partagent d'ailleurs
en deux groupes, celles qui sont et restent colorées durant toute la période végétative
et celles qui, colorées à l'état jeune, deviennent vertes plus tard. Le siège de la matière
colorante est très variable : tantôt présente dans l'épiderme, tantôt à la fois dans l'épiderme et le tissu assimilateur, cette matière colorante peut enfin se limiter sur une région
déterminée du mésophylle; son influence sur l'éclairage des cellules assimilatrices doit
donc être très variée. Or on sait que les plantes rouges telles que *Hêtre sanguin, Coleus,*
etc., végètent très bien; cependant la lumière qui a traversé cet écran rouge est notablement affaiblie et l'énergie totale des rayons qui frappent la chlorophylle est beaucoup
moindre que dans les feuilles vertes de même structure. Mais, ni la disposition des
grains de chlorophylle, ni leur grosseur, ni l'intensité et la nature de leur coloration ne
présentent, chez ces plantes rouges, la moindre différence d'avec ce qu'on observe chez
les plantes vertes. On ne peut expliquer la chose qu'en admettant que la matière rouge
n'absorbe que ceux des rayons qui ne sont pas d'une grande utilité dans l'assimilation
chlorophyllienne. Il semble, du reste, qu'il en soit ainsi : le suc qui masque la chloro-

phylle est, sans exception, rouge pourpre, les rayons verts sont les plus affaiblis au passage à travers ce liquide coloré, tandis que les rayons rouges passent très bien, les bleus et violets assez bien[1].

Reinke et Timiriazeff admettent bien la proportionnalité entre l'absorption de la lumière et l'assimilation pour la moitié rouge du spectre, ils la nient pour la moitié violette. Or nous venons de voir que l'écran rouge laisse passer le bleu et le violet. Ceci ne prouve pas sans doute que ces rayons aient leur part dans le travail de l'assimilation, mais c'est là cependant une observation qui augmente la vraisemblance de la théorie que la méthode des bactéries a permis d'établir.

Pour terminer ce sujet, disons que Pringsheim (*Ueber die Sauerstoffabgabe der Pflanzen. Bot. Centralb.*, xxiv, 224; xxvi, 211; *Ann. agron.* xii, 343, 1886; *Zur Beurtheilung der Engelmann' sche Bakterienmethode in ihrer Brauchbarkeit zur quantitativen Bestimmung der Sauerstoffabgabe im Spectrum, Wollny's Forschungen*, x, 146, 1887) a attaqué vivement les résultats obtenus par Engelmann avec son spectre microscopique. Pringsheim nie la coïncidence si remarquable entre les maxima de dégagement d'oxygène et les maxima d'absorption des rayons colorés. Il n'y aurait de coïncidence constante ni dans le rouge, ni dans le bleu du spectre microscopique, et cela pas plus à la lumière naturelle qu'à la lumière artificielle. S'il est vrai que souvent le mouvement des bactéries est très accentué dans le rouge près de la raie C, il faut pourtant reconnaître que le maximum ne correspond, jamais peut-être, au maximum de l'absorption entre B et C, mais qu'il se trouve ordinairement au delà de C, entre C et D. D'ailleurs la position de ce maximum est assez variable. De plus, dans toute la région bleu violet du spectre, le mouvement est très faible relativement à l'absorption de ces rayons par la chlorophylle. La discordance entre l'absorption de la lumière et le dégagement de l'oxygène est encore plus grande quand on opère sur des algues brunes ou rouges; presque toujours le maximum de mouvement tombe entre C et D, c'est-à-dire dans la région d'absorption minima. De nombreuses observations ont montré que la position du maximum de l'émission de l'oxygène n'est pas constante, d'où la discordance des résultats que d'autres auteurs ont obtenus à l'aide de méthodes diverses.

G. ANDRÉ.

CHOLALIQUE (Acide). — Voyez Bile.

CHOLÉCYSTINE. — Voyez Bile.

CHOLÉINE. — Voyez Bile.

CHOLESTÉRINE ($C^{26}H^{44}O + H^2O$). — **Propriétés chimiques**. — La cholestérine, découverte en 1775 par Conradi dans les calculs biliaires, fut isolée à l'état de substance chimique pure par Chevreul (1815) qui la dénomma, et en étudia les principales propriétés. Berthelot (1863) a démontré qu'elle avait des fonctions chimiques analogues à celles des alcools.

On la prépare en dissolvant dans l'alcool bouillant, additionné d'un peu de potasse pour dissoudre quelques acides gras, des calculs biliaires. La cholestérine se dépose en cristaux par refroidissement, et on la purifie facilement par quelques cristallisations ultérieures.

Ces cristaux se présentent sous la forme de lamelles nacrées, incolores, inodores, sans saveur, plus légères que l'eau, solubles dans l'éther, dans le chloroforme, dans l'alcool bouillant, insolubles dans l'eau, peu solubles dans la térébenthine, quoique on ait invoqué la prétendue solubilité de la cholestérine dans ce liquide pour expliquer les heureux effets de la térébenthine dans les cas de calculs biliaires.

---

1. Ce fait avait déjà été signalé par Pick. Quand au spectre de la matière rouge on superpose celui de la chlorophylle, on remarque que ces deux spectres sont presque exactement complémentaires (*Ueber die Bedeutung des rothen Farbstoffes bei den Phanerogamen und die Beziehungen des selben zur Stärkewanderung; Jahresh. agrik. Chemie*, vi, 124, 1883; *Ann. agron.*. x, 274, 1884).

Ses propriétés chimiques principales et ses réactions caractéristiques ont été décrites à l'art. Bile par DASTRE (*D. Ph.*, ii, 193).

Cholestérine dans l'organisme. — La cholestérine se rencontre à l'état normal dans divers tissus de l'organisme; mais, souvent, dans les analyses élémentaires, on ne la sépare pas des matières grasses. Voici cependant quelques indications relatives aux proportions de cholestérine trouvées dans différents tissus ou liquides organiques, normaux ou pathologiques.

Calculs biliaires.	de 64 à 98	GARNIER et SCHLAGDENHAUFFEN, *Encyclop. chim.*, 1892, ix, 2, ii, 282.
Substance blanche du cerveau.	16,42	*Ibid.*
Suint de mouton.	15	*Ibid.*
Kystes sébacés.	7,35	KOPP, cité par CH. ROBIN. *Tr. des humeurs*, 1867, 433.
Cristallin cataracté. . . . . (résidu sec).	4,55	CAHN, cité par HOPPE — SEYLER, *Physiologische Chemie*, 1877, 692.
Kystes synoviaux.	3,52	VALENTIN, cité par CH. ROBIN, *ibid.*, 605.
Substance grise du cerveau.	3,43	G. S. *loc. cit.*, 282.
Sperme de poisson. . . .	de 3,25 à 4	MIESCHER, cité par H. S., 772.
Jaune d'œuf (avant incubation).	1,75	PARKE, cité par A. GAUTIER, *Chimie biolog.*, 1896, 685.
Jaune d'œuf (après incubation).	1,46	PARKE, *ibid.*, 685.
Pus total.	de 0,35 à 1	CH. ROBIN, *Tr. des Humeurs*, 298.
Globules rouges du sang . .	de 0,25 à 0,48	HOPPE-SEYLER, *loc. cit.*, 401
Rétine de veau.	de 0,25 à 0,77	CAHN, cité par H. S., *loc. cit.*, 699.
Chyle.	0,13	HOPPE-SEYLER, *loc. cit.*, 597.
Œufs de carpe.	0,27	GOBLEY, cité par A. G., *loc. cit.*, 681.
Sérum du pus.	de 0,053 à 0,087	HOPPE-SEYLER, *loc. cit.*, 787.
Cristallin (de veau).	de 0,06 à 0,49	LAPTSCHINSKY, cité par H. S., *loc. cit.*, 692.
Liquide céph. rachidien. . .	0,021	CH. ROBIN, *loc. cit.*, 298,
Sérum sanguin.	de 0,01 à 0,056	CH. ROBIN, *loc. cit.*, 79.
Lait.	traces.	SCHMIDT-MUHLHEIM, *A. g. P.*, 1883, 384.

Quant à l'origine de la cholestérine et son rôle dans l'organisme, nous n'avons pas à revenir sur cette étude, si clairement exposée à l'art. Bile (*D. Ph.*, ii, 195).

Effets toxiques de la cholestérine. — Les effets des injections de cholestérine n'ont été guère étudiés que par KOLOMAN MÜLLER. A vrai dire, comme la cholestérine est insoluble, il a dû se contenter d'une émulsion imparfaite, dans des savons. Mais cette injection faite à des chiens détermine des accidents immédiats, par embolies dans les capillaires pulmonaires. Il obtient un résultat meilleur en broyant de la cholestérine très finement dans de la glycérine, et en mélangeant ce produit avec de l'eau de savon. 8 centimètres cubes de la solution contenaient $0^{gr},04$ de cholestérine. Les chiens qui reçurent $0^{gr}045$ de cholestérine tantôt survécurent, tantôt moururent, probablement suivant leur taille, non indiquée. En donnant le lendemain à ceux qui étaient remis la même dose de $0^{gr}045$, on provoqua la mort, comme si la cholestérine de l'expérience précédente n'avait pas été éliminée. D'ailleurs la mort ne survenait pas rapidement, mais quarante-huit heures ou quatre-vingt-seize heures après l'injection, dans la paralysie progressive et le coma, sans convulsions. K. MÜLLER pense, en dépassant quelque peu, semble-t-il, les conclusions que de telles expériences autorisent, que les symptômes de l'intoxication biliaire cholémique sont dus à l'accumulation de cholestérine dans le sang.

Dans d'intéressantes expériences, PHISALIX a montré que l'injection à un cobaye de 2 à 5 centigrammes de cholestérine amenait une immunité relative contre le venin de vipère, mais que la quantité de cholestérine contenue dans la bile est trop faible pour expliquer la puissance immunisante de la bile, de sorte que la bile doit contenir aussi d'autres substances immunisantes (1897).

Bibliographie. — BENEKE (F. W.). *Ueber das Cholestearin* (Arch. d. Ver. f. wiss. Heilk., 1866, ii, 422-446); — *Zur Cholestearinfrage* (A. A. P., 1876, LXVI, 126-128); — *Cholesterin im Pflanzenreich aufgefunden* (Corr. Bl. f. d. Aerzte u. Apoth. Oldenburg., 1863, ii, 82-86).

— COMMAILLE (A.). *Note sur la manière de séparer la cholestérine des matières grasses (Rec. de mém. de méd. milit.*, 1876, XXXII, 288). — FLINT (A.). *Exp. res. into a new excretory function of the liver, consisting in the removal of cholesterine from the blood, and its discharge from the body in the form of stercorine (Am. Journ. of med. Sc.*, 1862, XLIV, 305-365); — *A resume of experiments made to determine the nature, origine and termination of cholesterine in the human body (Med. Rec.*, New-York, 1873, VIII, 607). — VON KRUSENSTERN. *Zur Frage über das Cholestearin (A. A. P.*, 1875, LXV, 410-418). — MOOS (H.). *Ueber das Cholesterin und seine medizinische Bedeutung ; literarisch, theoretische Studie (Diss. Erlangen*, 1892, Jacob, 26 p. 8°). — MÜLLER (K.). *Ueber Cholesterämie (A. P. P.*, 1873, I, 213-247). — NASSE. *Cholestearine in pathologischen Flüssigkeiten (A. P.*, 1840, 267-269). — OBERMÜLLER. *Ueber eine Reaction des Cholesterins (A. P.*, 1889, 556-558); *Beiträge zur Kenntniss des Cholesterins (Z. p. C.*, 1890, XV, 37-48); *Weitere Beiträge zur quant. Bestimmung des Cholesterins (Ibid.*, 1891, XVI, 143-151). — PAGÈS. *De la cholestérine et son accumulation dans l'économie (Th. in. de Strasbourg*, 1869). — PHISALIX. *La cholestérine et les sels biliaires vaccins chimiques du venin de vipère (B. B.*, 1897, 1057-1060). — SALISBURY (J. H.). *Invert. chem. and microscop.; new function of the spleen and lacteal and lymph. glands, to wit : the formation of cholesterine and the partial transformat. of the cholesterine of the bile and food into seroline (St-Louis med. Rep.*, 1867, II, 321-353); — *Exp. connected with the discovery of cholesterine and seroline, as secretions, in health, of the salivary, tear, mammary, and sudorific glands; of the testis and ovary; of the Kidneys in hepatic derangements, of mucous membranes when congested and inflamed, and in the fluid of ascites and that of spina bifida (Am. Journ. med. sc.*, 1863, XLV, 289-305). — SALKOWSKI (E.). *Die Reaction des Cholesterin mit Schwefelsäure (A. g. P.*, 1872, VI, 207-209). — SCHMIDT MÜHLHEIM. *Ueber das Vorkommen von Cholesterin in der Kuhmilch (A. g. P.*, 1883, XXX, 384). — SCHULZE (E.). *Ueber die Farbenreaction des Isocholesterins mit Essigsäure Anhydrid und Schwefelsäure (Zeitsch. f. phys. Chem.*, 1889, XIV, 522). — THUDICHUM (J. L. W.). *On cholesterine from the brain and bile : its reactions and their spectral phenomena (Rep. med. off. Local gov. Bd.*, 1877-1878, 302-307). — VIRCHOW (R.). *Ueber die Erkenntniss vom Cholestearin (A. A. P.*, 1857, XII, 101-104).

CHOLINE. — Voyez **Névrine**.

CHOLIQUE (Acide). — Voyez **Bile**.

CHOLONIQUE (Acide). — Voyez **Bile**.

CHONDRINE. — La *chondrine* est le produit de la transformation de la substance *chondrigène* ou *cartilagéine* par l'action de l'eau à la température de 100 à 120°. On sait que la cartilagéine est la substance fondamentale du cartilage. La composition de la chondrine est la même que celle de la cartilagéine, à très peu de chose près.

	CARTILAGÉINE.	CHONDRINE.
C	50,5	49.9
H	6,7	6,6
Az.	11,6	14,5
O et S.	28,2	29,0

La chondrine est soluble dans l'eau chaude. Les solutions chaudes se prennent par le refroidissement en une gelée insoluble dans l'eau froide, mais très soluble dans les alcalis et l'ammoniaque. Si l'on soumet à une ébullition prolongée les solutions de chondrine elles perdent cette propriété de se prendre en gelée par le refroidissement.

Les solutions de chondrine clarifiées par quelques gouttes de soude dévient à gauche la lumière polarisée (—213,5).

Ces solutions précipitent par l'alcool; elles précipitent également par les acides, et le précipité est soluble dans un excès de réactif, sauf toutefois pour les acides acétique, pyrophosphorique, arsénique, fluorhydrique et la plupart des acides organiques. Elles précipitent aussi par l'alun, le sulfate de cuivre, de fer, le nitrate d'argent, le sublimé, l'acétate et le sous-acétate de plomb, l'eau de chlore, etc. Elles précipitent faiblement par le tanin. Le ferrocyanure de potassium additionné d'acide acétique ne les précipite pas, tandis qu'il précipite les matières albuminoïdes.

La solution de chondrine rougit un peu à chaud par le réactif de Millon.

Quand on chauffe longtemps à 100° la chondrine avec de l'eau fortement acidifiée par l'acide chlorhydrique, elle donne de l'acide lévulique et de la *chondroglycose* qui réduit la liqueur de Fehling. La chondroglycose se forme aussi quand la chondrine est soumise à l'action du suc gastrique. Le chondroglycose est un glucose incristallisable, lévogyre, qui forme avec la chaux une combinaison soluble. D'après Krukenberg ce serait un acide (acide chondroïtique) et non un sucre. Le chondroglycose est infermentescible ou incomplètement fermentescible. Cette substance a été étudiée par Bödeker et Fischer.

Pour Moroghowetz la chondrine serait un mélange de gélatine et de mucine. Pour Landwehr, elle serait constituée par la gélatine, la gomme animale, et une troisième substance qu'il n'a pu encore isoler.

Bourgeois et Schutzenberger, en chauffant la chondrine à 180° avec la baryte et l'eau, l'ont dédoublée en acides amidés de la formule $C^n H^{2n+1} AzO^2$ ne contenant pas de glycocolle et en un mélange formé pour une forte proportion de termes en $C^4H^7AzO^2$ et $C^5H^9AzO^2$ et d'amides en $C^nH^{2n-1}AzO^4$. Au cours de cette hydratation, il se forme de l'ammoniaque et de l'acide oxalique ainsi que de l'acide acétique (trois fois plus qu'avec la gélatine). Schutzenberger et Bourgeois ont déduit de leurs recherches la formule suivante de la chondrine : $C^{99}H^{156}Az^{24}O^{42}$.

J.-E. A.

CHORÉE.

CHORÉE. — Pour nous guider dans l'étude de la chorée, il n'existe pas encore de classification nosographique satisfaisante. On donne, en effet, à l'heure actuelle, le nom de *chorée* à des troubles de la motilité entièrement disparates dans leur nature, dans leurs causes et même dans leur évolution symptomatique. Ce terme, appliqué d'une façon défectueuse, souvent à contre sens, désigne tantôt une maladie, tantôt un symptôme, et l'on peut se convaincre des défauts de nos classifications actuelles par l'exposé suivant.

Classification. — Il y a des chorées humaines et une chorée des animaux.

a. **Chez l'homme.** Les variétés se sont multipliées à l'infini : les unes sont dites *essentielles*, les autres *symptomatiques*.

1° *Chorées essentielles.* Parmi celles-ci, en premier lieu, la chorée vraie, gesticulatoire comprenant la chorée type, chorée de Sydenham, chorée des enfants ; et la même chez l'adulte. Chorée des adultes, chorée des femmes enceintes. — Chez les vieillards, une chorée progressive, héréditaire, chorée de Huntington. — Suivant une modalité importante de la symptomatologie, on a cru pouvoir créer une variété paralytique, dite *chorée molle.*

Certaines excitations musculaires anormales, plus justement dénommées *myoclonies*, constituent les *chorées fausses :* chorée de Friedreich, ou Paramyoclonus multiplex ; chorée fibrillaire ou chorée de Morvan ; les chorées électriques, chorée de Bergeron, chorée de Dubini.

2° *Chorées symptomatiques.* Chez l'hystérique, d'ordinaire, le mouvement anormal régulier, caractérise une variété de chorée rythmique [1], chorée malléatoire ; l'affection peut se montrer chez un grand nombre de sujets : chorée épidémique.

Enfin, liée à des altérations organiques (hémorragie, ramollissement), la chorée devient chorée præ ou posthémiplégique ; elle se montre d'ordinaire alors comme hémichorée, pure, ou jointe à l'athétose, chorée athétosique, ou athétoso-chorée.

b. **Chez les animaux.** Le mouvement anormal, très différent, nous le verrons, du mouvement choréique humain, est pourtant dénommé chorée. Ici, toutefois, l'énumération, moins longue, permet une classification incontestable qui se fait tout simplement par la dénomination de l'espèce animale atteinte : chorée du chien, chorée du chat, chorée du porc, chorée du cheval, etc.

Un seul élément réunit, en *apparence*, toutes ces variétés : c'est le mouvement anormal dont l'interprétation peut être poursuivie à l'aide des éléments d'interprétation que voici :

---

1. Toutefois l'hystérie peut simuler de tous points la vraie chorée arythmique.

Tout mouvement anormal est l'expression d'une excitation motrice partie des centres que la physiologie nous a fait connaître dans les étages médullo-bulbo-protubérantiels, soit que ces centres, altérés en raison de modifications qu'il reste à rechercher, puissent être le *primum vomens* des phénomènes, soit que, restant normaux, ils se trouvent sollicités anormalement par des excitations centripètes parties des nerfs périphériques ou parties du cerveau (de son écorce, de ses fibres, ou de ses ganglions centraux).

Aussi le problème physiologique peut-il toujours être ramené à ces deux alternatives : ou la chorée est d'origine centrale, ou elle est d'origine réflexe.

Pour certaines variétés bien rares, l'anatomie pathologique, en nous faisant connaître une ou des lésions matérielles, nous permet d'établir une physiologie toute naturelle des phénomènes morbides : mais dans les cas plus nombreux où nulle altération organique ne se retrouve encore, c'est à préciser le plus possible la localisation supposée des modifications du système nerveux que doit s'attacher le physiologiste.

En second lieu, il doit s'attacher à la recherche des influences intrinsèques ou extrinsèques qui font la modification nerveuse.

Quelle que soit la variété que nous étudierons, nous suivrons le même plan : dans une première partie nous ferons la physiologie du symptôme ; en second lieu, nous chercherons à approfondir sa pathogénie. Mais bien des arguments nous prouveront la scission profonde qui existe entre les diverses chorées, et en particulier entre la chorée de l'homme et celle des animaux. Cette différence qui s'impose nous servira dès maintenant à la division du sujet[1].

Chorée des animaux. — I. Physiologie symptomatique. — Grâce à des notions anatomiques assez récentes se trouve complétée l'histoire du syndrôme chorée, et c'est sur l'ensemble des données suivantes que doit porter l'étude physiologique.

Secousses groupées, partielles, *rythmiques*, d'intensité uniforme, accompagnées de contractions fibrillaires ; persistent dans le sommeil et ne sont pas modifiées par l'action des agents physiques et chimiques sur le système nerveux. Les tracés graphiques en donnent nettement le caractère.

Au symptôme moteur se joignent les éléments d'une paralysie plus ou moins circonscrite et de l'atrophie musculaire.

Ce syndrome caractérise objectivement une affection durable, progressive, mortelle, pour laquelle l'anatomie pathologique fait voir des lésions positives, d'ailleurs variées des centres médullo-bulbo-protubérantiels (atrophie des cornes antérieures, modifications cellulaires, sclérose des cordons latéraux).

Après cet exposé, il n'est pas besoin d'une longue réfutation pour les explications physiologiques purement expérimentales, sans contrôle anatomique.

D'après LEGROS et ONIMUS, 1º la section des gros nerfs périphériques entraîne l'arrêt des mouvements, ce qui prouve que, dans la production du trouble musculaire, les muscles et les nerfs périphériques n'entrent pas en cause ; l'axe cérébro-spinal est seul en jeu.

2º Si, comme l'ont fait CHAUVEAU, CARVILLE et BERT, on sectionne la moelle sous l'occipital, on voit, après un moment d'arrêt de quatre ou cinq minutes, reprendre les secousses choréiques et les expérimentateurs ont pu conserver l'animal vivant ainsi pendant trois ou quatre heures. Le mouvement anormal n'est donc pas sous l'influence directe du cerveau ; c'est sur la moelle que doit se porter toute l'attention.

a. Sur deux chiens la moelle est mise à nu sur une longueur de 20 centimètres à partir de la troisième cervicale : il y a comme premier résultat un affaiblissement dû à l'opération.

Si, alors, on fait un attouchement des cordons postérieurs, on voit se produire des contractions énormes.

Le refroidissement à l'air détermine un affaiblissement qui ramène jusqu'à l'arrêt des mouvements ; réchauffe-t-on l'axe nerveux (à l'eau chaude) il y a reprise du mouvement.

---

1. Dans tout ce qui va suivre, c'est de la chorée du chien qu'il s'agit ; elle seule a été étudiée à fond par les observateurs.

C'est donc dans la région des éléments sensitifs qu'on doit localiser l'influence motrice anormale.

b. La section des racines postérieures, chez les chiens, laisse persister les mouvements avec leur rythme habituel, dès lors c'est dans l'axe et dans les cordons que doit se placer la localisation.

c. Sur un autre chien, la moelle étant sectionnée sur la ligne médiane, les mouvements ont continué ; avec des ciseaux courbes, on a excisé une partie des cornes et des cordons postérieurs d'un côté, il y a eu affaiblissement proportionnel à l'étendue de l'excision, et arrêt du côté lésé, après excision profonde ; les mouvements persistant dans la zone opposée intacte. Il devient donc permis d'affirmer que le siège de l'affection choréique se trouve dans les cellules de la corne postérieure, ou dans les fibres qui unissent celles-ci aux cellules motrices, etc.

Chauveau, dans des expériences successives, montre, d'autre part, qu'on peut obtenir des mouvements choréiformes, non seulement après ces lésions de la moelle, mais encore après lésion du bulbe, et aussi de la protubérance.

Dans une note récente parue dans les *Archives de physiologie* (mai 1895), Contejean, admettant d'ailleurs comme vérité incontestée la nature réflexe du mouvement choréique, et lui attribuant la région médullaire comme centre de ce réflexe, a montré que la zone motrice corticale du cerveau exerçait sur la moelle une action inhibitrice, tendant à atténuer l'étendue du mouvement anormal. En effet, vient-on, comme l'a fait cet expérimentateur, à exciser la zone motrice corticale gauche, par exemple, du cerveau, chez un animal présentant des mouvements choréiques des quatre membres, on peut constater, aussitôt, après l'opération, et aussi plus tard, alors que la plaie est cicatrisée et guérie, que les secousses choréiformes augmentent d'intensité, et persistent plus intenses dans le côté droit du corps, dont la motricité se trouve ainsi soustraite à l'action directrice du centre cérébral.

Nous nous contentons de constater ce résultat, mais nous ne pouvons souscrire à l'interprétation de l'auteur, car, ainsi que nous l'allons voir, la nature réflexe des mouvements choréiformes n'est rien moins que prouvée.

D'autre part, pour interroger les groupes cellulaires cérébro-spinaux considérés comme agents directs du mouvement anormal, les physiologistes ont modifié le sens de leurs investigations.

Pour agir sur les cellules nerveuses centrales, il faut se servir des agents chimiques, poisons diffusibles, les uns excitants, les autres déprimants du pouvoir excito-moteur cellulaire.

1° Quincke s'est servi de la morphine, injectée à la dose de 0,01 centigramme par kilogramme d'animal ; nous avons répété ses expériences, et sommes arrivés à des résultats différents :

D'après Quincke.	D'après nous.
Sommeil profond.	Sommeil agité.
Abolition des réflexes.	Exagération des réflexes.
Persistance des mouvements avec légère atténuation.	Dans nos trois cas, persistance des mouvements, avec deux fois, tendance à la généralisation. (Ce qui est bien en rapport avec l'action de la morphine qui, physiologiquement, stimule le pouvoir *excito-moteur* de la moelle [1].)

D'après des expériences de Broca et Ch. Richet, le chloralose aurait ce même pouvoir excito-moteur sur les contractures choréiformes.

2° Comme *déprimant* du pouvoir excito-moteur de la moelle, le chloral nous a donné des résultats constants : en lavement massif ou en injections fractionnées, à la dose de 2 à 5 grammes suivant le poids de l'animal, il détermine, avec un abaissement progressif de la température de 39° à 35° et 33°, une diminution des mouvements ; quand le sommeil est complet, on a *abolition* du réflexe rotulien, et d'ordinaire quatre fois sur cinq, *presque* abolition des mouvements. (Il est bon de rappeler, par comparaison, que chez

---

1. La cocaïne et la strychnine ne nous ont donné aucun résultat digne d'être noté.

l'enfant, à la dose de 4 grammes, on voit survenir temporairement une résolution presque complète, avec cessation absolue du mouvement anormal.)

3° Nous avons encore tenté de modifier le pouvoir excito-moteur par divers agents physiques : réfrigération du rachis, réfrigération totale de l'animal; le froid a diminué le pouvoir excito-moteur. Par contre, nous avons élevé à l'étuve sa température de 1 à 2°,5 sans résultat appréciable.

Nous tenons à signaler encore à propos de la réaction des centres nerveux dans la chorée cette constatation fort intéressante faite tout récemment par A. Broca et Ch. Richet. D'après ces auteurs, après toute excitation cérébrale spontanée, ou électrique qui a provoqué une secousse, il existe une phase réfractaire, plus marquée chez le chien choréique que chez l'animal normal. Sur un chien atteint de secousses rythmiques régulières, espacées d'environ une seconde, ces auteurs ont stimulé la région rolandique par des excitations électriques *absolument* constantes, et ils ont constaté que ces excitations n'étaient pas toujours efficaces. Il n'y avait de réaction motrice que si l'excitation tombait un certain temps après la secousse choréique spontanée. Ces faits ont été établis par de nombreux graphiques, et ont été reproduits sur deux autres chiens choréiques. Il ne s'agit d'ailleurs là, ainsi que le disent les auteurs, que de l'exagération d'une propriété normale des centres nerveux. (V. **Cerveau**, *D. Ph.*, iii, 5.)

Voyons maintenant si, à l'aide de ce qui précède, on peut établir une théorie physiologique définitive de la chorée.

Pour la chorée des animaux, la théorie dite *réflexe*, ne peut donner que des apparences d'explication des phénomènes. Elle indique uniquement le siège probable des désordres dans l'axe médullaire; et aussi dans le bulbe et dans la protubérance, d'après les constatations faites par Chauveau. Mais s'agit-il, ainsi qu'on le suppose, d'un phénomène réflexe?

Les expériences nous font voir l'affaiblissement et même la cessation du mouvement anormal hémilatéral à la suite d'une excision profonde d'une partie des cornes et des cordons postérieurs d'un côté : mais est-ce uniquement, comme on le pense, par la section des fibres unissant les cellules motrices au cordon postérieur ou aux cellules de la corne postérieure considérées comme point de départ du réflexe? La gravité même du traumatisme qui ne permet pour tous les cas qu'une survie de deux à trois heures au plus, peut expliquer à elle seule, nous semble-t-il, la cessation des mouvements. D'ailleurs, a-t-on constaté à l'autopsie pour les autres cas spontanés, une lésion analogue ou équivalente?

On sait que le mouvement anormal reste à peu près insensible à l'influence des agents calmants ou irritants qui s'adressent à l'axe gris moteur : comment, grâce aux agents chimiques (cocaïne, chloral, etc.) qui insensibilisent les fibres nerveuses ou qui dépriment l'excito-motricité des centres, n'obtient-on pas un arrêt fonctionnel du réflexe?

Enfin, comment un simple désordre réflexe nous expliquerait-il sa paralysie et les troubles trophiques, durables et progressifs, ainsi qu'ils se montrent cliniquement?

Voyons maintenant à quelle interprétation du mouvement choréique nous conduit la donnée d'une modification supposée ou réelle de l'axe gris moteur.

On a invoqué des influences purement dynamiques : « il s'agit du défaut ou de la faiblesse de l'action inhibitoire de la moelle qui n'exerce plus son contrôle habituel sur les cellules motrices spinales » (Voyez plus loin le chapitre de la **Chorée humaine**).

D'après Cadiot, le caractère d'intensité *uniforme* et de *rythme* régulier des secousses choréiformes les rapprochent des tics. Comme eux, ce sont des spasmes cérébraux. Les convulsions qui surviennent au cours de la maladie du jeune âge, chez le chien, n'ont pas le caractère choréique; ce ne sont que des contractions cloniques réflexes. Gilbert, Roger et Cadiot ont établi expérimentalement que le tic de la face, chez le chien, reconnaît pour cause un *trouble fonctionnel* des noyaux d'origine de la septième paire.

Cette théorie ramène les choses à une interprétation physiologique conforme à la réalité. Tics, spasmes, véritables décharges nerveuses à allures d'attaques éclamptiques ou épileptiques bénignes et partielles, ont, tout comme le mouvement choréiforme, une allure de spontanéité, d'uniformité, de régularité, de fatalité, qui les réunit physiologiquement. Mais le terme *trouble fonctionnel* est insuffisant, et c'est, suivant nous, une lésion matérielle qui explique les phénomènes.

Avec la notion de lésions telles que nous les avons décrites (atrophie des cornes antérieures, modifications cellulaires, sclérose des cordons latéraux), voici comment on peut interpréter la physiologie pathologique :

Le mouvement anormal est un composé de secousses rythmiques et de contractions fibrillaires, ce qui se voit nettement sur les tracés.

Peut-être la secousse et son rythme sont-ils dus aux lésions des fibres nerveuses, sous forme de sclérose plus ou moins transverse, du genre de celle que nous avons constatée, sclérose confirmée ou en voie d'évolution? La secousse choréiforme serait ainsi à rapprocher, ce que l'observation ne dément nullement, de la trémulation épileptoïde. Mais le *primum movens* de tous les désordres, y compris le mouvement anormal, réside sûrement dans les altérations cellulaires des cornes antérieures. Leur irritation explique bien la provocation du mouvement; leur altération nous fait comprendre l'existence de troubles dynamiques dont le résultat est une ébauche de mouvement, une secousse, qui n'est plus soumise à la volonté, et qui ne répond nullement à un mouvement physiologique approprié, ce qui est la caractéristique même de tout mouvement choréique ou choréiforme. Enfin cette même lésion nous explique *seule* l'évolution progressive des désordres et les complications sous forme de phénomènes paralytiques, et d'atrophie musculaire.

Il s'ajoute encore à ceci un argument bien frappant que nous avons signalé dans la symptomatologie : c'est que *rien* n'influence le mouvement anormal : le sommeil, les calmants, les anesthésiques, les excitants le laissent indifférent à leur action. Seule une lésion directe de la cellule nerveuse motrice peut nous expliquer ces particularités, et cette lésion, l'anatomie pathologique nous la fait connaître avec les caractères que nous avons signalés.

II. Physiologie étiologique. — Nous avons à rechercher maintenant par quel processus le système nerveux de l'animal se trouve modifié pour produire l'ensemble anatomo-symptomatique précédent.

On a pu, parfois, au moyen d'*embolies* expérimentales, provoquer des troubles moteurs convulsifs qu'on a, à tort, qualifiés du nom de choréiques. Il est certain qu'un ramollissement embolique de la capsule interne dans la région du carrefour sensitif peut réaliser, avec des phénomènes paralytiques, un syndrôme choréiforme ; mais la paralysie est alors nettement hémiplégique, ce qu'on n'observe pas dans la chorée du chien, et, en outre, pour expliquer les troubles bilatéraux, il faudrait une embolie double symétrique, ce que l'anatomie pathologique ne confirme pas. Nous disons tout de suite que, pour la chorée de l'homme, les auteurs anglais ont tenté la même explication. Pour eux, la chorée serait toujours précédée d'une endocardite végétante, ce qui n'est pas, endocardite dont les embolies engendreraient la lésion, capsulaire, généralement, qui fait le mouvement choréique. Il n'en est rien, disons-le pour n'y plus revenir, parce que les mouvements choréiformes qui suivent cette lésion n'ont *physiologiquement* rien des mouvements de la vraie chorée; parce qu'il s'agit alors d'hémichorée accompagnée d'hémiplégie persistante suivie de contracture, — conséquence inévitable d'une lésion durable, — ce qui est en contradiction avec l'évolution de la chorée, toujours transitoire.

Ne l'oublions pas : la chorée chez les animaux se développe invariablement à la suite d'une affection non spécifique, sans doute, mais fébrile, infectieuse, et c'est dans ce sens qu'il faut chercher.

Dès 1858, Verheyen avait dit : « Nous ne connaissons pas d'exemple de chorée primitive chez le chien; l'affection est consécutive à la maladie d'enfance qui atteint l'espèce canine. »

Or la maladie des jeunes chiens n'a été étudiée que récemment au point de vue microbien. Semmer et Laosson ont trouvé des bacilles très fins et très courts; des cocci (diplo ou tétra); Mathis un diplocoque; de même Jacquot et Legrain.

Ces auteurs (Mathis, Jacquot et Legrain) ont reproduit la maladie par inoculation des cultures aux jeunes animaux encore indemnes.

Nous-même avons réalisé l'inoculation à plusieurs reprises avec des micrococques *variés*. Mais, si l'on reproduit la maladie, si l'inoculation est *spécifique,* l'agent visible qui se révèle est-il, lui, l'agent *spécifique?*

Pour Nocard, « il en est de la maladie des chiens comme des fièvres éruptives chez l'homme. Peut-être y a-t-il bien plusieurs maladies et non pas *une* (qu'on assimile d'ordinaire à la variole humaine; BOULEY-TRASBOT). On voit bien les agents infectieux (cocciqui peuvent s'adjoindre à la septicémie spécifique, mais l'agent *spécial* proprement dit échappe encore pour sa part aux recherches. »

Quoi qu'il en soit, dans toutes les observations, dans celles des auteurs, comme dans les nôtres, l'agent pathogène n'a pu être décelé dans les centres nerveux. Ce qu'on y constate, ce sont des lésions se présentant avec le caractère de celles de l'atrophie musculaire progressive.

On sait que ROGER a pu produire l'atrophie musculaire progressive expérimentale avec des cultures atténuées du streptocoque de l'érysipèle. L'idée suivante s'est présentée à nous :

Puisque l'affection chorée *du chien s'accompagne à un moment donné d'atrophie musculaire progressive, il doit y avoir un rapport étiologique et pathogénique commun et étroit entre les deux phénomènes, désordre moteur et trouble trophique; dès lors, en produisant cette atrophie, ce qui est reconnu possible avec un coccus pathogène, peut-être pourrons-nous voir l'altération musculaire s'accompagner, à un moment donné, de la secousse choréique.*

Or c'est ce que nous avons pu réaliser sur un de nos chiens soumis à l'expérimentation. Vu l'intérêt capital de cette observation, nous en donnons ici le résumé.

Il s'agissait d'un chien terrier adulte, *ayant passé l'âge où les chiens contractent d'ordinaire la maladie;* chien d'ailleurs vigoureux, indemne de tout mouvement anormal. Poids : $10^{kil},100$; température : $39°,2$.

L'animal ayant reçu le 6 décembre dans la masse musculaire de la cuisse une injection de 2 centimètres cubes du bouillon de culture d'un chien malade, parut d'abord n'en ressentir aucun effet (pas de réaction locale ni générale). Son état général se maintint bon jusqu'en février; mais, en mars, il se mit à maigrir, son poil se hérissa. En avril, l'amaigrissement devint extrême, et quatre mois après l'inoculation, le poids était tombé de $10^{kil},100$ à 6 kilogrammes; l'animal avait perdu les 2/5 de son poids primitif. On constatait alors, 10 avril, une atrophie musculaire généralisée avec prédominance sur le segment supérieur des membres antérieurs et postérieurs, sur les muscles du rachis et du cou, et même du crâne et de la face. En même temps, et c'est là tout l'intérêt de l'expérience, depuis huit jours environ, outre un certain degré de paraplégie, étaient survenus des phénomènes de secousses rythmiques des membres, avec prédominance vers les membres postérieurs, secousses qui, au cou, réalisaient bien, par intermittence, le tic de salutation tel qu'on le rencontre dans l'affection dite chorée du chien. Les tracés du mouvement étaient analogues à ceux que nous ont donnés maintes fois les secousses choréiques de l'affection évoluant spontanément. Comme ces dernières, les secousses persistaient dans le sommeil. L'animal, de plus en plus cachectique, put cependant vivre quatorze jours avec ces mouvements choréiformes. Il fut sacrifié le 19 avril. Les cultures du sang ne permirent pas de retrouver le microbe inoculé : une seule culture sur gélose fut fertile, donnant des traînées de colonies de streptocoque ténuissime qui ne purent être cultivées à nouveau, ni sur bouillon, ni sur gélose.

Bien que datant de plusieurs mois, les altérations furent minimes; rien de visible à l'œil nu, et histologiquement des lésions peu marquées. Comme altérations dominantes, la perte fréquente des prolongements protoplasmiques, la disparition du noyau, la faible coloration générale des cellules.

L'expérimentation change les conditions : elle agit trop rapidement, brutalement même : la mort survient avant que la lésion nerveuse accessoire ait le temps de s'accentuer. Il faut des années pour faire les altérations anatomiques manifestes dont nous avons parlé; que pouvions-nous avoir de comparable en quatre mois de survie chez notre animal en expérience ?

Maintenant, comment peut agir l'infection ? Comment le poison microbien vient-il influencer l'élément nerveux ? pourquoi choisit-il la cellule, et spécialement la cellule motrice ? Autant de questions à résoudre encore à l'heure actuelle.

Des chorées de l'homme. — Le pluriel est ici nécessaire; les progrès de la clinique et de la physiologie pathologique ayant permis peu à peu de distinguer un grand nombre de variétés. Les unes sont dites *essentielles* et répondent au vrai type de l'affection; les autres sont *symptomatiques*, et la physiologie de ces dernières est interprétable, grâce à des notions anatomo-étiologiques plus ou moins précises : elles vont nous occuper tout d'abord.

a. **Chorées symptomatiques.** — 1° Parmi celles-ci se placent les mouvements anormaux choréiques ou choréo-athétosiques, liés à des altérations organiques, matériellement constatées sous forme de foyers d'hémorragie ou de ramollissement. Peu importe d'ailleurs la nature du processus morbide, ici, comme pour toutes les questions de topographie cérébrale, c'est la notion de localisation précise qui domine tout.

F. Raymond a nettement démontré que les mouvements choréiformes, pré ou post-hémiplégiques, relevaient de la destruction du quart postérieur de la capsule interne et aussi des altérations intéressant les ganglions centraux (corps optostriés). Il a même précisé davantage et montré qu'il fallait de toute nécessité, pour produire le phénomène, qu'il y eût atteinte de cette portion exactement limitée à l'union du tiers postérieur et des deux tiers antérieurs du segment postérieur de la capsule interne, point qui répond au passage des faisceaux sensitifs ganglionnaires et corticaux.

Au point de vue de l'interprétation physiologique, il semble qu'il doive y avoir là, soit une irritation des éléments centripètes aboutissant à une réaction des centres moteurs, ce qui nous conduit à l'hypothèse d'un processus *réflexe*, soit une modification d'un centre *coordinateur* (ganglions) dont l'existence reste à démontrer.

2° *Chorées de l'hystérie.* — Pour certains auteurs, l'hystérie devrait pouvoir rendre compte de tous les phénomènes choréiques, affirmation qui, pour être prouvée, nous entraînerait à l'étude préalable de l'hystérie elle-même. Nous montrerons ailleurs que cette névrose ne saurait fournir l'explication d'un grand nombre de modalités cliniques de chorée qui échappent entièrement à son influence. Pour le physiologiste, il reste ce fait intéressant que l'auto-suggestion, qui paraît être le principe dominant de l'hystérie, peut réaliser, au nombre de ses manifestations inhibitoires, les troubles moteurs les plus variés, et parmi eux les divers mouvements choréiques ou choréiformes.

b. **Chorées dites essentielles ou névroses motrices.** — Parmi celles-ci, à côté des tics, qui ne rentrent pas dans notre description, à côté de la chorée proprement dite, se place un groupe d'affections, dénommées chorées fausses ou mieux *myoclonies*.

1° *Fausses chorées ou myoclonies.* — « On doit donner ce nom à l'ensemble des états morbides plus ou moins permanents caractérisés par des contractions forcées, brusques, incoordonnées, à répétition rapide, rythmiques ou arythmiques, avortées ou suivies d'un déplacement effectif, occupant toujours les mêmes parties ». Leur intensité est variable, d'où les types *clonique, tonique, tétanique* et *fibrillaire*. La volonté peut les arrêter; ou, ce qui est plus exact, les mouvements volontaires font cesser les convulsions dans le membre qui agit volontairement.

On n'a pas jusqu'ici de renseignements anatomiques sur ces myoclonies. L'association clinique dans un cas de l'atrophie musculaire progressive se montrant au cours d'un myoclonus initial, a conduit à l'hypothèse d'une lésion organique succédant à une lésion dynamique : les cellules d'abord simplement irritées (paramyoclonus) en seraient arrivées à la dégénération (atrophie musculaire).

Pour Vanlair, le siège de la lésion pathogène du myoclonisme réside principalement dans l'axe médullo-bulbaire, bien que le cerveau ne soit pas étranger à sa production. Reste à savoir si la lésion spasmogène se cantonne ou non dans un ou plusieurs segments particuliers du névraxe et, dans l'affirmative, quelle est la position occupée par eux. Au cerveau, il y a tout lieu de supposer que la couche corticale est en cause c'est la seule région dont la lésion ait pu faire apparaître des mouvements de ce genre. Dans l'axe médullaire, aucun segment ne paraît être indemne, puisque les convulsions peuvent être généralisées. La lésion affecte toutefois une prédilection pour les renflements : ce sont plutôt les centres propres à chaque muscle que les centres de coordination qui sont lésés.

En ce qui concerne le mécanisme des mouvements, Friedreich pensait qu'il s'agissait seulement de décharges dues à l'irritation excessive des cellules. Mais comment expliquer alors que les irritations intenses arrêtent et que les excitations légères provoquent les spasmes : Vanlair et Masius ont proposé une interprétation basée sur la connaissance de l'inhibition. Les muscles antagonistes sont innervés par deux groupes de ganglions qu exercent l'un sur l'autre une action empêchante. Lorsque l'irritation est faible, un seul de ces groupes fonctionne; si l'irritation est forte, le deuxième groupe entre alors en jeu, et suspend le fonctionnement du premier. La forme des contractions s'expliquerait ainsi par l'action de ces groupes dynamogènes et inhibiteurs. L'irritation du groupe dynamogénique tendrait à produire une contraction soutenue et l'intervention du groupe inhibiteur enrayerait cette tendance.

Signalons pour pure mention la *chorée électrique de* BERGERON-HENROCH, syndrôme spécial à la deuxième enfance, qui ressortirait d'après les modernes à une pathogénie comparable à celle de la tétanie, et serait la manifestation d'un système nerveux altéré par des substances toxiques d'origine gastrique.

La *chorée électrique de* DUBINI, qui est peut-être sous la dépendance d'une lésion des centres nerveux : myélite, méningo-myélite, ou d'une encéphalite, ou de modifications cérébro-spinales.

2° *Chorée essentielle, vraie, gesticulatoire. Chorée de* SYDENHAM. — [Pour l'interprétation physiologique de cette variété de chorée, nous ne possédons encore aujourd'hui aucun élément de certitude : l'anatomie pathologique n'a donné jusqu'à ce jour que des résultats négatifs. Aussi les théories à son sujet, sûres de n'être pas réfutées définitivement, se sont-elles développées à l'envi et peu de questions sont aussi fournies que la chorée sur ce point.

Nous pouvons néanmoins les soumettre successivement toutes à la critique, en les ramenant à la théorie dite réflexe ou à la théorie de l'excitation intrinsèque des centres.

[Dans ce qui va suivre, nous supposons connues du lecteur les particularités cliniques de l'affection, d'après les traités de pathologie récents (BLOCQ. *Traité de médecine*, VI, 1207 et suiv. — TRIBOULET. *Th.* Paris, 1893, 11-27).]

A. Théorie réflexe de la chorée. — I. Physiologie symptomatique. — Ramenée à ces termes principaux, la théorie réflexe sous-entend :

Une irritation nerveuse périphérique centripète, — d'où une excitation centrale, — aboutissant à une décharge centrifuge : le désordre moteur.

L'irritation périphérique peut être due à des points de départs multiples :

Sternalgie[1]; troubles gastro-intestinaux (saburre, vers, obstruction); dentition difficile; irritation de l'endocarde (BRIGHT); troubles génitaux. Pour tous ces cas, le grand sympathique serait en cause. Voici des faits où les nerfs de sensibilité générale interviennent : corps étranger du doigt, point de départ d'accidents convulsifs réflexes que l'extirpation a fait cesser, irritations nasales (trijumeau), fatigue due aux efforts répétés d'accommodation chez les enfants hypermétropes. On peut rapprocher de tout ceci les faits où des mouvements convulsifs succèdent à l'irritation pleurale (thoracentèse, injections), accidents que GILBERT et ROGER ont obtenus expérimentalement. Enfin, il est indispensable de rappeler qu'il existe des points douloureux sur le trajet des nerfs périphériques, points dont la pression active l'intensité du mouvement choréique. Il serait du plus haut intérêt de rechercher sur les nerfs périphériques une modification anatomique pouvant nous donner explication de ce détail. Mais trouverait-on même cette altération supposée que la théorie réflexe serait encore insuffisante pour faire comprendre toutes les particularités de la chorée. Cette théorie suffirait s'il s'agissait exclusivement du désordre moteur (folie musculaire) : une irritation incessante du système centripète expliquant un désordre parallèle de l'élément moteur; la théorie expliquerait encore les anomalies du réflexe tendineux. Mais comment expliquerait-elle les divers degrés de parésie si l'élément sensitif seul est en jeu; comment, enfin, par ces désordres périphériques expliquer les troubles psychiques?

L'exposé symptomatique montre que la chorée, pouvant intéresser le système moteur de la vie de relation, le système à fibres lisses, le système sensitif et le système psychique, se comporte comme une maladie de toute la substance nerveuse. « Si, dit LEYDEN, on ne veut pas admettre une affection générale de tout le système nerveux, il est certainement vraisemblable de considérer les centres coordinateurs (cerveau) comme le siège de la maladie. »

1. Il s'agit probablement de la coïncidence d'une *aortite*.

B. Théorie centrale de la chorée. — Elle invoque une altération des centres, soit matérielle, soit dynamique. C'est-à-dire soit une ou plusieurs lésions (*théorie anatomique*), soit un trouble fonctionnel (*théorie nerveuse*).

a. **Théorie anatomique.** — L'anatomo-pathologiste s'occupe de deux choses : il cherche à localiser la lésion; d'autre part, il la définit. Pour le physiologiste, nous le répétons, peu importe la nature du processus; sa localisation est tout. Dans ce sens, on a signalé des altérations médullo-méningées, des modifications de l'écorce, et surtout des lésions des ganglions centraux.

Prise séparément, aucune de ces localisations ne peut servir à élucider entièrement la physiologie pathologique de l'affection : avec la localisation médullo-méningée, on n'explique pas les troubles corticaux (phénomènes psychiques); avec la localisation corticale, on laisse inexpliqués les troubles médullaires réflexes (parésie, paraplégie, amyotrophie). Anatomiquement intermédiaires à la moelle et à l'écorce, les ganglions centraux devaient naturellement s'offrir comme un terrain de transition pour un essai de localisation en chorée; nous avons déjà parlé des travaux de Raymond pour expliquer l'hémichorée des paralytiques; on connaît aujourd'hui un certain nombre de faits dans lesquels des troubles spéciaux du mouvement (tremblement, ataxie) ont été placés nettement sous la dépendance des lésions des corps opto-striés. Mais avec la localisation ganglionnaire opto-striée, on n'explique ni les troubles de réflectivité franchement médullaire, ni la couleur provoquée, non plus que les troubles psychiques.

Retenons encore ceci, c'est que, dans la plupart des observations invoquées, on signale des lésions durables, sinon même définitives et progressives, ce qui va à l'encontre de cette donnée banale de la clinique, la disparition du mouvement anormal par guérison pour toutes les chorées vraies.

b. **Théorie nerveuse. Trouble fonctionnel.** — En l'absence de documents anatomo-histologiques, la physiologie peut toutefois interpréter la plupart des particularités de la symptomatologie.

1° *Mouvement anormal.* — La secousse choréique répond à une modification quelconque des cellules des cornes antérieurs de la moelle, et de leurs analogues dans le bulbe.

Normalement, la cellule motrice, sous l'influence de la volonté ou des incitations réflexes (excitant naturel), réagit par un mouvement *normal*. S'agit-il donc dans la chorée d'une maladie de la volonté ou d'une altération pathologique des réflexes?

Un trouble de la volonté ne saurait expliquer la chorée, comme le voulait Sturges. Pour cet auteur, « la chorée pourrait dépendre d'une modification psychologique persistante, après une émotion par exemple, puisque l'agitation et l'incoordination motrice se lient fréquemment à toute excitation psychique ». Hypothèse facile à rejeter, puisqu'elle néglige toute la physiologie médullaire, si importante dans la chorée.

Nous avons déjà dit ce que nous pensions de la théorie réflexe pour laquelle une incitation anormale centripète commanderait une réaction centrifuge. Mais cette théorie suppose précisément un état d'intégrité indispensable des cellules des cornes antérieures, ce qui va à l'encontre des troubles parétiques et trophiques que nous avons signalés.

C'est en raison de ces objections que nous avons été conduit à localiser sur les centres mêmes les modifications nerveuses qui doivent expliquer les particularités de la chorée. Ceci admis, il reste à pénétrer la nature intime du phénomène : la secousse choréique est-elle une convulsion, c'est-à-dire le résultat d'une excitation, comme le disait Sydenham? ou bien n'est-elle que la conséquence d'une faiblesse paralytique, comme le pensait Bouteille? *Adhuc sub judice lis est :* Voici ce qu'on a dit à ce sujet :

« Il s'agit du défaut ou de la faiblesse de l'action inhibitoire de la moelle qui n'exerce plus son contrôle habituel sur les cellules motrices spinales. Les décharges intermittentes qui représentent les mouvements choréiques seraient dus : 1° à la tendance naturelle des cellules à se décharger rythmiquement; 2° au trouble de l'inhibition de la moelle qui, à l'état normal, prévient ces décharges rythmiques. On comprend ainsi que les mouvements ne déterminent pas de fatigue appréciable, puisqu'ils se font sans l'intermédiaire de la volonté (H.-C. Wood). »

Pour nous, nous demanderons à l'étiologie, ainsi que nous l'exposerons plus loin, une explication des faits; mais, en attendant, nous pouvons dire que le mouvement anormal n'implique nullement l'idée d'une force nouvelle acquise par la cellule; au contraire, celle-ci est affaiblie, car le dynamomètre indique pour le membre agité un affaiblissement musculaire, et la faiblesse peut s'accroître jusqu'à la parésie.

2° *Sensibilité.* — Il y a aussi modification des cellules sensitives sous forme d'une dépression fonctionnelle qui peut aller jusqu'à l'engourdissement total. L'anesthésie à des degré divers est la règle. Si, d'autre part, nous nous rappelons l'existence de la douleur provoquée des nerfs, nous nous trouvons en présence d'un de ces faits, en apparence paradoxaux, mais bien connus d'ailleurs, d'anesthésie douloureuse au cours d'une névralgie.

3° *Réflexes tendineux.* — Les modifications du *réflexe tendineux* s'expliquent bien encore par perturbations cellulaires motrices et sensitives. Nous l'avons vu comprendre : une première phase centripète lente, très lente même parfois; une deuxième phase brusque, et parfois prolongée.

La première phase de lenteur répond à l'inertie cellulaire sensitive, d'où le retard apporté par l'excitation pour parvenir à l'élément moteur; inerte lui-même, et lent à réagir.

Mais, quand il est suffisamment touché, cet élément moteur mal pondéré réagit brutalement, d'où la deuxième phase : brusquerie. Si l'excitation est plus forte (elle semble s'accumuler), la réaction est prolongée (steppage).

Il est aisé de comprendre, en outre, pourquoi, l'élément moteur étant touché au point de faire la paralysie, le réflexe s'abolit alors; comment, d'autre part, ce réflexe réapparaît avec la motricité, etc.

4° *Troubles psychiques.* — Pour les troubles psychiques, il faut naturellement invoquer la localisation corticale, mais il s'agit nettement encore de dépression plutôt que d'excitabilité : l'affaiblissement de la mémoire et de l'intelligence est constant; par contre, le délire d'action est tout à fait exceptionnel.

Tout ce qui précède tend à prouver la prédominance de l'élément paralytique, et le mouvement choréique se présenterait donc comme une convulsion de faiblesse. Toutefois il est permis de se demander si les deux éléments, dépression et excitation, ne se trouvent pas mélangés, étant donnée l'action sédative d'anesthésiques et de calmants, naturels comme le sommeil, artificiels comme le chloral, l'antipyrine, etc. Mais, ce qui est moins compréhensible, c'est la cessation sous l'influence de certaines maladies fébriles intercurrentes; et pour permettre une explication de ce détail, et de bien d'autres, il faut encore chercher ailleurs. Le physiologiste doit demander de nouveaux arguments à des données jusqu'ici négligées par nous, celles de l'étiologie,

II. Physiologie étiologique. — Il est une notion qui domine tout, c'est celle de l'âge des sujets atteints; la chorée est une affection des sujets jeunes, et d'une façon générale, des sujets en voie d'accroissement physiologique. Cette notion de la *prédisposition* par l'âge est une constatation qui s'impose, sans pouvoir être expliquée scientifiquement : elle repose sur ce fait que des influences extrinsèques analogues se retrouvent chez des sujets plus âgés, sans entraîner les mêmes conséquences morbides; il s'agit, comme le pense Joffroy, de conditions physiologiques momentanées qui répondent à l'*évolution* organique nerveuse; mais nous n'aurons une appréciation exacte de ce terme qu'au jour où la physiologie nous aura démontré ce que vaut, fonctionnellement parlant, un élément nerveux à un moment donné de son développement.

Il faut également invoquer la valeur intrinsèque du système nerveux, souvent modifié par une hérédité similaire ou non.

Donc, avant tout, *prédisposition par l'âge et par l'hérédité nerveuse.* Il s'y joint fréquemment un état prononcé d'anémie auquel on a attribué une influence pathogénique, mais qui, à bien voir, n'est que la conséquence d'un état infectieux préalable.

Maintenant, étant donné un individu prédisposé, comment le trouble fonctionnel va-t-il surgir?

Pour les uns, en raison de l'instabilité nerveuse du prédisposé, il suffit d'une influence extrinsèque quelconque (émotion ou maladie) pour mettre en jeu le fonctionnement morbide; et il s'agit simplement alors d'une déviation fonctionnelle, d'une névrose.

Pour d'autres, profitant bien encore de la vulnérabilité des éléments nerveux, l'influence extrinsèque agit par elle-même, comme quelque chose de surajouté, modifiant momentanément les élément nerveux, mais sans les compromettre définitivement, et en permettant toujours leur *restitutio ad integrum*, ainsi que le veut l'évolution clinique.

a. **La névrose.** — Une théorie de la névrose ne doit pas se discuter, puisqu'il s'agit d'un terme de convention dont l'élasticité même doit se prêter à toute exigence nouvelle de la description.

« On est convenu de donner le nom de *névroses* à des états morbides, le plus souvent apyrétiques, dans lesquels on remarque une modification exclusive, ou au moins prédominante de l'intelligence, de la sensibilité, de la motilité, ou de toutes les facultés à la fois, états morbides qui présentent la double particularité de pouvoir se produire en l'absence de toute lésion appréciable, et de ne pas entraîner par eux-mêmes des changements profonds et persistants dans la structure des parties. » (AXENFELD et HUCHARD.)

Cette définition s'applique à toute la description symptomatique de la chorée. Si l'on ajoute cette notion incontestable que la chorée se montre chez des sujets en voie de modifications encore inexpliquées, mais réelles et incessantes de tout leur axe nerveux, on arrive à la définition complétée par JOFFROY de : *névrose cérébro-spinale d'évolution*.

Si l'on s'en était tenu là, on pouvait accepter cette définition paraphrasée de la chorée, qui ne nous apprend rien qu'on ne sache déjà à son sujet, mais qui ne comporte aucune erreur. Toutefois, voici que certains auteurs font rentrer la chorée dans l'hystérie; or ceci n'est plus acceptable. L'hystérie fait passer les sujets de la convulsion à la contracture, à la névralgie, etc. Affectant tous les types, forte ou faible, elle apparaît soudainement dans ses manifestations, elle peut disparaître aussi brusquement, pour réapparaître aussitôt, soit sous la même forme, soit sous une autre (transferts). Dans la chorée, que voyons-nous? une marche cyclique (début progressif, période d'état, déclin progressif). S'il y a complication d'état paralytique, ce n'est pas dans un ordre indifférent, fréquemment interverti, comme dans l'hystérie; la paralysie suit toujours le mouvement anormal. Où sont les contractures hystériques, où sont les attaques qui ne sauraient manquer chez un sujet touché nerveusement comme l'est le choréique? Enfin, quand un choréique est débarrassé de sa parésie et de ses mouvements, il est guéri; quels sont, chez lui, les stigmates d'hystérie?

Aux partisans de la névrose, comme à ceux de la théorie anémique, il faut rappeler le sort d'interprétations semblables pour le tétanos, et pour la diphtérie, il y a quelque vingt ans : le tétanos était une névrose, et la paralysie diphtérique relevait de l'asthénie de convalescence. Les deux syndromes s'expliquent aujourd'hui par la notion précise d'une diffusion d'agents toxiques venant imprégner les centres nerveux.

Ce qu'on a fait pour ces affections à microbes spécifiques, il nous a paru intéressant de le tenter pour la chorée. Nous nous sommes demandé pourquoi des intoxications d'origine microbienne faisant fréquemment ¦des paralysies transitoires, avec guérison consécutive, ces mêmes intoxications ne feraient pas bien, chez des prédisposés, du mouvement convulsif *spécial*, surtout alors que celui-ci s'accompagne si souvent de désordres parétiques, ainsi qu'on le voit pour la chorée, affection transitoire, suivie, elle aussi, de guérison?

b. **Théorie de l'infection.** — Les constatations précises et définitives qui concernent la diphtérie et le tétanos ont paru à juste titre un idéal pour les pathologistes, et on s'est efforcé de retrouver chez le choréique un agent *spécifique*. Les observations sont peu nombreuses et fort discutables. On a dit : « La chorée est une maladie infectieuse, très voisine du rhumatisme, analogue à l'impaludisme. »

« Dans une autopsie, on aurait trouvé, dans les méninges hémorragiées comme sur l'endocarde, un *Cladothrix* qui serait l'agent pathogène. »

PIANESE de Naples a rapporté les faits suivants :

« Dans une autopsie de chorée de SYDENHAM, j'ai réussi à isoler un microbe particulier, en forme de bâtonnet droit. Ce microbe se cultive aisément sur gélatine peptonisée. Ses inoculations aux animaux donnent des résultats positifs, à condition d'être pratiquées dans le cerveau, dans la moelle, dans la muqueuse nasale, ou dans la chambre antérieure de l'œil. Les animaux ainsi inoculés deviennent d'abord apathiques, puis ils sont pris d'un tremblement léger et finissent par succomber; la mort est précédée de mouvements convulsifs. Des organes nerveux centraux de ces animaux j'ai pu obtenir des cultures pures du même microbe qui avait servi pour les inoculations. La chorée paraît donc être de nature infectieuse microbienne. En partant de cette hypothèse, j'ai essayé de traiter plusieurs chorées de Sydenham par le salol, à la dose de 4 à 6 grammes par jour. Les résultats ont été favorables.

J. Mircoli a signalé à plusieurs reprises la présence de staphylocoques et de streptocoques dans le système nerveux, en particulier dans certains cas de chorée.

Dans deux observations personnelles, les cultures faites avec la substance nerveuse sont restées stériles; par contre, le sang, dans les deux cas, nous a fourni du staphylocoque. Sur le vivant, l'examen du sang est rarement positif (deux faits sur huit observations), et pourtant, ainsi que nous l'avons démontré, il existe chez les choréiques bon nombre de stigmates d'infection (fièvre, endocardite, poussées fluxionnaires articulaires, etc.)

A côté de ces éléments se rassemblent toutes les constatations cliniques qui montrent, dans plus de moitié des observations, une maladie infectieuse, spécifique ou non, ayant précédé d'assez près le désordre nerveux. On sait la fréquence du rhumatisme en particulier.

Ce qui reste, après examen des observations publiées, c'est l'extrême variété des infections rencontrées à l'origine de la chorée, et, en opposition avec ces données vagues autant qu'étendues, le peu de notions précises sur la physiologie pathologique des agents infectieux.

Quand, sur le vivant, ou sur le cadavre, on trouve quelques microbes, ce sont des cocci dont la banalité fait mettre en doute la valeur pathogénique. Eh bien! ces données qui sont les seules, acceptons-les, et voyons comment nous en servir pour l'application des phénomènes choréiques.

Nous avons déjà parlé de l'action possible du streptocoque sur l'axe gris médullaire, à propos de l'expérimentation. Nous l'avons vu faire lésion durable sur l'animal; mais il n'en est pas d'un enfant, se défendant *progressivement* contre l'intoxication à doses fractionnées, avec ses éléments humains, comme d'un animal de laboratoire, violenté par des doses plus ou moins massives. Et, pour nous, qui admettons la prédisposition d'évolution, la résistance vitale individuelle, variable avec l'âge, comme aussi la question des doses relatives, ou de virulence, pourrait nous expliquer, comment un enfant, tout jeune devient paralytique (atrophie musculaire par lésions durables), sous les mêmes influences qui, plus tard, en feront un choréique (lésions passagères curables).

Pour des cocci pyogènes, il y a encore à invoquer une action toxique possible dans le sens indiqué par Courmont : Dans une note sur la toxicité des produits solubles du staphylocoque pyogène, « je viens, dit cet auteur, d'étudier avec Rodet les produits solubles du staphylocoque pyogène : nous avons dissocié, au moyen de l'alcool, ces produits, et nous avons étudié séparément l'action des produits précipités par l'alcool, et celle des produits solubles dans l'alcool. Les premiers déterminent sur le chien et le lapin une dyspnée excessive, une élévation de la pression artérielle, et une excitabilité exagérée du système nerveux qui se traduit par des secousses vasculaires, des mouvements choréiformes, et des contractures pouvant se généraliser, et revêtir complètement l'aspect du strychnisme. Ces accidents se terminent par la mort, qui, chez le chien, a lieu, en général, au bout de deux heures.

« Les substances solubles, au contraire, inoculées aux mêmes animaux, donnent lieu à des phénomènes inverses : ralentissement de la respiration et du cœur, relâchement du système musculaire, somnolence pouvant aller jusqu'à la stupeur, anesthésie cornéenne, etc. Les animaux meurent comme à la suite d'une intoxication par un anesthésique. La dissociation par l'alcool permet donc de distinguer dans les cultures du staphylocoque pyogène deux espèces de substances toxiques, différentes, aussi bien au point de vue physiologique qu'au point de vue chimique.

« Les poisons microbiens sont donc multiples, et doués de propriétés souvent antagonistes, ce qui empêche leur action de se manifester nettement quand on les injecte en bloc. »

Tout ce qui précède nous a permis de formuler antérieurement des conclusions qui sont à reproduire ici : *La théorie microbienne spécifique n'est pas prouvée bactériologiquement, et contredit le fait de la variabilité étiologique qui domine en chorée.*

L'allure spéciale de l'affection ne lui vient d'aucun microbe spécifique; elle peut dépendre d'agents infectieux divers. Cette notion d'une infection antérieure permet de comprendre les troubles nerveux choréiques comme résultant d'une intoxication; supposition que ne vient combattre aucune donnée positive, et que les recherches physiologiques actuelles sur les intoxications nerveuses produites par les poisons microbiens viennent pleinement corroborer.

Ce qu'il importe d'affirmer, c'est que l'infection n'aura cette détermination nerveuse que chez les *prédisposés* (hérédité, évolution).

Ces prémisses étant posées, il reste à expliquer la pathogénie des phénomènes choréiques à la faveur des arguments précités. Nous en trouvons l'interprétation textuelle dans les lignes suivantes :

« Que la maladie aiguë fasse du patient un inconscient, un délirant, un convulsionnaire, un débile, un parétique, les procédés qu'elle emploie sont, au fond, à peu près les mêmes : l'organe et la fonction troublée font la différence.

« Les prédispositions, âge, conditions vitales (croissance), les influences pathogènes qui préparent le sol, et sur ce terrain un agent morbigène à affinités spinales a beau jeu.

« Il faut, pour que ces désordres se manifestent, un temps tel que les troubles moteurs, en germe au début de la pyrexie, n'apparaîtront qu'au début de la convalescence, ou même longtemps après celle-ci.

« Si l'on excepte la diphtérie dont les affinités semblent bien spinales, les autres maladies, si portées qu'elles soient à se servir de procédés spinaux paralysigènes, savent en mettre facilement d'autres en jeu (prédominances cérébrales de la scarlatine, de l'érysipèle).

Pour la pathogénie, LANDOUZY, avec VULPIAN, parle « *d'une imprégnation rhumatismale spinale.* »

« Les agents morbides (miasmes, virus, matière septique) s'incorporant aux éléments anatomiques, n'exercent-ils pas, comme les poisons, des modifications d'ordre physicochimique incompatibles avec l'exercice de ces éléments? ce principe morbide ne peut-il pas être le point de départ d'une perversion nutritive; dans certains cas d'un travail inflammatoire; dans d'autres, de troubles fonctionnels dont la durée sera proportionnelle au temps que l'organisme mettra à reprendre possession de lui-même, et à se débarrasser de cette imprégnation délétère? »

Est-il rien à changer à cela aujourd'hui même? Parlons d'imprégnation par les poisons solubles, et, pour ce qui a trait à la chorée, faisons l'imprégnation cérébro-spinale et nerveuse, et nous voyons que se trouvent alors expliquées toutes les particularités de l'état choréique par la cause étiologique dominante, une infection.

Quelle hypothèse, mieux qu'une diffusion de substances toxiques, peut nous expliquer la diversité des symptômes observés? Leur action sur toute la substance nerveuse fait la multiplicité des désordres : la secousse choréique répond à l'intoxication des cellules des cornes antérieures; les troubles de sensibilité à l'imprégnation des éléments sensitifs (nerfs périphériques, cordons postérieurs, et cellules des cornes postérieures) les désordres psychiques à une modification des cellules corticales.

Ces agents toxiques sont vraisemblablement quelconques : ils ne rappellent pas leur action, ni les poisons végétaux (strychnine) ou microbiens (tétanos) qui font la convulsion tonique; ils diffèrent des poisons de l'urémie qui (quelques-uns, du moins) font peut-être la convulsion clonique par accès, et se séparent aussi des poisons qui font d'emblée la paralysie (diphtérie). Pour interpréter d'une façon précise la pathogénie de la chorée, il faudrait, par l'expérimentation sur des microbes connus d'une infection préchoréique, déceler l'existence d'un poison convulsivant et d'un poison paralysant, combinés dans les cultures et pouvant s'isoler dans l'organisme comme ils le font artificiellement (d'après les expériences de COURMONT).

Toutefois, en dehors même de cette démonstration définitive encore attendue, il est aisé de se rendre compte qu'un poison microbien, même banal, touchant la cellule motrice[1], celle-ci réagisse. La gêne se traduit par la seule expression au pouvoir de l'orga-

1. Prédisposée par son hérédité et son évolution.

niste, le mouvement. Et ce mouvement de cause *extrinsèque, variable, brutale* (un poison) est forcément *involontaire, irrégulier, imprévu*. Ce mouvement ne veut pas dire, d'ailleurs, que la cellule ait acquis une nouvelle force, au contraire, il y a affaiblissement musculaire (mesuré au dynamomètre), et, si la dose toxique augmente, c'est la paralysie vraie qui se montre. C'est si bien une question de proportions toxiques, que nous ne voyons pas la paralysie se montrer indifféremment dans tous les cas. Il faut une intoxication profonde, et les accidents parétiques surviennent d'autant plus vite, et d'autant plus accusés que la folie motrice était plus prononcée.

La diffusion de l'agent toxique nous explique la possibilité des localisations les plus rares (larynx, langue, cœur, iris). Puisque toutes les cellules peuvent être touchées, toutes les manifestations sont possibles.

Le désordre cardiaque n'entraîne pas la mort subite (fait qui répond au caractère de superficialité des altérations qui domine dans la chorée).

Pour la même raison, l'atrophie musculaire n'est pas durable; l'anéantissement de la fonction trophique, tout momentané, en permet la récupération facile.

Nous avons déjà signalé le fait de l'influence des affections fébriles sur le mouvement choréique; les cliniciens ont remarqué que, suivant telles ou telles circonstances accessoires se justifie ou non l'adage : *febris accedens spasmos solvit*. A notre avis, il n'est peut-être pas de question en chorée où la notion de l'infection portera plus de lumière. Nous avions été frappé de ce fait que la diphtérie, si fréquente dans l'enfance, n'est pas signalée parmi les antécédents immédiats du choréique (un seul cas douteux, 1875). La chose s'explique-t-elle par la nature même du poison dipthérique qui paralyse brutalement? Y a-t-il là un antagonisme toxique? Nous n'osons pas nous prononcer au sujet des autres maladies infectieuses, mais nous croyons avoir remarqué que la grippe, que la rougeole (affections qui paraissent avoir tant d'affinités avec la septicémie à streptocoque), que l'érysipèle surtout, ont déterminé une recrudescence toute particulière. Évidemment, l'avenir de la question appartient à l'étude des poisons microbiens qui, seuls, après élimination définitive, ou par un antagonisme à constater, peuvent *solvere spasmos*.

Voici bien des arguments en faveur de la théorie infectieuse; permettent-ils une conclusion ferme? Peut-on poser une loi définitive? Assurément non.

Nous avons dit ce que devait expliquer une théorie de la chorée; nous avons fait voir que la donnée de l'infection, plus qu'aucune autre interprétation, répondait au maximum des points obscurs à éclaircir. Mais avons-nous établi autre chose qu'une hypothèse?

On parle aisément aujourd'hui de l'infection; mais, si l'on invoque le terme, encore faut-il par des preuves palpables en donner une justification précise pour tous les cas; et le succès de certaines recherches microbiennes spécifiques est de nature à rendre exigeant. Or, dans notre cas, malheureusement, il ne s'agit nullement de spécificité microbienne, et de là vient toute la difficulté.

Sans doute, il serait tout à fait convaincant de retirer de l'organisme des choréiques un microbe toujours le même qui, cultivé et inoculé aux animaux, pût reproduire le désordre choréique. C'est un succès qu'avait fait espérer PIANESE de Naples; mais nous ne pouvons accepter de semblables conclusions puisque l'exposé étiologique montre avant tout la variété extrême des infections causales. Ce qui est spécifique, c'est l'état momentané du sujet (âge); c'est aussi son avoir particulier (hérédité nerveuse). Sur un terrain ainsi préparé, disons-nous toujours, bien des états infectieux peuvent agir pour produire la chorée. Mais, même acceptée dans son sens le plus large, la notion d'infection reste encore difficile à *prouver*.

Il s'agit dans l'étiologie d'affections à microbes inconnus encore, fièvres éruptives le plus souvent, auxquelles se surajoutent fréquemment des associations microbiennes diverses (cocci). Ceux-ci se retrouvent seuls dans les recherches bactériologiques.

Existe-t-il réellement en circulation chez le choréique des poisons microbiens? Quelle est leur nature? Quelle est leur toxicité? Qu'est-ce en physiologie générale que le mouvement choréique? Quelle est cette convulsion? Quels sont les agents pathogènes à toxine convulsivante? Tout ce qu'on sait se réduit aujourd'hui aux travaux de COURMONT et de ROGER, travaux dont nous avons parlé.

Pour les affections dont le parasite est trouvé, il reste à faire, à notre point de vue, une étude des conditions biologiques du microbe (sécrétions des poisons, par exemple).

Aussi ne peut-on rien fixer sur le temps écoulé entre l'infection microbienne et l'action du poison; peut-être y a-t-il des accumulations toxiques destinées à une évacuation progressive, sans réaction apparente; l'élimination lente peut être tout à coup brusquée par des perturbations organiques, d'où les accidents aigus.

De même le temps de l'action du poison est-il indéterminable, comme aussi sa nature (convulsivante ou paralysante), tant que l'expérimentation ne nous aura pas renseignés (sans doute différences d'action des poisons scarlatineux, rubéolique, typhique, pneumonique, etc.). Peut-être aussi y a-t-il en matière toxique des antagonismes encore inexpliqués (rougeole, diphtérie).

Malgré ces restrictions, nous devons accepter comme actuellement plus satisfaisant qu'aucun autre cet essai d'explication physiologique du symptôme chorée. Celui-ci se présente comme la conséquence d'une lésion anatomique définitive chez l'animal pour tous les cas, pour quelques variétés bien spéciales seulement chez l'homme; comme vraisemblablement lié à l'imprégnation passagère des cellules motrices des centres par un élément toxique dans la vraie chorée. Et, dans les deux cas, c'est l'infection acceptée dans sa conception la plus large qui paraît commander l'évolution des phénomènes.

Bibliographie. — VERHEYEN. *Chorée des animaux* (*Arch. belges de médecine*, 1858, 258). — LEGROS et ONIMUS. *Nature réflexe de la chorée du chien* (*Journ. de l'anat. et de la physiol.*, 1870, 403). — RAYMOND. *Thèse*, Paris, 1876 et *Dict. encycl. des sc. méd.*, art. « Chorée », 400 et suiv. — LEYDEN. Art. « *Chorée* » (*Tr. clin. des mal. de la moelle*, édit. 1879, 87). — LANDOUZY. *Paral. dans les mal. aiguës* (*Th. agrég.*, 1880). — FRIEDREICH. *Paramyoclonus multiplex* (*Virchow's Archiv*, LXXXVI, 1881). — QUINCKE. *L'expérimentation dans la chorée des animaux* (*Arch. für exper. Path.*, 1885, résumé in *R. S. M.*, XXVII, 31). — WOOD. *The basal pathology of chorea* (*Med. News*, 1885, 615). — MARIE. *Paramyocl. multiplex* (*Prog. méd.*, 1886, nos 8 et 12). — BALZER, in CADET DE GASSICOURT. *Anat. path. de la chorée* (*Tr. clin. mal. de l'enf.*, II, 1887, 247). — VANLAIR. *Des myoclonies* (*Rev. de méd.*, 1889, nos 2 et 3). — JACQUET et LEGRAIN. *Rech. bactér. sur la chorée des animaux* (*Rec. de méd. vétér.*, 1890). — FRIEDBERGER et FRÖHNER. Art. « *Chorée* » (*Path. spéc. des animaux*, II, 135). — PIANESE. *Sur la nature microb. de la chorée* (*Communic. au Cong. de Rome*, 1891, résumé in *Sem. méd.*, 28 oct. 1891). — BLOCQ (P.). Art. « *Chorée* » (*Tr. de méd.*, VI, 1208, 1263 et suiv.). — COURMONT. *Action des prod. solubles du staphyl. pyogène* (*B. B.*, 23 janv. 1892). — TRIBOULET (H.). *Sur un cas de chorée expérim. chez le chien* (*B. B.*, 15 avril 1892). — TURNER (CH.). *Lésions des cell. pyram. de la subst. corticale dans la chorée* (résumé in *Bull. méd.*, mai 1892). — WOOD. *Chorea (etiology)* (*Journal of nerv. and mental dis.*, 1893, n° 4, 241). — TRIBOULET (H.). *Pathogénie de la chorée* (*Th. Paris*, 1893). — CONTEJEAN (CH.). *Inhibition d'un réflexe médullaire, par l'écorce cérébrale de la zone motrice* (*A. P.*, mai 1895, I, 542). — BROCA (A.) et RICHET (CH.). *Période réfractaire dans les centres nerveux* (*C. R.*, 18 janv. 1897).

                                                                    H. TRIBOULET.

CHORIONINE. — Substance analogue à la kératine, extraite par TICHOMIROFF de l'œuf du *Bombyx mori* (*D. W.*, (2), 1109).

CHOROÏDE. — La choroïde est cette partie de la tunique moyenne de l'œil qui est située au niveau de la rétine nerveuse. Au devant de la choroïde, la tunique moyenne de l'œil constitue le corps ciliaire.

Physiologiquement parlant, la *choroïde humaine* doit être envisagée aux points de vue suivants : *a*) comme membrane vasculaire, nutritive ; *b*) comme membrane pigmentée, absorbant la lumière ; *c*) en tant qu'elle intervient dans l'accommodation ; *d*) en tant qu'elle agit sur le tonus oculaire, la pression intra-oculaire et intervient dans la circulation de la lymphe intra-oculaire *e*). Au point de vue de la *physiologie comparée*, la choroïde offre aussi des particularités curieuses.

Rôle nutritif. — La choroïde a un rôle important dans la nutrition de l'œil. Tout d'abord, il y a lieu de relever la richesse vasculaire extrême de la membrane. On peut même dire qu'elle est constituée presque exclusivement par les vaisseaux sanguins ; le peu de tissu interstitiel ne semble être là que pour relier entre eux les vaisseaux. La choroïde est en quelque sorte une nappe sanguine étalée au fond de l'œil, derrière la rétine. Cette richesse vasculaire n'est évidemment pas nécessitée par les besoins nutritifs de la membrane elle-même, qui ne renferme aucun foyer de combustion interstitielle intense ; elle ne renferme notamment ni glande, ni fibres musculaires (au moins chez l'homme). — La riche vascularisation de la choroïde n'est qu'un cas spécial d'une particularité très répandue dans l'œil (voyez Œil [nutrition de l']) : certaines parties (transparentes) de l'œil ne renfermant pas et ne pouvant renfermer de vaisseaux, leurs vaisseaux nourriciers sont relégués dans leur voisinage immédiat.

Or, au niveau de la choroïde, nous n'avons qu'un seul foyer de combustion organique, intense selon toutes les apparences, la rétine, ou plutôt les couches externes de la rétine. Chez tous les animaux, les couches externes de la rétine sont dépourvues de vaisseaux sanguins ; et chez la plupart, notamment chez nos grands animaux domestiques, la rétine est même totalement dépourvue de vaisseaux sanguins, au même titre que le vitréum, le cristallin et la cornée. De la richesse vasculaire de la choroïde, il est même permis d'inférer que la rétine doit avoir des besoins nutritifs très intenses, une vérité qui ressort du reste de faits nombreux d'ordres divers.

L'arrangement intime des vaisseaux choroïdiens démontre d'ailleurs à l'évidence qu'ils sont là pour les besoins nutritifs de la rétine. Il est connu en effet que c'est surtout dans les capillaires, et un peu dans les artérioles et les veinules, qu'ont lieu les échanges nutritifs entre le sang d'une part, le parenchyme de nos organes d'autre part. Or, dans la choroïde, les vaisseaux sanguins d'un plus fort calibre sont relégués dans les couches externes, les capillaires au contraire constituent à eux seuls une couche interne (chorio-capillaire) de la choroïde, située dans un contact très intime avec les cônes et les bâtonnets de la rétine. La chorio-capillaire présente d'ailleurs un réseau capillaire d'une richesse extrême, dont il n'y a guère d'exemple que dans les vésicules pulmonaires. — Vers la *fovea centralis*, dont les besoins nutritifs semblent être plus grands que ceux du restant de la rétine, le réseau capillaire de la choroïde est même sensiblement plus développé (NUEL) que partout ailleurs.

En fait de données physiologiques démontrant l'importance des vaisseaux choroïdiens pour la nutrition de la rétine, surtout des cônes et des bâtonnets, rappelons ici que le rouge rétinien se réforme aux dépens de matériaux provenant du côté de la choroïde. Mais le problème a été entamé encore plus directement par l'expérimentation. A la suite de la ligature d'artères ciliaires postérieures (destinées à la choroïde) isolées, chez le lapin, les bâtonnets du territoire ainsi privé de sang se détruisent très rapidement (WAGENMANN). Les mêmes expériences ont démontré ce fait assez inattendu que les artères choroïdiennes sont terminales, c'est-à-dire qu'elles ne communiquent ensemble que par leurs capillaires. — Enfin, il est d'observation constante que les maladies de la choroïde détruisent les cônes et les bâtonnets rétiniens au niveau des foyers malades.

La choroïde comme écran absorbant la lumière. — Si l'œil normal est dans une si large mesure une chambre noire, n'admettant l'accès de la lumière vers son intérieur qu'à travers la pupille, c'est en grande partie au pigment noir de sa tunique moyenne qu'il le doit ; pour l'autre partie, au pigment de l'uvée rétinienne. Le pigment choroïdien [est borné aux couches externes de la choroïde ; la chorio-capillaire en est dépourvue. Il y est déposé dans les cellules, plus ou moins ramifiées, du tissu conjonctif interstitiel.

Chez les animaux et les hommes albinotiques, dont l'œil est dépourvu de pigment, la lumière qui tombe sur l'œil en dehors de la cornée, notamment au niveau de la choroïde, pénètre par diffusion à l'intérieur de l'œil, dont elle éclaire uniformément le fond. Et c'est sur ce fond plus ou moins éclairé d'une manière uniforme que se forment les images des objets extérieurs, grâce aux rayons lumineux qui ont pénétré à travers la pupille. Il en résulte d'abord un certain degré d'éblouissement, sensible surtout lorsque la lumière solaire tombe directement sur l'œil. En second lieu, l'acuité visuelle est défectueuse, car le pouvoir de distinction de la rétine est dans une [large mesure en raison directe de la différence d'éclairage existant entre les images rétiniennes et les parties rétiniennes voisines. Cette acuité est la plus forte lorsque le fond rétinien est absolument obscur, c'est-à-dire lorsque l'œil réalise complètement le principe de la chambre noire.

Une troisième conséquence de l'absence de pigment rétinien est que la pupille de l'œil albinotique paraît rouge. Ce fait s'explique à un point de vue purement dioptrique. Les images formées au fond d'une chambre noire réelle émettent, il est vrai, des rayons lumineux sortant de l'instrument, à travers la pupille, dans le cas de l'œil. Mais, d'après une loi bien connue des foyers conjugués, ces rayons retournent à la source lumineuse. Ils ne peuvent tomber dans l'œil d'un observateur, qui pour les recevoir devrait se mettre précisément sur le trajet des rayons incidents, et dès lors les supprimerait. Là est la raison de la noirceur de la pupille normale. Dans le cas de l'œil albinotique, les endroits rétiniens qui devaient être obscurs sont au contraire éclairés par de la lumière diffusée à travers les membranes habituellement opaques, et les rayons émis par ces endroits, après être sortis à travers la pupille, peuvent tomber dans l'œil observateur : la pupille alors paraît rouge.

L'œil albinotique peut être dans une forte mesure mis dans les conditions normales, si on le couvre d'une couche opaque, à l'exception de la pupille; par exemple en le faisant regarder à travers un trou percé dans un écran opaque. Du même coup l'acuité visuelle augmente sensiblement, et la pupille paraît noire.

Il s'en faut du reste qu'aucune trace de lumière ne pénètre dans les yeux pigmentés, même les plus noirs, à travers les membranes. Celles-ci ne sont opaques que dans une certaine mesure. En concentrant la lumière, à l'aide d'une lentille convexe par exemple, à la surface de l'œil, le champ visuel paraît éclairé dans son ensemble, et cela d'une teinte rougeâtre, attendu que la nappe sanguine choroïdienne colore en rouge la lumière qui la traverse (couleur sang des objets). Le même artifice permet de voir entoptique-ment les vaisseaux rétiniens (voir **Vision entoptique**). Enfin, dans les cas assez fréquents d'hémorragie sous-conjonctivale, on signale la couleur sang des objets, visible surtout au grand soleil : c'est grâce à la lumière qui a pénétré dans l'œil, et à travers l'extra-vasat sanguin, et à travers les membranes oculaires qui, telles que la choroïde, sont normalement pigmentées.

La choroïde comme facteur de l'accommodation. — A l'article **Accommoda-tion**, j'ai expliqué comment, chez les animaux supérieurs, lors de contraction du muscle ciliaire, la choroïde glisse en avant, à la face interne de la sclérotique, et entraîne dans la même direction la rétine, intimement adhérente à la choroïde. Ce glissement est rendu possible par l'existence de la fente supra-choroïdienne. La choroïde n'y intervient pas activement, au moins chez l'homme, dont la choroïde est dépourvue de fibres muscu-laires. (On en signale quelques rares dans la choroïde des oiseaux et de certains poissons.)

La choroïde et la tension intra-oculaire. — Des observations diverses (résumées par Straub) paraissent démontrer que la tension des milieux intra-oculaires ne se trans-met pas intégralement à la sclérotique, à travers la choroïde. Il semble au contraire que la choroïde supporte une portion notable de cette tension. Il faut donc supposer un cer-tain tonus de la membrane, qui a pour effet de diminuer d'autant la pression dans l'espace supra-choroïdien. Ce même tonus maintiendrait plus ou moins béante la fente supra-choroïdienne, circonstance qui favoriserait la circulation de la lymphe dans cet espace. Dans des cas pathologiques, la perte de ce tonus produirait une stagnation de cette lymphe, notamment dans les affections glaucomateuses.

Du reste, la choroïde a dans toute son épaisseur une structure lamellaire. Elle ren-ferme un système très développé de fentes interstitielles, recueillant la lymphe fournie par la choroïde. La quantité de cette lymphe doit être assez considérable, eu égard à l'intensité des échanges nutritifs dont la chorio-capillaire est le siège. Et ces fentes débouchent largement dans l'espace supra-choroïdien, qui est le grand collecteur de la lymphe choroïdienne (Voyez **Œil, Circulation**).

Physiologie comparée. — Dans la série des vertébrés, la choroïde présente des particularités notables, dont il convient de relever les significations physiologiques.

Tapis. — Sous le nom de tapis, *tapetum* (Delle Chiaje), on désigne une modification spéciale de la choroïde qui en rend la surface interne fortement réfléchissante et lui donne une couleur métallique, irisante, dont la teinte varie quelque peu d'un animal à l'autre, depuis le blanc argenté jusqu'au bleu et au vert plus ou moins intense.

Dans les circonstances connues ou sur le vivant, on peut voir la pupille non pas noire, mais luisante, la réflexion du tapis donne à la prunelle sa couleur propre. La significa-tion physiologique du tapis semble être de renvoyer une seconde fois vers les bâtonnets de la rétine les rayons lumineux ayant traversé cette membrane une première fois. L'action de la lumière sur la rétine en sera renforcée, et on prévoit que ces animaux puissent voir à un plus faible éclairage qu'ils ne le pourraient sans cet appareil réflecteur. Effectivement, tous les animaux à tapis sont connus pour voir relativement bien pendant la nuit.

Ajoutons cependant que des animaux nocturnes sont dépourvus de tapis (hiboux, lièvre, etc.). Mais, chez eux, d'autres dispositions semblent remplacer le tapis, par exemple, la prédominance des bâtonnets dans la rétine et le grand développement des articles externes de ces bâtonnets. — Les oiseaux (non nocturnes), connus pour être aveugles déjà à un éclairage qui nous permet d'y voir encore, n'ont pas de tapis, et très peu ou pas de bâtonnets du tout. La légère lueur du fond de l'œil de l'autruche n'est pas due à la présence d'un tapis, elle est due à l'épaisseur de la couche interne homogène, de la choroïde.

La cause du miroitement du tapis tient, dans tous les cas, à la présence dans l'épaisseur de la choroïde d'une couche notable d'aiguilles ou de fibres très régulières, orientées suivant l'étendue de la choroïde, et qui paraissent être des cristaux; elles sont de nature organique, la substance semblant varier du reste. Le phénomène optique du tapis est donc de l'interférence; il s'agit des couleurs d'interférence.

L'emplacement plus exact de la couche fibrillaire du tapis est en somme toujours le même. Invariablement, elle est située à la face externe de la chorio-capillaire. Ce fait a lieu de surprendre, car on se serait attendu à trouver le miroir du tapis en un contact aussi intime que possible avec les cônes et les bâtonnets, afin que la lumière sortie de l'aire d'un de ces éléments soit renvoyée le plus possible vers le même élément. Le surprenant de la chose disparaît toutefois si l'on songe que la vision, ou plutôt l'orientation visuelle dans l'obscurité, n'est pas tant une question d'acuité visuelle, qu'une question de perception lumineuse. (Voyez **Vision**, *Physiologie comparée*.) Pour celle-là, la lumière émise par un point lumineux objectif doit, autant que possible, être ramassée en un élément rétinien; pour la simple perception lumineuse, l'important est qu'un assez grand nombre d'éléments rétiniens soient frappés par de la lumière provenant d'une certaine surface.

La nature physique et l'emplacement du miroir étant donc dans toutes les espèces et dans toutes les classes les mêmes, il est d'autant plus curieux de voir la chose réalisée par des éléments anatomiques différents. Chez les uns, les fibres du tapis sont renfermées dans des cellules — tapis cellulaire, — tandis que chez les autres, il s'agit d'un coussin de fibres libres, non contenues dans des cellules — tapis fibreux.

Le tapis cellulaire se rencontre chez les mammifères carnassiers, quelques poissons osseux, chez la raie et les requins.

Le tapis fibreux existe chez la plupart des mammifères (autres que les carnassiers), tels que le cheval, le bœuf, l'éléphant, les cétacés, les didelphes.

La compréhension de ce fait est facilitée par la donnée suivante. Sattler décrit à la face externe de la choriocapillaire (de l'homme notamment) de dedans en dehors : a) une simple couche de cellules endothéliales; puis b) une couche mince de fibres, et c) une nouvelle couche endothéliale. Puis viennent seulement les couches des gros vaisseaux. Dans le cas du tapis cellulaire, les fibres cristallines apparaissent dans la première couche endothéliale. Ces cellules s'épaississent, mais restent toujours aplaties suivant l'épaisseur de la choroïde. Elles se touchent intimement, deviennent la plupart hexagonales. A la périphérie du tapis, elles sont d'abord sur une seule couche; plus, vers le centre du tapis, le nombre des couches cellulaires augmente, et, vers le centre, il y en a cinq, six et sept superposées.

Quant à la nature chimique des cristaux fibrillaires, Max Schultze s'est convaincu que, dans le tapis cellulaire des mammifères, il s'agit d'une substance organique, mais qui n'est pas une substance albuminoïde. Quant aux poissons, Delle Chiaje déjà reconnut que leur tapis est constitué par des cristaux de guanine, tout comme la couche dite « argentée » de la sclérotique des poissons doit son aspect argenté à la présence de cristaux de guanine.

Le tapis fibreux est toujours constitué par une simple hypertrophie de la couche fibrillaire signalée plus haut, entre les deux couches endothéliales. L'épaisseur de cette couche fibrillaire, moindre à la périphérie du tapis, augmente progressivement vers le centre.

Quant à l'étendue réelle et à l'emplacement du tapis, chez certaines espèces, telles que les cétacés et les poissons osseux, le tapis s'étend sur tout le fond de l'œil, jusqu'à l'*ora serrata*. Chez la plupart des mammifères, il est limité à une partie du fond oculaire, à celle qui, d'après la structure de la rétine, doit servir à la vision la plus distincte. Généralement, alors, il s'étend du nerf optique en dehors et en haut.

Il est encore à remarquer qu'au niveau du tapis, cellulaire ou fibreux, les cellules du pigment rétinien sont dépourvues de pigment, ou n'en renferment que très peu.

Glande choroïdienne. — Chez les poissons osseux, nous avons dans la « glande choroïdienne » un organe quelque peu énigmatique. En réalité, elle est un *rete mirabile*, constitué par les vaisseaux choroïdiens comprenant en grand nombre des artères et des veines reliées entre elles seulement par des capillaires choroïdiens. L'organe en question, assez épais, situé au fond de l'œil dans les couches externes de la choroïde, constitue donc deux réservoirs sanguins, l'un veineux, l'autre artériel, reliés par les capillaires choroïdiens. — On doit supposer que c'est là un organe régularisateur de la circulation choroïdienne, assurant la nutrition de la rétine, par exemple lors des mouvements prolongés de l'animal, alors que la respiration branchiale est empêchée. « Peut-être est-ce un tissu érectile, analogue à celui du corps caverneux, et qui a quelque influence pour accommoder la forme de l'œil aux distances, etc. » (CUVIER). — Il s'agirait donc là d'une accommodation pour des distances plus rapprochées. — Il est intéressant de constater que la glande choroïdienne est liée à l'existence de la branchie accessoire (elle aussi un *rete mirabile*) dont elle reçoit son sang artériel (par la grande artère, ophtalmique), et non du système artériel intracranien.

Peigne. — Chez les oiseaux, la choroïde produit vers l'entrée du nerf optique une grande procidence vers l'intérieur de l'œil, sous forme d'une lame pigmentée, non couverte de la rétine, lame fortement plissée en zig-zag (cinq à trente fois, selon les espèces). L'organe est pigmenté, et assez fortement vascularisé. Chez quelques espèces, il arrive assez près de la face postérieure du cristallin.

On suppose que la vascularisation du peigne sert à la nutrition du corps vitré. Mais d'après les recherches de BEAUREGARD et de ZIEM, le peigne joue son rôle encore plus direct dans l'acte visuel. C'est un organe érectile; gonflé, il couvre (chez quelques espèces au moins) à peu près complètement la face postérieure du cristallin, et l'aire pupillaire, réalisant ainsi un diaphragme opaque, protecteur de la rétine, et complétant cette action de l'iris. On comprend l'utilité de cette disposition au grand soleil; l'oiseau qui plane ayant un intérêt à se protéger contre les rayons directs du soleil, qui ne sauraient que gêner la vision vers le bas, sur le sol.

Processus falciforme et campanule des poissons, — De même que le peigne, le procès falciforme est un pli choroïdien en procidence vers l'intérieur de l'œil, et comme lui situé à l'endroit de la fente de la vésicule oculaire embryonnaire. Ce repli est situé à la partie déclive de l'œil, et s'étend en avant jusqu'au contact du cristallin. L'adhérence avec ce dernier se fait par une extrémité élargie, la *campanule*, à la partie déclive de l'équateur cristallinien.

C'est là le muscle accommodateur de l'œil de poisson. Il résulte des belles recherches de BEER (parues depuis la publication sur l'article « Accommodation ») que par ses contractions, le muscle de la campanule tire le cristallin dans son ensemble en arrière, et adapte ainsi l'œil (myope à l'état de repos de l'accommodation), pour une distance plus éloignée. C'est là une accommodation négative.

Bibliographie. — BEAUREGARD. *Rech. sur les plexus vasculaires de la chambre post. de l'œil* (in *Ann. des sc. nat. zool.*, 1876, IV). — BEER (TH.). *Die Accom. des Fischauges*, A. g. P., 1894, LVIII, 523. — BRÜCKE (*Ibid.*, 1845, 387 et 406) (*tapis*). — CUVIER. *Anat. comparée*, 1845, VIII. — LEBER (TH.). *Recherches anatomiques sur les vaisseaux sanguins de l'œil*, Vienne, 1865. — LEUCKART. *Organologie de l'œil* (in GRAEFE *et* SAEMISCH. *Handb. d. Augenheilk.*, II, (2), 145). — MAX SCHULTZE. *Tapis cellulaire* (Berlin. *Centralbl. f. Ophl.*, 1872, 582). — MILNE-EDWARDS. *Leçons sur l'anat. et la physiol. comparée*, 1876-1877, XII. — MUELLER (J.). (*Arch. f. Anat. u. Physiol.*, 1840, 101-126). — NUEL. *Vascularisation de la choroïde au niveau de la macula lutea* (Bull. *Acad. roy. de méd. de Belgique*, 1891 et Arch.

d'Ophtalm., 1891). — Plateau (F.). *Sur la vision des poissons et des amphibies (Mém. couronnés de l'Académie royale de Belgique*, xxiii). — Regnard. *Rech. expérim. sur les conditions physiques de la vie dans les eaux.* Paris, 1884. — Sattler (*Arch. f. Ophthalmol.*, 1876, f. 2, 1). — Straub. *Tonus de la choroïde (Arch. für Ophthalm.*, 1888, f. 3, 195). — Wagenman (*Arch. f. Ophtalm.* 1820, f. 10, 10). — Ziem. *A. A. P.*, cxxvi, 467.

NUEL.

CHROMATOLYSE (χρωμα, couleur; λύω, délier, dissoudre). — Modification, dégénérescence et disparition de la chromatine dans les cellules.

Nous avons dit (Cellule, 508 et 514) qu'on a donné le nom de substance *chromatique* ou *chromatine* à cette partie du noyau qui fixe énergiquement les matières colorantes. En 1885, W. Flemming a observé un mode particulier d'altération et de disparition de la chromatine *nucléaire* et l'a désigné sous le nom de *chromatolyse*. D'autre part, G. Marinesco a appliqué, en 1897, le terme de *chromatolyse* à la désagrégation de certains corpuscules ou grumeaux qu'on rencontre dans le corps de la cellule nerveuse.

Ces quelques lignes d'historique suffisent pour montrer que certains auteurs emploient le même terme « chromatine ou substance chromatique » pour caractériser deux substances différentes, l'une appartenant au noyau en général et l'autre au corps cellulaire de la cellule nerveuse en particulier.

Cependant la *chromatine nucléaire* et les corpuscules colorables qu'on trouve dans le corps des cellules nerveuses sont deux substances que rien n'autorise à assimiler l'une à l'autre, bien qu'elles présentent le caractère commun de fixer certaines matières colorantes. Aussi, pour éviter toute confusion, ai-je proposé de réserver le nom de *substance chromatique* ou *chromatine* (Voir Cellule, 512, 513 et 536) à la substance colorable du noyau et l'expression *de substance chromophile* aux corpuscules colorables du corps de la cellule nerveuse.

Dans le même ordre d'idées, il est nécessaire de distinguer les phénomènes de dégénérescence qui s'observent dans le noyau en général de ceux dont le corps des cellules nerveuses peut être le siège. Gardons le mot de « chromatolyse » pour dénommer certaines altérations du noyau cellulaire; mais désignons par le terme de *chromophillyse* les modifications que subissent dans certaines conditions les corpuscules ou grumeaux chromophiles propres au corps de la cellule nerveuse.

I. Chromatolyse. — W. Flemming, le premier, a observé les phénomènes de régression dont les cellules épithéliales de la granulosa (follicule de Graaf) sont le siège. Au lieu de rester répartie en réseau, la chromatine du noyau se fragmente en granulations informes qui plus tard se condensent en une masse compacte. Puis, les limites du noyau disparaissent; le corps cellulaire lui-même se gonfle et se fluidifie; enfin les masses chromatiques du noyau sont mises en liberté et se résolvent en corpuscules colorables ou tingibles dans le liquide du follicule de Graaf.

J. Schottländer, Henneguy, Janosik ont confirmé ces faits de régression qui s'observent dans les cellules de la granulosa et qui amènent la destruction du noyau et du corps cellulaire.

Depuis que ces phénomènes de chromatolyse ont été bien suivis dans les cellules de la granulosa, on a observé des faits analogues dans d'autres espèces de tissus et de cellules. G. Platner a rencontré, dans les cellules épithéliales du pancréas, des altérations portant sur le noyau et rappelant les phénomènes dégénératifs qui caractérisent la chromatolyse. Des granulations apparaissent dans le noyau; elles se colorent d'abord énergiquement, mais plus tard elles cessent de fixer les matières colorantes.

Martin Heidenhain a noté que, pendant la dégénérescence des cellules géantes, le noyau se condense en granulations qui se colorent plus vivement. Peu à peu ces amas chromatiques gagnent la périphérie du noyau, pendant que le corps cellulaire se remplit de corpuscules informes et de vacuoles.

La chromatolyse constitue ainsi un processus dégénératif qui aboutit à la désagrégation et à la mort du noyau et de la cellule.

J'ai observé (*loc. cit.*) des phénomènes de tous points semblables en étudiant l'évolution des cellules d'origine épithéliale qui produisent les follicules clos des amygdales. Tant que les cellules du follicule clos sont réunies en un tissu dense et formant une masse pleine, la chromatine du noyau est répartie également dans le réticulum nucléaire. Certains éléments, dont le noyau est pourvu d'un réticulum fin et parsemé de fines granulations chromatiques, deviennent libres par fonte totale de la portion périphérique du corps cellulaire. Ce sont là les *lymphocytes*, à corps cellulaire plus ou moins développé. D'autres cellules avant de se détacher du tissu dont elles proviennent subissent, dans leur corps cellulaire et dans leur noyau, des modifications profondes. Le corps cellulaire se remplit de granulations diverses, tandis que la chromatine du noyau se fragmente en plusieurs amas, qui continuent à être reliés par des portions rétrécies; de là les noms de cellules à *noyau en boudin, bourgeonnant* ou *polynucléaire,* qu'on a donnés à ces éléments libres ainsi formés.

Ce changement morphologique est accompagné de modifications chimiques, puisque le noyau acquiert une affinité de plus en plus prononcée pour les matières colorantes. Cependant, en dépit de cette richesse chromatique, cellule et noyau sont sur leur déclin. En effet, le corps cellulaire, par fonte cellulaire, s'isole de plus en plus des cellules voisines avec lesquelles il constituait un tissu continu; il devient élément libre ou globule blanc. Mais qu'il s'agisse d'un lymphocyte ou d'un leucocyte polynucléaire, malgré leur faculté de pousser des prolongements amiboïdes et de se mouvoir, ces éléments sont incapables de se fixer à nouveau pour former un tissu jeune. Il est même infiniment probable que tout lymphocyte finit par se transformer, par chromatolyse nucléaire, en leucocyte à noyau fragmenté et à périr, comme ce dernier, par dégénérescence.

Dans le cas précédent, corps cellulaire et noyau présentent des phénomènes de dégénérescence. Mais le noyau seul peut être atteint par la chromatolyse, pendant que le corps cellulaire continue à persister et à concourir avec ses congénères à former un tissu de soutien ou de revêtement.

Tel est le cas des cellules épidermiques ou des éléments épithéliaux du poil.

Il y a longtemps (*C. R. de l'Acad. des Sc.*, 19 février 1883), j'ai annoncé l'existence de noyaux dans les cellules de la couche cornée de l'épiderme. C'est en traitant la peau par les acides ou les solutions alcalines que j'ai pu démontrer la présence de ces noyaux, plus ou moins ratatinés, il est vrai, dans les cellules cornées.

H. RABL, dans ces derniers temps, qui vient d'étudier avec soin ces phénomènes, a confirmé et précisé les faits. A mesure que le corps de la cellule pileuse se kératinise, le noyau s'amincit et sa chromatine se fragmente en corpuscules arrondis qui se groupent en amas, soit contre la membrane nucléaire, soit dans le centre du noyau.

Les filaments achromatiques disparaissent, les granulations chromatiques deviennent de moins en moins distinctes et se fusionnent en une masse qui perd le pouvoir de se colorer et se présente à l'état d'un corps homogène. L'éosine seule continue à se fixer sur cette chromatine transformée ou dégénérée.

Les noyaux des cellules épithéliales de l'ongle, de la griffe, du cristallin, etc., subissent des modifications analogues pendant que ces éléments vieillissent.

Dans l'exemple précédent, le corps cellulaire persiste modifié et le noyau seul disparaît. Pour distinguer ce dernier cas de la chromatolyse sus-mentionnée, RABL propose de le désigner sous le nom de *chromaphtise,* c'est-à-dire consomption du noyau.

La chromatolyse représente ainsi, dans l'évolution normale, un processus de dégradation ou de mort nucléaire.

Depuis longtemps les pathologistes ont signalé des altérations identiques, il est vrai, sous des noms différents. KLEBS distingue deux cas : 1° disparition du noyau par atrophie ou *karyolyse*[1] ; 2° formation de granulations ou de grumeaux chromatiques : c'est la *karyorrhexis* (ῥῆξις, déchirement). Qu'il me suffise de citer quelques faits d'histologie

---

1. Remarquons que l'expression de *karyolyse* a déjà été employée dans un sens tout différent. Au début des études sur la division cellulaire, voyant le noyau moins distinctement à la phase initiale de la division, les histologistes croyaient assister à la dissolution du noyau ; de là le nom de *karyolyse* (λύω, je dissous). Nous savons aujourd'hui que cette interprétation est erronée (Voir **Cellule**); il ne s'agit là que d'un remaniement, d'un dédoublement de la chromatine, qui tend à se répartir également entre les deux cellules filles. La karyolyse ainsi comprise appartient à l'histoire des erreurs scientifiques, tandis que la karyolyse, entendue dans le sens de KLEBS, serait un cas particulier de chromatolyse.

pathologique et expérimentale pour montrer que la chromatolyse représente constamment un stade ultime de la vie cellulaire.

Schmauss et Albrecht déterminèrent la nécrose de certains départements du tissu rénal en liant les branches correspondantes de l'artère.

Dans ces conditions, le noyau des cellules des tubes urinifères diminue de volume et se remplit de granulations, qui se colorent énergiquement. En outre, il y apparaît des vacuoles, qui finissent par fragmenter la substance du noyau.

Le corps cellulaire participe à ces altérations, il devient plus sombre, se remplit de granulations qui peu à peu se fusionnent en grumeaux très colorables.

Stroebe est également d'avis que l'hyperchromatose des cellules représente une métamorphose régressive.

D'autre part, W. de Coulon signale la présence de noyaux irréguliers, massifs et très riches en chromatine dans les cellules, en voie de dégénérescence, des vésicules du corps thyroïde.

Des phénomènes chromalytiques analogues aux précédents s'observent dans la glande mammaire en lactation. Nissen, et tout récemment Michaelis ont mis en lumière le rôle de la chromatolyse dans les cellules épithéliales de la glande mammaire. A la suite de la fonte partielle ou totale du protoplasma de la cellule sécrétante, la substance achromatique du noyau se transforme en un corpuscule arrondi et homogène, tandis que la chromatine nucléaire se fragmente en plusieurs grumeaux qui restent parfois réunis entre eux. Les fragments chromatiques prennent des formes diverses, anguleuse, demi-lunaire, etc. Ici, comme dans les divers exemples cités plus haut, la chromatolyse marque la sénilité de l'élément et aboutit à la mort cellulaire.

En résumé, la fragmentation de la substance chromatique et son aptitude plus grande à fixer les matières colorantes caractérisent l'une des dernières phases de l'évolution cellulaire. Cette chromatolyse peut se dérouler dans le noyau seul pendant que le corps cellulaire continue à persister (cristallin, épiderme, poils, ongles, etc.), ou bien le corps cellulaire participe à la dégénérescence et à la disparition de la chromatine nucléaire.

II. Chromophillyse. — Comme je l'ai dit plus haut (733) je me servirai de ce mot pour désigner les phénomènes de fragmentation et de disparition des corpuscules *chromophiles*, qui se trouvent dans le corps des cellules nerveuses. En continuant, comme le font la plupart des auteurs, à appliquer la même terminologie à des faits disparates, on s'expose à perpétuer une confusion qui n'a que trop duré.

Nous avons vu (Art. **Cellule**, 512) que le corps de toute cellule est composé : 1° d'une substance amorphe, dite fondamentale : c'est l'*hyaloplasma;* 2° de filaments figurés et anastomosés en réseau : c'est le *réticulum.*

Pour ce qui est de la cellule *nerveuse*, il en est de même : qu'on la fixe par l'alcool ou le sublimé, qu'on la colore par le bleu de méthylène ou la thionine, on y reconnaît la présence de ces deux substances : 1° un *réticulum,* formé de trabécules pâles, courtes, s'anastomosant les unes avec les autres et déterminant ainsi un aspect alvéolaire ou spongieux. L'expression de « spongioplasma » est due à cette apparence. Dans ses mailles se trouve une substance plus fluide, ou *hyaloplasma,* qui semble subdivisée par le réticulum en une série de vacuoles, que Ramon y Cajal considère comme les voies conductrices de l'influx nerveux.

Outre le réticulum et l'hyaloplasma, la plupart des cellules nerveuses sont pourvues de corpuscules particuliers. En colorant le tissu nerveux avec les couleurs basiques d'aniline (bleu de méthylène, thionine), on met en évidence ces corpuscules qui ont la forme de

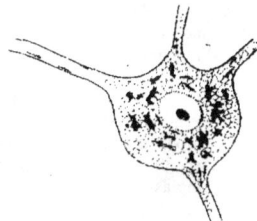

Fig. 116. — Corps cellulaire et noyau d'une cellule nerveuse normale du noyau d'origine de l'hypoglosse (d'après V. Gehuchten).

grains, de grumeaux irréguliers ou de fuseaux. Leur configuration varie selon leur siège près du noyau, ils sont polyédriques; vers la base des prolongements protoplasmiques, ils s'allongent et deviennent fusiformes (fig. 116).

Ces corpuscules ont leur grand axe orienté dans le sens de la tigelle du prolongement protoplasmique, c'est-à-dire qu'ils affectent une direction parallèle de ce dernier. On les appelle corpuscules de Nissl, en l'honneur de l'histologiste qui a insisté sur l'existence constante de ces parties élémentaires et qui a mis en relief leur importance morphologique et fonctionnelle. De nombreux auteurs leur donnent le nom de grains *chromatiques* ou *chromatophiles;* mais, comme je l'ai déjà dit à diverses reprises (Cellule, 512 et **Chromatolyse**, 733), il vaut mieux les désigner par le terme de *chromophiles*, parce que ce terme a l'avantage de ne pas préjuger de leur nature ni de leur ressemblance avec la *chromatine* du noyau.

Au niveau des prolongements protoplasmiques, les grumeaux chromophiles semblent gagner la surface de ces expansions pour prendre part, d'après Ramon y Cajal, à la formation des varicosités de Golgi. La partie centrale de ces prolongements, tout au contraire, se munit d'un réticulum de plus en plus serré, qui finit par constituer un feutrage très dense. Il en va de même dans le cylindre-axe dont le cône est formé par une masse incolore et où le réticulum se continue peu à peu avec le tissu fibrillaire du prolongement cylindre-axile.

Le corpuscule ou grumeau chromophile n'est pas une masse homogène : on y aperçoit des vacuoles au nombre de six à huit; sa trame est constituée par un réticulum de fibres pâles, à la surface desquelles s'étale la croûte chromophile. Les contours de chaque corpuscule sont dentelés, c'est-à-dire que leur surface est munie d'épines et de prolongements qui vont s'anastomosant avec leurs congénères.

Comme nous venons de le dire, la substance des corpuscules chromophiles est différente de la nucléine ou chromatine du noyau. Ses propriétés et sa répartition à la surface du réticulum permettent de la considérer comme une élaboration spéciale de l'hyaloplasma; elle représente une sorte d'enclave de la cellule nerveuse qui en renferme des quantités variables selon son état fonctionnel.

En effet, de nombreuses recherches, dues à Max Flesch, Nissl, Lenhossek, Lugaro, Ramon y Cajal, ont établi que les cellules nerveuses se présentent sous deux aspects différents. Ce sont : 1° l'état de *rétraction* dans lequel l'élément a une apparence sombre et paraît rétracté. Les grumeaux chromophiles sont étalés en surface et par suite plus rapprochés; 2° l'état *d'expansion*, dans lequel la cellule est claire, l'hyaloplasma est abondant et remplit les larges mailles qui séparent les grumeaux chromophiles. La cellule se colore difficilement; elle est *chromophobe.*

Tous les amas de substance nerveuse renferment des cellules des deux catégories précédentes, qu'on s'adresse à des centres moteurs, sensitifs ou sensoriels. Nous avons déjà noté la présence de grumeaux chromophiles dans la tigelle des prolongements protoplasmiques; ajoutons que les divisions secondaires en sont privées. Quand la cellule nerveuse est rétractée, non seulement les grumeaux chromophiles sont plus serrés, mais les prolongements protoplasmiques ressortent davantage, et il probable que, dans ces conditions, il y a union moins intime entre le corps de la cellule et les rameaux péricellulaires que les éléments homologues émettent et épanouissent au contact du corps cellulaire.

L'aspect sombre ou clair des cellules nerveuses paraît donc dépendre de deux facteurs : si l'hyaloplasma est abondant et les corpuscules chromophiles peu volumineux ou rares, la cellule se colore peu (état chromophobe); que par contre la cellule soit pauvre en hyaloplasma et riche en corpuscules chromophiles, elle prendra une apparence sombre et fixera vivement certains colorants.

Dans quelles relations se trouvent les corpuscules chromophiles avec l'état fonctionnel de la cellule nerveuse? La cellule utilise-t-elle la période de repos nerveux à élaborer de l'hyaloplasma et à produire des corpuscules chromophiles? Comment se traduit le travail nerveux? Y a-t-il perte d'hyaloplasma ou de substance chromophile?

On a cherché de diverses façons à élucider ces problèmes qui nous donneraient la clef des processus intimes qui se déroulent dans le système nerveux.

Un premier point a été établi, c'est la grande résistance que les corpuscules chromophiles offrent à l'altération cadavérique.

Neppi a étudié, à cet effet, sur le chien, d'heure en heure, les modifications amenées par la mort dans les cellules des cornes ventrales de la moelle épinière. Les corpuscules chromophiles, en particulier, persistent fort longtemps; ce n'est qu'au bout de deux ou trois jours qu'ils perdent la netteté de leurs contours et leur affinité pour les matières colorantes, et que leur substance se confond plus ou moins avec l'hyaloplasma également altéré

Les modifications et la disparition des corpuscules chromophiles qui s'observent pendant la vie cellulaire paraissent ainsi connexes des phénomènes moléculaires déterminés par l'état fonctionnel.

Les corpuscules chromophiles constitueraient, d'après quelques auteurs, des réserves nutritives que la cellule utilise plus tard pour le travail nerveux. C'est là, il faut bien l'avouer, une simple vue de l'esprit qui n'avance guère la science, puisque nous ignorons comment se fait la transformation de cette substance en influx nerveux.

Mais si le travail intime de la cellule nerveuse nous échappe encore, il n'en est pas moins important de consigner les résultats que l'on doit à la connaissance des corpuscules chromophiles. C'est en effet par l'étude suivie de la production de ces corpuscules, de leurs modifications et de leur disparition (chromophillyse) que l'on a pu saisir récemment les altérations au moins passagères, *d'ordre nutritif*, que certains agents exercent sur le système nerveux. Je grouperai les faits sous les chefs suivants :

1° **Chromophillyse due à la fatigue.** — J'ai déjà dit quelques mots à ce sujet dans l'article **Cellule**.

Selon Vas, le courant électrique appliqué sur les centres nerveux aurait pour effet de faire paraître la portion centrale plus claire grâce à l'augmentation de l'hyaloplasma et d'accumuler vers la périphérie les corpuscules *chromophiles*. D'après Mann, d'autre part, la cellule nerveuse au repos élaborerait des matériaux colorables, qui seraient brûlés pendant la période d'activité consécutive. Cette période d'activité serait marquée par le gonflement du corps cellulaire, du noyau et du nucléole.

En excitant par un courant d'induction les ganglions spinaux de jeunes chats, Pugnat a constaté que les modifications ainsi produites se traduisent dans les cellules par la disparition des corpuscules chromophiles et par la diminution de volume du corps cellulaire et du noyau. Les effets varient selon la durée du courant : une excitation de huit minutes ne fait disparaître que certains corpuscules; en prolongeant l'excitation pendant plus de seize minutes, on ne trouve plus de grains chromophiles dans la partie centrale du corps, tandis qu'on en voit encore à la périphérie de la cellule, où ils affectent la forme d'un anneau granuleux. Après vingt-quatre minutes d'excitation, les corpuscules chromophiles ont totalement disparu; mais l'hyaloplasma s'est modifié également, parce qu'il se teint légèrement, mais d'une façon uniforme.

En résumé, qu'on examine les animaux soumis à un travail musculaire ou au passage du courant électrique, la *fatigue* de la cellule nerveuse se traduit : 1° par la diminution du corps cellulaire; 2° par la diminution et la disparition des corpuscules chromophiles.

Quand la cellule nerveuse est au repos, le nombre et les dimensions des corpuscules chromophiles augmentent. A mesure que la cellule entre en activité, son corps devient plus volumineux et paraît se gonfler; puis, le travail se prolongeant, la portion centrale ou périnucléaire du corps cellulaire prend une apparence plus claire et plus transparente que la portion périphérique ou corticale qui continue pendant quelque temps encore à présenter des corpuscules chromophiles.

Si, à force de fonctionner, la cellule se fatigue, les corpuscules chromophiles finissent par disparaître de tout le corps cellulaire.

2° **Chromophillyse consécutive à la section des nerfs.** — Nissl, Lugaro, Marinesco, Flatau, Van Gehuchten ont sectionné les nerfs moteurs et examiné ensuite (deux à trente jours après la section) les cellules d'origine de ces fibres nerveuses.

Forel a signalé le premier que, dans ces conditions, la cellule dont le cylindre-axe était coupé ou arraché s'atrophie, ou s'altère, du moins, notablement. Grâce à la méthode de Nissl, on peut suivre aujourd'hui avec détail les modifications qui surviennent dans le corps cellulaire et la façon dont la cellule revient à l'état normal.

Quelques jours après la section, les grumeaux chromophiles commencent à se fragmenter en granules dans la partie de la cellule voisine du point d'implantation du cylindre-axe. Peu à peu cette altération s'étend sur le reste des grains chromophiles, qui se réduisent en une fine poussière.

En sectionnant le prolongement périphérique ou *cellulipète* d'une cellule sensitive, on détermine la même chromophillyse.

Après la section du sciatique chez le chien et le lapin, Robert A. Flemming a noté que les cellules des ganglions spinaux sont altérées le quatrième et le septième jour : outre le noyau qui se ratatine et prend une position excentrique, on voit les grumeaux chromophiles se grouper sur le pourtour du noyau, diminuer de nombre et de volume et disparaître dans plusieurs cas.

Van Gehuchten attribue la chromophillyse à la suppression de l'action trophique exercée par les excitations du dehors. En effet, lorsqu'on coupe le nerf pneumogastrique, on provoque la chromophillyse : 1° dans les cellules du ganglion plexiforme ; 2° dans les cellules du noyau dorsal du bulbe où se termine le prolongement central des cellules du ganglion plexiforme.

Insignifiante ou presque nulle, au contraire, est la modification qui se produit dans la cellule nerveuse sensitive, quand on coupe son prolongement central.

Ce fait expérimental, signalé par Lugaro, confirmé par Van Gehuchten et Nélis, est intéressant ; il concorde avec les résultats déjà anciens de l'anatomie pathologique. On sait, en effet, que dans le tabes, les fibres des racines dorsales sont dégénérées dans leur trajet extra- ou intra-médullaire, et cependant, malgré la durée souvent longue de cette atrophie, les cellules des ganglions spinaux sont restées intactes.

Puisqu'il y a chromophillyse après la section des nerfs, on s'est demandé ce qui se passe dans le corps cellulaire, quand il y a régénérescence du nerf et réparation du corps cellulaire, c'est-à-dire retour à l'état normal. Marinesco a trouvé dans ces conditions que, vingt-quatre jours après la section, les cellules sortent de leur état de rétraction ou de ratatinement, s'hypertrophient et se remplissent de nouveau de grumeaux chromophiles volumineux et très colorables.

Nous avons mentionné plus haut les changements qui surviennent dans la cellule *fatiguée*; il est intéressant de les rapprocher des modifications que subissent les cellules nerveuses après la section du nerf, c'est-à-dire de leurs cylindres-axes. Van Gehuchten a fait cette étude sur l'hypoglosse du lapin. Cinq à six jours après la section de ce nerf les cellules du noyau bulbaire (cellules d'origine) n'ont plus de corpuscules chromophiles dans la portion centrale de leur corps cellulaire ; c'est à peine si l'on aperçoit encore de fines granulations chromophiles reliées les unes aux autres par de minces trabécules. A la périphérie du corps cellulaire, les corpuscules chromophiles persistent plus longtemps (Fig. 117). Ces modifications de la substance chromophile ne sont pas les seules qu'on observe : en effet, tout le corps cellulaire gonfle et subit une véritable turgescence.

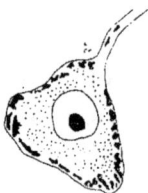

Fig. 117. — Corps cellulaire et noyau d'une cellule nerveuse du noyau de l'hypoglosse quinze jours après la section (d'après Van Gehuchten).

L'hyaloplasma devient non seulement plus abondant, mais il acquiert plus d'affinité pour le bleu de méthylène ; il se teint uniformément en bleu pâle.

On le voit, il ne peut plus ici, c'est-à-dire dans le cas de section nerveuse, être question de fatigue ; le traumatisme provoque une nutrition, une rénovation et un accroissement plus intense du protoplasma, qui auront pour résultat de déterminer la reconstitution de la cellule nerveuse, c'est-à-dire la régénération des cylindres-axes coupés.

3° **Chromophillyse dans les intoxications chroniques dues à des agents chimiques.** — Schaffer a empoisonné des lapins et des chiens à l'aide de l'acétate de plomb. Les cellules nerveuses montraient une fragmentation des grumeaux chromophiles, qui semblaient se fusionner avec l'hyaloplasma ; d'où l'apparence homogène du protoplasma.

Nissl, puis Schaffer, ensuite Marinesco administrèrent l'arsénite de potasse pour étudier les effets de l'empoisonnement arsénical. Les grumeaux chromophiles se fragmentèrent en granulations, surtout dans la portion périphérique du corps cellulaire.

Pandi a observé des altérations multiples portant, soit sur les grumeaux chromophiles, soit sur l'hyaloplasma, lorsqu'il a empoisonné des animaux par le brome, la cocaïne, la nicotine et l'antipyrine.

4° **Chromophillyse dans les intoxications aiguës.** — Les *sels d'argent* amènent l'atrophie des cellules motrices de la moelle épinière. La première modification porte sur l'hyaloplasma qui fixe plus énergiquement les matières colorantes. Les grumeaux chromophiles disparaissent plus tard.

Dans l'empoisonnement par l'alcool, les cellules des cornes ventrales de la moelle présenteraient une chromophillyse périphérique, tandis que les grumeaux chromophiles persisteraient autour du noyau (Marinesco). Les cellules de l'écorce cérébrale sont au contraire profondément altérées : noyau, grains chromophiles, hyaloplasma et réticulum sont atteints de dégénérescence, de sorte qu'il ne reste plus que l'ombre des cellules.

Dans cet ordre d'expériences, les résultats les plus importants sont dus à Goldschei-der et Flatau.

Après avoir injecté à un animal (lapin) du nitrile malonique à la dose de $0^{gr},01$, ces expérimentateurs tuent l'animal au bout de trente-cinq minutes et examinent les cellules des cornes ventrales de la moelle épinière. Ces cellules sont plus sombres qu'à l'état normal : non seulement les grumeaux chromophiles, mais encore l'hyaloplasma et le réticulum se colorent. Les prolongements protoplasmiques continuent à présenter des grumeaux fusiformes. En un mot, les grumeaux chromo-philes semblent s'être rapprochés et fusionnés, et quelques-uns paraissent s'être fragmentés.

En fractionnant l'injection (trois injections de $0^{gr},0025$ à des intervalles de trois heures), les mêmes expérimenta-teurs ont retrouvé l'aspect sombre des cellules nerveuses, le rapprochement des corpuscules chromophiles et la dimi-nution des intervalles qui les séparent normalement. L'hya-loplasma et le réticulum se teignent également en bleu, mais moins vivement que les corpuscules. Le noyau, qui reste habituellement clair dans le procédé de Nissl, est vivement coloré.

Lorsqu'on pratique des injections à doses plus fortes, et qu'on sacrifie l'animal au moment où surviennent des convulsions, toutes les cellules nerveuses paraissent sombres, et les corpuscules chromophiles semblent jetés pêle-mêle, c'est-à-dire qu'ils ont perdu leur arrangement régulier. Ces corpuscules sont déformés, rapetissés, et semblent fragmentés en granulations répandues dans l'hyaloplasma. Le noyau est aussi vivement coloré que les corpuscules. Le nucléole est sorti du noyau et logé au milieu des corpuscules chromophiles.

Quand on empoisonne l'animal comme précédemment avec le nitrile malonique, mais qu'on injecte ensuite de l'hyposulfite de soude, les cellules nerveuses ne sont pas modifiées. Autrement dit, l'hyposulfite de soude ne fait pas seulement disparaître l'intoxication, car, au bout de soixante et onze heures, les cellules nerveuses ont subi une réparation telle que les corpuscules chromophiles présentent leur aspect ordinaire et leur disposition normale.

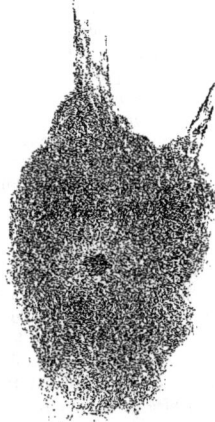

Fig. 118. — Cellule de la corne ventrale de la moelle épinière d'un lapin, 21 heures et quart après une injection de $0^{cc},04$ (1 centimètre d'une solution à 4 p. 100) de toxine tétanique (d'après Goldscheider et Flatau).

Des résultats analogues furent obtenus à la suite de l'action d'une température élevée. En mettant des lapins dans un milieu de 45°, de façon à élever leur température de 38°,5 à 44°,7, on trouve que les cellules nerveuses présentent des altérations analogues. Mais, en laissant vivre l'animal, on constate qu'au bout d'un certain nombre d'heures les cellules ont recouvré leur structure normale.

Remarquons que l'animal empoisonné par le nitrile malonique se remet de son intoxication, recouvre la mobilité et l'habitus normal, une minute après qu'on lui a injecté de l'hyposulfite de soude, alors que les modifications de structure de la cellule ner-veuse durent beaucoup plus longtemps. L'altération structurale n'est donc pas la cause des troubles moteurs. Par conséquent, l'action nocive détermine à la fois des troubles fonctionnels et nutritifs. Le trouble fonctionnel se répare très vite, tandis que le trouble nutritif disparaît plus lentement.

L'empoisonnement causé par les toxines de la rage, du tétanos, de la peste bubo-nique, etc., déterminent une chromophillyse intense dans les cellules nerveuses.

Goldscheider et Flatau, Chantemesse et Marinesco ont étudié avec soin, sur les lapins et les cobayes, les effets du poison tétanique. Les lésions des cellules nerveuses des cornes ventrales sont des plus nettes. Les contours du noyau deviennent indistincts, de sorte que la substance nucléaire paraît se confondre avec le corps cellulaire; le nucléole s'hypertrophie, les corpuscules chromophiles se gonflent et augmentent de volume, puis se fragmentent en même temps que toute la cellule s'élargit en tout sens. Plus la toxine est concentrée, plus sont rapides ces altérations structurales (Fig. 118).

Lorsqu'on administre une antitoxine, la réparation cellulaire se fait plus vite, ce qui semble indiquer que l'antitoxine n'agit pas directement sur la cellule, mais qu'elle neutralise la portion de toxine restée libre.

La strychnine produit des modifications analogues.

L'altération morphologique des cellules paraît ainsi être l'expression d'un processus chimique, déterminé par l'union de la toxine avec la cellule nerveuse. Il est possible que ces modifications chimiques et morphologiques soient la cause prochaine de l'hyperexcitabilité des cellules nerveuses.

5° **Chromophillyse dans l'anémie expérimentale.** — Sarbó, Marinesco, Juliusburger, Gilbert Ballet et Dutil ont étudié les lésions des cellules nerveuses (moelle épinière déterminées par une anémie temporaire (compression de l'aorte) ou par la ligature prolongée de l'aorte.

Une anémie temporaire entraîne une espèce de gonflement des grumeaux chromophiles, qui perdent leurs contours distincts et semblent se fusionner les uns avec les autres.

Une anémie plus prolongée (compression répétée à des intervalles réguliers ou ligature de l'aorte) montre des modifications plus prononcées; les grumeaux chromophiles sont fragmentés en granulations et cela dans le corps cellulaire aussi bien que dans les prolongements protoplasmiques.

Gilbert Ballet et Dutil ajoutent une remarque qui corrobore le fait observé et cité plus haut de Goldscheider et Flatau : la compression produit une paraplégie des pattes postérieures; mais, si l'on cesse la compression, la paraplégie se dissipe en quelques minutes. Si l'on sacrifie les animaux au moment où ils jouissent de l'intégrité des mouvements, les altérations des cellules nerveuses ne persistent pas moins. Ceci conduit à penser, concluent ces auteurs, que le corpuscule chromophile ne constitue pas l'agent nécessaire de la fonction excito-motrice.

Lamy, en pratiquant des injections intravasculaires de poudre de lycopode, a produit des embolies et par suite des anémies localisées dans le système nerveux. La fragmentation et la disparition des corpuscules chromophiles étaient analogues à celles de l'anémie produite par la compression.

6° **Chromophillyse dans l'urémie expérimentale.** — Acquisto et Pusateri, après avoir lié les uretères sur des chiens, provoquèrent l'apparition de symptômes de l'urémie (paralysie et convulsions).

L'examen histologique montra la fragmentation des corpuscules chromophiles dans les cellules de l'écorce cérébrale et dans celles des cornes ventrales de la moelle épinière.

Résumé. — La cellule nerveuse possède, outre le réticulum et l'hyaloplasma, des corpuscules chromophiles dont les dimensions et l'arrangement varient à l'état de repos ou d'activité cellulaires. Ces corpuscules se modifient également dans nombre d'infections et d'intoxications d'origine expérimentale. Les altérations persistent plus longtemps que les troubles moteurs ou sensitifs déterminés par l'agent nocif. Il est donc probable que la fragmentation et la disparition des corpuscules chromophiles ne sont que l'expression d'une altération nutritive. Quelle que soit la signification de la chromophillyse au point de vue de la vitalité et de la fonction de la cellule nerveuse, l'étude des corpuscules chromophiles nous permet d'affirmer l'existence d'altérations, au moins temporaires, dans de nombreux cas où, avant la découverte de la méthode nouvelle, il était impossible de voir une modification quelconque.

D'après l'ensemble des faits que nous donnons à l'histologie expérimentale, il est certain que les corpuscules chromophiles constituent une sorte de réserve que la cellule nerveuse accumule au stade de repos et qu'elle dépense ultérieurement. Cependant on aurait tort de croire, comme l'ont avancé quelques-uns, que la substance chromophile se transformerait en activité nerveuse, c'est-à-dire qu'elle servirait à la production de l'influx nerveux. En effet, la cellule nerveuse motrice, amputée de son cylindre-axe, par conséquent incapable d'agir sur la fibre musculaire, perd peu à peu ses corpuscules chromophiles, à mesure que le nerf se régénère et que la cellule répare sa perte de substance. Nous assistons ainsi à un phénomène de reconstitution et d'accroissement cellulaire.

L'évolution normale des autres tissus nous offre des faits analogues. Qu'il me suffise de citer le développement des cellules de l'épiderme. En étudiant comparativement la couche *profonde* ou basilaire et les assises suivantes des cellules malpighiennes, j'ai vu (*loc. cit.*, 467) que la première est constituée par des éléments à protoplasma homogène, opaque et à faible corps cellulaire autour de chacun des noyaux. A mesure que ces jeunes éléments se transforment en grandes cellules malpighiennes, il apparaît sur le pourtour du noyau une zone de protoplasma fluide, qui tranche par sa transparence sur le protoplasma granuleux et réticulé de la zone corticale.

Si, après la fatigue, la section des nerfs, et après la pénétration des poisons, les corpuscules chromophiles diminuent et disparaissent dans la zone périnucléaire des cellules nerveuses, ce fait, rapproché du développement normal, ne peut avoir d'autre signification que celle d'une nutrition et d'une croissance cellulaire plus actives. Qu'il s'agisse d'évolution normale ou d'échanges moléculaires plus intenses à la suite de traumatisme ou d'empoisonnement, c'est autour du noyau qu'apparaît le nouveau protoplasma transparent, tandis que le reste du vieux corps cellulaire est repoussé à la périphérie avec son réticulum ou ses corpuscules chromophiles. Si le trouble est plus prononcé ou dure davantage, la substance chromophile accumulée dans l'ancien corps cellulaire finit par disparaître.

Conclusions. — La *chromatolyse* de la substance nucléaire est une modification sénile qui précède la mort du noyau et souvent celle de tout l'élément cellulaire.

La *chromophillyse* de la cellule nerveuse est déterminée par une série d'agents (poisons, traumatismes, température, etc.). La chromophillyse s'observe dans tous les cas où il survient des troubles nutritifs dans les cellules nerveuses. Elle précède et accompagne la reconstitution de toute cellule nerveuse atteinte dans sa totalité ou dans l'une de ses parties.

Bibliographie. — I. Chromatolyse. — COULON (W. DE) (*A. A. P.*, CXLVII, 160). — FLEMMING (W.). *Ueber die Bildung von Richtungs...* (*Archiv f. Anat. u. Entwick. Anat. Abtheil.*, 1885). — HEIDENHAIN (M.) (*Archiv f. mik. Anat.*, XLII, 1894, 629). — HENNEGUY. *Recherches sur l'atrésie* (*Journal de l'Anat. et de la Physiol.*, 1894, 1). — KLEBS (*Allgemeine Pathologie*, II, 1889, 10). — JANOSIK. *Die Atrophie der Föllikel...* (*Archiv f. mik. Anat.*, XLVIII, 169). — NISSEN. *Ueber das Verhalten der Kerne* (*Archiv f. mik. Anat.*, XXVI, 1886). — MICHAELIS. *Beiträge zur Kenntniss der Milchsecretion* (*Archiv f. mik. Anat.*, LI, 711, 1898). — PLATNER. *Beiträge z. Kenntniss etc.* (*Ibid.*, XXXIII, 1889, 189). — RABL (H.). *Untersuch. über die mensch. Oberhaut...* (*Ibid.*, XLVIII, 1897). — RETTERER. *Épithélium et tissu réticulé* (*Journal de l'Anat. et de la Physiol.*, 1897, 488). — SCHOTTLÄNDER. *Ueber den Graaf'schen Föllikel* (*Archiv f. mik. Anat.*, XLI, 263, 1893). — SCHMAUS et ALBRECHT. *Ueber Karyorrhexis* (*Virchow's Archiv. Supplém.*, CXXXVIII, 1895). — STROEBE. (*Ziegler' Beiträge*, XI, 1, 1892.)

II. Chromophillyse. — ACQUISTO et PUSATERI. *Sull' anatomia nervosa degli elementi nervosi nell' uremia acuta sperimentale* (*Rivista di patol. nerv. e mentale*, 1896, n° 10). — BALLET (G.) et DUTIL. *Sur quelques lésions expérimentales de la cellule nerveuse* (*Archives de Neurologie*, IV, 1897, n° 23, 430). — BECK. *Die Veränderungen der Nervenzellen beim experimentellen Tetanus* (*Neurolog. Centralblatt*, 1894, n° 24). — BERKLEY. *Studies on the lesions produced by the action of certain poison* (*Johns Hopkins Hospital Reports*, VI, n° 1). — CHANTEMESSE et MARINESCO. *Des lésions histologiques fines de la cellule nerveuse dans leurs rapports avec le développement du tétanos et de l'immunité antitétanique* (*La Presse médicale*, n° 10, 29 janvier 1898). — CENI. *Sur les fines altérations histologiques de la moelle épinière dans les dégénérescences* (*A. i. B.*, 1896, XXVI). — DEYBER (R.). *État actuel de la question de l'amœboïsme nerveux* (*Thèse de Paris*, 1898, 30-42). — DUVAL (MATHIAS). *L'amœboïsme du système nerveux et la théorie du sommeil* (*Revue scientifique*, 12 mars 1898, 321). — FLEMMING (ROBERT A.). *The effect of ascending degeneration* (*The Edimburgh medical Journal*, 1897, March). — FLATAU. *Pathologie der Nervenzelle* (*Fortschritte der Medicin*, XVII, 1897, n°s 8 et 15). — VAN GEHUCHTEN. *Le phénomène de la chromatolyse* (*Acad. de méd. de Belgique*, 27 nov. 1897). — *Anatomie fine de la cellule nerveuse* (*La Cellule*, XIII, 2e fasc., 1897);

(*Gaz hebd. de méd. et de chirurgie*, 9 déc. 1897, n° 98, 1176). — GOLDSCHEIDER et FLATAU. *Beiträge zur Pathologie der Nervenzelle (Forschritte der Medicin*, XVII, 1897, n° 7). — JULIUSBURGER. *Bemerk. zur Pathologie der Ganglienzelle (Neurolog. Centralblatt*, 1896, n° 9). — LAMY (A. P., 1897). — LEVI (GIUSEPPE). *Ricerche citologiche comparate sulla cellula nervosa dei vertebrati (Rivista di patologia nervosa e mentale*, vol. II, mai-juin 1897). — LUGARO. *Sulle alterazioni delle cellule nervose... (Rivista di Patologia nervosa e mentale*, 1892, n°s 8 et 12); — *Sulle alterazioni degli elementi nervosi negli avvelenamenti per arsenico e per piombo (Ibid.*, vol. II, 2 febbraio 1897); — *Alterazioni delle cellule nervose nella peste bubbonica sperimentale (Ibid.*, juin 1897). — MARINESCO. *Pathologie générale de la cellule nerveuse (La Presse médicale*, 27 janvier 1897, n° 8); — *Histopathologie de la cellule nerveuse (Rev. génér. des sciences*, 30 mai 1897); — *Pathologie de la cellule nerveuse (XIIᵉ Congrès international de médecine*, Moscou, août 1897). — NEPPI (A.). *Sulle alterazione cadaveriche delle cellule nervose relevabili col metodo di Nissl (Riv. di patol. nervosa e mentale*, Avril 1897). — NISSL (*Allgemeine Zeitschrift f. Psychiatrie*, vol. 48 et 50; 2° *Neurologisches Centralblatt*, 1894-1895; 3° *Centralblatt f. Nervenheilkunde*, 1894 et 1896). — PÁNDI. *Die Veränderungen im Nervensystem nach chronischer Vergiftung mit Brom, Cocain, Nicotin u. Antipyrin.* (Analyse du *Neurol. Centralblatt*, 1897, n° 24). — PUGNAT (CH.). *Sur les modifications histologiques des cellules nerveuses dans l'état de fatigue (C. R.*, 15 nov. 1897). — *Des modifications histologiques de la cellule nerveuse dans ses divers états fonctionnels (Bibliographie anatomique*, VI, 1898). — RAMON Y CAJAL. *Estructura del protoplasma nervoso (Revista trimestral micrografica* et Trad. allemande dans *Monatschrift f. Psych. u. Neurologie*, I, n° 2i, 1897, 156 et 210). — SACERDOTTI et OTTOLENGHI. *Sulle alterazioni degli elementi... nella discrasia uremica (Rivista di patolog. nerv. e ment.*, 1897). — SARBÓ. *Ueber die Rückenmarksveränderungen nach zeitweiliger Verschliessung der Bauchaorta (Neurol. Centralblatt*, 1895, n° 15). — SCHAFFER. *Ueber die Veränderungen der Nervenzellen bei experimenteller Blei, Arsen und Antimonvergiftung* (Analyse du *Neurolog. Centralblatt*, 1894, n° 24). — VAS. *Studien üb. den Bau des Chromatins... (Archiv f. mik. Anat.*, 1892, XL); *Zur Kenntniss der chron. Nikotin u. Alkohol Vergiftung (A. P. P.*, XXXVIII, 1894, 384).

ÉD. RETTERER.

CHROMATOPHORES. — Définition.

— Ce mot n'a pas la même signification en anatomie végétale et animale. Les botanistes nomment chromatophores (ou chromoleucites) les grains colorés par la chlorophylle, ou par d'autres pigments, qui se trouvent disséminés dans le protoplasma des cellules végétales; tandis que les zoologistes entendent par là les cellules pigmentaires elles-mêmes. C'est de ces derniers chromatophores seulement que nous allons nous occuper.

Mais on trouve des pigments dans un grand nombre de tissus animaux, et toute cellule pigmentaire n'est pas un chromatophore. Il convient de réserver ce nom aux cellules qui ont pour *fonction* de contenir du pigment et qui servent exclusivement à donner la coloration à l'animal. Ce sont donc des cellules situées dans les téguments externes. Mais il convient en outre de spécifier, sous ce nom de chromatophores, les cellules pigmentaires tégumentaires *mobiles*, celles qui par leurs changements de forme produisent ces changements de coloration, souvent si remarquables, qu'on observe chez un certain nombre d'animaux inférieurs, et qui ont valu au pauvre caméléon une si mauvaise réputation.

Les chromatophores sont situés dans l'épiderme ou le derme, et leur origine est, d'après les dernières recherches, toujours ectodermique; lorsqu'on les rencontre dans les tissus mésodermiques, c'est par émigration qu'ils s'y trouvent, paraît-il.

Distribution. — On trouve des chromatophores mobiles chez les *Cœlentérés* (Béroë, Euchlora rubra); les *Échinodermes* (Échinides); les *Annélides* (Pontodora, Phalacrophorus, Jopsilus); les *Crustacés* (Isopodes, Amphipodes, Schizopodes, Macroures, Brachioures, Malacostracés); les *Mollusques* (Ptéropodes, Céphalopodes, Pulmonés); les *Tuniciers* (Salpes); les *Vertébrés* (Poissons, Batraciens, Reptiles).

Divers types de chromatophores. — On peut en général reconnaître *deux types de structure très distincts.*

Les chromatophores simples. — Ils sont formés d'une simple cellule ramifiée, et dont les ramifications sont constituées par des prolongements de la cellule même; on trouve ce type de chromatophores chez les Invertébrés et chez les Vertébrés; tandis que chez les premiers (sauf quelques Ptéropodes), ce sont des cellules amiboïdes dépourvues de membrane propre; chez les seconds, il y a une membrane propre qui entoure la cellule·

Les chromatophores composés. — Ils sont constitués par une cellule centrale arrondie, entourée d'une membrane hyaline, sur laquelle s'insèrent des cellules radiaires fusiformes, qui donnent au chromatophore une figure étoilée; ce type ne se rencontre que chez les Invertébrés (mollusques) exclusivement.

Chromatophores des Invertébrés. — **Chromatophores simples du premier type.** — Ils sont, comme nous l'avons dit, constitués par une cellule de nature amiboïde, dépour-

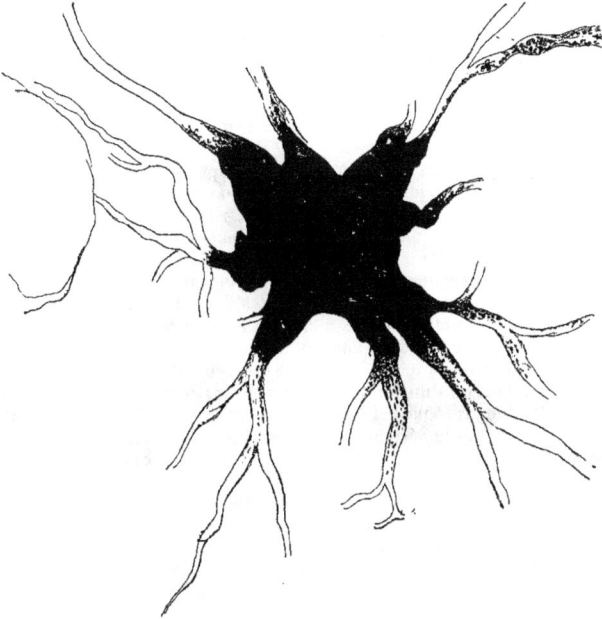

Fig. 110. — Grande cellule ramifiée (Chromatophores du premier type. *Béroé*)

vue de membrane propre, les ramifications que ces cellules émettent peuvent en se touchant se fusionner complètement. Pendant la contraction du chromatophore les prolongements se rétractent, en coulant, pour ainsi dire, vers le centre de la cellule, la masse tout entière du protoplasma, avec les granules pigmentaires qu'elle contient, effectue ce mouvement de retrait, comme elle effectuera le mouvement d'expansion, en sens inverse, lorsque le chromatophore étendra ses ramifications. On trouve ces chromatophores chez les *Cténophores* où ils ont souvent de fort belles couleurs (Béroë), jaune, brun rougeâtre, rose; les *Annélides* et les *Crustacés*, où ils ont été le mieux étudiés au point de vue physiologique par G. Pouchet.

Il distingue trois classes de pigments. Le pigment brun ou noir, toujours en granules fins; une seconde classe qui s'étend du rouge à l'orange et au jaune inclusivement, les pigments de cette classe sont tantôt à l'état de dissolution, tantôt à l'état grenu; enfin le pigment violet extrêmement rare, qu'on trouve dans les chromatophores de la crevette grise (*C. vulgaris*). Les chromatophores à pigment violet sont en quelque sorte antagonistes de ceux à couleur jaune : ils s'étalent sous les influences qui resserrent ceux-ci ; ils se rétractent lorsque ceux-ci se mettent en expansion. La couleur bleue ne se rencontre jamais dans les chromatophores : c'est le plus souvent un effet d'optique, comme pour le violet aussi, dû aux corps irrisants. Ceux-ci sont de petits corps ovoïdes formés d'une pile de lamelles extraordinairement minces, appliquées les unes contre les autres, mais qu'on peut dissocier au microscope ; chacun de ces petits corps offre alors l'aspect d'un rouleau de monnaie renversé sur une table. Ils paraissent jaunes à la lumière transmise et bleus à la lumière réfléchie. La teinte bleue est d'autant plus intense que la couleur des tissus sous-jacents est plus noire, L'alcool conserve cette couleur bleue, mais les alcalis et les acides minéraux la détruisent. Ces corps irrisants sont situés sous la peau.

Lorsqu'il vient d'être capturé, le *Palemon serratus* a une couleur rosée ou lilas ; placé dans un aquarium à fond blanc, il prend une teinte blanc jaunâtre très claire, les chromatophores sont très contractés. Si on le place alors dans un aquarium à fond noir, les chromatophores étendent leurs prolongements, le pigment rouge qui les remplit s'étale et donnerait à l'animal une coloration rouge ; si la teinte bleu-cobalt de l'hypoderme ne venait s'y mêler, le résultat est une coloration brun foncé. Ces changements de couleur se font très lentement ; c'est surtout le passage de la teinte foncée à la teinte claire qui se fait lentement, il exige quelquefois vingt-quatre heures ; tandis qu'un animal de couleur claire devient foncé assez rapidement.

Lorsqu'on pratique l'*ablation des yeux*, le Palémon prend une teinte foncée comme celle qu'il prend dans un aquarium à fond noir. Pouchet a vu cette teinte persister pendant trente-quatre jours, quand l'expérience prit fin : les crustacés dépourvus d'yeux (Brachielles, Lernéonèmes, Succulines, Anatifes et Balanes) n'ont pas de chromatophores.

Les sections des divers nerfs n'ont pas donné de résultats à Pouchet, pas plus que les substances toxiques ; cependant la santonine donne au Palémon la teinte foncée, comme celle qu'il prend sur fond noir. L'électricité n'a pas d'effet.

On peut provoquer alternativement la dilatation et le retrait des chromatophores, en plaçant l'animal alternativement dans une eau à air confiné, avec une couche d'huile, à la surface, et dans de l'eau bien aérée. Lequel de ces deux états, la contraction ou l'expansion, est l'état actif ? Il est difficile de le décider, et les deux états me paraissent aussi actifs l'un que l'autre : le protoplasma de la cellule est tantôt attiré vers le centre de la cellule, tantôt repoussé vers la périphérie, selon ses affinités chimiotactiques du moment variables suivant les conditions internes ou externes, et dans ce cas transmises aux chromatophores par le système nerveux.

Chromatophores simples du second type. — Les chromatophores de ce type ressemblent beaucoup à ceux que nous venons d'étudier, ce sont bien encore de simples cellules ramifiées, mais elles sont pourvues d'une membrane propre hyaline qui, elle, n'est pas contractile ; le protoplasma intérieure seul (et d'après quelques auteurs, les granules pigmentaires seuls) prend part au mouvement d'expansion et de retrait.

Quelques Ptéropodes (*Tiedemannia chrysotincta*), seuls parmi les invertébrés, possèdent ce genre de chromatophores, ils sont les précurseurs des vertébrés, chez lesquels ce type de chromatophores seul existe, nous les étudierons plus tard. D'autres *Ptéropodes* (*Tiedemannia, Cymbulia quadripunclata*) possèdent des chromatophores qui appartiennent au type composé et que nous allons étudier maintenant ; ils sont les précurseurs des céphalopodes.

Chromatophores du type composé. — On les trouve chez les Ptéropodes, mais s'est chez les Céphalopodes surtout qu'ils ont été bien étudiés ; ils y ont acquis une structure très perfectionnée (*Eledone moschata, Sepia, Loligo*, etc.).

Structure. — Ils sont formés par une vésicule arrondie, hyaline, dont le contenu hyalin possède un noyau et renferme des granules de pigment brun ou noir. La vésicule est entourée d'une membrane propre transparente, très mince et élastique. Sur cette membrane s'insèrent des fibres radiaires, qui donnent au chromatophore une figure étoilée. La nature de ces fibres a été longtemps discutée : les uns y voyaient des fibres conjonctives, d'autres des filets nerveux, enfin d'autres encore les considéraient comme des prolongements protoplasmiques. Actuellement on est fixé sur leur nature musculaire, puisqu'elles se contractent très rapidement, à la façon des muscles striés ; et bien que l'examen histologique n'a pas permis d'y reconnaître aucune striation, les recherches de KLEMENSIEWICZ, PHISALIX, etc., mettent hors de doute la nature musculaire de ces fibres. Ce sont en réalité des cellules très allongées, pourvues d'un noyau et entourées d'une membrane, elles s'insèrent par leur base un peu élargie sur la membrane qui entoure la vésicule pygmentaire centrale. Les fibres radiaires ne contiennent pas de pigment.

Fonctionnement. — Lorsque les fibres radiaires se contractent, la vésicule est étirée dans tous les sens et prend elle-même une figure étoilée. Au repos, par contre, la membrane élastique qui entoure les vésicules se rétracte et lui rend son aspect globuleux. L'état d'activité est donc l'état d'expansion, tandis que le retrait est purement passif, dû à l'élasticité de la membrane de la vésicule pigmentaire. Voici une expérience de PHISALIX qui le démontre clairement. « Si avec une aiguille on détruit complètement le centre d'un chromatophore, de manière à ne laisser intacte que la périphérie, les mouvements d'expansion et de retrait continuent à se produire sur cette partie intacte. Si, au contraire, on détruit par une lésion circulaire les fibres radiaires, en laissant la cellule centrale intacte, les mouvements sont complètement abolis. L'élasticité de la membrane est facile à mettre en évidence : il suffit de presser légèrement sur le centre d'un chromatophore pour l'aplatir et l'étaler; mais dès que la pression cesse l'organe reprend la forme sphérique. » L'indépendance individuelle des fibres radiaires est encore mise en évidence de la façon suivante. Lorsqu'on colore avec du bleu de méthylène un morceau de peau d'un *Loligo* par exemple, on voit quelquefois des chromatophores qui se sont colorés partiellement, une moitié est bleue, paralysée et en expansion permanente, tandis que le reste du chromatophore continue à exécuter des mouvements alternatifs d'expansion et de retrait.

Mécanisme des changements de coloration. — Les chromatophores au repos ne sont que de très petits grains noirs, disséminés sur le fond blanc du derme, la teinte générale de la peau est alors très claire, d'un blanc

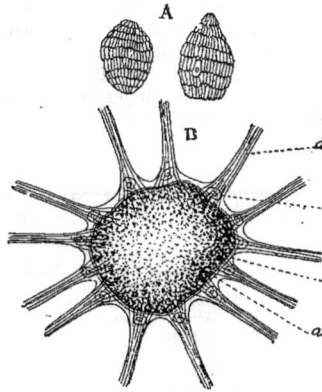

FIG. 120. — Cellule ronde (B', avec des fibres qui en partent en rayonnant. Chromatophores du type composé (Céphalopode). — A. Corps irisants.

bleuâtre. Dans l'activité, les chromatophores s'étendent, le pigment est étalé sur une plus grande surface et la peau prend une teinte foncée, soit unie ou bien tachetée si l'expansion des chromatophores n'a lieu que par places. Les teintes chez les céphalopodes vont du blanc bleuâtre au gris, au brun clair et foncé et enfin au noir. De petites paillettes incolores et brillantes, les iridocystes, disséminés dans le derme et qui réfractent fortement la lumière, produisent les teintes irisées à éclat métallique, doré le plus souvent.

Nature des mouvements des chromatophores. — PHISALIX distingue trois sortes de mouvements.

1° *Mouvements de trémulation.* — Chez un céphalopode, vivant, au repos, les chromaphores sont constamment agités par de petites secousses à peine visibles, c'est comme une trémulation incessante et rapide, qui donne à la peau des céphalopodes sa physionomie caractéristique. Ces mouvements sont sous la dépendance du système nerveux, et ils disparaissent dès qu'on sectionne le nerf palléal, ou lorsqu'on lèse les centres chromato-moteurs.

2° *Mouvements d'ondulation.* — Ils ne se produisent en général qu'après la mort. Ils consistent en une expansion maxima, suivie du retrait des chromatophores. Ce qui caractérise ces mouvements, c'est qu'ils commencent en un ou plusieurs points et rayonnent de là dans tous les sens, pour se reproduire de nouveau d'une manière irrégulière et désordonnée. Ils sont dus à l'excitation directe de la peau et persistent longtemps après la mort de l'animal.

3° *Mouvements d'activité fonctionnelle.* — Ils n'existent que chez l'animal vivant; ils sont le résultat d'actions réflexes qui dépendent entièrement du système nerveux central.

Centres nerveux chromato-moteurs. — 1° *Centres sous-œsophagiens.* — La destruction du lobe sous-œsophagien moyen amène la paralysie des chromatophores de toute la surface cutanée, qui reste complètement pâle. Si la lésion n'a porté que d'un côté, la paralysie n'a également lieu que d'un côté, mais du côté opposé à la lésion. Il y a donc un entre-croisement manifeste des fibres nerveuses, dans l'épaisseur du ganglion.

2° *Centres sus-œsophagiens.* — L'ablation de la calotte cérébrale n'a aucune influence sur le fonctionnement des chromatophores, à condition que la lésion n'ait pas pénétré jusqu'aux nerfs optiques. Si, au contraire, on atteint le niveau du nerf optique, il se produit, en même temps que la dilatation de la pupille, la paralysie des chromatophores du côté lésé. Il semble donc que les chromatophores sont soumis à l'influence de deux centres, l'un pour les actions directes, l'autre pour les actions croisées. Quand on a détruit le premier, il arrive souvent que les chromatophores du côté opposé restent dans un état de dilatation permanente.

3° *Ganglions périphériques.* — Outre ces centres situés dans le collier nerveux qui entoure l'œsophage, Krukenberg, se basant sur ses expériences toxicologiques, admet encore l'existence de petits centres ganglionnaires périphériques disséminés dans la peau. Les résultats qu'il a obtenus peuvent être susceptibles d'une interprétation différente, car la preuve n'est pas faite qu'il s'agit vraiment d'une action des poisons sur les ganglions, et non pas sur les troncs nerveux; mais, comme ces expériences sont très intéressantes, je donnerai un tableau qui les résume.

Eledone moschata.

NUMÉROS DES OPÉRATIONS.	OPÉRATIONS.	COULEUR DE LA PEAU.	MODE D'ACTION.	REMARQUES.
1.	Plongé dans chlorhydrate de quinine 1/500.	Blanche.	Paralysie des centres.	Action sur l'animal vivant seulement
2.	Solution de nicotine 1/100 000.	Brune.	Excitation des ganglions périphériques.	
3.	Azotate de strychnine 1/20 000.	Blanche.	Paralysie des ganglions périphériques.	Action sur l'animal vivant comme
4.	Eau chloroformée.	Brune.	Paralysie des fibres radiaires en contraction.	aussi sur un lambeau de peau séparée du corps.
5.	Vapeurs de camphre.	Blanche.	Paralysie des fibres radiaires en expansion.	

L'excitation des chromatophores peut avoir lieu (Klemensiewicz) : 1° par voie réflexe sous l'influence des nerfs optiques; 2° par voie réflexe sous l'influence des excitations centripètes des nerfs cutanés; 3° par la volonté.

Les émotions peuvent se traduire chez les céphalopodes par la dilatation des chromatophores et la coloration intense de la peau, ou bien par leur resserrement maximum et une pâleur extrême. Ces deux phénomènes sont-ils régis par deux centres différents, un chromato-dilatateur et un chromato-constricteur? Il est difficile de décider la question par l'expérimentation. Sous l'influence d'une hémorragie abondante, de même que chez un animal strychnisé, les chromatophores montrent une grande mobilité; à chaque secousse musculaire les chromatophores se comportent comme les muscles et leur mouvement commence en même temps que la secousse musculaire. On peut aussi provoquer l'expansion des chromatophores en galvanisant le bout périphérique d'un nerf coupé, le nerf palléal par exemple. C'est une véritable tétanisation qui se produit et elle cesse en même temps que celle des muscles du manteau.

Le mouvement des chromatophores chez les céphalopodes se fait extrêmement rapidement; dans l'espace d'une seconde, ils peuvent s'étendre et se contracter de nouveau; nous sommes loin des chromatophores du type simple qui demandent pour se mouvoir plusieurs minutes, et souvent même des heures.

Les changements de coloration chez l'*Eledone moschata* sont très attachants à observer. Un exemplaire de cette espèce, que j'ai gardé pendant plusieurs mois dans un grand cristallisoir en verre, sur ma table, se mettait très rapidement en conformité absolue de teinte lorsque j'entourais le bassin avec des étoffes de couleurs variées : blanc, gris de sable, gris bleu, gris à dessins noirs, brun clair avec ou sans taches noires brun foncé et noir. Avec une étoffe rouge l'animal arrivait à prendre une teinte brune chaude; mais il n'arrivait pas à imiter les couleurs bleue et verte et prenait une teinte grise. Les Éledone vivent sur les fonds sableux cachés dans des trous, sous des pierres, d'où ils guettent la proie sur laquelle ils s'élancent d'un bond; la teinte grise et gris brun est pour eux la plus habituelle. Souvent la teinte de mon Éledone était si semblable à celle de la nappe de la table, que, lorsqu'il se tenait immobile, il m'est arrivé de ne pouvoir le distinguer à première vue et de le croire évadé; mais alors il suffisait que je fisse même à distance des mouvements de gymnastique avec les bras, ou bien que je secoue un mouchoir de poche pour que l'animal se mette aussitôt en colère; sa peau prenait alors une couleur blanche et était parcourue par des ondes foncées qui apparaissaient et disparaissaient rapidement, et qui, lorsqu'elles envahissaient simultanément une grande partie de la surface cutanée, lui donnaient par moment une couleur presque noire. Pour me témoigner encore davantage son indignation, il dirigeait vers moi son siphon et lançait un jet d'eau aromatisée de musc, si fort, qu'en quelques secondes tout le bassin était vidé, après quoi l'animal tâchait de s'échapper et y parvenait souvent malgré un grillage lesté de grosses pierres qui recouvrait l'aquarium et qu'il réussissait à soulever.

Vertébrés. — Chromatophores simples du second type. — C'est le seul genre de chromatophores que l'on rencontre chez les vertébrés, tandis que chez les invertébrés nous avons trouvé beaucoup plus de variété.

Répartition. — On trouve les chromatophores chez les *Poissons* (*Syngnatus, Gobius, Rhombus, Cottus, Julis,* etc.), chez les *Batraciens* (*Rana Esculenta, Temporaria, Viridis, Hyla,* etc,) et chez les *Reptiles* (Caméléon).

Structure. — Nous en avons déjà dit quelques mots à propos des *Ptéropodes* où on les trouve aussi. Ce sont des cellules ramifiées, pourvues d'un noyau, d'un protoplasma contenant des grains de pigment et entourées d'une membrane non contractile. Dans l'état ramifié, étalé, le pigment remplit les ramifications, quelquefois même il émigre tout entier vers ces dernières, et le centre de la cellule reste incolore. Dans l'état contracté les ramifications semblent disparaître, le pigment se retire vers le centre et laisse les ramifications incolores, ne contenant que du protoplasma, et le chromatophore semble être une petite boule noire hérissée de pointes.

Les changements de forme se font lentement infiniment plus lentement, que chez les céphalopodes, mais pas aussi lentement que chez les crustacés, quelques minutes suffisent pour que la coloration de l'animal change.

Chez les poissons les chromatophores sont situés au-dessous du derme et même dans certaines espèces au-dessous des plaques osseuses, dans les tissus profonds (Syngnathus).

Chez les grenouilles ils étalent horizontalement leurs prolongements dans le derme.

Tandis que chez les caméléons, les chromatophores sont situés très profondément dans la peau, et ils dirigent leurs ramifications verticalement de bas en haut à travers toute l'épaisseur du derme. Comme les auteurs n'ont pas toujours obtenu les mêmes résultats dans les trois classes de vertébrés, nous les étudierons séparément.

Chromatophores des Poissons (Ils ont été étudiés surtout par G. Pouchet). — La tétanisation provoque le retrait rapide des prolongements, l'effet est très manifeste chez les Trigles, les Loches, les Cottus, il est moins manifeste chez les Turbots, nul chez les jeunes Syngnathus, malgré leur faculté de changer de couleur spontanément. Souvent, quoique le courant continue à passer, les prolongements s'allongent de nouveau. Quelquefois les poissons malades présentent cette pâleur, d'autrefois elle est physiologique : le mâle de l'Hippocampe, quand il se débarrasse de sa portée, pâlit. Ces changements sont parfois très rapides, les jeunes Cottus quand on les tourmente deviennent aussitôt foncés. De jeunes Turbots placés dans des aquariums à fond noir et à fond blanc prennent une couleur brun verdâtre dans le premier cas, gris blanchâtre dans le second.

Y a-t-il action réflexe? Se fait-elle par l'intermédiaire de la vision? Les résultats de l'ablation expérimentale des yeux ne sont pas toujours très nets. Un Cottus aveuglé est resté sujet à des changements de coloration marqués, mais c'est une des espèces les plus changeantes spontanément. Les Turbots aveuglés prennent une coloration roussâtre, définitive et invariable. Les *Gobio, Aspius*, etc., après l'ablation des deux yeux, prennent une coloration foncée uniforme, persistante. L'ablation d'un seul œil ne donne aucun résultat.

La section du trijumeau donne la paralysie des chromatophores, les animaux ainsi opérés, placés dans un aquarium à fond blanc, pâlissent sur toute la surface, sauf la partie de la tête innervée par les branches du trijumeau coupées, qui reste noire, on peut rendre ce masque noir plus ou moins étendu. (On peut se demander s'il ne s'agit pas ici d'une section du facial concomitante?)

La section des nerfs rachidiens donne aussi des paralysies localisées des chromatophores et le corps est zébré de bandes noires. Mais c'est du nerf sympathique que les nerfs rachidiens tirent cette influence; la section du grand sympathique amène la paralysie immédiate de tous les nerfs situés en arrière de la section.

La section de la moelle ne donne rien, ce qui prouve que le centre chromato-moteur se trouve dans toute la moelle. Les paralysies après section des nerfs persistent longtemps, à la longue les régions paralysées prennent le ton intermédiaire, ni clair ni foncé, des turbots aveuglés, se détachant en clair ou en sombre sur le reste du corps, suivant la couleur de ce dernier, qui est celle du fond de l'aquarium.

Le curare, la strychnine, la vératrine, la morphine, pas plus que la santonine, n'ont aucune influence sur les chromatophores.

L'habitude de certaines colorations, par contre, a une grande influence, et des turbots habitués à un fond clair, transportés dans un aquarium à fond noir, mettent quatre jours pour se mettre à l'unisson de couleur; placés de nouveau sur le sable clair ils reviennent très vite à la teinte claire; mais alors replacés de nouveau sur fond noir, ils changent de couleur en quelques heures, au lieu de quatre jours.

Il y a aussi des influences peu étudiées: c'est ainsi que par certains jours, à certaines heures, particulièrement par un temps couvert, chez tous les animaux opérés, les taches dues à la paralysie locale des chromatophores étaient à peine distinctes, et quelques heures après tranchaient vigoureusement sur la couleur de la peau, sans que celle-ci parût avoir elle-même changé.

Chromatophores des Batraciens. — Les *Hyla arborea* sont surtout de jolis objets d'étude : les couleurs y sont très vives et les changements rapides.

Les chromatophores sont excitables directement, ainsi que Harless, von Wittich, Biedermann l'ont établi. Si l'on applique directement à la peau d'une patte coupée un courant d'induction, ou bien si on l'enduit d'une couche de térébenthine, on voit la peau prendre une couleur claire, les chromatophores retirent leurs prolongements, et se mettent en boule. De même si l'on excite, soit par l'induction, soit mécaniquement (pincement, sections répétées), soit chimiquement (NaCl), le bout périphérique du sciatique coupé, Von Wittich explique l'influence de ces excitations locales par une action des ganglions, qu'il n'a cependant pas trouvés et qui me semblent bien près de devenir un mythe physiologique, on croit les voir partout, ils expliquent tout.

La lumière a aussi une action directe, locale et une patte dont le nerf sciatique est coupé devient foncée dans l'obscurité et claire à la lumière. Ces changements de teinte sont cependant moins marqués que lorsque le système nerveux est intact.

Placés dans une cloche en toile métallique recouverte de papier noir, les Hyla prennent une couleur vert olive foncée; rendues à la lumière du jour, même celle d'une journée grise, elles redeviennent claires.

Lister et Biedermann affirment qu'une grenouille aveuglée, ou celle dont on a recouvert la tête d'un drap foncé, ne montrent plus de sensibilité à la lumière; elles restent définitivement foncées, à moins qu'on ne les excite: mais Bimmermann a vu le contraire.

et un animal aveuglé est, d'après lui, aussi sensible à la lumière que normalement. Biedermann a dit, en outre, que les Hyla, qui sont grises lorsqu'on les met sous la cloche
sombre, deviennent vertes si on leur met une branche verte dans la cloche; quand la
branche verte se fane, l'animal se décolore à mesure et devient gris brun quand toutes
les feuilles sont fanées. Il admet que dans ce cas c'est par le sens du toucher que ces
changements de couleur sont déterminés, car ils ont lieu tout aussi bien à la lumière que
dans l'obscurité, on les observe de même chez des grenouilles aveuglées. D'après lui une
surface rugueuse donne la sensation qui brunit l'animal, une surface lisse le verdit; des
feuilles vertes artificielles produiraient, d'après Bimmermann, une action analogue (!). Quand
on coupe les nerfs des quatre extrémités, il n'y a plus de verdissement par les feuilles:
c'est donc une action réflexe.

D'après Bimmermann, le froid paralyse l'influence de la lumière: des grenouilles entourées de glace restent plus foncées à la lumière que des grenouilles témoins à la température ordinaire. Une température assez élevée donne une coloration très claire à l'animal: dans l'eau à 35° les chromatophores montrent un état de contraction extrême. Du
reste en été les grenouilles ont toujours une couleur plus claire qu'en hiver.

La sécheresse de la peau agit comme un excitant sur les chromatophores et la peau
devient claire, cet effet se montre chez la Temporaria, habituée à un habitat humide, mais
pas chez la Hyla qui vit perchée sur les arbres, et par conséquent plutôt dans l'air que
sur terre.

Influence de la circulation. — Lorsqu'on sectionne un nerf sciatique à une grenouille,
la patte opérée devient foncée; cela persiste plusieurs jours, mais en s'affaiblissant, et à
la longue la différence de teintes devient peu marquée; si alors on excise le cœur, cette
différence de teinte s'accuse aussitôt, tout le corps devient plus clair, sauf la patte paralysée. Comment expliquer ce phénomène? Je pense qu'il est dû à l'effet excitant de
l'anémie sur le système nerveux, qui a pour résultat la contraction des chromatophores
de tout le corps, sauf de la patte paralysée, dont la teinte foncée ressort alors d'autant
plus. Peut-être peut-on aussi l'expliquer par le fait qu'il reste plus de sang dans les
vaisseaux dilatés de la patte paralysée que dans la circulation générale normale. Voici un
fait qui le prouve. Si l'on coupe deux jambes, l'une après y avoir apposé une ligature,
l'autre sans l'avoir liée, et qu'on les suspende par les orteils, la patte liée devient plus
foncée que celle qui a perdu tout son sang par la section.

Si à une grenouille on coupe le sciatique et qu'on lie les deux aortes, puis qu'on
excite le sciatique coupée, le membre paralysé devient plus clair; si alors on ouvre les
deux aortes, il devient plus foncé que le reste du corps, lequel n'a pas changé: on voit
donc ici que la circulation peut détruire l'effet de l'irritation, qui sans cela persisterait
très longtemps. Harless pensait déjà que le retour à un état d'expansion des chromatophores était dû à un effet de nutrition dépendant de la circulation; il se basait sur le
fait que lorsqu'on détruit le cerveau et la moelle, l'animal devient aussitôt très clair de
couleur d'abord par excitation réflexe, ensuite par cessation de la circulation, et reste
ainsi.

Comment agit l'arrêt de la circulation? probablement pendant la stase sanguine il
s'élabore dans le sang quelque substance, qui irrite les chromatophores et produit le
retrait des prolongements; mais ce n'est pas un effet du CO_2 accumulé; ce dernier tout au
contraire produit une paralysie des chromatophores. Ainsi une grenouille plongée dans
l'huile meurt par asphyxie et devient très foncée de couleur; si alors, assez longtemps
après la mort, on la sort de l'huile et qu'on la mette à l'air après l'avoir bien essuyée,
elle devient très claire, c'est que les chromatophores débarrassés de l'excès de CO_2 qui
paralysait leurs mouvements se sont contractés sous l'influence irritante des produits
accumulés dans le sang par la stagnation.

Action du système nerveux central. — Si l'on électrise le bout central d'un sciatique coupé, on voit tout le corps prendre une teinte très claire et les taches noires
s'effacer, seul le membre opéré reste foncé. Lorsqu'on strychnise cette grenouille, on
voit à chaque secousse tétanique la couleur de la peau pâlir, elle s'obscurcit de nouveau
entre les accès tétaniques, la patte dont le nerf sciatique est coupé garde une couleur
invariable et foncée. La section de la moelle à la hauteur des nerfs brachiaux ne change
pas les résultats de ces expériences, d'où on peut conclure que le centre des mouvements

des chromatophores ne se trouve pas dans la moelle allongée seulement, mais aussi dans la moelle épinière, dans la partie supérieure tout au moins. Mais, bien que la coloration des grenouilles après cette section soit encore sujette à varier, cependant la teinte foncée prédomine dans le repos de l'animal.

Dans les couches optiques (*thalami optici*), il y a quelque chose de particulier à signaler. Leur lésion donne une coloration noire permanente à l'animal et même les diverses conditions qui agissent d'ordinaire en produisant des colorations claires, comme l'influence de la sécheresse, de la lumière, etc., n'ont plus d'action. La strychnine elle-même semble avoir une action moins marquée, la teinte est moins claire pendant les accès et la couleur noire revient plus vite. après. Cet état peut persister longtemps, pendant des semaines, mais la coloration s'éclaircit ensuite, quoiqu'elle reste peut-être plus foncée que normalement. Si, après cette opération, on fait une section derrière les lobes optiques, la coloration redevient normale. Je crois qu'il|s'agit ici d'une excitation forte et de longue durée : l'expansion des chromatophores est alors peut-être liée à une dilatation des vaisseaux, à moins qu'on admette qu'il s'agit d'une expansion active, sous l'influence d'un centre chromato-dilatateur.

La section du sympathique au cou produit une coloration uniforme et foncée de la peau de la tête et du cou du côté opposé.

La sensibilité générale joue un grand rôle, et chez une grenouille dont toutes les racines sensibles ont été coupées la teinte de la peau est plus foncée et plus uniforme aussi ; cependant ce n'est pas toujours aussi marqué comme effet, souvent même l'animal a l'air presque normal quant à la couleur. Peut-être est-ce lié à l'état des vaisseaux car la section des racines sensibles amène une dilatation des vaisseaux.

Chromatophores des Reptiles. — Les recherches de Brücke sur le *caméléon* sont restées classiques. La couleur de la peau résulte du mélange, ou plutôt de la superposition de la teinte noire des chromatophores et de la teinte blanche ou jaune, suivant les parties du corps, et aussi suivant les individus, du derme dans lequel les chromatophores sont situés très profondément (V. **Caméléon**).

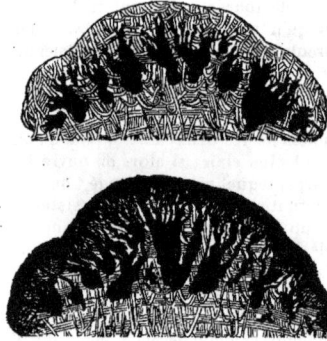

Fig. 121 et 122.
Derme du caméléon avec chromatophores.

A cela il faut ajouter le reflet métallique, qui est dû à la réflexion de la lumière dans les cellules de l'épiderme, lesquelles présentent une structure particulière, avec des espaces remplis d'air. Le reflet métallique peut être jaune d'or, rouge, bleu ou vert.

Quand les prolongements des chromatophores sont étirés au maximum, ils traversent la couche de cellules claires, blanches ou jaunes du derme, s'étalent au-dessus d'elle, arrivent à se toucher et forment un réseau qui masque complètement la couche claire, ce qui donne à l'animal une coloration noire uniforme.

Lorsque quelques-uns seulement des prolongements arrivent à la surface, tandis que les autres n'y arrivent pas, la peau prend une coloration tachetée, tigrée, avec des dessins plus ou moins foncés, sur un fond clair.

Lorsque les chromatophores ont leurs prolongements complètement retractés, la peau a une teinte claire, elle est blanche ou jaune pâle ; c'est la couleur de la partie supérieure du derme.

Enfin, dans les endroits où les prolongements ne sont pas parvenus à la surface du derme, mais sont restés à mi-chemin, la couche de cellules claires les sépare de la surface de la peau ; c'est à travers cette couche de couleur claire que nous voyons le pigment noir, et celui-ci nous apparaît bleu si la couche superficielle est blanche, vert si elle est jaune, d'après les lois de la physique sur la coloration des milieux troubles. C'est un fait d'observation journalière que, lorsqu'on interpose un milieu trouble quelconque,.

devant une source lumineuse, celle-ci, vue au travers, parait jaune d'abord, puis rouge à
mesure que le trouble du milieu interposé augmente. Or on sait que la lumière réfléchie
par un corps est toujours complémentaire de celle qui est transmise, car elle est constituée justement par les rayons qui n'ont pas pu passer; la lumière réfléchie par un milieu
trouble sera donc bleue ou verte.

Excitabilité des chromatophores. — *Excitation directe.* — Lorsqu'on applique les électrodes sur la peau d'un caméléon, on produit localement une tache très claire qui tranche
sur le reste du corps; il en est de même lorsqu'on électrise le bout périphérique d'un
nerf sciatique sectionné, les chromatophores innervés par ce nerf retirent leurs prolongements. La térébenthine appliquée localement sur la peau agit aussi comme excitant
et produit des taches claires.

Mais le plus curieux est l'influence de l'obscurité. Tandis qu'à la lumière la peau du
caméléon prend une teinte foncée, à l'obscurité elle devient claire. Si l'on met un caméléon au soleil, et qu'on dispose sur la peau, par places, des petites bandes découpées
dans une feuille d'étain, on voit que les parties de la peau ainsi protégées contre la
lumière tranchent nettement par leur couleur claire, sur la teinte foncée du reste de la
surface cutanée.

On peut démontrer que c'est vraiment l'action de la lumière, et non pas de la chaleur, qui paralyse les chromatophores, en soumettant un caméléon à la chaleur obscure
d'un fourneau, tant qu'il est à l'abri de la lumière, sa peau garde une teinte claire malgré la haute température; il suffit alors que la lumière éclaire l'animal pour qu'il prenne
aussitôt une coloration foncée. La lumière électrique agit aussi très rapidement.

Excitation par voie réflexe. — Un caméléon strychnisé prend une teinte très claire
pendant les accès tétaniques; il suffit de couper un nerf, pour voir la partie de la peau
qui est innervée par ce nerf, trancher nettement par sa couleur foncée sur le reste du corps.

Les émotions de l'animal réagissent par voie réflexe sur les mouvements des chromatophores. C'est ainsi que le caméléon, qui au repos présente une coloration uniforme,
se couvre de taches et de dessins variés, lorsque, stimulé par la faim, il va à la recherche
de la nourriture, ou bien lorsque quelque chose l'inquiète ou l'irrite; les dessins qui
apparaissent sur la peau dans ces circonstances ne sont pas quelconques, mais sont
déterminés et toujours les mêmes, bien que très variés pour chaque individu.

Rôle des chromatophores. — On peut dire qu'en général le rôle des chromatophores
est de permettre à l'animal de prendre une coloration en conformité avec les teintes du
milieu environnant, ce qui le dissimule aux yeux de ses ennemis, et aussi de la proie
qu'il guette. Ainsi la teinte verte que prennent les Hyla et les Caméléons se confond si
bien avec celle des feuilles de la plante sur laquelle ils se trouvent, qu'il est extrêmement difficile de les distinguer lorsqu'ils se tiennent immobiles; j'ai vu ainsi des Hyla
prendre une teinte gris brun lorsqu'elles étaient assises sur le tronc d'un arbre, elles
ressemblaient vraiment à un morceau d'écorce. Les girelles (*Julis*) sont aussi très intéressantes à observer; ces petits poissons se tiennent de préférence parmi les algues,
et par les changements de couleur de leur corps arrivent à se mettre complètement
à l'unisson avec la teinte environnante. La large raie dentelée, et d'un beau noir,
bordée de dentelures jaune d'or, bleu-ciel et rouge qui se trouve des deux côtés du corps,
et dans toute sa longueur, et qui tranche si joliment sur le fond blanc d'argent du reste
du corps, peut se former et disparaître toute, ou en partie, assez rapidement; à sa place
peuvent apparaître des lignes vertes ou brunes, à contours nets ou effacés; ou bien, tandis
que le ventre prend une teinte uniforme blanche, jaunâtre, ou grisâtre, le dos se colore
dans toute sa longueur en brun foncé, et les deux teintes tranchent nettement; on dirait
deux brins d'algues rubannées juxtaposées.

Nous avons vu de même les crustacés et les céphalopodes prendre la couleur des
objets qui les environnent, ou celle du fond du bassin.

Il est plus difficile d'expliquer ces brusques et passagers changement de couleur, qui
sont si remarquables chez les céphalopodes; peut-être est-ce un moyen de défense aussi;
car l'aspect de l'Élédone excitée, quand elle se tient immobile, le corps ramassé dans une
position expectante, n'est pas rassurant; et les ondes blanches, noires, grises, qui parcourent sa peau alternativement, produisent, si j'en juge par moi-même, une impression
inquiétante.

Bibliographie. — Walter Garstang. *The Chromatophores of animals* (*Science Progress.*, octobre 1895). — Klemensiewicz. *Beiträge zur Kenntniss des Farbenwechsels der Cephalopoden* (*Sitz. der K. Akad. der Wissenschaften*, 1878, lxxviii, III Abth.). — Krukenberg. *Der Mechanismus des Chromatophorenspieles bei Eledone Moschata* (*Vergl. Phys. Studien*, 1 Abth., 1880). — Fredericq (Léon). *Sur l'organisation et la physiologie du poulpe* (*Bull. Acad. Roy. Belg.*, xlvi, 1878). — Girod (P.). *Recherches sur la peau des céphalopodes* (*Arch. de Zool. exp.*, (2), i, 1883, et ii, 1884). — Blanchard (R.). *Sur les chromatophores des céphalopodes* (*C. R.*, xcvi, 1883, 655). — Phisalix (C.). *Sur la nature des mouvements des chromatophores des céphalopodes* (*C. R.*, 1891 et *B. B.*, 1893, 887-889). — Von Uexküll (J.). *Physiol. Untersuch. an Eledone moschata* (*Z. B.*, xxxi ; *Neue Folge*, xiii, 584). — Pouchet (G.). *Sur les rap. chang. de colorat. provoqués expér. chez les crustacés* (*C. R.*, 1871, lxxiv, 757). — *Du rôle des nerfs dans les changements de coloration des poissons* (*J. de l'Anat. et de la Physiol.*, 1872) ; — *Note sur l'influence de l'ablation des yeux* (*Ibid.*, 1874) ; — *Sur les rapides changements de coloration provoqués expérimentalement chez les poissons* (*C. R.*, 1874, lxxii, 866). — *Sur la mutabilité de la coloration des animaux* (*C. R.*, lxxvii, 81). — Bimmermann. *Ueber den Einfluss der Nerven auf die Pigmentzellen des Frosches* (Dissertation, Strassburg, 1878). — Harless. *Ueber die Chromatophoren des Frosches* (*Zeitschr. f. wissenschaftliche Zool.*, v). — Lister. *On the cutaneous pigmentary system of the frog* (*Phil. Trans.*, cxlviii, 1858). — Ballowitz. *Die Nervenendungen der Pigmentzellen* (*Zeitschr. f. wiss. Zool.*, lvi, 1893, Poissons) ; — *Ueber die Bewegungserscheinungen der Pigmentzellen* (*Biol. Centr.*, xiii, 1893). — Brücke. *Ueber den Farbenwechsel der Chamæleonen* (*Sitz. der K. Acad. d. Wissensch.*, 1851, vii) ; — *Vergleichende Bemerk. über Farben und Farbenwechsel bei den Cephalop. und bei den Chamæleonen* (*Sitz. d. K. Acad. d. Wiss.*, viii, 1852) ; — *Vorlesungen über Physiologie*, i, 1874). — Milne-Edwards. *Note sur le chang. de couleur du caméléon* (*Ann. des sc. nat.*, (2), i, 1834). — Bimmermann. *Ueber den Farbenwechsel der Frösche* (*A. g.|P.*, li, 1892, 455-509). — Thilenius (G.). *Der Farbenwechsel von Varanus griseus, Uromastix acanthinurus und Agame inermis* (*Morph. Arb.*, 1897, vii, 515-545). — Flemming (W.). *Einfluss von Licht und Temperatur auf die Färbung der Salamanderlarve* (*Münch. med. Woch.*, 1897, xliv, 184).   **CATHERINE SCHÉPILOFF.**

CHROMATOPSIE. — Voyez **Rétine.**

CHROME (Cr 52). — **Chimie.** — Le chrome a été découvert par Vauquelin en 1797, qui l'a retiré du chromate de plomb, crocoïne de Sibérie, plomb rouge Cr^2O^3 PbO ; plus tard il l'a extrait du fer chromé, Cr^2O^3FeO, minerai plus abondant que le précédent. Le chrome pur ressemble au fer ; mais il est plus blanc et plus brillant que ce dernier métal ; sa densité est de 6,9 ; il n'est pas magnétique. Son point de fusion est supérieur à celui du platine ; on peut le limer et le polir.

Le chrome se ternit à l'air humide ; mais cette altération n'est que superficielle. A 2000° le chrome brûle dans l'oxygène : il résiste aux alcalis en fusion.

En se combinant à l'oxygène en diverses proportions, le chrome donne naissance à plusieurs oxydes. Le protoxyde CrO n'existe qu'en combinaisons, et ses sels sont très instables : ils ne peuvent se conserver qu'à l'abri de l'oxygène ; ils se transforment à l'air en sels de sesquioxyde avec dégagement de chaleur. Le sesquioxyde Cr^2O^3 s'obtient anhydre en chauffant au rouge naissant un mélange de bichromate de potasse et de soufre ; c'est une poudre insoluble dans l'eau et dans la plupart des réactifs, d'un beau vert qu'on utilise dans la peinture sur porcelaine. Ce corps s'unit aux autres protoxydes pour donner des chromites.

L'hydrate de sesquioxyde de chrome existe sous deux modifications auxquelles correspondent deux séries parallèles de sels.

Les sels chromiques, violets, cristallisables stables, traités par l'ammoniaque, donnent un oxyde bleu verdâtre violacé, soluble dans l'acide acétique et dans un excès d'ammoniaque, qui répond à la formule $Cr^2(OH)^6$.

Les sels de chrome verts, qui se produisent toutes les fois qu'une solution d'un sel violet est portée à la température de 100°, sont incristallisables et tendent à revenir à la modification violette. Lorsqu'on les traite par un alcali, ils donnent un précipité bleu verdâtre d'oxyde hydraté $Cr^2O(OH)^4$.

Lorsqu'on chauffe un mélange de trois parties d'acide borique et une partie de chromate de potasse à 500°, on obtient un borate de chrome et de potasse, lequel, traité par l'eau, donne comme résidu un oxyde de chrome hydraté $Cr^2O^32H^2O$, poudre insoluble d'une belle couleur verte : vert Guignet.

Le sulfate de sesquioxyde de chrome s'unit aux sulfates alcalins comme le sulfate d'aluminium et donne des composés isomorphes à l'alun, possédant une belle coloration violette : ce sont les aluns de chrome.

Lorsqu'on fond le fer chromé avec la moitié de son poids de nitre, on obtient un sel soluble dans l'eau, qui se présente en beaux cristaux rouge orangé, le bichromate de potasse : ce sel, traité par le carbonate de potasse, donne un chromate neutre jaune citron, isomorphe du sulfate de potasse et répondant à la formule CrO^3K^2O.

Le bichromate de potasse en solution saturée à froid traité par une fois et demie son volume d'acide sulfurique concentré laisse déposer par refroidissement un feutrage d'aiguilles cramoisies d'acide chromique Cr^2O^3.

Cet oxyde du chrome cède facilement son oxygène en se transformant en sesquioxyde de chrome : c'est un oxydant énergique.

L'acide chromique donne plusieurs séries de sels ; les chromates neutres : CrO^3K^2O chromate de potasse ; des bichromates : $(CrO^3)^2K^2O$ bichromate de potasse ; des trichromates et des trétrachromates. Ces sels sont d'autant plus caustiques qu'ils sont plus acides.

La plupart des chromates de métaux lourds sont insolubles. Ceux de chaux, de baryte, de zinc, de cuivre, sont solubles. Nous devons signaler particulièrement le chromate de plomb, sel insoluble d'une belle couleur jaune d'or, très utilisé en peinture sous le nom de jaune de chrome.

Action physiologique et toxicologique. — L'action physiologique du chrome est très différente, suivant que l'on considère l'acide chromique et ses sels ou les sels de sesquioxyde de chrome.

L'acide chromique et les chromates sont des poisons corrosifs très énergiques. Le pouvoir toxique de ces sels croît avec l'acidité du milieu. Les chromates neutres sont les moins toxiques, l'acide chromique est très toxique.

L'acide chromique coagule les matières albuminoïdes en les colorant en jaune et durcit les tissus sans en déformer les contours. Hannover a le premier utilisé ces propriétés pour durcir les pièces histologiques. L'emploi de la liqueur de Muller (solution de bichromate acidulé) est aujourd'hui généralisé dans les laboratoires.

L'acide chromique et les chromates s'opposent aux processus de la putréfaction et conservent les substances animales et végétales (Jacobson).

Ducatel a constaté qu'à la dose de 1/250 il assure la conservation des matières organiques.

Le bichromate ne coagule pas les albuminoïdes.

L'acide chromique colore la peau en jaune : la tache ne peut disparaître ni par lavage ni par l'action des alcalis. Un contact prolongé avec la peau amène sa destruction sans soulèvement ni sérosité (Magitot) ; sur le derme dénudé l'action est plus prompte : on obtient une escharre sèche, jaune rougeâtre ou brune noirâtre, qui se détache en laissant une plaie.

Suivant la concentration de ses solutions, le bichromate agit comme irritant ou caustique.

L'acide chromique et les chromates ont été employés en chirurgie comme caustiques pour détruire les papillomes, les excroissances, cautériser les plaies fongueuses, etc. (Ch. Robin, Sigmund, Hanche, Bullin, Magitot, etc.).

L'action caustique occasionne chez les ouvriers des fabriques où l'on prépare ce corps des accidents qui ont attiré l'attention de nombreux hygiénistes.

Dugan, Ducatel, Baer en Amérique ; Heathcote en Angleterre ; Hillairet et Delpech, Lallier, Gubler, etc., en France, ont signalé ces accidents.

Les poussières de bichromate, en se fixant sur la peau et les muqueuses, déterminent des éruptions, avec des ulcérations plus ou moins profondes et douloureuses, très graves, comme Ducatel l'a montré.

Heathcote a observé que ces ulcérations prenaient souvent, surtout dans le pharynx, l'aspect d'ulcères syphilitiques. Les poussières qui volent dans l'atelier pénètrent dans le nez, les poumons, et déterminent un coryza chronique, des bronchites répétées, des suffocations, de la céphalalgie, un état de malaise général qui amène un amaigrissement considérable. HILLARET et DELPECH ont constaté chez presque toutes les personnes soumises à l'influence des poussière de chromate une perforation de la cloison des fosses nasales dans sa portion cartilagineuse. Cette destruction se fait progressivement et rapidement, sans provoquer de fortes douleurs, et souvent à l'insu du malade. Les ulcérations cutanées s'observent surtout aux pieds et aux mains, en général sur toutes les parties du tégument en contact avec les chromates et susceptibles d'avoir des éraflures, écorchures, coupures, etc.

A l'intérieur l'acide chromique et les chromates sont des poisons corrosifs.

D'après WALKER on peut donner à un malade de $0^{gr},015$ à $0^{gr},02$ de bichromate de potasse par jour sans inconvénient immédiat.

A la dose de $0^{gr},03$ on ressent le premier jour de la douleur dans le creux de l'estomac, de la sécheresse de la bouche, avec des vomissements. Ces symptômes augmentent si l'on veut continuer l'absorption de cette substance.

A dose plus élevée, apparaissent les symptômes cholériformes : vomissements fréquents, muqueux, bilieux, puis sanglants, douleurs brûlantes dans tout le corps, diarrhée abondante, affaiblissement considérable, soif intense, refroidissement des extrémités, angoisse, dyspnée, cyanose, coma.

Le pouls est petit, filiforme, discontinu ; la peau froide, insensible. La respiration stertoreuse et lorsque la mort ne suit pas bientôt on voit survenir des crampes dans les jambes et de l'irritation de la vessie.

GMELIN, expérimentant sur le chien, a constaté qu'une dose de $1^{gr},62$ provoque des vomissements continuels et que la mort survient le sixième jour ; $3^{gr},90$ amènent une mort foudroyante par arrêt du cœur. $3^{gr},90$ de bichromate de potasse pulvérisé et introduit sous la peau déterminent des symptômes d'empoisonnement, lassitude, vomissements, inappétence. Le lendemain les vomissements persistent ; on observe une sécrétion purulente de la conjonctive ; le troisième jour les membres postérieurs sont paralysés ; le quatrième jour l'animal ne peut plus avaler, il ne respire qu'avec difficulté ; le sixième jour, mort.

D'après JAILLARD, une dose de $0^{gr},03$ à $0^{gr},10$, prise à l'intérieur, irrite le tube digestif, provoque des vomissements, de la diarrhée, la perte de l'appétit, le ralentissement de la circulation. A dose plus élevée ce sel détermine tous les symptômes de la gastrite aiguë ; vomissements muqueux, bilieux, quelquefois sanglants ; refroidissement des extrémités, dyspnée, inappétence, respiration stertoreuse, prostration, mort.

Les animaux, chez lesquels on provoque l'empoisonnement par injection sous-cutanée, présentent des lésions de la muqueuse stomacale analogue à celles qu'on observe lorsque le caustique a été mis en contact avec le viscère.

PRIESTLEY, qui s'est servi de chromate neutre en injection sous-cutanée, pour éviter autant que possible l'action caustique de ces sels, dit que l'action des chromates peut reconnaître deux causes et porte à la fois sur les muqueuses et sur les centres nerveux.

Les chromates ne semblent pas atteindre le centre respiratoire ; mais ils touchent aux centres moteurs et cérébro-spinaux ; ce qui explique les convulsions et les paralysies observées chez le lapin et le cobaye ; l'abolition des réflexes chez la grenouille. Les chromates semblent n'avoir aucune action sur le cœur.

Le chromate neutre de potasse à la dose de 1 à 3 grains ($0^{gr},0648$ à $0^{gr},1944$) de CrO^3 tue en quatre à trente minutes le lapin ou le cobaye, 15 grains ($0^{gr},972$) évalué en CrO^3, à l'état de chromate neutre injecté en trois fois à des intervalles de treize à vingt-quatre minutes, tuent en 1 h. 10 ; 3 grains ($0^{gr},1944$) de CrO^3 en deux doses tuent en 1 h. 50.

PANDER fixe la dose toxique du bichromate de potasse, en injection sous-cutanée, de $0^{gr},005$ à $0^{gr},03$ de Cr par kilo d'animal, la survie pouvant atteindre quarante-huit heures.

A l'autopsie PRIESTLEY a constaté une réduction du chromate dans le tissu cellulaire au point d'inoculation, de la congestion et des ecchymoses dans le tube digestif, de la congestion pulmonaire, de la congestion rénale. Le cœur est arrêté en diastole. VIROX, PANDER ont observé les mêmes lésions. Que le chromate ait été introduit par la bouche ou par injection sous-cutanée ; on retrouve sur tout le canal digestif des suffusions sanguines, de la nécrose épithéliale ; des ecchymoses, des ulcérations de l'estomac ; de la tuméfaction, de la pigmentation, des ulcérations des follicules clos et des plaques de PEYER. La région du cardia et la petite courbure sont le siège de lésions ulcéreuses; l'intestin est moins atteint.

Dans l'empoisonnement aigu, le sang est altéré; l'hémoglobine est transformée partiellement en méthémoglobine (Rousseau).

Dans l'intoxication chronique la couleur du sang rappelle celle qu'on observe chez les leucémiques. On constate au microscope une diminution dans la proportion des globules . (Pander). Kabierske et Weigert ont constaté des lésions de néphrite parenchymateuse; tuméfaction de l'épithélium des capsules, lésions marquées des *tubuli contorti* et de l'anse de Henle, lésion qu'on peut observer déjà après quinze heures. Viron a vu dans un empoisonnement chronique le rein se scléroser et arriver à la cirrhose rénale. Les symptômes sont presque nuls au début; puis apparaissent vers la fin de la vie des phénomènes semblables à ceux de l'intoxication aiguë; l'animal meurt quelquefois par insuffisance rénale.

Chez l'homme les symptômes de l'empoisonnement par les chromates sont les mêmes.

Les intoxications aiguës sont en général volontaires (suicides) ou accidentelles : les intoxications chroniques sont professionnelles, on observe dans ce cas plutôt des lésions locales qu'une intoxication générale.

A côté des empoisonnements causés par l'acide chromique et les chromates solubles, nous devons signaler les accidents survenus par l'absorption du chromate de plomb. Ce sel, quoique insoluble, se décompose dans le tube digestif et pénètre dans l'organisme, où il détermine une intoxication qui est à la fois chromique et saturnine.

Les symptômes de cet empoisonnement sont des vomissements, de la prostration : soif intense, pouls discontinu, déglutition difficile, sopor.

A l'autopsie, la tunique muqueuse de l'estomac est congestionnée et ulcérée; les reins sont congestionnés.

D'après Lehmann, on observerait surtout, chez les personnes qui ont absorbé du chromate de plomb, les symptômes de l'intoxication saturnine (Voir **Plomb**).

Les sels de sesquioxyde de chrome sont beaucoup moins toxiques que les chromates; environ 100 fois moins (Rousseau, Pander).

Viron, qui a étudié spécialement l'action physiologique de ces composés, les range dans plusieurs catégories.

Le chrome métallique, le sesquioxyde de chrome anhydre, Cr^2O^3, le vert Guignet, $Cr^2O^3,2H^2O$, le sulfate de chrome anhydre, le sesquichlorure de chrome anhydre, tous sels insolubles, ne sont pas toxiques, vraisemblablement parce qu'ils ne peuvent être résorbés.

Les hydrates de chrome, $Cr^2(OH)^6Cr^2O(OH)^4$, le sesquichlorure de chrome vert, le sulfate de chrome soluble, l'alun de chrome, sels solubles, seraient capables de provoquer des empoisonnements aigus ou chroniques.

Viron n'a expérimenté que l'action du sulfate de chrome et celui de l'alun de chrome, et n'a observé que des intoxications chroniques. D'après Moissan, le chromocyanure de potassium, sel soluble, ne serait pas toxique. $0^{gr},75$ centigrammes de ce sel n'a eu aucune action sur un cobaye.

Pander a étudié l'action physiologique des sels doubles de sesquioxyde de chrome et de soude à acides organiques. Les composés qu'il a expérimentés sont : le tartrate double de sesquioxyde de chrome et de soude, le citrate double de sesquioxyde de chrome et de soude, le lactate double de sesquioxyde de chrome et de soude. Ces sels ont une réaction alcaline, et sont solubles dans les alcalis. L'auteur a voulu, en choisissant ces composés, éviter l'action caustique due à l'acidité des sels chromiques solubles. Ils ne peuvent déterminer que des intoxications chroniques. L'administration de ces sels doubles par injection sous-cutanée provoque chez les animaux à sang chaud une cachexie profonde associée à une néphrite; à la fin de la vie on observe une anémie considérable et de la paralysie des extrémités.

La durée de l'intoxication chez la grenouille est en moyenne de une à deux semaines, minimum 4 jours. La dose toxique est de $0^{gr},0015$ à $0^{gr},004$ par jour; ces chiffres représentent la quantité de chrome métal contenue dans la dose de sel injectée. La quantité totale de chrome nécessaire pour amener la mort est de 0, 01 à 0,025.

Pour les animaux à sang chaud, la dose toxique est de $0^{gr},5$ à 3^{gr} de chrome métallique par kilo; la durée de l'intoxication, de une à trois semaines.

Les lésions observées portent surtout sur les reins, et sont les mêmes que celles cau-sées par les chromates.

Dans les empoisonnements lents on voit apparaître les caractères de la néphrite interstitielle.

Le sang, de couleur framboise, rappelle le sang des leucémiques. Au microscope on constate une diminution et une destruction des globules rouges.

En résumé, les chromates provoquent des intoxications aiguës dont les symptômes ressemblent à ceux des empoisonnements provoqués par toutes les substances corrosives. La mort est souvent causée par l'hémorragie secondaire consécutive aux ulcérations du tube digestif.

Dans les empoisonnements subaigus on doit remarquer l'action des chromates sur le système nerveux, fait bien vu par Priestley.

Dans l'intoxication chronique, qu'elle soit provoquée par les chromates à petites doses, ou par les sels de sesquioxyde de chrome, les lésions se portent surtout sur le rein.

Le chrome s'accumule cependant dans tous les viscères, lorsqu'on en sature l'orga-nisme, on en retrouve dans le foie, la rate, la substance cérébrale, le cœur.

Le chrome s'élimine surtout par les reins, et aussi en petite proportion par le tube digestif et le foie; on le retrouve dans les urines et la bile. Ce mode d'élimination semble commun à beaucoup de métaux.

L'élimination du chrome par les reins détermine une néphrite parenchymateuse, puis interstitielle. La mort dans l'intoxication chronique peut être, dans certains cas, due à l'urémie consécutive à l'insuffisance rénale.

Recherche et dosage. — Le chrome se retrouve dans les cendres des liquides et tissus qui le contiennent.

Le résidu de la calcination est traité par le nitrate de potasse qui transforme le chrome en chromate de potasse.

Le produit de cette réaction est lessivé, le chromate se dissout dans les eaux de lavage.

$1/40\,000$ d'acide chromique donne encore à l'eau une coloration évidente.

Si l'on additionne une solution très étendue d'acide chromique d'eau oxygénée et qu'on l'agite avec de l'éther, on voit l'éther se colorer en bleu; cette coloration est due à la formation d'acide perchromique soluble dans ce véhicule.

L'acide chromique bleuit le papier de gaïac.

Les chromates neutres précipitent les sels d'argent en rouge brique.

Le dosage du chrome se fait sur la solution de chromate qu'on obtient en lessivant les cendres traitées par le nitrate de potasse.

S'il n'y a pas de sulfate, on peut doser directement à l'état de chromate d'argent par la méthode volumétrique, avec une solution titrée d'azotate d'argent.

Le chlore est d'abord précipité à l'état de chlorure d'argent; on note le moment où l'on voit apparaître le précipité rouge brique, puis on continue à précipiter le chromate, tant qu'une goutte de la liqueur ne donne pas un précipité noir avec le sulfure de sodium. La différence entre la quantité totale de liqueur d'argent employée et celle qui a été nécessaire pour précipiter les chlorures donne la proportion de chromate contenu dans la solution.

On peut préférer la méthode pondérale, qui consiste à réduire le chromate en sel de sesquioxyde par l'alcool, précipiter le sesquioxyde de chrome et doser par pesée après avoir calciné au rouge.

Bibliographie. — Arrastia. *Pouvoir antisyphilitique du bichromate de potasse* (D. P., 1856). — Bécourt et Chevalier. *Mém. sur les accidents qui atteignent les ouvriers qui tra-vaillent le bichromate de potasse* (Ann. hyg. publ., xx, 83, 1863). — Berger. *France médicale*, 2 janv. 1875. — Bernatzik. *Real Encycl. v. Eulenbourg*, 2ᵉ édit., iv, 289, 1885. — Berndt. *Einige mit Chrompräparaten angestellte Vergiftungversuche* (Med. Ztg. Berl., vii, 124-127, 1838). — De Bonnévoux. *Du bichromate de potasse comme antisyphilitique* (D. P., 1866). — Boursier. *Empoisonnement par l'acide chromique* (Bull. soc. anat. et physiol. de Bordeaux, 1885, et Journ. de méd. de Bordeaux, xv, 205, 1885-1886). — Butlin. *Practitioner*, xxx, 175. — Cazeneuve. *Sur la teinture au chromate de plomb* (Rev. hyg. et pol. sanit., xvi, 382, mai 1894). — Delpech et Hillairet. *Mém. sur les accidents auxquels sont soumis les ouvriers* *fabriquant les chromates (Ann. Hygiène,* (2), XXXI, 5, 1869, et (2), XLV, 1, 1876). — DOUGAL. *Lancet,* déc. 1871. — DUCATEL. *On poisoning with the preparate of chrom (Balt. med. et Surg. Journ.,* 1833). — LE MÊME *(Journ. de chimie méd.,* X, 438-442, 1834). — LE MÊME *(Arch. gén. de méd.,* (2), VII, 1834). — DUMOUTHIER *(Progrès méd.,* 600). — FALK. *Eine Chromverg. mit tödlichem Ausgang (Viertel. f. ger. Med.,* XLII, 299, 1885). — FOWLER. *Poisoning by chromic acid (Brit. med. J.,* I, 1113, Londres, 1889). — FREDERICQ *(Bull. gén. de thér.,* 30 juin 1862). — FUEBRINGER. *Chromsaüre Vergiftung (Berl. klin. Woch.,* n°.4, 79, 1892). — GERGENS. *Beobachtung über die toxische Wirkung der Chromsaüre* (A. P. P., IX, 148, 1877). — GMELIN *Journal de chimie médicale,* 1825). — GUNTZ. *Ueber die Nutzen der Chromwasserbehandlung in einem Fall von Syphilis maligne (Memorabilien,* XXX, 73, 1885). — HAIRION *(Arch. belges de méd. mil.,* 1858). — HANNON. *Virchow's Jahrb.,* 1866, II; 1867, II. — HANNOVER. A. P., 1840, 347. — HERING. *Revue mensuelle de laryngol.,* 1884, mai, juin. — HARTMANN. *Experim. Unters. ueber Chromsaure Nephritis* (D., Fribourg, 1891). — HJELT. *Sectionsbefund in einem Fall v. Vergiftung mit chromsaures Kali* (A. P. P., 1876, 232). — JACOB *(Schmidt's Jahrb.,* 1878, 118). — JAILLARD. *Toxicologie du bichromate de potasse (Thèse Ecole de Pharm.,* Paris, 1853). — JOHNSON. *Poisoning by bichromate of potasse (Med. Times and Gaz.,* 447, 20 oct. 1877). — KABIERSKE. *Die Chromniere* (D., Breslau, 1880). — LEHMANN. *Hygienische Untersuchungen über Bleichromat (Arch. f. Hygiene,* XVI et *Hyg. Rundsch.,* III, 841, 1873). — VON LIMBECK. *Ein Fall von acuter Chromsaüres Vergift (Prag. med. Woch.,* 1887, XII, 25). — LINSTOW. *Ueber tödliche Verg. durch chroms. Bleioxyd (Viert. f. gerichtl. Med.,* juillet 1874, 80). — E.-O. MACNIVEN. *Ein Fall von Verg. mit Kalibichromicum (Lancet,* 1883, 496). — J. MARSHALL. *Ueber die Aufnahme von Bleichromat (Therap. Gaz.,* 1888, n° 2; C. W., 1888, n° 39). — A. MAYER. *Aufnahme von Chrom in das Blut. (Med. Jahrbücher,* Vienne, 1877). — OGSTON *(Brit. Rev.,* XXVIII, 492, oct. 1861). — OLLIVIER et BERGERON (D. D. art. « *Chrome* »). — ORFILA. 5e édition, I, 614. — PANDER. *Beitrag zur Chromwirkung (D. Dorpat,* 1887). — PRIETSLEY. *Obs. on the physiol. act. of chromium (J. Anat. and Physiol.,* XI, 285-301, Londres, 1877). — PYE. *On local lesion caused by the alcalines salts of chromic acid (Ann. surg. Saint-Louis,* I, 303, 1885). — REES *(Medical News,* 1887). — REIMBOTH. *Ein complicirte Chromverg. (Viertelj. f. gericht. Med. und œff. Sanit.,* (3), X, 18, juillet 1895). — ROUSSEAU. *Contribution à l'étude de l'acide chromique des chromates et de quelques composés de chrome* (D. P., 1878). — SCHNEIDER *(Viertelj. f. gericht. Med.,* nouv. sér., I, 119, 1886). — D. STEWART. *Note on some obscure cases of poisoning by leadchromat (Med. News,* 18 juin 1887 et 31 déc. 1887). — TISNÉ. *Cas d'empoisonnement par l'acide chromique appliqué en pansement sur les gencives (Bull. soc. méd. prat.,* 1887, 214). — VIRON. *Contribution à l'étude physiologique et toxicologique de quelques prép. chromées* (D. P., 1885). — WALKER *(Lancet,* 464, 1879). — WEIGERT (A. P., LXXII, 254, 1878). — WHITE. *Toxic action of chromic acid used as a cauterisant (Univ. Med. Mag. Phil.,* II, 54, 1889-1890). — WILSON *(Med. Gaz.,* Lond., 1884).

ALLYRE CHASSEVANT.

CHROMIDROSE.

CHROMIDROSE. — La chromidrose (sueur colorée) a dû être observée de tous temps, si l'on s'en rapporte en particulier aux récits miraculeux auxquels ce phénomène a donné naissance à certaines époques; mais l'interprétation, ou, du moins, les essais d'interprétation scientifique du phénomène ne sont que de date assez récente : il faut, en effet, d'une part, arriver à l'étude histologique de la peau, pour concevoir une explication possible de certaines anomalies de sécrétion locale, et, d'autre part, à la conception d'une intervention physiologique du névraxe dans les sécrétions glandulaires, pour comprendre les chromidroses d'origine nerveuse. C'est en effet sous ces deux formes d'affection *locale, cutanée,* ou d'épiphénomène, au cours d'un trouble plus ou moins généralisé de l'*innervation* que se montre la chromidrose.

Avant d'aborder le côté pathogénique de la question, et sa physiologie pathologique, il est utile de rappeler succinctement les principaux caractères du trouble morbide. Celui-ci affecte de préférence certaines régions du corps où le système sudoripare prend un développement notable, ce qui nous explique également qu'il s'accompagne d'ordinaire d'une exagération notable de sécrétion, ou hyperidrose. Le phénomène est d'observation fréquente aux aisselles; c'est ensuite sur la poitrine, au-devant du sternum, puis sur la ligne médiane de l'abdomen dans la région interombilico-pubienne qu'on le remarque de préférence. On peut voir encore des sécrétions sudorales colorées au niveau des bras, des mains et des pieds.

Si l'on envisage maintenant la sécrétion dans sa coloration anormale, on voit qu'elle peut répondre à une gamme de tons qui comprend, par ordre de fréquence, le *jaune* et le *rouge*, le *bleu* et le *vert*, et plus rarement le *noir*.

Au point de vue de l'interprétation physiologique du phénomène, ces qualités objectives n'ont que peu de valeur ; seule la répartition des désordres permet d'établir la distinction capitale que nous avons signalée, et qui nous servira pour une division physiologique du sujet : 1° trouble sécrétoire d'ordre local (cutané) ; 2° trouble sécrétoire d'ordre général (nerveux).

Chromidroses par modifications locales. — Les altérations de coloration de la sueur de cette variété ressortissent pour la plupart à l'étude dermatologique, encore que bon nombre d'entre elles doivent être distraites des chapitres de dermatologie pour rentrer dans le groupe des névropathies. On a signalé une chromidrose de coloration grise, gris-ardoise, ou gris-noirâtre (Ch. Robin), siégeant principalement sur la face et sur les épaules, mais bien à tort, car il ne s'agit pas alors de chromidrose, mais seulement du mélange à la sueur de cette séborrhée terne, grise ou mêlée de matière noirâtre qui accompagne certaines variétés d'*acné*.

Une deuxième variété beaucoup plus intéressante est celle qu'on voit siéger soit aux aisselles, soit, moins fréquemment, au pubis, et dans toute la sphère génitale externe. La coloration de la sueur est presque toujours alors uniformément jaune ou jaune rougeâtre, et la modification chromatique est due à l'influence sur la glande sudoripare d'éléments actifs qui répondent à une infection pilaire spéciale, d'origine extérieure. L'altération du poil se traduit d'ailleurs visiblement par une déformation noueuse bien décrite par les dermatologistes. L'organe se présente alors entouré de concrétions nodulaires ou diffuses, d'un rouge brunâtre, ou franchement noires ; et, bien qu'elles n'intéressent par le follicule pileux lui-même, on a supposé pourtant que les sueurs rougeâtres qui pouvaient accompagner cette altération histologique du poil étaient dues, elles aussi, à des agglomérats de parasites (Barthélemy et Balzer), d'où le nom de *trichomycose* noueuse. Ces germes, encore mal définis, au point de vue de la classification bactériologique actuelle, se présentent surtout sous forme de petits bâtonnets courts, à extrémités arrondies, ou sous forme des microcoques ronds ou elliptiques, d'après Babès. Peut-être s'agit-il parfois du *micrococcus prodigiosus*. Tous ces parasites sont réunis par une substance dure, plus ou moins comparable à la chitine des œufs de poux, et peut-être y a-t-il ici une production de matière colorée jaune rougeâtre, comparable à la matière bleue bien étudiée par Duguet, et qui est sécrétée par le *Phtirius pubis* (?).

On aurait là une explication très acceptable et fort simple du phénomène anormal.

Chromidroses par trouble d'innervation. — La pathogénie est autrement complexe, quand on veut interpréter la formation des sueurs colorées, telles qu'on les observe dans certains états névropathiques.

D'une façon générale, les localisations peuvent être celles que nous avons énumérées plus haut ; mais déjà il y a lieu d'attirer l'attention sur la symétrie fréquente des localisations, parfois sur leur répartition nettement hémiplégique ; enfin, ne serait-ce qu'à titre d'intérêt historique, il est permis de rappeler ici certains groupements de localisations fort curieux : chez certains sujets hystériques, on voit la chromidrose atteindre la face, particulièrement les paupières inférieures, et les glandes lacrymales, la région sous-mammaire gauche, et aussi la face dorsale ou palmaire des mains, la face dorsale ou plantaire des pieds, et, comme chez ces sujets la teinte est fréquemment d'un rouge de sang, ces localisations isolées, ou plus ou moins au complet, ont donné lieu à la croyance miraculeuse des « *stigmatisés* ». Cette coloration rouge, qui nous occupera plus spécialement dans l'interprétation physiologique du phénomène, n'est pas la seule qui s'observe chez les névropathes : on a signalé avec une fréquence aussi grande les teintes qui varient entre le bleu et le vert, et, plus rarement, la coloration noire.

Pour expliquer ces faits, il faut envisager la fonction sudoripare dans sa généralité, et voici ce qu'on peut établir. Comme toutes les glandes de l'organisme, les glandes sudoripares peuvent pécher dans leur fonctionnement, par défaut (anidrose), ou par excès (hyperidrose). Dans ce dernier cas, il peut arriver qu'en raison de désordres de la circulation capillaire, ou de modifications bio-chimiques, la sécrétion soit modifiée dans sa qualité. Ainsi, normalement inodore, ou douée d'une odeur peu marquée, la sueur peut prendre dans certains cas d'allures vraiment pathologiques, par leurs conséquences, une odeur prononcée, fétide, marquée, rappelant l'odeur spécifique de certaines espèces animales : telle est l'*osmidrose*, ou *bromidrose*. Il arrive, enfin, que, normalement incolore, comme les larmes, la sueur prenne parfois une des colorations diverses que nous avons signalées (V. Sueur).

Il y a dans la pathogénie de ces perturbations sécrétoires deux ordres de faits : d'une part, l'état général qui agit comme cause prédisposante, par l'intermédiaire du système nerveux, d'autre part la modification fonctionnelle locale intime de la glande. Parmi les influences nerveuses l'hystérie est à ce point la cause dominante que les troubles sécrétoires qu'elle provoque peuvent nous servir pour toute explication du même genre, et qu'elle a servi à la plupart des auteurs. L'hystérie, parmi ses troubles vaso-moteurs, peut déterminer une ectasie des petits vaisseaux donnant lieu aux hémorragies cutanées ou ecchymoses : que le trouble vaso-moteur porte sur les bouquets capillaires qui irriguent les glandes sudoripares, et l'on aura du sang, ou quelques-uns de ses principes colorants dans la sécrétion sudorale. Cette explication du phénomène par paralysie vaso-motrice paraît très vraisemblable, étant donné que la « sueur de sang » n'apparaît pas indistinctement en tel ou tel point de l'organisme, mais qu'elle se localise *le plus souvent* du côté de l'hémianesthésie (GUINON). Ce qui rend bien compte encore de l'origine névropathique, c'est le début fréquent à la suite d'émotions vives; c'est l'allure fugace, intermittente; le début brusque ou insidieux, la chromidrose peut disparaître inopinément, comme les paralysies, comme les contractures, comme toutes les autres manifestations de l'hystérie. Si la cause ne paraît pas douteuse, le mécanisme du phénomène est d'interprétation assez difficile. Pour la sueur de coloration rouge, il s'agit parfois de raptus sanguin : histologiquement on constate, en effet, la présence de globules rouges infiltrés dans le parenchyme glandulaire. Il s'agit alors d'un phénomène de diapédèse par congestion active. Il peut s'agir encore de l'issue des globules rouges au cas d'hémophilie, par exemple l'affection est appelée alors *hématidrose*. Mais, fréquemment, on ne retrouve nullement la présence du sang en nature, et il faut renoncer à cette interprétation simple des faits. S'agit-il là, alors, d'un phénomène comparable pour les glandes sudoripares à ce qui se passe pour le rein dans l'hémoglobinurie, par exemple, et peut-on supposer l'intervention d'influences chimiques ou toxiques ? Une telle explication est tout à fait invraisemblable, puisque, justement, ces sueurs pourprées ne s'accompagnent pas d'hémoglobinurie, et que, inversement, cette dernière affection n'a jamais pour corollaire la présence de sécrétions sudorales colorées.

Pour les colorations autres que la teinte rouge, on a invoqué l'intervention *in situ* de divers agents chimiques dont la formation résulterait de la décomposition et des combinaisons simples ou complexes des éléments de la sueur normale. Pour donner lieu à la coloration *bleue*, cette décomposition amènerait la formation secondaire d'un phosphate de protoxyde de fer (SCHERER) ; ou d'un véritable bleu de Prusse (AUJOHN). La coloration *verte* pourrait dépendre de l'action combinée des sulfures, du protoxyde de fer et de l'ammoniaque provenant de l'urée excrétée parfois par les glandes sudoripares (BIZIO).

Plus simplement, on a pu supposer l'intervention de germes dont les spores avaient une apparence (?) bleue (BERGMANN); on a supposé aussi qu'il pouvait intervenir un composé cyanuré plus ou moins analogue à la pyocyanine (SCHWARZENBACH); qu'il s'agissait de la présence d'indican, etc. En résumé, les deux affections, *chromidrose* rouge, ou *hématidrose* ou sueur de sang, sont des troubles de l'innervation vaso-motrice. Ceux-ci agissent de deux façons, tantôt sur les glandes sudoripares elles-mêmes, dont ils modifient le produit de sécrétion, c'est la *chromidrose ;* tantôt sur le plexus vasculaire, périglandulaire, où ils favorisent la diapédèse des globules sanguins : c'est l'*hématidrose* (BARIÉ).

Quant aux diverses chromidroses, on peut les classer en chromidroses d'origine bactérienne et en chromidroses d'ordre chimique (FOURÉ).

La rareté des faits, et la difficulté du contrôle positif chez des sujets névropathes où la simulation est parfois impossible à dépister, ont laissé jusqu'à ce jour planer plus d'un doute sur ces diverses explications, et, actuellement, en dehors des phénomènes de diapédèse, et des faits de parasitisme qui sont assez nets, toutes les autres explications sont absolument d'ordre hypothétique.

Bibliographie. — Billard. *Cyanopathie cutanée* (*Arch. gén. de méd.*, 1831). — Gendrin. *Hématidrose* (*Traité philos. de méd. prat.*, 1838, i, 246). — Le Roy de Méricourt a créé le terme *Chromidrose* (*Arch. gén. de méd.*, 1857; *Bull. Acad. de méd.*, 1858). — Parrot. *La sueur de sang et les hémorragies névropathiques* (*Gaz. hebdom. de méd.*, 1re série, vi, 1859, 633-743). — Hardy. *Traité descr. des mal. de la peau.* Paris, 1886, 573. — Balzer et Barthélemy. *Trichomycosis nodosa* (*Ann. dermatol.*, 1885, 2e série). — Foot (*Brit. med. J.*, 1889, 19). — Barié (*Ann. dermat. et syphilig.*, 23 déc. 1889). — Fouré (*D. Paris*, 1891). — Kaposi et Besnier (*Maladies de la peau*, 1891, i, 180-184). — G. Guinon (*Traité de méd.*, vi, art. *Hystérie*, 1380, Paris, 1894).

CHRYSANTHÉMINE ($C^{14}H^{28}Az^2O^3$). — Alcaloïde extrait de fleurs de *Chrysanthemum cinerariæ folium*, qui paraît sans action physiologique (*D. W., Suppl.* 2, 1133).

CHRYSAROBINE ($C^{30}H^{26}O^7$). — Substance cristallisable qu'on extrait de la moelle de l'Araroba, légumineuse indienne, oxydée en présence de la potasse, elle donne de l'acide chrysophanique (*D. W., Suppl.* 1, 489).

CHRYSINE ou Acide chrysinique ($C^{15}H^{10}O^4$). — Substance cristallisable qu'on extrait des bourgeons de peuplier. On en retire en même temps de la tectochrysine ($C^{15}H^9O^4CH^3$) qui est son dérivé méthylé (*D. W., Suppl.* 1, 493).

CHRYSOPHANIQUE (Acide) ($C^{10}H^8O^3$). — Matière colorante jaune extraite de la racine de rhubarbe (*D. W.*, (1), 900). On peut la préparer par l'oxydation de la chrysarobine.

CHYLE. — 1. Définition. — On donne le nom de chyle au liquide laiteux, blanchâtre, qui remplit les lymphatiques de l'intestin et du mésentère pendant la digestion, lorsque l'aliment est riche en graisse. L'aspect, les propriétés physiques et la composition chimique de ce liquide sont très variables. Elles sont sous la dépendance de plusieurs facteurs, parmi lesquels le plus important est la nature de l'aliment ingéré.

2. Moyens de se procurer le chyle. — *a.* Chez les animaux. — 1º Le plus simple consiste à sacrifier l'animal en pleine digestion et à puiser au moyen d'une pipette effilée le contenu de la citerne de Pecquet[1].

Si ce moyen est le plus simple, il n'est pas le meilleur, car il ne permet d'avoir qu'une faible quantité de chyle. De plus, le liquide obtenu est impur; il se produit en effet presque constamment, au moment de la mort, un reflux du sang de la sous-clavière dans le canal thoracique et jusque dans la citerne[2]. Enfin ce procédé ne permet d'avoir du chyle qu'à un seul stade de la digestion.

Il faudra donc lui préférer le système des fistules.

2º *Fistule du canal thoracique.* — On isole ce canal à son embouchure dans la sous-clavière gauche, et il est alors facile d'y introduire une petite canule. L'opération est quelquefois compliquée par ce fait que chez certaines espèces (bœuf), la terminaison du canal est double, triple; et même chez le nombre de branches multiples anastomosées.

Chez les espèces dont le canal thoracique a une terminaison unique (chien), on observe souvent des anomalies; le canal présente deux embouchures en des points variables mais toujours rapprochés, il est vrai, du confluent de la jugulaire externe et de la sous-clavière. Dans ce cas, on peut encore obtenir par une fistule tout le chyle qui s'écoule par les embouchures multiples du canal thoracique. Il suffit, en effet, de lier la sous-clavière, le tronc brachio-céphalique veineux, on peut alors recevoir le chyle

---

[1]. Pour tout ce qui a trait aux renseignements anatomiques, voir les articles **Chylifères** et **Lymphatiques**.

[2]. Le canal thoracique en effet, contrairement aux autres vaisseaux lymphatiques, ne présente pas de valvules *suffisantes*.

par le bout central de la jugulaire externe après avoir lié le bout périphérique du même vaisseau.

Ce procédé a sur le précédent de grands avantages; il permet de recueillir le chyle pendant plusieurs heures de suite et de suivre par conséquent les variations de la composition chimique de ce liquide.

Il faut cependant remarquer que ce procédé ne permet pas d'obtenir du chyle parfaitement pur. Le canal thoracique, en effet, ne collecte pas seulement les chylifères, les lymphatiques de l'intestin grêle, mais encore ceux des membres inférieurs, du bassin, des reins, du foie, etc. Il en résulte que le liquide qu'on obtient n'est que du chyle dilué par de la lymphe.

3º Le troisième procédé institué par Colin d'Alfort est celui de la fistule d'un des gros troncs chylifères du mésentère des ruminants. Il permet d'avoir du chyle parfaitement pur, non mélangé de lymphe, mais il n'est applicable que chez les animaux de grande taille.

b. Chez l'homme. — On a pu se procurer du chyle chez l'homme en profitant de certains états pathologiques qu'on peut répartir en 2 groupes :

1º Des fistules de troncs lymphatiques qui, par suite de proliférations conjonctives et d'adhérence, étaient entrés en rapport avec les chylifères :

Fistule du prépuce chez un jeune garçon de dix ans (Cas de Hensen. *A. g.'P.*, 10, 94-113).

Fistule lymphatique de la partie supérieure de la cuisse (Cas de Munk et Rosenstein. *A. P.*, 1890, 376-380).

Fistule du canal thoracique à la suite d'une blessure accidentelle du conduit pendant le cours d'une opération (Cas de Noël Paton. *J. P.*, ii, 109-114).

2º Des épanchements chyleux des cavités séreuses (péritoine, plèvre, péricarde). J. Strauss. *Sur un cas d'ascite chyleuse. Démonstration de la réalité de cette variété d'ascite* (*A. P.*, 1886, 367-392). — Hasebroch. *Analyse ciner chylösen pericardialen Flüssigkeit* (*Z. p. C.*, 12, 289-294). — Auguste Hirschler et C. Buday. *Ueber ein Fall von chylösen Ascites* (*Orvosi hetilap. Budapesth*, 1889, 424). — Renvers. *Ueber Ascites chylosus* (*Berlin. klin. Wochenschr.* 1890, 320-322). — C. Méhu. *Analyses de liquides pleurétiques chargés de matières grasses* (*Arch. gén. de médecine*, 1886, 5-8).

3. Quantité du chyle. — Elle est très variable d'un moment de la journée à un autre. — Elle augmente considérablement pendant la période de la digestion pour diminuer pendant la période de repos de l'appareil digestif.

a. Herbivores. — D'après les expériences de Collin (*Phys. comp.*, ii, 78), la quantité du chyle calculée au moyen d'une fistule d'un des gros chylifères du mésentère serait pour les vingt-quatre heures :

	kilogr.
Chez un jeune taureau de 100 kilos.	6,720
— 200 kilos.	15,360
— 200 kilos.	15,840
Chez une vache affaiblie.	32,000

b **Chien.** — 1º Expériences de Zawilsky, *Dauer und Umfang der Fettstromes durch den Brustgang nach Fettgenuss.* (*Arb. d. Physiol. Anstalt zü Leipzig.*, xi, 1876).

L'auteur employait des chiens de 13 kilos qui recevaient 250 grammes de sang de bœuf, 150 grammes de graisse et 50 grammes de pain, après être restés 48 heures à jeun.

En employant une série de chiens aussi semblables que possible les uns aux autres et en recueillant dans des expériences successives le chyle par une fistule du canal thoracique 2 heures, 7 heures, 10 heures après le repas, on put constater que :

De la 2ᵉ à la 4ᵉ heure après le repas, la quantité de chyle écoulée par heure était en moyenne de	34 gr.
— 7ᵉ — 12ᵉ — — — —	55 gr.
— 18ᵉ — 21ᵉ — — — —	33 gr.
— 26ᵉ — 30ᵉ — — — —	25 gr.

On voit d'après ce tableau qu'après un repas riche en graisse : 1° L'écoulement du chyle atteint son maximum de la 7e à la 12e heure; 2° qu'il reste abondant pendant longtemps (jusqu'à la 22e heure environ). Ce fait est en rapport, ainsi que nous le verrons plus loin, avec la lenteur de l'absorption de la graisse.

2° Expériences de VON MERING (*Ueber die Abzugswege des Zuckers aus der Darmhöhle. A. P.*, 1877, 379).

a. Chien à jeun depuis quarante-deux heures auquel on fait ingérer 100 grammes de glucose et 100 grammes d'amidon :

Pendant les cinq premières heures qui ont suivi le repas, la quantité de chyle écoulé fut en moyenne de 86 grammes par heure. A partir de la 5e heure, elle baissa à 60 grammes.

b. Chien à jeun depuis cinq jours. — La quantité de chyle laiteux qui s'écoule par une fistule du canal thoracique pendant la première heure est de 28 centimètres cubes.

Bien que le poids des chiens employés dans ces expériences ne soit pas donné (l'auteur dit simplement qu'il a fait usage de gros chiens), nous pouvons, en comparant les expériences de VON MERING à celles de ZAWILSKI, conclure :

1° Qu'après l'ingestion d'une nourriture pauvre en graisse et relativement riche en eau, l'écoulement du chyle est plus abondant qu'après l'ingestion d'une nourriture où les graisses dominent;

2° Que, dans le cas d'un aliment pauvre en graisse, l'écoulement du chyle ne dure pas longtemps;

3° Que chez les animaux depuis longtemps à jeun, l'écoulement du chyle diminue dans des proportions très notables.

c. Homme. — 1° Recherches de D. NOEL PATON. *Observations on the composition and flow of chyle from the thoracic duct in man* (*Journ. of physiol.*, II, 109-114).

Il s'agit dans ces recherches d'un malade dont le canal thoracique avait été blessé au cours d'une opération.

La quantité de chyle qui s'écoulait était de 1 centimètre cube par minute, soit 60 centimètres cubes par heure. Mais l'auteur fait remarquer que les recherches n'ont commencé que 8 jours avant la mort, alors que le malade était déjà très affaibli; il pense qu'auparavant (l'accident datait de quatre semaines), la quantité de chyle qui s'écoulait était 2 ou 3 fois plus considérable.

Il semble donc qu'on puisse évaluer à 120 grammes en moyenne la quantité de chyle qui s'écoule par heure par le canal thoracique d'un homme adulte.

2° C'est à peu près au même résultat qu'arrivent MUNK et ROSENSTEIN. *Ueber Darmresorption nach Beobachtungen an einer Lymph (Chylus) Fistel beim Menschen* (*A. P.*, 1890, 376-380).

Il s'écoulait 70 à 120 grammes de chyle par heure en dehors de la digestion et 150 grammes par heure pendant la digestion.

4. Propriétés physiques du chyle. — 1° **Couleur.** — C'est un liquide blanc, d'apparence laiteuse, il est opaque.

Tel est le chyle des carnivores, celui des herbivores à la mamelle; mais le chyle des herbivores qui reçoivent une nourriture végétale est quelquefois d'un jaune verdâtre.

Ce fait tient à deux causes :

a. Le plasma de la lymphe de ces animaux, aussi bien que celui du sang, est coloré en jaune par un pigment particulier.

b. La chlorophylle qui est contenue en abondance dans les végétaux ingérés passe en assez forte proportion dans les chylifères. C'est cette seconde cause qui est de beaucoup la plus importante. Elle a été mise en évidence par COLIN.

Dans l'intervalle des digestions, ou chez l'animal depuis longtemps en état d'abstinence, le chyle perd son aspect lactescent qu'il doit aux fines particules graisseuses qu'il tient en suspension, pour prendre l'aspect de la lymphe incolore chez certains animaux (chien), plus ou moins colorée en jaune dans d'autres espèces (cheval).

Certains physiologistes (TIEDEMANN, GMELIN et plus récemment MUNK) ont soutenu que dans certains cas le chyle présenterait une légère teinte rosée qui s'accentuerait au contact de l'air. Cette coloration ne serait d'ailleurs pas due à la présence de globules rouges.

Tel n'est pas l'avis de COLIN (*Physiol. comp.*, 153). D'après cet auteur, le chyle recueilli par sa méthode dans les chylifères du mésentère ne présente jamais cette teinte rosée. Si celui qui s'écoule du canal thoracique est quelquefois coloré en rose, cela tient au reflux d'un peu de sang de la sous-clavière dans le canal. Les globules peuvent alors parvenir jusqu'au milieu du canal et même jusque dans la citerne. Ce reflux peut se produire pendant la vie de l'animal pour des causes qui paraissent mal déterminées; mais il s'observe surtout après la mort et constituerait alors la règle.

Le chyle des oiseaux et des reptiles, d'après HEWSON, LAUTH, MILNE-EDWARDS (*Leçons sur la physiol. et l'anat. comp.*, VII, 173) et surtout d'après CLAUDE BERNARD (voy. art. **Chylifères**), ne présenterait pas l'aspect lactescent, même après l'ingestion de graisses.

2° **Odeur**. — D'après certains auteurs, elle rappellerait celle du sperme; mais, d'après COLIN (*Phys. comp.*, II, 155) qui a obtenu de grandes quantités de chyle par des fistules pratiquées chez les grands animaux, cette odeur rappellerait l'odeur propre à l'animal ou à sa sueur. « C'est l'odeur du chien dans le chyle de cet animal, celle du suint et de la toison chez le mouton, de la bouverie chez les bêtes bovines. »

Cette odeur paraît due à la présence d'acides gras volatils que WURTZ est parvenu à isoler de grandes quantités de chyle. Aussi, s'exagère-t-elle par l'addition d'acide sulfurique ou par élévation de la température.

3° *Saveur*. — Le chyle a une saveur salée.

4° **Réaction**. — Elle est alcaline et est due à la présence de carbonates (sodique et calcique).

5° **Éléments figurés**. — Ils sont de deux sortes : *a*. Les leucocytes; *b*. Les granulations graisseuses. *a. Les leucocytes* sont semblables à ceux de la lymphe. Ils sont moins nombreux dans le chyle des petits vaisseaux du mésentère qui n'ont pas encore traversé de ganglions que dans les vaisseaux qui sont au delà des mêmes ganglions. Ces derniers organes sont donc le siège d'une multiplication de leucocytes.

b. Les granulations graisseuses. — Elle sont d'une extrême ténuité, elles ont moins de 1 μ. Les auteurs s'ingénient à trouver des termes qui donnent une idée de cette exiguïté *sablé fin* (COLIN) : c'est une poussière graisseuse (*staubförmiger*), disent les auteurs allemands. Ces granules sont animés du mouvement brownien. Ce sont eux qui donnent au chyle son aspect lactescent; aussi cet aspect est-il d'autant plus prononcé qu'ils sont plus nombreux. Ils paraissent formés uniquement de matière grasse, et ne posséder aucune membrane d'enveloppe, autant qu'il est possible de s'en rendre compte sur des éléments aussi petits.

Le chyle pur, recueilli par exemple par une fistule d'un des troncs lymphatiques du mésentère des herbivores, ne présente pas d'autres éléments morphologiques; en particulier, on n'y trouve jamais de gouttelettes ou sphérules graisseuses, ainsi que l'ont dit certains auteurs. Il semble que celles-ci aient été introduites dans le chyle lorsqu'il a été recueilli avec moins de soin que précédemment; par exemple par l'incision de la citerne de PECQUET.

L'émulsion, outre son extrême finesse, présente encore certaines particularités. On sait que si l'on additionne une solution aqueuse de savon d'un peu d'huile et qu'on agite, on obtient une émulsion persistante. Mais si à une telle émulsion on ajoute un acide, elle est détruite; le liquide perd son aspect laiteux, et les globules gras se fusionnent.

L'addition d'albumine à l'émulsion opérée en solution savonneuse ne la protège pas contre l'action des acides.

Or le chyle forme une émulsion qui, non seulement persiste dans les conditions ordinaires, mais même n'est aucunement détruite par l'addition d'un acide (FREY. *Die Emulsion des Fettes in Chylus.* A. P., 1881, 382).

Cependant, lorsqu'on agite du chyle avec de l'éther, celui-ci s'empare de la graisse. Par le repos, on obtient alors un liquide clair, transparent : le plasma, et une couche d'éther qui surnage et tient en dissolution la graisse.

5° **Propriétés chimiques du chyle**. — 1° **Composition chimique**. — Il est impossible de donner en chiffres précis la composition chimique du chyle, puisqu'elle varie constamment, et qu'entre le chyle et la lymphe on trouve tous les intermédiaires, suivant l'état de jeûne ou la période de la digestion à laquelle le liquide a été recueilli.

Nous allons donc d'abord donner la composition moyenne du chyle chez l'animal en pleine digestion, puis nous suivrons les variations de cette composition, surtout en ce qui a trait à la graisse, avec les différents stades de la digestion.

a. *Homme* : MUNK (*Real-Lexikon der medicinischen Propädeutik*) donne la composition moyenne du chyle de l'homme en comparaison de celle de la lymphe :

POUR 100 PARTIES.	CHYLE.	LYMPHE.
Eau	92,2	95,2
Résidu solide.	7,8	4,8
Fibrine	0,1	0,1
Albuminoïdes	3,2	3,5
Graisses.	3,3	Traces
Substances extractives	0,4	0,4
Sels	0,8	0,8

On voit qu'il existe en somme peu de différence au point de vue de la composition chimique entre le chyle et la lymphe; une seule est capitale : c'est la présence et l'abondance de la graisse[1] dans le chyle.

Les analyses de NOËL PATON (*loc. cit.*) du chyle recueilli par une fistule du canal thoracique chez l'homme après ingestion d'une nourriture, qui contenait de 50 à 85 grammes de graisse pour 20 à 45 grammes d'albumine, ont donné p. 1 000 de chyle :

Résidu solide.	46,6
Substances inorganiques	6,5
Substances organiques	40,1
Substances albuminoïdes	13,7
Graisses	24,06
Cholestérine.	0,6
Lécithine	0,36

b. *Carnassiers* : 1° *Chien.* — D'après WURTZ, le chyle d'un chien nourri à la viande avait la composition suivante :

Eau	909,93
Fibrine	1,3
Albuminoïdes	65,72
Graisse.	22,37
Urée	0,18

2° *Chat*, d'après NASSE.

Eau	905,7
Fibrine.	1,77
Albuminoïdes et matières extractives	48,9
Graisse.	32,7
Sels divers et fer	11,4

c. *Herbivores.* — Nous devons à WURTZ de nombreuses analyses de chyle recueilli sur une fistule du canal thoracique des grands herbivores (cheval, bœuf). Voici un tableau qui résume les plus intéressantes de ses analyses :

1. Par graisse, il faut entendre ici l'extrait éthéré (graisses neutres, acides gras, lécithines).

POUR 1000 PARTIES DE CHYLE	CHEVAL NOURRI de foin.	TAUREAU AVANT la rumination.	LE MÊME TAUREAU après la rumination.	VACHE NOURRIE de foin et de paille.	VACHE NOURRIE de luzerne et de paille.
Eau.	963,51	950,89	929,71	951,24	962,21
Fibrine	0,89	1,76	1,96	2,82	0,93
Albumines et congénères. .	26,84	39,74	59,64	38,84	26,48
Matières grasses.	0,20	0,81	2,55	0,72	0,49
Sels solubles dans l'alcool.	3,90	2,47	2,50	2,77	1,92
— — l'eau. .	4,64	4,33	3,61	3,59	7,97

La différence la plus intéressante à signaler au sujet du chyle de ces différents animaux est celle qui a trait à la proportion de graisse (extrait éthéré).

Cette teneur en graisse est maximum chez les carnassiers comme le chien chez lequel elle peut atteindre jusqu'à 6 1/2 et 8 p. 100.

Chez l'homme elle est déjà moins considérable, mais peut encore atteindre 5 p. 100. Enfin, chez les herbivores, elle ne dépasse jamais 0,5 à 1,5 p. 100 (MUNK).

2° Coagulation. — Le chyle, peu de temps après sa sortie des vaisseaux, se prend en masse, se coagule. Ceci n'a pas lieu de nous surprendre, puisqu'il contient comme le sang et comme la lymphe le fibrinogène dans son plasma et le fibrin-ferment dans ses leucocytes.

Certains auteurs ont prétendu que le chyle pur, non mêlé à la lymphe, ne se coagulait pas. Il est difficile de comprendre ce qu'on doit entendre par « chyle pur ». puisque le chyle même des vaisseaux du mésentère possède un plasma qui ne se distingue guère de celui de la lymphe, particulièrement en ce qui concerne la présence du fibrinogène. D'ailleurs COLIN a vérifié que le chyle de ces vaisseaux du mésentère se coagulait comme celui du canal thoracique.

3° Variations de la composition chimique du chyle sous l'influence du régime. — Nous avons déjà certains renseignements à ce sujet par les analyses de WURTZ, résumées dans le tableau ci-dessus (taureau avant et après la rumination, vache nourrie de foin et de paille, de luzerne et de paille); mais chez l'homme et les carnassiers, le régime a sur la composition du chyle un retentissement encore plus marqué que chez les herbivores.

a) *Homme.* — Expériences de MUNK et ROSENSTEIN (*loc. cit.*, 1890).

Il s'agissait d'une femme qui portait une fistule de l'aîne qui communiquait probablement avec certains troncs chylifères ou ganglions du mésentère.

La malade restait 17 heures sans prendre aucun aliment qui contînt de la graisse, puis on lui donnait de l'huile d'olive et on recueillait le chyle qui s'écoulait par la fistule pendant 11 à 13 heures.

La graisse ne commença à s'écouler par la fistule qu'au bout de deux heures.

Le chyle de la 3ᵉ heure contenait. . . . . 1,37 p. 100 de graisse.
—   4ᵉ   —   . . . . . 3,24 p. 100   —
—   5ᵉ   —   . . . . . 4,34 p. 100 (maximum).

La proportion de la graisse diminue à partir de ce moment; mais, au bout de douze heures, elle était encore de 1,17 p. 100.

Après l'ingestion de graisse de mouton, le maximum de la teneur en graisse du chyle (3,8 p. 100) apparut entre la septième et la huitième heure.

La même malade permit à MUNK et ROSENSTEIN de constater que les peptones ne sont pas résorbées par les voies des chylifères. Après l'ingestion de 103 grammes d'albumine, ni la quantité de chyle, ni sa teneur en albuminoïdes n'augmentèrent dans une proportion sensible pendant les heures qui suivirent.

b) *Chien.* — Les recherches de ZAWILSKI (*loc. cit.*) nous fournissent à ce sujet de nombreux renseignements qui sont résumés dans le tableau suivant :

TEMPS COMPTÉ EN HEURES ET SECONDES A PARTIR DU REPAS RICHE EN GRAISSE (150 grammes de graisse).		QUANTITÉ DE GRAISSE en milligrammes écoulée par min. du canal thoracique.	QUANTITÉ DE GRAISSE pour 100 de chyle.
I¹. De 1 h. 58 à	2 h. 58	33	8,1
	3 h. 38	35	8,2
	4 h. 18	72	11,5
II. De 4 h. 6 à	5 h. 20	24	6,6
III. De 4 h. 45 à	5 h. 47	16	3,7
IV. De 7 h. 45 à	8 h. 22	47	6,9
IV. { De 9 h. 43 à	10 h. 38	101	9,1
De 11 h. 56 à	12 h. 39	85	14,6
V. De 9 h. 50 à	10 h. 15	101	10,1
	10 h. 43	96	11,4
	11 h. 22	75	11,0
	12 h. 15	60	12,0
VI. De 18 h. 38 à	19 h. 10	90	11,5
	19 h. 42	70	9,0
	20 h. 42	36	8,6
	21 h. 44	34	8,4
VII. De 26 h. 45 à	27 h. 30	3	0,46
	28 h. 20	2	0,44
	29 h. 10	1	0,29
	30 h. 10	0,1	0,25

1. Les chiffres romains indiquent les différentes recherches faites avec des animaux de même poids et même race.

Les principaux faits qui se dégagent des recherches de ZAWILSKI sont les suivants :

1° Chez le chien après l'ingestion de graisse, c'est dans le cours de la deuxième heure que cette graisse apparaît dans le chyle.

2° Le maximum de l'absorption de cette graisse est atteint vers la dixième heure.

3° Cette absorption persiste avec intensité jusque vers la vingtième heure et ne cesse que vers la trentième.

6, Étude plus détaillée de quelques-uns des composants du chyle. — 1° État des graisses du chyle. — Les graisses peuvent exister dans le chyle sous trois états : Graisses neutres, acides gras, savons. Les proportions relatives de ces trois composants, leur rapport avec l'état dans lequel se trouve la graisse ingérée touchent à la question de la digestion et de l'absorption des graisses, question qui, malgré les nombreux travaux qu'elle a suscités, est loin d'être complètement élucidée.

Un point est cependant solidement établi actuellement : c'est que la plus grande partie des graisses existe dans le chyle à l'état de graisses neutres, et cela, même, lorsque les graisses ingérées étaient composées uniquement d'*acides gras*.

C'est un fait qui a été bien mis en évidence par les recherches de MUNK sur l'homme et sur les chiens.

a) *Homme.* — MUNK et ROSENSTEIN (*loc. cit.*), dans leurs études sur la composition de la lymphe chyleuse qui s'écoulait par une fistule de la cuisse chez une femme, montrèrent qu'après avoir fait ingérer de l'acide érucique à la malade, le chyle qui s'écoulait par la fistule ne contenait pas plus d'acides gras ni de savons qu'auparavant, mais que la quantité de graisse neutre (érucine) y avait augmenté dans des proportions sensibles.

b) *Chiens.* — (IMM. MUNK. *Zur Kenntniss der Bedeutung des Fettes und seiner Componenten für den Stoffwechsel. A. A. P.*, 80, 10.)

Voici un tableau qui résume les recherches de l'auteur à ce sujet :

NUMÉROS des expériences.	NOURRITURE.	TEMPS ÉCOULÉ depuis le début de la digestion.	CHYLE EN centim. cubes.	POIDS SPÉCIFIQUE.	GRAISSE NEUTRE.	ACIDES GRAS libres.	SAVONS DOSÉS à l'état d'acides gras.
					gr.	gr.	gr.
I	300 gr. Viande de cheval maigre.......	7	48	1026	0,13	»	0,15
II	30 gr. Acides gras injectés dans une anse d'intestin......	3	37	»	0,87	0,14	0,15
III et IV	Acides gras de 100 gr. de graisse.....	6 et 7 / 6 et 7	51	1017	2,09 / 1,01	0,42 / 0,07	0,18 / 0,17
V	Acides gras de 120 gr. de graisse.....	11	»	»	1,75	0,19	0,2
VI	70 gr. d'acide oléique..	10 1/2-11 1/2	»	»	0,92	0.03	0,23
VII	80 gr. d'acide oléique..	12	40	»	1,21	0,16	0,16

En somme, on voit qu'après l'ingestion d'acides gras libres : 1° La teneur du chyle en savons n'augmente pas; 2° Le chyle contient des acides gras, mais en proportion relativement faible; 3° Les graisses neutres surtout augmentent dans des proportions très appréciables. C'est également le résultat auquel arrive WALTHER (*Zur Lehre von der Fettresorption. A. P.*, 1890, 328-341).

Dans les expériences de cet auteur, on dosait successivement le chyle de chiens nourris avec des aliments privés de graisse ou contenant une proportion élevée d'acides gras. Comme MUNK, l'auteur conclut que la teneur du chyle en acides gras est presque invariable; la nourriture augmente seulement la quantité des graisses neutres.

Endroit où s'opère la synthèse. — Ainsi, voilà qui est bien établi, la synthèse des graisses neutres aux dépens des acides gras s'opère dans l'organisme. Mais où s'opère cette synthèse?

Pour MUNK (*loc. cit.*), c'est vraisemblablement dans les villosités épithéliales ou les ganglions mésentériques.

Pour WALTHER (*loc. cit.*), la combinaison des acides gras à la glycérine se ferait dans la cavité même de l'intestin grêle. Comme le fait remarquer l'auteur, ce fait paraît en contradiction avec la notion classique de la saponification des graisses par le suc pancréatique.

Ce qui, dans cet ordre d'idées, vient encore compliquer la question, c'est ce fait que les graisses neutres du chyle ne sont pas celles qui ont été ingérées par l'animal, mais des triglycérides de nouvelle formation. Ainsi, après l'ingestion du blanc de baleine (palmitate de cétyle), le chyle ne contient pas de graisse qui, par saponification, donne de l'alcool cétylique; mais il contient de la palmitine (MUNK).

Nous n'insisterons pas davantage sur ces faits qu'on trouvera exposés avec plus de détails aux articles **Absorption**, **Graisse**, **Digestion**.

2° **Lécithine et cholestérine du chyle.** — On trouve peu de renseignements à cet égard dans les analyses du chyle, car on dose ordinairement ces éléments avec les graisses neutres et les acides gras à l'état « d'extrait éthéré ».

Cependant NOEL PATON (*loc. cit.*), dans une analyse de chyle de l'homme provenant du canal thoracique, donne les chiffres suivants :

POUR 1000 DE CHYLE.

Graisses.......... 24,06
Cholestérine....... 0,6
Lécithine......... 0,36

D'après HENSEN (*Ueber die Zusammensetzung einer als Chylus aufzufassenden Entleerung aus der Lymphfistel einer Knaben. A. g. P.*, X, 94-113), la quantité de cholestérine du chyle oscille entre 0,018 et 0,102 p. 100.

D'ailleurs la quantité de cholestérine n'est pas en rapport avec celle de la graisse.

Ainsi, dans une analyse pour 2,15 de graisse, on avait 0,1 de cholestérine, et dans une seconde, pour 2,68 de graisse, on avait 0,064 de cholestérine.

Dans les épanchements chyleux des cavités séreuses (plèvre, péricarde), la proportion de cholestérine et de lécithine est plus élevée.

Ainsi l'analyse de K. Hasebroek (*Analyse einer chylösen pericardialen Flüssigkeit. Z. p. C.*, XII, 289-294) a donné les chiffres suivants :

POUR 1000 DE CHYLE.

Résidu fixe	103,61
Albuminoïdes	73,79
Graisses	10,77
Cholestérine	3,34
Lécithine	1,77
Sels	9,34

Le reste était constitué par des matières extractives.

4° **Sucre du chyle.** — La question du sucre du chyle doit être envisagée à un double point de vue :

a. Présence normale du sucre dans le chyle.

b. Absorption du sucre par les chylifères lors de la digestion intestinale des hydrates de carbone.

a. Présence normale du sucre dans le chyle. — Elle est certaine, et si certains auteurs l'ont niée, cela tient aux défauts de leurs procédés d'analyse : en particulier à ce fait que le chyle, comme la lymphe et le sang, contient un ferment glycolytique (voir plus bas), par l'intervention duquel la glucose du chyle disparaît rapidement à la température ordinaire.

La teneur en glucose du chyle est, d'après les dosages de Mering, très voisine de celle de la lymphe ou du sang. A l'état normal, elle oscille entre 1,25 et 2 p. 1000.

b. Absorption du sucre par les chylifères dans la digestion intestinale des hydrates de carbone. — Les auteurs qui se sont occupés de résoudre cette question sont arrivés à des résultats contradictoires; cela tient en grande partie à ce que la question a souvent été mal posée : nous devons donc la préciser.

A la suite d'une alimentation très riche en hydrates de carbone, la teneur du sang en sucre augmente dans des proportions assez sensibles; secondairement, il se produit une augmentation du sucre de la lymphe et aussi du chyle, surtout du chyle recueilli par une fistule du canal thoracique, puisqu'il est dilué par la lymphe. On voit donc que de l'augmentation du sucre du chyle on ne peut pas conclure à l'absorption de ce corps par les chylifères, il faut que cette augmentation ne soit pas un phénomène de retentissement, mais un phénomène primitif.

La question ainsi posée, voyons les principales expériences faites à ce sujet :

1° Mering (*loc. cit.*) a recueilli le chyle par une fistule du canal thoracique; 11 expériences furent faites. Les chiens étaient : *a.* A jeun depuis 5 jours ; *b.* Nourris avec de la viande ; *c.* Nourris avec de l'amidon et du sucre.

Voici le résumé de deux de ces expériences :

I. A des chiens à jeun depuis quarante-deux heures on a fait ingérer 100 grammes de glucose et 100 grammes d'amidon.

TEMPS COMPTÉ A PARTIR DU REPAS.	QUANTITÉ DE CHYLE.	SUCRE CORRESPONDANT.
1 h. 30 à 2 h. 40	100	0,115
2 h. 40 à 3 h. 40	100	0,138
3 h. 40 à 5 h.	100	0,135
5 h. 15 à 6 h.	50	0,132

II. Chien à jeun depuis 5 jours.

En 1 h. 30 on recueille 42 c. c. de chyle qui contient. . . 0,125 p. 100 de sucre.
Dans l'heure suivante. . . . . 0,101 p. 100 —
Le sérum du sang de la carotide contenait . . . . 0,125 p. 100 —

La conclusion qui résulte de ces recherches est que la quantité du sucre du chyle est à peu près constante et qu'elle n'est pas influencée par la nourriture; que, par conséquent, le sucre n'est pas résorbé par les chylifères, mais qu'il passe tout entier par la veine porte.

Comme le fait remarquer Heidenhain, ce fait est une conséquence de la disposition relative des vaisseaux sanguins et lymphatiques de la villosité. Les capillaires sanguins forment un lacis qui coiffe le chylifère central, duquel ils sont séparés par du tissu conjonctif et un lâche réseau de fibres musculaires lisses. Il n'est donc pas étonnant que le sucre soit entraîné par le courant sanguin de ces capillaires qu'il rencontre au sortir de la cellule épithéliale, avant qu'il ait pu atteindre le chylifère central.

Mais qu'arrive-t-il lorsque la quantité du sucre ingéré dépasse la normale et lorsque surtout la quantité de liquide qui l'accompagne est considérable? Une partie de ce liquide ne va-t-elle pas passer dans les chylifères, entraînant avec elle une quantité correspondante de sucre?

C'est en effet ce que prouvent les expériences suivantes :

1° Colin (*Phys. comp.*, II, 65).

Le chyle d'un chien contient 1,07 p. 100 de sucre. On lui fait ingérer 1 litre de lait avec 40 grammes de glucose. Deux heures après, la quantité du sucre du chyle est 2,03 p. 1000.

Pour le cheval, après ingestion de 200 grammes de glucose, la quantité du sucre monte en une heure de 1,50 à 2,14 p. 1000 et au bout de 2 heures, elle est devenue 2,59 p. 1000.

2° Ginsberg. *Ueber die Abfuhrwege des Zucker aus dem Dünndarm* (A. g. P., XLIV, 306-318).

	POUR LE SANG.	POUR LE CHYLE.
	p. 1000.	p. 1000.
Lapins. — Soumis au régime ordinaire (raves. salade), le dosage du sucre donne :	1,7	2,37
1 heure après avoir ingéré 5 à 25 gr. de sucre dans 50 à 150 gr. d'eau, la teneur en sucre est devenue	3,1	4,9
Chien. — Régime ordinaire.	0,8	2,1
Après ingestion de 400 cc. d'eau avec 80 gr. de glucose	2,4	4,3

Les recherches de Munk et Rosenstein (*loc. cit.*), chez l'homme, conduisent aux mêmes conclusions.

5° **Urée du chyle.** — Il existe toujours dans le chyle une proportion d'urée sensible.

Gréhant et Quinquaud (*Nouvelles recherches sur le lieu de formation de l'urée; Journ. de l'anat. et de la physiol.*, XX, 317-329 et C. R., XCVIII, 1312-1314) ont fait des dosages comparatifs d'urée dans le chyle du canal thoracique et dans le sang des différents vaisseaux.

Il résulte de ces travaux que l'urée existe en plus forte proportion dans le chyle que dans le sang artériel et le sang veineux, même que dans le sang de la veine porte.

Voici un petit tableau qui résume quelques recherches. Les chiffres donnent en milligrammes la quantité d'urée contenue dans 100 grammes de liquide :

	NUMÉROS DES RECHERCHES.		
	IV	IV	XVII
Artère carotide.	»	36.8	40.5
Veine splénique	»	53.1	»
Veine porte.	71.5	42.5	53.4
Veine sus-hépatique.	84.9	»	»
Canal thoracique.	95.5	59.5	46.0

6° Absorption de sels, acide lactique, etc., par le chyle. — Contrairement à l'opinion soutenue autrefois par Tiedemann, Gmelin, Bouchardat, Magendie, il est prouvé que certains sels introduits dans l'intestin peuvent être résorbés par les chylifères et être décelés dans le chyle qui s'écoule par une fistule du canal thoracique.

Colin (*Physiol. comp.*, ii, 81) constate dans le chyle du canal thoracique la présence de l'iodure de potassium, vingt minutes après avoir fait ingérer à un chien 20 grammes de sel dans 200 grammes d'eau.

Dans une expérience sur le bœuf, on put constater la présence de ce même sel dans le chyle du canal thoracique, six minutes après l'ingestion dans l'intestin.

Ce résultat si rapide permet, d'après l'auteur, de réfuter l'opinion qui tendrait à faire admettre que le sel aurait d'abord été absorbé par le système sanguin, puis n'aurait passé que secondairement dans le chyle.

Colin a pu de même constater l'absorption par les voies chylifères du prussiate de potasse, de l'émétique, des arséniates de potasse et de soude. Certaines matières colorantes (indigo, garance, cochenille, gomme-gutte) ne sont pas absorbées par le chyle. Au contraire, la chlorophylle et la murexide ne passent pas par les voies chylifères.

Von Mering (*loc. cit.*), dans les expériences qui lui ont permis de conclure à l'absence d'absorption du sucre par les chylifères dans les conditions normales, a constaté le passage dans le chyle d'acide lactique qui se forme dans l'intestin lors de la digestion des hydrates de carbone.

7° Ferments du chyle. — La présence de certains ferments solubles qui existent normalement dans le sang a été constatée dans le chyle.

L'amylase a pu être décelée. Hensen (*loc. cit.*) a nettement constaté la formation de sucre aux dépens d'amidon.

Ferment glycolytique. — R. Lépine (*Sur la présence normale dans le chyle d'un ferment destructeur du sucre. C. R.*, cx, 742-743) a montré :

1° Qu'une solution de glucose à 1 p. 100 baissait rapidement de titre lorsqu'on l'additionnait d'une certaine quantité de chyle et qu'on la plaçait à 38°. Ce fait, comme nous l'avons fait remarquer, explique une partie des contradictions qu'on trouve dans les auteurs au sujet de la présence et de la proportion de glucose du chyle. Les analyses de sucre du chyle doivent être faites aussitôt après que ce chyle a été recueilli.

2° D'après Lépine, l'injection intra-veineuse de chyle chez un chien dépancréatisé diminue la glycosurie.

P. PORTIER.

CHYLIFÈRES. — Ce sont les lymphatiques de l'intestin grêle.

Découverte des chylifères. — Elle fut faite par Aselli à Pavie, en 1622. En ouvrant l'abdomen d'un chien en pleine digestion, il vit le mésentère parcouru par des lignes blanchâtres qu'il prit tout d'abord pour des filaments nerveux; mais, ayant incisé un de ces filaments, il vit s'en écouler une goutte de liquide. Aselli eut aussitôt le pressentiment qu'il venait de faire une importante découverte; il répéta son observation un grand nombre de fois et se convainquit de l'existence constante des *veines lactées* dans le mésentère de tous les mammifères, à condition que l'examen fût fait au moment où l'animal est en pleine digestion.

En poursuivant le trajet de ces *vaisseaux lactés*, il les vit converger et aboutir à la base du mésentère en un organe mamelonné qu'il prit pour le pancréas. C'était une première erreur de cet habile observateur; il en fit une seconde en avançant que les veines lactées se rendaient au foie.

L'importante découverte de l'anatomiste italien devait être complétée, et les erreurs de détail qu'il avait commises devaient être redressées par un jeune Français, encore étudiant à cette époque, Jean Pecquet.

En suivant avec attention les vaisseaux lactés, Jean Pecquet vit qu'ils ne se rendaient pas au foie, comme Aselli avait cru le voir, mais à un organe en forme de poche allongée appliquée sur la face antérieure de la colonne vertébrale, au niveau des premières vertèbres lombaires. Un canal fait suite à cette ampoule, à cette *citerne de Pecquet*; c'est le *canal thoracique* qui, traversant le diaphragme par l'orifice aortique, pénètre dans le thorax et, restant accolé sur la face antérieure des corps vertébraux, finit par obliquer à gauche et gagner la veine sous-clavière gauche dans laquelle il s'ouvre par un orifice muni de valvules.

Nous ne décrirons pas en détail cette partie de l'appareil lymphatique dont on trouvera description à l'article **Lymphatiques.**

Description des chylifères. — ASELLI et PECQUET avaient découvert la partie des chylifères qui chemine entre les deux lames du mésentère : mais il est une seconde partie de ces vaisseaux qui devait être découverte postérieurement par les histologistes : c'est celle qui est située dans l'épaisseur même des parois de l'intestin.

Nous conserverons, dans la description des chylifères, cette division, qui a l'avantage de mettre également en relief des différences topographiques, anatomiques et histologiques.

A. **Chylifères de la paroi de l'intestin.** — Rappelons d'abord très brièvement la constitution histologique de la paroi de l'intestin grêle.

Sur une coupe transversale de l'intestin, on rencontre, en allant de la lumière de l'intestin à sa surface extérieure :

1° La muqueuse avec ses villosités, le tout garni de l'épithélium à plateau strié ;

2° A la base de la muqueuse une mince couche de fibres musculaires lisses (*muscularis mucosæ* composée de deux plans de fibres, les unes circulaires, les autres longitudinales.

3° La tunique celluleuse ;

4° La tunique musculeuse, composée de deux couches de fibres musculaires lisses : les internes circulaires, les externes longitudinales ;

5° La tunique séreuse.

Disposition topographique générale. — Au point de vue topographique, la répartition des chylifères dans l'épaisseur de la paroi intestinale est la suivante :

a. Chylifères des villosités ;

b. Chylifères formant des *plexus* dont deux principaux : un situé immédiatement sous la *muscularis mucosæ* plexus profond ou sous-muqueux), l'autre entre la séreuse et la couche de fibres musculaires lisses longitudinales (plexus superficiel ou sousséreux).

Enfin certains auteurs décrivent un troisième plexus moins important que les précédents situé entre les deux couches de fibres musculaires lisses longitudinales et circulaires.

La base des chylifères de la villosité et ces différents plexus sont réunis entre eux par de nombreuses anastomoses.

Structure histologique. — Tous les chylifères compris dans l'épaisseur de la paroi de l'intestin, aussi bien ceux des villosités que ceux qui constituent les plexus, sont des *capillaires lymphatiques*. Leur paroi n'est donc composée que d'une seule couche de cellules endothéliales à bords dentés, découpés ,cellules en feuille de chêne .

Aucune fibre musculaire lisse, aucune fibre conjonctive ou élastique ne viennent doubler à l'extérieur cet endothélium. A l'intérieur du capillaire, point de valvules. Le calibre de ces capillaires lymphatiques est sensiblement supérieur à celui de la moyenne des capillaires sanguins : il atteint en moyenne 30 à 60 μ.

Chylifères de la villosité. — Les capillaires qui composent les plexus échappent à toute description ; il n'en est pas de même des capillaires de la villosité. Leur nombre et leur forme sont en rapport avec la forme même de la villosité.

Chez le rat, les villosités sont des lames semi-lunaires qui sont adhérentes à la surface interne de l'intestin seulement par leur bord rectiligne. RANVIER *Des lymphatiques de la villosité intestinale chez le rat et le lapin. C. R.*, 1890, cxxiii. 923) a montré que dans ce cas les chylifères de la villosité avaient la disposition suivante :

A la base de la villosité se remarque une ampoule (*ampoule basale*), qui est reliée d'une part au plexus situé sous la *muscularis mucosæ*, et qui, d'autre part, donne naissance à un certain nombre de capillaires qui pénètrent en divergeant à l'intérieur de la villosité. D'autres capillaires, transversaux ou obliques, établissent des anastomoses entre ces capillaires, qui peuvent ou bien se terminer en doigt de gant, ou bien s'ouvrir les uns dans les autres pour former des anses.

Chez le lapin, dont les villosités sont cylindriques, RANVIER a montré qu'il n'y avait plus qu'un seul chylifère central, qui, du reste, paraît provenir de la fusion de plusieurs chylifères.

Cet auteur a montré, en effet, en étudiant le développement des chylifères dans le mésentère des embryons du porc, que deux de ces vaisseaux arrivant au contact, les deux parois qui sont accolées ne tardent pas à se résorber; la cloison qui séparait les deux chylifères disparaît, il n'existe bientôt plus qu'un seul de ces vaisseaux dont le calibre est relativement considérable.

L'étude attentive des villosités des différents animaux, et même celle des diverses villosités d'un même animal semblent bien prouver qu'au début chaque villosité contient plusieurs capillaires lymphatiques, qui persistent si la villosité s'y prête par sa forme définitive; qui, au contraire, se fusionnent en un seul d'un calibre plus considérable si la villosité a pris une forme cylindrique. C'est ainsi que, dans certaines villosités du lapin, le chylifère unique terminé en doigt de gant peut être remplacé par un arceau, par un *anneau de clef,* d'après la comparaison imagée de RANVIER, anneau de clef qui résulterait de la réunion de deux capillaires lymphatiques partant d'un tronc commun et s'abouchant par inoculation.

Chez l'homme, les villosités sont en général cylindriques et contiennent un chylifère unique; cependant on trouve aussi des villosités plus larges qui contiennent le chylifère en anneau de clef.

Quels que soient leur nombre et leur forme, voyons comment se terminent les chylifères.

Prenons par exemple le chylifère unique de la villosité du lapin. On a prétendu, au début de l'étude de ces organes, que le chylifère s'ouvrait librement au sommet de la villosité par une *bouche absorbante;* c'était une conception anatomique simpliste inspirée par le besoin d'expliquer comment le chyle pénétrait à l'intérieur du chylifère de la villosité; elle fut abandonnée lorsqu'on eut montré que l'épithélium cylindrique à plateau strié recouvrait sans interruption toute la surface de la villosité.

Imbus des mêmes idées sur l'absorption, et en particulier sur l'absorption des graisses, d'autres histologistes pensèrent avoir établi l'existence de fins canalicules partant du chylifère central et entrant en communication avec la base, terminée en pointe effilée des cellules épithéliales.

Toutes ces conceptions histologiques sont aujourd'hui abandonnées. Les travaux de RANVIER ont établi d'une façon très ferme que les chylifères, comme d'ailleurs tous les autres capillaires lymphatiques, sont, à leur terminaison ou, plus exactement, à leur origine, formés de culs-de-sac, d'ampoules, de cœcums *entièrement clos,* n'entrant point en communication avec des diverticules, des capillicules d'un calibre inférieur au leur.

Nous renvoyons à l'article **Absorption** pour ce qui concerne la pénétration des éléments du chyle, et en particulier celle de l'émulsion graisseuse à l'intérieur du chylifère. Mais comment se fait la progression du chyle à l'intérieur des chylifères de la villosité et de ceux qui forment les plexus? Nous avons vu que tous ces vaisseaux sont des capillaires, dont la paroi est dépourvue de toute fibre musculaire; le chyle ne saurait donc progresser à leur intérieur par suite de leur contractilité propre.

Voici quelle est la disposition qui assure l'exécution de ce phénomène.

Lorsqu'on considère les chylifères qui établissent la communication entre le plexus situé sous la *muscularis mucosæ* et l'ampoule basale, on voit que ces chylifères ne traversent pas la *muscularis mucosæ,* mais au contraire la refoulent devant eux à l'intérieur de la villosité. Et il existe, en effet, dans la villosité, entre le chylifère et les capillaires sanguins, un réseau de fibres musculaires lisses, dépendance, évagination de la *muscularis mucosæ :* c'est ce qui constitue le muscle de BRÜCKE. On voit donc, comme l'a bien fait remarquer RANVIER, que la base de la villosité n'est pas coupée par un diaphragme de fibres musculaires lisses, mais au contraire est entièrement libre.

Au moment de la contraction des fibres musculaires qui constituent le muscle de BRÜCKE, le contenu des chylifères de la villosité est chassé dans le plexus qui double à l'extérieur la *muscularis mucosæ* (plexus sous-muqueux). On comprend que par un mécanisme analogue et par l'entrée en action successive des différents plans longitudinaux et circulaires de fibres musculaires lisses de la paroi intestinale, le chyle progressera d'un plexus donné dans un plexus plus extérieur, et finalement arrivera aux chylifères du mésentère.

B. **Chylifères du mésentère.** — Aux chylifères contenus dans l'épaisseur de la paroi intestinale font suite ceux qui cheminent entre les deux feuillets du mésentère. Ce sont les seuls qui soient visibles lorsqu'on ouvre l'animal en pleine digestion de matières grasses.

En examinant avec soin la paroi même de l'intestin, on voit, sous la couche péritonéale qui revêt cet organe, cheminer un centre de fins rameaux qui s'anastomosent, augmentent de calibre, cheminent vers le bord adhérent, et là se réunissent pour former les troncs qui s'insinuent entre les deux lames du mésentère.

Au point de vue histologique, nous ne sommes plus ici en présence de capillaires, mais de véritables vaisseaux lymphatiques dont la paroi est formée de trois couches qui sont, en allant de dedans en dehors :

1° Un endothélium analogue à celui des capillaires;

2° Une couche de fibres musculaires, lisses, circulaires;

3° Une couche conjonctive qui possède de nombreuses fibres élastiques. Cette couche passe insensiblement au tissu conjonctif voisin.

Le passage des capillaires contenus dans l'épaisseur des parois de l'intestin aux vaisseaux à trois couches n'est pas progressif, mais s'opère brusquement. Ces vaisseaux sont garnis à leur intérieur de valvules qui empêchent le reflux du chyle vers les capillaires.

Des rameaux nerveux viennent se terminer dans la couche moyenne, celle des fibres musculaires lisses. .

Les vaisseaux chylifères compris entre les deux lames du mésentère cheminent vers la citerne de PECQUET, dans laquelle ils s'ouvrent, mais sur leur passage ils rencontrent des ganglions qu'ils traversent. Le nombre, la situation de ces ganglions sont assez constants dans une espèce donnée, mais ils varient considérablement d'une espèce à l'autre. Chez l'homme, ils sont très nombreux (130 à 150), et sont situés, les uns non loin du bord de l'intestin, les autres en avant et près de la citerne de PECQUET.

Chez le chien, au contraire, tous les ganglions sont réunis en un groupe unique situé à la racine du mésentère (ASELLI).

Chez le porc, RANVIER (*C. R.*, 1895, CXXI, 800) a décrit un appareil spongieux formé de tissu érectile, sur lequel reposent plus de 100 ganglions lymphatiques disposés en chapelet.

Quant à la structure de ces ganglions, c'est en général celle des ganglions lymphatiques. Elle sera étudiée à l'article **Lymphatique**.

Chylifères du gros intestin. — Nous avons dit que les chylifères étaient les lymphatiques de l'intestin grêle. Cependant les lymphatiques de certaines parties du gros intestin des animaux qui reçoivent une nourriture riche en graisse peuvent, au moment de la digestion, revêtir l'aspect de véritables chylifères. C'est ainsi que COLIN a pu constater chez le chien des chylifères dans le côlon, chez le cheval des chylifères dans le cœcum et le côlon.

Chylifères des vertébrés inférieurs. — Les mammifères sont les seuls animaux chez lesquels on ait pu constater d'une façon nette la présence de vaisseaux chylifères. Les oiseaux, les reptiles, les batraciens et les poissons possèdent bien des lymphatiques de l'intestin, moins nombreux à vrai dire que ceux des mammifères, mais ces lymphatiques ne paraissent jouer aucun rôle dans l'absorption des graisses; jamais ils ne se présentent franchement sous l'aspect de « vaisseaux lactés ». Ce fait a attiré l'attention de CLAUDE BERNARD qui a fait de nombreuses expériences à ce sujet. Il lui a été impossible de faire apparaître les vaisseaux chylifères dans le mésentère des oiseaux et des reptiles, non seulement après l'ingestion d'aliments riches en graisse ; mais même après l'injection dans l'estomac ou l'intestin des mêmes animaux d'éther chargé de graisse. Or on sait que ce dernier procédé permet de faire apparaître presque instantanément les vaisseaux chylifères des mammifères avec une grande évidence.

Quelle est la voie de résorption de la graisse chez ces vertébrés? la veine porte, à moins que les graisses soient absorbées non pas à l'état d'émulsion, mais à l'état de graisses solubles, hypothèse que CLAUDE BERNARD tend à rejeter.

Au moment de la digestion des graisses chez les oiseaux, le sang de la veine porte contient en effet une forte proportion de globules graisseux. Cette graisse absorbée va-t-elle donc traverser le système capillaire du foie, contrairement à ce qui a lieu chez les mammifères? Il n'en est rien. Chez ces vertébrés, il existe en effet une communication directe entre la veine porte et la veine cave inférieure; cette anastomose est constituée par le système veineux de Jacobson. Or, si les globules graisseux sont abondants, au moment de la digestion, dans les rameaux d'origine de la veine porte, ils ont presque disparu au point où ce vaisseau pénètre dans le foie, tandis qu'on les trouve très abondants dans le système de Jacobson.

Il semble donc bien qu'ici, comme chez les mammifères, la graisse absorbée ne traverse pas le foie, mais gagne immédiatement le système veineux et la petite circulation.

P. PORTIER.

CHYME. — Voyez Digestion.

CICATRISATION.
— Suivant le point de vue auquel on se place, il faut donner au mot cicatrisation trois définitions. *Pour les anatomistes*, c'est la réparation d'une perte de substance ou d'une solution de continuité, soit par des tissus de même nature, soit par un tissu de nature différente servant au rétablissement de cette continuité.

Pour les chirurgiens, c'est la réparation spontanée ou artificielle, complète ou incomplète, parfaite ou imparfaite, d'une solution de continuité ou d'une perte de substance portant sur un ou les tissus qui constituent un organe de l'économie.

Enfin, *pour les physiologistes*, c'est le travail de réparation résultant de la défense de l'organisme contre une perte de substance. Chez certains animaux ce travail s'exagère et un membre peut renaître, témoin la salamandre. Chez les végétaux, d'ailleurs, ce fait de régénération est normal.

Si pour la physiologie de la cicatrisation nous avons tenu à donner ces trois définitions, c'est qu'à chaque instant nous serons forcés d'empiéter sur l'anatomie et la pathologie de la cicatrisation.

Cicatrisation unicellulaire. — Elle a été étudiée par Balbiani chez les infusoires; nous reviendrons sur cette étude plus loin à propos de la physiologie comparée.

Cicatrisation des tissus en général. — Historique. — Hippocrate et Galien avaient été frappés de la facilité avec laquelle les organes et tissus se cicatrisent. Mais, faute d'une technique nécessaire, ils se contentèrent d'observer le fait et de prendre le résultat pour une explication. Ces auteurs, en effet, admirent tout simplement « *la régénération des chairs* ».

Ce fut en 1750 que Fabre réagit contre ces théories anciennes, trop facilement acceptées : il admit l'existence d'un suc nourricier pour expliquer le fait de la cicatrisation.

Bientôt Hunter renchérit sur cette idée : pour lui la cicatrisation se produit grâce à « l'exsudation d'une lymphe plastique et coagulable ». Le fait est vrai en partie, comme nous le verrons. Ici se termine la première phase historique : c'est la période d'observation pure et simple.

La *deuxième phase* est caractérisée par la précision des recherches histologiques. La cicatrisation est le résultat de la prolifération cellulaire. On admet encore que presque tous les tissus mous se cicatrisent en passant à l'état fibreux. Les cellules naissent dans le suc épanché, par genèse, pensait Robin, par division cellulaire, soutint Virchow depuis longtemps, par kariokynèse, suivant les recherches des histologistes contemporains.

La *troisième phase* date de l'apparition des théories microbiennes, dont l'influence s'est fait sentir aussi bien en physiologie qu'en pathologie. Comme nous le verrons, il est démontré maintenant que tous les tissus se réparent par du tissu de même nature quand la cicatrisation se fait aseptiquement.

En somme, dans chacune de ces trois phases, on avait progressivement entrevu une partie de la vérité.

Cicatrisation aseptique. — Quels sont les phénomènes physiologiques que l'on observe quand l'organisme répare une plaie qui reste aseptique? Il faut prendre un exemple, et nous choisirons le cas d'une plaie de la peau et du tissu cellulaire sous-cutané.

Si cette plaie est étroite, c'est-à-dire approximativement linéaire, voici les phénomènes réactionnels que l'on observe. Les bords de la plaie s'écartent légèrement, un écoulement sanguin peu abondant accole les surfaces mises à nu et s'étend complètement de l'une à l'autre. Cette « inflammation adhésive », comme l'appelait déjà HUNTER, s'accompagne rarement des signes caractéristiques de l'inflammation, c'est-à-dire de rougeur, douleur, chaleur et tuméfaction. Outre le sang épanché, il existe aussi une faible quantité de lymphe : c'est la lymphe plastique, coagulable et organisable, de HUNTER. Enfin, des bourgeons charnus, très peu nombreux dans le cas de plaie linéaire, se développent, et réunissent les deux surfaces de la plaie en passant à l'état fibreux. La cicatrice linéaire est constituée définitivement.

Toujours dans ce même cas de plaie linéaire, voici les phénomènes physiologiques que l'on observe au point de vue microscopique : les vaisseaux sanguins des bords de la plaie sont injectés, congestionnés : il se produit une exagération de la circulation collatérale ; les vaisseaux béants laissent exsuder du sérum sanguin et du sérum lymphatique ; tous les éléments cellulaires des surfaces mises à nu prolifèrent : des bourgeons charnus vasculaires en résultent.

Pour ROBIN, ces cellules nouvelles naissent par genèse au sein du sérum exsudé. Le fait est inexact, et c'est par division cellulaire, par kariokynèse, que ces cellules nouvelles apparaissent. Cette défense de l'organisme qui répare spontanément et rapidement une perte de substance par la production d'un tissu de même nature n'est-elle pas un phénomène physiologique des plus curieux? Comme le fait remarquer CH. RICHET, quand il n'y a ni poisons chimiques ni microbes, la cicatrisation est rigide et solide. C'est le vis naturæ medicatrix des anciens auteurs. Ajoutons que dans quelques cas cependant il n'y a pas néoformation cellulaire.

Ainsi, à la cornée, NEESE et RANVIER ont montré que, au niveau d'une plaie linéaire, les cellules des bords s'aplatissent, augmentent de largeur et descendent dans le fond de la plaie pour réparer la solution de continuité (C. R., janvier 1897). De plus, comme nous le verrons plus loin à propos de la cicatrisation des tissus en particulier, le rôle du sang épanché a de nouveau, dans ces dernières années, été considéré comme très important pour activer la cicatrisation du tissu osseux et des tendons.

Si la plaie aseptique est large, les phénomènes physiologiques varient un peu, mais le résultat est le même. Dans ce cas, les bourgeons charnus sont très abondants, ils occupent toute la surface de perte de substance; celle-ci présente un aspect tomenteux. Si la plaie est excavée, les bourgeons charnus du fond de l'excavation présentent une plus grande hauteur, de sorte qu'il se produit une tendance au nivellement. A la périphérie on voit l'épiderme former une mince pellicule qui progressivement marche vers le centre de la plaie. D'autre part, par le fait du frottement inévitable, des pellicules périphériques tombent au milieu de la surface cruentée, elles se greffent, forment une colonie et activent d'autant la réparation. Dans le cas de plaie large, la cicatrice est évidemment étalée, mais moins grande en surface que la plaie initiale.

Cicatrisation septique. — Bien qu'il s'agisse ici de physiologie, il me paraît indispensable d'envisager la cicatrisation des plaies qui suppurent; n'est-ce pas encore l'organisme qui fait, par la phagocytose, tous les frais de la réparation en multipliant ses efforts de réaction? Ici encore on note l'apparition de bourgeons charnus, mais ils ont une coloration grisâtre particulière. On voit encore des pellicules épidermiques progresser de la périphérie vers le centre, mais cette progression est pénible, lente; elle a à lutter contre la sécrétion purulente qui détruit facilement ou du moins gêne considérablement dans leur évolution les nouvelles cellules. Enfin on note l'apparition de quelques rares îlots épidermiques dans le centre de la plaie, mais leur extension est très lente: la plaie ne se nivelle pas facilement, et les bourgeons charnus conservent des dimensions différentes, d'où un retard dans la cicatrisation.

Il est enfin une variété de cicatrisation intermédiaire entre la cicatrisation aseptique et la cicatrisation septique : c'est la cicatrisation sous-crustacée. Peut-être s'agit-il ici d'une infection très atténuée; quoi qu'il en soit, les phénomènes que l'on observe tiennent à la fois aux deux modes de cicatrisation précédemment envisagés.

Lenzo a montré que, si l'on maintient pendant un ou deux jours à des températures différentes deux points symétriques de la peau, on note que la chaleur a une influence très favorable sur l'activité de la régénération épithéliale. Les plaies des oreilles, maintenues à une température élevée chez des lapins, ont guéri très vite, de même que des fractures (*Gazetta degli Ospedali*, 1891, n° 34).

Quel est le résultat final de la cicatrisation? c'est la *cicatrice*, dont il nous faut envisager les propriétés anatomiques et physiologiques. En continuant à conserver l'exemple choisi, c'est-à-dire la cicatrisation d'une plaie cutanée, nous constatons que la cicatrice est formée de tissu dur, pour ainsi dire fibreux. Ce tissu cicatriciel est peu élastique, et de plus il présente une propriété souvent gênante : il est rétractile. Depuis longtemps déjà, Delpech avait fait remarquer que cette rétraction est beaucoup moins marquée dans les cas de plaie cicatrisée par première intention. De plus, Laugier fit observer que, aussitôt finie la cicatrisation, si l'on mesure la distance qui sépare le centre de la cicatrice d'un point quelconque situé assez près des bords de la cicatrice, on trouve que cette distance diminue un peu pendant quelques mois. Si, d'autre part, on mesure la distance qui sépare le bord de la cicatrice de ce même point sain extra-cicatriciel, on voit que cette distance augmente. En somme la cicatrice revient sur elle-même. En outre, sa couleur varie; d'abord un peu rougeâtre ou violacée, elle finit par devenir blanchâtre, puis un peu grise; en se pigmentant, toujours très peu, elle se différencie moins des tissus voisins. La vascularisation est toujours peu marquée : sa sensibilité, quand elle est récente, est conservée. C'est là un phénomène des plus curieux, car il prouve que de nouveaux filets nerveux ont dû se reproduire et envahir ce tissu cicatriciel. Il est facile de constater ce fait : nous avons observé cette intégrité de la sensibilité au tact, à la pression, à la chaleur sur plusieurs cicatrices très larges et consécutives à des brûlures profondes et étendues. Dans quelques cas cependant, il y a un léger retard dans la perception des sensations, autant que nous avons pu en juger sur des cicatrices d'ulcères variqueux; mais ici la sensibilité de tout le membre est altérée, et le cas n'est pas comparable aux cicatrices consécutives à des plaies ou à des brûlures.

Tel est l'ensemble des phénomènes qui caractérisent une cicatrisation pour ainsi dire normale. Nous ne croyons pas devoir envisager ici les circonstances qui gênent l'évolution de cette cicatrisation; nous les citerons simplement. Parmi les causes locales, il faut énumérer la suppuration, la présence d'un corps étranger, la contusion des bords de la plaie, la névrite périphérique, etc. Parmi les causes générales, il faut citer les fièvres, la débilité, la scrofule, la syphilis, le diabète, l'artério-sclérose, etc. Par les positions données au membre, par les bandages agglutinatifs, par les sutures, par les différentes variétés de greffes, par les autoplasties, le chirurgien arrive à remédier à ces mauvaises conditions de cicatrisation.

Enfin le tissu de réparation peut être insuffisant ou être le point de départ de lésions irritatives ou néoplasiques. C'est comme un point faible de l'organisme, au niveau duquel se localisent des affections diverses : nous voulons dire les douleurs névralgiformes, l'épithélioma, l'hypertrophie kéloïdique, la réouverture de la plaie, l'ulcération, etc.

Cicatrisation des tissus en particulier. — Nous venons d'étudier la cicatrisation en général, et forcément nous avons dû prendre un exemple; nous avons en effet montré tous les phénomènes physiologiques qui accompagnent la cicatrisation d'une plaie de la peau et du tissu cellulaire sous-cutané. Voyons maintenant les particularités qui caractérisent la cicatrisation des tissus mous et celle des tissus durs : les phénomènes ne sont pas les mêmes dans ces deux variétés de tissus. Il est évident que nous nous en tiendrons à des généralités, ne voulant pas empiéter ici sur la physiologie de ces différents tissus.

Tissu osseux. — La plus simple solution de continuité ici, c'est la fracture sous-cutanée. La cicatrisation est le résultat de la prolifération de tous les tissus constituants de l'os; le périoste, la moelle sous-périostée, intra-canaliculaire et centrale, contribuent à cette réparation; les recherches physiologiques, si ingénieuses et si remarquables, de Duhamel, Flourens, Troja, Ollier et les recherches pathologiques sur le cal (Lambron, Dupuytren, etc.) ont complètement démontré le fait.

Le résultat de cette cicatrisation, c'est le cal : c'est un tissu osseux cicatriciel plus dur que le tissu qui l'avait précédé. Si l'os est de nouveau fracturé, ce n'est jamais au niveau du cal. Dans les cas heureux, cas fréquents, les fonctions de l'organe sont donc complètement conservées. Parfois, cependant, on voit ce tissu cicatriciel être le point de départ d'une localisation infectieuse ou néoplasique comme tous les tissus cicatriciels en général. Des causes locales et des causes tenant à l'état général du sujet peuvent rendre cette cicatrisation incomplète, d'où une pseudarthrose.

Si la plaie osseuse est infectée, la suppuration retarde de beaucoup la cicatrisation, elle peut même la compromettre complètement. Toutefois le tissu cicatriciel peut naître lentement et évoluer vers la formation du cal suffisant; mais ce cal peut être douloureux, exubérant, difforme, en un mot vicieux, suivant l'expression consacrée.

Il est des plaies osseuses dans lesquelles la cicatrisation est des plus difficiles, nous voulons parler des cavités résultant le plus souvent d'une intervention chirurgicale. Ces cavités osseuses se comblent avec une lenteur désespérante. La physiologie du tissu osseux explique cette longue durée. N'est-ce pas le périoste et la moelle sous-périostée qui contribuent le plus à la cicatrisation de l'os? Or, ici, ces éléments ont été détruits, d'où la nécessité de faire soit des greffes d'os vivants ou d'os morts, ou de moelle osseuse, soit des ostéoplasties. Cependant la cicatrisation de ces grandes cavités osseuses serait peut-être plus active si la plaie n'était pas anfractueuse et difficile à désinfecter complètement.

Tissu cartilagineux. — Tantôt la cicatrisation résulte de la prolifération de tous les éléments constitutifs du cartilage, mais surtout aux dépens du périchondre, comme le prouve la réparation des plaies de l'oreille ou du lobule du nez.

Tantôt la cicatrisation d'une plaie cartilagineuse se fait par l'apparition du tissu osseux; témoin la cicatrisation des plaies des cartilages du larynx ou des côtes. Tantôt, enfin, c'est le tissu fibreux qui unit définitivement les extrémités sectionnées du cartilage.

Tissu conjonctif. — La cicatrisation du *tissu conjonctif* a déjà été étudiée. Celle du *tissu séreux* ne présente rien de particulier : la réparation est complète et rapide. Le *tissu fibreux* se régénère aussi très rapidement, trop rapidement parfois. Quant au cristallin et à la *cornée*, la cicatrisation de leurs plaies est des plus remarquables; car, si la plaie est aseptique, la transparence du tissu persiste, sinon elle disparaît; fait bien important au point de vue de la physiologie de cet organe. (Voir les expériences de FORTUNATO, *Lo Sperimentale*, août 1888.)

La cicatrisation des *plaies tendineuses* est connue depuis longtemps, comme le prouvent les nombreuses opérations de ténotomie soit sous-cutanée, soit à ciel ouvert. Mais ici une condition importante intervient : il ne faut pas que les deux extrémités tendineuses sectionnées soient trop éloignées l'une de l'autre. WOLTER (*Archiv für klin. Chirurgie*, 1888, 157) a bien étudié cette limite d'écartement pour plusieurs tendons, le tendon d'Achille surtout. La régénération se fait aux dépens du mésotendon, de la gaine fibreuse et du tissu cellulaire voisin. Le sang épanché aurait aussi un rôle important.

Les chirurgiens physiologistes sont même allés plus loin; ils ont pratiqué des greffes tendineuses provenant du même sujet ou provenant d'un animal tel que le lapin (GLUCK, ASSAKY, FARGIN, PEYROT, etc. — Voir FARGIN, D. Paris, 1885). Parfois il suffit de faire une ténorraphie par suture à distance au catgut pour voir la régénération se reproduire (SEEN. *American J. of med. Assoc.*, 28 avril 1894).

La régénération tendineuse est donc des plus intéressantes et des plus importantes. Ses résultats sont les mêmes, si, au lieu d'une plaie, il s'agit d'une rupture.

Les recherches plus récentes d'YAMAGIWA (*Archiv f. path. Anat.*, CXXXV) et ENDERLEN (*Arch. f. klin. Chirurg.*, XLVI) n'ont pu que confirmer les faits physiologiques précédents dans les cas de plaies tendineuses aseptiques.

Si la plaie est infectée, la régénération tendineuse est compromise; le tendon s'exfolie, il adhère aux parties veineuses, il s'atrophie, il se détruit : les deux extrémités ne s'unissent plus que très imparfaitement et souvent nullement.

Tissu musculaire. — Comment se cicatrise le *tissu musculaire?* Si la plaie est aseptique, le tissu musculaire se régénère; KIRBY (*Ziegler's Beiträge zur path. Anat.*, 1892, 302) et ASCANARY l'ont démontré. Il ne faut donc plus admettre, comme on l'a fait pendant longtemps, que le muscle se cicatrise par du tissu fibreux. Le fait est cependant exact si les deux extrémités rompues sont loin l'une de l'autre.

Il en est de même pour les cas de rupture sous-cutanée ou d'arrachement.

Si la plaie est infectée, la cicatrisation se fait par la production de tissu fibreux, et le fonctionnement de l'organe est plus ou moins gêné. Cette cicatrisation peut dévier vers la sclérose ou l'ossification du muscle.

Tissu nerveux. — Les recherches anatomiques et physiologiques sur la cicatrisation des *nerfs* ont été pendant longtemps très contradictoires. — Ce que l'on savait de tout temps, c'est que, à l'extrémité des moignons d'amputation, il se formait des névromes. Or il semble actuellement que ceux-ci ne survivent que si la plaie a été infectée, et, dans le cas de simple section d'un nerf, l'extrémité du bout central se termine en pointe si la plaie a été aseptique. De nouvelles recherches trancheront sans doute bientôt la question.

Quoi qu'il en soit, les travaux si remarquables de Ranvier, de Van Lair démontrent que la cicatrisation des nerfs suit une évolution toujours bien déterminée. Après section, le bout périphérique s'atrophie (sauf les fibres récurrentes), il se produit un segment de tissu cicatriciel entre les deux extrémités nerveuses; la dégénérescence wallérienne s'observe dans le bout périphérique; bientôt du bout central part un bourgeonnement du cylindre-axe, et celui-ci envahit la gaine du bout périphérique.

La régénération des nerfs existe donc, mais elle est lente, et il ne faut plus admettre la réunion par première intention des nerfs. Les cas de réparation fonctionnelle immédiate, si bien observés par Laugier, Alfred Richet, A. Nélaton, etc., n'indiquent pas une cicatrisation immédiate par du tissu nerveux néoformé; il faut, pour expliquer le retour de la sensibilité, faire intervenir des causes diverses : anomalies des troncs nerveux, sensibilité récurrente, dynamogénie, etc.

Il serait déplacé d'insister plus longtemps sur cette cicatrisation des nerfs, la question devant être envisagée complètement à l'article **Nerf**, auquel nous renvoyons.

Ici encore, si les deux extrémités nerveuses sont trop éloignées, le bourgeonnement du bout central se greffe sur les parties voisines, et le bout périphérique reste dégénéré pour toujours; ou bien encore du tissu purement cicatriciel réunit les deux extrémités du nerf sectionné.

Si la plaie nerveuse est infectée, la cicatrisation sus-décrite est troublée, la régénération est compromise; des phénomènes de névrite ascendante ou descendante surviennent et le fonctionnement de l'organe est détruit, sinon pour toujours, au moins pour longtemps.

Les racines médullaires cicatrisent comme les nerfs (Chipault). Quant à la moelle épinière, ses plaies ne sont pas suivies de régénération (Schmaus, Chipault). Les plaies du cerveau se répareraient par du tissu fibreux (Bouchard, Hayem). Mais il y a là encore matière à de nouvelles recherches, malgré celles de Reindfleich, Popov, Ullmann, etc.

En ce qui concerne le cerveau cependant, on constate à la suite des contusions une petite dépression à la surface de l'encéphale; cette dépression adhère à la pie-mère, à la dure-mère, parfois même aux os du crâne. A la coupe, on reconnaît un tissu sclérosé cicatriciel, parsemé de granulations graisseuses ou pigmentaires. Demme prétend avoir constaté les régénérations des fibres nerveuses, mais les expériences de Burch et Munk sont contradictoires sur ce point.

En ce qui concerne la moelle, Brown-Séquard aurait noté la régénération des éléments nerveux chez les animaux. Masius et Vanlair, Eychont et Naunyn pensent que les fibres nerveuses se régénèrent, mais par les cellules. Chez l'homme, aucun fait clinique ne démontre l'existence de la régénération.

Quant aux phénomènes de suppléance et de dégénérescence consécutifs aux plaies du cerveau, du cervelet et de la moelle, j'ai à peine besoin de les rappeler.

Cicatrisation des organes. — **Vaisseaux.** — La cicatrisation dans les artères varie encore, suivant que la plaie est aseptique ou septique. Dans le premier cas, il se forme un caillot, puis une endartérite oblitérante, et la circulation collatérale rétablit le cours du sang. Si la plaie de l'artère est incomplète, le tissu de réparation peut être insuffisant au point de vue de la résistance et de l'élasticité, et un anévrysme peut se développer (Duplay et Lamy).

Dans les cas de plaies artérielles septiques, le caillot se forme mal, l'endartérite oblitérante est incomplète, des hémorragies secondaires sont à craindre.

Les .mêmes considérations restent à exposer en ce qui concerne la cicatrisation des plaies des veines, des lymphatiques et des ganglions lymphatiques.

Glandes. — Les plaies du foie sont suivies de cicatrisation et de régénération du tissu hépatique par bourgeonnement exubérant des canalicules biliaires. Ce fait est bien connu maintenant. Il en est de même des plaies du rein, de la rate, de la parotide, du pancréas, etc., et la sécrétion de ces organes n'est nullement entravée ou diminuée. S'il y a une perte de substance abondante, le tissu persistant fonctionne très activement par compensation. C'est encore là un phénomène physiologique des plus curieux. Ainsi qu'on le verra à nos indications bibliographiques, toutes les glandes se cicatrisent par régénération.

Muqueuses. — La régénération de ces organes est actuellement démontrée par l'histologie ; il y a longtemps que la simple observation des faits avait démontré l'existence évidente de ce phénomène physiologique.

Résumé. — Dans cette étude d'ensemble sur la cicatrisation en général chez l'homme, il est un fait que les recherches récentes ont bien démontré, c'est que tous les tissus se régénèrent et se cicatrisent par des tissus de même nature, quand la plaie reste aseptique.

Ce n'est pas ce que l'on avait toujours pensé jusqu'à maintenant, et cette constatation doit nécessairement modifier le résultat de bien des expériences physiologiques.

En tout cas on peut affirmer que la cicatrisation bien conduite est un travail parfait et au point de vue anatomique et au point de vue physiologique, qu'il s'agisse d'une cellule, d'un tissu ou d'un organe.

Physiologie comparée. — Les particularités les plus intéressantes à signaler ici sont celles que l'on observe chez les crustacés supérieurs, le crabe par exemple, chez qui l'on note le phénomène de l'autotomie. Ce phénomène consiste dans la rupture spontanée d'un membre. Une membrane clôt hermétiquement le moignon, empêche ainsi l'accès des micro-organismes et prévient l'hémorragie ; en se resserrant elle joue le rôle de sphincter, je dirai presque de pince hémostatique.

Chez les crustacés inférieurs, la cicatrisation est remplacée par un bourgeonnement, début de la régénération du membre qui mue ; plusieurs mues consécutives se produisent ainsi, et en dernier lieu se développe le membre normal et définitif succédant à des formes intermédiaires transitoires. Le même phénomène a été observé chez les écrevisses ; leurs yeux, leurs antennes, leurs pinces se régénèrent après section.

Chez les infusoires, BALBIANI a étudié la cicatrisation unicellulaire. Ainsi, lorsqu'un infusoire est coupé en morceaux, ceux-là seuls des fragments qui contiennent une partie du noyau se régénèrent en individu, en cellule complète. A la suite d'une section incomplète d'un de ces organismes unicellulaires, l'animalcule reprend très rapidement son aspect normal, si le noyau n'a pas été entraîné. Ainsi le noyau est bien le siège des propriétés plastiques de ces êtres unicellulaires. Chez les têtards (VULPIAN), chez les lombrics, la régénération caudale est très fréquente. Tous ces phénomènes s'observent également chez les végétaux.

Bibliographie. — **Généralités.** — SPHERRINGTON et BALLANCE. *Formation de tissu cicatriciel (J. P.*, x, 550). — MUELLER. *Cicatrisation sur le caillot sanguin humide (Gazette médicale de Strasbourg,* 1ᵉʳ juin 1887). — KARY. *Inflammation et régénération (Deutsche Zeitschr. f. Chir.*, xxv, 323). — RANVIER. *Réunion immédiate des plaies* (C. R., 20 avril 1891). — EBERTH. *Segmentation nucléaire et cellulaire dans l'inflammation et la régénération (Internat. Beitr. zur wiss. Med. Fest. Virchow,* ii). — RICHET (CH.). *Défense de l'organisme contre les traumatismes (Revue scientifique,* 1894, 259). — BUSSE. *Cicatrisation de la peau* (A. A. P., cxxxiv, nº 3). — JOLY. *Id.* (*Société anatomique,* 24 nov. 1895 et octobre 1897). — STOEHR. *Régénération de l'épithélium intestinal (Corresp. blatt. f. Schweiz. Aerzte,* 1ᵉʳ oct. 1892). — RATKE. *Rég. de la muqueuse utérine après grattage* (A. A. P., cxlii, nº 3). — KAHLDEN. *Rég., des muscles striés (Centralblatt. f. allg. Path.*, 31 oct. 1893). — DOGE. *Id.* (*Thèse Montpellier,* 1881). — SALVIA. *Id.* (*Rivista clinica et terapeutica,* nov. 1884 et Rev. des sc. médicales, 1885, 42). — STILLING. *Rég. des muscles lisses (Archiv f. micr. Anat.,* 1887). — THOMAS. *Id.* (*Centrabl. f. klin. Med.,* 1889, nº 41). — AMIAND. *Ruptures musculaires ; fonctionnement après rupture* (*Thèse Bordeaux,* 1887). — ZABOROWSKI. *Rég. des fibres musculaires striées* (*Thèse Genève,* 1889). — ROBERT. *Id.* (*Ziegler's Beiträge z. path. Anat.,* 1891). — VOLKMAN.

Id. (*Ibid.*, 1892). — ASKANASY. *Rég. des fibres musculaires striées* (A. A. P., CXXV, 3). — KIRLEY. *Id.* (*Ziegler's Beiträge zur path. Anat.*, 1892, 302). — NEESE. *Comment se comporte l'épithélium de la cornée en cas de cicatrisation des plaies linéaires et par piqûres* (*Arch. f. Opht.*, XXXIII). — VIERING. *Recherches expérimentales sur la rég. des tendons* (A. A. P., CXXV, n° 2). — HOUZÉ. *Id.* (*Thèse Lille*, 1894). — BUSSE (O.). *Id.* (*Deutsche Zeitschrift f. Chirurgie*, XXXIII, 30). — CUBBY. *Rég. du tissu fibreux* (*Guy's Hosp. Rep.*, XXXIV, 109). — RUMLER. *Rég. et reformation du tympan* (*Arch. f. Ohrenheilkunde*, XXX, 1). — PEYRAUD. *Cicatrisation des cartilages* (B. B., 1869).

Cicatrisation et régénération des organes. — BIZZOZERO et VASSALE. *Production et rég. physiologique des éléments glandulaires* (*Archivio per le sc. med.*, XI). — CORON. *Rég. du foie* (*Annali universali di med. e chir.*, mai 1884). — PODWYSSOZKI. *Rég. des glandes épithéliales* (*Fortschritte der Medic.*, 1887, n° 14); — *Rég. hépatique* (*Beitrage zur path. Anat. und Physiologie*, 1887, 259). — LEPEYRE. *Id.* (*Thèse Montpellier*, 1889). — PONFICK. *Résection, cicatrisation et rég. du foie* (*Berliner klin. Woch.*, 28 avril 1890 et *Centrabl. f. med. Wiss.*, 1894). — TIZZONI (A. i. B., III, 267). — VON MEISTER. *Rég. du foie Centralblatt. f. allg. Path. und Anat. path.*, 1er déc. 1891; XV, n° 1). — KAHN (*Thèse Paris*, 1896). — BARTH. *Rég. du tissu rénal après les plaies* (*Arch. f. klin. Chir.*, XLV, n° 1). — MATTEI. *Id.* (*Arch. per le sc. med.*, X, n° 20). — PISERTI. *Rég. partielle du rein* (A. i. B., décembre 1883). — KUNYEL. *Rég. des reins* (*Berl. klin. Woch.*, 27 oct. 1890). — TUFFIER. *Expérimentation sur la chirurgie rénale*, Paris, 1889. — PENZO. *Cicatrisation des plaies des reins* (*Riforma medica*, 5 fév. 1894). — DURANTIN. *Cicatrisation des poumons* (*Thèse Lyon*, 1886). — STRUCKMANN. *Rég. de la mamelle* (*Thèse Bonn*, 1889). — PODWYSOWKY et DE MEIBONIUS. *Rég. du foie, des glandes salivaires et des glandes pancréatiques* (*Fortschritte der Med.*, 1885, n° 19). — LAUDENBACH. *Régénération de la rate* (A. A. P., CXLI, 1). — WERNOD. *Id.* (*Rev. méd. Suisse romande*, 24 janvier 1885). — CECCHINI. *Id.* (*Rassegna di sc. med.*, 1886). — BAYER. *Rég. et néoformation des glandes lymphatiques* (*Zeitschrift f. Heilkunde*, VII, n° 5). — BACIAL. *Id.* (*Gazetta degli Ospedali*, octobre 1886). — ZEHNDEN. *Id.* (*Arch. f. path. Anat.*, XX, n° 2). — RIBBERT. *Hypertrophie compensatrice des glandes sexuelles* (*Berl. klin. Woch.*, 28 oct. 1889). — SIRENU. *Reproductions partielles du testicule* (*Gazetta degli Ospedali*, 1885, n° 93). — GRIFFINI (*Ibid.*, 1885, n° 68). — SANFELICE. *Rég. du testicule* (*Archives ital. de Biologie*, IX). — RIBBERT. *Rég. du corps thyroïde* (A. A. P., CXVII). — BERESSOWSKY. *Id.* (*Ziegler's Beitr. zur path. Anat.*, 1892). — MARTINETTI. *Sur l'hyperplasie et la rég. des éléments glandulaires sous le rapport de leurs aptitudes fonctionnelles* (*Centralbl. f. allg. Path. und Anat.*, 13 sept. 1890). — KERESTRAGHY et HANUS. *Régénération de la moelle* (*Ziegler's Beiträge zur Path.*, août 1892, 33). — SANERELLI. *Processus régénérateurs du cerveau et du cervelet* (*Morgagni*, janvier 1891). — MARINESCO. *Régénération des centres nerveux* (B. B., 1894). — TIRELLI. *Cicatrisation des ganglions nerveux* (A. i. B., XXIII). — GLEY. *Rég. de la moelle épinière* (A. de P., IV, 2). — CATTANI. *Id.* (*Archivio per le sc. med.*, XI). — LATI. *Cicatrisation des vaisseaux* (*Riforma medica*, 18 avril 1891). — DUPLAY et LAMY. *Cicatrisation des arteres* (*Archives générales de méd.*, 1897). — BURCI. *Id.* (*Atti delle societa Toscana della sc. med.*, IX). — PEKELLEANER. *Id.* (*Beiträge zur path. Anat.*, VIII). — CORNIL. *Id.* (*Académie de médecine*, 24 nov. 1896). — EBERTH. *Reg. de la cornée* (*Berlin klin. Woch.*, 2 nov. 1891). — GALEZOWSKI. *Suture de la cornée* (*Mercredi médical*, 12 août 1891). — PANAS (*Traité d'ophtalmologie*, tome I, II et III). — RANVIER. *Rôle physiologique des leucocytes dans les plaies de la cornée* (C. R., 22 fév. et 1er mars 1897 et 4 janvier 1898). — GOUIN. *Rég. du cristallin* (*Thèse Lausanne*, 1896). — GRIFFINI et MARCHIO. *Rég. de la rétine* (*Riforma medica*, 21 fév. 1889).

Physiologie comparée. — FREDERICQ (LÉON). *L'autotomie chez le crabe* (*Travaux du laboratoire*, 1891-1892). — DELAGE (YVES) (*Année biologique*, 1895. — GIARD (ALF.). *Régénération hypotypique* (B. B., 1897). — BARFUDLS. *Régénération de la corde dorsale chez des amphibiens urodèles* (*Anat. Anzeiger*, 1891, n° 4). — BALBIANI. *Formation des monstres doubles chez les infusoires* (*Journ. de l'anatomie et de la physiologie*, mai 1895). — METCHNIKOFF. *Mérotomie des Stenors* (*Leçons sur l'inflammation*, 19). — MILNE-EDWARDS, *Leçons sur la physiologie*, VIII, 301).

MAUCLAIRE

CICUTINE (C⁸H¹⁵Az), appelée aussi *conicine, conéine, conine.* — La cicutine est un alcaloïde non oxygéné qui a été découvert en 1826 par Brandes et Giesecke dans la grande ciguë : *Cicuta major, Conium maculatum (ombellifères)*.

Elle existe dans toutes les parties de la plante à l'état de sel, mais c'est surtout dans les fruits non complètement murs que l'on en obtient la plus grande quantité : jusqu'à 10 grammes par kilogramme de semences.

Elle se trouve mélangée avec deux autres substances : la conhydrine et la méthylconicine. C'est ce mélange qui fait que les résultats obtenus avec les cicutines impures du commerce sont si peu constants.

Propriétés physiques et chimiques. — La cicutine se présente sous la forme d'un liquide incolore, quand elle est pure et même exposée à la lumière, mais à l'air elle s'altère bientôt et devient jaunâtre, puis brune, et enfin se résinifie. Sa densité, d'après Schrom, est de 0,885 : elle bout à 156° (Geiger) et distille à 212° (Ortigosa). Pourtant ces deux points semblent varier d'après les auteurs qui se sont occupés de cette substance. Elle est peu soluble dans l'eau, mais plus soluble dans l'eau froide que dans l'eau chaude : 1 p. 100; elle communique à l'eau, malgré son peu de solubilité, une forte réaction alcaline. Elle est soluble dans l'alcool, l'éther, les essences et les huiles grasses.

Elle est fortement alcaline et émet à la température ordinaire des vapeurs à odeur forte, désagréable et très pénétrante; sa saveur est âcre, chaude et corrosive.

Elle joue le rôle de base avec les acides, et forme des sels neutres, quand ils sont purs, difficilement cristallisables pour la plupart, mais solubles dans l'eau, l'alcool, insolubles dans l'éther et solubles dans un mélange d'éther et d'alcool.

Le bromhydrate et le chlorhydrate cristallisent en prismes rhomboïdaux et sont solubles dans l'eau et l'alcool; l'acétate, l'azotate, le sulfate ne sont pas cristallisables.

Préparation. — La cicutine s'extrait par plusieurs procédés; celui qui donne l'alcaloïde le plus pur est le suivant, il est vrai que le rendement est un peu faible.

Les semences sont épuisées par l'eau aiguisée d'acide acétique, on évapore l'extrait dans le vide jusqu'à consistance sirupeuse; on ajoute au produit de la magnésie, et on agite le tout avec de l'éther; on obtient ainsi un peu moins d'alcaloïde, mais il est plus pur et donne plus facilement des sels cristallisés.

L'alcali qui est resté après distillation de l'éther est desséché par le carbonate de potasse et distillé; dix parties p. 100 passent entre 110° et 168°, 60 p. 100 entre 168 et 169°, c'est la cicutine pure; et 20 p. 100 entre 169° et 180° (Dupuy).

Action physiologique. — Action locale. — Appliquée sur le derme dénudé, la cicutine produit une irritation très douloureuse (Tymiakan) avec sensation de forte brûlure, et de cuisson, et altération des tissus. Employée en injections sous-cutanées, elle détermine une vive douleur, et presque toujours des eschares suivies d'ulcérations à cicatrisation très lente. Mais, ensuite, il y a insensibilité de la région (Martin-Damourette et Pelvet). Cette insensibilité qui suit l'application locale s'explique par la destruction des tissus et surtout des fibres nerveuses sensibles. C'est pour le même motif que, sur l'animal, on observe l'impotence d'un membre dans lequel on a pratiqué une injection de cicutine; cette impotence est précédée d'une douleur très vive.

Action sur le sang. — La cicutine mélangée à du sang lui donne une coloration brune et le rend fluide ou visqueux. Dans les globules rouges le noyau devient plus apparent, beaucoup plus gros et très granuleux; le protoplasme est refoulé en une couche mince à la surface, où bientôt il se dissout en un magma uniforme (Martin-Damourette et Pelvet, Dupuy).

Action sur les muscles. — Appliquée sur les muscles directement, elle abolit l'irritabilité et altère la structure de la fibre musculaire. Déposée sur le cœur, la cicutine l'arrête en systole.

Les mêmes effets et les mêmes inconvénients ne sont pas observés avec les sels de cet alcaloïde.

Action sur la digestion, les sécrétions et la calorification. — Mettons de côté l'action irritante locale dont il a été déjà question. La cicutine et ses sels peuvent donner naissance à des vomissements et à des défécations involontaires. La sécrétion urinaire a de la tendance à augmenter. On voit les animaux soumis à l'expérimentation uriner fréquemment. La même augmentation se produirait du côté de la sécrétion de la sueur d'après plusieurs auteurs. On constate enfin un abaissement notable et constant de la température.

Action sur la circulation. — Sous l'influence de cet alcaloïde on voit les battements du cœur d'abord s'accélérer, se précipiter, puis ils se ralentissent et s'affaiblissent. Pendant que l'on observe ces modifications dans le rythme de l'organe central de la circulation, on ne constate aucune irrégularité. Un point à noter, c'est que le cœur est le dernier organe qui meurt; la cicutine n'est donc pas un poison du cœur.

Action sur la respiration. — La respiration est très rapidement influencée sous l'action de la cicutine. On constate d'abord de l'accélération et une activité respiratoire plus grande; mais bientôt les mouvements respiratoires s'affaiblissent, se ralentissent et finissent par s'arrêter, et l'animal meurt asphyxié. C'est du reste ce que j'ai pu observer dans toutes mes expériences de contrôle. A l'autopsie on trouve les poumons congestionnés et présentant des ecchymoses, dues certainement à l'asphyxie.

Comme nous le verrons bientôt, les phénomènes que l'on observe du côté des fonctions respiratoires tiennent à l'action de la substance sur les centres bulbaires qui président à la respiration.

Action sur le système nerveux. — La cicutine donnant naissance à de la paralysie, on doit se demander si elle agit sur les nerfs périphériques ou sur les centres. Pour certains auteurs, parmi lesquels on peut citer KÖLLIKER, GUITMANN, Cl. BERNARD, JOLYET, PÉLISSART et A. CAHOURS, MARTIN-DAMOURETTE et PELVET, elle agirait sur les nerfs moteurs périphériques comme le curare, et n'aurait aucune action sur les nerfs sensitifs. Pour d'autres, au contraire, ORFILA, CHRISTISON, TYRIAKAN, etc., ce sont les centres nerveux qui sont atteints.

Au début de l'action de l'alcaloïde, l'encéphale n'est pas atteint; mais la moelle épinière et le bulbe sont les organes que touchent la cicutine. Il y a d'abord de l'exaltation et une grande excitabilité; les réflexes sont exagérés, et l'animal est parcouru par des secousses spasmodiques.

On pourrait rattacher ces phénomènes à un commencement d'asphyxie; mais il est facile alors de voir, en pratiquant la respiration artificielle, que les phénomènes spasmodiques diminuent, mais n'en persistent pas moins. La cicutine agit donc sur le bulbe et la moelle épinière.

Chez les Athéniens, les condamnés à mort buvaient une décoction de ciguë. C'est ainsi que Socrate est mort; et, s'il faut en croire l'histoire, la mort survint sans convulsions par paralysie progressive, avec refroidissement des membres inférieurs, en somme par action sur le système nerveux.

Action sur la vision et sur l'œil. — Les animaux intoxiqués par la cicutine présentent des troubles du côté de l'œil. D'abord il y a altération de la vision, et même cécité complète, puis survient l'insensibilité de la cornée. En présence de cette cécité absolue, on ne peut songer à un trouble dans l'accommodation : il faut voir là une action de la substance sur les ganglions optiques ou les tubercules bijumeaux. Rien de particulier à signaler du côté des pupilles.

Action sur les organes génitaux. — D'après SAINT-JÉROME, c'est grâce à la ciguë que les prêtres égyptiens obtenaient le silence des organes génitaux. Par l'emploi prolongé de la cicutine on arriverait à l'anaphrodisie et à l'impuissance.

Les sels de cicutine, comme le chlorhydrate et le bromhydrate, produisent les mêmes effets physiologiques généraux que la cicutine elle-même : ils ont le grand avantage de ne pas produire d'irritation locale, mais naturellement les doses doivent être un peu plus élevées pour obtenir des effets identiques.

Toxicité. — Dans les expériences de contrôle que j'ai faites, je me suis servi du chlorhydrate de cicutine, sel très soluble, facile à doser et à injecter sous la peau; j'ai recherché la toxicité de ce sel sur le cobaye, et je suis arrivé au résultat suivant : 100 grammes de cobaye sont tués en moyenne par $0^{gr},003$ de chlorhydrate de cicutine.

Action de la cicutine comparée à celle de la strychnine et du curare. — On a considéré la cicutine comme l'antagoniste de la strychnine, parce que cette dernière augmente le pouvoir réflexe de la moelle, tandis que la cicutine diminue son pouvoir excito-réflexe. On peut dire que jusqu'à présent cet antagonisme n'est pas encore assez démontré pour que l'on puisse le considérer comme réel.

Quant au parallélisme que l'on a voulu établir entre la cicutine et le curare (H. Schultz et Schroff) en se basant sur une certaine ressemblance entre les effets physiologiques de ces deux substances, on peut dire, quand on a expérimenté comparativement, qu'il n'est pas aussi complet que ce qu'ont dit certains auteurs, et que c'est un point qui demande de nouvelles recherches.

Emploi et doses. — La cicutine, d'après son action physiologique, est employée comme un remède résolutif et sédatif. Elle peut donner des résultats satisfaisants pour combattre les phénomènes convulsifs, surtout les phénomènes réflexes du pneumogastrique, comme la toux convulsive, l'asthme, la dyspnée, la coqueluche, l'emphysème pulmonaire, la laryngite striduleuse, le spasme glottique, etc.

Ce n'est pas l'alcaloïde en nature que l'on emploie d'habitude, à cause de son action irritante, mais un de ses sels, le bromhydrate ou le chlorhydrate, que l'on administre par l'estomac ou en injection hypodermique. La dose doit être au début de 0gr,03 à 0gr,10, mais on l'élève à 0gr,50 et même jusqu'à 1 gramme dans les vingt-quatre heures, en ayant soin de la fractionner.

Bibliographie. — Outre les travaux dont les auteurs sont cités dans le courant de l'article, voir : « Ciguë » du *Dict. Encycl. des sciences méd.*, par Delioux de Savignac, xvii, 1875, et du *Dict. de thérapeutique* de Dujardin-Beaumetz, i, 1883; ainsi que « Conicine », in Dupuy, B. *Alcaloïdes*, 8°, Paris, 1889; i, 443-466. — Gioffredi (C.). *Sulla pretesa azione curarica della coniina (Giorn. d. Ass. nap. di sc. med. nat. Napoli*, 1892, iii, 321-358). — Pohl (J.). *Zur Kenntniss des giftigen Bestandttheile der OEnante crocate und der Cicuta virosa* (A. P. P., 1894, xxxiv, 259-267.) — Mossberg (V.). *Forgiftning med. soränyrot. (Cicuta virosa)* (*Eira*, 1889, xiii, 435).

CH. LIVON.

CIGUE. — Voyez Cicutine.

CIDRE. — Le cidre est le jus fermenté de la pomme, ou plutôt de certaines espèces de pommes. L'usage du cidre est surtout répandu dans treize départements de la Normandie, de la Bretagne et de la Picardie. La moyenne de sa fabrication en France est depuis plusieurs années de 9736000 hectolitres par an, bien inférieure, par conséquent, comme on voit, à celle du vin et même de la bière. On consomme aussi du cidre en Angleterre dans plusieurs comtés et dans les États-Unis.

Les pommes à cidres n'ont pas en général le goût des pommes comestibles : elles ont une saveur désagréable assez âcre et ne peuvent servir à l'alimentation directe. On divise les pommes qui servent à la fabrication du cidre en pommes douces, acides et acerbes ou âpres. Ces dernières donnent un cidre plus alcoolique et par conséquent se conservant plus facilement.

Le degré de maturité des fruits a une importance considérable sur la valeur du cidre fabriqué. La maturité moyenne doit être choisie.

Le tableau suivant montre bien les différences de composition correspondant aux divers degrés de maturité.

	POMMES		
	VERTES.	MURES.	BLETTES.
Eau.	85,50	83,20	63,35
Matière sucrée.	4,90	11,00	7,95
Tissu végétal.	5,00	3,00	2,06
Gomme	4,01	2,11	2,00
Albumine	0,10	0,50	0,60
Acides malique, pectique, gallique, tannique, chaux, malates alcalins, huiles grasses et volatiles, chlorophylle et matières azotées.	0,49	0,19	»
	100,00	100,00	76,15

Comme on le voit, la maturation du fruit modifie considérablement les proportionss de ses composants, et, comme il était facile de le prévoir, elle augmente la proportion de matières sucrées, qui diminue au contraire par suite de fermentation alcoolique quand le fruit devient blet. La maturation augmente encore la proportion d'albumine et diminue la proportion de tissu végétal, de cellulose, toutes modifications qui rendent le fruit plus digestible et plus nourrissant.

La pulpe des fruits broyés, après avoir été abandonnée au contact de l'air pendant vingt-quatre heures, est pressée, et le jus tamisé est mis à fermenter dans des tonneaux. Le jus perd peu à peu sa saveur sucrée, et prend un goût amer et acide.

Pour obtenir du cidre mousseux on met en bouteilles le moût clair, avant que la fermentation soit terminée, en l'additionnant même de 6 à 7 grammes de sucre candi par litre.

Composition d'un cidre d'Alsace, d'après BOUSSINGAULT.

Alcool 7°,1 correspondant à.	69,95
Sucre interverti	15,40
Glycérine et acide succinique.	2,58
Acide carbonique	0,27
— malique.	7,74
— acétique.	traces.
Matières gommeuses.	1,44
Potasse	1,55
Chaux, chlore, etc	0,20
Matières azotées	0,12
Eau.	920,78

Voici encore, d'après A. GIRARD, l'analyse d'un certain nombre d'échantillons de cidre :

Alcool en vol. p. 100.	5°,2
Alcool en poids par litre.	41,08
Extrait à 100°	41,18
Extrait dans le vide	49,35
Cendres.	2,87

Ces cendres renferment :

Phosphates insolubles dans l'eau	0,31
Carbonate de potasse.	1,87
Autres sels alcalins.	0,81

Pour le cidre doux, A. GIRARD a trouvé :

Alcool p. 100 en vol	1°,7
Alcool en poids pour 1 litre.	13,43
Extrait à 100°	66,98
Extrait dans le vide	77,60
Cendres.	2,48
Sucre	8,90
Acidité du cidre	2,88
Acidité du cidre séché dans le vide. . . .	0,91

Dans le cidre doux il y a donc déficit d'alcool, déficit qui est compensé par une plus forte proportion de sucre que dans le cidre qui a achevé sa fermentation.

L'inspection seule de ces analyses nous fait prévoir que le cidre est une boisson faiblement nutritive, au même titre que la bière par exemple. Nous y trouvons, en effet, des hydrates de carbone (sucre, alcool), des acides organiques (acide malique), qui peuvent jouer le rôle d'aliments thermogènes.

En revanche le cidre contient une très faible proportion de matières azotées.

Pour ces raisons le cidre peut être considéré comme une boisson faiblement alimentaire. La petite quantité d'alcool qu'il contient fait qu'il est moins dangereux que d'autres boissons plus alcooliques, telles que le vin ou certaines bières. Son action diurétique, qui ne paraît pas contestable, est due à sa richesse en sels alcalins. Peut être est-ce grâce à cette propriété que, d'après le témoignage des médecins exerçant dans les pays à cidre, le nombre des goutteux y serait très peu considérable.

J.-E. ABELOUS.

CILS VIBRATILS. — Les cils vibratils sont de petits bâtonnets fixés sur des cellules et qui peuvent pendant la vie accomplir de petits mouvements automatiques oscillatoires. Quoiqu'ils soient répandus dans les organismes végétaux et animaux, cependant on les trouve surtout dans le règne animal. Chez les plantes les cils vibratils n'existent que pour les formes inférieures : schizomycètes, zoospores et spermatozoaires d'algues et de champignons, spermatozoaires de characées, muscinées et cryptogames

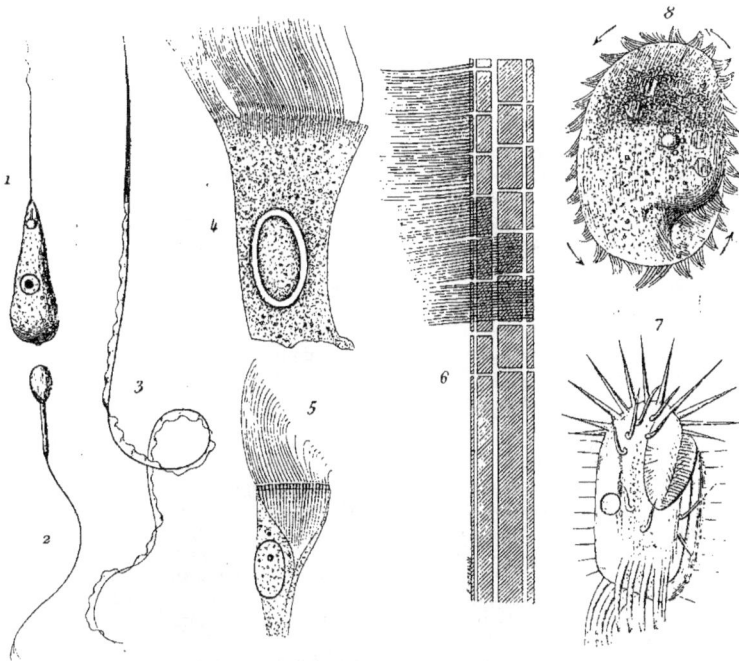

Fig. 123. — Formes diverses de cils vibratils.

vasculaires. Parmi les protozoaires ce sont surtout les mastigophores et plus encore les infusoires ciliés qui se distinguent par une prépondérance remarquable et une différenciation avancée au point de vue morphologique comme au point de vue physiologique de leurs organes vibratils. Chez les métazoaires, depuis les éponges jusqu'à l'homme, le mouvement ciliaire est toujours lié à la présence de cellules épithéliales, qui, répandues sur une large surface, forment l'épithélium à cils vibratils. Cet épithélium manque chez les nématodes, les acanthocéphales et les arthropodes. On le trouve d'ailleurs dans chaque espèce animale en des régions bien déterminées de l'organisme, quoiqu'il ne soit en aucune manière caractéristique, morphologiquement ou physiologiquement, pour tel ou tel organe. Les cellules spermatiques des animaux ne sont que des cellules vibratiles modifiées.

Parmi les organes complètement ou partiellement vibratils, citons la surface extérieure des œufs, des embryons et d'autres premières formes du développement de beaucoup d'invertébrés et des vertébrés inférieurs (poissons et amphibiens), l'épiderme de beaucoup de célentérés, de vers, d'échinodermes, de mollusques, le canal intestinal des célentérés, des vers, des échinodermes, des mollusques, des poissons, des amphibiens, la surface respiratoire de beaucoup de mollusques, d'amphibiens, de reptiles, d'oiseaux et de mammifères, la vessie natatoire des ganoïdes, le système uro-génital des vertébrés, etc.

Chez l'homme adulte l'épithélium vibratil se trouve dans les régions suivantes : la muqueuse des fosses nasales et des cavités voisines, le canal et le sac lacrymal, la partie supérieure du pharynx, la trompe d'Eustache, la caisse du tympan, le larynx (à partir de l'épiglotte, excepté les cordes vocales) la trachée et les bronches, l'utérus, l'oviducte, le parovarium, l'épididyme, le canal central de la moelle et les ventricules du cerveau.

Chez l'embryon humain, du quatrième au septième mois, on a trouvé des cils vibratils dans l'œsophage et par place dans la cavité bucale et dans l'estomac.

Les cils vibratils et leurs mouvements ont été pour la première fois observés au microscope par J. Ham, étudiant à Leyde, qui, en 1677, décrivit les spermatozoaires de l'homme comme de petits animaux vivants munis d'une queue. Bientôt après Leeuwenhoek confirma le fait chez beaucoup d'animaux. Il vit aussi le premier les oscillations vibratoires des cils des infusoires.

Antoine de Heide découvrit, en 1683, les courants liquides que détermine l'épithélium vibratil des embryons de *Mytilus*.

Dans le cours du XVIIIe siècle, et au commencement du XIXe, on montra que les cils vibratils sont très répandus chez beaucoup d'êtres et surtout chez les invertébrés. Les premières monographies établissant un grand nombre de faits nouveaux sont celles de Purkyně et Valentin (1835), ainsi que William Sharpey (1835). En 1879, W. Engelmann a publié un résumé (voyez Bibliographie).

Morphologie. — La forme des organes vibratils varie entre celle d'un cil mince et celle d'une large membrane. En général, les cils simples sont des bâtonnets tellement fins que leur épaisseur est à peine mesurable ; ils s'amincissent un peu de la base à la pointe. Il en est ainsi chez la plupart des métazoaires (voy. fig. 123,4, 6) chez beaucoup de Mastigophores (1), d'infusoires ciliés (surtout chez les formes holotriches, hétérotriches et péritriches, (8), et chez des plantes inférieures). Dans d'autres cas, par exemple chez certaines cellules épithéliales des embryons de bivalves, les organes vibratils apparaissent comme des organes à peu près coniques, aplatis, quelquefois même tout à fait plats, mais par la compression ou des actions chimiques on peut les diviser et montrer qu'ils sont constitués par un faisceau de fibrilles ou plutôt de petits cils vibratils élémentaires très fins. Cette disjonction peut s'opérer aussi dans les membranelles, les membranelles ou membranes ondulatoires des ciliés, chez les plaques ramantes des cténophores, même chez les queues de beaucoup de spermatozoaires (Ballowitz). Cependant on rencontre des membranes ondulatoires homogènes chez quelques infusoires et spermatozoaires (salamandres, tritons).

Les cils simples ont généralement une épaisseur moindre que 0,3 µ et une longueur entre 4 et 15 µ ; cependant il y en a quelquefois de bien plus longs, par exemple de 33 µ dans l'épithélium de l'épididyme chez l'homme, de 1 à 2 millimètres et même plus sur les plaques mobiles des Cténophores et les spermatozoaires de beaucoup d'insectes, de brachiopodes et de gastéropodes. D'autre part les cils de beaucoup de bactéries sont si petits qu'ils sont invisibles, et leur existence ne peut guère être démontrée qu'en constatant les mouvements qu'ils causent.

Le nombre des cils fixés sur la même cellule varie entre 1 (la plupart des mastigophores et des spermatozoaires) et plusieurs milliers (grands infusoires ciliés holotriches et hétérotriches). Sur les cellules épithéliales des métazoaires, où les cils recouvrent presque toute l'étendue de la cellule, le nombre est proportionnel à la surface libre de la cellule : sur celles de l'épithélium de la muqueuse œsophagienne de la grenouille, p. ex. 100 à 200.

La disposition des cils est presque toujours très régulière : souvent ils sont arrangés en raies parallèles serrées les unes contre les autres en ordre rectiligne ou en quinconces obliques (cellules bordantes des branchies de bivalves, organes rotatoires des rotifères, cils postérieurs des vorticelles) ce qui permet plus d'amplitude à leurs mouvements.

Chez les flagellés et chez les ciliés, l'arrangement des cils fournit un des meilleurs indices pour la classification systématique (O. Fr. Muller, Fr. Stein).

Tous les cils vibratils sont fixés sur une base protoplasmatique. Lorsque la membrane cellulaire est épaisse, comme par exemple chez beaucoup de chlorophycées, ils la traversent. Dans le cas le plus simple (mastigophores et infusoires ciliés) ils paraissent n'être que le prolongement direct de la couche hyaline périphérique du protoplasma.

Dans beaucoup de cellules épithéliales, notamment chez les mollusques, les vertébrés et les spores des *Vaucheria* (Strasburger) les rapports sont plus compliqués. Chaque cil s'implante directement, ou par l'intermédiaire d'un ou de plusieurs courts articles, sur un *pied* résistant, cylindrique, réfractant fortement la lumière, non contractile, ayant en général de 0,5 à 1 µ de longueur et rarement plus de 0,3 µ d'épaisseur. Tous les pieds des cils de la même cellule ont la même forme et les mêmes dimensions ; ils sont serrés en palissades les uns à côté des autres, unis entre eux par une substance réfractant faiblement la lumière, de sorte qu'ils forment une sorte de cuticule qui paraît très analogue à la couche cuticulaire des cellules épithéliales de l'intestin ; elle repose comme un couvercle sur la cellule à laquelle elle adhère, et parfois on peut détacher ensemble ce couvercle muni de cils de plusieurs cellules épithéliales voisines, de manière à avoir comme une sorte de membrane homogène très étendue.

Dans beaucoup de cas, notamment dans les épithéliums intestinal et branchial des bivalves, on voit partir du pied de la cellule vibratile une fibre extrêmement fine (racines vibratiles) qui se prolonge dans l'intérieur de la cellule (Eberth, Marchi). Ces racines vibratiles, dans beaucoup de cellules, sont perpendiculaires à la surface ; mais, dans d'autres, elles convergent en bas et s'unissent en une fibre unique que l'on peut suivre le long du noyau cellulaire jusqu'à la base de l'implantation de la cellule (Engelmann, fig. 123,5). On peut parfois les isoler de la cellule avec les cils vibratils ; on n'a pas pu constater de relation quelconque avec les fibres nerveuses.

Propriétés chimiques et physiques des cils et de leurs racines. — Les cils paraissent être incolores, optiquement homogènes, quoique dans certains cas il y ait comme un indice de striation transversale (Alex. Stuart, Kunstler, Nussbaum). Ils réfractent fortement la lumière, et, si on les examine en couches suffisamment épaisses, ils ont la double réfraction. L'axe optique coïncide avec leur axe morphologique, et la double réfraction est positive (Valentin, Engelmann). Tous les organes vibratils sont résistants, très flexibles et dans une large mesure parfaitement élastiques.

Ils se gonflent facilement dans l'eau distillée, de même quand on les chauffe (à 55° et plus haut) et cela encore dans des solutions neutres, faiblement hyperisotoniques. Ils deviennent alors moins réfringents, plus épais, et très souvent, ils se raccourcissent notablement (de 50 p. 100 et même davantage dans quelques cas) ; ils finissent par se dissoudre complètement par les alcalis caustiques, même en solution très diluée, de même dans les acides concentrés, acétiques, sulfuriques, nitriques, chlorhydriques. Les sels des métaux lourds, l'éther, l'alcool absolu, l'acide osmique, l'acide chromique de 0,5 à |5 p. 100 et leurs sels, le tanin les rendent plus résistants et plus réfringents, ils donnent la réaction de la xanthoprotéine, et, quand ils sont morts, ils s'imprègnent facilement par l'éosine, le bleu d'aniline et les autres matières colorantes. Il n'est pas douteux que la partie fondamentale de leur substance est une matière protéique, comme dans le protoplasma contractile et dans les fibrilles musculaires.

D'ailleurs, il existe, comme déjà Sharpey l'a démontré, des différences notables au point de vue des propriétés physiques et chimiques entre les cils des diverses régions. Ce qui semble influer surtout, c'est le milieu où ils vivent (eau douce ou eau de mer, mucus, sérum, urine, etc.) ; ainsi les cils des infusoires et animaux marins sont détruits presque immédiatement par l'eau distillée, tandis que les infusoires d'eau douce périssent promptement dans l'eau de mer.

Les pièces d'implantation, ou pieds des cils vibratils, sont dissous et détruits plus difficilement que les cils eux-mêmes, ils se comportent autrement vis-à-vis des matières colorantes, ne réfractent pas doublement la lumière, cependant les réactions chimiques paraissent prouver qu'ils sont surtout constitués par des matières albuminoïdes.

Les racines vibratiles qui se prolongent de la base d'implantation des cils dans le protoplasma cellulaire sont extrêmement délicates et fragiles : leur constitution chimique paraît montrer qu'elles sont aussi de matière protéique ; mais elles diffèrent des cils et de la base par la matière dont elles fixent les matières colorantes. Dans les cellules de la muqueuse intestinale des bivalves, elles sont manifestement biréfringentes et l'axe optique comme pour les cils, coïncide avec l'axe longitudinal.

Développement. — Le développement des cils au dépens du protoplasma cellulaire n'a été bien observé avec soin que chez les infusoires (Oxytrichines, *Stentor* et autres en segmentation, *Vorticella*) (STEIN). Au début il se forme une substance homogène qui tout de suite devient contractile et biréfringente et qui apparaît en des points déterminés de l'ectoplasme.

Chez les spores des myxomycètes, des flagellés, et dans l'épithélium vibratil des éponges calcaires, on a vu les cils provenir directement de pseudopodes protoplasmiques contractiles, et inversement on a vu les cils se transformer en pseudopodes (DE BARY, HAECKEL, CLARK, et autres). Ce qui est une preuve importante pour admettre l'identité du mécanisme du mouvement vibratil et du mouvement protoplasmique.

Physiologie. — Le mouvement des cils se distingue essentiellement du mouvement protoplasmique ordinaire, en ce que les parties contractiles se meuvent sur des régions fixes. En cela ils se comportent comme les fibres musculaires et les myopodes, mais leur mouvement diffère du mouvement musculaire en ce qu'il ne s'exerce pas symétriquement sur l'axe longitudinal de la fibre, par des raccourcissements ou allongements rectilignes, mais par des mouvements alternatifs d'incurvation ou de redressement de ses faisceaux. Il faut noter que le mode du mouvement varie beaucoup suivant la nature des cils et que chez les mêmes cils il n'est pas toujours identique.

Chez les métazoaires, les cils ont en général un mouvement de va et vient régulier, périodique, rythmique, dans des plans constants, parallèles et perpendiculaires par rapport à la surface des cellules.

Si les cellules sont disposées en rangées, alors les mouvements oscillatoires se font parallèlement (épithélium intestinal, respiratoire, urogénital, rames natatoires des Cténophores, etc.), mais dans d'autres cas (cellules latérales des bivalves, organes rotatoires des rotifères) les plans des mouvements sont perpendiculaires par rapport à la direction des rangées.

Chaque période se décompose en deux demi-oscillations de durée inégale, entre lesquelles on ne peut guère voir d'interruption. Tous les cils de la même région battent rapidement dans le même sens, et par conséquent unissent leur action mécanique. Si l'on appelle état de repos la position des cils qui coïncide avec l'absence d'excitation, par exemple dans la narcose par l'éther ou le chloroforme, alors, pour la plupart des vertébrés et beaucoup d'invertébrés, la première demi-oscillation (mouvement en arrière) est la plus lente, et la seconde demi-oscillation (retour à l'état de repos) est la plus rapide (rythme trocaïque). Chez les Cténophores en général ce mouvement est inverse (rythme iambique). D'ailleurs on peut voir chez les cils vibratils des Moules se modifier soudain le rythme des deux demi-vibrations : de même chez les infusoires et autres organismes unicellulaires (VALENTIN, ENGELMANN, VERWORN, et autres).

A l'état de repos, la plupart des cils vibratils paraissent légèrement inclinés en avant, avec la concavité dirigée dans le sens du côté où ils se meuvent le plus rapidement. Dans d'autres cas, spécialement dans les organes des Cténophores, ils sont fortement inclinés en arrière, quoique leur concavité soit nettement tournée en avant.

Les formes et les positions que prend séparément chaque cil vibratil dans son mouvement de va et vient, s'observent le mieux en regardant perpendiculairement au plan du mouvement. Fréquemment, surtout avec les cils courts, la forme des cils dans son ensemble ne semble pas changer, et ils ne se meuvent activement que par la partie basale. De cette forme de mouvement, il y a toutes les séries de passage possibles jusqu'au mouvement en crochet (*motus uncinatus* de VALENTIN) où le cil s'incline et se replie fortement dans sa longueur comme un doigt qui se fléchit. Il y a encore le mouvement en forme de vague ou de fouet (*motus undulatus*). Ce dernier s'observe surtout sur les cils très fins et très longs de beaucoup d'invertébrés et de spermatozoaires. Le mouvement pendulaire (*motus vacillans*) s'observe plus rarement. Il consiste en des mouvements de va et vient égaux. On l'observe occasionnellement dans les cils en voie de mort des vertébrés supérieurs, chez les flagellés, chez les ciliés, hypotriches ou holotriches. Sur les cils longs et rigides des poils acoustiques de la crête acoustique des jeunes embryons de *Perca fluviatilis*, j'ai vu souvent, au moment de la mort se manifester pendant peu de temps de très forts mouvements pendulaires.

Les cils flagelliformes de beaucoup de schizomycètes, de chlorofycées, de Mastigophores et de beaucoup d'autres formes inférieures ont en général des mouvements en forme d'entonnoir (*motus infundibuliformis* de VALENTIN) et on voit la pointe de l'organe tracer une ligne courbe ou hélicoïdale, tandis que le cil lui-même décrit une surface courbe, corrélative. La direction dans laquelle il vibre peut aussi, suivant les cas, s'intervertir brusquement, ce qui se traduit chez les formes nageant librement par un changement brusque du mouvement de la cellule.

La grandeur des mouvements ou amplitude des vibrations peut varier beaucoup, même chez la même espèce de cils. Elle dépasse souvent 90°. Pour la plupart des cellules, quand les conditions physiques ou chimiques ne changent pas, elle est très constante. Dans d'autres cas, sous des influences « nerveuses », la forme et la vitesse du mouvement, même quand les conditions extérieures du milieu sont identiques, peuvent être modifiées. Les organes rotatoires des Rotifères, les plaques des Cténophores, les organes de locomotion de beaucoup d'infusoires ciliés, et les fouets des Mastigophores, fournissent des exemples de ce mode de mouvement.

Dans la plupart des premiers cas, les mouvements sont périodiques et réguliers; dans d'autres cas, après de longs intervalles de repos, il y a des mouvements périodiques réguliers ou irréguliers. Dans les premiers cas, la fréquence ne se modifie point, les conditions physiques et chimiques extérieures restant identiques. Les mouvements durent jusqu'à la mort de la cellule.

Chez la plupart des cellules épithéliales vibratiles, dans les conditions normales, la durée des périodes successives est de même longueur, et si courte que les cils ne sont pas visibles séparément et qu'on ne peut les compter approximativement que par des méthodes stroboscopiques (MARTIUS). A coup sûr, leur fréquence dépasse souvent 15 par seconde.

Coordination des cils, propagation de l'excitation physiologique dans l'épithélium. — Tous les cils placés sur une cellule épithéliale se meuvent isochroniquement. C'est seulement au moment où ils périssent, un peu avant la mort de la cellule, qu'on voit les vibrations des cils avoir des périodes différentes.

En général les cils des cellules voisines ont coutume de vibrer avec la même fréquence, sans cependant être isochrones, mais d'après une succession régulière qui donne à l'œil l'impression d'une ondulation qui passe, ainsi que les épis de blé s'inclinant sous le souffle du vent (péristaltique, métachronisme). Cette progression ondulatoire est extrêmement régulière sur les organes vibratoires des Rotifères qui lui doivent leur nom, de même sur les plaques vibrantes des flancs des Cténophores, mais on le voit aussi chez les organismes unicellulaires, et d'une manière très éclatante chez les spirales adorales des infusoires péritriches, hétérotriches et hypotriches (Vorticelliens, Stentor, Oxytricha) et dans le revêtement ciliaire de beaucoup de ciliés parasites (par exemple *Nyctotherus* et *Conchophthirus*.)

La direction que prennent ces ondes est en général, dans chaque cas particulier, constante; mais quelquefois (organes des Cténophores, branchies des bivalves et infusoires) elle peut s'intervertir. Le plus souvent elle est parallèle au plan de vibration des cils; alors elle paraît revenir en arrière, c'est-à-dire être opposée à la direction du mouvement rapide du cil : il en est ainsi chez les Cténophores et dans les spirales adorales des ciliés hétérotriches. Dans d'autres cas, par exemple chez les branchies des bivalves, l'ondulation est perpendiculaire sur le plan de vibration. Chez les *Nyctotherus cordiformis* de l'intestin de la grenouille et autres ciliés, à mesure que l'animal progresse en nageant, on les voit aller en sens différents sur chaque côté du corps. Ceci prouve que l'opinion de GRÜTZNER et KRAFT (à savoir que le retour de l'onde est une illusion optique) ne peut être admise. Si, comme on peut le voir souvent chez *Nyctotherus*, la vibration de la direction rapide se modifie brusquement de manière que les animaux se mettent à nager en sens inverse, alors le plus souvent (mais pas toujours) on voit au même moment se modifier la direction des ondes sur toute la surface du corps, excepté à la zone adorale.

La rapidité de la transmission de l'excitation varie avec la nature des cils et les conditions extérieures (température et oxygénation du milieu). Chez les Ciliés, souvent elle est à peine de quelques centièmes de millimètre par seconde, sur l'épithélium des branchies des bivalves et sur les cils des vertébrés elle se compte par dixièmes de millimètre et plus, et chez les Cténophores elle peut dépasser quelques millimètres. Elle peut être plus grande dans une direction que dans une autre : ainsi chez les Cténophores elle est plus grande du côté oral (VERWORN); en général, il n'y a pas de différence appréciable (infusoires ciliés, branchies des Mollusques) (ENGELMANN).

Action mécanique des cils. — Les cils exercent deux actions mécaniques sur le milieu qui les entoure, et aussi sur les cellules auxquelles ils sont fixés. Dans le cas où les cellules sont immobiles, ce sont les objets ambiants qui sont déplacés. Dans le cas contraire, c'est l'inverse. Lorsque les cils sont fixés sur des cellules immobiles, comme sur les surfaces épithéliales ou sur les flagellés sessiles, alors il se fait des courants du liquide à la surface de la cellule. Si, au contraire, cette cellule est mobile, c'est elle alors qui se déplace. Il en est ainsi pour les spermatozoaires des plantes et des animaux, les zoospores, les Flagellés et les Ciliés, et beaucoup d'autres formes mobiles, appartenant au règne animal (œufs et embryons, larves de beaucoup de métazoaires, Cténophores, Vers inférieurs, Rotifères, etc.).

Quoique les actions des cils soient surtout accessibles à l'observation microscopique, cependant, dans beaucoup de cas, par exemple sur les membranes muqueuses des grands animaux, à cause d'une grande quantité de cils agissant tous ensemble dans le même sens, l'action qu'ils exercent est parfaitement accessible sans microscope.

A l'œil nu on reconnaît que la couche liquide qui couvre la muqueuse vibratile est animée d'un mouvement continu, et ce mouvement devient très appréciable quand on place sur la surface de petites particules solides, comme de la poussière de charbon, du cinabre finement pulvérisé, de petits coagula de mucus et de sang. Ces objets se meuvent alors en avant avec une vitesse assez régulière, qui peut atteindre pour la muqueuse pharyngienne de la grenouille jusqu'à 1 millimètre par seconde, mais qui naturellement dépend de bien des conditions diverses.

Comme le montre le microscope, le courant est toujours parallèle à la direction de la vibration des cils, et il se fait toujours du côté par où les cils ont leur mouvement rapide. Le courant pour les surfaces muqueuses disposées en forme de canal a toujours lieu dans la direction longitudinale et dans le sens qui paraît le plus en harmonie avec la fonction même de l'organe, c'est-à-dire vers le dehors pour les voies aériennes et les canaux excréteurs, vers le dedans pour la bouche et le tube digestif. Chez les Rotifères et les Infusoires, ce mouvement se fait en forme de spirale ou de cercle, de manière à déterminer un tourbillon dirigé vers l'ouverture buccale.

Comme la raison d'être des organes vibratils pour l'organisme dépend de leurs effets mécaniques, il est important de pouvoir mesurer leur action, autrement dit leur *effet utile* dans des conditions différentes. L'organe classique pour cette recherche est la muqueuse du pharynx et de l'œsophage de la grenouille : ses grandes dimensions, la facilité avec laquelle on l'isole, sa forme et sa grande puissance de résistance rendent cet organe particulièrement apte à une pareille recherche. Le courant liquide y est toujours dirigé vers l'estomac.

Pour mesurer la vitesse de ce courant et par conséquent l'effet utile produit par les cils vibratils, on peut procéder de la manière suivante. On tend la membrane sur un petit liège avec des épingles, de manière à lui laisser à peu près ses dimensions naturelles, et on mesure avec le métronome le temps qu'il faut à un objet placé avec de grandes précautions légèrement sur la membrane (par exemple une goutte de gomme laque suspendue à un fil fin de cocon) pour faire un certain chemin (KISTIAKOWSKY). Ou bien on place en travers sur la membrane un petit cylindre mince qui peut tourner sur un axe fixe et on mesure au moyen d'un index quelconque le temps qu'il faut pour sa rotation (CALLIBURCÈS, CLAUDE BERNARD). Par ce procédé on peut enregistrer automatiquement la vitesse du mouvement avec la *Flimmeruhr* ou *Flimmermuhle* de ENGELMANN. Dans ces appareils l'axe porte une aiguille ou une roue dentée qui, chaque fois qu'il fait un angle de 6 degrés, donne une étincelle électrique qui s'inscrit sur un cylindre enfumé en rotation; d'après l'écartement des signaux électriques et la vitesse de rotation du cylindre on peut calculer facilement la vitesse angulaire de l'axe qui mesure l'énergie du courant vibratil; dans les cas favorables la vitesse d'un tour entier ne s'élève pas au delà d'une demi-minute; mais, même dans des cas qui paraissent tout à fait normaux, elle dure quelquefois une minute et demie et même deux minutes.

La mesure du travail mécanique effectué a été donnée par BOWDITCH d'après des expériences faites sur la muqueuse pharyngienne de la grenouille. Il plaçait là de petits poids qui étaient déplacés par la membrane vibratile avec une surface de 1,437 centimètres carrés. Le travail effectué a été de 6,805 grammo-millimètres par centimètre carré et par minute avec une charge de 20,334 grammes et une inclinaison modérée (1 pour 10). Il a pu ainsi calculer que chaque cellule est capable de faire un travail qui élèverait en une minute son poids de 4,253 mètres; comme il n'y a dans ce cas qu'une petite partie de la cellule, à savoir la partie où les cils sont implantés qui entre en jeu et que la force vive consacrée aux mouvements de va et vient des cils n'est pas négligeable, il s'ensuit que la force relative de ces cils doit être considérable et probablement au moins égale à celle des fibres musculaires de même section transversale.

A ces données correspondent bien les expériences de J. WYMAN, qui a mesuré directement la force des cils vibratils. Il appelle force absolue de l'épithélium vibratil le poids maximum que peut déplacer en direction horizontale un centimètre carré de surface. Sur la muqueuse pharyngienne de la grenouille, il a trouvé un maximum de 336 grammes par centimètre carré : sur une surface de 14 *millimètres carrés* il a vu distinctement le déplacement d'un poids de 48 grammes. D'ailleurs, pour apprécier la grande force des cils vibratils et des mouvements qu'ils peuvent effectuer malgré leur faible épaisseur, il suffit de rappeler les énergiques déplacements qu'accomplissent en nageant les Mastigophores, les Ciliés et les Rotifères, ainsi que la pénétration des spermatozoïdes dans la zone pellucide de l'œuf.

Phénomènes électro-moteurs des cils vibratils. — Les cellules vibratiles paraissent dégager, comme toutes les cellules excitables, de l'électricité pendant la vie : ainsi la muqueuse œsophagienne de la grenouille a des tensions électriques telles que la surface est négative et que la partie sous-jacente est positive (ENGELMANN). La différence de potentiel pour des surfaces d'un centimètre carré au centre, dans les conditions aussi normales que possible, est en général de 0,01 volt; mais elle peut atteindre dans certains cas jusqu'à 0,07 volts. On n'a pas encore pu constater de relation directe entre les effets électriques et les actions mécaniques de cet épithélium, quoique dans beaucoup de cas elles se modifient dans le même sens. Mais, comme d'autres muqueuses qui ne portent pas de cils présentent les mêmes phénomènes électro-moteurs et que de plus, mélangées aux cellules épithéliales, il y a de nombreuses cellules caliciformes sécrétant du mucus et ayant sans doute comme les autres cellules glandulaires des forces électro-motrices notables, il s'ensuit que probablement la force électro-motrice des épithéliums vibratils n'est due que pour une part aux cellules vibratiles.

Quant au développement de chaleur dans les cils, on ne l'a pas encore constaté.

Conditions organiques du mouvement vibratil. — La plupart des cils ne se meuvent que s'ils sont restés en continuité organique avec le protoplasma cellulaire; cependant, on a vu les queues isolées ou les fragments de queues des spermatozoaires donner pendant longtemps des mouvements périodiques vigoureux (ANKERMANN). Il y a donc pour cette queue une contractilité propre, une conductibilité et une excitabilité automatiques comme pour le protoplasma contractile. Mais dans les autres cas il est certain que la stimulation des cils aux mouvements a son origine dans le corps de la cellule. Voici les faits principaux qui le prouvent : le mouvement des cils et des fouets commence toujours dans le point le plus proche du corps de la cellule, et de là il s'étend plus ou moins loin jusqu'à la pointe même du cil. Les vibrations des cils de la même cellule épithéliale sont toujours isochrones, même lorsque les cils des cellules voisines battent avec un rythme tout différent. L'excitation dans beaucoup de cas se transmet comme une onde à travers l'épithélium ou le long du protoplasma cellulaire, par exemple, comme on le verra plus loin, dans la spirale adorale des Ciliés. Le protoplasma situé immédiatement au-dessous de l'implantation des cils paraît dans beaucoup de cas suffire à donner l'excitation.

Sur des fragments de cellules épithéliales déchirées, dans les branchies d'huîtres, par exemple, ou sur des infusoires artificiellement divisés, alors qu'il n'y a plus de petits noyaux cellulaires, de petits nucléoles ou des fragments de noyaux restés adhérents, on peut, pendant plusieurs minutes ou même pendant plusieurs heures, voir continuer des mouvements énergiques et réguliers. Par conséquent le noyau cellulaire n'est pas déterminant du mouvement des cils plus que dans le mouvement du protoplasma ou des fibres musculaires (ENGELMANN, NUSSBAUM, GRUBER, BALBIANI et autres). Le stimulus excitatoire qui prend naissance dans le protoplasma cellulaire ne se traduit pas dans l'intérieur de la cellule par des phénomènes visibles, quoiqu'il soit lié probablement à des phénomènes électriques concomitants. Il arrive alors à la base du cil sans qu'on puisse dire si les *racines ciliaires* jouent là le rôle d'organe conducteur. Chez les grands Ciliés hypotriches on peut suivre des fibres extrêmement fines qui vont des parties centrales du corps à la base des cils latéraux et anaux, fibres qui ressemblent étonnamment à des fibrilles nerveuses (ENGELMANN, MAUPAS); on ne peut guère leur assigner d'autres fonctions que celles d'un organe conducteur pour les incitations motrices, soit volontaires, soit réflexes, des cils vibratils.

Arrivée à la base des cils, l'excitation provoque leur raccourcissement asymétrique, excitation qui se propage plus ou moins loin vers la pointe du cil, comme l'indique l'observation directe. Cette propagation dans plusieurs cas peut se faire sans qu'il y ait simultanément raccourcissement des parties qui conduisent l'excitation. En effet, on voit souvent, en particulier dans les longs cils des flagellés et des ciliés, que la pointe libre du cil est seule à se mouvoir, alors que les excitants artificiels, notamment l'excitant électrique, déterminent aussitôt un vigoureux mouvement du cil dans toute sa longueur. Par conséquent les cils possèdent, comme les fibrilles musculaires, les trois propriétés de la contractilité, de l'excitabilité et de la conductibilité; mais, si l'on excepte les cas que nous avons signalés plus haut, ils ne sont pas ou ils sont à peine automatiques. Ils sont excités par le corps cellulaire, de même que les fibrilles musculaires sont excitées par le nerf ou le sarcoplasme. Par conséquent, dans les cellules vibratiles, il y a déjà une très haute différenciation anatomique et une division très avancée du travail physiologique. Ce qui dans beaucoup de cas augmente la complication, c'est que la production de l'excitation motrice dans le corps cellulaire peut, comme dans les excitations automatiques du cœur et de l'intestin, venir du dehors, c'est-à-dire des cellules voisines ou des fibres nerveuses.

Un exemple de ce fait est donné par la propagation ondulatoire de l'excitation le long de la muqueuse, phénomène tout à fait analogue à la péristaltique de l'intestin, du cœur et d'autres organes musculaires. Il suffit pour cela que les cellules soient en contact intime et qu'elles ne soient pas altérées. Cependant on voit encore cette ondulation se faire dans des groupes de cellules épithéliales complètement isolées. Il ne peut donc plus être question de conduction nerveuse. Il est évident que ce phénomène doit être rapproché de la conduction dans le cœur et dans les muscles lisses, où la conduction de l'excitant physiologique se fait par la propagation d'une action moléculaire entre cellules excitables, placées au contact les unes des autres (ENGELMANN). Comme pour les muscles, il ne faut pas s'imaginer que le mouvement visible, l'acte de la contraction, agit en se propageant de place en place, à la manière d'une excitation mécanique; cela n'a pas lieu parce que le processus d'excitation s'est déjà propagé, alors qu'on n'a pas encore vu le mouvement des cils, par conséquent, avant que l'excitant mécanique ait pu agir. Souvent même on voit des cellules immobiles qui peuvent encore conduire l'excitation (KRAFT). D'ailleurs, quand l'onde excitatrice se propage transversalement au sens de l'oscillation, il ne peut plus être question d'une incitation mécanique due à la vibration du cil voisin; tout au plus pourrait-on penser à un ébranlement du corps cellulaire, lequel produirait la vibration du cil. Enfin la conduction de l'excitation de cellule à cellule finit par s'arrêter dès que le contact des corps cellulaires est devenu moins intime, sans cependant que l'action mécanique de cil à cil ait cessé, car pendant elque temps encore on voit les vibrations se continuer régulièrement et avec force.

Chaque cellule travaille alors avec son rythme spécial, et le plus souvent avec un peu plus de lenteur qu'auparavant. Or, quoique à l'état normal chaque cellule épithéliale reçoive l'excitation d'une cellule voisine, cependant elle est en état de produire automatiquement cette même excitation; et, si en général on ne voit pas cet automatisme, c'est qu'elle reçoit son stimulus de la cellule voisine avant que son propre stimulus ait atteint une intensité suffisante. Par conséquent ce sont les cellules disposées aux points de départ de l'onde qui ont les plus courtes périodes de l'excitation automatique. Tous ces faits sont faciles à observer sur les cellules latérales des branchies de bivalves, et notamment sur les flancs des Cténophores.

Dans beaucoup de cas l'activité vibratile peut être non seulement augmentée par des excitations « nerveuses », mais encore arrêtée ou affaiblie; on en aura des exemples dans les organes vibrants des Rotifères et des Vorticelles. On voit, en effet, soudain les vibrations s'arrêter, puis reprendre après quelque temps. On ne peut dire sil s'agit là d'un arrêt des stimulus excitateurs (automatiques ou réflexes) dans le protoplasma cellulaire, ou bien s'il s'agit d'un arrêt dans la conduction cellulaire ou d'un affaiblissement dans la contractilité des cils, ou encore d'une combinaison de ces différents facteurs, comme cela semble être le cas dans l'excitation du pneumogastrique sur le cœur des vertébrés.

Dans les cils vibratils des vertébrés, on n'a pas observé ces arrêts réflexes. Chez les Infusoires ciliés, chez les Mastigophores et les Schizomycètes, ils se présentent au contraire assez souvent; la durée, la forme, le rythme, la force et le mode du mouvement peuvent alors être variés avec autant de délicatesse que s'il s'agissait du mouvement d'un muscle volontaire.

Ces faits ne peuvent s'expliquer que si l'on admet une organisation extrêmement compliquée, qui malheureusement restera à jamais inaccessible à l'observation microscopique.

Influence des agents physiques et chimiques. — 1. *Chaleur.* — Comme toutes les manifestations de la vie, les vibrations des cils dépendent de certaines limites de température; ces limites, comme l'optimum thermique, sont d'autant plus hautes qu'est plus haute la température où vit le cil dans les conditions normales.

On donne comme limite supérieure et inférieure des cils vibratils chez les animaux à sang chaud de 45° à 6° (PURKINJE et VALENTIN). Pour la grenouille et l'Anodonte, il faut abaisser ces chiffres de 5° environ; pour les innombrables organismes à cils vibratils qui vivent dans les mers polaires, la limite inférieure peut certainement descendre un peu au-dessous de 0. En revanche, les Rotifères et les Infusoires qui vivent dans des sources thermales chaudes peuvent, comme limite thermique supérieure, dépasser quelque peu 50°. Chez les Paramécies les vibrations ne s'arrêtent que par la congélation, après avoir au préalable présenté un ralentissement extraordinaire (VERWORN, *in litteris*).

Dans ces limites, toutes conditions normales d'ailleurs, la chaleur stimule le mouvement, et le froid le ralentit. Les modifications thermiques consistent surtout dans un changement de la fréquence des vibrations, par conséquent des périodes de l'activité automatique du protoplasma cellulaire et de l'amplitude. La forme et le rythme changent moins. L'effet utile se modifie dans le même sens que la fréquence et l'amplitude. Dans les recherches de CALLIBURCÈS, par exemple, le petit cylindre placé sur la muqueuse œsophagienne de la grenouille, d'après une moyenne de 52 expériences, tournait six fois plus vite à 28° qu'à 12° à 19°.

La rapidité avec laquelle l'excitation se propage dans l'épithélium diminue ou augmente considérablement avec la température. En même temps la longueur des ondes, à cause de l'augmentation de la fréquence peut devenir moindre.

L'arrêt que provoque l'échauffement, quand il a atteint le maximum compatible avec la vie (rigidité thermique, tétanos thermique des auteurs), survient à la suite d'une rapide diminution de l'amplitude; quant à la fréquence, elle augmente encore souvent jusqu'à ce que l'arrêt s'établisse. La position que les cils prennent alors répond à leur position de repos chez les vertébrés, tandis que chez les infusoires (*Stentor*, *Spirostomum*, *Paramæcium*, c'est l'inverse qu'on voit survenir d'après VERWORN (*in litteris*), et la rigidité se produit dans la phase de contraction.

La rigidité produite par le froid présente les phases inverses; mais, en amenant le réchauffement on réveille le mouvement. Plus la température a dépassé le maximum plus l'arrêt définitif, signe de la mort, se produit rapidement. Sur l'œsophage de la grenouille, par exemple, la mort survient immédiatement aux environs de 48°. Alors le corps de la cellule devient trouble par suite de la formation de précipités intra-protoplasmiques albuminoïdes, et il se forme des vacuoles; on n'a pas pu dans cette rigidité thermique constater de formation d'acide. Les cils peuvent présenter dans ce cas une forte réfringence; mais ils se désorganisent si la température s'élève encore, ils deviennent plus épais, se raccourcissent et se présentent sous la forme d'une masse amorphe, muqueuse et trouble. Si les cellules et les cils ont subi déjà l'action des agents chimiques (eau et alcalis), alors l'échauffement augmente la désorganisation, et le mouvement s'arrête à des températures bien plus basses que si la chaleur seule était en jeu.

La rigidité par le froid est provoquée par des minima thermiques, mais les infusoires ciliés peuvent rester longtemps sans dommages apparents à une température de — 8° ou — 9° (Spallanzani). On peut refroidir, sans les tuer, les cils vibratils de l'Anodonte, jusqu'à — 6° (Roth) et les spermatozoïdes de l'homme jusqu'à — 19° (Mantegazza). L'influence des changements subits et notables de température n'a pas encore été étudiée d'une manière satisfaisante; mais il est probable qu'elle est analogue à celle des courants électriques.

2. *Électricité.* — Les actions des courants électriques n'ont été jusqu'ici étudiées avec quelque soin que sur la muqueuse pharyngienne de la grenouille. Les anciens observateurs n'avaient obtenu aucun effet, ou les résultats obtenus par eux pouvaient être attribués aux actions thermiques ou électrolytiques de l'électricité. Le premier Kistiatowsky a pu faire croître le travail des cils soit par le courant constant, soit par des courants d'induction alternatifs. Voici ce qu'une recherche plus approfondie nous a fait connaître (Engelmann).

L'effet d'une excitation électrique dépend notamment de l'état de la muqueuse. Si le mouvement est très énergique, il n'y a pas d'effet produit, ou, si le choc électrique est très fort, le mouvement se ralentit, ce qui s'explique en partie par une altération chimique quelconque de la cellule, en partie par une sécrétion plus abondante de mucus qui se fait dans les cellules calyciformes. Dans d'autres cas, même avec des courants faibles (0,1 milli-ampère par exemple), on voit l'électricité produire un effet qui va croissant avec l'intensité et la durée du courant et qui, suivant diverses conditions spéciales, peut être une accélération passagère ou bien un arrêt du mouvement.

Ces deux résultats opposés s'observent suivant la durée, la force et le mode de l'excitation électrique.

L'accélération a lieu surtout quand on excite des membranes isolées, dans des conditions d'ailleurs aussi normales que possible et quand les cils sont devenus lents à se mouvoir, parce qu'ils sont tant soit peu desséchés, privés d'oxygène ou refroidis.

L'arrêt s'observe quand le mouvement a diminué par suite d'une dissolution partielle de la cellule ou des cils par l'eau ou les alcalis dilués: on peut voir alors au microscope que l'électricité a augmenté la dissociation cellulaire.

Les effets du courant électrique se manifestent dans tous les coins du circuit intrapolaire, mais même dans les parties extra-polaires ils peuvent agir aussi en se propageant de cellule en cellule.

L'excitation que donnent un courant d'induction ou un brusque courant galvanique est suivie d'abord d'une période latente, qui, dans le cas d'excitation faible, peut durer plus de trois secondes, mais qui, dans le cas d'une excitation forte, ne paraît plus appréciable. L'effet alors croît pendant quelques secondes jusqu'à un maximum, pour ensuite diminuer progressivement, ou même pendant quelque temps donner une vibration en sens opposé. L'effet d'une action totale peut, dans le cas d'excitation forte et momentanée, durer plus d'une minute. On peut expliquer cette longue durée par ce fait que des excitations isolées inefficaces peuvent produire un effet appréciable lorsqu'elles se suivent, même à d'assez longs intervalles (1/3 ou 1/2 de seconde), addition latente (Ch. Richet). Aussi par la tétanisation a-t-on des effets bien plus forts et plus durables que par des excitations isolées de même intensité. Des courants constants de plus longue durée agissent surtout à la clôture, et, quoique plus faiblement, à la rupture. Mais, tant que le courant passe, apparaissent manifestement des effets d'excitation.

Les courants induits de rupture, à égale intensité, agissent plus que les courants de clôture. L'effet peut être nul si l'on introduit lentement la préparation dans le courant, ce qui prouve que cet effet ne dépend pas de l'échauffement de la cellule par le passage de l'électricité.

Après la rupture du courant il y a, comme déja VOLTA l'avait vu sur le nerf et le muscle, une augmentation d'excitabilité de quelque durée pour la clôture d'un courant dirigé en sens inverse. Il est probable que la loi de l'excitation polaire s'applique aux cellules épithéliales vibratiles et qu'on peut d'une manière générale expliquer l'excitation qui se produit dans le circuit intra-polaire par ce fait que chaque cellule à l'état physiologique possède une *anode* et une *cathode*.

L'observation microscopique montre que les effets de l'électricité, comme ceux de la chaleur, consistent essentiellement en changements de la fréquence et de l'amplitude des vibrations, alors que le mode et le rythme se modifient à peine; par conséquent l'électricité agit surtout sur le protoplasma automatique du corps cellulaire. Quant aux cils eux-mêmes, ils semblent être peu ou point sensibles à l'excitation électrique directe. De fait les cils de la muqueuse pharyngienne de la grenouille et beaucoup d'autres, par exemple les queues des spermatozoaires, ne répondent jamais à l'excitation électrique comme le muscle, c'est-à-dire par une secousse unique, mais bien par un affaiblissement ou un accroissement de leur activité automatique propre (réveil ou arrêt). Mais les cils de beaucoup d'animaux inférieurs se comportent tout autrement. Les grands cils latéraux des branchies de bivalves, après une excitation d'induction, se courbent tous dans le même sens en faisant comme un coude en avant. Ils restent dans cette position comme en contracture, et cela d'autant plus longtemps que l'excitation a été plus forte.

Il en est de même pour les spirales adorales du *Stentor*.

3. *Lumière.* — La lumière ne semble guère avoir d'action sur la plupart des cils vibratils d'animaux. Même dans les nombreuses formes inférieures animales ou végétales, chez qui le déplacement est déterminé par des cils (embryons des spongiaires, flagellés, chlorophycés), on ne voit guère d'influence directe de la lumière (phototaxis). Il est donc très invraisemblable que les rayons actiniques exercent une action directe sur la substance des cils (ENGELMANN. Chez *Euglena viridis*, on voit que c'est le protoplasma libre de chlorophylle placé à la partie antérieure du corps et sur lequel sont fixés les cils qui est sensible à la lumière et non les cils eux-mêmes. Dans d'autres cas (*Paramaecium bursaria* et d'autres), la lumière agit d'une manière indirecte sur le mouvement vibratil, en agissant sur la production d'oxygène par les corps chromophylliens incorporés dans le protoplasma même et sensibles à l'action lumineuse (*Zoochlorella*, *Zooxanthella*).

4. *Actions mécaniques.* — On n'a pu constater d'excitabilité mécanique directe des cils, même chez les grands fouets des organismes à un seul cil vibratil. Toutefois il est assez difficile d'en décider d'après des observations microscopiques. Les cellules épithéliales des animaux supérieurs, mollusques et vertébrés (STEINBUCH, GRÜTZNER, VERWORN, KRAFT) paraissent être excitables mécaniquement par le choc ou la pression, même quand l'excitation mécanique est transmise par les cils, et ils peuvent alors transmettre cette excitation à leurs propres cils et par contact aux cellules voisines. Cette propriété est surtout remarquable chez les Cténophores (VERWORN et autres). Chez eux il semble que normalement les excitants mécaniques jouent un grand rôle en modifiant la pression subie par les otolithes au pôle sensitif sur les cils qui les soutiennent et qui alors déterminent mécaniquement l'excitation des cellules correspondantes. Alors ces excitations courent latéralement de cellule à cellule et paraissent avoir pour objet de maintenir l'équilibre de l'organisme pendant ses mouvements de natation (ENGELMANN, CHENU, VERWORN. Les corps étrangers qui tombent sur une muqueuse à cils vibratils mettent sans doute en mouvement par voie mécanique l'activité épithéliale et par conséquent avorisent l'élimination de ces corps (GRÜTZNER).

5. *Oxygène.* — Presque toutes les cellules vibratiles ont besoin pour conserver leur activité d'oxygène libre, car dans un milieu dépourvu d'oxygène les cils s'arrêtent, et ils reprennent de nouveau quand on leur redonne de l'oxygène (KÜHNE). Les microorganismes anaérobies qui se meuvent par des cils constituent une exception. Cependant, même les cils vibratils et les spermatozoïdes qui sont aérobies sont des aérobies facultatifs, en ce sens qu'ils peuvent continuer à battre pendant longtemps, même dans un milieu complètement désoxygéné ENGELMANN. Ce temps varie suivant les conditions de l'expérience et

la nature des cellules. Par exemple, sur la muqueuse œsophagienne et sur les spermatozoïdes de la grenouille, ce mouvement sans oxygène peut se prolonger plusieurs heures.
La fréquence et l'amplitude diminuent graduellement, et enfin survient l'arrêt, en même
temps que le protoplasma devient manifestement réfringent. En introduisant de l'oxygène on voit alors des mouvements se produire, isolés d'abord, et espacés, et lents, mais
bientôt ils deviennent rapides et fréquents. A des pressions d'oxygène bien inférieures aux
pressions normales de l'atmosphère, les mouvements sont peu influencés et durent longtemps (SHARPEY, CLAUDE BERNARD). Évidemment les cellules forment avec l'oxygène
ambiant une combinaison chimique qu'ils emploient pour en faire plus ou moins usage
dans la production du mouvement (ENGELMANN).

L'accroissement de la tension de l'oxygène provoque aussitôt une accélération. Par
de très fortes pressions le mouvement disparait, mais revient de nouveau quand on fait
descendre la pression. La sensibilité des diverses sortes de cils vibratils vis-à-vis de l'oxygène à haute pression est très variable. D'après VAN OVERBECH de MEYER, les cils de la
grenouille battent plus vite et plus fort que ceux des embryons d'Huîtres et d'Anodontes.
Ces derniers se mouvaient bien encore dans l'oxygène pur à une pression de 12 atmosphères, tandis que déjà à 4 atmosphères les cils de la grenouille s'arrêtent au bout de
quelques minutes. Les spermatozoaires des salamandres et des grenouilles se comportent
à peu près comme les cils des embryons d'Huîtres, mais réagissent plus lentement.

L'ozone et l'eau oxygénée agissent toujours comme destructeurs, ainsi que le chlore
(HUIZINGA, ABRAHAMEZ, VAN OVERBECK DE MEYER), et la désorganisation une fois établie ne
peut plus être réparée.

6. Eau. — Tout changement dans la teneur normale des cils en eau a de l'influence
sur leur fréquence, leur amplitude et l'effet produit. En augmentant l'hydratation de la cellule, autrement dit en diminuant la concentration saline du milieu, on voit l'épithélium
des animaux supérieurs (grenouilles et mammifères) augmenter d'abord d'activité. Mais,
à mesure qu'on fait croître la dilution, le mouvement finit par disparaître. Les cils
deviennent plus courts, plus épais, plus mous, réfractant plus faiblement la lumière. Les
corps cellulaires et les noyaux se gonflent et deviennent transparents. Une fois que cet
arrêt du mouvement par l'eau a eu lieu, on peut rétablir l'activité cellulaire par augmentation de la concentration du milieu ou par l'addition de substances hyperisotoniques
relativement indifférentes (sels alcalins neutres, sucre, glycérine). Cependant ce retour
n'a lieu que si l'hydratation n'a été ni trop prolongée ni trop forte (KÖLLIKER). Inversement une déshydratation produite par les moyens dont nous disposons ralentit les périodes
et diminue l'amplitude, comme la force des mouvements. La rigidité par dessèchement
qu'on observe après ces mouvements de déshydratation peut faire place au mouvement; si l'on emploie certains moyens d'hydratation, l'eau, les alcalis caustiques, ou si
l'on fait agir la chaleur, les courants électriques, les acides dilués, l'alcool et l'éther
(ANKERMANN, KÖLLIKER, ENGELMANN).

Comme les milieux dans lesquels vivent les diverses variétés de cils ont des propriétés osmotiques très différentes, leurs relations quantitatives sont très variables. En
général, la loi des coefficients isotoniques découverte par HUGO DE VRIES s'applique
bein, à condition qu'on ne s'écarte pas beaucoup des conditions osmotiques normales.
Les solutions équi-moléculaires dans lesquelles sont les substances inoffensives, comme
les sels alcalins neutres, le sucre, etc., agissent isotoniquement à peu près comme les
milieux normaux; mais, par l'action prolongée de solutions anisotoniques, il se produit
bientôt des actions spécifiques chimiques dépendant de la nature chimique et non
plus du nombre des molécules.

WEINLAND et GRÜTZNER ont montré sur la muqueuse œsophagienne de la grenouille que
les solutions équimoléculaires des substances suivantes agissaient ainsi suivant une progression décroissante : NaFl (2,1 p. 100), NaI (7,5 p. 100), NaBr (5,14 p. 100), NaCl (2,92
p. 100), KI (8,3 p. 100), KBr (5,94 p. 100), KCl (3,72 p. 100).

D'ailleurs il peut se faire une accommodation graduelle à des milieux dont la concentration varie lentement. Dans le cours de plusieurs semaines, des infusoires ciliés
d'eau douce pouvaient s'habituer à des milieux contenant 4 p. 100 de NaCl, et les infusoires marins à des milieux contenant 12 p. 100; toutefois les mouvements étaient devenus faibles (ENGELMANN).

7. *Alcalis. Acides, sels alcalins.* — L'action de ces corps a été surtout étudiée sur la muqueuse de la grenouille, les branchies de Moule et les spermatozoïdes. Les alcalis caustiques et les terres alcalines (moins de 1/75 de molécule par litre avec 0,6 p. 100 de NaCl chez la grenouille) ralentissent le mouvement, agrandissent les oscillations et dissolvent les cils (DE QUATREFAGES, VIRCHOW, KÖLLIKER). Plus tard un arrêt survient, qui peut être réparé au début par l'addition d'acides, mais non par des excitants électriques ou thermiques. En solution équimoléculaire l'ammoniaque agit le plus faiblement 0,047 p. 100; NaCl, le plus, 0,053 p. 100 (WEINLAND). Parmi les terres alcalines, c'est la chaux qui excite le plus : 0,025 p. 100, et la baryte le moins, 0,057 p. 100.

Les acides sulfurique, phosphorique, chlorhydrique, carbonique, formique, lactique, acétique, oxalique commencent par accélérer le mouvement du cil vivant dans son milieu normal ou dans des milieux indifférents (ENGELMANN, WEINLAND). Plus tard, la cellule se trouble et s'arrête, et on peut faire revenir le mouvement par des alcalis. Les cils alors prennent leur position de repos en s'inclinant en avant chez la grenouille. L'action des acides se manifeste même à de très faibles concentrations (moins de 1 millième de molécule par litre de liquide à 6 p. 1000 de NaCl). A molécules égales, c'est l'acide sulfurique qui agit davantage; puis l'acide chlorhydrique, puis l'acide phosphorique. En solutions chimiquement équivalentes, cette série se trouve renversée.

Les acides gras agissent par 0,100 de molécule par litre, d'autant plus que leur poids moléculaire est plus élevé; cependant l'acide formique est plus actif que l'acide acétique (WEINLAND). Quant aux halogènes (chlore, brome, iode), ils produisent la désorganisation cellulaire. L'iode est le plus actif, et le chlore le moins (WEINLAND).

8. *Éther, alcool, sulfure de carbone, nitrite d'amyle, chloroforme.* — Toutes ces substances, au début, excitent le mouvement (épithélium vibratile des vertébrés, spermatozoaires de la grenouille) (ENGELMANN). Si l'action se prolonge, les cils s'arrêtent et le corps cellulaire se trouble. En purgeant la liqueur par des gaz indifférents (air atmosphérique, hydrogène, azote et aussi oxyde de carbone est inoffensif) on peut faire revenir le mouvement et le trouble de la cellule disparaît (PURKINJE et VALENTIN, ANKERMANN, KÖLLIKER, CLAUDE BERNARD, ENGELMANN).

9. *Alcaloïdes et autres substances toxiques.* — On ne connaît pas encore de poison spécifique des cils vibratils; la vératrine, la strychnine, l'atropine, l'ésérine, la curarine, la quinine, la morphine, l'acide cyanhydrique et leurs combinaisons semblent, autant qu'on peut le savoir, agir comme des solutions analogues de substances ayant les mêmes propriétés osmotiques et des réactions chimiques analogues. Ceci s'applique tout au moins aux cellules épithéliales automatiques, vibratiles, des vertébrés et aux spermatozoaires.

Théorie du mouvement vibratile. — Une théorie du mouvement vibratile devrait tout d'abord expliquer le mouvement, c'est-à-dire le changement de forme des cils; mais cet acte est lié par des passages graduels au mouvement du protoplasme et des muscles. Le mécanisme moléculaire est donc probablement le même pour les cils, pour le protoplasma et pour les muscles.

Le changement de forme des cils en activité prouve que leur substance est constituée par de petits éléments juxtaposés et contractiles, *inotagmes* (ENGELMANN), qui constituent, à l'état de repos, de longs faisceaux fusiformes longitudinaux disposés dans l'axe du cil.

Les changements de forme des inotagmes qui constituent un cil doivent se produire régulièrement suivant certaines lois, en général de la base à la pointe, soit en droite ligne, soit alternativement d'un côté ou de l'autre, suivant la forme diverse des mouvements, en crochets, en onde, en spirale ou en entonnoir.

On peut supposer que ce sont les inotagmes qui sont le siège de la double réfraction. Les axes optiques des cils sont parallèles à la direction du mouvement. Comme de plus, par leur hydratation ou par la chaleur, ils se raccourcissent et s'épaississent ainsi que tous les éléments doués de la double réfraction (fibrilles musculaires, fibres du tissu conjonctif, filaments de fibrine et de gélatine) le mouvement vital des cils paraît donc reposer sur une sorte d'inhibition ou un échauffement physiologique des inotagmes.

En dernière analyse, la force doit donc être d'origine chimique. Les faits décrits plus haut et prouvant l'influence de l'oxygène viennent à l'appui de cette hypothèse, et ils montrent aussi qu'il ne s'agit pas de combustion directe, mais de dédoublement par oxydation, comme il en est pour les muscles et les autres cellules vivantes. La matière organique qui fournit l'énergie est assurément transmise aux cils par le corps cellulaire sur lequel il repose, pendant que l'oxygène nécessaire peut sans doute être puisé directement dans le milieu. La surface relativement considérable des cils et le mouvement qui déplace sans cesse le liquide sont des conditions très favorables pour cette absorption d'oxygène.

Quant au mouvement moléculaire dont dépend l'excitation automatique (on réflexe) du protoplasma cellulaire, on ne peut faire que des suppositions assez peu justifiées. Il est cependant probable qu'il s'agit d'une excitation automatique analogue à celle des autres cellules automatiquement excitables (fibres musculaires du cœur, des uretères, vacuoles contractiles, protoplasma contractile). A la vérité, on ne peut guère en dire que ceci, c'est qu'il dépend d'un processus chimique qui exige l'addition d'oxygène.

La conduction dans les cils et les cellules ressemble beaucoup à la conduction dans les muscles et les nerfs, et, par conséquent, elle est probablement en rapport causal avec les phénomènes électriques.

Au point de vue de l'action des agents physiques ou chimiques, il faut séparer les effets sur les cils et les effets sur le protoplasma cellulaire.

Les changements dans la fréquence des vibrations dépendent surtout des changements dans les processus de l'excitation du corps de la cellule. De même pour les changements dans la forme, l'amplitude et la force; excepté le cas où les cils donnent, comme les fibres musculaires cardiaques, toujours des contractions maximales. Alors, des changements dans la force, la grandeur et la forme peuvent être déterminées par des agents exerçant leur influence, non seulement sur le corps cellulaire, mais encore directement sur le cil lui-même. Il est presque impossible de séparer complètement l'action sur le cil et l'action sur le corps cellulaire. On doit donc se contenter de suppositions basées sur des analogies entre la fonction de ces organes et des autres éléments excitables.

Il faut d'ailleurs toujours songer que ces agents agissent comme excitants, non seulement par des processus chimiques, mais encore en modifiant les conditions mécaniques intimes du cil et de la cellule : friction interne, cohésion, élasticité, etc. La mobilité des particules augmente ou diminue suivant la teneur en eau : par exemple la déshydratation par des solutions hypo-isotoniques chimiquement indifférentes affaiblit l'amplitude et la force des mouvements, tandis que l'hydratation provoquée par des solutions hyperisotoniques augmente l'amplitude des mouvements. Mais ce gonflement exagéré des cils les rapproche alors de l'état liquide, état où il n'y a plus d'organisation, de sorte qu'après l'accélération du début il se produit finalement l'arrêt du mouvement. De même les alcalis caustiques et les acides dilués qui gonflent et ramollissent les cils augmentent d'abord l'amplitude du mouvement. Quant à l'arrêt déterminé par l'action des acides, il est probablement dû à la formation de précipités solides dans la substance même du cil, ce que démontrent directement leur trouble et leur plus forte réfringence. On peut expliquer alors l'action revivifiante des alcalis (ou même, dans le cas d'une intoxication par CO^2, l'effet du lavage avec des gaz indifférents comme l'air, l'hydrogène et l'azote), par la dissolution de ces précipités, ce qui rétablit le mouvement du cil. Même dans la paralysie par défaut d'oxygène, ces actions mécaniques jouent un rôle important, car la réfringence a augmenté, et l'expérience montre que ces effets paralytiques ne se réparent pas seulement par un apport d'oxygène, mais encore par tous les procédés qui gonflent le cil (eau et alcali).

C'est en se plaçant aussi à ce point de vue mécanique qu'on peut expliquer comment la chaleur et l'électricité n'augmentent pas le mouvement ciliaire, mais l'affaiblissent; lorsque les cils ont été au préalable déjà gonflés par l'eau et les alcalis, et leur mouvement ralenti, car la chaleur et l'électricité augmentent alors le gonflement des cils.

Mais le plus souvent les actions qui portent sur les cils et le protoplasma cellulaire sont à la fois mécaniques et chimiques, et il est impossible d'attribuer une autre signification aux variations dans la période des mouvements que produisent les différents agents. Quant à dissocier plus complètement ces deux influences, on n'a pu encore le faire jusqu'à présent.

Bibliographie. — 1835. — Purkinje et Valentin. *De phænomeno generali et funda-*

mentali motus vibratorii, etc. (Comment. physiolog., Ratislaviæ, in-4) (avec toute la bibliographie antérieure). — SHARPEY (W.). Art. « *Cilia* » (TODD's Cyclop. of Anat. and Physiol., 606-638.

1842. — VALENTIN (G.). Art. « *Flimmerbewegung* » WAGNER's Handw. d. Physiol., I, 484-516).

1868. — ENGELMANN (TH.-W.. *Ueber die Flimmerbewegung*, 1 pl., Leipzig, in-8 (Ien. Zeitsch. f. Med. u. Nat., IV, 321-479 (avec toute la bibliogr. de 1835 à 1867).

1879. — ENGELMANN (TH.-W.. — *Flimmerbewegung* (H. H., I, 380-408) (avec toute la bibliogr. depuis LEEUWENHOEK jusqu'à 1879).

1880. — ENGELMANN (TH. W.. *Zur Anat. und Physiol. der Flimmerzellen* (A. g. P., XXIII, 505-535).

1881. — VAN OVERBEEK DE MEYER. *Over den invl. van zuuerslofgas onder hooge drukking op layere organismen u. lev. grondvormen* (Sur l'action de l'oxygène sur les organismes inférieurs et les élém. histol. viv. (Onderz. phys. labor. Utrecht, (3), VI, 154-196).

1882. — GRÜTZNER P.). *Zur Physiol. des Flimmerepithels* (Physiol. Stud. von P. GRÜTZNER et B. LUCHSINGER, Leipzig, 3-32. — ENGELMANN TH.-W.. *Sur la perception de la lumière et de la couleur dans les organismes les plus inférieurs* (Arch. néerland., XVII, 417-431).

1883-1888. — BÜTSCHLI O.'. In BRONN's *Klassen und Ordnungen des Thierreichs z. Protozoa* 659-676 et 846-863 ; *Flagellata* 881-887); *Choanoflagellata* (936-963) ; *Dinoflagellata* 1038-1059 ; *Cystoflagellata* 1323-1351 et 1783-1792 ; *Infusoria* (650-657) (avec toute la bibliogr. jusqu'en 1887 ; *Mastigophora* (1196-1227 ; *Infus. ciliata* (1839-1841).

1884. — MARTIUS. *Method. zur absolut.Frequenzbestimmung d. Flimmerbewegung auf stroboscopischem Wege* (A. P., Suppl., 456-480 .

1886. — JUST (A.). *Zur Physiol. u. Histol. des Flimmerepithels* (Biol. Centralbl., VI. 123-126. — FRENZEL I.'. *Zum feineren Bau des Wimperapparats* (Arch. f. mikr. An., XXVIII, 53-80, 1 pl. .

1887. — ENGELMANN TH. W.'. *Ueber die Function der Otolithen* (Zool. Anzeig., n° 258 .

1888. — BALLOWITZ E.). *Unters. ub. d. Structur der Spermatoz. u. s. w.* (Arch. f. mikr. Anat., XXXII, 401-473, 5 pl.'.

1889. — BALLOWITZ E. . *Fibrilläre Structur und Contractilität.* (A. g. P., XLVI, 433-464 .

1890. — KRAFT H.. *Zur Physiol. des Flimmerepithels bei Wirbelthieren* (A. g. P., XLVII, 196-235 . — VERWORN (M.. *Studien zur Physiol. d. Flimmerbewegung* (A. g. P., XLVIII, 149-188 .

1891. — VERWORN M.'. *Gleichgewicht und Otolithenorgan.* Habil. Schr. Bonn, 50 p. — SCHÄFER E. A. . — *On the structure of amœb. protoplasm., etc. and a suggestion regard. the mechanism of ciliary action* (Proc. Roy. Soc. London, XLIX, n° 298, 193-198 .

1893. — ENGELMANN (TH. W. . *Sur l'origine de la force musculaire* (Arch. néerl.. XXVII, 65-148 . — JENSEN P.). *Die absolute Kraft einer Flimmerzelle* (A. g. P., LIV. 537-552 .

1894. — WEINLAND G.). *Ueber die chemische Reizung des Flimmerepithels* (A. g. P., LVIII, 105-132, 10 pl. .

TH. W. ENGELMANN.

CIMICIQUE (Acide) $C^{16}H^{26}O^2$. — Acide gras de la série $C^nH^{2n-2}O^2$ découvert par CARIUS dans une punaise des forêts (*Rhaphigaster punctipennis*. (D. W., (4), 903).

CINCHÈNE (C¹⁹H²⁰Az²). — Base différant de la cinchonine par — H²O. On l'obtient en traitant la cinchonine par le perchlorure de phosphore (D. W., (2), 1145 .

CINCHOCÉROTINE (C²⁷H⁵⁴O²). — Corps cristallisé extrait par HELMS du quinquina (D. W., (2), 1146 .

CINCHOL (C²⁶H⁴⁴O). — Corps cristallisé, isomérique avec le cupréol et le quétrachol, extrait par HESSE de l'écorce des quinquinas (D. W., (2), 1147 .

CINCHOLINE (C¹⁹H²³Az² ?). — Alcaloïde, non toxique, extrait par HESSE des eaux mères du sulfate de quinine (D. W., (2), 1147 .

CINCHONAMINE. — Voyez Cinchonine.

CINCHONIDINE. — Voyez Cinchonine.

CINCHONINE ($C^{20}H^{24}Az^2O$). — La cinchonine, isolée à l'état cristallin par

GOMEZ en 1811, a été déterminée par PELLETIER et CAVENTOU en 1820. On la rencontre dans presque toutes les espèces de quinquinas, mais en proportions très variables. Alors que certaines variétés de quinquinas gris (*Cinchona nitida*) renferment jusqu'à 12 p. 1000 de sulfate de cinchonine par kilogramme d'écorce, les quinquinas jaunes sont beaucoup moins riches (2 à 4 p. 1000). De même que pour la quinine, la proportion de cet alcaloïde peut varier suivant le sol, l'âge, l'exposition de l'arbre.

La cinchonine cristallise en prismes rhomboïdaux droits sans eau de cristallisation. Point de fusion : 268°. Elle est à peine soluble dans l'eau, presque insoluble dans l'éther, plus soluble dans l'alcool, mais surtout dans le chloroforme alcoolisé.

La cinchonine donne avec les bases deux séries de sels facilement cristallisables et plus solubles dans l'eau que les sels correspondants de quinine.

La formule de la cinchonine ne diffère de celle de la quinine que par un atome d'oxygène en moins :

$$C^{20}Az^{24}Az^2O \qquad C^{20}H^{24}Az^2O^2$$
Cinchonine   Quinine

Plusieurs chimistes ont essayé en vain d'oxyder la cinchonine pour la transformer en quinine (SCHUTZENBERGER, H. STRECKER).

Elle se comporte comme la quinine avec l'iode et l'iodure de potassium ioduré, en donnant un précipité brun ; mais elle ne donne pas comme la quinine une coloration verte avec l'éther, l'eau de chlore et l'ammoniaque. Traités avec du ferrocyanure de potassium, les sels de cinchonine et de quinine donnent un précipité jaunâtre qui disparaît avec un excès de réactif, quand il s'agit de quinine, qui persiste au contraire avec les sels de cinchonine.

L'usage thérapeutique de la cinchonine étant très restreint, sa préparation industrielle est négligée, et elle est considérée comme un déchet de la préparation de la quinine.

La séparation de la cinchonine des autres alcaloïdes du quinquina repose sur les différences de solubilité de ces corps. Tous ces alcaloïdes étant amenés à l'état de sulfates, on précipite le sulfate de quinine par simple concentration : les eaux mères sont traitées ensuite par la chaux qui précipite la cinchonine avec la cinchonidine et la quinidine. On traite le précipité par l'alcool bouillant, et par refroidissement la cinchonine se précipite la première. Il existe un autre procédé d'extraction par l'éther qui repose, en fait, sur le même principe.

Dans les recherches physiologiques, pour reconnaître l'élimination de la cinchonine par les urines ou la salive, on utilise le réactif de WINKLER : $HgCl^2KI$: 10 parties. H^2O. 200 parties ; avec quatre parties d'acide acétique. Il se forme un précipité blanc jaunâtre.

Action physiologique. — Par son origine, par sa composition chimique, la cinchonine est très voisine de la quinine, et tous les physiologistes ou médecins qui ont étudié cet alcaloïde ont toujours cherché à établir les analogies ou les différences entre la quinine et la cinchonine.

On verra que la cinchonine diffère en réalité de la quinine, et que les effets physiologiques observés ne permettent pas d'en faire un succédané véritable de la quinine.

Action sur le système nerveux. — La cinchonine est un poison du système nerveux central, et le symptôme le plus caractéristique observé chez l'animal intoxiqué est l'attaque convulsive.

Si l'on injecte d'emblée à un chien par la voie intraveineuse une dose de $0^{gr},06$ de chlorhydrate de cinchonine, on voit les convulsions éclater presque immédiatement. Convulsions cloniques avec coups de gueule durant une minute et même plus, puis reprenant après une légère pause et sans excitations extérieures ; ces convulsions subintrantes, pouvant se continuer pendant plus d'une heure, déterminent en même temps une hyperthermie considérable chez l'animal.

Si la dose injectée, dose limite, n'est pas mortelle, les attaques vont en diminuant d'intensité et de fréquence, et l'animal fatigué reste bientôt immobile : sa température tend à revenir à la normale et même au-dessous : le lendemain, il est complètement remis.

Que la cinchonine soit un poison convulsivant, donnant lieu à des attaques tonico-cloniques très différentes des accidents observés avec la quinine, le fait est hors de conteste. Mais le problème est plus ardu quand il s'agit de déterminer quels sont les centres nerveux principalement ou primitivement touchés par cet alcaloïde.

Nous disons principalement et primitivement; car, dans l'étude des agents convulsivants, on ne doit jamais perdre de vue la question de plus grande élection. En fait, tous les neurones moteurs disséminés dans l'axe cérébro-spinal ne présentent pas entre eux de différences telles que les uns offrent une réceptivité remarquable aux agents toxiques, alors que les autres sont totalement réfractaires. C'est parce que trop souvent ces notions ont été méconnues, que les opinions des physiologistes diffèrent ou paraissent différer, et rien n'est plus démonstratif à cet égard que la lecture des différents mémoires écrits sur le mécanisme des convulsions cinchoniques.

Alors que Chirone et Curci, Bochefontaine et Sée, Rovighi et Santini admettent que la cinchonine agit essentiellement sur les centres moteurs corticaux; qu'Albertoni, Gallerani et Lussana, Langlois admettent plutôt une action sur les centres bulbo-protubérantiels, Laborde rattache franchement la cinchonine au type strychnine, son action portant sur la sphère bulbo-myélitique.

Bochefontaine se range à l'opinion de Chirone et Curci; mais on doit remarquer que les expériences faites par lui sur des chiens après destruction de l'écorce ne paraissent pas favorables à une telle conclusion.

Il opère sur six chiens (il n'y a pas de protocole d'expérience, mais un simple résumé en bloc) auxquels il enlève d'un seul côté la région dite motrice, et, quarante-huit heures après, injecte la cinchonine.

« La paralysie, dit-il, n'a jamais été assez considérable pour supprimer complètement les mouvements spontanés des membres, ni les mouvements convulsifs produits par l'agent convulsivant.

Les recherches de Rovighi et de Santini ont donné des résultats plus nets en faveur de cette opinion. Les convulsions seraient localisées dans la région homologue au côté lésé, les membres du côté opposé restant immobiles, ou plutôt moins agités; et, au bout de deux mois, c'est-à-dire quand la suppléance fonctionnelle est rétablie, les convulsions étaient franchement bilatérales.

Au contraire, Gallerani et Lussana, Langlois ont constaté les convulsions chez les animaux aux centres corticaux détruits. Les premiers ont même observé des convulsions plus énergiques du côté opposé à la lésion : quelquefois même elles n'existaient que de ce côté. Étant donné la non-décussation totale du faisceau pyramidal, les anomalies observées n'ont qu'une importance relative.

Langlois enlève les deux centres corticaux et donne des doses minimes. Il a obtenu les convulsions avec une dose très légèrement supérieure, il est vrai, à la moyenne (0,0052 au lieu de 0,005); mais en étudiant les chiffres des expériences qui ont servi à établir la moyenne, l'écart pour des chiens normaux oscille entre 0,0048 et 0,0052 par kilogramme, il paraît donc impossible de conclure.

L'étude de l'action de l'agent convulsivant sur les animaux nouveau-nés peut encore servir à élucider la question.

On sait que chez l'animal nouveau-né la zone corticale n'est pas excitable, et que l'histologie montre que l'écorce est encore en voie d'organisation. On a donc pu assimiler ces animaux à ceux qui ont subi l'abrasion de la zone motrice. Ajoutons toutefois que de graves objections ont été soulevées au sujet de cette manière de voir; chez le nouveau-né, en effet, ce n'est pas seulement la couche corticale qui est en voie d'évolution, mais encore un certain nombre de faisceaux conducteurs, et peut-être aussi de centres infra-corticaux : l'assimilation signalée plus haut reste donc critiquable.

Quoi qu'il en soit, nous devons signaler les résultats obtenus par Chirone, Bochefontaine, P. Langlois.

Les expériences de Chirone et de Bochefontaine ont été faites avec la cinchonidine. Bochefontaine a tué des animaux de deux jours par injection sous-cutanée ou intra-péritonéale de sulfate de cinchonidine à la dose de 0ᵍʳ,20. P. Langlois a employé la cinchonigine près de vingt fois plus active, et il a observé des convulsions généralisées à la dose de 0ᵍʳ,01 pour un chien de 360 grammes, soit une dose six fois plus forte que la dose nécessaire chez l'adulte.

Ces expériences, nous le répétons, ne peuvent cependant être évoquées pour conclure soit dans un sens, soit dans l'autre.

La cinchonine est-elle un poison médullaire, du type strychnine, comme le veut Laborde?

Pour résoudre cette question, les expérimentateurs ont injecté la cinchonine chez des animaux à moelle sectionnée au-dessous du bulbe.

L'étude des résultats obtenus permet d'établir que l'action sur la moelle est beaucoup moins intense que l'action sur les régions supérieures de l'axe cérébro-spinal. Gallerani et Lussana n'ont pas eu de convulsions dans le tronc, alors que la face était animée de contractions vives. Rovighi et Santini ont bien signalé des convulsions dans le tronc; mais avec une dose beaucoup plus forte que celle employée chez les animaux intacts; et ils signalent un certain retard dans l'apparition des mouvements convulsifs du tronc.

P. Langlois, en utilisant la dose limite, a vu les convulsions nettement délimitées à la face, convulsions violentes, coups de gueule caractéristiques : l'animal écume, et le tronc reste complètement immobile. Sur le même chien, une nouvelle injection détermine une série d'attaques cloniques dans la face, et toujours avec immobilité du tronc, bien que la dose totale de substance injectée (0ᵍʳ,009 de cinchonigine) fût presque double de la dose minime nécessaire.

L'injection d'une faible quantité de strychnine fit éclater des convulsions généralisées. Il semble donc bien difficile d'admettre l'analogie d'action de la cinchonine et de la strychnine.

Dans une autre expérience, P. Langlois ne fit la section sous-bulbaire qu'après l'injection de cinchonigine, et quand l'attaque battait son plein. L'animal avait reçu une dose un peu forte : 0ᵍʳ,0055 (0ᵍʳ,005 chiffre moyen). La température rectale s'était élevée rapidement pendant la première période convulsive à 39°,8. Après la section, les mouvements convulsifs du tronc ne cessèrent pas immédiatement, mais ils allèrent en diminuant progressivement, alors que ceux de la face se maintinrent avec une légère atténuation explicable peut-être par l'opération subie.

La localisation de l'action de la cinchonine dans la région bulbaire ou protubérantielle, soutenue par Albertoni, s'appuie principalement sur les faits signalés plus haut : les convulsions persistant après la destruction des centres corticaux. Le corps reste immobile après section sous-bulbaire.

Gallerani et Lussana ont vu les convulsions disparaître après la destruction du thalamus chez les pigeons.

La section sus-bulbaire des pédoncules cérébraux a arrêté les convulsions; mais, dans les expériences de Langlois, il est difficile de faire la part de l'hémorragie, qui a été considérable, et, dans une autre expérience du même auteur, l'introduction d'une lame de bistouri dans la région lenticulo-optique a déterminé au contraire l'exagération des mouvements convulsifs.

Pour résumer cette question, un seul point reste bien tranché : la moelle seule ne peut pas réagir à l'intoxication cinchonique : quant à la localisation de l'action convulsivante dans des centres spéciaux, elle paraît des plus problématiques. La zone corticale, les ganglions infra-corticaux et les centres bulbo-protubérantiels réagissant tour à tour, et au besoin indépendamment l'un de l'autre, aux effets de l'agent convulsivant.

Action sur la circulation. — Pendant la période des convulsions, quel que soit l'agent toxique employé, on note presque toujours une élévation de pression très notable dans le système artériel, soit que l'augmentation de tension vienne du travail plus énergique du cœur lui-même, soit qu'il s'agisse d'une vaso-constriction périphérique ou simplement d'une stase sanguine dans les membres contractés. La cinchonidine, d'après Bochefontaine, agirait tout différemment. Après l'injection dans le système veineux de 20 à 30 centigrammes de cinchonidine, on observerait un abaissement rapide, mais progressif, de la pression intra-carotidienne, puis un certain degré de ralentissement des systoles. Le rythme cardiaque reste régulier. Les tracés sont comparables, qu'il s'agisse d'animaux curarisés ou d'animaux ayant conservé l'intégrité de leur innervation musculaire.

En un quart de minute, la pression baisse progressivement de 3 à 4 centimètres, puis les pulsations cardiaques se ralentissent, et parfois deviennent plus amples qu'avant l'injection. Chaque injection nouvelle de 10 à 15 centigrammes détermine les mêmes modifications sphygmométriques. Le retour à la pression normale ou plutôt à un niveau légèrement inférieur se produit 90 secondes environ après chaque injection, et, si l'on n'a donné que des doses successives de 10 à 15 centigrammes, l'animal survit et revient entièrement à l'état normal.

Chez la grenouille, la cinchonidine à dose mortelle amène un ralentissement du rythme cardiaque avec prolongation de la phase diastolique. D'après Sée et Bochefontaine, la cinchonidine serait un antagoniste de la digitaline. La première de ces substances arrête le cœur en diastole, la seconde en systole. Or, en donnant à un même animal les doses toxiques minima de ces deux alcaloïdes, on observe la persistance des contractions cardiaques et les deux effets mortels sont annihilés.

Action sur la température. — A dose faible la cinchonine détermine un abaissement thermique qui peut, chez le chien, atteindre deux à trois degrés : mais, si la dose est suffisante pour déterminer les convulsions, on voit au contraire la température s'élever rapidement et atteindre parfois un chiffre mortel (44°). Il n'y a là d'ailleurs rien de spécial : tous les convulsivants agissent ainsi.

Effets sur l'homme. — La cinchonidine ayant été préconisée comme succédané de la quinine, il est utile de signaler les symptômes observés chez l'homme.

Marty a employé le sulfate de cinchonidine à la même dose que le sulfate de quinine.

Il signale quelques vomissements et coliques, avec accidents nerveux possibles : éblouissements, sifflements et surdité. La céphalée peut, à la dose de 1 gramme, être très intense et s'accompagner de tremblements, surtout aux mains, quelquefois aux jambes, plus rarement à la tête. Dans les cas graves peuvent survenir des soubresauts tendineux ; les battements du cœur deviennent tumultueux, le pouls est de 140 par minute, les vertiges sont tels que le malade reste cloué sur son lit, menacé d'une chute immédiate, chaque fois que la tête quitte l'oreiller.

Les phénomènes peuvent encore s'aggraver et aller jusqu'au coma absolu. Toutefois Marty, auquel nous empruntons cette description, ne parle pas de mort.

Quoi qu'il en soit, la dose de 2 grammes paraît une quantité dangereuse à donner chez l'homme.

Son utilisation comme succédané de la quinine dans le traitement des accidents palustres est des plus discutées. Les uns trouvent que son efficacité est plus grande que celle de la quinine (Hamilton, de Legrais); d'autres lui concèdent un pouvoir presque égal : Moutard-Martin, qui l'a expérimentée en Algérie sur une grande échelle, reconnaît ses propriétés fébrifuges en faisant la restriction qu'elle supprime l'accès moins rapidement que le sulfate de quinine ; contrairement à l'opinion de Marty, le sulfate de cinchonine ne déterminerait ni troubles digestifs, ni bourdonnements d'oreille. D'autres cliniciens, et parmi eux Laveran, rejettent son emploi ou tout au moins le considèrent comme bien inférieur aux sels de quinine. Les observations contradictoires que l'on relève en dépouillant la littérature sont nombreuses sur l'utilisation thérapeutique des sels cinchoniques comme succédanés de la quinine et peuvent s'expliquer souvent par l'impureté du médicament employé. Certains sels de quinine renferment jusqu'à 42 p. 100 de cinchonine.

En Amérique cependant, on utilise couramment des préparations de cinchonine comme toniques : *Huxman's tincture. Extractum cinchonae*, etc.

Effets des isomères de la cinchonine. — Les différents isomères de la série cinchonique exercent sur l'organisme une action identique : toutefois leur puissance varie d'une manière remarquable.

Avec les produits rigoureusement purs, préparés par Jungfleisch et Léger, P. Langlois a pu déterminer avec précision les équivalents physiologiques de ces différents isomères, non pas en cherchant à déterminer la dose mortelle, dose toujours très variable, mais la dose capable de déterminer l'apparition de l'attaque convulsive. Les injections étaient faites dans la veine saphène, et dans des conditions identiques de concentration des solutions, de rapidité d'injection et de température de l'animal.

Le tableau suivant indique la dose de *base cinchonique*, à l'état de chlorhydrate, nécessaire par kilogramme d'animal pour déterminer une attaque épileptique chez les chiens (injection intraveineuse) et chez les cobayes (injection sous-cutanée) :

	CHIENS Inject. intra-veineuse en centigr. de base.	COBAYES Inject. sous-cutanée.	RAPPORT DE TOXICITÉ. La cinchonine étant prise pour unité.
	grammes.	grammes.	
Cinchonine	0,06	0,40	1.
Cinchonidine.	0,08	»	0.75
Cinchonibine.	0,04	0,10	1.50
Cinchonifine.	0,04	0,09	1.50
Cinchonigine	0,005	0,022	15.
Cinchoniline.	0,015	0,08	4.
Oxycinchonine α.	0,11	»	0.50
Oxycinchonine β.	0,18	»	0.30

Ces rapports ont été calculés d'après les chiffres de la première colonne (injection intraveineuse chez le chien), les injections sous-cutanées présentant toujours de nombreuses causes d'erreur.

Les expériences comparatives ont toujours été faites sur des chiens à même température, ou variant dans d'étroites limites, 38° à 39°.

Ce point est important; car l'élévation de la température de l'animal modifie considérablement les chiffres donnés dans le tableau précédent.

Il suffit d'une dose moitié plus faible pour obtenir les effets convulsifs chez des animaux hyperthermiques :

	CHIEN ayant plus de 41°	CHIEN à 38°.	RAPPORT de toxicité. La dose à 38° étant prise pour unité.
Cinchonidine.	0,025	0,08	0,32
Cinchonine.	0,030	0,06	0,50
Cinchonigine.	0,0035	0,005	0,70

Ces expériences confirment la loi signalée déjà par Ch. Richet et Langlois avec la cocaïne : l'influence de la température organique sur l'action toxique d'un certain nombre de poisons.

La dernière colonne du tableau précédent montre les différences considérables de toxicité qui existent entre ces corps isomères. Complétant l'échelle de Bochefontaine et Laborde, on peut ranger ainsi ces produits : cinchonigine, cinchoniline, cinchonibine, cinchonifine, cinchonine, cinchonidine. Quant aux oxycinchonines étudiées, elles paraissent peu actives.

Les grenouilles, même si l'on élève leur température en les maintenant dans un milieu chaud, ne présentent pas de convulsions caractéristiques et meurent avec des troubles cardiaques : arrêt du cœur en diastole.

Mais les résultats avec les poissons ont été plus intéressants.

La détermination précise de l'apparition des convulsions est assez difficile chez ces animaux. L'indice qui m'a paru le plus favorable pour l'observation était le mouvement des yeux. Quelquefois même ces mouvements oculaires sont les seuls signes des effets convulsivants chez le poisson. Il faut noter cependant des mouvements marqués aux opercules et aux nageoires, beaucoup plus à la nageoire dorsale qu'à la nageoire caudale. Ceux de la première sont normalement lents, réguliers, alors que ceux de la seconde sont toujours si rapides qu'il est difficile de dire quand commence le mouvement convulsif.

Les expériences faites sur l'anguille viennent confirmer les résultats cités plus haut, obtenus chez le chien. La section de la moelle, faite avant l'injection de la substance convulsivante, suffit pour empêcher l'apparition des phénomènes convulsifs dans le tronc; si elle a lieu au contraire après l'apparition des convulsions, elle modifie simplement ces convulsions, mais ne les supprime pas. Les centres médullaires nous paraissent donc moins sensibles à l'action de la cinchonigine que les centres supérieurs; mais, sous l'influence d'excitations parties de ces derniers, ils peuvent entrer en jeu et continuer à fonctionner, même quand une section vient interrompre leur communication avec les centres supérieurs.

Un point curieux à noter dans l'intoxication chez ces animaux est la lenteur dans l'apparition des mouvements convulsifs. Presque toujours les convulsions n'apparaissent que quinze à trente minutes après l'injection, et les doses nécessaires pour déterminer les convulsions ont toujours entraîné la mort dans un bref délai, alors que, chez les mammifères, si l'on a soin de ne pas dépasser la dose minima, l'animal ne succombe pas à l'intoxication. On peut même affirmer que chez les poissons la dose mortelle est bien inférieure à la dose convulsivante. Des crénilabres de 200 grammes sont morts six heures après l'injection de 3 milligrammes de chlorhydrate de cinchonigine sans avoir présenté de véritables convulsions.

Au point de vue de la toxicité des isomères, mes expériences n'ont porté que sur trois isomères : cinchonigine, cinchonifine et cinchoniline. Les difficultés de l'expérience ne permettent pas de donner des chiffres aussi précis que pour le chien ; néanmoins, on peut établir le tableau suivant :

	CRÉNILABRE.	BOX SALPA.	ANGUILLE.
Cinchonigine.	0,04	0,11	0,08
Cinchoniline	0,10	0,14	0,12
Cinchonifine	0,15	0,20	»

Les écarts si considérables observés chez les vertébrés avec ces isomères sont beaucoup moins marqués chez les poissons.

Chez les invertébrés (crabes), LANGLOIS et DE VARIGNY ont observé également et pu enregistrer les mouvements convulsifs dans les pattes, déterminés par l'injection de la cinchonine et de ses isomères, mais l'échelle de toxicité est complètement modifiée : la cinchonibine n'est pas convulsivante; la cinchonidine l'est très faiblement; la cinchonigine exerce une influence convulsivante appréciable; la cinchonifine et la cinchonine, par contre, sont extrêmement actives.

Bibliographie. — Chimie. — Physiologie et Pharmacodynamie. — BOCHEFONTAINE. *Action de la cinchonine et de la conchonidine sur la circulation* (B. B., 1884, 425). — BOCHEFONTAINE et SÉE. *Action toxique de la cinchonine* (Bull. de Thérap., cv, 381); — *Antagonisme entre la cinchonine et la digitaline* (C. R., 2 mars 1885). — BOUCHARDAT. *Sulfate de cinchonidine* (Bull. de Thérap., xcii, 304); — *Histoire physiologique et thérapeutique de la cinchonine* (Acad. de Médecine, 1859-1860); — *De l'action physiologique et thérapeutique de la cinchonine dans la fièvre* (Bull. de Thérap., xcviii, 285). — CERNA. *Étude physiologique de la cinchonidine* (Philadelphia medical Times, 1880, 493). — CHIRONE et CURCI. *Ricerche sperimentale sull'azione biologica della cinchonidina* (Rivista italiana di terapia, 1881 et Giornale intern. di sc. med., Naples, 1880, 422-536-640). — COLETTI. *Sur l'action physiologique et thérapeutique de la cinchonidine* (Philadelph. med. Times, 1880, 46). — DOUVRELEUR. *Étude sur la cinchonine* (D., Paris, 1887). — GALLERANI et LUSSANA. *La cinchonidine* (Arch. ital. de Biologie, xii, Suppl., p. xxxviii). — LABORDE. *Quinine et cinchonine* (B. B., 1882, 660-675 ; B. B., 1883, 475 ; Tribune médicale, 1886, 232-243-252-284). — LANGLOIS. *Toxicité des isomères de la cinchonine* (B. B., 1888,829 ; A. de P., 1893, 377); — *Action des sels de la série cinchonique sur le carcinus mœnas* (Journ. de l'Anat. et de Physiol., 1889, 273). — LANGLOIS et CH. RICHET. *Influence de la température interne sur les convulsions* (cocaïne et cinchonidine) (A. P., 1889, 181). — LAVERAN. *Action comparée de la quinine et de la cinchonine dans les fièvres intermittentes* (Gaz. méd. de Paris, 1856). — MOUTARD-MARTIN. *Mémoire sur l'action du sulfate de cinchonine dans les fièvres intermittentes* (Acad. de médecine, 1860. — CH. RICHET. *Les poisons convulsivants* (Arch. Internationales de Pharmacodynamie, 1898, iv, fasc. 3). — SIMON. *De l'action comparée des quatre principaux alcaloïdes du quinquina* (D., Paris, 1883).

P. LANGLOIS.

CIRCONVOLUTIONS. — Voyez Cerveau.

CIRCULATION (de *Circulus*, cercle). Depuis CÉSALPIN et HARVEY, on donne le

nom de Circulation (*Circulatio sanguinis* CÉSALPIN) au mouvement que le sang exécute à travers l'organisme, mouvement qui lui fait parcourir un système de canaux élastiques, formant un cercle fermé; de telle sorte que chaque particule de sang revient à son point de départ, après un trajet circulaire plus ou moins long, pour recommencer ensuite un mouvement analogue.

Par extension, on applique la même dénomination de *Circulation* au mouvement progressif et nullement circulaire des différents fluides de l'économie : lymphe, chyle, produits de sécrétion ou d'excrétion, sève des végétaux, etc.

Il ne sera question ici que de la *Circulation du sang.*

La nécessité de ce mouvement du sang saute aux yeux. En effet, le corps des animaux supérieurs est formé d'un nombre immense de cellules, de fibres, etc. La plupart de ces éléments, vivant dans la profondeur des tissus, sont entièrement soustraits à l'action directe du milieu extérieur : pour respirer, pour puiser au dehors leur nourriture, pour se débarrasser ensuite des déchets de la nutrition, ces cellules ont besoin d'un intermédiaire, le sang.

Pour accomplir les échanges nutritifs et respiratoires auxquels il préside, le sang ne peut rester en repos au contact des organes; il se meut incessamment entre les différents organes et les surfaces d'échange du corps (poumon, intestin, reins). Ce mouvement du sang est réalisé par les battements du cœur, véritable pompe aspirante et foulante qui puise le liquide du côté du système veineux, pour le pousser avec une grande force dans le système artériel.

L'étude de la circulation dans le Cœur, les Artères, les Veines et les Capillaires est faite aux articles **Cœur, Cardiographe, Pneumogastrique, Artères, Pouls, Pression sanguine, Sphygmographe, Veines, Capillaires, Pléthysmographe, Vaso-Moteurs**, etc.

Nous renvoyons également à **Cerveau, Foie, Veine porte, Reins, Poumons**, etc., pour l'étude des circulations cérébrale, hépatique, rénale, pulmonaire, etc.

Nous ne traiterons ici que quelques questions générales se rapportant à la circulation :

I. — *Historique* de la *Découverte de la Circulation.*

II. — *Appareil circulatoire dans la Série animale.*

III. — Généralités sur les *Conditions mécaniques* de la circulation et sur les procédés employés pour les réaliser *artificiellement.*

IV. — Effets de la *Suppression* de la circulation, notamment, genèse de la *circulation collatérale.*

V. — Influence de la *Pesanteur sur la Circulation.*

VI. — Influence de la *Respiration sur la Circulation.*

VII — *Durée totale de la Circulation.*

§ I. **Historique de la découverte de la circulation du sang.** — Les anciens n'ignoraient pas que le sang est contenu dans des réservoirs en forme de tubes membraneux : les vaisseaux. Mais ils n'avaient aucune idée du mouvement circulaire dont ce liquide est animé. Pour eux, le sang cheminait lentement, en partant du cœur ou du foie, vers les différents organes, pour s'y arrêter et les nourrir.

Le respect religieux que les Grecs professaient pour les morts les empêchait de se livrer à des recherches anatomiques sur la structure du corps humain. Aussi n'est-il pas étonnant que les écrits d'HIPPOCRATE et d'ARISTOTE témoignent d'une connaissance incomplète, et en grande partie erronée, de la disposition anatomique du cœur et des vaisseaux.

A l'époque d'HIPPOCRATE (460 av. J.-C.) on distinguait cependant les *Veines* des *Artères* : mais les veines seules étaient censées contenir du sang : elles étaient chargées de conduire ce liquide aux différentes parties du corps. Les artères contenaient de l'air. (L'étymologie, *artère*, de ἀήρ, air et τηρεῖν, conserver, est fort douteuse.)

ARISTOTE admettait également qu'il n'y a de sang que dans le cœur et dans les veines. « De l'intestin, par les veines mésentériques, les aliments vont au cœur, dit-il, qui les anime, les transforme et les rend semblables au sang. Ce sang contenu dans les veines se répand avec elles dans toutes les parties et sert à les nourrir... Le corps humain se renouvelle ainsi dans les intestins par les veines du mésentère, comme l'arbre se renouvelle dans la sève de sa racine.

« L'air passe des poumons au cœur, par les vaisseaux qui réunissent ces deux organes, comme on peut s'en assurer en insufflant la trachée... Du cœur, l'air pénètre dans les artères qui en naissent... Les artères elles-mêmes perdent leur cavité intérieure en s'effilant et se continuent avec les nerfs ou tendons. »

Aristote donne une description vague et fort peu exacte du cœur et des gros vaisseaux qui en partent. Il est probable qu'il n'avait jamais eu sous les yeux les organes dont il parle.

L'école d'Alexandrie (créée environ trois siècles avant J.-C., par Ptolémie Ier Lagus ou Soter) inaugura bientôt l'étude scientifique de l'anatomie par la dissection du cadavre humain. Nous devons à ses deux premiers fondateurs, Hérophile et Erasistrate, des découvertes importantes se rapportant à notre sujet.

Hérophile donna une description assez exacte du cœur et des gros vaisseaux qui en partent, notamment de la *veine artérieuse* (notre artère pulmonaire) et de *l'artère veineuse* (veine pulmonaire). Il fut le premier à constater l'isochronisme des battements du cœur et des artères.

Erasistrate, contemporain d'Hérophile et petit-fils d'Aristote (304 avant J-C.), dit-on, constata le jeu des valvules qui dans le cœur séparent les oreillettes des ventricules, et fit plusieurs autres découvertes anatomiques. Mais, sur le terrain physiologique, il en est encore aux erreurs d'Aristote et notamment à la présence de l'air dans les artères.

Cette dernière erreur fut réfutée par Galien (né à Pergame, 131 après J-C.), disciple de l'école d'Alexandrie.

Galien se lança franchement dans la voie de l'expérimentation sur l'animal vivant. Il montra que, si l'on ouvre une artère après l'avoir comprise entre deux ligatures, on la trouve remplie de sang, et jamais d'air. De même, si l'on fait une blessure à une artère, il s'en échappe immédiatement un jet de sang, et, par suite des anastomoses entre les veines et les artères, tout le sang du corps finit par s'écouler. Le mouvement des artères vient du cœur : si on lie une artère, aussitôt on verra cesser sa pulsation. Galien admet à tort que la propagation du pouls se fait uniquement dans l'épaisseur des parois de l'artère. Si l'on met à nu, dit-il, une artère, et si l'on place dans son intérieur une tige creuse, en serrant dessus les parois de l'artère, immédiatement l'artère cesse de battre, car on a interrompu la communication avec le cœur. Les battements avaient sans doute cessé, dans l'expérience de Galien, par suite d'une coagulation du sang à la surface interne du tube.

Galien accepte les erreurs d'Aristote concernant la direction centrifuge du sang dans les veines, et le passage de l'air du poumon au cœur par les veines pulmonaires. Il admit que cet air était transporté avec le sang par les artères dans les différentes parties du corps.

Il admit également un mélange de ce sang pneumatisé avec le sang du cœur droit, à travers la cloison interventriculaire, cloison perforée selon lui. Le foie est pour lui le centre de toutes les veines du corps : c'est le foie qui distribue le sang aux parties. Par la veine porte, le foie reçoit les aliments élaborés dans l'estomac : par la veine cave il envoie une partie de ce sang alimentaire au cœur droit.

La figure suivante, empruntée à Ch. Richet (Harvey, *La Circulation du sang*, Paris, 1879), est destinée à donner une idée schématique des théories de Galien sur le mouvement du sang (fig. 124).

A la civilisation hellénique succèdent les ténèbres du moyen âge. Pendant treize siècles, on se contenta d'étudier et de commenter les livres de Galien et d'Aristote, sans rien ajouter à leurs découvertes.

Les anatomistes de la Renaissance reprirent l'œuvre de Galien et redressèrent une à une les erreurs de l'illustre médecin de Pergame.

Ce sont d'abord Vésale[1] et Servet qui montrent que la cloison interventriculaire du

1. Récemment encore, on admettait que Vésale avait le premier osé s'attaquer à l'autorité de Galien, en affirmant que la cloison du cœur n'est pas perforée.
Tollin (*A. g. P.* 1884, xxxiii, 489 et *Biol. Centralbl.* 1885, 474) a fait observer que Vésale dans la première édition de *De humani corporis fabrica* (Bâle, 1543, vi, 599), admet encore les trous dans la cloison interventriculaire ; et que ce n'est qu'en 1555, deux ans après la publication de l'ouvrage de Michel Servet, que l'on trouve l'opinion de Galien combattue par Vésale (Ed. de 1555, 740ᵇ).

cœur n'est pas perforée; Servet[1], qui décrit la circulation pulmonaire, c'est-à-dire le passage du sang de l'artère pulmonaire à travers le poumon et son retour au cœur par les veines pulmonaires, Colombo de Padoue (Realdus Columbus. *De re anatomica libri*, 1559), qui défendent la même idée de la circulation pulmonaire (le terme même de *circulatio sanguinis* a été introduit par Césalpin, 1569). Puis, Charles Estienne (1545), Cannanus (1547), Eustachio (1563) et surtout Fabrice d'Acquapendente, professeur à Padoue (1574) décrivent les valvules des veines. Enfin Césalpin (1569. *Quest. Perip.*, V) réfute l'inexplicable erreur des anciens et de Galien concernant la direction du cours du sang dans les veines. Le premier il observe avec exactitude ce qui se passe dans les veines lorsqu'on applique une ligature au bras, au moment de la saignée, cette opération pratiquée tant de fois depuis Hippocrate. Il voit que les veines se remplissent et se gonflent au-dessous, non au-dessus de la ligature. Il en serait tout autrement, dit-il, si le mouvement du

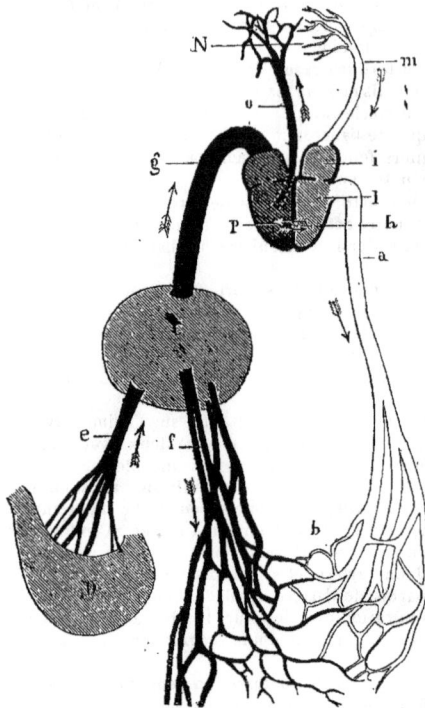

Fig. 124. — Schéma destiné à faire comprendre les théories de Galien sur le mouvement du sang. (D'après Ch. Richet, trad. franç. de *la Circulation du sang* de Harvey, Paris, 1879. Introduction, 17.)

a, artère aorte se divisant en une multitude de branches et distribuant aux parties le sang pneumatisé et la chaleur. — *b*, anastomoses des artères et des veines. — *c*, foie. — *d*, estomac d'où partent les aliments modifiés pour se rendre au foie par la veine porte *e*. — *f*, veines partant du foie pour se rendre aux diverses parties du corps et y distribuer le sang. — *g*, veine cave apportant au cœur les aliments déjà presque complètement transformés en sang par le foie. — *h*, cloison interventriculaire, qui fait communiquer les ventricules droit et gauche et permet au sang alimentaire de passer dans la cavité gauche, au pneuma de passer dans la cavité droite. — *i*, oreillette gauche, dépendant de la veine pulmonaire *m*. Le cœur attire l'air du poumon, mais en même temps, par suite de l'insuffisance normale de la valvule de ce côté, les humeurs corrompues sont souvent chassées par là dans le poumon en sens inverse. — *l*, ventricule gauche plein de sang spiritueux et de pneuma. — *m*, veine pulmonaire qui apporte l'air du poumon. — *n*, poumon. — *o*, artère pulmonaire, plus petite que la veine cave, qui nourrit le poumon. — *p*, ventricule droit. Une partie du sang qui y pénètre par la veine cave, se rend dans l'artère pulmonaire; l'autre partie se rend par la cloison perforée dans le ventricule gauche.

1. Voici le passage célèbre du livre de théologie: *Christianismi restitutio, Viennae Allobrogum*, mdliii, où Servet affirme le passage du sang à travers le poumon : « *Fit autem communicatio hæc non per parietem cordis medium, ut vulgo creditur, sed magno artificio a dextro cordis ventriculo, longo per pulmones ductu, agitatur sanguis subtilis, u pulmonibus præparatur; flavus efficitur, et a vena arteriosa in arteriam venosam transfunditur. Ille itaque spiritus vitalis a sinistro cordis ventriculo in arterias totius corporis deinde transfunditur.* »

« Servet a deviné ces choses, dit Milne-Edwards (15, iii, des *Leçons sur la physiologie et l'anatomie comparée*. Paris, 1858); car, en lisant son ouvrage, je ne saurais croire qu'il les ait constatées. En effet, il n'en fournit aucune preuve... il n'était pas observateur... il admet comme un fait avéré que les nerfs sont la continuation des artères et forment un troisième ordre de vaisseaux;

enfin il décrit, avec la même précision apparente, les voies par lesquelles l'air arrive du nez jusque dans les ventricules du cerveau, et le démon y pénètre pour y assiéger l'âme. »

sang dans les veines était dirigé du cœur aux viscères et aux membres. « *Le sang conduit au cœur par les veines, y reçoit sa dernière perfection, et cette perfection acquise, il est porté par les artères dans tout le corps.* » (*De plantis.* Florence, 1558. lib. 1, cap. ii, 3, cité par FLOURENS.)

Si CÉSALPIN avait eu l'idée du passage du sang artériel vers les origines des veines, le circuit se trouvait complété et la découverte de la circulation du sang était faite; en effet, la circulation pulmonaire était affirmée (mais non démontrée) depuis SERVET et COLOMBO, et la circulation cardiaque et artérielle avait été mise en lumière (sauf certaines erreurs de détail), par GALIEN. « Tout avait été indiqué ou soupçonné, a dit FLOURENS; rien n'était établi. » (*Hist. de la découverte de la circulation du sang.* Paris, 1854, 28.)

Tel était l'état de la science, lorsque WILLIAM HARVEY (né à Folkstone, 1578, mort en 1657), élève de FABRICE D'ACQUAPENDENTE, entreprit une série de recherches nouvelles sur les usages du cœur et sur les mouvements du sang.

A HARVEY revient la gloire d'avoir déchiffré complètement l'énigme; d'avoir prouvé, non plus par des raisonnements plus ou moins ingénieux, mais par des expériences directes, pratiquées sur les animaux appartenant aux différents groupes du règne animal, le mouvement perpétuel du sang à travers le double cercle de la grande et de la petite circulation.

HARVEY décrit (*Exercitatio anatomica de motu cordis et sanguinis in animalibus.* Francofurti, 1628), d'après ses vivisections, la contraction simultanée des deux oreillettes, à laquelle succède immédiatement la contraction des deux ventricules, qui coïncide avec le choc du cœur, et avec la pénétration du sang dans l'artère pulmonaire et dans l'aorte, la pulsation des artères qui résulte de l'impulsion donnée au sang par la contraction du ventricule gauche, les phénomènes qui accompagnent les hémorragies artérielles; il démontre le mouvement centrifuge du sang dans les artères et le mouvement centripète favorisé par la direction des valvules, qu'il possède dans les veines; il montre que le mouvement du sang dans les veines n'est qu'un reste de l'impulsion première imprimée par le cœur, que la quantité de sang qui est lancée à chaque systole ventriculaire dans l'aorte et celle qui revient par les veines caves est si considérable qu'il n'y a qu'une explication possible, à savoir que le sang lancé par les artères est le même que celui qui revient par les veines, et qu'il existe des communications directes entre les terminaisons du système artériel et les origines du système veineux.

La preuve directe de la communication qui existe entre les artères et les veines fut fournie par MALPIGHI en 1661 (*De pulmonibus epistola,* ii), quatre ans après la mort de HARVEY. En examinant au microscope le poumon d'une grenouille vivante, MALPIGHI découvrit les capillaires, par lesquelles le sang passe des artères aux veines. Peu de temps après (1669), LEEUWENHOEK vit le sang circuler dans les vaisseaux de l'aile de la chauve-souris, de la queue des têtards et de la nageoire des poissons.

Vers la même époque, les anatomistes imaginèrent d'injecter les vaisseaux artériels au moyen de matières solides liquéfiées par la chaleur. SWAMMERDAM et RUYSCH poussèrent cet art à un haut degré de perfection, et purent en faire usage pour démontrer la continuité directe des artères dans les veines. La masse poussée par l'artère traverse les capillaires et revient par les veines.

On peut dire que l'œuvre de HARVEY reste tout entière debout et que ses successeurs n'ont fait que la compléter et la perfectionner. Parmi les principaux progrès réalisés depuis HARVEY jusqu'à nos jours, nous comptons la découverte des chylifères (ASELLI, 1622) et des lymphatiques (R. TIGERSTEDT. *Die Entdeckung des Lymphgefässystems. Skand. Arch. f. Physiol.,* v. 89, 1894), celle du rôle du poumon dans l'hématose (LOWER, 1740; LAVOISIER, 1779), celle des nerfs cardiaques et vasculaires (CLAUDE BERNARD, 1849), et surtout l'application de la méthode graphique à l'étude du mouvement du cœur et des vaisseaux (LUDWIG, CHAUVEAU et MAREY, etc.).

Bibliographie. — FLOURENS. *Hist. de la déc. de la circ. du sang.* Paris, 1854. — HARVEY. *la Circul du sang.,* trad. CH. RICHET. Paris, 1879; trad. R. WILLIS. London, 1847. — TOLLIN. *Die Entdeckung des Blutkreislaufs durch Michael Servet.* Iena, 1876. — MILNE-EDWARDS. *Leçons sur la physiol. et l'anat. comp.* iii, Paris, 1858. — DAREMBERG. *Hist. des sc. médicales.* Paris, 1870. — A. DE MARTINI. *Periodi storici della scoperta della circolazione del sangue.* NAPOLI. A. Trani., 1888, et les ouvrages cités dans le texte.

§ II. **Appareil circulatoire dans la série animale.** — Les animaux inférieurs formés d'une seule cellule (Protozoaires), ou d'un petit nombre de cellules, disposées en deux feuillets épithéliaux, ectoderme et endoderme (Mésozoaires), n'ont pas d'appareil circulatoire. Leur protoplasme puise directement les aliments et l'oxygène dans le milieu cosmique extérieur, et y rejette pareillement l'acide carbonique et les autres produits de la combustion organique. Beaucoup de vers intestinaux (Trématodes endoparasites et Cestodes) quoique possédant un mésoderme, sont dans le même cas, par suite de l'atrophie de leur appareil digestif : ils se nourrissent par imbibition, sans intervention de liquides nourriciers.

A part ces cas de parasitisme, on peut dire qu'avec l'apparition du mésoderme se sont établies des dispositions spéciales et diverses, destinées à distribuer les matières nutritives dans toutes les parties de l'organisme. Dans le cas le plus simple (Cœlentérés, Spongiaires, Platodes et Trématodes ectoparasites), c'est l'appareil digestif qui joue à la fois le rôle digestif et le rôle respiratoire; il constitue, en d'autres termes, un *système gastro-vasculaire*, formé par des ramifications nombreuses du tube digestif, qui transportent les produits de la digestion dans toutes les parties de l'organisme. Dans d'autres cas, il y a séparation entre l'appareil digestif proprement dit et l'appareil circulatoire, mais ce dernier consiste exclusivement en une série de lacunes, souvent dépourvues de paroi propre, et qui représentent le cœlome ou cavité générale du corps (Nématodes, Acanthocéphales); le sang qui circule dans ces lacunes est un liquide incolore ou coloré, généralement en rouge. Chez les autres invertébrés, le système circulatoire est représenté à la fois par des vaisseaux sanguins proprement dits, à parois propres partiellement contractiles, mais communiquant encore généralement avec des lacunes ou des systèmes de cavités, représentant encore des parties de cœlome. Ce n'est que chez les vertébrés que l'on rencontre un appareil circulatoire absolument clos et sans communication avec le cœlome.

Chez les Éponges, il n'y a pas non plus de liquide comparable au sang; mais il y a une circulation fort active de l'eau extérieure, qui pénètre par un grand nombre de pores, traverse des canaux creusés dans l'épaisseur du corps et tapissés en partie de cellules flagellées, pour se rendre dans la cavité centrale, et sortir par un orifice ou *osculum*, placé à l'extrémité supérieure du corps.

Les Cœlentérés nous présentent un système de canaux radiaires, ramifiés et anastomosés, creusés dans la substance du corps et revêtus de l'endoderme. Ces canaux ne sont que des prolongements de la cavité gastrale; ils servent à transporter les produits de la digestion élaborés dans cette dernière. Ainsi le même appareil et le même fluide servent à l'accomplissement des phénomènes de la circulation et de la digestion : système gastro-vasculaire.

Un peu plus haut dans la série, chez un grand nombre de Vers, l'appareil circulatoire se différencie de l'appareil digestif. On voit apparaître un liquide spécial, le *sang*, contenu primitivement dans des cavités sans parois propres, auxquelles MILNE-EDWARDS a donné le nom de *lacunes*. Ces lacunes elles-mêmes sont bientôt remplacées, en tout ou en partie, par des canaux indépendants, à parois membraneuses, les *vaisseaux sanguins*.

Parmi les Vers, les *Nématodes* (Ascarides) n'ont pas de vaisseaux. Cependant la cavité du corps, c'est-à-dire les espaces compris entre la surface extérieure de l'intestin et les faisceaux musculaires de la paroi, contient un liquide nourricier albumineux, qui est mis en mouvement par les contractions générales du corps.

Chez les *Acanthocéphales*, il existe un système de canaux, mais sans paroi propre, situés dans le tissu sous-cuticulaire.

Chez les *Brachiopodes*, ou bien le système circulatoire est représenté par un système de lacunes appartenant à la cavité générale du corps, ou bien il existe un cœur tubuleux, contractile, situé au-dessus de l'estomac et auquel aboutit une veine, placée au-dessus de l'intestin antérieur; tout le restant du système circulatoire étant purement lacunaire.

Chez les *Géphyriens* (Siponcles), deux vaisseaux accompagnent l'intestin antérieur : l'un est dorsal, l'autre, ventral. En avant ils débouchent dans un sinus annulaire, entourant la cavité buccale et placé à la base de la couronne tentaculaire. Ce sinus est en rapport avec la cavité des tentacules. Le liquide vasculaire contient les mêmes éléments que le liquide de la cavité du corps, de sorte qu'il est probable qu'il existe une communication entre la cavité générale et le système circulatoire.

Chez les *Némertiens* et les *Hirudinés*, nous voyons apparaître de véritables vaisseaux pulsatiles à parois propres renfermant un liquide sanguin parfois coloré en rouge (Sangsue). La circulation paraît en partie lacunaire.

Les *Annélides* (Lombric, Arénicole) ont un appareil vasculaire clos, déjà fort compliqué : *vaisseau dorsal* contractile (dans lequel le sang rouge, ou vert, se meut d'arrière en avant), communiquant de chaque côté dans la partie antérieure du corps par une série d'anses transversales (contractiles chez le lombric — cœurs latéraux) avec un *vaisseau longitudinal ventral* dans lequel le sang circule d'avant en arrière. De ces vaisseaux partent des ramuscules pour la peau et pour l'intestin. Chez l'Arénicole, le vaisseau ventral fournit les vaisseaux afférents des branchies, tandis que les vaisseaux branchiaux efférents se rendent au vaisseau longitudinal dorsal et à un vaisseau sous-intestinal. Chez l'Arénicole, il y a, à la partie antérieure du vaisseau dorsal, une espèce de cœur pulsatile formé de deux ventricules, un droit, un gauche, faisant communiquer le vaisseau dorsal avec le vaisseau ventral.

Les Échinodermes (Oursin, Holothurie) nous présentent au moins deux systèmes de canaux ramifiés : 1° le système des canaux *aquifères* affectant une disposition radiée très régulière, présentant un grand nombre d'appendices locomoteurs creux, les *ambulacres*, qui font saillie à l'extérieur; 2° un système d'irrigation intestinale formé de gros vaisseaux longeant l'intestin et envoyant à sa surface des réseaux vasculaires fort riches.

Ces deux systèmes paraissent communiquer : 1° entre eux; 2° avec la cavité générale du corps; 3° avec le milieu extérieur. Ils sont remplis d'un liquide fort analogue à l'eau de mer, mais contenant des éléments figurés.

Chez les Mollusques, le sang est mis en mouvement par un cœur dorsal, *artériel*, qui reçoit directement le sang des organes respiratoires (branchies, poumon). Les pulsations du ventricule cardiaque lancent ce sang, par un système fort riche d'artères, dans tous les organes du corps : le sang se répand dans des espaces lacunaires, ainsi que dans la cavité générale du corps. Il est repris par des veines, qui le conduisent à l'organe respiratoire. Chez les Céphalopodes, les artérioles sont reliées dans beaucoup d'organes aux ramifications ultimes des veines, par un réseau capillaire plus ou moins serré. Cependant certaines régions présentent des espaces lacunaires vasculaires, comme chez les autres mollusques. Il existe également chez les Céphalopodes des cœurs veineux pulsatiles, sur le trajet des veines afférentes des branchies.

L'existence d'un appareil aquifère distinct de l'appareil circulatoire sanguin, et celle de communications directes entre le sang et l'eau extérieure paraît fort douteuse.

Chez les Tuniciers le système circulatoire se compose d'un cœur à paroi contractile, et de vaisseaux clos : il n'existe pas de lacunes qu'autour de l'intestin. Le cœur, logé dans une cavité péricardique, est ventral et situé à l'extrémité postérieure de la cavité branchiale. De son extrémité antérieure part un gros vaisseau ventral qui longe, dans le plan médian, la paroi du sac branchial et d'où partent de nombreux petits vaisseaux qui se distribuent dans cette paroi branchiale et se réunissent dans le plan médian du corps, à la face dorsale du sac branchial, en un vaisseau dorsal qui, après s'être uni avec les vaisseaux du tube digestif et des organes sexuels, constitue un tronc volumineux qui se continue avec l'extrémité postérieure du cœur. Cette disposition anatomique rappelle celle qui se trouve réalisée chez les poissons. Les Tuniciers présentent une particularité physiologique qui leur est propre, c'est l'alternance de la direction du cours du sang à l'intérieur du cœur et des gros vaisseaux. Le cœur fonctionne, par exemple, comme cœur artériel pendant quelque temps, recevant, comme chez les mollusques, le sang oxygéné qui revient de l'organe respiratoire, et l'envoyant dans tous les organes du corps; puis le sens du courant se renverse, et le cœur fonctionne comme cœur veineux, à l'instar de celui des poissons, poussant cette fois vers la branchie le sang veineux qui lui est amené des différents organes.

Chez les Arthropodes la circulation est, comme chez les Mollusques, en grande partie lacunaire et la cavité générale du corps ou *cœlome* se trouve intercalée sur le trajet du sang. Chez un certain nombre de Crustacés inférieurs, la cavité du corps fournit le seul réservoir du liquide nourricier, qui baigne les organes et subit des fluctuactions secondaires de va-et-vient, par les mouvements des organes locomoteurs, de l'intestin, etc. Une circulation proprement dite s'établit par la formation d'un *cœur*, toujours situé vers la face dorsale et présentant le plus souvent des fentes ou boutonnières latérales, par lesquelles entre le sang, presque toujours incolore, mais contenant des corpuscules cytodaires de forme diverse. Il semble que la forme primitive du cœur soit métamérique, en ce sens qu'à chaque segment correspondrait une paire de fentes latérales ; mais souvent l'organe se montre plus concentré, et réduit même à une seule chambre. Les artères qui partent de ce cœur se ramifient plus ou moins pour s'ouvrir finalement dans les lacunes, dont naît, chez certains types plus élevés, un système circulatoire pour les organes de la respiration. Il est rare que ce système soit relié directement au cœur par des vaisseaux distincts; les veines branchiales débouchent le plus souvent dans le système lacunaire, dont le sang retourne au cœur par des fentes latérales. Le cœur est donc artériel comme chez les Mollusques.

Chez les Crustacés supérieurs (écrevisse, homard, etc.), l'appareil circulatoire est fort développé : vaisseaux efférents des branchies amenant le sang artérialisé dans le sinus péricardique, ventricule lançant ce sang par plusieurs artères dans les différentes parties du corps, où il finit par se répandre dans la cavité générale; retour du sang veineux aux branchies par de véritables vaisseaux afférents.

Chez les Insectes, tout l'appareil circulatoire se borne à un cœur ou vaisseau dorsal longitudinal exécutant ses pulsations d'avant en arrière. Les pulsations sont très apparentes chez le ver à soie (larve).

Chez les Vertébrés, l'appareil circulatoire est en général clos et composé sur tout son trajet de vaisseaux (artères, capillaires, veines) à parois propres, charriant le sang proprement dit (coloré en rouge par les globules, chez la plupart des vertébrés). Mais la partie liquide, incolore, du sang, qui a transsudé à travers la paroi des capillaires (lymphe), et qui s'est répandue dans les interstices des tissus, ou dans les cavités séreuses, est reprise dans un système de canaux spéciaux, les capillaires lymphatiques. Ces capillaires se réunissent en troncs de plus en plus volumineux, qui déversent la lymphe dans le système veineux, et ramènent ainsi dans le torrent de la circulation sanguine, le liquide qui s'en était momentanément séparé (*circulation lymphatique*, annexe de la *circulation sanguine*).

Chez les Poissons, le cœur reçoit le sang veineux du corps dans une oreillette unique et le pousse par l'intermédiaire d'un ventricule, d'un bulbe artériel et d'artères disposées symétriquement en forme d'arcs, à droite et à gauche, dans les branchies. Le sang y traverse un réseau de capillaires, s'y artérialise, et retourne par les vaisseaux branchiaux efférents, dans une aorte dorsale qui le distribue aux différents organes du corps. En traversant les réseaux capillaires de la circulation générale, le sang redevient veineux.

Chez les larves de Batraciens, la disposition de l'appareil circulatoire rappelle celle des Poissons. Chez les Batraciens adultes, l'apparition de la respiration pulmonaire entraîne des modifications profondes dans l'appareil circulatoire : transformation des vaisseaux branchiaux en arcs aortiques, atrophie d'une partie de ces arcs, formation d'artères pulmonaires, de veines pulmonaires. L'oreillette se cloisonne et se subdivise en oreillette droite et oreillette gauche. L'oreillette droite reçoit le sang veineux du corps, l'oreille gauche le sang artériel qui revient du poumon. Ces deux sangs se mélangent incomplètement dans le ventricule unique. Du ventricule, ce mélange est lancé par le bulbe artériel à la fois dans le poumon par l'artère pulmonaire, et par l'aorte dans tous les organes.

Chez les Reptiles, le ventricule tend à se cloisonner de manière à empêcher de plus en plus le mélange du sang veineux amené à l'oreillette droite, et destiné à l'artère pulmonaire avec le sang artériel amené du poumon à l'oreillette gauche, et destiné à l'aorte. Chez les Crocodiliens, la séparation du sang artériel et du sang veineux est complète, au moins à l'intérieur du cœur. Au lieu du cœur veineux simple, comprenant une oreillette et un ventricule, que nous avons rencontré chez les Poissons et les larves des Batraciens, nous avons un cœur double, à moitié droite veineuse formée d'une oreillette et d'un ventricule, à moitié gauche artérielle, ayant également oreillette et ventricule.

La même disposition se rencontre chez les Oiseaux et chez les Mammifères.

§ III. **Conditions mécaniques générales de la circulation et procédés employés pour les réaliser artificiellement.** — La figure suivante, empruntée à mes *Éléments*

de physiologie (3ᵉ éd., 112, 1893), résumé d'une façon graphique les particularités générales les plus intéressantes de la circulation dans les artères, les capillaires et les veines.

La quantité moyenne de sang qui passe dans un temps donné est évidemment la
même pour chacune des surfaces de section successives de l'appareil circulatoire. Le
débit moyen est donc le même pour le ventricule gauche, pour l'aorte, pour l'ensemble
des artères, pour l'ensemble des capillaires ou des veines ou pour les deux veines caves,
pour le ventricule droit, etc. Ce débit constant est représenté, au niveau de chacune
des surfaces de section de l'appareil circulatoire, par le produit de la vitesse locale par la
section : V × S. Comme V × S = une quantité constante C, il en résulte que les vitesses
locales sont partout en raison inverse des aires transversales de l'appareil circulatoire.

$$V \times S = V' \times S' \text{ d'où } \frac{V}{S} = \frac{S'}{S} \text{ ou encore } V = \frac{V'S'}{S}.$$

Artères. — Aire ou surface de section totale restreinte, allant en augmentant depuis
le cœur et l'aorte jusqu'aux capillaires (cône artériel). Pression et vitesse du sang consi-

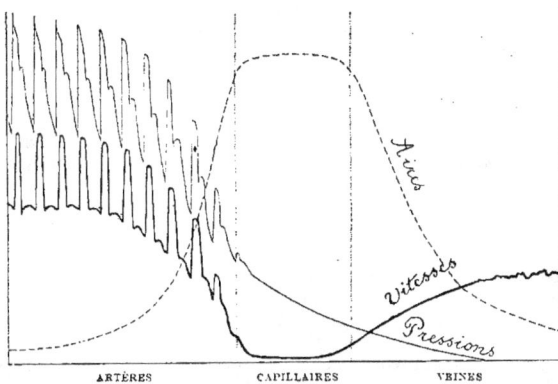

Fɪɢ. 125. — Schéma représentant les variations de pression et de vitesse du sang, ainsi que les aires des
différentes parties de l'appareil circulatoire.
On n'a pas représenté les variations respiratoires de pression dans les artères et dans les veines.
(En partie d'après Gᴀᴅ.)

dérables, présentant dans l'aorte une valeur moyenne typique et constante. Oscillations
cardiaques de la pression (pouls artériel) très marquées, provoquant des variations pulsatiles de volume des organes. (Voir **Pléthysmographe**).

Kᴘᴏxᴛ··· ·· ·· et Hᴀᴍᴇʟ (*Die Bedeutung des Pulses für den Blutstrom. Z. B. [N. F.],* vɪɪ, 474, 1889)
admettent que les oscillations de pression, présentées par la circulation artérielle, exercent
une espèce de massage sur les vaisseaux et sont plus favorables que l'action d'une pression continue, pour conserver intacte l'élasticité des tubes artériels. Ils ont constaté chez
la grenouille, qu'un liquide injecté par l'aorte abdominale, éprouve beaucoup plus de
résistance à traverser le réseau vasculaire des capillaires, lorsqu'il est injecté sous pression continue et constante, que lorsque la pression s'exerce seulement à intervalles rythmiques, imitant par conséquent l'action naturelle des pulsations du cœur.

Capillaires. — Aire totale considérable. Vitesse faible, uniforme. Pression médiocre,
sans oscillations cardiaques.

Veines. — Aire totale au moins triple de celle des artères correspondantes, allant en
se rétrécissant de la périphérie vers le cœur (cône veineux à sommet cardiaque). Vitesse
moyenne trois fois plus faible en moyenne que dans les artères correspondantes, allant
en augmentant à mesure qu'on se rapproche du cœur. Vitesses et pressions locales extrêmement variables : la multiplicité des causes de propulsion dans les veines, leur énergie,
faible en général, et variant d'un instant à l'autre, ont pour effet d'imprimer à la circulation du sang dans les veines un caractère d'irrégularité et de langueur, qui contraste

nettement avec les conditions énergiques et typiques de la circulation artérielle.

J. RANKE estime que le quart de la masse du sang se trouve dans les muscles, un quart dans le foie, un autre quart dans le cœur et les gros vaisseaux, et le reste dans les autres organes du corps. Quant à l'importance de l'irrigation sanguine des différents organes, tant à l'état de repos qu'à l'état d'activité, voir les articles Cerveau, Poumon, Foie, Rein, etc., de ce Dictionnaire.

Si l'on suppose le cœur arrêté par une ligature ou par excitation du vague, le sang continuera à s'écouler des artères à travers les capillaires dans les veines, jusqu'à ce que la pression soit la même dans les différentes parties de l'appareil circulatoire. On peut alors mesurer la pression moyenne du sang dans l'appareil circulatoire considéré comme tout. Cette pression serait de 10 à 15 millimètres de mercure, d'après BRUNNER (1855).

Schéma de la circulation. — E. H. WEBER (*Arch. f. Anat. u. Physiol.*, 1851, 497. Voir aussi *H. H.*, I, 1, 222) eut le premier l'idée de reproduire dans un système de conduits élastiques les principaux phénomènes mécaniques de la circulation. Le schéma classique de WEBER était formé d'un intestin de chèvre courbé et refermé sur lui-même, de façon à former un circuit continu, qu'on remplissait de liquide. Sur l'un des points de ce circuit, était intercalée une ampoule élastique, munie à ses extrémités de deux soupapes s'ouvrant dans le même sens. Cette ampoule, comprimée à la main à des intervalles rythmés, représentait, dans le circuit total, l'agent d'impulsion du liquide, c'est-à-dire du cœur.

Une éponge, introduite à frottement dans une partie du tube assez éloignée du cœur, représentait les résistances que le sang artériel rencontre dans les vaisseaux capillaires, avant de passer dans le système veineux.

Je ne décrirai pas ici les nombreux schémas imaginés par les successeurs de WEBER pour réaliser, dans un but de démonstration, d'enseignement ou de recherches, les conditions mécaniques de la circulation. Je me borne à signaler le schéma fort complet, imaginé par MAREY et décrit en détails dans ses travaux de laboratoire (I, 1875, 63, et IV, 1878-79, 234) et d'une façon plus abrégée dans la *Circulation du sang* (18), et le modèle de la circulation construit par VON BASCH et décrit dans son ouvrage : *Allgemeine Physiologie und Pathologie des Kreislaufes*, 1892 (Analysé dans *C. P.*, VI, 618, 1892).

Appareils pour la circulation artificielle. — Un grand nombre de physiologistes ont eu l'idée d'étudier le fonctionnement des organes isolés, soumis à une circulation artificielle de sang défibriné. Cette méthode a été principalement utilisée au laboratoire de Leipzig, sous la direction de LUDWIG, à partir de 1868 (*Arbeiten aus der physiol. Anstalt zu Leipzig*, 1868, 113 ; 1869, 1, etc.) et poussée à un haut degré de perfection. Elle servit aux recherches de SCHMIEDEBERG, BUNGE, SCHRÖDER, HOFFMANN et d'autres (*A. A. P.*, VI, 233 ; VII, 239 ; XIV, 300 ; XV, 364, etc.) sur les échanges nutritifs dont les organes isolés sont le siège.

La méthode consiste à injecter sous pression (flacon de MARIOTTE), le sang défibriné, convenablement oxygéné et chauffé à la température du corps : le sang qui s'écoule de la veine peut servir de nouveau, si l'on a soin de l'agiter à l'air, de manière à lui enlever CO_2 et à lui restituer O_2 consommé par l'organe. HÉGER appliqua la méthode à l'étude des conditions mécaniques de la circulation dans le foie et dans le poumon (*Exp. sur la circul. du sang dans les organes isolés*, Brux., 1872) ; FREY et GRUBER (*Ein Respirationsapparat für isolirte Organe*, A. P., 1885, 518) perfectionnèrent l'appareil de Leipzig en y adjoignant un « poumon artificiel » dans lequel l'artérialisation du sang veineux se faisait automatiquement. Ce poumon artificiel est constitué par un grand cylindre de verre, à la surface duquel suinte le sang veineux en couche mince, ce qui lui permet de se charger d'oxygène et de se débarrasser de CO_2. L'appareil est clos de toutes parts et la même quantité limitée de sang peut passer un grand nombre de fois à travers l'organe, ce qui permet d'étudier quantitativement les échanges nutritifs de l'organe, notamment sa consommation d'oxygène et sa production de CO_2. Le moteur de la circulation artificielle est ici une petite seringue munie de valvules, et dont le piston est animé d'un mouvement alternatif de va-et-vient. Nous renvoyons au mémoire original et à la planche qui l'accompagne, pour les détails de construction de l'appareil.

Cet appareil a été complété et amélioré par JACOBJ : *Apparat z. Durchblutung isolirter überlebender Organe* (*A. P. P.*, xxvi, 388, 1890) et *Ein Beitrag zur Technik der künstlichen Durchblutung überlebender Organe* (*A. P. P.*, xxxvi, 330, 1895).

Jacobj a remplacé le poumon artificiel de v. Frey et Gruber par un poumon véritable, intercalé sur le trajet du sang. Il ne serait pas possible de décrire ici sans une figure l'appareil assez compliqué dont Jacobj s'est servi.

Parmi les nombreux appareils imaginés pour étudier la circulation dans tel ou tel organe isolé, nous nous bornerons à mentionner :

Le manomètre pour le cœur de la grenouille, imaginé par Ludwig et perfectionné par Kronecker (Voir *H. H.*, iv, (1), 359, 1880, et Kronecker. *Beitz. z. Anat. für C. Ludwig*, 1874, 173) et l'appareil de Langendorff (*Untersuchungen am überlebenden Säugethierherzen*, *A. g. P.*, lxi, 291, 1895), destiné à entretenir la circulation dans les artères coronaires du cœur des mammifères entièrement isolé.

Les procédés de circulation artificielle dont nous venons de parler s'adressent à des organes isolés, ce qui présente des avantages à certains points de vue, mais ce qui, à d'autres, prête à objection. A différentes reprises, les physiologistes ont eu recours à des circulations artificielles pratiquées sur des organes *in situ*. C'est ainsi que Brown-Séquard a vu les muscles de l'arrière-train du chien, que la rigidité cadavérique commençait à envahir, redevenir souples et recouvrer leur contractilité sous l'influence d'une injection de sang défibriné.

C'est ainsi que Bienfait et Hogge (*Recherches sur le rythme respiratoire. A. Biologie*, x, 139 et *Travaux labor. de Léon Fredericq*, iii, 1889, 13) ont étudié dans mon laboratoire les effets de l'injection de sang défibriné riche en CO^2, ou pauvre en oxygène, par la carotide du chien, sur l'activité des centres respiratoires.

On peut aussi pratiquer la circulation artificielle en utilisant la transfusion directe de sang d'animal à animal. Dans ce cas, c'est du sang entier non défibriné que l'on fait passer au transfusé. Une variante de ce procédé consiste dans ce que j'ai appelé la *circulation céphalique croisée*, c'est-à-dire l'échange de sang carotidien entre deux animaux. (Voir *Travaux du labor.*, iii, 1, 1889-90 et *A. Biologie*, x, 127.)

Je prends deux chiens ou deux très grands lapins A et B, auxquels je lie au préalable les vertébrales, et sur lesquels je prépare les carotides. J'introduis des canules dans ces vaisseaux, de manière qu'il y ait échange de sang carotidien, ou circulation céphalique croisée entre les deux animaux. Les carotides du lapin A envoient leur sang dans la tête du lapin B; pareillement, la tête du lapin A ne reçoit que du sang provenant du corps de B. Les animaux ainsi préparés peuvent servir à faire une expérience fort intéressante sur la production de la dyspnée. Si je fais respirer au lapin A un mélange gazeux pauvre en oxygène, ou si je lui ferme la trachée, c'est le lapin B, celui dont la tête reçoit le sang asphyxique de A, qui montrera de la dyspnée, ou des convulsions asphyxiques, tandis que le lapin A présentera plutôt une tendance à l'apnée. Cette expérience montre donc qu'il y a une relation étroite entre la composition du sang qui circule dans la tête et l'activité des mouvements respiratoires.

Signalons les oscillations pulsatiles présentées par le corps tout entier sous l'influence de l'ébranlement que lui imprime la pulsation cardiaque. Gordon (*On certain movements of the human body produced by the circulation of the blood. Journ. of Anat. a. Physiol.*, xi, 533, Remarques de Trotter, *ibid.*, xi, 755, 1877) les étudiait en plaçant le sujet sur le plateau d'une balance à ressort et enregistrait les oscillations de ce plateau.

Landois (*Lehrb. d. Physiologie*, 2e éd., 1881, 160) s'est servi dans le même but d'un petit plancher supporté par des liens élastiques. Le sujet se place debout sur ce plancher. A chaque pulsation le sujet imprime trois ou quatre oscillations à la planche qui le supporte. Nous renvoyons aux originaux pour l'interprétation fort obscure de ces oscillations.

§ IV. **Effets de la suppression de la circulation. Genèse de la circulation collatérale.** — Les effets *fonctionnels* de la suppression de la circulation ont été étudiés à l'article **Anémie**. Je puis me borner à signaler ce fait, que les organes dont on a lié les vaisseaux nourriciers, présentent une paralysie vasculaire, qui explique la congestion à première vue paradoxale, qui est en général la conséquence de la ligature des artères. Lorsqu'il s'agit de réseaux vasculaires terminaux, sans anastomoses avec les réseaux voisins (rein, rate, etc.), la ligature des artères nourricières arrête définitivement les échanges nutritifs du territoire exclu de la circulation, et amène en peu de temps la nécrose des tissus. Cette nécrose ne s'observe qu'exceptionnellement, à la suite de ligatures d'artères se rendant à des organes, dont le réseau vasculaire communique par des anastomoses plus ou moins larges, avec les réseaux voisins. On voit alors les anastomoses s'élargir, et la *circulation* dite *collatérale* suppléer plus ou moins à la suppression de la circulation directe. Au bout de quelques jours, cette suppléance est complète, grâce à l'élargissement progressif de ces voies collatérales. Cependant la ligature de l'artère crurale chez l'homme a fréquemment amené la nécrose du membre inférieur ; et pour l'intestin, cette nécrose est de règle après oblitération des vaisseaux artériels (Litten. *Ueber die Folgen des Verschlusses der Arteria mesaraica superior. A. A. P.*, LXIII, Madelung, *Arch. f. klin. Chirurgie*, xxvii, etc., cités par Bier. *A. A. P.*, vol. 147, 444, 1897).

Je me bornerai à l'étude de l'établissement de la *circulation collatérale*, question des plus intéressantes au point de vue physiologique, et qui cependant n'a été traitée ni dans le *Handbuch* de Hermann, ni dans les grands ouvrages sur la circulation de Marey, Tigerstedt, etc.

Il existe deux théories principales sur la genèse de la circulation collatérale après ligature d'artère.

La première, mise en avant par A. W. Volkmann et Liebermeister, et soutenue par O. Weber (dans v. Pitha u. Billroth. *Handbuch der Chirurgie* I, Erlangen, 1865), Marey, Talma, v. Recklinghausen, etc., admet que la circulation collatérale s'établit sous l'influence de facteurs purement mécaniques : l'augmentation de pression provoquée localement en amont de l'artère oblitérée, et la diminution de pression qui règne dans le territoire anémié, situé en aval de l'oblitération. D'après cette théorie, « il ne faut pas chercher en dehors des causes physiques l'influence qui rétablit le cours du sang à travers les voies collatérales. Ces voies se dilatent graduellement, parce que la pression du sang à l'intérieur devient plus forte, et cette augmentation de la pression sanguine est un effet direct de l'oblitération de l'artère » (Marey).

Talma (*Ueber collaterale Circulation. A. g. P.*, xxiii, 231, 1880) a étudié chez le chien les effets de la ligature de l'artère crurale.

Il constate, au moyen de son tonomètre, une augmentation locale de la pression en amont de l'artère liée. Cette augmentation de pression, quoique manifeste, n'augmente pas d'emblée le diamètre des troncs artériels qui se détachent au-dessus de l'endroit lié, à cause du peu d'extensibilité des parois artérielles, mais provoque immédiatement une dilatation purement mécanique des capillaires des réseaux alimentés par ces collatérales. Des capillaires, la dilatation gagne peu à peu les artérioles les plus fines, puis les artères moyennes, et enfin les troncs qui se détachent au-dessus du point lié. Cette dilatation est due à l'action persistante de l'augmentation de la pression sanguine.

Talma admet (p. 274) que la régénération de la circulation après ligature d'artère, s'effectue donc par des influences purement mécaniques, et qu'il n'y a pas lieu de faire intervenir une dilatation vaso-motrice des vaisseaux du territoire anémié. Cette dernière conclusion est basée sur les expériences suivantes.

Après ligature d'une artère crurale chez le chien, la température fort basse de la patte (au niveau de la jambe) correspondante, se relève légèrement (par dilatation vasculaire) lorsqu'on sectionne le sciatique du même côté, et qu'on l'irrite mécaniquement par des sections répétées au moyen de ciseaux tranchants. Si les vaso-dilatateurs jouaient un rôle dans la production de l'hyperémie collatérale, dit Talma, on devrait s'attendre à trouver dans cette expérience les vaisseaux dilatés déjà au maximum, et l'on n'aurait pas dû obtenir de vaso-dilatation par la section du sciatique.

De même la destruction mécanique de la moelle lombaire (la section de la moelle dorsale ayant été pratiquée quelques jours auparavant) provoque une augmentation de la température de la jambe encore plus marquée alors que l'artère crurale venait d'être liée.

S. R. Hermanides (*Das Tonometer Talma's und seine erste Frucht. Die Genese der collateralen Circulation, A. P. P.*, lxxxiv, 496, 1881) a vivement critiqué les procédés d'investigation employés par Talma. Hermanides nie l'augmentation de pression locale admise par Talma en amont de l'artère ligaturée ; il attribue l'accélération de la circulation collatérale à la diminution de pression locale qui règne dans le territoire vasculaire primitivement irrigué par l'artère liée. Il admet que les ganglions contenus dans l'épaisseur de la paroi jouent un rôle actif dans l'établissement de la circulation collatérale, mais sans préciser ce rôle, et sans fournir les preuves de cette assertion.

CORIN (*Sur la circulation du sang dans le cercle artériel de* WILLIS. *Bull. Acad. Belg.* 1887, et *Trav. du lab.*, Liège, II, 185, 1887-88) mesure la pression dans le cercle artériel de WILLIS, au moyen d'un manomètre fixé dans le bout périphérique d'une carotide. Il constate que l'oblitération de l'autre carotide et des deux vertébrales ne produit qu'une baisse momentanée dans le cercle artériel. La pression remonte bientôt par suite de la dilatation des voies collatérales, dilatation dépendant, d'après CORIN, de l'augmentation de la pression artérielle générale, augmentation de pression constatée par le tracé du manomètre fixé dans le bout cardiaque de la carotide.

v. RECKLINGHAUSEN (*Handbuch der allgem. Pathologie des Kreislaufs*, in : *Deutsche Chirurgie*, Stuttgart, 1883) insista sur l'appel de sang exercé par le territoire anémié.

NOTHNAGEL (*Ueber Anpassungen und Ausgleichungen bei pathologischen Zuständen. Zeits. f. klin. Med.*, XV, 43, 1888) fait également jouer dans la genèse de la circulation collatérale le rôle le plus important à la diminution de pression qui règne en aval de l'endroit lié. Cette diminution de pression dans le district anémié provoque, dans les collatérales qui s'y rendent, une augmentation de vitesse du courant sanguin, ce qui amène l'élargissement et l'hypertrophie des ramuscules vasculaires qui constituent des anastomoses directes entre les territoires vasculaires situés en amont et en aval de la ligature. Les expériences de NOTHNAGEL ont été faites sur la crurale du lapin. (Voir les figures du travail de NOTHNAGEL, ainsi que les planches de l'atlas de PORTA. *Delle alter. pat. delle arterie per la legatura e la torsione.* Milano, 1845.)

La seconde théorie, qui attribue aux nerfs vaso-moteurs, ou tout au moins à des influences vitales, un rôle actif dans la dilatation des voies collatérales, après occlusion d'une artère, a été soutenue par SAMUEL (1869), BROWN-SÉQUARD (1870), LATSCHENBERGER et DEAHNA (1876), ZUNTZ (1878), HERMANIDES (voir plus haut), COHNHEIM (*Vorles. üb. allg. Pathol.*, Berlin, 1882), STEFANI (1886), HÜRTHLE (1889), CAVAZZANI (1891), et d'autres.

BROWN-SÉQUARD (*Des congestions consécutives aux [ligatures d'artères. A. de P.*, III, 518, 1870. Voir aussi MOREAU, *B. B.*, 233, 234, 1868) émit l'opinion « que la ligature d'une artère paralyse les nerfs qui l'accompagnent et produit conséquemment la paralysie des ramifications de ce vaisseau, d'où il suit que le sang des vaisseaux collatéraux, trouvant une voie largement ouverte dans les parties où se distribue l'artère liée, y afflue et y produit quelquefois de la congestion et une élévation de la température ».

SAMUEL (*Der Einfluss der Nerven auf Vollendung des Collateralkreislaufs. Centralbl. f. d. med. Wiss.*, 1869, n° 25) a constaté que les tissus anémiés par ligature d'artère ne présentent pas l'inflammation aiguë classique, aux lieux d'application d'une goutte d'huile de croton. Il a utilisé cette propriété pour déterminer le moment du rétablissement de la circulation collatérale. Après ligature d'une carotide, la circulation dans l'oreille du lapin se rétablit au bout de trente-six à quarante heures, même plus tôt (vingt-quatre à trente heures), si le sympathique est en même temps coupé. La section des nerfs sensibles, au contraire, retarde de deux jours environ l'apparition de la réaction inflammatoire, indice du rétablissement du cours du sang. La circulation collatérale met six jours à se rétablir, après ligature de l'artère auriculaire à la base de l'oreille, et plus de quinze jours, après section des nerfs grand et petit auriculaire et de l'auriculo-temporal. Mais, si l'on coupe en même temps le sympathique, le rétablissement de la circulation est denouveau hâté.

LATSCHENBERGER et DEAHNA (*Beitr. z. Lehre von der reflectorischen Erregung der Gefässmuskeln. A. g. P.*, XII, 157, 1876) ont constaté que la ligature d'une artère crurale provoque une élévation de la pression générale. Si l'on produit ensuite la désobstruction, on observe une chute de pression plus forte qu'après section du sciatique. L'élévation et la chute de pression ne se montrent plus après section des nerfs sciatique et crural : il s'agit donc d'une action nerveuse réflexe exercée sur les centres vaso-moteurs par des filets centripètes presseurs et dépresseurs provenant des vaisseaux. Les auteurs admettent que toute diminution de pression (ligature d'artère) se produisant dans un territoire vasculaire limité, provoque une excitation réflexe des nerfs centripètes presseurs généraux, et une excitation réflexe des nerfs centrifuges vaso-dilatateurs locaux.

ZUNTZ (*Beitr. z. Kenntniss der Einwirkungen der Athmung auf den Kreislauf. A. g. P.*, XVII, 374, 1878) croit que l'excitation des nerfs centripètes presseurs est plutôt de nature *chimique* que *mécanique*. Elle serait due à l'asphyxie locale provenant de la stagnation du sang et s'observerait aussi bien après ligature des veines (oblitération de la veine cave) qu'après ligature des artères.

ZUNTZ admet que la dyspnée locale provoque une vaso-dilatation vasculaire locale, accompagnée d'une vaso-constriction générale réflexe.

STEFANI (*Della influenza del sistema nervoso sulla circolazione collaterale. Sperimentale*, 1886, sept., Anal. dans *J. P.*) lie l'artère axillaire chez différents animaux et compare les effets de la ligature simple avec celle de la ligature vasculaire, combinée avec la section des nerfs de l'extrémité supérieure.

Les résultats ne furent pas probants chez le lapin. Chez le pigeon la conservation des nerfs parut favoriser le rétablissement de la circulation. Chez la salamandre, elle est indispensable. Il en fut de même pour la plupart des expériences pratiquées chez la grenouille. Dans d'autres cas, la circulation collatérale put s'établir malgré la section des nerfs.

E. CAVAZZANI (*Sur la genèse de la circulation collatérale, ses rapports avec l'influence nerveuse, particulièrement dans l'hexagone de* WILLIS. *A. i. B.*, XVI, 1, 1891) a démontré également l'influence directe du système nerveux dans la dilatation des voies collatérales après la ligature des carotides. Il mesure la pression de l'hexagone de WILLIS, au moyen d'un manomètre fixé dans le bout périphérique d'une carotide, et observe les modifications qui se produisent sous l'influence de l'occlusion de l'autre carotide, avec ou sans section préalable du grand sympathique. Immédiatement après l'occlusion, la pression baisse notablement dans l'hexagone de WILLIS, mais elle ne tarde pas à se relever, par suite de la dilatation des autres vaisseaux (artères vertébrales) qui alimentent le territoire anémié. Cette dilatation est d'origine nerveuse, puisqu'on ne l'observe plus après la section du grand sympathique cervical. CAVAZZANI admet que cette dilatation est déterminée par voie réflexe et que l'excitation périphérique qui en est le point de départ est très probablement représentée par l'anémie vasculaire.

K. HÜRTHLE (*Unters. über die Innervation der Hirngefässe. A. g. P.*, XLIV, 560, 1889) avait également montré que l'augmentation de la pression générale aortique, qui se montre après la compression des carotides ou après l'excitation du bout céphalique du grand sympathique cervical, ne se montre plus, ou est insignifiante, après la section de la moelle épinière cervicale. Cette hausse de pression semble donc due à une constriction vasculaire réalisée dans d'autres territoires vasculaires et due probablement à une excitation anémique des centres vaso-moteurs. Si l'on relâche la carotide comprimée, la pression dans le cercle artériel ne remonte généralement pas à son niveau primitif : il y a donc une dilatation locale du territoire anémié.

GILTAY (*Sur l'occlusion des artères nourricières de la tête chez le lapin. Archives de Biologie*, XIV, 395. *Trav. lab. de Liège*, V, 113, 1895-96. Voir aussi LÉON FREDERICQ. *C. P.*, VIII, 623, 1894) a étudié chez le lapin la dilatation des voies collatérales qui s'établit après l'occlusion des carotides et des vertébrales. On sait depuis KUSSMAUL et TENNER (*Moleschott's Unters.*, 1857) que cette occlusion, si elle est faite brusquement et définitivement, amène en général la mort du lapin en un petit nombre de minutes. GILTAY a constaté qu'une occlusion temporaire (durée de quelques secondes) des carotides (les vertébrales ayant été liées au préalable) provoque, après désocclusion des carotides, au bout de deux ou trois minutes, une dilatation des voies collatérales (artérioles provenant des sous-clavières) suffisante pour nourrir les centres nerveux et leur permettre à présent de supporter l'occlusion définitive des carotides, opération qui, pratiquée d'emblée, aurait été mortelle. Une occlusion temporaire procure donc à l'animal une immunité complète contre une occlusion définitive survenant trois minutes plus tard, et cela par une action vaso-motrice agissant sur les voies collatérales émanées des sous-clavières. L'expérience de KUSSMAUL-TENNER de l'occlusion définitive des quatre artères nourricières de la tête n'est donc mortelle chez le lapin, que parce que la dilatation des voies collatérales se produit avec un retard trop grand, pour que l'animal puisse encore être sauvé.

Enfin citons un travail tout récent de A. BIER (*Die Entstehung des Collateralkreislaufs*, I. *Der arterielle Collateralkreislauf. A. A. P.*, CXLVII, 256, 444, 1897). L'auteur insiste vivement sur l'énorme hyperémie artérielle que montrent les extrémités (bras ou jambes), quand on les a anémiées temporairement par la bande d'ESMARCH, et qu'on enlève le lien de manière à laisser de nouveau libre accès au sang (Voir une expérience analogue dans MAREY. *Trav. labor.*, II, et *La circulation du sang*, Paris, 1881). Il démontre, par une série d'expériences, que l'hyperémie consécutive à l'anémie est indépendante du système nerveux central, et dépend d'un état particulier, provoqué localement par l'anémie. Voici l'une de ses expériences (Exp. 11) : On ampute complètement sur un porc une des pattes antérieures, en respectant seulement l'artère et la veine axillaire. On arrête la circulation artérielle, au moyen d'une pince à pression pendant cinq minutes. Puis on rétablit le cours du sang en levant la pince : la congestion qui se produit dans ce cas est tout à fait comparable à celle qui se montre après une application de la bande d'ESMARCH.

Il y a un véritable appel de sang dans tout territoire anémié, comme si le territoire anémié éprouvait le besoin de l'irrigation sanguine. Cette attraction ne s'exerce d'après l'auteur que vis-à-vis du sang artériel. Si l'on provoque un commencement d'asphyxie, de manière à rendre le sang veineux, la congestion consécutive à l'anémie ne se montre plus. Cet appel de sang serait le facteur principal de l'établissement de la circulation collatérale. Mais certains organes, notamment l'intestin, n'éprouveraient pas cette sensibilité spéciale vis-à-vis de la privation du sang. Un intestin (vide) anémié par compression temporaire de ses artères ne se congestionne pas au moment où on fait cesser la compression.

Cette insensibilité de l'intestin vide vis-à-vis de l'excitant due à l'anémie est sans doute en rapport avec ce fait signalé par les chirurgiens, que la circulation collatérale ne s'établit pas après oblitération des artères de l'intestin et que l'arrêt de la circulation y conduit fatalement à la nécrose. D'autres organes, rein, rate, etc., sont peut-être dans le même cas que l'intestin.

En résumé, les auteurs assez nombreux qui se sont occupés de la genèse de la circulation collatérale sont arrivés à des résultats peu concordants. Le sujet appelle de nouvelles recherches.

Cependant, je crois pouvoir formuler les conclusions générales suivantes. Des deux facteurs mécaniques qui ont été invoqués pour expliquer l'appel de sang vers le réseau vasculaire momentanément anémié par ligature d'un artère nourricière, l'augmentation de pression en amont de l'oblitération artérielle et la diminution de pression en aval, le second seul me paraît devoir être pris en considération sérieuse. Seule cette diminution de pression est spéciale au territoire anémié. L'augmentation de pression en amont ne peut être limitée au voisinage de la ligature : elle s'étend à tout le système artériel : de plus elle ne peut être que temporaire.

Il me paraît probable aussi que les facteurs purement mécaniques ne sont pas seuls en jeu, que l'augmentation de pression générale est en partie d'origine nerveuse, et due à une action réflexe générale vaso-constrictive, ayant pour point de départ l'excitation de nerfs centripètes presseurs provenant du territoire anémié (expériences de LATSCHENBERGER et DEAHNA et de ZUNTZ).

La vaso-dilatation locale, spéciale au territoire anémié, est également liée au fonctionnement des éléments vivants de la paroi vasculaire : paralysie par altération de la nutrition locale (expériences de BIER) et par action vaso-dilatatrice locale réflexe (réflexe dépresseur local, expériences de LATSCHENBERGER et DEAHNA et de ZUNTZ).

§ **V. Influence de la pesanteur sur la circulation.** — Influence de la pesanteur sur la position du cœur. — Le cœur jouit d'une certaine mobilité dans la cavité du péricarde. L'extrémité ventriculaire se déplace sous l'influence de la pesanteur, suivant que le sujet incline le corps en avant (position favorable pour l'inscription du choc du cœur), ou en arrière (position défavorable), à droite ou à gauche (position recommandée pour obtenir chez l'homme de bons tracés du ventricule gauche). Voir MAREY. *Circulation du sang*. Paris, 1881, 436).

J'ai constaté que, chez le chien, on obtenait des tracés cardiographiques typiques du ventricule droit, en inclinant l'animal sur le côté droit, tandis que les tracés obtenus à gauche sont le plus souvent atypiques (*Comparaison du tracé du choc du cœur avec celui de la pression intra-ventriculaire. Trav. labor.* V, 85, aussi *Arch. Biol.*, XIV, 139).

Influence de la pesanteur sur la circulation dans les artères et dans les veines. —
(Voir Marey, *Circ. sang.* et Paschutin. *Die Bewegungen der Flüssigkeiten in Röhren die ihre
Lage ändern. Med. Centralblatt*, 1879. — Voir aussi les articles *Pression artérielle, Veines*,
de ce Dictionnaire.)

Les lois de l'hydraulique faisaient prévoir, et l'expérience confirme que les changements d'attitude du corps exercent une influence considérable sur la répartition du sang
entre les différentes parties du corps. L'action de la pesanteur tend à retarder le cours
du sang et à diminuer la pression artérielle dans les membres ou les parties du corps qui
sont placées dans une attitude élevée : la circulation s'accélère au contraire et la pression, tant artérielle que veineuse, tend à monter dans les parties déclives. Le sang s'accumule dans ces mêmes parties.

Il est surtout intéressant d'étudier les changements que présentent les phénomènes
de la circulation lorsque le corps tout entier change d'attitude, passe par exemple de
l'attitude couchée à la station verticale, ou réciproquement.

Mosso (*Application de la balance à l'étude de la circulation du sang chez l'homme. A. i. B.* v,
130, 1884) a montré, au moyen de sa balance, que le sang s'accumule dans les membres
inférieurs de l'homme pendant la station verticale; si le sujet se met ensuite dans la
position horizontale, l'excès de sang accumulé dans les membres inférieurs s'en écoule
peu à peu, d'où une diminution de poids de l'arrière-train, dont l'importance peut être
déterminée par la balance. La partie principale de la balance de Mosso est une caisse de
bois rectangulaire, placée en guise de balance horizontalement sur un couteau d'acier. Si
un homme qui se tenait d'abord debout, se couche horizontalement dans la caisse et qu'on
équilibre soigneusement l'appareil de manière qu'il soit horizontal, l'équilibre atteint
primitivement se trouve bientôt rompu, la balance s'inclinant vers la tête. On est obligé
d'ajouter au moins 100 grammes du côté des pieds pour rétablir l'équilibre, après
que l'excès de sang contenu dans les membres inférieurs s'est écoulé dans le reste du
corps.

La station verticale, surtout si elle se prolonge, et si elle coïncide avec l'immobilité plus
ou moins complète du sujet, exerce une action des plus défavorables sur la circulation de
retour de la partie inférieure du corps, où le sang veineux est obligé de remonter vers
le cœur contre l'action de la pesanteur.

Le sang, s'accumulant dans les veines des membres inférieurs, peut arriver à les distendre au delà de la limite de leur élasticité, et amener leur dilatation permanente : fréquence des varices chez les repasseuses, et autres personnes obligées par métier à rester
debout dans une immobilité plus ou moins complète.

Le sang s'accumule alors dans le système veineux des membres inférieurs et de
l'abdomen, au détriment du système artériel, d'où chute de la pression artérielle générale, et comme conséquence, diminution du *tonus* d'arrêt du pneumogastrique et accélération des battements du cœur.

Cette accélération du rythme cardiaque sous l'influence du passage de l'attitude couchée à la station verticale, a été notée depuis longtemps par les médecins et les physiologistes. Citons quelques chiffres à titre d'exemple. Guy (*Guy's Hospital Reports*, vol. iii,
92 à 308. Cité par Marey. *Circulation du sang*, 1881) trouve par exemple les variations
suivantes : Sujet debout : 79 pulsations (minute); sujet assis : 70 pulsations; sujet couché : 67 pulsations.

D'après Graves, cette influence de l'attitude sur le pouls est d'autant plus grande que
le sujet qu'on observe a le pouls plus fréquent au moment de l'expérience.

Schapiro (*Jb. P.*, 1881, 60) a constaté sur 50 soldats que le pouls est toujours plus fréquent (Différ. maxim. : 34 pulsations; minim. : 2; moyenne : 14 pulsations de plus par
minute) quand le sujet est debout que lorsqu'il est couché horizontalement. La fréquence
plus grande des battements du cœur est en relation avec la diminution de pression qui se
traduit par une modification de forme du tracé sphygmographique, ainsi que l'a montré
Marey. (Voir aussi Friedmann, *Ueber die Aenderungen, welche der Blutdruck des Menschen
in verschiedenen Körperlagen erfährt. Wiener Med. Jahrbücher*, 1882, 197.) Marey (*Circulation du sang*, 1881, 438) a constaté les mêmes modifications du tracé sphygmographique
sous l'influence des changements d'attitude du bras qui porte le sphygmographe. La pression baisse quand on élève le bras : elle s'élève dans l'artère radiale du membre qu'on

abaisse. (Binet et Courtade, *Influence de l'attitude et de la compression sur la forme du pouls capillaire et du pouls artériel. B. B.*, 14 décembre 1895, 819.)

L'influence de l'attitude sur le nombre des battements du cœur fait défaut dans certains cas de maladies du cœur (L. Azoulay, *Les attitudes du corps comme méthode d'examen, de diagnostic et de pronostic dans les maladies du foie.* Paris, 1892, et *Influence de la position du corps sur le tracé sphygmographique. B. B.*, 7 mai 1892, 395). Elle fait également défaut dans la grossesse, d'après Jorissenne (*Ann. soc. médico-chirurg. de Liège*).

La diminution de pression artérielle dans la station verticale, son augmentation dans la position horizontale ou dans la position verticale renversée, fut constatée également chez les animaux, par un grand nombre d'expérimentateurs. Citons surtout : Cybulski (*Medic. Woch.*, Saint-Pétersbourg, 1878), Friedman (*Med. Jahrb. d. Ges. d. Aerzte. Wien*), L. Hermann (expériences de Blumberg et E. Wagner), et plus récemment : Hill (*The influence of the force of gravity on the circulation of the blood. Proc. R. S.*, lvii, 1894, et *J. P.*, xviii, 15, 1895, Hill et Barnard. *The influence of gravity on the circulation, J. P.*, 1896, 1).

Blumberg (*Ueber den Einfluss der Schwere auf Kreislauf und Athmung.* Königsberg, 1885, et *A. g. P.*, 1885, xxxvii, 467) et E. Wagner (*Fortgesetzte Untersuchungen über den Einfluss der Schwere auf den Kreislauf. A. g. P.*, xxxix, 371) étudièrent chez le chat, le lapin et le chien, sous la direction de Hermann, l'influence que la position du corps exerce sur la pression sanguine.

L'animal était fixé sur une planche pouvant basculer autour d'un axe transversal horizontal correspondant au point d'*indifférence statique de la masse du sang* (point situé au niveau de la pointe du cœur, et déterminé empiriquement sur le cadavre), de manière à éliminer l'action hydrostatique immédiate sur le manomètre fixé dans la carotide.

La station verticale (tête en haut) produit une accélération du rythme respiratoire et du rythme cardiaque. Ces deux phénomènes ne se montrent plus après section des vagues. La pression artérielle baisse, tant dans la crurale que dans la carotide, que les vagues aient été coupés ou non. L'accélération des pulsations cardiaques est une conséquence de cette diminution de pression (diminution du tonus d'arrêt du pneumogastrique). La baisse de pression artérielle est due à l'accumulation du sang veineux dans l'arrière-train de l'animal.

Si l'on place l'animal verticalement, la tête en bas, il y a également légère baisse de pression artérielle, mais cet effet ne se montre plus chez l'animal curarisé. Ici la position verticale renversée a pour effet d'augmenter la pression sanguine.

E. Cavazzani (*La courbe cardiovolumétrique dans les changements de position. A. i. B.*, xix, 394, 1893) a constaté directement par le procédé de la fistule péricardique de Stefani sur des chiens curarisés, que le passage de la position horizontale à la position verticale (avec tête en haut) diminue l'afflux du sang veineux vers le cœur. Dans la position verticale, avec la tête en bas, l'afflux veineux vers le cœur est favorisé; mais la déplétion ventriculaire est gênée.

Mais les recherches les plus complètes sur ce sujet ont été faites par L. Hill (*The influence of the force of gravity on the circulation of the blood. Proc. Royal Soc.*, lvii, 1894, et *J. P.*, xviii, 15, 1895).

Hill a mesuré la pression dans la carotide, dans le pressoir d'Hérophile, dans l'artère et la veine crurales, dans l'artère et la veine spléniques, chez le lapin, le chien, le chat et le singe, dans les différentes attitudes du corps, et sous différentes conditions (anesthésie, asphyxie, curare, section des vagues, section des splanchniques, section de la moelle cervicale, compression abdominale).

L'axe de rotation du corps passait toujours au niveau de la canule vasculaire, de sorte que le manomètre conservait une position invariable par rapport au vaisseau, ce qui n'était pas le cas dans les expériences de Blumberg et de E. Wagner.

Hill observe, conformément aux prévisions hydrostatiques, une baisse notable de pression dans la carotide quand l'animal est placé verticalement, la tête en haut, une légère hausse de pression (après une baisse passagère due à l'inhibition du cœur) quand il est placé verticalement la tête en bas. De même, si l'on fait tourner le corps autour d'un axe passant au niveau de la crurale, la pression monte dans cette artère lors du relèvement de l'animal la tête en haut; elle baisse dans la position verticale, tête en bas.

Mais cette tendance à la hausse, due à la baisse de pression qui s'explique par des considérations purement mécaniques, est plus ou moins masquée, contrebalancée, chez les différents individus et chez les différentes espèces animales, par des facteurs physiologiques, tendant à amener une compensation plus ou moins parfaite de la pression. Il s'agit avant tout d'un resserrement compensateur ou d'une dilatation des vaisseaux abdominaux, s'exerçant par l'intermédiaire des vaso-moteurs contenus dans le tronc des splanchniques et descendant du centre vaso-moteur par la moelle cervicale.

La compensation est remarquable chez le singe. Si l'on place l'animal verticalement, la tête en haut, la pression carotidienne pourra ne subir qu'une chute insignifiante, ou même montrer une hausse de pression, par suite d'un resserrement vasculaire compensateur exagéré, dépassant la valeur normale.

La section des splanchniques, celle de la moelle, l'anesthésie profonde suppriment cette tendance à la compensation, et permettent à l'action hydrostatique de s'exercer sans correctif.

L'auteur montre également qu'une compression de l'abdomen, exercée au moyen d'un bandage approprié, peut jusqu'à un certain point remplir le même office que la constriction vaso-motrice des vaisseaux abdominaux et amener un relèvement de la pression sanguine abaissée dans la carotide par l'attitude verticale (tête en haut) de l'animal.

KLEMENSIEWICZ (*Ueber den Einfluss der Körperstellung auf das Verhalten des Blutstromes und der Gefässe. Sitzungsber. Wien. Akad.*, (3), XCVI, 69, 1887) a étudié chez la grenouille, l'influence que l'attitude du corps exerce sur les vaisseaux de la membrane inter-digitale, et constaté que ces changements sont dus aux facteurs hydrostatiques combinés avec les facteurs nerveux.

La station verticale prédispose à l'anémie cérébrale, le sang artériel étant envoyé au cerveau en quantité insuffisante, et le sang veineux de la tête étant pour ainsi dire aspiré vers le cœur par son propre poids. PIORRY (*Arch. gén. de méd.*, 1826), MARSHALL HALL (*Med. chir. Trans.*, 1832), BASEDOW (*Woch. f. d. ges. Heilkunde*, Berlin, 1838) et d'autres ont insisté sur ce fait que la syncope se produit facilement chez l'homme ou chez le chien, après une saignée, lorsqu'on place le sujet dans la position verticale, la tête en haut.

De même, tous les médecins savent que le meilleur moyen de traiter la syncope consiste à coucher le patient en lui plaçant la tête dans une position déclive.

Les différentes espèces animales présentent à cet égard une susceptibilité très différente. Ainsi la position verticale du corps, qui est naturelle chez l'homme, n'est pas supportée par le lapin. Il suffit d'immobiliser un lapin dans cette position, la tête en haut, pour le tuer par anémie cérébrale au bout d'un temps relativement court, variant suivant les individus, entre quelques minutes et deux heures (REGNARD. *Rech. sur la congest. cérébr. Thèse Strasbourg*, 1868; SALATHÉ. *Trav. du labor. de* MAREY, 1876, 1877).

La diminution de volume du cerveau dans l'attitude verticale, son augmentation dans la position horizontale et surtout dans la position verticale renversée (pieds en haut, tête en bas) fut constatée chez l'homme et chez les animaux par SALATHÉ, BRISSAUD et FRANÇOIS-FRANCK (*Trav. labor.* MAREY, III, 1077), etc. (Voir aussi H. GRASHEY. *Experimentelle Beiträge zur Lehre von der Blutcirculation in der Schädel-Rückgrathöhle. Festschrift für Prof. Buchner, München*, 1892).

SALATHÉ a montré que la force centrifuge pouvait produire des effets de congestion ou d'anémie du cerveau analogues à ceux qui sont dus à la gravitation. Si l'on fixe un lapin suivant des rayons d'un disque horizontal animé d'un mouvement rapide de rotation, la force centrifuge accumulera le sang de l'animal dans les organes situés à la périphérie du disque, au détriment de ceux qui auront été placés vers le centre du disque (*Trav. labor.* MAREY, III, 1877).

Bornons-nous à signaler les mémoires de JOACHIMSTHAL (*Ueber den Einfluss der Suspension am Kopfe auf den Kreislauf. A. P.*, 1893, 200), et de COWL et JOACHIMSTHAL (*Ueber die Einwirkung einer auf die Wirbelsäule ausgeübten Extension auf den Blutdruck. C. P.*, VIII, 1893, 769) sur l'influence que l'extension de la colonne vertébrale exerce sur la circulation. Ces travaux intéressent plus le médecin que le physiologiste.

§ VI. **Influence de la respiration sur la circulation.** — Le rôle que joue l'aspiration produite par le vide thoracique (CARSON, *Philos. Trans.*, I, 42, 1820; DONDERS, Z.

nat. Med. N. F., III) sur la circulation de retour sera étudié aux articles **Veines et Respiration.**

Bornons-nous à rappeler ici que cette aspiration atteint sa valeur la plus élevée pendant l'inspiration, d'où accélération du cours du sang veineux pendant cette phase de la respiration : la pression baisse dans toutes les veines de la moitié supérieure du corps (tête, cou, extrémités supérieures). L'inspiration exerce une action encore plus favorable sur le cours du sang dans les veines des organes abdominaux. A l'aspiration thoracique vient s'ajouter pour ces vaisseaux la compression active qui résulte de l'abaissement du diaphragme pendant l'inspiration.

Les veines du membre inférieur paraissent seules placées dans des conditions relativement défavorables pendant la phase d'inspiration. Le cours du sang semble s'y trouver momentanément ralenti ou arrêté, par suite de l'augmentation de la pression intra-abdominale. Le sang des extrémités inférieures doit, en effet, traverser le milieu abdominal, où règne d'ordinaire une pression plus forte, avant de pénétrer dans le milieu raréfié de la poitrine.

Les variations respiratoires de la circulation de retour se traduisent par des variations périodiques dans le diamètre des vaisseaux veineux. Ces oscillations (affaissement à l'inspiration, gonflement à l'expiration) sont des plus manifestes sur les grosses veines avoisinant le thorax, notamment sur les jugulaires externes. Ces variations de volume des veines sont assez importantes pour influencer le volume des organes. La courbe pléthysmographique du cerveau, du bras ou de la main, s'abaisse pendant l'inspiration, tandis que la courbe du volume du pied ou de la jambe monterait à l'inspiration, d'après Mosso.

WERTHEIMER (*Influence de la respiration sur la circulation veineuse des membres inférieurs.* B.B., 17 nov. 1894) affirme cependant que la pression baisse dans les veines du membre inférieur lors de l'inspiration, tant que les pneumogastriques sont intacts. Après leur section, l'inspiration coïnciderait avec une élévation de la pression veineuse du membre inférieur.

Le vide thoracique atteint une valeur énorme dans l'expérience dite de MÜLLER, qui consiste à fermer la glotte après une expiration forcée, et à dilater ensuite la poitrine en faisant un effort d'inspiration poussé au maximum. La pression négative que l'on développe de cette façon dans le poumon vient s'ajouter à la valeur normale du vide pleural; elle peut être telle que les oreillettes distendues par aspiration ne versent plus leur sang dans les ventricules. Les ondées sanguines du ventricule gauche diminuent d'importance, et le pouls peut même cesser complètement. Il en résulte une anémie générale dans le système de la grande circulation, une hyperémie dans le système de la circulation pulmonaire.

La pression pleurale peut au contraire atteindre une valeur positive considérable, dans l'expérience suivante, appelée (à tort) expérience de VALSALVA. On ferme la glotte, après avoir, par une inspiration profonde, enfermé une grande quantité d'air dans la poitrine, puis on comprime cet air, par une contraction énergique de tous les muscles expirateurs. On développe de cette façon un excès de pression positive considérable dans les poumons, 250 millimètres de mercure par exemple, d'après VALENTIN (1847). La pression pleurale doit alors avoir la même valeur de + 250 millimètres, diminuée de la valeur négative correspondant à l'élasticité pulmonaire (— 10 à — 15 millim.). Dans ces conditions, le sang veineux ne peut plus pénétrer dans la poitrine, il s'accumule dans les veines de la grande circulation. Les poumons se vident de sang, le cœur bat presque à vide, et le pouls peut devenir imperceptible ou tout au moins diminuer notablement d'amplitude. Ces expériences ne sont pas sans danger.

Voir pour la bibliographie de cette question : H. H., IV, (1), 297 et suiv., 1880, et E. HIRSCHMANN. PH. KNOLL (*Ueber die Deutung der Pulscurven beim Valsalva'schen und Müller'schen Versuch.*, A. g. P., LVI, 389, LVII, 406).

Pour l'influence de la respiration sur la circulation pulmonaire, voyez **Poumon**; pour les variations respiratoires de la pression artérielle, voyez **Pouls** et **Pression artérielle.**

§ **VII. Durée totale de la circulation.** — On appelle, depuis E. HERING, *vitesse ou durée totale de la circulation*, le temps qu'une particule de sang met à parcourir complètement le double cycle de la grande et de la petite circulation. Ce sera, par exemple, le temps qui s'écoule entre deux passages successifs d'un globule sanguin au même endroit de l'appareil vasculaire.

Pour déterminer ce temps chez le cheval, E. HERING (*Zeits. f. Physiologie*, 1829, III, 85, et 1833, V, 58; *Archiv f. physiol. Heilkunde*, 1853, XII, 112; *Rep. der Thierheilkunde*, XL, 105, 1879) injectait dans le bout central de la jugulaire une solution de ferro-cyanure de potassium (4 grammes de ferro-cyanure dissous dans 30 grammes d'eau). Aussitôt un aide recevait dans des verres qu'il changeait de cinq secondes en cinq secondes, le sang qui s'écoulait par le bout céphalique de la jugulaire de l'autre côté. On recherchait le ferro-cyanure dans le sérum de ces échantillons au moyen de per-chlorure de fer (formation de bleu de Prusse). E. HERING constatait que le ferro-cyanure apparaît dans le sang du bout périphérique de la jugulaire du cheval vingt-cinq à trente secondes après que ce sel a été injecté dans le bout central du vaisseau symétrique.

VOLKMANN (*Hämodynamik*, 254) avait objecté aux expériences de HERING que l'écou-lement du sang par un vaisseau ouvert pouvait avoir contribué à accélérer le cours du sang. HERING montra que cette influence est insignifiante. Le temps de la circulation reste le même, que la jugulaire soit ouverte au moment de l'injection, ou seulement vingt ou vingt-cinq secondes plus tard.

POISEUILLE (*Ann. des Scien. nat.*, (2), *Zool.*, XIX, 30) répéta les expériences de HERING. Il constata que l'acétate d'ammoniaque ou le nitrate de potassium, ajoutés au sang en solution diluée, ont pour effet de raccourcir la durée de la circulation, que l'alcool l'allonge au contraire. Ces résultats concordaient avec les expériences de POISEUILLE sur les variations de vitesse d'écoulement de l'eau par les tubes capillaires, sous l'influence de l'addition des substances en question.

VIERORDT (*Die Erscheinungen und Gesetze der Stromgeschwindigkeiten des Blutes.* *Frankfurt a M.*, 1858, et *Das Abhängigkeitsgesetz der mittleren Kreislaufzeiten von der mittleren Pulsfrequenz*, etc. *Arch. f. physiol. Heilkunde*, N. F., II, 527, 1858) perfectionna le procédé de HERING. Le vaisseau qui doit fournir le sang d'épreuve est muni d'une canule par laquelle le sang s'écoule, à partir du moment de l'injection, d'une manière continue, dans une série de quatre-vingt-un petits entonnoirs carrés, fixés autour d'un disque horizontal animé d'un mouvement circulaire uniforme.

Le disque fait un tour en cinquante secondes. Il en résulte que chaque entonnoir vient se présenter pendant un temps assez court $\left(\frac{50}{81} = 0'',6 \text{ environ}\right)$ au tube d'écoule-ment. Le temps se trouve ainsi mesuré plus exactement et la méthode devient applicable à de petits animaux.

AINSER et LOHE (*Zeits. f. rat. Med.*, XXXI, 33, 1868) ont appliqué le même procédé.

HERMANN (*A. g. P.*, 1884, XXXIII, 169) l'a simplifié, en recevant le sang qui s'écoule de la jugulaire, sur une feuille de papier buvard, fixée sur le cylindre horizontal de l'appareil enregistreur, animé d'un mouvement de rotation uniforme. Après l'expérience on détache la feuille, on la sèche, on la découpe en languettes dont la largeur correspond à une fraction déterminée de temps. Chaque languette est soumise à l'ébullition dans une éprouvette avec un peu d'eau. Cette décoction est essayée au perchlorure de fer. HERMANN a substitué le ferro-cyanure de sodium, au ferro-cyanure de potassium, afin d'éviter l'action toxique du sel de potassium.

Enfin E. MEYER (*Procédé spectroscopique pour l'étude de la vitesse moyenne de la circu-lation du sang. B. B.*, 1892, 963) propose de remplacer la solution de ferro-cyanure, par une injection de sang contenant de la méthémoglobine, facile à reconnaître au spec-troscope. Il intercale sur le trajet de l'autre jugulaire une canule spéciale permettant l'examen spectroscopique direct du sang circulant dans la veine. Quant au sang contenant de la méthémoglobine, il est fourni par un autre animal empoisonné par l'aniline ou la pyrodine.

WOLFF (*Ueber die Umlaufsgeschwindigkeit des Blutes im Fieber. A. P. P.*, XIX, 265, 1885), appliquant la méthode de HERMANN, trouve que la durée de la circulation est de 5'',5 chez le lapin. Cette durée augmente sous l'influence de la fièvre.

STEWART (*A new method of measuring the velocity of the blood. J. P.*, XI, p. XV, 1890) utilise une méthode analogue pour déterminer la vitesse du courant sanguin. Il injecte une solution saline dans une veine et détermine le moment de l'arrivée de la solution à deux endroits inégalement distants de l'appareil circulatoire, en constatant la diminution de résistance au passage du courant électrique, provoquée par l'arrivée de la solution saline.

L'auteur trouve, chez le lapin, que le trajet entre la jugulaire droite et la fémorale du même côté, prend 7″,5, entre la jugulaire et la carotide gauche, de 6 à 6″,5, entre la fémorale droite et la carotide gauche, 9″,5 à 10″.

Loewy (*Ueber den Einfluss der verdünnten und verdichteten Luft auf Blutkreislauf. A. P.*, 1894, 535) a constaté qu'un changement notable dans la pression extérieure (entre 400 millim. et 1200 millim. Hg.) n'a pas d'influence sur la durée totale de la circulation. Cette constatation est surtout intéressante pour les diminutions de pression : elle montre que l'organisme n'emploie pas l'accélération de la circulation, comme moyen de lutter contre le déficit d'oxygène de l'air respiré provenant d'une diminution de pression.

Vierordt a publié de nombreux résultats d'expériences qui sont cités dans tous les traités classiques de physiologie. Il trouva pour le cheval des valeurs analogues à celles de Hering : pour le chien, 16″,7; pour le lapin, 7″,46; pour la chèvre, 14″,14, etc. Il remarqua que le nombre des pulsations cardiaques exécutées chez chacun de ces animaux, pendant le temps moyen de la circulation, est à peu près le même : 26,1 chez le lapin, 26 chez la chèvre, 26,7 chez le chien et 28,8 chez le cheval.

En procédant par analogie, Vierordt admit que chez l'homme la durée totale de la circulation correspond également à 27 (entre 26 et 28) pulsations cardiaques, c'est-à-dire à environ 23 secondes (en admettant 72 pulsations à la minute).

Vierordt constata.chez le chien que la durée de la circulation reste à peu près la même, si l'on s'adresse à la veine crurale, au lieu de la veine jugulaire.

Vierordt avait utilisé les résultats numériques de ses expériences, pour calculer le débit du cœur et l'importance de l'irrigation sanguine chez les différents animaux. Il avait constaté que l'irrigation sanguine est d'autant plus abondante que l'animal est plus petit. Il avait trouvé qu'il passe en une minute :

Chez le lapin.	592 grammes de sang par kilogramme de tissus.	
— la chèvre.	311 —	—
— le chien.	272 —	—
— l'homme.	207 —	—
— le cheval	152 —	—

Il avait trouvé aussi que le débit du cœur, rapporté au poids de l'animal, est d'autant plus considérable que l'animal est plus petit.

	DÉBIT DU CŒUR par minute.	DÉBIT relatif.	POIDS du corps.	POIDS relatif.
	grammes.		kilogrammes.	
Lapin.	812	1	1,37	1
Chèvre	1 166	1,4	3,75	2,7
Chien.	2 504	3,1	9,2	6,7
Homme.	13 143	16	63,6	46
Cheval.	58 800	72	380	277

Vierordt étendit ses recherches à un grand nombre de mammifères et d'oiseaux, et arriva à des résultats analogues.

Vierordt, dans ces calculs, avait tenu compte de ce fait que le temps qui s'écoule entre l'injection du ferro-cyanure, et son apparition dans le bout périphérique d'une veine symétrique, représente, non la moyenne, mais un minimum de la durée de la circulation. En effet, les particules de sang situées dans l'axe du vaisseau cheminent plus vite que celles qui frottent contre les parois. De plus, celles qui n'ont à traverser que des réseaux peu étendus, le réseau des artères coronaires par exemple, reviendront plus vite à leur point de départ que celles qui vont jusqu'aux extrémités des membres. Or c'est la première apparition du ferro-cyanure que l'expérimentateur guette dans l'expérience de Vierordt. Il y a donc lieu de n'admettre les valeurs qu'après correction. Vierordt admettait que le cinquième de la masse du sang était animé d'une vitesse plus faible de 2/5 que celle trouvée directement.

Les valeurs citées précédemment sont des valeurs corrigées par Vierordt d'après cette base.

Ajoutons que Jolyet (Jolyet et Tauziac. *Capacités relatives des systèmes circulatoires de la grande et de la petite circulation. Labor. de méd. exp.* Bordeaux, 1880) a appliqué le procédé d'Ed. Hering à la détermination de la durée relative de la circulation pulmonaire et de la grande circulation. Le ferro-cyanure de potassium (ou un sel de lithium), injecté dans le cœur droit chez le chien, apparut dans le cœur gauche au bout de 6 secondes, tandis que chez le même animal, la durée totale de la circulation avait été trouvée de 24 secondes, c'est-à-dire quatre fois plus forte. Jolyet en conclut que le système de la circulation pulmonaire contient quatre fois moins de sang que celui de la grande circulation. Le rapport du poids du poumon au sang qu'il contient serait égal à 2,6, alors que le rapport du poids du corps au sang total est égal à 13 environ.

Smith, von Kries, Tigerstedt et d'autres ont fait à la méthode de Hering-Vierordt une série d'objections des plus sérieuses.

R. M. Smith (*The time required by the blood for making a complete circuit of the body. Transact. Coll. physic. Philadelphia*, (3), vii, 133, d'après Hermann, *Jb. P.*) a objecté que le ferro-cyanure injecté pouvait diffuser et arriver ainsi plus vite que le sang lui-même à l'endroit où se font les prises de sang. Il a répété les expériences en remplaçant l'injection de solution de ferro-cyanure par une injection de sang d'oiseau dilué (sang à globules elliptiques faciles à reconnaître) et a trouvé en effet la durée de la circulation notablement plus longue que par la méthode du ferro-cyanure, par ex. 20 secondes et 17 secondes (sang d'oiseau) au lieu de 15 secondes et 9″,5 (ferro-cyanure).

Voici quelques-uns des résultats obtenus par la méthode au sang de pigeon :

	POIDS. kil.	DURÉE. secondes.	NOMBRE de pulsations.
Chien.	18	20	55
—	10	17	53
—	8	15	50
—	8	13	47
—	10	18	44
—	3	20	60
Lapin.	—	14	—
—	3	12	—
—	1 1/2	9	27
—	2 1/2	9	35

En employant du carmin en suspension, l'auteur a trouvé 35 secondes comme durée de la circulation chez un chien de 10 kilos.

V. Kries (*Ueber das Verhältniss der maximalen zu der mittleren Geschwindigkeit bei dem Strömen von Flüssigkeiten in Röhren. Carl Ludwig's Beiträge zur Physiologie*, 1887, 101) fit remarquer que la correction adoptée par Vierordt était tout à fait arbitraire. Il admit que la vitesse moyenne pouvait peut-être approcher de la vitesse maximale trouvée dans les expériences de Vierordt, mais pouvait tout aussi bien n'en représenter que la moitié.

Il fit remarquer aussi qu'une diminution ou une augmentation momentanée de cette vitesse maximale, trouvée expérimentalement, ne prouve nullement que la vitesse moyenne, c'est-à-dire le débit moyen, subit des variations de même sens. Il suffit par exemple, pour raccourcir notablement le temps trouvé, qu'un seul réseau vasculaire de minime étendue présente localement des conditions favorisant le passage rapide du sang, le reste de l'appareil circulatoire pouvant présenter des conditions précisément inverses.

Tigerstedt (*Lehrbuch der Physiologie des Kreislaufes.* Leipzig, 1893, 467) a insisté sur les différences considérables que peuvent présenter la vitesse maximale constatée par l'expérience d'injection de ferro-cyanure, et la vitesse moyenne réelle, et sur l'impossibilité de calculer le débit moyen du cœur, comme l'a fait Vierordt, au moyen des données des expériences d'injection de ferro-cyanure.

Il montre notamment que, chez le lapin, certaines valeurs, calculées par Vierordt, sont près de dix fois plus fortes que les valeurs fournies par la détermination directe du débit du cœur, ou de l'irrigation sanguine d'un kilogramme de lapin.

Ainsi TIGERSTEDT (*Bestimmung der von dem linken Herzen herausgetriebenen Blutmenge. Skand. Arch. f. Physiol.*, III, 233, 1892) trouve chez le lapin 0,43 centimètres cubes de sang comme débit du cœur à chaque pulsation, contre 3,88 centimètres cubes comme débit calculé par VIERORDT, et 51 centimètres cubes comme volume de sang traversant 1 kilogramme de lapin par minute, contre 593 centimètres cubes comme volume calculé par VIERORDT.

TIGERSTEDT, en prenant comme base de son calcul les valeurs de débit du cœur, trouvées directement, et la quantité totale de sang du corps d'un lapin, admet que la durée totale moyenne de la circulation doit correspondre à une minute environ (au lieu des 7'',46 admises par VIERORDT), et à 197 pulsations cardiaques (au lieu des 26 pulsations admises par VIERORDT).

Les déterminations récentes de débit du ventricule chez le chien ont également conduit à cette conclusion que ce débit est notablement plus faible qu'on serait tenté de l'admettre d'après les calculs basés sur les valeurs trouvées par VIERORDT.

Parmi les différentes méthodes qui ont été proposées pour calculer ce débit, je citerai celle de ZUNTZ (*Ueber eine neue Methode zur Messung der circulirenden Blutmenge und der Arbeit des Herzens. A. P.*, 1894, 193, et *A. g. P.*, LV, 523, 1894) et celle de FICK.

Le principe de la méthode de ZUNTZ consiste à provoquer un arrêt temporaire du cœur par excitation du pneumogastrique et à injecter dans l'aorte, par une de ses branches, une quantité de sang telle que la pression se maintienne au niveau primitif. Cette quantité de sang représente celle que le cœur aurait débitée pendant le même temps, s'il avait continué à fonctionner comme précédemment.

ZUNTZ constata de cette façon qu'un chien de 4850 grammes, présentait par minute un débit de 162, 556, 300, 404, 329, 377, 512, 466, 365 centimètres cubes. En évaluant la masse du sang à un treizième du poids du corps, soit 373 grammes, on voit que ce débit du cœur a été en général, pendant une minute, un peu supérieur à cette valeur de 373 grammes, c'est-à-dire que la durée totale de la circulation serait ici voisine d'une minute.

La méthode consistant à déduire le débit du cœur d'après la différence d'oxygène du sang artériel et du sang veineux et d'après la valeur de l'absorption respiratoire de l'oxygène, a conduit à des résultats analogues.

Cette méthode, proposée par FICK, a été appliquée par GRÉHANT et QUINQUAUD chez le chien, et par HAGEMANN et ZUNTZ au cheval. (V. **Cheval**.)

Il en est de même des calculs analogues appliqués au débit du cœur de l'homme. L'ondée ventriculaire de l'homme qui avait été estimée à 180 grammes environ, pendant de longues années, n'atteint probablement pas la valeur de 60 grammes (Voir l'article **Cœur**.)

En admettant 50 à 60 grammes comme valeur du débit d'une pulsation ventriculaire, et 5 000 grammes comme masse totale du sang de l'homme, on constate qu'il faut près de 100 pulsations, ou près d'une minute et demie, pour que la masse totale du sang ait passé par le cœur. La durée moyenne de la circulation, calculée d'après cette donnée, est au moins trois fois plus longue que celle admise d'après les résultats des expériences de VIERORDT.

Les données fournies par les expériences d'injection de ferro-cyanure ou de substances analogues doivent donc être utilisées avec la plus grande réserve, et ne pas être identifiées avec la vitesse moyenne du sang, qui paraît beaucoup plus faible.

Bibliographie générale de la circulation. — Articles « *Circulation* » des *Dictionnaires de médecine, de la Real-Encyclopädie* d'EULENBURG, de *Todd's Cyclopaedia*, etc. — ROLLET, dans *H. H.* IV, (1), 1880. — MAREY. *La circulation du sang*, Paris, 1881. — TIGERSTEDT. *Lehrbruch des Physiologie des Kreislaufes*, Leipzig, 1893.

LÉON FREDERICQ.

CIRES. — Ce sont des substances composées de carbone, d'oxygène et d'hydrogène sécrétées par quelques insectes hyménoptères (cires animales) ou extraites de divers végétaux (cires végétales). Ce sont en somme, au point de vue de la composition élémentaire, des corps gras, dont elles présentent d'ailleurs plusieurs des propriétés.

Voici, d'après MALAGUTI, un tableau donnant leur composition centésimale.

	ÉLÉMENTS			POINT de FUSION.	PROVENANCE.
	C	H	O		
Cire ordinaire.	80,35	13,35	6,30	66	Abeilles.
— de Chine.	80,66	13,30	6,04	83	Hyménoptères.
— du Japon	73,40	11,85	14,75	42	?
— de Myrica.	74,23	12,07	13,70	47,5	Fruits du Myrica cerifera.
— d'Ocuba.	73,99	11,35	14,66	36,5	Myristica Ocuba.
— de Bicuyba.	74,38	11,11	14,51	35	Myristica Bicuyba.
— de Carnauba.	80,36	13,07	6,57	83,5	Carnauba.
— de Palmier.	80,48	13,30	5,97	72	Coroxylon-Andicola.
— des Andaquies. . . .	81,65	13,61	4,74	77	Hyménoptères.
— de Ceroxie.	83,64	12,27	4,09	82	Canne à sucre.

La cire la plus connue est le produit de sécrétion des abeilles.

Cette cire est sécrétée par des glandes spéciales de l'abdomen et transsude entre les anneaux du ventre de ces insectes qui se servent d'elle pour édifier les alvéoles où ils déposent leurs œufs et leur miel.

Pendant longtemps, on avait cru que les abeilles puisaient la cire toute formée dans les fleurs. HUBER, de Genève, a montré que la cire était un véritable produit de sécrétion. La cire, en effet, est formée dans l'organisme des abeilles par synthèse. Comme ces animaux se nourrissent surtout de matière sucrée, la formation de la cire est une preuve manifeste de la transformation des hydrates de carbone en graisses.

HUBER, en effet, a vu que des abeilles nourries exclusivement de miel fournissent autant de cire que lorsqu'elles sont en liberté.

Après avoir soumis les rayons du gâteau à la presse pour en extraire le miel, on fait fondre ce gâteau dans l'eau bouillante : la cire vient surnager et se prend par refroidissement. On la fait refondre et on la coule dans des moules de terre ou de bois : c'est la *cire jaune*. Cette cire doit sa couleur et son odeur à des corps étrangers. Elle a une saveur sucrée et une odeur aromatique analogue à celle du miel : elle fond à 62-63°. Elle sert à préparer la *cire vierge*. Cette dernière est blanche, incolore, insipide, insoluble dans l'eau, soluble dans les corps gras solides, les huiles, les essences, la benzine, le chloroforme. Sa densité est en moyenne de 0,958 à 0,960; elle se ramollit à 30° et fond à 66°.

Quand on la soumet à la distillation sèche, elle fournit des acides acétique et propionique, puis de la paraffine et de l'acide margarique, enfin des carbures d'hydrogène, liquides, gazeux et solides, de l'acide carbonique et du gaz oléfiant : il ne se produit pas d'acroléine (décomposition de la glycérine).

Traitée par l'alcool bouillant, la cire fournit une substance, la cérine ou acide *cérotique*, soluble à chaud et se séparant par le refroidissement d'une autre substance insoluble, la *myricine* ou *palmitate de myricile*. La myricile est un alcool. Ces deux composés, *acide cérotique* et *myricine*, existent en proportions très variables dans les diverses cires; enfin LEWY a signalé une troisième substance qu'il appelle *céroléine*. La potasse caustique saponifie la cire absolument comme les matières grasses ordinaires.

En médecine la cire jaune a été employée à l'intérieur contre la diarrhée et la dysenterie.

Au point de vue alimentaire, la cire est un corps gras, et par conséquent peut jouer dans la nutrition le même rôle que les graisses.

J.-E. A.

CITRIQUE (Acide) et CITRATES. — Formule : $(C^6H^8O^7,H^2O)$. Poids moléculaire : 192.

État naturel. — L'acide citrique existe soit à l'état libre, soit plus rarement à l'état de citrates de calcium ou de potassium dans la plupart des fruits acides : citrons, oranges, cédrats, groseilles, framboises, fraises, airelles, baies de sorbier, tomates, cerises; dans les mûres où il accompagne l'acide malique, dans la *chélidoine grande* *éclaire*, le suc de *Drosera intermedia* exprimé peu de temps avant la floraison ; dans le jus de betteraves où il est accompagné d'autres acides de même groupe : acides aconitique, tricarballylique, oxycitrique.

Le citrate de calcium se trouve dans les oignons, les feuilles de pastel, les pommes de terre, les betteraves avant leur maturité, etc. ; le citrate de potassium dans les topinambours, les pommes de terre, etc.

L'acide citrique a été découvert par SCHEELE (1784), dans le jus de citron, SCHEELE le distingua de l'acide tartrique.

Préparation. — On l'extrait surtout des citrons. On débarrasse les fruits de l'écorce et des graines. On les soumet à la presse. Le jus abandonné à lui-même subit un commencement de fermentation. Il se dépose du mucilage. On filtre, on sursature par de la craie et de la chaux, ou encore par du carbonate de baryte ou un excès de magnésie. Il se fait un précipité de citrate insoluble. Ce précipité est décomposé par l'acide sulfurique. On filtre et on concentre la liqueur. L'acide citrique se dépose par le refroidissement.

Propriétés. — L'acide citrique pur se présente sous la forme de beaux cristaux appartenant au type orthorhombique. Ils renferment une molécule d'eau qu'ils perdent à 100° ; les cristaux sont solubles dans 0,75 parties d'eau froide et 0,50 d'eau bouillante. L'acide citrique se dissout à 130° dans 45 parties 26 d'éther, 2 p. 31 d'alcool absolu, 2 p. 89 d'alcool à 90°. Il est soluble dans l'alcool et l'éther. L'acide citrique présente les caractères d'un acide énergique, il rougit fortement le tournesol, dissout le fer et le zinc et réduit le chlorure d'or. La solution d'acide citrique ne précipite pas à froid par l'eau de chaux, mais précipite à l'ébullition : le précipité se redissout par refroidissement. La solution d'acide citrique ne précipite pas non plus par le sulfate de potasse. Cette réaction et la précédente le différencient d'avec l'acide tartrique. D'autre part, si l'on traite un citrate par le permanganate de potasse alcalin, à l'ébullition on obtient une coloration verte ; avec un tartrate on obtient une réduction du permanganate qui se décolore. A froid, l'acide citrique ne réduit pas un mélange de bichromate de potasse, caractère distinctif de l'acide tartrique. Autres réactions : L'acide citrique évaporé avec de la glycérine repris par l'ammoniaque et additionné d'eau oxygénée après élimination de l'excès d'ammoniaque par la chaleur donne une belle coloration verte. L'acide tartrique et l'acide malique ne fournissent pas cette réaction (MANN). Si l'on additionne l'acide citrique d'une solution d'acide molybdique, puis de 3 ou 4 gouttes d'une solution pure et diluée d'eau oxygénée, il se produit une coloration jaune intense qui ne se modifie pas quand on chauffe légèrement. Dans ces conditions des traces d'acide tartrique donnent une coloration bleue.

Constitution. — L'acide citrique est un acide tribasique et tétratomique. Des produits de son dédoublement par une chaleur modérée en eau et acide aconitique d'une part, en acétone eau et acide carbonique et oxyde de carbone d'autre part ; étant donné d'un autre côté que l'acide aconitique peut fixer une molécule d'hydrogène et se transformer en acide carballylique, l'acide citrique, qui ne diffère de l'acide aconitique que par une molécule d'eau en plus, peut être considéré comme l'un des deux acides oxycarballyliques.

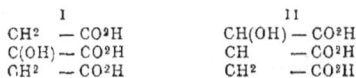

I		II	
CH^2	$— CO^2H$	$CH(OH)$	$— CO^2H$
$C(OH)$	$— CO^2H$	CH	$— CO^2H$
CH^2	$— CO^2H$	CH^2	$— CO^2H$

C'est la formule I qui correspond le mieux à l'acide citrique.

Synthèse. — La synthèse de l'acide citrique a été réalisée par GRIMAUX et ADAM, en partant de la dichloracétone symétrique de MARKOWNIKOFF. Le cyanure de dichloracétone est traité par HCl, et la solution distillée dans le vide est épuisée par l'éther qui abandonne par évaporation l'acide dichloracétonique symétrique. Cet acide, saturé par du carbonate de sodium, est chauffé à solution concentrée avec deux molécules de cyanure de potassium. Quand la réaction est terminée, on sature le liquide par HCl gazeux et on chauffe 45 heures au bain-marie. On distille dans le vide et on sépare l'acide citrique à l'ébullition par un lait de chaux à l'état de citrate calcique insoluble.

CH^2 — Cl	CH^{2}Cl	CH^{2}Cl	CH^{2}CO^{2}H
CO	C(OH)CO^{2}H	C(OH)CO^{2}H	C(OH) — CO^{2}H
CH^{2}Cl	CH^{2}Cl	CH^{2}Cl	CH^2 — CO^{2}H
Dichloracétone.	A. dichloracétonique.		Acide citrique.

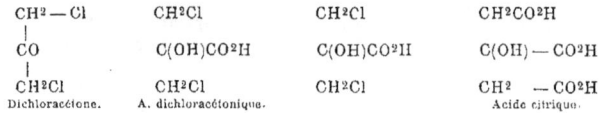

Une solution d'acide citrique abandonnée à l'air ne tarde pas à se couvrir de moisissures (*Penicillum glaucum, Aspergillus niger*), et il se forme de l'acide acétique.

Si la solution est additionnée de craie, elle contient au bout de quelque temps, quand la température n'est pas trop basse, de l'acide acétique et de l'acide butyrique (ferment butyrique) : additionnée en outre de fromage blanc, elle donne de l'acide propionique.

Pharmacodynamie. Toxicologie. — L'acide citrique n'est toxique qu'à la condition d'être absorbé à hautes doses et à solution concentrée. Dans ces conditions, il agit comme caustique irritant, de même que l'acide tartrique.

Nous le consommons avec la plupart des fruits que nous mangeons, et en assez grande quantité. Les citrates une fois introduits dans la circulation sont brûlés et transformés en carbonates alcalins. D'où une alcalinité plus grande des urines à la suite d'ingestion de citrates.

Mais il faut pour que l'acide citrique soit brûlé dans l'organisme, qu'il soit combiné à des bases alcalines. Ingéré à l'état libre en quantité un peu considérable, il passe inaltéré dans les urines.

La chaleur de combustion de l'acide citrique n'est d'ailleurs pas considérable : par molécule 480 calories, et par gramme 2,5 (Voy. **Aliments**). C'est un combustible accessoire.

Mais l'acide citrique, comme tous les acides végétaux, répond à une sensation gustative spéciale, la sensation d'acide, dont le besoin se fait sentir par instants, surtout au moment de la soif. Il agit en outre comme excitant des sécrétions, particulièrement de la sécrétion salivaire.

Au point de vue thérapeutique, l'acide citrique est employé comme tempérant et rafraîchissant et diurétique, il a été employé aussi en topiques à l'extérieur dans les angines, les ulcères, etc. Enfin son emploi dans le scorbut est bien connu.

Citrates. — L'acide citrique est tétratomique et tribasique; il contient trois groupes acides.

Nous devons avoir par suite trois séries de citrates. Les neutres sont tribasiques.

Citrate monométallique. . . . . C^{6}H^{7}O^{7}M′
Citrate bimétallique. . . . . . C^{6}H^{6}O^7(M′)^2
Citrate trimétallique. . . . . . C^{6}H^{5}O^7(M′)^3

Les citrates alcalins sont très solubles dans l'eau. Ceux de magnésie, de zinc, de fer, de cobalt, de nickel sont solubles, les citrates neutres de baryte, de chaux, de strontiane sont insolubles ou très peu. Enfin le citrate de fer et le citrate de magnésie ne possèdent pas la saveur caractéristique et désagréable des autres sels de fer et de magnésium. D'où leur emploi en thérapeutique sous forme de citrate de magnésie, par exemple. Nous avons indiqué plus haut les réactions qui permettent de distinguer les citrates des tartrates.

E. ABELOUS.

COAGULATION DU SANG. — (Voir les articles **Cytine**, **Cytoglobine**, **Fibrine**, **Fibrinogène**, **Ferment de la fibrine**, **Plasma**, **Plaquettes**, **Leucocytes**, **Nucléoalbumines**, **Peptone**, etc. de ce Dictionnaire.)

Description de la coagulation. Temps au bout duquel le sang se coagule. — Le sang soustrait à l'organisme *se coagule* au bout de peu de minutes, c'est-à-dire qu'il se transforme en une gelée cohérente, le *caillot, crassamentum, placenta, coagulum sanguinis*[1], de sorte que le vase dans lequel on l'a reçu peut être retourné sans que le liquide s'écoule.

---

1. On lui a parfois donné le nom de *cruor*, quoique ce terme soit plutôt employé pour désigner le liquide rouge que l'on exprime du caillot, et qui est du sang défibriné très riche en globules.

La lymphe, le chyle, un grand nombre d'exsudats pathologiques partagent cette propriété; et des changements analogues s'observent dans plusieurs solides de l'organisme. C'est ainsi que les muscles, les cartilages, certains parenchymes glandulaires, notamment le foie, éprouvent après la mort une augmentation de consistance connue sous le nom de rigidité cadavérique.

Un certain nombre d'exsudats pathologiques, et notamment le liquide de l'hydrocèle, ne se coagulent que si on les additionne d'un peu de sérum (Buchanan), ou mieux de sang exprimé du caillot contenant du ferment de la fibrine, ou d'une solution de ferment (Buchanan, 1830; Alex. Schmidt. 1861).

On trouvera de nombreuses indications sur le temps que le sang met à se coaguler au sortir des vaisseaux dans Hewson (1770), Thackrah (1819), Nasse (1842), Lehmann (1853), Robin et Verdeil (1853), H. Vierordt (1878), (voir Rollett, 1880).

La fibrine du sang humain commence à se coaguler deux à cinq minutes après son issue. Le sang de la plupart des mammifères se coagule également au bout d'un très petit nombre de minutes. Le sang de cheval fait exception : il se coagule lentement. Comme, de plus, les globules ont une densité élevée chez cette espèce animale, et se précipitent rapidement, il se forme ordinairement à la surface du sang une couche claire de plasma exempte de globules, avant que le liquide soit solidifié. Le caillot présente alors à sa face supérieure une zone jaunâtre, la *couenne*. Le même phénomène se produit parfois avec le sang humain, notamment dans certaines maladies inflammatoires, d'où le nom de *crusta phlogistica* ou *couenne inflammatoire*.

Le sang d'oiseau se coagule instantanément quand la saignée se fait sans précautions, et que le sang vient en contact des tissus ou de la peau de l'animal. Par contre, le sang d'oiseau reçu directement de l'artère dans un vase propre, se coagule fort tardivement. On a tout le temps d'en séparer le plasma par l'appareil à force centrifuge, avant qu'il se solidifie (Delezenne, 1896). Il en est de même du sang des poissons, des batraciens et des reptiles (sang à globules nucléés). Delezenne (1896).

Hermann Vierordt (1878) a fait un grand nombre d'expériences sur le temps de la coagulation du sang humain. La gouttelette de sang est reçue dans un tube de verre capillaire contenant un crin blanc de cheval bien dégraissé. On remue le crin et on note le moment où il se recouvre d'un dépôt fibrineux. L'auteur a constaté de cette façon que la durée de la coagulation de son sang présentait des variations en plus ou en moins, dont les périodes embrassaient plusieurs jours et présentaient une certaine régularité.

Wright (1893) mesure le temps de coagulation en aspirant, le sang dans une série de tubes capillaires, et en déterminant le moment où la colonne de sang ne peut plus être déplacée en soufflant dans le tube, ou celui où la colonne soufflée sur du papier à filtre montre un caillot. Voir aussi : Brodie et Russell. *J. P.*, xxi, 403.

Berthold, D. vy (1828), H. Nasse 1842) et A. Schmidt (1861) ont constaté que le sang artériel se coagule plus vite que le sang veineux.

Le sang asphyxique se coagule mal : il en est de même du sang des capillaires Virchow, 1871; Falck, 1873 et dans certaines circonstances du sang de la veine splénique, et des veines sus-hépatiques.

Il est facile de constater au microscope que la formation du caillot est due au dépôt de filaments enchevêtrés, la *fibrine* de Fourcroy (an IX) qui emprisonne dans les mailles du réseau et les globules, et la partie liquide du sang. Les premiers filaments de fibrine paraissent se former à la surface des éléments figurés incolores du sang (leucocytes pour Schmidt, plaquettes pour Ranvier et Hayem).

Les phénomènes microscopiques de la coagulation ont été étudiés par un grand nombre d'expérimentateurs, tant dans le sang que dans le plasma (plasma du sang de cheval refroidi, du sang additionné de peptone ou d'histone), sans que l'accord ait pu s'établir entre les différents observateurs. Nous renvoyons le lecteur aux travaux originaux d'Alex. Schmidt 1874 et suivantes et de ses élèves (V. *Mémoire* de 1882), de Ranvier 1873, Hayem 1878, 1879, Bizzozero (1882, 1883, 1891, Mantegazza 1868, 1871. 1877, Zahn, Löwit (1884. 1886, 1887, 1889, 1890, 1891, 1892, Lilienfeld (1891, 1892, 1893, 1895 . etc., etc., dont il n'est guère possible de donner une idée sans reproduire les figures qui les accompagnent.

Le caillot, une fois formé, est le siège d'une rétraction lente, qui dure plusieurs jours;

il diminue graduellement de volume, ce qui a pour effet d'exprimer, goutte à goutte, à l'extérieur, un liquide transparent de couleur jaunâtre, le *sérum*. Le sérum représente donc le plasma sanguin, d'où la fibrine s'est séparée. Le caillot, supposé complètement rétracté, ne contiendrait plus que la fibrine et les globules. La rétraction du caillot est favorisée par une température relativement élevée : elle ne se produit pour ainsi dire pas si l'on conserve le caillot à basse température (à 0° par exemple). Elle manque dans certains états morbides chez l'homme.

Les notions de *caillot*, de *fibrine* et de *sérum* (mais non pas les termes) sont déjà assez anciennes : elles remontent à Malpighi (1666) et à Ruysch (1707). Ce dernier parvint le premier à séparer la fibrine par le battage du sang : la fibrine enlevée, ce liquide ne se coagula plus. Le procédé du battage (à la main) est actuellement suivi dans les abattoirs pour maintenir le sang de porc fluide.

La coagulation du sang n'est due ni au refroidissement, ni au repos du sang, ni au contact de l'air. — Il semble naturel d'attribuer le phénomène de la coagulation à l'une des circonstances nouvelles dans lesquelles se trouve placé le sang au moment de la saignée. Soustrait à l'organisme, il se refroidit; il subit le contact de l'air; il n'est plus animé du mouvement de la circulation. Ces trois facteurs du problème, le froid, l'air et le repos ont fait de la part des physiologistes anglais de la fin du siècle dernier et du commencement de celui-ci l'objet d'expériences nombreuses. La conclusion générale qui se dégage des travaux de Hewson (1770), Thackrah (1819), Scudamore (1824), Hunter (1837), c'est qu'aucune de ces conditions nouvelles ne peut être considérée comme cause de la coagulation, et que la réunion de ces trois agents est elle-même impuissante à expliquer le phénomène.

Loin d'accélérer la séparation de la fibrine, le repos et le froid exercent une action défavorable sur sa production. On savait depuis Ruysch (1707) que le sang qu'on agite se coagule plus vite que celui qu'on abandonne au repos. Le fait que le sang des reptiles et des poissons et celui de beaucoup d'invertébrés (mollusques, insectes, crustacés, etc.) se coagule tout comme celui des animaux à sang chaud, rend l'intervention du refroidissement fort improbable. D'ailleurs le sang des mammifères et des oiseaux qu'on empêche de se refroidir ne s'en coagule pas moins. Du sang de cheval conservé dans une veine isolée et chauffée, se coagule rapidement dès qu'on incise le vaisseau. La température la plus favorable paraît être voisine de celle de notre corps. J'ai constaté (1878) que du sang de cheval chauffé à + 35° se coagulait instantanément au sortir de la veine. Si l'on chauffe au delà de 56°, le fibrinogène se coagule par la chaleur et la fibrine ne peut plus se produire.

Hewson avait montré (1771) qu'une température suffisamment basse suspend complètement le phénomène de la coagulation du sang. Le sang reste fluide pendant plusieurs heures et même plusieurs jours, si l'on a soin de le recevoir au sortir de la veine, dans un vase entouré de glace ou de mélanges réfrigérants, de façon que sa température s'abaisse brusquement au-dessous de 0°. La coagulation n'est pas abolie dans ce cas : il suffit d'une élévation de température d'un petit nombre de degrés pour que le phénomène apparaisse de nouveau. On trouvera dans Burdon-Sanderson (*Manuel du laboratoire de Physiologie*. 1. ad.Moquin-Tandon, Paris, 1894, 3, fig. 3) une figure représentant un appareil destiné à refroidir rapidement le sang de cheval. Cet appareil se compose de trois cylindres concentriques en métal, A au centre, puis B, puis C. On remplit de glace le vase central A, ainsi que l'espace existant entre B et C. On reçoit le sang (de cheval) au sortir de la veine dans l'espace annulaire de B, compris entre A et C. Le sang se refroidit brusquement et ne se coagule plus. Comme expérience de cours, on peut recevoir le sang de chien au sortir de l'artère dans une série de tubes en métal, de faible diamètre (1 à 2 centimètres au plus) entourés de glace. Pour obtenir du plasma exempt d'hémoglobine, il faut éviter la condensation de l'eau d'évaporation du sang sur les parties froides de l'appareil. J'y arrive en recueillant le sang à l'abri de l'air dans un tube de verre entouré de glace et rempli de mercure. On laisse écouler le mercure au moment de l'arrivée du sang.

On ne saurait non plus invoquer le contact de l'air, comme condition *sine qua non* de la coagulation. Le sang que l'on reçoit directement sous le mercure, ou dans le vide pneumatique, se coagule complètement (Scudamore, 1824), quoique avec un certain retard.

D'autre part, on peut injecter de l'air dans les vaisseaux, sans produire de caillots (THACKRAH, 1819). On peut aussi, à l'exemple de HOPPE-SEYLER (1857), provoquer chez l'animal vivant, par une brusque décompression, la formation de bulles gazeuses (azote), à l'intérieur même du cœur et des gros vaisseaux, sans que le sang se coagule. THIER-NESSE et CASSE ont même proposé les injections intra-veineuses d'oxygène, comme moyen thérapeutique dans l'empoisonnement par le phosphore.

Ces expériences, et d'autres encore, nous portent à admettre que le sang possède en lui-même tous les éléments de la coagulation : celle-ci ne s'explique, ni par addition, ni par soustraction de quelque chose de matériel; c'est à tort qu'on a voulu la rapporter tantôt à la volatilisation de l'ammoniaque (RICHARDSON, 1856, 1867) ou au départ de l'acide carbonique du sang (SCUDAMORE, 1824), tantôt à l'action de l'air (HEWSON, 1770), de l'oxy-gène (VIRCHOW, 1846) ou de l'acide carbonique (EICHWALD, 1869, MATHIEU et URBAIN, 1874, 1875).

Le sang se coagule lorsqu'il vient en contact avec un corps étranger (autre que la paroi vasculaire intacte). — Si le principe de la coagulation ne vient pas du dehors, pourquoi le sang reste-t-il fluide chez l'animal vivant? quel est ici l'agent qui s'oppose à la coagulation à l'intérieur des vaisseaux?

On sait depuis longtemps que le sang ne se coagule qu'imparfaitement dans les cadavres.

HEWSON (1777), SCUDAMORE (1824) avaient constaté que le sang de cheval reste liquide pendant des journées entières, si on le conserve à l'intérieur d'une veine jugulaire extraite sur l'animal vivant. BRÜCKE (1857) s'attacha surtout à mettre en lumière l'action anti-coagulante de la paroi vasculaire. De nombreuses expériences sur des tortues, des gre-nouilles et des mammifères, le conduisirent à formuler cette proposition que le sang demeure fluide aussi longtemps qu'il reste en contact avec la paroi vasculaire vivante, qu'il se coagule dans tous les cas où on le soustrait à cette influence. Ayant mis à nu chez une tortue vivante les gros troncs vasculaires qui partent du cœur, il pratiqua sur quelques-uns la ligature simple. Chez d'autres, il introduisit au préalable de petits bouts de tubes de verre, destinés à s'appliquer contre la paroi vasculaire, et à empêcher ainsi son contact avec le sang. Partout où les tubes de verre avaient été introduits, le sang fut trouvé coagulé; partout où le sang était directement en contact avec la paroi vasculaire, il resta liquide, mais se coagula au sortir du vaisseau.

Les expériences ultérieures conduisirent à interpréter autrement les résultats des expériences de BRÜCKE. Les tubes que qu'il introduisait dans les vaisseaux avaient encore une autre action que celle d'empêcher le contact du sang avec la paroi vascu-laire vivante : avant tout, c'étaient des corps étrangers. VIRCHOW (1856) montra que des gouttelettes de mercure injectées dans les veines, des fragments de caoutchouc ou de tout autre corps inerte, introduits dans le système circulatoire, ne tardent pas à se recouvrir de dépôts fibrineux et à agir comme centres de coagulation.

LISTER (1858), reprenant les expériences de HEWSON (1777), enleva les deux veines jugulaires du cheval et conserva pendant longtemps le sang liquide dans leur intérieur; il put verser le sang d'une veine dans l'autre, et prolonger l'expérience pendant plusieurs heures sans que la coagulation se produisit.

La coagulation survient au contraire chaque fois que le sang subit le contact d'un corps étranger autre que la paroi vasculaire normale. Les aiguilles métalliques, les sty-lets de verre que l'on glisse à l'intérieur des vaisseaux d'un animal vivant, tous les corps solides, morts ou vivants, qu'on y introduit, se recouvrent en quelques minutes de dépôts fibrineux. Ces expériences se prêtent fort bien à des démonstrations de cours si on les répète sur des veines jugulaires de chien et surtout de cheval, extraites du corps et sus-pendues verticalement (GLÉNARD, 1875; LÉON FREDERICQ, 1877, 1878). La surface des séreuses et des muqueuses, celle des interstices des tissus agissent à la façon des corps étrangers et provoquent la coagulation du sang qui s'épanche à leur contact.

Par contre, le sang peut être conservé pendant quelque temps, mais non indéfiniment, dans des vases enduits de vaseline, d'huile ou de graisse, sans se coaguler (FREUND, 1886). Ces substances n'agissent que faiblement comme corps étrangers.

Les éléments figurés incolores du sang se déposent à la surface des corps étrangers et produisent le ferment de la fibrine. — Il est probable que le contact du corps étranger agit comme *primum movens* de la coagulation, par l'intermédiaire des éléments figurés incolores du sang. On est en effet généralement d'accord pour admettre que le phénomène initial de la coagulation consiste dans un dépôt de plaquettes ou de leucocytes à la surface des corps étrangers, et que c'est de ce dépôt que partent les premiers filaments de fibrine. Les physiologistes sont divisés sur l'importance relative qu'il faut attribuer dans ce phénomène aux leucocytes et aux plaquettes.

ALEX. SCHMIDT (1874) et ses élèves (1882), MANTEGAZZA (1868, 1871, 1877), admettent que ce sont les globules blancs et leurs débris qui servent de point de départ au dépôt de fibrine. Un grand nombre d'expérimentateurs ont adopté ces idées : FANO (1882), HEYL, SLEVOGT (1883), FEIERTAG (1883), WEIGERT (1883), HLAVA, EBERTH et SCHIMMELBUSCH (1888), etc.

GRIESBACH (1892), LÖWIT (1884 à 1892) nient la destruction des globules blancs. Le corps des leucocytes (et non le noyau) céderait au plasma sanguin, par *plasmoschise*, une partie de ses éléments.

Les plaquettes joueraient au contraire un rôle fort important et seraient la première amorce des filaments de fibrine pour RANVIER (1873); BIZZOZERO (1882, 1883, 1891); HAYEM (1878, 1879); LILIENFELD (1891, 1892, 1893, 1895), etc., etc.

Un moyen de tout concilier, c'est d'admettre avec LILIENFELD (1891 à 1895) que les plaquettes dérivent des leucocytes (par *karyoschise* du noyau).

Le débat étant plutôt du domaine de l'histologie que de celui de la physiologie proprement dite, nous nous contentons de renvoyer aux publications originales citées à la Bibliographie.

D'après la théorie la plus plausible (A. SCHMIDT, 1861, 1862, 1871, 1874, 1876, 1882, 1892, 1895), il se formerait, sous l'influence du corps étranger, et grâce à l'activité des éléments figurés incolores du sang, un ferment spécial (*Fibrinferment*, *Thrombine* d'ALEX. SCHMIDT) qui provoquerait la transformation du *fibrinogène dissous* dans le plasma sanguin en *fibrine solide*.

Le fibrinogène est dissous dans le plasma sanguin. — La substance qui se transforme en fibrine lors de la coagulation (le *fibrinogène*) est contenue dans la partie liquide du sang, et non dans les globules rouges, comme le montra HEWSON (1777). Il suspendit la coagulation en mélangeant le sang immédiatement au sortir de la veine, avec une solution de sulfate de sodium. Ayant attendu que les globules se fussent précipités par leur propre poids, il put décanter la partie liquide surnageante. Ce liquide étendu d'eau se prit spontanément en un caillot transparent.

Malheureusement cette belle expérience ne fut pas assez remarquée. Elle était à peu près tombée dans l'oubli, et la théorie tout opposée de PRÉVOST et DUMAS (1821), qui faisait jouer aux globules rouges le rôle principal dans le phénomène, était adoptée par la plupart des physiologistes, quand J. MÜLLER (1832), par une expérience calquée sur celle de HEWSON, parvint à dissiper définitivement l'erreur. Il employa une solution de sucre, pour retarder la coagulation du sang de grenouille, et en sépara le plasma par filtration. Le liquide clair, privé des globules, ne tarda pas à se coaguler.

DENIS (1859) montra que le générateur de la fibrine, contenu dans le plasma sanguin obtenu par le procédé de HEWSON (mélange du sang avec un sixième de son volume de solution saturée de sulfate de soude), peut en être précipité par la saturation au moyen du chlorure de sodium. Ce précipité, auquel il donna le nom de *plasmine*, peut être redissous dans l'eau, et fournit alors une solution, qui se coagule spontanément comme le plasma sanguin qui a servi à le préparer.

DENIS (1859) admettait que la *plasmine* se dédouble par la coagulation en fibrine (*fibrine modifiée concrète*) qui se dépose, et en une substance albuminoïde qui reste en solution (*fibrine pure dissoute = paraglobuline*).

Il est facile de montrer que la plasmine est elle-même un mélange d'au moins deux substances albuminoïdes, se coagulant par la chaleur l'une vers + 56°, l'autre vers + 75° (LÉON FREDERICQ, 1877). La première est le véritable générateur de la fibrine : le *fibrinogène* d'ALEXANDRE SCHMIDT, la seconde n'est autre que la *paraglobuline* du même auteur ou *globuline du sérum*.

Théorie de Schmidt. — ALEXANDRE SCHMIDT, auquel on doit la découverte du ferment de la fibrine, et d'un grand nombre de faits importants, se rapportant à la coagulation du sang, avait édifié une théorie de la coagulation un peu différente de celle de DENIS.

Pour ALEXANDRE SCHMIDT (1861-62), la fibrine résultait de l'action réciproque[1] du *fibrinogène* (la substance albuminoïde du plasma qui se coagule à + 56°) et d'une autre substance albuminoïde, à laquelle il donna le nom de *fibrinoplastique*. Le *fibrinoplastique* d'ALEXANDRE SCHMIDT, paraît être identique avec la *caséine* du sérum de PANUM, avec la *paraglobuline* et l'*albuminate de soude* de KÜHNE. Elle est connue aujourd'hui sous le nom de *paraglobuline* ou *globuline du sérum*. Ce fibrinoplastique existe non seulement dans le plasma et dans le sérum sanguin, mais aussi dans une série assez nombreuse de tissus et de liquides organiques, notamment dans l'albumine de l'œuf et dans les leucocytes.

BUCHANAN avait découvert en 1848 (Voir GAMGEE, 1879) que le liquide de l'hydrocèle, produit de transsudation qui ne se coagule pas spontanément, peut donner un caillot de fibrine au bout de quelque temps, si l'on y ajoute du sang défibriné.

A. SCHMIDT, sans avoir connaissance de la découverte de BUCHANAN, était arrivé à des résultats analogues. Il trouva que le sang défibriné peut être dans cette expérience remplacé par du sérum ou par d'autres liquides contenant du *fibrinoplastique*, ou enfin par le *fibrinoplastique* lui-même (obtenu par la dilution aqueuse du sérum et la précipitation par un courant de CO^2). Plus tard il découvrit que le phénomène de la coagulation doit être rangé dans la catégorie des *fermentations*, et nécessite par conséquent l'intervention d'un *ferment*. SCHMIDT montra aussi que l'intervention du fibrinogène, du fibrinoplastique et du ferment ne suffit pas. Il faut encore que le liquide au sein duquel se produit la réaction, présente un certain équilibre salin, qu'il contienne une proportion de sels neutres, ni trop forte, ni trop faible.

Voici quelques-unes des expériences fondamentales qui ont servi de points de départ à l'édification de la théorie de SCHMIDT.

a) Expériences avec les liquides *proplastiques*, c'est-à-dire avec les liquides qui contiennent du *fibrinogène* et de la *paraglobuline* (*fibrinoplastique*), mais qui ne contiennent pas de *ferment* (ni de substances *zymoplastiques*). Ces liquides sont : le plasma du sang de cheval qui a été reçu au sortir de la veine directement dans un tiers de son volume de solution saturée de $MgSO^4$, et beaucoup d'exsudats ou de transsudats, notamment le liquide de l'*hydrocèle*. Le plasma au sulfate de magnésium doit être dilué avec plusieurs volumes d'eau; on peut aussi le conserver après l'avoir desséché dans le vide au-dessus de H^2SO^4. Le résidu pulvérisé est dissous au moment des expériences dans 7,5 parties d'eau. Ces liquides ne coagulent ni spontanément, ni après addition de leucocytes ou d'autres cellules; ils se coagulent au contraire par addition de *ferment de la fibrine*.

b) Expériences faites au moyen de liquides *fibrinogènes*, c'est-à-dire contenant du *fibrinogène*, mais ni *ferment*, ni *paraglobuline*. Exemple : le liquide péricardique du cheval. On n'obtiendrait la coagulation de ce liquide qu'en l'additionnant à la fois de *ferment* et de *paraglobuline*.

c) Expériences faites au moyen de *plasma* filtré de cheval obtenu en refroidissant rapidement le sang au sortir de la veine à 0° et en le filtrant ensuite à 0°. Ce liquide se coagule par addition de *leucocytes* et à plus forte raison de *ferment* de la fibrine.

SCHMIDT admet que les leucocytes contiennent non du ferment préformé, mais un *proferment* auquel il donne le nom de *prothrombine*, proferment qui se transformerait en ferment ou *thrombine*, sous l'influence de substances *zymoplastiques*, contenues dans le plasma sanguin. Ces substances zymoplastiques sont solubles dans l'eau, et non altérées par l'ébullition. Leur nature chimique est inconnue. LILIENFELD admet que le phosphate de sodium est une de ces substances. A. SCHMIDT (1882) et ses élèves ont constaté que le nombre des leucocytes diminue considérablement pendant la coagulation de sang. Les globules blancs, en se détruisant, fourniraient et ce ferment (sous forme de *prothrombine*) et, au moins en partie, la substance *fibrinoplastique*. Dans ses premières publications, SCHMIDT était tenté d'admettre que le plasma ne contient pas de fibrinoplastique avant la coagulation, et que la totalité du fibrinoplastique que l'on retrouve dans le sérum après coagulation est de formation nouvelle et provient des leucocytes.

---

1. On a cru assez généralement que SCHMIDT avait voulu parler d'une *combinaison directe* entre fibrinogène et fibrinoplastique. Il s'en est vivement défendu (*A. g. P.*, XIII, 1876, 146).
Dans ses dernières publications, A. SCHMIDT (1892, 1895) admet que le *fibrinogène* dérive dans le plasma sanguin de la *paraglobuline* ou *fibrinoplastique* (Voir plus loin).

On sait aujourd'hui par les recherches de HAMMARSTEN que certains sérums (cheval, bœuf) contiennent plus de fibrinoplastique (paraglobuline) que l'albumine. Il est matériellement impossible que les 3 ou 4 p. 100 de paraglobuline du sérum de cheval se forment aux dépens des leucocytes au moment de la coagulation.

Quant au ferment, il présente les propriétés générales des ferments solubles ou *enzymes :* solubilité dans l'eau ou la glycérine, insolubilité dans l'alcool; sa solution perd immédiatement son activité par l'ébullition, lentement par une température de 65° environ. A sec le ferment peut supporter impunément une température de + 100°. On le prépare en s'adressant soit au sérum de bœuf (SCHMIDT, 1875,-76), soit au sang coagulé, lavé au préalable (GAMGEE-1879), soit aux globules [blancs. On coagule par une grande quantité d'alcool (15 à 20 volumes) qu'on laisse agir pendant fort longtemps (plusieurs semaines ou mieux plusieurs mois); on recueille le précipité, on l'expose à l'air pour éliminer l'alcool et l'on reprend par l'eau. L'extrait aqueux contient le ferment dont on essaye l'action sur les *liquides proplastiques.*

Le sang circulant, reçu directement au sortir du vaisseau dans l'alcool, ne contient pas de ferment ou seulement des traces insignifiantes, et n'a pas d'action sur les liquides proplastiques. Le sang de la saignée présente une richesse croissante en ferment depuis le moment où on l'a tiré, jusqu'à la consommation du phénomène de coagulation.

La quantité de fibrine fournie par un liquide varie avec la proportion de sels et de paraglobuline.

SCHMIDT a constaté qu'une certaine proportion de sels neutres (NaCl par exemple) est indispensable au phénomène de la coagulation, qui ne s'établit pas si le liquide est trop pauvre ou trop riche en sel. Il existe pour chaque sel un *optimum* de teneur, pour lequel on atteint le maximum du poids de fibrine. L'addition de paraglobuline augmente également, et dans certaines limites, la récolte de fibrine.

Une série de substances accélèrent la coagulation, sans augmenter le poids de la fibrine formée. Il faut citer en premier lieu les globules rouges, ou, ce qui revient au même, la solution d'hémoglobine. SCHMIDT recommande d'ajouter de l'hémoglobine (on laisse reposer du sang de cheval pendant un ou deux jours, on décante le sérum et les couches supérieures de cruor pour ne garder que la bouillie de globules du fond. On lave à plusieurs reprises les globules avec deux fois leur volume d'eau que l'on rejette, de manière à éliminer les dernières traces de sérum. Le résidu est finalement dissous dans une plus grande quantité d'eau et filtré pour éloigner le stroma des globules rouges) aux liquides qui ne contiennent que peu de ferment et dont on veut provoquer la coagulation. La plupart des corps qui décomposent l'eau oxygénée agissent plus ou moins activement dans le même sens que l'hémoglobine : charbon animal, mousse de platine, fibrine lavée à la solution diluée d'acide acétique, papier à filtrer, etc. L'hémoglobine en cristallisant perd la faculté de catalyser l'eau oxygénée et d'agir sur la coagulation.

SCHMIDT a constaté que chez les oiseaux, les amphibiens, la substance des globules rouges (noyau) fournissait, aussi bien que le plasma, le substratum matériel de la fibrine.

SCHMIDT (1892, 1895) s'est occupé dans les dernières années de déterminer l'origine du fibrinogène et de la paraglobuline, et a émis à ce sujet une théorie assez compliquée, pour les détails de laquelle nous renvoyons à ses dernières publications.

Le point de départ de cette théorie, ce sont ses recherches sur la constitution chimique des leucocytes et des cellules en général. Les cellules contiennent une substance soluble dans l'eau, insoluble dans l'alcool, à laquelle SCHMIDT donne le nom de *cytoglobine.* La *cytoglobine* se transforme facilement sous l'action de l'acide acétique en *préglobuline.* Les deux substances contiennent du phosphore et sont sans doute voisines ou identiques au *fibrinogène des tissus* de WOOLDRIDGE, à la *nucléo-histone* de LILIENFELD ou à la *nucléoprotéide* de PEKELHARING.

La *cytoglobine* ainsi que la *préglobuline* se transforment toutes deux en *paraglobuline,* au contact du sérum sanguin. Enfin SCHMIDT admet une transformation ultérieure de *paraglobuline* en *fibrinogène.*

D'autre part le résidu insoluble des cellules, provenant de la préparation de la *cytoglobine,* résidu auquel il donne le nom de *cytine* (voir ce nom), se transforme facilement lui-même en *cytoglobine.* Il suffit pour cela de traiter la *cytine* par du carbonate de sodium.

Schmidt admet que ces différentes transformations se passent normalement dans l'organisme et se succèdent dans un ordre déterminé, de sorte que la cytine se transforme en cytoglobine, la cytoglobine en préglobuline, celle-ci en paraglobuline, puis en fibrinogène, pour aboutir, par l'intermédiaire du fibrinogène modifié, à la fibrine proprement dite. Tous les corps qui participent à la coagulation du sang seraient en dernière analyse des produits cellulaires. Le plasma sanguin ne serait le siège que d'une partie des transformations qui de la cytoglobine aboutissent à la formation de fibrine. Le plasma ne contiendrait ni cytoglobine, ni préglobuline, mais seulement de la paraglobuline. Le fibrinogène n'y préexisterait probablement pas, mais se formerait au moment de la coagulation, aux dépens de la paraglobuline, sous l'influence du ferment de la fibrine. Le même ferment transformerait ultérieurement le fibrinogène en fibrine.

Schmidt admet que les produits cellulaires influencent la coagulation du sang dans deux sens diamétralement opposés. La *cytoglobine* suspend ou empêche la coagulation, tandis que les produits de la métamorphose régressive la favorisent (Voir plus loin).

En résumé, d'après Alex. Schmidt, le phénomène de la coagulation appartient au groupe des *fermentations*, et consiste essentiellement dans le passage à l'état insoluble (*fibrine*) d'une substance primitivement dissoute dans le plasma sanguin (le *fibrinogène*) sous l'influence de substances (*ferment, fibrinoplastique*) qui proviennent des leucocytes et qui en sortent au moment de la coagulation. La sortie de ces substances est provoquée par le contact des corps étrangers.

Cette théorie, devenue pour ainsi dire classique, au moins en Allemagne, dès son apparition, a subi certaines modifications que nous allons examiner.

L'intervention de la paraglobuline n'est pas nécessaire dans le phénomène de la coagulation. — Hammarsten (1876) a montré qu'une solution de fibrinogène exempte de paraglobuline, préparée d'après un procédé spécial (demi-saturation du plasma au sulfate de magnésium, par le chlorure de sodium, et dissolutions et reprécipitations répétées du fibrinogène), peut cependant éprouver la coagulation typique, si on l'additionne de ferment. Dans ce cas, le poids de fibrine formée est toujours inférieur au poids du fibrinogène employé, une partie du fibrinogène échappe à la coagulation, peut-être en se transformant en une globuline nouvelle qui reste en solution (point de coagulation + 64°). Le fait fut confirmé par Fredericq (1878) et Arthus et Pagès (1890). Pour Hammarsten, la coagulation pourrait donc être un phénomène de dédoublement. Sous ce rapport sa théorie se rapproche de celle de Denis.

La présence des sels de calcium est indispensable à la coagulation du sang. — L'un des arguments sur lesquels Alex. Schmidt se basait pour combattre les idées de Hammarsten, c'est que le poids de fibrine fourni par une solution de fibrinogène augmente notablement, si l'on introduit de la paraglobuline dans le liquide. Dans ses premiers travaux, Hammarsten (1876) ne contesta pas le fait, mais fit observer que d'autres substances, notamment le chlorure de calcium et la caséine, peuvent jouer le même rôle adjuvant que la paraglobuline.

Dès 1846, Virchow avait montré que la cendre de la fibrine contient toujours une certaine quantité de calcium. Le fait fut confirmé par Brücke et par un grand nombre d'expérimentateurs.

J. R. Green (1888) admit que la présence des sels de calcium est nécessaire à la coagulation, et que, dans une série de cas, la coagulation des liquides contenant du fibrinogène se produit par la simple addition de sulfate de calcium; il compara l'action des sels de calcium dans la coagulation à celle de l'acide chlorhydrique dans la digestion gastrique.

Ringer et Sainsbury (1890) confirmèrent les recherches de Green et montrèrent que les solutions de strontium ou de baryum peuvent jusqu'à un certain point jouer le même rôle que celle de calcium, et remplacer le calcium.

Arthus et Pagès (1890) et Arthus (*Rech. coag. sang*, 1890) appelèrent à nouveau l'attention sur le rôle des sels de calcium, et firent faire à la question un pas décisif. Ils découvrirent qu'il suffit d'additionner le sang, au sortir de la veine, d'une substance qui précipite les sels de calcium du plasma, pour rendre le sang incoagulable (1 p. 100 d'*oxalate alcalin*, ou 2 p. 100 de *fluorure de sodium*). Si l'on rend à ce sang décalcifié, non spontanément coagulable, ses sels de chaux solubles, sous forme de chlorure de calcium, par exemple, ce sang se coagule, comme le sang retiré des vaisseaux.

ARTHUS a conclu de cette expérience et d'autres analogues que les sels de calcium sont indispensables à la formation de la fibrine, cette dernière étant un composé calcique.

En résumé, dit ARTHUS, *sous l'influence du Fibrin ferment* (*Éléments de chimie physiologique*. Paris, Masson, 2ᵉ éd., 1897, 117), ferment soluble, dérivant des éléments de la couche des globules blancs hors des vaisseaux, le *fibrinogène* du plasma sanguin *en présence des sels calciques* solubles du plasma, *subit un dédoublement* en deux substances, dont l'une, globuline coagulable à 64°, se retrouve dans le sérum, dont l'autre se précipite sous forme de *substance organo-calcique*, la fibrine.

L'action fibrinoplastique de la paraglobuline, dans les expériences d'ALEX. SCHMIDT, est peut-être due aux sels de calcium qui souillaient le précipité de paraglobuline.

L'idée de la nécessité de l'intervention des sels de calcium dans le phénomène de la coagulation a été combattue par ALEX. SCHMIDT et par HAMMARSTEN (1896). Tous deux ont cité des conditions expérimentales, dans lesquelles la transformation du fibrinogène en fibrine s'effectue dans des liquides privés de sels de calcium. HAMMARSTEN admet que la fibrine contient du calcium : mais il en serait de même du fibrinogène qui en contiendrait sensiblement la même proportion. La transformation du fibrinogène en fibrine se ferait donc sans addition de calcium.

Les idées d'ARTHUS et PAGÈS ont au contraire été acceptées et développées par PEKELHARING (1892, 1895, 1896), et LILIENFELD (1891, 1892, 1893, 1895).

Les éléments incolores du sang agiraient sur la coagulation en émettant dans le plasma une nucléoprotéide. — PEKELHARING (1892, 1896) admet que le ferment de la fibrine est une combinaison calcique de nucléine qui se formerait au moment de la coagulation du sang. Le sel de calcium préexisterait seul dans le plasma sanguin. La nucléine proviendrait des globules blancs du sang et sortirait sous l'influence du contact des corps étrangers, sous forme de *nucléoprotéide*.

La nucléoprotéide provenant des leucocytes se dédoublerait dans le plasma sanguin en une substance voisine de la propeptone (exerçant comme la propeptone une action suspensive sur la coagulation) et en *nucléine*. Cette dernière, véritable *zymogène* (*prothrombine* de SCHMIDT) se transformerait en *thrombine* ou *ferment*, au contact des sels de calcium (qui joueraient le rôle de *zymoplastique*). L'action de ce ferment consisterait à fournir du calcium au fibrinogène, ce qui permettrait la formation de la combinaison calcique ou *fibrine*. Le ferment se régénérerait en reprenant au plasma le calcium disponible. Son action consisterait donc à transporter le calcium, du plasma où il est dissous, sur la molécule de fibrinogène.

Les sels de calcium joueraient donc un double rôle : 1° transformation de la *prothrombine* en *thrombine* ou ferment; 2° transformation du fibrinogène en combinaison calcique insoluble : *fibrine*.

Les nucléo-albumines provenant du thymus, du testicule, de la caséine, etc., traitées par les sels de chaux, agissent de la même façon que la nucléo-albumine des leucocytes, c'est-à-dire se transforment en ferment de la fibrine. Ces nucléo-albumines, exemptes de calcium, sont sans action sur les solutions pures de fibrinogène : elles transforment au contraire le fibrinogène en fibrine dès qu'on les additionne de traces de sels de calcium. Les nucléo-albumines injectées en petite quantité *in vivo* agissant comme la propeptone, provoquent l'incoagulabilité du sang. Introduites en grande quantité dans le torrent circulatoire, elles amènent des *thromboses* plus ou moins étendues. La nucléoalbumine se décompose dans l'organisme en nucléine, agent de coagulation et en une substance analogue à l'albumose qui exerce une action anticoagulante. On comprend, tout de suite, dans cette théorie, pourquoi le sang qui a été traité par un savon ou par un oxalate, et qui est privé de ses sels de chaux, ne se coagule plus. Sa nucléine ne trouve plus les sels de chaux nécessaires à sa transformation en ferment de la fibrine. On peut démontrer la présence de la nucléo-albumine dans le plasma oxalaté (privé de fibrinogène au préalable) en la précipitant par l'acide acétique dilué. PEKELHARING explique pareillement l'action anticoagulante de la peptone en admettant une combinaison de peptone avec les sels de chaux du plasma. Il a constaté que la peptone saturée au préalable de chaux avait perdu son action anticoagulante. De même une injection de sels de chaux pratiquée en même temps qu'une injection de peptone, ou immédiatement après, supprimerait l'action suspensive de la peptone. On sait que le ferment de la fibrine perd son activité à une température de + 63°. Or c'est précisément la température de coagulation de la nucléo-albumine.

Enfin PEKELHARING affirme que les solutions de ferment préparées d'après les méthodes de SCHMIDT ou d'HAMMARSTEN contiennent du calcium, et que ces solutions de ferment peuvent produire des coagulations intravasculaires, des thromboses quand on les injecte en quantité suffisante.

Tels sont quelques-uns des faits que PEKELHARING fait valoir à l'appui de sa théorie.

Si elle répond à la réalité, la *thrombine* de PEKELHARING serait le premier ferment dont la composition chimique et le mode d'action seraient établis.

HAMMARSTEN, LILIENFELD (1895) ont objecté à cette théorie que le ferment de la fibrine n'est pas une combinaison calcique. Les sels de calcium qui peuvent se rencontrer dans les solutions de ferment sont pour eux des impuretés.

Pour LILIENFELD, le *ferment* de la fibrine est une globuline et ne contient pas de phosphore. HALLIBURTON avait signalé plusieurs propriétés qui différenciaient le ferment de la fibrine d'une part, et les nucléo-albumines des tissus, de l'autre. Les nucléo-albumines n'exerceraient pas d'action coagulante *in vitro*, mais seulement *in vivo* (injectées dans le torrent circulatoire), tandis que le ferment de la fibrine agirait *in vitro*, mais non *in vivo*. (HALLIBURTON et BRODIE, 1892).

Ultérieurement, HALLIBURTON (1893) a atténué quelques-unes de ses critiques, et s'est rallié à l'idée que le ferment est une combinaison de nucléo-albumine.

LILIENFELD (Voir surtout le mémoire de 1895 dans Z. p. C. XX, 88-163) fait également intervenir les sels de calcium dans le phénomène de la coagulation. Il a montré que le noyau des leucocytes (ainsi que les noyaux cellulaires en général et la tête des spermatozoïdes) est formé principalement de *nucléo-histone*, combinaison d'un corps albuminoïde basique, l'*histone*, et d'une *nucléoprotéide* (leuconucléine) acide. Les plaquettes sont également formées en grande partie de *nucléohistone*, ce qui semble indiquer qu'elles proviennent des noyaux des leucocytes. Quoi qu'il en soit, au moment où le sang va se coaguler, la nucléohistone provenant sans doute des noyaux par *karyoschise*, passe dans le plasma. Sous l'influence des sels de calcium du plasma, la *nucléohistone* se scinde en *histone* qui exerce sur la coagulation une action suspensive analogue à celle des albumoses ou propeptones, et en *nucléine* (leuconucléine) qui, elle, est un agent de coagulation énergique. En effet, cette nucléine provoque le dédoublement du fibrinogène dissous dans le plasma sanguin en deux nouveaux corps : l'un, voisin des albumoses, ne se forme qu'en petite quantité et reste en solution dans le sérum ; l'autre, qu'il appelle *thrombosine*[1], est également soluble dans le plasma ou sérum, mais se transforme au contact des sels de calcium du plasma en un composé insoluble : *la fibrine*. Les sels de calcium jouent donc ici le même rôle que dans la précipitation de la caséine par le ferment de la présure ou du lab. Ils rendent insoluble le produit provenant du dédoublement du fibrinogène.

Les sels de calcium interviennent ainsi, d'après LILIENFELD, à deux stades différents de la coagulation, en provoquant d'abord le dédoublement de la *nucléohistone* en *leuconucléine* et en *histone*, et ultérieurement en rendant insoluble, c'est-à-dire en transformant en fibrine, la *thrombosine*, c'est-à-dire un des deux dérivés formés aux dépens du fibrinogène par l'action de cette même *nucléine*.

Quant au *ferment de la fibrine* (dans le sens que SCHMIDT attache à ce mot), LILIENFELD admet, d'accord avec les premiers résultats expérimentaux de HALLIBURTON, que c'est une *globuline* ne contenant pas de phosphore, et qu'elle ne joue pas de rôle actif dans la coagulation physiologique, extra-vasculaire, du sang. Le *ferment de la fibrine* de SCHMIDT

---

1. La *Thrombosine* de LILIENFELD est identique avec le *fibrinogène typique*, d'après SCHÄFER (1895), HAMMARSTEN et CRAMER (1897). Ces auteurs rejettent donc la théorie de LILIENFELD, au moins en ce qui concerne le stade final de ce dernier auteur. D'après LILIENFELD, l'acide acétique dilué jouit aussi de la propriété de dédoubler le *fibrinogène* en *thrombosine* et en substance voisine de l'albumose.

serait un produit de la coagulation et non un antécédent nécessaire du phénomène. Les conditions des expériences exécutées *in vitro* sur les solutions de fibrinogène additionnées de ferment (expériences de Schmidt, de Hammarsten, etc.) différeraient radicalement de celles de la coagulation du sang, telle qu'elle se produit au moment de la saignée.

Ajoutons que Lilienfeld prépare la *nucléohistone* en faisant un extrait aqueux de la bouillie cellulaire provenant des ganglions lymphatiques ou d'autres organes riches en cellules, en précipitant cet excès aqueux (séparé par l'appareil à force centrifuge) par de l'acide acétique dilué, en redissolvant le précipité dans une solution diluée de soude. Le produit est purifié en répétant plusieurs fois la précipitation par l'acide acétique, et la redissolution par la solution alcaline.

L'injection intravasculaire de *nucléohistone* provoque chez l'animal vivant des coagulations intra-vasculaires. La thrombosine est ordinairement limitée au système de la veine porte, le reste du sang ayant au contraire perdu plus ou moins sa coagulabilité (par l'action de l'*histone* provenant du dédoublement de la *nucléohistone*). La *nucléohistone* agit donc comme le *fibrinogène des tissus* de Wooldridge, et paraît d'ailleurs être identique avec ce dernier produit.

Le plasma du sang de cheval obtenu par le refroidissement et filtré à froid se coagule quand on l'additionne de petites quantités de *nucléohistone*. En quantité plus considérable, la nucléohistone empêche au contraire la coagulation du plasma filtré.

La *nucléohistone* ne provoque pas la coagulation des liquides proplastiques (liquides de transsudation), ni celle des solutions pures de fibrinogène. Pour que la coagulation se produise ici, il faut en outre l'addition d'une certaine quantité de sels de calcium. La nucléohistone amène la coagulation du plasma de peptone dans lequel le ferment de la fibrine ne donne pas de coagulation.

Quant à l'*histone*, cette substance exerce une action anti-coagulante des plus marquées tant *in vivo* qu'*in vitro*. Il suffit d'injecter 0^{gr},3 d'histone par kilogramme d'animal (même dose que celle de *propeptone*) pour que le sang ne se coagule plus au sortir des vaisseaux. L'histone agit sans doute en se combinant à la *nucléine* et en rendant cette dernière inactive. Ajoutons que le plasma du sang des animaux auxquels on a injecté de l'*histone* ne se coagule ni par CO^2, ni par neutralisation au moyen d'acide acétique, ni par dilution par l'eau, ni par filtration à travers une cloison poreuse de biscuit (différence d'avec le plasma de peptone). L'injection d'*histone* conserve admirablement les leucocytes, qui montrent encore leurs mouvements amiboïdes au bout de vingt-quatre heures.

Les coagulations intra-vasculaires qui se produisent par injection d'extrait d'organe, avaient été observées par Wooldridge. Wooldridge admettait que le corps phosphoré qui joue ici un rôle important est de la *lécithine*. D'après ce qui vient d'être dit, on voit qu'il s'agit d'une *nucléoprotéide*. Ces coagulations intra-vasculaires ont été étudiées avec soin par Wright (1891-1894), Halliburton (1893-1895) et d'autres. Halliburton et Brodie (1895) constatèrent que les coagulations intra-vasculaires qui se montrent après injection de nucléo-protéides chez les chiens, lapins, chats, etc., font défaut chez les lapins albinos.

Halliburton et Pickering (1895 et suiv.) produisirent les mêmes coagulations intra-vasculaires au moyen d'injections de colloïdes synthétiques (colloïdes amido-benzoïque et aspartique), et constatèrent aussi que le sang des lapins albinos ne se coagule pas dans ce cas. Pickering eut l'occasion de répéter l'expérience chez le lièvre arctique (*Lepus variabilis*) qui devient albinos pendant l'hiver. L'injection de nucléo-albumine ou de colloïde synthétique produit des coagulations intra-vasculaires chez le *Lepus variabilis* à pelage pigmenté (été), mais est sans effet chez le *Lepus variabilis* atteint d'albinisme hivernal.

Il nous reste à dire quelques mots de deux théories qui n'ont plus qu'un intérêt historique, celles de Freund et de Wooldridge.

La théorie de Freund, comme celles que nous venons d'étudier, faisait également jouer aux sels de calcium et aux éléments figurés du sang un rôle important dans la coagulation.

Comme on l'a vu plus haut, Freund (1888, 1889, 1891) a découvert que le sang peut être conservé dans des vases enduits de vaseline, ou même battu avec des baguettes vaselinées, sans se coaguler. L'absence d'adhésion entre le sang et la paroi du vase est ici pour lui le facteur prépondérant. Il admet qu'il en est de même à l'intérieur du vaisseau, que le sang n'adhère pas à la paroi vasculaire. Freund voit la preuve de l'absence d'adhésion entre le sang et la paroi vasculaire, dans ce fait que la paroi des vaisseaux ne se colore pas en rouge au contact du sang comme le font les corps étrangers. La preuve me paraît peu satisfaisante. D'ailleurs, on peut se demander comment se font les phénomènes de diffusion à travers la paroi vasculaire, si le sang n'adhère pas à celle-ci et ne la mouille pas. Quoi qu'il en soit, le point de départ de la coagulation est pour FREUND l'adhésion du sang avec un corps étranger. Les globules, grâce à cette adhésion, abandonnent au plasma les phosphates qu'ils contenaient, ceux-ci réagissent sur les sels de chaux du plasma, d'où formation de phosphates insolubles. Cette précipitation de phosphate entraînerait la fermentation de la fibrine.

Cette théorie a été vivement combattue par LATSCHENBERGER (1888, 1889), WALTHER (1888), STRAUCH (1889), ARTHUS, etc., et réfutée victorieusement.

Théorie de Wooldridge (1883, 84, 85, 86, 87, 88, 89). — Il est assez difficile de donner en quelques mots une idée de la théorie de WOOLDRIDGE, dont plusieurs points manquent de clarté. WOOLDRIDGE (Voir le volume : *Uebersicht...* 1887 et le volume de 1889) admet que le plasma contient deux combinaisons de lécithine et d'albumine auxquelles il donne le nom de *fibrinogène A* et de *fibrinogène B*. Le *fibrinogène A* se dépose quand on refroidit fortement le plasma (plasma de peptone). Il paraît bien être identique avec la *nucléoalbumine* de PEKELHARING qui entre dans la constitution du ferment de la fibrine. Le *fibrinogène A* agit par sa lécithine sur le *fibrinogène B* et le transforme en un troisième corps, le *fibrinogène C*, qui ne préexistait pas dans le plasma sanguin, et qui est identique avec le *fibrinogène de* HAMMARSTEN. La lécithine seule suffit d'ailleurs pour transformer le *fibrinogène B* en *fibrinogène C*. Le *fibrinogène C* se transforme en *fibrine*. Le ferment de la fibrine est un produit de la coagulation et non un antécédent du phénomène. Ce que WOOLDRIDGE a pris pour de la lécithine est sans aucun doute de la nucléine. De même, les combinaisons de lécithine et d'albumine qu'il annonce [avoir extrait du testicule, du thymus et des différents organes et auxquelles il donna le nom de *fibrinogène des tissus*, doivent être identifiées avec les *nucléoprotéides* extraites des mêmes tissus par WRIGHT. L'injection de lécithine dans les vaisseaux suffirait pour produire des coagulations intravasculaires d'après WOOLDRIDGE (contesté). WOOLDRIDGE découvrit que les solutions de *fibrinogène des tissus* (extraits aqueux des tissus précipités par l'acide acétique, et redissolution dans la soude du précipité = nucléoprotéides), injectées dans les vaisseaux de l'animal vivant, produisent des coagulations intravasculaires généralisées chez le lapin, limitées au système porte chez le chien (*phase positive* de W.). Ultérieurement la coagulation peut être diminuée chez le chien (*phase négative* de W.). WOOLDRIDGE nie complètement la participation des éléments cellulaires du sang, et celle du ferment de de la fibrine au phénomène de la coagulation. Il admet que tous les facteurs matériels de la coagulation sont contenus à l'avance dans le plasma sanguin. Je renvoie pour la critique détaillée de cette théorie aux travaux de HALLIBURTON. Je me borne à signaler une des nombreuses objections qui lui ont été faites : si le plasma contient à l'avance tous les éléments de la coagulation, pourquoi attend-il sa sortie des vaisseaux pour se coaguler, et comment se fait-il qu'il puisse rester liquide à l'intérieur des vaisseaux?

Quant aux théories plus anciennes de RICHARDSON (1856, 67), MATHIEU et URBAIN (1874-75), etc., nous renvoyons le lecteur aux publications originales citées dans la bibliographie.

Influences diverses qui modifient la coagulation. — La coagulation du sang est favorisée par une élévation de la température (optimum vers + 40°), par l'agitation, par le contact avec des corps étrangers, surtout des corps à surface rugueuse, par l'addition de petites quantités d'eau, par le contact de la mousse de platine, du charbon finement pulvérisé, du sang laqué, par l'addition de leucocytes ou d'extraits cellulaires de divers organes (contenant des nucléoprotéides telles que la nucléohistone). DASTRE a constaté aussi que l'injection d'une solution de gélatine augmentait notablement la coagulabilité du sang.

La coagulation du sang étant un phénomène de fermentation, est soumise aux influences générales qui agissent sur les fermentations. Elle est ralentie ou suspendue par une température suffisamment basse (0°), abolie par une température qui altère la substance (+ 56°, température de coagulation du fibrinogène).

La production de la fibrine est retardée ou empêchée dans le sang de la saignée par la dilution du sang avec une grande quantité d'eau, par l'addition de glycérine, de sels des acides biliaires, de sucre de canne, de sels neutres en solutions suffisamment concentrées, substances qui empêchent la formation du ferment, ou s'opposent à la fermentation.

HEWSON (1771) avait essayé toute une série de sels, notamment le sulfate de sodium, que DENIS (1859) employa également pour suspendre la coagulation et séparer le plasma.

SEMMER (1874), ALEXANDRE SCHMIDT (1875), HAMMARSTEN, FREDERICQ, etc., ont employé dans le même but la solution saturée de sulfate de magnésium (mélanger le sang au sortir de la veine avec le tiers de son volume de la solution saturée de sulfate de magnésium). A. GAUTIER (1875) mélange le sang avec du chlorure de sodium de manière à ce que la teneur du mélange atteigne 4 p. 100 de NaCl.

Les substances qui altèrent le fibrinogène, les alcalis ou les acides suffisamment concentrés, les sels des métaux pesants, empêchent la coagulation.

La coagulation est simplement suspendue par l'addition de substances qui précipitent les sels calcaires du plasma : savon médicinal (IM. MUNK. 1890), oxalate ou fluorure alcalin (ARTHUS et PAGÈS, 1890, 1891). L'oxalate d'ammonium (à 2 p. 1000 du sang) est un excellent moyen de prévenir la coagulation. Il suffit de restituer au sang oxalaté une petite quantité de chlorure de calcium, pour que le liquide reprenne la faculté de se coaguler.

Le sang reste liquide à l'intérieur d'une veine, même extraite du corps. Si l'on parvient à priver le plasma des éléments figurés, en opérant à une température à laquelle le ferment ne peut guère se produire, on pourra obtenir un plasma limpide, ne présentant qu'une faible tendance à la coagulation.

Le sang ne se coagule pas chez les animaux empoisonnés par le phosphore, ainsi que dans certains états pathologiques (hémophilie). Chez l'embryon du poulet, la coagulation ne se montre pas avant le douzième jour de l'incubation (BOLL).

Le sang qui ne circule qu'au contact du cœur et des poumons, perd au bout de peu de temps la faculté de se coaguler (voir plus loin).

On a, dans ces dernières années, signalé toute une série de substances dont l'injection intravasculaire produit chez l'animal vivant l'incoagulabilité du sang : *Propeptone* (SCHMIDT-MÜLHEIM, 1880, FANO, 1881), *Histone* (LILIENFELD, 1892), *Ferments digestifs* (SALVIOLI, 1885), *Cytoglobine, Préglobuline* (ALEX. SCHMIDT, 1892), *Extrait de sangsue médicinale* (HAYCRAFT, 1884), ou de *sangsue chevaline* (HEIDENHAIN, 1891), *Extrait de muscles d'écrevisses, de mollusques lamellibranches* (HEIDENHAIN, 1891), *Extraits de divers tissus et organes* (HEIDENHAIN, A. g. P., LI, 209, 1891), etc. Quelques-unes de ces substances agissent aussi bien *in vitro* qu'*in vivo*. La peptone n'agit qu'*in vivo*. Nous examinerons spécialement l'action de la *peptone* et celle de l'*extrait de sangsue*.

Coagulations intravasculaires. — L'injection dans les vaisseaux de *ferment de la fibrine* peut produire des coagulations intravasculaires. Il faut, pour réussir, employer une solution très active. De petites quantités de ferment que l'on injecte, sont détruites dans l'organisme et ne se retrouvent plus au bout d'un certain temps. C'est de cette façon que l'on s'explique qu'une transfusion ordinaire de sang défibriné, qui évidemment contient du ferment, puisse être supportée sans entraîner d'ordinaire des coagulations intravasculaires. AL. SCHMIDT et ses élèves, WOOLDRIDGE (1883-1889), WRIGHT (1891-1894), LILIENFELD (1891-1896), etc., ont étudié les coagulations intravasculaires qui se produisent, après injection dans les vaisseaux d'extraits d'organes contenant des *nucléoprotéides*. La coagulation chez le chien est en général limitée au système porte, ce que WRIGHT attribue à une teneur plus élevée du sang porte en CO^2. Une augmentation de CO^2 du sang, un commencement d'asphyxie provoquée par l'occlusion de la trachée, pourront chez le chien amener des coagulations intravasculaires généralisées, après injection d'extraits d'organes contenant des *nucléoprotéides*.

A côté de la coagulation du sang dans le système porte, on peut chez le chien observer la fluidité persistante du reste du sang. On peut aussi, après une *phase positive* de coagulabilité augmentée, observer ultérieurement une *phase négative* ou de coagulabilité diminuée ou abolie (WOOLDRIDGE). On peut admettre avec WRIGHT, PEKELHARING, LILIENFELD, que la nucléoprotéide se dédouble dans l'organisme en fournissant un produit excitant la coagulation (*nucléine*) et un autre qui l'empêche (*albumose* ou *histone*). L'action de la nucléine expliquerait la phase positive; celle de l'albumose expliquerait la phase négative. WRIGHT et PEKELHARING retrouvent dans le sang et dans l'urine l'*albumose* provenant de la décomposition de la *nucléoprotéide*. L'*albumose* elle-même agirait en se combinant aux sels de calcium du sang et en empêchant ainsi la formation du ferment et la coagulation.

L'injection dans les vaisseaux d'hémoglobine dissoute ou de sang laqué provoque également la formation de thromboses plus ou moins généralisées NAUNYN (1873). Il peut en être de même après injection d'agents qui dissolvent les globules : eau distillée en grande quantité, transfusion de sérum ou de sang d'espèce différente, etc.

Action de la propeptone. La propeptone suspend la coagulabilité du sang en provoquant dans l'organisme vivant la formation d'une substance nouvelle anticoagulante. — SCHMIDT-MÜLHEIM[1] découvrit en 1880 que, si l'on injecte à un chien à jeun, dans les veines, 0gr,3 à 0gr,6 de peptone par kilogramme d'animal, les saignées que l'on fait pendant l'heure qui suit l'injection fournissent un sang incoagulable. Au bout de quelques heures, la coagulabilité du sang resté dans l'animal reparaît et est même plus marquée qu'à l'état normal. Lorsque la coagulabilité est revenue, elle persiste alors malgré de nouvelles injections de peptone. La peptone paraît se transformer rapidement en une autre substance dans le torrent circulatoire, car on ne la retrouve ni dans le sang, ni dans l'urine (contredit par HOFMEISTER et d'autres).

FANO (1881) montra que la peptone n'exerce son action anticoagulante que si elle est injectée rapidement. La peptone injectée lentement n'a pas d'action, et rend alors inefficace une nouvelle injection, même faite rapidement. D'une façon générale, d'ailleurs, un animal qui a reçu une première injection de peptone, efficace ou non, présente pendant un temps assez long, vingt-quatre heures par exemple, une véritable *immunité* vis-à-vis d'une nouvelle injection de peptone, qui ne produit plus ni l'incoagulabilité du sang, ni les autres effets habituels.

FANO montra aussi que la peptone, mélangée directement à du sang *in vitro*, n'a pas d'action spécifique anticoagulante, fait confirmé par LEDOUX (1893), SHORE (1890), contesté par GLEY (1895, 1896). Cette action, différente de ce qu'elle est *in vivo*, ne s'explique qu'en admettant (avec SCHMIDT-MÜLHEIM) qu'elle donne naissance à une autre substance non déterminée, à laquelle est due l'action anticoagulante.

Le sang perd sa coagulabilité une demi-minute après l'injection de peptone : à ce moment, la peptone a déjà disparu du sang[2]. On ne peut pas admettre son élimination par la voie rénale, attendu que la sécrétion urinaire s'arrête en général, par suite de l'abaissement de la pression sanguine.

La peptone n'a guère d'action chez le lapin, qui supporte l'injection de doses considérables, sans modifications notables de la coagulabilité du sang[3]. Mais le sang de lapin, réfractaire à l'action de la peptone, ne l'est pas au produit inconnu formé dans l'organisme du chien sous l'influence de l'injection de peptone. On rend le sang du lapin incoagulable *in vivo* et *in vitro*, en lui ajoutant une quantité suffisante de sang de chien propeptoné avec succès.

Le chat (GROSJEAN, 1892) et les oiseaux (DELEZENNE, 1896) sont comme le chien sensibles à l'action de la propeptone. FANO constata que le plasma du sang de chien propeptoné se comporte comme le sang de propeptone lui-même. Ce plasma se coagule si on le dilue avec de l'eau ou si l'on y fait passer un courant de CO_2. Cette coagulation est d'autant moins marquée que l'on a mieux privé le plasma de ses leucocytes par l'action de la force centrifuge.

Le sang de propeptone finit ordinairement par se coaguler plus ou moins complète-

---

1. Les résultats sont moins démonstratifs si l'animal est en pleine digestion. W. H. THOMPSON (1896) constate que de petites doses de peptone de WITTE (moins de 2 centigrammes par kilogramme d'animal) accélèrent la coagulation du sang. La dose de 2 centigrammes retarde encore la coagulation. Mais 1 centigramme l'accélère manifestement.

2. Ce point affirmé par FANO (1881-1882) est contesté par STARLING (1895). En employant l'acide trichloracétique pour précipiter les albuminoïdes du sang, STARLING a pu retrouver la peptone un quart d'heure, une demi-heure, une heure après l'injection.

3. GLEY (1895, 1896) admet que le lapin n'est pas absolument réfractaire à l'action de l'injection de peptone. Seulement il lui faut des doses considérables de peptone, doses qui amènent la mort avant que l'incoagulabilité soit complète.

ment au bout de quelques jours. Dans ce cas, la coagulation débute à la limite du plasma et des globules rouges, c'est-à-dire dans la zone des leucocytes et autres éléments incolores du sang (Faxo, 1881 ; Contejean, 1896).

Il est probable que les données contradictoires que l'on trouve sur la coagulation spontanée ou provoquée du plasma de propeptone proviennent de ce que les différents expérimentateurs opéraient avec du plasma plus ou moins privé de ses éléments morphologiques.

La neutralisation du sang de propeptone favorise sa coagulabilité spontanée. Il en est de même de l'addition de petites quantités d'acide. Les alcalis au contraire retardent la coagulation.

Si l'on refroidit le plasma de propeptone, il laisse déposer un précipité : le fibrinogène A de Wooldridge, nucléoalbumine pour Pekelharing. Ce précipité une fois enlevé, le plasma de propeptone ne se coagule plus par CO^2.

Faxo admettait que l'injection de peptone exerce les mêmes effets sur la lymphe que sur le sang, c'est-à-dire provoque l'incoagulabilité des deux liquides dans les mêmes conditions et aux mêmes moments.

Shore (1890) contesta le fait et montra que dans certains cas (injection lente ou insuffisante) l'injection de peptone, quoiqu'elle ne modifie pas la coagulabilité du sang, supprime celle de la lymphe.

Pollitzer (1885) et Grosjean (1892) montrèrent que Schmidt-Mülheim (1880) et Faxo (1881-1882) avaient employé non de la peptone pure, mais des mélanges de peptone et d'albumoses, et que c'est à ces dernières substances que l'injection de peptone doit son activité.

Les peptones pures (amphopeptone ou peptone de pepsine, antipeptone ou tryptone ou peptone de trypsine, substances non précipitables par $(AzH^4)^2SO^4$) ont peu d'action sur la coagulation. Il en est de même des albumoses solubles dans l'eau distillée (Protalbumose et deutéroalbumose, la première précipitable par NaCl seul, la seconde précipitable par NaCl et un acide, solubles dans les solutions neutres de sel). Seule, la propeptone qui se précipite par dialyse dans la digestion peptique (hétéroalbumose, intégralement précipitée par $(AzH^4)^2SO^4$ ou par NaCl), ou les préparations qui en contiennent (peptone de Witte, hémialbumose de Kühne de de Grübler de Leipzig, etc.) sont capables de suspendre la coagulation chez le chien.

Grosjean a montré qu'une injection de $0^{gr},15$ à $0^{gr},20$ (par kilogramme d'animal) d'hémialbumose de Grübler ou de propeptone pure, préparée d'après son procédé, suffisait en général pour suspendre pendant une heure la coagulation du sang chez le chien. Les échantillons tirés moins d'une heure après l'injection restent liquides pendant vingt-quatre heures au moins, parfois indéfiniment. Quand la coagulation s'y montre, elle est tardive et incomplète.

Pourquoi le sang de propeptone ne se coagule-t-il pas ? — Schmidt-Mülheim avait constaté que le sang de propeptone se coagule quand on y ajoute du ferment de la fibrine. Faxo admettait que la substance anticoagulante protège les leucocytes, les empêche de se détruire et de fournir les éléments du ferment.

Ledoux (1893) constata également que le sang de propeptone ne contient pas de ferment de la fibrine (contesté par plusieurs expérimentateurs, notamment par Dastre, 1896) et jouit jusqu'à un certain point du pouvoir de détruire le ferment. Le plasma de ce sang contient du fibrinogène et se coagule lorsqu'on y ajoute du ferment de Schmidt en quantité suffisante (contesté par Faxo), ou des liquides qui contiennent du ferment, notamment du sérum ou du sang défibriné, ou du chlorure de calcium (Contejean, 1895).

J. Athanasiu et J. Carvallo (1896) admettent aussi que le plasma de peptone ne contient pas de ferment. Si on le prive d'éléments figurés par une centrifugation prolongée, il ne se coagule pas par addition d'eau distillée, d'eau chloroformée, d'eau éthérée d'eau, de chaux, ni par le sulfate de calcium, toutes substances qui provoquent la coagulation dans ce même plasma pourvu de ses globules blancs. Le seul procédé pour faire coaguler le plasma privé de leucocytes, c'est d'y ajouter du ferment de la fibrine (contesté par Dastre, 1896).

Les mêmes auteurs ont d'ailleurs constaté (1896) que l'injection intravasculaire de peptone produit chez le chien une diminution très notable du nombre des globules blancs. WRIGHT (1893) avait constaté le même fait. Les leucocytes contenus dans ce sang qui reste incoagulé présentent une très grande vitalité, émettent des prolongements et se déplacent à la température ordinaire. Ils résistent mieux aux agents de destruction.

Causes de l'immunité vis-à-vis d'une seconde injection de propeptone. — Revenons à la question de l'immunité procurée par une première injection contre les effets d'une injection ultérieure.

GROSJEAN (1892) a constaté que l'injection de *peptone proprement dite* (inefficace), faite chez le chien, immunisait l'animal vis-à-vis d'une injection ultérieure de *propeptone*.

Une injection de sang de chien propeptoné, faite en petite quantité à un autre chien, suffit pour immuniser ce dernier vis-à-vis d'une injection de *propeptone* (LEDOUX, 1895; CONTEJEAN, 1895).

CONTEJEAN (1895) a découvert aussi qu'on peut injecter dans les cavités séreuses du chien des quantités considérables de propeptone, sans rendre le sang incoagulable, et sans que ces injections aient une action préventive sur l'effet anticoagulant d'une injection intravasculaire, pratiquée quelque temps après la première; il est donc probable que le produit anticoagulant n'est pas de la propeptone transformée, mais doit être sécrété dans le corps de l'animal sous l'influence de la propeptone toxique introduite brusquement en grande quantité dans le sang.

On peut protéger un chien contre l'action anticoagulante des injections de propeptone en lui injectant préalablement dans les vaisseaux une petite quantité de sang de propeptone, ou dans le péritoine du sérum de sang de chien momentanément immunisé vis-à-vis de l'effet anticoagulant de la peptone. L'animal immunisé, momentanément réfractaire à une injection de propeptone, n'en n'est pas moins resté très sensible à la substance anticoagulante. Il suffit de lui injecter du sang de propeptone en quantité suffisante pour rendre son propre sang incoagulable. L'immunisation serait ici due à ce fait que l'organisme de l'animal ne sécrète plus, sous l'influence de la propeptone, la substance qui rend le sang incoagulable. Mais elle pourrait être encore due à un autre facteur. En effet, une façon assez satisfaisante de se représenter l'action de la propeptone et d'expliquer l'immunité, serait d'admettre que la propeptone introduite dans l'organisme du chien, provoque la formation de deux substances antagonistes, A et B, l'une empêchant la coagulation du sang, l'autre B la favorisant. La première substance A prédominerait au début de l'empoisonnement, mais elle se détruirait peu à peu, laissant le champ libre à la seconde B, ce qui conduirait au stade d'immunité et de coagulabilité exagérée du sang, pendant lequel une nouvelle injection de propeptone reste sans effet, c'est-à-dire n'arrive pas à contrebalancer l'action coagulante de B.

ATHANASIU et CARVALLO (1896) montrent que les extraits de foie ou d'autres tissus d'un chien en digestion et dont le sang est rendu incoagulable par la propeptone, déterminent la mort par coagulation intravasculaire, si on les injecte à un animal de la même espèce. Si l'on injecte la peptone à un chien en inanition, l'extrait de son foie injecté à un autre chien y provoque l'incoagulabilité du sang.

Ils ont constaté également que l'immunité vis-à-vis d'une seconde injection n'est pas complète après une première injection de propeptone chez les animaux soumis à l'inanition.

Les animaux en pleine digestion résistent mieux à l'action de la propeptone : il leur faut une dose plus forte. L'immunité se montre bien chez eux après une première injection.

Ajoutons que CONTEJEAN (1896) a constaté que les extraits aqueux d'organes de chien (foie, muqueuse intestinale, muscles, cerveau, testicules) suspendent chez cet animal la coagulation du sang, si on les injecte *in vivo*. Ajoutés *in vitro* à du sang normal, ces extraits provoquent au contraire immédiatement la coagulation. Les résultats différents (coagulations intra-vasculaires) obtenus par BUCHANAN, FOA et PELLACANI, s'expliquent, d'après CONTEJEAN, parce que ces expérimentateurs employaient des extraits empruntés à des organes d'animaux d'espèce différente de celle à laquelle ils injectaient l'extrait.

La substance anticoagulante est fabriquée dans le foie sous l'action de la propeptone. — Quel est l'organe qui, chez le chien, transforme la propeptone, ou produit, sous l'influence de la propeptone, la substance qui empêche la coagulation du sang? L'extirpation des thyroïdes ou des reins, ou du pancréas, est sans influence appréciable sur le phénomène. La substance en question ne paraît pas non plus se produire dans les muscles. CONTEJEAN (*A. d. P.*, 1895, 244-251) isole par une ligature en masse une des pattes postérieures chez un grand chien vivant, en ne laissant que l'artère et la veine, en dehors de la ligature. Il traverse par une canule piquante la paroi de l'artère, et injecte sans interruption dans ce vaisseau une solution de peptone (7 grammes). Cette injection n'a pas d'effet sur la coagulabilité du sang qui s'écoule par la veine crurale.

Dans une autre série d'expériences, CONTEJEAN élimine l'action du foie et des organes abdominaux, en provoquant au moyen d'un ballon de caoutchouc, introduit à l'intérieur de l'aorte thoracique, l'obstruction de ce vaisseau, ou en liant le tronc cœliaque, la grande et la petite mésentériques et la veine porte (avec ligature en masse du rectum) : l'injection de propeptone n'a plus qu'un effet peu marqué sur la coagulabilité du sang. Le sang se coagule un peu moins vite, et le caillot formé subit ultérieurement la fibrinolyse.

CONTEJEAN considère comme probable que toutes les cellules de l'organisme, dont en somme le protoplasma est plus ou moins identique, produisent plus ou moins de substance anticoagulante sous l'influence de l'excitation apportée par la peptone. Le foie et la masse intestinale se distingueraient seulement par une superactivité notable. L'expérience suivante prouve d'après lui que d'autres organes que le foie peuvent contribuer à produire l'incoagulabilité du sang, sous l'influence d'une injection de propeptone. Un chien à jeun est abattu par section de la moelle allongée. Trachéotomie et respiration artificielle. On sectionne entre deux ligatures tous les organes entrant dans le hile du foie : artère hépatique, veine porte, lymphatiques, etc. On déchire le petit épiploon et le ligament hépato-rénal. Le foie complètement libéré n'est plus retenu que par le ligament suspenseur. On serre en masse le pédicule, en ayant soin de ne pas entraver la circulation dans la veine cave supérieure. On injecte alors immédiatement de la propeptone dans une veine. Le sang, coagulable auparavant, se coagule maintenant très mal, et est ultérieurement le siège d'une *fibrinolyse* plus ou moins complète. Ce sang liquéfié immunise en outre des chiens lorsqu'on le transfuse dans leur péritoine. Il semble donc qu'il peut se produire de la substance anticoagulante dans d'autres organes que le foie.

CONTEJEAN (*A. d. P.*, 1896, 157-166) a constaté aussi que l'intégrité des ganglions cœliaques et des nerfs qui en émanent, est nécessaire pour qu'une injection intraveineuse de peptone puisse agir normalement.

Le rôle prépondérant, ou même unique, que le foie joue dans la fabrication de la substance anticoagulante a été mis hors de doute par les expériences de E. GLEY et V. PACHON (*A. d. Ph.*, 1895, 710-718). Ils ont d'abord découvert que la ligature des lymphatiques du foie apporte un obstacle à l'action anticoagulante de la peptone. Ce fait permet déjà de supposer que c'est le foie qui, sous la provocation de la peptone, fabrique la substance anticoagulante.

Il est vrai que STARLING (*J. P.*, 1895) n'a pas confirmé les résultats de ces expériences. Contrairement à GLEY et PACHON, il a observé, qu'après la ligature des lymphatiques du foie, et même après ligature simultanée des lymphatiques et du canal cholédoque, une injection de peptone suspendait encore la coagulation du sang. STARLING suppose que les résultats négatifs obtenus par GLEY et PACHON sont dus à ce que ces physiologistes ont expérimenté sur des animaux en immunité naturelle vis-à-vis de la peptone. DELEZENNE (1896) et CONTEJEAN n'ont pas été plus heureux que STARLING.

Mais, dans une autre série d'expériences, GLEY et PACHON (*A. d. P.*, 1896, 715-723) ont fourni une preuve plus directe du fait avancé. Ils ont vu que toute cause qui diminue, suspend ou supprime le fonctionnement hépatique, entrave l'action de la propeptone sur la coagulation du sang. Cette action est supprimée complètement chez le chien après destruction des cellules hépatiques, au moyen d'une injection dans le canal cholédoque d'une solution d'acide acétique à 2cc,5 p. 100, et surtout par l'extirpation du foie que l'on peut pratiquer à peu près complète, en s'adressant à des chiens de petite taille. Quant aux lésions des nerfs du foie ou à la cocaïnisation du plexus cœliaque, elles ont une action suspensive moins marquée.

Le système nerveux central n'a pas d'action sur le phénomène (piqûre, section de la moelle allongée, cervicale, dorsale).

L'action de la propeptone n'est donc possible qu'à la condition que cette substance traverse le foie. Peut-être conviendrait-il, disent Gley et Pachon, de ne voir dans ce phénomène que l'exagération d'un phénomène normal resté jusqu'à présent inexpliqué. On sait que le sang qui sort des veines sus-hépatiques est normalement moins coagulable que tout autre sang. Cette propriété de diminuer la coagulabilité du sang serait stimulée par la peptone.

Delezenne (1896) constate également qu'après extirpation du foie une injection intra-veineuse de peptone n'est plus capable de suspendre la coagulation du sang. Il a renouvelé avec le même résultat l'expérience, en pratiquant au préalable la fistule d'Eck, c'est-à-dire en établissant une communication artificielle entre la veine porte et la veine cave. Cette modification avait été imaginée pour ne pas entraver la circulation de retour de l'intestin et pour permettre à cet organe de manifester son action, si elle existait.

Delezenne (A. d. P., 1896, 654-668) a réussi à donner une autre preuve pour ainsi dire directe de l'intervention du foie. Il enlève le foie à un chien qu'on vient de sacrifier et fait circuler à travers l'organe une solution de propeptone. Il obtient, au sortir de l'organe, un liquide capable de suspendre la coagulation du sang in vitro, et de rendre incoagulable le sang du lapin. Le foie paraît être le seul organe capable de former cette substance.

Delezenne admet que le principe anticoagulant est très vraisemblablement un produit de transformation de la propeptone dans son passage à travers le foie. Par ses propriétés (résistance au moins partielle à une température de $+ 100°$), ce principe se rapproche de la substance non encore isolée qui donne à l'extrait de sangsue son activité.

Ajoutons que la ligature de la veine porte seule (Contejean. A. d. P., 1896, 159) n'empêche pas l'action anticoagulante de la peptone de se développer.

Suspension de la coagulation par l'extrait de sangsue. — Haycraft découvrit en 1884 que la tête de la sangsue médicinale contient une substance soluble dans l'eau, insoluble dans l'alcool qui supprime la coagulation du sang, tant in vivo qu'in vitro (différence d'avec la propeptone). Cette substance paraît donc agir directement sur la coagulation du sang, en empêchant la fermentation du ferment, ou l'action du ferment. L'élimination de cette substance se fait par les reins. Elle agit aussi bien chez le lapin que chez le chien, mais non sur le sang des crustacés.

L. Dickenson (1890) montra que la substance active de l'extrait de sangsue peut supporter la température de l'ébullition sans perdre son activité; et présente quelques réactions qui la rapprochent des albumoses ou propeptones; elle est notamment précipitée ou entraînée avec le précipité formé par le sulfate d'ammoniaque. La substance en question détruit le ferment de la fibrine. Le sang maintenu liquide par l'extrait de sangsue se coagule par addition d'extraits de ferment, mais ni par CO^2, ni par neutralisation au moyen d'acide acétique, ni par l'eau distillée, si l'on a eu soin d'enlever au préalable les éléments figurés (différences d'avec le plasma de peptone).

Ledoux (1895) coupe l'extrémité antérieure (1 à 1 1/2 centimètres de long) de la sangsue médicinale, la jette dans l'alcool fort, qui est renouvelé au bout de 24 heures et laisse macérer dans cet alcool pendant huit jours. Il retire ensuite les fragments coagulés, les dessèche, puis les fait infuser dans l'eau distillée, à froid d'abord, puis au bain marie. Cette solution peut être injectée directement (additionnée de 8 p. 1000 de NaCl. On peut aussi évaporer l'infusé au bain marie et conserver à sec l'extrait noir-verdâtre ainsi obtenu. Au moment de s'en servir, on le dissout à chaud dans du sérum physiologique. Ce procédé donne avec 100 sangsues environ 0^{gr},75 d'extrait sec, soit 3/4 centigramme par tête de sangsue. On trouvera dans le mémoire de Ledoux des indications détaillées concernant les doses à employer. Il faut environ 1/2 centigramme (2 sangsues) par kilogramme d'animal pour suspendre la coagulation pendant 1/2 heure chez le chat et le chien, pendant 1 heure chez le lapin. La dose d'extrait de sangsue nécessaire pour maintenir in vitro la fluidité du sang est la même que celle qui agit dans le courant circulatoire: 2 centigrammes (2 1/2 sangsues) par 75 grammes de sang (correspondant à un kilogramme d'animal). La pression sanguine et la respiration sont à peine influencées: l'extrait de sangsue est donc un moyen précieux, très préférable à la propeptone, pour produire l'incoagulabilité du sang sans mettre la santé de l'animal en danger.

Une première injection ne confère pas, contrairement à ce qui a lieu pour la propeptone, l'immunité pour une injection ultérieure.

Il n'y a pas non plus d'immunité pour la propeptone après une injection d'extrait de sangsue, ni *vice versa*.

C'est bien en détruisant le ferment de la fibrine que l'extrait de sangsue semble empêcher la coagulation du sang. Les sels de calcium ne jouent aucun rôle ce phénomène pour LEDOUX.

Il a constaté que la substance injectée dans le tissu cellulaire sous-cutané ou dans la cavité péritonéale ne produit aucun effet sur le sang.

CONTEJEAN (1895) a constaté également que le sang, rendu incoagulable par l'extrait de sangsue, se coagule si l'on y ajoute du ferment de la fibrine.

WRIGHT (1893) constate que le sang conservé *in vitro* au contact de l'extrait de sangsue ne présente pas de diminution dans le nombre de ses leucocytes.

Phénomènes accessoires de la coagulation. — VALENTIN (1844), SCHIFFER (1868), LÉPINE (1876) ont constaté un temps d'arrêt dans le refroidissement du sang des animaux à sang chaud qui coïncide avec le moment où la fibrine se dépose et qui indique que le phénomène est accompagné d'une mise en liberté de chaleur. FREDERICQ (1878), en observant à distance un thermomètre placé dans du plasma de sang de cheval, conservé à la température de l'appartement, avait constaté également une légère élévation de la température, au moment de la coagulation du plasma. Cette élévation a été récemment niée par JOLYET et SIGALAS (1894).

ZUNTZ (1867) a découvert que le sang présente très peu de temps après sa sortie des vaisseaux une diminution notable de son alcalinité, d'où élévation de la tension de CO^2. Il y a, grâce à ce phénomène, une différence notable d'alcalinité entre le sérum sanguin et le plasma provenant du même sang.

On ignore s'il y a une relation entre cette production d'acide et le phénomène de la coagulation du sang. FREDERICQ (1878) n'a pas constaté de changement dans la réaction d'une solution neutre de fibrinogène et de ferment, par le fait de la coagulation.

Action des différents organes sur la coagulation du sang. — DASTRE (1893), se basant sur la difficulté de coagulation du sang sus-hépatique (admis d'après LEHMANN (1851-1853) et BROWN-SÉQUARD) et du sang de la veine rénale (affirmé par CL. BERNARD (1848), SIMON et BROWN-SÉQUARD), admet que ces deux organes, détruisent constamment le fibrinogène, tandis que la peau, la muqueuse intestinale, le poumon seraient des organes producteurs de fibrinogène du sang. Cette théorie cadre mal avec les faits découverts par PAWLOW (1887) et BOHR (1888).

PAWLOW (1887) avait constaté que, si on limite la circulation au cœur, aux gros vaisseaux et aux poumons (obturation de l'aorte thoracique, ligature des carotides et des sous-clavières, sauf un tronc artériel qui verse son sang dans la veine jugulaire, chez le chien), le sang perd au bout de peu de temps sa coagulabilité. Le passage répété du sang à travers le poumon semble donc lui enlever la propriété de se coaguler.

BOHR (1888) obtint le même résultat rien qu'en excluant les viscères abdominaux de la circulation, par occlusion de l'aorte thoracique ou par ligature des vaisseaux artériels abdominaux. Ce fait a été contesté par CONTEJEAN. Mais j'ai eu à différentes reprises l'occasion de constater au cours d'expériences sur l'occlusion de l'aorte thoracique, qu'au bout d'un temps plus ou moins long, le sang perdait en effet plus ou moins complètement sa coagulabilité.

Le sang paraît donc soumis dans l'organisme à deux influences, l'une qui tend à supprimer sa coagulabilité et qui sans doute émane du poumon, l'autre qui tend à exalter la coagulabilité, à la rétablir quand elle a été supprimée et qui émane des organes abdominaux (foie? intestin). AL. SCHMIDT (*Zur Blutlehre*, 1892), WOOLDRIDGE (1883-1889), LILIENFELD (1891-1895), etc., admettent d'ailleurs que les produits extraits des leucocytes ou des autres cellules de l'organisme peuvent influencer la coagulation du sang dans ces deux sens opposés. Pour SCHMIDT, la *cytoglobine* et son dérivé, la *préglobuline*, exercent une action suspensive sur la coagulation du sang, tandis que d'autres produits cellulaires, produits de la métamorphose régressive, l'exaltent au contraire. La *nucléohistone* de LILIENFELD fournit en se décomposant de *l'histone*, substance basique, qui jouit à un haut degré de la propriété d'empêcher la coagulation du sang, et la *leuconucléine*, substance acide, qui, elle, provoque au contraire des coagulations intra-vasculaires. C'est sans doute par l'action antagoniste de ces produits cellulaires que s'expliquent les *phases positive* et *négative* décrites par WOOLDRIDGE dans l'action des extraits d'organe (fibrinogène des tissus), phénomènes confirmés par WRIGHT (1891-1894) et autres expérimentateurs.

ALEX. SCHMIDT (1892) admet que les deux ordres de substances existent côte à côte et pour ainsi dire en conflit dans le plasma sanguin normal. Dans le sang circulant les deux actions antagonistes, l'action coagulante et l'action inhibitrice, se contrebalancent. Dans le sang de la saignée, c'est l'influence coagulante qui l'emporte.

Bibliographie[1]. — MALPIGHI. *Opera omnia. De polypo cordis dissertatio,* 1666. — RUYSCH. *Thesaurus anatomicus septimus,* Amstel., 1707, 4°, 11. — HEWSON. *An experimental inquiry into the properties of the blood,* London, ch. I, exp. III, 1770. — *The works of Hewson* (Sydenham Society Edition, London, 1846, 76). — DAVY. *Observ. on the coagulation of the blood* (Edinburgh med. and surgical Journal, 1828, XXX, 248). — SIR CHARLES SCUDAMORE. *An essay on the blood,* 1824. — TURNER THACKRAH. *An inquiry into the nature and the properties of the blood in health and disease,* 1º édit., London, 1819, 29. — JOHN HUNTER. *Works, edited by Palmer* (On the blood, vol. III, London, 1837); et *Œuvres complètes,* trad. Richelot, Paris, 1843. — SCHRÖDER VAN DER KOLK. *Comm. de sang coagul.,* Groning. 1820. — PRÉVOST et DUMAS. *Examen du sang* (Bibliothèque univ. de Genève, 1821, XVII). — MÜLLER (J.). *Beobachtungen zur Analyse der Lymphe, des Blutes und des Chylus* (Poggendorff's Annalen für Physik, 1832, XXV, 514, trad. franç. dans Ann. des sc. natur., (2), I, 339). — ANDREW BUCHANAN. *Contributions to the physiology and pathology of animal fluids, etc.* (London medical Gazette, 1835-1836, XVIII, 50); — *On the coagulation of the blood and other fibriniferous liquids* (Proceedings of the Glasgow Phil. Soc., 1845 ou 1848; London Med. Gazette, or Journ. of pract. Med., 1845, I, (new ser.), 617, réimpr. par GAMGEE (J. P., 1879-1880, II, 158-163). — GULLIVER. *On the softening of coagulated fibrine* (Med. chir. Trans., 1839, XX, 136). — HAMBURGER. *Dissertatio experimentorum circa sanguinis coagulationem specimen primum,* Berolini, 1839. — POLLI. *Dello stato della sangue nelle malattie inflammatorie* (Annali univ. di medic., 1843, CXII, 327). — VIRCHOW. *Ueber die chemischen Eigenschaften des Faserstoffs* (Zeits. f. rat. Med., 1846, 262; Arch. f. pathol. Anat., et Gesammelte Abhandlungen zur wissenschaftliche Medicin). — BÉCLARD (Archives générales de médecine, 1848, et Traité de physiologie). — P. S. DENIS (DE COMMERCY). *Études chimiques, physiologiques et médicales, faites de 1835 à 1840, sur les matières albuminoïdes, etc.,* Paris, J.-B. Baillière et fils, 1842, 1-182; — *Nouvelles études chimiques, etc.,* Paris, J.-B. Baillière, 1856, 1-236; — *Mémoire sur le sang considéré quand il est fluide, pendant qu'il se coagule et lorsqu'il est coagulé, etc.,* Paris, J.-B. Baillière et fils, 1859, 1-208; aussi C. R., XLII, XLVII, LII, etc. — NASSE. *Blut,* in *Wagner's Handwörterbuch der Physiologie,* Braunschweig, 1842, I, 127. — FUNKE. *Ueber das Milzvenenblut* (Zeits. f. rat. Medicin, 1851, I). — LEHMANN (Journ. f. prakt. Chemie, 1851, LIII); — (Lehrb. d. physiol. Chemie, Leipzig, 1853, 2e Aufl., II, 196). — WUNDERLICH (Handb. d. Pathol. u. Therap., Stuttgart, 1852, I, 560). — ROBIN et VERDEIL. *Traité de chimie anatomique, etc.* Paris, J.-B. Baillière, 1853, III, 199. — VIRCHOW. *Ueber den Ursprung des Faserstoffs und die Ursachen seiner Gerinnung aus thierischen Flüssigkeiten. Gesammelte Abhandlungen,* 1856, 104. — HEADLAND (G.). *Coagulation of the blood,* Lancet, 1856, II, nº 18; A. A. P., I). — RICHARDSON. *The cause of the coagulation of the blood, being the Astley Cooper Prize Essay for 1856.* London, 1858, 400. — HOPPE (F.). *Ueber den Einfluss, welchen der Wechsel des Luftdruckes auf das Blut ausübt* (A. P., 1857). — BRÜCKE (E.). *Ueber die Ursache der Gerinnung des Blutes* (A. A. P., 1857, XII, 81-108 et 172-196; British and foreign medical and chirurgical quarterly Review, janv. 1857, 183). — MILNE-EDWARDS. *Leçons sur la physiologie et l'anatomie comparée,* I, Paris, 1857. — NAUMANN. *Ueber Faserstoff* (Verh. naturf. Ver. der preuss. Rheinl. u. West., 1857, I, 5). — ZIMMERMANN. *Ueber den Faserstoff und die Ursachen seiner Gerinnung* (Moleschott's Unters., 1856, I, 2); — *Gegen eine neue Theorie der Faserstoffgerinnung* (Ibid., 1857, II, 207); — *Zur Kritik der Richardson'schen Hypothese...* (Zeits. f.

---

1. On n'a cherché à donner une bibliographie à peu près complète qu'à partir des travaux d'ALEX. SCHMIDT, 1861.

rat. Med., 1859, viii, 304). — Lister (J.). *On spontaneous gangrene from arteritis and the causes of coagulation of the blood in diseases of the blood vessels (Edinburgh medic. Journal,* avril 1858; *Arch. f. physiol. Heilk.*, 1858, 259); — *Notice of further researches on the coagulation of the blood (Edinburgh medic. journal,* déc. 1859, 536). — Brown-Séquard. *Sur des faits qui semblent montrer que plusieurs kilogrammes de fibrine se forment et se transforment, etc. (Journal de la physiologie,* 1858, i, 298).

1860. — Cohn (B.). *Klinik der embolischen Gefässkrankheiten,* Berlin. — Lussana. *Intorno alla dottrina di Beltrami sulla fibrina del sangue (Gaz. med. ital.,* nos 10-13, 23-25).

1861. — Schmidt (A.). *Ueber den Faserstoff und die Ursache seiner Gerinnung (Arch. f. Anat. u. Phys.,* 545 et 675).

1862. — Schmidt (A.). *Weiteres ueber den Faserstoff und die Ursachen seiner Gerinnung (Arch. f. Anat. u. Phys.,* 428-533).

1864. — Beale (L. S.). *On the germinal matter of the blood with remarks upon the formation of fibrin (Quarterly Journ. of micr. science,* xiv, 47).

1865. — Masia. *Zur quantativen Analyse des Blutes (Arch. f. path. Anat.,* xxxiv, 436). — Sée (G.). *Études sur les matières plasmatiques, la coagulation et la couenne du sang (Journ. de l'anat. et de la physiol.,* 672). — Schmidt (A.) *(Hämatologische Studien,* Dorpat).

1867. — Zuntz (N.). *Zur Kenntniss des Stoffwechsel im Blute (Centralbl. f. med. Wiss.,* no 51). — Benvenisti. *Distinzione dei principi chimici che si hanno dalle metamorfosi regressive dei diversi tessuti fondamentali e critica delle due funzioni fibrinogena e respiratoria che si accordano ai muscoli (Atti del R. Istituto Veneto,* Venezia, 1867-68). — Brücke. *Ueber das Verhalten einiger Eiweisskörper gegen Borsäure (Wiener Sitzungsber,* lv, (2), 891). — Davy (J.). *On the effect of reduction of temperature on the coagulation of the blood (Proceed. of the royal Soc. of Edinburgh,* vi, 157). — Lussana. *Ricerche fisio-patologiche sulla fibrina del sangue,* Firenze. — Mayer (S.). *Ueber die bei der Blutgerinnung sich ausscheidenden Fibrinquantitäten (Wiener Sitzungsber,* lvi, (2), juin). — Richardson (B.). *On the coagulation of the blood (Brit. med. Journ.,* ii, 257). — Schiffer (J.). *Ueber Wärmebildung im erstarrenden Muskel (Centralbl. f. med. Wiss.,* no 54; aussi *Arch. f. Anat. u. Physiol.,* 1868, 442).

1868. — Mantegazza. *Sulla genesi della fibrina nell' organismo vivente; ric. sperim. (Gazetta med. ital.,* vi).

1869. — Allchin (W. H.). *On the preparation of fibrinogen and fibrinoplastin (Journ. of Anat. and Physiol.,* ii, (2), 278). — Béchamp et Estor (C. R., 20 sept.). — Eichwald (A.). *Ueber die eiweissartigen Stoffe der Blutflüssigkeit und des Herzbeutelwassers (Petersburger medic. Zeitschrift,* 239; *Chemisches Centralblatt,* 561). — Grünhagen (A.). *Ueber einen merkwürdigen Einfluss des Glycerins auf die Generatoren des Blutfibrins (Zeit. f. rat. Medic.,* xxxvi, 239). — Heynsius (A.). *Ueber die Eiweisskörper des Blutes (A. g. P.,* ii, 1); — *Fibrin a constituent of the stroma of the blood corpuscles (Journ. of Anat. and Physiol.,* iii, 122); — *Fibrine een bestanddeel van het stroma der roode bloedlichaampjes. De bron van de vezelstof van het bloed (Onderzoekingen physiol. lab.,* Leiden, 143 et 158). — Sangali. *Osservazioni sull' efficacia dei globuli bianchi del sangue a produrre le coagulazioni di esso e degli altri liquidi fibrinosi et altre osservazioni contrario all'idea... etc. (Rendiconto del R. Istituto Lombardo,* i, 15 et 29; luglio, ii).

1870. — Béchamp (A.) et Estor (A.). *De la nature et de l'origine des globules du sang (C. R.,* 265). — Boll. *Ein Beitrag zur Kenntniss der Blutgerinnung (Arch. f. Anat. u. Physiol.,* 718). — Francken (Ferdinand). *Ein Beiträg zur Lehre von der Blutgerinnung im lebenden Organismus und ihren Folgen,* Dorpat, H. Laakmann, 1-68. — Heynsius. *Der directe Beweis-dass die Blutkörperchen Fibrin liefern (A. g. P.,* iii, 414; *C. W.,* no 25 et ii *Onderzoekingen physiol. Lab.,* Leiden, ii).

1871. — Lussana. *Sull' origine della fibrina (Lo Sperimentale,* xxv, 577-611). — Mantegazza (P.). *Ricerche sperimentali sull' origine della fibrina e sulla causa della coagulazione del sangue (Annali universali di Medicina,* Milano, 1-90. D'après une analyse de Boll dans *C. W.,* no 45). — Schmidt (Alex.). *Ueber die Beziehung des Blutfarbstoffs zur Fibringerinnung (C. W.,* 755); — *Neue Untersuchungen ueber Faserstoffgerinnung (A. g. P.,* v, 481-482 et vi, 413-538). — Smee (Alfr. H.). *On the phys. nature of Bloodclotting (Proc. of the Royal Society,* xx, 442).

1872. — Albini (G.). *Studi sulla coagulazione del sangue (Atti dell' Acad. delle scienze fis. e matem. di Napoli*, Jul.). — Schiffer (J.). *Die angebliche Gerinnung des Blutes im lebenden Thier nach Injection freier fibrinoplastischer Substanz in die Gefässbahn* (*Centralbl. f. d. med. Wiss*, n° 10).

1873. — Eichwald Jun. (E.). *Beiträge zur Chemie der gewebebildenden Substanzen und ihre Abkömmlinge*, Hft. 1, Berlin, Hirschwald, 8°, 1-230. — Falk (F.). *Ueber eine Eigenschaft des Capillarblutes* (A. P. P., lix, 26). — Smee Hutchinson (A.). *On the physical nature of the coagulation of the blood* (*Journ. of Anat. und Physiol.*, vii, 210-218). — Naunyn (B.). *Untersuchungen ueber Blutgerinnung im lebenden Thiere and ihre Folgen* (*Arch. f. exp. Path. u. Pharm.*, i, 1-17). — Polli (G.). *Sulla coagulazione del sangue* (*Ann. di chimica applicata alla medicina*, lvii, 270). — Ranvier. *Du mode de formation de la fibrine dans le sang extrait des vaisseaux* (*Gaz. méd. de Paris*, 93).

1874. — Gautier (A.). *Sur un dédoublement de la fibrine du sang* (C. R., lxxix, 227-229). — Kistiakowsky (B.). *Ein Beitrag zur Charafterisik der Pancreas-Peptone* (A. g. P., ix, 438-459). — Landois (L.). *Mikroskopische Beobachtung der Fibrinbildung aus den rothen Blutkörperchen* (*Centralbl. f. med. Wiss.*, n° 27). — Mathieu (C.) et Urbain (O.). *Du rôle des gaz du sang dans la coagulation du sang* (C. R., lxxix, 665-698 et 698-702); — *Réponse aux objections de M. Gautier relatives au rôle de l'acide carbonique dans la coagulation spontanée du sang* (*Bull. Soc. chim.*, xxiii, 483). — Plósz (P.) et Györgyai (A.). *Zur Frage über die Gerinnung des Blutes im lebenden Thiere* (*Arch. f. exp. Pathol. u. Pharmak.*, ii, 211-224). — Schmidt (Alex.). *Ueber die Beziehungen des Faserstoffes zu den farblosen und den rothen Blutkörperchen und über die Entstehung der letzteren* (A. g. P., ix, 353-358). — Semmer. *Ueber die Faserstoffbildung in Amphibien-und Vogelblut und die Entstehung der rothen Blutkörperchen der Säugethiere*, Dorpat.

1875. — Brücke (*Vorlesungen über Physiologie*, Wien, i, 100). — Deutschmann (R.). *Zur Kenntniss des Blutfaserstoffs* (A. g. P., xi, 309-314). — Gautier (A.). *Sur la production de la fibrine du sang* (C. R., lxxx, 1360-1363); — *Réponse à la dernière note de* Mathieu *et* Urbain. lxxxi, 899-901); — *Recherches sur le sang. Première note relative à la coagulation* (*Bull. Soc. chim.*, xxiii, 530); — *Sur la coagulation spontanée du sang, gaz du sang avant et après la production de la fibrine. Réponse à la dernière note de* Mathieu *et* Urbain (*Bull. Soc. chim.*, xxiv, 531). — Glénard (Frantz). *Contributions à l'étude des causes de la coagulation spontanée du sang à son issue de l'organisme.* Paris, Savy, 1-86; — (C. R., lxxxi, 102-897); — (C. R., lxxx); — (*Gaz. des hôpitaux*, n° 133); — *Sur le rôle de l'acide carbonique dans les phénomènes de la coagulation* (*Bull. Soc. chim.*, xxiv, 517). — Olof Hammarsten. *Untersuchungen über die Faserstoffgerinnung* (*Nova acta reg. soc. scient. Upsal.*, x, (3), 1 à 130). — Jakowicki (Anton). *Zur physiologischen Wirkung der Bluttransfusion*, Dorpat, H. Laakmann, 1-48; — *Zur Frage über das Fibrinferment* (*Centralbl. f. med. Wiss.*, 468). — Mathieu (Ed.) et Urbain (V.). *Causes et mécanisme de la coagulation du sang et des principales substances albuminoïdes*, Paris, Masson, 8°, 1-292. — Oré. *De l'influence des acides sur la coagulation du sang* (C. R., lxxxi). — Schmidt (A.). *Ueber die Beziehung der Faserstoffgerinnung zu den körperlichen Elementen des Blutes.* I. *Die Faserstoffgerinnung.* II. *Ueber die Abstammung des Fibrinfermentes, und der fibrinoplastischen Substanz; ueber gewisse im Säugethierblute vorkommenden Uebergangsformen der farblosen Blutkörperchen zu den rothen* (A. g. P., xi, 291-369 et 513-577, 1 pl.).

1876. — Olof Hammarsten. *Undorsökningar af de s. k. fibringeneratorerna, fibrinet samt fibrinogenets koagulation* (*Upsala läkareförenings förhandlingar*, xi, 538.; — *Zur Lehre von der Faserstoffgerinnung* (A. g. P., xiv, 211-274). — Lépine (*Gaz. médic.*, 155). — Lépine (R.). *Note sur la chaleur développée pendant la coagulation du sang* (*Gaz. méd. de Paris*, n° 12). — Mathieu (E.) et Urbain (V.). *Réponse à la dernière note de F.* Glénard *relative au rôle de l'acide carbonique dans la coagulation du sang* (C. R., lxxxii, 515-517 et 422. Voir aussi C. R., lxxxiii, 273 et 543; — *Réponse à une note de* Arm. Gautier *relative au rôle de l'acide carbonique dans la coagulation du sang* (C. R., lxxxiii, 422-424. — Schmidt Alex... *Ueber die Beziehung des Kochsalzes zu einigen thierischen Fermentationsprocessen* (A. g. P., xiii, 93-146; — *Bemerkungen zu Olof Hammarsten's Abhandlung : Untersuchungen über die Faserstoffgerinnung* (A. g. P., xiii, 146-170; — *Bemerkung zu Gautier's Fibringerinnungsversuch*. (*Centralbl. f. med. Wiss.*, n° 29, tiré à part); — *Die Lehre von den fermentativen Gerinnungserscheinungen, in den eiweissartigen thierischen Körperflüssigkeiten. Zusammenfassender Bericht über die früheren, die Faserstoffgerinnung betreffenden Arbeiten des Verfasser,*

Dorpat, C. Mathiesen, 8°, 1-62). — WEYL (TH.). *Beiträge zur Kenntniss thierischer und pflanzlicher Eiweisskörper* (Diss. Strassburg et *A. g. P.*, XII, 635-638).

1877. — BÉCHAMP (A.). *Sur la fibrine du sang* (Journ. de pharm. et de chim., XXV, 44). — FREDERICQ (LÉON). *De l'existence dans le plasma sanguin d'une substance albuminoïde se coagulant à + 56° C. et d'une méthode nouvelle de dosage des éléments albuminoïdes du sang* (commun pr.) (Ann. Soc. méd. Gand, tiré à part, 7 p.); — *Rech. sur la coagulation du sang* (Arch. zool. exp., et Bull. Acad. Belg., XLIV, (2), tiré à part, 48 p.). — GORUP-BESANEZ. *Zur Abwehr* (A. g. P., XV, 43). — KÖHLER (ARMIN). *Ueber Thrombose und Transfusion, Eiter und septische Infection und deren Beziehung zum Fibrinferment* (Inaug. Diss., Dorpat). — MANTEGAZZA (P.). *Experimentelle Untersuchungen über den Ursprung des Faserstoffs und über die Ursache der Blutgerinnung* (Moleschott's Unters. z. Naturlehre, XI, 523-577. — Voir 1871). — SCHMIDT (ALEX.). *Expériences sur la coagulation de la fibrine* (C. R., LXXXIV, 78 et 112). — WEYL (TH.). *Zur Kenntniss thierischer und pflanzlicher Eiweisskörper* (Zeits. f. physiol. Chem., I, 72-100; aussi Diss. Strassburg).

1878. — ALBERTONI (P.). *Wirkung des Pepsins auf das lebende Blut* (Centralbl. f. med. Wiss., n° 36, 641); — *Azione della pancreatina sul sangue* (Rendiconto R. Universita di Sienna, Sienna, 8°, 5-29). — FREDERICQ (LÉON). *Recherches sur la constitution du plasma sanguin* (Diss., 8°. Gand, F. Clemm, et Paris, J. B. Ballière et fils, 8°, 1-56). — HAYEM. *Recherches sur l'évolution des hématies dans le sang de l'homme et des vertébrés* (Arch. de physiol. norm. et path., V, (2), 692-734, pl. XXXIV-XXXV); — (Gaz. méd., 107); — *Recherches sur l'anat. norm. et pathol. du sang*. Paris, Masson, 8°, 1-143; — *Sur la formation de la fibrine du sang, étudiée au microscope* (C. R., mars, LXXXVI, 58-61); — *Des hématoblastes dans la coagulation du sang* (Rev. intern. des sciences). — HAMMARSTEN. *Ueber das Paraglobulin* (A. g. P., XVII, 413; et A. g. P., XVIII, 38). — LEICHTENSTERN. *Unters. über d. Hämoglob.*, etc., Leipzig. — SCHMIDT (ALEX.) (Annales de chimie et de physique, XIV, 134). — VIERORDT (Hermann G.). *Die Gerinnungszeit des Blutes in gesunden und kranken Zuständen* (Arch. f. Heilk., XIX, 193-221).

1879. — ANDREW BUCHANAN. *On the coagulation of the blood and other fibriniferous liquids* (J. P., 1879-80, II, 158-163 (réimpression d'un travail de 1845, par A. GAMGEE). — GAMGEE (ARTHUR). *Some old and new experiments on the fibrin-ferment* (J. P., 1879-80, II, 145-157). — HAYEM. *Recherches sur l'évolution dss hématies dans le sang de l'homme et des vertébrés* (Arch. de physiol. norm. et path., VI, (2), 201-261, pl. I-V). — HAMMARSTEN. *Ueber das Fibrinogen* (A. g. P., XIX, 563-622). — SCHÖNLEIN (K.). *Vergleichende Messungen der Gerinnungszeit des Wirbelthierblutes* (Z. B., XV, 394-424).

1880. — ALBERTONI (P.). *Ueber die Peptone* (Centralbl. f. med. Wiss., n° 32). — BIRK (Ludwig). *Das Fibrinferment im lebenden Organismus* (Inaug. Diss. Dorpat). — EDELBERG (MAX). *Ueber die Wirkungen des Fibrinfermentes im Organismus; ein Beitrag zur Lehre von der Trombosis und vom Fieber* (A. f. exp. Path. u. Pharm., XII, 283-333). — P. FOÀ E P. PELLACANI. *Contribuzione allo studio della coagulazione del sangue* (Riv. clin., (2), X, 241-243). — HAMMARSTEN (OLOF). *Ueber das Fibrinogen* (IIer Abschnitt) (A. g. P., XXII, 431-503). — ROLLETT (A.). *Physiologie des Blutes und der Blutbewegung* dans Handbuch der Physiologie de HERMANN, Leipzig, Vogel, IV, (1), 8°, 1-8 et 103-120. — SACHSENDAHL (JOHANNES). *Ueber gelöstes Hämoglobin im circulirenden Blute* (Inaug. Diss. Dorpat). — SCHMIDT-MÜLHEIM (A.). *Beiträge zur Kenntniss des Peptons und seiner physiologischen Bedeutung* (A. P., 33-56).

1881. — BOJANUS (NICOLAI). *Experimentelle Beiträge zur Physiologie und Pathologie des Blutes der Säugethiere* (Inaug. Diss. Dorpat). — FANO. *Das Verhalten des Peptons und Tryptons gegen* [Blut und Lymphe (A. P., 277-297). — HOFMEISTER (FR.). *Zur Lehre vom Pepton. Ueber das Schicksal des Peptons im Blute* (Zeits. f.·physiol. Chemie, V, 127-152). — HOFFMANN (FERDINAND). *Ein Beitrag zur Physiologie und Pathologie der farblosen Blutkörperchen* (Inaug. Diss. Dorpat).

1882. — BIZZOZERO (J.). *Sur un nouvel élément morphologique du sang des mammifères et sur son importance dans la thrombose et dans les coagulations* (A. i. B., I); — *Ueber einen neuen Farmbestandtheil des Blutes und dessen Rolle bei der Thrombose und der Blutgerinnung* (Arch. f. pathol. Anat., XC, 261-332; aussi dans Centralbl. f. med. Wiss., 17, 353, 564). — GIULO FANO. *Beiträge zur Kenntniss der Blutgerinnung* (Ibid., 210); — De la substance *qui empêche la coagulation du sang et de la lymphe lorsqu'ils contiennent de la peptone* (A. i. B., 1882, II, 146-154); — *Della sostanza che impedisce la coagulazione del sangue e*

della linfa peptonizzati (Lo Sperimentale, Maggio, 1-15, tiré à part). — HASEBROEK (CARL).
Ein Beitrag zur Kenntniss der Blutgerinnung (Zeits. f. Biologie, XVIII, 41-59). — HAYEM (G.).
et FÉRY. *Dosage comparatif de la fibrine dans le sang et dans la lymphe (A. d. P., (2), X,
274-276).* — HEYL (NICOLAS). *Zählungsresultate betreffend die farblosen und die rothen Blutkörperchen (Dorpat,* Laakmann, 1-61). — WOLDEMAR KIESERITZKY. *Die Gerinnung des Faserstoffs, Alkalialbuminates und Acidalbumins verglichen mit der Gerinnung der Kieselsäure
(Diss. Inaug. Dorpat,* Laakmann, 1-88, 1 pl.) — LANDERER. *Einige Versuche über Blutgerinnung und über gelungene Transfusion nicht geschlagenen Blutes (Arch. f. exp. Pathol. u
Pharmak,* XV, 426-431). — MAISSURIANZ (M.). *Experimentelle Studien über die quantitativen
Veränderungen der rothen Blutkörperchen im Fieber (Inaug. Diss. Dorpat).* — RAUSCHEN-
BACH (Friedrich). *Ueber die Wechselwirkungen zwischen Protoplasma und Blutplasma mit
einem Anhang betreffend die Blutplättchen von Bizzozero (Dorpat,* Laakmann, 1-95). — VON
SAMSON-HIMMELSTJERNA (Edward). *Experimentelle Studien über das Blut in physiologischer
und pathologischer Beziehung (Inaug. Diss. Dorpat,* Laakmann, 1-126). — SCHÄFER (E. A.).
*Notes on the temperature of heat coagulation of certain of the proteid substances of the
blood (J. P.,* 1880-82, III, 181-187). — SCHMIDT (ALEXANDRE). *Recherches sur le rôle physiolo-
gique et pathologique des leucocytes du sang faites et résumées par le professeur (A. d. P.,*
IX, (2), 513-592) (Travaux de JACOWICKI, KÖHLER, EDELBERG, BIRK, SACHSENDAHL, BOJANUS et
HOFFMANN).
    1883. — BIZZOZERO (J.). *Die Blutplättchen im peptonisirten Blute (Centralbl. f. med.
Wiss.,* 529-532). — FEIERTAG (Hermann). *Beobachtung über die sogenannten Blutplättchen
(Blutscheibchen) (Inaug. Diss. Dorpat,* Laakmann, 1-31). — FOA (P.) et PELLACANI (P.).
*Sur le ferment fibrinogène et sur les actions toxiques exercées par quelques organes frais
(A. i. B.,* IV, 56-63, et *Arch. d. Scien. méd.,* VII). — HAMMARSTEN (OLOF). *Ueber den Faser-
stoff und seine Entstehung aus dem Fibrinogen (A. g. P.,* XXX, 437-484). — HAYEM (G.). *Nou-
velle contribution à l'étude des concrétions sanguines intra-vasculaires (C. R.,* XCVII, 144-147).
— HLAVA (JAROSL.). *Die Beziehung der Blutplättchen Bizzozero's zur Blutgerinnung und
Thrombose. Ein Beitrag zur Histogenese des Fibrins (Arch. f. exp. Path. u. Pharmak.,* XVII,
392-418); — *Zur Histogenese des Fibrins (Centralbl. f. med. Wiss.,* 580-581). — LAKER
(CARL). *Studien über die Blutscheiben und den angeblichen Zerfall der weissen Blutkörperchen
bei der Blutgerinnung (Wiener Akad. Sitzungsber.,* LXXXVI, 173). — SCHMIDT (ALEX.).
Recherches sur les leucocytes du sang, résumées par le professeur (A. d. P., I, (3), 112-122.
Travaux de HEYL et MAISSURIANZ). — FEDOR SLEVOGT. *Ueber die im Blute der Säugethiere
vorkommenden Körnchenbildungen (Inaug. Diss. Dorpat,* Schnakenburg, 1-36). — WOOLDRIDGE
(LÉONARD). *Zur Gerinnung des Blutes (A. P.,* 389-393).
    1884. — GROHMANN (WOLDEMAR). *Ueber die Einwirkung des zellenfreien Blutplasmas auf
einige pflanzliche Mikroorganismen (Inaug. Diss. Dorpat).* — GROTH (OTTO). *Ueber die Schick-
sale der farblosen Elemente im kreisenden Blute (Ibid.,* Carl Krüger, 1-90). — HAYCRAFT
(JOHN B.). *Ueber die Einwirkung eines Secretes des officinellen Blutegels auf die Gerinnbarkeit
des Blutes (Arch. f. exp. Pathol. u. Pharmak.,* XVIII, 209-248, aussi *Action of a secretion
from the medicinal leech (Proc. Roy. Soc.,* XXXVI). — LAKER (CARL). *Die ersten Gerinnungserscheinungen des Säugethierblutes unter dem Mikroscope (Wiener Sitzungsber,* XC, (3), 147-
158). — LEA et GREEN (J. R.). *Some notes on the fibrin ferment (Journal of Physiology,* IV,
380-386). — LÖWIT (M.). *Beiträge zur Lehre von der Blutgerinnung. 1° Mittheilung über
das coagulative Vermögen der Blutplättchen; 2° Mittheilung über die Bedeutung der
Blutplättchen (Wiener Acad. Sitzungsber,* LXXXIX, (3), 270-307, et XC, (3), 80-132). —
OTTO (J.-G.). *Beiträge zur Kenntniss der Umwandlung von Eiweisstoffen durch Pankreas-
ferment (Z. ph. C.,* VIII, 129-148). — WOOLDRIDGE (L. C.). *Ueber einen neuen Stoff des Blut-
plasmas (A. P.,* 313-315); — *On the coagulation of the blood (Journ. of physiology,* IV,
367-369).
    1885. — HOLZMANN (C.). *Ueber das Wesen der Blutgerinnung (A. P.,* 210-240). — MORO-
CHOWETZ (L.). *Recherches exp. sur la coag. du sang (en russe) (Arzt.,* n° 19-20). — POLLITZER
(KÜHNE). *Albumosen und Peptonen (Verhandl. des naturhist. med. Vereins zu Heidelberg,*
III, (N. F.), Hft 4, 292). — SALVIOLI (G.). *Ueber die Wirkung des diastatischen Fermente auf
die Blutgerinnung (Centralbl. f. med. Wiss.,* 913-914). — V. SAMSON-HIMMELSTJERNA (Jacob).
*Ueber leukämisches Blut nebst Beobachtungen betreffend die Entstehung des Fibrinfermentes
(Inaug. Diss. Dorpat,* H. Laakmann, 1-44). — SCHIMMELBUSCH (C.). *Die Blutplättchen und*

die Blutgerinnung (*Arch. f. pathol. Anat.*, CI, 201-245, et *Fortschr. d. Med.*, III, 97-103). — WOOLDRIDGE (L. C.). *On a new constituent of the blood and its physiological import. On the fibrin yielding constituents of the blood plasma* (*Proc. Roy. Soc. London*, XXXVIII, 69-72 et 260-264).

1886. — EBERTH (J. C.) et SCHIMMELBUSCH (C.). *Experimentelle Untersuchungen über Thrombose* (*Fortschr. d. Medic.*, IV, 115-123, 581-587); — *Die Thrombose nach Versuchen und Leichenbefunden* (*Ibid.*, Stuttgart, 417-419). — FREUND (ERNST), *Ein Beitrag zur Kenntniss der Blutgerinnung* (*Wiener med. Jahrb.*, 46-48). — HANAU (A.). *Zur Entstehung und Zusammensetzung der Thromben* (*Fortschr. d. Medic.*, IV, 385-388). — LAKER (CARL). *Beobachtungen an den geformten Bestandtheilen des Blutes* (*Wiener Acad. Sitzungsber.*, LCIII, (3)). — LÖWIT (M.). *Ueber die Beziehung der Blutplättchen zur Blutgerinnung und Thrombose* (*Prager med. Wochenschr.*, nos 6 et 7). — NAUCK (AUGUST). *Ueber eine neue Eigenschaft der Produkte der regressiven Metamorphose der Eiweisskorper* (*Inaug. Diss. Dorpat*, Laakmann, 1-52). — SCHIMMELBUSCH. *Ueber Thrombose im gerinnungsunfähigen Blut* (*Inaug. Diss. Halle*). — SIEBEL (W.). *Ueber das Schicksal von Fremdkörpern in der Blutbahn* (*Archiv f. path. Anat.*, CIV, 514-531). — WOOLDRIDGE (L. C.). *Ueber intravasculäre Gerinnungen* (*A. P.*, 397-399).

1887. — GREEN (J. R.). *Note on the action of sodium chloride in dissolving fibrin* (*J. of P.*, VIII, 372-377); — *On certain points connected with the coagulation of the blood* (*J. P.*, VIII, 354-371). — HALLIBURTON (W. D.). *On muscle plasma* (*J. P.*, VIII, 132-202. Voir p. 150, *Fibrine*. — NEUMEISTER *Z. B.*, XXIII, 339). — HASEBROEK (K.). *Ueber erste Produkte der Magenverdauung* (*Z. ph. C.*, XI, 349-360). — HERRMANN (AUGUST). *Ueber die Verdauung des Fibrins durch Trypsin* (*Ibid.*, XI, 508-524). — KRÜGER (FRIEDRICH). *Zur Frage über die Faserstoffgerinnung im Allgemeinen und die intravasculären Gerinnung im Speciellen* (*Zeits. f. Biologie*, XXIV, 189-225). — LÖWIT (M.). *Weitere Beobachtungen über Bluttplättchen und Thrombose* (*Arch. f. exper. Path. u. Pharmak.*, XXIV, 188-220); — *Die Beobachtung der Circulation beim Warmblüter. Ein Beitrag zur Entstehung des weissen Thrombus* (*Ibid.*, XXIII, 1-35). — PAWLOW. *Einfluss des Vagus auf die linke Kammer* (*A. P.*, 452). — WOOLDRIDGE. *Uebersicht einer Theorie der Blutgerinnung* (*Beitr. zur Physiologie, Carl Ludwig gewidmet*, Leipzig, F. C. W. Vogel, 231-234).

1888. — BOHR (CHRISTIAN). *Ueber die Respiration nach Injection von Pepton und Blutegelinfuss und über die Bedeutung einzelner Organe fur die Gerinnbarkeit des Blutes* (*Centralbl. f. Physiologie*, n° 11). — FREUND (ERNST). *Ueber die Ursache der Blutgerinnung* (*Wiener med. Jahrb.*, (2), III, 259-302); — *Ueber die Ausscheidung von phosphorsaurem Kalk als Ursache der Blutgerinnung* (*Ibid.*, 554-568). — GREEN (J. R.). *On the coagulation of the blood* (*Proc. Roy. Soc.*, XLIV, 282-284); — *On certain points connected with the coagulation of the blood* (*Journ. of Physiol.*, VIII, 354-371). — HALLIBURTON (W. D.). *On the nature of fibrinferment* (*J. P.*, IX, 229-286); — *On the coagulation of the blood. Prelim. Notice* (*Proc. Roy. Soc.*, XLIV, 255-268). — HAYCRAFT (J. B.). *An account of some experiments which show that fibrin-ferment is absent from circulating blood* (*Journ. of Anat. and Physiol.*, XXII, 172). — HAYEM (G.). *Nouvelle contribution à l'étude des concrétions sanguines par précipitation* (*C. R.*, CVII, 632-635). — KRÜGER (F.). *Zur Frage über die Faserstoffgerinnung im Allgemeinen und die intravasculäre Gerinnung im Speciellen* (*Z. B.*, XXIV, 189-225). — LATSCHENBERGER (J.). *Ueber Dr Freund's Theorie der Blutgerinnung* (*Wiener med. Jahrb.*, (2), III, 479-508). — SILBERMANN (OSCAR). *Ueber die gerinnungserregende Wirkung gewisser Blutgifte* (*Centralbl. f. med. Wiss.*, 305-306); — *Ueber intravitale Blutgerinnungen hervorgerufen durch toxische Gaben gewisser Arzneikörper und anderer Substanzen* (*Deutsche med. Wochenschr.*, n° 25). — WOOLDRIDGE (L. C.). *Beiträge zur Lehre von der Gerinnung* (*A. P.*, 174-183); — *On the coagulation of the blood* (*Proc. Roy. Soc.*, XL, 320-321); — *Versuche über Schutzimpfung auf chemischem Wege* (*A. P.*, 526-536); — *Zur Frage der Blutgerinnung* (*Z. B.*, XLIV, 562-563); — *The Nature of Coagulation* (*Report to the scientif. Comittee of the Grocer's Company*, London, 1-54).

1889. — BONNE (GEORGE). *Ueber das Fibrinferment und seine Beziehung zum Organismus. Ein Beitrag zur Lehre von der Blutgerinnung mit besonderer Rücksicht der Therapie.* Würzburg, Herz, 1-128. — FICK (A.). *Ueber die Wirkungsart der Gerinnungsfermente* (*A. g. P.*, XLV, 293-296). — FREUND (E.). *Ueber die Ausscheidung von phosphorsaurem Kalk als Ursache der Blutgerinnung* (*Wiener medic. Jahrbücher*, 553-568). — HAYEM (G.). *Du mécanisme de la mort des lapins transfusés avec le sang de chien* (C. R., CVIII, 415-418). — LATSCHENBERGER (J.). *Noch einmal über Dr E. Freund's Theorie der Blutgerinnung* (Wiener med. Wochenschr., n° 40-41). — LIMBOURG. *Ueber Lösung und Fällung von Eiweisskörpern durch Salze* (Z. ph. C., XIII, 450-463). — LÖWIT (M.). *Blutgerinnung und Thrombose (Prager med. Wochenschr., n°s 11, 12, 13)*; — *Ueber Blutplättchen und Thrombose (Fortschr. der Medicin., VI, 369-374)*; — *Ueber die Preexistenz der Blutplättchen und die Zahl der weissen Blutkörperchen im normalen Blute des Menschen* (Arch. f. pathol. Anat., CXVII, 545-569). — STRAUCH (PHILIPP). *Controllversuche zur Blutgerinnungstheorie von Dr E. FREUND (Inaug. Diss. Dorpat, Schnakenburg, 1-51)*. — WOOLDRIDGE. *The Coagulation question* (J. P., X, 329-340).

1890. — ARTHUS (MAURICE). *Recherches sur la coagulation du sang* (Thèse de Paris, H. Jouve, 1-83). — ARTHUS (M.) et PAGÈS (C.). *Nouvelle théorie chimique de la coagulation du !sang* (Arch. de physiol. norm. et pathol., V, (2), XXII, 739-746). — DEMME (WILHELM). *Ueber einen neuen Eiweiss liefernden Bestandtheil des Protoplasma (Cytoglobine)* (Inaug. Diss. Dorpat, Schnackenburg, 1-38). — DICKINSON (W. L.). *Note on « Leech-extract » and its action on blood* (Journ. of physiology, XI, 566-572). — HAMMERSCHLAG (ALB.). *Ueber die Beziehung des Fibrinfermentes zur Entstehung des Fiebers* (Arch. f. exp. Pathol. u. Pharmak., XXVII, 414-418). — HAYCRAFT (JOHN BERRY). *An account of some experiments which show that fibrin-ferment is absent from circulating blood* (Journ. of anat. and physiol., XXII, 172-190). — HAYCRAFT (JOHN BERRY) et CARLIER (E. W.) (Ibid., XXII, 582-592). — GAGLIO (G.). *Sulla proprieta di alcuni sali di ferro e di sali metallici pesanti di impedire la coagulazione del sangue* (Ann. di chim. e di farmacol., X, 232); — *Sur la propriété qu'ont certains sels de fer et certains sels métalliques pesants d'empêcher la coagulation du sang* (A. i. B., XIII, 487-489). — LATSCHENBERGER (J.). *Ueber die Wirkungsweise der Gerinnungsfermente* (C. P., IV, 3-10). — LEA (A. S.) et DICKINSON (W. L.). *Notes on the mode of action of Rennin and Fibrin-ferment* (Journal of Physiology, XI, 307-311). — SYDNEY RINGER et HARRINGTON SAINSBURY. *The Influence of certain salts upon the act of Clotting* (Ibid., XI, 369-383). — LÖWIT (M.). *Ueber die Beziehungen der weissen Blutkörperchen zur Blutgerinnung* (Ziegler's und Nauwerk's Beiträge zur pathol. Anatomie, V, 469). — MUNK (IM.). *Ueber die Wirkungen der Seifen im Thierkörper* (A. P., Suppl.-Bd., 116-141). — SHORE (L. E.). *On the effect of Peptone on the Clotting of Blood and Lymphe* (Journ. of Physiology, XI, 561-565). — SCHMIDT (ALEX.). *Ueber den flüssigen Zustand des Blutes im Organismus* (Centralbl. f. Physiologie, IV, 527-529).

1891. — ARTHUS (M.) et PAGÈS (C. !R., CXII, 241-244). — BÉCHAMP (A.). *La fibrine et la coagulation du sang* (Bull. Soc. chim., V, (3), 758-769 et 769-773). — BIZZOZERO (G.). *Ueber die Blutplättchen* (Intern. Festschr. zu Virchow's 70 Geburtstage, Berlin). — FERMI (CLAUDIO). *Die Auflösung des Fibrins durch Salze und verdünnte Säuren* (Z. B., XXVIII, 229-236). — FICK (A.). *Zu P. Walther's Abhandlung über Fick's Theorie der Labwirkung und Blutgerinnung* (A. g. P., XLIX, 110-111). — FREUND (E.). *Ueber die Ursache der Blutgerinnung* (Wiener med. Blätter, n° 52). — GRIESBACH. *Beiträge zur Histologie des Blutes* (Arch. f. mikr. Anatom., XXXVII). — LILIENFELD. *Ueber die chemische Beschaffenheit und die Abstammung der Plättchen* (A. P., 536-540). — LÖWIT (M.). *Die Präexistenz der Blutplättchen* (Centralbl. f. allg. Pathol., n° 25). — RENNENKAMPFF (E. V.). *Ueber die in Folge intravasculärer Injection von Cytoglobin eintretenden Blutveränderungen* (Diss. inaug. Dorpat). — WALTHER (P.). *Ueber Fick's Theorie der Labwirkung und Blutgerinnung* (A. g. P., XLVIII, 529-536). — WOOLDRIDGE (L. C.). *Die Gerinnung des Blutes* (Nach dem Tode des Verf. herausg. von M. v. Frey, Leipzig. Veit u. C., 1-51); — (Journ. of Physiol., X, 329-340). — WRIGHT (A. E.) (Brit. med. journ., 19 déc., 8).

1892. — DASTRE. *Observations sur la fixité de la fibrine du sang* (A. d. P., 588-593); — *Sur la préparation de la fibrine du sang par le battage* (B. B., XLIV, 426-427); — *Fibrine de battage et fibrine de caillot* (Ibid., XLIV, 554-555); — *Relation entre la richesse du sang en fibrine et la rapidité de la coagulation* (Ibid., 937-938, 998-999). — FERMI (CL.). *Die Auflösung des Fibrins durch Salze und verdünnte Säuren* (Z. B., XXVIII, 229-236). — FUBINI (S.). *Ueber das von der Blutegel gezogene Blut* (Moleschott's Untersuchungen z. Naturlehre, XIV, 520-521). — GRIESBACH. *Beitrag zur Kenntniss des Blutes* (A. g. P., L, 473-550); — *Zur Frage nach der Blutgerinnung* (Centralbl. f. med. Wiss., XXVII, 497-500). — GROSJEAN (ALFRED). *Recherches sur l'action physiologique de la propeptone et de la peptone* (Travaux du labor. de L. FREDERICQ, IV, 45-82, et Arch. Biologie, 381-418). — GRÜTZNER (P.). *Einige neuere*

Arbeiten, betreffend die Gerinnung des Blutes (Deutsche med. Wochenschr., n°s 1-2, 14-15, 31-33). — GÜRBER. *Blutkörperchen und Blutgerinnung* (Sitzungsber. d. physik. med. Ges. in Würzburg, 95-100). — HAUSER (G.). *Ein Beitrag zur Lehre von der pathologischen Fibringerinnung* (Deutsches Arch. f. klin. Med., L, 363-38). — HEINS-BELLIN. *Der giftige Eiweisskörper Abrin und seine Wirkung auf das Blut* (Inaug. Diss. Dorpat, Karow, 1-108). — KOLLMANN (P.). *Ueber den Ursprung der Faserstoffgebenden Substanzen des Blutes* (Ibid., Karow, 1-81). — LILIENFELD (LÉON). *Hämatologische Untersuchungen. Ueber Leucocyten und Blutgerinnuug. Ueber den flüssigen Zustand des Blutes und die Blutgerinnung* (A. P., 115-154, 167-174, 550-556). — LOEWIT. *Studien zur Physiologie und Pathologie des Blutes und der Lymphe*, Iena. — NOWICKI (O.). *Morphologie de la coagul. du sang* (Thèse russe, Saint-Pétersbourg). — PEKELHARING (C. A.). *Ueber die Gerinnung des Blutes* (Deutsche med. Wochenschrift, 1133-1136); — *Over de samenstelling van het fibrineferment en de stolling van het bloed* (Koninkl. Akad. van Wetens. te Amsterdam, 30 jan., 1-5, 2 apr., 3-7); — *Onderzoekingen over het fibrineferment* (Onderzoek. physiolog. Labor. Utrecht, (4), II, 1-74); — *Ueber die Bedeutung der Kalksalze für die Gerinnung des Blutes* (Festschr. f. Virchow, I, 435); — *Untersuchungen über das Fibrinferment* (Verhandl. d. kon. Akad. v. Wetensch. te Amsterdam (Tweede Sectie), I, n° 3, 1-52). — SALVIOLI (J.). *Sur les modifications du sang par l'effet de la peptone et des ferments solubles* (A. i. B., XVII, 155-162); — *De la co-participation des leucocytes dans la coagulation du sang* (Ibid., XVIII, 318-319). — SCHMIDT (A.) *Zur Blutlehre*, Leipzig, Vogel, 8°, 1-270). — WRIGHT (J. E.). *A study of the intravascular coagulation produced by [the injection of Wooldridge's tissue fibrinogen* (Proc. roy. ir. Ac., II, (3), 117-146). — WRIGHT (A. E.). *Lecture on tissue or cell-fibrinogen in its relation to the pathology of blood* (Lancet, Feb. 27 and March 5).

1893. — ARTHUS (M.). *Sur la fibrine* (A. d. P., XXV, V, (3), 392-400); — *Recherches sur quelques substances albuminoïdes. La classe des caséines; la famille des fibrines* (Thèse Fac. sc., Paris, Paul Dupont, 8°, 1-77); — *Sur les caséines et les fibrines* (B. B., XLV, 327-329); — *Parallèle de la coagulation du sang et de la caséification du lait* (Ibid., XLV, 435-437). — ARTHUS (M.) et HUBER (A.). *Sur les solutions de fibrine dans les produits de digestion gastrique et pancréatique* (A. d. P., XXV, V, (3), 447-454). — BERG (H.). *Ueber das Verhalten der weissen Blutkörperchen bei der Gerinnung* (Inaug. Diss. Dorpat, Karow, 1-37). — DASTRE. *Fibrinolyse dans le sang* (A. d. P., V, (5), 661-663); — *Conditions nécessaires à une exacte détermination de la fibrine du sang* (Ibid., V, (5), 670-672); — *Incoagulabilité du sang et réapparition de la fibrine chez l'animal qui a subi la défibrination totale* (B. B., XLV, 71-73); — *Action du poumon sur le sang au point de vue de sa teneur en fibrine* (A. d. P., V, (5), 628-632); — *Sur la défibrination du sang artériel* (A. d. P., V, (5), 169-176); — *Comparaison du sang de la veine cave inférieure avec le sang artériel quant à la fibrine qu'ils fournissent* (A. d. P., N, (5), 686-687); — *Pouvoir rotatoire de la fibrine et de ses congénères* (Ibid., V, (5), 791); — *Contribution à l'étude de l'évolution du fibrinogène dans le sang* (Ibid., V, (5), 327-331; B. B., XLV, 995). — HALLIBURTON (W. D.) et BRODIE (J. G.). *On nucleoalbumine* (Proc. of the physiol. Soc. March 11; Journ. of physiol., XIV, n° III, vii-viii). — KOSSEL (A.). *Neuere Untersuchungen über die Blutgerinnung* (Berliner klin. Wochenschr., n° 21, 498-501, 1-10 du tiré à part). — LEDOUX. *Recherches comparatives sur l'action physiologique des substances suspendant la coagulation* (Travaux labor. de LÉON FREDERICQ, IV, 45-82). — LILIENFELD (L.). *Weitere Beiträge zur Kenntniss der Blutgerinnung* (A. P., 560-566). — STARLING (ERNEST H.). *Contribution to the physiology of lymph[secretion* (J. P., XIV, 131-153). — WRIGHT (A. E.). *On a method of determining the condition of blood coagulability for clinical and experimental purposes, and on the effect of the administration of calcium salts in hæmophilia and actual or threatened hæmorrhage* (Brit. med. Journ., 29 juli, 6 p.); Lancet, 2 déc., 1390); — *On the leucocytes of peptone and other varieties of liquid extravascular blood* (Proc. of the roy. Soc., LII, 564-569); — *A contribution to the study of the coagulation of the blood* (Journ. of pathol. and bacteriol., 434-451).

1894. — ARTHUS (M.). *Sur la fibrine* (A. d. P., 552-566); — *Fibrinogène et fibrine* (B. B., 306-309). — CALTELLINO (P.). *Sulla natura dello zimogeno del fibrino-fermento del sangue* (Archivio italiano di Clinica Medica, n° 3, 1-61 du tir. à part). — CONTEJEAN (CH.). *Sur quelques procédés proposés pour rendre le sang incoagulable* (B. B., 833-834); — *Quelques points relatifs à l'action physiologique de la peptone* (Ibid., I, (10), 716). — DASTRE (A.). *Digestion sans ferments digestifs* (A. d. P., VI, (5), 464-471); — *La digestion saline de la fibrine*

(*Ibid.*, vi, (5), 918-929); — *Digestion des albuminoïdes frais dans les solutions salines sans addition expresse d'aucun liquide digestif* (B. B., 5 mai, 375); — *Digestion sans ferments digestifs* (C. R., 30 avril, cxviii, 959); — (A. Ph., xxv, 628-632). — FREDERIKSE (J. J.). *Einiges über Fibrin and Fibrinogen* (Zeits. f. physiol. Chemie, xix, 143-163, aussi *Onderzoek. Utrecht*). — HALLIBURTON (W. D.) et T. GREGOR BRODIE. *Nucleoalbumins and intravascular Coagulation* (J. P., xvii, 135-173). — HAYEM (G.). *De la prétendue toxicité du sang. Action coagulatrice des injections de sérum ; effets du chauffage à 56-59° sur cette propriété* (B. B., 227-230); — *Observations à l'occasion du travail de* M. ARTHUS *sur le dosage comparatif du fibrinogène et de la fibrine* (Ibid., 309-310). — HERTIG (A.). *Ueber die Methoden der Erhöhung und Erniedrigung der Gerinnbarkeit des Blutes und ihre therapeutische Verwendung* (Wiener med. Blätter, n° 29). — JAPELLI (G.). *Sulle modifiche della coagulabilita del sangue in seguito alla trasfusione di sangue defibrinato omogeno* (Rendiconto della R. Accad. delle scienze fis. e matem. di Napoli, 12 mai). — JOLYET (F.) et SIGALAS (C.). *Sur la chaleur développée par la coagulation du sang* (B. B., 1894 ou 1893, xlv, 993-994). — MARTIN (C. J.). *Does the non coagulable blood obtained by injections of Wooldridge's Tissue Fibrinogen (Nucleoalbumens) contain peptone or albumoses?* (Journ. of Physiol., xv, 375-379); — *On some effects upon the blood produced by the injections of the venom of the australian black snake* (Ibid., xv, 379-400). — MITTELBACH (F.). *Ueber die specifische Drehung des Fibrinogens* (Zeits. f. physiol. Chemie, xix, 289-298). — MÜHLEN (RICH. v.). *Ueber die Gerinnungsunfähigkeit des Blutes* (Inaug. Diss., Jurjen Karow). — PICKERING (J. W.). *Coagulation of Colloids (Preliminary communication)* (J. P., xvii, v-vi). — SAHLI. *Ueber den Einfluss intravenös injicirten Blutegelextractes auf die Thrombenbildung* (Centralbl. f. innere Med., xv, 497-501). — SCHÄFFER (E. A.). *Experiments on the condition of coagulation of fibrinogen (Preliminary note)* (J. P., xvii, xviii-xx). — WISTINGHAUSEN (R. v.). *Uber einige die Faserstoffgerinnung befördernde Substanzen* (Inaug. Diss., Jurjew, E. Karow, 1-79). — WLASSOW. *Untersuchungen über die histologischen Vorgänge bei der Gerinnung* (Ziegler's Beiträge, xv). — WRIGHT (A. E.). *Remarks on methods of increasing and diminishing the coagulability of the blood* (Brit. Med. Journ., 14 july, 1-12, du tir. à part); — *On the influence of carbonic acid and oxygen upon the coagulability of the blood in vivo* (Proc. Roy. Soc., lx, 279-294).

1895. — ARTHUS (MAURICE). *Coagulation des liquides organiques.* — CONTEJEAN (CH.). *Recherches sur les injections intra-veineuses de peptone et leur influence sur la coagulabilité du sang chez le chien* (A. d. P., (5), vii, xxvii, 45-53); — *Nouvelles recherches* (Ibid., 245-251); — *Influence des injections intra-veineuses de peptone sur la coagulabilité du sang chez le chien* (B. B., xlvii, 93-94); — *Influence du système nerveux sur l'action anticoagulante des injections intravasculaires de peptone chez le chien* (Ibid., xlvii, 729-731). — DASTRE (A.). *Transformations de la fibrine par l'action prolongée des solutions salines faibles* (C. R., cxx, 589-592); — *Appareil pour la préparation de la fibrine fraîche exempte de microbes* (A. d. P., (5), vii, 583-590); — *Fibrinolyse. Digestion de la fibrine fraîche par les solutions salines faibles* (Ibid., (5), vii, 408-414). — GLEY (E.) et PACHON (V.). *Du rôle du foie dans l'action anticoagulante de la peptone* (C. R., cxxi, 383-385); — *Influence des variations de la circulation lymphatique intra-hépatique sur l'action anticoagulante de la peptone* (A. d. P., (5), vii, 711-718); — *Influence de l'extirpation du foie sur l'action anticoagulante de la peptone* (B. B., xlvii, 741-743). — HALLIBURTON AND PICKERING. *The intravascular coagulation produced by synthetised colloids* (J. P., xviii, 285-305). — HALLIBURTON. *Nucleo-proteids (Schmidt's fibrin ferment)* (Ibid., xviii, 386-318). — KUZNETZOW (N.). *Ueber den Einfluss des Secretes des medicinischen Blutegels auf die Blutgerinnung* (Journ. d. russischen Gesellsch. zur Erhaltung der Volksgesundheit, St-Petersburg, nov.; Anal. dans HERMANN (Jahresb. Physiol., iv). — LILIENFELD (L.). *Ueber Blutgerinnung* (Zeits. f. physiol. Chemie, xx, 89-165). — ZUR MÜHLEN (R. v.). *Ueber die Gerinnungsfähigkeit des Blutes* (Inaug. Diss., Jurjew). — PEKELHARING (A.). *Over de betrekking van het fibrineferment van het bloedserum tot de nucleoproteide van het bloedplasma (relation entre le ferment de la fibrine du sérum et la nucléoprotéide du plasma sanguin)* (Koninkl. Akad. van Wetensch. Amsterdam, 18 april); — *Ueber die Beziehung des Fibrinfermentes aus dem Serum zum Nucleoproteid welches aus dem Blutplasma zu erhalten ist* (C. P., ix, 102-111). — PICKERING (J. W.). *Synthetised colloids and coagulation* (J. P., xviii, 54-66); — *Sur les colloïdes de synthèse et la coagulation* (C. R., cxx, 1348-1351); — *Sur les colloïdes de synthèse et la coagulation* (B. B., 431-443). — SALKOWSKI (E.). *Ueber die Wirkung der Albumosen und des Peptons* (Centralbl. f. d. med. Wiss., nº 31). — Salvioli (J.). *Della comparticipazione dei leucociti nella coagulazione del sangue* (*Arch. p. l. sc. mediche*, xix, 239-263). — Schäfer (E. A.). *Experiments on the conditions of coagulation of fibrinogen* (J. P., xvii, xviii-xx). — Schmidt (Alex.). *Weitere Beiträge zur Blutlehre* (*Nach des Verfasser's Todes herausgegeben*, Wiesbaden, Bergmann, 8°, 1-250). — Starling (E. H.). *On the asserted effect of ligature of the portal lymphatics on the results of intravascular injection of peptone* (J. P., xix, 15-17). — Wertheimer (E.) et Delezenne (C.). *De l'obstacle apporté par le placenta au passage des substances anticoagulantes* (B. B., xlvii, 191). — Zenker (Konrad). *Ueber intravasculäre Fibringerinnung bei der Thrombose* (*Ziegler's Beiträge*, xvii).

1896. — Anna (E. d'). *Sull'azione dei coagulanti nei vasi sanguigni e sullo scollamento dei medisimi* (*Bull. Accad. med. di Roma*, xxii, 483). — Arnold (Julius). *Zur Biologie der rothen Blutkörper* (*München. med. Wochenschr.*, nº 10, A. P. P., cxlv). — Arthus (M.). *La coagulation du sang et les sels de chaux. Réfutation expérimentale des objections d'*Alexander Schmidt (A. d. P., viii, (5), 47-61). — Arthus (M.) et Huber (A.). *Action des injections intraveineuses de produits de digestions peptique et tryptique de la gélatine et du caséum sur la coagulation du sang chez le chien* (A. P., viii, (5), 857-865). — Athanasiu et Carvallo. *La propeptone comme agent anticoagulant du sang* (B. B., 23 mai, iii, (10), 526-528); — *L'action de la peptone sur les globules blancs du sang* (*Ibid.*, 21 mars, iii, (10), 328-330); — *Contribution à l'étude de la coagulation du sang* (C. R., cxxiii, 380-382). — *Recherches sur le mécanisme de l'action anticoagulante des injections intra-veineuses de peptone* (A. d. P., viii, (5), 866-881); — *De la suppléance des tissus dans le phénomène de la coagulation sanguine* (B. B., 19 déc., ii, (10), 1094-1095); — *Effets des injections de peptone sur la constitution morphologique de la lymphe* (*Ibid.*, 11 juillet, iii, (10), 769-771). — Bosc et Delezenne. *Imputrescibilité du sang incoagulable par l'extrait de sangsue* (C. R., cxxiii, 465). — Camus (L.) et Gley. *Note concernant l'action anticoagulante de la peptone sur le sang comparativement « in vitro » et « in vivo »* (B. B., 13 juin, iii, (10), 621-626); — *Sur l'augmentation du nombre des globules rouges du sang, à la suite des injections intra-veineuses de peptone* (*Ibid.*, juillet, iii, (10), 786-787); — *L'action anticoagulante des injections intra-veineuses de peptone est-elle en rapport avec l'action de cette substance sur la pression sanguine?* (*Ibid.*, 30 mai, iii,)10), 558-560). — Contejean (Ch.). *Sur la coagulation du sang de peptone* (*Ibid.*, 4 juillet, iii, (10), 714-716); — *Rôle du foie dans l'action anticoagulante des injections intra-vasculaires de peptone chez le chien* (*Versus* Gley et Pachon, Delezenne et Hédon) (*Ibid.*, 4 juillet, iii, (10), 717-719); — *Action anticoagulante des extraits d'organes* (*Ibid.*, 11 juillet, iii, (10), 752-753); — *Nouvelles remarques critiques au sujet du rôle du foie et de la masse intestinale sur l'action anticoagulante des injections intra-vasculaires de peptone chez le chien* (*Ibid.*, 11 juillet, iii, (10), 753-755); — *La peptone et l'incoagulabilité du sang* (*Ibid.*, 18 juillet, iii, (10), 781-782); — *Rôle du foie dans la production de la substance anticoagulante qui prend naissance dans l'organisme du chien sous l'influence des injections intra-vasculaires de protéoses* (*Ibid.*, 26 déc., iii, (10), 1117-1119); — *Influence du système nerveux sur la propriété que possèdent les injections intra-veineuses de peptone de suspendre la coagulabilité du sang chez le chien* (A. d. P., viii, (5), 159-166). — Dastre (A.). *Sur l'incoagulabilité du sang peptoné* (B. B., 6 juin, iii, (10), 569-573). — Dastre (A.) et Floresco (N.). *Sur l'action coagulante de la gélatine sur le sang. Antagonisme de la gélatine et des propeptones* (*Ibid.*, 29 fév., iii, (10), 243-245, et A. d. P., viii, (5), 401-411); — *Nouvelle contribution à l'étude de l'action coagulante de la gélatine sur le sang* (*Ibid.*, 28 mars, iii, (10), 358-360); — *De l'incoagulabilité du sang produite par l'injection de propeptone* (*Ibid.*, 28 mars, iii, (10), 360-362); — *Thrombose généralisée à la suite d'injections de chlorure de calcium* (*Ibid.*, 30 mai, iii, (10), 560-561). — Delezenne (C.). *Sur la lenteur de la coagulation normale du sang chez les oiseaux* (C. R., cxxii, 1281-1283); — *Formation d'une substance anticoagulante par le foie en présence de la peptone* (*Ibid.*, cxxii, 1072-1075, et A. d. P., viii, (5), 655-668). — Gley (E.). *Note sur la prétendue résistance de quelques chiens à l'action anticoagulante de la propeptone* (B. B., 29 fév., iii, (10), 245-246). — *De la mort consécutive aux injections intra-veineuses de peptone chez le chien* (*Ibid.*, 18 juillet, iii, (10), 785-786); — *Action de la propeptone sur la coagulabilité du sang du lapin* (*Ibid.*, 20 juin, iii, (10), 658-660); — *A propos de l'effet de la ligature des lymphatiques du foie sur l'action anticoagulante de la propeptone* (*Ibid.*, 27 juin, iii, (10), 663-667); — *Action anticoagulante du sang de lapin sur le sang de chien* (*Ibid.*, 11 juillet, iii, (10), 759-760); — *A propos de l'influence du foie sur* *l'action anticoagulante de la peptone (Ibid., 11 juillet, III, (10), 739-742); — Nouvelles remarques au sujet du rôle du foie dans l'action anticoagulante de la peptone (Ibid., 18 juillet, III, (10), 779-781); — De l'action anticoagulante et lymphagogue des injections intra-veineuses de propeptone après l'extirpation des intestins (Ibid., 12 déc., III, (10), 1053-1055); — Défaut de rétractilité du caillot sanguin dans quelques conditions expérimentales (Ibid., 19 déc., III, (10), 1075-1076). — GLEY (E.) et PACHON (V.). Influence du foie sur l'action anticoagulante de la peptone (C. R., CXXII, 1229-1232); — Influence du foie sur l'action anticoagulante de la peptone (B. B., 23 mai, III, (10), 523-525); — (C. R., CXXII, 1229-1232); — (A. d. P., VIII, (3), 715-723). — HAMMARSTEN (OLOF). Ueber die Bedeutung der löslichen Kalksalze für die Faserstoffgerinnung (Z. ph. Ch., XXII, 333-395). — HAYEM (G.). Du caillot non rétractile : suppression de la formation du sérum sanguin dans quelques états pathologiques (C. R., CXXIII, 894). — HÉDON (E.) et DELEZENNE (C.). Effets des injections intra-veineuses de peptone après extirpation du foie combiné à la fistule d'ECK (B. B., III, (10), 633). — HORNE (R. M.). The action of calcium, strontium and barium-salts in preventing coagulation of blood (J. P., XIX, 356-372). — KOSSLER (A.) et PFEIFFER (TH.). Eine neue Methode der quantitativen Fibrinbestimmung (Centralbl. f. innere Med., XVII, 1-8, clinique). — MALASSEZ (J.). Remarques sur la coagulation du sang (B. B., III, (10), 597-600). — PEKELHARING (C. A.). Over de betrekking van het fibrine ferment nit het bloedserum tot de nucleoproteid die uit het bloedplasma bereid kan worden (Physiol. Labor., Utrecht, IV, (1), 1-17). — PÉTRONE (A.). Sulla critica del sunto : « Contributo sperimentale alla fisiopatologia del sangue ». Biologia delle piastrine. Teoria piu verosimile della coagulazione (Arch. p. l. sc. med., Torino, XX, 113-116). — THOMPSON (W. H.). Contribution to the physiological effects of « peptone » when injected into the circulation (J. P., XX, 455).*

LÉON FREDERICQ.

COBALT (Co = 59). — |Chimie. — Le cobalt a été découvert en 1733 par BRANDT, chimiste suédois, qui l'a extrait du kobolt, sulfoarséniure de cobalt, cobaltine, cobalt gris, minerai qui existe en abondance en Saxe, Bohème, Prusse et Suède. Ce métal se rencontre encore à l'état d'arséniure : la smaltine, et aussi à l'état de sulfure et d'oxyde.

Le cobalt est un métal gris clair d'acier, légèrement rougeâtre, très malléable, d'une ténacité analogue à celle du fer, dont il se rapproche à beaucoup d'égard par ses propriétés chimiques. Réduit à une forte chaleur, le cobalt n'est attaqué ni par l'air ni par l'eau à la température ordinaire. Il donne comme le fer, en se combinant à l'oxygène, naissance à plusieurs oxydes. Le plus important est le protoxyde CoO qui est vert à l'état anhydre, rose lorsqu'il est hydraté. Les sels qu'il forme avec les acides sont isomorphes de ceux du fer, du manganèse, du nickel ; ces sels hydratés sont rouges ou roses ; anhydres, ils sont bleus. Leurs solutions chauffées et concentrées bleuissent. Cette propriété des sels de cobalt les a fait employer comme encre sympathique ; incolore lorsqu'elle est humide cette encre se colore en bleu sous l'influence de la chaleur.

L'azotate de cobalt est un précieux réactif, il donne au rouge de l'oxyde de cobalt, lequel colore les verres et les émaux de couleurs variées et caractéristiques. On obtient en le fondant avec :

Le borax.	une couleur bleue.
L'alumine	— bleue ciel.
La magnésie	— rose.
L'oxyde de zinc.	— verte.

On peut caractériser les sels de cobalt par les réactions suivantes :

Ces sels sont roses, fleur de pêcher, ou rouges. Leur solution concentrée devient bleue par la chaleur. Les sels anhydres sont bleus. Les sels de protoxyde, seuls stables, donnent avec la potasse un précipité bleu, formé par un sel basique ; ce précipité devient rose en se transformant en hydrate de cobalt. Le ferricyanure précipite les solutions en rouge. Le sulfhydrate d'ammoniaque donne un précipité noir de sulfure de cobalt.

Les réactions faites au chalumeau avec les substances signalées ci-dessus : borax, alumine, magnésie, oxyde de zinc, sont caractéristiques.

Action pharmacodynamique. — La grande analogie qui existe entre le cobalt et le nickel au point de vue de leurs propriétés chimiques se poursuit pour leur action physiologique.

Au point de vue médical, le cobalt et ses sels ne présentent qu'un intérêt très restreint; et leur étude pharmacodynamique n'a été l'objet que de peu de travaux.

GMELIN a le premier expérimenté l'action toxique du cobalt qu'il a comparée à celle du nickel; BUCKNER, qui reprit cette étude, a constaté cette même similitude, qui a été depuis lors observée par ORFILA et d'autres expérimentateurs.

Certains auteurs se sont basés sur l'analogie constatée des propriétés chimiques de différents métaux, tels que le fer, la manganèse, le chrome, le nickel, le cobalt, l'aluminium, qui constituent une famille chimique naturelle, pour attribuer un peu théoriquement à ces divers métaux des propriétés physiologiques analogues.

C'est ainsi qu'HUSEMANN a comparé l'action des sels de cobalt et de nickel à celle du chlorure de manganèse et du permanganate de potasse; et que BROADBENT l'a prescrit concurremment avec le fer, le manganèse, le nickel, le cobalt, le chrome, dans le traitement de l'anémie, etc.

L'action toxique des sels de cobalt a été constatée par GMELIN, puis par BUCHNER. $0^{gr},65$ de chlorure de cobalt introduits dans l'estomac d'un chien provoquent des vomissements répétés et invincibles. $0^{gr},39$ donnés à un lapin dans les mêmes conditions amènent rapidement la mort au bout de quelques heures.

A l'autopsie la muqueuse gastrique est parsemée de petites ecchymoses situées dans la région du cardia; dans la grande courbure, on observe de larges taches brunâtres. Les poumons renferment quelques ecchymoses de la dimension d'une lentille.

En injection intra-veineuse $0^{gr},195$ de chlorure de cobalt dissous dans $7^{gr},76$ d'eau, dans la veine jugulaire d'un petit chien, provoquent de violents vomissements répétés et fréquents, accompagnés de ténesme. Les vomissements persistent le lendemain, l'animal se plaint et manifeste de violentes douleurs. Le pouls s'accélère, la mort survient le quatrième jour. A l'autopsie, suffusions sanguines de la muqueuse stomacale; valvules de l'iléon, provoqués par les efforts de défécation et de vomissements qui avaient duré 3 jours.

A dose plus forte, $0^{gr},39$, le chlorure de cobalt en injection intra-veineuse a provoqué la mort en $1/2$ minute (BUCHNER).

HASSELT insiste surtout sur l'action émétique des sels de cobalt.

HUSEMAN a observé l'action mortelle d'une dose de $1^{gr},04$ d'oxyde de cobalt sur un chien. $1^{gr},56$ de chlorure administré, en solution, en injection sous-cutanée, a seulement agi comme émétique. Il attribue l'action toxique des sels de cobalt à la présence d'arsenic, impureté fréquente des sels de cobalt du commerce.

RABUTEAU considère les sels de cobalt comme peu toxiques; il constate que l'acétate de cobalt, ainsi que beaucoup d'autres sels de métaux, possède des propriétés émétiques; il considère les symptômes généraux d'intoxication provoqués par le cobalt, comme communs à ceux qu'occasionne la plupart des autres composés métalliques.

Le cobalt serait, d'après RABUTEAU, un poison musculaire, qui agirait avec la même intensité que le baryum, le strontium, le cuivre. Il paralyse l'extrémité motrice des nerfs sans agir sur leur sensibilité.

SIEGEN a repris l'étude de l'action toxique du cobalt, comparée à celle de l'arsenic, et a constaté la toxicité réelle de ce métal :

$0^{gr},01$ sur une grenouille en une heure.

$0^{gr},30$ sur un lapin pesant 1500 grammes en trois heures.

D'après BUCHHEIM, les sels de cobalt seraient peu toxiques, et leur introduction à faible dose dans l'alimentation ne donnerait lieu à aucun symptôme d'empoisonnement.

ANDERSON STUART reproche aux expérimentateurs qui l'ont précédé d'avoir employé, pour étudier l'action toxique du cobalt, des sels caustiques, tels que le sulfate, le chlorure, le nitrate : ces sels donnent des solutions toujours fortement acides, coagulent les albuminoïdes des tissus et ne pénètrent dans le système général qu'en faible proportion, en détruisant les tissus avec lesquels ils se trouvent en contact. Les phénomènes observés dans ces conditions ne sont donc pas spécifiques du métal; mais résultent de l'action locale d'une substance caustique. Il s'est adressé, pour étudier le cobalt, à une combinaison soluble dans les alcalis faibles et a employé le tartrate double de cobalt et de soude, et le citrate double du même métal.

STUART a constaté, comme les autres expérimentateurs, une grande analogie entre l'action physiologique du cobalt et celle du nickel. D'après lui, la toxicité du cobalt semble être les deux tiers de celle du nickel. 0,020 de cobalt calculé en oxyde (CoO), injecté à l'état de tartrate double, dans la veine d'un lapin de 2^{kil},110, détermine la mort en une heure vingt minutes.

0,050 tue un chien de 5^{kil},400 en six heures.

COPPOLA considère au contraire le cobalt comme plus toxique que le nickel.

Nous verrons, du reste, que les résultats obtenus par COPPOLA diffèrent quelquefois de ceux observés par STUART. Ces différences sont dues à ce que ces deux auteurs n'ont pas employé le même sel de cobalt. STUART ayant employé un sel organique, COPPOLA s'étant servi de chlorure.

L'action du cobalt sur les animaux à sang froid a été l'objet d'une étude détaillée de la part d'ANDERSON STUART. Lorsqu'on injecte une forte dose de sel double de cobalt ou de nickel, dans le sac lymphatique dorsal, la peau se fonce de couleur, prend une teinte uniforme : il se produit une sécrétion abondante qui mousse comme de l'eau de savon. L'animal reste immobile pendant vingt minutes, ne répondant plus aux excitations: puis apparaissent des secousses fibrillaires musculaires de la paroi abdominale; ces secousses gagnent le doigt, puis les pattes antérieures, et enfin les pattes postérieures; elles sont de plus en plus prononcées et sont suivies de contractures. Les mouvements sont incoordonnés et l'animal a des bâillements spasmodiques. Ces symptômes peuvent être comparés à ceux produits par la picrotoxine. On voit rapidement apparaître des accès tétaniques avec emprosthotonos et épisthotonos, simulant les phénomènes observés au cours de l'empoisonnement par la strychnine.

Les attaques cloniques cessent : l'animal a une parésie des mouvements volontaires : les réflexes sont exagérés. Le cœur bat de plus en plus lentement et faiblement. Les mouvements respiratoires sont très irréguliers. La mort survient graduellement. A l'autopsie, les oreillettes du cœur sont dilatées et remplies de sang foncé; les ventricules demi contractés sont petits et pâles. Les nerfs et les muscles réagissent encore au courant induit.

Les tartrates et citrates de cobalt n'ont aucune action sur les muscles striés.

COPPOLA a intoxiqué des grenouilles pesant de 18 à 30 grammes en injectant de 0,002 à 0,005 de chlorure de cobalt, sous la peau.

SIEGEN avait déterminé la dose toxique de l'azotate de cobalt et trouvé 0^{gr},01 par kilog. L'action du cobalt sur les animaux à sang chaud est analogue à l'action sur les grenouilles. Il a observé que 0^{gr},30 tue le lapin en trois heures. Il considère le cobalt comme un poison cardiaque. Nous avons vu que RABUTEAU considère ce métal comme un poison musculaire.

ANDERSON STUART a étudié spécialement l'action du tartrate et du citrate double de cobalt et de soude sur divers mammifères. Chez le cobaye on observe de la stupeur, suivie de parésie des pattes de derrière; à l'autopsie on remarque une congestion de la muqueuse gastrique accompagnée d'hémorragie. Chez les rats les phénomènes nerveux prédominent, de fortes doses déterminent une paralysie qui s'étend graduellement à tous les corps.

STUART a étudié avec détail l'intoxication du lapin. On peut introduire le cobalt soit par l'estomac, soit en injection sous-cutanée ou intra-veineuse. On observe d'abord une accélération du pouls, sans irrégularité; la respiration s'accélère et devient irrégulière.

Si l'on fait une injection intra-veineuse, on voit apparaître un spasme de tout le corps, accompagné d'expulsion d'urine et de fèces. L'animal reste stupéfié et paralysé, on constate du myosis. La paralysie peut n'intéresser que le train antérieur ou postérieur; mais le plus souvent les quatre membres. Les muscles cervicaux ne peuvent plus soutenir la tête. La diarrhée s'établit et continue jusqu'à la mort. Si la dose injectée est considérable, l'animal reste dans cet état jusqu'à ce que la mort survienne. Cependant l'animal sort quelquefois de cet état de prostration paralytique; les réflexes sont alors exagérés, la plus légère excitation détermine un tremblement généralisé. Les contractures et convulsions musculaires réapparaissent, la respiration se ralentit, devient difficile, les vaisseaux de l'oreille sont dilatés, la mort survient au cours de grandes convulsions. Si l'on ouvre le thorax immédiatement, on constate que le cœur continue à battre quelques minutes après la mort.

Dans les cas subaigus et chroniques, les symptômes paralytiques sont moins marqués, ceux d'excitation sont au contraire plus forts, plus constants, plus variés dans leur manifestation. A l'autopsie, la rigidité cadavérique est très considérable, le sang rouge cerise est fluide ou coagulé. On observe toujours de nombreuses petites suffusions sanguines de la muqueuse gastrique, et aussi, mais moins fréquemment, de la muqueuse intestinale; dans certains cas on en observe aussi sur la plèvre et le péricarde.

Chez les chats et les chiens, on observe, comme chez le lapin, les mêmes symptômes de paralysie et d'excitation motrice généralisée. Les phénomènes gastro-intestinaux sont beaucoup plus marqués.

Lorsqu'on fait une injection intra-veineuse, d'une dose rapidement mortelle, les efforts de vomissement et de défécation sont violents et répétés. Les mouvements respiratoires sont pénibles, les battements du cœur forts et réguliers; les convulsions surviennent et sont séparées par des intervalles de paralysie complète des mouvements volontaires. Le cœur ne cesse de battre qu'après la mort.

Lorsque la dose n'est pas rapidement mortelle, et surtout lorsqu'on pratique une injection sous-cutanée, de façon à avoir un empoisonnement subaigu ou chronique, on observe surtout de violents vomissements accompagnés de diarrhée séreuse, mais jamais sanglante, quelquefois un ténesme marqué; une stomatite intense empêche la mastication et la déglutition, les dents se bordent d'un liseré noirâtre, les animaux ont une odeur détestable de la gueule et une soif inextinguible. Les fèces ont une couleur noire particulière et une odeur caractéristique, les urines sont brunes foncées et leur coloration est d'autant plus intense que la dose ingérée est plus considérable. A l'autopsie, on trouve, comme chez le lapin, des ecchymoses et de la suffusion sanguine de la muqueuse du tube digestif.

Action du cobalt sur le tube digestif. — La diarrhée séreuse, liquide jaunâtre, mais jamais sanglante, d'après ANDERSON STUART, est due à une action sur la muqueuse d'origine nerveuse.

Action sur le système nerveux. — Les symptômes nerveux sont très complexes. Il y a vraisemblablement paralysie des centres nerveux, puis atteinte de l'axe spinal, ces lésions sont la cause des phénomènes d'excitations, puis de paralysies qu'on observe surtout au cours de l'empoisonnement subaigu ou chronique.

D'après STUART, les sels de cobalt n'ont aucune action sur les muscles striés; mais provoquent l'excitation des nerfs moteurs, sans agir sur les nerfs sensitifs.

Action sur le sang, le cœur et la circulation. — AZARY avait remarqué que les solutions de nitrate de cobalt à 2 ou 5 p. 100 détruisaient les globules sanguins; mais ANDERSON STUART dit que les sels de cobalt n'ont aucune action sur le globule rouge. COPPOLA a constaté que le sang prend une teinte chocolat; mais qu'examiné au spectroscope il présente encore le spectre de l'oxyhémoglobine et se comporte comme le sang normal; il en conclut que le cobalt n'a aucune action sur la matière colorante du sang.

ANDERSON STUART a observé que le cœur de la grenouille se ralentit chez la grenouille intoxiquée, il devient plus petit, plus pâle; mais le rythme des contractions de l'oreillette et du ventricule n'est pas changé. Lorsqu'on comprime l'abdomen, le cœur se remplit de sang, et recommence à battre normalement.

La section du nerf vague et l'action de l'atropine démontrent qu'il n'y a pas eu d'excitation du mécanisme cardio-inhibiteur.

Pour STUART il semble très improbable qu'il y ait paralysie de la fibre cardiaque, le ralentissement du cœur s'expliquerait par suite de la vaso-dilatation des vaisseaux abdominaux, ce qui diminue l'afflux sanguin au cœur et partant en cause l'anémie. Il y aurait donc, comme cause initiale, une paralysie des vaso-moteurs.

D'après COPPOLA, les sels de cobalt auraient une action sur les fibres cardiaques de la grenouille, action excitatrice au début, puis paralysante.

On observe presque toujours un abaissement considérable de la pression sanguine, diminution qui s'accentue jusqu'à la mort. On a remarqué dans quelques cas (COPPOLA) une augmentation passagère de la tension vasculaire au début de l'intoxication, mais cette augmentation est bientôt suivie d'un abaissement.

L'accélération du pouls, qu'on observe au début de l'intoxication, coïncide avec l'abaissement de tension artérielle.

D'après ANDERSON STUART, les sels de cobalt auraient une action paralysante des vaso-moteurs. COPPOLA a constaté, au contraire, par la méthode de la circulation artificielle dans des organes extirpés, que le chlorure de cobalt a une action vaso-constrictive durable, antagoniste de l'action vaso-dilatatrice de l'antipyrine.

Absorption et élimination. — L'estomac et le tube digestif absorbent les sels de cobalt, car on peut en déceler la présence dans les urines, et même on a pu, quoique difficilement, causer la mort en introduisant des sels de cobalt par voie buccale. L'élimination se fait, d'après ANDERSON STUART, principalement par les urines, auxquelles le cobalt communique une teinte brun rouge foncé, dont l'intensité est proportionnelle à la quantité de cobalt qu'elles contiennent. Il s'en élimine aussi par les fèces à l'état de sulfure noir, même lorsqu'on a introduit le cobalt directement dans les veines.

D'après COPPOLA, la voie d'élimination du cobalt varie suivant le mode d'introduction. Si on l'introduit dans l'estomac, il s'élimine exclusivement dans les fèces.

Si l'on a fait une injection sous-cutanée, il s'en élimine par les urines ; mais la majeure partie s'excrète par l'intestin à l'état de sulfure.

La couleur brun rouge est due à une combinaison particulière du cobalt qui n'a pas encore été déterminée. Si on laisse reposer et se putréfier une urine ayant cette coloration, il se dépose des sels ammoniacaux magnésiens, dont la forme cristalline n'a pas varié, mais qui sont colorés en violet pourpre.

Une urine brune cobaltifère, traitée par l'acétate de plomb, donne un précipité brun. La liqueur surnageante contient encore beaucoup de cobalt. Le précipité redissous dans l'eau donne la solution brun foncé de l'urine dont on était parti.

Recherche toxicologique. — Pour retrouver le cobalt dans les liquides, tissus et organes, il suffit d'incinérer et de redissoudre la cendre dans l'acide chlorhydrique. On caractérisera le cobalt dissous à l'état de chlorure par les réactions usuelles décrites au début de cet article.

Bibliographie. — D. D., article Cobalt, par HÉNOCQUE. — ANDERSON STUART. Ueber den Einfluss der Nickel und des Kobaltverbindungen auf den thierischen Organismus (A. P. P., XVIII, 151) ; — Nickel and Cobalt ; their physiological action on the animal organism (Journ. of Anat. and Physiol., XVII, 89, 1883). — AZARY (Orvosi Hetilep, 1879). — BUCHHEIM. Arzneimittellehre, Leipzig, 1878. — BUCHNER. Toxicologie, 1827. — COPPOLA. Sull'Azione fisiologica del Nickel e del Cobalto (Sperimentale, LV, 375 et LVII, 43). — GMELIN (Bull. sc. méd., VII, 116). — HASSELT. Giftlehre, 1862. — HUSEMAN. Toxicologie, Berlin, 1867. — ORFILA. Toxicologie, Paris, 1843. — RABUTEAU (B. B., 1875). — SIEGEN (Neue Rep. f. Pharm., XXII, 307, 1873).

ALLYRE CHASSEVANT.

COBAYE.

COBAYE. — Vulgairement appelé cochon d'Inde, le cobaye est un petit mammifère, de l'ordre des rongeurs, des caviadés, genre cobaye. L'espèce la plus commune dont nous allons nous occuper est le Cavia cobaya. PALL. ; Mus porcellus. LIN. (Guinea pig, en anglais ; Meerschwein, en allemand ; Porcellino d'India, en italien.)

Cette espèce est très répandue actuellement en Europe, où on l'élève en domesticité, parce que l'on croit que son odeur chasse les rats ; elle est devenue dans tous les laboratoires un animal précieux pour les expériences.

Le cobaye est sans doute originaire de l'Amérique du Sud, où l'on trouve, à l'état sauvage, au Brésil et dans le Paraguay, une espèce très voisine le Cavia aperea. LIN. de même taille, mais à pelage entièrement gris-roussâtre, de laquelle CUVIER le fait descendre (CUVIER, Règne animal, 258). Pour CLAUS (Traité de Zoologie, 2e éd. 1884, 1497), on peut bien le considérer comme originaire de l'Amérique méridionale, mais sa souche sauvage est inconnue, car, dit-il, l'opinion qui voudrait le faire dériver du Cavia aperea offre peu de vraisemblance, attendu que le croisement ne réussit jamais entre eux et qu'il n'est pas possible d'obtenir la moindre variété du C. aperea domestiqué.

Les caractères principaux que présente le cobaye sont les suivants : de petite taille, à jambes courtes, il a le corps ramassé, manque de queue et a les pieds plantigrades, les antérieurs à quatre doigts et les postérieurs à trois. Son pelage est assez grossier, généralement blanc, roux et noir. Ces couleurs sont très irrégulièrement distribuées à la surface du corps et présentent de grandes plaques. On en trouve quelquefois qui sont seulement blanc et noir; d'autres, blanc et roux, et cette absence d'une couleur ne se transmet pas des parents aux enfants. Il a 16 molaires et 4 incisives lisses. Son museau est velu, ses oreilles sont aplaties et subanguleuses en arrière.

Cet animal s'élève très bien à condition de le mettre à l'abri des intempéries. car, dépourvu de bourre, il craint le froid qui le fait succomber assez facilement. Il est essentiellement herbivore, mangeant à toute heure du jour et de la nuit; il ne boit jamais et cependant il urine à tout moment.

Il est complètement dépourvu d'intelligence, instinctif par essence, il passe sa vie à dormir et à manger : son sommeil est court, mais fréquent. Il ne sait pas se défendre et se laisse manger par les chats; le seul sentiment bien distinct que l'on trouve en lui est celui de l'amour qui le rend alors susceptible de colère et qui le fait se battre cruellement quelquefois. Autrement, comme le dit Buffon, il est naturellement doux et privé, il ne fait aucun mal; mais il est également incapable de bien; il ne s'attache point, doux par tempérament, docile par faiblesse, presque insensible à tout, il a l'air d'un automate monté pour la propagation, fait seulement pour figurer une espèce, et, nous ajouterons, pour offrir un champ d'expériences aux biologistes.

CHAPITRE PREMIER
Anatomie.

I. Système osseux. — Nous serons bref sur la description du système osseux qui n'intéresse que médiocrement le physiologiste.

La tête est allongée et fortement déprimée sur ses parties latérales par les vastes cavités orbitaires qui marquent à peu près la limite entre le crâne et la face. La voute du crâne formée par les pariétaux et les frontaux est un peu déprimée en arrière par la fosse temporale se prolonge jusqu'à la ligne midiane et jusqu'à l'occipital. Celui-ci, vertical, envoie derrière les mastoïdes les apophyses paraoccipitales et présente le trou occipital bordé de deux condyles parallèles. Sur la face inférieure on voit le basi-occipital et le basi-sphénoïde, les bulles tympaniques avec un court conduit auditif osseux, les apophyses ptérygoïdes limitant les fosses ptérygoïdes étroites, mais assez profondes, sur le sphénoïde de vastes trou ovale et trou grand rond. Les apophyses zygomatiques formées par le temporal, l'os jugal et le maxillaire sont très saillantes, mais peu épaisses, étroites et courbes en bas. De leur bord supérieur se détache sur le maxillaire l'apophyse sphéno-orbitaire qui, en avant, se continue avec le maxillaire; en arrière elle est unie au frontal par l'os lacrymal. La racine postérieure est creusée d'une rainure antéro-postérieure pour l'articulation temporo-maxillaire : leur racine antérieure d'une dépression pour le tendon antérieur du masséter externe.

Les os nasaux ont un développement inusité et tout à fait caractéristique des hystricidés[1]; ils continuent la direction des frontaux. L'apophyse sphéno-orbitaire et la racine antérieure de l'arcade zygomatique circonscrivent une énorme trou sous-orbitaire ovale qui donne passage à la partie antérieure du masséter interne. Les os incisifs très développés portent à leur extrémité antérieure deux longues incisives. Les molaires sont au nombre de 4 dans chacune des deux rangées qui convergent en avant : chaque molaire décrit une courbe à concavité externe, elle est divisée par un repli de l'émail qui lui donne une apparence fourchue en dehors. Les molaires comme les incisives ont une croissance continue, c'est-à-dire qu'elles n'ont pas de racines. La mâchoire inférieure porte un court condyle antéro-postérieur, une longue apophyse postérieure, une rangée de 4 molaires qui sont concaves en dedans, et sont divisées en dehors par un repli de l'émail; le long du rebord alvéolaire est la gouttière massétérine. La crête de l'apophyse coronoïde est située en dehors de la dernière molaire. La partie antérieure du maxillaire porte l'incisive inférieure qui est très usée sur son bord postérieur, comme l'incisive supérieure : la symphyse mentonnière reste longtemps ouverte.

Les vertèbres sont au nombre de 34 : 7 cervicales, 13 dorsales, 6 lombaires, 2 sacrées, 6 coccygiennes. Les vertèbres cervicales présentent toutes le trou de l'artère vertébrale : l'axis a une apophyse épineuse quatrilatère comme une vertèbre lombaire. Les apophyses

1. Pouchet et Beauregard. *Traité d'ostéologie comparée*, 1889, 164.

épineuses dorsales, longues et effilées sur les 7 ou 8 premières, prennent le caractère lombaire sur les dernières. A partir de la 13e dorsale, les apophyses épineuses, au lieu de se diriger vers la queue, s'infléchissent, ainsi que les apophyses transverses, vers la nuque. L'engrènement des vertèbres, aux diverses régions, surtout aux régions dorsale, lombaire et sacrée, ne leur permet que des mouvement de flexion et d'extension : la torsion est extrêmement limitée.

Le thorax est formé de 13 côtes dont 6 vraies et 7 fausses. Le sternum est étroit et surmonté d'un épisternum cartilagineux : l'appendice xiphoïde est assez long.

L'omoplate est étroite et divisée par l'épine en fosses sous et sus-épineuses à peu près égales en étendue. L'acromion s'infléchit en bas et mérite le nom d'apophyse crochue : l'apophyse coracoïde est très réduite. La clavicule osseuse forme une tigelle mobile et courte dont l'extrémité externe est unie par des ligaments à l'acromion et à la coracoïde, et l'extrémité interne à l'épisternum. La fosse olécranienne de l'humérus est perforée : les deux os de l'avant-bras sont fixés en pronation forcée et ne présentent que des mouvements obscurs de glissement l'un sur l'autre.

Le radial et l'intermédiaire du carpe sont soudés (POUCHET et BEAUREGARD), la main a 4 doigts et porte le rudiment du 5e. Les ongles ont presque la forme de sabots, d'où le nom de subongulés (OWEN) donné parfois aux animaux de ce groupe (POUCHET et BEAUREGARD, loc. cit., 165).

L'os iliaque, est allongé et la fosse iliaque étroite. Le fémur présente trois trochanters le 3e peu développé : son extrémité inférieure est creusée d'une trochlée verticale et profonde à laquelle répond la rotule, petite tige cylindrique incurvée, dont le bord concave est articulaire. Le péroné est soudé au tibia par ses deux extrémités : la malléole externe ne dépasse pas la mortaise tibiale. Le pied porte trois doigts et le rudiment du pouce. L'os pénien est bien développé.

La longueur des membres en extension et revêtus des parties molles mesure sur leur face interne :

	MEMBRE ANT.	MEMBRE POST.
Cobaye de 200 grammes.	0m,04	0m,07
— 650 —	0m,06	0m,095

II. Peau. — L'épaisseur de la peau varie beaucoup suivant les régions. Elle est mince sur la région ventrale, et présente son maximum d'épaisseur, qui atteint 2mm,5, sur le dos, dans l'espace inter-scapulaire.

L'implantation des poils, qui couvrent tout le corps sauf la paume des mains et la plante des pieds, est ordinairement uniforme. Tous les poils se dirigent d'avant en arrière sur le tronc, de haut en bas sur les membres. Sur quelques sujets elle affecte un type différent. Les poils sont disposés en tourbillons, au nombre de trois ou quatre sur chaque moitié du dos, de un ou deux sur les côtés de la tête, un à la partie postérieure de la face ventrale. La rencontre sur la ligne médiane de ces divers tourbillons soulève les poils en forme de crêtes qui donnent à certains individus un aspect singulier. Sur le ventre les poils se dirigent d'arrière en avant. Cette disposition se transmet assez difficilement. Nous ne l'avons trouvée sur aucun des rejetons d'un cobaye mâle sur lequel elle était très accusée.

III. Système musculaire. — Le système musculaire pouvant offrir plus d'intérêt au physiologiste que le squelette, nous lui consacrerons une étude plus détaillée.

Muscles de la tête. — 1o *Muscles masticateurs.* — L'appareil masticateur est la partie la plus développée et la plus importante des muscles de la tête.

Masséter. — Le masséter des rongeurs est dédoublé en masséter externe et masséter interne. Chez le cobaye, le masséter externe forme une masse épaisse, losangique, dans laquelle on peut reconnaître à leur direction trois plans de fibres. Il a une double insertion sur l'apophyse zygomatique; au-dessous de la racine antérieure, près du maxillaire supérieur, par un tendon résistant, oblique en bas et en arrière, à la portion antéro-postérieure par des fibres charnues en arrière et en avant par un plan fibreux. Ce plan fibreux se prolonge sur les deux tiers antérieurs du muscle et s'unit au tendon antérieur. Le plan profond du masséter externe est formé de fibres verticales s'insérant à la lèvre externe du bord inférieur du maxillaire inférieur et au bord supérieur de son apophyse postérieure. Le plan moyen, oblique en arrière et en dehors, s'insère sous le bord du maxillaire inférieur. Le plan superficiel qui vient surtout du tendon antérieur est presque horizontalement couché sous le maxillaire, qu'il déborde en dedans pour s'accoler au ptérygoïdien interne, et s'insère jusqu'à l'angle de la mâchoire à la lèvre interne du bord inférieur de l'os. Le tendon antérieur fournit encore un faisceau qui se *réfléchit* au-devant du masséter sous le maxillaire inférieur et par un trajet oblique en haut et en dehors vient s'insérer en suivant la face interne de l'os à la partie interne du col du condyle.

Le *masséter interne* est formé de deux portions. L'antérieure s'insère sur les côtés du nez dans une dépression allongée qui surplombe la barre supérieure. Elle passe dans le trou sous-orbitaire, se réfléchit sur la racine antérieure de l'arcade zygomatique et s'insère à la partie antérieure de la gouttière massétérine par un fort tendon qui croise le tendon antérieur du masséter externe. Au niveau de leur croisement, ces deux tendons contiennent un nodule fibro-cartilagineux : ils sont unis par un petit faisceau charnu. La portion postérieure, verticale descend de la face interne de l'arcade zygomatique à la gouttière massétérine, ses fibres antérieures s'implantent sur le tendon de la portion antérieure.

Le *temporal* s'insère dans la fosse temporale qui est peu profonde : son tendon se réfléchit sur la racine postérieure de l'arcade zygomatique, reçoit un épais faisceau qui vient de la face orbitaire de l'os temporal, et quelques fibres du masséter interne. Il s'attache à l'apophyse coronoïde.

Le *ptérygoïdien externe*, du bord externe de l'apophyse ptérygoïde, se porte à la partie postérieure du col du condyle, au ménisque de l'articulation temporo-maxillaire et à l'échancrure sigmoïde.

Le *ptérygoïdien interne* s'insère dans la fosse ptérygoïde, sur le pourtour interne et postérieur du trou ovale jusqu'à la bulle tympanique. Les fibres viennent s'attacher au bord inférieur du maxillaire, à la partie postérieure de sa face interne et au bord supérieur de son apophyse postérieure. La structure de ce muscle est complexe : il est divisé en deux portions par un plan fibreux qui s'étend parallèlement à ses faces du crâne au maxillaire : chacune d'elles est subdivisée en plusieurs couches par des lames fibreuses qui donnent à sa coupe un aspect feuilleté (ALEZAÏS. *Muscles masticateurs du cobaye. B. B.*, 1897, 1068).

Parmi les muscles de la face, il faut signaler le muscle *zygomatique, l'abaisseur de la lèvre inférieure* et le *carré du menton, les releveurs superficiels et profonds* de l'aile du nez et de la lèvre supérieure, le *myrtiforme, l'orbiculaire des paupières, le buccinateur* qui est séparé de la moitié antérieure de la barre inférieure par un faisceau de l'abaisseur de la lèvre inférieure venant s'insérer à la muqueuse buccale, et le *muscle antérieur* du pavillon de l'oreille.

Muscles du cou et du tronc. — 1. *Région antéro-latérale du cou.* — Quand on incise la peau de la région antérieure du cou, on rencontre le *platysma myoïdes* ou *peaucier du cou ;* en faisant la section près de la ligne médiane, on est certain de ne pas l'intéresser, tandis que sur les parties latérales il adhère intimement à la face profonde des téguments. Ce plan musculaire est formé de deux couches. Les fibres superficielles, obliques en avant et en dedans, prennent naissance sur la peau du thorax, du moignon de l'épaule, des régions cervico-latérales et sous-maxillaires. Elles s'entre-croisent avec celles du côté opposé, présentant à la base du cou une décussation qui est moins nette dans la région sus-hyoïdienne. Le plan profond, oblique en avant et en dehors, comprend des fibres qui viennent de la couche superficielle et deux faisceaux à insertion sternale et épisternale. Il croise la face externe du masséter et de la parotide et se termine sur l'arcade zygomatique, deux faisceaux s'insèrent sur le pavillon de l'oreille, l'un au-devant du tragus, l'autre à la partie inférieure de la conque : les fibres les plus externes du faisceau sternal s'infléchissent au-dessus du moignon de l'épaule, comme une bretelle, et s'attachent au-dessous du peaucier de la nuque à la partie postérieure du ligament cervical.

Après la section du peaucier, on rencontre accolés sur la ligne médiane au-devant de la trachée les deux muscles *sterno-hyoïdiens*, et en dehors de la trachée les *sterno-thyroïdiens*, qui sont très grêles. Ces muscles naissent de chaque côté par une insertion commune à la face postérieure de la première pièce du sternum : ils ont leurs insertions hyoïdienne et thyroïdienne ordinaires. L'*omo-hyoïdien* est toujours absent. Un faisceau grêle, qui s'attache au sommet de l'épisternum, croise le sterno-hyoïdien et se porte obliquement vers l'apophyse mastoïde : c'est la *portion antérieure ou sternale du sterno-cléido-mastoïdien*, qui d'abord très éloignée de la portion claviculaire la rejoint vers le milieu du cou, sans se fusionner avec elle. La portion claviculaire qui prend naissance sur le bord supérieur de la clavicule osseuse s'élargit en approchant du crâne et s'insère au bord supérieur de l'apophyse mastoïde et à la ligne courbe occipitale. A peu près vers le milieu du cou, apparaît sur le bord postérieur du sterno-mastoïdien un muscle assez épais qui se dirige d'avant en arrière depuis le basi-occipital jusqu'au sommet de l'apophyse crochue, c'est le *levator claviculæ*, qu'en raison de ces connexions on peut appeler *omo-basilaire*. La branche cervicale transverse, émerge dans l'angle aigu que limitent l'omo-basilaire et le sterno-mastoïdien et, suivant son trajet ordinaire, contourne la face externe de ce dernier muscle.

Après la section du sterno-mastoïdien et de l'omo-basilaire on met à nu les *scalènes* qui sont au nombre de trois. Le *scalène antérieur* forme une longue bandelette étendue au-devant des apophyses transverses cervicales dont elle est indépendante et du plexus cervico-brachial, depuis le basi-occipital jusqu'au tubercule de la 1re côte. Le scalène moyen s'insère aux tubercules antérieurs des 4e et 5e apophyses transverses par deux tendons qui se portent en arrière entre les paires rachidiennes correspondantes et donnent naissance à un corps charnu qui descend derrière le plexus brachial. Après avoir franchi les deux premières côtes, il s'insère à la 3e et à la 4e. Le *scalène postérieur* recouvert par le moyen est très petit : il naît des tubercules postérieurs et des lames intertuberculeuses des 6e et 7e apophyses transverses et se termine sur la 1re côte. Il est prolongé jusqu'à l'atlas par une série de faisceaux charnus qui des tubercules postérieurs des mêmes vertèbres cervicales vont s'insérer à la 3e, à la 2e et à la 1re, constituant un *long intertransversaire postérieur du cou* (ALEZAÏS. B. B., 1897, 896).

Au-devant du rachis cervical, s'étendent le *grand droit antérieur* qui est volumineux, le *petit droit antérieur*, et le *long du cou*. Ce dernier mérite seul une mention. La portion longitudinale est très grêle, tandis que les deux obliques sont puissantes : l'oblique ascendante s'insère au tubercule antérieur de la 6e cervicale et provient des corps vertébraux dorsaux depuis la 2e jusqu'à la 8e vertèbre. L'oblique descendante a une constitution qui rappelle celle du multifide du rachis. Quatre faisceaux imbriqués la constituent : ceux qui viennent du corps de l'atlas et de l'axis se divisent chacun en trois languettes qui s'insèrent aux tubercules antérieurs des 3 vertèbres sous-jacentes. Celui qui vient de la 3e n'a que deux divisions : le dernier est indivis et se fixe à la 5e apophyse transverse.

Dans la région sus-hyoïdienne, il faut signaler le *stylo-hyoïdien*, dont l'insertion hyoïdienne présente un cérato-hyal ossifié, tandis que le stylhyal est fibreux, le *mylo-hyoïdien*, et le *digastrique* dont le développement est en rapport, dans l'acte de ronger, avec le mouvement de rétraction de la mâchoire. Le digastrique est un muscle épais, aplati transversalement, couché en dedans du maxillaire inférieur depuis le sommet de la mastoïde jusqu'au voisinage de la symphyse mentonnière. Il est indépendant de son congénère et de l'os hyoïde. Les deux ventres ne sont séparés que par un léger étranglement dont la surface interne est seule fibreuse. L'insertion maxillaire du ventre antérieur est longée en dehors par l'abaisseur de la lèvre inférieure : en dedans elle est séparée du digastrique opposé par un intervalle de 2 à 3 millimètres qui est occupé par le rudiment du *transverso-maxillaire*.

2. *Dos et nuque.* — La nuque présente chez le cobaye une série de plans musculaires superposés. Le plus superficiel est le *peaucier de la nuque* formé de fibres transversales insérées sur le ligament cervical et recouvertes à leur partie antérieure par le muscle postérieur de l'oreille dont le distingue, malgré leur minceur, la direction oblique de ses fibres en avant et en dehors. Le peaucier de la nuque est séparé de la peau, dans la région médiane, par le *coussinet graisseux cervico-dorsal*, masse de graisse épaisse et constante, qui siège dans l'espace interscapulaire et s'étend du milieu du dos à l'occipital. Il adhère au contraire à la peau des parties latérales du cou : ses fibres postérieures s'étendent jusqu'au moignon de l'épaule, les antérieures forment un faisceau qui contourne le conduit auditif externe, croise sur la parotide et le masséter les fibres du pla-

tysma, et se termine sur l'aponévrose temporale et la lèvre supérieure, en passant sous le muscle zygomatique.

Au-dessous du peaucier, un premier plan musculaire est constitué par la portion cla-viculaire du sterno-mastoïdien et par le *trapèze antérieur* qui s'insère au ligament cervical, à l'inion et à la partie interne de la ligne occipitale et gagne l'apophyse crochue, et le tiers externe de l'épine scapulaire. Au-dessous le *rhomboïde* de la tête forme, avec celui du côté opposé et les rhomboïdes du dos, un vaste plan étendu d'un scapulum à l'autre et de la ligne occipitale à l'épine de la 3e dorsale. Il couvre les *splénius* qui sont accolés sur la ligne médiane et forment par leur ensemble un plan triangulaire dont le sommet se fixe à la 7e épine cervicale et dont la base s'étend d'une apophyse mastoïde à l'autre en suivant les lignes courbes de l'occipital. Il est rare de trouver le *splenius colli* formé par un faisceau s'insérant à l'atlas. Ces couches musculaires sont soulevées par la saillie que forment de chaque côté de la ligne médiane les *grands complexus*, muscles puissants sur lesquels on trouve des traces de leur division ordinaire en deux portions peu distinctes. L'interne (digastrique de la nuque), descend jusqu'à l'apophyse transverse de la 5e dorsale, présente une intersection aponévrotique superficielle, vestige du tendon intermédiaire du *biventer cervicis*. En dedans du grand complexus on trouve la portion cervicale de l'*épi-épineux* qui est très développé chez le cobaye et s'étend depuis la dernière vertèbre lombaire jusqu'à la 4e cervicale : en dehors, le *petit complexus* et le *transver-saire du cou* qui forment un muscle continu depuis la 4e dorsale jusqu'à l'atlas.

Après la section de ces muscles, on rencontre les muscles droits et obliques de la nuque dont le développement est en rapport avec celui des apophyses vertébrales de la région. L'apophyse épineuse de l'axis notamment est très proéminente et rappelle par sa forme quadrilatère une apophyse épineuse lombaire. Le plus volumineux de ces muscles est le *petit oblique*, qui forme le long du grand complexus une forte saillie oblique en avant et en dedans, depuis l'apophyse transverse de l'atlas jusqu'aux parties latérales du trou occipital.

Panicule charnu. — Le tronc et la racine des membres sont à peu près complètement enveloppés chez le cobaye par le *panicule charnu* qui forme un plan continu s'insérant de chaque côté sur l'aponévrose lombo-sacrée à 4 ou 5 centimètres de distance de la pointe coccygienne, sur les aponévroses fessière, rurale et même jambière, le long du bord pos-térieur du membre abdominal et sur la face ventrale à la ligne blanche de l'abdomen. L'insertion du panicule reste à une petite distance du pubis : vers la base du thorax, elle est divisée par la portion abdominale du pectoral en deux couches : la superficielle s'arrête à l'appendice xiphoïde ; la profonde, oblique en avant et en dedans, adhère en partie au bord externe du pectoral, en partie s'insère sur la ligne médio-sternale jusqu'à la 4e côte. Le bord antérieur du panicule prend insertion sur les premiers segments des membres thoraciques, moitié externe de l'épine scapulaire et apophyse crochue, partie moyenne de la face externe de l'humérus. Dans l'espace interscapulaire il répond au coussinet graisseux cervico-dorsal, qui lui est sous-jacent, et le sépare du peaucier de la nuque. L'adhérence du panicule à la peau est très variable suivant les régions : nulle sur la face ventrale, peu marquée à la racine des membres, elle augmente sur les flancs, et devient très intime sur le dos, surtout dans la région interscapulaire. Les rapports qu'affectent les bords du panicule avec les premiers segments des membres varient suivant leur attitude. Dans l'extension de la cuisse, le bord postérieur la croise à 2 centimètres au-dessus du genou ; dans sa rétraction, il glisse jusqu'au plateau du tibia. Le membre thoracique est encore plus largement couvert lorsqu'il se rétracte sous le panicule dont le bord libre descend jusqu'au milieu de l'avant-bras, et remonte jusqu'au tiers supérieur du bras dans le mouvement d'extension. Par sa réflexion autour du membre antérieur, le panicule forme avec le thorax et le pectoral un orifice allongé ressemblant à l'ouverture d'un vête-ment sans manche dont les vides, surtout en dedans et en arrière du bras, sont comblés par de la graisse molle. En réalité cet orifice est pourvu d'une manche, car le bord du peaucier se continue avec le feuillet celluleux qui entoure le membre et se prolonge en dedans sur le tissu adipeux de l'aisselle jusqu'au pectoral. Aussi, quand on respecte les connexions de ces muscles avec l'aponévrose antibrachiale, voit-on dans les mouvements du membre le manchon musculo-fibreux qui l'engaine en se rétrécissant jusqu'au poignet, se replier ou s'étendre suivant la position du bras.

Le panniculc charnu est complété, au niveau de la région inguinale, par le peaucier du scrotum ou de la vulve qui forme un plan médian triangulaire à base antérieure, descendant au-devant du pubis. Chez le mâle, il est un peu plus large, passe sur l'orifice inguinal, et se perd à la racine de la cuisse et au niveau du bourrelet des glandes péri-anales après avoir formé un méso à la portion prépubienne du pénis qui le soulève sous les téguments. Lors de la migration du testicule, il est refoulé par la glande qui s'en coiffe et forme une saillie oblongue qui est limitée en dedans par un sillon peu profond, la séparant du coude du pénis et du bourrelet périanal, en dehors par une dépression plus marquée qui suit la racine de la cuisse. Le peaucier de la vulve est plus étroit : il se termine dans le tubercule antérieur du vagin, sur le pourtour de la vulve, dans la peau du sillon fémoral et du bourrelet périanal.

Dos. — Au-dessous du pannicule, la région dorsale présente le *trapèze postérieur*, plus mince que l'antérieur, dont il est séparé par un espace triangulaire répondant à la 1re vertèbre dorsale. Il s'insère sur les apophyses épineuses des 12 dernières dorsales d'une part, sur la moitié interne de l'épine scapulaire de l'autre. Il couvre la portion antérieure du *grand dorsal*, dont le volume est plutôt réduit, eu égard surtout à celui du grand rond avec lequel son tendon se fusionne au niveau de la face interne du membre thoracique. Le grand dorsal n'a pas d'insertion pelvienne, il n'a qu'une digitation costale insérée sur la 13e côte, et des insertions épineuses sur les 7 dernières vertèbres. Au moment de son union avec le tendon du grand rond, il émet la *bandelette dorso-olécranienne* qui descend le long de la face interne du bras jusqu'à la pointe de l'olécrane, sur laquelle elle se fixe en dedans du tendon de la longue portion du triceps, et le *faisceau dorso-pectoral* (arc axillaire) qui croise le biceps et le paquet vasculo-nerveux au tiers supérieur du bras et s'insère à l'humérus sous le tendon du pectoral.

Le *dentelé dorsal*, en partie aponévrotique, couvre les muscles des gouttières. Il est formé d'une portion antérieure ou inspiratrice dont les languettes charnues s'insèrent aux dix dernières côtes, en dehors du sacro-lombaire, et d'une portion postérieure ou expiratrice, qui recouvre la première au niveau des cinq ou six dernières côtes. Les deux digitations antérieures de la 1re portion entièrement charnues ont seules une insertion sur le rachis (1re épine dorsale) et le ligament cervical. Les autres sont courtes et s'insèrent au bord de l'aponévrose du dentelé qui les rattache aux apophyses épineuses du dos.

Les muscles des gouttières sont bien développés au niveau des régions lombaire, dorsale antérieure et cervicale et assez grêles vers la partie moyenne du dos. La masse commune prend insertion sur le bord antérieur de l'os iliaque, et sur la crête sacro-coccygienne. Le *sacro-lombaire* donne d'épaisses languettes charnues aux apophyses costiformes lombaires, et des languettes assez grêles aux côtes jusqu'à la 8e. Les faisceaux de renforcement le prolongent jusqu'à la 1re, et reprennent un volume plus important, ainsi que la portion cervicale qui naît des 5, 4, 3 et 2 côtes et se fixe à l'apophyse transverse de la 7e cervicale. Le *long dorsal* donne ses languettes costales aux 9 premières côtes, et ses languettes transversaires aux vertèbres lombaires et aux dix dernières dorsales.

Le grand développement de l'épi-épineux a déjà été signalé.

Le transversaire épineux a sa disposition ordinaire.

3. *Thorax et abdomen.* — Le pectoral, en partie recouvert par l'origine du platysma ou le plan transversal du pannicule, est formé, quoiqu'il ne présente pas des faisceaux chondraux, par 4 plans superposés. Le plus superficiel, l'*épisterno-huméral*, un peu oblique en dehors et en arrière, s'insère sur l'épisternum et le sternum jusqu'au bord inférieur de la 1re côte. Ses fibres gagnent le bord antérieur de l'humérus et se fixent à sa moitié inférieure. Le 2e plan, *sterno-huméral*, presque transversal, va du sternum au tiers supérieur de la diaphyse humérale. Le 3e plan naît des deux tiers inférieurs du sternum et de la ligne blanche par un faisceau profondément situé derrière l'aponévrose du grand oblique, qui passe sur l'appendice xiphoïde. Il se divise en 3 portions : deux superficielles, la *sternocoraco-trochitérienne* en dehors, la *sterno-claviculaire* en dedans, une profonde la *sterno-trochitérienne*. Le 4e plan comprend la portion abdominale qui est une longue bande musculaire, naissant du tiers antérieur de la ligne blanche, entre les deux couches du pannicule charnu, et se terminant sur l'apophyse coracoïde et la face antérieure de la capsule articulaire.

Le *sous-clavier* s'étend de la 1re articulation chondro-sternale à la clavicule. Les fibres postérieures échappent à cette insertion et se réunissant à un faisceau qui prend naissance sur le bord postérieur de cet os, se terminent avec lui sur le bord postérieur de l'apophyse crochue. Ce faisceau *scapulo-claviculaire* externe croise l'extrémité du sus-épineux. Un second faisceau *scapulo-claviculaire interne*, beaucoup plus épais, s'étend sur le sus-épineux, depuis la clavicule jusqu'à la moitié interne du bord scapulaire.

Le *grand dentelé* uni à l'*angulaire* forme un vaste éventail charnu qui rayonne du bord spinal à l'omoplate, vers les apophyses transverses des 6 dernières vertèbres dorsales et les 8 premières côtes.

La région thoracique antérieure qui présente, comme on l'a vu, un faisceau venant du scalène moyen, offre encore les deux autres variétés de muscles supra-costaux que l'on peut rencontrer, le prolongement thoracique du grand droit de l'abdomen recouvert par le muscle *sterno-costal* qui va de la 1re côte, en dehors du droit, aux 3e, 4e et 5e articulations chondro-sternales.

Le *grand droit de l'abdomen* naît de la 1re côte, du 1er cartilage costal et de la partie voisine du sternum. Il forme une bandelette aplatie qui descend sous le pectoral, le peaucier et le grand oblique, au-devant des cartilages costaux, s'élargit au niveau de l'abdomen et s'entre-croise au-dessous du pubis avec le grand droit opposé. Il est placé dans son trajet abdominal entre le transverse et le petit oblique. Sa décussation terminale n'est pas complète. Une petite partie de fibres externes s'accole au muscle entre-croisé et limite avec lui la partie interne et postérieure de l'orifice inguinal superficiel. Le grand droit s'insère au pubis et à l'arcade crurale jusqu'à la rencontre du petit oblique. Le pyramidal est absent.

Le vaste plan formé par le *grand oblique* s'insère sur les 9 dernières côtes, et rayonne vers la ligne médio-sternale, la ligne blanche et l'arcade crurale, accolé plutôt qu'inséré au bord externe de l'aponévrose lombo-sacrée. Son aponévrose d'insertion à la ligne blanche est étroite et régulière : elle cesse au niveau de l'entre-croisement des droits par l'insertion du faisceau qui forme le pilier interne de l'orifice inguinal. Le pilier externe se fixe sur le pubis et la partie antérieure de la symphyse.

Le *petit oblique* s'insère sur la moitié externe de l'arcade crurale, sur la crête iliaque, sur les apophyses épineuses lombaires, par l'intermédiaire de l'aponévrose lombo-sacrée et sur le sommet des quatre dernières côtes. L'aponévrose qui l'unit à la ligne blanche est très élargie dans sa portion antérieure : elle se rétrécit en arrière.

Le *transverse* qui se sépare difficilement du petit oblique dans sa moitié dorsale s'insère à l'arcade crurale et à la crête iliaque, à l'aponévrose lombo-dorsale et aux huit dernières côtes. Il se fixe à la ligne blanche par de courtes fibres aponévrotiques formant une bandelette étroite.

Le *carré des lombes* naît des parties latérales des corps vertébraux des cinq dernières lombaires et du sommet de leurs apophyses transverses et s'insère sur la face ventrale de l'ilion.

Diaphragme. — Les piliers s'insèrent sur le corps de la 2e vertèbre lombaire : le droit est plus petit que le gauche. Ils sont unis par un faisceau qui vient du droit. Les ligaments cintrés s'attachent à la tête de la 12e côte. Le centre phrénique forme un vaste triangle à bords festonnés, à base postérieure, qui reçoit les piliers, dans une large échancrure. L'insertion thoracique des fibres latérales suit une ligne oblique étendue de la tête de la 12e côte à l'appendice xiphoïde. Le faisceau xiphoïdien est assez nettement séparé des fibres latérales.

Muscles du membre thoracique. — *Épaule et bras.* — Le deltoïde est divisé en trois portions distinctes : l'antérieure, *delto-claviculaire*, forme une longue bandelette étendue au-devant du bras, de la clavicule osseuse à l'extrémité inférieure de l'humérus : la portion moyenne, *delto-acromiale*, triangulaire, couchée sur la face postérieure du moignon de l'épaule s'insère au bord antérieur de l'apophyse crochue d'une part, au bord antérieur de l'humérus au-dessous du trochanter, de l'autre. La portion postérieure, *delto-spinale*, plus petite, se porte horizontalement sous l'apophyse crochue de l'épine de l'omoplate à l'humérus sur lequel elle se fixe avec la portion moyenne. Le *sus-épineux*, remarquable par son développement, couvre par son insertion humérale la partie supérieure de l'articulation de l'épaule. Le *sous-épineux* et le *sous-scapulaire* ont leur disposition ordinaire.

Tandis que le *grand rond* est très puissant et s'insère à l'humérus par un large tendon qui reçoit celui du grand dorsal, le *petit rond* forme un petit faisceau aplati qui est interposé, à la partie supérieure du bord spinal de l'omoplate, entre le sous-épineux et la longue portion du triceps.

Le *biceps*, réduit à son chef glénoïdien, s'insère par un tendon bifurqué aux deux os de l'avant-bras, celui du *brachial antérieur* se rend au cubitus en passant entre ses deux divisions : Le corps charnu de ce dernier muscle forme une longue bandelette aplatie qui remonte, en contournant la face externe de l'humérus, jusqu'à la partie postérieure du col chirurgical sur lequel elle prend insertion par deux faisceaux : l'un situé au-dessous du vaste externe, l'autre au-dessus du vaste interne.

Le *coraco-brachial* n'a qu'un seul chef qui s'attache à l'humérus au-dessous du grand rond : une expansion fibreuse se prolonge sur le tendon de ce muscle jusqu'à son insertion et adhère quelquefois à l'os du dessus de ce tendon, comme le court coraco-brachial.

Le *triceps* est remarquable par le grand développement de la longue portion, dont l'insertion axillaire occupe le tiers externe du bord spinal, par l'extension du vaste interne jusque sur le col huméral qui éloigne de la diaphyse le nerf radial, et par l'indépendance de l'insertion olécranienne de ce dernier. L'*anconé* n'est pas distinct du vaste interne. L'extrémité inférieure du vaste interne est longée par l'*épitrochléo-cubital* qui est un faisceau étendu de l'épitrochlée à la face interne de l'olécrane.

Avant-bras. — Les muscles en rapport avec les mouvements de rotation des deux os sont peu développés : c'est ainsi que le *rond pronateur* est fibreux sur son bord interne depuis l'épitrochlée jusqu'au radius, le *carré pronateur* est absent, et le *court supinateur* ne présente aucun enroulement autour du radius. Les fléchisseurs et les extenseurs de la main et des doigts ont au contraire un volume normal. Le *grand palmaire* (fléchisseur radial du carpe) et le *cubital antérieur* sont réguliers. Les fléchisseurs des doigts ont une insertion commune sur l'épitrochlée. Le *petit palmaire* (fléchisseur commun sous-cutané) qui est assez gros, se sépare presque aussitôt des autres faisceaux : il est rejeté vers le bord cubital de l'avant-bras. Son tendon se fixe en partie aux deux saillies du talon de la main, rudiment du pouce, cartilage palmaire cubital, en partie se continue avec l'aponévrose palmaire, dont les languettes divisées à la manière des tendons du fléchisseur perforé se fixent à la base des premières phalanges des 2°, 3°, 4° et quelquefois 5° doigts. Fléchisseurs perforé et perforant forment un gros faisceau qui se divise à la partie supérieure de l'avant-bras. Le perforé, placé entre le perforant et le palmaire grêle, est assez réduit et donne 3 tendons filiformes qui se placent au-devant des tendons du perforant et après leur division s'insèrent aux sésamoïdes des articulations métacarpo-phalangiennes et à la base des deuxièmes phalanges. Le perforant, qui est réellement le fléchisseur efficace des doigts, se termine sur un tendon aplati auquel viennent aboutir un faisceau qui s'est détaché de son bord radial, et deux autres faisceaux qui prennent naissance sur les os de l'avant-bras et que l'on peut regarder comme le fléchisseur propre du pouce et le chef cubital du fléchisseur perforant. Ce gros tendon, qui contient un nodule fibro-cartilagineux dans le canal carpien, donne 4 tendons digitaux, auxquels sont annexés trois lombricaux ; ils s'insèrent sur la dernière phalange des doigts.

Le *long supinateur* fait généralement défaut. Les *deux radiaux*, bien développés, s'attachent l'un à côté de l'autre au milieu de la diaphyse du 2° et du 3° métacarpien. L'extension des doigts est sous la dépendance de l'*extenseur commun* et de l'*extenseur du petit doigt*. Le premier se divise en cinq tendons, le 3° doigt en reçoit deux : le second se rend au 4° et au 5° doigts. L'*extenseur de l'index*, très atrophié, donne un tendon filiforme au 2° doigt : l'*extenseur du pouce*, dont le tendon croise les radiaux, se fixe au trapèze.

Main. — La main présente un *palmaire cutané*, au-devant de l'aponévrose palmaire : deux petits muscles étendus du rudiment du pouce et du pisiforme aux métacarpiens extrêmes, et quatre groupes de deux *interosseux* placés au-dessous de chaque métacarpien. Les mouvements de latéralité des doigts leur sont entièrement étrangers. Ce sont les fléchisseurs qui produisent en même temps l'adduction des doigts vers l'axe de la main, et les extenseurs qui déterminent l'abduction.

Muscles du membre pelvien. — *Muscles fessiers et pelvi-trochantériens.* — Le *grand fessier* représente la portion moyenne du deltoïde fessier, qui est généralement fibreuse chez l'homme. Chez le cobaye, elle reste musculaire, tandis que la portion postérieure est transformée en un plan aponévrotique qui couvre le moyen fessier et s'insère sur les épines sacro-coccygiennes. Le grand fessier est un muscle triangulaire, mince, qui naît de cette aponévrose, de l'épine iliaque antéro-inférieure et s'attache par un tendon aplati au milieu du bord postérieur du fémur. Le *moyen fessier*, qui est le muscle le plus volumineux de la région, s'insère à la face profonde de l'aponévrose fessière, sur la face externe de l'aponévrose spinale, sur le sacrum et l'os iliaque. Ses insertions iliaques ont lieu sur les bords inférieur, antérieur et supérieur de l'os et sont complétées par une lamelle antéro-postérieure qui se fixe sur le milieu de la face externe : elles limitent deux loges ouvertes en arrière, qui sont occupées, l'inférieure par le scansorius, la supérieure par le petit fessier. Le moyen fessier s'insère soit directement, soit par l'intermédiaire de plusieurs petits tendons sur les bords antérieur et postérieur du grand trochanter. Le *petit fessier* s'insère avec le *pyramidal* au sommet du grand trochanter : le *scansorius* sur un petit tubercule qui est situé à la base du bord antérieur de cette même apophyse. *Jumeaux* et *obturateurs* ont leur disposition normale. — Le *carré crural*, plutôt conoïde que carré, se moule sur l'obturateur externe. Les ligaments sacro-sciatiques sont remplacés par des fibres musculaires transversales formant le muscle *ischio-sacro-coccygien*, au-dessous desquelles on trouve un petit faisceau oblique en arrière et en dedans, l'*abducteur de la queue* qui est très rudimentaire.

Le *psoas* est divisé en deux portions entre lesquelles passe le nerf crural. La portion externe qui se fixe aux parties latérales des trois premiers corps vertébraux reçoit un faisceau accessoire provenant de l'apophyse transverse de la première lombaire et de la partie interne des deux dernières côtes. La portion interne naît des deux dernières lombaires et de la base du sacrum. Le psoas externe se réunit plus tôt que l'interne au tendon du muscle *iliaque* qui provient de la face pelvienne de l'os iliaque. Le tendon commun aborde le petit trochanter en croisant presque perpendiculairement la face interne du fémur. L'existence du *petit psoas* est très variable.

Cuisse. — La région antérieure de la cuisse présente les quatre portions du *quadriceps fémoral* bien développées et assez nettement distinctes. Le droit antérieur a sa double origine sur l'épine iliaque et le sourcil cotyloïdien, mais les deux tendons sont étroitement unis. Le vaste externe, plus considérable que l'interne, recouvre vers le bas de la cuisse le droit antérieur jusqu'au contact du vaste interne. Le crural est séparé du vaste interne par une bande osseuse, tandis qu'en dehors la partie supérieure est fusionnée avec le vaste externe. L'insertion rotulienne comprend : celle du tendon du droit antérieur sur la *face antérieure* de l'os derrière le tendon du couturier, et recevant en dedans les fibres charnues du vaste interne, en dehors deux lamelles aponévrotiques du vaste externe qui recouvrent ses faces : l'insertion des fibres des vastes aux bords latéraux de la rotule, et l'insertion indépendante du crural sur son *bord supérieur*.

Le couturier et le tenseur du *fascia lata* forment une lame musculaire sagittale, insérée sur l'épine iliaque antéro-inférieure et le bord inférieur de l'os iliaque entre le psoas et le moyen fessier. La partie antérieure épaissie (couturier) vient s'insérer sur le milieu de la face antérieure de la rotule : la portion postérieure (tenseur du *fascia lata*) se perd en dehors du quadriceps sur le *fascia lata*.

Quand on enlève la peau de la région interne on trouve deux bandes musculaires étendues de la crête pectinéale à la partie interne du genou : ce sont les deux portions du *droit interne :* l'antérieure s'insère au bord interne de la rotule, du ligament rotulien et à la partie supérieure du plateau interne du tibia, la seconde au bord interne de la tubérosité antérieure du tibia. Le droit interne couvre les *adducteurs* qui comprennent le *pectiné* à tendon étroit fixé sur l'éminence ilio-pectinée, le *moyen adducteur*, le *petit adducteur* et la *portion fémorale du grand*, qui de la branche ischio-pubienne s'étale sur toute la longueur de la ligne âpre. Elle est complétée par le muscle *ischio-condylien* qui prend naissance avec l'ischion avec le demi-membraneux, se rapproche du grand adducteur tout en lui restant étranger, et se fixe au tubercule du condyle interne.

Les trois muscles de la région postérieure de la cuisse ont un développement considérable : ils envoient sur les côtés de la jambe des expansions aponévrotiques qui descendent au-dessous du mollet et donnent au creux poplité une grande profondeur.

Biceps et *demi-tendineux* ont deux chefs : l'un sacré, celui du biceps placé au-devant du demi-tendineux, l'autre ischiatique. Les deux chefs du biceps ont un développement très différent et se réunissent près du genou : le premier a une extrémité antérieure étroite, tandis que le deuxième s'épanouit en un large éventail dont la plus grande partie se perd sur l'aponévrose jambière. L'insertion antérieure du biceps est divisée en deux portions par le tendon de l'extenseur commun des orteils qui remonte jusqu'au condyle externe du fémur. Le tendon du chef sacré sur lequel s'implantent quelques fibres du chef sciatique franchissent ce tendon et gagnent le bord de la rotule. Le reste du biceps s'insère en deçà du tendon sur le ligament latéral externe de la rotule, sur la tête du péroné et le plateau externe du tibia. Le demi-tendineux, formé par la réunion de ses deux chefs, longe d'abord le bord postérieur de la cuisse, puis se place en dedans du biceps et s'insère par un large tendon au milieu du bord antérieur du tibia. Il donne une large expansion à la partie interne de l'aponévrose jambière.

Le *demi-membraneux* naît de l'ischion par un tendon commun avec l'ischio-condylien. Son insertion à la partie interne du genou est divisée par le ligament latéral interne : la portion supérieure s'arrête au condyle interne du fémur, sur ce ligament et le plateau interne du tibia : la portion inférieure va jusqu'à la tubérosité antérieure du tibia.

Jambe. — Le *triceps sural* du cobaye présente deux *jumeaux* dont les tendons condyliens contiennent un sésamoïde, dont les corps charnus inégaux, l'interne étant plus épais et descendant plus bas que l'externe, se réunissent au tiers inférieur de la jambe pour former le tendon d'Achille. Celui-ci est remarquable par sa disposition spiralée qui creuse sur son bord interne une gouttière longitudinale pour le passage du plantaire grêle. Le *soléaire*, très réduit, s'insère d'une part à la tête du péroné, de l'autre au calcanéum, au bord supérieur de la face postérieure, indépendamment du tendon d'Achille. Le *plantaire grêle*, aussi volumineux que le soléaire, naît du condyle externe du fémur, descend sous le jumeau externe, passe dans la gouttière du tendon d'Achille et se continue avec l'aponévrose plantaire, dont les languettes se comportent vis-à-vis des doigts comme le fléchisseur perforé. En raison des connexions fibreuses que l'aponévrose contracte avec le squelette du pied, le plantaire grêle est un extenseur direct du pied, et non pas un fléchisseur des orteils.

Le *poplité* n'a de remarquable que son insertion tibiale qui se fait au bord interne de l'os, tandis qu'il est seulement accolé à sa face postérieure.

Le *fléchisseur péronier* est le fléchisseur principal des orteils. Sa réflexion sous la petite apophyse du calcanéum, grâce à la profonde excavation de la gouttière, siège presque au-devant du triceps sural, son tendon aborde le pied par le milieu du talon. Il se divise en 3 languettes auxquelles sont annexés deux *lombricaux;* la languette interne reçoit le tendon du *fléchisseur tibial;* toutes se terminent sur les dernières phalanges des doigts. Le *tibial postérieur* se fixe après sa réflexion derrière la malléole interne, au tubercule du cuboïde.

Le *tibial antérieur* reçoit vers le milieu de la jambe un gros faisceau charnu de l'extenseur commun : il s'insère sur le premier cunéiforme et sur la base du premier métacarpien. L'insertion de l'extenseur commun au condyle externe du fémur a déjà été signalée. Son tendon se divise sur le dos du pied en quatre portions : les deux moyennes vont au doigt médian, les autres à leur doigt respectif qui reçoivent, de plus : le deuxième doigt le tendon de l'*extenseur propre*, le quatrième le tendon du *péronier postérieur*. Outre ce péronier postérieur ou péronier du quatrième doigt qui prend insertion sur la tête et la moitié supérieure du bord externe du péroné, on trouve le long et le court péronier. Le premier, inséré en dehors du second, se réfléchit dans une gouttière verticale creusée sur le bord externe de la malléole péronière et se termine à la plante du pied à la base du deuxième métatarsien. Le second passe derrière la malléole et s'attache à la base du quatrième.

Pied. — Les muscles appartenant au pied sont le *pédieux* et les *interosseux*. Le premier, très grêle, complète les muscles extenseurs des orteils en donnant deux tendons aux doigts internes.

Les *interosseux* sont formés, comme à la main, par un groupe de deux petits muscles qui s'allongent au-dessous de chaque métatarsien, depuis le tarse jusqu'aux parties latérales de la première phalange du doigt.

IV. Appareil digestif. — 1° Tube digestif. — *Bouche.* — L'orifice buccal est étroit et limité par deux lèvres assez longues qui couvrent les incisives. La lèvre supérieure, fendue sur la ligne médiane presque jusqu'au bord adhérent, se prolonge au niveau de la commissure en dehors de la lèvre inférieure qui forme une saillie antéro-postérieure se perdant sur les parties latérales de la langue au moment où celle-ci devient libre. La lèvre inférieure envoie derrière les incisives un repli muqueux transversal qui contient le faisceau sus-maxillaire du muscle abaisseur de la lèvre inférieure. La voûte buccale est étroite dans sa portion antérieure qui répond à la barre supérieure. Elle présente derrière les incisives un petit tubercule corné, un peu plus loin, un tubercule cartilagineux dont la saillie est dirigée en arrière et qui reçoit l'insertion de quelques fibres du buccinateur. Le palais osseux bordé de chaque côté par les quatre molaires supérieures et formant à son union avec la barre un relief arrondi, s'élargit d'avant en arrière. La muqueuse, épaisse de 2 millimètres, nivelle la saillie que font les molaires sur l'os sec. Le palais membraneux, très épais à son insertion antérieure qui avance sur la ligne médiane jusqu'à la 3e molaire, se prolonge en s'amincissant et en devenant vertical, jusqu'à l'os hyoïde. Il forme entre la bouche et le pharynx une cloison qui est percée d'un petit orifice arrondi au-dessus de l'épiglotte.

Le plancher de la bouche est occupé par la langue dont la base est large, convexe, surmontée d'un épaississement triangulaire de la muqueuse dont le sommet est tourné en avant. Sa portion horizontale est au contraire étroite et ne devient libre qu'au niveau de la commissure labiale. Les parois latérales de la cavité buccale sont formées, sur toute la longueur des barres, par la face interne des lèvres couverte de poils courts. Les replis internes de la lèvre supérieure sont assez saillants pour arriver presque au contact lors de l'ouverture forcée de la bouche et simuler une sorte d'isthme vertical. Au niveau des molaires, les parois sont franchement muqueuses et s'insèrent sur les deux maxillaires au ras des bords alvéolaires, sans former de sillons génio-gingivaux.

L'isthme du gosier est un orifice rectangulaire peu élevé, plus allongé transversalement, que limitent le voile du palais, le dos de la langue et les deux piliers, verticaux ou un peu obliques en bas et en avant, qui s'insèrent derrière les quatrièmes molaires supérieures et inférieures.

En résumé, la cavité buccale du cobaye présente trois portions. L'antérieure, ou vestibule buccal : elle répond aux barres maxillaires et est étroite et bordée latéralement de parois poilues : elle contient la portion libre de la langue, les quatre incisives, et reçoit la salive des glandes sous-maxillaires et sublinguales. Elle est séparée de la cavité buccale proprement dite par la saillie interne des lèvres supérieures. Cette cavité, transversalement élargie d'avant en arrière, porte les 4 rangées de molaires convergentes en avant, et reçoit sur ses parois latérales les canaux de STENON et des glandes molaires. Elle est séparée par l'isthme du gosier de l'arrière-cavité buccale qui descend verticalement derrière la langue, est large, presque complètement close, sauf un petit orifice arrondi sus-épiglottique.

Le *pharynx* forme un long conduit vertical dans lequel s'ouvrent les fosses nasales d'une part, le larynx et l'orifice buccal de l'autre. Il se continue avec l'*œsophage* dont la portion cervicale n'offre rien à signaler. Dans le thorax, l'œsophage abandonne le rachis à partir de la 6e côte et gagne directement le diaphragme. La portion abdominale, qui mesure 2 centimètres environ, est entourée à gauche par une languette du lobe gauche du foie, à droite par le lobe de SPIEGEL. La longueur totale de l'œsophage est de 5 centimètres à la naissance, de 9 centimètres chez le cobaye de 300-400 grammes, de 11 centimètres chez celui de 600-700 grammes.

L'*estomac*, de petit calibre, est verticalement dirigé. La petite courbure, qui mesure de 10 à 25 millimètres du cardia au pylore, suivant l'âge, répond à peu près au plan médian du corps. La grande courbure se moule sur la concavité du diaphragme. Du cardia, elle décrit une courbe dont la saillie est séparée de l'œsophage par la languette hépatique, puis descend jusqu'au rebord costal et se porte transversalement à droite. Près du pylore, elle se relève pour dessiner la petite tubérosité. La face antérieure de l'estomac est couverte dans sa partie interne par le lobe gauche du foie : la face postérieure répond au pilier du diaphragme et à la rate près du bord convexe.

Le *duodénum*, long et flexueux, offre très inégalement développées ses quatre portions.

La première, ascendante, est très courte. Presque dès son origine, le duodénum s'infléchit en bas et en dehors en décrivant un premier coude, au sommet duquel s'ouvre le cholédoque. Après un trajet intra-pariétal dirigé en bas, le cholédoque s'ouvre dans l'ampoule de VATER qui forme une saillie allongée dans le sens de l'intestin. Sa cavité est dilatée et son orifice étroit. La portion descendante du duodénum est longue et sinueuse : elle est accolée, sur une partie de son trajet, à la face postérieure de l'anse sous-hépatique du côlon et de son méso. Elle se rapproche de la paroi abdominale postérieure au-dessous du rein et s'incurve en dedans et en haut en formant l'angle sous-rénal qui est arrondi. La direction de la troisième portion la rapproche du rachis auquel elle s'accole : c'est le point fixe du duodénum, au-devant duquel passe, sans prendre avec lui un contact étroit, l'artère mésentérique supérieure. Le duodénum monte au-devant du rachis le long de l'insertion du méso-côlon : après un court trajet qui forme sa quatrième portion, il s'infléchit en avant pour se continuer, par l'angle jéjuno-duodénal, avec l'intestin grêle. La courbe sinueuse et allongée que décrit le duodénum entoure la tête du pancréas qui est contenue dans son méso et participe à sa mobilité.

L'intestin grêle se porte au-devant de la branche supérieure du cœcum, et, après avoir décrit dans la région ombilicale ses circonvolutions dont le calibre est petit et uniforme et la coloration jaune rougeâtre, il se termine dans le flanc gauche sur le bord supérieur du cœcum à une petite distance de son ampoule inférieure.

Le *cœcum* est la partie la plus volumineuse du tube digestif des rongeurs : ses proportions sont vraiment colossales. Il forme un énorme conduit vert foncé, bosselé et infléchi en forme de C dont la concavité regarde à gauche. Du flanc gauche, qu'occupe son extrémité inférieure fermée en ampoule, il se porte en bas, puis à droite, se courbe à angle droit et remonte le long de la paroi postérieure de l'abdomen jusqu'au voisinage du foie, s'incurve de nouveau à angle droit, se porte transversalement à gauche sous l'intestin grêle et se termine par une extrémité arrondie qui flotte librement au-dessus de son ampoule initiale. On peut le diviser en trois portions séparées par deux coudes, l'un inférieur, l'autre sous-hépatique : le bord interne de sa portion ascendante répond à peu près à la ligne médiane. Il présente trois bandes musculaires longitudinales, qui, sur les deux premières portions, siègent : l'une sur le bord concave, les deux autres sur chacune des faces. Sur la troisième portion, elles subissent un déplacement qui amène la bande interne sur la face antérieure.

Le *côlon*, de même couleur vert bouteille que le cœcum, prend naissance, à gauche de l'iléon, sur le bord supérieur de la branche inférieure du cœcum. Dès son origine il présente une petite dilatation dont la convexité est tournée en haut, puis son calibre, plus considérable que celui de l'intestin grêle, devient uniforme. Il descend au-devant du cœcum, gagne son bord convexe, le long duquel il monte jusqu'au coude sous-hépatique en se cachant de plus en plus sous la face dorsale. A ce niveau il abandonne le cœcum et décrit au-dessous du foie une longue boucle dont la moitié convexe est rabattue au-devant de l'autre. C'est au niveau de la branche ascendante de cette boucle sous-hépatique que le côlon commence à prendre un aspect moniliforme dû à la division définitive des matières fécales en globules allongés et compacts. La face dorsale de la branche descendante de la même boucle est croisée par le duodénum et lui est intimement soudée. Le côlon se rapproche de la paroi abdominale postérieure et perd sa mobilité, puis, continuant son trajet transversal, il croise l'artère mésentérique supérieure, l'angle jéjuno-duodénal et redevient flottant. Ses méandres nombreux et étendus prennent fin au niveau de la branche inférieure du cœcum, derrière laquelle il s'enfonce en rejoignant le rachis pour former le rectum qui descend directement jusqu'à l'anus, entouré par le bourrelet des glandes péri-anales. La longueur totale du tube digestif chez le cobaye de 500 gr. est de 2ᵐ,50, soit 9,5 fois plus grande que celle du corps (p. 876, tableau I).

2° Annexes du tube digestif. — *Glandes salivaires.* — Outre les glandes disséminées dans les parois de la bouche, on trouve à l'état isolé la parotide, la sous-maxillaire, la sublinguale et la glande molaire.

La *parotide* forme une masse rouge, granulée, qui est recouverte par le peaucier et entoure, comme un croissant ouvert en avant, l'apophyse postérieure du maxillaire inférieur. Longeant le masséter depuis le milieu de son bord inférieur, elle s'étale en contournant l'angle de la mâchoire, sur les parties latérales du cou : elle couvre la face

externe du sterno-mastoïdien jusqu'au point où l'omo-basilaire croise le bord postérieur
de ce muscle. Sa portion ascendante étroite et concave en avant occupe la dépression
parotidienne peu profonde qui sépare le maxillaire du sterno-mastoïdien. Arrivée sous
le conduit auditif externe, elle s'élargit et se termine au-devant de lui par une extrémité
arrondie qui répond à l'arcade zygomatique. La parotide est traversée par des veines
importantes : la faciale chemine sous le maxillaire dans sa portion horizontale, la temporale superficielle dans sa portion verticale, et toutes les deux se réunissent dans son
extrémité inférieure pour former la jugulaire externe.

TABLEAU I

AGE.	POIDS.	LONGUEUR.	PHARYNX et ŒSOPHAGE.	ESTOMAC DU CARDIA au pylore.	INTESTIN GRÊLE.	GROS INTESTIN.	LONGUEUR TOTALE.	RAPPORT à la longueur du corps.
	grammes.							
A la naissance.	68	0.133	0.059	0.010	0.604	0,340	1,013	7
--	88	0,141	0,073	0,010	0.695	0,375	1.153	8
1-4 jours. . . .	72	0,137	0,056	0,012	0.843	0.389	1.300	9
	100-150	0,165	0,073	0,018	1,088	0,540	1,719	10,4
	151-200	0,185	0,077	0,018	1,240	0,630	1,965	10,6
	201-250	0,197	0,079	0,019	1.310	0,728	2,136	10,8
	251-300	0,209	0,089	0,020	1,350	0.770	2,229	10,6
	301-350	0,221	0,094	0,025	1,440	0,807	2.366	10,7
	351-400	0.240	0,090	0,025	1,450	0,856	2.415	10
	401-450	0,250	0,092	0.025	1.475	0,900	2.502	10
	451-500	0,238	0,100	0,025	1,520	0,900	2.545	9,8
	501-550	0,263	0.100	0,025	1,530	0,900	2.555	9.6
	551-600	0,270	0.100	0.025	1,550	0,920	2,595	9,6
	601-650	0,280	0,110	0,025	1.600	0,940	2,675	9,5
	651-700	0.290	0,110	0.026	1.640	1,030	2.806	9,4
	701-750	0,293	0.115	0,025	1.650	1.040	2.830	9,6
	751-800	0,297	0,117	0,026	1,655	1,045	2.843	9,6
	801-850	0,300	0,120	0.027	1,660	1,050	2.857	9,5

Le canal de STÉNON se détache du sommet de la parotide au-devant du conduit auditif
externe. Il est formé par la réunion de deux conduits qui viennent; l'un de la portion
supérieure de la glande, l'autre de sa portion inférieure. Ce dernier, plus important,
monte le long du bord antérieur de la glande et pourrait être facilement isolé, il reçoit
le conduit de la portion verticale. Le canal de STÉNON, qui mesure 3 centimètres de long,
se porte en avant au-dessous de l'arcade zygomatique, sur le bord supérieur du masséter
externe. Il contourne son bord antérieur et perfore la joue pour s'ouvrir dans la bouche
au niveau de la 1re grosse molaire supérieure. Son trajet répond à une ligne horizontale
allant de la sous-cloison du nez à l'angle postérieur de la mâchoire. Son origine se trouve
sur cette ligne à 2 centimètres au-devant de l'angle du maxillaire, à 1cm,5 au-dessus
du bord inférieur de l'os : son embouchure à 2cm,5 en arrière de la sous-cloison (cobaye de
630 grammes).

La *sous-maxillaire* est grisâtre, multilobée, assez volumineuse et molle : elle est
placée sous le plancher de la bouche, au milieu d'une graisse jaunâtre, en avant et en
dedans de la parotide. Elle est accompagnée de la glande rétro-linguale (RANVIER), petite,
unilobée, ferme, dont le conduit se jette dans le canal de WHARTON, mais dont la structure, comme l'a démontré RANVIER, appartient au type séreux, tandis qu'elle-même est
du type muqueux[1].

Le canal de WHARTON, qui mesure 4 centimètres de long, naît de la partie supéro-interne
de la sous-maxillaire. Il se porte en haut et en avant entre le ptérygoïdien interne et le

1. *Étude anatomique des glandes connues sous les noms de sous-maxillaire et sublinguale, chez
les mammifères.* (RANVIER, A. d. P., 1886, 228.)

digastrique, longe les côtés de la langue, et, après avoir reçu sous le frein le conduit de la rétro-linguale, il s'unit à celui du côté opposé. Le canal commun, qui a 1 centimètre de long, s'ouvre derrière les incisives inférieures.

La *sublinguale* est un petit corps résistant, lenticulaire, placé de champ sur les côtés de la langue entre la face interne du maxillaire et le canal de WHARTON. De son bord externe et supérieur se détachent 4 ou 5 canaux qui s'ouvrent sur la muqueuse du plancher de la bouche, en dehors et en arrière de l'ouverture des canaux de la sous-maxillaire et de la rétro-linguale (RANVIER).

La *glande molaire*, ou orbitaire, d'aspect grisâtre et uniforme, est située le long du bord supérieur de l'arcade zygomatique, au-dessous et en arrière du globe de l'œil dont la séparent une couche de graisse et une bride fibreuse obliquement étendue en bas et en avant du bord postérieur de l'orbite à l'apophyse sphéno-orbitaire. Le canal excréteur se détache de son extrémité antérieure, s'engage entre le bord de l'orbite et la portion antérieure du masséter interne et chemine le long du buccinateur. Il s'ouvre dans la bouche au niveau de la 2ᵉ grosse molaire supérieure, un peu en arrière du canal de STÉNON.

Le *foie* forme une masse quadrilatère volumineuse qui occupe la plus grande partie de la région sous-costale. A droite, elle remplit la concavité du diaphragme jusqu'au rein; à gauche, elle s'étale au-devant de l'estomac, dont la grande courbure la sépare du diaphragme. Le foie comprend deux lobes profondément divisés, qui sont unis près du bord postérieur par un isthme étroit : sur la face inférieure, cet isthme est entaillé par le sillon de la veine ombilicale que couvre un prolongement superficiel unissant les deux lobes : sur la face supérieure il présente un sillon antéro-postérieur. Le bord postérieur est profondément échancré à ce niveau pour loger l'œsophage : à gauche il est aminci et prolongé par une *languette péri-œsophagienne*, à droite il est plus épais et s'infléchit pour descendre verticalement le long du psoas qui le déprime. C'est au niveau du bord postérieur que s'unissent les divisions de chaque lobe, indépendantes les unes des autres sur leur plus grande étendue. Le bord antérieur est aminci et légèrement échancré à sa partie moyenne.

Le lobe droit, dont le diamètre transversal l'emporte sur l'antéro-postérieur, a trois divisions : la première, superficielle, linguiforme, naît des deux tiers internes de son bord postérieur : elle se porte en avant et se termine sur le bord antérieur du viscère par une extrémité arrondie. La deuxième, plus épaisse, mais plus courte, forme superficiellement la convexité droite du foie : elle naît du tiers externe du bord postérieur et se termine, sans atteindre le bord antérieur de l'organe, par une extrémité effilée. Une grande partie de sa face supérieure est recouverte par le lobule précédent. La troisième division, plus petite, prend naissance au-dessous de la deuxième : elle s'étale, la déborde, et s'accole à la première pour concourir à former le bord antérieur du viscère et sa face convexe. Le lobe gauche, plus allongé dans le plan sagittal que transversalement, ne comprend que deux portions superposées et réunies l'une à l'autre au niveau de l'isthme interlobaire. La portion inférieure, plus importante, quoique assez mince, forme à elle seule la languette péri-œsophagienne, le bord gauche du foie et son bord antérieur jusqu'au sillon interlobaire : la portion supérieure, plus étroite et plus courte, est appliquée sur elle le long de ce sillon.

La face inférieure du foie offre, avec quelques modifications, le type classique. A gauche, la surface du lobe est plane ou peu déprimée pour s'appliquer sur l'estomac : à droite, on trouve tout à fait en dehors, sur la 2ᵉ et la 3ᵉ portions, une dépression assez marquée qui répond au sommet du rein droit, plus en dedans une dépression moins forte répondant à l'intestin. La région médiane offre le sillon transverse ou *hile du foie*, qui est très rapproché du bord postérieur et décrit sous le lobe droit une courbe concave à gauche, qui commence sur le sillon interlobaire, près de la naissance de la languette péri-œsophagienne et se termine près de l'orifice d'entrée du canal de la veine cave à l'origine de la 3ᵉ portion du lobe droit. Cet orifice, qui est situé à la partie postéro-interne de la fossette rénale, est suivi d'un canal de 2 ou 3 centimètres de long, qui monte en plein tissu hépatique le long de la portion verticale du bord postérieur pour s'ouvrir à droite de l'échancrure œsophagienne.

La *vésicule biliaire* occupe au milieu de la face inférieure une dépression profonde qui est limitée d'un côté par le lobe carré, et au-devant de lui par le lobe gauche, de l'autre par la deuxième portion du lobe droit, en haut par la première portion de ce même lobe. Tantôt petite, et éloignée du bord antérieur du foie, tantôt distendue au point de l'atteindre, elle donne le canal cystique qui s'infléchit à gauche et rejoint après un court trajet le canal hépatique pour former le cholédoque. Celui-ci occupe une partie antérieure du pédicule du foie : il présente à son origine, lorsqu'il est distendu par la bile, une dilatation fusiforme qui est séparée du canal cystique par un rétrécissement. Il mesure 12 à 15 millimètres de long et se porte verticalement ou un peu obliquement en bas et à gauche vers le duodénum qu'il atteint près du pylore au sommet de son premier coude. Le sillon antéro-postérieur gauche ou sillon interlobaire est occupé par la veine ombilicale. Il divise entièrement les deux tiers antérieurs du foie. Sous la face inférieure de l'isthme, il est recouvert jusqu'au sillon transverse par un prolongement superficiel du lobe gauche qui l'unit au lobe carré. Au delà du sillon transverse, le cordon fibreux qui représente le canal d'ARANTIUS s'infléchit à droite pour gagner la veine cave en longeant le bord postérieur du foie. Le *lobe carré* est petit, triangulaire, à base postérieure limitant le sillon transverse, à sommet antérieur atteignant à peine le milieu du diamètre antéro-postérieur du viscère. Il est uni au prolongement du lobe gauche. Le *lobe de* SPIEGEL forme une saillie pédiculée qui est attachée au bord postérieur du foie à gauche de l'émergence de la veine cave. Il retombe sur la face inférieure du foie, couvrant le hile et une partie du lobe carré, apparaissant à travers la portion flaccide de l'épiploon gastro-hépatique. En arrière il répond à l'œsophage, qui laisse sur lui son empreinte.

La *rate* forme un petit rectangle aplati et mince dont le hile occupe verticalement le milieu de la face interne. Elle est cachée derrière la portion verticale du bord convexe de l'estomac.

Le *pancréas*, remarquable par ses grandes dimensions et sa mobilité, n'adhère à la paroi de l'abdomen que sur une petite étendue au-devant du rachis. La tête s'étale dans dans le méso-duodénum, le corps et la queue font partie du grand épiploon.

La tête présente trois saillies; la supérieure monte derrière le premier coude du duodénum, l'externe se prolonge pendant 3 ou 4 centimètres le long de sa portion descendante, l'inférieure accompagne l'artère mésentérique supérieure et s'accole à la terminaison du duodénum. C'est à ce niveau que le canal excréteur, devenant vertical dans la dernière partie de son trajet intra-glandulaire, vient s'ouvrir sur le bord supérieur de la 3e portion du duodénum, à droite de l'artère mésentérique, à 8 ou 10 centimètres du pylore. Malgré nos recherches, nous n'avons pu constater la présence d'un canal accessoire. Le corps du pancréas, compris entre les deux feuillets postérieurs du grand épiploon, se porte de droite à gauche, jusqu'au niveau de la rate : il s'infléchit en avant, touche l'extrémité inférieure du hile splénique par son bord supérieur, et se termine en se portant à droite et en bas, au-dessous de l'estomac, entre les feuillets antérieurs de l'épiploon. Sa longueur totale sur un cobaye nouveau-né est de 5 à 6 centimètres ; sur un cobaye de 300 grammes, 9 à 10 centimètres; sur un cobaye de 700 à 800 grammes, 15 à 16 centimètres. On trouvera dans le tableau II (p. 879) le poids absolu et relatif du foie, du pancréas, de la rate et des reins. Si l'on rapproche le poids relatif, calculé pour 100 grammes du poids du corps de sa valeur chez l'homme, on trouve une faible différence pour le foie : 3 grammes p. 100 chez l'homme, 4 grammes chez le cobaye. La proportion du parenchyme splénique est notablement inférieure chez ce dernier, 0gr,10 au lieu de 0gr,30 : celle du pancréas est au contraire tout à son avantage : 0,30 à 0,40 chez le cobaye; 0,15 chez l'homme.

3° **Péritoine**. — Le premier caractère que présente le péritoine chez le cobaye est l'indépendance presque complète de sa portion stomacale et de sa portion intestinale, c'est-à-dire du grand épiploon et du mésocôlon transverse : le second est l'indépendance de la portion enroulée de l'intestin, autrement dit la non-soudure à la paroi postérieure de l'abdomen du mésentère et du mésocôlon ascendant. Le péritoine conserve presque intégralement sa disposition embryonnaire.

Portion stomacale et hépatique. — La portion stomacale du péritoine plus grande que chez l'homme, délimite avec une partie des ligaments du foie, l'arrière-cavité des épiploons.

Du bord convexe de l'estomac, se prolongeant jusqu'au diaphragme sur la partie gauche de l'œsophage, se détache le mésogastre postérieur. Le long de la portion verticale de ce bord convexe, son trajet est direct vers la ligne médiane du rachis, sur laquelle il s'insère depuis le niveau de l'artère rénale jusqu'à l'orifice œsophagien du diaphragme. A une petite distance de l'estomac, il rencontre la rate, au niveau du hile et l'enveloppe par son feuillet externe : elle le divise en une portion antérieure ou *épiploon gastro-splénique* et une portion postérieure, *épiploon vertébro-splénique*. Du sommet de la rate, un petit repli transversal de l'épiploon se porte sur le diaphragme et s'étend jusqu'à la 11e côte, formant le *ligament suspenseur de la rate*. Au niveau de la portion horizontale de l'estomac, jusqu'au pylore, le mésogastre s'allonge et descend vers le bassin : c'est le *grand épiploon*, qui reste le plus souvent replié sur lui-même. L'insertion pariétale de sa portion ascendante répond au pancréas : elle siège au-devant du rachis à la hauteur de l'artère rénale. Elle se prolonge à droite sur le pancréas et s'accole à la partie supérieure du mésoduodénum. Elle est située au-dessus de l'insertion du mésocôlon transverse dont elle est indépendante, sauf au niveau du passage de l'artère mésentérique supérieure. La tête du pancréas, nous l'avons

TABLEAU II

AGE.	POIDS		FOIE.		RATE.		PANCRÉAS.		REINS.	
	ABSOLU.	MOYEN.								
			gr.	p. 100.	gr	p. 100.	gr.	p. 100.	gr.	p. 100.
A la naissance.	63-88	78	4,90	6,3	0,067	0,085	0,104	0.13	0,665	0,85
1-4 jours. . . .	80-100	75	3.16	4,2	0.089	0,110	0.192	0.25	0.879	1,17
	101-150	125	4,90	3,9	0.118	0,118	0.310	0.40	1,730	1,38
	151-200	175	7,44	4,2	0.230	0,130	0.750	0.42	2,125	1,21
1 mois. . . .	201-250	225	10,20	4,5	0,276	0,122	0,814	0,36	2,614	1,16
	251-300	275	12,15	4,6	0,282	0,102	1,020	0,34	3.095	1,12
	301-350	325	14,50	4,4	0,300	0,091	1,130	0,34	3,580	1,10
2 mois. . . .	351-400	375	16	4,2	0,400	0,106	1,180	0,31	4,195	1,11
	401-450	425	17	4	0,424	0,099	1.320	0,31	4,112	1,03
3 mois. . . .	451-500	475	22	4,6	0,470	0,098	1,585	0,33	4,700	0,98
	501-600	550	25	4,5	0,500	0,090	1,900	0,34	5,172	0,94
6 mois. . . .	601-700	650	26	4	0,600	0,092	2,070	0,31	6	0,92
	701-800	750	28	3,7	0,630	0,084	2.300	0,30	6,340	0,84
	801-900	850	30	3,5	0,700	0,082	3	0,35	7	0,82

dit, n'est pas fixée à la paroi abdominale : elle appartient au mésoduodénum, dont le feuillet postérieur se prolonge jusqu'aux corps vertébraux. Le corps du pancréas appartient d'autre part au grand épiploon, et sa queue réfléchie sous la rate se termine dans le feuillet antérieur en étalant au-dessous de l'estomac ses derniers lobules dirigés en bas et à droite. La face postérieure du pancréas n'a de rapports immédiats avec la paroi abdominale qu'au niveau de la ligne médiane, à l'insertion du méso primitif dont les deux portions gastrique et duodénale se sont accolées et soudées par suite de la bascule de l'estomac.

L'épiploon gastro-hépatique (mésogastre antérieur) s'insère d'une part sur le bord droit de l'œsophage, sur la petite courbure de l'estomac, le bord supérieur du premier coude duodénal et de la tête du pancréas, qu'il croise pour se terminer sur la veine porte placée sur un plan postérieur. D'autre part son insertion s'étend du bord gauche de la portion sus-hépatique de la veine cave au hile du foie, en croisant le prolongement du lobe gauche qui ferme le sillon ombilical. Le bord droit de l'épiploon gastro-hépatique contient le pédicule du foie dont les éléments s'écartent en se rapprochant du duodénum. Tandis que le cholédoque oblique en bas et un peu à gauche pour gagner le premier coude duodénal, la veine porte se dirige derrière le pancréas. Entre le foie et le pancréas, elle détermine une saillie arciforme, concave en arrière.

Ligaments du foie. — Le *ligament coronaire*, inséré sur le bord postérieur du foie, se fixe transversalement au diaphragme en passant au-devant de l'œsophage : la portion sus-hépatique de la veine cave est comprise entre ses feuillets. Il est terminé par les *ligaments triangulaires*, le gauche, petit et répondant à la 9ᵉ côte ; le droit, plus réduit encore et siégeant au niveau de la 11ᵉ. En dedans du ligament triangulaire droit, l'extrémité du coronaire se continue avec un repli péritonéal formé par la veine cave. Véritable *méso-cave*, ce repli étendu sagittalement entre le foie et la capsule surrénale dont les rapports ne sont que médiats, s'insère en haut sur la face inférieure du lobe droit, en arrière sur la paroi abdominale, en bas sur la face interne de la capsule surrénale. Son bord antérieur est libre et contient la veine cave. Le ligament *falciforme* ou *de la veine ombilicale* présente un bord convexe qui de l'ombilic suit la ligne médiane de la paroi abdominale antérieure, de l'appendice xiphoïde et du diaphragme jusqu'au ligament coronaire qu'il atteint à gauche de la veine cave inférieure. Son bord concave se réfléchit au-devant du bord antérieur du foie et descend jusqu'à la tête du pancréas. Le bord antérieur du foie divise ainsi le ligament falciforme en deux parties.

La partie sus-hépatique, ou *ligament suspenseur du foie*, présente sa disposition ordinaire : elle est triangulaire, à sommet postérieur, et s'insère sur l'isthme interlobaire et le bord gauche du lobe droit.

La portion sous-hépatique gagne la dépression cystique en suivant, depuis le sillon interlobaire, le bord antérieur du lobe droit : elle s'insère d'avant en arrière sur cette dépression jusqu'à l'épiploon gastro-hépatique auquel est uni son bord postérieur jusqu'au pancréas. Très étroite au-devant du foie, au moment où elle abandonne la veine ombilicale qui gagne le sillon antéro-postérieur creusé sous l'isthme interlobaire, elle s'élargit singulièrement et mesure en hauteur la distance qui sépare la dépression cystique du sommet de la tête pancréatique. Son bord antérieur est libre. Son bord inférieur s'insère sur le bord supérieur du pancréas le long de la portion descendante du duodénum. Au-dessous du foie, elle engaine la vésicule biliaire, à laquelle elle forme, à l'état de vacuité, un court méso. Quand la vésicule est distendue, elle fait saillie sur la face droite de la lamelle et s'accole au foie. J'interpréterais volontiers cette lamelle hépato-pancréatique comme un soulèvement du péritoine, un plissement du feuillet antérieur de l'épiploon gastro-hépatique dû à l'extension de la tête du pancréas, qui, au lieu de rester appliqué sur la paroi abdominale, s'en est détachée pour suivre l'inflexion du duodénum. Dans ce mouvement elle entraîne le feuillet antérieur de l'épiploon gastrohépatique qui est fixé par la présence des deux conduits cholédoque et porte. Ce ligament hépato-pancréatique est différent du ligament cystico-colique, qui est parfois étendu chez l'homme, du col de la vésicule biliaire au coude hépatique du côlon transverse, en croisant la face antérieure du duodénum. Chez le cobaye, le repli péritonéal n'a aucun rapport avec le gros intestin, il se termine sur le pancréas dont le bord supérieur est placé derrière le duodénum.

L'arrière-cavité des épiploons est, en résumé, constituée de la façon suivante. La paroi antérieure est formée par l'épiploon gastro-hépatique dans lequel cheminent les filets hépatiques du vague et dont dépend la lamelle qui unit au-dessus du duodénum le cholédoque à la veine porte. A gauche, elle est fermée par la portion verticale du mésogastre postérieur (épiploons gastro et vertébro-spléniques) : en bas, par sa portion horizontale, grand épiploon contenant le corps et la queue réfléchie du pancréas : en haut, par le ligament coronaire du foie : à droite et au-dessous du duodénum, par la terminaison du grand épiploon secondairement soudée au mésoduodénum et par la tête du pancréas, au-dessus du duodénum, par la petite portion de l'épiploon gastro-hépatique qui se dirige en arrière vers la veine porte.

L'hiatus de Winslow, limité, comme à l'ordinaire, par les veines cave et porte, est déplacé. Au lieu de former une fente verticale orientée à droite, il regarde en avant par suite de l'inflexion de la veine cave qui, au-dessus de la veine rénale, quitte le rachis et se porte en haut et à droite pour plonger dans le lobe droit du foie. Il en résulte un agrandissement considérable du vestibule de l'arrière-cavité des épiploons qui se prolonge sous le foie jusqu'à l'extrémité droite du ligament coronaire et jusqu'à la lamelle hépato-surrénale. Cette portion sous-hépatique accessoire est séparée du vestibule proprement dit, ou portion située derrière l'épiploon gastro-hépatique, par le repli semi-lunaire très saillant en arrière que fait la veine porte. Le vestibule lui-même est séparé de la cavité par le *foramen bursæ omentalis*, dont la limite la plus marquée est formée par le ligament gastro-pancréatique de Huschke, étendu avec l'artère coronaire stomachique du cardia au bord supérieur du pancréas.

Portion intestinale. — Le duodénum est pourvu d'un long méso qui contient la tête du pancréas : son insertion au-devant du rachis continue celle du mésogastre jusqu'au bord inférieur de cette glande. Son feuillet droit se réfléchit sur la paroi abdominale, la veine cave et le rein droit; son feuillet gauche est soudé près du bord adhérent au grand épiploon. La région duodénale est du reste la région des adhérences secondaires. Outre cette adhérence assez limitée avec le grand épiploon, le mésoduodénum est accolé au mésocôlon en deux endroits différents. Il lui est d'abord uni sur une large surface quand il croise la face postérieure de l'anse sous-hépatique. Cette union se prolonge jusqu'au niveau du bord supérieur du cœcum. Le duodénum devenu libre se porte au-dessous du rein vers la paroi abdominale et après un court trajet, son coude sous-rénal se soude à une petite distance du rachis au mésocôlon descendant le long duquel remonte sa portion ascendante jusqu'à l'angle jéjuno-duodénal. Le coude du duodénum est souvent uni à l'extrémité inférieure du rein droit par une lamelle transversale qui fait avec le péritoine pariétal un petit sinus ouvert en haut.

L'enroulement en cornet du méso de l'anse intestinale primitive persiste chez l'adulte sans connexions secondaires avec le péritoine pariétal et cet enroulement est accentué par la migration du cœcum jusque dans le flanc gauche. Le mésentère ou méso de l'intestin grêle comprend la partie gauche du cornet qui est attachée à la face anté-rieure du cœcum suivant une ligne oblique allant du sommet du cornet à l'embouchure de l'iléon dans la branche inférieure du cœcum. Elle croise la branche supérieure du cœcum dont l'extrémité refoulant le feuillet péritonéal gauche flotte librement, et elle suit le bord concave de son segment vertical. Elle contient l'artère mésentérique supérieure.

La portion droite du cornet enveloppe le cœcum et le côlon jusqu'à l'émergence de cette artère sous le pancréas. Les feuillets du mésentère se séparent à leur insertion sur le cœcum pour l'entourer. Adossés de nouveau sur sa face ventrale, ils forment un court méso à la portion péricœcale du côlon et se réunissent sur son bord convexe. Au-dessus du cœcum. le méso vient directement du sommet du cornet : il s'allonge pour donner sa mobilité à la boucle sous-hépatique, moins cependant au niveau de sa por-tion réfléchie qui est maintenue par une bride péritonéale au-devant de sa portion ascendante. Les connexions que prend la face supérieure du mésocôlon dans son trajet transversal avec le mésoduodénum et le grand épiploon ont été signalées. Sa face infé-rieure contourne l'angle jéjuno-duodénal, puis il devient vertical et continue jusqu'au sacrum l'insertion médio-rachidienne du méso primitif. D'abord très étendu pour se prêter aux sinuosités du côlon transverse et descendant, il se rétrécit graduellement et ramène au-dessus de la branche inférieure du cœcum le gros intestin au contact des vertèbres.

Malgré les modifications que présentent dans leur longueur et leur direction les divers segments du mésentère primitif, malgré quelques soudures secondaires au niveau de la région duodénale, ce repli péritonéal conserve ses caractères embryonnaires principaux : insertion médiane, soit au niveau de l'estomac, soit au niveau du duodénum et du côlon : indépendance complète du cornet intestinal, à peu près complète de ses portions gastrique et colique.

Les autres particularités du péritoine seront indiquées avec la description des viscères.

V. Appareil génito-urinaire. — 1° Reins. — Les reins sont globuleux et lisses, presque aussi épais que larges. Leur forme est caractéristique et permet de reconnaître sans peine le rein droit et le rein gauche. Le premier a un bord convexe régulièrement arrondi, tandis qu'il est anguleux sur le second qui a un aspect triangulaire.

Les deux reins sont très rapprochés l'un de l'autre : ils sont séparés par l'insertion du mésocôlon descendant, l'aorte et la veine cave. Le droit est situé un peu plus haut que le gauche : son extrémité supérieure répond au douzième espace intercostal, celle du gauche à la 13e côte. Le premier descend jusqu'à la partie supérieure de la 3e vertèbre lombaire. le second jusqu'à la partie supérieure de la 4e.

Les reins sont entourés d'une atmosphère de graisse jaunâtre surtout abondante le long de leur extrémité inférieure et de leur bord interne. Une traînée jaunâtre les sépare de la capsule surrénale qui répond à la moitié supérieure de leur bord interne. Chez la femelle l'ovaire est attaché à la partie inféro-externe du rein par un repli péritonéal ordinairement chargé de graisse. Le péritoine enveloppe presque complètement le rein et lui donne une mobilité assez grande pour pivoter sur l'étendue d'un centimètre au-dessus ou au-dessous de sa situation normale. Le bord interne du rein est seul dépourvu d'enveloppe séreuse : cependant la profondeur du cul-de-sac rétro-rénal varie d'un sujet à l'autre, par suite des adhérences qui s'établissent entre les deux feuillets du péritoine.

	HAUTEUR		ÉPAISSEUR		LARGEUR	
	DROIT.	GAUCHE.	DROIT.	GAUCHE.	DROIT.	GAUCHE.
Cobaye de naissance, 45 grammes.	0,012		0,008		0,007	
— 140 grammes	0,017	0,017	0,010	0,010	0,010	0,010
— 210 —	0,020	0,020	0,010	0,011	0,011	0,011
— 365 —	0,022	0,022	0,012	0,010	0,011	0,014
— 400 —	0,022	0,022	0,013	0,013	0,010	0,011
— 700 —	0,025	0,024	0,024	0,014	0,015	0,015

Le poids global et absolu des deux reins varie avec l'âge, comme l'indique le tableau II (p. 879), de $0^{gr},065$ à 7 grammes[1]. Le poids relatif, calculé pour 100 grammes du poids du corps, varie de même 0,82 à 1,38, mais les deux courbes sont loin de suivre la marche. De 0,85 à la naissance, le poids relatif passe à 1,17 pendant les quatre premiers jours, puis à 1,38 les jours suivants : c'est le moment du dévoloppement relatif maximum du rein. A un mois (cobaye 200-250) il tombe à 1,16, à trois mois (C. 450-500) à 0,98, et il se maintient au delà entre 0,90 et 0,80.

Le poids relatif du rein est plus fort chez le cobaye que chez l'homme et chez le chien, Chez l'homme de 65 kilogrammes, il est en moyenne, chaque rein pesant 140 grammes, de 0,43. Chez le chien, les reins représentent en moyenne de 0,54 à 0,71 p. 100 du poids du corps (ELLEMBERGER et BAUM). MANCA.[2] a obtenu comme rapport des moyennes sur 100 chiens 0,57 et comme moyenne des rapports 0,59. Chez le cobaye le rapport des moyennes est de 0,68 et la moyenne des rapports 1,04

Le rein gauche l'emporte généralement sur le droit, chez l'homme, chez le chien comme chez le cobaye, mais chez ce dernier l'asymétrie est plus fréquente et la prédominance du rein gauche plus grande. MANCA a constaté sur 100 chiens 77 fois l'asymétrie, et 23 fois la symétrie. Sur 58 cobayes de tout âge, 49 fois le rein gauche était plus gros, 4 fois seulement le droit, et 5 fois il y avait égalité. La prédominance du rein gauche s'est donc rencontrée 84 fois sur 100. Le poids moyen du rein gauche calculé par rapport au rein droit égal à 100 a été de 102,12 chez le chien, de 104,80 chez le cobaye (Tableau III).

Le rein du cobaye forme un seul lobule qui se termine dans le hile par une papille saillante, quelquefois légèrement déprimée suivant sa longueur; elle s'ouvre dans un calice unique auquel fait suite le bassinet et l'uretère. Celui-ci descend verticalement au-devant du psoas, contourne le canal déférent au niveau du bord antérieur de l'os iliaque, et se jette dans la partie latérale de la vessie. Sa longueur est de 8 centimètres sur le cobaye de 600 grammes. La vessie est petite, pyriforme, située tout entière au-dessus de l'excavation.

2° **Capsules surrénales.** — Les capsules surrénales sont des corps jaune serin assez fermes, situés à la partie supéro-interne des reins[2]. La droite aplatie représente une demi-circonférence dont le bord antérieur convexe est plus épais que le postérieur qui est légèrement échancré : l'extrémité inférieure est plus arrondie que la supérieure. La capsule gauche est allongée, prismatique triangulaire par l'élargissement de son bord antérieur qui forme une véritable face portant à mi-hauteur le hile, fente oblique en bas et en dedans. L'extrémité supérieure est plus renflée que l'inférieure. A droite comme à gauche la face externe est excavée pour s'appliquer sur le rein dont la sépare

1. ALEZAIS. *Le poids des reins chez le cobaye* (B. B., 1898, n° 6, 188).
2. G. MANCA. *Rapporto tra il peso dei reni ed il peso e la superficie del corpo nei cani. Confonto tra i due reni* (Atti della R. Accademia delle scienze di Torino, 1894).
3. PETIT. *Recherches sur les capsules surrénales* (Journal de l'Anat. et de la Physiol., 1896, 331).

une couche mince de tissu cellulaire : la face interne est plane ou légèrement bombée, à droite elle porte le hile près du bord convexe et répond à la veine cave. Les deux capsules descendent le long de la partie supérieure du bord interne du rein jusqu'au-devant des vaisseaux rénaux; la gauche est verticale, la droite est rejetée en dehors par le trajet oblique de la veine cave inférieure qui gagne le foie en s'appliquant sur la partie antérieure de la capsule. Le péritoine tapisse les deux capsules en avant, en dedans et en haut et forme en passant sur le rein une légère dépression qui s'accuse lorsqu'on exerce une traction sur l'un des organes en contact, mais la présence de la lamelle hépato-capsulaire modifie ses rapports avec la capsule droite. Cette lamelle s'insère d'arrière en avant sur le milieu de la face interne de la capsule, depuis la paroi abdominale jusqu'à la veine cave, de telle sorte que la moitié inférieure de la face interne est située dans le vestibule de l'arrière, cavité des épiploons. A gauche, il n'est pas rare de trouver des adhérences péritonéales entre la face interne de la capsule et la paroi abdominale.

TABLEAU III

Poids relatif des deux reins (le poids du rein gauche est calculé par rapport au rein droit = 100).

POIDS DES SUJETS	NOMBRE DES SUJETS.	PRÉDOMINANCE du REIN GAUCHE.	POIDS du REIN GAUCHE.	PRÉDOMINANCE du REIN DROIT.	POIDS du REIN GAUCHE.	EGALITÉ.
Au-dessous de 100 gr. .	14	12 fois.	103,65	1 fois.	85,85	1 fois.
100-200	9	7 —	107,06	2 —	96,32	
200-300	8	8 —	104,01			
300-400	7	5 —	105,98			2 —
400-500	8	8 —	104,77			
500-600	3	2 —	104,41			1 —
600-700	5	4 —	104,64	1 —	98,03	
700-900	4	3 —	103,95			1 —
	58	49 fois.	Poids moyen. 104,80	4 fois.		5 fois.

ABELOUS et LANGLOIS ont signalé chez le cobaye la rareté des capsules accessoires, qu'ils n'ont rencontrées, en dehors de toute infection organique, que deux fois sur plus de 150 animaux, soit une fois sur 70. Sur 60 animaux nous n'en avons trouvé qu'un cas, sur une femelle non gravide qui présentait dans la graisse péricapsulaire, en dedans de la glande principale, deux petites capsules arrondies à gauche et une à droite. Ces capsules accessoires échappent par leur petit volume à l'observation, car dans les cas d'infection, elles deviennent plus grosses et LANGLOIS les a trouvées une fois sur vingt[1].

LANGLOIS a décrit les vaisseaux et les nerfs de la capsule surrénale du cobaye. Les artères sont petites, très variables, au point qu'il est impossible de leur assigner un type normal : elles proviennent de l'aorte, de l'artère rénale et de la diaphragmatique inférieure. Les veines sont plus constantes. La veine émergente gauche, volumineuse, longue d'un centimètre (C. 800gr), se dirige obliquement du hile de la capsule vers la veine rénale, mais on trouve souvent une ou deux autres veinules. L'une, signalée par LANGLOIS, sort de la face antérieure près de l'extrémité inférieure et peut se jeter dans la veine rénale (LANGLOIS) ou, comme nous l'avons vu, dans la veine spermatique en s'unissant à une veinule de la capsule adipeuse du rein. L'autre sort du milieu de la face postérieure et se jette au-dessous de la capsule dans la veine précédente. A droite, la veine émergente très courte se jette dans la veine cave sans avoir perdu contact avec la surface de la capsule (LANGLOIS).

Les filets nerveux multiples proviennent du sympathique : les uns s'arrêtent dans la capsule, les autres passent au-dessus d'elle pour se rendre aux reins (LANGLOIS).

Depuis CUVIER on sait que les capsules surrénales du cobaye sont remarquables par

1. P. LANGLOIS. *Fonctions des capsules surrénales.* (*Trav. du lab. de Ch. Richet*, 1898, IV.)

leurs volumineuses dimensions. On trouvera dans le tableau IV le poids total des capsules relevé sur 58 sujets des deux sexes et de tout âge, aussi indemnes que possible de toute infection, car les observations nombreuses de Roux et Yersin, Charrin, Langlois ont mis en lumière l'influence prépondérante des agents .infectieux sur l'hypertrophie surrénale. Les chiffres donnés ne représente que des moyennes et les écarts individuels sont souvent très notables[1].

TABLEAU IV

Poids des capsules surrénales.				
POIDS DE L'ANIMAL.	POIDS TOTAL DES CAPSULES.	POUR 100 GRAMMES du poids du corps.	POUR 100 GRAMMES de muscles.	RAPPORT AU POIDS du rein.
73 (de naissance).	0,018	0,024		1 : 36
50-100	0,026	0,034	0,17	1 : 33
101-200	0,065	0,040	0,18	1 : 29
201-300	0,089	0,035	0,16	1 : 32
301-400	0,141	0,040	0,14	1 : 27
401-500	0,202	0,044	0,15	1 : 22
501-600	0,276	0,030	0,15	1 : 18
601-700	0,343	0,052	0,15	1 : 17
701-800	0,390	0,052	0,15	1 : 16
801-900	0,450	0,053	0,15	1 : 15

Poids absolu et relatif des deux capsules surrénales.								
POIDS.	NOMBRE DES SUJETS.	POIDS MOYEN DES CAPSULES		PRÉDOMINANCE de la CAPS. GAUCHE.	SON POIDS CALCULÉ pour la droite = 100.	PRÉDOMINANCE de la CAPS. DROITE.	ÉGALITÉ.
		droite.	gauche.				
De naissance.	8	0,0085	0,0090	5 fois.	105		3 fois.
50-100	6	0,0126	0,0140	6 —	116		
101-200	9	0,0310	0,0340	7 —	115	2 fois.	
201-300	8	0,0430	0,0460	7 —	106,9		1 —
301-400	7	0,0690	0,0720	7 —	104,3		
401-500	8	0,0990	0,1080	7 —	109		1 —
501-600	4	0,1350	0,1400	4 —	103,7		
601-700	5	0,1700	0,1750	4 —	102,9	1 —	
701-800	3	0,1920	0,1980	3 —	103,7		
	58			50	Poids moyen. 107,1	3 fois.	5 fois.

La proportion du parenchyme capsulaire a été calculée par rapport au poids du corps, au poids de la masse musculaire et au poids du rein[2].

Comparé au poids du corps, le poids capsulaire montre d'abord une proportion plus forte chez l'adulte qu'à la naissance. La capsule surrénale, chez le cobaye, n'est pas un organe à prédominance fœtale : son importance grandit avec le développement de l'individu. En second lieu, cette importance est plus marquée que chez les autres animaux : 100 grammes de cobaye adulte possèdent 4 centigrammes, quelquefois 5 de tissu capsulaire : 100 grammes de chien adulte, malgré les variations du poids de l'animal qui sont

1 Langlois attribue comme nous un poids de 26 à 30 centigrammes aux huit dixièmes des cobayes de 500 à 600 grammes (loc. cit.).

2. Alezais. Contribution à l'étude de la capsule surrénale du cobaye (A. d. P., 1898, n° 3).

de 5 à 18 kilogrammes, n'en possèdent qu'un centigramme. Même proportion d'un centigramme à un centigramme et demi chez le lapin, d'un centigramme chez le chat. Les pesées de Langlois démontrent le même fait sous une autre forme (*loc. cit.*).

	CHIEN.	CHEVAL.	HOMME.	LAPIN.	COBAYE.
Capsules	$\frac{1}{6000}$ à $\frac{1}{3000}$	$\frac{1}{12000}$	$\frac{1}{10000}$	$\frac{1}{10000}$	$\frac{1}{1500}$ à $\frac{1}{2000}$
Corps entiers.					

Comparé à la masse musculaire totale, le parenchyme capsulaire paraît au contraire un peu plus abondant chez les jeunes sujets que chez les adultes. Un cobaye, pendant la première semaine qui suit la naissance a $0^{gr},17$-$0^{gr},18$ de capsule pour 100 grammes de muscles : à partir du premier mois la proportion se maintient entre 14 et 15 centigrammes. Il est intéressant de rapprocher la fixité de ce rapport du rôle que joue la capsule surrénale dans la fatigue musculaire (Abelous et Langlois, Albanese).

Cuvier[1] avait déjà comparé le volume de la capsule surrénale à celui du rein et signalé sa forte proportion chez les rongeurs, proportion qu'il estime chez le cochon d'Inde à 1/8, même 1/5. Nos recherches nous ont amené à considérer ces chiffres comme tout à fait exceptionnels et appartenant à des animaux dont les organes surrénaux sont hypertrophiés. En suivant la croissance du cobaye, on voit ces deux viscères, la capsule surrénale et le rein, suivre une marche inégalement rapide, tout au profit de la capsule surrénale qui se développe relativement deux fois plus que le rein, mais qui n'arrive jamais chez l'animal le plus gros qu'à représenter le 1/17 ou le 1/18 du rein. Chez le cobaye nouveau-né, avant tout fonctionnement extra-utérin, elle n'en représente que la 36e partie.

La prédominance de la capsule gauche sur la droite est aussi marquée que celle du rein gauche.

3° Appareil génital mâle. — Le *testicule* est un gros ovoïde blanchâtre, plus ou moins arrondi, qui tantôt descend dans le scrotum, tantôt remonte dans l'abdomen. En position dans l'abdomen, il présente une face antérieure en rapport avec l'intestin, une face postérieure appliquée sur le psoas, une extrémité supérieure coiffée d'une masse graisseuse, une extrémité inférieure unie à l'épididyme. Le bord interne est libre, le bord externe donne insertion au méso et reçoit près de l'extrémité supérieure les vaisseaux spermatiques. L'épididyme de forme conique a la même direction que le testicule. De son sommet se détache le canal déférent qui monte derrière le testicule, puis s'infléchit et descend dans le bassin entre la vessie et les vésicules séminales : après un trajet de 4 à 5 centimètres il se jette dans l'urètre. Son calibre est considérable et mesure $2^{mm},5$ de diamètre.

Du coude que forme le canal déférent à son union avec l'épididyme naît le *musculus testis*, dont Hénocque a donné une description incomplète[2]. Le *musculus testis* est un muscle strié étendu de l'épididyme au pourtour de l'anneau inguinal : il mesure 3 à 4 centimètres sur le cobaye de 600 à 700 grammes. Il forme un cône creux dont la base adhère à l'anneau de telle sorte qu'un stylet introduit par l'orifice inguinal remonte jusqu'à l'épididyme. Un seul de ses faisceaux, l'interne, s'insère en dehors de l'orifice inguinal. Il croise l'extrémité inférieure du grand droit qui, après son entre-croisement sur la ligne médiane, forme la limite interne de cet anneau, et il se perd sur le ligament suspenseur de la verge. Les autres faisceaux restent dans l'abdomen. Les postérieurs passent derrière le pilier inférieur du grand oblique et s'insèrent avec le petit oblique et le transverse à l'arcade crurale en dehors du grand droit, les externes se portent vers l'épine iliaque avec ces mêmes muscles dont ils sont une dépendance. En avant, les faisceaux externe et interne s'étalent et se rejoignent, tout en restant unis par du tissu conjonctif au pourtour de l'anneau inguinal. Le péritoine tapisse entièrement le testicule et son muscle, et forme un méso qui s'insère le long de leur bord externe et se prolonge

---

1. Cuvier. *Leçons d'Anatomie comparée*, VIII, Paris, 1846, 682.
2. Hénocque. *Époque d'apparition et caractères de l'aptitude des cobayes mâles à la reproduction (A. de P.*, 1891, n° 1, p. 112). Hénocque nie à tort l'existence de l'anneau inguinal chez le cobaye : il est large, mais il existe (Voir **Système musculaire**, p. 878).

sur les vaisseaux spermatiques jusqu'aux vaisseaux du rein. Son insertion pariétale
s'étend verticalement sur le psoas en dehors de l'uretère. Les dimensions du méso sont
très inégales. Il est large dans sa portion inférieure, depuis l'anneau inguinal jusqu'au
niveau de la bifurcation de l'aorte, pour se prêter aux déplacements de la glande, et
devient très étroit dans sa portion supérieure. Le canal déférent fait saillie sur sa face
interne; au point où il l'abandonne pour plonger dans le bassin, un petit ligament
transversal relie le méso-testis à la face postérieure de la vessie.

Au moment de la migration du testicule, le *musculus testis* se retourne comme un
doigt de gant et forme un sac tapissé par le péritoine dans lequel descend la glande. Sa
face externe se met en rapport avec la cavité scrotale qui est limitée en arrière par la
racine de la cuisse, en dedans par la portion prépubienne du pénis, en avant par le peaucier du scrotum et la peau. Une couche celluleuse très lâche enveloppe le *musculus testis;* la mobilité de l'organe raréfie ce tissu et crée une cavité incomplète que l'on peut
comparer aux bourses muqueuses accidentellement dues au frottement. Le *musculus testis,* quelle que soit la position du testicule, est l'agent principal de ses déplacements.

Sac contractile, il le refoulera énergiquement dans l'abdomen, de même qu'il l'atti-
rera de haut en bas jusqu'à l'anneau inguinal. Le faisceau interne qui prend insertion
hors de l'enceinte abdominale pourra même l'engager dans l'anneau, mais ce faisceau
est court, et d'après mes dissections sans rapport avec le scrotum. Un nouvel agent
concourt alors à l'expulsion complète de la glande, c'est la pression intra-abdominale.

Hénocque a étudié les phases de la descente du testicule chez le jeune cobaye[1]. A la
naissance le testicule commence à se rapprocher de la paroi abdominale antérieure, mais
au 23e jour on ne peut encore sentir cet organe. Cette période latente peut se prolonger
jusqu'au 41e jour. Il est utile de distinguer trois phases. La première s'étend du moment
où l'on peut palper la glande à la face postérieure de la paroi abdominale : 11 fois sur 12
entre le 23e et le 34e jour. Dans la seconde, les testicules franchissent la paroi abdominale et se logent des deux côtés du pénis à la base de la verge au-dessus du pubis,
du 34e au 60e jour. Dans la troisième ils descendent dans le scrotum quelquefois rapidement, d'autres fois ils restent quelque temps entre la base de la verge et l'anus. Malgré
de nombreuses variétés individuelles, « on peut admettre que la descente des testicules,
dit Hénocque, est complète du 37e au 47e jour ».

Les pesées dont nous donnons les résultats ont été faites après l'isolement complet
du testicule, ablation de la graisse et de l'épididyme.

Poids du testicule.

POIDS DU COBAYE.	POIDS ABSOLU DU TESTICULE.	POIDS POUR 100 GRAMMES DU POIDS DU CORPS.
grammes.	grammes.	grammes.
50-100	0,023	0,030
101-200	0,052	0,034
201-300	0,160	0,064
301-400	0,703	0,200
401-500	0,984	0,218
501-600	1,378	0,250
601-700	1,800	0,273
701-800	2	0,266

Les chiffres donnés par Hénocque sont plus forts et se rapprochent de ceux que nous
avons obtenus en pesant le testicule avec l'épididyme. Il nous a paru préférable d'étudier
le parenchyme glandulaire isolé.

Hénocque a constaté la présence du sperme dans le canal déférent et l'épididyme à
partir du 61e jour[2]. Les *vésicules séminales* ou *palmes,* dès leur origine urétrale, se
renflent et forment deux énormes conduits bosselés, grisâtres qui montent derrière la
vessie et se terminent dans l'abdomen après avoir décrit un coude concave en dehors,

1. Hénocque. *Loc. cit.,* p. 113.
2. Hénocque. *Loc. cit.,* 118.

puis une boucle dont la branche inférieure passe derrière la supérieure. Le péritoine qui les enveloppe complètement est disposé en ligament dans la concavité du coude et de la boucle.

Mètres.

Les vésicules séminales ont 0,025 à la naissance

—	—	0,045	sur le cobaye de	2-300	grammes
—	—	0,075	—	3-400	—
—	—	0,085	—	4-500	—
—	—	0,100	—	5-600	—
—	—	0,120	—	6-700	—
—	—	0,130	—	7-800	—

Elles ne contiennent pas de spermatozoïdes (Hénocque). Leur contenu est composé d'une masse glutineuse translucide rappelant l'aspect de la portion molle du cristallin, se coagulant et se durcissant à l'air. Au microscope elle est formée de masses vitreuses et grumeleuses en forme de cylindres irréguliers ou de plaques réticulées, paraissant en partie composées de grandes plaques d'épithélium lamelleux rappelant les cellules endothéliales à fines granulations réfringentes. On y trouve aussi de nombreuses cellules épithéliales plus ou moins isolées à bords réfringents (Hénocque). Le cobaye présente encore un organe cordiforme qui correspond aux vésicules séminales du lapin et de la souris. Ces vésicules séminales débouchent par un canal unique à l'extrémité du canal déférent ; il est compris dans la tunique des canaux déférents (de Poussargues). Comment faut-il comprendre les homologies de ces deux organes ? Les palmes à contenu caséeux du cobaye et de la souris sont généralement appelées vésicules séminales, et l'organe cordiforme est considéré comme l'utérus mâle. Ce qui paraît certain d'autre part, c'est que, chez la souris et le cobaye, les poches à matière caséeuse correspondent à la poche impaire du lapin, appelée *utriculus masculinus* par Krause, et le fait est intéressant, puisque l'on voit dans ces espèces la sécrétion glandulaire d'organes homologues acquérir des caractères et des propriétés différentes. Les vésicules séminales seraient alors représentées par l'organe cordiforme. Cette question ne peut être tranchée que par des recherches embryologiques[1].

L'urètre descend derrière le pubis et s'entourant des corps spongieux et caverneux il forme le pénis qui contourne l'angle sous-pubien et présente l'os pénien, il remonte au-devant de la symphyse jusqu'à son bord supérieur, s'infléchit de nouveau en bas et aboutit à l'orifice préputial des téguments. Sa portion initiale reçoit au niveau du verumontanum les vésicules séminales, les canaux déférents en même temps que le canal excréteur de l'organe cordiforme.

La portion prépubienne du pénis, qui mesure 5 centimètres (cobaye 5-600 gr.), décrit une courbe à concavité inférieure dont la branche ascendante et le sommet sont fixés au pubis par le ligament suspenseur, et dont la branche descendante soulève le peaucier du scrotum en forme de méso. Elle fait une saillie peu marquée sous la peau et se place généralement à gauche de la branche ascendante. Elle ne gagne la ligne médiane qu'un peu au-dessus du prépuce.

Le gland est découvrable à 6 semaines, mais encore pointu ou déjà évasé en corolle. Sur l'animal de 400 grammes, la forme en corolle se caractérise, et le gland est garni de papilles rudes et de productions cornées ou denticulées[2]. Outre ces productions cornées qui arment la surface du gland et sont dirigées en arrière, le gland contient deux grandes épines cachées qui ne sortent qu'au moment de l'érection complète. Leur poche se dévagine, elles sont implantées sur la limite du canal urétral, dirigées en haut et en avant et légèrement recourbées en bas. Lataste croit qu'elles pénètrent dans les utérus lors de l'éjaculation[3].

L'orifice préputial est séparé de l'anus par une dépression des téguments médiane ou pré-anale qui est limitée par deux saillies antéro-postérieures dues aux glandes pré-anales qui se réunissent derrière le prépuce. Cette cavité, dans laquelle s'accumulent le

1. Voir sur ce sujet Remy Saint Loup. *Sur les vésicules séminales et l'utérus mâle des Rongeurs* (B. B., 1894, n° 1, 32 .
2. Hénocque. *Loc. cit.*, 116.
3. Lataste. *Recherches de zooéthique* (Soc. Linn. de Bordeaux, 1887-1889, 482).

smegma ou les corps étrangers, donne au périnée du mâle quelque ressemblance avec celui de la femelle.

4° Appareil génital femelle. — L'*utérus*, allongé, aplati, rectangulaire, appartenant tout entier à la cavité abdominale, monte au-devant du rectum et se divise en deux cornes de 4 centimètres de long, un peu bosselées, dont l'extrémité effilée se termine au-dessous des reins. Cornes et corps utérins sont rougeâtres et striés longitudinalement par la saillie des faisceaux musculaires. Au niveau de la bifurcation, un faisceau transversal est étendu d'une corne à l'autre en passant sur le fond de l'utérus. Le col utérin est situé un peu au-dessus de la vessie. Il lui est relié par deux ligaments antéro-postérieurs qui se perdent sur ses parties latérales et il est entouré par l'insertion du vagin qui se fait plus haut en arrière qu'en avant. La cavité du col utérin est unique, mais 4 ou 5 millimètres au-dessus de l'orifice commence le cloisonnement de la cavité du corps qui est complet sans qu'il y en ait trace apparente à la surface. L'utérus du cobaye est biscorne et la portion fusionnée est biloculaire.

L'extrémité de la corne utérine se trifurque. Sa cavité se continue dans l'*oviducte*, cordonnet blanchâtre, arrondi, très flexueux, qui contourne, en décrivant des méandres, le bord externe de l'ovaire. Étendu, il mesure 5 à 6 centimètres de long; il se termine par un petit pavillon sans franges qui s'attache à l'extrémité supérieure de l'ovaire par un court ligament tubo-ovarien (2 millimètres de long). La paroi musculaire de la corne utérine donne deux autres prolongements : l'un interne ou *ligament utéro-ovarien* (5 millimètres), qui s'insère à l'extrémité inférieure de l'ovaire, l'autre, le *muscle costo-utérin*, qui monte derrière le rein et après un trajet de 3 centimètres se fixe à la face interne de la dernière côte, et envoie une expansion à l'avant-dernière.

Le *vagin* est un conduit relativement assez large, de 4 centimètres de long, dont la concavité tournée en avant répond à la vessie, au cul-de-sac vésico-vaginal et à l'urètre. La moitié inférieure de ce dernier conduit se confond avec sa paroi et la méat fait saillie à l'extérieur. Chez le cobaye, comme chez le rat et la souris, il y a cloisonnement complet du sinus uro-génital, à partir du point d'abouchement des canaux de Müller, jusqu'à son extrémité cutanée, d'où absence de vestibule chez la femelle adulte. L'orifice extérieur du vagin vient affleurer la surface de la peau, et l'urètre sort au dehors[1].

Le revêtement épithélial du vagin a donné lieu chez les mammifères et notamment chez le cobaye à plusieurs travaux intéressants. Pour Retterer[2], cet épithélium qui, chez la femelle adulte non gravide, est pavimenteux stratifié, subit dans ses couches superficielles, sous l'influence de la gestation, la transformation muqueuse. Les rongeurs semblaient faire exception à cette loi, car la femelle du cobaye présentait dans le segment proximal du vagin, aussi bien à l'état adulte que longtemps avant son aptitude à la fécondation, un revêtement de cellules muqueuses. Mais l'exception n'était qu'apparente et tenait à l'état pour ainsi dire constant de gestation des femelles qui vivant en troupe avec les mâles sont fécondées dès qu'elles ont mis bas. Il suffit d'éloigner le mâle pour provoquer, au bout d'une vingtaine de jours, la transformation pavimenteuse de l'épithélium, qui, chez le cobaye comme chez la chienne, devient même corné et Retterer conclut que la gestation seule produit chez la femelle adulte de certaines espèces (chienne, lapine, cobaye) la modification muqueuse de l'épithélium vaginal[3].

Tout autre est la manière dont Lataste[4], Morau[5] conçoivent les modifications de l'épithélium vaginal. Son évolution est rythmique et uniquement liée à l'ovulation. L'épithélium vaginal, cylindrique et muqueux dans les intervalles de repos génital, devient pavimenteux stratifié, même corné dans quelques espèces à l'approche du rut. Ce rythme

1. Retterer. *Sur le développement comparé du vagin et du vestibule des mammifères* (B. B., 1891, n° 16, 313.)

2. Retterer. *Sur la morphologie et l'évolution de l'épithélium du vagin des mammifères* (Mém. Soc. Biol. 26 mars 1892). — *Évolution de l'épithélium du vagin* (2° note) (B. B., 25 juin 1892, 566).

3. Retterer (B. B., 1892, 25 juin, 568.).

4. Lataste. *Transformation périodique de l'épithélium du vagin des Rongeurs (Rythme vaginal)* (B. B., 15 octobre 1892, n° 30, 765).

5. Morau. *Des transformations épithéliales physiologiques et pathologiques* (Thèse de Paris, 1889 et J. de l'Anat. et de la Physiol., 1889).

vaginal se produit avant toute intervention du mâle, chez la femelle vierge comme chez la multipare, chez la femelle gravide comme chez celle qui n'est pas en état de gestation. C'est même chez la femelle gravide qu'il est le plus facile d'observer cette transformation puisqu'elle doit être accomplie au moment de la mise bas que suivra immédiatement le rut. Chez le cobaye, comme chez la souris, la muqueuse vaginale, en dehors des époques du rut, est si amincie, les bords de la vulve sont si intimement accolés que l'on a peine à reconnaître son emplacement. A l'approche du rut, les bords de la vulve s'épaississent et le changement d'aspect est si caractéristique que l'on peut prévoir, à un jour près, le moment où une femelle, même jeune et impubère, va se trouver apte à la fécondation (LATASTE)[1]. Aussitôt passé le rut, les couches cornées subissent la régression muqueuse et tombent; s'il y a coït, elles prennent part à la formation du bouchon vaginal, que BERGMANN et LEUKART (1852), BISCHOFF ont observé chez la femelle du cobaye après la copulation. D'après LATASTE[2] et RETTERER[3], le bouchon vaginal comprend deux parties distinctes : une masse centrale épanchée par le mâle, spermatozoïdes et contenu des vésicules séminales, et une enveloppe détachée de la muqueuse vaginale, et composée de cellules épidermiques stratifiées et muqueuses.

L'*ovaire* est un corps ovoïde verticalement placé au-dessous du rein. Il pèse 0gr,003 à la naissance, 35 à 45 milligrammes chez la femelle de 600 grammes. Il mesure alors 7 millimètres de long, 4 millimètres de large et 3 millimètres d'épaisseur.

Les ligaments larges s'insèrent sur le bord externe de l'utérus et de la portion supérieure du vagin jusqu'au détroit supérieur, sur le bord externe de la corne utérine et du muscle costo-utérin. L'insertion pariétale, plus éloignée de la ligne médiane que celle du *meso-testis*, croise tranversalement le détroit supérieur et le psoas au-dessus de l'arcade fémorale : elle décrit une courbe qui passe en dehors de l'épine iliaque et monte verticalement sur la face interne du transverse. Arrivé près du rein, le ligament large s'unit à son extrémité inférieure et reçoit par ce repli les vaisseaux ovariques, il se termine sur la dernière côte. La hauteur des ligaments larges, qui est de 3cm,3 le long de l'utérus, fait plus que doubler vers la corne utérine et diminue près de la base du thorax. De leur face antérieure se détache, en dehors des vaisseaux iliaques externes, un petit repli séreux qui se porte sur le muscle transverse parallèlement à ces vaisseaux. Leur bord libre se divise, au niveau de l'ovaire, en deux ailerons. L'interne contient l'ovaire et l'externe l'oviducte, ils sont séparés par une petite cavité. Le ligament large est chargé d'une masse graisseuse dans laquelle court l'artère utéro-ovarienne dont les rameaux tubaires se branchent perpendiculairement sur le tronc principal pour gagner la corne utérine.

Les *mamelles*, au nombre de deux, occupent la région inguinale. Nous avons observé une fois, une troisième mamelle.

VI. Système nerveux. — Le *cerveau*, vu par sa face supérieure, a la forme d'un losange dont le grand axe, mesuré sur la scissure interhémisphérique, a 25 millimètres (23mm. Cobaye 400gr; 25mm. Cobaye 600gr et dont l'axe transversal, à peu près de même dimension, tombe sur le milieu du premier. Son extrémité postérieure couvre les tubercules quadrijumeaux et confine au cervelet : son extrémité antérieure, plus étroite est débordée par le lobe olfactif. Sa surface, gris rosé, est à peu près lisse et ne présente que deux sillons vasculaires parallèles à la scissure interhémisphérique, l'externe beaucoup plus court que l'interne. Elle ne porte aucune trace de sillon crucial, ni de scissure de ROLANDO. La face latérale de l'hémisphère est divisée en deux portions par la scissure limbique qui va de la pointe frontale à la pointe occipitale. La portion supérieure est épaissie dans sa moitié postérieure par la saillie peu accentuée du lobe temporal qui se dirige en bas et en avant et qu'une scissure de SYLVIUS à peine marquée sépare de la moitié antérieure mince et aplatie. La portion inférieure forme l'appareil olfactif. Le lobe olfactif, gris et ovoïde, se relève au-devant de la pointe frontale : le pédoncule

1. *Loc. cit.*, 766.
2. LATASTE. *Sur le bouchon vaginal des Rongeurs* (J. de l'Anat. et de la Physiol., 1883, 144 . — *Recherches de zoaëthique* Actes de la Soc. Linnéenne de Bordeaux, XL, 1887, (B. B., 3 novembre et 8 décembre 1888.
3. RETTERER. *Morphologie et évolution de l'épithélium du vagin* (Mém. Soc. Biol., 26 mars 1892).

olfactif qui se porte sous la partie antérieure de l'hémisphère jusqu'au niveau du chiasma s'élargit d'avant en arrière et présente une strie blanche antéro-postérieure. En dedans, il se continue avec l'hémisphère le long de la scissure interhémisphérique, en dehors il en est séparé par la scissure limbique. Il aboutit au lobe de l'hippocampe, saillie arrondie qui est superficiellement séparée du lobe temporal par la portion postérieure de la scissure limbique, et se continue sur la face interne avec le lobe limbique qui entoure le seuil de l'hémisphère. A la partie antérieure de la grande fente de BICHAT, il s'unit par son crochet à la circonvolution de l'hippocampe qui est verticale et rejetée derrière les noyaux opto-striés.

A la face inférieure du cerveau, on trouve le chiasma optique et les bandelettes optiques, le *tuber cinereum*, les tubercules mamillaires peu saillants et peu distincts, l'espace interpédonculaire et les pédoncules cérébraux. Le *tuber cinereum* est uni à la partie antérieure de l'hypophyse. Celle-ci, assez volumineuse, a un aspect trilobé. Sa partie moyenne, grise, élargie en arrière, reçoit en avant la tige pituitaire, et est encadrée par deux portions jaunes. En réalité, l'hypophyse n'est formée que de deux portions unies en avant, au-dessous de l'insertion de la tige pituitaire : la supérieure ou nerveuse repose sur une dépression moyenne de la portion inférieure ou glandulaire, beaucoup plus large.

Le corps calleux mesure 10 à 12 millimètres de long : ses extrémités sont également distantes des extrémités de l'hémisphère : son genou est un peu plus éloigné du bord convexe que son bourrelet, 6 millimètres au lieu de 3.

Le troisième ventricule, en partie rempli par la commissure grise, communique avec les ventricules latéraux et avec le quatrième ventricule par des trous de MONRO et un aqueduc de SYLVIUS relativement grands. On distingue très facilement les commissures blanches antérieure et postérieure. La couche optique présente un *tœnia thalami* très développé, tandis que la glande pinéale et la portion transverse de son pédoncule antérieur sont petites. La couche optique se confond en arrière avec les tubercules quadrijumeaux, et les corps genouillés sont rejetés sur sa face externe. Le corps genouillé externe, qui est ici antérieur, est plus gros que l'interne.

Le noyau caudé est volumineux : sa tête fait saillie dans la corne antérieure du ventricule latéral et descend jusqu'au niveau du pédoncule olfactif : sa queue se termine dans la voûte de la corne temporale. Un tœnia semi-circularis très marqué le sépare de la couche optique. Le noyau buticulaire est réduit à une mince couche grise tapissant la capsule interne, elle-même étroite et se continuant avec un centre ovale très peu important.

Le tubercule quadrijumeau antérieur, plus gros et plus gris que le postérieur, est séparé de la couche optique par le bras conjonctival antérieur qui l'unit au corps genouillé antérieur. Le tubercule postérieur, plus petit, plus blanc, très saillant au-dessus du pédoncule cérébelleux supérieur, reçoit le bras conjonctival postérieur.

Cervelet. — Le vermis, large d'un centimètre, forme derrière le cerveau une saillie transversalement striée dont les attaches aux bords antérieurs du quatrième ventricule sont étroites et se continuent en avant avec la valvule de VIEUSSENS. Les lobes latéraux forment de chaque côté une petite touffe dont l'extrémité libre porte le lobule du pneumogastrique qui couvre le pédoncule cérébelleux moyen, et un second lobule qui se loge dans une petite dépression du rocher derrière les cavités de l'oreille. Au-dessous des pédoncules cérébelleux, le corps restiforme présente une saillie sessile d'où part en avant le faisceau trapézoïde. Sur le plancher du quatrième ventricule on distingue nettement les ailes blanches et grises, et le *locus cœruleus*.

Bulbe et protubérance. — Leur face antérieure, qui est plane et triangulaire à sommet postérieur, présente au-dessous des pédoncules cérébraux une bande transversale et étroite, déprimée par le sillon basilaire et continuant les pédoncules cérébelleux moyens. Au-dessous d'elle commence le sillon médian longé par d'étroites pyramides antérieures dont la décussation, au collet du bulbe, comprend seulement deux faisceaux. Le faisceau trapézoïde, plus large que la bandelette pontique, s'étend de la saillie du corps restiforme au bord externe de la pyramide.

Moelle épinière. — La moelle forme une tige cylindrique un peu aplatie et à peine augmentée de volume au niveau des renflements brachial et lombaire.

Sa longueur est de 8 centimètres à la naissance
—	— 11 —	sur les cobayes de 100-200
—	— 13,5 —	— — 200-300
—	— 14,5 —	— — 300-400
—	— 15,5 —	— — 400-500
—	— 16,5 —	— — 500-600
—	— 17 —	— — 600-700
—	— 17,5 —	— — 700-800
—	— 18 —	— — 800-900

En raison de l'atrophie de la queue chez le cobaye, le sommet du cône terminal de la moelle n'atteint pas l'extrémité du rachis. Il en est éloigné de :

CENTIMÈTRES.

2,5 à la naissance.	Cobaye de	50-100 grammes
3-4	—	100-300 —
4-5	—	300-500 —
5-6		Au delà

Le développement du système nerveux est toujours précoce, comme l'indique la comparaison du poids absolu et du poids relatif au poids du corps (Tableau V). Tandis que le chiffre absolu fourni par le système nerveux central tout entier double depuis la naissance jusqu'au complet développement du cobaye, son poids relatif diminue de 5/6. C'est l'influence du cerveau qui est surtout prépondérante dans cette évolution, en raison de son poids plus grand et de la précocité de son accroissement. Dans tout le cours de l'existence extra-utérine il n'arrive pas à doubler : le cerveau du cobaye nouveau-né représente déjà les 6/10 de son poids chez le cobaye de 800 grammes, tandis que chez le même animal le cervelet double et que la moelle fait plus que tripler. A la naissance, le cerveau est au poids du corps comme 1 : 35 ; chez le cobaye de 500 grammes, comme 1 : 162 ; chez le cobaye de 800, comme 1 : 245.

TABLEAU V

Système nerveux (Poids absolu et comparé au poids du corps).

POIDS DE L'ANIMAL.	HYPOPHYSE.		CERVEAU.		CERVELET.		BULBE PROTUBÉRANCE ET MOELLE.		POIDS TOTAL.	
	POIDS moyen.	P. 100.	poids moyen.	p. 100.	poids moyen.	p. 100.	poids moyen.	p. 100.	poids moyen.	p. 100.
grammes.										
50-100	0,004	0,0060	2,138	2,850	0,286	0,381	0,511	0,681	2,939	3,910
101-200	0,003	0,0050	2,399	1,599	0,356	0,237	0,762	0,508	3,522	2,348
201-300	0,006	0,0026	2,731	1,100	0,428	0,171	0,892	0,356	4,077	1,630
301-400	0,009	0,0026	3,027	0,864	0,431	0,128	1,198	0,342	5,000	1,339
401-500	0,011	0,0024	3,178	0,706	0,503	0,111	1,308	0,290	5,000	1,111
501-600	0,014	0,0027	3,390	0,616	0,535	0,097	1,418	0,257	5,358	0,974
601-700	0,015	0,0024	3,418	0,525	0,544	0,083	1,671	0,257	5,648	0,868
701-800	0,015	0,0021	3,440	0,458	0,548	0,073	1,730	0,233	5,753	0,767
801-900	0,016	0,0018	3,460	0,407	0,552	0,064	1,800	0,211	5,800	0,682

En appliquant au cobaye la formule donnée par MANOUVRIER pour dégager du poids cérébral la quantité i en rapport avec l'intelligence, et en prenant avec CH. RICHET le poids du foie comme mesure de la masse organique, $i = 2,50$; $m = 0,92$. Le rapport $\frac{m}{M} = 0,026$, tandis qu'il est de 1 gramme chez l'homme, $0^{gr},58$ chez le gorille, $0^{gr},65$ chez le chien [1] ; il représente la quantité d'encéphale pour 1 gramme de la masse organique.

1. MANOUVRIER. Cerveau. *Dictionnaire de physiologie*. II. 3ᵉ fasc., 708. Dans le poids de l'encéphale c, m est la portion proportionnelle à la masse organique M : $i = c - m$. $\frac{m}{M} = \frac{c - c'}{M - M'}$, d'où $m = \frac{(c - c')M}{M - M'}$, et $m' \cdot \cdot c' - i$.

Le rapport du cerveau au cervelet est comme 1 : 9,4 chez l'homme. Chez le cobaye il est :

                    Comme 1 : 5,6 à la naissance
                      —   1 : 6,4 cobaye de 2-300 grammes
                      —   1 : 6,3   —   4-500   —
                      —   1 : 6,2   —   7-800   —

Le rapport de la moelle au cerveau est :

                    comme 1 : 4,18 à la naissance
                      —   1 : 2,7 cobaye de 2-400 grammes
                      —   1 : 2,7   —   4-600   —
                      —   1 : 2   —   6-800   —

Parmi les nerfs périphériques, nous nous bornerons à donner quelques détails topographiques sur ceux qui peuvent intéresser plus spécialement le physiologiste. La mise à nu du pneumogastrique, comme du sympathique cervical et des organes de la région médiane ou latérale du cou est très simple. Vu l'indépendance de la peau sur le milieu de la face antérieure du cou, il suffit de la pincer et de la sectionner d'un coup de ciseau : on sectionne d'un second coup de ciseau le peaucier cervical et on tombe sur la trachée recouverte des muscles sterno-hyoïdiens. Le paquet vasculo-nerveux est un peu en dehors : l'étroit faisceau sternal du sterno-mastoïdien le croise au-dessus du sternum et ne saurait gêner sa recherche. Le sympathique est un peu en dedans du pneumogastrique : on le trouve entre la carotide et le pneumogastrique. Son ganglion supérieur étoilé est situé au-dessus du bord supérieur du digastrique. Le long du bord inférieur de ce muscle chemine d'arrière en avant l'hypoglosse. Le nerf maxillaire supérieur peut être facilement atteint dans son trajet intra-orbitaire dans la gouttière antéro-postérieure du maxillaire supérieur. Le facial a ses rapports ordinaires avec la parotide et la face externe du masséter.

Le plexus cervical et le plexus brachial, formés comme à l'ordinaire par les huit paires cervicales et la première dorsale, sont plus condensés que chez l'homme et sont transversalement dirigés. Le plexus cervical consiste en un paquet de filets nerveux se détachant transversalement du rachis au niveau de la 4e paire cervicale, vers laquelle convergent les trois premières paires réunies en un filet longitudinal de volume graduellement croissant, et une branche ascendante de la 5e paire. Les branches de distribution contournent le bord postérieur du faisceau claviculaire du sterno-mastoïdien dans l'angle qu'il forme avec l'omo-basilaire.

Le phrénique naît de la 5e cervicale et d'anastomoses qu'il reçoit de la 4e et de la 6e ; il appartient plus au plexus brachial qu'au cervical. Il descend au-devant du plexus brachial le long du bord externe du scalène antérieur, et donne le filet du sous-clavier. Son entrée dans le thorax diffère d'un côté à l'autre. A droite, il reste en dehors du scalène et du pneumogastrique, il s'accole au tronc veineux brachio-céphalique droit, à la veine cave supérieure, puis à la veine cave inférieure avec laquelle il traverse le diaphragme. A gauche, il affecte, quoique tardivement, avec le scalène antérieur[1], ses rapports ordinaires. Il contourne son extrémité inférieure en passant au-devant d'elle et dans le thorax se place sur un plan un peu plus antérieur que le phrénique droit : il passe au-devant du pneumogastrique, et croise la crosse de l'aorte un peu en dedans de lui. Au-dessous du hile du poumon il tend au contraire à être plus postérieur que son congénère ; de la base du cœur, il gagne le diaphragme et sert de ligne de réflexion à la plèvre médiastine.

Les filets du plexus brachial, tous transversaux, sont situés à la base du cou, en partie cachés par le pectoral. La 5e paire donne une branche descendante à la 6e ; celle-ci émet un filet grêle sus-acromial qui complète les filets cutanés du plexus cervical. La 7e paire donne des filets scapulaires : le tronc formé par la 8e et la 1er dorsale donne les nerfs du

---

1. Dans une note sur les muscles scalènes du cobaye (*B. B.*, 1897, p. 896), j'avais signalé ce rapport comme une preuve de la valeur du scalène antérieur sans indiquer qu'il n'existait pas du côté droit.

bras et de l'avant-bras, les filets pectoraux, du grand dorsal et du peaucier du tronc. Le médian fournit les filets du biceps et du brachial antérieur.

Nous avons signalé l'existence de la queue de cheval : le long trajet rachidien des racines lombo-sacrées est favorable à l'expérimentation. Le nerf crural chemine entre le psoas externe et le psoas interne. Il donne sous l'arcade fémorale un filet qui suit la veine saphène interne et se distribue immédiatement à la face interne du quadriceps. Le sciatique émerge de l'échancrure sciatique, un travers de doigt (C. de 600 grammes) au-devant du grand trochanter : il se porte en arrière et un peu en dehors, contourne le bord postérieur du trochanter recouvert par le moyen fessier et le biceps, et descend parallèlement au fémur à 5 ou 6 millimètres derrière lui.

Si l'on cherche le sciatique derrière le fémur, au-dessus de la saillie du jumeau, on le trouve avant sa bifurcation en sciatiques poplités externe et interne; tous les filets qu'il donne à la jambe sont encore réunis en un seul tronc.

VII. Appareil circulatoire. — Le *cœur* occupe à peu près le milieu de la cage thoracique, suspendu par les gros vaisseaux de la base à une petite distance du diaphragme. La direction est légèrement oblique en bas et à gauche, et les rapports de sa face antérieure avec la paroi sont un peu plus étendus à gauche qu'à droite. La pointe se trouve dans le 4e espace intercostal gauche, à 1 centimètre de la ligne médiane, affleurant le bord supérieur de la 5e articulation chondro-sternale : la base répond aux deuxièmes articulations chondro-sternales. Le bord gauche croise les 2e, 3e et 4e espaces intercostaux, à une distance maximum de 2cm de la ligne médiane, au niveau de la 3e côte. Le bord droit répond seulement aux 2e et 3e espaces, à 18 millimètres de la ligne médiane au même niveau; il croise la 4e articulation chondro-sternale sans atteindre le fond de l'espace interosseux. Les rapports du sac péricardique et des plèvres médiastines seront indiqués plus loin.

La crosse aortique donne : un tronc brachio-céphalique droit à 3 branches; la sous-clavière droite et les deux carotides primitives, et l'artère sous-clavière gauche.

La veine cave inférieure au-dessus des veines rénales perd contact avec la paroi abdominale et s'infléchit en dehors et un peu en avant; elle se place au-devant de la capsule surrénale droite qu'elle incline légèrement en dehors et s'engage dans le canal hépatique qui est long et vertical avec une légère obliquité en haut et à gauche. Son trajet sus-hépatique mesure quelques millimètres seulement : son trajet intra-thoracique est au contraire assez long, 18 à 20 millimètres, à cause de la situation élevée du cœur. Elle est longée extérieurement pendant ce trajet par le nerf phrénique droit. La veine porte formée par la réunion de la mésentérique supérieure et de la veine pancréatique qui est beaucoup plus volumineuse que la splénique, monte verticalement vers le foie, tandis que la veine cave inférieure, d'abord placée derrière elle, se dirige en haut et en dehors.

VIII. Appareil respiratoire. — La trachée se bifurque au niveau de la 4e vertèbre dorsale.

Sa longueur à la naissance est de 2cm,5.

	CENTIMÈTRES.
Sur le cobaye de 2-300 grammes.	3,5
— — 4-500 —	4,5
— — 600 —	5-6

Le muscle trachéal est très fort et très homogène, comme chez le lapin; il s'insère directement au périchondre sans interposition de fibres élastiques [1].

Le poumon droit est divisé en quatre lobes : le supérieur, très petit; le moyen, allongé d'arrière en avant; l'inférieur, formant à lui seul les deux tiers inférieurs du viscère. Le 4e ou lobe azygos, se détache de la partie supéro-interne du lobe inférieur au-dessous du hile : il s'étale transversalement sur la ligne médiane et présente une dépression verticale qui lui donne un aspect bilobé.

Le poumon gauche a trois lobes : le supérieur, plus volumineux qu'à droite, est bifurqué en avant; l'inférieur représente les deux tiers du poumon. De sa partie supéro-interne

---

1. GUIEYSSE. *Muscle trachéal et muscles de Reisseissen* (B. B., 1896, n° 28, p. 898).

se détache, comme à droite, un petit lobe beaucoup moins développé que l'azygos et qui reste accolé à sa face interne.

Le hile des poumons se trouve à l'union du tiers supérieur et du tiers moyen de leur bord interne : il siège au-devant de la 4e et de la 5e vertèbre dorsale et répond sur le sternum au fond du 3e espace intercostal.

GUIÉYSSE a décrit, en prenant pour type le cobaye, chez lequel cette étude est très facile, le passage des muscles de la trachée en muscles de REISSEISSEN. Tandis que pour les bronches des lobes supérieurs la transition est brusque, le muscle de REISSEISSEN s'établissant d'emblée, la bronche inférieure présente un passage graduel de la disposition trachéale à la disposition en muscle de REISSEISSEN. Le muscle s'allonge peu à peu, tandis que le cartilage diminue et derrière lui apparaissent les plaques cartilagineuses des bronches qui représentent un appareil de soutien spécial et non point uniquement les vestiges des anneaux cartilagineux de la trachée.

Les plèvres pariétales, portions costale et diaphragmatique, ont leur disposition ordinaire. Il n'en est pas de même des plèvres médiastines dans leur portion sous-cardiaque. Derrière le sternum, elles s'adossent pour former au-devant et au-dessous du cœur une lamelle sagittale rétro-sternale qui sépare les deux moitiés du thorax et rattache le péricarde qu'elles entourent au sternum et au diaphragme. Au-dessous du cœur, elles se séparent à angle droit, pour se porter d'une part sur la veine cave inférieure et le phrénique droit, de l'autre sur le phrénique gauche. Tandis que la plèvre gauche, après avoir contourné le phrénique, se porte en arrière vers l'œsophage, la droite se réfléchit pour s'adosser à elle-même, puis à la plèvre gauche jusqu'au phrénique gauche et à l'œsophage. Derrière ce conduit membraneux, les deux plèvres, de nouveau adossées, se portent d'avant en arrière jusqu'au rachis et deviennent pariétales. Il résulte de ce trajet la formation d'une cavité triangulaire située sous le cœur entre l'œsophage et la veine cave. Cette cavité est destinée à loger la moitié gauche du lobe azygos : la moitié droite occupe la grande cavité pleurale droite.

Des plèvres médiastines se détachent plusieurs feuillets en rapport avec le cœur ou avec les poumons. Parmi les premiers, l'un naît de la surface gauche de la lame rétro-sternale à égale distance du sternum et du feuillet phréno-cave : sa base s'insère au diaphragme, son sommet répond à la pointe du cœur. L'autre, plus petit, est étendu à droite, du milieu de la face postérieure du ventricule au diaphragme. Leur rôle manifeste est de maintenir au cœur, malgré sa mobilité, sa situation et son obliquité.

Les ligaments pulmonaires ou triangulaires sont étendus sur les lobes inférieurs le long de la partie interne du bord vertébral depuis le hile jusqu'au diaphragme. A droite, le ligament triangulaire s'insère sur le repli œsophago-vertébral, à gauche il répond à l'œsophage et envoie un petit aileron antérieur destiné au lobe interne. Le lobe azygos a un petit méso indépendant qui naît de la face droite de la lame phréno-œsophagienne.

Corps thyroïde. — Le corps thyroïde est formé de deux lobes allongés, rouge foncé, mesurant 7 à 8 millimètres à la naissance, 12 à 15 millimètres chez l'adulte. Ils sont placés sur les côtés de la portion supérieure de la trachée. Leur extrémité supérieure renflée répond au cartilage cricoïde : leurs extrémités inférieures effilées s'unissent au-devant du tiers supérieur de la trachée vers le 5e anneau : l'isthme est mince et ondulé.

						gr.		gr.
Le poids du corps thyroïde sur le cobaye de	50-100	grammes est de . . .	0,038	soit	0,050 p. 100
—	—	—	101-200	—	— . . .	0,039	—	0,026 —
—	—	—	201-300	—	— . . .	0,053	—	0,021 —
—	—	—	301-400	—	— . . .	0,066	—	0,018 —
—	—	—	401-500	—	— . . .	0,086	—	0,019 —
—	—	—	501-600	—	— . . .	0,120	—	0,021 —
—	—	—	601-700	—	— . . .	0,133	—	0,020 —
—	—	—	701-800	—	— . . .	0,148	—	0,019 —

Dans le tableau suivant, on trouvera les moyennes des moyennes du poids des principaux organes[1]. Les animaux sont divisés en quatre groupes : 50-200 grammes : 200-400 grammes : 400-600 grammus : 600-800 grammes. La première colonne contient pour chaque organe le poids absolu moyen : la seconde, sa proportion pour 100 grammes du poids du corps : la troisième, sa proportion par décimètre carré : la dernière, sa proportion pour 100 grammes ce muscle. La surface du corps a été calculée d'après la formule de MEEH : elle est en décimètres carrés dans ces quatre groupes de : 184, 4,40, 6,57, 8,38. Le poids des muscles est successivement de : 25, 75, 155, 239 grammes.

TABLEAU VI

Moyennes des moyennes du poids des principaux organes.

POIDS DES COBAYES.	FOIE				RATE				PANCRÉAS			
	POIDS absolu.	P. HECTOGR.	POIDS par déc. car.	POIDS par 100 gr. de muscles.	POIDS absolu.	P. HECTOGR.	POIDS par déc. car.	POIDS par 100 gr. de muscles.	POIDS absolu.	P. HECTOGR.	POIDS par déc. car.	POIDS par 100 gr. du muscles.
gr. 50-200	5,25	4,20	2,85	21	0,139	0,111	0,075	0,556	0,412	0,32	0,22	1,66
200-400	13,25	4,41	3,01	17,66	0,314	0,104	0,071	0,418	1.036	0,34	0,23	1,37
400-600	21,25	4,25	3,23	13,70	0,473	0,094	0,071	0,305	1,651	0,33	0,25	1,06
600-800	27	3,85	3,22	11,29	0,615	0,087	0,073	0,257	2,325	0,33	0,27	0,97
	CAPSULES SURRÉNALES.				REINS.				GLANDE THYROIDE.			
50-200	0,043	0,036	0,024	0,18	1,395	1,11	0,75	5,58	0,031	0,024	0,016	0,12
200-400	0,113	0,038	0,026	0,15	3,150	1,05	0,71	4,2	0,060	0,020	0,013	0,08
400-600	0,239	0,047	0,036	0,15	4,655	0,93	0,70	3	0,106	0,021	0,016	0,06
600-800	0,366	0,052	0,043	0,15	5,730	0,82	0,68	2,4	0,125	0,017	0,015	0,05
	CERVEAU.				BULBE ET MOELLE.				HYPOPHYSE.			
50-200	2,299	1,839	1,24	9,19	0,649	0,519	0,35	2,59	0,0053	0,0042	0,0028	0,0353
200-400	2,889	0,963	0,66	3,84	1,040	0,346	0,23	1,38	0,0085	0,0028	0,0019	0,0113
400-600	3,284	0,656	0,49	2,11	1,363	0,272	0,20	0,87	0,0120	0,0024	0,0018	0,0077
600-800	3'429	0,189	0,40	1,43	1,710	0,244	0,20	0,71	0,0152	0,0021	0,0018	0,0063

H. ALEZAIS.

CHAPITRE II

Physiologie.

SOMMAIRE. — § 1. Contention. — § 2. Anesthésie. — § 3. Développement. — § 4. Appareil digestif. — § 5. Appareil circulatoire. — § 6. Appareil respiratoire. — § 7. Appareil urinaire. — § 8. Sécrétion lactée. — § 9. Sécrétions internes. — § 10. Système musculaire. — § 11. Système nerveux. — § 12. Reproduction. — § 13. Toxicologie. — § 14. Bactériologie.

Le cobaye est un animal précieux en physiologie, car sa douceur et sa taille le rendent très maniable; il vit très bien en captivité et sa nourriture ne présente aucune difficulté. Si l'on ajoute à cela la facilité avec laquelle il se reproduit, on comprendra aisément que le physiologiste ait de la prédilection pour lui et que tout laboratoire en soit abondamment pourvu.

On ne peut pourtant le considérer comme l'animal universel pour l'expérimentation, car, si sa petite taille le rend très maniable, certaines expériences ne peuvent se faire sur lui, et il est impropre à bien des recherches, précisément pour cette raison.

Pour les expériences d'ensemble, il est très utilisable, par exemple, pour étudier la

1. *Note sur l'évolution de quelques glandes* (ALEZAIS, B. B.; 1898, 425).

respiration, la nutrition, le développement général, la calorimétrie, la sécrétion urinaire, etc., car on le place facilement dans des appareils qui ne nécessitent pas un volume trop grand. En tenant compte de sa réceptivité particulière, il est très bon pour étudier la toxicité de certaines substances, de même qu'il constitue un terrain précieux pour les recherches bactériologiques.

Mais, à côté de ces recherches de physiologie générale, il constitue un champ d'expériences tout à fait spécial pour certaines études, comme celles sur les capsules surrénales, sur les testicules, sur les uretères, sur les injections dans les voies biliaires, sur le système nerveux périphérique ou central, sur la production de l'épilepsie expérimentale par exemple. De même qu'il est dans la catégorie des animaux qui présentent un sympathique cervical distinct du pneumogastrique, au-devant des muscles prévertébraux, ce qui permet d'expérimenter isolément sur chacun de ces filets nerveux.

I. Contention. — Le cobaye est un animal assez facile à maintenir immobile; même sans appareils spéciaux, un aide suffit: d'une main, il saisit le train de derrière et de l'autre la tête et le train de devant en exerçant une traction suffisante sur la colonne vertébrale pour empêcher l'animal de faire des mouvements pendant que l'on expérimente.

Mais, si l'expérience est longue, délicate, et si l'on est seul, il est bon de fixer l'animal sur un appareil et de l'immobiliser complètement; car, s'il ne mord pas souvent, il est toujours prudent de se méfier de ses dents. Du reste, les mouvements de défense qu'il exécute peuvent rendre difficiles les expériences que l'on se propose de faire.

S'il s'agit de prendre seulement la température ou de faire des injections sous-cutanées, on peut employer avec avantage un tube de métal dans lequel on place l'animal. Ce tube est fermé à une de ses extrémités par un fond troué et porte sur ses parties latérales des fentes longitudinales.

Si l'animal doit être maintenu sur le dos ou sur le ventre, on peut se servir d'un appareil bien simple, composé d'une planchette de 40 centimètres sur 20 centimètres environ, percée de trous qui servent à fixer les liens qui maintiennent les pattes.

Ces appareils, remarquables par leur simplicité, ne servent pourtant pas pour toutes les expériences : s'il s'agit, par exemple, de fixer la tête.

On a construit, pour immobiliser le cobaye, une série d'appareils plus ou moins compliqués, comprenant tous un plateau, sur lequel les quatre membres peuvent être fixés, et un mors pour la tête.

Parmi ces appareils, les principaux que l'on utilise dans les laboratoires sont les suivants :

A. — **L'appareil à contention, de Cowl,** qui comprend une table trouée, sur laquelle peuvent se monter tous les accessoires nécessaires pour maintenir les membres et la tête, dans toutes les positions. C'est un appareil un peu compliqué; il est vrai qu'il peut servir à tous les animaux employés en physiologie, grâce à son jeu complet d'accessoires.

B. — **L'appareil à contention de Latapie.** — Cet appareil sert à attacher rapidement et solidement, en profitant de la disposition anatomique de leurs membres, les cobayes, comme du reste les autres animaux utilisés dans les laboratoires. Il permet, en outre, de faire passer l'animal du dos sur le ventre au cours de l'opération sans libérer les pattes postérieures.

Il se compose essentiellement d'une planchette, munie à ses deux extrémités de deux dispositifs mobiles d'avant en arrière, destinés à saisir l'un la tête, l'autre les pattes postérieures et se prêtant ainsi à toutes les adaptations en longueur.

Le dispositif d'arrière est une règle métallique plate, coulissant autour d'un pas de vis qui peut servir à la fixer, et portant en avant une tige métallique légèrement incurvée et pouvant tourner dans un plan vertical autour d'un axe porté par la branche verticale de la règle : c'est à l'aide de cette rotation qu'on peut retourner du dos sur le ventre l'animal dont les pattes postérieures restent fixées.

La tige horizontale porte à chacune de ses extrémités un anneau allongé, pouvant se rabattre à droite ou à gauche.

Pour fixer un cobaye, on allonge le membre postérieur sur la tige, et on rabat l'anneau de façon à lui faire embrasser l'angle saillant formé par la flexion de la jambe sur la cuisse. L'anneau ainsi rabattu est solidement maintenu par un crochet ressort, et le membre se trouve absolument immobilisé.

Les membres postérieurs fixés, on passe à la tête : on applique [la nuque ou la gorge de l'animal sur un billot évidé qui se trouve en avant, et on complète la lunette au moyen d'une tige coudée en fer à cheval qui coulisse verticalement sur le billot et se fixe à l'aide d'une vis. On approche alors un chariot placé en avant du billot et qui coulisse sur des rainures et qui porte une série de muselières. On choisit la plus commode et on en embrasse le museau de l'animal, si celui-ci est sur le ventre; on la fait passer derrière les angles du maxillaire inférieur, s'il est sur le dos.

La tête et les membres postérieurs fixés, on donne à l'animal le degré d'extension voulu, en éloignant le chariot, et on fixe les pattes antérieures à l'aide de deux autres anneaux allongés, portés par une tige fixée à une chaînette. La portion de la tige qui est comprise entre l'anneau et le crochet destiné à le retenir est passée transversalement dans le pli du coude; on rabat l'anneau qui vient embrasser l'angle saillant résultant de la flexion de l'avant-bras sur le bras; puis on maintient le tout au moyen d'un crochet. Cela fait, pour donner aux pattes antérieures l'extension suffisante, on tire sur la chaînette au travers d'un anneau placé sur les bords de la planchette et par la maille la plus rapprochée de cet anneau, on introduit une petite tige métallique qui termine la chaînette. Tout cela peut se faire sans aide et assez rapidement (*Ann. Instit. Pasteur*, VIII, 1894, 668).

C. — **Appareil à contention de** QUEYRAT. — Cet appareil est constitué par un trépied sur lequel est soudée une lame de nickel reproduisant grossièrement la forme d'un cobaye dont les pattes antérieures et postérieures seraient écartées. L'animal est étendu sur cette espèce de patron métallique dans le décubitus dorsal.

Au niveau de la tête se trouve une potence, qui permet d'abaisser sur la partie supérieure du cou une tige terminée par une petite plaque triangulaire à sommet antérieur. Cette plaque constitue un véritable coin qui vient s'encastrer entre les branches du maxillaire inférieur et immobilise la tête. La tige qui supporte la plaque est actionnée par un ressort à boudin; une crémaillère avec cran d'arrêt règle sa course : on peut donc, à volonté, abaisser la plaque, la relever ou la rendre fixe.

De plus, la potence, par l'intermédiaire d'un écrou à oreilles, peut s'incliner soit en arrière, soit en avant, ce qui donne la facilité à l'opérateur (une fois que les pattes du cobaye sont attachées) de mettre la tête et le cou de l'animal en extension plus ou moins complète.

Les pattes sont assujetties sur les prolongements latéraux à l'aide des liens fixés par des œillets au-dessous de l'appareil. Ces liens, après avoir été enroulés autour des pattes, viennent s'arrêter sur une lame formant ressort, placée à l'extrémité et en dessous de chaque prolongement.

Les cobayes employés dans les laboratoires étant de dimensions variées, l'appareil est disposé pour s'adapter à la plupart des tailles. Pour cela, il est divisé transversalement en son milieu, et tandis que la moitié antérieure reste fixe, la moitié postérieure, actionnée par une crémaillère placée en dessous et guidée par deux curseurs, s'écarte. Lorsque l'écart est jugé suffisant, on fixe les curseurs à l'aide d'une vis.

Pour fixer le cobaye sur cet apareil, on le prend de la main gauche, on le couche sur le dos et on met sa région sous-maxillaire en regard de la plaque triangulaire, qu'on abaisse de la main droite; on incline un peu la potence en avant de manière que la plaque cunéiforme s'encastre solidement entre les branches du maxillaire : la tête est fixée.

On lie ensuite les pattes sur les prolongements latéraux en commençant par celles de derrière.

On peut tout aussi bien opérer sur la voûte cranienne ou la région dorsale de l'animal; pour cela, il n'y a qu'à le disposer à plat ventre sur l'appareil et à incliner la potence en arrière, de manière que la plaque triangulaire, concave inférieurement, vienne s'appliquer, à la manière d'un casque, sur la nuque, et le cobaye se trouve parfaitement maintenu dans la position voulue (*B. B.*, 1893, 262).

D. — **Appareil à contention de** MALASSEZ. — Cet appareil comprend : 1° Un plateau métallique remplaçant la planchette en bois habituellement employée;

2° Une tige verticale se fixant sur le plateau et destinée à maintenir le mors;

3° Une pièce intermédiaire servant à unir le mors à la tige verticale;

4° Le mors proprement dit qui doit saisir la tête de l'animal.

Le plateau a les bords relevés, pour que les liquides divers qui peuvent s'échapper du corps de l'animal ne se répandent pas sur la table de travail, ainsi que cela a lieu avec les planchettes plates. Il est métallique, ce qui permet de le nettoyer et de le stériliser plus facilement que s'il était en bois. Des trous placés de distance en distance sur la partie relevée, tout près du bord libre, sont destinés à attacher les pattes de l'animal.

La tige verticale d'appui se fixe sur le bord des plateaux à l'aide d'une sorte de pince qui se trouve à son extrémité inférieure et qui est, comme les rebords, inclinée d'environ 45 degrés. La branche antérieure ou supérieure de la pince se prolonge un peu en avant sur le fond du plateau, afin d'éviter que le rebord ne cède si l'on tirait trop fort sur la tige. On peut la placer sur n'importe lequel des plateaux et à l'endroit le plus commode.

La pièce intermédiaire se compose d'un anneau qui glisse le long de la tige verticale, et que l'on peut, grâce à une vis, placer à la hauteur et dans la direction que l'on veut. Cet anneau porte sur le côté opposé à la vis une sorte de petit arc ouvert en haut, dans lequel on fixe la tige du mors; cet arc étant ouvert, on peut y placer et en retirer la tige avec la plus grande facilité. La fixation est obtenue à l'aide d'une vis qui vient presser la tige du mors contre une petite plaque présentant une rainure en forme d'angle dièdre; il en résulte que la tige, une fois serrée par la vis, ne peut plus s'échapper. Cette plaque, jouissant d'ailleurs d'un certain degré de mobilité autour de son axe, on peut incliner le mors en haut ou en bas ou le laisser horizontal.

La tige du mors étant cylindrique, on peut la tourner suivant son axe, de façon que l'animal puisse être placé debout, couché sur le dos ou sur le côté. Enfin la position voulue étant obtenue, il suffit de serrer fortement la vis pour que tout reste en place.

Le mors se compose d'une tige métallique, se terminant en crosse à l'une de ses extrémités; cette crosse sert à embrasser la nuque en arrière de la tête, tandis que la tige se place sur l'un des côtés de celle-ci, le long du bord inférieur du maxillaire inférieur. Le long de cette tige, en dedans et au-dessus d'elle, glisse un anneau; lorsqu'il est poussé du côté de la crosse il vient entourer le museau de l'animal; une vis permet de le fixer à une distance convenable. La tête se trouve ainsi solidement maintenue entre la crosse en arrière et l'anneau en avant; lorsque l'appareil est bien mis, l'animal ne peut se détacher, et cependant il ne paraît pas souffrir et il respire librement.

L'autre extrémité de la tige porte une petite barre transversale servant de poignée, ce qui permet de saisir le mors plus solidement et de manier l'animal plus facilement (B. B., 1890, 77). Le même appareil pour le chien est représenté fig. 90, p. 498, 3° fasc., T. III de ce dictionnaire.

STEINACH décrit et figure dans les A. g. P., octobre 1892, un appareil à contention pour cochon d'Inde ressemblant à l'appareil de MALASSEZ.

Les différences entre les deux appareils sont les suivantes : 1° le crochet qui sert à saisir la nuque de l'animal peut s'élargir à volonté et servir à des animaux divers, ce qui enlève une grande partie de la solidité; 2° la vis qui sert à fixer l'anneau sur la tige est même au niveau de l'anneau, ce qui fait que la main est exposée aux griffes et aux dents de l'animal (B. B., 1892, 947).

ROUSSY (B. B., 1894, 521) a fait construire une muselière métallique immobilisatrice; un mors ouvre-gueule et tout un matériel d'attache et d'immobilisation qui nous paraît devoir rendre de réels services pour le chien, mais qui nous semble bien compliqué pour le cobaye. Cet appareil est représenté à l'article Chien, 3° fasc., T. III, fig. 83 et 91; p. 488, 491.

Un appareil contentif simple et commode est celui qui se compose d'une planchette trouée, ayant environ 40 centimètres sur 20 centimètres et qui est excavée dans le milieu. En outre des trous dans lesquels on peut faire passer les liens destinés à immobiliser les pattes de l'animal, les bords latéraux de la planchette portent quatre têtes métalliques sur lesquelles on peut nouer les liens des membres.

L'animal, placé sur le dos, sur le ventre ou même sur le côté, est maintenu par des liens passés au moyen d'un nœud coulant ou de charretier autour de l'extrémité des pattes et fixés soit dans les trous dont la planchette est percée, soit aux têtes métalliques situées sur les bords de l'appareil.

La tête est immobilisée par un mors qui, grâce à son articulation à bille placée à une des extrémités de la planchette, peut prendre toutes les positions sans que l'on soit obligé de la libérer. Ce mors se compose lui-même d'une tige légèrement recourbée, terminée d'un côté par la bille qui constitue l'articulation, et qui au moyen d'une vis de pression peut être maintenue dans la position désirée et de l'autre par une sorte de fourche destinée à embrasser la tête de l'animal en arrière de la nuque.

Le long de la tige du mors glisse un anneau qui vient embrasser le museau de l'animal et que l'on fixe solidement au moyen d'une vis. Ainsi saisie, la tête est parfaitement immobilisée dans toutes les positions.

II. Anesthésie. — Le plus ordinairement, il n'est pas bien nécessaire d'anesthésier le cobaye pour pratiquer les expériences de courte durée qui ne demandent pas une préparation préalable ; un aide suffit pour maintenir l'animal. Cependant, dans bien des circonstances, on doit pratiquer l'anesthésie si, par exemple, l'expérience doit être longue et douloureuse, et si l'on ne dispose pas d'aide. On a recours alors aux divers agents anesthésiques qui sont d'un usage courant dans les laboratoires.

Chloroforme. Éther. — Pour anesthésier le cobaye avec l'un de ces deux corps, il suffit de placer l'animal sous une cloche où se trouve une éponge imbibée de l'anesthésique. Il est important de surveiller attentivement l'anesthésie qui, généralement pour le chloroforme comme pour l'éther, survient au bout de quelques minutes à peine, et qui ne dure que quelques minutes aussi, 3 à 5 environ. Ce qui fait que lorsque l'expérience doit durer un certain temps, il faut avoir soin de tenir l'animal sous l'influence des vapeurs anesthésiques, en lui faisant respirer de temps en temps de l'air chargé de vapeurs chloroformiques ou éthérées.

Cependant le chloroforme et l'éther ne se comportent pas exactement de la même manière ; celui-ci endort un peu plus lentement que celui-là et la durée de l'anesthésie est aussi plus courte.

Dès que l'anesthésie est produite, avec l'un comme avec l'autre de ces corps, il faut en arrêter l'action et retirer l'animal de la cloche, sans quoi il succombe assez rapidement.

Injections intra-péritonéales. — L'anesthésie peut s'obtenir au moyen d'une injection intra-péritonéale. Les solutions que l'on peut employer sont d'abord la solution de chloral-morphine de Ch. Richet ou bien la solution de chloralose du même physiologiste.

La solution de chloral-morphine renferme :

Hydrate de chloral	200 grammes
Chlorhydrate de morphine	1 gramme
Eau stérilisée	1 litre

La dose anesthésique de cette solution pour le cobaye est en moyenne de 1 centimètre cube pour 300 grammes d'animal environ.

L'anesthésie s'obtient en 5 à 8 minutes ; elle est profonde et durable ; mais, pour peu que la dose soit plus élevée, les animaux succombent facilement après. Aussi est-il préférable d'employer la solution de chloralose ainsi composée :

Chloralose	7^{gr},50
Chlorure de sodium.	5 grammes
Eau stérilisée.	1 litre

8 centimètres cubes de cette solution en injection intra-péritonéale, sur un cobaye de 500 grammes environ, amènent l'anesthésie en 15 à 20 minutes. Cette anesthésie, qui est durable, est généralement précédée par une période de secousses convulsives qui agitent les quatres pattes, avec persistance des réflexes, mais après, la résolution est complète et durable. Si la dose employée est plus élevée, la mort survient comme après les injections de chloral-morphine.

Curare. — L'immobilité peut aussi être obtenue avec le curare, mais il faut entretenir la vie au moyen de la respiration artificielle.

Il est assez difficile d'indiquer quelle est la dose de curare que l'on doit injecter sous la peau d'un cobaye pour obtenir le résultat nécessaire, car l'on sait que l'action de cette substance varie avec chaque échantillon.

Cependant, d'une façon générale, je suis arrivé à produire l'immobilité avec une dose variant de un demi à un milligramme pour 500 gr. de cobaye. Cette dose en 10 minutes produit une résolution complète.

Morphine. — Il est inutile de songer à employer la morphine pour anesthésier le cobaye, car cette substance est plutôt tétanisante et convulsivante pour cet animal qui en supporte du reste des quantités relativement grandes, 7 centigrammes par 100 grammes de poids du corps, comme nous le verrons en étudiant les doses toxiques des poisons.

Chloral et croton-chloral. — On pourrait à la rigueur employer comme anesthésiques ces substances en injections sous-cutanées; quelques centigrammes suffisent en général pour obtenir la résolution et l'anesthésie.

III. Développement. — Comme le dit Hénocque (A. P., 1891, 108), on ne peut calculer l'âge des cobayes par leur poids, car, dès la naissance, celui-ci varie considérablement. Hénocque parle d'un écart de 50 à 90 grammes; nous avons trouvé que l'écart pouvait être beaucoup plus grand encore. Nous avons eu, en effet, l'occasion dans le cours de nos recherches de peser une grande quantité d'animaux dès leur naissance, et nous avons trouvé des sujets ne pesant que 38 grammes et d'autres, au contraire, ayant un poids de 110 grammes, écart qui, comme on le voit, est presque dans le rapport de un à trois.

On peut dire que d'une façon générale le poids du cobaye à la naissance dépend de la mère et surtout du nombre de la portée. Les femelles jeunes ont des petits qui n'ont pas un développement bien grand, de même qu'une portée de quatre à six cobayes donne des individus plus petits qu'une portée de deux, par exemple. Dans un cas, la mère pesant immédiatement après la mise bas 685 grammes, nous avons vu une portée de deux, composée d'un mâle pesant 89 grammes et une femelle pesant 110 grammes. Dans une portée de cinq, la mère pesant 520 grammes, le poids des petits était 59 grammes, 54 grammes, 49 grammes, 48 grammes, 46 grammes. Dans une autre portée de quatre, nous avons trouvé dans les mêmes conditions : poids de la mère, 688 grammes; poids des petits : 62 grammes, 52 grammes, 47 grammes, 44 grammes.

Peut-on établir un rapport entre le poids de la mère et le poids de la portée ? Non. Nous voyons, en effet, dans les exemples que nous avons donnés, que c'est la femelle qui pesait le moins après la mise bas qui a eu la portée la plus nombreuse et la plus pesante : poids de la mère : 520 grammes, poids de la portée de cinq : 256 grammes; tandis que la femelle la plus lourde : 688 grammes, n'a eu qu'une portée de 205 grammes.

Cette grande inégalité de poids à la naissance disparaît-elle bientôt pour fournir à peu près un poids égal pour chaque individu du même âge? Non encore; car si, comme nous allons le voir, l'accroissement est à peu près journellement régulier, on ne peut pas dire que les animaux les plus petits à la naissance soient ceux qui grossissent le plus rapidement pour regagner, pour ainsi dire, le poids qu'ils n'avaient pas. Aussi, au bout d'un mois par exemple, les animaux qui pesaient à la naissance de 85 à 105 grammes ont un poids de 260 à 270 grammes, tandis que ceux qui ne pesaient que 44 à 60 grammes, n'arrivent qu'au poids de 180 à 200 grammes. La différence reste donc encore très nette au bout d'un mois, malgré les meilleures conditions d'alimentation, les mêmes pour tous.

L'étude journalière du développement du cobaye, pendant la première période, démontre que l'accroissement est régulier et constant. Pourtant une observation que nous avons faite, sans pouvoir bien en établir la cause, c'est que beaucoup de nos animaux qui suivaient un développement régulier, arrivés à une période comprise environ entre le vingt-deuxième et le vingt-sixième jour, présentaient un jour de décroissance passagère, pour reprendre dès le lendemain leur développement régulier. Est-ce une coïncidence bizarre, ou bien cela tient-il à un phénomène particulier de nutrition qui se passerait dans l'organisme de l'animal à cette période? nous posons le problème, n'ayant pu jusqu'à présent en trouver la solution.

Nous avons suivi jour par jour le développement de nombreux animaux, soit au point de vue du poids, soit au point de vue de la taille; nous avons pu nous rendre compte alors du développement dans les conditions normales ordinaires d'alimentation, c'est-à-dire, les animaux étant laissés avec leur mère au moins quinze jours et ayant à leur disposition une alimentation abondante composée de chou, de son et de blé.

Dans le tableau suivant nous avons indiqué jour par jour, pendant le premier mois, puis de cinq en cinq jours pendant le second et enfin de mois en mois jusqu'au sixième, l'accroissement de cinq cobayes dont le poids était bien différent à la naissance. Nous avons inscrit en regard une moyenne de ces cinq observations, moyenne qui pour nous n'a pas une grande valeur, mais qui n'en indique pas moins la marche quotidienne de l'augmentation en poids des animaux et qui permet d'en déduire des conclusions, relatives bien entendu.

Développement du cobaye.

DATES.	1	2	3	4	5	MOYENNES.
	grammes.	grammes.	grammes.	grammes.	grammes.	grammes.
Naissance.	44	58	66	89	110	74
1 jour.	43	60	67	84	102	72
2 —	46	68	73	88	103	77
3 —	50	75	82	97	112	84
4 —	54	83	88	103	119	90
5 —	58	95	97	110	128	98
6 —	64	101	103	119	137	105
7 —	73	111	114	127	141	114
8 —	77	120	123	139	150	122
9 —	80	129	134	147	157	130
10 —	85	139	138	156	165	137
11 —	94	149	148	166	174	147
12 —	97	159	156	172	178	153
13 —	102	167	167	179	185	160
14 —	103	174	168	185	190	164
15 —	114	179	177	190	202	173
16 —	117	189	179	197	210	179
17 —	121	199	185	205	208	185
18 —	131	201	185	200	203	184
19 —	140	208	197	202	205	191
20 —	144	212	195	213	214	196
21 —	150	216	194	223	220	201
22 —	153	228	197	239	238	211
23 —	149	234	211	244	242	216
24 —	151	235	210	246	255	220
25 —	158	232	208	254	253	221
26 —	162	244	229	259	262	232
27 —	167	235	220	255	252	226
28 —	171	253	242	273	271	242
29 —	177	245	230	261	253	234
30 (1ᵉʳ mois. . . .	182	265	245	273	271	248
35 —	204	287	265	295	297	270
40 —	249	308	289	327	322	299
45 —	266	330	301	350	349	320
50 —	285	327	323	374	375	337
55 —	300	350	349	389	401	358
60 — (2ᵉ mois). .	330	392	380	408	430	388
90 — (3ᵉ mois). .	449	450	498	503	525	485
120 — (4ᵉ mois). .	498	530	612	621	638	584
180 — (6ᵉ mois). .	552	717	718	729	750	700

De l'examen de ce tableau, il ressort que, sauf le premier jour où l'on constate le plus habituellement une légère diminution de poids après la naissance, pendant les 17 premiers jours l'accroissement en poids est un phénomène qui marche régulièrement avec une augmentation moyenne d'un peu plus de 6 grammes par jour; à partir de ce moment, quelques irrégularités se produisent et correspondent à la période que nous avons signalée, pendant laquelle on remarque un temps d'arrêt et même une diminution de poids. C'est ici que la moyenne perd de sa signification, car cette perte de poids ne se produisant pas le même jour chez tous les animaux, il y a compensation dans la moyenne; cependant cette diminution n'en paraît pas moins évidente entre le dix-huitième et le vingt-huitième jour, et l'augmentation quotidienne tombe au-dessous de 5 grammes. Si maintenant on étudie l'augmentation du poids total pendant le premier mois, on trouve 174 grammes, ce qui donne par jour $5^{gr},8$; pendant le second mois l'augmentation n'est plus que de 140 grammes, soit $4^{gr},6$ par jour; pendant le troisième mois, elle est de 97 grammes, soit de $3^{gr},23$ par jour; pendant le quatrième elle est à peu près la même : 99 grammes, $3^{gr},3$ par jour; pendant le cinquième et le sixième, elle n'est que de 116 grammes pour les deux mois, soit $1^{gr},9$ par jour.

A partir de ce moment l'animal peut être considéré comme ayant atteint son complet développement, car les variations qu'il présente ne sont que le résultat de l'engraissement. Nous avons pesé plusieurs cobayes ayant dix mois et plus, et nous avons trouvé leur poids variant de 650 à 800 grammes.

Nous avons déjà dit qu'il était assez difficile d'établir l'âge d'un cobaye d'après son poids; pourtant, de l'ensemble du tableau ci-dessus et surtout d'après le résumé d'un grand nombre de pesées effectuées successivement sur les animaux que nous avons observés et suivis, on peut arriver, croyons-nous, à établir une moyenne qui est la suivante :

A 1 mois le poids moyen est de 240 à 250 grammes
A 2   —   —   —   350 à 400   —
A 3   —   —   —   450 à 500   —
A 4   —   —   —   550 à 600   —
A 6   —   —   —   650 à 700   —

Les chiffres que nous avons donnés sont établis sans tenir compte du sexe, mais il était intéressant, en faisant cette étude, de savoir si le sexe pouvait avoir une influence quelconque sur l'accroissement. Nous avons suivi séparément le développement des mâles et des femelles, et des chiffres que nous avons obtenus, il ne nous est pas possible de tirer une conclusion, car tantôt la moyenne était en faveur des mâles, tantôt en faveur des femelles. On peut donc dire que le sexe est sans influence sur la marche de l'augmentation du poids chez le cobaye.

Taille. — Nous venons de voir quelle était la marche de l'accroissement du cobaye en poids, nous devons maintenant étudier son accroissement en longueur afin de connaître si l'on peut établir une relation entre ces deux facteurs.

Pour mesurer la longueur du cobaye vivant, le procédé qui nous a paru le plus simple et en même temps le plus exact consiste à suspendre l'animal en prenant entre le pouce et l'index gauches sa tête placée en extension dans la direction de l'axe du corps. Si l'on a soin de ne pas appuyer sur les oreilles, l'animal cesse bientôt de s'agiter et il est facile, avec un compas-glissière tenu de la main droite, de mesurer sa longueur du museau au coccyx.

Chez le nouveau-né, la longueur du corps est en moyenne comme le poids, à peu près égale dans les deux sexes, mais les écarts individuels sont considérables même chez les sujets d'une même portée.

Poids et longueur du corps chez le nouveau-né :

		GRAMMES.			MÈTRES.
12 sujets mâles.	Poids moyen. . .	76	Longueur moyenne. . .	0,133
—	— maxim. . .	88	— maxim. . . .	0,144
—	— minim. . .	46	— minim. . . .	0,120
9 sujets femelles.	— moyen. . .	73	— moyenne. . .	0,133
—	— maxim. . .	107	— maxim. . . .	0,148
—	— minim. . .	45	— minim. . . .	0,122

L'allongement du corps se continue tant que l'animal augmente de poids; il est plus rapide pendant les premiers jours qui suivent la naissance, sauf pendant la période de diminution passagère qu'il présente généralement au début. Il se ralentit ensuite, mais il est encore sensible sur le cobaye de 700 à 800 grammes. Pendant les trois premiers mois, le corps s'allonge en moyenne de $0^m,001$ à $0^m,0015$ par jour, mais la marche de l'accroissement en longueur est irrégulière, sujette à de grandes différences individuelles et indépendantes du sexe. Entre deux sujets de même portée et de sexe différent, la femelle n'est pas toujours, au bout d'un même laps de temps, la moins développée, le mâle finit cependant par l'emporter un peu sur la femelle.

Parmi les observations que nous avons recueillies, nous donnerons comme exemple la suivante prise sur quatre animaux, deux mâles et deux femelles de la même portée qui ont été suivis pendant quatre-vingt-quatre jours. Les chiffres suivants montrent comparativement la marche du développement en poids et en longueur.

Accroissement du poids et de la longueur du corps chez 4 cobayes de la même portée.

DATE.	N° 1. MALE.			N° 2. MALE.			N° 3. FEMELLE.			N° 4. FEMELLE.		
	POIDS.	LONGUEUR.	ACCROIS. par jour.	POIDS.	LONGUEUR.	ACCROIS. par jour.	POIDS.	LONGUEUR.	ACCROIS. par jour.	POIDS.	LONGUEUR.	ACCROIS. par jour.
	gr.	mèt.	mèt.	gr.	mèt.	mèt.	gr.	mèt.	mèt.	gr.	mèt.	mèt.
Naissance...	76	0,128	»	73	0,127	»	74	0,130	»	64	0,125	»
2e jour...	63	0,136	0,0040	62	0,134	0,0035	62	0,137	0,0035	52	0,126	0,0005
4 — ...	81	0,139	0,0013	79	0,140	0,0030	61	0,137	»	56	0,127	0,0005
9 — ...	76	0,144	0,0010	77	0,142	0,0004	76	0,144	0,0017	69	0,135	0,0016
14 — ...	92	0,152	0,0016	110	0,156	0,0036	102	0,156	0,0024	97	0,150	0,0030
20 — ...	135	0,167	0,0025	153	0,173	0,0028	148	0,173	0,0028	134	0,166	0,0026
25 — ...	165	0,180	0,0026	187	0,187	0,0028	179	0,185	0,0024	156	0,177	0,0022
35 — ...	»	»	»	246	0,203	0,0016	248	0,207	0,0022	205	0,190	0,0013
41 — ...	»	»	»	274	0,213	0,0016	272	0,215	0,0013	230	0,203	0,0021
52 — ...	»	»	»	352	0,226	0,0011	338	0,227	0,0010	276	0,212	0,0008
58 — ...	»	»	»	400	0,230	0,0006	365	0,230	0,0005	295	0,218	0,0010
67 — ...	»	»	»	464	0,242	0,0013	420	0,245	0,0016	301	0,222	0,0004
84 — ...	»	»	»	510	0,260	0,0010	488	0,252	0,0004	410	0,235	0,0007

De l'ensemble de nos mensurations nous croyons pouvoir établir la longueur moyenne du corps chez le cobaye par rapport au poids, de la façon suivante :

POIDS.	LONGUEUR.
grammes.	mètres.
De 50 à 100.	0,140
— 101 à 150.	0,165
— 151 à 200.	0,185
— 201 à 250.	0,200
— 251 à 300.	0,215
— 301 à 350.	0,230
— 351 à 400.	0,245
— 401 à 500.	0,260
— 501 à 600.	0,270
— 601 à 700.	0,280
— 701 à 800.	0,290
— 801 à 900.	0,300

Modifications dues au genre d'alimentation. — Nous venons d'étudier l'augmentation de poids de cobayes placés dans des conditions normales, c'est-à-dire laissés avec leur mère pendant environ quinze jours et ayant à leur disposition une nourriture abondante composée de chou, carottes, son et blé.

Il était intéressant de connaître comment se ferait le développement d'animaux nourris simplement par le lait de la mère, ou bien privés complètement de lait et nourris dès leur naissance comme les cobayes adultes, avec du chou, des carottes et du son. On sait, en effet, que ces animaux ont dès leur naissance une dentition assez développée pour pourvoir à leur alimentation.

Nos expériences nous ont démontré que les cobayes qui n'ont comme nourriture que le lait de leur mère ne tardent pas à succomber, surtout s'ils ne présentent pas à leur naissance un certain développement. Leur poids va continuellement en diminuant jusqu'à la mort qui arrive généralement dans la huitaine. Quelquefois l'animal reprend un peu, mais ce n'est qu'une amélioration passagère qui ne dure pas longtemps.

Le tableau suivant indique les variations de poids de cinq cobayes différents, nourris seulement avec le lait.

JOURS.	POIDS DES COBAYES.				
	gr.	gr.	gr.	gr.	gr.
1.	48	49	54	59	76
2.	44	45	50	54	76
3.	40	41	47	50	75
4.	37 Mort.	37	41	47	73
5.		35 Mort.	39 Mort.	45	73
6.				39	67
7.				38 Mort.	64
8.					57 Mort.

Il faut donc que, dès leur naissance, les jeunes cobayes aient de la nourriture à leur disposition.

Contrairement à ce qui se passe lorsque les jeunes cobayes n'ont que le lait de la mère, ceux que l'on sépare dès la naissance et à qui on donne l'alimentation ordinaire, chou, carottes, son, se développent presque normalement. De Sinéty (*C. R.*, lxxviii, 1874, 443) a constaté que les cobayes privés du lait maternel mouraient au bout de peu de jours.

On remarque bien vers le troisième ou quatrième jour une petite diminution de poids, mais bientôt l'accroissement se dessine nettement. Ainsi un cobaye qui pesait à la naissance 70 grammes, le troisième jour ne pesait que 67 grammes; mais le dixième il pesait 97 grammes, le vingtième 155 grammes et au bout du premier mois 204 grammes, c'est-à-dire un peu moins que la moyenne que nous avons établie plus haut. Mais à partir de ce moment le développement se fait normalement : à deux mois il pesait 350 grammes, et à 6 mois, 700 grammes, le poids moyen normal.

La suppression du lait n'est donc pas un empêchement au développement de l'animal, elle ne fait qu'en retarder un peu la marche pendant le premier mois.

Gestation. — Tout ce que nous venons de dire se rapporte à des mâles ou à des femelles en dehors de la gestation bien entendu, mais pendant cette période qui dure trente à trente-cinq jours, certaines femelles prennent un développement considérable : ou en voit qui arrivent à peser de 1 200 à 1 300 grammes, ce qui fait une augmentation de 500 à 600 grammes, soit un accroissement journalier de 16 à 20 grammes.

Dératement. — Dastre (1893, 566) a pratiqué sur des cobayes et sur d'autres animaux l'ablation de la rate pour voir si cette opération aurait du retentissement sur la croissance; dans toutes ses expériences il est arrivé au même résultat négatif, l'extirpation de la rate n'ayant exercé aucune influence sur le développement des animaux.

VI. Appareil digestif. — Vivisections. — Les expériences que l'on peut pratiquer sur l'appareil digestif du cobaye sont peu nombreuses. Les conduits excréteurs de la salive sont trop ténus pour songer à faire des fistules salivaires; l'estomac, comme celui du lapin, est toujours plein d'aliments et n'est nullement propice pour l'étude de la sécrétion gastrique au moyen de fistules; on ne peut non plus songer à aller placer une canule dans le conduit pancréatique. L'appareil biliaire est le seul sur lequel on puisse expérimenter.

Fistule biliaire. — L'animal anesthésié est fixé sur l'appareil contentif par les quatre pattes, le ventre en l'air; on rase les poils du ventre dans une certaine étendue, et sur la ligne médiane on pratique une incision de 5 à 6 centimètres, en commençant au-dessous de l'appendice xiphoïde. On incise sur la ligne blanche les tissus y compris le péritoine, que l'on sectionne avec précaution, et même en faisant usage de la sonde cannelée. On découvre ainsi la fin de l'estomac près du pylore. Au moyen de légères tractions, on fait sortir le duodénum au commencement duquel vient se jeter le conduit cholédoque, facile à reconnaître à sa texture et à sa direction. On isole ce conduit sur une certaine étendue au moyen d'un crochet mousse et on en opère la ligature ou l'ouverture suivant le cas. On peut en effet y introduire une petite canule et avoir une fistule biliaire du canal cholédoque. Si l'on veut opérer sur la vésicule, il faut, au moyen d'une paire de pinces à pansement, aller la saisir en ayant soin de passer les pinces immédiatement au-dessous du cartilage costal; généralement elle est distendue par de la bile et les tractions que l'on opère doivent être douces de façon à ne déchirer ni la vésicule, ni le foie extrêmement friable. La vésicule étant amenée entre les lèvres de la plaie abdominale, on fait sur son fond une petite ouverture par laquelle on introduit une petite canule sur laquelle, au moyen d'un fil, on fixe solidement les parois de la vésicule. Le diamètre de cette canule doit être de 2 à 3 millimètres au plus, et l'extrémité que l'on introduit dans la vésicule doit présenter un petit rebord saillant. On peut avantageusement se servir, à cet effet, d'un petit tube de verre, aux extrémités duquel on pratique facilement un bourrelet. La canule ainsi fixée, on suture la plaie abdominale en laissant au dehors l'extrémité libre de la canule.

Généralement les animaux meurent au bout de vingt-quatre heures (LIVON. *Manuel de Vivisections*, Paris, 1882, 111).

Les voies biliaires peuvent être empruntées pour faire des injections destinées à déterminer des lésions hépatiques. On peut, après avoir pratiqué la laparotomie, introduire le liquide au moyen d'une seringue de PRAVAZ, munie d'une canule fine, dans la vésicule biliaire; puis on pratique une ligature de la vésicule au-dessus de la piqûre ainsi produite. Mais ce procédé peu commode expose à plusieurs accidents, car souvent la bile s'épanche dans le péritoine et la ligature de la vésicule donne lieu à du sphacèle, ensuite le liquide injecté suit le trajet de la bile et passe en grande partie dans l'intestin. On peut faire préalablement la ligature du canal cholédoque; mais alors la mort survient rapidement. L'injection pourrait encore se faire par le canal cholédoque dans lequel on introduirait l'aiguille de la seringue, mais là encore on est exposé à un épanchement biliaire dans le péritoine, ou bien il faut lier le canal.

Le procédé suivant, indiqué par ROGER (*B. B.*, 1891, 143), permettrait d'éviter ces divers inconvénients.

L'animal est fixé sur le dos et anesthésié; les poils de la région sur laquelle on doit opérer sont coupés et la peau est recouverte d'une couche de collodion iodoformé. On incise la paroi abdominale, sur la ligne blanche, depuis l'appendice xiphoïde jusqu'à l'ombilic. Quant la cavité abdominale est ouverte, un aide, avec un écarteur garni d'ouate aseptique, relève la face inférieure du foie, en prenant toutes les précautions nécessaires pour ne pas déchirer le tissu si friable de cet organe. L'opérateur recherche alors le duodénum, et le saisissant entre le pouce et l'index de la main gauche, l'attire en dehors. Sous l'influence de la traction qu'on exerce, le canal cholédoque se trouve tendu et comme il contient toujours un peu de bile il est facile de le reconnaître. Ceci fait, de la main droite, on saisit la seringue qui contient le liquide à injecter et qui est munie d'une canule très fine; on introduit la canule à travers la paroi du duodénum, juste au point opposé à celui où s'ouvre le canal excréteur de la bile. Quand la canule est engagée dans l'intestin, on la dirige vers le canal cholédoque et on l'y fait pénétrer en passant par l'orifice d'ouverture de ce canal; avec un peu d'habitude cette partie de l'opération ne présente pas de difficultés. On pousse le liquide à injecter, puis on retire la canule. Il faut faire attention que chez le cobaye, les parois du duodénum sont minces et friables, et que le moindre mouvement à faux peut amener une déchirure de l'intestin, dont le contenu sort aussitôt par la plaie. Faite avec soin, cette opération est très bien supportée en elle-même par le cobaye, les parois de l'intestin ne se ressentant pas de la piqûre faite par la petite canule.

Sécrétion salivaire. — A en juger par son développement, l'appareil salivaire doit jouer un rôle important dans la digestion du cobaye. Il est impossible de pouvoir apprécier la quantité de salive fabriquée dans un temps déterminé, mais nous avons pu recueillir une certaine quantité de salive mixte et constater que sa réaction est alcaline, et que son pouvoir saccharifiant sur l'amidon est très net.

Nous avons aussi fabriqué de la salive artificielle en faisant macérer chacune des paires glandulaires broyées dans un peu de glycérine additionnée d'eau, le liquide obtenu après filtration jouissait pour chaque glande d'un pouvoir saccharifiant très évident.

On peut donc dire que chez le cobaye la sécrétion salivaire a pour but de transformer l'amidon en sucre, comme chez la plupart des animaux.

Sécrétion gastrique. — Cette sécrétion est difficile à étudier, car, comme chez le lapin, l'estomac est constamment rempli par les aliments. Mais ce qu'il est facile de constater, c'est l'acidité de tout le contenu et l'acidité très marquée de la muqueuse dans toute son étendue.

Le contenu stomacal traité par de l'eau distillée donne un filtratum limpide, légèrement teinté en jaune verdâtre, couleur provenant du genre d'alimentation (chou, son, blé). Ce liquide est franchement acide et donne la réaction considérée comme celle de l'acide lactique (coloration jaune clair du liquide bleu violet formé par un mélange de solution d'acide phénique et de perchlorure de fer); il ne donne pas la réaction considérée comme celle de l'acide chlorhydrique avec le vert malachite, le violet de méthyle ou la solution alcoolique de phloroglucine et de vanilline. Ce liquide ne donne pas non plus la réaction du biuret, il ne contient par conséquent pas de matières albuminoïdes. Mais avec la liqueur de FEHLING il donne une réaction très manifeste de glucose.

L'Intestin dans toute son étendue présente une réaction alcaline. Cette alcalinité commence immédiatement au-dessous du pylore. Ce changement de réaction s'explique, puisque la bile vient se déverser tout à fait au commencement du duodénum. Cette alcalinité n'est cependant pas la même partout, le point où elle est le plus prononcée correspond à l'abouchement du conduit pancréatique, c'est-à-dire à la fin du duodénum, 8 à 10 centimètres plus bas que l'ouverture du conduit cholédoque.

Le **Foie** chez le cobaye est volumineux : d'après PILLIET (*B. B.*, 1895, 789) il présente deux zones différentes d'activité sécrétoire; la bile qu'il sécrète est jaune clair, alcaline, et, comme l'a fait remarquer SCHIFF, elle ne donne pas la réaction de PETTENKÖFER. Elle peut, il est vrai, donner une coloration rouge jaunâtre qui se rapproche beaucoup de la coloration des élytres du hanneton. Cette couleur est analogue à la couleur rouge donnée dans les mêmes conditions par beaucoup de corps azotés, mais elle n'a rien de caractéristique pour la bile, et, comme le fait observer SCHIFF, les auteurs qui croient avoir obtenu la réaction de PETTENKÖFER ont dû sans doute se contenter de l'apparition d'un rouge quelconque (SCHIFF, *A. P.*, 1892, 594).

Mais si l'on fait absorber à l'animal de la bile de bœuf, cette bile passe en substance dans la sécrétion hépatique du cobaye et lui communique par conséquent toutes ses réactions (SCHIFF).

Le foie du cobaye renferme de la matière glycogène et du sucre; ces substances sont faciles à mettre en évidence par les procédés ordinaires.

Quant à l'action de la bile, elle doit être la même que chez les autres animaux; ce que nous avons pu observer, c'est qu'elle émulsionnait les graisses.

Suc pancréatique. — Le pancréas fournit un liquide très alcalin qui communique au contenu intestinal une réaction très nette.

Pour étudier l'action de cette sécrétion nous avons fabriqué du suc pancréatique artificiel en faisant macérer du pancréas frais, broyé dans de la glycérine étendue d'eau. Le liquide obtenu après filtration nous a donné les résultats que l'on obtient avec le suc pancréatique artificiel obtenu avec le pancréas d'animaux plus supérieurs (tel que le chien par exemple).

1° L'amidon cuit, à la température moyenne du laboratoire, est très rapidement transformé en glucose. Cette réaction est effectuée au bout d'une minute;

2° La fibrine et l'albumine sont transformées en peptone;

3° Les matières grasses sont émulsionnées.

Le pancréas du cobaye représenterait donc exactement le pancréas des autres mammifères.

Alimentation. — Après avoir suivi pendant des semaines et des mois le développement du cobaye, il nous a paru intéressant de suivre aussi son alimentation au point de vue de la nutrition en général et du rapport qui peut exister entre les ingesta et les excreta. La première chose qui saute aux yeux, c'est l'irrégularité du régime alimentaire quotidien. Le cobaye est un animal essentiellement impressionnable, la moindre cause trouble ses fonctions respiratoires, circulatoires, et très probablement digestives, car ce n'est que comme cela que l'on peut expliquer les écarts considérables que l'on constate d'un jour à l'autre; il suffit, en effet, de changer l'animal de cage ou de le laisser seul, pour voir sa ration journalière subir une perturbation très notable.

Ces réserves importantes faites, nous avons mis en observation, au point de vue de la quantité d'aliments, différents animaux. Leur alimentation consistait en chou, en blé et en avoine. La quantité consommée par jour était soigneusement pesée, ainsi que les matières fécales, rendues en vingt-quatre heures, après dessiccation à l'étuve à 100°.

Pour établir nos moyennes nous avons divisé nos animaux en trois séries : a) première série comprenant des animaux mâles pesant entre 3 et 400 grammes; b) deuxième série fournie par des animaux mâles pesant entre 7 et 800 grammes; c) troisième série comprenant des femelles gravides pesant environ 1 kilogramme.

Les moyennes que nous avons obtenues sont les suivantes :

POIDS MOYEN.	QUANTITÉ de chou.	QUANTITÉ de blé et d'avoine.	MATIÈRES FÉCALES desséchées.
grammes.	grammes.	grammes.	gr.
a) 340	90	13	2,915
b) 762	149	24	4,4915
c) 1 005	122	27	7,180

Sachant que le chou contient 90 p. 100 d'eau, et le blé et l'avoine 14 p. 100, on a comme matières sèches ingérées dans chaque série :

a) $20^{gr},10$; b) $35^{gr},54$; c) $35^{gr},42$.

Si l'on établit la proportion des ingesta et des excreta pour 100 grammes du poids du corps on a :

INGESTA.	EXCRÉTA.
a) 5,91	0,857
b) 4,66	0,589
c) 3,524	0,710

Mais pour arriver à une comparaison, il faut nécessairement tenir compte des matières excrétées par l'urine et renfermées dans l'extrait sec.

Nous verrons, en effet, que l'extrait sec de l'urine pour 100 grammes du poids du corps dans les trois séries est le suivant : a) $0^{gr},500$; b) $0^{gr},529$; c) $0^{gr},457$. En ajoutant ces chiffres aux précédents on trouve comme totalité des excreta par 100 grammes du poids du corps :

dans la série   a : 0,857 + 0,500 = 1,357
—   b : 0,589 + 0,529 = 1,118
—   c : 0,710 + 0,457 = 1,167

Nous tenons à dire que ce ne sont là que des moyennes dont nous avons cru devoir même supprimer les données qui présentaient un écart tel que l'animal pouvait être considéré comme n'étant pas dans son état normal. Ce sont certainement des recherches à compléter afin d'en arriver à pouvoir établir le bilan nutritif du cobaye.

V. Appareil circulatoire. — Vivisections. — Les vivisectons que l'on peut pratiquer sur l'appareil circulatoire du cobaye se réduisent à la découverte des vaisseaux artériels ou veineux. Ces opérations ne présentent rien de bien spécial, il suffit de connaître la position de ces vaisseaux pour les découvrir. C'est généralement au cou, pour aller chercher l'artère carotide ou la veine jugulaire externe, ou bien au pli de l'aine pour isoler les vaisseaux fémoraux que se pratiquent ces vivisections. Le seul point à connaître pour isoler la veine jugulaire externe, c'est qu'elle suit une direction oblique de la base de l'oreille au sommet du sternum; c'est donc sur cette ligne qu'il faudra pratiquer l'incision de la peau et la veine ne tarde pas à paraître; elle est du reste facile à reconnaître à sa couleur.

Sang. — Comme chez tous les mammifères, le sang du cobaye renferme des globules rouges et des globules blancs. D'après HAYEM (Du sang, 1889, 173), le nombre des globules rouges serait de 5 839 500; la richesse globulaire exprimée en globules humains serait de 5 467 000; la valeur individuelle d'un globule égalerait 0,93.

Le nombre des globules blancs serait de 5 600.

Le diamètre des hématies serait : globules rouges : grands 7 μ 90 (le plus grand,

8 μ 75); moyens : [7 μ 48; petits : 6 μ 68 (le plus petit, 6 μ 30); Milne-Edwards (Leç. sur l'Anat. et la Phys., I, 1857, 85) donne comme dimension du globule rouge du Cavia cobaya 1/139 de millimètre.

Dans son étude sur les variations que présente la masse totale du sang (A. de P., 1875, 261), Malassez a trouvé comme capacité globulaire sur les cochons d'Inde : 160 000 000 et 102 000 000.

Étudiant l'influence de l'âge sur la capacité globulaire, sur la richesse globulaire et sur le volume de sang par gramme, il a trouvé sur six jeunes cobayes, nés d'un même père, mais de mères différentes, les chiffres suivants :

AGE.	CAPACITÉ globulaire.	RICHESSE globulaire.	VOLUME de sang par gr. millim. cub.
1 jour.	278 000 000	5 000 000	55
2 — né en cage.	272 000 000	4 500 000	60
2 — né en liberté.	296 000 000	5 400 000	54
10 — né en cage.	158 000 000	3 500 000	45
10 — né en liberté.	—	3 900 000	—
6 semaines.	196 000 000	4 000 000	49
Animal adulte.	102 000 000	4 300 000	23

Il existe donc avec l'âge une diminution générale dans la capacité, la richesse globulaire et le volume du sang. Chez l'adulte cette diminution continue pour la capacité globulaire et le volume.

Étudiant l'influence d'autres causes, il a pris deux cobayes très semblables, presque du même poids et il les a soumis l'un à la diète, l'autre à une alimentation exagérée : le premier maigrit, le second engraisse et on trouve :

	CAPACITÉ globulaire.	RICHESSE globulaire.	VOLUME. millim. cub.
Cobaye amaigri.	160 000 000	3 400 000	41
— engraissé.	102 000 000	4 300 000	23

Ce qui montre que chez l'animal engraissé, la graisse s'est développée plus rapidement que le sang, d'où une diminution relative dans la masse du sang. Par contre, la richesse globulaire a augmenté notablement. Il en résulte un plus grand volume de sang chez l'animal amaigri que chez l'animal engraissé. La diète amène donc une diminution dans la richesse globulaire, une hypoglobulie avec hydrémie, tandis que l'engraissement produit un sang plus riche mais relativement moins abondant.

L'hémoglobine chez le cobaye cristallise assez difficilement, les cristaux affectent une forme spéciale; d'après Preyer ce sont des tétraèdres du système rhombique presque réguliers.

Oxyhémoglobine. — Hénocque (A. de P., 1891, 121) a recherché quelle était la quantité d'oxyhémoglobine que contenait le sang de la naissance à l'âge de 4 mois environ, et il est arrivé aux résultats suivants : l'oxyhémoglobine a varié entre 14, chiffre le plus fréquent, et 13 à 13,5 p. 100. Il s'est élevé à 14,5 p. 100, mais il n'y a pas de rapport fixe entre cette quantité et l'âge.

Cœur. — Le cœur du cobaye n'est pas très facile à explorer, car, quoique les battements se perçoivent très bien au doigt, l'impulsion qu'ils impriment à la partie antérieure de la cage thoracique n'est pas assez forte pour être transmise avec netteté aux appareils enregistreurs. Cependant avec les deux tambours conjugués de Marey, on arrive à enregistrer simultanément la respiration et les pulsations cardiaques.

Bardier (A. de P., 1897, 704) a proposé un appareil permettant d'enregistrer très nettement les pulsations cardiaques du cobaye.

Cet appareil, au lieu d'être formé par deux tambours conjugués, comme l'appareil de Marey, est composé de deux parties : une première qui n'est qu'un appareil de contention disposé de façon à pouvoir bien explorer la région précordiale, et une seconde comprenant un tambour mobile en tous sens et pouvant porter au centre de sa membrane soit un bouton, soit une aiguille, de manière à bien limiter l'exploration du cœur.

Au moyen de cet appareil on obtient des cardiogrammes assez amplifiés pour y reconnaître aisément tous les éléments séparés de la révolution cardiaque (fig. 126 à 128).

Les battements de cœur du cobaye sont assez rapides. Nous les avons trouvés en

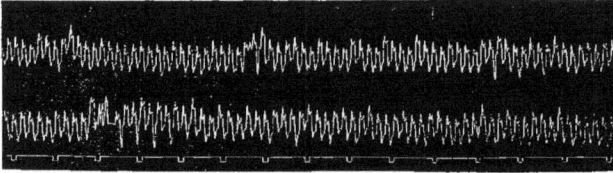

Fig. 126. — Cardiogramme du cobaye, d'après Bardier.

moyenne au nombre de 130 à 160 à la minute. Les jeunes animaux les ont un peu plus fréquents que les adultes. Mais lorsqu'on étudie les battements du cœur, comme le rythme respiratoire, il ne faut pas perdre de vue que le cobaye est un animal essentiellement impressionnable, qu'un rien trouble ses fonctions circulatoires et respiratoires

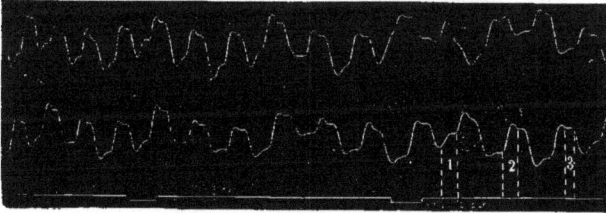

Fig. 127. — Cardiogramme du cobaye.

et qu'en raison de cette disposition particulière, on est exposé à constater des variations considérables si l'on ne tient compte de l'état émotif de l'animal.

. . Chez le cobaye comme chez certains autres animaux, il n'y a pas de variations respiratoires du rythme cardiaque, les pulsations sont isochrones, aux deux temps de la respiration Legros et Griffé, *Bull. Acad. R. Belg.*, 1882).

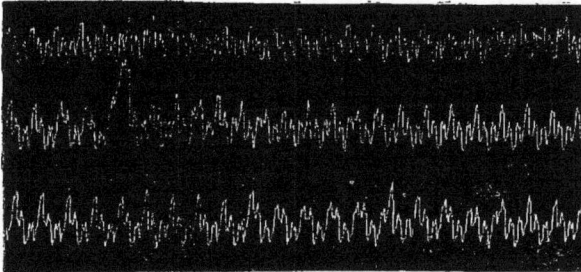

Fig. 128. — Cardiogramme du cobaye.

Sur des cobayes, avec de la strophantine, du curare, du chlorhydrate de nicotine, de la benzoïlnicotine ou du butylnicotilammonium, Gley a montré la dissociation fonctionnelle des différentes parties du cœur, le ventricule droit ou l'une des oreillettes continuant à battre isolément après la mort (*B. B.*, 1893, 1053).

Chaleur. — A la circulation doivent se rattacher les questions de température et de calorimétrie.

Nous avons trouvé la température rectale moyenne du cobaye de 39° sur un grand nombre d'expériences. Ch. Richet arrive à une température de 39°,2 avec un minimum de 37°,8 et un maximum de 40°,5. Comme on le voit, nos résultats peuvent être considérés comme identiques.

Il est bon de faire remarquer avec Rumpf et Finkler (1882) que, lorsqu'on prend la température rectale du cobaye, il faut aller assez profondément; autrement on s'expose à avoir des chiffres défectueux, comme Colasanti qui est arrivé à une température moyenne de 37°,1.

Par sa taille, le cobaye se prête très bien aux expériences de calorimétrie, aussi est-ce avec lui que fut faite la première expérience par Lavoisier et Laplace, en 1780.

Depuis, bien des observations de calorimétrie ont été faites et, résumant les résultats obtenus, on peut pour le cobaye dresser le tableau suivant indiquant la quantité de calories dégagées par des animaux de poids différent.

POIDS DE L'ANIMAL.	QUANTITÉ DE CALORIES DÉGAGÉES par kilog. d'animal et par heure.	NOM DE L'EXPÉRIMENTATEUR.
grammes.	calories.	
780	6 000	Ch. Richet.
756	5 800	—
650	6 400	Sapalski et Klebs.
645	7 000	Ch. Richet.
600	6 400	Sapalski et Klebs.
540	6 400	
530	6 000	Ch. Richet.
510	7 400	—
375	6 300	Sigalas.
250	8 000	Quinquaud.
180	7 000	
160	10 000	
150	12 800	Ch. Richet.
145	13 300	
140	11 100	—

Au point de vue de la production de chaleur, les cobayes suivent donc la loi biologique générale, c'est que par unité de poids les petits animaux produisent une quantité de chaleur plus grande que les animaux les plus gros.

Il en est de même pour l'unité de surface, comme l'ont démontré tous ceux qui se sont occupés de cette question, et Ch. Richet surtout; ce sont les animaux dont la surface totale est la moins développée qui produisent par unité de surface la plus grande quantité de calories.

Les cobayes ont une production de calorique variant avec la température extérieure : voici les chiffres trouvés par Ch. Richet pour des cobayes pesant entre 125 et 150 grammes :

$$
\begin{array}{ll}
+\ 9° & 10,040 \\
+\ 11° & 12,780 \\
+\ 12° & 12,800 \\
+\ 24° & 7,800
\end{array}
$$

Pour des cobayes pesant de 500 à 1 000 grammes, il a trouvé :

$$
\begin{array}{ll}
-\ 1° & 3,230 \\
+\ 11° & 6,600 \\
+\ 24° & 5,238
\end{array}
$$

Ces chiffres viennent encore confirmer ce qui a été dit plus haut : à température égale les petits animaux sont ceux qui produisent le plus de calories. Nous renvoyons du reste pour toute cette étude à l'article **Chaleur** où toutes ces questions sont traitées avec beaucoup de détails (*D. Ph.*, III, 81 et suiv.).

VI. Appareil respiratoire. — **Vivisections.** — La seule vivisection que l'on pratique sur l'appareil de la respiration est la trachéotomie, afin de pouvoir faire la respiration artificielle. Il suffit pour cela d'inciser la partie médiane et antérieure du cou, après avoir coupé soigneusement les poils et l'on tombe très aisément sur la trachée qu'il est facile d'isoler et d'ouvrir pour y introduire une canule appropriée.

NUMÉROS DES EXPÉRIENCES.	POIDS DES COBAYES.	CO² PRODUIT PAR KILOG. et par heure.	NOMS DES AUTEURS.
	grammes.	grammes.	
LXX	790	2,566	LETELLIER.
LXXI	750	2,073	CH. RICHET.
LXXII à LXXXIV . .	650	1,809	SAINT-MARTIN.
LXXXV	613	2,447	LETELLIER.
LXXXVI	565	2,694	CH. RICHET.
LXXXVII	540	2,434	—
LXXXVIII	535	2,266	FINKLER.
LXXXIX (Lapins) . .	535	2,717	CH. RICHET.
XC	520	2,038	FINKLER.
XCI	520	2,772	—
XCII à XCVI	500	2,777	CH. RICHET.
XCVII	500	2,776	FINKLER.
XCVIII	485	1,620	—
XCIX	480	2,366	—
C	475	2,012	—
CI	470	3,418	—
CII	465	2,448	—
CIII à CVII	450	2,187	COLASANTI.
CVIII	435	1,608	FINKLER.
CIX	430	2,372	—
CX	430	1,908	—
CXI	425	2,824	—
CXII	415	1,603	COLASANTI.
CXIII	410	2,468	—
CXIV	400	1,899	—
CXV	395	1,634	FINKLER.
CXVI	395	2,024	COLASANTI.
CXVII	390	2,784	FINKLER.
CXVIII	380	1,744	COLASANTI.
CXIX	380	2,356	—
CXX	305	3,118	—
CXXI	300	2,234	—
CXXII	300	2,718	—
CXXIII	295	2,980	—
CXXIV	295	3,040	—
CXXV	290	2,071	—
CXXVI	285	2,858	—
CXXVII	280	1,734	—
CXXVIII	280	2,460	—
CXXIX	280	3,805	SAINT-MARTIN.
CXXX	225	1,812	COLASANTI.
CXLVII à CLIII . . .	87	3,250	DESPLATS.

Pour enregistrer le rythme respiratoire, on peut se servir des tambours conjugués de MAREY, ou bien l'on peut placer l'animal sous une cloche qui, au moyen d'un tube en caoutchouc, communique avec un tambour récepteur.

La respiration du cobaye ne présente rien de bien spécial, mais précisément à cause de cette impressionnabilité dont il a déjà été question à propos des battements du cœur, il est difficile de pouvoir arriver à bien observer le rythme normal respiratoire, qui d'un moment à l'autre varie dans des proportions considérables. Il suffit en effet de s'approcher de l'animal pour voir son rythme respiratoire se modifier brusquement; le moindre bruit produit le même effet, et à plus forte raison, si l'on vient à prendre l'animal pour compter ses mouvements respiratoires. Aussi le mieux est d'observer l'animal à distance, ou bien de le placer sous une cloche comme nous l'avons dit précédemment.

Le rythme respiratoire du cobaye adulte est de 80 à 85 inspirations à la minute.

Les auteurs qui se sont occupés de la respiration des animaux, et P. Bert, entre autres, qui a étudié ce phénomène sur un grand nombre d'animaux divers, ne parlent pas du rythme de la respiration du cobaye.

Nos observations ayant porté sur un très grand nombre de sujets de tout âge, il nous a semblé que le rythme variait dans les conditions suivantes : les cobayes très jeunes ont un rythme de 140 inspirations environ à la minute, puis peu à peu, à mesure que l'animal se développe, son rythme respiratoire se modifie et se ralentit pour arriver au chiffre moyen indiqué plus haut pour l'adulte. L'état de gravidité ne nous a pas paru apporter de changement au rythme de la respiration.

Le type respiratoire chez le cobaye est le type abdominal, ce qui se comprend par le peu de mobilité de la cage thoracique.

Les *phénomènes chimiques* respiratoires ont été étudiés par divers observateurs qui ont cherché quelle était l'activité respiratoire du cobaye dans les conditions normales. Ch. Richet (*Trav. du laborat.*, i, 1893, 564) donne le tableau ci-dessous qui résume ses expériences et celles publiées avant lui qui sont de Finkler (*A. g. P.*, xxiii, 1880, 197); Colasanti (*Ibid.*, xiii, 1877, 124); Saint-Martin (*C. R.*, 1884, xcviii); Letellier (*A. C.*, 1845, xiii); Desplats (*Journ. de l'anat. et de la phys.*, 1886, xxii, 213).

En calculant les surfaces par rapport au poids d'après la formule de Meeh ;

$$S = \sqrt[3]{P^2} \times 11.2$$

et en établissant la quantité de CO^2 produit par unité de surface, Ch. Richet arrive aux moyennes qui sont indiquées dans le tableau suivant :

NOMBRE DES COBAYES.	POIDS DES COBAYES.	POIDS MOYEN.	SURFACE.	CO^2 MOYEN PAR KILOG. et par heure.	CO^2 PAR CENT. CAR. et par heure.
	grammes.	grammes.		grammes.	grammes.
15	de 613 à 790	665	870	1,979	0,00151
34	de 565 à 380	460	560	2,145	0,00176
11	de 305 à 225	285	486	2,624	0,00153
6	de 66 à 105	87	220	3,250	0,00130

De cet ensemble d'expériences il ressort donc que chez le cobaye, comme chez les autres animaux, et comme dans l'ensemble du règne animal, l'activité respiratoire est en raison inverse du poids; les jeunes cobayes, dont le poids est le plus petit, sont ceux qui produisent la plus grande quantité de CO^2 et par conséquent qui absorbent le plus de O.

Mais dans toutes ces expériences un facteur manque, c'est la connaissance de la température ambiante. Letellier (*A. C.*, 3, xiii, 1845, 478) a en effet montré que la température ambiante modifiait l'activité des échanges respiratoires. Voici les résultats qu'il a obtenus chez le cochon d'Inde :

à 0°   le cochon d'Inde produit 3gr,006 par kilog et par heure.
de 15 à 20°   —   2gr,080   —
du 30 à 40°   —   1gr,453   —

J'ai fait un certain nombre d'expériences sur la respiration du cobaye dans les conditions normales, en employant comme dispositif une grande cloche qui était traversée par un courant d'air, mesuré par un gazomètre. L'air, bien entendu, était débarrassé de son acide carbonique avant de pénétrer dans la cloche et à sa sortie traversait une série de flacons remplis d'une solution titrée de baryte. C'est dans cette solution de baryte que je dosais la quantité de CO_2 produit en un temps déterminé. La température de l'intérieur de la cloche était indiquée par un thermomètre : on pouvait ainsi voir si le milieu ambiant dans lequel respirait l'animal ne variait pas. C'est à une température moyenne de 20 à 22 degrés que mes expériences ont été faites, le tableau suivant les résume et donne en même temps la quantité de CO_2 produit par kilogramme par heure et par unité de surface.

NUMÉROS.	POIDS.	SURFACE.	CO_2 PAR KILOGRAMME et par heure.	CO_2 par CENTIM. CARRÉ et par heure.
	grammes.	cent. car.	gr.	gr.
1	66	183	2,409	0,868
2	70	190	2,343	0,863
3	245	402	2,148	1,149
4	540	713	1,392	1,012
5	540	713	1,333	0,969
6	645	835	1,860	1,437
7	645	835	1,984	1,532
8	645	835	1,488	1,149
9	675	852	1,161	0,920
10	685	870	1,465	1.268
11	695	879	1,657	1,310
12	695	79	1,634	1,293
13	700	882	1,621	1,287
14	704	885	1,296	1,030
15	710	890	1,803	1,438
16	714	893	1,411	1,128
17	740	931	2,356 (?)	1,874
18	740	931	1,492	1.185
19	760	932	1,684	1,373
20	900 grav de	1043	1,264	1,093
21	936 gravide	1070	1,051	0,919

Les résultats qui découlent de ces expériences peuvent être comparés à ceux qui sont résumés dans le tableau donné par CH. RICHET : ce sont les animaux les plus petits qui ont l'activité respiratoire la plus grande ; mais chez eux la production de CO_2 par unité de surface ne suit pas la même marche, puisqu'elle offre au contraire une diminution relative.

Les chiffres que j'ai trouvés comme production par kilogramme et par heure peuvent paraître un peu faibles, mais il faut observer que les expériences ont été faites à une température plutôt élevée, c'est-à-dire dans des conditions qui diminuent l'activité respiratoire.

Toutes proportions gardées, l'état de gravidité semble ralentir un peu les échanges respiratoires : c'est en effet sur des femelles gravides que j'ai obtenu les nombres les plus faibles.

VII. Appareil urinaire. — **Vivisections.** — La seule vivisection qui se pratique sur l'appareil urinaire consiste à aller découvrir les uretères, soit pour les lier, soit pour y introduire une petite canule.

Nous allons donner le procédé opératoire indiqué par STRAUS et GERMONT à propos de leurs recherches sur les lésions histologiques du rein (*A. de P.*, 1882, IX, (2), 387).

L'animal non anesthésié est fixé dans la position dorsale sur une planchette. Au lieu d'aller à la recherche de l'uretère par la région lombaire, procédé généralement suivi, on pratique une incision de 3 à 4 centimètres de longueur sur la ligne blanche, incision commençant en haut, à 2 ou 3 centimètres en arrière du sternum. On donne ensuite issue à une partie du paquet intestinal, de façon à avoir la vue nette de la paroi postérieure de la cavité abdominale. On voit alors les deux uretères partant du hile du rein et qui se dirigent obliquement de haut en bas et de dehors en dedans, le long du psoas, croisant la direction de ce muscle, sous la forme d'un cordon grêle, grisâtre, semi-transparent. La confusion avec des filets nerveux ou avec des vaisseaux vides est très facilement évitée, surtout si l'on a recours à l'artifice suivant. Il suffit de toucher le cordon avec le manche du scapel pour le voir aussitôt, si l'on a affaire à l'uretère, se rétrécir énergiquement, d'abord au niveau du point touché, puis, au bout d'un instant, dans une certaine étendue en dessus et en dessous de ce point, par une contraction vermiculaire lente et durable. Ce rétrécissement est le fait de la contraction de l'uretère, si riche en fibres musculaires lisses.

On soulève l'uretère à environ 2 ou 3 centimètres au-dessous du hile, et, à l'aide d'une aiguille de COOPER, l'on jette un lien de catgut que l'on serre assez fortement. Il faut éviter cependant de serrer trop fort de crainte de déterminer une rupture avec épanchement de l'urine dans la cavité péritonéale.

La masse intestinale est ensuite réduite et l'on pratique une double suture métallique, l'une profonde, l'autre superficielle, de la plaie abdominale, en ayant soin de faire un affrontement aussi parfait que possible du péritoine.

Inutile d'ajouter que pour réussir il faut pratiquer tout le temps une antisepsie rigoureuse.

La réunion se fait généralement par première intention et au bout de quelques jours les animaux reprennent les apparences de la santé la plus parfaite.

Sécrétion urinaire. — La sécrétion urinaire à l'état physiologique a été peu étudiée jusqu'à présent. En dehors du mémoire d'ALEZAIS (*A. de P.*, 1897, 576-589), on ne trouve que quelques données éparses sur la toxicité de cette sécrétion. On doit reconnaître qu'il n'est pas toujours facile de recueillir dans sa totalité l'urine des herbivores, afin d'en faire une étude complète, car un sédiment abondant se dépose avec rapidité sur les parois du vase collecteur et s'y incruste avec force. Deux procédés peuvent être employés : ou bien après avoir agité le liquide avec une baguette de verre pour détacher la plus grande partie des sels et les entraîner, on lave les parois du vase à l'eau distillée en tenant compte dans les calculs de la quantité d'eau ajoutée à l'urine; ou bien l'on recueille d'abord l'urine telle quelle, avec la plus grande partie des sédiments détachés par frottement et l'on dissout avec un peu d'eau acidulée avec de l'acide acétique les sels incrustés sur la capsule. On dose la quantité de phosphates ainsi trouvés et on les ajoute au chiffre des phosphates trouvés dans l'urine. Le procédé est un peu plus long, mais il est sûr et permet d'opérer pour les autres recherches sur l'urine à sa densité naturelle.

C'est en raison de ces difficultés qu'il faut disposer l'expérience d'une façon spéciale. Voici le dispositif adopté par ALEZAIS. L'animal est placé dans une cage en fil de fer, de dimensions variables suivant sa taille, reposant sur une grande capsule en porcelaine, de telle sorte que l'urine, qui est épaisse et sédimenteuse, tombe directement dans le récipient sans couler le long des parois auxquelles elle adhère inévitablement. Le fond de la cage est formé d'une grille à barreaux peu épais et assez espacés, sur laquelle repose l'animal, et, au-dessous, d'une toile métallique fine à mailles de deux millimètres, qui retient les matières fécales et les débris alimentaires; on évite ainsi que l'animal ne soit en contact avec ses déjections et que celles-ci ne stagnent dans l'urine.

Dans les expériences d'ALEZAIS, l'alimentation a toujours été la même : chou, blé et avoine. Un adulte mâle de 600 grammes consommait en moyenne, en vingt-quatre heures, 130 grammes de choux et 25 à 30 grammes du mélange de blé et d'avoine. Le cobaye a une tendance constante à faire litière des feuilles de chou, détail qui a une certaine importance au point de vue qui nous occupe, une quantité notable d'urine pouvant être ainsi retenue et perdue; pour éviter cet inconvénient, le chou, dont on doit choisir les parties résistantes, était placé sur un grillage à la partie la plus élevée de la cage, dont on surveillait l'intérieur afin d'enlever les débris quand ils venaient à s'accumuler sur le fond. Pour compenser les pertes, un centimètre cube était toujours additionné au chiffre de l'urine trouvé.

Les procédés employés pour doser les divers éléments sont ceux indiqués par YVON (*Manuel clinique de l'analyse des urines*, Paris, 1893, 4° édit.), et pour les matières extractives le procédé de CH. RICHET et ÉTARD (*Procédé nouveau de dosage des matières extractives et de l'urée. Travaux du Laboratoire de* CH. RICHET, 1893, Paris, II, 352).

L'urine du cobaye est un liquide alcalin, ordinairement jaune laiteux à l'émission, qui devient jaunâtre par le dépôt des sels au repos, et qui brunit avec le temps au contact de l'air. Parfois, sans cause apparente, l'urine est rouge foncé, comme hématurique, puis les jours suivants redevient laiteuse.

L'urine d'un cobaye mâle de 600 grammes environ, c'est-à-dire âgé de 4 à 5 mois, telle qu'elle résulte des moyennes fournies par plusieurs individus, a servi d'étalon pour les quantités absolues et relatives des diverses substances examinées.

Le cobaye excrète en vingt-quatre heures, d'après ALEZAIS à qui nous empruntons ces chiffres, 52 centimètres cubes d'urine, dont la densité est de 1036, densité qui tombe à 1033-34 par le dépôt des sels.

Les éléments dissous s'élèvent à 3^{gr},338 et l'eau à 50^{gr},534.

La partie solide comprend : 1^{gr},367 de matières organiques et 1^{gr},971 de matières minérales, dont le rapport au total des éléments solides forme le coefficient de déminéralisation d'A. ROBIN, qui est ici de 58,44.

La partie organique comprend : 1 gramme de matières azotées, dont 0^{gr},776 d'urée; 0^{gr},090 d'acide phosphorique et 0^{gr},059 de chlorure; pouvoir réducteur = 0^{gr},0713 d'oxygène.

Il est nécessaire, pour apprécier la valeur de ces chiffres et en tirer quelques données sur l'état de la nutrition de l'animal, de les rapporter au poids de l'animal. Il serait mieux encore de les rapporter au poids de l'albumine fixe, qui est l'élément réellement actif de l'unité de poids. Cette notion, que nous avons pour l'homme, nous manque pour le cobaye et nous n'avons pour terme de comparaison entre les divers sujets observés ou avec des sujets d'autres espèces, que le rapport au poids brut du corps dont nous prendrons pour unité : 100 grammes.

Le poids moyen des animaux mis en expérience étant de 630 grammes, ce rapport peut être ainsi établi :

100 grammes de cobaye excrètent en vingt-quatre heures 8^{cc},25 d'urine, dont la densité est 1036, contenant : 0^{gr},529 de matériaux solides, dont 0^{gr},216 de matériaux organiques et 0^{gr},312 de matériaux inorganiques; 0^{gr},158 de matières azotées, dont 0^{gr},123 d'urée, 0^{gr},0142 d'acide phosphorique, 0^{gr},0093 de chlorures : le pouvoir réducteur est de 0^{gr},0113.

CHARRIN donne comme proportion moyenne 16^{cc}3; mais il s'agit d'une urine dont le poids spécifique est seulement 1013 (*Poisons de l'organisme. Encyclop. scientif. des Aide-mémoire*, LEAUTÉ, 70).

Ce qui ressort en premier lieu de l'étude des rapports des différents éléments de l'urine du cobaye, c'est le chiffre élevé de la partie solide, surtout si l'on établit une comparaison avec l'urine de l'homme.

En admettant, avec YVON, qu'un homme adulte du poids de 65 kilos excrète en vingt-quatre heures de 46 à 56 grammes de matériaux solides, soit 50 grammes en moyenne, les 16 grammes d'albumine fixe que contiennent 100 grammes de son poids, n'éliminent que 0^{gr},076, tandis que les déchets de 100 grammes de cobaye s'élèvent un peu au-dessus d'un demi-gramme et représentent 6 à 7 fois ceux de l'homme.

Un second caractère est la forte proportion des éléments minéraux, le taux élevé du coefficient de déminéralisation. D'après les chiffres donnés par ls. PIERRE (COLLIN. *Traité de physiolog. comp. des anim.*, 1888, 3° édit., II. 844), ce coefficient est de 24,52 chez le bélier, 36,04 chez le bœuf et la vache, 42,10 chez le cheval, 58,33 chez le veau, 72,22 chez le porc. Chez l'homme, il oscille entre 30 et 35. Chez le cobaye, il atteint 58,44, et place ainsi cet animal parmi ceux dont l'élimination minérale est forte.

Ce ne sont pas les chlorures qui donnent de l'importance à la partie inorganique de l'urine. Leur quantité absolue, 5 à 6 centigrammes, donne une proportion relative, très inférieure à celle de l'homme, 0^{gr},0093, au lieu de 0^{gr},0169, près de deux fois plus faible.

Les sulfates n'ont pas été dosés, mais il est probable que ce sont les carbonates alcalins, surtout, toujours si abondants dans l'urine des herbivores, qui constituent la majeure partie des sels minéraux et que représente dans les analyses l'écart considérable que l'on trouve entre le chiffre de la partie minérale, 1^{gr},971, et le total des sels fixes dosés, chlorures et phosphates, 0^{gr},149.

Dans l'urine du cobaye, il y a une quantité relativement grande d'acide phosphorique. Chez l'herbivore, dit COLLIN, les phosphates manquent ou ne se montrent qu'en proportion insuffisante (*Loc. cit.*, 852). Or le cobaye, [avec ses $0^{gr},09$ par jour, se trouve éliminer trois fois plus d'acide phosphorique que l'homme, 100 grammes de cobaye excrètent $0^{gr},0142$ d'acide phosphorique, tandis que 100 grammes d'homme, en acceptant $4^{gr},20$ (Yvon) comme chiffre total de la quantité quotidienne de l'acide phosphorique, n'en élimineraient que $0^{gr},0049$.

Nous avons indiqué la rapidité avec laquelle les sels se déposent et adhèrent aux parois du récipient dans lequel les urines sont recueillies; il n'est pas inadmissible que la pauvreté en phosphates de l'urine des herbivores, signalée par les auteurs, ne puisse être attribuée à la difficulté que l'on éprouve à avoir la totalité des sels; ce que l'on constate pour le cobaye porterait à le croire, car ce n'est qu'en prenant toutes les précautions possibles que l'on arrive à la proportion indiquée, sans quoi on trouve toujours des chiffres inférieurs. C'est ce qui explique la différence qui existe entre les chiffres donnés par Alezais dans une première note (*B. B.*, 1896, 213) et ceux de son travail complet.

L'étude des matières azotées du cobaye comprend trois séries de dosages; leur évaluation totale en azote après décomposition par l'hypobromite de soude; l'évaluation de l'urée seule après défécation de l'urée par le sous-acétate de plomb; l'évaluation en poids d'oxygène des matières extractives, après action de l'eau bromée qui n'oxyde que ces matières et l'acide urique, mais reste sans action sur l'urée, la créatine, la créatinine, la xanthine et l'acide hippurique (Ch. Richet et Étard, *loc. cit.*).

En ne tenant compte que du chiffre de l'urée, tel qu'il est, après l'action des sels de plomb, $0^{gr},776$ par jour, le cobaye se place au nombre des animaux dont l'excrétion uréique est élevée.

L'homme, d'après Roger (*Note sur les variations quotidiennes de l'urine et de l'urée. A. de P.*, 1895, 500), n'élimine que $0^{gr},0156$ d'urée pour 100 grammes de son poids; c'est le même chiffre que l'on obtient d'après les tableaux d'Yvon.

Le lapin en excrète $0^{gr},083$ (Roger) et les dosages faits par Alezais donnent $0^{gr},09$.

Le cobaye atteint un chiffre bien supérieur, $0^{gr},123$, si l'on n'envisage que l'urée; $0^{gr},158$, si l'on s'adresse à la totalité de l'élimination azotée.

On peut donc dire, en ne considérant que les moyennes générales, que l'élimination de l'urée chez l'homme, le lapin et le cobaye est représentée par les chiffres 4,5 — 9 — 12 qui témoignent de l'intensité de la désassimilation chez les petits animaux.

L'azote abonde, non seulement sous forme d'urée, mais encore sous les formes moins oxygénées et encore peu connues qui sont englobées sous le nom de matières extractives. L'urine du cobaye a un pouvoir réducteur égal à $0^{gr},0713$ d'oxygène. Quelques rapprochements permettent d'apprécier la valeur de ce chiffre.

D'après les moyennes obtenues par Ch. Richet et Étard sur l'homme sain, le pouvoir réducteur de son urine peut être évalué à $0^{gr},9$ par litre, soit $1^{gr},4$ pour la totalité des vingt-quatre heures. Calculé pour 100 grammes du poids du corps, le pouvoir réducteur est donc de :

Chez le cobaye	$0^{gr},0113$
Chez l'homme.	$0^{gr},0021$

En d'autres termes, il faut un poids d'oxygène égal à $0^{gr},0113$ pour oxyder les matières extractives fournies par 100 grammes de cobaye, et cinq fois un poids moindre pour l'homme.

Chez l'homme, le rapport du poids d'urée au poids d'oxygène est en moyenne de 30 (Ch. Richet et Étard); chez le cobaye, il est de 10 à 11 et dénote le taux élevé de ces matières, puisque l'urée, de son côté, est trois fois plus abondante que chez l'homme.

Si l'on envisage, d'une part, la forte proportion des substances que réduit l'eau bromée, substances qui comprennent, nous l'avons vu, les matières extractives proprement dites et l'acide urique et, d'autre part, la déperdition notable que fait subir aux matières azotées la défécation par le sous-acétate de plomb, on serait porté à admettre que la quantité d'acide urique est considérable dans l'urine du cobaye.

Pour terminer, on peut remarquer que l'acide phosphorique et l'urée, qui sont proportionnellement plus abondants chez le cobaye que chez l'homme, sont éliminés par ces deux organismes dans le même rapport de 1/8.

Homme	1 d'acide phosphorique pour 8	d'urée
Cobaye	1 —	— 8,6 —

Toxicité. — La toxicité de l'urine est un des points de l'histoire physiologique du cobaye qui a été le plus étudié. C'est le lapin qui a toujours servi de terrain d'étude. Charrin (*Poisons de l'organisme. Poisons de l'urine*. 70), parlant d'une urine de cobaye dont la densité était de 1013, évalue son urotoxie à 28 ou 29 centimètres cubes. Pour Guinard (*Note sur la toxicité des urines normales de l'homme et des mammifères domestiques*. B. B., 1893, 495), le degré moyen de la toxicité oscille assez peu autour de 35 centimètres cubes, avec une densité de 1020.

Alezais a expérimenté avec une urine d'une densité moyenne de 1026 et provenant d'un cobaye mâle de 800 grammes qui était nourri avec du chou et du blé.

Après filtration sur coton, l'urine était portée à la température de 30° environ et injectée dans la veine fémorale du lapin, au taux de 3 centimètres cubes par minute à peu près, suivant le conseil de Guinard (*B. B.*, 1893, 489).

Dans ces conditions, l'urotoxie a été en moyenne de 11 centimètres cubes. Ce sont à peu près les résultats obtenus par Charrin si l'on tient compte des différences de densité. Avec une faible densité, 1013, il faudra de 20 à 30 centimètres cubes d'urine pour tuer un kilogramme de matière vivante; 10 à 15 centimètres cubes suffiront si la densité monte à 1026. D'après Guinard, la toxicité serait beaucoup plus faible, et, avec une densité de 1020, il faudrait 35 centimètres cubes d'urine pour tuer un kilo de lapin.

De l'ensemble des recherches il résulte donc que 1 kilogramme de cobaye fabrique et élimine par jour la quantité de poison urinaire capable de tuer de 5 à 7 kilogrammes de matière vivante. Le coefficient urotoxique du lapin est de $4^{kil},184$, et celui de l'homme $0^{kil},465$ (Bouchard).

Le tableau symptomatique est celui qu'ont décrit les auteurs et se déroule toujours le même dans chaque expérience. Dès l'injection des premiers centimètres cubes, l'animal s'agite, mâchonne, devient anxieux. La respiration s'accélère et arrive bientôt à une dyspnée extrême avec angoisse, battement des narines. Le cœur se ralentit : au début, presque incomptable, il tombe rapidement à 30,40 pulsations. Des secousses cloniques agitent les membres, précédant de quelques instants l'explosion des convulsions violentes, du tétanos généralisé qui raidit l'animal, la tête rejetée en arrière et le corps en opisthotonos. Le cœur s'arrête : quelques inspirations stertoreuses se produisent encore, et la mort survient. Il n'y a pas d'exophtalmie, ni d'ectasie vasculaire. L'hypothermie est peu marquée, la miction est fréquente, le myosis constant et précoce.

Charrin attribue les 71 à 80 p. 100 de l'activité urinaire du cobaye aux sels de potasse : il prive l'urine des sels de potasse par l'acide tartrique et constate qu'il faut des quantités doubles ou triples d'urine pour amener la mort.

Faisant des recherches sur la toxicité de la partie minérale de l'urine privée de la partie organique, Alezais a obtenu une urotoxie égale à 22 ou 23 centimètres cubes.

Les phénomènes sont à peu près les mêmes qu'avec l'urine totale, sauf le myosis qui est remplacé par la mydriase.

En résumé, l'urine du cobaye adulte est riche en éléments solides, $0^{gr},529$ pour 100 grammes du poids du corps, et contient une forte proportion d'éléments minéraux, le coefficient de déminéralisation atteignant 58,44. Elle est riche en matières azotées, $0^{gr},138$ pour 100 grammes du poids du corps, l'urée représentant à elle seule $0^{gr},123$ pour 100 grammes et les matières extractives nécessitant pour leur oxydation $0^{gr},0113$ d'oxygène. Elle est riche en acide phosphorique, $0^{gr},0142$ pour 100 grammes et pauvre en chlorures, $0^{gr},009$. Elle est convulsivante et son coefficient urotoxique est très élevé, 5 à 7 kilogrammes.

Les moyennes que nous venons de donner fournissent des notions intéressantes sur la nutrition de l'animal, suivie pendant une période prolongée. Elles indiquent l'intensité de la désassimilation dans son ensemble, elles sont insuffisantes pour caractériser les allures de la nutrition et pour répondre aux besoins de l'expérimentation.

Il faut s'attendre, quand on observe l'animal, à trouver d'un jour à l'autre et même d'un animal à l'autre, toutes choses égales d'ailleurs, des variations étendues dans la composition de l'urine. En même temps que ces variations journalières et individuelles, il faut étudier l'influence de conditions particulières telles que l'âge, la gravidité et les basses températures.

Variations journalières. — L'homme lui-même, dans des conditions hygiéniques et alimentaires aussi constantes que possible, présente de notables variations dans la quantité quotidienne et la composition de l'urine. Il s'agit là, dit Roger, d'une manifestation de la nutrition qui se déroule comme tous les phénomènes de la nature, non point d'une façon uniforme, mais en suivant une courbe à oscillations plus ou moins régulières.

D'après Alezais, l'extrait sec oscille entre 2^{gr},5 et 4 grammes; la partie organique entre 1^{gr},300 et 2^{gr},200. Cette partie solide de l'urine est en rapport avec la quantité émise d'une part et la densité de l'autre.

QUANTITÉ.	DENSITÉ.	EXTRAIT SEC.	PARTIE ORGANIQUE.	PARTIE MINÉRALE.
		grammes.	grammes.	grammes.
71 centimètres cubes.	1024	3,140	1,870	1,270
64 — —	1025	3,050	1,390	1,660
72 — —	1023	3,030	1,430	1,600
46 — —	1034	4,130	2,030	2,100
92 — —	1021	3,720	1,430	2,290
71 — —	1024	3,180	1,370	1,810
67 — —	1025	3,360	1,620	1,740
47 — —	1033	3,550	1,490	2,060
AUTRE SUJET :				
56 centimètres cubes.	1039	3,819	1,019	2,800
56 — —	1032	3,320	1,097	2,223
38 — —	1043	3,309	1,195	2,114
65 — —	1027	3,165	1,150	2,015
56 — —	1034	3,280	0,928	2,352
45 — —	1040	3,334	1,129	2,205
51 — —	1030	3,243	1,178	2,065
46 — —	1031	2,861	1,339	1,522

Roger a signalé les écarts considérables qui se produisent d'un jour à l'autre chez le lapin, dans la quantité de l'urine et de l'urée.

Le cobaye offre la même irrégularité dans l'excrétion urinaire qui peut doubler, presque tripler en vingt-quatre heures.

On peut tomber, cependant, sur des séries plus régulières :

> 80 c. c.   70 c. c.   78 c. c.   72 c. c.   88 c. c.   81 c. c.
> 52 c. c.   52 c. c.   47 c. c.   50 c. c.   28 c. c.

Les variations de l'urée, quoique notables, semblent moins fortes que chez le lapin, urtout eu égard aux quantités maxima et minima qui sont :

> Chez le lapin . . . .   0^{gr},62 et 4^{gr},2
> Chez le cobaye de 600 gr. . . . . .   0^{gr},70 — 1^{gr},4

Les variations journalières les plus étendues de l'excrétion de l'urée sont donc chez le lapin de 1 à 7, tandis qu'elles ne sont que 1 à 2 chez le cobaye. Entre ces limites extrêmes, la courbe journalière, chez les deux animaux, est aussi capricieuse, affectant parfois le type tierce ou quarte, souvent irrégulière, tantôt suivant les oscillations de la quantité de l'urine, tantôt s'en écartant, tantôt se superposant plus ou moins à leur tracé, tantôt s'en maintenant éloignée.

Phosphates et chlorures suivent les mêmes variations, dans des limites plus étendues que l'urée, entre 0^{gr},040 et 0^{gr},188 pour l'acide phosphorique, 0,019 et 0,140 pour les chlorures. On retrouve sur leurs courbes, tantôt la tendance aux oscillations régulières bientôt suivies de brusques ascensions ou de plateaux, tantôt des fluctuations se répondant ou se produisant en sens inverse.

Un seul caractère domine l'excrétion journalière de tous ces éléments, l'irrégularité, que l'on ne saurait attribuer ni au régime alimentaire qui était régulièrement le même, ni aux conditions extérieures qui restaient constantes; cette irrégularité dépend tout entière des caprices de la nutrition.

Variations individuelles. — Il est rare que deux sujets, du même poids, du même âge, soumis au même régime, examinés simultanément, offrent une urine semblable. Ce fait intéresse, au moins autant que les variations journalières, l'expérimentateur qui pourrait être tenté, en s'en tenant à des moyennes générales, d'attribuer aux influences expérimentales les écarts dépendant du sujet observé. En voici quelques exemples :

	A 609 GR.	B 606 GR.	A' 694 GR.	B' 689 GR.
Matières azotées	1,028	0,960	1,034	1,239
Urée.	0,786	0,708	0,830	0,990
Pouvoir réducteur	0,0744	0,064	0,0616	0,0722
PhO⁵	0,079	0,060	0,096	0,070
Chlorures	0,057	0,050	0,077	0,066
Extrait sec.	3,443	2,893	3,362	3,642
Coefficient déminéralisateur . . .	63,60	58,86	57,73	43,38

Dans chaque groupe, l'examen des deux animaux A et A', B et B' a été fait simultanément : les chiffres indiquent les moyennes fournies par 10 dosages pour les premiers; 32 dosages pour les seconds, et ils montrent la nécessité, avant d'expérimenter sur un cobaye, d'établir ce que l'on pourrait appeler sa fiche individuelle.

Age. — Le fait le plus intéressant qui se dégage des analyses faites sur l'urine des jeunes cobayes de 165 grammes à 360 grammes, ayant quinze jours à un mois, c'est la constance de la quantité relative de l'extrait sec.

Chez eux, comme chez les adultes, les éléments solides, rapportés au poids du corps, sont en moyenne de 0ᵍʳ,500. 100 grammes de cobaye excrètent donc par jour un demi-gramme de matériaux dissous, quelle que soit la période de l'existence que l'on considère, croissance ou complet développement. Les écarts qu'offre l'élimination détaillée des éléments constitutifs de l'urine doivent être, en grande partie, imputés aux différences individuelles qui sont prépondérantes chez les jeunes, comme chez les adultes. La déminéralisation est peut-être un peu plus abondante et le taux des matières extractives un peu plus élevé.

Urine de jeunes cobayes.

	COBAYES DE 270 GR.	POUR 100 GR. DU POIDS.	COBAYES DE 165 GR.	POUR 100 GR. DU POIDS.
Quantité	19 c. c. 3	7,15	9 c. c. 5	5,75
Densité.	1039	»	1046	»
Matières azotées	0,462	0,170	0,236	0,143
Urée.	0,350	0,130	0,194	0,117
Pouvoir réducteur	0,347	0,0128	0,025	0,0151
PhO⁵.	0,062	0,022	0,022	0,013
Chlorures.	0,035	0,012	0,018	0,010
Extrait sec.	1,353	0,500	0,924	0,560
Partie organique.	0,657	0,241	0,564	0,341
Partie minérale	0,696	0,255	0,357	0,216
Coefficient déminéralisateur . . .	51,4	»	61	»

Gravidité. — En dehors de la gravidité, le sexe ne paraît pas avoir d'influence sur la composition de l'urine. Pendant la gestation, les irrégularités individuelles et journalières s'accentuent. L'extrait sec qui, au premier abord, paraît diminué, si on le compare au poids du corps et tombe à 0^{gr},400, est en réalité fortement augmenté, puisque la gestation double presque le poids de la femelle. En effet, une femelle gravide de 812 grammes ne pesait plus que 480 grammes, immédiatement après avoir mis bas cinq 'petits. Une femelle pleine de 900 grammes, qui élimine par ljour 3^{gr},700 de matériaux solides, en excrète donc en réalité 0^{gr},820 pour 100 grammes de son poids réel, et 'dépasse de beaucoup la moyenne ordinaire au·cobaye.

Les différences individuelles sont considérables, comme le montrent les analyses suivantes qui ont été faites simultanément (ALEZAIS).

Urine de cobayes gravides.

	A. 874 GR.	POUR 100 GR. DU POIDS.	B. 955 GR.	POUR 100 GR. DU POIDS.
Quantité	46 c. c.	5.30	65 c. c.	6,80
Densité.	1030	»	1033	»
Matières azotées	0.917	0,105	1.491	0,156
Urée.	0.813	0.093	1,219	0.127
Pouvoir réducteur	0.0631	0.0072	0,0729	0,0076
PhO⁵	0.0247	0,0028	0,093	0,0097
Chlorures	0.039	0,0044	0,122	0,0127
Extrait sec.	3.099	0,347	4,371	0,457
Partie organique	1.191	0,136	1,922	0,201
Partie minérale.	1,908	0,218	2,453	0,256
Coefficient déminéralisateur . .	62	»	56	»

Sur une autre femelle à la dernière période de la gestation, et pesant 1^{kil},070, les matières azotées étaient tombées à 0,08 pour 100 grammes du poids du corps et l'acide phosphorique à 0,0013. Les chlorures se maintenaient à 0,024.

LABADIE-LAGRAVE et BOIX et NOÉ. B. B., 1897, 658. — Arch. gén. de méd. Sept. 1897, 237) ont étudié l'urotoxie du cobaye en gestation ayant constaté la diminution de la toxicité urinaire chez la femme enceinte.

Afin d'éviter autant que possible les variations pouvant modifier les résultats, les auteurs ont adopté le mode suivant d'expérimentation :

Les animaux étaient mis pendant une semaine au régime exclusif du son, puis pesés et placés dans l'appareil servant à recueillir l'urine. Ils y séjournaient à l'état de jeûne, pendant quarante-huit heures consécutives.

On obtenait ainsi l'urine des quarante-huit heures, qui, par sa quantité, permettait d'en déterminer l'urotoxie chez le lapin et d'avoir une sorte de moyenne pour les deux jours de jeûne.

En rapportant à 1 kilogramme de cobaye et divisant par deux, on obtient le coefficient urotoxique vrai, calculé d'après la méthode de BOUCHARD.

Les auteurs ont d'abord calculé le coefficient urotoxique pour le cobaye femelle en dehors de la gestation, placé dans les conditions indiquées plus haut, ils sont arrivés au chiffre de 6^{kil},320 en moyenne, nombre qui confirme celui établi par les recherches d'ALEZAIS, relaté plus haut et qui oscille en moyenne entre 5 et 7 kilogrammes.

Sous l'influence de la gestation cette valeur diminue beaucoup et ne revient à la normale que cinq jours après la mise bas : c'est ce que démontrent les expériences des auteurs cités plus haut et résumées dans le tableau ci-contre :

La moyenne à laquelle sont arrivés les expérimentateurs pour le coefficient urotoxique des cobayes pleines dans la semaine précédant la mise bas est de 2^{kil},500.

Par conséquent la toxicité urinaire se trouve, à la fin de la gestation, à deux tiers environ au-dessous de la normale.

COBAYES EN GESTATION.	
COEFFICIENT UROTOXIQUE avant la mise bas :	COEFFICIENT UROTOXIQUE 5 à 6 jours après la mise bas :
kil. 2,464	kil. 6,114
2,400	6,232
1,580	3.432
1,680	6,691

Des expériences exécutées à des périodes moins avancées de la gestation ont donné les chiffres de 3^{kil},071 — 3^{kil},183 — 3^{kil},363 — 3^{kil},380 — 3^{kil},341 — 4^{kil},472 — 3^{kil},798.

Influence des basses températures. — CHABRIÉ et DISSARD (B. B., 1893, 897), étudiant l'action du froid sur la biologie de la cellule, se sont adressés à la sécrétion urinaire chez le cobaye.

Les résultats de leurs expériences sont résumés dans le tableau suivant :

NUMÉROS D'ORDRE DES COBAYES.	DURÉE DE LA RÉFRIGÉRATION en minutes.	DEGRÉS CENTIGRADES DE LA RÉFRIGÉRATION.	POIDS DES COBAYES EN GRAMMES.	TEMPÉRATURES RECTALES PRISES A LA FIN de la réfrigération.	TEMPÉRATURES RECTALES PRISES UNE HEURE après la réfrigération.	QUANTITÉS D'URINE REMISES DANS LES 24 HEURES après la réfrigération.	QUANTITÉS D'URÉE SÉCRÉTÉES DANS LES 24 HEURES après la réfrigération.	QUANTITÉS D'ACIDE PHOSPHORIQUE sécrétées dans les 24 heures après la réfrigération.
				degrés	degrés	gr.	gr.	gr.
Cobaye normal.	»	»	430	»	»	17	0,2395	0,0085
1	3	— 50	410	29	38,2	74	0,760	0,0126
2	7	— 55	490	27	38,6	49	0,340	0,0175
3	8	— 73	444	27	38,6	48	0,322	0,0192
4	9	— 80	425	26,5	39	28	0,499	0,0165

Ce tableau semble donc indiquer qu'après avoir été soumis à un froid intense, la sécrétion urinaire du cobaye subit des modifications notables. La partie aqueuse de l'urine a varié dans de larges limites pendant la période de réchauffement, mais elle est toujours plus abondante.

L'urée éliminée ainsi que l'acide phosphorique ont aussi augmentés, l'urée en proportion plus grande, il est vrai, que l'acide phosphorique.

Les mêmes auteurs ayant pensé que l'anesthésie précédant et accompagnant la réfrigération pouvait produire une modification sur la sécrétion urinaire des animaux pendant la période de réchauffement, ont anesthésié par le chloroforme un cobaye d'un poids moyen et l'ont soumis 8 minutes à un froid de — 70°. La quantité d'urine émise dans les vingt-quatre heures suivantes a été de 96 centimètres cubes; le poids de l'urée excrétée a atteint 0^{gr},312; celui de l'acide phosphorique 0^{gr}.03. En comparant ces résultats avec ceux inscrits dans le tableau précédent, on voit que la proportion d'urée est à peu près la même que chez les animaux simplement refroidis, mais que la partie aqueuse et la proportion d'acide phosphorique éliminées sont beaucoup plus grandes.

Ces expériences sur l'action du froid sur la sécrétion urinaire sont intéressantes au point de vue relatif, mais nous pensons qu'au point de vue absolu elles ont besoin d'être

reprises, car les chiffres donnés comme moyennes normales et qui servent de base s'é-
cartent beaucoup de ceux que nous avons indiqués précédemment.

CHABRIÉ (B. B., 1893, 43) a observé le passage des graisses dans l'urine des cobayes.
Ayant donné à un cobaye de la nourriture contenant un peu de substances grasses, il a
recueilli des urines contenant par litre 0ᵍʳ,05 de graisses et 11ᵍʳ,71 d'urée.

Ayant pratiqué une ligature du gros intestin, au bout de vingt quatre-heures, l'urine
de cet animal contenait 0ᵍʳ,90 de graisses et 7ᵍʳ,93 d'urée.

Cette augmentation de la graisse urinaire dit l'auteur, est bien réelle, car, tandis
que les poids de graisse par litre sont entre eux comme 1 : 18, les volumes d'urine
sécrétée dans les vingt-quatre heures sont entre eux comme 5 : 1.

Un autre cobaye sain, ayant subi une semblable ligature de l'intestin pendant quarante-huit heures, a donné des urines renfermant après ce laps de temps 1ᵍʳ,60 de
graisses, soit une quantité deux fois plus considérable que celle de l'urine du cobaye
dont l'intestin n'avait été lié que vingt-quatre heures.

A l'état normal, l'apparition du sucre dans l'urine est des plus manifeste chez le cobaye
en lactation DE SINÉTY (C. R., LXXVIII, 1874, 443; B. B., 1884, 232) et P. BERT (C. R., XCVIII,
1884, 775) ont enlevé les mamelles à des cobayes femelles et ont constaté qu'après la
parturition les urines ne contenaient plus de sucre. Les expériences de DE SINÉTY ont
porté sur six femelles, dont plusieurs sont restées plus d'un an dans son laboratoire. Ces
femelles ont eu une nombreuse progéniture et jamais les urines n'ont renfermé du
sucre, ni avant ni après la parturition, chez celles pour lesquelles l'ablation avait été
bien totale. Chez deux d'entre elles, opérées au moment de la naissance, où l'ablation
avait été incomplète et où une portion des glandes avait été involontairement épargnée,
dans un cas, il y a eu une légère réduction de la liqueur cupro-potassique par les urines,
et rien dans l'autre cas.

VIII. Sécrétion lactée. — La sécrétion lactée a été peu étudiée; du reste, elle n'a
pas une grande durée d'activité. Quinze jours en moyenne, ce qui s'explique par le développement de l'animal à la naissance, qui, comme nous l'avons vu au paragraphe *Développement*, est en état, par sa dentition, de se passer de lait.

Nous avons parlé, à propos de la sécrétion urinaire, du rapport qui existe entre les
urines sucrées et la sécrétion mammaire, nous ne relaterons ici que les observations de
BROWN-SÉQUARD sur les modifications de cette sécrétion à la suite de certaines lésions
nerveuses. Cet expérimentateur a observé que la section d'une moitié latérale de la
moelle épinière à la région dorsale, chez les femelles du cochon d'Inde, dans la période
de grande activité de la sécrétion laiteuse, produit un changement rapide de cette sécrétion, en sens inverse dans les deux mamelles : augmentation du côté correspondant et
diminution du côté opposé. A cet égard aussi, la section du nerf sciatique ressemble à
l'hémisection latérale de la moelle épinière; mais ici encore l'influence est plus considérable dans ce dernier cas que dans le premier (A. de P., 1869, 429).

IX. Sécrétions internes. — Capsules surrénales. Vivisections. — Le cobaye est l'animal de choix pour faire l'étude des capsules surrénales chez les mammifères, comme le
dit LANGLOIS (*Sur les fonctions des capsules surrénales. Th. Facult. des Scienc. de Paris*,
1897), auquel nous allons emprunter les détails qui suivent.

Cet animal, en effet, supporte très bien les laparotomies, son péritoine étant beaucoup
moins susceptible que celui des autres animaux employés en expérimentation : lapins,
chiens, etc. D'un autre côté, il présente l'avantage d'avoir des capsules très volumineuses
par rapport à sa taille, comme l'indiquent les chiffres exposés à la partie anatomique, au
commencement de cet article. A ce propos, il est bon de dire qu'il faut toujours, autant
que possible, connaître la provenance des animaux sur lesquels on pèse les capsules, car
les infections, les intoxications et probablement bien d'autres causes d'ordre pathologique
produisent une hypertrophie notable de ces organes. Ce fait a été constaté par tous ceux
qui ont expérimenté sur le cobaye, et par nous dans nos recherches de toxicologie.

Un autre avantage que présente le cobaye, c'est la rareté des capsules accessoires que
l'on trouve chez les autres animaux et qui peuvent altérer les résultats expérimentaux.

Technique opératoire. — On peut opérer par la voie lombaire, mais les difficultés que
l'on rencontre et l'innocuité de l'ouverture de l'abdomen font qu'il est préférable d'atteindre les capsules par une laparotomie latérale. On pratique sur la partie latérale de

l'abdomen une incision de trois centimètres et demi environ, qui part de la dernière côte et qui se dirige en bas; on peut même quelquefois sectionner la côte. L'abdomen ouvert, le temps le plus délicat et qui demande une certaine habitude, c'est la contention des intestins et du foie, surtout pour la capsule droite. On emploiera, pour éviter la déchirure si facile des lobes du foie, de fines éponges très douces ou bien de l'amadou, ou mieux encore du coton aseptique trempé dans de l'eau bouillie. On va alors avec précaution à la recherche du rein au-dessus duquel se découvre la capsule. Pour bien séparer la capsule il faut avoir soin de récliner légèrement en bas le rein, au moyen de l'extrémité de la sonde cannelée; on voit très nettement alors la face inférieure de la capsule. Il est très important de bien tenir compte des dispositions anatomiques à gauche et à droite.

Quand il s'agit d'une destruction partielle, il suffit alors de toucher avec la sonde portée au rouge un point quelconque de la capsule; mais si l'on veut obtenir la destruction totale, il faut tout d'abord porter la sonde vers le tiers interne de la capsule, dans la région où la veine capsulaire émerge de l'organe. Il se produit alors une hémorragie d'un sang rouge (veine capsulaire) qu'un coup de sonde au rouge sombre, ou qu'une légère compression suffit à arrêter le plus souvent. On continue ensuite à évider la capsule avec le bec de la sonde, ou une curette portée au rouge sombre. Les débris de la capsule sont enlevés avec une éponge fixée au bout d'une pince. Par ce procédé, la destruction complète, surtout pour la capsule droite, est difficile; le plus souvent les débris qui restent sont touchés par le feu et leurs fonctions supprimées; mais on ne peut jamais être certain, par l'évidement, d'avoir détruit totalement le tissu capsulaire.

On peut aussi faire une ligature à la base de la capsule gauche pour amener l'atrophie de l'organe.

Mais pour pratiquer des expériences plus précises, il vaut mieux faire l'extirpation complète de l'organe, et la chose est possible au moyen de la sonde cannelée, non seulement à gauche, mais aussi à droite. Il n'est pas nécessaire de poser des ligatures, car les artères capsulaires sont d'un très petit volume; quand à la veine, grâce à une disposition particulière, lorsqu'il n'y a ni compression de la veine cave en aval, ni tiraillement de ce vaisseau, le sang, dans les conditions ordinaires, n'y peut refluer de la veine rénale ou de la veine cave.

On peut opérer ainsi, soit sur les deux capsules en un seul temps, soit en deux temps en attendant pour opérer sur la seconde que l'animal soit complètement rétabli et ait récupéré son embonpoint primitif.

Au point de vue opératoire, il y a une grande différence entre l'ablation de la capsule gauche, qui est très facile et rapidement faite, et l'ablation de la capsule droite, qui, à cause de ses connexions avec la veine cave, présente quelquefois des difficultés assez grandes et assez longues à surmonter.

Le résultat de l'ablation d'une seule capsule, que ce soit la droite ou la gauche, est presque nul : les animaux après l'opération reprennent assez vite leur état antérieur; on ne remarque rien de particulier ni du côté de la respiration, ni du côté de la motilité; il y a bien pendant les premiers jours une perte de poids, mais ce n'est que passager.

La destruction partielle des deux capsules donne lieu à des phénomènes qui varient un peu suivant la gravité des lésions. Les animaux généralement maigrissent lentement et progressivement, tout en continuant de manger si la lésion n'est pas très profonde; quelquefois même l'amaigrissement s'arrête et l'animal reprend lentement son poids primitif.

Si cette destruction partielle est faite à intervalle un peu long entre les deux, on ne constate que de légers troubles passagers.

Si la destruction porte sur une grande partie de l'organe des deux côtés, les animaux meurent assez rapidement après avoir considérablement maigri. On voit pourtant quelquefois des animaux survivre.

La destruction complète des deux capsules, lorsqu'il n'y a pas de capsules accessoires, produit toujours la mort (LANGLOIS, BROWN-SÉQUARD), même quand on espace de plusieurs mois les deux opérations.

D'après BROWN-SÉQUARD (1856), les accidents que présentent les cobayes acapsulés sont des accidents convulsifs et des accidents paralytiques. ABELOUS et LANGLOIS ont observé les mêmes phénomènes (1892).

Chez les cobayes acapsulés, on constate de l'inexcitabilité du sciatique, mais pourtant il y a persistance de la conductibilité, puisque, si l'on excite le sciatique dans sa continuité, on observe dans le train antérieur des manifestations douloureuses.

Le sang des cobayes privés de leurs capsules est toxique pour les grenouilles.

Brown-Séquard (*B. B.*, 1893, 448) a observé que sur des cobayes acapsulés, présentant une faiblesse paralytique très considérable, avec gêne marquée de la respiration, affaiblissement du cœur et abaissement de température de 2° à 2° et demi et étant en somme sur le point de succomber, l'on pouvait obtenir une survie de trois heures et demie à quatre heures et demie en pratiquant une saignée de 14 grammes environ à l'artère fémorale et en injectant dans le bout périphérique de cette artère 13 grammes de sang défibriné normal.

On peut obtenir aussi une survie des cobayes acapsulés mourants, en leur injectant sous la peau de l'extrait de capsules surrénales fait en broyant des capsules surrénales fraîches de cobayes dans de l'eau stérilisée. On constate alors la diminution, puis la suppression des secousses convulsives (Brown-Séquard, Abelous et Langlois.)

Chez le cobaye, les capsules surrénales semblent appelées à jouer un rôle important, à en juger d'abord par le volume relatif et ensuite par les modifications qu'elles subissent sous l'influence des intoxications diverses. C'est ainsi que Roger, Roux et Yersin, Pilliet, Charrin et Langlois, Petit, etc., ont noté les lésions capsulaires chez le cobaye après des intoxications microbiennes ou autres. L'hypertrophie, les changements de teintes, la congestion, les hémorragies, les altérations cellulaires, les distributions anormales de pigment, telles sont les lésions observées. Nous-mêmes dans nos recherches sur l'alcaloïdotoxie, nous avons constaté très fréquemment une hypertrophie considérable de ces organes.

En injectant sous la peau de cobayes forts et vigoureux, à des intervalles tantôt assez rapprochés, tantôt assez éloignés, des extraits glycérinés de capsules surrénales de veau, pendant un à quatre mois, G. Caussade (*B. B.*, 1896, 67) a toujours trouvé les capsules surrénales des animaux en expérience hypertrophiées, hypertrophie portant sur tous les éléments de la glande, sans autre altération macroscopique saisissable.

Brown-Séquard, cité par Vulpian (*Leçons sur les vaso-moteurs*, ii, 1875, 38), a constaté que les lésions de la moelle épinière chez le cobaye déterminent une congestion considérable des capsules surrénales; congestion qui peut aller jusqu'à l'hémorragie. Vulpian lui-même a remarqué souvent le même fait, et il a vu que, si les animaux survivaient, il se produisait une grande hypertrophie. Il en conclut que la moelle épinière doit exercer une influence puissante sur la circulation et sur la nutrition des capsules surrénales.

X. Système musculaire. — Nous avons recherché, avec Alezais, si les muscles du cobaye ne présentaient pas comme chez le lapin des différences physiologiques dans le mode de contraction. Il faut dire que déjà, au point de vue anatomique, rien ne fait deviner une distinction à établir, et l'on ne peut pas décrire des muscles pâles à côté de muscles rouges. Cette première constatation permettait déjà de supposer que les propriétés physiologiques devaient être les mêmes pour tous les muscles. Pourtant, nous avons voulu nous rendre compte, par l'expérimentation, s'il en était bien ainsi. A cet effet, nous avons interrogé un certain nombre des muscles du cobaye, et nous avons constaté que tous les muscles sur lesquels nos investigations avaient porté répondaient de la même façon; nous n'avons pas constaté de variation dans la rapidité avec laquelle tel ou tel muscle se contractait, la période latente étant la même à très peu de chose près pour tous.

Les courbes obtenues au myographe se ressemblent, et il n'est pas possible d'établir de distinction entre elles.

La contraction tétanique des muscles du cobaye ne se produit qu'avec un nombre d'excitations plus fréquentes que celui qui est nécessaire pour amener le même phénomène chez d'autres mammifères (chien, lapin, homme). Déjà Ch. Richet (*Physiologie des muscles et des nerfs*. Paris, 1882, 108) avait remarqué ce fait; il dit : quoique la limite précise soit difficile à déterminer, il faut environ soixante excitations par seconde pour qu'il n'y ait plus d'oscillations dans la courbe du tétanos des muscles du cobaye. Nous avons cherché à déterminer ce nombre, et nous sommes arrivés à une moyenne de 65 à 70 excitations à la seconde, chiffre qui se rapproche beaucoup de celui indiqué par Ch. Richet.

XI. Système nerveux. — Les vivisections que l'on pratique sur le système nerveux, peuvent porter, soit sur la portion centrale, soit sur la portion périphérique.

Sur le *cerveau* on peut n'avoir qu'à faire des piqûres. La voûte cranienne étant assez mince se laisse facilement perforer, soit par la pointe d'un scalpel, soit par l'instrument destiné à l'expérience. Si l'on veut pratiquer l'excitation du cerveau ou bien en faire l'ablation totale ou partielle, il faut le mettre à nu. A cet effet, l'animal, étant fixé sur un appareil dans la position abdominale, est anesthésié; on incise longitudinalement la peau préalablement dégarnie de ses poils, sur la ligne médiane du crâne, on met ainsi à nu les os que l'on peut user sur un point au moyen d'une rugine ou d'un instrument quelconque. On pratique ainsi une première petite ouverture par laquelle on introduit une des branches d'une paire de ciseaux ou la pointe d'un scalpel un peu fort, avec lesquels il est facile de donner à l'ouverture la grandeur nécessaire. Le sang qui s'écoule pendant l'opération est facilement arrêté au moyen d'un peu d'amadou. Si c'est pour cautériser ou exciser, on peut opérer immédiatement; si c'est pour faire l'excitation de la surface du cerveau, on ne doit expérimenter qu'après un moment de repos.

Pour opérer sur la *moelle*, l'animal doit être dans la même position que pour opérer sur le cerveau : l'anesthésie est ici nécessaire, afin d'éviter les mouvements que l'animal ne manquerait pas d'exécuter et qui pourraient faire complètement manquer l'expérience.

S'il s'agit de faire une simple piqûre ou une lésion partielle non mathématiquement limitée, on peut se contenter d'enfoncer à travers la peau et entre deux lames vertébrales un instrument *ad hoc*, avec lequel la moelle est facilement atteinte sans grande mutilation. Mais, si l'on désire bien localiser la lésion, il faut mettre la moelle à nu. Pour cela on commence par couper les poils, puis, sur la région rachidienne choisie, on pratique longitudinalement une incision de quelques centimètres qui permet de dénuder les vertèbres. Les masses musculaires sont écartées, le sang est étanché, et au moyen de petites cisailles on sectionne les arcs vertébraux, ce qui permet de mettre à découvert la moelle et les racines rachidiennes.

Bien des filets nerveux périphériques peuvent servir à l'expérimentateur; pour les découvrir il suffit de se remémorer leur situation et leurs rapports anatomiques pour les isoler facilement. Nous renvoyons pour cela à la partie anatomique du système nerveux périphérique.

Cependant nous dirons quelques mots du procédé qui permet de mettre à nu le sciatique, nerf sur lequel portent plus spécialement bien des expériences.

L'animal est maintenu comme pour les expériences sur la moelle. Si le nerf doit être découvert à son émergence, on pratique l'incision en arrière du grand trochanter, on tombe sur des fibres musculaires que l'on sectionne transversalement et au-dessous desquelles le nerf apparaît; si le nerf doit être isolé plus bas, il faut faire une incision de quelques centimètres sur une ligne allant de la tubérosité ischiatique au côté externe du genou, à la portion postéro-externe de la cuisse. On tombe sur un interstice cellulaire très peu marqué, qui sépare les deux chefs supérieurs du biceps. Au moyen de la sonde cannelée on dilacère cet interstice parallèlement aux fibres musculaires et l'on découvre au-dessous des muscles, le nerf qu'il est facile d'isoler et de soulever au moyen d'un crochet mousse.

Cerveau. — Le cerveau du cobaye, comme le cerveau des autres mammifères, présente-t-il des régions excitables?

FERRIER, qui a expérimenté sur le cerveau de cet animal (*Fonctions du cerveau. Trad. de* VARIGNY, 1878, 254), dit que le cerveau du cochon d'Inde est presque une copie exacte de celui du lapin; les résultats de l'électrisation sont essentiellement identiques. Comme il n'y a pas de circonvolution, il est difficile de bien localiser. Une légère dépression parallèle à la scissure longitudinale peut être considérée comme analogue à celle qui délimite la circonvolution externe supérieure chez le chien et le chat.

Fig. 129.

A l'excitation de la partie antérieure de la dépression (1) la patte de derrière s'avance; un peu plus en avant (5) la patte de devant se lève comme pour marcher, puis elle est rapidement retirée et rapprochée du tronc, si l'excitation porte sur une grande étendue de la face frontale de l'hémisphère (7) il y a rétraction

et élévation de l'angle de la bouche, mouvement de mastication des mâchoires et enfin rotation de la tête du côté opposé; si l'excitation porte derrière ce point (8) on obtient l'occlusion de l'œil et l'élévation de la joue; si l'excitation est faite sur la face orbitaire de la région frontale (9) il y a ouverture de la bouche; si c'est près de la partie postérieure (14), l'oreille opposée se dresse.

Dans des expériences d'excitation du cerveau chez le cobaye adulte, je suis arrivé à des résultats un peu différents, et le fait que j'ai constaté, c'est que les mouvements les plus nets des membres ne se produisaient pas du côté opposé, mais du côté correspondant.

Dans une série d'expériences pratiquées sur des animaux adultes, anesthésiés par une injection péritonéale de chloral morphiné, voici ce que j'ai observé.

L'excitation de la portion antérieure du cerveau ne produit aucune réaction; l'excitation de la portion moyenne, un peu en dehors de la dépression parallèle à la scissure longitudinale, détermine des mouvements dans le membre antérieur correspondant; l'excitation portée un peu plus en arrière provoque des contractions dans le facial du même côté, si les électrodes sont appliquées en dehors du point précédent, c'est le membre postérieur qui se contracte.

Si l'on augmente l'intensité du courant on a, non seulement des mouvements du côté correspondant, mais aussi du côté opposé, mais plus faibles. Mais la localisation exacte de ces différents centres d'excitation est difficile, car ce sont plutôt des zones excitables.

Ce que nous venons de dire est pour l'animal adulte. Tarchanoff a signalé le premier chez le cobaye nouveau-né l'existence de centres moteurs autour du sillon crucial, et dont l'excitation déterminait trois mouvements : un dans la face, mastication; les deux autres dans les membres; mais il ajoutait qu'il n'avait pu déterminer exactement la position de ces différentes zones excito-motrices par rapport au sillon.

On peut affirmer simplement, ajoute-t-il, que ces zones se trouvent toutes sur la partie antérieure des hémisphères.

Langlois (B. B., 1889, 503) a recherché ces centres sur de jeunes cobayes, et il est arrivé aux résultats suivants :

Je n'oserais affirmer, dit-il, la localisation des centres des membres antérieurs et postérieurs, mais celui de la mastication m'a paru beaucoup plus facile à déterminer.

Il a obtenu un mouvement très net de mastication se dessinant toujours primitivement du côté opposé à l'excitation, quand on porte les électrodes à quatre ou cinq millimètres en dehors de l'extrémité du sillon crucial. Il ne s'agit pas d'une zone bien limitée, suivant un cercle, comme Ferrier, Ressembacht en ont signalé chez l'animal adulte, mais plutôt d'une bande suivant la convexité de l'hémisphère et dont les contours sont mal définis. L'excitation des régions situées en avant ou en arrière du sillon et en se rapprochant de la grande scissure interhémisphérique, est inefficace, et il faut rapprocher la bobine secondaire pour obtenir des effets moteurs. Ces derniers se produisent surtout dans les membres, dans le membre antérieur seul, si l'excitation est relativement faible, dans le membre postérieur, avec une excitation plus intense. Mais l'intensité seule et non le point excité détermine l'apparition des mouvements de la patte postérieure. Même chez les cobayes de moins d'un jour, il a pu noter quelquefois la localisation du centre masticateur, mais les résultats les plus nets et les plus constants ont été obtenus avec des animaux âgés de quarante-huit heures au moins.

Moelle. — On sait que c'est en 1850 que Brown-Séquard observa que certaines lésions de la moelle épinière, chez les cobayes, peuvent produire une affection convulsive épileptiforme.

Ces lésions de la moelle sont :

1° Section transversale ou presque complète d'une moitié latérale;

2° Section transversale simultanée des cordons postérieurs, des cornes grises postérieures et d'une partie des cordons latéraux;

3° Section transversale soit des deux cordons postérieurs, soit des cordons latéraux, soit enfin des cordons antérieurs seuls;

4° Section transversale complète;

5° Une simple piqûre.

La section transversale complète du centre nerveux spinal ou d'un peu plus de la moitié postérieure de cet organe, ou enfin d'une de ses moitiés latérales, produit constamment chez les cobayes, après un certain temps, une affection convulsive épileptiforme qui a tous les caractères essentiels de l'épilepsie chez l'homme.

Des trois grands cordons blancs de la moelle épinière, les antérieurs, les latéraux et les postérieurs, ce sont ces derniers surtout dont la section est capable de produire l'épilepsie. Mais les lésions limitées à l'une quelconque de ces parties ne sont pas très souvent la cause d'une épilepsie complète.

La section de l'un ou de l'autre de ces cordons, d'un seul côté, est très rarement suivie d'épilepsie complète; il en est de même de la section transversale simultanée d'une des cornes grises postérieures et de quelques-unes des fibres des deux cordons blancs voisins. De plus, une simple piqûre de la moelle épinière, surtout dans sa moitié postérieure, est capable aussi de produire l'épilepsie, même parfaitement complète.

Chez les cobayes qui ne deviennent pas épileptiques après une lésion de la moelle épinière, il est extrêmement fréquent de voir quelques mouvements réflexes convulsifs à la face ou dans les membres non paralysés, sous l'influence d'irritations de certaines parties de la peau. Ces mouvements convulsifs sont semblables à ceux que l'on observe chez les cobayes qui doivent devenir épileptiques quelques jours ou une semaine avant l'apparition d'une attaque complète. On peut, conséquemment, considérer ces mouvements comme étant des attaques d'épilepsie, incomplète.

Presque toutes les parties de la moelle peuvent, dans les conditions indiquées, donner naissance à l'épilepsie. Mais c'est la partie étendue de la septième ou huitième vertèbre dorsale jusqu'à la deuxième ou troisième lombaire, dont la lésion ne manque jamais de donner origine à cette affection, si la lésion est de celles indiquées comme épileptogènes. A partir de la troisième vertèbre lombaire, jusqu'à sa terminaison coccygienne, la moelle épinière est de moins en moins capable de produire l'épilepsie.

La section de la moitié postérieure de la moelle épinière ou d'une de ses moitiés latérales, entre la seconde et la cinquième paire de nerfs à la région cervicale, lorsqu'elle ne cause pas la mort en moins de quatre ou cinq semaines, est très souvent suivie d'épilepsie, qui est généralement moins complète qu'après les lésions indiquées plus haut.

Par conséquent, presque toutes les parties de la moelle épinière, chez le cobaye, sont capables de produire l'épilepsie à la suite d'une irritation par incision.

Brown-Séquard a vu dans un cas d'ablation du V du bec du calamus, non suivi de mort, des attaques d'épilepsie complète; mais c'est un fait isolé qui ne s'est pas reproduit dans d'autres expériences analogues, ni après des sections transversales du corps restiforme, du cordon intermédiaire ou d'une des pyramides antérieures.

Les lésions des *nerfs* peuvent aussi causer de l'épilepsie chez les cobayes. La section du grand nerf sciatique et celle du poplité interne, la section des racines des quatre ou cinq derniers nerfs dorsaux d'un côté, la section des racines postérieures des nerfs lombaires servant à former le nerf sciatique.

En général, l'épilepsie complète apparaît dans la quatrième ou la cinquième semaine après l'opération; quelquefois un peu avant, toujours avant la fin de la huitième semaine.

Chez les animaux bien nourris et soumis à d'autres bonnes conditions hygiéniques, on voit les attaques se manifester plus tardivement que chez ceux qui sont mal alimentés exposés à l'humidité et au froid.

Plus la lésion médullaire est considérable, plus, en général l'épilepsie survient tôt.

Chez les très jeunes cobayes, cette affection tarde en général un peu plus à paraître que chez ceux âgés de trois à quatre mois.

On peut provoquer une attaque avant l'existence d'attaques spontanées.

Il existe une zone de peau dont l'irritation est capable seule de produire une attaque d'épilepsie. Cette zone comprend une partie de la face et du cou dont les limites sont des lignes légèrement courbes qui circonscrivent un espace ovalaire, ayant, chez un cobaye adulte, environ cinq centimètres de longueur et trois centimètres et demi ou trois quarts de largeur. Cet espace est circonscrit par une ligne partant de l'angle palpébral antérieur allant à la saillie de l'os maxillaire supérieur, limitant en bas la fosse sous-orbitaire, de là au milieu de la mâchoire inférieure, de ce point en passant au-dessous de l'angle de la mâchoire, à l'articulation scapulo-humérale; de là en remontant le long du bord antérieur de l'omoplate jusqu'au milieu de sa longueur ; de ce dernier point à l'attache du lobule de l'oreille, et enfin de là au point de départ, l'angle palpébral antérieur, passant au-dessous et assez près du bord de la paupière inférieure.

Dans cette zone les points qui paraissent les plus excitables se trouvent à l'angle de la mâchoire, au-dessous de l'œil et au milieu du bord antérieur de l'omoplate.

Il est bon de faire remarquer que cette zone est innervée par deux branches du tri-jumeau, surtout par le sous-orbitaire et l'auriculo-temporal, et les branches postérieures des IIᵉ, IIIᵉ, IVᵉ paires cervicales.

Lorsqu'il y a une section transversale complète ou presque complète de la moelle épinière, il y a outre la zone ordinaire à la face et au cou des deux côtés, une zone de peau sur les dernières vertèbres cervicales et une partie des vertèbres dorsales capable de causer aussi une attaque lorsqu'on l'irrite. Cette zone est innervée surtout par les branches postérieures des nerfs spinaux dans une partie des régions cervicale et dorsale. Il faut ajouter que la zone épi-leptogène est, en général, plus considérable après la section du nerf sciatique qu'après celle d'une moitié latérale de la moelle épinière.

Lorsque les deux sciatiques ont été coupés, cette zone s'étend à la totalité de la tête et du cou sur les côtés, ainsi qu'en avant et en arrière. De plus, presque toute la portion, de peau animée par les branches postérieures des dernières paires cervicales et des huit, neuf ou dix premières paires dorsales, possède la faculté épileptogène.

Fig. 130. — Zone épileptogène.

Après six, huit ou dix mois, la faculté épileptogène de la peau diminue, mais l'affection ne guérit jamais spontanément.

Chez les cobayes ayant eu une section transversale partielle ou complète de la moelle épinière, on peut encore produire l'attaque en irritant la zone épileptogène, après avoir enlevé une grande partie de l'encéphale, et même tout l'encéphale, du cervelet et d'autres parties de l'encéphale.

Après la section du sciatique, l'époque d'apparition de l'épilepsie varie. Brown-Séquard a vu une fois la première attaque le 6ᵉ jour après l'opération ; une autre fois le 71ᵉ ; la moyenne de 67 cobayes qu'il a observés a donné environ la première attaque vingt-quatre jours après l'opération (A. de P., 1870, 155).

Quelques rares animaux peuvent échapper à l'apparition de l'épilepsie complète après la section du sciatique. Pour avoir l'épilepsie, la section n'est pas nécessaire : la piqûre, la compression, l'irritation du nerf peuvent suffire.

Brown-Séquard a observé chez les petits cochons d'Inde nés de parents ayant une patte altérée, après la section du nerf sciatique, et ayant eux-mêmes par hérédité une altération d'une ou des deux pattes postérieures, quelque temps après la naissance, les premiers symptômes de l'épilepsie, et en tous points cette affection a été chez eux semblable à celle du parent épileptique.

A la suite de la section d'un seul sciatique on peut trouver la zone épileptogène des deux côtés et même le long des gouttières vertébrales, jusqu'à la dernière vertèbre dorsale.

Comme l'a observé C. Westphal, un coup sur la tête d'un cobaye peut lui donner immédiatement une attaque d'épilepsie ; il en est de même de l'écrasement de la tête, même après l'ablation du cerveau et même du bulbe, et de certaines lésions de la moelle épinière au voisinage du bulbe rachidien. Cette attaque survient plus ou moins promp-tement, dans un temps qui varie d'ordinaire entre 5 et 100 secondes. C'est cette partie de l'axe nerveux qui paraît être le véritable foyer central de l'épilepsie chez les cobayes (Brown-Séquard. A. de P., 1871, 119).

En règle générale, plus une lésion de la moelle épinière, depuis le niveau de la cinquième vertèbre lombaire jusqu'à la première cervicale, se rapproche de ce dernier point, plus l'affection épileptiforme, manifestée par des attaques spontanées ou provoquées, se montre rapidement.

Chez des cochons d'Inde rendus épileptiques par une lésion de la moelle, on peut, dans l'immense majorité des cas, arrêter l'attaque provoquée par l'irritation de la zone épileptogène, par une irritation de la muqueuse de l'arrière-bouche (peut-être surtout, ou même uniquement de celle du larynx) par un courant énergique d'acide carbonique.

Brown-Séquard (*A. de P.* 1892, 704) a vu que, si l'on fait une incision à la moelle cervicale chez un cobaye, surtout sur sa partie postérieure ou latérale au voisinage du bulbe ou au niveau de la sixième cervicale (Hénocque, Eloy. *B. B.*, 1882, 614), on voit bientôt apparaître une attaque complète de l'épilepsie propre à cette espèce d'animal. Ce ne sont pas des convulsions plus ou moins désordonnées qui apparaissent, c'est une série parfaitement régulière de convulsions toniques et cloniques, d'abord d'un côté, puis de l'autre, enfin des deux côtés simultanément, qui se montre avec une perte complète de connaissance.

L'attaque, dans ce cas, ne survient jamais en moins de deux ou trois secondes après la lésion et quelquefois après un temps beaucoup plus long, même plusieurs minutes. Hénocque et Eloy ont vu des lésions de la moelle cervicale, au niveau de la sixième vertèbre, ne produire l'accès qu'après dix minutes.

Charrin (*A. de P.*, 1897, 181) a observé un cas d'épilepsie expérimentale qui vient corroborer les faits annoncés par Brown-Séquard, il s'agit d'un cobaye ayant reçu une injection de un demi-centimètre cube de toxine diphtéritique sous la peau, puis ce cobaye fut soumis à des courants de haute fréquence passant par des contacts établis au niveau des pattes, soit antérieures, soit postérieures : il y eut température élevée au niveau des cuisses.

Ce cobaye surchauffé résista à l'intoxication ; mais, par le fait de la brûlure des membres postérieurs, il se produisit une sorte d'amputation bilatérale ; deux moignons avaient remplacé les deux membres postérieurs.

Six mois après, cet animal présentait des crises épileptiformes qu'il était facile de reproduire par l'irritation de la zone épileptogène.

Tous ces faits relatés prouvent donc que chez le cobaye il existe une prédisposition très marquée à la production des crises épileptiformes et que la moindre cause déterminante, qui vient à troubler l'équilibre de son système nerveux, donne naissance à une véritable crise d'épilepsie.

XII. Reproduction. — L'époque de l'aptitude à la reproduction chez le cobaye, mâle surtout, a pris quelque intérêt depuis que Brown-Séquard a montré le parti que l'on pouvait tirer en pathologie des injections de liquides testiculaires, liquides que l'on fabrique surtout avec des testicules de cobaye. Comme ce liquide ne peut jouir de ses propriétés que s'il provient d'organes ayant atteint leur complet développement, on comprend toute l'importance de la question.

F. Lataste et Hénocque ont étudié chacun de leur côté ce point de physiologie et sont arrivés à des résultats conformes.

Voici ce que dit Hénocque (*B. B.*, 1890, 586) : c'est à deux mois que commence l'aptitude au coït, ainsi que je l'ai constaté chez deux cobayes dont l'un a fécondé une jeune femelle.

L'animal devient de plus en plus parfait à trois mois : il recherche les femelles avec ardeur, il entre facilement en érection, le gland est hérissé de papilles, la glande préanale est saillante avec un orifice bien prononcé, les testicules sont gros et saillants sous la peau.

À quatre mois l'animal est dans toute sa vigueur, il lutte avec les plus gros mâles. On trouve des spermatozoïdes dans le canal déférent et l'épididyme.

Lataste, de son côté, avait dit auparavant (*Actes de la Société linnéenne de Bordeaux*, 1887-1889. *B. B.*, 1892, 675) :

À l'âge de deux mois, et même auparavant, le mâle paraît être en état de s'accoupler ; mais il n'est pas encore apte à la fécondation ; il l'est certainement et la femelle aussi à l'âge de deux mois et demi. C'est donc par erreur que Buffon, dont l'opinion a été reprise c'est par Gervais, fixait à cinq ou six semaines l'époque de la puberté de ces animaux, et aussi par erreur que Brehm l'a fixée à six mois.

Mais les deux auteurs auxquels nous empruntons ces détails ne sont plus d'accord au sujet de la forme du gland et du rôle des appendices épidermiques dont il est armé.

À l'âge de deux mois, dit Hénocque, le gland est découvrable et prend la forme d'une corolle, il est garni de papilles rudes et en particulier de deux productions cornées, denticulées, sortes de peignes situés des deux côtés du gland et destinés à faciliter la défloration des femelles, dont la vulve, on le sait, est fermée par une adhérence des deux parois de la muqueuse.

Or, d'après Lataste, et contrairement à ce qu'avait cru Le Gallois, la vulve des rongeurs se décolle et s'ouvre spontanément aux époques du rut.

« Quant à la forme du gland du cobaye et au rôle des appendices épidermiques, soit pectinés, soit épineux dont il est armé, voici comment j'avais vu et compris les choses, dit Lataste : l'érection du pénis, chez ces animaux, se produit en deux temps : dans une demi-érection, au début du coït, le gland est claviforme et les deux grandes épines sont cachées dans leur poche ; tandis que, dans l'érection complète, au moment de l'éjaculation, l'urètre se dilate à son extrémité et s'étale en entonnoir renversé, et, la poche des épines se dévaginant, celles-ci se montrent tout à fait extérieures, implantées sur la limite du canal urétral, dirigées en haut et en avant, et légèrement recourbées en bas.

« La forme du gland au début de l'érection et les petites épines inclinées en arrière qui arment sa surface ont, évidemment, pour rôle, la première de permettre l'introduction du pénis dans le vagin, les autres de faciliter cette introduction en mettant obstacle au retour de l'organe en arrière. L'os pénial concourt au même but, en fournissant au gland un soutien, d'autant plus nécessaire que l'organe doit frayer sa route avant son érection complète et, par conséquent, avant d'avoir atteint son maximum de rigidité.

« En comparant la situation et la direction des deux grandes épines du pénis à l'emplacement occupé par le col utérin et par son orifice dans le vagin, emplacement qui m'est nettement indiqué par un moulage en plâtre de l'intérieur du vagin distendu, j'ai acquis la conviction que ces épines pénètrent dans l'utérus. Leurs pointes, avant la complète érection, leurs bases, après le changement de forme du pénis, doivent occuper, dans le vagin, exactement la place de l'orifice utérin ; et quand leur poche est dévaginée, elles n'ont aucun autre endroit pour se loger dans les organes femelles, que les cavités utérines. Elles servent, évidemment, à dilater ces cavités et à y diriger le jet spermatique. Remarquons accessoirement que, se dirigeant d'ailleurs très obliquement, en haut, et ayant la pointe légèrement recourbée en bas, c'est par sa surface convexe que chacune vient presser sur la paroi utérine du côté dorsal.

« Quant à la forme en entonnoir renversé que tend à prendre l'extrémité de l'urètre au moment du spasme vénérien, sa fonction, une fois conçue, ne saurait paraître douteuse : dans son effort pour se développer de la sorte, l'organe mâle exerce une pression circulaire énergique sur le fond du vagin ; celui-ci se dilate et, entraînant dans son mouvement les bords de l'orifice utérin, ouvre largement celui-ci.

« Ainsi, au moment de l'éjaculation, le sperme trouve, devant lui, la porte ouverte par le pénis et la voie tracée par les épines. »

Gestation. — Les auteurs ne sont nullement d'accord sur la durée de la gestation. Buffon dit : Les femelles ne portent que trois semaines ; tandis que pour P. Gervais (D. Encycl. des sc. méd., xviii, 160), ces rongeurs portent longtemps, plus de soixante jours. Nos observations nous autorisent à déclarer que la durée de la gestation est de trente à trente-cinq jours.

Le nombre de chaque portée est généralement très variable ; les premières portées chez les femelles jeunes sont de deux ou trois, puis elles arrivent à une moyenne de six à sept. Nous avouons que depuis le temps que nous observons les cobayes, nous avons vu un grand nombre de femelles de tout âge mettre bas, jamais nous n'avons vu des portées de dix ou onze, comme le dit Buffon. C'est peut-être le fait du manque de liberté.

Le placenta est discoïde à insertion centrale et pèse en moyenne de trois à quatre grammes.

Chez la femelle du cobaye, les ligaments interpubiens se ramollissent, se relâchent et se laissent distendre au point que les deux pubis, qui en dehors de la gestation sont étroitement unis, se trouvent séparés, au moment de la parturition, par un intervalle de 25 millimètres (Testut. Anat. hum., 3e éd., I. Paris, 1896, 531).

XIII. Toxicologie. — Le cobaye étant un animal commun dans les laboratoires, c'est généralement sur lui que les expérimentateurs, parmi lesquels il faut citer Laborde surtout, ont fait leurs recherches sur les alcaloïdes.

Mais il faut un peut tenir compte du terrain particulier que cet animal présente, car, comme le dit Langlois (*Toxicité des isomères de la cinchonine. Trav. du laborat. de Ch. Richet*, iii, 1895, 56), les expériences sur les cobayes ne présentent pas une très grande précision; car, s'ils constituent un excellent réactif pour les poisons convulsivants à cause de leur disposition par excellence à l'épilepsie, l'impossibilité de faire facilement des injections intra-veineuses rend la détermination de la dose convulsivante beaucoup plus indécise.

Les chiffres suivants qu'il a obtenus dans des expériences avec des isomères de la chinchonine montrent les écarts que l'on observe lorsqu'on étudie la toxicité d'une substance.

Cinchonine	{ 0,35 0,55 }	0,40 en moyenne par kilogr. de cobaye.			
Cinchonibine . . .	{ 0,18 0,09 }	0,10	—	—	—
Cinchonifine. . . .	{ 0,16 0,02 }	0,09	—	...	—
Cinchonigine . .	{ 0,035 0,030 0,024 0,020 0,020 0,018 0,015 }	0.024	—	—	—
Cinchoniline. . . .	{ 0,10 0,07 }	0,08	—	—	—

En analysant les principaux travaux sur l'action des alcaloïdes sur le cobaye, on trouve généralement, comme indication, quelle est la dose nécessaire pour tuer un cobaye (sans indication du poids) ou bien pour un cobaye d'un poids déterminé.

Il était intéressant de savoir si la dose relative ne variait pas avec le poids et par conséquent avec l'âge de l'animal. Aussi, me guidant sur les recherches faites antérieurement, afin d'arriver à une posologie aussi exacte que possible, je me suis livré à de nombreuses expériences de contrôle, destinées à établir les doses minima des principaux alcaloïdes, qui, en injection sous-cutanée, pouvaient tuer *cent grammes* de cobaye. J'ai préféré prendre ce poids comme type, l'animal présentant presque toujours un poids inférieur à 1 kilogramme.

Je dois dire que dans toutes ces expériences je n'ai point rencontré ces écarts considérables signalés par Langlois pour les isomères de la cinchonine; il est vrai que j'avais soin de faire moi-même mes solutions titrées presque toujours au moment de l'emploi, car j'ai constaté que beaucoup de solutions s'altèrent en vieillissant. Après avoir fait l'injection dans le tissu cellulaire sous-cutané du flanc, je prenais toujours la précaution d'appliquer une petite pince à pression sur la piqûre, afin d'empêcher la sortie de la moindre gouttelette de solution.

J'ai multiplié et varié les expériences, et je suis arrivé aux moyennes qui ont été communiquées déjà à la *Soc. de Biologie* en novembre 1897, 979, et que je reproduis ici en faisant cependant observer qu'elles ne sont que relatives, car il est impossible d'arriver à des doses mathématiques.

Comme tous ceux qui ont expérimenté sur le cobaye, j'ai observé que les jeunes animaux de 175 à 250 grammes étaient plus sensibles que les sujets adultes de 550 à 650 grammes; pourtant l'écart n'est pas grand et les chiffres suivants peuvent servir de guide.

Pour tuer 100 grammes de cobaye, il faut en moyenne.

0,006 milligr. d'aconitine cristallisée.
20 — de chlorhydrate d'apomorphine cristallisée.
50 — de sulfate d'atropine.
3 — de chlorhydrate de brucine.

45	milligr.	de caféine.
5	—	de chlorhydrate de cicutine.
25	—	sulfate de cinchonine.
5	—	chlorhydrate de cocaïno.
15	—	chlorhydrate de codéine.
0,13	—	de colchicine cristallisée.
0,65	—	de digitaline cristallisée.
55	—	de sulfate de daturine.
2	—	de sulfate de duboisine.
0,5	—	de sulfate d'ésérine.
22	—	d'hyosciamine.
70	—	de chlorhydrate de morphine.
5	—	de chlorhydrate de narcéine.
165	—	de chlorhydrate de narcotine.
5,5	—	de chlorhydrate de nicotine.
7	—	de sulfate de spartéine.
0,03	—	de strophantine.
0,3	—	de chlorhydrate de strychnine.
0,3	—	de chlorhydrate de vératrine.

A cette liste il faut ajouter l'abrine, le principe actif de l'*Abrus precatorius*, Jequirity de Brésil, qui est d'une extrême toxicité pour le cobaye : il suffit d'en injecter sous la peau un dixième de milligramme pour que l'animal soit tué en trois à six jours. Fait particulier à observer, il faut toujours une période d'incubation (A. GAUTIER. *Les toxines*. Paris, 1896, 417).

Le sulfate de cinchonamine possède une toxicité assez grande. LABORDE a constaté que si l'on injecte vingt-cinq centigrammes de cette substance à un cobaye, on voit au bout de trois à quatre minutes l'animal tomber brusquement sur le flanc, comme foudroyé, agiter un instant les pattes et mourir presque instantanément (DUPUY. *Alcaloïdes*, I, 1889, 353).

Ainsi qu'il est facile de le constater, le cobaye présente une résistance remarquable à certains alcaloïdes. Il est bon de rappeler à ce sujet la communication de WIDAL et NOBÉCOURT à la Société médicale des hopitaux de Paris (séance du 25 février 1898), sur l'action antitoxique des centres nerveux pour la strychnine et la morphine. Ces expérimentateurs ont observé que chez certains animaux, et le cobaye entre autres, les centres nerveux possèdent un pouvoir antitoxique s'exerçant, *in vitro*, sur la strychnine et la morphine, pouvoir cependant moins neutralisant que chez le lapin.

La connaissance des doses moyennes nécessaires pour tuer un poids déterminé d'animal est une chose qui a son importance, car l'expérimentation physiologique est un bon moyen pour s'assurer de la pureté chimique d'une substance. (Voir à ce sujet LABORDE et DUQUESNEL. *Les substances médicamenteuses considérées au point de vue de la pureté chimique et de l'activité physiologique. B. B.*, 1884, *Mém.*, 98).

Le cobaye a servi à étudier le pouvoir toxique d'une grande quantité de substances qu'il est impossible d'énumérer ici. Nous ne pouvons pourtant pas passer sous silence les expériences faites avec le sang ou le sérum et avec la sueur.

Le sang d'anguille tue le cobaye à la dose de trois dixièmes de centimètre cube.

Le sang de crapaud le tue à la dose de cinq centimètres cubes en injection sous-cutanée ou péritonéale (PHISALIX et BERTRAND. *B. B.*, 1893, 477).

Le sang ou le sérum de la vipère donne le même résultat que le venin injecté dans le tissu cellulaire de la cuisse ou de l'abdomen : refroidissement considérable de l'animal (26° et même 22°) et mort quelques heures après (PHISALIX et BERTRAND. *B. B.*, 1893, 997).

Le sang de chien tue plus facilement les cobayes que les lapins. Sur 25 transfusions péritonéales de sang de chien à des cobayes la mort est survenue, sauf une exception, chaque fois que la dose a dépassé 25 grammes par kilogramme d'animal, soit avec des doses de 63, 51, 42, 38, 36, 33 grammes. Il y a eu des morts avec des doses de 20 et de 17 grammes. Même lorsque le cobaye ne meurt pas, il maigrit pendant trois ou quatre semaines et il faut un très long temps pour qu'il reprenne son poids initial (HÉRICOURT et CH. RICHET. *Trav. Labor. de* CH. RICHET, III, 1893, 296).

Sueur. — ARLOING a expérimenté l'action toxique de la sueur sur le cobaye qui, au point de vue de la sensibilité aux poisons sudoraux, occupe le troisième rang après le chien et le lapin.

J'ai réussi, dit-il, à tuer le cobaye en injectant dans le tissu conjonctif sous-cutané 20 centimètres cubes de sueur naturelle par kilo de poids vif. J'ai vu le cobaye résister à une injection intrapéritonéale de 10 centimètres cubes de sueur naturelle par kilo.

Un autre individu, ayant reçu le double de la même sueur, a succombé en vingt heures. La différence existant entre ces deux animaux démontre bien que la mort arrive par intoxication et non par infection (*B. B.*, 1896, 1109).

XIV. Bactériologie. — Le cobaye est un animal précieux en bactériologie; on peut dire que dans cette branche des sciences biologiques il a rendu de réels services; aussi est-il très important de savoir comment il se comporte suivant les cas, car, très sensible à l'inoculation de certains microbes, il est réfractaire à certains autres. Ainsi, un seul bacille charbonneux le fait périr, tandis qu'il faut 300 000 microbes du choléra pour obtenir un résultat semblable (S. BERNHEIM).

Pour bien des recherches, il constitue un terrain de culture parfait.

Afin d'éviter les tâtonnements et les pertes de temps, il est nécessaire de connaître la façon dont cet animal, si utile, se comporte vis-à-vis de chaque microbe. Dans ce paragraphe nous avons essayé de présenter un résumé de la question par ordre alphabétique, toute classification nous paraissant peu pratique au point de vue spécial qui nous occupe.

Le cobaye peut être inoculé de plusieurs façons. Il n'est généralement pas nécessaire de le fixer sur un appareil et de l'anesthésier; cependant, si l'inoculation doit se faire dans les veines, l'animal doit être maintenu immobile et l'anesthésie est préférable. (Pour la contention et l'anesthésie du cobaye, voir ces deux paragraphes au commencement du chapitre Physiologie.)

L'inoculation peut se pratiquer : 1° sous la peau; 2° dans le péritoine; 3° dans les veines; 4° dans le poumon; 5° dans la chambre antérieure de l'œil.

1° L'inoculation sous la peau se fait de préférence à la base de la cuisse, c'est le lieu d'élection, ou dans le tissu cellulaire du dos. Le manuel opératoire est bien simple. On coupe les poils de la région, on lave au sublimé ou avec tout autre antiseptique afin d'opérer sur un champ bien aseptique, puis, l'animal étant maintenu par un aide, on fait à la peau un pli, et c'est à la base de ce pli que l'on enfonce l'aiguille destinée à faire pénétrer le liquide d'inoculation.

2° Dans le péritoine l'inoculation se pratique à peu près selon les mêmes conditions. Après avoir aseptisé la région abdominale choisie, l'animal est solidement maintenu par un aide ou sur un appareil, on fait un pli comprenant toute l'épaisseur de la paroi abdominale et à la base de ce pli on enfonce l'aiguille. En abandonnant le pli, on s'assure que l'aiguille est bien libre dans la cavité abdominale; il ne reste plus qu'à pousser l'injection.

3° Pour faire l'inoculation dans les veines, on choisit généralement la jugulaire externe qui offre seule un volume suffisant. Le cobaye est fixé par les quatre pattes sur une planchette d'appareil, le ventre en l'air, l'anesthésie ici rend service en empêchant tout mouvement de la part de l'animal; on pratique une incision sur la partie latérale et antérieure du cou, incision allant de l'angle du maxillaire inférieur à la partie supérieure du sternum, la peau et le tissu cellulaire étant incisés, on ne tarde pas à apercevoir la veine qu'il est alors facile de mettre à nu. Au moyen d'une fine aiguille on pénètre facilement dans le vaisseau, on pousse l'injection et l'on retire l'aiguille. Une simple lotion avec un liquide antiseptique et un point de suture suffisent généralement; pourtant, si la veine avait été déchirée, il faudrait la lier pour éviter une trop grande perte de sang. On peut se servir avec avantage, pour cette inoculation intra-veineuse, d'une aiguille recourbée à angle droit à son extrémité, ou d'une petite pipette en verre dont l'extrémité présente la même courbure à angle droit.

4° C'est par la région axillaire que l'on fait les inoculations dans le poumon. A cet effet, on coupe les poils dans une certaine étendue sur la ligne axillaire, on aseptise la région, et, après avoir reconnu un espace intercostal, on enfonce brusquement l'aiguille qui atteint facilement le poumon, dans lequel on pousse l'injection.

5° Les inoculations dans la chambre antérieure de l'œil constituent un procédé simple et très efficace dans certains cas. On commence par insensibiliser la surface oculaire en y versant quelques gouttes d'une solution de cocaïne, puis on fait pénétrer obliquement l'extrémité d'une aiguille fine dans la chambre antérieure et on pousse une petite quantité du liquide à inoculer.

BOUCHARD a trouvé le sang stérile, comme l'avait le premier affirmé PASTEUR pour le sang normal, sur les cobayes vivement plongés dans l'eau de façon à abaisser leur température rectale jusqu'à 31° en moins de trente minutes. Mais en les refroidissant par l'immobilisation, le séjour dans la glacière, la faradisation cutanée, le vernissage, au bout de deux heures, il vit chez un cobaye sur quatre au moins une goutte de sang donner des colonies (S. BERNHEIM).

Béribéri. — Le cobaye est assez sensible au microbe du béribéri, moins cependant que le lapin. Ainsi, pour une même quantité injectée en masse, le cobaye survit au lapin à peu près toujours dans les mêmes proportions. Le lapin mourant environ soixante-neuf jours après la première injection, le cobaye lui survit jusqu'au quatre-vingt quatrième jour environ (J. MUSSO et J. B. MORELLI. *B. B.*, 1893, 18). Un fait important signalé par MORELLI, c'est que chez les cobayes inoculés avec du béribéri par injections sous-cutanées, on trouve dans les tissus et dans le sang des microbes étrangers vulgaires, tels que : le *Bacterium coli commune*, les bacilles *g, h, i* de la salive humaine de VIGNAL.

Il se fait sans doute pendant le processus du béribéri, peut-être à la faveur des lésions nerveuses qui doivent vraisemblablement empêcher la phagocytose normale de la surface interne et externe, une pénétration de microbes qui existent généralement dans la peau et dans les tuniques muqueuses (MORELLI. *B. B.*, 1893, 22).

Charbon bactéridien. — Très sensible au charbon, le cobaye constitue un véritable réactif expérimental pour cette maladie, puisqu'il suffit de lui inoculer un seul bacille charbonneux pour amener la mort (WATSON-CHEYNE).

Sur le cobaye les bâtonnets cylindriques du charbon sont plus longs que chez le bœuf et que chez l'homme; aussi est-ce sur cet animal que devront porter les recherches expérimentales ou diagnostiques.

L'inoculation se fait au moyen d'une seringue stérilisable à la face interne de la cuisse. Comme matière d'inoculation on prend soit du sang, de la rate, du foie, de la moelle osseuse ou des ganglions, sur un animal récemment mort du charbon ou bien une culture virulente.

Voici alors ce que l'on observe. Au bout de dix à quinze heures on voit un empâtement œdémateux assez prononcé, facile à sentir par la palpation, se développer au point d'inoculation; en même temps la température centrale de l'animal s'élève d'un ou deux degrés. Les autres symptômes accusés par les animaux sont insignifiants; ils continuent à manger et à se bien porter en apparence jusqu'à quelques heures avant la mort. Celle-ci survient ordinairement trente-six à quarante heures après l'inoculation. Elle est précédée d'une courte période pendant laquelle l'animal paraît inquiet, change souvent de place, urine fréquemment; la respiration s'accélère; l'animal devient comme indifférent et assoupi, il ne cherche plus à fuir et quand il le fait, c'est avec des mouvements incertains et mal coordonnés. Puis il tombe dans une sorte de coma; la respiration devient plus superficielle, et il meurt après quelques légères convulsions et une température centrale fortement abaissée, à 34°, à 32°, quelquefois à 30° (STRAUS).

A l'autopsie on ne trouve plus à la peau de trace de la piqûre d'inoculation; mais à ce niveau, dans une étendue parfois fort grande, le tissu cellulaire sous-cutané est le siège d'une infiltration œdémateuse, tout à fait caractéristique : c'est un œdème gélatineux, tremblotant, transparent, à peine teinté de rouge, rappelant un peu la consistance du corps vitré de l'œil. Les ganglions lymphatiques correspondant à la région inoculée sont augmentés de volume, rouges, ecchymotiques, entourés d'une zone d'œdème (STRAUS).

La rate est tuméfiée, diffluente; le foie est vivement congestionné; les poumons sont hyperhémiés ainsi que les reins, etc. Il est à remarquer et c'est un point intéressant, que les lésions intestinales qui sont de règle dans le charbon spontané manquent le plus souvent dans le charbon inoculé (THOINOT et MASSELIN, *Précis de Microbie*, Paris, 1893).

Quelle que soit la dose inoculée, de quelques centimètres à 40, les cobayes meurent, et les caractères de l'infection ne sont pas modifiés (SERAFINI et TURIQUEZ).

Malgré sa grande réceptivité, le cobaye peut cependant être vacciné, soit avec du virus charbonneux atténué par la lumière solaire (ARLOING), soit par une culture faite dans un milieu où a déjà vécu le vibrion cholérique (ZAGARI) ou au moyen d'un vaccin resté quinze à vingt jours au moins à 42°, et encore, si ce vaccin est inoffensif pour l'animal adulte, il est mortel pour le nouveau-né. Aussi, pour lui rendre sa virulence vis-à-vis de l'adulte, n'y a-t-il qu'à le faire passer chez le nouveau-né (S. BERNHEIM. *Immunisation et sérumthérapie*, Paris, 1895).

ZAGHARI (1887) a confirmé les travaux de EMMERICH, non seulement pour le lapin, mais pour le cobaye, et a obtenu l'immunisation de ce dernier animal contre le charbon en lui inoculant à plusieurs reprises le rouget des porcs (S. BERNHEIM).

Charbon symptomatique. — Le cobaye est le véritable réactif expérimental du charbon symptomatique. C'est par une injection dans les muscles de la cuisse, au moyen d'une seringue stérilisable, que se fait l'inoculation. La matière d'inoculation pourra être une culture du bacille du charbon symptomatique, mais c'est un moyen infidèle, la culture perdant rapidement ses propriétés.

Le meilleur moyen est de prendre du sang dans le cœur d'un animal mort récemment du charbon symptomatique et de le laisser vingt-quatre heures à l'étuve pour que le bacille se développe, ou encore mieux d'employer des fragments des muscles malades.

Lorsque l'injection virulente a été poussée dans la cuissse du cobaye, cette cuisse se gonfle après quelques heures et devient douloureuse au toucher; l'animal ne marche plus que sur trois pattes; bientôt la marche lui devient tout à fait impossible; il se blottit dans un coin de sa cage, où il reste immobile, le poil hérissé, poussant des cris lorsqu'on veut le saisir; il meurt dans les vingt-quatre ou quarante-huit heures.

Les deux lésions marquantes sur un cobaye mort de charbon symptomatique inoculé par le procédé décrit sont : *a*) un œdème rougeâtre du tissu conjonctif de la paroi abdominale, œdème qui s'étend sur toute la surface de celle-ci et remonte souvent jusqu'au thorax et à la naissance des membres antérieurs; cet œdème est d'autant plus marqué qu'on se rapproche du point d'inoculation;

b) Les lésions de la cuisse inoculée, qui est gonflée, turgide. Les muscles y sont d'une couleur rouge sombre, et sur quelques points (ce sont les parties les plus malades) ont une teinte noire. Sur la cuisse malade les poils s'arrachent avec la plus grande facilité, et tombent souvent d'eux-mêmes. La peau y est doublée par un tissu conjonctif œdématié et d'une teinte rouge très marquée; une abondante sérosité rougeâtre, sanguinolente, s'écoule dès que la peau est disséquée.

La cavité péritonéale contient un peu de liquide (THOINOT et MASSELIN).

Mais, quoique le cobaye soit extrêmement sensible à cette maladie, il est bon de faire observer que CHARRIN et ROGER ont reconnu que le bacille du charbon symptomatique se développait beaucoup mieux dans le sérum du lapin (animal réfractaire à la maladie) que dans le sérum de cobaye.

Bien plus, sous l'influence de la vaccination, le sérum du cobaye se modifie et ses propriétés microbicides vis-à-vis du bacille du charbon symptomatique augmentent notablement (CHARRIN et ROGER).

En 1888, ROUX a démontré que les cobayes ayant reçu des cultures du charbon symptomatique et du charbon ordinaire sont vaccinés contre ces virus (A. GAUTIER. *Les Toxines*, Paris, 1896). Le cobaye est très sensible aux toxines du charbon symptomatique. GAUTIER a vu un animal de 570 grammes succomber en trente minutes à la suite d'une injection intra-musculaire d'une solution alcoolique de toxines; par injection intra-péritonéale, l'animal meurt comme foudroyé. DUENSCHMANN a démontré que les cobayes qui ont reçu à doses successives les toxines du charbon symptomatique, loin d'être vaccinés, deviennent plus sensibles à l'action de ce virus, tandis que le suc musculaire des cobayes qui ont éprouvé cette maladie, quoiqu'il soit beaucoup moins toxique que le virus lui-même, est cependant doué de propriétés vaccinantes (A. GAUTIER).

Choléra asiatique. — Le cobaye est un des rares animaux pouvant être tués par le bacille virgule.

L'inoculation peut être pratiquée de trois façons différentes : 1° par la voie duodénale, la moins commode; 2° par la voie stomacale, méthode d'élection; 3° par la voie péritonéale. La voie stomacale étant celle qui donne les résultats les meilleurs et les plus constants, lorsqu'on emploie un dispositif particulier, c'est celle que nous allons indiquer.

Il faut d'abord alcaliniser le contenu stomacal de l'animal, en lui injectant à la sonde une solution de carbonate de soude à 5 p. 100; après vingt minutes on injecte dans l'estomac la culture du bacille virgule, et immédiatement on fait pénétrer dans la cavité péritonéale, à l'aide de la seringue de Pravaz, une quantité de teinture d'opium qu'il faut porter à un centimètre cube par 200 grammes du poids de l'animal.

Après que l'on a administré cette dose d'opium, il survient une somnolence qui dure une demi-heure à une heure; ensuite l'animal redevient tout à fait bien portant. Le soir du jour même, ou le jour suivant, les animaux perdent l'appétit, ils ont un aspect maladif; peu à peu on voit apparaître une faiblesse des extrémités postérieures ressemblant à de la paralysie. La respiration devient rare et se ralentit. Ensuite les phénomènes graves de collapsus apparaissent; il se produit un refroidissement sensible, à la tête et aux extrémités; enfin la mort survient.

A l'autopsie on trouve l'intestin grêle fortement tuméfié et rempli par un liquide incolore, aqueux, floconneux. L'estomac et le cœcum ne contiennent pas, comme d'ordinaire, des masses solides, mais une grande quantité de liquide.

Le contenu de l'intestin grêle est composé presque exclusivement par une culture pure de bacilles virgules (Flügge).

Doyen a montré qu'on pouvait obtenir les mêmes succès en injectant, au lieu de teinture d'opium, de l'alcool sans opium (Thoinot et Masselin).

Le cobaye peut servir à augmenter la virulence du bacille virgule, comme l'a constaté Haffkine, qui, injectant dans le péritoine de l'animal de la culture sur gélatine, a vu que la virulence allait en augmentant jusqu'au vingtième passage.

Mais, si le cobaye est sensible au choléra, il est néanmoins susceptible d'être vacciné et immunisé. C'est ainsi qu'on peut le préserver de l'infection en lui injectant des cultures atténuées par le vieillissement ou par l'oxygène (Ferran), par une température de 39° et par l'aération. Klemperer a pu vacciner les cobayes, contre l'intoxication cholérique intrapéritonéale, au moyen de cultures chauffées trois jours à 40°,5 ou deux heures à 70°, et contre l'affection cholérique intestinale en faisant avaler aux cobayes des cultures privées de bacilles (S. Bernheim); Lazarus a constaté que le sérum sanguin des convalescents de choléra peut prévenir la mort des cobayes, si on leur en injecte au moins un décimilligramme. On peut après cela leur injecter impunément dans le péritoine le bacille cholérique.

Klemperer également, sur deux malades convalescents de choléra, a pu constater que 1 centigramme de sérum de l'un et 50 centigrammes de l'autre suffisait pour immuniser le cobaye. Cet animal peut encore être immunisé par 5 milligrammes de sérum provenant d'une personne ayant reçu 5 centigrammes de cultures atténuées par le chauffage et 3gr,1 de cultures virulentes (Klemperer).

Le lait d'une chèvre vaccinée contre le choléra, injecté à la dose de cinq centimètres cubes, dans le péritoine des cobayes, non seulement les vaccine contre une infection cholérique future, mais guérit aussi une maladie déclarée (N. Ketscher).

Le sérum des cobayes vaccinés par diverses méthodes peut en immuniser d'autres (Vincensi). De plus le sérum, d'un animal vacciné par la méthode d'Haffkine ou par des injections successives de cultures chauffées à 65° ou 100°, immunise d'autres cobayes contre le virus fort et contre l'injection intra-péritonéale de fortes doses de cultures virulentes. Mais le sérum d'une personne vaccinée par la méthode de Haffkine ne préserve pas le cobaye contre les accidents des bacilles prodigiosus et pyocyanique.

Le cobaye est aussi très sensible aux toxines que l'on extrait des cultures du bacille du choléra.

Ransome a extrait des cultures de déjections de cholériques, privées de bacilles, une toxine très active, qui par voie hypodermique peut tuer en dix minutes un cobaye de 250 grammes à la dose de 10 centigrammes.

Villiers a retiré des organes et de l'intestin de cholériques un alcaloïde, dont six milligrammes injectés sous la peau d'un cobaye troublent les battements cardiaques et diminuent leur nombre par périodes. Trois quarts d'heure après l'injection, il se produit des secousses violentes, mais fugitives, d'abord dans les membres antérieurs, puis postérieurs. La mort survient le quatrième jour, le cœur était en diastole, le cerveau congestionné, la surface du poumon ecchymosée (A. GAUTIER).

La solution aqueuse d'albumose provenant du bacille du choléra, injectée sous la peau du flanc du cobaye à la dose de un demi-centimètre cube à un centimètre cube et demi, le tue en 12 à 50 heures; la même solution diluée peut ne pas tuer les cobayes et les immuniser (A. GAUTIER).

On connaît diverses races de vibrions cholériques, en procédant méthodiquement, commençant par de petites quantités de cultures stérilisées pour en arriver aux cultures vivantes, on peut vacciner les cobayes, et le sérum des animaux ainsi vaccinés contre l'un de ces vibrions est doué de propriétés préventives contre tous les autres (A. GAUTIER).

Choléra des poules. — Le cobaye n'est pas très sensible à cette infection, sa réceptivité est faible pour ce microbe, car 10 000 microbes ne lui font rien, plus de 10 000 ne lui procurent qu'un abcès dont il se remet : pour le tuer il en faut 300 000 (S. BERNHEIM). Cependant une injection intra-péritonéale le tue assez facilement. Mais inoculé dans le tissu conjonctif, il résiste et présente un phénomène que PASTEUR a très bien décrit et qui est très intéressant.

« Chez les cobayes, dit-il, d'un certain âge surtout, on n'observe souvent qu'une lésion locale au point d'inoculation, qui se termine par un abcès plus ou moins volumineux. Après s'être ouvert spontanément, l'abcès se referme et guérit sans que l'animal ait cessé de manger et d'avoir toutes les apparences de la santé. Ces abcès se prolongent quelquefois pendant plusieurs semaines avant de s'abcéder; ils sont entourés d'une membrane pyogénique et remplis de pus crémeux où le microbe fourmille à côté des globules du pus. C'est la vie du microbe inoculé qui fait l'abcès, lequel devient, pour le petit organisme, comme un vase fermé où il est facile d'aller le puiser, même sans sacrifier l'animal. Il s'y conserve mêlé au pus, dans un grand état de pureté et sans perdre sa vitalité. La preuve en est que, si l'on inocule à des poules un peu du contenu de l'abcès, ces poules meurent rapidement, tandis que le cochon d'Inde qui a fourni le virus se guérit sans la moindre souffrance. On assiste donc ici à une évolution localisée d'un organisme microscopique, qui provoque la formation du pus et d'un abcès fermé, sans amener des désordres intérieurs, ni la mort de l'animal sur lequel on le rencontre, et toujours prêt néanmoins à porter la mort chez d'autres espèces auxquelles on l'inocule, toujours prêt à faire périr l'animal sur lequel il existe à l'état d'abcès, si telles circonstances plus ou moins fortuites venaient à le faire passer dans le sang ou dans les organes splanchniques. Des poules ou des lapins qui vivraient en compagnie de cobayes portant de tels abcès pourraient tout à coup devenir malades et périr sans que la santé des cochons d'Inde parût le moins du monde altérée. Pour cela il suffirait que les abcès des cochons d'Inde, venant à s'ouvrir, répandissent un peu de leur contenu sur les aliments des poules et des lapins. Un observateur témoin de ces faits et ignorant la filiation dont je parle, serait dans l'étonnement de voir décimer des poules et des lapins sans cause apparente, et croirait à la spontanéité du mal, car il serait loin de supposer que celui-ci a pris son origine dans les cochons d'Inde, tous en bonne santé, surtout s'il savait que les cochons d'Inde, eux aussi, sont sujets à la même affection. Combien de mystères, dans l'histoire des contagions, recevront un jour des solutions plus simples encore que celles dont je viens de parler ! »

Pour faire périr le cobaye inoculé et porteur d'un abcès sous-cutané, il suffit de gratter fortement avec un scalpel les parois de la membrane qui tapisse la cavité de cet abcès; le microbe passe dans le sang et cette nouvelle inoculation donne la maladie mortelle au sujet.

Coli-bacille. — Le cobaye offre pour le coli-bacille une réceptivité assez grande, mais qui varie un peu suivant le mode d'inoculation.

Inoculé dans la plèvre, il meurt assez rapidement. A l'autopsie on trouve une pleurésie séreuse ou séro-hémorragique, avec exsudat péricardique, congestion pulmonaire et intestinale, ecchymoses sous-muqueuses. On trouve le bacille dans le sang et dans tous les organes.

Si l'inoculation est faite dans le péritoine, on ne trouve rien du côté de la plèvre, mais dans le péritoine il y a un exsudat fibrino-purulent et des lésions semblables à celles que l'on trouve dans la plèvre ; le bacille est généralisé dans les viscères et le sang.

L'inoculation intra-veineuse tue très rapidement.

Par injection sous-cutanée le résultat est moins sûr, il faut des doses plus élevées (ESCHERICH).

GIRODE a observé qu'une inoculation sous-cutanée de deux centimètres cubes environ de culture en bouillon de quarante-huit heures du *Bacillus coli*, déterminait chez le cobaye un choléra expérimental mortel en vingt-quatre ou trente-six heures.

Diphtérie. — Le cobaye est, de tous les sujets de laboratoire, le meilleur réactif expérimental de la diphtérie : il succombe à l'inoculation sous-cutanée de petites doses et présente à l'autopsie les lésions suivantes : enduit membraneux grisâtre limité au point d'inoculation, œdème gélatineux plus ou moins étendu, congestion des ganglions et des organes internes, surtout des capsules surrénales, épanchement séreux dans les plèvres, splénisation pulmonaire.

Dans les cas où le cobaye ne succombe pas à l'inoculation sous-cutanée, il se fait un œdème marqué, puis une escarre au point inoculé.

Chez les cobayes inoculés sous la peau, le bacille ne pullule qu'au point d'inoculation, dans l'œdème gélatineux qui se développe en cet endroit (THOINOT et MASSELIN).

Après quatre heures, l'œdème est manifeste au point d'inoculation, les bacilles augmentent dans cet œdème local jusqu'à la sixième ou huitième heure ; un certain nombre sont enfermés dans les cellules : mais bientôt leur nombre va en décroissant, et au moment de la mort de l'animal, il y a moins de microbes au lieu de l'injection qu'il n'y en avait six ou huit heures après qu'elle venait d'être faite. Le sang et les pulpes organiques ne contiennent pas le bacille ou le contiennent exceptionnellement et restent absolument stériles à l'ensemencement.

Ainsi donc, développement du bacille au point seul d'inoculation, et encore même semble-t-il qu'en ce point son développement soit bientôt entravé. Aussi les passages de cobaye à cobaye sont-ils très difficiles et ne peuvent aller au delà du deuxième passage. Le cobaye succombe aussi à l'inoculation péritonéale, mais moins rapidement qu'à l'inoculation sous-cutanée. Le liquide péritonéal et lui seul, contient le bacille (ROUX et YERSIN).

Le poison diphtéritique agit aussi énergiquement sur le cobaye, qui devient malade deux ou trois jours après l'inoculation et qui meurt vers le cinquième ou le sixième jour, avec gonflement ganglionnaire, dilatation des vaisseaux, congestions viscérales surtout des reins et des capsules surrénales, etc.

Si l'on introduit sous la peau d'une série de cobayes des quantités de liquide toxique débarrassé de microbes, variant de un cinquième de centimètre cube à deux centimètres cubes ; et si l'on compare les effets de ces injections à ceux de l'inoculation d'une culture fraîche de bacilles de KLEBS pratiquée sur des cobayes témoins, on voit que tous les animaux qui ont reçu le liquide filtré présentent bientôt un œdème au point d'injection, tout comme les témoins en ont au point d'inoculation ; ils sont alors hérissés et ont la respiration haletante, comme ceux qui ont reçu la culture vivante. Ils meurent comme eux, sans que pendant tout le temps de l'expérience, on puisse saisir une différence dans l'attitude des uns et des autres. Les cobayes auxquels on a donné le plus de liquide toxique meurent en moins de vingt-quatre heures, les autres en quarante-huit heures ou trois jours, selon les doses reçues. Les lésions sont identiques, qu'ils aient succombé à l'injection du poison diphtéritique ou à l'inoculation du bacille de la diphtérie. La maladie, symptômes et lésions, est donnée aussi sûrement par l'injection du poison que par l'inoculation du bacille (ROUX et YERSIN).

En injectant un centimètre cube de culture du bacille de LŒFFLER à un cobaye, DUBIEF et BRUHL (*B. B.*, 1891, 135) ont vu l'animal succomber d'une syncope au bout de vingt-quatre heures après avoir présenté un affaiblissement progressif.

A l'autopsie le foie présentait à l'œil nu, superficiellement, des taches pâles, mal limitées, d'étendue variable ; l'épaisseur de l'organe était envahie.

A l'examen histologique les auteurs croient avoir eu affaire à une dégénérescence spéciale de la cellule hépatique, qui est peut-être une variété de dégénérescence vitreuse sous l'influence de l'intoxication diphtéritique.

Il est vrai que le cobaye est très sensible à la toxine diphtéritique ; un dixième de centimètre cube d'une culture active de toxine est capable de tuer en quarante-huit heures un cobaye de 500 grammes. Mais la toxine brute n'agit pas immédiatement. Injectée aux cobayes dans le péritoine, surtout après dilution, elle paraît d'abord inactive; mais, au bout de deux jours, l'animal est malade, il ne mange plus, son poil se hérisse, il s'affaiblit, le train postérieur se paralyse, sa respiration devient irrégulière, enfin il meurt après quatre à cinq jours.

Ce poison peut s'atténuer : c'est ainsi que porté deux heures à 58° à l'abri de l'air, un liquide de culture filtré sur biscuit tue avec un long retard un cobaye auquel on en injecte un centimètre cube. Après deux heures de chauffe à 100°, la même dose n'occasionne qu'un léger œdème au point d'inoculation. Toutefois les animaux finissent par maigrir, quoiqu'ils mangent bien, et succombent avec un peu de paralysie des membres postérieurs (A. GAUTIER).

Quoique très sensible à la diphtérie, le cobaye est susceptible d'être vacciné. Nous avons dit précédemment qu'un dixième de centimètre cube de culture active de toxine faisait périr en quarante-huit heures un cobaye de 500 grammes, mais si l'on mélange cette quantité à neuf-dixièmes de centimètre cube de sérum, on ne voit se produire aucun œdème chez l'animal. Il n'y a pas non plus de réaction locale, si l'on injecte un centimètre cube du mélange contenant un trentième de sérum. Avec le mélange à un cinquantième, on voit se produire un léger œdème, mais le cobaye reste bien portant.

Il suffit que les cobayes aient reçu 12 heures auparavant un cent millième de leur poids de sérum pour qu'ils résistent à une dose de toxine qui tue les cobayes témoins en cinq jours. Avec un cinquante millième, ils supportent une injection de culture diphtéritique mortelle en quarante-huit heures pour les témoins (S. BERNHEIM).

Si après avoir injecté préventivement du sérum antitoxique, on détermine expérimentalement la diphtérie vulvaire chez le cobaye femelle, on voit, dès le second jour, les lésions locales diminuer, les fausses membranes se détacher, tandis que chez les témoins la muqueuse est rouge, œdématiée, la température élevée et l'état général mauvais (S. BERNHEIM).

BEHRING a annoncé qu'il avait pu vacciner contre la diphtérie, au moyen de l'exsudat pleurétique, des cobayes morts de diphtérie.

D'ARSONVAL et CHARRIN (B. B., 1896, 96 et 121) ont inoculé à des cobayes des toxines diphtéritiques atténuées par les courants ou de la bobine ou continus et ils ont vu que ces toxines non seulement étaient atténuées, mais devenaient vaccinantes.

Diplocoque. — Des cobayes inoculés avec des cultures faites avec du sang de malades atteints d'oreillons, dans lequel on avait trouvé des diplocoques, n'ont rien présenté de particulier (LAVERAN, CATRIN. B. B., 1893, 528).

Éclampsie. — Un cobaye ayant reçu en injection sous-cutanée une faible proportion de ptomaïne de sang éclamptique, fut pris de frissons quelques moments après; il se pelotonnait, il machonnait, poussait quelques cris et déféquait. Au bout d'une demi-heure il paraissait remis, mais cinquante minutes après : nouveaux frissons et machonnements. L'animal fut trouvé mort quatre jours après (A. GAUTIER).

Farcin du bœuf. — Le cobaye, est encore le véritable réactif expérimental de cette infection.

L'inoculation peut se pratiquer suivant divers modes qui donnent des résultats, différents.

a) Inoculation hypodermique. — Chez le cobaye au point d'inoculation, il se forme un abcès volumineux; en quelques jours les vaisseaux et les ganglions lymphatiques de la région s'indurent et deviennent le siège d'un énorme phlegmon, dont l'ulcération verse au dehors plusieurs centimètres cubes de pus; à ce moment l'animal, très amaigri, semble devoir bientôt succomber; mais, au contraire, il revient peu à peu à son état normal, il engraisse et ne conserve plus, de la lésion si grave qu'il avait présentée, qu'une induration des lymphatiques et des ganglions atteints.

b) Inoculation intra-péritonéale. — Ce mode d'inoculation provoque constamment chez le cobaye, dans un délai variable de neuf à vingt jours, des lésions qui simulent à s'y méprendre celles de la tuberculose miliaire. A l'ouverture des cobayes inoculés par le péritoine, la séreuse se montre littéralement farcie de nodules tuberculiformes; ces nodules sont surtout confluents dans l'épiploon, qui est transformé en une sorte de boudin volumineux, mamelonné; la pression en fait sourdre quelques gouttelettes de matière puriforme, épaisse, difficile à dissocier.

Les viscères de la cavité abdominale (foie, rate, reins, intestin) paraissent également farcis de pseudo-tubercules; mais un examen attentif permet de s'assurer que leur enveloppe péritonéale est seule atteinte : leur parenchyme est tout à fait intact.

Les organes de la cavité thoracique ne sont jamais envahis.

c) *Injection intra-veineuse*. — Les injections intra-veineuses donnent des lésions simulant encore mieux la tuberculose miliaire généralisée; à l'autopsie du sujet d'expérience on trouve tous les viscères, mais surtout le poumon, le foie et la rate infiltrés d'un nombre considérable de petits nodules tuberculiformes (THOINOT et MASSELIN).

Fièvre jaune. — 5 centimètres cubes de déjections rendues par les malades sous forme de vomissements noirs, injectés dans l'estomac d'un cobaye, le tuent en quatre minutes. Un gros cobaye, qui avait reçu la même dose après avoir été très malade, se remit cependant (A. GAUTIER).

D'après DOMINGOS FREIRE (*Ac. Méd.*, Paris, 1884 et *C. R.*, 1887), le microbe de la fièvre jaune s'atténuerait chez le cobaye, ce qui permettrait la vaccination de l'homme contre cette maladie.

Gourme. — Le cobaye paraît réfractaire à l'inoculation sous-cutanée du streptocoque de la gourme (SCHÜTZ, SAND et JENSEN).

Ictère grave. — RANGLARET et MAREU (*B. B.*, 1893, 727) ont inoculé à des cobayes un microbe qu'ils avaient trouvé dans l'ictère grave.

L'ingestion par les voies digestives a toujours donné des résultats négatifs.

Les inoculations par scarification ont amené la formation d'un nodule assez volumineux. Ce noyau d'inflammation a évolué assez rapidement vers la suppuration. L'autopsie des animaux sacrifiés n'a révélé aucune lésion d'organes. Les inoculations intra-veineuses se sont montrées très septiques. La mort est survenue du quatrième au cinquième jour. Le foie et la rate étaient pleins de granulations.

Deux cobayes sur quatre sont morts en quarante-huit heures, après inoculation sous-cutanée au niveau du foie. L'autopsie des cobayes a montré un œdème au point d'inoculation; autour de cet œdème, un abcès péri-hépatique; le foie était atrophié, gris à la coupe; les cellules hépatiques étaient légèrement atrophiées dans les parties superficielles.

La bile était fluide et renfermait une grande quantité de microbes semblables à ceux injectés; il en était de même de la rate et des poumons.

Morve expérimentale. — Le cobaye prend moins sûrement la morve expérimentale que l'âne; il peut être considéré cependant comme un bon réactif.

L'inoculation se fera, soit par scarifications sur le dos, soit à la seringue de PRAVAZ, à la base de la cuisse; cette dernière pratique est préférable aux scarifications.

A l'endroit scarifié il se fait, quand l'inoculation réussit, une plaie ulcéreuse, semblable à celle qui se produit chez l'âne dans les mêmes conditions.

Dans les cas où l'inoculation a été sous-cutanée, il se fait des abcès volumineux dans toute la chaîne des ganglions lymphatiques intercalés entre le centre et le point inoculé.

Dans les deux cas, l'animal maigrit et succombe au bout d'un temps variable, du vingt-cinquième au cinquantième jour; il peut être sacrifié en tout cas du vingt-cinquième au trentième jour.

Souvent, pendant l'évolution de la morve, il se fait chez le cobaye mâle un sarcocèle morveux, qui rappelle la lésion qui se produit chez le cheval entier dans la morve spontanée (THOINOT et MASSELIN).

Cette localisation a été bien étudiée par STRAUS. Elle débute du dixième au douzième jour chez le cobaye inoculé sous la peau, et augmente rapidement. Les testicules prennent le volume d'une noisette ou même d'une petite noix; la peau du scrotum est tendue, rouge, luisante; souvent elle s'ouvre et donne issue à du pus morveux. C'est une vaginalite morveuse, avec adhérences et collection purulente (STRAUS).

A l'autopsie, on trouve toujours dans la rate, et souvent aussi dans le foie et le poumon, une multitude de petits points blanchâtres qui ne sont autre chose que des tubercules miliaires de nature morveuse. De plus, les ganglions sous-lombaires sont le siège d'abcès volumineux dont le pus est virulent.

Il est plus intéressant encore de donner la morve au cobaye, quand on dispose de produits purs, par inoculation intra-péritonéole. C'est là, ainsi que STRAUS l'a montré, un procédé d'élection.

Dans ce cas, la maladie marche beaucoup plus vite, l'animal succombe en douze à quinze jours, parfois en quatre à huit jours, et la lésion testiculaire caractéristique s'accuse très nettement dès le deuxième ou le troisième jour; elle est, à cette époque précoce, la signature indéniable de la morve (THOINOT et MASSELIN). Si l'on sacrifie l'animal, on trouve, dès l'apparition de la tuméfaction, la tunique vaginale et le testicule en suppuration et le bacille morveux dans le pus.

Cependant le cobaye peut résister à l'inoculation morveuse. Aussi, lorsqu'après une inoculation d'un produit suspect il n'y a pas de manifestation morveuse, ne peut-on pas assurer que ce produit n'était pas morveux.

Pourtant, comme l'ont montré CHENOT et PICQ (B. B., 1892, 91, Mém.), on peut immuniser le cobaye contre la morve en lui injectant du sérum de bovidés et même, des cobayes infectés de virus équin, traités au sérum de bovidés avant et après l'inoculation, guérissent dans la proportion de sept sur dix.

Pneumocoque. — EMMERICH, DENISSEN et MALLER ont démontré que le pneumocoque s'attaque aussi au cobaye. Cet animal, en effet, peut contracter facilement de la pneumonie, en respirant de l'air chargé de bactéries.

Par inoculation le microbe de FRIEDLANDER développe sur les cobayes une septicémie spéciale, accompagnée de pleurésie et de noyaux d'hépatisation pulmonaire.

Mais, dans toutes ces expériences, il faut savoir que le cobaye adulte résiste très souvent aux inoculations du pneumocoque. Comme l'a démontré NETTER (B. B., 1897, 538), pour réussir il faut expérimenter sur de jeunes animaux qui sont beaucoup plus sensibles. On a essayé si le sérum de cobaye préventivement infecté aurait une action thérapeutique sur le lapin. Jusqu'à présent ces expériences ont toujours donné un résultat négatif.

Pneumo-entérite expérimentale. — Le cobaye est susceptible de prendre cette maladie par inoculation sous-cutanée ou intra-péritonéale. Les cobayes inoculés sous la peau meurent dans un délai qui varie de trois à huit jours, suivant la dose; on trouve à l'autopsie, au point inoculé, une masse blanchâtre, crémeuse, produit d'une nécrose de coagulation. Dans les viscères on trouve une violente congestion pulmonaire, la rate hypertrophiée et de nombreuses taches blanchâtres qui ne sont autres que des foyers de nécrose de coagulation.

L'inoculation intra-péritonéale réussit très bien.

Pneumonie infectieuse du cheval. — Dans la majorité des cas, le cobaye résiste aux inoculations; aussi est-ce un terrain peu favorable pour l'étude de cette maladie.

Peste. — Le cobaye contracte facilement la peste par inoculation. Ainsi YERSIN a pu tuer des cobayes en leur inoculant une macération faite avec des mouches trouvées mortes dans son laboratoire et renfermant le microbe de la peste.

Il peut aussi être vacciné contre la maladie, ainsi que sont parvenus à le faire YERSIN, CALMETTE et BOREL, en injectant du sérum de sang d'animaux semblables ou de chevaux vaccinés avec des cultures de coccobacilles de cette maladie, cultures stérilisées ensuite par chauffage d'une heure à 58° (A. GAUTIER).

Psittacose. — Le cobaye n'est pas très sensible à l'inoculation du microbe de la psittacose; il est plus résistant que le lapin.

Pyocyanique. — Quand on inocule un cobaye par la voie sous-cutanée avec le bacille pyocyanique, on voit se développer, au point d'inoculation, une tuméfaction à laquelle fait suite une ulcération rougeâtre, plus ou moins desséchée, en quelque sorte gommeuse, et, si la quantité de culture injectée dépasse un centimètre cube, la mort peut survenir; la maladie localisée se généralise. On trouve quelquefois un début d'hépatite caractérisée par la présence de cellules embryonnaires dans les espaces portes (CHARRIN. Maladie pyocyanique, Paris, 1889).

Du reste CHARRIN et LANGLOIS ont trouvé le foie et les capsules surrénales légèrement augmentés de volume; on trouve aussi des foies très altérés, avec des cellules dégénérées.

CHARRIN a constaté que le sublimé, à des doses très petites, rend le cobaye plus susceptible au bacille pyocyanique.

La maladie peut ne pas se généraliser et rester une lésion locale, et l'immunité peut prendre naissance, surtout chez le cobaye, animal moins sensible que le lapin. Néanmoins, chez le cobaye, la lésion, pour être locale, n'en est pas moins suivie d'un changement profond dans la constitution des humeurs et des tissus.

En effet, lorsque ces ulcérations se sont terminées par cicatrisation et qu'on cherche sur le même cobaye à les renouveler en plaçant toujours sous la peau le virus fort, on obtient des résultats variés. Si l'animal a déja présenté une première lésion, on pourra voir une seconde inoculation produire une perte de substance, mais une perte de substance de petite étendue.

Si l'animal a offert trois, quatre ulcérations déterminées successivement et toutes cicatrisées, les inoculations ultérieures échoueront définitivement, alors même qu'on les fera porter sur des régions tégumentaires jusque-là demeurées indemnes.

En d'autres termes, la maladie n'a de local que l'apparence, puisque son évolution s'accompagne de l'augmentation de la résistance de l'organisme à une invasion ultérieure du microbe, et qu'il suffit d'augmenter le virus d'inoculation pour voir la maladie du cobaye, locale en apparence, devenir générale et aboutir à la mort.

Si l'on injecte la même dose de virus pyocyanique à toute une série de cobayes, et qu'on en plonge quelques-uns, pendant trois ou quatre minutes, dans un bain froid à 10°, la mort survient plus aisément et plus rapidement chez les animaux immergés. Inversement, si l'on place, durant un temps égal, des cobayes inoculés dans de l'eau à 45°, cette immersion d'un autre genre atténue, retarde l'évolution de la lésion déterminée par le microbe (Charrin. *Maladie pyocyanique*, Paris, 1889).

Rage. — Le cobaye contracte facilement la rage et offre un terrain favorable pour l'étude de cette maladie. L'inoculation peut se pratiquer par trépanation ou perforation de la voûte cranienne; par injection sous-cutanée ou intra-musculaire, dans la région de la nuque de préférence; par injection dans la chambre antérieure de l'œil. Des expériences personnelles m'ont démontré que la voie intra-péritonéale était peu fidèle et donnait beaucoup d'insuccès.

Chez le cobaye, la rage se développe au bout d'une période d'incubation variable, comme du reste chez les autres animaux, à moins que l'inoculation ne soit faite avec un virus devenu fixe, par une série de passages d'animaux à animaux.

Lorsque l'inoculation est faite avec la rage des rues, l'éclosion de la maladie est fort variable.

On ne peut pas dire que le cobaye soit le réactif par excellence de la rage, il cède en cela le pas au lapin, mais il est précieux pour les expériences de contrôle, étant moins sensible à la septicémie que le lapin. Souvent, en effet, le bulbe d'un animal mordeur arrive au laboratoire dans un commencement de décomposition; dans ces conditions les inoculations pratiquées sur le lapin produisent toujours la mort dans les vingt-quatre heures par septicémie, tandis que celles faites dans les muscles de la nuque du cobaye réussissent et peuvent servir de contrôle pour la confirmation de la rage.

Chez le cobaye, ce n'est pas la rage paralytique, comme chez le lapin, que l'on observe, mais une rage agitée; l'animal est surexcité; il court dans sa cage dans toutes les directions; il mâchonne constamment, mais pourtant ne cherche pas, à vrai dire, à mordre. Chez les mâles, on observe souvent un véritable priapisme, avec grande excitation génésique. A la fin, la paralysie envahit les membres, et l'animal ne tarde pas à succomber.

Rouget expérimental. — Le cobaye est absolument réfractaire.

Septicémie expérimentale de Pasteur. — Cette septicémie peut être inoculée au cobaye. Un cinquième de goutte de matière septique, injectée sous la peau de la cuisse de l'animal, suffit pour le tuer en douze à quinze heures.

Peu après l'inoculation, l'animal se blottit dans un coin, il reste immobile, son poil se hérisse, et il pousse de petits cris quand on le prend; puis la mort survient.

Voici, d'après Pasteur, les désordres que l'on constate à l'autopsie : « Tous les muscles de l'abdomen et des quatre pattes sont le siège de la plus vive inflammation : çà et là, particulièrement aux aisselles, des poches de gaz; foie et poumons décolorés, rate normale, mais diffluente. » Les poils s'accrochent d'eux-mêmes sur toute la surface abdominale, le péritoine contient de la sérosité en assez grande abondance, et, lors de l'ouverture du cadavre, si près de la mort qu'elle soit pratiquée, il se dégage une odeur putride un peu spéciale (Thoinot et Masselin).

Si, au lieu d'employer de la matière septique provenant d'un animal mort de septicémie, on inocule du liquide filtré à la bougie de biscuit, provenant d'une culture faite par le procédé Roux sur de la viande de bœuf hachée et alcalinisée, on voit que ce liquide, fort complexe du reste, est peu actif. 3 à 5 centimètres cubes injectés dans le péritoine du cobaye de 450 à 600 grammes n'occasionnent qu'un malaise passager. La température tombe de plus de 2°, l'animal hérisse ses poils, il reste immobile, de temps à autre ses membres sont agités de soubresauts, quelquefois le coma survient, mais l'animal guérit. Des doses répétées produisent une sorte d'intoxication chronique, sans immuniser pour cela les animaux. Si ceux-ci succombent, on observe que l'intestin et le péritoine sont congestionnés et qu'un peu de sérosité baigne la cavité péritonéale (A. Gautier).

Roux et Chamberland sont arrivés à vacciner le cobaye contre le vibrion septique en lui injectant des cultures de ce vibrion chauffées de 103° à 110°.

Première septicémie du lapin de Lucet (1889). — Les cultures virulentes de ce coccus inoculées au cobaye reproduisent la maladie; c'est-à-dire de l'inappétence, de l'essoufflement, de la maigreur, de la somnolence, du coma, puis la mort sans convulsions.

Deuxième septicémie du lapin (1892). — Les cultures pures de ce bacille, par inoculation, tuent le cobaye; par injections intra-péritonéales, la mort arrive généralement dans le coma; mais les inoculations sous-cutanées seulement déterminent un abcès qui s'ouvre à l'extérieur et qui cicatrise ensuite.

Septicémie spontanée du lapin. — Le cobaye prend bien cette maladie et en meurt aussi rapidement que le lapin. « C'est là un fait important et qui sépare la maladie qui nous occupe de la septicémie expérimentale du lapin de Koch, et du choléra des poules de Pasteur.

« La matière virulente sera inoculée dans le péritoine ou bien dans le tissu conjonctif sous-cutané; la région du plat de la cuisse, dans ce dernier cas, sera choisie de préférence. Deux gouttes d'un sang que l'on a laissé pendant quinze heures en moyenne à l'étuve Pasteur à 37° dans une petite pipette, de manière que les quelques microbes contenus dans le sang aient eu le temps d'évoluer, ou deux gouttes de culture, suffiront pour tuer le cobaye en moins de vingt heures.

« On doit inoculer deux cobayes, l'un dans le péritoine, l'autre dans le tissu conjonctif sous-cutané. Le premier mourra plus vite que le second, et, à l'autopsie, on trouve généralement la cavité abdominale remplie d'une sérosité abondante, louche, rosée, sanguinolente, albumineuse. Quelquefois il y a peu de liquide : il est alors jaune citron, albumineux, souvent purulent. Tous les organes sont congestionnés et augmentés de volume. Mais les préparations ne montrent que peu de microbes, car le cobaye inoculé dans le péritoine meurt plutôt des suites de l'intoxication due aux produits sécrétés par les microbes, qu'il ne succombe aux lésions anatomiques causées par eux.

« Chez les cobayes qui succombent à la suite de l'inoculation sous-cutanée, on trouve au niveau de l'introduction de la matière virulente une tuméfaction et de l'œdème; le tissu conjonctif est envahi par une infiltration gélatineuse comme dans le charbon. Les muscles sont lie de vin, mous et visqueux. La cavité abdominale contient un épanchement à aspect variable; les viscères sont congestionnés; le péricarde est distendu par un liquide séreux, albumineux, incolore et légèrement louche. La vessie renferme souvent de l'urine qui toujours est albumineuse (Thoinot et Masselin). »

Septicémie des souris. — Le cobaye ne souffre pas de l'injection d'un petit nombre de bacilles de la septicémie des souris. Quelques milliers ne lui occasionnent qu'un abcès; au delà de cette dose l'inoculation est mortelle.

Staphylococcus pyosepticus. — Les cobayes sont tués par le *staphylococcus pyosepticus*, mais ils sont un peu moins sensibles que les lapins (Ch. Richet et Héricourt).

Streptocoque particulier de la bouche. — Marot, F., en injectant sous la peau de l'abdomen d'un cobaye du bouillon de culture d'un streptocoque particulier de la bouche, n'a constaté aucun changement notable, chez l'animal (B. B., 1892, 851).

Streptocoque de l'érysipèle et de la fièvre puerpérale. — Les cultures de ce streptocoque, filtrées et injectées sous la peau des cobayes, produisent des convulsions et quelquefois un peu de parésie.

H. Claude (B. B., 1896, 547) a obtenu chez deux cobayes des phénomènes paralytiques à la suite de l'injection d'un bouillon de culture filtré où avaient végété deux espèces microbiennes : un streptocoque et un staphylocoque. A l'autopsie, on trouva sur les animaux une myélite aiguë sans altération appréciable des nerfs.

Mais Manfredi et Traversa ont démontré que le cobaye est peu accessible à l'inoculation du streptocoque (Vincent. *B. B.*, 1892, 597).

Tétanos. — Le cobaye est très sensible à l'inoculation du tétanos : il suffit de un cinq centième de centimètre cube de culture pour voir, après douze à vingt heures d'incubation, évoluer un tétanos type en trente-six ou quarante heures,

Vaillard et Vincent ont trouvé que un cinquantième et un centième de centimètre cube de culture dans le bouillon, filtrée, peuvent tuer le cobaye.

Un huit centième de centimètre cube produit un tétanos mortel en soixante heures. Un millième environ et même deux dix-millièmes de ces cultures peuvent tuer un cobaye en trois jours en injection sous-cutanée (A. Gautier).

Mais la ptomaïne décrite sous le nom de tétanine extraite des cultures du bacille de Nicolaïer, injectée à petites doses (cinq décigrammes), n'affectent pas le cobaye.

Cet animal peut être immunisé rapidement et sans inconvénient par des injections de toxine de culture mélangée a de la solution iodé (A. Gautier).

D'après Bossano, le virus tétanique s'atténuerait en passant chez le cobaye.

Cet animal peut être rendu réfractaire par des injections de sérum antitétanique, mais il peut parfaitement servir à démontrer que, dans les immunisations contre le tétanos, comme dans les immunisations contre la diphtérie, les toxines ne sont pas détruites dans l'organisme par les antitoxines injectées. En effet, si sur des cochons d'Inde on injecte d'abord un centimètre cube de sérum antitétanique préventif très actif, capable d'immuniser ces animaux sous une dose mille fois plus faible, on leur injecte alors une dose mortelle de toxine tétanique, on voit ces animaux rester bien portants. Si l'on prend alors quelques-uns de ces cobayes et si on les inocule avec d'autres microbes capables d'affaiblir leur résistance ou leurs réactions vitales, tels que les microbes du choléra, le *bacterium coli*, le *bacillus prodigiosus*, le streptocoque de la gourme, etc., ces cochons d'Inde prennent bientôt le tétanos (Roux).

Tuberculose. — Le cobaye est le véritable réactif expérimental de la tuberculose humaine : c'est à l'inoculation de cet animal qu'il faut s'adresser dans les cas douteux pour lever toute hésitation sur la nature d'une lésion tuberculeuse.

Le cobaye peut être inoculé, sous la peau, dans le péritoine, dans le poumon, dans les veines, par les voies digestives.

L'inoculation sous-cutanée ou par les voies digestives admet toutes matières d'inoculation pures ou impures, les crachats de phtisiques aussi bien que les cultures. Les autres modes d'inoculation, sous peine de voir l'animal périr rapidement d'affection étrangère, réclament des produits purs, c'est-à-dire des cultures ou des pulpes soigneusement broyées et ne contenant que le bacille de la tuberculose.

Inoculation sous-cutanée. — Elle sera pratiquée à la cuisse de préférence. Les symptômes pendant la vie seront : un amaigrissement progressif amenant les animaux à une cachexie extrême;

Un nodule local qui s'abcédera, s'ulcérera, donnant issue à un pus tuberculeux;

Enfin, l'attaque des ganglions voisins, accessibles au toucher.

La survie est assez variable; elle est de six semaines, deux mois au plus.

Les lésions viscérales sont, outre la tuberculose ganglionnaire partant de l'ulcère d'inoculation : la tuberculisation de la rate, qui est énorme, jaunâtre, criblée de granulations et de foyers caséeux; la tuberculisation du foie, qui présente le même aspect, mais atténué; la tuberculisation du poumon semé de tubercules plus petits, gris, transparents.

L'inoculation sous-cutanée des crachats est la véritable pierre de touche du diagnostic dans les cas suspects chez l'homme, alors que l'examen microscopique n'a rien révélé.

Inoculation intra-péritonéale. — Les animaux maigrissent et meurent généralement au bout de deux à six semaines. A l'autopsie, l'épiploon est rétracté vers l'estomac et transformé en un boudin épais, fibro-caséeux. La rate est énorme, jaune, remplie de tubercules, ainsi que le foie; les poumons en contiennent également, mais moins abondants. Les ganglions rétro-péritonéaux et sous-cutanés sont tuméfiés et par endroit caséeux.

Si l'on injecte dans le péritoine du cobaye une culture de tuberculose humaine à dose très forte, l'animal meurt très vite. A l'autopsie, on constate la rétraction de l'épiploon et un épanchement séreux abondant dans les plèvres. Dans ce cas, comme Koch l'avait signalé déjà, la mort survient avant la production de tubercules visibles. dans les organes (Straus et Gamaléia).

Inoculation intra-pulmonaire. — La mort survient en deux semaines. On note à l'autopsie une importante lésion locale, un foyer de pneumonie caséeuse, avec, au pourtour, un semis de fines granulations tuberculeuses. La rate, le foie, les ganglions présentent les lésions tuberculeuses signalées plus haut.

Inoculation intra-veineuse. — On injecte dans la jugulaire externe des cobayes une émulsion d'organes tuberculeux frais ou de cultures de tuberculose humaine sur sérum ou gélose glycérinée.

Les animaux succombent rapidement de dix à vingt jours après l'inoculation. A l'autopsie, une lésion se manifeste toujours : c'est une éruption de fines granulations tuberculeuses dans les divers organes. Si la mort a été relativement tardive, tous les ganglions lymphatiques sont hypertrophiés et souvent caséeux ; la rate est grosse, jaune, bosselée et remplie de granulations; le foie est jaunâtre et criblé de tubercules. Quand la mort est plus rapide, on constate une éruption presque confluente de très fines granulations dans le poumon; les ganglions sont engorgés; la rate est grosse et jaune, mais sans tubercules apparents; quelques granulations sur le foie (Straus et Gamaléia).

Par les voies digestives l'infection peut se faire et réussit 39 fois sur 41 (Cadéac. B. B., 1894, 565). Les lésions ressemblent à celles décrites plus haut.

En résumé, l'inoculation de la tuberculose humaine détermine chez le cobaye :

a. Une lésion tuberculeuse locale; abcès sous-cutané; péritonite tuberculeuse; pneumonie caséeuse, etc.;

b. Une tuberculisation généralisée; splénique, hépatique, pulmonaire, ganglionnaire (Thoinot et Masselin).

Le cobaye peut encore servir à augmenter la virulence du bacille de la tuberculose locale, qui ne tue le lapin qu'en passant par lui, comme l'a démontré Arloing.

Des tentatives nombreuses ont été faites pour immuniser le cobaye et pour diminuer la virulence du bacille de la tuberculose. Ainsi, d'après Falk et Welsch, la putréfaction l'atténue au point qu'il ne produirait plus chez le cobaye qu'un trouble local, mais les résultats ont été contradictoires.

Gilbert et Roger ont essayé de vacciner le cobaye contre la tuberculose humaine en se servant de tuberculose aviaire; mais les résultats ont été négatifs, comme l'avaient déjà vu Grancher et Martin.

Emmerich a cherché à traiter par du streptocoque de Felheisen des cobayes tuberculisés, il a vu la tuberculose évoluer plus lentement que chez les animaux témoins.

Quelle est l'action de la lymphe de Koch sur le cobaye? L'inoculation de la lymphe de Koch n'a pas d'action bien marquée sur sa santé à la dose de vingt centigrammes. Il n'en est pas de même chez les cobayes tuberculeux; chez ceux-ci, il en est qui résistent à de fortes doses, mais la plupart du temps une quantité de lymphe, beaucop plus faible que celle indiquée par Koch, provoque des accidents parfois assez graves pour entraîner la mort rapide des animaux.

Les inoculations préventives ont été absolument inefficaces.

Les inoculations pratiquées soit au cours, soit au début même de la tuberculose expérimentale, n'ont en rien empêché l'évolution classique chez les animaux en expérience (H. Dubief. B. B. 1891, 113).

Tuberculose aviaire. — Le bacille aviaire peut être inoculé avec succès au cobaye.

Inoculé sous la peau, il ne tue pas toujours, ainsi que Rivolta et Maffucci en avaient fait la remarque, mais souvent l'animal succombe en deux à quatre semaines. Au lieu d'inoculation on trouve un abcès nodulaire, qui ne s'est ni ouvert ni ulcéré. Les lésions viscérales sont quelquefois nulles; ailleurs, la rate est très grosse, rouge, mais ne présente pas la couleur jaunâtre qu'elle montre chez les animaux avec le bacille de la tuberculose humaine. A cela se bornent les lésions visibles à l'œil nu, et jamais on ne trouve dans ce cas de tubercules apparents dans les organes. Les bacilles sont très nombreux dans le pus au lieu d'inoculation; ils existent aussi dans les ganglions. Souvent aussi on les trouve, mais en petit nombre, dans le stroma des organes internes : rate, foie, poumon (Straus et Gamaléia).

Inoculé dans le péritoine, le bacille aviaire fait périr les cobayes en deux à quatre semaines. Exceptionnellement, on trouve la tuméfaction et la rétraction de l'épiploon. Parfois la rate est énorme, rouge et non jaunâtre : c'est à cela que se bornent les lésions microscopiques apparentes; on ne voit pas de tubercules. Les lésions peuvent être absolument nulles, mais on trouve des bacilles dans la rate, le foie et les parois de l'intestin.

Inoculé dans le poumon, le bacille aviaire tue le cobaye en quinze jours; mais le poumon, au point de la piqûre, ne présente qu'un noyau d'hyperhémie : plus ou moins accusé, sans aucune lésion caséeuse, ni aucun tubercule apparent. La rate est grosse et rouge, l'intestin hyperhémié : nulle part de tubercules. Les bacilles sont pourtant dispersés dans tous les organes : rate, foie, poumon (STRAUS et GAMALÉIA).

Inoculé dans les veines, le bacille aviaire tue en dix jours environ. A l'autopsie, rate énorme, rouge : peu de tubercules apparents; nombreux bacilles dans tous les organes.

En résumé, pas d'éruption généralisée de tubercules apparents. La lésion la plus fréquente est l'hypertrophie de la rate, qui est rouge. Parfois la mort survient sans aucune lésion macroscopique. Parfois même les bacilles font défaut dans tous les organes (STRAUS et GAMALÉIA).

Chez les cobayes offrant de la réceptivité pour les deux bacilles, les effets pathogènes développés par l'un ou l'autre bacille sont très différents. L'inoculation du bacille humain provoque constamment chez ces animaux l'apparition de tubercules dans le poumon, la rate et le foie. Le bacille aviaire les tue sans lésion apparente dans les organes internes.

Chez le cobaye, disent CADIOT, GILBERT et ROGER, l'inoculation de tuberculose aviaire reste souvent négative, ou ne donne naissance qu'à des granulations discrètes, localisées à quelques organes, tendant à subir la transformation fibreuse et à rétrocéder. Il y a cependant des exceptions : c'est ainsi qu'avec un virus provenant du faisan, nous avons pu inoculer des cobayes en série; un cobaye, sixième terme de la série, a succombé le 5 janvier 1892, et à son autopsie nous avons trouvé d'innombrables granulations dans le foie et dans la rate.

Inoculant, avec une culture aviaire très atténuée, des cobayes par la voie sous-cutanée, COURMONT et DOR échouèrent toujours, mais quatre cobayes inoculés dans le péritoine avec cette même culture donnèrent de superbes généralisations tuberculeuses.

Les mêmes expérimentateurs ont fait la très intéressante remarque, malheureusement non appuyée sur un nombre suffisant d'expériences, que la culture de tuberculose aviaire qui tuberculisait, avec lésions apparentes, les cobayes par inoculation sous-cutanée, après avoir passé une fois par l'organisme de la poule, ne tuberculisait plus le cobaye par inoculation sous-cutanée.

Tuberculose zoogléique. — Injectée dans le péritoine des cobayes, la tuberculose zoogléique les tue en quatre à sept jours. On trouve à l'autopsie un épanchement péritonéal d'abondance variable; des exsudats pseudo-membraneux autour du foie et de la rate; un retrait de l'épiploon ramassé au niveau de la grande courbure de l'estomac. Le foie et la rate sont le siège d'une tuberculose miliaire. Plus rarement trouve-t-on quelques lésions pulmonaires.

L'injection sous-cutanée amène la mort en cinq à six jours avec une plaque caséeuse locale, une hypertrophie des ganglions de la région, une tuberculose du foie, de la rate et des poumons (THOINOT et MASSELIN).

Typhique (Bacille). — Le cobaye est un terrain assez bon pour étudier l'évolution de ce bacille, mais même par la voie péritonéale, les inoculations ne réussissent à peu près que dans la moitié des cas; la mort survient en général au bout de un à deux jours, et l'on trouve des cultures de bacille typhique dans les ganglions mésentériques, dans le foie, la rate, souvent dans le poumon, quelquefois dans le cerveau.

Il faut dix à douze gouttes de virus actif dans le péritoine et surtout dans la plèvre pour faire succomber les cobayes. L'inoculation sous-cutanée exige des doses beaucoup plus élevées et encore est-elle incertaine. Les animaux qui ont résisté ne sont d'ailleurs pas vaccinés; ils peuvent succomber soit à une deuxième, soit même à une troisième tentative d'inoculation par la même voie, ou des voies différentes.

Dans la mort, après inoculation intra-péritonéale, le péritoine est injecté et contient un abondant épanchement séreux ou séro-sanguinolent, fourmillant de bacilles d'EBERTH. Les cultures faites avec le sang, les pulpes de rate, de foie, de rein, donnent une pousse abondante. L'inoculation intra-pleurale est plus sévère encore; après la mort survenue rapidement, on trouve un abondant exsudat pleural dans l'une et l'autre plèvre, ordinairement jaune citron, quelquefois sanguinolent, les poumons sont congestionnés ou même hépatisés, il y a du liquide dans le péricarde. Les bacilles fourmillent dans la sérosité pleurale, le sang, les pulpes de rate, de foie, de rein, donnent une abondante culture (THOINOT et MASSELIN).

GILBERT et GIRODE ont pourtant obtenu la maladie avec lésions intestinales, en injectant sous la peau de cobayes la culture du bacille d'EBERTH.

En injectant un centimètre cube d'un bouillon de culture de vingt-quatre heures sous la peau du dos d'un cobaye femelle de 470 grammes; ils ont obtenu la mort en vingt heures; à l'autopsie ils ont trouvé une péritonite purulente généralisée, sans bacille d'EBERTH (B. B., 1891, 332).

Peut-on immuniser le cobaye? Un bouillon chauffé à 100° ne renferme plus de microbes, mais ses produits solubles ne sont pas altérés et sont toxiques pour le cobaye. Suivant la dose injectée, le cobaye meurt ou, s'il survit, il est désormais immunisé. Dans ce dernier cas, l'animal maigrit pendant une quinzaine de jours sous l'influence du virus puis se rétablit.

Le sérum d'un cobaye ainsi vacciné peut conférer l'immunité très rapidement, en quelques heures, à l'animal auquel on l'injecte.

Un cobaye ayant été injecté trente-cinq minutes auparavant, reçut du sérum d'un autre cobaye vacciné. La maladie ne se développa pas. Si on laisse s'écouler six heures, avant d'injecter du sérum, la maladie est seulement ralentie dans son cours.

Le sérum humain peut remplacer dans ce rôle le sang de cobaye et, fait explicable, le sérum de certaines personnes n'ayant jamais eu la fièvre typhoïde possède pourtant des propriétés immunisantes à l'égard du cobaye.

Le cobaye est le meilleur réactif pour essayer la toxine typhique. En lui injectant sous la peau 1 centimètre cube et demi de la culture par 100 grammes de son poids, on voit la mort survenir en dix à vingt heures environ (A. GAUTIER).

La ptomaïne que BRIEGER a retirée des cultures de bacilles typhiques sous le nom de typhotoxine est très vénéneuse pour le cobaye; la salivation et les mouvements respiratoires sont d'abord exagérés, les muscles des extrémités et du tronc sont dans l'impossibilité de se contracter sans qu'il y ait cependant paralysie. L'animal tombe; s'il veut se relever, il glisse sur le sol à chaque tentative, sa tête se rejette en arrière, ses pupilles sont dilatées, insensibles à la lumière; il n'y a pas de convulsions, même par des excitations provoquées. La diminution progressive des battements cardiaques unie à des évacuations diarrhéiques très abondantes amène la mort, elle ne survient parfois que vingt-quatre heures ou quarante-huit heures après l'injection; le cœur s'arrête toujours en systole; les poumons sont hyperémiés, les viscères pâles et comme contractés (A. GAUTIER). Tandis qu'avec la toxine indiquée plus haut, les animaux sont accablés, les yeux mi clos, le ventre météorisé et très sensible; ils sont pris de diarrhée et rendent par le rectum une mucosité jaunâtre et sanguinolente; enfin ils deviennent inertes et paraly-iques : l'asphyxie termine la scène (A. GAUTIER).

On a recherché si, comme pour la souris, la transmission par l'allaitement du pouvoir agglutinant typhique avait lieu de la mère à l'enfant. Les résultats ont toujours été négatifs (LANDOUZY et GRIFFON. B. B., 1897, 950).

C'est sur le cobaye et avec le bacille typhique que l'on peut se rendre compte du rôle joué par la phagocytose.

Si, en effet, on inocule des bacilles typhiques dans le péritoine d'un cobaye, il meurt de péritonite. Mais si, quelques heures avant cette inoculation mortelle, on provoque une irritation péritonéale, avec un peu de bouillon stérile injecté dans la séreuse péritonéale, de façon à y appeler les phagocytes, aussitôt que ceux-ci seront venus en grand nombre, ce qui a lieu à la suite d'une pénétration suffisante de la culture microbienne, elle sera englobée, dévorée et détruite, et l'animal survivra.

L'inflammation préventive a été le salut (CHANTEMESSE. Leçon d'ouverture, 1897).

Urobacillus liquefaciens septicus. — Le cobaye est, sinon, réfractaire, du moins très peu sensible à ce bacille. La dose mortelle pour le lapin ne donne pas de résultat chez le cobaye.

Dans un cas, une injection répétée deux fois de 1 centimètre cube donna une péritonite séro-fibrineuse (Krogius, de Helsingfors. *B. B.*, 1890, 65, Mém,).

Vibrio Metchnikovi. — Le cobaye est un excellent terrain pour l'expérimentation du *Vibrio-metchnikovi*; il s'infecte par toutes les voies d'inoculation (inoculations sous-cutanée, intra-musculaire, intra-péritonéale, intra-pulmonaire), y compris la voie digestive, et cela, sans aucune préparation, sans alcalinisation préalable de l'estomac. A l'autopsie, on trouve généralement la rate exsangue, une hyperémie en foyers du poumon, un exsudat séreux pleurétique et, lésion intéressante par-dessus tout, l'intestin cholérique, avec exsudat abondant; il y a toujours des microbes dans le sang.

Le liquide de culture, stérilisé à 120°, est toxique pour les cobayes.

Il suffit d'une dose de 1 centimètre cube par 100 grammes du poids de l'animal pour le tuer en douze à vingt heures; au point inoculé existe un œdème gélatineux hémorragique; l'intestin est hyperémié et rempli de liquide plus ou moins sanguinolent.

Il est à remarquer que chez les cobayes il n'y a pas d'accoutumance aux doses toxiques non mortelles, et que les effets toxiques ne s'accumulent pas (Thoinot et Masselin).

Venins. — Quoique les venins ne rentrent pas à proprement parler dans la catégorie des poisons fabriqués par des microbes, on peut pourtant les considérer comme des virus, et c'est pour cela que nous plaçons ici ces quelques lignes, indiquant la façon dont se comporte le cobaye vis-à-vis de quelques-uns d'entre eux.

Une dose mortelle de venin chauffé peut impunément être injectée à un cobaye de 500 grammes.

Si l'on mélange du venin pur avec du sérum de cobayes immunisés et qu'on l'inocule dans le péritoine d'un cobaye normal, il ne se produit rien.

Le cobaye à qui on injecte un mélange de sérum d'animaux vaccinés contre le venin, mélangé à des venins et chauffé à 68°, meurt intoxiqué (A. Gautier).

Les cobayes immunisés contre le venin de la vipère de France résistent parfaitement à l'inoculation de doses mortelles de 2 milligrammes de venin de scorpion (Calmette).

Un milligramme de venin de scorpion, additionné de trois centimètres cubes de sérum anti-venimeux de lapin immunisé contre le venin de cobra, ne peut plus tuer le cobaye, alors que la même dose, mêlée à du sérum ordinaire, le tue infailliblement (A. Gautier). Phisalix et Bertrand (*B. B.*, 1896, 396) ont montré qu'il y avait dans le sang de certains mammifères, et du cobaye entre autres, des substances anti-venimeuses à l'état normal, contre le venin de la vipère.

Il faut trois dixièmes de milligramme de venin sec de vipère, dissous dans cinq mille parties d'eau salée physiologique pour tuer un cobaye de 500 grammes environ en injection sous-cutanée. Immédiatement après l'injection, l'animal est pris de mouvements nauséeux qui disparaissent bien vite, puis il tombe peu à peu dans la stupeur. En même temps, et c'est là la caractéristique, il y a un refroidissement très marqué (Phisalix et Bertrand. *B. B.*, 1893, 997).

TABLE DES MATIÈRES

DU TROISIÈME VOLUME

IMPRIMÉ

PAR

CHAMEROT ET RENOUARD

19, rue des Saints-Pères, 19

PARIS

DICTIONNAIRE

DE

PHYSIOLOGIE

PAR

CHARLES RICHET

PROFESSEUR DE PHYSIOLOGIE A LA FACULTÉ DE MÉDECINE DE PARIS

AVEC LA COLLABORATION

DE

MM. E. ABELOUS (Toulouse) — ANDRÉ (Paris) — S. ARLOING (Lyon) — ATHANASIU (Paris)
BEAUREGARD (Paris) — R. DU BOIS-REYMOND (Berlin) — P. BONNIER (Paris) — BOTTAZZI (Florence)
E. BOURQUELOT (Paris) — ANDRÉ BROCA (Paris) — J. CARVALLO (Paris) — CHARRIN (Paris)
A. CHASSEVANT (Paris) — CORIN (Liège) — A. DASTRE (Paris) — R. DUBOIS (Lyon) — W. ENGELMANN (Berlin)
G. FANO (Florence) — X. FRANCOTTE (Liège) — L. FREDERICQ (Liège) — J. GAD (Leipzig)
GELLÉ (Paris) — E. GLEY (Paris) — L. GUINARD (Lyon) — M. HANRIOT (Paris) — HÉDON (Montpellier)
F. HEIM (Paris) — P. HENRIJEAN (Liège) — J. HÉRICOURT (Paris) — F. HEYMANS (Gand)
H. KRONECKER (Berne) — P. JANET (Paris) — LAHOUSSE (Gand) — LAMBERT (Nancy)
E. LAMBLING (Lille) — P. LANGLOIS (Paris) — L. LAPICQUE (Paris) — CH. LIVON (Marseille) — E. MACÉ (Nancy)
GR. MANCA (Padoue) — MANOUVRIER (Paris) — L. MARILLIER (Paris)
M. MENDELSSOHN (Pétersbourg) — E. MEYER (Nancy) — MISLAWSKI (Kazan) — J.-P. MORAT (Lyon)
A. MOSSO (Turin) — J.-P. NUEL (Liège) — V. PACHON (Bordeaux) — F. PLATEAU (Gand)
G. POUCHET (Paris) — E. RETTERER (Paris) — P. SÉBILEAU (Paris) — C. SCHÉPILOFF (Genève)
J. SOURY (Paris) — W. STIRLING (Manchester) — J. TARCHANOFF (Pétersbourg) — TRIBOULET (Paris)
E. TROUESSART (Paris) — H. DE VARIGNY (Paris) — E. VIDAL (Paris)
G. WEISS Paris) — E. WERTHEIMER (Lille)

DEUXIÈME FASCICULE DU TOME III

AVEC 87 GRAVURES DANS LE TEXTE

PARIS

ANCIENNE LIBRAIRIE GERMER BAILLIÈRE ET Cie

FÉLIX ALCAN, ÉDITEUR

108, BOULEVARD SAINT-GERMAIN, 108

—

1898

8

DICTIONNAIRE

DE

PHYSIOLOGIE

PAR

CHARLES RICHET

PROFESSEUR DE PHYSIOLOGIE A LA FACULTÉ DE MÉDECINE DE PARIS

AVEC LA COLLABORATION

DE

MM. E. ABELOUS (Toulouse) — ANDRÉ (Paris) — S. ARLOING (Lyon) — ATHANASIU (Paris)
BARDIER (Toulouse) — BEAUREGARD (Paris) — R. DU BOIS-REYMOND (Berlin) — G. BONNIER (Paris)
F. BOTTAZZI (Florence) — E. BOURQUELOT (Paris) — ANDRÉ BROCA (Paris)
J. CARVALLO (Paris) — CHARRIN (Paris) — A. CHASSEVANT (Paris) — CORIN (Liège) — A. DASTRE (Paris)
R. DUBOIS (Lyon) — W. ENGELMANN (Berlin) G. FANO (Florence) — X. FRANCOTTE (Liège)
L. FREDERICQ (Liège) — J. GAD (Leipzig) — GELLÉ (Paris) — E. GLEY (Paris) — L. GUINARD (Lyon)
M. HANRIOT (Paris) — HÉDON (Montpellier) — F. HEIM (Paris) — P. HENRIJEAN (Liège)
J. HÉRICOURT (Paris) — F. HEYMANS (Gand) — H. KRONECKER (Berne) — P. JANET (Paris)
LAHOUSSE (Gand) — LAMBERT (Nancy) — E. LAMBLING (Lille) — P. LANGLOIS (Paris) — L. LAPICQUE (Paris)
CH. LIVON (Marseille) — E. MACÉ (Nancy) — GR. MANCA (Padoue) — MANOUVRIER (Paris)
L. MARILLIER (Paris) — M. MENDELSSOHN (Pétersbourg) — E. MEYER (Nancy) — MISLAWSKI (Kazan)
J.-P. MORAT (Lyon) — A. MOSSO (Turin) — J.-P. NUEL (Liège) — F. PLATEAU (Gand)
G. POUCHET (Paris) — E. RETTERER (Paris) — P. SÉBILEAU (Paris) — C. SCHÉPILOFF (Genève)
J. SOURY (Paris) — W. STIRLING (Manchester) — J. TARCHANOFF (Pétersbourg) — TRIBOULET (Paris)
E. TROUESSART (Paris) — H. DE VARIGNY (Paris) — E. VIDAL (Paris)
G. WEISS (Paris) — E. WERTHEIMER (Lille)

TROISIÈME FASCICULE DU TOME III

AVEC 130 GRAVURES DANS LE TEXTE

PARIS

ANCIENNE LIBRAIRIE GERMER BAILLIÈRE ET Ci

FÉLIX ALCAN, ÉDITEUR

108, BOULEVARD SAINT-GERMAIN, 108

1898

9

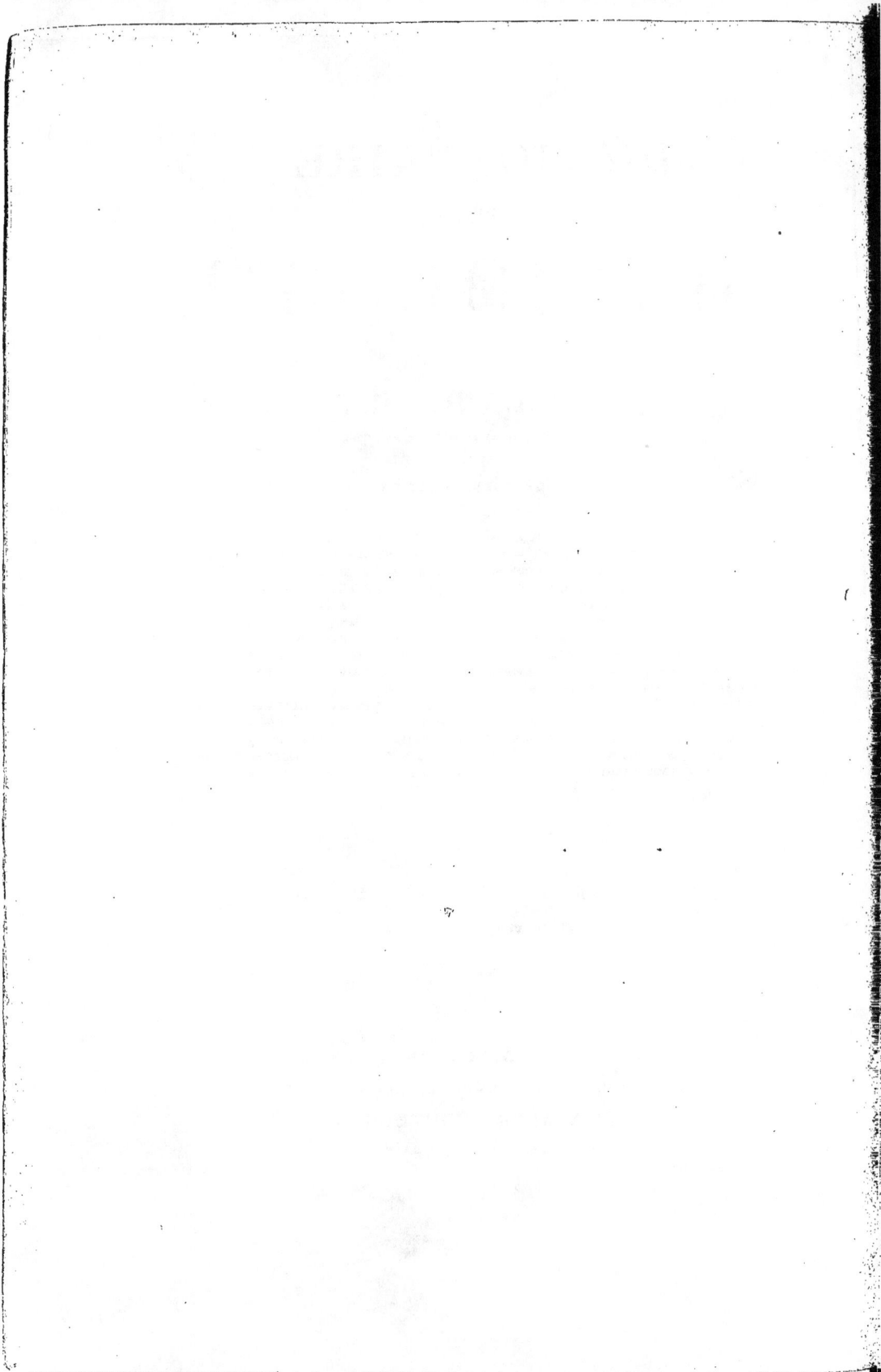

EXTRAIT DU CATALOGUE

BALLET (Gilbert). La Parole intérieure et les diverses formes de l'Aphasie. 1 vol. in-18, 2ᵉ édition. . . . . 2 fr. 50
BEAUNIS (H.). Les Sensations internes. 1 vol. in-8. Cart. 6 fr.
COURMONT. Le Cervelet et ses fonctions. 1 vol. in-8. . . . 12 fr.
Ouvrage récompensé par l'Académie des Sciences (Prix Mège).
DEBIERRE (Ch.). Les Centres nerveux (moelle épinière et encéphale), avec applications physiologiques et médico-chirurgicales. 1 vol. in-8, avec grav. en noir et en couleurs. 12 fr.
DEBIERRE ET DOUMER. Vues stéréoscopiques des centres nerveux, accompagnées d'un album contenant 48 figures schématiques avec légendes explicatives se rapportant à ces vues. . . . . 20 fr.
DEBIERRE ET DOUMER. Album des centres nerveux. 48 figures schématiques avec légendes explicatives. In-18. . 1 fr. 50
DUMAS (G.). Les États intellectuels dans la mélancolie. 1 vol. in-18. 2 fr. 50
FÉRÉ (Ch.). Sensation et Mouvement. 1 vol. in-18. . . . 2 fr. 50
FERRIER (D.). Nouvelles leçons sur les localisations cérébrales. In-8. 3 fr. 50
JAELL. La Musique et la Psycho-Physiologie. 1 vol. in-18. 2 fr. 50
JANET (Pierre). L'Automatisme psychologique. 2ᵉ édition, 1 vol. in-8. . . . . 7 fr. 50
LAGRANGE (F.). Physiologie des exercices du corps. 1 vol. in-8. 5ᵉ édition. Cart. à l'angl. . . . . 6 fr.
LUYS. Le Cerveau, ses fonctions. 1 vol. in-8, 7ᵉ édit., avec figures. Cart. . . . . 6 fr.
MAREY. La Machine animale. 5ᵉ édit., 1 vol. in-8 cart. . 6 fr.
Mosso. La Peur, étude psycho-physiologique, traduit de l'ita-

lien par M. F. HÉMENT. 1 vol. in-18, avec fig. dans le texte. . . . . 2 fr. 50
Mosso. La Fatigue, étude psycho-physiologique, traduit de l'italien par le docteur Langlois. 1 vol. in-18, avec figures. . . . . 2 fr. 50
PREYER. Éléments de physiologie générale, traduit de l'allemand par M. Jules Soury. 1 vol. in-8. . . . . 5 fr.
PREYER. Physiologie spéciale de l'embryon, avec grav. dans le texte et 6 planches hors texte. . . . . 7 fr. 50
RICHET (Ch.). La Chaleur animale. 1 vol. in-8 avec fig. 6 fr.
RICHET (Ch.). Du Suc gastrique chez l'homme et chez les animaux, 1878, 1 vol. in-8, avec une planche hors texte. 4 fr 50
RICHET (Ch.). Structure des circonvolutions cérébrales (thèse de concours d'agrégation). In-8, 1878. . . . . . . 5 fr.
RICHET (Ch.). Cours de physiologie. Programme sommaire. 1891. 1 vol. in-12. . . . . 3 fr.
SERGI (G.). La Psychologie physiologique. 1 vol. in-8, avec 40 fig. dans le texte. . . . . 7 fr. 50
SERGUÉYEFF. Physiologie de la veille et du sommeil, le sommeil et le système nerveux. 2 forts vol. in-8 . . . 20 fr.
TISSIÉ. Les Rêves. Physiologie et pathologie. Préface de M. le professeur AZAM. 1 vol. in-8. . . . . 2 fr. 50
SOURY (J.). Les Fonctions du cerveau, doctrines de l'école de Strasbourg et de l'école italienne. In-8. avec fig. . 8 fr.
VULPIAN. Leçons sur l'appareil vaso-moteur (physiologie et pathologie), recueillies par le docteur H. CARVILLE. 2 vol. in-8 . . . . 18 fr.
WUNDT. Éléments de psychologie physiologique, traduits de l'allemand par M. le docteur ROUVIER. 2 forts vol. in-8, avec nombreuses figures dans le texte. . . . . . . 20 fr.

BIBLIOGRAPHIA PHYSIOLOGICA

INDEX BIBLIOGRAPHIQUE DES TRAVAUX PHYSIOLOGIQUES POUR 1895
Un volume . . . . **3** fr. **50**

INDEX BIBLIOGRAPHIQUE DES TRAVAUX PHYSIOLOGIQUES POUR 1896
EN DEUX FASCICULES
Chaque fascicule . . . . **2** fr. »

INDEX BIBLIOGRAPHIQUE DES TRAVAUX PHYSIOLOGIQUES POUR 1893-1894
Un volume . . . . **7** fr. »

PHYSIOLOGIE

TRAVAUX DU LABORATOIRE

DE

M. CHARLES RICHET

TOME I. — **Système nerveux, Chaleur animale.** 1 vol. in-8, 96 fig., 1893. **12** fr.
TOME II. — **Chimie physiologique, Toxicologie.** 1 vol. in-8, 129 fig., 1894. **12** fr.
TOME III. — **Chloralose, Sérothérapie, Tuberculose.** 1 vol. in-8, 25 fig., 1895. **12** fr.
TOME IV. — **Appareils glandulaires, Nerfs et Muscles, Sérothérapie, Chloroforme.** 1 vol. in-8, 57 fig., 1898. . . . . **12** fr.

Paris. — Typ. Chamerot et Renouard. 19, rue des Saints-Pères. — 35785.

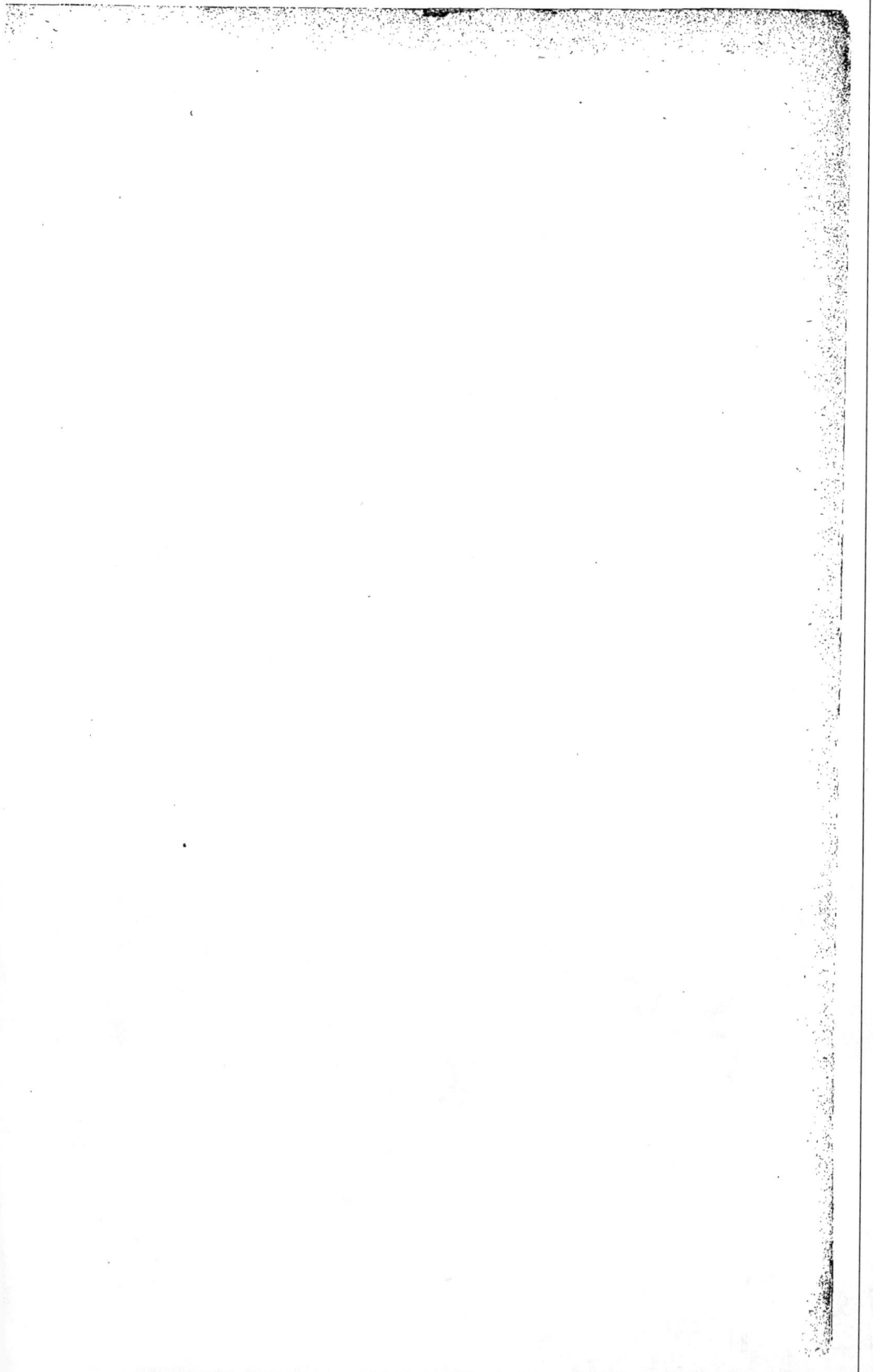

www.ingramcontent.com/pod-product-compliance
Lightning Source LLC
Chambersburg PA
CBHW060712220326
41598CB00020B/2068